New & Renewable energy

신재생에너지 발전설비(태양광)
기사 필기

태양광발전연구회 저

동일
출판사

책머리에

신재생에너지설비기사 자격증 시험은 2013년 첫 시험이 시작되었고 2020년 교과과정이 변경된 사항을 반영하여 새롭게 출간하였습니다. 해가 갈수록 신재생에너지 분야에 설계, 시공, 운영 업무를 수행할 수 있는 엔지니어를 양성할 수 있는 토대가 될 것으로 보입니다.

효과적으로 신재생에너지발전설비(태양광) 기사·산업기사 자격증을 취득하기 위해서 태양광 각 분야에 대한 충분한 설명 및 해설과 문제풀이 중심으로 본서를 집필하였으며, 2013년 첫 자격증시험의 출제경향 분석부터 2020년 변경된 교과과정에 맞추어 앞으로 출제 가능한 예상문제를 다수 수록하여 자격증 취득에 가장 효과적인 동반자가 될 것입니다.

본서의 특징은 다음과 같습니다.
1. 2020년 변경된 교과과정에 맞추어 이론 및 예상문제를 다수 수록하였습니다.
2. 2016~2025년 출제되었던 문제를 철저히 분석하여 출제 경향을 쉽게 알 수 있도록 했습니다.
3. 초보자도 쉽게 접근할 수 있도록 이론 내용을 보강하였습니다.
4. 각 단원별 다수의 예상문제와 해설을 포함하여 보다 쉽게 신재생에너지발전설비 기사·산업기사 시험을 대비할 수 있도록 하였습니다.

수험생 여러분들이 본서를 조금 공부하다 보면 출제방향 및 난이도를 용이하게 파악할 수 있으며, 또한 최단 시간 내에 자격증 취득을 위한 방향설정 및 공부하는 방법을 습득할 수 있습니다. 수험생 여러분들이 본 도서를 통하여 합격의 영광을 누리기 바랍니다.

태양광발전연구회

New & Renewable energy

이 책의 차례

제 **1** 과목

**태양광발전
기획**

제 **3** 과목

태양광발전
시공

**신재생에너지
발전설비(태양광)
기　사
출제문제**

1과목
태양광발전 기획

제 1 장

태양광발전 설비용량조사

New & Renewable energy

1.1 음영분석

1.1.1 음영분석

대용량 시스템에서 음영부분은 연간 5~10[%] 정도의 효율에 영향을 미친다. 음영의 종류는 일시적인 음영, 설치장소에 따른 건물 음영에 의한 음영 등이 있다.

(1) 일시적이고 간헐적인 음영

일시적인 음영으로는 눈, 가을의 낙엽, 새의 배설물 및 황사에 의한 오염이다. 공업지역에서 먼지와 공장 굴뚝의 매연 또는 수풀지역의 낙엽도 고려해야 할 대상이다. 눈, 매연 나뭇잎은 어레이에 누적될 수 있으며 또한 모듈의 표면에 영향을 주어 발전량을 감소시킬 수 있다.

(2) 설치장소에 따라 발생하는 반복적인 음영

설치장소에 의해 반복적으로 생기는 음영은 PV어레이에서 대부분의 음영이 발생한다. 도시나 거주지에 위치한 태양광발전시스템에서는 건물 때문에 생기는 음영의 결과가 직접적인 음영을 유발하며 중요하게 검토되어야 한다. 특히, 굴뚝 또는 안테나, 피뢰침, 위성 안테나, 지붕 및 건물 전면 돌출부 건물 구조에 의한 부분 등은 반복적인 음영을 유발시킨다.

설치장소에 따른 발생하는 반복적인 음영은 거리에 따라 근거리 음영과 원거리 음영으로 나누어진다.

1) 근거리 음영

태양광발전소 주변에서 태양광 어레이에 음영을 발생시키는 요소로 주변 건물, 앞단의 태양광 어레이, 나무 등이 있다. 특히 태양광 어레이의 자체 음영은 지면 또는 옥상 등 평면의 구조물에 설치하는 시스템에서는 앞에 있는 모듈 열에 의해 모듈의 자체 음영이 발생할 수 있다.

2) 원거리 음영

주변 빌딩, 산 등이 주요 음영 요소이다.

1.1.2 어레이 이격거리

(1) 경사각, 고도각 이용 방법

태양전지모듈간의 이격거리는 태양전지모듈의 경사각, 태양 고도각, 태양전지모듈의
길이를 이용하여 산출할 수 있다. 이격거리 산출이 잘못되면 전단에 설치된 태양전지모
듈의 그림자로 인하여 후단에 설치된 태양전지모듈에 음영을 발생되는 시간이 길어져
발전량이 감소될 수 있다. 이러한 문제로 정확한 태양전지모듈의 이격거리를 구하는 것
은 중요한 사항이다.

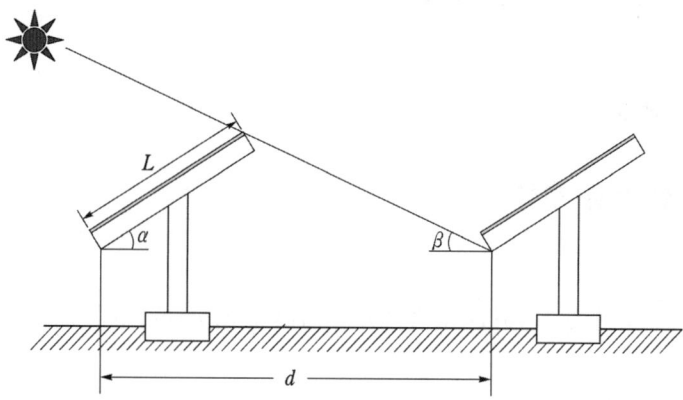

$$\text{이격거리 공식} : d = L \times \frac{\sin(180 - \alpha - \beta)}{\sin\beta}$$

여기서, α : 태양전지 모듈의 경사각

β : 태양 고도각

L : 태양전지 모듈의 길이

(2) 위도를 이용한 방법

두 번째 방법은 위도와 지구의 기울기를 이용하여 태양전지모듈 어레이 간의 이격 거리
를 구하는 방법이다.

$$d = a\left(\cos\beta + \frac{\sin\beta}{\tan\epsilon}\right)$$

β : 태양전지모듈 경사각, ϵ : 태양 고도각

$$\epsilon = 90° - \delta - \phi$$

δ : 위도, ϕ : 지구 기울기 $23.5°$

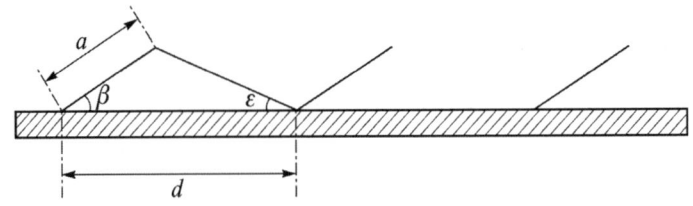

1.2 태양광발전 설비용량 산정

1.2.1 발전설비 용량

1.2.2 태양광발전 모듈 선정

(1) 효율

단위면적당 들어오는 태양광 에너지가 얼마만큼 전기에너지로 변환되는지에 대한 비율을 효율이라고 하며 높을수록 좋다.

(2) Power Tolerance

1) Power Tolerance(다수의 셀을 직렬 또는 병렬로 연결하는 경우 각 모듈의 최대출력이 전압과 전류의 특성차이 등으로 이론상의 출력과 차이가 발생되는 것)를 검토한다.

2) 모듈을 직렬로 구성할 경우 가장 낮은 전압이 발전되는 스트링(String)이 다른 높은 전압을 발생하는 스트링에 영향을 미쳐 전체적으로 발전전압이 낮아지므로 이를 검토한다.

(3) 신뢰성

모듈은 설치 후 내용 수명 동안 사용이 가능하도록 높은 신뢰성을 갖추어야 한다.

(4) 경제성

효율과 신뢰성 등이 같은 경우라면 저렴한 것을 선택한다.

(5) 인증

국내의 공인인증기관에서 인증 받은 모듈을 사용하고, 결정계 및 박막계는 한국산업표준에 적합하여야 한다.

1.2.3 태양광 인버터 선정

(1) 종합적인 확인 사항

1) 연계하는 계통 측(전원 측)과 전압 및 전기방식이 일치하고 있는가?

2) 국내・외 인증된 제품인가?

3) 설치는 용이한가?

4) 비상재해 시에 자립운전이 가능한가?

5) 축전지 부착 운전은 가능한가?(정전 시에도 사용하고자 할 경우)

6) 수명이 길고 신뢰성이 높은 기기인가?

7) 보호장치의 설정이나 시험은 간단한가?

8) 발전량을 간단하게 알 수 있는가?

9) 서비스 네트워크는 완전한가?

(2) 태양광의 유효 이용에 관한 확인 사항

1) 전력변환효율이 높을 것

2) 최대전력 추종제어(MPPT)에 의한 최대전력의 추출이 가능할 것

3) 야간 등의 대기 손실이 적을 것

4) 저부하 시의 손실이 적을 것

(3) 전력품질・공급 안전성

1) 잡음 발생이 적을 것

2) 고조파의 발생이 적을 것

3) 기동・정지가 안정적일 것

1.2.4 태양광발전 모듈의 온도 계수

태양전지모듈의 온도가 높아지면 출력전압은 감소하고, 출력전류는 작은 양이 증가한다. 이로 인하여 전체 출력전력이 감소하게 된다. 태양전지의 표면 온도 25[℃]를 기준으로 출력특성을 측정하였기 때문에 온도에 따라 하절기와 동절기 출력이 변환된다.

만약 태양전지의 표면온도 -10[℃]에서 출력전압을 확인하기 위해서는 다음과 같은 계산식을 이용한다면 모듈의 최대 동작 전압을 계산할 수 있다.

$$V_{mpp}(-10[℃]) = V_{mpp} + \left\{ (-10[℃] - 25[℃]) \times \left(-\frac{V_{mpc}}{100} \right) \times V_{mpp} \right\}$$

V_{mpp} : 최대 동작 전압 , $V_{mpc}[\%/℃]$: 전압 온도 보정계수

출력전력은 다음과 같이 계산한다.

$$P_{real} = P_{module} \times \frac{S}{1,000[\mathrm{W/m^2}]} \times \{1 - \lambda(\mathrm{T_{cell}} - 25[\text{℃}])\}$$

S : 태양전지 표면에 입사되는 일사량

λ : 태양전지모듈 전력온도계수

만약 태양전지의 표면온도 대신 외기온도가 주어질 경우는 NOCT(Nominal Operating Cell Temperature)를 이용하여 태양전지의 표면 온도를 계산 후 위의 공식을 이용하면 계산할 수 있다.

$$T_c = T_a + \frac{\mathrm{T_{noct}} - 20[\text{℃}]}{800[\mathrm{W/m^2}]} \times \mathrm{S}$$

T_c : 태양전지모듈 셀표면 온도, T_a : 외기 온도

T_{noct} : NOCT 개방전압 온도계수, S : 패널표면 일사량

1.3 태양광발전시스템 구성 요소 개요

1.3.1 태양전지

(1) 광기전력

광전효과란 물질 표면에 빛을 조사하면 자유전자가 튀어나오는 현상이다.

광기전력 효과란 p-n 접합에 빛을 조사시킬 때 전자-전공 쌍이 생성되고 분리되면 n-형 에미터 쪽에 전자가 과다하게 많고 다른 p-형 베이스 쪽에는 홀이 많이 모이게 됨으로 접합 양단에 두 전극을 서로 띄어 개방하면 광기전력 효과가 발생하는 현상이다.

(2) 태양전지의 변환

1) 태양광이 없는 경우

① 태양광이 없는 경우의 태양전지는 다이오드로 표현됨

② 다이오드 특성곡선이 적용됨

③ 단결정 태양전지의 경우 약 0.5[V]의 순전압과 12~50[V]의 항복전압을 가정할 수 있음

$$V = V_d$$

$$I = -I_d = -I_0 \times (e^{V/M \times VT} - 1)$$

2) 태양광이 있는 경우

　① 태양광이 있는 경우 태양전지는 전원과 다이오드의 병렬회로가 표현됨

　② 전원은 광전류 I_{Ph}를 생성하고, 전류는 복사량에 따라 변함

　③ 다이오드의 특성곡선은 역 바이어스 방향으로 광전류의 크기만큼 이동

$$V = V_D$$

$$I_{Ph} = c_0 \times E$$

$$I = I_{Ph} - I_D$$

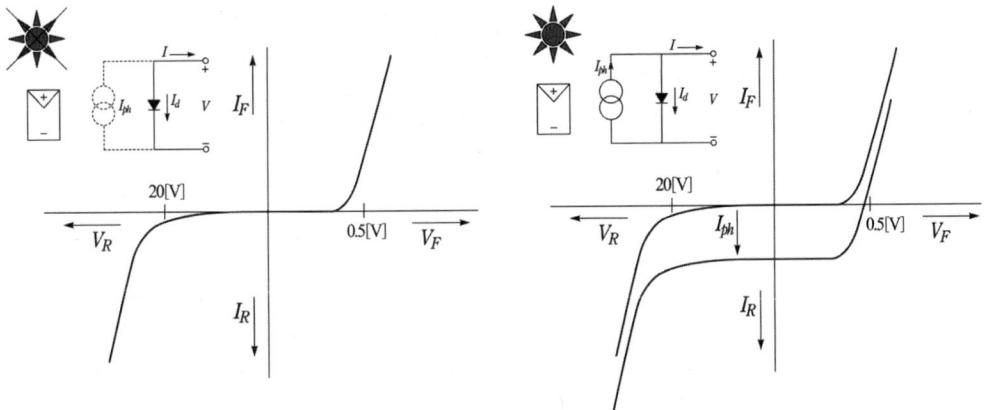

| 태양광이 없는 경우 등가회로 |　　| 태양광이 있는 경우 등가회로 |

(3) 등가회로

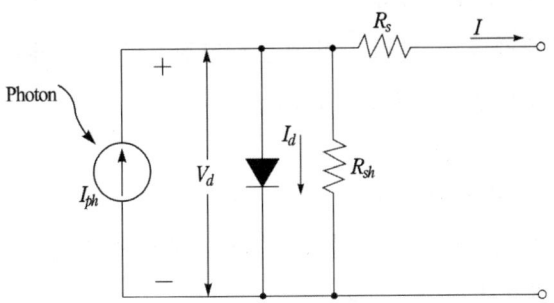

| 저항성분을 고려한 태양전지 셀의 등가회로 |

1) 직렬저항(R_s)

 ① 태양전지에 광전류가 흐를 때 이 전류의 흐름을 방해하는 저항

 ② 표면저항, 기판저항, 전극 접촉저항, 전극 자체의 고유저항

 ③ 저항값이 작을수록 효율이 높아짐

 ④ 개방전압에는 영향을 주지 않지만 단락전류와 충진율은 감소

2) 병렬저항(R_{sh})

 ① 누설저항

 ② 저항값이 무한대이면 출력 안정적

 ③ 누설저항이 작아지면 단락전류는 영향을 받지 않고, 개방전압과 충진율이 감소

(4) 태양전지 종류와 특징

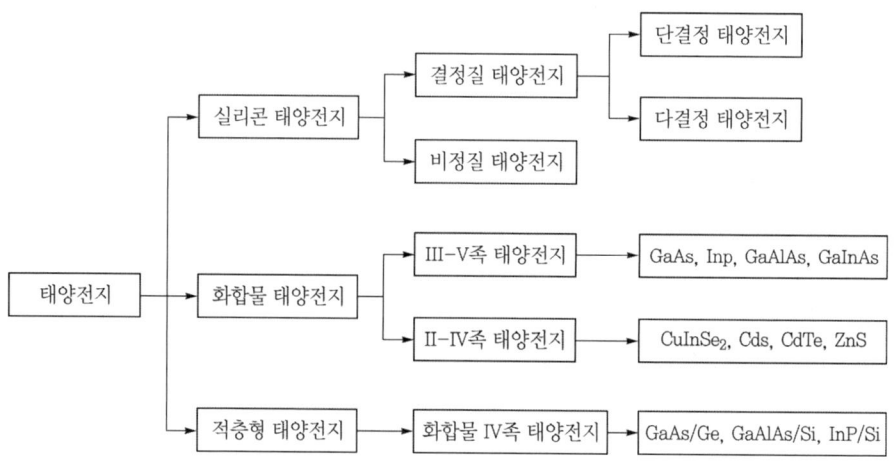

| 태양전지의 종류 |

1) 결정질 실리콘 태양전지

 ① 단결정 실리콘 태양전지

  가) 가장 오래되고, 널리 사용되는 태양전지의 주요 재료

  나) 높은 전력변환효율(15～19[%])

  다) 생산비용이 높다.

 ② 다결정 실리콘 태양전지

  가) 반도체 제조과정에서 발생한 단재나 불량품의 실리콘을 재료로 재사용하여 생산단가가 낮다.

  나) 단결정 실리콘 태양전지에 비하여 변환효율이 조금 떨어짐(13～18[%])

2) 박막 실리콘 태양전지

① 아몰퍼스 실리콘 태양전지

  가) 0.5[μm] 이하의 두께로 빛을 흡수할 수 있음

  나) 결정계 실리콘 태양전지와 비교하고 발전효율 낮음

  다) 온도 저하에 대한 출력특성 저하가 적음

② 턴뎀형 박막 실리콘 태양전지

  가) 변환효율을 높이기 위해 pn을 여러 개를 겹치는 다접형 태양전지라 함

  나) 태양광 스펙트럼을 폭넓게 이용하여 변환효율을 향상시킴.

3) 화합물 반도체 태양전지

① 갈륨 비소계(GaAs) · 인듐인계(InP) 태양전지

  가) 실리콘에 비하여 변환효율이 높음(40[%] 초과)

  나) 내열성, 내방사선 특성이 우수

  다) 가격이 매우 높음.

② CIGS 박막 태양전지

  가) 구리, 인듐, 갈륨, 셀렌 화합물 등을 사용

  나) 수[μm] 정도 얇은 두께

  다) 변환효율이 높은 박막전지(10~12[%]), 광열화가 없음.

③ 카드뮴 텔루르(CdTe) 태양전지

  가) 카드뮴 사용으로 기피되지만, 고효율 소자

  나) 저비용 대면적화 용이

④ 염료감응형 태양전지

  가) 태양광을 흡수한 색소에서 전자가 발생하여 산화티탄을 사이에 끼워 전류가 흐르게 함

  나) 색이나 형상의 자유도가 높음

  다) 셀 구조가 간단하고 특수 장비가 필요 없어 저렴한 태양전지 제작

  라) 변환효율이 낮음

⑤ 유기 박막 태양전지

  가) 유기 재료를 사용

  나) 재료가 저렴

  다) 염료감응형 태양전지처럼 액체를 사용하지 않는 점 등에서 변환효율을 높일 수 있음

1.3.2 태양전지모듈

(1) 태양전지모듈에 입사된 빛 에너지가 변화되어 발생하는 전기적 출력 특성

1) 최대출력(P_{mpp}) : 최대출력 동작전압(V_{mpp}) × 최대출력 동작전류(I_{mpp})

2) 개방전압(V_{oc}) : (+), (−) 단자를 개방한 상태의 전압(개방전압은 전류가 '0'일 때 태양전지 양단에 나타나는 전압)

3) 단락전류(I_{sc}) : (+), (−) 단자를 단락한 상태의 전류(태양전지 양단의 전압이 '0'일 때 흐르는 전류)

4) 최대출력 동작전압(V_{mpp}) : 최대출력에서의 동작전압

5) 최대출력 동작전류(I_{mpp}) : 최대출력에서의 동작전류

(2) 태양전지 모듈 표준 시험조건(Standard Test Condition)

1) 일사량(방사조도) : 1,000[W/m^2]

2) AM(Air Mass) : 1.5

3) 모듈 표면온도 : 25[℃]

(3) NOCT 조건

1) 일사량 : 800[W/m^2]

2) 외기온도 : 20[℃]

3) 풍속 : 1[m/s]

4) 모듈 후면 개방

(4) AM(Air Mass)

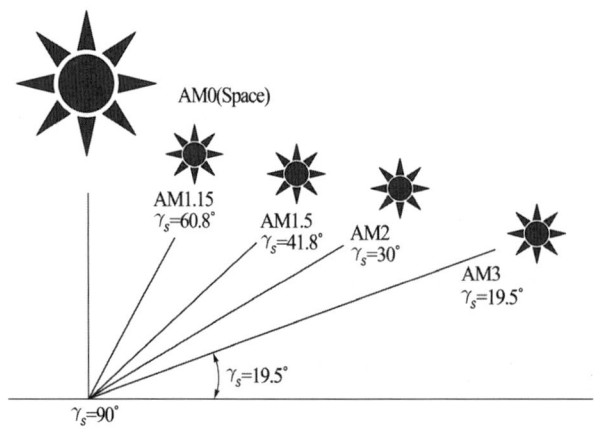

| Air Mass |

1) AM0 : 대기권 밖

2) AM1 : 태양빛이 수직으로 비추는 상태

3) AM1.5 : 일반적으로 지구상에 비추는 스펙트럼

$$AM = \frac{1}{\sin\gamma_s}$$

(5) 충진율(FF : Fill Factor, 곡선인자)

최대출력 동작전압(V_{mpp})과 최대출력 동작전류(I_{mpp})이 개방전압(V_{oc})과 단락전류
(I_{sc})에 가까운 정도를 나타내며, 개방전압, 단락전류와 함께 태양전지의 효율에 직접적
인 영향을 미치는 중요한 파라미터이다.

1) 태양전지 모듈의 품질을 나타낸다.

2) 결정질 태양전지의 경우 약 0.75~0.85, 비정질 태양전지 0.5~0.7

3) 태양전지의 직렬저항과 병렬저항에 영향을 받는다.

$$FF = \frac{V_{MPP} \times I_{MPP}}{V_{OC} \times I_{SC}} = \frac{P_{MPP}}{V_{OC} \times I_{SC}}$$

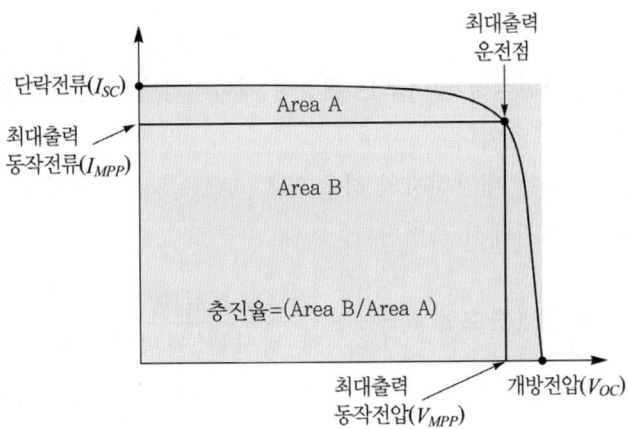

| 태양전지 모듈의 충진율 |

(5) 태양전지 모듈의 표면온도 및 일사량 관계

1) 온도

① 태양전지모듈의 표면온도가 높아지면 출력전압 감소, 출력전류 극소량 증가

② 전체 출력이 감소한다.

2) 일사량

① 태양전지 모듈의 일사량이 감소하면 출력전류, 출력전압 감소

② 전체 출력이 감소한다.

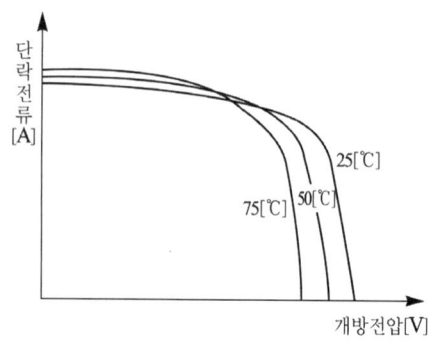

| 온도에 의한 모듈 특성 변화 |

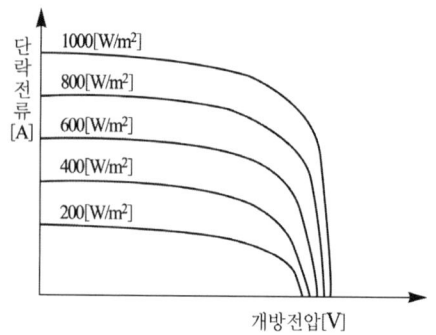

| 일사량에 의한 모듈 특성 변화 |

(6) 변환효율

1) 변환효율은 단위면적당 들어오는 태양광 에너지가 얼마만큼 전기에너지로 변환되는 지를 나타내는 효율이다.

2) 지상에서 사용되는 태양전지의 경우 25℃, AM1.5 조건에서 측정되고, 우주용인 경우는 AM 1.0 조건에서 측정한다.

$$모듈변환효율 = \frac{모듈출력[W]}{1[m^2]에\ 입사된\ 에너지량[W]} \times 100[\%]$$

$$1[m^2]에\ 입사된\ 에너지량[W] = 모듈면적[m^2] \times 1000[W/m^2]$$

1.3.3 전력변환장치(인버터)

(1) 인버터의 정의

1) 인버터는 태양전지에서 출력되는 직류전력을 교류전력으로 변환

2) 교류계통으로 접속된 부하의 배전설비에 전력을 공급

(2) 인버터 회로방식

1) 상용주파 변압기 절연방식

태양전지 직류출력을 상용주파의 교류로 변환한 후 변압기로 절연한다.

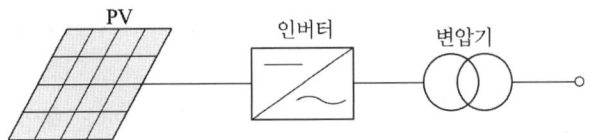

| 상용주파 변압기 절연방식 |

2) 고주파 변압기 절연방식

태양전지의 직류출력을 고주파 교류로 변환한 후, 소형 고주파 변압기로 절연한다. 그 다음, 일단 직류로 변환하고 다시 상용주파수 교류로 변환한다.

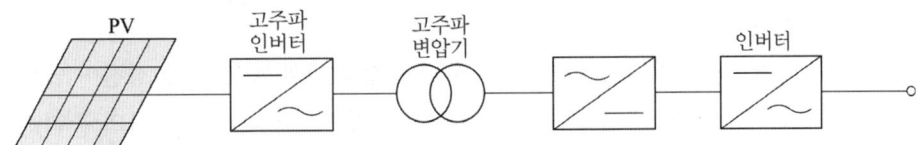

| 고주파 변압기 절연방식 |

3) 트랜스리스 방식

태양전지의 직류출력을 DC-DC컨버터로 승압하고 인버터로 상용주파의 교류로 변환한다.

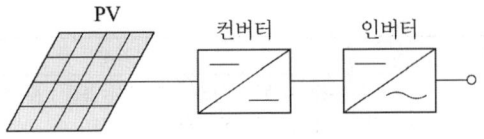

| 트랜스리스 방식 |

(3) 인버터의 기능

‣ 날씨에 따라 변동하는 태양전지의 출력을 가능한 한 유효하게 끌어내기 위한 자동운전 정지기능, 최대전력 추종제어기능
‣ 계통보호를 위한 단독운전 방지기능, 자동전압 조정기능

‣ 계통과 인버터에 이상이 있을 때 안전하게 분리하거나 인버터를 정지시키는 기능

1) 자동운전 정지기능

① 일사강도가 증대하여 출력을 얻을 수 있는 조건이 되면 자동적으로 운전 시작

② 운전이 시작되면 태양전지의 출력을 스스로 감지하고 자동적으로 운전

③ 해가 질 때는 출력으로 얻을 수 있는 한 운전을 계속 진행, 일몰 시 해가 완전히 없어지면 정지하게 됨

④ 흐린 날이나 비오는 날에도 운전을 계속할 수 있으나, 태양전지 출력이 적어 출력이 거의 '0'이 되면 대기 상태가 됨

2) 최대 전력추종제어 기능

태양전지의 출력은 일사강도와 태양전지 표면온도에 따라 변동하며, 이러한 변화 요소에도 태양전지의 동작점이 항상 최대출력점을 추종하도록 변화시켜 태양전지에서 최대출력을 얻을 수 있는 제어를 최대전력추종(MPPT : Maximum Power Point Tracking)제어라 함

3) 단독운전 방지기능

태양광발전시스템이 계통과 연계되어 있는 상태에서 계통 측에 정전이 발생한 경우 부하 전력이 인버터의 출력전력과 동일하게 되는 경우에는 인버터의 출력전압 주파수는 변하지 않고 전압 · 주파수 계전기에서 정전을 검출할 수 없음

단독운전이 발생하게 되면 전력회사의 배전망에서 전기적으로 끊어져 있는 배전선으로 태양광발전시스템에서 전력이 공급되어, 보수점검자에게 위해를 끼칠 위험이 있으므로 태양광발전시스템의 운전을 정지시킬 필요가 있지만, 단독운전 상태에서는 전압계전기, 주파수계전기에서는 보호할 수 없다. 그 대책으로 단독운전 방지기능이 설치되어 안전하게 정지할 수 있도록 하고 있다.

① 수동적 방식

종 별	개 요
전압위상도약 검출방식	• 단독운전 이행 시 인버 출력이 역률 1 운전에서 부하의 역률로 변화하는 순간의 전압위상의 도약을 검출한다. • 단독운전 이행 시 위상변화가 발생하지 않을 때에는 검출되지 않는다. • 오작동이 적고 실용적이다.
제3차 고조파 전압급증 검출방식	• 단독운전 이행 시 변압기의 여자전류 공급에 따른 전압 변형의 급변을 검출한다. • 부하가 되는 변압기와의 조합 때문에 오작동 확률이 비교적 높다.
주파수 변화율 검출방식	• 주로 단독운전 이행 시 발전전력과 부하의 불평형에 의한 주파수의 급변을 검출한다.

② 능동적 방식

종 별	개 요
주파수 시프트방식	인버터의 내부발진기에 주파수 바이어스를 주었을 때 단독운전 시에 나타나는 주파수 변동을 검출한다.
유효전력 변동방식	인버터의 출력에 주기적인 유효전력 변동을 주었을 때 단독운전 시에 나타나는 전압, 전류, 또는 주파수 변동을 검출한다. 상시 출력이 변동의 가능성이 있다.
무효전력 변동방식	인버터의 출력에 주기적인 무효전력 변동을 주었을 때, 단독운전 시 나타나는 주파수 변동 등을 검출한다.
부하변동방식	인버터의 출력과 병렬로 임피던스를 순간적 또는 주기적으로 삽입하여 전압 또는 전류의 급변을 검출한다.

4) 자동전압 조정기능

태양광발전시스템을 계통에 접속하여 역전송 운전을 하는 경우 전력 전송을 위한 수전 점의 전압이 상승하여 전력회사의 운용범위를 넘을 가능성이 있음

① 진상무효전력제어

연계점의 전압이 상승하여 진상무효전력제어의 설정 이상이 되면 역률 1의 제어를 해소하여 인버터의 전류 위상이 계통전압보다 앞서간다. 그에 따라 계통측에서 유입하는 전류가 늦어지는 전류가 되어 연계점의 전압을 떨어뜨리는 방향으로 적용한다. 앞선 전류의 제어는 역률 0.8까지 실행되고 이에 따른 전압 상승의 억제효과는 최대 2~3[%] 정도가 된다.

② 출력제어

진상무효전력제어에 따른 전압 억제가 한계에 달하고 그럼에도 불구하고 계통전압이 상승하는 경우에는 태양광발전시스템의 출력을 제한하여 연계점의 전압상승을 방지하기 위해서 동작한다.

5) 직류 검출기능

인버터는 반도체 스위치를 고주파로 스위칭 제어하고 있기 때문에 소자의 불규칙 분포 등에 의해 그 출력에는 적지만 직류분이 중첩한다. 상용주파 절연변압기를 내장하고 있는 인버터에서는 직류성분이 절연변압기에 의해 어느 정도 줄어들 수 있기 때문에 계통 측으로 유출하지 않는다.

6) 직류 지락 검출기능

트랜스리스 방식의 인버터에서는 태양전지와 계통측이 절연되어 있지 않으므로 태양전지의 지락에 대한 안전대책이 필요하다. 태양전지에서 지락이 발생하면 지락전류에 직류성분이 중첩되어 보통의 차단기에서는 보호할 수 없는 경우가 있다. 따라서 인버터의 내부에 직류 지락검출기를 설치하여 이를 검출하고 보호하는 것이 필요하다.

7) 계통연계 보호계전기

과전압 계전기(OVR), 저전압 계전기(UVR), 고주파수 계전기(OFR), 저주파수 계전기(UFR), 지락 과전류 계전기(OCGR)

8) 태양전지와 인버터

인버터의 최대전력 추종제어 범위는 국내와 일본, 북미 등에서는 200~600[V], 유럽 등의 대용량에서는 450~820[V] 정도로 선정되는 경우가 많음.

(4) 계통형 발전 시스템의 인버터

1) 중앙 집중형 인버터 방식

① 저전압 방식

가) 전압이 낮은 경우 사용하고 몇 개의 모듈만이(3~5개의 표준 모듈) 직렬로 연결하여 스트링을 이룸

나) 낮은 전압에 비해 높은 전류가 발생(높은 전류로 인한 굵은 케이블 간선 사용)

다) 120[V] 미만의 전압에서는 보호등급 III에 따라 설계

라) 중앙 집중형 저전압 인버터 방식, 병렬 운전 인버터 방식 등이 있음

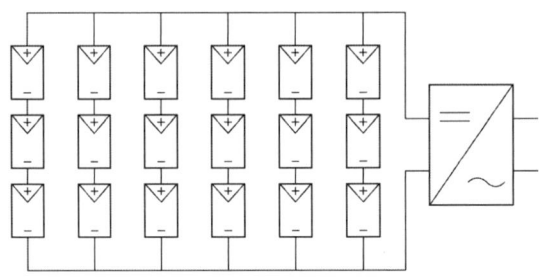

| 중앙 집중형 저전압 인버터 방식 |

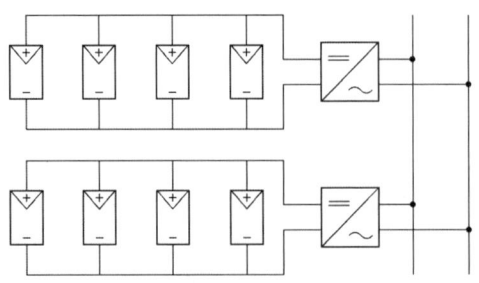

| 병렬 운전 인버터 방식 |

② 고전압 방식

　가) 스트링이 길고 인버터의 입력전압이 높은 방식

　나) 120[V] 이상의 보호등급 Ⅱ

　다) 스트링이 길고 음영의 영향을 많이 받는다.

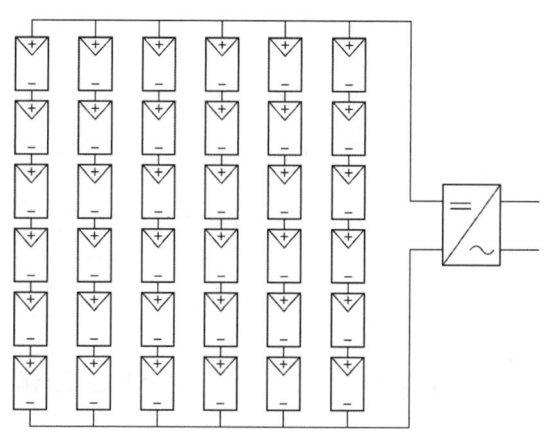

| 고전압 방식 |

③ 마스터-슬레이브 방식

　가) 여러 개의 소용량 집중형 인버터가 사용된다.

　나) 낮은 일사량에서는 마스터 인버터만 운전, 일사량이 많아지면 슬레이브 인버터 운전

　다) 마스터와 슬레이브는 특정 주기로 교번 운전

2) 서브어레이와 스트링 인버터 방식

　① 서브어레이의 방향과 음영이 다양하여, 하부 어레이와 스트링 인버터 방식은 복사량 조건에 따라 전력을 조절할 수 있다.

　② 스트링 인버터는 설치가 간편하고, 설치비를 감소시킬 수 있다.

　③ 인버터가 태양전지 모듈 스트링에 직접연결

　④ 태양광발전시스템 분전반 불필요

　⑤ 상호연결로 소모되는 모듈 케이블링의 감소와 DC전원 케이블의 생략

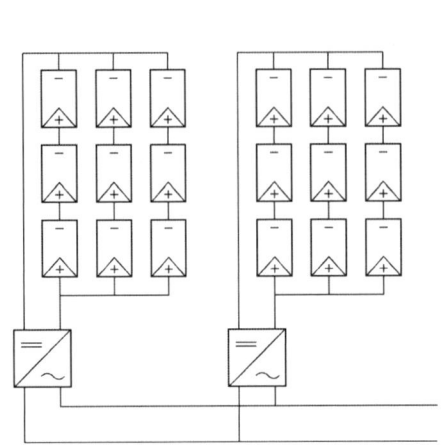

| 서브 어레이 방식 |

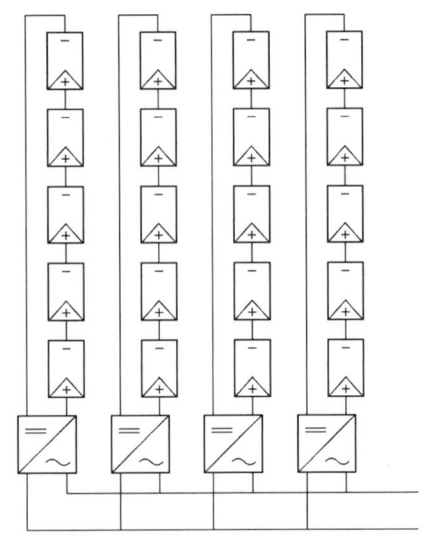

| 스트링 인버터 방식 |

3) 모듈 인버터 방식
　① 각 태양전지 모듈별로 MPP 동작 수행으로 최적의 발전량 생산
　② 태양광발전시스템 확장이 용이

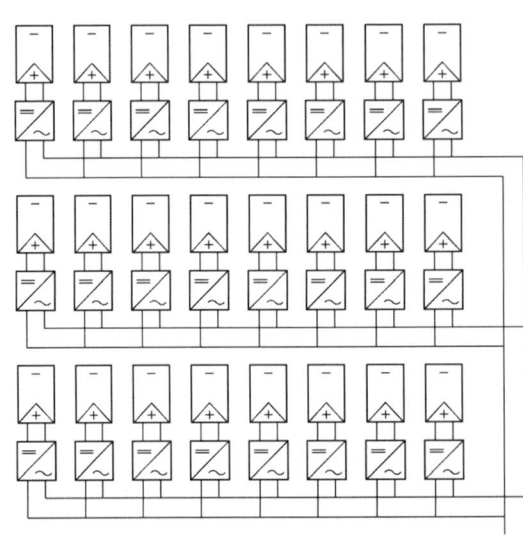

| 모듈 인버터 방식 |

(5) 계통연계형 인버터의 특성

1) 변환효율(η_{CON})

① DC를 AC로 변환하는 인버터의 효율

② 변압기 전력개폐장치, 운영 데이터 관리, 제어, 기록 등에 대한 자체 소비로 인한 손실로 구성

③ 입력전압에 따라 크게 달라짐.

$$\eta_{CON} = \frac{P_{AC}}{P_{DC}}$$

2) 추적효율(η_{TR})

인버터의 최적동작점을 자동으로 설정하고 추적

$$\eta_{TR} = \frac{P_{DC} \text{ 순간 입력 전력}}{P_{PV} \text{ 최대순간 } PV \text{ 어레이 전력}}$$

3) 정격효율(η_{INV})

변환효율과 추적효율의 곱으로 나타냄.

$$\eta_{INV} = \eta_{CON} \times \eta_{TR}$$

4) 유로 효율(η_{Euro})

① 유럽의 기후에 대해 가중된 동적효율로, 인버터의 성능 비교에 사용

② 평균동작 효율에서 평가

$$\eta_{Euro} = 0.03 \times \eta_{5[\%]} + 0.06 \times \eta_{10[\%]} + 0.13 \times \eta_{20[\%]} + 0.1 \times \eta_{30[\%]}$$
$$+ 0.48 \times \eta_{50[\%]} + 0.2 \times \eta_{100[\%]}$$

5) 과부하 동작

① 정격부하보다 높은 부하를 받는다면 전자 구성요소들은 높은 열 부하를 받는다.

② 인버터는 정격출력을 초과하는 부하에서 전력 감소를 시작

1.3.4 전력저장장치

‣ 태양광발전 시스템이 계통에 연계되었을 때 계통전압 안정화를 위해서 축전지의 활용

‣ 해상이나 산간지방 등 상용전원이 없는 곳에서 활용되는 독립형 전원시스템에 관해서 거

의 모든 시스템에 축전지가 설치되고 있으며, 발전량 부족 시, 야간 일조가 없을 때의 부하로 전력공급을 조달

‣ 축전지의 기대수명은 사용온도, 방전심도, 방전횟수 등에 의해 결정

(1) 설치기준 취급주의 사항

① 방재 대응형에는 재해로 인한 정전 시에 태양전지에서 충전을 하기 때문에 충전 전력량과 축전지 용량을 매칭할 필요

② 축전지 직렬 개수는 태양전지에서도 충전 가능한지, 인버터 입력전압 범위에 포함되는지 확인하여 선정

③ 상시 유지충전방법을 충분히 검토한다.

(2) 축전지 설비의 설치기준

이격거리를 확보해야 할 부분	이격거리[m]
큐비클 이외의 발전설비와의 거리	1.0
큐비클 이외의 변전설비와의 거리	1.0
옥외에 설치할 경우 건물과의 거리	2.0
전면 도는 조작면	1.0
점검면	0.6
환기면	0.2

1.3.5 바이패스 다이오드

모듈 중 일부 태양전지 셀에 그늘이 생기면 그 부분의 발전량이 저하함과 동시에 단순한 다이오드를 역접속한 것과 같이 되어 저하에 의한 발열을 일으킨다. 이러한 경우에 대비하여 그 부분을 바이패스를 함으로서 출력저하 및 발열을 억제하기 위해 보통 단자함 속에 바이패스 다이오드를 내장한다. 최근에는 태양전지 셀 1장마다 바이패스 다이오드 기능을 가지게 하여 그늘 등이 발생한 경우 출력저하를 최소화하는 박막형의 제품도 출시되고 있다.

(1) 태양전지 모듈 셀에 나뭇잎 등으로 그늘이 발생하면 그 부분의 셀은 발전되지 않고 저항이 커짐

(2) 셀에 직렬로 연결된 모든 전압이 인가되고, 고저항의 셀에 전류가 흘러 발열하게 됨

(3) 열점(Hot spot) : 부분 그늘에 의해 셀의 온도가 높아져 셀이 파손되는 현상

(4) 고저항이 된 태양전지 셀 또는 모듈에 흐르는 전류에 대한 바이패스 소자를 설치

(5) 바이패스 소자는 스트링의 공칭 최대출력 동작전압의 1.5배 이상인 역내전압을 가짐

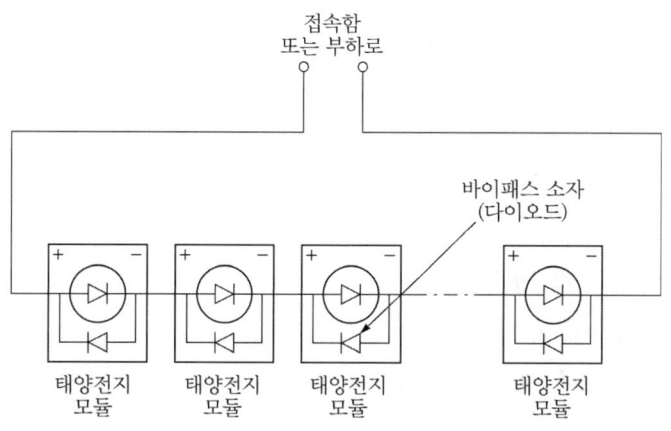

| 태양전지 모듈 구성 |

1.3.6 역류방지 소자

(1) 태양전지 어레이나 스트링의 병렬회로를 구성할 경우, 태양전지 어레이의 스트링 사이
에 출력전압의 불균형이 발생하여 출력전류의 분담이 변화

(2) 불균형 전압이 일정 값 이상이 되면 다른 스트링에서 전류의 공급을 받아 인버터 방향이
아닌 모듈 방향으로 전류가 흐름

(3) 역전류를 방지하기 위해서 각 스트링마다 역전류 방지소자를 설치

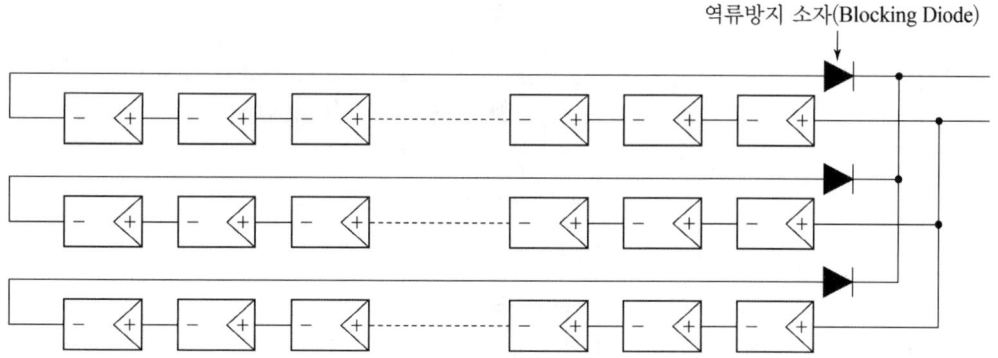

| 역류방지 소자 |

1.3.7 접속반

‣ 접속함은 여러 개의 태양전지 모듈의 스트링을 하나의 접속점에서 인버터로 연결
‣ 보수ㆍ점검 시에 회로를 분리하거나 점검 작업을 용이하게 함
‣ 태양전지 어레이에 고장이 발생해도 정지범위를 최대한 적게 하는 등의 목적으로 보수ㆍ
 점검이 용이한 장소에 설치

(1) 태양전지 어레이 측 개폐기

태양전지 어레이 측 개폐기는 태양전지 어레이의 점검ㆍ보수 시 또는 일부 태양전지 모듈에 이상이 생겼을 때, 회로에서 이상부분을 분리시키기 위해 설치한다.

(2) 주개폐기

태양전지 어레이의 출력을 한군데로 모은 후 인버터와의 회로 중간에 삽입한다. 주 개폐기의 선택은 태양전지 어레이의 최대 사용전압, 통과전류를 만족하는 것으로써 최대 통과전류(표준 태양전지 어레이 단락전류)를 개폐할 수 있는 것을 사용한다.

(3) 피뢰소자

피뢰소자는 뇌서지가 태양전지 어레이 또는 인버터 등에 침입한 경우에 이러한 기기 또는 장치를 뇌서지로부터 보호하기 위해 설치한다.

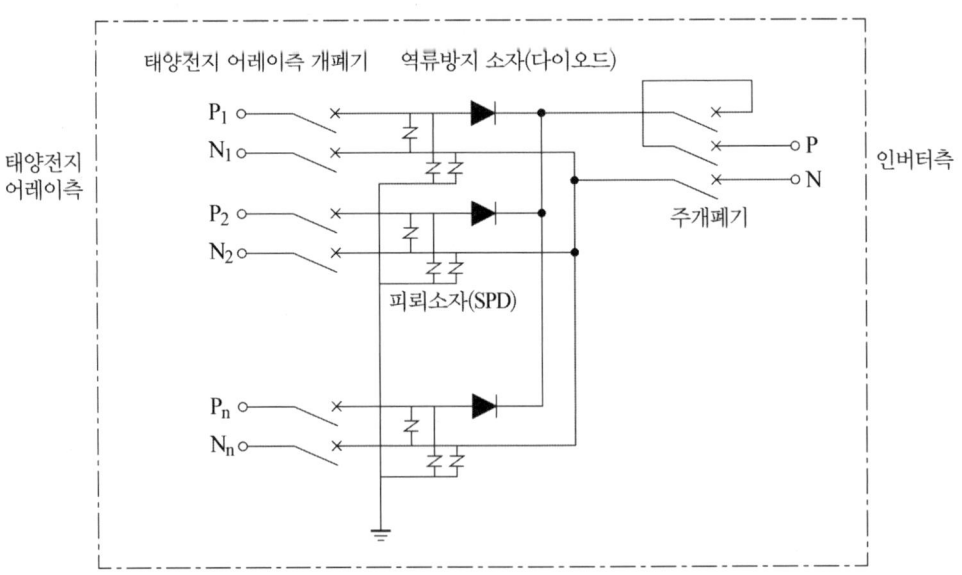

| 접속반 내부 구성 |

(4) 단자대

일반적으로 태양전지 어레이의 스트링마다 배선을 접속함까지 가지고 와서 접속함 내부의 단자대에 접속한다.

1.3.8 교류측 기기

(1) 송수전반

인버터에서 변환된 교류 전력을 고압으로 송전하기 위한 승압용 변압기 및 차단기의 배전반을 말한다.

(2) 분전반

분전반은 저압 계통연계하는 시스템의 경우에 인버터의 교류출력을 계통으로 접속할 때 사용하는 차단기를 수납한다.

(3) 전산전력량계

전산전력량계는 역송전이 있는 계통연계시스템에서 역송전한 전력량을 계측하여 전력회사에 판매할 전력요금의 산출을 하는 거래를 위한 계량기이다.

(4) 변압기

1) 변압기 회로 결선방식

① Δ-Δ 결선방식

[장점]

‣ 제3고조파 전류가 Δ결선 내를 순환하므로 정현파 교류전압을 유기하여 기전력이 왜곡을 일으키지 않음(유도장해 없음).

‣ 1상분에 고장이 발생하면 나머지 2대로 V결선할 수 있다.

‣ 인가전압이 정현파이면 유도전압도 정현파가 된다.

‣ 각 변압기의 상전류가 선전류의 $1/\sqrt{3}$ 이 되어 대전류에 적당하다.

[단점]

‣ 중성점을 접지할 수 없으므로 지락사고의 검출이 곤란하다.

‣ 변압비가 다른 것을 결선하면 순환전류가 흐른다.

‣ 각 상의 권선 임피던스가 다르면 3상 부하가 평형 되었어도 변압기의 부하전류는 불평형이 된다.

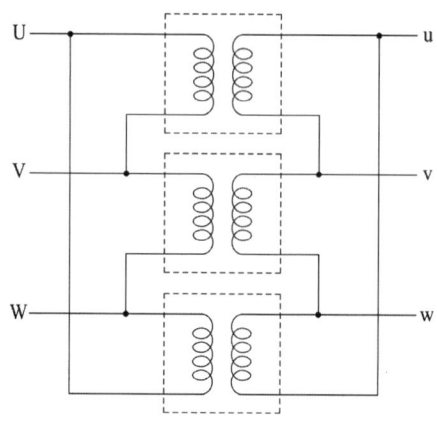

| △-△ 결선방식 |

② Y-Y 결선방식

[장점]
‣ 중성점을 접지할 수 있으므로 단절연방식을 채택할 수 있다.
‣ 상전압이 선간전압의 $1/\sqrt{3}$ 이 되어 고전압의 결선에 적합하다.
‣ 변압비, 권선임피던스가 서로 틀려도 순환전류가 흐르지 않는다.
 (3상의 1차, 2차의 전류 전압 간의 위상변위가 없다.)

[단점]
‣ 제3고조파 여자전류의 통로가 없으므로 유도기전력이 제3고조파를 함유하여
 중성점을 접지하면 통신선에 유도장해를 준다.
‣ 기전력 파형은 제3고조파를 포함한 왜형파가 된다.

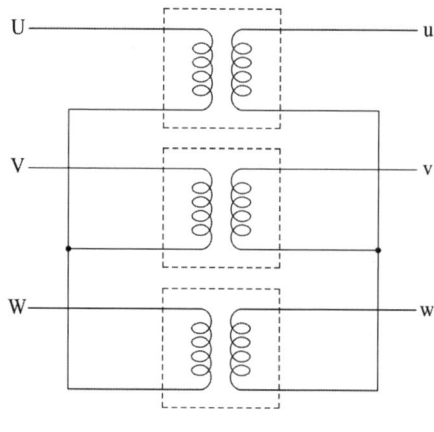

| Y-Y 결선방식 |

③ △-Y 결선방식

‣ 2차 권선의 전압이 선간전압의 $1/\sqrt{3}$ 이고 승압용에 적당하다.

‣ △-△ 결선과 Y-Y 결선의 장점을 갖고 있음

‣ 중성점을 접지할 수 있다.

‣ 30°의 위상변위가 있어서 1대의 고장이 나면 전원 공급 불가능

‣ 2차 전압이 저압의 경우 전등과 동력을 겸해서 사용할 수 있으므로 일반건물에 많이 사용하고 있다.

‣ 2차 부하에 고조파 발생원 부하가 있는 경우 유용하게 채용하고 있다.

‣ 1차 2차 혼촉 방지용 설비를 별도로 할 필요가 없다.

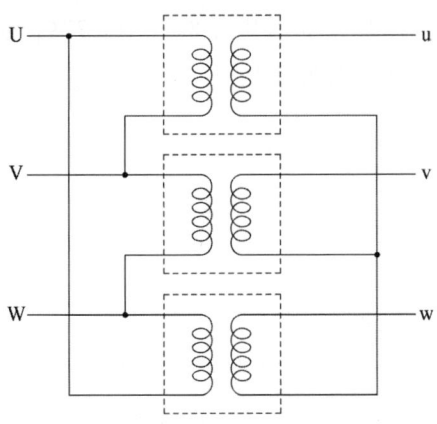

| △-Y 결선방식 |

④ Y-△ 결선방식

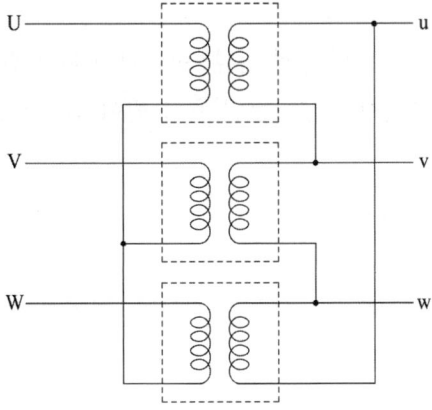

| Y-△ 결선방식 |

▸ 강압변압기에 적당하고 1차 권선의 전압은 선간전압의 $1/\sqrt{3}$ 이다. 즉, 높은 전압을 Y결선으로 하므로 절연이 유리하다.

▸ △−△, Y−Y결선의 장점이 있음.

▸ 3상의 입력, 출력의 전압 전류 간에 위상변위가 생긴다.

▸ 1상의 단락은 다른 변압기를 과여자한다.

⑤ V−V 결선방식

[장점]

▸ △−△ 결선에서 2대의 변압기로 3상 변성을 할 수 있음.

[단점]

▸ 이용률이 $\sqrt{3}/2 = 0.866$으로 떨어져서 3상 부하의 $\sqrt{3}$ 배의 변압기 설비용량을 필요로 한다. 또한 출력은 $\sqrt{3}/3 = 0.577$이 된다.

▸ 부하 시 두 단자 전압이 불평형하다.

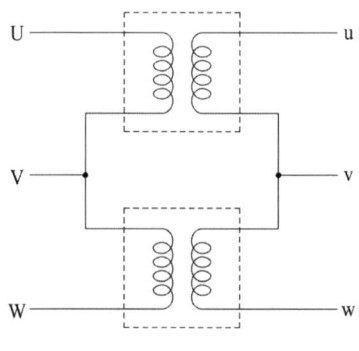

| V−V 결선방식 |

(5) 차단기

평상시에는 부하전류, 선로의 충전 전류, 변압기의 여자 전류 등을 개폐하고, 고장 시에는 보호계전기의 동작에서 발생하는 신호를 받아 단락전류, 지락전류, 고장전류 등을 차단한다.

1) 차단기 및 단로기의 적용 기준

① 차단기(CB)

평상시에는 부하전류, 선로의 충전 전류, 변압기의 여자 전류 등을 개폐하고, 고장 시에는 보호계전기의 동작에서 발생하는 신호를 받아 단락전류, 지락전류, 고장전류 등을 차단한다.

② 단로기(DS)

기기와 선로 또는 모선 등의 점검 및 수리 시 특히 충전 가압을 막을 수 있고 단로 구간을 확실하게 하여 정전 개소를 확보하며, 전력 계통을 분리, 송전 및 수전 계통을 변경할 수 있다. 즉, 단로기는 부하 전류의 개폐를 하지 않는 것을 원칙으로 하나 선로의 충전전류와 변압기의 여자 전류 및 경부하 전류 등의 미약한 전류를 개폐할 경우에 사용된다.

2) 소호 원리에 따른 차단기의 종류

종 류		소 호 원 리
명 칭	약 어	
유입차단기	OCB	소호실에서 아크에 의한 절연유 분해가스의 열전도 및 압력에 의한 blast를 이용해서 차단
기중차단기	ACB	대기 중에서 아크를 길게 해서 소호실에서 냉각 차단
자기차단기	MBB	대기 중에서 전자력을 이용하여 아크를 소호실 내로 유도해서 냉각한다.
공기차단기	ABB	압축된 공기를 아크에 불어 넣어서 차단
진공차단기	VCB	고진공 중에서 전자의 고속도 확산에 의해 차단
가스차단기	GCB	고성능 절연 특성을 가진 특수 가스(SF_6)를 이용해서 차단

3) 차단기별 특징

① 유입차단기(OCB)

가) 보수가 번거롭다.

나) 방음설비가 필요 없다.

다) 공기보다 소호 능력이 크다.

라) 부싱 변류기를 사용할 수 있다.

② 자기차단기(MBB)

가) 화재위험이 없다.

나) 보수점검이 비교적 쉽다.

다) 압축공기 설비가 필요 없다.

라) 전류 차단에 의한 과전압을 발생하지 않는다.

마) 회로의 고유주파수에 차단 성능이 좌우되는 일이 없다.

③ 진공차단기(VCB)

가) 소형 경량이고 조작기구가 간편하다.

나) 화재위험이 없다.

다) 폭발음이 없다.

라) 소호실에 대해서 보수가 거의 필요치 않다.

마) 차단 시간이 짧고 차단 성능이 회로의 주파수에 영향을 받지 않는다.

④ 가스차단기(GCB)

　　가) 밀폐 구조로 소음이 없다.

　　나) 절연내력이 공기의 2~3배, 소호 능력은 공기의 100~200배

　　다) 근거리 고장 등 가혹한 재기전압에 대해서도 성능이 우수

　　라) 인체 무취 무해 가스 발생

⑤ 가스절연개폐기(GIS)

　　가) 충전부가 대기에 노출되지 않아 기기의 안정성, 신뢰성이 우수하다.

　　나) 감전사고 위험이 적다.

　　다) 밀폐형으로 배기 소음이 없다.

　　라) 소형화가 가능하다.

　　마) SF_6 가스는 무색, 무취, 무해 가스이고 유독 가스를 발생하지 않는다.

　　바) 보수, 점검이 용이하다.

3) 차단기의 정격

① 정격차단용량

$$정격차단용량[MVA] = \sqrt{3} \times 정격전압[kV] \times 정격차단\ 전류[kA]$$
$$= \sqrt{3} \times V_n \times I_s \times 10^{-6}[MVA]$$

② 차단기의 정격전압

차단기에 부과할 수 있는 사용 회로 전압의 상한을 말하며 그 크기는 선간 전압의 실효값으로 나타낸다.

③ 표준전압

표준전압에는 공칭전압과 최고전압이 있다.

　가) 공칭전압 : 전선로를 대표하는 선간 전압

　나) 최고전압 : 전선로에 통상 발생하는 최고의 선간 전압

$$최고전압 = 공칭전압 \times \frac{1.15}{1.1}$$

공칭전압 [kV]	최고전압 [kV]
6.6	6.9
22.9	23.8
66	69
154	170
345	362
765	800

④ 정격

가) **정격 전류** : 정격 전압, 정격 주파수 하에서 정해진 일정한 온도 상승 한도를 초과하지 않고 그 차단기에 흘릴 수 있는 전류를 말한다.

나) **정격차단 전류** : 규정된 회로 조건하에서 규정값의 표준 동작 책무 및 동작 상태를 수행할 수 있는 차단 전류의 한도를 말하며 교류 전류 실효값을 나타낸다.

다) **정격투입 전류** : 모든 정격 및 규정의 회로 조건하에서 규정의 표준 동작 책무 및 동작 상태에 따라 투입할 수 있는 투입 전류의 한도를 말하며, 투입 전류의 최초 주파수에서 순시 최댓값으로 나타내며 정격 차단 전류(실효값)의 2.5배를 표준으로 한다.

라) **정격 단시간 전류** : 규정된 회로 조건하에서 1초 동안 차단기에 흘렸을 때 이상이 발생하지 않는 최대한도의 전류로 차단기의 정격 차단 전류와 같은 실효값으로 하며 최대 파고값은 정격값의 2.5배로 한다.

마) **정격 차단 시간** : 정격 차단 전류를 모든 정격 및 규정의 회로 조건하에서 규정의 표준 동작 책무 및 동작 상태에 따라 차단할 때의 차단 시간 한도를 말하며 정격 개극 시간 + 아크 시간을 말한다.

바) **표준 동작 책무** : 차단기가 계통에 사용될 때 "차단-투입-차단"의 동작을 반복하게 되는데 그 시간 간격을 나타낸 일련의 동작을 규정한 것

(6) 보호계전기

보호계전시스템이란 전력계통의 전기적인 운전 상태를 센서인 계기용 변압기(PT) 및 계기용 변류기(CT)를 통해서 보호 계전기에 입력하여 보호대상이 이상임을 검출하였을 경우에 차단기의 트립코일(TC)를 여자하여 차단기를 개방함으로써 공장 구간을 차단한다.

1) 보호계전기의 구비 조건

① 고장 사태를 식별하여 정도를 파악할 수 있을 것

② 고장 개소를 정확히 선택할 수 있을 것

③ 동작이 예민하고 오동작이 없을 것

④ 적절한 후비 보호 능력이 있을 것

⑤ 경제적일 것

2) 보호 계전기의 동작 시간에 의한 분류

① 순한시 계전기 : 고장 즉시 동작

② 정한시 계전기 : 고장 후 일정시간이 경과하면 동작

③ 반한시 계전기 : 고장전류의 크기에 반비례하여 동작

④ 반한시 정한시 계전기 : 반한시와 정한시 특성을 겸함

3) 보호계전기의 동작의 4가지 요소

① 단일 전압요소

② 단일 전류요소

③ 2전류요소

④ 전압, 전류요소

4) 보호계전기의 종류

① 과전류 계전기(Over Current Relay : OCR)

일정값 이상의 전류가 흘렀을 때 동작 하며 일명 과부하 계전기라 불린다.

② 과전압 계전기(Over Voltage Relay : OVR)

일정값 이상의 전압이 걸렸을 때 동작한다.

③ 부족 전압 계전기(Under Voltage Relay : UVR)

전압이 일정값 이하로 떨어졌을 경우, 예를 들면 대형 유도 전동기 등에서 갑자기 공급 전압이 내려갔을 때 지나친 과전류가 흐르지 않게끔 동작하는 것이다.

④ 단락 방향 계전기(Directional Short Circuit Relay : DOCR, DSR)

어느 일정한 방향으로 일정값 이상의 단락 전류가 흘렀을 경우 동작하는 것

⑤ 선택 단락 계전기(Selective Short Circuit Relay : SSR)

병행 2회선 송전 선로에서 한쪽의 1회선에 단락 사고가 발생하였을 때 2중 방향 동작 계전기를 사용해서 고장 회선을 선택 차단할 수 있는 것

⑥ 거리 계전기(Distance Relay : ZR)

계전기가 설치된 위치로부터 고장점까지의 전기적 거리에 비례하여 한시 동작하는 것으로 복잡한 계통의 단락 보호에 과전류 계전기의 대용으로 쓰인다.

⑦ 지락 계전기(Ground Relay)

영상변류기(ZCT)에 의해 검출된 영상 전류에 의해 동작하며 지락 고장 보호용으로 사용한다.

⑧ 방향 지락 계전기(Directional Ground Relay : DGR)

과전류 지락 계전기에 방향성을 준 것

⑨ 선택 지락 계전기(Selective Ground Relay : SGR)

병행 2회선 송전 선로에서 한쪽의 1회선에 지락 사고가 일어났을 경우 이것을 검출하여 고장 회선만을 선택 차단할 수 있게끔 선택 단락 계전기의 동작 전류를 특

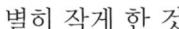
별히 작게 한 것

5) 보호 계전기의 보호 방식

① 표시선 계전방식

가) 방향 비교 방식(directional comparison relaying)

나) 전압 반향 방식(opposite voltage system)

다) 전류 순환 방식(circulating current system)

② 반송 보호 계전 방식

가) 방향 비교 반송 방식

나) 위상 비교 반송 방식

다) 반송 트립 방식

1.3.9 피뢰소자

(1) 피뢰소자 설치 지역

1) 피뢰소자를 어레이 주회로 내부에 분산시켜 설치하고 접속함도 설치.

2) 저압 배전선에서 침입하는 뇌서지에 대해서는 분전반에 피뢰소자를 설치.

3) 뇌우 다발지역에서는 교류전원측으로 내뢰 트랜스를 설치.

(2) 피뢰소자

1) 어레스터 : 낙뢰에 의한 충격성 과전압에 대하여 전기설비의 단자전압을 규정치 이내로 저감시켜 정전을 일으키지 않고 원상태로 회귀하는 장치이다.

2) 서지 옵서버 : 전선로에 침입하는 이상 전압의 높이를 완화하고 파고치를 저하시키는 장치

3) 내뢰 트랜스 : 실드 부착 절연 트랜스를 주체로 하고 어레스터 및 콘덴서를 부가시킨 것. 뇌서지가 침입한 경우 내부에 넣은 어레스터에서의 제어 및 1차 측과 2차 측 간의 고절연화, 실드에 의해 뇌서지의 흐름을 완전히 차단할 수 있도록 한 장치이다.

1.3.10 BOS(Balance of System)

BOS란 태양광발전에서 사용되는 주변장치에 해당하는 제품으로 태양전지모듈을 제외한 모든 기자재를 말한다.

1.1 음영분석

01 일시적이고 간헐적인 음영에 해당하지 않는 것은?

① 낙엽   ② 굴뚝

③ 굴뚝의 매연   ④ 황사

> **해설** 1) 일시적이고 간헐적인 음영
> 　 눈, 가을 낙엽, 새의 배설물, 황사, 공장 굴뚝의 매연 등
> 2) 설치장소에 따라 발생하는 반복적인 음영
> 　 앞단에 설치된 PV 어레이, 굴뚝, 안테나, 피뢰침, 지붕건물, 주변 산 빌딩 등 　　**답** ②

02 태양전지 어레이의 이격거리 산출 시 적용하는 설계요소가 아닌 것은?

① 구조물 형상

② 남북향 길이

③ 상새의 상노 빛 판 누께

④ 태양광발전 위치에 대한 위도

> **해설** $D = L(\cos\beta + \sin\beta \times \tan(\gamma + 23.5°))$
> L : 모듈의 길이, γ : 위도, β : 경사각 　　**답** ③

03 태양광발전시스템의 어레이 설계 시 고려사항으로 적당하지 않은 것은?

① 방위각   ② 부하의 종류

③ 음영   ④ 경사각

> **해설** 태양광발전시스템 어레이 설계 시 고려사항
> 방위각, 음영, 경사각 　　**답** ②

04 다음에 주어진 조건에 맞추어 태양광 어레이 이격거리 D값을 올바르게 계산한 것은 무엇인가?

A : 어레이 길이 : $L = 1.25\text{m}$, B : 어레이 경사각 : $\theta = 35°$, C : 설치지역 위도 : $lat = 37.5°$

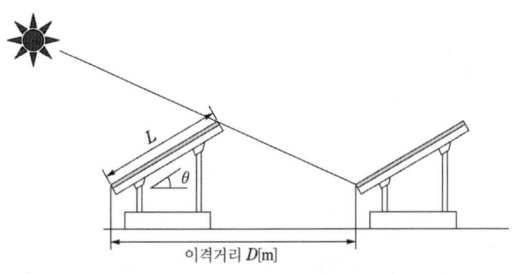

① 2.3[m]　　　② 2.4[m]　　　③ 2.5[m]　　　④ 2.6[m]

해설　$L[\cos\theta + \sin\theta \times \tan(lat + 23.5°)] = 1.25[\cos35° + \sin35° \times \tan(37.5° + 23.5°)]$
$= 2.317 \simeq 2.3\text{[m]}$

답 ①

05 태양전지 어레이(길이 2.58[m], 경사각 30°)가 남북방향으로 설치되어 있으며, 앞면 어레이의 높이는 약 1.5[m] 뒷면 어레이에 태양 입사각 45°일 때, 앞면 어레이의 그림자 길이[m]는?

① 1.5[m]　　　　　　　　　② 2.5[m]
③ 3.5[m]　　　　　　　　　④ 4.5[m]

해설　문제에서 그림자의 길이 x_2를 구하면 된다. 우선 주어진 조건에서 구해야할 변수 A, B, K이다.

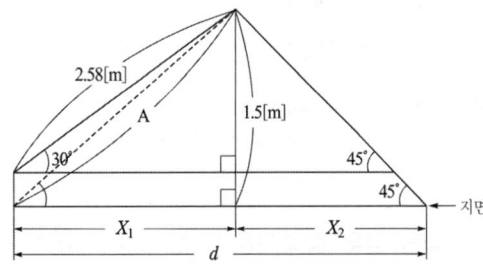

$x_1 = 2.58 \times \cos30 = 2.23\text{[m]}$

$K = a\tan\left(\dfrac{1.5}{2.23}\right) = 33.92° \simeq 34°$

$A = \sqrt{(1.5)^2 + (2.23)^2} = 2.687 \simeq 2.69\text{[m]}$ 이고

d를 구하기 위해 $d = L \cdot \dfrac{\sin(180 - \alpha - \gamma)}{\sin\gamma}$

$d = 2.69 \times \dfrac{\sin(180 - 34 - 45)}{\sin45} = 3.734\text{[m]}$

$x_2 = d - x_1 = 3.73 - 2.23 = 1.5\text{[m]}$

또는 $x_2 = \tan45 \times 1.5 = 1.5\text{[m]}$

답 ①

06 다음과 같은 조건일 때 어레이와 어레이 간의 최소 이격거리[m]는 얼마인가?
(단, 경사고정식으로 정남향임)

L : 모듈 어레이 길이 3[m], θ : 모듈 어레이 경사각 30°, lat : 설치지역의 위도 35.5°

---

① 6[m]　　　　② 5[m]　　　　③ 4[m]　　　　④ 3[m]

> **해설** 태양전지모듈 이격거리 계산
> $$D = L \times (\cos\theta + \sin\theta \times \tan(\text{lat(위도)} + 23.5°))$$
> $$= 3 \times (\cos 30 + \sin 30 \times \tan(35.5° + 23.5°))$$
> $$= 5.09[m] \simeq 5[m]$$
> **답** ②

07 그림 (A), (B)에서 각 모듈별 음영 발생시 발전량을 바르게 나타낸 것은?
(단, 음영 부분의 발전량은 80[Wp]이다.)

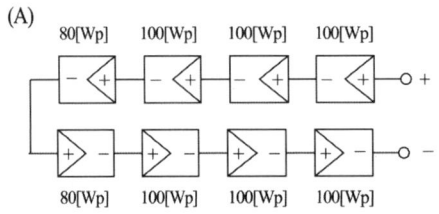

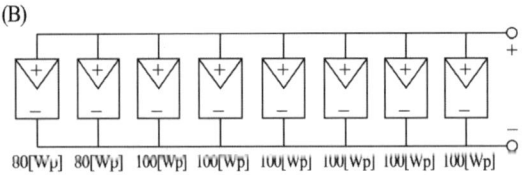

① (A) 640[Wp], (B) 760[Wp]　　　　② (A) 660[Wp], (B) 740[Wp]
③ (A) 640[Wp], (B) 740[Wp]　　　　④ (A) 660[Wp], (B) 760[Wp]

> **해설** (A) 발전량 = 80[Wp]×8 = 640[Wp]
> (B) 발전량 = (80[Wp]×2)+(100[Wp]×6) = 760[Wp]
> **답** ①

08 모듈에 음영이 발생할 경우 출력저하 및 발열을 억제하기 위해 설치하는 것은?

① 저항　　　　　　　　② 노이즈 필터
③ 서지 보호장치　　　　④ 바이패스 소자

> **해설** **바이패스 소자**
> • 그늘발생 시 전기를 생산 못하는 셀에 저항이 증가되고 전압에 의해서 발열되어 핫스팟 현상이 발생한다.
> 이를 방지하기 위한 목적으로 고 저항이 된 셀들과 병렬로 접속하여 음영된 셀에 흐르는 전류를 바이패스
> 하도록 하는 것이 바이패스 소자(다이오드를 사용)이다.
> • 바이패스 다이오드는 모듈 후면에 있는 출력단자함에 설치되며, 셀 18~20개마다 1개의 바이패스 다이오
> 드를 설치한다.
> • 공칭 최대 출력전압의 1.5배 이상
> **답** ④

09 태양전지 모듈을 설치할 경우 시공기준에 적합하지 않은 것은?

① 모듈 전면의 음영이 최대화되어야 한다.

② 경사각은 현장 여건에 따라 조정하여 설치할 수 있다.

③ 설치용량은 사업계획서상의 모듈 설계용량과 동일하여야 한다.

④ 방위각은 그림자의 영향을 받지 않는 곳에 정남향 설치를 원칙으로 한다.

해설 태양광발전을 극대화하기 위해서는 최초 설계 및 시공에서 음영의 영향을 최소화 하여야 한다.　**답** ①

10 태양전지 모듈에 부분 음영이 존재할 시, 모듈의 특성은 어떻게 변하는가?

① 효율증가　　　　　　　　　　② 출력감소

③ 발열감소　　　　　　　　　　④ 변화 없음

해설 태양전지모듈에 음영이 발생하면 그 부분이 저항으로 작용하여 전류가 열로 소비되며, 출력이 감소한다.
1) 태양전지 모듈의 일사량이 감소하면 출력전류, 출력전압 감소
2) 전체 출력이 감소한다.　**답** ②

11 음영의 영향을 가장 많이 받는 인버터 접속방법은?

① 중앙 집중 방식　　　　　　　② 서브 어레이 방식

③ 개별 스트링 방식　　　　　　④ 마이크로 인버터 방식

해설 1) 중앙 집중형 인버터 방식은 스트링이 길고 음영의 영향을 많이 받는다.
2) **음영의 영향을 많이 받는 순서**
① 중앙 집중 방식
② 서브 어레이 방식, 개별 스트링 방식
③ 마이크로 인버터 방식　**답** ①

12 음영각 및 음영각의 검토사항에 대한 설명으로 틀린 것은?

① 수직 음영각은 태양의 고도각을 말한다.

② 주변 산세, 수풀, 나무, 건물 등을 고려하여 어레이를 배치한다.

③ 그늘의 길이와 방향은 위도, 계절에 따라 같으므로 그림자의 길이를 계산하여 어레이를 배치한다.

④ 연중 입사각이 가장 적은 동지의 오전 9시부터 오후 3시 사이에 어레이에 그늘이 생기지 않도록 해야 한다.

해설 음영의 길이와 방향은 위도, 계절에 따라 상이하므로 그림자의 길이를 계산하여 어레이를 배치한다.
답 ③

13 태양광발전설비의 음영발생 원인이 아닌 것은?

① 대기 중의 습도　　　　　　　　　② 나뭇잎 또는 새의 배설물
③ 건물이나 식재 등의 장애물　　　　④ PV어레이 상호배치에 의해 생성

> **해설** 음영발생 원인
> ① 인접 건물, 식재 등 장애물
> ② PV어레이 상호배치에 의해 생성
> ③ 나뭇잎 또는 새의 배설물, 흙탕물 등
> **답** ①

14 태양광이 가려지는 음영 공간이 있는 건물의 외벽 등의 소형 태양광발전시스템에 사용되는 인버터는?

① 중앙 집중식 인버터　　　　　　　② 마스터-슬레이브 제어형 인버터
③ 모듈 인버터　　　　　　　　　　④ 고전압 방식의 인버터

> **해설** 모듈 인버터 방식은 파사드(facade) 일체형 시스템, 특히 주변 환경 또는 파사드 자체의 돌출과 벽면에 의해 파사드가 부분적으로 음영되는 경우에 유리하다. 또한 각 모듈별로 DC를 AC로 변환하므로 음영으로 인한 타 모듈에 영향을 주지 않는다.
> **답** ③

15 어레이 이격거리 산정을 위한 고려사항과 가장 관계가 없는 것은?

① 설치 부지의 경사도를 반영하였다.
② 설치 부지의 외부음영을 고려하였다.
③ 설치 부지의 태양고도를 반영 하였다.
④ 어레이에 모듈을 가로 배치하는 것으로 고려하였다.

> **해설** 어레이 간 이격거리 산출은 태양의 고도각, 위도, 모듈의 경사각에 따라 결정되고, 발전소 주변의 음영과 지형에 따라서는 전체 태양광어레이 위치가 변화된다.
> **답** ②

16 구조물 이격거리 산정 시 고려사항이 아닌 것은?

① 상부구조물의 하중
② 가대의 경사도와 높이
③ 설치될 장소의 경사도
④ 동지 시 발전 가능 한계 시간에서 태양의 고도

> **해설** 상부구조물의 하중은 기초와 가대 설계에 대한 고려사항이다.
> **답** ①

1.2 태양광발전 설비용량 산정

01 태양전지모듈을 선정 시 고려하는 요소가 아닌 것은?

① 효율
② 인증
③ 전압변동률
④ Power Tolerance

해설 태양전지모듈 선정 시 고려 요소 : 효율, Power Tolerance, 신뢰성, 경제성, 인증 등

답 ③

02 인버터 선정 시 고려사항 중 성격이 다른 것은?

① 잡음 발생이 적을 것
② 전력변환효율이 높을 것
③ 고조파의 발생이 적을 것
④ 기동·정지가 안정적일 것

해설 • 태양광의 유효 이용에 관한 확인 사항
　　1) 전력변환효율이 높을 것
　　2) 최대전력 추종제어(MPPT)에 의한 최대전력의 추출이 가능할 것
　　3) 야간 등의 대기손실이 적을 것
　　4) 저부하 시의 손실이 적을 것
• 전력품질·공급 안전성
　1) 잡음 발생이 적을 것
　2) 고조파의 발생이 적을 것
　3) 기동·정지가 안정적일 것

답 ②

03 다음 태양전지모듈 특성에서 −7[℃]에서의 태양전지모듈의 최대 출력 전압은?

$P_{mpp} = 375[W]$	$V_{oc} = 59.01[V]$	$V_{mpp} = 46.92[V]$	$I_{sc} = 8.54[A]$	$I_{mpp} = 8.01[A]$
전압 온도 계수(V_{mpc}) = −0.33[%/℃]		전류 온도 계수(V_{mpc}) = 0.032[%/℃]		

① 51.56[V]
② 51.87[V]
③ 52.33[V]
④ 53.11[V]

해설 전압 온도 변환 공식

$$V_{mpp}(-7[℃]) = V_{mpp} + \left\{ (-7[℃] - 25[℃]) \times \left(\frac{V_{mpc}}{100} \right) \times V_{mpp} \right\}$$

$$V_{mpp}(-7[℃]) = 46.92 + \left\{ (-7[℃] - 25[℃]) \times \left(\frac{-0.33}{100} \right) \times 46.92 \right\} = 51.87[V]$$

답 ②

04 다음 태양전지모듈의 공칭 전력(Nominal Power)은?

$V_{oc} = 59.01[V]$	$V_{mpp} = 46.92[V]$	$I_{sc} = 8.54[A]$	$I_{mpp} = 8.01[A]$
전압 온도 계수(V_{mpc}) = −0.33[%/℃]		전류 온도 계수(V_{mpc}) = 0.032[%/℃]	

① 375[W]
② 400[W]
③ 425[W]
④ 500[W]

해설 태양전지모듈 공칭 전력은
P_{mpp}로 표현되며 이는 V_{mpp}와 I_{mpp}의 곱으로 표현한다.
$P_{mpp} = V_{mpp} \times I_{mpp} = 46.92 \times 8.01 = 375[\text{W}]$

답 ①

05 모듈표면온도 65[℃]에서 420[W] 태양전지모듈의 출력은 몇 [W]인가?
(단, 일사량은 1,000[W/m²], 전력 온도 계수는 −0.45[%/℃]이다.)

① 325   ② 334   ③ 344   ④ 353

해설 전력 온도 변환 공식 : $P_{real} = P_{module} \times \dfrac{S}{1,000[\text{W/m}^2]} \times \{1 - \lambda(T_{cell} - 25[℃])\}$

여기서, S : 태양전지 표면에 입사되는 일사량, λ : 태양전지모듈 전력온도계수

$P(65[℃]) = 420[\text{W}] \times \dfrac{1,000[\text{W/m}^2]}{1,000[\text{W/m}^2]} \times \{1 - (0.45/100)(65[℃] - 25[℃])\} = 344[\text{W}]$

답 ③

06 어떤 태양전지 모듈의 특성 값이 다음 표와 같다. 일사강도 1000[W/m²], 분광분포가 AM 1.5 모듈 표면온도가 50[℃]일 때, 이 모듈의 출력은 약 얼마인가?

V_{oc} : 44.90[V], I_{sc} : 8.55[A], V_{mpp} : 36.40[V], I_{mpp} : 8.11[A], V_{oc} 온도계수 : −0.4[%/℃]

① 266[W]   ② 280[W]   ③ 295[W]   ④ 345[W]

해설 태양전지모듈은 모듈의 표면온도에 따라 발전량이 변화한다. 모듈 표면온도에 따른 최대 출력을 얻기 위한 공식을 적용하면 다음과 같다.

$V_{mpp}(\text{해당모듈표면온도}) = V_{mpp} + (\text{해당모듈표면온도} - 25[℃]) \times \dfrac{\text{온도계수}}{100} \times V_{mpp}$

$P_{mpp}(\text{해당모듈표면온도}) = V_{mpp}(\text{해당모듈표면온도}) \times I_{mpp}$

$V_{mpp(50[℃])} = 36.4[\text{V}] + (50[℃] - 25[℃]) \times \dfrac{-0.4[\%/℃]}{100} \times 36.4[\text{V}] = 32.76[\text{V}]$

$P_{mpp(50[℃])} = 32.76[\text{V}] \times 8.11[\text{A}] = 265.68 \simeq 266[\text{W}]$

답 ①

07 STC 조건에서 최대전압이 45[V], 전압온도계수가 −0.2[V/℃]인 결정질 태양전지 모듈 10 장이 직렬로 연결되어 있다. 외기 온도가 −25[℃]일 때 최대전압은 몇 [V]인가?

① 350   ② 450   ③ 550   ④ 650

해설 $V_{(-25℃)} = V_{mpp} + (-25[℃](\text{외기온도}) - 25[℃]) \times -0.2[\text{V/℃}]$

$V_{(-25℃)} = 45[\text{V}] + (-25[℃] - 25[℃]) \times -0.2[\text{V/℃}] = 55[\text{V}]$

10장 직렬연결 시 $55[\text{V}] \times 10 = 550[\text{V}]$

답 ③

08 2500[W] 인버터의 입력전압 범위가 22~32[V]이고, 최대 출력에서 효율은 88[%]이다. 최대 정격에서 인버터의 최대 입력전류는?

① 약 78[A]   ② 약 88[A]   ③ 약 113[A]   ④ 약 129[A]

해설 효율 $= \dfrac{\text{인버터 정격출력}}{\text{최대입력}} = 0.88$ 이므로 최대입력 $= \dfrac{2500}{0.88} = 2840[\text{W}]$ 이다.

- 입력전류$(22[\text{V}]) = \dfrac{2840}{22} = 129[\text{A}]$

- 입력전류$(32[\text{V}]) = \dfrac{2840}{32} = 89[\text{A}]$

따라서 최대 입력전류는 129[A] 이다.   **답** ④

---

09 태양광 모듈의 최대출력(P_{mpp})의 의미를 옳게 표시한 것은?

① $I_{mpp} \times V$ ② $I \times V_{mpp}$

③ $I_{mpp} \times V_{mpp}$ ④ $I \times V$

해설 P_{mpp} 는 최대출력 동작전압(V_{mpp}) × 최대출력 동작전류(I_{mpp})로 나타낼 수 있다.   **답** ③

---

10 STC 조건 하에서 다음과 같은 특성을 가진 결정질 태양전지 모듈의 온도가 −15[℃]일 때, 최대 전압은 몇 [V]인가? (단, 개방전압(V_{oc}) = 40[V], 전압 온도계수($a\,V_{oc}$) = −0.25[V /℃] 이다.)

① 50   ② 60

③ 70   ④ 80

해설 $V(-15[℃]) = 40[\text{V}] + (-15[℃] - 25[℃]) \times -0.25[\text{V}/℃] = 50[\text{V}]$ **답** ①

---

11 회로에서 입력전압 24[V], 스위칭 주기 50[μsec], 듀티비 0.6, 부하저항이 10[Ω]일 때, 출력전압 V_o는 몇 [V]인가?(단, 인덕터의 전류는 일정하고, 커패시터의 C는 출력전압의 리플 성분을 무시할 수 있을 정도로 매우 크다.)

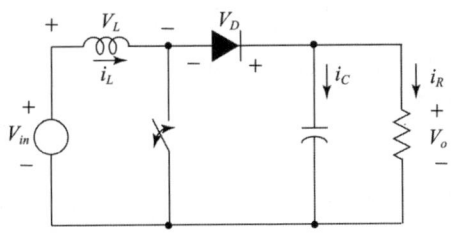

① 20   ② 40   ③ 60   ④ 80

해설 $i_L = \dfrac{V_{in}}{R(1-D)^2} = \dfrac{24}{10 \times (1-0.6)^2} = 15[\text{A}]$

$i_R = i_D - i_C \fallingdotseq i_D = (1-D) \cdot i_L = (1-0.6) \times 15 = 6[\text{A}]$

$\therefore V_{out} = i_R \cdot R = 6 \times 10 = 60[\text{V}]$ **답** ③

12 다음 조건에서 태양전지 모듈의 직렬연결 개수는?

> • 인버터 최대 입력전압(V_{imax}) : 500[V] • 개방전압(V_{OC}) : 42.5[V]
> • 전압온도계수(Kt) : −0.35[%/℃] • 최저온도(T_{min}) : −25[℃]
> • 최고온도(T_{max}) : 60[℃]

① 8개 ② 9개
③ 10개 ④ 11개

해설 태양전지모듈은 온도가 낮을수록 발전량이 높아지므로 최저 온도에서의 최소 직렬수를 유지해야 한다.

$$V(-25[℃]) = 42.5[V] + (-25[℃] - 25[℃]) \times \left(\frac{-0.35}{100}\right) \times 42.5[V] = 49.94[V]$$

$$직렬 수 = \frac{500[V]}{49.93[V]} = 10.01 \simeq 10$$

$$※ \ 셀온도 = V + \left[(셀온도 - 25[℃]) \times \left(\frac{전압온도 변화율}{100}\right) \times V\right]$$

답 ③

1.3 태양광발전시스템 구성 요소 개요

01 단락 전류에 영향을 주는 요소가 아닌 것은?

① 태양전지 면적 ② 입사광자 수
③ 태양전지 광학적 특성 ④ 개방전압

해설 단락 전류에 영향을 주는 요소
  1) 태양전지 면적(입사광원의 출력)
  2) 입사광자 수
  3) 입사광 스펙트럼
  4) 태양전지의 광학적 특성(빛의 흡수 및 반사)
  5) 태양전지의 수집확률

답 ④

02 중 · 대형 태양광발전용 인버터 누설전류 시험에 대한 설명이 아닌 것은?

① 정격 주파수로 운전한다.
② 인버터를 정격 출력에서 운전한다.
③ 판정기준은 누설전류가 5[mA] 이하이다.
④ 인버터의 기체와 대지 사이에 100[Ω] 이상의 저항을 접속한다.

해설 인버터의 기체와 대지 사이에 1[kΩ] 이상의 저항을 접속한다.

답 ④

03 태양광에너지를 받아 태양전지 모듈에서 전기에너지가 생성되는 원리는 무슨 효과를 이용한 것인가?

① 전자기 유도 효과
② 열기전 효과
③ 광기전 효과
④ 음향 전기 효과

해설 광기전 효과(광전효과) : 빛을 비춤으로써 반도체에 기전력이 발생하는 현상　　**답** ③

04 태양전지의 최대 효율을 얻기 위해서는 등가회로에서 직렬저항 값이 최소가 되어야 한다. 직렬저항과 관계없는 것은?

① 누설저항(Shunt Resistance)
② 표면저항(Sheet Resistance)
③ 접촉저항(Contact Resistance)
④ 기판저항(Bulk Resistance)

해설 누설저항(Shunt Resistance) 병렬저항 – 태양전지 내부의 누설에 의한 저항
직렬저항 : N층의 표면저항, P층 기판저항, 전극 접촉저항, 전극 자체의 고유 저항　　**답** ①

05 태양광 모듈의 병렬저항(누설저항)에 대한 설명이 올바른 것은?

① 누설저항이 감소하여도 단락전류는 변화가 없다.
② 실제 사용되는 태양전지의 누설저항(병렬저항)은 매우 작다.
③ 일사강도가 낮은 동작에서 누설저항에 의한 영향이 작아진다.
④ 누설저항이 감소하면 충진율과 개방전압이 커진다.

해설 ・실제 사용되는 태양전지의 누설저항은 매우 크다.
　　・일사강도가 낮은 동작에서 누설저항에 의한 영향은 매우 커진다.
　　・누설저항이 감소하면 단락전류는 변하지 않으나 태양전지의 충진율과 개방전압이 감소한다.　　**답** ①

06 다음 중 누설저항(병렬저항)과 관련이 없는 것은?

① PN접합면의 재결합 전류
② 전극 자체의 고유저항
③ 태양전지의 가장자리를 통한 표면 누설전류
④ 태양전지 표면에 손상이 있어서 전극을 부착시킬 때 금속이 접합에 침투하여 접합을 분로시키는 경우

해설 전극 자체의 고유저항(Metal Resistance)은 직렬저항　　**답** ②

07 다음 (   )에 들어갈 내용은?

> 집광형 태양전지에서와 같이 일사 강도가 크고 고온인 경우 직렬저항이 미치는 영향은 매우 크다. 태양전지의 직렬저항을 낮추기 위해서는 (   )(이)가 크고 접합 깊이가 깊어야 하지만 이 경우 전류가 작아지므로 이에 대한 최적화가 필요하다.

① 도우핑(Doping)농도   ② 전공(Hole)
③ 공핍영역(Depletion zone)   ④ 엑셉터(Accept)

> **해설**   도우핑(Doping) 농도가 크고 접합 깊이가 깊어야 하고 일반적인 태양전지의 경우에는
> 접합 깊이 $0.3 \sim 0.5[\mu m]$, 표면저항은 $50 \pm 10[\Omega]$ 정도로 하고 있다.   **답** ①

08 다음 식은 태양전지의 출력전류를 표현하였다. 기호가 잘못 연결된 것은?

$$I = I_{ph} - I_o \left[\exp\left(\frac{qV}{A_0 kT} \right) - 1 \right]$$

① I_{ph} : 광전류   ② I_o : 다이오드 포화전류
③ A_o : 볼쯔만 상수   ④ T : 절대온도

> **해설** I_{ph} : 광전류, I_o : 다이오드 포화전류, A_o : 이상계수, T : 절대온도, q : 전자의 전하량   **답** ③

09 실리콘형 태양전지의 P형 반도체의 특성으로 올바른 것은?

① 정공이 다수 캐리어(Carrier)
② 전자가 다수 캐리어(Carrier)
③ 전자 · 정공 모두 다수 캐리어(Carrier)
④ 전자 · 정공 모두 소수 캐리어(Carrier)

> **해설**   • 캐리어(Carrier) : 전하의 운반체, 즉 정공과 전도 전자
> • 정공(Positive hole) : 처음 중성인 상태로부터 전자를 잃어서 만들어진 구멍, 양의 전하   **답** ①

10 다음 중 화합물 태양전지에 해당되지 않는 것은?

① GaAs/Ge   ② InP   ③ CdS   ④ ZnS

> **해설**   • 실리콘 태양전지 : 결정질 태양전지(단결정 태양전지, 다결정 태양전지), 비결정질 태양전지
> • 화합물 태양전지 : Ⅲ−Ⅴ족 태양전지(GaAs, InP, GaAlAs, GaInAs),
>   Ⅱ−Ⅳ족 태양전지($CuInSe_2$, CdS, CdTe, ZnS)
> • 적층형 태양전지 : 화합물 Ⅳ족 태양전지(GaAs/Ge, GaAlAs/Si, InP/Si)   **답** ①

11 다음 중 Ⅱ−Ⅳ족 태양전지에 해당하지 않는 것은?

① GaAs   ② $CuInSe_2$ ③ CdS   ④ ZnS

> **해설**   Ⅲ−Ⅴ족 태양전지(GaAs, InP, GaAlAs, GaInAs)   **답** ①

12 다음 중 적층형 태양전지에 해당하지 않는 것은?

① GaAs / Ge

② GaAlAs / Si

③ GaInAs

④ InP / Si

해설 적층형 태양전지 : 화합물 IV족 태양전지(GaAs / Ge, GaAlAs / Si, InP / Si)　　답 ③

13 화합물반도체를 이용한 태양전지의 대표에는 CIGS, CdTe, GaAs 등의 태양전지가 있다. 결정질 실리콘 대비 이들 태양전지의 특징으로 가장 옳지 않은 것은?

① 온도계수가 작아 고온에서 출력감소가 작다.

② 에너지갭은 크나 직접 천이 에너지갭으로 광 특성이 우수하다.

③ CdTe는 에너지갭이 실리콘보다 짧은 파장대역보다는 파장이 긴 대역의 빛을 흡수할 수 있다.

④ 큰 에너지갭으로 인해 보다 짧은 파장대역보다는 파장이 긴 대역의 빛을 흡수할 수 있다.

해설 큰 에너지갭으로 인해 보다 긴 파장대역보다는 파장이 짧은 대역의 빛을 흡수할 수 있다.　　답 ④

14 다결정 규소 태양전지의 설명으로 옳은 것은?

① 광흡수층이 얇아 전지의 두께를 대단히 얇게 만들 수 있는 장점을 가진다.

② 전지가 클 필요가 없으며 고효율의 집광형 시스템에 적합하다.

③ ingot성장과 wafer가공 등 많은 제작비가 소요된다.

④ 결정립의 크기가 1~수[mm] 정도이고 효율은 14[%] 정도다.

해설 ① : 비정질 규소 태양전지 ② : 단결정 GaAs태양전지 ③ : 단결정 규소 태양전지　　답 ④

15 다음 (　)에 공통으로 들어갈 내용은?

> (　)는 광흡수율이 대단히 크고 생성된 캐리어의 수집 효율이 거의 1에 가깝기 때문에 무척 큰 단락전류를 가진 전지를 만들 수 있다. 그러나 (　)는 에너지 대역 간극이 1.04[eV]로 낮기 때문에 개방 전압이 상당히 낮고 고효율화에 한계가 있다. 뿐만 아니라 물리적 특성도 아직은 확실히 규명되지 않은 것도 (　)가 가지고 있는 약점이다.

① 단결정 GaAs 태양전지

② $CuInSe_2$ 태양전지

③ CdTe 태양전지

④ Zn_3P_2 태양전지

해설 $CuInSe_2$ 태양전지 특징
- 밴드캡 1.04[eV]를 가지는 천이형 물질이다.
- 1~2[μm]의 두께로도 고효율의 태양전지 제조가 가능하다.
- 장기적으로 전기 광학적 안정성이 매우 우수한 특성을 지니고 있다.　　답 ②

16 다결정질 태양전지의 에너지 손실에서 가장 큰 부분은?

① 전면 접촉으로 초래된 반사와 차광

② 장파장 복사에서 너무 낮은 광자 에너지

③ 단파장 복사에서 너무 높은 광자 에너지

④ 공간 전하 영역에서의 전지의 전위차

> **해설**
> ‣ 전면 접촉으로 초래된 반사와 차광 3[%]
> ‣ 장파장 복사에서 너무 낮은 광자 에너지 23[%]
> ‣ 단파장 복사에서 너무 높은 광자 에너지 32[%]
> ‣ 공간 전하 영역에서의 전지의 전위차 20[%]
>
> **답** ③

17 단결정 실리콘 태양전지 제조에서만 사용되는 공정은?

① 방향성 고결   ② 인 도핑

③ 인발 공정(Czochralski)   ④ 반사방지막 코팅

> **해설**
> ‣ 방향성 고결 : 다결정 실리콘
> ‣ 인 도핑 : 단·다결정 실리콘
> ‣ 반사방지막 코팅 : 단·다결정 실리콘
>
> **답** ③

18 다음 그림과 같이 축전지회로가 구성되어 있다. 단자 A, B 사이에 나타나는 출력전압과 축전지 용량은?

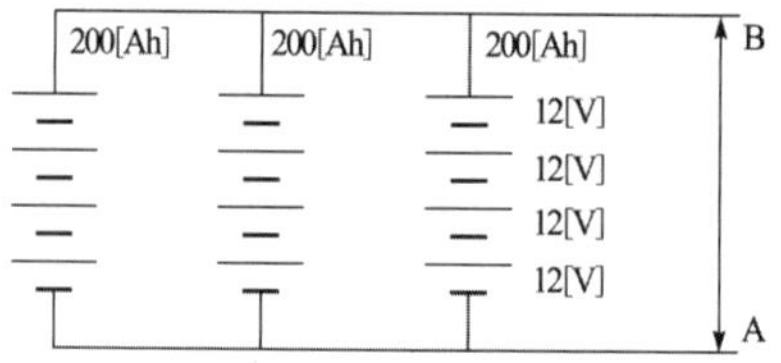

① DC 48[V], 200[Ah]   ② DC 48[V], 600[Ah]

③ DC 12[V], 200[Ah]   ④ DC 12[V], 600[Ah]

> **해설** A, B 양단의 전압은 직렬로 연결된 전원(축전지)의 합과 같고, 축전지의 총용량은 병렬로 연결된 총합으로 표현할 수 있다.
> $$V = 12[V] \times 4 = 48[V]$$
> $$I = 200[Ah] \times 3 = 600[Ah]$$
>
> **답** ②

19 화합물 반도체 태양전지가 아닌 것은?

① CdTe   ② CIS   ③ GaAs   ④ 박막형

> **해설** 화합물 반도체 태양전지
> 1) II-IV족 : CdTe, CIS 등
> 2) III-V족 : GaAs, InP, InGaAs 등
> 3) 기타 : Quantum Dot Cell, Dye Cell 등
>
> **답** ④

20 태양전지 모듈(슈퍼 스트레이트형)의 구조 등에 관한 설명으로 옳지 않은 것은?

① 충전재로 봉한 태양전지 셀을 수광면의 프론트 커버와 뒷면의 백커버 사이에 끼운 구조이다.

② 프론트 90[%] 이상의 투과율과 높은 내충격력을 보유한 약 3[mm] 정도의 백판의 열처리 유리를 사용한다.

③ 태양전지 셀 사이의 내부연결을 위하여 절연전선을 사용하여 접속한다.

④ 프레임은 알루마이트 내식처리를 한 알루미늄 표면에 아크릴 도장을 한 프레임재를 사용한다.

해설 태양전지 셀 사이는 도전 재료의 내부연결전극으로 접속되어 뒷면에 모듈 사이를 전기적으로 접속한다.

답 ③

21 효율이 가장 낮은 태양전지는?

① 다결정 실리콘 태양전지

② 다결정 EFG 실리콘 태양전지

③ 다결정 스트링 리본 실리콘 태양전지

④ 다결정 APEX 태양전지

해설 **다결정 태양전지효율**
• 다결정 실리콘 태양전지 13~16[%]
• 다결정 EFG 실리콘 태양전지 14[%]
• 다결정 스트링 리본 실리콘 태양전지 12~13[%]
• 다결정 APEX 태양전지 9.5[%]

답 ④

22 박막전지 기술의 특징이 아닌 것은?

① 200~600[℃]에서 부착 가능하다.

② 전지의 상호 연결방식은 서로 결합(외부 상호연결) 방식이다.

③ 태양광 모듈 전면에는 투명 전도성 산화물(TCO)이 사용된다.

④ 높은 동작 온도에서 성능 감소가 다른 기술에 비해 적음

해설 결정질 전지와 차별화되는 박막전지의 두드러진 특징은 전지의 상호연결 방식이다. 결정질 태양전지의 경우 전지들은 서로 결합(외부 상호연결)되는 반면, 박막전지는 전기적으로 분리되어 있으면서 각각의 전지층이 스트립 형태의 개별 전지로 절단되는 조직 단계에 의해 서로 연결된다.

답 ②

23 태양전지는 어떤 효과를 이용하여 태양에너지에서 직접 전기에너지로 변환하는 반도체 소자인가?

① 광기전력

② 태양복사

③ 고유전도

④ 도핑원자

해설 광기전력 : 반도체 – 용액 계면에 빛이 조사되었을 때에 발생하는 기전력

답 ①

24 태양전지가 빛을 받지 않은 상태에서 태양전지로부터 출력을 얻을 때 태양전지 양단에 순방향 바이어스전압에 의해 생성되는 전류는?

① 광전류(Photo Current)
② 단락전류(Short Current)
③ 개방전류(Open Current)
④ 암전류(Diode Current)

> **해설**
> • 광전류 : N형 실리콘 내에서의 전자는 다수의 캐리어이기 때문에 유입되어 온 전자의 영향이 유전완화시간 정도로 전달되고, N형 실리콘 내에서의 중성조건을 만족하기 위해 유입된 전자와 같은 수의 전자가 전극에서 유출되고, PN이 도선으로 접속된 경우에는 P형 실리콘 표면 전극 부에서 밀려나가는 정공과 재결합하게 된다. 이때 생기는 전류를 단락광전류라 한다.
> • 암전류 : 빛을 받지 않는 상태에서 태양전지로부터 출력을 얻을 때 태양전지 양단에 순방향 바이어스 전압에 의해 생성되는 전류로서 광전류와 반대방향을 갖는다.　　**답** ④

25 다음 태양전지 모듈 중 박막 계열의 모듈이 아닌 것은?

① Multi-crystalline 모듈
② a-Si 모듈
③ CdTe 모듈
④ CIS 모듈

> **해설** Multi-crystalline 모듈은 결정질 실리콘 계열의 모듈임　　**답** ①

26 단결정 규소 태양전지의 표준 공정을 올바르게 나열한 것은?

| A. 규소 웨이퍼 제조 | B. 모듈로 조립 포장 | C. 태양전지 제조 |
| D. 공업용 규소 환원 | E. 반도체 규소로 정제 | |

① A → E → D → C → B
② E → D → A → C → B
③ D → E → A → C → B
④ E → A → D → C → B

> **해설** 태양전지의 표준 공정
> 1) 모래로부터 공업용 규소 환원
> 2) 공업용 규소로부터 반도체급 규소로 정제
> 3) 반도체급 규소로부터 규소 웨이퍼 제조
> 4) 규소 웨이퍼로 태양전지 제조
> 5) 태양전지 내후성이 있는 모듈로 조립 포장　　**답** ③

27 각 태양전지별 설명이 틀린 것은?

① 결정질 태양전지는 자외선 파장 태양 복사에 민감하게 작용한다.
② 박막전지는 가시광선을 더 잘 이용한다.
③ 비정질 실리콘 전지는 단파장 빛을 최적으로 흡수한다.
④ CdTe와 CIS전지는 중간파장의 빛을 잘 흡수한다.

> **해설** 결정질 태양전지는 적외선 파장 태양 복사에 민감하다.　　**답** ①

28 실리콘 태양전지와 비교해서 화합물 반도체 태양전지인 GaAs(갈륨비소)의 특징은?

① 모든 파장영역에서 빛의 흡수율이 떨어진다.

② 접합 영역에서 전자와 정공의 재결합이 낮다.

③ 빛의 흡수가 뛰어나 후면에서 재결합이 거의 발생하지 않는다.

④ 접합 영역이나 표면에서의 재결합보다 내부에서의 재결합이 많이 발생한다.

> **해설** GaAs(갈륨비소) 태양전지의 특징
> 1) 대표적인 화합물 반도체이며 규소와 같은 형태의 격자 구조를 가지고 있다.
> 2) 실리콘과 달리 직접 대열간극 반조체이므로 광흡수율이 대단히 크다. 이는 소수 캐리어의 수명과 확산 거리가 실리콘보다 무척 짧다는 것을 의미한다. GaAs태양전지는 전지 구조가 규소 태양전지와는 다르다.
> 3) 접합 영역이나 표면에서의 재결합보다 내부에서의 재결합이 적게 발생한다.
> 4) 광흡수율이 크며 광의 흡수에 따른 열의 발생이 적어 집광형 태양전지에 많이 사용되고 있다. **답** ③

29 태양광발전시스템의 특징이 아닌 것은?

① 구름 낀 날이나 비오는 날에는 발전이 불가능하다.

② 발전량은 기상 조건의 영향을 받는다.

③ 빛을 전기로 직접 변환한다.

④ 분산형 시스템이다.

> **해설** 우천 시 또는 흐린 날도 태양전지 모듈은 전력을 생산한다. **답** ①

30 박막형 태양전지의 특징이 아닌 것은?

① 원료비 비중이 훨씬 낮다.

② 대량생산이 가능하다.

③ 생산원가가 저렴하다.

④ 변환효율이 높다.

> **해설** 박막형 태양전지는 모듈 생산 공정까지 일관 작업이 가능하여 가격은 싸지만 아직은 효율이 낮으며 수명에 대한 실증 연구가 부족하다는 단점이 있다. **답** ④

31 단결정질 실리콘 태양전지의 특징이 아닌 것은?

① 실리콘의 원자배열이 규칙적이다.

② 변환효율이 낮다.

③ 배열방향이 일정하여 전자이동에 걸림이 없다.

④ 일조량이 적을 때도 비교적 발전이 양호하다.

> **해설** 단결정질 실리콘 태양전지는 실리콘의 원자배열이 규칙적이며 배열 방향이 일정하여 전자이동에 걸림이 없어 변환효율이 높다는 것이 특징이다. **답** ②

32 염료감응 태양전지의 특징으로 거리가 먼 것은?

① 변환효율이 낮다.

② 생산원가가 적게 든다.

③ 날씨가 흐려도 발전이 가능하다.

④ 제조 시 배출되는 이산화탄소의 양이 많다.

> **해설** 염료감응 태양전지는 만들 때 배출되는 이산화탄소의 양이 결정 실리콘 타입보다 적다. **답** ④

33 아몰퍼스 실리콘 태양전지의 특징이 아닌 것은?

① 아몰퍼스 실리콘 태양전지의 두께는 0.5[μm] 이하이다.

② 온도상승에 대한 출력 저하가 높다.

③ 결정계 실리콘 태양전지와 비교하면 변환효율이 낮다.

④ 저렴한 태양전지를 생산할 수 있다.

> **해설** **아몰퍼스 태양전지의 특징**
> 1) 아몰퍼스 실리콘은 0.5[μm] 이하의 두께로 빛을 흡수할 수 있기 때문에 결정계 실리콘(100[μm] 정도) 태양전지만큼 변환효율이 좋지 않다.
> 2)저렴한 태양전지 생산 가능
> 3)실리콘 태양전지에 비하여 온도 상승에 대한 출력 저하가 적다. **답** ②

34 턴템형 박막 실리콘 태양전지의 특징이 아닌 것은?

① 결정계 실리콘 태양전지보다 변환효율이 좋다.

② pn접합을 여러 개 겹치는 다접형 태양전지이다.

③ 태양광 스펙트럼을 폭넓게 이용하여 변환효율을 향상시킬 수 있다.

④ 단파장 측의 빛은 아몰퍼스 실리콘, 장파장 측의 빛은 미결정 실리콘으로 흡수한다.

> **해설** **턴템형 박막 실리콘 태양전지의 특징**
> 1) 변환효율을 높이기 위해 pn접합을 여러 개 겹치는 다접형 태양전지이다.
> 2) 단파장 측은 아몰퍼스 실리콘, 장파장 측의 빛은 미결정 실리콘으로 흡수한다.
> 3) 태양광 스펙트럼을 폭넓게 이용하여 변환효율을 향상시킬 수 있다.
> 4) 결정계 실리콘 태양전지와 비교하여 변환효율(10~20[%])이 떨어진다. **답** ①

35 고효율 다결정 태양전지기술이 아닌 것은?

① V-Grove

② Honeycomb

③ Laser Fired Contact

④ PPV 유도체와 PCBM 조합

> **해설** PPV 유도체와 PCBM 조합 - 유기박막 태양전지 기술 **답** ④

36 다음 중 태양전지 모듈을 설치하는 데 면적을 가장 적게 차지하는 전지 재료는?

① 단결정　　　　② 고효율 전지　　　　③ 다결정　　　　④ 비정질 실리콘

해설　모듈을 설치하는데 면적을 가장 적게 차지하는 전지는 고효율 전지로서 6~7[m²]이다.　　답 ②

37 다음 중 단결정 전지를 설치할 때 1[kWp] 당 필요한 면적은?

① 6~7[m²]　　　② 7~9[m²]　　　③ 7.5~10[m²]　　　④ 9~11[m²]

해설

전지 재료의 종류	1[kWp] 당 필요한 대지 또는 지붕의 면적
단결정	7~9 [m²]
고효율 전지	6~7 [m²]
다결정	7.5~10 [m²]
CS	9~11 [m²]
CdTe	12~17 [m²]
비정질 실리콘	14~20 [m²]

답 ②

38 다음 중 태양전지 모듈을 설치하는 데 면적을 가장 넓게 차지하는 전지 재료는?

① 다결정　　　　② CIS　　　　③ CdTe　　　　④ 비정질 실리콘

해설　모듈을 설치하는 데 면적을 가장 넓게 차지하는 전지 재료는 비정질 실리콘이며 14~20[m²] 이다.
답 ④

39 태양광 모듈 구조체로 사용되는 철분함량이 낮은 강화유리를 사용하는 이유는?

① 광흡수율을 높이기 위해　　　　② 광투과율을 높이기 위해
③ 열충격을 경감시키기 위해　　　　④ 내마모성을 강화하기 위해

해설　태양광모듈 제작에서 구조제로 철분 함량이 적은 강화유리가 광투과율이 높다.　　답 ②

40 태양전지 내부에 부분적인 그림자로 인한 발전량 저하를 보완하기 위해 사용되는 것은?

① 고효율 태양전지 셀　　　　② 특수 제작된 저철분 유리
③ 내구성 강한 프레임　　　　④ 바이패스 다이오드

해설　고저항이 된 태양전지 셀 또는 모듈에 흐르는 전류를 바이패스 하도록 한다.　　답 ④

41 다음 중 태양전지를 함입하는 캡슐화 방법이 아닌 것은?

① 에틸렌 비닐 아르곤 캡슐화
② 폴리비닐부티랄 캡슐화
③ 에틸렌 비닐 아세테이트 캡슐화
④ 수지 캡슐화

해설 태양전지를 함입하는 데 4가지 캡슐화가 사용된다.(에틸렌 비닐 아세테이트 캡슐화, 폴리비닐부티랄 캡슐화, 테플론 캡슐화, 수지 캡슐화)　　　　　**답** ①

42 다음 중 전지 유형별 분류가 아닌 것은?

① 필름 모듈　　　　② 단결정 모듈　　　　③ 다결정 모듈　　　　④ 박막 모듈

해설 필름 모듈 : 기판에 따른 분류　　　　　**답** ①

43 태양광발전시스템의 특징이 아닌 것은?

① 구름 낀 날이나 비오는 날에는 발전이 불가능하다.
② 발전량은 기상 조건의 영향을 받는다.
③ 빛을 전기로 직접 변환한다.
④ 분산형 시스템이다.

해설 우천 시 또는 흐린 날도 태양전지 모듈은 전력을 생산한다.　　　　　**답** ①

44 태양의 고도(γ_s)와 AM의 관계를 나타낸 식은?

① $\dfrac{1}{\sin\gamma_s}$　　　　② $\dfrac{1}{\sec\gamma_s}$　　　　③ $\dfrac{1}{\tan\gamma_s}$　　　　④ $\dfrac{1}{\arctan\gamma_s}$

해설 AM(Air Mass)는 $\dfrac{1}{\sin\gamma_s}$로 나타낼 수 있다.　　　　　**답** ①

45 다음 중 ( ) 안에 알맞은 내용은?

> 태양전지 모듈의 출력사양은 STC 조건 AM( )에서 측정된 출력이다.

① AM0　　　　② AM1　　　　③ AM1.5　　　　④ AM2

해설 태양전지 모듈의 출력사양은 일반적으로 AM1.5에서 측정된 출력이다. 여기서 AM이란 에어매스(Air Mass)의 약어로 태양직사광이 지상에 입사하기까지 통과하는 대기의 양을 나타낸다.　　　　　**답** ③

46 태양전지 모듈의 방사조도 특성에 관한 설명 중 틀린 것은?

① 방사조도(일사강도)란 수조면 $1[\text{m}^2]$에 도달하는 태양 에너지의 힘을 나타내며, 단위는 $[\text{W/m}^2]$를 사용한다.
② $1,000[\text{W/m}^2]$의 값을 방사조도의 기준으로 삼는다.
③ 태양전지 모듈의 출력사양은 일반적으로 AM1에서 측정된 출력이다.
④ 방사조도가 클수록 전류 및 전압은 더욱 커지게 되며, 따라서 유효전력을 더욱 많이 사용할 수 있다.

해설 태양전지 모듈의 출력사양은 일반적으로 AM1.5에서 측정된 출력이다. 답 ③

47 **다음 중 ( )안에 알맞은 내용은?**

> 모든 태양전지 모듈은 솔라 시뮬레이터를 사용하여 다음의 기준상태로 시험을 하고, 데이터를 얻는다.
> 표준상태 : 태양전지 모듈 표면온도(A), 분광분포(B), 방사조도(C)

① A : 20[℃], B : AM1,   C : 1,000[W/m^2]

② A : 25[℃], B : AM1,   C : 1,000[W/m^2]

③ A : 20[℃], B : AM1.5, C : 1,000[W/m^2]

④ A : 25[℃], B : AM1.5, C : 1,000[W/m^2]

해설 태양전지 표준시험(Standard Test Condition) 조건은 솔라 시뮬레이터를 이용, 옥내 측정은 표준 측정방법
으로 하고 모듈 표준온도 25[℃], 분광분포 AM1.5, 방사조도 1,000[W/m^2] 답 ④

48 **다음 중 태양광 모듈 표준시험조건(STC)이 아닌 것은?**
① 일사강도 1000[W/m^2]   ② 풍속 1[m/s]
③ 분광분포 AM 1.5   ④ 모듈표면온도 25[℃]

해설 **태양광 모듈 표준시험조건(STC)**
모듈표면온도 25[℃], 분광분포 AM 1.5, 일사강도 1000[W/m^2] 답 ②

49 **태양전지 NOCT 조건이 아닌 것은?**
① 일사량 1,000[W/m^2]   ② 외기온도 20[℃]
③ 풍속 1[m/s]   ④ 모듈 후면 개방

해설 NOCT 조건 : 일사량 800[W/m^2], 외기온도 20[℃], 풍속 1[m/s], 모듈 후면 개방 답 ①

50 **태양전지 양단의 전압이 '0'일 때 흐르는 전류는?**
① 충전전류   ② 방전전류
③ 최대출력 동작전류   ④ 단락전류

해설 단락전류는 태양전지 양단의 전압이 '0'일 때 흐르는 전류를 의미한다. 단락전류는 광에 의해 발생된 캐리어
의 생성 및 수집에 기인하므로 이상적인 태양전지의 경우 단락전류와 광생성 전류는 동일하다. 답 ④

51 **다음 중 태양광모듈에 대한 설명이 잘못된 것은?**
① 직렬저항 변화 개방전압(V_{oc})에 영향을 주지 않음
② 병렬저항 변화 단락전류(I_{sc})에 영향을 주지 않음
③ 직렬저항의 증가 충진율은 감소
④ 병렬저항의 감소 개방전압이 증가

> **해설** · 직렬저항이 커지면 개방전압은 변화가 없으나, 충진율은 급격히 감소한다.
> · 병렬저항이 작아지면 단락전류는 변화가 없으나, 충진율과 개방전압은 감소한다.   **답** ④

52 다음 그림과 같이 태양전지의 전압 전류 특성을 나타낸다면 이 태양전지의 충진율(Fill Factor)은?

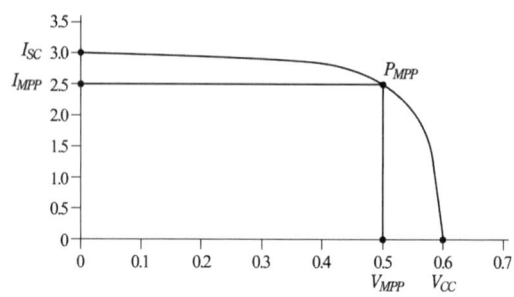

① 0.694   ② 0.822   ③ 1   ④ 1.44

> **해설** $FF = \dfrac{V_{MPP} \times I_{MPP}}{V_{OC} \times I_{SC}} = \dfrac{0.5 \times 2.5}{0.6 \times 3} = 0.69444$ **답** ①

53 태양광전지 효율 η와 관계없는 것은?

① MPP전력   ② 태양복사   ③ 태양전지 면적   ④ 주변온도

> **해설** 태양전지 효율 $\eta = \dfrac{P_{MPP}}{A \cdot E} = \dfrac{FF \cdot V_{OC} \cdot I_{SC}}{A \cdot E}$
>
> P_{MPP} : MPP 전력, A : 태양전지 면적, E : 태양복사   **답** ④

54 태양광 모듈 I-V 곡선의 특성이 잘못된 것은?

① 최대전력점(MPP)은 태양전지가 최대전력으로 작동하는 I-V 곡선상의 점이다.
② 단락전류 I_{SC}는 I_{MPP}보다 약 5~15[%] 높다.
③ 개방회로전압(V_{OC})은 결정질 전지에서 약 0.5~0.6[V]이다.
④ 개방회로전압(V_{OC})은 비정질 전지에서 약 0.2~0.4[V]이다.

> **해설** 개방회로전압(V_{OC})은 비정질 전지에서 약 0.6~0.9[V]이다.   **답** ④

55 태양전지 모듈의 특성이 다음과 같을 때 STC 조건에서 이 모듈의 광변환 효율은?

V_{oc} : 45.10[V], I_{sc} : 8.57[A], V_{mpp} : 35.70[V], I_{mpp} : 8.27[A]		
태양광 모듈 치수 : 1,956[mm](L) × 992[mm](W) × 40[mm](D)		

① 15.2[%]   ② 14.9[%]   ③ 14.7[%]   ④ 14.4[%]

해설 $\dfrac{V_{mpp} \times I_{mpp}}{\text{태양광모듈면적} \times 1000[\text{W/m}^2]} = \dfrac{35.70[\text{V}] \times 8.27[\text{A}]}{1.956[\text{m}] \times 0.992[\text{m}] \times 1000[\text{W/m}^2]} \times 100 = 15.2[\%]$ 　**답** ①

56 다음과 같은 조건의 태양전지모듈의 변환효율은? (단, STC 조건임)

출력	300[W]
가로 길이	1[m]
세로 길이	2[m]

① 10[%]　　　　② 15[%]　　　　③ 20[%]　　　　④ 25[%]

해설 STC 조건의 일사량은 1,000[W/m²]

태양전지모듈 변환효율 $= \dfrac{\text{태양전지모듈 출력}[\text{W}]}{\text{태양전지모듈 면적}[\text{m}^2]\text{에 입사된 에너지량}[\text{W}]} \times 100[\%]$

$= \dfrac{300[\text{W}]}{1[\text{m}] \times 2[\text{m}] \times 1,000[\text{W/m}^2]} \times 100[\%] = 15[\%]$ 　**답** ②

57 태양전지모듈의 충진율이 0.76이고 가로, 세로 길이가 2[m]×1[m]일 때 변환효율은?
(단, Voc : 45.5[V], Isc : 8.68[A])

① 15[%]　　　　　　　　　　② 17.5[%]

③ 20[%]　　　　　　　　　　④ 25[%]

해설 $FF = \dfrac{V_{MPP} \times I_{MPP}}{V_{OC} \times I_{SC}} = \dfrac{P_{MPP}}{V_{OC} \times I_{SC}} = \dfrac{P_{MPP}}{45.5 \times 8.68} = 0.76$

$P_{mpp} = 0.76 \times 45.5 \times 8.68 = 300[\text{W}]$

변환효율 $= \dfrac{P_{mpp}[\text{W}]}{A[\text{m}^2] \times 1000[\text{W/m}^2]} \times 100 = \dfrac{300[\text{W}]}{1[\text{m}] \times 2[\text{m}] \times 1000[\text{W/m}^2]} \times 100 = 15\%$ 　**답** ①

58 표준 상태에서 태양전지 어레이의 변환효율을 산출하는 계산식으로 옳은 것은?

P_{AS} : 태양전지 어레이 출력전력[kW]	G_S : 경사면 일사량[kW/m²]
G_H : 수평면 일사량[kW/m²]	A : 태양전지 어레이 면적[m²]

① $\eta = \dfrac{P_{AS}}{G_S \times A} \times 100[\%]$ 　　　　② $\eta = \dfrac{G_S}{P_{AS} \times A} \times 100[\%]$

③ $\eta = \dfrac{P_{AS} \times A}{G_H} \times 100[\%]$ 　　　　④ $\eta = \dfrac{G_S \times A}{P_{AS}} \times 100[\%]$

해설 어레이의 변환효율

$\eta = \dfrac{\text{어레이 출력}[\text{kW}]}{\text{경사면 일사량(일조강도)}[\text{kW/m}^2] \times \text{어레이 면적}[\text{m}^2]}$ 　**답** ①

59 태양광발전시스템을 1000[m²] 부지에 하나의 어레이로 설치할 때, 모듈 효율 15[%], 일사량 500[W/m²]이면 생산되는 전력은?

① 75[kW]　　　　　　　　　　　② 750[kW]

③ 7,500[kW]　　　　　　　　　④ 75,000[kW]

> **해설** $\eta = \dfrac{\text{전력량}}{\text{일사량} \times \text{면적}} \times 100[\%] = \dfrac{P}{0.5[\text{kW/m}^2] \times 1000[\text{m}^2]} \times 100 = 15$
>
> $P = 75[\text{kW}]$　　　　　　　　　　　　　　　　　　　　　　　**답 ①**

60 태양전지 광감응면의 덮개로 산화철 함량이 낮은 유리를 사용하는 이유는?

① 높은 열 부하에 견딜 수 있는 장점이 있다.

② 기계적 충격, 풍화, 습도에 전지 보호용으로 적합하다.

③ 전지들을 안정적으로 전기적 결합을 시킨다.

④ 많은 입사에너지를 수광하도록 투명도를 높일 수 있다.

> **해설** 태양전지의 광감음면의 덮개는 태양전지가 가능한 많은 입사에너지를 받을 수 있도록 투명도가 높은 재료로 제작된다. 이런 이유로, 산화철 함량이 낮은 백색 유리가 대개 전면 기판으로 사용된다. 백색 유리는 철 함량이 낮기 때문에 빛을 덜 반사시키고 전통적인 유리의 녹색빛이 없다.　　**답 ④**

61 태양광 발전에 영향을 주는 소자끼리 바르게 묶인 것은?

① 전압 – 태양복사, 전류 – 온도　　　　② 전압 – 온도, 전류 – 풍량

③ 전압 – 풍량, 전류 – 태양복사　　　　④ 전압 – 온도, 전류 – 태양복사

> **해설** 태양전지 모듈의 출력전압은 온도에 영향, 전류는 태양복사(일사량)에 영향을 받음　　**답 ④**

62 다음 배선 기호는?

① 인버터　　　　② 접속함　　　　③ PV모듈　　　　④ 축전지

> **해설** PV 모듈, 태양전지　　　　　　　　　　　　　　　　　　　　　　**답 ③**

63 다음 중 태양전지 재료의 설치 시 필요한 면적을 작은 순에서 큰 순으로 바르게 나타낸 것은?

A. 단결정　　B. 다결정　　C. CIS　　D. CdTe　　E. 고효율 전지　　F. 비정질 실리콘

① A → B → C → D → E → F　　　　② B → E → A → D → C → F

③ E → A → B → C → D → F　　　　④ F → A → B → E → C → D

> **해설** E(고효율전지) → A(단결정) → B(다결정) → C(CIS) → D(CdTe) → F(비정질 실리콘)　　**답 ③**

64 태양전지에 열점이 발생할 수 있는 가장 큰 경우는?

① 태양복사 감소   ② 온도 상승

③ 풍속, 풍량 증가   ④ 태양전지 차광

해설 태양전지에 열점이 발생할 수 있는 가장 큰 경우는 태양전지 차광이다.   **답** ④

65 태양광 모듈 접속함에 내장되어 차광에 의한 역바이어스 전압에 대하여 제한 작용을 하는 소자는?

① 역저지 다이오드   ② 바이패스 다이오드

③ 개폐기   ④ 스트링 퓨즈

해설 태양광 모듈의 차광에 의한 역바이어스 전압 제한을 위하여 바이패스 다이오드 사용   **답** ②

66 결정질 태양전지의 충진율(Fill Factor)은?

① 0.3~0.5   ② 0.5~0.7   ③ 0.65~0.75   ④ 0.75~0.85

해설 · 결정질 충진율 : 0.75~0.85
· 비정질 충진율 : 0.5~0.7   **답** ④

67 PV어레이 접속함에 포함되지 않는 것은?

① 스트링 퓨즈   ② 절연점

③ 공급단자   ④ 바이패스 다이오드

해설 바이패스 다이오드(PV어레이 분전함은 스트링 다이오드, 스트링 퓨즈, 절연점, 공급단자로 구성한다.)   **답** ④

68 태양전지 모듈의 온도 특성으로 옳지 않은 것은?

① 태양전지 모듈은 정(+)의 온도 특성이 있다.

② 태양전지 모듈 온도가 상승한 경우 개방전압이나 최대출력도 저하한다.

③ 태양전지 모듈의 표면온도는 외기온도에 비례해서 맑은 날에는 20~40[℃] 정도 높다.

④ 계절에 따른 온도변화로 출력이 변동한다.

해설 태양전지 모듈은 온도가 상승하면 출력이 내려가고, 온도가 하강하면 출력이 올라가는 부(−)의 온도 특성이 있다.   **답** ①

69 태양전지를 설치할 때 고려 사항이 아닌 것은?

① 주변온도   ② 설치용량   ③ 경사각   ④ 일사시간

해설 태양전지 설치 시 고려사항(설치용량, 경사각, 일사시간)   **답** ①

70 다음 중 모듈 규격의 단위가 잘못 연결된 것은?

① 최대출력(P_{max}) : [W]   ② 최대출력 시 전류(I_{max}) : [A]

③ 전지모듈의 효율 : [%]   ④ 공칭 운전 시 셀 온도 : [%/℃]

> **해설** ・공칭 운전 시 셀 온도 : [℃]
> ・온도계수 : [%/℃]
>
> **답** ④

71 다음은 태양전지 모듈의 구조에 관한 기술이다. 틀린 것은?

① 형상은 사각형이나 정사각형에 가까운 직사각형의 모양을 하고 있다.

② 내후성 충전재로 봉한 태양전지 셀을 수광면의 프론트 커버와 내후성 필름의 후면 시트 사이에 끼운 구조로 되어 있다.

③ 모듈의 주위를 기계적으로 보호하고 태양전지 어레이에 설치하기 위한 설치부가 있다.

④ 주변부의 씰 성능 향상을 위해 보통 금속으로 만든 씰재가 사용된다.

> **해설** 주변부의 씰 성능 향상을 위해 보통 고무로 만든 씰재가 사용된다.
>
> **답** ④

72 태양전지 모듈을 구성하는 부품이 아닌 것은?

① 셀   ② 프레임   ③ 인버터   ④ 프론트 커버

> **해설** **태양전지 모듈 구성부품**
> 프레임, 프론트 커버, 태양전지 셀, 단자함, 백커버, 씰재, 충진재, 내부연결전극, 출력리드선
>
> **답** ③

73 KS C-IEC 규격에 기초하여 태양전지 모듈의 뒷면에 표시되는 항목이 아닌 것은?

① 공칭 최소출력   ② 공칭 개방전압

③ 공칭 단락전류   ④ 공칭 질량

> **해설** **태양전지 모듈의 뒷면에 표시되는 항목**
> 1) 제조업자명 또는 그 약호
> 2) 제조 연월일 및 제조번호, 또는 제조 연월을 알 수 있는 제조번호
> 3) 내풍압성의 등급   4) 최대 시스템 전압(H 또는 L)
> 5) 어레이의 조립형태(A 또는 B)   6) 공칭 최대출력 [W]
> 7) 공칭 개방전압 [V]   8) 공칭 단락전류 [A]
> 9) 공칭 최대출력 동작전압 [V]   10) 공칭 최대출력 동작전류 [A]
> 11) 역내전압 [V] : 바이패스 다이오드의 유무(아몰퍼스계만 해당)
> 12) 공칭 질량[kg]
>
> **답** ①

74 태양전지 모듈에 입사된 빛 에너지가 변환되어 발생하는 전기적 출력을 특성 곡선으로 나타낸 것은?

① 전압 - 전류 특성   ② 전압 - 저항 특성

③ 전류 - 온도 특성   ④ 전압 - 온도 특성

해설 태양광모듈의 전기적 특성은 전압과 전류($V-I$)의 특성으로 나타낼 수 있다. **답** ①

75 태양전지모듈의 구조에 대한 설명으로 잘못된 것은?

① 프론트 커버는 85[%] 이상 투과율을 확보

② 프론트 커버는 높은 내충격력을 보유한 약 3[mm] 두께의 백판 열처리 유리 사용

③ 알루마이트 내식처리를 한 알루미늄 표면에 아크릴 도장을 한 프레임재가 사용

④ 모듈 구멍에 설치하기 위해 $\phi6.0\sim9.7$[mm]의 설치용 홀이 양쪽 긴 방향 프레임에 3~4 개씩 총 6~8개 필요

해설 **태양전지모듈의 구조**
1) 프론트 커버(front cover) : 프론트 커버는 90[%] 이상의 투과율을 확보하여 높은 내충격력을 보유한 약 3[mm] 두께의 백판 열처리 유리 등이 일반적으로 사용된다.
2) 프레임 : 알루마이트 내식처리를 한 알루미늄 표면에 아크릴 도장을 프레임재가 일반적으로 사용된다.
3) 설치용 홀 : 모듈을 구조물 등에 설치하기 위해 $\phi6.0\sim9.7$[mm]의 설치용 구멍이 양쪽 긴 방향 프레임에 3~4개 씩 합 6~8개 정도가 필요하다.
이외에 $\phi4.0\sim6.5$[mm]의 지면 설치용과 배선용 구멍을 필요로 한다. **답** ①

76 태양전지 모듈과 일사량, 온도의 관계에 대한 설명으로 잘못된 것은?

① 일사량이 증가하면 전류도 증가한다.

② 일사량이 증가하면 전력량도 증가한다.

③ 표면온도가 증가하면 전압은 감소한다.

④ 표면온도가 증가하면 전류도 감소한다.

해설 태양전지 모듈의 일사량 온도의 관계
1) 일사량이 증가하면 전류와 전력량 증가
2) 일사량이 감소하면 전류와 전력량 감소
3) 표면온도가 증가하면 전압 감소, 전류 증가
4) 표면온도가 감소하면 전압 증가, 전류 감소
단, 표면온도에 따른 전압 변화율은 크지만, 전류 변화율은 작다. **답** ④

77 Ribbon 재료로 사용되고 있는 부품은 대부분 주석-납-은 계열을 사용하나 현재 Pb-Free (납제거)의 물질들이 개발 중이다. 리본재료의 설명으로 가장 부적절한 것은?

① 수분침투에 의해 노출되면 쉽게 산화하여 R_s(직렬등가저항)의 증가 및 R_{sh}(병렬등가저항)을 감소시켜 출력 감소의 원인이 된다.

② 리본 연결공정에서 진공에 의해 압착은 하나 계면부위에서 기포가 완전히 제거되지 않으면 시간에 따라 산화에 의한 셀의 R_{sh}(병렬등가저항)이 감소하여 출력이 감소한다.

③ 리본 연결공정의 조건 및 물질과 공정 온도에 따라 셀의 휨현상(Bowing)은 없으나 직렬 저항에 직접적인 영향을 미친다.

④ 납 성분의 리본은 유해하나 접촉저항 감소 및 유연성 측면에서 사용하며 순간적인 고온에서 공정이 진행되어 셀에 열적스트레스를 적게 준다.

> **해설** 태양전지모듈 제조 시 리본 연결공정 중에 셀의 휨현상(Bowing)이 발생하여 장시간 사용시 내구성에 큰 영향을 준다. **답** ③

78 태양광 모듈을 구성하는 일부 태양전지 셀에 음영이 생길 경우 발생하는 출력 저하 및 발열을 억제하기 위한 것은?

① 바이패스 다이오드 　　　　　　② 역전류 방지 다이오드
③ 역전류 방지 퓨즈 　　　　　　　④ DC 차단기

> **해설** 바이패스 다이오드란 태양광 모듈을 구성하는 일부 태양전지 셀에 음영이 생길 경우 발생하는 출력 저하 및 발열을 억제하기 위한 것임 **답** ①

79 열점에 대한 설명 중 무관한 것은?

① Bypass Diode 　　　　　　　　② 국부적 과열
③ 태양전지 셀의 파손 　　　　　　④ SPD

> **해설** SPD(Surge Protect Device) : 뇌뢰를 보호하는 장치
> 1) 어레스터 : 낙뢰에 의한 충격성 과전압에 대하여 전기설비의 단자전압을 규정치 이내로 저감시켜 정전을 일으키지 않고 원상태로 회귀하는 장치이다.
> 2) 서지 옵서버 : 전선로에 침입하는 이상 전압의 높이를 완화하고 파고치를 저하시키는 장치이다.
> 3) 내뢰 트랜스 : 실드 부착 절연트랜스를 주체로 이에 어레스터 및 콘덴서를 부가시킨 것 **답** ④

80 방향과 경사가 서로 다른 하부 어레이들로 구성된 태양광발전시스템의 인버터 운영방식으로 적합한 것은?

① 중앙집중형 　　② 분산형 　　③ 모듈형 　　④ 마스터-슬레이브형

> **해설** 인버터 시스템별 분류
> 1) 전체 시스템 : 중앙 집중형 인버터 　　2) 스트링 : 스트링 인버터
> 3) 개별 모듈 : 모듈 인버터
> 4) 방향과 경사가 서로 다른 하부 어레이들로 구성된 시스템 또는 부분적으로 음영이 되는 시스템 : 분산형 인버터 방식 **답** ②

81 그림은 태양광발전설비와 태양전지판의 크기를 나타낸 것이다. 햇빛이 지표면에 수직으로 입사할 때 1[m²]의 지표면에서 단위 시간당 받는 빛에너지가 1,000[W]이고 태양전지의 변환효율이 15[%]일 때, 이 태양광발전 시설이 2시간 동안 생산하는 전력량은 몇 [Wh]인가? (단, 햇빛은 2시간 내내 동일하게 지면에 수직으로 입사하며, 태양전지 표면에서 빛의 반사는 일어나지 않는다.)

① 3,000
② $1,500\sqrt{3}$
③ $1,000\sqrt{3}$
④ 1,500

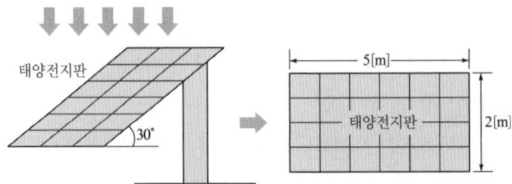

해설 $\dfrac{P(\text{전력생산량})}{(\text{태양전지모듈의 면적})\cos(\text{모듈의 경사각})\times \text{시간당 빛에너지}} \times 100 =$ 전지의 변화효율

$$\dfrac{P}{\{(2[\text{m}]\times 5[\text{m}])\cos30°\times 1000[\text{W/m}^2]\}} \times 100 = 15[\%]$$

$P = 750\sqrt{3}\,[\text{W}]$

전력량[Wh] = 태양전지판의 출력[W]×2[h]
$\qquad\qquad = 750\sqrt{3}\,[\text{W}]\times 2[\text{h}] = 1500\sqrt{3}\,[\text{Wh}]$ 답 ②

82 NOCT의 영향 요소가 아닌 것은?

① 전지표면의 방사조도   ② 공기온도

③ 풍속   ④ 개방전압

해설 NOCT 조건 : 공기온도, 풍속, 전지표면의 방사조도 답 ④

83 결정계 모듈에서 표면온도와 출력과의 관계가 맞는 것은?

① 표면온도가 높아지면 출력이 증가

② 표면온도가 높아지면 출력이 감소

③ 표면온도가 낮아지면 출력이 감소

④ 표면온도가 높거나 낮거나 출력에 영향이 없다.

해설 태양광모듈의 표면온도가 높아지면 전압이 감소하여 출력이 감소한다. 답 ②

84 다음 회로도가 나타내는 태양광 인버터 회로방식은?

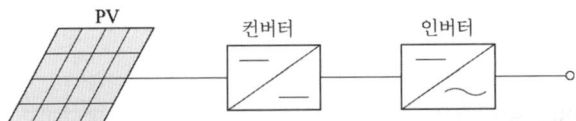

① 상용주파수 변압기 절연방식   ② 고주파 변압기 절연방식

③ 트랜스리스 방식   ④ 서브어레이 방식

해설 **트랜스리스 방식**
태양전지의 직류출력을 DC-DC 컨버터로 승압하고 인버터로 상용주파의 교류로 변환한다. 답 ③

85 다음 회로도가 나타내는 태양광 인버터 회로방식은?

① 상용주파수 변압기 절연방식

② 고주파 변압기 절연방식

③ 트랜스리스 방식

④ 서브어레이 방식

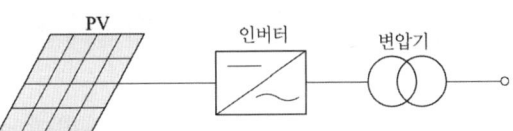

> **해설** 상용주파수 변압기 절연방식
> 태양전지 직류출력을 상용주파의 교류로 변환한 후 변압기로 절연한다.　　**답** ①

86 다음 회로도가 나타내는 태양광 인버터 회로방식은?

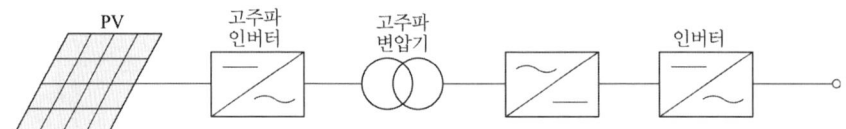

① 상용주파수 변압기 절연방식　　② 고주파 변압기 절연방식
③ 트랜스리스 방식　　④ 서브어레이 방식

> **해설** 고주파 변압기 절연방식
> 태양전지의 직류출력을 고주파 교류로 변환한 후, 소형 고주파 변압기로 절연한다. 그다음 일단 직류로 변환하고 다시 상용주파수 교류로 변환한다.　　**답** ②

87 인버터에 관한 다음 설명 중 틀린 것은?

① 인버터란 태양전지에서 얻어지는 직류전력을 교류전력으로 변환시켜주는 장치이다.
② 인버터를 사용하면 일반 가정용 전기기기를 그대로 사용할 수 있다.
③ 인버터는 태양전지의 발전전력을 최대로 이끌어내며 동시에 일반 배전계통과 연계운전을 한다.
④ 인버터는 순변환 회로이다.

> **해설** 직류전력을 교류전력으로 변환시키는 것을 역변환이라 하며, 이와 같은 역변환 회로를 인버터(Inverter)라고 한다.　　**답** ④

88 그림과 같은 인버터 방식은?

① 중앙 집중형 인버터(저전압) 방식
② 병렬연결 방식
③ 마스터-슬레이브 방식
④ 모듈 인버터 방식

> **해설** 중앙 집중형 저전압 방식
> 1) 몇 개의 모듈(3~5)만이 직렬 연결되어 스트링을 이룬다.
> 2) 장점 : 음영의 영향을 적게 받는다. 스트링에서 가장 음영이 많이 지는 모듈 전류에 따라 전체 스트링 전류가 결정된다.
> 3) 단점 : 높은 전류가 발생한다. 저항손실을 줄이기 위해서는 상대적으로 사이즈가 굵은 케이블 간선이 사용된다.　　**답** ①

89 그림과 같은 인버터 방식을 무엇이라 하는가?

① 모듈 인버터 방식

② 스트링 인버터 방식

③ 병렬연결 방식

④ 마스터-슬레이브 방식

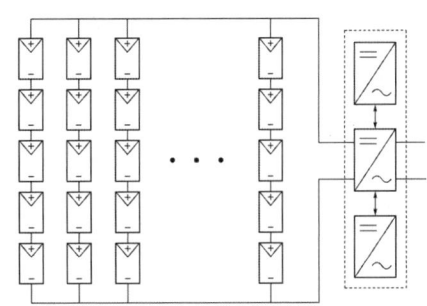

해설 **마스터-슬레이브 방식**

· 여러 개의 소용량 중앙 집중형 인버터가 사용된다. 마스터 인버터는 낮은 복사량에서 작동한다. 복사량이 증가하면, 마스터 장치가 전력 한계에 도달하고 그러면 다음 인버터(슬레이브)가 연결된다.

· 장점 : 낮은 복사량으로 한 개의 인버터만 동작한다.

· 단점 : 중앙 집중형 인버터의 경우에 비해 투자비용은 매우 증가한다.   답 ④

90 그림과 같은 인버터 방식은?

① 병렬 인버터 방식

② 모듈 인버터 방식

③ 마스터-슬레이브 인버터 방식

④ 서브어레이 인버터 방식

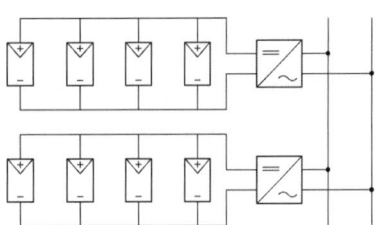

해설 병렬 인버터 방식은 인버터의 DC 입력 부분과 AC 출력 부분을 모두 병렬로 접속하는 방식이다.

답 ①

91 그림과 같은 인버터 방식은?

① 병렬 인버터 방식

② 마스터-슬레이브 인버터 방식

③ 스트링 인버터 방식

④ 중앙 집중형 인버터 방식

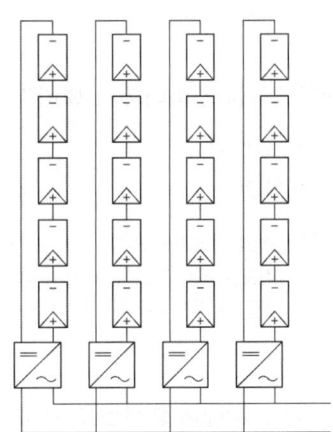

해설 **스트링 인버터 방식**

· PV 어레이 근처에 인버터 설치가 가능하여 PV접속함 생략 가능

· 상호연결되는 모듈케이블 감소와 DC전원 케이블 생략 가능   답 ③

92 그림과 같은 인버터 방식은?

① 중앙 집중형 인버터 방식
② 모듈 인버터 방식
③ 마스터–슬레이브 인버터 방식
④ 서브어레이 인버터 방식

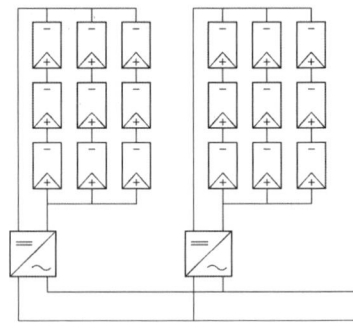

> **해설** 서브어레이 인버터 방식
> 인버터는 서브어레이별로 사용된다. 같은 방향, 각도 그리고 비차광 조건의 모듈만이 스트링으로 연결된다.
>
> **답** ④

93 그림과 같은 인버터 방식은?

① 중앙 집중형 인버터 방식
② 모듈 인버터 방식
③ 마스터–슬레이브 인버터 방식
④ 서브어레이 인버터 방식

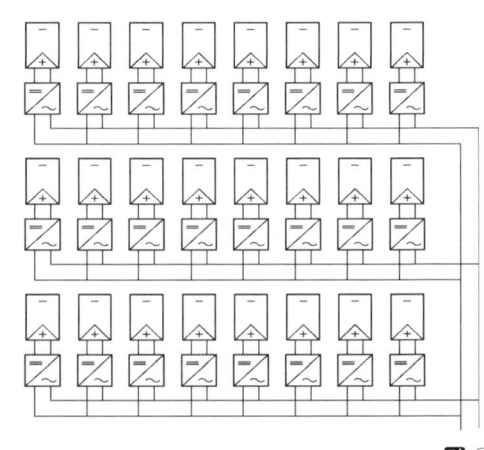

> **해설** **모듈 인버터 방식**
> 개별 모듈의 MPP점이 중앙 집중형 등
> 인버터 방식에 비해 슬리핑 구동이
> 매우 낮아 높은 발전량을 만들 수 있다.
>
> **답** ②

94 계통제어형 인버터에서 브리지 회로로 사용하는 반도체 소자는?

① MOSFET   ② TRIAC
③ DIODE   ④ SCR

> **해설** SCR(사이리스터)사이리스터란 p–n–p–n접합의 4층 구조 반도체 소자의 총칭으로서, 역저지 사이리스터,
> 역도통 사이리스터, 트라이액이 있다. 그러나 일반적으로는 SCR(Silicon–Controlled Rectifier Thyristor)이
> 라고 불리는 역저지 3단자 사이리스터를 가리키며, 실리콘 제어 정류소자를 말한다.
>
> **답** ④

95 태양광전지에서 생산된 전력 125[W]가 인버터에 입력되어 인버터 출력이 100[W]가 되면 인버터의 변환 효율은 몇 [%]인가?

① 45[%]   ② 64[%]   ③ 80[%]   ④ 92[%]

> **해설** 인버터 효율 $= \dfrac{\eta_{OUT}}{\eta_{IN}} \times 100 = \dfrac{100}{125} \times 100 = 80[\%]$ **답** ③

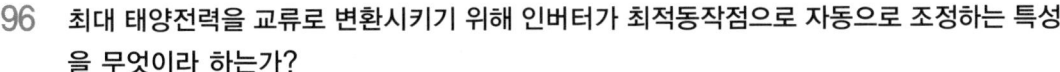

96 최대 태양전력을 교류로 변환시키기 위해 인버터가 최적동작점으로 자동으로 조정하는 특성을 무엇이라 하는가?

① 변환효율(η_{CON}) 　　　　② 추적효율(η_{TR})

③ 정격효율(η_{INV}) 　　　　④ 유로효율(η_{Euro})

> **해설** **인버터 효율의 종류**
>
> 추적효율(η_{TR}) : $\eta_{TR} = \dfrac{P_{DC}\ 순간입력\ 전력}{P_{PV}\ 최대순간\ PV\ 어레이\ 전력}$
>
> 유로효율(η_{Euro}) : 유럽의 기후에 대해 가중된 동적 효율
>
> 정격효율(η_{INV}) : $\eta_{INV} = \eta_{CON} \times \eta_{TR}$(변환효율×추적효율)　　　　**답** ②

97 직류를 교류로 변환할 때 발생하는 손실은?

① 변환효율(η_{CON}) 　　　　② 추적효율(η_{TR})

③ 정격효율(η_{INV}) 　　　　④ 유로효율(η_{Euro})

> **해설** 변환효율(η_{CON}) : $\eta_{CON} = \dfrac{P_{AC}\ 출력\ 전력}{P_{DC}\ 입력\ 전력}$
>
> 변압기, 전력, 개폐장치에 의한 손실 그리고 작동 데이터의 관리, 제어, 기록 등에 대한 자체 소비로 인한 손실로 구성된다.　　　　**답** ①

98 다음 중 계통보호를 위한 인버터의 기능으로만 묶인 것은?

① 최대전력 추종제어 기능, 자동운전 정지기능

② 단독운전 방지기능, 최대전력 추종제어기능

③ 자동 전압 조정기능, 단독운전 방지기능

④ 자동운전 정지기능, 자동 전압 조정기능

> **해설** • 태양전지 출력을 가능한 유효하게 끌어내기 위한 기능 : 자동운전 정지 기능, 최대전력 추종제어기능
> • 계통보호를 위한 기능 : 단독운전 방지기능, 자동 전압조정기능　　　　**답** ③

99 단독운전 방지 기능 중 능동형 방식이 아닌 것은?

① 주파수 변화율 검출방식

② 유효전력 변동방식

③ 무효전력 변동방식

④ 부하변동방식

> **해설** • 수동적 방식 : 전압위상 도약검출방식, 제3차 고조파 전압 급감 검출방식, 주파수 변화율 검출방식
> • 능동적 방식 : 주파수 시프트방식, 유효전력 변동방식, 무효전력 변동방식, 부하변동방식　　　　**답** ①

100 태양광 인버터 선정 시 유효 이용에 관한 내용이 잘못된 것은?

① 전압변환 효율이 높을 것
② 최대 전력추종제어(MPPT)에 의한 최대전력의 추출이 가능할 것
③ 야간 등의 대기손실이 적을 것
④ 저부하 시의 손실이 적을 것

해설 전력변환 효율이 높을 것 　　　　　　　　　　　　　　　　　　　　**답** ①

101 단독운전 방지 기능에 대한 설명이 잘못된 것은?

① 일부 구간의 부하에만 전력을 공급하는 단독운전 상태 검출 기능
② 비동기에 의한 고장이 발생하지 않도록 한다.
③ 계통의 정상운영, 설비운전, 공공 인축 안정 등에 영향을 미치지 않도록 한다.
④ 최대 0.5초 이내에 순간에 태양광 발전설비를 분리시킨다.

해설 보호계전기 : 비동기에 의한 고장이 발생하지 않도록 한다. 　　　　　　**답** ②

102 다음 중 마스터-슬레이브 인버터의 설명으로 바르지 않는 것은?

① 낮은 복사량에서 마스터 인버터만 가동하고, 복사량이 증가할수록 가동 인버터를 늘려간다.
② 마스터와 슬레이브 방식은 구동 안정성을 위하여 교번운전을 하지 않는다.
③ 중앙 집중형 인버터에 비해 투자비용이 크다.
④ 인버터 간 균등 운전을 수행한다.

해설 인버터 균등 운전을 위하여 마스터와 슬레이브를 특정 주기로 교번운전한다. 　**답** ②

103 인버터 운전 효율을 증가시키지만 입력 측 차단기 및 보호회로 방식이 복잡해지는 인버터 운전 방식은?

① 중앙 집중형 인버터 방식　　　　② 서브어레이 인버터 방식
③ 스트링 인버터 방식　　　　　　④ 병렬 운전 인버터 방식

해설 병렬 운전 인버터 방식은 인버터의 운전효율 증가와 수명을 연장 할 수 있으며, 중앙 집중형 인버터에 비해 현저한 출력증가를 가져올 수 있으나 입출력 차단기 및 보호 방식이 복잡하다. 　**답** ④

104 인버터의 회로 방식 중 트랜스리스 방식의 특징으로 볼 수 없는 것은?

① 소형 · 경량이다.　　　　　　② 비용이 저렴하다.
③ 신뢰성이 높다.　　　　　　　④ 상용전원과 절연한다.

해설 현재 주류를 이루고 있는 트랜스리스 방식은 소형·경량이며 비용도 저렴하고 신뢰성이 높지만, 상용전원과의 사이는 비절연이다. **답** ④

105 태양광발전시스템의 분류 중 섬, 낙도 등에서 사용하는 방식은?

① 계통연계형　　　　　　② 독립형
③ 추적식　　　　　　　　④ 고정식

해설 독립형시스템은 전력회사의 배전선에서 멀리 떨어진 산악지대 및 외딴 섬 등에서 널리 사용된다. **답** ②

106 다음은 인버터의 회로 방식 중 고주파 변압기 절연방식에 관한 기술이다. 틀린 것은?

① 소형·경량이다.
② 회로가 복잡하다.
③ 직류출력을 교류출력으로 변환한 후 소형의 고주파 변압기로 절연한다.
④ 내뢰성과 노이즈 컷이 뛰어나다.

해설 내뢰성과 노이즈 컷이 뛰어난 것은 상용주파 변압기 절연방식이다. **답** ④

107 계통연계 보호장치에 관한 다음 기술 중 틀린 것은?

① 전기설비 기술기준의 해석상 계통연계 보호장치의 설치가 의무화되어 있다.
② 계통연계 보호장치는 인버터와 분리되어 있는 경우가 많다.
③ 비접지 계통시스템에서는 지락 과전압 계전기의 설치가 필요하다.
④ 고압연계 시스템에 있어서 보호계전기의 설치장소는 실질적으로 인버터의 출력점이 된다.

해설 일반적으로 계통연계 보호장치는 인버터에 내장되어 있는 경우가 많다. **답** ②

108 다음은 인버터의 자동운전 정지 기능에 관한 기술이다. 틀린 것은?

① 태양전지의 출력을 얻을 수 있는 조건이 되면 자동적으로 운전을 시작한다.
② 태양전지의 출력을 스스로 감시하여 자동적으로 운전한다.
③ 해가 완전히 없어지면 운전을 정지한다.
④ 흐린 날이나 비오는 날에는 운전을 정지한다.

해설 흐린 날이나 비오는 날에는 운전을 계속할 수 있지만 태양전지의 출력이 적어져 인버터의 출력이 거의 0으로 되면 대기상태가 된다. **답** ④

109 인버터의 단독운전 방지기능 중 수동적 방식으로 옳은 것은?

① 부하변동방식　　　　　② 주파수 변화율 검출방식
③ 무효전력 변동방식　　　④ 주파수 시프트 방식

> **해설** 인버터의 단독운전 방지기능 중 수동적 방식의 종류 : 전압위상 도약 검출방식, 제3차 고주파 전압급증 검출 방식, 주파수 변화율 검출방식 등 **답** ②

110 태양전지의 직류출력을 상용주파수의 교류로 변환한 후 변압기에서 절연하는 방식은?

① 트랜스리스 방식   ② 고주파 변압기의 절연방식

③ PAM 방식   ④ 상용주파 변압기 절연방식

> **해설** • 트랜스리스 방식 : 태양전지의 직류출력을 DC−DC 컨버터로 승압하고 인버터로 상용주파의 교류로 변환
> • 고주파 변압기 절연방식 : 태양전지의 직류출력을 고주파 교류로 변환한 후, 소형 고주파 변압기로 절연한 다. 그 다음 일단 직류로 변환하고 다시 상용주파수 교류로 변환한다. **답** ④

111 인버터의 출력과 병렬로 임피던스를 순간적 또는 주기적으로 삽입하여 전압 또는 전류의 급 변을 검출하는 방식은?

① 부하변동방식   ② 유효전력 변동방식

③ 주파수 변화율 검출방식   ④ 주파수 시프트 방식

> **해설** **인버터 단독운전 방지기능 검출방법**
> 1) 유효전력 변동방식 : 인버터의 출력에 주기적인 유효전력 변동을 부여하고, 단독운전 시에 나타나는 전 압 · 주파수 변동을 검출한다.
> 2) 주파수 변화율 검출방식 : 주로 단독운전 이행 시 발전전력과 부하의 불평형에 의한 주파수의 급변을 검 출한다.
> 3) 주파수 시프트 방식 : 인버터의 내부발진기에 주파수 바이어스를 부여하고, 단독운전 시에 나타나는 주파 수 변동을 검출한다. **답** ①

112 다음 중 ( ) 안에 알맞은 내용은?

> 한국전력공사는 고주파 변압기 절연방식과 트랜스리스 방식의 인버터인 경우 출력전류에 중첩하는 직류 분을 정격교류 최대전류의 ( ) 이하로 유지할 것을 요구한다.

① 0.1[%]   ② 0.3[%]   ③ 0.5[%]   ④ 0.7[%]

> **해설** 직류분은 정격교류 최대전류의 0.5[%] 이하로 유지하여야 한다. **답** ③

113 다음 중 인버터의 기능으로 볼 수 없는 것은?

① 자동운전 정지기능   ② 교류 지락 검출기능

③ 단독운전 방지기능   ④ 자동전압 조정기능

> **해설** 트랜스리스 방식의 인버터에는 태양전지와 계통측이 절연되어 있지 않기 때문에 태양전기의 지락에 대한 안전대책이 필요하다. 통상 수전점(분전반)에는 누전차단기가 설치되어 옥내배선이나 부하기기의 지락을 감시하지만, 태양전지에서 지락이 발생하면 지락전류에 지락성분이 중첩되어 누전차단기에서는 보호할 수 없는 경우가 있다. 따라서 인버터 내부에 직류의 지락검출기를 설치하여 지락을 검출, 인버터를 보호할 필 요가 있다. **답** ②

114 소용량의 태양광발전 시스템에서 생략할 수 있는 인버터의 기능은?

① 직류 검출기능   ② 자동전압 조정기능

③ 단독운전 방지기능   ④ 최대전력추종 제어기능

> **해설** 태양광발전 시스템을 계통에 접속하여 역송전 운전을 하는 경우 전력 전송을 위한 수전점의 전압이 상승하여 전력회로의 운용범위를 초과할 가능성이 있다. 따라서 이를 예방하기 위해 자동전압 조정기능을 설정하여 전압의 상승을 방지하고 있다. 다만, 소용량의 태양광발전 시스템은 전압 상승의 가능성이 희박하여 이 기능을 생략할 수 있다.   **답** ②

115 파워컨디셔너의 단독운전방지 기능에서 능동적 방식에 속하지 않는 것은?

① 유효전력 변동방식   ② 무효전력 변동방식

③ 주파수 시프트방식   ④ 주파수 변화율 검출방식

> **해설** • 능동적 방식
>   1) 주파수 시프트방식
>   2) 유효전력 변동방식
>   3) 무효전력 변동방식
>   4) 부하변동방식
> • 수동적 방식
>   1) 전압위상 도약검출방식
>   2) 제3차 고조파 전압급증 검출방식
>   3) 주파수 변화율 검출방식   **답** ④

116 태양광 인버터에서 태양전지의 동작점을 항상 최대가 되도록 하는 기능은?

① 자동 전압 조정기능

② 최대전력 추종제어기능

③ 자동 운전 정지기능

④ 단독 운전 방지기능

> **해설** **최대전력 추종제어기능**
> 태양전지 출력은 일사강도와 태양전지 표면온도에 따라 변동한다. 이런 변동에 대하여 태양전지의 동작점이 항상 최대출력점을 추종하도록 변화시켜 태양전지에서 최대출력을 얻을 수 있는 제어   **답** ②

117 다음 중에서 계통연계형 태양광 인버터의 역할에 대한 설명이 아닌 것은?

① 직류(DC) 전기에너지를 교류(AC) 전기에너지로 변환하는 역할

② 태양광 모듈의 최대전력점을 추적(MPPT)하는 역할

③ 태양에너지를 전기에너지로 변환하는 역할

④ 연계되는 계통을 보호하고 계통의 안정화를 지원하는 역할

> **해설** 태양에너지를 전기에너지로 변환하는 역할 – 태양전지 모듈   **답** ③

118 다음 설명은 인버터의 효율 중 어떤 효율에 관한 것인가?

> 태양광 모듈의 출력이 최대가 되는 최대전력점(MPP : Maximum Power Point)을 찾는 기술에 대한 성능
> 지표이다.

① 정격효율　　　　② 추적효율　　　　③ 유로효율　　　　④ 변환효율

해설　인버터효율
- 정격효율 : 변환효율과 추적효율의 곱으로 표현,
  $$\eta_{INV} = \eta_{CON} \times \eta_{TR}$$
- 유로효율 : 유럽의 기후에 대해 가중된 동적 효율
- 변환효율 : 직류를 교류로 변환할 때 발생하는 손실　　**답 ②**

119 인버터 데이터 중 모니터링 화면에 전송되는 것이 아닌 것은?

① 입력 측 전압, 전류, 전력　　　　② 출력 측 전압, 전류, 전력
③ 일사량　　　　　　　　　　　　④ 발전량

해설　일사량계에 의해서 일사량 측정　　**답 ③**

120 인버터의 설명 중 틀린 것은?

① PWM 원리로 정현파 재생
② MPPT를 이용한 최대전력 생산
③ 무변압기 인버터는 효율이 나쁘다.
④ 추적효율은 최적 동작점을 조정하는 것이다.

해설　무변압기 인버터는 변압기의 손실이 없어 효율이 높다.　　**답 ③**

121 인버터 특성 설명 중 틀린 것은?

① 온도가 높아지면 전압은 떨어진다.
② 전압의 크기는 직렬연결의 전압의 합으로 인버터 적정전압을 정한다.
③ 박막형은 TR-less를 사용할 수 있다.
④ 단독 운전방지기능을 이용하여 안전성을 높인다.

해설　박막형은 TR-less를 사용할 수 없다.　　**답 ③**

122 트랜스리스 방식의 인버터를 선정할 경우 특히 주의해야 할 점은?

① 계통의 전압, 주파수, 상수특성 분석
② 태양광 모듈의 출력특성 분석
③ 계통연계 보호장치
④ 출력 측의 전압과 결선방식

해설 트랜스리스방식은 출력 측에 트랜스가 존재하지 않아 출력 측 전압과 결선방식에 주의해야 한다. **답** ④

123 독립형 인버터의 필요한 조건이 아닌 것은?

① 축전지 전압 변동에 대한 내성　② 양방향 동작 (DC/AC, AC/DC 변환)
③ 고조파가 낮아야 한다.　④ 교류 측으로 직류의 역류 기능

　해설 직류성분은 교류 측으로 전달되어서는 안 된다. **답** ④

124 태양광 인버터의 회로 방식에 따른 분류 중 잘못된 것은?

① 상용주파 변압기 절연방식　② 고주파 변압기 절연방식
③ 트랜스리스 방식　④ 분산형 스트링 방식

　해설 인버터의 회로 방식에 의한 분류
　상용주파 변압기 절연방식, 고주파 변압기 절연방식, 트랜스리스 방식 **답** ④

125 태양광 인버터의 단독운전 방지기능에서 능동적인 검출방식이 아닌 것은?

① 전압위상 도약 검출 방식　② 주파수 쉬프트 방식
③ 부하 변동 방식　④ 무효전력 변동 방식

　해설 • 수동적 방식 : 전압위상 도약검출방식, 제3차 고조파 전압급증 검출방식, 주파수 변환율 검출방식
　• 능동적 방식 : 주파수 시프트방식, 유효전력 변동방식, 무효전력 변동방식, 부하변동방식 **답** ①

126 전체 태양광 시스템의 성능에 미치는 태양광 인버터의 효율에 대하여 가장 잘 설명한 것은?

① 태양광 인버터의 효율은 중요하지 않다.
② 변환 효율만이 시스템 성능에 영향을 미친다.
③ 추적 효율만이 시스템 성능에 영향을 미친다.
④ 변환 효율과 추적 효율을 같이 고려해야 한다.

　해설 변환 효율과 추적 효율을 같이 고려할 필요가 있다. **답** ④

127 다음 중 인버터의 분류 방식이 다른 것은?

① 상용주파 절연방식　② 자기 전류 방식
③ 고주파 절연방식　④ 무변압기 방식

　해설 • 절연방식에 의한 분류 : 상용주파 절연방식, 고주파 절연방식, 무변압기 방식
　• 제어방식에 의한 분류 : 전압 제어형, 전류 제어형
　• 전류(Commutation)에 의한 분류 : 자기 전류 방식, 강제 전류 방식 **답** ②

128 다음 특성을 가지고 있는 태양광발전용 인버터는?

> ‣ 뇌서지 내성 및 노이즈 차단 특성이 우수
> ‣ 중량 부피 큼

① 강제 전류방식   ② 전압 제어방식
③ 고주파 변압기 절연방식   ④ 상용주파 변압기 절연 방식

> **해설** ‣ 상용주파 변압기 절연방식 : 내뢰성과 노이즈 컷이 우수함, 변압기를 이용하여 중량 무거움
> ‣ 고주파 변압기 절연방식 : 소형 · 경량이지만 회로가 복잡
> ‣ 트랜스리스 방식 : 소형 · 경량이며 비용도 저렴하고 신뢰성도 높음. 하지만 사용전원 사이에 비절연이다.
> ‣ 상용주파 변압기 절연방식을 제외한 다른 변압기는 직류전류 유출의 검출기능을 설치하여 안정성을 높임
>   **답** ④

129 자립운전이 가능한 제어방식형 인버터는?

① 자기 전류 방식   ② 강제 전류 방식
③ 전압 제어형   ④ 전류 제어형

> **해설** **전압 제어형**
> 출력전압의 크기 및 위상 제어, 과전류, 고장전류 억제에 불리, 자립운전(UPS기능) 가능   **답** ③

130 다음 중 인버터의 주요 기능이 아닌 것은?

① 최대전력 추종 기능   ② 자동 전압 조정 기능
③ 단독운전 검출 기능   ④ 주파수 변환 기능

> **해설** 전압 · 전류 제어 기능, 최대전력 추종 기능, 계통연계 보호 기능, 단독운전 검출 기능, 자동전압 조정 기능, 직류 검출, 직류 지락 검출 기능   **답** ④

131 다음 괄호 안에 들어갈 내용은?

> 인버터의 공칭출력보다 (A)[%] 높은 전력을 (B)분 동안 전력 계통에 공급하는 것은 허용된다. 인버터 제조업체들은 이 값을 보증하고 이를 적합성 확인으로 인증한다.

① A : 5,   B : 5   ② A : 5,   B : 10
③ A : 10, B : 5   ④ A : 10, B : 10

> **해설** 최대 인버터 출력(AC) = $S_{max10min} \leq 1.1 \times S_N$ **답** ④

132 다음 중 인버터의 용량산정계수(C_{INV})의 범위를 올바르게 표현한 것은?

① $0.8 < C_{INV} < 1.2$ ② $0.83 < C_{INV} < 1.25$
③ $0.85 < C_{INV} < 1.15$ ④ $0.9 < C_{INV} < 1.1$

해설 인버터의 최대출력을 나타내는 용량산정계수는 $0.83 < C_{INV} < 1.25$ 이다.   답 ②

133 태양광발전시스템이 계통과 연계 시 계통측에 정전이 발생한 경우 계통측으로 전력이 공급되는 것을 방지하는 인버터의 기능은?

① 자동운전 정지기능
② 최대전력 추종제어기능
③ 단독운전 방지기능
④ 자동전류 조정기능

해설 • 자동운전 정지기능 : 출력을 얻을 수 있는 조건이 되면 자동운전, 출력조건을 얻을 수 없으면 정지하는 기능
• 최대전력 추종제어기능 : 태양전지의 출력은 일사강도와 태양전지 표면온도의 변동에 따라 태양전지의 동작점이 최대출력점을 추종하도록 변화시키는 기능   답 ③

134 다음 중 태양광발전 시스템의 단독 운전을 정지하는 경우가 아닌 것은?

① 비율 차동 계전기(RDR) 동작 시
② 주파수 저하 계전기(UFR) 동작 시
③ 주파수 상승 계전기(OFR) 동작 시
④ 부족 전압 계전기(UVR) 동작 시

해설 분산형 전원 배전계통연계기술 보호장치
적정한 전압과 주파수를 벗어난 운전을 방지하기 위하여 과·저전압계전기, 과·저주파수 계전기를 설치한다.   답 ①

135 인버터 보호등급 설명 중 틀린 것은?

① 등급 I : 장치 접지됨
② 등급 II : 보호절연
③ 등급 III : 안전초지전압
④ 등급 IV : 안전증 방폭

해설 전기적 보호등급

등급 I : 장치 접지됨	등급 II : 보호절연 (이중/강화 절연)	등급 III : 안전초지전압 (최대 AC : 50[V], 최대 DC : 120[V])
⏚	▢	◇

답 ④

136 태양광발전용 인버터의 정격 입력전압이 제조사로부터 규정되지 않은 경우 정격 입력전압의 기준은? (단, 허용되는 최대 입력전압은 V_L, 발전을 시작하기 위한 최소 입력전압은 V_S이다.)

① $\dfrac{V_L \cdot V_S}{2}$
② $\dfrac{V_L^2 + V_S^2}{2}$
③ $\dfrac{V_L - V_S}{2}$
④ $\dfrac{V_L + V_S}{2}$

해설 최대 입력전압과 최소 입력전압의 평균을 기준으로 한다.   답 ④

137 다음 기호 중 전기적 보호등급 Ⅱ에 해당하는 기호는?

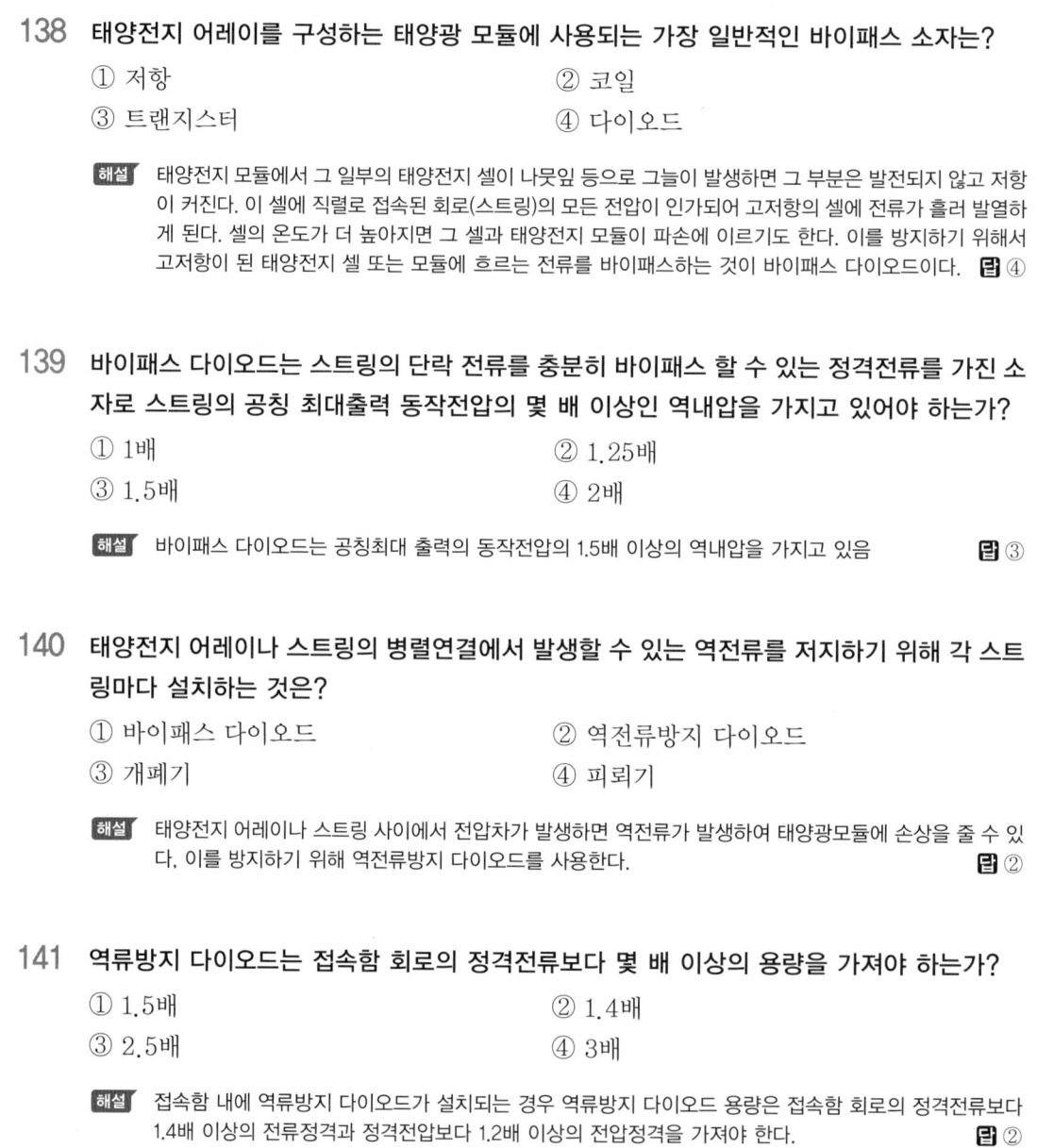

①   ②   ③   ④

해설   ① 보호등급 Ⅲ   ② 바이패스 다이오드   ③ 보호등급 Ⅰ   ④ 보호등급 Ⅱ   답 ④

138 태양전지 어레이를 구성하는 태양광 모듈에 사용되는 가장 일반적인 바이패스 소자는?

① 저항   ② 코일
③ 트랜지스터   ④ 다이오드

해설   태양전지 모듈에서 그 일부의 태양전지 셀이 나뭇잎 등으로 그늘이 발생하면 그 부분은 발전되지 않고 저항이 커진다. 이 셀에 직렬로 접속된 회로(스트링)의 모든 전압이 인가되어 고저항의 셀에 전류가 흘러 발열하게 된다. 셀의 온도가 더 높아지면 그 셀과 태양전지 모듈이 파손에 이르기도 한다. 이를 방지하기 위해서 고저항이 된 태양전지 셀 또는 모듈에 흐르는 전류를 바이패스하는 것이 바이패스 다이오드이다.   답 ④

139 바이패스 다이오드는 스트링의 단락 전류를 충분히 바이패스 할 수 있는 정격전류를 가진 소자로 스트링의 공칭 최대출력 동작전압의 몇 배 이상인 역내압을 가지고 있어야 하는가?

① 1배   ② 1.25배
③ 1.5배   ④ 2배

해설   바이패스 다이오드는 공칭최대 출력의 동작전압의 1.5배 이상의 역내압을 가지고 있음   답 ③

140 태양전지 어레이나 스트링의 병렬연결에서 발생할 수 있는 역전류를 저지하기 위해 각 스트링마다 설치하는 것은?

① 바이패스 다이오드   ② 역전류방지 다이오드
③ 개폐기   ④ 피뢰기

해설   태양전지 어레이나 스트링 사이에서 전압차가 발생하면 역전류가 발생하여 태양광모듈에 손상을 줄 수 있다. 이를 방지하기 위해 역전류방지 다이오드를 사용한다.   답 ②

141 역류방지 다이오드는 접속함 회로의 정격전류보다 몇 배 이상의 용량을 가져야 하는가?

① 1.5배   ② 1.4배
③ 2.5배   ④ 3배

해설   접속함 내에 역류방지 다이오드가 설치되는 경우 역류방지 다이오드 용량은 접속함 회로의 정격전류보다 1.4배 이상의 전류정격과 정격전압보다 1.2배 이상의 전압정격을 가져야 한다.   답 ②

142 다수의 태양광 모듈을 접속하게 하여 보수, 점검이 용이하도록 한 것은 무엇인가?

① 접속함
② 분전반
③ 개폐기
④ SPD(서지보호장치)

> **해설** 접속함은 여러 개의 태양전지 모듈의 스트링을 하나의 접속점에 모아 보수 · 점검 시 회로를 분리하거나 점검 작업을 용이하게 하며, 태양전지 어레이에 고장이 발생해도 정지범위를 최대한 적게 하는 등의 목적으로 보수 · 점검이 용이한 장소에 설치한다. **답** ①

143 전체 태양광발전시스템의 성능에 영향을 미치는 인버터의 효율에 관한 설명으로 가장 옳은 것은?

① 태양광 인버터의 효율은 중요하지 않다.
② 변환 효율만이 시스템 성능에 영향을 미친다.
③ 추적 효율만이 시스템 성능에 영향을 미친다.
④ 변환 효율과 추적효율을 같이 고려해야 한다.

> **해설** 정격효율은 추적효율과 변환효율의 곱으로 표현한다. **답** ④

144 접속반의 경보장치가 동작하는 경우는 언제인가?

① 낮은 입력 전압 발생
② 전압의 변동성이 커질 때
③ 퓨즈가 단락되어 전류차가 발생할 때
④ 태양광 스트링에 최대 공칭 전압이 발생했을 때

> **해설** 접속반의 각 회로에서 퓨즈가 단락되어 전류차가 발생할 경우 LED조명등 표시(육안확인 가능) 등의 경보장치를 설치하여야 한다. 단 주택지원사업의 태양광 주택의 경우, 외부에서 확인 가능한 조명등 또는 경보 장치를 설치하여야 한다. 실내에서 확인 가능한 경우에는 예외로 한다. **답** ③

145 평상시 계통연계형으로 동작하고 재해 등의 정전 시 인버터를 자립 운전하여 특정 재해대응 부하로 전력을 공급하는 것은?

① 방재 대응형
② 부하 평준화 대응형
③ 계통안전화 대응형
④ 야간부하 대응형

> **해설** • 부하 평준화 대응형 : 태양전지 출력과 축전지 출력을 병용하여 부하의 피크 시에 인버터를 필요한 출력으로 운전하여 수전전력의 증대를 억제하고, 기본전력요금을 절감시키는 방식
> • 계통안정화 대응형 : 태양전지와 축전지를 병렬 운전하여 기후의 급변 시나 계통부하 급변 시에 축전지를 방전하여 태양전지 출력이 증대하여 계통전압이 상승하도록 할 때에는 축전지를 방전하여 역조류를 줄이고 전압의 상승을 방지한다. **답** ①

146 다음은 계통연계시스템용 축전지 설계에 관한 내용이다. (   )에 들어갈 내용은?

> **예상 최저 축전지 온도**
> 실내의 경우 (A)[℃], 옥외의 경우 (B)[℃], 축전지 온도가 보장되는 경우에는 그 온도로 한다.

① A : 10, B : 0   ② A : 10, B : −5
③ A : 5, B : 0   ④ A : 5, B : −5

> **해설** 온도가 낮을수록 축전지 용량이 저하되므로 설치장소의 최저온도에서 부하를 만족하는 용량으로 선정할 필요가 있다. 실내의 경우 : +5[℃], 한랭지의 경우 : −5[℃]   **답** ④

147 전선로에 침입하는 이상 전압의 높이를 완화하고 파고치를 저하시키는 장치는?

① 어레스터   ② 서지 옵서버
③ 내뢰 트랜스   ④ TVS

> **해설** · 어레스터 : 낙뢰에 의한 충격성 과전압에 대하여 전기설비의 단자전압을 규정치 이내로 저감시켜 정전을 일으키지 않고 원상태로 회귀하는 장치
> · 내뢰 트랜스 : 실드 부착 절연트랜스를 주체로 이에 어레스터 및 컨덴서를 부가시킨 것, 뇌서지가 침입한 경우 내부에 넣은 어레스터에서의 제어 및 1차 측과 2차측 간의 고절연화, 쉴드에 의해 뇌서지의 흐름을 완전히 차단할 수 있도록 한 장치   **답** ②

148 다음 중 아주 적은 전류라도 재충전에 유용하고 약 95∼98[%]의 매우 훌륭한 충전 효율성을 가진 납축전지는?

① 격자판 납축전지   ② 젤 납축전지
③ 고성된 튜브형 판 축전지   ④ 납작한 양극판을 가진 블록 축전지

> **해설** 납작한 양극판을 가진 블록 축전지는 아주 적은 전류라도 재충전에 유용하고, 매우 훌륭한 충전 효율성을 가진 납축전지이다.   **답** ④

149 다음 중 축전지의 공칭 용량을 나타낸 식은?
(단, 방전전압 : V_n, 방전전류 : I_n, 방전시간 : t_n, 방전주기 : T_n, 방전용량 : C_n)

① $C_n = V_n \times t_n$ ② $C_n = I_n \times t_n$
③ $C_n = I_n \times T_n$ ④ $C_n = V_n \times T_n$

> **해설** 축전지의 공칭 용량은 지속적인 방전 전류 I_n과 방전 시간 t_n의 곱으로 표현된다.   **답** ②

150 태양전지 모듈에 그림자가 생겼을 때 출력감소를 최소화하는 대비책으로 설치하는 것은?

① 바이패스 다이오드   ② 역류 다이오드
③ 제너 다이오드   ④ 발광 다이오드

> **해설** 태양전지 셀이 나뭇잎 등으로 그늘이 발생하면 그 부분의 셀은 발전되지 않고 저항이 커지게 된다.
> 이 셀에는 직렬로 접속된 회로의 모든 전압이 인가되어 고저항의 셀에 전류가 흘러 발열하게 된다.
> 이를 방지하기 위해서 고저항이 된 태양전지 셀 또는 모듈에 흐르는 전류를 바이패스 하도록 바이패스 소자를 설치한다.　　**탭** ①

151 뇌 서지 등의 피해로부터 PV 시스템을 보호하기 위한 대책으로 적합하지 않은 것은?

① 피뢰소자를 어레이 주회로 내에 분산시켜 설치함과 동시에 접속함에도 설치한다.

② 뇌우의 발생지역에서는 직류전원 측에 내뢰 트랜스를 설치하여 보다 완전한 대책을 취한다.

③ 뇌우의 발생지역에서는 교류전원 측에 내뢰 트랜스를 설치하여 보다 완전한 대책을 취한다.

④ 저압 배전선으로부터 침입하는 뇌 서지에 대해서는 분전반에 피뢰소자를 설치한다.

> **해설** 뇌우의 발생지역에서는 교류전원 측에 내뢰 트랜스를 설치한다.　　**탭** ②

152 다음 중 PV 독립형 시스템에서 사용을 위한 축전지가 가져야 할 사항이 아닌 것은?

① 높은 충전 전류로 충전될 수 있어야 함

② 진동 내성

③ 낮은 자기 방전과 높은 에너지 효율

④ 사용 수명이 길다.

> **해설** 낮은 충전 전류로 충전될 수 있어야 함　　**탭** ①

153 다음 중 그림에 들어갈 내용을 올바르게 적은 것은?

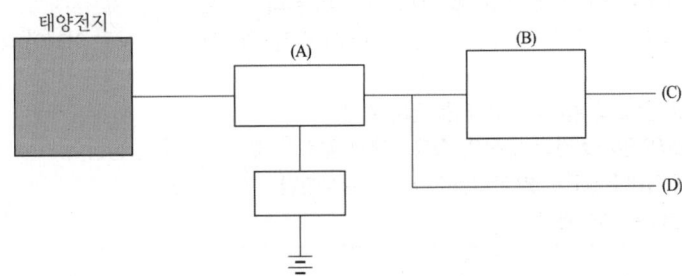

① A : 인버터, B : 충 · 방전 제어장치, C : 직류출력, D : 교류출력

② A : 충 · 방전 제어장치, B : 인버터, C : 교류출력, D : 직류출력

③ A : 충 · 방전 제어장치, B : 인버터, C : 직류출력, D : 교류출력

④ A : 인버터, B : 충 · 방전 제어장치, C : 교류출력, D : 직류출력

> **해설** A : 충 · 방전 제어장치, B : 인버터, C : 교류출력, D : 직류출력　　**탭** ②

154 독립형 태양광 발전 설비의 종류가 아닌 것은?

① 축전지 없는 형　　　　　　　　② 축전지를 갖는 형
③ 계통 연계형　　　　　　　　　　④ 복합형

해설 태양광발전시스템 분류

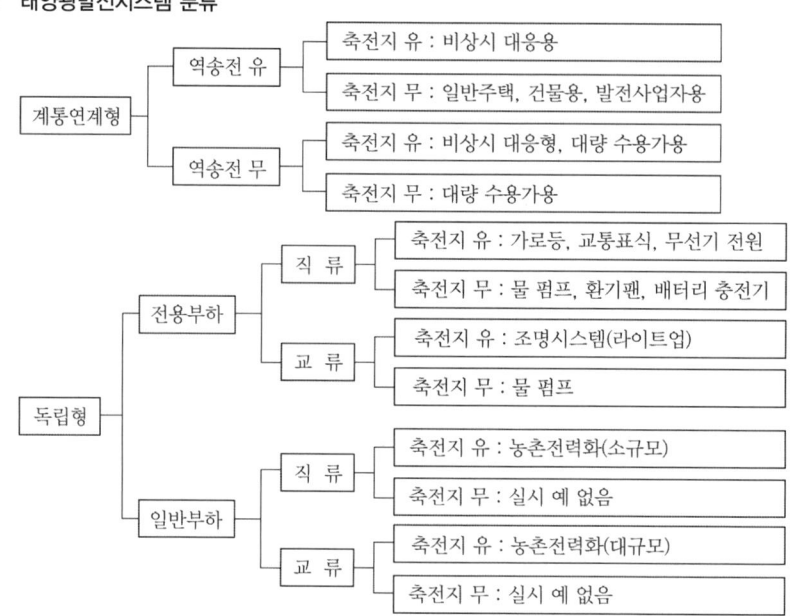

답 ③

155 다음 중 독립형 발전시스템에 사용되는 축전지 설계 순서가 올바른 것은?

> A. 부하에 필요한 직류입력전력량을 상세하게 검토한다.
> B. 일사 최저월에도 충전량이 부하의 방전량보다 크게 되도록, 태양전지 용량 어레이 각도 등도 함께 결정한다.
> C. 설치 예정 장소의 일사량 데이터를 입수한다.
> D. 설치 장소의 일사조건과 부하의 중요성에서 일조가 없는 시간을 설정한다.
> E. 축전지의 기대수명으로 방전심도(DOD)를 설정한다.
> F. 축전지 용량을 계산한다.

① A → B → C → D → E → F　　　　② A → E → D → C → B → F
③ A → C → B → E → D → F　　　　④ A → C → D → E → B → F

해설 독립형 발전시스템 축전지 설계 과정
부하전력량 계산 → 일사량 데이터 → 일조가 없는 시간 설정 → 방전심도 설정 → 일사최저월 충전량을 부하보다 크게 설정 → 축전지 용량 계산
답 ④

156 다음 중 고저항이 된 태양전지 셀 또는 모듈에 흐르는 전류를 우회할 목적으로 설치하는 것은?

① 분전반　　　　② 주개폐기　　　　③ 바이패스 소자　　　④ 역류방지소자

해설 태양전지 모듈 중에서 일부의 태양전지 셀에 그늘이 지면 그 부분의 셀은 발전하지 못하며, 따라서 저항이 크게 되고, 고저항의 셀에 전류가 흐름으로써 발열한다. 이를 방지할 목적으로 고저항이 된 태양전지 셀 또는 모듈에 흐르는 전류를 우회(바이패스)하는 것이 필요한데, 이것이 바로 바이패스 소자를 설치하는 목적이다. **답** ③

---

157 바이패스 소자에 관한 다음 설명 중 틀린 것은?

① 태양전지 모듈마다 바이패스 소자를 설치하는 것이 일반적이다.
② 대부분 바이패스 소자로 정격전류의 다이오드를 사용한다.
③ 고저항이 된 태양전지 모듈에 흐르는 전류를 우회할 목적으로 설치한다.
④ 바이패스 소자는 접속함 내에 설치하는 것이 일반적이다.

해설 바이패스 소자는 보통 태양전지 모듈 뒷면에 있는 단자함의 출력단자 정·부극 간에 설치한다. **답** ④

---

158 태양전지 모듈에 다른 태양전지회로나 축전지에서 전류가 돌아 들어가는 것을 방지하기 위하여 설치하는 것은?

① 바이패스 다이오드   ② ZNR
③ SPD   ④ 역류방지 다이오드

해설 역류방지 소자
태양전지 모듈에 다른 태양전지 회로와 축전지의 전류가 유입되는 것을 방지하기 위해 설치하는 것으로 일반적으로 다이오드가 사용되고, 역류방지 소자는 접속함 내에 설치하는 것이 통례이나 태양전지 모듈의 단자함 내부에 설치하는 경우도 있다. **답** ④

---

159 역류방지소자에 관한 다음 기술 중 틀린 것은?

① 역류방지소자는 설치할 회로의 최대전류를 흘릴 수 있어야 한다.
② 사용회로의 최대 역전압에 충분히 견딜 수 있어야 한다.
③ 모듈 방향으로 흐르는 역전류를 방지하기 위해 각 스트링마다 역류방지소자를 설치한다.
④ 역류방지소자는 반드시 접속함 내에 설치한다.

해설 역류방지소자는 접속함 내에 설치하는 것이 일반적이지만 태양전지 모듈의 단자함 내부에 설치하는 경우도 있다. **답** ④

---

160 다음 중 접속함 내부의 구성기기가 아닌 것은?

① 주개폐기   ② 적산전력량계
③ 피뢰소자   ④ 단자대

해설 접속함의 구성기기
태양전지 어레이 측 개폐기, 주개폐기, 피뢰소자, 단자대, 수납함 등 **답** ②

161 피뢰소자에 관한 다음 기술 중 틀린 것은?

① 뇌 서지가 태양전지 어레이 또는 출력조절기 등에 침입한 경우 이를 보호하기 위해 설치한다.

② 각 스트링마다 피뢰소자를 설치한다.

③ 경우에 따라서는 태양전지 어레이 전체의 출력단에도 설치한다.

④ 피뢰소자의 접지 측 배선은 가능하면 길게 하도록 한다.

> **해설** 피뢰소자의 접지 측 배선은 가능하면 짧게 하도록 하고, 이를 일괄하여 접속함의 주접지 단자에 접속하면 태양전지 어레이 회로의 절연저항 측정 등을 위해 접지를 일시적으로 분리할 필요가 있을 경우에 편리하다.
> **답** ④

162 다음 설명 중 틀린 것은?

① 태양전지 어레이 측 개폐기는 태양전지 모듈에 이상이 생겼을 경우에 그 이상 부분을 분리하기 위해서 설치한다.

② 주개폐기는 태양전지 어레이의 출력을 한 군데로 모은 후 출력조절기로 가는 회로의 중간에 삽입한다.

③ 주개폐기는 단로기를 사용한 경우 태양전지 어레이 측 개폐기와 목적이 같기 때문에 생략할 수 있다.

④ 수납함은 설치 장소에 따라 옥내용과 옥외용이 있고, 재료에 따라 철제·스테인리스제 등이 있다.

> **해설** 주개폐기는 단로기를 사용한 경우를 제외하고는 태양전지 어레이 측 개폐기와 목적이 같기 때문에 생략할 수 있다.
> **답** ③

163 다음 중 교류 측 기기인 것은?

① 분전반 　　　　　　　　　② 단자대

③ 수납함 　　　　　　　　　④ 주개폐기

> **해설** • 인버터 이전 설비는 직류기기(단자대, 주개폐기, 어레이 측 개폐기)
> • 인버터 이후 설비는 교류기기(분전반, 적산전력량계)
> **답** ①

164 수용가에게는 전력요금의 절감을, 전력회사에게는 피크전력 대응의 설비투자 절감효과를 가져오는 축전지 부착 계통 연계 시스템은?

① 방재 대응형 　　　　　　　② 계통 안정화 대응형

③ 부하 평준화 대응형 　　　　④ 계통 평준화 대응형

> **해설** 부하 평준화 대응형 시스템은 태양전지 출력과 축전지 출력을 병용하여 부하의 피크 시에 인버터를 필요한 출력으로 운전하여 수전전력의 증대를 억제하고 기본전력요금을 절감하도록 하는 시스템이다.
> **답** ③

165 부하 평준화 대응형 시스템의 분류로 틀린 것은?

① 일시 전력 저장형   ② 일사급변 보상형
③ 피크 시프트형   ④ 야간전력 저장형

> **해설** 부하 평준화 대응형 시스템의 분류
> 일사급변 보상형 : 설치되는 축전지의 크기에 따라 일조량의 급격한 변화에 대하여 계통으로부터 부하급변의 영향을 적게 한다.   **답** ①

166 다음은 방재 대응형 축전지의 설계에 관한 내용이다. 틀린 것은?

① 비상전원용 축전지의 설계법에 기초하여 용량을 산출한다.
② 방전시간은 예측되는 최강 백업시간을 말하며, 12~24시간을 설정한다.
③ 방전전류는 방전 시간에서 종료 시까지 부하전류의 크기와 경과시간의 변화를 산출한다.
④ 허용 최저전압은 부하기기의 최저 동작 작업의 전압강하를 감안한 것으로 한 개의 셀당 3[V] 정도로 한다.

> **해설** 허용 최저전압은 부하기기의 최저 동작 작업의 전압강하를 감안한 것으로 한 개의 셀당 1.8[V] 정도로 한다.
> **답** ④

167 다음 중 방재 대응형 축전지 용량의 산출식으로 옳은 것은? (단, C : 온도 25[℃]에서 정격방전율 환산용량(축전지의 표시용량), K : 방전시간, 축전지 온도, 허용최저전압으로 결정되는 용량환산시간, I : 평균 방전전류, L : 보수율(수명 말기의 용량 감소율) 0.8이다.)

① $C = \dfrac{KI}{L}$ ② $C = \dfrac{LI}{K}$ ③ $C = \dfrac{I}{KL}$ ④ $C = \dfrac{L}{KI}$

> **해설** 방재 대응형 축전지 용량 산출 일반식 : 방전전류가 일정한 경우 또는 평균적인 방전전류가 산출 가능할 때 방재 대응형 축전지 용량의 산출식은 다음과 같다.
> $C = \dfrac{KI}{L}$ **답** ①

168 다음은 독립형 전원시스템용 축전지 설계에 관한 내용이다. 틀린 것은?

① 부하에 필요한 직류입력 전력량을 상세하게 검토한다.
② 설치장소의 일사조건이나 부하의 중요성에서 일조가 있는 시간을 설정한다.
③ 축전지의 기대수명에서 방전심도를 설정한다.
④ 일사 최저월에도 충전량이 부하의 방전량보다 크게 되도록 태양전지 용량 어레이 각도 등도 함께 결정한다.

> **해설** 설치장소의 일사조건이나 부하의 중요성에서 일조가 없는 시간을 설정한다.(보통 5~15일 정도) **답** ②

New & Renewable energy ▶ ▶ ▶

90 | 1과목 태양광발전 기획

169 독립형 전원시스템용 축전지 용량의 산출식으로 옳은 것은?

① $C = \dfrac{1일\ 소비전력량 \times 불일조일수}{보수율 \times 방전심도 \times 방전종지전압}\ [Ah]$

② $C = \dfrac{1일\ 소비전력량 \times 보수율}{불일조일수 \times 방전심도 \times 방전종지전압}\ [Ah]$

③ $C = \dfrac{1일\ 소비전력량 \times 방전심도}{보수율 \times 불일조일수 \times 방전종지전압}\ [Ah]$

④ $C = \dfrac{1일\ 소비전력량 \times 방전종지전압}{보수율 \times 방전심도 \times 불일조일수}\ [Ah]$

해설 독립형 전원시스템용 축전지 용량 산출식

$C = \dfrac{1일\ 소비전력량 \times 불일조일수}{보수율 \times 방전심도 \times 방전종지전압}\ [Ah]$

답 ①

170 축전지 취급 시 주의사항으로 옳지 못한 것은?

① 내진구조로 한다.
② 축전지의 하중을 견딜 수 있는 곳을 설치장소로 선정한다.
③ 방재 대응형에 있어서는 충전 전력량과 축전지 용량을 상호 대비할 필요가 없다.
④ 전지 직렬 개수는 태양전지에서도 충전이 가능한지의 여부를 확인한 후에 선정한다.

해설 방재 대응형에 있어서는 재해 등에 의한 정전 시에 태양전지에서 충전을 하므로 충전전력량과 축전지 용량을 상호 대비할 필요가 있다.

답 ③

171 큐비클식 축전지 설비의 이격 거리로 옳게 짝지어진 것은?

① 큐비클 이외의 발전설비와의 사이 – 0.5[m]
② 큐비클 이외의 변전설비와의 사이 – 1[m]
③ 옥외에 설치할 경우 건물과의 사이 – 1.5[m]
④ 전면 · 조작면 · 점검면 이외의 환기구 설치면 – 2[m]

해설 **큐비클식 축전지 설비의 이격거리**

보안거리를 확보해야 할 부분	이격거리[m]
큐비클 이외의 발전설비와의 이격거리	1.0
큐비클 이외의 변전설비와의 이격거리	1.0
옥외에 설치할 경우 건물과의 이격거리	2.0
앞면 또는 조작면	1.0
점검면	0.6
환기면	0.2

답 ②

172 다음 중 축전지가 갖추어야 할 요구조건에 대한 설명으로 잘못된 것은?

① 자기방전율이 높을 것　　　　② 과충전, 과방전에 강할 것
③ 환경변화에 안정적일 것　　　　④ 에너지 저장 밀도가 높을 것

> **해설**　**축전지가 갖추어야할 요구조건**
> ・경제성　　　　　　　　　　・자기방전율이 낮을 것
> ・수명이 길 것　　　　　　　・방전 전압 · 전류가 안정적일 것
> ・과충전 · 과방전에 강할 것　・중량 대비 효율이 높을 것
> ・환경변화에 안정적일 것　　・에너지 저장 밀도가 높을 것
> ・유지보수가 용이할 것　　　　　　　　　　　　　　　　**답** ①

173 다음 중 충전 차단 전압에 도달했을 때 계속적으로 모듈 전압을 감소시키는 충 · 방전 제어기는?

① 분로 제어기　　　　　　　　② 방전 보호기
③ 직렬 제어기　　　　　　　　④ MPP 충방전 제어기

> **해설**　충전 차단 전압에 도달했을 때 계속적으로 모듈 전압을 감소시키는 충 · 방전 제어기를 분로제어기라 한다.
> **답** ①

174 다음 중 충방전 제어기가 과충전으로부터 축전지를 보호하기 위하여 동작하는 것이 아닌 것은?

① PV 어레이 스위치를 차단한다.
② 인버터의 동작을 일시 정지시킨다.
③ PV 어레이 분로 제어기를 단락시킨다.
④ MPP 충방전 제어기로 전압을 조정한다.

> **해설**　충방전 제어기가 과충전으로부터 축전지를 보호하기 위하여 동작
> 1) PV 어레이 스위치를 차단한다.
> 2) PV 어레이 분로 제어기를 단락시킨다.
> 3) MPP 충방전 제어기로 전압을 조정한다.　　　　　　　　　**답** ②

175 방전전류에 대하여 올바르게 표현한 것은?

① 방전전류 = $\dfrac{부하용량}{정격전류}$　　② 방전전류 = $\dfrac{최대전압}{정격전류}$

③ 방전전류 = $\dfrac{최대전압}{정격전압}$　　④ 방전전류 = $\dfrac{부하용량}{정격전압}$

> **해설**　방전전류 : 방전 개시에서 종류까지의 부하전류의 크기
> 방전전류[A] = $\dfrac{부하용량[VA]}{정격전압[V]}$　　　　　　　　　　　**답** ④

176 독립형 태양광 발전시스템의 주요 구성장치로 볼 수 없는 것은?

① 태양광(PV)모듈   ② 충방전 제어기

③ 축전지 또는 축전지 뱅크   ④ 송전설비

> **해설** 독립형 태양광모듈 구성장치 : 태양광모듈, 축전지, 충방전 제어기   **답** ④

177 다음 중 에너지 밀도가 가장 낮은 축전지는?

① 연축전지   ② 니켈카드뮴

③ 리튬이온   ④ 리튬폴리머

> **해설** **축전지별 에너지밀도**
> - 연축전지 : 50~100[W/kg]   · 니켈카드뮴 : 150~200[W/kg]
> - 니켈수소, 리튬이온 : 100~200[W/kg]   · 리튬폴리머 : 120~200[W/kg]   **답** ①

178 다음 중 자기방전율이 가장 높은 축전지는?

① 연축전지   ② 니켈카드뮴

③ 니켈수소   ④ 리튬이온

> **해설** **축전지별 자기방전율**
> - 연축전지 : 5[%/월]   · 니켈카드뮴 : 20[%/월]
> - 니켈수소 : 30[%/월]   · 리튬이온, 리튬폴리머 : 5~10[%/월]   **답** ③

179 다음 중 사용온도의 범위가 가장 폭넓은 축전지는?

① 연축전지   ② 니켈카드뮴

③ 니켈수소   ④ 리튬폴리머

> **해설** **축전지별 사용온도특성**
> - 연축전지, 니켈수소, 리튬이온 : -20~$60[℃]$
> - 니켈카드뮴 : -40~$60[℃]$
> - 리튬폴리머 : 0~$60[℃]$ **답** ②

180 다음 중 방전수명이 가장 낮은 축전지는?

① 연축전지   ② 니켈카드뮴

③ 니켈수소   ④ 리튬이온

> **해설** **축전지별 방전수명**
> - 연축전지 : 200~300회
> - 니켈카드뮴 : 1000~1500회
> - 니켈수소 : 300~500회
> - 리튬이온 : 1000회 이상   **답** ①

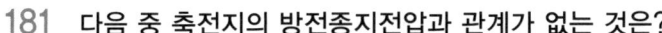

181 다음 중 축전지의 방전종지전압과 관계가 없는 것은?

① 부하의 최종허용전압　　　　② 축전지와 부하 사이 접속선의 전압강하
③ 병렬로 연결된 셀의 직렬 수　④ 직렬로 접속한 단위전지 셀 수량

> **해설**　**방전종지전압 = 허용 최저 전압**
> 축전지의 보호를 위해 방전을 중단해야 하는 전압 1셀당 1.8[V] 정도
> $$V_P = \frac{V_a + V_c}{N}[V]$$
> V_P : 단위 전지의 방전종지전압(최저전압)[V]，V_a : 부하의 최종허용전압[V]
> V_c : 축전지와 부하간 접속선의 전압강하[V]，N : 직렬로 접속한 단위전지 셀 수량　　**답** ③

182 축전지의 잔존용량을 표시한 것은?

① 방전시간　　② 용량환산시간　　③ 방전심도　　④ 보수율

> **해설**　**축전지 용어정리**
> ‣ 방전시간 : 예측되는 최장백업시간
> ‣ 용량환산시간 : 방전시간, 축전지의 최저온도 및 허용할 수 있는 최저전압에 의해서 정해지는 시간
> ‣ 방전심도 : 축전지의 잔존용량
> ‣ 보수율 : 축전지의 수명　　**답** ③

183 다음 중 방전심도를 나타내는 식은?

① 방전심도 $= \dfrac{\text{실제 방전량}}{\text{축전지의 정격전압}} \times 100[\%]$

② 방전심도 $= \dfrac{\text{실제 방전량}}{\text{축전지의 정격전류}} \times 100[\%]$

③ 방전심도 $= \dfrac{\text{실제 방전량}}{\text{축전지의 정격용량}} \times 100[\%]$

④ 방전심도 $= \dfrac{\text{실제 방전량}}{\text{축전지의 부하}} \times 100[\%]$

> **해설**　방전심도(Depth of discharge, DOD) : 축전지의 잔존용량을 표현한다.
> 방전심도 $= \dfrac{\text{실제 방전량}}{\text{축전지의 정격용량}} \times 100[\%]$　　**답** ③

184 일반적인 축전지의 보수율은?

① 0.7　　　　　　　　　　② 0.75
③ 0.8　　　　　　　　　　④ 0.85

> **해설**　축전지는 수명이 있어 그 말기에도 부하를 만족하는 용량을 결정하기 위한 계수로 보통 0.8로 선정한다.
> **답** ③

185 평균적인 방전전류가 산출 가능할 때의 축전지와 관계없는 사항은?

① 용량환산계수　　　　　　　　　② 최대 전압
③ 평균 방전전류　　　　　　　　　④ 보수율

해설 용량산출 일반식 $C=\dfrac{KI}{L}$

C : 온도 25[℃]에서 정격 방전율 환산용량(축전지의 표시 용량)
K : 방전시간, 축전지 온도, 허용최저전압으로 결정되는 용량환산계수,
　　　K값은 축전지별 용량환산시간표
I : 평균방전전류
L : 보수율(수명 말기의 용량감소율 고려) 0.8　　　　　　　　　　　**답** ②

186 다음 특성을 가진 축전지 시스템은?

> ‣ 평상시 계통연계시스템으로 동작
> ‣ 정전 시 인버터 자립운전
> ‣ 복전후 재충전

① 방재대응형　　　　　　　　　② 부하평준화 대응형
③ 계통안정화 대응형　　　　　　④ 독립형 시스템용

해설 **방재대응형**
　‣ 용도 : 정전 시 비상부하 공급
　‣ 특징 : 평상시 계통연계시스템으로 동작, 정전 시 인버터 자립운전, 복전후 재충전　　**답** ①

187 다음 중 독립형 전원시스템용 축전지 설치기준을 올바르게 나타낸 것은?

① 4,800[Ah] 셀을 넘는 경우는 안전기준에 의하여 소방서에 신고할 필요가 있다.
② 방재 대응형에는 재해로 인한 정전 시에 태양전지에서 충전을 하기 때문에 축전 전력과
　축전지 용량을 매칭할 필요가 있다.
③ 상시 유지충전방법을 충분히 검토하고, 항상 축전지를 양호한 상태로 유지한다.
④ 중량물이므로 설치장소는 하중에 견딜 수 있는 장소로 선정한다.

해설 4,800[Ah] 셀을 넘는 경우는 안전기준에 의하여 소방서에 신고할 필요가 있다.　　**답** ①

188 다음 중 독립형 전원시스템의 축전지 선정 시 고려사항이 아닌 것은?

① 보수율　　　　　　　　　　② 방전심도
③ 일조일수　　　　　　　　　④ 방전종지전압

해설 독립형 전원시스템의 축전지 선정 시 고려사항 : 보수율, 방전심도, 방전종지전압　　**답** ③

189 다음 중 2대의 변압기를 이용하여 송전할 경우 발전용량은 몇 [kVA] 이상인가?

① 500[kVA]　　　　　　　　　　　② 1,000[kVA]

③ 2,000[kVA]　　　　　　　　　　④ 5,000[kVA]

> **해설** 변압기 뱅크 방식
> 1) 1대의 변압기에 의한 송전방식
> - 변압기 1대에 의해 공급하는 방법이 가장 많이 채용되고 있다.
> - 가장 경제적이지만 변압기의 고장이 생겼을 때 송전의 정전시간이 길어지는 단점이 있다.
> - 발전용량 1,000[kVA] 이하일 때 많이 사용되고 있다.
> 2) 2대의 변압기에 의한 송전방법
> - 2대의 변압기를 사용하여 송전의 신뢰도를 향상시키는 방법이다.
> - 각 변압기의 단독운전과 병렬운전의 두 가지 운전방식이 채택되고 있고 병렬운전의 경우 단락전류는 단독운전 경우의 2배가 된다.
> - 발전용량 1,000[kVA] 이상인 경우이다.　　　　　　　　　　　　　　　**답** ②

190 송전용 변압기 중 30°의 위상변위가 있어서 1대의 고장이 발생하면 전원공급이 불가능해지는 결선방식은?

① Y–Y 결선방식　　　　　　　　　② △–△ 결선방식

③ △–Y 결선방식　　　　　　　　　④ V–V 결선방식

> **해설** △–△ 결선과 Y–Y 결선에서는 1차, 2차간에 위상변위가 없으나 Y–△결선, △–Y 결선에서는 30°의 위상변위가 생기게 된다. 변압기 1대의 고장이 발생하면 송전을 못하게 된다.　　　　　**답** ③

191 다음 중 변전설비에서 개폐장치의 역할이 아닌 것은?

① 전로의 구성　　　　　　　　　　② 전로의 합성

③ 전로의 구분　　　　　　　　　　④ 전로의 분리

> **해설** 개폐장치의 역할 : 전로의 구성, 분리, 변경, 구분　　　　　　　　　　　　　　**답** ②

192 다음 중 변압기 최대 효율 조건에 해당하지 않는 것은?

① 정격전류 I_η, 현재 부하전류 I 라 하면 부하율은 $m = \dfrac{I}{I_\eta} \times 100[\%]$이다.

② 철손은 부하율에 관계없이 항상 일정하고($P_i =$일정) 동손은 부하율에 비례($P_m = RI_{2n}$)한다.

③ 정격부하 시의 동손과 철손의 손실비는 1.6~6이다.

④ 철손과 동손이 같아질 때에 효율이 최대가 된다.

> **해설** 철손은 부하율에 관계없이 항상 일정하고($P_i =$일정), 동손은 부하율의 제곱에 비례($P_m = RI_{2n}^2$)한다.
> 　　　　　　　　　　　　　　　　　　　　　　　　　　　　　　　　　　　　**답** ②

193 다음 중 △−△ 결선방식의 장점이 아닌 것은?

① 제3고조파 전류가 △ 결선 내에서 순환하므로 정현파 교류전압을 유기하여 기전력이 왜곡을 일으키지 않는다.

② 변압기에 다른 것을 결선하면 순환전류가 흐른다.

③ 1상분이 고장나면 나머지 2대로 V 결선할 수 있다.

④ 각 변압기의 상전류가 선전류 $\frac{1}{\sqrt{3}}$이 되어 대전류에 적당하다.

해설 변압기에 다른 것을 연결하면 순환전류가 흐른다. (△−△ 결선방식의 단점)   **답** ②

194 △−Y 결선방식의 특징이 잘못된 것은?

① 제2차 권선의 전압이 선간전압의 $\frac{1}{\sqrt{3}}$이고 승압용에 적당하다.

② △−△ 결선과 Y−Y 결선의 장점을 갖고 있다.

③ 60°의 위상변위가 있어서 1대가 고장이 발생하면 전원 공급 불가능

④ 태양광발전 및 분산형 전원 시스템에서는 이 방식을 사용한다.

해설 30°의 위상변위가 있어서 1대가 고장이 발생하면 전원 공급 불가능   **답** ③

195 다음 중 Y−Y 결선방식의 장점이 아닌 것은?

① 중성점을 접지할 수 있으므로 단절연방식을 채택할 수 없다.

② 상전압이 선간전압의 $\frac{1}{\sqrt{3}}$이 되어 고전압의 결선에 적합하다.

③ 변압비, 임피던스가 서로 틀려도 순환전류가 흐르지 않는다.

④ 기전력 파형은 제3고조파를 포함한 왜형파가 된다.

해설 중성점을 접지할 수 있으므로 단절연방식을 채택할 수 있다.   **답** ①

196 다음 설명에 맞는 결선방식은?

> • 강압변압기에 적당하다.
> • 1차 권선의 전압은 선간전압의 $\frac{1}{\sqrt{3}}$이다.

① △−△ 결선방식   ② Y−Y 결선방식

③ △−Y 결선방식   ④ Y−△ 결선방식

해설 Y−△ 결선방식 : 높은 전압을 Y결선으로 하므로 절연이 유리하다.   **답** ④

197 태양광발전설비에 고장이 발생하면 보호계전기의 동작에서 발생하는 신호를 받아 단락전류, 지락전류, 고장전류를 차단하는 장치는?

① CB　　　　　② DS　　　　　③ Relay　　　　　④ BOS

> 해설　차단기(CB, Circuit Breaker)
> 평상시에는 부하전류, 선로의 충전 전류, 변압기의 여자 전류 등을 개폐하고, 고장 시에는 보호계전기의 동작에서 발생하는 신호를 받아 단락전류, 지락전류, 고장전류 등을 차단한다.　　답 ①

198 대기 중에서 아크를 길게 해서 소호실에서 냉각 차단하는 장치는?

① ACB　　　　　② VCB　　　　　③ ABB　　　　　④ GCB

> 해설　기중차단기(ACB), 진공차단기(VCB), 공기차단기(ABB), 가스차단기(GCB)　　답 ①

199 SF_6 가스를 이용하는 차단기는?

① ACB　　　　　② VCB　　　　　③ ABB　　　　　④ GCB

> 해설　**차단기의 종류**
>
> | 유입차단기 | OCB | 소호실에서 아크에 의한 절연유 분해가스의 열전도 및 압력에 의한 blast을 이용해서 차단 |
> |---|---|---|
> | 기중차단기 | ACB | 대기 중에서 아크를 길게 해서 소호실에서 냉각 차단 |
> | 자기차단기 | MBB | 대기 중에서 전자력을 이용하여 아크를 소호실 내로 유도해서 냉각 한다. |
> | 공기차단기 | ABB | 압축된 공기를 아크에 불어 넣어서 차단 |
> | 진공차단기 | VCB | 고진공 중에서 전자의 고속도 확산에 의해 차단 |
> | 가스차단기 | GCB | 고성능 절연 특성을 가진 특수 가스(SF_6)를 이용해서 차단 |
>
> 답 ④

200 인버터와 변압기 사이의 저전압에 설치되는 차단기는?

① ACB　　　　　② VCB　　　　　③ ABB　　　　　④ GIS

> 해설　1) 기중차단기(ACB) : 인버터와 변압기 사이에 설치
> 2) 진공차단기(VCB) : 변압기와 MOF 사이에 설치
> 3) 가스절연변전소(GIS) : 변전소 전기회로에 사용되는 SF_6 가스차단기를 설치한 변전소　　답 ①

201 SF_6 가스 차단기의 설명으로 잘못된 것은?

① SF_6 가스는 절연내력이 공기의 2~3배이고, 소호능력이 공기의 100~200배이다.
② 아크에 의해 SF_6 가스가 분해되어 유독 가스를 발생시킨다.
③ 밀폐구조이므로 소음이 없다.
④ 근거리 고장 등 가혹한 재기전압에 대해서도 성능이 우수하다.

> 해설　SF_6 가스는 무색, 무취, 무해 가스이고 유독 가스를 발생하지 않는다.　　답 ②

202 345[kV] 선로의 차단기로 가장 많이 사용되는 것은?

① 진공차단기 ② 공기차단기
③ 자기차단기 ④ 육불화유황차단기

> **해설** 345[kV], 154[kV] 전선로 보호용 차단기는 거의 모두가 SF₆ 가스 차단기를 사용한다. **답** ④

203 차단기와 차단기의 소호 매질이 잘못 결합된 것은?

① 공기차단기 – 압축공기 ② 가스차단기 – SF₆ 차단기
③ 자기차단기 – 진공 ④ 유입차단기 – 절연유

> **해설** 자기차단기 – 전자력 **답** ③

204 3상용 차단기의 정격 용량은 그 차단기의 정격 전압과 정격 차단 전류와의 곱의 몇 배인가?

① $\dfrac{1}{\sqrt{3}}$ ② $\dfrac{1}{\sqrt{2}}$ ③ $\sqrt{2}$ ④ $\sqrt{3}$

> **해설** 정격차단용량[MVA] $= \sqrt{3} \times$ 정격전압[kV] $\times$ 정격차단 전류[kA]
> $= \sqrt{3} \times V_n \times I_s \times 10^{-6}$ [MVA] **답** ④

205 차단기의 차단 용량을 MVA로 나타낼 때 고려해야 할 항목은?

① 차단 전류, 회복 전압
② 차단 전류, 회복 전압, 상계수
③ 회복 전압, 차단 전류, 회로의 역률
④ 회복 전압, 차단 전류, 주파수

> **해설** 차단 용량[MVA] 또는 [kVA] $= \sqrt{3} \times$ 정격 전압 $\times$ 정격 차단 전류
> 위의 식은 3상인 경우이며, 단상이면 $\sqrt{3}$을 곱하지 않는다. **답** ②

206 인버터 정격전압이 22.9[kV], 정격차단 전류가 1,500[A]일 때 차단기 정격차단 용량[MVA]은?

① 36.64 ② 51.81
③ 59.56 ④ 76.16

> **해설** 정격차단용량[MVA] $= \sqrt{3} \times$ 정격전압[kV] $\times$ 정격차단 전류[kA]
> $= \sqrt{3} \times V_n \times I_s \times 10^{-6}$ [MVA]
> $= \sqrt{3} \times 22.9 \times 1.5 = 59.56$ [MVA] **답** ③

207 차단기의 공칭전압과 최고전압의 관계가 옳은 것은?

	공칭전압[KV]	최고전압[KV]
①	6.6	7
②	22.9	24
③	66	69
④	154	172

해설 최고전압 = 공칭 전압 × $\dfrac{1.15}{1.1}$

답 ③

공칭전압[KV]	최고전압[KV]
6.6	6.9
22.9	23.8
66	69
154	170
345	362
765	800

208 일정값 이상의 전압이 걸렸을 때 동작하는 계전기는?

① OCR   ② OVR   ③ UVR   ④ DGR

해설 과전압계전기(Over Voltage Relay : OVR) : 일정값 이상의 전압이 걸렸을 때 동작한다.   **답** ②

209 과전류 계전기(OCR)의 탭값을 옳게 설명한 것은?

① 계전기의 최소 동작 전류   ② 계전기의 최대 부하 전류
③ 계전기의 동작 시한   ④ 변류기의 권수비

해설 과전류 계전기는 전류가 어느 정규값 이상으로 흘렀을 경우에 계전기가 동작하여 전기회로를 차단하여 기기를 보호하는 장치이다.   **답** ①

210 보호계전기가 구비하여야 할 조건이 아닌 것은?

① 보호 동작이 정확, 확실하고 감도가 예민할 것
② 열적, 기계적으로 견고할 것
③ 가격이 싸고, 또 계전기의 소비 전력이 클 것
④ 오래 사용하여도 특성 변화가 없을 것

해설 보호계전기의 기본 기능 : 확실성, 선택성, 신속성, 경제성, 취급의 용이성   **답** ③

211 계전기의 반한시 특성이란?

① 동작 전류가 커질수록 동작 시간이 길어진다.

② 동작 전류가 작을수록 동작 시간이 짧다.

③ 동작 전류가 관계없이 동작 시간은 일정하다.

④ 동작 전류가 커질수록 동작 시간은 짧아진다.

> **해설** **보호계전기 특징**
> 1) 순한시 특성 : 최소 동작 전류 이상의 전류가 흐르는 즉시 동작하는 특성
> 2) 반한시 특성 : 동작 전류가 커질수록 동작 시간이 짧게 되는 특성
> 3) 정한시 특성 : 동작 전류의 크기에 관계없이 일정한 시간에 동작하는 특성
> 4) 반한시 정한시 특성 : 동작 전류가 적은 동안에는 동작 전류가 커질수록 동작 시간이 짧게 되고 어떤 전류
>   이상이면 동작 전류의 크기에 관계없이 일정한 시간에 동작하는 특성   **답** ④

212 영상변류기를 사용하는 계전기는?

① 과전류 계전기   ② 과전압 계전기

③ 접지 계전기   ④ 차동계전기

> **해설** 영상변류기는 배전선로나 지중케이블 등에 사용되며 고감도 지락 계전기가 접속된다. 선로 중에 흐르는 정
> 상 및 역상 전류는 철심 내에 자속을 만들지 않고 영상 전류만에 의하여 자속을 만들므로 접지 계전기 등에
> 쓰인다.   **답** ③

213 보호계전기의 보호 방식 중 다른 것은?

① 위상 비교 반송 방식   ② 방향 비교 방식

③ 전압 반향 방식   ④ 전류 순환 방식

> **해설** **보호 계전기의 보호 방식**
> ① 표시선 계전방식
>   가) 방향 비교 방식(directional comparison relaying)
>   나) 전압 반향 방식(opposite voltage system)
>   다) 전류 순환 방식(circulating current system)
> ② 반송 보호 계전 방식
>   가) 방향 비교 반송 방식
>   나) 위상 비교 반송 방식
>   다) 반송 트립 방식   **답** ①

214 뇌 서지란?

① 직격뢰에 의한 순간적인 전압상승   ② 유도뢰에 의한 순간적인 전압상승

③ 직격뢰에 의한 순간적인 전류상승   ④ 유도뢰에 의한 순간적인 전류상승

> **해설** 유도뢰는 번개구름에 의해 유도된 전류가 순간적인 높은 전압으로 장비에 유입되어 피해를 입히게 되는데,
> 유도뢰에 의한 순간적인 전압상승을 뇌 서지라고 한다.   **답** ②

215 직격뢰와 유도뢰에 관한 다음 기술 중 틀린 것은?

① 직격뢰는 에너지가 매우 작다.

② 유도뢰에 의한 순간적인 전압상승을 뇌 서지라고 한다.

③ 정전유도에 의한 유도뢰는 케이블에 유도된 플러스 전하가 낙뢰로 인한 지표면 전하의 중화에 의해 뇌 서지가 된다.

④ 전자유도에 의한 유도뢰는 케이블 부근에 낙뢰로 인한 뇌전류에 따라 케이블에 유도되어 뇌 서지가 된다.

> **해설** 직격뢰는 뇌운에서 태양전지 어레이, 저압배전선, 전기기기 및 배선 등에 직접 방전이 되는 낙뢰 또는 그 근방에 떨어지는 낙뢰를 말하는데, 직격뢰는 에너지가 매우 크기 때문에 태양광발전 시스템의 보호를 위해서도 이에 대한 대책을 강구하는 것이 필요하다. **답** ①

216 다음은 여름뢰와 겨울뢰에 관한 기술이다. 옳은 것은?

① 여름 뇌운의 층은 겨울 뇌운의 층보다 상대적으로 낮다.

② 여름뢰는 겨울뢰에 비해 파고치가 적다.

③ 겨울뢰는 여름뢰에 비해 지속시간이 짧다.

④ 겨울뢰는 여름뢰에 비해 넓은 범위까지 영향을 미친다.

> **해설** ① 여름 뇌운은 1.5~10[km]이상 높이의 층을 갖고 있으나 겨울 뇌운은 300[m]~6[km] 정도로 상대적으로 낮다.
> ② 겨울뢰는 여름뢰에 비해 파고치는 1,000~수 천[A]로 적다.
> ③ 겨울뢰는 여름뢰에 비해 지속시간이 1,000배 이상 길다.
> ④ 겨울뢰는 대지전류도 길게 먼 곳까지 흘러가므로 여름뢰에 비해 넓은 범위까지 그 영향을 미친다.
> **답** ④

217 다음은 태양광발전 시스템의 피뢰소자의 선정에 관한 설명이다. 옳은 것은?

① 태양전지 어레이 주회로 안에 설치하는 피뢰소자는 방전내량이 큰 어레스터를 선정한다.

② 접속함과 분전반 안에 설치하는 피뢰소자는 방전내량이 적은 서지 옵서버를 선정한다.

③ 어레스터 1,000[A](8/20[μs])에서 제한전압이 2,000[V] 이하인 것을 선정한다.

④ 서지 옵서버의 방전내량은 최저 10[kA] 이상인 것을 선정한다.

> **해설** ① 태양전지 어레이 주회로 안에 설치하는 피뢰소자는 방전내량이 적은 서지 옵서버를 선정한다.
> ② 접속함과 분전반 안에 설치하는 피뢰소자는 방전내량이 큰 어레스터를 선정한다.
> ④ 서지 옵서버의 방전내량은 최저 4[kA] 이상인 것을 선정한다.
> **답** ③

218 내뢰 트랜스의 선정에 관한 다음 기술 중 틀린 것은?

① 어레스터와 서지 옵서버로 보호할 수 없는 경우에는 내뢰 트랜스를 사용한다.

② 인버터의 교류 측에 내뢰 트랜스를 설치하더라도 뇌 서지의 완벽한 차단이 불가능하다.

③ 전기특성이 양호한 것을 선정한다.

④ 실드판의 판수가 많을수록 뇌 서지에 대한 억제효과도 커지기 때문에 판수가 많은 것을 선정한다.

> **해설** 어레스터와 서지 옵서버로 보호할 수 없는 경우에는 내뢰 트랜스를 사용하는데, 인버터의 교류 측에 내뢰 트랜스를 설치하면 태양광발전 시스템이 상용계통과 완전한 절연성을 가질 수 있어 뇌 서지에 대해서도 완벽한 차단이 가능하다. **답** ②

219 계통연계형 태양광발전 시스템에서 필요하지 않은 요소는?

① 인버터   ② 축전설비
③ PV 모듈   ④ 역저지 다이오드

> **해설** 축전설비는 독립형에서만 사용 **답** ②

220 다음 중 PV 시스템에서 적용되는 과전압 및 낙뢰보호에 대한 설명으로 잘못된 것은?

① PV 시스템 설치로 건물에 대한 낙뢰 위험성은 높아지지 않는다.

② 피뢰침을 설치하여 외부에 노출된 PV 시스템을 보호한다.

③ 발전기 접속배선함의 DC 측에도 서지 어레스터를 설치해야 한다.

④ AC 측 과전압 보호장치는 필요하지 않다.

> **해설** AC 측에도 과전압 보호장치를 설치하여야 한다. **답** ④

221 태양광 발전시스템 BOS(Balance of System)에 해당하지 않는 기자재는?

① 모듈   ② 인버터   ③ 접속함   ④ 수배전반

> **해설** BOS란 태양광발전에서 사용되는 주변장치에 해당하는 제품으로 태양전지모듈을 제외한 모든 기자재를 말한다. **답** ①

222 다음 중 태양광발전의 특징에 관한 설명이다. 틀린 것은?

① 필요한 장소에서 필요량 발전이 가능하다.

② 설비의 보수가 간단하고 고장이 적다.

③ 운전 및 유지 관리에 따른 비용을 최소화할 수 있다.

④ 에너지밀도가 크므로 작은 설치면적이 필요하다.

> **해설** 태양광발전은 에너지밀도가 낮아 큰 설치면적이 필요하다. **답** ④

223 다음은 태양광발전 시스템의 구성에 관한 것이다. 틀린 것은?

① 태양전지는 광전효과를 통해 빛 에너지를 전지 에너지로 변환시킨다.

② 축전지는 야간 및 악천후를 대비하여 전력을 저장한다.

③ 충전조절기는 태양 전지판에서 발생된 전력을 충전기에 충전시키거나 인버터에 공급한다.

④ 인버터는 태양 전지판에서 발생된 교류전력을 직류전력으로 변환시킨다.

> **해설** 인버터는 태양 전지판에서 발생된 직류전력을 교류전력으로 변환시킨다. **답** ④

224 계통 연계형 태양광발전 시스템의 특징으로 틀린 것은?

① 태양광발전 시스템에서 생산된 전력을 지역 전력망에 공급할 수 있도록 구성한다.

② 주택용이나 상업용 태양광 발전의 가장 일반적인 형태이다.

③ 전력 저장장치가 별도로 필요하므로 시스템 가격이 상대적으로 높다.

④ 초과 생산된 전력을 계통에 보내거나 전력 생산이 불충분할 경우 계통으로부터 전력을 받을 수 있다.

> **해설** 계통 연계형 태양광발전 시스템은 생산된 전력을 지역 전력망에 공급할 수 있도록 구성되며, 주택용이나 상업용 태양광 발전의 가장 일반적인 형태이다. 초과 생산된 전력을 계통에 보내거나 전력 생산이 불충분할 경우 계통으로부터 전력을 받을 수 있으므로 전력 저장장치가 필요하지 않아 시스템 가격이 상대적으로 낮다. **답** ③

225 태양광발전의 핵심요소기술과 무관한 것은?

① 태양전지 제조기술

② PCS 기술

③ BOS(Balance of system) 기술

④ 회전체 작동기술

> **해설** 추적식 태양광발전은 아직 경제성 문제로 널리 사용되지 않는다. **답** ④

226 태양광발전의 장점이 아닌 것은?

① 다양한 규모로 발전 가능

② 전기소비장소에서 발전 가능

③ 작은 에너지 밀도

④ 청정에너지

> **해설** 작은 에너지 밀도는 태양광발전의 단점이다. **답** ③

227 계통연계형 시스템에 대한 설명이 아닌 것은?

① 생산된 에너지를 전력 계통 측으로 송전할 수 있다.

② 태양광 에너지 발전이 불가능한 경우를 대비하여 축전지를 사용한다.

③ 전력회사의 기술 규정에 맞추어 적절한 보호설비가 필요하다.

④ 정전 시 단독운전 방지 기능을 보유하고 있다.

> **해설** 독립형 태양광발전시스템은 생산된 전력을 저장하기 위해 축전지를 사용한다.　　**답** ②

228 태양광 발전 시스템의 손실 인자가 아닌 것은?

① 모듈의 오염　　　　　　　　② 모듈의 온도

③ 음영　　　　　　　　　　　④ 효율

> **해설** 태양광발전시스템 손실 요인 : 모듈의 오염, 모듈의 온도, 음영 발생　　**답** ④

229 태양광발전시스템에서 지락 발생 시 누전차단기로 보호할 수 없는 경우가 발생하는 이유는?

① 지락전류에 직류성분이 포함되어 있기 때문에

② 태양전지에서 발생하는 지락전류의 크기가 매우 크기 때문에

③ 인버터의 출력이 직접 계통에 접속되기 때문에

④ 태양전지와 계통 측이 절연되어 있지 않기 때문에

> **해설** 누전차단기는 교류 600[V] 이하의 전로에서 인체에 대한 감전사고와 전기기기의 손상을 방지하기 위해 설치한다.　　**답** ①

230 태양광 발전설비가 개방된 곳에 설치되어 있다면 낙뢰로부터 보호하기 위해 설치하는 것은?

① 피뢰침　　　　　　　　　　② 역류방지장치

③ 바이패스 장치　　　　　　　④ 발광 다이오드

> **해설** 피뢰 설비는 보호하고자 하는 대상물에 접근하는 뇌격을 확실하게 흡인하여 뇌격전류를 안전하게 대지로 방류함으로써 건축물과 내부의 사람이나 물체를 뇌해로 부터 보호하기 위한 설비이다.　　**답** ①

231 태양전지 제조 과정 중 표면 조직화에 대한 설명으로 틀린 것은?

① 표면 조직화는 표면 반사손실을 줄이거나 입사경로를 증가시킬 목적이다.

② 표면 조직화는 광 흡수율을 높여 단락전류를 높이기 위함이다.

③ 태양전지의 표면을 피라미드 또는 요철구조로 형성화하는 방법이다.

④ 표면 조직화는 태양전지의 곡선 인자 값을 향상시키게 된다.

> **해설** **표면 조직화**
> ① 빛 수집의 목적은 전면에서의 반사율을 감소시키고, 태양전지 내부에서 빛의 통과 길이를 길게 하며, 후

면으로부터의 내부반사를 이용하여 흡수된 빛의 양을 증가시킨다.

② 실리콘 표면을 조직화하면 피라미드 구조가 형성되고, 피라미드는 형성각도가 빛의 진행방향에 중요한 역할을 수행하고, 피라미드 구조물의 각도가 클수록 반사 횟수가 증가하며 그만큼 광 생성된 전류가 증가한다. 답 ④

232 투명유리 위에 코팅된 투명전극과 그 위에 접착되어 있는 나노입자로 구성된 태양전지는?

① 단결정 실리콘 태양전지   ② 박막 태양전지
③ 염료감응형 태양전지   ④ CIGS계 태양전지

해설 염료감응형 태양전지는 색소가 붙은 산화티탄 등의 나노 입자를 한쪽의 전극에 칠하고 또 다른 쪽 전극과의 사이에 전해액을 끼워 넣은 구조로 되어 있다. 태양광을 흡수한 색소에서 전자가 발생하여 산화티탄을 사이에 끼워 전류가 흐르게 한다. 색소에 의해 빛 에너지를 이용하는 점에서는 식물의 광합성과 비슷하다. 답 ③

233 태양광전지 모듈의 출력특성을 평가할 경우, 표준시험 기준에 해당되지 않는 것은?

① 모듈표면온도 : 25[℃]   ② 모듈표면압력 : 1기압
③ 분광분포 : AM 1.5   ④ 방사조도 : 1000[W/m²]

해설 태양전지 모듈 표준 시험조건 : STC(Standard Test Condition)
• 모듈 표면온도 : 25[℃] • 분광분포 : AM 1.5 • 방사조도 : 1000[W/m²]   답 ②

234 인버터의 직류동작전압을 일정시간 간격으로 약간 변동시켜 그 때의 태양전지 출력전력을 계측하여 사전에 발한 부분과 비교를 하게 되고 항상 전력이 크게 되는 방향으로 인버터의 직류전압을 변화시키는 기능은?

① 자동운전 정지제어 기능   ② 직류 검출제어 기능
③ 최대전력 추종제어 기능   ④ 자동전압 조정 기능

해설 **최대전력 추종제어 기능**
태양전지의 출력은 일사강도와 태양전지 표면온도에 따라 변동한다. 이런 변동에 대하여 태양전지의 동작점이 항상 최대출력점을 추종하도록 변화시켜 태양전지에서 최대출력을 얻을 수 있는 제어를 최대전력 추종제어라 한다. 답 ③

235 계통연계용 태양전지시스템의 방재 대응형 축전지를 다음 조건에 의해 설치하려 한다. 설치 용량으로 가장 적합한 것은?

– 평균부하 용량 : 5[kWh]	– PCS 직류입력전압 : 200[V]
– PCS 축전지 간 전압강하 : 2[V]	– PCS 효율 : 95[%]
– 보수율 : 0.8	– 용량환산시간 : 24.5

① 600[Ah]   ② 700[Ah]   ③ 800[Ah]   ④ 900[Ah]

해설 $I(직류입력전류) = P \times \dfrac{1,000}{E_f \times (V_i + V_d)} = 5 \times \dfrac{1,000}{0.95 \times (200+2)} = 26.06[A]$

$C(축전지용량) = \dfrac{KI}{L} = \dfrac{24.5 \times 26.06}{0.8} = 798.09 = 800[Ah]$ **답** ③

236 태양전지의 전기적 특성에 대한 설명으로 틀린 것은?

① 출력전압은 절대적으로 입사광 세기에 비례한다.

② 최대 밝기의 1/5 정도 되는 흐린 날에도 전압이 나온다.

③ 태양전지의 전압출력은 온도에 따라 영향을 받는다.

④ 태양전지의 전류출력은 입사되는 빛의 세기에 비례한다.

해설 ① 태양전지의 온도특성은 전압에 반비례하고, 전류에 비례하나 그 수준은 아주 낮다.
② 태양전지의 일사량 특성은 전류에 비례하고, 전압에 비례하나 그 수준은 아주 낮다. **답** ①

237 태양전지 제조 가격을 줄이기 위해 실리콘 웨이퍼의 두께를 줄이게 되면 개방전압(V_{oc})이 감소하여 효율저하가 발생한다. 이를 방지하기 위한 대책으로 옳은 것은?

① 선택적 도핑 ② 표면 패시베이션(Passivation)

③ 표면 고반사막 ④ 저저항 메탈전극

해설 **표면 패시베이션(Passivation)** : 태양전지 접합부의 누설 전류 증가, 전류증폭률 변동 잡음 증가 등을 저하시키는 목적으로 한다. **답** ②

238 독립형 태양광발전시스템은 매일 충·방전을 반복해야 한다. 이 경우 축전지의 수명(충·방전 cycle)에 직접적으로 영향을 미치는 것은?

① 용량환산계수 ② 보수율

③ 평균 방전전류 ④ 방전심도

해설 축전지의 기대수명은 방전심도, 방전횟수, 사용온도 등에 영향을 받는다. **답** ④

239 태양전지모듈은 나뭇잎 등의 부착이나 앞면의 어레이 등으로 인해 그늘이 지면 거의 대부분 발전되지 않는다. 이때 태양전지 어레이나 스트링이 병렬회로로 구성되어 있다고 하면, 태양전지 어레이의 스트링 사이에 출력전압의 불균형이 발생할 때 부하가 되는 것을 방지하기 위한 목적으로 사용되는 소자는?

① 피뢰소자 ② 바이패스 소자

③ 역류방지 소자 ④ 정류 다이오드

해설 1) 피뢰소자 : 낙뢰로부터 설비 및 장비를 보호하는 소자
2) 바이패스 소자 : 음영에 의해 발생하는 태양전지모듈의 출력저하와 발열을 억제하는 소자
3) 정류 다이오드 : 교류를 직류로 변환하는 역할 **답** ③

240 전압계가 일반적으로 가지고 있어야 하는 특성은?

① 높은 내부저항 ② 낮은 외부저항
③ 높은 감도 ④ 큰 전류를 잘 견딜 능력

> **해설** 전압계의 내부 저항이 높을수록 오차를 줄일 수 있다. **답** ①

241 단독운전 방지기능에 대한 설명으로 틀린 것은?

① 비동기에 의한 고장이 발생하지 않도록 한다.
② 일부 구간의 부하에만 전력을 공급하는 단독운전 상태 검출 기능이다.
③ 계통의 정상운전, 설비운전, 공공 인축 안정 등에 영향을 미치지 않도록 한다.
④ 최대 0.5초 이내의 순간에 태양광발전설비를 분리시킨다.

> **해설** ①은 계통연계 측 보호계전기의 역할을 수행한다. **답** ①

242 태양전지 셀과 태양광 모듈에 관한 변환효율의 관계를 옳게 나타낸 것은?

> - η_c : 태양전지 셀의 효율
> - η_m : 태양광 모듈의 효율
> - η_a : 태양광 어레이의 효율

① $\eta_a > \eta_m > \eta_c$ ② $\eta_m > \eta_c > \eta_a$
③ $\eta_c > \eta_a > \eta_m$ ④ $\eta_c > \eta_m > \eta_a$

> **해설** 셀에서 어레이로 시스템이 점점 커질수록 손실요인이 발생하여 효율이 감소한다. **답** ④

243 독립형 EES용 축전지의 설계 시 1일 적산부하전력량 2.4[kWh], 부조일수 10일, 보수율 0.8, 방전심도 65[%], 축전지 개수가 48개일 때 축전지 용량(Ah)은? (단, 축전지 전압은 2[V]이다.)

① 281[Ah] ② 381[Ah]
③ 481[Ah] ④ 581[Ah]

> **해설** 독립형 전원 시스템용 축전지
> $$C = \frac{L_d \times D_f \times 1000}{L \times V_b \times N \times DOD} = \frac{2.4 \times 10 \times 1,000}{0.8 \times 2 \times 48 \times 0.65} = 481[Ah]$$
> L_d : 1일 적산 부하 전력량[kWh]
> D_f : 일조가 없는 날
> L : 보수율
> V_b : 공칭 축전지 전압(납축전지 2[V])
> N : 축전지 개수
> DOD : 방전심도 **답** ③

244 단독운전 방지기능이 없는 10[kW] 태양광발전시스템이 380[V], 60[Hz]의 계통전원에 연결되어 운전될 경우, 태양광발전시스템의 출력이 10[kW], 부하가 유효전력 10[kW], 지상무효전력이 +9.5[kVar], 진상무효전력이 −10[kVar]일 때 단독운전이 일어날 경우 예상되는 주파수 값은?

① 60.0[Hz]   ② 61.38[Hz]

③ 58.48[Hz]   ④ 59.32[Hz]

해설 1) 지상무효전력

$$P = \frac{V^2}{X_L}, \quad X_L = 2\pi f L$$

$$9,500 = \frac{380^2}{2\pi \times 60 \times L} \qquad L = \frac{380^2}{2\pi \times 60 \times 9,500} = 40.32[\text{mH}]$$

2) 진상무효전력

$$P = \frac{V^2}{X_C}, \quad X_C = \frac{1}{2\pi f C}$$

$$10,000 = \frac{380^2}{\dfrac{1}{2\pi \times 60 \times C}} \qquad C = \frac{10,000}{2\pi \times 60 \times 380^2} = 183.7[\mu\text{F}]$$

$$f = \frac{1}{2\pi\sqrt{0.04032 \times 0.0001837}} = 58.48[\text{Hz}]$$

답 ③

245 저압배전 선로의 역조류로 계통이 개방되어 단독운전 상태가 된 경우의 검출방식이 아닌 것은?

① 과전압 계전기   ② 과전류 계전기

③ 부족전압 계전기   ④ 주파수 저하 계전기

해설 계통연계 보호장치는 일반적으로 인버터에 내장되어 있는데, 역송전이 있는 저압연계 시스템에서는 과전압 계전기(OVR), 저전압계전기(UVR), 과주파수계전기(OFR), 저주파수계전기(UFR)의 설치가 필요하다.

답 ②

246 태양전지에서 사막과 같이 주위 온도가 매우 높은 지역에서 나타나는 현상으로 옳은 것은?

① V_{oc}(Open Circuit Voltage)가 증가한다.

② I_{sc}(Short Circuit Current)는 불변한다.

③ 전기적 출력($P_{\max}$)은 거의 불변한다.

④ FF(Fill Factor)는 감소한다.

해설 1) 태양전지모듈의 출력전압은 온도에 반비례하고, 일사량에 비례한다.
2) 태양전지모듈의 출력전류는 일사량에 비례하고, 온도가 상승하면 아주 낮은 양이 증가한다.
3) 높은 온도에 의한 전압감소로 전체 출력이 감소한다.
4) FF는 태양전지모듈 성능평가사항이다.
5) 사막에서는 출력전력이 감소하여 FF 또한 감소한다.

답 ④

247 최근 태양전지는 효율이 20[%] 이상의 고효율 태양전지 및 모듈이 연구되고 있고 생산 중이다. p-type형 및 n-type의 전지의 설명으로 가장 부적절한 것은?

① 전자의 이동도가 홀 대비 수 배 빠르다.

② 동일한 불순물 농도에서는 p-type이 n- type 대비 비저항이 작다.

③ n-type 기판에는 고농도의 p-type 불순물(B)을 주입하여 셀의 접합을 형성하고 있다.

④ 최근 국내외 각 회사들이 n-type 기반의 양면수광형 태양전지 모듈의 생산 및 고효율화 연구가 진행 중이다.

> **해설** 광전에너지 변환을 위해 태양전지는 반도체 구조 내에서 전자들이 비대칭이어야 한다. n-type 지역은 큰 전자밀도와 작은 정공밀도를 가지고 있고 p-type 지역은 그와 정반대로 구성되어 있다. 만약 동일한 불순물 농도이면 p-type이 n-type 대비 비저항이 커진다. **답** ②

248 인버터의 회로방식에 따른 종류가 아닌 것은?

① 고주파 변압기 절연방식   ② 트랜스리스 방식

③ 상용주파 변압기 절연방식   ④ 무전류 절연방식

> **해설**

구 분	설 명
상용주파 변압기 절연방식	태양전지 직류출력을 상용주파의 교류로 변환한 후 변압기로 절연한다.
고주파 변압기 절연방식	태양전지의 직류출력을 고주파 교류로 변환한 후, 소형 고주파 변압기로 절연한다. 그 다음, 일단 직류로 변환하고 다시 상용주파수 교류로 변환한다.
트랜스리스 방식	태양전지의 직류출력을 DC-DC 컨버터로 승압하고 인버터로 상용주파의 교류로 변환한다.

답 ④

249 태양전지 어레이 점검 시 가장 먼저 점검해야 하는 것은?

① 단락전류   ② 정격전류

③ 개방전압   ④ 단락전압

> **해설** 1) 태양전지 어레이 출력 확인은 우선 개방전압을 측정한다.
> 　　태양전지 어레이의 각 스트링의 개방전압을 측정하여 개방전압의 불균일에 따라 동작불량의 스트링이나 태양전지 모듈의 검출 및 직렬접속선의 결선 누락 사공 등을 검출하기 위해 측정
> 　2) 두 번째 단락전류 확인
> 　　동일 회로조건의 스트링이 있는 경우 스트링 상호의 비교에 의해 어느 정도 판단이 가능 **답** ③

250 태양광발전시스템의 성능평가를 위한 측정요소가 아닌 것은?

① 경제성   ② 정확성

③ 신뢰성   ④ 발전성능

> **해설** 태양광발전 시스템의 성능평가를 위한 측정요소 : 구성요인의 성능·신뢰성, 사이트, 발전성능, 설치 코스트(경제성) 등 **답** ②

251 태양전지 측정 STC 조건에 따른 최적의 일사량과 표면온도는?

① $1,000[\text{W/m}^2]$, $25[℃]$
② $1,800[\text{W/m}^2]$, $35[℃]$
③ $1,500[\text{W/m}^2]$, $45[℃]$
④ $2,500[\text{W/m}^2]$, $55[℃]$

해설 태양전지 측정 STC(Standard Test Condition)은 일사량 : $1,000[\text{W/m}^2]$, 온도 $25[℃]$, AM : 1.5이다.
답 ①

252 출력전압의 파형을 기준으로 할 때 독립형 인버터에 해당되지 않는 것은?

① 구형파 인버터
② 유사 사인파 인버터
③ 사인파 인버터
④ 여현파 인버터

해설 여현파는 코사인파를 말하는 것으로 독립형 인버터에 해당하지 않으며 일반적으로 사용되는 인버터는 사인파, 구형파, 유사 사인파 등의 인버터가 있다.
답 ④

253 태양전지에서 직렬저항이 발생하는 원인이 아닌 것은?

① 태양전지 내의 누설전류
② 전면 및 후면 금속전극의 저항
③ 금속 전극과 이미터, 베이스 사이의 접촉저항
④ 태양전지의 이미터와 베이스를 통한 전류 흐름

해설 태양전지 직렬저항이 발생하는 원인
1) 태양전지의 이미터와 베이스를 통한 전류 흐름. 즉 이미터와 베이스의 수직 저항 성분
2) 금속전극과 이미터, 베이스 사이의 접촉저항
3) 전면 및 후면 금속전극의 저항병렬저항은 누설전류와 관계된다.
답 ①

254 태양광 발전용 축전지의 방전심도에 대한 설명으로 틀린 것은?

① 방전심도를 낮게 설정하면, 전지수명이 증가한다.
② 방전심도를 낮게 설정하면, 잔존용량이 감소한다.
③ 방전심도를 깊게 설정하면, 전지 이용률이 증가한다.
④ 방전심도를 깊게 설정하면, 전지 수명이 단축된다.

해설 방전심도(Depth of Discharge)는 축전지의 잔존용량을 나타낸다.

$$방전심도(DOD) = \frac{실제방전량[Ah]}{축전지의 정격용량[Ah]} \times 100[\%]$$

방전심도를 낮게 설정하면 전지수명은 길어지지만, 전지 이용률은 낮아져서 설치 용량이 높아져 비용이 증가한다. 또는 방전심도를 깊게 하면 전지의 이용률이 증가하고 전지의 수명이 단축된다.
답 ②

255 인버터 각 시스템 방식 중 PV분전함이 없어도 되고, PV어레이 근처에 설치되는 인버터 연결 방식은?

① 병렬 운전 방식
② 모듈 인버터 방식
③ 스트링 인버터 방식
④ 중앙 집중형 인버터 방식

> **해설** 스트링 인버터를 사용하면 설치가 더 간편해지고 설치비를 상당히 줄일 수 있다. 인버터는 PV어레이 바로 근처에 설치되고 스트링 방식으로 연결된다.
> • PV분전함의 생략
> • 일련의 상호연결에 소모되는 모듈 케이블링의 감소와 DC전원 케이블의 생략 **답** ③

256 연(납)축전지의 정격용량 100[Ah], 상시부하 8[kW], 표준전압 100[V]인 부동충전 방식 충전기의 2차 전류(충전전류)값은 몇 [A]인가? (단, 상시부하의 역률은 1로 한다.)

① 50
② 60
③ 80
④ 90

> **해설**
> $$2차충전전류[A] = \frac{축전지의 정격용량[Ah]}{축전지의 공칭 용량[Ah]} + \frac{상시부하[W]}{표준전압[V]}$$
> $$= \frac{100[Ah]}{10[Ah]} + \frac{8,000[W]}{100[V]} = 90[A]$$ **답** ④

257 연료전지의 특징에 대한 설명으로 적합하지 않은 것은?

① 간헐성의 특징에 따른 축전지설비가 필요하다.
② 등유, LNG, 메탄올 등 연료의 다양화가 가능하다.
③ 발전소의 건설비용이 크며 수명과 신뢰성향상을 위한 기술연구가 필요하다.
④ 다양한 발전 용량의 제작이 가능하다.

> **해설** 신재생에너지 중 간헐성 특징을 가진 발전방식은 태양광, 풍력 등 자연에너지를 이용한 방식이다. 연료전지는 연료의 산화에 의해 생기는 화학에너지를 직접 전기 에너지로 변환시키는 전지 일종의 발전장치로 간헐성 특징은 없다. **답** ①

258 축전지 설비의 설치기준에서 큐비클식과 이외의 변전설비, 발전설비 및 축전지 설비와의 거리는 몇 [m] 이상으로 하여야 하는가?

① 0.5
② 1.0
③ 1.5
④ 2.0

> **해설** **큐비클식 축전지 설비의 이격거리**
>
> | 이격거리를 확보해야 할 부분 | 이격거리[m] |
> |---|---|
> | 큐비클 이외의 발전설비와의 거리 | 1.0 |
> | 큐비클 이외의 변전설비와의 거리 | 1.0 |
> | 옥외에 설치할 경우 건물과의 거리 | 2.0 |
> | 전면 또는 조작면 | 1.0 |
> | 점검면 | 0.6 |
> | 환기면 | 0.2 |
>
> **답** ②

259 태양전지 모듈을 구성하는 직렬 셀에 음영이 생길 경우 발생하는 출력 저하 및 발열을 억제하기 위해 설치하는 소자는?

① 바이패스 다이오드
② 역전류 방지 다이오드
③ 역전류 방지 퓨즈
④ 정류 다이오드

> **해설** 바이패스 다이오드는 태양전지 셀의 음영에 의한 출력저하를 줄이고, 열점현상을 방지하기 위해 이용된다.
>
> **답 ①**

260 태양광발전시스템의 인버터회로 방식이 아닌 것은?

① 저주파수 변압기형
② 부하 시 탭 절환형
③ 고주파 변압기 절연형
④ 무변압기형

> **해설** 인버터회로 방식
> 상용주파 변압기 절연방식(저주파수 변압기형), 고주파 변압기 절연방식(고주파 변압기 절연형),
> 트랜스리스 방식(무변압기형)
>
> **답 ②**

261 축전지의 방전심도에 관한 설명으로 틀린 것은?

① 축전지의 잔존용량으로도 표현한다.
② 방전심도는 실제 방전량과 축전지의 정격용량의 비로 나타낸다.
③ 방전심도를 낮게 설정하면 전지수명이 짧아진다.
④ 방전심도를 높게 설정하면 전지 이용률은 높아진다.

> **해설** 방전심도는 축전지의 잔존용량을 나타낸다.
>
> $$방전심도(DOD) = \frac{실제방전량[Ah]}{축전지의\ 정격용량[Ah]} \times 100[\%]$$
>
> 방전심도를 낮게 설정하면 전지수명은 길어지지만, 전지 이용률은 낮아져서 설치 용량이 높아져 비용이 증가한다. 또한 방전심도를 깊게 하면 전지의 이용률이 증가하고 전지의 수명이 단축된다.
>
> **답 ③**

262 전압 48[V]로 120,000[Wh]의 전력을 공급하는 부하의 경우 축전지용량은 몇 [Ah]로 하면 되는가?

① 1,000
② 2,500
③ 5,000
④ 120,000

> **해설** $P = V \times I$
> $48[V] \times I = 120,000[Wh]$, $I = 2,500[Ah]$
>
> **답 ②**

263 축전지가 갖추어야 할 요구조건이 아닌 것은?

① 과충전, 과방전에 강할 것
② 중량 대비 효율이 높을 것
③ 환경변화에 안정적일 것
④ 에너지 저장 밀도가 낮을 것

해설 축전지는 신재생에너지의 간헐적 특성을 보완하기 위해 사용되는 것으로 에너지 저장 밀도가 높아야 한다.

답 ④

264 변환효율 13[%]의 100[W]급의 태양전지 모듈을 이용하여 10[kW]급 태양전지 어레이를 구성하는데 필요한 설치면적[m²]으로 적당한 것은? (단, STC 조건이다.)

① 50　　　　　② 80　　　　　③ 100　　　　　④ 150

해설
$$변환효율 = \frac{P_{mpp}[\text{W}]}{A \times 1,000[\text{W/m}^2]} \times 100 = \frac{10[\text{kW}]}{A \times 1[\text{kW/m}^2]} \times 100 = 13 \quad (A : 면적[\text{m}^2])$$
$$A = 76.9[\text{m}^2] \simeq 80[\text{m}^2]$$

답 ②

265 태양광발전시스템과 전력계통선과의 연계를 위한 송수전설비에서 중요한 송전용 변압기의 용량산정에 고려사항이 아닌 것은?

① 변압기 효율과 부하율의 관계
② 변압기 뱅크방식에 따른 송전방식
③ DC 케이블선의 굵기
④ 인버터 종류에 따른 변압기의 결선방식

해설 송수전설비는 AC 케이블을 사용하기 때문에 DC 케이블선의 굵기는 송전용 변압기의 용량 산정에 고려 사항이 아니다.

답 ③

266 표준 시험조건(STC) 기준으로 틀린 것은?

① 수광 조건은 대기 질량정수(AM : Air Mass) 1.5의 지역을 기준으로 한다.
② 빛의 일조 강도는 1000[W/m²]를 기준으로 한다.
③ 모든 시험의 풍속조건은 10[m/s]로 한다.
④ 모든 시험의 기준온도는 25[℃]로 한다.

해설

STC 시험조건		NOCT 시험조건	
일사량	1,000[W/m²]	일사량	800[W/m²]
셀온도	25	외기온도	20[℃]
AM	1.5	풍속	1[m/s]
		모듈 뒷면 개방	

답 ③

267 태양전지의 결정질 실리콘 전지는 단결정 전지와 다결정 전지로 구분되는데, 다결정 전지에 속하지 않는 것은?

① 다결정 파워 전지　　　　② 다결정 밴드 전지
③ 다결정 박막 전지　　　　④ 다결정 염료 전지

해설 태양전지의 유형

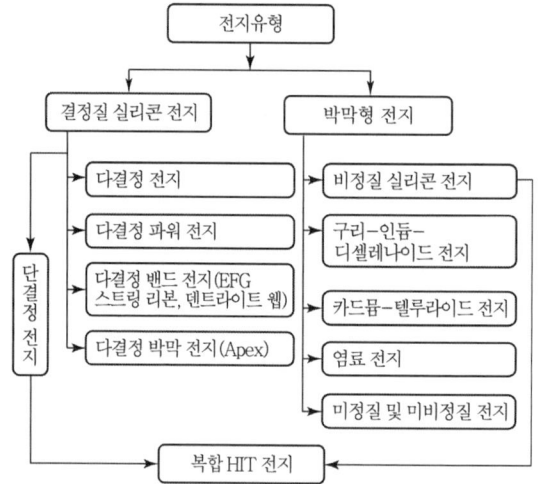

답 ④

268 실리콘 태양전지는 200에서 100마이크로 단위의 얇은 형태로 지속적인 연구개발이 진행되고 있다. 향후 실제 모듈화 및 발전소 운영 시에 대한 설명으로 틀린 것은?

① 소재의 감소는 있으나 발전소 운영 시 외부 충격에 의해 쉽게 물리적인 미소결함의가능성이 높다.

② 모듈화 진행 시 낮은 압력으로 공정이 진행되면 파손에 의한 생산성의 감소는 줄일수 있으나 기포나 수분 제거 시 어려움이 있다.

③ 모듈화 진행 시 얇아질수록 쉽게 금속배선작업 등에 의하여 휨 현상은 줄일 수 있으나 셀과 셀 연결 시 파손의 위험이 증가한다.

④ 확산 공정 시 접합형성을 위한 동일 깊이 및 동일 불순물농도의 주입시간은 두께와 관계가 없다.

해설 금속배선작업 등에 의하여 휨 현상 증가　　　　　　**답** ③

269 다결정실리콘 태양광모듈을 이용하여 사막과 같은 고온 환경에서 작동시킬 때, 단결정 실리콘 대비 차이점에 대한 설명으로 가장 옳지 않은 것은?

① 상대적으로 온도계수가 작아 출력이 크다.

② 기판의 이동도가 떨어져 동일용량 설계 시보다 큰 면적을 필요로 한다.

③ 기판의 결정 구조에 따라 디자인 측면에서 건축물에 적용이 우수하다.

④ 물질의 고유특성인 에너지 갭이 작아 온도에 대한 특성은 우수하다.

해설 물질의 고유특성인 에너지 갭이 작아 온도에 대한 특성은 나쁘다.　　　　**답** ④

270 독립형 태양광발전 시스템의 구성장치가 아닌 것은?

① 충·방전제어기

② 단독운전방지시스템

③ 축전지 또는 축전지뱅크

④ 인버터

> **해설** 독립형 태양광발전시스템의 주요 구성장치
> 태양광모듈, 축전지, 충방전 제어기, 인버터
> **답** ②

271 결정계 실리콘 태양전지 모듈에서 표면온도와 출력과의 관계를 옳게 나타낸 것은?

① 표면온도가 높아지면 출력이 증가한다.

② 표면온도가 높아지면 출력이 감소한다.

③ 표면온도가 낮아지면 출력이 감소한다.

④ 표면온도가 높든지 낮든지 출력에는 영향이 없다.

> **해설** 태양전지모듈과 표면온도와 일사량의 관계
> • 표면온도가 증가하면 출력전압이 감소하고, 전체 출력 전력이 감소한다.
> • 표면온도가 감소하면 출력전압이 증가하고, 전체 출력 전력이 증가한다.
> • 일사량이 증가하면 출력전류가 증가하고, 전체 출력 전력이 증가한다.
> • 일사량이 감소하면 출력전류가 감소하고, 전체 출력 전력이 감소한다.
> **답** ②

272 면적이 200[cm²]이고 변환효율이 20[%]인 태양전지에 AM1.5의 빛을 입사시킬 경우에 생산되는 전력[W]은? (단 수직복사 E는 1,000[W/m²]이다.)

① 3

② 4

③ 5

④ 6

> **해설** $변환효율 = \dfrac{P_{mpp}}{A(태양전지면적) \times 1[\text{kW/m}^2]} \times 100[\%] = \dfrac{P_{mpp}[\text{W}]}{0.02[\text{m}^2] \times 1,000[\text{W/m}^2]} \times 100[\%] = 20[\%]$
>
> $P_{mpp} = \dfrac{0.02[\text{m}^2] \times 20[\%] \times 1,000[\text{W/m}^2]}{100[\%]} = 4[\text{W}]$
> **답** ②

273 독립형 태양광발전설비의 종류가 아닌 것은?

① 복합형

② 계통연계형

③ 축전지가 없는 형

④ 축전지가 있는 형

> **해설** 계통연계형은 주택용 및 공공 산업용 태양광발전의 가장 일반적인 형태이며, 사용 계통과 직접 연계되어 시스템에서 발전된 전력을 부하에 공급하고 야간 혹은 우천 시에는 부족한 전력을 사용계통으로부터 공급받는 시스템이다.
> **답** ②

274 태양전지모듈의 공칭 태양전지 동작온도(NOCT : Nominal Operating CellTemperature)에서의 측정 조건이 아닌 것은?

① 습도 35[%]

② 풍속 1[m/s]

③ 외기온도 20[℃]

④ 총 방사조도 800[W/m²]

해설 NOCT 조건
풍속 1[m/s], 외기온도 20[℃],
총 방사조도 800[W/m²], 모듈 뒷면 개방   답 ①

275 태양광발전시스템의 인버터 기능으로 틀린 것은?

① 계통보호를 위한 단독운전 방지기능이 있다.

② 태양전지에 온도가 높이 올라가면 자동적으로 온도를 조정하는 기능이 있다.

③ 태양전지의 출력을 가능한 범위 내에서 유효하게 끌어내기 위한 자동운전 정지기능이 있다.

④ 계통과 인버터에 이상이 있을 때 안전하게 분리하거나 인버터를 정지시키는 기능이 있다.

해설 태양전지모듈의 온도가 높이 올라갈 경우 온도를 낮추는 방법은 모듈 표면에 물을 공급하는 방식을 사용하며, 인버터에서 태양전지 온도를 조정하는 기능은 없다.   답 ②

276 일반적인 전지와 비교해서 태양전지의 특징을 설명한 내용 중 옳은 것은?

> ㄱ. 태양전지가 전달하는 전력은 입사하는 빛의 세기에 따라 달라짐
> ㄴ. 태양전지로부터의 전류값은 부하저항에 따라 변하지 않음
> ㄷ. 태양전지로부터 얻을 수 있는 전력은 부하저항에 따라 변하지 않음
> ㄹ. 빛에 의한 전기화학적인 전위의 일시적인 변화로부터 emf(기전력)를 유도함

① ㄱ, ㄴ   ② ㄱ, ㄴ, ㄷ   ③ ㄱ, ㄹ   ④ ㄴ, ㄷ, ㄹ

해설 태양전지는 부하에 따라 전류값이 변한다. 그에 맞추어 전력도 부하에 따라 변한다.   답 ③

277 태양광발전의 장점으로 가장 옳은 것은?

① 전력생산량이 지역별 일사량에 의존한다.

② 에너지밀도가 낮아 큰 설치면적이 필요하다.

③ 설치장소가 한정적이며, 시스템 비용이 고가이다.

④ 에너지의 원료인 태양의 빛은 무료이며, 무한하다.

해설 태양광발전의 특징

구 분	태양광발전
장점	무공해, 무한량, 무가격의 청정에너지원유지 · 보수용이
단점	• 전력생산량이 일사량에 의존 • 설치 장소가 한정적 • 초기 투자비와 발전단가가 높다. • 에너지밀도가 낮아 큰 설치면적이 필요

답 ④

278 태양광발전용 인버터의 회로방식으로 적당하지 않은 것은?

① 트랜스리스 방식
② 상용주파 변압기 절연방식
③ 고주파 변압기 절연방식
④ 단권변압기 절연방식

해설 인버터 회로방식

인버터 회로방식	설 명
상용주파 변압기 절연방식	태양전지 직류출력을 상용주파의 교류로 변환한 후 변압기로 절연한다.
고주파 변압기 절연방식	태양전지의 직류출력을 고주파 교류로 변환한 후, 소형 고주파 변압기로 절연한다. 그 다음, 일단 직류로 변환하고 다시 상용주파수 교류로 변환한다.
트랜스리스 방식	태양전지의 직류출력을 DC-DC 컨버터로 승압하고 인버터로 상용주파의 교류로 변환한다.

답 ④

279 다음 조건과 같은 태양광발전 독립형 전원시스템의 축전지 용량[Ah]은?

- 1일 정격소비량 : 2.4[kWh]
- 보수율 : 0.8
- 일조가 없는 날 : 10일
- 방전심도 : 65[%]
- 공칭축전지 전압 : 2[V]
- 축전지 개수 : 48개

① 560
② 481
③ 440
④ 390

해설 독립형 전원시스템용 축전지 용량공식은 다음과 같다.

$$C = \frac{L_d \times D_f \times 1000}{L \times V_b \times DOD \times N} = \frac{2.4 \times 10 \times 1000}{0.8 \times 2 \times 0.65 \times 48} = 481[\text{Ah}]$$

여기서, L_d : 1일 적산 부하 전력량, D_f : 일조가 없는 날(일), L : 보수율
V_b : 공칭 축전지 전압, N : 축전지 개수, DOD : 방전심도

답 ②

280 태양전지에 입사되는 광에너지에 의하여 출력되는 전기에너지의 비율을 무슨 효율이라 하는가?

① 결합효율
② 규약효율
③ 평균동작효율
④ 광전변환효율

해설 광전변환효율 : 빛을 전기로 변환하는 효율

답 ④

281 집광형 태양광발전시스템에 관한 설명으로 틀린 것은?

① 주로 확산광(diffused light)을 집광한다.
② 렌즈 혹은 거울(mirror)을 사용하여 집광한다.
③ 높은 전류값으로 인해 전극에서의 손실을 줄이는 것이 중요하다.
④ 집광된 빛이 입사될 경우 셀의 온도가 일정하면 변환효율은 낮아지지 않고 유지가 된다.

해설 집광형은 광학계를 사용하므로 직달광 이외에는 이용할 수 없기 때문에 산란광이 적은 사막지대와 같은 장소가 아니면 효과를 발휘하기 어렵다.

답 ①

282 다음 중 연료전지의 종류가 아닌 것은?

① 인산형(PAFC)
② 용융탄산염형(MCFC)
③ 분산전해질형(PEFC)
④ 고체산화물형(SOFC)

해설 **연료전지의 종류와 특징**

구분 \ 종류	전해질	동작온도[℃]	효율[%]	용도
알카리형(AFC)	수산화칼륨(KOH)	50~150	60	군사용, 위성용
인산형(PAFC)	인산(H_3PO_4)	150~220	36~45	전력용, 자가발전용
용융탄산형(MCFC)	탄산염($Li_2CO_3 + K_2CO_3$)	600~700	45~60	중·대용량 전력용
고체산화물형(SOFC)	질코니아($ZrO_2 + Y_2O_3$)	약 1000	50~60	소·중·대용량 발전
고분자전해질형(PEMFC)	이온교환막(Nafion)	상온~100	40~50	정지용, 이동용

답 ③

283 태양전지의 변환효율을 상승시키기 위한 방법이 아닌 것은?

① 반도체 내부에서 빛이 흡수되도록 한다.
② 빛에 의해 생성된 전자와 정공쌍이 소멸되지 않고 외부회로까지 전달되도록 한다.
③ PN 접합부에 전기장이 발생하도록 소재 및 공정을 설계한다.
④ 태양전지를 설치할 때 가능한 온도가 상승되도록 한다.

해설 온도가 상승하면 태양전지의 전압이 낮아져 발전량이 저하된다. 하절기는 온도에 의한 전력손실이 가장 높은 시기이다.

답 ④

284 태양전지 모듈의 일부에 그늘이 발생함으로써 나타나는 현상이 아닌 것은?

① 그늘진 곳에 위치한 태양전지의 단락전류가 작아진다.
② 그늘진 곳에 위치한 태양전지는 역방향 바이어스 상태가 된다.
③ 그늘진 곳에 위치한 태양전지의 개방전압이 높아진다.
④ 그늘진 곳에 위치한 태양전지는 전기를 소비한다.

해설 태양전지모듈에 음영이 지면 해당 태양전지는 역바이어스 상태가 되며, 이는 전기적으로 저항체가 되는 것으로 전기를 소비하여 전류의 흐름을 방해하게 된다.

답 ③

285 대기질량(Air Mass, AM)에 대한 설명이 아닌 것은?

① AM 0은 대기권 밖일 때
② AM 2.0은 태양빛이 30°로 비추는 상태일 때
③ AM 1.0은 바다표면에 태양빛이 90°로 비추는 상태일 때
④ AM 1.5는 태양빛이 180°로 비추는 스펙트럼일 때

해설 $AM = \dfrac{1}{\sin\gamma}$

1) AM 1.5 : $\sin^{-1}\left(\dfrac{1}{1.5}\right) = 42°$

2) AM 2 : $\sin^{-1}\left(\dfrac{1}{2}\right) = 30°$

3) AM 1 : $\sin^{-1}\left(\dfrac{1}{1}\right) = 90°$ **답** ④

286 독립형 전원시스템의 축전지 선정 시 고려사항이 아닌 것은?

① 보수율 ② 방전심도

③ 방전단위밀도 ④ 방전종지전압

해설 독립형 전원시스템의 축전지 선정 고려사항
보수율, 방전심도, 방전종지전압, 부조일수, 1일 전산 부하 전력량 **답** ③

287 태양광발전설비를 이상전압으로부터 보호하기 위한 과전압 보호장치(SPD) 선정으로 틀린 것은? (단, LPZ는 Lighting Protection Zone이다.)

① 접속함에서 인버터까지의 전선로에는 LPZ II($8/20[\mu s]$, $I_{max} < 10[kA]$)로 교류용을 선정한다.

② 유도뢰만 있는 어레이에서는 LPZ III(전압 $1.2/50[\mu s] + 8/20[\mu s]$를 조합)을 사용 가능하다.

③ 한전 계통인입부에는 외부의 직격뢰 침입을 고려하여 LPZ I($3/350[\mu s]$, $I_{imp} < 15[kA]$) 이상을 선정한다.

④ 피뢰설비로부터 직격뢰 전류가 침입 가능한 위치에 설치된 어레이에는 LPZ I($3/350[\mu s]$, $I_{imp} < 15[kA]$)을 선정한다.

해설 접속함에서 인버터까지의 전선로에는 LPZ I($8/20[\mu s]$, $I_{max} < 10[kA]$)로 교류용을 선정한다. **답** ①

288 태양광발전시스템에서 인버터가 가져야 할 중요한 기능과 특성으로서 가장 적합한 것은?

① 모니터링 및 전압상승억제 기능을 가져야 한다.

② 인버터는 전력변환 효율보다는 외관이 수려하여야 한다.

③ 경제성을 고려하여 기능을 간소화하고 고가화의 차별화기술이 필요하다.

④ 최대출력 제어 및 단독운전방지 기능을 가지고 전력품질과 공급안정성을 확보하여야 한다.

해설 최대출력제어는 발전량의 증감에 큰 영향을 주는 요소이고, 단독운전방지 기능은 계통이 단선되었을 때 전력을 공급 중지하여 계통 수리를 진행하는 작업자가 안전하게 업무를 수행하도록 한다. **답** ④

289 태양광발전시스템의 인버터와 저압 계통연계 방법으로 옳은 것은?

① 인버터의 직류 측 회로에 접지를 견고히 시설하여 연계한다.

② 인버터와 접속점 사이에 상용주파수 변압기를 시설하여 연계한다.

③ 인버터와 접속점 사이에 단권변압기를 시설하여 연계한다.

④ 인버터의 직류입력 측에 직류 검출기를 직접 시설하고 교류출력을 정지하는 기능을 갖추어 연계한다.

> **해설** 한전측 변압기 주파수에 맞는 상용주파수 변압기를 시설하여 연계한다. **답** ②

290 태양전지 어레이 출력을 접속함 내부의 1개소에서 통합한 후 인버터로 가는 회로 중간에 설치하는 것은?

① 인덕터 ② 증폭기

③ 변압기 ④ 주개폐기

> **해설** 주개폐기는 태양전지 어레이의 출력을 한 곳으로 모은 후 인버터와의 회로 중간에 삽입한다. 접속함이 쉽게 접근할 수 없는 장소에 있을 경우에는 별도로 설치할 것을 권한다. **답** ④

291 전력계통에서 3권선 변압기(Y−Y−△)를 사용하는 주된 이유는?

① 승압용 ② 노이즈 제거

③ 제3고조파 제거 ④ 2가지 용량 사용

> **해설** △권선에는 영상분(제3고조파)이 순환전류를 흐르게 유도하여 제3고조파를 억제한다. **답** ③

292 독립형 전원시스템용 축전지 선정 시 고려사항으로 옳은 것은?

① 자기방전이 클 것 ② 과충전이 우수한 것

③ 충방전 사이클 특성이 우수한 것 ④ 온도저하 시 입력특성이 우수한 것

> **해설** 축전지가 갖추어야 할 요구조건
> • 경제성, 자기방전율이 낮을 것, 수명이 길 것, 방전 전압·전류가 안정적일 것
> • 과충전·과방전에 강할 것, 중량 대비 효율이 높을 것, 환경변화에 안정적일 것
> • 에너지 저장 밀도가 높을 것, 유지보수가 용이할 것 **답** ③

293 태양전지 모듈의 설치방법 검토 항목으로 적당하지 않은 것은?

① 시공·유지보수 등을 고려하여 작업하기 쉽게 한다.

② 모듈 고정용 볼트, 너트 등은 상부에서 조일 수 있어야 한다.

③ 미관 및 안전상 가대와 지지기구 등의 노출부를 가능한 크게 한다.

④ 태양전지 모듈 온도상승 억제를 위해 지붕과 태양전지 사이에 간격을 둔다.

해설 **태양전지모듈의 설치방법 검토**

1) 시공·유지보수 등을 고려하여 작업하기 쉽게 한다.

2) 모듈 고정용 볼트, 너트 등은 상부에서 조일 수 있어야 한다.

3) 미관 및 안전상 가대와 지지기구 등의 노출부를 가능한 적게 한다.

4) 태양전지 모듈 온도상승 억제를 위해 지붕과 태양전지 사이에 간격을 둔다.

5) 적설량이 많은 지역에서는 어레이와 건물의 적설하중을 고려하여 적정한 설치방법을 선택함과 동시에 유효한 대책을 강구한다. **답** ③

제 2 장 태양광발전 사업환경분석
New & Renewable energy

2.1 주변 기상·환경 검토

2.1.1 일조시간, 일사량

(1) 용어

일사량은 태양광발전소를 건설하기 위해 판단하는 가장 기본적인 기상 자료이고, 태양광 일사량을 표현하는 용어는 다음과 같다.

1) 대기권 밖 일사량 : 대기권 밖 일사량은 대기권 밖의 도달하는 일사량으로, 대기 중의 먼지나 수증기에 의한 산란이나 흡수가 발생하기 이전의 일사량을 말함.

2) 법선면 직달일사량 : 입사면에 수직으로 도달하는 직달일사량

3) 산란일사량(Diffuse radiation) : 전체일사량 중에서 직달일사량을 제외한 부분, 즉 태양면에서 직접 입사되는 일사량을 제외한 모든 방향으로부터 도달되는 일사량을 의미하며, 이는 태양광이 대기층을 지나는 동안 확산되고 지상의 물체에도 반사되어 방향이 변화되기 때문이다.

4) 수평면 전일사량 : 수평면 직달일사량 + 수평면 산란일사량

5) 수평면 산란일사량(flux of scattered solar radiation) : 수평면에 입사하는 직달일사량 중 지표면에 도달하지 않고 산란되는 일사량

6) 수평면 직달일사량(Direct solar radiation) : 대기 중의 수증기나 작은 먼지에 흡수 산란되지 않고, 태양으로부터 직접 수평면으로 도달하는 일사량

7) 일사량 : 태양으로부터 오는 태양 복사 에너지(일사(日射)가 지표에 닿는 양을 말함. 일사량은 태양광선에 직각으로 놓은 1제곱센티미터[㎠] 넓이에 1분 동안 복사되는 에너지의 양(輻射量)을 측정함으로써 알 수 있음.

8) 직달일사량(Direct solar radiation) : 대기 중의 수증기나 작은 먼지에 흡수 산란되지 않고, 태양으로부터 직접 수평면으로 도달하는 일사량

9) 일사율 : 수평면 전일사량 / 대기권 밖 일사량으로 대기권 밖 일사량 수치에 비해 각 지역별 도달하는 일사량 수치가 얼마나 되는지 비율로 나타낸 것으로 대기에 의해 지표에 도달하는 일사량이 얼마나 감소되었는지를 나타낸다.

10) 일조량(Irradiation) : 규정된 일정 기간에 걸쳐 일조 강도(또는 조사 강도)를 적산한 것. 즉, 일정 기간에 걸쳐 지표면에 도달하는 태양의 복사에너지의 양을 의미한다.

11) 일조시간 : 태양광선이 구름, 안개로 가려지지 않고 지상을 비추는 시간. 즉, 일정한 장소에 해가 떠서 질 때까지 태양에서 직접 오는 볕이 지구표면을 쬐는 시간을 말한다. 해가 떴지만 구름이나 안개 또는 다른 그림자에 가려 볕이 나지 않는 시간은 일조시간에서 빠진다.

12) 일조율 : 가조시간에 대한 일조시간의 비율 일조율 = 일조시간 / 가조시간

13) 청명일 : 구름의 양이 10[%] 이하인 날

14) 청명일수 : 하늘에 구름이 완전히 덮인 상태를 운량 10으로 보았을 때, 운량이 1 이하인 경우 청명일로 정의

(2) 단위

1) 태양에 의한 발생하는 에너지를 나타내는 용어는 일사량이라 하고 단위는 다음과 같다.

$$[kW/m^2], \ [cal/m^2], \ [kcal/m^2], \ [MJ]$$

2) 열량 단위를 일 단위로 변환

1[cal]는 표준대기압에서 순수 물 1[g]을 14.5[℃]에서 15.5[℃]로 1[℃] 높이는 데 필요한 열량을 말한다.

$$
\begin{aligned}
1[kWh] &= 1,000 \times 3,600[sec](1[W] = 1[J/s]) \\
&= 1,000[J/s] \times 3,600[sec] \\
&= 1,000 \times 3,600([1J] = 0.23884[cal]) \\
&= 1,000 \times 3,600 \times 0.23884 \\
&= 859,824[cal] = 859.824[kcal] ≒ 860[kcal] \\
\therefore 1[kWh] &= 860[kcal]
\end{aligned}
$$

예제 1 서울지역의 연평균 일사량이 2,811[kcal/m²/day]일 경우 이를 [kWh/m²/day]로 변환하면 얼마인가?

해설 1[kWh] = 860[kcal]로 2,811[kcal/m²/day]를 변환하면 다음과 같다.

변환 값 $= \dfrac{2,811}{860} = 3.27[kWh/m^2/day]$ 이다.　　　　**답** 3.27[kWh/m²/day]

3) [kWh]를 [MJ]로 변환하면 다음과 같다.

$$1[\text{kWh}] \ = \ 1 \times 10^3 [\text{J/s}] \times 3600 [\text{sec}] = 3.60 \times 10^6 = 3.6 [\text{MJ}]$$

2.1.2 위도, 경도, 방위, 고도각

(1) 방위각

1) 남(북)쪽을 기준으로 동쪽 또는 서쪽으로 이루고 있는 각

2) 태양광 발전에서의 방위각은 북반구에서는 정남을 남반구에서는 정북을 기준으로 한다.

3) 북반구에서 태양은 동쪽에서 뜨고, 남쪽에서 최고 고도를 유지하며, 서쪽으로 지기 때문에 가장 많은 발전량을 얻기 위해서는 남쪽을 기준으로 하여야 한다.

4) 그림과 같이 정남이 아닌 경우 발전량은 감소한다.

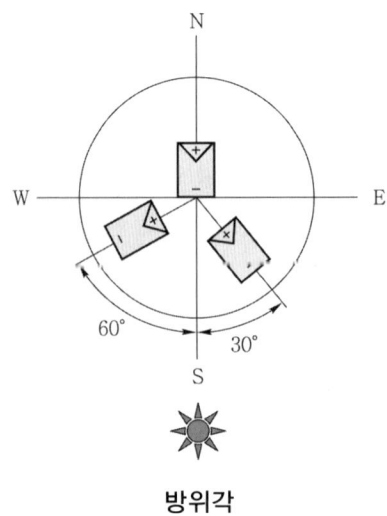

방위각

(2) 태양 고도각

‣ 북반구의 경우 하루 중 태양고도가 가장 높은 방향은 정남이다.

‣ 남반구의 경우 하루 중 태양고도가 가장 높은 방향은 정북이다.

‣ 태양의 남중고도가 가장 높을 때(하지) : $90° - \phi + 23.5°$

‣ 태양의 남중고도가 가장 낮을 때(동지) : $90° - \phi - 23.5°$

‣ 춘·추분 시 남중고도 : $90° - \phi$

여기서, ϕ : 위도

(3) 경사각

1) 위도와 태양고도에 영향을 받음

2) 10° 이하에서는 강우로 인한 자정효과를 충분히 얻지 못하므로, 경사각은 10~90°의 범위 내에서 목적에 맞게 설치한다.

3) 눈이 쌓이는 적설지대에서는 45° 이상의 각도로 하여 20~30[cm] 정도의 적설에 눈이 자연적으로 흘러내리도록 설계한다.

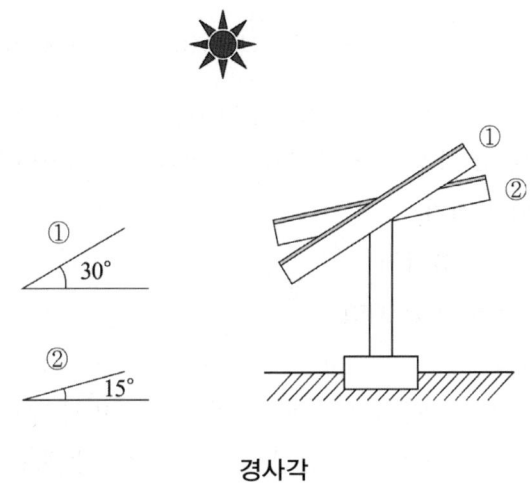

경사각

2.1.3 설치 가능 여부 조사

(1) 입지 관련 분야

1) 입지 회피 지역

아래 제시한 환경보호지역 및 생태적 민감지역은 태양광발전시설 입지를 회피하여야 함

① 백두대간 및 정맥 보호지역(핵심-완충구역), 주요 산줄기(기맥, 지맥 등) 능선 축 중심으로부터(도면상에서 수평 거리) 기맥은 좌우 각각 100[m] 이내, 지맥은 좌우 각각 50[m] 이내 지역

② 생태경관보전지역, 야생생물보호구역, 습지보호지역, 상수원보호구역 등 환경보전관련 용도 등으로 지정된 법정보호지역

③ 멸종위기야생생물 및 천연기념물 등 법정보호종의 서식지 및 산란처, 주요 철새 도래지 등 법정보호종의 서식환경 유지를 위하여 보존이 필요한 지역

④ 생태·자연도 1등급(식생보전 Ⅰ–Ⅱ 등급, 비오톱 지도가 있는 경우 비오톱 Ⅰ–Ⅱ 등급) 지역

⑤ 생태·자연도 2등급이면서 식생보전등급 Ⅲ등급 이상인 지역

⑥ 산사태 및 토사유출 방지를 위하여 경사도 15° 이상이면서 식생보전등급 Ⅳ등급 이상인 지역(경사도 산정방법은 「산지관리법」을 준용한다)

⑦ 과도한 지형 훼손을 방지하기 위하여 지형변화지수 1.5 이상 발생이 예상되는 지역

$$지형변화지수 = 토공량[절토량(m^3) + 성토량(m^3)] / 사업면적(m^2)$$

⑧ 생태·경관보전지역, 문화재보호구역 등 경관보전이 필요한 지역

⑨ 생태계변화관찰 지역, 겨울철 조류 동시센서스 조사지역 등 생태계조사가 지속적으로 실시되는 지역

⑩ 산사태 위험 1, 2등급지

2) 입지의 신중한 검토 필요 지역

① 자연생태환경

가) 생태·자연도 2등급지(식생보전 Ⅳ등급)이면서 경사도 15° 이하 지역

나) 동물 이동로가 되는 주요 능선 및 계곡, 산림–수계 연결지역 등 생태적 보전가치가 높은 지역(동물 이동경로 훼손 및 절·성토로 인한 지역 생태축 단절 등이 우려되는 지역)

다) 식생보전 Ⅲ–Ⅳ 등급의 양호한 산림으로 둘러싸여 있거나 산림 내부로 침투하는 산림 지역(예시 : 산림 내부로의 100[m] 이상 진입로 개설이 필요한 지역)

라) 상수원보호구역, 백두대간보호지역 등 입지제한 보호지역의 반경 1[km] 이내 인접 지역으로서 환경적으로 민감한 지역

마) 전체 또는 일부지역이 식생보전 V등급 초지로 이루어져 있으나 법정보호 야생 생물의 서식환경에 중요한 지역

바) 법정보호종은 아니나 무리를 지어 번식·휴식하는 동물(조류, 양서·파충류 등)의 서식지, 지역의 전통문화나 전통지식에 따라 보호가 필요하다고 여겨지는 동·식물 식지(예시 : 반딧불이·가재 서식지 등)

② 지형·지질

가) 입지 회피지역에 해당되지 않는 생태축의 능선부 좌우 일정 이격거리 (10[m]~50[m] 범위, 사업지역 여건에 따라 협의기관이 판단) 이내의 지역

나) 노두 등 특이지형·지질, 폭포, 용소, 산간습지, 석호, 사구, 해빈 등이 분포하고 있어 자연경관 및 역사·문화·향토적 측면에서 보전가치가 있는 지역

③ 수질

수질보전대책의 시행에도 불구하고 주요 하천, 저수지 및 산간 계류 등 토사유출로 인한 수 및 육수생태계에 영향이 우려되는 지역

④ 경관

가) 수려한 경관, 특색 있는 자연경관지역, 경관 관련 보전용도지역

나) 랜드마크(대표·상징경관), 역사문화자원 등 경관자원에 대한 영향이 예상되는 지역

(2) 환경성 평가 시 고려사항

1) 자연생태환경

① 최근 5년 이내 산림경영 및 수목갱신을 사유로 벌목–간벌이 이루어진 지역은 주변 산림의 식생보전등급이나 기존 생태·자연도 등급으로 산정

② 생태축·녹지축 등 생태적 연속성에 미치는 영향(생태축 단절, 서식지 파편화 등)을 검토하고 생물다양성 증진 및 생태계 기능의 연속성 유지를 위한 저감방안 마련 유도

③ 다수의 태양광발전시설이 집단화되는 지역은 개발총량 증가에 따른 영향가중, 연접개발에 의한 동물의 이동제약 등 지역적 누적환경영향 등을 저감하기 위한 방안(개발규모 축소, 토지이용계획 변경 등 대안 검토 및 연결녹지·생태통로 확보 등) 마련 여부를 검토

④ 인근지역에 멸종위기동물이 서식하거나 울타리·펜스 설치로 인한 생태단절이 우려되는 경우에는 울타리·펜스 하단(15[cm] 내외) 개방
(한국전기설비규정 351.1 발전소 등의 울타리·담 등의 시설)

⑤ 토사유출 방지를 위하여 태양광모듈 하부 및 사면부에 자생종을 활용한 식생피복계획 또는 이와 동등한 수준의 적정한 대책 수립

⑥ 배수로·산마루측구·집수정·침사지 등 시설물 설치 시, 소형동물(양서·파충류 등) 탈출을 위한 생태측구 설치 등의 보호대책 수립

2) 지형·지질

① 발전사업 종료 이후 원상복구를 위한 기존 지형의 훼손 최소화 방안

② 사업부지 조성, 진입로 및 관리도로의 개설로 인한 동물 이동경로 등 생태적 단절·지형 훼손 및 산사태 등 재해방지대책을 마련(적정 사면 경사도 및 식생복구 계획 등)

3) 수질

사업규모를 고려하여 토사유출 등 환경영향 저감, 환경기준 준수를 위한 이격거리 확보 및 충분한 규모의 저감시설 설치·운영·관리 계획

4) 경관

① 주요 조망점에서의 경관 시뮬레이션 등을 통해 자연경관 영향을 검토하여 주요 조망점(도로, 주거지 등)에서 차폐 가능 여부를 검토

② 수목 차폐를 통한 경관영향 저감 가능 여부

③ 지역주민 탐문을 통하여 지역의 전통지식 등을 조사한 후, 이를 토대로 해당지역의 중요 경관자원에 대한 경관영향 발생 여부

5) 주민 수용성

태양광발전시설 조성 계획에 대한 주민 반대 등 민원 발생 여부

(3) 기타 사항

1) 전력 생산량 산출결과 주변 음영 등으로 경제성이 낮은 경우

2) 급격한 경사면으로 산사태 발생 가능성이 높은 경우

3) 계통연계까지 거리가 멀어 계통연계 비용이 높아서 경제성이 없는 경우

4) 주변 변전소에 계통을 연계할 수 있는 용량이 없는 경우

2.1 주변 기상 · 환경 검토

01 수평면 전 일사량에 포함되는 것은?

① 수평면 산란일사량, 수평면 직달일사량
② 수평면 직달일사량, 대기권 밖 일사량
③ 수평면 산란일사량, 대기권 밖 일사량
④ 수평면 직달일사량, 대기권 밖 일사량

해설 수평면 전 일사량 : 수평면 직달일사량 + 수평면 산란일사량　　　　　**답** ①

02 일사량의 정의 중 잘못된 것은?

① 태양으로부터 오는 태양 복사 에너지가 지표에 닿는 양
② 일사량은 태양광선에 직각으로 놓은 1제곱미터[m^2] 넓이에 1분 동안 복사되는 에너지의 양
③ 수평면 일사량은 수평면 산란일사량과 수평면 직달일사량으로 구성된다.
④ 법선면 직달일사량은 입사면에 수직으로 도달하는 직달일사량이다.

해설 일사량 : 태양으로부터 오는 태양 복사 에너지(일사(日射)가 지표에 닿는 양을 말함. 일사량은 태양광선에 직각으로 놓은 1제곱센티미터[cm^2] 넓이에 1분 동안 복사되는 에너지의 양을 측정함으로써 알 수 있음.　**답** ②

03 다음 (　)에 들어갈 내용은?

> 청명일수 : 하늘에 구름이 완전히 덮인 상태를 운량 (　)으로 보았을 때, 운량이 (　)이하인 경우 청명일로 정의함

① (가) : 100, (나) : 5
② (가) : 100, (나) : 15
③ (가) : 10, 　(나) : 1
④ (가) : 10, 　(나) : 2

해설 청명일수
하늘에 구름이 완전히 덮인 상태를 운량 10으로 보았을 때, 운량이 1이하인 경우 청명일로 정의　**답** ③

04 태양광선이 구름, 안개로 가려지지 않고 지상을 비추는 시간은?

① 일사율　　　② 청명일　　　③ 가조시간　　　④ 일조시간

> **해설** **일조시간**
> 태양광선이 구름, 안개로 가려지지 않고 지상을 비치는 시간. 즉, 일정한 장소에 해가 떠서 질 때까지 태양에서 직접 오는 볕이 지구표면을 쬐는 시간을 말한다. 해가 떴지만 구름이나 안개 또는 다른 그림자에 가려 볕이 나지 않는 시간은 일조시간에서 빠진다. **답** ④

05 **일사율을 나타내는 식은?**

① 수평면 전일사량 / 대기권 밖 일사량

② 수평면 직달일사량 / 수평면 전 일사량

③ 수평면 산란일사량 / 수평면 전 일사량

④ 수평면 산란일사량 / 수평면 전 일사량

> **해설** **일사율**
> 수평면 전 일사량/ 대기권 밖 일사량으로 대기권 밖 일사량 수치에 비해 각 지열별 도달하는 일사량 수치가 얼마나 되는지 비율로 나타낸 것으로 대기에 의해 지표에 도달하는 일사량이 얼마나 감소되었는지를 나타낸다. **답** ①

06 **일정 기간에 걸쳐 지표면에 도달하는 태양의 복사에너지의 양을 의미하는 것은?**

① 일조량   ② 청명일수

③ 일조율   ④ 알베도

> **해설** **일조량(Irradiation)**
> 규정된 일정 기간에 걸쳐 일조 강도(또는 조사 강도)를 적산한 것. 즉, 일정 기간에 걸쳐 지표면에 도달하는 태양의 복사에너지의 양을 의미한다. **답** ①

07 **태양광발전 어레이가 받는 일조량과 같은 크기의 일조량을 받는 데 필요한 일조시간은?**

① 등가 1일 일조시간   ② 어레이 가동시간

③ 적산 일조시간   ④ 최적 일조시간

> **해설** **기준 등가 가동 시간(등가 1일 일조시간)**
> 일조 강도가 기준 일조 강도라고 할 경우, 실제로 태양광발전 어레이가 받은 일조량과 같은 크기의 일조량을 받는 데 필요한 일조 시간 **답** ①

08 **일사량에 대한 설명이 틀린 것은?**

① 경사면 일사량은 어레이 경사각을 결정한다.

② 지표면 확산 일사는 태양으로부터 산란, 반사 후 지상에 도달하는 일사

③ 지표면 직달 일사는 태양으로부터 지상의 관측지점으로 직접 도달하는 일사

④ 태양전지는 많은 일사량을 받도록 지면과 수평면에 설치한다.

> **해설** 태양전지는 많은 일사량을 받도록 위도에 따라 수평면과 경사지게 설치한다. **답** ④

09 다음 중 일조율을 올바르게 표현한 것은?

① $\dfrac{일조시간}{가조시간} \times 100[\%]$

② $\dfrac{가조시간}{부조시간} \times 100[\%]$

③ $\dfrac{부조시간}{일조시간} \times 100[\%]$

④ $\dfrac{부조시간}{가조시간} \times 100[\%]$

해설 일조율 $= \dfrac{일조시간}{가조시간} \times 100[\%]$, 일조율은 일조시간과 가조시간의 비율 **답** ①

10 다음은 전 일조량에 대한 설명이다. (a), (b)에 들어갈 단어는?

> 지표면에 도달하는 태양복사는 (a)과 (b)로 구성된다.

① (a) 산란 일조량, (b) 총 일조량
② (a) 수평면 일조량, (b) 경사면 일조량
③ (a) 직달 일조량, (b) 수평면 일조량
④ (a) 직달 일조량, (b) 산란 일조량

해설 지표면에 도달하는 태양복사는 산란 일조량과 직달 일조량으로 구성된다. **답** ④

11 다음 설명은 무엇에 대한 정의인가?

> 직달 태양광선이 지구 대기를 지나오는 경로의 길이로서 임의의 해수면상 관측점을 햇빛이 지나가는 경로의 길이를 관측점 바로 위에 태양이 있을 때 햇빛이 지나오는 거리의 배수로 나타낸 것이다.

① 반사율(albedo)
② 대기 질량(AM)
③ 대기 투과율(atmospheric transmissivity)
④ 오존량(ozone content)

해설 ・반사율(albedo) – 물체가 빛을 받았을 때 반사하는 정도를 나타내는 단위
・대기 투과율(atmospheric transmissivity) – 태양복사에너지가 지구의 대기를 지나는 동안 일부분이 흡수, 반사되어 약해지는 정도를 나타낸다. **답** ②

12 태양복사에 대한 설명으로 잘못된 것은?

① 대기 중의 분자들에 의한 흡수로 태양 복사가 감소한다.
② 대기 중의 오염물질에 의한 산란은 위치에 따라 심하게 변한다.
③ 흡수와 레일리 산란은 태양고도가 높을수록 증가한다.
④ 태양고도가 수직일 때$(\gamma_s = 90°)$ AM $= 1$이다.

해설 흡수와 레일리 산란은 태양고도가 낮을수록 증가한다. **답** ③

13 태양 복사에 대한 설명 중 맞는 것은?

① 지표면에 도달하는 태양에너지량은 전 세계 에너지 요구량의 약 1,000배이다.

② 태양상수는 $E_0 = 1367[\text{W/m}^2]$이다.

③ 최대 일사량은 구름이 전혀 없는 맑은 날 발생한다.

④ 적도의 연간 복사량은 $2,300[\text{kWh/m}^2]$, 남유럽은 $1,300[\text{kWh/m}^2]$, 한국은 $1,040[\text{kWh/m}^2]$이다.

> **해설** 지표면에 도달하는 태양에너지량은 전 세계 에너지 요구량의 약 10,000배이다. 최대 일사량은 구름이 조금 낀 맑은 날 발생한다. 적도의 연간 복사량은 2,300 $[\text{kWh/m}^2]$, 남유럽은 1,700 $[\text{kWh/m}^2]$, 한국은 1,040 $[\text{kWh/m}^2]$ 이다. **답** ②

14 일사량에 대한 설명으로 올바르지 못한 것은?

① 직달 일사는 태양으로부터 지상의 관측지점으로 직접 도달하는 일사

② 확산 일사는 대기 중의 먼지 및 구름에서 산란 및 반사과정을 거친 후 도달하는 일사

③ 각 지역별 위도 차이에 의한 일사량만 고려하여 어레이 경사각을 결정한다.

④ 일사량의 단위는 $[\text{kWh/m}^2 \cdot \text{기간}]$이다.

> **해설** 태양광 어레이의 경사각에 따라 월별 일사량이 변화하기 때문에 최적 어레이 경사각을 결정하기 위해서는 경사각에 따른 일사량을 평가하여 일사량이 가장 적은 달을 기준으로 어레이 경사각을 결정하게 된다. **답** ③

15 태양복사에 대한 설명으로 틀린 것은?

① 직달복사와 산란복사의 비율은 구름과 태양고도에 관계없이 일정하게 유지된다.

② 지표면에 도달하는 복사는 직달복사와 산란복사로 구성된다.

③ 직달복사는 태양방향에서 온다.

④ 산란복사는 하늘의 천장에서 산란된다.

> **해설** 구름 상태와 일조시간(태양 고도)에 따라, 직달복사와 산란복사의 세기와 비율은 크게 달라진다. **답** ①

16 일사량에 관한 다음 기술 중 틀린 것은?

① 일사량은 태양으로부터 받는 직달광과 천공으로부터 오는 산란광의 합이다.

② 일사량은 남중 시 및 동지 때 최대가 된다.

③ 일사량은 지구상의 기후를 근본적으로 지배한다.

④ 일사량은 태양상수, 일사를 받는 지표면의 경사 또는 성질, 대기의 혼탁도 등에 의해 좌우된다.

> **해설** 하루 중의 일사량은 태양고도가 가장 높을 때인 남중시에 최대가 되고, 1년 중에는 하지 경에 최대가 되며, 태양상수, 역일, 위도, 일사를 받는 지표면의 경사 또는 성질 대기의 혼탁도 등에 의해 좌우된다. **답** ②

17 대기 중의 어느 한 점 또는 지표의 어느 한 점에서 받는 태양복사를 의미하는 말은?

① 산란   ② 일사
③ 태양상수   ④ 남중고도

> **해설** 태양복사는 대기를 통과하는 동안에 공기분자 · 먼지 · 수증기 등에 의하여 감쇠되는데, 일사란 대기 중의
> 어느 한 점 또는 지표의 어느 한 점에서 받는 태양복사를 의미한다.   **답** ②

18 일사에 관한 다음 설명 중 옳지 않은 것은?

① 지구 표면의 수평면이 직접 태양으로부터 받는 것을 직달 일사라 한다.
② 천공의 각 부분으로부터 지표의 수평면에 도달하는 산란광의 합계를 전천 일사라 한다.
③ 일사량은 태양광으로부터 받는 산란광과 천공으로부터 오는 직달광의 합을 의미한다.
④ 산란광의 크기는 직달광의 몇 분의 1에 불과하다.

> **해설** 일반적으로 일사량이라고 하면 수평면에 받는 에너지로서 태양으로부터 받는 직달광과 천공으로부터 오는
> 산란광의 합을 의미한다.   **답** ③

19 태양의 직사광선이 구름이나 안개 등에 차단되지 않고 지표면을 비추는 것을 의미하는 용어
는?

① 일조   ② 일사
③ 태양상수   ④ 남중고도

> **해설** 일조란 태양의 직사광선이 구름이나 안개 등에 차단되지 않고 지표면을 비추는 것을 의미하는 용어로, 일사
> 와 같은 뜻으로 쓰이기도 하지만 일사보다는 시간적 개념이 많이 포함된 말이다.   **답** ①

20 일조에 관한 다음 설명 중 옳지 않은 것은?

① 가조시간이란 한 지방의 해 돋는 시간부터 해지는 시간까지의 시간을 말한다.
② 일조시간은 실제로 지표면에 태양이 비춘 시간이다.
③ 구름이 많은 날씨일 경우 가조시간과 일조시간이 일치한다.
④ 가조시간과 일조시간의 비를 일조율이라고 하며, 백분율[%]로 나타낸다.

> **해설** 구름이 없는 맑은 날씨일 경우에는 가조시간과 일조시간이 일치하지만, 구름이 많아지면 그만큼 일조시간
> 은 짧아진다.   **답** ③

21 태양에서 지구로 도달하는 태양광선이 대기나 지표면에 의해서 반사되는 비율을 무엇이라
하는가?

① 산란 일조량   ② 알베도(ALBEDO)
③ 에어매스(AIR MASS)   ④ 핫스팟(Hot spot)

> **해설** 알베도(ALBEDO) : 태양광선이 대기나 지표면에 반사되는 비율   **답** ②

22 30°의 고정식 태양광 발전소 운전 시 우리나라의 남해안에서 연중대비 5~6월에 발생하는 현상으로 가장 옳은 것은?

① 태양의 고도가 연중 제일 높아 출력이 가장 높다.
② 온도 상승에 의한 출력감소가 연중 제일 높다.
③ 일사량(시간)에 의한 발전은 7, 8월 대비 두 번째로 높다.
④ 양축식 대비 단축식의 출력이 연중 가장 높다.

> **해설** 6월 중 태양고도가 가장 높은 기간으로 출력이 가장 높다.   **답** ①

23 햇빛이 지구 대기를 통과할 때, 복사에너지의 감소 원인을 잘못 표현한 것은?

① 대기에 의한 반사
② 대기 중의 분자들에 의한 반사(O_3, H_2O, O_2, CO_2)
③ 레일리(Rayleigh) 산란
④ 미(Mie) 산란

> **해설** 복사에너지의 감소요인
> 1) 대기 중의 분자들에 의한 흡수(O_3, H_2O, O_2, CO_2)
> 2) 대기에 의한 반사
> 3) 레일리 산란
> 4) 미(Mie) 산란   **답** ②

24 관련 단위 중 틀린 것은?

① $1\,[kWh] = 860[kcal] = 3.6 \times 10^6[J]$ ② $1\,[cal] = 4.186\,[J]$
③ $1\,[J] = 1\,[W] = 024\,[kal]$ ④ $1\,[J/s] = 1\,[W]$

> **해설** $1\,[J] = 1\,[W \cdot s] = 0.24\,[cal]$ **답** ③

25 태양에서 발생하는 에너지를 나타내는 일사량의 단위가 아닌 것은?

① $[kW/m^2]$ ② $[W/cm^2]$ ③ $[kcal/m^2]$ ④ $[kWh/kWp]$

> **해설** $[kWh/kWp]$: 발전소 발전시간 단위   **답** ④

26 일사량이 3,520$[kcal/m^2]$일 경우 이를 $[kWh/m^2]$로 변환하면?

① 3.82   ② 3.95   ③ 4.09   ④ 4.12

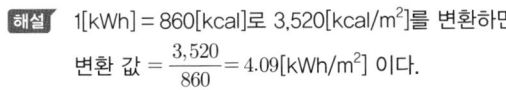

해설 1[kWh] = 860[kcal]로 3,520[kcal/m²]를 변환하면

변환 값 $= \dfrac{3,520}{860} = 4.09[\text{kWh/m}^2]$ 이다.   **답** ③

27 일사량이 3.35[kWh/m²]일 경우 이를 [kcal/m²]으로 변환하면?

① 2811　　　　② 2881　　　　③ 2982　　　　④ 2991

해설 1[kWh] = 860 [kcal]로 3.35 [kWh/m²]를 변환하면

변환 값 = 3.35 × 860 = 2,881 [kcal/m²] 이다.   **답** ②

28 일사량이 12,600[MJ]일 경우 이를 [kWh/m²]로 변환하면 얼마인가?

① 3.50　　　　② 3.60　　　　③ 3.65　　　　④ 3.70

해설 $1[\text{kWh}] = 1 \times 10^3 [\text{J/s}] \times 3,600[\text{sec}] = 3.60 \times 10^6 = 3.6[\text{MJ}]$

변환값 $= \dfrac{12,600}{3,600} = 3.50[\text{kWh/m}^2]$ **답** ①

29 일사량이 3.23[kWh/m²]일 경우 이를 [MJ]로 변환하면 얼마인가?

① 11,216　　　　② 11,364　　　　③ 11,553　　　　④ 11,628

해설 $1[\text{kWh}] = 1 \times 10^3 [\text{J/s}] \times 3,600[\text{sec}] = 3.60 \times 10^6 = 3.6[\text{MJ}]$

변환값 = 3.23 × 3,600 = 11,628[MJ]   **답** ④

30 남반구를 기준으로 태양광발전량이 가장 많은 태양의 위치는?

① 동　　　　② 서　　　　③ 남　　　　④ 북

해설 북반구는 정남에서 가장 태양광 발전량이 높음

남반구는 정북에서 가장 태양광 발전량이 높음   **답** ④

31 다음 중 북반구 하지 때 남중고도를 표현하는 식은? (θ : 위도)

① $90° - (\theta - 23.5°)$　　　　② $90° - (\theta + 23.5°)$

③ $90° - \theta$　　　　④ $90° + \theta$

해설 동지 : $90° - \theta - 23.5°$, 하지 : $90° - \theta + 23.5°$, 춘분 · 추분 : $90° - \theta$ **답** ①

32 태양고도가 가장 낮은 시기는?

① 춘분　　　　② 하지　　　　③ 추분　　　　④ 동지

해설 태양의 남중고도는 동지가 가장 낮으며, 태양전지 모듈의 고도각을 설정하는 기준이 된다.   **답** ④

33 서울의 위도는 37.34°이다. 이 경우 동지 시 태양의 남중고도는?

① 29.16°   ② 52.66°   ③ 34.16°   ④ 76.16°

해설 $90° - 37.34° - 23.5° = 29.16°$
서울 동지 시 태양의 남중고도는 위도(37.34°)와 지구의 기울기(23.5°)를 이용한다. **답** ①

34 우리나라의 일사조건이 가장 좋은 계절로만 묶인 것은?

① 봄, 가을   ② 가을, 겨울   ③ 여름, 가을   ④ 봄, 여름

해설 일사량 : 봄 > 여름 > 가을 > 겨울 **답** ④

35 다음은 태양의 남중고도에 대한 설명이다. 틀린 것은?

① 지구의 자전축이 공정 축에 대해 66.5° 기울어져 있는 상태로 공전하기 때문에 태양의 남중고도에 변화가 생긴다.
② 태양의 남중고도 변화는 계절 변화의 원인이 된다.
③ 하지 때 태양의 남중고도는 남반구에서 최대가 되며, 북반구에서는 최소가 된다.
④ 추분과 춘분일 때 남중고도는 적도에서 최대가 된다.

해설 하지 때 태양의 남중고도는 북반구에서 최대가 되며, 남반구에서는 최소가 된다. 동지 때 태양의 남중고도는 북반구에서 최소가 되고, 남반구에서는 최대가 되며, 춘분과 추분일 때는 적도에서 최대가 된다.
답 ③

36 다음 중 태양의 남중고도 산출 식으로 옳은 것은? (단, 대기차는 무시하며, δ : 적위(황도와 적도의 기울기 상수, 23.5°), ϕ : 그 땅의 위도이다.)

① $45° - \phi + \delta$ ② $45° - \delta + \phi$
③ $90° - \phi + \delta$ ④ $90° - \delta + \phi$

해설 남중고도
· 동지 시 남중고도 : $90° - \phi - 23.5$
· 하지 시 남중고도 : $90° - \phi + 23.5$
· 춘 · 추분 남중고도 : $90° - \phi$ **답** ③

37 다음 PV 추적 시스템에 대한 설명 중 올바르게 표현하지 않은 것은?

① 단축 시스템은 태양의 동서 경로 또는 태양 고도각 중 하나를 추적한다.
② 양축 시스템은 태양에 항상 최적 방향을 유지한다.
③ 일반적으로 태양 발전용량이 많은 양축 추적 시스템을 선호한다.
④ 추적 시스템은 폭풍과 같은 높은 풍하중을 견딜 수 있는 이동식 구조물을 필요로 한다.

해설 양축 추적은 기술적으로 더 복잡하기 때문에, 흔히 단축 추적이 선호된다. **답** ③

38 PV 어레이 설치방향으로 맞게 설명한 것은?

① 지구 북반구 - 남향, 지구 남반구 - 북향

② 지구 북반구 - 남향, 지구 남반구 - 남향

③ 지구 북반구 - 북향, 지구 남반구 - 남향

④ 지구 북반구 - 북향, 지구 남반구 - 북향

> **해설** · 북반구 : 남향으로 태양전지 모듈 설치
> · 남반구 : 북향으로 태양전지 모듈 설치
>
> **답** ①

39 태양전지판 설치방향과 발전시간을 결정하는 요소는?

① 태양고도   ② 남중고도

③ 일사 · 일조   ④ 태양의 방위각

> **해설** **태양궤적과 태양전지**
> 1) 태양고도 : 태양전지판 설치각도(가변), 전 · 후면 이격거리 결정
> 2) 태양의 방위각 : 태양전지판 설치방향과 발전시간 결정
>
> **답** ④

40 다음 중 태양의 남중고도에 대한 설명으로 올바른 것은?

① 하지 때 그림자의 길이가 가장 길다.

② 남중고도란 하루 중 태양의 고도가 가장 높을 때의 고도각이다.

③ 남중고도의 높이는 동지 > 춘분, 추분 > 하지 순으로 낮아진다.

④ 태양의 남중고도는 위도와 관계가 없다.

> **해설** 남중고도는 하루 중 태양의 고도가 가장 높을 때의 고도각이며, 위도와 계절에 따라 높이의 차이가 발생한다. 하지의 경우 남중 고도각이 가장 높고, 그림자가 가장 짧고, 동지에 남중 고도각이 가장 낮으며, 그림자의 길이가 가장 길다.
>
> **답** ②

41 신태양궤적도에 관한 다음 설명 중 옳지 못한 것은?

① 균시차를 고려한 태양궤적도이다.

② 태양광 어레이 설계를 하는데 있어서 필수적이다.

③ 특정 월일의 태양궤적과 시각선이 나타나 있는 태양고도와 방위각을 쉽게 찾을 수 있다.

④ 특정 월일의 태양궤적과 시각선이 만나는 교점의 동심원 값이 태양고도이다.

> **해설** 신월드램 태양궤적도는 관측자가 천구상의 태양경로를 수직평면상의 직교좌표로 나타낸 것으로 태양의 궤적을 입면상에 그릴 수 있으므로 이해하기 쉽고, 편리한 방법이다. 특히, 태양광을 얻기 위한 건물의 조향, 외부공간의 계획, 내부의 실배치, 창, 차양 장치, 식생 및 태양광 어레이를 설계하는 데 있어서 필수적이다.
>
> **답** ②

42 음영분석에 대한 설명으로 ( )안에 들어갈 올바른 단어만 연결된 것은?

> A. PV 어레이를 ( )으로 향하게 한다.
> B. 기준일은 ( )를 기준으로 한다.
> C. 기준일 ( )시 ~ ( )시 사이를 기준으로 하여 음영에 대한 계산과 분석을 한다.

① A : 북쪽 - B : 동지 - C : 10, 15   ② A : 북쪽 - B : 하지 - C : 8, 15

③ A : 남쪽 - B : 동지 - C : 10, 15   ④ A : 남쪽 - B : 하지 - C : 8, 15

> **해설** • 방위각 : 남쪽   • 기준일 : 동지   • 기준일 시각 : 10~15   **답** ③

43 육상태양광발전사업 환경성 평가 협의 지침에 따라 다음과 같은 사항에 대한 (   )안에 적합한 내용은?

> 백두대간 및 정맥 보호지역(핵심 – 완충구역), 주요 산줄기(기맥, 지맥 등) 능선 축 중심으로부터(도면상에서 수평 거리) 기맥은 좌우 각각 (가)[m] 이내, 지맥은 좌우 각각 (나)[m] 이내 지역

① (가) : 50[m], (나) 100[m]   ② (가) : 100[m], (나) 50[m]

③ (가) : 50[m], (나) 50[m]   ④ (가) : 100[m], (나) 100[m]

> **해설** 백두대간 및 정맥 보호지역(핵심–완충구역), 주요 산줄기(기맥, 지맥 등) 능선 축 중심으로부터(도면상에서 수평 거리) 기맥은 좌우 각각 100[m] 이내, 지맥은 좌우 각각 50[m] 이내 지역   **답** ②

44 육상태양광발전사업 환경성 평가 협의 지침에서 입지 회피 지역에 대한 사항으로 잘못된 것은?

① 생태경관보전지역, 야생생물보호구역, 습지보호지역, 상수원보호구역 등 환경보전관련 용도 등으로 지정된 법정보호지역

② 멸종위기야생생물 및 천연기념물 등 법정보호종의 서식지 및 산란처, 주요 철새도래지 등 법정보호종의 서식환경 유지를 위하여 보존이 필요한 지역

③ 생태·자연도 4등급이면서 식생보전등급 Ⅲ등급 이상인 지역

④ 산사태위험 1, 2등급지

> **해설** **육상태양광발전사업 환경성 평가 협의 입지 지침의 회피 지역**
> ① 백두대간 및 정맥 보호지역(핵심–완충구역), 주요 산줄기(기맥, 지맥 등) 능선 축 중심으로부터(도면상에서 수평 거리) 기맥은 좌우 각각 100[m] 이내, 지맥은 좌우 각각 50[m] 이내 지역
> ② 생태경관보전지역, 야생생물보호구역, 습지보호지역, 상수원보호구역 등 환경보전관련 용도 등으로 지정된 법정보호지역
> ③ 멸종위기야생생물 및 천연기념물 등 법정보호종의 서식지 및 산란처, 주요 철새 도래지 등 법정보호종의 서식환경 유지를 위하여 보존이 필요한 지역
> ④ 생태·자연도 2등급이면서 식생보전등급 Ⅲ등급 이상인 지역
> ⑤ 과도한 지형 훼손을 방지하기 위하여 지형변화지수 1.5 이상 발생이 예상되는 지역
> ⑥ 생태·경관보전지역, 문화재보호구역 등 경관보전이 필요한 지역
> ⑦ 생태계변화관찰 지역, 겨울철 조류 동시센서스 조사지역 등 생태계조사가 지속적으로 실시되는 지역
> ⑧ 산사태위험 1, 2등급지   **답** ③

45 다음 ( )에 들어갈 경사도는?

> 산사태 및 토사유출 방지를 위하여 경사도 ( ) 이상이면서 식생보전등급 Ⅳ등급 이상인 지역이어야 한다.

① 5°   ② 10°   ③ 15°   ④ 20°

해설   산사태 및 토사유출 방지를 위하여 경사도 15° 이상이면서 식생보전 등급이 Ⅳ등급 이상인 지역이어야 한다.

답 ③

46 육상태양광발전사업 환경성 평가 협의 지침에서 입지 회피지역은 과도한 지형이 훼손을 방지하기 위해 지형변화지수 몇 이상 발생이 예상되는 지역으로 하는가?

① 1.0   ② 1.1   ③ 1.2   ④ 1.5

해설   과도한 지형 훼손을 방지하기 위하여 지형변화지수 1.5 이상 발생이 예상되는 지역

답 ④

47 지형변화지수를 나타내는 식으로 올바른 것은?

① 지형변화지수 = 토공량[절토량(m^3)+성토량(m^3)] / 사업면적(m^2)
② 지형변화지수 = 복토량[토공량(m^3)+성토량(m^3)] / 사업면적(m^2)
③ 지형변화지수 = 객토량[축척량(m^2)+토공량(m^2)] / 사업면적(m^2)
④ 지형변화지수 = 절토량[절토량(m^2)+축척량(m^2)] / 사업면적(m^2)

해설   과도한 지형 훼손을 방지하기 위하여 지형변화지수 1.5 이상 발생이 예상되는 지역
지형변화지수 = 토공량[절토량(m^3) + 성토량(m^3)] / 사업면적(m^2)

답 ①

48 육상태양광발전사업 환경성 평가 협의 지침에서 입지를 회피해야 할 지역 중 경관보존이 필요한 지역은?

① 문화재보호구역
② 산사태위험 2등급지
③ 상태·자연도 2등급(식생보전 Ⅰ–Ⅱ등급)
④ 지형변화지수 2 이상 발생이 예상되는 지역

해설   생태·경관보전지역, 문화재보호구역 등 경관보전이 필요한 지역

답 ①

49 육상태양광발전사업 환경성 평가 협의 지침에 따라 입지의 신중한 검토가 필요한 지역에 해당 사항이 아닌 것은?

① 자연생태환경   ② 지형·지질   ③ 경관   ④ 주민 수용성

해설   육상태양광발전사업 환경성 평가 협의 지침에 따라 입지의 신중한 검토가 필요한 지역에 해당 사항은 자연생태환경, 지형·지질, 경관, 수질 등

답 ④

50 자연생태환경에서 입지의 신중한 검토가 필요한 지역에 대한 설명 중 (   )에 적합한 내용을 쓰시오.

> 상수원보호구역, 백두대간보호지역 등 입지제한 보호지역의 반경 (   )[km] 이내 인접지역으로서 환경적
> 으로 민감한 지역이어야 한다.

① 1   ② 2   ③ 3   ④ 5

해설 상수원보호구역, 백두대간보호지역 등 입지제한 보호지역의 반경 1[km] 이내 인접지역으로서 환경적으로
민감한 지역   **답** ①

51 육상태양광발전사업 환경성 평가 협의 지침에서 입지의 신중한 검토가 필요한 지역에 대한
사항으로 잘못된 것은?

① 생태 · 자연도 2등급지(식생보전 IV등급)이면서 경사도 15° 이하 지역
② 동물 이동로가 되는 주요 능선 및 계곡, 산림−수계 연결지역 등 생태적 보전가치가 높은
지역
③ 식생보전 VII등급 초지로 이루어져 있으나 법정보호 야생생물의 서식환경에 중요한 지
역
④ 법정 보호종은 아니나 무리를 지어 번식 · 휴식하는 동물(조류, 양서 · 파충류 등)의 서식
지

해설 전체 또는 일부지역이 식생보전 V등급 초지로 이루어져 있으나 법정보호 야생생물의 서식환경에 중요한 지
역   **답** ③

52 다음은 환경 평가 시 고려사항에 대한 설명이다. (   )에 적합한 내용은?

> 최근 (   )년 이내 산림경영 및 수목갱신을 사유로 벌목−간벌이 이루어진 지역은 주변 산림의 식생보전등급
> 이나 기존 생태 · 자연도 등급으로 산정한다.

① 2   ② 3   ③ 4   ④ 5

해설 최근 5년 이내 산림경영 및 수목갱신을 사유로 벌목−간벌이 이루어진 지역은 주변 산림의 식생보전등급이
나 기존 생태 · 자연도 등급으로 산정한다.   **답** ④

53 환경 평가 시 고려사항 중 인근지역에 멸종위기동물이 서식하거나 울타리 · 펜스 설치로 인
한 생태단절이 우려되는 경우에는 울타리 · 펜스 하단은 몇 [cm] 내외로 개방하는가?

① 15   ② 20   ③ 25   ④ 30

해설 인근지역에 멸종위기동물이 서식하거나 울타리 · 펜스 설치로 인한 생태단절이 우려되는 경우에는 울타리 · 펜
스 하단(15[cm] 내외) 개방   **답** ①

54 환경 평가 시 고려사항 중 지형·지질에 해당하는 것은?

① 토사유출 방지를 위하여 태양광모듈 하부 및 사면부에 자생종을 활용한 식생피복 계획 또는 이와 동등한 수준의 적정한 대책 수립

② 태양광발전시설 조성 계획에 대한 주민 반대 등 민원 발생 여부

③ 수목 차폐를 통한 경관영향 저감 가능 여부

④ 발전사업 종료 이후 원상복구를 위한 기존 지형의 훼손 최소화 방안

> **해설** **지형·지질**
> 1) 발전사업 종료 이후 원상복구를 위한 기존 지형의 훼손 최소화 방안
> 2) 사업부지 조성, 진입로 및 관리도로의 개설로 인한 동물 이동경로 등 생태적 단절·지형 훼손 및 산사태 등 재해방지대책을 마련(적정 사면 경사도 및 식생복구 계획 등)   **답** ④

55 태양광발전설계에 AM = 1.5가 적용되는 경우 태양과 지표와의 각도는 약 몇 도(°)인가?

① 90°　　　　　　② 60°　　　　　　③ 42°　　　　　　④ 30°

> **해설** $AM = \dfrac{1}{\sin\theta}$, $1.5 = \dfrac{1}{\sin\theta}$, $\sin\theta = \dfrac{1}{1.5} = 0.667$
> $\therefore \theta = \sin^{-1}(0.667) = 41.8 = 42°$ **답** ③

56 태양광발전시설의 발전량을 예측하기 위해 경사면에서 복사량을 계산할 때 지표에 반사 성분인 알베도가 포함된다. 일반적인 알베도 값은?

① 0.15　　　　　　② 0.20　　　　　　③ 0.25　　　　　　④ 0.30

> **해설** 일반적인 알베도(반사율)은 0.20이고, 그 외 주변 환경에 따른 알베도는 다음과 같다.

표면	반사율	표면	반사율
풀밭(7월, 8월)	0.25	아스팔트	0.15
잔디	0.18~0.23	숲	0.05~0.18
건조한 풀밭	0.28~0.32	히스와 모래지역	0.10~0.25
경작하지 않은 들판	0.26	수면($\gamma_s > 45[℃]$)	0.05
황무지	0.17	수면($\gamma_s > 30[℃]$)	0.08
자갈	0.18	수면($\gamma_s > 20[℃]$)	0.12
깨끗한 콘크리트	0.30	수면($\gamma_s > 10[℃]$)	0.22
침식된 콘크리트	0.20	신선한 눈의 층	0.80~0.90
깨끗한 시멘트	0.55	오래된 눈의 층	0.45~0.70

답 ②

57 다음 중 평균 일조시간이 가장 긴 지역은?

① 대전　　　　　　　　　　② 인천

③ 서울　　　　　　　　　　④ 목포

해설

지역	일조시간[hour]	일사량[MJ/m^2]
대전	2,170.4	4,924.49
인천	2,287.1	4,775.51
서울	1,994.3	4,257.4
목포	2,135.9	5,160.86

• 일조시간은 태양광이 지면에 비쳐지는 시간이고 일사량은 태양광의 에너지양을 의미한다.
• 일조시간과 일사량 기상청 기후자료에서 확인 시 2010년부터 지난 20년간을 기준으로 하였을 때 일조시간이 가장 긴 지역은 인천이고, 일사량은 목포이다. 　　　　答 ②

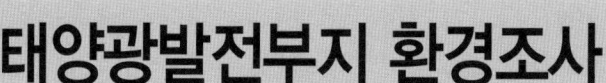

제**3**장 태양광발전부지 환경조사

New & Renewable energy

3.1 태양광발전부지 조사

3.1.1 태양광발전부지 타당성 검토

태양광발전소 건설에 대한 사업비의 기본구상을 토대로 인허가, 경제적 타당성, 재무적 타당성, 기술적 타당성, 사회 및 환경적 타당성을 사전에 종합적으로 판단하며, 태양광발전설비의 실현방법에 있어 여러 대안을 비교·검토 최적안을 선정, 그에 대한 사업의 기본계획을 수립하고, 기본설계용역에 기본이 되는 기술자료를 작성한다.

(1) 인허가 사항 조사

1) 생태보전지구 등급 확인

등급	특성
1등급	– 멸종위기 동·식물의 주된 서식지 – 생태계가 특히 우수하거나 경관이 수려한 지역 – 생물의 지리적 분포한계에 위치한 생태계 – 대표적인 주요 식생군락 등
2등급	– 1등급에 준하는 지역 – 장차 보전의 가치가 있는 지역 – 1등급지역의 외부지역
3등급	– 1, 2등급과 별도관리지역을 제외한 지역 – 개발 또는 이용 대상이 되는 지역
별도관리지역	– 다른 법률의 규정에 의하여 보전되는 지역 중 자연공원, 생태·경관보전지역 등 역사적, 문화적, 경관적 가치가 있는 지역 – 도시의 녹지보전 등을 위하여 관리되고 있는 지역

2) 지역 관련 법규 검토

지역과 관련된 조례 등을 검토하여 발전설비 설치 가능성 판단

예) 지역의 신재생에너지 개발이익 공유 등에 관한 조례, 도시계획 조례 등

(2) 기술적 타당성 조사

1) 현장조사를 통한 발전부지의 적합성 판단

2) 적정한 태양전지모듈, 태양광 인버터, 접속반, 수배전반 등 발전설비 검토 및 조사

3) 선택된 발전설비를 이용하여 기본설계 또는 개략설계를 통하여 설치 발전량 및 전력

생산량 예측

4) 계통연계 방안 검토

5) 태양광발전소 운영방안 검토

(3) 경제성 및 재무분석 조사

태양광발전 사업비, 운영비 및 유지관리비와 이용자 편익을 비교하여 편익비용(B/C), 내부수익률(IRR), 순 현재가치(NPV) 등을 산출하며 경제성 유무를 판단

3.1.2 태양광발전부지 조사

현장실사를 통한 계통연계형 태양광발전시스템을 계획하고 견적서를 작성하고, 태양광발전시스템의 기본 상태를 평가한다.

(1) 현장실사에 필요한 데이터 기록 사항

- 태양전지 모듈 유형, 시스템 개념 및 설치방법에 관한 발주자의 의견 확인
- 발주자가 요구하는 태양광발전 전력 또는 발전량 확인
- 각각의 시설비의 대출 조건을 고려한 재정적 구조 확인
- 사용 가능한 지붕, 파사드 및 개방 공간 표명
- 지형의 조건 확인
- 방향과 경사각 확인
- 지붕에 설치할 경우는 지붕 형태, 지붕 구조, 지붕 하부구조 및 지붕의 유형을 확인
- 사용가능한 지붕 개구부(통풍구 타일, 이동 가능한 연통 등)
- 음영에 대한 데이터 분석
- 태양광 분전함, 송배전설비 및 인버터를 위한 설치 부지 확인
- 계량기함 및 여분의 계량기를 둘 공간(소형의 경우)선정
- 케이블 길이, 배선 방향 및 배선 방법 선정
- 태양광 어레이 설치에 장비가 필요한 경우 장비의 접근 가능 길(크레인, 비계 등) 확인
- 전기실의 설치 위치 선정
- 송전선로의 조건(용량 10[MW] 이상은 전용선로 구성) 확인

(2) 태양광발전에 유리한 부지선정 조건

- 일사량이 좋은 남향지역
- 동일 지역이라도 고지대 위치한 일사량이 좋은 장소
- 바람이 잘 통하는 부지

- 안개 발생이 적은 지역
- 발전용량에 맞는 부지 선정
- 부지의 가격은 저렴한 곳
- 토목공사비가 적게 드는 부지

(3) 음영 체크리스트 : 태양광발전부지에 음영이 될 수 있는 요소확인

- 스케치(필요한 경우 사진도 찍는다)
- 지붕 면적(방향 기록)
- 태양광발전시스템의 설치 가능 면적(좌표의 원점에 태양광발전시스템의 중심을 둔다)
- 굴뚝, 안테나, 위성방송 수신용 접시 안테나
- 인근 건물 등(대략적인 거리와 높이)
- 수목(대략적인 거리와 높이). 라벨 : 낙엽수(D), 침엽수(F)
- 가공선로(전기/전화)
- 기타 음영 : 건물 투영

(4) 부지선정 절차

- 방문조사를 통한 전수 조사
- 시설관리 담당자와 협의를 통한 유지보수 및 관리에 지장이 없는 기초시설물 선정
- 유해가스, 해풍에 의한 부식 피해를 최소화할 수 있는 부지 우선 고려
- 구조물 안전이 의심되는 배수지 및 시설물 제외
- 주위 음영 및 어레이 설치 방향 고려
- 향후 설비 도입 및 변경 계획이 있는 시설물 제외
- 유지보수에 필요한 이동식 크레인 설치 여부
- 구조물 설치 시 유지보수 편리성 고려
- REC 가중치를 고려한 시설부지 선정

(5) 현장조사

1) 조건 등의 조사
- 지자체의 조례 조사(지역에 따라서 시의 조례 등에 따라 건축제한을 받는 곳)
- 인가 및 지역 주민과의 일조권 등의 문제가 발생하지 않도록 설치자와 사전협의

2) 환경조건의 조사
- 수광 장애의 유무
- 염해·공해의 유무
- 겨울철 적설·결빙·뇌해 상태

　　− 자연재해

　　− 새 등 분비물 피해의 유무

3.1.3 발전부지 면적

(1) 발전설비 용량 산정

발전부지 면적에 설치될 태양광발전소 설비 용량을 결정하기 위해서는 다음과 같다.

1) 태양전지모듈, 인버터, 접속반 등 최적 태양광발전설비를 확정한다.

2) 확정된 발전설비를 이용하여 시뮬레이션을 수행 후 최적 태양광 어레이 경사각 및 이
격거리를 확정한다.

3) 기본설계 실시로 발전량을 확정한다.

(2) 발전부지에 포함되는 요소

1) 완공된 태양광발전소 발전부지는 펜스를 통해 구분된다.

2) 태양광 어레이 사이에는 일정 거리의 보수로를 둔다.

3) 강우, 폭우, 장마 시 발전소에 영향이 없도록 배수로를 둔다.

4) 계통 연계점과 가까운 곳에 전기실 또는 수배전반 설치장소를 둔다.

3.1.4 공부서류 검토

(1) 전기사업의 허가

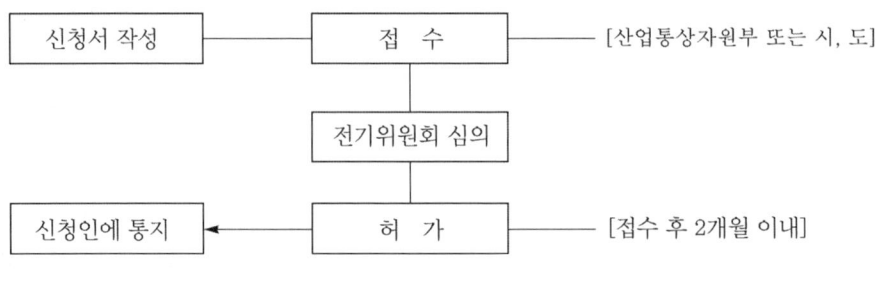

| 허가절차 |

(2) 발전 사업허가 신청서류

필 요 서 류	구 분
1) 전기사업 허가신청서	○, ◇, ■
2) 사업계획서	○, ◇, ■
3) 사업개시 후 5년 동안의 연도별 예상산업 손익산출서	■
4) 배전선로를 제외한 전기사업용 전기설비 개요서	■
5) 배전사업의 허가 신청 시 사업구역의 경계를 명시한 1/50,000 지형도	■
6) 구역전기사업의 허가 신청 시 특정한 공급구역의 위치 및 경계를 명시한 1/50,000 지형도	○, ■
7) 송전관계 일람도	◇, ■
8) 발전원가 명세서	◇, ■
9) 신용평가 의견서 및 재원 조달계획서	■
10) 전기설비의 운영 기술인력 확보계획 관련 서류	◇, ■
11) 법인의 경우 정관 및 직전 사업연도 말의 대차대조표·손익계산서	■
12) 설립 중인 법인의 경우 그 정관	■
13) 전기사업용 수력발전소 또는 원자력발전소를 설치하는 경우 발전용 수력의 사용에 대한 허가 또는 발전용 원자로 및 관계시설의 건설에 대한 허가사실을 증명할 수 있는 허가서의 사본	◇, ■

200[kW] 이하 : ○, 3,000[kW] 이하 : ◇, 3,000[kW] 초과 : ■
3,000[kW] 이하 전기사업 허가신청서

3.1 태양광발전부지 조사

01 생태보전지구 1등급의 특성이 아닌 것은?

① 멸종위기 동·식물의 주된 서식지
② 생태계가 특히 우수하거나 경관이 수려한 지역
③ 생물의 지리적 분포한계에 위치한 생태계
④ 개발 또는 이용 대상이 되는 지역

해설 **생태보전지구 등급 확인**

등급	특성
1등급	– 멸종위기 동·식물의 주된 서식지 – 생태계가 특히 우수하거나 경관이 수려한 지역 – 생물의 지리적 분포한계에 위치한 생태계 – 대표적인 주요 식생군락 등
2등급	– 1등급에 준하는 지역 – 장차 보전의 가치가 있는 지역 – 1등급지역의 외부지역
3등급	– 1, 2등급과 별도관리지역을 제외한 지역 – 개발 또는 이용 대상이 되는 지역
별도관리지역	– 다른 법률의 규정에 의하여 보전되는 지역 중 자연공원, 생태·경관보전지역 등 역사적, 문화적, 경관적 가치가 있는 지역 – 도시의 녹지보전 등을 위하여 관리되고 있는 지역

답 ④

02 건축물 지붕 위에 태양광발전 설치를 위한 체크리스트로 적합하지 않은 것은?

① 방향을 고려한 지붕 면적
② 새들이 이동하는 방향
③ PV시스템이 설치 가능한 면적
④ 건물 위를 지나는 케이블

해설 **체크리스트**
1) 방향을 고려한 지붕 면적
2) 태양광발전시스템의 설치 가능한 면적
3) 굴뚝, 안테나 및 위성방송 수신용 접시 안테나
4) 근처에 있는 건물들(대략적인 거리와 높이)
5) 수목의 대략적인 거리와 높이
6) 건물 위를 지나는 케이블
7) 기타 차광 : 건물 투영, 지붕창 등

답 ②

03 태양광발전시스템 부지선정 시 일반적 고려사항으로 틀린 것은?

① 일사량이 좋은 지역이고 동향인지 확인
② 부지의 가격은 저렴한 곳인지 확인
③ 바람이 잘 들 수 있는 부지인지 확인
④ 토사, 암반의 지내력 등 지반지질 상태 확인

해설 **태양광발전에 유리한 부지선정 조건**
1) 일사량이 좋은 지역이고 남향
2) 같은 지역이라도 고지대 위치에 일사량이 좋은 장소
3) 바람이 잘 들 수 있는 부지
4) 안개는 일사량의 저하 발생
5) 발전용량에 맞는 부지를 선정
6) 부지의 가격은 저렴
7) 토목공사비가 적게 드는 곳

답 ①

04 다음 중 방위각에 대한 설명이 아닌 것은?

① 태양광 어레이가 정남향과 이루는 각
② 적설을 고려하여 결정
③ 발전시간 내 음영이 생기지 않도록 어레이 배치
④ 하루 중의 최대 부하 시로 선정

해설 적설을 고려하여 결정 – 경사각과 관련 있음

답 ②

05 현장실사에 필요한 기록사항이 아닌 것은?

① 음영에 대한 데이터 분석
② 방향과 경사각 확인
③ 계통연계 가능 용량 확인
④ 전기실의 설치 위치 선정

해설 계통연계 용량은 배전을 담당하는 기관(한국전력)에서 확인 가능

답 ③

06 태양광발전소 부지 선정 시 고려 사항이 아닌 것은?

① 주위 음영 및 어레이 설치 방향 고려
② 발전부지의 경사면은 고려하지 않음
③ 태풍 피해를 최소화할 수 있는 부지 우선 고려
④ 구조물 설치 시 유지보수 편리성 고려

해설 발전부지의 경사면이 급하면 토목비용이 많이 발생한다.

답 ②

07 현장조사 환경조건 조사에 해당하지 않는 것은?

① 지자체의 조례 조사
② 수광 장애의 유무
③ 염해·공해의 유무
④ 새 등 분비물 피해의 유무

해설 **현장조사**
1) 조건 등의 조사
  - 지자체의 조례 조사(지역에 따라서 시의 조례 등에 따라 건축제한을 받는 곳)
  - 인가 및 지역주민과의 일조권 등의 문제가 발생하지 않도록 설치자와 사전협의
2) 환경조건의 조사
  - 수광 장애의 유무
  - 염해·공해의 유무
  - 겨울철 적설·결빙·뇌해 상태
  - 자연재해
  - 새 등 분비물 피해의 유무   🔒 ①

08 태양광발전설비 외에 발전부지에 반드시 포함되는 요소가 아닌 것은?

① 태양광 어레이 사이에는 일정 거리의 보수로를 둔다.
② 강우, 폭우, 장마 시 발전소에 영향이 없도록 배수로를 둔다.
③ 계통 연계점과 가까운 곳에 전기실 또는 수배전반 설치장소를 둔다.
④ 계통연계가 되는 전주의 설치 장소를 둔다.

해설 **발전부지에 포함되는 요소**
1) 완공된 태양광발전소 발전부지는 펜스를 통해 구분된다.
2) 태양광 어레이 사이에는 일정 거리의 보수로를 둔다.
3) 강우, 폭우, 장마 시 발전소에 영향이 없도록 배수로를 둔다.
4) 계통 연계점과 가까운 곳에 전기실 또는 수배전반 설치장소를 둔다.   🔒 ④

09 발전사업 허가를 위해 제출하는 서류 중 설치용량에 관계없이 필요한 서류가 아닌 것은?

① 전기사업허가 신청서
② 전기사업법 시행규칙 별표1의 작성요령에 의한 사업계획서
③ 송전관계 일람도
④ 신용평가 의견서 및 소요자원 조달계획서

해설 **사업허가 신청서류**

필요 서류	구분
1) 전기사업 허가신청서	○, ◇, ■
2) 사업계획서	○, ◇, ■
3) 사업개시 후 5년 동안의 연도별 예상산업 손익산출서	■
4) 배전선로를 제외한 전기사업용전기설비 개요서	■
5) 배전사업의 허가 신청 시 사업구역의 경계를 명시한 1/50,000 지형도	■
6) 구역전기사업의 허가 신청 시 특정한 공급구역의 위치 및 경계를 명시한 1/50,000 지형도	○, ■
7) 송전관계 일람도	◇, ■
8) 발전원가 명세서	◇, ■

필요 서류	구분
9) 신용평가 의견서 및 재원 조달계획서	■
10) 전기설비의 운영 기술인력 확보계획 관련 서류	◇, ■
11) 법인의 경우 정관 및 직전 사업연도 말의 대차대조표·손익계산서	■
12) 설립 중인 법인의 경우 그 정관	■
13) 전기사업용 수력발전소 또는 원자력발전소를 설치하는 경우 발전용 수력의 사용에 대한 허가 또는 발전용 원자로 및 관계시설의 건설에 대한 허가사실을 증명할 수 있는 허가서의 사본	◇, ■

200[kW] 이하 : ○, 3,000[kW] 이하 : ◇, 3,000[kW] 초과 : ■
3,000[kW] 이하 전기사업 허가신청서   답 ④

10 **22.9[kV] 연계형 태양광 발전사업자를 위한 인허가 및 신고사항에 대한 설명으로 틀린 것은?**

① 송·배전 전선로 이용 신청은 한국전력공사

② 발전용량이 50,000[kW] 이상인 경우 환경영향평가의 대상으로 지자체 허가 신청

③ 공사계획 인가 및 신고는 10,000[kW] 이상 산업통상자원부 인가, 10,000[kW] 미만은 각 지자체에 신고

④ 발전사업 허가신청은 3,000[kW] 초과설비는 산업통상자원부 및 제주도청, 3000 [kW] 이하는 각 지자체

해설 발전용량이 100,000[kW] 이상인 경우 환경영향평가 대상으로 지자체 허가 신청   답 ②

11 **태양광발전소의 부지 타당성 조사 시 고려하여야 할 부지 내 경미한 음영의 종류가 아닌 것은?**

① 송전철탑   ② TV 안테나
③ 전깃줄   ④ 피뢰침

해설 일반적으로 송전철탑은 부피가 커서 주변에 설치된 태양전지모듈에 긴 시간 동안 음영의 영향을 줄 수 있다.   답 ①

12 **발전사업 허가 제출서류 중 발전용량 3,000[kW] 이하 시 제출하지 않아도 되는 서류는?**

① 전기사업 허가신청서

② 발전원가 명세서

③ 신용평가 의견서

④ 송전관계 일람도

해설 3,000[kW] 이하인 경우 필요서류
전기사업허가신청서, 전기사업법 시행규칙에 따른 사업계획서, 송전관계 일람도, 발전원가 명세서, 발전설비 운영을 위한 기술인력 확보계획을 기재한 서류   답 ③

13 발전소 등의 부지 시설조건에서 틀린 것은?

① 산지전용 후 발생하는 절·성토면의 수직높이는 15[m] 이하로 한다.

② 부지조성을 위해 산지를 전용할 경우에는 산지의 평균 경사도가 25도 이하여야 한다.

③ 산지전용면적 중 산지전용으로 발생되는 절·성토 경사면의 면적이 100분의 50을 초과해서는 안 된다.

④ 산지전용 후 발생되는 절토면 최하단부에서 발전 및 변전실까지의 최소이격거리는 보안 울타리, 외곽도로, 수림대 등을 포함하여 5[m] 이상이어야 한다.

해설 전기설비기술기준 제21조의2 (발전소 등의 부지 시설조건)

1) 부지조성을 위해 산지를 전용할 경우에는 전용하고자 하는 산지의 평균 경사도가 25도 이하여야 하며, 산지전용면적중 산지전용으로 발생되는 절·성토 경사면의 면적이 100분의 50을 초과해서는 아니된다.

2) 산지전용 후 발생하는 절·성토면의 수직높이는 15 [m] 이하로 한다. 다만, 345[kV]급 이상 변전소 또는 전기사업용 전기설비인 발전소로서 불가피하게 절·성토면 수직높이가 15[m] 초과되는 장대비탈면이 발생할 경우에는 절·성토면의 안정성에 대한 전문용역기관(토질 및 기초와 구조분야 전문기술사를 보유한 엔지니어링 활동주체로 등록된 업체)의 검토 결과에 따라 용수, 배수, 법면보호 및 낙석방지 등 안전대책을 수립한 후 시행하여야 한다.

3) 산지전용 후 발생하는 절토면 최하단부에서 발전 및 변전설비까지의 최소이격거리는 보안울타리, 외곽도로, 수림대 등을 포함하여 6[m] 이상이 되어야 한다. 다만, 옥내변전소와 옹벽, 낙석방지망 등 안전대책을 수립한 시설의 경우에는 예외로 한다. **답** ④

14 설비용량 2[MW]인 태양광발전소의 발전사업 허가를 위해 필요한 서류가 아닌 것은?

① 송전관계 일람도　　　　　　　　② 전기사업허가 신청서
③ 전기사업법에 의한 사업계획서　　④ 신용평가 의견서 및 소요재원 조달계획서

해설 사업허가 신청서류

필요서류	구분
1) 전기사업 허가신청서	○, ◇, ■
2) 사업계획서	○, ◇, ■
3) 사업개시 후 5년 동안의 연도별 예상산업 손익산출서	■
4) 배전선로를 제외한 전기사업용전기설비 개요서	■
5) 배전사업의 허가 신청 시 사업구역의 경계를 명시한 1/50,000 지형도	■
6) 구역전기사업의 허가 신청 시 특정한 공급구역의 위치 및 경계를 명시한 1/50,000 지형도	○, ■
7) 송전관계 일람도	◇, ■
8) 발전원가 명세서	◇, ■
9) 신용평가 의견서 및 재원 조달계획서	■
10) 전기설비의 운영 기술인력 확보계획 관련 서류	◇, ■
11) 법인의 경우 정관 및 직전 사업연도 말의 대차대조표·손익계산서	■
12) 설립 중인 법인의 경우 그 정관	■
13) 전기사업용 수력발전소 또는 원자력발전소를 설치하는 경우 발전용 수력의 사용에 대한 허가 또는 발전용 원자로 및 관계시설의 건설에 대한 허가사실을 증명할 수 있는 허가서의 사본	◇, ■

200[kW] 이하 : ○, 3,000[kW] 이하 : ◇, 3,000[kW] 초과 : ■ **답** ④

제4장 태양광발전 사업부지 인허가 검토

New & Renewable energy

4.1 국토 이용에 관한 법령 검토

4.1.1 전기사업법령

(1) 목적

전기사업법은 전기사업에 관한 기본제도를 확립하고 전기사업의 경쟁을 촉진함으로써 전기사업의 건전한 발전을 도모하고 전기사용자의 이익을 보호하여 국민경제의 발전에 이바지함을 목적으로 한다.

(2) 사업의 허가

1) 전기사업을 하려는 자는 전기사업의 종류별로 산업통상자원부장관의 허가를 받아야 한다. 허가받은 사항 중 산업통상자원부령으로 정하는 중요 사항을 변경하려는 경우에도 또한 같다.

2) 산업통상자원부장관은 전기사업을 허가 또는 변경허가를 하려는 경우에는 미리 전기위원회(이하 "전기위원회"라 한다)의 심의를 거쳐야 한다.

3) 동일인에게는 두 종류 이상의 전기사업을 허가할 수 없다. 다만, 대통령령으로 정하는 경우에는 그러하지 아니하다.

4) 산업통상자원부장관은 필요한 경우 사업구역 및 특정한 공급구역별로 구분하여 전기사업의 허가를 할 수 있다. 다만, 발전사업의 경우에는 발전소별로 허가할 수 있다.

5) 전기사업의 허가기준은 다음 각 호와 같다.
   ① 전기사업을 적정하게 수행하는 데 필요한 재무능력 및 기술능력이 있을 것
   ② 전기사업이 계획대로 수행될 수 있을 것
   ③ 배전사업 및 구역전기사업의 경우 둘 이상의 배전사업자의 사업구역 또는 구역 전기사업자의 특정한 공급구역 중 그 전부 또는 일부가 중복되지 아니할 것
   ④ 구역전기사업의 경우 특정한 공급구역의 전력수요의 50퍼센트 이상으로서 해당 특정한 공급구역의 전력수요의 60퍼센트 이상의 공급능력을 갖추고, 그 사업으로 인하여 인근 지역의 전기사용자에 대한 다른 전기사업자의 전기 공급에 차질이 없을 것

⑤ 발전소나 발전연료가 특정 지역에 편중되어 전력계통의 운영에 지장을 주지 아니할 것

⑥ 그 밖에 공익상 필요한 것으로서 대통령령으로 정하는 기준에 적합할 것.
"대통령령으로 정하는 기준"이란 발전사업에 있어서 다음 각 호의 기준을 말한다.
가) 발전소가 특정 지역에 편중되어 전력계통의 운영에 지장을 주지 아니할 것
나) 발전연료가 어느 하나에 편중되어 전력수급(電力需給)에 지장을 주지 아니할 것

6) 1)에 따른 허가의 세부기준·절차와 그 밖에 필요한 사항은 산업통상자원부령으로 정한다.

(3) 두 종류 이상의 전기사업의 허가

동일인이 두 종류 이상의 전기사업을 할 수 있는 경우는 다음 각 호와 같다.

1) 배전사업과 전기판매사업을 겸업하는 경우

2) 도서지역에서 전기사업을 하는 경우

3) 「집단에너지사업법」 제48조에 따라 발전사업의 허가를 받은 것으로 보는 집단에너지사업자가 전기판매사업을 겸업하는 경우. 다만, 같은 법 제9조에 따라 허가받은 공급구역에 전기를 공급하려는 경우로 한정한다.

(4) 결격사유

다음 각 호의 어느 하나에 해당하는 자는 전기사업의 허가를 받을 수 없다.

1) 피성년후견인

2) 파산선고를 받고 복권되지 아니한 자

3) 전기에 관한 죄를 짓거나 이 법을 위반하여 금고 이상의 실형을 선고받고 그 집행이 끝나거나(집행이 끝난 것으로 보는 경우를 포함한다) 집행이 면제된 날부터 2년이 지나지 아니한 자

4) 3)에 규정된 죄를 지어 금고 이상의 형의 집행유예선고를 받고 그 유예기간 중에 있는 자

5) 전기사업의 허가가 취소된 후 2년이 지나지 아니한 자

6) 1)부터 5)까지의 어느 하나에 해당하는 자가 대표자인 법인

(5) 전기설비의 설치 및 사업의 개시 의무

1) 전기사업자는 산업통상자원부장관이 지정한 준비기간에 사업에 필요한 전기설비를 설치하고 사업을 시작하여야 한다.

2) 1)에 따른 준비기간은 10년을 넘을 수 없다. 다만, 산업통상자원부장관이 정당한 사유가 있다고 인정하는 경우에는 준비기간을 연장할 수 있다.

3) 산업통상자원부장관은 전기사업을 허가할 때 필요하다고 인정하면 전기사업별 또는 전기설비별로 구분하여 준비기간을 지정할 수 있다.

4) 전기사업자는 사업을 시작한 경우에는 지체 없이 그 사실을 산업통상자원부장관에게 신고하여야 한다.

4.1.2 전기공사업법령

(1) 목적

전기공사업법은 전기공사업과 전기공사의 시공·기술관리 및 도급에 관한 기본적인 사항을 정함으로써 전기공사업의 건전한 발전을 도모하고 전기공사의 안전하고 적정한 시공을 확보함을 목적으로 한다.

(2) 시공책임형 전기공사관리

전기공사업자가 시공 이전 단계에서 전기공사관리 업무를 수행하고 아울러 시공 단계에서 발주자와 시공 및 전기공사관리에 대한 별도의 계약을 통하여 전기공사의 종합적인 계획·관리 및 조정을 하면서 미리 정한 공사금액과 공사기간 내에서 전기설비를 시공하는 것을 말한다. 다만, 「전력기술관리법」에 따른 설계 및 공사감리는 시공책임형 전기공사관리 계약의 범위에서 제외한다.

(3) 전기공사

1) 「전기공사업법」에서 전기공사는 다음 각 호의 공사(저수지, 수로 및 이에 수반되는 구조물의 공사는 제외한다)로 한다.
  ① 발전·송전·변전 및 배전 설비공사
  ② 산업시설물, 건축물 및 구조물의 전기설비공사
  ③ 도로, 공항 및 항만의 전기설비공사
  ④ 전기철도 및 철도신호의 전기설비공사
  ⑤ ①부터 ④까지의 규정에 따른 전기설비공사 외의 전기설비공사
  ⑥ ①부터 ⑤까지의 규정에 따른 전기설비 등을 유지·보수하는 공사 및 그 부대공사

2) 1) ①부터 ⑤까지의 규정에 따른 전기공사의 종류는 다음과 같다.

| 전기공사의 종류 |

구분	전기공사의 종류	전기공사의 예시
발전 · 송전 · 배전 설비공사	발전설비공사	• 발전소(원자력발전소, 화력발전소, 풍력발전소, 수력발전소, 조력발전소, 태양열발전소, 내연발전소, 열병합발전소, 태양광발전소 등의 발전소를 말한다)의 전기설비공사와 이에 따른 제어설비공사
	송전설비공사	• 공중송전설비공사 : 공중송전설비공사에 부대되는 철탑기초공사 및 철탑조립공사(지지물설치 및 철탑도장을 포함한다), 공중전선설치공사(금구류 설치를 포함한다), 횡단개소의 보조설비공사, 보호선 · 보호망공사 • 지중송전설비공사 : 지중송전설비공사에 부대되는 전력구설비공사, 공동구 안의 전기설비공사, 전력지중관로설비공사, 전력케이블설치공사(전선방재설비공사를 포함한다) • 물밑송전설비공사 : 물밑전력케이블설치공사 • 터널 안 전선로공사 : 철도 · 궤도 · 자동차도 · 인도 등의 터널 안 전선로공사
	변전설비공사	• 변전설비기초공사 : 변전기기, 철구, 가대 및 덕트 등의 설치를 위한 공사 • 모선설비공사 : 모선(母線)설치(금구류 및 애자장치를 포함한다), 지지 및 분기개소의 설비공사 • 변전기기설치공사 : 변압기, 개폐장치(차단기, 단로기 등을 말한다), 피뢰기 등의 설치공사 • 보호제어설비설치공사 : 보호 · 제어반 및 제어케이블의 설치공사
	배전설비공사	• 공중배전설비공사 : 전주 등 지지물공사, 변압기 등 전기기기설치공사, 가선공사(수목전지공사를 포함한다) • 지중배전설비공사 : 지중배전설비공사에 부대되는 전력구설비공사, 공동구 안의 전기설비공사, 전력지중관로설비공사, 변압기 등 전기기기설치공사, 전력케이블설치공사(전선방재설비공사를 포함한다) • 물밑배전설비공사 : 물밑전력케이블설치공사 • 터널 안 전선로공사 : 철도 · 궤도 · 자동차도 · 인도 등의 터널 안 전선로공사
산업시설물 · 건축물 및 구조물의 전기설비공사	산업시설물의 전기설비공사	• 산업시설물 및 환경산업시설물(소각로, 집진기, 열병합발전소, 지역난방공사, 하수종말처리장, 폐기물처리시설, 그 밖의 산업설비를 말한다) 등의 전기설비공사 • 산업시설의 공정관리를 위한 전기설비의 자동제어설비(SCADA, TM /TC 등의 전력설비를 포함한다)공사
	건축물의 전기설비공사	• 전원설비공사 : 수전 · 변전설비공사(큐비클 설치공사를 포함한다), 예비전원설비공사(비상용 발전기, 축전지, 충전장치, 무정전전원장치, 연료전지, 정류장치의 설비공사를 말한다) 및 보호 · 제어설비공사 • 전원공급설비공사 : 배전반, 분전반, 전력간선, 분기선 및 배관(덕트 및 트레이를 포함한다) 등의 설비공사 • 전력부하설비공사 : 조명설비(조명제어설비를 포함한다), 콘센트 등 기계 · 기구 및 동력설비의 공사 • 반송설비공사 : 이동보도, 주차설비, 엘리베이터, 에스컬레이터, 전동덤웨이터, 권상용 모터, 레일, 카, 컨베이어, 슈터, 곤돌라, 삭도 등 사람이나 물건을 운반하는 반송용 시설의 전기설비공사 • 방재 및 방범 설비공사 : 서지(surge) · 낙뢰설비, 잡음 · 전자파(EMI, EMC, EMS 등을 말한다)의 방지설비공사, 항공장애등설비공사, 접지설비공사, 「소방시설 설치유지 및 안전관리에 관한 법률 시행령」 별표 1에 따른 소방시설의 설치 · 유지에 관한 전기공사 및 도난 방지를 위한 전기설비공사 • 지능형 빌딩시스템 설비공사의 전기설비를 제어 및 감시하는 공사 • 지능형 주택자동화시스템 설비공사의 전기설비를 제어 및 감시하는 공사 • 약전설비공사 : 전기시계설비, 시보설비, 주차관제전기설비 • 그 밖에 건축물에서 요구되는 전기설비공사

구분	전기공사의 종류	전기공사의 예시
	구조물의 전기설비공사	• 전식방지공사 : 탱크 및 배관 등의 부식을 방지하기 위한 전기공사 • 동결방지공사 : 제설·제빙용, 바닥난방용, 동파방지용, 일정온도유지용 등의 전기 발열체의 설비공사 • 신호 및 표지 설비공사 : 네온사인, 큐빅보드, 광고표시등(전광판을 포함한다), 신호 등의 설치공사 및 제어설비의 공사 • 광장, 운동장 등에 설치하는 조명탑의 전기설비공사와 그 밖에 구조물에서 요구되는 전기설비공사
그 밖의 전기설비공사	전기설비의 설치를 위한 공사	• 전기기계·기구(발전기, 변압기, 큐비클, 배전반, 조명탑 등을 말한다)의 설치공사 • 조광설비공사 등 에너지 절약을 위한 설비공사 • 주변전실 및 부변전실의 보호·제어를 위한 설비공사 • 유입케이블 또는 가스절연 송전선 등의 계측 및 보호를 위한 전기설비공사 • 하천변, 유원지, 교각, 빌딩, 고궁 등의 무대조명 및 경관조명을 위한 설비공사 • 전력설비의 내진·방재(소음·진동·화재)·계측 및 보호를 위한 설비공사 • 건축용 또는 토목공사용 가설 전기공사 • 그 밖에 전기를 동력으로 하는 전기공사

(4) 전기공사의 제한

1) 전기공사는 공사업자가 아니면 도급 받거나 시공할 수 없다. 다만, 대통령령으로 정하는 경미한 전기공사는 그러하지 아니하다.

2) 다음 각 호의 자는 제1항 본문에도 불구하고 그 수요에 의한 전기공사로서 대통령령으로 정하는 전기공사를 직접 할 수 있다.

① 국가
② 지방자치단체
③ 「전기사업법」 제7조 제1항에 따라 허가를 받은 자

(5) 경미한 전기공사

① 법 제3조 제1항 단서에서 "대통령령으로 정하는 경미한 전기공사"란 다음 각 호의 공사를 말한다.

1. 꽂음 접속기, 소켓, 로제트, 실링블록, 접속기, 전구류, 나이프스위치, 그 밖에 개폐기의 보수 및 교환에 관한 공사
2. 벨, 인터폰, 장식전구, 그 밖에 이와 비슷한 시설에 사용되는 소형변압기(2차측 전압 36볼트 이하의 것으로 한정한다)의 설치 및 그 2차측 공사
3. 전력량계 또는 퓨즈를 부착하거나 떼어내는 공사
4. 「전기용품안전 관리법」에 따른 전기용품 중 꽂음 접속기를 이용하여 사용하거나 전기기계·기구(배선기구는 제외한다. 이하 같다) 단자에 전선(코드, 캡타이어 케이블 및 케이블을 포함한다. 이하 같다)을 부착하는 공사

    5. 전압이 600볼트 이하이고, 전기시설 용량이 5킬로와트 이하인 단독주택 전기시설의 개선 및 보수 공사. 다만, 전기공사기술자가 하는 경우로 한정한다.

② 법 제3조 제2항에서 "대통령령으로 정하는 전기공사"란 다음 각 호의 공사를 말한다.

    1. 전기설비가 멸실되거나 파손된 경우 또는 재해나 그 밖의 비상시에 부득이하게 하는 복구공사

    2. 전기설비의 유지에 필요한 긴급보수공사

(6) 공사업의 등록

1) 공사업을 하려는 자는 산업통상자원부령으로 정하는 바에 따라 주된 영업소의 소재지를 관할하는 특별시장·광역시장·도지사 또는 특별자치도지사(이하 "시·도지사"라 한다)에게 등록하여야 한다.

공사업의 등록 신청이 다음 각 호의 어느 하나에 해당하는 경우를 제외하고는 등록을 해주어야 한다.

① 제1항에 따른 등록기준을 갖추지 아니한 경우

② 등록을 신청한 자가 법 제5조 각 호의 어느 하나에 해당하는 경우

③ 그 밖에 법, 이 영 또는 다른 법령에 따른 제한에 위반되는 경우

2) 1)에 따른 공사업의 등록을 하려는 자는 대통령령으로 정하는 기술능력 및 자본금 등을 갖추어야 한다.

① 공사등록기준에 따른 기술능력, 자본금 및 사무실을 갖출 것

② 산업통상자원부장관이 지정하는 금융기관 또는 「전기공사공제조합법」에 따른 전기공사공제조합이 제1호에 따른 자본금 기준금액의 100분의 25 이상에 해당하는 금액의 담보를 제공받거나 현금의 예치 또는 출자를 받은 사실을 증명하여 발행하는 확인서를 제출할 것

| 공사업의 등록기준 |

항 목	공사업의 등록기준
기술능력	• 전기공사기술자 3명 이상(3명 중 1명 이상은 기술사, 기능장, 기사 또는 산업기사의 자격을 취득한 사람이어야 한다.)
자 본 금	• 1억 5천만 원 이상
사 무 실	• 공사업 운영을 위한 사무실

[비고]

1. 기술능력

위 표 중 전기공사기술자는 별표 4의2에 따른 전기공사기술자를 말하며, 상근의 임원 또는 직원 신분으로 소속돼 있어야 한다. 다만, 외국인인 경우에는 「출입국관리법 시행령」 별표 1 제16호부터 제18호까지의 규정에 따른 주재, 기업투자 또는 무역경영의 체류자격에 적합해야 한다.

2. 자본금

　가. 자본금은 공사업을 위한 실질자본금으로서 공사업 외의 자본금은 제외하고, 주식회사 외의 법인의 경우 "자본금"은 "출자금"으로 한다.

　나. 법인의 경우 납입자본금과 실질자본금이 각각 등록기준의 자본금 이상이어야 한다. 다만, 외국법인(외국의 법령에 따라 설립된 법인 또는 외국법인이 자본금의 100분의 50 이상을 출자했거나, 임원수의 2분의 1 이상이 외국인인 법인을 말한다)이 지사를 설치하여 공사업을 신청하는 경우의 자본금은 국내지사 설립자본금(주된 영업소의 자본금을 말한다)을 기준으로 한다.

　　3) 1)에 따라 공사업을 등록한 자 중 등록한 날부터 5년이 지나지 아니한 자는 제2항에 따른 기술능력 및 자본금 등(이하 "등록기준"이라 한다)에 관한 사항을 3년이 지날 때마다 산업통상자원부령으로 정하는 바에 따라 시 · 도지사에게 신고하여야 한다.

　　4) 시 · 도지사는 1)에 따라 공사업의 등록을 받으면 등록증 및 등록수첩을 내주어야 한다.

(7) 결격사유

다음 각 호의 어느 하나에 해당하는 자는 따른 공사업의 등록을 할 수 없다.

1) 피성년후견인

2) 파산선고를 받고 복권되지 아니한 자

3) 전기사업관련 금고 이상의 실형을 선고받고 그 집행이 끝나거나(집행이 끝난 것으로 보는 경우를 포함한다) 면제된 날부터 2년이 지나지 아니한 사람

4) 3)에 따른 죄를 범하여 금고 이상의 형의 집행유예를 선고받고 그 유예기간에 있는 사람

5) 등록이 취소된 후 2년이 지나지 아니한 자. 이 경우 공사업의 등록이 취소된 자가 법인인 경우에는 그 취소 당시의 대표자와 취소의 원인이 된 행위를 한 사람을 포함한다.

6) 임원 중에 1)부터 5)까지의 규정 중 어느 하나에 해당하는 사람이 있는 법인

(8) 영업정지처분 등을 받은 후의 계속공사

1) 등록취소처분이나 영업정지처분을 받은 공사업자 또는 그 포괄승계인은 그 처분을 받기 전에 도급계약을 체결하였거나 관계 법률에 따라 허가 · 인가 등을 받아 착공한 전기공사에 대하여는 이를 계속하여 시공할 수 있다. 이 경우 등록취소처분을 받은 공사업자 또는 그 포괄승계인이 전기공사를 계속하는 경우에는 해당 전기공사를 완성할 때까지는 공사업자로 본다.

2) 등록취소처분이나 영업정지처분을 받은 공사업자 또는 그 포괄승계인은 그 처분의 내용을 지체 없이 해당 전기공사의 발주자 및 수급인에게 알려야 한다.

3) 전기공사의 발주자 및 수급인은 특별한 사유가 있는 경우를 제외하고는 해당 공사업

자로부터 2)에 따른 통지를 받은 날 또는 그 사실을 안 날부터 30일 이내에 한하여 도급계약을 해지할 수 있다.

(9) 공사업의 승계

1) 다음 각 호의 어느 하나에 해당하는 자는 공사업자의 지위를 승계한다.
   ① 공사업자가 사망한 경우 그 상속인
   ② 공사업자가 그 영업을 양도한 경우 그 양수인
   ③ 법인인 공사업자가 합병한 경우 합병 후 존속하는 법인이나 합병에 따라 설립되는 법인
2) 1)에 따라 공사업자의 지위를 승계한 자는 산업통상자원부령으로 정하는 바에 따라 시·도지사에게 신고하여야 한다.
3) 2)에 따른 승계인에 관하여는 공사업의 등록을 준용한다.

(10) 공사업 양도의 제한

1) 공사업자는 시공 중인 전기공사가 있는 공사업을 양도하려면 그 전기공사 발주자의 동의를 받아 전기공사의 도급에 따른 권리·의무를 함께 양도하거나 그 전기공사의 도급계약을 해지한 후에 양도하여야 한다.
2) 공사업자는 하자담보책임기간이 끝나지 아니한 전기공사가 있는 공사업을 양도하려면 그 하자보수에 관한 권리·의무를 함께 양도하여야 한다.

(11) 등록사항의 변경신고

1) 공사업자는 등록사항 중 대통령령으로 정하는 중요 사항이 변경된 경우에는 시·도지사에게 그 사실을 신고하여야 한다. "대통령령으로 정하는 중요 사항"이란 다음 각 호의 사항을 말한다.
   ① 상호 또는 명칭
   ② 영업소의 소재지
   ③ 대표자
   ④ 자본금(공사업과 관련이 없는 자본금의 변경은 제외한다)
   ⑤ 전기공사기술자
2) 공사업자는 공사업을 폐업한 경우에는 시·도지사에게 그 사실을 신고하여야 한다.

(12) 공사업 등록증 등의 대여금지

공사업자는 타인에게 자기의 성명 또는 상호를 사용하게 하여 전기공사를 수급 또는 시공하게 하거나, 등록증 또는 등록수첩을 빌려 주어서는 아니 된다.

4.1.3 국토의 계획 및 이용에 관한 법령

(1) 개발행위 허가

특별자치시장 · 특별자치도지사 · 시장 또는 군수의 허가 다만, 도시 · 군계획사업(다른 법률에 따라 도시 · 군계획사업을 의제한 사업을 포함한다)에 의한 행위는 그러하지 아니하다.

1) 개발행위 대상

① 건축물의 건축 : 「건축법에 따른 건축물의 건축」

② 공작물의 설치 : 인공을 가하여 제작한 시설물(「건축법」에 따른 건축물을 제외한다)의 설치

③ 토지의 형질변경 : 절토(땅깎기) · 성토(흙쌓기) · 정지 · 포장 등의 방법으로 토지의 형상을 변경하는 행위와 공유수면의 매립(경작을 위한 토지의 형질변경을 제외한다.)

〈경작을 위한 토지의 형질변경에 해당하지 않는 사항〉

가) 인접토지의 관개 · 배수 및 농작업에 영향을 미치는 경우

나) 재활용 골재, 사업장 폐토양, 무기성 오니 등 수질오염 또는 토질오염의 우려가 있는 토사 등을 사용하여 성토하는 경우. 다만, 「농지법 시행령」에 따른 성토는 제외한다.

다) 지목의 변경을 수반하는 경우(전 · 답 사이의 변경은 제외한다)

라) 옹벽 설치(제53조에 따라 허가를 받지 않아도 되는 옹벽 설치는 제외한다) 또는 2미터 이상의 절토 · 성토가 수반되는 경우. 다만, 절토 · 성토에 대해서는 2미터 이내의 범위에서 특별시 · 광역시 · 특별자치시 · 특별자치도 · 시 또는 군의 도시 · 군계획조례로 따로 정할 수 있다.

④ 토석채취 : 흙 · 모래 · 자갈 · 바위 등의 토석을 채취하는 행위. 다만, 토지의 형질변경을 목적으로 하는 것을 제외한다.

⑤ 토지분할 : 다음 각 목의 어느 하나에 해당하는 토지의 분할(「건축법」에 따른 건축물이 있는 대지는 제외한다)

가) 녹지지역 · 관리지역 · 농림지역 및 자연환경보전지역 안에서 관계법령에 따른 허가 · 인가 등을 받지 아니하고 행하는 토지의 분할

나) 「건축법」에 따른 분할제한면적 미만으로의 토지의 분할

다) 관계 법령에 의한 허가 · 인가 등을 받지 아니하고 행하는 너비 5미터 이하로의 토지의 분할

⑥ 물건을 쌓아놓는 행위 : 녹지지역·관리지역 또는 자연환경 보전 지역 안에서 건축물의 울타리 안(적법한 절차에 의하여 조성된 대지에 한한다)에 위치하지 아니한 토지에 물건을 1월 이상 쌓아놓는 행위

2) 개발행위를 받지 않는 사항

다음 사항의 개발행위는 개발행위허가를 받지 아니하고 할 수 있다. 다만, 응급조치를 한 경우에는 1개월 이내에 특별시장·광역시장·특별자치시장·특별자치도지사·시장 또는 군수에게 신고하여야 한다.

① 재해복구나 재난수습을 위한 응급조치
②「건축법」에 따라 신고하고 설치할 수 있는 건축물의 개축·증축 또는 재축과 이에 필요한 범위에서의 토지의 형질 변경(도시·군 계획시설사업이 시행되지 아니하고 있는 도시·군 계획시설의 부지인 경우만 가능하다)
③ 그 밖에 대통령령으로 정하는 경미한 행위

(2) 개발행위허가의 절차

1) 개발행위를 하려는 자는 그 개발행위에 따른 기반시설의 설치나 그에 필요한 용지의 확보, 위해(危害) 방지, 환경오염 방지, 경관, 조경 등에 관한 계획서를 첨부한 신청서를 개발행위 허가권자에게 제출하여야 한다. 이 경우 개발밀도관리구역 안에서는 기반시설의 설치나 그에 필요한 용지의 확보에 관한 계획서를 제출하지 아니한다. 다만,「건축법」의 적용을 받는 건축물의 건축 또는 공작물의 설치를 하려는 자는「건축법」에서 정하는 절차에 따라 신청서류를 제출하여야 한다.

2) 특별시장·광역시장·특별자치시장·특별자치도지사·시장 또는 군수는 1)에 따른 개발행위허가의 신청에 대하여 특별한 사유가 없으면 15일 이내에 허가 또는 불허가의 처분을 하여야 한다.

3) 특별시장·광역시장·특별자치시장·특별자치도지사·시장 또는 군수는 허가 또는 불허가의 처분을 할 때에는 지체 없이 그 신청인에게 허가내용이나 불허가처분의 사유를 서면 또는 국토이용정보체계를 통하여 알려야 한다.

4) 특별시장·광역시장·특별자치시장·특별자치도지사·시장 또는 군수는 개발행위허가를 하는 경우에는 대통령령으로 정하는 바에 따라 그 개발행위에 따른 기반시설의 설치 또는 그에 필요한 용지의 확보, 위해 방지, 환경오염 방지, 경관, 조경 등에 관한 조치를 할 것을 조건으로 개발행위허가를 할 수 있다.

위와 같이 개발행위허가에 조건을 붙이려는 때에는 미리 개발행위허가를 신청한 자의 의견을 들어야 한다.

(3) 개발행위허가의 기준

1) 특별시장 · 광역시장 · 특별자치시장 · 특별자치도지사 · 시장 또는 군수는 개발행위 허가의 신청 내용이 다음 경우에만 개발행위허가 또는 변경허가를 하여야 한다.

① 용도지역별 특성을 고려하여 대통령령으로 정하는 개발행위의 규모에 적합할 것. 다만, 개발행위가 「농어촌 정비법」에 따른 농어촌 정비사업으로 이루어지는 경우 등 대통령령으로 정하는 경우에는 개발행위 규모의 제한을 받지 아니한다.

대통령령으로 정하는 개발행위의 규모

가) 도시지역

- 주거지역 · 상업지역 · 자연녹지지역 · 생산녹지지역 : 1만 제곱미터 미만
- 공업지역 : 3만 제곱미터 미만
- 보전녹지지역 : 5천 제곱미터 미만

나) 관리지역 : 3만 제곱미터 미만

다) 농림지역 : 3만 제곱미터 미만

라) 자연환경보전지역 : 5천 제곱미터 미만

② 도시 · 군관리계획 및 제4항에 따른 성장관리방안의 내용에 어긋나지 아니할 것

③ 도시 · 군계획사업의 시행에 지장이 없을 것

④ 주변지역의 토지이용실태 또는 토지이용계획, 건축물의 높이, 토지의 경사도, 수목의 상태, 물의 배수, 하천 · 호소 · 습지의 배수 등 주변 환경이나 경관과 조화를 이룰 것

⑤ 해당 개발행위에 따른 기반시설의 설치나 그에 필요한 용지의 확보계획이 적절할 것

2) 개발행위허가 또는 변경허가를 하려면 그 개발행위가 도시 · 군계획사업의 시행에 지장을 주는지에 관하여 해당 지역에서 시행되는 도시 · 군계획사업의 시행자의 의견을 들어야 한다.

3) 1)에 따라 허가할 수 있는 경우 그 허가의 기준은 지역의 특성, 지역의 개발상황, 기반시설의 현황 등을 고려하여 다음 각 호의 구분에 따라 대통령령으로 정한다.

① 시가화 용도 : 토지의 이용 및 건축물의 용도 · 건폐율 · 용적률 · 높이 등에 대한 용도지역의 제한에 따라 개발행위허가의 기준을 적용하는 주거지역 · 상업지역 및 공업지역

② 유보 용도 : 도시계획위원회의 심의를 통하여 개발행위허가의 기준을 강화 또는 완화하여 적용할 수 있는 계획관리지역 · 생산관리지역 및 녹지지역 중 대통령령으로 정하는 지역

③ 보전 용도 : 도시계획위원회의 심의를 통하여 개발행위허가의 기준을 강화하여
적용할 수 있는 보전관리지역·농림지역·자연환경보전지역 및 녹지지역 중 대
통령령으로 정하는 지역

4) 특별시장·광역시장·특별자치시장·특별자치도지사·시장 또는 군수는 난개발 방
지와 지역특성을 고려한 계획적 개발을 유도하기 위하여 필요한 경우 대통령령으로
정하는 바에 따라 개발행위의 발생 가능성이 높은 지역을 대상지역으로 하여 기반시
설의 설치·변경, 건축물의 용도 등에 관한 관리 방안(이하 "성장관리방안"이라 한
다)을 수립할 수 있다.

5) 특별시장·광역시장·특별자치시장·특별자치도지사·시장 또는 군수는 성장관리
방안을 수립하거나 변경하려면 대통령령으로 정하는 바에 따라 주민과 해당 지방의
회의 의견을 들어야 하며, 관계 행정기관과의 협의 및 지방도시계획위원회의 심의를
거쳐야 한다. 다만, 대통령령으로 정하는 경미한 사항을 변경하는 경우에는 그러하
지 아니하다.

6) 특별시장·광역시장·특별자치시장·특별자치도지사·시장 또는 군수는 성장관리
방안을 수립하거나 변경한 경우에는 관계 행정기관의 장에게 관계 서류를 송부하여
야 하며, 대통령령으로 정하는 바에 따라 이를 고시하고 일반인이 열람할 수 있도록
하여야 한다.

(4) 개발행위에 대한 도시계획위원회의 심의

1) 관계 행정기관의 장은 (1) 개발행위의 허가의 ① 건축물의 건축 또는 공작물의 건축,
② 토지의 형질변경, ③ 토석의 채취까지의 행위 중 어느 하나에 해당하는 행위로서
대통령령으로 정하는 행위를 이 법에 따라 허가 또는 변경허가를 하거나 다른 법률에
따라 인가·허가·승인 또는 협의를 하려면 대통령령으로 정하는 바에 따라 중앙도
시계획위원회나 지방도시계획위원회의 심의를 거쳐야 한다.

2) 1)에도 불구하고 다음 각 호의 어느 하나에 해당하는 개발행위는 중앙도시계획위원
회와 지방도시계획위원회의 심의를 거치지 아니한다.

① 도시계획위원회의 심의를 받는 구역에서 하는 개발행위

② 지구단위계획 또는 성장관리방안을 수립한 지역에서 하는 개발행위

③ 주거지역·상업지역·공업지역에서 시행하는 개발행위 중 특별시·광역시·특
별자치시·특별자치도·시 또는 군의 조례로 정하는 규모·위치 등에 해당하지
아니하는 개발행위

④ 「환경영향평가법」에 따라 환경영향평가를 받은 개발행위

⑤ 「도시교통정비 촉진법」에 따라 교통영향평가에 대한 검토를 받은 개발행위

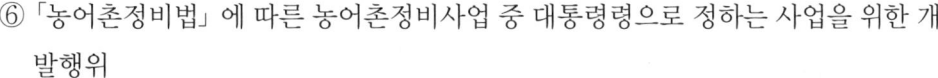

⑥「농어촌정비법」에 따른 농어촌정비사업 중 대통령령으로 정하는 사업을 위한 개발행위

⑦「산림자원의 조성 및 관리에 관한 법률」에 따른 산림사업 및 「사방사업법」에 따른 사방사업을 위한 개발행위

3) 국토교통부장관이나 지방자치단체의 장은 2)에도 불구하고 같은 항 ④ 및 ⑤에 해당하는 개발행위가 도시 · 군계획에 포함되지 아니한 경우에는 관계 행정기관의 장에게 대통령령으로 정하는 바에 따라 중앙도시계획위원회나 지방도시계획위원회의 심의를 받도록 요청할 수 있다. 이 경우 관계 행정기관의 장은 특별한 사유가 없으면 요청에 따라야 한다.

4.2 신재생에너지 관련 법령 검토

4.2.1 신에너지 및 재생에너지 개발 · 이용 · 보급 촉진법령

제1조(목적) 이 법은 신에너지 및 재생에너지의 기술개발 및 이용 · 보급 촉진과 신에너지 및 재생에너지 산업의 활성화를 통하여 에너지원을 다양화하고, 에너지의 안정적인 공급, 에너지 구조의 환경친화적 전환 및 온실가스 배출의 감소를 추진함으로써 환경의 보전, 국가경제의 건전하고 지속적인 발전 및 국민복지의 증진에 이바지함을 목적으로 한다.

제2조(정의) 이 법에서 사용하는 용어의 뜻은 다음과 같다.
1. "신에너지"란 기존의 화석연료를 변환시켜 이용하거나 수소 · 산소 등의 화학 반응을 통하여 전기 또는 열을 이용하는 에너지로서 다음 각 목의 어느 하나에 해당하는 것을 말한다.
    가. 수소에너지   나. 연료전지
    다. 석탄을 액화 · 가스화한 에너지 및 중질잔사유(重質殘渣油)를 가스화한 에너지로서 대통령령으로 정하는 기준 및 범위에 해당하는 에너지
    라. 그 밖에 석유 · 석탄 · 원자력 또는 천연가스가 아닌 에너지로서 대통령령으로 정하는 에너지
2. "재생에너지"란 햇빛 · 물 · 지열(地熱) · 강수(降水) · 생물유기체 등을 포함하는 재생 가능한 에너지를 변환시켜 이용하는 에너지로서 다음 각 목의 어느 하나에 해당하는 것을 말한다.
    가. 태양에너지   나. 풍력   다. 수력
    라. 해양에너지   마. 지열에너지

바. 생물자원을 변환시켜 이용하는 바이오에너지로서 대통령령으로 정하는 기준 및 범위에 해당하는 에너지

사. 폐기물에너지로서 대통령령으로 정하는 기준 및 범위에 해당하는 에너지

아. 그 밖에 석유·석탄·원자력 또는 천연가스가 아닌 에너지로서 대통령령으로 정하는 에너지

3. "신에너지 및 재생에너지 설비"(이하 "신·재생에너지 설비"라 한다)란 신에너지 및 재생에너지(이하 "신·재생에너지"라 한다)를 생산하거나 이용하는 설비로서 산업통상자원부령으로 정하는 것을 말한다.

4. "신·재생에너지 발전"이란 신·재생에너지를 이용하여 전기를 생산하는 것을 말한다.

5. "신·재생에너지 발전사업자"란 「전기사업법」 제2조 제4호에 따른 발전사업자 또는 같은 조 제19호에 따른 자가용전기설비를 설치한 자로서 신·재생에너지 발전을 하는 사업자를 말한다.

영 제2조(석탄을 액화·가스화한 에너지 등의 기준 및 범위)

① 「신에너지 및 재생에너지 개발·이용·보급 촉진법」(이하 "법"이라 한다) 제2조 제1호 다목에서 "대통령령으로 정하는 기준 및 범위에 해당하는 에너지"란 별표 1 제1호 및 제2호에 따른 석탄을 액화·가스화한 에너지 및 중질잔사유(重質殘渣油)를 가스화한 에너지를 말한다.

② 법 제2조 제2호 바목에서 "대통령령으로 정하는 기준 및 범위에 해당하는 에너지"란 별표 1 제3호에 따른 바이오에너지를 말한다.

③ 법 제2조 제2호 사목에서 "대통령령으로 정하는 기준 및 범위에 해당하는 에너지"란 별표 1 제4호에 따른 폐기물에너지를 말한다.

④ 법 제2조 제2호 아목에서 "대통령령으로 정하는 에너지"란 별표 1 제5호에 따른 수열에너지를 말한다.

| 바이오에너지 등의 기준 및 범위(제2조 관련) |

에너지원의 종류		기준 및 범위
1. 석탄을 액화· 가스화한 에너지	가. 기준	석탄을 액화 및 가스화하여 얻어지는 에너지로서 다른 화합물과 혼합되지 않은 에너지
	나. 범위	1) 증기 공급용 에너지 2) 발전용 에너지
2. 중질잔사유 (重質殘渣油)를 가스화한 에너지	가. 기준	1) 중질잔사유(원유를 정제하고 남은 최종 잔재물로서 감압증류 과정에서 나오는 감압잔사유, 아스팔트와 열분해 공정에서 나오는 코크, 타르 및 피치 등을 말한다)를 가스화한 공정에서 얻어지는 연료 2) 1)의 연료를 연소 또는 변환하여 얻어지는 에너지
	나. 범위	합성가스

에너지원의 종류		기준 및 범위
3. 바이오 에너지	가. 기준	1) 생물유기체를 변환시켜 얻어지는 기체, 액체 또는 고체의 연료 2) 1)의 연료를 연소 또는 변환시켜 얻어지는 에너지 ※ 1) 또는 2)의 에너지가 신·재생에너지가 아닌 석유제품 등과 혼합된 경우에는 생물유기체로부터 생산된 부분만을 바이오에너지로 본다.
	나. 범위	1) 생물유기체를 변환시킨 바이오가스, 바이오에탄올, 바이오액화유 및 합성가스 2) 쓰레기매립장의 유기성폐기물을 변환시킨 매립지가스 3) 동물·식물의 유지(油脂)를 변환시킨 바이오디젤 4) 생물유기체를 변환시킨 땔감, 목재칩, 펠릿 및 목탄 등의 고체연료
4. 폐기물 에너지	기준	1) 각종 사업장 및 생활시설의 폐기물을 변환시켜 얻어지는 기체, 액체 또는 고체의 연료 2) 1)의 연료를 연소 또는 변환시켜 얻어지는 에너지 3) 폐기물의 소각열을 변환시킨 에너지 ※ 1)부터 3)까지의 에너지가 신·재생에너지가 아닌 석유제품 등과 혼합되는 경우에는 각종 사업장 및 생활시설의 폐기물로부터 생산된 부분만을 폐기물에너지로 본다.
5. 수열 에너지	가. 기준	물의 표층의 열을 히트펌프(heat pump)를 사용하여 변환시켜 얻어지는 에너지
	나. 범위	해수(海水)의 표층의 열을 변환시켜 얻어지는 에너지

규칙 제2조(신·재생에너지 설비)

「신에너지 및 재생에너지 개발·이용·보급 촉진법」(이하 "법"이라 한다) 제2조 제3호에서 "산업통상자원부령으로 정하는 것"이란 다음 각 호의 설비 및 그 부대설비(이하 "신·재생에너지 설비"라 한다)를 말한다.

1. 수소에너지 설비 : 물이나 그 밖에 연료를 변환시켜 수소를 생산하거나 이용하는 설비

2. 연료전지 설비 : 수소와 산소의 전기화학 반응을 통하여 전기 또는 열을 생산하는 설비

3. 석탄을 액화·가스화한 에너지 및 중질잔사유(重質殘査油)를 가스화한 에너지 설비 : 석탄 및 중질잔사유의 저급 연료를 액화 또는 가스화시켜 전기 또는 열을 생산하는 설비

4. 태양에너지 설비

　가. 태양열 설비 : 태양의 열에너지를 변환시켜 전기를 생산하거나 에너지원으로 이용하는 설비

　나. 태양광 설비 : 태양의 빛에너지를 변환시켜 전기를 생산하거나 채광(採光)에 이용하는 설비

5. 풍력 설비 : 바람의 에너지를 변환시켜 전기를 생산하는 설비

6. 수력 설비 : 물의 유동(流動) 에너지를 변환시켜 전기를 생산하는 설비

7. 해양에너지 설비 : 해양의 조수, 파도, 해류, 온도차 등을 변환시켜 전기 또는 열을 생산하는 설비

8. 지열에너지 설비 : 물, 지하수 및 지하의 열 등의 온도차를 변환시켜 에너지를 생산하는 설비

9. 바이오에너지 설비 : 「신에너지 및 재생에너지 개발·이용·보급 촉진법 시행령」(이하 "영"이라 한다) 별표 1의 바이오에너지를 생산하거나 이를 에너지원으로 이용하는 설비

10. 폐기물에너지 설비 : 폐기물을 변환시켜 연료 및 에너지를 생산하는 설비

11. 수열에너지 설비 : 물의 표층의 열을 변환시켜 에너지를 생산하는 설비

12. 전력저장 설비 : 신에너지 및 재생에너지(이하 "신·재생에너지"라 한다)를 이용하여 전기를 생산하는 설비와 연계된 전력저장 설비

제4조(시책과 장려 등)

① 정부는 신·재생에너지의 기술개발 및 이용·보급의 촉진에 관한 시책을 마련하여야 한다.

② 정부는 지방자치단체, 「공공기관의 운영에 관한 법률」 제4조에 따른 공공기관(이하 "공공기관"이라 한다), 기업체 등의 자발적인 신·재생에너지 기술개발 및 이용·보급을 장려하고 보호·육성하여야 한다.

제5조(기본계획의 수립)

① 산업통상자원부장관은 관계 중앙행정기관의 장과 협의를 한 후 제8조에 따른 신·재생에너지정책심의회의 심의를 거쳐 신·재생에너지의 기술개발 및 이용·보급을 촉진하기 위한 기본계획(이하 "기본계획"이라 한다)을 5년마다 수립하여야 한다.

② 기본계획의 계획기간은 10년 이상으로 하며, 기본계획에는 다음 각 호의 사항이 포함되어야 한다.

    1. 기본계획의 목표 및 기간

    2. 신·재생에너지원별 기술개발 및 이용·보급의 목표

    3. 총력생산량 중 신·재생에너지 발전량이 차지하는 비율의 목표

    4. 「에너지법」 제2조제10호에 따른 온실가스의 배출 감소 목표

    5. 기본계획의 추진방법

    6. 신·재생에너지 기술수준의 평가와 보급전망 및 기대효과

    7. 신·재생에너지 기술개발 및 이용·보급에 관한 지원 방안

    8. 신·재생에너지 분야 전문인력 양성계획

    9. 그 밖에 기본계획의 목표달성을 위하여 산업통상자원부장관이 필요하다고 인정하는 사항

③ 산업통상자원부장관은 신·재생에너지의 기술개발 동향, 에너지 수요·공급 동향의 변화, 그 밖의 사정으로 인하여 수립된 기본계획을 변경할 필요가 있다고 인정하면 관계 중앙행정기관의 장과 협의를 한 후 제8조에 따른 신·재생에너지정책심의회의 심의를 거쳐 그 기본계획을 변경할 수 있다.

제6조(연차별 실행계획)

① 산업통상자원부장관은 기본계획에서 정한 목표를 달성하기 위하여 신·재생에너지의 종류별로 신·재생에너지의 기술개발 및 이용·보급과 신·재생에너지 발전에 의한 전기의 공급에 관한 실행계획(이하 "실행계획"이라 한다)을 매년 수립·시행하여야 한다.

② 산업통상자원부장관은 실행계획을 수립·시행하려면 미리 관계 중앙행정기관의 장과 협의하여야 한다.

③ 산업통상자원부장관은 실행계획을 수립하였을 때에는 이를 공고하여야 한다.

제7조(신·재생에너지 기술개발 등에 관한 계획의 사전협의) 국가기관, 지방자치단체, 공공기관, 그 밖에 대통령령으로 정하는 자가 신·재생에너지 기술개발 및 이용·보급에 관한 계획을 수립·시행하려면 대통령령으로 정하는 바에 따라 미리 산업통상자원부장관과 협의하여야 한다.

영 제3조(신·재생에너지 기술개발 등에 관한 계획의 사전협의)

① 법 제7조에서 "대통령령으로 정하는 자"란 다음 각 호의 어느 하나에 해당하는 자를 말한다.

  1. 정부로부터 출연금을 받은 자

  2. 정부출연기관 또는 제1호에 따른 자로부터 납입자본금의 100분의 50 이상을 출자 받은 자

② 법 제7조에 따라 신에너지 및 재생에너지(이하 "신·재생에너지"라 한다) 기술개발 및 이용·보급에 관한 계획을 협의하려는 자는 그 시행 사업연도 개시 4개월 전까지 산업통상자원부장관에게 계획서를 제출하여야 한다.

③ 산업통상자원부장관은 제2항에 따라 계획서를 받았을 때에는 다음 각 호의 사항을 검토하여 협의를 요청한 자에게 그 의견을 통보하여야 한다.

  1. 법 제5조에 따른 신·재생에너지의 기술개발 및 이용·보급을 촉진하기 위한 기본계획(이하 "기본계획"이라 한다)과의 조화성

  2. 시의성(時宜性)

  3. 다른 계획과의 중복성

  4. 공동연구의 가능성

제8조(신·재생에너지정책심의회)

① 신·재생에너지의 기술개발 및 이용·보급에 관한 중요 사항을 심의하기 위하여 산업통상자원부에 신·재생에너지정책심의회(이하 "심의회"라 한다)를 둔다.

② 심의회는 다음 각 호의 사항을 심의한다.

1. 기본계획의 수립 및 변경에 관한 사항. 다만, 기본계획의 내용 중 대통령령으로 정하는 경미한 사항을 변경하는 경우는 제외한다.

2. 신·재생에너지의 기술개발 및 이용·보급에 관한 중요 사항

3. 신·재생에너지 발전에 의하여 공급되는 전기의 기준가격 및 그 변경에 관한 사항

4. 그 밖에 산업통상자원부장관이 필요하다고 인정하는 사항

③ 심의회의 구성·운영과 그 밖에 필요한 사항은 대통령령으로 정한다.

영 제4조(신·재생에너지정책심의회의 구성)

① 법 제8조제1항에 따른 신·재생에너지정책심의회(이하 "심의회"라 한다)는 위원장 1명을 포함한 20명 이내의 위원으로 구성한다.

② 심의회의 위원장은 산업통상자원부 소속 에너지 분야의 업무를 담당하는 고위공무원단에 속하는 일반직공무원 중에서 산업통상자원부장관이 지명하는 사람으로 하고, 위원은 다음 각 호의 사람으로 한다.

1. 기획재정부, 미래창조과학부, 농림축산식품부, 산업통상자원부, 환경부, 국토교통부, 해양수산부의 3급 공무원 또는 고위공무원단에 속하는 일반직공무원 중 해당 기관의 장이 지명하는 사람 각 1명

2. 신·재생에너지 분야에 관한 학식과 경험이 풍부한 사람 중 산업통상자원부장관이 위촉하는 사람

영 제10조(심의회의 심의사항에서 제외되는 기본계획의 경미한 변경)
법 제8조제2항 제1호 단서에서 "대통령령으로 정하는 경미한 사항을 변경하는 경우"란 기본계획에서 정한 예산의 규모에 영향을 미치지 아니하는 범위에서 기본계획의 내용 중 그 계획의 집행을 위한 세부 사항을 변경하는 경우를 말한다.

제9조(신·재생에너지 기술개발 및 이용·보급 사업비의 조성)
정부는 실행계획을 시행하는 데에 필요한 사업비를 회계연도마다 세출예산에 계상(計上)하여야 한다.

제10조(조성된 사업비의 사용)
산업통상자원부장관은 제9조에 따라 조성된 사업비를 다음 각 호의 사업에 사용한다.

1. 신·재생에너지의 자원조사, 기술수요조사 및 통계작성

2. 신·재생에너지의 연구·개발 및 기술평가

3. 삭제

4. 신 · 재생에너지 공급의무화 지원

5. 신 · 재생에너지 설비의 성능평가 · 인증 및 사후관리

6. 신 · 재생에너지 기술정보의 수집 · 분석 및 제공

7. 신 · 재생에너지 분야 기술지도 및 교육 · 홍보

8. 신 · 재생에너지 분야 특성화대학 및 핵심기술연구센터 육성

9. 신 · 재생에너지 분야 전문인력 양성

10. 신 · 재생에너지 설비 설치전문기업의 지원

11. 신 · 재생에너지 시범사업 및 보급사업

12. 신 · 재생에너지 이용의무화 지원

13. 신 · 재생에너지 관련 국제협력

14. 신 · 재생에너지 기술의 국제표준화 지원

15. 신 · 재생에너지 설비 및 그 부품의 공용화 지원

16. 그 밖에 신 · 재생에너지의 기술개발 및 이용 · 보급을 위하여 필요한 사업으로서 대통령령
    으로 정하는 사업

영 제11조(조성된 사업비를 사용하는 사업) 법 제10조 제16호에서 "대통령령으로 정하는 사업"
이란 다음 각 호의 사업을 말한다.

1. 신 · 재생에너지 기술개발 및 이용 · 보급에 관한 학술활동의 지원

2. 법 제31조 제1항에 따른 신 · 재생에너지센터(이하 "센터"라 한다)의 신 · 재생에너지기술개
   발 및 이용 · 보급 사업에 대한 지원 및 관리

영 제14조(출연금의 사용 및 관리)

① 출연금은 법 제10조 각 호의 사업의 수행과 관련되는 비용 외의 용도로 사용해서는 아니된다.

② 출연금을 받은 자는 별도의 계정(計定)을 만들어 관리하여야 한다.

제11조(사업의 실시)

① 산업통상자원부장관은 제10조 각 호의 사업을 효율적으로 추진하기 위하여 필요하다고 인정
   하면 다음 각 호의 어느 하나에 해당하는 자와 협약을 맺어 그 사업을 하게 할 수 있다.

   1. 「특정연구기관 육성법」에 따른 특정연구기관

   2. 「기초연구진흥 및 기술개발지원에 관한 법률」 제14조 제1항 제2호에 따른 기업연구소

   3. 「산업기술연구조합 육성법」에 따른 산업기술연구조합

   4. 「고등교육법」에 따른 대학 또는 전문대학

   5. 국공립연구기관

6. 국가기관, 지방자치단체 및 공공기관

7. 그 밖에 산업통상자원부장관이 기술개발능력이 있다고 인정하는 자

② 산업통상자원부장관은 제1항 각 호의 어느 하나에 해당하는 자가 하는 기술개발사업 또는 이용 · 보급 사업에 드는 비용의 전부 또는 일부를 출연(出捐)할 수 있다.

③ 제2항에 따른 출연금의 지급 · 사용 및 관리 등에 필요한 사항은 대통령령으로 정한다.

영 제12조(기술료의 징수 등)

① 법 제11조 제1항에 따라 산업통상자원부장관과 협약을 맺은 자(이하 이 조에서 "사업주관기관"이라 한다)의 장 또는 대표자는 신 · 재생에너지 연구 · 개발사업의 성과를 생산과정에 이용하려는 자로부터 신청을 받아 이용하게 할 수 있다.

② 제1항에 따라 신 · 재생에너지 연구 · 개발사업의 성과를 생산과정에 이용한 자가 신제품 생산 · 원가절감 또는 품질 향상의 효과를 얻을 경우에는 사업주관기관의 장 또는 대표자는 해당 이용자로부터 협약의 내용에 따라 기술료를 징수할 수 있다. 다만, 그 이용자가 해당 신 · 재생에너지 연구 · 개발사업에 참여한 자로서「중소기업기본법」제2조에 따른 중소기업자에 해당하는 경우에는 기술료를 감면할 수 있다.

영 제13조(출연금의 지급방법) 산업통상자원부장관은 법 제11조 제2항에 따른 출연금(이하 "출연금"이라 한다)을 분할하여 지급한다. 다만, 사업의 규모 및 착수시기를 고려하여 필요하다고 인정될 때에는 한 번에 지급할 수 있다.

제12조(신 · 재생에너지사업에의 투자권고 및 신 · 재생에너지 이용의무화 등)

① 산업통상자원부장관은 신 · 재생에너지의 기술개발 및 이용 · 보급을 촉진하기 위하여 필요하다고 인정하면 에너지 관련 사업을 하는 자에 대하여 제10조 각 호의 사업을 하거나 그 사업에 투자 또는 출연할 것을 권고할 수 있다.

② 산업통상자원부장관은 신 · 재생에너지의 이용 · 보급을 촉진하고 신 · 재생에너지산업의 활성화를 위하여 필요하다고 인정하면 다음 각 호의 어느 하나에 해당하는 자가 신축 · 증축 또는 개축하는 건축물에 대하여 대통령령으로 정하는 바에 따라 그 설계 시 산출된 예상 에너지 사용량의 일정 비율 이상을 신 · 재생에너지를 이용하여 공급되는 에너지를 사용하도록 신 · 재생에너지 설비를 의무적으로 설치하게 할 수 있다.

1. 국가 및 지방자치단체

2. 공공기관

3. 정부가 대통령령으로 정하는 금액 이상을 출연한 정부출연기관

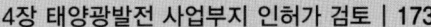

4. 「국유재산법」 제2조제6호에 따른 정부출자기업체

5. 지방자치단체 및 제2호부터 제4호까지의 규정에 따른 공기업, 정부출연기관 또는 정부출자기업체가 대통령령으로 정하는 비율 또는 금액 이상을 출자한 법인

6. 특별법에 따라 설립된 법인

③ 산업통상자원부장관은 신 · 재생에너지의 활용 여건 등을 고려할 때 신 · 재생에너지를 이용하는 것이 적절하다고 인정되는 공장 · 사업장 및 집단주택단지 등에 대하여 신 · 재생에너지의 종류를 지정하여 이용하도록 권고하거나 그 이용설비를 설치하도록 권고할 수 있다.

영 제15조(신 · 재생에너지 공급의무 비율 등)

① 법 제12조 제2항에 따른 예상 에너지사용량에 대한 신 · 재생에너지 공급의무 비율은 다음 각 호와 같다.

1. 「건축법 시행령」 별표 1 제5호부터 제16호까지, 제23호 가목부터 다목까지, 제24호 및 제26호부터 제28호까지의 용도의 건축물로서 신축 · 증축 또는 개축하는 부분의 연면적이 1천 제곱미터 이상인 건축물(해당 건축물의 건축 목적, 기능, 설계 조건 또는 시공 여건상의 특수성으로 인하여 신 · 재생에너지 설비를 설치하는 것이 불합리하다고 인정되는 경우로서 산업통상자원부장관이 정하여 고시하는 건축물은 제외한다): 별표 2에 따른 비율 이상

2. 제1호 외의 건축물 : 산업통상자원부장관이 용도별 건축물의 종류로 정하여 고시하는 비율 이상

② 제1항 제1호에서 "연면적"이란 「건축법 시행령」 제119조 제1항 제4호에 따른 연면적을 말하되, 하나의 대지(垈地)에 둘 이상의 건축물이 있는 경우에는 동일한 건축허가를 받은 건축물의 연면적 합계를 말한다.

③ 제1항에 따른 건축물의 예상 에너지사용량의 산정기준 및 산정방법 등은 신 · 재생에너지의 균형 있는 보급과 기술개발의 촉진 및 산업 활성화 등을 고려하여 산업통상자원부장관이 정하여 고시한다.

| 신 · 재생에너지의 공급의무 비율 (제15조 제1항 제1호 관련) |

해당연도	2020~2021	2022~2023	2024~2025	2026~2027	2028~2029	2030 이후
공급의무 비율[%]	30	32	34	36	38	40

영 제16조(신 · 재생에너지 설비 설치의무기관)

① 법 제12조 제2항 제3호에서 "대통령령으로 정하는 금액 이상"이란 연간 50억 원 이상을 말한다.

② 법 제12조 제2항 제5호에서 "대통령령으로 정하는 비율 또는 금액 이상을 출자한 법인"이란 다음 각 호의 어느 하나에 해당하는 법인을 말한다.

1. 납입자본금의 100의 50 이상을 출자한 법인
2. 납입자본금으로 50억 원 이상을 출자한 법인

영 제17조(신 · 재생에너지 설비의 설치계획서 제출 등)

① 법 제12조 제2항에 따라 같은 항 각 호의 어느 하나에 해당하는 자(이하 "설치의무기관"이라 한다)의 장 또는 대표자가 제15조 제1항 각 호의 어느 하나에 해당하는 건축물을 신축 · 증축 또는 개축하려는 경우에는 신 · 재생에너지 설비의 설치계획서(이하 "설치계획서"라 한다)를 해당 건축물에 대한 건축허가를 신청하기 전에 산업통상자원부장관에게 제출하여야 한다.

② 산업통상자원부장관은 설치계획서를 받은 날부터 30일 이내에 타당성을 검토한 후 그 결과를 해당 설치의무기관의 장 또는 대표자에게 통보하여야 한다.

③ 산업통상자원부장관은 설치계획서를 검토한 결과 제15조 제1항에 따른 기준에 미달한다고 판단한 경우에는 미리 그 내용을 설치의무기관의 장 또는 대표자에게 통지하여 의견을 들을 수 있다.

제12조의5(신 · 재생에너지 공급의무화 등)

① 산업통상자원부장관은 신 · 재생에너지의 이용 · 보급을 촉진하고 신 · 재생에너지산업의 활성화를 위하여 필요하다고 인정하면 다음 각 호의 어느 하나에 해당하는 자 중 대통령령으로 정하는 자(이하 "공급의무자"라 한다)에게 발전량의 일정량 이상을 의무적으로 신 · 재생에너지를 이용하여 공급하게 할 수 있다.

1. 「전기사업법」 제2조에 따른 발전사업자
2. 「집단에너지사업법」 제9조 및 제48조에 따라 「전기사업법」 제7조제1항에 따른 발전사업의 허가를 받은 것으로 보는 자
3. 공공기관

② 제1항에 따라 공급의무자가 의무적으로 신 · 재생에너지를 이용하여 공급하여야 하는 발전량(이하 "의무공급량"이라 한다)의 합계는 총 전력생산량의 25[%] 이내의 범위에서 연도별로 대통령령으로 정한다. 이 경우 균형 있는 이용 · 보급이 필요한 신 · 재생에너지에 대하여는 대통령령으로 정하는 바에 따라 총의무공급량 중 일부를 해당 신 · 재생에너지를 이용하여 공급하게 할 수 있다.

③ 공급의무자의 의무공급량은 산업통상자원부장관이 공급의무자의 의견을 들어 공급의무자별로 정하여 고시한다. 이 경우 산업통상자원부장관은 공급의무자의 총 발전량 및 발전원(發電源) 등을 고려하여야 한다.

④ 공급의무자는 의무공급량의 일부에 대하여 3년의 범위에서 그 공급의무의 이행을 연기할 수 있다.

⑤ 공급의무자는 제12조의7에 따른 신·재생에너지 공급인증서를 구매하여 의무공급량에 충당할 수 있다.

⑥ 산업통상자원부장관은 제1항에 따른 공급의무의 이행 여부를 확인하기 위하여 공급의무자에게 대통령령으로 정하는 바에 따라 필요한 자료의 제출 또는 제5항에 따라 구매하여 의무공급량에 충당하거나 제12조의7 제1항에 따라 발급받은 신·재생에너지 공급인증서의 제출을 요구할 수 있다.

⑦ 제4항에 따라 공급의무의 이행을 연기할 수 있는 총량과 연차별 허용량, 그 밖에 필요한 사항은 대통령령으로 정한다.

영 제18조의3(신·재생에너지 공급의무자)

① 법 제12조의5 제1항에서 "대통령령으로 정하는 자"란 다음 각 호의 어느 하나에 해당하는 자를 말한다.

    1. 법 제12조의5 제1항 제1호 및 제2호에 해당하는 자로서 50만 킬로와트 이상의 발전설비(신·재생에너지 설비는 제외한다)를 보유하는 자

    2. 「한국수자원공사법」에 따른 한국수자원공사

    3. 「집단에너지사업법」 제29조에 따른 한국지역난방공사

② 산업통상자원부장관은 제1항 각 호에 해당하는 자(이하 "공급의무자"라 한다)를 공고하여야 한다.

영 제18조의4(연도별 의무공급량의 합계 등)

① 법 제12조의5 제2항 전단에 따른 의무공급량(이하 "의무공급량"이라 한다)의 연도별 합계는 공급의무자의 다음 계산식에 따른 총 전력생산량에 별표 3에 따른 비율을 곱한 발전량 이상으로 한다. 이 경우 의무공급량은 법 제12조의7에 따른 공급인증서(이하 "공급인증서"라 한다)를 기준으로 산정한다.

> 총전력생산량 = 지난 연도 총전력생산량 − (신·재생에너지 발전량 + 「전기사업법」 제2조제16호나목 중 산업통상자원부장관이 정하여 고시하는 설비에서 생산된 발전량)

② 산업통상자원부장관은 3년마다 신·재생에너지 관련 기술 개발의 수준 등을 고려하여 별표 3에 따른 비율을 재검토하여야 한다. 다만, 신·재생에너지의 보급 목표 및 그 달성 실적과 그 밖의 여건 변화 등을 고려하여 재검토 기간을 단축할 수 있다.

③ 법 제12조의5 제2항 후단에 따라 공급하게 할 수 있는 신·재생에너지의 종류 및 의무공급량에 대하여 2015년 12월 31일까지 적용하는 기준은 별표 4와 같다. 이 경우 공급의무자별 의무공급량은 산업통상자원부장관이 정하여 고시한다.

④ 제3항에 따라 공급하는 신·재생에너지에 대해서는 산업통상자원부장관이 정하여 고시하는 비율 및 방법 등에 따라 공급인증서를 구매하여 의무공급량에 충당할 수 있다.

⑤ 공급의무자는 법 제12조의5 제4항에 따라 연도별 의무공급량(공급의무의 이행이 연기된 의무공급량은 포함하지 아니한다. 이하 같다)의 100분의 20을 넘지 아니하는 범위에서 공급의무의 이행을 연기할 수 있다. 이 경우 공급의무자는 연기된 의무공급량의 공급이 완료되기까지는 그 연기된 의무공급량 중 매년 100분의 20 이상을 연도별 의무공급량에 우선하여 공급하여야 한다.

⑥ 공급의무자는 법 제12조의5 제4항에 따라 공급의무의 이행을 연기하려는 경우에는 연기할 의무공급량, 연기 사유 등을 산업통상자원부장관에게 다음 연도 2월 말일까지 제출하여야 한다.

| 연도별 의무공급량의 비율 (제18조의4 제1항 관련) |

해당 연도	비 율[%]
2012년	2.0
2013년	2.5
2014년	3.0
2015년	3.0
2016년	3.5
2017년	4.0
2018년	5.0
2019년	6.0
2020년	7.0
2021년	9.0
2022년	12.5
2023년	13.0
2024년	13.5
2025년	14.0
2026년	15.0
2027년	17.0
2028년	19.0
2029년	22.5
2030년 이후	25.0

| 신 · 재생에너지의 종류 및 의무공급량 (제18조의4 제3항 전단 관련) |

1. 종류

　태양에너지(태양의 빛에너지를 변환시켜 전기를 생산하는 방식에 한정한다)

2. 연도별 의무공급량

해당 연도	의무공급량(단위 : [GWh])
2012년	276
2013년	723
2014년	1,353
2015년 이후	1,971

제12조의6(신 · 재생에너지 공급 불이행에 대한 과징금)

① 산업통상자원부장관은 공급의무자가 의무공급량에 부족하게 신 · 재생에너지를 이용하여 에너지를 공급한 경우에는 대통령령으로 정하는 바에 따라 그 부족분에 제12조의7에 따른 신 · 재생에너지 공급인증서의 해당 연도 평균거래 가격의 100분의 150을 곱한 금액의 범위에서 과징금을 부과할 수 있다.

② 제1항에 따른 과징금을 납부한 공급의무자에 대하여는 그 과징금의 부과기간에 해당하는 의무공급량을 공급한 것으로 본다.

　③ 산업통상자원부장관은 제1항에 따른 과징금을 납부하여야 할 자가 납부기한까지 그 과징금을 납부하지 아니한 때에는 국세 체납처분의 예를 따라 징수한다.

④ 제1항 및 제3항에 따라 징수한 과징금은 「전기사업법」에 따른 전력산업기반기금의 재원으로 귀속된다.

영 제18조의5(과징금의 산정방법)

① 법 제12조의6 제1항에 따른 과징금은 법 제12조의5 제2항 전단 및 후단에 따른 신 · 재생에너지의 종류별 공급인증서의 해당 연도 평균거래 가격을 기준으로 구분하여 산정한다.

② 제1항에 따른 공급인증서의 평균거래 가격은 공급인증서의 거래량과 거래 가격의 가중평균으로 산정한다.

③ 제2항에 따라 산정한 가격이 공급인증서의 거래량 부족 및 그 밖의 사정으로 인하여 해당 연도 공급인증서의 평균거래 가격으로 보는 것이 어렵다고 인정될 때에는 다음 각호의 사항을 고려하여 산정한 금액을 공급인증서의 평균거래 가격으로 본다.

1. 해당 연도의 공급인증서 평균거래 가격

2. 직전 3개 연도의 공급인증서 평균거래 가격

3. 신·재생에너지원의 종류별 발전 원가

④ 산업통상자원부장관은 제1항에 따른 과징금을 부과할 때에는 공급 불이행분과 불이행 사유, 공급 불이행에 따른 경제적 이익의 규모, 과징금 부과횟수 등을 고려하여 그 금액을 늘리거나 줄일 수 있다. 이 경우 늘리는 경우에도 과징금의 총액은 법 제12조의6 제1항에 따른 금액을 초과할 수 없다.

영 제18조의6(과징금의 부과 및 납부)

① 산업통상자원부장관은 법 제12조의6 제1항에 따라 과징금을 부과하기 위하여 과징금 부과 통지를 할 때에는 공급 불이행분과 과징금의 금액을 분명하게 적은 문서로 하여야 한다.

② 제1항에 따라 통지를 받은 자는 통지를 받은 날부터 30일 이내에 과징금을 산업통상자원부장관이 정하는 수납기관에 내야 한다. 다만, 천재지변이나 그 밖의 부득이한 사유로 그 기간에 과징금을 낼 수 없을 때에는 그 사유가 해소된 날부터 7일 이내에 내야 한다.

③ 제2항에 따라 과징금을 받은 수납기관은 과징금을 낸 자에게 영수증을 내주어야 한다.

④ 과징금의 수납기관은 제2항에 따라 과징금을 받았을 때에는 지체 없이 그 사실을 산업통상자원부장관에게 통보하여야 한다.

⑤ 과징금은 분할하여 낼 수 없다.

제12조의7(신·재생에너지 공급인증서 등)

① 신·재생에너지를 이용하여 에너지를 공급한 자(이하 "신·재생에너지 공급자"라 한다)는 산업통상자원부장관이 신·재생에너지를 이용한 에너지 공급의 증명 등을 위하여 지정하는 기관(이하 "공급인증기관"이라 한다)으로부터 그 공급 사실을 증명하는 인증서(전자문서로 된 인증서를 포함한다. 이하 "공급인증서"라 한다)를 발급받을 수 있다. 다만, 제17조에 따라 발전차액을 지원받은 신·재생에너지 공급자에 대한 공급인증서는 국가에 대하여 발급한다.

② 공급인증서를 발급받으려는 자는 공급인증기관에 대통령령으로 정하는 바에 따라 공급인증서의 발급을 신청하여야 한다.

③ 공급인증기관은 제2항에 따른 신청을 받은 경우에는 신·재생에너지의 종류별 공급량 및 공급기간 등을 확인한 후 다음 각 호의 기재사항을 포함한 공급인증서를 발급하여야 한다. 이 경우 균형 있는 이용·보급과 기술개발 촉진 등이 필요한 신·재생에너지에 대하여는 대통령령으로 정하는 바에 따라 실제 공급량에 가중치를 곱한 양을 공급량으로 하는 공급인증서를 발급할 수 있다.

1. 신·재생에너지 공급자

2. 신·재생에너지의 종류별 공급량 및 공급기간

3. 유효기간

④ 공급인증서의 유효기간은 발급받은 날부터 3년으로 하되, 제12조의5 제5항 및 제6항에 따라 공급의무자가 구매하여 의무공급량에 충당하거나 발급받아 산업통상자원부장관에게 제출한 공급인증서는 그 효력을 상실한다. 이 경우 유효기간이 지나거나 효력을 상실한 해당 공급인증서는 폐기하여야 한다.

⑤ 공급인증서를 발급받은 자는 그 공급인증서를 거래하려면 제12조의9 제2항에 따른 공급인증서 발급 및 거래시장 운영에 관한 규칙으로 정하는 바에 따라 공급인증기관이 개설한 거래시장(이하 "거래시장"이라 한다)에서 거래하여야 한다.

⑥ 산업통상자원부장관은 다른 신·재생에너지와의 형평을 고려하여 공급인증서가 일정 규모 이상의 수력을 이용하여 에너지를 공급하고 발급된 경우 등 산업통상자원부령으로 정하는 사유에 해당할 때에는 거래시장에서 해당 공급인증서가 거래될 수 없도록 할 수 있다.

⑦ 산업통상자원부장관은 거래시장의 수급조절과 가격안정화를 위하여 대통령령으로 정하는 바에 따라 국가에 대하여 발급된 공급인증서를 거래할 수 있다. 이 경우 산업통상자원부장관은 공급의무자의 의무공급량, 의무이행실적 및 거래시장 가격 등을 고려하여야 한다.

⑧ 신·재생에너지 공급자가 신·재생에너지 설비에 대한 지원 등 대통령령으로 정하는 정부의 지원을 받은 경우에는 대통령령으로 정하는 바에 따라 공급인증서의 발급을 제한할 수 있다.

영 제18조의7(신·재생에너지 공급인증서의 발급 제한 등)

① 산업통상자원부장관은 법 제12조의7 제7항에 따라 국가에 대하여 발급된 공급인증서의 거래가격과 거래물량 등을 포함한 거래계획을 수립하고, 그 계획에 따라 공급인증서를 거래할 수 있다.

② 법 제12조의7 제8항에서 "신·재생에너지 설비에 대한 지원 등 대통령령으로 정하는 정부의 지원을 받은 경우"란 법 제10조 각 호의 사업 또는 다른 법령에 따라 지원된 신·재생에너지 설비로서 그 설비에 대하여 국가나 지방자치단체로부터 무상지원금을 받은 경우를 말한다.

③ 제2항에 따른 무상지원금을 받은 신·재생에너지 공급자(신·재생에너지를 이용하여 에너지를 공급한 자를 말한다)에 대해서는 지원받은 무상지원금에 해당하는 비율을 제외한 부분에 대한 공급인증서를 발급하되, 무상지원금에 해당하는 부분에 대한 공급인 증서는 국가 또는 지방자치단체에 대하여 그 지원 비율에 따라 발급한다.

④ 법 제12조의7 제1항 단서 및 이 조 제3항에 따라 발급된 공급인증서의 거래 및 관리에 관한 사무는 산업통상자원부장관이 담당하되, 산업통상자원부장관이 지정하는 기관으로 하여금 대행하게 할 수 있다.

⑤ 제4항에 따라 공급인증서를 거래하여 얻은 수익금은 「전기사업법」에 따른 전력산업기반기금의 재원(財源)으로 한다.

영 제18조의8(신 · 재생에너지 공급인증서의 발급 신청 등)

① 법 제12조의7 제2항에 따라 공급인증서를 발급받으려는 자는 법 제12조의9 제2항에 따른 공급인증서 발급 및 거래시장 운영에 관한 규칙에서 정하는 바에 따라 신 · 재생에너지를 공급한 날부터 90일 이내에 발급 신청을 하여야 한다.

② 제1항에 따른 신청기간 내에 공급인증서 발급을 신청하지 못했으나 법 제12조의7제1항에 따른 공급인증기관(이하 이 조에서 "공급인증기관"이라 한다)이 그 신청기간 내에 신 · 재생에너지 공급 사실을 확인한 경우에는 제1항에도 불구하고 제1항에 따른 신청기간이 만료되는 날에 공급인증서 발급을 신청한 것으로 본다.

③ 제1항 및 제2항에 따라 발급 신청을 받은 공급인증기관은 발급 신청을 한 날부터 30일 이내에 공급인증서를 발급해야 한다.

영 제18조의9(신 · 재생에너지의 가중치) 법 제12조의7제3항 후단에 따른 신 · 재생에너지의 가중치는 해당 신 · 재생에너지에 대한 다음 각 호의 사항을 고려하여 산업통상자원부장관이 정하여 고시하는 바에 따른다.

1. 환경, 기술개발 및 산업 활성화에 미치는 영향
2. 발전 원가
3. 부존(賦存) 잠재량
4. 온실가스 배출 저감(低減)에 미치는 효과
5. 전력 수급의 안정에 미치는 영향
6. 지역주민의 수용(受容) 정도

제12조의8(공급인증기관의 지정 등)

① 산업통상자원부장관은 공급인증서 관련 업무를 전문적이고 효율적으로 실시하고 공급인증서의 공정한 거래를 위하여 다음 각 호의 어느 하나에 해당하는 자를 공급인증기관으로 지정할 수 있다.

1. 제31조에 따른 신 · 재생에너지센터
2. 「전기사업법」 제35조에 따른 한국전력거래소
3. 제12조의9에 따른 공급인증기관의 업무에 필요한 인력 · 기술능력 · 시설 · 장비 등 대통령령으로 정하는 기준에 맞는 자

② 제1항에 따라 공급인증기관으로 지정받으려는 자는 산업통상자원부장관에게 지정을 신청하여야 한다.

③ 공급인증기관의 지정방법·지정절차, 그 밖에 공급인증기관의 지정에 필요한 사항은 산업통상자원부령으로 정한다.

제12조의9(공급인증기관의 업무 등)

① 제12조의8에 따라 지정된 공급인증기관은 다음 각 호의 업무를 수행한다.

　1. 공급인증서의 발급, 등록, 관리 및 폐기

　2. 국가가 소유하는 공급인증서의 거래 및 관리에 관한 사무의 대행

　3. 거래시장의 개설

　4. 공급의무자가 제12조의5에 따른 의무를 이행하는 데 지급한 비용의 정산에 관한 업무

　5. 공급인증서 관련 정보의 제공

　6. 그 밖에 공급인증서의 발급 및 거래에 딸린 업무

② 공급인증기관은 업무를 시작하기 전에 산업통상자원부령으로 정하는 바에 따라 공급인증서 발급 및 거래시장 운영에 관한 규칙(이하 "운영규칙"이라 한다)을 제정하여 산업통상자원부장관의 승인을 받아야 한다. 운영규칙을 변경하거나 폐지하는 경우(산업통상자원부령으로 정하는 경미한 사항의 변경은 제외한다)에도 또한 같다.

③ 산업통상자원부장관은 공급인증기관에 제1항에 따른 업무의 계획 및 실적에 관한 보고를 명하거나 자료의 제출을 요구할 수 있다.

④ 산업통상자원부장관은 다음 각 호의 어느 하나에 해당하는 경우에는 공급인증기관에 시정기간을 정하여 시정을 명할 수 있다.

　1. 운영규칙을 준수하지 아니한 경우

　2. 제3항에 따른 보고를 하지 아니하거나 거짓으로 보고한 경우

　3. 제3항에 따른 자료의 제출 요구에 따르지 아니하거나 거짓의 자료를 제출한 경우

제12조의10(공급인증기관 지정의 취소 등)

① 산업통상자원부장관은 공급인증기관이 다음 각 호의 어느 하나에 해당하는 경우에는 산업통상자원부령으로 정하는 바에 따라 그 지정을 취소하거나 1년 이내의 기간을 정하여 그 업무의 전부 또는 일부의 정지를 명할 수 있다. 다만, 제1호 또는 제2호에 해당하는 때에는 그 지정을 취소하여야 한다.

　1. 거짓이나 그 밖의 부정한 방법으로 지정을 받은 경우

　2. 업무정지 처분을 받은 후 그 업무정지 기간에 업무를 계속한 경우

　3. 제12조의8 제1항 제3호에 따른 지정기준에 부적합하게 된 경우

　　4. 제12조의9 제4항에 따른 시정명령을 시정기간에 이행하지 아니한 경우

② 산업통상자원부장관은 공급인증기관이 제1항 제3호 또는 제4호에 해당하여 업무정지를 명하여야 하는 경우로써 그 업무의 정지가 그 이용자 등에게 심한 불편을 주거나 그 밖에 공익을 해칠 우려가 있으면 그 업무정지 처분을 갈음하여 5천만 원 이하의 과징금을 부과할 수 있다.

③ 제2항에 따라 과징금을 부과하는 위반행위의 종별·정도 등에 따른 과징금의 금액과 그 밖에 필요한 사항은 대통령령으로 정한다.

④ 산업통상자원부장관은 제2항에 따른 과징금을 납부하여야 할 자가 납부기한까지 그 과징금을 납부하지 아니한 때에는 국세 체납처분의 예를 따라 징수한다.

영 제18조의10(과징금의 금액) 법 제12조의10 제3항에 따른 위반행위의 종별과 정도 등에 따른 과징금의 금액은 별표 5와 같다.

| 과징금의 금액(제18조의10 관련) |

1. 일반기준

　　과징금의 금액은 업무정지기간에 따라 산정하며, 업무정지기간은 법 제12조의10 제1항에 따른 업무정지의 기준에 따라 부과되는 기간을 말한다.

2. 개별기준

위반행위	근거법령	업무정지기간	과징금(단위 : 만원)
1. 법 제12조의8 제1항 제3호에 따른 지정기준에 부적합하게 된 경우	법 제12조의10 제2항	1개월 이하	2,000
		1개월 초과~3개월 이하	4,000
2. 법 제12조의9 제4항에 따른 시정명령을 시정기간에 이행하지 않은 경우	법 제12조의10 제2항	1개월 이하	3,000
		1개월 초과~3개월 이하	5,000

제12조의11(신·재생에너지 연료 품질기준)

① 산업통상자원부장관은 신·재생에너지 연료(신·재생에너지를 이용한 연료 중 대통령령으로 정하는 기준 및 범위에 해당하는 것을 말하며, 「폐기물관리법」 제2조 제1호에 따른 폐기물을 이용하여 제조한 것은 제외한다. 이하 같다)의 적정한 품질을 확보하기 위하여 품질기준을 정할 수 있다. 대기환경에 영향을 미치는 품질기준을 정하는 경우에는 미리 환경부장관과 협의를 하여야 한다.

② 산업통상자원부장관은 제1항에 따라 품질기준을 정한 경우에는 이를 고시하여야 한다.

③ 제1항에 따른 신·재생에너지 연료를 제조·수입 또는 판매하는 사업자(이하 "신·재생에너

지 연료사업자"라 한다)는 산업통상자원부장관이 제1항에 따라 품질기준을 정한 경우에는 그 품질기준에 맞도록 신·재생에너지 연료의 품질을 유지하여야 한다.

제12조의12(신·재생에너지 연료 품질검사)

① 신·재생에너지 연료사업자는 제조·수입 또는 판매하는 신·재생에너지 연료가 제12조의 11 제1항에 따른 품질기준에 맞는지를 확인하기 위하여 대통령령으로 정하는 신·재생에너지 품질검사기관(이하 "품질검사기관"이라 한다)의 품질검사를 받아야 한다.

② 제1항에 따른 품질검사의 방법과 절차, 그 밖에 필요한 사항은 산업통상자원부령으로 정한다.

영 제18조의13(신·재생에너지 품질검사기관) 법 제12조의12 제1항에서 "대통령령으로 정하는 신·재생에너지 품질검사기관"이란 다음 각 호의 기관을 말한다.

1. 「석유 및 석유대체연료 사업법」 제25조의2에 따라 설립된 한국석유관리원

2. 「고압가스 안전관리법」 제28조에 따라 설립된 한국가스안전공사

3. 「임업 및 산촌 진흥촉진에 관한 법률」 제29조의2에 따라 설립된 한국임업진흥원

제13조(신·재생에너지 설비의 인증 등)

① 신·재생에너지 설비를 제조하거나 수입하여 판매하려는 자는 「산업표준화법」 제15조에 따른 제품의 인증(이하 "설비인증"이라 한다)을 받을 수 있다.

② 산업통상자원부장관은 산업통상자원부령으로 정하는 바에 따라 제1항에 따른 설비인증에 드는 경비의 일부를 지원하거나, 「산업표준화법」 제13조에 따라 지정된 설비인증기관(이하 "설비인증기관"이라 한다)에 대하여 지정 목적상 필요한 범위에서 행정상의 지원 등을 할 수 있다.

③ 설비인증에 관하여 이 법에 특별한 규정이 있는 경우를 제외하고는 「산업표준화법」에서 정하는 바에 따른다.

영 제19조(신·재생에너지의 이용·보급의 촉진) 산업통상자원부장관은 신·재생에너지의 이용·보급을 촉진하기 위하여 필요한 경우 관계 중앙행정기관 또는 지방자치단체에 대하여 관련 계획의 수립, 제도의 개선, 필요한 예산의 반영, 법 제13조 제1항에 따라 인증(이하 "설비인증" 이라 한다)을 받은 신·재생에너지 설비의 사용 등을 요청할 수 있다.

제13조의2(보험·공제 가입)

① 제13조에 따라 설비인증을 받은 자는 신·재생에너지 설비의 결함으로 인하여 제3자가 입을 수 있는 손해를 담보하기 위하여 보험 또는 공제에 가입하여야 한다.

② 제1항에 따른 보험 또는 공제의 기간 · 종류 · 대상 및 방법에 필요한 사항은 대통령령으로 정한다.

영 제20조의2(보험 · 공제 가입 등)

① 설비인증을 받은 자가 법 제13조의2 제1항에 따라 가입하여야 하는 보험 또는 공제는 다음 각 호의 기준을 모두 충족하는 것이어야 한다.

1. 사고 당 배상한도액이 1억 원 이상일 것
2. 피해자 1인당 배상한도액이 1억 원 이상일 것
3. 설비인증을 받은 신 · 재생에너지설비의 「제조물책임법」 제2조 제2호에 따른 결함으로 인한 같은 법 제3조 제1항에 따른 손해를 보장하는 것일 것

② 법 제13조의2 제2항에 따른 보험 또는 공제의 가입기간 및 가입대상은 다음 각 호와 같다.

1. 가입기간 : 법 제13조 제2항에 따른 설비인증기관(이하 "설비인증기관"이라 한다)으로부터 부여받은 인증유효기간
2. 가입대상 : 설비인증을 받은 신 · 재생에너지설비

③ 설비인증을 받은 자는 보험증서 또는 공제증서를 설비인증기관의 장에게 제출하여야 한다.

④ 제1항부터 제3항까지의 규정에 따른 보험 또는 공제의 가입절차, 가입금액, 보험증 또는 공제증서의 제출시기 등에 관하여 필요한 사항은 산업통상자원부장관이 정하여 고시한다.

제16조(수수료)

① 품질검사기관은 품질검사를 신청하는 자로부터 산업통상자원부령으로 정하는 바에 따라 수수료를 받을 수 있다.

② 공급인증기관은 공급인증서의 발급(발급에 딸린 업무를 포함한다)을 신청하는 자 또는 공급인증서를 거래하는 자로부터 산업통상자원부령으로 정하는 바에 따라 수수료를 받을 수 있다.

제17조(신 · 재생에너지 발전 기준가격의 고시 및 차액 지원)

① 산업통상자원부장관은 신 · 재생에너지 발전에 의하여 공급되는 전기의 기준가격을 발전원별로 정한 경우에는 그 가격을 고시하여야 한다. 이 경우 기준가격의 산정기준은 대통령령으로 정한다.

② 산업통상자원부장관은 신 · 재생에너지 발전에 의하여 공급한 전기의 전력거래가격(「전기사업법」 제33조에 따른 전력거래가격을 말한다)이 제1항에 따라 고시한 기준가격보다 낮은 경우에는 그 전기를 공급한 신 · 재생에너지 발전사업자에 대하여 기준가격과 전력거래가격의

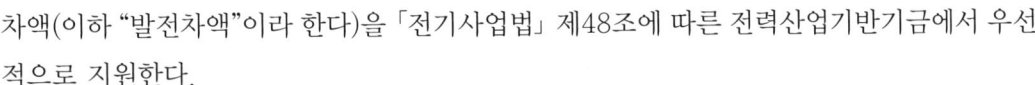

차액(이하 "발전차액"이라 한다)을 「전기사업법」 제48조에 따른 전력산업기반기금에서 우선적으로 지원한다.

③ 산업통상자원부장관은 제1항에 따라 기준가격을 고시하는 경우에는 발전차액을 지원하는 기간을 포함하여 고시할 수 있다.

④ 산업통상자원부장관은 발전차액을 지원받은 신·재생에너지 발전사업자에게 결산재무제표(決算財務諸表) 등 기준가격 설정을 위하여 필요한 자료를 제출할 것을 요구할 수 있다.

영 제18조(신·재생에너지 설비의 설치 및 확인 등)

① 설치의무기관의 장 또는 대표자는 제17조 제2항에 따른 검토결과를 반영하여 신·재생에너지 설비를 설치하여야 하며, 설치를 완료하였을 때에는 30일 이내에 신·재생에너지 설비 설치확인신청서를 산업통상자원부장관에게 제출하여야 한다.

② 산업통상자원부장관은 제1항에 따른 신·재생에너지 설비 설치확인신청서를 받았을 때에는 제17조 제2항에 따른 검토 결과를 반영하였는지 확인한 후 신·재생에너지 설비설치확인서를 발급하여야 한다.

③ 산업통상자원부장관은 설치의무기관의 신·재생에너지 설비 설치 및 신·재생에너지 이용현황을 주기적으로 점검하여 공표할 수 있다.

영 제22조(발전차액의 지원을 위한 기준가격의 산정기준) 법 제17조 제1항 후단에 따른 발전원(發電源)별 기준가격의 산정기준은 다음 각 호와 같다.

1. 신·재생에너지 발전소의 표준공사비, 운전유지비, 투자보수비 및 각종 세금과 공과금
2. 신·재생에너지 발전소의 설비 이용률, 수명 기간, 사고 보수율과 발전소에서의 신·재생에너지 소비율 등의 설계치 및 실적치
3. 신·재생에너지 발전사업자의 송전·배전 선로 이용요금
4. 신·재생에너지 발전기술의 상용화 수준 및 시장 보급 여건
5. 운전 중인 신·재생에너지 발전사업자의 경영 여건 및 운전 실적
6. 전기요금 및 전력시장에서의 신·재생에너지 발전에 의하여 공급한 전력의 거래가격의 수준

제18조(지원 중단 등)

① 산업통상자원부장관은 발전차액을 지원받은 신·재생에너지 발전사업자가 다음 각 호의 어느 하나에 해당하면 산업통상자원부령으로 정하는 바에 따라 경고를 하거나 시정을 명하고, 그 시정명령에 따르지 아니하는 경우에는 발전차액의 지원을 중단할 수 있다.

  1. 거짓이나 부정한 방법으로 발전차액을 지원받은 경우

2. 제17조 제4항에 따른 자료요구에 따르지 아니하거나 거짓으로 자료를 제출한 경우

② 산업통상자원부장관은 발전차액을 지원받은 신·재생에너지 발전사업자가 제1항 제1호에 해당하면 산업통상자원부령으로 정하는 바에 따라 그 발전차액을 환수(還收)할 수 있다. 이 경우 산업통상자원부장관은 발전차액을 반환할 자가 30일 이내에 이를 반환하지 아니하면 국세 체납처분의 예에 따라 징수할 수 있다.

제20조(신·재생에너지 기술의 국제표준화 지원)

① 산업통상자원부장관은 국내에서 개발되었거나 개발 중인 신·재생에너지 관련 기술이 「국가표준기본법」 제3조제2호에 따른 국제표준에 부합되도록 하기 위하여 설비인증기관에 대하여 표준화기반 구축, 국제활동 등에 필요한 지원을 할 수 있다.

② 제1항에 따른 지원 범위 등에 관하여 필요한 사항은 대통령령으로 정한다.

영 제23조(신·재생에너지 기술의 국제표준화를 위한 지원 범위) 법 제20조 제2항에 따른 지원 범위는 다음 각 호와 같다.

1. 국제표준 적합성의 평가 및 상호인정의 기반 구축에 필요한 장비·시설 등의 구입비용
2. 국제표준 개발 및 국제표준 제안 등에 드는 비용
3. 국제표준화 관련 국제협력의 추진에 드는 비용
4. 국제표준화 관련 전문인력의 양성에 드는 비용

제21조(신·재생에너지 설비 및 그 부품의 공용화)

① 산업통상자원부장관은 신·재생에너지 설비 및 그 부품의 호환성(互換性)을 높이기 위하여 그 설비 및 부품을 산업통상자원부장관이 정하여 고시하는 바에 따라 공용화 품목으로 지정하여 운영할 수 있다.

② 다음 각 호의 어느 하나에 해당하는 자는 신·재생에너지 설비 및 그 부품 중 공용화가 필요한 품목을 공용화 품목으로 지정하여 줄 것을 산업통상자원부장관에게 요청할 수 있다.

    1. 제31조에 따른 신·재생에너지센터
    2. 그 밖에 산업통상자원부령으로 정하는 기관 또는 단체

③ 산업통상자원부장관은 신·재생에너지 설비 및 그 부품의 공용화를 효율적으로 추진하기 위하여 필요한 지원을 할 수 있다.

④ 제1항부터 제3항까지의 규정에 따른 공용화 품목의 지정·운영, 지정 요청, 지원기준 등에 관하여 필요한 사항은 대통령령으로 정한다.

영 제24조(신 · 재생에너지 설비 및 그 부품 중 공용화 품목의 지정절차 등)

① 법 제21조 제2항 및 제4항에 따라 신 · 재생에너지 설비 및 그 부품 중 공용화 품목의 지정을 요청하려는 자는 산업통상자원부령으로 정하는 바에 따라 대상 품목의 명칭, 규격, 지정 요청 사유 및 기대효과 등을 적은 지정요청서에 대상 품목에 대한 설명서를 첨부하여 산업통상자원부장관에게 제출하여야 한다.

② 산업통상자원부장관은 제1항에 따른 지정 요청을 받은 경우에는 산업통상자원부령으로 정하는 바에 따라 전문가 및 이해관계인의 의견을 들은 후 해당 신 · 재생에너지 설비 및 그 부품을 공용화 품목으로 지정할 수 있다.

③ 산업통상자원부장관은 법 제21조제3항에 따라 공용화 품목의 개발, 제조 및 수요 · 공급 조절에 필요한 자금을 다음 각 호의 구분에 따른 범위에서 융자할 수 있다.

1. 중소기업자 : 필요한 자금의 80퍼센트

2. 중소기업자와 동업하는 중소기업자 외의 자 : 필요한 자금의 70퍼센트

3. 그 밖에 산업통상자원부장관이 인정하는 자 : 필요한 자금의 50퍼센트

제23조의2(신 · 재생에너지 연료 혼합의무 등)

① 산업통상자원부장관은 신 · 재생에너지의 이용 · 보급을 촉진하고 신 · 재생에너지 산업의 활성화를 위하여 필요하다고 인정하는 경우 대통령령으로 정하는 바에 따라 「석유 및 석유대체연료 사업법」 제2조에 따른 석유정제업자 또는 석유수출입업자(이하 "혼합의무자"라 한다)에게 일정 비율(이하 "혼합의무비율"이라 한다) 이상의 신 · 재생에너지 연료를 수송용 연료에 혼합하게 할 수 있다.

② 산업통상자원부장관은 제1항에 따른 혼합의무의 이행 여부를 확인하기 위하여 혼합의무자에게 대통령령으로 정하는 바에 따라 필요한 자료의 제출을 요구할 수 있다.

영 제26조의2(신 · 재생에너지 연료 혼합의무) 「석유 및 석유대체연료 사업법」 제2조에 따른 석유정제업자 또는 석유수출입업자(이하 "혼합의무자"라 한다)는 법 제23조의2 제1항에 따라 연도별로 별표 6의 계산식에 의하여 산정하는 양 이상의 신 · 재생에너지 연료를 수송용 연료에 혼합하여야 한다.

| 신 · 재생에너지 연료의 혼합량 산정 계산식(제26조의2 관련) |

「석유 및 석유대체연료사업법」 제2조에 따른 석유정제업자 또는 석유수출입업자가 수송용 연료에 혼합하여야 하는 신 · 재생에너지 연료의 연도별 의무혼합량은 다음 계산식에 따라 산정한다.

연도별 의무혼합량 = (연도별 혼합의무비율)
× [수송용 연료(혼합된 신·재생에너지 연료를 포함한다)의 내수판매량]

[비고]

1. 연도별 혼합의무비율은 다음과 같다.

해당 연도		수송용 연료에 대한 신·재생에너지 연료 혼합의무비율
2021년	1월 1일부터 6월 30일까지	0.03
	7월 1일부터 12월 31일까지	0.035
2022년		0.035
2023년		0.035
2024년		0.04
2025년		0.04
2026년		0.04
2027년		0.045
2028년		0.045
2029년		0.045
2030년 이후		0.05

※ 산업통상자원부장관은 신·재생에너지 기술개발 수준, 연료 수급 상황 등을 고려하여 2021년 7월 1일을 기준으로 3년마다(매 3년이 되는 해의 7월 1일 전까지를 말한다) 연도별 혼합의무비율을 재검토한다. 다만, 신·재생에너지 연료 혼합의무의 이행실적과 국내외 시장여건 변화 등을 고려하여 재검토기간을 단축할 수 있다.

2. 수송용 연료의 종류 : 자동차용 경유

3. 신·재생에너지 연료의 종류 : 바이오디젤

4. 내수판매량은 다음과 같다.

　가. 혼합의무자가 석유수출입업자이거나 해당 연도 초일을 기준으로 사업을 개시한 지 1년이 경과하지 않은 경우 : 해당 연도의 내수판매량

　나. 가목 외의 경우: 해당 연도의 직전 연도 내수판매량

5. 그 밖에 신·재생에너지 연료의 혼합량 산정에 필요한 사항은 산업통상자원부장관이 정하여 고시한다.

영 제26조의3(자료제출)

① 산업통상자원부장관은 법 제23조의2 제2항에 따라 혼합의무자에게 다음 각 호의 자료 제출을 요구할 수 있다.

1. 신·재생에너지 연료 혼합의무 이행확인에 관한 다음 각 목의 자료

　가. 수송용 연료의 생산량　　나. 수송용 연료의 내수판매량

　다. 수송용 연료의 재고량　　라. 수송용 연료의 수출입량

　마. 수송용 연료의 자가소비량

2. 신·재생에너지 연료 혼합시설에 관한 다음 각 목의 자료

　　가. 신·재생에너지 연료 혼합시설 현황

　　나. 신·재생에너지 연료 혼합시설 변동사항

　　다. 신·재생에너지 연료 혼합시설의 사용실적

3. 혼합의무자의 사업에 관한 다음 각 목의 자료

　　가. 수송용 연료 및 신·재생에너지 연료 거래실적

　　나. 신·재생에너지 연료 평균거래가격

　　다. 결산재무제표

4. 그 밖에 혼합의무의 이행 여부를 확인하기 위하여 산업통상자원부장관이 필요하다고 인정하는 자료

② 제1항에 따라 혼합의무자가 제출하여야 하는 자료의 제출 시기와 방법, 그 밖에 필요한 사항은 산업통상자원부장관이 정하여 고시한다.

제23조의3(의무 불이행에 대한 과징금)

① 산업통상자원부장관은 혼합의무자가 혼합의무비율을 충족시키지 못한 경우에는 대통령령으로 정하는 바에 따라 그 부족분에 해당 연도 평균거래가격의 100분의 150을 곱한 금액의 범위에서 과징금을 부과할 수 있다.

② 산업통상자원부장관은 제1항에 따른 과징금을 납부하여야 할 자가 납부기한까지 그 과징금을 납부하지 아니한 때에는 국세 체납처분의 예에 따라 징수한다.

③ 제1항 및 제2항에 따라 징수한 과징금은 「에너지 및 자원사업특별회계법」에 따른 에너지 및 자원사업특별회계의 재원으로 귀속된다.

영 제26조의4(신·재생에너지 연료 혼합의무 불이행에 대한 과징금의 산정방법)

① 법 제23조의3 제1항에 따른 과징금은 연도별 혼합의무 불이행분(연도별로 별표 6의 계산식에 의하여 산정하는 양에서 해당 연도에 실제로 혼합한 신·재생에너지 연료의 양을 차감한 것을 말한다. 이하 같다)에 혼합하여야 하는 신·재생에너지 연료의 해당 연도 평균거래가격을 곱하여 산정한 금액으로 한다.

② 산업통상자원부장관은 혼합의무 불이행분과 불이행 사유, 혼합의무 불이행에 따른 경제적 이익의 규모 및 과징금 부과횟수 등을 고려하여 제1항에 따라 산정한 금액을 늘리거나 줄일 수 있다. 이 경우 늘리는 경우에도 과징금의 총액은 법 제23조의3 제1항에 따른 과징금의 상한액을 초과할 수 없다.

영 제26조의5(신·재생에너지 연료 혼합의무 불이행에 대한 과징금의 부과 및 납부)

① 산업통상자원부장관은 법 제23조의3 제1항에 따라 과징금을 부과하기 위하여 과징금 부과 통지를 할 때에는 혼합의무 불이행분과 과징금의 금액을 분명하게 적은 문서로 하여야 한다.

② 제1항에 따라 통지를 받은 자는 통지를 받은 날부터 30일 이내에 과징금을 산업통상자원부장 관이 정하는 수납기관에 내야 한다. 다만, 천재지변이나 그 밖의 부득이한 사유로 그 기간에 과징금을 낼 수 없을 때에는 그 사유가 해소된 날부터 7일 이내에 내야 한다.

③ 제2항에 따라 과징금을 받은 수납기관은 과징금을 낸 자에게 영수증을 내주어야 한다.

④ 과징금의 수납기관은 제2항에 따라 과징금을 받았을 때에는 지체 없이 그 사실을 산업통상자 원부장관에게 통보하여야 한다.

⑤ 과징금은 분할하여 낼 수 없다.

제23조의4(관리기관의 지정)

① 산업통상자원부장관은 혼합의무자의 혼합의무비율 이행을 효율적으로 관리하기 위하여 다 음 각 호의 어느 하나에 해당하는 자를 혼합의무 관리기관(이하 "관리기관"이라 한다)으로 지 정할 수 있다.

   1. 제31조에 따른 신·재생에너지센터

   2. 「석유 및 석유대체연료 사업법」제25조의2에 따른 한국석유관리원

② 관리기관으로 지정받으려는 자는 산업통상자원부장관에게 지정을 신청하여야 한다.

③ 관리기관의 신청 및 지정 기준·방법 및 절차, 그 밖에 필요한 사항은 산업통상자원부령으로 정한다.

제23조의5(관리기관의 업무)

① 제23조의4에 따라 지정된 관리기관은 다음 각 호의 업무를 수행한다.

   1. 혼합의무 이행실적의 집계 및 검증

   2. 의무이행 관련 정보의 수집 및 관리

   3. 그 밖에 혼합의무의 이행과 관련하여 산업통상자원부장관이 필요하다고 인정하는 업무

② 관리기관은 제1항에 따른 업무를 수행하기 위하여 필요한 기준(이하 "혼합의무 관리기준"이 라 한다)을 정하여 산업통상자원부장관의 승인을 받아야 한다. 승인받은 혼합의무 관리기준 을 변경하는 경우에도 또한 같다.

③ 산업통상자원부장관은 관리기관에 혼합의무 관리에 관한 계획, 실적 및 정보에 관한 보고를 명하거나 자료의 제출을 요구할 수 있다.

④ 제3항에 따른 관리기관의 보고, 자료제출 및 그 밖에 혼합의무 운영에 필요한 사항은 산업통

상자원부령으로 정한다.

⑤ 산업통상자원부장관은 관리기관이 다음 각 호의 어느 하나에 해당하는 경우에는 기간을 정하여 시정을 명할 수 있다.

1. 혼합의무 관리기준을 준수하지 아니한 경우

2. 제3항에 따른 보고 또는 자료제출을 하지 아니하거나 거짓으로 보고 또는 자료제출을 한 경우

제23조의6(관리기관의 지정 취소 등)

① 산업통상자원부장관은 관리기관이 다음 각 호의 어느 하나에 해당하는 경우에는 그 지정을 취소하거나 1년 이내의 기간을 정하여 업무의 전부 또는 일부의 정지를 명할 수 있다. 다만 제1호 또는 제2호에 해당하는 경우에는 그 지정을 취소하여야 한다.

1. 거짓이나 그 밖의 부정한 방법으로 관리기관 지정을 받은 경우

2. 업무정지 기간에 관리업무를 계속한 경우

3. 제23조의4에 따른 지정기준에 부적합하게 된 경우

4. 제23조의5 제5항에 따른 시정명령을 이행하지 아니한 경우

② 산업통상자원부장관은 관리기관이 제1항 제3호 또는 제4호에 해당하여 업무정지를 명하여야 하는 경우로서 그 업무의 정지가 그 이용자 등에게 심한 불편을 주거나 그 밖에 공익을 해칠 우려가 있으면 그 업무정지 처분을 갈음하여 5천만 원 이하의 과징금을 부과할 수 있다.

③ 제2항에 따라 과징금을 부과하는 위반행위의 종별·정도 등에 따른 과징금의 금액과 그 밖에 필요한 사항은 대통령령으로 정한다.

④ 산업통상자원부장관은 제2항에 따른 과징금을 납부하여야 할 자가 납부기한까지 그 과징금을 납부하지 아니한 때에는 국세 체납처분의 예에 따라 징수한다.

⑤ 제1항에 따른 지정 취소, 업무정지의 기준 및 절차, 그 밖에 필요한 사항은 산업통상자원부령으로 정한다.

영 제26조의6(혼합의무 관리기관의 업무정지를 갈음하는 과징금의 금액)

법 제23조의6 제3항에 따른 위반행위의 종별·정도 등에 따른 과징금의 금액은 별표 7과 같다.

| 혼합의무 관리기관의 업무정지를 갈음하는 과징금의 금액(제26조의6 관련) |

1. 일반기준

과징금의 금액은 업무정지기간에 따라 산정하며, 업무정지기간은 법 제23조의6 제1항에 따른 업무정지의 기준에 따라 부과되는 기간으로 한다.

2. 개별기준

위반행위	근거 법조문	업무정지기간	과징금(단위 : 만원)
가. 법 제23조의4 제3항에 따른 지정기준에 부적합하게 된 경우	법 제23조의6 제2항	1개월	2,000
		3개월	4,000
나. 법 제23조의5 제5항에 따른 시정명령을 시정기간에 이행하지 않은 경우	법 제23조의6 제2항	1개월	3,000
		3개월	5,000

| 관리기관에 대한 지정 취소 및 업무정지의 기준(제13조의4제1항 관련) |

1. 일반기준

위반행위의 횟수에 따른 행정처분의 기준은 최근 1년간 같은 위반행위로 행정처분을 받은 경우에 적용한다. 이 경우 위반횟수는 같은 위반행위에 대하여 행정처분을 한 날과 다시 같은 위반행위를 적발한 날을 각각 기준으로 하여 계산한다.

2. 개별기준

위반내용	근거 법령	처분기준		
		1차 위반	2차 위반	3차 이상 위반
가. 거짓이나 그 밖의 부정한 방법으로 관리기관 지정을 받은 경우	법 제23조의6 제1항 제1호	지정 취소		
나. 업무정지 기간에 관리업무를 계속한 경우	법 제23조의6 제1항 제2호	지정 취소		
다. 법 제23조의4에 따른 지정기준에 부적합하게 된 경우	법 제23조의6 제1항 제3호	업무정지 1개월	업무정지 3개월	지정 취소
라. 법 제23조의5 제5항에 따른 시정명령을 이행하지 않은 경우	법 제23조의6 제1항 제4호	업무정지 1개월	업무정지 3개월	지정 취소

제24조(청문) 산업통상자원부장관은 다음 각 호에 해당하는 처분을 하려면 청문을 하여야 한다.

1. 제12조의10 제1항에 따른 공급인증기관의 지정 취소
2. 삭제 〈2015.1.28.〉
3. 제23조의6에 따른 관리기관의 지정 취소

제25조(관련 통계의 작성 등)

① 산업통상자원부장관은 기본계획 및 실행계획 등 신·재생에너지 관련 시책을 효과적으로 수립·시행하기 위하여 필요한 국내외 신·재생에너지의 수요·공급에 관한 통계자료를 조사

· 작성 · 분석 및 관리할 수 있으며, 이를 위하여 필요한 자료와 정보를 제11조 제1항에 따른 기관이나 신 · 재생에너지 설비의 생산자 · 설치자 · 사용자에게 요구할 수 있다.

② 산업통상자원부장관은 산업통상자원부령으로 정하는 바에 따라 전문성이 있는 기관을 지정하여 제1항에 따른 통계의 조사 · 작성 · 분석 및 관리에 관한 업무의 전부 또는 일부를 하게 할 수 있다.

제26조(국유재산 · 공유재산의 임대 등)

① 국가 또는 지방자치단체는 국유재산 또는 공유재산을 신 · 재생에너지 기술개발 및 이용 · 보급에 관한 사업을 하는 자에게 대부계약의 체결 또는 사용허가(이하 "임대"라 한다)를 하거나 처분할 수 있다. 이 경우 국가 또는 지방자치단체는 신 · 재생에너지 기술개발 및 이용 · 보급에 관한 사업을 위하여 필요하다고 인정하면 「국유재산법」 또는 「공유재산 및 물품 관리법」에도 불구하고 수의계약(隨意契約)으로 국유재산 또는 공유재산을 임대 또는 처분할 수 있다.

② 국가 또는 지방자치단체가 제1항에 따라 국유재산 또는 공유재산을 임대하는 경우에는 「국유재산법」 또는 「공유재산 및 물품 관리법」에도 불구하고 자진철거 및 철거비용 의 공탁을 조건으로 영구시설물을 축조하게 할 수 있다. 다만, 공유재산에 영구시설물을 축조하려면 지방의회의 동의를 받아야 하며, 지방의회의 동의 절차에 관하여는 지방자치단체의 조례로 정할 수 있다.

③ 제1항에 따른 국유재산 및 공유재산의 임대기간은 10년 이내로 하되, 제31조에 따른 신 · 재생에너지센터(이하 "센터"라 한다)로부터 신 · 재생에너지 설비의 정상가동 여부를 확인받는 등 운영의 특별한 사유가 없으면 각각 10년 이내의 기간에서 2회에 걸쳐 갱신할 수 있다.

④ 제1항에 따라 국유재산 또는 공유재산을 임차하거나 취득한 자가 임대일 또는 취득일부터 2년 이내에 해당 재산에서 신 · 재생에너지 기술개발 및 이용 · 보급에 관한 사업을 시행하지 아니하는 경우에는 대부계약 또는 사용허가를 취소하거나 환매할 수 있다.

⑤ 국가 또는 지방자치단체가 제1항에 따라 국유재산 또는 공유재산을 임대하는 경우에는 「국유재산법」 또는 「공유재산 및 물품관리법」에도 불구하고 임대료를 100분의 50의 범위에서 경감할 수 있다.

⑥ 산업통상자원부장관은 제1항에 따라 임대 또는 처분할 수 있는 국유재산의 범위와 대상을 기획재정부장관과 협의하여 산업통상자원부령으로 정할 수 있다.

제27조(보급사업)

① 산업통상자원부장관은 신 · 재생에너지의 이용 · 보급을 촉진하기 위하여 필요하다고 인정하

면 대통령령으로 정하는 바에 따라 다음 각 호의 보급사업을 할 수 있다.

1. 신기술의 적용사업 및 시범사업

2. 환경친화적 신·재생에너지 집적화단지(集積化團地) 및 시범단지 조성사업

3. 지방자치단체와 연계한 보급사업

4. 실용화된 신·재생에너지 설비의 보급을 지원하는 사업

5. 그 밖에 신·재생에너지 기술의 이용·보급을 촉진하기 위하여 필요한 사업으로서 산업통상자원부장관이 정하는 사업

② 산업통상자원부장관은 개발된 신·재생에너지 설비가 설비인증을 받거나 신·재생에너지 기술의 국제표준화 또는 신·재생에너지 설비와 그 부품의 공용화가 이루어진 경우에는 우선적으로 제1항에 따른 보급사업을 추진할 수 있다.

③ 관계 중앙행정기관의 장은 환경 개선과 신·재생에너지의 보급 촉진을 위하여 필요한 협조를 할 수 있다.

영 제27조(보급사업의 실시기관)

① 산업통상자원부장관은 법 제27조제1항 각 호에 따른 보급사업(이하 이 조에서 "보급사업"이라 한다)을 시행하는 경우에는 다음 각 호의 어느 하나에 해당하는 자 중에서 보급사업의 실시기관을 선정하여 시행한다. 다만, 법 제27조제1항제2호에 따른 환경친화적 신·재생에너지 집적화단지(이하 "집적화단지"라 한다) 조성사업을 시행하는 경우에는 지방자치단체를 해당 사업의 실시기관으로 선정하여 시행한다.

1. 법 제11조 제1항 각 호의 어느 하나에 해당하는 자

2. 센터

② 산업통상자원부장관은 보급사업을 촉진하기 위하여 필요한 경우에는 보급사업의 시행에 필요한 비용을 예산의 범위에서 제1항에 따른 실시기관에 지원할 수 있다.

③ 보급사업의 지원 대상, 지원 조건 및 추진절차, 그 밖에 필요한 사항은 산업통상자원부 장관이 정하여 고시한다.

제27조의2(신·재생에너지 발전사업에 대한 주민 참여)

① 신·재생에너지 설비가 설치된 지역의 주민은 다음 각 호의 어느 하나에 따른 방식으로 해당 지역의 신·재생에너지 발전사업에 참여할 수 있다.

1. 신·재생에너지 발전사업에 출자하는 방식

2. 신·재생에너지 발전사업을 목적으로 하는 협동조합(「협동조합 기본법」에 따라 설립된 협동조합을 말한다)에 조합원으로 출자하는 방식

3. 그 밖에 산업통상자원부장관이 정하는 방식

② 신·재생에너지 발전사업자는 제12조의7제3항에 따라 발급받은 공급인증서 중 제1항에 따른 주민 참여로 인한 가중치로 발생한 수익을 지역 주민에게 제공하여야 한다.

③ 제1항에 따른 지역의 범위 및 제2항에 따라 지역 주민에게 제공하는 수익과 관련한 기준·절차·내용, 그 밖에 필요한 사항은 산업통상자원부장관이 정한다.

제28조(신·재생에너지 기술의 사업화)

① 산업통상자원부장관은 자체 개발한 기술이나 제10조에 따른 사업비를 받아 개발한 기술의 사업화를 촉진시킬 필요가 있다고 인정하면 다음 각 호의 지원을 할 수 있다.

1. 시험제품 제작 및 설비투자에 드는 자금의 융자
2. 신·재생에너지 기술의 개발사업을 하여 정부가 취득한 산업재산권의 무상 양도
3. 개발된 신·재생에너지 기술의 교육 및 홍보
4. 그 밖에 개발된 신·재생에너지 기술을 사업화하기 위하여 필요하다고 인정하여 산업통상자원부장관이 정하는 지원사업

② 제1항에 따른 지원의 대상, 범위, 조건 및 절차, 그 밖에 필요한 사항은 산업통상자원부령으로 정한다.

제29조(재정상 조치 등) 정부는 제12조에 따라 권고를 받거나 의무를 준수하여야 하는 자, 신·재생에너지 기술개발 및 이용·보급을 하고 있는 자 또는 제13조에 따라 설비인증을 받은 자에 대하여 필요한 경우 금융상·세제상의 지원대책이나 그 밖에 필요한 지원대책을 마련하여야 한다.

제30조(신·재생에너지의 교육·홍보 및 전문인력 양성)

① 정부는 교육·홍보 등을 통하여 신·재생에너지의 기술개발 및 이용·보급에 관한 국민의 이해와 협력을 구하도록 노력하여야 한다.

② 산업통상자원부장관은 신·재생에너지 분야 전문인력의 양성을 위하여 신·재생에너지 분야 특성화대학 및 핵심기술연구센터를 지정하여 육성·지원할 수 있다.

제30조의2(신·재생에너지사업자의 공제조합 가입 등)

① 신·재생에너지 발전사업자, 신·재생에너지 연료사업자, 신·재생에너지 설비 설치기업, 신·재생에너지 설비의 제조·수입 및 판매 등의 사업을 영위하는 자(이하 "신·재생에너지사업자"라 한다)는 신·재생에너지의 기술개발 및 이용·보급에 필요한 사업(이하 "신·재

생에너지사업"이라 한다)을 원활히 수행하기 위하여 「엔지니어링산업 진흥법」 제34조에 따른 공제조합의 조합원으로 가입할 수 있다.

② 제1항에 따른 공제조합은 다음 각 호의 사업을 실시할 수 있다.

    1. 신·재생에너지사업에 따른 채무 또는 의무 이행에 필요한 공제, 보증 및 자금의 융자

    2. 신·재생에너지사업의 수출에 따른 공제 및 주거래은행의 설정에 관한 보증

    3. 신·재생에너지사업의 대가로 받은 어음의 할인

    4. 신·재생에너지사업에 필요한 기자재의 공동구매·조달 알선 또는 공동위탁판매

    5. 조합원 및 조합원에게 고용된 자의 복지 향상을 위한 공제사업

    6. 조합원의 정보처리 및 컴퓨터 운용과 관련된 서비스 제공

    7. 조합원이 공동으로 이용하는 시설의 설치, 운영, 그 밖에 조합원의 편익 증진을 위한 사업

    8. 그 밖에 제1호부터 제7호까지의 사업에 부대되는 사업으로서 정관으로 정하는 공제사업

③ 제2항에 따른 공제규정, 공제규정으로 정할 내용, 공제사업의 절차 및 운영 방법에 필요한 사항은 대통령령으로 정한다.

영 제28조(공제규정)

① 법 제30조의2 제1항에 따른 공제조합이 같은 조 제2항에 따른 공제사업을 하려면 공제 규정을 정하여야 한다.

② 제1항에 따른 공제규정에는 다음 각 호의 사항이 포함되어야 한다.

    1. 공제사업의 범위

    2. 공제계약의 내용

    3. 공제금 및 공제료

    4. 공제금에 충당하기 위한 책임준비금

    5. 그 밖에 공제사업의 운영에 필요한 사항

제30조의3(하자보수)

① 신·재생에너지 설비를 설치한 시공자는 해당 설비에 대하여 성실하게 무상으로 하자보수를 실시하여야 하며 그 이행을 보증하는 증서를 신·재생에너지 설비의 소유자 또는 산업통상자원부령으로 정하는 자에게 제공하여야 한다. 다만, 하자보수에 관하여 「국가를 당사자로 하는 계약에 관한 법률」 또는 「지방자치단체를 당사자로 하는 계약에 관한 법률」에 특별한 규정이 있는 경우에는 해당 법률이 정하는 바에 따른다.

② 제1항에 따른 하자보수의 대상이 되는 신·재생에너지 설비 및 하자보수 기간 등은 산업통상자원부령으로 정한다.

제31조(신·재생에너지센터)

① 산업통상자원부장관은 신·재생에너지의 이용 및 보급을 전문적이고 효율적으로 추진하기 위하여 대통령령으로 정하는 에너지 관련 기관에 신·재생에너지센터(이하 "센터"라 한다)를 두어 신·재생에너지 분야에 관한 다음 각 호의 사업을 하게 할 수 있다.

1. 제11조 제1항에 따른 신·재생에너지의 기술개발 및 이용·보급사업의 실시자에 대한 지원·관리

2. 제12조 제2항 및 제3항에 따른 신·재생에너지 이용의무의 이행에 관한 지원·관리

3. 삭제 〈2015.1.28.〉

4. 제12조의5에 따른 신·재생에너지 공급의무의 이행에 관한 지원·관리

5. 제12조의9에 따른 공급인증기관의 업무에 관한 지원·관리

6. 제13조에 따른 설비인증에 관한 지원·관리

7. 이미 보급된 신·재생에너지 설비에 대한 기술지원

8. 제20조에 따른 신·재생에너지 기술의 국제표준화에 대한 지원·관리

9. 제21조에 따른 신·재생에너지 설비 및 그 부품의 공용화에 관한 지원·관리

10. 제22조에 따른 신·재생에너지전문기업에 대한 지원·관리

11. 제23조의2에 따른 신·재생에너지 연료 혼합의무의 이행에 관한 지원·관리

12. 제25조에 따른 통계관리

13. 제27조에 따른 신·재생에너지 보급사업의 지원·관리

14. 제28조에 따른 신·재생에너지 기술의 사업화에 관한 지원·관리

15. 제30조에 따른 교육·홍보 및 전문인력 양성에 관한 지원·관리

16. 국내외 조사·연구 및 국제협력 사업

17. 제1호·제3호 및 제5호부터 제8호까지의 사업에 딸린 사업

18. 그 밖에 신·재생에너지의 이용·보급 촉진을 위하여 필요한 사업으로서 산업통상자원부장관이 위탁하는 사업

② 산업통상자원부장관은 센터가 제1항의 사업을 하는 경우 자금 출연이나 그 밖에 필요한 지원을 할 수 있다.

③ 센터의 조직·인력·예산 및 운영에 관하여 필요한 사항은 산업통상자원부령으로 정한다.

영 제29조(센터의 설치기관) 법 제31조제1항 각 호 외의 부분에서 "대통령령으로 정하는 에너지 관련 기관"이란 「에너지이용 합리화법」 제45조제1항에 따른 에너지관리공단(이하 "공단"이라 한다)을 말하며, 센터는 공단의 부설기관으로 한다.

제32조(권한의 위임 · 위탁)

① 이 법에 따른 산업통상자원부장관의 권한은 그 일부를 대통령령으로 정하는 바에 따라 소속 기관의 장, 특별시장 · 광역시장 · 도지사 또는 특별자치도지사(이하 "시 · 도지사"라 한다)에 게 위임할 수 있다.

② 이 법에 따른 산업통상자원부장관 또는 시 · 도지사의 업무는 그 일부를 대통령령으로 정하는 바에 따라 센터 또는 「에너지법」 제13조에 따른 한국에너지기술평가원에 위탁 할 수 있다.

영 제30조(권한의 위임 · 위탁)

① 산업통상자원부장관은 법 제32조제1항에 따라 다음 각 호의 권한을 국가기술표준원장에게 위임한다.
  1. 삭제
  2. 법 제13조 제2항에 따른 설비인증기관에 대한 행정상 지원
  3. 삭제
  4. 법 제20조 제1항에 따른 설비인증기관에 대한 표준화기반 구축 및 국제활동 등의 지원
  5. 법 제21조에 따른 공용화 품목의 지정
  6. 삭제
  7. 삭제

② 산업통상자원부장관은 법 제32조 제1항에 따라 법 제27조 제1항 제3호에 따른 보급사업에 관한 권한을 특별시장, 광역시장, 도지사 또는 특별자치도지사에게 위임한다.

③ 산업통상자원부장관은 법 제32조 제2항에 따라 다음 각 호의 업무를 센터에 위탁한다.
  1. 법 제12조 제2항 및 이 영 제17조에 따른 설치계획서의 접수, 검토 결과 통보 및 의견 청취
  2. 법 제12조 제2항 및 이 영 제18조에 따른 신 · 재생에너지 설비 설치확인신청서 접수 및 신 · 재생에너지 설비 설치확인서 발급
  3. 법 제22조에 따른 신 · 재생에너지전문기업 신고서 접수 및 신고증명서 발급

④ 산업통상자원부장관은 법 제32조 제2항에 따라 법 제11조 제1항에 따른 신 · 재생에너지기술 개발사업에 대한 협약체결 업무를 「에너지법」 제13조에 따른 한국에너지기술평가원에 위탁 한다.

제33조(벌칙 적용 시의 공무원 의제)

다음 각 호에 해당하는 사람은 「형법」 제129조부터 제132 조까지의 규정을 적용할 때에는 공무원으로 본다.
1. 삭제
2. 공급인증서의 발급 · 거래 업무에 종사하는 공급인증기관의 임직원

3. 설비인증 업무에 종사하는 설비인증기관의 임직원

4. 삭제

5. 신·재생에너지 연료 품질검사 업무에 종사하는 품질검사기관의 임직원

6. 혼합의무비율 이행을 효율적으로 관리하는 업무에 종사하는 관리기관의 임직원

제34조(벌칙)

① 거짓이나 부정한 방법으로 제17조에 따른 발전차액을 지원받은 자와 그 사실을 알면서 발전차액을 지급한 자는 3년 이하의 징역 또는 지원받은 금액의 3배 이하에 상당하는 벌금에 처한다.

② 거짓이나 부정한 방법으로 공급인증서를 발급받은 자와 그 사실을 알면서 공급인증서를 발급한 자는 3년 이하의 징역 또는 3천만 원 이하의 벌금에 처한다.

③ 제12조의7 제5항을 위반하여 공급인증기관이 개설한 거래시장 외에서 공급인증서를 거래한 자는 2년 이하의 징역 또는 2천만 원 이하의 벌금에 처한다.

④ 법인의 대표자나 법인 또는 개인의 대리인, 사용인, 그 밖의 종업원이 그 법인 또는 개인의 업무에 관하여 제1항부터 제3항까지의 어느 하나에 해당하는 위반행위를 하면 그 행위자를 벌하는 외에 그 법인 또는 개인에게도 해당 조문의 벌금형을 과(科)한다. 다만, 법인 또는 개인이 그 위반행위를 방지하기 위하여 해당 업무에 관하여 상당한 주의와 감독을 게을리하지 아니한 경우에는 그러하지 아니하다.

제35조(과태료)

① 다음 각 호의 어느 하나에 해당하는 자에게는 1천만원 이하의 과태료를 부과한다.

　　1. 삭제

　　2. 삭제

　　3. 삭제

　　4. 제13조의2를 위반하여 보험 또는 공제에 가입하지 아니한 자

　　4의 2. 삭제

　　5. 제23조의2 제2항에 따른 자료제출요구에 따르지 아니하거나 거짓 자료를 제출한 자

② 제1항에 따른 과태료는 대통령령으로 정하는 바에 따라 산업통상자원부장관이 부과·징수한다.

영 제31조(과태료의 부과기준)

법 제35조제1항에 따른 과태료의 부과기준은 별표 8과 같다.

| 과태료 부과기준(제31조 관련) |

1. 일반기준

위반행위 횟수에 따른 과태료의 가중된 부과기준은 최근 2년간 같은 위반행위로 과태료 부과처분을 받은 경우에 적용한다. 이 경우 기간의 계산은 위반행위에 대하여 과태료 부과처분을 받은 날과 그 처분 후 다시 같은 위반행위를 하여 적발한 날을 기준으로 한다.

2. 개별기준

위반행위	근거 법조문	과태료 금액	
		1회 위반	2회 이상 위반
가. 법 제13조의2를 위반하여 보험 또는 공제에 가입하지 않은 경우	법 제35조 제1항제4호		
1) 가입하지 않은 기간이 30일 이하인 경우		200만원	
2) 가입하지 않은 기간이 30일을 초과하는 경우		200만원에 31일째부터 계산하여 1일마다 2만원을 더한 금액. 다만, 과태료의 총액은 500만원을 초과할 수 없다.	
나. 법 제23조의2제2항에 따른 자료제출 요구에 따르지 않거나 거짓 자료를 제출한 경우	법 제35조 제1항제5호	300만원	500만원

4.2.2 신에너지 및 재생에너지 설비의 지원 등에 관한 규정 및 지침

(1) 목적

이 규정은 「신에너지 및 재생에너지 개발·이용·보급 촉진법(이하 "법"이라 한다)」, 「같은 법 시행령(이하 "령"이라 한다)」, 「같은 법 시행규칙(이하 "규칙"이라 한다)」에 따라 국가의 지원을 받아 신·재생에너지 설비를 설치하거나 의무적으로 신·재생에너지 설비를 설치하는 데 필요한 세부적인 사항에 대하여 규정함을 목적으로 한다.

(2) 적용범위

1) 이 규정은 보급사업, 태양광대여사업, 금융지원사업, 설치의무기관의 의무화사업 등을 통한 신·재생에너지 설비 설치와 설치된 설비의 사후관리 등에 적용한다.

2) 보조금 지원 등 보급사업에 관한 사항과 금융지원에 관한 사항은 관계법령에서 다르게 정한 것을 제외하고는 이 규정에서 정하는 대로 따른다.

(3) 시행기관

1) 보급사업, 태양광대여사업, 금융지원사업의 시행기관은 센터로 한다. 다만, 일부 사업에 대한 시행기관은 다음 각 호와 같다.

① 공공주택 보급사업 : 한국토지주택공사 또는 「지방공기업법」에 따른 지방공기업

② 지역지원사업 : 「지방자치법」 제2조 제1항 제1호에 따른 지방자치단체(이하 "시

　　　　・도"라 한다)

　　③ 설치의무화사업 : 해당 설치의무기관

　2) 신·재생에너지 설비의 설치확인과 사후관리를 시행하는 기관은 센터로 한다. 다만 업무의 효율적 추진을 위해 필요한 경우 센터의 장이 따로 정하는 바에 따라 업무의 일부를 다른 기관에 위탁할 수 있다.

　3) 신·재생에너지 설비의 공사실적증명을 발급하는 기관은 한국신·재생에너지협회 (이하 "협회"라 한다)로 한다.

(4) 책무

　1) 센터의 장은 이 규정에 따른 사업을 총괄 관리한다.

　2) 시행기관의 장은 소관 사업을 성실히 운영·관리하여야 하며, 장관 또는 센터의 장이 요구하는 관련 자료는 지체 없이 제공하여야 한다.

　3) 이 규정에 따라 지원금을 받고자 하는 자는 자체 부담금을 우선 확보한 다음 관련 지원금을 신청하여야 한다.

　4) 소유자는 설비가 효율적으로 운영되도록 확인·점검·유지·보수 등을 성실히 수행하여야 하며, 하자이행보증 기간이 만료된 이후에는 설비에 필요한 유지·보수비용 등을 자체 부담하여야 한다.

　5) 시공자는 센터의 장이 정한 절차에 따라 이 규정을 적용받는 사업의 공사실적을 협회에 신고하여야 하며, 시공자 자신이 설치한 설비의 가동상태·에너지생산량 등의 관련 자료는 센터의 장이 요구하는 대로 지체 없이 제공하여야 한다.

(5) 지침시달

　장관은 다음 연도 신·재생에너지 설비의 보급에 필요한 소요예산을 적정하게 반영하기 위해 필요한 경우에는 사업계획 및 예산편성과 관련된 지침을 센터 또는 시행기관의 장에게 시달할 수 있다.

(6) 사업계획의 수립

　1) 센터의 장은 다음 연도의 사업계획을 수립하기 위하여 시행기관에게 다음 연도 사업에 필요한 수요조사 결과 및 소요예산 등을 당해 연도 3월말까지 제출하도록 요청할 수 있다.

　2) 센터의 장은 1)에 따라 해당 시행기관으로부터 받은 수요조사 결과와 소요예산 등의 자료를 종합·조정하여 다음 연도 사업계획을 수립하고, 이를 당해 연도 4월말 까지 장관에게 보고하여야 한다.

(7) 예산반영

장관은 보고받은 사업계획을 검토・조정하여, 그 내용을 정부예산에 반영할 수 있다.

(8) 사업계획 확정

1) 다음 연도 정부예산이 국회에서 의결・확정된 경우에는 이 규정에서 정한 해당사업 의 다음 연도 사업계획은 확정된 것으로 본다.

2) 시행기관의 장은 1)에 따라 확정된 사업계획을 토대로 사업공고 등을 통해 다음 연도 사업에 착수 할 수 있다.

3) 시행기관의 장은 제1항에 따라 확정된 배정예산 중 제21조, 제24조, 제35조에 해당 하는 사업 간의 배정예산 조정이 필요할 때에는 장관의 승인을 거쳐 조정하여 지원할 수 있다.

(9) 중복 지원의 금지

시행기관의 장은 5)의 사업 중 동일한 종류의 신・재생에너지 설비가 동일한 장소에 설치되는 사 업의 경우에는 중복하여 지원할 수 없다. 다만, 다음 각 호의 대상은 제외한다.

1) 사업이 종료된 이후, 설비용량을 증설하는 경우

2) 에너지자립 인증을 받아 사업으로 고도화 사업을 추진하는 경우

3) 불가항력적인 재해로 인하여 피해를 입은 시설에 복구 지원을 하는 경우

(10) 보조금 지원방법

1) 사업은 보조금 지원단가를 미리 정하여 해당 보조금을 정액 지원한다. 다만, 기술 개 발이 완료되었거나 상용화를 전제로 시범적으로 실시하는 신・재생에너지 설비 설 치사업에 대하여는 보조금 지원 단가를 따로 정하여 지원할 수 있다.

2) 사업은 신・재생에너지 설비가격(설계비 등을 포함한다)의 50[%] 이하에서 보조금 을 지원한다. 단, 보급 확대가 필요하다고 판단되는 설비에 한해 최대 70[%] 이하에 서 보조금을 지원할 수 있다.

3) 사업은 시행기관의 장과 협약(설계비 등을 포함한다)된 금액(이 항에서 "협약금액"이 라 한다.)의 50[%] 이하에서 보조금을 지원한다. 다만, 지원대상 사업 중 연료전지 및 보급 확대가 필요하다고 판단되는 설비에 한정하여 협약금액의 70[%] 이하에서 보조금을 지원할 수 있다.

4) 1)부터 3)의 규정에도 불구하고 설치의무기관에 대하여는 설치계획서 제출과 설치확 인을 이행하지 않은 경우에 각 사업별 보조금 지원 대상에서 제외할 수 있다.

(11) 보조금 산정방법

1) 장관은 신・재생에너지 설비의 보조금 지원단가를 매년 정하여 공고하여야 한다.

2) 장관은 1)에 따른 보조금 지원단가에 지원대상, 설치지역 등 설치여건의 특수성을 감안하여 지원단가의 일정비율을 가산하여 지원할 수 있다.

3) 센터의 장은 제1항에 따른 보조금 지원 단가를 정하는 데 필요한 원별 시장가격 조사와 원별 가격예측 방법, 전문가 검토 등에 대한 세부내용은 따로 정하여 운영한다.

4) 장관은 당해 연도 설비가격의 급격한 변화 등으로 제1항에 따른 보조금 지원단가를 수정할 필요가 있다고 판단되는 경우에는 재조사 등의 방법을 거쳐 수정하여 공고할 수 있다.

5) 보조금 지원비율의 구체적인 사항(설비 가격의 범위, 산정방법 등)은 센터의 장이 따로 정한다.

(12) 지원사업 공고 및 지원방법

1) 장관은 사업별 지원사업 공고를 하거나, 센터의 장에게 공고하게 할 수 있다.

2) 센터의 장은 사업의 효율적 운영을 위하여 예비공고 및 추가공고 등을 할 수 있다.

3) 1)에 따른 지원사업 공고내용에는 지원사업 개요, 용량별 지원금액, 신청자격, 신청방법, 평가방법, 주의사항 등을 포함할 수 있다.

(13) 사업기간

1) 보급사업을 시행하는 시행기관의 장은 정부의 회계 연도에 맞추어 사업을 완료하여야 한다. 다만, 추경편성에 따른 사업은 추경예산안 확정일로부터 1년 이내에 사업을 완료하여야 한다.

2) 1)에 따른 시행기관의 장은 예상할 수 없는 사정변경으로 1)의 기간 내에 사업을 완료할 수 없는 경우에는 센터의 장으로부터 승인을 받아 사업기간을 연장할 수 있다. 이 경우 사업기간 연장은 승인일의 다음 연도 말일까지로 한다.

(14) 사업비 정산

시행기관의 장은 사업종료 후 2월(지방자치단체의 경우 3월) 이내에 정산을 실시하여야 하며 정산 결과 잔액 또는 이자가 발생한 경우에는 국가 또는 국가가 지정하는 기관에 반납하여야 한다.

(15) 협약사업

시행기관의 장은 다음 각 호에 해당하는 자가 신·재생에너지 설비 설치비용 중자부담액을 부담하는 조건으로 사업을 신청하는 경우에는 협약을 체결하여 추진할 수 있다.

1) 「공공기관의 운영에 관한 법률」에 따른 공공기관

2) 국가정책에 따라 추진하는 대규모 주택사업의 시행자

3) 기타 협약사업으로 추진이 필요하다고 인정되어 센터의 장이 해당 사업의 참여자로

선정한 법인 등(건설 시행자, 시공자 및 지방자치단체를 포함한다.)

(16) 시공기준

1) 센터의 장은 관련 전문가 등의 의견을 수렴하여 신·재생에너지 설비의 원별 시공 기준, 설치확인 기준, 모니터링 설비 설치기준을 따로 정하여 운영하여야 한다.

2) 센터의 장은 시행기관의 장에게 신·재생에너지 설비 중 센터의 장이 따로 정하는 일정 용량 이상에 대하여는 1)의 모니터링 설비 설치기준에 따라 에너지생산량·가동 상태 등을 파악할 수 있는 설비를 구축하게 할 수 있다.

(17) 시공자

1) 시행기관의 장 또는 신청자가 신·재생에너지 설비를 설치하려는 경우에는 시공자가 시공하도록 하여야 한다.

2) 센터의 장은 사업에 참여하는 시공자를 선정할 경우에는 센터의 장이 따로 정하는 선정기준에 따라 평가하여야 한다.

(18) 설치 기준과 하자보증 등

1) 신청자나 시공자가 신·재생에너지 설비를 설치할 경우에는 원별 시공기준 또는 모니터링 설비 설치 기준에 따라 설계에 반영하고 시공하여야 한다.

2) 시행기관의 장 또는 시공자는 신·재생에너지 설비를 설치할 경우 법 제13조·제21조에 따른 KS인증설비·공용화품목을 의무 적용하여야 한다.

3) 2)에 따른 의무적용설비 대상 또는 품목이 없는 경우에는 시험성적서로 갈음할 수 있나.

4) 센터의 장은 3)에 따른 시험성적서에 대해 발행기관·절차 등 필요한 사항을 따로 정하여 운영하여야 한다.

5) 규칙에 따른 하자보수기간은 다음과 같다.

| 신·재생에너지설비의 하자이행보증기간 |

원 별	하자이행보증기간
태양광발전설비	3년
풍력발전설비	3년
소수력발전설비	3년
지열이용설비	3년
태양열이용설비	3년
기타 신·재생에너지설비	3년

※ 융복합지원사업으로 설치한 신·재생에너지설비의 하자이행보증기간 5년으로 한다

(19) 설치확인

1) 규정의 적용을 받는 신·재생에너지 설비의 소유자는 설치가 완료된 경우에는 설치확인 기관의 설치확인을 받아야 한다.

2) 신·재생에너지 설비의 설치확인을 받고자 하는 자는 센터의 장이 정하는 바에 따라 설치확인 기관의 장에게 설치확인 신청을 하여야 한다.

3) 2)에 따라 신청을 받은 설치확인 기관의 장은 신청을 받은 날부터 7일 이내에 서류검토를 하여야 하며, 서류검토 완료 후 14일 이내에 설치확인 기준에 따라 현장 확인을 하여야 한다.

4) 설비를 이전하는 경우에는 1)부터 3)까지 준용한다.

(20) 신청대상

태양광대여사업은 대여사업자가 주택 등에 태양광발전설비를 직접 설치하고 일정기간 동안 설비의 유지·보수를 이행하는 조건으로 주택 등에게 대여료를 징수하는 사업을 말하며, 그 범위 및 대상은 다음 각 호와 같다.

1) 건축법 시행령에서 규정한 단독·공동주택

2) 기타 센터의 장이 따로 정하는 시설물 또는 건물

(21) 사업신청과 선정

1) 사업이 공고된 후 해당 사업에 참여하고자 하는 대여사업자는 공고에서 정하는 신청 절차에 따라 센터의 장에게 신청하여야 한다.

2) 제1항에 따른 대여사업자는 공고에서 정한 평가·선정방법에 따라 센터의 장이 선정하여야 한다.

(22) 실태조사

센터의 장은 필요한 경우 태양광대여사업의 사업진행, 설치확인 등의 현황 파악을 위한 실태조사를 실시 할 수 있으며, 이 경우 태양광대여사업자는 센터의 장이 요청하는 사항에 성실히 협조하여야 한다.

(23) REP단가

1) 장관은 REP 단가를 매년 공고하여야 하며, 센터의 장은 태양광대여사업으로 발전되는 발전량에 대하여 REP(태양광 발전량 포인트)를 부여할 수 있다.

2) 1)에 따라 공고하는 REP 단가에 대한 책정 방법 등에 대하여는 센터의 장이 따로 정한다.

4.2.3 신에너지 및 재생에너지 공급의무화제도 관리 및 지침

(1) 목적

이 지침은 「신에너지 및 재생에너지 개발·이용·보급 촉진법」(이하 "법"이라 한다) 제12조의5 등에 의한 신·재생에너지 공급의무화제도(이하 "공급의무화제도"라 한다) 및 법 제23조의2 등에 의한 신·재생에너지 연료 혼합의무화제도(이하 "혼합의무화제도"라 한다)를 효율적으로 운영하기 위하여 필요한 세부사항을 규정함을 목적으로 한다.

(2) 적용범위

공급의무화제도 및 혼합의무화제도를 관리 및 운영함에 있어 관계법령에서 정하지 아니한 사항은 이 지침에 따른다.

(3) 용어의 정의

1) 공급의무자 : 발전량의 일정량 이상을 의무적으로 신·재생에너지를 이용하여 공급하여야 하는 자

2) 의무공급량 : 공급의무자가 연도별로 신·재생에너지 설비를 이용하여 공급하여야 하는 발전량

3) 기준발전량 : 공급의무자별 의무공급량을 산정함에 있어 기준이 되는 발전량으로 신·재생에너지 발전량과 태양광 대여사업으로 설치된 설비에서 생산되는 발전량을 제외한 발전량을 말한다.

4) 공급인증기관 : 신·재생에너지센터, 한국전력거래소

5) 신·재생에너지 공급인증서 : 신·재생에너지 설비를 이용하여 에너지를 공급하였음을 증명하는 인증서

6) "REC(Renewable Energy Certificate)" : 공급인증서의 발급 및 거래단위로서 공급인증서 발급대상 설비에서 공급된 MWh 기준의 신·재생에너지 전력량에 대해 가중치를 곱하여 부여하는 단위

7) 태양광 대여사업 : 태양광 대여사업자가 주택 등에 태양광 발전설비를 설치하고, 설비가 설치된 주택 등에서 납부하는 대여료와 REP 판매수입으로 투자비를 회수하는 사업

8) 신·재생에너지 생산인증서 : 신·재생에너지 설비를 이용하여 에너지를 생산하였음을 증명하는 인증서

9) REP(Renewable Energy Point) : 생산인증서의 발급 및 거래단위로서 생산인증서 발급대상 설비에서 생산된 MWh기준의 신·재생에너지 전력량에 대해 부여하는 단위

10) 동일사업자 : 사업자등록증의 등록번호 또는 대표자(성명)가 동일한 사업자

11) 신·재생에너지 개발공급협약(RPA) : 정부와 에너지공급사간에 신·재생에너지 확대 보급을 위해 체결한 협약

12) 부생가스 : 폐기물에너지 중 화석연료로부터 부수적으로 발생하는 폐가스

13) 정산기관 : 의무이행비용을 산정하고 공급의무자에 대한 의무이행비용 정산업무를 수행하는 기관으로서, 한국전력거래소

14) 징수기관 : 의무이행비용의 회수업무를 수행하는 기관으로서, 한국전력공사

15) 혼합의무자 : 일정 비율 이상의 신·재생에너지 연료를 수송용 연료에 혼합하여야 하는 자

16) 신·재생에너지 연료 : 바이오디젤

17) 수송용 연료 : 자동차용 경유

18) 혼합의무비율 : 혼합의무자가 연도별로 수송용 연료에 혼합하여야 하는 신·재생에너지 연료의 비율

19) 의무혼합량 : 혼합의무자가 연도별로 신·재생에너지 연료를 수송용 연료에 혼합하여야 하는 양

20) 내수판매량 : 석유정제업자 또는 석유수출입업자가 국내에 공급한 수송용 연료의 양(혼합 된 신·재생에너지 연료를 포함한다)으로서 석유 및 석유대체연료 사업법 석유정제업자 또는 석유수출입업자가 보고한 물량(내수출하량)에서 타사 입·출하량 및 재고변동물량을 가감한 것으로 말한다.

21) 관리기관 : 한국석유관리원

22) 고정가격계약 : 신재생에너지 공급인증서 가격에 전기사업법 제33조에 따른 전력 거래 가격을 합산한 가격을 고정가격으로 하여 체결하는 계약(사후재정산 방식의 계약 제외)을 말한다. 이 경우 신재생에너지 공급인증서의 계약단가는 고정가격에서 전력거래가격을 차감하여 매월 산정한 가격으로 하며, 전력거래가격이 고정가격을 초과하는 경우 계약 단가는 '0'으로 적용한다.

(4) 공급의무자별 의무공급량 산정 및 공고

산업통상자원부장관(이하 장관)은 공급의무자별 의무공급량을 매년 1월 31일까지 공고하여야 한다. 단, 공고 후에 의무공급량의 산정기준이 되는 통계치가 확정될 경우 이에 따라 의무공급량을 재공고 할 수 있다.

(5) 자율이행계획의 수립과 지원

1) 공급의무자는 의무공급량의 원활한 이행을 위하여 당해 연도를 포함한 향후 4개년에

대한 이행계획을 매년 자율적으로 수립하여 운영할 수 있다.

2) 장관은 공급의무자의 자율이행계획의 효율적 수립과 효과적인 달성을 촉진시키기 위해 필요한 지원 등을 정하여 운영할 수 있다.

(6) 공급인증기관

1) 신·재생에너지센터는 법에 의한 다음 각 호의 업무를 수행한다.

① 공급인증서 발급, 등록, 관리 및 폐기에 관한 업무

② 공급인증서 발급대상 설비확인 및 사후관리에 관한 업무

③ 공급의무화제도관련 종합적 통계관리 및 정책지원

④ 의무공급량의 산정 및 의무이행실적 확인

⑤ 기타 장관이 필요하다고 인정하는 업무

2) 한국전력거래소는 법에 의한 다음 각 호의 업무를 수행한다.

① 공급인증서 거래시장의 개설 및 운영

② 공급의무자의 의무이행비용 소요계획 작성, 정산 및 결제

③ 공급인증서 거래대금의 정산 및 결제

④ 거래시장 운영관련 통계관리 및 정책지원

⑤ 기타 장관이 필요하다고 인정하는 업무

3) 공급인증기관은 신재생에너지센터와 한국전력거래소의 규정에 의한 업무를 효율적으로 추진하기 위하여 공동의 규정 및 전력시장운영규칙을 제정하여 운영할 수 있으며, 동규정의 제정 및 개정은 장관의 승인을 받아야 한다.

(7) 신·재생에너지 공급인증서 발급대상

1) 공급인증서는 「전기사업법」에 따른 발전사업자의 신·재생에너지 설비 중 2012년 1월 1일 이후 상업운전을 개시한 신·재생에너지설비(단, 법 제12조 제2항에 따라 의무적으로 설치된 설비는 제외한다)에 대하여 발급한다. 다만, 다음 각 호의 어느 하나에 해당하는 경우에도 예외적으로 공급인증서를 발급할 수 있다.

① 2010년 9월 17일 이후 전기사업법에 따른 설치공사에 해당하는 사용 전 검사를 합격한 신·재생에너지 발전설비(단, 화력발전소에서 바이오 및 폐기물에너지 등의 신·재생에너지 연료를 이용하여 발전하고 변경공사에 해당하는 사용 전 검사에 합격한 경우와 신·재생에너지 연료의 변경 사용에도 불구하고 사용 전 검사비대상인 경우도 포함한다)

② 설비용량 5,000[kW]를 초과하는 수력 설비

③ 법 제17조에 따라 발전차액을 지원받고 있는 신·재생에너지 설비

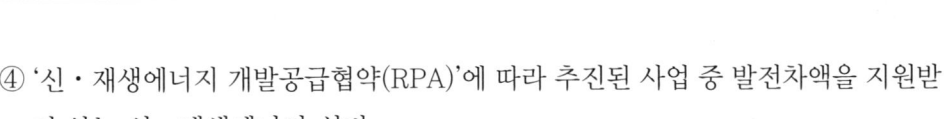

④ '신·재생에너지 개발공급협약(RPA)'에 따라 추진된 사업 중 발전차액을 지원받지 않는 신·재생에너지 설비

⑤ 2010년 4월 12일 이전에 전기사업법 제7조에 따른 발전사업허가를 받고 2011년 12월 31일 이전에 전기사업법에 따른 사용 전 검사를 합격한 부생가스 발전소

⑥ 신·재생에너지 이용 건축물 인증 규정의 폐지에도 불구하고 법 시행 당시 종전의 규정에 따라 2015년 7월 28일 이전에 신·재생에너지 이용 건축물인증을 받은 건축물의 신·재생에너지 설비

⑦ 2012년 1월 1일 이후 전기사업법에 따라 사용 전 검사를 받고 같은 법 시행령에 따라 전력거래를 하는 자가용발전설비

⑧ 발전차액지원제도 전환설비

2) 공급인증서는 1)에 따른 신·재생에너지 설비를 통해 2012년 1월 1일 이후부터 공급하는 신·재생에너지 발전량에 대해서 발급한다. 단, "신·재생에너지 개발공급협약(RPA)"의 태양광시장 창출계획에 따라 추진된 태양광 발전설비에 대해서는 2012년 1월 1일 이전에 발전한 신·재생에너지 발전량에 대해서도 공급인증서를 소급하여 발급할 수 있다.

3) 다음 각 호에 해당하는 신·재생에너지설비를 이용하여 전력을 공급하는 발전사업자는 발전차액 지원 기간이 만료되기 이전에, 신·재생에너지이용 발전전력의 기준가격 지침에 의한 총괄관리기관에서 발전차액지원중단확인서를 발급받아 발전차액지원을 받는 것을 포기하고 공급인증서를 발급받을 수 있다. 단, 기준가격 적용기간(태양광 전원의 기준가격 적용기간 중 20년을 선택한 사업자도 15년으로 적용한다.) 중 차액지원금을 지원받은 기간을 제외한 기간에 한하여 발급한다.

① 태양광

② 연료전지

4) 3)은 2015년 12월 31일까지 적용한다. 단, 2015년 12월 31일 이전에 제3항에 따라 발전차액지원을 받는 것을 포기하고 공급인증서를 발급받은 발전사업자에 대하여는 기준가격 적용기간(태양광 전원의 기준가격 적용기간 중 20년을 선택한 사업자도 15년으로 적용한다.) 중 차액지원금을 지원받은 기간을 제외한 기간에 한하여 공급인증서를 발급한다.

(8) 신·재생에너지 생산인증서 발급 및 활용

생산인증서는 태양광 대여사업자가 주택 등에 태양광 발전설비를 설치하고, 설치된 설비로부터 생산되는 전력량에 대해 발급하며, 당해 연도 이행연기량 감경 등에 활용할 수 있다.

(9) 공급인증서 가중치

공급인증서의 가중치는 표와 같다. 단, 장관은 3년마다 기술개발 수준, 신·재생에너지의 보급 목표, 운영 실적과 그 밖의 여건 변화 등을 고려하여 공급인증서 가중치를 재검토하여야 하며, 필요한 경우 재검토기간을 단축할 수 있다.

| 신재생에너지원별 가중치 |

구분	공급인증서 가중치	대상에너지 및 기준	
		설치유형	세부기준
태양광 에너지	1.2	일반부지에 설치하는 경우	100kW미만
	1.0		100kW부터
	0.8		3,000kW 초과부터
	0.5	임야에 설치하는 경우	–
	1.5	건축물 등 기존 시설물을 이용하는 경우	3,000kW이하
	1.0		3,000kW 초과부터
	1.6	유지 등의 수면에 부유하여 설치하는 경우	100kW미만
	1.4		100kW부터
	1.2		3,000kW 초과부터
기타 신·재생 에너지	1.0	자가용 발전설비를 통해 전력을 거래하는 경우	
	0.25	폐기물에너지(비재생폐기물로부터 생산된 것은 제외), Bio-SRF, 흑액	
	0.5	매립지가스, 목재펠릿, 목재칩	
	1.0	조력(방조제 有), 기타 바이오에너지(바이오중유, 바이오가스 등)	
	1.0~2.5	지열, 조력(방조제 無)	변동형
	1.2	육상풍력	
	1.5	수력, 미이용 산림바이오매스 혼소설비	
	1.75	조력(방조제 無, 고정형)	
	1.9	연료전지	
	2.0	조류, 미이용 산림바이오매스(바이오에너지 전소설비만 적용), 지열(고정형)	
	2.0	해상풍력	연안해상풍력 기본가중치
	2.5		기본가중치

(10) 공급인증서 발급대상 설비 확인

1) 공급인증서를 발급받으려는 자는 공급인증서를 최초로 발급받기 전에 신·재생에너지센터로부터 해당 신·재생에너지설비가 공급인증서 발급대상 설비임을 확인 받아야 한다.

2) 임야에 설치하는 태양광발전 설비(발전사업허가 면적 중 임야가 포함된 태양광발전 설비도 포함)로서 1)에 따른 공급인증서 발급 대상 설비확인을 받으려는 자는「국토의

계획 및 이용에 관한 법률」에 따른 준공검사를 받고, 개발행위 준공검사필증을 신재생에너지센터에 제출하여야 한다. 다만, 개발행위허가를 받지 않아도 되는 경우 관련기관으로부터 이를 확인할 수 있는 서류를 신재생에너지센터에 제출하여야 한다.

3) 2)에 따른 개발행위 준공검사필증의 제출기한은 설비확인 신청일이 속한 달 말일부터 6개월까지로 한다.

(10) 공급인증서 발급 중단

개발행위 준공검사필증을 제출기한 내 제출하지 않은 경우, 설비확인 신청일이 속한 달 말일을 기준으로 6개월 초과한 달로부터 공급된 전력량에 대해서는 공급인증서 발급 가중치를 적용하지 않는다. 다만, 개발행위 준공검사필증의 제출기한을 초과하여 제출한 경우, 제출일이 속한 달부터 공급된 전력량에 대해 공급인증서 발급 가중치를 적용한다.

(11) 공급인증서 발급 및 거래수수료

1) 「신에너지 및 재생에너지 개발·이용·보급 촉진법 시행규칙」(에 따른 공급인증서 발급수수료는 공급인증서 1REC당 50원으로 하며, 공급인증서 거래수수료는 공급인증서 1REC당 50원으로 한다.

2) 국가 또는 지방자치단체에 대하여 발급하는 공급인증서의 경우 공급인증서 발급수수료 및 매도자 거래수수료를 면제한다.

3) 신재생에너지 발전설비용량이 100[kW] 미만인 발전소는 공급인증서 발급수수료 및 거래수수료를 면제한다.

4) 발급수수료 및 거래수수료는 공급인증기관의 재원으로 귀속되며, 공급인증기관은 업무를 수행하는 데 사용하여야 한다.

(12) 고정가격계약 경쟁입찰 제도

1) 공급의무자는 신재생에너지 공급인증서를 구매하는 경우에는 신·재생에너지센터에 계약기간을 20년으로 하는 고정가격계약 경쟁입찰 사업자 선정을 의뢰할 수 있다. 단, 한국 수력원자력, 한국남동발전, 한국서부발전, 한국중부발전, 한국남부발전, 한국동서발전 에 해당하는 공급의무자는 반기별 24[MW] 이상(20[GW] 이상의 발전설비를 보유한 공급의무자는 반기별 30[MW] 이상) 선정을 의뢰하여야 하며, 보급여건을 고려하여 필요한 경우 추가로 선정을 의뢰할 수 있다.

2) 신·재생에너지센터는 사업자 선정 시 전체 선정의뢰용량의 50[%] 이상을 100[kW] 미만 설비를 보유한 발전사업자를 대상으로 우선 선정할 수 있다.

3) 인근지역(설치장소의 경계가 250미터이내의 지역을 의미한다)에서 동일사업자의

발전소 용량의 합이 100[kW] 이상인 경우는 2)에 따른 우선 선정에서 제외한다.

(13) 소형태양광에 대한 고정가격계약 체결

1) 한국수력원자력, 한국남동발전, 한국중부발전, 한국서부발전, 한국남부발전, 한국서부발전에 해당하는 공급의무자는 다음 각 호의 하나에 해당하는 태양광발전설비에 대하여 고정가격계약으로 공급인증서 매매계약을 체결하여야 한다. 단, 현물시장 구매분은 제외한다.

① 설비용량 30[kW] 미만의 태양광 발전사업자

② 설비용량 100[kW] 미만의 태양광 발전사업자로서 공급인증기관의 장이 정하는 세부기준을 충족하고 「농업·농촌 및 식품산업 기본법」에 따른 농업인, 「수산업·어촌 발전 기본법」에 따른 어업인, 「축산법」에 따른 축산업 허가를 받은 자 또는 가축사육업으로 등록한 자

③ ② 구성원을 조합원으로 하여 설비용량 100[kW] 미만의 태양광 발전사업을 추진하는 조합 또는 「협동조합기본법」에 따른 조합 중 공급인증기관의 장이 정하는 세부기준을 충족하여 설비용량 100[kW] 미만의 태양광 발전사업을 추진하는 조합

④ ①에서 ③까지의 요건을 충족하는 태양광 발전설비에 ESS설비를 연계하여 설치하는 경우

2) 소형태양광에 대한 고정하격계약의 공고는 반기별로 진행하며, 1) 따른 계약체결 시 고정계약단가는 공고일 기준으로 고정가격계약 경쟁입찰제도의 직전 경쟁입찰에서 결정된 100[kW] 미만의 낙찰평균가격으로 한다.

(14) 이행비용 소요계획의 제출 및 지급

1) 정산기관은 매년 1월 31일까지 당해연도의 의무이행비용 소요계획을 작성하여 장관에게 보고하여야 한다. 단, 공급의무자별 의무공급량 재공고시 의무이행비용 소요계획을 재산정할 수 있다.

2) 장관은 1)에 의한 의무이행비용 소요계획의 타당성을 검토한 후, 징수기관에 연간 이행비용 소요계획을 통보한다.

3) 정산기관은 매월 의무이행비용 보전을 위한 실제 소요액을 산정하여 징수기관에 지급을 요청하여야 하며, 징수기관은 정산기관이 정한 전력거래대금 지급요청일에 해당 자금을 정산기관에 지급하여야 한다.

4) 정산기관은 1)및 2)에 따른 이행비용 소요계획과 3)에 따른 연간 의무이행비용 보전 소요액에 대하여 과부족분이 발생하는 경우 해당 내용을 차년도 연간 의무이행비용 소요계획에 반영한다.

(15) 이행비용 보전대상

1) 해당년도 이전에 공급된 전력량에 대하여 발급된 공급인증서로서 공급의무자가 의무이행실적으로 제출한 공급인증서에 대하여 장관이 공고한 공급의무자별 의무공급량과 법에 따라 공급의무자가 공급의무의 이행을 연기하여 해당연도로 이월된 의무공급량을 합한 범위 내에서 해당년도 정산을 한다.

2) 1)의 규정에도 불구하고 다음의 각 호의 하나에 해당하는 발전설비로부터 공급된 전력량에 대한 공급인증서는 의무이행비용 보전대상에서 제외한다.

① 발전소별로 설비용량 5,000[kW]를 초과하는 수력이용 발전설비

② 기존방조제를 활용하여 건설된 조력이용 발전설비

③ 석탄을 액화·가스화한 에너지 또는 중질잔사유를 가스화한 에너지를 이용하는 발전설비

④ 폐기물 에너지 중 화석연료에서 부수적으로 발생하는 폐가스로부터 얻어지는 에너지를 이용하는 발전설비

⑤ 공급의무자 한국수력원자력, 한국남동발전, 한국중부발전, 한국서부발전, 한국남부발전, 한국서부발전의 외부구매분(현물시장 구매분 제외) 중 고정가격계약을 체결하지 않은 태양광 및 풍력 발전설비

⑥ 제주특별자치도에 소재한 바이오중유 발전설비

(16) 이행실적의 확인 및 정산

1) 신·재생에너지센터는 공급의무자가 제출한 공급인증서로 의무이행실적을 확인하여야 하며, 해당 공급인증서 정보를 정산기관에 통보하여야 한다.

2) 의무이행비용을 정산 받고자 하는 공급의무자는 관련서류를 한국전력거래소에 제출하여야 한다.

3) 정산기관은 전력시장운영규칙에 따라 공급의무자별 의무이행비용을 산정하여 해당 공급의무자에게 지급한다.

4) 의무이행비용 정산 등과 관련한 세부 사항은 정산기관의 관련 규정에 따르되, 제·개정 시 장관의 승인을 받아야 한다.

5) 정산기관은 매년 7월 31일까지 직전년도 공급의무자별 의무이행비용 정산실적을 장관에게 보고하여야 한다.

(17) 자료요구

1) 장관은 공급인증서 가중치 등을 조정하기 위하여 필요한 경우 공급의무자, 공급인증기관, 전력기반조성사업센터, 한국전력공사 등에게 제출기한을 명시하여 다음 각 호

의 자료제출을 요구할 수 있으며, 해당 공급의무자 등은 제출기한 내에 해당 자료를 제출하여야 한다.

① 공급인증서 발급관련 자료
② 공급인증서 거래관련 자료
③ 신·재생에너지 발전차액지원금 지원 실적 및 계획
④ 신·재생에너지 발전현황 및 주요 발전설비 변동사항과 신규 발전사업자관련 자료
⑤ 신·재생에너지원별 발전량 및 국가전력관련 통계
⑥ 혼소발전의 경우 혼소율 측정을 위한 연료 사용량
⑦ 신·재생에너지 사업자별 전력거래실적, 결산재무제표 등 발전사업 관련자료
⑧ 그 밖에 공급의무자별 의무공급량 산정 및 검증 등을 위하여 장관이 요구하는 자료

2) 장관은 사업자에 대한 적산전력계의 확인 및 기재대장 등의 열람과 시설운영현황 점검, 관련자료 수집 등을 위한 현장실태조사를 실시할 수 있으며, 사업자는 조사 및 자료 요구에 성실히 협조하여야 한다.

3) 장관은 시·도지사 및 특별자치도지사에게 신·재생에너지를 전원으로 하는 발전사업 (변경) 허가 및 공사계획의 인가(또는 신고)에 대한 자료제출을 요구할 수 있다.

4) 장관은 자체계약, 자체건설 등에 대한 기준가격 산정을 위하여 공급의무자에게 제출기한을 명시하여 필요한 자료의 제출을 요구할 수 있으며, 공급의무자는 제출기한 내에 해당 자료를 제출하여야 한다.

5) 한국전력공사 및 한국전력거래소는 신·재생에너지센터의 장에게 제5조에 의한 공급 인증서 발급을 위하여 필요한 월단위의 발전량을 익월 23일까지 제출하여야 한다.

6) 장관은 혼합의무자에게 제출기한을 명시하여 영 제26조의3 제1항 각 호의 자료제출을 요구할 수 있으며, 해당 혼합의무자는 제출기한 내에 해당 자료를 제출하여야 한다.

(18) 과징금 산정절차

과징금을 산정하는 경우에는 신·재생에너지정책심의회의 심의를 거치되 해당 공급의무자 및 혼합의무자에게 의견개진의 기회를 제공하여야 한다.

(19) 재검토기한

장관은 2015년 7월 31일로부터 매 5년마다 법령이나 현실여건의 변화 등을 검토하여 개선 등의 조치를 하여야 한다.

4.1 국토 이용에 관한 법령 검토

4.1.1 전기사업법령

01 전기사업법의 목적에 해당하지 않는 것은?

① 전기사업에 대한 기본제도 확립
② 전기사업의 경쟁을 촉진
③ 전기사업의 건전한 발전을 도모
④ 전기사업자의 이익을 보호

> **해설** 제1조(목적)
> 전기사업법의 목적은 전기사업에 관한 기본제도를 확립하고 전기사업의 경쟁을 촉진함으로써 전기사업의 건전한 발전을 도모하고 전기사용자의 이익을 보호하여 국민경제의 발전에 이바지함을 목적으로 한다.
> **답** ④

02 전기사업법 정의에서 전기사업의 구분으로 틀린 것은?

① 발전사업
② 송전사업
③ 변전사업
④ 전기판매사업 및 구역전기사업

> **해설** 제2조(정의)
> "전기사업"이란 발전사업·송전사업·배전사업·전기판매사업 및 구역전기사업을 말한다.
> **답** ③

03 전기사업을 하려는 자는 누구에게 허가를 받아야 하는가?

① 대통령
② 전기위원회
③ 산업통상자원부장관
④ 에너지관리공단장

> **해설** 전기사업을 하려는 자는 전기사업의 종류별로 산업통산자원부장관의 허가를 받아야 한다.
> **답** ③

04 대통령령으로 정하는 규모 이하의 발전설비를 갖추고 특정한 공급구역의 수요에 맞추어 전기를 생산하여 전력시장을 통하지 아니하고 그 공급구역의 전기사용자에게 공급하는 것을 주된 목적으로 하는 사업자는?

① 전기판매사업자
② 전력거래소
③ 발전사업자
④ 구역전기사업자

> **해설** **제2조(정의)**
> "구역전기사업"이란 대통령령으로 정하는 규모 이하의 발전설비를 갖추고 특정한 공급구역의 수요에 맞추어 전기를 생산하여 전력시장을 통하지 아니하고 그 공급구역의 전기사용자에게 공급하는 것을 주된 목적으로 하는 사업을 말한다. **답** ④

05 대통령령으로 정하는 구역전기사업자의 발전설비용량 규모로 맞는 것은?

① 1만5천 킬로와트 　　　　　　　② 2만5천 킬로와트

③ 3만5천 킬로와트 　　　　　　　④ 4만5천 킬로와트

> **해설** **제1조의2(구역전기사업자의 발전설비용량)**
> 제1조의2(구역전기사업자의 발전설비용량) 「전기사업법」(이하 "법"이라 한다) 제2조 제11호에서 "대통령령으로 정하는 규모"란 3만5천 킬로와트를 말한다. **답** ③

06 전기사업법의 목적을 달성하기 위하여 전력수급(電力需給)의 안정과 전력산업의 경쟁촉진 등에 관한 기본적이고 종합적인 시책을 마련하여야 하는 정부부서는?

① 행정자치부 　　　　　　　　　② 산업통상자원부

③ 미래창조과학부 　　　　　　　　④ 외교부

> **해설** **제3조(정부 등의 책무)**
> ① 산업통상자원부장관은 이 법의 목적을 달성하기 위하여 전력수급(電力需給)의 안정과 전력산업의 경쟁촉진 등에 관한 기본적이고 종합적인 시책을 마련하여야 한다. **답** ②

07 산업통상자원부장관이 전기의 보편적 공급을 위하여 고려해야할 구체적 내용이 아닌 것은?

① 전기기술의 발전 정도 　　　　　② 전기의 보급 정도

③ 전기사업자 보호 　　　　　　　④ 사회복지의 증진

> **해설** **제6조(보편적 공급)**
> 산업통상자원부장관은 다음 각 호의 사항을 고려하여 전기의 보편적 공급의 구체적 내용을 정한다.
> 1. 전기기술의 발전 정도　　　　2. 전기의 보급 정도
> 3. 공공의 이익과 안전　　　　　4. 사회복지의 증진 **답** ③

08 산업통상자원부장관의 전기사업의 허가기준 사항 중 틀린 것은?

① 전기사업을 적정하게 수행하는데 필요한 재무능력이 있을 것

② 전기사업이 계획대로 수행될 수 있을 것

③ 전기사업을 적정하게 수행하는데 필요한 기술능력이 있을 것

④ 구역전기사업의 경우 특정한 공급구역의 전력수요의 50퍼센트 이상으로서 산업통상자원부 장관령으로 정하는 공급능력을 갖추고, 그 사업으로 인하여 인근 지역의 전기사용자에 대한 다른 전기사업자의 전기공급에 차질이 없을 것

제7조(사업의 허가)
4. 구역전기사업의 경우 특정한 공급구역의 전력수요의 50퍼센트 이상으로서 대통령령으로 정하는 공급능력을 갖추고, 그 사업으로 인하여 인근 지역의 전기사용자에 대한 다른 전기사업자의 전기공급에 차질이 없을 것
답 ④

09 전기사업자는 산업통상자원부장관이 지정한 준비기간에 사업에 필요한 전기설비를 설치하고 사업을 시작하여야 한다. 준비기간으로 맞는 것은?

① 2년 　　　　② 5년 　　　　③ 10년 　　　　④ 15년

제9조(전기설비의 설치 및 사업의 개시 의무)
① 전기사업자는 산업통상자원부장관이 지정한 준비기간에 사업에 필요한 전기설비를 설치하고 사업을 시작하여야 한다.
② 제1항에 따른 준비기간은 10년을 넘을 수 없다. 다만, 산업통상자원부장관이 정당한 사유가 있다고 인정하는 경우에는 준비기간을 연장할 수 있다.
답 ③

10 전기사업자가 사업을 시작한 경우에 지체 없이 그 사실을 신고하여야 하는 사람은?

① 교육과학부장관　　　　　　② 도지사
③ 시장, 군수　　　　　　　　④ 산업통상자원부장관

제9조(전기설비의 설치 및 사업의 개시 의무)
전기사업자는 사업을 시작한 경우에는 지체 없이 그 사실을 산업통상자원부장관에게 신고하여야 한다.
답 ④

11 발전사업자 및 전기판매사업자는 정당한 사유 없이 전기의 공급을 거부하여서는 아니 된다. 거부사유가 아닌 것은?

① 전기요금을 납기일까지 납부하지 아니한 전기사용자가 법에 규정한 공급약관에서 정하는 기한까지 해당 요금을 내지 아니하는 경우
② 전기의 공급을 요청하는 자가 불합리한 조건을 제시하거나 전기판매사업자의 정당한 조건에 따르지 아니하고 다른 방법으로 전기의 공급을 요청하는 경우
③ 전기사용자가 법에 규정한 표준전압 또는 표준주파수로 전기의 공급을 요청하는 경우
④ 발전용 전기설비의 정기적인 보수기간 중 전기의 공급을 요청하는 경우(발전사업자인 경우만 해당)

제14조(전기공급의 의무)
발전사업자 및 전기판매사업자는 정당한 사유 없이 전기의 공급을 거부하여서는 아니 된다.
규칙 제13조(전기의 공급을 거부할 수 있는 사유)
① 법 제14조에 따라 발전사업자 및 전기판매사업자는 다음 각 호의 사유를 제외하고는 전기의 공급을 거부해서는 아니 된다.
3. 전기사용자가 제18조에 따른 표준전압 또는 표준주파수 외의 전압 또는 주파수로 전기의 공급을 요청하는 경우
답 ③

12 산업통상자원부장관은 전력수급의 안정을 위하여 전력수급기본계획을 수립하고 공고하여야 한다. 기본계획에 포함되지 않는 사항은?

① 전력수급의 기본방향에 관한 사항　　② 전력수급의 장기전망에 관한 사항
③ 전기설비 시설계획에 관한 사항　　④ 전력수요의 관리에 관한 사항

> **해설** 제25조(전력수급기본계획의 수립)
> 1. 전력수급의 기본방향에 관한 사항
> 2. 전력수급의 장기전망에 관한 사항
> 3. 발전설비계획 및 주요 송전·변전 설비계획에 관한 사항
> 4. 전력수요의 관리에 관한 사항
> 5. 직전 기본 계획의 평가에 관한 사항　　**답 ③**

13 전기를 생산하여 이를 전력시장을 통하여 전기판매업자에게 공급하는 것을 주된 목적으로 하는 사업을 무엇이라 하는가?

① 송전사업　　② 배전사업　　③ 발전사업　　④ 변전사업

> **해설** "발전사업"이라 함은 전기를 생산하여 이를 전력시장을 통하여 전기판매사업자에게 공급함을 주된 목적으로 하는 사업을 말한다.　　**답 ③**

14 한국전력거래소의 수행업무가 아닌 것은?

① 전력시장의 개설·운영에 관한 업무　　② 전력거래량의 계량에 관한 업무
③ 회원의 자격 심사에 관한 업무　　④ 전력계통의 설계에 관한 업무

> **해설** 제36조(업무)
> 한국전력거래소는 그 목적을 달성하기 위하여 다음 각 호의 업무를 수행한다.
> 1. 전력시장의 개설·운영에 관한 업무
> 2. 회원의 자격 심사에 관한 업무
> 3. 전력거래량의 계량에 관한 업무
> 4. 전력계통의 운영에 관한 업무　　**답 ④**

15 한국전력거래소의 회원 자격이 없는 자는?

① 전력시장에서 전력거래를 하는 발전사업자
② 전력시장에서 전력을 직접 구매하는 전기사용자
③ 전력시장에서 전력거래를 하는 자가용전기설비를 설치한 자
④ 전기건설사업자

> **해설** 제39조(회원의 자격) 한국전력거래소의 회원은 다음 각 호의 자로 한다.
> 1. 전력시장에서 전력거래를 하는 발전사업자
> 2. 전기판매사업자
> 3. 전력시장에서 전력을 직접 구매하는 전기사용자
> 4. 전력시장에서 전력거래를 하는 자가용전기설비를 설치한 자

5. 전력시장에서 전력거래를 하는 구역전기사업자
6. 전력시장에서 전력거래를 하지 아니하는 자 중 한국전력거래소의 정관으로 정하는 요건을 갖춘 자
7. 전력 시장에서 전력 거래를 하는 수요관리 사업자 　　　　　　　　　　　　**답** ④

16 전력수급 및 전력산업기반조성에 관한 중요 사항을 심의하기 위하여 산업통상자원부에 전력 정책심의회에서 시행하는 심의사항이 아닌 것은?

① 기본계획

② 전력사업기반조성계획

③ 전력산업기반조성계획의 시행계획

④ 전력품질개선 계획

> **해설** 제47조의2(전력정책심의회의 설치 등)
> ① 전력수급 및 전력산업기반조성에 관한 중요 사항을 심의하기 위하여 산업통상자원부에 전력정책심의회를 둔다.
> ② 전력정책심의회는 다음 각 호의 사항을 심의한다.
> 1. 기본계획
> 2. 전력산업기반조성계획
> 3. 전력산업기반조성계획의 시행계획
> 4. 그 밖에 전력산업의 발전에 중요한 사항으로서 산업통상자원부장관이 심의에 부치는 사항　　**답** ④

17 자가용전기설비의 설치공사 또는 변경 공사를 하려는 자는 그 공사계획에 대하여 누구에게 인가를 받아야 하는가?

① 미래창조과학부장관　　　　　　　　　② 한국전력사장

③ 도지사　　　　　　　　　　　　　　　④ 산업통상자원부장관

> **해설** 제62조(자가용전기설비의 공사계획의 인가 또는 신고)
> ① 자가용전기설비의 설치공사 또는 변경공사로서 산업통상자원부령으로 정하는 공사를 하려는 자는 그 공사계획에 대하여 산업통상자원부장관의 인가를 받아야 한다. 인가받은 사항을 변경하려는 경우에도 또한 같다.　　　　　　　　　　　　　　　　　　　　　　　　　　　　　**답** ④

18 전기사업자 및 자가용전기설비의 소유자 또는 점유자는 산업통상자원부령으로 정하는 전기 설비에 대하여 정기검사를 받아야한다. 해당되지 않는 자는?

① 시장　　　　　　　　　　　　　　　　② 한국전력사장

③ 도지사　　　　　　　　　　　　　　　④ 산업통상자원부장관

> **해설** 제65조(정기검사) 전기사업자 및 자가용전기설비의 소유자 또는 점유자는 산업통상자원부령으로 정하는 전기설비에 대하여 산업통상자원부령으로 정하는 바에 따라 산업통상자원부장관 또는 시·도지사로부터 정기적으로 검사를 받아야 한다.　　　　　　　　　　　　　　　　　　　　　　　　**답** ②

19 전기안전관리대행사업자의 안전관리업무의 대행 규모로 맞는 것은?

① 용량 2천 킬로와트 미만의 전기수용설비

② 용량 1,000킬로와트 미만의 발전설비. 다만, 비상용 예비발전설비의 경우에는 용량 500 킬로와트 미만으로 한다.

③ 용량 300킬로와트 미만의 발전설비. 다만, 비상용 예비발전설비의 경우에는 용량 500 킬로와트 미만으로 한다.

④ 용량 500킬로와트 미만의 발전설비. 다만, 비상용 예비발전설비의 경우에는 용량 570 킬로와트 미만으로 한다.

> **해설** **제규칙 제41조(안전관리업무의 대행 규모)** 법 제73조 제3항 제1호에 따른 안전공사, 법 제73조 제3항 제2호에 따른 전기안전관리대행사업자(이하 "대행사업자"라 한다) 및 법 제73조 제3항 제3호에 따른 자(이하 "개인대행자"라 한다)가 안전관리업무를 대행할 수 있는 전기설비의 규모는 다음 각 호와 같다.
> 1. 안전공사 및 대행사업자: 다음 각 목의 어느 하나에 해당하는 전기설비(둘 이상의 전기설비 용량의 합계가 2천500킬로와트 미만인 경우로 한정한다)
> 가. 용량 1천 킬로와트 미만의 전기수용설비
> 나. 용량 300킬로와트 미만의 발전설비. 다만, 비상용 예비발전설비의 경우에는 용량 500킬로와트 미만으로 한다.
> 다. 「신에너지 및 재생에너지 개발·이용·보급 촉진법」 제2조에 따른 태양에너지를 이용하는 발전설비(이하"태양광발전설비"라 한다)로서 용량 1천 킬로와트 미만인 것
> **답** ③

20 개인대행자의 안전관리업무의 대행 규모로 맞지 않는 것은?

① 용량 500킬로와트 미만의 전기수용설비

② 용량 500킬로와트 미만의 발전설비

③ 용량 150킬로와트 미만의 발전설비. 다만, 비상용 예비발전설비의 경우에는 용량 300킬로와트 미만으로 한다.

④ 용량 250킬로와트 미만의 발전설비

> **해설** **제규칙 제41조(안전관리업무의 대행 규모)** 법 제73조 제3항 제1호에 따른 안전공사, 법 제73조 제3항 제2호에 따른 전기안전관리대행사업자(이하 "대행사업자"라 한다) 및 법 제73조 제3항 제3호에 따른 자(이하 "개인대행자"라 한다)가 안전관리업무를 대행할 수 있는 전기설비의 규모는 다음 각 호와 같다.
> 2. 개인대행자: 다음 각 목의 어느 하나에 해당하는 전기설비(둘 이상의 용량의 합계가 1천50킬로와트 미만인 전기설비로 한정한다)
> ① 용량 500킬로와트 미만의 전기수용설비
> ② 용량 150킬로와트 미만의 발전설비. 다만, 비상용 예비발전설비의 경우에는 용량 300킬로와트 미만으로 한다.
> ③ 용량 250킬로와트 미만의 태양광발전설비
> [전문개정 2009.11.20.]
> **답** ②

21 전기사업용전기설비를 손괴하거나 절취(竊取)하여 발전 · 송전 · 변전 또는 배전을 방해한
자의 벌칙으로 맞는 것은?

① 10년 이하의 징역 또는 1억 원 이하의 벌금

② 5년 이하의 징역 또는 1억 원 이하의 벌금

③ 3년 이하의 징역 또는 1억 원 이하의 벌금

④ 1년 이하의 징역 또는 1억 원 이하의 벌금

> **해설** 제100조(벌칙)
> ① 다음 각 호의 어느 하나에 해당하는 자는 10년 이하의 징역 또는 1억원 이하의 벌금에 처한다.
> 　1. 전기사업용전기설비를 손괴하거나 절취(竊取)하여 발전 · 송전 · 변전 또는 배전을 방해한 자
> 　2. 전기사업용전기설비에 장애를 발생하게 하여 발전 · 송전 · 변전 또는 배전을 방해한 자　**답** ①

22 전기사업에 종사하는 자로서 정당한 사유 없이 전기사업용전기설비의 유지 또는 운용업무를
수행하지 아니함으로써 발전 · 송전 · 변전 또는 배전에 장애가 발생하게 한 자에 대한 벌칙
으로 맞는 것은?

① 1년 이하의 징역 또는 3천만 원 이하의 벌금

② 2년 이하의 징역 또는 3천만 원 이하의 벌금

③ 3년 이하의 징역 또는 5천만 원 이하의 벌금

④ 5년 이하의 징역 또는 5천만 원 이하의 벌금

> **해설** 제100조(벌칙)
> 다음 각 호의 어느 하나에 해당하는 자는 5년 이하의 징역 또는 5천만원 이하의 벌금에 처한다.
> 1. 정당한 사유 없이 전기사업용 전기설비를 조작하여 발전 · 송전 · 변전 또는 배전을 방해한 자
> 2. 전기사업에 종사하는 자로서 정당한 사유 없이 전기사업용전기설비의 유지 또는 운용업무를 수행하지
> 　아니함으로써 발전 · 송전 · 변전 또는 배전에 장애가 발생하게 한 자　**답** ④

23 다음 중 전기사업법의 제정목적으로 틀린 것은?

① 전기사업에 관한 기본제도 확립　　② 전기사업의 경쟁 촉진

③ 전기공사업의 건전한 발전 도모　　④ 전기사용자의 이익 보호

> **해설** 전기사업법은 전기사업에 관한 기본제도를 확립하고 전기사업의 경쟁을 촉진함으로써 전기사업의 건전한
> 발전을 도모하고 전기사용자의 이익을 보호하여 국민경제의 발전에 이바지함을 목적으로 한다.　**답** ③

24 발전사업자란 다음 중 누구를 말하는가?

① 발전사업의 허가를 받은 자를 말한다.　② 발전사업의 인가를 받은 자를 말한다.

③ 발전사업의 등록을 마친 자를 말한다.　④ 발전사업의 신고를 마친 자를 말한다.

> **해설** 발전사업이란 전기를 생산하여 이를 전력시장을 통하여 전기판매사업자에게 공급하는 것을 주된 목적으로
> 하는 사업을 말하며, 발전사업자란 이러한 발전사업의 허가를 받은 자를 말한다.　**답** ①

25 **다음 중 일반용전기설비인 것은?**

① 전압 600볼트 이하로서 용량 10[kW] 이하인 발전기

② 위험시설에 설치하는 용량 20[kW] 이상의 전기설비

③ 여러 사람이 이용하는 시설에 설치하는 용량 20[kW] 이상의 전기설비

④ 자가용전기설비를 설치하는 자가 그 자가용전기설비의 설치장소와 동일한 수전장소에 설치하는 전기설비

> **해설** 일반용전기설비란 소규모의 전기설비로서 한정된 구역에서 전기를 사용하기 위하여 설치하는 다음의 어느 하나에 해당하는 전기설비를 말한다.
> 1) 전압 600[V] 이하로서 용량 75[kW](제조업 또는 심야전력을 이용하는 전기설비는 용량 100[kW]) 미만의 전력을 타인으로부터 수전하여 그 수전장소(담ㆍ울타리 또는 그 밖의 시설물로 타인의 출입을 제한하는 구역을 포함)에서 그 전기를 사용하기 위한 전기설비
> 2) 전압 600[V] 이하로서 용량 10[kW] 이하인 발전기　　　　　　　　　　　　　　**답** ①

26 **특고압에 관한 다음 기술 중 옳은 것은?**

① 특고압이란 3천[V]를 초과하는 전압을 말한다.

② 특고압이란 5천[V]를 초과하는 전압을 말한다.

③ 특고압이란 7천[V]를 초과하는 전압을 말한다.

④ 특고압이란 9천[V]를 초과하는 전압을 말한다.

> **해설** **전압의 분류**
> 1) 저압 : 저압이란 직류에서는 750[V] 이하의 전압을 말하고, 교류에서는 600[V] 이하의 전압을 말한다.
> 2) 고압 : 고압이란 직류에서는 750[V]를 초과하고 7천[V] 이하인 전압을 말하고, 교류에서는 600[V]를 초과하고 7천[V] 이하인 전압을 말한다.
> 3) 특고압 : 특고압이란 7천[V]를 초과하는 전압을 말한다.　　　　　　　　　　　　**답** ③

27 **산업통상자원부장관은 다음의 사항을 고려하여 전기의 보편적 공급의 구체적 내용을 정한다. 틀린 것은?**

① 전기기술의 발전 정도　　　　　　② 전기의 보급 정도

③ 개인의 이익과 안전　　　　　　　④ 사회복지의 증진

> **해설** **제6조(보편적 공급)**
> 공공의 이익과 안전　　　　　　　　　　　　　　　　　　　　　　　　　　　　**답** ③

28 **다음은 산업통상자원부장관의 변경허가를 받아야 하는 사항이다. 옳은 것은?**

① 사업구역 또는 특정한 공급구역을 변경하는 경우

② 동일한 읍ㆍ면ㆍ동에서 설치장소를 변경하는 경우

③ 변경 정도가 설비용량의 10/100 이하인 경우

④ 설비용량이 30만[kW] 이상인 발전용 전기설비에 신ㆍ재생에너지를 이용하는 발전용 전기설비를 추가로 설치하는 경우

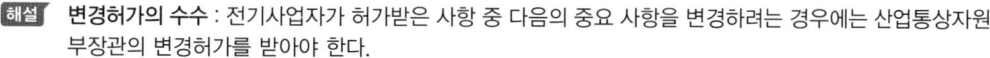

해설 **변경허가의 수수** : 전기사업자가 허가받은 사항 중 다음의 중요 사항을 변경하려는 경우에는 산업통상자원부장관의 변경허가를 받아야 한다.
1) 사업구역 또는 특정한 공급구역
2) 공급전압
3) 발전사업 또는 구역전기사업의 경우 발전용 전기설비에 관한 다음 각 목의 어느 하나에 해당하는 사항
   ㉮ 설치장소(동일한 읍 · 면 · 동에서 설치장소를 변경하는 경우는 제외)
   ㉯ 설비용량(변경 정도가 허가 또는 변경허가를 받은 설비용량의 10/100 이하인 경우는 제외)
   ㉰ 원동력의 종류(허가 또는 변경허가를 받은 설비용량이 30[kW] 이상인 발전용 전기설비에 「신에너지 및 재생에너지 개발 · 이용 · 보급 촉진법」제2조에 따른 신 · 재생에너지를 이용하는 발전용 전기설비를 추가로 설치하는 경우는 제외)   **답** ①

29 전기사업의 허가에 관한 다음 기술 중 틀린 것은?

① 전기사업을 하려는 자는 전기사업의 종류별로 허가를 받아야 한다.
② 전기사업을 허가하려는 경우에는 미리 전기위원회의 심의를 거쳐야 한다.
③ 어떤 경우에도 동일인에게는 두 종류 이상의 전기사업을 허가할 수 없다.
④ 발전사업의 경우 발전소별로 허가할 수 있다.

해설 동일인에게 두 종류 이상의 전기사업을 허가할 수 있는 경우
1) 배전사업과 전기판매사업을 겸업하는 경우
2) 도서지역에서 전기사업을 하는 경우
3) 「집단에너지사업법」제48조에 따라 발전사업의 허가를 받은 것으로 보는 집단에너지사업자가 전기판매사업을 겸업하는 경우(다만, 허가받은 공급구역에 전기를 공급하려는 경우로 한정)   **답** ③

30 다음은 전기사업의 허가기준에 관한 기술이다. 틀린 것은?

① 전기사업이 계획대로 수행될 수 있을 것
② 전기사업을 적정하게 수행하는 데 필요한 기술능력 및 국제경쟁력을 갖출 것
③ 구역전기사업의 경우 특정한 공급구역의 전력수요의 50[%] 이상으로서 해당 특정한 공급구역의 전력수요의 60[%] 이상의 공급능력을 갖출 것
④ 둘 이상의 배전사업자의 사업구역 또는 구역전기사업자의 특정한 공급구역 중 그 전부 또는 일부가 중복되지 아니할 것

해설 전기사업을 적정하게 수행하는 데 필요한 재무능력 및 기술능력이 있을 것   **답** ②

31 발전설비용량이 200[kW] 초과 3천[kW] 이하인 발전사업의 허가를 받으려는 자가 전기사업 허가신청 시 제출하여야 하는 서류로 틀린 것은?

① 사업계획서   ② 송전관계 일람도
③ 발전원가명세서   ④ 신용평가의견서

해설 발전설비용량이 3천[kW] 이하인 발전사업(발전설비용량이 200[kW] 이하인 발전사업은 제외)의 허가를 받으려는 자는 전기사업 허가신청서에 다음의 서류를 첨부하여 시 · 도지사에게 제출하여야 한다.

1) 사업계획서 작성요령에 따라 작성한 사업계획서
2) 송전관계 일람도
3) 발전원가명세서
4) 전기설비의 운영을 위한 기술인력의 확보계획을 적은 서류
5) 전기사업용 수력발전소 또는 원자력발전소를 설치하는 경우에는 발전용 수력의 사용에 대한 허가 또는 발전용 원자로 및 관계시설의 건설에 대한 허가사실을 증명할 수 있는 허가서의 사본(허가신청 중인 경우에는 그 신청서의 사본) **답** ④

32 발전설비용량이 3천[kW] 이하인 발전사업의 경우 허가권자는?

① 한국전기안전공사
② 전력기술인단체
③ 시장 · 군수 · 구청장
④ 시 · 도지사

> **해설** 산업통상자원부장관은 발전시설 용량이 3천[kW] 이하인 발전사업에 대한 허가를 특별시장 · 광역시장 · 도지사 또는 특별자치도지사(시 · 도지사)에게 위임한다. **답** ④

33 다음은 전기사업의 허가를 받을 수 없는 자에 대한 기술이다. 틀린 것은?

① 피한정후견인 또는 피성년후견인
② 파산선고를 받고 복권되지 아니한 자
③ 전기사업의 허가가 취소된 후 2년 이상 지난 자
④ 전기사업법을 위반하여 금고 이상의 실형을 선고받고 그 집행이 끝나지 아니한 자

> **해설** **전기사업 허가의 결격사유**
> 1) 금치산자(피한정후견인) 또는 한정치산자(피성년후견인)
> 2) 파산선고를 받고 복권되지 아니한 자
> 3) 「형법」제 172조의2(가스 · 전기등 방류), 제173조(가스 · 전기등 공급방해), 제173조의2[과실폭발성물건파열 등. 제172조 제1항(폭발성물건파열)의 죄를 범한 자는 제외], 제174조[미수범. 제172조의2 제1항 (가스 · 전기등 방류) 및 제173조 제1항(일반 가스 · 전기등 공급방해) · 제2항(공공용 가스 · 전기등 공급방해)의 미수범만 해당] 및 제175조(예비 · 음모. 제172조의2 제1항 및 제173조 제1항 · 제2항의 죄를 범할 목적으로 예비 또는 음모한 자만 해당) 중 전기에 관한 죄를 짓거나 이 법을 위반하여 금고 이상의 실형을 선고받고 그 집행이 끝나거나(집행이 끝난 것으로 보는 경우를 포함) 집행이 면제된 날부터 2년이 지나지 아니한 자
> 4) 3)에 규정된 죄를 지어 금고 이상의 형의 집행유예선고를 받고 그 유예기간 중에 있는 자
> 5) 전기사업의 허가가 취소된 후 2년이 지나지 아니한 자
> 6) 1)부터 5)까지의 어느 하나에 해당하는 자가 대표자인 법인 **답** ③

34 다음 중 ( ) 안에 알맞은 내용은?

> 전기사업자는 산업통상자원부장관이 지정한 준비기간에 사업에 필요한 전기설비를 설치하고 사업을 시작하여야 한다. 준비기간은 원칙적으로 ( )을 넘을 수 없다.

① 5년
② 7년
③ 10년
④ 12년

> **해설** 준비기간은 10년을 넘을 수 없다. 다만, 산업통상자원부장관이 정당한 사유가 있다고 인정하는 경우에는 준비기간을 연장할 수 있다. **답** ③

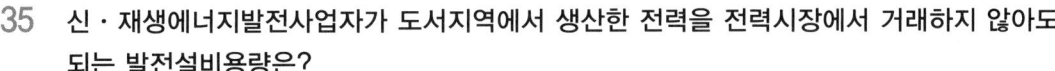
35 신·재생에너지발전사업자가 도서지역에서 생산한 전력을 전력시장에서 거래하지 않아도 되는 발전설비용량은?

① 1,000[kW] 이하
② 2,000[kW] 이하
③ 3,000[kW] 이하
④ 4,000[kW] 이하

> **해설** 한국전력거래소가 운영하는 전력계통에 연결되어 있지 아니한 도서지역에서 전력을 거래하는 경우
> 신·재생에너지발전사업자가 1,000[kW] 이하의 발전설비용량을 이용하여 생산한 전력을 거래하는 경우
> **답** ①

36 전기사업자의 사업의 양수 및 전기사업자인 법인의 분할·합병 인가신청 시 제출하여야 하는 서류로 볼 수 없는 것은?

① 양수이유서 또는 분할·합병이유서
② 분할계획서 또는 양수·합병에 관한 계약서 사본
③ 양수 또는 분할·합병으로 설립되거나 존속하게 되는 법인의 정관
④ 양수인 또는 분할·합병 당사자의 양쪽이 전기사업자 법인인 경우에는 그 정관 및 직전 사업연도 말의 대차대조표와 손익계산서

> **해설** 사업의 양수 및 법인의 분할·합병 인가신청 시 제출 서류 : 사업의 양수 또는 법인의 분할·합병에 대한 인가를 받으려는 자는 사업양수 인가신청서 또는 법인합병(분할) 인가신청서에 다음의 서류를 첨부하여 산업통상자원부장관 또는 시·도지사(발전시설용량이 3천[kW] 이하인 발전사업의 경우로 한정)에게 제출하여야 한다.
> 1) 양수이유서 또는 분할·합병이유서
> 2) 분할계획서 또는 양수·합병에 관한 계약서의 사본
> 3) 양수에 필요한 자금총액 및 조달방법을 적은 서류(사업양수의 경우만 해당)
> 4) 분할·합병의 조건이 있는 경우에는 그 조건의 내용을 적은 서류
> 5) 양수인 또는 분할·합병 당사자의 어느 한쪽이 전기사업자 외의 법인인 경우에는 그 정관 및 직전 사업연도 말의 대차대조표와 손익계산서
> 6) 양수 또는 분할·합병으로 설립되거나 존속하게 되는 법인의 정관
> 7) 발전사업을 양수 또는 분할·합병하는 경우 기존 시설 또는 건설 중인 시설에 대하여 발전용 수력의 사용에 대한 허가 또는 발전용 원자로 및 관계시설의 운영에 대한 허가사실을 증명할 수 있는 허가서의 사본
> **답** ④

37 다음 중 전기사업 허가를 반드시 취소하여야 하는 경우로 틀린 것은?

① 전기사업 허가 결격사유에 해당하게 된 경우
② 준비기간에 전기설비의 설치 및 사업을 시작하지 아니한 경우
③ 거짓이나 그 밖의 부정한 방법으로 전기사업의 허가를 받은 경우
④ 인가를 받지 아니하고 전기사업의 전부를 양수하거나 법인의 분할이나 합병을 한 경우

> **해설** **전기사업 허가의 취소사유** : 산업통상자원부장관은 전기사업자가 다음의 어느 하나에 해당하는 경우에는 전기위원회의 심의를 거쳐 그 허가를 취소하거나 6개월 이내의 기간을 정하여 사업정지를 명할 수 있다. 다만, 1)부터 4)까지의 어느 하나에 해당하는 경우에는 그 허가를 반드시 취소하여야 한다.

1) 전기사업 허가 결격사유의 어느 하나에 해당하게 된 경우
2) 준비기간에 전기설비의 설치 및 사업을 시작하지 아니한 경우
3) 이하 원자력발전사업자에 대한 외국인의 투자가 「외국인투자 촉진법」 제2조 제1항 제4호에 해당하게 된 경우
4) 거짓이나 그 밖의 부정한 방법으로 전기사업의 허가 또는 변경허가를 받은 경우
   – 산업통상부장관이 정하여 고시하는 시점까지 정당한 사유 없이 다른 공사계획 인가를 받지 못하여 공사에 착수하지 못하는 경우
5) 인가를 받지 아니하고 전기사업의 전부 또는 일부를 양수하거나 법인의 분할이나 합병을 한 경우
6) 정당한 사유 없이 전기의 공급을 거부한 경우
7) 산업통상자원부장관의 인가 또는 변경인가를 받지 아니하고 전기설비를 이용하게 하거나 전기를 공급한 경우
8) 전기품질유지 관련 산업통상자원부장관의 명령을 위반한 경우
9) 금지행위 관련 산업통상자원부장관의 명령을 위반한 경우
10) 전기의 수급조절 관련 산업통상자원부장관의 명령을 위반한 경우
11) 차액계약을 통하여서만 전력을 거래하여야 하는 전기사업자가 인가 받은 차액계약을 통하지 아니하고 전력을 거래 하는 경우
12) 전기사업용전기설비의 공사계획의 인가 또는 신고에 있어 인가를 받지 아니하거나 신고를 하지 아니한 경우
13) 산업통상자원부령의 규정을 위반하여 회계를 처리한 경우
14) 사업정지기간에 전기사업을 한 경우　　　　　　　　　　　　　　　　　　　　답 ④

38 다음은 전기사업 정지명령에 갈음하여 과징금을 부과할 수 있는 경우이다. 틀린 것은?

① 사업정지기간에 전기사업을 한 경우
② 정당한 사유 없이 전기의 공급을 거부한 경우
③ 준비기간에 전기설비의 설치 및 사업을 시작하지 아니한 경우
④ 인가를 받지 아니하고 전기사업의 전부 또는 일부를 양수하거나 법인의 분할이나 합병을 한 경우

해설 산업통상자원부장관은 전기사업자가 허가의 취소사유 중 다음의 어느 하나에 해당하는 경우로서 그 사업정지가 전기사용자 등에게 심한 불편을 주거나 그 밖의 공공의 이익을 해칠 우려가 있는 경우에는 사업정지명령을 갈음하여 5천만원 이하의 과징금을 부과할 수 있다.
1) 인가를 받지 아니하고 전기사업의 전부 또는 일부를 양수하거나 법인의 분할이나 합병을 한 경우
2) 정당한 사유 없이 전기의 공급을 거부한 경우
3) 산업통상자원부장관의 인가 또는 변경인가를 받지 아니하고 전기설비를 이용하게 하거나 전기를 공급한 경우
4) 전기품질유지 관련 산업통상자원부장관의 명령을 위반한 경우
5) 금지행위 관련 산업통상자원부장관의 명령을 위반한 경우
6) 전기의 수급조절 관련 산업통상자원부장관의 명령을 위반한 경우
7) 차액계약을 통하여서만 전력을 거래 하여야 하는 전기사업자가 인가받은 차액계약을 통하지 아니하고 전력을 거래 하는 경우
8) 전기사업용전기설비의 공사계획의 인가 또는 신고에 있어 인가를 받지 아니 하거나 신고를 하지 아니한 경우
9) 산업통상자원부령의 규정을 위반하여 회계를 처리한 경우
10) 사업정지기간에 전기사업을 한 경우　　　　　　　　　　　　　　　　　　　　답 ③

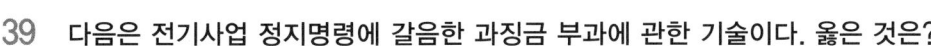
39 다음은 전기사업 정지명령에 갈음한 과징금 부과에 관한 기술이다. 옳은 것은?

① 과징금은 분할하여 낼 수 없다.

② 산업통상자원부장관이 부과하는 과징금의 최고한도는 3천만원이다.

③ 과징금 납부 통지를 받은 자는 15일 이내에 과징금을 산업통상자원부장관이 지정하는 수납기관에 내야한다.

④ 과징금을 내야 할 자가 납부기한까지 이를 내지 아니하면 지방세 체납처분의 예에 따라 징수할 수 있다.

> **해설** ② 5천만원. ③ 30일 이내. ④ 국세 체납처분   **답** ①

40 다음 중 시간대별로 전력거래량을 측정할 수 있는 전력량계를 설치·관리하여야 하는 자로 틀린 것은?

① 전력을 직접 구매하는 전기사용자

② 1천[kW] 이하의 발전설비용량을 이용하여 생산한 전력을 거래하는 신·재생에너지발전사업자

③ 자기가 생산한 전력의 연간 총생산량의 50[%] 미만의 범위에서 전력을 거래하는 자가용전기설비를 설치한 자

④ 특정한 공급구역의 수요에 부족하거나 남는 전력을 전력시장에서 거래하는 구역전기 사업자

> **해설** 다음의 자는 시간대별로 전력거래량을 측정할 수 있는 전력량계를 설치·관리하여야 한다.
> 1) 발전사업자(한국전력거래소가 운영하는 전력계통에 연결되어 있지 아니한 도서지역에서 전력을 거래하는 경우 및 신·재생에너지발전사업자가 1천[kW] 이하의 발전설비용량을 이용하여 생산한 전력을 거래하는 경우는 제외)
> 2) 자가용전기설비를 설치한 자(자기가 생산한 전력의 연간 총생산량의 50[%] 미만의 범위에서 전력을 거래하는 경우만 해당)
> 3) 구역전기사업자(특정한 공급구역의 수요에 부족하거나 남는 전력을 전력시장에서 거래하는 경우만 해당)
> 4) 배전사업자
> 5) 전력을 직접 구매하는 전기사용자   **답** ②

41 전기사업자가 금지행위를 한 경우에 부과하는 과징금의 범위는?

① 매출액의 5/100   ② 매출액의 10/100

③ 매출액의 15/100   ④ 매출액의 20/100

> **해설** 산업통상자원부장관은 전기사업자가 금지행위를 한 경우에는 전기위원회의 심의를 거쳐 그 전기사업자의 매출액의 5/100의 범위에서 과징금을 부과·징수할 수 있다. 다만, 매출액이 없거나 매출액의 산정이 곤란한 경우로서 다음의 경우에는 10억원 이하의 과징금을 부과·징수할 수 있다.
> 1) 영업 중단 등으로 인하여 영업실적이 없는 경우
> 2) 전기사업자가 매출액 산정자료의 제출을 거부하거나 거짓 자료를 제출한 경우
> 3) 그 밖에 객관적인 매출액의 산정이 곤란한 경우   **답** ①

42 전기사업자의 업무처리 지연 등 전기공급 과정에서 전기사용자의 이익을 현저하게 해치는 행위를 한 경우 부과하는 과징금의 상한액은?

① 매출액의 1/100 ② 매출액의 2/100

③ 매출액의 3/100 ④ 매출액의 4/100

> **해설** 과징금 부과 위반행위의 종류 및 과징금 상한액

위 반 행 위	근거 법조문	과징금 상한액
ⓐ 법 제33조에 따른 전력거래가격을 부당하게 높게 형성할 목적으로 발전소에서 생산되는 전기에 대한 거짓 자료를 한국전력거래소에 제출하는 행위	법 제21조 제1항 제1호	매출액의 4/100
ⓑ 송전용 또는 배전용 전기설비의 이용을 제공할 때 부당하게 차별을 하거나 이용을 제공하는 의무를 이행하지 않는 행위 또는 지연하는 행위	법 제21조 제1항 제2호	매출액의 2/100
ⓒ 송전용 또는 배전용 전기설비의 이용을 제공함으로 인하여 알게 된 다른 전기사업자에 관한 정보를 이용하여 다른 전기사업자의 영업활동 또는 전기사용자의 이익을 부당하게 해치는 행위	법 제21조 제1항 제3호	매출액의 4/100
ⓓ 비용이나 수익을 부당하게 분류하여 전기요금이나 송전용 또는 배전용 전기설비의 이용요금을 부당하게 산정하는 행위	법 제21조 제1항 제4호	매출액의 4/100
ⓔ 전기사업자의 업무처리 지연 등 전기공급 과정에서 전기사용자의 이익을 현저하게 해치는 행위	법 제21조 제1항 제5호	매출액의 1/100
ⓕ 전력계통의 운영에 관한 한국전력거래소의 지시를 정당한 사유 없이 이행하지 않는 행위	법 제21조 제1항 제6호	매출액의 4/100

답 ①

43 전기사업자가 금지행위를 한 경우 부과하는 과징금의 금액 결정 시 고려사항으로 틀린 것은?

① 위반행위의 내용 및 정도

② 위반행위의 기간 및 횟수

③ 위반행위로 인하여 취득한 경제적 이익의 규모

④ 과징금을 부과 받은 횟수 및 금액

> **해설** 산업통상자원부장관은 상한액의 범위에서 구체적으로 과징금의 금액을 정할 때에는 다음의 사유를 모두 고려하여야 한다.
> 1) 위반행위의 내용 및 정도
> 2) 위반행위의 기간 및 횟수
> 3) 위반행위로 인하여 취득한 경제적 이익의 규모
> 4) 금지행위에 대한 조치 또는 과징금을 부과 받은 횟수

답 ④

44 다음 중 전력수급기본계획을 수립하여야 하는 자는?

① 한국전력공사 ② 한국전기안전공사

③ 전력기술인단체 ④ 산업통상자원부장관

해설 **제25조(전력수급 기본 계획의 수립)**
산업통상자원부장관은 전력수급의 안정을 위하여 전력수급기본계획(이하 기본계획)을 수립하고 공고하여야 한다. 기본계획을 변경하는 경우에도 또한 같다. **답 ④**

45 **전력수급기본계획은 몇 년 단위로 수립 · 시행하는가?**

① 1년　　　　　② 2년　　　　　③ 3년　　　　　④ 4년

해설 **전기사업법 시행령 제15조**
전력수급기본계획은 2년 단위로 수립 · 시행한다. **답 ②**

46 **전력수급기본계획의 내용으로 틀린 것은?**

① 전력수급의 기본방향에 관한 사항
② 전력수급의 장 · 단기전망에 관한 사항
③ 발전설비 계획 및 송전 · 변전 설비계획에 관한 사항
④ 전력수요의 관리에 관한 사항

해설 **제25조(전력수급 기본 계획의 수립)**
전력수급의 장기전망에 관한 사항 **답 ②**

47 **전기사업법상 전력거래에 관한 다음 기술 중 틀린 것은?**

① 발전사업자 및 전기판매사업자는 전력시장운영규칙으로 정하는 바에 따라 전력시장에서 전력거래를 하여야 한다.
② 신 · 재생에너지발전사업자가 1천[kW] 이하의 발전설비용량을 이용하여 생산한 전력을 거래하는 경우 전력시장에서 거래하지 않아도 된다.
③ 자가용전기설비를 설치한 자는 그가 생산한 전력을 전력시장에서 거래할 수 있다.
④ 구역전기사업자는 발전기의 고장, 정기점검 및 보수 등으로 인하여 해당 특정한 공급구역의 수요에 부족한 전력을 전력시장에서 거래할 수 있다.

해설 **제31조(전력거래)**
자가용전기설비를 설치한 자는 그가 생산한 전력을 전력시장에서 거래할 수 없다. 다만, 자기가 생산한 전력의 연간 총생산량의 50[%] 미만의 범위에서 전력을 거래하는 경우에는 예외로 한다. **답 ③**

48 **다음 중 (　　) 안에 알맞은 내용은?**

> 전기사용자는 전력시장에서 전력을 직접 구매할 수 없다. 다만, 수전설비의 용량이 (　　) 이상인 전기사용자는 예외로 한다.

① 1만 [kVA]　　② 2만 [kVA]　　③ 3만[kVA]　　④ 4만 [kVA]

해설 수전설비 용량이 3만[kVA] 이상인 전기사용자는 전력시장에서 직접 구매 가능   **답** ③

49 한국전력거래소에 관한 다음 기술 중 틀린 것은?

① 한국전력거래소는 법인으로 하며, 주된 사무소의 소재지에서 설립등기를 함으로써 성립한다.

② 한국전력거래소는 업무 중 일부를 다른 기관 또는 단체에 위탁하여 처리하게 할 수 있다.

③ 한국전력거래소는 그가 수행하는 업무의 성격이 서로 다른 분야에 대하여는 회계를 구분하여 처리할 수 없다.

④ 한국전력거래소의 회원이 아닌 자는 전력시장에서 전력거래를 하지 못한다.

해설 한국전력거래소는 그가 수행하는 업무의 성격이 서로 다른 분야에 대하여는 회계를 구분하여 처리할 수 있다.   **답** ③

50 전력산업기반조성계획은 몇 년 단위로 수립·시행하는가?

① 2년   ② 3년   ③ 4년   ④ 5년

해설 영 제23조(전력산업 기반조성 계획의 수립 등)
산업통상자원부장관은 전력산업의 지속적인 발전과 전력수급의 안정을 위하여 전력산업의 기반조성을 위한 계획(전력산업기반조성계획)을 3년 단위로 수립·시행하여야 한다.   **답** ②

51 다음 중 전력산업기반조성계획의 내용으로 틀린 것은?

① 전기설비 시설계획에 관한 사항

② 석탄산업상기계획상 발전용 공급량의 사용에 관한 사항

③ 전력산업전문인력의 양성에 관한 사항

④ 전력 분야의 연구기관 및 단체의 육성·지원에 관한 사항

해설 전력산업기반조성계획의 내용
1) 전력산업발전의 기본방향에 관한 사항
2) 전력산업기반기금 사용 사업에 관한 사항
3) 전력산업전문인력의 양성에 관한 사항
4) 전력 분야의 연구기관 및 단체의 육성·지원에 관한 사항
5) 「석탄산업법」 제3조에 따른 석탄산업장기계획상 발전용 공급량의 사용에 관한 사항
6) 그 밖에 전력산업의 기반조성을 위하여 필요한 사항   **답** ①

52 전력정책심의회의 구성에 관한 다음 기술 중 틀린 것은?

① 전력정책심의회는 위원장 1명을 포함한 30명 이내의 위원으로 구성한다.

② 위원장은 위원 중에서 산업통상자원부장관이 임명한다.

③ 위원장은 전력정책심의회를 대표하고, 전력정책심의회의 업무를 총괄한다.

④ 산업통상자원부장관이 위촉하는 위원의 임기는 2년으로 하며, 연임할 수 있다.

> **해설** 전력정책심의회의 위원장은 위원 중에서 재적위원 과반수의 찬성으로 선출한다. **답** ②

53 전력산업기반기금의 운용 · 관리에 관한 업무의 일부를 위탁할 수 있는 법인 또는 단체가 아닌 것은?

① 금융회사 ② 전기사업자
③ 전력기술인단체 ④ 기획관리평가전담기관

> **해설** 기금의 관리 운용 · 관리에 관한 사무의 위탁은 가능한 법인 또는 단체는 기획관리평가전담기관, 전기사업자, 금융회사 등이 있다. **답** ③

54 전기사업법령상 전력산업기반기금 사용사업을 수행하기 위하여 전기사용자에 대하여 부과 · 징수하는 부담금의 범위는?

① 전기요금의 1천분의 17에 해당하는 금액
② 전기요금의 1천분의 27에 해당하는 금액
③ 전기요금의 1천분의 37에 해당하는 금액
④ 전기요금의 1천분의 47에 해당하는 금액

> **해설** **전기사업법 시행령 제36조(부담금의 부과 기준)**
> 산업통상자원부장관은 전력산업기반기금 사용 사업을 수행하기 위하여 전기사용자에 대하여 전기요금(전력을 직접 구매하는 전기사용자의 경우에는 구매가격에 송전용 또는 배전용 전기설비의 이용요금을 포함한 금액을 말함)의 65/1,000 이내에서 대통령령으로 정하는 바에 따라 부담금을 부과 · 징수할 수 있다. 이에 따라 부담금은 전기요금의 1천분의 37에 해당하는 금액으로 한다. **답** ③

55 전기위원회의 위원의 제척사유로 틀린 것은?

① 위원이 해당 사건의 당사자와 인척의 관계에 있거나 있었던 경우
② 위원 또는 위원이 속한 법인이 해당 사건에 관하여 진술이나 감정을 한 경우
③ 위원 또는 위원이 속한 법인이 해당 사건의 원인이 된 작위 또는 부작위에 관여한 경우
④ 위원 또는 그 배우자나 배우자이었던 사람이 해당 사건의 당사자가 된 경우

> **해설** **위원의 제척** : 전기위원회의 위원은 다음의 어느 하나에 해당하는 경우에는 심의 · 재정(이하 사건)에서 제척된다. 전기위원회는 직권 또는 당사자의 신청에 따라 제척의 결정을 하여야 한다.
> 1) 위원 또는 그 배우자나 배우자이었던 사람이 해당 사건의 당사자가 되거나 해당 사건의 당사자와 공동권리자 또는 공동의무자의 관계에 있는 경우
> 2) 위원이 해당 사건의 당사자와 친족(「민법」제777조에 따른 친족)의 관계에 있거나 있었던 경우
> 3) 위원 또는 위원이 속한 법인이 해당 사건에 관하여 진술이나 감정을 한 경우
> 4) 위원 또는 위원이 속한 법인이 해당 사건에 관하여 당사자의 대리인으로서 관여하거나 관여하였던 경우
> 5) 위원 또는 위원이 속한 법인이 해당 사건의 원인이 된 작위 또는 부작위에 관여한 경우 **답** ①

56 전기위원회의 의결정족수에 관한 다음 기술 중 옳은 것은?

① 재적위원 과반수의 찬성

② 출석위원 과반수의 찬성

③ 재적위원 과반수의 출석과 출석위원 1/3 이상의 찬성

④ 재적위원 과반수의 출석과 출석위원 과반수의 찬성

> **해설** 전기위원회의 의사는 재적위원 과반수의 찬성으로 의결한다. **답** ①

57 다음 중 산업통상자원부장관의 인가가 필요한 전기사업용 발전소의 설치공사는?

① 출력 1천[kW] 이상의 발전소 설치 ② 출력 3천[kW] 이상의 발전소 설치

③ 출력 5천[kW] 이상의 발전소 설치 ④ 출력 1만[kW] 이상의 발전소 설치

> **해설** 출력 1만[kW] 이상의 발전소 설치는 인가가 필요하고, 출력 1만[kW] 미만의 발전소 설치는 신고를 해야 한다. **답** ④

58 태양광발전소에 관한 공사의 경우 사용전검사를 받는 시기는?

① 송전 · 변전설비가 완료된 때 ② 기초공사가 완료된 때

③ 토목공사가 완성된 때 ④ 전체 공사가 완료된 때

> **해설** 태양광발전소에 관한 공사의 경우 전체 공사가 완료된 때 사용 전 검사를 받는다. **답** ④

59 전기설비의 임시사용기간은 얼마인가?

① 2개월 이내 ② 3개월 이내

③ 4개월 이내 ④ 5개월 이내

> **해설** 전기설비의 임시사용기간은 3개월 이내로 한다. 다만, 임시사용기간에 임시사용의 사유를 해소할 수 없는 특별한 사유가 있다고 인정되는 경우에는 전체 임시사용기간이 1년을 초과하지 아니하는 범위에서 임시사용기간을 연장할 수 있다. **답** ②

60 설치된 후 30년 이상이 지난 전선로의 경우 이설비용의 감면 정도는?

① 30[%] ② 40[%]

③ 50[%] ④ 전액

> **해설** **전선로의 이설비용 감면기준**
> 1) 이설계획에 따라 이설공사가 시행되고 있는 전선로의 경우 : 이설비용의 전액 면제
> 2) 다음의 요건을 모두 갖춘 전선로의 경우 : 이설비용의 30% 감면
> ㉮ 설치된 후 30년 이상 지났을 것
> ㉯ 「공익사업을 위한 토지 등의 취득 및 보상에 관한 법률」에 따른 국가의 공익사업시행으로 국가가 소유하거나 점유하게 되는 토지 위에 설치될 것 **답** ①

61 전기안전관리자의 선임 및 해임신고는 다음 중 누구에게 하는가?

① 한국전력공사   ② 한국전기안전공사

③ 전력기술인단체   ④ 한국전력거래소

해설 전기안전관리자를 선임 또는 해임한 자는 지체 없이 그 사실을 「전력기술관리법」 제18조 제1항에 따른 전력기술인단체 중 산업통상자원부장관이 정하여 고시하는 단체에 신고하여야 한다. 신고한 사항이 변경된 경우에도 또한 같다.   **답** ③

62 전기 분야의 기술자격을 취득한 사람으로서 안전관리 업무를 대행하려는 자는 다음 중 누구에게 신고하여야 하는가?

① 전력기술인단체   ② 한국전력거래소

③ 시장 · 군수 · 구청장   ④ 시 · 도지사

해설 안전관리 업무를 대행은 시 · 도지사에 신고하여야 한다.   **답** ④

63 다음 중 전기안전관리업무를 전문으로 하는 자의 등록을 1차 위반 시 취소하여야 하는 경우는?

① 속임수나 그 밖의 부정한 방법으로 등록한 경우

② 전기안전관리업무를 전문으로 하는 자 요건에 미달한 날부터 1개월이 지난 경우

③ 발급받은 등록증을 타인에게 빌려 준 경우

④ 전기안전관리대행의 범위를 넘어서 업무를 수행한 경우

해설 산업통상자원부장관 또는 시 · 도지사는 전기안전관리업무를 전문으로 하는 자 또는 전기안전관리대행사업자로 각각 등록한 자가 다음의 어느 하나에 해당하는 경우에는 그 등록을 취소하거나 6개월 이내의 기간을 정하여 업무의 전부 또는 일부의 정지를 명할 수 있다. 다만, 1)에 해당하는 경우에는 그 등록을 반드시 취소하여야 한다.
1) 속임수나 그 밖의 부정한 방법으로 등록한 경우
2) 전기안전관리업무를 전문으로 하는 자 또는 전기안전관리대행사업자 요건에 미달한 날부터 1개월이 지난 경우
3) 발급받은 등록증을 타인에게 빌려 준 경우
4) 전기안전관리대행의 범위를 넘어서 업무를 수행한 경우   **답** ①

64 다음 중 한국전기안전공사의 업무로 볼 수 없는 것은?

① 전기사고의 원인 · 경위 등의 조사

② 전기설비에 대한 검사 · 점검 및 기술지원

③ 전기안전관리를 위하여 필요한 사업

④ 전기안전을 위하여 한국전력거래소가 위탁하는 사업

해설 **한국전기안전공사의 업무**
1) 전기안전에 관한 조사 및 연구
2) 전기안전에 관한 기술개발 및 보급
3) 전기안전에 관한 전문교육 및 정보의 제공

4) 전기안전에 관한 홍보
5) 전기설비에 대한 검사 · 점검 및 기술지원
6) 전기사고의 원인 · 경위 등의 조사
7) 전기안전에 관한 국제기술협력
8) 전기안전을 위하여 산업통상자원부장관 또는 시 · 도지사가 위탁하는 사업
9) 전기설비의 안전진단과 그 밖에 전기안전관리를 위하여 필요한 사업　　　　　**답** ④

65 다음 중 가장 중한 벌칙에 해당하는 자는?

① 정당한 사유 없이 전기사업용 전기설비를 조작하여 발전 · 송전 · 변전 또는 배전을 방해한 자

② 전기사업용 전기설비에 장애를 발생하게 하여 발전 · 송전 · 변전 또는 배전을 방해한 자

③ 직무와 관련하여 알게 된 비밀을 누설 또는 도용하거나 다른 사람으로 하여금 이용하게 한 자

④ 속임수나 그 밖의 부정한 방법으로 전기안전관리 업무의 위탁 · 대행등록을 하거나 변경등록을 한 자

> **해설** ① 5년 이하의 징역 또는 3천만원 이하의 벌금
> ② 10년 이하의 징역 또는 5천만원 이하의 벌금 대상자
> ③ 3년 이하의 징역 또는 2천만원 이하의 벌금
> ④ 1년 이하의 징역 또는 500만원 이하의 벌금　　　　　**답** ②

66 발전사업의 정의로 옳은 것은?

① 전기를 생산하여 전기수용가에 공급하는 사업

② 생산된 전기를 배전사업자에게 송전하는데 필요한 전기설비를 설치 · 관리하는 사업

③ 송전된 전기를 전기사용자에게 배전하는데 필요한 전기설비를 설치 · 운용하는 사업

④ 전기를 생산하여 전력시장을 통하여 전기판매사업자에게 공급하는 사업

> **해설** 전기사업법 제2조
> "발전사업"이란 전기를 생산하여 이를 전력시장을 통하여 전기판매사업자에게 공급하는 것을 주된 목적으로 하는 사업을 말한다.　　　　　**답** ④

67 「전기사업법」제2조 제4호에 따른 발전사업자 또는 같은 조 제19호에 따른 자가용 전기설비를 설치한 자로서 신 · 재생에너지 발전을 하는 사업자는 어떤 사업자인가?

① 에너지발전 사업자　　　　　② 에너지송전 사업자

③ 에너지배전 사업자　　　　　④ 신 · 재생에너지 발전사업자

> **해설** "신 · 재생에너지 발전사업자"란 「전기사업법」제2조제4호에 따른 발전사업자 또는 같은 조 제19호에 따른 자가용전기설비를 설치한 자로서 신 · 재생에너지 발전을 하는 사업자를 말한다.　　　　　**답** ④

4.1.2 전기공사업법령

01 전기공사업법에 따른 전기공사의 정의에 해당되지 않는 것은?

① 발전 · 송전 · 변전 및 배전 설비공사
② 저수지, 수로 및 이에 수반되는 구조물의 공사
③ 도로, 공항 및 항만의 전기설비공사
④ 전기철도 및 철도신호의 전기설비공사

> **해설** 영 제2조(전기공사)
> 「전기공사업법」(이하 "법"이라 한다) 제2조 제1호에 따른 전기공사는 다음 각 호의 공사(저수지, 수로 및 이에 수반되는 구조물의 공사는 제외한다)로 한다.
> 1. 발전 · 송전 · 변전 및 배전 설비공사
> 2. 산업시설물, 건축물 및 구조물의 전기설비공사
> 3. 도로, 공항 및 항만의 전기설비공사
> 4. 전기철도 및 철도신호의 전기설비공사
> 5. 제1호부터 제4호까지의 규정에 따른 전기설비공사 외의 전기설비공사
> 6. 제1호부터 제5호까지의 규정에 따른 전기설비 등을 유지 · 보수하는 공사 및 그 부대공사   **답** ②

02 전기공사업을 하려는 자가 등록해야하는 기관 중 틀린 것은?

① 특별시장   ② 군수   ③ 광역시장   ④ 시장

> **해설** 제4조(공사업의 등록)
> 공사업을 하려는 자는 산업통상자원부령으로 정하는 바에 따라 주된 영업소의 소재지를 관할하는 특별시장 · 광역시장 · 도지사 또는 특별자치도지사(이하 "시 · 도지사"라 한다)에게 등록하여야 한다.   **답** ②

03 전기공사업자의 지위 승계 요건으로 틀린 것은?

① 공사업자가 사망한 경우 그 상속인
② 공사업자가 그 영업을 양도한 경우 그 양수인
③ 법인인 공사업자가 합병한 경우 합병 후 존속하는 법인
④ 해당 공사의 하도급 업체

> **해설** 제7조(공사업의 승계)
> 다음 각 호의 어느 하나에 해당하는 자는 공사업자의 지위를 승계한다.
> 1. 공사업자가 사망한 경우 그 상속인
> 2. 공사업자가 그 영업을 양도한 경우 그 양수인
> 3. 법인인 공사업자가 합병한 경우 합병 후 존속하는 법인이나 합병에 따라 설립되는 법인   **답** ④

04 전기공사업의 폐업신고를 관할하는 기관은?

① 산업통상자원부   ② 시 · 도지사
③ 한국전력공사   ④ 행정자치부

해설 **규칙 제9조(공사업의 폐업신고)**
법 제9조 제2항에 따라 공사업의 폐업신고를 하려는 자는 별지 제18호서식의 전기공사업 폐업신고서(전자문서로 된 신고서를 포함한다)에 등록증 및 등록수첩을 첨부하여 시·도지사에게 제출하여야 한다.
〈개정 2011.5.18.〉　　　　　**답** ②

05　전기공사의 하도급 제한사항 중 틀린 것은?

① 공사업자는 도급받은 전기공사를 다른 공사업자에게 하도급 주어서는 아니 된다.

② 예외로 대통령령으로 정하는 경우에는 도급받은 전기공사의 일부를 다른 공사업자에게 하도급 줄 수 있다.

③ 공사업자는 예외 단서에 따라 전기공사를 하도급 주려면 미리 해당 전기공사의 발주자에게 이를 서면으로 알려야 한다.

④ 하수급인은 하도급 받은 전기공사를 어떠한 경우에도 다른 공사업자에게 다시 하도급을 주어서는 아니 된다.

해설 **규칙 제14조(하도급의 제한 등)**
하수급인은 하도급 받은 전기공사를 다른 공사업자에게 다시 하도급 주어서는 아니 된다. 다만, 하도급 받은 전기공사 중에 전기기자재의 설치 부분이 포함되는 경우로서 그 전기기자재를 납품하는 공사업자가 그 전기기자재를 설치하기 위하여 전기공사를 하는 경우에는 하도급 줄 수 있다.　　**답** ④

06　전기공사의 하도급 통지서 서류가 아닌 것은?

① 하도급(재하도급)계약서 사본

② 공사예정공정표

③ 하수급인 또는 다시 하도급 받은 공사업자의 등록수첩 사본

④ 하수급인 또는 다시 하도급 받은 공사업자의 전기공사 자재 보유현황

해설 **규칙 제11조(하도급 통지서)**
1. 하도급(재하도급)계약서 사본
2. 하수급인 또는 다시 하도급 받은 공사업자의 등록수첩 사본
3. 공사 예정 공정표
4. 하수급인 또는 다시 하도급 받은 공사업자의 전기공사기술자 보유현황
5. 하수급인 또는 다시 하도급 받은 공사업자의 등록수첩 사본
[전문개정 2010.6.24.]　　　**답** ④

07　전기사업자단체의 설립인가 조건으로 틀린 것은?

① 공사업자단체는 법인으로 한다.

② 산업통상자원부장관의 인가를 받아 공사업자단체를 설립할 수 있다.

③ 공사업자단체는 설립등기를 함으로써 성립한다.

④ 공사업자단체의 설립, 감독 등에 필요한 사항은 산업통상자원부장관령으로 정한다.

해설 **제25조(공사업자단체의 설립)**
공사업자단체의 설립, 감독 등에 필요한 사항은 대통령령으로 정한다.　　**답** ④

08 전기공사업자의 등록을 반드시 취소해야 하는 사항으로 틀린 것은?

① 공사업의 등록을 한 후 1년 이내에 영업을 시작하지 아니하거나 계속하여 1년 이상 공사업을 휴업한 경우

② 영업정지처분기간에 영업을 하거나 최근 5년간 3회 이상 영업정지처분을 받은 경우

③ 거짓이나 그 밖의 부정한 방법으로 공사업 등록 신고한 경우

④ 하도급 관계법령을 위반하여 하도급을 주거나 다시 하도급을 준 경우

> **해설** 제28조(등록취소 등)
> ① 시·도지사는 공사업자가 다음 각 호의 어느 하나에 해당하면 등록을 취소하거나 6개월 이내의 기간을 정하여 영업의 정지를 명할 수 있다. 다만, 제1호·제3호·제4호·제7호 또는 제8호에 해당하는 경우에는 등록을 취소하여야 한다.
> 5. 제27조에 따른 시정명령 또는 지시를 이행하지 아니한 경우
>
> **답** ④

09 전기공사업자의 등록을 반드시 취소해야 하는 사항으로 옳은 것은?

① 공사업의 등록을 한 후 1년 이내에 영업을 시작하지 아니하거나 계속하여 1년 이상 공사업을 휴업한 경우

② 시정명령을 이행하지 않은 경우

③ 하도급 공사를 시행한 경우

④ 기술능력과 자본금이 미달하게 된 경우

> **해설** 제28조(등록취소 등)
> ① 시·도지사는 공사업자가 다음 각 호의 어느 하나에 해당하면 등록을 취소하거나 6개월 이내의 기간을 정하여 영업의 정지를 명할 수 있다. 다만, 제1호·제3호·제4호·제7호 또는 제8호에 해당하는 경우에는 등록을 취소하여야 한다.
> 1. 거짓이나 그 밖의 부정한 방법으로 다음 각 목의 어느 하나에 해당하는 행위를 한 경우
> 2. 제4조제2항에 따라 대통령령으로 정하는 기술능력 및 자본금 등에 미달하게 된 경우
> 3. 제5조 각 호의 결격사유 중 어느 하나에 해당하게 된 경우
> 4. 제10조를 위반하여 타인에게 성명·상호를 사용하게 하거나 등록증 또는 등록수첩을 빌려 준 경우
> 5. 제27조에 따른 시정명령 또는 지시를 이행하지 아니한 경우
> 6. 제27조 제1호부터 제5호까지의 규정 중 어느 하나에 해당하는 경우로서 해당 전기공사가 완료되어 같은 조에 따른 시정명령 또는 지시를 명할 수 없게 된 경우
> 7. 공사업의 등록을 한 후 1년 이내에 영업을 시작하지 아니하거나 계속하여 1년 이상 공사업을 휴업한 경우
> 8. 영업정지처분기간에 영업을 하거나 최근 5년간 3회 이상 영업정지처분을 받은 경우
>
> **답** ①

10 산업통상자원부장관이 공사업의 진흥시책을 수립·시행한 사항 중 아닌 것은?

① 전기기술자 교육

② 전기공사기술의 개발

③ 중소공사업자의 육성대책

④ 전기공사에 관한 안전 및 품질의 확보대책

> **해설** 제38조(공사업의 진흥시책)
> 산업통상자원부장관은 공사업의 건전한 발전을 위하여 필요한 진흥시책을 수립·시행할 수 있다.

1. 공사업 진흥시책의 기본방향
2. 전기공사기술의 개발
3. 전기공사에 관한 안전 및 품질의 확보대책
4. 중소공사업자의 육성대책
5. 제1호부터 제4호까지의 규정과 관련된 주요 시책　　　　　　　답 ①

11 공사업자 또는 시공관리책임자가 기술기준 및 설계도서에 부적합하게 시공하거나 위험 및 장해가 발생하지 아니하도록 시공해야하나 이를 위반하여 전기공사를 시공함으로써 착공 후 하자담보책임기간에 대통령령으로 정하는 주요 전력시설물의 주요 부분에 중대한 파손을 일 으키게 하여 사람들을 위험하게 한 경우의 벌칙으로 옳은 것은?

① 7년 이하의 징역 또는 7천만원 이하의 벌금
② 5년 이하의 징역 또는 5천만원 이하의 벌금
③ 3년 이하의 징역 또는 3천만원 이하의 벌금
④ 1년 이하의 징역 또는 1천만원 이하의 벌금

해설 제40조(벌칙)
　① 공사업자 또는 제17조에 따라 시공관리책임자로 지정된 사람으로서 제18조 또는 제22조를 위반하여 전 기공사를 시공함으로써 착공 후 하자담보책임기간에 대통령령으로 정하는 주요 전력시설물의 주요 부 분에 중대한 파손을 일으키게 하여 사람들을 위험하게 한 자는 7년 이하의 징역 또는 7천만 원 이하의 벌금에 처한다.　　　　　　　답 ①

12 공사업자 또는 시공관리책임자가 기술기준 및 설계도서에 부적합하게 시공하거나 위험 및 장해가 발생하지 아니하도록 시공해야하나 이를 위반하여 전기공사를 시공함으로써 착공 후 하자담보책임기간에 대통령령으로 정하는 주요 전력시설물의 주요 부분에 중대한 파손을 일 으키게 하여 사람들을 상해(傷害)에 이르게 한 경우의 벌칙으로 옳은 것은?

① 3년 이상의 유기징역 또는 3천만원 이상 3억원 이하의 벌금
② 2년 이상의 유기징역 또는 2천만원 이상 2억원 이하의 벌금
③ 1년 이상의 유기징역 또는 1천만원 이상 2억원 이하의 벌금
④ 6개월 이상의 유기징역 또는 1천만원 이상 1억원 이하의 벌금

해설 제40조(벌칙)
　① 공사업자 또는 제17조에 따라 시공관리책임자로 지정된 사람으로서 제18조 또는 제22조를 위반하여 전 기공사를 시공함으로써 착공 후 하자담보책임기간에 대통령령으로 정하는 주요 전력시설물의 주요 부 분에 중대한 파손을 일으키게 하여 사람들을 위험하게 한 자는 7년 이하의 징역 또는 7천만원 이하의 벌 금에 처한다.
　② 제1항의 죄를 범하여 사람을 상해(傷害)에 이르게 한 경우에는 1년 이상의 유기징역 또는 1천만원 이상 2억원 이하의 벌금에 처하며, 사망에 이르게 한 경우에는 3년 이상의 유기징역 또는 3천만원 이상 5억원 이하의 벌금에 처한다.　　　　　　　답 ③

13 등록을 하지 아니하고 공사업을 한 자의 벌칙으로 옳은 것은?

① 1년 이하의 징역 또는 1천만원 이하의 벌금

② 2년 이하의 징역 또는 1천만원 이하의 벌금

③ 3년 이하의 징역 또는 2천만원 이하의 벌금

④ 5년 이하의 징역 또는 3천만원 이하의 벌금

해설 **제42조(벌칙)** 다음 각 호의 어느 하나에 해당하는 자는 1년 이하의 징역 또는 1천만원 이하의 벌금에 처한다.
1. 제4조 제1항에 따른 등록을 하지 아니하고 공사업을 한 자

답 ①

14 전기공사 하도급법을 위반하여 하도급을 주거나 다시 하도급을 준 자 및 그 상대방의 벌칙으로 옳은 것은?

① 5년 이하의 징역 또는 5천만원 이하의 벌금

② 3년 이하의 징역 또는 3천만원 이하의 벌금

③ 2년 이하의 징역 또는 2천만원 이하의 벌금

④ 1년 이하의 징역 또는 1천만원 이하의 벌금

해설 **제42조(벌칙)** 다음 각 호의 어느 하나에 해당하는 자는 1년 이하의 징역 또는 1천만원 이하의 벌금에 처한다.
4. 제14조 제1항 본문 또는 제2항 본문을 위반하여 하도급을 주거나 다시 하도급을 준 자 및 그 상대방

답 ④

15 전기공사업법을 위반하여 경력수첩을 빌려 준 사람 또는 타인의 경력수첩을 빌려서 사용한 자의 벌칙으로 옳은 것은?

① 1년 이하의 징역 또는 1천만원 이하의 벌금

② 2년 이하의 징역 또는 1천만원 이하의 벌금

③ 3년 이하의 징역 또는 2천만원 이하의 벌금

④ 3년 이하의 징역 또는 3천만원 이하의 벌금

해설 **제42조(벌칙)** 다음 각 호의 어느 하나에 해당하는 자는 1년 이하의 징역 또는 1천만원 이하의 벌금에 처한다.
5. 제18조의2를 위반하여 경력수첩을 빌려 준 사람 또는 타인의 경력수첩을 빌려서 사용한 자

답 ①

16 시도지사가 공사업자에게 시정을 명할 수 없는 경우는?

① 전기공사기술자가 아닌 자에게 전기공사의 시공관리를 맡기는 경우

② 시공관리책임자를 지정 후 한국전기안전공사에 알리지 아니하는 경우

③ 기술기준 및 설계도서에 적합하게 시공하지 아니한 경우

④ 정당한 사유 없이 도급 받은 전기공사를 시공하지 아니한 경우

해설 시·도지사는 공사업자가 다음의 어느 하나에 해당하면 기간을 정하여 그 시정을 명하거나 그 밖에 필요한 지시를 할 수 있다.
1) 제14조 제1항 본문 또는 제2항 본문을 위반하여 하도급을 주거나 다시 하도급을 준 경우

2) 제16조 제1항을 위반하여 전기공사기술자가 아닌 자에게 전기공사의 시공관리를 맡긴 경우
3) 제16조 제2항에 따라 전기공사의 시공관리를 하는 전기공사기술자가 부적당하다고 인정되는 경우
4) 제17조에 따른 시공관리책임자를 지정하지 아니하거나 그 지정 사실을 알리지 아니한 경우
5) 제22조를 위반하여 이 법, 기술기준 및 설계도서에 적합하게 시공하지 아니한 경우
6) 제24조를 위반하여 전기공사 표지를 게시하지 아니하거나 전기공사 표지판을 부착 또는 설치하지 아니한 경우
7) 정당한 사유 없이 도급받은 전기공사를 시공하지 아니한 경우
8) 그 밖에 이 법 또는 이 법에 따른 명령을 위반한 경우　　　　　답 ②

17 전기공사 중 배전설비공사의 가목 외 배전설비공사의 하자담보기간은?

① 1년　　　② 2년　　　③ 3년　　　④ 5년

해설 제11조의2 관련 하자담보기간은 배전설비 철탑공사 3년, 가목 외 배전설비공사 2년, 그 밖의 전기공사 1년　　답 ②

18 전기공사중 발전설비공사의 가목 외 시설공사의 하자담보기간은?

① 1년　　　② 2년　　　③ 3년　　　④ 5년

해설 제11조의2 관련 발전설비공사의 하자담보기간은 철근콘크리트, 철골구조부 7년, 가목 외 시설공사 3년　　답 ③

19 전기공사업자가 등록사항 변경신고 의무를 위반한 경우의 과태료로 맞는 것은?

① 100만원　　② 200만원　　③ 300만원　　④ 500만원

해설 ※ 관련 제18조(과태료 부과기준 별표5)
법 제9조에 따른 신고를 하지 않거나 거짓으로 신고한 경우 과태료 100만원　　답 ①

20 전기공사업자가 조사 또는 검사를 거부·방해 또는 기피하거나, 거짓으로 보고를 한 경우의 과태료로 맞는 것은?

① 100만원　　② 200만원　　③ 300만원　　④ 500만원

해설 ※ 관련 제18조(과태료 부과기준 별표5)
법 제29조의2 제1항 제2호에 따른 조사 또는 검사를 거부·방해 또는 기피하거나, 거짓으로 보고를 한 경우 과태료 300만원　　답 ③

21 전기공사업자가 전기공사기술자가 아닌 자에게 시공관리를 맡긴 경우의 행정처분 및 부과기준으로 맞는 것은?

① 영업정지 2개월 또는 과징금 300만원　② 영업정지 3개월 또는 과징금 500만원
③ 영업정지 4개월 또는 과징금 600만원　④ 영업정지 6개월 또는 과징금 1000만원

> **해설** 법 제16조 제1항을 위반하여 전기공사기술자가 아닌 자에게 전기공사의 시공관리를 맡긴 경우 영업정지 4
> 개월 또는 과징금 600만원　　　　　　　　　　　　　　　　　　　　　　　　　**답** ③

22 전기공사업자가 기술기준 및 설계도서에 적합하게 시공하지 않은 경우의 행정처분으로 맞는
것은?

① 영업정지 1개월　　　　　　　　　　② 영업정지 2개월
③ 영업정지 3개월　　　　　　　　　　④ 영업정지 4개월

> **해설** 전기공사업법 기술기준 및 설계도서에 적합하게 시공하지 아니한 경우 : 영업정지 2개월 또는 과징금 400
> 만원　　　　　　　　　　　　　　　　　　　　　　　　　　　　　　　　　　　**답** ②

23 전기공사업자가 공사업의 등록을 한 후 1년 이내에 영업을 개시하지 아니하거나 계속하여 1
년 이상 공사업을 휴업한 경우의 행정처분으로 맞는 것은?

① 영업정지 3개월　　　　　　　　　　② 과태료 500만원
③ 벌금 1,000만원　　　　　　　　　　④ 등록 취소

> **해설** 공사업의 등록을 한 후 1년 이내에 영업을 개시하지 아니하거나 계속하여 1년 이상 공사업을 휴업한 경우
> 등록취소　　　　　　　　　　　　　　　　　　　　　　　　　　　　　　　　　　**답** ④

24 다음 중 전기공사업법의 제정 목적으로 틀린 것은?

① 전기공사업과 전기공사의 시공·기술관리 및 도급에 관한 기본적인 사항을 정한다.
② 전기공사업의 건전한 발전을 도모한다.
③ 전기공사의 안전하고 적정한 시공을 확보한다.
④ 전기사용자의 이익을 보호하여 국민경제의 발전에 이바지한다.

> **해설** 전기공사업법은 전기공사업과 전기공사의 시공·기술관리 및 도급에 관한 기본적인 사항을 정함으로써 전
> 기공사업의 건전한 발전을 도모하고 전기공사의 안전하고 적정한 시공을 확보함을 목적으로 한다.
> 　　　　　　　　　　　　　　　　　　　　　　　　　　　　　　　　　　　　　**답** ④

25 다음은 전기공사업의 등록을 할 수 없는 자이다. 틀린 것은?

① 피한정후견인 또는 피성년후견인
② 파산선고를 받고 복권되지 아니한 자
③ 전기공사업법을 위반하여 금고 이상의 실형을 선고받고 그 집행이 끝나거나 면제된 날부
　터 2년이 지나지 아니한 자
④ 공사업의 등록이 취소된 후 3년이 지나지 아니한 자

> **해설** **전기공사업의 결격사유**
> 1) 피성년후견인
> 2) 파산선고를 받고 복권되지 아니한 자
> 3) 다음의 어느 하나에 해당되어 금고 이상의 실형을 선고받고 그 집행이 끝나거나(집행이 끝난 것으로 보는

경우를 포함) 면제된 날부터 2년이 지나지 아니한 사람

㉘ 「형법」제172조의2(전기 방류), 제173조(전기 공급방해), 제173조의2[과실폭발성물건파열 등. 전기의 경우만 해당하며, 제172조 제1항(폭발성물건파열)의 죄를 범한 사람은 제외], 제174조[미수범. 전기의 경우만 해당하며, 제164조 제1항(현주건조물 등에의 방화), 제165조(공용건조물 등에의 방화), 제166조 제1항(일반건조물 등에의 방화) 및 제172조 제1항의 미수범은 제외] 또는 제175조(예비·음모. 전기의 경우만 해당하며, 제164조 제1항, 제165조, 제166조 제1항 및 제172조 제1항의 죄를 범할 목적으로 예비 또는 음모한 사람은 제외)를 위반한 사람

㉙ 전기공사업법을 위반한 사람

4) 3)에 따른 죄를 범하여 금고 이상의 형의 집행유예를 선고받고 그 유예기간에 있는 사람

5) 공사업의 등록이 취소된 후 2년이 지나지 아니한 자. 이 경우 공사업의 등록이 취소된 자가 법인인 경우에는 그 취소 당시의 대표자와 취소의 원인이 된 행위를 한 사람을 포함한다.

6) 임원 중에 1)부터 5)까지의 규정 중 어느 하나에 해당하는 사람이 있는 법인　　　　**답** ④

26　전기공사의 발주자 및 수급인이 도급계약을 해지할 수 있는 시기는?

① 해당 공사업자로부터 등록취소처분이나 영업정지처분 내용의 통지를 받은 날 또는 그 사실을 안 날부터 10일 이내

② 해당 공사업자로부터 등록취소처분이나 영업정지처분 내용의 통지를 받은 날 또는 그 사실을 안 날부터 15일 이내

③ 해당 공사업자로부터 등록취소처분이나 영업정지처분 내용의 통지를 받은 날 또는 그 사실을 안 날부터 20일 이내

④ 해당 공사업자로부터 등록취소처분이나 영업정지처분 내용의 통지를 받은 날 또는 그 사실을 안 날부터 30일 이내

해설 전기공사의 발주자 및 수급인은 특별한 사유가 있는 경우를 제외하고는 해당 공사업자로부터 등록취소처분이나 영업정지처분 내용의 통지를 받은 날 또는 그 사실을 안 날부터 30일 이내에 한하여 도급계약을 해지할 수 있다.　　　　**답** ④

27　전기공사 수급인의 하자담보책임 기간의 범위는?

① 전기공사의 완공일부터 5년

② 전기공사의 완공일부터 10년

③ 전기공사의 완공일부터 15년

④ 전기공사의 완공일부터 20년

해설 전기공사 수급인은 발주자에 대하여 전기공사의 완공일부터 10년의 범위에서 전기공사의 종류별로 해당 전기공사에서 발생하는 하자에 대하여 담보책임이 있다.　　　　**답** ②

28　송전설비공사의 하자담보책임 기간은?

① 3년　　　　　　　　　　② 5년

③ 7년　　　　　　　　　　④ 10년

해설 전기공사의 종류별 하자담보책임기간

전기공사의 종류	하자담보책임기간
1) 발전설비공사(태양광발전공사 포함)	
㉮ 철근콘크리트 또는 철골구조부	7년
㉯ ㉮ 이외 시설공사	3년
2) 터널식 및 개착식 전력구 송전 · 배전설비공사	
㉮ 철근콘크리트 또는 철골구조부	10년
㉯ ㉮ 이외 송전설비공사	5년
㉰ ㉮ 이외 배전설비공사	2년
3) 지중 송전 · 배전설비공사	
㉮ 송전설비공사(케이블공사 및 물밑 송전설비공사를 포함)	5년
㉯ 배전설비공사	3년
4) 송전설비공사	3년
5) 변전설비공사(전기설비 및 기기설치공사를 포함)	3년
6) 배전설비공사	
㉮ 배전설비 철탑공사	3년
㉯ ㉮ 이외 배전설비공사	2년
7) 그 밖의 전기설비공사	1년

답 ②

29 태양광발전설비공사의 철근콘크리트 또는 철골구조부를 제외한 시설공사의 하자담보책임기간은?

① 1년　　② 3년　　③ 5년　　④ 7년

해설 • 철근콘크리트, 철골구조부 : 7년
• 가목 외 시설공사 : 3년　　답 ②

30 전기공사업법상 전기공사업자단체에 관한 다음 기술 중 틀린 것은?

① 시 · 도지사의 인가를 받아 공사업자단체를 설립할 수 있다.
② 공사업자단체는 법인으로 하며, 설립등기를 함으로써 성립한다.
③ 공사업자단체를 설립할 때에는 공사업자 10명 이상의 발기가 필요하다.
④ 공사업자단체에 관하여 전기공사업법에 규정된 것을 제외하고는「민법」중 사단법인에 관한 규정을 준용한다.

해설 공사업자는 품위의 유지, 기술의 향상, 전기공사 시공방법의 개선, 그 밖에 공사업의 건전한 발전을 위하여 산업통상자원부장관의 인가를 받아 공사업자단체를 설립할 수 있다. 공사업자단체는 법인으로 하며, 설립등기를 함으로써 성립한다.　　답 ①

31 다음 중 전기공사업법상 전기공사업자의 등록을 반드시 취소하여야 하는 경우로 틀린 것은?

① 거짓이나 그 밖의 부정한 방법으로 공사업의 등록을 한 경우
② 공사업자의 결격사유 중 어느 하나에 해당하게 된 경우
③ 산업통상자원부장관이 정하는 기술능력 및 자본금 등에 미달하게 된 경우
④ 공사업의 등록을 한 후 1년 이내에 영업을 시작하지 아니하거나 계속하여 1년 이상 공사업을 휴업한 경우

해설 **공사업자 등록취소 등 사유** : 시·도지사는 공사업자가 다음의 어느 하나에 해당하면 등록을 취소하거나 6개월 이내의 기간을 정하여 영업의 정지를 명할 수 있다. 다만, 1)·3)·4)·7) 또는 8)에 해당하는 경우에는 등록을 반드시 취소하여야 한다.
1) 거짓이나 그 밖의 부정한 방법으로 다음의 어느 하나에 해당하는 행위를 한 경우
   ㉮ 공사업의 등록
   ㉯ 제공사업의 등록기준에 관한 신고
2) 대통령령으로 정하는 기술능력 및 자본금 등에 미달하게 된 경우
3) 공사업자의 결격사유 중 어느 하나에 해당하게 된 경우
4) 타인에게 성명·상호를 사용하게 하거나 등록증 또는 등록수첩을 빌려 준 경우
5) 시정명령 또는 지시를 이행하지 아니한 경우
6) 다음의 어느 하나에 해당하는 경우로서 해당 전기공사가 완료되어 같은 조에 따른 시정명령 또는 지시를 명할 수 없게 된 경우
   ㉮ 하도급을 주거나 다시 하도급을 준 경우
   ㉯ 전기공사기술자가 아닌 자에게 전기공사의 시공관리를 맡긴 경우
   ㉰ 전기공사의 시공관리를 하는 전기공사기술자가 부적당하다고 인정되는 경우
   ㉱ 시공관리책임자를 지정하지 아니하거나 그 지정 사실을 알리지 아니한 경우
   ㉲ 전기공사업법, 기술기준 및 설계도서에 적합하게 시공하지 아니한 경우
7) 공사업의 등록을 한 후 1년 이내에 영업을 시작하지 아니하거나 계속하여 1년 이상 공사업을 휴업한 경우
8) 영업정지처분기간에 영업을 하거나 최근 5년간 3회 이상 영업정지처분을 받은 경우 답 ③

32 다음 중 시·도지사가 시장·군수 또는 구청장에게 위임할 수 있는 권한은?
① 공사업자의 실태조사 또는 검사
② 공사업 등록신청의 접수
③ 전기공사종합정보시스템의 구축·운영
④ 정보의 종합관리를 위한 자료의 제출 요청

해설 시·도지사는 공사업자의 실태조사 또는 검사에 관한 권한을 공사업자의 주된 영업소 소재지를 관할하는 시장·군수 또는 구청장(자치구의 구청장)에게 위임할 수 있다. 답 ①

33 다음은 전기공사업법의 내용이다. 틀린 것은?
① 지정교육훈련기관의 지정 취소를 하려면 청문을 하여야 한다.
② 산업통상자원부장관은 거짓이나 그 밖의 부정한 방법으로 전기공사기술자로 인정받은 사람에 대하여 그 인정을 취소하여야 한다.
③ 시·도지사는 공사업의 건전한 발전을 위하여 필요한 진흥시책을 수립·시행할 수 있다.
④ 공사업자가 도급받은 전기공사의 도급금액 중 그 공사의 근로자에게 지급하여야 할 노임에 해당하는 금액은 압류할 수 없다.

해설 **진흥시책의 수립·시행** : 산업통상자원부장관은 공사업의 건전한 발전을 위하여 필요한 진흥시책을 수립·시행할 수 있다. 진흥시책의 내용은 다음과 같다.
1) 공사업 진흥시책의 기본방향
2) 전기공사기술의 개발
3) 전기공사에 관한 안전 및 품질의 확보대책
4) 중소공사업자의 육성대책
5) 1)부터 4)까지의 규정과 관련된 주요 시책 답 ③

34 다음 중 (   ) 안에 알맞은 내용은?

> 산업통상자원부장관은 전기공사기술자로 인정받은 사람이 다른 사람에게 경력수첩을 빌려 준 경우에는
> (   )의 범위에서 전기공사기술자의 인정을 정지시킬 수 있다.

① 1년   ② 2년
③ 3년   ④ 4년

해설 산업통상자원부장관은 전기공사기술자로 인정받은 사람이 다른 사람에게 경력수첩을 빌려 준 경우에는 3년의 범위에서 전기공사기술자의 인정을 정지시킬 수 있다.   **답** ③

35 다음 중 가장 중한 벌칙에 해당하는 자는?

① 영업정지처분기간에 영업을 한 자
② 전기공사를 다른 업종의 공사와 분리발주하지 아니한 자
③ 공사업의 등록기준에 관한 신고를 하지 아니하고 공사업을 한 자
④ 전기공사에 관하여 알게 된 비밀을 누설한 공사업자

해설 ① 1년 이하의 징역 또는 1천만원 이하의 벌금
②, ③ 500만원 이하의 벌금
④ 300만원 이하의 벌금   **답** ①

36 등록사항의 변경신고를 하지 아니하거나 거짓으로 신고한 자에 대한 벌칙은?

① 1년 이하의 징역 또는 1천만원 이하의 벌금
② 500만원 이하의 벌금
③ 300만원 이하의 과태료
④ 100만원 이하의 과태료

해설 등록사항의 변경신고를 하지 아니하거나 거짓으로 신고한 자에 대한 벌칙은 300만원 이하의 과태료 가 부과된다.   **답** ③

37 사용 전 검사 및 법정검사에 대한 설명으로 틀린 것은?

① 법정검사의 목적은 전기설비가 공사계획대로 설계 시공되었는가를 확인하는 것이다.
② 사용 전 검사는 전기설비의 설치공사 또는 변경공사를 한 자는 산업통상자원부령이 정하는바에 따라 산업통상자원부장관 또는 시·도지사가 실시하는 검사에 합격한 후에 이를 사용하여야 한다.
③ 법정검사 수행절차 시 불합격 시정기한은 사용 전 검사는 15일, 정기검사는 3개월이다.
④ 전기안전에 지장이 없는 경우에 발전기 인가 출력보다 낮고 저출력 운전 시에는 임시사용이 불가능하다.

해설 **임시사용**

1) 발전기 출력이 인가(신고) 출력보다 낮은 경우
2) 송 · 수전에 직접적인 관련이 없는 울타리 등이 미 시공된 상태이나 안전조치를 취한 경우
3) 교대성 · 예비성설비 또는 비상용 예비 발전기 미완성상태로 주설비가 완성되어 사용상 지장이 없는 경우

답 ④

---

38 발전용량 3[MW]를 초과하는 전기사업허가를 신청하는 곳은?

① 산업통상자원부   ② 미래창조과학부
③ 고용노동부   ④ 특별시장 등 지방자치단체장

해설 **전기발전사업 허가권자**

1) 3,000[kW] 초과 설비 : 산업통상자원부 장관 (전기위원회 총괄정책팀)
2) 3,000[kW] 이하 설비 : 시 · 도지사

답 ①

---

39 전기공사의 종류가 아닌 것은?

① 저수지, 수로 및 이에 수반되는 구조물 공사
② 발전 송전 변전 및 배전 설비공사
③ 산업시설물, 건축물, 및 구조물의 전기설비공사
④ 전기철도 및 철도신호의 전기설비공사

해설 **전기공사업법 시행령 제2조(전기공사)**

1) 발전 · 송전 · 변전 및 배전 설비공사
2) 산업시설물, 건축물 및 구조물의 전기설비공사
3) 도로, 공항 및 항만의 전기설비공사
4) 전기철도 및 철도신호의 전기설비공사
5) 제1호부터 제4호까지의 규정에 따른 전기설비공사 외의 전기설비공사
6) 제1호부터 제5호까지의 규정에 따른 전기설비 등을 유지 · 보수하는 공사 및 그 부대공사

답 ①

---

40 전기공사업자의 등록을 반드시 취소해야 하는 사항으로 틀린 것은?

① 공사업의 등록을 한 후 1년 이내에 영업을 시작하지 아니하거나 계속하여 1년 이상공사업을 휴업한 경우
② 영업정지처분기간에 영업을 하거나 최근 5년간 3회 이상 영업정지처분을 받은 경우
③ 거짓이나 그 밖의 부정한 방법으로 공사업을 등록 신고한 경우
④ 하도급 관계법령을 위반하여 하도급을 주거나 다시 하도급을 준 경우

해설 **전기공사업자 등록 취소 사항**

1) 거짓이나 그 밖의 부정한 방법으로 다음에 해당하는 행위를 한 경우
2) 기술능력 및 자본금 등에 미달하게 된 경우
3) 공사업의 등록기준에 관한 신고를 하지 아니한 경우
4) 전기공사업 등록 사항에 결격사유 해당하게 된 경우
5) 타인에게 성명 · 상호를 사용하게 하거나 등록증 또는 등록수첩을 빌려 준 경우
6) 시정명령 또는 지시를 이행하지 아니한 경우

7) 해당 전기공사가 완료되어 같은 조에 따른 시정명령 또는 지시를 명할 수 없게 된 경우
8) 신고를 거짓으로 한 경우
9) 공사업의 등록을 한 후 1년 이내에 영업을 시작하지 아니하거나 계속하여 1년 이상 공사업을 휴업한 경우
10) 영업정지처분기간에 영업을 하거나 최근 5년간 3회 이상 영업정지처분을 받은 경우　　🖪 ④

4.1.3 국토의 계획 및 이용에 관한 법령

01 국토의 계획 및 이용에 관한 법령에서 개발행위 대상이 아닌 것은?

① 건축물의 건축　　　　　　　　② 공작물의 설치
③ 토지의 형질변경　　　　　　　　④ 경작을 위한 토지 매립

[해설] **개발행위 대상**
1) 건축물의 건축 : 「건축법에 따른 건축물의 건축」
2) 공작물의 설치 : 인공을 가하여 제작한 시설물(「건축법」에 따른 건축물을 제외 한다)의 설치
3) 토지의 형질변경 : 절토(땅깎기)·성토(흙쌓기)·정지·포장 등의 방법으로 토지의 형상을 변경하는 행위와 공유수면의 매립(경작을 위한 토지의 형질변경을 제외한다)　　🖪 ④

02 토지의 형질변경에서 토지의 형상을 변경하는 행위에 해당하지 않는 것은?

① 배수　　　　　② 성토　　　　　③ 정지　　　　　④ 절토

[해설] **토지의 형질변경**
절토(땅깎기)·성토(흙쌓기)·정지·포장 등의 방법으로 토지의 형상을 변경하는 행위　　🖪 ①

03 경작을 위한 토지의 형질변경을 제외하는데 토지의 형질변경에 해당하지 않는 사항이 잘못된 것은?

① 인접토지의 관개·배수 및 농작업에 영향을 미치는 경우
② 지목의 변경을 수반하는 경우
③ 옹벽 설치 또는 1미터 이상의 절토·성토가 수반되는 경우
④ 재활용 골재, 사업장 폐토양, 무기성 오니 등 수질오염 또는 토질오염의 우려가 있는 토사 등을 사용하여 성토하는 경우

[해설] **경작을 위한 토지의 형질변경에 해당하지 않는 사항**
1) 인접토지의 관개·배수 및 농작업에 영향을 미치는 경우
2) 재활용 골재, 사업장 폐토양, 무기성 오니 등 수질오염 또는 토질오염의 우려가 있는 토사 등을 사용하여 성토하는 경우. 다만, 「농지법 시행령」에 따른 성토는 제외한다.
3) 지목의 변경을 수반하는 경우(전·답 사이의 변경은 제외한다)
4) 옹벽 설치(제53조에 따라 허가를 받지 않아도 되는 옹벽 설치는 제외한다) 또는 2미터 이상의 절토·성토가 수반되는 경우. 다만, 절토·성토에 대해서는 2미터 이내의 범위에서 특별시·광역시·특별자치시·특별자치도·시 또는 군의 도시·군계획조례로 따로 정할 수 있다.　　🖪 ③

04 재해복구나 재난수습을 위한 응급조치는 개발행위허가를 받지 아니하고 할 수 있다. 다만, 응급조치를 한 경우에는 몇 개월 이내에 신고하여야 하는가?

① 1　　　　　　② 2　　　　　　③ 3　　　　　　④ 4

> **해설** 재해복구나 재난수습을 위한 응급조치 개발행위허가를 받지 아니하고 할 수 있다. 다만, 응급조치를 한 경우에는 1개월 이내에 특별시장 · 광역시장 · 특별자치시장 · 특별자치도지사 · 시장 또는 군수에게 신고하여야 한다.　　**답** ①

05 특별시장 · 광역시장 · 특별자치시장 · 특별자치도지사 · 시장 또는 군수는 개발행위허가의 신청에 대하여 특별한 사유가 없으면 며칠 이내에 허가 또는 불허가의 처분을 해야 하는가?

① 5　　　　　　② 7　　　　　　③ 15　　　　　　④ 30

> **해설** 특별시장 · 광역시장 · 특별자치시장 · 특별자치도지사 · 시장 또는 군수는 개발행위허가의 신청에 대하여 특별한 사유가 없으면 15일 이내에 허가 또는 불허가의 처분을 하여야 한다.　　**답** ③

06 농림지역의 개발행위 면적은?

① 1만 제곱미터 미만　　　　　　② 5천 제곱미터 미만
③ 3만 제곱미터 미만　　　　　　④ 5만 제곱미터 미만

> **해설** 농림지역 : 3만 제곱미터 미만　　**답** ③

07 국토의 계획 및 이용에 관한 법령의 개발행위 허가 기준 중 대통령령으로 정하는 개발행위의 규모가 3만 제곱미터 미만이 아닌 것은?

① 공업지역　　　　　　② 관리지역
③ 농림지역　　　　　　④ 보전녹지지역

> **해설** 대통령령으로 정하는 개발행위의 규모
> 1) 도시지역
> 　– 주거지역 · 상업지역 · 자연녹지지역 · 생산녹지지역 : 1만 제곱미터 미만
> 　– 공업지역 : 3만 제곱미터 미만
> 　– 보전녹지지역 : 5천 제곱미터 미만
> 2) 관리지역 : 3만 제곱미터 미만
> 3) 농림지역 : 3만 제곱미터 미만
> 4) 자연환경보전지역 : 5천 제곱미터 미만　　**답** ④

4.2 신재생에너지 관련 법령 검토

4.2.1 신에너지 및 재생에너지 개발 · 이용 · 보급 촉진법령

01 신에너지 및 재생에너지 개발 이용 보급 촉진법의 목적 달성을 위한 방안에 해당하지 않는 것은?

① 신에너지 및 재생에너지의 기술개발
② 신에너지 및 재생에너지의 이용 · 보급 촉진
③ 신에너지 및 재생에너지 산업의 활성화
④ 신에너지 및 재생에너지의 이용 · 보급 축소

해설 제1조(목적)
신에너지 및 재생에너지 개발 이용 보급 촉진법의 목적은 신에너지 및 재생에너지의 기술개발 및 이용 · 보급 촉진과 신에너지 및 재생에너지 산업의 활성화를 통하여 달성된다. **답** ④

02 신에너지 및 재생에너지 개발 이용 보급 촉진법의 목적 달성을 위해 추진하는 내용이 아닌 것은?

① 에너지원을 다양화
② 에너지의 안정적인 공급
③ 에너지 구조의 환경친화적 전환
④ 온실가스 배출의 증가

해설 제1조(목적)
신에너지 및 재생에너지 개발 이용 보급 촉진법의 목적 달성을 위해 에너지원을 다양화하고, 에너지의 안정적인 공급, 에너지 구조의 환경친화적 전환 및 온실가스 배출의 감소를 추진한다. **답** ④

03 신에너지 및 재생에너지 개발 이용 보급 촉진법의 목적에 해당하지 않은 내용은?

① 핵심적인 에너지원만 집중 육성
② 환경의 보전
③ 국가경제의 건전하고 지속적인 발전
④ 국민복지의 증진에 이바지함

해설 제1조(목적)
신에너지 및 재생에너지 개발 이용 보급 촉진법의 목적은 환경의 보전, 국가경제의 건전하고 지속적인 발전 및 국민복지의 증진에 이바지함에 있다. **답** ①

04 에너지원을 다양화하고, 에너지의 안정적인 공급, 에너지 구조의 환경친화적 전환 및 온실가스 배출의 감소를 추진함으로써 환경의 보전, 국가경제의 건전하고 지속적인 발전 및 국민복지의 증진에 이바지함을 목적으로 하는 법은?

① 전기 공사업법
② 에너지 이용효율화법
③ 신에너지 및 재생에너지 개발 이용 보급 촉진법
④ 신·재생에너지설비의 지원 등에 관한 지침

> **해설** 제1조(목적)
> 신에너지 및 재생에너지 개발 이용 보급 촉진법은 신에너지 및 재생에너지의 기술개발 및 이용·보급 촉진과 신에너지 및 재생에너지 산업의 활성화를 통하여 에너지원을 다양화하고, 에너지의 안정적인 공급, 에너지 구조의 환경친화적 전환 및 온실가스 배출의 감소를 추진함으로써 환경의 보전, 국가경제의 건전하고 지속적인 발전 및 국민복지의 증진에 이바지함을 목적으로 하는 법이다. **답** ③

05 기존의 화석연료를 변환시켜 이용하거나 햇빛·물·지열(地熱)·강수(降水)·생물유기체 등을 포함하는 재생 가능한 에너지를 변환시켜 이용하는 에너지는?

① 기존의 화석연료 에너지　　② 천연가스 에너지
③ 신에너지 및 재생에너지　　④ 지열에너지

> **해설** 제2조(정의)
> 기존의 화석연료를 변환시켜 이용하거나 햇빛·물·지열(地熱)·강수(降水)·생물유기체 등을 포함하는 재생 가능한 에너지를 변환시켜 이용하는 에너지는 신에너지 및 재생에너지이다. **답** ③

06 신에너지 및 재생에너지 중 신에너지의 종류에 해당하지 않는 것은?

① 연료전지
② 수소에너지
③ 태양광에너지
④ 석탄 액화·가스화 에너지 및 중질잔사유 가스화 에너지

> **해설** 제2조(정의)
> 신에너지는 연료전지, 수소에너지, 석탄 액화·가스화 에너지 및 중질잔사유 가스화 에너지로 3가지이다. **답** ③

07 다음 중 신·재생에너지에 해당되지 않는 것은?

① 풍력　　　　　　　　　　② 원자력
③ 연료전지　　　　　　　　④ 태양에너지

> **해설** **신재생에너지** : 태양광, 태양열, 바이오, 풍력, 수력, 해양, 폐기물, 지열, 연료전지, 석탄액화가스화 및 중질잔사유 가스화, 수소전지 **답** ②

08 신에너지 및 재생에너지는 기존의 화석연료를 변환시켜 이용하거나 햇빛 · 물 · 지열(地熱) · 강수(降水) · 생물유기체 등을 포함하는 재생 가능한 에너지를 변환시켜 이용하는 에너지이다. 다음 중 신에너지 및 재생에너지원에 해당하는 것은?

① 석유　　　　　② 천연가스　　　　　③ 석탄　　　　　④ 지열

해설 제2조(정의)
기존의 에너지원은 석유 · 석탄 · 원자력 또는 천연가스 등이다.　　　　　**답** ④

09 생물자원을 변환시켜 이용하는 바이오에너지에 해당하지 않는 에너지는?

① 바이오가스　　② 매립지가스　　③ 바이오디젤　　④ 기체연료

해설 제2조(정의)
생물자원을 변환시켜 이용하는 바이오에너지의 범위는 생물유기체를 변환시킨 바이오가스, 바이오에탄올, 바이오액화유 및 합성가스이다. 쓰레기매립장의 유기성폐기물을 변환시킨 매립지가스이다. 동물 · 식물의 유지(油脂)를 변환시킨 바이오디젤이다. 생물유기체를 변환시킨 땔감, 목재칩, 펠릿 및 목탄 등의 고체연료이다.　　　　　**답** ④

10 석탄을 액화 · 가스화한 에너지 및 중질잔사유(重質殘渣油)를 가스화한 에너지로서 대통령령으로 정하는 에너지는?

① 바이오가스　　② 매립지가스　　③ 바이오디젤　　④ 합성가스

해설 제2조(정의)
합성가스는 석탄을 액화 · 가스화한 에너지 및 중질잔사유(重質殘渣油)를 가스화한 에너지로서 대통령령으로 정하는 에너지이다.　　　　　**답** ④

11 각종 사업장 및 생활시설의 폐기물을 변환시켜 얻어지는 기체, 액체 또는 고체의 연료 및 이 연료를 연소 또는 변환시켜 얻어지는 에너지, 폐기물의 소각열을 변환시킨 에너지는?

① 폐기물에너지　② 매립지가스　　③ 바이오디젤　　④ 합성가스

해설 제2조(정의)
폐기물에너지는 각종 사업장 및 생활시설의 폐기물을 변환시켜 얻어지는 기체, 액체 또는 고체의 연료 및 이 연료를 연소 또는 변환시켜 얻어지는 에너지, 폐기물의 소각열을 변환시킨 에너지이다.　　　　　**답** ①

12 석유 · 석탄 · 원자력 또는 천연가스가 아닌 에너지로서 대통령령으로 정하는 에너지는?

① 폐기물에너지　　　　　　　　② 발전용 에너지
③ 바이오디젤　　　　　　　　　④ 합성가스

해설 제2조(정의)
석유 · 석탄 · 원자력 또는 천연가스가 아닌 에너지로서 대통령령으로 정하는 에너지는 증기 공급용 에너지와 발전용 에너지이다.　　　　　**답** ②

13 신 · 재생에너지를 생산하거나 이용하는 설비로서 산업통상자원부령으로 정하는 설비는?

① 신 · 재생에너지 설비
② 신 · 재생에너지 발전설비
③ 신 · 재생에너지 회선설비
④ 신 · 재생에너지 기계

> **해설** 제2조(정의)
> 신 · 재생에너지 설비는 신 · 재생에너지를 생산하거나 이용하는 설비로서 산업통상자원부령으로 정하는 설비이다. **답** ①

14 신 · 재생에너지를 이용하여 전기를 생산하는 것은?

① 신 · 재생에너지 생산
② 신 · 재생에너지 발전
③ 신 · 재생에너지 송전
④ 신 · 재생에너지 배전

> **해설** 제2조(정의)
> 신 · 재생에너지 발전은 신 · 재생에너지를 이용하여 전기를 생산하는 것이다. **답** ②

15 「전기사업법」 제2조 제4호에 따른 발전사업자 또는 같은 조 제19호에 따른 자가용전기설비를 설치한 자로서 신 · 재생에너지 발전을 하는 사업자는?

① 에너지발전 사업자
② 에너지송전 사업자
③ 에너지배전 사업자
④ 신 · 재생에너지 발전사업자

> **해설** 제2조(정의)
> 신 · 재생에너지 발전사업자는 전기사업법 제2조 제4호에 따른 발전사업자 또는 같은 조 제19호에 따른 자가용전기설비를 설치한 자로서 신 · 재생에너지 발전을 하는 사업자이다. **답** ④

16 신 · 재생에너지 설비 중 태양의 열에너지를 변환시켜 전기를 생산하거나 에너지원으로 이용하는 설비는?

① 태양광 설비
② 지열에너지 설비
③ 태양열 설비
④ 수소에너지 설비

> **해설** 제2조(정의)
> 태양열 설비는 태양의 열에너지를 변환시켜 전기를 생산하거나 에너지원으로 이용하는 설비이다. **답** ③

17 신 · 재생에너지 설비 중 태양의 빛에너지를 변환시켜 전기를 생산하거나 채광(採光)에 이용하는 설비는?

① 태양광 설비
② 지열에너지 설비
③ 태양열 설비
④ 수소에너지 설비

> **해설** 제2조(정의)
> 태양광 설비는 태양의 빛에너지를 변환시켜 전기를 생산하거나 채광(採光)에 이용하는 설비이다.
> **답** ①

18 신에너지 및 재생에너지 개발·이용·보급촉진법에서 정한 공급의무자가 아닌 것은?

① 한국중부발전주식회사 ② 한국수자원공사
③ 한국가스공사 ④ 한국지역난방공사

> **해설** 신재생에너지 공급의무자 중 대통령령이 정한 자
> 1) 50만[kW] 이상의 발전설비(신·재생에너지 설비는 제외)를 보유하는 자
> 2) 한국수자원공사
> 3) 한국지역난방공사
>
> **답** ③

19 관계 중앙행정기관의 장과 협의를 한 후 제8조에 따른 신·재생에너지정책심의회의 심의를 거쳐 신·재생에너지의 기술개발 및 이용·보급을 촉진하기 위한 기본계획(이하 "기본계획"이라 한다)을 수립하는 장관은?

① 행정자치부 장관 ② 산업통상자원부 장관
③ 국토교통부 장관 ④ 환경부 장관

> **해설** 제5조(기본계획의 수립)
> 산업통상자원부장관은 관계 중앙행정기관의 장과 협의를 한 후 제8조에 따른 신·재생에너지정책심의회의 심의를 거쳐 신·재생에너지의 기술개발 및 이용·보급을 촉진하기 위한 기본계획(이하 "기본계획"이라 한다)을 수립하여야 한다.
>
> **답** ②

20 산업통상자원부장관이 수립하는 신·재생에너지의 기술개발 및 이용·보급을 촉진하기 위한 기본계획의 계획기간은 몇 년인가?

① 1년 이상 ② 3년 이상 ③ 5년 이상 ④ 10년 이상

> **해설** 제5조(기본계획의 수립)
> 기본계획의 계획기간은 10년 이상이다.
>
> **답** ④

21 신·재생에너지의 종류별로 신·재생에너지의 기술개발 및 이용·보급과 신·재생에너지 발전에 의한 전기의 공급에 관한 실행계획의 계획기간은 몇 년 인가?

① 매년 ② 매 3년
③ 매 5년 ④ 매 7년

> **해설** 제6조(연차별 실행계획)
> 실행계획의 계획기간은 매년이다.
>
> **답** ①

22 신·재생에너지 기술개발 및 이용·보급에 관한 계획을 수립·시행하려면 대통령령으로 정하는 바에 따라 미리 산업통상자원부장관과 협의하여야 한다. 협의대상이 아닌 것은?

① 국가기관 ② 지방자치단체
③ 민간기관 ④ 정부로부터 출연금을 받은 자

해설 **제7조(신ㆍ재생에너지 기술개발 등에 관한 계획의 사전협의)**
국가기관, 지방자치단체, 공공기관, 그 밖에 대통령령으로 정하는 자가 신ㆍ재생에너지 기술개발 및 이용ㆍ보급에 관한 계획을 수립ㆍ시행하려면 대통령령으로 정하는 바에 따라 미리 산업통상자원부장관과 협의하여야 한다. 대통령령으로 정하는 자는 정부로부터 출연금을 받은 자, 정부출연기관 또는 정부로부터 출연금을 받은 자로부터 납입자본금의 100분의 50 이상을 출자 받은 자이다. 답 ③

23 신에너지 및 재생에너지 기술개발 및 이용ㆍ보급에 관한 계획을 협의하려는 자는 그 시행 사업연도 개시 몇 개월 전까지 산업통상자원부장관에게 계획서를 제출하여야 하는가?

① 1개월 전
② 3개월 전
③ 4개월 전
④ 6개월 전

해설 **제7조(신ㆍ재생에너지 기술개발 등에 관한 계획의 사전협의)**
신에너지 및 재생에너지 기술개발 및 이용ㆍ보급에 관한 계획을 협의하려는 자는 그 시행 사업연도 개시 4개월 전까지 산업통상자원부장관에게 계획서를 제출하여야 한다. 답 ③

24 신ㆍ재생에너지정책심의회는 위원장 1명을 포함한 몇 명 이내의 위원으로 구성하는가?

① 7명 이내
② 10명 이내
③ 15명 이내
④ 20명 이내

해설 **영 제4조(신ㆍ재생에너지정책심의회의 구성)**
신ㆍ재생에너지정책심의회는 위원장 1명을 포함한 20명 이내의 위원으로 구성한다. 답 ④

25 대통령령으로 정하는 경미한 사항을 변경하는 경우는 어떤 경우인가?

① 기본계획에서 정한 예산의 규모에 영향을 미치지 아니하는 범위
② 기본계획에서 정한 예산의 규모에 영향을 미치는 범위
③ 기본계획에서 정한 범위를 넘는 창의적인 내용의 범위
④ 기본계획에서 정한 예산의 규모를 훨씬 넘는 예산의 범위

해설 **영 제10조(심의회의 심의사항에서 제외되는 기본계획의 경미한 변경)**
대통령령으로 정하는 경미한 사항을 변경하는 경우는 기본계획에서 정한 예산의 규모에 영향을 미치지 아니하는 범위에서 기본계획의 내용 중 그 계획의 집행을 위한 세부 사항을 변경하는 경우를 말한다. 답 ①

26 정부는 실행계획을 시행하는 데에 필요한 사업비를 언제마다 세출예산에 계상(計上)하여야 하는가?

① 회계연도마다
② 3년마다
③ 5년마다
④ 7년마다

해설 **제9조(신ㆍ재생에너지 기술개발 및 이용ㆍ보급 사업비의 조성)**
정부는 실행계획을 시행하는 데에 필요한 사업비를 회계연도마다 세출예산에 계상(計上)하여야 한다.
답 ①

27 신재생에너지 사업의 수행과 관련되는 비용 외의 용도로 사용해서는 안 되며, 이 자금을 받은 자는 별도의 계정(計定)을 만들어 관리하여야 하는 것은 무엇인가?

① 정부예산 ② 지방자치단체 공과금
③ 출연금 ④ 부가세

해설 **영 제14조(출연금의 사용 및 관리)**
출연금은 신재생에너지(법 제10조 각 호)의 사업의 수행과 관련되는 비용 외의 용도로 사용해서는 아니 된다. 출연금을 받은 자는 별도의 계정(計定)을 만들어 관리하여야 한다. **답 ③**

28 산업통상자원부장관은 신재생에너지 사업을 효율적으로 추진하기 위하여 필요하다고 인정하면 해당하는 자와 협약을 맺어 그 사업을 하게 할 수 있다. 협약을 맺어 그 사업을 할 수 있는 자가 아닌 것은?

① 기업연구소 ② 산업기술연구조합
③ 대학 또는 전문대학 ④ 특정기술협회

해설 **제11조(사업의 실시)**
협약을 맺어 그 사업을 할 수 있는 자는 특정연구기관, 기업연구소, 산업기술연구조합, 대학 또는 전문대학, 국공립연구기관, 국가기관, 지방자치단체 및 공공기관, 그 밖에 산업통상자원부장관이 기술개발능력이 있다고 인정하는 자이다. **답 ④**

29 산업통상자원부장관이 신·재생에너지의 기술개발 및 이용·보급을 촉진하기 위하여 필요하다고 인정하면, 신재생에너지 관련 사업을 하거나 그 사업에 투자 또는 출연할 것을 권고할 수 있는 대상자는?

① 기업연구소 ② 산업기술연구조합
③ 대학 또는 전문대학 ④ 에너지 관련 사업을 하는 자

해설 **제12조(신·재생에너지사업에의 투자권고 및 신·재생에너지 이용의무화 등)**
산업통상자원부장관은 신·재생에너지의 기술개발 및 이용·보급을 촉진하기 위하여 필요하다고 인정하면 에너지 관련 사업을 하는 자에 대하여 제10조 각 호의 사업을 하거나 그 사업에 투자 또는 출연할 것을 권고할 수 있다. **답 ④**

30 산업통상자원부장관은 신·재생에너지의 이용·보급을 촉진하고 신·재생에너지산업의 활성화를 위하여 필요하다고 인정하면, 다음 각 호의 어느 하나에 해당하는 자가 신축·증축 또는 개축하는 건축물에 대하여 설계 시 산출된 예상 에너지사용량의 일정 비율 이상을 신·재생에너지를 이용하여 공급되는 에너지를 사용하도록 신·재생에너지 설비를 의무적으로 설치하게 할 수 있다. 다음 중 그 대상자가 아닌 자는?

① 국가 및 지방자치단체 ② 공기업
③ 정부출연기관 ④ 에너지 관련 사업을 하는 자

> **해설** 제12조(신·재생에너지사업에의 투자권고 및 신·재생에너지 이용의무화 등)
> 의무적으로 설치하게 할 수 있는 대상자는 국가 및 지방자치단체, 공기업, 정부출연기관, 정부출자기업체,
> 대통령령으로 정하는 비율 또는 금액 이상을 출자한 법인, 특별법에 따라 설립된 법인이다.   **답** ④

31 산업통상자원부장관은 신·재생에너지의 활용 여건 등을 고려할 때 신·재생에너지를 이용하는 것이 적절하다고 인정되는 경우에 신·재생에너지의 종류를 지정하여 이용하도록 권고하거나 그 이용설비를 설치하도록 권고할 수 있다. 다음 중 그 대상자가 아닌 자는?

① 공장   ② 사업장

③ 집단주택단지   ④ 전력사업자

> **해설** 제12조(신·재생에너지사업에의 투자권고 및 신·재생에너지 이용의무화 등)
> 산업통상자원부장관은 신·재생에너지의 활용 여건 등을 고려할 때 신·재생에너지를 이용하는 것이 적절하다고 인정되는 공장·사업장 및 집단주택단지 등에 대하여 신·재생에너지의 종류를 지정하여 이용하도록 권고하거나 그 이용설비를 설치하도록 권고할 수 있다.   **답** ④

32 건축법 시행령 별표 1 제5호부터 제16호까지, 제23호 가목부터 다목까지, 제24호 및 제26호부터 제28호까지의 용도의 건축물로서 신축·증축 또는 개축하는 부분의 연면적이 1천 제곱미터 이상인 건축물은 신·재생에너지 공급의무 비율을 지켜야 한다. 2022년의 공급 의무 비율은?

① 30[%]   ② 32[%]

③ 34[%]   ④ 36[%]

> **해설** | 신·재생에너지의 공급의무 비율 (제15조 제1항 제1호 관련) |
>
> | 해당연도 | 2020~2021 | 2022~2023 | 2024~2025 | 2026~2027 | 2028~2029 | 2030 이후 |
> |---|---|---|---|---|---|---|
> | 공급의무 비율[%] | 30 | 32 | 34 | 36 | 38 | 40 |
>
> **답** ②

33 신재생에너지 설치의무화 제도 및 대상기관이 아닌 곳은?

① 국가 및 지방자치단체

② 특별법에 따라 설립된 법인

③ 납입자본금으로 연간 50억원 이상을 출자한 법인

④ 대통령령으로 정하는 10억원 이상을 출연한 정부출연기관

> **해설** 대통령령으로 정하는 금액은 50억 이상을 말한다.   **답** ④

34 법에서 대통령령으로 정하는 비율 또는 금액 이상을 출자한 법인에 해당하는 것은?

① 납입자본금의 100의 50 이상을 출자한 법인, 납입자본금으로 50억원 이상을 출자한 법인
② 납입자본금의 100의 40 이상을 출자한 법인, 납입자본금으로 40억원 이상을 출자한 법인
③ 납입자본금의 100의 30 이상을 출자한 법인, 납입자본금으로 30억원 이상을 출자한 법인
④ 납입자본금의 100의 20 이상을 출자한 법인, 납입자본금으로 20억원 이상을 출자한 법인

> **해설** 법 제12조 제2항 제5호에서 대통령령으로 정하는 비율 또는 금액 이상을 출자한 법인은 납입자본금의 100의 50 이상을 출자한 법인, 납입자본금으로 50억원 이상을 출자한 법인이다. **답** ①

35 법에 따라 해당하는 자의 장 또는 대표자가 해당하는 건축물을 신축 · 증축 또는 개축하려는 경우에 신 · 재생에너지 설비의 설치계획서를 해당 건축물에 대한 건축허가를 신청하기 전에 누구에게 제출하여야 하는가?

① 산업통상자원부장관   ② 행정자치부장관
③ 국토교통부장관   ④ 방송통신위원장

> **해설** 법 제12조 제2항에 따라 같은 항 각 호의 어느 하나에 해당하는 자의 장 또는 대표자가 영 제15조 제1항 각 호의 어느 하나에 해당하는 건축물을 신축 · 증축 또는 개축하려는 경우에는 신 · 재생에너지 설비의 설치계획서를 해당 건축물에 대한 건축허가를 신청하기 전에 산업통상자원부장관에게 제출하여야 한다. **답** ①

36 산업통상자원부장관은 설치계획서를 받은 날부터 며칠 이내에 타당성을 검토한 후 그 결과를 해당 설치의무기관의 장 또는 대표자에게 통보하여야 하는가?

① 10일   ② 20일
③ 30일   ④ 50일

> **해설** 산업통상자원부장관은 설치계획서를 받은 날부터 30일 이내에 타당성을 검토한 후 그 결과를 해당 설치의무기관의 장 또는 대표자에게 통보하여야 한다. **답** ③

37 산업통상자원부장관은 공급인증서 관련 업무를 전문적이고 효율적으로 실시하고 공급인증서의 공정한 거래를 위하여 공급인증기관을 지정하는데, 이런 공급인증기관이 제정하는 공급인증서 발급 및 거래시장 운영에 관한 규칙이 아닌 것은?

① 공급인증서의 발급, 등록, 거래 및 폐기 등에 관한 사항
② 신 · 재생에너지 수요예측에 대한 증명에 관한 사항
③ 공급인증서 가격의 결정방법에 관한 사항
④ 공급인증서 가격의 거래방법에 관한 사항

> **해설** **공급인증기관 운영규칙**
> 1) 공급인증서의 발급, 등록, 거래 및 폐기 등에 관한 사항
> 2) 신 · 재생에너지 공급량의 증명에 관한 사항

3) 공급인증서의 거래방법에 관한 사항
4) 공급인증서 가격의 결정방법에 관한 사항
5) 공급인증서 거래의 정산 및 결제에 관한 사항
6) 제1호와 관련된 정보의 공개 및 분쟁조정에 관한 사항
7) 그 밖에 공급인증서의 발급 및 거래시장 운영에 필요한 사항　　답 ②

38 지정된 공급인증기관의 수행 업무가 아닌 것은?

① 공급인증서의 발급, 등록, 관리 및 폐기
② 국가가 소유하는 공급인증서의 거래 및 관리에 관한 사무의 대행
③ 거래시장의 개설
④ 회원의 자격 심사에 관한 업무

> 해설　**공급인증기관의 업무**
> 1. 공급인증서의 발급, 등록, 관리 및 폐기
> 2. 국가가 소유하는 공급인증서의 거래 및 관리에 관한 사무의 대행
> 3. 거래시장의 개설
> 4. 공급의무자가 제12조의5에 따른 의무를 이행하는 데 지급한 비용의 정산에 관한 업무
> 5. 공급인증서 관련 정보의 제공　　답 ④

39 산업통상자원부장관은 신·재생에너지의 이용·보급을 촉진하고 신·재생에너지산업의 활성화를 위하여 필요하다고 인정하면 대통령령으로 정하는 자에게 발전량의 일정량 이상을 의무적으로 신·재생에너지를 이용하여 공급하게 할 수 있다. 대통령령으로 정하는 자가 아닌 것은?

① 50만 킬로와트 이상의 발전설비(신·재생에너지 설비는 제외한다)를 보유하는 자
② 한국수자원공사
③ 한국지역난방공사
④ 한국광물자원공사

> 해설　대통령령으로 정하는 자는 법 제12조의5 제1항 제1호 및 제2호에 해당하는 자로서 50만 킬로와트 이상의 발전설비(신·재생에너지 설비는 제외한다)를 보유하는 자, 한국수자원공사법에 따른 한국수자원공사, 집단에너지사업법 제29조에 따른 한국지역난방공사이다.　　답 ④

40 신에너지 및 재생에너지 개발·이용·보급촉진법에서 정한 공급의무자는 지난 연도 총전력생산량의 합계에 일정비율을 곱한 의무공급량 이상을 신·재생에너지로 공급하여야 한다. 다음 중 2023년도 의무공급량 비율은?

① 9.0[%]　　　　　　　　　② 13.0[%]
③ 17.0[%]　　　　　　　　　④ 20.5[%]

> 해설　공급의무자가 의무적으로 신·재생에너지를 이용하여 공급하여야 하는 발전량(이하 "의무공급량"이라 한다)의 합계는 총전력생산량의 25[%] 이내의 범위에서 연도별로 대통령령으로 정한다.

해당 연도	비율[%]	해당 연도	비율[%]
2012	2.0	2020	7.0
2013	2.5	2021	9.0
2014	3.0	2022	12.5
2015	3.0	2023	13.0
2016	3.5	2024	13.5
2017	4.0	2025	14.0
2018	5.0	2026	15.0
2019	6.0		

답 ②

41 산업통상자원부장관은 몇 년마다 기술개발 수준, 신 · 재생에너지의 보급 목표, 운영 실적과 그 밖의 여건 변화를 고려하여 비율을 재검토하여야 하는가?

① 1년마다　　　② 2년마다　　　③ 3년마다　　　④ 4년마다

해설　산업통상자원부장관은 3년마다 기술개발 수준, 신 · 재생에너지의 보급 목표, 운영 실적과 그 밖의 여건 변화를 고려하여 비율을 재검토하여야 한다.
답 ③

42 공급의무자가 의무적으로 신 · 재생에너지를 이용하여 공급하여야 하는 발전량(이하 "의무공급량"이라 한다)의 합계는 총 전력 생산량의 몇 % 이내의 범위에서 연도별로 대통령령으로 정하는가?

① 2.5[%]　　　② 3.0[%]　　　③ 10[%]　　　④ 25[%]

해설　공급의무자가 의무적으로 신 · 재생에너지를 이용하여 공급하여야 하는 발전량(이하 "의무공급량"이라 한다)의 합계는 총 전력생산량의 25[%] 이내의 범위에서 연도별로 대통령령으로 정한다.
답 ④

43 균형 있는 이용 · 보급이 필요한 신 · 재생에너지에 대하여는 대통령령으로 정하는 바에 따라 총의무공급량 중 일부를 해당 신 · 재생에너지를 이용하여 공급하게 할 수 있다. 대통령령으로 정하는 재생에너지는 태양에너지이다. 2014년의 의무공급량은?

① 276[GWh]　　　② 723[GWh]　　　③ 1,353[GWh]　　　④ 1,235[GWh]

해설　균형 있는 이용 · 보급이 필요한 신 · 재생에너지에 대하여는 대통령령으로 정하는 바에 따라 총의무공급량 중 일부를 해당 신 · 재생에너지를 이용하여 공급하게 할 수 있다. 대통령령으로 정하는 재생에너지는 태양에너지이다. 2013년의 의무공급량은 723[GWh]이다.
[별표 4] 신 · 재생에너지의 종류 및 의무공급량(제18조의4 제3항 전단 관련)
1. 종류: 태양에너지(태양의 빛에너지를 변환시켜 전기를 생산하는 방식에 한정한다)
2. 연도별 의무공급량

해당 연도	의무공급량 (단위 : GWh)
2012년	276
2013년	723
2014년	1,353
2015년 이후	1,971

답 ③

44 신·재생에너지 공제조합의 조합원으로 가입이 불가능한 것은?

① 신·재생에너지 발전사업자

② 신·재생에너지 연료사업자

③ 신·재생에너지 설비 설치기업

④ 신·재생에너지 사업에 금융을 제공하는 자

> **해설** 신·재생에너지 발전사업자, 신·재생에너지 연료사업자, 신·재생에너지 설비 설치기업, 신·재생에너지 설비의 제조·수입 및 판매 등의 사업을 영위하는 자(이하 "신·재생에너지사업자"라 한다)는 신·재생에너지의 기술개발 및 이용·보급에 필요한 사업(이하 "신·재생에너지사업"이라 한다)을 원활히 수행하기 위하여 「엔지니어링산업 진흥법」 제34조에 따른 공제조합의 조합원으로 가입할 수 있다. **답** ④

45 석유정제업자 또는 석유수출입업자가 수송용 연료에 혼합하여야 하는 신·재생에너지 연료의 2025년 혼합의무비율은?

① 0.03

② 0.035

③ 0.04

④ 0.045

> **해설** **연도별 혼합의무비율**

해당 연도		수송용 연료에 대한 신·재생에너지 연료 혼합의무비율
2021년	1월1일부터 6월 30일까지	0.03
	7월1일부터 12월 31일까지	0.035
2022년		0.035
2023년		0.035
2024년		0.04
2025년		0.04
2026년		0.04
2027년		0.045
2028년		0.045
2029년		0.045
2030년 이후		0.05

답 ③

46 산업통상자원부장관은 기관의 지정을 취소하려면 청문을 하여야 한다. 청문을 하여야 하는 내용은?

① 공급인증기관 지정 취소

② 건축물 인증의 취소

③ 발전설비의 지정 취소

④ 송전설비의 지정 취소

> **해설** **제24조(청문)**
> 산업통상자원부장관은 다음 각 호에 해당하는 처분을 하려면 청문을 하여야 한다.
> 1. 제12조의10 제1항에 따른 공급인증기관의 지정 취소
> 2. 삭제
> 3. 제23조의6에 따른 관리기관의 지정 취소 **답** ①

47 산업통상자원부장관은 산업통상자원부령으로 정하는 바에 따라 전문성이 있는 기관을 지정하여 필요한 국내외 신·재생에너지의 수요·공급에 관한 통계자료를 조사·작성·분석 및 관리에 관한 업무의 전부 또는 일부를 하게 할 수 있다. 해당기관은 어디인가?

① 신·재생에너지센터　　　　　　　② 발전회사
③ 전기사업자　　　　　　　　　　④ 지역전기사업자

> **해설** 법 제25조 제2항에 따른 통계에 관한 업무를 수행하는 전문성이 있는 기관은 법 제31조 제1항에 따른 신·재생에너지센터(이하 "센터"라 한다)로 한다.　　　　　　　**답** ①

48 국가 또는 지방자치단체는 신·재생에너지 기술개발 및 이용·보급에 관한 사업을 위하여 필요하다고 인정하면 국유재산 또는 공유재산을 신·재생에너지 기술개발 및 이용·보급에 관한 사업을 하는 자에게 대부계약의 체결 또는 사용허가를 하거나 처분할 수 있다. 국유재산 및 공유재산의 임대기간은 몇 년 이내로 할 수 있는가?

① 10년　　　　② 7년　　　　③ 5년　　　　④ 3년

> **해설** 제26조(국유재산·공유재산의 임대 등)
> 국유재산 및 공유재산의 임대기간은 10년 이내로 한다.　　　　　　　**답** ①

49 국유재산 및 공유재산의 임대기간은 10년 이내로 하되, 국유재산은 종전의 임대기간을 초과하지 아니하는 범위에서 갱신할 수 있고, 공유재산은 지방자치단체의 장이 필요하다고 인정하는 경우 몇 회에 한하여 10년 이내의 기간에서 연장할 수 있다. 몇 회에 한하여 할 수 있는가?

① 1회　　　　② 2회　　　　③ 3회　　　　④ 4회

> **해설** 제26조(국유재산·공유재산의 임대 등)
> 국유재산 및 공유재산의 임대기간은 10년 이내로 하되, 국유재산은 종전의 임대기간을 초과하지 아니하는 범위에서 갱신할 수 있고, 공유재산은 지방자치단체의 장이 필요하다고 인정하는 경우 1회에 한하여 10년 이내의 기간에서 연장할 수 있다.　　　　　　　**답** ①

50 국유재산 또는 공유재산을 임차하거나 취득한 자가 임대일 또는 취득일부터 몇 년 이내에 해당 재산에서 신·재생에너지 기술개발 및 이용·보급에 관한 사업을 시행하지 아니하는 경우에는 대부계약 또는 사용허가를 취소하거나 환매할 수 있다. 몇 년 이내로 사업을 시행해야 하는가?

① 1년　　　　② 2년　　　　③ 3년　　　　④ 5년

> **해설** 제26조(국유재산·공유재산의 임대 등)
> 국유재산 또는 공유재산을 임차하거나 취득한 자가 임대일 또는 취득일부터 2년 이내에 해당 재산에서 신·재생에너지 기술개발 및 이용·보급에 관한 사업을 시행하지 아니하는 경우에는 대부계약 또는 사용허가를 취소하거나 환매할 수 있다.　　　　　　　**답** ②

51 산업통상자원부장관은 신·재생에너지의 이용·보급을 촉진하기 위하여 필요하다고 인정하면 대통령령으로 정하는 바에 따라 다음 각 호의 보급 사업을 할 수 있다. 보급 사업에 해당하지 않는 사업은?

① 신기술의 적용사업 및 시범사업
② 환경친화적 신·재생에너지 집적화단지 및 시범단지 조성사업
③ 지방자치단체와 연계한 보급사업
④ 연구 실험 결과만 있는 신·재생에너지 설비의 보급을 지원하는 사업

> **해설** 제27조(보급사업)
> 산업통상자원부장관은 신·재생에너지의 이용·보급을 촉진하기 위하여 필요하다고 인정하면 대통령령으로 정하는 바에 따라 다음 각 호의 보급사업을 할 수 있다.
> 1. 신기술의 적용사업 및 시범사업
> 2. 환경친화적 신·재생에너지 집적화단지(集積化團地) 및 시범단지 조성사업
> 3. 지방자치단체와 연계한 보급사업
> 4. 실용화된 신·재생에너지 설비의 보급을 지원하는 사업
> 5. 그 밖에 신·재생에너지 기술의 이용·보급을 촉진하기 위하여 필요한 사업으로서 산업통상자원부장관이 정하는 사업　　　**답** ④

52 산업통상자원부장관이 우선적으로 보급 사업을 추진할 수 없는 경우는?

① 개발된 신·재생에너지 설비가 설비인증을 받거나
② 신·재생에너지 기술의 국제표준화
③ 신·재생에너지 설비와 그 부품의 공용화가 이루어진 경우
④ 연구 실험 결과만 있는 신·재생에너지 설비인 경우

> **해설** 제27조(보급사업)
> 산업통상자원부장관은 개발된 신·재생에너지 설비가 설비인증을 받거나 신·재생에너지 기술의 국제표준화 또는 신·재생에너지 설비와 그 부품의 공용화가 이루어진 경우에는 우선적으로 제1항에 따른 보급사업을 추진할 수 있다.　　　**답** ④

53 산업통상자원부장관은 보급사업의 실시기관을 선정하여 시행한다. 실시기관에 해당하지 않는 것은?

① 신·재생에너지센터　　　　　② 기업연구소
③ 산업기술연구조합　　　　　④ 개인연구소

> **해설** 산업통상자원부장관은 법 제27조제1항 각 호에 따른 보급사업을 시행하는 경우에는 다음 각 호의 어느 하나에 해당하는 자 중에서 보급사업의 실시기관을 선정하여 시행한다.
> 1. 법 제11조 제1항 각 호의 어느 하나에 해당하는 자
> 2. 센터
> [보충] 법 제11조 제1항
> 1. 「특정연구기관 육성법」에 따른 특정연구기관
> 2. 기초연구진흥 및 기술개발지원에 관한 법률 제14조 제1항 제2호에 따른 기업연구소
> 3. 「산업기술연구조합 육성법」에 따른 산업기술연구조합

4. 「고등교육법」에 따른 대학 또는 전문대학
5. 국공립연구기관
6. 국가기관, 지방자치단체 및 공공기관
7. 그 밖에 산업통상자원부장관이 기술개발능력이 있다고 인정하는 자　　　답 ④

54 산업통상자원부장관은 권한을 위임 및 위탁할 수 있다. 보급사업에 관한 권한을 위임받을 수 있는 기관은 어디인가?

① 기술표준원장　　　　　　　　　　② 신 · 재생에너지센터
③ 도지사　　　　　　　　　　　　　④ 한국에너지기술평가원

해설　영 제30조(권한의 위임 · 위탁)
산업통상자원부장관은 보급사업에 관한 권한을 특별시장, 광역시장, 도지사 또는 특별자치도지사에게 위임한다.　　　답 ③

55 산업통상자원부장관은 권한을 위임 및 위탁할 수 있다. 성능검사기관의 지정, 설비인증기관에 대한 행정상 지원 등에 관한 권한을 위임 받을 수 있는 기관은 어디인가?

① 기술표준원장　　　　　　　　　　② 신 · 재생에너지센터
③ 도지사　　　　　　　　　　　　　④ 한국에너지기술평가원

해설　산업통상자원부장관은 기술표준원장에게 성능검사기관의 지정, 설비인증기관에 대한 행정상 지원, 성능검사기관의 지정취소 및 업무정지 처분 등을 위임한다.　　　답 ①

56 산업통상자원부장관은 권한을 위임 및 위탁할 수 있다. 설치계획서의 접수, 검토 결과 통보 및 의견 청취, 신 · 재생에너지 설비 설치확인신청서 접수 및 신 · 재생에너지 설비 설치확인서 발급에 관한 권한을 위임 받을 수 있는 기관은 어디인가?

① 기술표준원장　　　　　　　　　　② 신 · 재생에너지센터
③ 도지사　　　　　　　　　　　　　④ 한국에너지기술평가원

해설　산업통상자원부장관은 설치계획서의 접수, 검토 결과 통보 및 의견 청취, 신 · 재생에너지 설비 설치확인신청서 접수 및 신 · 재생에너지 설비 설치확인서 발급, 신 · 재생에너지전문기업 신고서 접수 및 신고증명서 발급 업무를 신 · 재생에너지센터에 위탁한다.　　　답 ②

57 산업통상자원부장관은 권한을 위임 및 위탁할 수 있다. 신 · 재생에너지 기술개발사업에 대한 협약체결 업무에 관한 권한을 위임 받을 수 있는 기관은 어디인가?

① 기술표준원장　　　　　　　　　　② 신 · 재생에너지센터
③ 도지사　　　　　　　　　　　　　④ 한국에너지기술평가원

해설　산업통상자원부장관은 법 제32조 제2항에 따라 법 제11조 제1항에 따른 신 · 재생에너지 기술개발사업에 대한 협약체결 업무를 「에너지법」 제13조에 따른 한국에너지기술평가원에 위탁한다.　　　답 ④

58 산업통상자원부장관은 자체 개발한 기술이나 사업비를 받아 개발한 기술의 사업화를 촉진시킬 필요가 있다고 인정하면 지원할 수 있다. 시험제품 제작 및 설비투자의 경우는 필요한 자금의 몇 퍼센트의 범위에서 융자 지원을 할 수 있는가?

① 100퍼센트 　　② 90퍼센트 　　③ 80퍼센트 　　④ 70퍼센트

해설 규칙 제15조(신ㆍ재생에너지 기술 사업화의 지원절차 등)
산업통상자원부장관은 시험제품 제작 및 설비투자의 경우에 필요한 자금의 100퍼센트의 범위에서 융자 지원한다. **답** ①

59 산업통상자원부장관은 자체 개발한 기술이나 사업비를 받아 개발한 기술의 사업화를 촉진시킬 필요가 있다고 인정하면 지원할 수 있다. 신ㆍ재생에너지 기술의 교육 및 홍보의 경우는 필요한 자금의 몇 퍼센트의 범위에서 자금 지원이 가능한가?

① 100퍼센트 　　② 90퍼센트 　　③ 80퍼센트 　　④ 70퍼센트

해설 규칙 제15조(신ㆍ재생에너지 기술 사업화의 지원절차 등)
산업통상자원부장관은 신ㆍ재생에너지 기술의 교육 및 홍보의 경우에 필요한 자금의 80퍼센트의 범위에서 자금을 지원한다. **답** ③

60 산업통상자원부장관은 자체 개발한 기술이나 사업비를 받아 개발한 기술의 사업화를 촉진시킬 필요가 있다고 인정하면 지원할 수 있다. 산업통상자원부장관이 정하는 지원사업의 경우 필요한 자금의 몇 퍼센트의 범위에서 자금 지원이 가능한가?

① 100퍼센트 　　② 90퍼센트 　　③ 80퍼센트 　　④ 70퍼센트

해설 규칙 제15조(신ㆍ재생에너지 기술 사업화의 지원절차 등)
산업통상자원부장관은 산업통상자원부장관이 정하는 지원사업의 경우에 필요한 자금의 80퍼센트의 범위에서 자금 지원한다. **답** ③

61 산업통상자원부장관은 신ㆍ재생에너지의 이용 및 보급을 전문적이고 효율적으로 추진하기 위하여 대통령령으로 정하는 에너지 관련 기관에 신ㆍ재생에너지센터를 두어 신ㆍ재생에너지 분야에 사업을 하게 할 수 있다. 대통령령으로 정하는 에너지 관련 기관은?

① 한국전력공사 　　　　　② 한국수원자력발전
③ 에너지관리공단 　　　　　④ 신재생에너지협회

해설 제31조(신ㆍ재생에너지센터)
1. 산업통상자원부장관은 신ㆍ재생에너지의 이용 및 보급을 전문적이고 효율적으로 추진하기 위하여 대통령령으로 정하는 에너지 관련 기관에 신ㆍ재생에너지센터(이하 "센터"라 한다)를 두어 신ㆍ재생에너지 분야에 관한 다음 각 호의 사업을 하게 할 수 있다.
2. 대통령령으로 정하는 에너지 관련 기관"이란 「에너지이용 합리화법」 제45조 제1항에 따른 에너지관리공단(이하 "공단"이라 한다)을 말하며, 센터는 공단의 부설기관으로 한다. **답** ③

62 거짓이나 부정한 방법으로 발전차액을 지원받은 자와 그 사실을 알면서 발전차액을 지급한 자는 몇 년 이하의 징역 또는 지원받은 금액의 몇 배 이하에 상당하는 벌금에 처하는가?

① 3년, 3배 ② 5년, 5배
③ 7년, 7배 ④ 9년, 9배

> 해설 제34조(벌칙)
> 거짓이나 부정한 방법으로 제17조에 따른 발전차액을 지원받은 자와 그 사실을 알면서 발전차액을 지급한 자는 3년 이하의 징역 또는 지원받은 금액의 3배 이하에 상당하는 벌금에 처한다. **답** ①

63 거짓이나 부정한 방법으로 공급인증서를 발급받은 자와 그 사실을 알면서 공급인증서를 발급한 자는 몇 년 이하의 징역 또는 얼마 이하의 벌금에 처하는가?

① 1년, 1천만원 ② 2년, 2천만원 ③ 3년, 3천만원 ④ 5년, 5천만원

> 해설 제34조(벌칙)
> 거짓이나 부정한 방법으로 공급인증서를 발급받은 자와 그 사실을 알면서 공급인증서를 발급한 자는 3년 이하의 징역 또는 3천만원 이하의 벌금에 처한다. **답** ③

64 공급인증기관이 개설한 거래시장 외에서 공급인증서를 거래한 자는 몇 년 이하의 징역 또는 몇 천만 원 이하의 벌금에 처하는가?

① 1년, 1천만원 ② 2년, 2천만원 ③ 3년, 3천만원 ④ 5년, 5천만원

> 해설 제34조(벌칙)
> 공급인증기관이 개설한 거래시장 외에서 공급인증서를 거래한 자는 2년 이하의 징역 또는 2천만원 이하의 벌금에 처한다. **답** ②

65 위반행위의 횟수에 따른 과태료의 부과기준은 최근 몇 년간 같은 위반행위로 과태료를 부과받은 경우에 적용하는가? (단, 이 경우 같은 위반행위에 대하여 최초로 과태료를 부과받은 날과 그 처분 후 다시 같은 위반행위를 하여 적발한 날을 기준으로 한다.)

① 1년간 ② 2년간 ③ 3년간 ④ 4년간

> 해설 제31조(과태료의 부과기준)
> 위반행위의 횟수에 따른 과태료의 부과기준은 최근 2년간 같은 위반행위로 과태료를 부과 받은 경우에 적용한다. 이 경우 같은 위반행위에 대하여 최초로 과태료를 부과 받은 날과 그 처분 후 다시 같은 위반행위를 하여 적발한 날을 기준으로 한다. **답** ②

66 신재생에너지 설비인증 받은 자가 보험 또는 공제에 가입하지 않은 기간이 30일 이하인 경우 1회 위반 시 얼마 이하의 과태료를 부과하는가?

① 2백만원 이하 ② 5백만원 이하
③ 3천만원 이하 ④ 5천만원 이하

해설 **제31조(과태료의 부과기준)**
신재생에너지 설비인증 받은 자가 보험 또는 공제에 가입하지 않은 기간이 30일 이하인 경우는 1회 위반 시 2백만원 이하의 과태료를 부과 한다. 답 ①

---

67 공용화 품목의 지정을 요청하려는 자는 지정요청서에 필요서류를 첨부하여 누구에게 제출해야 하는가?

① 국가기술표준원장 ② 산업통상자원부 장관
③ 신재생에너지 ④ 에너지관리공단

해설 공용화 품목의 지정을 요청하려는 자는 지정요청서에 다음 각 호의 서류를 첨부하여 국가기술표준원장에게 제출하여야 한다.
1) 대상 품목의 명칭·규격 및 설명서
2) 공용화 품목으로 지정받으려는 사유
3) 공용화 품목으로 지정될 경우의 기대효과 답 ①

---

68 다음 ( )에 들어갈 내용은?

> 산업통상자원부장관은 발전차액을 지원받은 신·재생에너지 발전사업자가 "거짓이나 부정한 방법으로 발전차액을 지원받은 경우"에 해당하면 산업통상자원부령으로 정하는 바에 따라 그 발전차액을 환수(還收)할 수 있다. 이 경우 산업통상자원부장관은 발전차액을 반환할 자가 ( )일 이내에 이를 반환하지 아니하면 국세 체납처분의 예에 따라 징수할 수 있다.

① 30 ② 60 ③ 90 ④ 120

해설 30일 이내 답 ①

---

69 산업통상자원부장관이 신·재생에너지의 이용·보급을 촉진하기 위해 수행하는 보급사업이 아닌 것은?

① 신기술의 적용사업 및 시범사업
② 환경친화적 신·재생에너지 집적화단지(集積化團地) 및 시범단지 조성사업
③ 공기업과 연계한 보급사업
④ 실용화된 신·재생에너지 설비의 보급을 지원하는 사업

해설 산업통상자원부장관은 신·재생에너지의 이용·보급을 촉진하기 위하여 필요하다고 인정하면 다음의 보급사업을 할 수 있다.
1) 신기술의 적용사업 및 시범사업
2) 환경친화적 신·재생에너지 집적화단지(集積化團地) 및 시범단지 조성사업
3) 지방자치단체와 연계한 보급사업
4) 실용화된 신·재생에너지 설비의 보급을 지원하는 사업
5) 그 밖에 신·재생에너지 기술의 이용·보급을 촉진하기 위하여 필요한 사업으로서 산업통상자원부장관이 정하는 사업 답 ③

70 다음 중 신·재생에너지 개발·이용·보급 촉진법의 제정목적으로 볼 수 없는 것은?

① 신에너지 및 재생에너지 산업의 활성화를 통하여 에너지원을 다양화한다.

② 에너지 구조의 환경친화적 전환 및 온실가스 배출의 감소를 추진한다.

③ 환경의 보전, 국가경제의 건전하고 지속적인 발전 및 국민복지의 증진에 이바지한다.

④ 저탄소 사회 구현을 통하여 국민의 삶의 질을 높인다.

해설 **목적**
1) 신에너지 및 재생에너지의 기술개발 및 이용·보급 촉진
2) 신에너지 및 재생에너지 산업의 활성화를 통하여 에너지원을 다양화
3) 에너지의 안정적인 공급, 에너지 구조의 환경친화적 전환 및 온실가스 배출의 감소를 추진함
4) 환경의 보전, 국가경제의 건전하고 지속적인 발전 및 국민복지의 증진에 이바지함을 목적으로 한다.
답 ④

71 신·재생에너지 개발·이용·보급 촉진법상 신에너지로 볼 수 있는 것은?

① 태양에너지　　　　　　　　　　② 지열에너지

③ 수소에너지　　　　　　　　　　④ 폐기물에너지

해설 1) 신에너지
　　① 연료전지
　　② 석탄을 액화 또는 가스화한 에너지 및 중질잔사유를 가스화한 에너지
　　③ 수소에너지
　　2) 재생에너지
　　① 태양에너지(태양광·태양열)　　② 바이오에너지　　③ 풍력에너지
　　④ 수력 에너지　　　　　　　　　⑤ 해양에너지　　　④ 폐기물에너지
　　⑦ 지열에너지
답 ③

72 신·재생에너지 정책심의회의 심의를 거쳐 신·재생에너지의 기술개발 및 이용·보급을 촉진하기 위한 기본계획을 수립하는 자는?

① 행정자치부 장관　　　　　　　　② 산업통상자원부 장관

③ 고용노동부 장관　　　　　　　　④ 환경부 장관

해설 신에너지 및 재생에너지 개발·이용·보급 촉진법 제5조(기본계획의 수립)
산업통상자원부장관은 관계 중앙행정기관의 장과 협의를 한 후 제8조에 따른 신·재생에너지정책심의회의 심의를 거쳐 신·재생에너지의 기술개발 및 이용·보급을 촉진하기 위한 기본계획(이하 "기본계획"이라 한다)을 수립하여야 한다.
답 ②

73 다음 중 원유를 정제하고 남은 최종 잔재물을 뜻하는 것은?

① 합성가스　　　② 중질잔사유　　　③ 바이오에탄올　　　④ 바이오액화유

해설 **중질잔사유**
① 원유를 정제하고 남은 최종 잔재물
② 감압증류 과정에서 나오는 감압잔사유, 아스팔트와 열분해 공정에서 나오는 코크, 타르 및 피치 등을 말한다.
답 ②

74 쓰레기매립장의 유기성폐기물을 변환시킨 매립지가스는 다음 중 어느 에너지원에 속하는가?

① 바이오 에너지 ② 석탄 가스화 에너지

③ 폐기물 에너지 ④ 중질잔사유 가스화 에너지

> **해설** **바이오에너지의 범위**
> 1) 생물유기체를 변환시킨 바이오가스, 바이오에탄올, 바이오액화유 및 합성가스
> 2) 쓰레기매립장의 유기성폐기물을 변환시킨 매립지가스
> 3) 동물·식물의 유지를 변환시킨 바이오디젤
> 4) 생물유기체를 변환시킨 땔감, 목재칩, 펠릿 및 목탄 등의 고체연료 **답** ①

75 수소와 산소의 전기화학 반응을 통하여 전기 또는 열을 생산하는 설비는?

① 태양열 설비 ② 연료전지 설비

③ 수소에너지 설비 ④ 석탄 액화 에너지 설비

> **해설** **신·재생에너지 설비**
> 1) 태양열 설비 : 태양의 열에너지를 변환시켜 전기를 생산하거나 에너지원으로 이용하는 설비
> 2) 연료전지 설비 : 수소와 산소의 전기화학 반응을 통하여 전기 또는 열을 생산하는 설비
> 3) 수소에너지 설비 : 물이나 그 밖에 연료를 변환시켜 수소를 생산하거나 이용 하는 설비
> 4) 석탄 액화·가스화 에너지 및 중질잔사유 가스화 에너지 설비 : 석탄 및 중질 잔사유의 저급 연료를 액화 또는 가스화시켜 전기 또는 열을 생산하는 설비 **답** ②

76 신·재생에너지의 기술개발 및 이용·보급을 촉진하기 위한 기본계획의 계획기간은 몇 년 이상으로 하는가?

① 4년 ② 6년 ③ 8년 ④ 10년

> **해설** **기본계획의 수립 및 계획기간**
> 1) 산업통상자원부장관은 관계 중앙행정기환의 장과 협의를 한 후 신·재생에너지정책심의 회의를 거쳐 신·재생에너지의 기술개발 및 이용·보급을 촉진하기 위한 기본계획을 수립
> 2) 기본계획의 계획기간은 10년 이상으로 한다. **답** ④

77 신·재생에너지의 기술개발 및 이용·보급을 촉진하기 위한 기본계획의 내용으로 볼 수 없는 것은?

① 기본계획의 기간 및 참여인원

② 온실가스의 배출 감소 목표

③ 신·재생에너지원별 기술개발 및 이용·보급의 목표

④ 총 전력생산량 중 신·재생에너지 발전량이 차지하는 비율의 목표

> **해설** **기본계획의 내용**
> 1) 기본계획의 목표 및 기간
> 2) 신·재생에너지원별 기술개발 및 이용·보급의 목표
> 3) 총 전력생산량 중 신·재생에너지 발전량이 차지하는 비율의 목표
> 4) 온실가스의 배출 감소 목표

5) 기본계획의 추진방법
6) 그 밖에 산업통상자원부장관의 필요하다고 인정하는 사항
7) 기술개발 및 이용 · 보급에 관한 지원 방안
8) 전문인력 양성분야   **답** ①

78 다음 중 (　　) 안에 알맞은 내용은?

> 산업통상자원부장관은 기본계획에서 정한 목표를 달성하기 위하여 신 · 재생에너지의 종류별로 신 · 재
> 생에너지의 기술개발 및 이용 · 보급과 신 · 재생에너지 발전에 의한 전기의 공급에 관한 실행계획을
> (　　) 수립 · 시행하여야 한다.

① 매년   ② 2년 마다   ③ 3년 마다   ④ 4년 마다

해설 **연차별 실행계획의 수립시행**
　　1) 실행계획의 수립시행권자 : 산업통상자원부장관
　　2) 전기의 공급에 관한 실행계획 : 매년 수립 · 시행하여야 한다.   **답** ①

79 신 · 재생에너지 기술개발 및 이용 · 보급에 관한 계획의 수립 · 시행 시 미리 산업통상자원부
　　장관과 협의하여야 하는 자로 볼 수 없는 것은?

① 국가기관
② 지방자치단체 및 공공기관
③ 정부출연기관으로부터 납입자본금의 30/100 이상을 출자 받은 자
④ 정부 출연금을 받은 자로부터 납입자본금의 50/100 이상을 출자 받은 자

해설 신재생에너지 기술개발 등의 사전협의(산업통상부장관과 협의 하여야 하는 자)
　　1) 국가기관
　　2) 지방자치단체
　　3) 공공기관
　　4) 정부로부터 출연금을 받은 자
　　5) 정부출연기관 또는 정부로부터 출연금을 받은 자로부터 납입자본금의 50/100 이상을 출자 받은 자
　　답 ③

80 신 · 재생에너지정책심의회의 심의사항으로 볼 수 없는 것은?

① 기본계획의 수립 및 변경에 관한 사항
② 신 · 재생에너지의 기술개발 및 이용 · 보급에 관한 중요 사항
③ 신 · 재생에너지 발전에 의하여 공급되는 전기의 기준가격 및 그 변경에 관한 사항
④ 그 밖에 대통령령이 필요하다고 인정하는 사항

해설 신 · 재생에너지의 기술개발 및 이용 · 보급에 관한 중요 사항을 심의하기 위하여 산업통상자원부에 신 · 재
　　생에너지정책심의회를 두며, ①, ②, ③ 이외에 산업통상자원부장관이 필요하다고 인정하는 사항을 심의한
　　다.   **답** ④

81 다음 중 온실가스가 아닌 것은?

① 메탄   ② 이산화탄소

③ 아산화질소   ④ 과산화질소

> **해설** • 온실가스 : 이산화탄소(CO_2), 메탄(CH_4), 아산화질소(N_2O), 수소불화탄소(HFCs), 과불화탄소(PFCs), 육불화황(SF_6)
>
> 답 ④

82 다음은 기술개발사업 또는 이용·보급 사업에 관련한 출연금에 관한 기술이다. 틀린 것은?

① 산업통상자원부장관은 기술개발사업 또는 이용·보급 사업에 드는 비용의 전부 또는 일부를 출연할 수 있다.

② 출연금을 반드시 분할하여 지급해야 한다.

③ 출연금을 받은 자는 별도의 계정을 만들어 관리하여야 한다.

④ 출연금은 신·재생에너지 사업의 수행과 관련되는 비용 외의 용도로 사용해서는 아니 된다.

> **해설** **출연금의 지급방법**
> 산업통상자원부장관은 출연금을 분할하여 지급한다.
> 다만, 사업의 규모 및 착수시기를 고려하여 필요하다고 인정될 때에는 한 번에 지급할 수 있다.
>
> 답 ②

83 다음 중 신·재생에너지 설비의 설치의무기관으로 볼 수 없는 것은?

① 정부가 연간 50억 원 이상을 출자한 공기업

② 정부가 연간 50억 원 이상을 출연한 정부출연기관

③ 납입자본금의 50/100 이상을 출자한 법인

④ 납입자본금으로 50억 원 이상을 출자한 법인

> **해설** **신·재생에너지 설비의 설치의무기관**
> 1) 국가 및 지방자치단체
> 2) 공공기관
> 3) 정부가 연간 50억 원 이상을 출연한 정부출연기관
> 4) 정부출자기업체
> 5) 지방자치단체 및 공공기관 정부출연기관 또는 정부출자기업체가 출자한 다음의 법인
>   ㉮ 납입자본금의 50/100 이상을 출자한 법인
>   ㉯ 납입자본금으로 50억 원 이상을 출자한 법인
> 6) 특별법에 따라 설립된 법인
>
> 답 ①

84 다음 중 신·재생에너지 이용 건축물인증을 받을 수 있는 자는?

① 연면적 1천[m^2] 이상인 건축물을 소유한 자

② 연면적 2천[m^2] 이상인 건축물을 소유한 자

③ 연면적 3천[m^2] 이상인 건축물을 소유한 자

④ 연면적 4천[m^2] 이상인 건축물을 소유한 자

신재생에너지 이용 건축물 인증
산업통상자원부와 국토교통부가 공동부령으로 정하는 건축물로서 연면적 1천[m²] 이상인 건축물(설치계획
서를 제출한 건축물은 제외)을 소유한 자 **답** ①

85 다음 중 신 · 재생에너지 이용 건축물 인증을 반드시 취소하여야 하는 경우는?

① 건축물 인증을 받은 건축물의 사용승인이 취소된 경우
② 건축물 인증을 받은 자가 그 인증서를 건축물 인증기관에 반납한 경우
③ 거짓이나 그 밖의 부정한 방법으로 건축물 인증을 받은 경우
④ 건축물 인증을 받은 건축물이 건축물 인증 심사기준에 부적합한 것으로 발견된 경우

해설 **건축물 인증의 취소**
1) 거짓이나 그 밖의 부정한 방법으로 건축물 인증을 받은 경우(반드시 취소)
2) 건축물 인증을 받은 자가 그 인증서를 건축물 인증기관에 반납한 경우
3) 건축물 인증을 받은 건축물의 사용승인이 취소된 경우
4) 건축물 인증을 받은 건축물이 건축물 인증 심사기준에 부적합한 것으로 발견된 경우 **답** ③

86 다음은 신 · 재생에너지 공급의무자 중 대통령령으로 정한 자는?

> ㉠ 한국수자원공사
> ㉡ 한국지역난방공사
> ㉢ 50만[kW] 이상의 발전설비를 보유하는 자

① ㉠, ㉡　　　　　　② ㉠, ㉢
③ ㉡, ㉢　　　　　　④ ㉠, ㉡, ㉢

해설 **신재생에너지 공급의무자 중 대통령령이 정한 자**
1) 50만[kW] 이상의 발전설비(신 · 재생에너지 설비는 제외)를 보유하는 자
2) 한국수자원공사
3) 한국지역난방공사 **답** ④

87 공급의무자가 의무적으로 신 · 재생에너지를 이용하여 공급하여야 하는 발전량의 합계는 총
전력생산량의 얼마인가?

① 5[%] 이내　　　　　② 10[%] 이내
③ 15[%] 이내　　　　　④ 25[%] 이내

해설 **연도별 의무공급량의 합계**
1) 신재생에너지 공급의무비율 = $\dfrac{신재생에너지\ 생산량}{예상에너지\ 사용량}$
2) 총 전력 생산량의 25[%] 이내 범위
3) (공급의무자의 지난연도 총 전력생산량의 합계×신 · 재생에너지 연도별 의무공급량의 비율) 발전량 이상
4) 의무공급량은 공급인증서 기준으로 산정 **답** ④

88 다음은 신·재생에너지 연도별 의무공급량의 비율을 나타낸 것이다. 옳은 것은?

① 2015년 − 4.0[%]　　　　　② 2017년 − 5.0[%]

③ 2019년 − 7.0[%]　　　　　④ 2021년 − 9.0[%]

해설 **신·재생에너지 연도별 의무공급량의 비율**

해당 연도	비 율[%]	해당 연도	비 율[%]
2012	2.0	2022	12.5
2013	2.5	2023	13.0
2014	3.0	2024	13.5
2015	3.0	2025	14.0
2016	3.5	2026	15.0
2017	4.0	2027	17.0
2018	5.0	2028	19.0
2019	6.0	2029	22.5
2020	7.0	2030년 이후	25.0
2021	9.0		

답 ④

89 신·재생에너지 공급의무자가 다음 연도로 공급의무의 이행을 연기할 수 있는 양은 의무공급량의 얼마인가?

① 5[%] 이내　　　　　② 10[%] 이내

③ 15[%] 이내　　　　　④ 20[%] 이내

해설 **공급의무의 이행의 연기**

(1) 의무공급량의 20/100 이내
(2) 공급의무자는 신재생 에너지 공급인증서를 구매하여 의무공급량에 충당할 수 있다.

답 ④

90 신·재생에너지 공급 불이행에 대한 과징금의 부과기준으로 옳은 것은?

① 의무공급량 부족분에 신·재생에너지 공급인증서의 해당 연도 평균거래 가격의 50/100을 곱한 금액

② 의무공급량 부족분에 신·재생에너지 공급인증서의 해당 연도 평균거래 가격의 100/100을 곱한 금액

③ 의무공급량 부족분에 신·재생에너지 공급인증서의 해당 연도 평균거래 가격의 150/100을 곱한 금액

④ 의무공급량 부족분에 신·재생에너지 공급인증서의 해당 연도 평균거래 가격의 200/100을 곱한 금액

해설 **공급불이행에 대한 과징금 부과기준**

부족분에 신·재생에너지 공급인증서의 해당 연도 평균거래 가격의 150/100을 곱한 금액의 범위에서 과징금을 부과할 수 있다.

답 ③

91 신 · 재생에너지 공급인증서의 유효기간은?

① 발급일로부터 1년
② 발급일로부터 2년
③ 발급일로부터 3년
④ 발급일로부터 4년

> **해설** 공급인증서 유효기준
> 1) 발급받은 날부터 3년
> 2) 공급의무자가 구매하여 의무공급량에 충당하거나 발급받아 산업통상자원부장관에게 제출한 공급인증서는 그 효력을 상실한다. **답** ③

92 다음은 신 · 재생에너지 공급인증서의 거래 제한에 관한 기술이다. 틀린 것은?

① 공급인증서가 발전소별로 3천[kW]를 넘는 수력을 이용하여 에너지를 공급하고 발급된 경우
② 공급인증서가 기존 방조제를 활용하여 건설된 조력을 이용하여 에너지를 공급하고 발급된 경우
③ 공급인증서가 석탄을 액화 · 가스화한 에너지 또는 중질잔사유를 가스화한 에너지를 이용하여 에너지를 공급하고 발급된 경우
④ 공급인증서가 폐기물에너지 중 화석연료에서 부수적으로 발생하는 폐가스로부터 얻어지는 에너지를 이용하여 에너지를 공급하고 발급된 경우

> **해설** 공급인증서의 거래 제한
> 1) 공급인증서가 발전소별로 5천[kW]를 넘는 수력을 이용하여 에너지를 공급하고 발급된 경우
> 2) 공급인증서가 기존 방조제를 활용하여 건설된 조력을 이용하여 에너지를 공급하고 발급된 경우
> 3) 공급인증서가 석탄을 액화 · 가스화한 에너지 또는 중질잔사유를 가스화한 에너지를 이용하여 에너지를 공급하고 발급된 경우
> 4) 공급인증서가 폐기물에너지 중 화석연료에서 부수적으로 발생하는 폐가스로부터 얻어지는 에너지를 이용하여 에너지를 공급하고 발급된 경우 **답** ①

93 공급인증서 발급수수료 및 거래 수수료는 공급인증서 거래금액의 몇 [%]에 해당하는가?

① 1천분의 1 이내에서 산업통상자원부장관이 정하여 고시한다.
② 1천분의 2 이내에서 산업통상자원부장관이 정하여 고시한다.
③ 1천분의 3 이내에서 산업통상자원부장관이 정하여 고시한다.
④ 1천분의 4 이내에서 산업통상자원부장관이 정하여 고시한다.

> **해설** 공급인증서 발급(발급에 딸린 업무는 제외한다) 수수료 및 거래 수수료는 공급인증서 거래금액의 1천분의 2 이내에서 산업통상자원부장관이 정하여 고시한다. **답** ②

94 신·재생에너지 발전에 의하여 공급되는 전기의 발전원별 기준가격의 산정기준이 아닌 것은?

① 신·재생에너지 발전소의 표준공사비, 운전유지비, 투자보수비 및 각종 세금과 공과금

② 신·재생에너지 발전사업자의 송전·배전 선로 이용요금

③ 신·재생에너지 발전기술의 신제품 개발 수준 및 시장 진출 여건

④ 운전 중인 신·재생에너지 발전사업자의 경영 여건 및 운전 실적

> **해설** **발전원별 기준가격의 산정기준**
> 1. 신·재생에너지 발전소의 표준공사비, 운전유지비, 투자보수비 및 각종 세금과 공과금
> 2. 신·재생에너지 발전소의 설비 이용률, 수명 기간, 사고 보수율과 발전소에서의 신·재생에너지 소비율 등의 설계치 및 실적치
> 3. 신·재생에너지 발전사업자의 송전·배전 선로 이용요금
> 4. 신·재생에너지 발전기술의 상용화 수준 및 시장 보급 여건
> 5. 운전 중인 신·재생에너지 발전사업자의 경영 여건 및 운전 실적
> 6. 전기요금 및 전력시장에서의 신·재생에너지 발전에 의하여 공급한 전력의 거래가격의 수준   **답** ③

95 신·재생에너지 기술개발 및 이용·보급에 관한 사업을 하는 자에 대한 국유재산 및 공유재산의 임대기간으로 옳은 것은?

① 5년 이내   ② 10년 이내
③ 15년 이내   ④ 20년 이내

> **해설** **국유재산 및 공유재산의 임대기간**
> 1) 국유재산 또는 공유재산의 임대기간은 10년 이내
> 2) 국유재산은 종전의 임대기간을 초과하지 아니하는 범위에서 갱신할 수 있다.
> 3) 공유재산은 지방자치단체의 장이 필요하다고 인정하는 경우 1회에 한하여 10년 이내의 기간에서 연장할 수 있다.   **답** ②

96 다음 중 (   ) 안에 알맞은 내용은?

> 국유재산 또는 공유재산을 임차하거나 취득한 자가 임대일 또는 취득일부터 (   ) 이내에 해당 재산에서 신·재생에너지 기술개발 및 이용·보급에 관한 사업을 시행하지 아니하는 경우에는 대부계약 또는 사용 허가를 취소하거나 환매할 수 있다.

① 1년   ② 2년   ③ 3년   ④ 4년

> **해설** **국유재산 또는 공유재산의 임대의 취소 및 환매**
> 임대일 또는 취득일부터 2년 이내 기술개발 및 이용·보급에 관한 사업을 시행하지 아니하는 경우 대부계약 또는 사용허가 취소하거나 환매할 수 있다.   **답** ②

97 신에너지 및 재생에너지의 활성화 방안과 맞지 않는 것은?

① 에너지의 환경친화적 전환   ② 에너지의 안정적 공급
③ 온실가스 배출의 감소   ④ 에너지원의 단일화

해설 신에너지 및 재생에너지의 기술개발 및 이용·보급 촉진과 신에너지 및 재생에너지 산업의 활성화를 통하여 에너지원을 다양화하고, 에너지의 안정적인 공급, 에너지 구조의 환경친화적 전환 및 온실가스 배출의 감소를 추진 🔲 ④

98 **3년 이하의 징역 또는 지원받은 금액의 3배 이하에 상당한 벌금에 해당하는 벌칙은?**

① 거짓이나 부정한 방법으로 설비인증을 받은 자
② 공급인증기관이 개설한 거래시장 외에서 공급인증서를 거래한 자
③ 거짓이나 부정한 방법으로 공급인증서를 발급받은 자
④ 거짓이나 부정한 방법으로 발전차액을 지원받은 자

해설 1) 벌칙(형사벌)
① 거짓·부정한 방법으로 발전차액을 지원받은 자와 그 시설을 알면서 발전차액을 지급한 자 : 3년 이하 징역 또는 지원받은 금액의 3배 이하에 상당한 벌금
② 거짓·부정한 방법으로 공급인증서를 발급받은 자와 그 시설을 알면서 공급인증서를 발급한 자 : 3년 이하 징역 또는 3천만원 이하의 벌금
③ 제11조의7 제5항을 위반하여 공급 인증기관이 개설한 거래시장 외에서 공급인증서를 거래한 자 : 2년 이하 징역 또는 2천만원 이하의 벌금
2) 벌칙(행정벌) : 1천만원 이하의 과태료
① 거짓·부정한 방법으로 설치인증을 받은 자
② 건축물 인증기관으로부터 인증을 받지 않고 인증표시 또는 건축물 인증을 받은 것으로 홍보한 자
③ 설비인증을 받지 않고 설비인증표시 또는 설비인증 받은 것으로 홍보한 자 🔲 ④

99 **태양열 발전시스템에 대한 설명으로 잘못된 것은?**

① 홈통형은 공정열이나 화학반응을 위해 열을 제공한다.
② 파라볼라 접시형은 집열기에서 태양열에너지를 직접 열로 변환시켜 열로 이용한다.
③ 진공관형은 집열관 내의 가열된 열 매체는 파이프를 통해 열교환기로 수송되어 증기를 생산한다.
④ 파워 타워형의 집광 비는 300~1,500sun 정도이며 1,500[℃] 이상에서도 동작이 가능하다.

해설 • 태양광발전시스템의 종류 : 홈통형, 파워타워형, 파라볼라 접시형, 태양열 복합발전
• 홈통형은 집열관 내의 가열된 열 매체는 파이프를 통해 열교환기로 수송되어 증기를 생산한다.
• 진공관 집열기는 진공기술을 사용함으로 인해 집열면에서의 대류열손실을 획기적으로 줄일 수 있어, 설치면적을 줄일 수 있고, 중온 활용에서도 높은 집열효율을 유지한다. 🔲 ③

100 **수상전선로의 전선을 가공전선로의 전선과 육상에서 접속하는 경우 접속점의 높이는?**

① 지표상 4[m] 이상   ② 지표상 5[m] 이상
③ 지표상 6[m] 이상   ④ 지표상 7[m] 이상

해설 수상 전선로의 전선과 가공 전선로의 접속점의 높이
1) 접속점이 육상에 있는 경우 : 지표상 5[m] 이상
2) 수면상에 있는 경우 : 저압 4[m] 이상, 고압 5[m] 이상 🔲 ②

101 신·재생에너지 기술개발 및 이용·보급에 관한 계획을 수립·시행하려는 자는 대통령령으로 정하는 바에 따라 미리 산업통상자원부장관과 협의하여야 한다. 다음 중 해당되지 않는 것은?

① 국가기관

② 지방자치단체

③ 민간기관

④ 정부로부터 출연금을 받은 자

> **해설** ① 신·재생에너지 기술개발 등에 관한 계획의 사전협의는 국가기관, 지방자치단체, 공공기관, 그 밖에 대통령령으로 정하는 자가 신·재생에너지 기술개발 및 이용·보급에 관한 계획을 수립·시행하려면 대통령령으로 정하는 바에 따라 미리 산업통상자원부장관과 협의하여야 한다.
> ② 대통령령으로 정하는 자는 정부로부터 출연금을 받은 자와 정부출연기관으로부터 납입자본금의 100분의 50 이상을 출자받은 자 등을 말한다. **답** ③

102 태양에너지 전문기업으로 신고할 경우 자본금 및 국가 기술자격법에 따른 기술 인력으로 바르게 제시된 것은?

① 자본금 1억원 이상, 기계·화공·전기 분야의 기사 2명 이상

② 자본금 2억원 이상, 기계·전기·건축 분야의 기사 2명 이상

③ 자본금 1억원 이상, 기계·전기·건축 분야의 기사 2명 이상

④ 자본금 2억원 이상, 기계·전기·토목 분야의 기사 3명 이상

> **해설** 신재생에너지 전문기업의 신고기준

에너지원의 종류별	자본금 및 기술인력
태양에너지	가. 자본금 또는 자산평가액 1억원 이상 나. 「국가기술자격법」에 따른 건설, 기계, 전기·전자, 환경·에너지 분야의 기사 2명 이상

답 ③

103 신·재생에너지 공급의무자에 해당하는 전기사업자가 아닌 것은?

① 배전사업자

② 송전사업자

③ 구역전기사업자

④ 자가용발전사업자

> **해설** 신재생에너지 공급의무자에 해당하는 전기사업자는 배전사업자, 송전사업자, 구역전기사업자 등 송배전과 관련된 사업자이다.
> 전기사업법 제2조(정의) **답** ④

104 신·재생에너지 보급의 촉진을 위하여 공공기관이 신축, 증축, 개축하는 건축물에 대하여 총에너지 사용량의 일정부분을 신·재생에너지로 설치하도록 규정하고 있다. 이에 적용을 받는 설치 연면적은 몇 [m²] 이상인가?

① 5,000

② 3,000

③ 2,000

④ 1,000

해설 **신재생에너지 설치의무화사업**
공공기관이 신축·증축 또는 개축하는 연면적 1,000 [m²] 이상의 건축물에 대하여 예상 에너지사용량의 공급의무비율 이상을 신재생에너지로 공급토록 의무화하는 제도
– 근거법령 : 신에너지 및 재생에너지 개발·이용·보급 촉진법 제12조제2항
– 동법시행령 제15조 : '04.03.29 시행
  ⇒ 증·개축하는 건축물은 '09.03.15부터 시행
  ⇒ 기준변경(건축비 → 에너지사용량) 시행은 '11.04.13부터 시행
  ⇒ 기준변경(연면적 강화 : 3,000[m²] → 1,000[m²]) 시행은 '12.01.01부터 시행 　　답 ④

105 신·재생에너지 기술개발 및 이용·보급 목적의 사업비 용도에 맞지 않은 것은?

① 신·재생에너지 연구개발 및 기술평가

② 신·재생에너지 설비의 성능평가·인증

③ 신·재생에너지 기술의 국내 표준화 지원

④ 신·재생에너지 시범사업 및 보급사업

해설 **신·재생에너지 기술개발 및 이용·보급 사업비의 조성**
1) 신·재생에너지의 자원조사, 기술수요조사 및 통계작성
2) 신·재생에너지의 연구·개발 및 기술평가
3) 신·재생에너지 이용 건축물의 인증 및 사후관리
4) 신·재생에너지 공급의무화 지원
5) 신·재생에너지 설비의 성능평가·인증 및 사후관리
6) 신·재생에너지 기술정보의 수집·분석 및 제공
7) 신·재생에너지 분야 기술지도 및 교육·홍보
8) 신·재생에너지 분야 특성화대학 및 핵심기술연구센터 육성
9) 신·재생에너지 분야 전문인력 양성
10) 신·재생에너지 설비 설치전문기업의 지원
11) 신·재생에너지 시범사업 및 보급사업
12) 신·재생에너지 이용의무화 지원
13) 신·재생에너지 관련 국제협력
14) 신·재생에너지 기술의 국제표준화 지원
15) 신·재생에너지 설비 및 그 부품의 공용화 지원
16) 그 밖에 신·재생에너지의 기술개발 및 이용·보급을 위하여 필요한 사업으로서 대통령령으로 정하는 사업 　　답 ③

106 신·재생에너지 공급인증서에 표기되는 공급량 계산 시 적용되는 신·재생에너지 가중치 결정의 고려사항이 아닌 것은?

① 발전원가　　　　　　　　　　② 부존 잠재량

③ 수입대체 효과　　　　　　　　④ 온실가스 배출 저감에 미치는 효과

해설 **신·재생에너지의 가중치 결정 고려 사항**
1) 환경, 기술개발 및 산업 활성화에 미치는 영향
2) 발전 원가
3) 부존 잠재량
4) 온실가스 배출 저감(低減)에 미치는 효과
5) 전력 수급의 안정에 미치는 영향
6) 지역주민의 수용정도 　　답 ③

107 신·재생에너지에 관한 설명으로 틀린 것은?

① 조력발전은 밀물과 썰물로 발생하는 조류를 이용한 것이다.

② 폐기물에너지는 가연성폐기물에서 발생되는 발열량을 이용한 것이다.

③ 파력발전은 표층과 심층의 해수온도차를 이용한 것이다.

④ 바이오에너지는 생물자원을 변환시켜 이용하는 것이 있다.

> **해설** **파력발전** : 파도가 상하로 움직이는 운동 에너지를 이용하여 동력을 얻어 전기를 만들어 내는 방법이다.
> **답** ③

108 산업통상자원부장관은 관계 중앙행정기관의 장과 협의를 한 후 신·재생에너지 정책심의회의 심의를 거쳐 신·재생에너지의 기술개발 및 이용·보급을 촉진하기 위한 기본계획을 몇 년마다 수립하여야 되는가?

① 1년 　　　　② 3년 　　　　③ 5년 　　　　④ 10년

> **해설** 산업통상자원부장관은 관계 중앙행정기관의 장과 협의를 한 후 제8조에 따른 신·재생에너지정책심의회의 심의를 거쳐 신·재생에너지의 기술개발 및 이용·보급을 촉진하기 위한 기본계획(이하 "기본계획"이라 한다)을 5년마다 수립하여야 한다.
> **답** ③

109 에너지원을 다양화 하고, 에너지의 안정적인 공급, 에너지 구조의 환경친화적 전환 및 온실가스 배출의 감소를 추진함으로써 환경의 보전, 국가경제의 건전하고 지속적인 발전 및 국민복지의 증진에 이바지함을 목적으로 하는 법은?

① 전기공사업법

② 에너지이용효율하법

③ 신에너지 및 재생에너지 개발 이용 보급 촉진법

④ 신·재생에너지설비의 지원 등에 관한 지침

> **해설** **신에너지 및 재생에너지 개발·이용·보급 촉진법**
> 제1조(목적) 이 법은 신에너지 및 재생에너지의 기술개발 및 이용·보급 촉진과 신에너지 및 재생에너지 산업의 활성화를 통하여 에너지원을 다양화하고, 에너지의 안정적인 공급, 에너지 구조의 환경친화적 전환 및 온실가스 배출의 감소를 추진함으로써 환경의 보전, 국가경제의 건전하고 지속적인 발전 및 국민복지의 증진에 이바지함을 목적으로 한다.
> **답** ③

110 심의회의 원활한 심의를 위하여 필요한 경우에는 심의회에 신·재생에너지 전문위원회를 둘 수 있다. 전문위원회의 위원은 신·재생에너지 분야에 관한 전문지식을 가진 사람으로서 누가 위촉하는 사람인가?

① 산업통상자원부 장관 　　　　② 국무 총리

③ 미래창조과학부 장관 　　　　④ 행정자치부 장관

> **해설** 신에너지 및 재생에너지 개발·이용·보급 촉진법 시행령 제4조(신·재생에너지정책 심의회의 구성) 신·재생에너지정책심의회(이하 "심의회"라 한다)는 위원장 1명을 포함한 20명 이내의 위원으로 구성한다.

    1) 기획재정부, 미래창조과학부, 농림축산식품부, 산업통상자원부, 환경부, 국토교통부, 해양수산부의 3급 공무원 또는 고위공무원단에 속하는 일반직공무원 중 해당 기관의 장이 지명하는 사람 각 1명

    2) 신·재생에너지 분야에 관한 학식과 경험이 풍부한 사람 중 산업통상자원부장관이 위촉하는 사람

답 ①

111 정부가 수립·시행하여야 하는 에너지정책 및 에너지와 관련된 계획의 기본원칙으로 가장 적절하지 못한 것은?

① 석유·석탄 등 화석연료의 사용을 단계적으로 축소하고 에너지 자립도를 획기적으로 향상시킨다.

② 에너지 수요관리를 강화하여 지구온난화를 예방하고 환경을 보전한다.

③ 신·재생에너지의 개발·생산·이용 및 보급을 확대하고 에너지 공급원을 다변화한다.

④ 에너지가격 및 에너지산업에 대한 규제를 강화하고 거래제도를 도입하여 새로운 시장을 창출한다.

> **해설** 제39조(에너지정책 등의 기본원칙) 정부는 저탄소 녹색성장을 추진하기 위하여 에너지정책 및 에너지와 관련된 계획을 다음 각 호의 원칙에 따라 수립·시행하여야 한다.
> 1) 석유·석탄 등 화석연료의 사용을 단계적으로 축소하고 에너지 자립도를 획기적으로 향상시킨다.
> 2) 에너지 가격의 합리화, 에너지의 절약, 에너지 이용효율 제고 등 에너지 수요관리를 강화하여 지구온난화를 예방하고 환경을 보전하며, 에너지 저소비·자원순환형 경제·사회구조로 전환한다.
> 3) 친환경에너지인 태양에너지, 폐기물·바이오에너지, 풍력, 지열, 조력, 연료전지, 수소에너지 등 신·재생에너지의 개발·생산·이용 및 보급을 확대하고 에너지 공급원을 다변화한다.
> 4) 에너지가격 및 에너지산업에 대한 시장경쟁 요소의 도입을 확대하고 공정거래 질서를 확립하며, 국제규범 및 외국의 법제도 등을 고려하여 에너지산업에 대한 규제를 합리적으로 도입·개선하여 새로운 시장을 창출한다.
> 5) 국민이 저탄소 녹색성장의 혜택을 고루 누릴 수 있도록 저소득층에 대한 에너지 이용 혜택을 확대하고 형평성을 제고하는 등 에너지와 관련한 복지를 확대한다.
> 6) 국외 에너지자원 확보, 에너지의 수입 다변화, 에너지 비축 등을 통하여 에너지를 안정적으로 공급함으로써 에너지에 관한 국가안보를 강화한다.
>
> **답 ④**

112 신·재생에너지 연료의 기준 및 범위에 해당되지 않는 것은?

① 중질잔사유를 가스화한 공정에서 얻어지는 합성가스

② 생물유기체를 변환시킨 바이오가스, 바이오에탄올, 바이오액화유 및 합성가스

③ 동물·식물의 유지(油脂)를 변환시킨 바이오디젤

④ 생물유기체를 변환시킨 펠릿 및 목탄 등의 기체연료

> **해설** 생물유기체를 변환시킨 펠릿 및 목탄 등의 고체연료
>
> **답 ④**

113 신·재생에너지의 기술개발 및 이용·보급과 신·재생에너지 발전에 의한 전기의 공급에 관한 실행계획은 몇 년마다 수립·시행하여야 하는가?

① 1년   ② 3년   ③ 5년   ④ 7년

> **해설** 실행계획의 계획기간은 매년이다.
>
> **답 ①**

114 신·재생에너지 기술개발과 이용·보급에 관한 계획을 협의하려는 자가 제출한 계획서를 산업통상자원부장관이 검토하여 통보하여야 할 사항이 아닌 것은?

① 신·재생에너지의 기술개발 기본계획과의 조화성

② 시의성

③ 다른 계획과의 중복성

④ 단독연구의 가능성

> **해설** 산업통상자원부장관은 계획서를 받았을 때에는 신·재생에너지의 기술개발 및 이용·보급을 촉진하기 위한 기본계획과의 조화성, 시의성(時宜性), 다른 계획과의 중복성, 공동연구의 가능성을 검토하여 협의를 요청한 자에게 그 의견을 통보한다.　　　　**답** ④

115 연면적 1,500[m²]의 공공도서관을 신축하기 위해 2020년 7월에 건축허가를 신청하였다. 이 건물의 예상 에너지사용량에 대한 신·재생에너지의 공급 의무 비율은 몇 [%] 이상이어야 하는가?

① 10　　　　② 11　　　　③ 30　　　　④ 32

> **해설** 신재생에너지의 공급의무 비율

해당 연도	2020~2021	2022~2023	2024~2025	2026~2027	2028~2029	2030 이후
공급의무비율 [%]	30	32	34	36	38	40

답 ③

116 신·재생에너지 공급 의무화에서 공급의무자가 의무적으로 신·재생에너지를 이용하여야 하는 발전량의 합계는 총 전력생산량의 몇 [%] 범위 이내에서 대통령령으로 정하는가?

① 10　　　　② 15　　　　③ 25　　　　④ 30

> **해설** 연도별 의무 공급량 비율

해당 연도	비율[%]	해당 연도	비율[%]
2012	2.0	2022	12.5
2013	2.5	2023	13.0
2014	3.0	2024	13.5
2015	3.0	2025	14.0
2016	3.5	2026	15.0
2017	4.0	2027	17.0
2018	5.0	2028	19.0
2019	6.0	2029	22.5
2020	7.0	2030년 이후	25.0
2021	9.0		

> ※ 공급의무자가 의무적으로 신·재생에너지를 이용하여 공급하여야 하는 발전량(이하 의무공급량이라 한다)의 합계는 총전력 생산력의 25[%] 이내의 범위에서 연도별로 대통령으로 정한다. 제12조의 5(신재생에너지 공급의무화 등)　　　　**답** ③

117 전압에 관계없이 모든 전기공사를 시공관리 할 수 있는 전기공사기술자는?

① 저압전기공사기술자 또는 중급전기공사기술자
② 중급전기공사기술자 또는 고급전기공사기술자
③ 중급전기공사기술자 또는 특급전기공사기술자
④ 고급전기공사기술자 또는 특급전기공사기술자

해설 전기공사기술자의 시공관리 구분

전기공사기술자의 구분	전기공사의 규모별 시공관리 구분
특급 전기공사기술자 또는 고급 전기공사기술자	모든 전기공사
중급 전기공사기술자	사용전압이 100,000볼트 이하인 전기공사
초급 전기공사기술자	사용전압이 1,000볼트 이하인 전기공사

답 ④

118 신·재생에너지 정책심의회의 심의사항이 아닌 것은?

① 신·재생에너지 기본계획의 수립 및 변경에 관한 사항
② 신·재생에너지의 기술개발 및 이용·보급에 관한 사항
③ 송배전 등 전기의 기준가격 및 변경에 관한 사항
④ 산업통상자원부장관이 필요하다고 인정하는 사항

해설 신·재생에너지 정책심의회의 심의사항
1) 신·재생에너지 기본계획의 수립 및 변경에 관한 사항
2) 신·재생에너지의 기술개발 및 이용·보급에 관한 중요 사항
3) 신·재생에너지 발전에 의하여 공급되는 전기의 기준가격 및 그 변경에 관한 사항
4) 그 밖에 산업통상자원부장관이 필요하다고 인정하는 사항

답 ③

4.2.2 신에너지 및 재생에너지 설비의 지원 등에 관한 규정 및 지침

01 공급인증서의 발급 및 거래단위로서 공급인증서 발급대상 설비에서 공급된 [MWh] 기준의 신·재생에너지 전력량에 대해 가중치를 곱하여 부여하는 단위는?

① REC　　② REP　　③ FIT　　④ RPS

해설 REC(Renewable Energy Certificate) : 공급인증서의 발급 및 거래단위로서 공급인증서 발급대상 설비에서 공급된 [MWh] 기준의 신·재생에너지 전력량에 대해 가중치를 곱하여 부여하는 단위

답 ①

02 생산인증서의 발급 및 거래 단위로서 생산인증서 발급 대상설비에서 생산된 [MWh] 기준의 신·재생에너지 전력량에 대해 부여하는 단위는?

① REC　　② REP　　③ FIT　　④ RPS

> **해설** REP(Renewable Energy Point) : 생산인증서의 발급 및 거래단위로서 생산인증서 발급 대상설비에서 생산된 [MWh]기준의 신·재생에너지 전력량에 대해 부여하는 단위 　**답** ②

03 신재생에너지 공급 인증기관이 올바른 것은?

① 신·재생에너지센터, 한국전력거래소
② 한국전기안전공사, 한국전력공사
③ 한국전력공사, 한국전력거래소
④ 신·재생에너지센터, 한국전기안전공사

> **해설** 공급인증기관 : 신·재생에너지센터, 한국전력거래소 　**답** ①

04 신재생에너지 발전소의 공급인증서 발급수수료 및 거래수수료가 면제되는 설비용량은 몇 [kW] 미만인가?

① 50　　　　② 100　　　　③ 250　　　　④ 500

> **해설** 신재생에너지 발전설비용량이 100[kW] 미만인 발전소는 공급인증서 발급수수료 및 거래수수료를 면제한다. 　**답** ②

05 동일사업자의 발전소 용량의 합이 100[kW] 이상인 경우 설치장소의 경계는 몇 [m] 이내인가?

① 100　　　　② 150　　　　③ 200　　　　④ 250

> **해설** 인근지역(설치장소의 경계가 250미터 이내의 지역을 의미한다)에서 동일사업자의 발전소 용량의 합이 100[kW] 이상인 경우는 우선 선정에서 제외한다. 　**답** ④

06 일반부지에 100[kW] 미만 태양광발전설비를 설치할 경우 공급인증서 가중치는?

① 0.7　　　　② 1.0　　　　③ 1.2　　　　④ 1.5

> **해설** 신재생에너지원별 가중치

구분	공급인증서 가중치	대상에너지 및 기준	
		설치유형	세부기준
태양광 에너지	1.2	일반부지에 설치하는 경우	100 kW 미만
	1.0		100 kW부터
	0.8		3,000 kW 초과부터
	0.5	임야에 설치하는 경우	–
	1.5	건축물 등 기존 시설물을 이용하는 경우	3,000 kW 이하
	1.0		3,000 kW 초과부터
	1.6	유지 등의 수면에 부유하여 설치하는 경우	100 kW 미만
	1.4		100 kW부터
	1.2		3,000 kW 초과부터
	1.0	자가용 발전설비를 통해 전력을 거래하는 경우	

답 ③

07 임야에 1000[kW] 태양광발전설비를 설치할 경우 공급인증서 가중치는?

① 0.5   ② 1.0   ③ 1.2   ④ 1.5

해설 위 6번 문제 해설 참조   **답** ①

08 수상에 450[kW] 태양광발전설비를 설치할 경우 공급인증서 가중치는?

① 0.7   ② 1.0   ③ 1.2   ④ 1.4

해설 6번 문제 해설 참조   **답** ④

09 신·재생에너지 발전설비 소유자가 전기판매사업자로부터 공급받은 전력량에서 전기판매사업자에게 공급한 전력량을 차감한 후 전기요금을 납부하는 것은?

① 상계처리   ② 한국전력거래소
③ 자금관리기관   ④ 자금사용자

해설 "상계처리"라 함은 신·재생에너지 발전설비 소유자가 전기판매사업자로부터 공급받은 전력량에서 전기판매사업자에게 공급한 전력량을 차감한 후 전기요금을 납부하는 것을 말한다.   **답** ①

10 정부와 에너지공급사간에 신재생에너지 확대 보급을 위해 체결한 협약은?

① REP   ② RPA
③ REC   ④ RPS

해설 "신·재생에너지 개발공급협약(RPA)"이란 정부와 에너지공급사 간에 신·재생에너지 확대 보급을 위해 체결한 협약을 말한다.   **답** ②

11 신·재생에너지 공급인증기관인 신·재생에너지센터가 수행하는 업무가 잘못된 것은?

① 공급인증서 발급, 등록, 관리 및 폐기에 관한 업무
② 공급인증서 발급대상 설비사용 및 안전관리에 관한 업무
③ 공급의무화제도관련 종합적 통계관리 및 정책지원
④ 의무공급량의 산정 및 의무이행실적 확인

해설 공급인증기관 업무
1) 공급인증서 발급, 등록, 관리 및 폐기에 관한 업무
2) 공급인증서 발급대상 설비확인 및 사후관리에 관한 업무
3) 공급의무화제도관련 종합적 통계관리 및 정책지원
4) 의무공급량의 산정 및 의무이행실적 확인
5) 기타 장관이 필요하다고 인정하는 업무   **답** ②

12 신・재생에너지 공급인증기관인 한국전력거래소가 수행하는 업무가 잘못된 것은?

① 공급인증서 거래시장의 개설 및 운영
② 공급의무자의 의무이행비용 소요계획 작성, 정산 및 결제
③ 공급인증서 거래대금의 정산 및 결제
④ 기타 국무총리가 필요하다고 인정하는 업무

> **해설** **공급인증기관 업무**
> 1) 공급인증서 거래시장의 개설 및 운영
> 2) 공급의무자의 의무이행비용 소요계획 작성, 정산 및 결제
> 3) 공급인증서 거래대금의 정산 및 결제
> 4) 거래시장 운영관련 통계관리 및 정책지원
> 5) 기타 장관이 필요하다고 인정하는 업무　　　　　　　　　**답** ④

13 신재생에너지 공급의무자가 신재생에너지 공급인증서를 구매하는 경우에는 신재생에너지센터에 계약기간을 몇 년으로 하는 고정가격계약 경쟁입찰 사업자 선정을 의뢰할 수 있는가?

① 10　　　　② 15　　　　③ 20　　　　④ 25

> **해설** (고정가격계약 경쟁입찰 제도) 공급의무자는 신재생에너지 공급인증서를 구매하는 경우에는 신・재생에너지센터에 계약기간을 20년으로 하는 고정가격계약 경쟁입찰 사업자 선정을 의뢰할 수 있다.　　**답** ③

14 신재생에너지센터는 사업자 선정 시 전체 선정의뢰용량의 몇 [%] 이상을 100[kW] 미만 설비를 보유한 발전사업자를 대상으로 우선 선정할 수 있는가?

① 50　　　　② 60　　　　③ 70　　　　④ 80

> **해설** 신・재생에너지센터는 사업자 선정 시 전체 선정의뢰용량의 50[%] 이상을 100[kW] 미만 설비를 보유한 발전사업자를 대상으로 우선 선정할 수 있다.　　**답** ①

15 신재생에너지 공급의무자가 연도별로 신재생에너지 설비를 이용하여 공급하여야 하는 발전량을 무엇이라 하는가?

① 의무공급량　　　　　　　② 책임공급량
③ 기준발전량　　　　　　　④ 수요 발전량

> **해설** 1) "공급의무자"란 발전량의 일정량 이상을 의무적으로 신・재생에너지를 이용하여 공급하여야 하는 자를 말한다.
> 2) "의무공급량"이란 공급의무자가 연도별로 신・재생에너지 설비를 이용하여 공급하여야 하는 발전량을 말한다.
> 3) "기준발전량"이란 공급의무자별 의무공급량을 산정함에 있어 기준이 되는 발전량으로 신・재생에너지 발전량과 태양광 대여사업으로 설치된 설비에서 생산되는 발전량을 제외한 발전량을 말한다.　**답** ①

16 일반부지에 설치하는 경우 태양광에너지가중치 산정식이 틀린 것은?

설치용량	태양광에너지 가중치 산정식
① 100[kW] 미만	1.2
② 100[kW] 부터 3,000[kW] 이하	$\dfrac{99.999 \times 1.2 + (용량 - 99.999) \times 1.0}{용량}$
③ 3,000[kW] 초과부터	$\dfrac{99.999 \times 1.2}{용량} + \dfrac{2,900.001 \times 1.0}{용량} + \dfrac{(용량 - 3,000) \times 0.8}{용량}$
④ 3,000[kW] 이하	1.5

해설 건축물 등 기존 시설물을 이용하는 경우

설치용량	태양광에너지 합성가중치 산정식
3,000[kW] 이하	1.5
3,000[kW] 초과부터	$\dfrac{3,000 \times 1.5 + (용량 - 3,000) \times 1.0}{용량}$

답 ④

17 조력(방조제 有), 기타 바이오에너지(바이오중유, 바이오가스 등), 발전설비를 통해 전력을 거래하는 경우 공급인증서 가중치는?

① 0.25　　　　　　　　　　② 1.0
③ 2.0　　　　　　　　　　④ 3.5

해설　① 0.25 : 폐기물에너지, Bio-SRF
　　② 0.19 : 연료 전지
　　③ 2.0 : 조류, 미이용 산림바이오매스(바이오에너지 전소설비만 적용)
　　④ 2.0, 2.5 : 해상풍력
답 ②

18 "IGCC", "부생가스", "수열"의 공급인증서 가중치는 공급의무자별 의무공급량의 10[%] 이내 발전량에 대해서 적용하며, 이를 상회하는 발전량의 경우 공급인증서 가중치는 몇을 적용하는가?

① 0　　　　　　　　　　② 1
③ 2　　　　　　　　　　④ 3

해설　"IGCC", "부생가스", "수열"의 공급인증서 가중치는 공급의무자별 의무 공급량의 10[%] 이내 발전량에 대해서 적용하며, 이를 상회하는 발전량의 경우 공급인증서 가중치는 0을 적용한다.
답 ①

19 유지 등의 수면에 부유하여 태양광발전설비를 설치하는 경우의 태양광 가중치 산정식이 틀린 것은?

설치용량	태양광에너지 가중치 산정식
① 100[kW] 미만	1.6
② 100[kW] 부터 3,000[kW] 이하	$\dfrac{99.999 \times 1.6 + (용량 - 99.999) \times 1.4}{용량}$
③ 3,000[kW] 초과부터	$\dfrac{99.999 \times 1.6}{용량} + \dfrac{2,900.001 \times 1.4}{용량} + \dfrac{(용량 - 3,000) \times 0.1.2}{용량}$
④ 3,000[kW] 이하	1.5

해설 유지 등의 수면에 부유하여 태양광발전설비를 설치하는 경우의 태양광 가중치 산정식

설치용량	태양광에너지 가중치 산정식
100[kW] 미만	1.6
100[kW]부터 3,000[kW] 이하	$\dfrac{99.999 \times 1.6 + (용량 - 99.999) \times 1.4}{용량}$
3,000[kW] 초과부터	$\dfrac{99.999 \times 1.6}{용량} + \dfrac{2,900.001 \times 1.4}{용량} + \dfrac{(용량 - 3,000) \times 1.2}{용량}$

답 ④

20 태양광발전소 설비용량이 2500[kW], SMP가 200[원/kWh], 가중치 적용전 REC가 150[원/kWh]인 경우 판매단가[원/kWh]는? (단, 설치장소는 기준 건축물 지붕을 이용하여 설치하는 것으로 한다.)

① 450　　　　　② 425　　　　　③ 475　　　　　④ 500

해설 건축물 등 기존 시설물을 이용하는 경우 태양광에너지 가중치 산정 방법

설치용량	태양광에너지 가중치 산정식
3,000[kW] 이하	1.5
3,000[kW] 초과부터	$\dfrac{3,000 \times 1.5 + (용량 - 3,000) \times 1.0}{용량}$

태양광발전소 설비 용량은 3,000[kW]로 REC 가중치는 1.5배이다. 이를 적용하면 다음과 같다.
판매단가[원/kWh] = 200 + (150 × 1.5) = 425[원/kWh]

답 ②

21 신·재생에너지 공급인증서에 관한 내용 중 옳은 것을 모두 선택한 것은?

> ㉠ 공급인증서는 산업통상자원부장관이 지정하는 공급 인증기관에서만 발급할 수 있다.
> ㉡ 공급인증서를 발급받으려는 자는 대통령령이 정하는 바에 따라 신청할 수 있다.
> ㉢ 공급인증서의 유효기간은 발급받은 날로부터 5년이다.
> ㉣ 공급인증서는 공급인증기관이 개설한 거래시장에서 거래할 수 있다.

① ㉠, ㉡, ㉢　　　　　② ㉠, ㉡, ㉣

③ ㉠, ㉢, ㉣　　　　　④ ㉠, ㉢, ㉣

해설 공급인증서의 유효기간은 발급받은 날로부터 3년으로 한다.　　　　　　　　　**답** ②

22 산업통상자원부장관은 신·재생에너지 사업을 효율적으로 추진하기 위하여 필요하다고 인정하면 해당하는 자와 협약을 맺어 그 사업을 하게 할 수 있다. 협약을 맺어 그 사업을 할 수 있는 자가 아닌 것은?

① 특정연구기관 육성법에 따른 특정연구기관
② 산업기술연구조합 육성법에 따른 산업기술연구조합
③ 고등교육법에 따른 대학 또는 전문대학
④ 전기공사업에 따른 전기사업자

해설 사업을 효율적으로 추진하기 위하여 필요하다고 인정된 협약 대상
1) 「특정연구기관 육성법」에 따른 특정연구기관
2) 「기초연구진흥 및 기술개발지원에 관한 법률」에 따른 기업연구소
3) 「산업기술연구조합 육성법」에 따른 산업기술연구조합
4) 「고등교육법」에 따른 대학 또는 전문대학
5) 국공립연구기관
6) 국가기관, 지방자치단체 및 공공기관
7) 그 밖에 산업통상자원부장관이 기술개발능력이 있다고 인정하는 자　　　**답** ④

23 다음 중 신·재생에너지 설비인증을 함에 있어 설비심사기준으로 적합하지 않은 것은?

① 설비의 생산성
② 설비의 효율성
③ 설비의 내구성
④ 국제 또는 국내의 성능 및 규격에의 적합성

해설 설비인증 심사기준(2015년 7월 9일자로 법령 삭제)
1. 일반 심사기준
　① 신·재생에너지 설비의 제조 및 생산 능력의 적정성
　② 신·재생에너지 설비의 품질 유지·관리능력의 적정성
　③ 신·재생에너지 설비의 사후관리의 적정성
2. 설비 심사기준(법 제13조 제3항에 따른 성능검사결과서에 따른다)
　① 국제 또는 국내의 성능 및 규격에의 적합성
　② 설비의 효율성
　③ 설비의 내구성
3. 비고 : 설비인증기관의 장은 기술표준원장과 협의하여 제1호 및 제2호에 관한 세부사항에 대하여 설비인증 심사규정을 마련해야 한다.　　　　　　　　　　　　　　　　　**답** ①

제5장

태양광발전사업 허가

New & Renewable energy

5.1 태양광발전 사업계획서 작성

5.1.1 전기사업신청서

전기사업 허가신청서의 사업계획서에는 다음과 같은 사항이 포함된다.

(1) 사업계획개요(예시)
  - 발전소 명칭
  - 발전소 위치(주소)
  - 설비 용량 : [kW]
  - 설치방법 : 토지, 임야 등
  - 발전방식 : 고정식, 가변식, 추적식 등
  - 전력수급방식 : 전압 AC 220[V] / 380[V] / 22.9[kV] / 154[kV], 60[Hz] / 교류 3상 4선식 등
  - 선로규격 : 케이블 규격
  - 건축물(사용면적)
  - 총사업비
  - 건설단가([kW]당)
  - 시스템 이용량 및 발전시간
  - 연간발전량

(2) 사업개시 예정일 : 허가일로부터 3년 이내
(3) 전기사업의 개시일로부터 5년간 연도별 공급계획
(4) 소요자금 및 조달 방법
(5) 발전설비 개요
  - 발전설비 : 태양전지모듈 특성, 태양광 어레이 연결, 인버터 특성
  - 송전관계일람도 특성 및 내용
(6) 전기설비 설치 일정
(7) 공사비 등이 포함된다.

5.1.2 송전관계일람도 준비

송전관계일람도는 한전계통과 연결될 전주번호와 태양광발전용량, 인버터 용량이 도면에 표시되어 있다.

5.2 태양광발전 인허가 검토

5.2.1 인허가 법령 검토

〈 인허가 추진절차 〉

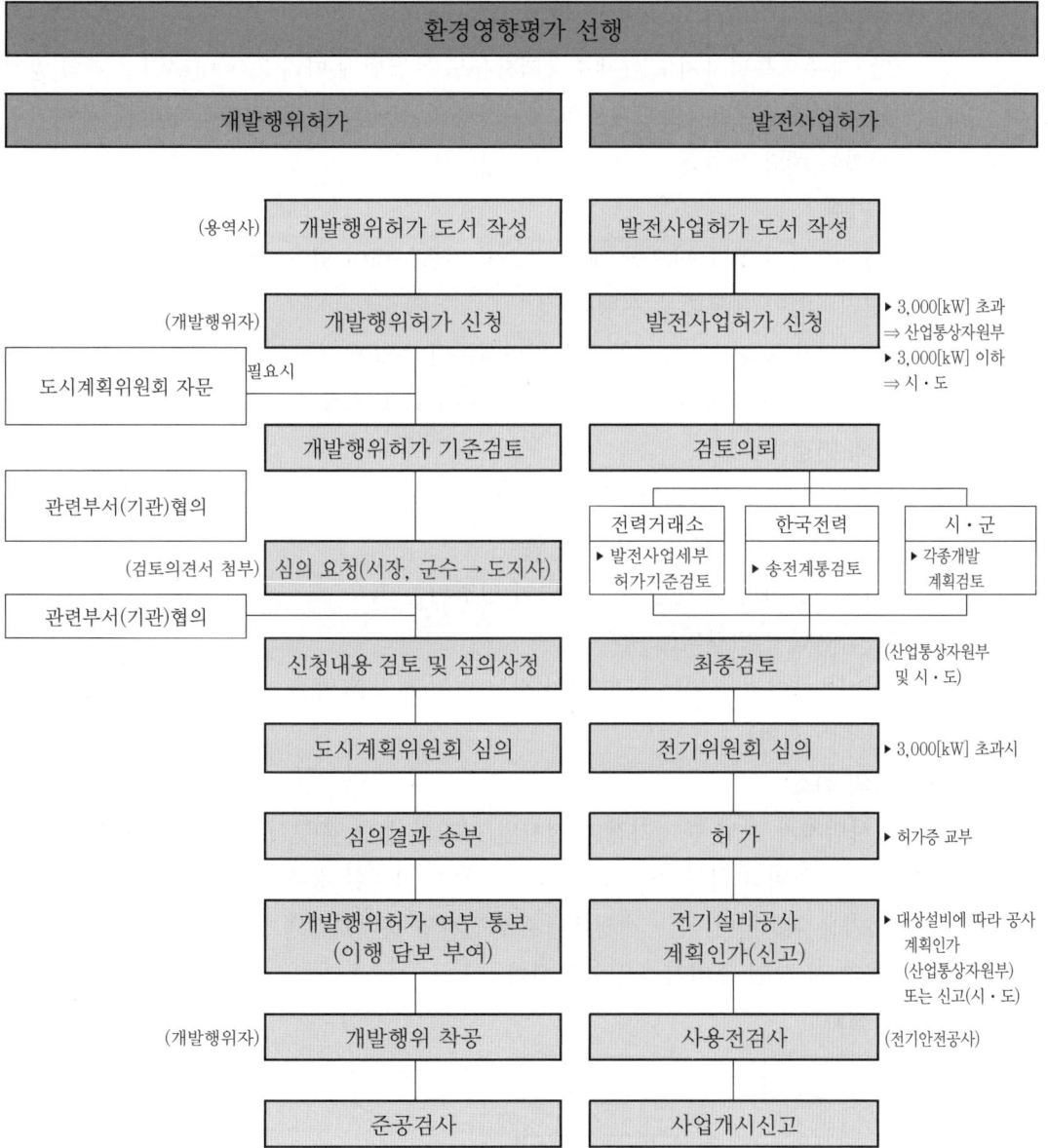

※ 개발행위허가(농지의 타용도 일시사용허가) 및 발전사업허가 동시 추진

(1) 사업 인허가

전기사업은 국민 생활과 산업 활동에 필수 불가결한 공공재이고 막대한 투자와 상당기간의 건설기간이 필요하므로, 전기사용자의 이익 보호와 건전한 전기사업 육성을 위해 적정한 자격과 능력이 있는 자만이 전기사업에 참여할 수 있도록 하기 위함이다.

1) 허가권자

① 3,000[kW] 초과 설비 : 산업통상자원부 장관

② 3,000[kW] 이하 설비 : 시 · 도지사

단, 제주도특별자치도는 제주국제자유도 특별법에 따라 3,000[kW] 초과의 발전설비도 제주특별자치도지사의 허가사항임(신에너지 및 재생에너지 중 풍력발전사업이 해당 된다.)

2) 허가기준

① 전기사업 수행에 필요한 재무능력 및 기술능력이 있을 것

② 전기사업이 계획대로 수행될 것

③ 발전소가 특정지역에 편중되어 전력계통의 운영에 지장을 초래하여서는 아니될 것

④ 발전연료가 어느 하나에 편중되어 전력수급에 지장을 초래하여서는 아니될 것

3) 허가의 변경

발전사업 허가를 받았으나, 다음과 같이 변경되는 경우는 산업통상자원부 장관 또는 시 · 도지사의 변경허가를 받아야 한다.

① 사업구역 또는 특정한 공급구역이 변경되는 경우

② 공급선압이 변성되는 경우

③ 설비용량이 변경되는 경우(허가 또는 변경 허가를 받은 설비용량의 10[%] 미만인 경우는 제외)

4) 허가의 취소

전기사업자가 사업 준비기간(발전사업 허가를 득한 후부터 사업개시 신고 전까지) 내에 전기설비의 설치 및 사업의 개시를 하지 아니한 경우, 전기위원회의 심의를 거쳐 허가를 취소한다. 신 · 재생에너지 발전사업 준비기간의 상한은 10년이며, 발전사업 허가 시 사업 준비기간을 지정한다.

5) 허가절차

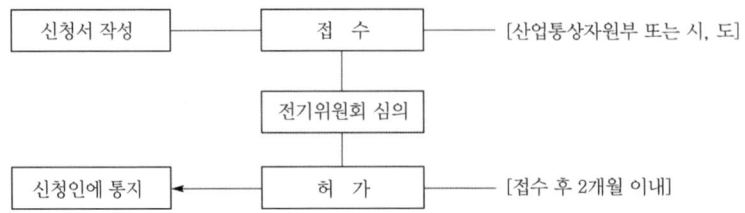

※ 필요서류 목록

‣ 3,000[kW] 이하

① 전기사업허가신청서(전기사업법 시행규칙 별지 제1호 서식) 1부

② 전기사업법 시행규칙 별표1의 요령에 의한 사업계획서 1부

③ 송전관계 일람도 1부

④ 발전원가 명세서(200[kW] 이하는 생략) 1부

⑤ 발전설비의 운영을 위한 기술인력의 확보계획을 기재한 서류(200[kW] 이하는 생략) 1부

‣ **3,000[kW] 초과**

① 전기사업허가신청서(전기사업법 시행규칙 별지 제1호 서식) 1부

② 전기사업법시행규칙 별표 제1의 작성요령에 의한 사업계획서 1부

③ 사업개시 후 5년간의 기간에 대한 연도별 예상사업 손익산출서 1부

④ 발전설비의 개요서 1부

⑤ 송전관계 일람도 및 발전원가명세서 1부

⑥ 신용평가 의견서 및 소요재원 조달계획서 1부

⑦ 발전설비의 운영을 위한 기술인력의 확보계획을 기재한 서류 1부

⑧ 신청인이 법인인 경우에는 그 정관 등 재무현황 관련 자료 1부

⑨ 신청인이 설립중인 법인인 경우에는 그 정관 1부

5.2.2 개발행위 인허가 검토

개발행위허가제는 국토의 이용계획 및 이용에 관한 법률에 따라 개발계획의 적정성 기반시설의 확보여부, 주변 환경과의 조화 등을 고려하여 개발행위를 대한 허가여부를 결정하고 난개발 방지를 목적으로 한다.

(1) 개발행위 허가

1) 허가권자 : 시장, 군수, 구청장

2) 관련 법령

① 국토의 계획 및 이용에 관한 법류 제56조(개발행위의 허가)～제65조(개발행위에 따른 공공시설 등의 귀속)

② 동법 시행령 제51조(개발행위허가 대상)～제61조(도시계획시설부지에서의 개발행위)

③ 동법 시행규칙 제9조(개발행위허가 신청서)～제10조(개발행위허가 규모 제한의

적용배제)

3) 허가기준

① 대통령령으로 정하는 개발 행위의 규모

㉮ 도시지역

– 주거지역, 상업지역, 자연녹지지역, 생산녹지지역 : 1만$[m^2]$ 미만

– 공업지역 : 3만$[m^2]$ 미만

– 보전녹지지역 : 5천$[m^2]$ 미만

㉯ 관리지역 : 3만$[m^2]$ 미만

㉰ 농림지역 : 3만$[m^2]$ 미만

㉱ 자연환경보전지역 : 5천$[m^2]$ 미만

* 관리지역 및 농림지역에 대해서는 해당 지자체장이 상기 범위 내에서 허가면적을 지자체 조례로 따로 정할 수 있다.

② 도시관리계획과의 내용에 배치되지 않고, 도시계획사업 시행에 지장이 없을 것

③ 주변지역 토지이용 실태 또는 토지이용계획, 건축물의 높이 토지의 경사도, 수목의 상태, 물의 배수, 하천, 습지의 배수 등 주변 환경 또는 경관과의 조화 여부

④ 당해 개발행위에 따른 기반시설의 설치 또는 필요 용지 확보계획의 적정성

5.2.3 관련기관 인허가 기준

번호	발전사업 관련 협의 절차	행정기관	비고
1	발전사업허가	산업통상자원부	
2	송전용 전기설비 이용 신청서	한국전력공사	해당 지역
3	전력거래소 회원 가입	한국전력거래소	
4	개발행위 허가 취득 기준 및 사전환경성 검토	산업통상자원부, 도지사, 군수, 환경 관리청	해당 지역
5	공작물 축조 신고	해당 지자체	
6	건축물 신고, 허가	해당 지자체	
7	공사계획 인가 및 신고	해당 지자체	
8	발전사업을 위한 업무 협의	한국전력거래소	
9	공사 관련 사항 신고	해당 지자체	
10	발전소 준공	사업자	
11	사용전검사	한국전기안전공사	
12	사업개시 신고	해당 지자체	
13	RPS를 위한 설치확인	에너지관리 공단	
14	상업운전실시	한국전력거래소, 지자체	
15	검침 및 요금 지급	한국전력거래소	
기타 항목	인근 지역주민 대표자에게 조사 사실을 알리고, 협조를 요청 대상 부지 선정 및 인허가 취득 등 사업 착수 전 설명회 통해 사전협의 필요함		

5.1 태양광발전 사업계획서 작성

01 전기사업 허가신청서 사업계획서의 사업계획 개요에 포함되는 내용이 아닌 것은?

① 발전소 설비용량
② 선로규격
③ 수배전반 장비 목록
④ 시스템 이용량 및 발전시간

해설 **사업계획개요**
발전소 명칭, 발전소 위치(주소), 설비 용량, 설치방법(토지, 임야 등), 발전방식(고정식, 가변식, 추적식 등), 전력수급방식(전압 380[V], 60[Hz] / 교류 3상 4선식 등), 선로규격, 건축물(사용면적), 총사업비, 건설단가([kW]당), 시스템 이용량 및 발전시간, 연간발전량 **답** ③

02 전기사업 허가 신청 후 허가일로부터 몇 년 이내에 발전사업을 개시하여야 하는가?

① 1   ② 2   ③ 3   ④ 5

해설 사업개시 예정일 : 허가일로부터 3년 이내 **답** ③

03 전기사업의 허가를 신청하려는 자가 사업계획서를 작성할 때 태양광설비의 개요에 포함되어야 할 내용으로 적합하지 않은 것은?

① 태양전지의 종류, 정격용량, 정격전압 및 정격출력
② 태양전지 및 인버터의 효율, 변환특성, 교류주파수
③ 인버터의 종류, 입력전압, 출력전압 및 정격출력
④ 집광판의 면적

해설 **태양광 발전설비 및 송전 · 변전설비의 개요**
1) 발전설비
   • 태양전지의 종류, 정격용량, 정격전압 및 정격출력
   • 인버터의 종류, 입력전압, 출력전압 및 정격출력
   • 집광판의 면적
   • 발전소의 명칭 및 위치
2) 송전 · 변전설비
   • 변전소의 명칭 및 위치, 변압기의 종류, 용량, 전압, 대수
   • 송전선로의 명칭, 구간 및 송전 용량
   • 개폐소의 위치(동, 리까지 적을 것)
   • 송전선의 종류, 길이, 회선 수 및 굵기의 1회선 당 조수 **답** ②

04 태양광발전 사업허가 신청서에 포함되는 필요서류 목록이 아닌 것은? (단, 3,000[kW] 미만인 경우이다.)

① 전기사업법 시행규칙에 따른 사업계획서

② 송전관계 일람도 및 발전원가 명세서

③ 전력계통의 조류계산서

④ 발전설비 운영을 위한 기술인력 확보계획을 기재한 서류

해설 3,000[kW] 미만인 경우 필요서류
전기사업허가신청서, 전기사업법 시행규칙에 따른 사업계획서, 송전관계 일람도, 발전원가 명세서, 발전설비 운영을 위한 기술인력 확보계획을 기재한 서류　　**답** ③

05 전기사업의 허가를 신청하는 자가 사업계획서를 작성할 때 태양광설비의 개요로 기재하여야 할 내용이 아닌 것은?

① 태양전지 및 인버터의 효율, 변환방식, 교류주파수

② 태양전지의 종류, 정격용량, 정격전압 및 정격출력

③ 인버터의 종류, 입력전압, 출력전압 및 정격출력

④ 집광판(集光板)의 면적

해설 전기사업법 시행규칙 사업계획서 작성요령
1) 태양전지의 종류, 정격용량, 정격전압 및 정격출력
2) 인버터의 종류, 입력전압, 출력전압 및 정격출력
3) 집광판의 면적　　**답** ①

06 신ㆍ재생에너시 설비의 설지계획서를 받은 산업통상자원부장관은 설치계획서를 받은 날부터 타당성을 검토한 후 그 결과를 해당 설치의무기관의 장 또는 대표자에게 통보하여야 할 일 수로 옳은 것은?

① 10일　　　　　　　　　　② 20일

③ 30일　　　　　　　　　　④ 50일

해설 산업통상자원부장관은 설치계획서를 받은 날부터 30일 이내에 타당성을 검토한 후 그 결과를 해당 설치의무기관의 장 또는 대표자에게 통보하여야 한다.　　**답** ③

07 전기사업의 허가를 신청하는 자가 사업계획서를 작성할 때 태양광설비의 개요로 기재하여야 할 내용이 아닌 것은?

① 교류주파수　　② 정격용량　　③ 입력전압　　④ 정격출력

해설 전기사업법 시행규칙 사업계획서 작성요령
1) 태양전지의 종류, 정격용량, 정격전압 및 정격출력
2) 인버터의 종류, 입력전압, 출력전압 및 정격출력
3) 집광판의 면적　　**답** ①

08 태양광발전시스템 사용 전 검사 및 정기검사, 안전관리자 선임과 관련된 법은?

① 전기사업법　　　　　　　　　　② 전기공사업법

③ 전력기술관리법　　　　　　　　④ 한국전력공사규정

> **해설** 전기사업법 시행규칙 제41조(안전관리업무의 대행 규모)
> 전기안전관리대행사업자(이하 "대행사업자"라 한다) 개인대행자가 안전관리업무를 대행할 수 있는 전기설비의 규모는 다음과 같다.
> 1. 안전공사 및 대행사업자: 다음 각 목의 어느 하나에 해당하는 전기설비(둘 이상의 전기 설비용량의 합계가 2천 500킬로와트 미만인 경우로 한정한다)
>   가. 용량 1천 킬로와트 미만의 전기수용설비
>   나. 용량 300킬로와트 미만의 발전설비. 다만, 비상용 예비발전설비의 경우에는 용량 500킬로와트 미만으로 한다.
>   다. 「신에너지 및 재생에너지 개발·이용·보급 촉진법」 제2조에 따른 태양에너지를 이용하는 발전설비(이하 "태양광발전설비"라 한다)로서 용량 1천 킬로와트 미만인 것
> 2. 개인대행자 : 다음 각 목의 어느 하나에 해당하는 전기설비(둘 이상의 용량의 합계가 1천 50킬로와트 미만인 전기설비로 한정한다)
>   가. 용량 500킬로와트 미만의 전기수용설비
>   나. 용량 150킬로와트 미만의 발전설비. 다만, 비상용 예비발전설비의 경우에는 용량 300킬로와트 미만으로 한다.
>   다. 용량 250킬로와트 미만의 태양광발전설비　　　　　　　　　　　　　　**답** ①

5.2 태양광발전 인허가 검토

01 전기(발전)사업 허가권자를 시·도지사와 산업통상자원부 장관으로 구분하는 기준이 되는 발전용량은?

① 500[kW]　　　② 1,000[kW]　　　③ 2,000[kW]　　　④ 3,000[kW]

> **해설** 3,000[kW] 초과설비는 산업통상자원부 장관, 3,000[kW] 이하 설비는 시·도지사이다.　　**답** ④

02 다음 보기 중 환경영향성 평가가 실시되어야 하는 발전용량은 몇 개인가?

| 보기) 발전소 A : 5,000[kW], | 발전소 B : 50,000[kW] |
| 발전소 C : 500,000[kW], | 발전소 D : 5,000,000[kW] |

① 1　　　　　② 2　　　　　③ 3　　　　　④ 4

> **해설** 환경영향성 평가 실시의 기준은 100,000[kW] 이상의 발전용량이다.　　**답** ②

03 다음 중 사전환경성 검토 · 협의에 해당하는 항목만으로 묶인 것은?

① 대기, 소음, 지질　　　　　　② 대기, 소음, 수질
③ 소음, 수질, 지질　　　　　　④ 대기, 수질, 지질

> **해설**　사전환경성 검토 · 협의 해당 항목(대기, 소음, 수질)　　　　　　**답** ②

04 송전용 전기설비 이용 가능여부를 검토하는 관리기관은?

① 한국전력공사　　　　　　　② 한국전력거래소
③ 한국전기안전공사　　　　　④ 에너지관리공단

> **해설**　한국전력공사 전력관리처　　　　　　**답** ①

05 제주특별자치도에서 5,000[kW] 전기발전사업의 허가권자는 누구인가?

① 산업통상자원부 장관　　　　② 지식경제부 장관
③ 제주시장　　　　　　　　　④ 제주특별자치도지사

> **해설**　제주특별자치도지사
> ・3,000[kW] 초과 설비 : 산업통상자원부 장관(전기위원회 총괄정책팀)
> ・3,000[kW] 이하 설비 : 시 · 도지사
> ※ 단, 제주특별자치도는 제주국제자유도시특별법에 따라 3,000[kW] 이상의 발전설비도 제주특별자치도
> 　지사의 허가사항임　　　　　　**답** ④

06 전기발전사업 허가가 취소되는 경우는?

① 사업구역 또는 특정한 공급구역이 변경되는 경우
② 사업 준비기간 내에 전기설비의 설치 및 사업 개시를 하지 아니한 경우
③ 공급전압이 변경되는 경우
④ 설비용량이 변경되는 경우

> **해설**　사업 준비기간 내에 전기설비의 설치 및 사업 개시를 하지 아니한 경우 - 허가 취소　　　　**답** ②

07 개발행위 허가제에서 허가여부를 결정하는 요소가 아닌 것은?

① 발전소의 발전량　　　　　　② 개발계획의 적절성
③ 기반시설의 확보 여부　　　　④ 주변 환경과의 조화

> **해설**　개발행위 허가제는 국토의 이용계획 및 이용에 관한 법률에 따라 개발계획의 적정성, 기반시설의 확보 여
> 부, 주변 환경과의 조화 등을 고려하여 개발행위 허가　　　　　　**답** ①

08 개발행위허가제의 허가권자와 관련 없는 것은?

① 산업통상자원부 장관   ② 시장

③ 군수   ④ 구청장

> **해설** 산업통상자원부 장관
> ・개발행위허가제 허가권자 - 시장, 군수, 구청장   **답** ①

09 개발행위허가제의 도시지역 허가기준이 틀린 것은?

① 주거지역 : 1만 $[m^2]$ 미만   ② 공업지역 : 2만 $[m^2]$ 미만

③ 보전녹지지역 : 5천 $[m^2]$ 미만   ④ 농림지역 : 3만 $[m^2]$ 미만

> **해설** 공업지역 : 3만$[m^2]$ 미만   **답** ②

10 환경영향성 검토의 대상이 되는 최소 발전용량은?

① 100,000[kW]   ② 150,000[kW]

③ 200,000[kW]   ④ 300,000[kW]

> **해설** ・100,000[kW] 미만 : 사전 환경성 검토
> ・100,000[kW] 이상 : 환경영향성 평가   **답** ①

11 다음 중 태양광발전을 위한 부지선정 시 일반적 고려사항으로 거리가 먼 것은?

① 경제성   ② 독립형 및 계통 연계형

③ 부지의 접근성   ④ 행정상의 인・허가 관련 각종 규제

> **해설** 부지선정 일반적 고려사항
> 1) 지정학적 조건 : 일사량 및 일조량 등
> 2) 건설상 조건 : 부지의 접근성 및 주변환경
> 3) 행정상의 조건 : 인・허가 관련 각종 규제
> 4) 전력계통과의 연계조건 : 전력계통 인입선 위치 등
> 5) 경제성 : 부지매입 가격 및 부대공사비 등   **답** ②

12 태양광발전소 부지선정 추진 절차로 옳은 것은?

① 지역설정 → 현장조사 → 공부확인 → 주변지역 지가조사 → 매매계약 체결

② 지역설정 → 공부확인 → 현장조사 → 주변지역 지가조사 → 매매계약 체결

③ 현장조사 → 지역설정 → 공부확인 → 주변지역 지가조사 → 매매계약 체결

④ 현장조사 → 공부확인 → 지역설정 → 주변지역 지가조사 → 매매계약 체결

> **해설** 태양광발전소 부지선정 추진 절차 : 지역설정 → 사전정보 조사 → 지자체 방문 공부 확인 → 토지이용 협의 및 소유자 파악 → 태양광 규모 기획 → 주변지역 지가조사 → 소유자 협의 및 매입 결정 → 매매계약 체결   **답** ①

13 태양광발전소 부지매입 시 토지분석과 거리가 먼 것은?

① 경사도 분석
② 인근 개발지 확인
③ 지적공부 확인
④ 위치방향성

> **해설** 토지분석 : 현황 및 위치분석, 경사도 분석, 토지이용계획 확인원 분석, 지적공부 확인, 인근 개발지(면적) 확인 등 **답 ④**

14 발전사업을 허가제로 한 이유로 타당하지 않은 것은?

① 공공재
② 막대한 투자비용
③ 상당한 건설기간 소요
④ 발전사업자의 이익 보호

> **해설** 발전사업을 허가제로 한 이유는 발전사업이 국민생활과 산업활동에 필수 불가결한 공공재이고 막대한 투자와 상당기간의 건설기간이 필요하므로, 전기사용자의 이익 보호와 건전한 전기산업 육성을 위해 적정한 자격과 능력이 있는 자만이 발전사업에 참여할 수 있도록 하기 위함이다. **답 ④**

15 산업통상자원부장관의 발전사업 허가 시 심의를 거쳐야 하는 기관은?

① 전기위원회
② 전력기술인협회
③ 한국전력거래소
④ 한국전기안전공사

> **해설** 산업통상자원부장관이 발전 사업을 허가하거나 그 허가를 취소하는 경우 전기위원회의 심의를 거쳐야 한다. **답 ①**

16 신 · 재생에너지 발전사업 준비기간의 상한은 몇 년 인가?

① 10년
② 15년
③ 20년
④ 25년

> **해설** 신 · 재생에너지 발전사업 준비기간의 상한은 10년이며, 발전사업 허가 시 사업 준비기간을 지정한다. **답 ①**

17 다음 설명 중 ( ) 안에 들어갈 알맞은 내용은?

> 가. (A)(은)는 전기사업을 허가 또는 변경허가를 하려는 경우에는 미리 제53조에 따른 전기위원회의 심의를 거쳐야 한다.
> 나. 동일인에게는 두 종류 이상의 전기사업을 허가할 수 없다. 다만 (B)(으)로 정하는 경우는 그러하지 아니하다.

① A : 지식경제부 장관, B : 시 · 도지사령
② A : 산업통상자원부 장관, B : 대통령령
③ A : 산업통상자원부 장관, B : 시 · 도지사령
④ A : 지식경제부 장관, B : 대통령령

> **해설** A : 산업통상자원부 장관, B : 대통령령 **답 ②**

18 일반 가정 등에 설치되어 정기점검을 하지 않아도 되는 소출력 태양광발전시스템의 발전 시스템 용량은 몇 [kW] 미만인가?

① 3[kW]　　　　② 5[kW]　　　　③ 7[kW]　　　　④ 10[kW]

> **해설** 일반 가정 등에 설치되는 3[kW] 미만의 소출력 태양광발전시스템의 경우는 일반용 전기설비로 자리매김 되어 있어서 법적으로 정기점검을 하지 않아도 된다. 　　답 ①

19 태양광발전사업 허가신청 시 제출서류가 아닌 것은?

① 사업계획서　　　　　　　　　② 송전관계일람도
③ 발전원가명세서　　　　　　　　④ 도시계획 확인원

> **해설** **태양광발전사업 허가신청 시 제출서류**
> 　1) 전기사업허가신청서　　　　　2) 사업계획서
> 　3) 송전관계일람도　　　　　　　4) 발전원가명세서
> 　5) 전기설비의 운영을 위한 기술인력의 확보계획을 적은 서류
> 　6) 태양광 모듈 배치도 및 모듈 상세도
> 　7) 신청인이 법인인 경우 : 법인등기부등본, 임원 인적 사항, 법인인감증명서, 정관 및 직전 사업연도말의 대
> 　　　차대조표 · 손익계산서
> 　8) 신청인이 설립 중인 법인인 경우에는 그 정관
> 　9) 사업자 등록증(등록된 업체에 한함)
> 　10) 토지사용 총괄표, 토지사용승낙서 및 인감증명서
> 　11) 지적(임야)도 등본　　　　　12) 지적(임야)대장
> 　13) 토지이용계획 확인원　　　　14) 토지(임야) 등기부등본 　　답 ④

20 발전설비용량이 3,000[kW] 이하(발전설비용량이 200[kW] 이하인 발전사업은 제외)의 발전사업 허가신청 시 제출서류로 틀린 것은?

① 사업계획서　　　　　　　　　② 송전관계 일람도
③ 발전원가명세서　　　　　　　　④ 재원 조달계획서

> **해설** 재원 조달계획서는 발전설비용량이 3,000[kW] 초과의 발전사업 허가신청 시 제출서류이다. 　　답 ④

21 개발행위허가제의 근본 목적은?

① 개발계획의 적정성　　　　　　② 기반시설의 확보
③ 주변환경과의 조화　　　　　　④ 난개발의 방지

> **해설** 개발행위허가제는 국토의 이용계획 및 이용에 관한 법률에 따라 개발계획의 적정성, 기반시설의 확보 여부, 주변 환경과의 조화 등을 고려하여 개발행위에 대한 허가 여부를 결정함으로써 난개발을 방지함을 목적으로 한다. 　　답 ④

22 다음 중 개발행위허가의 대상이 아닌 것은?

① 건축물의 건축　　　　　　　　② 공작물의 설치
③ 물건을 쌓아놓는 행위　　　　　④ 경작을 위한 토지의 형질변경

> **해설** 개발행위허가의 대상
> 1) 건축물의 건축 : 건축법 제2조 제1항 제2호에 따른 건축물의 건축
> 2) 공작물의 설치 : 인공을 가하여 제작한 시설물(건축법 제2조 제1항 제2호에 따른 건축물을 제외)의 설치
> 3) 토지의 형질변경 : 절토 · 성토 · 정지 · 포장 등의 방법으로 토지의 형상을 변경하는 행위와 공유수면의 매립(경작을 위한 토지의 형질변경을 제외)
> 4) 토석채취 : 흙 · 모래 · 자갈 · 바위 등의 토석을 채취하는 행위. 다만, 토지의 형질변경을 목적으로 하는 것을 제외한다.
> 5) 토지분할 : 다음의 어느 하나에 해당하는 토지의 분할(건축법 제57조에 따른 허가 · 인가 등을 받지 아니하고 행하는 토지의 분할)
>   ㉠ 녹지지역 · 관리지역 · 농림지역 및 자연환경보전지역 안에서 관련법령에 따른 허가 · 인가 등을 받지 아니하고 행하는 토지의 분할
>   ㉡ 건축법 제57조 제1항에 따른 분할제한면적 미만으로의 토지의 분할
>   ㉢ 관계 법령에 의한 허가 · 인가 등을 받지 아니하고 행하는 너비 5[m] 이하로의 토지의 분할
> 6) 물건을 쌓아놓는 행위 : 녹지지역 · 관리지역 또는 자연환경보전지역 안에서 건축물의 울타리 안(적법한 절차에 의하여 조성된 대지에 한함)에 위치하지 아니한 토지에 물건을 1월 이상 쌓아놓은 행위 **답** ④

23 개발행위허가기준상 개발행위의 규모로 틀린 것은?

① 주거지역 : 5천[m²] 미만
② 공업지역 : 3만[m²] 미만
③ 보전녹지지역 : 5천[m²] 미만
④ 농림지역 : 3만[m²] 미만

> **해설** 주거지역 · 상업지역 · 자연녹지지역 · 생산녹지지역 : 1만[m²] 미만 **답** ①

24 다음 중 도시 관리계획으로 결정하지 않아도 설치할 수 있는 태양광설비는?

① 발전용량이 200[kW] 이하인 태양광설비
② 발전용량이 500[kW] 이하인 태양광설비
③ 발전용량이 1,000[kW] 이하인 태양광설비
④ 발전용량이 1,500[kW] 이하인 태양광설비

> **해설** 신 · 재생에너지설비로서 발전용량이 200[kW] 이하인 태양광설비는 도시 관리계획으로 결정하지 않아도 설치할 수 있는 시설이다. **답** ①

25 다음 중 환경영향평가를 실시해야 하는 자는?

① 대상사업자
② 시장 · 군수 · 구청장
③ 시 · 도지사
④ 국토교통부장관

> **해설** 환경영향평가 대상사업을 하려는 사업자는 환경영향평가를 실시하여야 한다. **답** ①

26 환경영향평가 대상 태양광 발전소는?

① 발전시설용량이 3천[kW] 이상인 것
② 발전시설용량이 1만[kW] 이상인 것
③ 발전시설용량이 3만[kW] 이상인 것
④ 발전시설용량이 10만[kW] 이상인 것

해설 태양광발전소의 경우 발전시설용량이 10만[kW] 이상인 것이 환경영향평가 대상이 된다.　　　　**답** ④

27 환경영향평가 평가 준비서에 포함되어야 하는 사항이 아닌 것은?

① 토지이용계획안
② 대상지역의 설정
③ 사업의 타당성
④ 대상사업의 목적 및 개요

해설 환경영향평가 평가준비서의 내용
1) 환경영향평가 대상사업의 목적 및 개요
2) 환경영향평가 대상지역의 설정
3) 토지이용계획안
4) 지역 개황(대상사업이 실시되는 지역 및 그 주변지역에 대한 환경현황을 포함)
5) 평가 항목 · 범위 · 방법의 설정 방안
6) 약식절차에의 해당 여부(약식평가를 하려는 경우만 해당)
7) 주민 등의 의견 수렴을 위한 방안
8) 전략 환경영향평가 협의 내용 및 반영 여부(전략 환경영향평가 협의를 거친 경우만 해당)　　　**답** ③

28 다음은 환경영향평가에 관한 설명이다. 옳지 못한 것은?

① 사업자는 환경영향평가를 실시하기 전에 환경영향평가 평가 준비서를 작성하여야 한다.
② 승인기관장 등은 환경영향평가 대상사업에 대한 승인 등을 하기 전에 환경부장관에게 협의를 요청하여야 한다.
③ 사업자는 어떤 경우에도 협의의 절차가 끝나기 전에 환경영향평가 대상사업의 공사를 하여서는 아니 된다.
④ 승인기관의 장은 협의의 절차가 끝나기 전에 사업계획 등에 대한 승인 등을 하여서는 아니 된다.

해설 사업자는 협의 · 재협의 또는 변경협의의 절차가 끝나기 전에 환경영향평가 대상사업의 공사를 하여서는 아니 된다. 다만, 다음의 어느 하나에 해당하는 공사의 경우에는 예외로 한다.
1) 협의를 거쳐 승인 등을 받은 지역으로서 재협의나 변경협의의 대상에 포함되지 않은 지역에서 시행되는 공사
2) 전략 환경영향평가를 거쳐 그 입지가 결정된 사업에 관한 공사로서 다음의 경미한 사항에 대한 공사
　㉮ 착공을 준비하기 위한 다음의 공사
　　· 안전펜스, 현장사업소 및 그 부대시설을 설치하기 위한 공사
　　· 해당 사업에 따른 주민 등의 이주에 따라 사업지구 내 화재발생 및 폐기물 무단투기 등을 방지하고, 주변 주민이 안전한 생활을 유지하도록 주변 환경을 정비하는 공사
　　· 해당 사업의 기공식에 필요한 시설을 설치하기 위한 공사
　㉯ 문화재 발굴조사 등 다른 법령에 따른 의무를 이행하기 위하여 장애물 등을 철거하기 위한 공사
　㉰ 해당 사업의 성토를 위한 사업장 부지 내에 토사적치장을 설치하는 공사
　㉱ 이상에 따른 공사에 준하는 공사로서 협의기관의 장이 토지의 형질이나 자연환경에 대한 훼손이 경미하다고 인정하는 공사　　　**답** ③

29 산지전용 시 공통으로 적용되는 허가기준이 아닌 것은?

① 인근 산림의 경영·관리에 큰 지장을 주지 않을 것
② 토사의 유출·붕괴 등 재해발생이 우려되지 않을 것
③ 산림의 수원 함양 및 수질보전기능을 크게 해치지 않을 것
④ 집단적인 조림 성공지 등 우량한 산림이 많이 포함되지 않을 것

> **해설** 산지전용 시 공통으로 적용되는 허가기준
> 1) 인근 산림의 경영·관리에 큰 지장을 주지 않을 것
> 2) 희귀 야생 동·식물의 보전 등 산림의 자연 생태적 기능유지에 현저한 장애가 발생되지 않을 것
> 3) 토사의 유출·붕괴 등 재해발생이 우려되지 않을 것
> 4) 산림의 수원 함양 및 수질보전기능을 크게 해치지 않을 것
> 5) 사업계획 및 산지전용면적이 적정하고 산지전용방법이 자연경관 및 산림훼손을 최소화하며 산지전용 후의 복구에 지장을 줄 우려가 없을 것　　　**답** ④

30 산지전용허가 시 붙이는 조건으로 가장 거리가 먼 것은?

① 경관유지를 위한 차폐림을 조성할 것
② 사업시행 중 발생한 토사는 당해 사업시행지역 밖으로 반출하지 않을 것
③ 산림으로 존치되는 지역은 조림·숲 가꾸기 등 산림자원의 조성을 위한 사업을 실시할 것
④ 10만[m²] 이상의 산지를 전용하는 경우에는 산지의 형질변경을 단계별로 실시하거나 형질변경이 완료된 부분을 중간 복구할 것

> **해설** 사업시행 중 발생한 토사는 당해 사업시행지역 밖으로 반출할 것　　　**답** ②

31 산림청장 등이 산지전용허가를 반드시 취소하여야 하는 경우가 아닌 것은?

① 거짓이나 그 밖의 부정한 방법으로 허가를 받거나 신고를 한 경우
② 허가의 목적 또는 조건을 위반하거나 허가 또는 신고 없이 사업계획이나 사업규모를 변경하는 경우
③ 재해 방지 또는 복구를 위한 명령을 이행하지 아니한 경우
④ 허가를 받은 자가 목적사업의 연장 조치명령을 위반한 경우

> **해설** 산림청장 등은 산지전용허가 또는 산지일시사용허가를 받거나 산지전용신고 또는 산지일시사용신고를 한 자가 다음의 어느 하나에 해당하는 경우에는 허가를 취소하거나 목적사업의 중지, 시설물의 철거, 산지로의 복구, 그 밖에 필요한 조치를 명할 수 있다.
> 다만, 이에 해당하는 경우에는 그 허가를 취소하거나 목적사업의 중지 등을 명하여야 한다.
> 1) 거짓이나 그 밖의 부정한 방법으로 허가를 받거나 신고를 한 경우
> 2) 허가의 목적 또는 조건을 위반거나 허가 또는 신고 없이 사업계획이나 사업규모를 변경하는 경우
> 3) 대체산림자원조성비를 내지 아니하였거나 복구비를 예치하지 아니한 경우(줄어든 복구비 예치금을 다시 예치하지 아니한 경우를 포함)
> 4) 재해 방지 또는 복구를 위한 명령을 이행하지 아니한 경우
> 5) 허가를 받은 자가 목적사업의 중지 등의 조치명령을 위반한 경우
> 6) 허가를 받은 자가 허가취소를 요청하거나 신고를 한 자가 신고를 철회하는 경우　　　**답** ④

32 다음은 농지전용허가를 제한할 수 있는 경우이다. 틀린 것은?

① 전용 목적을 실현하기 위한 사업계획 및 자금 조달계획이 불확실한 경우

② 전용하려는 농지의 면적이 전용 목적 실현에 필요한 면적보다 지나치게 좁은 경우

③ 해당 농지를 전용하거나 다른 용도로 일시 사용하면 토사가 유출되는 등 인근 농지 또는 농지개량시설을 훼손할 우려가 있는 경우

④ 전용하려는 농지가 농업생산기반이 정비되어 있거나 농업생산기반 정비사업 시행예정 지역으로 편입되어 우량농지로 보전할 필요가 있는 경우

> **해설** 농지전용허가 및 협의(다른 법률에 따라 농지전용허가가 의제되는 협의를 포함)를 하거나 농지의 타 용도 일시사용허가 및 협의를 할 때 그 농지가 다음의 어느 하나에 해당하면 전용을 제한하거나 타 용도 일시사용을 제한할 수 있다.
> 1) 전용하려는 농지가 농업생산기반이 정비되어 있거나 농업생산기반 정비사업 시행예정 지역으로 편입되어 우량농지로 보전할 필요가 있는 경우
> 2) 해당 농지를 전용하거나 다른 용도로 일시사용하면 일조·통풍·통작에 매우 크게 지장을 주거나 농지개량시설의 폐지를 수반하여 인근 농지의 농업경영에 매우 큰 영향을 미치는 경우
> 3) 해당 농지를 전용하거나 타 용도로 일시 사용하면 토사가 유출되는 등 인근 농지 또는 농지개량시설을 훼손할 우려가 있는 경우
> 4) 전용 목적을 실현하기 위한 사업계획 및 자금 조달계획이 불확실한 경우
> 5) 전용하려는 농지의 면적이 전용 목적 실현에 필요한 면적보다 지나치게 넓은 경우　　**답** ②

33 농지보전부담의 [m²]당 금액으로 옳은 것은?

① 해당 농지의 개별공시지가의 10/100
② 해당 농지의 개별공시지가의 20/100
③ 해당 농지의 개별공시지가의 30/100
④ 해당 농지의 개별공시지가의 40/100

> **해설** 농지보전부담금 [m²] 당 금액은 해당 농지의 개별공시지가의 30/100으로 한다. 다만, 산정한 농지보전부담금의 [m²] 당 금액이 농림축산식품부장관이 정하여 고시하는 금액을 초과하는 경우에는 농림축산식품부장관이 정하여 고시하는 금액을 농지보전부담금의 [m²] 당 금액으로 한다.　　**답** ③

34 농지전용허가를 반드시 취소하여야 하는 경우로 옳지 않은 것은?

① 허가 목적이나 허가 조건을 위반하는 경우

② 거짓이나 그 밖의 부정한 방법으로 허가를 받거나 신고한 것이 판명된 경우

③ 허가를 받은 자가 관계 공사의 중지 등 사업변경 명령을 위반한 경우

④ 허가를 받지 아니하거나 신고하지 아니하고 사업계획 또는 사업 규모를 변경하는 경우

> **해설** 농림축산식품부장관, 시장·군수 또는 자치구구청장은 농림전용허가 또는 농지의 타 용도 일시사용허가를 받았거나 농지전용신고를 한 자가 다음의 어느 하나에 해당하면 허가를 취소하거나 관계 공사의 중지, 조업의 정지, 사업규모의 축소 또는 사업계획의 변경, 그 밖에 필요한 조치를 명할 수 있다. 다만, 이에 해당하면 그 허가를 취소하여야 한다.
> 1) 거짓이나 그 밖의 부정한 방법으로 허가를 받거나 신고한 것이 판명된 경우
> 2) 허가 목적이나 허가 조건을 위반하는 경우
> 3) 허가를 받지 아니하거나 신고하지 아니하고 사업계획 또는 사업 규모를 변경하는 경우
> 4) 허가를 받거나 신고를 한 후 다음과 같은 정당한 사유 없이 2년 이상 대지의 조성, 시설물의 설치 등 농지전용 목적사업에 착수하지 아니하거나 농지전용 목적사업에 착수한 후 1년 이상 공사를 중단한 경우

㉮ 농지전용 목적사업과 관련된 사업계획의 변경에 따른 행정기관의 허가 또는 인가를 얻기 위하여 농지전용 목적사업이 지연되는 경우
㉯ 공공사업으로서 정부의 재정여건으로 인하여 농지전용 목적사업이 지연되는 경우
㉰ 장비의 수입 또는 제작이 지체되어 농지전용 목적사업이 지연되는 경우
㉱ 천재지변·화재, 그 밖의 재해로 인하여 농지전용 목적사업이 지연되는 경우
5) 농지보전부담금을 내지 아니한 경우
6) 허가를 받은 자나 신고를 한 자가 허가취소를 신청하거나 신고를 철회하는 경우
7) 허가를 받은 자가 관계 공사의 중지 등 조치명령을 위반한 경우　　　　　답 ③

35 사방지 지정해제 기준으로 옳지 못한 것은?
① 사방지 지정 목적이 상실되었을 때
② 공익사업을 위하여 필요하다고 인정될 때
③ 국가 또는 지방자치단체가 직접 경영하는 사업을 위하여 필요하다고 인정될 때
④ 사방사업 시행 후 20년이 경과된 사방지로서 사방지의 지정 목적이 달성되었을 때

해설　시·도지사 또는 지방산림청장은 사방사업 시행 후 10년이 경과된 사방지로서 다음과 같은 사방지의 지정 목적이 달성되었을 때 그 지정을 해제할 수 있다.
1) 사방시설에 의하여 지반이 안정되어 토사유출 및 침식의 우려가 없고 입목·죽, 풀 등이 정상적으로 생육하고 있을 때
2) 보살펴 기르는 작업, 벌채 등 계속적인 산림산업을 하여도 다시 황폐될 우려가 없는 때　답 ④

36 사방지 지정해제 신청 시 허가권자가 아닌 것은?
① 산림청장　　　　② 시도지사
③ 산업통상자원부 장관　　④ 군수

해설　사방지 지정해제 허가권자 : 산림청장, 시도지사, 지방산림청장, 시장, 군수　답 ③

37 초지전용 허가기준으로 틀린 것은?
① 전용목적의 실현 가능성
② 잔여초지의 이용가능성
③ 대체시설의 설치계획
④ 전용목적사업을 위해 필요한 토지면적의 최대치

해설　초지전용 허가기준
1) 전용목적의 실현 가능성
2) 전용목적사업을 위한 최소한의 필요한 토지면적
3) 인근 초지 및 농지에 피해가 없도록 하기 위한 피해방지시설의 설치계획
4) 대체시설의 설치계획(인근 초지 및 농지용 도로 등의 폐지가 수반되는 경우에 한함)
5) 잔여초지의 이용가능성(초지의 일부만을 전용하는 경우에 한함)　답 ④

38 초지전용 허가의 취소 등의 사유로 볼 수 없는 것은?

① 거짓이나 그 밖의 부정한 방법으로 허가를 받거나 신고를 한 경우

② 대체초지조성비를 납입하지 아니한 경우

③ 허가를 받거나 신고를 한 후 정당한 사유 없이 초지전용 목적사업에 착수한 후 1년 이상 공사를 중단한 경우

④ 허가를 받거나 신고를 한 후 정당한 사유 없이 1년 이상 초지전용 목적사업에 착수하지 아니한 경우

> **해설** 시장·군수 또는 자치구 구청장은 초지전용허가를 받은 자가 허가를 받거나 신고를 한 후 다음의 정당한 사유 없이 2년 이상 초지전용 목적사업에 착수하지 아니하거나 초지전용 목적사업에 착수한 후 1년 이상 공사를 중단한 경우에는 허가를 취소하거나 관계공사의 중지, 사업의 정지, 사업규모의 축소 또는 사업계획의 변경 그 밖에 필요한 조치를 명할 수 있다.
> 1) 초지전용 목적사업과 관련된 사업계획의 변경에 따른 행정기관의 허가 또는 인가를 얻기 위하여 초지전용 목적사업이 지연되는 경우
> 2) 공공사업으로서 정부의 재정여건으로 인하여 초지전용 목적사업이 지연되는 경우
> 3) 장비의 수입 또는 제작이 지체되어 초지전용 목적사업이 지연되는 경우
> 4) 천재지변·화재 그 밖의 재해로 인하여 초지전용 목적사업이 지연되는 경우　　**답** ④

39 사전에 매장문화재 지표조사를 하여야 하는 공사로 옳지 못한 것은?

① 과거에 매장문화재가 출토된 지역에서 시행되는 건설공사

② 매장문화재가 발견된 곳으로 신고된 지역에서 시행되는 건설공사

③ 기존 산림지역에서 시행하는 입목·죽의 식재, 벌재 또는 솎아베기

④ 역사문화환경 보존육성지구 및 역사문화환경 특별보존지구에서 시행되는 건설공사

> **해설** 다음의 어느 하나에 해당하는 건설공사에 대해서는 문화재 지표조사를 실시하지 아니하고 건설공사를 시행할 수 있다.
> 1) 절토나 굴착으로 인하여 유물이나 유구 등을 포함하고 있는 지층이 이미 훼손된 지역에서 시행하는 건설공사
> 2) 공유수면의 매립, 하천 또는 해저의 준설, 골재 및 광물의 채취가 이미 이루어진 지역에서 시행하는 건설공사
> 3) 복토된 지역으로서 복토 이전의 지형을 훼손하지 아니하는 범위에서 시행하는 건설공사
> 4) 기존 산림지역에서 시행하는 입목·죽의 식재, 벌채 또는 솎아베기　　**답** ③

40 건축허가 신청 시 주요 검토사항과 거리가 먼 것은?

① 건축물의 소유자 및 용도

② 건축물의 구조 및 재료의 적정성

③ 건축물의 관한 입지 및 규모

④ 건축물의 대지 및 도로와의 관계

> **해설** 건축허가 검토사항 : 구조 및 재료의 적정성, 입지 및 규모, 대지 및 도로와의 관계　　**답** ①

41 설계도서의 의미를 가장 적합하게 설명한 것은?

① 구조물 등을 그린 도면으로 건축물, 시설물, 기타 각종 사물의 예정된 계획을 공학적으로 나타낸 도면이다.

② 설계, 공사에 대한 시공 중의 지시 등 도면으로 표현될 수 없는 문장이나 수치 등을 표현한 것으로 공사수행에 관련된 제반 규정 및 요구사항을 표시한 것이다.

③ 공사계약에 있어 발주자로부터 제시된 도면 및 그 시공기준을 정한 시방서류로써 설계도면, 표준시방서, 특기시방서, 현장설명서 및 현장설명에 대한 질문 회답서 등을 총칭하는 것이다.

④ 각종 기계·장치 등의 요구 조건을 만족시키고, 또한 합리적, 경제적인 제품을 만들기 위해 그 계획을 종합하여 설계하고 구체적인 내용을 명시하는 일을 일컫는다.

> **해설** 용어정리
> 1) 설계도 : 구조물 등을 그린 도면으로 건축물, 시설물, 기타 각종 사물의 예정된 계획을 공학적으로 나타낸 도면이다.
> 2) 시방서 : 설계, 공사에 대한 시공 중의 지시 등, 도면으로 표현될 수 없는 문장이나 수치 등을 표현한 것으로 공사수행에 관련된 제반 규정 및 요구사항을 표시한 것이다.
> 3) 설계도서 : 공사계약에 있어 발주자로부터 제시된 도면 및 그 시공기준을 정한 시방서류로서 설계도면, 표준시방서, 특기시방서, 현장설명서 및 현장설명에 대한 질문 회답서 등을 총칭하는 것이다.   **답** ③

42 건축허가의 제한기간은 몇 년 이내로 하는가?

① 1년   ② 2년   ③ 3년   ④ 4년

> **해설** 국토교통부장관 또는 시·도지사가 건축허가나 건축물의 착공을 제한하는 경우 제한기간은 2년 이내로 한다. 다만, 1회에 한하여 1년 이내의 범위에서 제한기간을 연장할 수 있다.   **답** ②

43 다음의 축조신고 대상 공작물로 옳지 못한 것은?

① 높이 6[m]를 넘는 굴뚝

② 높이 6[m]를 넘는 광고탑

③ 높이 2[m]를 넘는 옹벽 또는 담장

④ 바닥면적 30[m²]를 넘는 지하대피호

> **해설** 신고대상 공작물
> 1) 높이 6[m]를 넘는 굴뚝
> 2) 높이 6[m]를 넘는 장식탑, 기념탑, 그 밖에 이와 비슷한 것
> 3) 높이 4[m]를 넘는 광고탑, 광고판, 그 밖에 이와 비슷한 것
> 4) 높이 8[m]를 넘는 고가수조나 그 밖에 이와 비슷한 것
> 5) 높이 2[m]를 넘는 옹벽 또는 담장
> 6) 바닥면적 30[m²]를 넘는 지하대피소
> 7) 높이 6[m]를 넘는 골프연습장 등의 운동시설을 위한 철탑, 주거지역·상업지역에 설치하는 통신용 철탑, 그 밖에 이와 비슷한 것
> 8) 높이 8[m](위험을 방지하기 위한 난간의 높이는 제외) 이하의 기계식 주차장 및 철골 조립식 주차장(바닥면이 조립식이 아닌 것을 포함)으로서 외벽이 없는 것

9) 건축조례로 정하는 제조시설, 저장시설(시멘트사일로를 포함), 유희시설, 그 밖에 이와 비슷한 것
10) 건축물의 구조에 심대한 영향을 줄 수 있는 중량물로서 건축조례로 정하는 것 **답** ②

44 다음은 태양광발전소를 자연공원으로 지정된 지역에 건설하고자 할 경우 허가기준에 관한 기술이다. 틀린 것은?

① 공원사업의 시행에 지장을 주지 아니할 것
② 용도지구에서 허용되는 행위의 기준에 맞을 것
③ 보전이 필요한 자연 상태에 영향을 미치지 아니할 것
④ 일반인 이용에 지장을 주지 아니할 것

해설 일반인의 이용에 현저한 지장을 주지 아니할 것 **답** ④

45 3,000[kW]를 초과하는 태양광발전사업 허가절차를 올바르게 나타낸 것은?

㉠ 발전사업 신청서 접수	㉡ 전기사업 허가증 발급
㉢ 발전사업 신청서 작성	㉣ 신청인에 통지
㉤ 전기위원회 심의	㉥ 전기안전공사 심의
㉦ 태양광발전산업협회 심의	

① ㉢ → ㉠ → ㉤ → ㉡ → ㉣
② ㉠ → ㉢ → ㉥ → ㉡ → ㉣
③ ㉢ → ㉠ → ㉡ → ㉦ → ㉣
④ ㉢ → ㉠ → ㉦ → ㉡ → ㉣

해설 허가절차

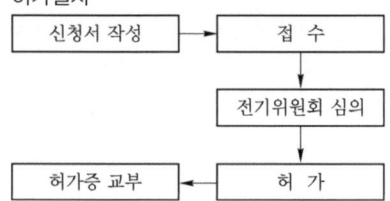

답 ①

46 전기사업의 허가를 신청하려는 자가 사업계획서를 작성할 때 태양광설비의 개요에 포함되어야 할 내용으로 적합하지 않은 것은?

① 태양전지의 종류, 정격용량, 정격전압 및 정격출력
② 태양전지 및 인버터의 효율, 변환특성, 교류주파수
③ 인버터의 종류, 입력전압, 출력전압 및 정격출력
④ 집광판의 면적

해설 태양광 발전설비 및 송전 · 변전설비의 개요
1) 발전설비
 • 태양전지의 종류, 정격용량, 정격전압 및 정격출력
 • 인버터의 종류, 입력전압, 출력전압 및 정격출력

- 집광판의 면적
- 발전소의 명칭 및 위치

2) 송전 · 변전설비
- 변전소의 명칭 및 위치, 변압기의 종류, 용량, 전압, 대수
- 송전선로의 명칭, 구간 및 송전 용량
- 개폐소의 위치(동, 리까지 적을 것)
- 송전선의 종류, 길이, 회선 수 및 굵기의 1회선당 조수 **답** ②

47 전기사업법에서 구역전기사업자는 몇 [kW]까지 전기를 생산하여 전력시장을 통하지 않고 그 공급구역의 전기사용자에게 전기를 공급할 수 있는가?

① 20,000 ② 25,000

③ 30,000 ④ 35,000

해설 전기사업법 시행령 제1조의2(구역전기사업자의 발전설비용량) 「전기사업법」(이하 "법"이라 한다) 제2조 제 11호에서 "대통령령으로 정하는 규모"란 3만5천 킬로와트를 말한다. **답** ④

제6장

태양광발전사업 경제성 분석

New & Renewable energy

6.1 태양광경제성 분석

6.1.1 사업비

(1) 태양광발전설비 원가 구성

1) 주설비 : 태양전지모듈, 인버터, 접속함, 구조물, 모니터링 설비

2) 계통연계 : 수배전설비

3) 공사비 : 기초공사, 지지대 설치, 전기공사, 잡자재 및 안전시설

4) 인허가 용역 : 전기사업허가, 개발행위허가, 사전환경성 검토, 한전 계통연계

5) 설계 및 감리

6) 사용 전 검사비용

(2) 순공사 원가

공사 시공 과정에서 발생한 재료비, 노무비, 경비의 합계액

1) 재료비

재료비의 계산에 있어 미리 알아야 할 사항은 다음과 같다.

① 재료비의 내역을 구성하고 있는 세부 비목과 내용 또는 범위의 설정

② 적산 수량의 계산

③ 품목별, 규격별 적용할 단가의 결정

2) 재료비의 구성과 내용

공사원가를 구성하는 재료비는 직접 재료비와 간접 재료비로 구성되어 있고, 그 합계액에서 발생되는 작업설이나 부산물의 매각액 또는 이용 가치를 추정 산출하여 이를 공제하여야 한다.

재료비의 각 세목별 비용의 내용은 다음과 같다.

① 직접 재료비 : 공사 목적물의 실체를 형성하는 물품의 가치를 말한다.

② 간접 재료비 : 공사 목적물의 실체를 형성하지 않으나 공사에 보조적으로 소요되는 물품의 가치

③ 재료의 구입 과정에서 당해 재료에 직접 관련되어 발생하는 운임, 보험료, 보관비의 부대비용은 재료비로서 계산한다. 다만, 재료 구입 후 발생되는 부대비용은 경비의 각 비목으로 계산한다.

④ 계약 목적물의 시공 중에 발생하는 작업설, 부산물 등은 그 매각액 또는 이용 가치를 추산하여 재료비로부터 공제하여야 한다.

3) 노무비

공사 원가를 구성하는 내용의 직접 노무비, 간접 노무비를 말한다.

① **직접 노무비** : 공사 가공 현장에서 계약 목적물을 완성하기 위하여 직접 작업에 종사하는 종업원 및 종사자에 의하여 제공되는 노동력의 대가로서 다음 각 호의 합계액을 말한다. 다만, 상여금은 년 400[%], 제수당, 퇴직 급여 충당금은 근로기준법상의 인정되는 범위를 초과하여 계상할 수 없다.

② **간접 노무비** : 직접 공사 시공 작업에 종사하지 않으나, 작업 현장에서 보조 작업에 종사하는 노무자, 종업원과 현장감독자 등의 기본급과 제수당, 상여금, 퇴직 급여 충당금의 합계액

$$간접노무비율 = \frac{최근\ 년도\ 간접\ 노무비\ 합계액}{최근\ 년도\ 직접\ 노무비\ 합계액}$$

4) 경비

① 공사의 시공을 위하여 소비되는 공사 원가 중 재료비, 노무비를 제외한 원가를 말하며 기업유지를 위한 관리 활동 부문에서 발생하는 일반 관리비와 구분된다.

② 경비는 당해 계약 목적물, 시공기간의 소요(소비)량을 측정하거나 원가 계산 자료나 계약서, 영수증 등을 근거로 예정하여야 한다.

(3) 일반 관리비

1) 일반 관리비

기업의 유지를 위한 관리 활동 부문에서 발생하는 제 비용으로서 공사 원가에 속하지 아니하는 모든 영업비용 중 판매비 등을 제외한 다음의 비용 즉, 임원 급료, 사무실 직원의 급료, 제수당, 퇴직급여 충당금, 복리 후생비, 여비, 교통비, 경상시험 연구 개발비, 보험료 등을 말하며 기업 손익 계산서를 기준으로 하여 아래와 같이 산정한다.

$$일반\ 관리비 = 판매비와\ 일반\ 관리비$$
$$- (광고\ 선전비 + 접대비 + 대손상각\ 등)$$
$$일반\ 관리\ 비율 = (일반\ 관리비 \div 매출\ 원가) \times 100[\%]$$

2) 일반 관리비 계상 방법

일반 관리비는 공사 원가에 아래와 같이 정한 일반 관리 비율을 초과하여 계상할 수 없으며 공사 규모별로 체감 적용한다.

시설공사		전문, 전기, 전기 통신 공사	
공사 원가	일반 관리 비율	공사 원가	일반 관리 비율
50억 원 미만	6[%]	5억 원 미만	6[%]
50억 원 ~ 300억 원 미만	5.5[%]	5억 원 ~ 30억 원 미만	5.5[%]
300억 원 이상	5[%]	30억 원 이상	5[%]

3) 이윤

영업 이익을 말하며 공사 원가 중 노무비, 경비와 일반 관리비의 합계액(이 경우 기술 및 외주 공비는 제외한다)에 이윤을 15[%]를 초과하여 계상할 수 없다.

6.1.2 경제성

(1) 분석기준

- 경제성 평가는 기술적, 경제적 타당성을 토대로 태양광발전사업의 적정성을 검토
- 발전설비 공사비 및 연간발전소 운영비와 발전수익을 기준으로 대부분의 공공부문 투자사업에서 일반적인 경제성 분석 평가방법인 순현가, 비용편익비 및 내부수익률 등을 산정하여 경제성 평가를 실시

(2) 산정기준

1) 분석기간(내구연한)

- 경제성을 평가하는 데 있어 분석기간은 당해 사업 또는 시설물의 내용연수(내구연한)와 같거나 그보다 짧은 것이 통례이다.
- 태양광발전소는 내용연수에 대한 실증이 빈약하기는 하나 업계추정치(20년 이상)와 외국에서 주로 적용되고 있는 20년을 감안하여 일반적으로 분석을 수행한다.

2) 할인율

- 할인율이란 "미래가치를 현재가치로 바꿔 주는 것"으로 정의되며, 현재가치를 기준으로 할 경우 작은 현재가치로 일정한 미래가치를 달성할 경우 할인율은 높아지며, 큰 현재가 치로 일정한 미래가치를 달성한다면 그 할인율은 낮아짐
- 할인율은 기회비용의 관점에서 접근해야 한다. 따라서 어떤 대안을 선택할 때 가장

가치가 높은 안을 선택하는데 은행의 이자율 정도의 수익이 난다고 가정하므로 편의상 일반 시중 금리를 적용

3) 유지보수비 및 제 세금

- 경제적 타당성 분석에서 유지보수비(Operation and Maintenance cost)는 투자사업의 완공 후 그 사업시설의 운영비와 수선유지비로 구성.
- 제 세금 등 사업시설을 가동함에 따라 사업자가 부담하는 비용을 모두 포함하는 것으로 국내 태양광발전의 운용기간이 단지 3년 이내로 적용의 기준으로 하기에는 무리가 있고, 외국에서는 유지관리비와 제 세금은 최저 0.2[%]에서 최대 3[%]까지 편차가 크나, 대체로 1[%] 이하로 적용.

4) 감가상각비

- 감가상각은 기본적 회계의 요소로서, 자산의 비용을 어떤 적절한 기간에 순이익에 대하여 부과되는 선지급된 비용으로 간주
- 투입비용 전체를 특정시점에서의 지출로 처리하기보다는 자산의 수명 기간에 예상되는 가치 감소를 체계적으로 분산처리하려고 한다. 이처럼 자본 비용을 분할 생각함으로써 손익계산서가 자본소모를 좀 더 정확히 반영하도록 하려는 개념은 재무보고와 소득세 계산의 기초가 됨
- 태양광발전 설비의 경제 수명 기간은 20년, 감가상각비는 정액법으로서 수명 기간 후 잔존가는 없는 것으로 한다.
- 감가상각비는 가동 후 20년간 정액 상각하는 것으로 하여 5[%]/년으로 산정하였다.

(3) 경제성 분석 기법

1) 순현가(Net Present Value, NPV)

- 순현가 분석은 사업의 경제성을 분석하는 기법 중 하나로 일반적으로 순현가가 "0"보다 작으면 사업안을 기각하고 "0"보다 크면 타당성이 있는 사업으로 판단
- 순편익 방법의 가장 중요한 사항은 할인율을 결정하는 것으로 금회 검토 시 2.0[%], 4.0[%], 6.0[%], 8.0[%]의 할인율에 대하여 비교·검토

$$NPV = \frac{B_1 - C_1}{(1+r)^1} + \frac{B_2 - C_2}{(1+r)^2} + \cdots \frac{B_n - C_n}{(1+r)^n} = \sum_{t=1}^{n} \frac{NB_t}{(1+r)^t}$$

여기서, B_t : t차 년도에 발생하는 편익

C_t : t차 년도에 발생하는 비용

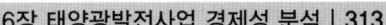
n : t차 년도에 발생하는 순편익 또는 순현가

r : 할인율

2) 비용·편익비(Benefit-Cost Ratio, B/C)

– 비용·편익비는 가장 통상적인 평가방법으로 어느 시점으로 할인된 편익과 비용의 비율로서 NPV와 같이 산출

– 일반적으로 B/C는 1.0보다 크면 경제성 측면에서 사업성이 높은 것으로 평가된다.

$$B/C\,ratio = \frac{\displaystyle\sum_{t=1}^{n} \frac{B_t}{(1+r)^t}}{\displaystyle\sum_{t=1}^{n} \frac{C_t}{(1+r)^t}}$$

3) 내부수익률(IRR)

– 내부수익률은 편익과 비용의 현재가치를 동일하게 할 경우의 비용에 대한 이자율을 산정하는 기법을 말함

– NPV와 IRR은 서로 다른 경제성의 결론에 도달

$$\frac{B_1 - C_1}{(1+r)^1} + \frac{B_2 - C_2}{(1+r)^2} + \cdots + \frac{B_n - C_n}{(1+r)^n} = 0$$

$$= \sum_{t=1}^{n} \frac{NB_t}{(1+r)^t} = 0$$ 이 되는 이자율

경제성 분석비교

	장점	단점
순현가	· 적용이 쉽다 · 결과나 규모가 유사한 대안을 평가할 때 이용된다. · 각 방법의 경제성 분석결과가 다를 경우 이 분석 결과를 우선으로 한다.	· 투자사업이 클수록 나타난다. · 자본투자의 효율성이 드러나지 않는다.
비용·편익비	· 적용이 쉽다 · 결과나 규모가 유사한 대안을 평가할 때 이용된다.	· 사업규모의 상대적 비교가 어렵다. · 편익이 늦게 발생하는 사업의 경우 낮게 나타난다.
내부수익률	· 투자사업의 예상수익률을 판단할 수 있다. · NPV나 B/C 적용 시 할인율이 불분명할 경우에 이용된다.	· 짧은 사업의 수익성이 과장되기 쉽다. · 편익발생이 늦은 사업의 경우 불리한 결과가 발생한다.

6.2 태양광발전량 분석

6.2.1 부하설비용량

태양광발전소 용량 기본 단위는 [W](kW, MW 등)이고, 이것은 태양전지모듈의 총 용량과 동일하다. 태양광발전소의 용량은 직류측 즉 태양전지모듈의 총량으로 정의되고 있지만, 해외에서는 교류측으로 발전량을 환산하기도 한다. 본 장에서는 직류측을 기준으로 부하설비 용량을 산정하려 한다.

만약 300[W] 태양전지 모듈이 18직렬에 20병렬로 설치되어있다면 전체 태양광발전설비 용량은 $300[W] \times 18 \times 20 = 108,000[W]$로 정의된다.

예제 2 **아래와 같은 조건을 이용하여 태양광발전소의 월 발전량을 계산하면 다음과 같다.**

태양전지 모듈 출력[Wp]	300
월 적산 경사면 일사량[kWh/m² · 월]	120
모듈의 출력 전압 범위[V]	23~35
모듈의 직렬 수	18
모듈의 병렬 수	20
종합설계 계수(효율)	0.8

해설 스트링 출력 전력 : $300 \times 18 = 5400[Wp]$
어레이 전체 출력 ; $5400 \times 20 = 108,000[Wp] = 108[kWp]$

월 발전량 산출 $E_{PM} = 108[kW] \times \left(\dfrac{120[kWh/m^2 \cdot 월]}{1[kW/m^2]} \right) \times 0.8 = 10,368[kWh/월]$

월 발전량 산출 $E_{PM} = P_{AS} \times (\dfrac{H_{AM}}{G_s}) \times K [kWh/월]$

여기서, P_{AS} : 표준상태에서의 태양전지 어레이(모듈총수량) 출력[kW]
   H_{AM} : 월 적산 어레이 표면(경사각) 일사량[kWh/m² · 월]
   G_S : 표준상태에서의 일사강도[kW/m²] (=1[kW/m²])
   K : 종합설계계수(효율)

태양광발전량을 계산할 때 일사량은 수평면 일사량이 아닌 실제 태양전지모듈에 입사되는 경사면 일사량을 적용한다.

6.2.2 전력설비 손실

입사된 태양광이 모듈, 접속함, 인버터, 수배전반을 거치며 전기에너지로 변환되는 일련의 과정 동안 주변 환경, 장비의 특성, 설치 위치에 따라 시스템 손실이 발생하게 된다.

(1) 주변 환경에 의한 손실

1) 근거리 음영 : 태양광발전설비 주위 나무, 전봇대, 앞단에 설치된 태양광 어레이 등

2) 원거리 음영 : 주변 건물, 산 등 원거리 음영

3) Soiling : 바람에 의해 모듈 표면에 쌓이는 먼지

(2) 태양광 어레이 손실

1) 온도 : 높은 온도에서 태양전지의 출력전압 감소에 의한 손실

2) 직·병렬로 연결된 태양전지모듈 출력이 동일특성이 아닐 경우 발전설비 사이의 미스매칭(Mismatching)으로 인하여 접속함 내부 역저지 다이오드에서 전기에너지가 열에너지로 변환하여 전력손실이 발생한다.

3) 모듈과 모듈 사이, 태양광 어레이와 접속반 사이, 접속반과 인버터 사이에 발생하는 DC선로 전압강하

(3) 인버터 손실

1) DC/AC 변환 손실

2) 인버터 내부의 온도 상승으로 인한 손실 발생

(4) AC측 손실

1) 변압기의 철손과 동손

2) 전기실에서 계통으로 연결되는 AC선로 손실

(5) 기타

1) 북반구의 경우 태양광 어레이가 정남으로 설치될 수 없는 지형이나 건물 위에 설치될 경우 손실이 발생한다.

2) 위도와 기후에 따라 발전부지의 최적 태양광 어레이의 경사각이 결정된다. 하지만 주변환경(벽면 또는 경사면에 설치하는 경우) 또는 많은 용량을 설치하기 위해 경사각을 높이거나 낮추는 경우도 손실이 발생한다.

6.2.3 태양광발전시스템 이용률

(1) 태양광발전 단위

태양광발전소의 발전특성을 나타내는 용어로 발전시간이라는 표현을 사용한다. 발전시

간이란 태양광발전소의 생산성과 관계되는 단어이다. 100[kW] 용량의 발전소의 발전시간이 3.5[kWh/kWp/day]라는 것은 발전소 용량인 100[kW]로 3.5시간 동안 태양광발전을 수행할 수 있다는 것이다. 그래서 태양광발전소의 발전 단위를 "kWh/kWp"라고 한다.

기간	단위
1일	kWh/kWp/day
1개월	kWh/kWp/month
1년	kWh/kWp/year or kWh/kWp

위에 설명한 발전소의 3.5시간을 발전시간 단위로 설명하면 "3.5[kWh/kWp/day]"로 표현할 수 있다.

(2) 태양광발전 이용률

태양광발전시스템 이용률은 태양광발전시간을 24(h) 시간으로 나눈 값으로 전체 발전시스템을 하루, 월간, 연간으로 보았을 때 전체 설치용량에서 [%]로 운영되었는지를 표시 하는 단위로 계산은 다음과 같다.

$$3.5[\text{kWh/kWp/day}]의\ 이용률 = \frac{3.5}{24} \times 100 = 14.58[\%]$$

이용률은 14.58[%]로 나타낸다.

6.1 태양광경제성 분석

01 태양광발전사업을 하고자 하는 경우 일반적으로 경제성 분석평가를 실시하는데 경제성 분석 기준으로 옳지 않은 것은?

① 순현가   ② 할인율   ③ 비용 편익비   ④ 내부 수익률

> **해설** 돈의 가치는 시간의 흐름에 따라 인플레이션 등에 의해 변화되는데, 할인율이란 미래의 가치를 현재의 가치 와 같게 하는 비율이다.   **답** ②

02 공사원가 중 간접재료비에 속하지 않는 것은?

① 가설재료비   ② 주요재료비
③ 소모재료비   ④ 소모공구 · 기구 · 비품비

> **해설** **공사원가 재료비**
> 1) 직접재료비 : 주요재료비, 부분품비 등
> 2) 간접대료비 : 소모재료비, 소모공구 · 기구 · 비품비, 가설재료비 등   **답** ②

03 투자로부터 기대되는 미래 기대현금유입의 현가와 기대 현금유출의 현가를 동일하게 하는 할인율을 의미하는 경제성 분석기법은?

① 원가분석방법   ② 내부수익률법
③ 비용 · 편익분석방법   ④ 순현재가치분석방법

> **해설** 내부수익률법(IRR)이란 투자로부터 기대되는 미래 기대현금유입의 현가와 기대 현금유출의 현가를 동일하 게 하는 할인율을 말한다. 즉, 내부수익률법은 투자안으로 기대되는 미래현금흐름의 현재가치와 현금유출 의 현재가치를 일치시키는 내부수익률이 자본비용보다 크면 투자안을 채택하고 작으면 기각하는 의사결정 방법이다.   **답** ②

04 공사원가 중 노무비에 관한 설명이다. 틀린 것은?

① 기본급과 제수당, 상여금, 퇴직급여충당금의 합계액으로 한다.
② 직접노무비는 공사공정별로 작업인원, 작업시간, 공사수량을 기준으로 계약 목적물의 공사에 소요되는 노무량을 산정하고 노무비 단가를 곱하여 계산한다.
③ 간접노무비는 원가계산자료를 활용하여 직접노무비에 대하여 간접노무비율(간접노무 비/직접노무비)을 곱하여 계산한다.
④ 어떤 경우에도 간접노무비는 직접노무비를 초과하여 계산할 수 없다.

> **해설** 간접노무비는 직접노무비를 초과하여 계산할 수 없다. 다만, 공사현장의 기계화, 자동화 등으로 인하여 불가피하게 간접노무비가 직접노무비를 초과하는 경우에는 증빙자료에 의하여 초과 계산할 수 있다.
>
> **답** ④

05 공사원가 중 직접공사비에 속하는 것은?

① 재료비 　　　　　　　　　② 산재보험료

③ 환경보전비 　　　　　　　④ 산업안전보건관리비

> **해설** **직접공사비와 간접공사비**
> 1) 직접공사비 : 재료비, 직접노무비, 직접공사경비 등
> 2) 간접공사비 : 간접노무비, 산재보험료, 고용보험료, 국민건강보험료, 국민연금보험료, 건설근로자퇴직공제부금비, 산업안전보건관리비, 환경보전비, 기타 관련법령에 규정되어 있거나 의무로 지워진 경비로서 공사원가계산에 반영토록 명시된 법정경비, 기타 간접공사경비(수도광열비, 복리후생비, 소모품비, 여비, 교통비, 통신비, 세금과공과, 도서인쇄비 및 지급수수료) 등
> **답** ①

06 일정한 기간 동안 사용한 경비를 총괄적으로 합산하기 위해 작성하는 문서는?

① 상세도 　　　② 시방서 　　　③ 간트 도표 　　　④ 내역서

> **해설** 1) 상세도 : 실시설계도면을 기준으로 각 공종별, 형식별 세부사항들이 표현되도록 현장여건을 반영하는 것
> 2) 시방서 : 공사수행에 관련된 제반규정 및 요구사항을 총칭
> 3) 간트 도표 : 프로젝트 일정관리에 사용
> 4) 내역서 : 일정한 기간 동안 사용한 경비를 총괄적으로 합산하기 위해 작성하는 문서
> **답** ④

07 다음 중 비용편익 분석에 대한 설명으로 잘못된 것은?

① 비용편익비는 투자로부터 기대되는 총 편익의 현가를 총비용의 현가로 나눈 값이다.

② 총편익의 현재가치 총액과 총비용의 현재가치의 비율을 계산하는 지표로 사용한다.

③ B/C Ratio가 1보다 작을수록 그 사업은 타당하다고 판단한다.

④ 장래에 발생되는 편익과 비용을 현재가치로 환산하기 위해 할인율로 할인한다.

> **해설** B/C Ratio가 1보다 클수록 그 사업은 타당하다고 판단
> **답** ③

08 연차별 총비용과 연차별 총편익의 비를 이용하고, 그 값이 '1' 이상일 때 사업의 타당성을 판단하는 경제성 분석 방법은?

① 비용편익비(B/C) 　　　　　② 순현재가치법(NPV)

③ 할인율 　　　　　　　　　　④ 내부수익률법(IRR)

> **해설** **비용편익비**
> $$B/C\,\text{Ratio} = \frac{\sum \dfrac{B_i}{(1+r)^i}}{\sum \dfrac{C_i}{(1+r)^i}}$$
> B_i : 연차별 총편익, C_i : 연차별 총비용, r : 할인율, i : 기간

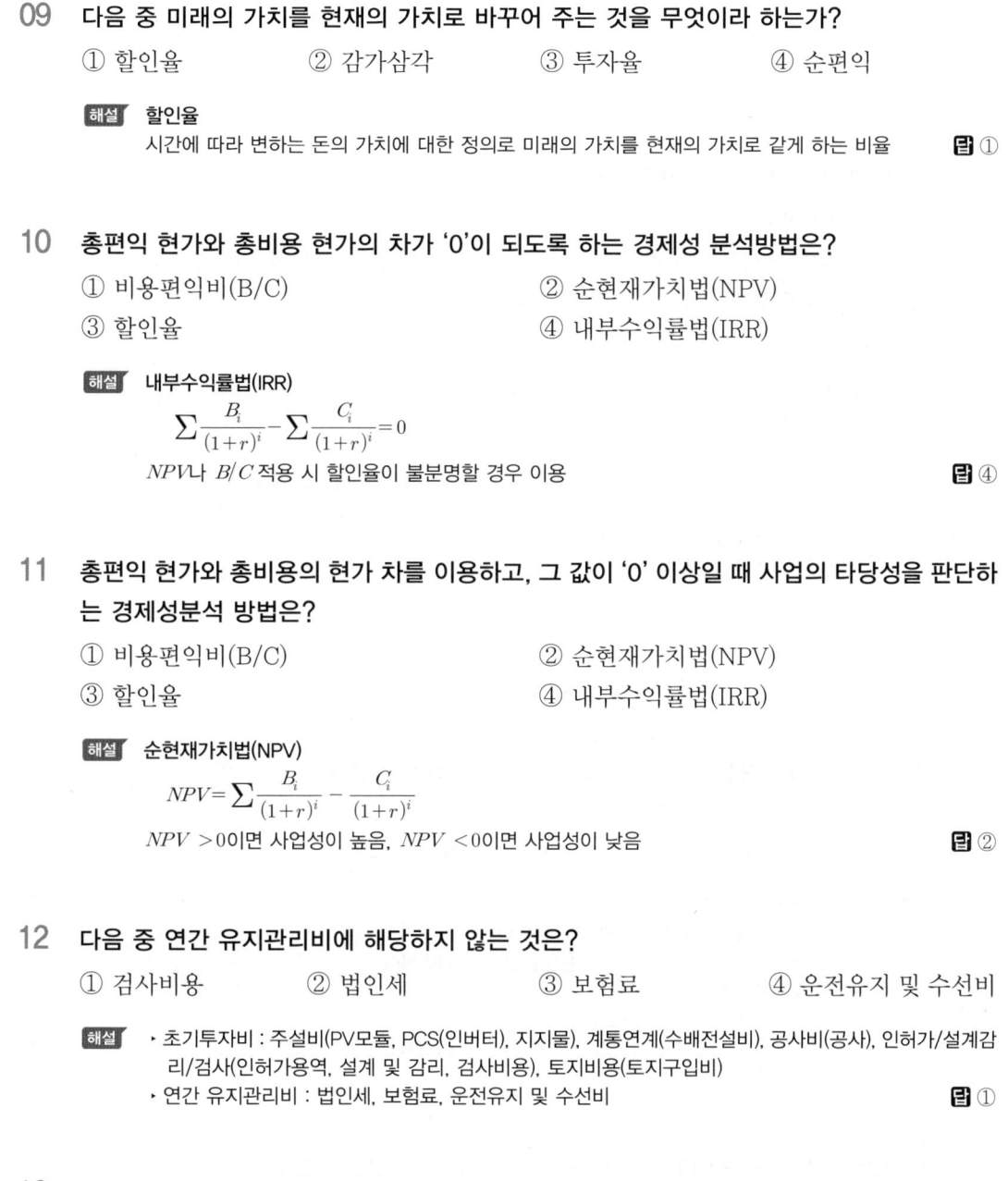

B/C >1이면 사업성이 높음, B/C <1이면 사업성이 낮음　　　**답** ①

09 다음 중 미래의 가치를 현재의 가치로 바꾸어 주는 것을 무엇이라 하는가?

① 할인율　　　　② 감가상각　　　　③ 투자율　　　　④ 순편익

해설 할인율
　　시간에 따라 변하는 돈의 가치에 대한 정의로 미래의 가치를 현재의 가치로 같게 하는 비율　　**답** ①

10 총편익 현가와 총비용 현가의 차가 '0'이 되도록 하는 경제성 분석방법은?

① 비용편익비(B/C)　　　　　　② 순현재가치법(NPV)
③ 할인율　　　　　　　　　　　④ 내부수익률법(IRR)

해설 내부수익률법(IRR)

$$\sum \frac{B_i}{(1+r)^i} - \sum \frac{C_i}{(1+r)^i} = 0$$

　　NPV나 B/C 적용 시 할인율이 불분명할 경우 이용　　**답** ④

11 총편익 현가와 총비용의 현가 차를 이용하고, 그 값이 '0' 이상일 때 사업의 타당성을 판단하는 경제성분석 방법은?

① 비용편익비(B/C)　　　　　　② 순현재가치법(NPV)
③ 할인율　　　　　　　　　　　④ 내부수익률법(IRR)

해설 순현재가치법(NPV)

$$NPV = \sum \frac{B_i}{(1+r)^i} - \frac{C_i}{(1+r)^i}$$

　　NPV >0이면 사업성이 높음, NPV <0이면 사업성이 낮음　　**답** ②

12 다음 중 연간 유지관리비에 해당하지 않는 것은?

① 검사비용　　　② 법인세　　　③ 보험료　　　④ 운전유지 및 수선비

해설 • 초기투자비 : 주설비(PV모듈, PCS(인버터), 지지물), 계통연계(수배전설비), 공사비(공사), 인허가/설계감리/검사(인허가용역, 설계 및 감리, 검사비용), 토지비용(토지구입비)
　　• 연간 유지관리비 : 법인세, 보험료, 운전유지 및 수선비　　**답** ①

13 초기투자비 5억, 설비수명 15년, 연간 유지비가 2.5억인 1[MW] 태양광설비의 연간 총 발전량이 1,500,000[kWh]일 때 발전원가[원/kWh]는?

① 188.89[원/kWh]　　　　　② 201.44[원/kWh]
③ 212.02[원/kWh]　　　　　④ 253.32[원/kWh]

해설

$$발전원가 = \dfrac{\dfrac{초기투자비[원]}{설비수명년한[년]} + 연간 유지 관리비[원/년]}{연간 총 발전량[kWh]}$$

$$= \dfrac{\dfrac{5 \times 10^8}{15} + 2.5 \times 10^8}{1.5 \times 10^6} = 188.88889 = 188.89[원/kWh]$$

답 ①

14 순현가(NPV) 분석에 대하여 설명이 잘못된 것은?

① 적용이 어렵다.

② 각 방법의 경제성 분석결과가 다른 경우 이 분석 결과를 우선으로 한다.

③ 자본투자의 효율성이 드러나지 않는다.

④ 결과나 규모가 유사한 대안을 평가할 때 이용된다.

해설
‣ 순현가 분석 장점
  1) 적용이 쉽다.
  2) 결과나 규모가 유사한 대안을 평가할 때 이용된다.
  3) 각 방법의 경제성 분석결과가 다를 경우 이 분석 결과를 우선으로 한다.
‣ 순현가 분석 단점
  1) 자본투자의 효율성이 드러나지 않는다.
  2) 투자사업이 클수록 나타난다.

답 ①

15 내부수익률(IRR)에 대하여 설명이 잘못된 것은?

① 투자사업의 예상수익률을 판단할 수 있다.

② NPV나 B/C 적용 시 할인율이 불분명할 경우 이용된다.

③ 짧은 수익성이 과장되기 어렵다.

④ 편익발생이 늦은 사업의 경우 불리한 결과가 발생한다.

해설
‣ 내부수익률의 장점
  1) 투자사업의 예상수익률을 판단할 수 있다.
  2) NPV나 B/C 적용 시 할인율이 불분명할 경우 이용된다.
‣ 내부수익률의 단점
  1) 짧은 수익성이 과장되기 쉽다.
  2) 편익발생이 늦은 사업의 경우 불리한 결과가 발생한다.

답 ③

16 태양광 발전의 경제성 평가 중 분석기준에 해당하지 않는 것은?

① 발전설비 공사비 　　　　　　② 할인율

③ 연간발전소 운영비 　　　　　④ 발전수익

해설 할인율 : 미래가치를 현재가치로 바꿔 주는 것

답 ②

17 일반적으로 구조물이나 시설물 등을 공사 또는 제작할 목적으로 상세하게 작성된 도면은?

① 상세도   ② 시방서   ③ 간트도표   ④ 내역서

해설   1) 작성은 실시설계도면을 기준으로 각 공종별, 형식별 세부사항들이 표현되도록 현장여건을 반영하는 상세
도
2) 시방서 : 공사수행에 관련된 제반규정 및 요구사항을 총칭
3) 간트도표 : 프로젝트 일정관리에 사용
4) 내역서 : 일정한 기간 동안 사용한 경비를 총괄적으로 합산하기 위해 작성하는 문서   답 ①

18 태양전지 발전 경제성 분석 산정기준에 해당하지 않는 것은?

① 분석기간   ② 유지보수 및 제세금
③ 감가상각비   ④ 비용 · 편익비

해설   • 비용 · 편익비 – 경제성 분석기법
• 경제성 분석 산정기준 – 분석기간, 할인율, 유지보수 및 제세금, 감가상각비   답 ④

19 경제성 분석기법 중 "0"보다 작으면 사업안을 기각하고 "0" 이상인 사업 중 높은 순위로 사
업성이 높게 평가되는 방법은?

① 순현재가치   ② 감가상각비   ③ 비용 · 편익비   ④ 내부수익률

해설   순현재가치 : NPV > 0 (경제성 ○)
NPV < 0 (경제성 ×)
NPV = 0 (경제성 유무를 판단할 수 없음)   답 ①

20 비용 · 편익비는 다음과 같이 나타낸다.

$$\text{B/C ratio} = \frac{\sum_{t=1}^{n} \frac{B_t}{(1+r)^t}}{\sum_{t=1}^{T} \frac{C_t}{(1+r)^t}}$$

여기서 경제적 측면에서 사업성이 높다고 판단기준이 되는 B/C ratio 값은?

① 0.5   ② 1.0   ③ 1.5   ④ 2.0

해설   B/C는 1.0보다 크면 경제성 측면에서 사업성이 높은 것으로 평가된다.   답 ②

21 경제성 분석기법 중 비용 · 편익비의 단점은?

① 사업규모의 상대적 비교가 어렵다.
② 투자사업이 클수록 나타난다.
③ 짧은 사업의 수익성이 과장되기 쉽다.
④ 편익발생이 늦은 사업의 경우 불리한 결과가 발생한다.

해설 1) 투자사업이 클수록 나타난다. – 순현가 단점
2) 짧은 사업의 수익성이 과장되기 쉽다. – 내부수익률 단점
3) 편익발생이 늦은 사업의 경우 불리한 결과가 발생한다. – 내부수익률 단점 답 ①

22 경제성 분석기법 중 내부수익률의 특징이 아닌 것은?

① 짧은 사업의 수익성이 과장되기 쉽다.
② 투자 사업의 예상 수익률을 판단할 수 있다.
③ 자본투자의 효율성이 드러나지 않는다.
④ NPV나 B/C 적용 시 할인율이 불분명할 경우 이용된다.

해설 자본투자의 효율성이 드러나지 않는다. – 순현가 답 ③

23 경제성 분석기법 중 순 현재가치의 장점이 아닌 것은?

① 적용이 쉽다.
② 결과나 규모가 유사한 대안을 평가할 때 이용된다.
③ 투자사업의 예상수익률을 판단할 수 있다.
④ 각 방법의 경제성 분석결과가 다를 경우 이 분석 결과를 우선으로 한다.

해설 투자사업의 예상수익률을 판단할 수 있다. – 내부수익률 장점 답 ③

24 다음 ( )에 들어갈 내용을 쓰시오.

> 순현가 분석은 사업의 경제성을 분석하는 기법 중 하나로 일반적으로 순현가가 ( )보다 작으면 사업안을 기각하고 ( ) 보다 크면 가장 큰 순현가를 나타내는 사업이 가장 높은 순위에 위치한다.

① 0　　　　　② 2　　　　　③ 4　　　　　④ 6

해설 순현가는 '0'을 기준으로 사업의 적합성을 판단한다. 답 ①

25 태양광 발전시스템 사업을 할 경우 경제성에 대해서 사업에 중요한 부분을 차지한다. 경제성 용어 IRR의 의미는?

① 내부수익률　　　② 예산조달비용　　　③ 순현재가치　　　④ 투자수익률

해설 내부 수익률 : 내부수익률은 편익과 현재가치를 동일하게 할 경우의 비용에 대한 이자율을 산정하는 기법

$$\frac{B_1 - C_1}{(1+r)^1} + \frac{B_2 - C_2}{(1+r)^2} + \cdots \frac{B_n - C_n}{(1+r)^n} = 0$$

장 점	단 점
• 투자사업의 예상수익률을 판단할 수 있다.	• 짧은 사업의 수익성이 과장되기 쉽다.
• 순현가, 비용 · 편익비 적용 시 할인율이 불분명할 경우 이용된다.	• 편익발생이 늦은 사업의 경우 불리한 결과가 발생한다.

답 ①

26 대안의 성과를 화폐가치로 환산해서 측정할 수 있는 것에만 적용되는 경제성 분석기법은?

① 원가분석방법
② 내부수익률법
③ 비용 · 편익분석방법
④ 순현재가치분석방법

해설 비용 · 편익분석방법은 어떤 프로젝트와 관련된 편익과 비용들을 모두 금전적 가치로 환산한 다음 이 결과를 토대로 프로젝트의 소망성을 평가하는 방법이다. **답** ③

27 다음 중 순현재가치분석방법의 특징으로 볼 수 없는 것은?

① 화폐의 시간가치를 고려한다.
② 내용연수 동안의 모든 현금 흐름을 고려한다.
③ 가치가산의 원리가 성립하지 않는다.
④ 순현재가치가 극대화하도록 투자하면 기업가치가 극대화된다.

해설 가치가산의 원리가 성립한다. 즉 여러 투자 안에 투자할 때의 순현재가치는 각 투자 안의 순현재가치를 더한 것과 같다. **답** ③

6.2 태양광발전량 분석

01 다음 중 태양광 발전시스템에서 가장 많은 에너지 손실이 발생하는 부분은?

① 모듈의 오손
② MPP 불일치 오류
③ 인버터 손실
④ AC 손실, 계량기

해설 모듈의 오손 : 2.5[%], MPP 불일치 오류 : 1.5[%]
인버터 손실 : 7.5[%], AC 손실, 계량기 : 3[%] **답** ③

02 태양광발전 시스템 출력에너지를 태양광발전 어레이의 정격출력과 가동시간의 곱으로 나눈 값은?

① 주변기기의 효율
② 종합시스템 효율
③ 시스템 이용률
④ 어레이 기여율

해설 시스템 이용률 $= \dfrac{\text{시스템 출력에너지}}{\text{어레이 정격출력} \times \text{가동시간}}$ **답** ③

03 다음 연계형 PV 시스템의 점검목록 중 6개월 단위로 점검을 필요로 하는 사항이 아닌 것은?

① PV접속함
② 서지보호기
③ AC 보호 장치
④ 케이블

해설 AC 보호 장치 : 수시로 점검   답 ③

04 다음 중 PV 어레이의 이상적 에너지 출력(E_{real})의 매개 변수가 아닌 것은?

① PV 어레이 공칭 전력(P_{PV})
② 수평면에서의 일간 전체 일사량에 대한 월간 평균치(Z_2)
③ 수평에서 편차를 고려한 계수(Z_3)
④ 온도 보정을 고려한 계수(Z_4)

해설 위치와 달(月)을 고려한 계수   답 ②

05 다음 중 계통연계형 PV 시스템의 에너지 손실률이 가장 높은 요인은?

① 모듈의 온도   ② 음영(그림자)
③ MPP 불일치 오류   ④ 인버터 손실

해설 계통연계형 태양광발전설비 손실률

구 분	손실률
모듈의 오손	2.5[%]
모듈의 온도	3.5[%]
음영(그림자)	2.0[%]
불일치와 DC손실	3.5[%]
mpp 불일치 오류	1.5[%]
인버터 손실	7.5[%]
AC 손실, 계량기	3.0[%]

답 ④

06 다음 중 계통연계형 태양광발전시스템의 발전량 산출 절차가 올바른 것은?

> A. 필요한 태양전지 용량 결정
> B. 전력 수요량 결정
> C. 시스템 설계
> D. 태양전지 설치 면적 결정
> E. 태양전지의 설치가능성 판단

① E → B → D → A → C   ② E → D → A → B → C
③ B → A → D → E → C   ④ B → E → A → E → C

해설 계통연계형 태양광발전시스템의 발전량 산출 절차 : B → A → D → E → C   답 ③

07 다음 식에 대한 설명으로 잘못된 것은?

$$PR = \frac{E_{real}}{E_{idea}}, \quad E_{idea} = g_{PV} \times \eta \times A_{PV}, \quad PR = \frac{E_{real}}{g_{PV}} [\text{kWp/m}^2]$$

① g_{PV}는 수평면 일사량을 나타낸다.
② PR은 손실 없이 작동하는 이상적인 시스템에 대한 시스템의 실제 출력의 효율이다.
③ E_{idea}은 PV모듈의 표면적 A_{PV}에서 태양 복사량의 산물
④ E_{real}은 시스템 출력 계측기에서 측정된 고유 연간 태양광발전량이다.

해설 g_{PV}는 수평면 연일사량이 아닌 경사면의 어레이 표면에서의 일사량이다.

$$PR(효율) = \frac{E_{real}}{E_{idea}}$$

E_{idea} : 이론적 예상발전량, E_{real} : 실제발전량

$$E_{idea} = g_{PV} \times \eta \times A_{PV}$$

g_{PV} : 경사면 일사량, A_{PV} : 태양모듈의 표면적

답 ①

08 기대되는 발전전력량(E_P) 산출식으로 옳은 것은? (단, H_A : 설치장소에서의 일사량, K : 종합설계계수, P_{AS} : 표준상태에서의 태양전지 어레이 출력 [kW]으로 한다.)

① $E_P = H_A \times K \times P_{AS}[\text{kWh/일}]$
② $E_P = H_A \div K \times P_{AS}[\text{kWh/일}]$
③ $E_P = H_A \times K \div P_{AS}[\text{kWh/일}]$
④ $E_P = H_A \div K \div P_{AS}[\text{kWh/일}]$

해설 기대되는 발전전력량(E_P) 산출식으로는
$E_P = $ 설치장소의 일사량 × 종합설계계수 × 표준상태에서의 태양전지어레이 출력 kW[kWh/일]이다.

답 ①

09 태양광발전 설비용량과 부하에서 소비하는 전력량의 관계를 올바르게 나타낸 것은?

> P_{AS} : 표준상태에서의 태양광 어레이의 출력[kW]
> H_A : 태양광 어레이면 일사량[kWh/m²·기간] G_S : 표준상태에서의 일사강도[kW/m²]
> E_L : 부하소비전력량[kWh/기간] D : 부하의 태양광발전시스템에 대한 의존율
> R : 설계여유계수 K : 종합설계지수

① $P_{AS} = \dfrac{E_L \times G_S \times R}{(H_A/D) \times K}$

② $P_{AS} = \dfrac{E_L \times D \times R}{(H_A/G_S) \times K}$

③ $P_{AS} = \dfrac{E_L \times G_S \times R \times K}{(H_A/D)}$

④ $P_{AS} = \dfrac{D \times R \times K}{(H_A/E_L \times G_S)}$

> **해설** 태양전지모듈의 효율
> $$P_{AS} = \frac{E_L \times D \times R}{(H_A / G_S) \times K}$$

답 ②

10 다음 중 태양광발전 시스템의 계획 절차로 옳은 것은?

① 용도 · 부하의 산정 → 시스템 형식의 선정 → 설치장소 · 주변장치의 선정 → 설치비용의 계산

② 용도 · 부하의 산정 → 설치장소 · 주변장치의 선정 → 시스템 형식의 선정 → 설치비용의 계산

③ 시스템 형식의 선정 → 용도 · 부하의 산정 → 설치장소 · 주변장치의 선정 → 설치비용의 계산

④ 시스템 형식의 선정 → 설치장소 · 주변장치의 선정 → 용도 · 부하의 선정 → 설치비용의 계산

> **해설** 태양광발전 시스템의 계획 절차
> 용도 · 부하의 산정 → 시스템 형식의 선정 → 설치장소의 선정 → 주변장치의 선정 → 설치비용의 계산

답 ①

11 태양광발전소의 발전시간 단위는?

① kWh/kWp ② kW/m^2 ③ MJ ④ kcal/m^2

> **해설** 태양에 의한 발생하는 에너지를 나타내는 용어는 일사량이라 하고 단위는 다음과 같다.
> [kW/m^2], [cal/m^2], [kcal/m^2], [MJ]

답 ①

12 200[kW] 태양광발전소의 일평균 발전시간이 3.52[kWh/kWp/day]일 때 연간 발전량[kWh]은?

① 256,960 ② 274,520 ③ 296,520 ④ 312,250

> **해설** 연간 발전량 = 발전용량 × 일평균 발전시간 × 365
> = 200 × 3.52 × 365 = 256,960[kWh]

답 ①

13 120[kW] 태양광발전소의 연간 발전량이 120,000[kWh]일 때 연간 발전시간[kWh/kWp]은?

① 800 ② 900 ③ 1,000 ④ 1,200

> **해설** 연간 발전시간 $= \frac{120,000}{120} = 1000$[kWh/kWp]

답 ③

14 태양광 발전시간이 3.8[kWh/kWp/day]일 때 발전소 이용률[%]은?

① 14.28   ② 15.83   ③ 16.22   ④ 16.5

해설 이용률 $= \dfrac{3.8}{24} \times 100 = 15.83[\%]$

답 ②

15 태양광발전시스템의 연간 예상발전량의 산출식으로 적합한 것은?

① 설치장소의 연간강우량×시스템 성능계수×표준상태의 태양전지설치용량[kWh/년]
② 설치장소의 연간일사량×일사계수×표준상태의 태양전지설치용량[kWh/년]
③ 설치장소의 연간일사량×시스템 성능계수×표준상태의 인버터설치용량[kWh/년]
④ 설치장소의 연간일사량×시스템 성능계수×표준상태의 태양전지설치용량[kWh/년]

해설 **태양광발전시스템의 연간 예상발전량의 산출식**
설치장소의 연간일사량 × 시스템 성능계수 × 표준상태의 태양전지설치용량[kWh/년]
1) 설치장소의 연간일사량 : 태양광발전 부지의 태양전지모듈 경사면 일사량
2) 시스템 성능계수 : 발전효율(PR, Performance Ratio)
3) 표준상태의 태양전지설치용량[kWh/년] : 태양광발전소에 설치된 태양전지모듈 용량

답 ④

memo

New & Renewable energy

2과목
태양광발전 설계

1.1 태양광발전 토목설계

1.1.1 토목설계도서

(1) 토목 공사시방서

1) 표준시방서 : 시설물의 안전 및 공사시행의 적정성과 품질확보 등을 위하여 시설물별로 정한 표준적인 시공기준으로서, 토목공사 표준시방서가 이에 해당한다.

2) 전문시방서 : 시설물별 표준시방서를 기본으로 모든 공종을 대상으로 하여 특정한 공사의 시공 또는 공사시방서의 작성에 활용하기 위한 종합적인 시공기준을 말한다.

3) 공사시방서 : 표준시방서 및 전문시방서를 기본으로 하여 작성하되, 공사의 특수성 지역여건 공사 방법 등을 고려하여 기본설계 및 실시설계도면에 구체적으로 표시할 수 없는 내용과 공사수행을 위한 시공 방법, 자재의 성능규격 및 공법, 품질시험 및 검사 등 품질관리, 안전관리, 환경관리 등에 관한 사항을 기술한 시공기준을 말한다.

(2) 내역서

태양광발전설비에 사용되는 주요자재, 운반비, 품질시험비 등에 대한 재료비, 노무비, 경비로 구분하여 수량, 단가, 합계 금액을 산정하는 서식이다.

(3) 수량 산출서

설계원가 계산의 기초가 되는 수량산출서는 설계 과정에서 오류가 많이 발생하고 있는 설계도서 중의 하나이다. 수량산출서의 검토는 주요공정에 대한 자재의 수량을 검산하고 전체 도급공사비의 적정 계상 여부를 확인하는 중요한 과정이다.

또한, 공사시공 과정에서 설계변경이 발생될 때에는 잘못된 수량 산출서를 수정하고 설계변경 해야 한다

(4) 토목도면

토목도면은 태양광발전부지에 태양광발전설비가 가능하게 설치되도록 지형을 변경하는 토목공사가 수행될 수 있도록 한 도면이다. 평지, 경사지 등 설치장소에 따라 필요 토목도면은 변경될 수 있다.

1.1.2 토목측량 및 지반조사도서

(1) 토목측량

1) 경계측량

토지경계 분쟁 시 내 땅이 어디까지인지 파악할 때 하는 측량

2) 분할측량

한 부지에 여러 태양광발전소를 설치하기 위해 한 필지의 땅을 두 필지 이상으로 분할하고자 하는 측량

3) 현황측량

토지에 있는 구조물이나 건물 등의 위치를 측량하여 지적도나 임야도면에 표시하는 측량

(2) 지반조사도서

1) 보링(Boring)조사

지표를 드릴로 구멍을 뚫고 각 지층을 구성하는 토질 성분(모래, 자갈, 점토, 석고 등)을 조사하는 검사

2) 직접전단 시험

3) 일축압축 시험

4) 압밀 시험

5) 팽창시험 등

1.2 태양광발전 토목 설계도면 검토

1.2.1 토목 설계도면

(1) 종단면도 : 물체를 중앙선(또는 정해진 선)이나 수직으로 자른 단면. 대상물의 중심선 또는 기타 지정에 의한 종단방향의 단면도

(2) 횡단면도 : 가늘고 긴 구조물, 예를 들면 도로 등의 길이 방향의 중심선에 직각 방향의 단면을 보여주는 도면. 기점으로부터 종점 방향을 본 단면으로 표시한다.

(3) 현황측량도 : 지상구조물 또는 지형·지물이 점유하는 위치현황을 실측하여 지적도 또는 임야도에 등록된 경계와 대비하여 표시한 측량도

(4) 배수계획평면도 : 발전소의 배수로를 표시한 도면

(5) 지형실측도 : 직접 측량에 의해 작성한 도면

(6) 모듈배치계획도 : 태양전지모듈이 배치

(7) 펜스상세도 : 펜스

01 토목 시방서의 종류가 아닌 것은?

① 표준시방서　　　　　　　　　② 전문시방서
③ 공사시방서　　　　　　　　　④ 구조물 시방서

해설　토목 공사시방서
1) 표준시방서 : 시설물의 안전 및 공사시행의 적정성과 품질확보 등을 위하여 시설물별로 정한 표준적인 시공기준으로서, 토목공사 표준시방서가 이에 해당한다.
2) 전문시방서 : 시설물별 표준시방서를 기본으로 모든 공종을 대상으로 하여 특정한 공사의 시공 또는 공사시방서의 작성에 활용하기 위한 종합적인 시공기준을 말한다.
3) 공사시방서 : 표준시방서 및 전문시방서를 기본으로 하여 작성하되, 공사의 특수성 지역여건・ 공사방법 등을 고려하여 기본설계 및 실시설계도면에 구체적으로 표시할 수 없는 내용과 공사수행을 위한 시공 방법, 자재의 성능규격 및 공법, 품질시험 및 검사 등 품질관리, 안전관리, 환경관리 등에 관한 사항을 기술한 시공기준을 말한다.　　　**답** ④

02 시설물별 표준시방서를 기본으로 모든 공종을 대상으로 하여 특정한 공사의 시공 또는 공사 시방서의 작성에 활용하기 위한 종합적인 시공기준이 되는 시방서는?

① 표준시방서　　　　　　　　　② 전문시방서
③ 공사시방서　　　　　　　　　④ 구조물 시방서

해설　전문시방서
시설물별 표준시방서를 기본으로 모든 공종을 대상으로 하여 특정한 공사의 시공 또는 공사시방서의 작성에 활용하기 위한 종합적인 시공기준을 말한다.　　　**답** ②

03 태양광발전설비에 사용되는 주요자재, 운반비, 품질시험비 등에 대한 재료비, 노무비, 경비로 구분하여 수량, 단가, 합계 금액을 산정하는 서식은?

① 수량 산출서　　　　　　　　　② 시방서
③ 내역서　　　　　　　　　④ 토목도면

해설　내역서
태양광발전설비에 사용되는 주요자재, 운반비, 품질시험비 등에 대한 재료비, 노무비, 경비로 구분하여 수량, 단가, 합계 금액을 산정하는 서식이다.　　　**답** ③

04 토목측량에 해당하지 않는 것은?

① 구조측량　　　　　　　　　② 경계측량
③ 분할측량　　　　　　　　　④ 현황측량

해설 **토목측량**

1) 경계측량 : 토지경계 분쟁시 내 땅이 어디까지인지 파악할 때 하는 측량
2) 분할측량 : 한 부지에 여러 태양광발전소를 설치하기 위해 한 필지의 땅을 두 필지 이상으로 분할하고자
   하는 측량
3) 현황측량 : 토지에 있는 구조물이나 건물 등의 위치를 측량하여 지적도나 임야도면에 표시하는 측량

답 ①

05 토지에 있는 구조물이나 건물 등의 위치를 측량하여 지적도나 임야도면에 표시하는 측량은?

① 구조측량　　　　　　　　　　　② 경계측량
③ 분할측량　　　　　　　　　　　④ 현황측량

해설 **토목측량**

1) 경계측량 : 토지경계 분쟁시 내 땅이 어디까지인지 파악할 때 하는 측량
2) 분할측량 : 한 부지에 여러 태양광발전소를 설치하기 위해 한 필지의 땅을 두 필지 이상으로 분할하고자
   하는 측량
3) 현황측량 : 토지에 있는 구조물이나 건물 등의 위치를 측량하여 지적도나 임야도면에 표시하는 측량

답 ④

06 지반조사 도서에 해당하지 않는 것은?

① 보링(Boring)조사　　　　　　　② 직접전단 시험
③ 일축압축 시험　　　　　　　　　④ 우물조사

해설 **지반조사도서**

보링(Boring)조사, 직접전단 시험, 일축압축 시험, 압밀 시험, 팽창시험 등

답 ④

07 태양광발전시스템의 기초설계단계에서 설계자의 업무가 아닌 것은?

① 토목설계　　　　　　　　　　　② 구조물설계
③ 전기설계　　　　　　　　　　　④ 자금조달

해설 태양광발전시스템 설계는 토목설계, 구조물설계, 전기설계로 나뉜다.

답 ④

08 설계도서의 종류에 포함되지 않는 것은?

① 설계도면
② 표준 및 특기 시방서
③ 내역서
④ 제품 소개서

해설 **설계도서의 종류** : 전력시설물의 설치·보수 공사에 관한 계획서, 설계도면, 설계 설명서, 공사비 명세서,
기술계산서 내역서 및 이와 관련된 서류

답 ④

09 **시방서의 목적으로 틀린 것은?**

① 시공자가 하여야 할 사항을 규정

② 시공에 대한 모든 지시사항을 규정

③ 주요 기자재에 대한 특정규격, 수량 및 납기일을 규정

④ 설계와 공사에 대하여 도면에 표현하기 어려운 사항을 규정

해설 납기일 규정은 계약서 관련사항으로 시방서에는 공사일정만 표기한다.   답 ③

2.1　태양광발전 구조물 설계

2.1.1　구조물 기초

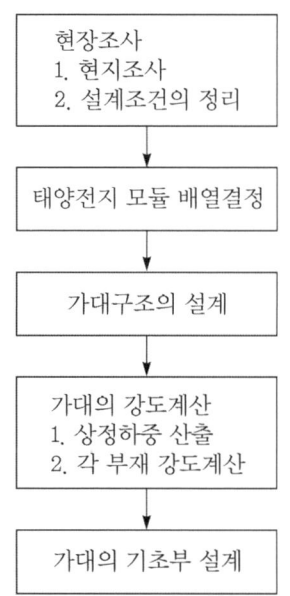

| 가대 설계의 절차 |

(1) 태양전지 어레이용 가대 설치

　1) 어레이 경사각

　　① 태양전지 어레이의 경사각은 $10 \sim 90°$의 범위 내에서 설치

　　② $10°$ 이하에서는 강우로 인한 자정효과를 충분히 얻지 못하므로, 태양전지 모듈의 유리면 하부와 알루미늄 테두리 주변에 오염이 남아 별도의 청소가 필요

　　③ 눈이 쌓이는 적설지대에서는 $45°$ 이상의 각도로 $20 \sim 30[cm]$ 정도의 적설에도 자연적으로 흘러내리도록 설계

2) 모듈의 설치방향

① 태양전지 모듈은 대부분이 직사각형의 형상이다. 모듈을 종(縱) 방향으로 세워서 설치하는 경우를 가로 깔기라고 부르며, 모듈을 횡(橫) 방향으로 눕혀서 설치하는 경우를 세로깔기라고 한다.

② 모듈을 세로깔기로 하는 어레이에서는 부재점수가 약간 적어지기 때문에, 가로깔기로 설치하는 경우가 많은 반면에 모듈의 알루미늄 테두리와 유리면과의 차단의 수가 약 2배가 되므로 자연강우에 의한 세정효과는 떨어진다.

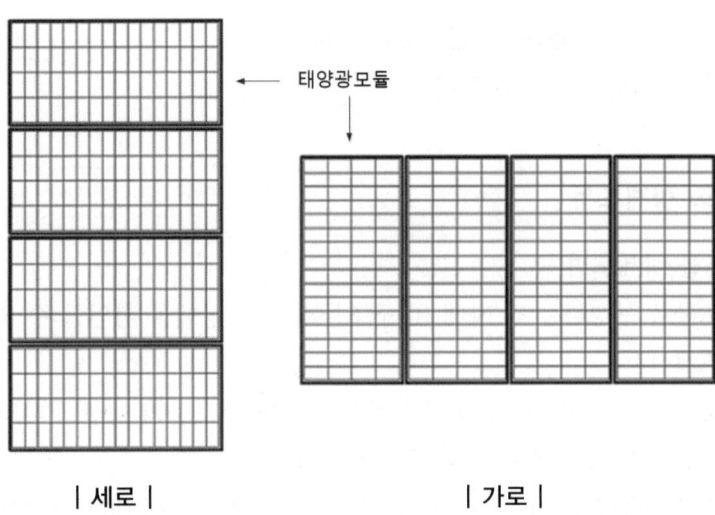

| 세로 |　　　　　　　　| 가로 |

3) 조류 퇴치 시설물

조류 퇴치 시설물은 어레이의 상부 및 좌우·하부에 예리한 산 모양의 쇠장식이나 직경 1.5~2.0[mm]의 탄성 있는 스테인리스 선 등을 하늘을 향해 설치하는 것이 효과적이다.

(2) 태양전지 어레이용 가대의 특성

1) 가대의 재질

가대의 재질은 환경조건의 설계 내용연수에 의해 선택·결정한다. 어레이용 가대는 설치장소에 맞게 설계·제작하는 경우가 많으며 설계·가공 인건비를 줄이기 위해 가능한 한 제조회사의 표준가대를 사용하는 것이 좋다. 일반구조용 압연강재, 스테인리스강, 알루미늄합금 등이 있다.

2) 가대의 강도

특수한 폭설지대를 자중과 풍압력을 더한 하중에 견디는 것이어야 한다. 옥상설치의 경우에도 자중과 풍압의 최대하중으로 설계해두면 좋다.

3) 부재의 녹 방지

녹 방지 방법으로 비교적 저렴하고 장기적인 사용이 가능한 것으로는 철의 10~25배
의 내식성을 가진 용융아연도금이 널리 보급되어 있다.

4) 가대의 내용연수

내용연수를 몇 년으로 설정할지, 유지보수는 어느 정도 실시할지 등에 따라 재질을
선택한다.

① 강제 + 도장 : 5~10년 후 다시 도장

② 강제 + 용융아연도금 : 20~30년

③ 스테인레스 : 30년 이상

2.1.2 구조 설계도서

(1) 구조물 상세도면

구조물을 구성하는 각 자재 및 구조물의 결합 상태를 확인할 수 있는 도면

(2) 구조계산서

풍하중, 지진, 적설하중 등의 하중과 다양한 구조물의 형상에 따라 태양광발전설비 안
전성을 검토 및 확인하기 위한 설계도서

(3) 기존의 건축물 및 일정 구조물에 설치하는 경우는 이에 대한 안정성을 확인하기 위해 사
용되는 두서

2.1.3 구조계산서

(1) 태양전지 어레이용 가대의 상정하중

태양전지 어레이용 가대의 구조설계 시 상정하중으로는 영구적으로 작용하는
고정하중과 자연의 외력인 풍하중, 적설하중, 지진하중이 있다.

1) 고정하중(D) : 모듈의 질량과 지지물 등의 질량의 합

2) 풍하중(W) : 태양전지 모듈에 가해지는 풍압력과 지지물에 가해지는 풍압력의 합

3) 적설하중(S) : 모듈면의 수직 적설하중

4) 지진하중(E) : 지지물에 가해지는 수평 지진력

(2) 풍하중

태양전지 어레이용 가대의 구조설계에서 상정하중이 최대가 되는 것은 일반적으로 풍

하중인 경우가 많고, 풍하중은 강풍으로 인한 손실을 줄이기 위해 설계한다.

1) 구조골조용 풍하중(W_f)

$$W_f = P_f \times A$$

여기서, P_f : 구조골조용 설계풍력[N/m²]

A : 유효 수압면적[m²]

‣ 밀폐형 건축물의 구조골조용 설계풍력(P_f)

$$P_f = G_f \times (q_z \times C_{pe1} - q_h \times C_{pe2})$$

여기서, G_f : 구조 골조용 가스트 영향계수

q_z : 지표면에서의 임의 높이 Z에 대한 설계속도압[N/m²]

C_{pe1} : 풍상벽의 외압계수, C_{pe2} : 풍상벽의 외압계수

q_h : 지붕면의 평균높이 h에 대한 설계속도압[N/m²]

2) 지붕골조용 풍하중(W_r)

$$W_r = p_r \times A$$

‣ 밀폐형 건축물 및 일부개방형 건축물의 지붕골조용 설계풍력(p_r)

$$p_r = q_h \times (G_f \times C_{pe} - G_i \times C_{pi})$$

여기서, q_h : 지붕면의 평균높이 h에 대한 설계속도압[N/m²]

C_{pe} : 외압계수, C_{pi} : 내압계수

3) 풍하중을 산출하는 데 사용되는 각종 수치 및 계수

① 기본풍속 : 서울, 인천 30[m/sec]와 같이 지역에 기본 풍속을 적용

② 풍속의 고도분포 계수

③ 지형에 따른 풍속할증 계수

④ 중요도 계수

(3) 적설하중

1) 평지붕하중의 적설하중

$$S_f = C_b \times C_e \times C_t \times I_s \times S_g [\text{kN/m}^2]$$

여기서, C_b : 기본지붕 적설하중 계수(0.7 적용)

C_e : 노출계수, C_t : 온도계수, I_S : 중요도계수

S_g : 지상 적설하중의 기본값

2) 경사지붕의 적설하중

$$S_s = S_f \times C_s \, [\mathrm{kN/m^2}]$$

여기서, S_s : 경사지붕의 적설하중

S_f : 평지붕하중의 적설하중

C_s : 지붕경사도 계수

2.1.4 구조물 형식

(1) 발전방식에 따른 구조물 종류

1) 고정형 어레이 : 연중 최저 경사각으로 설치

① 설치

고정형 어레이 구조 지지형태가 가장 값싸고 안정된 구조로써 정남향을 바라보고 태양광의 입사각이 모듈에 90°로 입사되는 경사각을 고정시킨 형태로 설치

② 설치지역

비교적 원격 지역에 실치 면적의 제약이 없는 곳, 도시지역 등 풍속이 깅힌 곳에 설치

③ 장점

초기 설치비가 적게 들고, 보수 관리에 따른 위험이 없어서 상대적으로 많이 이용

④ 단점

추적식과 경사가변형에 비하여 발전효율은 낮음

⑤ 고정형 어레이의 특징

가) 태양광의 방위각(정남향) 및 경사각(28~36°)을 고정하여 설치

나) [kW] 당 점유 면적이 추적식 대비 80[%]까지 감소

다) 구조물의 구동이 없어 하단부 공간 활용이 가능

라) 구조가 상대적으로 안전하여 전복이나 오작동에 의한 사고 가능성이 낮음

마) 주변 환경과 조화로운 디자인 가능

바) 발전 효율이 상대적으로 낮음

2) 경사가변형 어레이 : 계절별로 경사각 조정

① 설치특징

경사가변형 구조물 설치방법은 어레이 경사각을 계절 또는 월별에 따라서 상하로 위치를 변화시켜 주는 어레이 지지방식으로, 계절별로 한 번씩 어레이 경사각을 변화시킴

② 장점

어레이 경사각은 설치 지역의 위도에 따라서 최대 경사면 일사량을 갖도록 하면 경사 고정형에 비해 약 5[%]의 연간 발전량이 증가

③ 단점

경사고정형은 [kW] 당 입지면적이 약 24[m²]이 요구되는 반면, 경사가변형인 경우 약 33[m²]이 필요

④ 경사가변형의 특징

가) 태양광의 방위각(정남향) 및 경사각을 0∼60°까지 조절 가능

나) 고정식과 유사한 지지 구조로 설치비용 감소

다) 개별 장치의 설치 간격이 상대적으로 좁아 비용대비 발전 효율 증가

라) 발전장치의 경사각을 수평에 가깝게 변경하여 태풍피해를 예방

마) 구조물의 회동이 적어 제한적으로 하단부 공간 활용이 가능

바) 발전효율이 고정식 대비 5[%] 증가

사) 고정식에 비해 개별 발전장치 간격 11[%] 증가

아) 구조물의 안정성을 높이기 위하여 강선을 이용한 추가 고정장치 필요

3) 추적식 어레이

태양광발전시스템의 발전효율을 극대화하기 위한 방식으로 태양의 직사광선이 항상 태양광모듈의 전면에 수직으로 입사할 수 있도록 동력 또는 기기 조작을 통하여 태양의 위치를 추적해 가는 방식으로 추적 방향에 따라 단방향 추적식과 양방향 추적식으로 나누어 생각할 수 있다. 또한 태양을 추적하는 방법에 따라서 감지식, 프로그램 제어식, 혼합형 추적방식을 생각할 수 있다. 그 밖에 태양광선의 집광 유무에 따라서 평판형과 집광형 어레이를 생각할 수 있다.

① 추적 방향에 따른 분류

가) 단방향 추적식(single axis tracking) 특징

태양광 어레이가 태양의 한 측만을 추적하도록 설계된 방식으로, 상하 추적식과 좌우 추적식으로 나누어진다. 고정형에 비하여 발전량이 증가하나 양방향 추적식에 비하면 발전량은 줄어든다.

‣ 태양광 모듈을 동서 방향으로 30~150° 회전
‣ 발전장치의 방위각을 지면과 수평에 가깝게 자동 변경하여 태풍 피해 예방
‣ 발전효율이 고정식 대비 5~10[%] 증가
‣ 다수의 추적장치를 병렬제어를 통해 운전효율 향상
‣ 고정식에 비해 개별 발전장치 간격 20~30[%] 증가
‣ 풍속 측정장치 고장이나 바람에 의한 파손 사고 가능
‣ 태풍 상황에서 구조물의 안정성을 높이는 강선을 이용한 추가 고정장치 필요
‣ 작업의 전문성으로 설치 교육 및 운영 교육 필요

나) 양방향 추적식 특징

태양광 모듈이 항상 태양의 직달 일사량이 최대가 되도록 상하, 좌우를 동시에 추적하도록 설계된 추적 장치이다. 설치 단가가 높으며, 주로 제약된 설치면적에서 최대 발전량을 얻기 위해 사용한다.

‣ 태양광의 방위각(60~210°) 및 경사각(0~80°) 변경 가능
‣ 발전장치의 경사각을 수평에 가깝게 자동 변경하여 태풍 피해 예방
‣ 경사지 및 설치 조건이 불리한 곳에 설치 가능
‣ 발전효율 고정식 대비 20~30[%] 증가
‣ 고정식에 비해 개별 발전장치 간격이 5배까지 증가
‣ 다수의 추적장치를 동시 제어로 발전효율 및 운전효율 향상
‣ 풍속 측정장치 고장이나 바람에 의한 파손 사고 가능
‣ 태풍 상황에서 구조물의 안정성을 높이는 강선을 이용한 추가 고정장치 필요
‣ 작업의 전문성으로 설치 교육 및 운영 교육 필요

② 추적 방식에 따른 분류

가) 감지식 추적법(Sensor Tracking) : 태양의 추적방식이 감지부(sensor)를 이용하여 최대일사량을 추적해 가는 방식으로 감지부의 종류와 형태에 따라서 오차가 발생하기도 한다. 특히 태양이 구름에 가리거나 부분 음영이 발생하는 경우 감지부의 정확한 태양궤도 추적은 기대할 수 없게 된다.

나) 프로그램 추적법(Program Tracking) : 어레이 설치 위에서의 태양의 연중 이동궤도를 추적하는 프로그램을 내장한 컴퓨터 또는 마이크로프로세서를 이용하여 프로그램이 지시하는 년. 월. 일에 따라서 태양의 위치를 추적하는 방식이다. 비교적 안정되게 태양의 위치를 추적해 나갈 수 있으나 설치지역 위치에 따라서 약간의 프로그램의 수정이 필요하다.

다) 혼합 추적식(Mixed Tracking) : 프로그램 추적법을 중심으로 운용하되 설치 위치에 따른 미세적인 편차를 감지부를 이용하여 주기적으로 수정해주는 방식으로 가장 이상적인 추적방식으로 이용되고 있다.

(2) 태양광 설치유형에 따른 정의

1) 지상형 : 지표면에 태양광설비를 설치하는 형태

① 일반지상형 : 지표면에 고정하여 설치하는 것으로서 산지관리법 및 농지법의 적용을 받지 않는 태양광설비의 유형

② 산지형 : 산지전용허가(신고) 또는 산지일시사용허가 등 산지관리법에 따른 인·허가 등을 받아 설치하는 태양광 설비의 유형

③ 농지형 : 농지전용허가(신고) 또는 농지의 타용도 일시사용허가 등 농지법에 따른 인·허가 등을 받아 설치하는 태양광설비의 유형

2) 건물형 : 건축물에 태양광설비를 설치하는 형태

① "건물일반형"이란 건축물 옥상 등에 설치하는 태양광설비의 유형을 말한다.

② "건물부착형 태양광발전(BAPV : Building-Attached Photovoltaic)"이란 건축물 경사 지붕 또는 외벽 등에 밀착하여 설치하는 태양광설비의 유형을 말한다.

③ "건물일체형 태양광발전(BIPV : Building-Integrated Photovoltaic)"이란 태양광모듈을 건축물에 설치하여 건축 부자재의 역할 및 기능과 전력생산을 동시에 할 수 있는 설비로 창호, 스팬드럴, 커튼월, 이중파사드, 외벽, 지붕재 등 건축물을 일부 또는 완전히 둘러싸는 벽, 창, 지붕 형태로 모듈이 제거될 경우 건물 외장재의 핵심기능이 상실 또는 훼손될 수 있어 다른 건축자재로 대체되어야 하는 구조의 태양광설비의 유형을 말한다.

3) 수상형

댐건설·관리 및 주변지역지원 등에 관한 법률 제2조에 따른 댐, 전원개발촉진법 제5조에 따라 전원개발사업구역으로 지정된 지역의 발전용 댐, 농어촌정비법 제2조의 농업생산기반 정비사업에 따른 저수지 및 담수호와 농업생산기반시설로서의 방조제 내측, 산업입지 및 개발에 관한 법률 제6조 내지 제8조에 따른 산업단지 내의 유수지, 공유수면 관리 및 매립에 관한 법률 제2조에 따른 공유수면 중 방조제 내측 위에 부유식으로 설치하는 태양광설비 유형

(3) 태양전지 어레이용 가대에 사용되는 구조물

구분	파워볼트시스템	일반 철골구조
주요 특성	• 장스팬 구조물에 적합 • 트러스트 구조로 안정된 구조 • 격자 구조체 이므로 횡력이 적어 안정된 구조체임 • 현장 볼트 설치로 공사기간 단축	• 단스팬 구조물에 적합 • 타구조물에 비해 경량구조 • 구조계산에 의한 정밀한 구조물
특징	• 설치방법이 간단하며 장스팬 구조물에 유리	• 단스팬의 구조체로 적당하며 장스팬 구조시 어려움
장점	• 구조의 안전도 용이 • 돔 정방향 구조에 유리 • 필요한 응력에 의한 자재 사용으로 경제적으로 설계 • 조립 및 해체가 간단하며 다른 장소에 이설 설치가 가능함 • 압축 좌굴 뒤틀림에 강한 구조용 강관 사용으로 물량 경감 • 구조물 디자인적 측면 쉬움	• 단스팬 구조물에 유리 • 설치공사비가 저렴 • 구조물 무게가 가벼운 건물 옥상 등 설치 유리
단점	• 장스팬 구조물에 적용	• 장스팬 구조물에 불합리함 • 부재의 생산치수로 인하여 구조물 높이와 거리에 제한적

(4) 기초의 분류

1) 얕은 기초

① $D_f/B \leq 1$인 경우

② 푸팅기초(Footing Foundation)와 전면기초(Mat Foundation)로 구분

③ 푸팅기초는 상부하중을 넓게 분포시키기 위해 밑면을 확대시킨 확대기초로 사용

④ 독립푸팅은 한 개의 기둥으로 지지하는 경우

⑤ 복합푸팅은 두 개 이상의 기둥으로 지지하는 경우

2) 깊은 기초

① $D_f/B > 1$인 경우

② 말뚝기초, 케이슨기초, 지중연속벽기초, 복합기초 등이 있다.

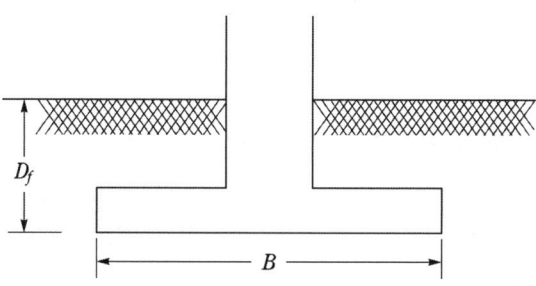

| 기초의 구조 |

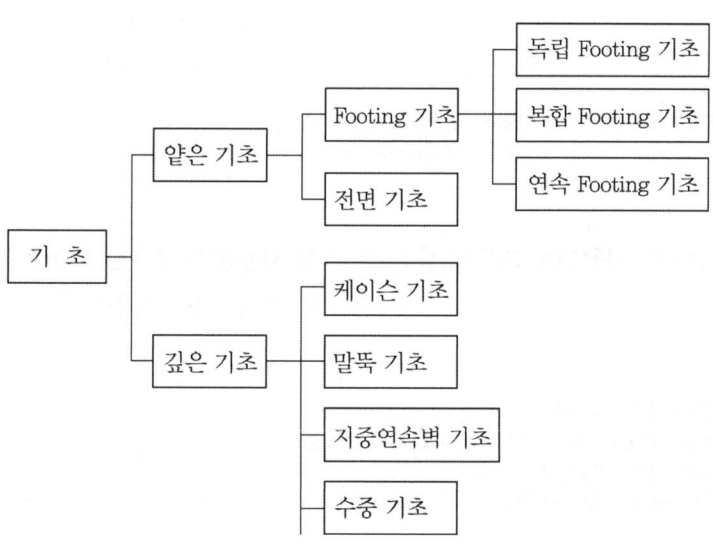

| 기초의 종류 |

01 태양전지설치 구조물에서 가대에 해당하지 않는 것은?

① 기초(base)

② 기초판(base plate)

③ 지지대(support lag)

④ 프레임(panel frame)

> **해설** 가대(프레임, 지지대, 기초판), 구조물(가대 + 앵커볼트 + 기초)

답 ①

02 태양전지 설치에 사용되는 가대의 종류 중 가장 경제성이 우수한 재질은?

① 강제 + 도장

② 강제 + 용융아연도금

③ 스테인리스

④ 알루미늄 합금재

> **해설** ㆍ강제 + 도장 : 저가   ㆍ강제 + 용융아연도금 : 중가
> ㆍ스테인리스 : 고가   ㆍ알루미늄 합금재 : 중가

답 ①

03 태양전지 설치에 사용되는 가대의 종류 중 가장 시공성이 우수한 재질은?

① 강제 + 도장

② 강제 + 용융아연도금

③ 스테인리스

④ 알루미늄 합금재

> **해설** ㆍ강제 + 도장 : 경제성
> ㆍ강제 + 용융아연도금 : 비교적 저렴, 장시간 사용
> ㆍ스테인리스 : 경량, 내식성 우수
> ㆍ알루미늄 합금재 : 시공성 우수

답 ④

04 태양전지 어레이용 가대에 관한 다음 설명 중 옳지 못한 것은?

① 가대의 재질은 환경조건이나 설계 내용연수에 따라 선택, 결정한다.

② 적정한 재질은 내용연수 등을 고려하여 SS400의 강재용융아연도금 마무리 제품이 유용하다.

③ SUS304는 염해 등에 대해 최고로 내성이 높지만 구입하기가 어렵고 고가이다.

④ 가대의 강도는 최소한 자중에 풍압력을 가한 하중에 견디는 것이어야 한다.

> **해설** 스테인리스강 SUS316은 염해 등에 대해 최고로 내성이 높지만 구입하기가 어렵고 고가이므로 해상 설치의 경우 SUS304가 많이 사용되고 있다.

답 ③

05 다음 중 태양광발전설비 분류방식이 다른 하나는 무엇인가?

① 고정식   ② 경사가변형   ③ 건물외벽   ④ 추적식

> **해설**　• 어레이 설치 방식에 따른 분류 : 고정식, 경사가변형, 추적식
> • 설치장소에 따른 분류 : 평지, 경사지, 평지붕, 경사지붕, 건물외벽 등
>
> **답** ③

06 다음 중 태양광 어레이를 설치하는 데 사용되는 가대에서 고려할 상정하중 중 수직하중이 아닌 것은?

① 풍하중　　　　　　　　　　　② 고정하중

③ 적설하중　　　　　　　　　　④ 활하중

> **해설**　• 수직하중 : 고정하중, 적설하중, 활하중
> • 수평하중 : 풍하중, 지진하중
>
> **답** ①

07 태양광 어레이 가대를 점유 · 사용함으로써 발생하는 상정하중은?

① 풍하중　　　　　　　　　　　② 고정하중

③ 적설하중　　　　　　　　　　④ 활하중

> **해설**　• 고정하중 : 어레이, 프레임, 서포트 하중
> • 적설하중 : 경사계수 및 눈의 단위 질량 고려
> • 활하중 : 건축물 및 공작물을 점유 · 사용함으로써 발생하는 하중
> • 풍하중 : 어레이에 가한 풍압과 지지물에 가한 풍압의 합
> • 지진하중 : 지지층의 전단력 계수 고려
>
> **답** ④

08 태양전지 어레이용 가대의 구조설계 시 고려할 상정하중의 순서가 맞는 것은?

① 풍하중 > 적설하중 > 지진하중

② 풍하중 > 적설하중 > 활하중

③ 적설하중 > 활하중 > 풍하중

④ 적설하중 > 지진하중 > 풍하중

> **해설**　태양전지 어레이용 가대의 구조설계에 있어서 상정하중이 최대가 되는 것은 일반적으로 풍하중인 경우가 많다. 바람으로 인한 태양전지 어레이 파괴의 대부분은 강풍 시에 발생한다.
>
> **답** ①

09 각 상정하중에 대한 설명으로 잘못된 것은?

① 고정하중 : 모듈의 질량과 지지물 등의 질량의 합

② 풍하중 : 모듈에 가해지는 풍압력과 지지물에 가해지는 풍압력의 합

③ 적설하중 : 모듈면의 수직과 수평 적설하중의 합

④ 지진하중 : 지지물에 가해지는 수평 지진력

> **해설**　적설하중 : 모듈면의 수직하중
>
> **답** ③

10 태양광발전시스템에서 추적제어방식에 따른 분류가 아닌 것은?

① 프로그램 추적법(program tracking)

② 감지식 추적법(sensor tracking)

③ 양방향 추적법(double axis tracking)

④ 혼합식 추적법(mixed tracking)

> **해설** • 추적방향에 의한 분류 : 단방향 추적식(상하 추적식, 좌우 추적식), 양방향 추적식
> • 추적제어방식에 따른 분류 : 프로그램 추적법, 감지식 추적법, 혼합식 추적법 **답** ③

11 기초에 대한 설명으로 옳지 않은 것은?

① 기초의 최소폭(B)과 근입깊이(D_f)의 관계에 따라 깊은 기초와 얕은 기초로 구분한다.

② 적절한 토층 아래 압축성이 큰 층이 없을 때 깊은 기초를 설치한다.

③ 얕은 기초는 Footing 기초와 전면 기초로 구분한다.

④ 깊은 기초는 말뚝 기초, Pier 기초, Caisson 기초로 구분된다.

> **해설** 적절한 토층 아래 압축성이 큰 층이 없을 때 얕은 기초를 설치한다. **답** ②

12 깊은 기초에 해당하지 않는 것은?

① 직접 기초　　② 케이슨 기초　　③ 말뚝 기초　　④ 피어(Pier) 기초

> **해설** ‣ 얕은 기초 : 직접 기초
> ‣ 깊은 기초 : 케이슨 기초, 말뚝 기초, Pier 기초 **답** ①

13 5[m] 정도 이상의 깊이에 존재할 경우 또는 직접기초에 대해서 지반이 연약하고 지지할 수 없을 때 사용되는 공법은?

① 케이슨 기초　　② 말뚝 기초　　③ 지중연속벽 기초　　④ 복합 기초

> **해설** ‣ 말뚝 기초 : 지지층이 깊을 경우 쓰인다.
> ‣ 케이슨 기초 : 하천 내의 교량에 자주 쓰다.
> ‣ 직접 기초 : 지지층이 얕을 경우 쓰인다. **답** ②

14 태양광 어레이 구조물 중 일반 철골구조에 비교하여 파워볼트시스템(Power Bolt System)의 장점이 아닌 것은?

① 필요한 응력에 의한 자재 사용으로 경제적인 설계를 할 수 있다.

② 제품의 규격이 정교하여 구조물의 마감처리를 정밀하게 할 수 있다.

③ 조립 및 해체가 간단하여 타 장소에 이설 설치가 가능하다.

④ 모듈이 적고 짧은 스팬(span) 구조물에 유리하다.

해설 부재의 생산치수로 인하여 구조물 높이와 거리가 제한적이다. (일반 철골 구조)

구분		파워볼트시스템	일반 철골구조
주요 특성		• 장스팬 구조물에 유리 • 트러스트 구조로 안정된 구조 • 격자 구조체이므로 횡력이 적어 안정된 구조체임 • 현장 볼트 설치로 공사기간 단축	• 단스팬 구조물에 유리 • 타 구조물에 비해 경량구조 • 구조계산에 의한 정밀한 구조물
특징		• 설치방법이 간단하며 장스팬 구조물에 유리	• 단스팬의 구조체로 적당하며 장스팬 구조 시 어려움
장점		• 구조의 안전도 용이 • 돔 정방향구조에 유리 • 필요한 응력에 의한 자재 사용으로 경제적으로 설계 • 조립 및 해체가 간단하게 타 장소에 이설 설치가 가능함 • 압축 좌골 뒤틀림에 강한 구조용 강관 사용으로 물량경감 • 구조물 디자인적 측면 쉬움	• 단스팬 구조물에 유리 • 설치공사비가 저렴 • 구조물 무게가 가벼운 건물 옥상 등 설치 유리
단점		• 장스팬 구조물에 적용	• 장스팬 구조물에 불합리함 • 부재의 생산치수로 인하여 구조물 높이와 거리에 제한적

답 ④

15 Power Bolt 시스템의 설명이 아닌 것은?

① 전량 공장에서 제작 및 생산되어 현장에서 용접이 필요 없다.
② 제품규격이 정교하여 마감처리를 정교하게 할 수 있다.
③ 타 트러스트보다 경제적으로 설계할 수 있다.
④ 단스팬 구조물에 유리하다.

해설 단스팬 구조물에 유리하다. (일반 철골 구조의 장점)   답 ④

16 고정형 어레이의 특징이 아닌 것은?

① 태양전지의 방위각(정남향) 및 경사각을 고정하여 설치
② 구조물의 구동이 없어 하단부 공간 활용이 가능
③ 구조가 상대적으로 안전하여 전복이나 오작동에 의한 사고 가능성이 낮음
④ 발전효율이 상대적으로 높음

해설 경사가 변형과 추적식에 비교하여 발전효율이 상대적으로 낮음   답 ④

17 태양전지 철골 구조물에 사용되는 방수방지 방법 중 철 표면이 손상을 입은 경우 파손된 철 소지를 보호하여 부식의 진행을 억제하는 방법은?

① 용융아연도금 ② 전기아연도금
③ 페인트 도장 ④ 방청유 도포

해설 용융아연도금 **답** ①

18 중방식 도료의 특징이 아닌 것은?

① 두꺼운 도막이 가능함
② 환경적으로나 경제적으로 어려운 구조물에 사용 불가
③ 내수성, 내염수성, 내산성, 내알칼리성 등이 우수함
④ 자원절약의 기능성을 가짐

해설 환경적으로나 경제적으로 보수 도장이 어려운 구조물에 대해 5년 이상 혹은 10년 이상 견딜 수 있는 방식으로 사용 **답** ②

19 다음 특성에 해당하는 중방식 도료는?

A. 가혹한 환경에서 방식성, 경제성, 도료 자체의 품질 우수
B. Amine에 의한 경화반응 매커니즘으로 생긴 도막은 강하고 밀착성 우수
C. 물, 약품, 오염가스 등에 대한 저항력이 도료 중 가장 강함

① 무기질 아연말 도료 ② 에폭시 수지 도료
③ 우레딘 수지 도료 ④ 알키드 수지 도료

해설 성능이 뛰어나며 가혹한 환경 하에서의 방식성, 경제성, 도료 자체의 품질 등이 우수하여 현재의 중방식용 도료의 대표격으로 많이 사용되고 있다. **답** ②

20 다음은 어떤 도료의 장점을 설명한 것인가?

A. 건조가 빠르다.
B. 층간 밀착성이 우수하다.
C. 오염환경이나 해안환경에 강하다.
D. 내수성이 우수하며, 물과 산소의 침투성이 다른 도료에 비해 매우 낮다.

① 염화고무 도료 ② 실리콘 수지 도료
③ 아연말 도료 ④ 탈에폭시 수지 도료

해설 염화고무 도료 : 염화고무계 수지를 간단히 용제에 용해시킨 것을 전색제로 하여 이것에 다른 성분(안료, 첨가제) 등을 혼합시켜 제조한다. **답** ①

21 다음 특성에 해당하는 중방식 도료는?

> A. 플루오프 오레핀과 비닐에테르를 공중합시켜 유지용제에 용해됨
> B. 상온건조가 가능
> C. 대기오염, 산성비에 대해 20년 이상의 내후성과 내구력이 가능
> D. 비닐에테르에 결합되는 특수한 물질이 도막의 광택, 투명성, 경도, 부착성 등을 부여

① 자연건조형 불소수지계 도료　　　② 유성도료
③ 알키드　　　　　　　　　　　　④ 염화비닐 수지 도료

해설 자연건조형 불소수지계 도료는 유기계 자연건조형 도료 중에서 가장 우수한 성능을 발휘하는 도료 **답** ①

22 기와, 착색 슬레이트, 금속지붕 등의 지붕재에 전용 지지기구와 받침대를 설치하여 그 위에 태양전지 모듈을 설치하는 형태를 무엇이라 하는가?

① 경사 지붕형　　　　　　　　　　② 평지붕형
③ 지붕재 일체형　　　　　　　　　④ 톱라이트형

해설 설치방식
1) 평지붕형 : 아스팔트 방수, 시트 방수 등의 방수층 위에 철골가대를 설치하고 그 위에 태양전지 모듈을 설치하는 형태이다.
2) 지붕재 일체형 : 금속지붕, 평판기와 등의 지붕재에 태양전지 모듈을 부착시킨 형태이다.
3) 톱라이트형 : 톱라이트의 유리부분에 맞게 태양전지 유리를 설치한 형태이다. **답** ①

23 주로 청사나 학교 관사 옥상의 태양전지 모듈 설치공법으로서 각 모듈 제조회사의 표준사양으로 되어 있는 형태는?

① 지붕재형　　　　　　　　　　　② 평지붕형
③ 지붕재 일체형　　　　　　　　　④ 경사 지붕형

해설 설치방식
1) 지붕재형 : 주변 지붕재와의 배합이 가능하며, 주로 신축 주택용 건물에 설치된다.
2) 지붕재 일체형 : 방수성, 내구성 등 지붕의 여러 기능을 겸비하며, 주변 지붕재와 동일한 형상을 하고 있기 때문에 지붕과 일체감이 있고, 건축의 미적 디자인을 손상시키지 않는다.
3) 경사 지붕형 : 주로 주택용 설치공법으로서 각 모듈 제조회사의 표준사양으로 되어 있다. **답** ②

24 다음은 태양전지 모듈의 설치공법에 관한 기술이다. 옳게 짝지어진 것은?

① 루비형 : 개구부의 블라인드 기능을 가지고 있는 형태이다.
② 벽 설치형 : 주로 커튼월 등으로 설치되어 있다.
③ 벽 건재형 : 중·고층건물의 벽면을 유효적절하게 활용할 수 있다.
④ 창재형 : 창의 상부 등 건물 외부에 가대를 설치하고 태양전지 모듈을 설치하여 차양 기능을 보완한 형태이다.

> **해설** 설치방식
> 1) 벽 설치형 : 벽에 가대 등을 설치하고 그 위에 태양전지 모듈을 설치하는 형태로, 중·고층 건물의 벽면을 유효적절하게 활용할 수 있다.
> 2) 벽 건재형 : 태양전지 모듈이 벽재로서 기능하는 형태로, 주로 커튼월 등으로 설치되어 있다.
> 3) 창재형 : 채광성, 투시성 등의 유리창의 기능을 보유하고 있는 형태로, 셀의 배치에 따라 개구율을 변경할 수 있다.
> ※ 차양형 : 창의 상부 등 건물 외부에 가대를 설치하고 태양전지 모듈을 설치하여 차양 기능을 보완한 형태로, 한국에너지기술연구원에 설치되어 있다. **탭** ①

25 다음은 태양광발전 구조물 중 지붕건재형에 관한 설명이다. 틀린 것은?

① 지붕건재형은 방화·방수 성능을 가진 지붕표면에 지지기구로 태양전지 모듈을 설치하는 것을 말한다.
② 지붕건재형은 크게 지붕재 일체형과 지붕재형으로 나눌 수 있다.
③ 지붕재 일체형은 일반 지붕재(금속판 등)에 태양전지 모듈을 넣은 지붕재를 말한다.
④ 지붕재형 태양전지 모듈은 태양전지 모듈 자체가 지붕의 기능을 하는 지붕재를 말한다.

> **해설** 지붕설치형이란 방화·방수 성능을 가진 지붕표면에 지지기구(지지금구 및 가대)로 태양전지 모듈을 설치하는 것을 말한다. **탭** ①

26 다음 중 태양광 구조물 시스템 설계기준에서 기초 요구조건이 아닌 것은?

① 적정 일조량 확보
② 구조적 안정성 확보
③ 허용침하량 이내
④ 최소 깊이 유지

> **해설** 1) 구조적 안정성 확보 : 설계하중에 대한 안정성 확보
> 2) 허용침하량 이내 : 구조물의 허용 침하량 이내의 침하
> 3) 최소 깊이 유지 : 환경변화, 국부적 지반 쇄굴에 저항
> 4) 사고 가능성 : 현장 여건 고려 **탭** ①

27 경사가변형 어레이의 설명으로 잘못된 것은?

① 개별 장치의 설치 간격이 상대적으로 좁아 비용대비 발전 효율증가
② 고정식에 비해 개별 발전장치 간격 11[%] 증가
③ 구조적으로 안정되어 부수적인 고정 장치 필요 없음
④ 발전효율이 고정식 대비 5[%] 증가

> **해설** 구조물의 안정성을 높이기 위하여 강선을 이용한 추가 고정장치 필요 **탭** ③

28 추적식 어레이의 설명으로 잘못된 것은?

① 태양광선을 집광하기 위해 평판형만 사용된다.
② 단방향 추적식과 양방향 추적식으로 구분이 된다.

③ 추적 방법으로는 감지식, 프로그램 제어식, 혼합형 추적방식으로 구분한다.

④ 동력과 기기조작을 이용하여 태양광의 직달일사량이 최대가 되도록 한다.

> **해설** 태양광선의 집광 유무에 따라서 평판형과 집광형 어레이가 사용된다. **답** ①

29 단방향 추적식과 양방향 추적식 비교로 옳은 것은?

① 고정식 대비 발전효율 : 단방향 5~10[%] 증가, 양방향 10~20[%] 증가

② 방위각 추적 각도 : 단방향 30~180°, 양방향 60~210°

③ 고정식 대비 장치 발전장치 간격 : 단방향 20~30[%] 증가, 양방향 5배 증가

④ 구조물 안정성 : 단방향 별도의 안전장치 필요 없음, 양방향 별도의 안전장치가 필요함

> **해설**
> · 고정식 대비 장치 발전장치 간격 : 단방향 20~30[%] 증가, 양방향 5배 증가
> · 고정식 대비 발전효율 : 단방향 5~10[%] 증가, 양방향 20~30[%] 증가
> · 방위각 추적 각도 : 단방향 30~150°, 양방향 60~210°
> · 구조물 안정성 : 단방향, 양방향 – 강선을 이용한 추가 안전장치 필요 **답** ③

30 BIPV(Building Integrated PV System)에 대한 설명으로 틀린 것은?

① 건축 재료와 발전기능을 동시에 발휘하는 방식이다.

② 경제적이며 에너지 효율성이 우수하다.

③ 태양광발전시스템 설계 시 건축가와 사전협의가 필요하다.

④ 태양광모듈을 지붕·파사드·블라인드 등 건물외피에 적용하는 방식이다.

> **해설** 건축일체형 태양광 발전시스템(Building Integrated Photovoltaic System, BIPV)은 건물외피에 적용하고 일체화함으로써 전력 분야의 경제성 확보는 물론 건물 외적으로 보이는 미적 요소 등 각종 부가가치를 높여서 보다 효율적으로 태양에너지를 이용하는 것으로 발전효율이 낮다. **답** ②

31 서울의 최적 고정식 어레이 경사각은 몇 도인가?

① 24°

② 30°

③ 33°

④ 36°

> **해설** 지역별 최적 경사각

구분	최적경사각(도)	구분	최적경사각
강릉	36°	대구	33°
춘천	33°	영주	33°
서울	33°	부산	33°
원주	33°	진주	33°
서산	33°	전주	30°
청주	33°	광주	30°
대전	33°	목포	30°
포항	33°	제주	24°

답 ③

32 국내 태양광발전 설비의 고정식 최적 경사각에 대한 설명으로 올바른 것은?

① 서울의 최적 경사각은 35°이다.
② 전남지역의 최적 경사각은 30°이다.
③ 강릉의 최적 경사각은 39°이다.
④ 제주의 최적 경사각은 28°이다.

> **해설** 제주도를 제외한 지역의 평균 경사각은 30~36°이고, 제주도는 24°이다. **답** ②

33 태양전지 어레이의 방위각과 경사각에 관한 다음 설명 중 틀린 것은?

① 태양복사의 최대 획득량은 방위각 및 경사각에 의해 결정된다.
② 태양복사의 최대 획득량을 위한 가장 바람직한 방위는 정남향이다.
③ 수평면으로부터의 경사각은 그 지역의 위도에 의해 결정된다.
④ 여름철의 경우 수평면보다는 수직 파사드에 설치된 시스템에서 더 많은 획득량을 기대할 수 있다.

> **해설** 태양고도가 낮은 겨울철의 경우 수평면보다는 수직 파사드에 설치된 시스템에서 더 많은 획득량을 기대할 수 있다. **답** ④

34 다음은 태양전지 어레이의 방위각에 관한 기술이다. 거리가 먼 것은?

① 태양전지 어레이의 방위각은 90°로 한다.
② 지붕을 이용하여 설치하는 경우 지붕의 방위각에 맞춘다.
③ 지상에 설치하는 경우 토지의 방위각으로 선택한다.
④ 산이나 선불의 그림자가 있으면 그림자를 피할 수 있는 각도로 선정한다.

> **해설** 태양전지 어레이의 방위각은 일반적으로 태양전지의 단위용량당 발전전력량이 최대인 정남쪽, 즉 0°로 한다. **답** ①

35 태양전지 어레이의 경사각에 대한 설명 중 틀린 것은?

① 우리나라에서 태양전지 어레이의 경사각은 20°~50° 전후(보통 30°)로 설계하는 경우가 대부분이다.
② 태양전지 어레이의 경사각을 10° 이하로 시설할 경우 강우에 의한 어레이의 자정효과가 뛰어나다.
③ 적설량이 많은 지역에서는 45°이상의 각도로 하는 설계를 할 필요가 있다.
④ 다설 지역에서 설치하는 경우에는 그 계절에만 60°~90°로 경사각을 변경할 필요가 있다.

> **해설** 태양전지 어레이의 경사각을 10° 이하로 시설할 경우 강우에 의한 어레이의 자정효과가 충분하지 못하고, 태양전지 모듈의 유리면적의 하부나 알루미늄 테 주변에 오물이 남아 있을 수 있어 청소를 별도로 하는 경우가 많아진다. **답** ②

36 다음 중 가장 보편적으로 활용되고 있으며 가장 견고한 방식인 태양광발전 구조물은?

① 경사고정형　　　　　　　　② 경사가변형

③ 단축추적형　　　　　　　　④ 양축추적형

> **해설**　**경사고정형**
> 1) 가장 보편적으로 활용되고 있으며 가장 견고한 방식이다.
> 2) 태양전지모듈을 연중 평균적으로 가장 잘 채광할 수 있도록 방위각과 양각을 산정한 후 전체 어레이를 고정한다.
> 3) 방위각은 설치장소의 위도와 같은 각도를 유지하도록 설정하는 것이 보통이며, 국내의 경우 춘분과 추분에 전력발생이 최대가 된다.
> 4) 낮은 설치투자비, 단순조립에 의한 손쉬운 시공, 좁은 설치면적과 적은 유지비용이 장점인 반면, 발전효율이 가장 낮다.　　　**답** ①

37 다음 중 분류가 다른 태양광발전 추적방식은?

① 감지식 추적법　　　　　　　② 양방향 추적법

③ 프로그램 추적법　　　　　　④ 혼합식 추적법

> **해설**　**태양광발전 추적방식**
> ‣ 추적방향에 따른 분류 : 단방향 추적, 양방향 추적
> ‣ 추적방식에 따른 분류 : 감지식 추적법, 프로그램식 추적법, 혼합식 추적법　　**답** ②

38 태양광발전 구조물 중 경사가변형의 특징으로 옳지 못한 것은?

① 토지 이용률이 높다.

② 고장의 염려가 적다.

③ 설치단가 대비 발전효율이 높다.

④ 설치면적이 경사고정형에 4배 정도 소요된다.

> **해설**　설치면적이 경사고정형에 4배 정도 소요되는 것은 양축추적형에 대한 내용이다.　　**답** ④

39 다음은 태양광발전 구조물 중 양축추적형의 특징에 대한 설명이다. 틀린 것은?

① 경사고정형에 비해 25~35[%]까지 발전량이 증대한다.

② 설치단가가 높다.

③ 제품에 따라 내구성 및 효율차가 적다.

④ 설치면적이 경사고정형에 비해 4배 정도 소요된다.

> **해설**　제품에 따라 내구성 및 효율차가 크다.　　**답** ③

40 다음 태양전지 설치 방법 중 발전효율이 가장 낮은 발전방식은?

① 고정형 어레이　　　　　　　② 경사가변형 어레이

③ 추적식 어레이　　　　　　　④ 건물통합형(BIPV)

> **해설** 발전효율의 크기
> 추적식 어레이 > 경사가변형 어레이 > 고정식 어레이 > 건물통합형(BIPV) **답** ④

41 어레이 용량은 3~5[kW]이며, 경사각은 0°로 고정되어 태양이 움직이는 시간에 따라 동서로 추적하는 모듈 설비방식은?

① 고정형   ② 경사 가변형
③ 단축 추적형   ④ 양축 추적형

> **해설** **추적형 어레이의 추적방향에 따른 분류**
> 1) 단축 추적형 : 태양광 어레이가 태양의 한 측만을 추적하도록 설계된 방식
> 2) 양축 추적형 : 태양전지모듈이 항상 태양의 직달 일사량이 최대가 되도록 상하, 좌우를 동시에 추적하도록 설계된 추적장치이다. **답** ③

42 BIPV용의 See through 구조나 Glass to Glass 구조에 대한 설명으로 가장 적절한 것은?

① 모듈의 단위면적당 출력은 기존 발전소 대비 일정하다.
② EVA를 사용하지 않은 저진공형태 Glass to Glass의 경우 모듈의 출력은 온도대비 매우 우수하다.
③ See through 형태의 경우 Laser 가공비에 의한 비용증가는 있으나 투시도가 좋아진다.
④ BIPV용으로 북반구에서 정남향으로 90도 각도로 설치한 경우에 출력은 거의 0이다.

> **해설** 1) BIPV는 모듈 단위면적당 타 태양전지에 비교하여 출력이 낮다.
> 2) 낮은 일사량과 반사되는 빛에 의해 BIPV는 발전이 가능하여 출력이 '0'이 될 수는 없다. **답** ③

43 다음 태양광발전시스템의 종류 중 에너지 효율이 가장 좋은 방식은?

① 고정형 시스템   ② 반고정형 시스템
③ 추적형 시스템   ④ 건물 일체형 시스템

> **해설** 추적형 시스템은 태양전지모듈을 입사되는 태양광에 수직이 되도록 위치시키는 방식으로 태양광발전 효율은 가장 높으나, 설치면적 넓고, 설치비용이 가장 경제적이지 못하다.
> • 효율이 좋은 순서 : ③ > ② > ① > ④ **답** ③

44 태양광발전시스템 구조물의 종류가 아닌 것은?

① 고정식   ② 단축식   ③ 양축식   ④ 일자식

> **해설** **태양광발전 구조물 종류**
> 1) 고정형 : 정남향에 위치하고 태양광의 입사각이 모듈에 90°로 입사되도록 경사각을 고정하는 방식
> 2) 경사가변형 : 경사각을 계절 또는 월별에 따라서 상하로 위치 변화시키는 방식
> 3) 단축 추적식 : 상하추적 또는 좌우추적으로 태양의 한 측만을 추적하도록 설계된 방식
> 4) 양축 추적식 : 태양의 직달 일사량이 최대가 되도록 상하, 좌우를 동시에 추적 하도록 설계 된 방식 **답** ④

45 태양광발전시스템의 어레이 추적방식이 아닌 것은?

① 감지식 추적방식
② 혼합식 추적방식
③ 집광식 추적방식
④ 프로그램 추적방식

해설 1) 감지식 추적방식 : 빛을 감지하는 센서를 사용하여 추적하는 방식
2) 프로그램 추적방식 : 설치지역에 맞는 태양고도를 프로그램화시켜 추적하는 방식
3) 혼합식 추적방식 : 감지식 추적방식과 프로그램 추적방식을 동시에 사용하는 방식   답 ③

46 태양전지의 기초종류와 적용 목적이 올바르게 설명된 것은?

① 직접 기초 : 지지층이 얕을 경우 사용
② 말뚝 기초 : 하중이 많은 경우 사용
③ 연속 기초 : 하천 내의 교량 등에 사용
④ 주춧돌 기초 : 지지층이 깊을 경우 사용

해설 **기초의 종류**
1) 직접기초 : 지지층이 얕을 경우 사용
2) 말뚝기초 : 지지층이 깊을 경우 사용
3) 주춧돌기초 : 철탑 등의 기초에 사용
4) 케이슨기초 : 하천 내의 교량 등에 사용
5) 연속기초 : 지지층이 매우 깊은 경우 사용
(단, 지지층이 얕을 경우에 사용하는 경우가 있다.)   답 ①

47 태양광발전시스템의 분류 방법에는 발전량의 향상을 위하여 다양한 추적방식이 있는데 발전효율이 가장 높은 방법은?

① 단축 추적식
② 양축 추적식
③ 고정 경사가변식
④ 고정 경사고정형

해설 1) 태양광발전량이 가장 많은 순서
양축 추적식＞단축 추적식＞고정 경사가변식＞고정 경사고정형
2) 설치면적이 가장 넓은 순서
고정 경사고정형＞고정 경사가변식＞단축 추적식＞양축 추적식   답 ②

48 태양광발전시스템 설계 시 갖추어야 할 기초 자료가 아닌 것은?

① 청명일수
② 최대 폭설량
③ 지질조사 기록
④ 순간풍속 및 최대풍속

해설 지역의 청명일수보다는 실제 그 지역의 일사량 자료가 발전량 예측에 필요하다.   답 ①

49 태양전지 모듈의 취부방향에서 모듈의 긴 방향을 종으로 설치하는 이유가 아닌 것은?

① 발전부지가 적게 되므로

② 세정효과가 좋아지므로

③ 적설지대에 적합하므로

④ 먼지, 꽃가루 등이 많은 지역에 적합하므로

해설 모듈의 긴 방향을 종으로 설치하는 것은 세로깔기이고, 이 방법은 발전부지가 적어진다. 하지만 가로깔기를 하는 경우는 모듈의 알루미늄 테두리와 유리면과의 단차의 수가 약 2배가 되므로 자연 강우에 의한 세정효과가 떨어진다. 또한, 적설 시에도 같은 이유로 추락효과(눈이 자중으로 인해 지붕에서 떨어지는 것)도 뒤떨어진다. 따라서 먼지, 화산재, 날아드는 해염입자 등이 많은 지역, 적설지대에서는 세로깔기를 주로 한다.

답 ①

제 3 장

태양광발전 어레이 설계

New & Renewable energy

3.1 태양광발전 전기배선 설계

3.1.1 태양광발전 모듈 배선

(1) 태양전지모듈 간, 태양전지모듈과 접속함 간의 배선

태양전지모듈은 커넥터 부착 리드선을 표준으로 구비하고 있는 것이 대부분이다. 이때 리드선으로 모듈 간을 접속한다. 단자대 방식인 것은 접속용 전선을 준비한다. 전압강하와 기계적 강도를 고려하여 케이블은 $2[mm^2]$ 정도의 $600[V]$ 가교 폴리에틸렌 케이블(CV) 등이 사용되고 있다.

(2) 접속함과 인버터 배선

접속함에 태양전지 출력을 일단 수용한다. 접속함 출력의 직류간선은 전체 용량의 케이블에서 인버터로 배선하는 방식으로 한다.

(3) 인버터와 연계용 배선용 차단기까지의 배선

구내배전선과의 접속은 수전설비의 저압판과 구내 분전반에 전용 브레이커를 설치해야 한다.

(4) 접지선

기기 간 접속에는 반드시 접지선을 동시에 접속한다.

3.1.2 한국전기설비 규정(KEC)

1. 공통사항

(1) 일반사항

1) 적용범위

① 이 규정은 인축의 감전에 대한 보호와 전기설비 계통, 시설물, 발전용 수력설비, 발전용 화력설비, 발전설비 용접 등의 안전에 필요한 성능과 기술적인 요구사항

적용

② 전압 구분

분류	전압의 범위
저압	· 직류 : 1.5 [kV] 이하 · 교류 : 1 [kV] 이하
고압	· 직류 : 1.5 [kV]를 초과하고, 7 [kV] 이하 · 교류 : 1 [kV]를 초과하고, 7 [kV] 이하
특고압	· 7 [kV]를 초과

2) 용어 정의

① "가공인입선"이란 가공전선로의 지지물로부터 다른 지지물을 거치지 아니하고 수용장소의 붙임점에 이르는 가공전선

② "계통연계"란 둘 이상의 전력계통 사이를 전력이 상호 융통될 수 있도록 선로를 통하여 연결하는 것으로 전력계통 상호간을 송전선, 변압기 또는 직류-교류변환설비 등에 연결

③ "계통외도전부(Extraneous Conductive Part)"란 전기설비의 일부는 아니지만 지면에 전위 등을 전해줄 위험이 있는 도전성 부분

④ "계통접지(System Earthing)"란 전력계통에서 돌발적으로 발생하는 이상현상에 대비하여 대지와 계통을 연결하는 것으로, 중성점을 대지에 접속하는 것

⑤ "관등회로"란 방전등용 안정기 또는 방전등용 변압기로부터 방전관까지의 전로

⑥ "내부 피뢰시스템(Internal Lightning Protection System)"이란 등전위본딩 및/또는 외부 피뢰시스템의 전기적 절연으로 구성된 피뢰시스템의 일부

⑦ "뇌전자기임펄스(LEMP, Lightning Electromagnetic Impulse)"란 서지 및 방사상전자계를 발생시키는 저항성, 유도성 및 용량성 결합을 통한 뇌전류에 의한 모든 전자기 영향

⑧ "단독운전"이란 전력계통의 일부가 전력계통의 전원과 전기적으로 분리된 상태에서 분산형전원에 의해서만 운전되는 상태

⑨ "등전위본딩(Equipotential Bonding)"이란 등전위를 형성하기 위해 도전부 상호간을 전기적으로 연결

⑩ "등전위본딩망(Equipotential Bonding Network)"이란 구조물의 모든 도전부와 충전도체를 제외한 내부설비를 접지극에 상호 접속하는 망

⑪ "리플프리(ripple-free)직류"란 교류를 직류로 변환할 때 리플성분의 실효값이 10 % 이하로 포함된 직류

⑫ "PEN 도체(protective earthing conductor and neutral conductor)"란 교류

회로에서 중성선 겸용 보호도체

⑬ "PEM 도체(protective earthing conductor and a mid-point conductor)"란 직류회로에서 중간선 겸용 보호도체

⑭ "PEL 도체(protective earthing conductor and a line conductor)"란 직류회로에서 선도체 겸용 보호도체

⑮ "보호등전위본딩(Protective Equipotential Bonding)"이란 감전에 대한 보호 등과같은 안전을 목적으로 하는 등전위본딩

⑯ "보호본딩도체(Protective Bonding Conductor)"란 등전위본딩을 확실하게하기 위한 보호도체

⑰ "분산형전원"이란 중앙급전 전원과 구분되는 것으로서 전력소비지역 부근에 분산하여 배치 가능한 전원을 말한다. 상용전원의 정전시에만 사용하는 비상용 예비전원은 제외하며, 신·재생에너지 발전설비, 전기저장장치 등을 포함

⑱ "서지보호장치(SPD, Surge Protective Device)"란 과도 과전압을 제한하고 서지전류를 분류하기 위한 장치

⑲ "스트레스전압(Stress Voltage)"이란 지락고장 중에 접지부분 또는 기기나 장치의 외함과 기기나 장치의 다른 부분 사이에 나타나는 전압

⑳ "외부피뢰시스템(External Lightning Protection System)"이란 수뢰부시스템, 인하도선시스템, 접지극시스템으로 구성된 피뢰시스템의 일종

㉑ "임펄스내전압(Impulse Withstand Voltage)"이란 지정된 조건하에서 절연파괴를일으키지 않는 규정된 파형 및 극성의 임펄스전압의 최대 파고 값 또는 충격내전압

㉒ "제1차 접근 상태"란 가공 전선이 다른 시설물과 접근(병행하는 경우를 포함하며 교차하는 경우 및 동일 지지물에 시설하는 경우를 제외한다. 이하 같다)하는경우에 가공 전선이 다른 시설물의 위쪽 또는 옆쪽에서 수평거리로 가공 전선로의 지지물의 지표상의 높이에 상당하는 거리안에 시설(수평 거리로 3m 미만인 곳에 시설되는 것을 제외한다)됨으로써 가공 전선로의 전선의 절단, 지지물의 도괴 등의 경우에 그 전선이 다른 시설물에 접촉할 우려가 있는 상태

㉓ "제2차 접근상태"란 가공 전선이 다른 시설물과 접근하는 경우에 그 가공 전선이 다른 시설물의 위쪽 또는 옆쪽에서 수평 거리로 3[m] 미만인 곳에 시설되는 상태

㉔ "접근상태"란 제1차 접근상태 및 제2차 접근상태

㉕ "접속설비"란 공용 전력계통으로부터 특정 분산형전원 전기설비에 이르기까지의 전선로와 이에 부속하는 개폐장치, 모선 및 기타 관련 설비

㉖ "지중 관로"란 지중 전선로 · 지중 약전류 전선로 · 지중 광섬유 케이블 선로 · 지중에 시설하는 수관 및 가스관과 이와 유사한 것 및 이들에 부속하는 지중함 등

㉗ "충전부(Live Part)"란 통상적인 운전 상태에서 전압이 걸리도록 되어 있는 도체 또는 도전부를 말한다. 중성선을 포함하나 PEN 도체, PEM 도체 및 PEL 도체는 포함하지 않음

㉘ "특별저압(ELV, Extra Low Voltage)"이란 인체에 위험을 초래하지 않을 정도 의저압을 말한다. 여기서 SELV(Safety Extra Low Voltage)는 비접지회로에 해당되며, PELV(Protective Extra Low Voltage)는 접지회로에 해당

㉙ "피뢰등전위본딩(Lightning Equipotential Bonding)"이란 뇌전류에 의한 전위차를 줄이기 위해 직접적인 도전접속 또는 서지보호장치를 통하여 분리된 금속부를 피뢰시스템에 본딩

㉚ "피뢰레벨(LPL, Lightning Protection Level)"이란 자연적으로 발생하는 뇌방전을초과하지 않는 최대 그리고 최소 설계 값에 대한 확률과 관련된 일련의 뇌격전류매개변수(파라미터)로 정해지는 레벨

3) 안전을 위한 보호

① 감전에 대한 보호

㉮ 기본 보호

㉠ 인축의 몸을 통해 전류가 흐르는 것을 방지

㉡ 인축의 몸에 흐르는 전류를 위험하지 않는 값 이하로 제한

㉯ 고장보호

㉠ 인축의 몸을 통해 고장전류가 흐르는 것을 방지

㉡ 인축의 몸에 흐르는 고장전류를 위험하지 않는 값 이하로 제한

㉢ 인축의 몸에 흐르는 고장전류의 지속시간을 위험하지 않은 시간까지로 제한

(2) 전선

1) 전선의 선정 및 식별

① 전선의 식별

㉮ 전선의 식별

상(문자)	색상
L1	갈색
L2	검은색
L3	회색
N	파란색
보호도체	녹색-노란색

㉯ 색상 식별이 종단 및 연결 지점에서만 이루어지는 나도체 등은 전선 종단부에 색상이 반영구적으로 유지될 수 있는 도색, 밴드, 색 테이프 등의 방법으로 표시

2) 전선의 종류

① 절연전선 : 「전기용품 및 생활용품 안전관리법」의 적용을 받는 것

② 코드 : 「전기용품 및 생활용품 안전관리법」에 의한 안전인증을 취득한 것을 사용

③ 캡타이어케이블 : 「전기용품 및 생활용품 안전관리법」의 적용을 받는 것

④ 저압케이블

㉮ 사용전압이 저압인 전로(전기기계기구 안의 전로를 제외한다)의 전선으로 사용하는 케이블은 「전기용품 및 생활용품 안전관리법」의 적용을 받는 것 이외에는 KS에 적합하거나 동등 이상의 성능을 만족하는 것을 사용하여야 한다.

⑤ 고압케이블

KS에 적합한 것으로 연피케이블 · 알루미늄피케이블 · 클로로프렌외장케이블 · 비닐외장케이블 · 폴리에틸렌외장케이블 · 저독성 난연 폴리올레핀외장케이블 · 콤바인 덕트 케이블

⑥ 특고압케이블

절연체가 에틸렌 프로필렌고무혼합물 또는 가교폴리에틸렌 혼합물인 케이블로서 선심 위에 금속제의 전기적 차폐층을 설치한 것이거나 파이프형 압력케이블, 연피케이블, 알루미늄피케이블 그 밖의 금속피복을 한 케이블을 사용

3) 전선의 접속

① 나전선 상호 또는 나전선과 절연전선 또는 캡타이어 케이블과 접속

㉮ 전선의 세기를 20[%] 이상 감소시키지 아니할 것.

㉯ 접속부분은 접속관 기타의 기구를 사용할 것

② 두 개 이상의 전선을 병렬로 사용하는 경우에는 다음에 의하여 시설할 것.

㉮ 병렬로 사용하는 각 전선의 굵기는 동선 50[mm²] 이상 또는 알루미늄 70[mm²] 이상으로 하고, 전선은 같은 도체, 같은 재료, 같은 길이 및 같은 굵기의 것을 사용

㉯ 같은 극인 각 전선의 터미널러그는 동일한 도체에 2개 이상의 리벳 또는 2개 이상의 나사로 접속할 것.

㉰ 병렬로 사용하는 전선에는 각각에 퓨즈를 설치하지 말 것.

㉱ 교류회로에서 병렬로 사용하는 전선은 금속관 안에 전자적 불평형이 생기지 않도록 시설할 것.

(3) 전로의 절연

1) 사용전압이 저압인 전로의 절연성능

전로의 사용전압[V]	DC시험전압[V]	절연 저항값[MΩ]
SELV 및 PELV	250	0.5
FELV, 500V 이하	500	1.0
500V 초과	1000	1.0

2) 전로의 절연 내력

① 절연내력을 시험할 부분에 최대 사용 전압에 의하여 결정되는 시험전압을 계속하여 10분간 가하여 견되어야 함.

② 전선에 케이블을 사용하는 교류 전로는 결정된 시험점압의 2배의 직류 전압을 가하여 견디어야 함

최대 사용 전압	시험 저압 (최대 사용전압의 배수)	접지방식	최저 시험전압
1. 7[kV] 이하의 전로	1.5배		
2. 7[kV] 초과 25[kV] 이하	0.92배	다중접지	
3. 7[kV] 초과 60[kV] 이하(2란의 것을 제외한다.)	1.25배		10.5[kV]
4. 60[kV] 초과 (전위 변성기를 사용하여 접지하는 것을 포함한다.)	1.25배	비접지	
5. 60[kV] 초과 (전위 변성기를 사용하여 접지하는 것 및 6란과 7란의 것을 제외한다.)	1.1배	중성점접지	75[kV]
6. 60[kV] 초과(7란의 것을 제외한다.)	0.72배	중성점직접섭시	
7. 170[kV]초과(발전소 또는 변전소 혹은 이에 준하는 장소에 시설하는것	0.64배	중성점직접접지	
8. 최대사용전압이 60[kV]를 초과하는 정류기에 접속되고 있는 전로	교류측 및 직류 고전압측에 접속되고 있는 전로는 교류측의 최대사용전압의 1.1배의 직류전압 직류측 중성선 또는 귀선이 되는 전로(직류측저압측전로)의 시험전압값 $E= V\times \dfrac{1}{\sqrt{2}}\times0.5\times1.2$ E : 교류 시험전압[V] V : 역변환기의 전류 실패 시 중성선 또는 귀선이 되는 전로에 나타나는 교류성 이상전압의 파고값[V] 다만, 전선에 케이블을 사용하는 경우 시험전압은 E의 2배의 직류전압으로 한다.		

3) 회전기 및 정류기의 절연내력

종 류			시험전압 (최대 사용전압의 배수)	최저 시험전압	시험방법
회전기	발전기·전동기·조상기·기타 회전기(회전변류기를 제외한다.)	최대 사용전압 7[kV] 이하	1.5배	500[V]	권선과 대지 사이에 연속하여 10분간 가한다.
		최대 사용전압 7[kV] 초과	1.25배	10.5[kV]	
	회전 변류기		직류측의 최대 사용전압의 1배의 교류전압	500[V]	
정류기	최대 사용전압 60[kV] 이하		직류측의 최대 사용전압의 1배의 교류전압	500[V]	충전부분과 외함 간에 연속하여 10분간 가한다.
	최대 사용전압 60[kV] 초과		1.1배		교류측 및 직류 고전압측 단자와 대지 사이에 연속하여 10분간 가한다.

* 회전 변류기 이외의 교류 회전기는 교류 시험전압의 1.6배의 직류로 시험함.

4) 태양전지 모듈의 절연내력

① 직류 전압 : 최대 사용전압의 1.5배

② 교류 전압 : 최대 사용전압의 1배(최저 500[V])

5) 변압기 전로의 절연내력

권선의 종류 (최대 사용전압)	접지방식	시험전압 (최대 사용전압의 배수)	최저 시험전압
1. 7[kV] 이하		1.5배	500[V]
	다중접지	0.92배	500[V]
2. 7[kV] 초과 25[kV] 이하	다중접지	0.92배	
3. 7[kV] 초과 60[kV] 이하(2란의 것을 제외한다.)		1.25배	10.5[kV]
4. 60[kV] 초과(전위 변성기를 사용하여 접지하는 것을 포함한다. 8란의 것을 제외한다.)	비접지	1.25배	
5. 60[kV] 초과(전위 변성기를 사용하여 접지하는 것. 6란 및 8란의 것을 제외한다.	접지식	1.1배	75[kV]
6. 60[kV]초과(8란 제외한다). 다만, 170[kV]를 초과하는 권선에는 그 중성점에 피뢰기를 시설하는 것에 한한다.	직접저지	0.72배	
7. 170[kV] 초과(8란의 것을 제외한다.)	직접접지	0.64배	
8. 60[kV]를 초과하는 정류기에 접속하는 권선		정류기의 교류측의 최대 사용전압의 1.1배의 교류전압 또는 정류기의 직류측의 최대 사용전압의 1.1배의 직류전압	

(4) 접지시스템 요구사항

1) 접지시스템은 다음에 적합하여야 한다.

① 전기설비의 보호 요구사항을 충족하여야 한다.

② 지락전류와 보호도체 전류를 대지에 전달할 것. 다만, 열적, 열·기계적, 전기·

기계적 응력 및 이러한 전류로 인한 감전위험이 없어야 한다.

③ 전기설비의 기능적 요구사항을 충족하여야 한다.

2) 접지저항 값은 다음에 의한다.

① 부식, 건조 및 동결 등 대지환경 변화에 충족하여야 한다.

② 인체감전보호를 위한 값과 전기설비의 기계적 요구에 의한 값을 만족하여야 한다.

(5) 접지극의 시설 및 접지저항

1) 접지극의 매설은 다음에 의한다.

① 접지극은 매설하는 토양을 오염시키지 않아야 하며, 가능한 다습한 부분에 설치한다.

② 접지극은 지표면으로부터 지하 0.75[m] 이상으로 하되 동결 깊이를 감안하여 매설 깊이를 정해야 한다.

③ 접지도체를 철주 기타의 금속체를 따라서 시설하는 경우에는 접지극을 철주의 밑면으로부터 0.3[m] 이상의 깊이에 매설하는 경우 이외에는 접지극을 지중에서 그 금속체로부터 1[m] 이상 떼어 매설하여야 한다.

2) 수도관 등을 접지극으로 사용하는 경우는 다음에 의한다.

① 지중에 매설되어 있고 대지와의 전기저항 값이 3[Ω] 이하의 값을 유지하고 있는 금속제 수도관로가 다음에 따르는 경우 접지극으로 사용이 가능하다.

㉮ 접지도체와 금속제 수도관로의 접속은 안지름 75[mm] 이상인 부분 또는 여기에서 분기한 안지름 75[mm] 미만인 분기점으로부터 5[m] 이내의 부분에서 하여야 한다. 다만, 금속제 수도관로와 대지 사이의 전기저항 값이 2[Ω] 이하인 경우에는 분기점으로부터의 거리는 5[m]을 넘을 수 있다.

② 건축물·구조물의 철골 기타의 금속제는 이를 비접지식 고압전로에 시설하는 기계기구의 철대 또는 금속제 외함의 접지공사 또는 비접지식 고압전로와 저압전로를 결합하는 변압기의 저압전로의 접지공사의 접지극으로 사용할 수 있다. 다만, 대지와의 사이에 전기저항 값이 2[Ω] 이하인 값을 유지하는 경우에 한한다.

(6) 접지도체·보호도체

1) 접지도체의 선정

① 접지도체의 단면적은 큰 고장전류가 접지도체를 통하여 흐르지 않을 경우 접지도체의 최소 단면적은 다음과 같다.

㉮ 구리는 6[mm²] 이상

ⓙ 철제는 50[mm²] 이상

② 접지도체에 피뢰시스템이 접속되는 경우, 접지도체의 단면적은 구리 16[mm²] 또는 철 50[mm²] 이상으로 하여야 한다.

2) 접지도체는 지하 0.75[m]부터 지표상 2[m]까지 부분은 합성수지관(두께 2[mm] 미만의 합성수지제 전선관 및 가연성 콤바인덕트관은 제외한다) 또는 이와 동등 이상의 절연효과와 강도를 가지는 몰드로 덮어야 한다.

3) 특고압·고압 전기설비 및 변압기 중성점 접지시스템의 경우 접지도체가 사람이 접촉할 우려가 있는 곳에 시설되는 고정설비인 경우에는 다음에 따라야 한다. 다만, 발전소·변전소·개폐소 또는 이에 준하는 곳에서는 개별 요구사항에 의한다.

① 접지도체는 절연전선(옥외용 비닐절연전선은 제외) 또는 케이블(통신용 케이블은 제외)을 사용하여야 한다. 다만, 접지도체를 철주 기타의 금속체를 따라서 시설하는 경우 이외의 경우에는 접지도체의 지표상 0.6[m]를 초과하는 부분에 대하여는 절연전선을 사용하지 않을 수 있다.

(7) 접지도체의 굵기

1) 특고압·고압 전기설비용 접지도체는 단면적 6[mm²] 이상의 연동선 또는 동등 이상의 단면적 및 강도를 가져야 한다.

2) 중성점 접지용 접지도체는 공칭단면적 16[mm²] 이상의 연동선 또는 동등 이상의 단면적 및 세기를 가져야 한다. 다만, 다음의 경우에는 공칭단면적 6[mm²] 이상의 연동선 또는 동등 이상의 단면적 및 강도를 가져야 한다.

① 7[kV] 이하의 전로

② 사용전압이 25[kV] 이하인 특고압 가공전선로. 다만, 중성선 다중접지식의 것으로서 전로에 지락이 생겼을 때 2초 이내에 자동적으로 이를 전로로부터 차단하는 장치가 되어 있는 것.

(8) 중성점 접지 저항 값

1) 변압기의 중성점접지 저항 값은 다음에 의한다.

① 일반적으로 변압기의 고압·특고압측 전로 1선 지락전류로 150을 나눈 값과 같은 저항 값 이하

② 변압기의 고압·특고압측 전로 또는 사용전압이 35[kV] 이하의 특고압전로가 저압측 전로와 혼촉하고 저압전로의 대지전압이 150[V]를 초과하는 경우는 저항값은 다음에 의한다.

⑦ 1초 초과 2초 이내에 고압 · 특고압 전로를 자동으로 차단하는 장치를 설치할 때는 300을 나눈 값 이하

⑭ 1초 이내에 고압 · 특고압 전로를 자동으로 차단하는 장치를 설치할 때는 600을 나눈 값 이하

2) 전로의 1선 지락전류는 실측값에 의한다. 다만, 실측이 곤란한 경우에는 선로정수 등으로 계산한 값에 의한다.

(9) 금속제설비의 등전위본딩

1) 건축물 · 구조물의 등전위본딩은 다음과 같이 하여야 한다.

① 높이가 20[m] 이상인 경우, 지표면 및 높이 20[m] 부분에는 환상형 등전위본딩 바를 설치하거나 두 개 이상의 등전위 본딩바를 충분히 이격하여 설치하고 서로접속한다.

② 높이가 30[m] 이상인 경우 지표면 및 높이 20[m]의 지점과 그 이상 20[m] 높이마다 등전위본딩을 반복적으로 환상형 등전위본딩 바를 설치하거나 두 개 이상의 등전위본딩 바를 충분히 이격하여 설치하고 서로 접속한다.

2) 등전위본딩 연결은 가능한 한 직선으로 하여야 한다.

(10) 피뢰시스템

1) 적용범위

① 전기전자설비가 설치된 건축물 · 구조물로서 낙뢰로부터 보호가 필요한 것 또는 지상으로 부터 높이가 20[m] 이상인 것

② 전기설비 및 전자설비 중 낙뢰로부터 보호가 필요한 설비

2) 수뢰내부시스템

① 수뢰부시스템의 선정 – 돌침, 수평도체, 그물망도체의 요소 중에 한 가지 또는 이를 조합한 형식으로 시설

② 수뢰부시스템의 배치

⑦ 보호각법, 회전구체법, 그물망법 중 하나 또는 조합된 방법으로 배치

⑭ 건축물 · 구조물의 뾰족한 부분, 모서리 등에 우선하여 배치

③ 지상으로부터 높이 60[m]를 초과하는 건축물 · 구조물에 측뢰 보호가 필요한 경우에는 수뢰부시스템을 시설

⑦ 전체 높이 60[m]를 초과하는 건축물 · 구조물의 최상부로부터 20% 부분에 한하며, 피뢰시스템 등급 Ⅳ의 요구사항에 따른다.

⑭ 자연적 구성부재가 적합하면, 측뢰 보호용 수뢰부로 사용

④ 건축물·구조물과 분리되지 않은 수뢰부시스템의 시설

　가) 지붕 마감재가 불연성 재료로 된 경우 지붕표면에 시설

　나) 지붕 마감재가 높은 가연성 재료로 된 경우 지붕재료 이격하여 시설

　다) 초가지붕 또는 이와 유사한 경우 0.15[m] 이상

　라) 다른 재료의 가연성 재료인 경우 0.1[m] 이상

3) 인하도선시스템

① 건축물·구조물과 분리되지 않은 피뢰시스템인 경우

　㉮ 벽이 불연성 재료로 된 경우에는 벽의 표면 또는 내부에 시설할 수 있다. 다만, 벽이 가연성 재료인 경우에는 0.1[m] 이상 이격하고, 이격이 불가능한 경우에는 도체의 단면적을 100[mm^2] 이상

　㉯ 인하도선의 수는 2가닥 이상

　㉰ 보호대상 건축물·구조물의 투영에 따른 둘레에 가능한 한 균등한 간격으로 배치한다. 다만, 노출된 모서리 부분에 우선하여 설치

　㉱ 병렬 인하도선의 최대 간격은 피뢰시스템 등급에 따라 Ⅰ·Ⅱ 등급은 10[m], Ⅲ 등급은 15[m], Ⅳ 등급은 20[m]

② 철근콘크리트 구조물의 철근을 자연적구성부재의 인하도선으로 사용하기 위해서는 해당 철근 전체 길이의 전기저항 값은 0.2[Ω] 이하

4) 접지극시스템

① 접지극 시설

　㉮ 지표면에서 0.75[m] 이상 깊이로 매설하여야 한다. 다만, 필요시는 해당 지역의 동결심도를 고려

　㉯ 대지가 암반지역으로 대지저항이 높거나 건축물·구조물이 전자통신시스템을 많이 사용하는 시설의 경우에는 환상도체접지극 또는 기초접지극 설치

5) 내부피뢰시스템

① 전기전자설비 보호용 피뢰시스템

　㉮ 전기적 절연

　㉯ 접지와 본딩

　　㉠ 뇌서지 전류를 대지로 방류시키기 위한 접지를 시설

　　㉡ 전위차를 해소하고 자계를 감소시키기 위한 본딩을 구성

② 피뢰 등전위본딩

　㉮ 피뢰시스템의 등전위화는 다음과 같은 설비들을 서로 접속함

ⓐ 금속제 설비
ⓑ 구조물에 접속된 외부 도전성 부분
ⓒ 내부시스템

2. 저압 전기설비

교류 1[kV] 또는 직류 1.5[kV] 이하인 저압의 전기를 공급하거나 사용하는 전기설비에 적용

(1) 감전에 대한 보호

1) 일반사항
  ① 전압 규정 : 교류전압은 실효값, 직류전압은 리플프리로
  ② 설비의 각 부분에서 하나 이상의 보호대책은 외부영향의 조건을 고려하여 적용

2) 보호대책을 일반적으로 적용
  ① 전원의 자동차단
  ② 이중절연 또는 강화절연
  ③ 한 개의 전기사용기기에 전기를 공급하기 위한 전기적 분리
  ④ SELV와 PELV에 의한 특별저압

3) 누전차단기의 시설
  ① 전원의 자동차단에 의한 저압전로의 보호대책으로 누전차단기를 시설
    ㉠ 금속제 외함을 가지는 사용전압이 50[V]를 초과하는 저압의 기계 기구로서 사람이 쉽게 접촉할 우려가 있는 곳에 시설하는 것에 전기를 공급하는 전로. 설치하고 또한 기계기구의 전원 연결선이 손상을 받을 우려가 없도록 시설
    ㉡ 주택의 인입구 등 다른 절에서 누전차단기 설치를 요구하는 전로
    ㉢ 특고압전로, 고압전로 또는 저압전로와 변압기에 의하여 결합되는 사용전압 400[V] 이상의 저압전로 또는 발전기에서 공급하는 사용전압 400[V] 이상의 저압전로(발전소 및 변전소와 이에 준하는 곳에 있는 부분의 전로를 제외한다).

(2) 저압전로 중의 과전류차단기의 시설

1) 과전류차단기로 저압전로에 사용하는 퓨즈(「전기용품 및 생활용품 안전관리법」에서 규정하는 것을 제외한다)는 표에 적합한 것이어야 하고 주택용 배선차단기를 정방향(세로)으로 부착할 경우에는 차단기의 위쪽이 켜짐(on)으로, 차단기의 아래쪽은 꺼짐(off)으로 시설하여야 한다.

| 퓨즈(gG)의 용단특성 |

| 정격전류의 구분 | 시간 | 정격전류의 배수 | |
		불용단 전류	용단 전류
4[A] 이하	60분	1.5배	2.1배
4[A] 초과 16[A] 이하	60분	1.5배	1.9배
16[A] 이상 63[A] 이하	60분	1.25배	1.6배
63[A] 초과 160[A] 이하	120분	1.25배	1.6배
160[A] 초과 400[A] 이하	180분	1.25배	1.6배
400[A] 초과	240분	1.25배	1.6배

2) 과전류차단기로 저압전로에 사용하는 산업용 배선용차단기, 주택용 배선차단기는 적합한 것이어야 한다. 다만, 일반인이 접촉할 우려가 있는 장소(세대내 분전반 및 이와 유사한 장소)에는 주택용 배선차단기를 시설하여야 하고 주택용 배선차단기를 정방향(세로)으로 부착할 경우에는 차단기의 위쪽이 켜짐(on)으로, 차단기의 아래쪽은 꺼짐(off)으로 시설하여야 한다.

| 과전류트립 동작시간 및 특성(산업용 배선용 차단기) |

| 정격전류의 구분 | 시간 | 정격전류의 배수 (모든 극에 통전) | |
		부동작전류	동작전류
63A 이하	60분	1.05배	1.3배
63A 초과	120분	1.05배	1.3배

| 과전류트립 동작시간 및 특성(주택용 배선용 차단기) |

| 정격전류의구분 | 시간 | 정격전류의 배수 (모든 극에 통전) | |
		부동작전류	동작전류
63A 이하	60분	1.13배	1.45배
63A 초과	120분	1.13배	1.45배

3) 저압전로 중의 전동기 보호용 과전류보호장치의 시설
① 과부하 보호장치, 단락보호전용 차단기 및 단락보호전용 퓨즈는 「전기용품 및 생활용품 안전관리법」에 적용을 받는 것 이외에는 한국산업표준(이하 "KS"라 한다)에 적합하여야 하며, 다음에 따라 시설할 것.
② 과부하 보호장치로 전자접촉기를 사용할 경우에는 반드시 과부하계전기가 부착되어 있을 것.
③ 단락보호전용 차단기의 단락동작설정 전류 값은 전동기의 기동방식에 따른 기동돌입전류를 고려할 것.

| 단락보호전용 퓨즈(aM)의 용단특성 |

정격전류의 배수	불용단 시간	용단 시간
4배	60초 이내	–
6.3배	–	60초 이내
8배	0.5초 이내	–
10배	0.2초 이내	–
12.5배	–	0.5초 이내
19배	–	0.1초 이내

(3) 전선로

1) 저압 가공인입선

① 사용 가능한 전선의 종류

㉮ 케이블

㉯ 절연전선

㉠ 경간이 15[m] 이하 : 인장강도 1.25[kN] 이상의 것 또는 지름 2[mm] 이상의 인입용 비닐절연전선

㉡ 경간이 15[m] 초과 : 인장강도 2.30[kN] 이상의 것 또는 지름 2.6[mm] 이상의 인입용 비닐절연전선

㉰ 다심형 전선

② 전선의 높이

㉮ 도로(차도와 보도의 구별이 있는 도로인 경우에는 차도)를 횡단하는 경우 : 노면상 5[m] (기술상 부득이한 경우에 교통에 지장이 없을 때에는 3[m]) 이상

㉯ 철도 또는 궤도를 횡단하는 경우 : 레일면상 6.5[m] 이상

㉰ 횡단보도교 위에 시설하는 경우 : 노면상 3[m] 이상

㉱ ㉮~㉰ 이외의 경우에는 지표상 4[m] (기술상 부득이한 경우에 교통에 지장이 없을 때에는 2.5[m]) 이상

시설물의 구분		이격거리
조영물의 상부 조영재	위 쪽	2[m] (전선이 옥외용 비닐절연전선 이외의 저압 절연전선인 경우는 1.0[m], 고압절연전선, 특고압 절연전선 또는 케이블인 경우는 0.5[m])
	옆 쪽 또는 아래 쪽	0.3[m] (전선이 고압절연전선, 특고압 절연전선 또는 케이블인 경우는 0.15[m])
조영물의 상부 조영재 이외의 부분 또는 조영물 이외의 시설물		0.3[m] (전선이 고압절연전선, 특고압 절연전선 또는 케이블인 경우는 0.15[m])

③ 연접 인입선의 시설

㉮ 인입선에서 분기하는 점으로부터 100[m]를 초과하는 지역에 미치지 아니할 것.

㉯ 폭 5[m]를 초과하는 도로를 횡단하지 아니할 것.

㉰ 옥내를 통과하지 아니할 것.

2) 저압 가공전선로

① 저압 가공전선의 굵기 및 종류

㉮ 저압 가공전선은 나전선(중성선 또는 다중접지된 접지측 전선으로 사용하는 전선에 한한다), 절연전선, 다심형 전선 또는 케이블을 사용

㉯ 사용전압이 400[V] 미만인 저압 가공전선은 케이블인 경우를 제외하고는 인장강도 3.43[kN] 이상의 것 또는 지름 3.2[mm](절연전선인 경우는 인장강도 2.3[kN] 이상의 것 또는 지름 2.6[mm] 이상의 경동선) 이상

㉰ 사용전압이 400[V] 이상인 저압 가공전선은 케이블인 경우 이외에는 시가지에 시설하는 것은 인장강도 8.01[kN] 이상의 것 또는 지름 5[mm] 이상의 경동선, 시가지 외에 시설하는 것은 인장강도 5.26[kN] 이상의 것 또는 지름 4[mm] 이상의 경동선

㉱ 사용전압이 400[V] 이상인 저압 가공전선에는 인입용 비닐절연전선을 사용하여서는 안 됨

② 저압 가공전선의 높이

㉮ 저압 가공전선의 높이는 다음에 따라야 함

㉠ 도로[농로 기타 교통이 번잡하지 않은 도로 및 횡단보도교를 횡단하는 경우에는 지표상 6[m] 이상

㉡ 철도 또는 궤도를 횡단하는 경우에는 레일면상 6.5[m] 이상

㉢ 횡단보도교의 위에 시설하는 경우에는 저압 가공전선은 그 노면상 3.5[m] (전선이 저압 절연전선 · 다심형 전선 또는 케이블인 경우에는 3[m]) 이상

㉣ ㉠부터 ㉡까지 이외의 경우에는 지표상 5[m] 이상. 다만, 저압 가공전선을 도로 이외의 곳에 시설하는 경우 또는 절연전선이나 케이블을 사용한 저압 가공전선으로서 옥외 조명용에 공급하는 것으로 교통에 지장이 없도록 시설하는 경우에는 지표상 4[m]까지로 감할 수 있음.

㉯ 다리의 하부 기타 이와 유사한 장소에 시설하는 저압의 전기철도용 급전선은 ㉣의 규정에도 불구하고 지표상 3.5[m]까지로 감할 수 있음.

ⓓ 저압 가공전선을 수면 상에 시설하는 경우에는 전선의 수면 상의 높이를 선박
의 항해 등에 위험을 주지 않도록 유지

(4) 배선

1) 합성수지관 공사

① 전선은 절연전선(옥외용 비닐절연전선을 제외한다)일 것.

② 전선은 연선일 것. 다만, 다음의 것은 적용하지 않음

ⓐ 짧고 가는 합성수지관에 넣은 것

ⓑ 단면적 $10[\text{mm}^2]$(알루미늄선은 단면적 $16[\text{mm}^2]$) 이하의 것.

③ 전선은 합성수지관 안에서 접속점이 없도록 할 것.

④ 중량물의 압력 또는 현저한 기계적 충격을 받을 우려가 없도록 시설할 것.

⑤ 이중천장(반자 속 포함) 내에는 시설할 수 없다.

2) 금속관공사

① 전선은 절연전선(옥외용 비닐절연전선을 제외한다)일 것.

② 전선은 연선일 것. 다만, 다음의 것은 적용하지 않는다.

ⓐ 짧고 가는 금속관에 넣은 것.

ⓑ 단면적 $10[\text{mm}^2]$(알루미늄선은 단면적 $16[\text{mm}^2]$) 이하의 것.

③ 전선은 금속관 안에서 접속점이 없도록 할 것.

3) 금속몰드공사

① 전선은 절연전선(옥외용 비닐절연 전선을 제외한다)일 것.

② 금속몰드 안에는 전선에 접속점이 없도록 할 것.

③ 금속몰드의 사용전압이 $400[\text{V}]$ 이하로 옥내의 건조한 장소로 전개된 장소 또는
점검할 수 있는 은폐장소에 한하여 시설

4) 금속제 가요 전선관 공사

① 전선은 절연전선(옥외용 비닐절연전선을 제외한다)일 것.

② 전선은 연선일 것. 다만, 단면적 $10[\text{mm}^2]$(알루미늄선은 단면적 $16[\text{mm}^2]$) 이하인
것은 그러하지 아니하다.

③ 가요전선관 안에는 전선에 접속점이 없도록 할 것.

④ 가요전선관은 2종 금속제 가요전선관일 것. 다만, 전개된 장소 또는 점검할 수 있
는 은폐된 장소(옥내배선의 사용전압이 $400[\text{V}]$ 초과인 경우에는 전동기에 접속
하는 부분으로서 가요성을 필요로 하는 부분에 사용하는 것에 한한다)에는 1종 가
요전선관(습기가 많은 장소 또는 물기가 있는 장소에는 비닐 피복 1종 가요전선관

에 한한다)을 사용할 수 있다.

5) 금속 덕트 공사

① 전선은 절연전선(옥외용 비닐절연전선을 제외한다)일 것.

② 금속덕트에 넣은 전선의 단면적(절연피복의 단면적을 포함한다)의 합계는 덕트의 내부단면적의 20[%](전광표시장치 기타 이와 유사한 장치 또는 제어회로 등의 배선만을 넣는 경우에는 50[%]) 이하일 것.

③ 금속덕트 안에는 전선에 접속점이 없도록 할 것.

④ 금속덕트 안의 전선을 외부로 인출하는 부분은 금속 덕트의 관통부분에서 전선이 손상될 우려가 없도록 시설할 것.

6) 라이팅 덕트 공사

① 덕트 상호 간 및 전선 상호 간은 견고하게 또한 전기적으로 완전히 접속할 것.

② 덕트는 조영재에 견고하게 붙일 것.

③ 덕트의 지지점 간의 거리는 2[m] 이하로 할 것.

④ 덕트의 끝부분은 막을 것.

⑤ 덕트의 개구부(開口部)는 아래로 향하여 시설할 것. 다만, 사람이 쉽게 접촉할 우려가 없는 장소에서 덕트의 내부에 먼지가 들어가지 아니하도록 시설하는 경우에 한하여 옆으로 향하여 시설

7) 플로어 덕트 공사

① 전선은 절연전선(옥외용 비닐절연전선을 제외한다)일 것.

② 전선은 연선일 것. 다만, 단면적 10[mm²](알루미늄선은 단면적 16[mm²]) 이하인 것은 그러하지 아니함

③ 플로어덕트 안에는 전선에 접속점이 없도록 할 것. 다만, 전선을 분기하는 경우에 접속점을 쉽게 점검할 수 있을 때에는 그러하지 아니함

8) 셀룰러 덕트 공사

① 전선은 절연전선(옥외용 비닐절연전선을 제외한다)일 것.

② 전선은 연선일 것. 다만, 단면적 10[mm²](알루미늄선은 단면적 16[mm²]) 이하의 것은 그러하지 아니함

③ 셀룰러덕트 안에는 전선에 접속점을 만들지 아니할 것. 다만, 전선을 분기하는 경우 그 접속점을 쉽게 점검할 수 있을 때에는 그러하지 아니함

9) 애자공사

① 전선은 다음의 경우 이외에는 절연전선(옥외용 비닐절연전선 및 인입용 비닐절연전선을 제외한다)일 것.

㉮ 전기로용 전선

㉯ 전선의 피복 절연물이 부식하는 장소에 시설하는 전선

㉰ 취급자 이외의 자가 출입할 수 없도록 설비한 장소에 시설하는 전선

② 전선 상호 간의 간격은 0.06[m] 이상일 것.

③ 전선과 조영재 사이의 이격거리는 사용전압이 400[V] 이하인 경우에는 25[mm] 이상, 400[V] 초과인 경우에는 45[mm](건조한 장소에 시설하는 경우에는 25[mm])이상일 것.

④ 전선의 지지점 간의 거리는 전선을 조영재의 윗면 또는 옆면에 따라 붙일 경우에는 2[m] 이하일 것.

⑤ 사용전압이 400[V] 초과인 것은 제④의 경우 이외에는 전선의 지지점 간의 거리는 6[m] 이하일 것.

3. 고압 특고압 전기설비

(1) 기본원칙

1) 전기적 요구사항

① 중성점 접지방법

㉮ 전원공급의 연속성 요구사항

㉯ 지락고장에 의한 기기의 손상제한

㉰ 고장부위의 선택적 차단

㉱ 고장위치의 감지

㉲ 접촉 및 보폭전압

㉳ 유도성 간섭

㉴ 운전 및 유지보수 측면

② 단락전류

㉮ 설비는 단락전류로부터 발생하는 열적 및 기계적 영향에 견딜 수 있도록 설치

㉯ 설비는 단락을 자동으로 차단하는 장치에 의하여 보호

㉰ 설비는 지락을 자동으로 차단하는 장치 또는 지락상태 자동표시장치에 의하여 보호

(2) 전선로

1) 전선로 일반 및 구내 · 옥측 · 옥상전선로

① 가공전선로 지지물의 철탑오름 및 전주오름 방지

가공전선로의 지지물에 취급자가 오르고 내리는데 사용하는 발판 볼트 등을 지표 상 1.8 [m] 미만에 시설하여서는 아니 된다. 다만, 다음의 어느 하나에 해당되는 경우에는 그러하지 아니함

② 풍압하중의 종별과 적용

㉮ 가공전선로에 사용하는 지지물의 강도 계산

㉠ 갑종 풍압하중 : 구성재의 수직 투영면적 1 [m²]에 대한 풍압을 기초로 하여 계산

㉡ 을종 풍압하중 : 전선 기타의 가섭선(架涉線) 주위에 두께 6[mm], 비중 0.9의 빙설이 부착된 상태에서 수직 투영면적 372[Pa](다도체를 구성하는 전선은 333[Pa]), 그 이외의 것은 갑종풍압의 2분의 1을 기초로 하여 계산

㉢ 병종 풍압하중 : 갑종풍압의 2분의 1을 기초로 하여 계산

| 구성재의 수직 투영면적 1 [m²]에 대한 풍압 |

풍압을 받는 구분			구성재의 수직 투영면적 1 [m²]에 대한 풍압
목주			588[Pa]
지지물	철주	원형의 것	588[Pa]
		삼각형 또는 마름모형의 것	1,412[Pa]
		강관에 의하여 구성되는 4각형의 것	1,117[Pa]
		기타의 것	복재(腹材)가 전·후면에 겹치는 경우에는 1627[Pa], 기타의 경우에는 1784[Pa]
	철근콘크리트주	원형의 것	588[Pa]
		기타의 것	882[Pa]
	철탑	단주(완철류는 제외함) 원형의 것	588[Pa]
		단주(완철류는 제외함) 기타의 것	1,117[Pa]
		강관으로 구성되는 것(단주는 제외함)	1,255[Pa]
		기타의 것	2,157[Pa]
전선 기타 가섭선	다도체(구성하는 전선이 2가닥마다 수평으로 배열되고 또한 그 전선 상호 간의 거리가 전선의 바깥지름의 20배 이하인 것에 한한다. 이하 같다)를 구성하는 전선		666[Pa]
	기타의 것		745[Pa]
애자장치(특고압 전선용의 것에 한한다)			1,039[Pa]
목주·철주(원형의 것에 한한다) 및 철근 콘크리트주의 완금류 (특고압 전선로용의 것에 한한다)			단일재로서 사용하는 경우에는 1,196[Pa], 기타의 경우에는 1,627[Pa]

2) 가공전선로

① 고압 가공전선의 높이

고압 가공전선의 높이는 다음과 같음

㉮ 도로를 횡단하는 경우에는 지표상 6 [m] 이상

㉯ 철도 또는 궤도를 횡단하는 경우에는 레일면상 6.5 [m] 이상

㉰ 횡단보도교의 위에 시설하는 경우에는 그 노면상 3.5 [m] 이상

㉱ ㉮부터 ㉯까지 이외의 경우에는 지표상 5 [m] 이상

② 고압 가공전선로의 가공지선

고압 가공전선로에 사용하는 가공지선은 인장강도 5.26[kN] 이상의 것 또는 지름 4[mm] 이상의 나경동선을 사용

③ 고압 가공전선로의 지지물의 강도

고압 가공전선로의 지지물로서 사용하는 목주는 다음에 따라 시설하여야 한다.

㉮ 풍압하중에 대한 안전율은 1.3 이상일 것.

㉯ 굵기는 말구(末口) 지름 0.12[m] 이상일 것.

④ 고압 가공전선로 경간의 제한

|고압 가공전선로 경간 제한|

지지물의 종류	경 간
목주 · A종 철주 또는 A종 철근 콘크리트주	150[m]
B종 철주 또는 B종 철근 콘크리트주	250[m]
철 탑	600[m]

⑤ 고압 가공전선 등과 저압 가공전선 등의 접근 또는 교차

|고압 가공전선과 저압 가공전선 등 또는 그 지지물 사이의 이격거리|

저압 가공전선 등 또는 그 지지물의 구분	이격거리
저압 가공전선 등	0.8[m] (고압 가공전선이 케이블인 경우에는 0.4[m])
저압 가공전선 등의 지지물	0.6[m] (고압 가공전선이 케이블인 경우에는 0.3[m])

|저압 가공전선과 고압 가공전선 등 또는 그 지지물 사이의 이격거리|

고압 가공전선 등 또는 그 지지물의 구분	이격거리
고압 가공전선	0.8[m] (고압 가공전선이 케이블인 경우에는 0.4[m])
고압 전차선	1.2[m]
고압 가공전선 등의 지지물	0.3[m]

⑥ 고압 가공전선 상호 간의 접근 또는 교차

㉮ 위쪽 또는 옆쪽에 시설되는 고압 가공전선로는 고압 보안공사에 의할 것.

⒁ 고압 가공전선 상호 간의 이격거리는 0.8[m](어느 한쪽의 전선이 케이블인 경우에는 0.4[m]) 이상, 하나의 고압 가공전선과 다른 고압 가공전선로의 지지물 사이의 이격거리는 0.6[m](전선이 케이블인 경우에는 0.3[m]) 이상일 것.

⑦ 고압 가공전선과 다른 시설물의 접근 또는 교차

|고압 가공전선과 다른 시설물의 이격거리|

다른 시설물의 구분	접근형태	이격거리
조영물의 상부 조영재	위쪽	2[m] (전선이 케이블인 경우에는 1[m])
	옆쪽 또는 아래쪽	0.8[m] (전선이 케이블인 경우에는 0.4[m])
조영물의 상부조영재 이외의 부분 또는 조영물 이외의 시설물		0.8[m] (전선이 케이블인 경우에는 0.4[m])

3) 특고압 가공전선로

① 시가지 등에서 특고압 가공전선로의 시설

㉮ 사용전압이 170[kV] 이하인 전선로를 다음에 의하여 시설하는 경우

㉠ 특고압 가공전선을 지지하는 애자장치는 다음 중 어느 하나에 의할 것.

- 50[%] 충격섬락전압 값이 그 전선의 근접한 다른 부분을 지지하는 애자장치 값의 110[%](사용전압이 130[kV]를 초과하는 경우는 105[%]) 이상인 것.

- 아킹혼을 붙인 현수애자 · 장간애자(長幹礙子) 또는 라인포스트애자를 사용하는 것.

- 2련 이상의 현수애자 또는 장간애자를 사용하는 것.

- 2개 이상의 핀애자 또는 라인포스트애자를 사용하는 것.

㉡ 특고압 가공전선로의 경간

|시가지 등에서 170[kV] 이하 특고압 가공전선로의 경간 제한|

지지물의 종류	경 간
A종 철주 또는 A종 철근 콘크리트주	75[m]
B종 철주 또는 B종 철근 콘크리트주	150[m]
철탑	400[m] (단주인 경우에는 300[m]) 다만, 전선이 수평으로 2 이상 있는 경우에 전선 상호 간의 간격이 4[m] 미만인 때에는 250[m]

㉢ 지지물에는 철주 · 철근 콘크리트주 또는 철탑을 사용할 것.

㉣ 전선은 단면적은 정한 값 이상일 것.

|시가지 등에서 170[kV] 이하 특고압 가공전선로 전선의 단면적|

사용전압의 구분	전선의 단면적
100[kV] 미만	인장강도 21.67[kN] 이상의 연선 또는 단면적 55[mm^2] 이상의 경동연선 또는 동등 이상의 인장강도를 갖는 알루미늄 전선이나 절연전선
100[kV] 이상	인장강도 58.84[kN] 이상의 연선 또는 단면적 150[mm^2] 이상의 경동연선 또는 동등 이상의 인장강도를 갖는 알루미늄 전선이나 절연전선

　ⓜ 전선의 지표상의 높이는 정한 값 이상일 것. 다만, 발전소·변전소 또는 이에 준하는 곳의 구내와 구외를 연결하는 1경간 가공전선은 그러하지 아니함.

|시가지 등에서 170[kV] 이하 특고압 가공전선로 높이|

사용전압의 구분	지표상의 높이
35[kV] 이하	10[m] (전선이 특고압 절연전선인 경우에는 8[m])
35[kV] 초과	10[m]에 35[kV]를 초과하는 10[kV] 또는 그 단수마다 0.12[m]를 더한 값

　ⓗ 지지물에는 위험 표시를 보기 쉬운 곳에 시설할 것. 다만, 사용전압이 35[kV] 이하의 특고압 가공전선로의 전선에 특고압 절연전선을 사용하는 경우는 그러하지 아니하다.

　ⓢ 사용전압이 100[kV]를 초과하는 특고압 가공전선에 지락 또는 단락이 생겼을 때에는 1초 이내에 자동적으로 이를 전로로부터 차단하는 장치를 시설할 것.

　ⓝ 사용전압이 170[kV] 초과하는 전선로를 다음에 의하여 시설하는 경우

　　ⓖ 전선로는 회선수 2 이상 또는 그 전선로의 손괴에 의하여 현저한 공급지장이 발생하지 않도록 시설할 것.

　　ⓛ 전선을 지지하는 애자(碍子)장치에는 아킹혼을 부착한 현수애자 또는 장간(長幹)애자를 사용할 것.

　　ⓒ 전선을 인류(引留)하는 경우에는 압축형 클램프, 쐐기형 클램프 또는 이와 동등 이상의 성능을 가지는 클램프를 사용할 것.

　　ⓔ 현수애자 장치에 의하여 전선을 지지하는 부분에는 아머로드를 사용할 것.

　　ⓜ 경간 거리는 600[m] 이하일 것.

　　ⓗ 전선은 단면적 240[mm^2] 이상의 강심알루미늄선 또는 이와 동등 이상의 인장강도 및 내(耐)아크 성능을 가지는 연선(撚線)을 사용할 것.

　　ⓢ 전선의 지표상의 높이는 10[m]에 35[kV]를 초과하는 10[kV]마다 0.12[m]를 더한 값 이상일 것.

② 특고압 가공전선의 굵기 및 종류

특고압 가공전선은 케이블인 경우 이외에는 인장강도 8.71[kN] 이상의 연선 또는 단면적이 25[mm²] 이상의 경동연선 또는 동등이상의 인장강도를 갖는 알루미늄 전선이나 절연전선이어야 함

③ 특고압 가공전선과 지지물 등의 이격거리

특고압 가공전선과 그 지지물·완금류·지주 또는 지선 사이의 이격거리는 정한 값 이상이어야 함

|특고압 가공전선과 지지물 등의 이격거리|

사 용 전 압	이격거리([m])
15[kV] 미만	0.15
15[kV] 이상 25[kV] 미만	0.2
25[kV] 이상 35[kV] 미만	0.25
35[kV] 이상 50[kV] 미만	0.3
50[kV] 이상 60[kV] 미만	0.35
60[kV] 이상 70[kV] 미만	0.4
70[kV] 이상 80[kV] 미만	0.45
80[kV] 이상 130[kV] 미만	0.65
130[kV] 이상 160[kV] 미만	0.9
160[kV] 이상 200[kV] 미만	1.1
200[kV] 이상 230[kV] 미만	1.3
230[kV] 이상	1.6

⑤ 가공전선로의 가공지선

특고압 가공전선로에 사용하는 가공지선(架空地線)은 다음에 따라 시설하여야 한다.

㉮ 가공지선에는 인장강도 8.01[kN] 이상의 나선 또는 지름 5[mm] 이상의 나경동선, 22[mm²] 이상의 나경동연선, 아연도강연선 22[mm²], 또는 OPGW 전선을 사용

⑥ 특고압 가공전선로의 목주 시설

특고압 가공전선로의 지지물로 사용하는 목주는 다음에 따르고 또한 견고하게 시설하여야 한다.

㉮ 풍압하중에 대한 안전율은 1.5 이상일 것.

㉯ 굵기는 말구 지름 0.12[m] 이상일 것.

⑦ 특고압 가공전선로의 철주·철근 콘크리트주 또는 철탑의 종류

㉮ 직선형 : 전선로의 직선부분(3도 이하인 수평각도를 이루는 곳을 포함한다. 이하 같다)에 사용하는 것. 다만, 내장형 및 보강형에 속하는 것을 제외함

　　　㉯ 각도형 : 전선로중 3도를 초과하는 수평각도를 이루는 곳에 사용하는 것.

　　　㉰ 인류형 : 전가섭선을 인류하는 곳에 사용하는 것.

　　　㉱ 내장형 : 전선로의 지지물 양쪽의 경간의 차가 큰 곳에 사용하는 것.

　　　㉲ 보강형 : 전선로의 직선부분에 그 보강을 위하여 사용하는 것

4) 지중전선로

　① 지중전선로의 시설

　　㉮ 지중 전선로를 관로식 또는 암거식에 의하여 시설하는 경우에는 다음에 따라야 함

　　㉠ 관로식에 의하여 시설하는 경우에는 매설 깊이를 1.0[m] 이상으로 하되, 매설 깊이가 충분하지 못한 장소에는 견고하고 차량 기타 중량물의 압력에 견디는 것을 사용할 것. 다만 중량물의 압력을 받을 우려가 없는 곳은 0.6[m] 이상으로 함

　　㉡ 지중 전선로를 직접 매설식에 의하여 시설하는 경우에는 매설 깊이를 차량 기타 중량물의 압력을 받을 우려가 있는 장소에는 1.0[m] 이상, 기타 장소에는 0.6[m] 이상으로 하고 또한 지중 전선을 견고한 트라프 기타 방호물에 넣어 시설

　② 지중함의 시설

　　지중전선로에 사용하는 지중함은 다음에 따라 시설하여야 한다.

　　㉮ 지중함은 견고하고 차량 기타 중량물의 압력에 견디는 구조일 것.

　　㉯ 지중함은 그 안의 고인 물을 제거할 수 있는 구조로 되어 있을 것.

　　㉰ 폭발성 또는 연소성의 가스가 침입할 우려가 있는 것에 시설하는 지중함으로서 그 크기가 1[m³] 이상인 것에는 통풍장치 기타 가스를 방산시키기 위한 적당한 장치를 시설할 것

　　㉱ 저압 전선로와 고압 전선로를 같은 벼랑에 시설하는 경우에는 고압 전선로를 저압 전선로의 위로하고 또한 고압전선과 저압전선 사이의 이격거리는 0.5[m] 이상일 것.

(3) 기계 · 기구 시설 및 옥내배선

1) 기계 및 기구

　① 기계기구의 철대 및 외함의 접지

　　㉮ 전로에 시설하는 기계기구의 철대 및 금속제 외함(외함이 없는 변압기 또는 계기용변성기는 철심)에는 접지공사를 하여야 함

④ 다음의 어느 하나에 해당하는 경우에는 규정에 따르지 않을 수 있다.

　㉠ 사용전압이 직류 300[V] 또는 교류 대지전압이 150[V] 이하인 기계기구를 건조한 곳에 시설하는 경우

　㉡ 물기 있는 장소 이외의 장소에 시설하는 저압용의 개별 기계기구에 전기를 공급하는 전로에 「전기용품 및 생활용품 안전관리법」의 적용을 받는 인체감전보호용 누전차단기(정격감도전류가 30[mA] 이하, 동작시간이 0.03초 이하의 전류동작형에 한한다)를 시설하는 경우

　⑤ 외함을 충전하여 사용하는 기계기구에 사람이 접촉할 우려가 없도록 시설하거나 절연대를 시설하는 경우

② 아크를 발생하는 기구의 시설

고압용 또는 특고압용의 개폐기·차단기·피뢰기 기타 이와 유사한 기구(이하 이 조에서 "기구 등"이라 한다)로서 동작 시에 아크가 생기는 것은 목재의 벽 또는 천장 기타의 가연성 물체로부터 값 이상 이격하여 시설하여야 한다.

| 아크를 발생하는 기구 시설 시 이격거리 |

기구 등의 구분	이격거리
고압용의 것	1[m] 이상
특고압용의 것	2[m] 이상 (사용전압이 35[kV] 이하의 특고압용의 기구 등으로서 동작할 때에 생기는 아크의 방향과 길이를 화재가 발생할 우려가 없도록 제한하는 경우에는 1[m] 이상)

③ 고압 및 특고압 전로 중의 과전류차단기의 시설

　㉮ 과전류차단기로 시설하는 퓨즈 중 고압전로에 사용하는 포장 퓨즈는 정격전류의 1.3배의 전류에 견디고 또한 2배의 전류로 120분 안에 용단되는 것

　㉯ 과전류차단기로 시설하는 퓨즈 중 고압전로에 사용하는 비포장 퓨즈는 정격전류의 1.25배의 전류에 견디고 또한 2배의 전류로 2분 안에 용단되는 것

(4) 발전소, 변전소, 개폐소 등의 전기설비

1) 발전소 등의 울타리·담 등의 시설

① 고압 또는 특고압의 기계기구·모선 등을 옥외에 시설하는 발전소·변전소·개폐소 또는 이에 준하는 곳에는 다음에 따라 구내에 취급자 이외의 사람이 들어가지 아니하도록 시설하여야 한다.

　㉮ 울타리·담 등을 시설할 것.

　㉯ 출입구에는 출입금지의 표시를 할 것.

　㉰ 출입구에는 자물쇠장치 기타 적당한 장치를 할 것.

② 울타리·담 등은 다음에 따라 시설하여야 한다.

㉮ 울타리·담 등의 높이는 2[m] 이상으로 하고 지표면과 울타리·담 등의 하단 사이의 간격은 0.15[m] 이하로 할 것.

㉯ 울타리·담 등과 고압 및 특고압의 충전 부분이 접근하는 경우에는 울타리·담 등의 높이와 울타리·담 등으로부터 충전부분까지 거리의 합계는 정한 값 이상으로 할 것.

| 발전소 등의 울타리·담 등의 시설 시 이격거리 |

사용전압의 구분	울타리·담 등의 높이와 울타리·담 등으로부터 충전부분까지의 거리의 합계
35[kV] 이하	5[m]
35[kV] 초과 160[kV] 이하	6[m]
160[kV] 초과	6[m]에 160[kV]를 초과하는 10[kV] 또는 그 단수마다 0.12[m]를 더한 값

4. 분산형 전원설비

(1) 전기저장장치

1) 일반사항

이차전지를 이용한 전기저장장치시설

① 설치장소의 요구사항

㉮ 전기저장장치의 축전지, 제어반, 배전반의 시설은 기기 등을 조작 또는 보수·점검할 수 있는 충분한 공간을 확보하고 조명설비를 시설하여야 한다.

㉯ 폭발성 가스의 축적을 방지하기 위한 환기시설을 갖추고 적정한 온도와 습도·수분·먼지 등의 운영 환경을 유지하여야 한다.

㉰ 침수의 우려가 없도록 시설

② 설비의 안전 요구사항

㉮ 충전부분은 노출되지 않도록 시설

㉯ 고장이나 외부 환경요인으로 인하여 비상상황 발생 또는 출력에 문제가 있을 경우 전기저장장치의 비상정지 스위치 등 안전하게 작동하기 위한 안전시스템이 있어야 함

㉰ 모든 부품은 충분한 내열성을 확보하여야 한다.

③ 옥내전로의 대지전압 제한

주택의 전기저장장치의 축전지에 접속하는 부하 측 옥내배선을 다음에 따라 시설

하는 경우에 주택의 옥내전로의 대지전압은 직류 600[V] 이하이어야 함

㉮ 전로에 지락이 생겼을 때 자동적으로 전로를 차단하는 장치를 시설

㉯ 사람이 접촉할 우려가 없는 은폐된 장소에 합성수지관배선, 금속관배선 및 케이블배선에 의하여 시설하거나, 사람이 접촉할 우려가 없도록 케이블배선에 의하여 시설하고 전선에 적당한 방호장치를 시설

2) 전기저장장치의 시설

① 전기배선

전선은 공칭단면적 $2.5[\text{mm}^2]$ 이상의 연동선 또는 이와 동등 이상의 세기 및 굵기의 것일 것.

② 단자와 접속

㉮ 단자의 접속은 기계적, 전기적 안전성을 확보

㉯ 단자를 체결 또는 잠글 때 너트나 나사는 풀림방지 기능이 있는 것을 사용

㉰ 외부터미널과 접속하기 위해 필요한 접점의 압력이 사용기간 동안 유지

㉱ 단자는 도체에 손상을 주지 않고 금속표면과 안전하게 체결

③ 지지물의 시설

이차전지의 지지물은 부식성 가스 또는 용액에 의하여 부식되지 아니하도록 하고 적재하중 또는 지진 기타 진동과 충격에 대하여 안전한 구조

3) 제어 및 보호장치 등

① 제어 및 보호장치

㉮ 전기저장장치의 이차전지는 자동으로 전로로부터 차단하는 장치를 시설

ㄱ 과전압 또는 과전류가 발생한 경우

ㄴ 제어장치에 이상이 발생한 경우

ㄷ 이차전지 모듈의 내부 온도가 급격히 상승할 경우

㉯ 직류 전로에 과전류차단기를 설치하는 경우 직류 단락전류를 차단하는 능력을 가지는 것이어야 하고 "직류용" 표시

㉰ 직류 전로에는 지락이 생겼을 때에 자동적으로 전로를 차단하는 장치를 시설

㉱ 발전소 또는 변전소 혹은 이에 준하는 장소에 전기저장장치를 시설하는 경우 전로가 차단되었을 때에 경보하는 장치를 시설

② 계측장치

㉮ 축전지 출력 단자의 전압, 전류, 전력 및 충방전 상태

㉯ 주요변압기의 전압, 전류 및 전력

(2) 태양광발전설비

1) 설치장소의 요구사항

① 인버터, 제어반, 배전반 등의 시설은 기기 등을 조작 또는 보수점검할 수 있는 충분한 공간을 확보하고 필요한 조명설비를 시설하여야 한다.

② 인버터 등을 수납하는 공간에는 실내온도의 과열 상승을 방지하기 위하여 온도 및 습도를 유지하도록 환기시설을 시설하여야 한다.

③ 배전반, 인버터, 접속장치 등을 옥외에 시설하는 경우 침수의 우려가 없도록 시설

④ 태양전지 모듈을 지붕에 시설하는 경우 취급자에게 추락의 위험이 없도록 점검통로를 안전하게 시설하여야 한다.

⑤ 태양전지 모듈의 직렬군 최대개방전압이 직류 750[V] 초과 1500[V] 이하인 시설장소는 다음에 따라 울타리 등의 안전조치를 하여야 한다.

㉮ 태양전지 모듈을 지상에 설치하는 경우는 울타리 · 담 등을 시설

㉯ 태양전지 모듈을 일반인이 쉽게 출입할 수 있는 옥상 등에 시설하는 경우는 식별이 가능하도록 위험을 표시

㉰ 태양전지 모듈을 일반인이 쉽게 출입할 수 없는 옥상 · 지붕에 설치하는 경우는 모듈 프레임 등 쉽게 식별할 수 있는 위치에 위험을 표시

㉱ 태양전지 모듈을 주차장 상부에 시설하는 경우는 식별이 가능하도록 위험을 표시하고, 차량의 출입 등에 의한 구조물, 모듈 등의 손상이 없도록 하여야 함

㉲ 태양전지 모듈을 수상에 설치하는 경우는 모듈 프레임 등 쉽게 식별할 수 있는 위치에 위험을 표시

2) 설비의 안전 요구사항

① 태양전지 모듈, 전선, 개폐기 및 기타 기구는 충전부분이 노출되지 않도록 시설

② 모든 접속함에는 내부의 충전부가 인버터로부터 분리된 후에도 여전히 충전상태일 수 있음을 나타내는 경고가 붙어 있어야 한함

③ 태양광설비의 고장이나 외부 환경요인으로 인하여 계통연계에 문제가 있을 경우 회로분리를 위한 안전시스템이 있어야 함

3) 간선의 시설기준

① 전기배선

㉮ 모듈 및 기타 기구에 전선을 접속하는 경우는 나사로 조이고, 기타 이와 동등 이상의 효력이 있는 방법으로 기계적 · 전기적으로 안전하게 접속하고, 접속점에 장력이 가해지지 않도록 할 것

㉯ 배선시스템은 바람, 결빙, 온도, 태양 방사와 같이 예상되는 외부영향을 견디

도록 시설

㉲ 모듈의 출력배선은 극성별로 확인할 수 있도록 표시할 것

㉴ 직렬 연결된 태양전지모듈의 배선은 과도 과전압의 유도에 의한 영향을 줄이기 위하여 스트링 양극간의 배선간격이 최소가 되도록 배치

㉵ 전선은 공칭단면적 2.5[mm²] 이상의 연동선 또는 이와 동등 이상의 세기 및 굵기의 것일 것.

② 단자와 접속

㉠ 단자의 접속은 기계적, 전기적 안전성을 확보하도록 하여야 함

㉡ 단자를 체결 또는 잠글 때 너트나 나사는 풀림방지 기능이 있는 것을 사용

㉢ 외부터미널과 접속하기 위해 필요한 접점의 압력이 사용기간 동안 유지되어야 함

㉣ 단자는 도체에 손상을 주지 않고 금속표면과 안전하게 체결되어야 함

4) 제어 및 보호장치 등

① 어레이 출력 개폐기

㉠ 태양전지 모듈에 접속하는 부하측의 태양전지 어레이에서 전력변환장치에 이르는 전로(복수의 태양전지 모듈을 시설한 경우에는 그 집합체에 접속하는 부하측의 전로)에는 그 접속점에 근접하여 개폐기 기타 이와 유사한 기구(부하전류를 개폐할 수 있는 것에 한한다)를 시설할 것

㉡ 어레이 출력개폐기는 점검이나 조작이 가능한 곳에 시설할 것

② 과전류 및 지락 보호장치

㉠ 모듈을 병렬로 접속하는 전로에는 그 전로에 단락전류가 발생할 경우에 전로를 보호하는 과전류차단기 또는 기타 기구를 시설하여야 한다. 단, 그 전로가 단락전류에 견딜 수 있는 경우에는 그러하지 아니함

㉡ 태양전지 발전설비의 직류 전로에 지락이 발생했을 때 자동적으로 전로를 차단하는 장치를 시설

③ 접지설비

㉠ 태양전지 모듈의 프레임은 지지물과 전기적으로 완전하게 접속하여야 한다.

㉡ 수상에 시설하는 태양전지 모듈 등의 금속제는 접지를 해야하고, 접지시 접지극을 수중에 띄우거나, 수중 바닥에 노출된 상태로 시설하여서는 아니 된다.

④ 태양광설비의 계측장치

태양광설비에는 전압과 전류 또는 전압과 전력을 계측하는 장치를 시설하여야 한다.

3.2 태양광발전 모듈배치 설계

3.2.1 태양광발전 모듈의 직병렬 계산

(1) 태양전지모듈 직렬 구성

1) 높은 전압, 낮은 전류 생산

2) 직렬로 연결된 모듈 사이에 흐르는 전류는 모두 동일함

3) 음영에 의한 모듈의 발전량 감소는 직렬로 연결된 모든 모듈에 영향을 줌

4) 태양전지모듈 직렬연결 : 100[Wp] × 8 = 800[Wp]

5) 태양전지모듈 직렬연결 시 음영발생 : 80[Wp] × 8 = 640[Wp]

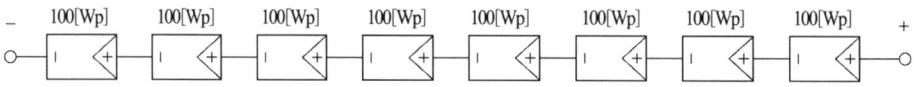

| 태양전지모듈 직렬연결 |

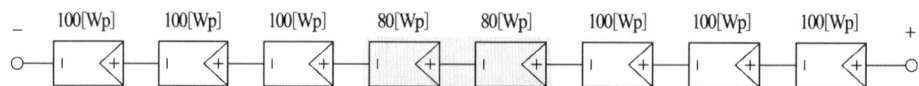

| 태양전지모듈 직렬연결 시 음영 발생 |

(2) 태양전지모듈 병렬 구성

1) 낮은 전압, 높은 전류 생산

2) 음영에 의한 모듈의 발전량 감소는 병렬로 연결된 모든 모듈에 영향을 주지 않음

3) 태양전지모듈 병렬연결 : 100[Wp] × 8 = 800[Wp]

4) 태양전지모듈 병렬연결 시 음영 발생 : 100[Wp] × 6 + 80[Wp] × 2 = 760[Wp]

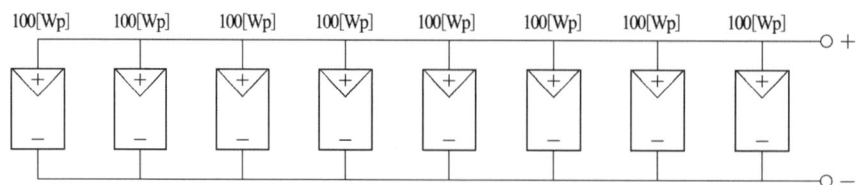

| 태양전지모듈 병렬연결 |

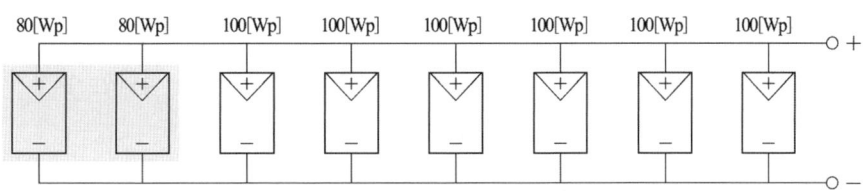

| 태양전지모듈 병렬연결 시 음영 발생 |

3.2.2 태양광발전 모듈 배치

(1) 설계과정

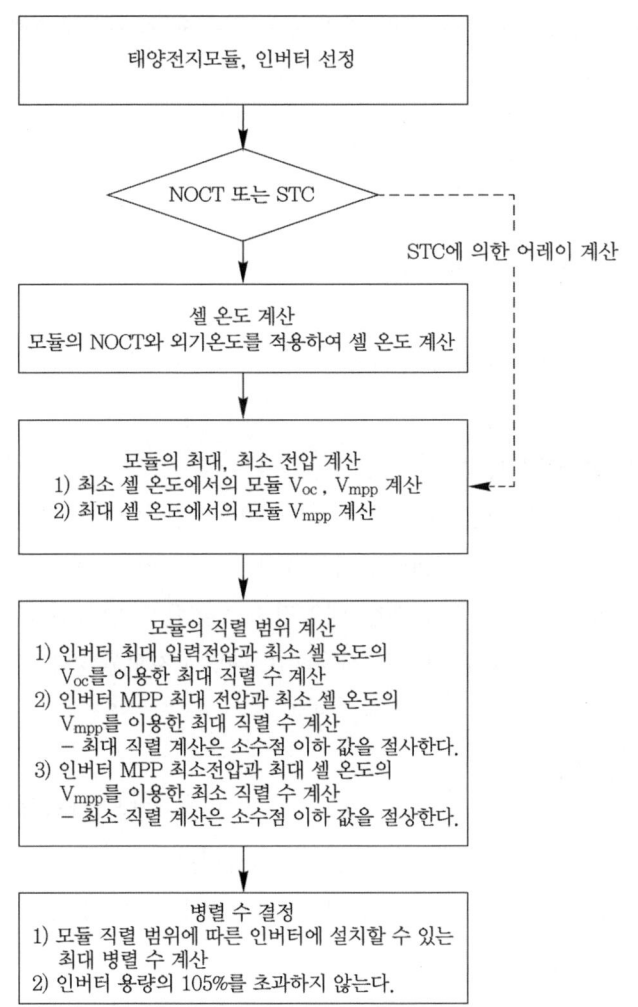

| 태양광 설계 순서도 |

태양광발전시스템은 태양전지모듈의 직렬과 병렬로 연결된다. 이것을 어레이라 부르는데 이를 구성하기 위해서는 모듈과 인버터의 특성을 이해하여 적합한 설계가 진행되어야 한다. 앞의 그림은 태양광 어레이의 설계 과정이다.

(2) 설계 확인사항

태양전지는 온도에 따라 출력전압이 변화되므로 연중 최소 온도와 최대 온도에 따른 전압 변동을 확인하고 최적 직렬연결 모듈 수를 선정한다.

① 외기온도를 이용하여 셀 온도를 계산하는 방법인 경우 모듈 출력 전압을 계산하기 위한 방법은 STC와 NOCT 두 가지 방법이 사용되고 있다. 태양전지모듈 표면 온도를 이용하는 방법은 STC이고, 태양전지모듈 주변 온도를 이용하여 출력 전압을 계산할 때는 아래와 같은 공식으로 태양전지모듈 셀 표면 온도를 산출하고 이를 이용하여 출력 전압을 계산한다.

$$T_c = T_a + \frac{T_{noct} - 20℃}{800[W/m^2]} \times S$$

T_c : 태양전지모듈 셀표면 온도

T_a : 외기 온도,

T_{noct} : NOCT 개방전압 온도계수

S : 패널 표면 일사량

② 태양전지모듈 확인 사항

가) 개방전압은 태양전지모듈이 무부하시 발전할 수 있는 최대 전압

나) 최대출력 동작전압은 태양전지모듈이 부하에 연결 시 최대 전압

다) 전압온도계수는 온도에 대한 태양전지모듈 온도 변화된 값을 나타낸다. 단위는 [%/℃]와 [V/℃] 두 가지로 사용되며 태양전지모듈 카탈로그 상에 표현된 값을 적용하면 된다.

③ 인버터 확인 사항

가) 최대 입력전력은 인버터가 입력 받을 수 있는 해당 인버터와 연결된 태양전지모듈의 최대 전력 용량의 105[%]까지 가능하다.

나) 최대 입력전압은 인버터가 입력 받을 수 있는 최대 전압으로 태양전지모듈에서 최대가 되는 개방전압과 관계가 있다.

다) 최대 입력전류는 각 어레이를 통해 인버터로 들어오는 전류의 최대 총합으로 태양전지모듈에서 입력되는 전류는 최대 입력전류보다 작아야 한다.

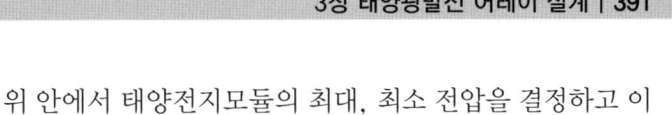

라) 인버터의 MPP 동작범위 안에서 태양전지모듈의 최대, 최소 전압을 결정하고 이를 이용하여 직렬 수를 결정한다.

마) 인버터의 용량을 기준으로 최대 병렬 수를 결정한다.

바) 태양전지모듈의 시스템 전압은 대부분 1,000[V]이다. 이 경우 직렬로 연결된 태양전지모듈의 개방전압 합은 1,000[V]를 넘지 않아야 한다. 최근에는 시스템이 1,500[V] 모듈도 생산되고 있다.

3.3 태양광발전 어레이 전압강하 계산

3.3.1 태양광발전설비 전압강하 및 전선 선정

태양광발전설비의 DC와 AC 전선에서 발생하는 전압강하를 말한다.

(1) 전압강하 시공규정

태양전지모듈에서 인버터입력단간 및 인버터출력단과 계통연계점간의 전압강하는 각 3[%]를 초과하여서는 안 된다. 단 전선길이가 60[m]를 초과할 경우에는 표와 같이 시공할 수 있다. 전압강하계산서를 설치확인, 신청 시에 제출하여야 한다.

| 전선길이에 따른 전압강하율 |

전선길이	전압강하
120[m] 이하	5[%]
200[m] 이하	6[%]
200[m] 초과	7[%]

(2) DC전압강하

태양광발전설비의 DC부분은 그림과 같이 태양전지어레이, 접속반, 인버터 입력단으로 나눌 수 있다.

전압강하가 발생하는 구간은 두 가지로 나눌 수 있다.

- 태양전지어레이로부터 접속반까지는 스트링별 전압에 대한 전압강하가 발생한다.
- 접속반에서 인버터 입력단까지는 접속반 출력 전압에 대한 전압강하가 발생한다.

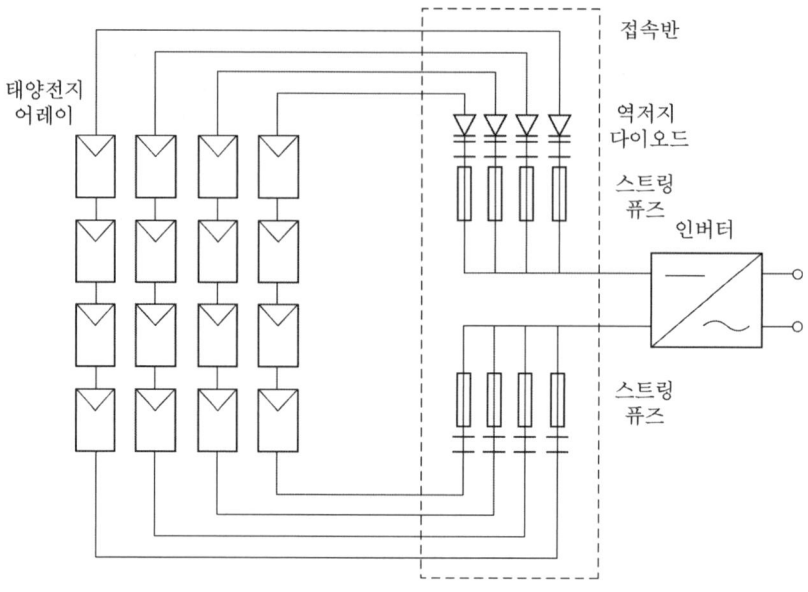

| 태양광발전설비 DC단 |

이 두 가지를 합친 것이 DC전압강하이다.

접속반은 태양광 어레이의 스트링별 전압을 하나로 묶어 인버터로 전송하는 역할을 수행한다. 태양광발전소의 발전량에 따라 접속반은 하나 또는 여러 개의 접속반이 존재한다.

수전단의 전압은 송전단의 전압과 크기가 거의 같다. 부하가 접속되면 수전단 전압은 송전단 전압보다 낮아진다. 이 전압의 차를 전압강하라고 하다

전압강하의 크기는 접속된 부하의 크기에 따라 변화하는데 이 전압강하의 수전단 전압에 대한 백분율[%]을 전압강하율이라고 한다.

$$전압강하율[\%] = \frac{E_s - E_r}{E_r} \times 100[\%]$$

E_s : 송전단, E_r : 수전단 전압

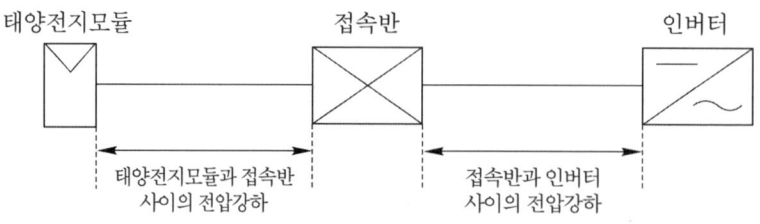

| 전압강하 및 전선 굵기 계산식 |

회로 전기방식	전압강하	전선 굵기
직류 2선식	$e = \dfrac{35.6 \times L \times I}{1000 \times A}$	$A = \dfrac{35.6 \times L \times I}{1000 \times e}$
단상 3선식	$e = \dfrac{17.8 \times L \times I}{1000 \times A}$	$A = \dfrac{17.8 \times L \times I}{1000 \times e}$
3상 3선식	$e = \dfrac{30.8 \times L \times I}{1000 \times A}$	$A = \dfrac{30.8 \times L \times I}{1000 \times e}$

※ e : 전압강하, L : 전선의 길이, I : 전류, A : 전선 굵기

- KSC IEC 전선규격

    1.5, 2.5, 4, 6, 10, 16, 25, 35, 50, 70, 95, 120, 150, 185, 240, 300, 400, 500, 630[mm²] KSC IEC 전선규격에 맞추어 전압강하와 전선 굵기를 정한다.

3.3.2 직류측 구성기기

(1) 태양전지 모듈 및 태양전지 어레이

1) 태양전지 모듈

    태양전지 모듈은 수십 장의 태양전지 셀을 직렬로 연결한 하나의 모듈을 형성하며, 제작 소재에 따라 단결정 실리콘, 다결정 실리콘, 화합물 반도체 등으로 구분된다.

2) 태양전지 어레이

    태양전지 어레이는 태양전지 모듈을 조합한 태양전지 전체를 말한다.

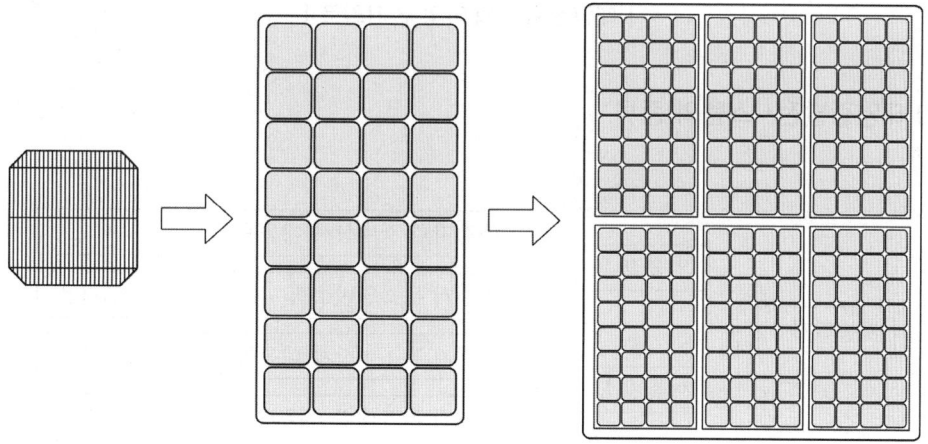

| 태양전지 셀, 모듈, 어레이 |

3) 태양전지의 전기적 구성

① 태양전지 모듈의 집합체로서 스트링, 역류방지 다이오드, 바이패스 다이오드, 접속함 등으로 구성된다.

② 스트링이란 태양전지 어레이가 소정의 출력전압을 충족하도록 태양전지 모듈을 접속하여 하나로 합쳐진 회로를 말한다.

③ 각 스트링은 역류방지 다이오드를 이용하여 병렬로 접속한다.

④ 태양전지 어레이의 직류 전기회로에는 접지하지 않는 것이 일반적이다. 그러나 모듈이나 인버터에 따라서 접지가 필요한 경우도 있다.

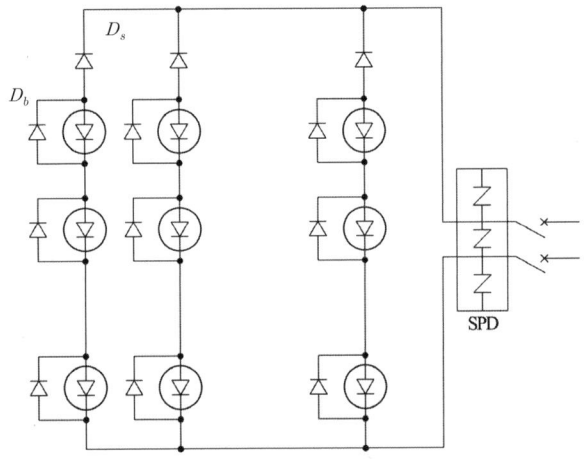

D_s : 역류방지 다이오드, D_b : 바이패스 다이오드, SPD : 피뢰소자

| 태양전지 어레이의 전기회로 |

(2) 태양광발전시스템의 종류

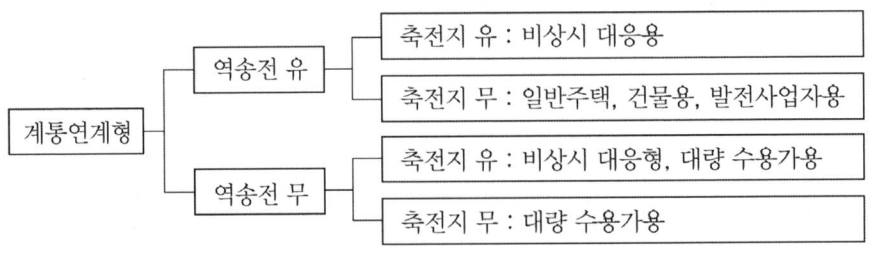

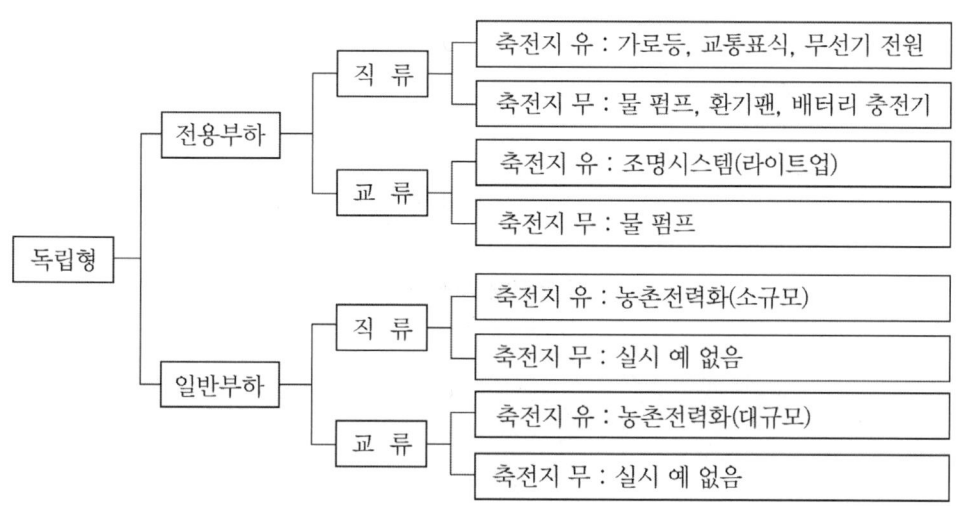

| 태양광발전 시스템 종류 |

1) 계통연계형 시스템

① 역전송이 있는 시스템

태양광발전시스템에 잉여전력이 발생하였을 때 전력회사에 이를 매입하는 제도

② 역전송이 없는 시스템

전력부하가 항상 태양광발전시스템의 출력보다 크고, 역송전 전력을 발생할 가능성이 없는 경우 사용

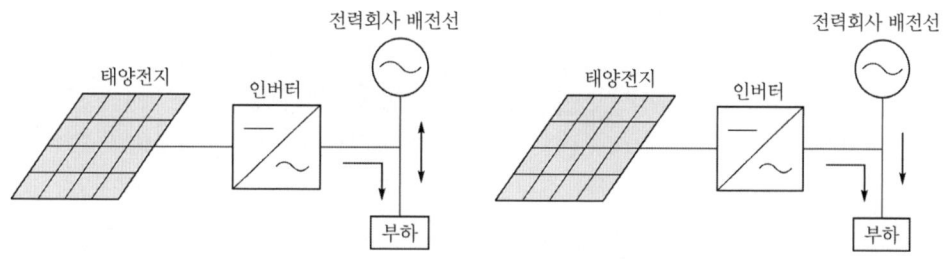

| 역전송이 있는 시스템 | | 역전송이 없는 시스템 |

2) 독립형 시스템

① 전력회사와 연계되지 않음

② 사용 가능한 전력량은 PV시스템의 발전전력량 이하로 제한됨

③ 야간 및 우천 시 PV시스템의 발전이 불가능할 경우를 대비하여 축전지를 접속시켜 전력을 비축함

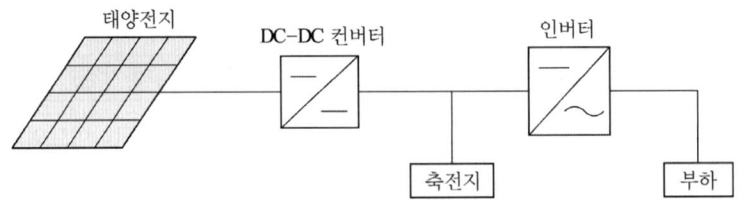

| 독립형 시스템 |

3.1 태양광발전 전기배선 설계

01 리플프리직류란 교류를 직류로 변환할 때 리플성분의 실효값이 몇 [%] 이하로 포함된 직류를 말하는가?

① 5[%]　　　　　② 10[%]　　　　　③ 15[%]　　　　　④ 20[%]

> **해설** KEC 112 (용어 정의)
> "리플프리직류"란 교류를 직류로 변환할 때 리플성분의 실효값이 10[%] 이하로 포함된 직류를 말한다.
> **답** ②

02 관등 회로라고 하는 것은?

① 분기점으로부터 안정기까지의 전로
② 스위치로부터 방전등까지의 전로
③ 스위치로부터 안정기까지의 전로
④ 방전등용 안정기로부터 방전관까지의 전로

> **해설** KEC 112(용어 정의)
> 방전등용 안정기 또는 방전등용 변압기로부터 방전관까지의 전로를 말한다.
> **답** ④

03 "제2차 접근 상태"라 함은 가공 전선이 다른 시설물과 접근하는 경우에 그 가공 전선이 다른 시설물의 위쪽 또는 옆쪽에서 수평 거리로 몇 [m] 미만인 곳에 시설되는 상태를 말하는가?

① 0.5　　　　　② 1　　　　　③ 2　　　　　④ 3

> **해설** KEC 112(용어 정의)
> 제2차 접근 상태란 가공전선이 다른 시설물과 위쪽 또는 옆쪽에서 수평거리로 3[m] 미만인 곳에 시설 되는 상태
> **답** ④

04 KS C IEC 60364의 저압계통 접지방식이 아닌 것은?

① TT방식　　　　　　　　② TN-C방식
③ TT-C방식　　　　　　　④ IT방식

> **해설** 저압계통 접지방식
> 1) TN-S : 계통 전체를 중성선 접지선 분리

2) TN-C : 계통 전체를 중성선 접지선 결합
3) TN-C-S : 계통 일부분을 중성선 접지선 결합
4) TT : 전력공급측 계통접지하고 기기 도전성 노출 부분 독립된 접지지락
5) IT : 전력공급측 비접지 임피던스 접지 기기도전성 노출부분 기기 접지　　　　답 ③

05 전기기술 기준 용어의 정의 중 옳지 않은 것은?

① "단독운전"이란 전력계통의 일부가 전력계통의 전원과 전기적으로 분리된 상태에서 분산형전원에 의해서만 가압되는 상태를 말한다.
② "등전위본딩"이란 등전위를 형성하기 위해 도전부 상호간을 전기적으로 연결하는 것을 말한다.
③ "보호접지(Protective Earthing)"란 고장 시 감전에 대한 보호를 목적으로 기기의 한 점 또는 여러 점을 접지하는 것을 말한다.
④ "보호본딩도체"란 구조물의 모든 도전부와 충전도체를 제외한 내부설비를 접지극에 상호 접속하는 망을 말한다.

> 해설　KEC 112(용어 정의)
> 보호본딩도체(Protective Bonding Conductor)"란 등전위본딩을 확실하게하기 위한 보호도체를 말한다.
> 　　　　답 ④

06 전압의 종별을 구분할 때 직류로는 몇 [V] 이하의 전압을 저압으로 구분하는가?

① 600　　　　② 750　　　　③ 1500　　　　④ 7000

> 해설　KEC 111.1(적용범위)

분류	전압의 범위
저압	• 직류 : 1500[V] 이하 • 교류 : 1000[V] 이하
고압	• 직류 : 1500[V]를 초과하고, 7[kV] 이하 • 교류 : 1000[V]를 초과하고, 7[kV] 이하
특고압	7[kV]를 초과

답 ③

07 전로의 절연 원칙에 따라 대지로부터 반드시 절연하여야 하는 것은?

① 전로의 중성점에 접지 공사를 하는 경우의 접지점
② 계기용 변성기의 2차측 전로에 접지 공사를 하는 경우의 접지점
③ 저압 가공 전선로에 접속되는 변압기
④ 시험용 변압기

> 해설　KEC 131 (전로의 절연 원칙)
> 전로는 다음의 경우를 제외 하고 대지로부터 절연하여야한다.
> ① 저압전로에 접지공사를 하는 경우의 접지점

② 전로의 중성점을 접지 하는 경우의 접지점
③ 계기용변성기의 2차측 전로에 접지공사를 하는 경우의 접지점
④ 25[kV] 이하로서 다중 접지하는 경우의 접지점
⑤ 시험용 변압기, 전력선 반송용 결합리액터, 전기 울타리용 전원 장치, X선발생 장치, 전기 방식용 양극, 단선식 전기철도의 귀선 등 전로의 일부를 대지로부터 절연하지 아니하고 전기를 사용하는 것이 부득이 한 것
⑥ 전기 욕기, 전기로, 전기보일러, 전해조 등 대지로부터 절연하는 것이 기술상 곤란한 것　　**답** ③

08 사용전압이 저압인 전로에서 정전이 어려운 경우 등 절연저항 측정이 곤란한 경우에는 누설 전류를 몇 [mA] 이하로 유지하여야 하는가?

① 0.1[mA]　　② 0.5[mA]　　③ 1.0[mA]　　④ 1.5[mA]

해설 KEC 132(전로의 절연저항 및 절연내력)
사용전압이 저압인 전로에서 정전이 어려운 경우 등 절연저항 측정이 곤란한 경우에는 누설전류를 1[mA] 이하로 유지하여야 한다.　　**답** ③

09 발전기, 전동기 등 회전기의 절연 내력은 규정된 시험 전압을 권선과 대지 간에 계속하여 몇 분간 가하여 견디어야 하는가?

① 5분　　② 10분　　③ 15분　　④ 20분

해설 KEC 133(회전지 및 정류기의 절연내력)

종 류			시험 전압	시험 방법
회전기	발전기·전동기·조상기·기타회전기	7[kV] 이하	1.5배(최저 500[V])	권선과 대지 간에 연속하여 10분간
		7[kV] 초과	1.25배(최저 10,500[V])	
	회전 변류기		직류측의 최대사용전압의 1배의 교류전압(최저 500[V])	
정류기	60[kV] 이하		직류측의 최대사용전압의 1배의 교류전압(최저 500[V])	충전부분과 외함 간에 연속하여 10분간
	60[kV] 초과		교류측의 최대사용전압의 1.1배의 교류전압 또는 직류측의 최대사용전압의 1.1배의 직류전압	교류측 및 직류고압측단자와 대지간에 연속하여 10분간

답 ②

10 주상 변압기의 1차 전압 탭이 6,900[V], 6,600[V], 6,300[V], 6,000[V], 5,700[V]이다. 이 변압기의 절연 내력 시험 전압[V]은?

① 10,000　　② 11,750
③ 10,350　　④ 12,500

해설 KEC 135(변압기 전로의 절연내력)
이 변압기의 최대 사용 전압은 6,900[V]로 되어 있고 시험 전압은 7[kV] 이하 이므로
6,900×1.5＝10,350[V] 이다.　　**답** ③

11 최대 사용 전압이 7,200[V]인 중성점 비접지식 변압기의 절연 내력 시험 전압[V]은?

① 90,000   ② 10,500   ③ 12,500   ④ 20,500

> **해설** KEC 135**(변압기 전로의 절연내력)**
> 최대 사용 전압이 7[kV] 이상인 경우에는 비접지식에서 1.25배로 규정되었다. 그러나 이때 시험 전압이 10,500[V] 미만인 경우에 10,500[V]로 가압하여야 한다.
> 여기서 7,200×1.25 ＝9,000[V]이므로 10,500[V] 이하의 값이 되어서 시험전압은 10,500[V]로 하여야 한다.
> **답** ②

12 3상 4선식 22.9[kV] 중성점 다중 접지식 가공 전선로의 전로와 대지 사이의 절연 내력 시험 전압 [V]는?

① 28,625   ② 22,900   ③ 21,068   ④ 16,488

> **해설** 절연 내력 시험 전압
> 시험 전압＝22,900×0.92＝21,068[V]

최대 사용 전압	시험 저압 (최대사용전압의 배수)	접지방식	최저 시험전압
1. 7[kV] 이하의 전로	1.5배		
2. 7[kV] 초과 25[kV] 이하	0.92배	다중접지	
3. 7[kV] 초과 60[kV] 이하 (2란의 것을 제외한다.)	1.25배		10.5[kV]
4. 60[kV] 초과 (전위 변성기를 사용하여 접지하는 것을 포함한다.)	1.25배	비접지	
5. 60[kV] 초과 (전위 변성기를 사용하여 접지하는 것 및 6란과 7란의 것을 제외한다.)	1.1배	중성점접지	75[kV]
6. 60[kV] 초과 (7란의 것을 제외한다.)	0.72배	중성점 식섭섭지	
7. 170[kV]초과(발전소 또는 변전소 혹은 이에 준하는 장소에 시설하는것	0.64배	중성점 직접접지	

> **답** ③

13 변압기 중성점 접지 저항값을 300/I로 정할 수 있는 경우는?
(단, I는 1차측 1선 지락 전류의 암페어 수)

① 혼촉으로 인한 저압 전로의 대지 전압이 150[V] 초과 시 2초 이내에 자동적으로 고압 전로를 차단하는 장치가 있을 때
② 공칭단면적 16[mm²]인 동선을 사용 하였을 때
③ 혼촉으로 인한 저압전로의 대지전압이 300[V] 초과 시 5초 이내에 자동 차단하는 장치가 있을 때
④ 공칭단면적 6[mm²] 이상 연동선을 이용하였을 때

> **해설** KEC 142.5**(변압기 중성점 접지)**
> 변압기 중성점 접지저항은 150/I 1선 지락전류에 의하지만 변압기의 고압측 전로 또는 사용 전압 35[kV] 이하 특고 전로가 저압과 혼촉에 의하여 대지전압이 150[V]를 넘는 경우로서 1초를 넘고 2초 이내에 1차측

전로를 차단하는 경우는 300/I을 적용하며 1초 이내에 자동적으로 1차측 전로를 차단하는 경우는 600/I를 적용한다.　目①

14 접지시스템의 구성요소가 아닌 것은?

① 절연체　　　　　　　　② 접지도체
③ 접지극　　　　　　　　④ 보호도체

> 해설　KEC 142.1(접지시스템의 구성요소)
> 접지시스템은 접지극, 접지도체, 보호도체 및 기타 설비로 구성된다.　目①

15 접지시스템의 구분에 해당하지 않는 것은?

① 계통접지　　　　　　　② 보호접지
③ 절연접지　　　　　　　④ 피뢰시스템 접지

> 해설　KEC 141(접지시스템의 구분 및 종류)
> 접지시스템은 계통접지, 보호접지, 피뢰시스템 접지 등으로 구분한다.　目③

16 접지시스템의 요구사항에 해당하지 않는 것은?

① 구성요소로 자연적 구성부재를 이용 할 수 있다.
② 전기설비의 보호 요구사항을 충족하여야 한다.
③ 지락전류와 보호도체 전류를 대지에 전달할 것. 다만, 열적, 열·기계적, 전기·기계적 응력 및 이러한 전류로 인한 감전 위험이 없어야 한다.
④ 전기설비의 기능적 요구사항을 충족하여야 한다.

> 해설　KEC 142.1(접지시스템의 요구사항)
> ① 전기설비의 보호 요구사항을 충족하여야 한다.
> ② 지락전류와 보호도체 전류를 대지에 전달할 것. 다만, 열적, 열·기계적, 전기·기계적 응력 및 이러한 전류로 인한 감전 위험이 없어야 한다.
> ③ 전기설비의 기능적 요구사항을 충족하여야 한다.　目①

17 접지시스템의 접지저항 값에 대한 사항으로 적합하지 않은 것은

① 부식, 건조 및 동결 등 대지환경 변화에 충족하여야 한다.
② 인체감전보호를 위한 값을 만족하여야 한다.
③ 접근 상태 물체에 간접적 보호가 충족되어야 한다.
④ 기계적 요구에 의한 값을 만족하여야 한다.

> 해설　KEC 142.1(접지시스템의 요구사항) 접지저항 값은 다음에 의한다.
> ① 부식, 건조 및 동결 등 대지환경 변화에 충족하여야 한다.
> ② 인체감전보호를 위한 값과 전기설비의 기계적 요구에 의한 값을 만족하여야 한다.　目③

18 동결 깊이를 감안하여 매설 깊이는 지표면으로부터 지하 몇 [m] 이상에 접지극을 정해야 하는가?

① 0.25[m] ② 0.4[m] ③ 0.5[m] ④ 0.75[m]

> **해설** KEC 142.2(접지극의 시설 및 접지저항)
> ① 접지극은 매설하는 토양을 오염시키지 않아야 하며, 가능한 다습한 부분에 설치한다.
> ② 접지극은 지표면으로부터 지하 0.75[m] 이상으로 하되 동결 깊이를 감안하여 매설 깊이를 정해야 한다.
> ③ 접지도체를 철주 기타의 금속체를 따라서 시설하는 경우에는 접지극을 철주의 밑면으로부터 0.3[m] 이상의 깊이에 매설하는 경우 이외에는 접지극을 지중에서 그 금속체로부터 1[m] 이상 떼어 매설하여야 한다. **답** ④

19 구리를 접지도체로 사용될 때 큰 고장전류가 접지도체를 통하여 흐르지 않는 접지도체의 최소 단면적 몇 [mm²] 이상인가?

① 3[mm²] ② 6[mm²] ③ 8[mm²] ④ 12[mm²]

> **해설** KEC 142.3(**접지도체 · 보호도체**)
> 큰 고장전류가 접지도체를 통하여 흐르지 않을 경우 접지도체의 최소 단면적은 다음과 같다.
> ① 구리는 6[mm²] 이상
> ② 철제는 50[mm²] 이상 **답** ②

20 금속제 수도관로와 대지 사이의 전기저항 값이 2[Ω] 이하인 경우에는 분기점으로부터의 거리는 몇 [m]를 넘을 수 있는가?

① 1[m] ② 2[m] ③ 3[m] ④ 5[m]

> **해설** KEC 142.2(접지극의 시설 및 접지저항)
> 금속제 수도관로와 대지 사이의 전기저항 값이 2[Ω] 이하인 경우에는 분기점으로부터의 거리는 5[m]를 넘을 수 있다. **답** ④

21 지중에 매설된 금속제 수도관로는 각종 접지 공사의 접지극으로 사용할 수 있다. 다음 중에서 접지극으로 사용할 수 없는 것은?

① 안지름 75[mm]에서 분기한 안지름 50[mm]의 수도관으로 길이가 6[m]이고, 전기저항 값이 3[Ω] 이하인 것
② 안지름 75[mm] 이상이고 전기 저항값이 3[Ω] 이하인 것
③ 안지름 75[mm] 이상이고 전기 저항값이 2[Ω] 이하인 것
④ 안지름 75[mm]에서 분기한 안지름 30[mm]의 수도관 길이가 5[m] 이내이고, 전기저항 값이 3[Ω] 이하인 것

> **해설** KEC 142.2(**접지극의 시설 및 접지저항**)
> 전기 저항값이 3[Ω] 이하인 경우에는 지름 75[mm] 이상 이거나 또는 이로부터 분기한 5[m] 이내인 곳이어야 한다. 다만, 금속제 수도관로와 대지 사이의 전기저항 값이 2[Ω] 이하인 경우에는 분기점으로부터의 거리는 5[m]을 넘을 수 있다. **답** ①

22 지중에 매설되어 있고 대지와의 전기저항 값이 몇 [Ω] 이하의 값을 유지하고 있는 금속제 수도관을 접지전극으로 사용할 수 있는가?

① 2   ② 3   ③ 4   ④ 5

> **해설** KEC 142.2(접지극의 시설 및 접지저항)
> 전기 저항값이 3[Ω] 이하인 경우에는 지름 75[mm] 이상 이거나 또는 이로부터 분기한 5[m] 이내인 곳이어야 한다. 다만, 금속제 수도관로와 대지 사이의 전기저항 값이 2[Ω] 이하인 경우에는 분기점으로부터의 거리는 5[m]을 넘을 수 있다.   **답** ②

23 저압용 기계 기구에서 전기를 공급하는 전로에 누전차단기를 시설하면 외함의 접지를 생략할 수 있다. 이 경우의 누전 차단기의 정격이 기술기준에 적합한 것은?

① 정격 감도 전류 15[mA] 이하, 동작시간 0.1초 이하의 전류 동작형
② 정격 감도 전류 15[mA] 이하, 동작시간 0.2초 이하의 전압 동작형
③ 정격 감도 전류 30[mA] 이하, 동작시간 0.1초 이하의 전류 동작형
④ 정격 감도 전류 30[mA] 이하, 동작시간 0.03초 이하의 전류 동작형

> **해설** KEC 142.7(기계 기구의 철대 및 외함의 접지)
> 인체감전 보호용 누전차단기는 정격 감도 전류 30[mA] 이하, 동작 시간 0.03초 이하의 전류 동작형에 한한다.   **답** ④

24 중성점 접지용 접지도체는 공칭단면적 16[mm²] 이상의 연동선 또는 동등 이상의 단면적 및 세기를 가져야 한다. 다만, 공칭단면적 6[mm²] 이상의 연동선 또는 동등 이상의 단면적 및 강도를 가져야 하는 경우는?

① 25[kV] 이하의 전로   ② 12[kV] 이하의 전로
③ 10[kV] 이하의 전로   ④ 7[kV] 이하의 전로

> **해설** KEC 142.3(접지도체 · 보호도체)
> 중성점 접지용 접지도체는 공칭단면적 16[mm²] 이상의 연동선 또는 동등 이상의 단면적 및 세기를 가져야 한다. 다만, 다음의 경우에는 공칭단면적 6[mm²] 이상의 연동선 또는 동등 이상의 단면적 및 강도를 가져야 한다.
> ① 7[kV] 이하의 전로
> ② 사용전압이 25[kV] 이하인 특고압 가공전선로. 다만, 중성선 다중접지식의 것으로서 전로에 지락이 생겼을 때 2초 이내에 자동적으로 이를 전로로부터 차단하는 장치가 되어 있는 것.   **답** ④

25 피뢰기의 적용 범위가 아닌 것은?

① 건물 내부 전기설비
② 저압전기전자설비
③ 고압 및 특고압 전기설비
④ 전기전자설비가 설치된 건축물 · 구조물로서 낙뢰로부터 보호가 필요한 것 또는 지상으로부터 높이가 20[m] 이상인 것

해설 KEC 151.1(피뢰기 적용범위)
① 전기전자설비가 설치된 건축물·구조물로서 낙뢰로부터 보호가 필요한 것 또는 지상으로부터 높이가 20[m] 이상인 것
② 저압전기전자설비
③ 고압 및 특고압 전기설비 답 ①

26 다음은 한국전기설비규정의 용어에 관한 기술이다. 틀린 것은?

① 접근상태란 제1차 접근상태만을 말한다.
② 배관이란 발전용기기 중 증기, 물, 가스 및 공기를 이동시키는 장치를 말한다.
③ 관등회로란 방전등용 안정기 또는 방전등용 변압기로부터 방전관까지의 전로를 말한다.
④ 옥내배선이란 건축물 내부의 전기사용장소에 고정시켜 시설하는 전선을 말한다.

해설 접근상태란 제1차 접근상태 및 제2차 접근상태를 말한다. 답 ①

27 발전기, 전동기, 조상기, 기타 회전기(회전변류기 제외)의 절연내력 시험전압은 어느 곳에 가하는가?

① 권선과 대지 사이　　　　　　② 외함과 권선 사이
③ 외함과 대지 사이　　　　　　④ 회전자와 고정자 사이

해설 KEC 133(회전기 및 정류기의 절연내력)

종 류			시험전압	시험방법
회전기	발전기·전동기· 조상기·기타회전기	7[kV] 이하	1.5배(최저 500V)	권선과 대지 사이에 연속하여 10분간
		7[kV] 초과	1.25배(최저 10500V)	
	회선변류기		직류측이 최대 사용전압이 1배이 교류전압(최저500V)	

답 ①

28 저압의 전선로 중 절연부분의 전선과 대지 간의 절연저항은 사용전압에 대한 누설전류가 최대공급 전류의 몇 분의 1을 넘지 않도록 유지하는가?

① $\dfrac{1}{1000}$　　　② $\dfrac{1}{2000}$　　　③ $\dfrac{1}{3000}$　　　④ $\dfrac{1}{4000}$

해설 기술기준 제27조(전선로의 전선 및 절연성능) 전압의 전선로 중 대지 사이의 절연저항은 사용전압에 대한 누설전류가 최대 공급전류의 1/2,000을 넘지 않도록 유지하여야 한다. 답 ②

29 인도교 위에 시설하는 조명용 가공 저압 전선로의 경동선 최소 굵기[mm]는?

① 1.6　　　　　　② 2.0
③ 2.3　　　　　　④ 2.6

해설 KEC 222.5(저고압 가공전선의 굵기 및 종류)
사용전압이 400[V] 이하인 저압 가공전선은 케이블인 경우를 제외하고는 인장강도 3.43[kN] 이상의 것
또는 지름 3.2[mm](절연전선인 경우는 인장 강도 2.3[kN] 이상의 것 또는 지름 2.6[mm] 이상의 경동선)이
상의 것이어야 한다.　　　　　　　　　　　　　　　　　　　　　　　　　　　　　　　답 ④

30 시가지에서 400[V] 이하의 저압 가공 전선로의 나경동선의 경우 최소 굵기[mm]는?

① 1.6　　　　　　　　　　　　　　　② 2.8

③ 2.6　　　　　　　　　　　　　　　④ 3.2

해설 KEC 222.5(저고압 가공전선의 굵기 및 종류)
사용전압이 400[V] 이하인 저압 가공전선은 케이블인 경우를 제외하고는 인장강도 3.43[kN] 이상의 것
또는 지름 3.2[mm](절연전선인 경우는 인장 강도 2.3[kN] 이상의 것 또는 지름 2.6[mm] 이상의 경동선)이
상의 것이어야 한다.　　　　　　　　　　　　　　　　　　　　　　　　　　　　　　　답 ④

31 시가지의 도로에 300[V] 이하의 저압 가공 전선로를 도로에 따라 시설할 경우 지표상의 최
저 높이는 몇 [m] 이상이어야 하는가?

① 4.5　　　　　　　　　　　　　　　② 5.0

③ 5.5　　　　　　　　　　　　　　　④ 6.0

해설 KEC 222.7(저고압 가공전선의 높이)
저고압 가공 전선의 도로횡단 시는 6[m] 이상이어야 한다.
① 도로횡단 : 6 [m] 이상
② 철도횡단 : 레일면상 6.5[m] 이상
③ 횡단보도교 위 : 3.5[m] 이상
④ 기타 : 5[m] 이상　　　　　　　　　　　　　　　　　　　　　　　　　　　　　　　답 ②

32 옥외용 비닐 절연 전선을 사용한 저압 가공 전선이 횡단보도교에 시설하는 경우에 그 전선의
노면 상 높이는 몇 [m] 이상이어야 하는가?

① 2.5　　　　　　　　　　　　　　　② 3

③ 3.5　　　　　　　　　　　　　　　④ 4

해설 KEC 222.7 (저압 가공전선의 높이) 횡단 보도교의 시설
① 저압 가공 전선 노면 상 3.5[m] 이상(저압 절연전선 이상이면 3[m] 이상)
② 고압 가공 전선 노면 상 3.5[m] 이상　　　　　　　　　　　　　　　　　　　　　답 ②

33 저압 보안 공사에 사용되는 목주의 굵기는 말구의 지름이 몇 [cm] 이상이어야 하는가?

① 8　　　　　　② 10　　　　　　③ 12　　　　　　④ 14

해설 KEC 222.10(저압 보안공사)
목주 말구 지름 12[cm] 이상이고 풍압 하중의 안전율은 1.5 이상을 유지해야 한다.　　답 ③

34 저압 가공전선이 다른 저압 가공전선과 접근 교차 상태로 시설할 때 저압 가공전선 상호의 최소 이격거리[m]는?

① 0.6

② 1.0

③ 1.2

④ 2.0

해설 KEC 222.16(저압 가공전선 상호 간의 접근 또는 교차)
저압가공전선 상호의 이격거리는 60[cm] 이상, 고압절연전선은 30[cm]일 것.

답 ①

35 전기설비의 일반사항에 대한 내용으로 잘못된 것은?

① 고전압의 침입 등에 의한 감전, 화재 등으로 사람에게 손상을 줄 우려가 없도록 접지를 실시한다.

② 뇌 방전으로 인한 과전압으로부터 전기설비의 손상, 감전 등의 우려가 없도록 피뢰설비를 시설한다.

③ 전로에 시설하는 전기기계기구는 통상 사용상태에서 발생하는 열에 견디는 것이어야 한다.

④ 전선의 접속부분에는 전기저항이 증가되도록 접속하고 절연성능이 저하되지 않도록 하여야 한다.

해설 전선은 접속부분에서 전기저항이 증가되지 않도록 접속하여야 한다.

답 ④

36 옥내 저압 배선용 전선의 굵기는 연동선을 사용할 때 원칙적으로 몇 [mm²] 이상으로 규정되고 있는가?

① 6.0

② 4.0

③ 2.5

④ 1.5

해설 KEC 231.3(저압 옥내배선의 사용전선 및 중성선 굵기)
저압 옥내배선의 전선은 단면적 2.5[mm²] 이상의 연동선 또는 이와 동등 이상의 강도 및 굵기의 것.

답 ③

37 저압 인입선의 시설에서 도로 횡단시 노면상 높이는 몇 [m] 이상이어야 하는가?

① 6

② 5

③ 4

④ 3

해설 KEC 221.1.1(저압 인입선의 시설)
전선의 높이는 다음에 의할 것.
(1) 도로(차도와 보도의 구별이 있는 도로인 경우에는 차도)를 횡단하는 경우에는 노면상 5[m](기술상 부득이한 경우에 교통에 지장이 없을 때에는 3[m]) 이상
(2) 철도 또는 궤도를 횡단하는 경우에는 레일면상 6.5[m] 이상
(3) 횡단보도교의 위에 시설하는 경우에는 노면상 3[m] 이상
(4) (1)에서 (3)까지 이외의 경우에는 지표상 4[m](기술상 부득이한 경우에 교통에 지장이 없을 때에는 2.5[m]) 이상

답 ②

38 저압 연접 인입선이 횡단할 수 있는 최대의 도로 폭은 몇 [m] 인가?

① 3.5　　　　　　② 4.0　　　　　　③ 5.0　　　　　　④ 5.5

> **해설** KEC 221.1.2(연접 인입선의 시설)
> 가. 인입선에서 분기하는 점으로부터 100[m]를 초과하는 지역에 미치지 아니할 것.
> 나. 폭 5 m를 초과하는 도로를 횡단하지 아니할 것.
> 다. 옥내를 통과하지 아니할 것.　　　　　　**답** ③

39 110[V] 가공 전선이 철도를 횡단할 때 레일면 상의 최저 높이는 몇 [m]인가?

① 5　　　　　　② 5.5　　　　　　③ 6　　　　　　④ 6.5

> **해설** KEC 222.7(저압 가공전선의 높이)
> (1) 도로 횡단 : 6[m] 이상
> (2) 철도 횡단 : 레일면 상 6.5[m] 이상
> (3) 횡단 보도교 위 : 3.5[m](고압 4[m])
> (4) 기타 : 5[m] 이상　　　　　　**답** ④

40 다음 배전 공사 중 전선이 반드시 절연선이 아니더라도 상관없는 것은 어느 것인가?

① 합성수지관 공사　　　　　　② 금속관 공사
③ 버스 덕트 공사　　　　　　④ 플로어 덕트 공사

> **해설** KEC 231.4(나전선의 사용제한)
> 옥내에 시설하는 저압 전선에 나전선을 사용할 수 있는 경우는 다음과 같다.
> ① 전기로용 전선 및 절연물이 부식하는 장소에 시설하는 전선을 애자 사용공사에 의하는 경우
> ② 접촉 전선을 시설하는 경우
> ③ 라이팅 덕트 공사 또는 버스 덕트 공사의 경우　　　　　　**답** ③

41 저압 옥내 배선을 할 때 인입용 비닐 절연 전선을 사용할 수 없는 것은?

① 합성수지관공사　　　　　　② 금속관공사
③ 애자공사　　　　　　④ 금속제 가요전선관공사

> **해설** KEC 232.56(애자공사)
> ① 전선의 종류 : 절연전선. 단, 옥외용 비닐절연전선(OW) 및 인입용 비닐절연전선(DV)은 제외한다.
> ② 이격거리

전 압		전선과 조영재와의 이격거리		전선상호 간격	전선지지점 간의 거리	
					조영재의 윗면 또는 옆면	조영재에 따라 시설하지 않는 경우
저압	400[V] 이하	2.5[cm] 이상		6[m] 이상	2[m] 이하	–
	400[V] 초과	건조한 장소	2.5[cm] 이상			6[m] 이하
		기타의 장소	4.5[cm] 이상			

답 ③

42 습기가 많은 장소에서 440[V] 애자공사의 전선과 조영재와의 최소 이격 거리[cm]는?

① 2   ② 2.5   ③ 4.5   ④ 6

> **해설** KEC 232.56(애자공사)
> 전선과 조영재의 이격 거리가 400[V] 이하는 2.5[cm], 400[V]를 넘는 경우에는 4.5[cm]로 되어 있으나 400[V]를 넘는 경우에도 전개된 장소 또는 점검할 수 있는 은폐 장소로서 건조한 곳은 2.5[cm] 이상으로 할 수 있다.   답 ③

43 사용 전압 220[V]의 애자공사에서 전선의 지지점간의 거리는 최대 몇 [m]인가? 단, 전개된 장소로서 전선을 조영재의 상면에 따라 붙일 경우

① 1.5   ② 2   ③ 3.5   ④ 4

> **해설** KEC 232.56(애자공사)
> ① 전선의 종류 : 절연전선. 단, 옥외용 비닐 절연전선(OW) 및 인입용 비닐 절연전선(DV)은 제외한다.
> ② 이격거리

전 압		전선과 조영재와의 이격거리		전선상호 간격	전선지지점 간의 거리	
					조영재의 윗면 또는 옆면	조영재에 따라 시설하지 않는 경우
저압	400[V] 이하	2.5[cm] 이상		6[m] 이상	2[m] 이하	−
	400[V] 초과	건조한 장소	2.5[cm] 이상			6[m]이하
		기타의 장소	4.5[cm] 이상			

답 ②

44 일반 주택의 저압 옥내 배선을 점검하였더니 다음과 같이 시공되어 있었다. 잘못 시공된 것은?

① 욕실의 전등으로 방습 형광등이 시설되어 있다.
② 단상 3선식 인입 개폐기의 중성선에 동판이 접속되어 있었다.
③ 합성수지관 공사의 지지점 간의 거리가 2.0[m]로 되어 있었다.
④ 금속관 공사로 시공하였고 NR전선이 사용되어 있었다.

> **해설** KEC 232.11(합성수지관 공사)
> 합성수지관의 지지점 간의 거리는 1.5[m] 이하로 시설할 것.   답 ③

45 합성수지관 공사에 대한 설명 중 옳은 것은?

① 합성수지관 안에 전선의 접속점이 있어야 한다.
② 전선은 반드시 옥외용 절연전선을 사용하여야 한다.
③ 합성수지관 내 6.0[mm²] 경동선은 넣을 수 있다.
④ 합성수지관의 지지점 간의 거리는 3[m]로 한다.

해설 KEC 232.11(합성수지관 공사)
전선은 절연전선(OW 제외)으로 연선일 것. 다만, 짧고 가는 합성수지관에 넣은 것 또는 단면적 10[mm²] (알루미늄 선은 16[mm²]) 이하인 것은 단선을 사용할 수 있다. 답 ③

46 저압 옥내 배선에서 합성수지관을 넣을 수 있는 단선의 최대 굵기[mm²]는?

① 2.5 　　　　② 6.0 　　　　③ 10 　　　　④ 25

해설 KEC 232.11(합성수지관 공사)
전선은 절연전선(OW 제외)으로 연선일 것. 다만, 짧고 가는 합성수지관에 넣은 것 또는 단면적 10[mm²] (알루미늄 선은 16[mm²]) 이하인 것은 단선을 사용할 수 있다. 답 ③

47 금속관 공사에 의한 저압 옥내 배선 시 콘크리트에 매설하는 경우 관의 최소 두께[mm]는?

① 0.8 　　　　② 1.0 　　　　③ 1.2 　　　　④ 1.4

해설 KEC 232.12(금속관 공사) 전선관의 두께
　• 콘크리트에 매설 : 1.2[mm] 이상
　• 매설 이외의 경우 : 1[mm] 이상
단, 이음매가 없는 길이 4[m] 이하인 것을 건조하고 전개된 곳에 시설하는 경우에는 0.5[mm] 답 ③

48 금속관 공사에 의한 저압 옥내 배선에 사용할 수 없는 것은?

① 인입용 비닐 절연전선
② 옥외용 비닐 절연전선
③ 450/750[V] 이하 염화 비닐절연전선
④ 450/750[V] 이하 고무 절연전선

해설 KEC 232.12(금속관 공사)
합성수지 몰드 공사, 합성수지관 공사, 금속관공사, 금속몰드공사, 가요전선관공사 및 금속 덕트 공사에 의한 배선의 전선은 옥외용 비닐 절연 전선을 제외한 절연전선일 것. 답 ②

49 저압 옥내 배선을 금속관 공사에 의하여 시설하는 경우에 대한 설명 중 옳은 것은?

① 전선에 옥외용 비닐 절연 전선을 사용하였다.
② 전선은 굵기에 관계없이 연선을 사용하여야 한다.
③ 콘크리트에 매설하는 금속관의 두께는 1.2[mm] 이상이어야 한다.
④ 전선은 금속관 안에서 접속점이 있어도 무방하다.

해설 KEC 232.12(금속관 공사)
(1) 전선은 절연전선(옥외용 비닐절연전선을 제외한다)일 것.
(2) 전선은 연선일 것. 다만, 다음의 것은 적용하지 않는다.
　　– 짧고 가는 금속관에 넣은 것.
　　– 단면적 10[mm²](알루미늄선은 단면적 16[mm²]) 이하의 것.
(3) 전선은 금속관 안에서 접속점이 없도록 할 것. 답 ③

50 금속제 가요전선관공사에 사용할 수 없는 전선은?

　① 인입용 비닐 절연 전선

　② 옥외용 비닐 절연 전선

　③ 450/750[V] 이하 염화비닐절연전선

　④ 450/750[V] 이하 고무절연전선

> **해설** KEC 232.13(금속제 가요전선관공사)
> 전선은 절연 전선(OW 제외)으로 연선이어야 하며(단면적 10[mm²] 이하의 것은 단선 사용 가능) 관 안에서
> 접속점이 없도록 시설하고 가요전선관은 2종 금속제 가요 전선관일 것. **답** ②

51 금속제 가요전선관공사에 의한 저압 옥내 배선을 다음과 같이 시행하였다. 옳은 것은?

　① 옥외용 비닐 절연 전선을 사용하였다.

　② 단면적 25[mm²]의 단선을 사용하였다.

　③ 2종 금속제 가요 전선관을 사용하였다.

　④ 전선에 접속점이 있어도 상관 없다.

> **해설** KEC 232.13(금속제 가요전선관공사)
> 가요 전선관 공사에 의한 저압 옥내 배선의 시설
> ① 전선을 절연 전선일 것
> ② 전선은 연선일 것. 다만, 단면적 10[mm²] 이하의 것은 단선을 쓸 수 있다.
> ③ 가요 전선관에는 전선에 접속점이 없도록 한다.
> ④ 가요 전선관은 2종 금속제 가요 전선관일 것 **답** ③

52 금속제 가요전선관공사에 의한 저압 옥내 배선으로 잘못된 것은?

　① 2종 금속제 가요 전선관을 사용하였다.

　② 규격에 적당한 단면적 10[mm²]의 단선을 사용 하였다.

　③ 전선으로 옥외용 비닐 절연 전선을 사용하였다.

　④ 전선에 접속점이 없도록 할 것

> **해설** KEC 232.13(금속제 가요전선관공사)
> 가요 전선관 공사에 의한 저압 옥내 배선
> ① 전선은 절연전선 이상일 것(옥외용 비닐 절연전선은 제외)
> ② 전선은 연선일 것. 다만, 단면적 10[mm²] 이하인 것은 단선을 쓸 수 있다.
> ③ 가요 전선관 안에는 전선에 접속점이 없도록 할 것
> ④ 가요 전선관은 2종 금속제 가요 전선관일 것 **답** ③

53 플로어 덕트 공사에 의한 저압 옥내 배선에서 절연 전선으로 연선을 사용하지 않아도 되는
것에는 전선의 굵기가 단면적 몇 [mm²] 이하의 경우인가?

　① 2.5　　　　　② 4.0　　　　　③ 6.0　　　　　④ 10

해설 KEC 232.32(플로어덕트 공사)
플로어덕트 공사에 의한 저압 옥내 배선은 다음 각 호에 의하여 시설한다.
① 전선은 절연 전선(옥외용 비닐 절연전선을 제외한다)일 것
② 전선은 연선일 것. 단, 단면적 10[mm²](알루미늄 선은 16[mm²]) 이하인 것은 그러 하지 아니하다.
③ 플로어덕트 안에는 전선에 접속점이 없도록 할 것. 다만, 전선을 분기하는 경우에 접속점을 쉽게 점검할 수 있을 때에는 그러하지 아니하다. 답 ④

54 케이블트레이공사에 사용하는 케이블 트레이에 적합하지 않은 것은?

① 옥외 비닐케이블
② 600[V] 비닐절연전선
③ 600[V] 고무절연전선
④ 클로로프렌 캡타이어 케이블

해설 KEC 232.41(케이블 트레이 공사)
케이블트레이공사는 케이블을 지지하기 위하여 사용하는 금속재 또는 불연성 재료로 제작된 유닛 또는 유닛의 집합체 및 그에 부속하는 부속재 등으로 구성된 견고한 구조물을 말하며 사다리형, 펀칭형, 메시형, 바닥밀폐형 기타 이와 유사한 구조물을 포함하여 적용한다. 답 ①

55 굵기가 다른 케이블을 배선할 경우 전선관의 두께는 전선의 피복 절연물을 포함한 단면적이 전선관의 몇 % 이하가 되어야 하는가?

① 20[%]
② 32[%]
③ 48[%]
④ 52[%]

해설 전선관의 직경은 전선의 피복절연물을 포함하는 단면적의 총합이 총관의 48[%] 이하로 하고, 직경이 다른 케이블의 경우는 32[%] 이하를 원칙으로 한다. 답 ②

56 특고압을 직접 저압으로 변성하는 변압기를 설치하면 안되는 경우가 아닌 것은?

① 전기로 등 전류가 큰 전기를 소비하기 위한 변압기
② 발전소 · 변전소 · 개폐소 또는 이에 준하는 곳의 소내용 변압기
③ 특고압 측의 권선과 저압측의 권선이 혼촉 하였을 경우 자동적으로 전로가 차단되는 장치의 시설 그 밖의 적절한 안전조치가 되어 있는 경우
④ 산업체 제조시설 운영 장소에 시설하는 경우

해설 KEC 341.3(특고압을 직접 저압으로 변성하는 변압기의 시설)
특고압을 직접 저압으로 변성하는 변압기는 다음의 것 이외에는 시설하여서는 아니 된다.
1) 전기로 등 전류가 큰 전기를 소비하기 위한 변압기
2) 발전소·변전소·개폐소 또는 이에 준하는 곳의 소내용 변압기
3) 25[kV] 이하 특고압 가공전선로의 시설에서 규정하는 특고압 전선로에 접속하는 변압기
4) 사용전압이 35[kV] 이하인 변압기로서 그 특고압측 권선과 저압측 권선이 혼촉한 경우에 자동적으로 변압기를 전로로부터 차단하기 위한 장치를 설치한 것.
5) 사용전압이 100[kV] 이하인 변압기로서 그 특고압측 권선과 저압측 권선사이에 142.5의 규정에 의하여 접지공사(접지저항 값이 10[Ω] 이하인 것에 한한다)를 한 금속제의 혼촉방지판이 있는 것.
6) 교류식 전기철도용 신호회로에 전기를 공급하기 위한 변압기 답 ④

57 변압기로서 특고압과 결합되는 고압 전로의 혼촉에 의한 위험 방지 시설로 옳은 것은?

① 프라이머리 컷 아웃 스위치 장치

② 변성기 설치

③ 퓨즈

④ 사용 전압 3배의 전압에서 방전하는 방전 장치

> **해설** KEC 322.3(특고압과 고압의 혼촉 등에 의한 위험 방지 시설)
> 변압기에 의하여 특고압전로에 결합되는 고압전로에는 사용전압의 3배 이하인 전압이 가하여진 경우에 방전하는 장치를 그 변압기의 단자에 가까운 1극에 설치하여야 한다. **답** ④

58 23[kV] 변압기의 충전부와 울타리 높이를 가산한 충전부까지 거리의 최소값은 몇 [m]인가? 단, 위험하다는 내용의 표시를 할 경우임.

① 4 　　　　② 5 　　　　③ 6 　　　　④ 7

> **해설** KEC 351.1(발전소 등의 울타리 · 담 등의 시설)
> ① 35[kV] 이하 : 5[m]
> ② 35[kV] 초과 160[kV] 이하 : 6[m]
> ③ 160[kV]가 넘는 것 : 6[m]에 16만[V]를 넘는 1만[V] 또는 그 단수마다 12[cm]를 가산한 값 **답** ②

59 "고압 또는 특고압의 기계 기구, 모선 등을 옥외에 시설하는 발전소, 변전소, 개폐소 또는 이에 준하는 곳에 시설하는 울타리, 담 등의 높이는 (가) [m] 이상으로 하고, 지표면과 울타리, 담 등의 하단 사이의 간격은 (나) [cm] 이하로 하여야 한다"에서 가, 나에 알맞은 것은?

① (가) 3 　(나) 15 　　　　　② (가) 2 　(나) 15

③ (가) 3 　(나) 25 　　　　　④ (가) 2 　(나) 25

> **해설** KEC 351.1(발전소 등의 울타리 · 담 등의 시설)
> 울타리 · 담 등의 높이는 2[m] 이상으로 하고 지표면과 울타리 · 담 등의 하단 사이의 간격은 15[cm] 이하로 할 것. **답** ②

60 고압용 또는 특고압용 단로기로서 부하 전류의 차단을 방지하기 위한 조치가 아닌 것은?

① 단로기의 조작 위치에 부하 전류 유무 표시

② 단로기 설치위치의 1차측에 방전 장치 시설

③ 단로기의 조작 위치에 전화기, 기타의 지령 장치 시설

④ 터블렛 등을 사용함으로써 부하 전류가 통하고 있을 때에 개로 조작을 방지하기 위한 조치

> **해설** KEC 341.9(개폐기의 시설)
> 고압용 또는 특고압용의 개폐기로서 부하 전류를 차단하기 위한 것이 아닌 개폐기는 부하전류가 통하고 있을 경우에는 회로가 열리지 않도록 시설하여야 한다. 다만 개폐기를 조작하는 곳의 보기 쉬운 위치에 부하전류의 유무를 표시한 장치 또는 전화기 기타의 지령 장치를 시설하거나 테블릿 등을 사용함으로써 부하전류가 통하고 있을 때에 열린 회로의 조작을 방지하기 위한 조치를 하는 경우는 그러하지 아니하다. **답** ②

61 과전류 차단기로 시설하는 퓨즈 중 고압 전로에 사용하는 비포장 퓨즈는 정격 전류의 몇 배의 전류에 견디고 또한 2배의 전류로 2분 안에 용단되는 것이어야 하는가?

① 1.1　　　　　　　② 1.25　　　　　　　③ 1.5　　　　　　　④ 1.75

> 해설　KEC 341.10(고압 및 특고압 전로 중의 과전류 차단기의 시설)
> 고압용 포장퓨즈와 비포장 퓨즈 용단 규정은 다음과 같다.
> ① 포장퓨즈 : 1.3배의 전류에 견디고 2배의 전류에서는 120분 안에 용단
> ② 비포장퓨즈 : 1.25배의 전류에 견디고 2배의 전류에서는 2분 안에 용단　　　**답** ②

62 피뢰기를 설치하지 않아도 되는 곳은?

① 발·변전소의 가공 전선 인입구 및 인출구
② 가공 전선로의 말구 부분
③ 가공 전선로에 접속한 1차측 전압이 35[kV] 이하인 배전용 변압기의 고압측 및 특고압측
④ 특고압 가공 전선로로부터 공급을 받는 수용 장소의 인입구

> 해설　KEC 341.13 (피뢰기의 시설)
> 고압 및 특고압의 전로 중 피뢰기를 시설하여야 하는 곳은
> ① 발·변전소의 가공 전선 인입구 및 인출구
> ② 가공전선로에 접속하는 특고 배전용 변압기의 고압측 및 특고압측
> ③ 고압 및 특고압 가공 전선로로부터 공급을 받는 수용장소의 인입구
> ④ 가공 전선로와 지중 전선로가 접속되는 곳.　　　**답** ②

63 발전기를 자동적으로 전로로부터 차단하는 장치를 반드시 시설하여야 하는 경우가 아닌 것은?

① 발전기에 과전류가 생긴 경우
② 용량 2,000[kVA]인 수차 발전기의 스러스트 베어링의 온도가 현저히 상승하는 경우
③ 용량 5,000[kVA]인 발전기의 내부에 고장이 생긴 경우
④ 용량 500[kVA]인 발전기를 구동하는 수차의 압유 장치의 유압이 현저히 저하한 경우

> 해설　KEC 351.3(발전기 등의 보호 장치)
> 발전기 내부 고장 시 전로로부터 자동 차단장치를 반드시 시설하는 용량은 10,000[kVA]이다.　　　**답** ③

64 전로의 보호장치의 확실한 동작의 확보, 이상전압의 억제 및 대지전압의 저하를 위하여 저압 전로의 중성점에서 시설할 경우 접지선의 공칭단면적은 몇 [mm²] 이상의 연동선으로 하여야 하는가?

① 16　　　　　　　　　　　　　　② 10
③ 6　　　　　　　　　　　　　　　④ 4

> 해설　저압 전로의 중성점에 시설하는 것은 공칭단면적 6[mm²] 이상의 연동선 또는 이와 동등 이상의 세기 및 굵기의 쉽게 부식하지 않는 금속선 사용　　　**답** ③

65 발전기 내부에 고장이 생긴 경우 발전기를 자동적으로 차단하는 장치가 꼭 필요한 발전기 용량의 최소값[kVA]은?

① 500   ② 1,000
③ 5,000   ④ 10,000

> **해설** KEC 351.3(발전기 등의 보호 장치)
> 발전기에는 다음과 같은 경우에 자동적으로 이를 전로로부터 차단하는 장치를 시설하여야 한다.
> ① 발전기에 과전류나 과전압이 생긴 경우
> ② 용량이 500[kVA] 이상인 발전기를 구동하는 수차 압유 장치의 유압이 현저히 저하한 경우
> ③ 용량이 10,000[kVA] 이상인 발전기의 내부에 고장이 생긴 경우
> ④ 용량이 2,000[kVA] 이상인 수차발전기의 스러스트 베어링의 온도가 현저히 상승한 경우
> ⑤ 정격출력이 10,000[kW]를 넘는 증기터빈에 있어서 그의 스러스트 베어링이 현저하게 마모 되거나 그의 온도가 현저히 상승한 경우
> ⑥ 용량이 100 kVA 이상의 발전기를 구동하는 풍차(風車)의 압유장치의 유압, 압축 공기장치의 공기압 또는 전동식 브레이드 제어장치의 전원전압이 현저히 저하한 경우   **답** ④

66 전력용 콘덴서의 내부에 고장이 생긴 경우 및 과전류 또는 과전압이 생긴 경우에 자동적으로 전로로부터 차단하는 장치가 필요한 뱅크 용량은 몇 [kVA] 이상인 것인가?

① 8,000   ② 10,000
③ 12,000   ④ 15,000

> **해설** KEC 351.5(무효전력 보상장치의 보호장치)
> 무효전력 보상장치에는 그 내부에 고장이 생긴 경우에 보호하는 장치를 표와 같이 시설하여야 한다.
>
> | 설비 종별 | 뱅크 용량의 구분 | 자동적으로 전로로부터 차단하는 장치 |
> |---|---|---|
> | 전력용 기페시디 및 분로 리액터 | 500[kVA] 초과 15,000[kVA] 미만 | • 내부에 고장이 생긴 경우
• 과전류가 생긴 경우 |
> | | 15,000[kVA] 이상 | • 내부에 고장이 생긴 경우
• 과전류가 생긴 경우
• 과전압이 생긴 경우 |
> | 조상기 | 15,000[kVA] 이상 | • 내부에 고장이 생긴 경우 |
>
> **답** ④

67 발전소에 시설하지 않아도 되는 계측 장치는?

① 발전기의 고정자 온도   ② 주요 변압기의 역률
③ 주요 변압기의 전압 및 전류 또는 전력   ④ 특고압용 변압기의 온도

> **해설** KEC 351.6(계측장치)
> 발전소에 시설 하여야 하는 계측장치
> ① 발전기·연료전지 또는 태양 전지모듈의 전압 및 전류 또는 전력
> ② 발전기의 베어링 및 고정자 온도
> ③ 주요 변압기의 전압 및 전류 또는 전력
> ④ 특고압용 변압기의 온도
> ⑤ 정격출력이 10,000[kW]를 초과하는 증기터빈에 접속하는 발전기의 진동의 진폭(정격출력이 400,000[kW] 이상의 증기터빈에 접속하는 발전기는 이를 자동적으로 기록하는 것에 한한다)   **답** ②

68 전력 계통의 용량과 비슷한 동기 조상기를 시설하는 경우에 반드시 시설되어야 할 검정 장치 나 계측 장치가 아닌 것은?

① 동기 검정 장치

② 동기 조상기의 역률

③ 동기 조상기의 전압 및 전류 또는 전력

④ 동기 조상기의 베어링 및 고정자의 온도

해설 KEC 351.6(계측장치)

동기조상기의 용량이 전력계통의 용량과 비교하여 비슷한 경우 동기검정장치, 동기조상기의 전압 및 전류 또는 전력, 동기조상기의 베어링 및 고정자의 온도 등을 계측하는 장치를 시설하여야 한다. **답** ②

69 수소 냉각식 조상기를 설치한 변전소 안의 수소 순도는 어느 경우에 경보하여야 하는가?

① 65[%] 이하

② 65[%] 이상

③ 85[%] 이하

④ 90[%] 이상

해설 KEC 351.9(상주 감시를 하지 아니하는 변전소의 시설)

수소냉각식 조상기를 시설하는 변전소는 그 조상기 안의 수소의 순도가 85[%] 이하로 저하한 경우에는 이를 경보하는 장치를 시설해야 한다. **답** ③

70 발·변전소 또는 이에 준하는 곳의 배전반 시설이 적당하지 않은 것은?

① 취급에 위험을 주지 않도록 보호 장치를 할 것

② 점검에 용이하게 시설할 것

③ 회로 설비는 반드시 관에 넣어 시설할 것

④ 통로를 시설할 것

해설 KEC351.7(배전반의 시설)

① 점검 가능하도록 할 것

② 방호장치

③ 통로 시설을 할 것

④ 기기조작에 필요한 공간을 확보 **답** ③

71 상주 감시를 요하지 아니하는 변전소에서 그 온도가 현저히 상승한 경우 기술원 주재소에 경보하는 장치를 시설하여야 할 특고압용 변압기의 출력은 얼마인가?

① 1,000[kVA]를 넘는 것

② 2,000[kVA]를 넘는 것

③ 3,000[kVA]를 넘는 것

④ 5,000[kVA]를 넘는 것

해설 KEC 351.9(상주 감시를 하지 아니하는 변전소의 시설)

상주 감시를 하지 아니하는 변전소는 다음의 경우에 기술원 주재소에 경보하는 장치를 하여야 한다.

① 운전 조작에 필요한 차단기가 자동적으로 차단한 경우(차단기가 자동적으로 재연결된 경우를 제외한다.)

② 제어회로 전압이 현저히 저하한 경우

③ 조상기에 내부 고장이 생긴 경우

④ 출력 3,000[kVA]를 넘는 특고압용 변압기 온도가 현저히 상승한 경우

⑤ 주요 변압기의 전원측 전로가 무전압으로 된 경우

⑥ 옥내변전소에 화재가 발생한 경우
⑦ 특고압용 타냉식변압기는 그 냉각장치가 고장난 경우
⑧ 수소냉각식조상기는 그 조상기 안의 수소의 순도가 90% 이하로 저하한 경우, 수소의 압력이 현저히 변동한 경우 또는 수소의 온도가 현저히 상승한 경우
⑨ 가스절연기기(압력의 저하에 의하여 절연파괴 등이 생길 우려가 없는 경우를 제외한다)의 절연가스의 압력이 현저히 저하한 경우   탑 ③

---

72 어떤 규모, 어떤 시설, 어떤 장치가 있더라도 발전소 운전에 필요한 지식 및 기능이 있는 기술원이 상주 감시를 하여야 하는 발전소는?

① 원자력 발전소   ② 수로식 발전소
③ 태양전지 발전소   ④ 내연력 발전소

해설 KEC 351.8(상주 감시를 하지 아니하는 발전소의 시설)
수력발전소, 풍력발전소, 내연력발전소, 연료전지발전소 및 태양전지발전소로서 그 발전소를 원격감시 제어하는 제어소(이하 "발전제어소"라 한다)에 기술원이 상주하여 감시하는 경우   탑 ①

---

73 가공 전선로의 지지물에 취급자가 오르고 내리는 데 사용하는 발판 볼트 등은 일반적으로 지표상 몇 [m] 미만에 시설하여서는 아니 되는가?

① 1.2   ② 1.5   ③ 1.8   ④ 2.0

해설 KEC 331.4(가공전선로 지지물의 철탑오름 및 전주오름 방지)
발판 볼트 등은 1.8[m] 미만에 시설하여서는 안 된다. 다만 다음의 경우에는 그러하지 아니하다.
· 발판을 내부에 넣을 수 있는 구조
· 지지물에 철탑오름 및 전주오름 방지장치를 시설하는 경우
· 취급자 이외의 자가 출입할 수 없도록 울타리 담 등을 시설한 경우
· 산간 등에 있으며 사람이 쉽게 접근할 우려가 없는 곳   탑 ③

---

74 가공 전선로에 사용하는 지지물의 강도 계산에 적용하는 풍압 하중의 종류는?

① 갑종, 을종, 병종   ② A종, B종, C종
③ 1종, 2종, 3종   ④ 수평, 수직, 각도

해설 KEC 331.6(풍압하중의 종별과 적용)
① 갑종 풍압 하중 : 구성재의 수직 투영 면적 1[m²]에 대한 풍압을 기초로 하여 계산한 것
② 을종 풍압 하중 : 전선 기타 가섭선의 주위에 두께 6[mm], 비중 0.9의 빙설이 부착한 상태에서 갑종 풍압 하중의 1/2을 기초로 한 것
③ 병종 풍압 하중 : 갑종 풍압 하중의 1/2의 값   탑 ①

---

75 가공 전선로에 사용하는 지지물의 강도 계산에 적용하는 풍압 하중 중 병종 풍압 하중은 갑종 풍압 하중에 대한 얼마를 기초로 하여 계산한 것인가?

① $\frac{1}{2}$ ② $\frac{1}{3}$ ③ $\frac{2}{3}$ ④ $\frac{1}{4}$

해설 KEC 331.6(풍압하중의 종별과 적용)

병종 풍압 하중은 갑종 풍압하중의 $\frac{1}{2}$ 값이다.　　　　　　　　　　　　답 ①

76 원형 철근 콘크리트주의 갑종 풍압 하중[Pa]은 수직 투영 면적 1[m²]당 얼마인가?

① 588　　　　　　　　　　　　　　② 745

③ 882　　　　　　　　　　　　　　④ 1117

해설 KEC 331.6(풍압하중의 종별과 적용)

철근 콘크리트주	원형의 것	588[Pa]
	기타의 것	882[Pa]

답 ①

77 철주가 강관에 의하여 구성되는 사각형의 것일 때 갑종 풍압 하중을 계산하려 한다. 수직 투영 면적 1[m²]에 대한 풍압을 몇 [Pa]으로 기초하여 계산하는가?

① 588　　　　　　　　　　　　　　② 882

③ 1117　　　　　　　　　　　　　④ 1627

해설 KEC 331.6 (풍압하중의 종별과 적용)

	원형의 것	588[Pa]
	삼각형 또는 마름모형의 것	1,412[Pa]
철 주	강관에 의하여 구성되는 4각형의 것	1,117[Pa]
	기타의 것	목재가 전·후면에 겹치는 경우에는 1,627[Pa], 기타의 경우에는 1,784[Pa]

답 ③

78 고저압 가공 전선로의 지지물을 인가가 많이 연접된 장소에 시설할 때 적용하는 적합한 풍압 하중은?

① 갑종 풍압 하중값의 30[%]　　　　② 을종 풍압 하중값

③ 갑종 풍압 하중값의 50[%]　　　　④ 병종 풍압 하중값의 1.1배

해설 KEC 331.6(풍압하중의 종별과 적용)

인가가 많이 연접된 장소에서는 풍압이 일반적으로 감소하기 때문에 고저압 가공전선로의 지지물 및 가섭선에 병종 풍압 하중, 즉 갑종 풍압 하중의 1/2을 적용하면 되는 것으로 정하였다.　답 ③

79 강관으로 구성된 철탑의 갑종 풍압 하중은 수직 투영 면적 1[m²]에 대한 풍압을 기초로 하여 계산한 값은 몇 [Pa]인가?

① 1,255　　　　　　　　　　　　② 588

③ 1,117　　　　　　　　　　　　④ 2,157

해설 KEC 331.6(풍압하중의 종별과 적용)

철 탑	단주 (완철류는 제외함)	원형의 것	588[Pa]
		기타의 것	1,412[Pa]
	강판으로 구성되는 것(단주는 제외함)		1,255[Pa]
	기타의 것		2,157[Pa]

답 ①

80 빙설이 적고 인가가 밀집한 도시에 시설하는 고압 가공 전선로 설계에 사용하는 풍압 하중은?

① 갑종 풍압 하중
② 을종 풍압 하중
③ 병종 풍압 하중
④ 갑종 풍압 하중과 을종 풍압 하중을 각 설비에 따라 혼용

해설 KEC 331.6(풍압하중의 종별과 적용)
병종 풍압 하중은 빙설이 적은 지방에서 저온계절이나 인가가 많은 장소에서 일반적으로 풍속도 감소되므로 설계상 적용된다.

답 ③

81 가공 전선로의 지지물로 사용되는 철탑 기초 강도의 안전율은 얼마 이상인가?

① 1.5   ② 1.33   ③ 2.5   ④ 3

해설 KEC 331.7(가공전선로 지지물의 기초의 안전율)
가공전선로의 지지물에 하중이 가하여 지는 경우에 그 하중을 받는 지지물의 기초의 안전율은 2 이상(단, 이상시 상정 하중에 대한 철탑의 기초에 대하여는 1.33)이어야 한다. 다만, 땅에 묻히는 깊이를 다음의 표에서 정한 값 이상의 깊이로 시설하는 경우에는 그러하지 아니하다.

설계 하중 전장	6.8[kN] 이하	6.8[kN] 초과~ 9.8[kN] 이하	6.8[kN] 초과~ 17.42[kN] 이하
15[m] 이하	전장$\times\frac{1}{6}$[m] 이상	전장$\times\frac{1}{6}+0.3$[m] 이상	전장$\times\frac{1}{6}+0.5$[m] 이상
15[m] 초과	2.5[m] 이상	2.8[m] 이상	–
16[m] 초과~20[m] 이하	2.8[m] 이상	–	–
15[m] 초과~18[m] 이하	–	–	3[m] 이상
18[m] 초과	–	–	3.2[m] 이상

답 ②

82 설계 하중 8.82[kN]인 철근 콘크리트주의 길이가 16[m]라 한다. 이 지지물을 지반이 연약한 곳 이외에 시설하는 경우, 땅에 묻히는 깊이는 몇 [m] 이상으로 하여야 하는가?

① 2.0   ② 2.3   ③ 2.5   ④ 2.8

해설 KEC 331.7(가공전선로 지지물의 기초의 안전율)
철근 콘크리트주로서 전체의 길이가 14[m] 이상 20[m] 이하이고, 설계하중이 6.8[kN] 초과 9.8[kN] 이하의 것을 논이나 그 밖의 지반이 연약한 곳 이외에 시설하는 경우 그 묻히는 깊이는 기준보다 30[cm]를 가산하여 시설한다.
$2.5+0.3=2.8$[m]

답 ④

83 철탑의 강도계산에 사용하는 이상시 상정 하중에 대한 철탑의 기초에 대한 안전율은?

① 1.33 　　　　　　　　　　　　② 1.5

③ 2 　　　　　　　　　　　　　④ 2.5

> 해설　KEC 331.7(가공전선로 지지물의 기초의 안전율)
> 　　　가공 전선로 지지물의 기초 안전율은 2 이상이어야 한다. 단, 이상 시 상정 하중은 철탑인 경우는 1.33이다.
> 　　　　　　　　　　　　　　　　　　　　　　　　　　　　　　　　　　　　　답 ①

84 가공 전선로의 지지물이 아닌 것은?

① 목주 　　　　　　　　　　　　② 지선

③ 철탑 　　　　　　　　　　　　④ 철근콘크리트주

> 해설　KEC 331.11(지선의 시설) 지선 지지물의 강도 보강
> 　　　・안전율 : 2.5 이상
> 　　　・최저 인장 하중 : 4.31[kN]
> 　　　・2.6[mm] 이상의 금속선을 3조 이상 꼬아서 사용
> 　　　・지중 및 지표상 30[cm]까지의 부분은 아연도금 철봉 등을 사용
> 　　　　　　　　　　　　　　　　　　　　　　　　　　　　　　　　　　　　　답 ②

85 지선의 전선로에서 지지물에 시설하는 지선의 안전율 최소값은?

① 1.5 　　　　　　　　　　　　② 2.2

③ 2.5 　　　　　　　　　　　　④ 2.7

> 해설　KEC 331.11(지선의 시설)
> 　　　가공전선로의 지지물에 시설하는 지선의 안전율은 2.5 이상, 허용 인장하중의 최저는 4.31[kN]으로 한다.
> 　　　　　　　　　　　　　　　　　　　　　　　　　　　　　　　　　　　　　답 ③

86 가공 전선로의 지지물에 시설하는 지선의 설치 기준으로 옳은 것은?

① 지선의 안전율은 1.2 이상일 것

② 소선 3가닥 이상의 연선일 것

③ 소선은 지름 1.2[mm] 이상인 금속선을 사용한 것일 것

④ 허용 인장 하중의 최저는 2.15[kN]으로 할 것

> 해설　KEC 331.11(지선의 시설) 지선 지지물의 강도 보강
> 　　　・안전율 : 2.5 이상
> 　　　・최저 인장 하중 : 4.31[kN]
> 　　　・소선 3가닥 이상의 연선일 것
> 　　　・지중 및 지표상 30[cm]까지의 부분은 아연도금 철봉 등을 사용
> 　　　・소선의 지름이 2.6[mm] 이상의 금속선을 사용한 것일 것. 다만, 소선의 지름이 2[mm] 이상인 아연도강연
> 　　　　선(亞鉛鍍鋼撚線)으로서 소선의 인장강도가 0.68[kN/mm²] 이상인 것을 사용하는 경우에는 적용하지 않
> 　　　　는다.
> 　　　　　　　　　　　　　　　　　　　　　　　　　　　　　　　　　　　　　답 ②

87 특고압 가공 전선로를 가공 케이블로 시설하는 경우 잘못된 것은?

① 조가용선에 행거의 간격은 1[m]로 시설하였다.

② 조가용선을 케이블의 외장에 견고하게 붙여 시설하였다.

③ 조가용선은 단면적 22[mm²]의 아연도 강연선을 사용하였다

④ 조가용선에 접촉시켜 금속 테이프를 간격 20[cm] 이하의 간격을 유지시켜 나선형으로 감아 붙였다.

> **해설** KEC 333.3(특고압가공 케이블의 시설)
> 가공 전선에 케이블을 사용하는 경우에는 다음과 같이 시설한다.
> ① 케이블은 조가용선에 행거로 시설하며 고압 및 특고압인 경우 행거의 간격을 50[cm] 이하로 한다.
> ② 조가용선은 인장 강도 13.93[kN]이상의 것 또는 단면적 22[mm²] 이상인 아연도강연선일 것을 사용한다.
> ③ 조가용선 및 케이블의 피복에 사용하는 금속체에는 규정에 준하여 접지공사를 한다.
> ④ 조가용선을 케이블에 접촉 시켜 금속테이프를 감는 경우에는 20[cm] 이하의 간격으로 나선형으로 한다.
> **답** ①

88 물밑전선로의 시설에 대한 설명으로 틀린 것은?

① 전선에 케이블을 사용하고 이를 견고한 관에 넣어 시설하였다.

② 전선에 지름 3.5[mm] 아연도철선 이상의 기계적 강도가 있는 금속선으로 개장한 케이블을 사용하였다.

③ 특고압인 경우 전선으로 케이블을 사용하였다.

④ 폴리에틸렌 혼합물·부틸고무 혼합물의 절연재료로 구성된 케이블을 사용하였다

> **해설** KEC 335.4(물밑전선로의 시설)
> 1) 저·고압 수저 전선로의 전선은 수저 케이블을 사용하거나 전선에 케이블을 사용하고 이를 견고한 관에 넣어 시설한다. (다만, 4.5[mm] 이상인 아연도 철선을 개장한 케이블을 사용하고 이를 수저에 매설할 수 있다.)
> 2) 특고 수저 전선로는 케이블을 견고한 관에 시설한다.(다만, 6[mm] 이상의 아연도 철선을 개장한 케이블을 관에 넣지 않을 수 있다.)
> **답** ②

89 고압 가공전선으로 내열 동합금선을 사용하는 경우 안전율이 몇 이상이 되도록 시설하여야 하는가?

① 2.0   ② 2.2   ③ 2.5   ④ 4.0

> **해설** 고압 가공전선은 케이블인 경우 이외에 구 안전율이 경동선 또는 내열 동합금선은 2.2 이상, 그 밖의 전선은 2.5 이상이 되도록 시설하여야 한다.
> **답** ②

90 고압 가공 전선로의 지지물로서 사용하는 목주의 풍압 하중에 대한 안전율은?

① 1.1 이상   ② 1.2 이상

③ 1.3 이상   ④ 1.5 이상

해설 **KEC 332.7(고압 가공전선로의 지지물의 강도 등)**
고압 가공전선로의 지지물로서 사용하는 목주는 다음 각 호에 따라 시설하여야 한다.
① 풍압 하중에 대한 안전율은 1.3 이상일 것
② 굵기는 말구 지름 12[cm] 이상일 것   답 ③

91 저·고압 가공 전선을 동일 지지물에 시설하는 경우의 설명 중 맞는 것은?

① 저압 가공선을 고압 가공선의 아래로 하여야 한다.(단, 이격 거리는 60[cm] 이상이어야 한다.)
② 저압 가공선과 고압 가공 전선의 이격 거리는 30[cm] 이상이어야 한다.
③ 저압 가공선과 고압 가공선의 이격 거리는 40[cm] 이상이어야 한다.
④ 저압 가공 전선과 고압 가공 전선의 이격 거리는 50[cm] 이상이어야 한다.

해설 **KEC 332.8(고압 가공전선 등의 병행설치)**
저압 가공 전선과 고압 가공 전선을 동일 지지물에 시설하는 경우는,
① 별개의 완금류에 의해 시설한다.
② 이격거리는 50[cm] 이상으로 한다. 단, 고압 가공 전선이 케이블인 경우는 30[cm] 이상 이격하면 된다.
답 ④

92 동일 지지물에 고·저압을 병가할 때 저압선의 위치는?

① 상부에 시설
② 동일 완금에 평행되게 시설
③ 하부에 시설
④ 옆쪽으로 평행되게 시설

해설 **KEC 332.8(고압 가공전선 등의 병행설치)**
이격거리 50[cm] 이상으로 저압선을 고압선의 아래로 별개의 완금류에 시설   답 ③

93 35[kV]를 넘고 100[kV] 미만의 특고압 가공 전선로의 지지물에 고·저압선을 병가할 수 있는 조건으로 틀린 것은?

① 특고압 가공전선로는 제2종 특고압 보안 공사에 의한다.
② 특고압 가공 전선과 고·저압선과의 이격 거리는 1.2[m] 이상으로 한다.
③ 특고압 가공전선은 55[mm²] 경동연선 또는 이외 동등 이상의 세기 및 굵기의 연선을 사용한다.
④ 지지물에는 강관 조립주를 제외한 철주, 철근 콘크리트주 또는 철탑을 사용한다.

해설 **KEC 333.17(특고압 가공전선과 저고압 가공전선 등의 병행설치)**
특고 가공전선과 고·저압 가공 전선 사이의 이격거리는 2[m] 이상일 것   답 ②

94 사용 전압 66,000[V]인 특고압 가공전선로에 고압 가공 전선을 병가하는 경우 특고압 가공전선로는 어느 종류의 보안공사를 하여야 하는가?

① 고압 보안공사

② 제1종 특고압 보안공사

③ 제2종 특고압 보안공사

④ 제3종 특고압 보안공사

> **해설** KEC 333.17(특고압 가공전선과 저고압 가공전선의 병행설치)
> 사용 전압 35[kV] 넘고 100[kV] 미만인 경우
> ・제2종 특고압 보안공사
> ・이격거리는 2[m] 이상
> ・인장강도 21.67[kN] 이상의 연선 또는 단면적이 55[mm²] 이상인 경동 연선일 것
> ・지지물은 철주, 철근 콘크리트주, 철탑일 것   **답** ③

95 특고압 가공전선이 건조물과 제1차 접근상태에 시설되는 경우에 특고압 가공전선로는 몇 종 특고압 보안공사를 하여야 하는가?

① 제1종 특고압 보안공사

② 제2종 특고압 보안공사

③ 제3종 특고압 보안공사

④ 제4종 특고압 보안공사

> **해설** KEC 333.23(특고압 가공전선과 건조물의 접근)
> 특고압 가공전선이 건조물 등과 제1차 접근상태인 경우는 제3종 특고압 보안공사에 의할 것   **답** ③

96 보안공사 중에서 목주, A종 철주 및 A종 철근 콘크리트주를 사용할 수 없는 것은?

① 고압 보안공사

② 제1종 특고압 보안공사

③ 제2종 특고압 보안공사

④ 제3종 특고압 보안공사

> **해설** KEC 333.22(특고압 보안공사)
> 제1종 특고압 보안공사의 지지물에는 B종 철주, B종 철근콘크리트주 또는 철탑을 사용할 것.   **답** ②

97 목주를 사용한 고압 가공 전선로의 최대 경간은?

① 50[m]   ② 100[m]   ③ 150[m]   ④ 200[m]

> **해설** KEC 332.9(고압 가공전선로 경간의 제한)
>
> | 지지물의 종류 | 경간 |
> | --- | --- |
> | 목주・A종 철주 또는 A종 철근 콘크리트주 | 150[m] |
> | B종 철주 또는 B종 철근 콘크리트주 | 250[m] |
> | 철 탑 | 600[m] |
>
> **답** ③

98 제2종 특고압 보안 공사에 있어서 B종 철근 콘크리트주를 사용하는 경우에 최대 경간은 몇 [m]인가?

① 100[m]   ② 150[m]   ③ 200[m]   ④ 400[m]

해설 KEC 333.22(특고압 보안공사)
목주나 A종 지지물 : 100[m] 이하
B종 지지물 : 200[m] 이하
철탑 : 400[m] 이하
답 ③

99 고압 가공전선 상호 간의 이격거리는 몇 [cm] 이상이어야 하는가?

① 150
② 120
③ 100
④ 80

해설 KEC 332.16(고압 가공전선 등과 저압 가공전선 등의 접근 또는 교차)
고압 가공전선 상호 간의 이격거리는 80[cm](어느 한 쪽의 전선이 케이블인 경우에는 40[cm] 이상)
답 ④

100 66[kV] 가공 송전선과 건조물이 제1차 접근 상태로 시설하는 경우 전선과 건조물 간의 최소 이격거리는?

① 3.2
② 3.4
③ 3.6
④ 3.8

해설 KEC 333.23(특고압 가공전선과 건조물의 접근)
· 35[kV]가 넘는 것은 3[m]에 10[kV]마다 15[cm]를 더 가산한 값
· 단수 $= \dfrac{66-35}{10} = 3.1 \rightarrow$ 4단
· 이격거리 $= 3+4 \times 0.15 = 3.6$[m]
답 ③

101 345[kV] 가공전선이 건조물과 제1차 접근 상태로 시설되는 경우 양자 간의 최소 이격거리는 얼마이어야 하는가?

① 6.75[m]
② 7.65[m]
③ 7.80[m]
④ 9.48[m]

해설 KEC 333.23(특고압 가공전선과 건조물의 접근)
특고압 가공전선과 건조물의 이격거리는 35[kV] 이하인 경우 3[m], 35[kV]를 넘는 것은 3[m]에 35[kV]를 넘는 1만[V] 또는 그 단수마다 15[cm]를 가한 값 이상일 것.
∴ 3[m] + (34.5-3.5) × 0.15 = 7.65
답 ②

102 고압 가공 전선과 저압 가공 전선이 교차할 때 이격 거리는 최소 몇 [m] 이상이 되는가?

① 0.6
② 0.8
③ 1.0
④ 1.2

해설 KEC 332.16(고압 가공전선 등과 저압가공전선 등의 접근 또는 교차)
고압가공전선과 저압가공전선과의 교차 시 거리는 0.8[m], 케이블인 경우 0.4[m]이어야 한다.
답 ②

103 전로의 중성점을 접지하는 목적에 해당되지 않는 것은 어느 것인가?

① 보호 장치의 확실한 동작의 확보

② 부하 전류의 일부를 대지로 흐르게 함으로써 전선을 절약

③ 이상 전압의 억제

④ 대지 전압의 저하

> **해설** KEC 322.5 (전로의 중성점의 접지)
> 전로의 보호 장치의 확실한 동작의 확보, 이상 전압의 억제 및 대지전압의 저하를 위하여 특히 필요한 경우에 전로의 중성점을 접지한다. **답** ②

104 저압 수상전로에 사용되는 전선은?

① 옥외 비닐케이블

② 600V 비닐절연전선

③ 600V 고무절연전선

④ 클로로프렌 캡타이어 케이블

> **해설** KEC 335.3(수상전선로의 시설)
> 전선은 전선로의 사용전압이 저압인 경우에는 클로로프렌 캡타이어 케이블이어야 하며, 고압인 경우에는 캡타이어 케이블일 것. **답** ④

105 고압 가공전선을 시설할 때 사용되는 경동선의 굵기는 지름 몇 [mm] 이상인가?

① 2.6   ② 3.2   ③ 4.0   ④ 5.0

> **해설** KEC 332.3(고압가공전선의 굵기 및 종류)
> 고압가공전선은 인장강도 8.01[KN] 이상의 고압절연전선, 특고압 절연전선 또는 지름 5[mm] 이상의 경동선의 고압 절연전선, 특고압 절연전선을 사용하였다. **답** ④

106 가공전선로의 지지물의 강도계산에 적용하는 풍압하중은 빙설이 많은 지방이외의 지방에서 저온 계절에는 어떤 풍압하중을 적용하는가? (단, 인가가 연접되어 있지 않다고 한다.)

① 갑종풍압하중   ② 을종풍압하중

③ 병종풍압하중   ④ 을종과 병종풍압하중을 혼용

> **해설** KEC 331.6 (풍압하중의 종별과 적용)
>
> | 지역 | | 고온계절 | 저온계절 |
> |---|---|---|---|
> | 빙설이 많은 지방 이외의 지방 | | 갑종 | 병종 |
> | 빙설이 많은 지방 | 일반지역 | 갑종 | 을종 |
> | | 해안지방, 기타 저온계절에 최대풍압이 생기는 지역 | 갑종 | 갑종과 을종 중 큰 값 선정 |
> | 인가가 많이 연접되어 있는 장소 | | 병종 | 병종 |
>
> **답** ③

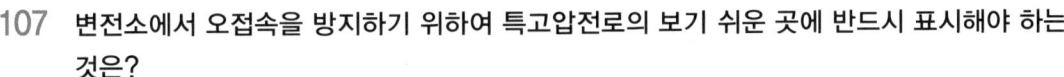

107 변전소에서 오접속을 방지하기 위하여 특고압전로의 보기 쉬운 곳에 반드시 표시해야 하는 것은?

① 상별표시   ② 위험표시

③ 최대전류   ④ 정격전압

> **해설** KEC 351.2 (특고압전로의 상 및 접속 상태의 표시)
> ① 발전소·변전소 또는 이에 준하는 곳의 특고압전로에는 그의 보기 쉬운 곳에 상별(相別) 표시를 하여야 한다.
> ② 발전소·변전소 또는 이에 준하는 곳의 특고압전로에 대하여는 그 접속 상태를 모의모선(模擬母線)의 사용 기타의 방법에 의하여 표시하여야 한다. 다만, 이러한 전로에 접속하는 특고압전선로의 회선수가 2 이하이고 또한 특고압의 모선이 단일모선인 경우에는 그러하지 아니하다. **답** ①

108 고압옥내배선의 공사방법으로 틀린 것은?

① 케이블공사

② 합성수지관 공사

③ 케이블 트레이 공사

④ 애자공사(건조한 장소로서 전개된 장소에 한한다.)

> **해설** KEC342.1 (고압옥내배선 등의 시설)
> 고압 옥내배선은 다음에 따라 시설하여야 한다.
> 1) 고압 옥내배선은 다음 중 하나에 의하여 시설할 것.
>   ① 애자사용배선(건조한 장소로서 전개된 장소에 한한다)
>   ② 케이블배선
>   ③ 케이블트레이배선
> 2) 전선은 공칭단면적 6[mm²] 이상의 연동선
> 3) 전선의 지지점 간의 거리는 6[m] 이하일 것. **답** ②

109 조상설비의 조상기 내부에 고장이 생긴 경우에 자동적으로 전로로부터 차단하는 장치를 시설해야 하는 뱅크용량[kVA]으로 옳은 것은?

① 100   ② 1500

③ 10000   ④ 15000

> **해설** KEC351.5(조상설비의 보호장치)
> 조상설비에는 그 내부에 고장이 생긴 경우에 보호하는 장치를 표 같이 시설한다.

설비종별	뱅크용량의 구분	자동적으로 전로로부터 차단하는 장치
전력용 커패시터 및 분로리액터	500[kVA] 초과 15,000[kVA] 미만	· 내부에 고장이 생긴 경우 · 과전류가 생긴 경우
	15,000[kVA] 이상	· 내부에 고장이 생긴 경우 · 과전류가 생긴 경우 · 과전압이 생긴 경우
조상기	15,000[kVA] 이상	· 내부에 고장이 생긴 경우

답 ④

110 고압가공전선로의 지지물로 철탑을 사용한 경우 최대경간은 몇 [m] 이하이어야 하는가?

① 300
② 400
③ 500
④ 600

해설 KEC333.21(고압 가공전선로의 경간 제한)

지지물위 종류	경간
목주 · A종 철주 또는 A종 철근 콘크리트주	150[m]
B종 철주 또는 B종 철근 콘크리트주	250[m]
철탑	600[m](단주인경우에는 400[m])

답 ④

111 전기저장장치 시설의 전선의 굵기는 연동선을 사용할 때 원칙적으로 몇 [mm²] 이상으로 규정되고 있는가?

① 6.0
② 4.0
③ 2.5
④ 1.5

해설 KEC 511.2(전기저장장치의 시설)
저압 옥내배선의 전선은 단면적 2.5[mm²] 이상의 연동선 또는 이와 동등 이상의 강도 및 굵기의 것.

답 ③

112 주택의 전기저장장치의 축전지에 접속하는 부하 측 옥내배선을 시설하는 경우에 주택의 옥내전로의 대지전압은 직류 몇 [V] 이하이어야 하는가?

① 300
② 400
③ 500
④ 600

해설 KEC 511.1.3(옥내전로의 대지전압 제한)
주택의 전기저장장치의 축전지에 접속하는 부하 측 옥내배선을 다음에 따라 시설하는 경우에 주택의 옥내전로의 대지전압은 직류 600[V] 이하이어야 한다.

답 ④

113 전기저장장치에 대한 설비의 안전 요구사항이 아닌 것은?

① 모니터링 시스템이 확보 되어야 한다.
② 충전부분은 노출되지 않도록 시설하여야 한다.
③ 출력에 문제가 있을 경우 전기저장장치의 비상정지 스위치 등 안전하게 작동하기 위한 안전시스템 확보
④ 모든 부품은 충분한 내열성을 확보하여야 한다.

해설 KEC 511.2(설비 안전 요구사항)
(1) 충전부분은 노출되지 않도록 시설하여야 한다.
(2) 고장이나 외부 환경요인으로 인하여 비상상황 발생 또는 출력에 문제가 있을 경우 전기저장장치의 비상정지 스위치 등 안전하게 작동하기 위한 안전시스템이 있어야 한다.
(3) 모든 부품은 충분한 내열성을 확보하여야 한다.

답 ①

114 전기저장장치에 대한 설치의 요구사항 중 폭발성가스의 축적을 방지하기 위해 작정한 온도와 무엇이 유지하도록 시설하여야 하는가?

① 기압   ② 습도   ③ 접지저항   ④ 절연저항

> **해설** KEC 511.1(설치장소의 요구사항)
> (1) 전기저장장치의 축전지, 제어반, 배전반의 시설은 기기 등을 조작 또는 보수·점검할 수 있는 충분한 공간을 확보하고 조명설비를 시설하여야 한다.
> (2) 폭발성 가스의 축적을 방지하기 위한 환기시설을 갖추고 적정한 온도와 습도·수분·먼지 등의 운영 환경을 상시 유의하여야 한다.
> (3) 침수의 우려가 없도록 시설하여야 한다.   **답** ②

115 전기저장장치에 단자 접속시 주의 사항이 아닌 것은?

① 단자의 접속은 기계적, 전기적 안전성을 확보
② 단자를 체결 또는 잠글 때 너트나 나사는 풀림방지 기능이 있는 것을 사용
③ 외부터미널과 접속하기 위해 필요한 접점의 압력이 사용기간 동안 유지
④ 단자는 도체에 손상을 주지 않고 플라스틱 표면과 안전하게 체결

> **해설** KEC 512.2.2(단자와 접속)
> (1) 단자의 접속은 기계적, 전기적 안전성을 확보하도록 하여야 한다.
> (2) 단자를 체결 또는 잠글 때 너트나 나사는 풀림방지 기능이 있는 것을 사용하여야 한다.
> (3) 외부터미널과 접속하기 위해 필요한 접점의 압력이 사용기간 동안 유지되어야 한다.
> (4) 단자는 도체에 손상을 주지 않고 금속표면과 안전하게 체결되어야 한다.   **답** ④

116 전기저장장치를 시설하는 곳에는 계측하여야 하는 사항이 아닌 것은?

① 축전지 충방전 상태   ② 축전지의 전압
③ 축전지의 주파수   ④ 변압기의 전압

> **해설** KEC 511.2.10(계측장치)
> (1) 축전지 출력 단자의 전압, 전류, 전력 및 충방전 상태
> (2) 주요변압기의 전압, 전류 및 전력   **답** ③

117 고압용 SCR의 절연내력 시험 전압은 직류측 최대 사용전압의 몇 배의 교류전압인가?

① 1배   ② 1.25배   ③ 1.5배   ④ 2배

> **해설** KEC 133 (회전기 및 정류기의 절연내력)

종류		시험 전압	시험 방법
정류기	최대사용전압이 60[kV] 이하	직류측의 최대사용전압의 1배의 교류전압 (500[V] 미만으로 되는 경우에는 500[V])	충전부분과 외함 간에 연속하여 10분간
	최대사용전압이 60[kV] 초과	교류측의 최대사용전압의 1.1배의 교류전압 또는 직류측의 최대사용전압의 1.1배의 직류전압	교류측 및 직류 고전압측 단자와 대지사이에 연속하여 10분간

답 ①

118 전로의 사용전압에서 SELV 및 PELV의 절연저항의 기준값은?

① 0.5[MΩ] ② 0.8[MΩ]
③ 1[MΩ] ④ 1.5[MΩ]

> **해설** 사용전압의 저압인 전로의 절연성능

전로의 사용전압[V]	DC 시험전압[V]	절연 저항값[MΩ]
SELV 및 PELV	250	0.5
FELV, 500V 이하	500	1.0
500V 초과	1000	1.0

답 ①

119 사용전압이 15[kV] 이하의 특고압 가공전선로의 중성선의 접지도체를 중성선으로부터 분리하였을 경우 1[km]마다의 중성선과 대지 사이의 합성 전기저항 값은 몇 [Ω] 이하로 하여야 하는가?

① 15 ② 30 ③ 100 ④ 300

> **해설** KEC 333.32 (25[kV] 이하의 특고압 가공전선로의 시설)
> 각 접지도체를 중성선으로부터 분리하였을 경우의 각 접지점의 대지 전기저항 값과 1[km] 마다 중성선과 대지사이의 합성전기저항값은 표에서 정한 값 이하일 것.

사용전압	각 접지점의 대지 전기 저항값	1[km] 마다의 합성전기 저항값
15[kV] 이하	300[Ω]	30[Ω]
15[kV] 초과 25[kV] 이하	300[Ω]	15[Ω]

답 ②

120 비니 이슬에 젖는 징소에서 사용전압이 400[V] 이하인 경우 전선 상호 간의 간격은 몇 [m]인가?

① 0.06 ② 0.12 ③ 0.025 ④ 0.045

> **해설** KEC 221.2 (옥측전선로)
> 시설장소별 조영재 사이의 이격거리

시설장소	전선상호 간의 간격		전선과 조영재 사이의 이격거리	
	사용전압이 400[V] 이하인 경우	사용전압이 400[V] 초과인 경우	사용전압이 400[V] 이하인 경우	사용전압이 400[V] 초과인 경우
비나 이슬에 젖지 아니하는 경우	0.06[m]	0.06[m]	0.025[m]	0.025[m]
비나 이슬에 젖는 장소	0.06[m]	0.12[m]	0.025[m]	0.045[m]

답 ①

121 수용가설비의 전압강하에서 저압으로 수전하는 경우 조명은 몇 [%] 이하이어야 하는가?

① 3 ② 4 ③ 5 ④ 6

해설 KEC 232.3.9 (수용가 설비에서의 전압강하)

설비의 유형	조명(%)	기타(%)
A –저압으로 수전하는 경우	3	5
B –고압 이상으로 수전하는 경우	6	8

답 ①

122 수용가설비의 전압강하에서 고압이상으로 수전하는 경우 조명은 몇 [%] 이하 이어야 하는 가?

① 3   ② 4   ③ 5   ④ 6

해설 KEC 232.3.9 (수용가 설비에서의 전압강하)

설비의 유형	조명(%)	기타(%)
A –저압으로 수전하는 경우	3	5
B –고압 이상으로 수전하는 경우	6	8

답 ④

123 절연물의 종류에서 열가소성 물질(PVC)에 대한 최고허용 온도(℃)는?

① 70   ② 90   ③ 100   ④ 109

해설 KEC 232.5.1 (절연물의 종류에 대한 최고허용온도)

절연물의 종류	최고허용온도(℃)
열가소성 물질(PVC)	70
열경화성 물질[가교폴리에틸렌(XLPE)또는 에틸렌프로필렌고무(EPR) 혼합물]	90
무기물(열가소성 물질 피복 또는 나도체로 사람이 접촉할 우려가 있는것)	70
무기물(사람의 접촉에 노출되지 않고, 가연성 물질과 접촉할 우려없는 나도체)	105

답 ①

124 차단기를 저압전로에 사용하는 경우에 일반인이 접촉할 우려가 있는 장소(세대 내 분전반 및 이와 유사한 장소)에는 어떤 차단기를 시설 하여야 하는가?

① 주택용 누전차단기   ② 산업용 누전차단기
③ 주택용 배선차단기   ④ 산업용 배선차단기

해설 KEC 211.2.4 (누전차단기의 시설)
주택용 누전차단기를 정방향(세로)으로 부착할 경우에는 차단기의 위 쪽이 켜짐(on)으로, 차단기의 아래쪽 은 꺼짐(off)으로 시설하여야 한다. 답 ①

125 셀룰러덕트 선정에서 덕트의 최대 폭이 150[mm] 이하 일 때 덕트의 판 두께는 몇 [mm]인 가?

① 1.2[mm] 이상   ② 1.5[mm] 이상
③ 2[mm] 이상   ④ 2.5[mm] 이상

해설 KEC 232.33.2 (셀룰러덕트 및 부속품의 선정)

덕트의 최대 폭	덕트의 판두께
150[mm] 이하	1.2[mm]
150[mm] 초과 200[mm] 이하	1.4[mm]
200[mm] 초과하는 것	1.6[mm]

답 ①

126 케이블공사에 의한 저압 옥내배선에서 전선을 조영재의 아랫면 또는 옆면에 따라 붙이는 경우에는 케이블의 지지점 간의 거리는 몇 [m] 이하로 하여야 하는가?

① 1　　　　　② 1.5　　　　　③ 2　　　　　④ 2.5

해설 KEC 232.51.1 (시설조건)
전선을 조영재의 아랫면 또는 옆면에 따라 붙이는 경우에는 전선의 지지점 간의 거리를 케이블은 2[m](사람이 접촉할 우려가 없는 곳에서 수직으로 붙이는 경우에는 6[m]) 이하로 하고 캡타이어케이블은 1[m] 이하로 하고 또한 그 피복을 손상하지 아니 하도록 붙일 것.

답 ③

127 버스덕트의 선정에서 덕트의 최대의 폭[mm]이 300 초과 500 이하일 때 알루미늄판 덕트의 판 두께[mm]는 몇 이상이어야 하는가?

① 1.0　　　　　② 2.0　　　　　③ 2.3　　　　　④ 5.0

해설 KEC 232.61.2 (버스덕트의 선정)

덕트의 최대 폭 [mm]	덕트의 판 두께 [mm]		
	강 판	알루미늄판	합성수지관
150 이하	1.0	1.6	2.5
150 초과 300 이하	1.4	2.0	5.0
300 초과 500 이하	1.6	2.3	–
500 초과 700 이하	2.0	2.9	–
700 초과하는 것	2.3	3.2	–

답 ③

128 애자공사의 시설에서 관등회로의 전압이 400[V] 이상 600[V] 이하 일 때 전선 지지점간의 거리는 몇 [m] 이하인가?

① 1　　　　　② 2　　　　　③ 3　　　　　④ 4

해설 KEC 234.11.4 (관등회로의 배선)
관동회로의 공사방법

공사 방법	전선 상호 간의 거리	전선과 조영재의 거리	전선 지지점간의 거리	
			관등회로의 전압이 400[V] 이상 600[V] 이하의 것	관등회로의 전압이 600[V] 초과 1[kV] 이하의 것
애자 공사	60[mm] 이상	25[mm] 이상 (습기가 많은 장소는 45[mm] 이상)	2[m] 이하	1[m] 이하

답 ②

129 관동회로 배선에서 전선은 자기 또는 유리제 등의 애자로 견고하게 지지하여 조영재의 아랫면 또는 옆면에 부착하고 다음과 같이 시설하려고 한다. 적합하지 않은 것은?

① 전선 상호간의 이격 거리는 60[mm] 이상일 것.

② 전선지지점간의 거리는 1[m] 이하로 할 것

③ 애자는 절연성·난연성 및 내수성이 있는 것일 것

④ 점검할 수있는 은폐장소에서 70[mm] 이상으로 할 것.

해설 KEC 234.12.3 관등회로의 배선
점검할 수 있는 은폐장소에서 60[mm] 이상으로 할 것.

답 ④

130 관동회로에서 전압이 6[kV] 초과 9[kV] 이하 일 때 전선과 조영재의 이격 거리는 몇 [mm] 이상인가?

① 30   ② 35   ③ 40   ④ 45

해설 KEC 234.12.3 (관등회로의 배선)
전선과 조영재의 이격거리

전압 구분	이격거리
6[kV] 이하	20[mm] 이상
6[kV] 초과 9[kV] 이하	30[mm] 이상
9[kV] 초과	40[mm] 이상

답 ①

131 과전류트립 동작시간 및 특성(산업용 배선용 차단기)에서 정격전류의 구분이 63[A] 이하이고 시간이 60분일 때 동작 전류는 몇 배인가?

① 1.0배   ② 1.2배   ③ 1.3배   ④ 2.0배

해설 KEC 212.3.4 보호장치의 특성
과전류트립 동작시간 및 특성(산업용 배선용 차단기)

정격전류의 구분	시 간	정격전류의 배수 (모든 극에 통전)	
		부동작 전류	동작 전류
63[A] 이하	60분	1.05배	1.3배
63[A] 초과	120분	1.05배	1.3배

답 ③

132 과전류차단기로 시설하는 퓨즈 중 고압전로에 사용하는 비포장 퓨즈는 정격전류의 몇 배의 전류에 견디고 또한 2배의 전류로 2분 안에 용단되는 것이어야 하는가?

① 1배   ② 1.5배   ③ 1.25배   ④ 2.5배

해설 KEC 341.10 (고압 및 특고압 전로 중의 과전류차단기의 시설)
1. 과전류차단기로 시설하는 퓨즈 중 고압전로에 사용하는 비포장 퓨즈는 정격전류의 1.25배의 전류에 견디고 또한 2배의 전류로 2분 안에 용단되는 것이어야 한다.

답 ③

133 과전류차단기로 저압전로에 사용하는 80[A] 퓨즈는 용단 시간이 120분일 때 용단전류는 몇 배인가?

① 1배　　　　　② 1.5배　　　　　③ 1.6배　　　　　④ 2.1배

해설　KEC 212.3.4 (보호장치의 특성)
퓨즈(gG)의 용단특성

정격전류의 구분	시간	정격전류의 배수	
		불용단전류	용단전류
4[A] 이하	60분	1.5배	2.1배
4[A] 초과 16[A] 미만	60분	1.5배	1.9배
16[A] 이상 63[A] 이하	60분	1.25배	1.6배
63[A] 초과 160[A] 이하	120분	1.25배	1.6배
160[A] 초과 160[A] 이하	180분	1.25배	1.6배
400[A] 초과	240분	1.25배	1.6배

답 ③

134 발·변전소의 차단기에 사용하는 압축 공기 탱크는 사용 압력에서 공기의 보급 없이 차단기의 투입 및 차단을 계속 최소 몇 회 이상 계속할 수 있는 용량을 가져야 하는가?

① 0회　　　　　② 1회　　　　　③ 3회　　　　　④ 4회

해설　KEC 341.15 (압축공기계통)
1) 사용 압력에서 공기의 보급이 없는 상태로 개폐기 또는 차단기의 투입 및 차단을 연속하여 1회 이상할 수 있는 용량을 가지는 것일 것.

답 ②

135 과전류차단기로 시설하는 퓨즈 중 고압전로에 사용하는 포장 퓨즈는 정격전류의 1.3배의 전류에 견디고 또한 2배의 전류로 몇 분 안에 용단되어야 하는가?

① 100　　　　　② 120　　　　　③ 125　　　　　④ 130

해설　KEC 341.10 (고압 및 특고압 전로 중의 과전류차단기의 시설)
1. 과전류차단기로 시설하는 퓨즈 중 고압전로에 사용하는 포장 퓨즈
(퓨즈 이외의 과전류 차단기와 조합하여 하나의 과전류 차단기로 사용하는 것을 제외한다)는 정격 전류의 1.3배의 전류에 견디고 또한 2배의 전류로 120분

답 ②

136 고주파 이용 설비에 누설되는 고주파 전류의 허용값은?

① −30 [dB]　　　　　　　② −20 [dB]
③ 20 [dB]　　　　　　　④ 30 [dB]

해설　KEC 341.5 (고주파 이용 전기설비의 장해방지)
고주파 이용 전기설비에서 다른 고주파 이용 전기설비에 누설되는 고주파 전류의 허용한도는 측정 장치 또는 이에 준하는 측정 장치로 2회 이상 연속하여 10분간 측정하였을 때에 각각 측정값의 최대값에 대한 평균값이 −30 [dB](1[mW]를 0 [dB]로 한다)로 한다.

답 ①

137 동작시에 아크를 발생하는 개폐기, 차단기, 피뢰기 등은 목재의 벽 또는 천장, 기타 가연성 물질로부터 고압용의 것은 몇 [m] 이상 떨어져야 하는가?

① 0.3   ② 0.5   ③ 1   ④ 2

해설 KEC 341.7 (아크를 발생하는 기구의 시설)
아크를 발생하는 기구 시설 시 이격 거리

기구 등의 구분	이격거리
고압용의 것	1[m] 이상
특고압용의 것	2[m] 이상 (사용전압이 35[kV] 이하의 특고압용의 기구 등으로서 동작할 때에 생기는 아크의 방향과 길이를 화재가 발생 할 우려가 없도록 제한하는 경우에는 1[m] 이상)

답 ③

138 과전류트립 동작시간 및 특성에서 주택용 배선차단기의 부동작 전류와 동작전류가 맞는 것은?

① 1.05배, 1.3배   ② 1.5배, 2.1배
③ 1.13배, 1.45배   ④ 1.25, 1.6배

해설 KEC 212.3.4 (보호장치의 특성)
과전류트립 동작시간 및 특성(주택용 배선용 차단기)

정격전류의 구분	시 간	정격전류의 배수 (모든 극에 통전)	
		부동작 전류	동작 전류
63[A] 이하	60분	1.13배	1.45배
63[A] 초과	120분	1.13배	1.45배

답 ③

139 과전류트립 동작시간 및 특성에서 산업용 배선차단기의 부동작 전류와 동작전류가 맞는 것은?

① 1.5배, 2.1배   ② 1.05배, 1.3배
③ 1.13배, 1.45배   ④ 1.25, 1.6배

해설 KEC 212.3.4 (보호장치의 특성)
과전류트립 동작시간 및 특성(산업용 배선용 차단기)

정격전류의 구분	시 간	정격전류의 배수 (모든 극에 통전)	
		부동작 전류	동작 전류
63[A] 이하	60분	1.05배	1.3배
63[A] 초과	120분	1.05배	1.3배

답 ②

140 도체와 과부하 보호장치 사이의 협조 조건에 적합하지 않은 것은?

① $I_B \leq I_n$ ② $I_n \leq I_Z$ ③ $I_2 \leq 1.45 I_Z$ ④ $I_B \geq I_Z$

해설 과부하에 대해 케이블(전선)을 보호하는 장치의 동작특성은 다음의 조건을 충족해야 한다.

$$I_B \leq I_n \leq I_Z$$
$$I_2 \leq 1.45 \times I_Z$$

I_B : 회로의 설계전류

I_Z : 케이블의 허용전류

I_n : 보호장치의 정격전류

I_2 : 보호장치가 규약시간 이내에 유효하게 동작하는 것을 보장하는 전류 　　　　　답 ④

141 IT계통에서 적합하지 않은 것은?

① IT계통에서는 누전차단기를 이용하여 고장보호를 할 수 없다.

② 교류계통에서는 $R_A \times I_d \leq 50[V]$의 조건을 충족하여야 한다.

③ IT계통은 절연감지장치, 누설전류감시 장치를 사용할 수 있다.

④ 노출도전부는 개별 또는 집합적으로 접지하여야 한다.

해설 KEC 203.4 (IT 계통)
IT 계통에서 누전차단기를 이용하여 고장보호를 할 수 있다. 　　　　　답 ①

142 자동복구 기능을 갖는 누전차단기를 시설해서는 안 되는 곳은?

① 관련법령에 의해 일반인의 출입을 금지 또는 제한하는 곳

② 독립된 무인 통신 중계소 · 기지국

③ 버스정류장, 횡단보드 등

④ 옥외의 장소에 무인으로 운전하는 통신중계기 또는 단위기기 전용회로

해설 KEC 211.2.4 (누전차단기의 시설)
• 일반인이 특정한 목적을 위해 지체하는(머물러 있는) 장소로서 버스정류장, 횡단보도 등에는 시설할 수 없다. 　　　　　답 ③

143 태양광발전시스템의 DC케이블의 굵기 산정을 위한 DC전원 케이블에 흐르는 허용전류는 태양전지 어레이 단락전류의 몇 배를 곱하여 산출하는가?

① 1.15배　　　　　　　　　　② 1.25배

③ 1.35배　　　　　　　　　　④ 1.50배

해설 DC케이블은 KS C IEC 60364-7-712에 따라 STC에서 태양광 어레이 단락전류의 1.25배이다. 　　답 ②

144 태양전지 어레이 설계 시의 고려사항 중 발전설비용량 결정의 기술적 측면으로 옳지 않은 것은?

① 사업부지의 면적　　　　　　② 어레이의 직렬 모듈수 및 구성방식

③ 어레이별 이격거리　　　　　④ 전기안전관리자 상주여부

해설 전기안전관리자는 태양광발전설비의 운영, 점검, 정비를 담당한다. **답** ④

145 저압용 기계기구의 철대 및 외함 접지에서 전기를 공급하는 전로에 누전차단기를 시설하면 외함의 접지를 생략할 수 있다. 이 경우 누전차단기의 정격이 기술기준에 적합한 것은?

① 정격 감도 전류 15[mA] 이하, 동작시간 0.1초 이하의 전류 동작형
② 정격 감도 전류 15[mA] 이하, 동작시간 0.03초 이하의 전압 동작형
③ 정격 감도 전류 30[mA] 이하, 동작시간 0.1초 이하의 전류 동작형
④ 정격 감도 전류 30[mA] 이하, 동작시간 0.03초 이하의 전류 동작형

해설 KEC 142.7 (계기구의 철대 및 외함의 접지)
기설비기술기준은 발전·송전·변전·배전 또는 전기사용을 위하여 시설하는 기계·기구·댐·수로·저수지·전선로·보안통신선로 그 밖의 시설물의 안전에 필요한 성능과 기술적 요건을 규정함을 목적으로 한다. **답** ④

146 한국전기설비규정은 발전·송전·변전·배전 또는 전기 사용을 위하여 시설하는 기계·기구·(   )·(   ) 및 기타 시설물의 안전에 필요한 기술기준을 규정한 것이다. (   ) 속에 들어갈 내용은?

① 급전소, 개폐소   ② 전선로, 보안통신선로
③ 궤전선로, 약전류 전선로   ④ 옥내배선, 옥외배선

해설 한국전기설비규정은 발전·송전·변전·배전 또는 전기사용을 위하여 시설하는 기계·기구·댐·수로·저수지·전선로·보안통신선로 그 밖의 시설물의 안전에 필요한 성능과 기술적 요건을 규정함을 목적으로 한다. **답** ②

147 발·변전소 또는 이에 준하는 곳에 시설하는 배전반에 고압용 기구 또는 전선을 시설하는 경우 적당하지 않은 것은?

① 취급에 위험을 주지 않도록 방호장치를 할 것
② 점검이 용이하게 통로를 시설할 것
③ 회로 설비는 반드시 관에 넣어 시설할 것
④ 기기조작에 필요한 공간을 확보할 것

해설 배전반의 시설은
① 발전소·변전소·개폐소 또는 이에 준하는 곳에 시설하는 배전반에 붙이는 기구 및 전선은 점검할 수 있도록 시설하여야 한다.
② 배전반에 고압용 또는 특고압용의 기구 또는 전선을 시설하는 경우에는 취급자에게 위험이 미치지 아니하도록 적당한 방호장치 또는 통로를 시설하여야 하며, 기기 조작에 필요한 공간을 확보하여야 한다. **답** ③

436 | 2과목 태양광발전 설계

New & Renewable energy ▶ ▶ ▶

148 사용전압 35[kV] 이하의 특고압 가공전선이 도로를 횡단하는 경우 지표상 높이는 몇 [m] 이상이어야 하는가?

① 5
② 5.5
③ 6
④ 6.5

해설 KEC 333.7 (가공전선의 높이)

전압의 범위	일반장소	도로횡단	철도 또는 궤도횡단	횡단보도교
35[kV] 이하	5[m]	6[m]	6.5[m]	4[m](특고압절연전선 또는 케이블 사용)
35[kV] 초과 160[kV] 이하	6[m]	6[m]	6.5[m]	5[m](케이블 사용)
	산지 등에서 사람이 쉽게 들어갈 수 없는 장소 : 5[m] 이상			
160[kV] 초과	일반장소		가공전선의 높이 = 6 + 단수 × 1.2[m]	
	철도 또는 궤도횡단		가공전선의 높이 = 6.5 + 단수 × 1.2[m]	
	산지		가공전선의 높이 = 5 + 단수 × 1.2[m]	

답 ③

149 태양전지 모듈의 절연내력 시험 시 10분간 연속적으로 인가하는 직류전압 또는 교류전압(500[V] 미만으로 되는 경우에는 500[V])은 최대사용전압의 몇 배인가?

① 직류 1.5배, 교류 1.5배
② 직류 1.5배, 교류 1배
③ 직류 1배, 교류 1.5배
④ 직류 1배, 교류 1배

해설 KEC 134 (연료전지 및 태양전지 모듈의 절연내력)
표준태양전지 어레이 개방전압을 최대사용전압으로 간주하여 최대사용전압의 1.5배의 직류전압 혹은 1배의 교류전압(500[V] 미만일 때는 500[V])을 10분간 인가하여 절연파괴 등의 이상이 발생하지 않는 것을 확인한다.

답 ②

150 전압의 종별을 구분할 때 직류는 몇 [V] 이하의 전압을 저압으로 구분하는가?

① 1000
② 1200
③ 1500
④ 7000

해설 저압 – 직류 1500[V] 이하의 전압
– 교류 1000[V] 이하의 전압

답 ③

151 과부하 또는 단락이 발생하면 계통으로부터 PV 시스템을 자동으로 차단시키는 과전류보호장치는?

① 스트링 퓨즈
② 배선용 차단기
③ 누전 차단기
④ 바이패스 다이오드

해설 배선용 차단기(MCCB)
1) 과전류 및 사고전류를 차단
2) 설치장소 : 저압반, 배전반, 분전반, 접속함

답 ②

152 태양광 발전사업 허가기준에 대한 설명이다. 다음 중 허가기준에 맞지 않는 것은?

① 전기사업 수행에 필요한 재무능력 및 기술 능력이 있을 것

② 전기사업이 계획대로 수행될 수 있을 것

③ 일정지역에 편중되어 전력계통의 운영에 지장을 초래해서는 아니 될 것

④ 태양광 발전사업 허가신청 시 환경영향평가를 반드시 받아야 될 것

> **해설** 환경영향평가 검토 대상 (환경영향평가법 제31조 2항 별표3)
> 1) 발전소(발전시설용량 10,000[kW] 이상)
> 2) 댐 및 저수지 건설을 수반하는 경우 3,000[kW] 이상
> 3) 태양광, 풍력, 연료전지 발전소는 100,000[kW] 이상   **답** ④

153 태양광발전시스템의 접속단자함에 설치되는 퓨즈 용량은 스트링 정격전류의 몇 배 이상을 설치하여야 하는가?

① 1.25배   ② 1.5배   ③ 2.0배   ④ 2.5배

> **해설** 접속단자함에 설치되는 퓨즈 용량은 스트링 정격전류의 1.25배 이상 설치하여야 한다.   **답** ①

154 저압 가공 전선을 가공 전화선에 접근하여 시설하는 경우 수평 이격거리의 최소값[m]은?

① 0.3   ② 0.6   ③ 1   ④ 1.5

> **해설** KEC 332.13 (저고압 가공전선과 가공약전류전선 등의 접근 또는 교차)
> 저압 가공 전선과 가공 약전류 전선이 접근하는 경우의 수평거리는 60[cm] 이상으로 되어 있다.
> 다만, 전화선이 절연전선 이상인 것이나 통신용 케이블인 경우는 30[cm] 이상으로 할 수 있다.   **답** ②

155 전로의 중성점을 접지하는 목적에 해당되지 않는 것은?

① 보호 장치의 확실한 동작의 확보

② 부하 전류의 일부를 대지로 흐르게 함으로써 전선을 절약

③ 이상 전압의 억제

④ 대지 전압의 저하

> **해설** 전로의 중성점을 접지하는 목적
> 1) 전로의 보호 장치의 확실한 동작의 확보
> 2) 이상 전압의 억제
> 3) 대지전압의 저하를 위하여
> 4) 특히 필요한 경우에 전로의 중성점에 접지공사를 할 경우   **답** ②

156 어레이 설계 시 어레이 구조 결정의 기술적 측면에서의 고려 사항으로 맞지 않는 것은?

① 구조 안정성   ② 조화로움 및 경제성

③ 풍속, 풍압, 지진 고려   ④ 건축물과의 결합(기초)방법 결정

> **해설** 어레이 구조 결정의 기술적 측면
> 1) 구조 안정성
> 2) 상정하중 고려
> 3) 건축물과의 결합(기초)방법 결정 **답** ②

157 고압 및 특고압의 전로에 피뢰기를 설치하지 않아도 되는 것은?

① 변전소 또는 이에 준하는 장소의 가공전선인입구 및 인출구

② 고압 및 특고압 가공전선로부터 공급을 받는 수용장소의 인입구

③ 지중전선로에 연결된 구내 수전설비 2차측 선로

④ 가공전선로와 지중전선로가 접속되는 곳

> **해설** KEC 341.12 (지락차단장치 등의 시설)
> 1) 발 · 변전소 또는 이에 준하는 장소의 가공 전선 인입구 및 인출구
> 2) 배전용 변압기의 고압측 및 특고압측
> 3) 고압 및 특고압 가공 전선로로부터 공급을 받는 수용 장소의 인입구
> 4) 가공 전선로와 지중 전선로가 접속되는 곳 **답** ③

158 전선을 접속하는 경우 전선의 세기를 몇 [%] 이상 감소시키지 않아야 하는가?

① 10 ② 20 ③ 30 ④ 40

> **해설** 전선의 접속법 : 전선의 세기를 20[%] 이상 감소시키지 않는다. (단, 점퍼선을 접속하는 경우와 기타 전선에 가하여지는 장력이 전선의 세기에 비하여 현저히 작을 경우에는 예외로 한다.) **답** ②

159 아크가 발생하는 고압용 차단기를 시설하는 경우 가연성 물질로부터의 이격거리는 몇 [m] 이상인가?

① 0.5 ② 1.0 ③ 1.5 ④ 2.0

> **해설**

기구 등의 구분	이격거리
고압용	1[m] 이상
특고압용	2[m] 이상 (사용전압이 35[kV] 이하의 특고압용의 기구 등으로서 동작할 때에 생기는 아크의 방향과 길이를 화재가 발생할 우려가 없도록 제한하는 경우에는 1[m] 이상)

답 ②

160 (　) 안에 가장 적합한 내용은?

> 전기설비기술기준에서 "발전소"란 발전기 · 원동기 · 연료전지 · (　) · 해양에너지 그 밖의 기계기구를 시설하여 전기를 발생시키는 곳을 말한다.

① 태양광 ② 태양전지 ③ 태양열 ④ 집광판

해설 "발전소"란 발전기·원동기·연료전지·태양전지·해양에너지 그 밖의 기계기구[비상용(非常用) 예비전원을 얻을 목적으로 시설하는 것 및 휴대용 발전기를 제외한다]를 시설하여 전기를 발생시키는 곳을 말한다. **답 ②**

161 전기사업자가 전기품질을 유지하기 위하여 지켜야 하는 표준전압, 표준주파수와 허용오차에 관한 설명으로 틀린 것은?

① 표준전압 110볼트의 상하로 6볼트 이내
② 표준전압 220볼트의 상하로 13볼트 이내
③ 표준전압 380볼트의 상하로 20볼트 이내
④ 표준주파수 60헤르츠의 상하로 0.2헤르츠 이내

해설 전압유지 범위

구분	공칭전압[V]	전압유지범위[V]	비고
저압	220	207~233(±13[V])	다만, 배전설비 고장 등의 이상상태에서는 이 유지범위를 벗어날 수 있음
저압	380	342~418(±38[V])	
고압	6,600	6,000~6,900 (−600~+300[V])	
특고압	22,900	20,800~23,800 (−2,100~+900[V])	

답 ③

162 연료전지 및 태양전지 모듈의 절연내력 시험 시 최대사용전압의 1.5배의 직류전압을 몇 분간 인가하는가?

① 5분　　　　② 10분　　　　③ 15분　　　　④ 20분

해설 최대 사용전압의 1.5배의 직류전압, 또는 1배의 교류전압을 충전부분과 대지 사이에 연속하여 10분간 가하여 절연내력을 시험했을 때 이에 견뎌야 한다. **답 ②**

163 태양전지 모듈을 병렬로 접속하는 전로에 단락이 생긴 경우 전로를 보호하기 위하여 설치하는 것은?

① 개폐기　　② 과전류차단기　　③ 누전차단기　　④ 전류검출기

해설 태양전지 모듈을 병렬로 접속하는 전로에는 그 전로에 단락이 생긴 경우에 전로를 보호하는 과전류차단기 기타의 기구를 시설할 것.
다만 그 전로가 단락전류에 견딜 수 있는 경우에는 그러하지 아니하다.(KEC 522.3.2) **답 ②**

164 과전류 차단기로서 저압전로에 사용하는 400[A] 퓨즈를 수평으로 붙여서 시험할 때 정격전류의 1.6배의 전류를 통하는 경우 몇 분 안에 용단되어야 하는가?

① 60분　　　　② 120분　　　　③ 160분　　　　④ 180분

해설 KEC 212.3.4 퓨즈(gG)의 용단특성

정격전류의 구분	시간	정격전류의 배수	
		불용단전류	용단전류
160[A] 초과 400[A] 이하	180분	1.25배	1.6배

답 ④

165 발전기의 용량에 관계없이 자동적으로 이를 전로로부터 차단하는 장치를 시설하여야 하는 경우는?

① 베어링 과열
② 유압의 과팽창
③ 발전기 내부고장
④ 과전류 또는 과전압 발생

해설 발전기 등의 보호장치 기술기준
1) 발전기에 과전류나 과전압이 생긴 경우
2) 용량 500[kVA] 이상의 발전기를 구동하는 수차 압유 장치의 유압이 현저하게 저하하는 경우
3) 용량 200[kVA] 이상의 수차 발전기의 스러스트 베어링 온도가 현저히 상승하는 경우
4) 용량이 1만[kVA]를 넘는 발전기 내부 고장이 생기는 경우

답 ④

3.2 태양광발전 모듈배치 설계

01 다음 그림과 같이 배치된 모듈에 음영이 발생하면 출력은 얼마나 감소하는가?

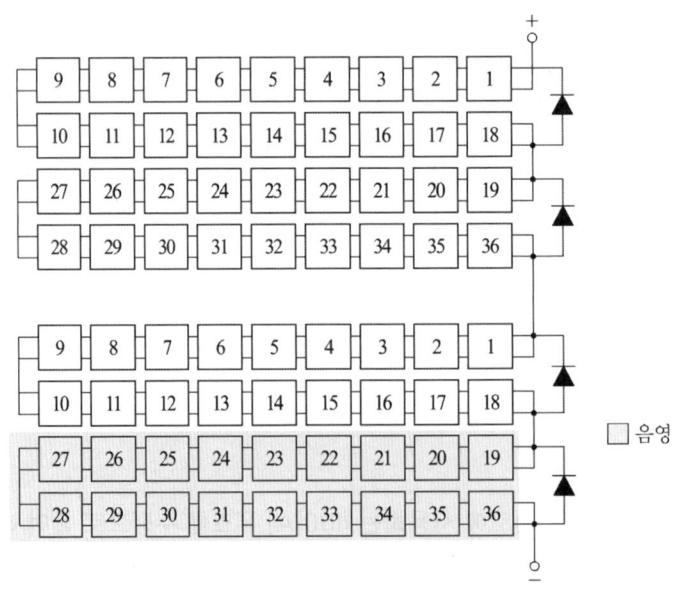

① 0[%]
② 25[%]
③ 50[%]
④ 75[%]

[해설] 하단의 2열만 태양광 발전을 하지 못함(전체의 25[%] 발전량 감소)   **답** ②

02 다음과 같이 셀이 직렬로 연결된 경우 총 발전량은?

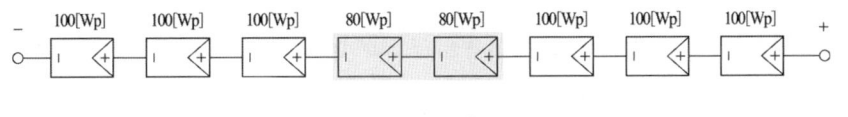

① 640[Wp]   ② 720[Wp]
③ 780[Wp]   ④ 800[Wp]

[해설] 80[Wp] × 8 = 640[Wp]   **답** ①

03 다음 그림과 같이 배치된 모듈에 음영이 발생하면 출력은 얼마나 감소하는가?

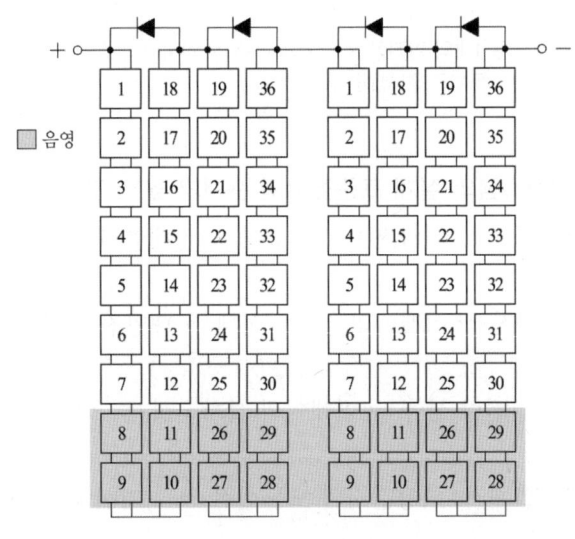

① 0[%]   ② 25[%]
③ 75[%]   ④ 100[%]

[해설] 하단의 2열의 전체 발전량에 영향을 줌(전체 발전량 100[%] 감소).   **답** ④

04 태양광발전시스템에서 계통으로 유입되는 고조파 전류(Total harmonix distortion)는 종합 몇 [%]를 초과하면 안 되는가?

① 2[%]   ② 3[%]
③ 4[%]   ④ 5[%]

[해설] 분산형 전원 발전설비로부터 계통에 유입되는 고조파 전류는 10분 평균한 40차까지의 종합 전류 왜형률이 5[%]를 초과하지 않도록 각 차수별로 제어하여야 한다.   **답** ④

05 다음 내용에 대한 태양광 어레이 병렬수는? (단, 원별시공기준에 적용할 것)

> · 모듈 최대출력 : 140 [Wp]
> · 1스트링 직렬매수 : 15직렬
> · 시스템 출력전력 : 30,000[W]

① 15병렬

② 18병렬

③ 21병렬

④ 24병렬

해설 $\dfrac{\text{시스템출력전력[W]}}{\text{모듈최대출력[W]} \times \text{1스트링 직렬매수}} = \dfrac{30,000[W]}{140[W] \times 15직렬} \simeq 14.28 = 15병렬 채용$ **답** ①

06 태양광발전설비 설계 시 모듈 1개의 발전량이 200[Wp]인 120개를 설치하고 인버터의 발전 효율이 95[%]이다. 태양전지 어레이의 발전 가능 용량은?

① 21.8[kWp]

② 22.8[kWp]

③ 23.8[kWp]

④ 24.8[kWp]

해설 발전 가능 용량 = 모듈 1개의 발전량 × 모듈의 개수 × 인버터의 효율
200[Wp] × 120 × 0.95 = 22.8[kWp]   **답** ②

07 주택용 태양광발전시스템의 설계 표준절차의 순서가 옳은 것은?

① 어레이의 설치·설계 → 태양전지의 모듈선정 → 태양전지 어레이 발전량 산출 → 기기 선정

② 태양전지의 모듈선정 → 어레이의 설치·설계 → 태양전지 어레이 발전량 산출 → 기기 선정

③ 태양전지 어레이 발전량 산출 → 어레이의 설치·설계 → 태양전지의 모듈선정 → 기기 선정

④ 어레이의 설치·설계 → 태양전지의 모듈선정 → 기기선정 → 태양전지 어레이 발전량 산출

해설 주택용 태양광발전시스템의 표준절차는 우선 현장조사를 수행한 후 적합한 태양전지 모듈을 선정한다. 선택된 태양전지의 규격과 전기적 특성을 기준으로 어레이 설계를 설치하여 태양전지 어레이 발전량을 산출하고 그 자료를 바탕으로 어레이 발전량에 적합한 인버터와 기타 기기를 선정한다.   **답** ②

08 태양전지 병렬연결 방식으로 어레이를 구성하는 가장 적합한 것은?

① 태양전지 어레이와 어레이의 이격거리 미비로 음영을 피할 수 없을 때

② 눈, 낙엽 등에 의한 음영이 자주 발생하는 지역

③ 태양 고도의 영향을 받는 북쪽 지역

④ 비나 눈이 많이 내리는 지역

해설 병렬로 연결된 모듈은 직렬로 연결된 모듈과 비교해서 상대적으로 적은 음영에 대한 영향을 받는다.

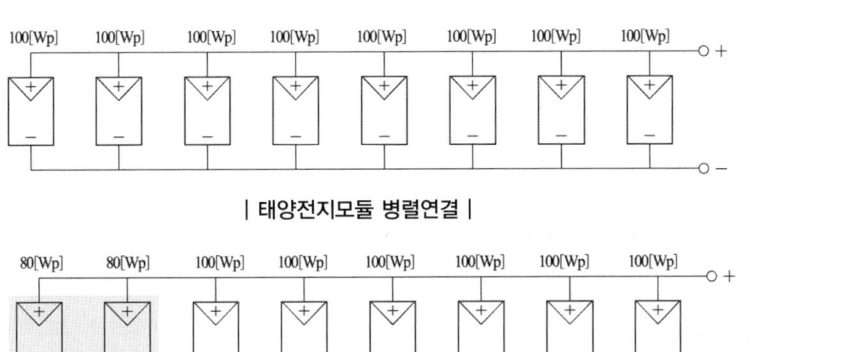

| 태양전지모듈 병렬연결 |

| 태양전지모듈 병렬연결 시 음영발생 | 답 ①

09 PV시스템에 음영의 영향을 미치는 요인이 잘못된 것은?

① 음영의 모듈 수

② 시간에 따른 음영의 공간 분포와 경로

③ 모듈의 상호 연결

④ 전지와 역저지 다이오드의 상호 연결 상태

해설 전지와 바이패스 다이오드의 상호 연결 상태   답 ④

10 다음 중 태양전지 모듈의 연결 방식에 대한 설명으로 잘못된 것은?

① 인버터의 입력전압 범위에 따라 PV 연결 방법이 결정된다.

② 입력 전압이 높은 인버터에 태양전지 모듈을 직렬연결 한다.

③ 병렬연결은 높은 전류가 발생하여 설치비를 증가시킨다.

④ 파사드(facade)에서 직렬연결이 병렬연결보다 최고 30[%] 높은 발전 효율을 가진다.

해설 파사드(facade)에서 병렬연결이 직렬연결보다 최고 30[%] 높은 발전 효율을 가진다.   답 ④

11 1,000[kW] 태양광발전시스템의 직 · 병렬 구성으로 가장 적합한 것은?
(단, 인버터의 MPPT는 450~820[V]이며, 기타 조건은 표준 상태이다.)

– P_{mpp} : 250[W]   – V_{mpp} : 30.8[V]   – I_{mpp} : 8.13[A]   – V_{oc} : 38.3[V]   – I_{sc} : 8.62[A]

① 18직렬 200병렬   ② 20직렬 211병렬

③ 20직렬 200병렬   ④ 18직렬 240병렬

해설 인버터 MPP동작전압의 중간 값은 (820 + 450)/2 = 635[V]를 기준으로 직렬수를 구한다.

$$직렬 = \frac{인버터 입력전압}{태양전지모듈 동작전압} = \frac{635}{30.8} = 20.62 = 20(직렬)$$

$$병렬 = \frac{전체발전량}{태양전지모듈 발전량 \times 직렬수} = \frac{1,000 \times 10^3}{250 \times 20} = 200(병렬)$$

답 ③

12 다음과 같은 태양광발전시스템의 어레이 설계 시 직병렬 수량은?

- 모듈 최대 출력 : 250[Wp]
- 1스트링 직렬매수: 10직렬
- 시스템 출력 전력 : 50,000[W]

① 10직렬 − 10병렬 　　　　　　② 10직렬 − 15병렬

③ 10직렬 − 20병렬 　　　　　　④ 10직렬 − 25병렬

해설 시스템 출력 전력 = 병렬수 × 모듈최대전력 × 직렬수

$$병렬수 = \frac{시스템 출력 전력}{모듈최대전력 \times 직렬수} = \frac{50,000[W]}{250[Wp] \times 10} = 20$$

답 ③

13 태양전지 어레이 직병렬 설계 시 인버터의 사양 중 고려되지 않는 것은?

① MPPT 전압 범위 　　　　　　② 최대 입력전압

③ 전압 온도계수 　　　　　　　④ 전류 온도계수

해설 태양전지 어레이 직병렬 설계 시 인버터 사양에는 MPPT 전압 범위, 인버터 최대 입력전압, 최대 입력전류, 전압 온도계수가 있다.

답 ④

14 셀의 직렬연결 시 음영에 의한 출력은 몇 [W]인가? (단, 셀은 모두 5[W]×10개이고, 음영에 의해 출력이 저하한 셀은 3.5[W]×4개이다.)

① 50 　　　　　② 44 　　　　　③ 35 　　　　　④ 28

해설 음영에 영향을 받은 셀은 출력전류가 급격하게 떨어져 동일한 직렬로 연결된 셀들도 같은 전류가 흐르기 때문에 전력이 감소한다.

$3.5[W] \times 10 = 35[W]$

답 ③

15 모듈의 + COMMON은 접지와 연결되어 있고, 지락 발생 시 직렬모듈 전체 전압 변화로 모듈의 지락상태 및 위치를 파악할 수 있는 그림이다. 접속반 채널이 정상상태인 경우 단자 A와 B 사이의 전압은 몇 [V]인가?

① DC 54.7[V]

② DC 164.1[V]

③ DC 273.5[V]

④ DC 328.2[V]

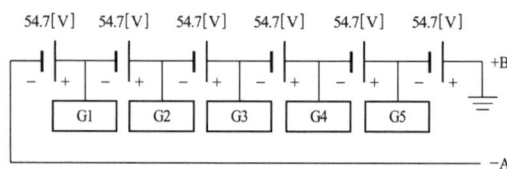

해설 태양전지모듈의 직렬로 연결할 경우 전압은 출력 전압의 합과 같다.
A–B 전압 = 54.7 × 6 = 328.2[V]

답 ④

16 **태양광발전시스템 전기 설계를 위한 기본계획 설계 흐름도를 올바르게 나타낸 것은?**

① 설치면적 결정 → 모듈 선정 → 인버터 선정 → 직렬 결선수 선정 → 병렬수와 어레이 용량 선정

② 설치면적 결정 → 모듈 선정 → 인버터 선정 → 병렬수와 어레이 용량 선정 → 직렬 결선수 선정

③ 설치면적 결정 → 직렬 결선수 선정 → 병렬수와 어레이 용량 선정 → 인버터 선정 → 모듈 선정

④ 설치면적 결정 → 인버터 선정 → 모듈 선정 → 병렬수와 어레이 용량 선정 → 직렬 결선수 선정

해설 태양광발전시스템 설계 순서

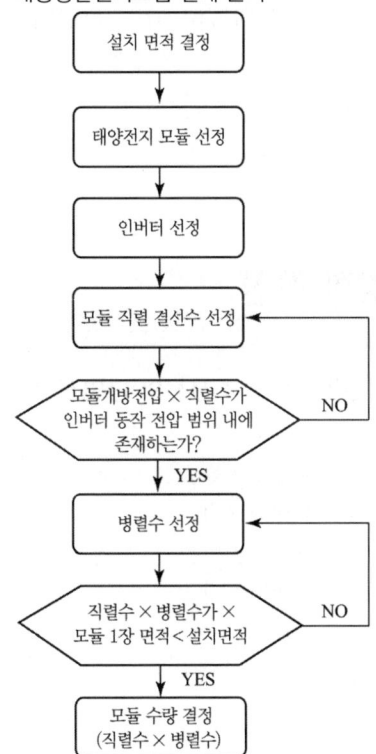

답 ①

17 그림 (A), (B)에서 각 모듈별 음영 발생 시 발전량을 바르게 나타낸 것은? (단, 음영 부분의 발전량은 80[Wp]이다.)

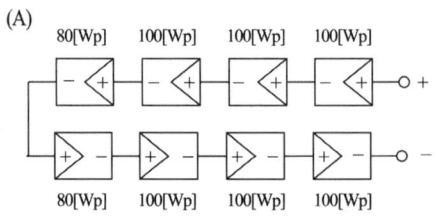

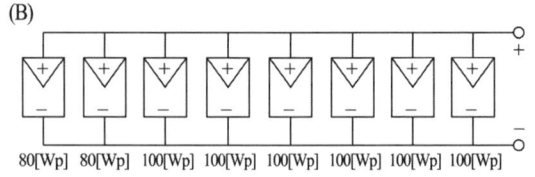

① (A) 640[Wp], (B) 760[Wp]   ② (A) 660[Wp], (B) 740[Wp]

③ (A) 640[Wp], (B) 740[Wp]   ④ (A) 660[Wp], (B) 760[Wp]

해설 (A) 발전량 = 80[Wp]×8 = 640[Wp]
(B) 발전량 = (80[Wp]×2)+(100[Wp]×6) = 760[Wp]   **답** ①

3.3 태양광발전 어레이 전압강하 계산

01 태양광모듈에서 인버터까지 전압강하 계산식은? (단, A : 전선의 단면적 [mm²], I : 전류 [A], L : 전선 1가닥의 길이[m]이다.)

① $\dfrac{17.8 \times L \times I}{1{,}000 \times A}$ ② $\dfrac{30.8 \times L \times I}{1{,}000 \times A}$

③ $\dfrac{35.6 \times L \times I}{1{,}000 \times A}$ ④ $\dfrac{38.8 \times L \times I}{1{,}000 \times A}$

해설 • 직류, 교류 2선식 $\dfrac{35.6 \times L \times I}{1{,}000 \times A}$

• 단상 3선식 $\dfrac{17.8 \times L \times I}{1{,}000 \times A}$

• 3상 3선식 $\dfrac{30.8 \times L \times I}{1{,}000 \times A}$ **답** ③

02 단상 2선식 저압 배전선의 길이가 100[m], 부하전류 10[A]인 경우 선간 전압강하를 1[V]로 유지하기 위해 필요한 단면적은?

① 16[mm²]   ② 35[mm²]   ③ 50[mm²]   ④ 70[mm²]

해설 전선의 단면적 $A = \dfrac{35.6 \times L \times I}{1000 \times e} = \dfrac{35.6 \times 100 \times 10}{1000 \times 1} = 35.6 [\text{mm}^2]$

KSC IEC 전선규격

1.5, 2.5, 4, 6, 10, 16, 25, 35, 50, 70, 95, 120, 150, 185, 240, 300, 400, 500, 630[mm²] 답 ③

03 인버터에 연결된 설치용량은 설계용량 이상이어야 하고, 인버터에 연결된 모듈의 설치 용량은 인버터 설치 용량의 몇 [%] 이내이어야 하는가?

① 100[%] ② 105[%] ③ 107[%] ④ 110[%]

해설 인버터에 연결된 설치용량은 인버터 설치용량의 105[%] 이내이어야 한다. 답 ②

04 3상 3선식 전선의 단면적을 구하는 계산식은?

① $A = \dfrac{35.6 \times L \times I}{1000 \times e}$ ② $A = \dfrac{30.8 \times L \times I}{1000 \times e}$

③ $A = \dfrac{25.4 \times L \times I}{1000 \times e}$ ④ $A = \dfrac{17.8 \times L \times I}{1000 \times e}$

해설 • 직류 2선식, 교류 2선식 $A = \dfrac{35.6 \times L \times I}{1000 \times e}$ (e : 전압강하, A : 전선의 단면적)

• 단상 3선식, 3상 4선식 $A = \dfrac{17.8 \times L \times I}{1000 \times e}$

• 3상 3선식 $A = \dfrac{30.8 \times L \times I}{1000 \times e}$ 답 ②

05 태양광발전설비에 사용될 전선의 굵기 선정 시 고려사항이 아닌 것은?

① 기계적 강도 ② 허용전류
③ 내화재성 ④ 전압강하

해설 전선의 굵기 선정 시 고려사항 : 기계적강도, 허용전류, 전압강하 답 ③

06 태양전지 모듈과 인버터 간의 배선에 관한 다음 기술 중 틀린 것은?

① 태양전지 모듈 간의 배선에 사용하는 전선은 굵기가 2.5[mm²]인 것을 사용하면 단락전류에 충분히 견딘다.
② 태양전지 모듈의 이면에서 접속용 케이블이 2본씩 나오기 때문에 반드시 극성표시를 확인한 후 결선한다.
③ 접속함에서 인버터까지의 배선은 전압강하율을 1~2[%]로 하는 것이 바람직하다.
④ 태양전지 어레이를 지상에 설치하는 경우에는 지상배선으로 하는 것이 바람직하다.

해설 태양전지 어레이를 지상에 설치하는 경우에는 지중배선으로 하는 것이 바람직하다. 답 ④

07 다음 중 직류 접속반에 사용되는 역저지 다이오드는 모듈단락전류의 몇 배 이상을 견디어야 하는가?

① 2배
② 2.5배
③ 3배
④ 4배

해설 역저지 다이오드의 용량은 모듈 단락전류의 2배 이상이어야 한다. 답 ①

08 다음 중 태양광 발전설비에 사용되는 케이블이 잘못된 것은?

① 22.9[kV] 전력용 케이블(CN/CV-W)
② 600[V] 전력용 케이블(FR-CV)
③ 내화 케이블(FR-CPEVS-B 0.65[mm])
④ 아날로그 계측제어 신호용 케이블(FR-CVV)

해설 인터폰용 케이블(FR-CPEVS-B 0.65[mm]) 답 ③

09 태양광발전시스템의 설계에 있어서 태양전지 어레이의 레이아웃 배치검토에 필요한 자료가 아닌 것은?

① 설치 예정지의 면적, 토지의 굴곡상태의 데이터
② 설치 예정지의 위도경도에 따른 동짓날의 해 그림자 거리
③ 사용 예정인 태양전지 모듈 및 인버터의 카탈로그
④ 태양전지 어레이의 가대에 대한 구조계산서

해설 **태양전지 어레이의 레이아웃 배치검토**
1) 설치 예정지의 면적, 경사면의 각도
2) 위도경도에 따른 동짓날의 태양의 고도
3) 주변음영 발생요인 확인
4) 사용 예정인 태양전지 모듈 및 인버터의 카탈로그
④는 태양전지 가대의 상정하중을 고려한 구조물의 안정도를 평가하기 위해 필요하다. 답 ④

10 TN-C 계통에 대한 사항으로서 적합하지 않은 것은?

① 과전류차단기만 사용해야 한다.
② 고장 시 고장전류가 매우 크다.
③ PEN 도체의 단선위험에 대해 특별히 주의가 필요하다.
④ 누전차단기를 사용할 수 있다.

해설 TN-C 계통에는 누전차단기를 사용해서는 아니 된다. 답 ④

11 다음 중 음영해결 방안에 관한 방법이 아닌 것은?

① 바이패스 다이오드에 의한 음영손실 제거 방법

② 최적 MPPT점을 이용한 인버터 구동 방법

③ 추적식 태양광 모듈을 이용하는 방법

④ 태양전지 모듈을 수직으로 배치하는 방법

해설 추적식 태양광 모듈을 이용하는 방법은 발전시간과 발전량을 늘리기 위해서 사용된다. 답 ③

12 태양광 모듈에 음영이 발생하여 셀에 영향을 주는 것을 방지하는 소자는?

① 역전류방지 다이오드　　　　　② 개폐기

③ 바이패스 다이오드　　　　　　④ SPD

해설 바이패스 다이오드 : 고저항이 된 태양전지 셀 또는 모듈에 흐르는 전류를 바이패스 시킨다. 답 ③

13 태양광 모듈에 음영으로 셀이 손상될 때까지 가열되는 현상을 무엇이라 하는가?

① 페란티 현상　　　　　　　　② 핫스팟(Hot spot)

③ 코로나　　　　　　　　　　④ LBS

해설 ㆍ핫스팟(Hot spot)
ㆍ페란티 현상 : 수전단 전압이 송전단 전압보다 높아지는 현상
ㆍLBS(Load Breaker Switch) : 부하개폐기 답 ②

14 PV 시스템에 미치는 음영 영향 인자가 아닌 것은?

① 음영 모듈의 수　　　　　　　② 모듈의 특성

③ 인버터 설계　　　　　　　　④ 모듈의 상호 연결

해설 PV 시스템의 음영요인은 음영 모듈 수, 모듈의 특성, 모듈 상호 연결 등이다. 답 ③

15 다음 그림의 A, B가 나타내는 것이 바르게 연결된 것은?

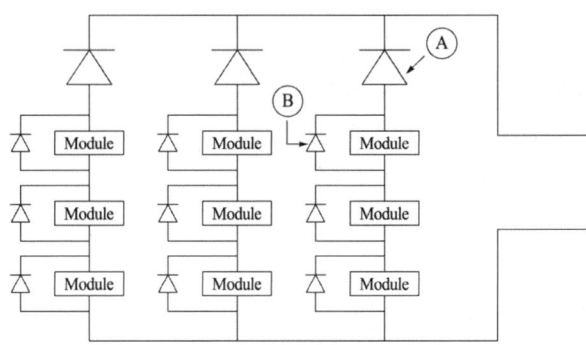

① A : 바이패스 다이오드, B : 역저지 다이오드
② A : 바이패스 다이오드, B : 출력 개폐기
③ A : 역전류방지 다이오드, B : 바이패스 다이오드
④ A : 역전류 다이오드, B : 출력 개폐기

해설 A : 역전류방지 다이오드
B : 바이패스 다이오드

답 ③

16 일사량이 낮을 때, PV 전압은 매우 낮아지고 그 결과 어레이를 통한 방전이 일어나는데 이를 예방하기 위해 사용되는 소자는?

① 바이패스 다이오드　　　　　　　② 퓨즈
③ DC-DC 컨버터　　　　　　　　④ 역전류방지 다이오드

해설 태양광 모듈의 역전류방지용 다이오드는 가능하면 순방향 전압강하분이 작은 쇼트키 다이오드를 사용하는 것이 좋다.

답 ④

17 다음 중 바이패스 다이오드에 대한 설명 중 잘못된 것은?

① 바이패스 다이오드는 셀의 스트링과 직렬로 연결한다.
② 열점의 손상을 피할 수 있다.
③ 다이오드 영향을 받는 셀을 피하여 전류를 우회시킨다.
④ PV 어레이 발전설비 접속함 내에 설치한다.

해설 바이패스 다이오드는 셀의 스트링과 병렬로 연결한다.

답 ①

18 다음 중 접속함에 내장되어 있는 소자가 아닌 것은?

① SCR　　　　　　　　　　　　② 역전류 다이오드
③ 차단기　　　　　　　　　　　④ PT

해설 접속함에는 역류방지 다이오드, 차단기, T/D, PT, CT, 단자대 등이 내장되어 있으므로 누수나 습기침투 여부에 대한 정기적 점검이 필요하다.

답 ①

19 PV어레이 분전함에 대한 설명으로 잘못된 것은?

① IP54로 방진 방수에 보호되어야 한다.
② 비와 직사광선으로부터 보호되어야 한다.
③ 보호등급 III 규정을 준수해야 한다.
④ UV가 차단되어야 한다.

해설 보호등급 II 규정을 준수해야 한다.

답 ③

20 지붕 위 또는 그 밖의 옥외에 설치하는 스트링 인버터가 준수해야 할 방수방진 등급은?

① IP23　　　　　② IP34　　　　　③ IP44　　　　　④ IP54

해설　**태양광발전용 인버터**

용도	형식	설치장소	비　고
계통연계형	단상	실내/실외	실내형 : IP20 이상
	3상	실내/실외	실외형 : IP44 이상
독 립 형	단상	실내/실외	(KS C IEC 62093)
	3상	실내/실외	

답 ③

21 다음과 같은 축전시스템은?

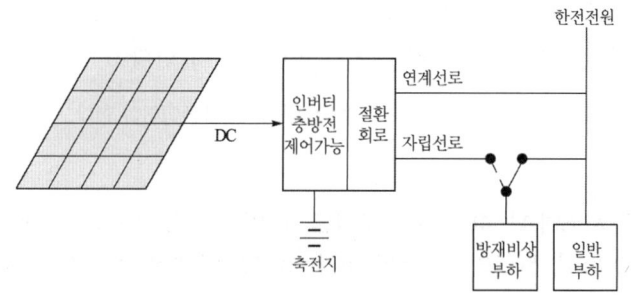

① 방재 대응형　　　　　　　② 부하평준화 대응형
③ 계통안정화 대응형　　　　④ 독립형 시스템용

해설　방재 대응형 시스템은 계통연계시스템으로 동작하고 재해 등의 정전 시에는 인버터 자립운전으로 절환함과 동시에 특정 재해대응 부하로 전력을 공급하도록 한다.　답 ①

22 다음과 같은 축전시스템은?

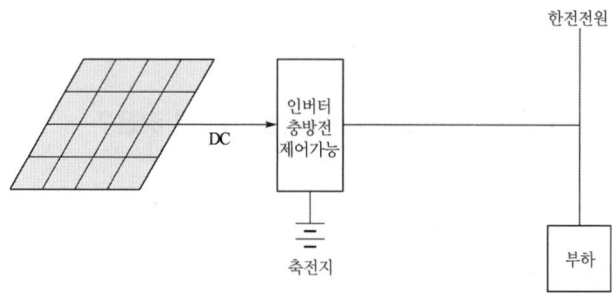

① 방재대응형　　　　　　　② 부하평준화 대응형
③ 계통안정화 대응형　　　　④ 독립형 시스템용

해설　태양전지 출력과 축전지 출력을 병용하여 부하의 피크 시에 인버터를 필요한 출력으로 운전하여 수전전력의 증대를 억제하고 기본전력요금을 절감시키려는 시스템이다. 본 시스템이 보급되면 수용가는 전력요금의 절감, 전력회사는 피크전력 대응의 설비투자를 절감할 수 있는 등의 큰 장점이 있다.　답 ②

23 태양광 발전시스템 설계 시 고려사항이 아닌 것은?

① 설치위치 결정　　　　　　② 설치방법 결정
③ 설치회사 결정　　　　　　④ 설치면적 및 시스템 용량 결정

해설　태양광 발전시스템 설계 시 고려사항
설치위치 결정, 설치면적 및 시스템 용량 결정, 디자인 결정, 태양전지 모듈 선정, 시스템 구성, 어레이, 구성요소별 설계, 독립형 · 계통 연계형 시스템 등　　**답** ③

24 다음 중 태양광 발전시스템 기자재 설계요구사항에 대한 설명으로 잘못된 것은?

① 태양전지 모듈이 국제인증제품이면 국내인증기관의 인증을 대체할 수 있다.
② 태양전지 내부에 보상용 바이패스 다이오드가 필히 부착되어야 한다.
③ 인버터는 국제 인증기관 인증 제품이어야 한다.
④ 인버터는 과열검출 및 정지 기능을 가지고 있어야 한다.

해설　국제 인증 제품일지라도 국내 인증기관의 인증을 받은 제품이어야 한다.　**답** ①

25 250[W] 태양전지(80[A], 40[V])가 14직렬, 10병렬로 설치된 PV어레이 단자함에서 인버터까지 거리가 100[m], 전선의 단면적이 16 [mm²]일 때 전압강하율[%]은? (단, 어레이에서 어레이 단자함까지의 모듈 한 장당 전압강하는 0.5[V]이다.)

① 2.1　　　　② 2.8　　　　③ 3.3　　　　④ 3.9

해설　전압강하 $= \dfrac{35.6 \times L \times I}{1,000 \times A} = \dfrac{35.6 \times 100[\text{m}] \times 80[\text{A}]}{1,000 \times 16[\text{mm}^2]} = 17.8[\text{V}]$

(L : 선 길이, I : 선 전류, A : 선 단면적)

전압강하율 $= \dfrac{\text{송전단 전압} - \text{수전단 전압}}{\text{수전단 전압}}$

$= \dfrac{((40-0.5) \times 14) - ((40-0.5) \times 14 - 17.8)}{(40-0.5) \times 14 - 17.8} \times 100$

$= 3.3$　**답** ③

26 태양광어레이 전선 굵기를 산정하기 위한 기준이 아닌 것은?

① 전압　　　　　　　② 역률
③ 전류　　　　　　　④ 전력손실

해설　태양광 어레이의 전선 굵기는 전압강하, 허용전류, 전력손실, 기계적 강도, 열에 의한 신축 등이 고려되어야 한다.　**답** ②

27 서지 보호를 위해 SPD 설치 시 접속도체의 길이는 몇 [m] 이하가 되도록 하여야 하는가?

① 0.3　　　　② 0.5　　　　③ 0.8　　　　④ 1.0

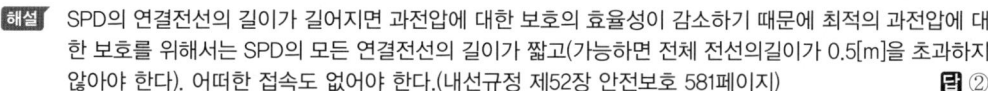

해설 SPD의 연결전선의 길이가 길어지면 과전압에 대한 보호의 효율성이 감소하기 때문에 최적의 과전압에 대한 보호를 위해서는 SPD의 모든 연결전선의 길이가 짧고(가능하면 전체 전선의길이가 0.5[m]을 초과하지 않아야 한다). 어떠한 접속도 없어야 한다.(내선규정 제52장 안전보호 581페이지) 답 ②

28 태양전지 모듈에서 접속함까지 직류배선이 100[m]이며, 모듈 어레이 전압이 610[V], 전류가 9[A]일 때, 전압강하는 몇 [V]인가? (단, 전선의 단면적 4.0[mm²]이다.)

① 8.01   ② 9.01   ③ 10.01   ④ 11.01

해설 전압강하 $= \dfrac{35.6 \times L \times I}{1000 \times A} = \dfrac{35.6 \times 100[\text{m}] \times 9[\text{A}]}{1000 \times 4[\text{mm}^2]} = 8.01[\text{V}]$

(L : 선 길이, I : 선 전류, A : 선 단면적) 답 ①

29 태양전지 모듈의 핫 스팟(Hot Spot)현상에 대한 유해한 결과를 제한하기 위한 시험은?

① 고온고습 시험   ② UV 전처리 시험
③ 온도사이클 시험   ④ 바이패스 다이오드 열시험

해설 **바이패스 다이오드 열시험**
태양전지모듈의 핫 스팟 현상에 대한 유해한 결과를 제한하기 위해 사용되는 다이오드가 열에 대한 내성설계가 얼마나 잘 되어 있는지 그리고 유사한 환경에서 장시간 사용할 경우 신뢰성이 확보되었는지 평가하는 목적으로 하며, STC조건에서 단락전류의 1.25배와 같은 전류를 적용한다. 답 ④

4.1 태양광 수배전반 설계

4.1.1 수배전반 설계도서 작성

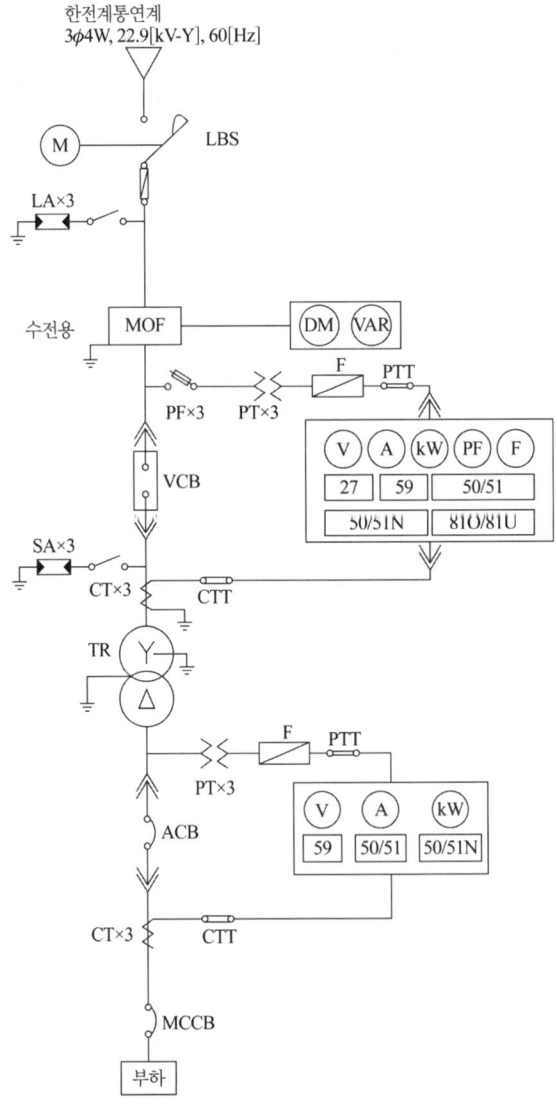

| 단선결선도 |

(1) 단선결선도(Single Line Diagram)

각 태양광발전설비(태양전지모듈, 인버터, VCB, ACB, 변압기, 차단기, 보호계전기, MOF 등)의 용량, 설비 사이의 연결 상태를 상수, 선수, 공간적인 위치와 관계없이 나타낸 도면이다.

1) 계통연계 보호계전기

배전계통에 연계되어 운전하는 태양광발전시스템에서는 한전 계통측의 정전, 주파수 변동, 지락 등의 고장과 인버터 내부의 고장이 발생하는 경우 이를 검출하여 신속히 인버터를 정지시켜 배전계통 안전을 확보해야 한다.

① 저압연계시스템 : 과전압계전기(OVR), 저전압계전기(UVR), 과주파수계전기(OFR), 저주파수계전기(UFR)의 설치가 필요하다.

② 특고압연계시스템 : 저압연계 보호장치에 지락 과전류 계전기의 추가 설치가 필요하다.

계전기기	기기번호	용도	동작시한
유효전력 계전기	32P	유효전력 역송방지	0.5 ~ 2.0초
무효전력 계전기	32Q	단락사고 보호	0.5 ~ 2.0초
부족전력 계전기	32U	부족전력 검출	0.5 ~ 2.0초
과전압계전기	59	과전압 보호	순시 정정치의 120[%] 2.0초
저전압계전기	27	사고검출 또는 무전압검출	감시용 0.2 ~ 0.3초
주파수계전기	81O/81U	주파수 변동 검출	0.5초 ~ 1분
과전류계전기	50/51	과전류 보호	TR 2차 3상 단락시 0.6초 이하시

(2) 외형도

발전설비의 외형과 규격을 알 수 있는 도면으로 수배전반의 정확한 크기와 형태를 확인하고 전기실에 장비를 배치할 수 있도록 하는 도면이다.

4.1.2 분산형전원 계통연계 기술기준

(1) 분산형전원(DER, Distributed Energy Resources)

대규모 집중형 전원과는 달리 소규모로 전력소비지역 부근에 분산하여 배치가 가능한 전원이다.

(2) Hybrid 분산형전원

Hybrid 분산형전원은 태양광, 풍력발전 등의 분산형전원에 ESS설비(배터리, PCS 등 포함)를 혼합하여 발전하는 유형을 말한다.

(3) 분산형전원 계통연계

분산형전원의 연계용량은 500[kW] 미만이고 배전용변압기 누적연계용량이 해당 배전용변압기 용량의 50[%] 이하인 경우 상황에 따라 저압계통에 연계할 수 있다.

(4) 연계 기술 기준

1) 분산형전원의 전기방식은 연계하고자 하는 계통의 전기방식과 동일하게 함을 원칙으로 한다. 단, 3상 수전고객이 단상인버터를 설치하여 분산형전원을 계통에 연계한다.

구 분	인버터 용량
1상 또는 2상 설치 시	각 상에 4[kW] 이하로 설치
3상 설치 시	상별 동일 용량 설치

2) 분산형전원의 연계구분에 따른 연계계통의 전기방식은 다음과 같이 연계한다.

구 분	연계계통의 전기방식
저압 한전계통 연계	교류 단상 220[V] 또는 교류 삼상 380[V] 중 기술적으로 타당하다고 한전이 정한 한가지 전기방식
특고압 한전계통 연계	교류 삼상 22,900[V]

(5) 동기화

분산형전원의 계통연계 또는 가압된 구내계통의 가압된 한전계통에 대한 연계에 대하여 병렬연계 장치의 투입 순간에 모든 동기화 변수들이 제시된 제한범위 이내에 있어야 하며, 만일 어느 하나의 변수라도 제시된 범위를 벗어날 경우에는 병렬연계 장치가 투입되지 않아야 한다.

| 계통연계를 위한 동기화 변수 제한범위 |

분산형전원 정격용량 합계(kW)	주파수 차 ($\triangle f$, Hz)	전압 차 ($\triangle V$, %)	위상각 차 ($\triangle \Phi$, °)
0 ~ 500	0.3	10	20
500 초과 ~ 1,500	0.2	5	15
1,500 초과 ~ 20,000 미만	0.1	3	10

(6) 감시설비

1) 특고압 또는 전용변압기를 통해 저압 한전계통에 연계하는 분산형전원이 하나의 공통 연결점에서 단위 분산형전원의 용량 또는 분산형전원 용량의 총합이 250[kW] 이상일 경우 분산형전원 설치자는 분산형전원 연결점에 연계상태, 유·무효전력 출력, 운전 역률 및 전압 등의 전력품질을 감시하기 위한 설비를 갖추어야 한다.

2) 한전계통 운영상 필요할 경우 한전은 분산형전원 설치자에게 1)에 의한 감시설비와 한전계통 운영시스템의 실시간 연계를 요구하거나 실시간 연계가 기술적으로 불가할 경우 감시기록 제출을 요구할 수 있으며, 분산형전원 설치자는 이에 응하여야 한다.

(7) 분리장치

1) 접속점에는 접근이 용이하고 잠금이 가능하며 개방상태를 육안으로 확인할 수 있는 분리장치를 설치하여야 한다.(단, 단순병렬 분산형전원은 1)항의 조건을 만족하는 경우 책임분계점 개폐기로 대체 가능함)

2) 한전계통 변전소 주변압기의 분산형전원 연계가능 용량에 여유가 있을 경우, 특고압 한전계통 또는 전용변압기(상계거래용 변압기 포함)를 통해 저압 한전계통에 연계할 수 있는 분산형전원은 역송병렬 형태의 분산형전원이 특고압 한전계통에 연계되는 경우 1)에 의한 분리장치는 연계용량에 관계없이 전압·전류 감시 기능, 고장표시(FI, Fault Indication) 기능 등을 구비한 자동개폐기를 설치하여야 한다. 다만, 전용변압기를 통해 한전계통에 연계하는 단독 또는 합산용량 100[kW] 이상 저압 분산형전원의 경우 변압기 1차측에 전압·전류 감시기능, 고장표시(FI, Fault Indication) 기능, 고장전류 감지 및 자동차단 기능 등을 구비한 자동차단기를 설치하여야 한다. (단, 1,000[kW] 이상 단순병렬의 경우 감시설비 미설치 시 지능화개폐기 및 다기능(통합형)단말장치를 설치함)

(8) 연계 시스템의 건전성

1) 전자기 장해로부터의 보호

연계 시스템은 전자기 장해 환경에 견딜 수 있어야 하며, 전자기 장해의 영향으로 인하여 연계 시스템이 오동작하거나 그 상태가 변화되어서는 안 된다.

2) 뇌서지 성능

연계 시스템은 서지를 견딜 수 있는 능력을 갖추어야 한다.

(9) 한전계통 이상 시 분산형전원 분리 및 재병입

1) 한전계통의 고장

분산형전원은 연계된 한전계통 선로의 고장 시 해당 한전계통에 대한 가압을 즉시 중지하여야 한다.

2) 한전계통 재폐로와의 협조

한전계통고장에 의한 분산형전원 분리시점은 해당 한전계통의 재폐로 시점 이전이어야 한다.

3) 전압

① 연계 시스템의 보호장치는 각 선간전압의 실효값 또는 기본파 값을 감지해야 한다. 단, 구내계통을 한전계통에 연결하는 변압기가 Y-Y 결선 접지방식의 것 또는 단상변압기일 경우에는 각 상전압을 감지해야 한다.

② 1)의 전압 중 어느 값이나 비정상 범위 내에 있을 경우 분산형전원은 해당 분리시간(clearing time) 내에 한전계통에 대한 가압을 중지하여야 한다.

③ 다음 각 목의 하나에 해당하는 경우에는 분산형전원 연결점에서 1)에 의한 전압을 검출할 수 있다.

　가) 하나의 구내계통에서 분산형전원 용량의 총합이 30[kW] 이하인 경우

　나) 연계 시스템 설비가 단독운전 방지시험을 통과한 것으로 확인될 경우

　다) 분산형전원 용량의 총합이 구내계통의 15분간 최대수요전력 연간 최소값의 50[%] 미만이고, 한전계통으로의 유·무효전력 역송이 허용되지 않는 경우

| 비정상 전압에 대한 분산형전원 분리시간 |

전압 범위[주2] (기준전압[주1]에 대한 백분율[%])	분리시간[주2] [초]
V < 50	0.5
50 ≤ V < 70	2.00
70 ≤ V < 90	2.00
110 < V < 120	1.00
V ≥ 120	0.16

주 1) 기준전압은 계통의 공칭전압을 말한다.
　2) 분리시간이란 비정상 상태의 시작부터 분산형전원의 계통가압 중지까지의 시간을 말하며, 필요할 경우 전압 범위 정정치와 분리시간을 현장에서 조정할 수 있어야 한다.

4) 주파수

계통 주파수가 비정상 범위 내에 있을 경우 분산형전원은 해당 분리시간 내에 한전계통에 대한 가압을 중지하여야 한다.

| 비정상 주파수에 대한 분산형전원 분리시간 |

분산형전원 용량	주파수 범위^주 [Hz]	분리시간^주 [초]
용량무관	$f > 61.5$	0.16
	$f < 57.5$	300
	$f < 57.0$	0.16

주) 분리시간이란 비정상 상태의 시작부터 분산형전원의 계통가압 중지까지의 시간을 말하며, 필요할 경우 주파수 범위 정정치와 분리시간을 현장에서 조정할 수 있어야 한다. 저주파수 계전기 정정치 조정시에는 한전계통 운영과의 협조를 고려하여야 한다.

    5) 한전계통에의 재병입(再竝入, reconnection)

      ① 한전계통에서 이상 발생 후 해당 한전계통의 전압 및 주파수가 정상 범위 내에 들어올 때까지 분산형전원의 재병입이 발생해서는 안 된다.

      ② 분산형전원 연계 시스템은 안정상태의 한전계통 전압 및 주파수가 정상 범위로 복원된 후 그 범위 내에서 5분간 유지되지 않는 한 분산형전원의 재병입이 발생하지 않도록 하는 지연기능을 갖추어야 한다.

(10) 분산형전원 이상시 보호협조

    1) 분산형전원의 이상 또는 고장 시 이로 인한 영향이 연계된 한전계통으로 파급되지 않도록 분산형전원을 해당 계통과 신속히 분리하기 위한 보호협조를 실시하여야 한다.

    2) 분산형전원 연계 시스템의 보호도면과 제어도면은 사전에 반드시 한전과 협의하여야 한다.

(11) 전기품질

    1) 직류 유입 제한

    분산형전원 및 그 연계 시스템은 분산형전원 연결점에서 최대 정격 출력전류의 0.5[%]를 초과하는 직류 전류를 계통으로 유입시켜서는 안 된다.

    2) 역률

      ① 분산형전원의 역률은 90[%] 이상으로 유지함을 원칙으로 한다. 다만, 역송병렬로 연계하는 경우로서 연계계통의 전압상승 및 강하를 방지하기 위하여 기술적으로 필요하다고 평가되는 경우에는 연계계통의 전압을 적절하게 유지할 수 있도록 분산형전원 역률의 하한값과 상한값을 고객과 한전이 협의하여야 정할 수 있다.

      ② 분산형전원의 역률은 계통 측에서 볼 때 진상역률(분산형전원 측에서 볼 때 지상역률)이 되지 않도록 함을 원칙으로 한다.

    3) 플리커(flicker)

    분산형전원은 빈번한 기동·탈락 또는 출력변동 등에 의하여 한전계통에 연결된 다른 전기사용자에게 시각적인 자극을 줄만한 플리커나 설비의 오동작을 초래하는 전압요동을 발생시켜서는 안 된다.

4) 고조파

특고압 한전계통에 연계되는 분산형전원은 연계용량에 관계없이 한전이 계통에 적용하고 있는 「배전계통 고조파 관리기준」에 준하는 허용기준을 초과하는 고조파 전류를 발생시켜서는 안 된다.

(12) 순시전압변동

1) 특고압 계통의 경우, 분산형전원의 연계로 인한 순시전압변동률은 발전원의 계통 투입·탈락 및 출력 변동 빈도에 따라 허용 기준을 초과하지 않아야 한다.

단, 해당 분산형전원의 변동 빈도를 정의하기 어렵다고 판단되는 경우에는 순시전압변동률 3[%]를 적용한다. 또한 해당 분산형전원에 대한 변동 빈도 적용에 대해 설치자의 이의가 제기되는 경우, 설치자가 이에 대한 논리적 근거 및 실험적 근거를 제시하여야 하고 이를 근거로 변동 빈도를 정할 수 있으며 (6) 감시설비를 설치하고 이를 확인하여야 한다. Hybrid 분산형전원의 순시전압변동률은 ESS의 계통 병입·탈락 빈도와 분산형전원의 계통 병입·탈락빈도를 합산한 값에 대하여 아래의 표에서 정하는 허용기준을 초과하지 않아야 한다.

단, 해당 Hybrid 분산형전원의 변동 빈도를 정의하기 어렵다고 판단되는 경우에는 순시전압변동률 3[%]를 적용한다.

| 순시전압변동률 허용기준 |

변동빈도	순시전압변동률
1시간에 2회 초과 10회 이하	3[%]
1일 4회 초과 1시간에 2회 이하	4[%]
1일에 4회 이하	5[%]

2) 저압계통의 경우, 계통 병입시 돌입전류를 필요로 하는 발전원에 대해서 계통 병입에 의한 순시전압변동률이 6[%]를 초과하지 않아야 한다.

3) 분산형전원의 연계로 인한 계통의 순시전압변동이 1)항 및 2)항에서 정한 범위를 벗어날 경우에는 해당 분산형전원 설치자가 출력변동 억제, 기동·탈락 빈도 저감, 돌입전류 억제 등 순시전압변동을 저감하기 위한 대책을 실시한다.

4) 3)에 의한 대책으로도 1) 및 2)의 순시전압변동 범위 유지가 불가할 경우에는 다음 각 호의 하나에 따른다.

가) 계통용량 증설 또는 전용선로로 연계

나) 상위전압의 계통에 연계

(13) 단독운전

연계된 계통의 고장이나 작업 등으로 인해 분산형 전원이 공통 연결점을 통해 한전계통의 일부를 가압하는 단독운전 상태가 발생할 경우 해당 분산형 전원 연계 시스템은 이를 감지하여 단독운전 발생 후 최대 0.5초 이내에 한전계통에 대한 가압을 중지해야 한다.

(14) 보호장치 설치

1) 분산형 전원 설치자는 고장 발생 시 자동적으로 계통과의 연계를 분리할 수 있도록 다음의 보호계전기 또는 동등 이상의 기능 및 성능을 가진 보호장치를 설치하여야 한다.

① 계통 또는 분산형 전원 측의 단락·지락고장 시 보호를 위한 보호장치를 설치한다.

② 적정한 전압과 주파수를 벗어난 운전을 방지하기 위하여 과·저전압 계전기, 과·저주파수 계전기를 설치한다.

③ 단순병렬 분산형전원의 경우에는 역전력 계전기를 설치한다. 신·재생에너지를 이용하여 전기를 생산하는 용량 50[kW] 이하의 소규모 분산형전원(단, 해당 구내 계통 내의 전기사용 부하의 수전 계약전력이 분산형전원 용량을 초과하는 경우에 한한다)으로서 단독운전 방지기능을 가진 것을 단순병렬로 연계하는 경우에는 역전력계전기 설치를 생략할 수 있다.

2) 역송병렬 분산형전원의 경우에는 단독운전 방지기능에 의해 자동적으로 연계를 차단하는 장치를 설치하여야 한다. 또한 단순병렬 분산형전원의 경우 발전설비에 단독운전 방지기능이 있거나 보호장치 설치 1)항 ①, ② 보호장치를 설치하는 경우 단독운전 방지기능을 가진 것으로 볼 수 있다.

3) 인버터를 사용하는 저압계통 연계 분산형 전원의 경우 그 인버터를 포함한 연계 시스템에 1) 내지 2)에 준하는 보호기능이 내장되어 있을 때에는 별도의 보호장치 설치를 생략할 수 있다. 다만, 개별 인버터의 용량과 총 연계용량이 상이하여 단위 분산형 전원에 2대 이상의 인버터를 사용하는 경우 또는 100[kW] 이상 저압계통 연계 분산형 전원은 각각의 연계 시스템에 보호기능이 내장되어 있는 경우라 하더라도 해당 분산형 전원의 연계 시스템 전체에 대한 보호기능을 수행할 수 있는 별도의 보호장치를 설치하여야 한다.

4) 분산형 전원의 특고압 연계 또는 전용변압기(상계거래용 변압기 포함)를 통한 저압

연계의 경우, 보호장치 설치에 관한 세부사항은 한전이 계통에 적용하고 있는 "계통보호업무처리지침" 또는 "계통보호업무편람"의 발전기 병렬운전 연계선로 보호업무 기준 등에 따른다.

5) 1) 내지 4)에 의한 보호장치는 접속점에서 전기적으로 가장 가까운 구내계통 내의 차단장치 설치점(보호배전반)에 설치함을 원칙으로 하되, 해당 지점에서 고장검출이 기술적으로 불가한 경우에 한하여 고장검출이 가능한 다른 지점에 설치할 수 있다.

6) Hybrid 분산형 전원 설치자는 ESS 설비 및 분산형전원에 1) 내지 2)에 준하는 보호기능이 각각 내장되어 있더라도 해당 Hybrid 분산형전원의 연계 시스템 전체에 대한 보호기능을 수행할 수 있는 별도의 보호장치를 설치하여야 한다.

(15) 변압기

직류발전원을 이용한 분산형 전원 설치자는 인버터로부터 직류가 계통으로 유입되는 것을 방지하기 위하여 연계 시스템에 상용주파 변압기를 설치하여야 한다.

다음 조건을 모두 만족시키는 경우에는 상용주파 변압기의 설치를 생략할 수 있다.

1) 직류회로가 비접지인 경우 또는 고주파 변압기를 사용하는 경우

2) 교류출력 측에 직류 검출기를 구비하고 직류 검출시에 교류출력을 정지하는 기능을 갖춘 경우

(16) 계통연계 유지

1) 역송병렬 형태로 연계하는 분산형전원은 한전이 계통운영상 필요에 따라 요구하는 한전계통 고장 등으로 인한 전압 및 주파수 이상 시 계통연계를 유지(Fault Ride-Through)할 수 있어야 한다.

2) 1)에 따라 계통운전 유지에 협조해야하는 분산형전원은 한전계통의 비정상 전압 및 주파수에 대해 (9) 한전계통 이상시 분산형 분리 및 재병입 3)과 4)의 분리시간에 대한 기술요건보다 (16) 계통연계 유지의 기술요건을 우선적으로 만족해야 한다.

3) 분산형전원 설치자는 계통운영자의 요구에 따라 비정상 전압 및 주파수에 대한 범위 정정치 및 운전지속시간을 현장에서 조정할 수 있어야 한다.

4) 1)에 따라 전압 및 주파수에 대해 계통연계를 유지하는 분산형전원은 표 비정상 전압에 대한 운전지속시간 및 표 비정상 주파수에 대한 운전지속시간와 같이 한전계통 고장 등에 의한 전압 및 주파수 변동 에 해당 운전 지속시간 동안 의무적으로 운전을 유지해야 한다.

단, 한전계통 이상시 분산형 분리 및 재병입에서 정한 분리시간 이내에는 계통에서 분리해야 한다.

| 비정상 전압에 대한 운전지속시간 |

전압 범위[주] (기준전압[주1]에 대한 백분율[%])	분리시간[주] [초]
V < 50	0.15
50 ≤ V < 70	0.16
70 ≤ V < 90	1.5
110 < V < 120	0.2
V ≥ 120	–

| 비정상 주파수에 대한 운전지속시간 |

분산형전원 용량	주파수 범위[주] [Hz]	분리시간[주] [초]
용량무관	f > 61.5	–
	f < 57.5	299
	f < 57.0	–

주 1) 운전지속시간이란 비정상 상태의 시작부터 분산형전원의 계통가압 중지 전까지 운전을 유지해야 하는 최소한의 시간을 말한다. 분산형전원은 운전지속시간 동안 분산형전원의 정격을 초과한 출력을 발생하여서는 안되며, 계통전압 및 주파수의 변동으로 인해 연속적으로 범위 조건이 변경되는 경우 변경된 조건으로 운전지속 및 분리할 수 있어야 한다.

(17) 유효성 평가

본 업무표준은 2년 주기로 유효성을 평가한다.

4.1.3 교류측 구성기기 선정

(1) 변압기

1) 변압기 회로 결선방식

① Δ-Δ 결선방식

[장점]

‣ 제3고조파 전류가 Δ결선 내를 순환하므로 정현파 교류전압을 유기하여 기전력이 왜곡을 일으키지 않음(유도장해 없음)

‣ 1상분에 고장이 발생하면 나머지 2대로 V결선할 수 있다.

‣ 인가전압이 정현파이면 유도전압도 정현파가 된다.

‣ 각 변압기의 상전류가 선전류의 $1/\sqrt{3}$이 되어 대전류에 적당하다.

[단점]

‣ 중성점을 접지할 수 없으므로 지락사고의 검출이 곤란하다.

‣ 변압비가 다른 것을 결선하면 순환전류가 흐른다.

‣ 각 상의 권선 임피던스가 다르면 3상 부하가 평형되었어도 변압기의 부하전류
 는 불평형이 된다.

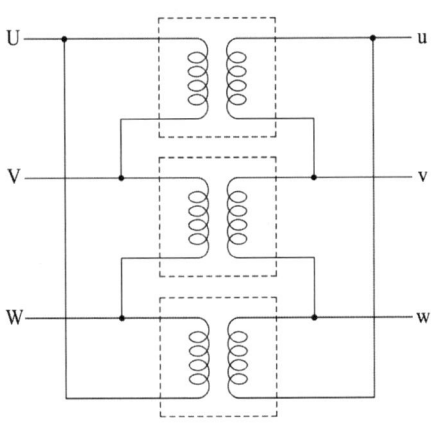

| △-△ 결선방식 |

② Y-Y 결선방식

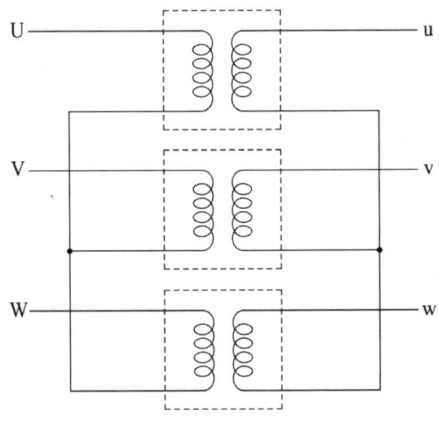

| Y-Y 결선방식 |

[장점]

‣ 중성점을 접지할 수 있으므로 단절연방식을 채택할 수 있다.

‣ 상전압이 선간전압의 $1/\sqrt{3}$이 되어 고전압의 결선에 적합하다.

‣ 변압비, 권선임피던스가 서로 틀려도 순환전류가 흐르지 않는다.(3상의 1차, 2
 차의 전류 전압 간의 위상변위가 없다.)

[단점]

‣ 제3고조파 여자전류의 통로가 없으므로 유도기전력이 제3고조파를 함유하여 중성점을 접지하면 통신선에 유도장해를 준다.

‣ 기전력 파형은 제3고조파를 포함한 왜형파가 된다.

③ △-Y 결선방식

‣ 2차 권선의 전압이 선간전압의 $1/\sqrt{3}$이고 승압용에 적당하다.

‣ Δ-Δ 결선과 Y-Y 결선의 장점을 갖고 있음

‣ 중성점을 접지할 수 있다.

‣ 30°의 위상변위가 있어서 1대의 고장이 나면 전원 공급 불가능

‣ 2차 전압이 저압의 경우 전등과 동력을 겸해서 사용할 수 있으므로 일반건물에 많이 사용하고 있다.

‣ 2차 부하에 고조파 발생원 부하가 있는 경우 유용하게 채용하고 있다.

‣ 1차 2차 혼촉방지용 설비를 별도로 할 필요가 없다.

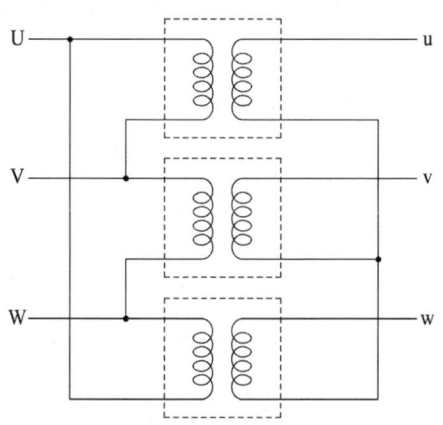

| △-Y 결선방식 |

④ Y-△ 결선방식

‣ 강압변압기에 적당하고 1차 권선의 전압은 선간전압의 $1/\sqrt{3}$이다. 즉, 높은 전압을 Y결선으로 하므로 절연이 유리하다.

‣ △-△, Y-Y결선의 장점이 있음.

‣ 3상의 입력, 출력의 전압 전류 간에 위상변위가 생긴다.

‣ 1상의 단락은 다른 변압기를 과여자한다.

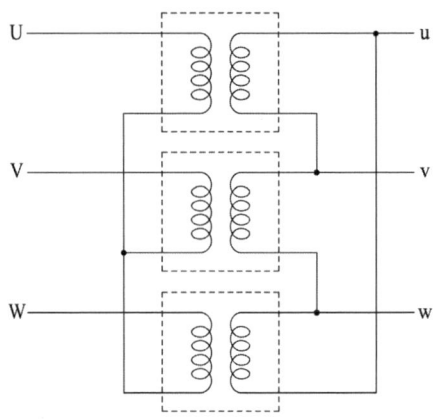

| Y-△ 결선방식 |

⑤ V-V 결선방식

[장점]

‣ △-△ 결선에서 2대의 변압기로 3상 변성을 할 수 있음.

[단점]

‣ 이용률이 $\sqrt{3}/2 = 0.866$으로 떨어져서 3상 부하의 $\sqrt{3}$ 배의 변압기 설비용량을 필요로 한다. 또한 출력은 $\sqrt{3}/3 = 0.577$이 된다.

‣ 부하 시 두 단자 전압이 불평형하다.

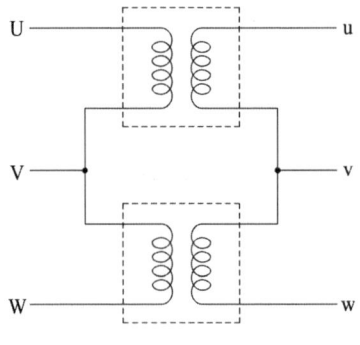

| V-V 결선방식 |

4.1.4 전기실 면적 산정

(1) 기기외형도

전기실 면적을 산정하기 위해서는 각 발전설비(수배전반, 변압기, VCB, ACB 등)의 정확한 규격을 확인해야 한다. 이를 위해 기기외형도를 확인하여 발전설비의 외형과 규격에 맞는 전기실을 설계한다.

(2) 장비배치도

인버터, 수배전반, 모니터링 시스템 등이 배치되어있는 배치도가 필요하다. 장비의 배치는 인버터, ACB, 변압기, VCB 등의 순서로 한다. 이를 이용하여 시공시 작업이 가능하도록 한다.

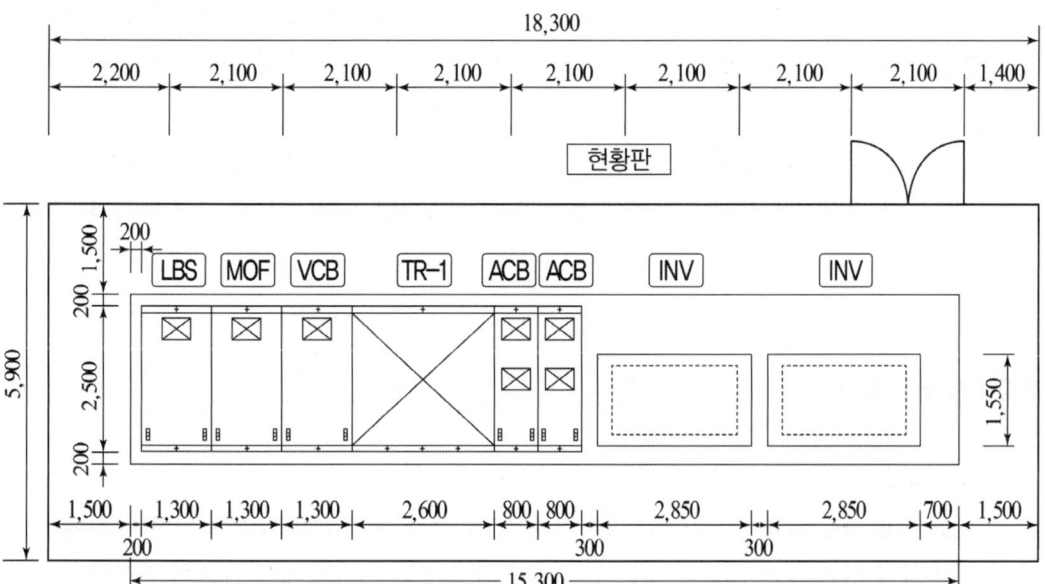

전기실에 설치되는 수전설비(배전반, 변압기)의 최소 유지거리는 다음과 같다.

위치별 기기별	앞면 또는 조작·계측면	뒷면 또는 점검면	열상호간(점검의 면)
특고압 배전반	1.7[m]	0.8[m]	1.4[m]
고압 배전반	1.5[m]	0.6[m]	1.2[m]
저압 배전반	1.5[m]	0.6[m]	1.2[m]
변압기	0.6[m]	0.6[m]	1.2[m]

(3) 인버터 및 수배전반 옥외 설치

옥외형 장비를 사용할 경우에는 전기실을 필요로 하지 않고 외부에 설치하여 계통에 연결한다. 이를 위해서는 수배전반 설치에 필요한 기초 패드를 설계한 도면이 필요하다.

4.2 태양광발전 관제시스템 설계

4.2.1 방범시스템

(1) 소규모 태양광은 무인으로 운영되는 경우가 많으므로 CCTV를 설치하여 원거리에서도 감시가 가능하도록 한다.

(2) 대규모 태양광발전소는 상주 인원이 있어 발전설비를 운영하지만 야간의 경우 인력이 없는 경우가 발생하므로 이에 대한 대비로 CCTV, 적외선 센서 등 다양한 방범시설이 요구된다.

(3) 산악에 설치된 태양광발전소는 무단 침입에 의한 손실뿐만 아니라 야생동물에 의한 침입으로 발전설비에 상해가 발생할 수 있으므로 견고한 울타리 설비 등을 설치하여야 한다.

4.2.2 방재시스템

(1) 피뢰시스템

KS C IEC 62305와 건축물의 설비기준 등에 관한 규칙 피뢰설비에 의한 규정에 의해 낙뢰의 우려가 있는 건축물 또는 높이 20[m] 이상의 건축물에는 기준에 적합한 피뢰설비를 설치해야 한다.

1) 피뢰시스템 구성

피뢰설비(피뢰침)는 산꼭대기 부근과 낙뢰가 많은 지역, 또는 중요한 태양전지시스템에는 피뢰침을 설치하는 다른 설비·기기와 마찬가지로, 돌침부의 보호각 60° 이내에 태양전지 어레이가 들어가도록 피뢰침을 설치하면 좋다.

① 외부 피뢰시스템 구성

가) 수뢰시스템 : 낙뢰를 받아들일 목적으로 설치하는 피뢰침

나) 인하도선시스템 : 뇌격전류 수뢰시스템에서 접지시스템으로 흘리기 위한 시스템

다) 접지시스템 : 뇌격전류를 대지로 방출시키기 위한 시스템

② 내부피뢰시스템 구성

가) 피뢰등전위본딩 : 뇌격전류에 전위차를 감소시키기 위해 직접적인 도전 접속 또는 서지보호장치를 통한 분리된 금속의 피뢰시스템에 대하여 전기적으로 접속시키 장치이다.

나) SPD : 과전압을 제한하고 서지전류를 전류(轉流)시키는 적어도 하나의 비선형 소자를 포함하는 장치이다.

2) 뇌서지 대책

① 피뢰소자를 어레이 주회로 내부에 분산시켜 설치하고, 접속함에도 설치한다.

② 저압배전선에서 침입하는 뇌서지에 대해서는 분전반에 피뢰소자를 설치한다.

③ 뇌우 다발지역에서는 교류 전원측으로 내뢰 트랜스를 설치하여 보다 완전한 대책을 세운다.

3) 피뢰소자 선정

피뢰대책용 부품에는 크게 피뢰소자와 내뢰트랜스 2가지가 있으며 태양광발전시스템에는 일반적으로 어레스터 또는 서지 옵서버를 사용한다.

접속반 내부와 분전반 내에 설치하는 피뢰소자는 어레스터(방전내량이 큰 것)를 선정하고, 어레이 주회로 내에 설치하는 피뢰소자는 서지 옵서버(방전내량이 적은 것)를 선정한다.

① 어레스터 : 낙뢰에 의한 충격성 과전압에 대하여 전기설비의 단자전압을 규정치 이내로 저감시켜 정전을 일으키지 않고 원상태로 회귀하는 장치이다.

② 서지 옵서버 : 전선로에 침입하는 이상 전압의 높이를 완화하고 파고치를 저하시키는 장치이다.

③ 내뢰 트랜스 : 실드부착 절연트랜스를 주체로 이에 어레스터 및 콘덴서를 부가시키는 것, 뇌지가 침입하는 경우 내부에 넣은 어레스터에서의 제어 및 1차측과 2차측 간의 고절연화, 실드에 의해 뇌서지의 흐름을 완전히 차단할 수 있도록 한 장치이다.

(2) 케이블 방재

지중전선에 화재가 발생할 경우 화재의 확대방지를 위하여 케이블이 밀집 시설되는 개소의 케이블은 난연성케이블을 사용하여 시설하는 것을 원칙으로 하며, 부득이 일반 케이블로 시설하는 경우 케이블에 방재대책을 강구하여 시행하는 것이 바람직하다.

1) 적용 장소

집단 아파트 또는 집단 상가의 구내 수전실, 케이블 처리실, 전력구, 덕트 및 4회선 이상 시설된 맨홀

2) 적용대상 및 방재용 자재

① 케이블 및 접속재 : 난연테이프 및 난연도료

② 바닥, 벽, 천장 등의 케이블 관통부 : 난연실(퍼티), 난연보드, 난연레진, 모래 등

3) 방재시설 방법

① 케이블 처리실(옥내 덕트 포함), 케이블 전 구간 난연처리

② 전력구(공동구)

가) 수평길이 20[m] 마다 3[m] 난연처리

나) 케이블 수직부(45° 이상) 전량 난연처리

다) 접속부위 난연처리

③ 관통부분

벽 관통부를 밀폐시키고 케이블 양측 3[m]씩 난연재 적용

④ 맨홀

접속 개소의 접속재 포함 1.5[m] 난연처리

⑤ 기타

화재 취약지역은 전량 난연처리

4.2.3 모니터링 시스템

(1) 계측시스템

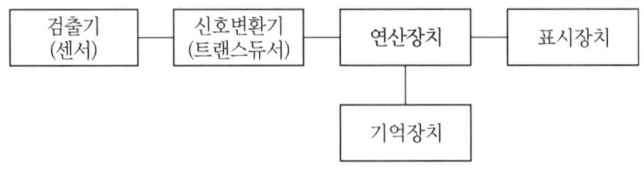

| 계측시스템 |

1) 검출기 : 직류회로의 전압, 전류를 검출, 교류회로의 전압, 전류, 전력, 역률, 주파수 등을 검출

2) 신호변환기 : 검출기에 의해 측정된 데이터를 표시장치로 전송

3) 연산장치 : 계측된 데이터를 적산하여 일정기간마다의 평균값, 적산값으로 얻는다.

4) 기억장치 : 컴퓨터 내의 메모리나 컴팩트디스크 등을 사용하여 데이터 저장

(2) 모니터링 시스템 주요 설비

1) 통신장치

2) 현장 모니터링 장치 : PC, 모니터

3) 전력감시 제어반

4) 인버터 제어반

5) 기상관측장치 : 수평 일사량계, 경사면 일사량계, 온도계, 풍속계, 풍향계 등

4.1 태양광 수배전반 설계

01 계통연계 운전 중 송전이나 수전 시 시스템 보호를 위한 보호계전기의 종류가 아닌 것은?

① 부족전압 계전기(UVR)
② 부족주파수 계전기(UFR)
③ 역전력 계전기(RPR)
④ 과전압 계전기(OVR)

> **해설** • 계통연계 보호장치 : 부족전압 계전기(UVR), 부족주파수 계전기(UFR), 과전압 계전기(OVR), 과주파수계 전기, 지락 과전압 계전기(OVGR), 지락 과전류 계전기(OCGR)
> • **역전력 계전기(RPR)** : 병렬 운전하는 발전기의 경우 다른 발전기 쪽으로 역전류가 흐르는 것을 방지하기 위한 계전기
> **답** ③

02 전기실 면적에 태양광발전설비를 설치하기 위해서는 정확한 장비의 치수를 확인하여야 한 다. 이에 사용되는 도면은?

① 단선결선도
② 모듈 배치도
③ 횡단면도
④ 외형도

> **해설** **기기외형도**
> 전기실 면적을 산정하기 위해서는 각 발전설비(수배전반, 변압기, VCB, ACB 등)의 정확한 규격을 확인해야 한다. 이를 위해 기기외형도를 확인하여 발전설비의 외형과 규격에 맞는 전기실을 설계한다.
> **답** ④

03 단선결선도에 표시되는 보호계전기 중 저압연계에 해당하지 않는 것은?

① 지락 과전류 계전기
② 과전압계전기
③ 과주파수계전기
④ 저전압계전기

> **해설** **계통연계 보호계전기**
> 1) 저압연계시스템 : 과전압계전기(OVR), 저전압계전기(UVR), 과주파수계전기(OFR), 저주파수계전기 (UFR)의 설치가 필요하다.
> 2) 특고압연계시스템 : 저압연계 보호장치에 지락 과전류 계전기의 추가 설치가 필요하다.
> **답** ①

04 대규모 집중형 전원과는 달리 소규모로 전력소비지역 부근에 분산하여 배치가 가능한 발전 방식은?

① 분산형전원
② 원자력발전
③ 수력발전
④ 지열발전

> **해설** 분산형전원(DER, Distributed Energy Resources)이란 대규모 집중형 전원과는 달리 소규모로 전력소비지 역 부근에 분산하여 배치가 가능한 전원이다.
> **답** ①

05 저압계통에 연결할 수 있는 분산전원의 연계용량은 몇 [kW] 미만인가?

① 250 ② 300 ③ 400 ④ 500

> **해설** 분산형전원의 연계용량은 500[kW] 미만이고 배전용변압기 누적연계용량이 해당 배전용변압기 용량의 50[%] 이하인 경우 상황에 따라 저압계통에 연계할 수 있다. **탭** ④

06 분산형전원을 특고압 한전계통과 연계하기 위한 전기방식은?

① 교류 3상 22.9[kV] ② 교류 3상 66[kV]

③ 교류 3상 154[kV] ④ 교류 3상 345[kV]

> **해설** 연계계통의 전기방식

구 분	연계계통의 전기방식
저압 한전계통 연계	교류 단상 220[V] 또는 교류 삼상 380[V] 중 기술적으로 타당하다고 한전이 정한 한가지 전기방식
특고압 한전계통 연계	교류 삼상 22,900[V]

탭 ①

07 태양광발전 통합모니터링 시스템의 구성요소가 아닌 것은?

① 전력변환 감시제어 장치(AIS) ② 태양광모듈 계측 메인장치(SCS)

③ 자동기상 관측 장치(AWS) ④ 자동고장전류 계산 장치(ACS)

> **해설** **모니터링 시스템의 구성요소**
> 1) 자동 기준 시각 장치(AGPS)
> 2) 전력변환장치 감시제어장치(AIS)
> 3) 자동기상관측장치(AWS)
> 4) 중앙제어 태양광전지모듈 계측 메인장치(APMS)
> 5) 그룹 태양전지모듈 계측 슬레이브 장치(SCS)
> 6) 중앙제어 메인장치(MCS)
> 7) 스위치 감시 제어장치(ASS)
> 8) 전력 계통 표시장치(APS)
> 9) 게이트웨이 소프트웨어
> 10) 원격제어 소프트웨어 및 메인서버 소프트웨어
> 11) 웹모니터링 소프트웨어 **탭** ④

08 분산형전원의 계통연계를 위한 동기화 변수 제한범위가 잘못된 것은?

분산형전원 정격용량 합계(kW)	주파수 차 ($\triangle f$, Hz)	전압 차 ($\triangle V$, %)	위상각 차 ($\triangle \phi$, °)
0 ~ 500	①	10	20
500 초과 ~ 1,500	0.2	②	③
1,500 초과 ~ 20,000 미만	0.1	3	④

① 0.3 ② 6 ③ 15 ④ 10

| 해설 | 계통연계를 위한 동기화 변수 제한범위 |

분산형전원 정격용량 합계(kW)	주파수 차 (△f, Hz)	전압 차 (△V, %)	위상각 차 (△Φ, °)
0 ~ 500	0.3	10	20
500 초과 ~ 1,500	0.2	5	15
1,500 초과 ~ 20,000 미만	0.1	3	10

답 ②

09 분산형전원 용량의 총합이 몇 [kW] 이상일 경우 분산형전원 설치자는 분산형전원 연결점에 연계상태, 유·무효전력 출력, 운전 역률 및 전압 등의 전력품질을 감시하기 위한 설비를 갖추어야 하는가?

① 150   ② 250   ③ 350   ④ 500

| 해설 | 분산형 전원 감시설비
특고압 또는 전용변압기를 통해 저압 한전계통에 연계하는 분산형전원이 하나의 공통 연결점에서 단위 분산형전원의 용량 또는 분산형 전원 용량의 총합이 250[kW] 이상일 경우 분산형 전원 설치자는 분산형 전원 연결점에 연계상태, 유·무효전력 출력, 운전 역률 및 전압 등의 전력품질을 감시하기 위한 설비를 갖추어야 한다.

답 ②

10 분산형전원의 연계 시스템의 건전성에 해당하지 않는 것은?

① 연계 시스템은 전자기 장해 환경에 견딜 수 있어야 한다.
② 연계 시스템은 전자기 장해의 영향으로 인하여 오동작 또는 상태가 변화되어서는 안 된다.
③ 연계 시스템은 서지를 견딜 수 있는 능력을 갖추어야 한다.
④ 연계 시스템은 계통 이상 시 자가 검진 능력을 갖추어야 한다.

| 해설 | 연계 시스템의 건전성
1) 전자기 장해로부터의 보호
   연계 시스템은 전자기 장해 환경에 견딜 수 있어야 하며, 전자기 장해의 영향으로 인하여 연계 시스템이 오동작하거나 그 상태가 변화되어서는 안 된다.
2) 내서지 성능
   연계 시스템은 서지를 견딜 수 있는 능력을 갖추어야 한다.

답 ④

11 분산형전원은 연계된 한전계통 선로의 고장시 해당 한전계통에 대한 가압을 즉시 중지하여야 하는데 분산형 전원 연결점에서 전압을 검출할 수 있는 사항이 아닌 것은?

① 하나의 구내계통에서 분산형 전원 용량의 총합이 30[kW] 이하인 경우
② 연계 시스템 설비가 단독운전 방지시험을 통과한 것으로 확인될 경우
③ 분산형 전원 용량의 총합이 구내계통의 15분간 최대수요전력 연간 최소값의 50[%] 미만인 경우
④ 한전계통으로의 유·무효전력 역송이 허용되는 경우

해설 연결점에서 전압을 검출할 수 있는 사항
1) 하나의 구내계통에서 분산형 전원 용량의 총합이 30[kW] 이하인 경우
2) 연계 시스템 설비가 단독운전 방지시험을 통과한 것으로 확인될 경우
3) 분산형 전원 용량의 총합이 구내계통의 15분간 최대수요전력 연간 최소값의 50[%] 미만이고,
   한전계통으로의 유·무효전력 역송이 허용되지 않는 경우　　　　**답** ④

---

12 분산형전원의 비정상 전압에 대한 분산형 전원 분리시간이 잘못된 것은?

번호	전압 범위(기준전압에 대한 백분율[%])	분리시간[초]
①	V < 50	0.5
②	50 ≤ V < 70	2.00
③	110 < V < 120	2.00
④	V ≥ 120	0.16

해설 비정상 전압에 대한 분산형 전원 분리시간

전압 범위 [주2] (기준전압 [주1]에 대한 백분율[%])	분리시간 [주2] [초]
V < 50	0.5
50 ≤ V < 70	2.00
70 ≤ V < 90	2.00
110 < V < 120	1.00
V ≥ 120	0.16

답 ③

---

13 계통 주파수가 비정상 범위 내에 있을 경우 분산형전원은 해당 분리시간 내에 한전계통 에 대한 가압을 중지하여야 한다. 주파수가 f > 6.15일 때 분산형 전원분리시간은?

① 0.12초　　　　② 0.14초
③ 0.16초　　　　④ 0.18초

해설 비정상 주파수에 대한 분산형 전원 분리시간

분산형전원 용량	주파수 범위[주] [Hz]	분리시간[주] [초]
용량무관	f > 61.5	0.16
	f < 57.5	300
	f < 57.0	0.16

분산형 전원 연계 시스템은 안정상태의 한전계통 전압 및 주파수가 정상 범위로 복원된 후 그 범위 내에서 몇 분간 유지되지 않는 한 분산형전원의 재병입이 발생하지 않도록 하는 지연기능을 갖추어야 한다.

답 ③

14 계통 주파수가 비정상 범위 내에 있을 경우 분산형전원은 해당 분리시간 내에 한전계통에 대한 가압을 중지하여야 한다. 용량에 관계없이 비정상 주파수에 대한 분산형전원 분리시간은?

① 1분　　　　　② 5분　　　　　③ 10분　　　　　④ 20분

> **해설** **한전계통에의 재병입**
> 1) 한전계통에서 이상 발생 후 해당 한전계통의 전압 및 주파수가 정상 범위 내에 들어올 때까지 분산형전원의 재병입이 발생해서는 안 된다.
> 2) 분산형 전원 연계 시스템은 안정상태의 한전계통 전압 및 주파수가 정상 범위로 복원된 후 그 범위 내에서 5분간 유지되지 않는 한 분산형전원의 재병입이 발생하지 않도록 하는 지연기능을 갖추어야 한다.
>
> **답** ②

15 분산형전원 및 그 연계 시스템은 분산형 전원 연결점에서 최대 정격 출력전류의 몇 [%]를 초과하는 직류 전류를 계통으로 유입시켜서는 안 되는가?

① 0.5　　　　　② 1.0　　　　　③ 1.5　　　　　④ 5.0

> **해설** **직류 유입 제한**
> 분산형 전원 및 그 연계 시스템은 분산형 전원 연결점에서 최대 정격 출력전류의 0.5[%]를 초과하는 직류 전류를 계통으로 유입시켜서는 안 된다.
>
> **답** ①

16 태양광발전시스템은 전력계통 유무 및 타 에너지원에 의한 발전시스템으로 구분하고 있다. 태양광발전시스템의 종류가 아닌 것은?

① 독립형　　　　　　　　　　② 하이브리드형
③ 열병합　　　　　　　　　　④ 계통연계형

> **해설** **열병합발전** : 전기를 발생시키는 동시에 폐열을 이용하여 냉 · 난방을 위한 열에너지로 이용하는 발전
>
> **답** ③

17 특고압 계통의 경우 해당 분산형전원의 변동 빈도를 정의하기 어렵다고 판단되는 경우의 순시전압변동률은 몇 [%]로 적용하는가?

① 1　　　　　② 2　　　　　③ 3　　　　　④ 5

> **해설** **특고압 순시전압변동률**
> 특고압 계통의 경우, 분산형전원의 연계로 인한 순시전압변동률은 발전원의 계통 투입 · 탈락 및 출력 변동 빈도에 따라 허용 기준을 초과하지 않아야 한다.
> 단, 해당 분산형전원의 변동 빈도를 정의하기 어렵다고 판단되는 경우에는 순시 전압 변동률 3[%]를 적용한다.
>
> **답** ③

18 특고압 분산형전원의 순시전압변동률이 올바른 것은?

① 1시간에 2회 초과 10회 이하인 경우 3[%]

② 1시간에 2회 초과 10회 이하인 경우 4[%]

③ 1일 4회 초과 1시간에 2회 이하인 경우 5[%]

④ 1일 4회 초과 1시간에 2회 이하인 경우 6[%]

해설 순시전압변동률 허용기준

변동빈도	순시전압변동률
1시간에 2회 초과 10회 이하	3[%]
1일 4회 초과 1시간에 2회 이하	4[%]
1일에 4회 이하	5[%]

답 ①

19 저압계통의 경우, 계통 병입 돌입전류를 필요로 하는 발전원에 대해서 계통 병입에 의한 순시전압변동률이 몇 [%]를 초과하지 않아야 하는가?

① 3   ② 4   ③ 5   ④ 6

해설 저압계통의 경우, 계통 병입 시 돌입전류를 필요로 하는 발전원에 대해서 계통 병입에 의한 순시전압변동률이 6[%]를 초과하지 않아야 한다.

답 ④

20 분산형전원의 연계로 인한 계통의 순시전압변동이 범위를 벗어날 경우에 해당 분산형 전원 설치자가 실시해야 할 대책이 아닌 것은?

① 출력변동 억제   ② 기동·탈락 빈도 저감

③ 돌입전류 억제   ④ SPD설치

해설 분산형전원의 연계로 인한 계통의 순시전압변동이 범위를 벗어날 경우에는 해당 분산형 전원 설치자가 출력변동 억제, 기동·탈락 빈도 저감, 돌입전류 억제 등 순시전압변동을 저감하기 위한 대책을 실시한다.

답 ④

21 분산형전원에 대한 출력변동 억제, 기동·탈락 빈도 저감, 돌입전류 억제 등의 방안으로도 순시전압변동 범위 유지가 불가할 경우 방안이 아닌 것은?

① 발전용량 감소   ② 계통용량 증설

③ 전용선로 연계   ④ 상위전압의 계통에 연계

해설 순시전압변동 범위 유지가 불가할 경우의 방안

1) 계통용량 증설 또는 전용선로 연계

2) 상위전압의 계통에 연계

답 ①

22 분산형전원에 단독운전 상태가 발생할 경우 해당 분산형 전원 연계 시스템은 이를 감지하여 단독운전 발생 후 최대 몇 초 이내에 한전계통에 대한 가압을 중지해야 하는가?

① 0.5   ② 1.0   ③ 1.5   ④ 2

> **해설** 단독운전
> 연계된 계통의 고장이나 작업 등으로 인해 분산형전원이 공통 연결점을 통해 한전계통의 일부를 가압하는 단독운전 상태가 발생할 경우 해당
> 분산형 전원 연계 시스템은 이를 감지하여 단독운전 발생 후 최대 0.5초 이내에 한전계통에 대한 가압을 중지해야 한다.   **답** ①

23 역전력계전기 설치를 생략할 수 있는 신재생에너지 발전원의 용량은 몇 [kW] 이하인가? (단, 신재생에너지 발전원은 단독운전 방지기능을 가지고 있다.)

① 10   ② 50   ③ 100   ④ 500

> **해설** 신·재생에너지를 이용하여 전기를 생산하는 용량 50[kW] 이하의 소규모 분산형 전원(단, 해당 구내계통 내의 전기사용 부하의 수전 계약전력이 분산형 전원 용량을 초과하는 경우에 한한다)으로서 단독운전 방지 기능을 가진 것을 단순병렬로 연계하는 경우에는 역전력계전기 설치를 생략할 수 있다.   **답** ②

24 분산형전원이 고장 발생 시 자동적으로 계통과의 연계를 분리할 수 있도록 설치자가 설치 해야 하는 보호 장치가 아닌 것은?

① 계통 또는 분산형전원 측의 단락·지락고장 시 보호를 위한 보호장치를 설치한다.
② 적정한 전압과 주파수를 벗어난 운전을 방지하기 위하여 과·저전압 계전기, 과·저주파 수 계전기를 설치한다.
③ 단순병렬 분산형전원의 경우에는 역전력 계전기를 설치한다.
④ 분산형전원의 전력 안정화를 위해 ESS 설치한다.

> **해설** 보호장치 설치
> 1) 계통 또는 분산형 전원 측의 단락·지락고장 시 보호를 위한 보호장치를 설치한다.
> 2) 적정한 전압과 주파수를 벗어난 운전을 방지하기 위하여 과·저전압 계전기, 과·저주파수 계전기를 설치한다.
> 3) 단순병렬 분산형전원의 경우에는 역전력 계전기를 설치한다.   **답** ④

25 직류발전원을 이용한 분산형전원 설치자는 인버터로부터 직류가 계통으로 유입되는 것을 방지하기 위해 설치하는 것은?

① 상용주파 변압기   ② 조상설비
③ 플리커   ④ OVR

> **해설** 직류발전원을 이용한 분산형 전원 설치자는 인버터로부터 직류가 계통으로 유입되는 것을 방지하기 위하여 연계 시스템에 상용주파 변압기를 설치하여야 한다.   **답** ①

26 분산형전원에서 상용주파 변압기의 설치를 생략할 수 없는 경우는?

① 직류회로가 비접지인 경우

② 교류회로가 비접지인 경우

③ 고주파 변압기를 사용하는 경우

④ 교류출력 측에 직류 검출기를 구비하고 직류 검출 시에 교류출력을 정지하는 기능을 갖춘 경우

> **해설** 상용주파 변압기의 설치를 생략하는 경우
> 1) 직류회로가 비접지인 경우 또는 고주파 변압기를 사용하는 경우
> 2) 교류출력 측에 직류 검출기를 구비하고 직류 검출 시에 교류출력을 정지하는 기능을 갖춘 경우 **답** ②

27 전기실 수전설비 설치 시 최소 유지 거리가 잘못된 것은?

번호	기기별＼위치별	앞면 또는 조작·계측면	뒷면 또는 점검면	열상호간 (점검의 면)
①	특고압 배전반	1.7[m]	0.8[m]	1.4[m]
②	고압 배전반	1.5[m]	0.6[m]	1.2[m]
③	저압 배전반	1.5[m]	0.6[m]	1.2[m]
④	변압기	0.6[m]	0.4[m]	1.2[m]

> **해설** 전기실에 설치되는 수전설비(배전반, 변압기)의 최소 유지 거리
>
> | 기기별＼위치별 | 앞면 또는 조작·계측면 | 뒷면 또는 점검면 | 열상호간 (점검의 면) |
> |---|---|---|---|
> | 특고압 배전반 | 1.7[m] | 0.8[m] | 1.4[m] |
> | 고압 배전반 | 1.5[m] | 0.6[m] | 1.2[m] |
> | 저압 배전반 | 1.5[m] | 0.6[m] | 1.2[m] |
> | 변압기 | 0.6[m] | 0.6[m] | 1.2[m] |
>
> **답** ④

28 인버터와 변압기를 실장할 수 있는 전기실 설치 부지로 적합하지 않은 장소는 어디인가?

① 습도 50~70[%]와 온도 25[℃]를 유지할 수 있는 곳

② 먼지가 없는 건조한 옥내

③ 환풍기 그릴과 방열기가 노출되어 있으며 이 장치들이 세로로 겹쳐 있는 곳

④ 침투성 증기와 수증기 그리고 먼지로부터 보호될 수 있는 곳

> **해설** 환풍기 그릴과 방열기가 노출되어 있으며 이 장치들이 세로로 겹쳐 있어서는 안 된다. **답** ③

29 다음 중 설치 위치가 특고압반이 아닌 것은?

① VCB ② ACB ③ MOF ④ LBS

> **해설** · 특고압반 : LBS, PF, LA, MOF, 역송전용 특수계기, VCB 등
> · 저압반 : ACB
> · TR반 : MOLD TR
> · 특고압, 저압반 : PT, CT, ZCT, 각종 계기류 등
> · 저압반, 배전반, 분전반, 접속함 : MCCB

답 ②

30 분산형 전원을 배전계통 연계 시 승압용 변압기의 1차 결선방식은 어떻게 하면 되는가?
 (단, 인버터는 3상이며, 절연변압기를 사용하는 경우임)

① Y 결선   ② △ 결선

③ V 결선   ④ 스코트

> **해설** 분산형 전원 배전계통은 Y결선 방식을 사용한다.

답 ①

31 태양광발전에서 사용하는 결선방식은?

① △-△ 결선방식   ② Y-Y 결선방식

③ △-Y 결선방식   ④ Y-△ 결선방식

> **해설** 태양광발전 및 분산형 전원 시스템에서는 △-Y 결선방식을 사용한다.

답 ③

32 다음 변압기 송전방법에 대한 설명으로 잘못된 것은?

① 송전의 신뢰도를 향상시키는 방법이다.
② 단독운전과 병렬운전의 두 가지 운전방식을 채택한다.
③ 가장 경제적이지만 고장 시 송전의 정전시간이 길어진다.
④ 발전용량 1,000[kVA] 이상인 경우 사용한다.

> **해설** **1대의 변압기에 의한 송전방식**
> 가장 경제적이지만 고장 시 송전의 정전시간이 길어진다.

답 ③

33 △-△ 결선방식의 장점이 아닌 것은?

① 변압비, 임피던스가 서로 달라도 순환전류가 흐르지 않는다.

② 제3고조파 전류가 △결선 내를 순환하므로 교류전압을 유기하여 기전력 왜곡을 일으키지 않는다.

③ 1상분이 고장나면 나머지 2대로 V결선할 수 있다.

④ 각 변압기의 상전류가 선전류와 대전류에 적당하다.

> **해설** Y-Y 결선방식
> 변압비, 임피던스가 서로 달라도 순환전류가 흐르지 않는다.
>
> **답** ①

34 다음 그림이 나타내는 결선 방식은?

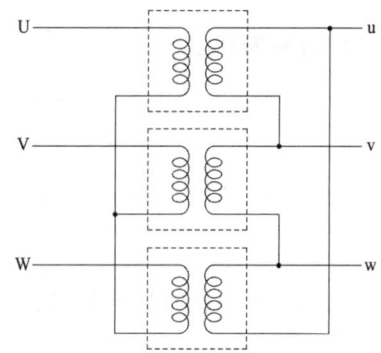

① △-△ 결선방식   ② Y-Y 결선방식

③ △-Y 결선방식   ④ Y-△ 결선방식

> **해설** Y-△ 결선방식은 강압 변압기에 적당하고 1차 권선의 전압은 선간전압의 $1/\sqrt{3}$ 이다.
>
> **답** ④

35 △-Y 결선방식의 특징이 아닌 것은?

① 1차 권선의 전압이 선간전압의 $\dfrac{1}{\sqrt{3}}$ 이고 승압에 적당하다.

② △-△ 결선과 Y-Y 결선의 장점을 갖고 있음.

③ 30°의 위상변위가 있어서 1대의 고장이 나면 전원 공급이 불가능

④ 태양광발전 및 분산형 전원 시스템에서 이 방식을 사용한다.

> **해설** 2차권선의 전압이 선간전압의 $\dfrac{1}{\sqrt{3}}$ 이고 승압용에 적당하다.
>
> **답** ①

36 태양전지에 사용되는 케이블 허용전류에 대해 잘못 설명한 것은?

① 최대전류에 따라 케이블의 허용전류 값이 유지되어야 한다.

② 모듈 스트링 케이블에 흐를 수 있는 최대전류는 발전기 단락전류에서 스트링 1개의 단락 전류를 뺀 값이다.

③ 스트링 방식을 사용할 경우 발전기 단락전류가 스트링 공칭전류에 가깝다는 점을 고려해야 한다.

④ 퓨즈는 고전압에 의해서만 트립되므로 스트링 퓨즈를 사용해서 케이블을 보호하는 것이 가능하다.

해설 퓨즈는 다수의 서지 전류에 의해서만 트립되므로 스트링 퓨즈를 사용해서 케이블을 보호하는 것이 가능하다. 답 ④

37 공통 등전위 접지에 사용되는 접지 자재는?

① 탄소 저저항 모듈 ② 서지 프로텍터

③ 낙뢰예경보기 ④ 발열용접

해설 탄소 저저항 모듈 : 공통 등전위 접지, 서지 · 노이즈 원인제거 답 ①

38 다음 계통연계형 PV 시스템의 에너지 흐름에 따른 에너지 손실을 나타낸 것이다. 낮은 손실률에서부터 높은 손실률까지를 올바르게 나타낸 것은?

A. MPP 불일치 오류	B. 모듈의 온도
C. 모듈의 오손	D. 음영(그림자)
E. AC손실, 계량기	F. 인버터 손실

① A → B → C → D → E → F

② C → E → D → A → C → B

③ A → D → C → E → B → F

④ C → D → C → E → A → B

해설 mpp 불일치 오류 1.5 [%], 음영(그림자) 2.0 [%], 모듈의 오손 2.5 [%], AC 손실, 계량기 3.0 [%], 모듈의 온도 3.5 [%], 불일치와 DC 손실 3.5 [%], 인버터 손실 7.5 [%] 답 ③

39 전력 계통이 없는 섬, 기타 도서지역에 많이 사용하는 태양광발전소 종류의 형식은?

① 계통연계형 ② 연산형

③ 독립형 ④ 추적형

해설 1) 계통연계형 : 전력회사의 배전선과 연계하는 시스템
2) 추적형 : 태양광발전효율을 높이기 위해 태양을 추적하여 발전하는 방식
3) 연산형 : 프로그램을 이용한 날짜 계산에 의한 추적방식의 일종 답 ③

40 분산형 전원 계통연계기술기준에서 전력품질에 들어가지 않는 항목은?

① 전압관리 ② 주파수관리

③ 역률관리 ④ 발전량관리

> **해설** 분산형 전원 계통연계기술은 전압, 주파수, 고조파, 역률 등의 기존 전력품질을 유지한다. **답** ④

41 분산형 전원을 배전계통 연계 시 승압용 변압기의 1차 결선방식으로 옳은 것은? (단, 인버터는 3상이며, 절연변압기를 사용하는 조건임)

① Y 결선 ② Δ 결선

③ V 결선 ④ 스코트(SCOT) 결선

> **해설** 태양광 승압용 변압기 1차측은 Y결선을 사용한다. **답** ①

42 한전에서 사용하고 있는 분산전원 계통연계 가이드라인에서 태양광전원의 연계지점에서 역률 유지기준은 몇 [%]인가?

① 지상 80[%] ② 지상 90[%]

③ 진상 80[%] ④ 진상 90[%]

> **해설** **분산형 전원 배전계통 연계 역률**
> 1) 분산형전원의 역률은 90[%] 이상으로 유지함을 원칙으로 한다. 다만, 역송병렬로 연계하는 경우로서 연계계통의 전압상승 및 강하를 방지하기 위하여 기술적으로 필요하다고 평가되는 경우에는 연계계통의 전압을 적절하게 유지할 수 있도록 분산형전원 역률의 하한값과 상한값을 고객과 한전이 협의하여야 정할 수 있다.
> 2) 분산형전원의 역률은 계통 측에서 볼 때 진상역률(분산형전원 측에서 볼 때 지상역률)이 되지 않도록 함을 원칙으로 한다. **답** ②

43 분산형전원을 계통에 연계하는 경우 전력계통의 단락용량이 전선의 순시허용전류를 상회할 경우 시설해야 하는 장치로 가장 알맞은 것은?

① 과전류차단기 ② 지락차단기

③ 영상변류기 ④ 한류리액터

> **해설** 분산형전원을 계통 연계하는 경우 전력계통의 단락용량이 다른 자의 차단기의 차단용량 또는 전선의 순시허용전류 등을 상회할 우려가 있을 때에는 그 분산형전원 설치자가 전류제한리액터 등 단락전류를 제한하는 장치를 시설하여야 한다.(KEC 503.2.3 단락전류 제한장치의 시설) **답** ④

44 변압기에서 1차 전압이 120[V], 2차 전압이 12[V]일 때 1차 권선수가 400회라면 2차 권선수는?

① 10 ② 40

③ 400 ④ 4,000

해설 변압기 권선비

$$\frac{N_1}{N_2} = \frac{V_1}{V_2} = \frac{I_2}{I_1}, \quad \frac{400}{N_2} = \frac{120}{12}, \quad N_2 = 40$$

답 ②

45 한전계통에 순간정전이 발생하여 태양광발전시스템 인버터가 정지할 때 동작되는 계전기는?

① 주파수계전기

② 과전압계전기

③ 저전압계전기

④ 역상계전기

해설 한전계통에 순간정전이 발생하면 이를 측정하기 위해 저전압계전기를 이용하여 인버터가 정지하도록 한다.

답 ③

46 일상적인 변압기에 대한 설명 중 옳은 것은?

① 단자전류의 비 I_2 / I_1는 권수비와 같다.

② 단자전압의 비 V_2 / V_1는 코일의 권수비와 같다.

③ 1차측 복소전력은 2차측 부하의 복소전력과 같다.

④ 1차 단자에서 본 전체 임피던스는 부하 임피던스에 권수비의 자승의 역수를 곱한 것과 같다.

해설 변압기 권선비 $a = \dfrac{N_1}{N_2} = \dfrac{V_1}{V_2} = \dfrac{I_2}{I_1}$가 된다.

답 ①

47 태양광발전시스템의 22.9[kV] 특고압 가공선로 1회선에 연계 가능한 용량으로 옳은 것은?

① 30[kW] 이하

② 100[kW] 이하

③ 10,000[kW] 이하

④ 30,000[kW] 이하

해설 새로 전기를 사용하거나 계약전력을 증가시킬 경우의 공급방식 및 공급전압은 전기사용 장소내의 계약전력 합계를 기준으로 다음 표에 따라 결정한다.

계약전력	공급방식 및 공급전압
1,000[kW] 미만	교류 단상 220[V] 또는 교류 삼상 380[V] 중 한전이 적당하다고 결정한 한 가지 공급방식 및 공급전압
1,000[kW] 이상 ~ 10,000[kW] 이하	교류 삼상 22,900[V]
10,000[kW] 이상 ~ 400,000[kW] 이하	교류 삼상 154,000[V]
400,000[kW] 초과	교류 삼상 345,000[V]

※ 1,000[kW] 미만까지 저압으로 공급 시에는 1전기사용계약단위의 계약전력은 500[kW] 미만이어야 한다.

답 ③

48 계통연계 운전 중인 태양광발전시스템이 단독 운전하는 경우 전력계통으로부터 최대 몇 초 이내에 분리시켜야 하는가?

① 0.2초

② 0.3초

③ 0.4초

④ 0.5초

해설 **단독운전 방지**
계통측 정전 시 태양광 발전설비에서 생산된 전력이 배전선로로 역송되지 않도록 태양광 발전설비 단독운전 기능이 정상적으로 동작(0.5초 내 정지, 5분 이후 재투입)되어야 한다. 답 ④

4.2 태양광발전 관제시스템 설계

01 낙뢰 우려가 있는 건축물 또는 높이 몇 [m] 이상의 건축물에는 피뢰설비를 설치해야 하는가?

① 10   ② 15   ③ 20   ④ 30

해설 KS C IEC 62305와 건축물의 설비기준 등에 관한 규칙 피뢰설비에 의한 규정에 의해 낙뢰의 우려가 있는 건축물 또는 높이 20[m] 이상의 건축물에는 기준에 적합한 피뢰설비를 설치해야 한다. 답 ③

02 낙뢰를 피하기 위해 피뢰침을 설치하는데 돌침부의 보호각 몇 도 이내에 태양광발전설비가 들어가도록 해야 하는가?

① 30°   ② 40°   ③ 50°   ④ 60°

해설 피뢰설비(피뢰침)은 산꼭대기 부근과 낙뢰가 많은 지역, 또는 중요한 태양전지시스템에는 피뢰침을 설치하는 다른 설비 · 기기와 마찬가지로, 돌침부의 보호각 60° 이내에 태양전지 어레이가 들어가도록 피뢰침을 설치하면 좋다. 답 ④

03 피뢰시스템 중 외부피뢰시스템 구성에 해당하지 않는 것은?

① 피뢰등전위본딩   ② 수뢰시스템
③ 인하도선시스템   ④ 접지시스템

해설 **외부피뢰시스템 구성**
1) 수뢰시스템 : 낙뢰를 받아들일 목적으로 설치하는 피뢰침
2) 인하도선시스템 : 뇌격전력 수뢰시스템에서 접지시스템으로 흘리기 위한 시스템
3) 접지시스템 : 뇌격전류를 대지로 방출시키기 위한 시스템 답 ①

04 외부피뢰시스템 중 뇌격전류를 수뢰시스템에서 접지시스템으로 흘리기 위한 시스템은?

① 접지시스템   ② 인하도선시스템
③ 피뢰등전위본딩   ④ SPD

해설 인하도선시스템 : 뇌격전류 수뢰시스템에서 접지시스템으로 흘리기 위한 시스템 답 ②

05 국내 건축법상 몇 [m] 미만의 건물은 피뢰침의 의무설치 대상이 아닌가?

① 5[m]　　　　　② 10[m]　　　　　③ 15[m]　　　　　④ 20[m]

> **해설**　국내 건축법상 20[m] 미만의 건축물은 피뢰침의 의무설치 대상이 아니나 개방된 넓은 공간에 설치된 발전
> 설비 구조물은 직격뢰의 피격 대상이 될 가능성이 높다.　　　　　**답** ④

06 다음 중 SPD의 정격을 나타내는 사항이 아닌 것은 무엇인가?

① 최대 연속 사용 전류　　　　　② 임펄스 전류
③ 공칭 방전 전류　　　　　　　④ 전압 방호 레벨

> **해설**　• 최대 연속 사용 전압(U_c) : SPD 적용가능 회로전압
> • 임펄스 전류(I_{IMP}) : I등급 시험 SPD용으로서의 임펄스 전류값
> • 공칭 방전 전류(I_n) : II등급 시험 SPD용 정격값이고 유도뢰에 대응
> • 전압 방호 레벨(U_p) : SPD가 기기의 절연파괴로부터 보호하기 위한 제한 전압값　　**답** ①

07 직격뢰를 가정하고 (10/350[μs])의 전류파형으로 시험하는 SPD분류는 무엇인가?

① I등급 시험　　　② II등급 시험　　　③ III등급 시험　　　④ IV등급 시험

> **해설**　• I 등급 시험 : (10/350[μs])의 전류파형으로 시험하고 직격뢰를 가정
> • II 등급 시험 : (8/20[μs])의 전류파형으로 시험하고 유도뢰를 가정
> • III등급 시험 : 콤비네이션 파형 발생기에서 전압 파형(1.2/50[μs])과 전류 파형(8/20[μs])으로 시험하고
> 반복 서지에 대응　　　　　**답** ①

08 내부피뢰시스템 중 뇌격전류에 전위차를 감소시키기 위해 직접적인 도전 접속 또는 서지 보호장치를 통한 분리된 금속의 피뢰시스템에 대하여 전기적으로 접속시키는 장치는?

① 접지시스템　　　　　　　　② 인하도선시스템
③ 피뢰등전위본딩　　　　　　④ SPD

> **해설**　**내부피뢰시스템 구성**
> 1) 피뢰등전위본딩 : 뇌격전류에 전위차를 감소시키기 위해 직접적인 도전접속 또는 서지보호장치를 통한
> 분리된 금속의 피뢰시스템에 대하여 전기적으로 접속시키는 장치이다.
> 2) SPD : 과전압을 제한하고 서지전류를 전류(轉流)시키는 적어도 하나의 비선형 소자를 포함하는 장치이
> 다.　　　　　**답** ③

09 태양광발전설비 관련기기 중 낙뢰나 스위칭 개폐 등에 의해 발생되는 순간전압을 보호하기 위하여 서지보호장치인 SPD를 각 중요한 지점에 설치한다. 다음 중 SPD의 설명으로 잘못된 것은?

① SPD는 크게 반도체형과 갭형이 있다.
② SPD는 기능면으로 구별하여 보면 억제형과 차단형으로 구분할 수 있다.

③ SPD의 구비조건은 동작전압이 높아야 한다.

④ SPD의 구비조건은 응답시간이 빠르고 정전용량이 작아야 한다.

> **해설** SPD의 구비조건은 동작전압이 낮아야 한다. **답** ③

10 피뢰소자 중 낙뢰에 의한 충격성 과전압에 대하여 전기설비의 단자전압을 규정치 이내로 저감시켜 정전을 일으키지 않고 원상태로 회귀하는 장치는?

① 어레스터 ② 서지 옵서버

③ 내뢰트랜스 ④ 피뢰침

> **해설** **어레스터**
> 낙뢰에 의한 충격성 과전압에 대하여 전기설비의 단자전압을 규정치 이내로 저감시켜 정전을 일으키지 않고 원상태로 회귀하는 장치이다. **답** ①

11 피뢰소자 중 전선로에 침입하는 이상 전압의 높이를 완화하고 파고치를 저하시키는 장치는?

① 어레스터 ② 서지 옵서버 ③ 내뢰트랜스 ④ 피뢰침

> **해설** **서지 옵서버**
> 전선로에 침입하는 이상 전압의 높이를 완화하고 파고치를 저하시키는 장치이다. **답** ②

12 뇌서지 대책으로 잘못된 것은?

① 피뢰소자를 어레이 주회로 내부에 분산시켜 설치하고, 접속함에도 설치

② 모듈의 +, − 전선을 뇌서지가 분산되도록 넓게 분포시켜 설치

③ 저압배전선에서 침입하는 뇌서지에 대해서는 분전반에 피뢰소자를 설치

④ 뇌우 다발지역에서는 교류 전원측으로 내뢰 트랜스를 설치

> **해설** **뇌서지 대책**
> 1) 피뢰소자를 어레이 주회로 내부에 분산시켜 설치하고, 접속함에도 설치한다.
> 2) 저압배전선에서 침입하는 뇌서지에 대해서는 분전반에 피뢰소자를 설치한다.
> 3) 뇌우 다발지역에서는 교류 전원측으로 내뢰 트랜스를 설치하여 보다 완전한 대책을 세운다. **답** ②

13 케이블 방재를 위해 적용되는 장소가 아닌 것은?

① 집단 아파트 또는 집단 상가의 구내 수전실

② 케이블 처리실

③ 전력구

④ 덕트 및 2회선 이상 시설된 맨홀

> **해설** 집단 아파트 또는 집단 상가의 구내 수전실, 케이블 처리실, 전력구, 덕트 및 4회선 이상 시설된 맨홀
> **답** ④

14 전력구(공동구)에 적용되는 방재 방안이 잘못된 것은?

① 수평길이 20[m] 마다 3[m] 난연처리

② 전력구 각 통로마다 밀폐로 난연처리

③ 케이블 수직부(45° 이상) 전량 난연처리

④ 접속부위 난연처리

해설 전력구(공동구)
1) 수평길이 20[m]마다 3[m] 난연처리
2) 케이블 수직부(45° 이상) 전량 난연처리
3) 접속부위 난연처리　　　　　　　　　　　　　　　　　　　　　　　　**답** ②

15 방화구획 관통부의 처리에 관한 설명 중 잘못된 것은 무엇인가?

① 전선배관의 관통부분에서 다른 설비로 불길이 번지거나 확대를 방지하는 것이다.

② 내열성이란 관통부분의 충전재, 케이블, 배관재의 변형 파손 탈락 소실로 뒷면에 화염, 연기가 발생하지 않아야 한다.

③ 관통부분의 충전재, 내열씰재의 전열에 의해 뒷면이 연소할 위험이 있는 온도가 되지 않을 것

④ 내화 구조물 배선, 배관 등으로 관통한 경우의 되메우기 충전재는 관통하기 전과 같거나 그 이상의 내화구조로 하지 않으면 안 된다.

해설 난연성이란 관통부분의 충전재, 케이블, 배관재의 변형 파손 탈락 소실로 뒷면에 화염, 연기가 발생하지 않아야 한다.　　　　　　　　　　　　　　　　　　　　　　　　**답** ②

16 화재 시 다른 설비로의 불길 학산 방지를 위해 방화구획 관통부의 처리를 수행하는데, 배선을 옥외에서 옥내로 끌어들인 관통부분의 처리방법으로 필요한 사항 두 가지는?

① 내열성, 가요성　　　　　　　　② 난연성, 내후성

③ 난연성, 내열성　　　　　　　　④ 내열성, 내후성

해설 방화구획 관통부 처리
1) 난연성 : 관통부분의 충전재, 케이블, 배관재의 변형, 파손, 탈락, 소실로 인해 뒷면에 화염, 연기가 나지 않을 것
2) 내열성 : 관통부분의 충전재, 내열씰재의 전열에 의해 뒷면이 연소할 위험이 있는 온도가 되지 않을 것
　　　　　　　　　　　　　　　　　　　　　　　　　　　　　　　　　　답 ③

17 태양광발전 시스템의 내진대책에 관한 다음 설명 중 틀린 것은?

① 내진대책으로는 내진설계와 면진설계가 있다.

② 내진설계는 설비 자체를 지진에 견딜 수 있도록 설계하는 것을 말한다.

③ 면진설계는 지진파와 건축물 등의 진동이 공진점에 도달하지 않고 피할 수 있도록 설계하는 방법을 말한다.

④ 우리나라는 내진설계나 면진설계에 대한 정확한 기술적 한계와 규정을 두고 있다.

해설 우리나라의 경우 아직 내진설계나 면진설계에 대한 정확한 기술적 한계나 규정이 없어 적용상 곤란한 점들이 있다. **답** ④

18 금속제 수도관로와 대지 사이의 전기저항 값이 2[Ω] 이하인 경우에는 분기점으로부터의 거리는 몇 [m]를 넘을 수가 있는가?

① 1 ② 2 ③ 5 ④ 6

해설 KEC 142.2 (접지극의 시설 및 접지저항)
1. 접지도체와 금속제 수도관로의 접속은 안지름 75[mm] 이상인 부분 또는 여기에서 분기한 안지름 75[mm] 미만인 분기점으로부터 5[m] 이내의 부분에서 하여야 한다. 다만, 금속제 수도관로와 대지 사이의 전기저항 값이 2[Ω] 이하인 경우에는 분기점으로부터의 거리는 5[m]를 넘을 수 있다. **답** ③

19 Ⅱ등급 시험의 전류파형은 어떻게 되는가?

① $(1.2/50[\mu s])$ ② $(8/20[\mu s])$

③ $(10/50[\mu s])$ ④ $(10/350[\mu s])$

해설 Ⅱ등급 시험 : $(8/20[\mu s])$의 전류파형으로 시험하고 유도뢰를 가정 **답** ②

20 다음 중 전력부하 피크 억제를 위하여 사용되는 축전지 시스템은?

① 방재대응형 ② 부하평준화 대응형

③ 계통안정화 대응형 ④ 독립형 시스템용

해설 부하평준화 대응형
‣ 용도 : 전력부하 피크 억제
‣ 특징 : 태양전지 출력과 축전지 출력을 병행, 부하피크 시 기본전력요금 절감, 피크전력 대응의 설비투자 절감 **답** ②

21 지락 시 발생하는 영상전류를 검출하기 위한 변류기는?

① MOLD TR ② PT ③ CT ④ ZCT

해설 1) MOLD TR(MOLD Transformer) : 권선부분을 에폭시 수지로 절연한 건식 변압기 저압(380/220[V])을 특고압(22.9[kV])으로 승압
2) PT(Potential Transformer) : 계기에서 수용 가능한 전압으로 변압
3) CT(Current Transformer) : 계기에서 수용 가능한 전류로 변류
4) ZCT(Zero Current Transformer) : 지락 시 발생하는 영상전류를 검출하기 위한 변류기 **답** ④

22 다음 중 전력설비의 기기를 이상전압(개폐 시 이상전압 또는 낙뢰)으로부터 보호하는 장치는?

① LBS ② PF ③ LA ④ MOF

해설 1) PF(Power Fuse) : 사고전류 차단 및 후비보호
2) LA(Lightening Arrester) : 전력설비의 기기를 이상전압(개폐시 이상전압 또는 낙뢰)으로부터 보호하는
장치 **답 ③**

23 태양광발전 모니터링 시스템의 주요 기능이 아닌 것은?

① 무인으로 태양광 발전소 운전 현황을 실시간으로 확인할 수 있다.

② 실시간 발전 현황을 모니터링 화면이나 모바일 기기에서도 실시간 확인할 수 있다.

③ 기상관측 장치의 데이터를 수집하여 발전소의 기상 현황을 확인할 수 있다.

④ 모듈 직렬회로에서 음영에 의한 손실량 기록을 확인할 수 있다.

해설 1) 주요기능 및 특징
① 기록 및 통계 : 추이 그래프 및 이력 데이터 등
② 실시간 모니터링 : 환경(일사량, 온도)정보, 발전현황 등
③ 경보 발생
④ 보고서 생성 등
2) 모니터링으로는 음영원인을 분석할 수 없다. **답 ④**

24 모니터링시스템의 주요 구성 요소가 아닌 것은?

① 발전소 내 감시용 CCTV

② LOCAL 및 Web Monitoring

③ 기상관측 장치

④ LBS

해설 LBS(Load Break Switch) ; 부하개폐기 **답 ④**

25 피뢰시스템의 보호각법에서 II레벨의 회전구체 반경 r[m]의 최대값은?

① 10 ② 20 ③ 30 ④ 45

해설 **피뢰시스템의 등급별 회전구체 반경과 메시차수**

피뢰시스템의 등급	보호법	
	회전구체 반경 r[m]	메시차수 W_m[m]
I	20	5 × 5
II	30	10 × 10
III	45	15 × 15
IV	60	20 × 20

답 ③

5.1 태양광발전 설계 감리

- 설계감리 : 전력시설물의 설치·보수 공사의 계획·조사 및 설계가 전력기술기준과 관계 법령에 따라 적정하게 시행되도록 관리하는 것
- 발주자 : 전력시설물공사 설계감리 용역을 발주하는 자
- 설계용역성과 : 설계도서 및 각종보고서를 포함한 설계자가 발주자에게 제출하여야 하는 성과물
- 설계의 경제성 검토 : 전력시설물의 현장적용 적합성 및 생애 주기비용 등을 검토하는 것
- 설계감리자 : 전력기술관리법에 따라 시·도지사의 확인을 받은 업체
- 설계감리원 : 설계감리자에 소속하여 설계감리 용역계약에 따라 설계감리업무를 직접 수행하는 전기 분야 기술사, 고급기술자 또는 고급감리원 이상인 사람을 말한다.
- 지원업무수행자 : 설계용역 및 설계감리 용역에 관한 업무를 주관하는 사람으로 발주자의 소속 직원을 말한다.
- 설계감리용역 계약문서 : 계약서, 설계감리용역 입찰 유의서, 설계감리 용역 계약 일반조건, 설계감리용역계약 특수조건, 과업내용서 및 설계감리비 산출내역서로 구성되며 상호 보완의 효력을 가짐
- 설계감리 기간 : 설계감리용역 계약서에 표기된 계약기간
- 검토 : 설계자의 설계용역에 포함되어 있는 중요사항과 해당 설계용역과 관련한 발주자의 요구사항에 대하여 설계자 제출서류, 현장 실정 등 그 내용을 설계감리원이 숙지하고, 설계감리원의 경험과 기술을 바탕으로 하여 적합성 여부를 파악하는 것이며, 사안에 따라 검토의견을 발주자에 보고 또는 설계자에게 제출함.
- 확인 : 발주자 또는 설계감리원이 설계자가 설계용역을 계약문서대로 실시하고 있는지 지시·조정·승인 사항에 대한 이행 여부를 문서 등으로 확인하는 것
- 검토·확인 : 설계용역성과의 품질을 확보하기 위해 기술적인 검토뿐만 아니라, 그 실행 결과를 확인하는 일련의 과정
- 지시 : 발주자가 설계감리원 및 설계자에게 또는 설계감리원이 설계자에게 소관 업무에

관한 방침, 기준, 계획 등에 대하여 기술지도를 하고, 실시하게 하는 것을 말함

‣ 요구 : 계약당사자가 계약조건에 나타난 자신의 업무에 충실하고 정당한 계약수행을 위해 상대방에게 검토, 조사, 지원, 승인, 협조 등의 적합한 조치를 취하도록 의사를 밝히는 것

‣ 승인 : 설계감리원 및 설계자가 승인 요청한 사항 등에 대하여 발주자가 설계감리원 및 설계자에게 또는 설계감리원이 설계자에게 서면으로 동의하는 것

‣ 조정 : 설계용역 또는 설계감리업무가 원활하게 이루어지도록 하기 위하여 설계자, 설계감리원 및 발주자가 사전에 충분한 검토와 협의를 통해 관련자 모두가 동의하는 조치가 이루어지도록 하는 것

‣ 작성 : 설계용역 또는 설계감리에 관한 각종 변경설계서, 계획서, 보고서 및 관련 도서를 양식에 맞게 제작하여 관련자에게 제출하는 것을 말하며, 설계서 및 서류별로 작성주체, 소요비용에 관해 계약 시 명시하거나 사전에 협의하는 것

(1) 설계감리원이 수행하여야 할 업무 범위

① 주요 설계용역 업무에 대한 기술자문
② 사업기획 및 타당성 조사 등 전 단계 용역 수행 내용의 검토
③ 시공성 및 유지관리의 용이성 검토
④ 설계도서의 누락, 오류, 불명확한 부분에 대한 추가 및 정정 지시, 확인
⑤ 설계업무의 공정 및 기성관리의 검토·확인
⑥ 설계감리 결과보고서의 작성
⑦ 그 밖에 계약문서에 명시된 사항

(2) 설계감리원의 기본 임무

① 설계용역 계약 및 설계감리용역 계약 내용이 충실히 이행될 수 있도록 하여야 한다.
② 해당 설계용역이 관련 법령 및 전기설비기술기준 등에 적합한 내용대로 설계되는지의 여부를 확인 및 설계의 경제성 검토를 실시하고, 기술지도 등을 하여야 한다.
③ 설계공정의 진척에 따라 설계자로부터 필요한 자료 등을 제출받아 설계용역이 원활히 추진될 수 있도록 설계감리 업무를 수행하여야 한다.
④ 과업지시서에 따라 업무를 성실히 수행하고 설계의 품질향상에 노력하여야 한다.

(3) 설계감리원의 근무수칙

1) 설계감리원은 설계감리 업무를 수행함에 있어 발주자와 계약에 따라 발주자의 설계감독 업무를 대행한다.
2) 설계감리원 설계 용역의 품질 향상 노력

① 담당 업무와 관련하여 제삼자로부터 일체의 금품, 이권 또는 향응을 받아서는 아니 된다.

② 설계용역의 품질 향상을 위하여 기술개발과 보급에 전력을 다하여야 한다.

③ 설계감리업무를 수행함에 있어 해당 설계용역의 설계용역계약문서, 설계감리과업 내용서, 그 밖에 관계 규정 내용을 숙지하고 해당 설계용역의 특수성을 파악한 후 설계감리업무를 수행하여야 한다.

④ 설계자의 의무와 책임을 면제시킬 수 없으며, 임의로 설계용역의 내용이나 범위를 변경시키거나 기일연장 등 설계용역 계약조건과 다른 지시나 결정을 하여서는 아니 된다.

⑤ 설계에 관련한 예산 및 중요한 방침, 결정사항 등에 대하여는 수시로 발주자에게 보고하고 지시를 받아 업무를 수행하여야 한다.

(4) 설계용역의 관리

1) 설계감리원은 설계업자로부터 착수신고서를 제출받아 적정성 여부를 검토하여 보고하여야 한다.

① 예정공정표

② 과업수행계획 등 그 밖에 필요한 사항

2) 설계감리원은 필요한 경우 다음 문서를 비치하고, 그 세부양식은 발주자의 승인을 받아 설계감리과정을 기록하여야 한다.

① 근무상황부   ② 설계감리일지

③ 설계감리지시부   ④ 설계감리기록부

⑤ 설계자와 협의사항 기록부   ⑥ 설계감리 추진현황

⑦ 설계감리 검토의견 및 조치 결과서   ⑧ 설계감리 주요검토결과

⑨ 설계도서 검토의견서

⑩ 설계도서(내역서, 수량산출 및 도면 등)를 검토한 근거서류

⑪ 해당 용역 관련 수·발신 공문서 및 서류

⑫ 그 밖에 발주자가 요구하는 서류

3) 설계감리원은 발주된 설계용역의 특성에 맞게 지침에 따른 설계감리원 세부 업무내용을 정하고 설계감리업무 수행계획서를 작성하여 발주자에게 제출하여야 한다.

① 대상 : 용역명, 설계감리규모 및 설계감리기간 등

② 세부시행계획 : 세부공정계획 및 업무흐름도 등

③ 보안 대책 및 보안각서

④ 그 밖에 발주자가 정한 사항

4) 설계감리원은 설계용역의 계획 및 예정공정표에 따라 설계업무의 진행상황 및 기성 등을 검토·확인하여야 하며 이를 정기적으로 발주자에 보고하여야 한다.

5) 설계감리원은 설계의 해당 공정마다 설계공정별 관리를 수행하여야 한다.

6) 설계감리원은 설계용역의 수행에 있어 지연된 공정의 만회대책을 설계자와 협의하여 수립하여야 하며, 이에 대한 조치 등을 수행하여 발주자에게 보고하여야 한다.

7) 설계감리원은 설계용역의 공정관리에 있어 문제점이 있는 경우 이를 해결하기 위해 공정회의를 개최할 수 있다.

① 공정표, 주요관리점 공정표 및 추가로 작성하는 세부공정표의 검토

② 사전 서류검토나 회의를 통해서 나타난 문제점들의 협의 및 해결방안의 검토

8) 설계감리원은 발주자의 요구 및 지시사항에 따라 변경사항이 발생할 경우 이에 대해 설계자가 원활히 대처할 수 있도록 지시 및 감독을 하여야 하며, 설계자의 요구에 의해 변경사항이 발생할 때에는 기술적인 적합성을 검토·확인하여 발주자에게 보고하여 승인을 받아야 한다.

(5) 설계감리원의 지원업무

1) 설계상 기술적인 애로사항의 해결을 위해 직접 자문가의 역할을 수행하거나 외부 전문가의 활용을 통한 설계품질 향상을 도모

2) 설계자의 조치계획에 대한 적정성 검토

3) 그 밖에 발주자 및 설계자가 설계수행을 위하여 요청하는 사항

(6) 설계감리 절차별 제출서류

1) 설계감리원은 설계자가 작성한 전력시설물공사의 설계설명서에 다음 내용이 적정하게 반영되어 작성되었는지의 여부를 검토하여야 한다.

① 공사의 특수성, 지역여건 및 공사방법 등을 고려하여 설계도면에 구체적으로 표시할 수 없는 내용

② 자재의 성능·규격 및 공법, 품질시험 및 검사 등 품질관리, 안전관리 및 환경관리 등에 관한 사항

③ 그 밖에 공사의 안전성 및 원활한 수행을 위하여 필요하다고 인정되는 사항

2) 설계감리원은 설계도면의 적정성을 검토한다.

① 도면작성이 의도하는 대로 경제성, 정확성 및 적정성 등을 가졌는지의 여부

② 설계 입력 자료가 도면에 맞게 표시되었는지의 여부

③ 설계결과물(도면)이 입력 자료와 비교해서 합리적으로 되었는지의 여부

④ 관련 도면들과 다른 관련 문서들의 관계가 명확하게 표시되었는지의 여부

⑤ 도면이 적정하게, 해석 가능하게, 실시 가능하며 지속성 있게 표현되었는지의 여부

⑥ 도면상에 사업명을 부여 했는지의 여부

3) 설계감리원은 설계용역 성과검토를 통한 검토업무를 수행하기 위해 세부검토사항 및 근거를 포함한 설계감리 검토목록(Check List)을 작성하여 관리하여야 한다.

4) 설계감리원은 위의 검토 결과 설계도서의 누락, 오류, 부적정한 부분에 대하여 설계자와 설계감리원 간에 이견이 발생하였을 경우에는 발주자에게 보고하여 승인을 받은 후 설계자에게 수정, 보완되도록 지시하고 그 이행여부를 확인하여야 한다.

(7) 설계감리원은 설계감리 완료일에 계약에서 따른 설계감리 용역 성과물을 발주자에게 제출한다.

1) 설계감리 결과보고서

2) 그 밖에 설계감리수행 관련 서류

(8) 책임 설계감리원이 설계감리의 기성 및 준공을 처리할 때에 발주자에게 제출하는 서류

1) 설계용역 기성부분 검사원 또는 설계용역 준공검사원

2) 설계용역 기성부분 내역서

3) 설계감리 결과 보고서

4) 감리기록서류

　　① 설계감리일지　　　　　　② 설계감리지시부

　　③ 설계감리기록부　　　　　④ 설계감리요청서

　　⑤ 설계자와 협의사항 기록부

5) 그 밖에 발주자가 과업지시서상에서 요구한 사항

(9) 설계도서 검토

1) 착수신고서　　　　　　　　2) 근무상황부

3) 설계감리 일지　　　　　　　4) 지원업무수행 기록부

5) 설계감리 지시부　　　　　　6) 설계감리 기록부

7) 설계감리 요청서　　　　　　8) 설계자와 협의사항 기록부

9) 설계감리 추진현황　　　　　10) 설계감리 검토의견 및 조치결과서

11) 설계감리 주요검토결과　　　12) 설계도서 검토의견서

13) 설계용역 기성부분 검사원　14) 설계용역 준공검사원

15) 설계용역 기성부분 내역서

5.2 태양광 발전시 착공 감리

(1) 설계도서 검토

1) 감리원은 설계도면, 설계설명서, 공사비 산출내역서, 기술계산서, 공사계약서의 계약 내용과 해당 공사의 조사 설계보고서 등의 내용을 완전히 숙지하여 새로운 방향의 공법개선 및 예산절감을 도모하도록 노력하여야 한다.

2) 감리원은 설계도서 등에 대하여 공사계약문서 상호 간의 모순되는 사항, 현장 실정과의 부합 여부 등 현장 시공을 주안으로 하여 해당 공사 시작 전에 검토하여야 하며 검토내용에는 다음 각 호의 사항 등이 포함되어야 한다.

① 현장조건에 부합 여부

② 시공의 실제 가능 여부

③ 다른 사업 또는 다른 공정과의 상호부합 여부

④ 설계도면, 설계설명서, 기술계산서, 산출내역서 등의 내용에 대한 상호 일치 여부

⑤ 설계도서의 누락, 오류 등 불명확한 부분의 존재 여부

⑥ 발주자가 제공한 물량 내역서와 공사업자가 제출한 산출내역서의 수량일치 여부

⑦ 시공상의 예상 문제점 및 대책 등

3) 감리원은 2)의 검토 결과 불합리한 부분, 착오, 불명확하거나 의문사항이 있을 때에는 그 내용과 의견을 발주자에게 보고하여야 한다. 또한, 공사업자에게도 설계도서 및 산출내역서 등을 검토하도록 하여 검토결과를 보고받아야 한다.

(2) 설계도서의 관리

1) 감리원은 감리업무 착수와 동시에 공사에 관한 설계도서 및 자료, 공사계약문서 등을 발주자로부터 인수하여 관리번호를 부여하고, 관리대장을 작성하여 공사관계자 이외의 자에게 유출을 방지하는 등 관리를 철저히 하여야 하며, 외부에 유출하고자 하는 때에는 발주자 또는 지원업무담당자의 승인을 받아야 한다.

2) 감리원은 설계도면 등 중요한 자료는 반드시 잠금장치로 된 서류함에 보관하여야 하며, 캐비닛 등에 보관된 설계도서 및 관리 서류의 명세서를 기록하여 내측에 부착 하여 관리하여야 한다.

3) 공사업자가 차용하여 간 설계도서 등 중요자료를 반드시 잠금장치로 된 서류함에 보관하여 분실 또는 유실되지 않도록 지도·감독하여야 한다.

4) 감리원은 공사완료 후 공사 시작 전에 인수하여 보관하고 있는 설계도서 등을 발주자에게 반납하거나 지시에 따라 폐기 처분한다.

5) 감리원은 공사의 여건을 감안하여 각종 법령, 표준 설계설명서 및 필요한 기술서적

등을 비치하여야 한다.

(3) 착공신고서 검토 및 보고

1) 감리원은 공사가 시작된 경우에는 공사업자로부터 다음 각 호의 서류가 포함된 착공신고서를 제출받아 적정성 여부를 검토하여 7일 이내에 발주자에게 보고하여야 한다.

　① 시공관리 책임자 지정통지서(현장관리조직, 안전관리자)

　② 공사 예정공정표

　③ 품질관리계획서

　④ 공사도급 계약서 사본 및 산출내역서

　⑤ 공사 시작 전 사진

　⑥ 현장기술자 경력사항 확인서 및 자격증 사본

　⑦ 안전관리계획서

　⑧ 작업인원 및 장비투입계획서

　⑨ 그 밖에 발주자가 지정한 사항

2) 감리원은 다음 각 호를 참고하여 착공신고서의 적정 여부를 검토하여야 한다.

　① 계약 내용의 확인

　　㉮ 공사기간(착공~준공)

　　㉯ 공사비 지급조건 및 방법(선급금, 기성부분 지급, 준공금 등)

　　㉰ 그 밖에 공사계약문서에 정한 사항

　② 현장기술자의 적격 여부

　　㉮ 시공관리책임자:「전기공사업법」제17조

　　㉯ 안전관리자 :「산업안전보건법」제15조

　③ 공사 예정공정표 : 작업 간 선행·동시 및 완료 등 공사 전·후 간의 연관성이 명시되어 작성되고, 예정 공정률이 적정하게 작성되었는지 확인

　④ 품질관리계획 : 공사 예정공정표에 따라 공사용 자재의 투입시기와 시험방법, 빈도 등이 적정하게 반영되었는지 확인

　⑤ 공사 시작 전 사진 : 전경이 잘 나타나도록 촬영되었는지 확인

　⑥ 안전관리계획 : 산업안전보건법령에 따른 해당 규정 반영 여부

　⑦ 작업인원 및 장비투입 계획 : 공사의 규모 및 성격, 특성에 맞는 장비형식이나 수량의 적정 여부 등

(4) 사업 인허가

전기사업은 국민 생활과 산업 활동에 필수 불가결한 공공재이고 막대한 투자와 상당기간의 건설기간이 필요하므로, 전기사용자의 이익 보호와 건전한 전기사업 육성을 위해 적정한 자격과 능력이 있는 자만이 전기사업에 참여할 수 있도록 하기 위함이다.

1) 허가권자

① 3,000[kW] 초과 설비 : 산업통상자원부 장관

② 3,000[kW] 이하 설비 : 시·도지사

단, 제주도특별자치도는 제주국제자유도 특별법에 따라 3,000[kW] 초과의 발전설비도 제주특별자치도지사의 허가사항임(신에너지 및 재생에너지 중 풍력발전사업이 해당 된다.)

2) 허가기준

① 전기사업 수행에 필요한 재무능력 및 기술능력이 있을 것

② 전기사업이 계획대로 수행될 것

③ 발전소가 특정지역에 편중되어 전력계통의 운영에 지장을 초래하여서는 아니될 것

④ 발전연료가 어느 하나에 편중되어 전력수급에 지장을 초래하여서는 아니될 것

3) 허가의 변경

발전사업 허가를 받았으나, 다음과 같이 변경되는 경우는 산업통상자원부 장관 또는 시·도지사의 변경허가를 받아야 한다.

① 사업구역 또는 특정한 공급구역이 변경되는 경우

② 공급전압이 변경되는 경우

③ 설비용량이 변경되는 경우(허가 또는 변경 허가를 받은 설비용량의 10[%] 미만인 경우는 제외)

4) 허가의 취소

전기사업자가 사업 준비기간(발전사업 허가를 득한 후부터 사업개시 신고 전까지) 내에 전기설비의 설치 및 사업의 개시를 하지 아니한 경우, 전기위원회의 심의를 거쳐 허가를 취소한다.

신·재생에너지 발전사업 준비기간의 상한은 10년이며, 발전사업 허가 시 사업 준비기간을 지정한다.

5) 허가절차

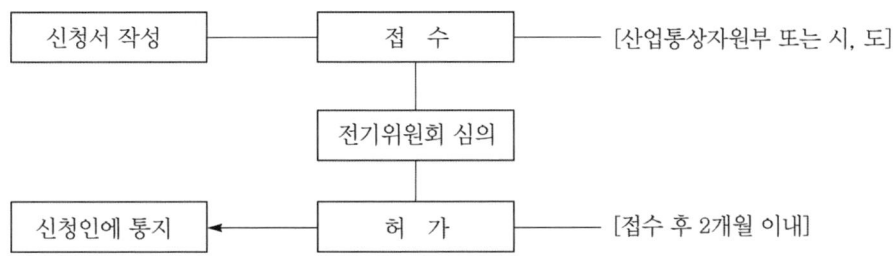

```
┌─────────────┐        ┌─────────┐
│ 신청서 작성  │───────▶│  접  수  │─────── [산업통상자원부 또는 시, 도]
└─────────────┘        └─────────┘
                            │
                       ┌─────────────┐
                       │ 전기위원회 심의 │
                       └─────────────┘
                            │
┌─────────────┐        ┌─────────┐
│ 신청인에 통지 │◀───────│  허  가  │─────── [접수 후 2개월 이내]
└─────────────┘        └─────────┘
```

※ 필요서류 목록
  ▸ **3,000[kW] 이하**
  ① 전기사업허가신청서(전기사업법 시행규칙 별지 제1호 서식) 1부
  ② 전기사업법 시행규칙 별표1의 요령에 의한 사업계획서 1부
  ③ 송전관계 일람도 1부
  ④ 발전원가 명세서(200[kW] 이하는 생략) 1부
  ⑤ 발전설비의 운영을 위한 기술인력의 확보계획을 기재한 서류(200[kW] 이하
    는 생략) 1부
  ▸ **3,000[kW] 초과**
  ① 전기사업허가신청서(전기사업법 시행규칙 별지 제1호 서식) 1부
  ② 전기사업법시행규칙 별표 제 1의 작성요령에 의한 사업계획서 1부
  ③ 사업 개시 후 5년간의 기간에 대한 연도별 예상사업 손익산출서 1부
  ④ 발전설비의 개요서 1부
  ⑤ 송전관계 일람도 및 발전원가명세서 1부
  ⑥ 신용평가 의견서 및 소요재원 조달계획서 1부
  ⑦ 발전설비의 운영을 위한 기술인력의 확보계획을 기재한 서류 1부
  ⑧ 신청인이 법인인 경우에는 그 정관 등 재무현황 관련 자료 1부
  ⑨ 신청인이 설립중인 법인인 경우에는 그 정관 1부

5.3 태양광발전 시공 감리

※ 감리원의 기본임무
  1. 감리업무를 성실히 수행

2. 발주자와 감리업자 간에 체결된 감리용역 계약 내용에 따라 해당 공사가 설계도서 및 그 밖에 관계 서류의 내용대로 시공되는지의 여부를 확인

(1) 감리원의 근무수칙

1) 감리원은 감리업무를 수행함에 있어 발주자와의 계약에 따라 발주자의 권한을 대행한다.

2) 발주자와 감리업자 간에 체결된 감리용역 계약의 내용에 따라 감리원은 해당 공사가 설계도서 및 그 밖에 관계 서류의 내용대로 시공되는지의 여부를 확인하고 품질관리, 공사관리 및 안전관리 등에 대한 기술지도를 하며, 전력기술관리법령에 따라 감리업자를 대표하고 발주자의 감독 권한을 대행한다.

3) 감리업무를 수행하는 감리원은 그 업무를 성실히 수행하고 공사의 품질 확보와 향상에 노력하며, 다음 각 호의 사항을 실천하여 감리원으로서의 품위를 유지하여야 한다.

① 감리원은 관련 법령과 이에 따른 명령 및 공공복리에 어긋나는 어떠한 행위도 하여서는 아니 되고, 신의와 성실로써 업무를 수행하여야 하며, 품위를 손상하는 행위를 하여서는 아니 된다.

② 감리원은 담당업무와 관련하여 제삼자로부터 일체의 금품, 이권 또는 향응을 받아서는 아니 된다.

③ 감리원은 공사의 품질확보 및 질적 향상을 위하여 기술지도와 지원 및 기술개발·보급에 노력하여야 한다.

④ 감리원은 감리업무를 수행함에 있어 발주자의 감독권한을 대행하는 사람으로서 공정하고, 청렴결백하게 업무를 수행하여야 한다.

⑤ 감리원은 감리업무를 수행함에 있어 해당 공사의 공사계약문서, 감리과업지시서, 그 밖에 관련 법령 등의 내용을 숙지하고 해당 공사의 특수성을 파악한 후 감리업무를 수행하여야 한다.

⑥ 감리원은 해당 공사가 공사계약문서, 예정공정표, 발주자의 지시사항, 그 밖에 관련 법령의 내용대로 시공되는가를 공사 시행 시 수시로 확인하여 품질관리에 임하여야 하고, 공사업자에게 품질·시공·안전·공정관리 등에 대한 기술지도와 지원을 하여야 한다.

⑦ 감리원은 공사업자의 의무와 책임을 면제시킬 수 없으며, 임의로 설계를 변경하거나, 기일 연장 등 공사계약조건과 다른 지시나 조치 또는 결정을 하여서는 아니 된다.

⑧ 감리원은 공사현장에서 문제점이 발생되거나 시공에 관련한 중요한 변경 및 예산

과 관련되는 사항에 대하여는 수시로 발주자(지원업무 담당자)에게 보고하고 지시를 받아 업무를 수행하여야 한다. 다만, 인명손실이나 시설물의 안전에 위험이 예상되는 사태가 발생할 때에는 우선 적절한 조치를 취한 후 즉시 발주자에게 보고하여야 한다.

⑨ 감리업자 및 감리원은 해당 공사 시행 중은 물론 공사가 끝난 이후라도 감사기관의 수감요구 및 발주자의 출석요구가 있을 경우에는 이에 응하여야 하며, 감리업무 수행과 관련하여 발생된 사고 또는 피해 발생으로 피해자가 소송제기 시 소송업무에 대하여 적극 협력하여야 한다.

(2) 상주감리원이 현장에서 근무해야하는 상황

상주감리원은 다음 각 호에 따라 현장 근무를 하여야 한다.

1) 상주감리원은 공사현장(공사와 관련한 외부 현장점검, 확인 등 포함)에서 운영요령에 따라 배치된 일수를 상주하여야 하며, 다른 업무 또는 부득이한 사유로 1일 이상 현장을 이탈하는 경우에는 반드시 감리업무일지에 기록하고, 발주자(지원업무 담당자)의 승인(부재 시 유선보고)을 받아야 한다.

2) 상주감리원은 감리사무실 출입구 부근에 부착한 근무상황판에 현장 근무위치 및 업무내용 등을 기록하여야 한다.

3) 감리업자는 감리원이 감리업무 수행기간 중 법에 따른 교육훈련이나「민방위기본법」또는「향토예비군설치법」등에 따른 교육을 받는 경우나「근로기준법」에 따른 유급휴가로 현장을 이탈하게 되는 경우에는 감리업무에 지장이 없도록 직무대행자를 지정(동일 현장의 상주감리원 또는 비상주감리원)하여 업무 인계·인수 등의 필요한 조치를 하여야 한다.

4) 상주감리원은 발주자의 요청이 있는 경우에는 초과근무를 하여야 하며, 공사업자의 요청이 있을 경우에는 발주자의 승인을 받아 초과근무를 해야 한다. 이 경우 대가 지급은 운영요령 또는「국가를 당사자로 하는 계약에 관한 법률」에 다른 회계예규(기술용역계약 일반조건)에서 정하는 바에 따른다.

5) 감리업자는 감리현장이 원활하게 운영될 수 있도록 감리용역비 중 직접경비를 감리대가 기준에 따라 적정하게 사용하여야 하며, 발주자가 요구할 경우 직접경비의 사용에 대한 증빙을 제출하여야 한다.

(3) 비상주감리원이 수행하여야 할 업무

비상주감리원은 다음 각 호에 따라 업무를 수행하여야 한다.

1) 설계도서 등의 검토

2) 상주감리원이 수행하지 못하는 현장 조사 분석 및 시공상의 문제점에 대한 기술 검토와 민원사항에 대한 현지조사 및 해결방안 검토

3) 중요한 설계변경에 대한 기술 검토

4) 설계변경 및 계약금액 조정의 심사

5) 기성 및 준공검사

6) 정기적(분기 또는 월별)으로 현장 시공상태를 종합적으로 점검·확인·평가하고 기술지도

7) 공사와 관련하여 발주자(지원업무수행자 포함)가 요구한 기술적 사항 등에 대한 검토

8) 그 밖에 감리 업무 추진에 필요한 기술지원 업무

(4) 행정업무

1) 감리업자는 감리용역계약 즉시 상주 및 비상주감리원의 투입 등 감리업무 수행준비에 대하여 발주자와 협의하여야 하며, 계약서상 착수일에 감리용역을 착수하여야 한다. 다만, 감리대상 공사의 전부 또는 일부가 발주자의 사정 등으로 계약서상 착수일에 감리용역을 착수할 수 없는 경우에는 발주자의 실 착수 시점 및 상주감리원 투입 시기 등을 조정하여 감리업자에게 통보하여야 한다.

2) 감리업자는 감리용역 착수 시 다음 각 호의 서류를 첨부한 착수신고서를 제출하여 발주자의 승인을 받아야 한다.
   ① 감리업무 수행계획서
   ② 감리비 산출내역서
   ③ 상주, 비상주 감리원 배치계획서와 감리원의 경력확인서
   ④ 감리원 조직 구성내용과 감리원별 투입기간 및 담당업무

3) 감리업자는 감리원 배치계획서에 따라 감리원을 배치하여야 한다. 다만, 감리원의 퇴직·입원 등 부득이한 사유로 감리원을 교체하려는 때에는 운영요령에 따라 교체·배치하여야 한다.

4) 발주자는 내용을 검토하여 감리원 또는 감리조직 구성 내용이 해당 공사현장의 공종 및 공사 성격에 적합하지 아니하다고 인정될 경우에는 감리업자에게 사유를 명시하여 서면으로 변경을 요구할 수 있으며, 변경요구를 받은 감리업자는 특별한 사유가 없으면 응하여야 한다.

5) 발주자의 승인을 받은 감리원은 업무의 연속성, 효율성 등을 고려하여 특별한 사유가 없으면 감리용역이 완료될 때까지 근무하여야 한다.

6) 감리원의 구성은 계약문서에 기술된 과업 내용에 따라 관련 분야 기술자격 또는 학력·경력을 갖춘 사람으로 구성되어야 한다.

7) 책임감리원과 보조감리원은 개인별로 업무를 분담하고 그 분담내용에 따라 업무 수행계획을 수립하여 과업을 수행하여야 한다.

8) 감리원은 시공과 관련하여 공사업자에게 각종 인허가 사항을 포함한 제반 법규 등을 준수하도록 지도・감독하여야 하며, 발주자가 받아야 하는 인허가 사항은 발주자에게 협조・요청하여야 한다.

9) 감리원은 현장에 부임하는 즉시 사무소, 숙소 또는 비상연락처 및 FAX, 우편 연락처 등을 발주자에게 보고하여 업무연락에 차질이 없도록 하여야 하며, 연락처 등이 변경된 경우에도 즉시 보고하여야 한다.

(5) 공사표지판 등의 설치

1) 감리원은 공사업자가 공사표지를 게시하고자 할 때에는 표지판의 제작방법, 크기, 설치 장소 등이 포함된 표지판 제작설치계획서를 제출받아 검토한 후 설치하도록 하여야 한다.

2) 공사현장의 표지는 공사 시작 일부터 준공 전일까지 게시・설치하여야 한다.

(6) 감리원의 일반 행정업무

1) 감리원은 감리업무 착수 후 빠른 시일 내에 해당 공사의 내용, 규모, 감리원 배치 인원 수 등을 감안하여 각종 행정업무 중에서 최소한의 필요한 행정업무 사항을 발주자와 협의하여 결정하고, 이를 공사업자에게 통보하여야 한다.

2) 감리원은 다음 각 호의 서식 중 해당 감리현장에서 감리업무 수행 상 필요한 서식을 비치하고 기록・보관하여야 한다.

① 감리업무일지　　　　　② 근무상황판
③ 지원업무수행 기록부　　④ 착수 신고서
⑤ 회의 및 협의내용 관리대장　⑥ 문서접수대장
⑦ 문서발송대장　　　　　⑧ 교육실적 기록부
⑨ 민원처리부　　　　　　⑩ 지시부
⑪ 발주자 지시사항 처리부　⑫ 품질관리 검사・확인대장
⑬ 설계변경 현황　　　　　⑭ 검사 요청서
⑮ 검사 체크리스트　　　　⑯ 시공기술자 실명부
⑰ 검사결과 통보서　　　　⑱ 기술검토 의견서
⑲ 주요기자재 및 검수 및 수불부　⑳ 기성부분 감리조서
㉑ 발생품(잉여자재) 정리부　㉒ 기성부분 검사조서
㉓ 기성부분 검사원　　　　㉔ 준공 검사원

㉕ 기성공정 내역서   ㉖ 기성부분 내역서

㉗ 준공검사조서   ㉘ 준공감리조서

㉙ 안전관리 점검표   ㉚ 사고 보고서

㉛ 재해발생 관리부   ㉜ 사후환경영향조사 결과보고서

3) 공사업자는 다음 각 호의 서식 중 해당 공사현장에서 공사업무 수행상 필요한 서식을 비치하고 기록·보관하여야 한다.

① 하도급 현황   ② 주요인력 및 장비투입 현황

③ 작업계획서   ④ 기자재 공급원 승인현황

⑤ 주간공정계획 및 실적보고서   ⑥ 안전관리비 사용실적 현황

⑦ 각종 측정 기록표

4) 감리원은 다음 각 호에 따른 문서의 기록관리 및 문서수발에 관한 업무를 하여야 한다.

① 감리업무일지는 감리원별 분담업무에 따라 항목별(품질관리, 시공관리, 안전관리, 공정관리, 행정 및 민원 등)로 수행업무의 내용을 육하원칙에 따라 기록하며 공사업자가 작성한 공사일지를 매일 제출받아 확인한 후 보관한다.

② 주요한 현장은 공사 시작 전, 시공 중, 준공 등 공사과정을 알 수 있도록 동일 장소에서 사진을 촬영하여 보관한다.

③ 현지조사 보고사항은 그 내용을 구체적으로 작성하여 현장을 답사하지 않고도 현황을 파악할 수 있을 정도로 명확히 기록한다.

④ 각종 지시, 통보사항 및 회의내용 등 중요한 사항은 감리원 모두가 숙지하도록 교육 또는 공람시킨다.

⑤ 문서는 성격별로 분류하여 관리하며, 서류가 손실되는 일이 없도록 목차 및 페이지를 기록하여 보관한다.

(7) 감리보고

1) 책임감리원은 감리업무 수행 중 긴급하게 발생되는 사항 또는 불특정하게 발생하는 중요사항에 대하여 발주자에게 수시로 보고하여야 하며, 보고서 작성에 대한 서식은 특별히 정해진 것이 없으므로 보고 사안에 따라 보고하여야 한다.

2) 책임감리원은 다음 각 호의 사항이 포함된 분기보고서를 작성하여 발주자에게 제출하여야 한다. 보고서는 매 분기 말 다음 달 7일 이내로 제출한다.

① 공사추진 현황(공사계획의 개요와 공사추진계획 및 실적, 공정현황, 감리용역현황, 감리조직, 감리원 조치내역 등)

② 감리원 업무일지

③ 품질검사 및 관리현황

④ 검사 요청 및 결과 통보내용

⑤ 주요기자재 검사 및 수불내용(주요기자재 검사 및 입·출고가 명시된 수불현황)

⑥ 설계변경 현황

⑦ 그 밖에 책임감리원이 감리에 관하여 중요하다고 인정하는 사항

3) 책임감리원은 최종감리보고서를 감리기간 종료 후 14일 이내에 발주자에게 제출하여야 한다.

① 공사 및 감리용역 개요 등(사업목적, 공사개요, 감리용역 개요, 설계용역 개요)

② 공사추진 실적현황(기성 및 준공검사 현황, 공종별 추진실적, 설계변경 현황, 공사현장 실정보고 및 처리현황, 지시사항 처리, 주요인력 및 장비투입현황, 하도급 현황, 감리원 투입현황)

③ 품질관리 실적(검사요청 및 결과 통보 현황, 각종 측정기록 및 조사표, 시험장비 사용 현황, 품질관리 및 측정자 현황, 기술검토실적 현황 등)

④ 주요기자재 사용실적(기자재 공급원 승인현황, 주요기자재 투입현황, 사용자재 투입 현황)

⑤ 안전관리 실적(안전관리조직, 교육실적, 안전점검실적, 안전관리비 사용실적)

⑥ 환경관리 실적(폐기물발생 및 처리실적)

⑦ 종합분석

4) 위의 사항을 따른 분기 및 최종감리보고서는 규칙에 따라 전산프로그램(CD-ROM)으로 제출할 수 있다.

(8) 현장 정기교육

감리원은 공사업자에게 현장에 종사하는 시공기술자의 양질 시공 의식고취를 위한 다음 각 호와 같은 내용의 현장 정기교육을 해당 현장의 특성에 적합하게 실시하도록 하고, 그 내용을 교육실적 기록부에 기록·비치하여야 한다.

1) 관련 법령·전기설비기준, 지침 등의 내용과 공사현황 숙지에 관한 사항

2) 감리원과 현장에 종사하는 기술자들의 화합과 협조 및 양질 시공을 위한 의식 교육

3) 시공결과·분석 및 평가

4) 작업 시 유의사항 등

(9) 감리원의 의견제시

1) 감리원은 해당 공사와 관련하여 공사업자의 공법 변경요구 등 중요한 기술적인 사항에 대하여 요구한 날부터 7일 이내에 이를 검토하고 의견서를 첨부하여 발주자에게

보고하여야 하며, 전문성이 요구되는 경우에는 요구가 있는 날부터 14일 이내에 비상주감리의 검토의견서를 첨부하여 발주자에게 보고하여야 한다. 이 경우 발주자는 그가 필요하다고 인정하는 때에는 제삼자에게 자문을 의뢰할 수 있다.

2) 감리원은 시공과 관련하여 검토한 내용에 대하여 스스로 필요하다고 판단될 경우에는 발주자 또는 공사업자에게 그 검토의견을 서면으로 제시할 수 있다.

3) 감리원은 시공 중 예산이 변경되거나 계획이 변경되는 중요한 민원이 발생된 때에는 발주자가 민원처리를 할 수 있도록 검토의견서를 첨부하여 발주자에게 보고하여야 한다.

4) 감리원은 공사와 직접 관련된 경미한 민원처리는 직접 처리하여야 하고, 전화 또는 방문민원을 처리함에 있어 민원인과의 대화는 원만하고 성실하게 하여야 하며 공사업자와 협조하여 적극적으로 해결방안을 강구·시행하고 그 내용은 민원처리부에 기록·비치하여야 한다. 다만, 경미한 민원처리 사항 중 중요하다고 판단되는 경우에는 검토의견서를 첨부하여 발주자에게 보고하여야 한다.

5) 감리원은 발주자(지원업무 수행자)가 민원사항 처리를 위하여 조사와 서류작성의 요구가 있을 때에는 적극 협조하여야 한다.

(10) 시공기술자 등의 교체

1) 감리원은 공사업자의 시공기술자 등이 항 각 호에 해당되어 해당 공사현장에 적합하지 않다고 인정되는 경우에는 공사업자 및 시공기술자에게 문서로 시정을 요구하고, 이에 불응하는 때에는 발주자에게 그 실정을 보고하여야 한다.

2) 감리원으로부터 시공기술자의 실정보고를 받은 발주자는 지원업무담당자에게 실정 등을 조사·검토하게 하여 교체사유가 인정될 경우에는 공사업자에게 시공기술자의 교체를 요구해야 한다. 이 경우 교체 요구를 받은 공사업자는 특별한 사유가 없으면 신속히 교체요구에 응하여야 한다.

① 시공기술자 및 안전관리자가 관계 법령에 따른 배치기준, 겸직금지, 보수교육 이수 및 품질관리 등의 법규를 위반하였을 때

② 시공관리책임자가 감리원과 발주자의 사전 승낙을 받지 아니하고 정당한 사유 없이 해당 공사현장을 이탈한 때

③ 시공관리책임자가 고의 또는 과실로 공사를 조잡하게 시정하거나 부실시공을 하여 일반인에게 위해(危害)를 끼친 때

④ 시공관리책임자가 계약에 따른 시공 및 기술능력이 부족하다고 인정되거나 정당한 사유 없이 기성 공정이 예정 공정에 현격히 미달한 때

⑤ 시공관리 책임자가 불법 하도급을 하거나 이를 방치하였을 때

⑥ 시공기술자의 기술능력이 부족하여 시공에 차질을 초래하거나 감리원의 정당한 지시에 응하지 아니할 때

⑦ 시공관리 책임자가 감리원의 검사·확인 등 승인을 받지 아니하고 후속 공정을 진행하거나 정당한 사유 없이 공사를 중단할 때

(11) 제3자의 손해방지

1) 감리원은 다음 각 호의 공사현장 인근 상황을 공사업자에게 충분히 조사하도록 함으로써 시공과 관련하여 제3자에게 손해를 주지 않도록 공사업자에게 대책을 강구하게 해야 한다.

① 지하매설물   ② 인근의 도로   ③ 교통시설물

④ 인접건조물   ⑤ 농경지, 산림 등

2) 감리원은 시공으로 인하여 지상건조물 및 지하매설물(급·배수관, 가스관, 전선관, 통신케이블 등)에 손해를 끼쳐 제삼자에게 손해를 준 경우에는 공사업자 부담으로 즉시 원상 복구하여 민원이 발생되지 않도록 하여야 한다. 또한, 제삼자에게 피해 보상 문제가 제기되었을 경우에는 감리원은 객관적이고 공정한 판단에 근거한 의견을 제시할 수 있다.

(12) 공사업자에 대한 지시 및 수명사항의 처리

1) 감리원은 공사업자에게 시공과 관련하여 지시하는 경우에는 다음과 같이 처리하여야 한다.

① 감리원이 시공과 관련하여 공사업자에게 지시를 할 경우에는 서면으로 하는 것을 원칙으로 하며, 현장 실정에 따라 시급한 경우 또는 경미한 사항에 대하여는 우선 구두 지시로 시행하도록 조치하고, 추후에 이를 서면으로 확인하여야 한다.

② 감리원의 지시내용은 해당 공사 설계도면 및 설계설명서 등 관계 규정에 근거, 구체적으로 기술하여 공사업자가 명확히 이해할 수 있도록 지시하여야 한다.

③ 감리원은 지시사항에 대하여 그 이행상태를 수시로 점검하고 공사업자로부터 이행 결과를 보고받아 기록·관리하여야 한다.

2) 감리원은 발주자로부터 지시를 받았을 때에는 다음과 같이 처리하여야 한다.

① 감리원은 발주자로부터 공사와 관련하여 지시를 받았을 경우에는 그 내용을 기록하고 신속히 이행되도록 조치하여야 하며, 그 이행 결과를 점검·확인하여 발주자에게 서면으로 조치 결과를 보고하여야 한다.

② 감리원은 해당 지시에 대한 이행에 문제가 있을 경우에는 의견을 제시할 수 있다.

③ 감리원은 각종 지시, 통보사항 등을 감리원 모두가 숙지하고 이행에 철저를 기하기 위하여 교육 또는 공람시켜야 한다.

(13) 사진 촬영 및 보관

1) 감리원은 공사업자에게 촬영 일자가 나오는 시공 사진을 공종별로 공사 시작 전부터 끝났을 때까지의 공사과정, 공법, 특기사항을 촬영하고 공사내용(시공 일자, 위치, 공종, 작업내용 등) 설명서를 기재, 제출하도록 하여 후일 참고자료로 활용하도록 한다. 공사기록 사진은 공종별, 공사추진 단계에 따라 다음의 사항을 촬영·정리하도록 하여야 한다.

   ① 주요한 공사현황은 공사 시작 전, 시공 중, 준공 등 시공과정을 알 수 있도록 가급적 동일 장소에서 촬영

   ② 시공 후 검사가 불가능하거나 곤란한 부분

   ㉮ 암반선 확인 사진(송·배·변전접지설비에 해당)

   ㉯ 매몰, 수중 구조물

   ㉰ 매몰되는 옥내 외 배관 등 광경

   ㉱ 배전반 주변의 매몰배관 등

2) 감리원은 특별히 중요하다고 판단되는 시설물에 대하여는 공사과정을 동영상 등으로 촬영하도록 해야 한다.

3) 감리원은 위 사항에 따라 촬영한 사진은 디지털(Digital) 파일, CD(필요시 촬영한 동영상)를 제출 받아 수시 검토·확인할 수 있도록 보관하고 준공 시 발주자에게 제출하여야 한다.

(14) 시공 관리 관련 감리업무

감리원은 공사가 설계도서 및 관계 규정 등에 적합하게 시공되는지 여부를 확인하고 공사업자가 작성 제출한 시공계획서, 시공 상세도의 검토·확인 및 시공단계별 검사, 현장설계변경 여건처리 등의 시공관리업무를 통하여 공사목적물이 소정의 공기 내에 우수한 품질로 완공되도록 철저를 기하여야 한다.

(15) 시공계획서의 검토·확인

1) 감리원은 공사업자가 작성·제출한 시공계획서를 공사 시작일부터 30일 이내에 제출받아 이를 검토·확인하여 7일 이내에 승인하여 시공하도록 하여야 하고, 시공계획서의 보완이 필요한 경우에는 그 내용과 사유를 문서로 공사업자에게 통보하여야 한다. 시공계획서에는 시공계획서의 작성기준과 함께 다음 각 호의 내용이 포함되어야 한다.

   ① 현장 조직표 　　　　　　 ② 공사 세부공정표

   ③ 주요 공정의 시공 절차 및 방법 　 ④ 시공일정

⑤ 주요 장비 동원계획   ⑥ 주요 기자재 및 인력투입 계획

⑦ 주요 설비   ⑧ 품질·안전·환경관리 대책 등

2) 감리원은 시공계획서를 공사 착공신고서와 별도로 실제 공사 시작 전에 제출받아야 하며, 공사 중 시공계획서에 중요한 내용변경이 발생할 경우에는 그때마다 변경 시공계획서를 제출받은 후 5일 이내에 검토·확인하여 승인한 후 시공하도록 하여야 한다.

(16) 금일 작업실적 및 계획서의 검토·확인

1) 감리원은 공사업자로부터 명일 작업계획서를 제출받아 공사업자와 그 시행상의 가능성 및 각자가 수행하여야 할 사항을 협의하여야 하고 명일 작업계획의 공종 및 위치에 따라 감리원의 배치, 감리시간 등의 일일 감리업무 수행을 검토·확인하고 이를 감리일지에 기록하여야 한다.

2) 감리원은 공사업자로부터 금일 작업실적이 포함된 공사업자의 공사일지 또는 작업일지 사본(공사업자 자체양식)을 제출받아 계획대로 작업이 추진되었는지 여부를 확인하고 금일 작업실적과 사용자재량, 품질관리 시험횟수 및 성과 등이 서로 일치하는지 여부를 검토·확인하고 이를 감리일지에 기록하여야 한다.

(17) 지장물 등 철거확인

1) 감리원은 기존 시설물을 철거할 때에는 공사업자에게 철거품목의 규격·수량 등을 조사하도록 하고, 철거 전·후의 광경 사진도 촬영(동일지점)하도록 하여 조사내역과 사진을 제출받아 확인·검토하여 필요 시 발주자에게 보고하여야 한다.

2) 감리원은 공사 중에 지하매설물 등 새로운 지장물을 발견하였을 때에는 공사업자로부터 상세한 내용이 포함된 지장물 조서를 제출받아 이를 확인한 후 발주자에게 조속히 보고하여야 한다.

(18) 현장상황 보고

1) 감리원은 시공 중 불가항력적인 재해의 발생, 시공 중단의 필요성 등 감리원의 권한에 속하지 않는 사태가 발생될 경우에는 육하원칙에 따라 검토의견을 첨부하여 발주자에게 현장상황을 신속히 보고하고 그 지시에 따라야 한다.

2) 감리원은 공사현장에 다음 각 호의 사태가 발생하였을 때에는 필요한 응급조치를 취하는 동시에 상세한 경위를 발주자에게 보고하여야 한다.

① 천재지변 등의 사유로 공사현장에 피해가 발생하였을 때

② 시공관리책임자가 승인 없이 2일 이상 현장에 상주하지 않을 때

③ 공사업자가 정당한 사유 없이 공사를 중단할 때

④ 공사업자가 계약에 따른 시공 능력이 없다고 인정되거나 공정이 현저히 미달될 때

⑤ 공사업자가 불법하도급 행위를 할 때

⑥ 그 밖에 공사추진에 지장이 있을 때

(19) 감리원의 공사 중지명령

1) 감리원은 공사업자가 공사의 설계도서, 설계설명서 그 밖에 관계 서류의 내용과 적합하지 아니하게 시공하는 재시공 또는 공사 중지명령이나 그 밖에 필요한 조치를 할수 있다.

2) 1)에 따라 감리원으로부터 재시공 또는 공사 중지 명령, 그 밖에 필요한 조치에 대한지시를 받은 공사업자는 특별한 사유가 없으면 이에 응하여야 한다.

3) 감리원이 공사업자에게 재시공 또는 공사 중지명령 그 밖에 필요한 조치를 취한 때에는 발주자에게 보고하여야 한다. 다만, 경미한 시정사항 및 재시공은 보고를 생략할수 있다.

4) 발주자는 감리원으로부터 1)에 따른 재시공 또는 공사 중지명령 그 밖에 필요한 조치에 관한 보고를 받은 때에는 이를 검토한 후 시정 여부의 확인, 공사 재개 지시 등 필요한 조치를 하여야 한다.

5) 감리원은 1)에 따른 재시공 또는 공사 중지명령을 하였을 경우에는 발주자가 공사 중지 사유가 해소되었다고 판단되어 공사 재개를 지시할 때에는 특별한 사유가 없으면이에 응하여야 한다.

6) 발주자는 1)에 따른 감리원의 공사 중지명령 등의 조치를 이유로 감리원 등이 변경, 현장 상주의 거부, 감리대가 지급의 거부·지체 등 감리원에게 불이익 처분을 하여서는 아니 된다.

(20) 공사중지, 재시공 지시

1) 재시공 : 시공된 공사가 품질확보 미흡 또는 위해를 발생시킬 우려가 있다고 판단되거나, 감리원의 확인·검사에 대한 승인을 받지 아니하고 후속 공정을 진행한 경우와 관계 규정에 맞지 아니하게 시공한 경우

2) 공사 중지 : 시공된 공사가 품질확보 미흡 또는 중대한 위해를 발생시킬 우려가 있다고 판단되거나, 안전상 중대한 위험이 발견된 경우에는 공사 중지를 지시할 수 있으며 공사 중지는 부분중지와 전면중지로 구분한다.

　① 부분중지

　　㉮ 재시공 지시가 이행되지 않는 상태에서는 다음 단계의 공정이 진행됨으로써하자 발생이 될 수 있다고 판단될 때

ⓒ 안전시공상 중대한 위험이 예상되어 물적, 인적 중대한 피해가 예견될 때

ⓓ 동일 공정에 있어 3회 이상 시정지시가 이행되지 않을 때

ⓔ 동일 공정에 있어 2회 이상 경고가 있었음에도 이행되지 않을 때

② 전면중지

㉮ 공사업자가 고의로 공사의 추진을 지연시키거나, 공사의 부실 발생 우려가 짙은 상황에서 적절한 조치를 취하지 않은 채 공사를 계속 진행하는 경우

㉯ 부분중지가 이행되지 않음으로써 전체공정에 영향을 끼칠 것으로 판단될 때

㉰ 지진·해일·폭풍 등 불가항력적인 사태가 발생하여 시공을 계속할 수 없다고 판단될 때

㉱ 천재지변 등으로 발주자의 지시가 있을 때

3) 감리원은 공사업자가 재시공, 공사 중지명령 등에 대한 필요한 조치를 이행하지 아니한 때에는 법에 따라 공사업자에 대한 제재조치를 취하도록 발주자에게 요구하여야 한다.

(21) 공사현장 정리

1) 감리원은 공사현장이 항상 깨끗이 정리 정돈되어 효율적인 시공관리가 되도록 수시로 현장을 확인·점검하여야 한다.

2) 시공이 완료되었을 때에는 준공 전에 공사업자에게 공사용 가설시설물의 철거, 잉여자재 반출 등 현장을 정리하도록 감리하여야 한다.

(22) 공정관리

1) 감리원은 해당 공사가 정해진 공기 내에 설계설명서, 도면 등에 따라 우수한 품질을 갖추어 완성될 수 있도록 공정관리의 계획수립, 운영, 평가에 있어서 공정진척도 관리와 기성관리가 동일한 기준으로 이루어질 수 있도록 감리하여야 한다.

2) 감리원은 공사 시작일부터 30일 이내에 공사업자로부터 공정관리 계획서를 제출받아 제출받은 날부터 14일 이내에 검토하여 승인하고 발주자에게 제출하여야 하며 다음 각 호의 사항을 검토·확인하여야 한다.

① 공사업자의 공정관리 기법이 공사의 규모, 특성에 적합한지의 여부

② 계약서, 설계설명서 등에 공정관리 기법이 명시되어 있는 경우에는 명시된 공정관리 기법으로 시행되도록 감리

③ 계약서, 설계설명서 등에 공정관리 기법이 명시되어 있지 않을 경우, 단순한 공종 및 보통의 공종 공사인 경우에는 공사조건에 적합한 공정관리 기법을 적용하도록 하고, 복잡한 공종의 공사 또는 감리원이 RERT/CPM 이론을 기본으로 한 공정관

리가 필요하다고 판단하는 경우에는 별도의 PERT/CPM 기법에 의한 공정관리를 적용하도록 조치

④ 특수한 현장여건으로 전산 공정관리 등이 필요하다고 판단되는 경우에는 발주자에게 별도의 공정관리를 시행하도록 건의

⑤ 감리원은 일정관리와 원가관리, 진도관리가 병행될 수 있는 종합관리 형태의 공정관리가 되도록 조치

3) 감리원은 공사의 규모, 공종 등 제반여건을 감안하여 공사업자가 공정관리업무를 성공적으로 수행할 수 있는 공정관리 조직을 갖추도록 다음 사항을 검토·확인하여야 한다.

① 공정관리 요원 자격 및 그 요원 수의 적합 여부

② 소프트웨어와 하드웨어 규격 및 그 수량의 적합 여부

③ 보고체계의 적합성 여부

④ 계약공기의 준수 여부

⑤ 각 공종별 작업 공기에 품질·안전관리가 고려되었는지의 여부

⑥ 지정휴일과 기상조건 감안 여부

⑦ 자원조달 여부

⑧ 공사주변의 여건 및 법적 제약조건 감안 여부

⑨ 주 공정의 적합 여부

⑩ 동원 가능한 장비, 그 밖의 부대설비 및 그 성능 감안 여부

⑪ 동원 가능한 작업인원과 작업자의 숙련도 감안 여부

⑫ 특수 장비 동원을 위한 준비기간의 반영 여부

⑬ 그 밖에 필요하다고 판단되는 사항

(23) 공사진도 관리

1) 감리원은 공사업자로부터 전체 실시공정표에 따른 월간, 주간 상세공정표를 사전에 제출받아 검토·확인하여야 한다.

① 월간 상세공정표 : 작업 착수 7일 전 제출

② 주간 상세공정표 : 작업 착수 4일 전 제출

2) 감리원은 매주 또는 매월 정기적으로 공사진도를 확인하여 예정 공정과 실시 공정을 비교하여 공사의 부진 여부를 검토한다.

3) 감리원은 현장여건, 기상조건, 지장물 이설 등에 따른 관련 기관 협의사항이 정상적으로 추진되는지를 검토·확인하여야 한다.

4) 감리원은 공정진척도 현황을 최근 1주일 전의 자료가 유지될 수 있도록 관리하고 공

정지연을 방지하기 위하여 주 공정 중심의 일정관리가 될 수 있도록 공사업자를 감리하여야 한다.

5) 감리원은 주간 단위의 공정계획 및 실적을 공사업자로부터 제출받아 검토·확인하고, 필요한 경우에는 공사업자의 시공관리책임자를 포함한 관계 직원 합동으로 금주 작업에 대한 실적을 분석·평가하고, 공사추진에 지장을 초래하는 문제점, 잘못 시공된 부분의 지적 및 재시공 등의 지시와 재발방지대책, 공정진도의 평가, 그 밖에 공사 추진 상 필요한 내용의 협의를 위한 주간 또는 월간 공사 추진회의를 개최하고 그 회의록을 관리하여야 한다.

(24) 부진공정 만회대책

1) 감리원은 공사 진도율이 계획공정 대비 월간 공정실적이 10[%] 이상 지연되거나 누계공정 실적이 5[%] 이상 지연될 때에는 공사업자에게 부진사유 분석, 만회대책 및 만회공정표를 수립하여 제출하도록 지시하여야 한다.

2) 감리원은 공사업자가 제출한 부진공정 만회대책을 검토·확인하고, 그 이행 상태를 주간 단위로 점검·평가하여야 하며, 공사추진회의 등을 통하여 미 조치 내용에 대한 필요대책 등을 수립하여 정상 공정으로 회복할 수 있도록 조치하여야 한다.

3) 감리원은 검토·확인한 부진공정 만회대책과 그 이행상태의 점검·평가결과를 감리보고서에 수록하여 발주자에게 보고하여야 한다.

(25) 수정 공정계획

1) 감리원은 설계변경 등으로 인한 물공량의 증감, 공법변경, 공사 중 재해, 천재지변 등 불가항력에 따른 공사중지, 지급자재 공급지연 등으로 인하여 공사 진척 실적이 지속적으로 부진할 경우에는 공정계획을 재검토하여 수정공정 계획수립의 필요성을 검토하여야 한다.

2) 감리원은 공사업자의 요청 또는 감리원의 판단에 따라 수정공정 계획을 수립할 경우에는 공사업자로부터 수정 공정계획을 제출받아 제출일로부터 7일 이내에 검토하여 승인하고 발주자에게 보고하여야 한다.

3) 감리원은 수정 공정계획을 검토할 때에는 수정목표 종료일이 애초 계약종료일을 초과하지 않도록 조치하여야 하며, 초과할 경우에는 그 사유를 분석하여 감리원의 검토안을 작성하고 필요 시 수정 공정계획과 함께 발주자에게 보고하여야 한다.

(26) 공정보고

1) 감리원은 주간 및 월간 단위의 공정현황을 공사업자로부터 제출받아 검토·확인하여야 한다.

2) 감리원은 공정현황을 분기감리보고서에 포함하여 발주자에게 보고하여야 한다.

3) 감리원은 공사업자가 준공기한 연기를 요청할 경우에는 타당성을 검토·확인하고 검토의견서를 첨부하여 발주자에게 보고하여야 한다.

(27) 안전관리

1) 감리원은 공사의 안전 시공을 위해서 안전조직을 갖추도록 하고 안전조직은 현장 규모와 작업내용에 따라 구성하며 동시에 「산업안전보건법」에 명시된 업무가 수행되도록 조직을 편성하여야 한다.

2) 책임감리원은 소속 직원 중 안전담당자를 지정하여 공사업자의 안전관리자를 지도·감독하도록 하여야 하며, 공사 전반에 대한 안전관리계획의 사전검토, 실시확인 및 평가, 자료의 기록 유지 등 사고예방을 위한 제반 안전관리업무에 대하여 확인을 하도록 하여야 한다.

3) 감리원은 공사업자에게 공사현장에 배치된 소속 직원 중에서 안전보건관리책임자(시공관리책임자)와 안전관리자(법정자격자)를 지정하게 하여 현장의 전반적인 안전·보건문제를 책임지고 추진하도록 하여야 한다.

4) 감리원은 공사업자에게 관계 법규를 준수하도록 하여야 한다.

5) 감리원은 산업재해 예방을 위한 제반 안전관리 지도에 적극적인 노력과 동시에 안전관계 법규를 이행하도록 하기 위하여 다음 각 호와 같은 업무를 수행하여야 한다.

① 공사업자의 안전조직 편성 및 임무의 법상 구비조건 충족 및 실질적인 활동 가능성 검토

② 안전관리자에 대한 임무수행 능력보유 및 권한여부 검토

③ 시공계획과 연계된 안전계획의 수립 및 그 내용의 실효성 검토

④ 유해, 위험 방지계획(수립 대상에 한함) 내용 및 실천 가능성 검토

⑤ 안전점검 및 안전교육 계획의 수립 여부와 내용의 적정성 검토

⑥ 안전관리 예산 편성 및 집행계획의 적정성 검토

⑦ 현장 안전관리 규정의 비치 및 그 내용의 적정성 검토

⑧ 표준 안전관리비는 다른 용도에 사용불가

⑨ 감리원이 공사업자에게 시공과정마다 발생될 수 있는 안전사고 요소를 도출하고, 이를 방지할 수 있는 절차, 수단 등을 규정한 "총체적 안전관리계획서(TSC : Total Safety Control)"를 작성, 활용하도록 적극 권장하여야 한다.

⑩ 안전관리계획의 이행 및 여건 변동 시 계획변경 여부

⑪ 안전보건협의회 구성 및 운영상태

⑫ 안전점검 계획수립 및 실시(일일, 주간, 우기 및 해빙기 등 자체 안전점검 등)

⑬ 안전교육 계획의 실시

⑭ 위험장소 및 작업에 대한 안전조치 이행(고소작업, 추락위험작업, 낙하·비래 위험작업, 중량물 취급 작업, 화재위험 작업, 그 밖의 위험작업 등)

⑮ 안전표지 부착 및 유지관리

⑯ 안전통로 확보, 기자재의 적치 및 정리정돈

⑰ 사고조사 및 원인분석, 각종 통계자료 유지

⑱ 월간 안전관리비 사용실적 확인

6) 감리원은 안전에 관한 감리업무를 수행하기 위하여 공사업자에게 다음 각 호의 자료를 기록·유지하도록 하고 이행상태를 점검한다.

① 안전업무일지(일일보고)

② 안전점검 실시(안전업무일지에 포함 가능)

③ 안전교육(안전업무일지에 포함 가능)

④ 각종 사고보고

⑤ 월간 안전통계(무재해, 사고)

⑥ 안전관리비 사용실적(월별)

7) 감리원은 공사업자가 작성·제출하여 확인한 안전관리계획의 내용에 따라 안전조치·점검 등을 이행했는지를 확인하고, 미이행 시 공사업자에게 안전조치·점검 등을 선행한 후 시공하게 하여야 한다.

8) 감리원은 공사업자가 자체 안전점검을 매일 실시하였는지 여부를 확인하여야 하며, 안전점검 전문기관에 의뢰하여 정기 및 정밀안전점검을 하는 때에는 입회하여 적정한 안전점검이 이루어지는지를 확인하여야 한다.

9) 감리원은 정기 및 정밀안전점검 결과를 공사업자로부터 제출받아 검토하여 발주자에게 보고하고, 발주자의 지시에 따라 공사업자에게 필요한 조치를 하여야 한다.

10) 감리원은 공사업자의 안전관리책임자 및 안전관리자로 하여금 현장 기술자에게 다음 각 호의 내용과 자료가 포함된 안전교육을 실시하도록 지도·감독하여야 한다.

① 산업재해에 관한 통계 및 정보

② 작업자의 자질에 관한 사항

③ 안전관리조직에 관한 사항

④ 안전제도, 기준 및 절차에 관한 사항

⑤ 작업공정에 관한 사항

⑥「산업안전보건법」등 관계 법규에 관한 사항

⑦ 작업환경관리 및 안전작업 방법

⑧ 현장안전 개선방법

⑨ 안전관리 기법

⑩ 이상 발견 및 사고발생 시 처리방법

⑪ 안전점검 지도요령과 사고조사 분석 요령

(28) 안전관리결과 보고서의 검토

감리원은 매 분기마다 공사업자로부터 안전관리 결과보고서를 제출받아 이를 검토하고 미비한 사항이 있을 때에는 시정하도록 조치하여야 하며, 안전관리결과보고서에는 다음 각 호와 같은 서류가 포함되어야 한다.

1) 안전관리 조직표   2) 안전보건 관리체제

3) 재해발생 현황   4) 산재요양신청서 사본

5) 안전교육 실적표   6) 그 밖에 필요한 서류

(29) 사고처리

감리원은 현장에서 사고가 발생하였을 경우에는 공사업자에게 즉시 필요한 응급조치를 취하도록 하고, 그에 대한 상세한 경위 및 검토의견서를 첨부하여 지체 없이 발주자에게 보고하여야 한다.

(30) 환경관리

1) 감리원은 공사업자에게 시공으로 인한 재해를 예방하고 자연환경, 생활환경 사회·경제 환경을 적정하게 관리·보전함으로써 현재와 장래의 모든 국민이 건강하고 쾌적한 환경에서 생활할 수 있도록 「환경영향평가법」에 따른 환경영향 평가 내용과 이에 대한 협의내용을 충실히 이행하도록 하여야 하고, 다음과 같이 조직을 편성하여 그 의무를 수행하도록 지도·감독하여야 한다.

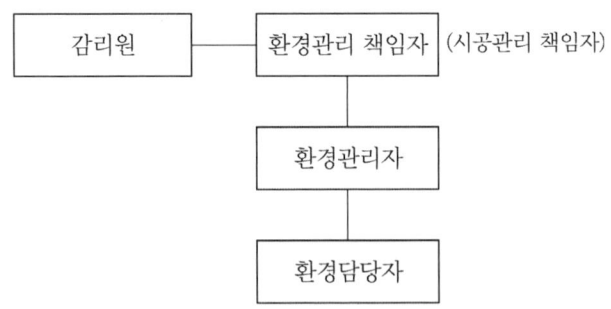

2) 감리원은 공사업자에게 환경관리책임자를 지정하게 하여 환경관리계획과 대책 등을 수립하게 하여야 하며, 예산의 조치와 환경관리자, 환경담당자를 임명하도록 하여

그들에게 환경관리업무를 책임지고 추진하게 하여야 한다.

3) 감리원은 공사업자에게 「환경영향평가법」에 따른 협의내용과 관리책임자 지정서를 제출받아 검토한 후 발주자에게 보고하여야 한다.

4) 감리원은 해당 공사에 대한 환경영향평가 보고서 및 협의내용을 근거로 환경관리계획서가 수립되었는지 검토·확인하여야 한다.

① 공사업자의 환경관리 조직편성 및 임무의 법적 구비조건 충족 및 실질적인 활동 가능성 검토

② 환경영향평가 협의 내용에 대한 관리계획의 실효성 검토

③ 환경영향 저감대책 및 공사 중, 공사 후 현장관리계획서의 적정성 검토

④ 환경관리자의 업무수행 능력 및 권한 여부 검토

⑤ 환경전문가 자문 사항에 대한 검토

⑥ 환경관리 예산편성 및 집행계획의 적정성 검토

5) 감리원은 사후 환경관리 계획에 따른 공사현장에 적합한 관리가 되도록 다음 각 호의 내용과 같이 감리하여야 한다.

① 공사업자에게 환경영향평가서 내용을 검토하게 하여 현장실정에 적합한 저감 대책을 수립하도록 하고, 시공단계별 관리계획서를 수립, 관리하도록 지시

② 공사업자에게 환경관리계획서를 숙지하게 하여 검사할 때에는 지적사항이 없도록 철저히 이행하도록 하여야 하며, 특히 중점관리 대상지역을 선정하여 관리하도록 지시

③ 공사업자에게 항목별 시공 전·후 사진촬영 및 위치도를 작성하여 협의내용 관리대장에 기록하도록 하고 감리원의 확인을 받도록 지시

④ 공사업자에게 환경관리에 대한 일일점검 및 평가를 실시하고(문제점 토의 및 시정) 검사항에 대하여는 매주 정리하여 환경영향 조사결과서에 기록하여 감리원의 확인을 받도록 지시

⑤ 공사업자에게 공종별 시공이 완료될 때에는 환경영향평가 협의 내용 이행상태 및 그 밖에 환경관리 이행현황을 사후환경영향조사 결과보고서에 기록하여 감리원의 확인을 받은 후 다음 단계의 공사를 추진하도록 지시

⑥ 공사업자에게 관할 지방행정관청의 환경관리 상태 점검을 받을 때에는 감리원과 함께 수검하도록 지시

6) 감리원은 「환경영향평가법」에 따라 협의내용 이행의무 및 협의내용을 기재한 관리대장을 비치하도록 하고, 감리원은 기록사항이 사실대로 작성 이행되는지를 점검하여야 한다.

7) 감리원은 「환경영향평가법」에 따른 환경영향 조사결과를 조사기간이 만료된 날부터 30일 이내(다만, 조사기간이 1년 이상인 경우에는 매 연도별 조사결과를 다음 해 1월 31일까지 통보하여야 함)에 지방환경청장 및 승인기관의 장에게 통보할 수 있도록 하여야 한다.

(31) 설계변경 및 계약금액 조정

1) 감리원은 설계 변경 및 계약금액의 조정업무 흐름을 참조하여 감리업무를 수행하여 야 한다.

2) 감리원은 시공과정에서 애초 설계의 기본적인 사항인 전압, 변압기 용량, 공급 방식, 접지방식, 계통보호, 간선규격, 시설물의 구조, 평면 및 공법 등의 변경 없이 현지 여 건에 따른 위치변경과 연장증감 등으로 인한 수량증감이나 단순 시설물의 추가 또는 삭제 등의 경미한 설계변경사항이 발생한 경우에는 설계변경도면, 수량 증감 및 증 감고사 내역을 공사업자로부터 제출 받아 검토·확인하고 우선 변경 시공하도록 지 시할 수 있으며 사후에 발주자에게 서면으로 보고하여야 한다. 이 경우 경미한 설계 변경의 구체적 범위는 발주자가 정한다.

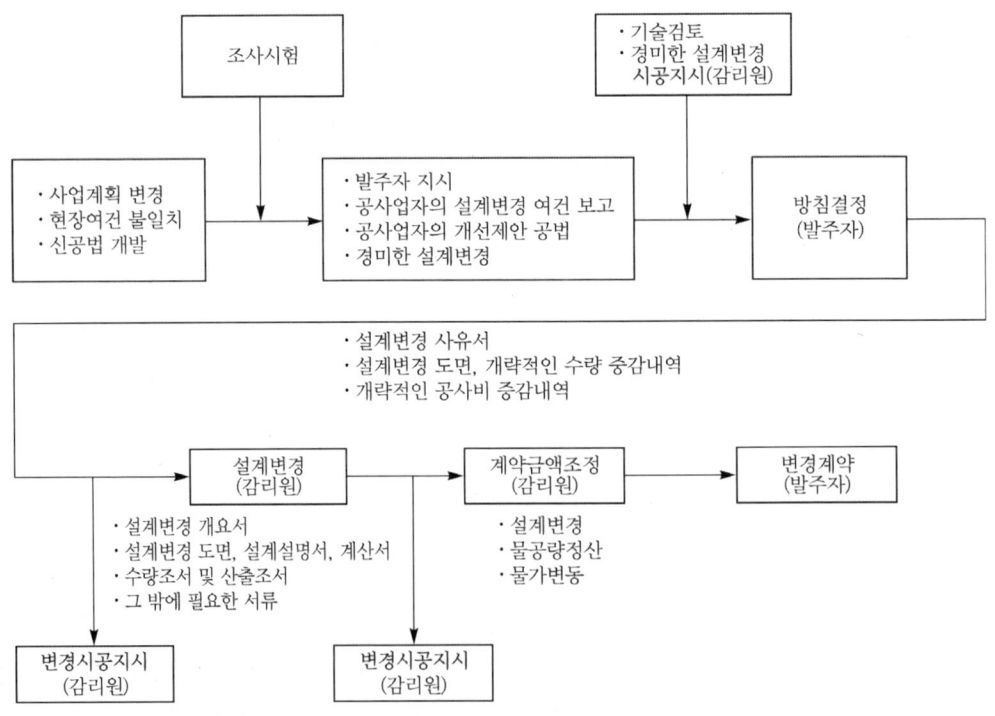

| 업무흐름도 |

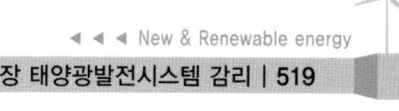

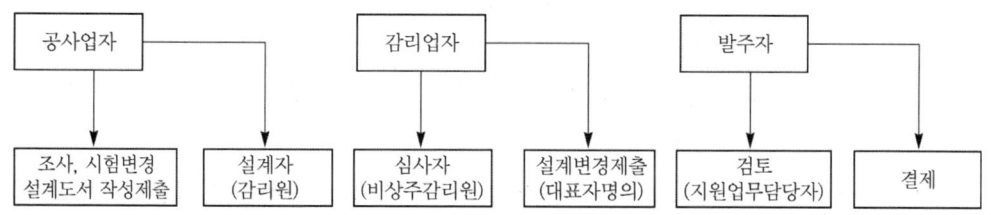

| 설계변경에 따른 계약금액 조정업무 처리절차 |

3) 발주자는 외부적 사업환경의 변동, 사업추진 기본계획의 조정, 민원에 따른 노선변경, 공법 변경, 그 밖의 시설물 추가 등으로 설계변경이 필요한 경우에는 다음 각 호의 서류를 첨부하여 반드시 서면으로 책임감리원에 설계변경을 하도록 지시하여야 한다.

다만, 발주자가 설계변경 도서를 작성할 수 없을 경우에는 설계변경 개요서만 첨부하여 설계변경 지시를 할 수 있다.

① 설계변경 개요서

② 설계변경 도면, 설계설명서, 계산서 등

③ 수량산출 조서

④ 그 밖에 필요한 서류

4) 3)의 지시를 받은 책임감리원은 지체 없이 공사업자에게 그 내용을 통보하여야 한다.

5) 공사업자는 설계변경 지시내용의 이행 가능 여부를 당시의 공정, 자재수급 상황 등을 검토하여 확정하고, 만약 이행이 불가능하다고 판단될 경우에는 그 사유와 근거자료를 첨부하여 책임감리원에 보고하여야 하고, 책임감리원은 그 내용을 검토·확인하여 지체 없이 발주자에게 보고하여야 한다. 이 경우 설계변경 도서 작성에 소요되는 비용은 원칙적으로 발주자가 부담하여야 한다.

6) 감리원은 발주자의 방침에 따라 공사업자로부터 3)에 따른 설계변경 관련 서류를 받아 그 타당성에 관한 자료를 감리업자 명으로 발주자에게 제출하여야 한다. 이때 비상주감리원은 현지여건 등을 확인하여 책임감리원에 기술 검토서를 작성 제출할 수 있다.

7) 감리원은 공사업자가 현지여건과 설계도서가 부합되지 않거나 공사비의 절감 및 공사의 품질향상을 위한 개선사항 등 설계변경이 필요하다고 설계변경사유서, 설계변경도면, 개략적인 수량증감내역 및 공사비 증감내역 등의 서류를 첨부하여 제출하면 이를 검토·확인하고 필요 시 기술검토 의견서를 첨부하여 발주자에게 실정을 보고하고, 발주자의방침을 받은 후 시공하도록 조치하여야 한다. 감리원은 공사업자로부

터 현장실정보고를 접수 후 기술검토 등을 요하지 않는 단순한 사항은 7일 이내, 그 외 사항은 14일 이내에 검토 처리하여야 하며, 만일 기일 내 처리가 곤란하거나 기술적 검토가 미비한 경우에는 그 사유와 처리계획을 발주자에게 보고하고 공사업자에게도 통보하여야 한다.

8) 공사업자는 기초공사 또는 주 공정에 중대한 영향을 미치는 설계변경으로 방침확정이 긴급히 요구되는 사항이 발생하는 경우에는 7)의 절차에 따르지 아니하고 책임감리원에게 긴급현장 실정보고를 할 수 있으며, 책임감리원은 발주자에게 지체 없이 유선 또는 FAX 등으로 보고하여야 한다.

9) 발주자는 7) 및 8)에 따라 설계변경 방침결정 요구를 받은 경우에는 설계변경에 대한 기술검토를 위하여 소속직원으로 기술검토팀(T/F팀)을 구성(필요 시 민간전문가 구성)·운영할 수 있으며, 이 경우 단순사항은 7일 이내, 그 이외의 사항은 14일 이내에 방침을 확정하여 책임감리원에게 통보하여야 한다. 다만, 해당 기일 내에 처리가 곤란하여 방침결정이 지연될 경우에는 그 사유를 명시하여 통보하여야 한다.

10) 발주자는 설계변경 원인이 설계자의 하자라고 판단되는 경우에는 설계자에게 설계변경을 지시할 수 있다.

11) 감리원은 설계변경 등으로 인한 계약금액의 조정을 위한 각종 서류를 공사업자로부터 제출받아 검토·확인한 후 감리업자에게 보고하여야 하며, 감리업자는 소속 비상주감리원에게 검토·확인하게 하고 대표자 명의로 발주자에게 제출하여야 한다. 이때 변경설계 도서의 설계자는 책임감리원, 심사자는 비상주감리원이 날인하여야 한다. 다만, 대규모 통합감리의 경우, 설계자는 실제 설계 담당 감리원과 책임 감리원이 연명으로 날인하고 변경설계도서의 표지 양식은 사전에 발주처와 협의하여 정한다.

12) 감리원은 설계변경 등으로 인한 계약금액 조정 업무처리를 지체함으로써 공사업자가 지급자재 수급 및 기성부분을 인정받지 못하여 공사추진에 지장을 초래하지 않도록 적기에 계약변경이 이루어질 수 있도록 조치하여야 한다. 최종 계약금액의 조정은 예비 준공검사기간 등을 고려하여 늦어도 준공예정일 45일 전까지 발주자에 제출되어야 한다.

(32) 물가변동으로 인한 계약금액의 조정

1) 감리원은 공사업자로부터 물가변동에 따른 계약금액 조정요청을 받은 경우에는 다음 각 호의 서류를 작성·제출하도록 하고 공사업자는 이에 응하여야 한다.
① 물가변동조정 요청서
② 계약금액조정 요청서

③ 품목조정률 또는 지수조정률 산출근거

④ 계약금액 조정 산출근거

⑤ 그 밖에 설계변경에 필요한 서류

2) 감리원은 제출된 서류를 검토·확인하여 조정요청을 받은 날부터 14일 이내에 검토 의견을 첨부하여 발주자에게 보고하여야 한다.

(33) 설계변경 계약 전 기성고 및 지급자재의 지급

1) 감리원은 발주자의 방침을 지시받았거나, 승인을 받은 설계변경 사항의 기성고는 해당 공사의 변경계약을 체결하기 전이라도 당초 계약된 수량과 공사비 범위에서 설계변경 승인사항의 공사 기성부분에 대하여 확인하고 기성고를 사정하여야 한다. 발주자는 감리원이 확인하고 사정한 동 기성부분에 대하여 기성금을 지불하여야 한다.

2) 감리원은 제1항의 설계변경 승인사항에 따라 발주자가 공급하는 지급자재에 대하여 공사업자의 요청이 있을 경우에는 변경계약 체결 전이라도 공사 추진상 필요할 경우에는 변경된 소요량을 확인한 후 발주자에게 지급을 요청할 수 있으며 동 요청을 받은 발주자는 공사추진에 지장이 없도록 조치하여야 한다.

(34) 기기의 품질 기준

품질관리 관련 감리업무

1) 감리원은 공사업자가 공사계약문서에서 정한 품질관리계획대로 품질에 영향을 미치는 모든 작업을 성실하게 수행하는지 검사·확인 및 관리할 책임이 있다.

2) 감리원은 공사업자가 품질관리계획 이행을 위해 제출하는 문서를 검토·확인 후 필요한 경우에는 발주자에게 승인을 요청하여야 한다.

3) 감리원은 품질관리 계획이 발주자로부터 승인되기 전까지는 공사업자에게 해당 업무를 수행하게 하여서는 아니 된다.

4) 감리원이 품질관리계획과 관련하여 검토·확인하여야 할 문서는 계획서, 절차 및 지침서 등을 말한다.

5) 감리원은 공사업자가 작성 제출한 품질관리계획서에 따라 품질관리 업무를 적정하게 수행하였는지 여부를 검사·확인하여야 하며, 검사결과 시정이 필요한 경우에는 공사업자에게 시정을 요구할 수 있으며, 시정을 요구받은 공사업자는 지체 없이 시정하여야 한다.

6) 감리원은 부실시공으로 인하여 재시공 또는 보완 시공되지 않도록 가급적 품질상태를 수시로 검사·확인하여 부실공사가 사전에 방지되도록 적극 노력하여야 한다.

(35) 중점 품질관리

1) 감리원은 해당 공사의 설계도서, 설계설명서, 공정계획 등을 검토하여 품질관리가 소홀해지기 쉽거나 하자발생 빈도가 높으면 시공 후 시정이 어렵고 많은 노력과 경비가 소요되는 공종 또는 부위를 중점 품질관리 대상으로 선정하여 다른 공종에 비하여 우선적으로 품질관리 상태를 입회, 확인하여야 하며 중점 품질관리 공종 선정 시 고려해야 할 사항은 다음 각 호와 같다.

① 공정계획에 따른 월별, 공종별 시험 종목 및 시험 횟수

② 공사업자의 품질관리 요원 및 공정에 따른 충원계획

③ 품질관리 담당 감리원이 직접 입회, 확인이 가능한 적정 시험 횟수

④ 공정의 특성상 품질관리 상태를 육안 등으로 간접 확인할 수 있는지의 여부

⑤ 작업조건의 양호, 불량상태

⑥ 다른 현장의 시공사례에서 하자발생 빈도가 높은 공종인지의 여부

⑦ 품질관리 불량부위의 시정이 용이한지의 여부

⑧ 시공 후 지중에 매몰되어 추후 품질확인이 어렵고 재시공이 곤란한지의 여부

⑨ 품질 불량 시 인근 부위 또는 다른 공종에 미치는 영향의 대소

⑩ 시공이 광활한 지역에서 이루어져 접근이 용이한지의 여부

2) 감리원은 선정된 중점 품질관리 공종별로 관리방안을 수립하여 공사업자에게 실행하도록 지시하고 실행결과를 수시로 확인하여야 한다. 중점 품질관리방안 수립 시 다음 각 호의 내용이 포함되어야 한다.

① 중점 품실관리 공종의 선정

② 중점 품질관리 공종별로 시공 중 및 시공 후 발생되는 예상 문제점

③ 각 문제점에 대한 대책방안 및 시공지침

④ 중점 품질관리 대상 시설물, 시공 부분, 하자발생 가능성이 큰 지역 또는 부분을 선정

⑤ 중점 품질관리 대상의 세부관리 항목의 선정

⑥ 중점 품질관리 공종의 품질확인 지침

⑦ 중점 품질관리 대장을 작성, 기록·관리하고 확인하는 절차

3) 감리원은 중점 품질관리 대상으로 선정된 공종에 대한 관리방안을 수립하여 시행 전에 발주자에게 보고하고 공사업자에게도 통보한다.

① 감리원은 중점 품질관리 대상으로 선정된 공종에 대한 관리방안을 수립하여 시행 전에 발주자에게 보고하고 공사업자에게도 통보한다.

② 해당 공종 및 시공부위는 상황판이나 도면 등에 표기하여 업무담당자, 감리원, 공사업자 모두가 항상 숙지하도록 한다.

③ 공정계획 시 중점 품질관리 대상 공종이 동시에 여러 개소에서 시공되거나 공휴일, 야간 등 관리가 소홀해질 수 있는 시기에 시공되지 않도록 조정한다.

④ 필요 시 해당 부위에 "중점 품질관리 공종" 팻말을 설치하고 주의사항을 명기한다.

⑤ 시공 중 감리원은 물론 시공관리책임자가 반드시 입회하도록 한다.

(36) 성능시험 계획

1) 감리원은 공사업자에게 각 공정마다 준비과정에서부터 작업완료까지의 각 과정마다 품질확보를 위한 수단, 절차 등을 규정한 총체적 품질관리계획서(TQC : Total Quality Control)를 작성・제출하도록 하고 이를 검토・확인하여야 한다.

2) 감리원은 해당 공사에 사용될 전기기계・기구 및 자재가 규격에 적합한 것이 선정되고 시공 시 품질관리가 효과적으로 수행되어 하자발생을 사전에 예방할 수 있도록 품질관리 계획을 다음과 같이 지도한다.

① 공정계획에 따라 시험 종목을 선정하여 공사업자가 적정 품질관리를 할 수 있도록 사전에 지도한다.

② 공인기관에 의뢰시험을 실시해야 할 종목과 현장에서 실시 가능한 종목으로 구분하여 시험계획을 수립하고 의뢰시험의 경우에는 의뢰시험기관을 사전에 선정하여 소요 시험기간을 확인하며 현장시험의 경우에는 공정계획에 따라 소요 시험 장비를 사전에 현장 시험실에 비치하도록 한다.

③ 각종 시험기록 서식은 해당 공사의 특성에 적합하도록 결정하고 공사업자가 공정계획서를 제출할 때에는 품질관리에 필요한 시험요원 수와 시험장비 등을 명시한 품질관리계획서를 첨부하도록 하여 효율적인 품질관리가 이루어질 수 있도록 사전 점검한다.

④ 공사업자가 품질관리 시험요원의 자격이나 능력을 보유하고 있는지 확인하고 미흡한 부분은 사전에 교육・지도하며, 품질관리에 부적합한 자를 형식적으로 배치하였을 경우에는 교체하도록 한다.

⑤ 1일 공정계획에 따른 품질관리 시험계획서를 접수하면 공종별, 시험 종목별 품질관리 시험요원을 확인하고 중점 품질관리 대상인 경우에는 품질관리 시험이 우선적으로 이루어질 수 있도록 지도한다.

⑥ 공사업자의 품질관리책임자는 책임기술자를 임명하여 품질관리에 대한 책임과 권한이 시공관리 책임자와 동등 수준이 되어 실질적인 품질관리가 이루어질 수 있

도록 확인한다.

⑦ 발주자는 품질관리 시험의 비용과 시험장비 구입손료 등을 공사비에 계상하여야 하며, 누락되었을 경우에는 설계변경 시 반영하도록 한다.

(37) 품질관리 · 검사 요령

1) 감리원은 공사업자가 작성 · 제출한 품질관리계획서에 따라 검사 · 확인이 실시되는 지를 확인하여야 한다.

2) 감리원은 품질관리를 위한 검사 · 확인은 「전기사업법」에 따른 전기설비기술기준 및 「산업표준화법」에 따른 한국산업규격에 따라 실시되는지 확인하여야 한다.

3) 감리원은 발주자 또는 공사업자가 품질검사 · 확인을 외부 전문기관 등에 대행시키고자 할 때에는 그 적정성 여부를 검토 · 확인하여야 한다.

(38) 검사성과에 관한 확인

감리원은 해당 공사의 품질관리를 효율적으로 수행하기 위하여 공정별 검사종목과 측정방법 및 품질관리 기준을 숙지하고 공사업자가 제출한 품질관리 검사 성과를 확인하여야 하며, 검사 성과표를 다음 각 호와 같이 활용하여야 한다.

1) 감리원은 공사업자에게 공사의 검사성과표가 준공검사 완료까지 기록 · 보관되도록 하고 이를 기성검사, 준공검사 등에 활용하여야 한다.

2) 감리원은 검사결과 미비점이 발견되거나 불합격으로 판정되어 재검사를 실시하였을 경우에는 애초 검사성과표를 반드시 첨부하고 이를 모두 정비 · 보관하여야 한다.

3) 감리원은 지형 · 지세에 따라 달라지는 대지저항률과 접지저항측정 등의 확인 · 기록 미 입회절차를 생략하고 매몰하는 행위를 발견하였을 때에는 해당 부위에 대한 각종 시험 등을 무효로 처리하고 필요 시 재시험을 할 수 있으며, 설계도서 및 관계 법령에 적합하게 유지 · 관리되도록 하여야 한다.

01 공사감리를 업으로 하고자 시 · 도지사에게 등록한 자는 누구인가?

① 발주자   ② 감리업자

③ 공사업자   ④ 감리원

해설   1) 발주자 : "발주자"란 전력시설물 공사를 하기 위하여 전기공사업자 또는 감리업자에게 공사를 발주하는 자를 말한다.
2) 감리업자 : "감리업자"란 공사감리를 업으로 하고자 시 · 도지사에게 등록한 자를 말한다.
3) 공사업자 : "공사업자"란 「전기공사업법」 제2조 제3호에 따른 자를 말한다.
4) 감리원 : "감리원"이란 법 제2조 제5호에 따라 감리업체에 종사하면서 감리업무를 수행하는 사람으로서 상주감리원과 비상주감리원을 말한다.   **답** ②

02 책임감리원을 보좌하고 담당 감리업무를 책임감리원과 연대하여 책임지는 사람은 누구인가?

① 상주감리원   ② 비상주감리원

③ 보조감리원   ④ 지원업무담당자

해설   1) 책임감리원 : "책임감리원"이란 감리업자를 대표하여 현장에 상주하면서 해당 공사 전반에 관하여 책임감리 등의 업무를 총괄하는 사람을 말한다.
2) 보조감리원 : "보조감리원"이란 책임감리원을 보좌하는 사람으로서 담당감리업무를 책임감리원과 연대하여 책임지는 사람을 말한다.
3) 상주감리원 : "상주감리원"이란 현장에 상주하면서 감리업무를 수행하는 사람으로서 책임감리원과 보조감리원을 말한다.
4) 비상주감리원 : "비상주감리원"이란 감리업체에 근무하면서 상주감리원의 업무를 기술적 · 행정적으로 지원하는 사람을 말한다.   **답** ③

03 감리원의 기본임무를 나타낸 것은?

① 감리에 필요한 설계도서 등 관련 문서와 참고자료 및 계약서에 명기한 기자재, 장비, 부품, 설비 등의 제공

② 감리시행에 필요한 용지 및 지상물 보상과 국가 지방자치단체 그 밖에 공공기관의 인가 · 허가 등을 얻을 수 있도록 필요한 조치 또는 협력

③ 발주자와의 공사계약이 문서에서 정한 바에 따라 감리원 업무에 적극 협조

④ 발주자와 감리업자 간에 체결된 감리용역 계약내용에 따라 해당 공사가 설계도서 및 그 밖에 관계 서류의 내용대로 시공되는지의 여부를 확인

해설   **감리원의 기본 임무**
1) 영 제23조 및 규칙 제22조에 따른 감리업무를 성실히 수행
2) 발주자와 감리업자 간에 체결된 감리용역 계약내용에 따라 해당 공사가 설계도서 및 그 밖에 관계 서류의 내용대로 시공되는지의 여부를 확인   **답** ④

04 다음 중 감리원의 지위에 대해 잘못 설명한 것은?

① 감리용역비 중 직접경비(감리대가기준)의 현장지급 여부 확인

② 해당공사 설계도서 및 그 밖에 관계 서류 내용대로 시공되는지의 여부를 확인

③ 품질관리, 공사 관리 및 안전관리 등에 기술지도

④ 전력기술관리법령에 따라 감리업자를 대표하고 발주자의 감독 권한을 대행

> **해설** **감리원의 지위**
> 1) 감리원은 감리업무를 수행함에 있어 발주자와의 계약에 따라 발주자의 권한을 대행한다.
> 2) 발주자와 감리업자 간에 체결된 감리용역 계약의 내용에 따라 감리원은 해당 공사가 설계도서 및 그 밖에 관계 서류의 내용대로 시공되는지의 여부를 확인하고 품질관리, 공사관리 및 안전관리 등에 대한 기술지도를 하며, 전력기술관리법령에 따라 감리업자를 대표하고 발주자의 감독 권한을 대행한다.
> ※ 감리용역비 중 직접경비(감리대가기준)의 현장지급 여부 확인 – 발주자의 지도 감독 사항 **답 ①**

05 감리원이 공사업자에게 행하는 기술지도 사항이 아닌 것은?

① 품질관리　　　② 시공관리　　　③ 공정관리　　　④ 운영관리

> **해설** **감리원의 근무지침**
> 감리원은 해당공사가 공사계약문서, 예정공정표, 발주자의 지시사항, 그 밖에 관련 법령의 내용대로 시공되는가를 공사 시행 시 수시로 확인하여 품질관리에 임하여야 하고, 공사업자에게 품질 · 시공 · 안전 · 공정관리 등에 대한 기술지도와 지원을 하여야 한다. **답 ④**

06 감리원에 대한 설명으로 잘못된 것은?

① 감리업자와 감리원은 공사 끝난 후에도 발주자의 출석요구가 있을 경우 이에 응하여야 한다.

② 감리원은 공사업자의 의무와 책임을 면제시킬 수 있다.

③ 감리원은 계약조건과 다른 지시나 조치 또는 결정을 하여서는 안 된다.

④ 감리원은 시공에 관련한 중요한 변경 및 예산관련 사항은 발주자에게 보고 후 지시를 받아 업무를 수행한다.

> **해설** **감리원의 근무 지침**
> 감리원은 공사업자의 의무와 책임을 면제시킬 수 없으며, 임의로 설계를 변경하거나, 기일연장 등 공사계약 조건과 다른 지시나 조치 또는 결정을 하여서는 안 된다. **답 ②**

07 비상주 감리원의 업무가 아닌 것은?

① 근무상황판에 현장근무위치와 업무내용 기록

② 설계도서 등의 검토

③ 기성 및 준공검사

④ 공사와 관련하여 발주자(지원업무수행자 포함)가 요구한 기술적 사항 등에 대한 검토

> **해설** **설계감리업무 수행지침**
> 가. 설계도서 등의 검토

나. 상주감리원이 수행하지 못하는 현장 조사분석 및 시공상의 문제점에 대한 기술검토와 민원사항에 대한 현지조사 및 해결방안 검토
다. 중요한 설계변경에 대한 기술검토
라. 설계변경 및 계약금액 조정의 심사
마. 기성 및 준공검사
바. 정기적(분기 또는 월별)으로 현장 시공 상태를 종합적으로 점검 · 확인 · 평가하고 기술지도
사. 공사와 관련하여 발주자(지원업무수행자 포함)가 요구한 기술적 사항 등에 대한 검토
아. 그 밖에 감리업무 추진에 필요한 기술지원 업무 　　　　　　　　　　　　　　　　　　답 ①

08 설계감리원의 기본 임무가 아닌 것은?

① 설계용역 및 설계감리용역 계약 내용이 충실히 이행될 수 있어야 한다.
② 해당 설계용역이 관련 법령 및 전기설비기술기준 등에 적합한 내용대로 설계의 여부 확인
③ 정기적으로 현장 시공 상태를 종합적으로 점검 · 확인 · 평가하고 기술지도하여야 한다.
④ 과업지시서에 따라 업무를 성실히 수행하고 설계의 품질향상에 노력하여야 한다.

해설　• 비상주감리원이 수행하여야 할 업무 – 정기적(분기 또는 월별)으로 현장 시공 상태를 종합적으로 점검 · 확인 · 평가하고 기술지도
　　　• 설계감리원의 기본 임무 – 설계공정의 진척에 따라 설계자로부터 필요한 자료 등을 제출받아 설계용역이 원활히 추진될 수 있도록 설계감리 업무를 수행하여야 한다. 　　　　　　　　　　답 ③

09 다음에 설명하는 것은 무엇인가?

가. 공사종류에 일정한 순서를 적은 문서
나. 재료의 종류와 품질, 사용처, 시공방법, 제품납기, 준공기일 등 설계도면에 나타내기 어려운 사항을 명확하게 기록한 것
다. 건설공사 관리에 필요한 시공기준으로 품질과 직접적으로 관련된 문서

① 시방서　　　　② 내역서　　　　③ 공정표　　　　④ 품질계획서

해설　1) 내역서 – 지급된 비용을 업체별로 날짜와 내역을 기록하여 두는 것
　　　2) 공정표 – 시공계획에 따라 건축 공사의 각 부분 공사에 대해서 착공부터 완성까지의 작업량과 일정과의 관련을 표로 만든 것
　　　3) 품질계획서 – 제품 또는 시설이 정상적으로 가동한다는 확증을 얻기 위해 실시하는 작업을 문서로 만든 것 　　　　　　　　　　　　　　　　　　　　　　　　　　　　　答 ①

10 시방서에 대한 설명으로 잘못된 것은?

① 일반시방서 – 비기술적인 사항을 규정한 시방서
② 기술시방서 – 공사 전반에 걸친 기술적인 사항을 규정한 시방서
③ 특기시방서 – 특정자재(또는 설비)의 종류, 유형, 치수, 설치방법, 시험 및 검사 항목 등을 명시한 시방서
④ 공사시방서 – 특정 공사를 위해 작성되는 시방서

> **해설** 특기시방서란 공사에 특징에 따라 특기 사항 등을 규정한 시방서이고 특정 자재(또는 설비)의 종류, 유형, 치수, 설치방법, 시험 및 검사항목 등을 명시한 시방서는 가이드 시방서이다.　　**답** ③

11 다음 중 설계 감리원의 기본 임무가 아닌 것은?

① 설계 및 설계 감리용역 시행에 따른 업무연락, 문제점 파악 및 민원해결
② 설계 및 설계 감리용역 계약내용을 충실히 이행
③ 과업 지시서에 따라 업무를 성실히 수행
④ 설계공정의 진척에 따라 설계자로부터 필요한 자료 등을 제출받아 설계용역이 추진될 수 있도록 설계 감리 업무 수행

> **해설** 설계감리원의 기본 임무
> 가. 설계용역 계약 및 설계감리용역 계약내용이 충실히 이행될 수 있도록 하여야 한다.
> 나. 해당 설계용역이 관련 법령 및 전기설비기술기준 등에 적합한 내용대로 설계되는지의 여부를 확인 및 설계의 경제성 검토를 실시하고, 기술지도 등을 하여야 한다.
> 다. 설계공정의 진척에 따라 설계자로부터 필요한 자료 등을 제출받아 설계용역이 원활히 추진될 수 있도록 설계 감리 업무를 수행하여야 한다.
> 라. 과업 지시서에 따라 업무를 성실히 수행하고 설계의 품질향상을 위해 노력하여야 한다.　　**답** ①

12 설계감리의 업무 범위가 아닌 것은?

① 설계의 자율성 검토
② 설계공정의 관리에 관한 검토
③ 공사기간 및 공사비의 적정성 검토
④ 설계도면 및 설계 설명서 작성의 적정성 검토

> **해설** 설계감리의 업무 범위
> 가. 전력시설물공사의 관련 법령, 기술기준, 설계기준 및 시공기준에의 적합성 검토
> 나. 사용자재의 적정성 검토
> 다. 설계의 경제성 검토
> 라. 설계공정의 관리에 관한 검토
> 마. 설계 내용의 시공 가능성에 대한 사전 검토
> 바. 공사기간 및 공사비의 적정성 검토
> 사. 설계도면 및 설계 설명서 작성의 적정성 검토　　**답** ①

13 설계감리원이 필요한 경우 비치해야 할 문서가 아닌 것은?

① 근무상황부　　　　　　　② 설계감리지시부
③ 설계기록부　　　　　　　④ 준공 검사원

> **해설** 설계감리원 필요 비치 문서
> 1) 근무상황부　　　　　　　2) 설계감리일지
> 3) 설계감리지시부　　　　　4) 설계감리기록부
> 5) 설계자와 협의사항 기록부　6) 설계감리 추진현황

7) 설계감리 검토의견 및 조치 결과서   8) 설계감리 주요검토결과
9) 설계도서 검토의견서
10) 설계도서(내역서, 수량산출, 및 도면 등)를 검토한 근거서류
11) 해당 용역 관련 수 · 발신 공문서 및 서류
12) 그 밖에 발주자가 요구하는 서류   답 ④

14 설계자의 요구에 의해 변경사항이 발생할 때 설계감리원은 기술적인 적합성을 검토 · 확인 후 누구에게 승인을 받아야 하는가?

① 발주자   ② 지원업무 수행자
③ 공사업자   ④ 상주감리원

해설 설계감리원은 발주자의 요구 및 지시사항에 따라 변경사항이 발생할 경우 이에 대해 설계자가 원활히 대처할 수 있도록 지시 및 감독을 하여야 하며, 설계자의 요구에 의해 변경사항이 발생할 때에는 기술적인 적합성을 검토 · 확인하여 발주자에게 보고하여 승인을 받아야 한다.   답 ①

15 감리용역 계약문서가 아닌 것은?

① 기술용역입찰유의서   ② 과업지시서
③ 감리비 산출내역서   ④ 설계도서

해설 설계감리용역 입찰 유의서, 설계감리 용역 계약 일반조건, 설계감리용역계약 특수조건, 과업내용서 및 설계감리비 산출내역서   답 ④

16 전기공사 하도급 계약통지서에 관한 적정성 여부를 검토하여 요청받은 날로부터 며칠 이내에 발주자에게 의견을 제출해야 하는가?

① 3일   ② 5일   ③ 7일   ④ 10일

해설 하도급 적정성 여부 검토
감리원은 공사업자가 도급 받은 공사를 「전기공사업법」에 따라 하도급 하고자 발주자에게 통지하거나, 동의 또는 승낙을 요청하는 사항에 대해서 「전기공사업법 시행규칙」 별지 제20호서식의 전기공사 하도급 계약통지서에 관한 적정성 여부를 검토하여 요청 받은 날로부터 7일 이내에 발주자에게 의견을 제출하여야 한다.   답 ③

17 예시는 인허가 절차 중 사전환경성 검토 · 협의 내용이다. 다음 중 바르게 연결된 것은?

① 50,000[kW] 미만 : 환경 영향 평가, 50,000[kW] 이상 : 사전 환경성 검토
② 50,000[kW] 미만 : 사전 환경성 검토, 50,000[kW] 이상 : 환경 영향 평가
③ 100,000[kW] 미만 : 환경 영향 평가, 100,000[kW] 이상 : 사전 환경성 검토
④ 100,000[kW] 미만 : 사전 환경성 검토, 100,000[kW] 이상 : 환경 영향 평가

해설 사전환경성 검토 · 협의
· 100,000[kW] 미만 : 사전 환경성 검토
· 100,000[kW] 이상 : 환경 영향 평가   답 ④

18 감리원은 시공된 공사가 품질확보 미흡 또는 중대한 위해를 발생시킬 수 있다고 판단되거나, 안전상 중대한 위험이 발생된 경우 공사 중지를 지시할 수 있는데, 다음 중 전면중지에 해당하는 것은?

① 공사업자가 공사의 부실 발생 우려가 짙은 상황에서 적절한 조치를 취하지 않은 공사를 계속 진행할 때

② 동일 공정에 있어 3회 이상 시정지시가 이행되지 않아 피해가 예견될 때

③ 안전시공상 중대한 위험이 예상되어 물적, 인적 증대한 피해가 예견될 때

④ 재시공 지시가 이행되지 않은 상태에서는 다음 단계의 공정이 진행됨으로써 하자발생이 될 수 있다고 판단될 때

> **해설** 전면중지에 해당하는 경우
> 1) 공사업자가 고의로 공사의 추진을 지연시키거나, 공사의 부실 발생 우려가 짙은 상황에서 적절한 조치를 취하지 않은 채 공사를 계속 진행하는 경우
> 2) 부분중지가 이행되지 않음으로써 전체공정에 영향을 끼칠 것으로 판단될 때
> 3) 지진·해일·폭풍 등 불가항력적인 사태가 발생하여 시공을 계속할 수 없다고 판단될 때
> 4) 천재지변 등으로 발주자의 지시가 있을 때
> **답** ①

19 인허가 사항과 관련기관이 올바르게 연결된 것은?

① 전기설비공사계획 인가 및 신고 – 전기안전공사

② 발전허가 신청 – 기초 지방자치단체장

③ 대상 설비 확인 – 공급인증기관(신재생 센터)

④ 사업 개시 신고 – 전력거래소/한국전력공사

> **해설** ①, ②, ④는 지자체 또는 산업통상자원부장관
> **답** ③

20 설계감리원이 설계업자로부터 착수신고서를 제출받아 적정성 여부를 검토하여 보고해야 할 사항은?

① 예정공정표   ② 상세공정표
③ 준공감리조서   ④ 시공일정

> **해설** 1) 예정공정표
> 2) 과업수행계획 등 그 밖에 필요한 사항
> **답** ①

21 설계 감리원의 설계도면 적정성 검토 사항이 틀린 것은?

① 설계결과물(도면)이 입력자료와 비교해서 합리적으로 표시되었는지의 여부

② 도면상에 작업장 방위각이 표시되었는지의 확인 여부

③ 설계 입력 자료가 도면에 맞게 표시되었는지의 여부

④ 도면이 적정하게, 해석 가능하게, 실시 가능하며 지속성 있게 표현되었는지의 여부

설계 감리원의 설계도면 적정성 검토 사항
1) 도면작성이 의도하는 대로 경제성, 정확성 및 적정성 등을 가졌는지의 여부
2) 설계 입력 자료가 도면에 맞게 표시되었는지의 여부
3) 설계결과물(도면)이 입력 자료와 비교해서 합리적으로 되었는지의 여부
4) 관련 도면들과 다른 관련 문서들의 관계가 명확하게 표시되었는지의 여부
5) 도면이 적정하게, 해석 가능하게, 실시 가능하며 지속성 있게 표현되었는지의 여부
6) 도면상에 사업명을 부여 했는지의 여부   답 ②

22 다음에 해당하는 날짜가 올바르게 연결된 것은?

> 감리원은 해당 공사와 관련하여 공사업자의 공법 변경요구 등 중요한 기술적인 사항에 대하여 요구한
> 날로부터 (A)일 이내에 이를 검토하고 의견서를 첨부하여 발주자에게 보고하여야 하며, 전문성이 요구되
> 는 경우에는 요구가 있는 날로부터 (B)일 이내에 비상주감리원의 검토의견서를 첨부하여 발주자에게
> 보고하여야 한다.

① A : 3일, B : 6일   ② A : 5일, B : 10일
③ A : 7일, B : 14일   ④ A : 10일, B : 20일

감리원의 의견제시
7일 이내 검토, 14일 이내에 보고   답 ③

23 감리원은 공사업자 등이 제출한 시설물의 유지관리지침 자료를 검토하여 공사 준공 후 며칠 이내에 발주자에게 제출하여야 하는가?

① 7일   ② 14일
③ 20일   ④ 30일

감리원은 발주자 또는 공사업자 등이 제출한 시설물의 유지관리지침 자료를 검토하여 유지관리지침서를 작
성, 공사 준공 후 14일 이내에 발주자에게 제출하여야 한다.   답 ②

24 책임 설계감리원이 설계감리의 기성 및 준공을 처리할 때 발주자에게 제출하는 서류 중 감리 기록서류에 해당하지 않는 것은?

① 설계감리 결과보고서   ② 설계감리 일지
③ 설계감리 지시부   ④ 설계감리 요청서

감리기록서류
1) 설계감리 일지
2) 설계감리 지시부
3) 설계감리 기록부
4) 설계감리 요청서
5) 설계자와 협의사항 기록부   답 ①

25 태양광발전설비의 준공 후 감리원이 발주자에게 인수·인계할 목록에 반드시 포함되어야 하는 서류로서 옳지 않은 것은?

① 기자재 구매서류
② 시설물 인수·인계서
③ 안전교육 실적표
④ 품질시험 및 검사성과 총괄표

해설 **준공 후 감리원이 발주자에게 인수·인계할 목록**
1. 준공사진첩
2. 준공도면
3. 품질시험 및 검사성과 총괄표
4. 기자재 구매서류
5. 시설물 인수·인계서
6. 그 밖에 발주자가 필요하다고 인정하는 서류 답 ③

26 감리원이 공사 시작 시 공사업자에게 제출하는 착공신고서에 포함되지 않는 것은?

① 시공관리 책임자 지정통지서
② 회의 및 협의 내용 관리대장
③ 공사도급 계약서 사본 및 산출내역서
④ 현장기술자 경력사항 확인서 및 자격증 사본

해설 **착공신고서에 포함되는 서류**
1) 시공관리 책임자 지정통지서(현장관리조직, 안전관리조직)
2) 공사예정공정표   3) 품질관리계획서
4) 공사도급 계약서 사본 및 산출내역서   5) 공사 시작 전 사진
6) 현장기술자 경력사항 확인서 및 자격증 사본   7) 안전관리계획서
8) 그 밖에 발주자가 지정한 사항 답 ②

27 감리원이 공사업자로부터 받은 시공상세도에서 고려할 사항이 아닌 것은?

① 설계도면, 설계설명서 또는 관계 규정에 일치하는지의 여부
② 설계설명서의 명확성 여부
③ 현장의 시공기술자가 명확하게 이해할 수 있는지의 여부
④ 실제시공 가능 여부

해설 **시공상세도 승인**
감리원은 공사업자로부터 시공상세도를 사전에 제출받아 다음 각 호의 사항을 고려하여 공사업자가 제출한 날로부터 7일 이내에 검토·확인하여 승인한 후 시공할 수 있도록 하여야 한다. 다만, 7일 이내에 검토·확인이 불가능한 때에는 사유 등을 명시하여 통보하고, 통보사항이 없는 때에는 승인한 것으로 본다.
가. 설계도면, 설계설명서 또는 관계 규정에 일치하는지의 여부
나. 현장의 시공기술자가 명확하게 이해할 수 있는지의 여부
다. 실제시공 가능 여부
라. 안정성 확보 여부
마. 계산의 정확성
바. 제도의 품질 및 선명성, 도면작성 표준에 일치 여부
사. 도면으로 표시 곤란한 내용은 시공 시 유의사항으로 작성되었는지의 검토 답 ②

28 설계 감리원이 설계업자로부터 착수신고서를 제출받아 적정성 여부를 검토하여 보고하여야 하는 것은?

① 근무상황부
② 설계감리기록부
③ 설계감리일지
④ 예정공정표

해설 설계감리원은 설계업자로부터 착수신고서를 제출받아 다음 각 호의 사항에 대한 적정성 여부를 검토하여 보고하여야 한다.
1) 예정공정표
2) 과업수행계획 등 그 밖에 필요한 사항　　**답** ④

29 감리원은 공사업자에게 제출받은 주요 기자재 공급승인 요청서를 언제까지 검토 승인해야 하는가?

① 주요 기자재 공급승인 요청서를 제출받은 날로부터 3일 이내
② 주요 기자재 공급승인 요청서를 제출받은 날로부터 7일 이내
③ 주요 기자재 공급승인 요청서를 제출받은 날로부터 10일 이내
④ 주요 기자재 공급승인 요청서를 제출받은 날로부터 14일 이내

해설 감리원은 시험성적서가 품질기준을 만족하는지의 여부를 확인하고 품명, 공급원, 납품실적 등을 고려하여 적합한 것으로 판단될 경우에는 주요 기자재 공급승인 요청서를 제출받은 날로부터 7일 이내에 검토하여 승인하여야 한다.　　**답** ②

30 기자재 공급승인 요청서에 첨부되어 제출되는 서류가 아닌 것은?

① 현장 테스트 사진
② 품질시험 대행 국·공립시험기관의 시험성과
③ 납품실적 증명
④ 시험성과 대비표

해설 품질시험 대행 국·공립시험기관의 시험성과, 납품실적 증명, 시험성과 대비표　　**답** ①

31 다음 중 감리원이 공사업자에게 부분중지 명령이 잘못된 것은?

① 안전시공상 중대한 위험이 예상되어 물적, 인적 중대한 피해가 예견될 때
② 동일 공정에 있어 4회 이상 시정 지시가 이행되지 않을 때
③ 동일 공정에 있어 2회 이상 경고가 있었음에도 이행되지 않을 때
④ 재시공 지시가 이행되지 않은 상태에서 다음 단계 공정이 진행되어 하자 발생이 우려될 때

해설 **감리원 공사 부분 중지명령**
1) 재시공 지시가 이행되지 않은 상태에서는 다음 단계의 공정이 진행됨으로써 하자발생이 될 수 있다고 판단될 때
2) 안전시공 상 중대한 위험이 예상되어 물적, 인적 중대한 피해가 예견될 때
3) 동일 공정에 있어 3회 이상 시정지시가 이행되지 않을 때
4) 동일 공정에 있어 2회 이상 경고가 있었음에도 이행되지 않을 때　　**답** ②

32 감리원이 착공신고서의 적정 여부를 검토하는 내용이 잘못된 것은?

① 공사 예정공정표 : 작업 간 선행 · 동시 및 완료 등 공사 전 · 후 간의 연관성이 명시되어 작성되고, 예정 공정률이 적정하게 작성되었는지 확인

② 공사 시작 전 사진 : 전경이 잘 나타나도록 촬영되었는지 확인

③ 안전관리계획 : 안전관리법에 따른 해당 규정 반영 여부

④ 작업인원 및 장비투입 계획 : 공사의 규모 및 성격, 특성에 맞는 장비형식이나 수량의 적정 여부 등

> **해설** **착공신고서의 적정 여부 검토 사항**
> 1) 계약 내용 확인
> 2) 현장기술자의 적격 여부
> 3) 공사 예정공정표 : 작업 간 선행 · 동시 및 완료 등 공사 전 · 후 간의 연관성이 명시되어 작성되고, 예정 공정률이 적정하게 작성되었는지 확인
> 4) 품질관리계획 : 공사 예정공정표에 따라 공사용 자재의 투입시기와 시험방법, 빈도 등이 적정하게 반영되었는지 확인
> 5) 공사 시작 전 사진 : 전경이 잘 나타나도록 촬영되었는지 확인
> 6) 안전관리계획 : 산업안전보건법령에 따른 해당 규정 반영 여부
> 7) 작업인원 및 장비투입 계획 : 공사의 규모 및 성격, 특성에 맞는 장비형식이나 수량의 적정 여부 등
>
> **답** ③

33 감리원이 공사업자로부터 받는 월간, 주간 상세공정표를 각각 작업 착수 며칠 전에 제출 받아야 하는가?

① 월간상세공정표 : 작업 착수 4일전, 주간상세공정표 : 7일전

② 월간상세공정표 : 작업 착수 5일전, 주간상세공정표 : 10일전

③ 월간상세공정표 : 작업 착수 7일전, 주간상세공정표 : 4일전

④ 월간상세공정표 : 작업 착수 10일전, 주간상세공정표 : 5일전

> **해설** **공사진도관리**
> 감리원은 공사업자로부터 전체 실시공정표에 따른 월간, 주간, 상세공정표를 사전에 제출받아 검토 · 확인하여야 한다.
>
> **답** ③

34 다음 ( ) 안에 들어갈 내용은?

> 감리원은 공정진척도 현황을 최근 ( ) 전의 자료가 유지될 수 있도록 관리하고 공정 지연을 방지하기 위하여 주 공정 중심의 일정관리가 될 수 있도록 공사업자를 감리하여야 한다.

① 5일 ② 7일 ③ 10일 ④ 14일

> **해설** 공정진척도 현황을 최근 1주일 전의 자료가 유지될 수 있도록 관리한다.
>
> **답** ②

35 발전사업 허가를 받은 후 변경허가를 받아야 하는 경우가 아닌 것은?

① 전력 수용가의 전력량이 변경되는 경우

② 사업구역 또는 특정한 공급구역이 변경되는 경우

③ 공급전압이 변경되는 경우

④ 설비용량이 변경되는 경우

> **해설** 허가 변경
> 1) 사업구역 또는 특정한 공급구역이 변경되는 경우
> 2) 공급전압이 변경되는 경우
> 3) 설비용량이 변경되는 경우(허가 또는 변경 허가를 받은 설비용량의 10[%] 미만인 경우는 제외) **답** ①

36 감리원이 수정공정계획을 수립할 경우는 공사업자로부터 수정공정계획을 제출받아 며칠 이내에 검토하여 승인하고 발주자에게 보고하여야 하는가?

① 3일 ② 5일 ③ 7일 ④ 10일

> **해설** 감리원은 공사업자의 요청 또는 감리원의 판단에 따라 수정공정계획을 수립할 경우에는 공사업자로부터 수정공정계획을 제출받아 제출일로부터 7일 이내에 검토하여 승인하고 발주자에게 보고하여야 한다.
> **답** ③

37 감리원은 환경영향성평가법에 따른 환경영향 조사결과를 어디에 통보해야 하는가?

① 산업통상부장관 ② 국무총리

③ 지자체장 ④ 지방환경청장

> **해설** 환경관리
> 감리원은 「환경영향성평가법」에 따른 환경영향 조사결과를 조사기간이 만료된 날부터 30일 이내(다만, 조사기간이 1년 이상인 경우에는 매 연도별 조사결과를 다음 해 1월 31일까지 통보 하여야 함)에 지방환경청장 및 승인기관의 장에게 통보할 수 있도록 하여야 한다. **답** ④

38 시공상세도 승인에서 감리원은 시공상세도(Shop Drawing) 검토·승인 때까지 구조물 시공을 허용하지 말아야 하고, 시공상세도는 접수일로부터 며칠 이내에 검토하는 것을 원칙으로 하는가?

① 6일 ② 7일 ③ 10일 ④ 12일

> **해설** 시공감리 현장참여자 업무지침서 제32조(시공 상세도 승인) **답** ②

39 자가용 태양광 발전소는 안정적인 운용을 위해 몇 년마다 정기검사를 시행하는가?

① 1년 ② 2년 ③ 3년 ④ 4년

> **해설** 자가용 태양광 발전소는 경우에 따라 태양전지, 접속함, 파워컨디셔너, 배전반, 차단기, 등으로 이루어져 한 전계통과 연계될 수 있다. 따라서 이상 발생 시 전력계통 전체의 사고로 파급될 수 있으므로, 태양광 발전소의 안정적인 운용을 위해 4년마다 정기적으로 검사를 해야 한다. **답** ④

(40~41) 다음은 준공검사 전 시운전 계획수립 내용이다.

> 감리원은 해당 공사 완료 후 준공검사 전에 사전 시운전 등이 필요한 부분에 대하여는 공사업자에게 다음 각 호의 사항이 포함된 시운전을 위한 계획을 수립하여 시운전 (   ) 이내에 제출하도록 하고, 이를 검토하여 발주자에게 제출하여야 한다.

40 위 글 (   )에 들어갈 알맞은 내용은 무엇인가?

① 7일   ② 15일   ③ 20일   ④ 30일

> **해설** 시운전을 위한 계획을 수립하여 준공검사의 절차에 의거 시운전 30일 이내에 제출하여야 한다.   **답** ④

41 위 글 각 호의 사항에 해당하지 않는 것은 무엇인가?

① 시운전 항목 및 종류   ② 시운전 절차
③ 시험장비 확보 및 보정   ④ 시운전 참관 외부인 등록

> **해설** 준공 전 시운전계획 수립 내용
> 가. 시운전 일정   나. 시운전 항목 및 종류
> 다. 시운전 절차   라. 시험장비 확보 및 보정
> 마. 기계 · 기구 사용계획   바. 운전요원 및 검사요원 선임계획   **답** ④

42 감리원의 감리업무 수행은 누구의 권한을 대행하는 것인가?

① 설계자   ② 허가권자
③ 공사업자   ④ 발주자

> **해설** 감리원은 감리업무를 수행함에 있어 발주자와의 계약에 따라 발주자의 권한을 대행한다.   **답** ④

43 다음 중 시운전 완료 후 감리원이 공사업자로부터 제출받아 검토 후 발주자에게 인계하는 것이 잘못된 것은?

① 점검항목 점검표
② 기기류 단독 시운전 방법 검토 및 계획서
③ 시험구분, 방법, 사용매체 검토 및 계획서
④ 설계 종합보고서

> **해설** **시운전 완료 후 시설물 인계**
> 가. 운전개시, 가동절차 및 방법   나. 점검항목 점검표
> 다. 운전지침   라. 기기류 단독 시운전 방법 및 계획서
> 마. 실가동 Diagram   바. 시험구분, 방법, 사용매체 검토 및 계획서
> 사. 시험성적서   아. 성능시험 성적서(성능시험 보고서)   **답** ④

(44~45) 다음은 시설물 인수 · 인계 계획수립에 관한 설명이다.

> 감리원은 공사업자에게 해당 공사의 예비준공검사(부분 준공, 발주자의 필요에 따른 기성부분 포함) 완료 후
> ( ) 이내에 다음의 사항이 포함된 시설물의 인수인계를 위한 계획을 수립하도록 하고 이를 검토하여야 한다.

44 위 글 ( ) 안에 들어갈 알맞은 내용은?

① 7일　　　　　② 14일　　　　　③ 30일　　　　　④ 45일

답 ③

45 위 글 "다음의 사항"에 해당하지 않는 것은?

① 일반사항　　　　　　　　　　② 운영지침서
③ 시운전 결과 보고서　　　　　④ 예비 시공검사결과

> **해설**　**인수인계 검토 내용**
> 가. 일반사항(공사개요 등)
> 나. 운영지침서(필요한 경우)
> 　 – 시설물의 규격 및 기능 점검항목　　– 기능점검 절차
> 　 – Test 장비 확보 및 보정　　　　　– 기자재 운전지침서
> 　 – 제작도면 · 절차서 등 관련 자료
> 다. 시운전 결과 보고서(시운전 실적이 있는 경우)
> 라. 예비 준공검사 결과
> 마. 특기사항

답 ④

46 감리업자는 감리용역이 완료된 때에서 며칠 이내에 공사감리 완료보고서를 협회에 제출하여
야 하는가?

① 5일　　　　　② 7일　　　　　③ 14일　　　　　④ 30일

> **해설**　감리업자는 해당 감리용역이 완료된 때에는 30일 이내에 공사감리 완료보고서를 협회에 제출하여야 한다.

답 ④

47 다음 중 감리에 대한 설명으로 잘못된 것은?

① 설계감리와 공사감리로 구분되며, 감리원이 수행
② 설계감리는 품질관리 · 공사관리 및 안전관리 등에 대한 기술지도 및 발주권자 권한 대행
③ 기본설계는 설계 중에서 기본설계의 검토, 설계지침, 설계도면 등을 포함한 시공목적
　 설계
④ 감리원은 공사감리업체에 종사하면서 전력시설물의 공사감리업무를 수행하는 사람

> **해설**　설계감리는 전력시설물의 설치 · 보수 공사의 계획 및 조사 설계가 전력기술관리법 제9조에 따른 전력기술
> 기준과 관계법령에 따라 적정하게 시행되도록 관리하는 것이다.

답 ②

48 공사시방서의 역할이 아닌 것은?

① 공사의 질적 요구조건을 규정한다.

② 시설물별 표준시방서를 기본으로 모든 공종을 대상으로 하여 특정한 공사의 시공에 활용하기 위한 종합적인 시공기준을 말한다.

③ 계약서류에 포함되는 설계도서의 하나로서 법적 구속력을 가진다.

④ 공사에 필요한 시공방법, 상태, 허용오차 등 기술적 사항을 규정하여 견실시공이 되도록 하여야 한다.

해설 **공사시방서의 역할**
1) 공사시방서는 공사의 질적 요구조건을 규정하며, 계약서류에 포함되는 설계도서의 하나로서 법적구속력을 가지며, 공사에 필요한 시공방법, 상태, 허용오차 등 기술적 사항을 규정하여 견실시공이 되도록 하여야 한다.
2) 발주청과 건설업자(또는 주택건설등록업자) 사이의 책임 범위와 한계를 명시하여야 한다.
3) 약인(約因) 등을 포함하여 작성함으로써 클레임을 방지하는 것이 필요하다.
4) 감리원 및 건설업자(또는 주택건설등록업자)에게는 시공을 위한 사전준비, 시공 중의 점검, 시공완료 후의 점검을 위한 지침서로 사용할 수 있어야 한다. 답 ②

49 태양광 발전설비에서 전기 안전 관리자를 대행업체에 위탁 관리가 가능한 용량은?

① 500[kW] 이하 ② 1,000[kW] 이하
③ 1,000[kW] 초과 ④ 1,500[kW] 이하

해설 신에너지 및 재생에너지 개발, 이용, 보급촉진법 제2조의 규정에 따른 태양광발전설비는 1,000[kW] 이하의 전기설비에 대해 전기안전관리 대행이 가능하다. 답 ②

50 다음 중 태양전지 구조물 설치공사에 대한 설명으로 공통으로 들어갈 단어는?

가. 구조물 제작 시 주요 자재란 경량 SM490 H형강 및 AL Bar로 구성되어 있으며, 형강류는 (A)을 시행한 후 현장에서 조립하는 것을 원칙으로 한다.
나. (B) 또는 동등 이상의 녹 방지 처리를 하여야 하며, 기초 콘크리트 앵커볼트 부분은 볼트 캡을 착용하여야 한다.

① 페인트 도장 ② 실리콘수지도료
③ 탈에폭시수지도료 ④ 용융아연도금

해설 용융아연도금 답 ④

51 태양전지 전지판 연결공사에 대한 설명으로 잘못된 것은?

① 전선관에 전선 매입 후 접속부위는 방수용 컴파운드를 사용하여야 한다.

② 전선의 연결부위는 파이프에 연결해야 한다.

③ 태양전지에서 옥내에 이르는 배선은 모듈전용선, F-CV선, TFR-CV선 등을 사용한다.

④ 태양광 모듈 결선 시 Junction Box Hole에 맞는 방수 커넥터를 사용한다.

해설 전선의 연결부위는 파이프에 연결하지 말아야 한다.   답 ②

52 다음 중 태양광 전지판에 대한 설명에 대해 괄호 안에 들어갈 내용은?

> 태양전지 모듈은 총 수량과 관계없이 (A)장(발주자와 협의)을 무작위로 추출하여 공인인증기관에 시험 성적을 의뢰하여 시험을 통과하여야 한다.

① 5   ② 10
③ 15   ④ 20

해설 태양광모듈은 총 수량과 관계없이 10장을 무작위로 추출하여 공인기관에 시험 성적을 의뢰하여 시험을 통과하여야 한다.   답 ②

53 일사량을 저해하는 장애물로 인한 음영은 1일 몇 시간 이상 발생하지 않아야 하는가?

① 2시간   ② 3시간
③ 4시간   ④ 5시간

해설 일사량을 저해하는 장애물(전선, 피뢰침, 안테나 등 경미한 경우 제외)로 인한 음영은 1일 5시간 이상 발생하지 않아야 한다.   답 ④

54 다음 중 태양전지 접속반의 구조 및 부품에 관한 설명으로 잘못된 것은?

① PCB에는 과전류를 차단할 수 있는 어레스트 및 TVS를 배치한다.
② 접속반은 가능한 건조한 장소에 시설해야 한다
③ 외함을 구성하는 각 부분의 재질은 스테인리스로 1.2[t] 이상이어야 한다.
④ 메인 차단기는 V_{oc}(Open Circuit Voltage)이상의 검증된 제품을 사용한다.

해설 PCB에는 과전류를 차단할 수 있는 퓨즈와 다이오드를 배치한다.   답 ①

55 다음 중 태양전지 접속반의 설치 조건으로 잘못된 것은?

① 해발 1,000[m] 이하
② 최대풍속 30[m/s]
③ 주위 온도 최저 −25[℃]~최고 45[℃]
④ 습도 0~95[%]RH(단, 결로가 생기지 않을 것)

해설 해발 1,000[m] 이하, 최대풍속 35[m/s], 주위 온도 최저 −25[℃]~최고 45[℃], 습도 0~95[%]RH (단, 결로가 생기지 않을 것)   답 ②

56 인버터 출력 과전류 검출에 대한 설명이다. 다음 중 괄호 안에 들어갈 내용은?

> (A)[%] 이상의 과부하 시 또는 선로의 단락 시에 전류제한 모드에 의해 주어진 시간 (B)초 동안 동작하여야 한다. 순간 단락이나 급격한 부하변동에 의한 출력단 과전류 현상이 수 초 이상 계속되면 인버터는 정지해야 하며, 주어진 시간(B)초 내에 과전류 모드가 해제되면 인버터는 정상적인 모드에서 동작하는 기능을 갖도록 해야 한다.

① A : 100, B : 5 ② A : 150, B : 5
③ A : 100, B : 3 ④ A : 150, B : 3

해설 인버터란 모터(유도 전동기)를 임의의 속도로 운전하기 위해 주파수를 가변시킬 수 있도록 한 전원 장치(전력 변환기)이다. 답 ④

57 다음 중 인버터 보호기능에 대한 설명으로 잘못된 것은?

① 돌입 전류를 방지하기 위해서 5초의 "Work in time" 기능을 갖도록 한다.
② 출력전압이 상승될 경우 기기보호를 위해서 출력전압이 AC252가 되면 정지되는 기능 구비
③ 히트 싱크가 가열되면 열동 계전기가 동작 인버터를 90[℃]에서 정지시키는 기능 장착
④ 모니터링을 위해 인버터 내부 통신포트 내장

해설 히트 싱크가 가열되면 열동 계전기가 동작 인버터를 85[℃]에서 정지시키는 기능 장착 답 ③

58 다음 중 분전반 제작 시방서의 설명으로 잘못된 것은?

① 사용되는 지재는 반드시 KS규격품만을 사용한다.
② 모든 자재는 미리 견본품 또는 제작도를 제출하여 발주자의 승인을 받는다.
③ 검사 또는 시험에 필요한 비용은 계약자의 부담으로 본다.
④ 기자재에 사용되는 자재는 시방서에 명기되어 있는 것을 사용한다.

해설 사용되는 자재는 우선적으로 KS규격품을 사용하며 KS규격품이 없거나 부득이한 경우에는 전기용품 안전관리법이 규정하고 있는 안전기준에 맞게 생산된 '전'자 표시품 또는 이와 동등 이상의 최우수품을 사용하여야 한다. 답 ①

59 다음 중 시험 및 검사에 대한 설명으로 잘못된 것은?

① 중간검사, 제품검사, 수요처검사로 구분된다.
② 본 시방서 및 첨부도면에 의하여 제작된 설비의 제작 보증 기간은 준공일로부터 3년간으로 한다.
③ 하자보증 기간 중 하자발생으로 타 시설물에 소손 및 장애를 초래했을 경우 계약자 부담으로 원상 복구해야 한다.
④ 정전이 수반되는 기기설치는 감독관 협의 후 방송에 지장이 없는 시간(심야 등)에 시행한다.

해설 본 시방서 및 첨부도면에 의하여 제작된 설비의 제작 보증 기간은 준공일로부터 2년간으로 한다. 답 ②

60 다음 중 모니터링 프로그램의 기능이 아닌 것은?

① 데이터 수집기능

② 데이터 저장기능

③ 데이터 분석기능

④ 데이터 예측기능

해설 모니터링 프로그램 기능 : 데이터 수집기능, 데이터 저장기능, 데이터 분석기능, 데이터 통계기능, 실시간 모니터링 화면 구성 답 ④

61 다음 중 설계 감리에 관한 용어가 바르게 연결된 것만 묶어 놓은 것은?

A. 설계감리원 – 설계용역 및 설계감리 용역에 관한 업무를 주관하는 사람
B. 확인 – 설계용역성과의 품질을 확보하기 위해 기술적인 검토뿐만 아니라, 그 실행결과를 확인하는 일련의 과정
C. 설계감리 기간 – 설계감리용역 계약서에 표기된 계약기간
D. 설계의 경제성을 검토 – 전력시설물의 현장적용 적합성 및 생애주기비용 등을 검토하는 것

① A, C, D

② B, D

③ C, D

④ A, C, D

해설 • 설계감리원 : 설계감리자에 소속하여 설계감리 용역에 따라 설계감리업무를 직접 수행하는 전기 분야 기술사, 고급기술자 또는 고급감리원 이상인 사람을 말한다.
• 확인 : 발주자 또는 설계감리원이 설계자가 설계용역을 계약문서대로 실시하고 있는지 및 지시 · 조정 · 승인 사항에 대한 여부를 문서 등으로 확인하는 것을 말한다. 답 ③

62 감리원의 공사 수행 시 품질관리에 임하기 위해 수시로 확인해야 할 내용이 아닌 것은?

① 공사계약문서

② 예정공정표

③ 설계도서 검토의견서

④ 발주자 지시사항

해설 감리원은 해당 공사가 공사계약문서, 예정공정표, 발주자의 지시사항, 그 밖에 관련 법령의 내용대로 시공되는가를 공사 시행 시 수시로 확인하여 품질관리에 임하여야 하고, 공사업자에게 품질 · 시공 · 안전 · 공정관리 등에 대한 기술지도와 지원을 하여야 한다. 답 ③

63 다음 중 발주자의 기본임무가 아닌 것은?

① 설계감리 용역계약에 정해진 바에 따라 설계감리용역을 총괄한다.

② 설계용역에 계약 및 설계감리용역 계약내용을 충실히 이행한다.

③ 관계 법령에서 별도로 정하는 사항 외에는 정당한 사유 없이 설계감리원의 업무를 간섭하거나 침해하지 않아야 한다.

④ 설계감리용역을 시행함에 있어 설계기간과 준공처리 등을 감안하여 충분한 기간을 부여하여 최적의 설계품질이 확보되도록 노력하여야 한다.

> **해설** ①, ③, ④항은 발주자의 기본임무이며, ②항은 설계감리원의 기본임무이다.　**답** ②

---

64 다음 중 설계감리원은 설계업자로부터 착수신고서를 제출받아 적정성여부를 검토하여 보고해야 하는 것은?

① 근무관리 상황부　　　　　　　　② 설계감리 기록부
③ 예정공정표　　　　　　　　　　④ 설계감리 일지

> **해설** 설계도서 검토 목록
> 착수신고서, 근무 상황부, 설계감리 일지, 지원업무수행 기록부, 설계감리 지시부, 설계감리 기록부, 설계감리 요청서, 설계자와 협의사항 기록부, 설계감리 추진현황, 설계감리 검토의견 및 조치결과서, 설계감리 주요검토결과, 설계도서 검토의견서, 설계용역 기성부분 검사원, 설계용역 준공검사원, 설계용역 기성부분 내역서　**답** ③

---

65 다음 중 감리원이 공사 시작 전에 검토해야 할 설계도면의 내용이 아닌 것은?

① 공사 시작 전 사진
② 시공의 실제 가능 여부
③ 다른 사업 또는 다른 공정과의 상호부합 여부
④ 시공상의 예상 문제점 및 대책 등

> **해설** 감리원이 공사 시작 전에 검토해야 할 설계도면의 내용
> · 현장조건에 부합 여부
> · 시공의 실제 가능 여부
> · 다른 사업 또는 다른 공정과의 상호 부합 여부
> · 설계도면, 설계설명서, 기술계산서, 산출내역서 등의 내용에 대한 상호 일치 여부
> · 설계노서의 누락, 오류 등 불명확한 부분의 존재 여부
> · 발주자가 제공한 물량 내역서와 공사업자가 제출한 산출내역서의 수량 일치 여부
> · 시공 상의 예상 문제점 및 대책 등　**답** ①

---

66 다음 중 감리원은 공사가 시작된 경우에 공사업자로부터 착공신고서를 제출받아 적정성 여부를 검토 후 며칠 이내에 발주자에게 보고 해야 하는가?

① 3일　　　　② 5일　　　　③ 7일　　　　④ 10일

> **해설** 감리원은 공사업자로부터 착공신고서를 제출받아 적정성 여부를 검토 후 7일 이내에 발주자에게 보고 하여야 한다.　**답** ③

---

67 감리원이 공사 시작과 동시에 공사업자에게 제출하는 가설시설물 설치계획표에 포함되지 않은 내용은?

① 공사 시작 전 사진　　　　　　② 자재 야적장
③ 공사용 도로　　　　　　　　　④ 공사용 임시 전력

해설 감리원이 공사 시작과 동시에 공사업자에게 제출하는 가설시설물 설치계획표
· 공사용도로
· 가설사무소, 작업장, 창고, 숙소, 식당 및 그 밖의 부대설비
· 자재 야적장
· 공사용 임시전력 **답** ①

68 다음 중 2,000[kW] 전기사업에 대한 허가권자는 누구인가?

① 산업통상자원부 장관 ② 대통령
③ 시 · 도지사 ④ 군수

해설 허가권자
· 3,000[kW] 초과설비 : 산업통상자원부 장관(전기위원회 총괄정책팀)
· 3,000[kW] 이하설비 : 시 · 도지사
※ 단, 제주특별자치도는 제주국제자유도시특별법에 따라 3,000[kW] 초과의 발전설비도 제주특별자치도
지사의 허가사항임(신에너지 및 재생에너지 중 풍력발전사업이 해당 된다.) **답** ③

69 다음 중 발주자의 기본 임무에 대한 설명으로 잘못된 것은 무엇인가?

① 감리시행에 필요한 설계도서 등 관련 문서와 참고자료 및 계약서에 명기한 기자재, 장비 비품 설비의 제공
② 감리원이 감리계약 이행에 필요한 공사업자의 문서, 도면, 자재, 장비, 설비 등에 대한 자료 제출 및 조사의 보장
③ 특수공법의 등 주요 공종에 대하여 외부 전문가의 자문 또는 감리가 필요하다고 인정되는 경우에 감리원에 보고하고 조치 또는 지원
④ 발주자는 관계법령에서 별도로 정하는 사항 이외에는 정당한 사유 없이 감리원의 업무에 개입 또는 간섭하거나 감리원의 권한 침해 금지

해설 특수공법의 등 주요 공종에 대하여 외부 전문가의 자문 또는 감리가 필요하다고 인정되는 경우에는 별도의 조치 또는 지원 **답** ③

70 다음 중 감리원이 안전에 관한 감리업무를 수행하기 위해 공사업자에게 자료를 기록, 유지하도록 하고 이행상태를 점검하는 것이 아닌 것은?

① 안전업무일지 ② 안전점검 실시
③ 안전관리비 사용실적 ④ 연간 안전통계

해설 · 안전업무일지(일일보고)
· 안전점검 실시(안전업무일지에 포함 가능)
· 안전교육(안전업무일지에 포함가능)
· 각종 사고보고
· 월간 안전통계(무재해, 사고)
· 안전관리비 사용실적(월별) **답** ④

71 다음 중 상주감리원의 현장 근무에 대해 잘못 설명한 것은?

① 공사현장에서 운영요령에 따라 배치된 일수를 상주하여야 한다.

② 다른 업무 또는 부득이한 사유로 1일 이상 현장을 이탈할 경우에는 발주자에게 통보한다.

③ 휴가로 현장을 이탈하게 되는 경우에는 감리업무에 지장이 없도록 직무대행자를 지정한다.

④ 공사업자의 요청이 있을 경우에는 발주자의 승인을 받아 초과근무를 해야 한다.

> **해설** 다른 업무 또는 부득이한 사유로 1일 이상 현장을 이탈할 경우에는 반드시 감리업무일지에 기록하고, 발주자(지원업무담당자)의 승인(부재시 유선보고)을 받아야한다.　　**답** ②

72 다음 중 공사업자가 공사현장에서 공사업무를 수행하기 위해 비치하고 기록, 보관하는 서식이 아닌 것은?

① 설계변경 현황　　　　　　　　② 주요인력 및 장비투입 현황

③ 기자재 공급원 승인 현황　　　　④ 안전관리비 사용실적 현황

> **해설**
> ・하도급 현황　　　　　　　・주요 인력 및 장비 투입현황
> ・작업계획서　　　　　　　・기자재 공급원 승인현황
> ・주간공정계획 및 실적보고서　・안전관리비 사용실적 현황
> ・각종 측정 기록표　　　　　　　　　　　　　　　　　　**답** ①

73 다음은 (　)에 들어갈 알맞은 내용은?

> 감리원은 해당공사와 관련하여 공사업자의 공법 변경요구 등 중요한 기술적인 사항에 대하여 요구한 날부터 (A)일 이내에 이를 검토하고 의견서를 첨부하여 발주자에게 보고하여야 하며, 전문성이 요구되는 경우에는 요구가 있는 날부터 (B)일 이내에 비상주감리의 검토의견서를 첨부하여 발주자에게 보고하여야 한다.

① A : 3, B : 6　　　　　　　　② A : 5, B : 10

③ A : 7, B : 14　　　　　　　　④ A : 10, B : 20

> **해설** 공법 변경요구 7일 이내 검토하고 의견서 첨부하여 발주자에게 보고, 전문성 요구 시 14일 이내 비상주감리의 검토의견서를 첨부하여 발주자에게 보고　　**답** ③

74 다음 (　)에 들어갈 내용은?

> 감리원은 공사업자로부터 전체 실시공정표에 따른 월간, 주간 상세공정표를 사전에 제출받아 검토, 확인하여야 한다.
> ・월간 상세공정표 : 작업 착수 (A)일 전 제출
> ・주간 상세공정표 : 작업 착수 (B)일 전 제출

① A : 7, B : 4　　　　　　　　② A : 7, B : 5

③ A : 10, B : 4　　　　　　　　④ A : 10, B : 5

> **해설** ・월간 상세공정표 : 작업 착수 7일 전 제출
> ・주간 상세공정표 : 작업 착수 4일 전 제출 **답** ①

75 감리원은 재해를 예방하고 자연환경, 생활환경, 사회・경제 환경을 적정하게 관리하기 위해 "환경영향평가법"에 준하여 의무를 수행한다. 다음 (   )에 들어갈 조직 구성도의 순서가 맞는 것은 무엇인가?

① A : 환경관리 책임자, B : 환경관리자,
　 C : 환경 담당자

② A : 환경관리 영향평가사, B : 환경책임자,
　 C : 환경 담당자

③ A : 환경관리 책임자, B : 환경영향평가사,
　 C : 환경 담당자

④ A : 환경관리 관리자, B : 환경담당자,
　 C : 환경영향평가사

```
┌──────┐         ┌──────┐
│ 감리원 │ ──────▶ │   A   │
└──────┘         └──────┘
                      │
                      ▼
                 ┌──────┐
                 │   B   │
                 └──────┘
                      │
                      ▼
                 ┌──────┐
                 │   C   │
                 └──────┘
```

> **해설** 조직구성도 : 환경관리 책임자 → 환경관리자 → 환경 담당자 **답** ①

76 감리원은 "환경영향평가법"에 따른 환경영향 조사결과를 조사기간이 만료된 날로부터 며칠 이내에 지방환경청장 및 승인기관의 장에게 통보해야 하는가?

① 10일　　　　　② 15일　　　　　③ 30일　　　　　④ 60일

> **해설** 감리원은 "환경영향평가법"에 따른 환경영향 조사결과를 조사기간이 만료된 날부터 30일 이내에 지방환경 청장 및 승인기관 장에게 통보할 수 있도록 하여야 한다. **답** ③

77 다음 중 전기사업용 전기설비 및 일반용 전기설비 외의 전기설비를 말하는 것은?

① 상용 발전설비　　　　　　　　② 자가용 발전설비
③ 전기수용설비　　　　　　　　④ 구내배전설비

> **해설** 전기사업용 전기설비 및 일반용 전기설비 외의 전기설비를 말하는 것은 자가용 발전설비 **답** ②

78 다음 보기에서 전기수용설비에 해당하는 사항만 연결된 것은?

A. 상용 발전설비　　B. 자가용 발전설비　　C. 수전설비　　D. 구내배전설비

① A, B　　　　　　　　　　　② B, C
③ C, D　　　　　　　　　　　④ A, D

> **해설** 전기수용설비에 해당하는 사항은 수전설비, 구내배전설비이다. **답** ③

79 다음 중 고압 이상의 수전설비 및 용량 75[kW] 이상의 비상용 발전설비는 검사 시기를 몇 년 이내로 하는가?

① 3년   ② 4년   ③ 5년   ④ 6년

> **해설** 안전성향상계획서를 제출하거나 갖춰둔 자의 고압 이상의 수전설비 및 용량 75[kW] 이상의 비상용 발전설비의 검사 시기는 4년 이내로 한다.
> **답** ②

80 다음 중 자가용전기설비의 검사에 해당하는 사용 전 검사 또는 정기검사를 받기 위해 검사 희망일 며칠 전까지 안전공사에 신청을 하여야 하는가?

① 3일   ② 5일   ③ 7일   ④ 10일

> **해설** 자가용 전기설비의 검사를 받으려는 자는 안전공사에 검사희망일 7일 전까지 사용 전 검사 또는 정기검사를 신청하여야 한다.
> **답** ③

81 다음은 전기설비의 검사결과 불합격 판정하고 재검사를 신청하도록 하는 사항이다. (   )에 들어갈 내용은?

> ㉠ 사용 전 검사 재검사 기간은 검사일 다음날로부터 (A)일 이내로 한다.
> ㉡ 정기검사 재검사 기간은 검사일 다음날로부터 (B)개월 이내로 한다.
> ㉢ 제1호 및 제2호의 재검사 기간의 만료일이 공휴일인 경우에는 그 다음날로 한다.

① A : 10, B : 2   ② A : 10, B : 3
③ A : 15, B : 2   ④ A : 15, B : 3

> **해설** ・사용 전 검사 재검사 기간은 검사일 다음날로부터 15일 이내로 한다.
> ・정기검사 재검사 기간은 검사일 다음날로부터 3개월 이내로 한다.
> **답** ④

82 무정전검사로 확인하지 못한 사항은 해당 법정시기 또는 무정전검사 실시 전・후 몇 개월 내에 검사가 완료되어야 하는가?

① 1개월   ② 2개월   ③ 3개월   ④ 4개월

> **해설** 무정전검사에서 확인하지 못하는 사항은 해당 법정 검사 시기 또는 무정전검사 실시 월 전후 2개월 이내에 확인하여 검사를 완료한다.
> **답** ②

83 감리업자가 기성부분 검사원 또는 준공 검사원을 접수하였을 때에는 며칠 이내에 비상주 감리원을 임명하여 검사하도록 하고 이 사실을 즉시 검사자로 임명된 자에게 통보하고, 발주자에게 보고하여야 하는가?

① 3일   ② 6일   ③ 9일   ④ 11일

> **해설** 감리업자는 기성부분 검사원 또는 준공 검사원을 접수하였을 때에는 3일 이내에 비상주 감리원을 임명하여 검사
> **답** ①

84 다음 ☐ 안에 들어갈 내용이 바르게 연결된 것은?

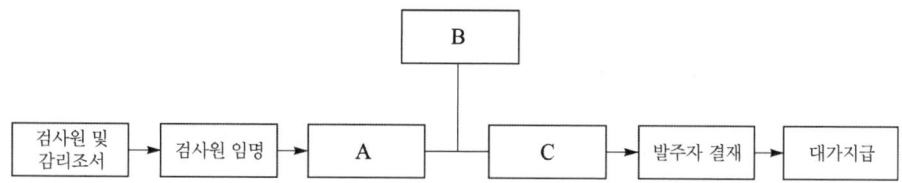

① A : 발주자 유관기관 입회검사결과, B : 통보 · 검사 조서, C : 검사 실시
② A : 발주자 유관기관 입회 · 검사 조서, B : 검사 실시, C : 검사결과 통보
③ A : 검사 실시, B : 검사결과 통보 · 검사 조서, C : 발주자 유관기관 입회
④ A : 검사 실시, B : 발주자 유관기관 입회, C : 검사결과 통보 · 검사 조서

> **해설** 감리업자는 기성부분검사 및 준공검사 전에 검사에 필요한 전문기술자의 참여, 필수적인 검사공증, 검사를 위한 시험장비 등을 체계적으로 작성한 검사 계획서를 승인 받음 **답** ④

85 다음 중 감리원이 공사업자에게 준비를 요구하는 시운전 절차가 아닌 것은?

① 운전지침 ② 기기점검
③ 검수 ④ 운전인도

> **해설** 시운전 절차 : 기기점검, 예비운전, 시운전, 성능보장운전, 검수, 운전인도 **답** ①

86 다음 중 ( ) 안에 들어갈 내용이 올바른 것은?

> 기성 또는 준공검사자는 계약에 소정기일이 명시되지 않는 한 임명통지를 받은 날로부터 (A)일 이내에 해당 공사의 검사를 완료하고 검사조서를 작성하여 검사완료일부터 (B)일 이내에 검사결과를 소속 감리업자에게 보고하여야 하며, 감리업자는 신속히 검토 후 발주자에게 지체 없이 통보하여야 한다.

① A : 5, B : 3 ② A : 8, B : 3
③ A : 5, B : 5 ④ A : 8, B : 5

> **해설** 기성 또는 준공검사자는 계약에 소정기일이 명시되지 않는 한 임명통지를 받은 날로부터 8일 안에 해당 공사의 검사를 완료하며 검사조서를 작성하여 검사 완료일부터 3일내에 보고 **답** ②

87 다음 중 시설물 인수 · 인계는 준공검사 시 지적사항에 대한 시정완료일부터 며칠 이내에 실시하여야 하는가?

① 5일 ② 7일
③ 10일 ④ 30일

> **해설** 감리원은 공사업자에게 해당 공사의 예비준공검사 완료 후 30일 이내의 시설물의 인수 · 인계를 위한 계획을 수립하도록 하고 이를 검토하여야 한다. **답** ④

88 다음 중 감리용역 계약문서가 아닌 것은?

① 공사입찰유의서   ② 과업지시서

③ 기술용역입찰유의서   ④ 기술용역계약 일반조건

> **해설** 감리용역 계약문서는 계약서, 기술용역입찰유의서, 기술용역계약 일반조건, 감리용역계약 특수조건, 과업지시서, 감리비 산출내역서 등으로 구성되며, 이들은 상호 보완의 효력을 가진다.   **답** ①

89 감리원의 근무지침으로 거리가 먼 것은?

① 감리업무를 수행함에 있어 해당 공사의 특수성을 파악한 후 감리업무를 수행하여야 한다.

② 공사업자에게 품질 · 시공 · 안전 · 공정관리 등에 대한 기술지도와 지원을 하여야 한다.

③ 감리원은 상황에 따라 공사업자의 의무와 책임을 면제시킬 수 있다.

④ 감리업무 수행과 관련하여 야기된 피해자의 소송업무에 적극 협력하여야 한다.

> **해설** 감리원은 공사업자의 의무와 책임을 면제시킬 수 없으며, 임의로 설계를 변경하거나, 기일연장 등 공사계약 조건과 다른 지시나 조치 또는 결정을 하여서는 아니 된다.   **답** ③

90 공사업자가 해당 공사현장에서 공사업무 수행상 필요하여 비치하고 기록 · 보관하는 서식은?

① 기성부분 검사원   ② 기자재 공급원 승인 현황

③ 문서발송대장   ④ 품질검사 및 관리 현황

> **해설** 1) 하도급 현황   2) 주요인력 및 장비투입 현황
> 3) 작업계획서   4) 기자재 공급원 승인 현황
> 5) 주간공정계획서 및 실적보고서   6) 안전관리비 사용실적 현황
> 7) 각종 측정 기록표   **답** ②

91 다음 중 공사의 계획 · 발주 · 설계 · 시공 · 감리 등 공사 전반을 총괄하는 위치에 있는 사람은?

① 발주자   ② 감리원

③ 공사업자   ④ 감리업자

> **해설** 발주자 : 공사의 계획 · 발주 · 설계 · 시공 · 감리 등 공사 전반을 총괄하고 감리 및 공사 계약 이행에 필요한 사항에 대하여 지원 · 협력하여야 한다.   **답** ①

92 책임감리원이 발주자에게 제출하는 분기보고서에 포함된 사항이 아닌 것은?

① 공사추진 현황   ② 감리원 업무일지

③ 검사 요청 및 결과 통보 내용   ④ 작업 변경 현황

분기보고서 포함 사항
   1) 공사추진 현황(공사계획의 개요와 공사추진계획 및 실적, 공정 현황, 감리용역 현황, 감리조직, 감리원 조
      치내역 등)
   2) 감리원 업무일지
   3) 품질검사 및 관리 현황
   4) 검사 요청 및 결과 통보 내용
   5) 주요기자재 검사 및 수불 내용(주요기자재 검사 및 입·출고가 명시된 수불 현황)
   6) 설계 현황
   7) 그 밖에 책임감리원이 감리에 관하여 중요하다고 인정하는 사항   답 ④

---

93 전력시설물 설계도서의 보관기준에 관한 다음 설명 중 틀린 것은?

① 전력시설물의 소유자 및 관리주체는 전력시설물에 대한 실시설계도서를 시설물이 폐지
   될 때까지 보관하여야 한다.

② 전력시설물의 소유자 및 관리주체는 전력시설물에 대한 준공설계도서를 준공된 후 5년
   간 보관하여야 한다.

③ 설계업자는 그가 작성하거나 제공한 실시설계도서를 해당 전력시설물이 준공된 후 5년
   간 보관하여야 한다.

④ 감리업자는 그가 공사감리한 준공설계도서를 하자담보책임기간이 끝날 때까지 보관하
   여야 한다.

해설 전력시설물의 소유자 및 관리주체는 전력시설물에 대한 실시설계도서 및 준공설계도서를 시설물이 폐지될
      때까지 보관하여야 한다.   답 ②

---

94 다음 중 설계도서의 설계감리 수행자로 볼 수 없는 것은?

① 종합설계업 등록을 한 자

② 설계도서를 작성한 자

③ 특급기술자 3명 이상을 보유한 설계업자

④ 공사감리업자로서 특급감리원 3명 이상을 보유한 감리업자

해설 설계감리를 받으려는 자는 해당 설계도서를 작성한 자를 설계감리자로 선정하여서는 아니 된다.   답 ②

---

95 다음의 어느 하나에 해당하는 자가 설치하거나 보수하는 전력시설물의 설계도서는 그 소속
의 전기분야 기술자, 고급기술자 또는 고급감리원 이상인 사람이 그 설계감리를 할 수 있다.
틀린 것은?

① 전기사업자   ② 도로교통공단

③ 한국농어촌공사   ④ 지방공사 및 지방공단

해설 다음의 어느 하나에 해당하는 자가 설치하거나 보수하는 전력시설물의 설계도서는 그 소속의 전기분야 기
      술사, 고급기술자 또는 고급감리원 이상인 사람이 그 설계감리를 할 수 있다.
      1) 국가 및 지방자치단체   2) 공기업
      3) 지방공사 및 지방공단   4) 한국철도시설공단

5) 한국환경공단   6) 한국농수산식품유통공사

7) 한국농어촌공사   8) 대한무역투자진흥공사

9) 전기사업자

답 ②

96 다음 중 설계감리원의 근무지침으로 볼 수 없는 것은?

① 담당업무와 관련하여 제삼자로부터 일체의 금품을 받아서는 아니 된다.

② 설계용역의 품질향상을 위하여 기술개발과 보급에 전력을 다하여야 한다.

③ 상당한 이유가 있는 경우 설계자의 의무와 책임을 면제시킬 수 있다.

④ 설계에 관련한 예산 등에 대하여는 수시로 발주자에게 보고하여야 한다.

> **해설** 설계자의 의무와 책임을 면제시킬 수 없으며, 임의로 설계용량의 내용이나 범위를 변경시키거나 기일연장 등 설계용역 계약조건과 다른 지시나 결정을 하여서는 아니 된다.
> **답** ③

97 책임감리원이 발주자에게 분기보고서를 제출하는 일정은 매 분기 말 다음 달 며칠 이내로 제출하여야 하는가?

① 3일   ② 7일   ③ 8일   ④ 10일

> **해설** 보고서는 매 분기 말 다음 달 7일 이내로 제출한다.
> **답** ②

98 지원업무수행자는 설계감리를 추진함에 있어 다음의 주요업무를 수행하여야 한다. 틀린 것은?

① 설계감리원에 대한 지도 · 점검

② 설계용역 업무수행계획서 등 검토

③ 설계용역 준공도서 및 설계감리 보고서 등의 인수

④ 설계용역 및 설계감리 하자 발생 시 사후조치

> **해설** **지원업무수행자의 업무 범위**
> 1) 설계감리 업무수행계획서 등 검토
> 2) 설계감리원에 대한 지도 · 점검
> 3) 설계감리원이 보고한 사항 중 발주자의 조정 · 승인 및 방침 결정 등이 필요한 사항에 대한 검토 · 보고 및 조치
> 4) 설계용역의 내용이나 범위 등 변경, 설계용역의 기간연장 등 주요사항 발생 시 발주자로부터 검토 · 지시가 있을 경우 확인 및 검토 · 보고
> 5) 설계용역 및 설계감리 관계자 회의 등에 참석, 발주자의 지시사항 전달, 설계용역 및 설계감리 수행상 문제점 파악 · 보고
> 6) 필요한 경우 설계용역 및 설계감리의 기성검사 입회
> 7) 필요한 경우 설계용역 및 설계감리의 준공검사 입회
> 8) 설계용역 준공도서 및 설계감리 보고서 등의 인수
> 9) 설계용역 및 설계감리 하자 발생 시 사후조치
> **답** ②

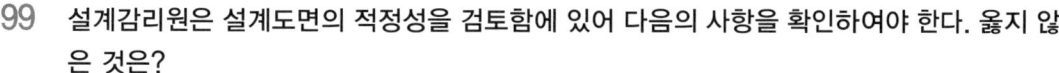

99 설계감리원은 설계도면의 적정성을 검토함에 있어 다음의 사항을 확인하여야 한다. 옳지 않은 것은?

① 설계 입력 자료가 도면에 맞게 표시되었는지의 여부

② 도면상에 사업명을 부여했는지의 여부

③ 관련 도면등과 다른 관련 문서들의 관계가 명확하게 표시되었는지의 여부

④ 도면 작성의 법률적 근거를 제시하였는지의 여부

> **해설** 설계도면의 검토 시 확인 사항
> 1) 도면작성이 의도하는 대로 경제성, 정확성 및 적정성 등을 가졌는지의 여부
> 2) 설계 입력 자료가 도면에 맞게 표시되었는지의 여부
> 3) 설계결과물(도면)이 입력 자료와 비교해서 합리적으로 되었는지의 여부
> 4) 관련 도면들과 다른 관련 문서들의 관계가 명확하게 표시되었는지의 여부
> 5) 도면이 적정하게, 해석가능하게, 실시 가능하며 지속성 있게 표현되었는지의 여부
> 6) 도면상에 사업명을 부여했는지의 여부   **답** ④

100 설계도면의 적정성 검토 결과 설계도서의 누락, 오류, 부적정한 부분에 대하여 설계자와 설계감리원 간에 이견이 발생하였을 경우 설계감리원이 행하는 조치로 옳은 것은?

① 발주자에게 보고하여 승인을 받은 후 설계감리원 자신이 임의로 수정한다.

② 설계감리원 자신이 임의로 수정한 후 발주자에게 보고하여 승인을 받는다.

③ 발주자에게 보고하여 승인을 받은 후 설계자에게 수정, 보완되도록 지시하고 그 이행 여부를 확인하여야 한다.

④ 설계자에게 수정, 보완되도록 지시하고 그 이행 여부를 확인한 후 발주자에게 보고하여 승인을 받는다.

> **해설** 설계감리원은 검토결과 설계도서의 누락, 오류, 부적정한 부분에 대하여 설계자와 설계 감리원 간에 이견이 발생하였을 경우에는 발주자에게 보고하여 승인을 받은 후 설계자에게 수정, 보완되도록 지시하고 그 이행 여부를 확인하여야 한다.   **답** ③

101 다음 중 원칙적으로 감리업자가 감리용역을 착수하여야 하는 시기로 옳은 것은?

① 계약서상 착수일   ② 상주감리원 투입시점

③ 실제 공사착수시점   ④ 발주자의 지시시점

> **해설** 감리업자는 감리용역계약 즉시 상주 및 비상주감리원의 투입 등 감리업무 수행준비에 대하여 발주자와 협의하여야 하며, 계약서상 착수일에 감리용역을 착수하여야 한다. 다만, 감리대상 공사의 전부 또는 일부가 발주자의 사정 등으로 계약서상 착수일에 감리용역을 착수할 수 없는 경우에 발주자는 실 착수시점 및 상주 감리원 투입시기 등을 조정하여 감리업자에게 통보하여야 한다.   **답** ①

102 책임감리원은 최종보고서를 감리기간 종료 후 며칠 이내에 발주자에게 제출하여야 하는가?

① 5일   ② 7일   ③ 10일   ④ 14일

> **해설** 책임감리원은 최종보고서를 감리기간 종료 후 14일 이내에 발주자에게 제출하여야 한다.   **답** ④

103 감리업무 착수에 관한 다음 기술 중 틀린 것은?

① 감리업자는 감리원 배치계획서에 따라 감리원을 배치하여야 한다.

② 감리업자가 부득이한 사유로 감리원을 교체하려는 때에는 교체·배치한 후 발주자의 승인을 얻어야 한다.

③ 발주자의 승인을 받은 감리원은 특별한 사유가 없으면 감리용역이 완료될 때까지 근무하여야 한다.

④ 감리원의 구성은 계약문서에 기술된 과업내용에 따라 관련분야 기술자격 또는 학력·경력을 갖춘 사람으로 구성되어야 한다.

해설 감리업자가 감리원의 퇴직·입원 등 부득이한 사유로 감리원을 교체하려는 때에는 미리 발주자의 승인을 얻어 교체·배치하여야 한다. **답** ②

104 특별히 계약에 명기되어 있지 않을 경우의 공사 계약문서의 적용상 우선순위로 옳은 것은?

가. 계약서	나. 계약특수조건 및 일반조건
다. 특별시방서	라. 설계도면
마. 일반시방서 또는 표준시방서	바. 산출내역서

① 가 → 나 → 다 → 라 → 마 → 바

② 가 → 다 → 라 → 나 → 마 → 바

③ 가 → 라 → 나 → 다 → 마 → 바

④ 가 → 나 → 라 → 다 → 마 → 바

해설 공사 계약문서의 적용상 우선순위 : 특별히 계약에 명기되어 있지 않을 경우의 공사 계약문서의 적용상 우선순위는 다음과 같다.
계약서 → 계약특수조건 및 일반조건 → 특별시방서 → 설계도면 → 일반시방서 또는 표준시방서 → 산출내역서 → 승인된 시공도면 → 관계법령의 유권해석 → 감리원의 지시사항 **답** ①

105 다음은 감리사무실의 설치에 관한 기술이다. 틀린 것은?

① 감리사무실은 발주자 또는 공사업자가 제공한다.

② 공사규모 및 현장실정에 부합되도록 발주자와 협의하여 감리업무에 지장이 없는 범위 내에서 설치한다.

③ 감리원의 업무용 사무실 내에 업무담당자의 자리를 배치한다.

④ 시험실은 가급적 감리원 사무실과 떨어진 조용한 곳에 설치하여 업무의 효율을 돕는다.

해설 시험실은 가급적 감리원 사무실 옆에 배치토록 하여 효율적인 업무 추진이 이루어질 수 있도록 하여야 한다. **답** ④

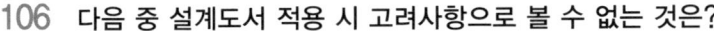
106 다음 중 설계도서 적용 시 고려사항으로 볼 수 없는 것은?

① 도면상 축척으로 잰 치수가 숫자로 나타낸 치수보다 우선한다.

② 특별시방서는 당해 공사에 한하여 일반시방서에 우선하여 적용한다.

③ 특별시방서 및 도면에 기재되지 않은 사항은 일방시방서에 의한다.

④ 설계도면 및 시방서의 어느 한쪽에 기재되어 있는 것은 그 양쪽에 기재되어 있는 사항과 완전히 동일하게 다룬다.

해설 숫자로 나타낸 치수는 도면상 축척으로 잰 치수보다 우선한다. **답** ①

107 다음 중 ( ) 안에 알맞은 내용은?

> 감리원은 공사가 시작된 경우에는 공사업자로부터 착공신고서를 제출받아 적정성 여부를 검토하여 ( ) 이내에 발주자에게 보고하여야 한다.

① 7일   ② 14일   ③ 21일   ④ 30일

해설 감리원은 공사가 시작된 경우에는 공사업자로부터 서류가 포함된 착공신고서를 제출받아 적정성 여부를 검토하여 7일 이내에 발주자에게 보고하여야 한다. **답** ①

108 다음 중 ( )안에 알맞은 내용으로 옳게 짝지어진 것은?

> (㉠)은(는) 공사 시작과 동시에 (㉡)에게 가설시설물의 면적, 위치 등을 표시한 가설시설물 설치계획표를 작정하여 제출하도록 하여야 한다.

① ㉠ 발주자 ㉡ 공사업자   ② ㉠ 발주자 ㉡ 감리원

③ ㉠ 감리원 ㉡ 공사업자   ④ ㉠ 감리업자 ㉡ 공사업자

해설 감리원은 공사 시작과 동시에 공사업자에게 다음에 따른 가설시설물의 면적, 위치 등을 표시한 가설시설물 설치계획표를 작성하여 제출하도록 하여야 한다.
1) 공사용도로(발 · 변전설비, 송 · 배전설비에 해당)
2) 가설사무소, 작업장, 창고, 숙소, 식당 및 그 밖의 부대설비
3) 자재 야적장
4) 공사용 임시전력 **답** ③

109 다음 중 공사업자가 해당 공사현장에서 비치하고 기록 · 보관하여야 하는 서류가 아닌 것은?

① 작업계획서   ② 착수 신고서

③ 주간공정계획 및 실적보고서   ④ 기자재 공급원 승인현황

해설 **공사업자의 비치 · 기록 · 보관 서류**
1) 하도급 현황   2) 주요인력 및 장비투입 현황
3) 작업계획서   4) 기자재 공급원 승인현황
5) 주간공정계획 및 실적보고서   6) 안전관리비 사용실적 현황
7) 각종 측정 기록표 **답** ②

110 분기보고서는 다음 중 누가 작성하여 누구에게 제출하여야 하는가?

① 책임감리원이 작성하여 발주자에게 제출

② 책임감리원이 작성하여 감리업자에게 제출

③ 공사업자가 작성하여 발주자에게 제출

④ 공사업자가 작성하여 감리업자에게 제출

> **해설** 책임감리원은 다음의 사항이 포함된 분기보고서를 작성하여 발주자에게 제출하여야 한다.
> 1) 공사추진 현황(공사계획의 개요와 공사추진계획 및 실적, 공정현황, 감리용역현황, 감리조직, 감리원 조치내역 등)
> 2) 감리원 업무일지
> 3) 품질검사 및 관리현황
> 4) 검사요청 및 결과통보내용
> 5) 주요기자재 검사 및 수불내용(주요기자재 검사 및 입·출고가 명시된 수불현황)
> 6) 설계변경 현황
> 7) 그 밖에 책임감리원이 감리에 관하여 중요하다고 인정하는 사항
> **답** ①

111 재시공이 지시되는 경우가 아닌 것은?

① 시공된 공사가 품질확보 미흡 또는 위해를 발생시키는 경우

② 천재지변 등으로 발주자의 지시가 있을 때

③ 감리원의 확인·검사에 대한 승인을 받지 아니하고 후속 공정을 진행하는 경우

④ 관계 규정에 맞지 아니하게 시공한 경우

> **해설** **재시공** : 시공된 공사가 품질확보 미흡 또는 위해를 발생시킬 우려가 있다고 판단되거나, 감리원의 확인·검사에 대한 승인을 받지 아니하고 후속공정을 진행한 경우와 관계 규정에 맞지 아니하게 시공한 경우
> **답** ②

112 공사 중지사항에 해당하지 않는 것은?

① 재시공 지시가 이행되지 않는 상태에서 다음 단계의 공정이 진행됨으로써 하자 발생이 될 수 있다고 판단될 때

② 안전 시공 상 중대한 위험이 예상되어 물적, 인적 중대한 피해가 예견될 때

③ 동일 공정에 있어 3회 이상 시정 지시가 이행되지 않을 때

④ 동일 공정에 있어 5회 이상 경고가 있음에도 이행되지 않을 때

> **해설** 동일 공정에 있어 2회 이상 경고가 있음에도 이행되지 않을 때
> **답** ④

113 책임감리원이 발주자에게 제출하는 최종보고서 중 품질관리 실적에 해당하는 사항이 아닌 것은?

① 검사요청 및 결과 통보 현황　　　　② 각종 측정기록 및 조사표

③ 기성 및 준공검사 현황　　　　　　④ 시험장비 사용 현황

해설 **최종보고서 내용**
1) 공사 및 감리용역 개요 등(사업목적, 공사개요, 감리용역 개요, 설계용역 개요)
2) 공사추진 실적 현황(기성 및 준공검사 현황, 공종별 추진실적, 설계변경 현황, 공사현장 실정보고 및 처리 현황, 지시사항 처리, 주요인력 및 장비투입 현황, 하도급 현황, 감리원 투입 현황)
3) 품질관리 실적(검사요청 및 결과 통보 현황, 각종 측정기록 및 조사표, 시험장비 사용 현황, 품질관리 및 측정자 현황, 기술검토실적 현황 등)
4) 주요기자재 사용실적(기자재 공급원 승인 현황, 주요기자재 투입 현황, 사용자재 투입 현황)
5) 안전관리 실적(안전관리조직. 교육실적, 안전점검 실적, 안전관리비 사용실적)
6) 환경관리 실적(폐기물발생 및 처리실적)
7) 종합분석 **답** ③

114 다음 괄호 안에 들어갈 내용은?

> 감리원이 공사 시작일부터 30일 이내에 공사업자로부터 ( )을(를) 제출받아 제출받은 날로부터 14일 이내에 검토하여 승인하고 발주자에게 제출하여야 한다.

① 시공계획서 ② 공정관리계획서
③ 검사요청서 ④ 설계변경 현황

해설 감리원이 공사 시작일부터 30일 이내에 공사업자로부터 공정관리계획서를 제출받아 제출받은 날로부터 14일 이내에 검토하여 승인하고 발주자에게 제출하여야 한다. **답** ②

115 다음 중 ( )안에 알맞은 내용으로 짝지어진 것은?

> 감리원은 공사업자가 작성·제출한 시공계획서를 공사 시작일부터 (㉠) 이내에 제출받아 이를 검토·확인하여 (㉡) 이내에 승인하여 시공하도록 하여야 하고, 시공 계획서의 보완이 필요한 경우에는 그 내용과 사유를 문서로서 공사업자에게 통보하여야 한다.

① ㉠ 14일 ㉡ 7일 ② ㉠ 14일 ㉡ 14일
③ ㉠ 30일 ㉡ 7일 ④ ㉠ 30일 ㉡ 14일

해설 30일 이내 제출받아 이를 검토·확인하여 7일 이내에 승인 시공한다. **답** ③

116 시공계획서에 포함되어야 할 내용으로 잘못된 것은?

① 현장 조직표 ② 주요 장비 동원계획
③ 보안 대책 및 보안각서 ④ 품질·안전·환경관리 대책 등

해설 시공계획서에 포함되어야 할 사항
1) 현장 조직표 2) 공사 세부공정표
3) 주요공정의 시공 절차 및 방법 4) 시공일정
5) 주요장비 동원계획 6) 주요기자재 및 인력투입 계획
7) 주요설비 8) 품질·안전·환경관리 대책 등 **답** ③

117 공사업자로부터 감리원이 제출받은 주간, 월간 상세공정표 제출기간이 올바른 것은?

① 월간 상세공정표 : 7일 전 제출, 주간 상세공정표 : 4일 전 제출

② 월간 상세공정표 : 14일 전 제출, 주간 상세공정표 : 7일 전 제출

③ 월간 상세공정표 : 21일 전 제출, 주간 상세공정표 : 10일 전 제출

④ 월간 상세공정표 : 30일 전 제출, 주간 상세공정표 : 15일 전 제출

> **해설** 감리원은 공사업자로부터 전체 실시공정표에 따른 월간 상세공정표를 7일 전에 제출하고, 주간 상세공정표
> 는 4일 전에 제출한다.　　　　　　　　　　　　　　　　　　　　　　　　　　　　　　　　**답** ①

118 감리원이 매 분기마다 공사업자로부터 안전관리 결과보고서를 제출받아 이를 검토하고 미비한 사항이 있을 때에는 시정하도록 조치하는 안전관리결과보고서에 포함되지 않는 서류는?

① 재해발생 현황　　　　　　　　　　　② 산재요양신청서

③ 직원 건강기록부　　　　　　　　　　④ 안전교육 실적표

> **해설** 안전관리결과보고서에 포함되는 서류
> 1) 안전관리 조직표　　　　　2) 안전보건 관리체제
> 3) 재해발생 현황　　　　　　4) 산재요양신청서 사본
> 5) 안전교육 실적표　　　　　6) 그 밖에 필요한 서류　　　　　　　　　　　　　**답** ③

119 다음 중 ( ) 안에 알맞은 내용으로 짝지어진 것은?

> 감리원은 공사업자로부터 전체 실시공정표에 따른 월간 상세공정표를 작업 착수 (㉠)에 주간 상세공정표
> 를 작업 착수 (㉡)에 제출받아 검토 · 확인하여야 한다.

① ㉠ 7일전 ㉡ 4일 전　　　　　　② ㉠ 14일 전 ㉡ 7일 전

③ ㉠ 4일전 ㉡ 7일 전　　　　　　④ ㉠ 7일 전 ㉡ 14일 전

> **해설** · 월간 상세공정표 : 작업 착수 7일 전 제출
> 　　　　 · 주간 상세공정표 : 작업 착수 4일 전에 제출　　　　　　　　　　　　　**답** ①

120 감리원은 설계도서 등에 대하여 현장 시공을 주안으로 하여 해당 공사 시작 전에 검토하여야 할 사항으로 옳지 않은 것은?

① 시공의 실제 가능 여부

② 현장조건에 부합 여부

③ 설계도서의 누락, 오류 등 불명확한 부분의 존재 여부

④ 착공부터 완공까지의 공사기간 여부

> **해설** 공사 시작 전에 검토하여야 할 사항
> 1) 현장조건에 부합 여부
> 2) 시공의 실제 가능 여부
> 3) 다른 사업 또는 다른 공정과의 상호부합 여부

4) 설계도면, 설계설명서, 기술계산서, 산출내역서 등의 내용에 대한 상호 일치 여부
5) 설계도서의 누락, 오류 등 불명확한 부분의 존재 여부
6) 발주자가 제공한 물량 내역서와 공사업자가 제출한 산출내역서의 수량일치 여부
7) 시공상의 예상 문제점 및 대책 등   답 ④

121 감리원은 환경영향평가법에 따른 환경영향 조사결과를 조사기간이 만료된 날부터 며칠 이내에 지방환경청장 및 승인기관의 장에게 통보할 수 있도록 하여야 하는가?

① 7일   ② 14일   ③ 30일   ④ 60일

해설 감리원은 환경영향평가법에 따른 환경영향 조사결과를 조사기간이 만료된 날부터 30일 이내에 지방환경청
장 및 승인기관의 장에게 통보할 수 있도록 하여야 한다.   답 ③

122 "전기사업용 전기설비 및 일반전기설비 외의 전기설비를 말한다."로 정의된 용어는?

① 자가용 전기설비   ② 상용 발전설비
③ 전기수용설비   ④ 수전설비

해설 **용어정리**
1) 상용발전설비 : 자가용 전기설비에 설치하여 전력계통에 연계 운전하거나 자체적으로 사용하는 자가용
   발전설비로서 비상용 예비발전설비를 제외한 발전설비를 말한다.
2) 자가용 전기설비 : 전기사업용 전기설비 및 일반전기설비 외의 전기설비를 말한다.
3) 전기수용설비 : 수전설비와 구내배전설비를 말한다.
4) 수전설비 : 타인의 전기설비 또는 구내발전설비로부터 전기를 공급받아 구내 발전설비로 전기를 공급하
   기 위한 전기설비로써 수전 지점으로부터 배전반(구내배전 설비로 전기를 배전하는 전기설비를 말한다.)
   까지의 설비를 말한다.
5) 구내배전설비 : 수전설비의 배전반에서부터 전기사용기기에 이르는 전선로 · 개폐기 · 차단기 · 분전
   함 · 콘센트 · 제어반 · 스위치, 그 밖의 부속설비를 말한다.   답 ①

123 다음 기술 중 틀린 것은?

① 비상발전기는 태양광 발전설비 계통과 연계하여야 한다.
② 계통 연계되는 전기실까지 케이블 트레이 평면도를 붙여야 한다.
③ 피뢰침 보호각이 표시되어 있는 전기 간선 계통도를 붙여야 한다.
④ 케이블 트레이 상용케이블과 태양광 발전설비 케이블의 사이에는 이격거리를 두고 배선
   꼬리표를 달아야 한다.

해설 비상발전기는 태양광 발전설비 계통과 연계하지 말아야 한다.   답 ①

124 자가용 전기설비 사용 전 검사 전 · 후 신청인 및 전기안전관리자 등 검사 입회자에게 회의를
통해 설명하고 확인시켜야 할 사항이 아닌 것은?

① 검사의 목적과 내용   ② 검사의 절차 및 방법
③ 준공표지판 설치   ④ 검사에 필요한 안전자료 검토 및 확인

해설 검사 전·후 회의에서 신청인 및 전기안전관리자에게 설명할 사항은
1) 검사의 목적과 내용
2) 안전작업 수칙
3) 검사의 절차 및 방법
4) 검사에 필요한 기술자료 검토 및 확인
5) 검사결과 부적합 사항의 조치내용 및 개수방법·기술적인 조언 및 권고
6) 준공표지판 설치

답 ④

125 안전공사는 사용 전 검사완료일로부터 며칠 이내에 검사확인증을 신청인에게 통지해야 하는가?

① 3일　　　　　② 5일　　　　　③ 7일　　　　　④ 10일

해설 안전공사는 검사완료일로부터 5일 이내에 검사확인증을 신청인에게 통지하여야 하며 무정전검사 결과 합격(요주의)의 경우에는 그 내용 및 조치사항을 함께 통지한다.

답 ②

126 감리업자는 기성부분검사 및 준공검사 전에 전문기술자 참여, 필수적인 검사공종, 검사를 위한 시험장비 등 체계적으로 작성한 검사 계획서를 발주자에게 제출 승인을 받고, 승인을 받은 계획서는 다음과 같은 검사절차에 따라 검사를 실시한다. A, B, C에 들어갈 일 수는?

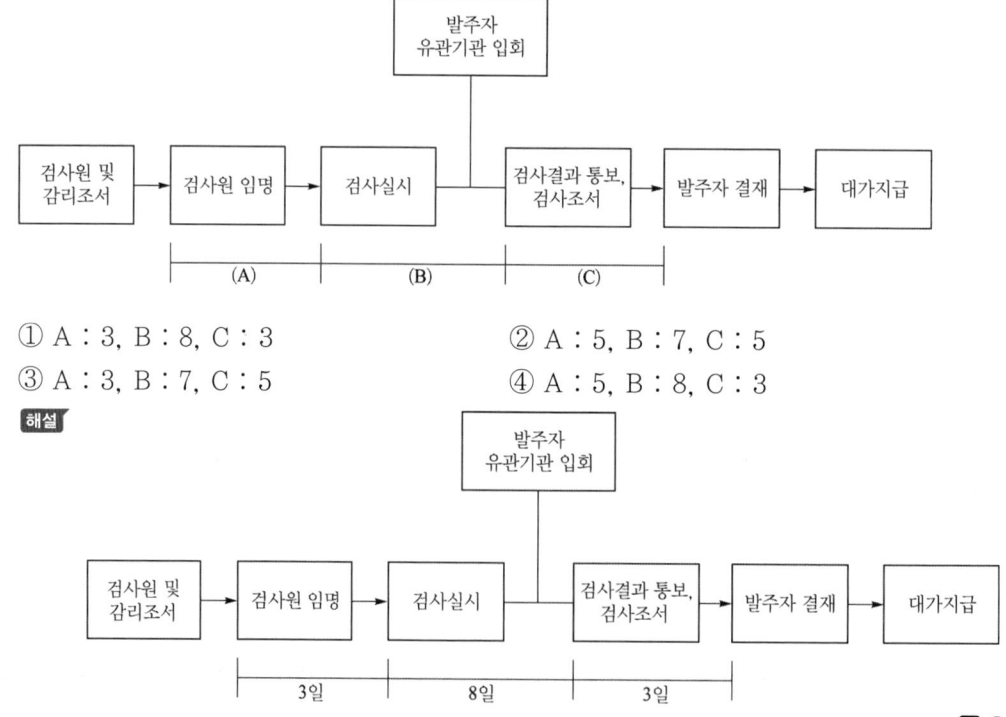

① A : 3, B : 8, C : 3　　　　　② A : 5, B : 7, C : 5
③ A : 3, B : 7, C : 5　　　　　④ A : 5, B : 8, C : 3

해설

답 ①

127 감리원은 해당 공사 완료 후 준공검사 전에 사전 시운전 등이 필요한 부분에 대해서 공사업자에게 시운전을 위한 계획을 수립하여 30일 이내에 제출하도록 한다. 다음 중 시운전을 위한 계획에 포함되지 않는 사항은?

① 시운전 일정

② 시운전 항목 및 종류

③ 시운전 방법

④ 시험장비 확보 및 보정

> **해설** 감리원은 해당 공사 완료 후 준공검사 전에 사전시운전 등이 필요한 부분에 대하여는 공사업자에게 다음 각 호의 사항이 포함된 시운전을 위한 계획을 수립하여 시운전 30일 이내에 제출하도록 하고, 이를 검토하여 발주자에게 제출하여야 한다.
> 1) 시운전 일정
> 2) 시운전 항목 및 종류
> 3) 시운전 절차
> 4) 시험장비 확보 및 보정
> 5) 기계 · 기구 사용계획
> 6) 운전요원 및 검사요원 선임계획　　　　　　　　　　　　　　　　　　　　**답** ③

128 시방서의 역할 및 명기사항이 아닌 것은?

① 주요 기자재에 대한 규격, 수량 및 납기일을 기재한다.

② 시공상에 필요한 품질 및 안전관리 계획, 시공 상에서 특별히 주의해야 할 특기 사항들을 포함시킨다.

③ 시공상에 필요한 기술기준을 규정하는 것으로 계약서류에 포함되는 설계도서의 일부로 법적인 구속력을 갖는다.

④ 설계도면에 표시하지 못한 상세 내용, 즉 공정별 적용되는 국내외 표준기준, 시공방법, 허용오차 등의 기술적 내용을 기재한다.

> **해설** 주요 기자재에 대한 규격, 수량은 산출 내역서에 포함될 내용이다.　　　　　　　　　　**답** ①

129 책임 설계감리원이 발주자에게 설계감리의 기성 및 준공을 처리할 때 제출하는 서류 중 감리기록서류에 해당하지 않는 것은?

① 설계감리 일지

② 설계감리 지시부

③ 설계감리 결과보고서

④ 설계자와 협의사항 기록부

> **해설** 감리기록서류
> 1) 설계감리일지　　　　　　　　　　2) 설계감리지시부
> 3) 설계감리기록부　　　　　　　　　 4) 설계감리요청서
> 5) 설계자와 협의사항 기록부　　　　　　　　　　　　　　　　　　　　　　　　　　**답** ③

130 발주자에게 책임감리원이 제출하는 분기보고서에 포함되지 않는 사항은?

① 작업 변경 현황

② 공사추진 현황

③ 감리원 업무일지

④ 주요기자재 검사 및 수불내용

[해설] 책임감리원은 분기보고서를 작성하여 발주자에게 제출하여야 한다. 보고서는 매 분기 말 다음 달 5일 이내로 제출한다.
1) 공사추진 현황   2) 감리원 업무일지
3) 품질검사 및 관리현황   4) 검사 요청 및 결과 통보내용
5) 주요기자재 검사 및 수불내용   6) 설계변경 현황   답 ①

131 감리원은 공사업자로부터 물가변동에 따른 계약금액 조정요청을 받은 경우에 작성, 제출하도록 되어 있는 서류가 아닌 것은?

① 물가변동조정 요청서

② 계약금액 조정 요청서

③ 품목조정률 또는 지수조정률에 대한 산출근거

④ 안전관리비 집행근거 서류

[해설] **물가변동으로 인한 계약금액 조정**
감리원은 공사업자로부터 물가변동에 따른 계약금액 조정요청을 받은 경우에는 다음 각 호의 서류를 작성·제출하도록 하고 공사업자는 이에 응하여야 한다.
1) 물가변동조정 요청서
2) 계약금액조정 요청서
3) 품목조정률 또는 지수 조정률 산출근거
4) 계약금액 조정 산출근거   답 ④

제 6 장

도면작성

New & Renewable energy

6.1 도면기호

6.1.1 전기도면 관련 기호

설명	기호	설명	기호
스위치		인버터	
차단기		태양전지모듈	
퓨즈		접속함	
변류기(CT)		단권변압기	
변성기		SPD	
ACB(차단기)		태양전지 셀	
VCB(차단기)		변압기	
배터리		3권선 변압기	
다이오드		MCCB	
DC–DC 컨버터		저항	
커패시터		인덕터	
MOF	MOF	계량기	WH
SA, LA		전류원	

6.1.2 토목도면 관련 기호

구분	기호	구분	기호	구분	기호
몰탈		사질토		경암	
자갈		풍화토		극경암	
호박돌		취약암		목재	
전석		퇴적암		인조석	
콘크리트		풍화암		블록	
표토		연암		벽돌	
퇴적토		충적토		강(Steel)	

6.1.3 건축도면 관련 기호

구분	기호	구분	기호	구분	기호
목조벽		철근 콘크리트벽		벽돌벽	
블록벽		외여닫이문		쌍여닫이문	
두짝미서기문		망사문		회전문	
미닫이문		콘센트		누전차단기	E
외여닫이창		쌍여닫이창		망사창	
형광등		벽등		백열등	

6.2 설계도서 작성

6.2.1 설계도서의 종류

설계도서란 함은 태양광발전설비의 배치, 배선 등에 관한 공사용 도면과 구조계산서 및 시방서 기타 다음 각 호의 서류이다.

(1) 공사시방서
(2) 설계도면
(3) 전문시방서
(4) 표준시방서
(5) 산출내역서
(6) 승인된 상세시공도면
(7) 관계법령의 유권해석
(8) 감리자 지시사항

6.2.2 시방서

1) 공사수행에 관련된 제반규정 및 요구사항을 총칭

2) 표준시방서는 일반적으로 적용하고, 공통적으로 수용할 수 있도록 인정된 주시방서와 특별시방서는 특수공종이 발생하거나 특수한 현장조건에 따라 표준시방서의 추가, 수정, 삭제를 하여야 할 필요가 있을 때 지정된 공사에만 적용되는 시방서

6.2.3 시방서의 작성요령

(1) 시방서의 종류

1) 표준시방서

시설물의 안전 및 공사시행의 적정성과 품질확보 등을 위하여 시설별로 정한 표준적인 시공기준으로서 발주청 또는 설계 등 용역업자가 공사시방서를 작성하는 경우에 활용하기 위한 시공기준

2) 전문시방서

시설물별 표준시방서를 기본으로 모든 공종을 대상으로 하여 특정한 공사의 시공 또는 공사시방서의 작성에 활용하기 위한 종합적인 시공기준

3) 공사시방서

공사별로 건설공사 수행을 위한 기준으로서 계약문서의 일부가 되며, 설계도면에 표시하기 곤란하거나 불편한 내용과 당해 공사의 수행을 위한 재료, 공법, 품질시험 및 검사 등 품질관리, 안전관리계획 등에 관한 사항을 기술하고, 당해 공사의 특수성, 지역여건, 공사방법 등을 고려하여 공사별, 공종별로 정하여 시행하는 시공기준

(2) 공사시방서가 담당해야 하는 역할

1) 수급인과 발주자의 의무와 책임 규명

2) 입찰응찰서에 기재할 공사비와 공사기간 등의 산정기준

3) 입찰 청약서 평가의 기준

4) 계약 체결 후 수급자의 의무 이행 및 약속(보장의 방책이 되며, 입찰 청약서 규정과 일치)을 정합시키는 역할

5) 계약 범위 판단 기준

6) 수급인의 수행된 기성을 평가하고 수급인의 이익 또는 직·간접비를 산정하는 기준

7) 클레임이나 분쟁 원인의 해석 기준

(3) 설계와 정합된 공사시방서가 가져야 하는 기능

1) 공사의 질적 요구조건을 규정하며, 설계도서의 하나로서 법적 구속력을 가짐
2) 계약 당사자 간의 위험 분담 책임 범위와 한계를 명시
3) 약인(約因)을 명확히 확인
4) 시공 사전준비, 시공 중의 점검, 시공 완료 후의 확인·점검을 위한 지침서

6.2.4 설계도의 개념

사업계획에 의해 제시된 목적물의 형상과 규격 등을 표현하기 위해 설계자에 의해 작성된 도면으로 물량산출 및 내역산출의 기초가 되며 시공자가 시공상세도면을 작성할 수 있도록 표현된 도면을 말하며, 일반도, 구조도 및 확대도와 구조계산이 필요한 가 시설물의 도면을 포함한다.

(1) 기본설계

타당성조사를 토대로 태양광발전설비의 규모, 배치, 형태. 공사방법 및 기간, 소요비용 등에 있어 일반적인 조사 및 분석, 비교·검토를 거쳐 최적 안을 선정하고 주요 구조물의 형식, 지반 및 토질, 개략적인 공사비 산출을 위한 예비설계를 수행하며 설계 기준 및 조건 등 실시설계용역에 필요한 기술자료를 작성하는 단계를 말한다.

(2) 실시설계

기본설계를 토대로 태양광발전설비의 규모, 배치, 형태, 공사방법 및 기간, 소요비용, 유지관리 등에 관하여 세부 조사 및 분석, 비교·검토를 통하여 최적안을 선정하며, 공사비를 산출할 수 있는 수준의 도면과 시공자가 시공 상세도를 작성할 수 있도록 설계자의 의도와 시공 관련 주요 내용을 주석으로 상세히 표현하고 단순·반복되는 도면은 대표도면과 표를 표현하는 최적설계를 수행하며, 시공 및 유지관리에 필요한 기술자료를 작성하는 단계를 말한다.

6.2.5 설계도의 작성요령

(1) 업무 내용

설계용역의 수행을 위한 단계별 업무는 조사·계획·설계업무로 구분할 수 있으며, 그 내용은 다음 표와 같다.

구분		타당성조사	기본설계	실시설계
조사업무		○	○	○
계획업무		○	○	○
설계업무	개략설계	○	–	–
	예비설계	–	○	–
	상세설계	–		○

1) 설계 용역은 발주단계별로 조사·계획·설계업무의 상세 내용에 따라 수행한다.
2) 발주자는 과업의 목적, 규모, 특수성 또는 발주자의 판단에 따라 규정된 조사·계획·설계업무의 상세 내용을 추가, 또는 변경할 수 있으며, 이러한 경우 발주청은 과업지시서에 확실히 기재하여 수급인이 정확히 파악할 수 있도록 한다.
3) 상위 단계의 용역을 생략하고 발주하는 경우에 조사·계획업무를 수행함에 있어 상위 용역 단계에서 규정된 조사·계획업무 중 필요한 상세내용을 포함하여 수행한다. 그러나 설계업무 및 성과품 작성기준에 있어서 해당 용역단계에서 규정된 상세 내용을 기준하여 수행한다.

(2) 설계도면

과업계획에 의해 제시된 태양광발전설비의 형상과 규격 등을 표현하기 위해 설계자에 의해 작성된 도면으로 물량산출 및 내역산출 기초가 되며 시공자가 시공상세도면을 작성할 수 있도록 표현된 도면을 말하며, 일반도, 구조도, 및 확대도와 구조계산이 필요한 가시설물의 도면을 포함한다.

(3) 시공상세도면

시공상세도면은 태양광발전소에 대한 설계도면의 구체화·상세화를 목적으로 작성되며, 현장에 종사한 시공자가 목적물의 품질확보 또는 안전시공을 할 수 있도록 건설공사의 진행 단계별 작성되는 도면을 말한다. 또한 시공방법과 순서, 자재의 가공 조립, 현장 상태 등 시공에 모든 정보를 작성하는 설계도면으로 감리원의 검토 승인이 요구되며, 가 시설물의 설치, 변경에 따른 제반도면을 포함한다.

01 다음 중 태양전지모듈의 전기도면 기호는?

①    ②    ③    ④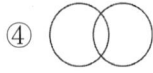

해설	인버터	접속반	태양전지모듈	변압기
				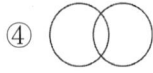

답 ③

02 ──◦◠◦── 기호는 무엇을 나타내는가?

① 스위치   ② 변성기   ③ 변압기   ④ 차단기

해설	스위치	변성기	변류기	차단기
	╱	∧∧	∧	──◦◠◦──

답 ④

03 22.9[kV] 계통과 연계되는 태양광발전소를 설계시 특고압 부분에 해당되는 도면기호가 아닌 것은?

①    ②    ③ MOF   ④

해설 특고압 부분에 연결되는 장비는 변압기, VCB, MOF 등이 있다.

답 ①

04 다음 두 변압기의 차이가 올바른 것은?

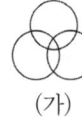   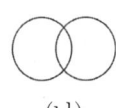

(가)   (나)

① (가)는 (나)보다 출력 전압이 높다.
② (가)는 (나)보다 출력 전류가 낮다.
③ (가)는 인버터 입력이 2개, (나)는 인버터 입력이 1개 이다.
④ (가)는 계통연계가 2개, (나)는 출력 계통연계가 1개이다.

해설 (가)는 3권선 변압기로 인버터 입력이 2개이다.
(나)는 단권변압기로 인버터 입력이 1개이며 출력도 1개이다.   답 ③

05 다음 중 특성이 다른 도면기호는?

①    ② 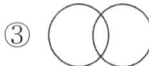   ③    ④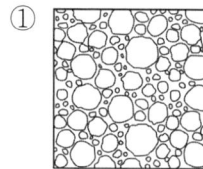

해설 ①, ③, ④ 변압기이고 ②만 변류기이다.   답 ②

06 다음 중 콘크리트를 나타내는 기호는?

①   ② 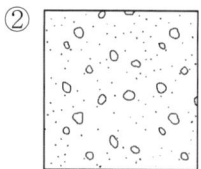   ③ 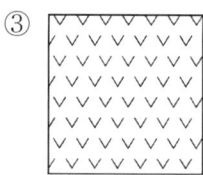   ④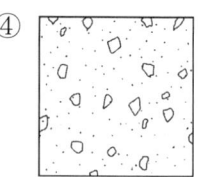

해설

호박돌	자갈질모래	사질토	콘크리트

답 ④

07 다음 중 목재를 나타내는 기호는?

① 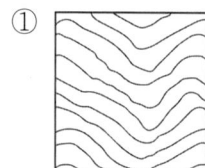   ② 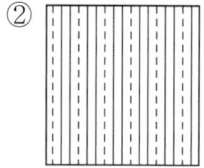   ③ 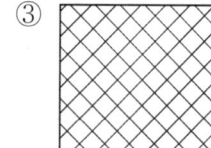   ④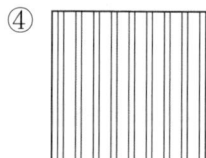

해설

목재	인조석	블록	강(스틸)

답 ①

08 다음 중 망사문을 나타내는 기호는?

해설	외여닫이문	쌍여닫이문	두짝미서기문	망사문

답 ④

09 다음 중 목조벽을 나타내는 기호는?

① ──────────   ② ░░░░░░░░   ③ ////////////   ④ ▨▨▨▨▨▨

해설	목조벽	철근콘크리트벽	벽돌벽	블록벽

답 ①

10 설계도서에 포함되지 않는 것은?

① 공사시방서   ② 설계도면
③ 산출내역서   ④ 발주자 지시사항

해설 설계도서 종류
1) 공사시방서   2) 설계도면
3) 전문시방서   4) 표준시방서
5) 산출내역서   6) 승인된 상세시공도면
7) 관계법령의 유권해석   8) 감리자 지시사항

답 ④

11 재료의 종류와 품질, 사용처, 시공방법, 제품납기, 준공기일 등 설계도면에 나타내기 어려운
사항을 명확하게 기록한 것은?

① 시방서   ② 산출내역서
③ 감리자 지시사항   ④ 상세시공도면

해설 시방서
1) 공사 종류에 일정한 순서를 적은 문서
2) 재료의 종류와 품질, 사용처, 시공방법, 제품납기, 준공기일 등 설계도면에 나타내기 어려운 사항을 명확
   하게 기록한 것
3) 건설공사 관리에 필요한 시공기준으로 품질과 직접적으로 관련된 문서

답 ①

12 시설물별 표준시방서를 기본으로 모든 공종을 대상으로 하여 특정한 공사의 시공 또는 공사
시방서의 작성에 활용하기 위한 종합적인 시공기준을 제시하는 시방서는?

① 표준시방서　　　② 전문시방서　　　③ 공사시방서　　　④ 특수시방서

> **해설** 전문시방서는 시설물별 표준시방서를 기본으로 모든 공종을 대상으로 하여 특정한 공사의 시공 또는 공사
> 시방서의 작성에 활용하기 위한 종합적인 시공기준이다.　　　**답** ②

13 시설물의 안전 및 공사시행의 적정성과 품질확보 등을 위하여 시설별로 정한 표준적인 시공
기준으로서 발주청 또는 설계 등 용역업자가 공사시방서를 작성하는 경우에 활용하기 위한
시공기준이 되는 시방서는?

① 표준시방서　　　② 전문시방서　　　③ 공사시방서　　　④ 특수시방서

> **해설** 표준시방서는 시설물의 안전 및 공사시행의 적정성과 품질확보 등을 위하여 시설별로 정한 표준적인 시공
> 기준으로서 발주청 또는 설계 등 용역업자가 공사시방서를 작성하는 경우에 활용하기 위한 시공기준
> 　　　**답** ①

14 설계와 정합된 공사시방서가 가져야할 기능이 잘못된 것은?

① 공사의 질적 요구조건을 규정하며, 설계도서의 하나로서 법적 구속력을 가짐
② 계약 당사자 간의 위험 분담 책임 범위와 한계를 명시
③ 약인(約因)을 명확히 확인
④ 설계 사전준비, 시공 중의 점검, 시공 완료 후의 확인·점검을 위한 지침서

> **해설** **설계와 정합된 공사시방서가 가져야 하는 기능**
> 1) 공사의 질적 요구조건을 규정하며, 설계도서의 하나로서 법적 구속력을 가짐
> 2) 계약 당사자 간의 위험 분담 책임 범위와 한계를 명시
> 3) 약인(約因)을 명확히 확인
> 4) 시공 사전준비, 시공 중의 점검, 시공 완료 후의 확인·점검을 위한 지침서　　　**답** ④

15 공사시방서의 역할이 아닌 것은?

① 수급인과 발주자의 업무 분할　　　② 입찰 청약서 평가의 기준
③ 계약 범위 판단 기준　　　④ 클레임이나 분쟁 원인의 해석 기준

> **해설** **공사시방서가 담당해야 하는 역할**
> 1) 수급인과 발주자의 의무와 책임 규명
> 2) 입찰응찰서에 기재할 공사비와 공사기간 등의 산정기준
> 3) 입찰 청약서 평가의 기준
> 4) 계약 체결 후 수급자의 의무 이행 및 약속(보장의 방책이 되며, 입찰 청약서 규정과 일치)을 정합시키는
> 　　역할
> 5) 계약 범위 판단 기준
> 6) 수급인의 수행된 기성을 평가하고 수급인의 이익 또는 직·간접비를 산정하는 기준
> 7) 클레임이나 분쟁 원인의 해석 기준　　　**답** ①

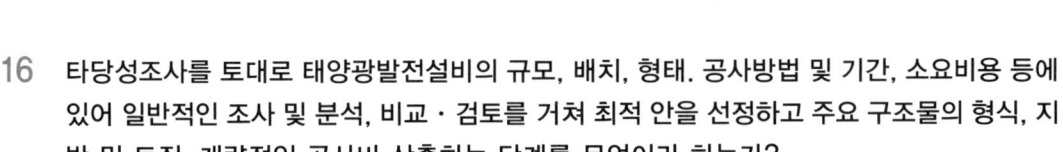

16 타당성조사를 토대로 태양광발전설비의 규모, 배치, 형태. 공사방법 및 기간, 소요비용 등에 있어 일반적인 조사 및 분석, 비교 · 검토를 거쳐 최적 안을 선정하고 주요 구조물의 형식, 지반 및 토질, 개략적인 공사비 산출하는 단계를 무엇이라 하는가?

① 기본설계　　　　② 실시설계　　　　③ 예비설계　　　　④ 개략설계

> **해설** **기본설계**
> 타당성조사를 토대로 태양광발전설비의 규모, 배치, 형태. 공사방법 및 기간, 소요비용 등에 있어 일반적인 조사 및 분석, 비교 · 검토를 거쳐 최적 안을 선정하고 주요 구조물의 형식, 지반 및 토질, 개략적인 공사비 산출을 위한 예비설계를 수행하며 설계 기준 및 조건 등 실시설계용역에 필요한 기술자료를 작성하는 단계를 말한다.　　**답** ①

17 태양광발전설비의 규모, 배치, 형태, 공사방법 및 기간, 소요비용, 유지관리 등에 관하여 세부 조사 및 분석, 비교 · 검토를 통하여 최적안을 선정하며, 공사비를 산출할 수 있는 수준의 도면을 작성하는 단계를 무엇이라 하는가?

① 기본설계　　　　② 실시설계　　　　③ 예비설계　　　　④ 개략설계

> **해설** **실시설계**
> 기본설계를 토대로 태양광발전설비의 규모, 배치, 형태, 공사방법 및 기간, 소요비용, 유지관리 등에 관하여 세부 조사 및 분석, 비교 · 검토를 통하여 최적안을 선정하며, 공사비를 산출할 수 있는 수준의 도면과 시공자가 시공상세도를 작성할 수 있도록 설계자의 의도와 시공 관련 주요 내용을 주석으로 상세히 표현하고 단순 · 반복되는 도면은 대표도면과 표를 표현하는 최적설계를 수행하며, 시공 및 유지관리에 필요한 기술자료를 작성하는 단계를 말한다.　　**답** ②

18 기본설계에 포함되는 사항이 아닌 것은?

① 조사업무　　　　② 계획업무　　　　③ 개략설계　　　　④ 예비설계

> **해설** **설계업무 내용**
>
> | 구분 | | 타당성조사 | 기본설계 | 실시설계 |
> |---|---|:---:|:---:|:---:|
> | 조사업무 | | ○ | ○ | ○ |
> | 계획업무 | | ○ | ○ | ○ |
> | 설계업무 | 개략설계 | ○ | – | – |
> | | 예비설계 | – | ○ | – |
> | | 상세설계 | – | – | ○ |
>
> **답** ③

19 지상에서의 길이 5[m]를 축척 1/200로 도면에 나타낼 때 그 길이는?

① 2.5[mm]　　　　② 10[mm]　　　　③ 20[mm]　　　　④ 25[mm]

> **해설** $\dfrac{길이}{축척} = \dfrac{5[m]}{200} = 25[mm]$　　**답** ④

20 설계도서의 해석의 우선순위로 옳은 것은?

① 공사시방서 → 설계도면 → 전문시방서 → 표준시방서 → 산출내역서 → 승인된 상세시공도면 → 관계법령의 유권해석 → 감리자의 지시사항

② 공사시방서 → 설계도면 → 표준시방서 → 전문시방서 → 산출내역서 → 승인된 상세시공도면 → 관계법령의 유권해석 → 감리자의 지시사항

③ 공사시방서 → 설계도면 → 전문시방서 → 산출내역서 → 표준시방서 → 승인된 상세시공도면 → 관계법령의 유권해석 → 감리자의 지시사항

④ 공사시방서 → 설계도면 → 표준시방서 → 산출내역서 → 전문시방서 → 승인된 상세시공도면 → 관계법령의 유권해석 → 감리자의 지시사항

> **해설** **설계도서 해석의 우선순위**
> 설계도서법령해석감리자의 지시 등이 서로 일치하지 아니하는 경우에 있어 계약으로 그 적용의 우선순위를 정하지 아니한 때에는 다음의 순서를 원칙으로 한다.
> 1) 공사시방서   2) 설계도면
> 3) 전문시방서   4) 표준시방서
> 5) 산출내역서   6) 승인된 상세시공도면
> 7) 관계법령의 유권해석   8) 감리자의 지시사항   **답** ①

21 설계도서에 해당되지 않는 것은?

① 시방서   ② 시공상세도
③ 설계도면   ④ 내역서

> **해설** "설계"란 전력시설물의 설치 보수공사에 관한 계획서, 설계도면, 설계설명서, 공사비 명세서, 기술계산서 및 이와 관련된 서류[이하 "설계도서"라 한다]를 작성하는 것을 말한다.   **답** ②

22 구조물 시공의 주요 적용기준에 해당하지 않는 것은?

① 토목구조 설계기준
② 콘크리트구조 설계기준
③ 강구조 설계기준, 하중저항계수 설계법
④ 건축법 및 동 시행령, 건축물의 구조기준 등에 관한 규칙

> **해설** **구조물 시공의 주요 적용기준**
> 1) 건축법 및 동 시행령, 건축물의 구조기준 등에 관한 규칙
> 2) 건축구조 설계기준
> 3) 강구조 설계기준, 하중저항계수 설계법
> 4) 콘크리트구조 설계기준   **답** ①

3과목
태양광발전 시공

제 1 장

태양광발전 토목공사

New & Renewable energy

1.1 태양광발전 토목공사 수행

1.1.1 설계도면 해석

(1) 설계도면 표시사항

1) 방위표 : 도면의 동서남북을 알 수 있도록 도면에 표시된 사항

2) 주기사항 : 도면의 각 기호 등을 표시한 사항

3) 차수선 : 도면에서 길이와 치수를 나타내는 선

4) 경사에 대한 사항 : 종단면과 횡단면의 경사도를 확인할 수 있는 사항

(2) 토목 설계도의 종류

1) 공사계획도

   토지에 실제 태양광설비가 설치될 수 있도록 토목 작업을 나타낸 도면

2) 배수계획도

   태양광발전설비 설치될 지형에 경사면 등으로 배수로가 필요할 경우 사용되는 도면
   이다.

3) 구적도

   토지의 모양과 경계를 구분하고 면적을 표시하는 도면으로 태양광발전설비가 설치
   될 위치를 정확히 표시하기 위해 사용되는 도면이다.

4) 종단면도, 횡단면도

   토지의 종단면과 횡단면을 표시하는 도면으로 평지가 아닌 곳은 그 지역의 형세에 맞
   추어 태양광발전설비를 설계 및 시공할 수 있는 도면이다.

5) 지적측량 - 공부상 분할(지적측량, 분할측량)

1.1.2 사용자재의 규격

(1) 사용자재

1) 공사용 자재를 선정할 때에는 본 시방서와 설계도서에 품질기준이 명시되어 있는 품목의 경우 그 품질기준에 적합한 신품을 사용하여야 한다. 다만, 해당 설계도서에 품질기준이 명시되어 있지 않은 품목에 대하여는 다음 각 호에 따라 적합한 자재를 우선 사용한다. 단, 가설용 자재에 대하여는 공사감독자가 구조물에 영향이 없다고 판단할 때 재고품을 사용할 수 있다.

① "산업표준화법"에 의한 한국산업규격 표시품(이하 "KS 표시품"이라 한다)

② "건설기술관리법 제25조"에 의한 품질검사전문기관 또는 공인시험기관(전기설비, 통신설비의 경우)에서 "산업표준화법"에 의한 한국산업규격에 따라 품질시험을 실시하여 KS표시품과 동등이상의 성능이 있다고 확인한 것.

2) 전기설비, 통신설비에 사용하는 자재로서 "1)"항에 적합한 자재가 없을 경우에는 전기용품 기술기준에 의한 형식 승인품을 사용한다.

3) "1)"항에 적합한 자재가 없을 경우 공사감독자의 승인을 받아 품질 및 성능이 우수한 제품만을 사용한다.

(2) 사용제한

1) 품질시험·검사시험 결과 불합격률이 높다고 인정되는 생산업체의 자재에 대하여 주무관청은 시공자에게 사용제한을 지시할 수 있으며, 시공자는 이에 따라야 한다.

2) 본 공사 목적물에 쓰이는 모든 자재는 공사에 사용하기 전에 공사감독자의 검사·시험을 거쳐야 한다. 공사감독자의 승인 없이 검사·시험하지 않은 자재 및 제품을 사용하여 공사를 시행한 경우에는 시공자의 부담으로 이를 제거하여야 한다.

(3) 자재수급

1) 자재수급계획서

해당 공사의 공정계획에 맞추어 자재 수급계획서를 작성한다.

2) 반입시기

① 모든 자재는 사용예정일 7일전까지 현장에 반입하여야 한다. 다만, 시험이 필요한 자재는 시험 소요기간을 추가로 감안하여 반입하여야 한다.

② 자재파동이 예상되는 자재는 공사에 지장이 없도록 사전에 구매하여 비축하여야 한다.

3) 품질보증대상 건설자재 · 부재 등(건설기술관리법 제24조의2)

시공자는 다음 각 호에 해당하는 건설 자재·부재에 대하여는 국·공립 시험기관, 국가공인 시험기관 또는 품질검사 전문기관이 작성한 시험성적서 등 품질보증에 관한 자료를 제출하거나 품질시험 또는 검사 등에 의한 확인을 받아야 한다.

① 레디믹스트 콘크리트

② 아스팔트 콘크리트

③ 철근, 모래

④ 골재류 및 강재

⑤ 관자재

⑥ 본 공사시방서의 각 항목에 품질보증의 이행이 명시되어 있는 자재

⑦ 공사감독자가 시험이 필요하다고 인정하는 자재

1.1.3 시방서 검토

시방서는 설계자의 의도를 시공자에게 전달하기 위하여 설계도에 표시할 수 없는 사항으로 공사시공에 필요한 재료·시공방법 등에 관한 기술적 요구사항을 상세히 적은 것을 말한다. 설계도면에 명확히 표기된 사항임에도 특기시방서에서 다른 규격으로 정하고 있어 시공자를 혼란스럽게 하고 현장에서 발주자와 시공자간에 분쟁이 자주 발생하기도 한다. 따라서, 설계도서는 우선순위가 공식적으로 정해져 있으며, 공사시방서 및 특별시방서는 설계도면보다 우선 적용하도록 하고 있다.

설계자가 작성한 공사시방서는 발주자의 감독자의 검토를 통하여 완성되고 발주하게 되는 과정에서 먼저, 설계자가 전체 공사내용에 대하여 완성된 설계도면을 꼼꼼하게 확인하고 공사시방서를 작성해야 하며, 감독자는 발주자로서 사업의도가 시공방향에 잘 반영되었는지 검토 후 발주해야 한다.

일반적으로 설계도면과 공사시방서의 오류는 다음과 같은 경우 발생 된다.

1) 납품기일이 촉박한 설계자가 무책임하게 과거 유사한 시공현장의 공사시방서를 복사하여 표지만 변경하여 제출하는 경우

2) 감독자가 자신의 고유 업무가 바쁘다거나 실무 경험이 부족하여 설계도서의 검토를 소홀히 한 경우

3) 발주자가 위촉한 감독자가 설계자 의도를 무시하거나 설계도면에 명확하게 표기된 사항을 무시하고, 공사시방서를 발주자의 의도대로 임의 수정하여 발주하는 경우에 따라서 공사를 도급한 시공사는 현장개설과 동시에 작성되는 실행예산 작성 시 설계도면과 관련 공사시방서를 완전하게 파악하여야 한다.

1.2 태양광발전 토목공사 관리

1.2.1 공정관리

설치공사는 크게 어레이 구조물의 기초공사, 가대공사, 설치공사, 인버터의 기초·설치공사, 토목공사, 전기실 건물의 건축공사, 배선공사와 검사 등으로 구분된다.

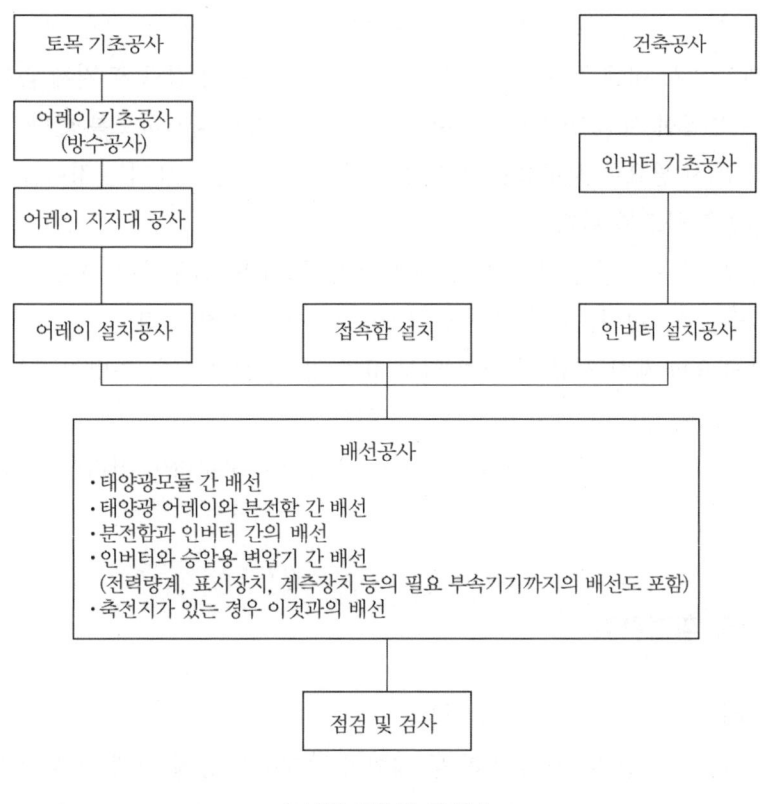

| 설치공사의 절차 |

1.2.2 토목설계 내역 검토

(1) 설계 내역서 검토 및 현장 답사

1) 해당 공사 계약체결이 완료되면 당 발주자나 시행자로부터 설계내역서를 수령 받도록 한다.

2) 설계내역서의 내용은 원내역서, 시방서, 설계도면, 수량 산출서 및 단가 산출서, 일위대가 내용이 포함된 자료인지 확인하고 누락된 자료가 없도록 사전에 확보하도록

한다.

3) 설계 내역서 확보 후 현장 답사하여 작업환경에 대하여 미리 사전 정보를 입수하도록 한다.

　－ 착공 전 사진 대장 작성용 사진 촬영

　－ 현장 사무실 배치 장소 및 외부 연결 선로 확인(전화선, 전기선, 차량 진입 등)

4) 설계내역서 검토는 설계도면 및 수량 산출서를 기준으로 검토하고 수량 산출서를 통한 내역서 적용 여부를 확인한다.

5) 단가 산출서 및 일위대가의 적정 여부를 검토하고 내역서 적용 여부를 확인 한다.

6) 설계 내역서 내에 문제점을 발견 시 이에 대해 충분한 검토 후 지체 없이 보고하여 실공사 투입전 사전 협의가 이루어지도록 업무 보고 처리하도록 한다.

(2) 공사 투입 시 필요한 사무용품 및 안전관리 품목, 기타 소요되는 경비를 산출 작성하여 협의 후 보고하도록 한다.

(3) 공사 투입 전 구입해야 할 자재는 수량 확인 후 협의, 발주하여 공사착공 시 현장 반입 가능하도록 조치한다.(자재 관련 공급원 승인 서류 필히 수령)

(4) 공사에 필요한 제반 서류 및 기기(업무 표준 양식, 사무기기, 측량기 등)는 미리 점검하여 공사 업무수행에 차질이 없도록 준비한다.

(5) 공사 서류함은 시공, 품질, 안전, 자재 등 품목별로 구분하여 정리할 수 있도록 준비 한다.

1.2.3 공사현장 환경관리

(1) 안전관리

안전관리는 공정관리, 자재 관리 등 계획과 연계하여 공정 진행 전 사전 예방조치는 물론 각 공정 진척에 따른 쾌적하고 공해 없는 현장 및 안전을 최우선으로 재해 없는 안전한 환경을 조성하도록 한다.

안전대책은 시공에 있어서 전기공사업법 및 그 외 관련된 법령에 기초하여 안전한 작업을 행할 필요가 있으며 옥상에서 주로 작업이 이루어지기 때문에 작업자 추락사고 방지 및 시설물의 낙하사고 방지 등 충분한 안전대책을 수립하고 작업에 들어간다.

(2) 안전대책

1) 복장 및 추락방지

작업에 적합한 복장은 작업자 자신의 안전을 보장하고 2차 재해를 예방할 수 있다.

① 안전모 착용 : 머리 보호를 위해 착용한다.

② 안전대 착용 : 추락방지를 위해 필히 착용한다.

③ 안전화 : 미끄럼 방지의 효과가 있는 신발

④ 안전허리띠 착용 : 공구 공사 부재의 낙하 방지를 위해 착용한다.

2) 작업 중 감전 방지 대책

태양광모듈 한 장의 출력전압은 모듈별 용량과 편차에 따라 직류 25~45[V] 정도이다. 요구되는 발전에 필요한 전압만큼 상승시키기 위해서는 여러 개의 모듈을 직렬로 연결하여 종단 전압을 250~450[V] 또는 450~820[V]까지의 고전압으로 얻을 수 있다. 또한 작업에 있어 감전 방지를 위하여 다음과 같은 안전대책이 요구된다.

① 작업 전 태양광모듈 표면에 차광막을 씌워 태양광을 차폐한다.

② 저압 절연장갑을 착용한다.

③ 절연 처리된 공구를 사용한다.

④ 강우 시에는 감전사고, 미끄러짐, 추락사고 등의 우려가 있으므로 작업을 금지한다.

(3) 자재 반입 시 주의사항

기중기 등을 이용하여 공사장 안으로 자재를 반입하는 경우를 대비하여 공사 시작 전에 전력회사와 사전 협의 후 배전선로에 대한 절연전선 또는 전력케이블 보호관을 설치하는 등의 보호조치를 실행한다.

01 토목 설계도면의 표시사항이 아닌 것은?

① 단선결선   ② 방위표   ③ 주기사항   ④ 차수선

> **해설** 설계도면 표시사항
> 1) 방위표 : 도면의 동서남북을 알 수 있도록 도면에 표시된 사항
> 2) 주기사항 : 도면의 각 기호 등을 표시한 사항
> 3) 차수선 : 도면에서 길이와 치수를 나타내는 선
> 4) 경사에 대한 사항 : 종단면과 횡단면의 경사도를 확인할 수 있는 사항   **답** ①

02 설계도서에 품질기준이 명시되어 있지 않은 품목에 적합한 자재를 우선 사용하기 위한 방안이다. 해당되지 않는 방안은?

① 산업표준화법에 의한 한국산업규격 표시품

② 한국전력공사에서 권장하는 제품

③ 품질검사전문기관에서 한국산업규격에 따라 품질 시험을 실시하여 KS 표시품과 동등이상의 성능 제품

④ 공인시험기관에서 한국산업규격에 따라 품질 시험을 실시하여 KS 표시품과 동등 이상의 성능 제품

> **해설** 공사용 자재를 신청일 때에는 본 시방서와 설계도서에 품질기준이 명시되어 있는 품목의 경우 그 품질기준에 적합한 신품을 사용하여야 한다. 다만, 해당 설계도서에 품질기준이 명시되어 있지 않은 품목에 대하여는 다음 각 호에 따라 적합한 자재를 우선 사용한다.
> 1) "산업표준화법"에 의한 한국산업규격 표시품(이하 "KS 표시품"이라 한다)
> 2) "건설기술관리법 제25조"에 의한 품질검사전문기관 또는 공인시험기관(전기설비, 통신설비의 경우)에서 "산업표준화법"에 의한 한국산업규격에 따라 품질시험을 실시하여 KS 표시품과 동등이상의 성능이 있다고 확인한 것.   **답** ②

03 설계도면과 공사시방서의 오류가 발생하는 경우가 아닌 것은?

① 과거 유사한 시공현장의 공사시방서를 복사하여 표지만 변경하여 제출하는 경우

② 사업의도가 시공방향에 잘 반영되었는지 검토 후 발주하는 경우

③ 실무 경험이 부족하여 설계도서의 검토를 소홀히 한 경우

④ 공사시방서를 발주자의 의도대로 임의 수정하여 발주하는 경우

> **해설** 일반적으로 설계도면과 공사시방서의 오류는 다음과 같은 경우 발생 된다.
> 1) 납품기일이 촉박한 설계자가 무책임하게 과거 유사한 시공현장의 공사시방서를 복사하여 표지만 변경하여 제출하는 경우
> 2) 감독자가 자신의 고유 업무가 바쁘다거나 실무 경험이 부족하여 설계도서의 검토를 소홀히 한 경우

3) 발주자가 위촉한 감독자가 설계자 의도를 무시하거나 설계도면에 명확하게 표기된 사항을 무시하고, 공사시방서를 발주자의 의도대로 임의 수정하여 발주하는 경우 따라서 공사를 도급한 시공사는 현장개설과 동시에 작성되는 실행예산 작성 시 설계도면과 관련 공사시방서를 완전하게 파악하여야 한다. **답** ②

04 다음 중 공정계획에서 공정별, 단위업무를 세부적으로 구분하여 작성하는 공정표는?

① 기자재 제조 공정표　　　　　② 납품 예정 공정표
③ 시공 예정 공정표　　　　　　④ 종합 예정 공정표

해설　공종별, 단위업무를 세부적으로 구분하는 것은 시공 예정 공정표이며, 단위업무의 가중치를 감안하여 작성하는 것은 종합 예정 공정표이다. **답** ③

05 다음 중 A, B에 들어갈 내용을 올바르게 나타낸 것은?

① A : 전기실 건축공사,
　 B : 접속함 설치
② A : 접속함 설치,
　 B : 배선공사
③ A : 배선공사,
　 B : 전기실 건축공사
④ A : 배선공사,
　 B : 접속함 설치

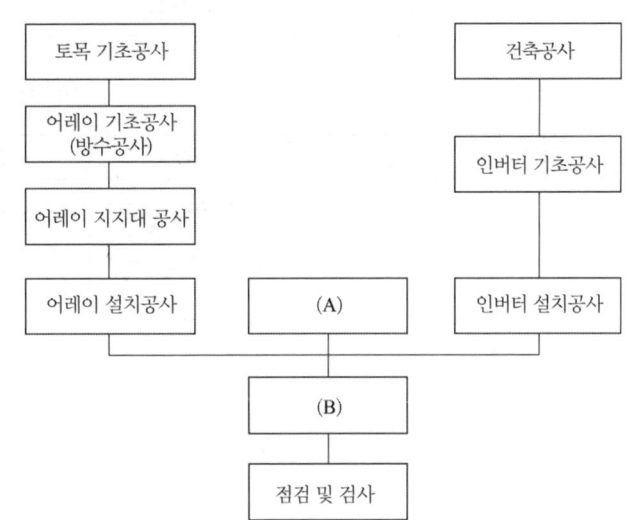

해설　A : 접속함 설치
　　　B : 배선공사 **답** ②

06 다음 중 태양광발전설비 공정 계획이 올바르게 연결된 것은?

A. 제작도서 작성 및 승인	B. 반입 및 기자재 설치	C. 교육훈련
D. 시공준비 및 지자체와의 회의	E. 시운전	F. 자재구매
G. 기자재 제작 및 공장검사		

① D → F → G → A → B → E → C　　② D → E → B → G → A → E → C
③ D → B → G → A → F → E → C　　④ D → A → F → G → B → E → C

해설　**태양광발전설비 공정 계획**
시공준비 및 지자체와의 회의 → 제작도서 작성 및 승인 → 자재구매 → 기자재 제작 및 공장검사 → 반입 및 기자재 설치 → 시운전 → 교육훈련 **답** ④

07 다음 중 전기공사 절차에서 옥외공사에 해당하지 않는 것은 무엇인가?

① 분전반 개조(신설)　　　　　　② 접속함 설치

③ 접속함에서 인버터까지의 배선　④ 전력량계 설치

> **해설** 분전반 개조(신설) – 옥내공사　　　　　　　　　　　　　　　**답** ①

08 토목도면의 재료별 단면을 표시할 경우 지반에 해당하는 것은?

㉠	㉡	㉢	㉣
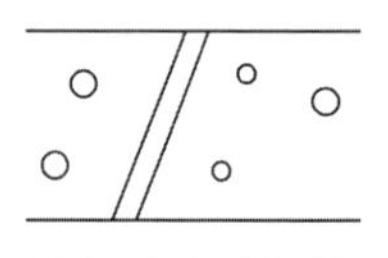	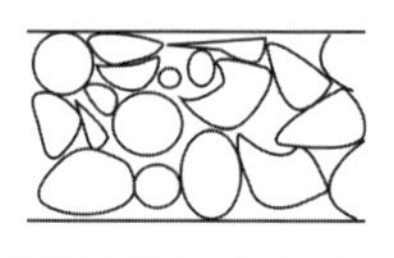	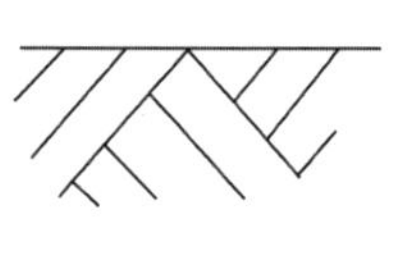	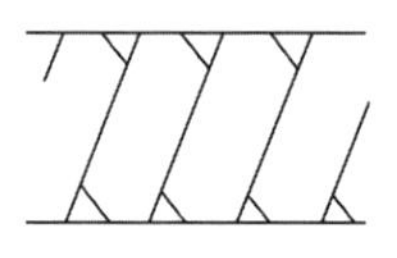

① ㉠　　　　　② ㉡　　　　　③ ㉢　　　　　④ ㉣

> **해설**
>
> | 철근 | 자갈 | 지반 | 잡석 |
> |---|---|---|---|
> | | | | |
>
> **답** ③

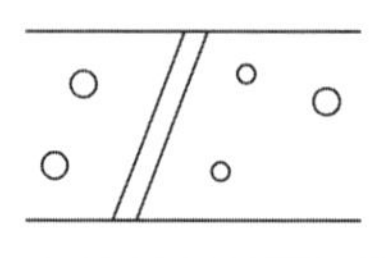

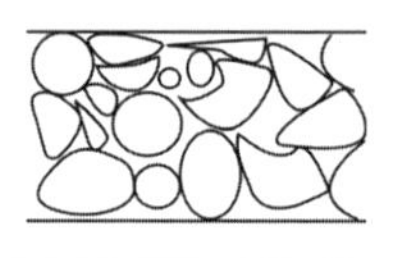

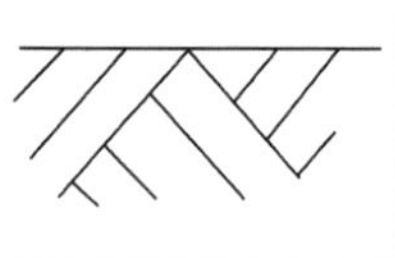

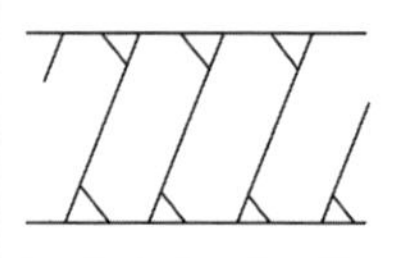

제 2 장

태양광발전 구조물 시공

New & Renewable energy

2.1 태양광발전 구조물 시공

2.1.1 태양광 발전용 구조물 설치

(1) 기초공사

태양광발전시스템의 기초공사는 지면에 지지하거나 또는 건축물과 가대를 잇는 지지대를 설치하는 공사

(2) 지지대(가대) 공사

태양전지모듈과 어레이를 지지할 수는 구조물을 설치하는 공사

2.1.2 구조물 형태와 시공 방법

(1) 기초의 종류

1) 직접기초 : 지지층이 얕을 경우 기초

① 푸팅기초 : 도로표시 등의 기초에 쓰이는 블록기초를 말한다.

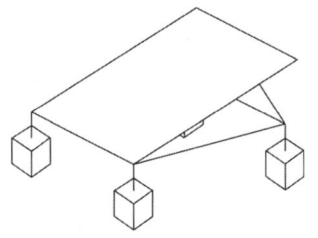 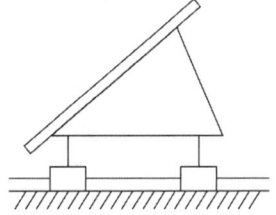

② 복합푸팅기초 : 2개 이상 지지물의 응력을 단일로 지지하는 기초

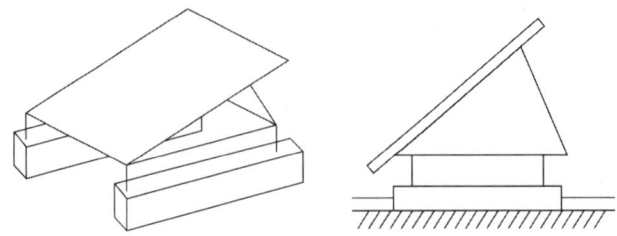

2) 말뚝기초 : 지지층이 깊을 경우 기초

3) 주춧돌 기초 : 철탑 등의 기초

4) 케이슨 기초 : 하천 내의 교량 기초

5) 연속기초 : 지지층이 매우 깊은 기초

(2) 건축물 설치 부위에 따른 분류

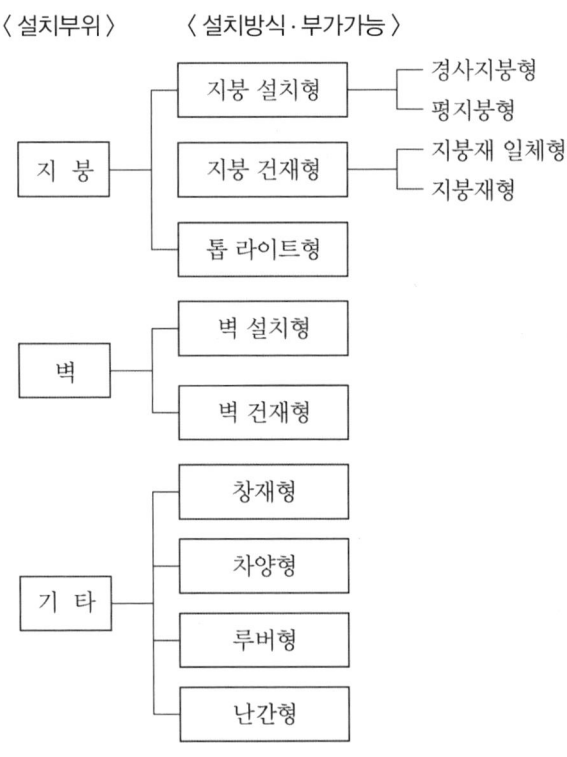

1) 경사지붕형(지붕 설치형)

- 지붕재(기와 착색 슬레이트, 금속지붕 등)에 전용 지지기구와 받침대를 설치하여 그 위에 태양전지 모듈을 설치하는 타입
- 주로 주택용 설치공법으로서 각 모듈 제조회사의 표준사양으로 되어있다.

2) 평지붕형(지붕 설치형)

- 아스팔트 방수 시트 방수, 등의 방수층 위에 철골가대를 설치하고 태양전지를 설치하는 타입
- 설치공법으로서 각 모듈 제조회사의 표준사양으로 되어 있다.
- 주로 청사나 학교 관사의 옥상에 설치되어 있는 사례가 있다.

3) 지붕재 일체형(지붕 건재형)

- 지붕재(금속지붕 평판기와 등)에 태양전지 모듈을 부착시키는 타입
- 주변 지붕재와 같은 형상을 하고 있으므로 지붕과 일체감이 있으며 건축의 디자인을 손상시키지 않는 마감을 실현할 수 있다.
- 지붕의 여러 기능(방수성, 내구성 등)을 겸비하고 있는 건재이다.

4) 지붕재형(지붕 건재형)

- 태양전지 모듈 자체가 지붕재로서의 기능을 보유하고 있는 타입
- 주변 지붕재와의 배합이 가능하다.
- 주로 신축 주택용으로 설치되는 사례가 많다.

5) 톱 라이트형

- 톱 라이트의 유리부분에 맞게 태양전지 유리를 설치한 타입
- 톱라이트로서의 채광 및 셀에 의한 차폐 효과도 있다.
- 셀의 배치에 따라서 개구율을 바꿀 수 있다.

6) 벽 설치형

- 벽에 가대(지지금속물) 등을 설치하고, 그 위에 태양전지 모듈을 설치하는 타입
- 중·고층건물의 벽면을 유효하게 이용할 수 있다.

7) 벽 건재형

- 태양전지가 벽재로서 기능하는 타입
- 셀의 배치에 따라서 개구율을 바꿀 수 있다.
- 알루미늄 새시 등 지지공법을 여러 가지로 선택할 수 있다.
- 주로 커텐월 등으로 설치되어 있다.

8) 창재형

- 유리창의 기능(채광성, 투시성)을 보유하고 있는 타입
- 셀의 배치에 따라 개구율을 바꿀 수 있다.

9) 차양형

- 창의 상부 등 건물 외부에 지지기구(가대)를 설치하고 태양전지 모듈을 설치하여 차양 기능을 보완하는 타입

10) 루버형

- 개구부의 블라인드 기능을 보유하고 있는 타입
- 기존 루버재와 같은 의장성을 재현하여 건축의 디자인을 손상시키지 않고도 설치할 수 있다.

11) 난간형

- 수직설치이므로 공간에 여유가 생기고 종래의 가대가 필요 없으며, 또한 옥상에 설치하지 않으므로 건물 옥상 등을 유효하게 활용할 수 있다.
- 양면 수광형의 태양전지 등 수직설치 공법이 가능하다.

(3) 태양광발전 설치 유형별 준수 사항

1) 지상형(일반지상, 산지, 농지) 공통 준수사항

① 용어 정의

㉮ 스파이럴(Spiral) 공법 : 큰크리트 기초와 다르게 토지에 직접 스파이럴 파일(나선형 구조물)을 삽입하는 공법

㉯ 스크류(Screw) 공법 : 토지에 직접 스크류 파일을 삽입하는 공법

㉰ 레이밍 파일(Ramming pile) 공법 : 토지에 직접 U형, C형, H형 단면 등의 파일 기초를 삽입하는 공법

㉱ 보링그라우팅 공법 : 지반이 연약하여 흙과 흙 사이에 시멘트풀을 넣어서 지반을 튼튼하게 하는 공법(보링(Boring)이란 땅에 기계로 구멍을 내면서 땅의 지질 상태를 조사하는 것이며, 그라우팅(Grouting)은 자갈과 자갈 사이 또는 흙의 공극을 시멘트풀로 채워주는 것을 말함)

㉲ 굴착심도 : 땅속 깊게 파 들어가는 정도

② 일반사항

㉮ 배수는 용이하여야 하며 태양광설비의 구조물과 기초, 지반 및 절 · 성토 사면 등은 안전성을 확보하여야 한다.

㉯ 발전실 등의 전기설비는 집중호우 시 침수 피해방지를 위해 지상보다 높게 위

치하도록 시공하고 주변에 배수시설을 설치하여야 한다.

  ㉰ 설치 지역 및 장소, 형상 등에 따라 상정되는 하중이 다르므로 현장상황을 고려
  하여 상세설계를 시행하여야 하며 설계도면과 일치하도록 시공하여야 한다.

③ 기초 공사

  ㉮ 토질상태와 지반여건 등을 고려하여 현장에 적합한 기초 공법을 선정하여야
  한다.

  ㉯ 지지대 기초는 기본적으로 콘크리트 기초로 시공하여야 하며, 이 경우 베이스
  판, 볼트류, 볼트캡 등 자재는 부식을 방지하기 위하여 지표면 이상 높이에 위
  치하여야 한다. 다만, 주차장 등 입지 여건에 따라 지표면에 노출이 곤란할 경
  우에는 매립할 수 있으며, 이 경우 매립을 확인할 수 있는 사진을 설비(설치)확
  인 신청시 센터에 제출하여야 한다.

  ㉰ 콘크리트 기초로 시공이 곤란한 경우에는 스파이럴, 스크류, 레이밍 파일, 보
  링그라우팅 공법 등으로 할 수 있으며 기초의 깊이는 설계 굴착심도 이상으로
  계획하고 시공하여야 한다. 이 경우 안전성 및 적정성이 확보되었음을 관계전
  문기술자로부터 확인을 받아야 하며 확인받은 바에 따라 시공하여야 한다.

④ 배수로 공사

  배수관로를 포함한 배수시설은 유량, 유속, 도달 시간 등을 고려하여 규모를 산정
  하고 배수에 문제가 없도록 계획하고 설치하여야 한다.

2) 산지 및 농지형 준수사항

① 유속 완화 및 토사유출 방지

  ㉮ 급경사지에 배수로를 설치하는 경우에는 유속 완화 시설과 낙차에 의한 세굴
  및 침식 방지 시설을 설치하여야 한다.

  ㉯ 우천시 우수의 유출과 토사유출에 의한 태양광 발전설비 주변 수로 및 하류에
  위치한 소하천 등의 범람, 퇴적 등을 방지하기 위해 임시 또는 영구 우수 저류
  조 등 저감시설을 설치하여야 한다. 이 경우 설치 및 유지관리는 자연재해대책
  법 및 우수유출저감시설의 종류·구조·설치 및 유지관리 기준 등을 따른다.

② 지반과 사면의 안전성 확보

  ㉮ 절토와 성토를 통해 부지를 조성할 경우에는 단계별로 충분히 다짐하여 지지
  력과 안전성을 확보하여야 한다.

  ㉯ 절토 및 성토 비탈면의 경우 완만하게 시공하여야 하며 침식방지 및 비탈면 보
  호를 위한 녹화 등을 통해 비탈면의 안전을 도모하고 산사태를 방지할 수 있도
  록 하여야 한다. 비탈면에 구조물(콘크리트 옹벽, 보강토 옹벽, 석축 등)을 설

치할 경우에는 설계기준에 맞춰 계획하고 시공되도록 하여야 한다.

③ 기타

농지법에 따른 농지전용허가(신고) 또는 농지의 타용도 일시사용허가, 산지관리
법에 따른 산지전용허가(신고) 또는 산지일시사용허가 기준에 부합하도록 계획하
고 시공하여야 한다.

3) 건물설치형 준수사항

① 평지붕에 지지대를 설치하기 위하여 앵커를 타공 할 경우에는 옥상 방수층이 깨지
지 않도록 해야 한다.

② 건물 옥상 난간대 등으로 인하여 모듈에 음영이 발생하지 않도록 충분한 이격거리
를 두는 등의 방법으로 설비를 설치하여야 한다.

4) BAPV형 준수사항

① 모듈 배면의 배선이 배수 또는 이물질에 노출될 수 있으므로 경사지붕 및 외벽 표
면에 전선이 닿지 않도록 견고하게 고정하여야 하며 태양광설비 부착 시 경사지붕
및 외벽 표면에 크랙이 생기지 않도록 하고 방수 등에 문제가 없도록 설치하여야
한다.

② 배면환기를 위해 모듈의 프레임 밑면(프레임 없는 방식은 모듈의 가장 밑면)부터
가장 가까운 지붕면 및 외벽의 이격거리는 10[cm] 이상이어야 하며 배선처리는
바닥에 닿지 않도록 단단하게 고정해야 한다.

5) BIPV형 준수사항

신청자(소유자, 발주처 등을 포함), 설계자 및 시공자는 온도 상승에 따른 모듈 및 건
축물 부자재 파괴방지, 발전량 저감 최소화 방안 및 방수계획을 수립하여 설계하고
시공하여야 하며 감리원은 이를 확인하여야 한다.

6) 건물일반형 및 BAPV형 준수사항

① 5[kW]를 초과하는 태양광설비의 경우 건축구조기준에 따른 안전성과 적정성이
확보되었음을 관계전문기술자로부터 확인 받아야 하며 확인받은 바에 따라 시공
하여야 한다.

② 태양광설비를 주택 및 건물 등 구조물에 설치하고자 할 경우(RPS 사업은 제외)에
는 하중을 지지할 수 있는 콘크리트 및 철제 구조물 등에 직접 고정하여야 한다.
태양광설비의 하중을 지지할 수 있는 구조물에 직접 고정이 불가능한 경우에는 해
당 태양광 설비 및 태양광 설비가 설치되는 건축물 또는 구조물(건축물 등에 고정
되는 지지대 등을 포함한 전체 설비)이 현행 건축구조기준에 따라 안전성과 적정
성이 확보되었음을 관계전문기술자로부터 확인 받아야 하며 확인받은 바에 따라

시공하여야 한다.

③ 태양광설비를 주택 및 건물 등의 상부에 설치할 경우 태양광설비의 눈 · 얼음이 보행자에게 낙하하는 것을 방지하기 위하여 모든 모듈 끝선이 건물의 외벽 마감선을 벗어나지 않도록 설치하여야 한다.

7) 수상형 준수사항

① 용어정의

㉮ 수상형 태양광 설비 : 수상 환경에 부유식으로 설치된 태양광 발전 설비

㉯ 수상형 태양광 지지대 : 수상 태양광 모듈을 지지하기 위하여 부력설비를 수상에 설치하고 그 위에 수상 태양광 모듈을 설치할 수 있도록 구성된 구조물

② 일반사항

㉮ 태양광 모듈 설치상태

태양광 모듈은 파랑, 파고 등의 영향을 고려하여 물에 접촉되지 않도록 수면으로부터 충분한 높이를 확보하여야 한다.

㉯ 지지대, 부력체 등 부속자재

– 지지대, 이동통로, 부력체(충진재 포함), 계류장치, 체결용 볼트(볼트캡 포함), 너트, 와셔, 수상케이블 등 수상형 태양광설비에 사용되는 모든 기자재는 수도법 제14조 및 같은 법 시행령 제24조에 따른 위생안전기준에 적합한 자재를 사용(해수에 설치되는 경우 제외)하여야 한다.

– 지지대는 STS, 전기 산화피막 처리된 알루미늄 합금 또는 UV 방지 처리된 FRP 등 내식성이 높은 재질(해수의 경우 STS 제외)로 제작 · 설치하여야 하며 각종 하중 및 기타 진동과 충격에 대하여 안전한 구조이어야 한다.

– 유지관리용 이동통로는 음영 발생 여부 등을 고려하여 계획하고 설치하여야 한다. 이동통로는 PE, 용융아연–알루미늄–마그네슘합금 도금 강, STS, 알루미늄 합금 또는 FRP 등 내식성이 높은 재질로 제작 · 설치되어야 하며 각종 하중 및 기타 진동과 충격에 대하여 안전한 구조이어야 한다.

③ 전기배선 및 접속함

㉮ 접속함과 인버터 간 수중 포설 방식을 사용하는 경우에는 수중케이블을 사용하고 외부에 전선관을 설치하여 케이블을 보호하여야 하며 수위변동, 풍속에 의해 구조물이 이동하는 등 외부적인 요인으로 가해지는 힘이 수중케이블에 직접 영향을 주지 않도록 설치하여야 한다.

㉯ 전기배선은 부력체 면에 선이 닿지 않도록 전선관, 배관, 덕트 등으로 보호하고 구조물 등에 단단하게 고정하여야 하며 모듈 간 배선은 내후성, 내식성 등이

확보된 자재로 단단히 고정하여야 한다.

ⓒ 접속함의 최하단은 수면 위로부터 파고, 파랑 등을 고려하여 물이 접촉되지 않도록 충분한 높이를 확보하도록 설치하여야 하며 접속함의 배선 처리는 부력체에 닿지 않도록 단단하게 고정하여야 한다.

ⓓ 모듈에서 접속함에 사용되는 모든 케이블은 난연 차수 케이블(FW)을 사용하여야 한다.

8) 설비 시공사항

① 일반사항

㉮ 부력체, 지지대를 포함한 태양광설비 및 계류장치 등에 대해서는 안전성 및 적정성이 확보되었음을 관계전문기술자로부터 확인을 받아야 하며 확인받은 바에 따라 시공하여야 한다.

㉯ 수상 태양광 발전설비(지지대, 부력체, 계류장치, 앵커시설, 송변전설비 등)를 설치할 때는 건축구조기준, 항만 및 어항 설계기준, 선박안전법 등 해당 법령에 따라 풍하중, 적설하중, 자중, 군중하중, 파랑, 조류 등을 포함한 외력 등을 고려하여 안전성이 확보되도록 하여야 한다.

② 부력체

㉮ 전체 부력체는 부분 파손의 경우에도 부력 손실을 최소화 할 수 있는 구조이어야 하며 부력체 외피 및 충진재는 수질 환경에 유해한 물질을 사용하지 않아야 한다.

㉯ 부력체는 부력의 불균형이 발생하지 않도록 균일하고 적절하게 배치되어야 하며 온도차, 수면의 결빙, 유속 및 부유물 등의 외부환경 변화에 대해 충분한 강도를 유지할 수 있는 재질과 충분한 내구성을 확보해야 한다.

③ 지지대(부력체, 계류장치 및 모듈을 제외한 부재)

지지대는 계류별 유닛 단위로 설계 검토되어야 하고 외부 하중을 포함하여 전체 지지대에 작용하는 하중을 고려하여 안전하게 설치되어야 한다.

④ 계류장치

㉮ 계류장치 연결 접속부의 연결 철물은 STS304(해수는 STS316) 재질 이상의 내식성이 확보되어야 한다.

㉯ 바람, 유수 및 파랑 등의 외력에 대해 설치 방위각이 평수위 기준 10도 이내로 유지될 수 있는 구조로 설치되어야 하고 수심변화에 따른 계류장치의 느슨함으로 인해 타 시설물과 부딪치지 않도록 설계하고 시공하여야 한다.

㉰ 계류선은 자외선(UV), 빙압이 영향을 미치는 환경에서는 이에 대한 저항성을 가지는 재질로 설치하여야 한다.

⑤ 연결철물(힌지 등) 및 부속장치

지지대 및 이동통로간 연결철물은 STS304(해수는 STS316) 재질 이상의 내식성과 내구성이 확보 가능한 재질로 설치하여야 하고 부재간 상대 운동이 발생하는 유동부위는 마모에 대한 내구성이 확보 가능한 구조로 설치되어야 한다.

⑥ 야간에 수상태양광 구조물을 인지할 수 있도록 시인성 확보 시설을 설치하여야 한다.

01 다음 중 적설하중과 관련 있는 사항이 아닌 것은?

① 경사도계수
② 노출계수
③ 적설면적
④ 내압계수

> **해설** **적설하중**
> 1) 평지붕의 적설하중 : $S_f = C_b \times C_e \times C_t \times I_s \times S_g [\text{kN/m}^2]$
> S_f : 평지붕의 적설하중, C_b : 기본 지붕 적설하중계수(0.7 적용)
> C_e : 노출계수, C_t : 온도계수, I_s : 중요도 계수, S_g : 지상 적설하중의 기본값
> 2) 경사지부의 적설하중 : $S_s = S_f \times C_s [\text{kN/m}^2]$
> S_s : 경사지붕의 적설하중, S_f : 평지붕하중의 적설하중, C_s : 지붕경사도계수
>   내압계수 : 풍하중에서 사용

답 ④

02 다음 중 구조골조용 풍하중과 관련 있는 사항이 아닌 것은?

① 설계풍력
② 외압계수
③ 노출계수
④ 유효수압면적

> **해설** **구조골조용 풍하중**(W_f)
> $$W_f = P_f \times A$$
> P_f : 구조골 조용 설계풍력, A : 유효수압면적
> 1) 밀폐형 건축물의 구조골조용 설계풍력(P_f)
> $$P_f = G_f \times (q_z \times C_{pe1} - q_h \times C_{pe2})$$
> G_f : 구조골조용 가스트 영향계수, C_{pe} : 외압계수, q : 설계속도압
> 2) 개방형 건축물 및 기타 구조물의 구조골조용 설계풍력(P_f)
> $$P_f = q_z \times G_f \times G_f$$

답 ③

03 다음 중 구조물 시공의 주요 적용기준에 해당하지 않는 것은?

① 토목구조 설계기준
② 건축법 및 동 시행령, 건축물의 구조기준 등에 관한 규칙
③ 강구조 설계기준 : 하중저항계수설계법
④ 콘크리트구조 설계기준

> **해설** **구조물 시공의 주요 적용기준**
> 1) 건축법 및 동 시행령, 건축물의 구조기준 등에 관한 규칙
> 2) 건축구조 설계기준
> 3) 강구조 설계기준 : 하중저항계수설계법
> 4) 콘크리트구조 설계기준

답 ①

04 다음은 구조시공의 기본 방향에 대한 고려사항이다. 다음에 해당하는 것은?

> ‣ 부재의 재질, 접합 방법 등의 통일
> ‣ 규격화, 일관성 있는 시공 방법 선택

① 안전성   ② 경제성   ③ 시공성   ④ 사용성 및 내구성

해설 **구조시공의 기본 방향**
- ‣ 안정성 – 내진, 내풍 설계 및 최대 상정 하중 고려 천재지변 대비
  - – 사용 중 돌발 상황, 유지보수 및 기타 발생 가능한 추가 하중 고려
  - – 하부의 기존 구조물의 안전성 고려
- ‣ 경제성 – 과다 설계 배제, 규모 및 현장 여건 고려
  - – 공사비의 절감이 가능한 공법 적용
- ‣ 시공성 – 부재의 재질, 접합 방법 등의 통일
  - – 규격화, 일관성 있는 시공 방법 선택
- ‣ 사용성 및 내구성 – 경년 변화, 지반의 상태, 환경 등을 고려한 시공   답 ③

05 다음 중 상정하중에 대해서 잘못 설명한 것은?

① 고정하중 : 모듈의 질량과 지지물 등의 질량의 합을 말한다.

② 풍하중 : 모듈에 가해지는 풍압력과 지지물에 가해지는 풍압력의 합을 말한다.

③ 적설하중 : 모듈면에 수직 적설하중

④ 지진하중 : 지지물에 가해지는 수직 지진력을 말한다.

해설 지진하중이란 지지물에 가해지는 수평 지진력을 말한다.   답 ④

06 태양전지어레이의 상정하중 중 영구적으로 작용하는 하중은?

① 고정하중   ② 풍하중   ③ 적설하중   ④ 지진하중

해설 상정하중은 영구적으로 작용하는 고정하중과 자연의 외력인 풍하중, 적설하중, 지진하중으로 이루어진다.
1) 고정하중 : 모듈 질량과 지지물 질량의 합
2) 풍하중 : 모듈, 지지물에 가해지는 풍압력의 합
3) 적설하중 : 모듈면에 쌓이는 적설의 합
4) 지진하중 : 지지물에 영향을 주는 수평 지진력   답 ①

07 풍하중을 산출하는 데 사용되는 지역별 기본풍속[m/s]이 아닌 것은?

① 60   ② 40   ③ 35   ④ 25

해설 **지역별 기본풍속**
- ‣ 서울, 인천, 대구 : 25
- ‣ 부산, 제주 : 40
- ‣ 강원도 : 25, 35, 40
- ‣ 경남, 경북 : 25, 30, 35, 40, 45
- ‣ 전남, 전북 : 25, 30, 35
- ‣ 대전, 울산 : 35
- ‣ 경기도 : 25, 30
- ‣ 충남, 충북 : 25, 30, 35, 45
- ‣ 광주 : 30

답 ①

08 태양전지 가대의 구조 설계 시 상정하중이 아닌 것은?

① 적설하중   ② 지진하중

③ 고정하중   ④ 온도하중

> **해설** 상정하중 : 고정하중, 풍하중, 적설하중, 지진하중
> 온도하중은 값이 작아 제외한다.   **답** ④

09 태양광발전시스템의 구조물설치 계획 단계에서 고려해야 할 사항으로 틀린 것은?

① 지지대의 재질   ② 지지대의 모양

③ 지지대의 강도   ④ 지지대의 내용연수

> **해설** 1) 가대의 재질 : 가대의 재질은 설계 내용연수에 의해 선택·결정한다.
> 2) 가대의 강도 : 특수한 폭설지대를 자중과 풍압력을 더한 하중에 견디는 것이어야 한다. 옥상설치의 경우에도 자중과 풍압의 최대하중으로 설계해 두면 좋다.
> 3) 부재의 방지 : 녹방지 방법으로 비교적 저렴하고 장기적인 사용이 가능한 것으로는 철의 10~25배의 내식성을 가진 용융아연도금이 널리 보급되어 있다.
> 4) 가대의 내용연수 : 내용연수를 몇 년으로 설정할지, 유지보수는 어느 정도 실시할지 등에 따라 재질을 선택한다.   **답** ②

10 태양광발전설비를 시공할 때 지지층이 얕을 경우 사용되는 기초는?

① 직접 기초   ② 말뚝 기초

③ 주춧돌 기초   ④ 연속 기초

> **해설** 태양광발전설비를 시공할 때 지지층이 얕을 경우 직접기초로 한다.   **답** ①

11 지붕에 설치하는 태양광발전 시스템 중 지붕 건재형 중 지붕 일체형의 특징이 아닌 것은?

① 지붕재(금속지붕, 평판기와 등)에 태양전지 모듈을 부각시킨 타입

② 주변 지붕재와 같은 형상을 하고 있으므로 지붕과 일체감이 있으며, 건축의 디자인을 손상시키지 않은 미감을 실현할 수 있다.

③ 주변 지붕재와의 배합이 가능

④ 지붕의 여러 기능(방수성, 내구성 등)을 겸비하고 있는 건재이다.

> **해설** • 지붕재 건재 일체형의 특징
>   1) 지붕재(금속지붕, 평판기와 등)에 태양전지 모듈을 부각시킨 타입
>   2) 주변 지붕재와 같은 형상을 하고 있으므로 지붕과 일체감이 있으며, 건축의 디자인을 손상시키지 않은 미감을 실현할 수 있다.
>   3) 지붕의 여러 기능(방수성, 내구성 등)을 겸비하고 있는 건재이다.
> • 주변 지붕재와의 배합이 가능 – 지붕 건재 지붕재형의 특징   **답** ③

12 **벽 건재형의 특징이 아닌 것은?**

① 셀의 배치에 따라 개구율을 바꿀 수 있다.

② 태양전지가 벽재로서 기능하는 타입

③ 유리창의 기능(채광성, 투시성)을 보유하고 있는 타입

④ 주로 커텐월 등으로 설치되어 있다.

> **해설** ・ **벽 건재형의 특징**
> 1) 태양전지가 벽재로서 기능하는 타입
> 2) 셀의 배치에 따라서 개구율을 바꿀 수 있다.
> 3) 알루미늄 새시 등 지지공법이 여러 가지 이므로 선택할 수 있다.
> 4) 주로 커텐월 등으로 설치되어 있다.
> ・유리창의 기능(채광성, 투시성)을 보유하고 있는 타입 – 창재형의 특징 **답** ③

13 **지붕에 설치하는 태양광발전 형태가 아닌 것은?**

① 지붕 설치형   ② 지붕 건재형   ③ 톱 라이트형   ④ 벽 설치형

> **해설** **설치방법**
> 1) 지붕 : 지붕 설치형, 지붕 건재형, 톱 라이트형
> 2) 벽 : 벽 설치형, 벽 건재형
> 3) 기타 : 창재형, 차양형, 루버형, 난간형 **답** ④

14 **루버형으로 설치할 때의 특징은?**

① 태양전지가 벽재로서 기능하는 타입

② 유리창의 기능을 보유하고 있는 타입

③ 개구부의 블라인드 기능을 보유하고 있는 타입

④ 지붕재에 태양전지 모듈을 부착시킨 타입

> **해설** **루버형의 특징**
> 1) 개구부의 블라인드 기능을 보유하고 있는 타입
> 2) 기존 루버재와 같은 의장성을 재현하여 건축의 디자인을 손상시키지 않고도 설치할 수 있다. **답** ③

15 **지붕에 설치하는 태양광발전 시스템 중 톱 라이트형의 특징이 아닌 것은?**

① 톱 라이트의 유리 부분에 맞게 태양전지 유리를 설치한 타입

② 톱 라이트로서의 채광 및 셀에 의한 차폐 효과도 있다.

③ 셀의 배치에 따라서 개구율을 바꿀 수 있다.

④ 중 · 고층 건물의 벽면을 유효하게 이용한다.

> **해설** ・ **톱 라이트형의 특징**
> 1) 톱 라이트의 유리 부분에 맞게 태양전지 유리를 설치한 타입
> 2) 톱 라이트로서의 채광 및 셀에 의한 차폐 효과도 있다.
> 3) 셀의 배치에 따라서 개구율을 바꿀 수 있다.
> ・중 · 고층 건물의 벽면을 유효하게 이용한다. – 벽 설치형 **답** ④

16 창재형(BIPV)의 특징은?

① 유리창의 기능을 보유하고 있는 타입
② 개구부의 블라인드 기능을 보유하고 있는 타입
③ 태양전지가 벽재로서 기능하는 타입
④ 지붕재에 태양전지 모듈을 부착시킨 타입

> [해설] **창재형의 특징**
> ‣ 유리창의 기능(채광성, 투시성)을 보유하고 있는 타입
> ‣ 셀의 배치에 따라 개구율을 바꿀 수 있다.   답 ①

17 지붕 설치형 태양광발전 방식의 설치에 대한 설명으로 잘못된 것은?

① 건축물은 고정하중, 적재하중, 적설하중, 지진 등에 대하여 안전한 구조를 가져야 한다.
② 건축물을 건축하거나 대수선하는 경우에는 지자체장이 정하는 바에 따라 구조의 안전을 확인한다.
③ 태양전지는 지붕 중앙부에 놓는 것이 바람직하다.
④ 태양전지 모듈의 접속은 전선 또는 커넥터 부착 전선 등을 사용한다.

> [해설] **지붕설치형**
> 1) 설치장소 : 태양광모듈을 설치하기 전에 시스템의 하중을 견딜 수 있는지 점검, 태양광모듈을 처마 끝이나 용마루에 설치할 경우 풍압력 고려
> 2) 하중 : 고정하중, 적재하중, 적설하중, 풍압, 지진 등에 대하여 안전한 구조
>   건축물을 건축하거나 대수선하는 경우에는 대통령령으로 정하는 바에 따라 구조안전 확인
>   구조내력의 기준과 구조계산 방법 등에 관하여 필요한 사항은 국토교통부령으로 정함
> 3) 설치장소 : 지붕 중앙부가 처마 끝과 용마루의 풍력계수보다 낮으므로 태양광모듈은 중앙부에 설치하는 것이 바람직하다.   답 ②

18 지붕 설치형 방식의 태양전지 모듈 설치방법의 검토 사항이 잘못된 것은?

① 태양전지 모듈의 온도상승을 억제하기 위해서 지붕과 태양전지 모듈의 간격을 둔다.
② 미관 및 안전상 가대와 지지기구 등의 노출부를 가능한 적게 한다.
③ 모듈의 고정용 볼트, 너트 등은 하부에서 조일 수 있어야 한다.
④ 적설량이 많은 지역에서는 건물의 적설하중을 고려하여 적정한 설치방법을 선택한다.

> [해설] **지붕 설치형 방식의 설치방법 검토 사항**
> 1) 시공, 유지보수 등의 작업은 단순할 것
> 2) 태양전지모듈의 온도상승을 제한하기 위해서 지붕과 태양전지모듈의 일정거리 유지
> 3) 가대와 지지기구 등의 노출부는 미관상 안전성이 문제가 될 수 있으므로 최대한 적게 한다.
> 4) 모듈의 고정용 볼트, 너트 등은 상부에서 조일 수 있어야 한다.
> 5) 적설량이 많은 지역에서 어레이와 건물의 적설하중을 고려하여 적정한 설치방법을 선택함과 동시에 유효한 대책을 강구한다.   답 ③

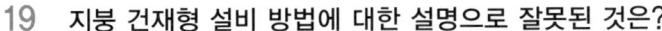
19 지붕 건재형 설비 방법에 대한 설명으로 잘못된 것은?

① 지붕재 일체형 태양전지 모듈과 지붕재형 태양전지 모듈로 나눌 수 있다.

② 지붕재 일체형 태양전지 모듈은 태양전지 모듈 자체가 지붕의 기능을 한다.

③ 처마끝과 케라바 및 용마루의 풍력계수는 지붕의 중앙부보다도 크고, 설치 시 풍력계수를 고려한다.

④ 적설량이 많은 지역에 대한 설치장소의 상황에 따라 판단하며, 필요에 따라 적설방지 대책을 강구한다.

> **해설** 지붕재 일체형 태양전지 모듈은 일반 지붕재(금속판 등)에 태양전지 모듈을 넣은 지붕재이고 지붕재형 태양전지 모듈은 태양전지 모듈 자체가 지붕의 기능을 한다. **답** ②

20 지상형 태양광발전설비에 사용되는 기초 공법 중 토지에 직접 U형, C형, H형 단면 등의 파일 기초를 삽입하는 공법은?

① 스파이럴 공법 ② 스크류 공법

③ 레이밍 파일 공법 ④ 보링그라우팅 공법

> **해설** 지상형(일반지상, 산지, 농지) 태양광발전설비 기초 공법
> (1) 스파이럴(Spiral) 공법 : 콘크리트 기초와 다르게 토지에 직접 스파이럴 파일(나선형 구조물)을 삽입하는 공법
> (2) 스크류(Screw) 공법 : 토지에 직접 스크류 파일을 삽입하는 공법
> (3) 레이밍 파일(Ramming pile) 공법 : 토지에 직접 U형, C형, H형 단면 등의 파일 기초를 삽입하는 공법
> (4) 보링그라우팅 공법 : 지반이 연약하여 흙과 흙 사이에 시멘트풀을 넣어서 지반을 튼튼하게 하는 공법 **답** ③

21 다음에 해당하는 지상형 태양광발전설비 기초 공법은?

> ‣ 콘크리트 기초와 다르게 토지에 직접 나선형 구조물을 삽입하는 공법

① 스파이럴 공법 ② 스크류 공법

③ 레이밍 파일 공법 ④ 보링그라우팅 공법

> **해설** 스파이럴(Spiral) 공법 : 콘크리트 기초와 다르게 토지에 직접 스파이럴 파일(나선형 구조물)을 삽입하는 공법 **답** ①

22 다음에 해당하는 적합한 용어는?

> (1) : 땅에 기계로 구멍을 내면서 땅의 지질상태를 조사 하는 것
> (2) : 자갈과 자갈 사이 또는 흙의 공극을 시멘트풀로 채워주는 것
> (3) : 땅속 깊게 파 들어가는 정도

① (1) : 굴착심도, (2) : 보링,　　(3) : 그라우팅
② (1) : 보링,　　(2) : 그라우팅, (3) : 굴착심도
③ (1) : 그라우팅, (2) : 보링,　　(3) : 굴착심도
④ (1) : 굴착심도, (2) : 그라우팅, (3) : 보링

해설　굴착심도 : 땅속 깊게 파 들어가는 정도　　　　　　　　　　　　　　　답 ②

23 지상형 태양광발전설비 기초 공법을 선정할 때 고려해야 할 사항 2가지는?

① 배면환기, 토질상태　　　　　　　　② 지반여건, 부력체
③ 배면환기, 지반여건　　　　　　　　④ 토질상태, 지반여건

해설　토질상태와 지반여건 등을 고려하여 현장에 적합한 기초 공법을 선정하여야 한다.　답 ④

24 지상형 태양광발전설비 기초 공사에 대한 설명 중 틀린 것은?

① 지지대 기초는 기본적으로 콘크리트 기초로 시공한다.
② 일반적으로 베이스판, 볼트류, 볼트캡 등 자재는 부식을 방지하기 위하여 지표면 아래 매설한다.
③ 토질상태와 지반여건 등을 고려하여 현장에 적합한 기초 공법을 선정하여야 한다.
④ 기초의 깊이는 설계 굴착심도 이상으로 계획하고 시공하여야 한다.

해설　지지대 기초는 기본적으로 콘크리트 기초로 시공하여야 하며, 이 경우 베이스판, 볼트류, 볼트캡 등 자재는 부식을 방지하기 위하여 지표면 이상 높이에 위치하여야 한다. 다만, 주차장 등 입지 여건에 따라 지표면에 노출이 곤란할 경우에는 매립할 수 있으며, 이 경우 매립을 확인할 수 있는 사진을 설비(설치)확인 신청시 센터에 제출하여야 한다.　답 ②

25 지상형 태양광발전설비의 배수로 공사에서 고려해야할 사항이 아닌 것은?

① 낙차　　　　　② 유량　　　　　③ 유속　　　　　④ 도달 시간

해설　배수로 공사
배수관로를 포함한 배수시설은 유량, 유속, 도달 시간 등을 고려하여 규모를 산정하고 배수에 문제가 없도록 계획하고 설치하여야 한다.　답 ①

26 지붕 건재형 태양전지 모듈의 설치장소를 고려한 설치 사항으로 옳지 않은 것은?

① 태양전지 모듈의 하중에 견딜 수 있는 강도를 가질 것
② 풍력계수는 처마 끝이나 지붕 중앙부나 똑같이 하여 시설할 것
③ 인접 가옥의 화재에 대한 방화대책을 세워 시설할 것
④ 눈이 많은 지역에서는 적설 방지대책을 강구하여 시설할 것

해설 지붕 건재형 태양전지 모듈의 설치장소
1) 처마끝과 케라바 및 용마루의 풍력계수는 지붕의 중앙보다 크고, 태양전지 모듈의 설치장소가 처마끝, 케라바, 용마루 부분일 경우에는 그 부분의 설치강도를 소정의 풍력계수를 고려하여 설치하도록 한다.
2) 처마끝 부분은 인접한 가옥의 화재 시에 자기 집으로 번질 위험이 있으므로 방화대책을 세운다.
3) 적설량이 많은 지역에 대해서 지붕에 쌓인 눈의 제거여부는 설치장소의 상황에 따라 판단하며, 필요에 따라 눈을 녹이거나 적설방지 대책을 강구한다. 答 ②

27 산지에 태양광발전설비 설치 시 지반과 사면의 안전성 확보를 위한 조치가 잘못된 것은?

① 절토와 성토를 통해 부지를 조성할 경우에는 단계별로 충분히 다짐하여 지지력과 안전성을 확보
② 절토 및 성토 비탈면의 경우 저류지를 설치하여 침식방지
③ 비탈면 보호를 위한 녹화 등을 통해 비탈면의 안전을 도모하고 산사태를 방지
④ 비탈면에 구조물(콘크리트 옹벽, 보강토 옹벽, 석축 등)을 설치할 경우에는 설계기준에 맞춰 계획하고 시공

해설 반과 사면의 안전성 확보
(1) 절토와 성토를 통해 부지를 조성할 경우에는 단계별로 충분히 다짐하여 지지력과 안전성을 확보하여야 한다.
(2) 절토 및 성토 비탈면의 경우 완만하게 시공하여야 하며 침식방지 및 비탈면 보호를 위한 녹화 등을 통해 비탈면의 안전을 도모하고 산사태를 방지할 수 있도록 하여야 한다. 비탈면에 구조물(콘크리트 옹벽, 보강토 옹벽, 석축 등)을 설치할 경우에는 설계기준에 맞춰 계획하고 시공되도록 하여야 한다. 答 ②

28 건물설치형 태양광발전설비 설치 시 준수사항 중 다음 ( )에 해당하는 것은?

평지붕에 지지대를 설치하기 위하여 앵커를 타공 할 경우에는 옥상 ( )이 깨지지 않도록 해야 한다.

① 난간　　　　② 외벽　　　　③ 경사지붕　　　　④ 방수층

해설 건물설치형 준수사항
(1) 평지붕에 지지대를 설치하기 위하여 앵커를 타공 할 경우에는 옥상 방수층이 깨지지 않도록 해야 한다.
(2) 건물 옥상 난간대 등으로 인하여 모듈에 음영이 발생하지 않도록 충분한 이격거리를 두는 등의 방법으로 설비를 설치하여야 한다. 答 ④

29 BAPV형 태양광발전설비의 배면환기를 위해 모듈의 프레임 밑면부터 가장 가까운 지붕면 및 외벽의 이격거리는 몇 [cm] 이상이어야 하는가?

① 10　　　　② 15　　　　③ 20　　　　④ 50

해설 BAPV형 준수사항
배면환기를 위해 모듈의 프레임 밑면(프레임 없는 방식은 모듈의 가장 밑면)부터 가장 가까운 지붕면 및 외벽의 이격거리는 10[cm] 이상이어야 하며 배선처리는 바닥에 닿지 않도록 단단하게 고정해야 한다. 答 ①

30 건물일반형과 BAPV형 태양광 발전설비 설치 시 건축구조기준에 따른 안전성과 적정성이 확보되었음을 관계전문기술자로부터 확인 받아야하는 태양광설비 용량은 몇 [kW]를 초과하는가?

① 3   ② 3.3   ③ 5   ④ 10

> **해설** 5[kW]를 초과하는 태양광설비의 경우 건축구조기준에 따른 안전성과 적정성이 확보되었음을 관계전문기술자로부터 확인 받아야 하며 확인받은 바에 따라 시공하여야 한다.   **답** ③

31 수상형 태양광 지지대에 사용되는 재질이 아닌 것은?

① STS   ② 전기산화피막 처리된 알루미늄
③ UV방지 처리된 FRP   ④ 충진재

> **해설** 지지대는 STS, 전기 산화피막 처리된 알루미늄 합금 또는 UV 방지 처리된 FRP 등 내식성이 높은 재질(해수의 경우 STS 제외)로 제작·설치하여야 하며 각종 하중 및 기타 진동과 충격에 대하여 안전한 구조이어야 한다.   **답** ④

32 수상형 태양광 유지관리용 이동통로에 사용되는 재질이 아닌 것은?

① PE   ② 강철
③ 용융아연-알루미늄-마그네슘 합금   ④ STS

> **해설** 유지관리용 이동통로는 음영 발생 여부 등을 고려하여 계획하고 설치하여야 한다. 이동통로는 PE, 용융아연-알루미늄-마그네슘합금 도금 강, STS, 알루미늄 합금 또는 FRP 등 내식성이 높은 재질로 제작·설치되어야 하며 각종 하중 및 기타 진동과 충격에 대하여 안전한 구조이어야 한다.   **답** ②

33 태양광발전시스템의 전기배선에 관한 설명으로 옳지 않은 것은?

① 태양전지에서 옥내에 이르는 배선에 쓰이는 전선은 모듈 전용선을 사용하여야 한다.
② 전선이 지면을 통과하는 경우에는 피복에 손상이 발생되지 않도록 조치를 취하여야 한다.
③ 인버터출력단과 계통연계점 간의 전압강하는 5[%] 이하로 하여야 한다.
④ 태양전지판의 출력배선은 군별, 극성별로 확인할 수 있도록 표시하여야 한다.

> **해설** 인버터출력단과 계통연계점 간은 3[%]를 초과해서는 안 된다.   **답** ③

34 수상 태양광 발전설비에 해당하는 것이 아닌 것은?

① 배수설비   ② 부력체
③ 계류장치   ④ 앵커시설

> **해설** 수상 태양광 발전설비(지지대, 부력체, 계류장치, 앵커시설, 송변전설비 등)를 설치할 때는 건축구조기준, 항만 및 어항 설계기준, 선박안전법 등 해당 법령에 따라 풍하중, 적설하중, 자중, 군중하중, 파랑, 조류 등을 포함한 외력 등을 고려하여 안전성이 확보되도록 하여야 한다.   **답** ①

35 수상태양광발전설비 중 계류장치는 바람, 유수 및 파랑 등의 외력에 대해 설치 방위각이 평수위 기준 몇 도 이내로 유지될 수 있는 구조로 설치되어야 하는가?

① 0　　　　　　② 5　　　　　　③ 10　　　　　　④ 20

> **해설** 바람, 유수 및 파랑 등의 외력에 대해 설치 방위각이 평수위 기준 10도 이내로 유지될 수 있는 구조로 설치되어야 하고 수심변화에 따른 계류장치의 느슨함으로 인해 타 시설물과 부딪치지 않도록 설계하고 시공하여야 한다.　　　　**답** ③

36 수상태양광발전설비 중 계류장치, 연결철물 등이 해수에 설치될 경우 재질로 적합 것은?

① STS 316　　　② STS 304　　　③ STS 101　　　④ STS 104

> **해설** (1) 계류장치 연결 접속부의 연결 철물은 STS 304(해수는 STS 316) 재질 이상의 내식성이 확보되어야 한다.
> (2) 지지대 및 이동 통로간 연결철물은 STS 304(해수는 STS 316) 재질 이상의 내식성과 내구성이 확보 가능한 재질로 설치하여야 하고 부재간 상대 운동이 발생하는 유동부위는 마모에 대한 내구성이 확보 가능한 구조로 설치되어야 한다.　　　　**답** ①

37 수상태양광발전설비 부력체에 대해 잘못 설명한 것은?

① 전체 부력체는 부분 파손의 경우에도 부력 손실을 최소화 할 수 있는 구조
② 부력체 외피 및 충진재는 수질 환경에 유해한 물질을 사용하지 않아야 한다.
③ 부력이 한 방향으로 치우치지 않도록 불균형하게 배치
④ 도차, 수면의 결빙, 유속 및 부유물 등의 외부환경 변화에 대해 충분한 강도를 유지

> **해설** 부력체
> (1) 전체 부력체는 부분 파손의 경우에도 부력 손실을 최소화 할 수 있는 구조이어야 하며 부력체 외피 및 충진재는 수질 환경에 유해한 물질을 사용하지 않아야 한다.
> (2) 부력체는 부력의 불균형이 발생하지 않도록 균일하고 적절하게 배치되어야 하며 온도차, 수면의 결빙, 유속 및 부유물 등의 외부환경 변화에 대해 충분한 강도를 유지할 수 있는 재질과 충분한 내구성을 확보해야 한다.　　　　**답** ③

38 태양광발전시스템 구조물의 지진하중 산출식 $K = C_L \times G$에서 G는 무엇을 의미하는가? (단, C_L은 지진층 전단력계수이다.)

① 풍압하중　　　② 고정하중　　　③ 유동하중　　　④ 적설하중

> **해설** K : 지진하중, C_L : 지진층 전단력계수, G : 고정하중　　　　**답** ②

39 태양광발전시스템 어레이 기초시설 중 내력벽 또는 조적벽을 지지하는 기초로 벽체 양옆에 캔틸레버 작용으로 하중을 분산시키는 기초는 무엇인가?

① 독립기초　　　② 연속기초　　　③ 온통기초　　　④ 파일기초

> **해설** 연속기초는 기초를 선형으로 이어서 집중하중을 분산시키는 효과를 준다.　　　　**답** ②

40 직류전원을 이용한 분산형전원의 인버터로부터 직류가 교류계통으로 유입되는 것을 방지하기 위하여 설치하는 것은?

① 직류 차단장치　　② 리액터　　　　　③ 상용주파 변압기　④ 고조파 필터

> **해설**　**상용주파 변압기** : 태양전지 직류출력을 상용주파의 교류로 변환한 후 변압기를 이용해 절연과 전압변환을 한다.　　**답** ③

41 태양광발전시스템에 풍력발전, 열병합발전 등 타 에너지원의 발전시스템과 결합하여 축전지 · 부하 및 상용계통에 전력을 공급하는 시스템은?

① 독립형 시스템　　　　　　　② 하이브리드 시스템
③ 계통연계형 시스템　　　　　④ 집광형 시스템

> **해설**　**하이브리드 시스템**
> 태양광, 풍력, 지열, 소수력, 디젤발전 등 둘 이상이 조합된 발전시스템을 말한다.　　**답** ②

42 태양광발전시스템 어레이 지지대 구조물에 미치는 영향인자 내용으로 틀린 것은?

① 모듈자중($15 \sim 20[\mathrm{kg/m^2}]$)
② 지역별 기본풍속($0.5 \sim 1.5[\mathrm{m/sec}]$)
③ 지내력(보통토사 $10 \sim 15[\mathrm{ton/m^2}]$)
④ 설하중(지역별 $50[\mathrm{cm}]$: $1.0[\mathrm{kg/cm}]$)

> **해설**　**지역별 기본 풍속**

지역		V[m/s]
서울, 인천, 경기도	서울, 인천, 김포, 부천, 구리, 오산, 평택, 시흥, 수원	30
	양평, 성남, 하남, 용인, 의정부, 동두천, 파주, 이천	25
강원도	속초, 강릉, 양양, 주문진	40
	거진 간성, 동해, 삼척, 원덕	35
	춘천, 화천, 양구, 철원, 김화, 인제, 영월, 정선, 태백, 원주	25
대전, 충남, 충북	장항	40
	태안, 서산, 청주, 대천, 서천, 안면도, 조치원, 천안, 홍성	35
	대전, 당진, 합덕, 성환, 진천, 증평, 온양	30
	음성, 청양, 금산, 영동, 공주, 논산, 제천, 충주, 부여, 보은	25
부산, 대구, 울산, 경남, 경북	포항, 울릉도, 구룡포, 오천, 홍해, 감포	45
	부산, 기장, 연일, 외동, 가덕도	40
	울산, 통양, 거제, 고성, 진해, 김해, 마산, 창원, 울진, 경주	35
	건천, 가야, 삼랑진, 영덕, 사천	30
	대구, 영주, 구미, 김천, 영천, 안동, 진주, 거창, 함양, 고령	25
광주, 전남, 전북	군산, 미성	40
	목포, 여수, 완도, 진도, 익산, 고흥, 해남, 대덕, 도양	35
	광주, 나주, 강진, 영암, 장흥, 보성, 광양, 순천, 무안, 함평	30
	전주, 진안, 무주, 담양, 부안, 남원, 순창, 구례, 고창, 정주	25
제주도	전지역	40

답 ②

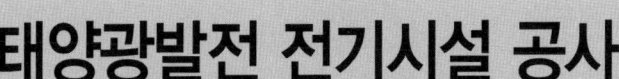

제 3 장

태양광발전 전기시설 공사
New & Renewable energy

3.1 태양광발전 어레이 시공

3.1.1 어레이 시공

(1) 태양광발전 모듈

1) 제품

태양광발전 모듈(이하 "모듈")은 한국산업표준(이하 "KS")에 따른 인증제품(수상형 태양모듈의 경우에는 고내구성·친환경 제품)을 설치하여야 하고, 건물일체형 모듈인 경우에는 KS 인증제품(KS C 8577)을 사용하여야 한다. 다만, 신제품 · 융합제품 활성화 등을 위해 신재생에너지센터의 장(이하 "센터장")이 인정하는 경우에는 예외로 할 수 있다.

2) 모듈 설치용량

신재생에너지 설비의 지원 등에 관한 지침에 따른 설비의 경우 모듈의 설치용량은 사업계획서상의 모듈 설계용량과 동일하여야 한다. 다만, 단위 모듈당 용량에 따라 설계용량과 동일하게 설치할 수 없는 경우에는 설계용량의 110[%] 범위 내에서 설치할 수 있다.

3) 설치상태

① 모듈의 일조면은 원칙적으로 정남향 방향으로 설치하여야 한다. 정남향으로 설치가 불가능할 경우에 한하여 정남향을 기준으로 동쪽 또는 서쪽 방향으로 45도 이내로 설치하여야 한다. 다만, 건축물의 지붕, 벽체 등과 평행하게 태양광 설비(BAPV형 또는 BIPV형)를 설치하는 경우에는 강우 및 적설 등에 따른 물고임 현상을 최소화하는 범위에서 정남향을 기준으로 동쪽 또는 서쪽으로 90도 이내에 설치할 수 있다.

② 지붕 등 경사가 있는 건축물(공작물 포함)에 건물설치형 태양광 설비를 설치할 경우에는 모듈의 경사 및 방향이 건축물의 경사 및 방향과 최대한 일치되도록 설치하는 것을 권장한다.

③ 음영이 전혀 없는 모듈의 일조시간이 1일 5시간[춘계(3~5월)·추계(9~11월)기준] 이상이어야 하며 전선, 피뢰침, 안테나 등 경미한 음영은 장애물로 보지 않는다.

④ 모듈 설치 열이 2열 이상일 경우 앞 열은 뒷 열에 음영이지지 않도록 설치하여야 한다.

(2) 지지대 및 부속자재

1) 설치상태

① 태양광설비 지지대(이하 지지대)는 건축구조기준 등의 관련기준에 맞게 자중, 적 재하중, 적설하중, 풍하중 등을 포함한 구조하중 및 기타의 진동과 충격에 대하여 안전한 구조이어야 한다.

② 볼트조립은 헐거움이 없이 단단히 조립하여야 하며 모듈과 지지대의 고정 볼트는 모듈 제조사에서 권장하는 규격을 적용하고, 스프링 와셔 및 풀림방지너트 등으로 체결해야 한다.

③ 풍하중에 의한 모듈 이탈을 방지하기 위하여 모듈과 모듈을 체결하거나 모듈을 블 록화하는 등 추가적인 시공을 실시하는 것을 권장한다.

④ 풍하중 등에 취약한 켄틸레버보(한쪽 끝은 고정되고 다른쪽 끝이 자유로운 보) 구 간의 경우 안전성을 추가적으로 확보하기 위해 가새 등을 설치할 수 있다.

2) 지지대, 연결부, 기초(용접부위 포함)

① 지지대는 다음 각 호의 재질(단, 수상형의 경우 별도 규정 준수)로 제작하여야 한 다. 지지대간 연결 및 모듈-지지대 연결은 볼트 체결을 원칙으로 하며, 절단가공 및 용접부위(도금처리제품 한정)는 용융아연도금처리를 하거나 에폭시-아연페 인트를 2회 이상 도포하여야 한다.

　가) 용융아연 또는 용융아연-알루미늄-마그네슘합금 도금된 강

　나) 스테인리스 강(이하 "STS")

　다) 알루미늄합금

　라) 가)호부터 다)호까지 동등이상 성능(인장강도, 항복강도, 압축강도, 내구성 등)을 가지는 재질로서 KS인증 대상제품인 경우, KS인증서 및 시험성적서, KS인증 대상제품이 아닌 경우에는 동성능 이상임을 명시한 국가 공인시험기 관의 시험성적서(KOLAS 인 정마크 표시)와 건축법 제67조에 따른 관계전문 기술자(이하 "관계전문기술자")로부터 연결부위를 포함하여 풍하중, 적설하 중 등 구조하중에 견딜 수 있는 구조임을 확인받은 서류를 설비(설치)확인 신 청시 센터에 제출하여야 한다.

② 지지대는 주위의 구조물과 조화될 수 있도록 적정 높이로 설치하고 설치유형에 맞게 고정하여야 한다. 앵커볼트 또는 케미컬 앵커볼트로 고정할 경우에는 볼트캡을 부착하여야 한다.

3) 체결용 볼트, 너트, 와셔(볼트캡 포함)

용융아연도금(단, 수상형은 제외), STS, 알루미늄합금 재질(볼트캡은 플라스틱 재질도 가능)로 하고 볼트규격에 맞는 스프링와셔 또는 풀림방지너트로 체결

3.1.2 전기 배선 및 접속반 설치 기준

(1) 전기배선

1) 수상형을 제외한 모든 유형의 경우 모듈에서 인버터에 이르는 배선에 사용되는 케이블은 모듈 전용선 또는 단심(1C) 난연성 케이블(TFR-CV, F-CV, FR-CV 등)을 사용하여야 하며 케이블이 지면 위에 설치되거나 포설되는 경우에는 피복에 손상이 발생되지 않게 가요전선관, 금속 덕트 또는 몰드 등을 시설하여야 한다.

2) 모듈 간 배선은 바람에 흔들림이 없도록 코팅된 와이어 또는 동등이상(내구성) 재질의 타이(Tie)로 단단히 고정하여야 하며 가공 전선로를 시설하는 경우에는 목주, 철주, 콘크리트주 등 지지물을 설치하여 케이블의 장력 등을 분산시켜야 한다. 모듈의 출력배선은 군별 및 극성별로 확인할 수 있도록 표시하여야 한다.

(2) 모듈 직, 병렬상태

모듈 간 직렬군은 동일한 단락전류를 가진 모듈로 구성하여야 하며 1대의 인버터(멀티스트링의 경우 1대의 최대 출력점 추종제어기(MPPT))에 연결된 태양광모듈 직렬군이 2개 병렬 이상일 경우에는 각 직렬군의 출력전압 및 출력전류가 동일하게 형성되도록 배열하여야 한다.

(3) 역전류방지다이오드

1) 그림자 영향 등의 원인으로 태양광 발전 어레이의 출력 균형이 심각하게 발생할 우려가 있을 경우 또는 2차 전지를 사용하는 독립형 시스템의 경우에는 모듈의 보호를 위해 접속함 개별스트링 회로의 음극 또는 양극에 역류방지용 다이오드를 선택적으로 시설할 수 있다.

2) 접속함 내에 역류방지 다이오드가 설치되는 경우 역류 방지 다이오드 용량은 적속함 회로의 정격전류보다 1.4배 이상의 전류정격과 정격 전압보다 1.2배 이상의 정격 전압을 가져야 한다.

(4) 접속함

1) 제품

접속함은 KS 인증제품을 설치하여야 한다. 다만, 신제품 · 융합제품 활성화 등을 위해 센터장이 인정하는 경우에는 예외로 할 수 있다.

2) 접속함은 지락, 낙뢰, 단락 등으로 인해 태양광설비가 이상(異常)현상이 발생한 경우 경보가 켜지거나 경보장치가 작동하여 즉시 외부에서 육안확인이 가능하여야 한다. 실내에서 가능한 경우에는 예외로 한다.

3) 직사광선 노출이 적고, 소유자의 접근 및 육안확인이 용이한 장소에 설치하여야 한다.

(5) 전압강하

1) 모듈에서 인버터 입력단 간 및 인버터 출력단과 계통연계점 간의 전압강하는 「내선규정」(대한전기협회)에 따라 각 3[%]를 초과하여서는 아니 된다.

다만, 전선길이가 60[m]를 초과할 경우에는 아래 표에 따라 시공할 수 있다. 전압강하 계산서(또는 측정치)를 설치확인 신청 시에 제출하여야 한다.

전선길이	120[m] 이하	200[m] 이하	200[m] 초과
전압강하	5[%]	6[%]	7[%]

(6) 케이블

1) 케이블은 가능한 음영지역에 설치하고, 빗물이 고이지 않도록 설치한다.

2) 케이블은 가능한 피뢰 도체와 떨어진 상태로 포설하며 피뢰 도체와 교차시공하지 않도록 한다.

3) 케이블이 바닥에 노출되는 경우에는 사람이 밟고 지나다니거나 날카로운 모서리에 직접 닿지 않도록 몰딩하여야 한다.

3.1.3 사용자재 규격 및 적합성 등

(1) 전기공사 절차

태양광발전시스템의 전기공사는 태양광모듈의 설치와 동시에 진행하고, 태양광모듈 간의 배선을 비롯한 분전함, 인버터 등의 기기설치는 순차적으로 연결한다.

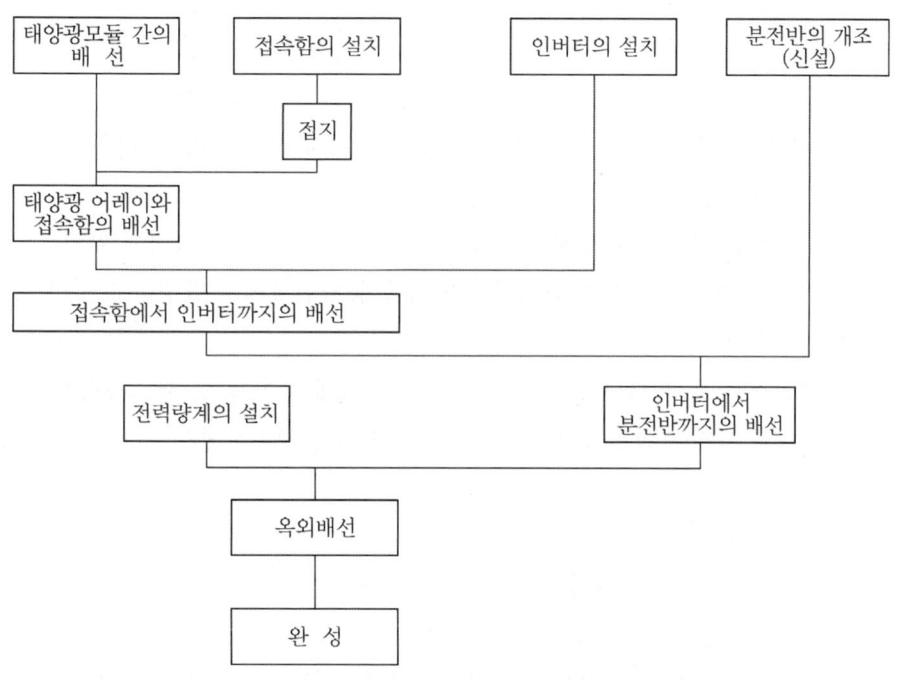

| 전기공사의 절차 |

(2) 자재관리

1) 자재 승인

투입 자재는 시공 구간별 수량을 파악하여 투입시키고 설계 상 수량과 실 투입 수량을 비교하여 다음 단계 공사 투입 자재에 차질이 발생하지 않도록 관리한다.

주요 투입자재는 자재 검수 요청서를 작성하여 감리자의 확인을 득한 후 반입시켜야 한다.

2) 자재 품질시험

공급원 승인을 득한 자재에 대하여 현장 반입 후 품질시험을 실시한다.

① 현장 반입된 자재는 샘플을 채취하여 공인된 품질 시험소에 의뢰하도록 한다.

② 샘플 채취 및 의뢰는 감리자의 입회하에 진행하고 시험 사항을 사진 촬영하여 보관하여야 한다.

③ 공사 완료 부분에 대한 외주 품질시험은 미리 완료 2~3일 전에 계획을 수립하고 위의 검측 일정 계획에 따라 동일한 방법으로 진행되며 시험 사항을 기록하여 보관하도록 한다.

3) 자재 반입

① 설치공사를 할 때, 공사에 필요한 것들을 발전부지로 반입하는 작업이 필요한 반입 작업을 실시하기 전에 반드시 작업계획을 수립해야 한다.

　가) 작업계획서에는 작업 범위, 중기 설치 위치, 안전구획, 감시원의 배치 및 작업 스케줄을 충분히 검토한다.

　나) 지붕 및 옥상에 설치할 경우 기중기의 적하 중량은 사전에 확인하도록 한다. 최근에는 기중기의 전도사고가 각종 공사현장에서 발생하고 있다.

② 반입검사 필요성

반입검사 생략 시 시공사와 자재업체의 경제적 이득 및 제조과정에서 발생하는 불량을 사전에 확인하지 못하여 태양광발전시스템 전체가 부실 공사로 이어질 수 있다.

③ 반입검사 내용

　가) 현장감독이 검토 승인된 자재만 현장 반입

　나) 공장 검수 시 합격된 자재만 현장 반입

　다) 현장 자재 반입검사는 공급원승인제품, 품실석합내용, 내역물량수량, 반입 시 손상 여부 등에 대한 검사 시향

④ 관련기기 반입검사 항목

　가) 주요자재

　　태양전지모듈, 인버터, 접속함, 모니터링시스템, 배관자재, 전선 등

　나) 일반 자재

품명	검수 기준	판정
태양전지모듈	인증제품 인증마크 확인 판정	합격/불합격
	정부의 성능평가 지정기관의 성능시험성적서 확인 판정	합격/불합격
인버터	인증제품 인증마크 확인 판정	합격/불합격
	정부의 성능평가 지정기관의 성능시험성적서 확인 판정	합격/불합격

3.2 태양광발전 계통연계장치 시공

3.2.1 발전량 및 입출력 상태 확인

(1) 태양광모듈 및 어레이 설치 후 확인 점검사항

태양광모듈의 배선 연결 후, 각 모듈에 대한 극성 확인과 전압 확인, 단락전류 확인, 접지에 대한 점검이 필요하다. 확인사항을 기입하고 차후 점검을 위해 보관해 둔다.

1) 전압 극성의 확인

공사가 완료된 태양전지 모듈은 설계도서에 맞게 전압이 측정되는지, 양극·음극의 극성이 올바르게 연결되었는지 직류전압계로 확인한다.

2) 단락전류의 측정

태양광모듈의 데이터 시트에 표시된 단락전류가 측정되는지 직류전류계로 확인한다. 다른 모듈과 비교해 측정치의 차이가 크면 배선을 다시 점검한다.

3) 비접지의 확인

태양광발전시스템에서 사용하는 인버터는 절연변압기를 사용하지 않기 때문에 직류 측 회로를 비접지로 하고 있다. 직류 측의 비접지 확인 방법은 그림과 같이 나타낸다. 또한, 편단접지를 사용하는 통신용 전원의 경우는 통신기기 제작사와 협의하여 작업을 진행한다.

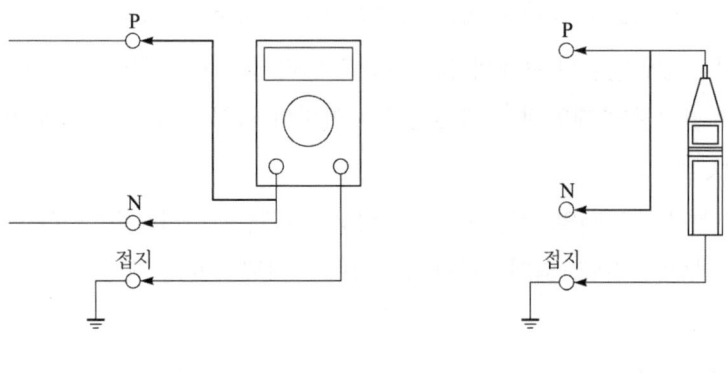

| 테스트로 확인방법 |　　　| 검전기로 확인방법 |

(2) 발전량 확인

태양광발전 시스템은 입지조건, 외기온도 등의 다양한 변수에 따라 발전량의 차이가 발생한다. 발전량은 일반적으로 봄, 가을에 많으며 모듈 온도가 상승하고 장마기간이 있는 여름에는 다소 감소하는 경향이 있다.

일별 발전량은 당일의 일사조건에 따라 큰 폭으로 변화하게 되므로 일변화에 따른 발전량 확인은 큰 의미가 없으며 월별로 전월 대비 발전량의 변동 폭을 확인하거나 전년도 발전량과 비교하여 시스템의 정상 가동 여부를 확인하는 것이 필요하다.

3.2.2 인버터와 제어장치 설치

(1) 태양광 발전용 인버터

1) 제품

① 태양광 발전용 인버터는 KS 인증제품을 설치하여야 한다. 다만, 신제품·융합제품 활성화 등을 위해 센터장이 인정하는 경우에는 예외로 할 수 있다.

② 인버터의 용량이 1,000[kW]를 초과하는 경우에는 품질기준(KS C 8565)에 준용하여 「절연성능」, 「보호기능」, 「정상특성」 등을 만족하는 시험결과가 포함된 시험성적서를 설비(설치)확인 신청시 센터에 제출할 경우에는 사용할 수 있다.

2) 설치상태

인버터는 실내 및 실외용을 구분하여 환기가 잘 되는 장소에 설치해야 한다. 다만 실외용은 실내에 설치할 수 있다.

3) 인버터 설치용량

① 신재생에너지 설비의 지원 등에 관한 지침에 따른 설비의 경우 인버터의 설치용량은 사업계획서 상의 인버터 설계용량 이상이어야 한다.

② 인버터에 연결된 모듈의 설치용량은 인버터 설치용량의 105[%] 이내이어야 하며 각 직렬군의 태양전지 개방전압은 인버터 입력전압 범위 안에 있어야 한다.

4) 표시사항

입력단(모듈출력)의 전압, 전류, 전력과 출력단(인버터출력)의 전압, 전류, 전력, 주파수, 누적발전량, 최대출력량(peak)이 표시되어야 한다.

3.2.3 수배전반 설치

수배전반에 해당하는 장비는 대부분 교류측 기기에 해당한다.

3.2.4 계통 연계 시공

(1) 한전계통과 병렬운전을 하기 위하여 계통에 전기적으로 연결되어 계통연계 시스템이 구성되어야 한다.

(2) 인버터와 계통의 연결은 태양광 발전시스템의 정격출력 전류에 적당한 차단기, 전력량계 등을 설치하여야 한다.

(3) 인버터의 주 차단기 차단 상태를 확인 후 차단기에 전선을 연결한다.

(4) 상용시스템과 병렬접속되어 발전된 전력을 한전 전력망으로 보내거나 전력을 공급받는 태양광발전시스템이 구성되어야 한다.

3.2.5 전기실 건축물 시공

(1) 전기실의 특성

전기실은 인버터, 변압기, 수배전반 설비가 설치되므로 제조업체에 의해 요구되는 환경조건에 맞는 습도와 온도를 유지하는 것이 매우 중요하다. 인버터 및 수배전반이 위치할 이상적인 설치부지는 먼지가 없는 건조한 옥내이다.

(2) 전기실의 위치

1) 태양광발전이 부하의 중심에 가깝고, 배전에 편리한 장소이며, 부하가 많이 분산되어 있는 경우에는 전기실을 적당한 장소에 배치한다.

2) 전력회사로부터 송전인입과 구내배전선의 인출이 편리한 곳

3) 장치증설이나 확장의 여지가 있을 것

4) 기기의 반출입이 편리할 것

5) 고온이나 다습한 곳을 피할 것

6) 부식성 가스, 먼지가 많은 곳은 피할 것

7) 폭발물, 가연성의 저장소 부근을 피할 것

8) 진동이 없고, 지반이 견고한 장소일 것(내진구조 포함)

9) 침수의 우려가 없을 것

10) 종합적으로 경제적일 것

11) 전기실의 건축물로 인하여 태양광발전 어레이에 그림자를 주지 않는 위치여야 한다.

3.3 전기, 전자 기초

3.3.1 전기 기초 이론

(1) 직류회로

1) 전류(electric current)
   ① 금속선을 통하여 전자가 이동하는 현상을 말한다.
   ② 전자의 흐름이 생길 때 이것을 금속선에 전류가 흐른다고 한다.

2) 전류의 세기
   ① 전류의 세기는 I로 나타낸다.
   ② 단위는 암페어(amper, 기호[A])를 사용한다.
   ③ 전류의 크기는 도체의 단면적을 단위 시간당에 이동한 전기량으로 정의된다.

$$I = \frac{Q}{t}[\text{C/sec}] : [\text{A}] \text{ 또는 } Q = I \cdot t[\text{C}]$$

   여기서, Q : 전기량[C], t : 시간[s]

3) 전압(electric voltage)
   ① 전기적인 압력의 차를 말한다.
   ② 전기 회로에 있어서 임의의 한 점의 전기적인 높이를 그 점의 전위라 한다.
   ③ 두 점 사이의 전위의 차를 전압으로 나타내며, 전류는 높은 전위에서 낮은 전위로 흐른다.

4) 전압의 크기
   ① 전압의 크기는 V로 나타낸다.
   ② 단위는 볼트(volt, 기호[V])를 사용한다.
   ③ 전위가 서로 다른 두 점간의 전위 에너지 차를 전압이라고 한다.

$$V = \frac{W}{Q}[\text{J/C}] : [\text{V}] \text{ 또는 } W = QV[\text{J}]$$

   여기서, W : 일의 양[J], Q : 전기량[C]

5) 전기저항
   ① 전류의 흐름을 방해하는 성질을 가지는 전기 소자를 전기저항이라 한다.

$$R = \frac{l}{\sigma S} = \rho \frac{l}{S} [\Omega]$$

여기서 l : 길이[m], S : 단면적[m²], ρ : 저항률 또는 고유저항 [$\Omega \cdot$ m]

② 저항률 ρ는 도전율 σ의 역수로서 다음의 관계를 가진다.

$$\rho = \frac{1}{\sigma} [\Omega \cdot m]$$

③ 저항 R의 역수를 콘덕턴스(conductance), G라 하고 다음과 같이 표시된다.

$$G = \frac{1}{R} = \sigma \frac{S}{l} = \frac{S}{\rho l} [1/\Omega]$$

콘덕턱스 G의 단위는 [1/Ω]이고, 모(mho) [℧] 또는 지멘스 [S]라 한다.

6) 옴의 법칙

도체에 흐르는 전류는 도체에 가해지는 전압에 비례하고 저항에 반비례하는 것을 옴의 법칙이라 한다.

$$전류 : I = \frac{V}{R}[A], \ 저항 : R = \frac{V}{I}[\Omega], \ 전압 : V = RI[V]$$

7) 저항의 접속

① 직렬접속회로

가) 직렬연결 : 전류는 일정

나) 합성저항 : $R = R_1 + R_2 + R_3 [\Omega]$

다) 전류 : $I = \dfrac{V}{R} = \dfrac{V}{R_1 + R_2 + R_3}$

② 병렬접속회로

가) 병렬연결 : 공급전압은 일정

나) 합성저항 : $R = \dfrac{1}{\dfrac{1}{R_1} + \dfrac{1}{R_2} + \dfrac{1}{R_3}} [\Omega]$

다) 저항 R_1, R_2, R_3에 흐르는 전류는 각 저항의 크기에 반비례하여 흐른다.

③ 직병렬 접속회로

가) 합성저항 : $R = \dfrac{1}{\dfrac{1}{R_1} + \dfrac{1}{R_2}} = \dfrac{R_1 R_2}{R_1 + R_2} [\Omega]$

8) 전지의 접속

① 직렬접속

$$I = \frac{nE}{nr + R} [\text{A}]$$

여기서, n : 전지의 직렬 개수 R : 부하저항

r : 내부저항 E : 전지의 기전력

② 병렬접속

$$I = \frac{E}{\dfrac{r}{n} + R} [\text{A}]$$

여기서, n : 전지의 병렬 개수 R : 부하저항

r : 내부저항 E : 전지의 기전력

9) 전압과 전류의 측정

① 배율기 : 전압계의 측정 범위를 확대하기 위하여 내부저항 $r[\Omega]$인 전압계에 직렬로 접속하는 저항(R_m)을 배율기라 한다.

$$V_0 = V \left(\frac{R_m}{r} + 1 \right) [\text{V}]$$

여기서, V_0 : 측정힐 진입 [A] V : 선압계의 눈금 [V]

R_m : 배율기의 저항 [Ω] r : 전압계의 내부저항 [Ω]

② 분류기 : 전류계의 측정 범위를 확대하기 위하여 내부저항 $r[\Omega]$인 전류계에 병렬로 접속하는 저항(R_s)을 분류기라 한다.

$$I_0 = I \left(\frac{r}{R_s} + 1 \right) [\text{A}]$$

여기서, I_0 : 측정할 전류값 [A] I : 전류의 눈금 [A]

R_s : 분류기의 저항 [Ω] r : 전류계의 내부저항 [Ω]

(2) 정현파 교류

1) 평균값(average value)

주기적인 교류파의 평균값은 한주기 동안을 평균한 값을 말한다.

$$V_{av} = \frac{1}{T} \int_0^T v \, dt$$

2) 실효값(effective value)

직류가 교류와 동일한 전력효과를 나타낸다면 직류로써 교류의 효과를 대신할 수가 있다. 따라서 동일한 저항회로에 직류와 교류를 동일시간 인가하였을 때 소비되는 전력량이 같은 경우 이때의 직류값을 정현파 교류의 실효값으로 정의한다.

$$I = \sqrt{\left(\frac{1}{T} \int_0^T i^2 \, dt\right)}$$

교류의 실효값 I는 순시값 i의 자승 평균의 평방근으로 정의 되므로 실효값을 rms(root mean square value)라고도 한다.

파 형	실효값	평균값
정현파	$\frac{V_m}{\sqrt{2}} = 0.707 V_m$	$\frac{2V_m}{\pi} = 0.637 V_m$
정현반파	$\frac{V_m}{2}$	$\frac{V_m}{\pi}$
삼각파	$\frac{V_m}{\sqrt{3}}$	$\frac{V_m}{2}$
구형반파	$\frac{V_m}{\sqrt{2}}$	$\frac{V_m}{2}$
구형파	V_m	V_m

3) 파형률과 파고율

구형파를 기준으로 할 때, 비정현적인 파형이 어느 정도 일그러졌는가를 나타내는 척도로써 파형률(wave factor)과 파고율(peak factor)이 사용된다.

① 파형률 $= \frac{실효값}{평균값} = \frac{V}{V_{av}} = \frac{I}{I_{av}}$

② 파고율 $= \frac{최대값}{실효값} = \frac{V_m}{V} = \frac{I_m}{I}$

③ 정현파 교류에 대한 파형률과 파고율

• 파형률 $= \frac{V}{V_{av}} = \frac{\frac{V_m}{\sqrt{2}}}{\frac{2I_m}{\pi}} ≒ 1.109$ • 파고율 $= \frac{V_m}{V} = \frac{V_m}{\frac{V_m}{\sqrt{2}}} = 1.414$

(3) 교류회로

1) R의 회로 해석

① 순시전류 : $i = \dfrac{v}{R} = \dfrac{V_m \sin\omega t}{R} = \dfrac{V_m}{R}\sin\omega t [\text{A}]$

② 최대전류 : $I_m = \dfrac{V_m}{R} [\text{A}]$

③ 실효전류 : $I = \dfrac{V}{R} [\text{A}]$

2) L만의 회로 해석

① 유도성 리액턴스 X_L : $jX_L = j\omega L [\Omega]$

② 순시전류 : $i_L = \dfrac{V_m \sin\omega t}{j\omega L} = \dfrac{V_m}{\omega L}\sin\left(\omega t - \dfrac{\pi}{2}\right)[\text{A}]$

③ 실효전류 : $I = \dfrac{V}{\omega L} [\text{A}]$

④ 최대전류 : $I_m = \dfrac{V_m}{\omega L} [\text{A}]$

⑤ 리액터 양단의 전압 : $V_L = L\dfrac{di}{dt} [\text{V}]$

3) C만의 회로 해석

① 용량성 리액턴스 X_C : $-jX_C = \dfrac{1}{j\omega C} [\Omega]$

② 순시전류 : $i_C = \dfrac{V_m \sin\omega t}{\dfrac{1}{j\omega C}} = \omega CV_m \sin\left(\omega t + \dfrac{\pi}{2}\right)[\text{A}]$

③ 최대전류 : $I_m = \omega CV_m [\text{A}]$

④ 실효전류 : $I = \omega CV [\text{A}]$

⑤ 콘덴서에 흐르는 전류 : $I_C = C\dfrac{dv}{dt} [\text{A}]$

4) $R-X$ 직렬회로의 해석

① $R-X$ 직렬 임피던스 : $Z = R + jX [\Omega]$

② $R-X$ 임피던스를 극좌표로 표현하면 : $Z = \sqrt{R^2 + X^2} \angle \tan^{-1}\dfrac{X}{R} [\Omega]$

③ 실효전류 : $I = \dfrac{V}{\sqrt{R^2 + X^2}} [\text{A}]$

④ 최대전류 : $I_m = \dfrac{V_m}{\sqrt{R^2+X^2}}$ [A]

⑤ 역률과 무효율

- 역률 $\cos\theta = \dfrac{R}{\sqrt{R^2+X^2}} = \dfrac{1}{\sqrt{1+(\dfrac{X}{R})^2}}$

- 무효율 $\sin\theta = \dfrac{X}{\sqrt{R^2+X^2}}$

5) $R-X$ 병렬회로의 해석

① 임피던스

$$Z = \dfrac{1}{\dfrac{1}{R}+\dfrac{1}{j\omega L}} = \dfrac{R\times j\omega L}{R+j\omega L} = \dfrac{R}{1+\dfrac{R}{j\omega L}} = \dfrac{R}{1-j\dfrac{R}{\omega L}}\ [\Omega]$$

② 어드미턴스

$$Y = \dfrac{1}{R}+\dfrac{1}{j\omega L} = \sqrt{(\dfrac{1}{R})^2+(\dfrac{1}{\omega L})^2}\ \angle -\tan^{-1}\dfrac{R}{\omega L}\ [\mho]$$
$$= G+jB\ [\mho]$$

여기서, G : 컨덕턴스, B : 서셉턴스[$\mho$]

③ 최대전류 : $I_m = \sqrt{G^2+B^2}\cdot V_m$

④ 실효전류 : $I = \sqrt{G^2+B^2}\cdot V$

⑤ 역률과 무효율

- 역률 : $\cos\theta = \dfrac{G}{Y} = \dfrac{G}{\sqrt{G^2+B^2}}$

$$= \dfrac{1}{\sqrt{1^2+(\dfrac{B}{G})^2}} = \dfrac{\dfrac{1}{B}}{\sqrt{(\dfrac{1}{B})^2+(\dfrac{1}{G})^2}} = \dfrac{X}{\sqrt{R^2+X^2}}$$

- 무효율 : $\sin\theta = \dfrac{B}{Y} = \dfrac{B}{\sqrt{G^2+X^2}} = \dfrac{R}{\sqrt{R^2+X^2}}$

6) 교류전력

① 유효전력 : P

부하회로의 저항성분 R을 통해 일을 하면서 실제로 에너지를 소비하는 전력

$$P = VI\cos\theta = I^2R = \frac{V^2}{R}\,[\text{W}]$$

② 무효전력 : Q

회로의 X_L, X_C 성분에 의한 에너지 축적효과로 생기는 전력

$$Q = VI\sin\theta = I^2X = \frac{V^2}{X}\,[\text{Var}]$$

③ 피상전력 : P_a

- 교류 회로의 단자전압의 실효값과 전류의 실효값의 곱
- 유효전력과 무효전력의 벡터의 합

$$P_a = VI = I^2Z = \frac{V^2}{Z} = \sqrt{P^2 + P_r^2}\,[\text{VA}]$$

④ 전력과의 관계

가) 피상전력 $P_a = \sqrt{P^2 + Q^2} = \sqrt{(\text{유효전력})^2 + (\text{무효전력})^2}$

나) 역률 $\cos\theta = \dfrac{P}{P_a} = \dfrac{\text{유효전력}}{\text{피상전력}} = \dfrac{P}{VI} \times 100[\%]$

다) 무효율 $\sin\theta = \dfrac{Q}{P_a} = \dfrac{\text{무효전력}}{\text{피상전력}} = \sin\theta = \sqrt{1 - \cos\theta^2}$

7) 3상 교류의 결선법

① Y 전원회로의 결선법

가) 각 상전압과 각 선간전압의 관계

대표적으로 상전압을 V_P, 선간전압을 V_l이라 하면 $V_l = \sqrt{3}\,V_P \angle 30°$로 되어 각 선간전압은 각 상전압에 비해 크기가 $\sqrt{3}$ 배이며 위상은 30° 빠르다.

나) 상전류와 선전류의 관계

대표적으로 상전류을 I_P, 선전류를 I_l이라 하면 $I_l = I_P$로 되어 각 선전류는 각 상전류와 위상이 같다.

② △ 전원회로의 전압과 전류

가) 선간전압과 상전압의 관계

대표적으로 상전압을 V_P, 선간전압을 V_l이라 하면 $V_l = V_P$로 되어 각 선간전압은 각 상전압과 크기와 위상이 같다.

나) 상전류와 선전류의 관계

대표적으로 상전류을 I_P, 선전류를 I_l이라 하면 $I_l = \sqrt{3}\,I_P \angle -30°$로 되어 각 선전류는 각 상전류에 비해 크기가 $\sqrt{3}$배이며 위상은 $30°$ 느리다.

③ 3상 V 결선

가) 출력 $P_V = \sqrt{3}\,VI\cos\theta = \sqrt{3}\,P_1$

여기서, P_V : V 결선 시의 출력

P_1 : 단상변압기 1대의 용량

나) 설비의 이용률 $= \dfrac{3상\ 출력}{설비용량} = \dfrac{\sqrt{3}\,VI}{2\,VI} = \dfrac{\sqrt{3}}{2} = 0.866 = 86.6[\%]$

다) 출력의 비 $= \dfrac{V결선\ 출력}{3상\ 출력} = \dfrac{\sqrt{3}\,VI}{3\,VI} = \dfrac{1}{\sqrt{3}} ≒ 0.577 = 57.7[\%]$

8) 3상 전력

① 3상 전력

가) 유효전력 $P = \sqrt{3}\,V_l I_l \cos\theta = 3\,V_P I_P \cos\theta[\text{W}]$

나) 무효전력 $P = \sqrt{3}\,V_l I_l \sin\theta = 3\,V_P I_P \sin\theta[\text{Var}]$

② 2전력계법에 의한 3상 전력측정

단상 전력계 2개를 연결하여 3상 전력을 측정하는 방법을 2전력계법이라 한다.

가) 유효전력 $P = P_1 + P_2 = \sqrt{3}\,VI\cos\theta[\text{W}]$

나) 무효전력 $Q = \sqrt{3}\,(P_1 - P_2)[\text{Var}]$

다) 피상전력 $P_a = \sqrt{P^2 + Q^2} = 2\sqrt{P_1^2 + P_2^2 - P_1 P_2}\,[\text{VA}]$

라) 역률 $\cos\theta = \dfrac{P}{P_a} = \dfrac{P_1 + P_2}{2\sqrt{P_1^2 + P_2^2 - P_1 P_2}}$

3.3.2 전자기초이론

(1) 다이오드

1) 자유전자와 전공

① 공유결합 : 화학결합의 하나로 2개의 원자가 서로 전자를 방출하여 전자쌍을 형성하고 이를 공유함으로써 생기는 결합

② 정공 : 양(+)전하를 가진 전자와 같은 거동을 하는 가상 입자로 p형 반도체에서 전류를 운반하는 것

③ 반송자 : 반도체 내에서 전기 전도에 기여하는 전공이나 전자

2) 불순물 반도체

① n형 반도체

안티몬(Sb), 비소(As), 인(P) 등 5족 원소를 불순물로 사용하며 다수 반송자가 전자이며 첨가된 불순물을 도너라고 함

② p형 반도체

붕소(B), 알루미늄(Al), 갈륨(Ga), 인듐(In) 등 3족 원소를 불순물로 사용하며 다수 반송자가 정공이며 첨가된 불순물을 엑셉터라고 함

3) PN 접합

① PN 접합의 특징

PN접합면의 공간 전하 영역은 P형 영역에 음(−) 극성, N형 영역에 양(+) 극성을 갖는 역방향 전위 장벽을 발생시키며 실리콘 접합에서 0.7[V], 게르마늄 접합에서 0.3[V] 수준의 전위 장벽이 발생

② PN 접합 바이어스

가) 순방향 바이어스 : P형 영역에 양(+) 전압, N형 영역에 음(−) 전압을 인가하면 순방향 전류가 급격히 상승하여 도통 상태가 된다.

나) 역방향 바이어스 : P형 영역에 음(−) 전압, N형 영역에 양(+) 전압을 인가하면 공핍층은 더욱 넓어지고 전위 장벽이 높아져 차단 상태가 된다.

다) 항복 전압 : 역방향 바이어스가 더 증가하여 임계전압을 넘어서면 역방향 바이어스 전압에 의해 순간적으로 반송자가 폭발적으로 증가하여 큰 전류가 흐르게 되는 현상을 전자사태라 하며 그 임계전압은 항복전압이라 한다.

4) 다이오드

① 제너다이오드

- 반도체 다이오드의 일종으로 정전압 다이오드
- 간단히 정전압을 만들거나 과전압으로부터 회로소자를 보호하는 용도로 사용

② 배리스터 다이오드

- 저항값이 전압에 비 직선적으로 변화되는 성질을 가진 반도체 소자
- 피뢰기, 변압기나 코일 등의 과전압 보호, 스위치나 계전기의 접점 불꽃 소거

③ 쇼트기 다이오드

반도체+금속으로 된 다이오드로 문턱전압이 0.4 ~ 0.5[V] 정도이다. 다수 캐리어에 의해서 전류가 흐르기 때문에 축적효과 없이 역회복 시간이 매우 짧으나 누설전류가 높고 내압이 100[V] 이하로 낮아, 낮은 전압이면서 대전류, 고속 정류에

사용된다.

④ 서미스터

코발트, 구리, 망간, 철, 니켈 티타늄 등의 산화물을 적당한 저항률과 온도계수를 가지도록 2 ~ 3 종류 혼합하여 소결한 반도체로 부저항 온도계수의 특성

(2) 트랜지스터

1) 바이폴라 트랜지스터

① 트랜지스터의 구조

P형과 N형 반도체를 3개 층으로 접합한 것

② 달링톤 트랜지스터

2개의 트랜지스터를 컬렉터만 병렬로 연결하고 TR1의 이미터를 TR2의 베이스에 연계하여 증폭률을 높인 것 트랜지스터의 증폭률은 30 ~ 100 정도 되나, 달링톤 트랜지스터의 증폭률은 100 ~ 1000 정도 된다.

③ 용도

증폭, 스위칭, 발진, 변조, 검파 등에 사용

2) 전계효과 트랜지스터(FET)

① 전계효과 트랜지스터의 구조

전기장에 의해 트랜지스터의 신호 증폭 동작이 이루어지며 게이트(G), 소스(S), 드레인(D)의 3개 전극을 갖고 있다.

② 전계효과 트랜지스터의 종류

- 접합형 FET(JFET) : pn 접합형 게이트(p채널, n채널)
- 금속 산화물 반도체형 FET(MOSFET)
- 금속 반도체형 FET(MESFET)

3) 절연 게이트 트랜지스터(IGBT)

① IGBT의 구조와 원리

- MOSFET, BJT, GTO 사이리스터의 장점을 결합한 일종의 하이브리드 소자로서 바이폴라 트랜지스터와 MOSFET를 복합한 형태
- MOSFET와 같이 입력부(Gate)의 임피던스가 무한대에 가까우나 바이폴라 트랜지스터와 같이 도통 손실이 낮고 출력 C-E간은 트랜지스터의 특성을 갖는 전력용 반도체 소자

② IGBT의 특징

- 전압제어 소자로서 BJT보다 구동이 쉽다.

- 100[kHz] 정도의 고속 스위칭이 가능
- 고전압, 대전류를 고속으로 스위칭 동작시키기 위하여 턴 온, 톤 오프 시 $\dfrac{di}{dt}$가 높게 되어 높은 서지 전압이 발생
- MOSFET보다 훨씬 큰 전류를 흘릴 수 있다.
- GTO 사이리스터처럼 역방향 전압 서지 특성을 갖는다.
- 절연게이트를 갖고 있기 때문에 정전대책이 필요하다. 게이트 오프 시 이미터 와 컬렉터 간의 전압을 부가해서는 안 된다.

③ 응용분야

직류 및 교류 전동기의 구동, 지하철 차량의 구동 전동기, 무정전 전원공급 장치, 반도체 릴레이 등 중 용량급 전력전자회로에 주로 사용

(3) 사이리스터

1) 사이리스터

PN접합을 3개 이상 내장하고 전압, 전류 특성이 적어도 한 개의 상한에서 ON, OFF 두 개의 안정상태를 가지고 오프 상태에서 온 상태로 절환되며 또 그 역으로 전환될 수 있는 반도체 소자

2) SCR

PNP접합의 구조를 가지며 두 개의 PNP 및 NPN 트랜지스터가 증폭된 전류를 서로 양 되먹임하는 구조로 연결되어 있으며 게이트 전극을 붙인 것

3) GTO

양(+) 게이트 전류를 턴 온시킬 수 있고 음(−)의 게이트 전류로 턴 오프

4) SCS

역저지 단방향성 사이리스터이며 구성은 pnpn의 4층 접합으로 SCR과 같은 정류 특성을 나타내지만, 게이트가 없고, 턴 온은 브레이크 오버 전압을 가한다.

5) 역도통 사이리스터

초퍼나 인버터 회로에서 SCR 양단에 역병렬로 연결되는 다이오드는 유도성 부하로 인하여 역전류를 흐르게 하고 전류 회로의 턴 오프 조건을 향상시키는 역할

6) TRIAC

양방향 도통이 가능하며 AC위상제어에 사용되며 두 개의 SCR을 게이트 공통으로 하여 역병렬 연결한 것

3.3.3 송전설비 기초

(1) 전압강하율과 전압변동률

전압강하율은 수전전압에 대한 전압강하의 비를 백분율로 나타낸 것이며

$$\epsilon = \frac{e}{V_r} \times 100 = \frac{V_s - V_r}{V_r} \times 100 = \frac{\sqrt{3}\,I(R\cos\theta_r + X\sin\theta_r)}{V_r} \times 100\,[\%]$$

가 된다. 위 식에서 $e = \frac{P}{V}(R + X\tan\theta)$를 대입하면

$$e = \frac{P}{V^2}(R + X\tan\theta) \times 100\,[\%]$$

가 된다. 전압강하율은 전압의 제곱에 반비례한다.

전압변동률은 수전전압에 대한 전압변동의 비를 백분율로 나타낸 것을 말한다.

$$\delta = \frac{V_{ro} - V_r}{V_r} \times 100\,[\%]$$

여기서, V_{ro} : 무부하상태에서의 수전단전압

V_r : 정격부하상태에서의 수전단전압

e : 전압강하, ϵ : 전압강하율, δ : 전압변동률

(2) 선로손실

$$P_l = 3I^2R\,[\text{W}]$$

$P = \sqrt{3}\,VI\cos\theta$에서 $I = \frac{P \times 10^3}{\sqrt{3}\,V\cos\theta}$를 대입하면 전력손실

$$P_l = 3I^2R = \frac{P^2R}{V^2\cos^2\theta} \times 10^6\,[\text{W}] = \frac{P^2R}{V^2\cos^2\theta} \times 10^3\,[\text{kW}]$$

가 된다. 이때 전력손실은 전압의 제곱에 반비례한다.

(3) 전력손실률

전력손실률은 공급전력에 대한 전력손실에 대한 비율을 말한다.

$$K = \frac{P_l}{P} \times 100 = \frac{3I^2R}{P} \times 100$$

$$= \frac{3R}{P}\left(\frac{P}{\sqrt{3}\,V\cos\theta}\right)^2 \times 100 = \frac{RP}{V^2\cos^2\theta} \times 100\,[\%]$$

여기서, R : 1선 1의 저항, $\cos\theta$: 역률, $\sin\theta$: 무효율, P_l : 전력손실, P : 전력

전력 손실률은 전압의 제곱에 반비례하며, 전력 손실율이 일정할 경우 공급전력은 전압의 제곱에 비례한다. 또 단면적은 제곱에 반비례한다.

(4) 조상설비

송전선을 일정한 전압으로 운전하기 위해 필요한 무효전력을 공급하는 장치를 조상설비라 하며 그 종류로는 동기 조상기, 전력용 콘덴서, 분로 리액터가 있다.

1) 콘덴서(직렬콘덴서방식) : 앞선 전류를 취하여 전압강하를 보상한다. 송배전 선로의 도중에 직렬로 삽입하여 선로의 유도성 리액턴스를 보상함으로써 선로정수 그 자체를 변화시켜서 선로의 전압강하를 감소시키는 직렬 콘덴서 방식은 다음과 같은 특징이 있다.

[장점]

① 유도 리액턴스를 보상하고 전압 강하를 감소시킨다.

② 수전단의 전압변동률을 경감시킨다.

③ 최대 송전 전력이 증대하고 정태 안정도가 증대한다.

④ 부하 역률이 나쁠수록 효과가 크다.

⑤ 용량이 작으므로 설비비가 저렴하다.

[단점]

① 단락 고장 시 콘덴서 양단에 고전압이 걸린다.

② 무부하 변압기에 직렬 콘덴서를 투입하는 경우 선로 전류가 증대한다.

③ 고압 배전선에 설치하는 경우 자기 여자 현상이 일어날 경우가 있다.

④ 과보상이 되면 동기기에 난조가 생기거나 탈조하는 수가 있다.

(5) 페란티 현상

1) 개요

무부하의 경우 선로의 정전 용량 때문에 전압보다 위상이 90° 앞선 충전 전류의 영향이 커져서 선로에 흐르는 전류가 진상이 되어 수전단 전압이 송전단 전압보다 높아지는 현상을 페란티 현상이라 한다.

2) 페란티 현상 방지 대책

· 선로에 흐르는 전류가 지상이 되도록 한다.

・수전단에 분로 리액터를 설치한다.

・동기조상기의 부족여자 운전

(6) 전선로

1) 전선

① 전선의 구비조건

　가) 도전율이 높을 것　　　나) 기계적 강도가 클 것

　다) 내구성이 있을 것　　　라) 중량이 가벼울 것

　마) 가요성이 클 것　　　　바) 가격이 저렴할 것

　사) 허용전류가 클 것

② 연선

　가) 소선 총수 : $N = 3n(1+n)+1$

　나) 연선의 바깥지름 : $D = (1+2n)d[\mathrm{mm}]$

　다) 연선의 단면적 : $A = Na[\mathrm{mm}^2] = \dfrac{\pi}{4}d^2 N[\mathrm{mm}^2]$

　라) 연선의 중량 : $W = (1+K_1)Nw[\mathrm{kg}]$

　마) 연선의 저항 : $R = (1+K_2)\dfrac{r}{N}[\Omega]$

　단, n : 층수, N : 소선의 총수, d : 소선의 지름, a : 소선의 단면적

　　w : 연선과 같은 길이의 소선 중량

　　r : 연선과 같은 길이의 소선저항

　　K_1 : 중량 연입률

　　K_2 : 저항 연입률

(7) 전선의 이도

1) 이도

이도란 전선의 지지점을 연결하는 수평선으로부터 밑으로 내려가 있는 길이를 말한다.

$$D = \frac{WS^2}{8T}$$

여기서, D : 이도[m], W : 단위 길이 당 전선의 중량[kg/m]

　　S : 경간[m], T : 전선의 수평장력[kg]

① 빙설하중

$$W_i = 0.9 \times \frac{\pi}{4}\{(d+12)^2 - d^2\} \times 10^3 \times 10^{-6} = 0.0054\pi(d+6)$$

② 합성하중

$$W = \sqrt{W_c^2 + W_w^2} \text{ (빙설이 적은 지방)}$$

$$W = \sqrt{(W_c + W_i)^2 + W_w^2} \text{ (빙설이 많은 지방)}$$

③ 풍압하중

$$W_w = \frac{Pd}{1000}[\text{kg/m}] \text{ (빙설이 적은 지방)}$$

$$W_w = \frac{P(d+12)}{1000}[\text{kg/m}] \text{ (빙설이 많은 지방)}$$

2) 전선의 실제 길이

$$L = S + \frac{8D^2}{3S}$$

여기서, L : 전선의 실제 길이[m], S : 경간[m], D : 이도[m]

즉, 이도(Dip) 때문에 전선의 실제 길이는 경간보다 $\frac{8D^2}{3S}$ 만큼 더 길어지게 된다.

$$L - S = \frac{8D^2}{3S}$$

(8) 애자

애자란 전선을 기계적으로 고정시키고 전기적으로 절연하기 위하여 사용되는 절연 지지체를 애자라 한다.

1) 애자의 구비 조건

① 절연 내력이 클 것
② 기계적 강도가 클 것
③ 정전 용량이 작을 것
④ 가격이 저렴할 것

(9) 지선

1) 전주가 수직인 경우

$$지선장력 : T_0 = \frac{T}{\cos\theta} = \frac{T\sqrt{H^2+a^2}}{a} = \eta \times \frac{T_0{}'}{K}$$

$$n = \frac{KT}{T_0{}'\cos\theta} = \frac{KT}{T_0{}'} \frac{\sqrt{H^2+a^2}}{a}$$

단, T : 전선의 수평 장력, T_0 : 지선의 허용하중

$T_0{}'$: 지선에 사용 되는 소선의 인장력

n : 지선의 소선 수(가닥수)

K : 안전율

(10) 지지물

1) 가공 전선로 지지물의 종류

① 철탑 　　　　　② 철근콘크리트주

③ 철주 　　　　　④ 목주

2) 철주, 철근 콘크리트주 또는 철탑의 종류

특고압 가공 전선로의 지지물로 사용하는 B종 철주, B종 철근 콘크리트주 또는 철탑의 종류는 다음과 같다.

① 직선형 : 전선로의 직선부분(3도 이하의 수평 각도를 이루는 곳을 포함)에 사용하는 것으로 내장형과 보강형은 제외한다.

② 각도형 : 전선로 중 3도를 넘는 수평 각도를 이루는 곳에 사용하는 것

③ 인류형 : 전가섭선을 인류하는 곳에 사용하는 것

④ 내장형 : 전선로 지지물의 양측의 경간의 차가 큰 곳에 사용하는 것

⑤ 보강형 : 전선로의 직선 부분에 그 보강을 위하여 사용하는 것

3.3.4 배전설비기초

(1) 배전방식

① 급전선(feeder) : 배전 변전소 또는 발전소로부터 배전 간선에 이르기까지의 도중에 부하가 접속 되어 있지 않은 선로

② 간선(main line) : 급전선에 접속된 수용 지역에서의 배전 선로 가운데에서 부하의 분포 상태에 따라서 배전하거나 또는 분기선을 내어서 배전하는 중간 부분

③ 분기선(branch line) : 간선으로부터 분기한 배전선로의 가지 모양으로 된 부분

1) 수지식(나뭇가지식 : tree system)

① 전원 변전소로부터 1회선 인출 수용가 공급

② 경제적인 공급 방식임

③ 신규 부하 증설이 용이함

2) 환상식(loop system)

루프 배선의 이점은 선로의 도중에 고장 발생시, 고장 개소의 분리 조작이 용이하여 그 부분을 빨리 분리시킬 수 있고 전류의 통로에 융통성이 있으므로 전력 손실과 전압 강하가 적다.

① 순수 환상방식

　가) 동일 변전소 동일 뱅크에서 2회선으로 상시 공급(설비 구성 고가)함

　나) 선로 고장시 고장 구간 양측의 계전기를 통해 차단기를 동작함

　다) 건전 선로에 의한 수용가 무정전 공급이 가능함

② 개방 환상 방식

　가) 동일 변전소 동일 뱅크 또는 변전소나 뱅크를 달리하여 양 계통을 연계하고 선로 부하 중심을 상시 개방 운전함

　나) 선로 고장시 고장점 탐색 및 개폐기 조작 방식에 따라 정전시간이 좌우됨

3) 저압뱅킹방식(Banking)

동일 고압 배전선로에 접속되어 있는 2대 이상의 배전용 변압기를 경유해서 저압측 간선을 병렬 접속하는 방식으로 수지식과 비교한 저압 뱅킹방식의 장점은 다음과 같다.

① 변압기의 공급 전력을 서로 융통시킴으로써 변압기 용량을 저감할 수 있다.

② 전압변동 및 전력 손실이 경감된다.

③ 부하의 증가에 대응할 수 있는 탄력성이 향상된다.

④ 고장 보호 방식이 적당할 때 공급 신뢰도는 향상된다(정전의 감소).

저압 뱅킹 방식의 단점으로 변압기 2차측에 발생한 사고가 단락 보호장치로 제거 구분되지 않아 사고 범위가 확대되어 나가는 현상이 생긴다. 이러한 현상을 캐스케이딩 현상이라 한다.

4) 망상식(network system)

이 방식은 어느 회선에 사고가 일어나더라도 다른 회선에서 무정전으로 공급할 수 있기 때문에 다음과 같은 여러 가지 장점이 있다.

① 무정전 공급이 가능해서 공급 신뢰도가 높다.

② 플리커, 전압 변동률이 적다.

③ 전력 손실이 감소된다.

④ 기기의 이용률이 향상된다.

⑤ 부하 증가에 대한 적응성이 좋다.

⑥ 변전소의 수를 줄일 수 있다.

반면에 이 방식의 단점으로서는

① 건설비가 비싸다.

② 특별한 보호장치를 필요로 한다.

　　네트워크 프로텍터 : 저압용 차단기, 방향성 계전기, Fuse 등을 들 수 있다. 이 네트워크 방식을 간소화한 것에 스포트 네트워크 방식이 있다.

(2) 배전변압기

$V-V$ 결선 변압기 출력

1) V결선 출력 $P_V = \sqrt{3}\,P_1$

2) 이용률 $= \dfrac{\sqrt{3}\,P_1}{2P_1} = 0.866$

3) 출력비 $= \dfrac{\sqrt{3}\,P_1}{3P_1} = 0.577$

(3) 부하의 특성

1) 수용률

어느 기간 중에서의 수용가의 최대 수요 전력[kW]과 그 수용가에 설치되어 있는 설비 용량의 합계[kW]와의 비로서 1보다 작다. 이 수용률은 수요를 상정할 경우 중요한 요소로 사용된다.

$$수용률 = \frac{최대 수요 전력[kW]}{부하설비합계[kW]} \times 100[\%]$$

2) 부등률

일반적으로 수용가 상호간, 배전 변압기 상호간, 급전선 상호간 또는 변전소 상호간에서 각개의 최대부하는 같은 시각에 일어나는 것이 아니고 그 발생 시각에 약간씩의 시간차가 있다. 따라서 부등률은 최대전력의 발생시각 또는 발생시기의 분산을 나타내는 지표로서 일반적으로 1보다 크다.

$$부등률 = \frac{각\ 부하의\ 최대\ 수요\ 전력의\ 합[kW]}{각\ 부하를\ 종합하였을\ 때의\ 최대\ 수요\ 전력(합성\ 최대\ 전력)[kW]} \times 100[\%]$$

3) 부하율

부하율은 어느 일정 기간 중 부하 변동의 정도를 나타내는 것으로써 그 기간 중 평균 수요전력과 최대수요 전력과의 비를 백분율로 나타낸 것

$$부하율 = \frac{평균\ 수요\ 전력[kW]}{최대\ 수요\ 전력[kW]} \times 100[\%] = \frac{평균\ 부하[kW]}{최대\ 부하[kW]} \times 100[\%]$$

4) 수용률, 부등률, 부하의 관계

$$합성최대전력 = \frac{각\ 부하의\ 최대\ 수요\ 전력의\ 합[kW]}{부등률}$$

$$= \frac{부하\ 설비\ 합계[kW] \times 수용률}{부등률}$$

$$부하율 = \frac{평균\ 설비\ 합계[kW]}{최대\ 수요\ 전력(합성\ 최대\ 전력)[kW]} \times 100$$

$$= \frac{평균\ 수요\ 전력[kW]}{부하\ 설비\ 합계[kW]} \times \frac{부등률}{수용률}$$

(4) 변압기 용량

$$변압기\ 용량[kW] \geq 합성\ 최대수용전력$$

$$= \frac{각\ 부하의\ 최대\ 수요\ 전력의\ 합[kW]}{부등률}$$

$$= \frac{부하\ 설비\ 합계[kW] \times 수용률}{부등률}$$

3.3.5 변전설비 기초

(1) 중성점 접지목적

1) 중성점 접지목적

① 지락고장 시 건전상의 대지 전위상승을 억제, 전선로 및 기기의 절연 레벨을 경감

② 뇌, 아크 지락, 기타에 의한 이상 전압의 경감 및 발생 억제

③ 지락고장 시 접지계전기의 확실한 동작

④ 소호 리액터 접지방식에서는 1선 지락시의 아크 지락을 재빨리 소멸시켜 그대로 송전을 계속할 수 있게 한다.

2) 중성점 접지방식의 종류

중성점 접지 방식은 중성점을 접지하는 접지임피던스 Z_n의 종류와 크기에 따라 다음과 같이 구분한다.

① 비접지 방식 : $Z_n = \infty$ ② 직접접지 방식 : $Z_n = 0$

③ 저항접지 방식 : $Z_n = R$ ④ 소호리액터접지 방식 : $Z_n = jX_L$

3) 접지방식

① 비접지방식

적용 : 33[kV] 이하 계통

가) 선로의 길이가 짧거나 전압이 낮은 계통(33[kV] 정도 이하)에 한해서 채택(저전압, 단거리)

나) 변압기 결선을 △−△로 할 수 있어 변압기 1대 고장시 V−V 결선으로 송전 가능

다) 1선 지락사고 시 지락전류가 아주 적어서 그 대로 송전가능(보호계전기 동작 어렵다.)

라) 1선 지락사고 시 충전 전류에 의한 간헐 아크 지락을 일으켜서 이상 전압을 발생($\sqrt{3}$ 배)

② 직접 접지방식(유효접지)

직접 접지방식은 지락점의 임피던스를 0으로 하여 지락전류를 최대로 하기 위한 방식을 말한다. 특히 직접 접지 방식 중 유효 접지방식은 지락사고 시 건전상의 전위 상승이 상규 대지전압의 1.3배 이하가 되도록 하는 접지방식으로 전위 상승이 최소가 된다.

전위 상승이 1.3배 이하가 되기 위해서는 다음의 유효 접지 조건을 만족해야 한다.

가) 1선 지락 시 건전상의 대지전압 상승은 거의 없다.

나) 선로 및 기기의 절연레벨을 낮출 수 있다. (저감절연, 단절연 가능)

다) 보호 계전기의 동작이 확실하다.

라) 지락전류가 저 역률의 대전류 이므로 과도 안정도가 나빠진다.

마) 지락고장 시 통신선에 전자유도 장해를 크게 미친다.

바) 지락 전류가 매우 크기 때문에 기기에 큰 기계적 충격을 주기 쉽다.

③ 소호 리액터 접지방식

리액터 접지방식은 중성점에 리액터를 연결하여 지락전류를 줄이는 방식으로 특히 소호리액터 접지방식은 중성점에 접속된 리액터와 대지 정전용량의 병렬공진

에 의하여 지락전류를 소멸 시켜 안정도를 최대로 하기위한 접지를 말한다. 소호 리액터 접지방식은 지락전류가 흐르지 않으므로 보호계전기 동작이 어렵다.

(2) 피뢰기(기계기구 보호)

이상전압이 내습해서 피뢰기의 단자전압이 어느 일정값 이상으로 올라가면 즉시 방전해서 전압 상승을 억제(이상전압방전)하며, 이상전압이 소멸되어 단자전압이 일정값 이하가 되면 즉시 방전을 정지(속류차단)해서 원래의 송전상태로 되돌아가는 것을 목적으로 한다.

1) 구성

① 직렬갭(series gap) : 방습 애관 내에 밀봉된 평면 또는 구면 전극을 계통 전압에 따라 다수 직렬로 접속한 다극 구조이며 속류 차단, 소호의 역할을 함과 동시에 충격파에 대해서는 되도록 저전압에서 방전시키도록 한다.

② 특성요소 : 탄화 규소를 주성분으로 한 소성물의 저항판을 다수 합친 구조이며 직렬갭과 자기 애관에 밀봉시킨다. 뇌 전류 방전 시 피뢰기 자신의 전위 상승을 억제하여 자신의 절연파괴를 방지한다.

2) 피뢰기의 구비조건

① 상용 주파 방전 개시 전압이 높을 것

② 충격 방전 개시 전압이 낮을 것

③ 제한 전압이 낮을 것

④ 속류 차단 능력이 클 것

3) 피뢰기 용어

① 충격 방전 개시전압 : 피뢰기 단자간에 충격전압을 인가 하였을 때 방전을 개시 하는 전압

② 상용주파 방전 개시전압 : 상용주파수의 방전개시 전압(실효값)으로 피뢰기 정격 전압의 1.5배 이상이 되도록 잡고 있다.

③ 제한전압 : 충격파 전류가 흐르고 있을 때의 피뢰기의 단자전압

$$제한전압 = 피뢰기가 처리하고 남은 전압$$
$$= 피뢰기가 처리해야 할 전압 - 피뢰기가 처리한 전압$$
$$= \frac{2Z_2}{Z_1 + Z_2}e - \frac{Z_1 Z_2}{Z_1 + Z_2}i$$

④ 속류 : 방전 전류에 이어서 전원으로부터 공급되는 상용 주파수의 전류가 직렬갭을 통하여 대지로 흐르는 전류

4) 피뢰기의 정격전압

① 속류의 차단이 되는 최고의 교류전압. 즉, 피뢰기의 양 단자 사이에 인가할 수 있는 상용주파수의 최대 전압의 실효값을 말한다.

$$E_R = \alpha\beta V_m$$

여기서 E_R : 피뢰기의 정격전압

α : 접지계수(유효접지계통 : 1.1~1.3)

β : 여유도(1.15)

V_m : 선간의 최고허용전압($V_m =$ 공칭전압$\times \dfrac{1.2}{1.1}$)

· 직접접지방식 : $E_R = 0.8V \sim 1.0V$의 피뢰기

· 저항 또는 소호리액터 접지방식 : $E_R = 1.4V \sim 1.6V$의 피뢰기

여기서, V는 선로의 공칭 전압을 1.1로 나눈 값

② 충격비 $= \dfrac{\text{충격방전 개시전압}}{\text{상용주파 방전개시 전압의 파고값}}$

③ 여유도 $= \dfrac{\text{기기의 절연강도} - \text{피뢰기의 제한전압}}{\text{피뢰기의 제한전압}}$

3.4 배관 · 배선 공사

3.4.1 배관 · 배선 시공

(1) 태양전지 모듈과 인버터 사이의 배선

1) 태양전지 모듈 간의 배선에 사용할 전선은 2.5[mm^2] 두께의 전선을 사용하면 단락전류를 충분히 견딜 수 있다.

2) 태양전지 모듈 뒷면의 접속용 케이블 2개의 극성을 확인한다.

3) 태양전지 모듈을 스트링 필요 매수만큼 직렬로 결선하여 가대 위에 조립하고, 케이블을 각 스트링에서 접속함까지 배선하여 접속함 내에서 병렬로 결선한다.

4) 지붕 위에 설치한 태양전지 어레이에서 접속함으로 배선하는데, 지붕 환기구 및 처마 밑에 배선하게 된다.

5) 접속함의 설치장소는 어레이 근처에 설치하는 것이 바람직하지만 건물의 구조와 미관상 설치장소가 제한되는 경우도 있다.

6) 접속함에서 인버터까지의 배선은 전압강하율 1~2[%]로 할 것을 권장한다.

7) 태양전지 어레이를 지상에 설치할 경우 지중배선을 하며, 지중배선 또는 지중배관을 하는 경우, 중량물의 압력을 받을 우려가 있는 경우는 1.0[m] 이상의 깊이로 매설한다. 케이블 보호처리를 하고 그 총 길이가 30[m]를 넘을 경우에는 지중함을 설치하여 지진과 지반침하에 견딜 수 있도록 프리조인트를 설치하는 등의 대책을 취한다.

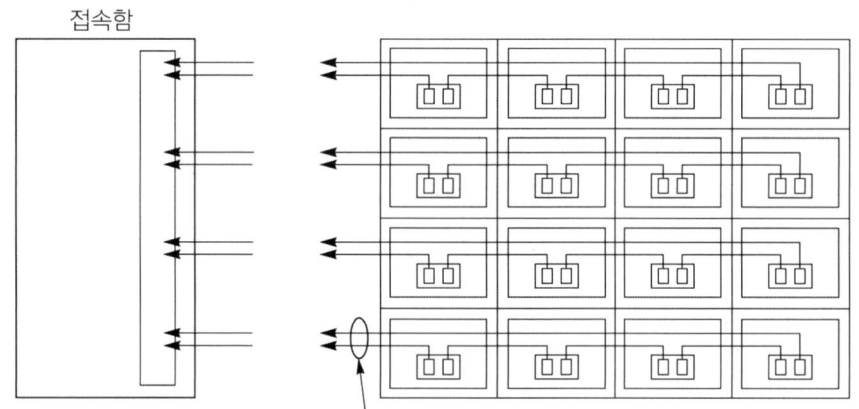

직렬로 조립한 케이블의 끝부분에 케이블 번호를 명기해두면 중계단자에 접속하는 시점에서 틀리지 않는다.

| 어레이 배선시공도 |

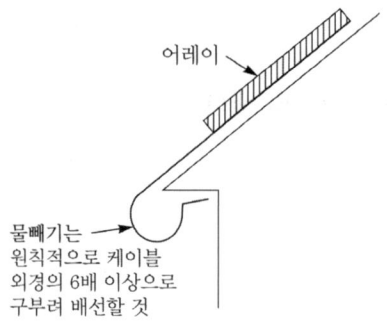

| 케이블 탈수 |

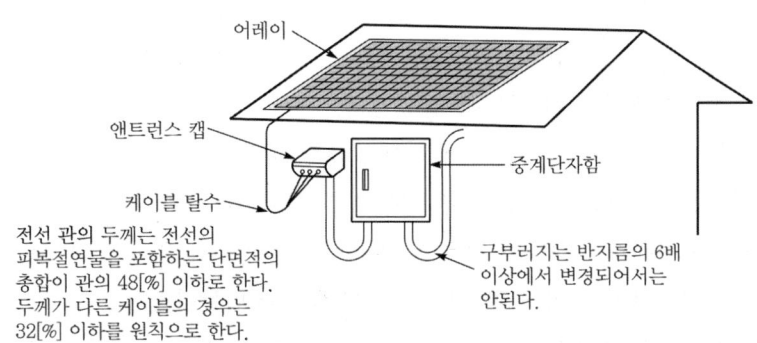

어레이

앤트런스 캡

케이블 탈수

전선 관의 두께는 전선의
피복절연물을 포함하는 단면적의
총합이 관의 48[%] 이하로 한다.
두께가 다른 케이블의 경우는
32[%] 이하를 원칙으로 한다.

중계단자함

구부러지는 반지름의 6배
이상에서 변경되어서는
안된다.

| 앤트런스 캡으로 물빼기 |

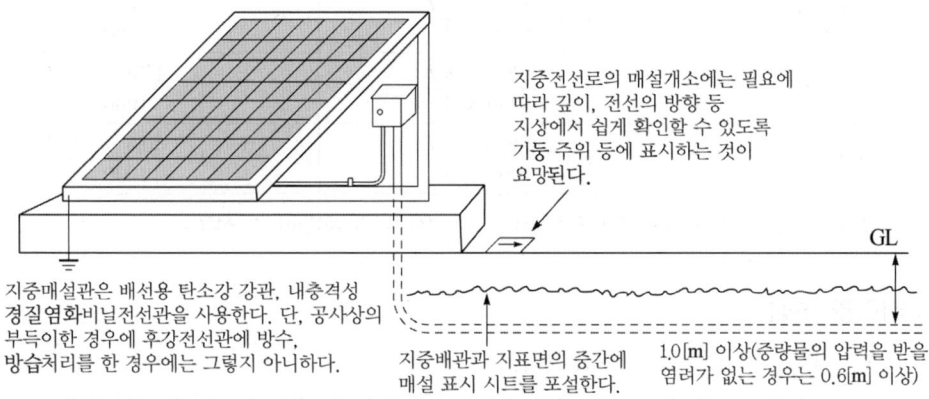

지중전선로의 매설개소에는 필요에
따라 깊이, 전선의 방향 등
지상에서 쉽게 확인할 수 있도록
기둥 주위 등에 표시하는 것이
요망된다.

GL

지중매설관은 배선용 탄소강 강관, 내충격성
경질염화비닐전선관을 사용한다. 단, 공사상의
부득이한 경우에 후강전선관에 방수,
방습처리를 한 경우에는 그렇지 아니하다.

지중배관과 지표면의 중간에
매설 표시 시트를 포설한다.

1.0[m] 이상(중량물의 압력을 받을
염려가 없는 경우는 0.6[m] 이상)

| 지중배선의 시공 |

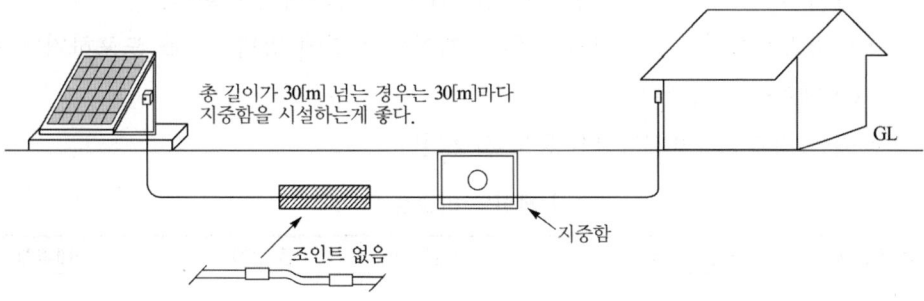

총 길이가 30[m] 넘는 경우는 30[m]마다
지중함을 시설하는게 좋다.

GL

조인트 없음

지중함

[주] 지진, 지반침하 등이 발생해도 배관이 도중에 파손, 절단되지 않도록 배관 도중에 조인트 없이 시공을 하고 또, 지중함 안에
는 케이블을 여유 있게 할 것

| 지진, 지반침하로부터의 배선보호방법 |

(2) 인버터에서 옥내 분전반간의 배선

인버터 출력의 전기방식에는 단상2선식, 단상3선식, 3상3선식, 3상4선식이 있으며 교류 측의 중성선을 틀리지 않도록 결선한다.

1) 부하의 불평형에 따라 중성선에 최대전류가 생길 염려가 있을 경우에는 수전점에서 3극의 과전류 차단 소자를 가진 차단기를 시설한다.

2) 수전점의 차단기를 개방한 경우 등에 부하의 불평형에 의해서 발생하는 과전압에 대해서 역변환장치(인버터)를 정지하는 대책을 세워둔다.

3) 전압강하 계산에 의해 전선의 단면적을 구하는 방법은 아래의 표와 같다.

| 전압강하 및 전선 단면적 계산식 |

구 분	전압강하	전선 단면적[mm²]
직류 2선식 교류 2선식	$e = \dfrac{35.6 \times L \times I}{1000 \times A}$	$A = \dfrac{35.6 \times L \times I}{1000 \times e}$
단상 3선식	$e = \dfrac{17.8 \times L \times I}{1000 \times A}$	$A = \dfrac{17.8 \times L \times I}{1000 \times e}$
3상 3선식	$e = \dfrac{30.8 \times L \times I}{1000 \times A}$	$A = \dfrac{30.8 \times L \times I}{1000 \times e}$

[주] e : 각 전선의 전압강하[V], A : 전선의 단면적[mm²], L : 전선 1본의 길이[m], I : 전류[A]

(3) 케이블 선정

1) VV, CV, PNCT 등이 사용된다.

2) 구입이 쉽고, 작업성을 고려하여 장기가 사용에 적합한 CV케이블 권장

3) 병렬접속의 경우 회로 단락전류에 맞는 사이즈의 케이블 선정

※ CV케이블

‣ 자기 소화성을 가진 케이블이지만, 화재 시 연소하기도 한다.

‣ 연소방지효과를 향상시키기 위해 케이블 표면에 방화도료를 도포하거나 난연성 CV케이블 사용한다.

‣ 최근 친환경적인 EM전선 등도 사용된다.

| 케이블 비교표 |

케이블 종류	허용온도최고[℃]	내연성	열 변형성	내후성
CV[*1]	90	○	○	○
VV[*2]	60	○	△	○
PNCT[*3]	80	◎	△	○

[주] ◎ : 우수, ○ : 양호, △ : 가능
  *1 : 가교 폴리에틸렌 절연비닐 시스템케이블
  *2 : 비닐 절연비닐시스 케이블
  *3 : 에틸렌 프로필렌고무 절연 클로로플렌 시스 캡타이어 케이블

(4) 케이블 단말처리

1) 절연테이프의 종류

① 비닐 절연테이프 : 장시간 사용 시 접착력 쇠퇴로 벗겨짐, 태양광발전에는 적합하지 않음

② 자기융착 절연테이프 : 점착 후 시간의 경과에 따라 융착하여 일체화가 됨. 부틸고무제와 폴리에틸렌 합성품이 있으며, 저압일 때는 보통 부틸고무제가 사용된다.

③ 보호테이프 : 자기융착 테이프의 열화방지를 위한 자기융착 테이프의 위에 재차 감는 보호 테이프

2) 절연테이프의 단말처리 방법

① 절연테이프 처리 : 케이블의 피복을 벗겨낸 다음에 접착성 절연테이프의 반 이상이 겹치도록 하여 1회 이상 감고, 그 위에 보호테이프를 반복 이상 겹치게 1회 이상 감는다.

② 쌍관처리 : 케이블의 피복을 벗겨내고 쌍관을 케이블에 입힌 후, 점착성 절연테이프를 감고 그 위에 보호테이프를 반폭 이상 겹치도록 하여 1회 이상 감는다.

3.4.2 케이블트레이시스템

(1) 케이블 트레이 공사

케이블트레이공사는 케이블을 지지하기 위하여 사용하는 금속재 또는 불연성 재료로 제작된 유닛 또는 유닛의 집합체 및 그에 부속하는 부속재 등으로 구성된 견고한 구조물을 말하며 사다리형, 펀칭형, 그물망형, 바닥밀폐형 기타 이와 유사한 구조물을 포함하여 적용한다.

1) 시설조건

① 전선은 연피케이블, 알루미늄피 케이블 등 난연성 케이블 또는 기타 케이블(적당한 간격으로 연소(延燒)방지 조치를 하여야 한다) 또는 금속관 혹은 합성수지관등에 넣은 절연전선을사용하여야 한다.

② 케이블트레이 안에서 전선을 접속하는 경우에는 전선 접속부분에 사람이 접근할 수 있고 또한 그 부분이 측면 레일 위로 나오지 않도록 하고 그 부분을 절연처리 하여야 한다.

③ 수평으로 포설하는 케이블 이외의 케이블은 케이블 트레이의 가로대에 견고하게 고정시켜야 한다.

④ 저압 케이블과 고압 또는 특고압 케이블은 동일 케이블 트레이 안에 포설하여서는

아니 된다. 다만, 견고한 불연성의 격벽을 시설하는 경우 또는 금속외장 케이블인 경우에는 그러하지 아니하다

⑤ 수평 트레이에 다심케이블을 포설 시 다음에 적합하여야 한다.

　가. 사다리형, 바닥밀폐형, 펀칭형, 그물망형 케이블트레이 내에 다심케이블을 포설하는 경우 이들 케이블의 지름(케이블의 완성품의 바깥지름을 말한다. 이하 같다)의 합계는 트레이의 내측폭 이하로 하고 단층으로 시설할 것.

　나. 벽면과의 간격은 20[mm] 이상 이격하여 설치하여야 한다. 다. 트레이 설치 및 케이블 허용전류의 저감계수는 KS C IEC 60364-5-52 을 적용한다.

⑥ 수직 트레이에 단심케이블을 포설 시 다음에 적합하여야 한다.

　가. 사다리형, 바닥밀폐형, 펀칭형, 그물망형 케이블 트레이 내에 단심케이블을 포설하는 경우 이들 케이블 지름의 합계는 트레이의 내측폭 이하로 하고 단층으로 포설하여야 한다. 단, 삼각포설 시에는 묶음단위 사이의 간격은 단심케이블지름의 2배 이상 이격하여 설치하여야 한다.

　나. 벽면과의 간격은 가장 굵은 단심케이블 바깥지름의 0.3배 이상 이격하여 설치하여야 한다.

　다. 트레이 설치 및 케이블 허용전류의 저감계수는 KS C IEC 60364-5-52을 적용한다.

3.4.3 버스덕트공사

(1) 시설조건

1) 덕트 상호 간 및 전선 상호 간은 견고하고 또한 전기적으로 완전하게 접속할 것.

2) 덕트를 조영재에 붙이는 경우에는 덕트의 지지점 간의 거리를 3[m](취급자 이외의자가 출입할 수 없도록 설비한 곳에서 수직으로 붙이는 경우에는 6[m]) 이하로 하고 또한 견고하게 붙일 것.

3) 덕트(환기형의 것을 제외한다)의 끝부분은 막을 것.

4) 덕트(환기형의 것을 제외한다)의 내부에 먼지가 침입하지 아니하도록 할 것.

5) 덕트는 211과 140에 준하여 접지공사를 할 것.

6) 습기가 많은 장소 또는 물기가 있는 장소에 시설하는 경우에는 옥외용 버스덕트를 사용하고 버스덕트 내부에 물이 침입하여 고이지 아니하도록 할 것.

(2) 버스덕트의 선정

1) 도체는 단면적 20[mm²] 이상의 띠 모양, 지름 5[mm] 이상의 관모양이나 둥글고 긴 막대 모양의 동 또는 단면적 30[mm²] 이상의 띠 모양의 알루미늄을 사용한 것일 것.

2) 도체 지지물은 절연성·난연성 및 내수성이 있는 견고한 것일 것.

3) 덕트는 표 의 두께 이상의 강판 또는 알루미늄판으로 견고히 제작한 것일 것.

| 버스 덕트의 선정 |

덕트의 최대 폭 [mm]	덕트의 판 두께 [mm]		
	강 판	알루미늄판	합성수지판
150 이하	1.0	1.6	2.5
150 초과 300 이하	1.4	2.0	5.0
300 초과 500 이하	1.6	2.3	–
500 초과 700 이하	2.0	2.9	–
700 초과하는 것	2.3	3.2	–

(3) 버스 덕트의 종류

명 칭	형 식		설 명
피더 버스 덕트	옥내용	환기형 비환기형	도중에 부하를 접속하지 아니한 것
	옥외용	환기형 비환기형	
익스팬션 버스 덕트	옥내용	비환기형	열 신축에 따른 변화량을 흡수하는 구조인 것
탭붙이 버스 덕트			종단 및 중간에서 기기 또는 전선 등과 접속시키기 위한 탭을 가진 버스 덕트
트랜스포지션 버스 덕트			각 상의 임피던스를 평균시키기 위해서 도체 상호의 위치를 관로 내에서 교체 시키도록 만든 버스 덕트
플러그 인 버스 덕트	옥내용	환기형 비환기형	도중에 부하 접속용으로 꽂음 플러그를 만든 것
트롤리 버스 덕트	옥내용 옥외용		도중에 이동 부하를 접속할 수 있도록 트롤리 접촉식 구조로 한 것

3.1 태양광발전 어레이 시공

01 태양광 발전원을 설치하는 수용가의 공통접속점에서의 역률은 몇 [%] 이상이어야 하는가?

① 75[%] 이상

② 80[%] 이상

③ 85[%] 이상

④ 90[%] 이상

> **해설** 태양광 발전원을 설치하는 수용가의 공통접속점에서 역률은 원칙적으로 지상역률 90[%] 이상으로 하며, 진상역률이 되지 않도록 한다.
>
> **답** ④

02 접속함에 사용되는 역류 방지 다이오드 용량과 단락전류의 관계는?

① 역전류 방지 다이오드 용량은 접속함 회로의 정격전류보다 1.2배 이상

② 역전류 방지 다이오드 용량은 접속함 회로의 정격전류보다 1.5배 이상

③ 역전류 방지 다이오드 용량은 접속함 회로의 정격전류보다 1.4배 이상

④ 역전류 방지 다이오드 용량은 접속함 회로의 정격전류보다 3.0배 이상

> **해설** 접속함 내에 역류 방지다이오드가 설치되는 경우 역류방지 다이오드 용량은 접속함 회로의 정격전류보다. 1.4배 이상의 전류정격과 정격전압보다 1.2배 이상의 정격저압을 가져야 한다.
>
> **답** ③

03 알루미늄 도체의 경우 주 접지단자에 접속하기 위한 보호등전위 본딩도체는 몇 [mm²] 이상이어야 하는가?

① 5

② 6

③ 12

④ 16

> **해설** KEC 143.3.1 보호등전위본딩 도체
> 주접지단자에 접속하기 위한 등전위본딩 도체는 설비 내에 있는 가장 큰 보호접지 도체 단면적의 1/2 이상의 단면적을 가져야 하고 다음의 단면적 이상이어야 한다.
> 가. 구리도체 6[mm²]
> 나. 알루미늄 도체 16[mm²]
> 다. 강철 도체 50[mm²]
>
> **답** ④

04 태양전지 어레이의 전기적 회로 구성요소가 아닌 것은?

① 스트링

② 바이패스 다이오드

③ 환류 다이오드

④ 접속함

해설   태양전지 어레이의 전기적 회로 구성 : 스트링, 역류방지 다이오드, 바이패스 다이오드, 접속함   답 ③

---

05   피뢰시스템 중 뇌격전류를 안전하게 대지로 전송하는 것은?

① 수뢰시스템   ② 인하도선시스템

③ 접지시스템   ④ 감시시스템

해설   ‣ 수뢰시스템 : 구조물의 뇌격을 받아들임
        ‣ 인하도선시스템 : 뇌격전류를 안전하게 대지로 보냄
        ‣ 접지시스템 : 뇌격전류를 대지로 방류시킴   답 ②

---

06   피뢰설비 수뢰부시스템의 구성요소가 아닌 것은?

① 돌침   ② 수평도체

③ 그물망도체   ④ 서지보호기

해설   수뢰부시스템의 구성요소는 돌침, 수평도체, 그물망도체가 있다.   답 ④

---

07   다음 중 과도 과전압을 제한하고 서지전류를 우회시키는 장치는?

① 서지보호장치   ② 분전반   ③ 주개폐기   ④ 단자대

해설   서지보호장치(Surge Protective Device)는 과도 과전압을 제한하고 서지전류를 우회시키는 장치   답 ①

---

08   다음 중 건축물에 피뢰설비가 설치되어야 하는 높이는 몇 [m] 이상인가?

① 10[m]   ② 15[m]   ③ 20[m]   ④ 25[m]

해설   KS C IEC 62305와 건축물 설비기준 등에 관한 규칙 2조(피뢰설비)에 의한 영 제87조 제2항의 규정에 의하여 낙뢰의 우려가 있는 건축물 또는 높이 20[m] 이상의 건축물에는 기준에 적합하게 피뢰설비를 설치해야 한다.   답 ③

---

09   다음 ( )에 들어갈 기기는?

> 태양광발전시스템 설비의 수전점의 차단기를 개방할 때 부하의 불평형에 의해서 발생하는 과전압에 대하여 ( )를 정지하는 대책을 세워야 한다.

① 변압기   ② 인버터

③ 지락과전압계전기   ④ 접속함

해설   부하의 불평형에 의해서 발생하는 과전압에 대하여 인버터(역변환장치)를 정지하는 대책을 세워야 한다.   답 ②

10 태양전지 모듈의 절연내력은 최대 사용전압의 몇 배의 직류전압이 충전부분과 대지 사이에 연속하여 10분간 가해졌을 때 이상이 없어야 하는가?

① 1.5배   ② 2배   ③ 2.5배   ④ 3배

> **해설** 태양전지 모듈의 절연내력은 최대사용전압의 1.5배의 직류전압 또는 1배의 교류전압을 충전부분과 대지 사이에 연속하여 10분간 절연내력을 시험했을 때 견뎌야 함   **답** ①

11 태양광 발전설비에 피뢰침을 설치할 경우 돌침부의 몇 도 이내에 태양전지 어레이가 들어가 도록 피뢰침을 설치하면 좋은가?

① 30도   ② 45도   ③ 60도   ④ 75도

> **해설** 피뢰침 돌침부의 보호각 60도 이내에 태양전지 어레이가 들어가도록 피뢰침을 설치한다.   **답** ③

12 저압수용가의 인입구 접지에서 사용되는 접지도체의 최소 공칭단면적은 몇 [mm²]인가?

① 2   ② 4   ③ 6   ④ 10

> **해설** KEC 142.4.1 저압수용가 인입구 접지
> 1. 저압수용가 인입구 접지에서 사용되는 접지도체는 공칭단면적 6[mm²] 이상의 연동선 또는 이와 동등 이상의 세기 및 굵기의 쉽게 부식하지 않는 금속선으로서 고장 시 흐르는 전류를 안전하게통할 수 있는 것이어야 한다.   **답** ③

13 다음 중 시공절차에 대해 맞는 것은?

① 현장여건분석 → 시스템설계 → 구성요소제작 → 기초공사 → 설치가대설치 → 간선공사 → 모듈설치 → 인버터설치 → 시운전 → 운전개시
② 현장여건분석 → 시스템설계 → 기초공사 → 구성요소제작 → 설치가대설치 → 간선공사 → 모듈설치 → 인버터설치 → 시운전 → 운전개시
③ 현장여건분석 → 시스템설계 → 구성요소제작 → 기초공사 → 설치가대설치 → 모듈설치 → 간선공사 → 인버터설치 → 시운전 → 운전개시
④ 현장여건분석 → 시스템설계 → 구성요소제작 → 기초공사 → 설치가대설치 → 모듈설치 → 인버터설치 → 간선공사 → 시운전 → 운전개시

> **해설** 태양광발전설비 시공절차
> 현장여건분석 → 시스템설계 → 구성요소제작 → 기초공사 → 설치가대설치 → 모듈설치 → 간선공사 → 인버터설치 → 시운전 → 운전개시 순으로 시공되어진다.   **답** ③

14 주택의 태양전지모듈에 접속하는 부하 측 옥내배선을 시설하는 경우에 주택의 옥내전로의 대지전압은 몇[V]까지 적용할 수 있는가?

① 150   ② 300   ③ 400   ④ 600

> **해설** KEC 511.3 옥내전로의 대지전압 제한
> 주택의 전기저장장치의 축전지에 접속하는 부하 측 옥내배선을 다음에 따라 시설하는 경우에 주택의 옥내
> 전로의 대지전압은 직류 600[V] 까지 적용할 수 있다.
> 가. 전로에 지락이 생겼을 때 자동적으로 전로를 차단하는 장치를 시설할 것
> 나. 사람이 접촉할 우려가 없는 은폐된 장소에 합성수지관배선, 금속관배선 및 케이블배선에 의하여 시설하
> 거나, 사람이 접촉할 우려가 없도록 케이블배선에 의하여 시설하고 전선에 적당한 방호장치를 시설할
> 것   **답** ④

15 인버터 용량이 몇 [kW]를 초과할 경우 품질기준(KS C 8565)을 만족하는 시험결과가 포함된
시험 성적서를 설비확인 신청시 센터에 제출하는가?

① 100   ② 250   ③ 300   ④ 1000

> **해설** 인버터의 용량이 1000[kW]를 초과하는 경우에는 품질 기준(KS C 8565)에 따라 절연성능, 보호기능, 정상
> 특성 등을 만족하는 시험결과가 포함된 시험성적서를 설비(설치)확인 신청시 센터에 제출할 경우에는 사용
> 할 수 있다.   **답** ④

16 다음 중 태양광발전시스템 시공 중 감전방지책에 대한 설명 중 옳지 않은 것은?

① 작업 후 태양광전지 모듈의 표면에 차광시트를 붙인다.

② 저압선로용 절연장갑을 착용한다.

③ 절연처리가 된 공구를 사용한다.

④ 강우 시 작업을 하지 않는다.

> **해설** 작업 전 태양전지 모듈 표면에 차광막을 씌워 태양광을 차폐한다.   **답** ①

17 태양전지 모듈의 배선 설계 시 확인해야 하는 사항으로 틀린 것은?

① 주파수 확인   ② 비접지 확인

③ 전압극성 확인   ④ 단락전류 확인

> **해설** 태양전지모듈의 출력은 직류이기 때문에 주파수를 확인할 필요가 없다.   **답** ①

18 다음 중 태양전지 모듈 및 어레이 설치 후의 설명으로 잘못된 것은?

① 태양전지 모듈의 극성이 바른지의 여부를 테스터 직류전압계로 확인한다.

② 태양전지 모듈의 설명서에 기재된 단락전류가 흐르는지 직류전류계로 측정한다.

③ 태양광 발전설비 중 인버터는 절연변압기를 시설하는 경우가 드물어 직류측 회로를 접지
로 한다.

④ 모듈구조는 설치로 인해 다른 접지의 연접성이 훼손되지 않은 것을 사용해야 한다.

> **해설** 태양광 발전설비 중 인버터는 절연변압기를 시설하는 경우가 드물어 직류측 회로를 비접지로 한다.
>   **답** ③

19 태양전지모듈은 사업 계획서 상에 제시된 설치용량의 몇 [%]를 초과하지 않아야 하는가?

① 101[%]

② 103[%]

③ 105[%]

④ 110[%]

> **해설** 태양전지모듈의 설치용량은 사업계획서 상에 제시된 설계용량 이상이어야 하며, 설계용량의 110[%]를 초과하지 않아야 한다. **답** ④

20 역전류방지 다이오드의 설명이다. ( ) 안에 들어갈 숫자는?

> (A)대의 인버터에 연결된 태양전지 직렬군이 (B)병렬 이상일 경우에는 각 직렬군에 역전류방지 다이오드를 별도로 접속함에 설치하여야 하며, 접속함은 발생하는 열을 외부에 방출할 수 있는 환기구 및 방열판 등을 갖추어야 한다.
> 용량은 접속함 회로의 정격전류보다 (C)배 이상의 전압정격을 가져야 한다.

① A : 1, B : 1, C : 1

② A : 2, B : 1, C : 1.4

③ A : 1, B : 2, C : 1.4

④ A : 2, B : 2, C : 1

> **해설** 1대의 인버터에 연결된 태양전지 직렬군이 2병렬 이상일 경우 역전류 방지 다이오드를 별도의 접속함에 설치되어야 하며, 접속함은 발생하는 열을 외부에 방출할 수 있도록 환기구, 방열판을 설치해야 한다.
> 용량은 접속함회로의 정격전류보다 1.4배 이상의 전류 정격과 정격전압보다 1.2배 이상의 전압정격을 가져야 한다. **답** ③

21 인버터 원별시공기준에 대한 설명으로 잘못된 것은?

① 인버터는 실내 및 실외용을 구분하여 설치한다.

② 인버터에 연결된 모듈의 설치 용량은 인버터의 설치 용량 103[%] 이내이어야 한다.

③ 출력단의 전압, 전류, 전력, 역률, 주파수, 누적발전량, 최대출력량이 표시되어야 한다.

④ 태양광 발전용 인버터는 KS 인증 제품을 설치하여야 한다. 다만 신제품·융합제품활성화등을 위해 센터장이 인정하는 경우에는 예외로 할 수 있다.

> **해설** **인버터 원별시공기준**
> 1) 제품 : 태양광발전용 인버터는 KS 인정제품을 설치하여야 한다. 다만 신제품·융합제품 활성화등을 위해 센터장이 인정하는 용량이 1000[KW]를 초과 하는 경우에는 품질기준(KS C8565)에 따라 절연성능·보호기능·정상특성 등을 만족하는 시험결과가 포함된 시험 성적서를 설비(설치)확인 신청시 센터에 제출할 경우에는 사용할 수 있다.
> 2) 설치상태 : 인버터는 실내 및 실외용을 구분하여 설치하여야 한다. 다만 실외용은 실내에 설치할 수 있다.
> 3) 설치용량 : 인버터의 설치용량은 설계용량 이상이어야 하고, 인버터에 연결된 모듈의 설치용량은 인버터의 설치용량이 105[%] 이내이어야 한다. 단, 각 직렬군의 태양전지 개방전압은 인버터 입력전압 범위 안에 있어야 한다.
> 4) 표시사항 : 입력단(모듈출력), 전압, 전류, 전력과 출력단(인버터출력)의 전압, 전류, 전력, 역률, 주파수, 누적발전량, 최대출력량(peak)이 표시되어야 한다. **답** ②

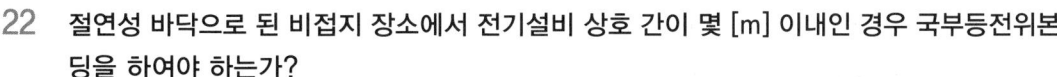

22 절연성 바닥으로 된 비접지 장소에서 전기설비 상호 간이 몇 [m] 이내인 경우 국부등전위본딩을 하여야 하는가?

① 0.5　　　　　② 1　　　　　③ 2　　　　　④ 2.5

> **해설**　KEC 143.2.3 (비접지 국부등전위본딩)
> 1. 절연성 바닥으로 된 비접지 장소에서 다음의 경우 국부등전위본딩을 하여야 한다.
>   가. 전기설비 상호 간이 2.5[m] 이내인 경우
>   나. 전기설비와 이를 지지하는 금속체 사이 　　　**답** ④

23 저압 전기설비용 접지도체는 다심 코드 또는 다심 캡타이어케이블의 1개 도체의 단면적이 0.75[mm²] 이상인 것을 사용한다. 다만, 기타 유연성이 있는 연동연선은 1개 도체의 단면적이 몇 [mm²] 이상인 것을 사용하여야 하는가?

① 0.25　　　　② 0.75　　　　③ 1　　　　④ 1.5

> **해설**　KEC 142.3.1 (접지도체)
> 저압 전기설비용 접지도체는 다심 코드 또는 다심 캡타이어케이블의 1개 도체의 단면적이 0.75[mm²] 이상인 것을 사용한다. 다만, 기타 유연성이 있는 연동연선은 1개 도체의 단면적이 1.5[mm²] 이상인 것을 사용한다. 　　　**답** ④

24 태양전지판 원별시공기준에 대한 설명으로 올바른 것은?

① 설치용량은 105[%]를 초과하지 않아야 한다.
② 방위각은 그림자의 영향을 받지 않는 곳에 정북향 설치를 원칙으로 한다.
③ 전기줄, 피뢰침, 안테나 등 경미한 음영은 장애물로 보지 아니한다.
④ 음영이 전혀 없는 모듈의 일조시간이 1일 4시간(춘계(3~5월)·추계(9~11월) 기준) 이상이어야 한다.

> **해설**　**태양광 원별시공기준**
> 1) 설치용량은 사업계획서상에 제시된 설계용량 이상이어야 하며, 설계용량의 110[%]를 초과하지 않아야 한다.
> 2) 방위각은 그림자의 영향을 받지 않는 곳에 정남향 설치를 원칙으로 하되, 건축물의 디자인 등에 부합되도록 현장여건에 따라 설치할 수 있다.
> 3) 경사각은 현장여건에 따라 조정하여 설치할 수 있다.
> 4) 음영이 전혀 없는 모듈의 일조시간이 1일 5시간(춘계(3~5월)·추계(9~11월) 기준) 이상이어야 한다. 단, 전기줄, 피뢰침, 안테나 등 경미한 음영은 장애물로 보지 아니한다. 태양광모듈 설치열이 2열 이상일 경우 앞열은 뒷열에 음영이 지지 않도록 설치하여야 한다. 　　　**답** ③

25 태양광설비의 시설에서 잘못된 것은?

① 모듈의 각 직렬군은 동일한 단락전류를 가진 모듈로 구성하여야 하며 2대의 인버터(멀티스트링 인버터의 경우 2대의 MPPT 제어기)에 연결된 모듈 직렬군이 2병렬 이상일 경우에는 각 직렬군의 출력전압 및 출력전류가 동일하게 형성되도록 배열할 것
② 인버터는 실내·실외용을 구분할 것

③ 각 직렬군의 태양전지 개방전압은 인버터 입력전압 범위 이내일 것

④ 옥외에 시설하는 경우 방수등급은 IPX4 이상일 것

> **해설** KEC 522.2.1 태양전지 모듈의 시설
> 모듈의 각 직렬군은 동일한 단락전류를 가진 모듈로 구성하여야 하며 1대의 인버터(멀티스트링 인버터의 경우 1대의 MPPT 제어기)에 연결된 모듈 직렬군이 2병렬 이상일 경우에는 각 직렬군의 출력전압 및 출력전류가 동일하게 형성되도록 배열할 것 **답** ①

26 태양광 원별시공기준에 대한 설명 중 올바른 것은?

① 태양전지 직렬군이 2병렬 이상일 경우 각 직렬군에 바이패스 다이오드를 별도로 접속함에 설치한다.

② 직렬군이 2병렬 이상일 경우에는 각 직렬군의 출력전압을 동일하게 배열한다.

③ 낙뢰의 우려가 있는 건축물 또는 높이 10[m] 이상의 건축물에는 피뢰설비를 설치한다.

④ 태양전지모듈의 경사각은 현장에서 조정할 수 없다.

> **해설** 태양광원별 시공기준
> 1) 태양전지 직렬군이 2병렬 이상일 경우 각 직렬군에 역전류방지 다이오드를 별도로 접속함에 설치한다.
> 2) 낙뢰의 우려가 있는 건축물 또는 높이 20[m] 이상의 건축물에는 피뢰설비를 설치한다.
> 3) 태양전지모듈의 경사각은 현장에서 조정할 수 있다. **답** ②

27 태양광 원별시공기준 중 인버터에 관한 설명으로 잘못된 것은?

① 인버터는 실내 및 실외용을 구분하여 설치한다.

② 모듈의 설치용량은 인버터의 설치용량의 103[%] 이내이어야 한다.

③ 각 직렬군의 태양전지 개방전압은 입력전압 범위 안에 있어야 한다.

④ 인버터의 출력단 표시사항은 전압, 전류, 전력, 역률, 주파수, 누적발전량, 최대발전량 등이 표시된다.

> **해설** 모듈의 설치용량은 인버터의 설치 용량의 105[%] 이내이어야 한다. **답** ②

28 태양광설비 시공기준에 관한 다음 설명 중 거리가 먼 것은?

① 태양전지판에서 인버터 입력단 간 및 인버터 출력단과 계통연계점 간의 전압 강하는 각 10[%]를 초과해서는 안 된다.

② 전기사업법에 의한 사용 전 점검 또는 사용 전 검사에 하자가 없도록 시설을 준공하여야 한다.

③ 역류방지 다이오드 용량은 모듈 단락전류의 2배 이상이어야 하며 현장에서 확인할 수 있도록 표시하여야 한다.

④ 낙뢰의 우려가 있는 건축물 또는 높이 20[m] 이상의 건축물에 피뢰설비를 설치하여야 한다.

> **해설** 태양전지판에서 인버터 입력단 간 및 인버터 출력단과 계통연계점 간의 전압강하는 각 3[%]를 초과해서는 안 된다. **답** ①

29 태양광발전 시스템 시공 작업 중에 발생할 수 있는 감전사고로부터 보호하기 위한 방지대책으로 잘못된 것은?

① 태양광을 차폐할 수 있는 차광막을 이용하고 작업을 수행한다.

② 저압선로에 사용되는 절연장갑을 착용하고 작업을 수행한다.

③ 강우 시 태양전지모듈이 전력을 생산하지 않아 작업이 가능하다.

④ 감전 방지를 위한 절연처리가 된 공구를 사용하여 작업을 수행한다.

> 해설 강우 시에는 작업을 수행하지 않는다.(태양전지모듈은 강수 시에도 전력을 생산하고 이로 인한 감전사고가 발생할 수 있다. 미끄러짐에 의한 안전사고 발생 가능성도 높다.) 답 ③

30 비접지 확인 방법 중 검전기를 이용한 방법은?

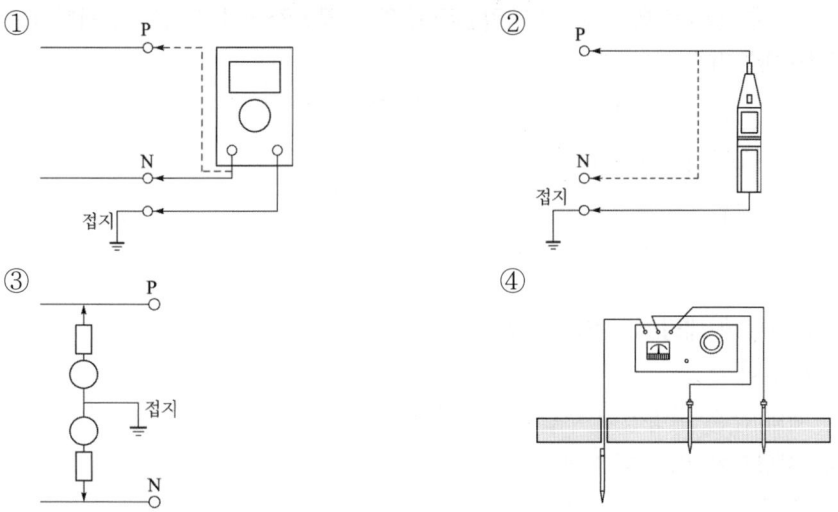

> 해설 ① 테스터 비접지 확인, ② 검전기 비접지 확인, ③ 간이 측정기, ④ 접지저항 측정 답 ②

31 태양전지 모듈의 배선공사가 끝나고 확인할 사항이 아닌 것은?

① 극성 확인　　　　　　　　② 전압 확인

③ 단락전류 확인　　　　　　④ 양극접지 확인

> 해설 태양전지 모듈의 배선공사가 끝나면 극성확인, 전압확인, 단락전류확인, 양극과의 비접지여부를 확인하여야 한다. 답 ④

32 접지극의 물리적인 접지저항 저감방법 중에서 수직 공법인 것은?

① 보링공법　　　　　　　　② 접지극의 치수확대

③ MESH공법　　　　　　　④ 접지극의 병렬접속

> **해설** 물리적인 접지저항 저감방법
> 1) 수평공법 : 접지극의 병렬접속, 접지극의 치수 확대, 매설지선 및 평판 접지극, MESH 공법, 다중접지 시트
> 2) 수직공법 : 보링공법, 접지봉 심타법 **답** ①

33 접지시스템 구분의 해당사항이 아닌 것은?

① 보호접지   ② 계통접지   ③ 단독접지   ④ 피뢰시스템 접지

> **해설** KEC 141 (접지시스템의 구분 및 종류)
> 1. 접지시스템은 계통접지, 보호접지, 피뢰시스템 접지 등으로 구분한다.
> 2. 접지시스템의 시설 종류에는 단독접지, 공통접지, 통합접지가 있다. **답** ③

34 특고압과 저압을 결합한 특고측 1선 지락전류가 6[A] 라고하면 접지공사의 저항값은 몇 [Ω] 으로 하여야 하는가?

① 5   ② 10   ③ 25   ④ 40

> **해설** KEC 142.5 (변압기 중성점 접지)
> $$\frac{150}{6} = 25[\Omega]$$
> **답** ③

35 보호도체의 종류에 해당되지 않는 것은?

① 다심케이블의 도체
② 충전도체와 같은 트렁킹에 수납된 절연도체 또는 나도체
③ 고정된 절연도체 또는 나도체
④ 금속 수도관

> **해설** KEC 142.3.2 (보호도체)
> 가. 보호도체는 다음 중 하나 또는 복수로 구성하여야 한다.
>   (1) 다심케이블의 도체
>   (2) 충전도체와 같은 트렁킹에 수납된 절연도체 또는 나도체
>   (3) 고정된 절연도체 또는 나도체 **답** ④

36 다음 중 DC 설비 설치 시 주의사항이 잘못된 것은?

① DC전류량은 일사량에 비례하여 낮은 일사량에서도 전류가 흐른다.
② PV전류는 DC이고 절연이 파괴될 경우 아크가 발생한다.
③ DC 주 케이블과 연결할 때 PV 접속함은 전원이 살아있어서는 안 된다.
④ 스트링 인버터를 사용하는 시스템에서는 PV 배열의 접속함 내의 분리 차단기를 이용하여 전체 시스템을 개방시킨다.

> **해설** 스트링 인버터를 사용하는 시스템에서는 PV 배열의 접속함이 없으므로 모듈 케이블의 스트링을 분리시킴으로 분리할 수 있다. **답** ④

37 케이블 포설 시 주의사항이 잘못된 것은?

① 케이블 곡률 반지름을 넘지 않도록 주의
② 지붕 덮개에 케이블을 포설
③ 케이블은 가능하면 음영지역에 포설
④ 모듈 케이블의 전체 길이를 짧게 한다.

해설 지붕 덮개에 케이블을 포설하지 않고 프레임 지지대에 고정시킨다.　　**답** ②

38 다음 중 DC 결합 시스템의 단점이 아닌 것은?

① 확장하기 어렵다.
② DC전압 수준이 표준화되지 않는다.
③ 아주 작은 시스템에는 시스템 비용이 더 높다.
④ DC 배선은 어렵다.

해설 아주 작은 시스템에는 시스템 비용이 더 높다. – AC결합의 단점　　**답** ③

39 AC 결합 시스템의 장점이 아닌 것은?

① 시스템은 비교적 강하다.
② 확장 능력이 좋다.
③ 추가 전력원에 쉽게 결합된다.
④ 작동 최적화가 간단하다.

해설 시스템은 비교적 강하다. – DC결합 시스템의 장점　　**답** ①

40 태양광발전소 시공 중 케이블 설치 기준이 잘못된 것은?

① 케이블은 가능한 한 양지에 설치한다.
② 케이블은 빗물이 고이지 않도록 설치한다.
③ 케이블은 가능한 피뢰 도체와 떨어진 상태로 포설하며 피뢰 도체와 교차시공하지 않도록 한다.
④ 케이블이 바닥에 노출되는 경우에는 사람이 밟고 지나다니거나 날카로운 모서리에 직접 닿지 않도록 몰딩하여야 한다.

해설 케이블 시공
1) 케이블은 가능한 한 음영지역에 설치하고, 빗물이 고이지 않도록 설치한다.
2) 케이블은 가능한 피뢰 도체와 떨어진 상태로 포설하며 피뢰 도체와 교차시공하지 않도록 한다.
3) 케이블이 바닥에 노출되는 경우에는 사람이 밟고 지나다니거나 날카로운 모서리에 직접 닿지 않도록 몰딩하여야 한다.　　**답** ①

41 태양광설비 시공기준 중 태양전지판에 관한 설명으로 틀린 것은?

① 태양광 모듈 설치열이 2열 이상일 경우 앞쪽 열의 음영이 뒤쪽 열에 미치지 않도록 설치하여야 한다.

② 설치용량은 사업계획서 상의 설계용량 이상이어야 하며, 설계용량의 110[%]를 초과하지 않아야 한다.

③ 음영이 전혀없는 모듈의 일조시간이 1일 5시간(춘계(3~5월)·추계(9~11월) 기준) 이상이어야 한다.

④ 전기선, 피뢰침, 안테나 등의 경미한 음영도 장애물로 취급한다.

> **해설** 원별시공기준 태양광(일사 시간)
> 1) 음영이 전혀없는 모듈의 일조시간이 1일 5시간(춘계(3~5월)·추계(9~11월) 기준) 이상이어야 한다. 단, 전기줄, 피뢰침, 안테나 등 경미한 음영은 장애물로 보지 아니한다.
> 2) 태양광모듈 설치열이 2열 이상일 경우 앞 열은 뒤 열에 음영이 지지 않도록 설치하여야 한다. **답** ④

42 다음 ( )안의 내용으로 알맞은 것은?

> 태양광 모듈의 배열 및 결선방법은 출력전압과 설치장소 등이 다르기 때문에 ( )를 이용하여 시공 전과 시공완료 후에 확인하는 것이 좋다.

① 체크리스트   ② 부품 사양서   ③ 단선 결선도   ④ 고정식계통도

> **해설** 체크리스트는 태양광발전설비를 점검하기 위한 리스트를 이용하여 시공전과 시공완료 후에 확인하는 것이 좋다. **답** ①

43 직접 접지계통의 특징이 아닌 것은?

① 지락전류가 크다.   ② 과도안정도가 좋다.

③ 이상전압을 억제한다.   ④ 유도장해가 크다.

> **해설** 직접 접지계통의 특징
> 1) 지락전류가 저역률 대전류이므로 과도안정도가 나빠진다.
> 2) 큰 지락전류에 의해 통신선에 대한 전자유도 장해를 일으키고 쉽고, 지락고장시의 불평형 전류에 의한 고조파 발생으로 유도장해를 줄 우려가 크다.
> 3) 지락전류로 인해 기기에 큰 기계적 충격이 발생한다.
> 4) 계통사고의 대부분(70~80% 정도)은 1선 지락사고이므로 대전류의 차단횟수가 많아져 차단기의 수명이 단축될 수 있다.
> 5) 아크지락에 의한 이상전압과 차단기의 개폐서지 전압도 낮으므로 다른 접지방식에 비해 선로와 기기의 절연레벨을 저하시킬 수 있어 경제적이다. **답** ②

44 접지저항을 감소시키는 접지저항 저감제가 갖추어야 할 조건이 아닌 것은?

① 사람과 가축에 안전할 것   ② 전기적으로 양호한 부도체일 것

③ 접지전극을 부식시키지 않을 것   ④ 경제적일 것

해설 **접지저항저감제 특성**
1) 공해성이 없고 안전할 것
2) 저감 효과가 크고, 전기적으로 양도체일 것
3) 저감 효과에 영속성, 지속성이 있을 것
4) 작업성이 좋을 것
5) 접지선과 전극의 부식을 억제할 것
6) 경제적일 것
답 ②

45 태양광발전시스템의 시공 시 감전방지 대책으로 틀린 것은?

① 안전띠를 착용하여 작업한다.

② 절연처리가 된 공구를 사용한다.

③ 강우 시에는 작업을 하지 않는다.

④ 작업 전에 태양전지 모듈의 표면에 차광시트를 붙여 태양광을 차단한다.

해설 **감전방지대책**
태양전지모듈을 직렬로 접속하면 250~450[V] 또는 450~820[V]의 고전압이 출력되어 감전 사고에 대책이 필요하다.
1) 작업 전에 태양전지 모듈의 표면에 차광시트를 붙여 태양광을 차단한다.
2) 저압선로용 절연장갑을 낀다.
3) 절연처리가 된 공구를 사용한다.
4) 강우 시에는 작업을 하지 않는다.
답 ①

46 태양광전원이 배전선로에 연계되어 운용되는 경우, 수용가의 전압을 일정하게 유지시키는데 가장 중요한 역할을 하는 것은?

① 변전소계전기
② 리클로저
③ 주상변압기
④ 선로전압조정기

해설 태양광전원이 연계된 배전계통에서 발생되는 과전압문제를 해소하기 위하여 계통에서 발생하는 전압변동에 대응하여 전압을 일정하게 유지시킬 수 있는 선로전압 조정장치가 사용된다.
답 ④

47 태양전지 모듈 2차 측 회로를 비접지 방식으로 할 경우 비접지 확인 방법이 아닌 것은?

① 검전기로 확인
② 전류계로 확인
③ 회로시험기로 확인
④ 간이측정기로 확인

해설 **비접지 확인 방법**
1) 회로시험기로 확인

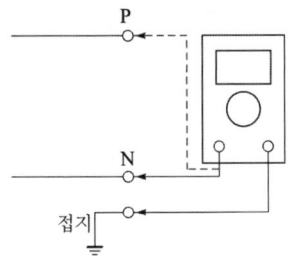

2) 검전기로 확인

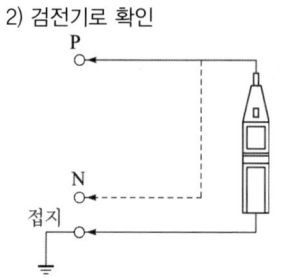

3) 간이 측정기로 확인

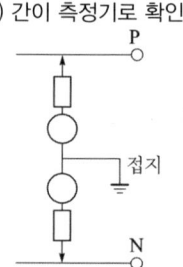

답 ②

48 매설 혹은 심타 접지극의 종류로 동판을 사용하는 경우 알맞은 치수는?

① 두께 0.6[mm] 이상, 면적 800[cm²] 이상

② 두께 0.6[mm] 이상, 면적 900[cm²] 이상

③ 두께 0.7[mm] 이상, 면적 900[cm²] 이상

④ 두께 0.8[mm] 이상, 면적 800[cm²] 이상

해설 접지극의 종류와 치수

종류	수치
동판	두께 0.7[mm] 이상, 면적 900[cm²](편면) 이상
동봉, 동피복강봉	직경 8[mm] 이상, 길이 0.9[m] 이상
아연도금가스철관 후강전선관	외형 25[mm] 이상, 길이 0.9[m] 이상
아연도금 강봉	직경 12[mm] 이상, 길이 0.9[m] 이상
동복강판	두께 1.6[mm] 이상, 길이 0.9[m] 이상, 면적 250[cm²](편면) 이상
탄소피복강봉	직경 8[mm] 이상(강심), 길이 0.9[m] 이상

답 ③

49 옥내전로의 대지전압에서 주택의 태양전지 모듈에 접속하는 부하 측 옥내배선을 시설하는 경우 주택의 옥내전로의 대지전압으로 맞는 것은?

① 직류 450[V] 이하   ② 직류 500[V] 이하

③ 직류 600[V] 이하   ④ 직류 750[V] 이하

해설 주택의 태양전지 모듈에 접속하는 부하 측 옥내배선(복수의 태양전지모듈을 시설하는 경우에는 그 집합체에 접속하는 부하 측의 배선)을 다음 각호에 따라 시설하는 경우에 주택의 옥내 전로의 대지전압은 직류 600[V] 이하일 것
1. 전로에 지락이 생겼을 때 자동적으로 전로를 차단하는 장치를 시설 할 것
2. 사람이 접촉할 우려가 없는 은폐된 장소에 합성수지관공사, 금속관 공사 및 케이블공사에 의하여 시설하거나, 사람이 접촉할 우려가 없도록 케이블 공사에 의하여 시설하고 전선에 적당한 방호장치를 시설 (KEC 511.3)

답 ③

3.2 태양광발전 계통연계장치 시공

01 다음 중 구내배전설비에 해당하지 않는 것은?

① 개폐소   ② 전선로   ③ 차단기   ④ 분전함

해설 구내배전설비는 수전설비의 배전반에서부터 전기사용기기에 이르는 전선로, 개폐기, 차단기, 분전함, 콘센트, 제어반 스위치 및 그 밖의 부속설비이다. **답** ①

02 다음 중 송전선로에 대한 설명으로 옳지 않은 것은?

① 송전설비는 발전소 상호 간, 변전소 상호 간, 발전소와 변전소 간을 연결하는 전선로와 전기설비를 말한다.
② 송전선로는 발전소, 1차 변전소 배전용 변전소로 구성된다.
③ 송전 방식은 교류 송전방식만이 사용된다.
④ 송전 계통의 개요는 송전선로, 급전설비, 운영설비이다.

해설 **송전계통의 구성**
1) 송전 계통의 개요 : 송전선로, 급전설비, 운용설비
2) 송전 선로의 구성 : 발전소 – 1차 변전소 – 배전용 변전소
3) 송전 방식과 송전 전압 : 교류 송전방식, 직류 송전방식
송전설비는 발전소 상호 간, 변전소 상호 간, 발전소와 변전소 간의 곳을 연결하는 전선로와 이에 속하는 전기설비이다. **답** ③

03 다음 중 발전소와 전기수용설비, 변전소와 전기수용설비 등에 연결하는 전선로와 전기설비가 해당되는 것은?

① 발전설비   ② 송전설비   ③ 배전설비   ④ 변전설비

해설 배전설비 : 발전소와 전기수용설비, 변전소와 전기수용설비, 송전선로와 전기수용설비, 전기수용설비 상호 간을 연결하는 전선로와 이에 속하는 전기설비 **답** ③

04 다음 중 가공 송전선로의 구성에 대한 설명으로 잘못된 것은?

① 철탑, 철주, 철근 콘크리트 전주 등이 지지물로 사용된다.
② OF 케이블, EV케이블, CV케이블 등이 사용된다.
③ 단도체 및 복도체 방식이 있다.
④ 경제성, 허용전류, 전압강하, 기계적강도, 코로나 방전 시 전압 등을 고려하여 전선 굵기를 산정한다.

해설 ・OF 케이블, EV 케이블, CV 케이블 등이 사용된다. – 지중선로
・강심 알루미늄 연선, 경동선, 단선, 연선 – 가공 송전선로 전선 **답** ②

05 다음 송전설비와 관계있는 것은?

① 페란티 현상
② 활선 공법
③ 조상설비
④ OLTC

> **해설** 페란티 현상 : 수전단 전압이 송전단 전압보다 높아지는 현상
>
> **답** ①

06 다음 중 배전설비의 설명 중 무정전 공법의 종류가 아닌 것은?

① 공사용 개폐기
② 바이패스 케이블 공법
③ 간접 활선 공법
④ 이동용 변압기차 공법

> **해설** · 활선공법 : 간접 활선 공법, 직접 활선 공법
> · 무정전 공법 : 공사용 개폐기 공법, 바이패스 케이블 공법, 이동용 변압기차 공법
>
> **답** ③

07 송전에 관한 다음 설명 중 틀린 것은?

① 송전이란 좁게는 발전소에서 직접 연결된 배전용 변전소까지의 전력수송을 말하고, 넓게는 발전소에서 일반 가정까지의 전력수송을 말한다.
② 가공송전은 설치가 비교적 간단하여 지중송전에 비해 경제적이므로 대부분의 도시에서 많이 설치한다.
③ 고전압으로 송전하면 송전 효율이 높다.
④ 송전 시 전력의 일부가 손실되는데, 이때 전력손실은 송전전압의 제곱에 반비례한다.

> **해설** 가공송전이란 전선이 공중에 떠 있는 형태로 송전탑, 전봇대 등을 이용하여 송전하는 방식인데, 가공송전은 설치가 비교적 간단하여 지중송전에 비해 경제적이다. 그러나 도시에서는 높은 건물 등이 많아 설치가 어렵다.
>
> **답** ②

08 배전에 관한 다음 설명 중 옳지 못한 것은?

① 배전이란 전력을 수용가에 공급하는 일을 말한다.
② 배전을 위해 전선 · 개폐기 · 보안장치 등을 설치할 때 사용되는 기구를 배선기구라 한다.
③ 배전선은 소형 전동기 등에 공급되는 동력선과 일반적인 전동기에 공급되는 전등선으로 구분된다.
④ 정량공급은 적산전력계로 계량된 사용전력량과 최대 사용전력에 따라서 요금을 결정하는 방법이다.

> **해설** 배전선을 부하에 따라서 구분하면, 전등 및 이와 같은 회로에 연결된 소형 전동기(냉장고 · 세탁기 등 포함) 등에 공급되는 전등선과 일반적인 전동기에 공급되는 동력선으로 구분된다.
>
> **답** ③

09 송·배전 지지물의 최소 길이는?

① 저압의 경우 5[m]이고, 고압의 경우 8[m]이다.

② 저압의 경우 5[m]이고, 고압의 경우 10[m]이다.

③ 저압의 경우 8[m]이고, 고압의 경우 10[m]이다.

④ 저압의 경우 8[m]이고, 고압의 경우 15[m]이다.

> **해설** 송·배전 지지물의 최소 길이는 저압의 경우 8[m]이고, 고압의 경우 10[m]이다. **답** ③

10 송·배전 지지물의 종류로 틀린 것은?

① 목주   ② CP주   ③ 철주   ④ 동주

> **해설** 송·배전 지지물의 종류로는 목주, CP주, 철주, 철탑 등이 있다. **답** ④

11 전주 근가의 규격에 관한 다음 기술 중 틀린 것은?

① 전주길이가 8[m]인 경우 근가 길이는 0.8[m]

② 전주길이가 10[m]인 경우 근가 길이는 1.2[m]

③ 전주길이가 12[m]인 경우 근가 길이는 1.5[m]

④ 전주길이가 14[m]인 경우 근가 길이는 1.8[m]

> **해설** 근가의 규격
>
> | 전주 길이[m] | 8 | 10 | 12 | 14 | 16 |
> |---|---|---|---|---|---|
> | 근가 길이[m] | 1.0 | 1.2 | 1.5 | 1.8 | 1.8 이상 |
>
> **답** ①

12 교통에 지장을 주거나 건축물의 출입구 등에 시설할 때 사용하는 지선은?

① Y지선   ② 수평지선   ③ 궁지선   ④ 공동지선

> **해설** 지선의 종류
> 1) 보통지선 : 불평형 장력이 크지 않은 일반적인 장소에 시설한다.
> 2) 수평지선 : 교통에 지장을 주거나 건축물의 출입구 등에 시설할 때
> 3) 공동지선 : 직선로에서 선로 방향으로 불균형 장력이 생길 때
> 4) Y지선 : 다단의 완철이 설치되고 장력이 클 때 또는 H주일 때 보통지선을 2단으로 부설하는 것
> 5) 궁지선 : 비교적 장력이 적고 다른 종류의 지선을 시설할 수 없는 경우(R형) **답** ②

13 다음 중 이도를 크게 할 경우의 장점으로 거리가 먼 것은?

① 안정도가 증가한다.   ② 지지물이 낮아진다.

③ 진동을 방지한다.   ④ 지지물에 가해지는 장력이 감소한다.

> **해설** 이도를 크게 할 경우의 장·단점
> 1) 장점
>   ㉮ 안정도가 증가한다.

ⓒ 진동을 방지한다.
ⓓ 지지물에 가해지는 장력이 감소한다.
2) 단점
㉮ 지지물이 높아진다.
ⓓ 전선접촉사고가 많아진다.

답 ②

14 가공전선로에 사용하는 지지물이 강도 계산에 적용하는 풍압하중의 종별에 관한 다음 설명 중 틀린 것은?

① 가공 전선로에 사용하는 지지물의 강도 계산에 적용하는 풍압하중은 갑종, 을종, 병종으로 한다.

② 갑종 풍압하중은 각 구성재의 수직 투영면적 $1[m^2]$에 대한 풍압을 기초로 하여 계산한 것이다.

③ 을종 풍압하중은 전선 기타의 가섭선 주위에 두께 6[mm], 비중 0.9의 빙설이 부착된 상태에서 수직 투영면적 372[Pa], 그 이외의 것은 갑종 풍압하중의 1/2을 기초로 하여 계산한 것이다.

④ 병종 풍압하중은 을종 풍압하중의 1/2을 기초로 하여 계산한 것이다.

해설 병종 풍압하중은 갑종 풍압하중의 1/2을 기초로 하여 계산한 것

답 ④

15 가공전선로의 지지물의 형상에 따라 가해지는 풍압의 형상에 관한 다음 설명 중 옳은 것은?

① 전선로와 직각의 방향에서는 지지물·가섭선 및 애자장치에 풍압의 1배

② 전선로의 방향에서는 지지물·애자장치 및 완금류에 풍압의 2배

③ 전선로와 직각의 방향에서는 그 방향에서의 전면 결구 및 애자장치에 풍압의 2배

④ 전선로와 직각의 방향에서는 그 방향에서의 전면 결구·가섭선 및 애자장치에 풍압의 3

해설 풍압은 가공전선로의 지지물의 형상에 따라 다음과 같이 가해지는 것으로 한다.
1) 단주형상의 것
㉮ 전선로와 직각의 방향에서는 지지물·가섭선 및 애자장치에 풍압의 1배
ⓓ 전선로의 방향에서는 지지물·애자장치 및 완금류에 풍압의 1배
2) 기타 형상의 것
㉮ 전선로와 직각의 방향에서는 그 방향에서의 전면 결구·가섭선 및 애자장치에 풍압의 1배
ⓓ 전선로의 방향에서는 그 방향에서의 전면 결구 및 애자장치에 풍압의 1배

답 ①

16 가공 전선로에 사용하는 지지물의 강도 계산에 적용하는 풍압하중의 적용원칙에 관한 다음 설명 중 틀린 것은?

① 빙설이 많은 지방 이외의 지방에서는 고온계절에는 갑종 풍압하중, 저온계절에는 을종 풍압하중

② 빙설이 많은 지방에서는 고온계절에는 갑종 풍압하중, 저온계절에는 을종 풍압하중

③ 빙설이 많은 지방 중 해안지방 기타 저온계절에 최대풍압이 생기는 지방에서는 고온계절에는 갑종 풍압하중, 저온계절에는 갑종 풍압하중과 을종 풍압하중 중 큰 것

④ 인가가 많이 연접되어 있는 장소에 시설하는 가공전선로의 구성재 중 저압 또는 고압 가공전선로의 지지물 또는 가섭선 풍압하중에 대하여는 병종 풍압 하중

해설 빙설이 많은 지방 이외의 지방에서는 고온계절에는 갑종 풍압하중, 저온계절에는 병종 풍압하중 답 ①

17 전선로의 지지물 양쪽의 경간의 차가 큰 곳에 사용하는 철탑은?

① 직선형 ② 각도형 ③ 내장형 ④ 보강형

해설 철탑의 종류
1) 직선형 : 전선로의 직선부분(3° 이하인 수평각도를 이루는 곳을 포함)에 사용하는 것. 다만, 내장형 및 보강형에 속하는 것을 제외한다.
2) 각도형 : 전선로 중 3°를 초과하는 수평각도를 이루는 곳에 사용하는 것
3) 인류형 : 전가섭선을 인류하는 곳에 사용하는 것
4) 내장형 : 전선로의 지지물 양쪽의 경간의 차가 큰 곳에 사용하는 것
5) 보강형 : 전선로의 직선부분에 그 보강을 위하여 사용하는 것 답 ③

18 등간격으로 주름을 잡은 1개의 충실한 자기 막대의 양단에 아래로 달린 애자용 캡으로 덮어씌운 애자는?

① 핀애자 ② 현수애자 ③ 장간애자 ④ 내무애자

해설 송 · 배전선로에서 쓰이는 애자의 종류
1) 핀애자 : 철강재 핀이 달린 애자로 과거 주택에서 주로 옥외용으로 쓰였다.
2) 현수애자 : 적당한 개수를 직렬로 접속하여 지지물에서 현수시켜 사용하는 형태의 애자로 크레비스형, 볼 소켓형, 퓨렛형 등이 있다.
3) 장간애자 : 등간격으로 주름을 잡은 1개의 충실한 자기 막대의 양단에 아래로 달린 애자용 캡을 덮어씌운 것이다.
4) 내무애자 : 송배전 선로의 애자는 염분 또는 먼지 등이 부착하기 쉽고, 그렇게 되면 안개 등으로 습기를 머금어 절연이 열화되기 때문에 이것을 방지하기 위하여 특별히 설계된 애자를 말한다. 답 ③

19 특고압 핀애자의 색깔은?

① 백색 ② 적색 ③ 청색 ④ 흑색

해설 사용전압에 따른 애자의 색
1) 특고압 핀애자 : 적색
2) 저압용 애자(접지측 제외) : 백색
3) 접지측 애자 : 청색 답 ②

20 송전선로의 안정도 증진방법으로 틀린 것은?

① 계통을 연계한다. ② 전압 변동을 적게 한다.
③ 직렬 리액턴스를 크게 한다. ④ 중간 조상 방식을 채택한다.

해설 송전선로의 안정도 증진방법
1) 직렬 리액턴스를 적게 한다.　　　　2) 전압 변동을 적게 한다.
3) 계통을 연계한다.　　　　4) 고장전류를 줄이고 고장구간을 고속으로 차단한다.
5) 중간 조상 방식을 채택한다.　　　　6) 고장 시 발전기 입출력의 불평형을 적게 한다.　　**답** ③

21 유도장해에 대한 대책으로 틀린 것은?

① 지중 케이블화한다.　　　　② 연가를 충분히 한다.

③ 소호리액터를 채용한다.　　　　④ 이격거리를 작게 하고 사고값을 줄인다.

해설 이격거리를 크게 하고 사고값을 줄인다.　　**답** ④

22 지중전선로의 장점으로 틀린 것은?

① 고장이 적다.　　　　② 보안상의 위험이 적다.

③ 공사 및 보수가 용이하다.　　　　④ 설비의 안정성에 있어 유리하다.

해설 지중전선로의 장·단점
1) 장점
　㉮ 도시의 미관에 좋다.　　　　㉯ 고장이 적다.
　㉰ 보안상의 위험이 적다.　　　　㉱ 재해 등에 따른 높은 신뢰도의 요구에 부응한다.
　㉲ 설비의 안정성에 있어 유리하다.　　　　㉳ 수용밀도가 높은 지역에의 공급방식이다.
2) 단점
　㉮ 건설비가 비싸다.　　　　㉯ 공사 및 보수가 곤란하다.　　**답** ③

23 무효전력을 조정하여 전압조정 및 전력손실의 경감을 도모하기 위한 변전설비는?

① 조상설비　　　　② 보호계전장치
③ 부하 시 Tap 절환장치　　　　④ 계기용 변성기

해설 ② 보호계전장치는 계기용 변성기에서 입력을 받아 정상인가 고장상태인가를 판정, 고장부분 검출을 행하여 차단기에 개폐지령을 주는 장치이다.
③ 부하 시 Tap 절환장치는 송전을 멈추는 일 없이 계통의 전압을 조정하는 설비로 변압기와 일체가 된 부하 시 Tap 절환변압기로 사용된다.
④ 계기용 변성기는 고전압, 대전류의 전기를 측정 또는 보호할 수 없기 때문에 이것을 적당한 전압, 전류로 변성하기 위한 것이다.　　**답** ①

24 인버터의 용량이 1000[kW]를 초과할 경우 센터로 제출하여야 하는 시험성적서가 아닌 것은?

① 절연성능　　　　② 보호기능
③ 계통연계　　　　④ 정상특성

해설 태양광 발전용 인버터(이하 인버터)의 용량이 1000[kW] 이하인 경우는 인증받은 제품을 설치하여야 한다. 인버터의 용량이 1000[kW]를 초과하는 경우는 품질기준(KS C 8565)에 따라「절연성능」,「보호기능」,「정상특성」등을 만족하는 시험결과가 포함된 시험성적서를 센터로 제출할 경우 사용할 수 있다.　　**답** ③

25 인버터의 출력측 표시사항이 아닌 것은?

① 주파수　　　　　② 누적발전량　　　③ 최대출력량　　　④ 손실량

> **해설** **인버터 표시사항**
> 입력단(모듈출력)의 전압, 전류, 전력과 출력단(인버터출력)의 전압, 전류, 전력, 주파수, 누적발전량, 최대출
> 력량(peak)이 표시되어야 한다.　　　　　　　　　　　　　　　　　　　　　　　　　　**답** ④

26 다음 (　)에 적합한 요소는?

> 전기실은 인버터, 변압기, 수배전반 설비가 설치되므로 제조업체에 의해 요구되는 환경 조건에 맞는 (가)
> 와(과) (나)를 유지하는 것이 매우 중요하다.

① (가) : 온도, (나) 기압　　　　　　　② (가) : 온도, (나) 습도
③ (가) : 습도, (나) 기압　　　　　　　④ (가) : 풍속, (나) 기압

> **해설** 전기실은 인버터, 변압기, 수배전반 설비가 설치되므로 제조업체에 의해 요구되는 환경 조건에 맞는 습도와
> 온도를 유지하는 것이 매우 중요하다. 인버터 및 수배전반이 위치할 이상적인 설치부지는 먼지가 없는 건조
> 한 옥내이다.　　　　　　　　　　　　　　　　　　　　　　　　　　　　　　　　　　**답** ②

27 전기실의 위치에 관한 사항으로 적합하지 않은 것은?

① 기기의 반출입이 편리할 것
② 전력회사로부터 송전인입과 구내배전선의 인출이 편리한 곳
③ 장치증설이나 확장보다 현재에 가장 최적 사항을 고려할 것
④ 진동이 없고, 지반이 견고한 장소일 것

> **해설** **전기실의 위치**
> 1) 태양광발전이 부하의 중심에 가깝고, 배전에 편리한 장소이며, 부하가 많이 분산되어 있는 경우에는 전기
> 　실을 적당한 장소에 배치한다.
> 2) 전력회사로부터 송전인입과 구내배전선의 인출이 편리한 곳
> 3) 장치증설이나 확장의 여지가 있을 것
> 4) 기기의 반출입이 편리할 것
> 5) 고온이나 다습한 곳을 피할 것
> 6) 부식성 가스, 먼지가 많은 곳은 피할 것
> 7) 폭발물, 가연성의 저장소 부근을 피할 것
> 8) 진동이 없고, 지반이 견고한 장소일 것(내진구조 포함)
> 9) 침수의 우려가 없을 것
> 10) 종합적으로 경제적일 것
> 11) 전기실의 건축물로 인하여 태양광발전 어레이에 그림자를 주지 않는 위치이어야 한다.　　　　**답** ③

28 가공 송전선에 댐퍼를 설치하는 이유는?

① 코로나 방지　　　　　　　　　　　② 현수애자 경사방지
③ 전자유도 감소　　　　　　　　　　④ 전선 진동방지

해설 가공송전선은 풍속 기후에 의해 전선의 진동현상이 발생한다. 이것으로부터 전선을 보호하기 위해 댐퍼를 사용한다. 답 ④

29 태양광발전시스템을 계통에 연계할 때 동기화를 고려하지 않아도 되는 것은?

① 주파수차 ② 전압차
③ 위상차 ④ 전류차

해설 태양광발전시스템 계통은 주파수, 전압, 위상의 동기가 이루어져야 한다. 답 ④

30 송전선로의 안정도 증진방법으로 틀린 것은?

① 계통을 연계한다. ② 전압변동을 적게 한다.
③ 직렬 리액턴스를 크게 한다. ④ 중간 조상방식을 채택한다.

해설 송전선로의 안정도 증진방법
1) 직렬 리액턴스를 적게 한다.
2) 전압 변동을 적게 한다.
3) 계통을 연계한다.
4) 고장전류를 줄이고 고장구간을 고속으로 차단한다.
5) 중간 조상 방식을 채택한다.
6) 고장 시 발전기 입출력의 불평형을 적게 한다. 답 ③

31 다음 중 이도를 크게 할 경우의 단점이 아닌 것은?

① 지지물이 높아진다.
② 전선 접촉 사고가 많아진다.
③ 진동을 방지한다.
④ 단선의 우려가 있다.

해설 가공전선로에서의 이도
1) 이도의 대소는 지지물의 높이를 좌우한다.
2) 이도가 너무 크면 전선은 그 만큼 좌우로 크게 진동해서 다른 상의 전선에 접촉하거나 수목에 접촉해서 위험을 준다.
3) 이도가 너무 작으면 그와 반비례해서 전선의 장력이 증가하여 심할 경우에는 전선이 단선되기도 한다. 답 ③

3.3 전기, 전자 기초

01 다음 중 쿨롱의 법칙에 대한 설명으로 거리가 먼 것은?

① 힘의 크기는 각각의 전하량의 곱에 비례한다.

② 작용하는 힘의 방향은 두 전하량을 연결하는 직선의 방향과 동일하다.

③ 힘의 크기는 두 전하 사이의 거리의 제곱에 반비례한다.

④ 같은 종류의 전하 사이에는 흡인력, 다른 종류의 전하 사이에는 반발력이 작용한다.

> **해설** 쿨롱의 법칙은 같은 종류의 전하 사이에는 반발력이 작용하고, 다른 종류의 전하 사이에는 흡입력이 작용하며, 힘의 크기는 두 전하 사이의 거리의 제곱에 반비례한다는 것이다.
>
> $$F = \frac{Q_1 Q_2}{4\pi\epsilon_0 r^2} = 9 \times 10^9 \times \frac{Q_1 Q_2}{r^2} [N]$$
>
> 단, ϵ_0 : 진공의 유전율[F/m] **답** ④

02 진공 중에 놓인 1×10^{-6}[C]의 점전하에서 3[m] 떨어진 곳에서의 전계 [V/m]는?

① 10^{-3} ② 10^{-2} ③ 10^4 ④ 10^3

> **해설** $E = \frac{Q}{4\pi\epsilon_0 r^2} = 9 \times 10^9 \times \frac{1 \times 10^{-6}}{3^2} = 10^3 [V/m]$ **답** ④

03 어떤 점전하에 의하여 생긴 전계의 세기를 1/2로 줄이려면 점전하로부터의 거리를 몇 배로 하여야 하는가?

① $\frac{1}{2}$ 배 ② 2배 ③ $\sqrt{2}$ 배 ④ $\frac{1}{\sqrt{2}}$ 배

> **해설** 점전하에 의한 전계의 세기는 $E = 9 \times 10^9 \times \frac{Q}{r^2}$
>
> 따라서 전계의 세기는 거리의 제곱에 반비례하므로 점전하로부터의 거리 r의 $\sqrt{2}$ 배가 되어야 한다.
>
> **답** ③

04 점전하를 정전계와 반대방향으로 1[m] 이동시키는 데 360[J]의 에너지가 소모되었다. 두 점 사이의 전위차가 60[V]라면 점전하의 전하량 [C]은?

① 2 ② 4 ③ 6 ④ 8

> **해설** $W = QV[J]$
>
> $\therefore Q = \frac{W}{V} = \frac{360}{60} = 6 [C]$ **답** ③

05 어떤 전지의 외부회로 저항은 5[Ω]이고 전류는 8[A]가 흐른다. 외부회로에 5[Ω] 대신에 15[Ω]의 저항을 접속하면 4[A]로 떨어진다. 전지의 기전력은?

① 100[V]　　　　② 80[V]　　　　③ 60[V]　　　　④ 40[V]

> **해설** 전지의 기전력 $E = I \times (r+R)$
> 여기서, R : 외부저항, r : 건전지 내부저항, E : 전지의 기전력
> ∴ $E = 8 \times (r+5)$, $E = 4 \times (r+15)$에서
> $r = 5[\Omega]$, $E = 80[V]$　　　　**답** ②

06 다음 중 무한장 직선전류에 의해 발생하는 자계의 특성이 아닌 것은?

① 자계의 세기는 전류에 비례한다.
② 직선으로부터 거리에 반비례한다.
③ 직선이 어느 한 평면에 위치할 시 자계의 방향은 평면과 직각방향이다.
④ 직선으로부터의 거리에 비례한다.

> **해설** $H = \dfrac{I}{2\pi r}$, 직선으로부터 거리에 반비례한다.　　　　**답** ④

07 전류에 의한 자계의 방향을 설명하는 법칙은?

① 렌츠의 법칙　　　　　　　　② 패러데이의 법칙
③ 키르히호프의 법칙　　　　　④ 암페어의 오른나사법칙

> **해설** 전류에 의한 자계의 방향은 암페어의 오른나사법칙에 따라 결정된다.　　　　**답** ④

08 공기 중에 30[cm]의 간격을 두고 무한장 평행도선이 있다. 이 도선에 30[A]의 왕복전류가 흐르는 경우 단위 길이 당 작용하는 힘[N]은?

① 6×10^{-2}　　　　　　② 6×10^{-3}
③ 6×10^{-4}　　　　　　④ 6×10^{-5}

> **해설** $F = \dfrac{2 I_1 I_2}{r} \times 10^{-7}[\text{N/m}] = \dfrac{2 \times 30 \times 30}{0.3} \times 10^{-7} = 6 \times 10^{-4}[\text{N/m}]$　　　　**답** ③

09 0.3[Wb/m²]의 평등자계 내에서 자계와 직각방향으로 놓인 길이 50[cm]인 도선을 자계와 30° 각도의 방향으로 20[m/s]의 속도로 운동할 때, 도체 양단의 유도기전력 [V]은?

① 3　　　　　　　　　　② 1.5
③ 15　　　　　　　　　④ 30

> **해설** $e = Blv\sin\theta = 0.3 \times 0.5 \times 20 \times \sin 30° ≒ 1.5[V]$　　　　**답** ②

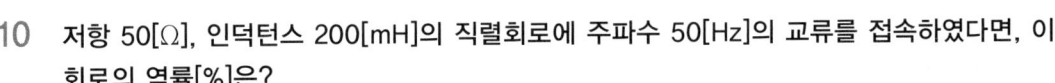
10 저항 50[Ω], 인덕턴스 200[mH]의 직렬회로에 주파수 50[Hz]의 교류를 접속하였다면, 이 회로의 역률[%]은?

① 약 82.3　　　　② 약 72.3　　　　③ 약 62.3　　　　④ 약 52.3

> **해설** 역률계산법 : $\cos\theta = \dfrac{R}{Z}$
>
> 역률 $= \dfrac{R}{\sqrt{R^2 + R_L^2}} = \dfrac{R}{\sqrt{R^2 + (2\pi f L)^2}} = \dfrac{50}{\sqrt{50^2 + (2\pi \times 50 \times 0.2)^2}} \times 100 = 62.3[\%]$　　**답** ③

11 정격이 220[V], 55[W]인 전열기구가 있다. 이 기구에 220[V]를 가할 경우 전열기구에 흐르는 전류[A]는?

① 0.25　　　　② 0.4　　　　③ 2.5　　　　④ 4

> **해설** $P = VI$ 이므로 $I = \dfrac{P}{V} = \dfrac{55[\text{W}]}{220[\text{V}]} = 0.25[\text{A}]$　　**답** ①

12 5[Ω]의 저항 5개를 병렬 연결한 합성저항은 이것들을 직렬로 연결한 합성저항의 몇 배가 되는가?

① $\dfrac{1}{25}$ 배　　　　② 25 배　　　　③ $\dfrac{1}{50}$ 배　　　　④ 50 배

> **해설** $R[\Omega]$인 저항 n개의 병렬합성저항 $R_P = \dfrac{R}{n}[\Omega]$이 되고, 직렬합성저항 $R_s = nR[\Omega]$이 된다.
>
> 따라서 $\dfrac{R_P}{R_s} = \dfrac{\dfrac{R}{n}}{nR} = \dfrac{1}{n^2}$ 이다. ∴ $R_P = \dfrac{1}{n^2} R_s = \dfrac{1}{25} R_s[\Omega]$　　**답** ①

13 다음 중 도체의 저항과 관계없는 것은?

① 도체의 길이　　　　　　　　　② 도체의 비저항(고유저항)
③ 단면적의 모양　　　　　　　　④ 단면적

> **해설** $R = \rho \dfrac{l}{S}[\Omega]$
>
> 저항은 고유저항과 길이에 비례하고, 단면적에 반비례한다.　　**답** ③

14 도선의 길이가 2배로 늘어나고 반지름이 1/2로 줄어들 경우 그 도선의 저항은 어떻게 변하는가?

① 4배 증가　　　　　　　　　　② 4배 감소
③ 8배 증가　　　　　　　　　　④ 8배 감소

해설 $R = \rho \dfrac{l}{S}$에서 ρ가 일정하다면 $S' = \pi \left(\dfrac{1}{2} r \right)^2$, $l' = 2l$이 되므로

변화된 도선의 저항 $R' = \rho \dfrac{l'}{S'} = \rho \dfrac{2 \times l}{\pi \times \dfrac{r^2}{4}} = 8\rho \dfrac{l}{S}$이 된다. **답** ③

---

15 $R - L$ 직렬회로에서 교류전압을 가했더니 R 양단에 4[V], L 양단에 3[V]가 나타났다. 이 때 인가전압은?

① $4\sqrt{3}\,[\mathrm{V}]$ ② $2\sqrt{3}\,[\mathrm{V}]$

③ 7[V]   ④ 5[V]

해설 $V_R = RI$, $V_L = jK_L I$

$\therefore \ V = \sqrt{V_R^2 + V_L^2} = \sqrt{4^2 + 3^2} = 5[\mathrm{V}]$ **답** ④

---

16 $e = 100\sqrt{2} \sin \left(100\pi t - \dfrac{\pi}{3} \right)$[V]인 정현파 교류전압의 주파수 [Hz]는?

① 314   ② 100   ③ 60   ④ 50

해설 $\omega t = 100\pi t$이므로 $\omega = 100\pi = 2\pi f$

$\therefore \ f = \dfrac{100\pi}{2\pi} = 50[\mathrm{Hz}]$ **답** ④

---

17 저항 10[Ω], 인덕턴스 50[H]의 $R - L$ 직렬회로에 100[V]의 전압을 인가하였을 때 시정수는?

① 0.2   ② 0.8   ③ 1.25   ④ 5

해설 시정수 $\tau = \dfrac{L}{R} = \dfrac{50}{10} = 5$ **답** ④

---

18 다음 중 파고율을 나타낸 것은?

① 최대값 ÷ 실효값   ② 실효값 ÷ 평균값

③ 실효값 ÷ 최대값   ④ 최대값 ÷ 평균값

해설 • 파형률 : 실효값 ÷ 평균값

• 파고율 : 최대값 ÷ 실효값 **답** ①

---

19 Campbell bridge는 주로 무엇을 측정하기 위하여 사용되는가?

① 고저항   ② 상호 인덕턴스

③ 정전용량   ④ 컨덕턴스

해설 표준 커패시턴스 C와 비교함으로써 상호 인덕턴스 M을 측정하기 위하여 사용하는 교류 브리지, R_a와 C의 직렬 분기, R_b, M의 1차 코일 L, 그리고 R_c가 순서대로 고리로 된 브리지의 4변을 구성하고 있다. 답 ②

20 진동편형 주파수계는 구조가 간단하고 지시의 신뢰성이 높아서 널리 사용되지만 다음 중 결점은 무엇인가?

① 전압의 영향이 크다.   ② 파형의 영향이 크다.
③ 가격이 고가이다.   ④ 지시가 단계적이므로 연속성이 없다.

해설 진동편형 주파수계의 단점은 지시가 단계적이므로 연속성이 없다. 답 ④

21 코일의 인덕턴스 측정에 사용되는 브리지는?

① 맥스웰 브리지   ② 켈빈 더블 브리지
③ 휘트스톤 브리지   ④ 윈 브리지

해설 1) 맥스웰 브리지 : 브리지에 인덕턴스를 포함한 것으로, 교류를 가하여 미지의 인덕턴스를 측정하는 브리지
     2) 켈빈 더블 브리지 : 저저항을 양호한 정확도로 측정할 수 있는 직류 브리지의 일종이다.
     3) 휘트스톤 브리지 : 미지의 저항을 측정하는 장치이다.
     4) 윈 브리지 : 4암의 교류 브리지로, 2개의 인접한 암에는 커패시터가 각각 저항과 직렬 및 병렬로 접속된 것이다. 답 ①

22 인덕턴스의 측정에서 측정하고자 하는 코일의 저항분이 적을 경우 측정 상 주의하여야 할 점은?

① 저항을 직렬로 첨가한다.   ② 저항을 병렬로 첨가한다.
③ 콘덴서를 병렬로 첨가한다.   ④ 콘덴서를 직렬로 첨가한다.

해설 코일의 저항이 작으면 평형을 이루기가 힘들기 때문에 저항을 직렬로 첨가하여 쉽게 평형을 취할 수 있다. 답 ①

23 직류 전위차계의 가장 중요한 장점은?

① 전류공급 없이 정밀 측정이 가능하다.   ② 가격이 저렴하다.
③ 계기가 가볍고 소형이다.   ④ 취급이 간단하다.

해설 전류를 흘리지 않고 전위차를 표준전지의 기전력과 비교하여 정밀한 전압을 측정하는 계기, 분압기의 원리 이용 답 ①

24 다음 측정기 중 가장 높은 주파수까지 사용할 수 있는 계기는?

① 흡수형 주파수계   ② 동축형 주파수계
③ 헤테로다인 주파수계   ④ 레헤르선 파장계

해설 동축형, 공동형 주파수계는 마이크로파에 사용되는 파장계이다. 답 ②

25 헤테로다인 주파수계를 사용할 경우에 주의할 점이 아닌 것은?

① 전원 전압을 규정값으로 유지할 것

② 스위치를 넣은 후 10분 후에 사용할 것

③ 먼저 정밀하게 교정한 후 사용할 것

④ 피측정 회로와는 정밀결합시킬 것

> **해설** 헤테로다인 주파수계를 사용할 경우에 주의할 점
> 1) 전원 전압을 규정값으로 유지할 것
> 2) 스위치를 넣은 후 10분 후에 사용할 것
> 3) 먼저 정밀하게 교정한 후 사용할 것
> 4) 측정값을 몇 번 반복 측정하여 그 평균값을 택하여야 한다.　　　　**답** ④

26 다음 중 자기장 내에서의 전자의 운동에 대한 설명으로 관계없는 것은?

① 자기장과 직교하는 방향으로 진입된 전자는 플레밍의 왼손법칙에 의해 진행방향이 휜다.

② 자기장과 직각 방향으로 진입하고 있는 전자는 원운동을 한다.

③ 원운동의 회전 각속도 ω는 속도와 관계없다.

④ 원운동의 회전 각속도 ω는 자기장의 자속이 세기에 반비례한다.

> **해설** 자기장 내에 직각으로 전자가 진입하여 원운동을 할 경우 원운동의 회전 각속도 ω는
> $\omega = \dfrac{u_o}{r} = \dfrac{eB}{m_0}$[rad/s]로 되므로, u_0에 관계없이 자속의 세기에 비례함을 알 수 있다.　**답** ④

27 전자 빔의 열작용에 대한 기술로 틀린 것은?

① 전자 빔이 물질에 충돌할 때 그 운동 에너지가 열에너지로 변하는 현상이다.

② 전자 빔에 의한 발생 열량은 전자 빔의 속도의 제곱에 비례한다.

③ 전자 빔의 속도는 가속 전압에 반비례한다.

④ 전자 빔의 열작용은 금속 가공에 사용된다.

> **해설** 전자 빔의 속도는 가속 전압의 세기에 비례한다.　　　　　　　　　**답** ③

28 어떤 에너지를 가해주면 전자가 들어갈 수 있는 허용대라 하더라도 보통의 상태에서는 전자가 존재하지 않는 허용대는?

① 공필대　　　　　　　　　　　② 충만대

③ 전도대　　　　　　　　　　　④ 금지대

> **해설** ① 공필대 : 허용대이기는 하지만 전자가 전혀 존재하지 않는 에너지대를 말한다.
> ② 충만대 : 전자가 전부 차 있는 허용대로서 가전자대라고도 한다.
> ③ 전도대 : 전자가 조금밖에는 존재하지 않고, 자유롭게 움직일 수 있는 레벨의 에너지대를 전도대라 한다.
> ④ 금지대 : 고체 내에서 간에 전자가 존재할 수 없는 에너지대이다.　　**답** ①

29 다음 중 반도체 내의 전자의 성질을 설명한 것으로 틀린 것은?

① 전자와 같은 수의 양(+)전하를 가지는 정공과 전도 전자의 두 종류의 이동에 의해 반도체 전류가 된다.

② 정공과 전도 전자를 전하의 운반체라는 뜻으로 반송자라 한다.

③ 진성 반도체에서는 페르미 준위가 대략 금지대의 하위에 있다.

④ 정공은 충만대에서 하위 준위에 의해서 즉시 중화되므로 점점 하위의 준위로 옮겨가게 된다.

> **해설** 진성 반도체에서는 전도대에 옮겨진 전자와 충만대에 남아 있는 정공의 수가 같으므로 페르미 준위는 대략 금지대의 중앙에 있게 된다. **답** ③

30 규소 이외의 다른 물질의 혼입이 없이 단결정으로 안정된 상태의 반도체는?

① 단결정   ② 불순물 반도체

③ 진성 반도체   ④ n형 반도체

> **해설** 진성 반도체는 동등한 수의 전자와 정공(正孔)의 집합을 포함하는 순수한 반도체를 말하며, 진성 반도체에 도너(donor)나 억셉터(acceptor) 등의 불순물을 가하여 p형 또는 n형의 반도체를 만든다. **답** ③

31 다음 중 가변 용량 다이오드에 대한 설명으로 거리가 먼 것은?

① pn 접합은 정전 용량의 콘덴서를 형성하고 있다.

② pn 접합의 정전 용량을 장벽 용량이라 한다.

③ 이 다이오드에 순바이어스를 걸면 그 전압의 크기에 따라 공핍층의 두께가 변한다.

④ 역전압에 의해 공핍층의 두께가 변하면 정전 용량이 변화한다.

> **해설** 가변 용량 다이오드(장벽 용량을 가지는 다이오드)에 역바이어스를 걸면 그 전압의 크기에 따라 공핍층의 두께가 변해 정전 용량이 변화한다. **답** ③

32 다음 중 정전압 다이오드에 대한 설명으로 틀린 것은?

① 전압이 낮은 경우에는 역방향 전류는 거의 흐르지 않고, 어떤 전압 V_Z에서 갑자기 흐른다.

② V_Z를 파괴전압(breakdown voltage) 또는 제너 전압(zener voltage)이라 한다.

③ pn 접합부가 줄열 등으로 파괴되지 않는 범위 내에서 사용하면 다이오드로 사용할 수 있다.

④ 일반적으로 제너 전압은 5[V] 이하이다.

> **해설** 일반적으로 제너 전압은 3~150[V]의 것이 판매되고 있으며, 특수한 경우는 그 이상의 것들도 있다. **답** ④

33 다음 중 트랜지스터에 대한 설명으로 틀린 것은?

① p형과 n형 반도체의 접합이 3층 구조로 되어 있다.

② 트랜지스터는 pnp형과 npn형이 있다.

③ 트랜지스터의 전극은 이미터(Emitter), 베이스(Base), 컬렉터(Collector)가 있다.

④ 트랜지스터는 수동 소자라 한다.

> **해설** 능동소자란 전기에너지를 발생할 수 있는 능력을 갖추고 있다고 생각되는 전기회로의 구성요소이다. 전원 공급장치는 포함되지 않고, 트랜지스터 등이 이에 해당된다. **답** ④

34 다음 중 사이리스터의 동작 설명으로 옳지 못한 것은?

① 사이리스터를 OFF 상태에서 ON 상태로 시키는 것을 턴온(turn on)이라 한다.

② 사이리스터를 ON 상태에서 OFF 상태로 하는 것을 턴오프(turn off)라 한다.

③ 사이리스터가 Turn-On 될 때의 V_{AK}를 브레이크오버 전압(breakover voltage)이라 한다.

④ 사이리스터가 ON 상태일 때 게이트 전류를 줄이면 OFF된다.

> **해설** 사이리스터는 한번 ON 되면 게이트 전류를 줄여도 OFF되지 않으며, OFF시키려면 캐소드 전위를 0[V]나 음(-) 전위로 해야 한다. **답** ④

35 어떤 B급 푸시-풀 증폭기의 효율이 0.7이고 직류 입력전력이 16[W]이면, 교류 출력 전력은?

① 10.3[W]   ② 10.7[W]   ③ 11.0[W]   ④ 11.2[W]

> **해설** B급 푸시-풀 증폭기에서 효율 $= \dfrac{P_{out}}{P_{DC}}$
>
> $\therefore P_{out} = P_{DC} \times$ 효율 $= 16 \times 0.7 = 11.2$[W] **답** ④

36 회로에서 다이오드 여러 개를 병렬로 접속시키면?

① 과전류로부터 보호할 수 있다.   ② 과전압으로부터 보호할 수 있다.

③ 정류기의 역방향 전류가 줄어든다.   ④ 부하출력에서 맥동률이 줄어들 수 있다.

> **해설** 다이오드를 병렬로 연결함으로써 다이오드의 정격전류를 높일 수 있다. **답** ①

37 PN 접합 다이오드에 역방향 바이어스 전압을 인가할 때의 설명 중 틀린 것은?

① 전계가 강해진다.   ② 전위장벽이 높아진다.

③ 공간전하 영역의 폭이 넓어진다.   ④ P형에서 N형으로 전류가 흐른다.

> **해설** N형에서 P형으로 전류가 흐른다. **답** ④

38 트랜지스터 회로의 바이어스를 거는 방법은?

① 베이스-이미터 사이는 순방향, 컬렉터-베이스 사이도 순방향

② 베이스-이미터 사이는 순방향, 컬렉터-베이스 사이는 역방향

③ 베이스-이미터 사이는 역방향, 컬렉터-베이스 사이도 역방향

④ 베이스-이미터 사이는 역방향, 컬렉터-베이스 사이는 순방향

> **해설** 트랜지스터 회로의 바이어스는 베이스-이미터 사이는 순방향, 컬렉터-베이스 사이는 역방향이다.
>
> **답** ②

39 공통 컬렉터 증폭기(CC)의 특성 중 옳지 않은 것은?

① 이미터 폴로어(Emitter Follower)라고도 부른다.

② 전압이득이 매우 크다.

③ 버퍼로 많이 사용된다.

④ 입력저항이 크다.

> **해설** 컬렉터 접지 혹은 컬렉터 공통 증폭기는 보통 이미터 폴로어라고 알려져 있는데, 이는 전류나 전력이득은 있지만 전압이득은 거의 1이고 입력임피던스는 높고 출력 임피던스는 낮은 트랜지스터 회로이다. 이 증폭기의 임피던스 특성은 임피던스 정합에 이용된다.
>
> **답** ②

40 이미터 폴로어는 어떠한 궤환증폭기인가?

① 직렬전류궤환   ② 직렬전압궤환

③ 병렬전류궤환   ④ 병렬전압궤환

> **해설** 이미터 폴로어는 직렬전압 궤환 특성을 가지고 있다.
>
> **답** ②

41 고주파 특성이 좋고 입력 임피던스가 작으며, 출력 임피던스가 큰 회로방식은?

① Cathode Follower   ② 컬렉터 접지

③ 이미터 접지   ④ 베이스 접지

> **해설** 베이스 접지는 트랜지스터에서 베이스를 접지 단자(공통단자)로 하고, 이미터를 입력 단자, 컬렉터를 출력 단자로 하는 회로의 접속 방식이다. 전류 증폭률은 1 이하이나 출력 · 입력의 임피던스를 크게 얻을 수 있으므로 전압 또는 전력을 증폭할 수 있다. 증폭도는 이미터 접지에 비해 떨어지나 고주파에서도 그 저하가 적다. 그 때문에 고주파 증폭 회로에 널리 쓰인다. 또한 입력과 출력의 위상은 동상이 된다.
>
> **답** ④

42 다음 발진기 중 발진주파수 범위가 가장 넓은 것은?

① 수정발진기   ② LC 반결합 발진기

③ RC 발진기   ④ 원브리지 발진기

> **해설** LC 반결합 발진기는 RF용으로 많이 사용되며 가장 넓은 발진주파수 범위를 가지고 있다.
>
> **답** ②

43 발진회로의 특성이 아닌 것은?

① 정궤환   ② 부궤환   ③ 공진회로   ④ 기생발진

> **해설** 발진회로는 외부에서 입력 신호가 없어도 출력 신호가 나오는 회로로 증폭 회로에서 출력의 일부를 입력측
> 에 정궤환시킨 것으로써 발생한다. 궤환을 거는 방법에 따라 컬렉터 동조, 베이스 동조, 콜피츠, 하틀레이,
> CR형 등의 발진 회로가 있다. **답** ②

44 진폭변조방식 중 직선성이 우수하고 변조효율이 가장 좋은 방식은?

① 컬렉터 변조   ② 베이스 변조   ③ 링 변조   ④ 평형 변조

> **해설** 진폭 변조 회로
> 1) 컬렉터 변조회로(직선변조회로) → C급 증폭으로 동작
>   ㉮ 컬렉터에 신호파를 가한다.
>   ㉯ 직선성이 대단히 우수하다.
>   ㉰ 거의 100[%]까지 변조가 가능하다.
>   ㉱ 큰 변조 전력이 요구된다.
> 2) 베이스 변조회로(제곱변조회로) → C급 증폭으로 동작
>   ㉮ 베이스에 반송파와 신호파를 가한다.
>   ㉯ 컬렉터 변조에 비교하여 훨씬 작은 변조 신호 전력이 요구된다.
>   ㉰ 일그러짐이 컬렉터 변조회로보다 크고 효율도 나쁘다.
>   ㉱ 변조도를 크게 할 수 없다.
> 3) 링변조 회로
>   ㉮ 피변조파대에서 반송파를 제거하고 상측파대와 하측파대만을 얻는 회로이다.
>   ㉯ 단측파 통신에 이용한다.
>   ㉰ 단측파대를 얻고자 할 때 필터회로를 부착한다.
>   ㉱ 소형이고, 경제적이며, 낮은 전력이 필요하다.
> 4) 평형 변조 회로
>   ㉮ 반송파 제거 통신 방식이나 단측파대 통신 방식의 변조회로로 쓰이는 회로이다.
>   ㉯ 반송파가 제거되면 양측파대(상하측파대)만 나온다.
>   ㉰ 링변조 회로와 같은 방식이다. **답** ①

45 변조에 관한 설명 중 옳지 않은 것은?

① 잡음과 간섭의 영향을 줄일 수 있다.

② 멀티플렉싱(multiplexing)이 가능하다.

③ 저주파의 교류 신호를 고주파의 교류 신호에 따라 변화시킨다.

④ 회로소자의 단순화 및 시스템을 소형화할 수 있다.

> **해설** 변조(modulation)란 교류 신호를 저주파의 교류 신호에 따라 변화시키는 일로, 신호의 전송을 위해 반송파
> 라는 비교적 높은 주파수에 비교적 낮은 가청주파수를 포함시키는 과정이다. **답** ③

46 다음 중 반송파를 제거하는 변조방식은?

① 위상 변조   ② 주파수 변조

③ 진폭 변조   ④ 링 변조

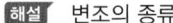
해설 변조의 종류
1) 진폭 변조(amplitude moduation, AM) : 반송파의 진폭을 신호파의 세기에 따라 변화시키는 조작
2) 주파수 변조(frequency moduation, FM) : 반송파의 주파수를 신호파의 세기에 따라 변화시키는 조작
3) 위상 변조(phase moduation, PM) : 반송파의 위상을 신호파의 세기에 따라 변화시키는 조작
4) 디지털 변조(digital moduation, DM) : 신호를 0과 1의 2진값 정보로 교환하여 베이스 밴드 신호로 만들어 그 신호를 고주파에 싣는 조작 **답** ④

47 논리식 $\overline{A}B + AB + \overline{A}\,\overline{B}$를 간단히 하면?

① $A + B$ ② $\overline{A} + B$ ③ $\overline{A} + \overline{B}$ ④ $A + \overline{B}$

해설 $\overline{A}B + AB + \overline{A}\,\overline{B} = B(A + \overline{A}) + \overline{A}\,\overline{B} = B + \overline{A}\,\overline{B} = B + \overline{A}$ **답** ②

48 자속계에서 변위각을 θ, 탐색 코일을 통과한 자속을 Φ, 권수를 N이라 할 때 자속 Φ를 구하는 식은?

① $\Phi = \dfrac{N}{K\theta}$ ② $\Phi = \dfrac{K}{N\theta}$ ③ $\Phi = \dfrac{K\theta}{N}$ ④ $\Phi = \dfrac{N\theta}{K}$

해설 자속계는 가동 코일형 계기와 원리가 같으며 $N\Phi = K\theta$로 표시되어 $\Phi = \dfrac{K\theta}{N}$가 된다. 단, K는 계기 상수이다. **답** ③

49 저주파의 주파수 범위 내에서 각 주파수에 대한 이득이 어느 정도 일정한가를 표시하는 주파수 대 이득의 관계를 무엇이라고 하는가?

① 임피던스 특성 ② 주파수 특성
③ 검파기 특성 ④ 입력 특성

해설 주파수 특성을 말하며, 이때 입력 전원은 각 주파수에 대하여 일정해야 한다. **답** ②

50 기전력 2[V], 내부 저항 0.5[Ω]의 전지 9개가 있다. 이것을 3개씩 직렬로 하여 3조 병렬 접속한 것에 부하 저항 1.5[Ω]을 접속하면 부하 전류[A]는?

① 1.5 ② 3 ③ 4.5 ④ 5

해설 합성저항은 동일한 크기의 저항 r을 n개 직렬연결하면 $n \cdot r$ 병렬연결하면 $\dfrac{r}{n}$이 된다.

9개의 저항을 3개씩 직렬로 3조 병렬 접속한다 하였으므로 내부저항 $R_0 = \dfrac{0.5 \times 3}{3} = 0.5[\Omega]$이 된다.

부하저항까지 포함한 전체합성저항 $R = 0.5 + 1.5 = 2[\Omega]$이다.

$\therefore I_o = \dfrac{V}{R_o} = \dfrac{6}{2} = 3[A]$ (전지의 기전력은 $2 \times 3 = 6[V]$) **답** ②

51 일정 전압의 직류 전원에 저항을 접속하고 전류를 흘릴 때 이 전류값을 20[%] 증가시키기 위해서는 저항값을 몇 배로 하여야 하는가?

① 1.25배   ② 1.20배   ③ 0.83배   ④ 0.80배

> **해설** $I_1 = \dfrac{E}{R_1}$ $\cdots (1)$ $I_2 = \dfrac{E}{R_2} = 1.2 I_1 \cdots (2)$
>
> 식 (1), (2)에서
>
> $E = I_1 R_1 = 1.2 I_1 R_2$, $\therefore R_2 = \dfrac{I_1 R_1}{1.2 I_1} \fallingdotseq 0.83 R_1$ **답** ③

52 최대 눈금이 50[V]인 직류 전압계가 있다. 이 전압계를 사용하여 150[V]의 전압을 측정하려면 배율기의 저항은 몇[Ω]을 사용하여야 하는가? 단, 전압계의 내부 저항은 5,000[Ω]이다.

① 1,000   ② 2,500   ③ 5,000   ④ 10,000

> **해설** 배율기의 저항을 R_m, 전압계의 내부저항을 R_v라 하면
>
> 배율 $m = 1 + \dfrac{R_m}{R_v}$ 에서 $R_m = R_v(m-1) = 5,000(\dfrac{150}{50} - 1) = 10,000[\Omega]$ **답** ④

53 어떤 정현파 전압의 평균값이 191[V]이면 최대값[V]은?

① 약 150   ② 약 250   ③ 약 300   ④ 약 400

> **해설** 정현파에서 $V_{av} = \dfrac{2 V_m}{\pi}$ 이므로 $V_m = \dfrac{\pi}{2} V_{av} = \dfrac{\pi}{2} \times 191 \fallingdotseq 300[V]$ **답** ③

54 다음중 반파 실효값의 2배의 실효값을 갖는 파는?

① 맥동파   ② 삼각파
③ 제형파   ④ 구형파

> **해설**
>
> | 파형 | 정현파 | 정현반파 | 삼각파 | 구형반파 | 구형파 |
> |---|---|---|---|---|---|
> | 실효값 | $\dfrac{V_m}{\sqrt{2}}$ | $\dfrac{V_m}{2}$ | $\dfrac{V_m}{\sqrt{3}}$ | $\dfrac{V_m}{\sqrt{2}}$ | V_m |
>
> **답** ④

55 파고율이 2가 되는 파는?

① 정현파   ② 톱니파
③ 반파 정류파   ④ 전파 정류파

> **해설** 반파정류파의 파고율 $= \dfrac{\text{최댓값}}{\text{실효값}} = \dfrac{V_m}{\dfrac{V_m}{2}} = 2$ **답** ③

56 어떤 회로의 전압 및 전류의 순시값이 $v = 200\sin 314t[\text{V}]$, $i = 10\sin\left(314t - \dfrac{\pi}{6}\right)[\text{A}]$일 때, 이 회로의 임피던스를 복소수[$\Omega$]로 표시하면?

① $17.32 + j12$ ② $16.30 + j11$

③ $17.32 + j10$ ④ $18.30 + j9$

해설 전압과 전류의 순시값을 정지 벡터로 표시하면

$$\dot{V}_m = 200\angle 0, \quad \dot{I}_m = 10\angle -\frac{\pi}{6}$$

$$\therefore Z = \frac{\dot{V}_m}{\dot{I}_m} = \frac{200\angle 0}{10\angle -\dfrac{\pi}{6}} = 20\angle \frac{\pi}{6} = 20(\cos 30° + j\sin 30°)$$

$$= 10\sqrt{3} + j10[\Omega] = 17.32 + j10$$

답 ③

57 $i_1 = 5\sqrt{2}\sin(\omega t + \theta)$와 $i_2 = 3\sqrt{2}\sin(\omega t + \theta - \pi)$와의 차에 상당하는 실효값[A]은?

① $9\sqrt{2}$ ② 8 ③ 3 ④ $3\sqrt{2}$

해설 i_1 전류를 기준으로 i_1과 i_2를 실효값 정지 벡터로 표시하면

$I_1 = 5\angle 0 = 5, \quad I_2 = 3\angle -\pi = -3$

$\therefore I = I_1 - I_2 = 5 - (-3) = 8[\text{A}]$

답 ②

58 어떤 회로 소자에 $e = 125\sin 377t[\text{V}]$를 가했을 때 전류 $i = 25\sin 377t[\text{A}]$가 흐른다. 이 소자는 어떤 것인가?

① 다이오드 ② 순저항

③ 유도리액턴스 ④ 용량 리액턴스

해설 전압과 전류의 위상차가 없으므로 순저항만의 부하이다.

답 ②

59 자기 인덕턴스 0.1[H]인 코일에 실효값 100[V], 60[Hz] 위상각 0인 전압을 가했을 때 흐르는 전류의 실효값[A]은?

① 1.25 ② 2.24 ③ 2.65 ④ 3.41

해설 $I = \dfrac{E}{X_L} = \dfrac{E}{\omega L} = \dfrac{E}{2\pi f L} = \dfrac{100}{2 \times 3.14 \times 60 \times 0.1} = 2.65[\text{A}]$

답 ③

60 정전 용량 C만의 회로에 100[V], 60[Hz]의 교류를 가하니 60[mA]의 전류가 흐른다. $C[\mu\text{F}]$ 값은?

① 5.26 ② 4.32 ③ 3.59 ④ 1.59

$\boxed{\text{해설}}$ $X_C = \dfrac{V}{I} = \dfrac{100}{60 \times 10^{-3}} = \dfrac{10}{6} \times 10^3 = 1.66 \times 10^3 [\Omega]$

$\therefore C = \dfrac{1}{2\pi f X_C} = \dfrac{1}{2 \times 3.14 \times 60 \times 1.66 \times 10^3} = 1.59 \times 10^{-6} [\text{F}] = 1.59 [\mu\text{F}]$ $\boxed{\text{답}}$ ④

61 $R-L$ 직렬 회로에 $v = 100\sin(120\pi t)[\text{V}]$의 전원을 연결하여 $i = 2\sin(120\pi t - 45°)[\text{A}]$의 전류가 흐르도록 하려면 저항 $R[\Omega]$의 값은?

① 50　　　　　② $\dfrac{50}{\sqrt{2}}$　　　　　③ $50\sqrt{2}$　　　　　④ 100

$\boxed{\text{해설}}$ $Z = \dfrac{V_m}{I_m} = \dfrac{100 \angle 0°}{2 \angle -45°} = 50 \angle 45°$ $\therefore 50\cos45° = \dfrac{50}{\sqrt{2}}[\Omega]$ $\boxed{\text{답}}$ ②

62 $R = 100[\Omega]$, $C = 30[\mu\text{F}]$의 직렬 회로에 $f = 60[\text{Hz}]$, $V = 100[\text{V}]$의 교류 전압을 가할 때 전류[A]는?

① 0.45　　　　　② 0.56　　　　　③ 0.75　　　　　④ 0.96

$\boxed{\text{해설}}$ $I = \dfrac{E}{Z} = \dfrac{E}{\sqrt{R^2 + \left(\dfrac{1}{2\pi f C}\right)^2}} = \dfrac{100}{\sqrt{100^2 + \left(\dfrac{1}{2 \times 3.14 \times 60 \times 30 \times 10^{-6}}\right)^2}} = 0.75[\text{A}]$ $\boxed{\text{답}}$ ③

63 $R = 100[\Omega]$, $L = \dfrac{1}{\pi}[\text{H}]$, $C = \dfrac{100}{4\pi}[\text{pF}]$이다. 직렬공진회로의 Q는 얼마인가?

① 2×10^3　　　　　② 2×10^4　　　　　③ 3×10^3　　　　　④ 3×10^4

$\boxed{\text{해설}}$ 직렬 공진회로에서 $Q = \dfrac{1}{R}\sqrt{\dfrac{L}{C}}$

병렬공진회로에서 $Q = R\sqrt{\dfrac{C}{L}}$

$Q = \dfrac{1}{R}\sqrt{\dfrac{L}{C}} = \dfrac{1}{100}\sqrt{\dfrac{\dfrac{1}{\pi}}{\dfrac{100}{4\pi} \times 10^{-12}}} = \dfrac{1}{100} \times \dfrac{1}{5} \times 10^6 = 2 \times 10^3$ $\boxed{\text{답}}$ ①

64 어떤 회로에 전압 v와 전류 i가 각각

$v = 100\sqrt{2}\sin\left(377t + \dfrac{\pi}{3}\right)[\text{V}]$, $i = \sqrt{8}\sin\left(377t + \dfrac{\pi}{6}\right)[\text{A}]$일 때 소비 전력[W]은?

① 100　　　　　② $200\sqrt{3}$　　　　　③ 300　　　　　④ $100\sqrt{3}$

$\boxed{\text{해설}}$ $P = VI\cos\theta = \dfrac{100\sqrt{2}}{\sqrt{2}} \times \dfrac{\sqrt{8}}{\sqrt{2}}\cos\left(\dfrac{\pi}{3} - \dfrac{\pi}{6}\right) = 100\sqrt{3}[\text{W}]$ $\boxed{\text{답}}$ ④

65 병렬 회로에 60[Hz], 100[V]의 전압을 가했더니 유효 전력이 800[W], 무효 전력이 600[Var]이었다. 저항 $R[\Omega]$과 정전 용량 $C[\mu F]$의 값은 각각 얼마인가?

① $R = 12.5$, $C = 159$ ② $R = 15.5$, $C = 180$

③ $R = 18.5$, $C = 189$ ④ $R = 20.5$, $C = 219$

해설 $R = \dfrac{V^2}{P} = \dfrac{100^2}{800} = 12.5[\Omega]$

$X_C = \dfrac{V^2}{P_r} = \dfrac{100^2}{600} = 16.67[\Omega]$

$\therefore C = \dfrac{1}{2\pi f X_C} = \dfrac{1}{2\pi \times 60 \times 16.67} = 159[\mu F]$ **답** ①

66 $R = 4[\Omega]$과 $X_C = 3[\Omega]$이 직렬로 접속된 회로에 10[A]의 전류를 통할 때의 교류 전력은 몇 [VA]인가?

① $400 + j300$ ② $400 - j300$ ③ $420 + j360$ ④ $360 + j420$

해설 유효전력 $P = I^2 R = 10^2 \times 4 = 400[W]$

무효전력 $P_r = I^2 X_C = 10^2 \times (-j3) = -j300[Var]$

따라서 피상전력 $P_a = P + jP_r = 400 - j300[VA]$ **답** ②

67 대칭 3상 Y결선 부하에서 각 상의 임피던스가 $Z = 16 + j12[\Omega]$이고 부하전류가 10[A]일 때, 이 부하의 선간전압[V]은?

① 235.4   ② 346.4   ③ 456.7   ④ 524.4

해설 Y결선 선간전압 $\sqrt{3} \times$상전압

상전압 = 부하전류 $\times$ 1상 임피던스 $= 10 \times \sqrt{16^2 + 12^2} = 200[V]$

$\therefore V_l = \sqrt{3}\, V_P = 200\sqrt{3}[V] = 346.4[V]$ **답** ②

68 전원과 부하가 다같이 △결선된 3상 평형 회로가 있다. 전원 전압이 200[V], 부하 임피던스가 $6 + j8[\Omega]$인 경우 선전류[A]는?

① 20   ② $\dfrac{20}{\sqrt{3}}$ ③ $20\sqrt{3}$ ④ $10\sqrt{3}$

해설 $I_P = \dfrac{V}{Z} = \dfrac{200}{\sqrt{6^2 + 8^2}} = 20[A]$, $\therefore I_l = \sqrt{3}\, I_P = 20\sqrt{3}[A]$ **답** ③

69 대칭 3상 4선식 전력계통이 있다. 단상 전력계 2개로 전력을 측정하였더니 각 전력계의 값이 −301[W] 및 1,327[W]이었다. 이때 역률은 얼마인가?

① 0.94   ② 0.75   ③ 0.62   ④ 0.34

해설 $\cos\theta = \dfrac{P_1 + P_2}{2\sqrt{P_1^2 + P_2^2 - P_1 P_2}} = \dfrac{1026}{2\sqrt{301^2 + 1327^2 + 301 \times 1327}} = 0.34$ 답 ④

70 한 상의 임피던스가 $3 + j4[\Omega]$인 평형 △ 부하에 대칭인 선간 전압 200[V]를 가할 때 3상 전력은 몇 [kW]인가?

① 9.6　　　　　② 12.5　　　　　③ 14.4　　　　　④ 20.5

해설 상전류 : $I_P = \dfrac{V_P}{Z_P} = \dfrac{200}{\sqrt{3^2 + 4^2}} = 40[A]$

$\therefore P = 3I_P^2 \cdot R = 3 \times 40^2 \times 3 = 14,400[W] = 14.4[kW]$ 답 ③

71 P형 반도체에서 다수 반송자는?

① 정공　　　　　② 양성자　　　　　③ 전자　　　　　④ 중성자

해설 붕소(B), 알루미늄(Al), 갈륨(Ga), 인듐(In) 등 3족의 원소를 불순물로 사용하며 다수 반송자가 정공이다. 첨가된 불순물을 억셉터라고 하며 억셉터에 의한 과잉 정공은 상온에서 쉽게 충만대로 옮겨진다. 답 ①

72 배리스터의 주된 용도는?

① 전압의 증폭용　　　　　　② 서지전압에 대한 회로 보호용
③ 출력전류의 조절용　　　　　④ 과전류방지 보호용

해설 배리스터는 저항값이 전압에 비 직선적으로 변화되는 성질을 가진 두 전극의 반도체 소자로 피뢰기, 변압기나 코일 등의 과전압보호, 스위치나 계전기 접점 불꽃 소거 등에 사용된다. 답 ②

73 PN 접합 정류 소자에 대한 설명 중 틀린 것은?

① 정류비가 클수록 정류특성이 좋다.
② 역방향 전압에서는 극히 적은 전류만이 흐른다.
③ 순방향 전압은 P에 [+], N에 [−] 전압을 가함을 말한다.
④ 온도가 높아지면 순방향 및 역방향전류가 모두 감소한다.

해설 PN접합 다이오드의 전류는 온도가 높아지면 순방향일 때는 지수함수적으로 증가하고, 역방향일 때는 일정하다. 답 ④

74 게이트 신호를 지속적으로 주어야 하는 소자는?

① TRIAC　　　　② SCR　　　　③ GTO　　　　④ MOSFET

해설 1회 신호로 제어가 가능한 소자는 TRIAC, SCR, GTO 답 ④

75 SCR의 설명 중 잘못된 것은?

① 1방향성 3단자 소자이다.

② 대전류 제어 정류용으로 이용된다.

③ 게이트 전압이 0 이면 SCR이 소호된다.

④ 실리콘 PNPN 4층으로 되어 있다.

> **해설** SCR은 점호능력은 있으나 자기 소호능력이 없으므로 주 전류를 유지전류 이하 또는 애노드, 캐소드 간에 역전압을 인가하여 소호시킨다. **답** ③

76 트라이액에 대한 설명 중 잘못된 것은?

① AC 전력제어에 사용된다.

② SCR 2개를 역병렬로 조합한 것이다.

③ 단방향성 3단자 사이리스터이다.

④ 턴 오프는 주전극 간의 극성을 바꾸면 된다.

> **해설** 트라이액은 두 개의 SCR을 게이트 공통으로 하여 역 병렬 연결한 것으로 2방향성 3단자 사이리스터이다. **답** ③

77 사이리스터에 대한 설명 중 틀린 것은?

① PNPN 구조를 이용하여 2개의 안정된 ON / OFF 동작을 한다.

② SCR 사이리스터의 일부분으로 이 소자는 확산공정에 의하여 제조된다.

③ 단자의 수에 의하여 2단자, 3단자 또는 4단자가 있고 전류가 흐르는 방향에 따라 구분하기도 한다.

④ NPN 또는 PNP의 3층 구조로서 베이스 신호에 의하여 ON/OFF를 제어할 수 있다.

> **해설** NPN, PNP의 3층 구조로서 증폭작용을 하는 소자는 트랜지스터이다. **답** ④

78 사이리스터가 아닌 것은?

① SCR　　　　② diode　　　　③ TRIAC　　　　④ SUS

> **해설** 사이리스터는 TRIAC, SCR, GTO , SCS, SUS, SBS, LASCR, DIAC 등이 있다. **답** ②

79 유지전류(Holding Current)의 설명 중 옳은 것은?

① 일반적으로 부의 온도 특성을 가지며 온도가 상승하면 유지전류는 감소한다.

② SCR을 ON 상태로 유지하는데 필요한 최소의 게이트 전류를 말한다.

③ SCR을 게이트로 턴 온 시킨 직후에 ON 상태로 유지하는데 필요한 최소한의 양극전류이다.

④ 일반적으로 부(−)의 온도 특성을 가지며 온도가 상승하면 유지전류는 증가한다.

> **해설** 유지전류는 SCR을 ON상태로 유지하는 데 필요한 최소 양극전류이다.   답 ③

80 다음 사이리스터 중 단방향성 소자는?

① SSS   ② SCR   ③ SBS   ④ DIAC

> **해설** 단방향성 소자 : SCR, GTO, SCS, LASCR
> 쌍방향성 소자 : SSS, TRIAC, DIAC, SBS   답 ②

81 빛의 에너지를 전기에너지로 변환시키는 것은?

① 광전 다이오드   ② 광전로 소자
③ 광전 트랜지스터   ④ 태양전지

> **해설** 태양전지는 태양, 빛 에너지를 전기 에너지로 바꾸는 것으로, P형 반도체와 N형 반도체를 이용해 전기를 발생시킨다.   답 ④

82 사이클로 컨버터(Cycloconverter)란?

① 실리콘 양방향성 소자이다.   ② 제어 정류기를 사용한 주파수 변환기이다.
③ 직류 제어 소자이다.   ④ 전류 제어 소자이다.

> **해설** 사이클로 컨버터는 교류 입력의 주파수와 전압 크기를 바꾸어주는 교류-교류 전력제어 장치로서 교류 전력을 낮은 주파수의 교류로 변환시키는 주파수 변환기이다.   답 ②

83 전력 회로가 제어 정류 회로와 동일한 인버터는?

① 직렬 인버터   ② 타여식 인버터
③ 병렬 인버터   ④ 전류원 인버터

> **해설** 타여식 인버터는 변환장치가 외부에 설치되어 인버터에 DC를 공급하는 방식이다.   답 ②

84 3상 3선식 송전선로에서 선전류가 144[A]이고, 1선당의 저항이 7.12[Ω]이라면 이 선로의 전력 손실은 몇 [kW]인가? 단, 이 선로의 수전단 전압은 60[kV], 역률은 0.8이라 한다.

① 148   ② 296   ③ 443   ④ 587

> **해설** $P_L = 3I^2 R = 3 \times 144^2 \times 7.12 \times 10^{-3} \fallingdotseq 443[\text{kW}]$ 답 ③

85 저항이 9.5[Ω]이고 리액턴스가 13.5[Ω]인 22.9[kV] 선로에서 수전단 전압이 21[kV], 역률이 0.8[lag], 전압 강하율이 10[%]라고 할 때 송전단 전압은 몇 [kV]인가?

① 22.1   ② 23.1   ③ 24.1   ④ 25.1

해설 $\epsilon = \dfrac{V_s - V_r}{V_r}$ 에서 $0.1 = \dfrac{V_s - 21}{21}$ ∴ $V_s = 23.1[\text{kV}]$ 답 ②

86 송전선의 전압 변동률은 다음 식으로 표시된다. 이 식에서 V_{R1} 은 무엇인가?

$$전압변동률 = \frac{V_{R1} - V_{R2}}{V_{R2}} \times 100[\%]$$

① 무부하 시 송전단 전압 　　　　② 부하 시 송전단 전압
③ 무부하 시 수전단 전압 　　　　④ 부하 시 수전단 전압

해설 전압변동률 $= \dfrac{무부하시\,수전단\,전압 - 수전단\,정격\,전압}{수전단\,정격\,전압} \times 100[\%]$ 답 ③

87 송전 전압을 높일 때 발생하는 경제적 문제 중 옳지 않은 것은?

① 송전 전력과 전선의 단면적이 일정하면 선로의 전력 손실이 감소한다.
② 절연 애자의 개수가 증가한다.
③ 변전소에 시설할 기기의 값이 고가로 된다.
④ 보수 유지에 필요한 비용이 적어진다.

해설 보수 유지에 필요한 비용이 많아진다.   답 ④

88 송전선로의 특성 임피던스와 전파정수는 무슨 시험에 의해서 구할 수 있는가?

① 무부하시험과 단락시험 　　　　② 부하시험과 단락시험
③ 부하시험과 충전시험 　　　　④ 충전시험과 단락시험

해설 • 특성 임피던스 $Z_0 = \sqrt{\dfrac{Z}{Y}}$, 전파정수 $\gamma = \sqrt{YZ}$

• 무부하 시험에서 Y를 구하고, 단락 시험에서는 Z를 구하여 특성 임피던스와 전파 정수를 구할 수 있다.   답 ①

89 장거리 송전선로의 특성은 무슨 회로로 다루는 것이 가장 좋은가?

① 특성 임피던스 회로 　　　　② 집중정수 회로
③ 분포정수 회로 　　　　④ 분산부하 회로

해설 단거리 송전 선로는 R과 L만의 직렬 회로로 다루고
중거리 송전선로는 R과 L과 C만의 회로로 다루어 T회로와 π회로로 보며
장거리 송전선로는 R, L, C, G 모두 존재하는 것으로 다루어 분포 정수 회로로 푼다.   답 ③

90 선로의 특성 임피던스는?

① 선로의 길이가 길어질수록 값이 커진다.

② 선로의 길이가 길어질수록 값이 작아진다.

③ 선로의 길이보다는 부하전력에 따라 값이 변한다.

④ 선로의 길이에 관계없이 일정하다.

> **해설** $Z_0 = \sqrt{\dfrac{L}{C}}$: 길이에 무관하다. **답** ④

91 수전단 전압이 송전단 전압보다 높아지는 현상을 무슨 효과라 하는가?

① 페란티 효과 ② 표피 효과

③ 근접 효과 ④ 도플러 효과

> **해설** • 페란티 효과 : 송전선로에 충전 전류가 흐르면 수전단 전압이 송전단 전압보다 높아지는 현상
> • 표피효과 : 교류전류의 경우에는 도체 중심보다 도체 표면에 전류가 많이 흐르는 현상
> • 근접효과 : 같은 방향의 전류는 바깥쪽으로 다른 방향의 전류는 안쪽으로 모이는 현상 **답** ①

92 페란티 현상이 발생하는 원인은?

① 선로의 과도한 저항 때문이다. ② 선로의 정전용량 때문이다.

③ 선로의 인덕턴스 때문이다. ④ 선로의 급격한 전압 강하 때문이다.

> **해설** 선로의 정전용량으로 인해서 송전단보다 수전단 전압이 커짐 **답** ②

93 장거리 대전력 송전에 교류송전방식에 비해서 직류송전방식의 장점이 아닌 것은?

① 송전 효율이 높다. ② 안정도의 문제가 없다.

③ 선로 절연이 더 수월하다. ④ 변압이 쉬워 고압송전이 유리하다.

> **해설** 직류 송전 방식의 장·단점
> [장점]
> ① 선로의 리액턴스가 없으므로 안정도가 높다.
> ② 유전체손 및 충전 용량이 없고 절연 내력이 강하다.
> ③ 비동기 연계가 가능하다.
> ④ 단락 전류가 적고 임의 크기의 교류 계통을 연계 시킬 수 있다.
> ⑤ 코로나손 및 전력 손실이 적다.
> ⑥ 표피 효과나 근접 효과가 없으므로 실효 저항의 증대가 없다.
> [단점]
> ① 직교 변환장치가 필요하다.
> ② 전압의 승압 및 강압이 불리하다.
> ③ 고조파나 고주파 억제 대책이 필요하다.
> ④ 직류 차단기가 개발되어 있지 않다. **답** ④

94 ACSR은 동일한 길이에서 동일한 전기저항을 갖는 경동연선에 비하여 어떠한가?

① 바깥지름은 크고 중량은 작다.   ② 바깥지름은 작고 중량은 크다.

③ 바깥지름과 중량이 모두 크다.   ④ 바깥지름과 중량이 모두 작다.

> **해설** 알루미늄선은 경동선에 비하여 고유저항이 크므로 동일 저항을 얻기 위해서는 지름이 큰 전선을 사용해야 한다. 그러나 비중은 약 1/3 정도로 가볍다.   **답** ①

95 가공전선로에 사용되는 전선의 구비조건으로 틀린 것은?

① 도전율이 높아야 한다.   ② 기계적 강도가 커야 한다.

③ 전압강하가 적어야 한다.   ④ 허용 전류가 적어야 한다.

> **해설** **전선의 구비 조건**
> ① 도전율이 클 것   ② 기계적 강도가 클 것
> ③ 유연성이 클 것   ④ 내구성이 있을 것
> ⑤ 비중이 작을 것   ⑥ 값이 쌀 것
> ⑦ 허용전류가 클 것   **답** ④

96 전선의 표피 효과에 관한 기술 중 맞는 것은?

① 전선이 굵을수록, 또 주파수가 낮을수록 커진다.

② 전선이 굵을수록, 또 주파수가 높을수록 커진다.

③ 전선이 가늘수록, 또 주파수가 낮을수록 커진다.

④ 전선이 가늘수록, 또 주파수가 높을수록 커진다.

> **해설** 표피효과(skin effect)는 도체의 중심으로 갈수록 전류의 밀도가 낮아지는 현상을 말하며 표피효과는 주파수에 비례하고 전압의 제곱에 비례한다.   **답** ②

97 19/1.8[mm] 경동 연선의 바깥지름은 몇 [mm]인가?

① 34.2   ② 10.8   ③ 9   ④ 5

> **해설** 2층권이므로 $D = (2n+1)d$, $D = (2 \times 2 + 1) \times 1.8 = 9$[mm]   **답** ③

98 경간 300[m], 전선 자체의 무게가 $W = 1.11$[kg/m], 인장하중 10,210[kg], 안전율 2.2인 선로의 이도(dip)는 약 몇 [m]인가?

① 1.7   ② 2.2   ③ 2.7   ④ 3.2

> **해설** $D = \dfrac{WS^2}{8T} = \dfrac{1.11 \times 300^2}{8 \times \dfrac{10210}{2.2}} = 2.69 ≒ 2.7$[m]   **답** ③

99 경간 200[m]인 가공 전선로가 있다. 사용 전선의 길이는 경간보다 몇 [m] 더 길게 하면 되는가? 단, 사용 전선의 1[m]당 무게는 2.0[kg], 인장 하중은 4,000[kg]이고 전선의 안전율을 2로 하고 풍압하중은 무시한다.

① $\dfrac{1}{2}$　　　　② $\sqrt{2}$　　　　③ $\dfrac{1}{3}$　　　　④ $\sqrt{3}$

> **해설**
> $$D = \frac{WS^2}{8T} = \frac{2 \times 200^2}{8 \times \frac{4000}{2}} = 5$$
>
> $L = S + \dfrac{8D^2}{3S}$ 에서 $L - S = \dfrac{8D^2}{3S} = \dfrac{8 \times 5^2}{3 \times 200} = \dfrac{1}{3}$[m]
>
> 여기서 L : 전선의 실제길이[m], S : 경간[m], D : 이도[m]　　　　**답** ③

100 단면적 330[mm²]의 강심 알루미늄선을 경간이 300[m]이고 지지점의 높이가 같은 철탑 사이에 가설하였다. 전선의 이도가 7.4[m]이면 전선의 실제 길이는 몇 [m]인가? 단, 풍압, 온도 등의 영향은 무시한다.

① 300.287　　　② 300.487　　　③ 300.685　　　④ 300.875

> **해설**
> $L = S + \dfrac{8D^2}{3S} = 300 + \dfrac{8 \times 7.4^2}{3 \times 300} = 300.487$　　　　**답** ②

101 전선의 자중과 빙설 하중을 W_1, 풍압 하중을 W_2라 할 때 합성 하중은?

① $\sqrt{W_1^2 + W_2^2}$　　② $W_1 + W_2$　　③ $W_1 - W_2$　　④ $W_2 + W_1$

> **해설** 합성하중은 $W = \sqrt{(빙설하중 + 자중)^2 + (풍압하중)^2} = \sqrt{W_1^2 + W_2^2}$　　　　**답** ①

102 애자가 갖추어야 할 구비 조건으로 옳은 것은?

① 온도의 급변에 잘 견디고 습기도 잘 흡수하여야 한다.
② 지지물에 전선을 지지할 수 있는 충분한 기계적 강도를 갖추어야 한다.
③ 비, 눈, 안개등에 대해서도 충분한 절연 저항을 가지며, 누설 전류가 많아야 한다.
④ 선로 전압에는 충분한 절연 내력을 가지며, 이상 전압에는 절연내력이 매우 적어야 한다.

> **해설** **애자의 구비조건**
> ① 절연내력이 클 것　② 기계적 강도가 클 것
> ③ 정전용량이 작을 것　④ 가격이 저렴할 것　　　　**답** ②

103 송전 선로에서 소호환(arcing ring)을 설치하는 이유는?

① 전력손실감소　　　　　　② 송전전력증대
③ 애자에 걸리는 전압분포의 균일　④ 누설전류에 의한 편열 방지

해설 소호환(arcing ring)의 목적은 애자련을 보호하며 애자련의 전압 분담을 균일하게 한다. **답** ③

104 직선 철탑이 여러 기로 연결될 때에는 10기마다 1기의 비율로 넣는 철탑으로서 선로의 보강 용으로 사용되는 철탑은?

① 각도철탑 ② 인류철탑

③ 내장철탑 ④ 특수철탑

해설 내장철탑은 전선로의 지지물 양쪽 경간의 차가 큰 곳에 사용하며, 혹은 E철탑이라고도 한다. **답** ③

105 배전방식에 있어서 저압 방사상식에 비교하여 저압 뱅킹 방식이 유리한 점 중에서 틀린 것은?

① 전압 동요가 작다.

② 고장이 광범위하게 파급될 우려가 없다.

③ 단상 3선식에서는 변압기가 서로 전압 평형 작용을 한다.

④ 부하 증가에 대하여 융통성이 좋다.

해설 저압 방사상식(나뭇가지식)에 비하여 저압 뱅킹 방식은 캐스케이딩 현상이 발생하므로 고장이 광범위하게 파급될 우려가 있다. **답** ②

106 네트워크 배전 방식의 장점이 아닌 것은?

① 정전이 적다. ② 전압 변동이 적다.

③ 인축의 접촉 사고가 적어진다. ④ 부하 증가에 대한 적응성이 크다.

해설 **네트워크 배전 방식의 장점**
① 배전 신뢰도 높다. ② 기기 이용률 향상된다.
③ 전압 변동이 적다. ④ 적응성 양호하다.
⑤ 전력 손실이 감소한다. ⑥ 변전소 수를 줄일 수 있다. **답** ③

107 저압 뱅킹 배전 방식에서 캐스케이딩 현상이란?

① 변압기의 부하 배분이 균일하지 못한 현상

② 저압선의 고장에 의하여 건전한 변압기의 일부 또는 전부가 차단되는 현상

③ 전압 동요가 적은 현상

④ 저압선이나 변압기에 고장이 생기면 자동적으로 제거되는 현상

해설 캐스케이딩 현상이란 Banking 배전방식으로 운전 중 건전한 변압기 일부가 고장이 발생하면 부하가 다른 건전한 변압기에 걸려서 고장이 확대되는 현상을 말한다. **답** ②

108 저압 뱅킹(banking) 방식에 대한 설명으로 옳은 것은?

① 깜빡임(light flicker) 현상이 심하게 나타난다.

② 저압간선의 전압강하는 줄여지나 전력손실은 줄일 수 없다.

③ 캐스케이딩(cascading) 현상의 염려가 있다.

④ 부하의 증가에 대한 융통성이 없다.

> **해설** 캐스케이딩 현상이란 저압 선로 일부 구간에 사고가 발생할 때 이 사고가 적정하게 제거 되지 못하면 건전한 구간까지 사고가 확대되는 현상으로 뱅킹방식의 단점이다. **답** ③

109 다음과 같은 특징이 있는 배전방식은?

> · 전압강하 및 전력손실이 경감 된다.
> · 변압기 용량 및 저압선 동량이 절감된다.
> · 부하 증가에 대한 탄력성이 향상된다.
> · 고장 보호 방법이 적당할 때 공급 신뢰도가 향상되며 플리커 현상이 경감된다

① 저압네트워크방식 ② 고압네트워크방식

③ 저압뱅킹방식 ④ 수지상 배전방식

> **해설** 저압 뱅킹 방식의 특징
> · 전압강하 및 전력 손실이 경감된다.
> · 변압기용량 및 저압선 동량이 절감된다.
> · 부하 증가에 대한 탄력성이 향상된다. **답** ③

110 교류 단상 3선식 배전 방식은 교류 단상 2선식에 비해 어떠한가?

① 전압강하가 작고, 효율이 높다. ② 전압강하가 크고, 효율이 높다.

③ 전압강하가 작고, 효율이 낮다. ④ 전압강하가 크고, 효율이 낮다.

> **해설** 단상 3선식은 단상 2선식에 비하여 전압강하도 작고 전력손실도 작아 효율이 높다 **답** ①

111 단상 변압기 300[kVA] 3대로 △결선하여 급전하고 있는데 변압기 1대가 고장으로 제거되었다 한다. 이때의 부하가 750[kVA]라면 나머지 2대의 변압기는 약 몇 [%]의 과부하로 되는가?

① 115 ② 125 ③ 135 ④ 145

> **해설** V 결선 출력 $P = \sqrt{3} \, VI = \sqrt{3} \times 300$[kVA]
> 과부하율 $= \dfrac{750}{\sqrt{3} \times 300} \times 100 = 144$[%] **답** ④

112 주상 변압기의 1차측 전압이 일정할 경우, 2차측 부하가 변동하면 주상 변압기의 동손과 철손은 어떻게 되는가?

① 동손과 철손이 다 변동한다.　　　② 동손은 일정하고 철손은 변동한다.

③ 동손은 변동하고 철손은 일정하다.　④ 동손과 철손이 다 일정하다.

> **해설** 변압기의 손실은 철손(히스테리시스손+와류손)과 동손 I^2R이 있는데 철손은 1차 전압만 걸리면 손실이 되고 동손은 2차 전류가 흘러야 손실이 된다. 그러므로 2차 부하가 변동하면 철손은 일정하고 동손은 변동한다.　　　**답** ③

113 태양광전원의 연계용 변압기 용량이 1 [MVA]인 경우, 5[%]의 임피던스를 가지고 있다면 100[MVA] 기준으로 한 %임피던스는?

① 300[%]　　　② 400[%]　　　③ 500[%]　　　④ 60[%]

> **해설** %임피던스전압 $= \dfrac{\text{임피던스전압}}{\text{1차측정격전압}} \times 100[\%]$
>
> 변압기의 용량이 1 [MVA]일 때 5[%] 임피던스를 100 [MVA]로 환산한 경우의 임피던스를 계산한다.
>
> $\%Z_{100[\mathrm{MVA}]} = \dfrac{100[\mathrm{MVA}]}{1[\mathrm{MVA}]} \times 5[\%] = 500[\%]$　　　**답** ③

114 단상 2선식의 교류 배전선이 있다. 전선 1줄의 저항은 0.15[Ω], 리액턴스는 0.25[Ω]이다. 부하는 무유도성으로서 100[V], 3[kW]일 때 급전점의 전압은 약 몇 [V]인가?

① 100　　　② 110　　　③ 120　　　④ 130

> **해설** $V_s = V_r + 2I(R\cos\theta + X\sin\theta)$, $\cos\theta = 1$이므로
>
> $V_s = 100 + 2 \times \dfrac{3,000}{100} \times 0.15 = 109[\mathrm{V}]$　　　**답** ②

115 3상 3선식 배전 선로에 역률 0.8, 출력 120[kW]인 3상 평형 유도 부하가 접속되어 있다. 부하단의 수전 전압이 3000[V], 배전선 1조의 저항이 6[Ω], 리액턴스가 4[Ω]라고 하면 송전단 전압은 대략 몇 [V]인가?

① 3,360　　　② 3,340　　　③ 3,120　　　④ 3,420

> **해설** $P = \sqrt{3}\,VI\cos\theta$에서 $I = \dfrac{P}{\sqrt{3} \times 3,000 \times 0.8} = \dfrac{120 \times 10^3}{\sqrt{3} \times 3,000 \times 0.8} = 28.8[\mathrm{A}]$
>
> 송전단전압 $V_s = V_r + \sqrt{3}\,I(R\cos\theta + X\sin\theta)$
>
> $= 3,000 + \sqrt{3} \times 28.8 \times (6 \times 0.8 + 4 \times 0.6) \fallingdotseq 3,360[\mathrm{V}]$　　　**답** ①

116 전선에 흐르는 전류가 1/2배로 되면 전력 손실은?

① 1/2배　　　② 1/4배　　　③ 2배　　　④ 4배

해설 전력손실은 전류의 제곱에 비례하므로 $P_l = \left(\dfrac{1}{2}\right)^2 = \dfrac{1}{4}$ **답** ②

---

117 부하율이란?

① $\dfrac{\text{피상 전력}}{\text{부하 설비 용량}} \times 100[\%]$　　　　② $\dfrac{\text{부하 설비 용량}}{\text{피상 전력}} \times 100[\%]$

③ $\dfrac{\text{최대 수용 전력}}{\text{평균 수용 전력}} \times 100[\%]$　　　　④ $\dfrac{\text{평균 수용 용량}}{\text{최대 수용 전력}} \times 100[\%]$

해설 부하율 $= \dfrac{\text{평균 전력}}{\text{최대수용 용량}} \times 100[\%]$ **답** ④

---

118 어떤 건물에서 총 설비 부하 용량이 850[kW], 수용률 60[%]라면, 변압기 용량은 최소 몇 [kVA]로 하여야 하는가? 단, 여기서 설비 부하의 종합 역률은 0.75이다.

① 500　　　　② 650　　　　③ 680　　　　④ 740

해설 변압기 용량 $= \dfrac{\text{설비용량} \times \text{수용률}}{\text{역률}}[kVA] = \dfrac{850 \times 0.6}{0.75} = 680[kVA]$ **답** ③

---

119 수용률이 50[%]인 주택지에 배전하는 66/6.6[kV]의 변전소를 설치할 때 주택지의 부하 설비 용량을 20,000[kVA]로 하면 필요한 변압기의 용량 [kVA]은? 단, 주상 변압기 배전 간선을 포함한 부등률은 1.3이라 한다.

① 3,850　　　　② 5,780　　　　③ 7,700　　　　④ 9,500

해설 부등률 $= \dfrac{\text{개개의 최대 수용 전력의 합계}}{\text{합성 최대수용 전력}} = \dfrac{\sum(\text{수용률} \times \text{설비용량})}{\text{합성 최대 수용 전력}}$

합성최대수용전력 $= \dfrac{\text{수용률} \times \text{설비 용량}}{\text{부등률}} = \dfrac{0.5 \times 20,000}{1.3} = 7,700[kVA]$ **답** ③

---

120 154/6.6[kV], 5,000[kVA]의 3상 변압기 1대를 시설한 변전소가 있다. 이 변전소의 6.6[kV] 각 배전선에 접속한 부하 설비 및 수용률이 표와 같고 각 배전선 간의 부등률은 1.17로 하였을 때 변전소에 걸리는 최대 전력은 약 몇 [kW]인가?

배전선	부하설비[kW]	수용률[%]
a	4,716	24
b	1,635	74
c	3,600	48
d	4,095	32

① 4,186　　　　② 4,356　　　　③ 4,598　　　　④ 4,728

해설 수전설비 최대전력 $= \dfrac{\text{설비용량} \times \text{수용률}}{\text{부등률}}$

$$= \dfrac{4,716 \times 0.24 + 1,635 \times 0.74 + 3,600 \times 0.48 + 4,095 \times 0.32}{1.17}$$

$$= 4,598[\text{kVA}]$$

답 ③

121 송전계통의 중성점을 접지하는 목적은?

① 전압 강하의 감소   ② 이상 전압의 방지

③ 송전 용량의 증가   ④ 유도 장해의 감소

해설 송전 선로의 중성점 접지의 목적
① 이상 전압 발생 방지
② 1선 지락 시 건전상 전압 상승 억제 및 기기나 선로의 절연 절감
③ 보호 계전기 동작 확실
④ 소호 리액터 계통에서의 1선 지락 시 아크 소멸

답 ②

122 송전선의 중성점을 접지하는 이유가 되지 못하는 것은?

① 코로나 방지   ② 지락전류의 감소

③ 이상 전압의 방지   ④ 지락 사고선의 선택차단

해설 높은 전압이 걸려있는 도체에 발생하는 것으로 공기의 부분적 파괴 및 그에 따르는 발광 및 발음현상을 코로나 현상이라 한다.

답 ①

123 중성점 비접지방식에서 가장 많이 사용되는 변압기의 결선방법은?

① △—△   ② △—Y

③ Y—Y   ④ Y—V

해설 △—△결선의 이점은 파형에 고조파를 포함하지 않으며 또한 1상분의 고장 시에도 V결선으로 일부 송전이 가능하다.

답 ①

124 송전계통에서 1선 지락고장 시 인접통신선의 유도장해가 가장 큰 중성점 접지방식은?

① 비접지방식

② 직접 접지방식

③ 고저항 접지방식

④ 소호 리액터 접지방식

해설 통신선의 유도 장해는 전자 유도 장해가 많으며 전자 유도 장해는 지락전류의 대소에 비례하므로 지락전류가 가장 큰 직접 접지방식이 전자 유도장해가 크다.

답 ②

125 송전계통의 접지에 대하여 기술하였다. 다음 중 옳은 것은?

① 소호 리액터 접지방식은 선로의 정전용량과 직렬공진을 이용한 것으로 지락전류가 타 방식에 비해 좀 큰 편이다.

② 고저항 접지방식은 이중고장을 발생시킬 확률이 거의 없으나 비접지식보다는 많은 편이다.

③ 직접 접지방식을 채용하는 경우 이상 전압이 낮기 때문에 변압기 선정 시 단절연이 가능하다.

④ 비접지방식을 택하는 경우 지락 전류차단이 용이하고 장거리 송전을 할 경우 이중 고장의 발생을 예방하기 좋다.

> **해설** ・소호 리액터 접지방식 : 1선 지락전류는 최소
> ・고저항 접지방식 : 다중 고장이 비접지 방식보다 적다.
> ・직접접지방식 : 저감 절연 및 단절연 가능, 계전기 동작이 확실하고 신속하며 신뢰도 가장 크다.
> ・비접지방식 : 장거리 송전 시 다중 고장으로 확대될 가능성이 크다.　　**답** ③

126 송전선로에 있어서 1선 지락의 경우 지락전류가 가장 작은 중성점 접지방식은?

① 비접지　　　　② 직접접지　　　　③ 저항접지　　　　④ 소호 리액터 접지

> **해설** 직접접지 > 고저항 접지> 비접지> 소호 리액터 접지 순이다.　　**답** ④

127 소호 리액터를 송전 계통에 쓰면 리액터의 인덕턴스와 선로의 정전 용량이 다음의 어느 상태가 되어 지락전류를 소멸 시키는가?

① 병렬공진　　　　② 직렬공진　　　　③ 고 임피던스　　　　④ 저 임피던스

> **해설** 지락점을 중심으로 소호 리액터의 리액턴스와 건전상의 대지정전용량과 병렬 공진으로 한다.　　**답** ①

128 접지봉을 사용하여 희망하는 접지 저항값까지 줄일 수 없을 때 사용하는 선은?

① 차폐선　　　　② 가공지선　　　　③ 크로스본드선　　　　④ 매설지선

> **해설** 철탑의 탑각 접지저항을 낮추어 역섬락을 방지하기 위한 것으로서 지하 30~60[cm] 정도의 깊이에 30~50[m] 정도의 아연 도금 철선을 매설하는 선을 매설지선이라고 한다.　　**답** ④

129 이상 전압에 대한 방호 장치가 아닌 것은?

① 병렬 콘덴서　　　　　　　　② 가공지선

③ 피뢰기　　　　　　　　　　④ 서지 흡수기

> **해설** ① 병렬콘덴서 : 역률개선
> ② 가공지선 : 직격뢰차폐
> ③ 피뢰기 : 이상 전압에 대한 기계, 기구보호
> ④ 서지흡수기 : 변압기, 발전기 등을 서지로부터 보호　　**답** ①

130 뇌해 방지와 관계가 없는 것은?

① 매설지선　　　　② 가공지선　　　　③ 소호각　　　　④ 댐퍼

해설 댐퍼는 선로의 진동 방지에 쓰인다.　　　　**답** ④

131 가공지선에 대한 설명 중 옳지 않은 것은?

① 가공지선은 일반적으로 아연도금 강연선을 사용한다.
② 가공지선은 뇌해 방지를 위하여 1~2조 가선으로 하는 것이 많다.
③ 가공지선의 이도는 전선의 이도보다 크게 한다.
④ 가공지선은 사고 시에 고장 전류의 일부분이 흐를 경우가 많다.

해설 가공지선(over head ground wire)은 송전선 위에 나란히 가설된 도선으로 각 철탑에 접지되어 있으며, 이와 같이 하여 뇌운에 의한 전선로에서의 정전 유도 작용을 차폐할 수 있어 유도뢰에 의한 피해를 줄일 수 있다.
① 직격뢰에 대한 차폐 효과
② 유도뢰에 대한 정전차폐 효과
③ 통신선에 대한 전자 유도 장해 경감 효과　　　　**답** ③

132 송전 선로에서 역섬락을 방지하는 유효한 방법은?

① 가공 지선을 설치한다.　　　　② 소호각을 설치한다.
③ 탑각 접지 저항을 작게 한다.　　　　④ 피뢰기를 설치한다.

해설 뇌서지가 철탑에 가격 시 철탑의 탑각 접지저항이 충분히 낮지 않으면 철탑의 전위가 상승하여 철탑에서 선로로 섬락을 일으키는 경우가 있는데 이를 역섬락이라 하며 방지 대책으로는 매설지선을 설치하여 탑각 접지저항을 낮추어야 한다.　　　　**답** ③

133 피뢰기가 구비해야 할 조건으로 잘못 설명된 것은?

① 속류의 차단능력이 충분할 것
② 상용 주파 방전 개시 전압이 높을 것
③ 방전 내량이 작으면서 제한 전압이 높을 것
④ 충격 방전개시 전압이 낮을 것

해설 피뢰기는 방전내량이 크고 제한 전압은 낮은 것이 요구된다.　　　　**답** ③

134 피뢰기의 제한 전압이란?

① 상용 주파 전압에 대한 피뢰기의 충격 방전 개시 전압
② 충격파 침입 시 피뢰기의 충격 방전 개시 전압
③ 피뢰기가 충격파 방전종료 후 언제나 속류를 확실히 차단할 수 있는 상용주파 허용 단자 전압
④ 충격파 전류가 흐르고 있을 때 피뢰기의 단자 전압

> **해설** 제한전압 : 피뢰기 동작 중에 계속해서 걸리고 있는 단자 전압의 파고값   **답** ④

135 3상용 차단기의 정격 차단 용량이라 함은?

① 정격전압×정격차단 전류
② $\sqrt{3}$ ×정격전압×정격전류
③ $\sqrt{2}$ ×정격전압×정격차단전류
④ $\sqrt{3}$ ×정격전압×정격차단전류

> **해설** $P_s = \sqrt{3}\, V_n I_s [\text{MVA}]$ **답** ④

136 전력용 퓨즈는 주로 어떤 전류의 차단을 목적으로 사용 하는가?

① 충전 전류　　② 과부하 전류　　③ 단락 전류　　④ 과도 전류

> **해설** 전력용 퓨즈는 단락 보호용으로 사용된다.   **답** ③

137 유입 차단기의 특징이 아닌 것은?

① 방음설비가 있다.
② 부싱 변류기를 사용할 수 있다.
③ 공기보다 소호 능력이 크다.
④ 높은 재기 전압상승에도 차단성능에 영향이 없다.

> **해설** 유입 차단기의 특징
> ① 보수가 번거롭다.　　　　　② 방음설비가 필요 없다.
> ③ 공기보다 소호 능력이 크다.　④ 부싱 변류기를 사용할 수 있다.   **답** ①

138 선로 개폐기(LS)에 대한 설명으로 틀린 것은?

① 책임 분계점에 전선로를 구분하기 위하여 설치한다.
② 3상 선로개폐기는 3개가 동시에 조작되게 되어 있다.
③ 부하상태에서도 개방이 가능 하다.
④ 최근에는 기중부하개폐기나 LBS로 대체되어 사용하고 있다.

> **해설** 보안상의 책임 분기점에는 보수 점검 시 전로를 구분하기 위하여 선로개폐기를 시설(단로기와 비슷한 용도). 선로개폐기의 조작은 조작봉에 의해 조작되며 반드시 시건장치를 하여 안전사고를 방지하여야 한다.   **답** ③

139 변전소에서 비접지 선로의 접지 보호용으로 사용되는 계전기에 영상 전류를 공급하는 계전기는?

① C.T　　　　② G.P.T　　　　③ Z.C.T　　　　④ P.T

> **해설** G.P.T는 영상전압을 공급하며 영상전류는 Z.C.T가 공급한다.   **답** ③

140 보호 계전기가 구비하여야 할 조건이 아닌 것은?

① 보호 동작이 정확, 확실하고 감도가 예민할 것

② 열적, 기계적으로 견고할 것

③ 가격이 싸고, 또 계전기의 소비 전력이 클 것

④ 오래 사용하여도 특성의 변화가 없을 것

> **해설** **보호 계전기의 기본 기능**
> ① 확실성 ② 선택성 ③ 신속성 ④ 경제성 ⑤ 취급의 용이성   **답 ③**

141 동작 전류의 크기에 관계없이 일정한 시간에 동작하는 한시 특성을 갖는 계전기는?

① 순한시 계전기 　　　　　　　② 정한시 계전기

③ 반한시 계전기 　　　　　　　④ 반한시성 정한시 계전기

> **해설** 정한시 계전기는 최소 동작값 이상의 구동 전기량이 주어지면, 일정 시한으로 동작한다.   **답 ②**

142 계전기의 반한시 특성이란?

① 동작 전류가 커질수록 동작 시간이 길어진다.

② 동작 전류가 작을수록 동작 시간이 짧다.

③ 동작 전류에 관계없이 동작 시간은 일정하다.

④ 동작 전류가 커질수록 동작 시간은 짧아진다.

> **해설** **보호 계전기 특징**
> ① 순한시 특성 : 최소 동작 전류 이상의 전류가 흐르면 즉시 동작하는 특성
> ② 반한시 특성 : 동작 전류가 커질수록 동작시간이 짧게 되는 특성
> ③ 정한시 특성 : 동작 전류의 크기에 관계없이 일정한 시간에 동작하는 특성
> ④ 반한시 정한시 특성 : 동작 전류가 적은 동안에는 동작 전류가 커질수록 동작 시간이 짧게 되고 어떤 전류
> 　이상이면 동작 전류의 크기에 관계없이 일정한 시간에 동작하는 특성   **답 ④**

143 보호 계전기 중 발전기, 변압기, 모선 등의 보호에 사용되는 것은?

① 비율 차동 계전기 　　　　　　② 과전류 계전기

③ 과전압 계전기 　　　　　　　④ 유도형 계전기

> **해설** 외부 고장시의 과대 전류에 의하여 양단 변류기의 특성 불균형 등에 의한 오동작을 방지시키기 위하여 발전
> 기, 변압기, 모선 등의 보호에는 비율 차동 계전기를 사용한다.   **답 ①**

144 환상 선로의 단락 보호에 사용하는 계전 방식은?

① 방향 거리 계전방식 　　　　　② 비율 차동 계전방식

③ 과전류 계전방식 　　　　　　④ 선택접지 계전방식

해설 방향계전기 + 단락계전기 = 방향단락계전기(방향거리계전기)　　　　답 ①

145 파일럿 와이어(pilot wire) 계전 방식에 해당되지 않는 것은?

① 고장점 위치에 관계없이 양단을 동시에 고속 차단할 수 있다.

② 송전선에 평행하도록 양단을 연락한다.

③ 고장 시 장해를 받지 않게 하기 위하여 연피 케이블을 사용한다.

④ 고장점 위치에 관계없이 부하측 고장을 고속도 차단한다.

해설 고장점의 위치에 무관하게 양단을 동시에 고속도 차단한다.　　　　답 ④

146 3000[kW], 역률 80[%](뒤짐)의 부하에 전력을 공급하고 있는 변전소에 콘덴서를 설치하여 변전소에 있어서의 역률을 90[%]로 향상시키는 데 필요한 콘덴서 용량[kVar]은?

① 600　　　　② 700　　　　③ 800　　　　④ 900

해설 $Q = W(\tan\theta_1 - \tan\theta_2)$[kVA]에서 유효전력 $W = 3,000$[kW]이므로

콘덴서 용량 $Q_C = 3,000(\dfrac{\sqrt{1-0.8^2}}{0.8} - \dfrac{\sqrt{1-0.9^2}}{0.9}) = 800$[kVA]　　　　답 ③

147 배전선로의 역률 개선에 따른 효과로 적합하지 않은 것은?

① 전원측 설비의 이용률 향상

② 전로 절연에 요하는 비용 절감

③ 전압 강하 감소

④ 선로의 전력 손실 경감

해설 역률 개선의 효과
　　① 설비 이용률 향상　② 전압 강하 감소　③ 전력 손실 경감　　　　답 ②

148 배전선로의 전력 손실 측정 방법이 아닌 것은?

① 적산전력계법　　　　　　② 전류계법

③ 전압계법　　　　　　　　④ 역률계법

해설 배전 손실(전선로 포함)을 측정하는 구체적인 방법
　　① 적산전력계법　② 전류계법　③ 전압계법　　　　답 ④

149 교류의 파형률이란?

① $\dfrac{\text{실효값}}{\text{평균값}}$　　② $\dfrac{\text{평균값}}{\text{실효값}}$　　③ $\dfrac{\text{실효값}}{\text{최대값}}$　　④ $\dfrac{\text{최대값}}{\text{실효값}}$

> **해설** 파형률 $= \dfrac{\text{실효값}}{\text{평균값}}$, 파고율 $= \dfrac{\text{최댓값}}{\text{실효값}}$ **답** ①

150 최대수용전력 1,000[kVA]이고 설비용량은 전등부하 500[kW], 동력부하 700[kVA]이다. 이때 수용률은?

① 83.3[%]   ② 86.6[%]   ③ 88.3[%]   ④ 90.6[%]

> **해설** 수용률 $= \dfrac{\text{최대수용전력}}{\text{총 설비용량}} \times 100 = \dfrac{1{,}000}{500 + 700} \times 100 = 83.3[\%]$ **답** ①

151 수용설비와 부하와의 관계를 나타내는 수용률, 부등률, 부하율 및 전일효율에 대한 설명이다. 틀린 것은?

① 수용률은 수용가의 최대수용전력과 그 수용가가 설치하고 있는 설비용량의 합계와의 비를 말한다.

② 부등률은 최대 전력의 발생 시각 또는 발생 시기의 분산을 나타내는 지표를 말한다.

③ 부하율은 어느 일정기간 중 평균수용전력과 최대수용전력과의 비를 나타낸 것으로 부하율이 낮을수록 설비가 효율적으로 사용된다고 할 수 있다.

④ 전일효율은 하루 동안의 에너지 효율로서 24시간 중의 출력에 상당한 전력량을 그 전력량과 그날의 손실 전력량의 합으로 나눈 것을 말한다.

> **해설** 수용률 $= \dfrac{\text{최대수용 전력[kW]}}{\text{총부하 설비 용량[kW]}} \times 100[\%]$
> 부등률 $= \dfrac{\text{수용설비 각각의 최대수용전력의 합[kW]}}{\text{합성최대수용전력[kW]}}$
> 부하율 $= \dfrac{\text{평균수용전력[kW]}}{\text{합성최대수용전력[kW]}} \times 100[\%]$ **답** ③

152 PN접합 다이오드에 역방향 바이어스 전압을 인가할 때의 설명으로 틀린 것은?

① 전위장벽이 높아진다.

② 전계가 강해진다.

③ P형에 (+)전압, N형에 (−)전압을 연결한다.

④ 공간전하 영역의 폭이 넓어진다.

> **해설** PN접합 다이오드에서 P형 영역에 음(−)의 전압, N형 영역에 양(+)의 전압이 인가된 상태를 역방향 바이어스가 인가되었다고 한다.   **답** ③

153 22.9[kV], 3상 선로의 차단기 설치점에서 전원 측으로 바라본 합성 %Z가 100[MVA] 기준으로 22[%]일 때 단락전류 [kA]는? (단, 기기의 정격전압은 24[kV]로 한다.)

① 7.5   ② 10.9   ③ 11.5   ④ 12.6

해설 정격전류 : I_n, 단락전류 : I_s, 임피던스 : $\%Z$

단락전류 : $I_s = \dfrac{100I_n}{\%Z}$

$$I_n = \frac{100 \times 10^3}{\sqrt{3} \times 22.9} = 2.52[\text{kA}]$$

$$I_s = \frac{100I_n}{\%Z} = \frac{100 \times 2.52[\text{kA}]}{22} = 11.5[\text{kA}]$$

답 ③

154 총 설비용량 80[kW], 수용률 75[%], 부하율 80[%]인 수용가의 평균전력은 몇 [kW]인가?

① 30   ② 36   ③ 42   ④ 48

해설 수용률 $= \dfrac{\text{최대 수용 전력}[\text{kW}]}{\text{부하 설비 합계}[\text{kW}]} \times 100[\%]$

부하율 $= \dfrac{\text{평균 수용 전력}[\text{kW}]}{\text{최대 수용 전력}[\text{kW}]} \times 100[\%]$

$75[\%] = \dfrac{\text{최대 수용 전력}[\text{kW}]}{80[\text{kW}]} \times 100[\%]$

최대 수용전력 $= 60[\text{kW}]$

$80[\%] = \dfrac{\text{평균 수용 전력}[\text{kW}]}{60[\text{kW}]} \times 100[\%]$

평균 수용전력 $= 48[\text{kW}]$

답 ④

155 태양광전원의 용량이 50[MVA]에 대하여, 15[%]의 임피던스를 가지는 경우, 100[MVA]를 기준으로 한 %임피던스는?

① 30   ② 40   ③ 50   ④ 60

해설 A를 기준용량 B로 환산할 경우

$$\%Z_B = \frac{P_B}{P_A} \times \%Z_A$$

$$\%Z_{100[\text{MVA}]} = \frac{100[\text{MVA}]}{50[\text{MVA}]} \times 15[\%] = 30[\%]$$

답 ①

156 1,200[W] 태양광전원이 부하 400[W], 역률 1인 선로말단 부하 측에 연계된 경우 부하 측 수용가의 전압[V]은? (단, 전원 측에서 말단까지 선로임피던스를 5[Ω], 전원측 전압은 227.8 [V] 이다.)

① 240.5   ② 227.8   ③ 245.4   ④ 210.0

해설 전원[W] $= 1,200[\text{W}] - 400[\text{W}] = 800[\text{W}]$

전류[A] $= \dfrac{P}{V} = \dfrac{800}{227.8} = 3.5[\text{A}]$

선간전압[V] $= IR = 3.5[\text{A}] \times 5[\Omega] = 17.5[\text{V}]$

부하측 전원 $=$ 전원전압 $+$ 선간전압 $= 227.8[\text{V}] + 17.5[\text{V}] = 245.4[\text{V}]$

답 ③

157 전등 설비 250[W], 전열 설비 800[W], 전동기 설비 200[W], 기타 150[W]인 수용가가 있다. 이 수용가의 최대수용전력이 910[W]이면 수용률은?

① 65[%]　　　　② 70[%]　　　　③ 75[%]　　　　④ 80[%]

> **해설** 수용률 $= \dfrac{\text{최대수용전력[W]}}{\text{부하설비용량[W]}} \times 100[\%] = \dfrac{910}{250+800+200+150} \times 100[\%] = 65[\%]$　　**답** ①

158 역률 0.8, 소비전력 480[kW]의 부하에 전원을 공급하는 변전소에 전력용 콘덴서 220[kVA]를 설치하면 역률은 몇 [%]로 개선할 수 있는가?

① 94[%]　　　　② 96[%]　　　　③ 98[%]　　　　④ 99[%]

> **해설** 부하역률 $\cos\theta = \dfrac{W}{\sqrt{W^2+Q^2}} \times 100 = \dfrac{480}{\sqrt{480^2 + \left(\dfrac{480}{0.8} \times 0.6 - 220\right)^2}} \times 100 = 96[\%]$
>
> 여기서, W : 유효전력, Q : 무효전력　　**답** ②

3.4 배관·배선 공사

01 전선의 길이가 100[m]일 경우 태양전지판에서 인버터 입력단 간 및 인버터 출력단과 계통연계점 간의 전압강하는 각 몇 [%]를 초과하지 않아야 하는가?

① 3[%]　　　　② 5[%]　　　　③ 6[%]　　　　④ 7[%]

> **해설** 태양광 원별시공기준 – 전기배선 및 접속함의 전압강하
> 태양전지판에서 인버터 입력단간 및 인버터 출력단과 계통연계점 간의 전압강하는 각 3[%]를 초과하여서는 안 되고, 단, 전선길이가 60[m]를 초과할 경우에는 다음에 따라 시공한다.

전선 길이	전압강하
120[m] 이하	5[%]
200[m] 이하	6[%]
200[m] 초과	7[%]

답 ②

02 태양전지 모듈과 인버터 간의 배선에 대하여 잘못 설명한 것은 무엇인가?

① 태양전지 모듈 사이 배선은 2.5[mm²]의 전선을 사용하면 단락전류에 충분히 견딜 수 있다.
② 태양전지 어레이의 지중배선은 1.0[m] 이상의 깊이로 매설한다.
③ 접속함에서 인버터까지의 배선은 전압강하율 5[%] 이하로 할 것을 권장한다.
④ 태양광전지 모듈 접속용 케이블은 반드시 극성표시를 확인 후 결선한다.

해설 접속함에서 인버터까지의 배선은 전압강하율 1~2[%] 이하로 할 것을 권장한다. 답 ③

03 태양전지 발전시스템에 대한 설명으로 잘못된 것은 무엇인가?

① 태양전지에서 인버터까지의 직류전로(어레이 주회로)는 원칙적으로 접지공사를 하지 않는다.

② 케이블 매설 시 길이가 30[m] 이상인 경우 10[m]마다 지중함을 시설하는 것이 좋다.

③ 태양전지 모듈 배선 후 각 모듈의 극성, 전압, 단락전류, 비접지 여부를 확인한다.

④ 고압 또는 특고압용 기계기구에는 접지공사를 실시한다.

해설 케이블 매설시 길이가 30[m] 이상인 경우 30[m]마다 지중함을 시설하는 것이 좋다. 답 ②

04 태양전지 발전시스템에서 사용하는 CV케이블의 허용온도는 몇 도인가?

① 80[℃]   ② 90[℃]

③ 100[℃]   ④ 110[℃]

해설 CV케이블 90[℃], VV케이블 60[℃], PNTC케이블 80[℃] 답 ②

05 태양광설비에 사용되는 케이블로 구입이 쉬우며, 작업성을 고려할 경우 장기간 사용에 적합하고 허용 최고 온도가 90[℃]인 케이블은?

① VV 케이블   ② CV 케이블

③ PNCT 케이블   ④ EM 전선

해설 CV 케이블 : 자기소화성을 가진 케이블로 화재 시 연소하기도 한다.

케이블 종류	허용최고온도[℃]	내연성	열 변형성	내후성
CV	90	양호	양호	양호
VV	60	양호	가능	양호
PNCT	80	우수	가능	양호

답 ②

06 태양광 발전용 배선에 쓰이는 전선으로 옳은 것은?

① 공칭단면적 1.0[mm²] 이상의 연동선 또는 이와 동등 이상의 세기 및 굵기의 것

② 공칭단면적 1.5[mm²] 이상의 연동선 또는 이와 동등 이상의 세기 및 굵기의 것

③ 공칭단면적 2.0[mm²] 이상의 연동선 또는 이와 동등 이상의 세기 및 굵기의 것

④ 공칭단면적 2.5[mm²] 이상의 연동선 또는 이와 동등 이상의 세기 및 굵기의 것

해설 태양전지 모듈 등의 시설에서 전선은 공칭단면적 2.5[mm²] 이상의 연동선 또는 이와 동등 이상의 세기 및 굵기 답 ④

07 **케이블 트레이 시공방식의 장점이 아닌 것은?**

① 방열특성이 좋다.   ② 허용전류가 크다.

③ 장래부하 증설 시 대응력이 크다.   ④ 재해를 거의 받지 않는다.

> **해설** 케이블 트레이의 온도가 일정하게 유지되는 경우 설치류의 주거 및 통로로 사용되어 피해를 입을 수도 있다.
> **답** ④

08 **절연체의 내후성이 떨어지는 것을 막기 위해 사용되는 절연체의 종류 중 저압용은?**

① 비닐 절연테이프   ② 자기융착 테이프

③ 부틸고무제   ④ 보호테이프

> **해설** **절연테이프의 종류**
> 1) 비닐 절연테이프 : 장시간 사용 시 점착력 감소, 태양광발전에는 적합하지 않음
> 2) 자기융착 테이프 : 시간의 경과에 따라 융착하여 일체화됨, 부틸 고무제, 폴리에틸렌 + 부틸 고무 합성품
> 3) 부틸고무제 : 자기융착 테이프의 종류로 저압에서 많이 사용됨
> 4) 보호테이프 : 자기융착 테이프의 열화방지를 위해 자기융착 테이프 위에 감는 보호테이프
> **답** ③

09 **인버터와 분전반 간 배선에 관한 다음 설명 중 옳지 못한 것은?**

① 인버터 출력의 전기방식으로는 단상 2선식, 단상 3선식, 3상 3선식, 3상 4선식 등이 있다.

② 결선 시 교류측의 중성선을 구별하지 않는다.

③ 단상 3선식의 계통에 단상 2선식 220[V]를 접속하는 경우는 전기설비기술기준의 판단기준에 따른다.

④ 부하 불평형에 의해 중성선에 최대전류가 발생할 우려가 있을 경우에는 차단기를 설치한다.

> **해설** 교류측의 중성선을 구별하여 결선한다.
> **답** ②

10 **태양전지 모듈과 인버터 간 배선에 관한 다음 기술 중 틀린 것은?**

① 태양전지 모듈의 이면으로부터 접속용 케이블이 2가닥씩 나오기 때문에 반드시 극성을 확인한 후 결선한다.

② 옥상 또는 지붕 위에 설치한 태양전지 어레이로부터 접속함으로 배선할 경우 처마 밑 배선을 실시한다.

③ 태양전지 어레이를 지상에 설치하는 경우 지중배선을 할 수 없다.

④ 접속함으로부터 인버터까지의 배선은 전압강하율을 2[%] 이하로 상정한다.

> **해설** 태양전지 어레이를 지상에 설치하는 경우에는 지중배선을 할 수 있다. 지중배선 또는 지중배관인 경우 중량물의 압력을 받을 우려가 없도록 하고, 그 길이가 30[m]를 초과하는 때에는 중간개소에 지중함을 설치할 수 있다.
> **답** ③

11 다음은 태양전지 모듈의 배선 종료 후 확인사항에 관한 기술이다. 틀린 것은?

① 태양전지 모듈이 올바르게 시공되어 사양서에 근거한 전압이 나오고 있는지 확인한다.

② 정ㆍ부극의 극성에 틀림이 없는지 확인한다.

③ 태양전지 모듈의 사양서에 기재되어 있는 단락전류가 흐르는지의 여부를 확인한다.

④ 트랜스리스 방식을 사용하는 경우에는 일반적으로 교류측 회로의 비접지를 확인한다.

> **해설** 태양광발전 시스템의 인버터에 절연변압기를 시설하는 것이 적기 때문에 트랜스리스 방식을 사용하는 경우에는 일반적으로 직류측 회로를 비접지로 한다.　　　　　　　　　　　　　　　　**답** ④

12 길이 방향의 양 옆면에 레일을 각각의 가로 방향 부재로 연결한 조립금속구조의 케이블 트레이 방식은?

① 통풍 채널형 케이블 트레이　　　　② 사다리형 케이블 트레이

③ 바닥 밀폐형 케이블 트레이　　　　④ 바다 통풍형 케이블 트레이

> **해설** 사다리형 케이블 트레이는 길이 방향의 양 옆면에 레일을 각각의 가로방향 부재로 연결한 조립금속구조이다.　　　　　　　　　　　　　　　　　　　　　　　　　　　　　　　　　　**답** ②

13 통풍 채널형 케이블트레이는 바닥 통풍형, 바닥밀폐형 케이블 트레이 또는 두 가지 복합채널형 구간으로 구성된 조립금속 구조로 폭이 몇 [mm] 이하인가?

① 50　　　　　　② 100　　　　　　③ 150　　　　　　④ 200

> **해설** 통풍 채널형 케이블 트레이는 바닥 통풍형, 바닥 밀폐형 또는 두 가지 복합 채널형 구간으로 구성된 조립금속 구조로 폭이 150[mm] 이하이다.　　　　　　　　　　　　　　　　　　　　**답** ③

14 일체식 또는 분리식 직선 방향 옆면 레일에서 바닥에 통풍구가 없는 조립금속구조의 케이블 트레이 방식은?

① 통풍 채널형 케이블트레이　　　　② 사다리형 케이블트레이

③ 바닥 밀폐형 케이블트레이　　　　④ 바다 통풍형 케이블트레이

> **해설** 바닥 밀폐형 케이블 트레이는 일체식 또는 분리식 직선방향 옆면 레일에서 바닥에 통풍구가 없는 조립금속구조이다.　　　　　　　　　　　　　　　　　　　　　　　　　　　　　**답** ③

15 바닥 통풍형 케이블 트레이는 일체식 또는 분리식 직선 방향 옆면 레일에서 바닥에 통풍구가 있는 조립금속구조로 폭은 몇 [mm]를 초과하는가?

① 50　　　　　　　　　　　　　② 100

③ 150　　　　　　　　　　　　　④ 200

> **해설** 바닥 통풍형 케이블 트레이는 일체식 또는 분리식 직선 방향 옆면 레일에서 바닥에 통풍구가 있는 것으로 폭이 100[mm]를 초과하는 조립금속구조이다.　　　　　　　　　　　　　　**답** ②

16 케이블 트레이의 경고표시에 해당하는 것은?

① 케이블 트레이는 통로로서 사용하지 말 것

② 케이블과 통풍구 지지물로서만 사용할 것

③ 케이블 트레이는 케이블과 전선과의 지지물로 사용하지 말 것

④ 전선관과 통풍구 지지물로서만 사용할 것

> **해설** 케이블 트레이 경고표시
> 1) 케이블 트레이는 통로로서 사용하지 말 것
> 2) 케이블과 전선관의 지지물로서만 사용할 것   **답** ①

17 케이블 트레이 시설방법 중 잘못된 것은?

① 수평으로 포설하는 케이블 이외의 케이블은 케이블 트레이의 세로대에 견고하게 고정시켜야 한다.

② 저압케이블과 고압 또는 특고압 케이블은 동일 케이블 트레이 내에 시설하여서는 안 된다.

③ 별도로 방호를 필요로 하는 배선부분은 필요한 방호력이 있는 불연성의 커버 등을 사용하여야 한다.

④ 케이블이 케이블 트레이 계통에서 금속관, 합성수지관 등 또는 힘으로 옮겨가는 개소는 케이블에 압력이 가하여지지 않도록 지지하여야 한다.

> **해설** 수평으로 포설하는 케이블 이외의 케이블은 케이블 트레이의 가로대에 견고하게 고정시켜야 한다.   **답** ①

18 다음 중 옥외용 버스 덕트로 사용되는 것은?

① 피더 버스 덕트   ② 익스팬션 버스 덕트

③ 트랜스포지션 버스 덕트   ④ 플러그 인 버스 덕트

> **해설** **버스 덕트의 종류**

명칭	형식		설명
피더 버스 덕트	옥내용	환기형 비환기형	도중에 부하를 접속하지 아니한 것
	옥외용	환기형 비환기형	
익스팬션 버스 덕트	옥내용	비환기형	열 신축에 따른 변화량을 흡수하는 구조인 것
탭붙이 버스 덕트			종단 및 중간에서 기기 또는 전선 등과 접속시키기 위한 탭을 가진 버스 덕트
트랜스포지션 버스 덕트			각 상의 임피던스를 평균시키기 위해서 도체 상호의 위치를 관로 내에서 교체 시키도록 만든 버스 덕트
플러그 인 버스 덕트	옥내용	환기형 비환기형	도중에 부하 접속용으로 꽂음 플러그를 만든 것

명칭	형식	설명
트롤리 버스 덕트	옥내용 옥외용	도중에 이동 부하를 접속할 수 있도록 트롤리 접촉식 구조로 한 것

답 ①

19 환기형 덕트에 해당하는 것은?

① 익스팬션 버스 덕트 　　　② 탭붙이 버스 덕트
③ 트랜스포지션 버스 덕트 　　④ 플러그 인 버스 덕트

[해설] 19번 문제 해설 참조

답 ④

20 열 신축에 따른 변환량을 흡수하는 구조를 갖는 덕트는?

① 피더 버스 덕트 　　　　　② 익스팬션 버스 덕트
③ 트랜스포지션 버스 덕트 　　④ 플러그 인 버스 덕트

[해설] 1) 피더 버스 덕트 : 도중에 부하를 접속하지 아니한 것
2) 탭붙이 버스 덕트 : 종단 및 중간에서 기기 또는 전선 등과 접속시키기 위한 탭을 가진 버스 덕트
3) 트랜스포지션 버스 덕트 : 각 상의 임피던스를 평균시키기 위해서 도체 상호의 위치를 관로 내에서 교체시키도록 만든 버스 덕트

답 ②

21 덕트시공에서 띠 모양의 알루미늄 도체의 최소 굵기는 몇 [mm²]인가?

① 5 　　　　　② 10 　　　　　③ 20 　　　　　④ 30

[해설] 도체의 최소 굵기

형태	재료	
	동	알루미늄
띠 모양	20[mm²]	30[mm²]
관 또는 둥근 막대 모양	5[mm]	−

답 ④

22 덕트 시공에서 둥근 막대 모양의 동 도체의 최소 굵기는 몇 [mm]인가?

① 5 　　　　　② 10 　　　　　③ 20 　　　　　④ 30

[해설] 도체의 최소 굵기

형 태	재 료	
	동	알루미늄
띠 모양	20[mm²]	30[mm²]
관 또는 둥근 막대 모양	5[mm]	−

답 ①

23 덕트 시공에서 지지점 간격은 몇 [m] 이하로 하는가? (단, 수직 배선은 아니다.)

① 2   ② 3   ③ 4   ④ 6

해설 지지점 간격은 3[m](수직 배선 등은 6[m]) 이하로 하고 견고하게 붙일 것.   **답** ②

24 다음 ( ) 안의 알맞은 내용으로 옳은 것은?

> 전선관의 굵기는 동일 전선의 경우에는 피복을 포함하여 총합계의 관의 내단면적의 (㉠)[%] 이하로 할 수 있으며, 서로 다른 굵기의 전선을 동일 관의 내단면적의 (㉡)[%] 이하가 되도록 선정하는 게 일반적인 원칙이다.

① ㉠ 24, ㉡ 48   ② ㉠ 32, ㉡ 24

③ ㉠ 32, ㉡ 48   ④ ㉠ 48, ㉡ 32

해설 전선관의 두께는 전선의 피복절연물을 포함하는 단면적의 총합이 관의 48[%] 이하로 한다. 두께가 다른 케이블의 경우는 32[%] 이하를 원칙으로 한다.   **답** ④

25 태양광발전시스템의 배선공사에 사용되는 케이블 중 내연성이 가장 좋은 케이블은?

① ACSR(강심 알루미늄 연선)

② VV(비닐절연 비닐시스 케이블)

③ CV(가교 폴리에틸렌 절연비닐 시스케이블)

④ PNCT(고무 절연 클로로플렌 시스 캡타이어 케이블)

해설

케이블 종류	허용최고온도[℃]	내연성	열 변형성	내후성
CV	90	양호	양호	양호
VV	60	양호	가능	양호
PNCT	80	우수	가능	양호

답 ④

26 케이블 단말처리 중 시공 시 테이프 폭이 3/4로부터 2/3 정도로 중첩해 감아 놓으면 시 간이 지남에 따라 융착하여 일체화하는 절연테이프 종류는?

① 자기융착 절연테이프   ② 비닐 절연테이프

③ 보호 테이프   ④ 노튼 테이프

해설 절연 테이프의 종류

1) 비닐 절연테이프 : 장시간 사용 시 점착력이 떨어져 태양광 발전설비에는 적합하지 않다.

2) 보호테이프 : 자기융착테이프의 열화를 방지하기 위해 자기융착테이프 위에 다 한 번 감아 주는 보호테이프이다.

3) 자기융착 절연테이프 : 부틸고무제와 폴리에틸렌 +부틸고무가 합성된 제품이 있지만 저압의 경우 부틸고무제는 일반적으로 사용하지 않는다.   **답** ①

27 옥상 또는 지붕위에 설치한 태양전지 어레이로부터 접속
함으로 배선할 경우 그림과 같이 케이블의 곡률반경은
케이블 외경의 몇 배 이상의 반경으로 배선해야 하는가?

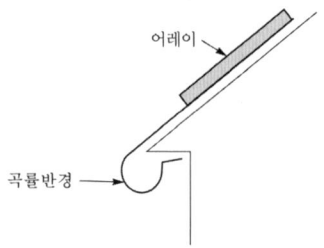

① 2배 이상

② 4배 이상

③ 6배 이상

④ 8배 이상

해설 물막이는 원칙적으로 케이블 외경의 6배 이상으로 구부려 배선한다.　　　**답** ③

28 태양광발전시스템에 일반적으로 적용하는 CV 케이블의 장점으로 틀린 것은?

① 내열성이 우수하다.

② 내수성이 우수하다.

③ 내후성이 우수하다.

④ 도체의 최고허용온도는 연속사용의 경우 90[℃], 단락 시에는 230[℃]이다.

해설 CV케이블의 가교 폴리에틸렌 절연체는 내후성이 떨어지므로 비닐시스를 벗겨내고 절연체 그대로 사용하
면 몇 년 안에 절연체에 균열이 생기는 절연불량을 일으킨다.　　　**답** ③

4.1 태양광발전 사용전 검사

4.1.1 태양전지 검사

(1) 태양전지 일반규격

1) 태양전지 명판 확인, 다만, 지붕 등에 부착되어 명판 확인이 곤란한 경우에는 시험성
   적서 확인 또는 감리자, 안전관리자의 확인으로 갈음
   – 명판확인사항 : 개방전압, 단락전류, 최대전류 등
2) 태양광전지 설치용량은 공사계획 인가 또는 신고수리 용량일 것

(2) 태양전지 검사

1) 외관검사
   ① 태양광 전지 변색, 파손, 오염여부 점검
   ② 단자대의 누수·부식 및 절연재 손상여부 확인
   ③ 태양광전지와 지지대의 전기적 접속(등전위본딩) 확인. 단, 태양광전지 제품의 금
      속제 상호간의 전기적 접속여부는 생략 가능

2) 전지 전기적 특성시험
   ① 최대출력(P_{max})
      태양광발전소에 설치된 태양광전지의 셀당 최대 출력
   ② 개방전압(V_{oc})
      기준 일사량 및 온도 조건하에서 회로 개방하고 두 단자(+, −)를 측정한 전압
   ③ 단락전류(I_{sc})
      기준 일사량 및 온도 조건하에서 회로 단락상태에서 측정한 전류
   ④ 최대출력전압 및 전류
      태양광발전소 검사 시 순간 최대 출력이 발생할 때 전력변환장치의 교류 전압 및
      전류

⑤ 충진율

개방전압과 단락전류의 곱에 대한 최대출력의 비

⑥ 출력변환효율

전력변환장치 효율은 시험성적서를 확인

3) Array

① 절연저항

태양전지모듈 회로의 개폐기 개방 후 각 선과 대지간의 절연저항 측정

② 접지저항

태양전지모듈 Array 지지대의 접지저항 측정

4.1.2 전력변환장치(인버터) 검사

(1) 전력변화장치 일반규격

1) 전력변환장치 명판 및 시험성적서 확인

명판확인 사항 : 형식, 정격용량, 제작번호 등

2) 전력변환장치 용량은 태양전지모듈 용량 이상이어야 한다. 다만 부득이한 경우 태양전지모듈용량은 전력변환장치 용량의 105[%] 이하로 시설할 수 있다.

(2) 전력변환장치 검사

1) 외관검사

① 전력변환장치 설치 여부 확인

② 배전반(보호 및 제어)의 계기, 경보장치 등 이상 유무 확인

③ 배전반의 절연간격 및 배선의 결선상태 확인

④ 접지개소의 접속 상태 확인

2) 절연저항

전력변화장치 입·출력 개폐기 개방 후 전로와 대지간의 절연저항측정

3) 절연내력

① 직류시험 전압이 명시된 경우 해당 시험전압, 직류시험장치 전압이 명시되지 않은 경우는 교류시험 전압에 $\sqrt{2}$ 배를 직류시험 전압으로 시험

② 사용 중인 기기의 시험전압은 교류시험 전압과 동등한 직류시험 전압으로 시험

③ 신설기기는 시험성적서 확인으로 절연내력 시험을 생략할 수 있다.

4) 제어회로 및 경보장치

각종 보호 및 제어기능 등을 모의 동작시켜 경보 상태 확인

5) 전력조절부/Static 스위치 자동·수동 절체 시험

제작사 자체 또는 시험기관에서 제시한 설정값에서 전력조절부와 Static 스위치의
자동·수동 절체를 확인

6) 역방향운전 제어시험

태양광발전에서 발전하지 못하거나 발전한 전력이 부하공급에 부족할 경우, 계통으
로부터 부족한 전력공급 유무 확인

7) 단독운전 방지시험

한전선로 정전 시 배전선로에 역송되지 않도록 단독운전 방지기능에 의한 연계의 차
단 상태 확인

8) 전력변환장치 자동·수동 절체시험

자동·수동 절체시험을 실시하여 운전 중인 전력변환장치 이상 여부나 과부하 시 대
기 중인 전력변환장치로 무순단 절체상태 확인

9) 충전기능 시험

공장에서 실시한 용량검사 내용을 확인 및 임의로 충전 모드를 선택, 충전모드별 출
력 전압·전류 등 운전 값의 가변이 가능한지 확인

(3) 보호장치 검사

1) 외관검사

① 보호장치 외함의 손상 및 파손 여부 확인
② 설치상태의 적정여부 확인

2) 절연저항

보호장치 단자와 대지 간 절연저항 측정

3) 보호장치 시험

① 한전 계통 정전 시 역송방지를 위한 발전설비 정지 또는 전원 차단 유무
② 태양전지모듈 발전설비의 과전압, 과전류 등 각종 이상상태 발생 시 전기설비 보
호장치 및 동작상태 확인

4) 축전지

① 시설상태 확인

축전지의 연결 상태, 단자 접속 상태 등 확인

② 전해액 확인

    축전지의 전해액면 저하여부 확인

③ 환기시설 상태

    환기팬의 설치 및 배기상태 확인

4.1.3 변압기 검사

(1) 변압기 일반규격

변압기 명판 및 시험성적서 확인

명판확인 사항 : 용량, 전압, 제작번호, 제작회사, 결선 등

(2) 변압기 본체검사

1) 외관검사

    ① 부싱 등 외함의 손상 또는 균열, 외부도색의 상태 확인

    ② 유량계, 온도계, 압력계 등의 정상여부 및 누유여부 확인

    ③ 변압기 내부고장 보호방식의 적정여부 확인

    ④ 설치가대, 볼트 조임 등 설치상태의 적정여부 확인

    ⑤ 공사계획신고서와 일치여부 확인

2) 접지저항

    ① 접지시공 및 접시선 굵기의 적정여부 확인

    ② 접지공사 종류별로 접지저항 측정

3) 절연저항

    1,000[V] 이상의 절연저항계로 상과 대지 간, 1차와 2차 권선 간의 절연저항을 측정

4) 절연내력

    ① 신설 기기는 시험성적서 확인으로 절연내력 시험을 갈음할 수 있음

    ② 이설, 재사용 기기 및 정기검사 시는 교류시험과 동등한 직류전압으로 시험

    ③ 시험되는 권선과 다른 권선, 철심 및 외함 간에 시험하며, 기기 자체만 하기 어려운 경우에는 모선 등과 일괄하여 시험

5) 특성시험

    특성시험은 시험성적서로 확인(필요 시)

6) 절연유 내압시험

신설 기기의 절연시험은 기기 시험성적서로 갈음

7) Tap 절환장치 시험

Tap 절환장치가 있는 경우 시험성적서로 확인(필요 시)

8) 상회전 및 Loop 시험

상회전 확인 및 Loop 시험은 시험성적서로 확인(필요 시)

9) 충전시험

충전된 상태에서 이상 여부 확인

(3) 보호장치검사

1) 외관검사

① 외함의 손상 및 파손여부 확인

② 설치상태의 적정여부 확인

③ 내부 이물질 여부 및 스프링 변형 등의 적정여부 확인

④ 변성기류와의 결선상태의 적정여부 확인

⑤ 전원 공급방식과 결선 또는 계전기의 종류의 적합여부 확인

⑥ 경보용 또는 차단용인지 확인

⑦ 변성기 2차 접지 위치 확인

⑧ 시험단자의 설치 여부 및 결선의 적정 여부 확인

⑨ 정지형 또는 디지털계전기의 경우 시험버튼의 유무 확인

2) 절연저항

계전기 단자와 대지 간 측정

3) 보호장치 및 계전기시험

최소동작시험, 한시특성시험, 연동시험 측정

(4) 제어 및 경보장치 검사

1) 외관검사

① 외함의 손상 및 파손여부 확인

② 설치상태의 적정여부 확인

2) 절연저항

제어 및 경보장치 회로 단자와 대지간 절연저항 측정

3) 경보, 제어 및 계측장치

각종 보호 및 제어기능 등을 동작시켜 경보 및 계측상태 확인

(5) 부대설비 검사

1) 절연유 유출방지시설

10만[V] 이상의 중성점 직접접지식 전로에 접촉하는 변압기의 절연유 구외유출방지
시설 설치 여부

2) 피뢰장치

① 외관검사

정격전압, 공칭방전전류, 제작사, 제작년도 확인

② 절연저항 및 접지저항 측정

3) 계기용 변성기

계기용변성기의 부담 및 비율적정 여부 확인

4) 중성점 접지 장치

중성점 직접접지방식인 경우 접지장치 확인

5) 접지저항

① 접지시공 및 접지선 굵기의 적정여부 확인

② 접지공사 종류별로 접지저항 측정

6) 위험표시

위험표시, 위험표지판 설치 확인

7) 상 표시

각 상의 표시 확인

8) 울타리, 담 등의 시설 상태

울타리, 시건장치, 출입금지 표시판의 시설여부 및 충전부와의 이격거리 확인

4.1.4 차단기 검사

(1) 차단기 일반규격

차단기 명판 및 시험성적서 확인

– 명판확인 내용 : 정격전압, 정격전류, 차단용량, 제작번호 등

(2) 차단기 본체검사

1) 외관검사

① 설치상태가 적합한지 확인

② 지물과의 이격거리가 적합한지 확인

③ 전선의 접속상태가 적합한지 확인

④ 타 물체와의 이격거리 및 조작의 용이성 확인

⑤ 부싱의 균열 여부 및 부싱과 본체와의 접속부의 적정 여부 확인

2) 접지저항

① 접지시공 및 접지선 굵기의 적정 여부 확인

② 접지공사 종류별로 접지저항 측정

3) 절연저항

① 저압용은 500[V] 고압 이상은 1,000[V] 이상의 절연저항계로 측정

② 각 상별 및 각 상과 외함 간 측정

4) 절연내력

① 신설 기기는 시험성적서 확인으로 절연내력시험 갈음

② 이설, 재사용 기기 또는 정기검사 시 절연내력

〈시험방법〉

– 교류시험전압과 동등한 직류전압으로 시험하며, 각 상별로 1차와 2차 및 1차와 대지 간, 2차와 대지 간을 시험한다. 다만, 접속전선의 분리가 어렵거나 부스바 등을 사용하여 결선 된 경우는 3상 일괄하여 대지간의 절연내력을 시험한다.

– 차단기를 투입한 상태에서 모선 등과 일괄하여 시험

5) 특성시험

특성시험은 시험성적서로 확인(필요 시)

6) 절연유 내압시험(OCB)

신설 기기의 절연유 시험은 기기 시험성적서로 갈음함

7) 상회전 및 Loop시험

상회전 확인 및 Loop 시험은 시험성적서로 확인(필요시)

8) 충전시험

충전된 상태에서 이상 여부 확인

(3) 보호장치 검사

1) 외관검사

① 외함의 손상 및 파손 여부 확인

② 설치상태의 적정여부 확인

③ 내부 이물질 여부 및 스프링 변형 등의 적정 여부 확인

④ 변성기류와의 결선상태의 적정 여부 확인

⑤ 전원 공급방식과 결선 또는 계전기의 종류가 적합한 것인지 확인

⑥ 경보용 또는 차단용인지 확인

⑦ 변성기 2차 접지 위치 확인

⑧ 시험단자의 설치 여부 및 결선의 적정 여부 확인

⑨ 정지형 또는 디지털계전기의 경우 시험 버튼의 이상 유무 확인

2) 절연저항

계전기 단자와 대지 간 측정

3) 결상보호장치

결상보호장치의 최소동작, 한시특성, 연동시험 측정

4) 보호장치 및 계전기 시험

최소동작시험, 한시특성시험, 연동시험 측정

(4) 제어 및 경보장치 검사

1) 외관검사

① 외함의 손상 및 파손 여부 확인

② 설치상태의 적정 여부 확인

2) 절연저항

제어 및 경보장치 회로 단자와 대지 간 절연저항 측정

3) 개폐기 Interlock

개폐기 Interlock이 있는 경우 동작 상태 확인

4) 개폐 표시

개폐 표시 확인

5) 조작용 압축장치

조작용 압축장치가 있는 경우 시험성적서로 확인(필요 시)

6) 가스절연장치

가스절연장치가 있는 경우 시험성적서로 확인(필요 시)

7) 계측장치

전압, 전류, 전력 등 계측장치 이상 유무 확인

(5) 부대설비 검사

1) 접지저항

① 접지시공 및 접지선 굵기의 적정여부 확인

② 접지공사 종류별로 접지저항 측정

2) 상표시 및 위험표시

각 상의 표시 및 위험표시, 위험표지판 설치 확인

3) 계기용 변성기

계기용변성기 부담 및 비율적정 여부 확인

4) 단로기 및 접지단로기

단로기 및 접지단로기 설치 여부 확인

4.1.5 전선로(모선) 검사

(1) 전선로 일반규격

전선 규격 및 시험성적서 확인

(2) 전선로 검사

1) 외관 검사

① 철탑의 조립상태 및 볼트 조임 등 확인

② 콘크리트주, 목주 등의 설치상태, 지선의 설치, 가공지선의 설치상태 확인

③ 애자련의 전압에 따른 적정개수 사용 여부 확인

④ 전선로의 각도에 따른 적정한 형식의 지지물을 설치하였는지 확인

⑤ 직선철탑 연속 시에 10기 이하마다 내장 애자장치 철탑 설치여부 확인

2) 외관검사(지중전선로)

① 직선접속부 및 단말처리부의 처리상태 확인

② 접지시공 상태확인

③ 유입 케이블의 경우 누유 여부 및 가압장치의 적정여부 확인

④ 지중함의 크기, 환기장치 및 배수구조의 적정여부 확인

⑤ 지중함 내의 조명설비의 적정여부 및 시공상태 확인

3) 보호장치 및 계전기시험

최소동작시험, 한시특성시험, 연동시험 측정

4) 절연저항 측정

① 1,000[V] 또는 2,000[V] 절연저항계로 측정

② 각 상별 및 각 상과 대지 간을 측정

5) 절연내력 시험

케이블의 단말처리가 완료된 상태에서 시험

6) 충전시험

충전된 상태에서 이상 여부 확인

(3) 부대설비 검사

1) 피뢰장치

① 외관검사

정격전압, 공칭방전전류, 제작사, 제작년도, 제작번호 확인

② 절연저항 및 접지저항 측정

2) 계기용변성기

계기용변성기의 부담 및 비율적정 여부 확인

3) 위험표시

위험표시, 위험표지판 설치 확인

4) 울타리, 담 등의 시설 상태

울타리, 시건장치, 출입금지 표시판의 시설여부 및 충전부와의 이격거리 확인

5) 상별 및 모의 모선 상태

각 상 및 모선 표시상태 확인

4.1.6 접지설비검사

(1) 접지 일반규격

공사계획신고 설계도서 및 시공도면 확인

(2) 접지망(극)

1) 접지망(극) 공사

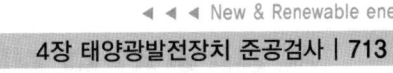
2) 접지저항 측정

보조극의 저항 구역이 중첩되지 않도록 접지극 규모의 6.5배를 이격하거나, 접지극
과 전류보조극 간 80[m] 이상 이격하여 측정

4.1.7 종합연동시험

(1) 종합 Interlock 도면 확인

(2) 현장 설치 내용

1) 인입구 개폐기와 주차단기 Interlock 확인
2) 주차단기와 저압 차단기 Interlock 확인
3) 저압차단기와 전력변환장치 Interlock 확인(단독운전 방지시험)

4.1.8 부하운전시험검사

(1) 검사 시 일사량을 기준으로 가능출력을 확인하고 발전량의 이상 유무 확인(30분)
(2) 전 부하상태에서 출력과 전압, 회전수, 주파수 등이 정격상태로 운전되는지 확인
(3) 현장 여건에 따라 사용 가능한 부하로 시험

4.1.1 태양광발전 사용 전 검사

01 태양전지 명판확인 사항이 아닌 것은?

① 역률 ② 개방전압

③ 단락전류 ④ 최대전류

> **해설** 명판확인사항 : 개방전압, 단락전류, 최대전류, 제작자 등
>
> **답** ①

02 태양전지 명판 확인 시 지붕 등에 부착되어 명판 확인이 곤란한 경우 대신하여 갈음할 수 있는 것이 아닌 것은?

① 시험성적서 확인 ② 발주자 확인

③ 감리자 확인 ④ 안전관리자의 확인

> **해설** 태양전지 명판 확인, 다만, 지붕 등에 부착되어 명판 확인이 곤란한 경우에는 시험성적서 확인 또는 감리자, 안전관리자의 확인으로 갈음한다.
>
> **답** ②

03 태양전지 외관검사 항목이 아닌 것은?

① 태양광전지의 변색, 파손, 오염 여부 점검

② 단자대의 누수·부식 및 절연재 손상 여부 확인

③ 태양광전지와 지지대의 전기적 접속(등전위본딩) 확인

④ 절연저항 확인

> **해설** **외관검사**
> 1) 태양광전지의 변색, 파손, 오염 여부 점검
> 2) 단자대의 누수·부식 및 절연재 손상 여부 확인
> 3) 태양광전지와 지지대의 전기적 접속(등전위본딩) 확인
> 단, 태양광전지 제품의 금속제 상호간의 전기적 접속 여부는 생략 가능
>
> **답** ④

04 태양전지검사의 전기적 특성시험의 해당사항이 아닌 것은?

① 개방전압 ② 최대출력

③ 충진율 ④ 전력온도변환계수

해설 **전지 전기적 특성시험**
1) 최대출력($P_{\max}$) : 태양광발전소에 설치된 태양광전지의 셀 당 최대 출력
2) 개방전압(V_{oc}) : 기준 일사량 및 온도 조건 하에서 회로 개방하고 두 단자(+, −)를 측정한 전압
3) 단락전류(I_{sc}) : 기준 일사량 및 온도 조건 하에서 회로 단락상태에서 측정한 전류
4) 최대출력전압 및 전류 : 태양광발전소 검사 시 순간 최대 출력이 발생할 때 전력변환장치의 교류 전압 및 전류
5) 충진율 : 개방전압과 단락전류의 곱에 대한 최대출력의 비
6) 출력변환효율 : 전력변환장치 효율 시험성적서를 확인   **답** ④

05 **태양전지 검사의 어레이 절연저항 측정은 선과 무엇의 절연저항을 측정하는가?**

① 지지대   ② 대지   ③ 어레이간   ④ 인버터

해설 **태양전지 검사의 어레이**
1) 절연저항 : 태양전지모듈 회로의 개폐기 개방 후 각 선과 대지 간의 절연저항 측정
2) 접지저항 : 태양전지모듈 Array 지지대의 접지저항 측정   **답** ②

06 **인버터 명판 확인 사항이 아닌 것은?**

① 역률   ② 형식   ③ 정격용량   ④ 제작번호

해설 전력변환장치 명판 확인 사항 : 형식, 정격용량, 제작번호 등이다.   **답** ①

07 **인버터 외관검사 항목이 아닌 것은?**

① 전력변환장치 설치 여부 확인
② 배전반의 계기, 경보장치 등 이상 유무 확인
③ 배전반의 접지간격 및 배선의 결선상태 확인
④ 접지개소의 접속 상태 확인

해설 **인버터 외관검사**
1) 전력변환장치 설치 여부 확인
2) 배전반(보호 및 제어)의 계기, 경보장치 등 이상 유무 확인
3) 배전반의 절연간격 및 배선의 결선상태 확인
4) 접지개소의 접속상태 확인   **답** ③

08 **인버터의 절연내력 시험 시 직류시험장치 전압이 명시되지 않은 경우는 교류시험 전압의 몇 배를 직류시험 전압으로 시험하는가?**

① $\sqrt{2}$ ② $\sqrt{3}$ ③ 2   ④ 4

해설 **인버터 절연내력 시험**
1) 직류시험 전압이 명시된 경우 해당 시험전압, 직류시험장치 전압이 명시되지 않은 경우는 교류시험 전압의 $\sqrt{2}$배를 직류시험 전압으로 시험
2) 사용 중인 기기의 시험전압은 교류시험 전압과 동등한 직류시험 전압으로 시험
3) 신설기기는 시험성적서 확인으로 절연내력 시험을 생략할 수 있다.   **답** ①

09 한전선로 정전 시 배전선로에 역송되지 않도록 연계의 차단상태를 확인하기 위해 하는 시험은?

① 제어회로 및 경보장치 ② 역방향운전 제어시험
③ 단독운전 방지시험 ④ 전력변환장치 자동·수동 절체시험

> **해설** 단독운전 방지시험
> 한전선로 정전 시 배전선로에 역송되지 않도록 단독운전 방지기능에 의한 연계의 차단상태 확인
>
> **답** ③

10 독립형 태양광 인버터 시험항목이 아닌 것은?

① 효율 시험 ② 출력 측 단락 시험
③ 절연저항 시험 ④ 교류출력 전류 변형률 시험

> **해설** 독립형 태양광 인버터 시험항목
> 절연저항시험, 내전압시험, 감전보호시험, 절연거리시험, 출력과 전압 및 부족전압보호기능, 주파수 상승 및 저하보호기능시험, 누설전류시험, 온도상승시험, 효율시험, 입력전력 급변시험, 출력 측 단락시험, 부하차단시험, 부하 불평형시험, 습도시험, 온습도사이클시험, 전자파 장해(EMI), 전자파 내성(EMS) **답** ④

11 변압기 외관검사 항목이 아닌 것은?

① 부싱 등 외함의 손상 또는 균열, 외부도색의 상태 확인
② 유량계, 온도계, 압력계 등의 정상여부 및 누유 여부 확인
③ 변압기 내부고장 보호방식의 적정 여부 확인
④ 절연저항 등 설치상태의 적정 여부 확인

> **해설** 변압기 본체 외관검사
> 1) 부싱 등 외함의 손상 또는 균열, 외부도색의 상태 확인
> 2) 유량계, 온도계, 압력계 등의 정상여부 및 누유 여부 확인
> 3) 변압기 내부고장 보호방식의 적정 여부 확인
> 4) 설치가대, 볼트 조임 등 설치상태의 적정 여부 확인
> 5) 공사계획신고서와 일치 여부 확인
>
> **답** ④

12 변압기 특성시험에 해당하지 않는 사항은?

① 절연유 내압시험 ② Tap 절환장치 시험
③ 상회전 및 Loop 시험 ④ 충전기능시험

> **해설** 변압기 특성시험
> 1) 절연유 내압시험 : 신설 기기의 절연시험은 기기 시험성적서로 갈음
> 2) Tap 절환장치 시험 : Tap 절환정치가 있는 경우 시험성적서로 확인(필요 시)
> 3) 상회전 및 Loop 시험 : 상회전 확인 및 Loop 시험은 시험성적서로 확인(필요 시)
> 4) 충전시험 : 충전된 상태에서 이상 여부 확인
>
> **답** ④

13 변압기 보호장치 외관검사 항목이 아닌 것은?

① 전원 공급방식과 결선 또는 계전기의 종류의 적합여부 확인

② 변성기 2차 접지 위치 확인

③ 내부 이물질 여부 및 스프링 변형 등의 적정여부 확인

④ 계전기 단자와 대지 간 측정

해설 변압기 보호장치 외관검사
1) 외함의 손상 및 파손 여부 확인
2) 설치상태의 적정 여부 확인
3) 내부 이물질 여부 및 스프링 변형 등의 적정 여부 확인
4) 변성기류와의 결선상태의 적정 여부 확인
5) 전원 공급방식과 결선 또는 계전기의 종류의 적합 여부 확인
6) 경보용 또는 차단용인지 확인
7) 변성기 2차 접지 위치 확인
8) 시험단자의 설치 여부 및 결선의 적정 여부 확인
9) 정지형 또는 디지털계전기의 경우 시험 버튼의 유무 확인   답 ④

14 차단기 명판확인 사항이 아닌 것은?

① 정격전압   ② 정격전류   ③ 차단용량   ④ 제조원가

해설 명판확인 내용 : 정격전압, 정격전류, 차단용량, 제작번호 등   답 ④

15 차단기 외관검사 항목이 아닌 것은?

① 설치상태가 적합한지 확인

② 대지와의 이격거리가 적합한지 확인

③ 전선의 접속 상태가 적합한지 확인

④ 타 물체와의 이격 거리 및 조작의 용이성 확인

해설 차단기 외관검사
1) 설치상태가 적합한지 확인
2) 지물과의 이격 거리가 적합한지 확인
3) 전선의 접속 상태가 적합한지 확인
4) 타 물체와의 이격 거리 및 조작의 용이성 확인
5) 부싱의 균열 여부 및 부싱과 본체와의 접속부의 적정 여부 확인   답 ②

16 차단기의 절연저항 측정 시 저압용 절연저항계는 몇 [V] 이상인가?

① 250   ② 500   ③ 1,000   ④ 1,500

해설 차단기 절연저항
1) 저압용은 500[V] 고압 이상은 1,000[V] 이상의 절연저항계로 측정
2) 각 상별 및 각 상과 외함 간 측정   답 ②

17 차단기 제어 및 경보 장치 검사 항목에 해당하지 않는 것은?

① 개폐기 Interlock

② 가스절연장치

③ 계측장치

④ 절연내력

해설 **차단기 제어 및 경보장치 검사**
1) 외관검사
2) 절연저항 : 제어 및 경보장치 회로 단자와 대지 간 절연저항 측정
3) 개폐기 Interlock : 개폐기 Interlock이 있는 경우 동작 상태 확인
4) 개폐표시 : 개폐표시 확인
5) 조작용 압축장치 : 조작용 압축장치가 있는 경우 시험성적서로 확인(필요 시)
6) 가스절연장치 : 가스절연장치가 있는 경우 시험성적서로 확인(필요 시)
7) 계측장치 : 전압, 전류, 전력 등 계측장치 이상 유무 확인   답 ④

18 전선로 외관검사 항목이 아닌 것은?

① 철탑의 조립상태 및 볼트 조임 등 확인

② 직선철탑 연속 시에 5기 이하마다 내장 애자장치 철탑 설치여부 확인

③ 애자련의 전압에 따른 적정개수 사용 여부 확인

④ 전선로의 각도에 따른 적정한 형식의 지지물을 설치하였는지 확인

해설 **전선로 외관 검사**
1) 철탑의 조립상태 및 볼트 조임 등 확인
2) 콘크리트주, 목주 등의 설치상태, 지선의 설치, 가공지선의 설치상태 확인
3) 애자련의 전압에 따른 적정개수 사용 여부 확인
4) 전선로의 각도에 따른 적정한 형식의 지지물을 설치하였는지 확인
5) 직선철탑 연속 시에 10기 이하마다 내장애자장치 철탑 설치여부 확인   답 ②

19 전선로의 지중선로 외관검사 항목이 아닌 것은?

① 직선접속부 및 단말처리부의 처리상태 확인

② 절연시공 상태확인

③ 유입케이블의 경우 누유 여부 및 가압장치의 적정 여부 확인

④ 지중함의 크기, 환기장치 및 배수구조의 적정 여부 확인

해설 **전선로의 지중선로 외관검사 항목**
1) 직선접속부 및 단말처리부의 처리상태 확인
2) 접지시공 상태확인
3) 유입케이블의 경우 누유 여부 및 가압장치의 적정 여부 확인
4) 지중함의 크기, 환기장치 및 배수구조의 적정 여부 확인
5) 지중함 내의 조명설비의 적정여부 및 시공 상태 확인   답 ②

20 접지망의 접지저항 측정 시 보조극의 저항 구역이 중첩되지 않도록 접지극 규모의 몇 배를 이격하여야 하는가?

① 2   ② 3.5   ③ 5   ④ 6.5

21 종합연동시험 현장 설치확인 내용이 아닌 것은?

① 인버터 내부의 차단기 Interlock 확인
② 인입구 개폐기와 주차단기 Interlock 확인
③ 주차단기와 저압 차단기 Interlock 확인
④ 저압차단기와 전력변환장치 Interlock 확인

해설 **종합연동시험 현장 설치 내용**
1) 인입구 개폐기와 주차단기 Interlock 확인
2) 주차단기와 저압 차단기 Interlock 확인
3) 저압차단기와 전력변환장치 Interlock 확인(단독운전 방지시험) 답 ①

22 부하운전시험검사 항목에 해당하지 않는 것은?

① 검사 시 일사량을 기준으로 가능출력을 확인하고 발전량의 이상 유무 확인(30분)
② 전 부하상태에서 출력과 전압, 회전수, 주파수 등이 정격상태로 운전되는지 확인
③ 지중함의 크기, 환기장치 및 배수구조의 적정 여부 확인
④ 현장 여건에 따라 사용 가능한 부하로 시험

해설 **부하운전시험검사 항목**
1) 검사 시 일사량을 기준으로 가능출력을 확인하고 발전량의 이상 유무 확인(30분)
2) 전 부하상태에서 출력과 전압, 회전수, 주파수 등이 정격상태로 운전되는지 확인
3) 현장 여건에 따라 사용 가능한 부하로 시험 답 ③

23 사업용 전기설비의 사용 전 검사는 받고자 하는 날의 며칠 전까지 한국전기안전공사로 신청해야 하는가?

① 3일　　② 5일　　③ 7일　　④ 10일

해설 사업용 전기설비의 사용 전 검사는 검사를 받고자 하는 날의 7일 전까지 한국전기안전공사로 신청해야 한다. 답 ③

24 발전소에서 사용되는 상 분리 모선의 특징으로 틀린 것은?

① 절연 열화가 적고 선간 단락이 거의 없다.
② 다도체로서 대전류를 흘릴 수 있다.
③ 기계적 강도가 크고 보수가 용이하다.
④ 폐쇄되어 있으므로 안정도가 크고 외부로부터 손상을 받지 않는다.

해설 상 분리 모선은 각 상의 도체를 각각 접지한 금속판재의 상자 속에 수납하고 각 상을 분리한 폐쇄모선이다.

답 ②

---

25 표시선 계전 방식이 아닌 것은?

① 전압 반향 방식

② 방향 비교 방식

③ 전류 순환 방식

④ 반송 계전 방식

해설 표시선 계전 방식의 종류
① 전압 반향 방식 ② 방향 비교 방식
③ 전류 순환 방식 ④ 반송 Trip 방식

답 ④

---

26 인터록(interlock)의 설명으로 옳게 된 것은?

① 차단기가 열려 있어야만 단로기를 닫을 수 있다.

② 차단기가 닫혀 있어야만 단로기를 닫을 수 있다.

③ 차단기와 단로기는 제각기 열리고 닫힌다.

④ 차단기의 접점과 단로기의 접점이 기계적으로 연결되어 있다.

해설 단로기는 부하 전류를 개폐할 수 없다. 따라서 단로기는 차단기가 열려 있어야 열고 닫을 수 있다. 즉, 인터록 장치를 두어 부하 통전 시 단로기를 열 수 없도록 하여야 한다.

답 ①

---

27 변압기 시험 중 단락시험과 관계가 먼 것은?

① 여자 어드미턴스

② 임피던스 와트

③ 임피던스 전압

④ 전압 변동률

해설 변압기의 단락 시험으로는 임피던스 와트, 임피던스 전압 및 입력 전류를 측정하여 누설임피던스, 누설 리액턴스, 권선의 저항 등을 산출하고, 여자어드미턴스는 무부하 시험으로 계산한다.

답 ①

---

28 변압기 임피던스 전압을 걸어 구하는 시험은?

① 유도시험

② 단락시험

③ 극성시험

④ 무부하시험

해설 전압 단락 고압측에 정격 전류를 흘리는 전압이 임피던스 전압이므로 단락시험이 된다.

답 ②

---

29 변압기 절연 내력 시험에 있어서 적당하지 못한 시험은?

① 유도시험

② 가압시험

③ 충격전압시험

④ 절연저항시험

해설 권선과 대지 사이의 절연강도를 보증하는 시험으로 유도시험, 가압시험, 충격전압시험이 있으며 유입 변압기에서는 절연내력시험 기름의 절연파괴시험을 한다.

답 ④

30 다음의 검사방법 중 옳은 것은?

① 어스 테스트로 절연저항 측정
② 검전기로 전압을 측정
③ 콜라우시 브리지로 접지저항을 측정
④ 메거로 회로의 저항을 측정

해설 • 어스테스터 : 접지저항 측정
• 검전기 : 충전유무
• 메거 : 절연저항측정

답 ③

31 계통에 연결되어 운전 중인 PT와 CT를 점검할 때는?

① CT는 단락시켜도 좋다.
② CT와 PT 모두 단락시켜도 좋다.
③ CT와 PT 모두 개방시켜도 좋다.
④ PT는 단락시켜도 좋다.

해설 계기용 변류기는 2차 전류를 낮게 하기 위하여 권수비가 매우 작으므로 2차측이 개방되면 2차측에 매우 높은 기전력이 유기되어 위험하므로 2차측을 절대로 개방해서는 안 된다.

답 ①

32 다음 중 전동기 제어반에 부착하여 과전류에 의한 전동기의 소손을 방지하기위해 널리 사용되는 보호 계전기는?

① 차동 계전기
② 부흐홀츠 계전기
③ 리미트 스위치
④ EOCR

해설 과전류에 의한 전동기의 소손을 방지하기 위해 열동계전기(THR) 또는 전자식 과전류계전기(EOCR)를 전동기 주 회로에 설치한다.

답 ④

33 변전실에서 지락사고를 검출하기 위하여 이용되는 것은?

① CT
② OCR
③ ZCT
④ PT

해설 영상변류기(ZCT)는 지락계전기와 조합하여 고압전로에 지락이 생겼을 때 전로를 자동적으로 차단할 수 있도록 전원에 가장 가까운 위치에 설치한다.

답 ③

34 인버터의 전압 왜란(distortion)을 측정하기 위한 방법이 아닌 것은?

① 인버터 수치 읽기
② AC 회로시험
③ 전력망 분석
④ I-V 곡선

해설 인버터 전압왜란 측정 방법 : 인버터 수치 읽기. AC 회로 시험, 전력망 분석

답 ④

35 태양광(PV) 모듈의 접촉점의 장애를 발견하기 위한 점검 및 측정 방법은?

① 다기능 측정
② 접지저항 측정
③ 절연저항 측정
④ 과/저전압 측정

> **해설** 태양광모듈의 접촉점 장애 점검 및 측정 방법
> 다기능 측정(멀티테스터 측정), 입출력 측정, 인버터 수치 읽기 **답** ①

---

36 태양전지 모듈인증 시험절차가 아닌 것은?

① 육안검사 　　② 온도계수 측정 　　③ 습도 − 결빙시험 　　④ $I-V$ 특성시험

> **해설** I-V 특성시험은 전류−전압 특성시험이다. **답** ④

---

37 태양전지 어레이 점검 시 가장 먼저 점검해야 하는 것은?

① 단락전류 　　② 정격전류 　　③ 개방전압 　　④ 단락전압

> **해설** 1) 태양전지 어레이 출력 확인은 우선 개방전압을 측정한다.
> 　　태양전지 어레이의 각 스트링의 개방전압을 측정하여 개방전압의 불균일에 따라 동작불량의 스트링이나
> 　　태양전지 모듈의 검출 및 직렬접속선의 결선 누락사공 등을 검출하기 위해 측정
> 2) 두 번째 단락전류 확인
> 　　동일 회로조건의 스트링이 있는 경우 스트링 상호의 비교에 의해 어느 정도 판단이 가능 **답** ③

---

38 독립형 태양광 발전설비 유지보수 중 일상점검 항목이 아닌 것은?

① 접속함의 개방전압 　　　　　② 인버터의 이상 과열
③ 축전기의 액면 저하 　　　　　④ 지지대의 부식

> **해설** 매일 일상순시점검은 문을 열어 점검하든지 커버를 해체한 후, 점검한다든지 하는 것이 아니고 이상한 소
> 리, 냄새, 손상 등을 접속반 외부에서 점검하는 것을 말한다. **답** ①

---

39 태양광 발전설비 점검 시 비치해야 하는 전기안전관리 장비가 아닌 것은?

① 온도계 　　　　　　　　　　② 클램프 미터
③ 적외선 온도측정기 　　　　　④ 습도계

> **해설** 태양광 발전설비 점검 시 비치해야 하는 전기안전관리 장비는
> 1) 온도계 : 주변온도 측정에 사용
> 2) 클램프 미터 : 태양전지모듈의 출력 전류, 전력 측정
> 3) 적외선 온도측정기 : 열화 **답** ④

---

40 태양전지 모듈의 검사 시 성능평가 요소가 아닌 것은?

① 충진율 　　② 개방전압 　　③ 전력변환효율 　　④ 방전종지전압

> **해설** **태양전지 성능평가**
> 태양전지는 태양빛을 받아 전력을 생산하는 반도체 소자로서 단락전류(I_{sc}), 개방전압(V_{oc}), 최대 출력
> (P_m), 충진율(FF), 변환 효율(η) 등의 지표는 태양전지의 성능평가 주요 요소이다. **답** ④

41 태양전지 모듈의 배선공사가 끝나고 확인할 사항으로 옳지 않은 것은?

① 단락전류 확인

② 단락전압 확인

③ 모듈의 극성 확인

④ 모듈 출력전압 확인

> **해설** 태양전지 모듈의 배선공사가 끝나고 확인할 사항은 단락전류 확인, 모듈의 극성 확인, 모듈 출력전압 확인, 비접지 확인 등
>
> **답** ②

42 태양광발전시스템에 적용하는 피뢰방식이 아닌 것은?

① 돌침 방식

② 케이지 방식

③ 구조체 방식

④ 수평도체 방식

> **해설** **피뢰방식종류**
> 돌침 방식, 케이지 방식, 수평도체 방식, 돌침방식+용마루 위 도체방식, 이온방사형 피뢰방식 등이 있음
>
> **답** ③

43 태양광모듈 어레이 설치 후 확인 점검 시 사용하는 기기로만 짝지어진 것은?

① 교류전압계, 교류전류계

② 교류전압계, 직류전류계

③ 직류전압계, 직류전류계

④ 직류전압계, 교류전류계

> **해설** 1) 전압 극성의 확인
> 공사가 완료된 태양전지 모듈은 설계도서에 맞게 전압이 측정되는지, 양극·음극의 극성이 올바르게 연결 되었는지 직류전압계로 확인한다.
> 2) 단락전류의 측정
> 태양광모듈의 데이터 시트에 표시된 단락전류가 측정되는지 직류전류계로 확인한다. 다른 모듈과 비교해 측정치의 차이가 크면 배선을 다시 점검한다.
>
> **답** ③

44 분산형전원의 이상 또는 고장발생 시 이로 인한 영향이 연계된 계통으로 파급되지 않도록 태양광발전시스템에 설치해야 하는 보호계전기가 아닌 것은?

① 과전압 계전기

② 과전류 계전기

③ 저전압 계전기

④ 저주파 계전기

> **해설** **계통연계 보호계전기**
> 과전압 계전기(OVR), 저전압 계전기(UVR), 고주파수 계전기(OFR), 저주파수 계전기(UFR), 지락 과전류 계전기(OCGR)
>
> **답** ②

45 태양광 모듈 2차측 회로를 비접지 방식으로 할 경우 비접지 확인 방법이 아닌 것은?

① 검전기로 확인

② 전류계로 확인

③ 회로시험기로 확인

④ 간이측정기로 확인

> **해설** **비접지 확인방법**
> • 회로시험기로 확인
> • 간이측정기로 확인
> • 검전기로 확인
> **답** ②

---

46 태양광 전지의 사용 전 검사의 세부내용이 아닌 것은?

① 외관검사   ② 어레이 접지상태 확인
③ 전지의 전기적 특성시험   ④ 제어회로 및 경보시험

> **해설** 제어회로 및 경보시험은 전력변환장치 검사에 해당함.
> **답** ④

---

47 변류기(CT)에 의하여 과전류를 검출하여 차단하는 것은?

① 과전류 계전기   ② 지락계전기
③ 비율차동계전기   ④ 차동계전기

> **해설** • 지락계전기(GR) : 연상변류기(ZCT)와 영상변압기(GPT)에 의하여 지락사고를 검출한 차단기를 동작시키
> 는 릴레이
> • 비율차동계전기(RDF) : 차전류로 동작력을 발생시키도록 한 방식
> • 차동계전기(DF) : 1차, 2차 전류의 차이가 발생하여 계전기가 동작하는 방식
> **답** ①

---

48 자가용 전기설비 사용 전 검사 전·후 신청인 및 전기안전관리자 등 검사 입회자에게 회의를
통해 설명하고 확인시켜야 할 사항이 아닌 것은?

① 검사의 목적과 내용   ② 검사의 절차 및 방법
③ 준공표지판 설치   ④ 검사에 필요한 안전자료 검토 및 확인

> **해설** **검사 전·후 회의 실시**
> 1) 검사의 목적과 내용
> 2) 안전작업 수칙
> 3) 검사의 절차 및 방법
> 4) 검사에 필요한 기술자료 검토 및 확인
> 5) 검사결과 부적합 사항의 조치내용 및 개수방법·기술적인 조언 및 권고
> 6) 준공표지판 설치
> **답** ④

---

49 개인 주택용 등에 사용되는 소용량의 인버터 용량은 보통 몇 [kW]인가?

① 3   ② 10   ③ 50   ④ 100

> **해설** 일반 가정 등에 설치되는 3[kW] 미만의 소출력 태양광발전시스템의 경우에는 일반용 전기설비로 자리매김
> 되어 있어서 법적으로 정기점검을 하지 않아도 되지만 자주적으로 점검하는 것이 바람직하다.
> **답** ①

50 독립형 태양광 발전시스템에서 사용되는 축전지가 갖추어야 할 특징으로 적당하지 않은 것은?

① 충분히 긴 사용 수명 　　　　　 ② 높은 자기 방전과 높은 에너지 효율

③ 높은 에너지와 전력밀도 　　　　 ④ 낮은 유지보수 요건

> **해설** 독립형 태양광 발전시스템의 축전지가 갖추어야 할 특징
> 1) 좋은 가격/성능 비율
> 2) 낮은 유지보수 요건
> 3) 충분히 긴 사용 수명
> 4) 작은 충전 전류로 충전될 수 있어야 함
> 5) 높은 에너지와 전력 밀도
> 6) 진동 내성
> 7) 건강과 환경 위험으로부터 보호/재활용 가능　　　　　　　　　**답** ②

51 자가용 태양광 발전설비의 정기적인 검사주기는?

① 1년 　　　　　　　　　　　　 ② 2년

③ 3년 　　　　　　　　　　　　 ④ 4년

> **해설** 자가용 태양광 발전소는 경우에 따라 태양전지, 접속함, 파워컨디셔너, 배전반, 차단기, 등으로 이루어져 한 전계통과 연계될 수 있다. 따라서, 이상발생 시 전력계통 전체의 사고로 파급될 수 있으므로, 태양광 발전소의 안정적인 운용을 위해 4년마다 정기적으로 검사를 해야 한다.　　　　　　**답** ④

52 태양전지 모듈의 배선 후 확인할 사항 중 태양전지 어레이 검사항목이 아닌 것은?

① 사양서에 기초한 전압 확인 　　　 ② 고조파전류 측정

③ 단락전류 측정 　　　　　　　　 ④ 비접지 확인

> **해설** 태양전지 어레이 검사
> 1) 사양서에 기초한 전압 측정
> 2) 정극 · 부극의 극성 측정
> 3) 단락전류 측정
> 4) 비접지 확인　　　　　　　　　　　　　　　　　　　　　　　　**답** ②

53 태양광발전시스템의 준공 시 점검요령이 아닌 것은?

① 인버터 취부상태를 확인할 것

② 송전 시 전력량계(거래용 계량기)의 회전을 확인할 것

③ 발전사업자의 경우 전력회사에 지급한 전력량계 사용여부를 확인할 것

④ 전문가에게 시설물에서 소리, 냄새 등이 나는지 확인을 의뢰할 것

> **해설** 전문가에게 시설물에서 소리, 냄새 등이 나는지 확인을 의뢰하는 게 아니고 운전 중 이상음, 이상 진동, 악취 등의 발생이 없는 것을 확인한다.　　　　　　　　　　　　　　　　　　**답** ④

54 특고압 배전선로에 태양광발전시스템 연계 시 설비보호를 위해 설치하는 보호계전기가 아닌
것은?

① 과전압계전기   ② 비율차동계전기

③ 부족전압계전기   ④ 부족주파수계전기

해설   비율차동계전기는 변압기의 내부 고장에 대한 보호용으로 사용된다.   **답** ②

55 유지보수 전 취하는 안전조치로 틀린 것은?

① 해당 단로기를 닫고 주회로에 무전압이 되게 한다.

② 차단기 앞에 "점검중" 표지판을 설치한다.

③ 잔류전압을 방전시키기 위해 접지를 시킨다.

④ 검전기로 무전압 상태를 확인한다.

해설   관련된 차단기, 단로기를 개방하고 주회로에 무전압이 되게 한다.   **답** ①

4과목
태양광발전 운영

제 1 장

태양광발전시스템 운영
New & Renewable energy

1.1 태양광발전 사업개시 신고

1.1.1 사업개시 신고

(1) 전기사업법 제9조(전기설비의 설치 및 사업의 개시 의무)

1) 전기사업자는 산업통상자원부장관이 지정한 준비기간에 사업에 필요한 전기설비를 설치하고 사업을 시작하여야 한다.

2) 제1항에 따른 준비기간은 10년을 넘을 수 없다. 다만, 산업통상자원부장관이 정당한 사유가 있다고 인정하는 경우에는 준비기간을 연장할 수 있다.

3) 산업통상자원부장관은 전기사업을 허가할 때 필요하다고 인정하면 전기사업별 또는 전기설비별로 구분하여 준비기간을 지정할 수 있다.

4) 전기사업자는 사업을 시작한 경우에는 지체 없이 그 사실을 산업통상자원부장관에게 신고하여야 한다.

(2) 전기사업법 시행규칙 제8조(사업개시신고)

법 제9조제4항에 따라 사업개시의 신고를 하려는 자는 별지 제6호서식의 사업개시신고서를 산업통상자원부장관 또는 시·도지사(발전시설용량이 3천 킬로와트 이하인 발전사업의 경우로 한정한다)에게 제출하여야 한다.

사업개시신고서는 신고인에 관한 사항으로 이름, 생년월일, 주소, 상호, 전화번호, 소재지가 기입되고, 신고내용에는 사업개시 연월일과 사업내용이 되면 사업내용에는 태양전지모듈 용량과 매수, 인버터의 용량과 수량이 기입된다.

(3) 사업개시 신고 처리절차

신고서 작성 및 제출 → 접수 → 신고 수리
(신고인) (산업통상자원부 장관) (산업통상자원부 장관)

(4) 사업개시 신고서

■ 전기사업법 시행규칙 [별지 제6호서식] 〈개정 2014.11.21.〉

사업개시신고서

※ 바탕색이 어두운 난은 신고인이 작성하지 않습니다.

접수번호		접수일자		처리기간	14일
신고인	대표자 성명		생년월일		
	주소				
	상호		전화번호		
	소재지				
신고내용	사업개시 연월일				
	사업내용				

「전기사업법」 제9조제4항 및 같은 법 시행규칙 제8조에 따라 위와 같이 사업개시를 신고합니다.

년   월   일

신고인   (서명 또는 인)

산업통상자원부
    장관 귀하
시 · 도지사

첨부서류	사업개시를 증명할 수 있는 서류	수수료 없음

처리절차				

신고서 작성 및 제출	→	접 수	→	신고 수리
신고인		산업통상자원부 시 · 도		산업통상자원부 시 · 도

※ 작성방법 : 「전기사업법」 제9조제3항에 따라 전기사업별 또는 전기설비별로 구분하여 적습니다(전기사업별 또는 전기설비별로 구분하여 준비기간을 지정받은 경우만 해당합니다.)

1.1.2 SMP 및 REC 정산관리

(1) RPS제도

RPS제도 50만[kW] 이상의 발전설비(신재생에너지설비 제외)를 보유한 발전사업자(공급의무자)에게 총 발전량의 일정 비율 이상을 신·재생에너지를 이용하여 공급하도록 의무화한 제도이다. 발전사업자는 RPS 설비확인이 완료된 신·재생에너지 발전설비에 대해 매월 공급인증서(REC)를 발급받아 공급의무자에게 판매함으로써 추가 수익 발생한다.

발전사업자 수익 = 전력 판매대금(SMP) + 공급인증서 판매대금(REC)

1) SMP(System Marginal Price, 계통한계 가격)
- 정의 : 발전소에서 생산된 전력의 시간대별 가격

2) REC(Renewable Energy Certificates, 신재생에너지 공급 인증서)
- 정의 : 발전사업자가 신·재생에너지 설비를 이용하여 전기를 생산 공급하였음을 증명하는 증서
- 기준 : 신재생에너지 전력거래량에 가중치를 적용하여 1,000[kWh] 기준으로 1REC 발급

① 태양광발전설비 공급인증서(REC) 가중치

구분	공급인증서 가중치	대상에너지 및 기준	
		설치유형	세부기준
태양광에너지	1.2	일반부지에 설치하는 경우	100[kw] 미만
	1.0		100[kW]부터
	0.8		3,000[kW] 초과부터
	0.5	임야에 설치하는 경우	
	1.5	건축물 등 기존 시설물을 이용하는 경우	3,000[kW] 이하
	1.0		3,000[kW] 초과부터
	1.6	유지의 수면에 부유하여 설치하는 경우	100[kw] 미만
	1.4		100[kW]부터
	1.2		3,000[kW] 초과부터
	1.0	자가용 발전설비를 통해 거래하는 경우	

② 공급인증서(REC) 가중치 산정 방법

일반 부지에 설치하는 경우 태양광에너지 가중치 산정 방법

설치용량	태양광에너지 가중치 산정식
100[kW] 미만	1.2
100[kW]부터 3,000[kW] 이하	$\dfrac{99.999 \times 1.2 + (용량 - 99.999) \times 1.0}{용량}$

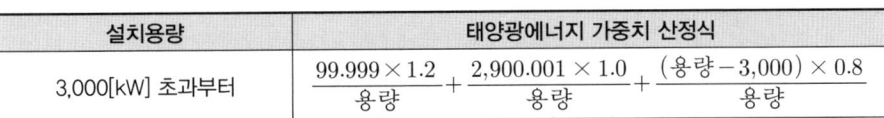

설치용량	태양광에너지 가중치 산정식
3,000[kW] 초과부터	$\dfrac{99.999 \times 1.2}{\text{용량}} + \dfrac{2,900.001 \times 1.0}{\text{용량}} + \dfrac{(\text{용량}-3,000) \times 0.8}{\text{용량}}$

건축물 등 기존 시설물을 이용하는 경우 태양광에너지 가중치 산정 방법

설치용량	태양광에너지 가중치 산정식
3,000[kW] 이하	1.5
3,000[kW] 초과부터	$\dfrac{3,000 \times 1.5 + (\text{용량}-3,000) \times 1.0}{\text{용량}}$

유지의 수면에 부유하여 설치하는 경우 태양광에너지 가중치 산정 방법

설치용량	태양광에너지 가중치 산정식
100[kW] 미만	1.6
100[kW]부터 3,000[kW] 이하	$\dfrac{99.999 \times 1.6 + (\text{용량}-99.999) \times 1.4}{\text{용량}}$
3,000[kW] 초과부터	$\dfrac{99.999 \times 1.6}{\text{용량}} + \dfrac{2,900.001 \times 1.4}{\text{용량}} + \dfrac{(\text{용량}-3,000) \times 1.2}{\text{용량}}$

임야 설치하는 경우는 용량에 관계없이 각 0.5를 적용한다.

③ 발전사업 수익 계산 방법

발전사업예상수익 = SMP 예상 수익(원) + REC 예상 수익(원)

SMP 예상 수익(원) = 예상 발전량[kWh] × 평균 SMP 가격[원/kWh]

REC 예상 수익(원) = 공급인증서 발급량(REC) × 평균 REC 가격(원/REC)

공급 인증서 발급량(REC) = (연간 발전량[kWh] / 1000[kWh]) × 가중치

(2) RPS 제도 참여 절차

1) 공급인증서 발급 절차

발전량 확인 → 공급인증서 발급 신청 → 공급인증서 발급 → 공급인증서 거래

2) 공급인증서 거래절차

① 공급인증서 거래시장의 종류

현물시장	· 경매방식으로 운영되는 시장 · 태양광/비태양광 구분 없이 매주 2회 개설
계약시장	고정가격계약 경쟁입찰을 통한 장기계약 또는 공급의무자와의 자체계약에 따라 운영되는 시장

② 거래 흐름도

가) 현물시장

REC발급 → 매물 등록 → 매매계약 체결 → 거래대금 정산 → REC 판매 완료

　나) 계약시장

　　자체계약/경쟁입찰 선정 → 계약신고 → REC발급 → 거래대금 정산 → REC 판매완료

3) 연도별 신재생에너지 의무공급량 비율

해당연도	2020~2021	2022~2023	2024~2025	2026~2027	2028~2029	2030 이후
공급의무 비율(%)	30	32	34	36	38	40

1.1.3 전기 안전관리자 선임

(1) 전기안전 원칙

1) 전기설비는 감전, 화재 그 밖에 사람에게 위해를 주거나 물건에 손상을 줄 우려가 없도록 시설하여야 한다.

2) 전기설비는 사용목적에 적절하고 안전하게 작동하여야 하며, 그 손상으로 인하여 전기 공급에 지장을 주지 않도록 시설하여야 한다.

3) 전기설비는 다른 전기설비, 그 밖의 물건의 기능에 전기적 또는 자기적인 장해를 주지 않도록 시설하여야 한다.

4) 전기안전관리자는 매월 전기설비의 유지·관리·보수 및 운용에 종사하는 자에 대하여 안전교육을 실시하고 실시결과에 대한 "안전보건 교육일지"를 작성하여 보관하여야 한다.

5) 전기안전관리자는 4)항과 관련하여 전기실 책임자에게 안전교육실시를 위임할 수 있다.

(2) 전기설비 안전관리자 선임 기준

안전관리 대상	안전관리 자격기준
모든 전기설비의 공사·유지 및 운용	기술사, 기사, 기능장 경력 2년 이상
전압 10만[V] 미만 전기설비의 공사·유지 및 운용	산업기사 경력 4년 이상
전압 10만[V] 미만으로서 전기설비용량 2,000[kW] 미만 전기설비 공사·유지 및 운용	기사, 기능장 경력 1년
전압 10만[V] 미만으로서 전기설비용량 1,500[kW] 미만 전기설비의 공사·유지 및 운용	산업기사 이상 자격소지자

(3) 전기안전관리업무를 전문으로 하는 자의 요건

구분	요건
1. 자본금	2억 이상
2. 기술인력	1. 전기기사 자격 소지자로 실무경력 2년 이상인 사람 5명 이상 2. 전기산업기사 자격 소지자로서 실무경력 4년 이상인 사람 10명 이상 3. 안전관리보조원(전기 분야 기능사 이상의 자격 소지자이거나 전기 분야에서 5년 이상 실무 경력이 있는 사람을 말한다.) 5명 이상
3.장비 — 공용장비	1. 계전기 시험기 2대 2. 절연내력 시험기(직류 6[kV] 또는 교류 30[kV]) : 1대 3. 절연유 내압 시험기 : 1대 4. 절연유 산가 측정기 : 1대 5. 절연저항 측정기(1,000[V], 2,000[V]) : 2대 6. 회로시험기 : 2대 7. 특고압 COS 조작봉 2대 8. 고압절연장갑 : 3켤레 9. 절연장화 : 3켤레 10. 절연안전모 : 3개
3.장비 — 개인장비	접지저항 측정기, 절연저항 측정기(500[V], 100[MΩ], 클램프미터, 고압·특고압 검전기 및 저압검전기 : 기술인력(안전관리보조원은 제외한다) 1인당 각 1대

(4) 전기안전관리 업무 대행하는 자가 갖추어야 할 장비

장비	수량
절연저항 측정기(500[V], 100[MΩ])	1
접지저항 측정기	1
클램프미터	1
저압검전기	1
고압 및 특고압 검전기	1
절연저항 측정기(1,000[V], 2,000[MΩ])	1
계전기 시험기	1

(5) 전기안전관리자 업무

1) 전기설비의 공사·유지 및 운용에 관한 업무 및 이에 종사하는 사람에 대한 안전교육

2) 전기설비의 안전관리를 위한 확인·점검 및 이에 대한 업무의 감독

3) 전기설비의 운전·조작 또는 이에 대한 업무의 감독

4) 전기설비의 안전관리에 관한 기록의 작성·비치 및 보관

5) 공사계획의 인가신청 또는 신고에 필요한 서류의 검토

6) 다음 각 목의 어느 하나에 해당하는 공사의 감리업무

　① 비상용 예비발전설비의 설치·변경공사로서 총공사비가 1억원 미만인 공사

　② 전기수용설비의 증설 또는 변경공사로서 총공사비가 5천만원 미만인 공사

7) 전기설비의 일상점검·정기점검·정밀점검의 절차, 방법 및 기준에 대한 안전관리
　규정의 작성

8) 전기재해의 발생을 예방하거나 그 피해를 줄이기 위하여 필요한 응급조치

(6) 전기설비 특별 안전점검

1) 태풍·폭설 등의 재난으로 전기사고가 발생하거나 발생할 우려가 있는 시설

2) 장마철·동절기 등 계절적인 요인으로 인한 취약시기에 전기사고가 발생할 우려가 있는 시설

3) 국가 또는 지방자치단체가 화재예방을 위하여 관계 행정기관과 합동으로 안전점검을 하는 경우 그 대상 시설

4) 국가 또는 지방자치단체가 주관하는 행사 관련 시설

(7) 보호구

1) 선택 시 주의 사항

보호구는 사용목적과 작업에 적합하고, 성능을 검정기관의 검정을 합격하여 성능이 인정되고, 작업을 수행하는 사용자가 착용하기 쉽고, 작업에 방해가 되지 않아야 한다.

2) 보호구 종류, 성능, 형상, 강도, 수량에 따라 적합한 것을 선정한다.

3) 작업에 따른 사용 보호구

① 안전모 : 물체가 떨어지거나 날아올 위험 또는 근로자가 추락할 위험이 있는 작업

② 안전대 : 높이 또는 깊이 2[m] 이상의 추락할 위험이 있는 장소에서 하는 작업

③ 안전화 : 물체의 낙하·충격, 물체에의 끼임, 감전 또는 정전기의 대전에 의한 위험이 있는 작업

④ 보안경 : 물체가 흩날릴 위험이 있는 작업

⑤ 보안면 : 용접 시 불꽃이나 물체가 흩날릴 위험이 있는 작업

⑥ 절연용 보호구 : 감전의 위험이 있는 작업

⑦ 방열복 : 고열에 의한 화상 등의 위험이 있는 작업

⑧ 방진마스크 : 선창 등에서 분진(粉塵)이 심하게 발생하는 하역작업

⑨ 방한모·방한복·방한화·방한장갑 : 섭씨 영하 18도 이하인 급냉동어창에서 하는 하역작업

1.2 설치 확인

1.2.1 설비점검 체크리스트

고장유형	육안 검사	다기능 측정 (멀티테스터)	접지 저항 측정	입출력 측정	절연 저항 측정	과/저 전압 측정	I–V 곡선	인버터 수치 읽기	AC 회로 시험	전력망 분석
PV 모듈										
토양	○									
적층판 파괴	○	○					○			
바이패스다이오드		○						(○)		
접촉점		○		○			○	(○)		
습기	○	○			○		○			
결함모듈	○	○			○		○	(○)		

고장유형	육안 검사	다기능 측정 (멀티테스터)	접지 저항 측정	입출력 측정	절연 저항 측정	과/저 전압 측정	I–V 곡선	인버터 수치 읽기	AC 회로 시험	전력망 분석
인버터										
효율				○				○	○	○
제어특성				○		○		○	○	○
고조파									○	○
선로전압결함								○	○	○
설치										
장애난 퓨즈	○	○		○						
스트링다이오드 결함		○		○			○			
단락/접지누설	○				○					
서지전압보호기결함	○	○			○	○				
접지저항 증가			○							

※ ○ : 확인사항, (○) : 참고사항

1.2.2 설치된 발전설비 부품의 성능 검사(정기검사)

(1) 태양광전지 검사

검사항목	세부검사내용	수검자 준비자료
태양광전지 일반규격	· 규격 확인	· 공사계획인가(신고)서 · 태양광전지 규격서
태양광전지 검사	· 외관검사 · 전지 전기적 특성시험 · 어레이	· 단선결선도 · 태양전지 트립인터록 도면 · 시퀀스 도면 · 보호장치 및 계전기시험 성적서 · 절연저항시험 성적서

(2) 전력변환장치(인버터) 검사

검사항목	세부검사내용	수검자 준비자료
전력변환장치 일반 규격	· 규격 확인	· 공사계획인가(신고)서
전력변환장치 검사	· 외관검사 · 절연저항 · 제어회로 및 경보장치 · 단독운전 방지 시험 · 인버터 운전시험	· 단선결선도 · 시퀀스 도면 · 보호장치 및 계전기시험 성적서 · 절연저항시험 성적서 · 절연내력시험 성적서 · 경보회로시험 성적서 · 부대설비시험 성적서
보호장치 검사	보호장치 시험	

(3) 변압기 검사

검사항목	세부검사내용	수검자 준비자료
변압기 일반규격	· 규격 확인	· 전회 검사 성적서 · 시퀀스 도면
변압기 시험검사 (기동, 소내변압기 포함)	· 외관검사 · 조작용 전원 및 회로점검 · 보호정치 및 계전기 시험 · 절연저항 측정 · 절연유 내압시험 · 제어회로 및 경보장치 시험	· 보호계전기시험 성적서 · 계기교정시험 성적서 · 경보회로시험 성적서 · 절연저항시험 성적서 · 절연유 내압시험 성적서

(4) 차단기 검사

검사항목	세부검사내용	수검자 준비자료
차단기 검사 (발전기용 차단기)	· 규격확인 · 외관검사 · 조작용 전원 및 회로점검 · 절연저항 측정 · 개폐표기 상태확인 · 제어회로 및 경보장치 시험	· 전회검사 성적서 · 개폐기 인터록 도면 · 계기교정시험 성적서 · 경보회로시험 성적서 · 절연유 내압시험 성적서

(5) 전선로(모선) 검사

검사항목	세부검사내용	수검자 준비자료
전선로 일반규격	· 규격 확인	· 전선로 및 부대설비 규격서
전선로 검사 (가공, 지중, GIB, 기타)	· 외관검사 · 보호정치 및 계전기 시험 · 절연저항 · 절연내력	· 단선결선도 · 보호계전기 결선도 · 시퀀스 도면 · 보호장치 및 계전기시험성적서
부대설비 검사	· 피뢰장치 · 계기용 변성기 · 위험 표시 · 울타리, 담 등의 시설 상태 · 상별 및 모의모선 표시 상태	· 상회전 및 loop 시험성적서 · 절연내력시험 성적서 · 절연저항시험 성적서 · 경보회로시험 성적서

(6) 접지설비 검사

검사항목	세부검사내용	수검자 준비자료
접지 일반규격	· 규격확인 · 접지저항 측정	· 접지저항 시험 성적서

(7) 종합연동 시험

검사항목	세부검사내용	수검자 준비자료
종합 연동 시험	검사 시 일사량을 기준으로 기능출력 확인하고 발전량 이상 유무 확인(30분)	

(8) 부하운전 시험

검사항목	세부검사내용	수검자 준비자료
종합 연동 시험	부하운전시험 의견	· 출력 기록지 · 전회 검사 이후 총 운전 및 기동 횟수 · 전회 검사 이후 주요 정비

1.2.3 발전설비 설치 확인

(1) 태양광 발전설비표

자가용 태양광 발전설비에 대해 사용전 검사를 실시하는 검사자는 수검자로부터 다음의 자료를 제출받아 태양광발전 설비표를 작성해야 한다.

1) 공사계획인가(신고)서

공사계획인가(신고)서는 전기설비의 설치 및 변경공사 내용이 전기사업법 제61조 또는 법 제62조의 규정에 의하여 인가 또는 신고를 한 공사계획에 적합해야 한다.

2) 태양광 발전설비 개요

이 밖에도 검사자는 수검자로부터 다음 설비에 대한 시험성적서를 제출받아 확인한다.

① 변압기
② 차단기
③ 보호계전기류
④ 보호설비류
⑤ 피뢰기류
⑥ 변성기류
⑦ 개폐기류
⑧ 콘덴서, 모터, 기동기, 케이블 및 케이블 접속재
⑨ 발전설비
⑩ 상기 이외의 전기기계기구와 보호장치

시험성적서 확인 방법은 크게 공인시험기관에 의한 시험성적서와 기관에 의한 인증서 확인이 있다.

(2) 고압 이상 전기기계기구의 시험성적서는 국내 생산품과 수입품 모두 동일하게 국내 공인시험기관의 시험성적서를 확인함을 원칙으로 한다. 다만, 다음의 경우에는 제작회사의 자체 시험성적서를 확인한다.

1) 산업표준화법에 외한 KS 표시품, 케이블, 콘덴서, 전동기, 기동기, 20[kV]급 케이블 종단접속재 이외의 케이블 접속재
2) 국가표준기본법에 의한 공인제품 인증기관의 안전인증 표시품
3) 충전기기 시험기준 및 방법에 관한 요령 고시에 의한 공인시험기관의 인증시험이 면제된 제품
4) 국내 공인시험기관에서 시험이 불가능한 품목 및 검사기관에서 인정한 품목

(3) 국내 공인시험기관의 시험설비 미비, 관련 규격이 없는 경우, 수리품 및 국내 미생산품인 경우는 공인시험기관의 참고시험 성적서를 확인한다.

1.3 태양광발전시스템 운영

1.3.1 발전시스템 점검 방법과 시기

(1) **"일상점검"**이란 전기설비의 외관점검, 작동점검, 기능점검 등을 실시하여 이상 유무를 확인하기 위하여 상시 점검하는 것을 말한다.

(2) **"정기점검"**이란 월차, 분기, 반기 등의 일정한 주기를 기준으로 전기설비의 이상 유무를 점검하는 것을 말한다.

(3) **"정밀(연차)점검"**이란 전기설비의 주요 구성품이 동작시험 및 계기 측정 등을 통해 전기설비기술기준에 적합한지 여부를 매년 정기적으로 정밀하게 점검하는 것을 말한다.

(4) **"공사 중 점검"**이란 전기설비를 설치 또는 변경 중인 공사의 경우 매주 1회 이상 점검하는 것을 말한다.

1.3.2 태양광 모니터링 시스템

(1) 계측 · 표시에 필요한 기기 및 취급

계측 · 표시는 사용 목적에 따라 4가지 이유가 있다.

1) 시스템의 운전상태 감시를 위한 계측 또는 표시

2) 시스템의 발전전력량을 알기 위한 계측

3) 시스템 기기 및 시스템 종합평가를 위한 계측

4) 시스템 운전상황을 견학자에게 보여주고, 시스템의 홍보를 위한 계측 또는 표시

(2) 계측 시스템

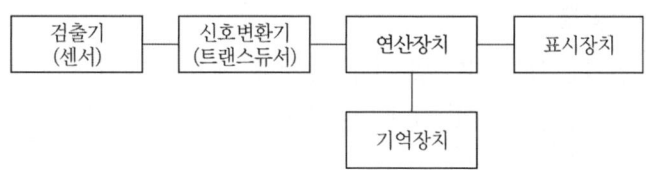

| 계측시스템 |

1) 검출기 : 직류회로의 전압, 전류를 검출, 교류회로의 전압, 전류, 전력, 역률, 주파수 등을 검출

2) 신호변환기 : 검출기에 의해 측정된 데이터를 표시장치로 전송

3) 연산장치 : 계측된 데이터를 적산하여 일정기간마다의 평균값, 적산값으로 얻는다.

4) 기억장치 : 컴퓨터 내의 메모리나 컴팩트디스크를 사용하여 데이터 저장

(3) 모니터링 설치기준

계측설비	요구사항	확인방법
인버터	CT 정확도 3[%] 이내	관련 내용이 명시된 스펙 제시 인증 인버터 면제
온도센서	정확도 ±0.3[℃](−20~100[℃]) 미만 정확도 ±1[℃](100~1000[℃]) 이내	관련 내용이 명시된 스펙 제시
전력량계	정확도 1[%]이내	관련 내용이 명시된 스펙 제시

(4) 측정위치 및 모니터링 항목

구분	모니터링 항목	데이터(누계치)	측정항목
태양광, 풍력, 수력, 폐기물 바이오	일일발전량[kWh]	24개(시간당)	인버터출력
	생산시간(분)	1개(1일)	

(5) 모니터링 시스템 운영

현장에 설치된 장치에서 실시간 측정된 데이터를 메인서버 및 웹서버로 전송하여 관리한다.

(6) 모니터링 주요설비

1) 통신장치

2) 현장 모니터링 장치 ; PC, 모니터

3) 전력감시 제어반

4) 인버터 제어반

5) 기상관측장치 : 수평 일사량계, 경사면 일사량계, 온도계, 풍속계, 풍향계 등

(7) 감시 및 제어 항목

1) 인버터 : 입력측(DC) 전압 및 전류, 발전량, 출력측(저압 AC) 전압 및 전류, 발전량

2) 특고압(22.9[kV]) : VCB 단에서 측정하는 전압, 및 전류, 발전량

3) 태양광 어레이 접속함 : DC 전압 및 전류, 발전량

4) 기상 : 일사량, 모듈온도, 외기온도, 풍속, 풍향

1.3.3 발전시스템 운영 관리 계획

태양광발전 시스템 준공 후 유지관리자는 수시점검 또는 정기적인 점검계획을 수립하여 계획에 따라 적절히 점검을 시행하여야 한다.

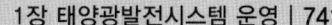
점검계획을 수립할 때는 다음과 같은 사항들이 고려되어야 한다.

(1) 점검계획을 수립하기 위해서는 점검대상 시설물의 종류, 범위, 점검항목 및 점검방법과 점검 시 사용장비 및 점검에 필요한 가설물에 대한 사전검토가 요구된다.

(2) 점검대상에 대한 적절한 점검을 위해서는 대상시설물의 설계자료와 과거의 열화실태, 보수 및 보상실태 등을 충분히 파악할 필요가 있다.

(3) 점검계획은 시설물이나 부재의 중요도, 제3자에의 영향도, 내구연한 등 시설물이 갖는 구조적 특성을 미리 파악하여 점검계획 수립 시 이를 고려할 필요가 있다.

(4) 시설물의 종류에 따라 점검이 곤란한 경우가 많기 때문에 점검자는 유지관리의 난이도를 고려하여 점검계획을 수립한다.

(5) 점검자는 시설물의 점검 시 시설물의 변형 및 결함을 미리 예측하고, 점검 시 구체적인 점검 방법과 빈도를 결정하고, 점검시의 주변환경 등을 고려하여야 한다.

(6) 점검 시에는 시설물별 점검표를 작성하여 점검표에 의한 조사가 실시되도록 하여야 한다.

1.3.4 발전시스템 비정상 운영 시 대처 및 조처 등

(1) 해당 시설 태양광발전설비 준공도서 및 관련서류 구비

(2) 하자보증기간을 숙지하여 해당기간 이내에 시설에 문제 발생 시 신속하고 적극적으로 설치 업체 등에 연락하여 문제해결

(3) 시공업체 등이 하자보증기간 응대하지 않는 경우 신재생에너지센터의 통합 AS 신고 센터에 신고후 처리

(4) 매뉴얼에 따라 조치가 가능한 경우 직접조치

(5) 직접 처리가 불가능한 경우 설치업체 또는 해당 설비 생산업체에 신속히 기술인력이 점검을 실시한 다음
   - 하자보증기간 이내의 경우 무상으로 조치 후 시공업체 점검, 수리 내역을 해당 내용에 기재
   - 하자보증기간 초과의 경우 유상으로 조치 후 시공업체 점검, 수리 내역을 해당 내용에 기재

1.1 태양광발전 사업개시 신고

01 전기설비 설치 및 사업 개시 의무 사항이 잘못된 것은?

① 전기사업자는 산업통상자원부장관이 지정한 준비기간에 사업에 필요한 전기설비를 설치하고 사업을 시작한다.

② 전기설비를 설치하는 사업 준비기간은 15년을 넘을 수 없다.

③ 전기사업을 허가할 때 필요하다고 인정하면 전기사업별 또는 전기설비별로 구분하여 준비기간을 지정할 수 있다.

④ 전기사업자는 사업을 시작한 경우에는 지체 없이 그 사실을 산업통상자원부장관에게 신고한다.

> **해설** 전기사업법 제9조(전기설비의 설치 및 사업의 개시 의무)
> 1) 전기사업자는 산업통상자원부장관이 지정한 준비기간에 사업에 필요한 전기설비를 설치하고 사업을 시작하여야 한다.
> 2) 제1항에 따른 준비기간은 10년을 넘을 수 없다. 다만, 산업통상자원부장관이 정당한 사유가 있다고 인정하는 경우에는 준비기간을 연장할 수 있다.
> 3) 산업통상자원부장관은 전기사업을 허가할 때 필요하다고 인정하면 전기사업별 또는 전기설비별로 구분하여 준비기간을 지정할 수 있다.
> 4) 전기사업자는 사업을 시작한 경우에는 지체 없이 그 사실을 산업통상자원부장관에게 신고하여야 한다.
> **답** ②

02 신재생에너지 발전사업 준비기간(발전사업 허가를 득한 후부터 사업개시 신고 전까지)은 최대 몇 년까지 가능한가?

① 3년 ② 6년 ③ 8년 ④ 10년

> **해설** 신재생에너지 발전사업 준비기간은 최대 10년까지 가능하고, 발전사업을 허가할 때는 준비기간을 지정한다.
> **답** ④

03 전기사업개시신고 안에 기입되어야 할 사업내용이 아닌 것은?

① 태양전지모듈 용량 ② 태양전지모듈 매수

③ 인버터 용량 ④ 계통연계 전압

> **해설** 사업개시신고서는 신고인에 관한 사항으로 이름, 생년월일, 주소, 상호, 전화번호, 소재지가 기입되고, 신고 내용에는 사업개시 연월일과 사업내용이 되면 사업내용에는 태양전지모듈 용량과 매수, 인버터의 용량과 수량이 기입된다.
> **답** ④

04 5,000[kW] 태양광발전 사업에 대한 사업개시 신고 처리 절차가 옳은 것은?

① 신고서 작성 및 제출 → 접수 → 신고 수리
　(신고인)　　　(산업통상자원부 장관)　(산업통상자원부 장관)

② 신고서 작성 및 제출 → 접수 → 신고 수리
　(신고인)　　　(시·도지사)　　(시·도지사)

③ 신고서 작성 및 제출 → 접수 → 신고 수리
　(신고인)　　　(산업통상자원부 장관)　(시·도지사)

④ 신고서 작성 및 제출 → 접수 → 신고 수리
　(신고인)　　　(시·도지사)　　(산업통상자원부 장관)

> **해설** 사업개시 신고 처리 절차
> ① 신고서 작성 및 제출 → 접수 → 신고 수리
> 　(신고인)　　(산업통상자원부 장관)　(산업통상자원부 장관)　　　**답** ①

05 신재생에너지발전설비용량 1,000[kW] 이하의 발전사업자가 생산된 전력을 거래할 수 있는 기관은?

① 전력기술인협회, 한국전력공사　　② 신재생에너지센터, 한국전력거래소
③ 한국전력거래소, 한국전력공사　　④ 한국전력거래소, 전력기술인협회

> **해설** 발전설비용량 1,000[kW] 이하의 발전사업자 및 자가용 발전설비설치자는 생산한 전력을 전력시장(한국전력거래소)을 통하지 아니하고 전기판매사업자(한국전력)와 거래할 수 있다. 1,000[kW] 이상의 발전은 전력시장을 통해 거래된다.　　**답** ③

06 발전사업자가 신재생에너지 발전설비 소규모 사업자 등으로부터 구매하는 공급인증서는?

① FIT　　② RPS　　③ REC　　④ EPS

> **해설**
> · FIT(Feed in Tariff) – 발전 차액 지원 제도
> · RPS(Renewable Portfolio Standard) – 신재생에너지 공급의무화 제도
> · REC(Renewable Energy Certificate) – 신재생에너지 공급인증서　　**답** ③

07 일정 규모 이상의 발전설비를 보유한 발전사업자에게 총 발전량의 일정량 이상을 신재생에너지로 생산한 전력을 공급하도록 한 제도는?

① FIT　　② RPS　　③ EPC　　④ REC

> **해설**
> 1) FIT(Feed-in Tariff) : 발전차액지원제도로 정부가 일정기간 정해진 가격을 보장하는 제도
> 2) RPS(Renewable PortFolio Standard) : 신재생에너지 의무할당제로 정부가 의무부과를 통해 시장을 창출해 주되, 가격은 시장원리에 따라 결정하게 하는 방식
> 3) REC(Renewable Energy Certificates) : 신재생 전력에 대한 교환, 지불, 저장, 가치척도 수단으로 RPS 대상 신재생 에너지설비에서 생산된 전력임을 증명하는 증서　　**답** ②

08 발전소에서 생산된 전력의 시간대별 가격을 나타내는 것은?

① SMP   ② REC   ③ RPS   ④ FIT

해설 SMP(System Marginal Price, 계통한계 가격)은 발전소에서 생산된 전력의 시간대별 가격   **답** ①

09 1 REC는 몇 [kWh]인가?

① 1   ② 10   ③ 100   ④ 1,000

해설 신재생에너지 전력거래량에 가중치를 적용하여 1,000[kWh] 기준으로 1REC 발급   **답** ④

10 다음 ( )에 들어갈 내용을 쓰시오.

> 임야에 태양광발전설비를 설치하는 경우 REC 가중치는 (가)이다.
> 유지의 수면에 부유하여 500[kW] 태양광발전설비를 설치하는 경우 REC 가중치는 (나)이다.

① (가) : 0.7, (나) : 1.4   ② (가) : 0.5, (나) : 1.4
③ (가) : 0.5, (나) : 1.5   ④ (가) : 0.7, (나) : 1.5

해설 태양광발전설비 공급인증서(REC) 가중치

구분	공급인증서 가중치	대상에너지 및 기준	
		설치유형	세부기준
태양광에너지	1.2	일반부지에 설치하는 경우	100[kW] 미만
	1.0		100[kW]부터
	0.8		3,000[kW] 초과부터
	0.5	임야에 설치하는 경우	
	1.5	건축물 등 기존 시설물을 이용하는 경우	3,000[kW] 이하
	1.0		3,000[kW] 초과부터
	1.6	유지의 수면에 부유하여 설치하는 경우	100[kW] 미만
	1.4		100[kW]부터
	1.2		3,000[kW] 초과부터
	1.0	자가용 발전설비를 통해 거래하는 경우	

답 ②

11 1,500[kW] 태양광발전설비를 일반부지에 설치할 경우 태양광발전설비 공급인증서(REC) 가중치는?

① 1.01   ② 1.02   ③ 1.03   ④ 1.04

해설 REC 가중치 $= \dfrac{99.999 \times 1.2 + (1500 - 99.999) \times 1.0}{1500} = 1.013$ **답** ①

12 3,500[kW] 태양광발전설비를 일반부지에 설치할 경우 태양광발전설비 공급인증서(REC) 가중치는?

① 0.913   ② 0.942   ③ 0.977   ④ 1.021

해설 REC 가중치 $= \dfrac{99.999 \times 1.2}{3,500} + \dfrac{2,900.001 \times 1.0}{3,500} + \dfrac{(3,500 - 3,000) \times 0.8}{3,500}$

$= 0.9771428 \simeq 0.977$

일반부지에 설치하는 경우 태양광에너지 가중치 산정 방법

설치용량	태양광에너지 가중치 산정식
100kW 미만	1.2
100kW부터 3,000kW 이하	$\dfrac{99.999 \times 1.2 + (용량 - 99.999) \times 1.0}{용량}$
3,000kW 초과부터	$\dfrac{99.999 \times 1.2}{용량} + \dfrac{2,900.001 \times 1.0}{용량} + \dfrac{(용량 - 3,000) \times 0.8}{용량}$

답 ③

13 105[kW] 수상 태양광발전에서 12.0[MWh/월]의 전력을 생산한다면 1개월 동안의 발전사업 수익은 얼마인가? (단, SMP 90[원/kWh], REC 150[원/kWh])

① 1,080,000원
② 2,768,000원
③ 3,942,000원
④ 4,224,000원

해설 수상 태양광 발전수익 계산

· SMP 예상 수익(원) = 예상 발전량[kWh] × 평균 SMP 가격[원/kWh]
= 12,000[kWh] × 90[원/kWh] = 1,080,000원

· REC 가중치 $= \dfrac{99.999 \times 1.6 + (105 - 99.999) \times 1.4}{105} = 1.59047 \simeq 1.590$

· 공급 인증서 발급량(REC) = 연간 발전량[kWh] / 1000[kWh] × 가중치
= 12,000[kWh]/1000[kWh] × 1.59 = 19.08

· REC 예상 수익(원) = 공급인증서 발급량(REC) × 평균 REC 가격(원/REC)
= 19.08 × 150,000원 = 2,862,000원

· 발전사업예상수익 = SMP 예상 수익(원) + REC 예상 수익(원)
= 1,080,000원 + 2,862,000원 = 3,942,000원

답 ③

14 공장 위에 3,200[kW] 태양광발전설비를 설치할 경우 316.8[MWh/월]의 전력을 생산한다면 1개월 동안의 발전사업 수익은 얼마인가? (단, SMP 100[원/kWh], REC 160[원/kWh])

① 31,680,000원
② 74,400,000원
③ 106,080,000원
④ 107,680,000원

해설 건물위 태양광 발전수익 계산

· SMP 예상 수익(원) = 예상 발전량[kWh] × 평균 SMP 가격[원/kWh]
= 316,800[kWh] × 100[원/kWh] = 31,680,000원

· REC 가중치 $= \dfrac{3,000 \times 1.5 + (3,200 - 3,000) \times 1.0}{3,200} = 1.46875 \simeq 1.469$

· 공급 인증서 발급량(REC) = 연간 발전량[kWh] / 1000[kWh] × 가중치
= 316,800[kWh]/1000[kWh] × 1.469 = 465

· REC 예상 수익(원) = 공급인증서 발급량(REC) × 평균 REC 가격(원/REC)
= 465 × 160,000원 = 74,400,000원

· 발전사업예상수익 = SMP 예상 수익(원) + REC 예상 수익(원)
= 31,680,000원 + 74,400,000원 = 106,080,000원

답 ③

15 다음 중 한국전력거래소의 회원 자격이 될 수 없는 것은?

① 전력시장에서 전력을 직접 구매하는 전기사용자
② 전력시장에서 전력거래를 하는 발전사업
③ 전력시장에서 전력거래를 하는 구역전기사업자
④ 발전소에서 전력을 수용가로 전송하는 설비를 설치한 자

> **해설** 회원자격
> 가. 전기판매사업자
> 나. 전력시장에서 전력을 직접 구매하는 전기사용자
> 다. 전력시장에서 전력거래를 하는 발전사업
> 라. 전력시장에서 전력거래를 하는 구역전기사업자
> 마. 전력시장에서 전력거래를 하는 자가용전기설비를 설치한 자
> 바. 전력시장에서 전력거래를 하지 아니하는 자 중 한국전력거래소 정관으로 정하는 요건을 갖춘 자
>
> **답** ④

16 공급인증서 발급 절차가 올바른 것은?

① 발전량 확인 → 공급인증서 발급 신청 → 공급인증서 거래 → 공급인증서 발급
② 발전량 확인 → 공급인증서 발급 신청 → 공급인증서 발급 → 공급인증서 거래
③ 발전량 확인 → 공급인증서 발급 신청 → 공급인증서 계약 → 공급인증서 거래
④ 발전량 확인 → 공급인증서 발급 신청 → 공급인증서 거래 → 공급인증서 계약

> **해설** 공급인증서 발급 절차
> 발전량 확인 → 공급인증서 발급 신청 → 공급인증서 발급 → 공급인증서 거래
>
> **답** ②

17 다음에 해당하는 공급인증서 거래시장은?

> · 경매방식으로 운영되는 시장
> · 태양광/비태양광 구분 없이 매주 2회 개설

① 현물시장　　　② 현금시장　　　③ 계약시장　　　④ 한국전력

> **해설** 공급인증서 거래시장의 종류
> 1) 현물시장
> 　· 경매방식으로 운영되는 시장
> 　· 태양광/비태양광 구분 없이 매주 2회 개설
> 2) 계약시장
> 　고정가격계약 경쟁 입찰을 통한 장기계약 또는 공급의무자와의 자체계약에 따라 운영되는 시장
>
> **답** ①

18 계약시장의 거래 절차가 올바른 것은?

① REC 발급 → 매물 등록 → 매매계약 체결 → 거래대금 정산 → REC 판매완료
② REC 발급 → 매물 등록 → 거래대금 정산 → 매매계약 체결 → REC 판매완료
③ 자체계약/경쟁 입찰 선정 → 계약신고 → 거래대금 정산 → REC 발급 → REC 판매완료
④ 자체계약/경쟁 입찰 선정 → 계약신고 → REC 발급 → 거래대금 정산 → REC 판매완료

해설 거래 흐름도

1) 현물시장

REC 발급 → 매물 등록 → 매매계약 체결 → 거래대금 정산 → REC 판매완료

2) 계약시장

자체계약 / 경쟁 입찰 선정 → 계약신고 → REC 발급 → 거래대금 정산 → REC 판매완료 **답** ④

---

19 2020년부터 2021년까지의 신재생에너지 의무 공급량 비율은?

① 21[%] ② 24[%] ③ 27[%] ④ 30[%]

해설 연도별 신재생에너지 의무공급량 비율

해당연도	2020~2021	2022~2023	2024~2025	2026~2027	2028~2029	2030 이후
공급의무 비율(%)	30	32	34	36	38	40

답 ④

---

20 다음 중 전기안전 원칙이 잘못된 것은?

① 전기설비는 감전, 화재 그 밖에 사람에게 위해를 주거나 물건에 손상을 줄 우려가 없도록 시설하여야 한다.

② 전기설비는 사용목적에 적절하고 안전하게 작동하여야 하며, 그 손상으로 인하여 전기 공급에 지장을 주지 않도록 시설하여야 한다.

③ 전기설비는 다른 전기설비, 그 밖의 물건의 기능에 전기적 또는 물리적인 장해를 주지 않도록 시설하여야 한다.

④ 전기안전관리자는 매월 전기설비의 유지·관리·보수 및 운용에 종사하는 자에 대하여 안전교육을 실시하고 실시결과에 대한 "안전보건 교육일지"를 작성하여 보관하여야 한다.

해설 전기설비는 다른 전기설비, 그 밖의 물건의 기능에 전기적 또는 자기적인 장해를 주지 않도록 시설하여야 한다. **답** ③

---

21 전기설비 안전관리자 자격 기준이 올바른 것은?

	안전관리 대상	안전관리 자격기준
①	모든 전기설비의 공사·유지 및 운용	기사, 기능장 경력 1년
②	전압 10만[V] 미만 전기설비의 공사·유지 및 운용	산업기사 경력 3년 이상
③	전압 10만[V] 미만으로서 전기설비용량 2,000[kW] 미만 전기설비 공사·유지 및 운용	기술사, 기사, 기능장 경력 2년 이상
④	전압 10만[V] 미만으로서 전기설비용량 1,500[kW] 미만 전기설비의 공사·유지 및 운용	산업기사 이상 자격소지자

해설 전기설비 안전관리자 선임 기준

안전관리 대상	안전관리 자격기준
모든 전기설비의 공사 · 유지 및 운용	기술사, 기사, 기능장 경력 2년 이상
전압 10만[V] 미만 전기설비의 공사 · 유지 및 운용	산업기사 경력 4년 이상
전압 10만[V] 미만으로서 전기설비용량 2,000[kW] 미만 전기설비 공사 · 유지 및 운용	기사, 기능장 경력 1년
전압 10만[V] 미만으로서 전기설비용량 1,500[kW] 미만 전기설비의 공사 · 유지 및 운용	산업기사 이상 자격소지자

답 ④

22 전기안전관리 업무 대행하는 자가 갖추어야 할 장비가 아닌 것은?

① 오실로스코프
② 클램프미터
③ 고압 및 특고압 검전기
④ 계전기 시험기

해설 전기안전관리 업무 대행하는 자가 갖추어야 할 장비
절연저항 측정기(500[V], 100[MΩ]), 접지저항 측정기, 클램프미터, 고압 및 특고압 검전기, 절연저항 측정기(1,000[V], 2,000[MΩ]), 계전기 시험기

답 ①

23 전기설비 특별 안전점검에 해당하는 시설이 아닌 것은?

① 태풍 · 폭설 등의 재난으로 전기사고가 발생하거나 발생할 우려가 있는 시설
② 장마철 · 동절기 등 계절적인 요인으로 인한 취약시기에 전기사고가 발생할 우려가 있는 시설
③ 국가 또는 지방자치단체가 주관하는 행사 관련 시설
④ 국가 또는 지방사치난제가 화재예방을 위하여 관계 건물주와 합동으로 안전점검을 하는 경우 그 대상 시설

해설 전기설비 특별 안전점검
1) 태풍 · 폭설 등의 재난으로 전기사고가 발생하거나 발생할 우려가 있는 시설
2) 장마철 · 동절기 등 계절적인 요인으로 인한 취약시기에 전기사고가 발생할 우려가 있는 시설
3) 국가 또는 지방자치단체가 화재예방을 위하여 관계 행정기관과 합동으로 안전점검을 하는 경우 그 대상 시설
4) 국가 또는 지방자치단체가 주관하는 행사 관련 시설

답 ④

24 발전소 허가기준에 대한 설명 중 잘못된 것은?

① 배전사업 및 구역전기사업의 경우 둘 이상의 배전사업자의 사업구역 또는 구역전기사업자의 특정한 공급구역 중 그 전부 또는 일부가 중복되지 아니할 것
② 발전소가 특정지역에 집중되어 전력계통의 운영에 용이할 것
③ 전기사업이 계획대로 수행될 수 있을 것
④ 전기사업을 적정하게 수행하는 데 필요한 재무능력 및 기술능력이 있을 것

해설 **발전소 허가기준**
1. 전기사업을 적정하게 수행하는 데 필요한 재무능력 및 기술능력이 있을 것
2. 전기사업이 계획대로 수행될 수 있을 것
3. 배전사업 및 구역전기사업의 경우 둘 이상의 배전사업자의 사업구역 또는 구역전기사업자의 특정한 공급구역 중 그 전부 또는 일부가 중복되지 아니할 것
4. 구역전기사업의 경우 특정한 공급구역의 전력수요의 50퍼센트 이상으로서 대통령령으로 정하는 공급능력을 갖추고, 그 사업으로 인하여 인근 지역의 전기사용자에 대한 다른 전기사업자의 전기공급에 차질이 없을 것
5. 그 밖에 공익상 필요한 것으로서 대통령령으로 정하는 기준에 적합할 것   **답** ②

25 전기안전관리업무를 개인대행자가 대행할 수 있는 태양광발전설비의 용량은?

① 200[kW] 미만
② 250[kW] 미만
③ 300[kW] 미만
④ 350[kW] 미만

해설 **안전관리자 대행 규모**
• 1,000[kW] 미만 태양광발전설비 : 안전공사 및 대행사업자에게 대행 가능
• 250[kW] 미만 태양광발전설비 : 개인대행자에게 대행 가능
(안전관리업무의 대행규모(전기사업법 시행규칙 제41조))   **답** ②

26 전기재해를 예방하는 전기안전 규칙에 관한 설명 중 틀린 것은?

① 통전표시기를 전선에 설치하여 전원의 투입상태를 감시할 것
② 전기작업을 할 때에는 되도록 두 손으로 안전하게 작업할 것
③ 전원을 차단했더라도 전기설비 및 전기선로에는 전기가 흐른다는 생각으로 작업에 임할 것
④ 배선용 차단기, 누전차단기 등이 작업자의 안전을 보호하지 못하므로 정상 동작상태를 확인할 것

해설 전기작업용 보호장구를 착용하고 작업을 진행하여야 한다.   **답** ②

1.2 설치 확인

01 태양전지모듈의 고장유형과 검사방법이 잘못 연결된 것은?

① 적층판 파괴 - 육안검사
② 접촉점 - 입출력 측정
③ 바이패스 다이오드 - 다기능 측정(멀티테스터)
④ 결함 모듈 - 접지저항 측정

해설 PV 설비점검 체크리스트

고장유형	육안검사	다기능 측정 (멀티테스터)	접지 저항 측정	입출력 측정	절연 저항 측정	과/저 전압 측정	I-V 곡선	인버터 수치 읽기	AC 회로 시험	전력망 분석
토양	○									
적층판 파괴	○	○					○			
바이패스다이오드		○						(○)		
접촉점		○		○				○	(○)	
습기	○	○			○			○		
결함모듈	○	○			○			○	(○)	

답 ④

02 태양전지모듈 고장유형에 대한 검사 방법이 아닌 것은?

① 육안검사　　② 접지저항 측정　　③ 절연저항 측정　　④ 입출력 측정

해설 위 1번 문제 해설 참조

답 ②

03 인버터의 고장유형 중 고조파 분석을 위한 점검방법은?

① 접지저항 측정　② AC회로 분석　③ $I-V$ 곡선　　④ 과/저전압측정

해설 PV 설비점검 체크리스트

고장유형	육안검사	다기능 측정 (멀티테스터)	접지 저항 측정	입출력 측정	절연 저항 측정	과/저 전압 측정	I-V 곡선	인버터 수치 읽기	AC 회로 시험	전력망 분석
효율				○				○	○	○
제어특성				○		○		○	○	○
고조파									○	○
선로전압결함								○	○	○

답 ②

04 태양광전지검사에서 세부검사내용 중에 검사항목이 다른 것은?

① 외관검사　　　　　　　　② 규격 확인
③ 전지 전기적 특성시험　　④ 어레이

해설 태양전지 검사

검사항목	세부검사내용	수검자 준비자료
태양광전지 일반규격	· 규격 확인	· 공사계획인가(신고)서 · 태양광전지 규격서
태양광전지 검사	· 외관검사 · 전지 전기적 특성시험 · 어레이	· 단선결선도 · 태양전지 트립인터록 도면 · 시퀀스 도면 · 보호장치 및 계전기시험 성적서 · 절연저항시험 성적서

답 ②

05 태양전지 검사 시 수검자 준비자료가 아닌 것은?

① 태양전지 트립인터록 도면
② 보호장치 및 계전기시험 성적서
③ 절연저항시험 성적서
④ 부대설비시험 성적서

해설 위 4번 문제 해설 참조

답 ④

06 인버터 세부검사항목에 해당하지 않는 것은?

① 외관검사
② 절연저항
③ 절연유 내압시험
④ 단독운전 방지 시험

해설 전력변화장치(인버터)

검사항목	세부검사내용	수검자 준비자료
전력변환장치 일반 규격	·규격 확인	·공사계획인가(신고)서
전력변환장치 검사	·외관검사 ·절연저항 ·제어회로 및 경보장치 ·단독운전 방지 시험 ·인버터 운전시험	·단선결선도 ·시퀀스 도면 ·보호장치 및 계전기시험 성적서 ·절연저항시험 성적서 ·절연내력시험 성적서 ·경보회로시험 성적서 ·부대설비시험 성적서
보호장치 검사	보호장치 시험	

답 ③

07 인버터 전력변환장치 검사 시 수검자 준비 자료가 아닌 것은?

① 개폐기 인터록 도면
② 보호장치 및 계전기시험 성적서
③ 절연저항시험 성적서
④ 부대설비시험 성적서

해설 위 6번 문제 해설 참조

답 ①

08 변압기 시험검사 항목에서 세부검사내용에 해당하지 않는 것은?

① 외관검사
② 조작용 전원 및 회로점검
③ 절연유 내압시험
④ 단독운전 방지 시험

해설 변압기

검사항목	세부검사내용	수검자 준비자료
변압기 일반규격	·규격 확인	·전회 검사 성적서 ·시퀀스 도면
변압기 시험검사 (기동, 소내변압기 포함)	·외관검사 ·조작용 전원 및 회로점검 ·보호정치 및 계전기 시험 ·절연저항 측정 ·절연유 내압시험 ·제어회로 및 경보장치 시험	·보호계전기시험 성적서 ·계기교정시험 성적서 ·경보회로시험 성적서 ·절연저항시험 성적서 ·절연유 내압시험 성적서

답 ④

09 변압기 시험검사 시 수검자 준비자료가 아닌 것은?

① 계기교정시험 성적서　　　　② 보호계전기시험 성적서
③ 절연유 내압시험 성적서　　　④ 부대설비시험 성적서

> **해설** 위 8번 문제 해설 참조　　　　　　　　　　　　　　　　　답 ④

10 차단기 검사 항목에서 세부검사내용에 해당하지 않는 것은?

① 규격 확인　　　　　　　　　② 절연저항 측정
③ 계기용변성기　　　　　　　　④ 개폐표기 상태확인

> **해설** 차단기 검사

검사항목	세부검사내용	수검자 준비자료
차단기 검사 (발전기용 차단기)	· 규격 확인 · 외관검사 · 조작용 전원 및 회로점검 · 절연저항 측정 · 개폐표기 상태확인 · 제어회로 및 경보장치 시험	· 전회검사 성적서 · 개폐기 인터록 도면 · 계기교정시험 성적서 · 경보회로시험 성적서 · 절연유 내압시험 성적서

답 ③

11 차단기검사 시 수검자 준비 자료가 아닌 것은?

① 절연유 내압시험 성적서　　　② 계기교정시험 성적서
③ 경보회로시험 성적서　　　　　④ 부대설비시험 성적서

> **해설** 위 10번 문제 해설 참조　　　　　　　　　　　　　　　　답 ④

12 전기설비의 외관점검, 작동점검, 기능점검 등을 실시하여 이상 유무를 확인하기 위하여 이루어지는 상시 점검은?

① 일상점검　　　　　　　　　　② 정기점검
③ 정밀점검　　　　　　　　　　④ 보수점검

> **해설** 일상점검이란 전기설비의 외관점검, 작동점검, 기능점검 등을 실시하여 이상 유무를 확인하기 위하여 상시 점검을 하는 것을 말한다.　　　　　　　　　　　　　　　　답 ①

13 월차, 분기, 반기 등의 일정한 주기를 기준으로 전기설비의 이상 유무를 점검하는 것은?

① 일상점검　　　　　　　　　　② 정기점검
③ 정밀점검　　　　　　　　　　④ 보수점검

> **해설** 정기점검이란 월차, 분기, 반기 등의 일정한 주기를 기준으로 전기설비의 이상 유무를 점검하는 것을 말한다.　　　　　　　　　　　　　　　　답 ②

14 전기설비의 주요 구성품이 동작시험 및 계기 측정 등을 통해 전기설비기술기준에 적합 여부를 매년 정기적으로 정밀하게 점검하는 것은?

① 일상점검   ② 정기점검   ③ 정밀점검   ④ 보수점검

해설 정밀(연차)점검이란 전기설비의 주요 구성품이 동작시험 및 계기 측정 등을 통해 전기설비기술기준에 적합한지 여부를 매년 정기적으로 정밀하게 점검하는 것을 말한다. **답** ③

15 전기설비를 설치 또는 변경 중인 공사의 경우 점검 주기는?

① 매주 1회   ② 매월 1회   ③ 매년 1회   ④ 2년 1회

해설 공사 중 점검이란 전기설비를 설치 또는 변경 중인 공사의 경우 매주 1회 이상 점검하는 것을 말한다. **답** ①

16 계통연계형 태양광 인버터의 시험항목이 아닌 것은?

① 효율시험   ② 온도상승시험
③ 단독운전방지시험   ④ 부하불평형시험

해설 태양광발전용 인버터 시험항목

	시험항목	독립형	계통 연계형
절연성능시험	① 절연저항시험	○	○
	② 내전압시험	○	○
	③ 임펄스 내전압 시험	○	○
	④ 접촉 전류 시험	○	○
	⑤ 액세스 프로브 시험	○	○
	⑥ IP시험	○	○
	⑦ 보호 본딩 시험(접지연속성 시험)	○	○
	⑧ 공간거리와 연면거리 시험	○	○
보호기능시험	① 출력과 전압 및 부족전압보호기능시험	×	○
	② 주파수 상승 및 저하보호기능시험	×	○
	③ 단독 운전 방지 기능시험	×	○
	④ 복전 후 일정시간 투입 방지기능 시험	×	○
정상특성시험	① 교류전압, 주파수 추종 범위 시험	×	○
	② 교류출력전류 왜형률 시험	×	○
	③ 측정 오차 정확도 시험	○	○
	④ 온도상승시험	○	○
	⑤ 효율시험	○	○
	⑥ 대기 손실 시험	×	○
	⑦ 정지 · 기동 전압 확인 시험	×	○
	⑧ 최대 전력 추종 시험	×	○
	⑨ 출력전류 직류분 검출 시험	×	○
과도응답특성시험	① 입력전력 급변시험	○	○
	② 계통전압 급변시험	×	○
	③ 계통전압위상 급변시험	×	○

시험항목		독립형	계통 연계형
외부사고시험	① 출력측 단락시험	○	○
	② 계통전압 순간정전・강하시험	×	○
	③ 부하차단시험	○	○
내전기환경시험	① 계통전압 왜형률 내량시험	×	○
	② 계통전압 불평형 시험	×	○
	③ 부하 불평형 시험	○	×
내주위환경시험	① 습도시험	○	○
	② 온습도 사이클 시험	○	○
전자기적합성(EMC)	① 전자파 장해(EMI)	○	○
	② 전자파 내성(EMS)	○	○

답 ④

17 태양광(PV) 모듈의 적층판 파괴를 발견하기 위한 방법으로 적당한 것은?

① 다기능 측정   ② 입출력 측정
③ 절연저항 측정   ④ 과/저전압 측정

해설 모듈 결함점검 및 측정사항

고장유형 / 측정사항	토양	적층판 파괴	바이패스 다이오드	접촉점	습기	결함 모듈
육안검사	○	○			○	○
다기능측정		○	○	○	○	○
접지저항측정						
입출력측정				○		
절연저항측정					○	○
과/저 전압측정						
I-V 곡선		○		○	○	○
인버터 수치읽기			(○)	(○)		(○)
AC 회로시험						
전력망분석						

답 ①

18 사업용 태양광 발전설비 정기검사 항목 중 전력변환장치 검사내용이 아닌 것은?

① 외관검사
② 접지저항 측정
③ 단독운전 방지 시험
④ 제어회로 및 경보장치 시험

해설 사업용 태양광 발전설비 전력변환장치 정기검사 항목

검사항목	세부검사내용	수검자 준비자료
전력변환장치 일반 규격	• 규격확인	• 단선결선도 • 시퀀스 도면 • 보호장치 및 계전기 시험 성적서 • 절연저항시험 성적서 • 절연내력시험 성적서 • 경보회로시험 성적서 • 부대설비시험 성적서
전력변환장치 검사	• 외관검사 • 절연저항 • 제어회로 및 경보장치 • 단독운전 방지 시험 • 인버터 운전 시험	
보호장치 검사	• 보호장치 시험	
축전지	• 시설상태 확인 • 전해액 확인 • 환기시설 상태	

답 ②

19 사업용 태양광 발전설비 정기검사 항목 중 필수 항목이 아닌 것은?

① 태양전지　　　　　　② 전력변환장치
③ 차단기　　　　　　　④ 접속함

해설 정기검사항목에서 필수항목은 태양전지, 전력변환장치, 변압기, 차단기, 전선로(모선), 접지설비, 종합연동 시험, 부하운전 등이 있다.　　**답** ④

20 인버터의 제어특성을 점검하기 위한 측정 및 시험 방법으로 적당하지 않은 것은?

① 입출력 측정　　　　　② 과/저 전압측정
③ AC 회로시험　　　　　④ 육안검사

해설 인버터 제어특성 점검 및 측정사항

측정사항 ＼ 고장유형	효율	제어특성	고조파	선로전압 결함
육안검사				
다기능측정				
접지저항측정				
입출력측정	○	○		
절연저항측정				
과/저 전압측정		○		
I–V 곡선				
인버터 수치읽기	○	○		○
AC 회로시험	○	○	○	○
전력망분석	○	○	○	○

답 ④

21 태양광발전시스템용 독립형 인버터의 시험항목으로 옳은 것은?

① 출력측 단락시험   ② 정지 · 기동 전압 확인 시험

③ 단독운전 방지기능시험   ④ 교류출력전류 왜형률 시험

해설 태양광발전용 인버터 시험항목

	시험항목	독립형	계통연계형
절연성능시험	① 절연저항시험	○	○
	② 내전압시험	○	○
	③ 임펄스 내전압 시험	○	○
	④ 접촉 전류 시험	○	○
	⑤ 액세스 프로브 시험	○	○
	⑥ IP시험	○	○
	⑦ 보호 본딩 시험(접지연속성 시험)	○	○
	⑧ 공간거리와 연면거리 시험	○	○
보호기능시험	① 출력과 전압 및 부족전압보호기능시험	×	○
	② 주파수 상승 및 저하보호기능시험	×	○
	③ 단독 운전 방지 기능시험	×	○
	④ 복전 후 일정시간 투입 방지기능 시험	×	○
정상특성시험	① 교류전압, 주파수 추종 범위 시험	×	○
	② 교류출력전류 왜형률 시험	×	○
	③ 측정 오차 정확도 시험	○	○
	④ 온도상승시험	○	○
	⑤ 효율시험	○	○
	⑥ 대기 손실 시험	×	○
	⑦ 정지 · 기동 전압 확인 시험	×	○
	⑧ 최대 전력 추종 시험	×	○
	⑨ 출력전류 직류분 검출 시험	×	○
과도응답특성시험	① 입력전력 급변시험	○	○
	② 계통전압 급변시험	×	○
	③ 계통전압위상 급변시험	×	○
외부사고시험	① 출력측 단락시험	○	○
	② 계통전압 순간정전 · 강하시험	×	○
	③ 부하차단시험	○	○
내전기환경시험	① 계통전압 왜형률 내량시험	×	○
	② 계통전압 불평형 시험	×	○
	③ 부하 불평형 시험	○	×
내주위환경시험	① 습도시험	○	○
	② 온습도 사이클 시험	○	○
전자기적합성(EMC)	① 전자파 장해(EMI)	○	○
	② 전자파 내성(EMS)	○	○

답 ①

1.3 태양광발전시스템 운영

01 태양광발전 시스템의 계측·표시에 필요한 기기가 아닌 것은?

① 센서   ② 트랜스듀서
③ 파워 컨디셔너   ④ 연산장치

> **해설** 태양광발전 시스템의 계측·표시에 필요한 기기
> 검출기(센서), 신호변환기(트랜스듀서), 연산장치, 기억장치 등   **답 ③**

02 다음은 태양광발전 계측·표시에 사용되는 장치에 대한 설명이다. 잘못된 것은?

① 검출기 : 직류, 교류의 전압, 전류, 전력, 역률 등을 계측하여 신호변환기로 공급
② 신호변환기 : 검출된 데이터를 컴퓨터 및 먼 거리에 설치한 표시 장치로 전송
③ 연산장치 : 검출 데이터를 연산하는 데 사용
④ 기억장치 : 기억장치는 외부에서 연결되는 형태로 사용

> **해설** · 검출기 : 직류회로의 전압, 전류를 검출하고, 교류회로는 전압, 전류 및 전력, 역률, 주파수를 계측하여 신호변환기 또는 지시계로 전송한다.
> · 신호변환기 : 검출기로 검출된 데이터를 컴퓨터 및 먼 거리에 설치한 표시장치에 전송
> · 연산장치 : 연산이 필요한 검출데이터를 분석하기 위해 사용
> · 기억장치 : 연산장치로 사용되는 컴퓨터의 메모리 기능 활용, 컴팩트디스크, 자체 기억장치, 메모리 카드 등을 이용하여 저장   **답 ④**

03 태양광 발전시스템의 계측·표시에 관한 설명으로 틀린 것은?

① 계측기의 소비전력을 최대한 높여야 한다.
② 시스템의 운전상태 감시를 위한 계측 또는 표시이다.
③ 시스템 기기 및 시스템 종합평가를 위한 계측이다.
④ 홍보용으로 표시장치를 설치하기도 한다.

> **해설** 태양광 발전시스템의 계측·표시
> 1) 시스템의 운전상태 감시를 위한 계측 또는 표시
> 2) 시스템의 발전전력량을 알기 위한 계측
> 3) 시스템의 기기 및 시스템의 종합평가를 위한 계측
> 4) 시스템의 운전상황을 견학자에게 보여주고, 시스템 홍보를 위한 계측 또는 표시   **답 ①**

04 태양광 모니터링시스템은 태양광발전설비 용량 몇 [kW] 이상의 발전설비에 대해 의무적으로 설치하도록 규정하고 있는가?

① 5[kW]   ② 10[kW]   ③ 50[kW]   ④ 100[kW]

> **해설** 신재생에너지설비 지원기준 및 지침 제7조에 의거 50[kW] 이상의 설비에 대해 의무적으로 설치하도록 규정하고 있다.　　　　**답** ③

05 계측 시스템 중 (가)에 적합한 것은?

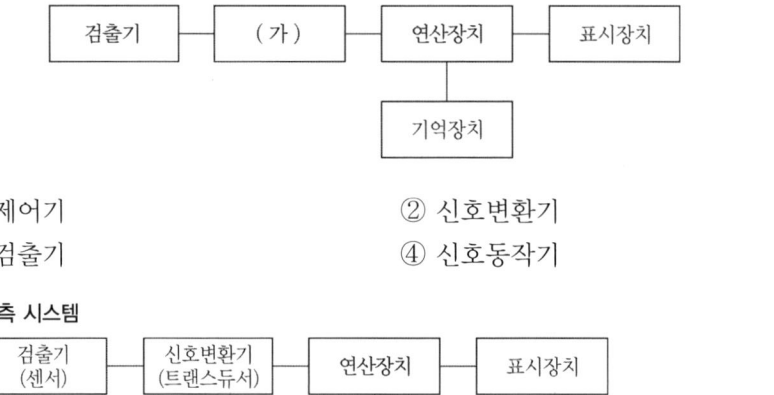

① 신호제어기　　　　　　　　② 신호변환기
③ 신호검출기　　　　　　　　④ 신호동작기

> **해설** 계측 시스템
>
> 검출기(센서) ─ 신호변환기(트랜스듀서) ─ 연산장치 ─ 표시장치
> 연산장치 ─ 기억장치
> 　　　　**답** ②

06 신재생에너지 모니터링 설치기준 중 인버터 CT 정확도는 몇 [%] 이내인가?

① 0.5　　　　　　② 1　　　　　　③ 2　　　　　　④ 3

> **해설** 인버터의 CT 정확도 3[%] 이내　　　　**답** ④

07 신재생에너지 모니터링 설치기준 중 전력량계 정확도는 몇 [%] 이내인가?

① 0.5　　　　　　② 1　　　　　　③ 2　　　　　　④ 3

> **해설** 전력량계 정확도 1[%] 이내　　　　**답** ②

08 다음은 신재생에너지 측정위치 및 모니터링 항목이다. 각 내용에 들어갈 적합한 사항은?

구분	모니터링 항목	데이터(누계치)	측정항목
태양광, 풍력, 수력, 폐기물 바이오	일일발전량[kWh]	(가) 개(시간당)	(나)
	생산시간(분)	1개(1일)	

① (가) : 12, (나) MOF　　　　② (가) : 24, (나) MOF
③ (가) : 24, (나) 인버터출력　　④ (가) : 12, (나) 인버터출력

해설 측정위치 및 모니터링 항목

구분	모니터링 항목	데이터(누계치)	정항목
태양광, 풍력, 수력, 폐기물 바이오	일일발전량[kWh]	24개(시간당)	인버터출력
	생산시간(분)	1개(1일)	

답 ③

---

09 현장에 설치된 장치에서 실시간 측정된 데이터를 전송하는 곳은?

① 한국전력거래소
② 한국전력
③ 전기실
④ 웹서버 또는 메인서버

해설 모니터링 시스템 운영

현장에 설치된 장치에서 실시간 측정된 데이터를 메인서버 및 웹서버로 전송하여 관리한다. **답** ④

---

10 주요 모니터링 장비에 속하지 않는 것은?

① 통신장치
② 전력감시 제어반
③ 계통연계장치
④ 기상관측장치

해설 모니터링 주요설비

1) 통신장치
2) 현장 모니터링 장치 : PC, 모니터
3) 전력감시 제어반
4) 인버터 제어반
5) 기상관측장치 : 수평 일사량계, 경사면 일사량계, 온도계, 풍속계, 풍향계 등 **답** ③

---

11 주요 모니터링 시스템 중 기상관측장치에 속하지 않는 것은?

① 강수량계
② 일사량계
③ 온도계
④ 풍향계

해설 기상관측장치 : 수평 일사량계, 경사면 일사량계, 온도계, 풍속계, 풍향계 등 **답** ①

---

12 모니터링 시스템의 감시 및 제어 항목이 잘못 연결된 것은?

① 인버터 : 입력측(DC) 전압 및 전류, 발전량, 출력측(저압 AC) 전압 및 전류, 발전량
② 특고압(22.9[kV]) : VCB 단에서 측정하는 전압, 및 전류, 발전량
③ 태양광 어레이 접속함 : AC 전압 및 전류, 발전량
④ 기상 : 일사량, 모듈온도, 외기온도, 풍속, 풍향

해설 감시 및 제어 항목

1) 인버터 : 입력측(DC) 전압 및 전류, 발전량, 출력측(저압 AC) 전압 및 전류, 발전량
2) 특고압(22.9[kV]) : VCB 단에서 측정하는 전압, 및 전류, 발전량
3) 태양광 어레이 접속함 : DC 전압 및 전류, 발전량
4) 기상 : 일사량, 모듈온도, 외기온도, 풍속, 풍향 **답** ③

13 태양광발전시스템의 계측기기나 표시장치가 아닌 것은?

① 전력량계　　　　② LED　　　　③ 인버터　　　　④ 일사계

해설 인버터는 DC를 AC로 변환하는 발전 장비이다.　　　　　　　**답** ③

제 2 장

태양광발전시스템 유지

New & Renewable energy

2.1. 태양광발전 준공 후 점검

2.1.1 태양광발전 모듈·어레이 측정 및 점검

(1) 점검 내용

1) 태양전지 발전소에 시설하는 태양전지 모듈, 전선 및 개폐기 기타 기구는 다음에 따라 시설하여야 한다.

① 충전부분은 노출되지 아니하도록 시설할 것.

② 태양전지 모듈에 접속하는 부하측의 전로(복수의 태양전지 모듈을 시설한 경우에는 그 집합체에 접속하는 부하측의 전로)에는 그 접속점에 근접하여 개폐기 기타 이와 유사한 기구(부하전류를 개폐할 수 있는 것에 한한다)를 시설할 것.

③ 전선은 다음에 의하여 시설할 것. 다만, 기계기구의 구조상 그 내부에 안전하게 시설할 수 있을 경우에는 그러하지 아니하다.

가) 전선은 공칭단면적 2.5[mm²] 이상의 연동선 또는 이와 동등 이상의 세기 및 굵기의 것일 것.

나) 옥내에 시설할 경우에는 합성수지관공사, 금속관공사, 가요전선관공사 또는 케이블 공사로 합성수지관 공사, 금속관 공사, 가요전선관 공사 또는 케이블 공사, 금속망 또는 금속판을 사용한 목조의 조영물에 합성수지 몰드 공사·합성수지관 공사·금속관 공사·금속 몰드 공사·가요 전선관 공사·금속 덕트 공사·버스 덕트 공사·케이블 공사·케이블 트레이 공사 또는 라이팅 덕트공사에 의하여 저압 옥내배선을 시설하는 경우 및 저압 옥내배선이 약전류 전선 또는 수관·가스관이나 이와 유사한 것과 접근하거나 교차하는 경우에 저압 옥내배선을 합성수지 몰드공사·합성수지관공사·금속관 공사·금속 몰드 공사·가요전선관 공사·금속덕트 공사·버스덕트 공사·플로어덕트 공사·셀룰러덕트 공사·케이블 공사·케이블 트레이 공사 또는 라이팅덕트 공사, 저압 옥내배선을 합성수지몰드 공사·합성수지관 공사·금속관 공사·금속몰드 공사·가요전선관 공사·금속덕트 공사·버스덕트 공사·플로

어 덕트 공사·케이블트레이 공사 또는 셀룰러덕트 공사의 규정에 준하여 시설할 것

다) 옥측 또는 옥외에 시설할 경우에는 합성수지관공사, 금속관공사, 가요전선관공사, 케이블 공사 및 케이블 공사에 의한 저압의 옥측배선 또는 옥외배선과 나)항의 규정에 준하여 시설할 것

④ 태양전지 모듈과 개폐기 그 밖의 기구에 전선을 접속하는 경우에는 나사 조임이나 이와 동등 이상의 효력이 있는 방법에 의하여 견고하고 또한 전기적으로 완전하게 접속함과 동시에 접속점에 장력이 가해지지 아니하도록 할 것.

가) 태양전지 모듈의 지지물은 자중, 적재하중, 적설 또는 풍압 및 지진 기타의 진동과 충격에 대하여 안전한 구조의 것이어야 한다.

2) 태양전지 모듈의 절연내력

태양전지 모듈은 최대사용전압의 1.5배의 직류전압 또는 1배의 교류전압(500[V] 미만으로 되는 경우에는 500[V])을 충전부분과 대지사이에 연속하여 10분간 가하여 절연내력을 시험하였을 때에 이에 견디는 것이어야 한다.

(2) 점검항목 및 점검요령

점검항목		점검요령
육인 점검	표면의 오염 및 파손	오염 및 파손의 유무
	프레임 파손 및 변형	파손 및 두드러진 변형이 없을 것
	가대의 부식 및 녹 발생	부식 및 녹이 없을 것 (녹이 진행이 없고, 도금강판의 끝부분은 제외)
	가대의 고정	볼트 및 너트의 풀림이 없을 것
	가대의 접지	배선공사 및 접지접속이 확실할 것
	코킹	코킹의 망가짐 및 불량이 없을 것
	지붕재의 파손	지붕재의 파손, 어긋남, 뒤틀림, 균열이 없을 것

2.1.2 토목시설물 점검

(1) 울타리 점검

태양광발전소의 경우 취급자 이외의 자가 그 구내에 용이하게 접근할 우려가 없도록 울타리, 담 등의 적절한 조치를 해야 한다. 다만 어레이의 직류전압이 고압 또는 저압 일지라도 인버터를 통해 교류로 변환된 전압을 특고압 이상으로 승압하기 위한 변압기를 갖추 경우에는 인버터, 변압기 및 모선 등 전기 기계기구 등의 충전부로부터 감전 등의 방지를 목적으로 시설해야 한다.

(2) 배수로 점검

폭우, 강우 시에 배수로가 정상적인 역할을 수행하는지를 점검

2.1.3 접속반, 인버터, 주변 기기 · 장치 점검

(1) 점검 내용

1) 중간단자함을 시설하는 경우는 다음 각 호에 의해 시설하였는지 확인한다.
   ① 중간단자함은 쉽게 점검이 가능한 은폐장소 또는 점검이 가능한 전개된 장소에 시설할 것
   ② 중간단자함은 사용 상태에서 내부에 기능상 지장이 없도록 방수형이나 결로가 생기지 않는 구조일 것
   ③ 외함의 구조는 함 내에 있는 기기의 최고허용온도를 초과하지 않는 구조일 것
   ④ 중간단자함 내에는 필요한 경우 피뢰소자 등을 시설할 것

2) 접속함

주요 기능은 인버터에 입력되는 발전량의 용량에 따라서 각 어레이의 병렬군을 접속하여 어레이별 케이블을 인버터까지 연결해 주는 기능과 여러 개의 태양전지 모듈의 접속을 알기 쉽게 정리하고 보수 · 점검 시에 회로를 분리하여 점검작업을 용이하게 하며, 어레이 단위별로 현장에서 가장 가까이 설치되어 보호 기능을 갖는 역할을 하는데 그 목적이 있다. 최근에는 각 회로별로 직류 전압, 전류 감시기능을 포함하여 종합 감시를 할 수 있도록 출시된 제품도 있다.

접속함에는 직류출력 개폐기, 피뢰소자(SPD), 역류방지소자, 단자대, 퓨즈 또는 개폐기 등으로 구성되어 있으며 절연저항측정이나 정기적인 단락전류 확인을 위해서 출력단락용 개폐기를 설치하는 경우가 있다.

(2) 점검항목 및 점검요령

1) 중간단자함

점검항목		점검요령
육안 점검	외함의 부식 및 파손	부식 및 파손이 없을 것
	방수처리	입구가 실리콘 등으로 방수처리 되어 있을 것
	배선의 극성	태양전지에서 배선의 극성이 바뀌어 있지 않을 것
	단자 내 나사의 풀림	확실하게 취부되고, 나사의 풀림이 없을 것
측정	개방전압 및 극성	규정의 전압일 것, 극성이 올바를 것 (각 회로마다 모두 측정)

2) 인버터

점검항목		점검요령
육안 점검	외함의 부식 및 파손	부식 및 파손이 없을 것
	취　부	‣ 견고하게 고정되어 있을 것 ‣ 유지보수에 충분한 공간이 확보되어 있을 것 ‣ 옥내용 : 과도한 습기, 기름습기, 연기, 부식성 가스, 가연가스, 　먼지, 염분, 화기 등이 존재하지 않는 장소일 것 ‣ 옥외용 : 눈이 쌓이거나 침수의 우려가 없을 것 ‣ 화기, 가연가스 및 인화물이 없을 것
	배선의 극성	‣ P는 태양전지(+), N은 태양전지(−) ‣ U · O는 계통측 배선(단상 3선식 200[V]) 　[(O는 중성선)U−O, O−W간 200[V]]
	단자 내 나사의 풀림	확실하게 취부되고, 나사의 풀림이 없을 것
	접지단자와의 접속	접지와 바르게 접속되어 있을 것 (접지봉 및 인버터 "접지단자"와 접속)
측정	수전전압	주회로단자대 U−O, O−W 간은 AC 220 ±13[V]일 것(수전전압 이 높으면 출력전력 억제하기 쉽도록 유의)

3) 그 외 태양광발전용 개폐기, 전력량계, 인입구, 개폐기 등

점검항목		점검요령
육안 점검	전력량계	발전사업자의 경우 전력회사에서 지급한 전력량계 사용
	주간선 개폐기(분전반 내)	역접속 가능형으로서 볼트의 흔들림이 없을 것
	태양광발전용 개폐기	"태양광발전용"이라 표시되어 있을 것

4) 운전 · 정지

점검항목		점검요령
조작 및 육안 점검	보호계전기능의 설정	전력회사 정정치를 확인할 것
	운전	운전스위치 "운전"에서 운전할 것
	정지	운전스위치 "정지"에서 정지할 것
	투입저지 시한 타이머 동작시험	인버터가 정지하여, 소정시간 후 자동 기동할 것
	자립운전	자립운전에 전환할 때 자립운전용 콘센트에서 제조업자 규정전압이 출력될 것
	표시부의 동작확인	표시가 정상으로 표시되어 있을 것
	이상음 등	운전 중 이상음, 이상진동, 악취 등의 발생이 없을 것
측정	발전전압(태양전지전압)	태양전지의 동작전압이 정상일 것 (동작전압 판정 일람표에서 확인)

5) 발전전력

점검항목		점검요령
육안점검	인버터의 출력표시	인버터 운전 중, 전력표시부에 사양과 같이 표시될 것
	전력량계(거래용계량기 송전 시)	회전을 확인할 것
	전력량계(수전 시)	정지를 확인할 것

2.2 태양광발전 점검개요

2.2.1 일상점검 항목 및 점검요령

(1) 태양전지 어레이

점검항목		점검요령
육안점검	유리 등 표면의 오염 및 파손	심한 오염 및 파손이 없을 것
	가대의 부식 및 녹	부식 및 녹이 없을 것
	외부배선(접속케이블)의 손상	접속케이블에 손상이 없을 것

(2) 접속함

점검항목		점검요령
육안점검	외함의 부식 및 손상	부식 및 파손이 없을 것
	외부배선(접속케이블)의 손상	접속케이블에 손상이 없을 것

(3) 인버터

	점검항목	점검요령
육안 점검	외함의 부식 및 파손	외함의 부식·녹이 없고 충전부가 노출되어 있지 않을 것
	외부배선(접속케이블)의 손상	인버터에 접속된 배선에 손상이 없을 것
	환기확인(환기구멍, 환기필터)	환기구를 막고 있지 않을 것 환기필터가 막혀 있지 않을 것
	이상음, 악취, 발연, 및 이상과열	운전 시의 이상음, 이상한 진동, 악취 및 이상한 과열이 없을 것
	표시부의 이상표시	표시부에 이상코드, 이상을 표시하는 램프의 점등, 점멸 등이 없을 것
	발전상황	표시부의 발전상황에 이상이 없을 것

2.2.2 정기점검 항목 및 점검요령

(1) 점검 항목

1) 태양전지 어레이

	점검항목	점검요령
육안점검	접지선의 접속 및 접속단자의 풀림	접지선에 확실하게 접속되어 있을 것 볼트의 풀림이 없을 것

2) 접속함

	점검항목	점검요령
육안점검	외함의 부식 및 파손	부식 및 손상이 없을 것
	외부의 배선 손상 및 접속단자의 풀림	배선의 이상이 없을 것 볼트의 풀림이 없을 것
	접지선의 손상 및 접지단자의 풀림	접지선에 이상이 없을 것 볼트의 풀림이 없을 것
측정 및 시험	개방전압	규정의 전압일 것 극성이 올바른 것

3) 인버터

	점검항목	점검요령
육안점검	외함의 부식 및 파손	부식 및 파손이 없을 것
	외부배선의 손상 및 접속단자의 풀림	배선에 이상이 없을 것 볼트의 풀림이 없을 것
	접지선의 파손 및 접속단자의 풀림	접지선에 이상이 없을 것 볼트의 풀림이 없을 것
	환기 확인(환기구, 환기필터 등)	환기구를 막고 있지 않을 것 환기필터가 막혀 있지 않을 것
	운전 시의 이상음, 진동 및 악취의 유무	운전 시에 이상음, 이상 진동 및 악취가 없을 것

	점검항목	점검요령
측정 및 시험	표시부의 동작 확인 (표시부 표시, 충전전력 등)	표시상황 및 발전상황에 이상이 없을 것
	투입저지 시한 타이머(동작시험)	인버터가 정지하여 소정 시간 후 자동 기동할 것
육안점검	태양광발전용 개폐기의 접속단자의 풀림	볼트의 풀림이 없을 것

(2) 검사 항목

1) 태양전지 설치 및 전력변환장치 검사

검사시기	전 회 검사 후 4년 이내
검사항목	• 태양전지 – 설치상태 및 인증제품 확인 • 전력변환장치 – 보호장치 시험(단독운전방지장치 등)
준비서류	• 태양전지 시험성적서 • 인버터 시험성적서 • 보호장치 시험
합격기준	전기설비 기술기준에 적합

2) 태양전지 검사

검사시기	전기공사가 완료된 때

검사항목	• 태양전지 검사
	  – 외관검사 – 구조물지지 및 전지 시설상태 확인
	  – 전기적인 특성 확인 – 어레이 접지상태 확인

준비서류	• 단선결선도 • 절연저항 시험성적서 • 절연내력시험성적서 • 경보회로시험성적서 • 부대설비시험성적서 • 보호장치 및 계전기 시험성적서
합격기준	전기설비 기술기준에 적합

3) 전력변환장치 검사

검사시기	전 회 검사 후 4년 이내

검사항목	1) 전력변환장치
	  • 외관검사 • 절연저항
	  • 절연내력 • 제어회로 및 경보장치
	  • 역방향운전 제어시험 • 단독운전방지시험
	  • 인버터 자동수동절체 시험 • 충전기능시험
	  • 전력조절부/static 스위치 자동수동 절체시험
	2) 보호장치
	  • 외관검사 • 절연저항 • 보호장치시험
	3) 축전지
	  • 시설상태 확인 • 전해액 확인 • 환기시설 상태

준비서류	• 단선결선도 • 절연저항시험성적서 • 경보회로시험성적서 • 보호장치 및 계전기 시험 성적서	• Sequence 도면 • 절연내력시험성적서 • 부대설비시험성적서
합격기준	전기설비 기술기준에 적합	

4) 변압기 검사

검사시기	전 회 검사 후 4년 이내	
검사항목	• 규격 확인 • 조작용 전원 및 회로점검 • 절연저항 • 제어회로 및 경보장치	• 외관검사 • 보호계전기 및 계전기 • 절연유 내압시험
준비서류	• 전 회 검사서 • 절연유 내압시험성적서 • 계기교정시험 성적서 • 보호계전기 시험성적서	• Sequence 도면 • 절연저항시험성적서 • 경보회로시험성적서
합격기준	전기설비 기술기준에 적합	

5) 차단기 검사

검사시기	전 회 검사 후 4년 이내	
검사항목	• 규격 확인 • 조작용 전원 및 회로점검 • 개폐 표시상태 확인	• 외관검사 • 절연저항 측정 • 제어회로 및 경보장치 시험
준비서류	• 전 회 검사서 • 계기교정시험 성적서 • 절연저항시험성적서	• 개폐기 interlock도면 • 경보회로시험성적서
합격기준	전기설비 기술기준에 적합	

6) 전선로(모선) 검사

검사시기	전 회 검사 후 4년 이내	
검사항목	• 외관검사 • 절연저항 측정 • 부대설비 외관검사 • 보호계전기 정정상태 및 시험	• 조작용 전원 및 회로점검 • 절연내력 시험 • 충전 시험
준비서류	• 공사계획인가(신고)서 • 단선결선도 • sequence도면 • 상회전 및 Loop 시험성적서 • 절연저항시험성적서 • 경보회로시험 성적서	• 전선로 및 부대설비 규격서 • 보호계전기 결선도 • 보호장치 및 계전기시험 성적서 • 절연저항시험 성적서 • 부대설비시험 성적서
합격기준	전기설비 기술기준에 적합	

7) 부하운전시험 검사

검사시기	전 회 검사 후 4년 이내
검사항목	전력변환장치 운전상태
준비서류	일사량 특성곡선
합격기준	공사계획인가(신고) 출력에서 일사량 대비 가능 출력으로 운전

2.3 태양광발전 유지관리

2.3.1 발전설비 유지관리

(1) 외관검사

1) 태양전지모듈, 태양전지 어레이 점검
- 시공 시 반드시 태양전지모듈의 파손 여부를 확인
- 일상점검, 정기점검에서 태양전지모듈 표면의 오염, 유리에 금이 가는 등의 손상, 변색, 낙엽 등의 유무 및 가대 등의 녹 발생 유무 확인

2) 배선케이블 등의 점검
- 전선·케이블은 설치공사 시 손상이나 비틀림의 원인으로 절연저항 저하나 절연 파괴를 일으킬 수 있음

3) 접속함, 인버터
- 시공 후 태양광발전시스템을 운전할때는 전기기기 및 접속함 등의 케이블 접속부를 확인함
- 일상점검, 정기점검에서 육안점검에 따라 접속단자의 풀림, 손상 유무를 확인

4) 축전지 및 기타 주변기기의 점검
- 기기 공급제작자의 권장사항에 따라 점검

(2) 운전상황 확인

1) 소리음, 진동, 냄새의 주의
- 운전 중 청각과 후각을 이용하여 평상시와 다름을 확인하고 이상 시 정밀검사 실시
- 점검이 불가능한 경우 기기 제작사, 전문가에 의뢰

2) 운전상황의 점검

- 측정장비의 표시값이 일반적인 상황과 다르면 기기 제작사, 전문가에게 의뢰 점검
- 태양광발전 계측장비의 보편화로 일상의 운전상황 확인 가능

(3) 태양전지 어레이의 출력 확인

1) 개방전압 측정

① 개방전압 측정 시 유의 사항

- 태양전지 어레이 표면 청소
- 각 스트링의 측정은 안정된 일사강도가 얻어질 때 수행
- 측정시간은 일사강도, 온도의 변동을 극히 적게 하기 위하여 맑을 때, 남쪽에 있을 때의 전후 1시간에 실시
- 태양전지는 비오는 날에도 전압이 발생하므로 주의 요함

② 측정회로

- 시험장비 : 직류전압계

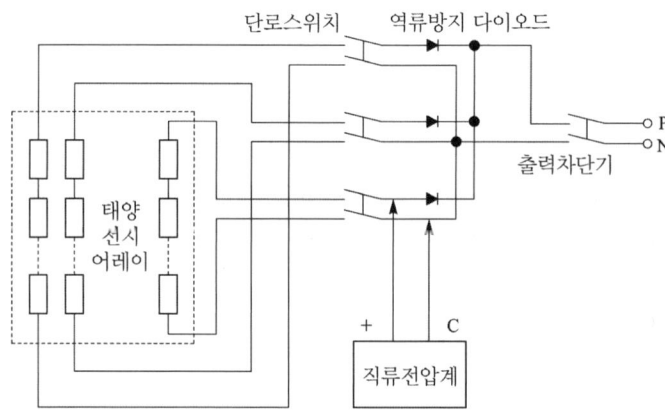

③ 측정순서

가) 접속함의 출력개폐기를 OFF

나) 접속함의 각 스트링 단로 스위치를 모두 OFF

다) 각 모듈이 음영이 있는지 확인

라) 측정하는 스트링의 단로 스위치만 ON, 직류전압계로 각 스트링의 P-N 단자 전압 측정

2) 단락전류 확인

　－ 단락전류를 측정하여 태양전지모듈 이상 유무 확인

　－ 동일조건의 스트링에서 상호 비교하여 이상 유무 확인

(4) 절연저항의 측정

1) 태양전지

　① 절연저항 측정 시 유의 사항

　　－ 태양전지는 낮에 전압이 발생되므로 주의하여 절연저항 측정

　　－ 뇌보호를 위한 어레스터 등 피뢰소자는 태양전지 어레이 출력단에 설치되어 있으며 절연저항 측정 시 접지측과 분리

　　－ 절연저항 측정 시 기온, 습도 기록(절연저항은 기온과 습도에 많은 영향을 받음)

　② 측정회로

　　－ 시험기자재 : 절연저항계(메가), 온도계, 습도계, 단락용 개폐기

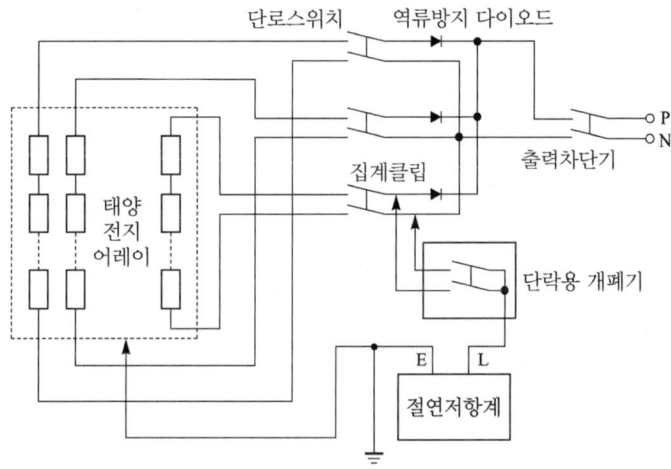

　③ 측정순서

　　㉮ 출력개폐기를 OFF한다(출력개폐기의 입력부에 서지 옵서버를 취부하고 있는 경우는 접지 단자를 분리시킨다).

　　㉯ 단락용 개폐기를 OFF한다.

　　㉰ 전체 스트링의 단로 스위치를 OFF한다.

⑭ 단락용 개폐기의 1차측(+) 및 (−)의 클립을, 역류방지 다이오드에서 태양전 지측과 단로 스위치와의 사이에 각각 접속한다. 접속 후 대상으로 하는 스트링 단로 스위치를 ON으로 한다. 마지막으로 단락용 개폐기를 ON한다.

⑮ 메가의 E측을 접지단자에, L측을 단락용 개폐기의 2차측에 접속하고, 메가를 ON하여 저항치를 측정한다.

⑯ 측정 종류 후에 반드시 단락용 개폐기를 OFF하여 두고, 단로 스위치를 OFF로 하고 마지막에 스트링의 클립을 제거한다. 이 순서를 절대로 다르게 해서는 안 된다. 단로 스위치에는 단락전류를 차단하는 기능이 없으며, 또한 단락상태에 서 클립을 제거하면 아크방전이 생겨 측정자가 화상을 입을 가능성이 있다.

⑰ 서지 옵서버의 접지측 단자를 복원하여 대지전압을 측정해서 잔류전하의 방전 상태를 확인한다.

2) 인버터 회로

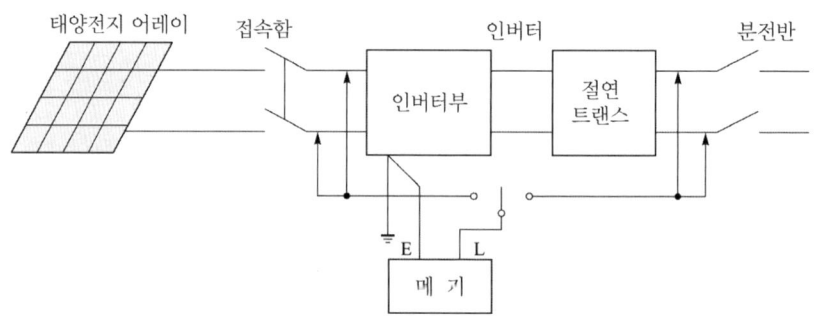

① 입력회로
    ㉮ 태양전지 회로를 접속함에서 분리한다.
    ㉯ 분전반 내의 분기 차단기를 개방한다.
    ㉰ 직류측의 모든 입력 단자 및 교류측의 전체 출력단자를 각각 단락한다.
    ㉱ 직류단자와 대지간의 절연저항을 측정한다.

② 출력회로
    ㉮ 태양전지 회로를 접속함에서 분리한다.
    ㉯ 분전반 내의 분기 차단기를 개방한다.
    ㉰ 직류측의 모든 입력 단자 및 교류측의 전체 출력단자를 각각 단락한다.
    ㉱ 교류단자와 대지 간의 절연저항을 측정한다.

③ 그 외

　㉮ 정격전압이 입출력에서 다를 때는 높은 측의 전압을 절연저항계의 선택기준으로 한다.

　㉯ 입출력 단자에 주회로 이외의 제어단자 등이 있는 경우는 이것을 포함해서 측정한다.

　㉰ 측정할 때는 서지 옵서버 등의 정격에 약한 회로에 관해서는 회로에서 분리시킨다.

　㉱ 트랜스리스 인버터의 경우는 제조업자가 추천하는 방법에 따라 측정한다.

(5) 절연내압의 측정

1) 태양전지 어레이 회로

① 절연저항측정과 같은 회로조건으로서 표준태양전지 어레이 개방전압을 최대사용전압으로 간주하여 최대사용전압의 1.5배의 직류전압 혹은 1배의 교류전압(500[V] 미만일 때는 500[V])을 10분간 인가하여 절연파괴 등의 이상이 발생하지 않는 것을 확인한다.

② 태양전지 스트링의 출력회로에 삽입되어 있는 피뢰소자는 절연시험회로에서 분리시키는 것이 일반적이다.

2) 인버터의 회로

① 절연저항측정과 같은 회로조건으로서 또한 시험 전압은 태양전지 어레이 회로의 절연내압시험의 경우와 같이 시험전압을 10분간 인가하여 절연파괴 등의 이상이 생기지 않는 것을 확인한다.

② 인버터 내에는 서지 옵서버 등 접지되어 있는 부품이 있기 때문에 제조사에서 지시하는 방법으로 실시한다.

2.3.2 송전설비 유지관리

(1) 점검의 분류와 점검주기

점검의분류 ＼ 제약조건	문의 개폐	커버류의 분류	무정전	회로 정전	모선 정전	차단기 인 출	점검주기
일상순시점검	-	-	○	-	-	-	매 일
	○	-	○	-	-	-	1회/월
정기점검	○	○	-	○	-	○	1회/6개월
	○	○	-	○	○	○	1회/3년
일시점검	○	○	-	○	○	○	-

주 1) 점검주기는 대상기기의 환경조건, 운전조건, 설비의 중요성, 경과년수 등에 의하여 영향을 받기 때문에 상기에 표시된 점검주기를 고려하여 선정한다.
 2) 무정전 상태에서도 문을 열고 점검할 수 있으며 1개월에 1회 정도는 문을 열고 점검하는 것이 좋다.
 3) 모선정전의 기회는 별로 없으나 심각한 사고를 방지하기 위하여 3년에 1번 정도 점검하는 것이 좋다.

1) 일상순시점검
- 일상순시 점검은 배전반 외부에서 이상한 소리, 냄새, 손상 등을 점검항목의 대상 항목에 따라 점검하는 것을 말한다.
- 이상상태 발견 시 배전반 문을 열고 이상의 정도를 확인한다.
- 이상 상태가 직접 운전이 불가능한 경우를 제외하고는 이상상태 내용을 기록하고 정기 점검 시 참고 자료로 반영한다.

2) 정기점검
- 원칙적으로 정전을 시키고 무전압 상태에서 기기의 이상 상태를 점검하고 필요에 따라서는 기기를 분해하여 점검한다.
- 모선을 정전하지 않고 점검해야 할 경우 안전사고가 일어나지 않도록 주의한다.

3) 일시점검
- 일상 순시 점검과 정기점검의 문제점을 상세하게 점검을 한다.

(2) 보수점검작업
1) 점검 전의 유의사항
① 준비철저
② 회로도에 의한 검토
③ 연락
④ 무전압 상태확인 및 안전조치
2) 점검 후의 유의사항
① 접지선 제거
② 최종 확인

(3) 공통사항
① 녹이 슬거나 도장의 벗겨짐
② 기타

(4) 일상순시 점검사항
1) 배전반

① 외함

점검개소	목적	점검내용
외부 일부 (문, 외함)	볼트 조임 이완	뒷커버 등의 볼트의 조임이 이완되었거나 바닥에 떨어진 것은 없는가
	손상	문의 개폐상태는 이상이 없는가
		점검창 등의 패킹 등이 열화되어 손상은 없는가
	이상한 소리	볼트류 등의 조임이 이완되어 진동하는 소리는 없는가
	오손	점검창 등이 오손되어 내부가 잘 보이지 않는 부분은 없는가
명판	손상	조임이 이완되어 떨어진다던가 파손 및 선명하지 못한 부분은 없는가
인출기구 조작기구	위치	인출기기의 접촉위치 및 단로위치는 정확한가
반출기구 (고정장치)	위치	적당한 위치에 놓여 있는가

② 모선 및 지지물

점검개소	목적	점검내용
모선 전반	이상한 소리	볼트류의 조임이 이완되어 진동음은 없는가
		코로나(CORONA) 방전에 의한 이상한 소리는 없는가
	이상한 냄새	코로나(CORONA) 방전 또는 과열에 의한 이상한 냄새는 나지 않는가

③ 주회로 인입 인출부

점검개소	목적	점검내용
폐쇄 모선의 접속부	이상한 소리	볼트류의 조임이 이완되어 진동음은 없는가
부싱 (BUSHING)	손상	균열, 파손은 없는가
	이상한 소리	코로나(CORONA) 방전 등에 의한 진동음은 없는가
케이블 단말부 및 접속부, 케이블 관통부	이상한 소리	볼트류의 조임이 이완되어 진동음은 없는가
	이상한 냄새	코로나 방전 또는 과열에 의한 이상한 냄새는 나지 않는가
	손상	케이블 막이판의 탈락 또는 간격의 벌어짐은 없는가
	쥐, 곤충 등의 침입	침입의 흔적은 없는가

④ 제어회로의 배선

점검개소	목적	점검내용
배선전반	손상	가동부 등에 연결되는 전선의 절연 피복 손상은 없는가
		전선 지지물이 떨어져 있는가
	이상한 냄새	과열에 의한 이상한 냄새는 없는가

⑤ 단자대

점검개소	목적	점검내용
외부 일반	조임의 이완	조임부의 이완은 없는가
	손상	절연물 등의 균열, 파손은 없는가

⑥ 접지

점검개소	목적	점검내용
접지단자 접지선	손상	접지선의 부식 또는 단선은 없는가
	표시	표시부착물이 떨어져 있지는 않은가

2) 내장기기, 부속기기

① 주회로용 차단기(GCB, VCB, ACB)

점검개소	목적	점검내용
외부 일반	이상한 소리	코로나방전 등에 의한 이상한 소리는 없는가
	이상한 냄새	코로나방전, 과열에 의한 이상한 냄새는 나지 않는가
	누출	GCB의 경우 가스 누출은 없는가
개폐 표시기 개폐 표시등	지시표시	표시는 정확 한가
개폐 도수계	표시	기계적인 수명 횟수에 도달하여 있지는 않은가

② 배선차단기, 누전차단기

점검개소	목적	점검내용
외무일반	이상한 냄새	과열에 의한 이상한 냄새는 없는가
조작장치	표시	동작상태를 표시하는 부분이 잘 보이는가
		개폐기구의 핸들과 표시등의 상태는 올바른가

③ 단로기

점검개소	목적	점검내용
외부 일반	이상한 소리	코로나방전 등에 의한 이상한 소리는 없는가
	이상한 냄새	코로나방전, 과열에 의한 이상한 냄새는 나지 않는가
	누출	절연유를 내장한 부하개폐기의 경우 기름의 누출은 없는가
개폐 표시기 개폐 표시등	지시표시	표시는 정확 한가

④ 변성기

점검개소	목적	점검내용
외부 일반	이상한 소리	코로나방전 등에 의한 이상한 소리는 없는가
	이상한 냄새	코로나방전에 의한 이상한 냄새는 나지 않는가

⑤ 변압기 리액터

점검개소	목적	점검내용
외부일반	이상한 소리	코로나방전 등에 의한 이상한 소리는 없는가
	이상한 냄새	코로나방전, 과열에 의한 이상한 냄새는 나지 않는가
	누출	절연유의 누출은 없는가
온도계	지시표시	지시는 소정의 범위 내에 들어가 있는가
유면계 가스압력계	지시표시	유면은 적당한 위치에 있는가 가스의 압력은 규정치보다 낮지 않은가(질소봉입의 경우)

⑥ 주회로용 퓨즈

점검개소	목적	점검내용
외부 일반	손상	퓨즈 통, 애자 등의 균열, 파손, 변형은 없는가
	이상한 소리	코로나방전 등에 의한 이상한 소리는 없는가
	이상한 냄새	코로나방전 또는 과열에 의한 이상한 냄새는 나지 않는가

(5) 정기점검사항

1) 배전반

① 외함

점검개소	목적	점검내용	비고
외부 일반 (문, 외함)	볼트의 조임 이완	볼트류의 조임 이완 및 바닥에 떨어진 것은 없는가	
	손상	패킹류의 열화 손상은 없는가	
	오손	반내에 비의 침투 또는 결로가 일어난 흔적은 없는가	특히 주회로 절연물의 상황에 주의
	환기	환기구의 필터 등이 떨어져 있지 않는가	
	설치	바닥의 이상침하 또는 융기에 의한 경사 및 균형의 뒤틀림은 없는가	차단기외 주회로 단로부에 영향이 없는가 주의
문	볼트의 조임 이완	경첩, 스톱퍼(STOPPER) 등의 볼트의 조임 이완은 없는가	
	동작	손잡이는 확실히 동작하는가 문 쇄정장치의 동작은 정확한가	
격벽	볼트의 조임 이완	볼트류의 조임 이완 및 바닥에 떨어진 것은 없는가	
	손상	변형 또는 파손은 없는가	

점검개소	목적	점검내용	비고
주회로 단로부 (접지접촉 단자포함)	볼트의 조임 이완	볼트류의 조임 이완 및 바닥에 떨어진 것은 없는가	상세한 것은 차단기 취급 설명 참조
	손상	부싱, 전선 등이 파손, 단선 및 변형은 없는가	
	접촉	접촉상태는 양호한가	접촉부의 접점은 구리 스를 칠한다.
	변색	도체의 과열에 의한 변색은 없는가	
	오손	이물질 또는 먼지 등이 부착되지 않았나	

② 배전반

점검개소	목적	점검내용
제어회로 단로부	볼트의 조임 이완	가동, 고정 측의 볼트 조임의 이완은 없는가
	손상	플러그(PLUG), 전선 등의 파손, 단선 변형 등은 없는가
	접촉	접촉상태는 양호한가
셔터 (SHUTTER)	손상	볼트류의 조임 이완에 의한 변형 및 바닥에 떨어져 있지는 않는가
	동작	동작은 확실한가
리미트스위치 (LIMIT SWITCH)	손상	레버(LEVER) 또는 본체의 파손, 변형은 없는가
인출기구 (차단기, 유니트 등)	볼트의 조임 이완	볼트류의 조임 이완에 의한 변형 및 탈락은 없는가
		위치표시 명판의 변형, 탈락은 없는가
	손상	레일 또는 스톱퍼(STOPPER)의 변형은 없는가
	동작	인출기기가 정해진 위치에 이동하는가
기구조작 (단로기 등)	볼트의 조임 이완	볼트류의 조임 이완에 의합 변형 및 탈락은 없는가
	동작	동작은 확실한가
명판과 표시물	손상	볼트의 조임 이완 및 파손, 바닥에 떨어져 있지는 않은가
	오손	먼지 등의 부착 또는 오손에 의하여 잘 보이지 않는 부분은 없는가

③ 모선 및 지지물

점검개소	목적	점검내용
모선전반	볼트의 조임 이완	볼트의 조임 이완 및 바닥에 떨어져 있지는 않은가
	손상	애자 등의 균열, 파손, 변형은 없는가
	변색	과열에 의한 접속부 또는 절연물의 변색은 없는가
애자, 부싱 절연 지지물	손상	애자 등의 균열, 파손, 변형은 없는가
	변색	과열에 의한 절연물의 변색은 없는가
	오손	이물질이나 먼지 등이 부착되어 있지 않은가
플렉시블 모선	손상	단선이나 꺼여 있는 부분은 없는가
	변색	표면에 특이할만한 변색은 없는가

④ 주회로 인입 인출부

점검개소	목적	점검내용
폐쇄모선의 접속부	볼트의 조임 이완	볼트의 조임 이완 및 바닥에 떨어져 있지는 않은가
	손상	옥외용의 패킹(PACKING)류의 열화는 없는가
	변색	과열에 의한 접속부 또는 절연물의 변색은 없는가
붓싱	볼트의 조임 이완	볼트류의 조임 이완은 없는가
	손상	절연물의 균열, 파손은 없는가
	변색	과열에 의한 접속부 또는 절연물의 변색은 없는가
	오손	이물질 또는 먼지의 부착은 없는가
케이블 단말부 또는 접속부	볼트의 조임 이완	볼트류의 조임 이완은 없는가
	손상	절연테이프 등이 벗겨져 손상은 없는가
	콤파운드의 떨어짐	콤파운드 등이 떨어져 있지는 않는가
	오손	이물질 또는 먼지의 부착은 없는가

⑤ 배선

점검개소	목적	점검내용
전선 일반	볼트의 조임 이완	접속부 등의 볼트 조임 이완은 없는가
	손상	가동부 등에 연결되는 전선의 절연피복의 손상은 없는가
	변색	절연물의 과열에 의한 변색은 없는가
전선지지대	손상	• 배선덕트 속 배선 밴드(BAND) 등이 파열에 의한 손상은 없는가 • 전선 지지대가 떨어진 것은 없는가 • 과열 또는 경년열화 등에 의한 변형, 탈락은 없는가
	오손	먼지 등이 부착되어 잘 보이지 않는 부분은 없는가

⑥ 단자대

점검개소	목적	점검내용
외부 일반	볼트의 조임 이완	단자부의 볼트 조임의 이완은 없는가
	손상	절연물의 균열, 파손은 없는가
	변색	과열에 의한 절연물의 변색은 없는가
	오손	단자부의 오손 및 이물질의 부착은 없는가

⑦ 접지

점검개소	목적	점검내용
접지단자 접지선 접지모선	볼트의 조임 이완	접속부에 볼트 조임의 이완이 확실히 접지되어 있는가
	오손	단자부의 오손 및 이물질의 부착되어 있지 않는가

⑧ 장치 일반

점검개소	목적	점검내용
절연저항 측정	접촉 저항치	주회로 및 제어회로의 절연저항은 설치 시에 측정치와 측정조건을 기록하고, 정기점검 시 항목별로 기록한다.
	절연 저항치	측정하고 절연물을 마른 수건으로 청소할 것
제어회로	회로의 정상 동작	• 절연개폐기에 의한 확인 : PT, CT로부터 전압, 전류가 정상적으로 공급되는가를 절환 개폐기로서 확인
		• 제어개폐기에 의한 조작시험 기기가 정상적으로 동작하는가를 제어 개폐기를 조작함으로서 개폐기동작에 따른 상태 표시 확인 • 계전기로서 동작확인 계전기 주접점을 동작시킴으로서 차단기가 차단되는가를 시험하고 개폐표시 등 및 고장 표시기가 정상적으로 동작하는가를 확인하고 또한 계전기 자체의 고장표시기 및 보조 접촉기의 동작을 확인
인터록	전기적 기계적	인터록 상호간을 제어회로에 따라서 조건을 만족하는가를 확인
	동작확인	인터록 기구에 대해서 동작을 확인
		리미트 스위치 등의 이상은 없는가

2) 내장기기, 부속기기

① 주회로용 차단기

점검개소	목적	점검내용
외부일반	볼트의 조임 이완	주회로 단자부의 볼트류의 조임 이완은 없는가
	손상	절연물 등의 균열, 파손, 변형은 없는가
	변색	단자부 및 접촉부의 과열에 의한 변색은 없는가
	오손	절연애자 등에 이물질, 먼지 등이 부착되어 있지 않은가
	누출	진공도가 저하되지는 않았는가
		가스압은 저하되지 않았는가
	마모	접점의 마모는 어떤가 (외부에서 판정할 수 있는 부분)
개폐 표시기 개폐 표시등	동작	정상적으로 동작 하는가
개폐 도수계	동작	정상적으로 동작 하는가
조작장치	손상	스프링 등의 녹 발생 파손, 변형은 없는가
		각 연결부, 핀(PIN)의 구부러짐, 탈락은 없는가
		코일 등의 단선은 없는가
	주유	주유상태는 충분한가
저압 조작회로	볼트의 조임 이완	제어회로 단자부의 볼트류의 조임 이완은 없는가
	손상	제어회로의 플러그의 접촉은 양호한가

② 배선용 차단기

점검개소	목적	점검내용
외부일반	볼트의 조임 이완	단자부의 볼트류의 조임 이완은 없는가
	손상	절연물 등의 균열, 파손 및 변형은 없는가
	변색	단자부 및 접촉부의 파열에 의한 변색은 없는가
	오손	절연물에 이물질 또는 먼지 등이 부착되어 있지 않는가
조작장치	동작	개폐동작은 정상인가
	지시표시	개폐표시는 정상인가

③ 단로기 교류부하 개폐기

점검개소	목적	점검내용
외부일반	볼트의 조임 이완	주회로 단자부의 볼트 조임 이완은 없는가
	손상	절연물 등의 균열, 파손 및 변형은 없는가
		조작레버 등에 손상은 없는가
		스프링 등의 녹 발생, 파손, 변형은 없는가
	변색	단자부의 접촉에 의한 변색은 없는가
	오손	절연애자 등에 이물질 먼지 등이 부착되어 있지 않은가
	누출	유입개폐기의 경우 절연유의 누출은 없는가
주접촉부	볼트의 조임이완	자력접촉의 경우는 고정접점이 저절로 열리는 경우는 없는가
		타력접촉의 경우는 스프링 등에 탄력성이 있는가
조작장치	접촉	접점이 거칠어지지는 않았는가
	손상	기중 부하개폐기의 경우 소호실에 이상은 없는가
		스프링 등에 녹 발생, 파손이나 변형은 없는가
		각 연결부, 핀의 구부러짐, 탈락은 없는가
	동작	클램프(CLAMP)등 연결부는 정상인가 투입, 개폐가 원활한가
	주유	주유 상태는 충분한가
	지시표시	개폐표시는 정상인가
저압 조작회로	볼트의 조임 이완	단자부의 볼트 조임 이완은 없는가 열리는 경우는 없는가
안전점검	동작	후크(HOOK) 조작의 경우 단로기의 개로상태에서 크러쉬(CRUSH)는 확실한가

④ 변성기

점검개소	목적	점검내용
외부 일반	볼트의 조임 이완	단자부의 볼트류의 조임 이완은 없는가
	손상	절연물의 균열, 파손은 없는가 철심에 녹의 발생, 손상은 없는가 (외부에서 판정이 가능한 경우에만 적용)
	변색	부싱 단자부에 변색은 없는가
	오손	부싱 등에 이물질 및 먼지 등이 부착되어 있지 않은가

⑤ 변압기

점검개소	목적	점검내용
외부일반	볼트의 조임 이완	단자부의 볼트류의 조임 이완은 없는가
	손상	부싱 등의 균열, 파손, 변형은 없는가
		유연계, 온도계의 파손은 없는가
		건식의 경우 코일, 절연물의 손상은 없는가
	변색	건식의 경우 코일, 절연물의 과열에 의한 변색은 없는가
	누출	유입형의 경우 기름은 누출되지 않았나
	오손	부싱 등에 이물질, 먼지 등이 부착되어 있지 않은가
유면계 가스압력계	지시 표시	유면은 적절한 위치에 있는가(유입형의 경우)
		질소봉입의 경우 가스압력이 떨어지지 않았는가
온도계	지시 표시	지시표시는 정상인가
	동작	경보회로는 정상인가
냉각팬 (FAN)	오손	필터(FILTER)는 막히지 않았는가
	동작	동작은 정상인가
	주유	주유는 정상인가
	동작	자동운전의 경우는 운전상태 확인

⑥ 주회로용 퓨즈

점검개소	목적	점검내용
외부 일반	볼트의 조임 이완	단자부의 볼트 조임의 이완은 없는가
	손상	퓨즈통, 애자 등에 균열, 변형은 없는가
	변색	퓨즈통, 퓨즈 홀더의 단자부에 변색은 없는가
	오손	애자 등에 이물질, 먼지 등이 부착되어 있지 않은가
	동작	단로기 TYPE은 개폐조작에 이상이 없는가

⑦ 피뢰기

점검개소	목적	점검내용
외부 일반	볼트의 조임 이완	단자부의 볼트 조임의 이완은 없는가
	손상	애자 등의 균열, 파손, 변형은 없는가 또한 리드(LEAD)선단자 등에 손상은 없는가
	오손	애자 등에 이물질, 먼지 등이 부착되지 않았는가
	방전 흔적	내부 콤파운드(COMPOUND)의 분출, 밀봉금속 뚜껑 등의 파손, 팽창, 섬락(FLASH OVER)등의 흔적은 없는가

⑧ 전력용 콘덴서

점검개소	목적	점검내용
외부 일반	볼트의 조임 이완	단자부 볼트류의 조임이완은 없는가
	손상	부싱부의 균열, 파손이나 외함의 변형은 없는가
	변색	부싱, 단자부 등의 과열에 의한 변색은 없는가
	오손	부싱부의 이물질, 먼지 등이 부착되어 있지 않은가

⑨ 지시계기

점검개소	목적	점검내용
외부일반	볼트의 조임 이완	단자부 볼트류의 조임이완은 없는가
	손상	부싱부의 균열, 파손이나 외함의 변형은 없는가
	오손	이물질, 먼지 등의 부착은 없는가
	지시 표시	영점조정은 잘 되어 있는가
기계부	손상	스프링류에 녹 발생, 파손, 변형은 없는가
	동작	제동장치의 마찰에 의한 접촉은 없는가
		축수의 헐거움, 편심은 없는가
부속기구	손상	분류기, 배율기, 보조 CT등의 소손 단선은 없는가
기록부	동작	팬의 구동, 기록지의 감김은 정상인가
기록지	잔량	잉크, 기록지의 잔량은 적정한가

⑩ 계전기

점검개소	목적	점검내용
외부일반	볼트의 조임 이완	단자부의 볼트 이완은 없는가
		납땜부의 떨어짐은 없는가
	손상	패킹류의 떨어짐은 없는가
		커버의 파손은 없는가
	오손	이물질, 먼지 등의 접착은 없는가
접전부 도전부	손상	접점 표면이 거칠어지지는 않았는가
		혼촉, 단선, 절연파괴는 없는가
		코일의 소손, 중간 단락, 절연파괴는 없는가
	접촉	접점의 접촉상태는 양호한가
		테스트 플러그(PLUG)를 빼는 경우 CT 2차회로가 개방은 되지 않는가
기계부	동작	가동부의 회전장치, 표시기 등의 동작복귀는 정상인가
		기어(GEAR)의 마찰에 의한 헐거움은 없는가
		회전부에 덜거덕거림은 없는가
정정부	볼트의 조임 이완	정정탭(TAP)은 흔들리지 않는가
	정정	정정탭(TAP), 정정레버 등은 정확한가

⑪ 조작 개폐기 절환 개폐기

점검개소	목적	점검내용
외부 일반	볼트의 조임 이완	단자부의 볼트 조임의 이완은 없는가
	손상	절연물 등의 균열, 파손, 변형은 없는가
		개폐동작은 정상인가
	동작	록크기구, 잔류접점 기구는 정상인가
	지시표시	손잡이 등의 표시는 정상인가
냉각팬	손상	접점에 손상은 없는가

⑫ 표시등, 표시기, 경보기

점검개소	목적	점검내용
외부일반	볼트의 조임 이완	단자부의 볼트 조임 이완은 없는가
	동작	동작, 점멸은 정상인가
부속 저항기 부속 변압기	변색	단자부 등에 과열에 의한 변색은 없는가
	위치	발열부에 제어 배선이 접근하여 있지는 않은가

⑬ 시험용 단자

점검개소	목적	점검내용
외부 일반	헐거움	단자부에 헐거움은 없는가
	접촉	접촉상태는 양호한가
	손상	절연물 등에 균열, 파손, 변형은 없는가

⑭ 제어회로용 저항기 히터

점검개소	목적	점검내용
외부 일반	헐거움	단자부의 헐거움은 없는가
	변색	단자부에 과열에 의한 변색은 없는가
	위치	발열부에 제어 배선이 접근하여 있지 않은가

⑮ 고압전지 접촉기

점검개소	목적	점검내용
외부 일반	헐거움	주회로 단자부에 볼트류의 헐거움은 없는가
	손상	절연물 등의 균열, 파손, 변형은 없는가
	변색	단자부 및 접촉부의 과열에 의한 변색은 없는가
	오손	절연애자 등에 이물질이나 먼지 등이 부착되어 있지는 않은가
	누출	진공접촉기의 경우 진공도가 떨어져 있지 않은가
주접촉부	손상	접점이 거칠어지지는 않았는가
		소호실에 이상은 없는가(기중 접촉기의 경우)
개폐표시기 개폐표시등	동작	정상적으로 동작하는가
개폐도수계	동작	정상적으로 동작하는가
조작장치	손상	스프링 등에 발청, 파손, 변형은 없는가
		연결부 핀의 부러짐, 탈락은 없는가
		전자석에 이상음은 없는가
	동작	보조 개폐기는 정상인가
	주유	주유는 충분한가
고압전자 접촉기	저압 조작회로	제어회로 단자부에 볼트의 헐거움은 없는가
		저압 조작회로의 플러그(PLUG)의 접촉은 양호한가

⑯ 저압전자접촉기

점검개소	목적	점검내용
외부 일반	헐거움	단자부의 볼트류의 헐거움은 없는가
	손상	절연물 등의 균열, 파손, 변형은 없는가
	변색	단자부 및 접촉부의 과열에 의한 변색은 없는가
	오손	절연물 등에 이물질이나 먼지 등이 부착되어 있지는 않은가
주접촉부	오손	접점의 거칠어짐은 없는가
		소호실에 이상은 없는가
조작장치	동작	개폐동작은 정상인가
	지시표시	개폐표시는 정상인가
	손상	스프링의 발청, 파손, 변형은 없는가

⑰ 제어회로용 퓨즈

점검개소	목적	점검내용
외부 일반	헐거움	단자부에 헐거움은 없는가
	동작	용단되어 있지는 않은가
명판	볼트의 조임 이완	지정된 형식, 정격의 퓨즈가 사용되고 있는가

⑱ 부속기기

점검개소	목적	점검내용
냉각팬	오손	필터, 환기구의 오손 및 떨어져 있지는 않은가

⑲ 반외 부속기기

점검개소	목적	점검내용
인출 장치	동작	동작은 확실한가
		와이어의 인양 장치 동작은 정상인가
후크봉 각종 조작핸들 테스트 플러그 제어장치	손상	지정된 형식, 정격의 퓨즈가 사용되고 있는가

⑳ 예비품

점검개소	목적	점검내용
표시등 표시류	손상	파손, 변형, 단선은 없는가
	수량	소정의 수량이 있는가
기타	품목	각각의 제품별로 매회 예비품으로 책정한 수량과 예비품표와 비교한다.

(6) 일상정기점검 처리 절차 및 방법

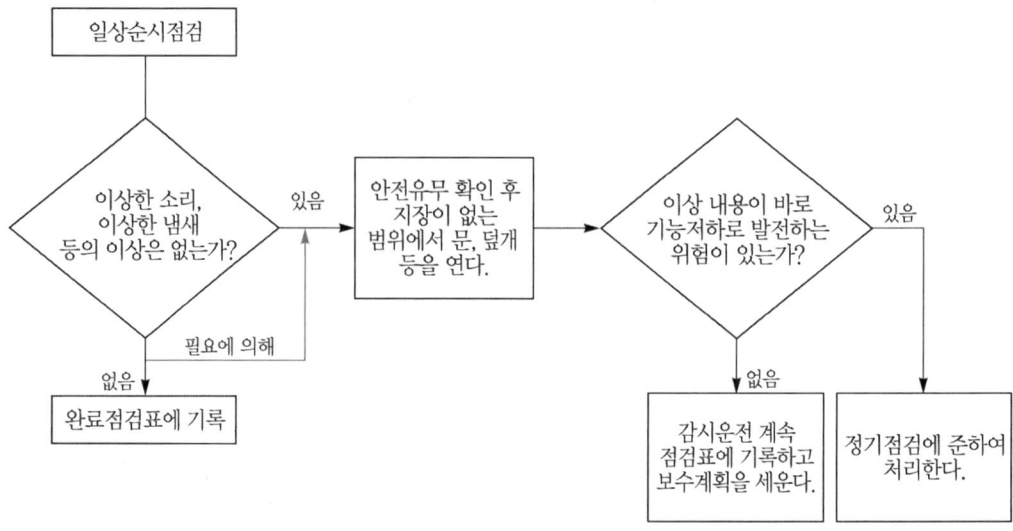

번호	처리	방법 및 유의점
1	청소	① 공기를 사용하는 경우에는 흡입방식을 추천하며 토출방식의 경우에는 공기의 습도, 압력에 주의한다. ② 문, 커버 등을 열기 전에는 배전반 상부에 먼지나 이물질을 제거한다. ③ 절연물은 충전부 간을 가로지르는 방향으로 청소한다. ④ 청소걸레는 화학적으로 중성인 것을 사용하고 섬유올이 풀린다든지, 습기 등에 주의한다.
2	볼트의 조임 (모선)	모선(BUS BAR)의 접속부분은 아래 방법에 따라서 시행한다. ① 조임방법 : 조임의 경우에 지정된 재료, 부품을 정확히 사용하고 아래의 4가지 점에 유의하여 접속한다. 　• 볼트의 크기에 맞는 토크렌치(TORQUE WRENCH)을 사용하여 규정된 힘으로 조여 준다. 　• 조임은 넛트(NUT)를 돌려서 조여 준다. 　• 2개 이상의 볼트를 사용하는 경우 한쪽만 심하게 조이지 않도록 주의 한다. 	볼트의 크기	힘[kg/cm²] | 　　|---|---| 	M6	50 | 	M8	120 | 	M10	240 | 	M12	400 | 	M16	850 | ② 접속방법 ③ 조임의 확인 　조임 TORQUE가 부족할 경우 또는 조임 작업을 하지 않은 경우에는 사고가 일어날 위험이 있기 때문에 토크렌치(TORQUE WRENCH)에 의하여 규정된 힘이 가해졌는지를 확인할 필요가 있다.

번호	처리	방법 및 유의점			
3	볼트의 조임	구조물을 볼트 조임을 하는 경우 아래의 토크(Torque)값을 참조한다.			

볼트의 크기	토크[kg/cm²]	볼트의 크기	토크[kg/cm²]
M3	7	M8	135
M4	18	M10	270
M5	35	M12	480
M6	58	M16	1,180

단, 절연물의 경우는 상기 토크 값과 다르다.

번호	처리	방법 및 유의점
4	부품 교환	① 부품 교환시는 형식 및 기능을 충분히 조사를 한다. ② 부품 교환시는 접속이 물리지 않도록 하며, 볼트조임 등을 잊어버리지 않도록 주의 한다. ③ 조정설정이 필요한 부품은 교환 후 확실히 설정한다. ④ 납땜작업 등은 숙련자가 하도록 한다.

(7) 보수점검

1) 점검 일반 사항

① 점검일반

– 필요 공구, 예비품 준비

– 인명의 안전, 기기의 안전 유의

– 감전 및 기기의 오동작이 발생하지 않도록 유의

② 운전 시 전압이 걸려있는 부분의 작업

– 점검부분 무전압 확인(DS, 차단기, 개폐기와 회로에 의해 확인)

– 검전기 사용으로 재차 확인

– 교류회로에서 주전원 및 제어회로 전원측 1단자를 접지한다.

2) 점검계획의 수립에 있어서 고려해야 할 사항

① 점검의 내용 및 주기는 여러 가지의 조건을 고려하여 결정한다.

가) 설비의 사용기간 : 장시간 사용한 설비의 고장확률이 높으므로 점검 내용을 세분화하고, 점검 주기를 단축한다.

나) 설비의 중요도 : 수전선 사고의 경우는 전 구간 정전, 주요 부하용 설비는 해당 구간만 정전된다.

다) 환경조건 : 설비 설치환경이 옥내, 옥외인가, 분진 다소, 환기의 양부, 습기의 다소, 특수 가스의 유무, 진동의 유무 등에 의해 절연물의 열화, 금속의 부식, 과열, 더 나아가서는 수명 단축 등의 가능성이 높다.

라) 고장이력 : 환경조건에 의한 고장 다발 설비는 재발방지를 위해 점검을 강화한다.

마) 부하상태 : 사용 빈도가 높은 설비, 부하의 증가, 환경조건의 악화 등 과부하

　상태로 된 설비 등은 점검 주기를 단축해야 한다.

② 점검의 분류 및 내용

가) 점검의 분류

번호	점검의 분류	설비의 상태	점검횟수
1	운전점검	운전 중	1회/8시간
2	일상점검	운전 중	1회/1주 ~ 1회/3개월
3	정기점검(보통)	정지(단시간)	1회/6개월 ~ 1회/2년
4	정기점검(세밀)	정지(장시간)	1회/1년 ~ 1회/5년
5	임시점검	정지	

나) 점검의 내용

　－ 운전점검 : 계측기의 바늘이 움직이는가, 이상한 냄새, 이상한 소리 등

　　의 감각에 의한 외관 점검을 한다.

　－ 일상점검 : 계측기의 바늘이 움직이는가, 이상한 냄새, 이상한 소리 등

　　의 감각에 의한 외관 점검을 한다.

　－ 정기점검(보통) : 정지상태에서 행하는 점검으로 제어운전 장치의 기계

　　점검, 절연저항의 측정

　－ 정기점검(세밀) : 장시간 정지하여 불량품 교체, 차단기 내부점검 등이

　　용이하도록 전체적으로 분해하여 각 부의 세부점검

　－ 임시점검 : 일상점검 등에서 이상을 발견할 경우, 큰 사고가 발생할 경

　　우 실시

③ 점검의 실제

가) 점검기준

　－ 일상점검

점검항목	점검요령	조치
수배전반	① 이상한 소리, 이상한 냄새, 연기, 진동 등은 없는가(감각에 의한 점검) ② 반대에 습기, 빗물이 떨어진 흔적은 없는가 ③ 반 외관에 이상은 없는가	원인을 조사하여 조치
계측관계	① 계기의 프레임 커버에 먼지로 오손되어 있지 않은가 ② 지시 동작 상태에 이상은 없는가, 관련 계기와의 지시에 차이는 없는가 ③ 영점위치는 정확한가	간단한 청소 차이가 있으면 오동작 교환조정
감시제어관계	① 개폐 표시의 지시는 바른가 ② 고장 표시등은 LAMP TEST 결과 이상이 없는가 ③ 전구, 렌즈의 파손은 없는가	교환 교환
보호장치	① 계전기 COVER • 보호유리는 파손되어 있지 않은가 • COVER의 볼트조임은 충분한가	

점검항목	점검요령	조치
	• 먼지나 곤충류는 침입하지 않았나 ② 단자부에 먼지는 쌓여 있지 않은가 ③ COVER FRAME의 온도 • 상시 차게 되어 있어야 할 계전기가 뜨거워져 있거나 혹은 그 역으로 되어 있지 않은가 • 보호유리에는 이상이 없는가 ④ 이상한 소리와 진동은 없는가 ⑤ 접점위치, 스프링의 형상 등에 이상은 없는가 ⑥ 접점의 마모, 변색, 발청, 탈락은 없는가 ⑦ 표시기의 복귀는 잘 되어 있는가 ⑧ 그 외 외관상의 이상은 없는가	간단한 청소 원인 규명 조정
저압회로	① 전선, 케이블의 단선, 피복손상, 변색, 과열은 없는가 ② 단자 조임부의 조임 불완전, 변색, 과열, 부식은 없는가 ③ 단자판의 변형은 없는가 ④ 권선 등은 이상이 없는가 ⑤ FUSE는 이상이 없는가, FUSE는 용단된 것이 없는가 ⑥ 각 개폐기의 접촉 이상은 없는가 ⑦ 쥐 또는 곤충류가 들어온 흔적은 없는가 ⑧ 먼지는 없는가	
차단기	① 이상한 냄새, 이상한 소리는 없는가 ② 절연거리(BOTTLE)의 균열, 파손, 오손은 없는가 ③ 표시기의 상태는 이상이 없는가 ④ 온도상승부는 없는가 ⑤ 차단용기(BARRIER)의 파손 및 변형은 없는가	
모선 케이블 브라켓트 LBS	① 이상한 냄새, 소리, 변색, 과열, 변형, 손상 등의 이상은 없는가 ② 상별, 선로의 이상은 없는가 ③ 모선, 케이블헤드, 단로기의 지지 취부상태는 양호한가 ④ 모선, LBS의 지지 애자 및 케이블 브라켓트의 오손, 균열은 없는가 ⑤ LBS와 록커장치는 정상적으로 동작하는가 ⑥ LBS의 절연, 조작로드의 균열, 횡분할 핀의 탈락은 없는가	
전압, 전류 변성기	① 표면의 오손, 먼지는 없는가 ② 단자의 조임 상태가 느슨한 것은 없는가 ③ 과열은 없는가 ④ 이상한 냄새, 소리, 변색은 없는가 ⑤ 철심의 녹으로 인한 손상은 없는가 ⑥ 이물질의 침입, 접촉은 없는가	

- 정기점검

점검항목	점검요령	조치
전 반	① 반내·외의 오손, 먼지는 없는가 ② DOOR 가동부가 유연하지 않은 부분은 없는가 ③ 반내에 습기, 빗물의 침투는 없는가 ④ 표면, 이면 각 부 너트가 느슨하게 된 부분은 없는가 ⑤ 그 외 전반적으로 이상은 없는가	먼지 청소 기동부에 주유 습기, 빗물의 침입에 대한 대책을 수립
계측장치	① 계기 본체 내·외에 이상은 없는가 ② 지침의 휘어짐이나 마찰은 없는가, 균형은 이루어져 있는가 ③ 스프링의 상태는 양호한가	지침의 조정을 행함

점검항목	점검요령	조치
	④ 제동장치와 마찰 접촉은 없는가 ⑤ 축수의 느슨함, 왜곡은 없는가 ⑥ 영점위치는 바른가 ⑦ 보조 릴레이 등의 소손 및 단선은 없는가 ⑧ 단자의 볼트 조임의 풀림 혹은 리드 융단은 없는가 ⑨ 그 외 이상이 있는 곳은 없는가	조정 교환 느슨하지 않게 조임
감시장치	① 운전표시, 고정표시는 정상인가 ② 벨, 버저의 동작은 정상인가 ③ 보조 릴레이의 접점은 더럽혀진 것은 없는가	깨끗이 함
제어장치	① 개폐 표시는 원활한가 ② 개폐기, 전자접촉기의 접촉상태는 좋은가 ③ 제어개폐기, 전자접촉기의 스프링와서는 이상이 없는가 ④ 마그네트 코일의 단선, 층간 단락은 없는가 ⑤ 고정(조임) 등에는 이상이 없는가 ⑥ 단자의 조임이 느슨하게 된 것은 없는가 ⑦ 먼지는 쌓이지 않았나 ⑧ 절연물의 열화는 없는가	불량품 교체 느슨하지 않게 조임 청소 불량품 교체
보호장치	① 커버는 더럽혀져있지 않는가 ② 파손, 변형, 패킹 단락은 없는가 ③ 릴레이 내부가 먼지 등으로 인해 더럽혀져있지 않은가 ④ 납땜부분, 볼트조임 부분이 부식되어 있다든지 느슨하게 된 부분은 없는가 ⑤ 혼촉, 단선, 절연 파괴는 없는가 ⑥ 코일의 소손, 층간단락, 절연파괴는 없는가 ⑦ 가동부의 회전장치는 동작위치에서 정규위치로 원활하게 복귀되어 있는가 ⑧ 기어의 마찰, 느슨함은 없는가 ⑨ 회전부가 느슨하게 된 것은 없는가 ⑩ 접점의 접속상태는 좋은가 ⑪ 접점의 마모, 변색은 없는가	커버를 청소 조정 및 교환
저압회로	① 배선외 피복손상, 변색은 없는가 ② 단자부의 단선은 없는가 ③ 단자의 볼트조임 부분이 느슨하게 된 것은 없는가 ④ 각 개폐기, 접촉기의 접촉은 좋은가 ⑤ 절연저항은 이상이 없는가	배선을 교체 청소 느슨하지 않게 조임 불량품 교체 원인 조사

차단기	① 외부일반
	  • 표시기는 제대로 동작하는가
	  • BARRIER의 파손 및 변형은 없는가
	  • 먼지가 쌓인 부분은 없는가
	② 절연저항 측정
	  • 주회로 및 제어회로의 대지 간 절연상태는 좋은가
	③ 내부일반
	  • 소호실의 오손, 균열, 손상은 없는가
	  • 절연물의 변형 및 과열된 흔적은 없는가
	  • 접촉부의 조임볼트는 느슨하게 된 것은 없는가
	  • 기타 볼트의 조임 상태가 나쁜 것은 없는가
	④ 조작장치
	  • 각종 결합부에는 이상이 없는가
	  • 각종 스프링의 변형 및 녹은 없는가
	  • 각 연결부의 볼트조임 상태는 양호하며 와셔, 핀 등의 탈락 손상은 없는가
	  • 제어회로 단자가 느슨하게 된 것은 없는가
		원인 조사
		
		느슨하지 않게 조임

점검항목	점검요령	조치
	• 조작용 COIL은 이상이 없는가 • 접촉부의 마모 손상 및 변형은 없는가 ⑤ 개폐조작시험 • 본체의 동작상태는 양호한가 • 트립 자유 기구의 동작은 원활한가 • 기타 이상은 없는가	
케이블 브라켓트	① 케이블 브라켓트의 균열 손상은 없는가 ② 고정금구의 볼트 조임 상태는 양호하며 삐뚤어진 것은 없는가 ③ 먼지의 축적은 없는가	먼지 제거
LBS	① 접촉부의 손상은 없는가 ② 취부볼트가 느슨하게 된 것은 없는가 ③ 애자의 오손 및 느슨하게 된 것은 없는가 ④ 조작 레버, 절연봉의 손상은 없는가 ⑤ 원활하게 투입, 개폐가 가능한가	느슨하지 않게 조임
모선	① 모선의 변형 및 손상, 변색은 없는가 ② 지지애자에 균열, 손상은 없는가 ③ 취부 볼트가 느슨하게 된 것은 없는가	
계기용 변압기 변류기	① 변형 손상은 없는가 ② 먼지가 쌓이지는 않았는가 ③ 단자의 조임볼트가 느슨하게 된 것은 없는가 ④ 절연은 이상이 없는가	먼지 제거

- 점검표준표
  • 일상점검

항번	작업항목	작업기준	작업요령
1	전압	각 선간 전압은 정상인가	절환스위치로 각 선간 전압 측정
2	전류	부하 전류는 정상인가	각상 전류는 평형인가 정격치 이내에 있는가를 점검
3	계기류	이상의 유무	이상의 유무 점검
4	개폐 표시	표시등	표시등 이상 유무의 점검
5	이상한 냄새	이상한 냄새의 유무	냄새를 맡아 본다
6	애자	파손의 유무, 먼지의 부착 유무	눈으로 점검, 코로나에 주의
7	도체	과열되어 변색되어 있지 않은가	접속, 볼트 조임 부분에 특히 주의

  • 정기점검

항번	작업항목	작업기준	작업요령
1	절연저항	PT, CT 2차측 도체와 접지 간 및 선간조작 배선과 접지 간	
2	주회로 절연저항	주회로 일괄하여 대지 간 각 상간	
3	접지저항		각 해당접지 저항치 이하로 유지
4	애자	손상의 유무	청소 및 교체
5	LBS	접촉부 볼트 조임부 점검	느슨하지 않게 조임
6	스위치	접촉부 볼트 조임부 점검	느슨하지 않게 조임
7	조작기구	마찰 부분의 주유, 각 부 볼트 너트의 조임 상태 점검	
8	조작배선	단자의 조임 상태	접촉 불량인 부분은 없는가를 조사

• 전기시설물 점검요령일지

사용전	사용중	사용후	점검항목	점검내용	점검방법	판정기준	점검결과		불량 처리사항
							양호	불량	
☐	△	○	LBS	가. 동작 상태 나. 조작대 볼트 조립 상태		가. 3극 나란히 투입상태 나. 볼트 너트의 조임 상태			조작 볼트를 조인다.
☐	△	○	MOF	가. 이상음 나. 애자 상태 다. 도장 상태	청음 육안 육안	가. 종전보다 음의 높음 나. 파손여부 다. 녹, 도장 훼손			가. 정전한 후 MEGGERING으로 확인 나. 제작회사 확인 및 보수요청 다. 재도장
☐	△	○	PF 및 COS	외형	육안	애자의 파손 여부 퓨즈의 봉의 이완			애자교환, 휴즈교체
☐	△	○	CT, PT	가. 이상음 나 애자 상태 다. 냄새 라. 외형	청음 육안 후각 육안	가. 종전보다 음의 높음 나. 파손여부 다. 냄새확인 라. 녹, 도장 훼손			가. 정전한 후 MEGGERING으로 확인 나. 교체 다. 제작회사 확인 및 보수요청 라. 재도장
☐	△	○	VCB	가. 이상음 나. 애자 상태 다. 진공체크 라. 외형	청음 육안 계기 육안	가. 이상음이 난다. 나. 파손여부 다. 확인 라. 녹, 도장 훼손			가. 정전한 후 MEGGERING으로 확인 나. 교체 다. 제작회사 확인 및 보수요청 라. 재도장
☐	△	○	LA	가. 이상음 나. 애자 상태		가. 이상음이 난다. 나. 파손여부			가. 정전한 후 MEGGERING으로 확인 나. 교체
☐	△	○	변압기	가. 이상음 나. 애자 상태 다. 냄새 라. 외형 마. 누유 상태		가. 이상음이 난다 나. 파손여부 다. 확인 라. 녹, 도장 훼손 마. 탱크에서 노출			가. 정전한 후 MEGGERING으로 확인 나. 교체 다. 제작회사 확인 및 보수 라. 재도장 마. 제작회사 확인 및 보수
☐	△	○	케이블	가. 외형 나. 온도	육안 지촉	가. 손상여부 다. 촉각여부			가. MEGGERING 나. 교체
☐	△	○	조작반	가. 외형 나. 이상음 다. 냄새 라. 계기동작 상태 마. 단자접촉여부	육안 청각 후각 계기 육안	가. 파손여부 나. 이상음이 난다. 다. 확인 라. 각 램프 및 계기 이상 유무 마. 확인			가. MEGGERING 나. 조임 다. 제작회사 확인 및 보수 라. 작동

☐ : 사용 전 △ : 사용 중 ○ : 사용 후

2.3.3 태양광발전 시스템 고장원인

(1) 전기적 연결 점검 사항

1) 퓨즈 트립하지 않고 위험한 접촉 전압 또는 아크가 발생하는 장애가 발생
  - 조잡하고 느슨한 결선
  - 절연 불량으로 접지누설
  - 절연 불량으로 단락

2) 연계형 시스템에서 고장
  - 인버터 고장
  - 결선이 느슨함
  - 스트링 퓨즈의 결함
  - 모듈, 스트링의 부분 또는 전체 결함
  - 서지 전압 보호기 결함
  - 절연 불량

(2) 발전소 연도에 따른 점검 사항

구분	항목	1~3년	4~6년	7~9년	10년 이상
모듈	모듈 결선	○		○	
	다이오드	○		○	
	프레임		○		○
	착색, 변색		○		○
	PID, Hot spot			○	
접속반	통풍구조	○		○	
	볼트풀림	○		○	
	다이오드				
	퓨즈 등 수명주기 부품 교체		○	○	
인버터	통풍구조	○		○	
	볼트풀림	○		○	
	팬 동작		○		○
	콘덴서 등 수명주기 품 교체			○	
	먼지 제거		○		○

(3) 태양광발전시스템에서 서비스 발생 빈도와 에너지 손실

구분	항목	1~3년	4~6년	7~9년	10년 이상
배전반	통풍 구조	○		○	
	볼트 풀림	○		○	
	트랜스과열		○		○
	먼지 제거		○		○
케이블	전선 꼬임	○		○	
	전선 발열		○		○
	결선 상태	○		○	
구조물	볼트 풀림	○		○	
	침하		○		○
	부식		○		○

2.3.4 태양광발전 시스템 문제 진단

(1) 운전 상태에 따른 시스템 발생신호

1) 정상운전

태양전지로부터 전력을 공급받아 인버터가 계통전압과 동기로 운전을 하며 계통과 부하에 전력을 공급한다.

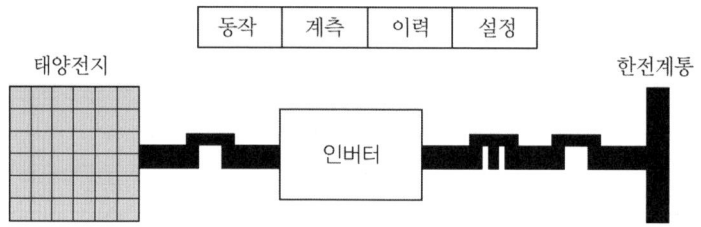

2) 태양전지 전압 이상 시 운전

태양전지가 저전압, 과전압 상태가 되면 이상신호(Fault)를 표시하고, 인버터는 정지, M/C는 OFF 상태로 된다.

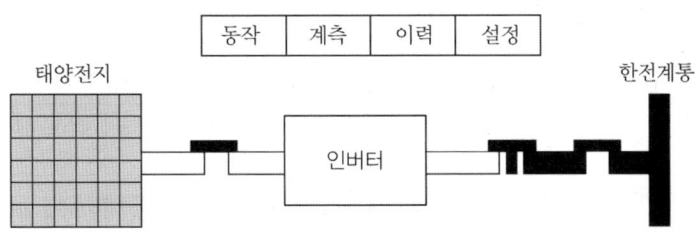

3) 인버터 이상 시 운전

인버터에 문제가 발생하면 자동으로 정지하고 이상신호(Fault)를 표시한다.

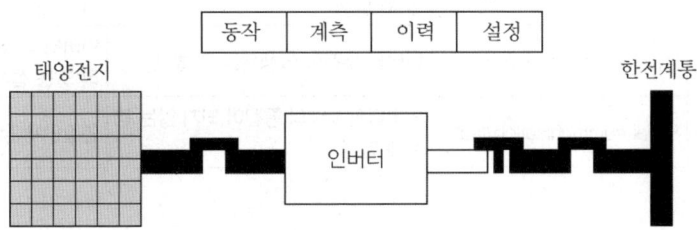

2.3.5 고장별 조치방법

(1) 인버터 이상신호 조치 방법

모니터링	인버터표시	현상설명	조치사항
태양전지 과전압	Solar Cell OV fault	태양전지 전압이 규정 이상일 때 발생 (H/W)	태양전지 전압 점검 후 정상시 5분후 재가동
태양전지 저전압	Solar Cell UV fault	태양전지 전압이 규정 이하일 때 발생 (H/W)	
태양전지 고전압 제한 초과	Solar Cell OV limit fault	태양전지 전압이 규정 이상일 때 발생 (S/W)	
태양전지 저전압 제한 초과	Solar Cell UV limit fault	태양전지 전압이 규정 이하일 때 발생 (S/W)	
한전계통 역상	Line phase sequence fault	계통 전압이 역상일 때 발생	상회전 확인 후 정상시 재운전
한전계통 R상	Line R phase fault	R상 결상시 발생	R상 확인 후 정상시 재운전
한전계통 S상	Line S phase fault	S상 결상시 발생	S상 확인 후 정상시 재운전
한전계통 T상	Line T phase fault	T상 결상시 발생	T상 확인 후 정상시 재운전
한전계통 입력전원	Utility line fault	정전시 발생	계통전압 확인 후 정상시 5분 후 재가동
한전 과전압	Line over voltage fault	계통 전압이 규정치 이상일 때 발생	
한전 부족전압	Line under voltage fault	계통 전압이 규정치 이하일 때 발생	

모니터링	인버터표시	현상설명	조치사항
한전 저주파수	Line over frequency fault	계통 주파수가 규정치 이상일 때 발생	계통 주파수 확인 후 정상시 5분 후 재가동
한전계통의 고주파수	Line under frequency fault	계통 주파수가 규정치 이하일 때 발생	
인버터의 과전류	Inverter over current fault	인버터 전류가 규정치 이상으로 흐를 때 발생	시스템 정지 후 고장 부분 수리 또는 계통 점검 후 운전
인버터 과온	Inverter over Temperature fault	인버터 과온시 발생	인버터 및 팬 점검 후 운전
인버터 M/C이상	InverterM/C fault	전자 접촉기 고장	전자 접촉기 교체 점검 후 운전
인버터 출력전압	Inverter voltage fault	인버터 전압이 규정전압을 벗어났을 때 발생	인버터 및 계통 전압 점검 후 운전
인버터 퓨즈	Inverter fuse fault	인버터 퓨즈 소손	퓨즈 교체 점검 후 운전
위상 : 한전 인버터	Line inverter async fault	인버터 계통의 주파수 동기 되지 않았을 때 발생	인버터 점검 또는 계통주파수 점검 후 운전
누전발생	Inverter ground fault	인버터 누전이 발생했을 때 발생	인버터 및 부하의 고장 부분을 수리 또는 접지저항 확인 후 운전
RTU 통신계통 이상	Serial communication fault	인버터와 MMI의 통신이 되지 않는 경우에 발생	연결단자 점검(인버터 정상운전)

2.3.6 유지관리 매뉴얼

구분		점검 사항
	계측기 점검	계기 눈금을 규칙적으로 기록(자동 기록 및 운전 데이터가 평가되는 경우는 불요)
월 단위	PV 어레이표면	이물질이 많이 묻었나?
		나뭇잎, 새똥, 공해 또는 다른 형태의 이물질이 묻었는가?
		물로 충분히 청소와 스폰지 등으로 가볍게 청소, 세제 사용하지 말 것, 마른 걸레 등의 사용은 금할 것
		표면의 긁힌 상처를 없애기 위하여 건조한 것으로 모듈을 문지르거나 닦지 말 것
		모든 모듈이 정확히 고정되어 있나?
		모듈 표면이 기계적 스트레스를 받고 있나?
6개월 단위	PV접속기/접속함	벌레가 있나? 장치내에 습기는?(외부에 설치한 경우)
		가능하면 퓨즈도 점검
	서지보호기	마찬가지로 천둥이 지나간 후 점검
		서지 전압 보호 상승은?
	케이블	탄화된 곳, 절연 파괴 및 다른 손상
		고정 부분을 점검
3~4년 마다	시운전 때처럼 반복 측정	훈련된 전문가가 수행
	인버터를 외부에 설치하는 경우	외부 설치용이라 하더라도 습기가 침투하지 않았나?
		훈련된 전문가가 수행
의심이 가면	모듈	훈련된 전문가가 최대 출력 측정
		스트링 퓨즈 점검
		차단기, AC 퓨즈 및 차단기

2.1 태양광발전 준공 후 점검

01 다음 중 시스템 준공 시 태양전지 어레이의 점검항목이 아닌 것은?

① 가대접지

② 표면의 오염 및 파손

③ 가대의 부식 및 녹 발생

④ 단로기 설치 유무

해설 태양전지 어레이의 점검항목
- 표면의 오염 및 파손
- 프레임의 파손 및 변형
- 가대의 부식 및 녹 발생
- 가대의 고정
- 가대접지
- 지붕재의 파손
- 코킹
- 접지저항

답 ④

02 다음 중 시스템 준공 시 태양전지 어레이 점검 사항 중 육안 점검 사항이 아닌 것은?

① 프레임 파손 및 변형

② 접지저항

③ 코킹

④ 가대접지

해설 접지저항 - 측정에 의한 점검 사항

답 ②

03 전기저장장치를 시설하는 곳에 시설해야하는 계측장치가 아닌 것은?

① 축전지 출력 단자의 전압, 전류, 전력 및 충·방전 상태

② 주요변압기의 전압, 전류 및 전력

③ 축전지 충·방전 상태

④ 축전지 모듈의 내부온도

해설 KEC 511.2.10 (계측장치)
1. 전기저장장치를 시설하는 곳에는 다음의 사항을 계측하는 장치를 시설하여야 한다.
   가. 축전지 출력 단자의 전압, 전류, 전력 및 충·방전 상태
   나. 주요변압기의 전압, 전류 및 전력

답 ④

04 배전선로의 전압이 7[kV] 이하이며 비접지로 하는 전선로의 절연내력 시험 전압은 최대 사용전압의 몇 배인가?

① 1.1

② 1.5

③ 1.25

④ 2

> **해설** 비접지 : 최대사용전압 7[kV] 이하, 시험전압 1.5배
>
> 최대사용전압 7[kV] 초과, 시험전압 1.25배 **답** ②

05 시스템 준공 시 중간 단자함의 육안 점검항목이 아닌 것은?

① 개방전압 및 극성   ② 방수처리

③ 배선의 극성   ④ 단자 대 나사의 풀림

> **해설** 시스템 준공 시 중간단자함(접속함)

	점검항목	점검요령
육안 점검	외함의 부식 및 파손	부식 및 파손이 없을 것
	방수처리	입구가 실리콘 등으로 방수처리 되어 있을 것
	배선의 극성	태양전지에서 배선의 극성이 바뀌어 있지 않을 것
	단자대 나사의 풀림	확실하게 취부되고, 나사의 풀림이 없을 것

답 ①

06 시스템 준공 시 인버터의 측정 점검항목이 아닌 것은?

① 접지저항   ② 절연저항   ③ 수전전압   ④ 배선의 극성

> **해설** 시스템 준공 시 인버터

	점검항목
측정	절연저항(인버터 입출력단자–접지 간)
	접지저항
	수전전압

답 ④

07 태양전지 모듈에 시설하는 전선은 공칭단면적 얼마 이상의 연동선 또는 이와 동등 이상의 세기 및 굵기[mm²]의 전선을 사용해야 하는가?

① 2.5   ② 4   ③ 6   ④ 8

> **해설** KEC 512.1.1 (전기배선)
>
> 전선은 공칭단면적 2.5[mm²] 이상의 연동선 또는 이와 동등 이상의 세기 및 굵기의 것일 것 **답** ①

08 태양광발전시스템 중 설비 종류에 따른 육안 점검 항목이 아닌 것은?

① 유리 등 표면의 오염 및 파손 확인

② 가대의 부식 및 녹 확인

③ 프레임 파손 및 변형 확인

④ 볼트가 규정된 토크 수치로 조여져 있는지 확인

> **해설** "볼트가 규정된 토크 수치로 조여져 있는지 확인"은 육안 점검 항목이 아닌 시공 시 태양전지모듈 케이블
>
> 접속 방법 **답** ④

2.2 태양광발전 점검개요

01 태양전지 어레이의 점검항목 중 관계없는 것은?

① 프레임 파손 및 변형이 없는지 확인한다.

② 가대의 부식 및 녹 발생이 없는지 확인한다.

③ 어레이 표면의 오염 및 파손을 확인한다.

④ 어레이 접지저항 측정치가 10[Ω] 이하인지 확인한다.

해설 어레이 접지저항 측정치가 100[Ω] 이하인지 확인한다. **답** ④

02 인버터에 관한 설명 중 틀린 것은?

① 인증된 인증제품을 설치하여야 한다.

② 보호기능시험이 포함된 시험 성적서를 제출하여야 한다.

③ 인버터는 태양전지에서 출력되는 직류전력을 직류전력으로 변환한다.

④ 인버터 용량은 설계용량 이상이어야 하고, 인버터에 연결된 태양전지 용량은 인버터 설치용량의 105[%] 이내이어야 한다.

해설 인버터는 태양전지에서 출력되는 직류전력을 교류전력으로 변환한다. **답** ③

03 다음 태양광발전설비 정기점검 중 육안점검에 해당하지 않는 것은?

① 태양전지 어레이 – 접지선이 확실하게 접속되어 있을 것

② 접속함 – 극성이 올바를 것

③ 인버터 – 접지선에 이상이 없을 것

④ 태양광발전용 개폐기 – 나사에 풀림이 없을 것

해설 접속함 측정 및 시험
· 절연저항
· 개방전압
· 규정전압일 것
· 극성이 올바를 것(각 회로마다 모두 측정) **답** ②

04 다음 중 월간 정기점검 내용인 것은?

① 태양전지모듈 표면이 파손되었는가?

② 태양전지모듈 주위에 그림자가 발생하는 물체가 있는가?

③ 태양전지모듈과 구조물 간의 이격이 발생하였는가?

④ 태양전지모듈 결선 상 탈선된 부분은 없는가?

> **해설** 정기점검 내용
> ・태양전지모듈 표면이 파손되었는가? – 주간 정기점검
> ・태양전지모듈 주위에 그림자가 발생하는 물체가 있는가? – 일간 정기점검
> ・태양전지모듈과 구조물간의 이격이 발생하였는가? – 연간 정기점검　　**답** ④

05　다음 중 연간 정기점검 조치사항인 것은?

①　조임 및 보정 모듈 교체
②　모듈 교체 및 교정
③　제거 및 이동
④　모듈 교체 제거 및 물청소

> **해설** ・모듈 교체 및 교정 – 주간 정기점검
> ・제거 및 이동 – 일간 정기점검
> ・모듈 교체 제거 및 물청소 – 주간 정기점검　　**답** ①

06　태양전지모듈과 태양전지어레이의 외관검사 방법 중 일상점검과 정기 점검 시 관찰사항이 아닌 것은?

①　태양전지 모듈표면의 오염 검사
②　접지저항 검사
③　가대의 녹 발생 유무 검사
④　변색, 낙엽 등의 유무 검사

> **해설** 태양전지 어레이의 외관 검사는 태양전지모듈 표면의 오염, 유리에 금이 가는 등의 손상, 변색, 낙엽 등의 유무 및 가대 등의 녹 발생 유부를 확인한다.　　**답** ②

07　다음 중 일상점검에서 태양전지와 관련이 없는 것은?

①　유리 등 표면의 오염 및 파손
②　이상음, 악취, 발연 및 이상 과열
③　가대 및 부식 및 녹
④　외부배선(접속케이블)의 손상

> **해설** 이상음, 악취, 발연 및 이상 과열 – 인버터 점검 사항　　**답** ②

08　태양전지 모듈인증 시험절차가 아닌 것은?

①　육안검사　　　　　　　②　온도계수 측정
③　습도 – 결빙시험　　　　④　I–V 특성시험

해설 • I−V 특성시험은 전류−전압 특성시험이다.
• 시험절차

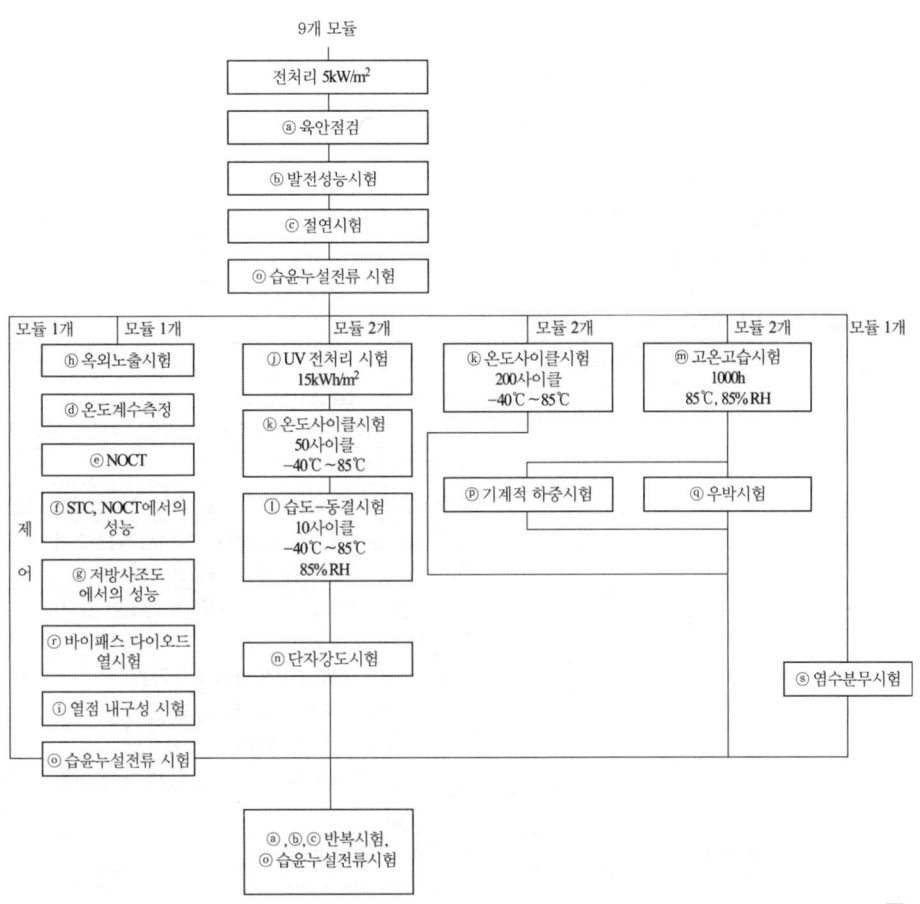

답④

---

09 태양광발전 시스템 정기점검 사항 중 인버터의 투입저지 시한 타이머(동작시험) 관련 인버터
가 정지하여 자동 기동할 때는 몇 분 정도 시간이 소요되는가?

① 1분　　　　　② 3분　　　　　③ 5분　　　　　④ 10분

해설 인버터 정기점검

점검항목		점검요령
측정 및 시험	절연저항(인버터 입·출력단자−접지 간)	
	표시부의 동작확인 (표시부 표시, 충전전력 등)	표시상황 및 발전상황에 이상이 없을 것
	투입저지 시한 타이머 (동작시험)	인버터가 정지하여 5분 후 자동 기동할 것

답③

2.3 태양광발전 유지관리

01 6개월 단위의 유지보수 및 유지관리에 대한 점검목록이 아닌 것은?

① PV 접속기 / 접속함의 퓨즈 점검

② 서지 보호기의 서지 전압 보호 손상 여부

③ 케이블의 절연 파괴 및 다른 손상 여부

④ PV 어레이 표면에 흙, 먼지에 오염 여부

[해설] 유지보수 및 유지관리 점검목록

주기	유지점검 사항	유지점검
월 단위	계측기 점검	계기 눈금을 규칙적으로 기록 (자동 기록 및 운전 데이터가 평가되는 경우는 불필요)
	PV어레이 표면	흙, 먼지가 많이 묻었나?
		나뭇잎, 새의 분비물, 공해 또는 다른 형태의 흙이 묻었는가?
		물로 충분히 청소(호스를 사용), 스펀지 등으로 가볍게, 청소, 세제 사용하지 말 것, 마른 걸레 등의 사용은 금할 것
		표면의 긁힌 상처를 없애기 위하여 건조한 것으로 모듈을 문지르거나 닦지 말 것
		모든 모듈이 정확히 고정되어 있는가?
		모듈 표면이 기계적 스트레스를 받고 있나? (예 : 지붕 구조가 구부러져 있는 경우)
6개월 단위	PV접속기/접속함	벌레가 있나? 장치 내에 습기는?(외부에 설치한 경우)
		퓨즈 점검
	서지 보호기	번개가 친 후 점검
		서지 전압 보호 손상은?(창이 흰색 또는 적색)
	케이블	탄화된 곳, 절연 파괴 및 다른 손상(동물에 의한 손상)이 있나?
		고정 부분을 점검
3~4년 마다	시운전처럼 반복 측정	훈련된 전문가가 수행
	인버터를 외부에 설치한 경우	외부의 설치용이라 전문가가 수행
		전문가가 수행
의심이 가면	모듈	전문가 최대 출력 측정
	PV접속기/접속함	스트링 퓨즈 점검
	AC보호장치	차단기, AC 퓨즈 및 누전차단기

답 ④

02 다음 중 태양광발전 설비가 작동되지 않는 경우 응급조치 순서가 올바르게 연결된 것은?

> 가. 접속함 내부 DC 차단기 투입(ON)　　나. AC 차단기 투입(ON)
> 다. AC 차단기 개방(OFF)　　라. 접속함 내부 DC 차단기 개방(OFF)
> 마. 인버터 정지 후 점검

① 라 → 다 → 마 → 나 → 가　　　② 가 → 나 → 마 → 다 → 라
③ 다 → 라 → 마 → 가 → 나　　　④ 나 → 가 → 마 → 라 → 다

> **해설** 응급조치 방법
> ① 접속함 내부 DC 차단기 개방(OFF)
> ② AC 차단기 개방(OFF)
> ③ 인버터 정지 후 점검
> ④ AC 차단기 투입(ON)
> ⑤ 접속함 내부 DC 차단기 투입(ON)　　　　　　　　　　　　**답** ①

03 태양광발전 시스템의 정전 시 운영조작방법이 올바른 순서인 것은?

> 가. 태양광 인버터 상태 확인(정지)
> 나. 인버터 DC전압 확인 후 운전시 조작 방법에 의해 재시동
> 다. Main VCB반 전압확인 및 계전기를 확인하여 정전여부 확인, 부저 OFF
> 라. 한전 전원 복구여부 확인

① 가 → 나 → 다 → 라　　　　　② 나 → 라 → 가 → 다
③ 다 → 가 → 라 → 나　　　　　④ 라 → 다 → 나 → 가

> **해설** 태양광발전 시스템 정전 시 조작방법
> 가. Main VCB반 전압확인 및 계전기를 확인하여 정전여부 확인, 버저 OFF
> 나. 태양광 인버터 상태 확인(정지)
> 다. 한전 전원 복구여부 확인
> 라. 인버터 DC전압 확인 후 운전 시 조작 방법에 의해 재시동　　　**답** ③

04 변류기에 대한 설명 중 틀린 것은?

① 변류기는 고전압을 저전압으로 변성하는 것으로 반드시 퓨즈를 부착하여야 한다.

② 변류기 2차 측에 전류가 흐르는 상태에서 2차 코일을 개방하면 2차 단자에 고압이 발생하여 감전사고의 우려가 있다.

③ 배전반의 전류계 및 트립코일의 전원으로 사용된다.

④ ZCT는 부하기기에 지락사고 시 영상전류를 검출하여 접지계전기에 의하여 차단기를 동작시키는 장치이다.

> **해설** PT : 고전압을 저전압으로 변성하는 것으로 반드시 퓨즈를 부착하여야 한다.　　**답** ①

05 내장기기 및 부속기기의 점검내용 중 틀린 것은?

① 주회로용 차단기(GCB, VCB, ACB 등)에 코로나방전 등 이상한 소리는 없는지 확인한다.

② 주회로용 퓨즈에 코로나방전 또는 과열에 의한 이상한 냄새가 나지 않는지 확인한다.

③ 절연저항 측정 시 고압인 경우는 1,000[MΩ] 이상의 것을 사용하고, 저압인 경우는 250[MΩ] 이상의 것을 사용한다.

④ 단자대는 볼트의 이완, 절연물의 균열 및 파손, 절연물의 변색, 단자부의 손상 등을 확인한다.

> **해설** 절연저항 측정 시 고압인 경우는 1,000[MΩ] 이상의 것을 사용하고, 저압인 경우는 500[MΩ] 이상의 것을 사용한다. **답** ③

06 인버터의 이상표시신호 조치방법이 틀린 것은?

① Line Inverter Async Fault - 계통 주파수 점검 후 운전

② Inverter Ground Fault - 인버터 고장부분 수리 또는 접지저항 확인

③ Line Sequence Phase Fault - 상전압 확인 후 재운전

④ Line Over-voltage Fault - 계통전압 확인 후 5분 재가동

> **해설** Line Sequence Phase Fault - 상회전 확인 후 재운전 **답** ③

07 인버터 고장 시 고장부분 점검 후 정상동작 시 5분 후에 재 기동하지 않아도 되는 경우는?

① 과전압   ② 저전압

③ 저주파수   ④ 전자접촉기

> **해설** **인버터 이상신호 조치방법**
> 1) 태양전지 전압 점검 후 정상 시 5분 후 재기동
>   태양전지 과전압, 태양전지 저전압, 태양전지 전압 제한초과, 태양전지 저전압 제한초과
> 2) 계통전압 확인 후 정상 시 5분 후 재기동
>   한전계통 과전압, 한전계통 부족전압, 한전계통 저주파수, 한전계통 고주파수 **답** ④

08 모니터링 설비 설치기준과 관계없는 것은?

① 전력량계 정확도 1[%] 이내이어야 한다.

② 온도센서 정확도 ±0.3[℃](-20~100[℃]) 미만 또는 정확도 ±1[℃](100~1,000[℃]) 이내이어야 한다.

③ 모니터링 설비는 100[W] 이상이어야 한다.

④ 계측설비 인버터는 CT 정확도가 3[%] 이내이어야 하며, 인증 인버터는 면제할 수 있다.

> **해설** 모니터링 설비는 50[W] 이상이어야 한다. **답** ③

09 비정상 주파수에 대한 분산형 전원 분리시간 중 맞는 것은?

① 분산형 전원용량이 30[kW] 이하이고, 주파수범위는 60.5[kHz]보다 큰 경우 0.16초이다.

② 분산형 전원용량이 30[kW] 이하이고, 주파수범위는 57.0[kHz]보다 큰 경우 0.16초이다.

③ 분산형 전원용량이 30[kW] 이하이고, 주파수범위는 59.3[kHz]보다 큰 경우 0.15초이다.

④ 분산형 전원용량이 30[kW] 이하이고, 주파수범위는 60.5[kHz]보다 큰 경우 0.15초이다.

> **해설** 분산형 전원용량이 30[kW] 이하이고, 주파수범위는 60.5[kHz]보다 큰 경우 0.16초이다. **답** ①

10 태양전지 어레이 외관의 일상점검 주기로 옳은 것은?

① 15일   ② 1개월   ③ 2개월   ④ 3개월

> **해설** 일상점검은 주로 육안점검에 의해서 매월 1회 정도 실시하여야 한다. **답** ②

11 다음은 인버터 절연 내압 측정에 관한 내용이다. (   )에 들어갈 내용은?

> 태양전지 어레이의 절연내압측정 방법은 표준태양전지 어레이 개방전압을 최대 사용전압으로 보고, 최대사용전압의 (A)배의 직류전압 혹은 1배의 교류전압(500[V] 미만일 때는 500[V])을 (B)분간 인가하여 절연파괴 등의 이상이 생기지 않는 것을 확인한다. 아울러 태양전지의 출력회로에 삽입되어 있는 피뢰소자는 절연시험회로에서 분리시키는 것이 일반적이다.

① A : 2,   B : 10   ② A : 1.5   B : 10
③ A : 2   B : 5   ④ A : 1.5   B : 5

> **해설** 최대 사용전압의 1.5배의 직류전압과 1배의 교류전압을 10분간 인가하여 절연파괴 등의 이상이 생기지 않는 것을 확인한다. **답** ②

12 태양광발전시스템 절연저항 측정 시 필요한 시험 기자재가 아닌 것은?

① 온도계   ② 습도계
③ 접지저항계   ④ 절연저항계

> **해설** 습도계, 온도계, 절연저항계(메가), 단락용 개폐기가 있다. **답** ③

13 다음 중 100[kW] 이상에서 1,000[kW] 미만의 경우 발전설비에 대한 정기점검 주기는?

① 월 1회   ② 격월 1회   ③ 년 1회   ④ 년 2회

해설 100[kW] 미만의 경우는 매년 2회 이상 　답 ②

14 태양전지 어레이 출력확인을 위해 개방전압을 측정할 때의 순서를 올바르게 나열한 것은?

> ㉠ 각 모듈이 그늘로 되어있지 않은 것을 확인한다.
> ㉡ 접속함의 각 스트링 MCCB 또는 퓨즈를 OFF한다.
> ㉢ 접속함의 주개폐기를 OFF한다.
> ㉣ 측정하려는 스트링의 MCCB 또는 퓨즈를 OFF하여 측정한다.

① ㉠ → ㉡ → ㉢ → ㉣　　　② ㉠ → ㉢ → ㉡ → ㉣
③ ㉡ → ㉢ → ㉠ → ㉣　　　④ ㉢ → ㉡ → ㉠ → ㉣

해설 **개방전압 측정순서**
1) 접속함의 주개폐기를 OFF
2) 접속함의 각 스트링 MCCB 또는 퓨즈를 OFF
3) 각 모듈이 그늘로 되어있지 않은 것을 확인
4) 측정하려는 스트링의 MCCB 또는 퓨즈를 OFF하여 측정 　답 ④

15 다음 중 개방전압 측정에 대한 설명으로 잘못된 것은?

① 태양전지 어레이의 표면을 청소하는 것은 필요하다.
② 각 스트링의 측정은 안정된 일사강도가 얻어질 때 하도록 한다.
③ 측정시각은 일사강도, 온도의 변동을 극히 적게 하기 위하여 맑은 날 남쪽에 있을 때의 전후 1시간에 실시하는 것이 바람직하다.
④ 태양전지는 비오는 날 전압을 발생시키지 않으므로 측정을 하지 않는다.

해설 태양전지는 비오는 날에도 미미한 전압을 발생하고 있기 때문에 충분히 주의하여 측정을 하여야 한다.
　답 ④

16 다음은 태양전지에 관한 내용이다. (　)에 공통으로 들어갈 내용은?

> 태양전지 어레이의 (　)을(를) 측정하는 것에 의해서 이상 태양전지 모듈의 유무를 검출할 수 가 있다. 태양전지 모듈의 (　)은(는) 일사강도에 따라 대폭으로 변화기 때문에 설치장소에서 (　)의 측정값으로 판단하는 것은 곤란하지만 동일 회로조건의 스트링 상호의 비교에 따라 어느 정도 판단이 될 수 있다. 이 경우도 안전한 일사강도가 얻어질 때 실시하는 곳이 바람직하다.

① 단락전류　　　　　　② 개방전압
③ 절연저항　　　　　　④ 발전량

해설 단락전류 : 태양광모듈의 이상 유무 확인 가능 　답 ①

17 다음 중 절연저항에 대한 설명으로 잘못된 것은?

① 절연저항을 측정할 경우 어레스터 등의 피뢰소자의 접지 측을 분리시킨다.

② 절연저항은 습도에 영향을 받고, 온도에는 영향을 받지 않으므로 습도만 측정 기록한다.

③ 우천 시나 비가 갠 직후의 절연저항의 측정은 피하는 것이 좋다.

④ 태양전지는 낮 동안 항상 전압이 발생하고 있기 때문에 사전에 주의하여 절연저항을 측정할 필요가 있다.

> **해설** 절연저항은 기온이나 습도에 영향을 받기 때문에 절연저항 측정 시 기온, 온도 등의 기록도 측정치의 기록과 동시에 기록하여 둔다.　　**답** ②

18 다음 그림은 절연저항 측정회로이다. 이 중 A, B, C에 각각 들어갈 내용이 올바르게 묶인 것은?

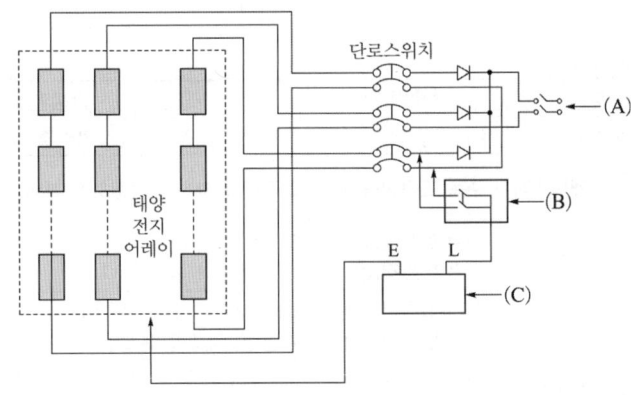

① A : 출력개폐기, B : 절연저항계, C : 단락용 개폐기

② A : 출력개폐기, B : 단락용 개폐기, C : 절연저항계

③ A : 절연저항계, B : 출력개폐기, C : 단락용 개폐기

④ A : 절연저항계, B : 단락용 개폐기, C : 출력개폐기

> **해설** A : 출력개폐기, B : 단락용 개폐기, C : 절연저항계　　**답** ②

19 전로의 사용전압이 FELV 500[V] 이하이고 DC전압이 500[V]일 때 절연저항값의 기준값은 몇 [MΩ]인가?

① 0.1　　　　　② 0.2　　　　　③ 1.0　　　　　④ 2.0

> **해설** 저압전로의 절연성능
>
> | 전로의 사용전압[V] | DC전압[V] | 절연저항[MΩ] |
> |---|---|---|
> | SELV 및 PELV | 250 | 0.5 |
> | FELV 500V 이하 | 500 | 1.0 |
> | 500V 초과 | 1,000 | 1.0 |
>
> **답** ③

20 전로의 사용전압이 500[V] 초과이고 DC전압이 1000[V]일 때 절연저항값의 기준값은 몇 [MΩ]인가?

① 0.1   ② 0.2   ③ 1.0   ④ 2.0

해설 저압전로의 절연성능

전로의 사용전압[V]	DC전압 [V]	절연저항 [MΩ]
SELV 및 PELV	250	0.5
FELV 500V 이하	500	1.0
500V 초과	1,000	1.0

답 ③

21 태양광발전용 접속함의 성능시험 방법이 아닌 것은?

① 내전압   ② 절연저항
③ 자동 차단성능시험   ④ 수동조작 차단성능시험

해설 접속반 성능시험

시험항목			시험방법	판정기준
내전압			내전압시험	(2E + 1000)[V], 1분간 견딜 것
조작성능	수동조작	개폐조작	수동 조작성능시험	조작이 원활하고 확실하게 개폐동작을 할 것
	자동조작	투입조작	전기 조작성능시험 – 투입 조작시험	조작회로의 정격 전압 (85~110)[%] 범위에서 지장 없이 투입할 수 있을 것
		개방조작	전기 조작성능시험 – 개방 조작시험	조작회로의 정격 전압 (85~110)[%] 범위에서 지장 없이 개방 및 리셋할 수 있을 것
		전압트립	전기 조작성능시험 – 전압 트립시험	조작회로의 정격 전압 (75~125)[%] 범위 내의 모든 트립 전압에서 지장 없이 트립이 될 것
		트립자유	트립 자유시험	차단기 트립을 확실히 할 수 있을 것
차단기 성능			KS C IEC 60898-2	KS C IEC 60898-2에 따른 승인을 득한 부품을 사용할 것 (태양광 어레이의 최대 개방 전압 이상의 직류 차단 전압을 가지고 있을 것)

답 ③

22 다음 중 인버터의 절연저항 측정에 대한 설명 중 잘못된 것은?

① 정격전압이 입출력에서 다를 때는 낮은 측의 전압을 절연저항계의 선택기준으로 한다.
② 입출력 단자에 주회로 이외의 제어단자 등이 있는 경우는 이것을 포함해서 측정한다.
③ 측정할 때는 서지 옵서버 등의 정격에 약한 회로에 관해서는 회로에서 분리시킨다.
④ 트랜스리스 인버터의 경우는 제조업자의 추천하는 방법에 따라 측정한다.

해설 정격전압이 입출력에서 다를 때는 높은 측의 전압을 절연저항계의 선택기준으로 한다.

답 ①

23 계통연계를 위한 동기화 변수 제한 범위 중 맞는 것은?

① 분산형 전원용량이 0~500[kW] 이하인 경우 전압차는 7[V]이다.
② 분산형 전원용량이 0~500[kW] 이하인 경우 전압차는 10[V]이다.
③ 분산형 전원용량이 500 초과~1,500[kW] 이하인 경우 전압차는 4[V]이다.
④ 분산형 전원용량이 1500 초과~20,000[kW] 미만인 경우 전위차는 2[V]이다.

> **해설** 계통연계를 위한 동기화 변수는 전원용량이 0~500[kW] 이하인 경우 전압차는 10[V]이다. **답** ②

24 분산형 전원 설치자는 고장 발생 시 자동으로 계통과 연계분리할 수 있도록 동등 이상의 보호장치를 설치해야 하는 것이 아닌 것은?

① 계통연계 또는 분산형 전원 측의 단락, 지락 고장 시 보호를 위한 보호장치를 설치한다.
② 단순병렬 분산형 전원인 경우는 역전력 계전기를 설치하지 않아도 된다.
③ 적정한 전압과 주파수를 벗어난 운전을 방지하기 위한 고·저 전압계전기, 고·저주파수계전기를 설치한다.
④ 역송 병렬 분산형 전원인 경우 단독운전방지 기능에 의해 자동적으로 연계를 차단하는 장치를 설치해야 한다.

> **해설** 분산형 전원 고장 발생 시 단순병렬은 역전력 계전기를 설치해야 된다. **답** ②

25 전선길이에 따른 전압강하율이 상이한 것은?

① 전선길이 120[m] 이하인 경우 전압강하는 5[%] 이내이다.
② 전선길이 200[m] 이하인 경우 전압강하는 5[%] 이내이다.
③ 전선길이 200[m] 초과인 경우 전압강하는 7[%] 이내이다.
④ 태양전지판에서 200[m] 이하인 경우 전압강하는 3[%] 이내이다.

> **해설** 전선길이 200[m] 이하인 경우 전압강하는 6[%] 이내이다. **답** ②

26 주회로 점검 시 안정을 위한 사항이 아닌 것은?

① 무인감시 제어시스템의 경우 원격지에서 차단기가 투입되지 않도록 연동장치를 잠근다.
② 관련된 차단기, 단로기를 열고 주회로는 무전압이 되게 한다.
③ 검전기로 무전압 상태를 확인하고 필요개소에 접지한다.
④ 잔류전압에 대해서 방전시키지 않아도 된다.

> **해설** 잔류전압은 방전시켜야 한다. **답** ④

27 모듈 운영 매뉴얼에 대한 설명 중 무관한 것은?

① 모듈표면은 특수 처리된 강화유리로 강한 충격이 있을 시 파손될 수 있다.

② 모듈표면에 떨어진 나뭇잎 등은 발전효율 저하에 관계가 없다.

③ 공해물질은 발전량 감소의 원인 될 수 있다.

④ 모듈의 표면온도가 높을수록 발전효율이 저하되므로 정기적으로 물을 뿌려주어 온도조절을 할 필요가 있다.

> **해설** 모듈 표면에 떨어진 나뭇잎 등은 발전효율 저하에 관계가 있다.　　**답** ②

28 변압기의 전일 효율을 최대로 유지하기 위한 조건은?

① 전부하시간이 짧을수록 무부하손을 적게 한다.

② 전부하시간이 짧을수록 철손을 크게 한다.

③ 전부하시간이 길수록 철손을 적게 한다.

④ 부하시간에 관계없이 짧을수록 무부하손을 적게 한다.

> **해설** 변압기효율을 최대로 유지하기 위해서 전부하시간이 짧을수록 무부하손을 적게 한다.　　**답** ①

29 유지보수 관점에서 나타내는 태양광발전시스템의 점검 분류가 아닌 것은?

① 일상점검　　　② 정기점검　　　③ 임시점검　　　④ 선택점검

> **해설** 유지보수 관점에서 나타내는 태양광발전시스템의 점검 분류에는 일상점검, 정기점검, 임시점검이 있다.
> 　　**답** ④

(30 ~ 31)

> 정부지원금(주택지원 사업)으로 설치된 태양광 발전설비는 설치 공사업체가 하자보수기간인 (A)년 동안 년 (B)회 점검을 실시하여 (C)에 점검결과를 보고하여야 한다.

30 (　) 안의 내용 중 (A), (B)에 들어갈 내용은?

① (A) : 5, (B) : 2　　　　　　② (A) : 3, (B) : 2

③ (A) : 5, (B) : 1　　　　　　④ (A) : 3, (B) : 1

> **해설** 하자보수기간인 3년 동안 년 1회 점검 실시　　**답** ④

31 (C)에 들어갈 기관은 무엇인가?

① 한국전력거래소　　　　　　② 전기안전공사

③ 신재생에너지 센터　　　　　④ 에너지관리 공단

> **해설** 신재생에너지 센터에 점검결과를 보고하여야 한다.　　**답** ③

32 다음 중 점검주기의 고려 대상이 아닌 것은?

① 구입조건　　　　② 운전조건　　　　③ 설비의 중요성　　　④ 사용 연수

해설　점검주기는 대상기기의 환경조건, 운전조건, 설비의 중요성, 사용 연수 등을 고려하여 선정한다.　답 ①

33 차단기 인출에 대한 정기점검 주기는?

① 매일　　　　　② 월 1회　　　　　③ 1년 1회　　　　④ 3년 1회

해설　점검 분류에 따른 점검 주기

제약조건 점검의 분류		문의 개폐	커버류의 분류	무정전	회로 정전	모선 정전	차단기 인출	점검주기
일상순시점검		−	−	○	−	−	−	매일
		○	−	○	−	−	−	1회/월
정기점검		○	○	−	○	−	○	1회/6개월
		○	○	−	○	○	○	1회/3년
일시점검		○	○	−	○	○	○	−

답 ④

34 태양광발전소에 대한 하자보수 검사 시기가 올바른 것은?

① 년 1회 이상　　　② 년 2회 이상　　　③ 년 3회 이상　　　④ 년 4회 이상

해설　태양광발전소에 대한 하자보수 검사는 년 2회 이상하여야 한다.　답 ②

35 다음 (　)에 공통으로 들어갈 내용은?

> 전기사업법 시행규칙 별표 5에 근거하여 출력기준 (　) 이상의 태양광발전 시스템 공사계획은 사전에 인가를 받아야 하며, (　) 미만의 경우에는 신고를 하여야 한다.

① 1,000[kW]　　② 3,000[kW]　　③ 5,000[kW]　　④ 10,000[kW]

해설　전기사업법 시행규칙[별표 5] 전기사업용 전기설비 공사계획의 인가 및 신고의 대상(제28조 제1항 관련) 출력기준 10,000[kW]　답 ④

(36~37)

> 사용전 검사는 자가용 및 사업용 중 저압 배전계통 연계형 용량 (A) 이하를 대상으로 하며, (A) 초과 시 (B)의 '검사업무처리방법'에 의해 발전설비검사 담당부서에서 점검한다.

36 다음 (A)에 공통으로 들어갈 내용은?

① 20[kW]　　② 200[kW]　　③ 2,000[kW]　　④ 20,000[kW]

> **해설** 사용 전 검사

200[kW] 이하	사용 전 검사
200[kW] 초과	한국전기안전공사 발전설비검사 부서

답 ②

37 다음 (B)에 들어갈 내용은?

① 한국전력공사
② 한국전력거래소
③ 신재생에너지 센터
④ 한국전기안전공사

> **해설** 위 36번 문제 해설 참조

답 ④

38 다음은 인버터의 정기 검사 중 투입저지 시한 타이머 동작 시험에 대한 설명이다. ( )에 들어갈 내용은 각각 무엇인가?

> 한전전원이 정지되면 (A) 이내 정지하고, 복전되면 (B) 후에 자동으로 시동될 것

① A : 0.5초, B : 1분
② A : 0.5초, B : 5분
③ A : 1초, B : 1분
④ A : 1초, B : 5분

> **해설** 투입저지 시한 타이머 동작 시험 – 한전전원이 정지되면 0.5초 이내에 정지하고, 복전되면 5분 후에 자동으로 시동될 것

답 ②

39 다음 중 태양광발전 시스템 일상점검에 대한 설명으로 잘못된 것은 무엇인가?

① 인버터 외함 : 부식 및 파손 – 부식 및 녹이 없고 충전부가 밀폐되어있지 않을 것
② 태양전지 어레이 : 표면의 오염 및 파손 – 현저한 오염 및 파손이 없을 것
③ 접속함 : 외부배선(접속케이블의 손상) – 접속케이블에 손상이 없을 것
④ 축전지 : 변색, 변형, 팽창, 손상, 액면 저하, 온도 상승, 이취, 단자부 풀림 – 부하에 급전한 상태에서 실시할 것

> **해설** 인버터 외함 : 부식 및 파손 – 부식 및 녹이 없고 충전부가 노출되어 있지 않을 것

답 ①

40 송변전 설비 유지관리를 위한 일상점검 중 배전반 외함에 대한 점검개소와 점검내용이 잘못 연결된 것은?

① 외부 일부(문, 외함) – 볼트류 등의 조임 이완에 따른 진동음 유무 확인
② 명판 – 명판의 탈락, 파손 및 불분명 여부 확인
③ 인출기구 조작기구 – 인출기기의 접촉위치 및 단로 위치 여부 확인
④ 반출기구(고정장치) – 점검창 등의 조임 이완에 따른 진동음 유무 확인

해설　송변전설비 유지관리 배전반 외함 일상점검

점검개소	목적	점검내용
외함 일부 (문, 외함)	볼트 조임 이완	볼트의 조임 이완 및 바닥 탈락 여부 확인
	손 상	문의 개폐상태 이상여부 확인
		점검창 등의 패킹 열화에 의한 손상 여부 확인
	이상한 소리	볼트류 등의 조임 이완에 따른 진동음 유무 확인
	오 손	점검창 등의 오손에 따른 내부 관찰여부 확인
명판	손 상	명판의 탈락, 파손 및 선명한 부분 여부 확인
인출기구 조작기구	위 치	인출기기의 접촉위치 및 단로 위치 여부 확인
반출기구(고정장치)	위 치	적당한 위치 여부 확인

답 ④

41 송변전 설비 유지관리를 위한 일상점검 중 배전반 주회로 인입 인출부에 대한 점검개소와 점검내용이 잘못 연결된 것은?

① 폐쇄모선 접속부 – 볼트류의 조임 이완에 따른 손상 여부 확인
② 부싱 – 코로나(Corona) 방전에 의한 이상음 여부 확인
③ 케이블 단말부 및 접속부 케이블 관통부 – 케이블 막이판의 떨어짐 또는 간격의 벌어짐 유무 확인
④ 케이블 단말부 및 접속부 케이블 관통부 – 쥐, 곤충 등의 침입여부 확인

해설　송변전설비 유지관리 배전반 주회로 인입 인출부 일상점검

점검개소	목 적	점검내용
폐쇄모선의 접속부	이상한 소리	볼트류 등의 조임 이완에 따른 진동음 유무 확인
부 싱	손 상	균열, 파손 여부 확인
	이상한 소리	코로나 방전에 의한 이상음 여부 확인
케이블 단말부 및 접속부 케이블 관통부	이상한 소리	볼트류 등의 조임 이완에 따른 진동음 유무 확인
	이상한 냄새	코로나 방전 또는 과열에 의한 이상한 냄새 발생 여부 확인
	손 상	케이블 막이판의 떨어짐 또는 간격의 벌어짐 유무 확인
	쥐, 곤충 등의 침입	쥐, 곤충 등의 침입여부 확인

답 ①

42 송변전 설비 유지관리를 위한 일상점검 중 내장기기 및 부속기기의 주회로용 차단기에 대한 점검개소와 점검내용이 잘못 연결된 것은?

① 외부 일반 – 코로나 방전, 과열에 의한 이상한 냄새 유무 확인
② 개폐 표시기 – 표시의 정확 유무 확인
③ 개폐 표시등 – 코로나 방전 등에 의한 이상한 소리는 없는가?
④ 개폐 도수계 – 기계적인 수명 횟수에 도달하여 있지는 않은가?

송변전설비 유지관리 내장기기 및 부속기기의 주회로용 차단기(GCB, VCB, ACB) 일상점검

점검개소	목 적	점검 내용
외부 일반	이상한 소리	코로나 방전 등에 의한 이상한 소리는 없는가?
	이상한 냄새	코로나 방전, 과열에 의한 이상한 냄새 유무 확인
	누 출	GCB의 경우 가스 누출은 없는가?
개폐 표시기	지 시	표시의 정확 유무 확인
개폐 표시등	표 시	표시의 정확 유무 확인
개폐 도수계	표 시	기계적인 수명 횟수에 도달하여 있지는 않는가?

답 ③

43 송변전 설비 유지관리를 위한 일상점검 중 내장기기 및 부속기기의 변압기 리액터에 대한 점검개소와 점검내용이 잘못 연결된 것은?

① 외부 일반 - 유면은 적당한 위치에 있는가?
② 외부 일반 - 절연유 누출은 없는가?
③ 온도계 - 지시는 소정의 범위 내에 들어가 있는가?
④ 유면계 가스압력계 - 가스의 압력은 규정치보다 낮지 않은가(질소봉입의 경우)

송변전설비 유지관리 내장기기 및 부속기기의 변압기 리액터 일상점검

점검개소	목 적	점검내용
외부 일반	이상한 소리	코로나 등에 의한 이상한 소리는 없는가?
	이상한 냄새	코로나 방전에 의한 이상한 냄새는 없는가?
	누 출	절연유의 누출은 없는가?
온도계	지 시	지시는 소정의 범위 내에 들어가 있는가?
유면계 가스압력계	표 시	유면은 적당한 위치에 있는가?
	표 시	가스의 압력은 규정치보다 낮지 않은가(질소봉입의 경우)

답 ①

44 송변전 설비 유지관리를 위한 정기점검 중 배전반의 외함에 대한 점검개소와 점검내용이 잘못 연결된 것은?

① 문 - 바닥의 이상 침하 또는 융기에 의한 경사 및 균형의 뒤틀림 여부 확인
② 격벽 - 변형 또는 파손이 없는가?
③ 주회로 단자부(접지접촉 단자 포함) - 도체의 과열에 의한 변색은 없는가?
④ 주회로 단자부(접지접촉 단자 포함) - 반 내에 비 침투 또는 결로의 흔적 여부 확인

해설 송변전설비 유지관리 배전반의 외함 정기점검

점검개소	목적	점검내용	비고
외부 일반 (문, 외함)	볼트의 조임 이완	볼트류의 조임 이완 및 바닥에 떨어진 것은 없는가?	
	손상	패킹류의 열화 손상은 없는가?	
	오손	반 내에 비의 침투 또는 결로가 일어난 흔적은 없는가?	특히 주회로 절연물의 상황에 주의
	환기	환기구의 필터 등이 떨어져 있지 않는가?	
	설치	바닥의 이상침하 또는 융기에 의한 경사 및 균형의 뒤틀림은 없는가?	차단기 외 주회로 단로부에 영향이 없는가 주의
문	볼트의 조임 이완	경첩, STOPPER 등의 볼트의 조임 이완은 없는가?	
	동작	손잡이는 확실히 동작하는가. 문 쇄정장치의 동작은 정확한가?	
격벽	볼트의 조임 이완	볼트류의 조임 이완 및 바닥에 떨어진 것은 없는가?	
	손상	변형 또는 파손은 없는가?	
주회로 단로부 (접지 접촉단자 포함)	볼트의 조임 이완	볼트류의 조임 이완 및 바닥에 떨어진 것은 없는가?	상세한 것은 차단기 취급 설명 참조
	손상	부싱, 전선 등이 파손, 단선 및 변형은 없는가?	
	접촉	접촉상태는 양호한가?	
	변색	도체의 과열에 의한 변색은 없는가?	접촉부의 접점은 구리스를 칠한다.
	오손	이물질 또는 먼지 등이 부착되지 않았나?	

답 ④

45 송변전 설비 유지관리를 위한 정기점검 중 배전반의 주회로 인입 인출부에 관한 점검내용이 아닌 것은?

① 과열에 의한 접속부, 절연물의 변색 여부 확인
② 절연물의 균열 파손은 없는가?
③ 컴파운드 등이 떨어져 있지는 않은가?
④ 인터록 상호간을 제어회로에 따라서 조건을 만족하는가를 확인한다.

해설 송배전설비 유지관리 배전반의 주회로 인입 인출부 정기점검

점검개소	목 적	점검내용
폐쇄 모선의 접속부	볼트 조임 이완	볼트의 조임 이완 및 바닥 탈락 여부 확인
	손상	옥외용 패킹류의 열화는 없는가?
	변색	과열에 의한 접속부, 절연물의 변색 여부 확인
부싱	볼트 조임 이완	볼트류의 조임 이완은 없는가?
	손상	절연물의 균열, 파손은 없는가?
	변색	과열에 의한 접속부. 절연물의 변색 여부 확인
	오손	이물질 또는 먼지의 부착이 많은가?

점검개소	목적	점검내용
케이블 단말부 또는 접속부	볼트 조임 이완	볼트류의 조임 이완은 없는가?
	손상	절연테이프 등이 벗겨져 손상은 없는가?
	컴파운드 탈락	컴파운드 등이 떨어져 있지는 않은가?
	오손	이물질 또는 먼지의 부착은 없는가?

답 ④

46 다음 중 내장기기 및 부속기기의 정기점검 대상이 아닌 것은?

① 단자대　　　　② 주회로용 차단기　③ 배선용 차단기　④ 변성기

해설 **내장기기 및 부속기기의 정기점검 대상**
주회로용 차단기, 배선용 차단기, 단로기 LSB, 변성기, 변압기, 주회로용 퓨즈, 피뢰기, 전력용 콘덴서, 표시등 표시기 경보기, 시험용 단자, 지시계기, 계전기, 조작개폐기 절연개폐기, 제어회로용 저항기히터, 제어회로용 퓨즈, 부속기기, 고압 전자 접촉기, 저압 전자 접촉기, 반외 부속기기, 예비품. 답 ①

47 다음에 설명은 장치일반의 정기점검 중 어떤 점검개소에 대한 점검내용을 설명한 것인가?

- PT, CT로부터 전압, 전류가 정상적으로 공급되는가를 절연 개폐기로 확인한다.
- 제어 개폐기에 의한 조작시험기기가 정상적으로 동작하는가를 제어 개폐기를 조작함으로써 개폐기 동작에 따른 상태 표시를 확인한다.
- 계전기로써 동작확인 계전기 주 접점을 동작시킴으로써 차단기가 차단되는가를 시험하고, 개폐표시등 및 고장 표시가 정상적으로 동작하는 가를 확인한다. 또한 계전기 자체의 고장표시기 및 보조접촉기의 동작을 확인한다.

① 절연저항 측정　② 제어회로　　　③ 인터록　　　④ 부싱

해설 장치일반 - 제어회로 - 회로의 정상동작 답 ②

48 정기점검 중 내장기기 및 부속기기의 단로기 교류부하개폐기(LSB) 점검내용이 아닌 것은?

① 부싱 단자부에 변색은 없는가?
② 조작 레버 등에 손상이 없는가?
③ 자력접촉의 경우 고정접점이 저절로 열리는 경우는 없는가?
④ 스프링 등에 녹 발생 파손, 변형은 없는가?

해설 **정기점검 중 내장기기 및 부속기기의 단로기 교류부하 개폐기**

점검개소	목적	점검 내용
외부 일반	볼트의 조임 이완	주회로 단자부의 볼트 조임 이완은 없는가?
	손상	절연물 등의 균열, 파손 및 변형은 없는가?
		조작 레버 등에 손상은 없는가?
		스프링 등에 녹 발생, 파손, 변형은 없는가?
	변색	단자부의 접촉에 의한 변색은 없는가?

점검개소	목적	점검 내용
외부 일반	오손	절연애자 등에 이물질, 먼지 등이 부착되어 있지 않은가?
	누출	유입개폐기의 경우 절연유의 누출은 없는가?
주접촉부	볼트의 조임 이완	자력접촉의 경우 고정접점이 저절로 열리는 경우는 없는가?
		타력접촉의 경우는 스프링 등에 탄력성이 있는가?

답 ①

49 정기점검 중 내장기기 및 부속기기의 피뢰기 점검내용이 아닌 것은?

① 단자부의 볼트류 및 접촉부에 조임 이완은 없는가?

② 리드선 단자 등에 손상은 없는가?

③ 애자 등의 균열, 파손, 변형은 없는가?

④ 부싱부의 균열, 파손이나 외함의 변형은 없는가?

해설 정기점검 중 내장기기 및 부속기기의 피뢰기

점검개소	목 적	점검내용
외부 일반	볼트 조임 이완	단자부의 볼트류 및 접촉부에 조임 이완은 없는가?
	손상	애자 등의 균열, 파손, 변형은 없는가?
		리드선 단자 등에 손상은 없는가?
	오손	애자 등에 이물질, 먼지 등이 부착되지 않았는가?
	방전흔적	내부 컴파운드의 분출, 밀봉금속 뚜껑 등의 파손, 팽창, 섬락 등의 흔적은 없는가?

답 ④

50 다음은 송배전설비 정기점검 중 변압기의 점검내용이다. 목적이 다른 것은?

① 부싱 등의 균열, 파손, 변형은 없는가?

② 건식형인 경우 코일, 절연물의 과열에 의한 변색은 없는가?

③ 유면계, 온도계의 파손은 없는가?

④ 건식형인 경우 코일, 절연물의 손상은 없는가?

해설 송배전설비 정기점검 중 변압기

점검개소	목 적	점검내용
외부 일반	볼트 조임	단자부의 볼트 조임 이완은 없는가?
	손상	부싱 등의 균열, 파손, 변형은 없는가?
		유면계, 온도계의 파손은 없는가?
		건식형인 경우 코일, 절연물질의 과열에 의한 손상은 없는가?
	변색	건식형인 경우 코일, 절연물의 과열에 의한 변색은 없는가?
	오손	부싱 등에 이물질, 먼지 등이 부착되어 있지는 않은가?
	누출	유입형인 경우 절연유의 누출은 없는가?

답 ②

51 다음 중 태양전지 어레이 전기회로 설계에 대한 설명으로 잘못된 것은?

① 전기회로에서 충전부는 절대 노출되지 않도록 한다.

② 주 회로에서 단락 사고가 발생할 경우 주 회로를 보호하는 과전류 차단기 또는 단락전류를 견딜 수 있는 부품으로 회로 구성

③ 구조물에 전선을 접속시키는 경우 전기적으로 완전하게 접속되도록 하고 접속점에 인장응력이 없도록 관리한다.

④ 직류회로의 극성에 따른 배선은 정면(조작면)에서 보아서 오른쪽이나 위쪽으로부터 (+), (−)극 순서로 배치하도록 한다.

> **해설** 구조물에 전선을 접속시키는 경우 전기적으로 완전하게 접속되도록 하고 접속점에 장력이 없도록 관리한다.
> **답 ③**

52 변전소의 설치 목적이 아닌 것은?

① 전력의 발생과 계통의 주파수를 변환시킨다.

② 발전 전력을 집중 연계한다.

③ 수용가에 배분하고 정전을 최소화한다.

④ 경제적인 이유에서 전압을 승압 또는 강압한다.

> **해설** 발전소 : 전력의 발생과 계통의 주파수를 변환시킨다.
> **답 ①**

53 다음 중 구조물의 접속부분에 사용되는 볼트의 크기에 따른 힘이 잘못 표시된 것은?

	볼트의 크기	힘 [kg/cm^2]
①	M3	7
②	M4	35
③	M8	135
④	M16	1,180

> **해설** M4 − 18[kg/cm^2]
> **답 ②**

54 고저항 중성점 접지계통에 변압기 또는 발전기의 중성점 접지저항기에 접속하는 점까지의 중성선은 동선 10[mm^2] 이상이고 알루미늄선 또는 동복 알루미늄선은 몇 [mm^2] 이상의 절연전선으로서 접지저항기의 최대정격전류 이상이어야 하는가?

① 16   ② 25   ③ 30   ④ 35

> **해설** 변압기 또는 발전기의 중성점에서 접지저항기에 접속하는 점까지의 중성선은 동선 10[mm^2] 이상, 알루미늄선 또는 동복 알루미늄선은 16[mm^2] 이상의 절연전선으로서 접지저항기의 최대정격전류 이상일 것.
> **답 ①**

55 다음 중 주로 정지 상태에서의 점검으로 제어운전 장치의 기계 점검, 절연저항의 측정 등을 실시하며 필요에 따라 배전반의 동작시험, 계전기의 모의 동작시험을 행하는 점검은?

① 운전점검   ② 일상점검

③ 정기점검   ④ 임시점검

> **해설** 주로 정지 상태에서의 점검으로 제어운전 장치의 기계 점검, 절연저항의 측정 등을 실시하며 필요에 따라 배전반의 동작시험, 계전기의 모의 동작시험을 행하는 점검은 정기점검이다.   **답** ③

56 주택의 태양전지모듈에 접속하는 부하 측 옥내배선을 시설하는 경우에 주택의 옥내전로의 대지전압은 몇 [V]까지 적용할 수 있는가?

① 150   ② 300   ③ 600   ④ 750

> **해설** KEC 511.3 (옥내전로의 대지전압 제한)
> 1. 주택의 전기저장장치의 축전지에 접속하는 부하 측 옥내배선을 시설하는 경우에 주택의 옥내전로의 대지전압은 직류 600[V] 까지 적용할 수 있다.   **답** ③

57 전기저장장치의 시설에서 단자와 접속에서 틀린 사항은?

① 단자를 체결 또는 잠글 때 너트나 나사는 풀림방지 기능이 없는 것을 사용하여야 한다.

② 단자의 접속은 기계적, 전기적 안전성을 확보하도록 하여야 한다.

③ 외부터미널과 접속하기 위해 필요한 접점의 압력이 사용기간 동안 유지되어야 한다.

④ 단자는 도체에 손상을 주지 않고 금속표면과 안전하게 체결되어야 한다.

> **해설** KEC 511.2.1 (단자와 접속)
> 단자를 체결 또는 잠글 때 너트나 나사는 풀림방지 기능이 있는 것을 사용하여야 한다.   **답** ①

58 전기저장장치 시설장소는 지표면을 기준으로 높이 22[m] 이내로 하고 해당 장소의 출구가 있는 바닥면을 기준으로 깊이 몇 [m] 이내로 하여야 하는가?

① 7   ② 9   ③ 15   ④ 20

> **해설** KEC 512.2.1 (전용건물에 시설하는 경우)
> 1. 전기저장장치 시설장소는 지표면을 기준으로 높이 22[m] 이내로 하고 해당 장소의 출구가 있는 바닥면을 기준으로 깊이 9[m] 이내로 하여야 한다.   **답** ②

59 주접지 단자에 접속하기 위한 등전위본딩 도체는 설비 내에 있는 가장 큰 보호접지 도체 단면적의 1/2 이상의 단면적을 가져야 한다. 강철 도체는 단면적 몇 [mm²] 이상이어야 하는가?

① 6   ② 10   ③ 50   ④ 55

> **해설** KEC 143.3.1 (보호등전위본딩 도체)
> 1. 주접지단자에 접속하기 위한 등전위본딩 도체는 설비 내에 있는 가장 큰 보호접지 도체 단면적의 1/2 이
>   상의 단면적을 가져야 하고 다음의 단면적 이상이어야 한다.
>   가. 구리도체 6[mm²]
>   나. 알루미늄 도체 16[mm²]
>   다. 강철 도체 50[mm²]   **답** ③

60 태양광발전 시스템 일상점검 사항 중 인버터의 점검항목이 아닌 것은?

① 가대의 부식 및 녹   ② 외함의 부식 및 파손

③ 외부배선의 손상   ④ 표시부의 이상표시

> **해설** 일상점검
> • 태양전지 : 유리 등 표면의 오염 및 파손, 가대의 부식 및 녹, 외부배선(접속케이블)의 손상
> • 인버터 : 외함의 부식 및 파손, 외부배선(접속케이블)의 손상, 환기확인(환기구멍, 환기필터) 이상음, 악취,
>   발연 및 이상 과열, 표시부의 이상표시, 발전상황
> • 접속함 외부배선의 손상, 외함의 부식 및 손상   **답** ①

61 태양광발전시스템 정기점검에 대한 설명으로 틀린 것은?

① 점검 · 시험은 원칙적으로 지상에서 실시한다.

② 100[kW] 이상의 경우는 매월 1회 이상 점검하여야 한다.

③ 100[kW] 미만의 경우는 매년 2회 이상 점검하여야 한다.

④ 3[kW] 미만의 태양광발전시스템은 법적으로는 정기점검을 하지 않아도 된다.

> **해설** 태양광 발전설비에 대한 정기점검의 횟수는 100[kW] 이상은 연6회 점검을 해야 함.   **답** ②

62 다음과 같은 사항을 측정하기 위한 방법은?

> 1. 태양전지 스트링과 모듈 동작불량 측정
> 2. 태양전지 모듈의 검출 및 직렬 접속선의 결선 누락 등을 측정

① 운전상황 점검   ② 소리음, 진동, 냄새 확인

③ 개방전압 측정   ④ 단락전류 확인

> **해설** • 운전상황 점검 : 모니터를 통한 발전전력, 발전전력량 표시
> • 소리음, 진동, 냄새 확인 : 평상시 다르면 정밀점검 실시
> • 단락전류 확인 : 태양전지 모듈의 이상 유무 확인   **답** ③

63 다음 그림은 개방전압 측정회로를 나타낸 것이다. 각 (A), (B), (C), (D)에 들어 갈 내용이 올바른 것은?

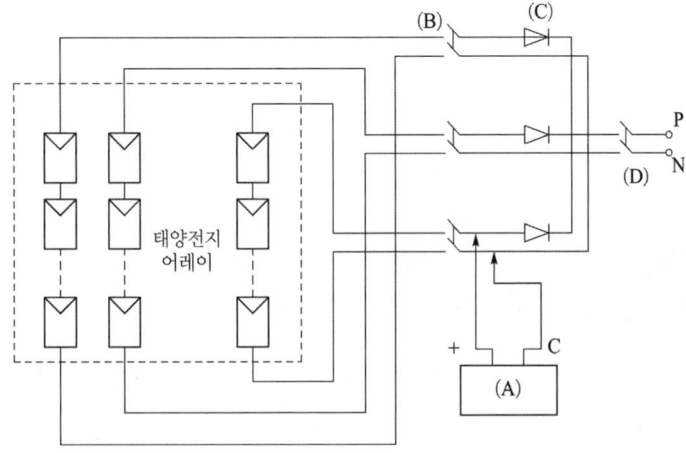

① (A) 전압계, (B) 차단기, (C) 바이패스 다이오드, (D) 차단기
② (A) 전류계, (B) 단로스위치, (C) 역저지 다이오드, (D) 단로스위치
③ (A) 전류계, (B) 차단기, (C) 바이패스 다이오드, (D) 단로스위치
④ (A) 전압계, (B) 단로스위치, (C) 역저지 다이오드, (D) 출력차단기

해설 개방전압 측정순서
1) 접속함 출력차단기 OFF한다.
2) 접속함의 각 스트링 단위스위치를 모두 OFF한다.
3) 각 모듈이 그늘로 되어있지 않은 것을 확인한다.
4) 측정 스트링 단로스위치만 ON하고, 직류전압계로 각 스트링 P-N 단자 간의 전압을 측정한다. **답** ④

64 태양광발전 시스템에 사용되는 인버터의 입력측 절연저항을 측정하는 순서는?

> A. 직류측의 모든 입력단자 및 교류측 전체의 출력단자를 각각 단락
> B. 태양전지 회로를 접속함에서 분리
> C. 직류단자와 대지 간의 절연저항을 측정
> D. 분전반 내의 분기 차단기 개방

① A → B → D → C ② B → D → A → C
③ C → D → A → C ④ B → A → D → C

해설 ▶ 입력측 절연저항 측정
1) 태양전지 회로를 접속함에서 분리
2) 분전반 내의 분기 차단기 개방
3) 직류측의 모든 입력단자 및 교류 측 전체의 출력단자를 각각 단락
4) 직류단자와 대지 간의 절연저항을 측정

▸ 출력측 절연저항 측정
1) 태양전지 회로를 접속함에서 분리
2) 분전반 내의 분기 차단기 개방
3) 직류측의 모든 입력단자 및 교류측 전체의 출력단자를 각각 단락
4) 교류단자와 대지 간의 절연저항을 측정 **답** ②

65 다음은 인버터의 절연저항 측정회로이다. (A) 들어갈 내용은?

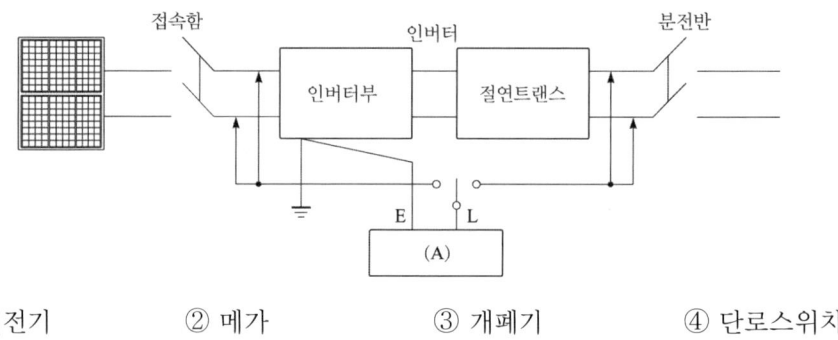

① 계전기　　　　② 메가　　　　③ 개폐기　　　　④ 단로스위치

해설　절연저항 측정장치는 메가 또는 절연저항계라 한다. **답** ②

66 태양광 송변전 설비의 점검에 관한 다음 기술 중 틀린 것은?

① 일상순시점검은 문을 열어 점검하든지 커버를 해체한 후 점검한다.
② 정기점검은 배전반의 기능을 확인하고 유지하기 위한 계획을 수립하여 점검하는 것을 말한다.
③ 정기점검 시 모선을 정전하지 않고 섬섬해야 할 성우에는 안진사고가 일이니지 않도록 주의한다.
④ 임시점검은 일상순시점검 및 정기점검에 의하여 상세하게 점검할 경우가 발생되는 때에 점검하는 것을 말한다.

해설　매일의 일상순시점검은 문을 열어 점검하든지 커버를 해체한 후 점검한다든지 하는 것이 아니고 이상한 소리, 냄새, 손상 등을 배전반 외부에서 점검항목의 대상항목에 따라서 점검하는 것을 말한다. **답** ①

67 배전반의 주회로 점검 시 유의사항으로 틀린 것은?

① 관련된 차단기, 단로기를 열고 주회로가 무전압이 되게 한다.
② 검전기로써 무전압 상태를 확인하고 필요개소에 접지한다.
③ 단로기 조작은 쇄정장치를 해체한다.
④ 차단기는 단로상태가 되도록 인출하고 '점검 중'이라는 표시판을 부착한다.

해설　단로기 조작은 쇄정시키며, 쇄정장치가 없는 경우 '점검 중'이라는 표시판을 부착한다. **답** ③

68 건축물·구조물과 분리되지 않은 피뢰시스템인 경우 병렬 인하도선의 최대간격은 피뢰시스템 등급에 따라 Ⅰ·Ⅱ 등급은 10[m], Ⅲ 등급은 15[m]일 때 Ⅳ 등급은 몇 [m]로 하여야 하는가?

① 15 　　　　② 20 　　　　③ 25 　　　　④ 30

해설 KEC152.2 (인하도선시스템)
병렬 인하도선의 최대 간격은 피뢰시스템 등급에 따라 Ⅰ·Ⅱ 등급은 10[m], Ⅲ등급은 15[m], Ⅳ 등급은 20[m]로 한다.　　　　　　답 ②

69 건축물·구조물과 분리되지 않은 피뢰시스템인 경우 병렬 인하도선의 최대간격은 피뢰시스템 등급에 따라 Ⅰ·Ⅱ 등급은 10[m], Ⅳ 등급은 20[m]일 때 Ⅲ 등급은 몇 [m]로 하여야 하는가?

① 10 　　　　② 15 　　　　③ 25 　　　　④ 30

해설 KEC152.2 (인하도선시스템)
병렬 인하도선의 최대 간격은 피뢰시스템 등급에 따라 Ⅰ·Ⅱ 등급은 10[m], Ⅲ등급은 15[m], Ⅳ 등급은 20[m]로 한다.　　　　　　답 ②

70 태양광발전시스템 설비의 상태가 운전 중 일 때 점검을 시행하는 분류는?

① 일상점검　　　　　　② 정기점검(보통)
③ 정기점검(세밀)　　　　④ 임시점검

해설 점검분류

NO	점검의 분류	설비의 상태	점검횟수
1	운전점검	운전 중	1회/8시간
2	일상점검	운전 중	1회/1주 ~ 1회/3개월
3	정기점검(보통)	정지(단기간)	1회/6개월 ~ 1회/2년
4	정기점검(세밀)	정지(단기간)	1회/1년 ~ 1회 5년
5	임시점검	정지	

답 ①

71 다음 그림은 운전상태에 따른 시스템 발생신호를 나타낸 것이다. 현재의 상태는?

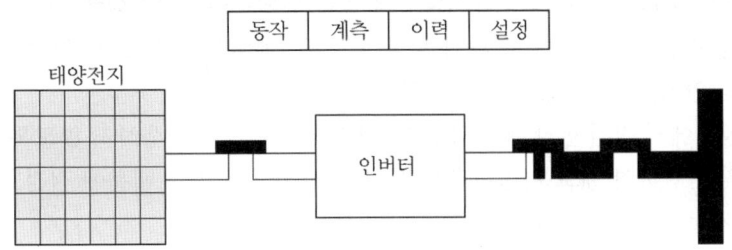

| 동작 | 계측 | 이력 | 설정 |

① 정상운전　　　　　　② 태양전지 전압 이상 시 운전
③ 접속함 이상 시 운전　　④ 인버터 이상 시 운전

해설 운전 상태에 따른 시스템의 발생신호

1) 정상운전

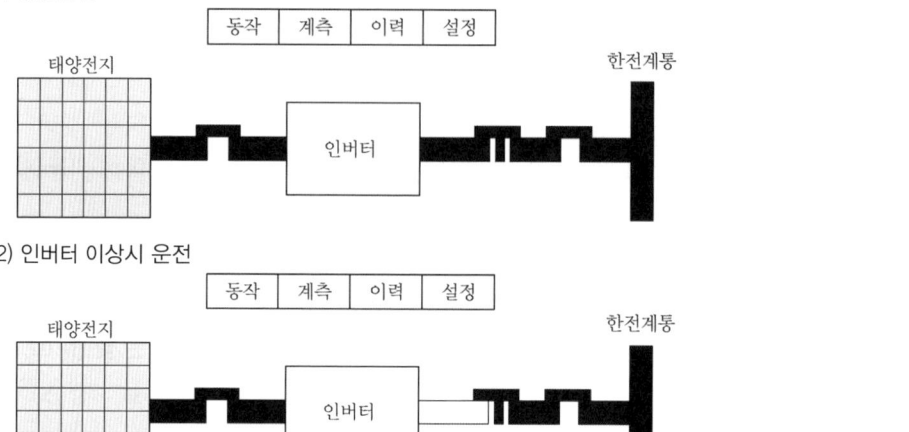

2) 인버터 이상시 운전

답 ②

72 태양광발전설비가 작동되지 않을 경우 응급조치 순서는?

> 가. 인버터 OFF 후 점검
> 나. 접속함 ON
> 다. 인버터 ON
> 라. 접속함 내부 차단기 OFF

① 가 → 나 → 다 → 라
② 나 → 다 → 가 → 라
③ 다 → 나 → 라 → 가
④ 라 → 가 → 다 → 나

해설 태양광발전설비가 작동하지 않는 경우
1) 접속함 내부 차단기 OFF
2) 인버터 OFF 후 점검
3) 인버터 ON
4) 접속함 ON

답 ④

73 다음은 태양광 송변전 설비의 유지보수에 관한 설명이다. 틀린 것은?

① 사전에 면밀한 계획을 수립하여 필요한 공구, 예비품은 반드시 준비해야 한다.

② 인명의 안전, 기기의 안전에 유의하여야 한다.

③ 운전상태에서 점검할 때에는 감전 및 기기의 오동작이 발생하지 않도록 유의해야 한다.

④ 설치와 관련하여 새로운 설비가 고장 발생의 확률이 높기 때문에 점검 내용을 세분화하고 주기를 단축해야 한다.

해설 일반적으로 새로운 설비보다 오래된 설비가 고장 발생의 확률이 높기 때문에 점검 내용을 세분화하고 주기를 단축해야 한다.

답 ④

74 다음 중 일상점검 사항으로 볼 수 없는 것은?

① 각 선간 전압은 정상인가   ② 부하 전류는 정상인가

③ 도체가 과열되어 변색되어 있지 않은가   ④ 배선의 접촉 불량인 부분은 없는가

> **해설** "배선의 접촉 불량인 부분은 없는가"는 정기점검 사항이다.   **답** ④

75 태양전지회로의 절연저항 측정방법 중 잘못된 것은?

① 뇌보호를 위해 설치된 어레스터 등의 출력단에 설치된 소자들의 접지 측을 분리시킨다.

② 절연저항은 기온이나 습도에 영향을 받기 때문에 절연저항 측정 당시의 기온, 온도 등도 절연저항과 함께 기록한다.

③ 비가 오는 중이거나 비가 그치고 날씨가 갠 직후의 절연저항 측정은 하지 않는다.

④ 시험기자재는 접지저항계, 온도계 습도계, 단락용 개폐기가 사용된다.

> **해설** 시험기자재는 절연저항계, 온도계 습도계, 단락용 개폐기가 사용된다.   **답** ④

76 태양광발전 시스템의 운전 및 관리에 관한 다음 설명 중 틀린 것은?

① 모듈의 구조는 설치로 인해 접지의 연속성이 훼손되지 않은 것을 사용해야 한다.

② 태양광발전 설비가 계통전원과 공통 접속점에서의 전압을 능동적으로 조절하지 않도록 하는 것이 필요하다.

③ 분산형 전원의 전기방식은 연계하고자 하는 계통의 전기방식과 동일하게 함을 원칙으로 한다.

④ 분산형 전원 및 그 연계 시스템은 분산형 전원 연결점에서 최대 정격 출력 전류의 0.3[%]를 초과하는 직류 전류를 계통으로 유입시켜서는 안 된다.

> **해설** 분산형 전원 및 그 연계 시스템은 분산형 전원 연결점에서 최대 정격 출력전류의 0.5[%]를 초과하는 직류 전류를 계통으로 유입시켜서는 안 된다.   **답** ④

77 사용전 검사 시 확인 절차 내용과 무관한 것은?

① 태양광 발전설비가 계통전원과 공통접속점에서의 전압을 능동적으로 조절할 수 있도록 해야 한다.

② 저압연계의 경우 수용가에서 역조류가 발생했을 때 저압배선 각 부의 전압이 상승해 적정치를 이탈할 우려가 있으므로 해당 수용가는 다른 수용가의 전압이 표준전압을 유지하도록 해야 한다.

③ 고압연계의 경우에는 부하 시 태양광발전 전원을 분리함으로써 기타 수용가의 전압이 저하 또는 역조류에 의해 계통전압이 상승할 수 있다.

④ 전원분리 시 전압변동대책으로 자동전압 조정장치를 설치하거나, 배전선 증강 또는 전용선으로 연계하도록 한다.

> **해설** 태양광 발전설비가 계통전원과 공통접속점에서의 전압을 능동적으로 조절할 수 없다.   **답** ①

78 태양광전원이 연계된 배전계통에서 사고가 발생하는 경우, 배전계통을 보호하는 보호협조 기기에 해당하는 것이 아닌 것은?

① 배전용변전소 차단기 ② 리클로저(Recloser)
③ 인터럽터 스위치 ④ 고조파계전기

해설 인터럽터 스위치 : 수동조작만 가능, 과부하 시 자동 개폐불가, 돌입전류 억제불가 답 ③

79 태양광 발전설비에 설치된 퓨즈의 고장을 점검하기 위한 방법으로 적당하지 않은 것은?

① 육안검사 ② 다기능 측정
③ 전력망 분석 ④ 입출력 측정

해설 퓨즈고장점검 및 측정사항

고장유형 / 측정사항	장애난 퓨즈	스트링 다이오드 결함	단락/접지 누설	서지전압 보호기 결함	접지 저항 증가
육안검사	○		○	○	
다기능측정	○	○		○	
접지저항측정					○
입출력측정	○	○			
절연저항측정			○	○	
과/저 전압측정				○	
I-V 곡선		○			
인버터 수치읽기					
AC 회로시험					
전력망분석					

답 ③

80 태양전지 어레이의 점검항목 중 육안점검사항이 아닌 것은?

① 단자대의 나사풀림 ② 지붕재의 파손
③ 가대의 접지 ④ 표면의 오염 및 파손

해설

	점검항목	점검요령
육안 점검	표면의 오염 및 파손	오염 및 파손의 유무
	프레임 파손 및 변형	파손 및 두드러진 변형이 없을 것
	가대의 부식 및 녹 발생	부식 및 녹이 없을 것(녹의 진행이 없고, 도금강판의 끝부분은 제외)
	가대의 고정	볼트 및 너트의 풀림이 없을 것
	가대의 접지	배선공사 및 접지접속이 확실할 것
	코킹	코킹의 망가짐 및 불량이 없을 것
	지붕재의 파손	지붕재의 파손, 어긋남, 뒤틀림, 균열이 없을 것
측정	접지저항	

답 ①

81 태양광발전설비시스템 정기점검에 대한 설명으로 틀린 것은?

① 점검·시험은 원칙적으로 지상에서 실시한다.

② 100[kW] 미만의 경우는 월 1회 점검하여야 한다.

③ 700[kW] 이상의 경우는 월 4회 점검하여야 한다.

④ 1500[kW] 초과 2000[kW] 이하의 경우는 월 7회 점검하여야 한다.

해설 태양광발전 설비의 규모별 정기점검 횟수

용량별		점검횟수	점검간격
저압	1 ~ 300[kW] 이하	월 1회	20일 이상
	300[kW] 초과	월 2회	10일 이상
고압	1 ~ 300[kW] 이하	월 1회	20일 이상
	300[kW] 초과 ~ 500[kW] 이하	월 2회	10일 이상
	500[kW] 초과 ~ 700[kW] 이하	월 3회	7일 이상
	700[kW] 초과 ~ 1,500[kW] 이하	월 4회	5일 이상
	1,500[kW] 초과 ~ 2,000[kW] 이하	월 5회	4일 이상
	2,000[kW] 초과 ~ 2,500[kW] 미만	월 6회	3일 이상

답 ④

82 인버터의 효율을 측정하기 위한 방법으로 적합하지 않은 것은?

① 입출력 측정　② AC 회로시험　③ 전력망 분석　④ 절연저항 측정

해설 인버터 효율점검 및 측정사항

고장유형 / 측정사항	효율	제어특성	고조파	선로전압 결함
육안검사				
다기능측정				
접지저항측정				
입출력측정	○	○		
절연저항측정				
과/저 전압측정		○		
I-V 곡선				
인버터 수치읽기	○	○		○
AC 회로시험	○	○	○	○
전력망분석	○	○	○	○

답 ④

83 태양전지 어레이 개방전압 측정 시 주의사항으로 틀린 것은?

① 각 스트링의 측정은 안정된 일사강도가 얻어질 때 실시한다.

② 측정시각은 맑은 날, 해가 남쪽에 있을 때 1시간동안 실시한다.

③ 셀은 비오는 날에도 미소한 전압을 발생하고 있으니 주의한다.

④ 측정은 직류전류계로 측정한다.

태양광어레이 개방전압 측정 시 유의 사항
1) 태양전지 어레이의 표면을 청소할 필요가 있다.
2) 각 스트링의 측정은 안정된 일사강도가 얻어질 때 실시한다.
3) 측정시각은 일사강도, 온도의 변동을 극히 적게 하기 위해 맑을 때, 남쪽에 있을 때 전후 1시간에 실시하는 것이 바람직하다.
4) 태양전지의 셀은 비오는 날에도 미소한 전압을 발생하고 있으므로 매우 주의하여 측정 해야 한다.
5) 개방전압은 직류전압계로 측정한다.　　　　　　　　　　　　　　　　　　　　　**답 ④**

84 **태양전지 어레이의 절연내압시험 조건 중 옳은 측정법은?**
① 최대사용전압의 1.5배의 직류전압 혹은 1배의 교류전압을 10분간 인가
② 최대사용전압의 1.5배의 직류전압 혹은 2배의 교류전압을 10분간 인가
③ 최대사용전압의 2배의 직류전압 혹은 1배의 교류전압을 10분간 인가
④ 최대사용전압의 2배의 직류전압 혹은 2배의 교류전압을 10분간 인가

해설 KEC 134 (연료전지 및 태양전지 모듈의 절연내력)
표준태양전지 어레이 개방전압을 최대사용전압으로 간주하여 최대사용전압 1.5배의 직류전압 혹은 1배의 교류전압(500[V] 미만일 때는 500[V])을 10분간 인가하여 절연파괴 등의 이상이 발생하지 않는 것을 확인한다.　　　**답 ①**

85 **태양광발전시스템 유지보수 시 일반적인 점검 종류가 아닌 것은?**
① 일상점검　　　② 정기점검　　　③ 임시점검　　　④ 특수점검

해설 태양광발전시스템의 점검은 임시점검, 일상점검, 정기점검으로 크게 나눈다.　　**답 ④**

86 **태양광발전소 일상점검 요령으로 틀린 것은?**
① 인버터 통풍구가 막혀 있을 것　　② 접속함 외함에 파손이 없을 것
③ 태양전지 어레이에 오염이 없을 것　　④ 인버터 운전 시 이상 냄새가 없을 것

해설 **태양광발전소 일상점검**

	점검항목	점검요령
태양전지 어레이 육안점검	유리 등 표면의 오염 및 파손	심한 오염 및 파손이 없을 것
	가대의 부식 및 녹	부식 및 녹이 없을 것
	외부배선(접속케이블)의 손상	접속케이블에 손상이 없을 것
접속함 육안점검	외함의 부식 및 손상	부식 및 파손이 없을 것
	외부배선(접속케이블)의 손상	접속케이블에 손상이 없을 것
인버터 육안점검	외함의 부식 및 파손	외함의 부식·복이 없고 충전부가 노출되어 있지 않을 것
	외부배선(접속케이블)의 손상	인버터에 접속된 배선에 손상이 없을 것
	환기확인(환기구멍, 환기필터)	환기구를 막고 있지 않을 것 환기필터가 막혀 있지 않을 것

점검항목		점검요령
인버터 육안점검	이상음, 악취, 발, 및 이상과열	운전 시의 이상음, 이상한 진동, 악취 및 이상한 과열이 없을 것
	표시부의 이상표시	표시부에 이상코드, 이상을 표시하는 램프의 점등, 점멸 등이 없을 것
	발전상황	표시부의 발전상황에 이상이 없을 것

답 ①

---

87 태양전지 모듈 어레이의 개방전압 측정의 목적이 아닌 것은?

① 인버터의 오동작 여부 검출
② 동작 불량의 태양전지모듈 검출
③ 직렬 접속선의 결선 누락 사고 검출
④ 태양전지모듈의 잘못 연결된 극성 검출

해설 태양전지 어레이의 각 스트링의 개방전압을 측정하여 개방전압의 불균일에 따라 동작불량의 스트링이나 태양전지 모듈의 검출 및 직렬 접속선의 결선 누락 사고 등을 검출하기 위해서 측정한다.
  • 태양광 어레이 동작 상태 확인을 위하여 개방전압을 측정한다.

답 ①

---

88 최대출력 결정시험에 대한 설명 중 틀린 것은?

① 해당 태양광모듈의 최대출력을 측정할 것
② 시험시료의 최대출력은 정격출력 이상이어야 할 것
③ 시험시료의 출력균일도는 평균출력의 ±3[%] 이내일 것
④ 시험시료의 최종 환경시험 후 최대출력의 열화는 최초 최대출력을 −8[%] 초과하지 않을 것

해설 **최대출력 결정 – 판정기준**
  1) 해당 태양광모듈의 최대출력을 측정하되, 시험시료의 평균출력은 정격출력 이상일 것
  2) 시험시료의 출력균일도는 평균출력의 ±3[%] 이내일 것
  3) 시험시료의 최종 환경시험 후 최대출력의 열화는 최초 최대출력을 −8[%] 초과하지 않을 것

답 ②

---

89 태양광발전시스템의 운영에 있어 계측기기나 표시장치의 사용목적이 아닌 것은?

① 시스템의 성능 예측
② 시스템의 운전상태 감시
③ 시스템의 발전전력량 파악
④ 시스템의 성능을 평가하기 위한 데이터 수집

해설 **계측 · 표시의 사용목적**
  1) 시스템의 운전상태 감시를 위한 계측 또는 표시
  2) 시스템의 발전전력량을 알기 위한 계측
  3) 시스템 기기 및 시스템 종합평가를 위한 계측
  4) 시스템의 운전상황을 견학자에게 보여주고, 시스템 홍보를 위한 계측 또는 표시

답 ①

90 태양광발전시스템 운영 시 비치서류가 아닌 것은?

① 건설 관련 도면   ② 구조물의 구조계산서

③ 송전 관계 일람도   ④ 시방서 및 계약서 사본

해설 송전 관계 일람도는 사업허가 신청에 필요한 서류   **답** ③

91 배전반 외부에서 이상한 소리, 냄새, 손상 등을 점검항목에 따라 점검하며, 이상 상태 발견 시 배전반 문을 열고 이상 정도를 확인하는 점검은?

① 일시점검   ② 정기점검

③ 임시점검   ④ 일상순시점검

해설 **일상순시점검**
1) 이상한 소리, 냄새, 손상 등을 배전반 외부에서 점검항목의 대상에 따라서 점검
2) 이상상태를 발견한 경우 배전반의 문을 열고 이상정도 확인
3) 이상상태가 직접 운전을 하지 못할 정도로 전개되는 경우를 제외하고는 이상 상태의 내용을 기록하여 정기 점검 시에 반영함으로서 참고자료로 활용   **답** ④

92 태양전지 모듈의 출력이 부하보다 많아서 역조류가 발생하고, 용량성 부하로 구성되면 어떤 현상이 발생하는가?

① 전압에 무관함   ② 전압강하만 발생함

③ 전압상승만 발생함   ④ 전압강하와 전압상승이 발생함

해설 용량성 부하 연결 시 전압상승만 발생한다.   **답** ③

93 송변전설비의 유지관리 시 점검 후의 유의사항으로 옳은 것은?

① 준비철저 및 연락   ② 회로도에 의한 검토

③ 무전압 상태확인 및 안전조치   ④ 접지선 제거 및 최종확인

해설 1) 송전설비 점검 전 유의사항
    준비철저, 연락, 회로도에 의한 검토, 무전압 상태확인 및 안전조치
2) 송전설비 점검 후 유의사항
    접지선의 제거, 최종확인   **답** ④

94 태양광 인버터의 회로에 대한 절연저항의 측정 방법으로 틀린 것은?

① 정격전압이 입출력에서 다를 경우에는 높은 측의 전압을 절연저항계의 선택기준으로 한다.

② 입출력 단자에 주회로 이외의 제어단자 등이 있는 경우에는 분리시키고 측정한다.

③ 서지 업서버 등의 정격에 약한 회로에 관해서는 회로에서 분리시킨다.

④ 무변압기형 인버터의 경우에는 제조업자가 추천하는 방법에 따라 측정한다.

해설 입출력 단자에 주회로 이외의 제어단자 등이 있는 경우에는 포함시키고 측정한다. **답** ②

95 송변전설비 유지관리 시 배전반의 일상순시점검 대상이 아닌 것은?

① 외함 ② 접지
③ 주회로 단자부 ④ 모선 및 지지물

해설 송변전설비 유지관리 시 배전반의 일상순시점검 대상은 외함, 모선 및 지지물, 주회로 인입 인출부, 제어 회로의 배선, 단자대, 접지 등이 있다. **답** ③

3.1 태양광발전 시공상 안전관리

3.1.1 시공 안전관리

(1) 안전대책

1) 복장 및 추락방지

① 안전모 착용 : 머리보호를 위해 착용한다.

② 안전대 착용 : 추락방지를 위해 필히 착용한다.

③ 안전화 : 미끄럼 방지의 효과가 있는 신발

④ 안전허리띠 착용 : 공구 공사 부재의 낙하 방지를 위해 착용한다.

2) 작업 중 감전 방지 대책

① 작업 전 태양광모듈 표면에 차광막을 씌워 태양광을 차폐한다.

② 저압 절연장갑을 착용한다.

③ 설연 처리된 공구를 사용한다.

④ 강우 시에는 감전사고, 미끄러짐, 추락사고 등의 우려가 있으므로 작업을 금지한다.

(2) 자재 반입 시 주의사항

기중기 등을 이용하여 공사장 안으로 자재를 반입하는 경우를 대비하여 공사 시작 전에 전력회사와 사전 협의 후 배전선로에 대한 절연전선 또는 전력케이블 보호관을 설치하는 등의 보호조치를 실행한다.

3.1.2 안전교육 시행과 훈련

(1) 안전교육의 지도

1) 안전교육의 지도 원칙(8원칙)

① 피교육자 중심 교육(상대방의 입장에서)

② 동기부여를 중요하게

③ 쉬운 부분에서 어려운 부분으로 진행

④ 반복에 의한 습관화 진행

⑤ 인상의 강화(사실적 구체적인 진행)

⑥ 오관(감각기관)의 활용

오관의 효과치	이해도
① 시각효과 60[%]	① 귀 : 20[%]
② 청각효과 20[%]	② 눈 : 40[%]
③ 촉각효과 15[%]	③ 귀 + 눈 : 60[%]
④ 미각효과 3[%]	④ 입 : 80[%]
⑤ 후각효과 2[%]	⑤ 머리 + 손, 발 : 90[%]

⑦ 기능적인 이해(요점위주로 교육)

　가) "왜 그렇게 하지 않으면 안 되는가"에 대한 충분한 이해가 필요(암기식, 주입식 탈피)

　나) 기능적 이해의 효과

　　– 기억의 흔적이 강하게 인식되어 오랫동안 기억으로 남게 된다.

　　– 경솔하게 판단하거나 자기방식으로 일을 처리하지 않게 된다.

　　– 손을 빼거나 기피하는 일이 없다.

　　– 독선적인 자기만족이 억제된다.

　　– 이상 발생 시 긴급조치 및 응용동작을 취할 수 있다.

⑧ 한 번에 한 가지씩 교육(교육과 성과는 양보다 질을 중시)

2) 학습지도의 원리

자발성의 원리	·학습자의 내적동기가 유발된 학습을 해야 한다는 원리 ·문제해결학습, 프로그램 학습 등
개별화의 원리	·학습자의 요구 및 능력등의 개인차에 맞도록 지도해야 한다는 원리 ·특별학급편성, 학력별 반평성 등
사회화의 원리	·함께하는 학습을 통하여 공동체의 사회화를 도와주는 원리 ·지역사회학교, 분단학습 등
통합의 원리	·전인교육을 위한 학습자의 모든 능력을 조화적으로 발단시키는 원리 ·교재의 통합 ·생활지도의 통합 등

(2) 안전교육의 기본 방향

사고사례 중심의 안전교육	① 이미 발생한 사고사례를 중심으로 동일한 재해 및 유사재해의 재발방지 ② 근로자들의 관심과 능동적인 참여를 위해 교육대상, 시기 방법 등에 주의가 필요
표준작업을 위한 안전교육	① 표준 동작이나 표준작업을 위한 안전교육의 기본으로 체계적이고 조직적인 교육시기가 필요 ② 이론적인 교육보다 실습이나 현장교육에 주점을 두어 효율성 있는 교육이 될 수 있도록 관심 필요
안전의식 향상을 위한 안전교육	① 교육이 교육으로만 끝나지 않도록 세밀한 추후지도로 교육의 지속성 유지 ② 안전교육의 필요성 인식은 안전의식향상의 지름길이므로 자발적이고 능동적인 참여 유도

3.1.3 안전관리 조직 운영

(1) 안전관리자 선임

전기사업법 제2조 제20항에 "안전관리란 국민의 생명과 재산을 보호하기 위하여 이 법에서 정하는 바에 따라 전기설비의 공사·유지 및 운용에 필요한 조치를 하는 것을 말한다."라고 정의하고 있으며 태양광발전 시스템도 전기설비에 포함되므로 안전관리자가 선임 되어야 한다.

1) 안전관리자의 선임(전기사업법 제73조 제1항)

전기사업자나 자가용전기설비의 소유자 또는 점유자는 전기설비(휴지 중인 전기설비는 제외한다)의 공사·유지 및 운용에 관한 안전관리업무를 수행하게 하기 위하여 산업통상자원부령으로 정하는 바에 따라 「국가기술자격법」에 따른 전기·기계·토목 분야의 기술자격을 취득한 사람 중에서 각 분야별로 전기안전관리자를 선임하여야 한다.

① 용량 1,000[kW] 이상인 경우 : 상주 안전관리자 선임

② 용량 1,000[kW] 미만인 경우 : 안전공사 및 대행사업자 위탁 가능

③ 용량 250[kW] 미만인 경우 : 개인 대행자 가능

④ 용량 20[kW] 이하인 경우 : 미선임 가능

※ 선임시기 : 전기설비 사용전 검사 신청 전 또는 사업개시 전 전기설비 또는 사업장마다 안전관리자와 안전관리보조원으로 구분하여 선임.

2) 안전관리업무 대행 자격 요건(전기사업법 제73조 제3항)

산업통상자원부령으로 정하는 규모 이하의 전기설비(자가용전기설비와 「신에너지 및 재생에너지 개발·이용·보급 촉진법」 제2조에 따른 태양에너지 및 연료전지 및

연료전지를 이용하여 전기를 생산하는 발전설비만 해당한다)의 소유자 또는 점유자는 다음 각 호의 어느 하나에 해당하는 자에게 산업통상자원부령으로 정하는 바에 따라 안전관리업무를 대행하게 할 수 있다. 이 경우 안전관리업무를 대행하는 자는 전기안전관리자로 선임된 것으로 본다.

① 안전공사

② 자본금 보유하여야 할 기술인력 등 대통령령으로 정하는 요건을 갖춘 전기안전관리 대행사업자

③ 전기 분야의 기술자격을 취득한 사람으로서 대통령령으로 정하는 장비를 보유하고 있는 자

3) 안전관리업무 대행 규모(전기사업법 시행규칙 제41조)

안전공사 및 대행사업자 : 용량 1,000[kW] 미만

개인대행자 : 용량 250[kW] 미만

3.2 태양광발전 설비상 안전 확인

3.2.1 설비 안전관리

(1) 태양전지모듈

1) 태양전지모듈 표면 유리의 금, 변형, 이물질에 의한 오염과 프레임 등의 변형 및 지지대 등의 발청 유무를 반드시 점검한다.

2) 외기에 장시간 노출되어 있으므로 점검자는 모듈 표면의 오염 여부, 균열 및 가대 등의 부식 여부를 확인하는 것이 필요하다.

3) 태양광 어레이 주변 또는 상부에 부착될 수 있는 불순물 등의 확인은 태양전지모듈에 발생하는 핫스팟을 감소시킬 수 있다.

4) 옥상 면에 설치한 태양광발전시스템의 경우 사고 위험이 존재하므로 청소, 불순물 제거 등에 최대한 주의를 기울이는 것이 필요하다.

(2) 접속함

1) 점검은 반드시 발전이 되지 않는 일몰 후에 접속함 내부의 각 채널 입력 단자의 양단 전압을 확인하고 발전이 되지 않는 것을 확인한 후에 작업을 수행한다.

2) 접속함 내의 MCCB는 각 채널별 태양전지모듈에서 발전되는 전류가 모여지는 부분으로 높은 전압과 전류가 흐르기 때문에 안전에 각별히 유의하여야 한다.

3) 접속함은 전기 전자장비로서 물이나 습기에 취약하므로 누수 및 습기가 유입되지 않도록 해야 하며 특히 옥상 외부에 설치한 경우 우수 등의 유입여부를 반드시 확인해야 한다. 특히 누전의 가능성이 있으므로 점검시 접속함에 물기가 닿지 않도록 주의해야 하며 정기점검시에 접속함 내부에 먼지와 습기를 제거해야 한다.

(3) 인버터

1) 인버터는 대전류가 흐르는 발전기기 이므로 잘못된 조작으로 기기의 고장이 발생할 수 있다.

2) 인버터를 운전 및 정지 시킬 경우 제품 매뉴얼을 충분히 숙지 후 관리자가 직접 정지, 가동 조작을 실시하여 한다.

3) 전압, 주파수 등의 이상 신호를 감시하므로 관리자는 인버터에서 송출하는 메시지를 확인하는 것이 필요하다.

3.2.2 설비 보존 계획

태양전지모듈, 인버터, 접속함 등의 제품에 대한 일상, 월간, 점검 및 운영에 있어서 충분히 수선 주기를 설정하고 점검을 실시한다.

3.2.3 작업 중 안전대책

태양광발전시스템은 전기, 통신, 구조물 등의 복합적 구성체로 전기를 생산하는 시설이며 시스템의 정비, 수리 등의 작업은 관리자 이외에 접근 및 조작을 금지해야 한다. 또한 전기 취급과 관련하여 다음의 사항을 반드시 준수해야 한다.

(1) 전기 취급 주의사항

① 지식, 자격 및 경험이 없는 자의 전기 취급을 금한다.

② 전기고장을 발견하며 즉시 관리자에게 연락을 취한다.

③ 젖은 손으로 전기장치를 만지지 않도록 한다.

④ 배전상태의 안전성 여부를 정기적으로 확인한다.

⑤ 정비나 청소작업 시 전기기구에 물이 튀지 않도록 한다.

⑥ 전기선 피복이 손상되지 않도록 한다.

⑦ 모든 작업은 보호장비 및 장구를 반드시 착용한다.

⑧ 감전의 위험이 상시 있으므로 관리자는 항상 접지 및 누전상태를 확인해야 한다.

(2) 제품 취급 주의사항

① 시스템의 모든 요소의 접근 및 조작은 관리자 외에 금지한다.

② 인버터, 접속함을 임의로 분리 및 이동하지 않도록 한다.

③ 인버터, 인버터 접속함, 태양전지모듈 주위는 청결을 유지한다.

④ 모든 기기에 물리적 충격을 가하지 않는다.

⑤ 태양전지에 음영이 발생하지 않도록 한다.

⑥ 태양전지의 청소는 전문 청소업체를 이용하여 실시한다.

3.3 태양광발전 구조상 안전 확인

3.3.1 구조 안전관리

구조물 안전관리 검토사항은 다음과 같다.

(1) 도면에 따라 구조물 조립이 완료 되었는가?

(2) 소재는 KS규격품을 사용하였는가?

(3) 구조물은 용융아연도금 처리하였는가?

(4) 용융아연도금 후에는 모든 조립 홀(hole)을 확인하여 조립 시 문제가 없도록 하였는가?

(5) 볼트의 조립은 헐거움이 단단히 조립하였는가?

(6) 모든 볼트, 너트 와셔는 KS 규격품을 사용하였는가?

(7) 기초 시공에 따른 지붕 방수에 지장은 없는가?

(8) 기초 앵커와 구조물간은 헐거움 없이 단단히 결착되었는가?

(9) 어레이 지지대 설치 강도는 건축기준 안전기준에 적합한가?

(10) 건축물에 설치할 경우 하중 및 구조계산에 대한 검토는 적합한가?

(11) 구조물의 설치는 전기설비기준, 건축설비기준, 소방안전설비기준 등에 적합한가?

(12) 구조물이 미관을 해치지 않고 주변 환경과 조화를 이루고 있는가?

3.3.2 구조물 시공절차와 방법

(1) 구조물 설치 절차

구조물 형식 결정 → 구조설계 → 구조검토(풍압, 고정, 적설 하중검토) → 구조물 기초

공사 → 앙카 시공 작업 → 베이스 플레이트 시공 → 구조물 설치 작업 → 모듈 설치 작업 → 케이블 연결 → 기상관측반 설치

(2) 구조물 설치방법

1) 지지대 및 어레이 구조 설계는 수평면에 설치하는 것을 원칙으로 한다.

2) 태양전지모듈 설치장소의 위도, 태양광 입사각 등을 정확히 측정하여 태양전지 출력이 최대가 될 수 있도록 지지대를 설계 제작, 설치해야 한다.

3) 어레이는 설치된 하중이나. 적설, 지진 등으로 인한 진동에 충분히 견딜 수 있는 기계적 강도를 가지고 있도록 설계한다.

4) 어레이를 구성하는 태양전지모듈은 취급이 쉽고 점검정비가 용이 하도록 설치한다.

3.3.3 천재지변에 따른 구조상 안전계획

(1) 상정하중

1) 풍하중, 적설하중, 지진하중 등 천재지변에 의해 영향을 받을 수 있는 하중을 검토하여 구조설계를 수행한다.

2) 주요 구조물 검토 사항

① 프레임(수직부재, 수평부재) 및 가새 : 세장비, 압축 응력, 굽힘 응력, 인장 응력, 복합 응력, 전단 응력

② 지지대 : 세장비, 압축 응력, 굽힘 응력, 복합 응력, 전단 응력

③ 지지대와 베이스 플레이트 용접부 : 압축응력, 인장 응력

④ 앵커볼트 : 전단 응력, 인장 응력

(2) 낙뢰

1) 직격뢰

태양전지 어레이, 저압배전선, 전기기기 및 배선 등으로 직접 낙뢰 및 그 근방에 떨어지는 낙뢰를 말한다. 직격뢰는 그 전류 파고치가 15~20[kA] 이하가 거의 50[%]를 차지하고 있지만 200~300[kA]인 것도 관측되고 있다. 이처럼 에너지가 매우 크기 때문에 직격뢰에 대한 대책은 별도의 피뢰침을 설치하는 등 전문가와 상담이 필요가 있다.

2) 유도뢰

유도뢰에는 정전유도에 의한 것과 전자유도에 의한 것이 있다. 정전유도에 의한 것은 구름에 따라, 예를 들면 케이블에 유도된 플러스 전하가 낙뢰로 인한 지표면 전하의 중화에 의해서 뇌서지가 된다. 그리고 전자유도에 의한 것은 케이블 부근에 낙뢰로 인한 뇌전류에 따라 케이블에 유도되어 뇌서지가 된다.

3) 여름뢰와 겨울뢰

낙뢰에는 일반적으로 여름에 발생하는 여름뢰와 겨울뢰가 있으며 이들은 서로 다른 성질을 가지고 있다. 여름뢰는 대표적인 낙뢰로서 산악지와 평야 또는 바다와의 경계, 주위가 산으로 둘러싸인 분지 등에서 온도, 습도가 불연속으로 되기 쉽고, 따라서 상승기류가 발생하기 쉬운 곳에서 생기는 소나기구름이 대표적이다.

겨울뢰는 겨울철에 기온이 급변할 때에 발생하기 쉽다. 겨울철의 뇌운은 시베리아로부터 강풍 때문에 길게 갈리듯이 발생하고, 운저도 낮기 때문에 대지로 1회 방전으로 구름 전체 전하가 방전되어 버리는 경우가 많다. 또한, 여름뢰에 비하여 파고치는 1,000~수 천[A]로 적지만 계속시간이 1,000배 정도 길고 대지전류도 길게 먼 곳까지 흘러가기 때문에 여름뢰에 비해 넓은 범위까지 그 영향을 미친다.

3.4 안전관리 장비

3.4.1 안전장비 종류

(1) 보안경

1) 종류 및 사용구분

① 자율안전확인

종류	사용 구분
유리보안경	유리로 비산물로부터 눈을 보호하기 위한 것으로 렌즈의 재질이 유리인 것
플라스틱보안경	비산물로부터 눈을 보호하기 위한 것으로 렌즈의 재질이 플라스틱인 것
도수렌즈보안경	비산물로부터 눈을 보호하기 위한 것으로 도수가 있는 것

② 안전인증(차광보안경)

종류	사용 구분
자외선용	자외선이 발생하는 장소
적외선용	적외선이 발생하는 장소
복합용	자외선 및 적외선이 발생하는 장소
용접용	산업용접작업 등과 같이 자외선, 적외선 및 강렬한 가시광선이 발생하는 장소

(2) 안전모

1) 추락 및 감전 위험방지용 안전모의 종류

종류(기호)	사용구분	비고
AB	물체의 낙하 또는 비래 및 추락[주1]에 의한 위험을 방지 또는 경감시키기 위한 것	
AE	물체의 낙하 또는 비래에 의한 위험을 방지 또는 경감하고, 머리부위 감전에 의한 위험을 방지하기 위한 것	내전압성[주2]
ABE	물체의 낙하 또는 비래 및 추락에 의한 위험을 방지 또는 경감하고, 머리부위 감전에 의한 위험을 방지하기 위한 것	내전압성

(주1) 추락이란 높이 2[m] 이상의 고소작업, 굴착작업 및 하역작업 등에 있어서 추락을 의미한다.
(주2) 내전압성이란 7,000[V] 이하의 전압에 견디는 것을 말한다.

2) 안전모의 성능기준

구분	항목	시험 성능 기준
시험 성능 기준	내관통성	AE, ABE 종 안전모는 관통거리가 9.5[m] 이하이고, AB종 안전모는 관통거리가 11.1[m] 이하이어야 한다.(자율안전확인에서는 관통거리가 11.1[mm] 이하)
	충격 흡수성	최고전달충격력이 4,450[N]을 초과해서는 안 되며, 모체와 착장체의 기능이 상실되지 않아야 한다.
	내전압성	AE, ABE종 안전모는 교류 20[kW]에서 1분간 절연파괴 없이 견뎌야 하고, 이때 누설되는 충전전류는 10[mA] 이하이어야 한다.(자율안전확인에서는 제외)
	내수성	AE, ABE종 안전모는 질량증가율 1[%] 미만이어야 한다.(자율안전확인에서는 제외)
	난연성	모체가 불꽃을 내며 5초 이상 연소 되지 않아야 한다.
	턱끈풀림	150[N] 이상 250[N] 이하에서 턱끈이 풀려야 한다.
부가 성능 기준	측면변형방호	최대 측면변형은 40[mm], 잔여 변형은 15[mm] 이내이어야 한다.
	금속 용융물 분사 방호	– 용융물에 의해 10[mm] 이상의 변형이 없고 관통되지 않아야 한다. – 금속 용융물의 방출을 정지한 후 5초 이상 불꽃을 내며 연소되지 않을 것(자율안전확인에서는 제외)

(3) 안전화

1) 안전화의 종류 및 구분

종류	사용 구분
가죽제 안전화	물체의 낙하, 충격 및 바닥으로 날카로운 물체에 의한 찔림 위험으로부터 발을 보호하기 위한 것
고무제 안전화	물체의 낙하, 충격 및 바닥으로 날카로운 물체에 의한 찔림 위험으로부터 발을 보호하고 내수성을 겸한 것
정전기 안전화	물체의 낙하, 충격 및 바닥으로 날카로운 물체에 의한 찔림 위험으로부터 발을 보호하고 아울러 정전기의 인체 대전을 방지하기 위한 것
발등 안전화	물체의 낙하, 충격 및 바닥으로 날카로운 물체에 의한 찔림 위험으로부터 발 및 발등을 보호하기 위한 것
절연화	물체의 낙하, 충격 및 바닥으로 날카로운 물체에 의한 찔림 위험으로부터 발을 보호하고 아울러 저압의 전기에 의한 감전을 방지하기 위한 것

종류	사용 구분
절연장화	고압에 의한 감전을 방지하고 아울러 방수를 겸한 것
화학물질용 안전화	물체의 낙하, 충격 및 바닥으로 날카로운 물체에 의한 찔림 위험으로부터 발을 보호하고 화학물질로부터 유해위험을 방지하기 위한 것

2) 안전화의 등급

작업구분	내충격성 및 내압박성 시험방법	사용장소
중작업용	1,000[mm]의 낙하높이, (15.0±0.1)[kN]의 압축하중 시험	광업, 건설업 및 철광업에서 원료취급, 가공, 강재 취급 및 강재운반, 건설업 등에서 중량물 운반작업, 가공대상물의 중량이 큰 물체를 취급하는 작업장으로서 날카로운 물체에 의해 찔릴 우려가 있는 장소
보통 작업용	500[mm]의 낙하높이, (10.0±0.1)[kN]의 압축하중 시험	기계공업, 금속가공업, 운반, 건축업 등 공구 가공품을 손으로 취급하는 작업 및 차량사업장의 기계 등을 운전조작하는 일반작업장으로서 날카로운 물체에 의해 찔릴 우려가 있는 장소
경작업용	250[mm]의 낙하높이, (4.4±0.1)[kN]의 압축하중 시험	금속선별, 전기제품 조립, 화학제품 선별, 반응장치 운전, 식품 가공업 등 비교적 경량의 물체를 취급하는 작업장으로서 날카로운 물체에 의해 찔릴 우려가 있는 장소

3) 발등 안전화의 구분

구분	형식
고정식	안전화 방호대를 고정한 것
탈착식	안전화의 끈 등을 이용하여 안전화에 방호대를 결합한 것으로 그 탈착이 가능한 것

4) 시험방법

가죽제 안전화	은면결렬시험, 인열강도시험, 내부식성시험, 인장강도시험. 내유성시험, 내압박성시험, 내충격성 시험, 박리저항시험, 내답발성시험 등
고무제 안전화	인장강도시험, 내유성시험, 내화학성시험, 완성품의 내화학성시험, 파열강도시험, 선심 및 내답판의 내부식성시험, 방출방지사험 등

5) 정전기 안전화의 성능 기준

구분	사용작업장	대전방지성능(저항)
1종	착화에너지가 0.1[mJ] 이상의 가연성물질 또는 가스(메탄, 프로판 등)를 취급하는 작업장	0.1[MΩ] 〈 R 〈 100[MΩ]
2종	착화에너지가 0.1[mJ] 이만의 가연성물질 또는 가스(수소, 아세틸렌 등)를 취급하는 작업장	0.1[MΩ] 〈 R 〈 10[MΩ]

6) 내전압성 시험

절연화	14,000[V]에 1분간 견디고 충전전류가 5[mA] 이하일 것
절연장화	20,000[V]에 1분간 견디고 이때의 충전전류가 20[mA] 이하일 것

(4) 안전대

1) 안전대의 종류 및 등급

종류	사용 구분
벨트식 안전 그네식	1개 걸이용
	U자 걸이용
	추락방지대(안전 그네식에만 적용)
	안전블록(안전 그네식에만 적용)

2) 최하 사점

추락방지용 보호구인 안전대는 적정길이의 로프를 사용하여야 추락 시 근로자의 안전을 확고할 수 있다.

$$H > h = 로프길이(L) + 로프의 신장(율)길이(L × a)$$
$$+ 작업자의 키 × 1/2$$

h : 추락 시 로프지지 위치에서 신체 최하사점까지의 거리
H : 로프지지 위치에서 바닥면까지의 거리

3.1 태양광발전 시공상 안전관리

01 태양광발전설비 시공 중 필요한 안전대책으로 복장과 추락방지에 해당하지 않은 것은?

① 안전모 착용 : 머리보호를 위해 착용한다.

② 보안경 착용 : 추락방지를 위해 필히 착용한다.

③ 안전화 : 미끄럼 방지의 효과가 있는 신발

④ 안전허리띠 착용 : 공구 공사 부재의 낙하 방지를 위해 착용한다.

> **해설** **복장 및 추락방지**
> ① 안전모 착용 : 머리보호를 위해 착용한다.
> ② 안전대 착용 : 추락방지를 위해 필히 착용한다.
> ③ 안전화 : 미끄럼 방지의 효과가 있는 신발
> ④ 안전허리띠 착용 : 공구 공사 부재의 낙하 방지를 위해 착용한다.   **답** ②

02 태양광발전설비 시공 중 감전 방지 대책이 아닌 것은?

① 작업 전 태양광모듈 표면에 차광막을 씌워 태양광을 차폐한다.

② 저압 절연장갑을 착용한다.

③ 절연 처리된 공구를 사용한다.

④ 강우 시에는 감전사고, 미끄러짐, 추락사고 등의 우려가 있으므로 작업량을 반으로 줄인다.

> **해설** **작업 중 감전 방지 대책**
> ① 작업 전 태양광모듈 표면에 차광막을 씌워 태양광을 차폐한다.
> ② 저압 절연장갑을 착용한다.
> ③ 절연 처리된 공구를 사용한다.
> ④ 강우 시에는 감전사고, 미끄러짐, 추락사고 등의 우려가 있으므로 작업을 금지한다.   **답** ④

03 다음 중 태양광발전 시스템 안전관리 예방업무에 속하는 것은?

① 사고원인 및 경위조사와 대책 수립

② 현장안전일지 등 기록의 작성 비치

③ 안전관리비 실행 집행 및 관리

④ 안전작업 관련 훈련 및 교육

> **해설** 안전관리 예방업무
> 1) 시설물 및 작업장 위험방지(펜스 등 위험방지시설 설치, 점검, 정비)
> 2) 안전장치 · 보호구 · 소화설비 설치, 점검, 정비
> 3) 안전작업 관련 훈련 및 교육
> 4) 소화 및 피난 훈련
> **답** ④

04 다음 중 안전관리자를 선임하지 않아도 되는 태양광발전 설비 용량은?

① 3[kW] 이하　　　　　　　　　　② 20[kW] 이하

③ 100[kW] 이하　　　　　　　　　④ 500[kW] 이하

> **해설** 20[kW] 초과 태양광발전설비는 안전관리자가 선임되어야 하고, 용량 1천[kW] 미만인 것은 안전관리 업무를 대행하게 할 수 있으며, 그 이상의 용량의 경우 상주 안전관리자를 선임하여야 하고, 또한 개인이 대행할 경우 250[kW] 미만까지만 안전관리업무의 대행을 할 수 있다.
> **답** ②

05 다음 중 안전관리 업무를 대행하게 할 수 있는 태양광발전 설비 용량은?

① 100[kW] 미만　　　　　　　　　② 500[kW] 미만

③ 1,000[kW] 미만　　　　　　　　④ 3,000[kW] 미만

> **해설** 태양광발전설비 용량 1,000[kW] 미만의 것은 안전관리업무를 외부에 대행시킬 수 있다.
> **답** ③

06 도체의 저항, 두 점 사이의 전압 및 전류의 세기를 측정하는 장치는?

① 멀티미터　　② 클램프미터　　③ 마이크로미터　　④ 오실로스코프

> **해설** 멀티미터 · 저항, 전압, 전류 측정이 가능한 다목적 계측기
> **답** ①

07 안전교육 지도원칙에 해당하지 않는 것은?

① 동기부여를 중요하게

② 반복에 의한 습관화 진행

③ 피교육자 중심 교육

④ 어려운 부분에서 쉬운 부분으로 진행

> **해설** 안전교육의 지도 원칙(8원칙)
> 1) 피교육자 중심 교육(상대방의 입장에서)
> 2) 동기부여를 중요하게
> 3) 쉬운 부분에서 어려운 부분으로 진행
> 4) 반복에 의한 습관화 진행
> 5) 인상의 강화(사실적 구체적인 진행)
> 6) 오관(감각기관)의 활용
> 7) 기능적인 이해(요점위주로 교육)
> 8) 한 번에 한 가지씩 교육(교육과 성과는 양보다 질을 중시)
> **답** ④

08 안전교육 지도원칙 중 오관(감각기관)의 활용 중 틀린 것은?

① 후각효과 5[%]   ② 청각효과 20[%]   ③ 촉각효과 15[%]   ④ 미각효과 3[%]

해설 오관(감각기관)의 활용

오관의 효과치	이해도
① 시각효과 60[%]	① 귀 : 20[%]
② 청각효과 20[%]	② 눈 : 40[%]
③ 촉각효과 15[%]	③ 귀 + 눈 : 60[%]
④ 미각효과 3[%]	④ 입 : 80[%]
⑤ 후각효과 2[%]	⑤ 머리 + 손, 발 : 90[%]

답 ①

09 안전교육 지도원칙에서 오관(감각기관)의 활용 중 효과치가 가장 높은 것은?

① 시각효과   ② 청각효과   ③ 촉각효과   ④ 미각효과

해설 오관(감각기관)의 활용

오관의 효과치	이해도
① 시각효과 60[%]	① 귀 : 20[%]
② 청각효과 20[%]	② 눈 : 40[%]
③ 촉각효과 15[%]	③ 귀 + 눈 : 60[%]
④ 미각효과 3[%]	④ 입 : 80[%]
⑤ 후각효과 2[%]	⑤ 머리 + 손, 발 : 90[%]

답 ①

10 안전교육 지도 중 기능적인 이해의 효과가 잘못된 것은?

① 기억의 흔적이 강하게 인식되어 오랫동안 기억으로 남게 된다.

② 경솔하게 판단하거나 자기방식으로 일을 처리하지 않게 된다.

③ 손을 빼거나 기피하는 일이 있다.

④ 이상 발생 시 긴급조치 및 응용동작을 취할 수 있다.

해설 기능적 이해의 효과
1) 기억의 흔적이 강하게 인식되어 오랫동안 기억으로 남게 된다.
2) 경솔하게 판단하거나 자기방식으로 일을 처리하지 않게 된다.
3) 손을 빼거나 기피하는 일이 없다.
4) 독선적인 자기만족이 억제된다.
5) 이상 발생 시 긴급조치 및 응용동작을 취할 수 있다.

답 ③

11 안전교육 학습지도 원리가 아닌 것은?

① 자발성의 원리   ② 개별화의 원리

③ 개인화의 원리   ④ 통합의 원리

해설 학습지도의 원리

자발성의 원리	· 학습자의 내적동기가 유발된 학습을 해야 한다는 원리 · 문제해결학습, 프로그램 학습 등
개별화의 원리	· 학습자의 요구 및 능력등의 개인차에 맞도록 지도해야 한다는 원리 · 특별학급편성, 학력별 반평성 등
사회화의 원리	· 함께하는 학습을 통하여 공동체의 사회화를 도와주는 원리 · 지역사회학교, 분단학습 등
통합의 원리	· 전인교육을 위한 학습자의 모든 능력을 조화적으로 발단시키는 원리 · 교재의 통합 · 생활지도의 통합 등

답 ③

12 안전교육 학습지도 원리 중 함께하는 학습을 통하여 공동체의 사회화를 도와주는 것은?

① 자발성의 원리　　　　　　　　　② 개별화의 원리
③ 사회화의 원리　　　　　　　　　④ 통합의 원리

해설 위 11번 문제 해설 참조

답 ③

13 다음 중 태양에너지를 이용하는 발전설비에 대해 상주 안전관리자를 선임해야 하는 발전용량은 몇 [kW] 이상인가?

① 1,000[kW]　　② 2,000[kW]　　③ 3,000[kW]　　④ 5,000[kW]

해설 안전관리자 선임(전기사업법 제73조 제1항)
전기사업자나 자가용전기설비의 소유자 또는 점유자는 전기설비(휴지 중인 전기설비는 제외한다)의 공사 · 유지 및 운용에 관한 안전관리업무를 수행하게 하기 위하여 산업통상자원부령으로 정하는 바에 따라 「국가기술자격법」에 따라 전기 · 기계 · 토목 분야의 기술자격을 취득한 사람 중에 각 분야별로 전기안전관리자를 선임하여야 한다.

답 ①

14 사업용 발전설비에서 안전관리자를 개인 대행자가 가능한 발전용량은?

① 20[kW] 이하　　　　　　　　　② 250[kW] 미만
③ 1000[kW] 미만　　　　　　　　④ 1000[kW] 이상

해설 안전관리자 선임
1) 용량 1,000[kW] 이상인 경우 : 상주 안전관리자 선임
2) 용량 1,000[kW] 미만인 경우 : 안전공사 및 대행사업자 위탁 가능
3) 용량 250[kW] 미만인 경우 : 개인 대행자 가능
4) 용량 20[kW] 이하인 경우 : 미선임 가능

답 ②

15 안전관리자 선임 시기는?

① 사용전검사 신청 전　　　　　　② 사용 전 검사 신청 후
③ 발전사업 허가 전　　　　　　　④ 개발행위 허가 전

해설 안전관리자 선임 시기 : 전기설비 사용전 검사 신청 전 또는 사업개시 전 전기설비 또는 사업장마다 안전관리자와 안전관리보조원으로 구분하여 선임 답 ①

16 안전관리업무를 대행하게 할 수 없는 것은?

① 한국전력 거래소
② 안전공사
③ 전기분야의 기술자격을 취득한 사람으로서 대통령령으로 정하는 장비를 보유하고 있는 자
④ 자본금, 보유하여야 할 기술인력 등 대통령령으로 정하는 요건을 갖춘 전기안전관리대행사업자

해설 안전관리업무 대행 자격 요건
1) 안전공사
2) 자본금, 보유하여야 할 기술인력 등 대통령령으로 정하는 요건을 갖춘 전기안전관리대행사업자
3) 전기분야의 기술자격을 취득한 사람으로서 대통령령으로 정하는 장비를 보유하고 있는 자 답 ①

17 태양광 발전설비 점검 시 비치해야 하는 전기안전관리 장비가 아닌 것은?

① 온도계   ② 클램프 미터
③ 적외선 온도측정기   ④ 습도계

해설 태양광 발전설비 점검 시 비치해야 하는 전기안전관리 장비는
1) 온도계 : 주변온도 측정에 사용
2) 클램프 미터 : 태양전지모듈의 출력 전류, 전력 측정
3) 적외선 온도측정기 : 열화 답 ④

18 태양광발전설비에서 용량에 관계없이 전기안전관리자를 선임할 수 있는 기준으로 맞는 것은?

① 전기기사 또는 전기기능장 자격 소지자로 실무경력 2년 이상인자
② 전기기사 또는 전기기능장 자격 소지자로 실무경력 3년 이상인자
③ 전기기사 또는 전기기능장 자격 소지자로 실무경력 4년 이상인자
④ 전기기사 또는 전기기능장 자격 소지자로 실무경력 5년 이상인자

해설 전기안전관리업무를 전문으로 하는 자의 요건
1) 전기기사 자격 소지자로서 실무경력 2년 이상인 사람 5명 이상
2) 전기산업기사 자격 소지자로서 실무경력 4년 이상인 사람 10명 이상
3) 안전관리보조원(전기 분야 기능사 이상의 자격 소지자이거나 전기 분야에서 5년 이상 실무경력이 있는 사람을 말한다) 5명 이상 답 ①

3.2 태양광발전 설비 상 안전 확인

01 계통연계형 태양광발전시스템에서 사용하지 않는 구성품은? (단, 비상 시 대응용이나 대량 수용가용의 경우는 제외한다.)

① 접속반   ② 태양광 모듈   ③ 인버터   ④ 축전지

> **해설** 일반적인 계통연계형 태양광발전시스템의 구성
> 태양광어레이 → 접속반 → 인버터 → 부하 또는 전력회사   **답** ④

02 다음 중 태양광 모듈의 고장에 대한 대책으로 잘못된 것은?

① 정격전류의 1.5배 이상의 역저지 다이오드 사용

② 역극성 접속 방지 방수커넥터 사용

③ 모듈주변 환경 정리정돈

④ 분전함의 열을 충분히 방열시킴

> **해설** 접속함 내에 역류 방지다이오드가 설치되는 경우 역류방지 다이오드 용량은 접속함 회로의 정격전류보다.
> 1.4배 이상의 전류정격과 정격전압보다 1.2배 이상의 전압정격을 가져야 한다.   **답** ①

03 다음 중 태양광 모듈에 대한 유의사항으로 잘못된 것은?

① 모듈의 유리 표면을 깨끗이 유지하기 위해 날카로운 수세미로 닦아준다.

② DC 케이블을 연결할 경우 극성에 유의하고 방수커넥터를 이용한다.

③ 모듈과 모듈 간격을 너무 붙여서 설치한 경우 온도 팽창에 의한 기세적 뒤틀림이 생긴다.

④ 부하 사용 시는 플러그를 빼지 않는다.

> **해설** 모듈 취급 시 유의사항
> 1) 모듈의 유리표면을 항상 깨끗이 유지하여야 하며 물 또는 중성세제를 이용하여 부드러운 천으로 닦아준다.
> 2) 이물질을 날카로운 수세미 등으로 닦을 경우 흠집이 발생할 수 있다.   **답** ①

04 다음 중 분전함의 구성품이 아닌 것은?

① 전압계   ② 피뢰소자   ③ 개폐기   ④ 인버터

> **해설** 분전함 내부 구성품 : 개폐기, 계측기기, 피뢰소자, 전압계   **답** ④

05 다음 중 분전함에서 사용되는 스트링퓨즈에 대한 설명이 올바른 것은?

① 문제가 발생한 태양전지 어레이의 점검 · 보수 시 분리하기 위해 설치한다.

② 전압계, 전류계, 계량기 등 정상 동작을 확인한다.

③ 장애가 발생한 어레이로 역전압이 흐르는 것을 방지한다.

④ 볼트 조임 상태 및 과전류의 소손 흔적을 점검한다.

해설 장애가 발생한 어레이로 역전압이 흐르는 것을 방지한다. 답 ③

06 다음 중 케이블의 유의사항에 대하여 잘못 설명한 것은?

① 케이블은 가능하면 양지에 포설한다.

② 가연성 및 폭발성 물질이 있는 환경을 지나지 않도록 한다.

③ 쥐나 족제비 등의 동물들이 케이블을 훼손하지 않았는지 주기적인 관찰이 필요하다.

④ 절연은 주로 UV 복사열, 과전압에 의해 손상된다.

해설 케이블은 가능하면 음영지역에 포설한다. 답 ①

07 태양광발전시스템의 절연저항을 측정할 때 사용하는 기기로 옳지 않은 것은?

① 온도계   ② 습도계

③ 단락용 개폐기   ④ 일사량 측정기

해설 일사량 측정기는 광량을 측정하는 장비 답 ④

08 태양광발전의 스트링 및 모듈에서 태양전지의 출력이 서로 달라 출력의 회로 내부에 전기적 출력의 부조화 등이 발생한다. 다음의 핫스팟(Hot spot)현상에 관한 일반적인 설명으로 가장 적절한 것은?

① 모듈 내의 태양전지의 V_{oc}는 같으나 I_{sc}가 달라 전기적 출력차로 핫스팟(Hot spot)이 발생한다.

② 직렬연결의 경우 낮은 출력이 발생하는 태양전지에 핫스팟(Hot spot)이 발생한다.

③ 병렬연결의 경우 높은 출력의 태양전지에 핫스팟(Hot spot)이 발생한다.

④ 핫스팟(Hot spot)은 모듈내의 전 태양전지에 동일한 크기로 발생한다.

해설 직렬 연결 시 음영에 의해 낮은 출력이 발생하면 태양전지모듈의 음영 부분에서 핫스팟이 발생한다.
  답 ②

09 태양광발전 설비 중 주로 발청 현상으로 인한 페인트나 은분의 도포가 필요한 곳은?

① 배전반   ② 인버터

③ 모듈   ④ 구조물

해설 구조물 철부 표면이 장기간 노출되면 산소이온화 현상이 발생하는데 이를 방지하기 위해 용융아연도금을 수행한다.
  답 ④

3.3 태양광발전 구조상 안전 확인

01 구조물 안전관리의 검토사항이 아닌 것은?

① 도면에 따라 구조물 조립이 완료되었는가

② 볼트의 조립은 헐거움이 단단히 조립하였는가

③ 어레이 지지대 설치 강도의 건축기준 안전기준 적합성

④ 구조물이 미관을 해치지 않고 주변 환경과 조화를 이루고 있는가는 중요하지 않다.

> **해설** 구조물 안전관리 검토사항은 다음과 같다.
> 1) 도면에 따라 구조물 조립이 완료되었는가
> 2) 소재는 KS규격품을 사용 하였는가
> 3) 구조물은 용융아연도금 처리 하였는가
> 4) 용융아연도금 후에는 모든 조립 홀(hole)을 확인하여 조립 시 문제가 없도록 하였는가
> 5) 볼트의 조립은 헐거움 없이 단단히 조립하였는가
> 6) 모든 볼트, 너트 와셔는 KS 규격품을 사용하였는가
> 7) 기초 시공에 따른 지붕 방수에 지장은 없는가
> 8) 기초 앵커와 구조물간은 헐거움 없이 단단히 결착되었는가
> 9) 어레이 지지대 설치 강도는 건축기준 안전기준에 적합한가
> 10) 건축물에 설치할 경우 하중 및 구조계산에 대한 검토는 적합한가
> 11) 구조물의 설치는 전기설비기준, 건축설비기준, 소방안전설비기준 등에 적합한가
> 12) 구조물이 미관을 해치지 않고 주변 환경과 조화를 이루고 있는가　　　　　　**답** ④

02 구조물 시공절차 중 괄호에 적합한 사항은?

> 구조물 형식 결정 → 구조설계 → (가) → (나) → (다) → (라) → 구조물 설치 작업
> → 모듈설치 작업 → 케이블 연결 → 기상관측반 설치

① 구조검토 → 구조물 기초공사 → 앙카 시공작업 → 베이스 플레이트 시공

② 구조검토 → 베이스 플레이트 시공 → 앙카 시공작업 → 구조물 기초공사

③ 구조검토 → 앙카 시공작업 → 구조물 기초공사 → 베이스 플레이트 시공

④ 구조검토 → 앙카 시공작업 → 구조물 기초공사 → 시공구조물 기초공사

> **해설** 구조물 설치 절차
> 구조물 형식 결정 → 구조설계 → 구조검토(풍압, 고정, 적설 하중검토) → 구조물 기초공사 → 앙카 시공작업 → 베이스 플레이트 시공 → 구조물 설치 작업 → 모듈 설치작업 → 케이블 연결 → 기상관측반 설치
> 　　　　　　**답** ①

03 태양광 구조물 설치방법이 잘못된 것은?

① 지지대 및 어레이 구조설계는 수직면에 설치

② 태양전지 출력이 최대가 될 수 있도록 지지대를 설계 제작, 설치

③ 어레이를 구성하는 태양전지모듈은 취급이 쉽고 점검정비가 용이
④ 하중이나 적설, 지진 등으로 인한 진동에 충분히 견딜 수 있는 기계적 강도를 가지고 있
　도록 설계

해설　**구조물 설치방법**
1) 지지대 및 어레이 구조설계는 수평면에 설치하는 것을 원칙으로 한다.
2) 태양전지모듈 설치장소의 위도, 태양광 입사각 등을 정확히 측정하여 태양전지 출력이 최대가 될 수 있도록 지지대를 설계 제작, 설치해야 한다.
3) 어레이는 설치된 하중이나 적설, 지진 등으로 인한 진동에 충분히 견딜 수 있는 기계적 강도를 가지고 있도록 설계한다.
4) 어레이를 구성하는 태양전지모듈은 취급이 쉽고 점검정비가 용이하도록 설치한다.　답 ①

04 태양광발전시스템의 구조물설치 계획 단계에서 고려해야 할 사항으로 틀린 것은?
① 지지대의 재질　　　　　② 지지대의 모양
③ 지지대의 강도　　　　　④ 지지대의 내용연수

해설
1) 가대의 재질 : 가대의 재질은 설계 내용연수에 의해 선택·결정한다.
2) 가대의 강도 : 특수한 폭설지대를 자중과 풍압력을 더한 하중에 견디는 것이어야 한다. 옥상설치의 경우에도 자중과 풍압의 최대하중으로 설계해 두면 좋다.
3) 부재의 방지 : 녹방지 방법으로 비교적 저렴하고 장기적인 사용이 가능한 것으로는 철의 10~25배의 내식성을 가진 용융아연도금이 널리 보급되어 있다.
4) 가대의 내용연수 : 내용연수를 몇 년으로 설정할지, 유지보수는 어느 정도 실시할지 등에 따라 재질을 선택한다.　답 ②

05 태양광발전시스템 구조물의 설치공사 순서를 올바르게 나타낸 것은?
① 어레이 기초공사 → 어레이 가대공사 → 어레이 설치공사 → 배선공사 → 검사
② 어레이 가대공사 → 어레이 기초공사 → 어레이 설치공사 → 배선공사 → 검사
③ 배선공사 → 어레이 기초공사 → 어레이 가대공사 → 어레이 설치공사 → 검사
④ 배선공사 → 어레이 가대공사 → 어레이 기초공사 → 어레이 설치공사 → 검사

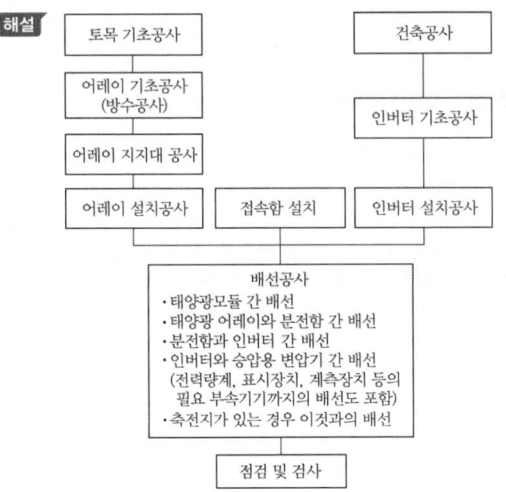

답 ①

06 구조물 시공의 주요 적용기준에 해당하지 않는 것은?

① 토목구조 설계기준

② 콘크리트구조 설계기준

③ 강구조 설계기준, 하중저항계수 설계법

④ 건축법 및 동 시행령, 건축물의 구조기준 등에 관한 규칙

> **해설** 구조물 시공의 주요 적용기준
> 1) 건축법 및 동 시행령, 건축물의 구조기준 등에 관한 규칙
> 2) 건축구조 설계기준
> 3) 강구조 설계기준, 하중저항계수 설계법
> 4) 콘크리트구조 설계기준
> **답** ①

07 태양전지 어레이의 구조물 설치 시 지반상태에 따른 해결책이 아닌 것은?

① 연약층이 깊을 경우 독립기초로 한다.

② 지반의 허용지지력이 부족할 경우 저판 폭을 증가시키거나 지반을 치환한다.

③ 배면토의 강도정수가 부족할 경우 저판 폭을 증가시키거나 사면경사도를 완화한다.

④ 지반의 지하수위가 높을 경우 지지력저하로 침하가 발생할 수 있으므로 배수공을 설치한다.

> **해설** 연약층이 비교적 깊을 경우에는 말뚝기초로 변경하는 것이 합리적일 것이며, 연약층이 깊지 않을 경우에는 양질의 토사로 연약층 전체를 치환하는 방법을 사용할 수 있다.
> **답** ①

08 태양광 구조물의 상정하중 계산 중 수직하중이 아닌 것은?

① 활하중   ② 풍하중

③ 고정하중   ④ 적설하중

> **해설** · 수직하중 : 고정하중, 적설하중, 활하중
> · 수평하중 : 풍하중, 지진하중
> **답** ②

09 태양전지 가대의 구조 설계 시 상정하중이 아닌 것은?

① 적설하중   ② 지진하중

③ 고정하중   ④ 온도하중

> **해설** 상정하중으로는 영구적으로 작용하는 고정하중과 자연의 외력인 풍하중, 적설하중, 지진하중이 있다. 온도 변화에 따른 온도하중도 있는데, 용접구조의 길이가 긴 경우 이외의 지시물에서는 다른 하중보다 작으므로 제외된다.
> **답** ④

10 그림은 태양광발전시스템의 일반적인 시공절차이다. A, B, C의 알맞은 순서 내용을 올바르게 나타낸 것은?

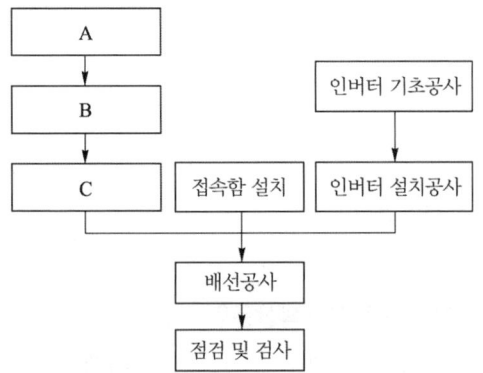

① A : 어레이 가대공사, B : 어레이 설치공사, C : 어레이 기초공사
② A : 어레이 기초공사, B : 어레이 가대공사, C : 어레이 설치공사
③ A : 어레이 기초공사, B : 어레이 배선공사, C : 어레이 가대공사
④ A : 어레이 배선공사, B : 어레이 가대공사, C : 어레이 설치공사

해설 설치공사의 절차

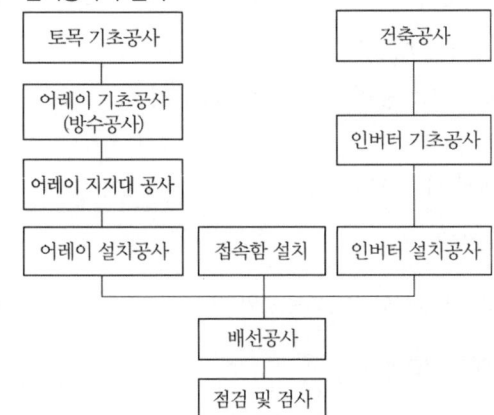

답 ②

11 태양광발전시스템의 점검 중 일상점검에 관한 내용으로 틀린 것은?

① 이상 상태를 발견한 경우에는 배전반 등의 문을 열고 이상 정도를 확인한다.
② 원칙적으로 정전을 시켜놓고 무전압 상태에서 기기의 이상 상태를 점검하고 필요에 따라서는 기기를 분리하여 점검한다.
③ 주로 점검자의 감각(오감)을 통해서 실시하는 것으로 이상한 소리, 냄새, 손상 등을 점검 항목에 따라서 행하여야 한다.
④ 이상 상태가 직접 운전을 하지 못할 정도로 전개된 경우를 제외하고는 이상 상태의 내용을 정기점검 시에 참고자료로 활용한다.

해설 정기점검
1) 원칙적으로 정전을 시키고 무전압 상태에서 기기의 이상 상태를 점검하고 필요에 따라서는 기기를 분해하여 점검한다.
2) 모선을 정전하지 않고 점검해야 할 경우 안전사고가 일어나지 않도록 주의한다. 답 ②

3.4 안전관리 장비

01 내전압용 절연장갑에서 1등급의 색상은?

① 갈색　　　　　② 빨간색　　　　　③ 흰색　　　　　④ 노란색

해설 내전압용 절연장갑의 등급별 색상

등급	00	0	1	2	3	4
등급별 색상	갈색	빨간색	흰색	노란색	녹색	등색

답 ③

02 보호구 선택 시 유의사항이 잘못된 것은?

① 사용 목적 또는 작업에 적합한 보호구일 것
② 제조사의 검정에 합격한 것으로 방호성능이 보장되는 것일 것
③ 작업에 방해되지 않을 것
④ 착용하기 쉽고 크기 등이 사용자에게 적합할 것

해설 보호구 선택 시 유의사항이 잘못된 것은?
1) 사용 목적 또는 작업에 적합한 보호구일 것
2) 검정기관의 검정에 합격한 것으로 방호성능이 보장되는 것일 것
3) 작업에 방해되지 않을 것
4) 착용하기 쉽고 크기 등이 사용자에게 적합할 것 답 ②

03 보안경의 종류 중 자율안전 확인에 따른 종류로 구분한 것은?

① 유리보안경, 도수렌즈 보안경　　　　② 자외선용 안경, 적외선용 안경
③ 플라스틱 안경, 복합용 안경　　　　④ 도수렌즈보안경, 용접용 안경

해설 보안경 종류
1) 자율안전 확인

종류	사용 구분
유리보안경	비산물로부터 눈을 보호하기 위한 것으로 렌즈의 재질이 유리인 것
플라스틱보안경	비산물로부터 눈을 보호하기 위한 것으로 렌즈의 재질이 플라스틱인 것
도수렌즈보안경	비산물로부터 눈을 보호하기 위한 것으로 도수가 있는 것

2) 안전인증(차광보안경)

종류	사용 구분
자외선용	자외선이 발생하는 장소
적외선용	적외선이 발생하는 장소
복합용	자외선 및 적외선이 발생하는 장소
용접용	산업 용접작업 등과 같이 자외선, 적외선 및 강렬한 가시광선이 발생하는 장소

답 ①

04 안전인증(차광보안경) 중 자외선 및 적외선이 발생하는 장소에서 사용하는 보안경은?

① 자외선용　　　② 적외선용　　　③ 복합형　　　④ 용접용

해설 복합용이란 자외선 및 적외선이 발생하는 장소에서 사용

답 ③

05 추락 및 감전 위험방지용 안전모의 종류 중 물체의 낙하 또는 비래 및 추락에 의한 위험을 방지 또는 경감하고, 머리 부위 감전에 의한 위험을 방지하기 위한 것은?

① AB　　　② AE　　　③ ABE　　　④ AEB

해설 추락 및 감전 위험방지용 안전모의 종류

종류(기호)	사용 구분
AB	물체의 낙하 또는 비래 및 추락에 의한 위험을 방지 또는 경감시키기 위한 것
AE	물체의 낙하 또는 비래에 의한 위험을 방지 또는 경감하고, 머리부위 감전에 의한 위험을 방지하기 위한 것
ABE	물체의 낙하 또는 비래 및 추락에 의한 위험을 방지 또는 경감하고, 머리부위 감전에 의한 위험을 방지하기 위한 것

답 ③

06 감전에 의한 위험을 방지하기 위한 안전모인 AE, ABE는 몇 [V] 이하의 전압에 견딜 수 있는가?

① 700　　　② 1,000　　　③ 5,000　　　④ 7,000

해설 내전압성이란 7,000[V] 이하의 전압에 견디는 것을 말한다.

답 ④

07 추락에 의한 위험을 방지하기 위하여 착용되는 안전모 AB, ABE는 몇 [m] 이상의 고소작업에서 사용되는가?

① 1　　　② 2　　　③ 3　　　④ 4

해설 추락이란 높이 2[m] 이상의 고소작업, 굴착작업 및 하역작업 등에 있어서 추락을 의미한다.

답 ②

08 안전모의 성능 기준 중 AE, ABE 관통거리는 몇 [m] 이하인가?

① 2

② 7

③ 9.5

④ 11

해설 AE, ABE 종 안전모는 관통거리가 9.5[m] 이하이고, AB종 안전모는 관통거리가 11.1[mm] 이하이어야 한다(자율 안전 확인에서는 관통거리가 11.1[mm] 이하). 답 ③

09 안전모의 성능 기준 중 AE, ABE는 몇 [kW]에서 1분간 절연파괴 없이 견뎌야 하는가?

① 20

② 30

③ 40

④ 50

해설 AE, ABE종 안전모는 교류 20[kW]에서 1분간 절연파괴 없이 견뎌야 하고, 이때 누설되는 충전전류는 10[mA] 이하이어야 한다.(자율 안전 확인에서는 제외) 답 ①

10 고압에 의한 감전을 방지하고 아울러 방수를 겸하는 안전화는?

① 절연화

② 절연장화

③ 화학물질용 안전화

④ 정전기 안전화

해설 안전화의 종류 및 구분

종 류	사용 구분
가죽제 안전화	물체의 낙하, 충격 및 바닥으로 날카로운 물체에 의한 찔림 위험으로부터 발을 보호하기 위한 것
고무제 안전화	물체의 낙하, 충격 및 바닥으로 날카로운 물체에 의한 찔림 위험으로부터 발을 보호하고 내수성을 겸한 것
정전기 안전화	물체의 낙하, 충격 및 바닥으로 날카로운 물체에 의한 찔림 위험으로부터 발을 보호하고 아울러 정전기의 인체 대전을 방지하기 위한 것
발등 안전화	물체의 낙하, 충격 및 바닥으로 날카로운 물체에 의한 찔림 위험으로부터 발 및 발등을 보호하기 위한 것
절연화	물체의 낙하, 충격 및 바닥으로 날카로운 물체에 의한 찔림 위험으로부터 발을 보호하고 아울러 저압의 전기에 의한 감전을 방지하기 위한 것
절연장화	고압에 의한 감전을 방지하고 아울러 방수를 겸한 것
화학물질용 안전화	물체의 낙하, 충격 및 바닥으로 날카로운 물체에 의한 찔림 위험으로부터 발을 보호하고 화학물질로부터 유해위험을 방지하기 위한 것

답 ②

11 내충격성 및 내압박성 시험방법에서 250[mm]의 낙하높이, (4.4±0.1)[kN]의 압축하중 시험에 해당하는 작업용은?

① 강작업용

② 중작업용

③ 보통 작업용

④ 경작업용

해설 안전화의 등급

작업구분	내충격성 및 내압박성 시험방법	사용 장소
중작업용	1,000[mm]의 낙하높이, (15.0±0.1)[kN]의 압축하중 시험	광업, 건설업 및 철광업에서 원료취급, 가공, 강재 취급 및 강재운반, 건설업 등에서 중량물 운반작업, 가공대상물의 중량이 큰 물체를 취급하는 작업장으로서 날카로운 물체에 의해 찔릴 우려가 있는 장소
보통 작업용	500[mm]의 낙하높이, (10.0±0.1)[kN]의 압축하중 시험	기계공업, 금속가공업, 운반, 건축업 등 공구 가공품을 손으로 취급하는 작업 및 차량사업장의 기계 등을 운전 조작하는 일반작업장으로서 날카로운 물체에 의해 찔릴 우려가 있는 장소
경작업용	250[mm]의 낙하높이, (4.4±0.1)[kN]의 압축하중 시험	금속선별, 전기제품 조립, 화학제품 선별, 반응장치 운전, 식품 가공업 등 비교적 경량의 물체를 취급하는 작업장으로서 날카로운 물체에 의해 찔릴 우려가 있는 장소

답 ④

12 기계공업, 금속가공업, 운반, 건축업 등 공구 가공품을 손으로 취급하는 작업 및 차량사업장, 기계 등을 운전 조작하는 일반작업장으로서 날카로운 물체에 의해 찔릴 우려가 있는 장소에서 사용되는 작업용은?

① 강작업용　　　　② 중작업용　　　　③ 보통 작업용　　　　④ 경작업용

해설 위 11번 문제의 해설 참조

답 ③

13 2종 정전기 안전화의 대전방지성능(저항)은?

① $0.1[M\Omega] < R < 10[M\Omega]$　　　　② $0.1[M\Omega] < R < 30[M\Omega]$

③ $0.1[M\Omega] < R < 50[M\Omega]$　　　　④ $0.1[M\Omega] < R < 100[M\Omega]$

해설 정전기 안전화의 성능 기준

구분	사용 작업장	대전방지성능(저항)
1종	착화에너지가 0.1[mJ] 이상의 가연성물질 또는 가스(메탄, 프로판 등)를 취급하는 작업장	$0.1[M\Omega] < R < 100[M\Omega]$
2종	착화에너지가 0.1[mJ] 미만의 가연성물질 또는 가스(수소, 아세틸렌 등)를 취급하는 작업장	$0.1[M\Omega] < R < 10[M\Omega]$

답 ①

14 물체의 낙하 또는 비래에 의한 위험을 방지 또는 경감하고, 머리부위 감전에 의한 위험을 방지하기 위한 종류(기호)는?

① AE　　　　② AB　　　　③ ABE　　　　④ AC

해설 AE : 물체의 낙하 또는 비래에 의한 위험을 방지 또는 경감하고, 머리부위 감전에 의한 위험을 방지하기 위한 것

답 ①

15 재해방지를 대상으로 하는 보호구 종류가 아닌 것은?

① 안전대　　　　　　　　　　　② 안전모

③ 안전화　　　　　　　　　　　④ 보안경

> **해설**　· 재해방지를 대상으로 하는 안전보호구 종류는 안전대, 안전모, 안전화, 안전장갑 등
> · 건강장해 방지를 목적으로 사용하는 위생보호구 종류는 각종 마스크, 보호복, 보안경, 방음 보호구, 특수복 등
> 　　　　　　　　　　　　　　　　　　　　　　　　　　　　　　　　　　　　　**답** ④

16 건강장해 방지를 목적으로 사용하는 위생보호구 종류가 아닌 것은?

① 방음 보호복　　　　　　　　　② 보호복

③ 안전화　　　　　　　　　　　④ 보안경

> **해설**　건강장해 방지를 목적으로 사용하는 위생보호구 종류는 각종 마스크, 보호복, 보안경, 방음 보호구, 특수복 등
> 　　　　　　　　　　　　　　　　　　　　　　　　　　　　　　　　　　　　　**답** ③

17 다음 설명 중 잘못된 것은?

① 내충격성 및 내압박성 시험방법에서 250[mm]의 낙하높이, (4.4±0.1)[kN]의 압축하중 시험에 해당하는 작업은 경작업용이다.

② 내충격성 및 내압박성 시험방법에서 500[mm]의 낙하높이, (10.0±0.1)[kN]의 압축하중 시험에 해당하는 작업은 보통작업용이다.

③ 내충격성 및 내압박성 시험방법에서 1,000[mm]의 낙하높이, (15.0±0.1)[kN]의 압축하중 시험에 해당하는 작업은 중작업용이다.

④ 내충격성 및 내압박성 시험방법에서 1,500[mm]의 낙하높이, (20.0±0.1)[kN]의 압축하중 시험에 해당하는 작업은 특별작업용이다.

> **해설**

작업구분	내충격성 및 내압박성 시험방법	사용 장소
중작업용	1,000[mm]의 낙하높이, (15.0±0.1)[kN]의 압축하중 시험	광업, 건설업 및 철광업에서 원료취급, 가공, 강재 취급 및 강재운반, 건설업 등에서 중량물 운반작업, 가공대상물의 중량이 큰 물체를 취급하는 작업장으로서 날카로운 물체에 의해 찔릴 우려가 있는 장소
보통 작업용	500[mm]의 낙하높이, (10.0±0.1)[kN]의 압축하중 시험	기계공업, 금속가공업, 운반, 건축업 등 공구 가공품을 손으로 취급하는 작업 및 차량사업장의 기계 등을 운전 조작하는 일반작업장으로서 날카로운 물체에 의해 찔릴 우려가 있는 장소
경작업용	250[mm]의 낙하높이, (4.4±0.1)[kN]의 압축하중 시험	금속선별, 전기제품 조립, 화학제품 선별, 반응장치 운전, 식품 가공업 등 비교적 경량의 물체를 취급하는 작업장으로서 날카로운 물체에 의해 찔릴 우려가 있는 장소

> 　　　　　　　　　　　　　　　　　　　　　　　　　　　　　　　　　　　　　**답** ④

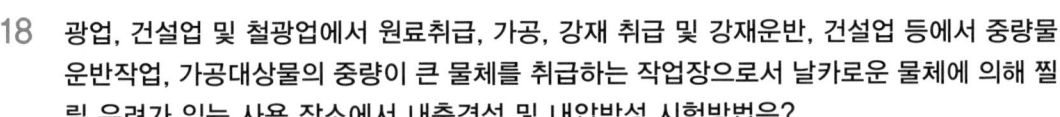

18 광업, 건설업 및 철광업에서 원료취급, 가공, 강재 취급 및 강재운반, 건설업 등에서 중량물 운반작업, 가공대상물의 중량이 큰 물체를 취급하는 작업장으로서 날카로운 물체에 의해 찔릴 우려가 있는 사용 장소에서 내충격성 및 내압박성 시험방법은?

① 1,000[mm]의 낙하높이, (15.0±0.1)[kN]의 압축하중 시험
② 500[mm]의 낙하높이, (10.0±0.1)[kN]의 압축하중 시험
③ 250[mm]의 낙하높이, (4.4±0.1)[kN]의 압축하중 시험
④ 350[mm]의 낙하높이, (5.4±0.1)[kN]의 압축하중 시험

해설

작업구분	내충격성 및 내압박성 시험방법	사용 장소
중작업용	1,000[mm]의 낙하높이, (15.0±0.1)[kN]의 압축하중 시험	광업, 건설업 및 철광업에서 원료취급, 가공, 강재 취급 및 강재운반, 건설업 등에서 중량물 운반작업, 가공대상물의 중량이 큰 물체를 취급하는 작업장으로서 날카로운 물체에 의해 찔릴 우려가 있는 장소
보통 작업용	500[mm]의 낙하높이, (10.0±0.1)[kN]의 압축하중 시험	기계공업, 금속가공업, 운반, 건축업 등 공구 가공품을 손으로 취급하는 작업 및 차량사업장의 기계 등을 운전 조작하는 일반작업장으로서 날카로운 물체에 의해 찔릴 우려가 있는 장소
경작업용	250[mm]의 낙하높이, (4.4±0.1)[kN]의 압축하중 시험	금속선별, 전기제품 조립, 화학제품 선별, 반응장치 운전, 식품 가공업 등 비교적 경량의 물체를 취급하는 작업장으로서 날카로운 물체에 의해 찔릴 우려가 있는 장소

답 ①

19 태양전지 모듈 공사 시 금속부재 절단 작업에 필요한 장비가 아닌 것은?

① 보호안경   ② 방진마스크
③ 헬멧   ④ 절연장갑

해설 금속부재 절단작업 장비 : 보호안경, 헬멧, 방진마스크, 안전장갑   답 ④

memo

New & Renewable energy

신재생에너지발전설비(태양광)
기사 출제문제
2016~2025

1과목 - 태양광발전시스템 이론

01 납축전지와 알칼리축전지에 대한 설명이다. 틀린 것은?

① 납축전지는 클래드식과 페이스트식으로 분류한다.

② 알칼리축전지는 소결식과 포켓식으로 분류한다.

③ 납축전지는 알칼리축전지보다 공칭용량이 작다.

④ 납축전지는 알칼리축전지에 비해 기전력이 크다.

해설 납 축전지의 공칭용량은 10[Ah]이며, 알칼리 축전지의 공칭용량은 5[Ah]이다. **답** ③

02 태양전지 모듈(module)의 구성재료의 순서가 옳게 나열된 것은?

① 강화유리 - 태양전지 - EVA – Back Sheet – EVA

② 강화유리 - EVA – 태양전지 - EVA – Back Sheet

③ EVA - 태양전지 - 강화유리 – Back Sheet – EVA

④ EVA - 강화유리 - 태양전지 - EVA – Back Sheet

해설 태양전지모듈 순서는 강화유리 - EVA – 태양전지 - EVA – Back Sheet 순이다. **답** ②

03 수전전압이 22.9[kV]이고 3상 단락전류가 10000[A]인 수용가의 수전용 차단기의 차단용량은 몇 [MVA] 이상이면 되는가?
(단, 여유율은 고려하지 않는다.)

① 433　　　　　② 447

③ 457　　　　　④ 467

해설 차단용량 $= \sqrt{3} \times$ 정격전압 $\times$ 정격차단전류
$$= \sqrt{3} \times 25.8 \times 10 = 446.87 [MVA]$$
※ 22.9[kV]의 정격전압이 25.8[kV], 10,000[A]를 [kA]로 환산하면 10[kA] **답** ②

04 연간 전압 감소율이 0.5[%]인 태양전지 모듈과 인버터의 특성이 아래와 같이 주어질 때 모듈온도 65[℃]에서 20년 동안 V_{mp}를 300[V] 이상 유지하기 위해 직렬연결 모듈이 최소 몇 장이 필요한가?
(단, 태양전지 모듈 V_{mp} = 29.5[V], V_{mp} 온도계수 = −0.5[%/℃], 인버터 최소전압 = 300[V]이다.)

① 8　　　　　② 10

③ 12　　　　　④ 15

해설 1) 65[℃]에서의 출력전압
$$29.5[V] + (65[℃] - 25[℃]) \times \frac{-0.5}{100} \times 29.5[V]$$
$$= 23.6[V]$$
2) 20년간 직렬모듈 전압
$$= 23.6 \times (1 - 0.005)^{20} = 21.34[V]$$
3) 직렬 연결 수 $= \frac{300[V]}{21.34[V]} = 14.05 \sim 15$장
(최소 직렬 수를 계산할 때는 소수점을 절상한다.) **답** ④

05 다음 중 발전효율이 가장 높은 태양전지는?

① HIT 태양전지

② CIGS 태양전지

③ Organic 태양전지

④ Perovskite 태양전지

해설 1) HIT 태양전지는 특수품을 제외하고 최고의 변환효율을 가지고 있다.
2) CIGS 태양전지는 화합물 계열 박막 태양전지로 실리콘 태양전지보다 발전효율이 낮다.
3) Organic 태양전지는 재료비용이 저렴하나 변환효율이 낮다.
4) Perovskite 태양전지는 실리콘 계열의 발전한계를 대체하기 위해 개발 중 인 고효율 태양전지이다. **답** ①

06 일정 전압의 직류전원에 저항을 접속하고 전류를 흘릴 때 이 전류값을 20[%] 증가시키기 위해서는 저항 값을 어떻게 하면 되는가?

① 저항 값을 20[%]로 감소시킨다.
② 저항 값을 66[%]로 감소시킨다.
③ 저항 값을 83[%]로 감소시킨다.
④ 저항 값을 120[%]로 증가시킨다.

해설 전류와 저항은 반비례하므로 전류를 20[%] 증가시키면 저항은 그 역수만큼 감소한다.

$$\frac{1}{1.2} = 0.8333$$

답 ③

07 태양전지 셀의 종류에서 박막형의 특징이 아닌 것은?

① 온도 특성에 강하다.
② 결정질보다 변환 효율이 낮다.
③ 결정질 전지보다 얇다.
④ 동일 용량 설치시 결정질보다 박막형이 면적을 적게 차지한다.

해설 박막 태양전지의 특성
1) 박막태양전지의 종류는 아몰포스 태양전지, CIGS, CdTe 등이 있다.
2) 결정질 실리콘 계열 태양전지보다 고온에서의 효율이 좋다.
3) 박막 태양전지모듈은 두께가 얇다.
4) 결정질 실리콘 계열보다 변환 효율이 낮아 동일 전력을 생산하려면 결정질 실리콘보다 넓은 면적을 필요로 한다.
5) 온도 특성에 강하다.

답 ④

08 단락전류는 태양전지 양단의 전압이 0일 때 흐르는 전류를 의미한다. 다음 중 단락전류의 손실을 발생 시키는 원인이 아닌 것은?

① 모듈 라미네이션 공정 불량
② 외부 수분침입에 의한 리본 전극 산화
③ 전극의 솔더링 스폿에 의한 충진재 두께 편차
④ 자외선에 의한 충진재 내부의 커플링재 분해

해설 발생시키는 원인
1) 모듈 라미네이션 공정 불량
2) 전극의 솔더링 스폿에 의한 충진재 두께 편차
3) 자외선에 의한 충진재 내부의 커플링재 분해

답 ②

09 인버터의 전기적 보호등급 Ⅲ의 안전 최저전압은 얼마인가?

① 최대 AC : 120[V], 최대 DC : 50[V]
② 최대 AC : 120[V], 최대 DC : 120[V]
③ 최대 AC : 50[V], 최대 DC : 50[V]
④ 최대 AC : 50[V], 최대 DC : 120[V]

해설 전기적 보호등급

등급 Ⅰ	장치 접지됨	⏚
등급 Ⅱ	보호절연(이중/강화 절연)	☐
등급 Ⅲ	안전 조치전압(최대 AC 50[V], 최대 DC 120[V])	◇

답 ④

10 분산형 전원 배전계통 연계시 반드시 설치하지 않아도 되는 보호장치는?

① 결상　　　　　② 저전압
③ 저주파수　　　④ 역기전력

해설 분산형전원의 고장 발생시 자동적으로 계통과의 연계를 분리할 수 있는 보호장치가 필요하다.
1) 계통 또는 분산형전원 측의 단락·지락고장시 보호를 위한 보호장치를 설치한다.
2) 적정한 전압과 주파수를 벗어난 운전을 방지하기 위하여 과·전압계전기, 과·저주파수계전기를 설치한다.
3) 단순병렬 분산형전원의 경우에는 역전력 계전기를 설치한다.

답 ①

11 인버터 직류 입력 전압이 300[V]이고 모듈 최대출력동작전압이 20[V]인 경우 태양전지 모듈 직렬 매수는?

① 14　　　　　② 15
③ 16　　　　　④ 17

해설 직렬 수 $= \dfrac{\text{인버터입력전압}}{\text{최대출력동작전압}} = \dfrac{300[V]}{20[V]}$
$= 15[EA]$

답 ②

12 여러 개의 태양전지 모듈의 스트링을 하나의 접속점에 모아 보수·점검 시에 회로를 분리하거나 점검작업을 용이하게 하며, 태양전지 어레이에 고장이 발생해도 정지범위를 최대한 적게 하는 등의 목적으로 사용되는 것은?

① 인버터
② 접속함
③ 바이패스 소자
④ 계통연계 보호계전기

해설 접속함은 여러 개의 태양전지모듈의 스트링을 하나의 접속점에 모아 보수·점검시 회로를 분리하거나 점검작업을 용이하게 하며, 태양전지 어레이에 고장이 발생해도 정지범위를 최대한 적게 하는 등의 목적으로 보수·점검이 용이한 장소에 설치한다. 접속함에는 직류출력 개폐기, 피뢰소자, 역류방지 소자, 단자대, 감시용 DCCT, DCPT 및 T/D 등을 설치한다. 또한 절연저항측정 및 정기적인 단락전류확인을 위해서 출력단락용 개폐기를 설치하는 경우가 있다.

답 ②

13 PN 접합구조의 반도체 소자에 빛을 조사할 때, 전압차를 가지는 전자아 정공이 쌍이 생선되는 현상은?

① 광기전력효과   ② 광이온화효과
③ 핀치효과   ④ 광전하효과

해설 PN접합에 빛을 조사시킬 때 전자-전공 쌍이 생성되고 분리되면 n형 에미터 쪽에는 전자가 과다하게 많고 다른 p형 베이스 쪽에는 홀이 많이 모이게 됨으로 접합 양단에 두 전극을 서로 띄어 개방하면 광기전력(또는 전위차)이 발생하는 현상이다.

답 ①

14 다음은 축전지 용량의 산출식이다. ( ) 안에 알맞은 내용은?

$$C = \dfrac{1\text{일소비전력량} \times \text{불일조일수}}{(\quad) \times \text{방전심도} \times \text{방전종지전압}}[Ah]$$

① 셀수   ② 보수율
③ 효율   ④ 역률

해설 축전지 용량의 산출식
$$C = \dfrac{L_d \times D_f}{L \times V_b \times DOD}[Ah]$$
여기서, L_d : 1일 소비전력량, D_f : 불일조일 수,
$\quad\quad\quad$ L : 보수율, V_b : 방전종지 전압,
$\quad\quad\quad$ DOD : 방전심도

답 ②

15 자가용 발전설비 고장의 영향이 연계계통에 파급되지 않도록 발전 설비를 즉시 전력계통과 분리시키는 인버터의 기능은?

① 자동전압 조정기능
② 단독운전 방지기능
③ 계통연계 보호기능
④ 자동운전 정지기능

해설 계통에 연계하여 운전하는 태양광발전시스템에서 계통측과 인버터측에 이상이 발생했을 때, 이를 감지하고 신속하게 인버터를 정지시켜 계통측의 안전을 확보하지 않으면 안 된다. 그 때문에 전기설비 기술기준에서 계통연계 보호장치의 설치가 의무화 되어 있다.

답 ③

16 KSC-IEC 규격에 따라 모듈의 뒷면에 표시해야 할 항목이 아닌 것은?

① 공칭 중냥
② 내풍압성 등급
③ 습윤 누설전류
④ 제조년월일 및 제조번호

해설 **태양전지 모듈의 뒷면에 표시되는 항목**
1) 제조업자명 또는 그 약호
2) 제조년월일 및 제조번호, 또는 제조년월을 알 수 있는 제조번호
3) 내풍압성의 등급
4) 최대 시스템 전압(H 또는 L)
5) 어레이의 조립형태(A 또는 B)
6) 공칭 최대출력 [W]
7) 공칭 개방전압 [V]
8) 공칭 단락전류 [A]
9) 공칭 최대출력 동작전압 [V]
10) 공칭 최대출력 동작전류 [A]
11) 역내전압 [V] : 바이패스 다이오드의 유무(알몰퍼스 계만 해당)
12) 공칭 중량[kg]

답 ③

17 태양전지별 분광감도의 설명이다. 옳은 것은?

① 박막전지는 적외선을 더 잘 이용한다.

② CdTe와 CIS전지는 중간파장의 빛을 잘 흡수한다.

③ 비정질 실리콘 전지는 장파장 빛을 최적으로 흡수한다.

④ 결정질 태양전지는 자외선 파장 태양 복사에 민감하게 작용한다.

> **해설** 1) 박막전지는 가시광선을 더 잘 이용한다.
> 2) 비정질 실리콘 전지는 단파장 빛을 최적으로 흡수한다.
> 3) 결정질 태양전지는 적외선 파장 태양 복사에 민감하게 작용한다. **답** ②

18 궤도전자가 강한 에너지를 받아서 원자내의 궤도를 이탈하여 자유전자가 되는 것을 무엇이라 하는가?

① 여기 　　　　② 공진

③ 전리 　　　　④ 방사

> **해설** • 전리 : 원자핵의 구속력으로부터 완전히 벗어나 원자는 전자를 잃어 이온화되는 상태, 궤도전자 즉 자유전자
> • 여기 : 기저상태에서 에너지가 높은 상태로 옮겨가는 것, 핵의 구속력을 벗어나지 않은 상태 **답** ③

19 연료전지에 의한 발전 시스템의 특징이 아닌 것은?

① 발전효율이 낮다.

② 폐열이용이 가능하고 종합에너지 효율이 높다.

③ 환경성이 높고 저소음, 저공해 발전시스템이다.

④ 천연가스, 메탄올, LPG 가스 등 다양한 연료 사용이 가능하다.

> **해설** 연료전지의 특징
> ① 천연가스, 메탄올, 석탄가스 등 다양한 연료사용이 가능하다.
> ② 발전효율이 40~60[%]이며, 열병합발전 시 80[%] 이상 가능하다.
> ③ 도심 부근에 설치가 가능하여 송배전 시의 설비 및

전력 손실이 적다.

④ 고도의 기술과 고가의 재료 사용으로 인해 경제성이 떨어진다. **답** ①

> 출제기준 변경 및 개정된 관계 법규에 따라 삭제된 문제가 있어 20문항이 안됩니다.

2과목 - 태양광발전시스템 설계

21 태양전지 병렬 네트워크 방식으로 어레이를 구성하는 것이 가장 적합한 곳은?

① 비나 눈이 많이 내리는 지역

② 태양고도의 영향을 받는 북쪽지역

③ 눈, 낙엽 등에 의한 음영의 발생이 잦은 지역

④ 태양광 어레이와 어레이의 이격거리 미비로 음영을 피할 수 없는 지역

> **해설** 병렬로 연결된 모듈은 직렬로 연결된 모듈과 비교해서 상대적으로 적은 음영에 대한 영향을 받는다. **답** ④

22 태양광 인버터의 전력변환 효율이 다음과 같을 때 유로변환 효율은 몇 [%]인가?

정격전력[%]	전력변환효율[%]
5	76
10	79
20	83
30	87
50	93
100	95

① 90.10 　　　　② 90.15

③ 90.20 　　　　④ 90.25

> **해설** $\eta_{Euro} = 0.03 \times \eta_{5\%} + 0.06 \times \eta_{10\%} + 0.13 \times \eta_{20\%} + 0.1 \times \eta_{30\%} + 0.48 \times \eta_{50\%} + 0.2 \times \eta_{100\%}$
> $= 0.03 \times 76 + 0.06 \times 79 + 0.13 \times 83 + 0.1 \times 87 + 0.48 \times 93 + 0.2 \times 95$
> $= 90.15$ **답** ②

23 태양전지 어레이의 출력이 10800[W], 해당지역의 1일 적산 경사면 일사량이 3.74 [kWh/m² · 일]이라고 하면 하루 동안의 발전량[kWh/일]은? (단, 종합효율은 0.82로 한다.)

① 13.33   ② 33.12
③ 53.32   ④ 61.20

해설 일 발전량 = 10800 × 3.74 × 0.82
= 33.12[kWh/day]   **답** ②

24 태양전지 어레이 가대를 아래와 같이 설계하고자 한다. 설계 순서를 옳게 나열한 것은?

> ⓐ 태양전지 모듈의 배열 결정
> ⓑ 설치장소 결정
> ⓒ 상정최대하중 산출
> ⓓ 지지대 기초 설계
> ⓔ 지지대의 형태, 높이, 구조 결정

① ⓐ → ⓒ → ⓔ → ⓑ → ⓓ
② ⓑ → ⓐ → ⓔ → ⓒ → ⓓ
③ ⓐ → ⓓ → ⓒ → ⓔ → ⓑ
④ ⓑ → ⓒ → ⓐ → ⓔ → ⓓ

해설 설치장소 결정(부지선정) → 태양전지 모듈의 배열 결정(태양전지모듈 직병렬결정) → 지지대의 형태, 높이, 구조 결정 → 상정최대하중 산출 → 지지대 기초 설계   **답** ②

25 태양광 발전원가의 구성 항목 중 초기투자비에 해당하지 않는 것은?

① 계통연계비용
② 인허가 용역비
③ 설계 및 감리비
④ 운전유지 및 수선비

해설 운전유지 및 수선비는 태양광 완공 후 발전소 운영에 필요한 운영비이다.   **답** ④

26 1000[kW] 태양광발전시스템 어레이의 직병렬 구성으로 가장 적합한 것은? (단, 인버터의 입력범위는 430~750[V]이며, 기타 조건은 표준상태이다.)

P_{mpp} : 250[W]	V_{mpp} : 30.5[V]
I_{mpp} : 8.2[A]	V_{oc} : 37.5[V]
I_{sc} : 8.4[A]	

① 18직렬 200병렬   ② 18직렬 240병렬
③ 20직렬 200병렬   ④ 20직렬 240병렬

해설 인버터 MPP동작전압의 중간 값은
(750+430)/2 = 590

$$직렬 = \frac{인버터입력전압}{태양전지모듈동작전압} = \frac{590}{30.5} = 19.3(직렬)$$

$$병렬 = \frac{전체발전량}{태양전지모듈발전량 \times 직렬수}$$
$$= \frac{1000 \times 10^3}{250 \times 20} = 200(병렬)$$ **답** ③

27 태양광 발전설비 어레이를 정남쪽으로 설치할 경우 북쪽에 인접한 장해물이나 태양전지 어레이 상호간의 설치간격에 따라 음영이 발생하여 발전량 감소를 초래한다. 이 음영의 영향을 받지 않는 상호간의 간격 걸투기준이 되는 날은?

① 하지   ② 동지
③ 춘분   ④ 추분

해설 어레이 사이의 이격거리는 태양고도가 가장 낮은 동지를 기준으로 산정한다.   **답** ②

28 태양광 발전소 부지 선정 시 일반적인 고려사항으로 틀린 것은?

① 부지 가격에 대한 평가
② 주변 식생에 의한 음영여부 확인
③ 일사량 조사 및 동향배치 가능 여부 확인
④ 토사, 암반의 지내력 및 지반, 지질상태 확인

해설 북반구의 경우 태양광발전소 부지 선정시 남향배치 가능 여부를 확인하고, 남반구는 북향배치를 가능 여부를 확인한다.   **답** ③

29 풍하중을 산출하는 데 사용되는 지역별 설계 기본 풍속[m/s]으로 틀린 것은?

① 경기도 25 ~ 30 ② 강원도 25 ~ 40
③ 경상도 25 ~ 45 ④ 제주도 45 ~ 60

해설 제주도의 기본 풍속은 40[m/s]이다. 답 ④

30 태양광 발전설비의 고정식 가대와 단축, 양축 추적식 가대에 대한 설명으로 틀린 것은?

① 고정식 보다 양축 추적식이 견고하다.
② 추적식은 디자인 적용시 한계가 있다.
③ 발전효율은 양축 추적식이 가장 높다.
④ 시설단가는 고정식에 비해 양축 추적식이 비싸다.

해설 고정식의 장점은 시설 단가가 낮고, 구조물이 견고하다. 하지만 발전량이 추적식 보다 적은 단점이 있다. 추적식의 경우 구동 부분이 있어 구조물은 고정식보다 견고할 수 없다. 답 ①

31 건축자재와 태양전지를 결합시켜 지붕, 파사드, 블라인드 등과 같이 건물외피에 적용하는 건축물 일체형 태양광발전시스템의 종류로 옳은 것은?

① HIT   ② CPV
③ BIPV   ④ CIGS

해설 건물일체형 태양광시스템(BIPV:Building Integrated PV)이란 태양광 모듈을 건축물에 설치하여 건축 부자재의 역할 및 기능과 전력생산을 동시에 할 수 있는 시스템으로 창호, 스팬드럴, 커튼월, 이중파사드, 외벽, 차양시설, 아트리움, 쉥글, 지붕재, 캐노피, 테라스, 파고라 등을 범위로 한다. 답 ③

32 음영의 방지 대책이 아닌 것은?

① 추적식 태양광모듈을 이용한다.
② 음영이 생기지 않도록 어레이를 배치한다.
③ 인버터(PCS)의 MPP추종제어 기능으로 출력손실을 최소화 한다.
④ 부분 음영이 발생될 것을 대비해 일정한 셀 수마다 바이패스 소자를 설치한다.

해설 음영의 방지 대책
1) 태양전지모듈의 접속함내에 바이패스 다이오드를 적용
2) 서브어레이, 스트링 인버터 사용
3) 인버터 MPPT기능 사용 답 ①

33 태양전지 어레이의 세로길이(L) 0.6[m], 어레이의 경사각(a)을 33°, 태양의 고도각(b)을 15°로 산정하여 북위 37° 지방에서 태양광 발전소를 건설하고자 할 때, 어레이간의 최소 이격거리는 약 몇 [m]로 하면 되는가?

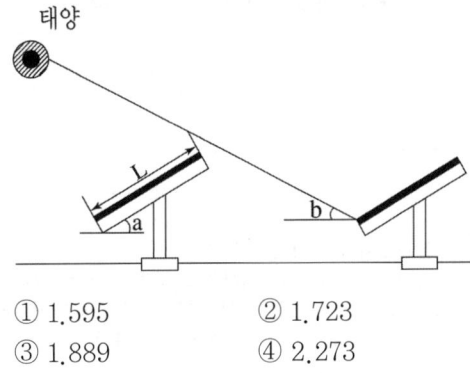

① 1.595   ② 1.723
③ 1.889   ④ 2.273

해설 $d = 0.6 \times \dfrac{\sin(180° - 33° - 15°)}{\sin 15°} = 0.6 \times \dfrac{\sin 132°}{\sin 15°}$
$= 0.6 \times 2.8712 = 1.723[m]$ 답 ②

34 일조시간에 대한 설명으로 틀린 것은?

① 일조시간은 실제로 태양광선이 지표면을 내리 쬔 시간이다.
② 일조시간과 가조시간과의 비를 일조율[%]이라 한다.
③ 구름이 많은 날씨일 경우 가조시간과 일조시간이 일치한다.
④ 가조시간이란 한 지방의 해 돋는 시간부터 해지는 시간까지의 시간을 말한다.

해설 **일조와 일사량**
1) '일조'란 태양광선이 구름이나 안개로 가려지지 않고 지상을 비추는 것
2) 태양광선이 비춘 시간을 일조시간이라 함
3) 일조시간은 보통 1일이나 한 달 동안에 비춘 시간을 수로 나타냄
4) 일조시간으로 일사량도 추정할 수 있으며, 낮 동안에 구름이 어느 정도 끼었는가도 나타낼 수 있음

5) 어떤 지점에 있어서 맑은 날의 일조시수는 그 지점의 위도에 따라 정해짐
6) 가조시간은 산이나 언덕 등의 장애물이 없다고 가정하여 어느 지점에 햇빛이 비출 수 있는 시간

답 ③

35 설계도서 해석 시 우선 순위를 차례대로 나열한 것은?

ⓐ 설계도면	ⓑ 공사시방서
ⓒ 전문시방서	ⓓ 산출내역서
ⓔ 감리자의 지시사항	ⓕ 표준시방서

① ⓐ → ⓑ → ⓒ → ⓓ → ⓔ → ⓕ
② ⓑ → ⓐ → ⓒ → ⓕ → ⓓ → ⓔ
③ ⓒ → ⓐ → ⓑ → ⓓ → ⓕ → ⓔ
④ ⓔ → ⓑ → ⓐ → ⓕ → ⓒ → ⓓ

해설 설계도서 해석의 우선순위
설계도서법령해석감리자의 지시 등이 서로 일치하지 아니하는 경우에 있어 계약으로 그 적용의 우선순위를 정하지 아니한 때에는 다음의 순서를 원칙으로 한다.
1) 공사시방서   2) 설계도면
3) 전문시방서   4) 표준시방서
5) 산출내역서   6) 승인된 상세시공도면
7) 관계법령의 유권해석 8) 감리자의 지시사항

답 ②

36 3000[kW] 이하 발전사업 허가 시 필요서류가 아닌 것은?

① 사업계획서
② 송전관계 일람도
③ 전기사업 허가신청서
④ 5년간 예상사업 손익산출서

해설 3000[kW] 이하인 경우 필요서류
1) 전기사업 허가 신청서
2) 전기사업법 시행규칙에 따른 사업계획서
3) 송전관계 일람도
4) 발전원가 명세서
5) 발전설비 운영을 위한 기술인력 확보계획을 기재한 서류

답 ④

37 계통연계형 태양광발전시스템 설계를 위한 케이블 선택과 굵기 산정에 필수적인 고려사항이 아닌 것은?

① 케이블의 제작사
② 케이블의 전압규격
③ 케이블의 허용전류
④ 케이블의 손실 및 전압강하

해설 태양광발전시스템에 사용될 케이블은 전압, 허용전류, 손실, 전압강하, 허용온도를 기준으로 선택한다.

답 ①

38 태양광 발전시스템의 전기설계 계산서에 해당하지 않는 것은?

① 구조 계산서
② 전압강하 계산서
③ 보호계전기 정정치 계산서
④ 모듈 및 어레이 직병렬 계산서

해설 구조계산서는 태양광구조물의 구조적 안정성을 검토하는 계산서이다.

답 ①

39 총원가에는 해당되지만 순공사원가의 구성항목이 아닌 것은?

① 간접재료비   ② 간접노무비
③ 간접경비   ④ 일반관리비

해설 공사시공 과정에서 발생한 재료비, 노무비, 경비의 합계액이 순공사 원가이다.

답 ④

40 일반적으로 구조물이나 시설물 등을 공사 또는 제작할 목적으로 상세하게 작성된 도면은?

① 상세도   ② 시방서
③ 간트도표   ④ 내역서

해설 1) 상세도 : 실시설계도면을 기준으로 각 공종별, 형식별 세부사항들이 표현하여 현장여건을 반영한다.
2) 시방서 : 공사수행에 관련된 제반규정 및 요구사항을 총칭
3) 간트도표 : 프로젝트 일정관리에 사용
4) 내역서 : 일정한 기간 동안 사용한 경비를 총괄적으로 합산하기 위해 작성하는 문서

답 ①

3과목 - 태양광발전시스템 시공

41 감리용역이 완료된 때에는 며칠 이내에 공사감리 완료보고서를 제출하여야 하는가?

① 7일　　　　② 10일
③ 15일　　　　④ 30일

해설 감리업자는 해당 감리용역이 완료된 때에는 30일 이내에 공사감리 완료보고서를 협회에 제출하여야 한다.
답 ④

42 태양광 발전설비의 모듈, 접속함, 인버터 등에 접속하는 배선공사 방법에 대한 설명으로 틀린 것은?

① 태양전지 모듈간 배선에 사용하는 전선의 굵기는 1.0[mm²] 이상이어야 한다.
② 스트링 접속도선은 단락전류보다 1.25배 이상의 전류를 수용할 수 있어야 한다.
③ 태양전지 모듈 뒷면의 접속단자 연결 시 극성에 유의해야 한다.
④ 접속함의 설치는 모듈구성에 따라 어레이 부근에 설치하는 것이 바람직하다.

해설 태양전지 모듈간 배선에 사용하는 전선의 굵기는 2.5[mm²] 이상이어야 한다.
답 ①

43 다음 보기 중 접지설비 시공방법으로 옳은 것을 모두 고르면?

[보기]
ⓐ 부식, 전식 등의 외적영향에 견딜 수 있도록 시설되어야 한다.
ⓑ 접지저항값은 전기설비에 대한 보호 및 기능적 요구사항에 적합해야 한다.
ⓒ 지락전류가 열적, 기계적 및 전자력적 스트레스에 의한 위험이 없이 흘러야 한다.

① ⓐ　　　　② ⓐ, ⓑ
③ ⓑ, ⓒ　　　④ ⓐ, ⓑ, ⓒ

해설 접지선택 조건
접지의 선택은 대지 저항률, 설치공간, 시공장소의 온도, 습도 등의 기후 특성, 장비의 요구 사양, 접지의 신뢰성 및 안정성 그리고 유지 보수에 의한 경제성 등을 참고하여 선택하여야 한다.
답 ④

44 태양전지모듈의 지중배선 시공에 대한 설명으로 틀린 것은?

① 지중매설관은 배선용 탄소강 강관, 내충격성 경화비닐 전선관을 사용한다.
② 지중배관 시 중량물의 압력을 받는 경우 1.2[m] 이상의 깊이로 매설한다.
③ 지중전선로의 매설개소에는 필요에 따라 매설깊이, 전선방향 등을 지상에 표시한다.
④ 지중배관이 지나는 지표면에 배관의 재질, 수량, 길이, 재원 등을 표시한 지시서를 포설한다.

해설 지중배선의 시공
1) 지중매설관은 배선용 탄소강 강관, 내충격성 경화비닐 전선관을 사용한다. 단, 공사상의 부득이한 경우에 후강 전선관에 방수, 방청처리를 한 경우에는 그렇지 아니하다.
2) 지중배관과 지표면의 중간에 매설표시 시트를 포설한다.
3) 지중전선로의 매설개소에는 필요에 따라 매설 깊이, 전선의 방향 등 지상에서 쉽게 확인 할 수 있도록 기둥 주위 등에 표시하는 것이 요망된다.
4) 지중배관 시 중량물의 압력을 받는 경우 1.2[m] 이상의 깊이로 매설한다. (중량물의 압력을 받을 염려가 없는 경우는 0.6[m] 이상)
답 ④

45 무 변압기형 인버터의 설명으로 알맞은 것은?

① 변압기형 인버터보다 효율이 낮다.
② 변압기형 인버터보다 무게가 증가한다.
③ 변압기형 인버터보다 크기가 증가한다.
④ 변압기형 인버터보다 노이즈 간섭이 증가한다.

해설 무변압기형 인버터는 변압기가 없어 효율이 높고, 크기와 중량이 작다. 하지만 노이즈 간섭이 증가하는 단점이 있다.
답 ④

46 접속함 설치공사 중 고려사항이 아닌 것은?

① 접속함 설치위치는 어레이 근처가 적합하다.

② 외함의 재질은 가급적 SUS304 재질로 제작 설치한다.

③ 접속함은 풍압 및 설계하중에 견디고 방수, 방부형으로 제작한다.

④ 역류 방지 다이오드의 용량은 모듈 단락 전류의 4배 이상으로 한다.

해설 역류 방지 다이오드의 용량은 모듈 단락 전류의 2배 이상으로 한다. **답** ④

47 직류 송전 방식과 비교했을 때 교류 송전 방식의 장점이 아닌 것은?

① 안정도가 좋다.

② 회전자계를 쉽게 얻을 수 있다.

③ 전압의 승압, 강압 변경이 용이하다.

④ 교류방식으로 일관된 운용을 기할 수 있다.

해설 직류 송전 방식과 교류 송전 방식 비교

	직류	교류
장점	1) 절연 계급을 낮출 수 있다. 2) 송전 효율이 좋다. 3) 안정도가 좋다. 4) 유도 장해가 적다. 5) 전압, 주파수가 다른 두 교류 계통을 연계할 수 있다.	1) 전압의 승압 및 강압이 용이하다 2) 회전 자계를 쉽게 얻을 수 있다. 3) 일관된 운용을 기할 수 있다.
단점	1) 교류에서와 같이 전류의 영점이 없음으로, 직류 전류의 차단이 곤란하다. 2) 일단 전류로 변환된 후에는 승압 및 강압이 곤란하다. 3) 인버터, 콘버터 등 교직 변환 장치들의 신뢰성과 보수가 문제가 된다. 4) 교직 변환 장치에서 발생하는 고조파를 제거하는 설비가 필요하다. 5) 변환 장치는 유효 전력의 50~60[%] 정도의 무효 전력을 소비하므로 이를 공급하기 위한 무효 전력 보상 설비가 비싸다.	1) 표피 효과 때문에 전선의 실효 저항이 증가하고 손실이 커진다. 2) 직류 방식에 비해 계통의 안정도가 저하한다. 3) 페란티 현상, 자기여자 현상 등의 이상상태가 발생한다. 4) 인근 통신선에의 유도 장해가 크다. 5) 주파수가 서로 다른 계통은 연계가 불가능하다.

답 ①

48 퓨즈 용량 선정 시 적용하는 단락전류는?

① 대칭 단락전류 실효값

② 최대 비대칭 단락전류 순시값

③ 최대 비대칭 단락전류 실효값

④ 3상 평균 비대칭 단락전류 실효값

해설 퓨즈 정격 차단용량을 표시하는 경우 직류분을 포함시킨 비대칭 실효값으로 나타내지 않고 교류분만의 대칭 실효값만으로 나타낸다. **답** ①

49 전선 재료의 구비조건으로 틀린 것은?

① 도전율이 클 것

② 비중이 작을 것

③ 가요성이 작을 것

④ 기계적 강도가 클 것

해설 전선 재료의 구비조건

1) 도전율, 기계적 강도가 클 것
2) 내구성이 있을 것
3) 비중(밀도)이 작고, 가요성이 풍부할 것
4) 가격이 저렴하고, 구입이 쉬울 것
5) 시공 및 보수의 취급이 용이할 것 **답** ③

50 사용 전 검사 시 태양전지 모듈 또는 패널의 점검에 관한 설명 중 틀린 것은?

① 각 모듈의 모델번호가 설계도면과 일치하는지 확인하여야 한다.

② 지붕 설치형 어레이는 수검자가 지상에서 육안으로 점검한다.

③ 검사자는 모듈의 유형과 설치개수 등을 1000[1x] 이상의 조명 아래에서 육안으로 점검한다.

④ 사용 전 검사 시 공사계획 인가(신고)서의 내용과 일치하는지 태양전지 모듈의 정격용량을 확인하여 이를 사용 전 검사필증에 표기하여야 한다.

해설 1) 모듈의 유형과 설치개수 등을 1,000[lux] 이상의 밝은 조명 아래에서 육안으로 점검한다.

2) 지상설치형 어레이의 경우에는 지상에서 육안으로 점검하며 지붕설치형 어레이는 수검자가 제공한 낙상 보호조치를 확인한 후 점검 및 검사가 직접 지

붕에 올라 어레이를 검사한다.
3) 지붕의 경사가 심해 검사자가 직접 오를 수 없는 경우에는 수검자가 제공한 사다리나 승강장치에 올라 정확한 모듈과 어레이의 설치개수를 세어 설계도면과 일치하는지 확인한다.
4) 정확한 모듈 개수의 확인은 전압과 전류 출력에 영향을 미치므로 매우 중요하다. 간혹 현장의 모듈이 인가서 상의 모듈 모델번호와 다른 경우가 있으므로 각 모듈의 모델번호 역시 설계도면과 일치하는지 확인한다.
5) 지붕에 설치된 모듈은 모델번호를 확인하기 곤란한 경우가 많으므로 수검자가 카메라로 찍은사진을 근거로 확인한다.
6) 사용전검사 시 공사계획인가(신고)서의 내용과 일치하는지 태양전지 모듈의 정격용량을 확인하여 이를 사용전검사필증에 표시하고, 다음 사항을 확인한다.
① 셀 용량 : 태양전지 셀 제작사가 설계 설명서에 제시한 용량을 기록한다.
② 셀 온도 : 태양전지 셀 제작사가 설계 설명서에 제시한 셀의 발전 시 온도를 기록한다.
③ 셀 크기 : 제작자의 설계서 상 셀의 크기를 기록한다.
④ 셀 수량 : 공사계획서 상 출력을 발생할 수 있도록 설치된 셀의 전체 수량을 기록한다. 답 ②

51 건설 생산 체계 중 건설 생산 추진 순서이다. 생산 추진에 대한 순서로 옳은 것은?

프로젝트의 착상 및 타당성 분석 → (ⓐ) → 구매, 조달 → (ⓑ) → 시운전 및 완공 → 인도

① ⓐ 설계, ⓑ 시공
② ⓐ 현장조사, ⓑ 시공
③ ⓐ 입찰, ⓑ 설계
④ ⓐ 현장조사, ⓑ 설계

해설 프로젝트의 착상 및 타당성 분석 → 설계 → 구매, 조달 → 시공 → 시운전 및 완공 → 인도 답 ①

52 태양광 발전시스템의 시공절차에 포함되는 것은?
① 인버터 설치공사
② 설치장소의 조사
③ 모듈 직렬 개수 선정
④ 태양광 어레이의 발전량 산출

해설

태양광모듈간의 배선 → 접속함의 설치 → 인버터의 설치 → 분전반의 개조(신설)

접지

태양광 어레이와 접속함의 배선

접속함에서 인버터까지의 배선

전력량계의 설치 / 인버터에서 분전반까지의 배선

옥외배선

완 성

답 ①

53 구조물 및 자재 종류별 검사에서 감리원의 검사절차로 옳은 것은?

ⓐ 시공완료   ⓑ 검사요청서 제출
ⓒ 시공관리책임자 점검   ⓓ 감리원 현장검사
ⓔ 검사결과 통보

① ㉠ → ㉢ → ㉡ → ㉣ → ㉤
② ㉠ → ㉢ → ㉣ → ㉡ → ㉤
③ ㉠ → ㉡ → ㉢ → ㉣ → ㉤
④ ㉠ → ㉣ → ㉡ → ㉢ → ㉤

해설 감리원 검사 절차

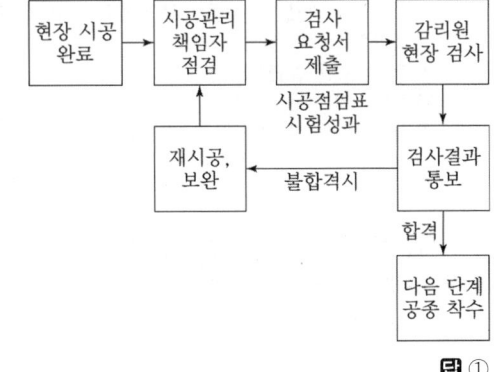

답 ①

54 지지층이 얕은 태양광발전소 부지에 사용되는 기초는?

① 케이슨 기초　　② 말뚝기초
③ 피어 기초　　　④ 직접기초

해설 **기초의 종류**
1) 직접기초 : 지지층이 얕을 경우 자주 쓰인다.
2) 말뚝기초 : 지지층이 깊을 경우 자주 쓰인다.
3) 주춧돌기초 : 철탑 등의 기초에 자주 쓰인다.
4) 케이슨기초 : 하천 내의 교량 등에 자주 쓰인다.
5) 연속기초 : 지지층이 매우 깊은 경우에 자주 쓰인다.
　(단, 지지층이 얕을 경우에 사용하는 경우도 있다.)
답 ④

55 일반 지붕재에 태양전지 모듈을 넣은 지붕재 방식은?

① 지붕재 마감형　　② 지붕재 일체형
③ 지붕재 건재형　　④ 지붕재 설치형

해설 지붕재 일체형 태양전지모듈은 일반 지붕재에 태양전지 모듈을 넣은 지붕재를 말한다.　답 ②

56 태양광 모듈 시공 시 감전사고 방지를 위한 대책이 아닌 것은?

① 면장갑을 착용한다.
② 우천 시 작업하지 않는다.
③ 절연 처리된 공구를 사용한다.
④ 태양전지 모듈 표면에 차광 시트를 부착한다.

해설 **감전방지대책**
1) 작업 전에 태양전지 모듈의 표면에 차광시트를 붙여 태양광을 차단한다.
2) 저압선로용 절연장갑을 낀다.
3) 절연처리가 된 공구를 사용한다.
4) 강우 시에는 작업을 하지 않는다.　답 ①

57 방화구획 관통부의 처리 시 배선을 옥외에서 옥내로 끌어들이는 관통부분에 충족하여야 하는 사항 2가지는?

① 내열성과 가요성　　② 난연성과 내후성
③ 난연성과 내열성　　④ 내열성과 내후성

해설 **방화구획 관통부 처리**
1) 난연성 : 관통부분의 충전재, 케이블, 배관재의 변형, 탈락, 소실로 인해 뒷면에 화염, 연기가 나지 않을 것
2) 내열성 : 관통부분의 충전재, 내열쎌재의 전열에 의해 뒷면이 연소할 위험이 있는 온도가 되지 않을 것
답 ③

58 태양전지판에서 인버터 입력단간 및 인버터 출력단과 계통연계점간의 전압강하는 몇 [%]를 초과하지 않아야 하는가?

① 3[%]　　　　② 4[%]
③ 5[%]　　　　④ 6[%]

해설 **전압강하**
태양전지판에서 인버터 입력단간 및 인버터출력단과 계통연계점 간의 전압강하는 각 3[%]를 초과하여서는 아니 된다. 단, 전선길이가 60[m]를 초과할 경우에는 아래 표에 따라 시공할 수 있다. 전압강하 계산서(또는 측정치)를 설치확인 신청 시에 제출하여야 한다.

전선길이	전압강하
120[m] 이하	5[%]
200[m] 이하	6[%]
200[m] 초과	7[%]

답 ①

59 다음 ( )안에 들어갈 용량은 몇 [kW] 이상인가?

> 태양광발전시스템의 인버터는 옥내, 옥외용으로 구분하여 설치해야 한다. 단, 옥내용을 옥외로 설치하는 경우는 ( )[kW] 이상 용량일 경우에만 가능하며, 이 경우 빗물의 침투를 방지할 수 있도록 옥내에 준하는 수준으로 설치해야 한다.

① 3　　　　　② 5
③ 10　　　　④ 20

해설 **인버터 원별시공기준**
옥내·옥외용을 구분하여 설치하여야한다. 단, 옥내용을 옥외에 설치하는 경우는 5[kW] 이상 용량일 경우에만 가능하며 이 경우 빗물 침투를 방지할 수 있도록 옥내에 준하는 수준으로 외함 등을 설치하여야 한다.
답 ②

60 전력계통에 태양광발전시스템을 연계 시 전력 품질의 고려사항이 아닌 것은?

① 역률
② 플리커
③ 유도장해
④ 고조파전류

해설 전력계통 연계 시 유효전력, 무효전력, 전압, 전압변동 (플리커 발생요인), 역률 등을 감시할 수 있는 장비가 설치되어야 한다.　**답** ③

4과목 - 태양광발전시스템 운영

61 태양광 발전설비의 일상점검 항목이 아닌 것은?

① 모듈간 배선의 손상여부
② 인버터의 이상음 발생여부
③ 접지저항의 규정 값 이하여부
④ 모듈 표면의 오염 및 파손여부

해설 일상점검은 외관 검사하는 방법으로 진행 되고 접지저항, 절연저항 등 측정은 정기점검에서 실행한다.
　답 ③

62 시스템 운영 시 비치 목록으로 틀린 것은?

① 발전 시스템 피난안내도
② 발전 시스템 운영 매뉴얼
③ 발전 시스템 긴급복구 안내문
④ 전기안전관리자용 정기 점검표

해설 시스템 운영 시 비치 목록
1) 발전 시스템 운영 매뉴얼
2) 발전 시스템 긴급복구 안내문
3) 전기안전관리자용 정기 점검표
4) 발전 시스템 시방서
5) 발전 시스템 계약서 사본
6) 발전 시스템 건설 관련 도면(토목, 건축, 기계, 전기도면 등)
7) 발전 시스템 구조물의 구조 계산서
8) 발전 시스템의 한전 계통 연계 관련 서류
9) 발전 시스템에 일반 점검표
10) 발전 시스템 안전교육 표지판
11) 발전 시스템 긴급복구 안내문 등 **답** ①

63 인버터 과온(inverter over temperature) 고장 표시가 있을 때, 가장 먼저 조치하는 방법으로 적절한 것은?

① 인버터 누설전류를 확인한다.
② 인버터의 냉각계통의 이상 유무를 확인한다.
③ 송변전설비와 연결되는 배전선의 절연저항을 확인한다.
④ 고조파의 국부과열여부를 확인하기 위해 고조파 함유율을 조사한다.

해설 인버터 과온시 점검 사항은 인버터 및 팬 점검 후 운전
　답 ②

64 사업용 태양광 발전설비의 사용 전 검사 중 차단기 본체 심사의 세부검사 내용이 아닌 것은?

① 절연내력
② 접지시공상태
③ Tap 절환장치
④ 절연유 및 내압시험(OCB)

해설 차단기 본체 심사의 세부검사
1) 외관검사　　　　2) 접지 시공 상태
3) 절연저항　　　　4) 절연내력
5) 특성시험　　　　6) 절연유 및 내압시험(OCB)
7) 상회전 및 loop시험 8) 충전시험　**답** ③

65 태양광 발전시스템 보수점검 시 점검 전의 유의사항으로 틀린 것은?

① 점검 전에 접지선을 제거한다.
② 절연용 보호기구를 준비한다.
③ 응급처치 방법 및 설비, 기계의 안전을 확인한다.
④ 비상연락망을 사전 확인하여 만일의 사태에 신속히 대처한다.

해설 1) 준비철저
2) 회로도에 의한 검토(무전압 상태 확인)
3) 절연용 보호기구를 준비한다.
4) 응급처치 방법 및 설비, 기계의 안전을 확인한다.
5) 비상연락망을 사전 확인하여 만일의 사태에 신속히 대처한다.　**답** ①

66 발전설비용량 3000[kW]인 발전사업 허가 신청 시 첨부서류가 아닌 것은?

① 사업 계획서 ② 발전원가 명세서
③ 송전관계 일람도 ④ 전기설비 개요서

해설 **사업허가 신청서류**

필요서류	구분
1) 전기사업 허가신청서	○, ◇, ■
2) 사업계획서	○, ◇, ■
3) 사업개시 후 5년 동안의 연도별 예상산업 손익산출서	■
4) 배전선로를 제외한 전기사업용전기설비 개요서	■
5) 배전사업의 허가 신청 시 사업구역의 경계를 명시한 1/50,000 지형도	■
6) 구역전기사업의 허가 신청 시 특정한 공급구역의 위치 및 경계를 명시한 1/50,000 지형도	○, ■
7) 송전관계 일람도	◇, ■
8) 발전원가 명세서	◇, ■
9) 신용평가 의견서 및 재원 조달계획서	■
10) 전기설비의 운영 기술인력 확보계획 관련 서류	◇, ■
11) 법인의 경우 정관 및 직전 사업연도 말의 대차대조표·손익계산서	■
12) 설립 중인 법인의 경우 그 정관	■
13) 전기사업용 수력발전소 또는 원자력발전소를 설치하는 경우 발전용 수력의 사용에 대한 허가 또는 발전용 원자로 및 관계시설의 건설에 대한 허가사실을 증명할 수 있는 허가서의 사본	◇, ■

200[kW] 이하 : ○, 3,000[kW] 이하 : ◇, 3,000[kW] 초과 : ■
3,000[kW] 이하 전기사업 허가신청서 **답** ④

67 인버터 절연저항 측정 시 주의사항으로 틀린 것은?

① 정격에 약한 회로들은 회로에서 분리하여 측정한다.
② 정격전압이 입출력과 다를 때는 낮은 측의 전압을 선택기준으로 한다.
③ 입출력단자에 주회로 이외 제어단자 등이 있는 경우 이것을 포함해서 측정한다.
④ 절연변압기를 장착하지 않은 인버터는 제조사가 추천하는 방법에 따라 측정한다.

해설 **인버터 절연저항 측정 주의사항**
1) 정격전압이 입·출력에서 서로 다를 때는 높은 측의 전압을 절연저항계의 선택기준으로 한다.
2) 입·출력단자에 주회로 이외의 제어단자 등이 있는

경우는 이것을 포함해서 측정 한다.
3) 측정할 때는 서지 업 서버 등의 정격에 약한 회로에 관해서는 회로에서 분리시킨다.
4) 트랜스 리스 인버터의 경우에는 제조업자가 추천하는 방법에 따라 측정 한다. **답** ②

68 태양광 발전시스템의 안전관리 대책으로 추락사고 예방을 위한 조치사항이 아닌 것은?

① 안전모 착용 ② 절연장갑 착용
③ 안전벨트 착용 ④ 안전 난간대 설치

해설 **안전대책 복장 및 추락방지**
① 헬멧(안전모)의 착용
② 안전벨트 착용
③ 안전화 착용
④ 허리띠 착용
감전방지책
① 작업전에 태양전지모듈의 표면에 차광시트를 부터 태양광을 차단
② 저압선로용 절연장갑을 낀다.
③ 절연처리가 된 공구를 사용한다.
④ 강우시 작업을 하지 않는다. **답** ②

69 태양광 발전시스템용 축전지의 정기점검 항목 중 육안점검의 점검항목이 아닌 것은?

① 외관점검 ② 단자전압
③ 전해액 비중 ④ 전해액면 저하

해설 축전지의 단자전압은 측정 사항이 아니다. **답** ②

70 태양광 발전 송변전설비의 일상순시점검내용으로 틀린 것은?

① 접지선의 단선, 부식여부를 확인한다.
② 모선지지물의 이상소음, 이상한 냄새가 없는지 확인한다.
③ 모든 설비는 정전상태를 유지하고 주요 충전부는 접지를 한다.
④ 외함을 열어 확인할 경우, 안전장구를 착용하고 충전부와 이격거리를 유지한다.

해설 **일상순시점검**
① 일상순시 점검은 배전반 외부에서 이상한 소리, 냄새, 손상 등을 점검항목의 대상항목에 따라 점검하

는 것
② 이상 상태 발견 시 배전반 문을 열고 이상정도 확인
③ 이상 상태가 직접 운전이 불가능한 경우를 제외하고는 이상 상태 내용을 기록하고 정기 점검 시 참고자료로 반영한다. **답** ③

71 태양광 발전시스템의 운전 상태에 따른 발생신호에 대한 설명으로 틀린 것은?

① 인버터에 이상이 발생하면 인버터는 자동으로 정지하고 이상신호를 나타낸다.
② 태양전지 전압이 저전압 또는 과전압이 되면 이상신호를 나타내고 인버터 MC는 ON 상태로 정지한다.
③ 한전 전력계통에서 정전이 발생하면 0.5초 이내에 인버터는 정지하고 복전 확인 후 5분 이후에 재기동 한다.
④ 정상운전 시에는 태양전지로부터 전력을 공급받아 인버터가 계통전압과 동기로 운전을 하며 계통 과부하에 전력을 공급한다.

해설 – 정상운전
  태양전지로부터 전력을 공급받아 인버터가 계통전압과 동기로 운전을 하며 계통과 부하에 전력을 공급한다.
– 태양전지 전압 이상시 운전
  태양전지가 저전압, 과전압 상태가 되면 이상신호(Fault)를 표시하고, 인버터는 정지, M/C는 OFF상태로 된다
– 인버터 이상시 운전
  인버터에 문제가 발생하면 자동으로 정지하고 이상신호(Fault)를 표시한다. **답** ②

72 자가용전기설비의 정기검사항목 중 태양광 전지의 전기적 특성시험 항목으로 틀린 것은?

① 최대출력   ② 개방전압
③ 단락전류   ④ 절연저항

해설 정기검사항목
  1) 최대출력 : 태양광 발전소에 설치된 태양전지 셀의 셀당 최대출력을 기록한다.
  2) 개방전압 및 단락전류 : 검사자는 모듈 간이 제대로 접속되었는지 확인하기 위해 개방전압이나 단락전류 등을 확인한다.
  3) 최대출력 전압 및 전류 : 태양광 발전소 검사 시 모니터링 감시장치 등을 통해 하루 중 순간 최대출력이

발생할 때의 인버터의 교류전압 및 전류를 기록한다.
  4) 충진율 : 개방전압과 단락전류와의 곱에 대한 최대출력의 비(충진율)를 태양전지 규격서로부터 확인하여 기록한다.
  5) 전력변환 효율 : 기기의 효율을 제작사의 시험성적서 등을 확인하여 기록한다. **답** ④

73 계통 연계형 인버터의 계통 전압 불평형 시험의 품질기준으로 틀린 것은?

① 역률이 0.95 이상일 것
② 정격 출력에서 정상적으로 동작할 것
③ 절연저항은 1[MΩ] 이상이며, 상용 주파수 내전압에 1분간 견딜 것
④ 출력 전류의 총합 왜형률이 5[%] 이하, 각 차수별 왜형률이 3[%] 이하일 것

해설 계통전압 불평형시험 판정기준
  • 정격출력에서 안전하게 운전할 것
  • 역률이 0.95 이상일 것
  • 출력 전류의 총합 왜형률이 5[%] 이하, 각 차수별 왜형률이 3[%] 이하일 것
  내주위 환경시험 판정기준
  • 절연저항은 1[MΩ] 이상일 것
  • 상용 주파수 내전압에 1분간 견딜 것 **답** ③

74 중대형 태양광발전용 인버터의 누설전류 시험에 대한 설명이 아닌 것은?

① 품질기준은 누설전류가 5[mA] 이하이다.
② 교류 전원을 정격 전압 및 정격 주파수로 운전한다.
③ 직류 전원은 인버터 출력이 정격 출력이 되도록 설정한다.
④ 인버터의 기체와 대지 사이에 100[Ω] 이상의 저항을 접속한다.

해설 누설 전류시험
  1) 교류 전원을 정격 전압 및 정격 주파수로 운영한다.
  2) 직류 전원은 인버터 출력이 정격 출력이 되도록 설정한다.
  3) 인버터의 기체와 대지와의 사이에 1[kΩ]의 저항을 접속해서 저항에 흐르는 누설전류를 측정한다.
  4) 누설전류가 5[mA] 이하일 것 **답** ④

75 태양광 발전시스템 운영에 관한 설명으로 틀린 것은?

① 시설용량은 부하의 용도 및 적정 사용량을 합산한 연평균 사용량에 따라 결정된다.

② 발전량은 봄·가을이 많으며 여름·겨울에는 기후여건에 따라 감소한다.

③ 모듈 표면의 온도가 높을수록 발전 효율이 저하되므로 온도를 조절해 줄 필요가 있다.

④ 태양광 발전 설비의 고장 요인은 대부분 인버터에서 발생하므로 정기점검이 필요하다.

해설 시설용량은 태양광발전소에 설치된 태양전지모듈의 총 합으로 나타낸다. **답** ①

76 안전보호구 관리요령으로 틀린 것은?

① 사용 후 세척하여 보관할 것

② 세척 후에는 건조시켜 보관할 것

③ 정기적으로 점검 관리하여 보관할 것

④ 청결하고 습기가 있는 곳에 보관할 것

해설 정기점검 관리보관 요령
① 사용 후 세척하여 보관할 것
② 세척 후에는 건조시켜 보관할 것
③ 정기적으로 점검 관리하여 보관할 것
④ 청결하고 습기가 없는 곳에 보관할 것 **답** ④

77 태양광 발전시스템의 계측 및 표시에 필요한 기기로 틀린 것은?

① 교류회로 전압 측정을 위한 분류기

② 계측 데이터를 복사, 보존하기 위한 기억장치

③ 검출된 전압, 전류, 전력 등의 데이터 전송을 위한 신호변환기

④ 일시 계측 데이터를 적산하여 평균값 및 적산 값을 얻기 위한 연산장치

해설 직류회로의 전압은 직접 또는 분압기로 분압하여 검출한다. **답** ①

78 지방자치단체를 당사자로 하는 계약에 관한 법률 시행규칙에 의해 하자검사를 하는 자는 담보책임의 존속기간 중 연 몇 회 이상 정기적으로 하자검사를 하여야 하는가?

① 1 　　　　② 2
③ 3 　　　　④ 4

해설 하자 검사
지방자치단체의 장 또는 계약담당자는 담보책임의 존속기간 중 연2회 이상 정기적으로 하자를 검사하거나 소속 공무원에게 그 사무를 위임하여 검사하게 하여야 한다. **답** ②

79 결정질 태양전지모듈 성능평가를 위한 시험장치가 아닌 것은?

① 염수분무장치

② 솔라 시뮬레이터

③ 기계적 하중 시험장치

④ 테스트핑거 및 테스트 핀

해설 시험장치

시험 장치	시험내용
솔라 시뮬레이터	• 태양전지모듈의 발전성능을 옥내에서 시험하는 인공광원 • 방사조도 ±2[%] 이내, 광원 균일도 ±2[%] 이내의 A등급 이상
항온항습 장치	• 태양전지모듈의 온도사이클시험, 습도−동결시험, 고온고습시험에 필요한 환경 챔버(chamber) • 온도 ±2[℃]이내, 습도 ±5[%]이내
염수분무 장치	태양전지모듈의 구성재료 및 패키지의 염분에 대한 내구성을 시험하기 위한 챔버
UV 시험 장치	태양전지모듈이 태양광에 노출되는 경우에 따라서 유기되는 열화정도를 시험하기 위한 장치
기계적 하중 시험 장치	태양전지모듈에 대하여 바람, 눈 및 얼음에 의한 하중에 대한 기계적 내구성을 조사하기 위한 장치
우박 시험 장치	우박의 충격에 대한 태양전지모듈의 기계적 강도를 조사하기 위한 시험장치
단자강도 시험 장치	태양전지모듈의 단자부분이 모듈의 부착, 배선 또는 사용중에 가해지는 외력에 대하여 충분한 강도가 있는지를 조사하기 위한 장치

답 ④

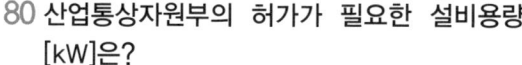

80 산업통상자원부의 허가가 필요한 설비용량 [kW]은?

① 1000 ② 2000
③ 3000 ④ 4000

해설 전기(발전)사업 허가권자
1) 3,000[kW] 초과시설 : 산업통상부장관
2) 3,000[kW] 이하시설 : 시도지사 제주특별자치도는 제주국제자유도시특별법에 따라 3,000[kW] 이상의 발전설비도 제주특별자치도지사 허가사항이다.
답 ④

5과목 - 신재생에너지 관련법규

81 축전지실 등의 시설조건으로 틀린 것은?

① 축전지실은 발전기실과 동일한 장소에 시설하여야 한다.
② 축전지실 등은 폭발성의 가스가 축적되지 않도록 환기장치 등을 시설하여야 한다.
③ 옥내전로에 연계되는 축전지는 비접지측 도체에 과전류 보호장치를 시설하여야 한다.
④ 30[V]를 초과하는 축전지는 비접지측 도체에 쉽게 차단할 수 있는 곳에 개폐기를 시설하여야 한다.

해설 KEC 243.1.7(축전지실 등의 시설)
1) 30[V]를 초과하는 축전지는 비접지측 도체에 쉽게 차단할 수 있는 곳에 개폐기를 시설하여야 한다.
2) 옥내전로에 연계되는 축전지는 비접지측 도체에 과전류보호장치를 시설하여야 한다.
3) 축전지실 등은 폭발성의 가스가 축적되지 않도록 환기장치 등을 시설하여야 한다.
답 ①

82 전기를 생산하여 이를 전력시장을 통하여 전기판매업자에게 공급하는 것을 주된 목적으로 하는 사업을 무엇이라 하는가?

① 송전사업 ② 배전사업
③ 발전사업 ④ 변전사업

해설 "발전사업"이라 함은 전기를 생산하여 이를 전력시장을 통하여 전기판매사업자에게 공급함을 주된 목적으로 하는 사업을 말한다.
답 ③

83 신에너지 및 재생에너지 개발 이용 보급 촉진법에 따른 바이오에너지 등의 기준 및 범위에 관한 설명 중 에너지원의 종류와 그 범위가 잘못 연결된 것은?

① 석탄을 액화·가스화한 에너지 – 증기공급용 에너지
② 중질잔사유를 가스화한 에너지 – 합성가스
③ 바이오에너지 – 동물·식물의 유지를 변환시킨 바이오디젤
④ 폐기물에너지 – 쓰레기매립장의 유기성폐기물을 변환시킨 매립지가스

해설 1) 신에너지
① 연료전지
② 석탄을 액화 또는 가스화한 에너지 및 중질잔사유를 가스화한 에너지
③ 수소에너지
2) 재생에너지에는
① 태양에너지(태양광·태양열)
② 바이오에너지 ③ 풍력에너지
④ 수력 에너지 ⑤ 해양에너지
⑥ 폐기물에너지 ⑦ 지열에너지
답 ④

84 신·재생에너지의 기술개발 및 이용·보급을 촉진하기 위한 기본계획에 대한 설명으로 틀린 것은?

① 기본계획은 5년마다 수립하여야 한다.
② 기본계획의 계획기간은 10년 이상으로 한다.
③ 신·재생에너지 기술수준의 평가와 보급전망 및 기대효과가 포함된다.
④ 총에너지생산량 중 신·재생에너지소비량이 차지하는 비율의 목표가 포함된다.

해설 총에너지생산량 중 신·재생에너지 발전량이 차지하는 비율의 목표가 포함된다.
답 ④

85 접지극으로 사용할 수 없는 것은?

① 접지봉
② 접지판
③ 금속제 가스관
④ 금속제 수도관

해설 1) 접지봉은 $14\phi \times 1000[mm]$, $16\phi \times 1800[mm]$, $18\phi \times 2400[mm]$을 기준으로 한다.
2) 접지동판은 300 × 300 × 10[mm] 이상으로 한다.
3) 지중 매설되고 대지와의 전기저항치가 3[Ω] 이하의 것을 유지하는 금속제 수도관로는 접지공사의 접지극으로 사용할 수 있다. 답 ③

---

86 저압 가공 인입선의 시설에 대한 설명으로 틀린 것은?

① 전선은 절연전선, 다심형 전선 또는 케이블일 것
② 전선은 지름 1.6[mm]의 경동선 또는 이와 동등 이상의 세기 및 굵기의 것
③ 전선의 높이는 철도 및 궤도를 횡단하는 경우에는 레일면 상 6.5[m] 이상일 것
④ 전선의 높이는 횡단보도교의 위에 시설하는 경우에는 노면 상 3[m] 이상일 것

해설 전선이 케이블인 경우 이외에는 인장강도 2.30[kN] 이상의 것 또는 지름 2.6[mm] 이상의 인입용 비닐절연전선일 것. 다만, 경간이 15[m] 이하인 경우는 인장강도 1.25[kN] 이상의 것 또는 지름 2[mm] 이상의 인입용 비닐절연전선일 것. 답 ②

---

87 고압 가공전선으로 내열 동합금선을 사용하는 경우 안전율이 몇 이상이 되는 이도로 시설하여야 하는가?

① 2.0   ② 2.2
③ 2.5   ④ 4.0

해설 저고압 가공 전선의 안전율이 경동선 내열 동합금선에서 2.2 이상, 기타 전선에서는 2.5 이상이 되는 이도로 시설하여야 한다. 답 ②

---

88 신재생에너지의 이용·보급을 촉진하기 위한 보급 사업에 해당하지 않는 것은?

① 신기술의 적용사업 및 시범사업
② 지방자치단체와 연계한 보급사업
③ 신·재생에너지 국제표준화 적용사업
④ 환경친화적 신·재생에너지 시범단지 조성사업

해설 신·재생에너지 보급사업
1) 신기술의 적용사업 및 시범사업
2) 환경친화적 신·재생에너지 집적화단지 및 시범단지 조성사업
3) 지방자치단체와 연계한 보급사업
4) 실용화된 신·재생에너지 설비의 보급을 지원하는 사업 답 ③

---

89 신·재생에너지정책심의회의 심의를 거쳐 신·재생에너지의 기술개발 및 이용·보급을 촉진하기 위한 기본계획을 수립하는 자는?

① 환경부장관
② 행정자치부장관
③ 고용노동부장관
④ 산업통상자원부장관

해설 신에너지 및 재생에너지 개발·이용·보급 촉진법 제5조(기본계획의 수립)
산업통상자원부장관은 관계 중앙행정기관의 장과 협의를 한 후 제8조에 따른 신·재생에너지 정책심의회의 심의를 거쳐 신·재생에너지의 기술개발 및 이용·보급을 촉진하기 위한 기본계획을 5년마다 수립하여야 한다. 답 ④

---

90 발전차액의 지원을 위한 기준가격의 산정기준으로 틀린 것은?

① 신·재생에너지 발전사업자의 송전·배전 선로 이용요금
② 신·재생에너지 발전기술의 사용화 수준 및 시장 보급 여건
③ 운전 중인 신·재생에너지 발전사업자의 경영 여건 및 운전 실적
④ 전력시장에서의 신·재생에너지 발전에 의하여 공급한 전력의 거래 건수

해설 신재생에너지 발전차액 지원 기준가격의 산정기준
1) 신·재생에너지 발전소의 표준공사비, 운전유지비, 투자보수비 및 각종 세금과 공과금
2) 신·재생에너지 발전소의 설비 이용률, 수명 기간, 사고 보수율과 발전소에서의 신·재생에너지 소비율 설계치 및 실적치
3) 신·재생에너지 발전사업자의 송전·배전 선로 이용요금
4) 신·재생에너지 발전기술의 상용화 수준 및 시장 보급 여건

5) 운전 중인 신 · 재생에너지 발전사업자의 경영 여건 및 운전 실적
6) 전기요금 및 전력시장에서의 신 · 재생에너지 발전에 의하여 공급한 전력의 거래가격의 수준 **답** ④

---

91 신재생에너지 발전 사업자가 관련법에 따라 산업통상자원부장관으로부터 발전차액을 반환 요구받았을 경우 그 이행을 며칠 이내에 하여야 하는가?

① 100일 ② 50일
③ 30일 ④ 15일

> **해설** 산업통상자원부령으로 정하는 바에 따라 그 발전차액을 환수할 수 있다. 이 경우 산업통상자원부장관은 발전차액을 반환할 자가 30일 이내에 이를 반환하지 아니하면 국세 체납 처분의 예에 따라 징수할 수 있다. **답** ③

---

92 신 · 재생에너지발전사업자가 도서지역에서 생산한 전력을 전력시장에서 거래하지 않아도 되는 발전설비 용량은?

① 1000[kW] 이하
② 2000[kW] 이하
③ 3000[kW] 이하
④ 4000[kW] 이하

> **해설** 한국전력거래소가 운영하는 전력계통에 연결되어 있지 아니한 도서지역에서 전력을 거래할 수 있는 발전설비 용량은 1,000[kW]이다. **답** ①

---

93 3상 4선식 22.9[kV] 중성점 다중 접지식 가공 전선로의 전로와 대지 사이의 절연 내력 시험 전압은 몇 [V]인가?

① 28625 ② 22900
③ 21068 ④ 16488

> **해설** 중성 다중접지에서 최대사용전압이 25[kV] 이하는 사용전압이 0.92배
> $22900 \times 0.92 = 21,068[V]$ **답** ③

---

94 다음 중 신 · 재생에너지정책심의회 위원으로 소속공무원을 지명할 수 없는 기관은?

① 기획재정부 ② 보건복지부
③ 국토교통부 ④ 농림축산식품부

> **해설** 신 · 재생에너지정책심의회 구성
> 1) 신 · 재생에너지정책심의회는 위원장 1명을 포함한 20명 이내의 위원으로 구성한다.
> 2) 심의회의 위원장은 산업통상자원부 소속 에너지 분야의 업무를 담당하는 고위공무원단에 속하는 일반직공무원 중에서 산업통상자원부장관이 지명하는 사람으로 한다.
> ① 심의회 위원은 기획재정부, 미래창조과학부, 농림축산식품부, 산업통상자원부, 환경부, 국토교통부, 해양수산부의 3급 공무원 또는 고위공무원단에 속하는 일반직 공무원 중 해당 기관의 장이 지명하는 사람 각 1명
> ② 신 · 재생에너지 분야에 관한 학식과 경험이 풍부한 사람 중 산업통상자원부장관이 위촉하는 사람 **답** ②

---

95 전기안전관리업무를 개인대행자가 대행할 수 있는 태양광발전설비의 용량은?

① 200[kW] 미만
② 250[kW] 미만
③ 300[kW] 미만
④ 350[kW] 미만

> **해설** 개인대행자
> 다음 각 목의 어느 하나에 해당하는 전기설비의 전기안전관리 업무는 개인대행자가 대행할 수 있다.
> ① 용량 500킬로와트 미만의 전기수용설비
> ② 용량 150킬로와트 미만의 발전설비. 다만, 비상용 예비발전설비의 경우에는 용량 300킬로와트 미만으로 한다.
> ③ 용량 250킬로와트 미만의 태양광발전설비 **답** ②

---

96 분산형 전원을 인버터를 이용하여 전력계통에 연계하는 경우 인버터로부터 직류가 계통으로 유출되는 것을 방지하기 위하여 접속점과 인버터 사이에 설치하는 것은?

① 차단기
② 전동기
③ 보호계전기
④ 상용주파수 변압기

해설 KEC 503.2.2(저압 계통연계시 직류유출방지 변압기의 시설) 분산형전원을 인버터를 이용하여 배전사업자의 저압 전력계통에 연계하는 경우 인버터로부터 직류가 계통으로 유출되는 것을 방지하기 위하여 접속점(접속설비와 분산형전원 설치자측 전기설비의 접속점을 말한다)과 인버터 사이에 상용주파수 변압기(단권변압기를 제외한다)를 시설하여야 한다.
다만 다음 각 호를 모두 충족하는 경우에는 예외로 한다.
1) 인버터의 직류 측 회로가 비접지인 경우 또는 고주파 변압기를 사용하는 경우
2) 인버터의 교류출력 측에 직류 검출기를 구비하고, 직류 검출시에 교류출력을 정지하는 기능을 갖춘 경우
답 ④

출제기준 변경 및 개정된 관계 법규에 따라 삭제된 문제가 있어 20문항이 안됩니다.

1과목 - 태양광발전시스템 이론

01 일사강도 0.8[kW/m²], 결정계 태양전지의 모듈면적 1.0[m²], 셀 온도 65[℃], 변환효율이 15[%]인 경우 출력은 약 몇 [kW]인가? (단, 결정계 셀 온도 보정계수(P_{max})는 -0.4 [%/℃]이다.)

① 0.1   ② 0.2
③ 0.3   ④ 0.4

해설 변환효율 공식을 이용하여 800[kW/m²]에서의 태양전지모듈의 출력을 계산하고 그 값을 이용하여 온도 변화에 따른 출력값을 산정한다.

$$변환효율 = \frac{P[kW]}{\left(\begin{array}{c}경사면일사량 \\ [kWh/m^2]\end{array}\right) \times \left(\begin{array}{c}태양전지어레이 \\ 면적[m^2]\end{array}\right)} \times 100$$

$$P = 1[m^2] \times 0.8[kW/m^2] \times 0.15 = 0.12[kW]$$
$$P_{65℃} = P + (65[℃] - 25[℃]) \times 온도보정계수[\%/℃] \times P$$
$$= 0.12[kW] + (65[℃] - 25[℃]) \times \frac{-0.4}{100}[\%/℃]$$
$$\times 0.12[kW] = 0.1[kW]$$

답 ①

02 다음의 보기 중 우리나라에서 신재생에너지로 분류되는 에너지를 모두 고른 것은?

[보기]
a. 태양광발전   b. 소수력
c. 천연가스   d. 수소에너지

① a, b
② a, b, d
③ a, c, d
④ a, b, c, d

해설 신·재생에너지 분류
1) 신에너지 : 수소에너지, 연료전지, 석탄을 액화·가스화한 에너지 및 중질잔사유를 가스화한 에너지
2) 재생에너지 : 태양에너지, 풍력, 수력, 해양에너지, 지열에너지, 바이오에너지, 폐기물에너지   **답** ②

03 결정질 실리콘 태양전지의 일반적인 제조공정이 아닌 것은?

① 웨이퍼 장착
② 표면 조직화
③ 측면 접합
④ 반사방지막 코팅

해설 태양전지 제조공정
1) 세정 및 웨이퍼표면 가공(Texturing)
2) 에미터 형성(Doping)
3) 도핑시 형성된 산화막(PSG) 제거
4) p-n접합 측면분리(Edge isolation)
5) 반사방지막 형성(AR Coating)
6) 금속전극 형성(metallization)
7) 금속전극 소성(Firing)
8) 태양전지 특성 검사 및 분류(Sorting)   **답** ③

04 다음은 인버터의 어떤 회로방식에 대한 설명인가?

> 태양전지의 직류출력을 DC-DC 컨버터로 승압하고 인버터로 상용주파의 교류로 변환 한다.

① 트랜스리스 방식
② DC-DC 컨버터 방식
③ 고주파 변압기 절연방식
④ 상용주파 변압기 절연방식

해설 인버터 회로방식

인버터 회로방식	설명
상용주파 변압기 절연방식	태양전지의 직류출력을 상용주파의 교류로 변환한 후 변압기로 절연한다.
고주파 변압기 절연방식	태양전지의 직류출력을 고주파 교류로 변환한 후, 소형 고주파 변압기로 절연한다. 그 다음, 일단 직류로 변환하고 다시 상용주파수 교류로 변환한다.
트랜스리스 방식	태양전지의 직류출력을 DC-DC 컨버터로 승압하고 인버터로 상용주파의 교류로 변환한다.

답 ①

05 태양전지 모듈의 I-V 특성곡선에서 일사량에 따라 가장 많이 변화하는 것은?

① 전압   ② 전류

③ 온도   ④ 저항

해설 태양전지 모듈의 출력전압은 온도에 영향, 전류는 태양복사(일사량)에 영향을 받음   답 ②

06 여러 태양전지에 대한 설명으로 틀린 것은?

① CIGS 태양전지는 빛의 흡수율이 높아 박막형 태양전지로 제조된다.

② 유기반도체 태양전지는 제작이 용이하고 생산 비용이 낮다.

③ 비정질 실리콘 태양전지는 초기 광열화 문제로 인해 성능 저하가 발생한다.

④ 염료감응형 태양전지는 효율은 낮지만 장기 신뢰성이 우수하다.

해설 염료감응형은 태양전지의 색을 선택할 수 있고 가격은 낮아지나, 변환효율이 낮고 내구성이 우려된다.   답 ④

07 태양전지 모듈에 다른 태양전지 회로나 축전지의 전류가 유입되는 것을 방지하기 위하여 설치하는 것은?

① ZNR   ② SPD

③ 바이패스 소자   ④ 역류방지 소자

해설 **역류방지 소자** : 태양전지 모듈에 다른 태양전지 회로와 축전지의 전류가 유입되는 것을 방지하기 위해 설치하는 것으로 일반적으로 다이오드가 사용되고, 역류방지 소자는 접속함 내에 설치하는 것이 일반적이나 태양전지 모듈의 단자함 내부에 설치하는 경우도 있다.   답 ④

08 태양전지 모듈검사는 출하검사와 신뢰성검사로 구분된다. 다음 중 출하검사에 들어가지 않는 것은?

① 특성검사   ② 내습성검사

③ 절연저항시험   ④ 구조 및 조립시험

해설 • 출하검사 : 특성검사, 절연저항시험, 구조 및 조립시험, 강박시험 등

• 신뢰성검사 : 내습성검사, 염수부분, 내열성, 피복시험 등   답 ②

09 태양광발전시스템의 분류 중 전력회사의 배전선에서 멀리 떨어진 산악지대 및 외딴 섬 등에서 사용하는 방식은?

① 계통연계형 시스템   ② 독립형 시스템

③ 추적형 시스템   ④ 연동형 시스템

해설 독립형 시스템은 멀리 떨어진 산악지대 및 외딴 섬과 같이 전기가 들어오지 않는 지역에서 태양광 발전으로 전기를 공급하는 방식이며 전기를 발생하는 태양광 모듈, 한밤 중 몹시 나쁜 날씨에도 전기를 쓰기 위한 전기를 비축해 둘 축전지, 발전된 직류를 이용 가능한 교류로 전환 시켜주는 인버터로 구성   답 ②

10 태양전지의 충진율(Fill Factor, FF)에 대한 설명으로 틀린 것은?

① 충진율이 낮을수록 태양전지의 성능품질이 좋음을 나타낸다.

② 충진율은 개방전압(V_{oc})과 단락전류(I_{sc})의 곱에 대한 최대출력의 비로 정의된다.

③ 충진율은 태양전지의 특성을 표시하는 파라메타로서 내부 직렬저항 및 병렬저항으로부터의 영향을 받는다.

④ 충진율은 최적 동작전류(I_m)와 최적 동작전압(V_m)이 단락전류(I_{sc})와 개방전압(V_{oc})에 가까운 정도를 나타낸다.

해설 충진율이 높을수록 태양전지의 성능품질이 좋음을 나타낸다. 결정질 태양전지 약 0.75~0.85, 비정질 태양전지는 0.5~0.7이다.   답 ①

11 태양전지의 직류 출력을 상용주파수의 교류로 변환한 후 변압기에서 절연하는 방식은?

① PAM 방식

② 트랜스리스 방식

③ 고주파 변압기 절연방식

④ 상용주파 변압기 절연방식

해설 인버터 회로방식

인버터 회로방식	설명
상용주파 변압기 절연방식	태양전지 직류출력을 상용주파의 교류로 변환한 후 변압기로 절연한다.
고주파 변압기 절연방식	태양전지의 직류출력을 고주파 교류로 변환한 후, 소형 고주파 변압기로 절연한다. 그 다음, 일단 직류로 변환하고 다시 상용주파수 교류로 변환한다.
트랜스리스 방식	태양전지의 직류출력을 DC-DC 컨버터로 승압하고 인버터로 상용주파의 교류로 변환한다.

답 ④

12 신재생에너지에 대한 설명으로 틀린 것은?

① 바이오에너지는 생물자원을 변환시켜 이용하는 것이다.

② 파력발전은 표층과 심층의 해수 온도차를 이용한 것이다.

③ 조력발전은 밀물과 썰물로 발생하는 조류를 이용한 것이다.

④ 폐기물에너지는 가연성폐기물에서 발생되는 발열량을 이용한 것이다.

해설 파력발전은 파랑의 운동 및 위치에너지를 이용하여 터빈을 구동하거나 기계장치의 운동으로 변환하여 전기를 생산하는 기술로서 파고가 높고 파주기가 긴 해역이 적지이다.

답 ②

13 독립형 태양광발전시스템용 축전지를 설계하고자 한다. 축전지 용량 C[Ah]는?

> 1일 적산부하전력량(L_d) : 2[kWh]
> 공칭축전지 전압(V_b) : 2[V]
> 축전지 개수(N) : 48개
> 방전심도(DOD) : 0.65[%]
> 보수율(L) : 0.8
> 일조가 없는 날의 일수(D) : 10일

① 300.64   ② 400.64

③ 500.64   ④ 600.64

해설
$$C = \frac{L_d \times D_f \times 1000}{L \times V_b \times N \times DOD} = \frac{2 \times 10 \times 1000}{0.8 \times 2 \times 48 \times 0.65}$$
$$= 400.64[\text{Ah}]$$

답 ②

14 스마트 그리드(smart grid)에 대한 설명으로 틀린 것은?

① 분산전원 전원공급방식이다.

② 네트워크 구조이다.

③ 단방향 통신방식이다.

④ 디지털 기술기반이다.

해설 스마트 그리드는 전력공급자와 소비자가 양방향 통신을 이용하여 실시간으로 정보를 교환한다. **답** ③

15 낙뢰에 의한 충격성 과전압에 대하여 전기설비의 단자전압을 규정치 이내로 저감시켜 정전을 일으키지 않고 원상태로 회귀하는 장치는?

① 내뢰 트랜스   ② 어레스터

③ 서지업서버   ④ 역류방지 다이오드

해설 피뢰소자
1) 어레스터 : 낙뢰에 의한 충격성 과전압에 대하여 전기설비의 단자전압을 규정치 이내로 저감시켜 정전을 일으키지 않고 원상태로 회귀하는 장치이다.
2) 서지업서버 : 전선로에 침입하는 이상 전압의 높이를 완화하고 파고치를 저하 시키는 장치이다.
3) 내뢰 트랜스 : 실드부착 절연트랜스를 주체로 이에 어레스터 및 콘덴서를 부가시킨 것, 뇌서지가 침입한 경우 내부에 넣은 어레스터에서의 제어 및 1차측과 2차측 간의 고절연화, 실드에 의해 뇌서지의 흐름을 완전히 차단할 수 있도록 한 장치이다. **답** ②

16 태양전지의 변환효율에 대한 설명으로 틀린 것은?

① 태양전지의 성능을 나타내는 파라미터이다.

② 태양광 스펙트럼이나 세기, 전지의 온도에 영향을 받는다.

③ 태양으로부터 입사된 에너지에 대한 출력 전기 에너지의 비로 정의된다.

④ 지상에서 사용되는 태양전지의 효율은 모듈 온도 25[℃], AM 1.0 조건에서 측정된다.

해설 태양전지 모듈 표준시험 조건(STC)
① 모듈표면온도 25[℃]
② AM 1.5
③ 일사량 1[kW/m²] **답** ④

17 10[A]의 전류를 흘렸을 때의 전력이 50[W]인 저항에 20[A]의 전류를 흘렸다면 소비전력은 몇 [W]인가?

① 50　　　　② 100
③ 150　　　　④ 200

해설 저항을 구하고 저항에 의해 소비전력을 구함

$$R = \frac{P}{I^2} = \frac{50}{100} = 0.5[\Omega]$$

$$P = I^2 R = 20^2 \times 0.5 = 200[\text{W}]$$ **답** ④

18 밴드갭 에너지는 반도체의 특성을 구분하는 매우 중요한 요소다. Si, GaAs, Ge를 밴드갭 에너지의 크기순으로 바르게 나열한 것은?

① Si > GaAs > Ge
② GaAs > Ge > Si
③ GaAs > Si > Ge
④ Ge > GaAs > Si

해설 반도체 밴드갭은 Si : 1.12, Ge : 0.67, GaAs : 1.42로 반도체 밴드갭의 크기 순서는 GaAs > Si > Ge 이다. **답** ③

19 BIPV(Building Integrated Photovoltaic) 투명창으로 적용 가능한 비정질 실리콘 기반 투명 태양전지의 특징이 아닌 것은?

① 투명기판, 투명 전면전극, 비정질 실리콘 흡수층, 후면전극으로 구성된다.
② 개방형 태양전지는 투명전극 재료로 ITO, ZnO, SnO_2 등이 사용된다.
③ 투과형 태양전지는 후면에 투명유리를 적용하여 빛을 투과시킨다.
④ a-Si:H 흡수층은 1.7~1.8 eV의 높은 밴드갭을 가지므로 얇은 두께에서도 빛 흡수가 가능하다.

해설 TCO(전도성산화물) 전면 접촉은 SnO_2, ITO, ZnO가 사용되고 하부 TCO층은 후면 접촉과 함께 반사판 기능을 수행한다. **답** ③

20 태양전지의 출력은 일사강도와 표면온도에 따라 변동한다. 이런 변동에 대하여 태양전지의 동작점이 항상 최대출력점을 추종하도록 변화시켜 태양전지에서 최대출력을 얻을 수 있는 제어를 무엇이라 하는가?

① 단독운전제어
② 자동전압제어
③ 자동운전정지제어
④ 최대전력추종제어

해설 최대전력 추종제어는 태양전지의 동작점이 항상 최대출력점을 추종하도록 변화시키는 인버터의 기능이다. **답** ④

2과목 – 태양광발전시스템 설계

21 태양전지 어레이의 설치각도와 전후면 이격거리를 결정하는 요소가 아닌 것은?

① 장애물의 높이　　② 어레이의 크기
③ 설치지역의 위도　④ 인버터의 효율

해설 태양광 어레이 이격거리 결정 요소
태양광 어레이 경사각, 전면의 태양광 어레이 높이, 태양고도각, 설치지역의 위도 **답** ④

22 태양전지 어레이의 방위각과 경사각에 대한 설명으로 틀린 것은?

① 태양복사의 최대 획득량은 방위각과 경사각에 의해 결정된다.
② 수평면으로부터 경사각은 그 지역의 위도에 의해 결정된다.
③ 태양복사의 최대 획득량을 위한 가장 바람직한 방위는 정남향이다.
④ 여름철의 경우 수평면보다 수직 피사드에 설치된 시스템에서 더 많은 획득량을 기대할 수 있다.

해설 여름철은 태양고도가 높아 태양전지모듈이 수평으로 설치될수록 태양광 입사량이 증가한다. **답** ④

23 태양광발전시스템의 설계절차에 포함되지 않는 것은?

① 기획 　　　　　② 기본설계
③ 실시설계 　　　　④ 운전요령

해설 태양광발전시스템의 설계절차는 기획 → 기본설계 → 실시설계 이며 운전요령은 태양광발전소 건설 후 운영에 관한 사항이다. 　　답 ④

24 태양광발전시스템 설계수순에 있어서 기본설계 검토 영역에 포함되지 않는 것은?

① 태양광발전시스템 제어방식의 선정
② 태양전지 모듈의 제작 및 인버터 제작 주문
③ 현지 측량 지질조사 및 설치지점의 위치 음영 조사
④ 태양광발전용 인버터의 사양 및 전기설비의 설치용량 선정

해설 기본설계는 태양광발전소의 기본적인 사항을 검토하는 것으로 태양광발전소 건립이 가능한가를 기술적, 경제적으로 판단하는 과정이다. 주변 음영 분석과, 현지조사를 통한 측량 및 지질조사, 태양광발전시스템 제어방식, 그리고 설치할 수 있는 태양전지모듈의 용량과 인버터를 결정한다. 인버터와 모듈의 제작과 주문은 시공단계에서 진행된다. 　　답 ②

25 강우 시 태양전지 모듈 표면에 흙탕물이 튀는 것을 방지하기 위해 지면으로부터 몇 [m] 이상 높이에 설치할 수 있도록 설계하여야 하는가?

① 0.3 　　　　　　② 0.4
③ 0.6 　　　　　　④ 0.8

해설 태양전지 모듈 및 어레이 설계 시 고려되는 설치 높이는 강우 시 모듈 표면으로 흙탕물이 튀는 것을 방지하기 위해 지면으로부터 0.6[m] 이상의 높이에 설치한다. 　　답 ③

26 태양광 어레이 설계 시 태양 고도각을 결정하는 기준이 되는 때는?

① 하지 　　　　　② 입춘
③ 동지 　　　　　④ 춘추분

해설 태양 고도각은 낮을수록 그림자가 길어져 인접한 모듈에 음영을 발생시킬 수 있으므로 태양고도가 가장 낮은 동지를 기준으로 태양 고도각을 결정한다. 　　답 ③

27 전기실(변전실) 설치장소 선정을 위한 고려사항으로 틀린 것은?

① 기기의 반출이 편리할 것
② 고온이나 다습한 곳은 피할 것
③ 어레이 구성의 중심에 가깝고 배전에 편리한 장소일 것
④ 전력회사의 전원인출 장소에서 가급적 멀리 떨어져 있을 것

해설 전력회사의 전원인출 장소에서 가까울수록 전력손실이 적다. 　　답 ④

28 태양광발전 경제성 분석방법이 아닌 것은?

① 순현가 분석
② 원가 분석
③ 내부수익률 분석
④ 비용편익비 분석

해설 가장 보편적인 경제성 분석방법은 순현가, 내부수익률, 비용편익비 분석이며 원가분석은 태양광발전소 건설하는데 필요한 총 비용에 대한 분석을 나타낸다. 　　답 ②

29 태양광발전 방식 중 동일 태양전지 모듈 설치 용량기준으로 가장 많은 발전량을 생산하는 순서대로 나타낸 것은?

㉠ 양방향 추적식	㉡ 경사가변식
㉢ 단방향 추적식	㉣ 고정식

① ㉠ → ㉡ → ㉢ → ㉣
② ㉠ → ㉢ → ㉡ → ㉣
③ ㉣ → ㉢ → ㉡ → ㉠
④ ㉣ → ㉡ → ㉢ → ㉠

해설 고정식 대비 경사가변형은 15~20[%], 단방향 추적식 20~30[%], 양방향 추적식은 30~50[%] 정도 발전량이 증가된다. 높은 순으로 나열하면 양방향 추적식 → 단방향 추적식 → 경사가변식 → 고정식이다. 　　답 ②

30 태양광발전설비 시공 시 설계도서, 법령해석, 감리자의 지시 등이 서로 일치하지 않는 경우에 있어 계약으로 그 순위를 정하지 아니한 때 가장 우선시하는 것은?

① 표준시방서
② 공사시방서
③ 감리자의 지시사항
④ 관계법령의 유권해석

해설 공사시방서

공사별로 건설공사 수행을 위한 기준으로서 계약문서의 일부가 되며, 설계도면에 표시하기 곤란하거나 불편한 내용과 당해 공사의 수행을 위한 재료, 공법, 품질시험 및 검사 등 품질관리, 안전관리계획 등에 관한 사항을 기술하고, 당해 공사의 특수성, 지역여건, 공사방법 등을 고려하여 공사별, 공종별로 정하여 시행하는 시공기준 **답** ②

31 현장에 설치된 태양광발전설비에서 외기온도 37[℃]일 때 다음 모듈의 셀 표면 온도는? (단, 패널 표면의 일사량은 1000[W/m²]이다.)

정상작동 셀 온도(NOCT)	45[℃]
전력 온도계수	−0.43[%/℃]
전압 온도계수	−0.31[%/℃]
전류 온도계수	+0.05[%/℃]

① 66.25[℃]   ② 67.25[℃]
③ 68.25[℃]   ④ 69.25[℃]

해설
$$T_c = T_a + \frac{NOCT - 20[℃]}{800[W/m^2]} \times 1000[W/m^2]$$
$$= 37[℃] + \frac{45[℃] - 20[℃]}{800[W/m^2]} \times 1000[W/m^2]$$
$$= 68.25[℃]$$
여기서, T_C : Cell 온도
T_a : 주변온도(외기온도) **답** ③

32 모듈에 음영이 발생할 경우 출력저하 및 발열을 억제하기 위해 설치하는 것은?

① 저항
② 노이즈 필터
③ 서지 보호장치
④ 바이패스 소자

해설 바이패스 소자

• 그늘발생시 전기를 생산 못하는 셀에 저항이 증가되고 전압에 의해서 발열되어 핫스팟 현상이 발생한다. 이를 방지하기 위한 목적으로 고 저항이 된 셀들과 병렬로 접속하여 음영된 셀에 흐르는 전류를 바이패스 하도록 하는 것이 바이패스 소자(다이오드를 사용)이다.
• 바이패스 다이오드는 모듈 후면에 있는 출력단자함에 설치되며, 셀 18~20개마다 1개의 바이패스 다이오드를 설치한다.
• 공칭 최대 출력전압의 1.5배 이상 **답** ④

33 그림과 같이 태양광 어레이의 배선연결을 설계하였다면 문제점으로 가장 옳은 것은?

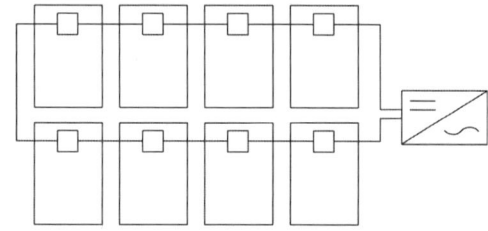

① 낙뢰에 취약하다.
② 누설전류가 커진다.
③ 고조파가 발생한다.
④ 전선의 길이가 길어져 전압강하가 커진다.

해설 전계가 넓게 분포되어 낙뢰에 취약하다. **답** ①

34 태양전지의 변환효율로 옳은 것은?

① $\dfrac{\text{출력 전기에너지}}{\text{입사 태양광에너지}} \times 100$

② $\dfrac{\text{인버터 출력 전기에너지}}{\text{인버터 입력 전기에너지}} \times 100$

③ $\dfrac{\text{출력 전기에너지}}{\text{출력 태양광에너지}} \times 100$

④ $\dfrac{\text{입사 태양광에너지}}{\text{태양 발생에너지}} \times 100$

해설 태양전지 변환효율 $= \dfrac{\text{태양전지모듈 최대출력}}{\text{단위 면적당 태양광 입사량}} \times 100$ **답** ①

35 태양광발전시스템 출력 18750[W], 태양전지 모듈 최대출력 250[W], 모듈의 직렬연결 개수가 5개일 때 최대 병렬연결 개수는?

① 10 ② 15
③ 20 ④ 25

해설 $병렬연결 = \dfrac{태양광발전시스템출력}{모듈 최대출력 \times 직렬수} = \dfrac{18,750[W]}{250[W] \times 5}$
$= 15$

답 ②

36 태양광발전소의 경우 발전시설용량이 몇 [kW] 이상일 때 환경영향 평가 대상인가?

① 5000 ② 10000
③ 50000 ④ 100000

해설 **환경영향평가대상사업의 범위**
발전시설용량이 1만 킬로와트 이상인 발전소. 다만, 댐 및 저수지 건설을 수반하는 발전소의 경우에는 발전시설용량이 3천 킬로와트 이상인 것, 태양력·풍력 또는 연료전지발전소의 경우에는 발전시설용량이 10만 킬로와트 이상인 것

답 ④

37 태양광발전설비 중 접속함에 사용되는 장치로 다음 그림은 무엇을 나타낸 것인가?

① MCCB
② GIS
③ ACB
④ VCB

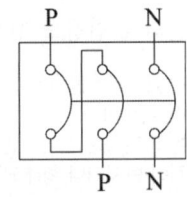

해설 MCCB는 태양광발전설비 중 접속반 내부에 설치되는 직류 차단기이다.

답 ①

38 태양광 모듈을 설치하는 데 면적을 가장 적게 차지하는 전지의 재료는?

① 다결정 전지
② 고효율 전지
③ 단결정 전지
④ 비정질 실리콘 전지

해설 고효율 전지는(HIT) 태양전지를 말하는 것으로 단결정 실리콘 표면에 아몰퍼스 실리콘을 적층시켜 태양전지 셀 표면의 발전 손실을 억제시킨 고출력 태양전지이다.

답 ②

39 태양광 발전소에 설치되는 가대 설계의 절차 과정이다. ( )에 알맞은 내용으로 옳은 것은?

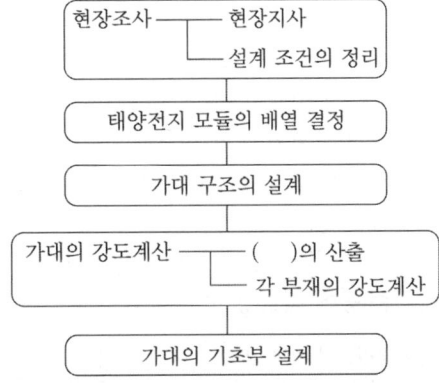

① 경사각도 ② 상정하중
③ 모듈의 수량 ④ 앵커볼트 수량

해설 **가대설계의 절차**

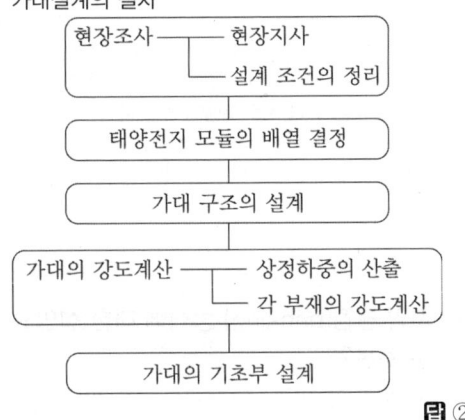

답 ②

40 태양광발전시스템에 그림자가 발생하게 되면 일사량이 감소하기 때문에 발전량이 감소한다. 일사량의 2가지 성분으로 옳은 것은?

① 직달광 성분과 산란광 성분
② 경사면 일사성분과 산란성 성분
③ 직달광 성분과 수평면 일사성분
④ 수평면 일사성분과 경사면 일사성분

해설 태양광은 직달일산과 확산일산(산란광)으로 구성된다.

답 ①

3과목 - 태양광발전시스템 시공

41 설계 감리원의 기본 임무가 아닌 것은?

① 설계변경 및 계약금 조정의 심사
② 과업 지시서에 따라 업무를 성실히 수행
③ 설계용역 및 설계 감리용역 계약 내용을 충실히 이행
④ 해당 설계용역이 관련 법령 및 전기설비기술기준 등에 적합성 여부 확인

해설 **설계감리원의 기본 임무**
1) 설계용역 계약 및 설계감리용역 계약 내용이 충실히 이행될 수 있도록 하여야 한다.
2) 해당 설계용역이 관련 법령 및 전기설비기술기준 등에 적합한 내용대로 설계 되는지 의 여부를 확인 및 설계의 경제성 검토를 실시하고, 기술지도 등을 하여야 한다.
3) 설계공정의 진척에 따라 설계자로부터 필요한 자료 등을 제출받아 설계용역이 원활히 추진될 수 있도록 설계감리 업무를 수행하여야 한다.
4) 과업지시서에 따라 업무를 성실히 수행하고 설계의 품질향상에 노력하여야 한다.　　답 ①

42 저압 뱅킹(banking) 방식에 대한 설명으로 옳은 것은?

① 부하 증가에 대한 융통성이 없다.
② 캐스케이딩(cascading) 현상의 염려가 있다.
③ 깜박임(light flicker) 현상이 심하게 나타난다.
④ 저압 간선의 저압강하는 줄어지나 전력손실을 줄일 수 없다.

해설 **저압 뱅킹방식**
고압 배전선로에 접속되어 있는 2대 이상의 배전용 변압기의 저압측을 병렬로 접속하는 방식
1) 플리커가 경감된다.
2) 전압강하 및 전력손실이 경감된다.
3) 변압기용량 및 저압선 동량이 절감된다.
4) 부하증가에 대하 탄력성이 향상된다.
5) 고장보호방법이 적당할 때 공급 신뢰도는 향상된다.
6) 캐스케이딩 장해를 일으킬 수 있다.　　답 ②

43 설계 감리원의 수행 업무범위에 포함되지 않는 것은?

① 설계감리 용역을 발주
② 시공성 및 유지관리의 용이성 검토
③ 주요 설계용역 업무에 대한 기술자문
④ 설계업무의 공정 및 기성관리의 검토 확인

해설 **설계 감리원의 수행 업무범위**
1) 주요 설계용역 업무에 대한 기술자문
2) 사업기획 및 타당성 조사 등 전 단계 용역 수행 내용의 검토
3) 시공성 및 유지관리의 용이성 검토
4) 설계도서의 누락, 오류, 불명확한 부분에 대한 추가 및 정정 지시 및 확인
5) 설계업무의 공정 및 기성관리의 검토 · 확인
6) 설계감리 결과보고서의 작성　　답 ①

44 케이블 등이 방화구획을 관통할 경우 관통부분에 되메우기 충전재 등을 사용하여 관통부 처리를 하여야 한다. 방화구획 관통부 처리 목적이 아닌 것은?

① 화열의 제한
② 연기 확산방지
③ 인명 안전대피
④ 전선의 절연강도 향상

해설 태양광발전 시스템에 있어서 방화구획 관통부를 처리하는 이유는 화재가 발생할 경우 방화대책물인 벽, 기둥 등을 통과하는 전선배관의 관통부분에서 다른 설비로 불길이 번지거나 확대되는 것을 방지하고자 하는 데 있다.　　답 ④

45 전력계통에 사용되는 차단기의 차단용량을 결정할 때 이용되는 것으로 가장 옳은 것은?

① 계통의 최고전압
② 예상 최대 단락전류
③ 회로에 접속되는 전부하 전류
④ 회로를 구성하는 전선의 최대 허용전류

해설 차단기 차단용량 $P_s = \sqrt{3}\,VI_s$ 이고, 출력전압은 규격화(220, 380, 22,900[V] 등)되어 있으며, 전력에서 가변되는 것은 전류 이므로 단락전류에 의해 차단기 용량이 결정된다.　　답 ②

46 감리원은 착공신고서의 적정여부를 검토하여야 한다. 검토항목 및 확인 내용으로 틀린 것은?

① 안전관리계획 : 전기공사업법에 따른 해당 규정 반영 여부 확인

② 공사 시작 전 사진 : 전경이 잘 나타나도록 촬영되었는지 확인

③ 작업인원 및 장비투입 계획 : 공사의 규모 및 성격, 특성에 맞는 장비형식이나 수량의 적정 여부 확인

④ 품질관리계획 : 공사 예정공정표에 따라 공사용 자재의 투입시기와 시험방법, 빈도 등이 적정하게 반영되었는지 확인

해설 감리원은 착공신고서의 적정여부

1) 계약 내용의 확인
　① 공사기간(착공~준공)
　② 공사비 지급조건 및 방법(선급금, 기성부분 지급, 준공금 등)
　③ 그 밖에 공사계약문서에 정한 사항

2) 현장기술자의 적격 여부
　① 시공관리책임자
　② 안전관리자

3) 공사 예정공정표 : 작업 간 선행·동시 및 완료 등 공사 전·후 간의 연관성이 명시되어 작성되고, 예정 공정률이 적정하게 작성되었는지 확인

4) 품질관리계획 : 공사 예정공정표에 따라 공사용 자재의 투입시기와 시험방법, 빈도 등이 적정하게 반영되었는지 확인

5) 공사 시작 전 사진 : 전경이 잘 나타나도록 촬영되었는지 확인

6) 안전관리계획 : 산업안전보건법령에 따른 해당 규정 반영 여부

7) 작업인원 및 장비투입 계획 : 공사의 규모 및 성격, 특성에 맞는 장비형식이나 수량의 적정 여부 등

답 ①

47 태양전지 어레이에서 인버터 입력단간 및 인버터 출력단간과 계통연계점간의 전압강하는 몇 [%]를 초과하지 않아야 하는가? (단, 전선의 길이는 100[m]이다.)

① 3[%]　　　　② 5[%]
③ 6[%]　　　　④ 7[%]

해설 전압강하

1) 태양전지판에서 인버터 입력단간 및 인버터 출력단과 계통연계점간의 전압강하는 각 3[%]를 초과하여

서는 안 된다.

2) 전선길이가 60[m]를 초과할 경우에는 아래표에 따라 시공할 수 있다. 전압강하 계산서(또는 측정치)를 설치확인 신청시에 제출한다.

전선길이	전압강하
120[m] 이하	5[%]
200[m] 이하	6[%]
200[m] 초과	7[%]

답 ②

48 감리원이 공사감리 중 부분공사 중지를 지시할 수 있는 사유가 아닌 것은?

① 동일 공정에 있어 2회 이상 경고가 있었음에도 이행되지 않을 때

② 동일 공정에 있어 2회 이상 시정지시가 있음에도 이행되지 않을 때

③ 안전시공상 중대한 위험이 예상되어 중대한 물적, 인적 피해가 예견될 때

④ 재시공 지시가 이행되지 않는 상태에서 다음 단계의 공정이 진행됨으로써 하자발생이 될 수 있다고 판단될 때

해설 부분중지

1) 재시공 지시가 이행되지 않는 상태에서는 다음 단계의 공정이 진행됨으로써 하자 발생이 될 수 있다고 판단될 때

2) 안전시공상 중대한 위험이 예상되어 물적, 인적 중대한 피해가 예견될 때

3) 동일 공정에 있어 3회 이상 시정지시가 이행되지 않을 때

4) 동일 공정에 있어 2회 이상 경고가 있었음에도 이행되지 않을 때

답 ②

49 KS C IEC 60364에 의한 전원의 한점을 직접 접지하고 설비의 노출 도전성부분을 전원계통의 접지극과는 전기적으로 독립한 접지극에 접지하는 접지계통은?

① IT 계통(IT System)

② TT 계통(TT System)

③ TN-S 계통(TN-S System)

④ TN-C 계통(TN-C System)

해설 저압계통 접지방식

1) TN-S : 시스템 전체에 걸쳐 중성선과 보호도체가 분

리되어 있고, 전원측의 접지극을 공유한다.
2) TN–C : 간선의 중성선과 보호 도체를 겸용하는 PEN 도체를 사용하는 방식이다.
  ※ PEN : 보호선과 중성선의 기능을 겸한 전선을 말한다.
3) TN–C–S : 전원부는 TN–C로 되어있고 간선계통의 일부에서는 중성선과 보호도체를 분리하여 TN–S 계통으로 하는 방법이다.
4) TT : 전원의 한 점을 직접접지하고 설비의 노출 도전 성부분을 전원계통의 접지극과는 전기적으로 독립한 접지극에 접지하는 접지계통을 말한다.
5) IT : 충전부 전체를 대지로부터 절연시키거나, 한 점에 임피던스를 삽입하여 대지에 접속시키고, 전기기기의 노출 도전성부분 단독 또는 일괄적으로 접지하거나 또는 계통접지로 접속하는 접지계통을 말한다.
답 ②

---

50 태양전지 모듈간 직 · 병렬 배선에 대한 설명으로 틀린 것은?

① 태양전지 셀의 각 직렬군은 동일한 단락전류를 가진 모듈로 구성해야 한다.
② 태양전지 모듈간의 배선은 단락전류에 충분히 견딜 수 있도록 $2.5[mm^2]$ 이상의 전선을 사용하여야 한다.
③ 케이블이나 전선은 모듈 이면에 설치된 전선관에 설치되어야 하며, 이들의 최소 굴곡반경은 각 지름의 4배 이상이 되도록 하여야 한다.
④ 1대의 인버터에 연결된 태양전지 셀 직렬군이 2병렬 이상인 경우에는 각 직렬군의 출력전압이 동일하게 형성되도록 배열해야 한다.

해설 케이블이나 전선은 모듈 이면에 설치된 전선관에 설치되어야 하며, 이들의 최소 굴곡반경은 각 지름의 6배 이상이 되도록 하여야 한다. **답** ③

---

51 개개의 기둥을 독립적으로 지지하는 형식으로 기초판과 기둥으로 형성되어 있으며, 기둥과 보로 구성되어 있는 건축물에 적용되는 태양광발전 기초 공법은?

① 파일기초　　　② 연속기초(줄기초)
③ 독립기초　　　④ 온통기초(매트기초)

해설 **기초의 종류**
1) 독립기초 : 개개의 기둥을 독립적으로 지지하는 형식으로 기초판과 기둥으로 형성되어 있으며, 기둥과 보로 구성되어 있는 건축물에 적용되는 기초이다.
2) 연속기초(줄기초) : 내력벽 또는 조적벽을 지지하는 기초로 벽체 양옆에 캔틸레버 작용으로 하중을 분산시킨다.
3) 온통기초(매트기초) : 지층에 설치되는 모든 구조를 지지하는 두꺼운 슬래브 구조로 지반에 지내력이 약해 독립기초나 말뚝기초로 적당하지 않을 때 사용된다.
4) 파일기초 : 지반의 지내력으로 기초 설치가 어려울 경우에는 파일을 지반의 암반층까지 내려 지지하는 공법 **답** ③

---

52 태양광발전설비의 시공기준 중 인버터에 관한 내용으로 옳은 것은?

① 인버터 입력단(모듈 출력)의 표시사항은 전압, 전류, 주파수가 표시되어야 한다.
② 각 직렬군의 태양전지 개방전압은 인버터 입력전압의 105[%] 범위 안에 있어야 한다.
③ 인버터에 연결된 태양전지 모듈의 설치용량은 인버터 설치용량의 110[%] 이내이어야 한다.
④ 실내용을 실외에 설치하는 경우는 5[kW] 이상일 경우에만 가능하며, 빗물침투를 방지할 수 있도록 외함 등을 설치하여야 한다.

해설 **인버터의 설치 상태** : 옥내 · 옥외용을 구분하여 설치하여야한다. 단, 옥내용을 옥외에 설치하는 경우는 5[kW] 이상 용량일 경우에만 가능하며 이 경우 빗물 침투를 방지할 수 있도록 옥내에 준하는 수준으로 외함 등을 설치하여야 한다. **답** ④

---

53 태양전지 모듈 배선을 금속관공사로 시공할 경우의 설명으로 틀린 것은?

① 옥외용 비닐절연전선을 사용하여야 한다.
② 짧고 가는 금속관에 넣는 전선인 경우 단선을 사용할 수 있다.
③ 금속관 내에서 전선은 접속점을 만들어서는 안 된다.
④ 전선은 단면적 $10[mm^2]$을 초과하는 경우 연선을 사용하여야 한다.

[해설] **금속관공사** : 전선은 절연전으로 연선일 것, 다만 짧고 가는 금속관에 넣은 것 또는 단면적 10[mm²] 이하인 것은 단선을 사용할 수 있다. **[답]** ①

54 송전선로에 대한 설명으로 틀린 것은?

① 송전 방식은 교류 송전방식만이 사용된다.
② 송전 계통의 개요는 송전선로, 급전설비, 운영설비이다.
③ 송전선로는 발전소, 1차 변전소, 배전용 변전소로 구성된다.
④ 송전설비는 발전소 상호간, 변전소 상호간, 발전소와 변전소 간을 연결하는 전선로와 전기설비를 말한다.

[해설] 송전 방식은 직류와 교류 방식이 있다. **[답]** ①

55 태양광발전시스템의 사용 전 검사 시 태양전지의 전기적 특성 확인에 대한 설명으로 틀린 것은?

① 태양광발전시스템에 설치된 태양전지 셀의 셀당 최소 출력을 기록한다.
② 검사자는 모듈 간 배선 접속이 잘 되었는지 확인하기 위하여 개방전압 및 단락전류 등을 확인한다.
③ 검사자는 운전개시 전에 태양전지 회로의 절연 상태를 확인하고 통전여부를 판단하기위하여 절연저항을 측정한다.
④ 개방전압과 단락전류와의 곱에 대한 최대 출력의 비(충진율)를 태양전지 규격서로부터 확인하여 기록한다.

[해설] **태양전지의 전기적 특성 확인**
검사자는 수검자로부터 제출받은 태양전지 규격서 상의 규격으로 부터 다음의 사항을 확인한다.
1) 최대출력 : 태양광 발전소에 설치된 태양전지 셀의 셀당 최대출력을 기록한다.
2) 개방전압 및 단락전류 : 검사자는 모듈 간이 제대로 접속되었는지 확인하기 위해 개방전압이나 단락전류 등을 확인한다.
3) 최대출력 전압 및 전류 : 태양광 발전소 검사 시 모니터링 감시장치 등을 통해 하루 중 순간 최대출력이 발생할때의 인버터의 교류전압 및 전류를 기록한다.

4) 충진율 : 개방전압과 단락전류와의 곱에 대한 최대출력의 비(충진율)를 태양전지 규격서로부터 확인하여 기록한다.
5) 전력변환 효율 : 기기의 효율을 제작사의 시험성적서 등을 확인하여 기록한다. **[답]** ①

56 전력선에 의한 통신선의 정전유도장해 경감 대책이 아닌 것은?

① 전력선측 및 통신선측에 적절한 차폐선을 가설
② 통신선을 케이블화하여 시스를 접지
③ 전력선 계통을 완전 연가
④ 고저항 접지방식 적용

[해설] **유도장해 경감대책**
1) 전력선측 대책
　① 송전선로를 통신선로로부터 멀리 이격시킨다.
　② 중성점 접지저항값을 크게 한다.
　③ 고속도 지락보호 계전기 채택
　④ 송전선과 통신선 사이에 차폐선 가설
　⑤ 차폐선 설치(30 ~ 50[%]경감)
2) 통신선측 대책
　① 통신선의 도중에 중계코일 설치
　② 연피 통신케이블 사용
　③ 통신선에 우수한 피뢰기 설치
　④ 배류코일, 중화코일 등으로 통신선을 접지해서 저주파수의 유도전류를 대지로 흘려준다.**[답]** ④

57 감리원은 공사업자가 작성·제출한 시공계획서를 제출받아 이를 검토·확인하여 승인하고 시공하도록 하며, 시공계획서의 보완이 필요한 경우에는 그 내용과 사유를 문서로써 공사업자에게 통보하여야 한다. 시공계획서에 포함되어야 하는 내용이 아닌 것은?

① 시공일정
② 현장조직표
③ 감리원 배치
④ 주요 장비 동원계획

[해설] **시공계획서 포함 내용**
1) 현장 조직표
2) 공사 세부공정표
3) 주요 공정의 시공 절차 및 방법
4) 시공일정
5) 주요 장비 동원계획

6) 주요 기자재 및 인력투입 계획
7) 주요 설비
8) 품질·안전·환경관리 대책 등   **답** ③

58 케이블 트레이 시공방식의 장점이 아닌 것은?

① 방열특성이 좋다.
② 허용전류가 크다.
③ 재해를 거의 받지 않는다.
④ 장래부하 증설 시 대응력이 크다.

해설 케이블 트레이 시공방식의 장점
  1) 방열특성이 좋다.
  2) 허용전류가 크다.
  3) 장래부하 증설 시 대응력이 크다.   **답** ③

59 태양전지 모듈의 배선이 모두 끝난 후 실시하는 어레이 검사항목이 아닌 것은?

① 전압극성 확인
② 단락전류 측정
③ 비접지의 확인
④ 개방전류 확인

해설 태양광 어레이 검사항목은 전압·극성 확인, 단락전류 측정, 비접지 확인이다.   **답** ④

60 지붕에 설치하는 태양광발전시스템 중 톱 라이트형의 특징이 아닌 것은?

① 고층 건물의 벽면을 유효하게 이용한다.
② 셀의 배치에 따라서 개구율을 바꿀 수 있다.
③ 톱 라이트의 채광 및 셀에 의한 차폐효과도 있다.
④ 톱 라이트의 유리부분에 맞게 태양전지 유리를 설치한 타입이다.

해설 톱 라이트형
  1) 톱 라이트의 유리부분에 맞게 태양전지 유리를 설치한 타입
  2) 톱라이트로서의 채광 및 셀에 의한 차폐 효과도 있다.
  3) 셀의 배치에 따라서 개구율을 바꿀 수 있다.
  ※ 벽 설치형 : 고층건물의 벽면을 유효하게 이용할 수 있다.   **답** ①

4과목 - 태양광발전시스템 운영

61 일상 정기점검에 의한 처리 중 절연물의 보수에 대한 내용으로 틀린 것은?

① 절연물에 균열, 파손, 변형이 있는 경우에는 부품을 교체한다.
② 합성수지 적층판이 오래되어 헐거움이 발생되는 경우에는 부품을 교체한다.
③ 절연물의 절연저항이 떨어진 경우에는 종래의 데이터를 기초로 하여 계열적으로 비교 검토 한다.
④ 절연저항 값은 온도, 습도 및 표면의 오손상태에 따라서 크게 영향을 받지 않으므로 양부의 판정이 쉽다.

해설 일상 정기점검에 의한 처리 중 절연물의 보수
  1) 자기성 절연물이 오손 및 이물이 부착된 경우에는 청소를 한다.
  2) 합성수지 적층판, 목재 등이 오래되어 헐거움이 발생되는 경우에는 부품을 교환한다.
  3) 절연물에 균열, 파손, 변형이 있는 경우에도 부품을 교환하십시오.
  4) 절연물의 절연저항이 떨어진 경우에는 종래의 데이터를 기초로하여 계열적으로 비교 검토하고, 동시에 접속되어 있는 각 기기 등을 체크하여 원인을 규명하고 처리 한다.
  5) 절연저항치는 온도, 습도 및 표면의 오손상태에 따라서 크게 영향을 받기 때문에 양부의 판정은 어렵지만 참고자료를 확인 후 조치를 수행한다.   **답** ④

62 전기사업용 전기설비 검사를 받고자 하는 자는 검사희망일 7일 전에 어디에 정기검사를 신청하여야 하는가?

① 한국전력공사
② 한국전력거래소
③ 한국전기안전공사
④ 한국전기기술인협회

해설 전기사업용 전기설비 검사를 받고자 하는 자(신청인)는 전기안전공사에 검사 7일전에 사용전검사 또는 정기검사를 신청하여야 한다.   **답** ③

63 태양광발전시스템 유지보수용 안전장비가 아닌 것은?

① 안전모　　　　② 절연장갑
③ 절연장화　　　④ 방진마스크

해설 태양광발전시스템 유지보수용 안전장비는 안전모, 안전띠, 안전화(절연장화), 절연장갑 등이 있다. 답 ④

64 태양광발전시스템의 인버터 정기점검 중 육안점검 사항이 아닌 것은?

① 투입저지 시한 타이머 동작시험
② 접지선의 손상 및 접속단자 이완
③ 외부배선의 손상 및 접속단자 이완
④ 운전 시 이상음, 이취 및 진동 유무

해설 인버터 정기점검

	점검항목	점검요령
육안점검	외함의 부식 및 파손	부식 및 파손이 없을 것
	외부배선의 손상 및 접속단자의 풀림	배선에 이상이 없을 것 볼트의 풀림이 없을 것
	접지선의 파손 및 접속단자의 풀림	접지선에 이상이 없을 것 볼트의 풀림이 없을 것
	환기확인 (환기구, 환기필터 등)	환기구를 막고 있지 않을 것 환기필터가 막혀 있지 않을 것
	운전시의 이상음, 진동 및 악취의 유무	운전 시 이상음, 이상 진동 및 악취가 없을 것

답 ①

65 결정계 실리콘 지상용 태양전지 모듈 설계인증 및 형식승인 규격은?

① KS C 8540
② KS C IEC 61215
③ KS C IEC 61646
④ KS C IEC 61730

해설 1) KS C 8540 : 소출력 태양광 발전용 파워 조절기의 시험방법
2) KS C IEC 61215 : 지상 설치용 결정계 실리콘 태양전지 모듈
3) KS C IEC 61646 : 지상 박막 태양전지 모듈
4) KS C IEC 61730 : 태양광발전모듈 안전조건
답 ②

66 태양광발전시스템의 계측에 사용되는 기기 중 검출된 데이터를 컴퓨터 및 먼 거리에 설치된 표시장치에 전송하는 경우에 사용되는 장치는?

① 검출기　　　　② 연산장치
③ 기억장치　　　④ 신호변환기

해설 신호변환기는 검출기로 데이터를 컴퓨터 및 먼 거리에 설치한 표시장치에 전송하는 경우에 사용한다. 신호변환기는 각종 검출데이터(전압, 전류, 전력 등)에 적합한 것이 시판되고 있으며, 그 중에 필요한 것을 선택하면 된다. 답 ④

67 전기사업용 태양광 발전소의 태양전지·전기설비 계통의 정기검사 시기는?

① 1년 이내　　　② 2년 이내
③ 3년 이내　　　④ 4년 이내

해설 전기사업용 전기설비(기력, 내연력, 가스터빈, 복합화력, 수력(양수), 풍력, 태양광 및 연료전지발전소)의 정기검사

증기터빈 및 내연기관 계통	4년 이내
가스터빈·보일러·열교환기(「집단에너지사업법」을 적용 받는 보일러 및 압력용기는 제외) 및 발전기 계통	2년 이내
수차·발전기 계통	4년 이내
풍차·발전기 계통	4년 이내
태양전지·전기설비 계통	4년 이내
연료전지·전기설비 계통	4년 이내

답 ④

68 태양광발전시스템의 계측·표시에 관한 설명으로 틀린 것은?

① 계측기의 소비전력을 최대한 높여야 한다.
② 홍보용으로 표시장치를 설치하기도 한다.
③ 시스템의 운전상태 감시를 위한 계측 또는 표시이다.
④ 시스템 기기 및 시스템 종합평가를 위한 계측이다.

해설 태양광 발전시스템의 계측·표시
1) 시스템의 운전상태 감시를 위한 계측 또는 표시
2) 시스템의 발전전력량을 알기 위한 계측

3) 시스템의 기기 및 시스템의 종합평가를 위한 계측
4) 시스템의 운전상황을 견학자에게 보여주고, 시스템을 홍보를 위한 계측 또는 표시　**답 ①**

69 배전반 제어회로의 배선에 대한 일상점검 항목이 아닌 것은?

① 전선 지지물의 탈락여부 확인
② 과열에 의한 이상한 냄새여부 확인
③ 볼트류 등의 조임 이완에 따른 진동음 유무 확인
④ 가동부 등의 연결전선의 절연피복 손상여부 확인

해설 제어회로의 배선

점검개소	목적	점검내용
배선전반	손상	가동부 등에 연결되는 전선의 절연 피복 손상은 없는가
		전선 지지물이 떨어져 있는가
	이상한 냄새	과열에 의한 이상한 냄새는 없는가

답 ③

70 태양광 모듈 정비요령으로 가장 거리가 먼 것은?

① 모듈이 지저분할 시에는 부드러운 천을 이용해 닦아준다.
② 모듈의 후면은 물이나 중성세제를 이용해 깨끗이 청소한다.
③ 모듈은 외부충격에 의해 파손될 수 있으니, 주변에 공구 등을 방치해서는 안 된다.
④ 프레임은 다른 구조물과 마찰 시 추후 프레임에 녹이 발생할 수 있으므로 관리에 주의해야 한다.

해설 태양전지모듈 정비 요령
1) 모듈 표면은 특수 처리된 강화유리로 되어 있어 강한 충격이 있을 시 파손될 수 있다.
2) 모듈 표면에 그늘이 지거나 나뭇잎 등이 떨어진 경우 전체적인 발전효율이 저하되며 황사나, 먼지 공해물질은 발전량 감소의 주요인으로 작용한다.
3) 고압 분사기를 이하여 정기적으로 물을 뿌려주거나 부드러운 천으로 이물질을 제거해주면 발전효율을 높일 수 있다. 이때 모듈 표면에 흠이 생기지 않도록

주의해야 한다.
4) 모듈 표면의 온도가 높을수록 발전효율이 저하되므로 태양광에 의해 모듈온도가 상승할 경우에는 정기적으로 물을 뿌려 온도를 조절해 주면서 발전효율을 높일 수 있다.
5) 풍압이나 진동으로 인해 모듈과 형강의 체결 부위가 느슨해지는 경우가 있으므로 정기적으로 점검해야 한다.
6) 모듈은 외부충격에 의해 파손될 수 있으니, 주변에 공구 등을 방치해서는 안 된다.
7) 프레임은 다른 구조물과 마찰 시 추후 프레임에 녹이 발생할 수 있으므로 관리에 주의해야 한다.
8) 구조물이나 구조물 접합자재는 용융아연융도금이 되어 있어 녹이 슬지 않지만 장기간 노출될 경우에는 녹이 스는 경우도 있다.　**답 ②**

71 발전설비용량이 200킬로와트 이하인 구역전기사업의 허가를 신청하는 경우에 제출하는 서류는?

① 신용평가 의견서 및 재원 조달계획서
② 부지의 확보 및 배치 계획 관련 증명서류
③ 전기설비 건설 및 운영 계획 관련 증명서류
④ 특정한 공급구역의 위치 및 경계를 명시한 5만분의 1 지형도

해설 발전설비용량이 200킬로와트 이하인 발전사업의 허가를 받으려는 자는 다음 서류를 제출한다.
1) 사업계획서
2) 구역전기사업의 허가를 신청하는 경우에는 특정한 공급구역의 위치 및 경계를 명시한 5만분의 1 지형도
답 ④

72 태양광발전시스템의 신뢰성 평가 및 분석 항목에 대한 설명 중 틀린 것은?

① 운전 데이터의 결측 상황
② 계측 트러블 - 컴퓨터 전원의 차단 및 조작오류
③ 정기점검, 개수정전, 계통정전 등의 수시정지 상황
④ 시스템 트러블 - 인버터의 정지, 직류지락, 계통지락 등에 의한 시스템의 운전정지

해설 태양광발전시스템 신뢰성 평가 및 분석 항목
1) 시스템 트러블 사례
2) 운전 데이터의 결측 상황
3) 계측 트러블 사례
답 ③

73 정전작업시 작업 전 조치 사항이 아닌 것은?

① 단락접지의 수시 확인
② 전로의 개로개폐기에 시건장치 설치
③ 검전기로 개로된 전로의 충전여부 확인
④ 전력 케이블 및 전력 콘덴서 등의 잔류전하 방전

해설 정전작업시 조치 사항

단계 조치	협의 사항	실무 사항
작업 전	1) 작업지휘자의 임명 2) 정전범위, 조작순서 3) 개폐기의 위치 4) 단락접지개소 5) 계획변경에 대한 조치 6) 송전 시의 안전 확인	1) 작업지휘자에 의한 작업내용의 주지 철저 2) 개로개폐기의 시건 또는 표시 3) 잔류전하의 방전 4) 검전기에 의한 정전 확인 5) 단락접지 6) 일부 정전작업 시 정전선로 및 활선선로의 표시 7) 근접활선에 대한 방호
작업 중		1) 작업지휘자에 의한 지휘 2) 개폐기의 관리 3) 단락접지의 수시확인 4) 근접활선에 대한 방호
작업 종료시		1) 단락접지기구의 철거 2) 표지의 철거 3) 작업자에 대한 위험이 없는 것을 확인 4) 개폐기를 투입해서 송전 재개

답 ①

74 태양광발전시스템의 점검 중 일상점검에 관한 내용으로 틀린 것은?

① 이상 상태를 발견한 경우에는 배전반 등의 문을 열고 이상 정도를 확인한다.
② 원칙적으로 정전을 시켜놓고 무전압 상태에서 기기의 이상 상태를 점검하고 필요에 따라서는 기기를 분리하여 점검한다.
③ 주로 점검자의 감각(오감)을 통해서 실시하는 것으로 이상한 소리, 냄새, 손상 등을 점검 항목에 따라서 행하여야 한다.
④ 이상 상태가 직접 운전을 하지 못할 정도로 전개된 경우를 제외하고는 이상 상태의 내용을 정기점검 시에 참고자료로 활용한다.

해설 정기점검

1) 원칙적으로 정전을 시키고 무전압 상태에서 기기의 이상 상태를 점검하고 필요에 따라서는 기기를 분해하여 점검한다.
2) 모선을 정전하지 않고 점검해야 할 경우 안전사고가 일어나지 않도록 주의한다. **답** ②

75 인버터에 'Solar Cell UV Fault'로 표시되었을 경우의 현상 설명으로 옳은 것은?

① 태양전지 전압이 규정치 이상일 때
② 태양전지 전압이 규정치 이하일 때
③ 태양전지 전류가 규정치 이상일 때
④ 태양전지 전류가 규정치 이하일 때

해설 인버터 이상신호

모니터링	인버터 표시	현상 설명	조치사항
태양전지 과전압	Solar Cell OV fault	태양전지 전압이 규정 이상일 때, H/W	태양전지 전압 점검 후 정상시 5분 후 재 가동
태양전지 저전압	Solar Cell UV fault	태양전지 전압이 규정 이하일 때, H/W	태양전지 전압 점검 후 정상시 5분 후 재 가동
태양전지의 전압 제한초과	Solar Cell OV limit fault	태양전지 전압이 규정 이상일 때, S/W	태양전지 전압 점검 후 정상시 5분 후 재 가동
태양전지 저전압 제한초과	Solar Cell UV limit fault	태양전지 전압이 규정 이하일 때, S/W	태양전지 전압 점검 후 정상시 5분 후 재 가동

답 ②

76 분산형 전원 발전설비의 역률은 계통 연계지점에서 원칙적으로 얼마 이상을 유지하여야 하는가?

① 0.8 ② 0.9
③ 0.85 ④ 1

해설 분산형 전원 발전설비 역률

1) 분산형전원의 역률은 90[%] 이상으로 유지함을 원칙으로 한다. 다만, 역송병렬로 연계하는 경우로서 연계계통의 전압상승 및 강하를 방지하기 위하여 기술적으로 필요하다고 평가되는 경우에는 연계계통의 전압을 적절하게 유지할 수 있도록 분산형전원 역률의 하한 값과 상한 값을 고객과 한전이 협의하여여 정할 수 있다.
2) 분산형전원의 역률은 계통 측에서 볼 때 진상역률(분산형전원 측에서 볼 때 지상역률)이 되지 않도록 함을 원칙으로 한다. **답** ②

77 태양광발전시스템의 고장원인 중 모듈의 고장 원인으로 틀린 것은?

① 제조 결함 및 시공 불량
② 모듈 내부의 환기불량으로 인한 열화
③ 전기적, 기계적 스트레스에 의한 셀의 파손
④ 주위환경(염해, 부식성 가스 등)에 의한 부식

해설 염해, 부식성가스는 태양광 구조물에 영향을 주는 요소 이다. 답 ④

78 태양전지 어레이의 일상점검 항목 중 육안점검 사항이 아닌 것은?

① 표시부의 이상표시
② 표면의 오염 및 파손
③ 지지대의 부식 및 녹
④ 외부배선(접속케이블)의 손상

해설 태양전지 어레이의 일상점검

점검항목		점검요령
육안점검	유리 등 표면의 오염 및 파손	심한 오염 및 파손이 없을 것
	가대의 부식 및 녹	부식 및 녹이 없을 것
	외부배선(접속케이블)의 손상	접속케이블에 손상이 없을 것

답 ①

79 중대형 태양광 발전용 독립형 인버터의 경우 정격 효율로 측정하여 정격 용량이 100[kW] 초과에서는 몇 [%] 이상이어야 하는가? (단, 교류 전원을 정격 전압 및 정격 주파수로 운전한다.)

① 90 ② 92
③ 94 ④ 96

해설 독립형 인버터의 경우 정격효율로 측정하여 정격용량 이 10[kW] 초과 30[kW] 이하에서는 88[%] 이상, 30 [kW] 초과 100[kW] 이하에서는 90[%] 이상, 100[kW] 초과에서는 92[%] 이상이다. 답 ②

80 자가용전기설비 중 태양광발전시스템 정기검 사시 태양광 전지의 검사세부 종목이 아닌 것은?

① 어레이 ② 외관검사
③ 규격확인 ④ 절연내력

해설 자가용 태양광 발전설비 정기검사 항목 및 세부검사 내용

검사항목	세부검사 내용	수검자 준비자료
태양전지 일반규격	규격확인	전 회 검사 성적서
		단선결선도
태양전지 검사	외관검사	태양전지 트립 인터록 도면
	전지 전기적 특성 시험	시퀀스 도면
		보호장치 및 계전기 시험 성적서
	어레이	절연저항시험 성적서

답 ④

5과목 - 신재생에너지 관련법규

81 전기공사업법 시행령에서 경미한 전기공사가 아닌 것은?

① 전력량계 또는 퓨즈를 부착하거나 떼어내는 공사
② 꽂음접속기, 소켓, 로제트, 실링블록, 접속 기, 전구류, 나이프스위치, 그 밖에 개폐기 의 보수 및 교환에 관한 공사
③ 벨, 인터폰, 장식전구, 그 밖에 이와 비슷한 시설에 사용되는 소형변압기(2차측 전압 36볼트 이하의 것으로 한정한다)의 설치 및 그 2차측 공사
④ 전압이 220볼트 이하이고, 전기시설 용량이 5킬로와트 이하인 단독주택 전기시설의 개 선 및 보수 공사

해설 전압이 600볼트 이하이고 전기시설 용량이 5킬로와트 이하인 단독주택 전기시설의 개선 및 보수공사. 다만, 전기공사기술자가 하는 경우로 정한다. (전기공사업법 시행령 제5조) 답 ④

82 특고압 가공전선로를 가공케이블로 시설하는 방법으로 틀린 것은?

① 조가용선에 행거의 간격은 1[m]로 시설하였다.

② 조가용선은 인장강도 13.93[kN] 이상의 연선일 것

③ 조가용선은 단면적 22[mm²]의 아연도강연선을 사용하였다.

④ 조가용선에 금속테이프를 간격 20[cm] 이하의 간격을 유지시켜 나선형으로 감아 붙였다.

해설 KEC 333.3 (특고압 가공케이블의 시설)
특고압 가공전선로를 가공케이블로 시설 하는 방법에서 조가용선에 행거의 간격은 50 [cm] 이하로 하여 시설하여야 한다. 답 ①

83 저압용 기계기구의 철대 및 외함 접지에서 전기를 공급하는 전로에 누전차단기를 시설하면 외함의 접지를 생략할 수 있다. 이 경우의 누전차단기의 정격이 기술 기준에 적합한 것은?

① 정격 감도 전류 15[mA] 이하, 동작시간 0.1초 이하의 전류동작형

② 정격 감도 전류 15[mA] 이하, 동작시간 0.03초 이하의 전압동작형

③ 정격 감도 전류 30[mA] 이하, 동작시간 0.1초 이하의 전류동작형

④ 정격 감도 전류 30[mA] 이하, 동작시간 0.03초 이하의 전류동작형

해설 물기 있는 장소 이외의 장소에 시설하는 저압용의 개별 기계기구에 전기를 공급하는 전로에 전기용품안전 관리법의 적용을 받는 인체감전보호용 누전차단기(정격 감도전류가 30[mA] 이하, 동작시간이 0.03초 이하의 전류동작형에 한한다)를 시설하는 경우 (KEC 142.7 기계기구의 철대 및 외함의 접지) 답 ④

84 정부는 실행계획을 시행하는 데에 필요한 사업비를 몇 년마다 세출예산에 계상하여야 하는가?

① 2년   ② 3년

③ 5년   ④ 회계연도

해설 세입·세출의 기본이 되는 기간을 말한다. 세입·세출을 일정한 기간마다 구분 정리하여 그 관계를 명료하게 하고 양자 간의 균형을 유지하자는 데 그 제도적 의의가 있다. 일반적으로 1년을 1기로 하여 이것을 1회계연도라고 한다. 국가의 회계연도는 매년 1월 1일에 시작하여 12월 31일에 종료한다(국가재정법 제2조). 각 회계연도는 상호 독립함을 원칙으로 하며, 각 회계연도에 있어서의 경비는 그 회계연도의 세입으로써 지불하여야 하며, 또한 매 회계연도의 세출예산은 다음 연도에 이월하여 사용할 수 없다(국가재정법 제48조). 지방자치단체의 회계연도는 국가의 회계연도에 의한다(지방자치법 제125조). 답 ④

85 전기사업법에서 시간대별로 전력거래량을 측정 할 수 있는 전력량계를 설치·관리하여야 하는 대상이 아닌 사람은?

① 송전사업자

② 배전사업자

③ 전력을 직접 구매하는 전기사용자

④ 발전사업자(대통령령으로 정하는 발전사업자는 제외한다.)

해설 전기사업법 제19조(전력량계의 설치·관리)
다음 각호의 자는 시간대별로 전력거래량을 측정할 수 있는 전력량계를 설치·관리하여야 한다.
1. 발전사업자(대통령령이 정하는 발전사업자를 제외한다)
2. 자가용전기설비를 설치한 자(제31조제2항의 규정에 의하여 전력을 직접 구매하는 경우에 한한다)
3. 배전사업자
4. 제 32조의 규정에 의하여 전력을 직접 구매하는 전기사용자 답 ①

86 전기사업법 시행령에서 동일인이 2종류 이상의 전기사업을 할 수 있는 경우가 아닌 것은?

① 도서지역에서 전기사업을 하는 경우

② 변전사업과 전기판매사업을 겸업하는 경우

③ 배전사업과 전기판매사업을 겸업하는 경우

④ 발전사업의 허가를 받은 것으로 보는 집단에너지사업자가 전기판매사업을 겸업하는 경우

해설 전기사업시행령 제3조(두 종류 이상의 전기사업의 허가)
1. 배전사업과 전기판매사업을 겸업하는 경우
2. 도서지역에서 전기사업을 하는 경우

3. 「집단에너지사업법」제48조에 따라 발전사업의 허가를 받은 것으로 보는 집단에너지사업자가 전기판매사업을 겸업하는 경우. 다만, 같은 법 제9조에 따라 허가받은 공급구역에 전기를 공급하려는 경우로 한정한다. 답 ②

87 '배전선로'란 다음 각 목의 곳을 연결하는 전선로와 이에 속하는 전기설비를 말한다. 그 연결이 틀린 것은?

① 발전소 상호간
② 전기수용설비 상호간
③ 발전소와 전기수용설비
④ 변전소와 전기수용설비

해설 다음 각 목의 곳을 연결하는 전선로와 이에 속하는 전기설비를 말한다.
① 발전소와 전기 수용 설비
② 변전소와 전기 수용 설비
③ 송전 선로와 전기 수용 설비
④ 전기 수용 설비 상호간 답 ①

88 가공전선로에 지선을 설치하는 설명 중 틀린 것은?

① 보도를 횡단할 경우 지표상 2.5[m] 이상으로 할 수 있다.
② 도로를 횡단하여 시설하는 지선의 높이는 지표상 5[m] 이상으로 하여야 한다.
③ 가공전선로의 지지물로 사용하는 철탑은 지선을 사용하여 그 강도를 분담한다.
④ 지선에 연선을 사용할 경우 소선 3가닥 이상, 지름이 2.6[mm] 이상의 금속선을 사용하여야 한다.

해설 KEC 331.11 (지선의 시설)
① 가공전선로의 지지물로 사용하는 철탑은 지선을 사용하여 그 강도를 분담시켜서는 아니 된다.
② 가공전선로의 지지물로 사용하는 철주 또는 철근 콘크리트주는 지선을 사용하지 아니하는 상태에서 2분의 1이상의 풍압하중에 견디는 강도를 가지는 경우 이외에는 지선을 사용하여 그 강도를 분담시켜서는 아니된다. 답 ③

89 전기설비기술기준상의 전압 구분과 기준 전압의 관계가 옳은 것은?

① 저압 – 직류 1.5[kV] 이하
② 고압 – 직류 1.5[kV] 이하
③ 특저압 – 교류 6[kV] 이하
④ 특고압 – 6[kV] 초과

해설 규정에서 적용하는 전압의 구분은 다음과 같다.
가. 저압 : 교류는 1[kV] 이하, 직류는 1.5[kV] 이하인 것.
나. 고압 : 교류는 1[kV]를, 직류는 1.5[kV]를 초과하고, 7[kV] 이하인 것.
다. 특고압 : 7[kV]를 초과하는 것. 답 ①

90 국내 총 소비에너지량에 대하여 신·재생에너지 등 국내 생산에너지량 및 우리나라가 국외에서 개발(지분 취득을 포함한다)한 에너지량을 합한 양이 차지하는 비율을 무엇이라 하는가?

① 자원순환
② 에너지 의존도
③ 에너지 자립도
④ 신·재생에너지 비율

해설 국내 총소비에너지량에 대하여 신·재생에너지 등 국내 생산에너지량 및 우리나라가 국외에서 개발(지분 취득을 포함한다)한 에너지량을 합한 양이 차지하는 비율을 에너지 자립도(energy self sufficiecy)라 한다. 답 ③

91 전기사업법에서 사용하는 정의 중 발전소로부터 송전된 전기를 전기 사용자에게 배전하는 데 필요한 전기설비를 설치·운용하는 것을 주된 목적으로 하는 사업은?

① 발전사업
② 송전사업
③ 배전사업
④ 전기판매사업

해설 "배전사업"이란 발전소로부터 송전된 전기를 전기사용자에게 배전하는 데 필요한 전기설비를 설치·운용하는 것을 주된 목적으로 하는 사업을 말한다. 답 ③

92 ( )에 들어갈 내용으로 옳은 것은?

> 연료전지 및 태양전지 모듈은 최대사용전압의 (Ⓐ)배의 직류전압 또는 (Ⓑ)배의 교류전압을 충전부분과 대지 사이에 연속하여 10분간 가하여 절연내력을 시험하였을 때에 견디는 것이어야 한다.

① Ⓐ 1.5, Ⓑ 1.25
② Ⓐ 1.5, Ⓑ 1
③ Ⓐ 1.25, Ⓑ 1.1
④ Ⓐ 1.25, Ⓑ 1

해설 KEC 134(연료전지 및 태양전지 모듈의 절연내력)
연료전지 및 태양전지 모듈은 최대사용전압의 1.5배의 직류전압 또는 1배의 교류전압(500[V] 미만으로 되는 경우에는 500[V])을 충전부분과 대지 사이에 연속하여 10분간 가하여 절연내력을 시험하였을 때에 이에 견디는 것이어야 한다. **답** ②

93 2020년까지 우리나라의 온실가스 감축 목표는 2020년의 온실가스 배출 전망치 대비 얼마까지 줄이는 것인가?

① 100분의 37
② 100분의 40
③ 100분의 50
④ 100분의 60

해설 온실가스 감축 목표를 설정한 것은 탄소무역장벽에 대비하고 녹색 시장을 선점하기 위한 것이라는 설명이다. 온실가스를 2005년 대비 4[%] 줄이려면 2020년 국내에서 배출되는 온실가스양의 37[%]를 감축해야 한다. **답** ①

94 신에너지의 종류가 아닌 것은?

① 연료전지
② 수소에너지
③ 바이오 에너지
④ 석탄을 액화·가스화한 에너지

해설 **신에너지** : 연료전지, 석탄액화가스화 및 중질잔사유 가스화, 수소에너지가 있다. **답** ③

95 태양전지 발전소에 시설하는 태양전지 모듈, 전선 및 개폐기, 기타 기계기구의 시설에 대한 설명으로 틀린 것은?

① 태양전지 모듈에 접속하는 부하 측의 전로에는 그 접속점에 근접하여 개폐기를 시설한다.
② 태양전지 모듈을 병렬로 접속하는 전로에는 전로를 보호하는 과전류차단기를 시설한다.
③ 태양전지 모듈의 지지물은 적재하중이나 진동과 충격에 대하여 안전한 구조이어야 한다.
④ 태양전지 모듈 및 개폐기를 전선에 접속하는 경우에는 접속점에 장력이 가해져서 견고하여야 한다.

해설 KEC 522(태양광 설비의 시설)
모듈 및 기타 기구에 전선을 접속하는 경우는 나사로 조이고, 기타 이와 동등 이상의 효력이 있는 방법으로 기계적·전기적으로 안전하게 접속하고, 접속점에 장력이 가해지지 않도록 할 것. **답** ④

96 전기사업자가 사업에 필요한 전기설비를 설치하고 사업을 시작하기 위하여 산업통상 자원부 장관이 지정한 준비기간은 몇 년을 넘을 수 없는가?

① 3년
② 5년
③ 7년
④ 10년

해설 준비기간은 10년을 넘을 수 없다. 다만, 산업통상자원부장관이 정당한 사유가 있다고 인정하는 경우에는 준비기간을 연장할 수 있다. 제9조(전기설비의 설치 및 사업의 개시 의무) **답** ④

> 출제기준 변경 및 개정된 관계 법규에 따라 삭제된 문제가 있어 20문항이 안됩니다.

1과목 - 태양광발전시스템 이론

01 옴의 법칙에서 전류의 크기는 어느 것에 비례하는가?

① 임피던스
② 전선의 길이
③ 전선의 단면적
④ 전선의 고유저항

해설 전위차를 V, 전류의 세기를 I, 전기저항을 R라 하면, $V = IR$의 관계가 성립한다. 균일한 크기의 물질에서 R는 길이 l에 비례하고 단면적 A에 반비례하며 $R = \rho l / A$이다. **답** ③

02 3[kW] 인버터의 입력범위가 25~35[V]이고, 최대 출력에서 효율이 89[%]이다. 최대정격에서 인버터의 최대입력 전류는 약 몇 [A]인가?

① 96
② 113
③ 124
④ 135

해설 본 조건의 3[kW] 인버터의 최대 입력 전류는 입력전압이 가장 낮을 때이다.
$$I_{\max} = \frac{3[\text{kW}]}{25[\text{V}]} = 120[\text{A}] \text{ 이고,}$$
최대 입력 전류는 $\frac{120[\text{A}]}{0.89} = 135[\text{A}]$이다. **답** ④

03 1[Ω · m]와 동일한 단위는?

① $1[\mu\Omega \cdot \text{cm}]$
② $10^2[\Omega \cdot \text{mm}^2]$
③ $10^4[\Omega \cdot \text{cm}]$
④ $10^6[\Omega \cdot \text{mm}^2/\text{m}]$

해설 고유 저항의 단위
$$1[\Omega \cdot \text{m}] = 1[\Omega \cdot \text{m}^2/\text{m}] = 1[\Omega \cdot (10^3\text{mm})^2/\text{m}]$$
$$= 1 \times 10^6[\Omega \cdot \text{mm}^2/\text{m}]$$ **답** ④

04 연료전지 시스템의 구성요소 중 단위전지를 적층하여 모듈화한 것은?

① 스택
② 전해질
③ 가스켓
④ 고분자막

해설 스택은 원하는 전기출력을 얻기 위해 단위전지를 수십 장, 수백 장 직렬로 쌓아 올린 본체이다. **답** ①

05 뇌보호시스템 중 내부 뇌보호시스템은?

① 접지 시스템
② 수뢰부 시스템
③ 인하도선 시스템
④ 서지보호장치 시스템

해설 1) 외부 피뢰시스템은 접지시스템, 수뢰시스템, 인하도선 시스템
2) 내부 뇌보호시스템은 등전위 본딩, 전기적 절연 **답** ④

06 계통연계형 태양광발전시스템에 축전지를 부가함으로써 발생할 수 있는 장점이 아닌 것은?

① 계통전압의 안정화에 기여한다.
② 태양광발전시스템의 수명을 연장한다.
③ 재해 발생 시 전력공급의 역할을 한다.
④ 태양광발전시스템의 적용 범위를 확대한다.

해설 계통연계형 태양광발전시스템에 축전지 사용
1) 재해나 정전시 비상용 부하에 전력을 공급하는 방재 대응
2) 일사량 급격한 변화에 대해 계통으로부터 부하급변의 영향을 적게 하기 위한 일사급변에 대한 안정화
3) 주간에 저장된 전력을 일몰 후 공급하여 적용 범위 확대 **답** ②

07 독립형 태양광발전설비의 전원시스템용 축전지용량 선정 시 고려사항에 해당되지 않는 것은?

① 보수율
② 설계습도
③ 부조 일수
④ 방전심도(DOD)

해설

축전지 용량 $C = \dfrac{1일소비전력량 \times 불일조정수}{보수율 \times 방전심도 \times 방전종지전압} \times [\text{Ah}]$

상기 식에 의해 축전지용량확정 **답** ②

08 태양전지에서 직렬저항 성분이 아닌 것은?

① 기판 자체 저항
② 표면층의 면 저항
③ 금속 전극 자체의 저항
④ 접합의 결함에 의한 누설 저항

해설 **직렬저항(R_s)성분**
① 태양전지에 광전류가 흐를 때 이 전류의 흐름을 방해하는 저항
② 표면저항, 기판저항, 전극 접촉저항, 전극 자체의 고유저항
③ 저항값이 작을수록 효율이 높아짐.
④ 개방전압에는 영향을 주지 않지만 단락전류와 충진율은 감소   답 ④

09 단결정 실리콘 태양전지의 특징이 아닌 것은?

① 색이 검은색이다.
② 무늬가 다양하다.
③ 단단하고, 구부러지지 않는다.
④ 제조에 필요한 온도는 약 1400[℃]이다.

해설 **단결정 실리콘 태양전지의 특징**
• 색이 검은색이다.
• 단단하고, 구부러지지 않는다.
• 제조에 필요한 온도는 약 1400[℃]이다.
• 실리콘의 원자배열이 규칙적이다.
• 배열방향이 일정하여 전자이동에 걸림이 없다.
• 일조량이 적을 때도 비교적 발전이 양호하다.
답 ②

10 태양전지 셀의 종류에서 박막형의 특징이 아닌 것은?

① 온도 특성이 강하다.
② 결정질보다 두께가 얇다.
③ 결정질보다 변환 효율이 낮다.
④ 동일 용량 설치 시 결정질보다 박막형이 면적을 적게 차지한다.

해설 **박막형의 특징**
• 온도 특성이 강하다.
• 결정질보다 두께가 얇다.
• 결정질보다 변환 효율이 낮다.
• 원료비 비중이 훨씬 낮다.
• 대량생산이 가능하다.
• 생산원가가 저렴하다.   답 ④

11 태양전지 모듈과 인버터가 통합된 형태로서 태양광발전시스템 확장이 유리한 인버터 운전 방식은?

① 모듈 인버터 방식
② 스트링 인버터 방식
③ 병렬운전 인버터 방식
④ 중앙 집중형 인버터 방식

해설 **모듈 인버터 방식**
1) 각 태양전지 모듈별로 MPP 동작 수행으로 최적의 발전량 생산
2) 태양광발전시스템 확장이 용이   답 ①

12 태양광발전시스템의 전체성능에 영향을 미치는 인버터 효율에 관한 설명으로 가장 옳은 것은?

① 태양광 인버터의 효율은 중요하지 않다.
② 변환효율만이 시스템 성능에 영향을 미친다.
③ 추적효율만이 시스템 성능에 영향을 미친다.
④ 변환효율과 추적효율을 같이 고려해야 한다.

해설 인버터의 정격효율(η_{INV})은 변환효율과 추적효율의 곱으로 나타낸다.
$$\eta_{INV} = \eta_{CON} \times \eta_{TR}$$
답 ④

13 태양전지 모듈 뒷면에 부착된 라벨에 표시되는 사항이 아닌 것은?

① 공칭 최대출력
② 공칭 개방전압
③ 공칭 개방전류
④ 공칭 최대출력 동작전압

해설 **태양전지 표시 항목**
• 제조업자명 또는 그 약호
• 제조일자 및 제조번호, 또는 제조일자를 알 수 있는 제조번호
• 내풍압성의 등급
• 최대 시스템 전압(H 또는 L)
• 어레이의 조합 형태(A 또는 B)
• 공칭 최대출력[W]
• 공칭 개방전압[V]
• 공칭 단락전류[A]
• 공칭 최대출력 동작전압[V]

- 공칭 최대출력 동작전류[A]
- 역내전압[V] : 바이패스 다이오드의 유무(아몰퍼스계 만 해당)
- 공칭 질량[kg]　　　　　　　　　　**답** ③

14 다음 설명은 인버터의 효율 중 어떤 효율에 관한 것인가?

> 태양광 모듈의 출력이 최대가 되는 최대 전력점 (MPP : Maximum Power Point)을 찾는 기술에 대한 성능 지표이다.

① 정격효율　　　　　　② 추적효율
③ 유로효율　　　　　　④ 변환효율

해설 인버터의 최적동작점을 자동으로 설정하고 추적

$$\eta_{TR} = \frac{P_{DC} \text{ 순간 입력 전력}}{P_{PV} \text{ 최대순간 } PV \text{ 어레이 전력}}$$　　**답** ②

15 최대전압 50[V], 전압온도계수 −0.2[V/℃]인 결정질 태양전지 모듈 10장이 직렬연결 되어 있다. 태양전지 표면온도가 60[℃]일 때 최대전압은 몇 [V]인가? (단, STC 조건이다.)

① 380　　　　　　　② 400
③ 430　　　　　　　④ 450

해설 태양전지모듈 표면 온도에 따른 전압계산
$V_{mpp}(60[℃]) = V_{mpp} + \{(60[℃] - 25[℃]) \times -0.2[V/℃]\}$
$V_{mpp}(60[℃]) = 50[V] + \{(60[℃] - 25[℃]) \times -0.2[V/℃]\}$
$\qquad\qquad\quad = 43[V]$
10장이 직렬연결 되어 있음으로 $43 \times 10 = 430[V]$　**답** ③

16 확산광에 대한 설명으로 적절하지 않은 것은?

① 맑은 날의 경우 지표에 도달하는 전체 태양광의 10~20[%]를 차지한다.
② 확산광은 주로 대기에서의 산란에 의해 발생한다.
③ 결정질 실리콘 태양전지는 확산광을 흡수하지 못한다.
④ 확산광이 늘어나면 집광형 시스템의 출력은 줄어든다.

해설 태양광발전에서 사용되는 일사량은 설치된 태양전지 모듈의 경사면에 도달하는 태양광의 직달일사와 확산 일사(확산광)의 총합을 말한다.　　**답** ③

17 다음은 인버터의 단독운전 검출방식 중 어떤 방식에 대한 설명인가?

> 인버터의 출력단에 병렬로 임피던스를 순간적 또는 주기적으로 삽입하여 전압 또는 전류의 급변을 검출한다.

① 주파수 시프트 방식
② 유효전력 변동방식
③ 무효전력 변동방식
④ 부하 변동방식

해설 능동적 방식

종 별	개 요
주파수 시프트방식	인버터의 내부발진기에 주파수 바이어스를 주었을 때 단독운전 시에 나타나는 주파수 변동을 검출한다.
유효전력 변동방식	인버터의 출력에 주기적인 유효전력 변동을 주었을 때 단독운전 시에 나타나는 전압, 전류, 또는 주파수 변동을 검출한다. 상시 출력이 변동의 가능성이 있다.
무효전력 변동방식	인버터의 출력에 주기적인 무효전력 변동을 주었을 때, 단독운전 시 나타나는 주파수 변동 등을 검출한다.
부하 변동방식	인버터의 출력과 병렬로 임피던스를 순간적 또는 주기적으로 삽입하여 전압 또는 전류의 급변을 검출한다.

답 ④

18 동일 출력전류(I) 특성을 가지는 N개의 태양 전지를 같은 일사 조건에서 서로 병렬로 연결했을 경우 출력전류 I_a 에 대한 계산식은?

① $I_a = N \times I$　　　② $I_a = N^2 \times I$

③ $I_a = \dfrac{I}{N}$　　　　　④ $I_a = \dfrac{N}{I}$

해설 직렬로 연결된 태양전지는 동일한 전류가 흐르고, 병렬로 연결된 태양전지는 연결된 전지 수만큼 출력전류가 흐른다.　　**답** ①

19 일반적인 GaAs 태양전지의 개방전압(V_{oc})과 충진율(Fill Factor, FF) 값으로 가장 적절한 것은?

① $V_{oc} = 0.6[V]$, FF = 0.7~0.8
② $V_{oc} = 0.75[V]$, FF = 0.72~0.8
③ $V_{oc} = 0.95[V]$, FF = 0.78~0.85
④ $V_{oc} = 1.06[V]$, FF = 0.8~0.9

해설 실리콘 태양전지의 V_{oc}는 0.6[V], FF는 0.7~0.8이고 GaAs의 V_{oc}는 0.95[V], FF는 0.78~0.85이다.

답 ③

20 변압기 결선방식 중 △-△ 결선의 특징이 아닌 것은?

① 1상분이 고장 나면 나머지 2대를 V결선 할 수 있다.
② 상전압이 선간전압의 $1/\sqrt{3}$이 되어 고전압에 적합하다.
③ 제3고조파 전류에 의한 기전력 왜곡을 일으키지 않는다.
④ 각 변압기의 상전류가 선전류의 $1/\sqrt{3}$이 되어 대전류에 적합하다.

해설 △-△ 결선방식
[장점]
• 제3고조파 전류가 △결선 내를 순환하므로 정현파 교류전압을 유기하여 기전력이 왜곡을 일으키지 않음(유도장애 없음).
• 1상분에 고장이 발생하면 나머지 2대로 V결선할 수 있다.
• 인가전압이 정현파이면 유도전압도 정현파가 된다.
• 각 변압기의 상전류가 선전류의 $1/\sqrt{3}$이 되어 대전류에 적당하다.
[단점]
• 중성점을 접지할 수 없으므로 지락사고의 검출이 곤란하다.
• 변압비가 다른 것을 결선하면 순환전류가 흐른다.
• 각 상의 권선 임피던스가 다르면 3상 부하가 평형되었어도 변압기의 부하전류는 불평형이 된다. **답** ②

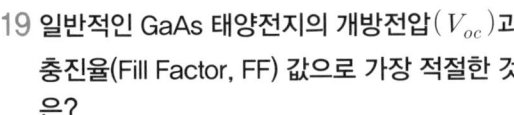

2과목 - 태양광발전시스템 설계

21 전력계통의 한 점을 직접 접지하고 설비의 노출 도전성 부분을 전력계통의 접지극과 전기적으로 독립한 접지극으로 접속하는 방식은?

① TT방식 ② IT방식
③ TN방식 ④ TN-S 방식

해설 저압계통 접지방식
1) TN-S : 시스템 전체에 걸쳐 중성선과 보호도체가 분리되어 있고, 전원측의 접지극을 공유한다.
2) TN-C : 간선의 중성선과 보호 도체를 겸용하는 PEN 도체를 사용하는 방식이다.
  ※ PEN : 보호선과 중성선의 기능을 겸한 전선을 말한다.
3) TN-C-S : 전원부는 TN-C로 되어있고 간선계통의 일부에서는 중성선과 보호도체를 분리하여 TN-S 계통으로 하는 방법이다.
4) TT : 전원의 한 점을 직접접지하고 설비의 노출 도전성부분을 전원계통의 접지극과는 전기적으로 독립한 접지극에 접지하는 접지계통을 말한다.
5) IT : 충전부 전체를 대지로부터 절연시키거나, 한점에 임피던스를 삽입하여 대지에 접속 시키고, 전기기기의 노출 도전성부분 단독 또는 일괄적으로 접지하거나 또는 계통접지로 접속하는 접지계통을 말한다.
답 ①

22 태양전지 어레이 설계 시 그늘에 대한 검토 사항 중 일반적으로 수평면에 수직으로 세워진 높이는 L, 높이가 만든 그림자의 남북 방향의 길이를 L_s, 태양의 높이를 h, 방위각을 α로 할 때 그림자 배율 R을 나타내는 식은?

① $R = \dfrac{Ls}{L}\cos\alpha$

② $R = \dfrac{L}{Ls}\coth$

③ $R = \dfrac{Ls}{L}\coth \cdot \cos\alpha$

④ $R = \dfrac{L}{Ls}\coth \cdot \cos\alpha$

해설 그림자의 배율은 나타내는 식은
$R = \dfrac{Ls}{L} = \coth \cdot \cos\alpha$이다. **답** ③

23 위도가 30°일 때 하지 시의 남중고도는?

① 36.5° ② 60.5°
③ 70.5° ④ 83.5°

해설 동지 : $90° - \theta - 23.5°$
하지 : $90° - \theta + 23.5°$
춘분, 추분 : $90° - \theta$
∴ 하지 : $90° - \theta + 23.5° = 90° - 30° + 23.5° = 83.5°$
답 ④

24 태양광 인버터의 용량이 40[kW]일 때 인버터에 연결될 모듈의 최대 설치 용량[kW]은? (단, 태양광 설비 시공기준에 준한다.)

① 40 ② 42
③ 45 ④ 50

해설 인버터 설치용량
인버터의 설치용량은 설계용량 이상이어야 하고, 인버터에 연결된 모듈의 설치용량은 인버터의 설치용량 105[%] 이내이어야 한다. 단, 각 직렬군의 태양전지 개방전압은 인버터 입력전압 범위 안에 있어야 한다.
답 ②

25 어레이 설치 지역의 설계속도압이 1000[N/m²] 유효수압면적이 7[m²]인 어레이의 풍하중은 얼마인가? (단, 가스트 영향계수는 1.8, 풍압계수는 1.3을 적용한다.)

① 97.5[kN] ② 13.50[kN]
③ 16.38[kN] ④ 17.55[kN]

해설 어레이 풍하중 = 설계속도압 × 유효수압면적 × 가스트영향계수 × 풍압계수
$= 1000[N/m^2] \times 7[m^2] \times 1.8 \times 1.3$
$= 16.38[kN]$
답 ③

26 분산형 전원 계통연계기술기준에서 전력품질에 들어가지 않는 항목은?

① 전압 관리 ② 역률 관리
③ 발전량 관리 ④ 직류 유입 관리

해설 분산형 전원 계통연계기술기준에서 전력품질종류는 직류 유입 관리, 전압변동, 고조파(전류 및 전압), 주파수, 출력변동, 역률, 플리커 등
답 ③

27 시방서의 역할 및 명기사항이 아닌 것은?

① 주요 기자재에 대한 규격, 수량 및 납기일을 기재한다.
② 시공 상에 필요한 품질 및 안전관리 계획, 시공 상에서 특별히 주의해야 할 특기 사항들을 포함 시킨다.
③ 시공 상에 필요한 기술기준을 규정하는 것으로 계약서류에 포함되는 설계도서의 일부로 법적인 구속력을 갖는다.
④ 설계도면에 표시하지 못한 상세 내용 즉 공정별로 적용되는 국내의 표준기준, 시공방법, 허용오차 등의 기술적 내용을 기재한다.

해설 시방서란
• 설계도면에 표기하지 않은 사항 등을 기록한 설계도서
• 건물이 실제로 지어지는 현장에서 가장 중요한 역할
답 ①

28 다음 내용을 나타내는 것은 무엇인가?

상환해야 할 원금과 매번(매년 또는 매월)상환액의 비를 나타낸다.

① 비용편익률 ② 투자회수율
③ 내부수익률 ④ 순현재가치율

해설 투자수익률(투자회수율) = 순이익/투자액
답 ②

29 태양광발전시스템에서 어레이 경사면 일조량과 가장 근사한 것은?

① 전수평면일조량과 경사면 직달광선 일조량의 합
② 전수평면일조량과 경사면 산란광선 일조량의 합
③ 경사면 직달광선 일조량과 경사면 산란광선 일조량의 합
④ 전수평면일조량, 경사면 직달광선 일조량, 경사면 산란광선 일조량의 합

해설 태양전지모듈에 입사되는 일사량은 태양전지모듈의 경사면에 직달일사와 확산일사(산란)의 합으로 나타낸다.
답 ③

30 태양광발전소 설비용량이 2500[kW], SMP가 200[원/kWh], 가중치 적용전 REC가 150[원/kWh]인 경우 판매단가[원/kWh]는? (단, 설치장소는 기존 건축물 지붕을 이용하여 설치하는 것으로 한다.)

① 450   ② 425

③ 475   ④ 500

해설 건축물 등 기존 시설물을 이용하는 경우 태양광에너지 가중치 산정 방법

설치용량	태양광에너지 가중치 산정식
3,000[kW] 이하	1.5
3,000[kW] 초과부터	$\dfrac{3,000 \times 1.5 + (용량 - 3,000) \times 1.0}{용량}$

태양광발전소 설비 용량은 3,000[kW]로 REC 가중치는 1.5배이다. 이를 적용하면 다음과 같다.
판매단가[원/kWh] = 200 + (150 × 1.5) = 425 [원/kWh]
답 ②

31 태양광 발전소 설계 시 적용하는 케이블 중 가교폴리에틸렌 절연비닐시스 케이블의 약어는?

① OW   ② CV

③ DV   ④ OC

해설 • OW : 옥외용 비닐 절연전선
• DV : 인입용 비닐 절연전선
• OC : 옥외용 가교 폴리엘틸렌 절연전선
답 ②

32 태양광발전시스템 어레이의 그림자 영향에 대한 대책이 아닌 것은?

① 모듈을 가로깔기로 배치한다.
② 인버터에 MPPT 제어기능을 추가한다.
③ 모듈 후면 단자함 내 바이패스 다이오드를 설치한다.
④ 스트링(모듈 직렬연결)간 블록킹 다이오드를 설치한다.

해설 1) 세로깔기는 모듈의 긴 쪽이 좌우가 되도록 설치
2) 가로깔기는 모듈의 긴 쪽이 상하가 되도록 설치
답 ①

33 전기설계 일반사항에서 실시설계 성과물 중 공사비 견적서와 가장 거리가 먼 것은?

① 계산서   ② 내역서

③ 산출서   ④ 견적서

해설 1) 내역서는 일정기간 동안 사용한 경비지출의 내용을 기재한 문서
2) 산출서는 제조 원가 등을 산출한 내용을 기재한 문서
3) 견적서는 어떤 일을 하는데 드는 경비를 미리 조목조목 셈하여 구체적으로 밝힌 서류
답 ①

34 태양광발전시스템 어레이 지지대의 조건으로 가장 거리가 먼 것은?

① 유지관리가 용이할 것
② 미관 및 조형성을 가질 것
③ 태풍, 지진 등 외력에 충분히 견딜 것
④ 대기환경에 충분히 비내수성을 가질 것

해설 내수성은 물의 침투에 저항하는 성질로 어레이 지지대와는 관련이 없는 사항이다.
답 ④

35 표준 상태에서 태양전지 어레이의 변환효율을 산출하는 계산식으로 옳은 것은?

> P_{AS} : 태양전지 어레이 출력전력[kW]
> G_s : 경사면 일사량[kW/m²]
> G_H : 수평면 일사량[kW/m²]
> A : 태양전지 어레이 면적[m²]

① $\eta = \dfrac{P_{AS}}{G_S \times A} \times 100 [\%]$

② $\eta = \dfrac{G_S}{P_{AS} \times A} \times 100 [\%]$

③ $\eta = \dfrac{P_{AS} \times A}{G_H} \times 100 [\%]$

④ $\eta = \dfrac{G_S \times A}{P_{AS}} \times 100 [\%]$

해설 어레이의 변환효율
$\eta = \dfrac{어레이\ 출력[kW]}{경사면\ 일사량(일조강도)[kW/m^2] \times 어레이\ 면적[m^2]}$
답 ①

36 태양전지 모듈 간의 이격거리(X)는 약 몇 [m]인가?

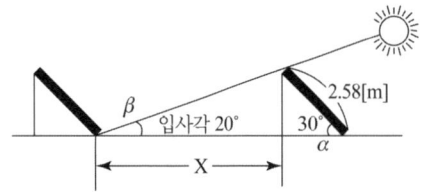

① 3.51   ② 3.54
③ 3.57   ④ 3.60

해설 설치 태양광 어레이의 높이는

$$\sin\alpha = \frac{h(태양광어레이 높이)}{2.58}$$

$$h = 2.58[m] \times \sin30 = 1.29[m]$$

이격거리 $X = \frac{1.29}{\tan20} = 3.54$ **답** ②

37 농림지역에 태양광 발전 사업을 하려고 한다. 개발행위 대상이 되는 부지면적은 최대 몇 [m²] 미만인가?

① 5000[m²]   ② 7500[m²]
③ 10000[m²]   ④ 30000[m²]

해설 농림지역 태양광 발전사업 가능여부
농림지역은 3만 제곱미터 미만으로 개발행위 허가를 받은 후, 태양광 발전사업이 가능   **답** ④

38 태양광발전시스템 어레이 기초시설 중 내력벽 또는 조적벽을 지지하는 기초로 벽체 양옆에 캔틸레버 작용으로 하중을 분산시키는 기초는 무엇인가?

① 독립기초   ② 연속기초
③ 온통기초   ④ 파일기초

해설 연속기초는 지지층이 매우 깊은 경우에 자주 쓰인다.   **답** ②

39 태양광발전에 사용되는 축전지 선정 시 기대수명을 예상할 때 고려할 대상이 아닌 것은?

① 축전지용량   ② 사용온도
③ 방전심도   ④ 방전횟수

해설 축전지의 기대수명은 사용온도, 방전심도, 방전횟수 등에 의해 결정   **답** ①

40 태양광발전시스템에 적용하는 피뢰방식이 아닌 것은?

① 메쉬법   ② 보호각법
③ 회전구체법   ④ 바리스터법

해설 바리스터은 반도체 정류기·트랜지스터 등의 서지전압(surge voltage)으로부터의 보호에 사용한다.   **답** ④

3과목 - 태양광발전시스템 시공

41 태양광발전시스템 건설을 위한 기본 계획 흐름도가 올바른 것은?

① 현장여건분석 → 시스템설계 → 구성요소제작 → 기초공사 → 구조물설치 → 간선공사 → 모듈설치 → 인버터설치 → 시운전 → 운전개시

② 현장여건분석 → 시스템설계 → 기초공사 → 구성요소제작 → 구조물설치 → 간선공사 → 모듈설치 → 인버터설치 → 시운전 → 운전개시

③ 현장여건분석 → 시스템설계 → 구성요소제작 → 기초공사 → 구조물설치 → 모듈설치 → 간선공사 → 인버터설치 → 시운전 → 운전개시

④ 현장여건분석 → 시스템설계 → 구성요소제작 → 기초공사 → 구조물설치 → 모듈설치 → 인버터설치 → 간선공사 → 시운전 → 운전개시

해설 태양광발전설비 기본 계획 흐름도
현장여건분석 → 시스템설계 → 구성요소제작 → 기초공사 → 구조물설치 → 모듈설치 → 간선공사 → 인버터설치 → 시운전 → 운전개시   **답** ③

42 태양전지 모듈을 설치할 경우 시공기준에 적합하지 않은 것은?

① 모듈 전면의 음영이 최대화되어야 한다.
② 경사각은 현장 여건에 따라 조정하여 설치할 수 있다.
③ 설치용량은 사업계획서상의 모듈 설계용량과 동일하여야 한다.
④ 방위각은 그림자의 영향을 받지 않는 곳에 정남향 설치를 원칙으로 한다.

해설 태양광발전을 극대화하기 위해서는 최초 설계 및 시공에서 음영의 영향을 최소화하여야 한다.　답 ①

43 태양광 파워컨디셔너를 설치 후 역률 확인 시 출력 기본파 역률은 몇 [%] 이상인가?

① 85　② 90
③ 93　④ 95

해설 파워컨디셔너 제어방식은 전압형 전류제어방식이며, 출력 기본파의 역률은 95[%] 이상　답 ④

44 태양광 모듈을 지붕에 시공하고 옥내 배선공사를 케이블 트레이 공사로 시공할 경우 케이블 트레이에 적용할 수 없는 전선은?

① 연피케이블　② PVC 케이블
③ 난연성 케이블　④ 알루미늄피 케이블

해설 케이블 트레이 공사
전선은 연피 케이블, 알루미늄 케이블 등 난연성 케이블, 기타 케이블 또는 금속관 혹은 합성수지관 등에 넣은 절연전선을 사용하여야 한다.　답 ②

45 감리원이 해당 공사 착공 전에 실시하는 설계도서 검토내용에 포함되지 않는 것은?

① 설계도서등의 내용에 대한 상호일치 여부
② 현장조건에 부합 및 시공의 실제가능 여부
③ 설계도서의 누락, 오류 등 불명확한 부분의 존재여부
④ 시공사가 제출한 물량내역서와 발주자가 제공한 산출내역서 수량일치 여부

해설 감리원은 설계도서 등에 대하여 공사계약문서 상호 간의 모순되는 사항, 현장 실정과의 부합 여부 등 현장 시공을 주안으로 하여 해당 공사 시작 전에 검토하여야 하며 검토내용에는 다음 각 호의 사항 등이 포함되어야 한다.
• 현장조건에 부합 여부
• 시공의 실제 가능 여부
• 다른 사업 또는 다른 공정과의 상호부합 여부
• 설계도면, 설계설명서, 기술계산서, 산출내역서 등의 내용에 대한 상호 일치 여부
• 설계도서의 누락, 오류 등 불명확한 부분의 존재 여부
• 발주자가 제공한 물량 내역서와 공사업자가 제출한 산출내역서의 수량일치 여부
• 시공상의 예상 문제점 및 대책 등　답 ④

46 다음 중 설계감리의 업무 범위가 아닌 것은?

① 사용자재의 적정성 검토
② 설계도면의 적정성 검토
③ 주요인력 및 장비투입 현황 검토
④ 공사기간 및 공사비의 적정성 검토

해설 설계감리의 업무 범위
1) 전력시설물공사의 관련 법령, 기술기준, 설계기준 및 시공기준에의 적합성 검토
2) 사용자재의 적정성 검토
3) 설계의 경제성 검토
4) 설계공정의 관리에 관한 검토
5) 설계 내용의 시공 가능성에 대한 사전 검토
6) 공사기간 및 공사비의 적정성 검토
7) 설계도면 및 설계설명서 작성의 적정성 검토　답 ③

47 태양광 발전설비 중 일반용의 경우 안전관리자를 선임하지 않아도 되는 용량[kW]은?

① 10[kW] 이하　② 20[kW] 이하
③ 50[kW] 이하　④ 100[kW] 이하

해설 제40조(전기안전관리자의 선임 등) 법 제73조제1항에 따라 전기안전관리자를 선임하여야 하는 전기설비는 다음 각 호의 전기설비 외의 전기설비를 말한다.
1) 전압이 600볼트 이하인 전기수용설비(제3조제2항 각 호의 것은 제외한다)로서 제조업 및 「기업활동 규제완화에 관한 특별조치법 시행령」 제2조에 따른 제조업관련서비스업에 설치하는 전기수용설비
2) 심야전력을 이용하는 전기설비로서 전압이 600볼트 이하인 전기수용설비

3) 휴지(休止) 중인 다음 각 목의 전기설비
4) 설비용량 20킬로와트 이하의 발전설비(2017년 3.2 산업통상자원부령 제248호, 2017년.2.28일 일부개정) **답** ②

48 발주청의 감독권한 대행을 제외한 행정업무, 시공관리업무, 공정관리업무, 안전관리업무를 포함하는 감리를 무엇이라고 하는가?

① 검측감리　　　　② 시공감리
③ 책임감리　　　　④ 설계감리

해설 시공감리
국가(國家), 지방자치단체(地方自治團體) 또 정부투자기관 관리기본법 제2조의 규정에 의한 정부투자기관이 발주하는 일정한 건설공사에 대하여 공사계약담당자가 아닌 일정한 자격이 있는 제3자가 당해 공사의 계획도서 기타 관계서류의 내용대로 시공되는지의 여부를 확인하고 품질관리, 공사관리 등에 대한 기술지도를 하는 것을 말함. **답** ②

49 피뢰기의 구비 조건이 아닌 것은?

① 방전 내량이 클 것
② 속류 차단 능력이 클 것
③ 충격 방전개시 전압이 높을 것
④ 상용주파 방전개시 전압이 높을 것

해설 피로기의 구비조건
• 방전 내량이 클 것
• 속류 차단 능력이 클 것
• 충격 방전개시 전압이 낮을 것
• 상용주파 방전개시 전압이 높을 것 **답** ③

50 태양전지 모듈에서 인버터 입력단간 거리가 120[m] 이하 일 때 전선의 길이에 따른 전압강하 최대 허용치[%]는?

① 3[%]　　　　② 5[%]
③ 7[%]　　　　④ 10[%]

해설 전압강하
• 태양전지판에서 인버터입력단간 및 인버터출력단과 계통연계점간의 전압강하는 각 3[%]를 초과하여서는 안된다.

• 전선길이가 60[m]를 초과할 경우에는 아래 표에 따라 시공할 수 있다. 전압강하 계산서(또는 측정치)를 설치확인, 신청 시에 제출

전선길이	전압강하
120[m] 이하	5[%]
200[m] 이하	6[%]
200[m] 초과	7[%]

답 ②

51 태양광 모듈 설치 시 감전사고 예방대책이 아닌 것은?

① 절연장갑 착용
② 안전 난간대 설치
③ 태양전지 모듈 등 전원 개방
④ 누전 위험장소 누전차단기 설치

해설 모듈의 설치작업중 감전 방지대책
• 작업전 모듈표면에 차광막을 씌워 태양광을 차폐한다.
• 저압 절연장갑을 착용
• 절연 처리된 공구를 사용
• 강우시에는 작업을 금지
• 누전 위험장소 누전차단기 설치 **답** ②

52 태양전지 모듈의 검사 시 성능평가 요소가 아닌 것은?

① 충진율　　　　② 개방전압
③ 전력변환효율　　④ 방전종지전압

해설 태양전지 성능평가
태양전지는 태양빛을 받아 전력을 생산하는 반도체 소자로서 단락전류(I_{sc}), 개방전압(V_{oc}), 최대 출력(P_m), 충진률(F.F.), 변환 효율(η) 등의 지표는 태양전지의 성능평가 주요 요소이다. **답** ④

53 태양광설비 인버터의 입력단(모듈출력)에 표시 하지 않아도 되는 것은?

① 전압　　　　② 전류
③ 전력　　　　④ 주파수

해설 태양광설비 인버터의 입력단 표시는 전압, 전류, 전력 등으로 표시한다. **답** ④

54 태양광발전설비의 준공검사 후 현장문서 인수
인계 사항이 아닌 것은?

① 준공 사진첩
② 공사시공 계획서
③ 시설물 인수인계서
④ 품질시험 및 검사성과 총괄표

해설 현장문서 인수·인계 준비 서류
• 준공사진첩, 준공도면, 품질시험 및 검사결과 총괄표,
기자재 구매서류, 시설물 인수·인계서
• 감리업자는 법에 따라 해당 감리용역이 완료될 때에
는 15일 이내에 공사감리 완료 보고서를 협회에 제출
하여야 한다. **답 ②**

55 감리원이 공사업자에게 행하는 기술지도 사항
이 아닌 것은?

① 품질관리   ② 시공관리
③ 공정관리   ④ 운영관리

해설 감리원의 근무지침
감리원은 해당공사가 공사계약문서, 예정공정표, 발주
자의 지시사항, 그 밖에 관련 법령의 내용대로 시공되
는가를 공사 시행 시 수시로 확인하여 품질관리에 임하
여야 하고, 공사업자에게 품질·시공·안전·공정관
리 등에 대한 기술지도와 지원을 하여야 한다. **답 ④**

56 태양전지 모듈의 배선공사가 끝나고 확인할 사
항으로 옳지 않은 것은?

① 단락전류 확인
② 단락전압 확인
③ 모듈의 극성 확인
④ 모듈 출력전압 확인

해설 태양전지 모듈의 배선공사가 끝나고 확인할 사항은 단
락전류 확인, 모듈의 극성 확인, 모듈 출력전압 확인, 비
접지확인 등 **답 ②**

57 분산형 전원을 배전계통에 연계 시 승압용 변
압기의 1차 결선방식으로 옳은 것은?
(단, 인버터는 3상이며, 절연변압기를 사용하
는 조건임)

① Y결선   ② △결선
③ V결선   ④ 스코트(Scott)결선

해설 분산형 전원 배전계통은 Y결선 방식을 사용한다.
답 ①

58 변전소 설치 목적이 아닌 것은?

① 전압을 승압한다.
② 전압을 강압한다.
③ 전력손실을 감소시킨다.
④ 계통의 주파수를 변환시킨다.

해설 변전소 설치 목적
• 경제적인 이유에서 전압을 승압 또는 강압한다.
• 발전 전력을 집중 연계한다.
• 수용가에 배분하고 정전을 최소화한다 **답 ④**

출제기준 변경 및 개정된 관계 법규에 따라 삭제된 문제
가 있어 20문항이 안됩니다.

4과목 - 태양광발전시스템 운영

61 정전작업 중 조치 사항에 대한 설명 중 틀린 것
은?

① 개폐기 관리
② 작업지휘자에 의한 작업지휘
③ 근접 활선에 대한 방호상태 관리
④ 검전기로 개로된 전로의 충전 여부 확인

해설 정전작업 중 조치사항
• 개폐기 관리
• 작업지휘자에 의한 작업지휘
• 근접 활선에 대한 방호상태 관리
• 단락접지의 수시 확인 **답 ④**

62 태양광발전시스템 접속함의 고장 현상과 원인
의 연결로 틀린 것은?

① 어레이 단자 변형-누전
② 다이오드 과열-다이오드 불량
③ 터미널 튜브 변색-과전류, 과열
④ 부스바 과열-과전류, 부스바 결합상태 불량

해설 어레이 단자는 접촉 불량에 의한 과열로 어레이 단자 변형이 발생한다. **답** ①

63 결정질 실리콘 태양광발전 모듈의 외관검사에 대한 설명으로 틀린 것은?

① 태양전지는 깨짐, 크랙이 없어야 한다.
② 모듈외관은 크랙, 구부러짐, 갈라짐 등이 없어야 한다.
③ 500[lx] 이상의 광 조사 상태에서 검사를 진행한다.
④ 태양전지와 태양전지, 태양전지와 프레임의 접촉이 없어야 한다.

해설 외관검사
1000[Lux] 이상의 광 조사상태에서 모듈외관, 태양전지 셀 등에 크랙, 구부러짐, 갈라짐 등이 없는지를 확인하고, 셀간 접속 및 다른 접속부분에 결함이 없는지, 셀과 셀, 셀과 프레임상의 터치가 없는지, 접착에 결함이 없는지, 셀과 모듈 끝 부분을 연결하는 기포 또는 박리가 없는지 등을 검사 **답** ③

64 태양전지 어레이의 개방전압을 측정할 때 유의해야 할 사항이 아닌 것은?

① 태양전지 어레이의 표면을 청소할 필요가 있다.
② 각 스트링의 전압은 안정된 일사강도가 얻어질 때 실시한다.
③ 측정 시각은 일사강도 온도의 변동을 극히 적게 하기 위해 맑을 때 실시하는 것이 바람직하다.
④ 태양이 남쪽에 있을 때의 전·후 1시간은 일사강도가 가장 높으므로 측정을 피하는 것이 좋다.

해설 개방전압 측정 시 유의사항
① 태양전지 어레이의 표면을 청소하는 것은 필요하다.
② 각 스트링의 측정은 안정된 일사강도가 얻어질 때 하도록 한다.
③ 측정시각은 일사강도, 온도의 변동을 극히 적게 하기 위하여 맑은 날 남쪽에 있을 때의 전후 1시간에 실시하는 것이 바람직하다.
④ 태양전지는 비오는 날에도 미미한 전압을 발생하고 있기 때문에 충분히 주의하여 측정을 하여야 한다. **답** ④

65 소형 태양광 발전용 인버터의 정상 특성 시험 항목 중 독립형 인버터의 시험 항목으로 틀린 것은?

① 효율시험
② 대기 손실 시험
③ 온도 상승 시험
④ 측정오차 정확도 시험

해설 인버터 특성 시험 방법 및 판정기준

	시험항목	독립형	계통 연계형
절연 성능 시험	① 절연저항시험	○	○
	② 내전압시험	○	○
	③ 임펄스 내전압 시험	○	○
	④ 접촉 전류 시험	○	○
	⑤ 액세스 프로브 시험	○	○
	⑥ IP시험	○	○
	⑦ 보호 본딩 시험(접지연속성 시험)	○	○
	⑧ 공간거리와 연면거리 시험	○	○
보호 기능 시험	① 출력과 전압 및 부족전압보호기능시험	×	○
	② 주파수 상승 및 저하보호기능시험	×	○
	③ 단독 운전 방지 기능시험	×	○
	④ 복전 후 일정시간 투입 방지기능 시험	×	○
정상 특성 시험	① 교류전압, 주파수 추종 범위 시험	×	○
	② 교류출력전류 왜형률 시험	×	○
	③ 측정 오차 정확도 시험	○	○
	④ 온도상승시험	○	○
	⑤ 효율시험	○	○
	⑥ 대기 손실 시험	×	○
	⑦ 정지·기동 전압 확인 시험	×	○
	⑧ 최대 전력 추종 시험	×	○
	⑨ 출력전류 직류분 검출 시험	×	○
과도응답 특성 시험	① 입력전력 급변시험	○	○
	② 계통전압 급변시험	×	○
	③ 계통전압위상 급변시험	×	○
외부 사고 시험	① 출력 측 단락시험	○	○
	② 계통전압 순간정전·강하시험	×	○
	③ 부하차단시험	○	○
내전기 환경 시험	① 계통전압 왜형률 내량시험	×	○
	② 계통전압 불평형 시험	×	○
	③ 부하 불평형 시험	○	×
내주위환경 시험	① 습도시험	○	○
	② 온습도 사이클 시험	○	○
전자기적합 성(EMC)	① 전자파 장해(EMI)	○	○
	② 전자파 내성(EMS)	○	○

답 ②

66 태양광발전용 독립형/연계형 인버터의 성능시험을 위해 사용되는 CT 등 출력계측기의 정확도 범위는?

① 1[%] 이내
② 3[%] 이내
③ 5[%] 이내
④ 10[%] 이내

> **해설** 인버터 성능 시험 KS C 8536에 따라, 출력계측을 위한 장치(CT 등)의 정확도는 3[%] 이내이어야 한다.
>
> **답** ②

67 인버터의 정기점검 항목 중 육안점검 항목으로 틀린 것은?

① 통풍 확인
② 접지선의 손상
③ 운전 시 이상음
④ 표시부 동작 확인

> **해설** 인버터 정기점검 항목

	점검항목	점검요령
육안점검	외함의 부식 및 파손	부식 및 파손이 없을 것
	외부배선의 손상 및 접속단자의 풀림	배선에 이상이 없을 것 / 볼트의 풀림이 없을 것
	접지선의 파손 및 접속단자의 풀림	접지선에 이상이 없을 것 / 볼트의 풀림이 없을 것
	환기확인 (환기구, 환기필터 등)	환기구를 막고 있지 않을 것 / 환기필터가 막혀 있지 않을 것
	운전시의 이상음, 진동 및 악취의 유무	운전 시 이상음, 이상 진동 및 악취가 없을 것
측정 및 시험	절연저항(인버터 입출력 단자–접지간)	
	표시부의 동작확인(표시부 표시, 충전전력 등)	표시상황 및 발전상황에 이상이 없을 것
	투입저지 시한 타이머 (동작시험)	인버터가 정지하여 소정 시간 후 자동 시동할 것
육안점검	태양광발전용 개폐기의 접속단자의 풀림	볼트의 풀림이 없을 것
측정	절연저항	

> **답** ④

68 태양광 발전모듈의 정기점검 시 육안점검 항목으로 옳은 것은?

① 절연저항
② 단자전압
③ 투입저지 시한 타이머 동작시험
④ 접지선의 접속 및 접속단자 이완

> **해설** 태양전지 어레이 정기점검 항목
>
> | | 점검항목 | 점검요령 |
> |---|---|---|
> | 육안점검 | 접지선의 접속 및 접속단자의 풀림 | 접지선에 확실하게 접속되어 있을 것 / 볼트의 풀림이 없을 것 |
>
> **답** ④

69 태양광발전시스템의 계측·표시 목적이 아닌 것은?

① 시스템의 발전량을 알기 위한 계측
② 시스템의 운영 자료를 견학자에게 제공
③ 시스템의 운전상태 감시를 위한 계측 또는 표시
④ 시스템의 기기 및 시스템 종합평가를 위한 계측

> **해설** 태양광 발전시스템의 계측·표시 목적
> 1. 시스템의 운전상태 감시를 위한 계측 또는 표시
> 2. 시스템의 발전량을 알기 위한 계측
> 3. 시스템의 기기 및 시스템 종합평가를 위한 계측
> 4. 시스템의 운전상황을 견학자에게 보여주고, 시스템의 홍보를 위한 계측 또는 표시
>
> **답** ②

70 태양광발전시스템이 작동되지 않을 때 응급조치 순서로 옳은 것은?

① 접속함 내부 차단기 개방 → 인버터 개방 → 설비 점검
② 접속함 내부 차단기 개방 → 인버터 투입 → 설비 점검
③ 접속함 내부 차단기 투입 → 인버터 개방 → 설비 점검
④ 접속함 내부 차단기 투입 → 인버터 투입 → 설비 점검

> **해설** 태양광발전시스템 응급조치 순서
> 접속함 내부 차단기 off → 인버터 off 점검 → 점검 후 → 인버터 on → 접속함 내부 차단기 on
>
> **답** ①

71 발전설비공사에서 철근콘크리트 또는 철골구조부의 하자담보책임기간으로 옳은 것은?

① 2년
② 3년
③ 5년
④ 7년

해설 전기공사의 종류별 하자담보 책임기간

전기공사의 종류	하자담보 책임기간
1. 발전설비공사	
가. 철근콘크리트 또는 철골구조부	7년
나. 가목 외 시설공사	3년
2. 터널식 및 개착식 전력구 송전·배전설비공사	
가. 철근콘크리트 또는 철골구조부	10년
나. 가목 외 송전설비공사	5년
다. 가목 외 배전설비공사	2년
3. 지중 송전·배전설비공사	
가. 송전설비공사(케이블공사 및 물밑 송전설비공사를 포함한다)	5년
나. 배전설비공사	3년
4. 송전설비공사	3년
5. 변전설비공사 (전기설비 및 기기설치공사를 포함한다)	3년
6. 배전설비공사	
가. 배전설비 철탑공사	3년
나. 가목 외 배전설비공사	2년
7. 그 밖의 전기설비공사	1년

답 ④

72 태양광발전시스템 운전 조작 방법 중 운전 시 행해지는 조작 방법으로 틀린 것은?

① Main VCB반 전압 확인
② 한전 전원복구 여부 확인
③ DC용 차단기 On, AC측 차단기 On
④ 5분후 인버터 정상 작동 여부 확인

해설 운전시 조작방법
1) Main VCB반 전압 확인
2) 접속반, 인버터 DC전압 확인
3) DC용 차단기 On, AC측 차단기 On
4) 5분 후 인버터 정상동작여부 확인　**답** ②

73 솔라 시뮬레이터는 시험면에서 몇 [W/m²]의 유효조사 강도를 생성할 수 있어야 하는가? (단, STC 측정목적으로 사용되도록 설계된 시뮬레이터이다.)

① 500　　　② 1000
③ 1500　　④ 2000

해설 태양전지 표준시험(Standard Test Condition) 조건은 솔라 시뮬레이터를 이용, 옥내 측정은 표준 측정방법으로 하고 모듈 표준온도 25[℃], 분광분포 AM 1.5, 방사조도 1,000 [W/m²]　**답** ②

74 태양광발전시스템 점검 계획 시 고려해야 할 사항이 아닌 것은?

① 환경 조건　　② 고장 이력
③ 부하 종류　　④ 설비의 중요도

해설 점검계획의 수립에 있어서 고려해야 할 사항
1) 설비의 사용기간 : 장시간 사용한 설비의 고장확률이 높으므로 점검 내용을 세분화하고, 점검 주기를 단축한다.
2) 설비의 중요도 : 수전선 사고의 경우는 전 구간 정전, 주요 부하용 설비는 해당 구간만 정전된다.
3) 환경조건 : 설비 설치환경이 옥내, 옥외인가, 분진다소, 환기의 양부, 습기의 다소, 특수 가스의 유무, 진동의 유무 등에 의해 절연물의 열화, 금속의 부식, 과열, 더 나아가서는 수명단축 등의 가능성이 높다.
4) 고장이력 : 환경조건에 의한 고장 다발 서리는 재발 장지를 위해 점검을 강화한다.
5) 부하상태 : 사용 빈도가 높은 설비, 부하의 증가, 환경조건의 악화 등을 과부하 상태로 된 설비 등은 점검 주기를 단축해야 한다.　**답** ③

75 태양광 발전용 파워 컨디셔너의 정격 부하 효율 결정 시 조건으로 틀린 것은?

① 부하 역률은 정격값으로 한다.
② 온도 상승 시험 이전의 값으로 한다.
③ 입력 전압, 출력 전압, 전력 및 주파수는 정격값으로 한다.
④ 계통 연계형인 경우 직류 쪽의 전압 또는 전류 맥동률과 교류 쪽의 전류 왜곡률은 규정된 값을 초과하지 않는 것으로 한다.

해설 태양광 발전용 PCS 정격 부하 효율 결정 조건
1) 입력전압, 출력전압, 역률 및 주파수는 정격값으로 한다.
2) 직류 쪽 전압 또는 전류 맥동률과 교류 쪽의 전압 왜곡률(독립형) 또는 전류 왜곡률(계통연계형)은 지정된 값을 초과하지 않는 것으로 한다.
3) 부하의 용량은 관리자와 협의한다.　**답** ②

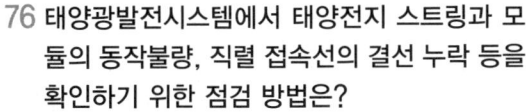

76 태양광발전시스템에서 태양전지 스트링과 모듈의 동작불량, 직렬 접속선의 결선 누락 등을 확인하기 위한 점검 방법은?

① 일상점검   ② 개방전압 측정
③ 운전상황 점검   ④ 단락전류 확인

해설 개방전압 측정은 태양전지 어레이의 각 스트링의 개방전압을 측정하여 개방전압의 불균일에 따라 작동 불량의 스트링이나 태양전지 모듈의 검출 및 직렬 접속선의 결선 누락사고 등을 검출하기 위해 측정해야 한다.
답 ②

77 전기용 고무장갑의 사용 범위에 대한 설명으로 틀린 것은?

① 건조한 장소에서 고압전로에 접근이 어려운 경우
② 고압 이하 충전부의 접속 · 절단 등을 작업할 경우
③ 정전작업 시 역송전으로 선로, 기기가 단락, 접지되는 경우
④ 활선상태의 배전용 지지물에 누설전류가 흐를 우려가 있는 경우

해설 전기용 고무 장갑의 사용 범위
1) 활선상태의 배전용 지지물에 누설전류가 흐를 우려가 있는 장소
2) 고압 이하의 충전부의 접속, 절단, 점검 등의 작업
3) 고압 활선 또는 근접작업으로 감전이 우려되는 장소
4) 습기가 많은 장소의 기중개폐기 개방, 투입의 경우
5) 정전작업시 역송전이 선로, 기기의 단락, 접지의 경우
6) 습기가 많은 장소에서 고압 전로에 감전이 우려되는 경우
답 ①

78 송변전설비 유지관리 점검의 종류에서 원칙적으로 정전을 시키고 무전압 상태에서 기기의 이상상태를 점검하고 필요에 따라서는 기기를 분해하여 점검하는 방식은 무엇인가?

① 정기점검   ② 일상점검
③ 수시점검   ④ 육안점검

해설 정기점검은 배전반의 기능을 확인하고 유지하기 위한 계획을 수립하여 점검하는 것을 말한다.

1) 원칙적으로 정전을 시키고 무전압 상태에서 기기의 이상 상태를 점검하고 필요에 따라서는 기기를 분해하여 점검한다.
2) 모선을 정전하지 않고 점검해야 할 경우에는 안전사고가 일어나지 않도록 주의한다.
답 ①

79 태양광 모듈 성능시험을 위한 표준 시험조건 중 최적의 온도기준[℃]은?

① 15   ② 20
③ 25   ④ 30

해설 태양전지모듈 표준 시험조건 기준
1) 수광 조건은 대기 질량 정수(AM) 1.5의 지역을 기준으로 함
2) 빛의 일조 강도는 1,000[W/m²]를 기준으로 함
3) 모든 시험의 최적의 온도 기준은 25[℃]로 함
답 ③

80 사업계획서 작성에서 태양광설비 개요에 포함되어야 할 사항으로 틀린 것은?

① 집광판의 재질
② 인버터의 종류
③ 인버터의 정격출력
④ 태양전지의 정격용량

해설 태양광발전 사업계획서의 내용
1) 사업 구분
2) 사업계획 개요 : 발전소 명칭, 위치, 설비용량, 설비형식, 사용연료, 건설공사, 총사업비, 건설단가, 연간 전력생산량, 계통연계방법 등
3) 사업개시 예정일
4) 전기판매사업의 개시일부터 5년간 연도별, 용도별 소요상정 및 공급계획 : 발전량, 송전량
5) 소요자금액 및 그 조달방법 : 소요자금 현황(직접 공사비, 간접공사비, 총 사업비), 소요자금 조달방법(자기자금액 및 타인자금액, 타인자금의 조달방법), 소요자금 투입시기
6) 태양광 발전설비 및 송전 · 변전설비의 개요
㉮ 발전설비
• 태양전지의 종류, 정격용량, 정격전압 및 정격출력
• 인버터의 종류, 입력전압, 출력전압 및 정격출력
• 집광판의 면적
• 발전소의 명칭 및 위치
㉯ 송전 · 변전설비
• 변전소의 명칭 및 위치, 변압기의 종류, 용량, 전압, 대수

• 송전선로의 명칭, 구간 및 송전 용량
• 개폐소의 위치(동, 리까지 적을 것)
• 송전선의 종류, 길이, 회선 수 및 굵기의 1회선 당 조수

7) 공사비 개괄 계산서 : 전기사업회계규칙의 계정과목 분류에 따를 것

8) 전기설비의 설치 일정 　　답 ①

5과목 - 신재생에너지 관련법규

81 과전류트립 동작시간 및 특성에서 산업용 배선차단기의 부동작 전류와 동작전류가 옳은 것은?

① 1.05배, 1.3배　　② 1.13배, 1.45배
③ 1.5배, 2.1배　　④ 1.25배, 1.6배

해설 KEC 212.3.2(과전류트립 동작시간 및 특성(산업용 배선차단기))

정격전류의 구분	시간	정격전류의 배수 (모든 극에 통전)	
		부동작전류	동작전류
63[A] 이하	60분	1.05배	1.3배
63[A] 초과	120분	1.05배	1.3배

답 ①

82 전기공사업자가 전기공사를 하도급 주기위하여 미리 해당 전기공사의 발주자에게 이를 알리기 위하여 작성하는 하도급 통지서에 첨부하는 서류로 틀린 것은?

① 공사 예정 공정표
② 하도급(재하도급)계약서 사본
③ 하수급인 또는 다시 하도급 받는 공사업자의 등록수첩 사본
④ 하수급인 또는 다시 하도급 받는 공사업자의 전기공사자재 보유 현황

해설 전기공사업법 제11조(하도급 통지서)
1) 하도급(재하도급)계약서 사본
2) 하도급(재하도급)내용이 명시된 공사명세서
3) 공사 예정 공정표

4) 하수급인 또는 다시 하도급 받는 공사업자의 전기공사기술자 보유현황
5) 하수급인 또는 다시 하도급 받는 공사업자의 등록수첩 사본 　　답 ④

83 정부가 범지구적인 온실가스 감축에 적극 대응하고 저탄소 녹색성장을 효율적 · 체계적으로 추진하기 위하여 중장기 및 단계별 목표를 설정하고 그 달성을 위하여 필요한 조치를 강구하여야 하는 사항으로 틀린 것은?

① 에너지 판매 목표
② 에너지 자립 목표
③ 온실가스 감축 목표
④ 신 · 재생에너지 보급 목표

해설 제42조(기후변화대응 및 에너지 목표관리)
정부는 범지구적인 온실가스 감축에 적극 대응하고 저탄소 녹색성장을 효율적 · 체계적으로 추진하기 위해 다음과 같은 중장기 및 단계별 목표를 설정하였다.
1) 온실가스 감축 목표
2) 에너지 절약 목표 및 에너지 이용효율 목표
3) 에너지 자립 목표
4) 신 · 재생에너지 보급 목표 　　답 ①

84 산업통상자원부장관이 신 · 재생에너지 발전사업자에게 기준가격 설정을 위하여 필요한 자료를 제출할 것을 요구하였으나 거짓으로 자료를 2회 제출한 경우 행하는 조치 사항으로 옳은 것은?

① 경고
② 벌금
③ 시정명령
④ 발전차액의 지원 중단

해설 산업통상자원부장관은 발전차액을 지원받은 신 · 재생에너지 발전사업자에게 결산재무제표 등 기준가격 설정을 위하여 필요한 자료를 제출할 것을 요구할 수 있으며 거짓이나 부정한 방법으로 발전차액을 지원받은 경우 또는 자료요구에 따르지 아니하거나 거짓으로 자료를 제출한 경우 어느 하나에 해당하면 산업통상자원부령으로 정하는 바에 따라 경고를 하거나 시정을 명하고, 그 시정명령에 따르지 아니하는 경우에는 발전차액의 지원을 중단할 수 있다.
1) 위반행위를 1회 한 경우 : 경고

2) 위반행위를 2회 한 경우 : 시정명령
3) 시정명령에 따르지 아니한 경우 발전차액의 지원 중단　**답** ③

85 다음 중 신·재생에너지에 해당되지 않는 것은?

① 풍력　　　　　② 원자력
③ 연료전지　　　④ 태양에너지

해설 신·재생에너지 종류
1) 신에너지 : 연료전지, 석탄액화가스화 및 중질유잔사유 가스화, 수소에너지
2) 재생에너지 : 태양광, 태양열, 바이오, 풍력, 수력, 해양, 폐기물, 지열에너지　**답** ②

86 산업통상자원부장관은 공급의무자가 외부공급량에 부족하게 신·재생에너지를 이용하여 에너지를 공급한 경우에는 대통령령으로 정하는 바에 따라 그 부족분에 신·재생에너지 공급인증서의 해당 연도 평균거래 가격의 얼마를 곱한 금액의 범위에서 과징금을 부과 하는가?

① 100분의 30　　② 100분의 50
③ 100분의 100　　④ 100분의 150

해설 신에너지 및 재생에너지 개발 이용·보급·촉진법 제12조의6(신재생에너지 공급 불이행에 과징금)
산업통상자원부장관은 공급의무자가 의무공급량에 부족하게 신·재생에너지를 이용하여 에너지를 공급한 경우에는 대통령령으로 정하는 바에 따라 그 부족분에 제12조의7에 따른 신·재생에너지 공급인증서의 해당 연도 평균거래 가격의 100분의 150을 곱한 금액의 범위에서 과징금을 부과할 수 있다.　**답** ④

87 고압이상의 전기설비에서 접지극의 매설깊이는 지표면으로부터 지하 몇 [m] 이상의 깊이에 매설하는가?

① 0.30　　　　② 0.45
③ 0.60　　　　④ 0.75

해설 KEC 142.2 (접지극의 시설 및 접지저항)
접지극은 동결 깊이를 감안하여 시설하되 고압 이상의 전기설비와 변압기 중성점 접지 의하여 시설하는 접지극의 매설깊이는 지표면으로부터 지하 0.75[m] 이상으

로 한다.　**답** ④

88 전력수급의 안정을 위하여 전력수급기본계획을 수립하는 사람은 누구인가?

① 고용노동부장관
② 국토교통부장관
③ 기획재정부장관
④ 산업통상자원부장관

해설 전기사업법(제25조 전력수급기본계획의 수립)
산업통상자원부장관은 전력수급의 안정을 위하여 전력수급기본계획을 수립하여야 한다.　**답** ④

89 사용전압 35[kV] 이하의 특고압 가공전선이 도로를 횡단하는 경우 지표상 높이는 최소 몇 [m] 이상이어야 하는가?

① 5　　　　　② 5.5
③ 6　　　　　④ 6.5

해설 KEC 333.7 (특고압 가공선로 높이)

전압의 범위	일반 장소	도로 횡단	철도 또는 궤도횡단	횡단보도교
35[kV] 이하	5[m]	6[m]	6.5[m]	4[m](특고압절연전선 또는 케이블 사용)
35[kV] 초과 160[kV] 이하	6[m]	6[m]	6.5[m]	5[m](케이블 사용)
	산지 등에서 사람이 쉽게 들어갈 수 없는 장소 : 5[m] 이상			
160[kV] 초과	일반장소	가공전선의 높이 = 6 + 단수 × 1.2[m]		
	철도 또는 궤도횡단	가공전선의 높이 = 6.5 + 단수 × 1.2[m]		
	산지	가공전선의 높이 = 5 + 단수 × 1.2[m]		

답 ③

90 과전류차단기를 시설하여야 하는 장소는?

① 저압 옥내 선로
② 접지공사의 접지선
③ 다선식 선로의 중성선
④ 선로의 일부에 접지공사를 한 저압 가공전선로의 접지측 전선

해설 KEC 212.6.2 (저압 옥내전로 인입구에서의 개폐기의 시설)
저압 옥내전로에는 인입구에 가까운 곳으로서 쉽게 개폐할 수 있는 곳에 개폐기를 각 극에 시설하여야 한다.
답 ①

91 태양전지 모듈의 절연내력 시험 시 10분간 연속적으로 인가하는 직류전압 또는 교류전압(500[V] 미만으로 되는 경우에는 500[V])은 최대사용전압의 몇 배인가?

① 직류 1배, 교류 1배
② 직류 1배, 교류 1.5배
③ 직류 1.5배, 교류 1배
④ 직류 1.5배, 교류 1.5배

해설 태양전지 모듈은 최대사용전압의 1.5배의 직류전압 또는 1배의 교류전압(500[V] 미만으로 되는 경우에는 500[V])을 충전부분과 대지 사이에 연속하여 10분간 가하여 절연내력을 시험하였을 때에 이에 견디는 것이어야 한다.
답 ③

92 사용전압이 22.9[kV]인 특고압 가공전선과 그 지지물과의 이격거리는 일반적인 경우 최소 몇 [m] 이상인가?

① 0.2
② 0.25
③ 0.3
④ 0.35

해설 KEC 333.5 (특고압 가공전선과 지지물 등의 이격거리)

사용전압	이격거리[cm]
15[kV] 미만	15
15[kV] 이상 25[kV] 미만	20
25[kV] 이상 35[kV] 미만	25
35[kV] 이상 50[kV] 미만	30
50[kV] 이상 60[kV] 미만	35
60[kV] 이상 70[kV] 미만	40
70[kV] 이상 80[kV] 미만	45
80[kV] 이상 130[kV] 미만	65
130[kV] 이상 160[kV] 미만	90
160[kV] 이상 200[kV] 미만	110
200[kV] 이상 230[kV] 미만	130
230[kV] 이상	160

답 ①

93 산업통상자원부장관이 전기의 보편적 공급의 구체적 내용을 정할 경우 고려하여야 할 사항으로 틀린 것은?

① 사회복지의 증진
② 전기의 보급 정도
③ 개인의 이익과 안전
④ 전기기술의 발전 정도

해설 전기사업법(제6조)
전기의 보편적 공급의 구체적 내용을 정할 때 산업통상자원부장관이 고려해야 할 사항
1) 전기기술의 발전 정도
2) 전기의 보급 정도
3) 공공의 이익과 안전
4) 사회복지 증진
답 ③

94 수상전선로의 전선을 가공전선로의 전선과 육상에서 접속하는 경우 접속점의 높이는 지표상 최소 몇 [m] 이상인가?

① 4
② 5
③ 6
④ 7

해설 접속점이 육상에 있는 경우에는 지표상 5[m] 이상. 다만, 수상전선로의 사용전압이 저압인 경우에 도로상 이외의 곳에 있을 때에는 지표상 4[m]까지로 감할 수 있다.
답 ②

95 산업통상자원부령으로 정하는 신·재생에너지 공급인증서의 거래 제한 사유로 틀린 것은?

① 발전소별로 1천키로와트를 넘는 수력을 이용하여 에너지를 공급하고 발급된 경우
② 기존 방조제를 활용하여 건설된 조력(潮力)을 이용하여 에너지를 공급하고 발급된 경우
③ 석탄을 액화·가스화한 에너지 또는 중질잔사유를 가스화한 에너지를 이용하여 에너지를 공급하고 발급된 경우
④ 폐기물에너지 중 화석연료에서 부수적으로 발생하는 폐가스로부터 얻어지는 에너지를 이용하여 에너지를 공급하고 발생된 경우

해설 신·재생에너지 공급인증서의 거래 제한
1) 공급인증서가 발전소별로 5천킬로와트를 넘는 수력을 이용하여 에너지를 공급하고 발급된 경우
2) 공급인증서가 기존 방조제를 활용하여 건설된 조력(潮力)을 이용하여 에너지를 공급하고 발급된 경우
3) 공급인증서가 석탄을 액화·가스화한 에너지 또는 중질잔사유를 가스화한 에너지를 이용하여 에너지를 공급하고 발급된 경우
4) 공급인증서가 폐기물에너지 중 화석연료에서 부수적으로 발생하는 폐가스로부터 얻어지는 에너지를 이용하여 에너지를 공급하고 발급된 경우 **답** ①

---

96 공급인증기관이 개설한 거래시장 외에서 공급인증서를 거래한 자는 최대 얼마 이하의 벌금에 처하는가?

① 1천만원 ② 2천만원
③ 5천만원 ④ 7천만원

해설 공급인증기관이 개설한 거래시장 외에서 공급인증서를 거래한 자는 2년 이하의 징역 또는 2천만 원 이하의 벌금에 처한다. **답** ②

---

97 대통령령으로 정하는 구역전기사업자의 발전설비용량 규모는?

① 1만 키로와트
② 1만8천 키로와트
③ 3만5천 키로와트
④ 5만 키로와트

해설 전기사업법 시행령 제1조의2(구역전기사업자의 발전설비용량) 「전기사업법」(이하 "법"이라 한다) 제2조제11호에서 "대통령령으로 정하는 규모"란 3만5천킬로와트를 말한다. **답** ③

---

98 신·재생에너지 기술개발 및 이용·보급 사업비의 조성에 따라 조성된 사업비의 용도로 틀린 것은?

① 신·재생에너지 시범사업 및 보급사업
② 신·재생에너지 설비 수출기업의 지원
③ 신·재생에너지 설비 성능평가·인증
④ 신·재생에너지 연구·개발 및 기술평가

해설 제10조(조성된 사업비의 사용) 산업통상자원부장관은 제9조에 따라 조성된 사업비를 다음 각 호의 사업에 사용한다. 〈개정 2013.3.23.〉
1) 신·재생에너지의 자원조사, 기술수요조사 및 통계작성
2) 신·재생에너지의 연구·개발 및 기술평가
3) 삭제 〈2015.1.28.〉
4) 신·재생에너지 공급의무화 지원
5) 신·재생에너지 설비의 성능평가·인증 및 사후관리
6) 신·재생에너지 기술정보의 수집·분석 및 제공
7) 신·재생에너지 분야 기술지도 및 교육·홍보
8) 신·재생에너지 분야 특성화대학 및 핵심기술연구센터 육성
9) 신·재생에너지 분야 전문인력 양성
10) 신·재생에너지 설비 설치전문기업의 지원
11) 신·재생에너지 시범사업 및 보급사업
12) 신·재생에너지 이용의무화 지원
13) 신·재생에너지 관련 국제협력
14) 신·재생에너지 기술의 국제표준화 지원
15) 신·재생에너지 설비 및 그 부품의 공용화 지원
16) 그 밖에 신·재생에너지의 기술개발 및 이용·보급을 위하여 필요한 사업으로서 대통령령으로 정하는 사업 **답** ②

출제기준 변경 및 개정된 관계 법규에 따라 삭제된 문제가 있어 20문항이 안됩니다.

2017년 기사 2회

New & Renewable energy

1과목 - 태양광발전시스템 이론

01 저항 50[Ω], 인덕턴스 200[mH]의 직렬회로에 주파수 50[Hz]의 교류를 접속하였다면, 이 회로의 역률은 약 몇 [%]인가?

① 82.3 ② 72.3
③ 62.3 ④ 52.3

해설 $R-L$ 직렬회로

$$\cos\theta = \frac{R}{Z} = \frac{R}{\sqrt{R^2 + X_L^2}} \quad (X_L = 2\pi fL[\Omega])$$

$$\cos\theta = \frac{50}{\sqrt{50^2 + (2 \times 3.14 \times 50 \times 200 \times 10^{-3})^2}} = 0.623$$

$$\therefore 62.3[\%]$$

답 ③

02 태양전지의 전기적 특성에 대한 설명이 아닌 것은?

① 출력전압은 절대적으로 입사광 세기에 비례한다.
② 태양전지의 출력전압은 온도에 따라 영향을 받는다.
③ 최대 밝기의 1/5 정도 되는 흐린 날에도 전압이 나온다.
④ 태양전지의 출력전류는 입사되는 빛의 세기에 비례한다.

해설 1) 태양전지의 온도특성은 전압에 반비례하고, 전류에 비례하나 그 수준은 아주 낮다.
(온도가 높을수록 전압은 감소, 전류는 소량 증가)
2) 태양전지의 일사량 특성은 전류에 비례하고, 전압에 비례하나 그 수준은 아주 낮다. (일사량이 높을수록 전류 증가, 전압도 소량 증가)

답 ①

03 태양전지 모듈에 부분 음영이 존재할 시, 모듈의 특성은 어떻게 변하는가?

① 효율증가 ② 출력감소
③ 발열감소 ④ 변화없음

해설 태양전지모듈에 음영이 발생하면 그 부분이 저항으로 작용하여 전류가 열로 소비되며, 출력이 감소한다.
1) 태양전지 모듈의 일사량이 감소하면 출력전류, 출력전압 감소
2) 전체 출력이 감소한다.

답 ②

04 상용주파 변압기 절연방식의 인버터에 대한 특징이 아닌 것은?

① 구조가 간단하다.
② 소용량의 경우 효율이 낮다.
③ 중량이 가볍고 부피가 작다.
④ 절연이 가능하고 회로구성이 간단하다.

해설 상용주파수 변압기 절연방식은 PWM인버터를 이용하여 상용주파수의 교류를 만들고, 상용주파수의 변압기를 이용하여 절연과 전압변환을 한다. 내뢰성과 노이즈 컷이 뛰어나지만 상용주파수 변압기를 이용하기 때문에 중량이 무겁다.

답 ③

05 태양광발전시스템의 직류출력을 DC-DC컨버터로 승압하고 인버터로 상용주파의 교류로 변환하는 인버터의 회로빙식은?

① 상용주파 변압기 절연방식
② 고주파 변압기 절연방식
③ 트랜스리스 방식
④ 계통연계 방식

해설 트랜스리스 방식
태양전지의 직류출력을 DC-DC 컨버터로 승압하고 인버터로 상용주파의 교류로 변환한다.

답 ③

06 태양광발전시스템이 개방된 곳에 설치되어 있다면 낙뢰로부터 보호하기 위해 설치하는 것은?

① 피뢰침 ② 역류방지장치
③ 바이패스장치 ④ 발광다이오드

해설 피뢰 설비는 보호하고자 하는 대상물에 접근하는 뇌격을 확실하게 흡인하여 뇌격전류를 안전하게 대지로 방류함으로써 건축물과 내부의 사람이나 물체를 뇌해로부터 보호하기 위한 설비이다. **답** ①

07 태양전지 모듈 내에 포함되지 않는 것은?

① 충진재
② 태양전지 셀
③ 프론트 커버
④ 역류방지소자

해설 태양전지 모듈 구성부품
프레임, 프론트 커버, 태양전지 셀, 단자함, 백커버, 씰재, 충진재, 내부연결전극, 출력리드선 등 **답** ④

08 pn접합 다이오드의 p형 반도체에 (−) 바이어스를 가하고 n형 반도체에 (+) 바이어스를 가할 때 나타나는 현상은?

① 결핍층의 폭이 작아진다.
② 결핍층 내부의 전기장이 감소한다.
③ 전류는 다수캐리어에 의해 발생한다.
④ 다이오드는 부도체와 같은 특성을 보인다.

해설 1) p형 (−), n형 (+)는 역방향 바이어스로 다수 캐리어가 움직일 수가 없다.(부도체)
2) p형 (+), n형 (−)는 정방향 바이어스로 다수 캐리어가 움직일 수가 있다.(도체) **답** ④

09 역류방지 다이오드(Blocking Diode)의 역할을 옳게 설명한 것은?

① 과전류가 흐를 때 회로를 차단한다.
② 태양광 모듈의 최적 운전점을 추적한다.
③ 태양광 발전시스템의 외함을 접지하는데 사용한다.
④ 태양빛이 없을 때 축전지로부터 태양전지를 보호한다.

해설 태양전지 어레이의 직류출력회로에 축전지가 설치되어 있는 경우 야간 등 태양전지가 발전하지 않는 시간대에 태양전지는 축전지가 있어서 부하가 된다. 이 축전지에서의 방전은 일사가 회복되거나 축전지 용량이 닳을 때까지 계속되므로 힘들게 비축해놓은 전력이 쓸데없이 소비된다. 이것을 방지하는 것도 역류방지 소자의 역할이다. **답** ④

10 25[W]의 전구 2개를 하루에 5시간 사용하고, 65[W]의 팬을 하루에 7시간 사용한다고 할 때, 24시간 동안의 총 전력량은?

① 355[Wh/day]
② 580[Wh/day]
③ 705[Wh/day]
④ 880[Wh/day]

해설 $W_1 = 25 \times 2 \times 5 = 250[Wh]$
$W_2 = 65 \times 7 = 455[Wh]$
총전력량은 $= 250 + 455 = 705[Wh/day]$ **답** ③

11 실리콘 태양전지의 p형 반도체의 특성 설명으로 옳은 것은?

① 정공이 다수 캐리어이다.
② 전자가 다수 캐리어이다
③ 전자, 정공 모두 다수 캐리어이다.
④ 전자, 정공 모두 소수 캐리어이다.

해설 1) P형 반도체의 다수 캐리어는 정공, 소수 캐리어는 전자
2) N형 반도체의 다수 캐리어는 전자, 소수 캐리어는 전공 **답** ①

12 결정질 실리콘 태양전지 모듈 출력에 대한 설명으로 옳은 것은?

① 방사조도에 비례하여 감소한다.
② 방사조도에 비례하여 증가한다.
③ 태양전지 표면온도와는 관계가 없다.
④ 태양전지 표면온도가 올라갈수록 계속 증가한다.

해설 태양전지모듈은 방사조도(일사량)의 증가에 따라 출력전류가 상승하고, 표면온도가 낮아지면 출력전압이 상승하여 전체 전력이 증가한다. **답** ②

13 태양을 올려다보는 각도가 30°인 경우, air mass 값은?

① 0.5
② 1.0
③ 1.5
④ 2.0

해설 $AM = \dfrac{1}{\sin\gamma_s} = \dfrac{1}{\sin 30} = 2$ **답** ④

14 태양광발전시스템 설치장소 선정 시 고려사항으로 가장 거리가 먼 것은?

① 도로 접근성이 용이하여야 한다.
② 일사량 및 일조시간을 고려해야 한다.
③ 전력계통 연계조건이 어떠한지 살펴야 한다.
④ 설치장소의 고도 및 기압을 측정하여야 한다.

해설 태양광발전에 유리한 부지선정 조건
1) 일사량이 좋은 지역이고 남향
2) 같은 지역이라도 고지대 위치에 일사량이 좋은 장소
3) 바람이 잘 들 수 있는 부지
4) 안개는 일사량의 저하 발생
5) 발전용량에 맞는 부지를 선정
6) 부지의 가격은 저렴
7) 토목공사비가 적게 드는 곳
8) 발전소 진입이 용이하고 계통연계일 경우는 연계점이 가까워야 한다. **답** ④

15 다음 그림이 설명하고 있는 전지의 종류는?

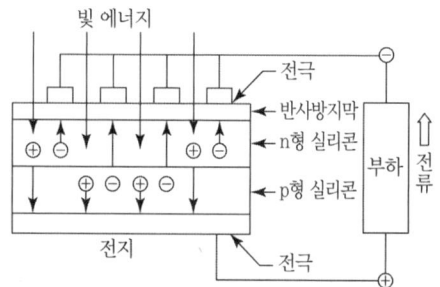

① 연료전지   ② 태양전지
③ 2차전지   ④ 인산형 전지

해설 태양전지는 태양의 빛에너지를 전기에너지로 변환하는 것으로 최소단위로서 태양전지 셀이 그 기본이 된다. 태양전지 셀은 10~15[cm] 각 판상의 실리콘에 pn 접합을 한 반도체의 일종이다. 태양전지 셀은 본래 발생전압이 약 0.5~0.6[V] 정도로 낮기 때문에 여러 장을 직렬로 접속하여 만든 모듈로서 이용된다. **답** ②

16 인버터의 최저 입력전압은 250[V], 효율은 90[%], 출력용량은 100[kW]이며, 직류선로의 전압강하는 2[V]일 때 인버터의 직류입력전류는 약 몇 [A]인가?

① 401   ② 421
③ 441   ④ 461

해설 인버터 효율90[%]를 기준으로 출력용량 100[kW]에서 입력용량을 계산하면

$$효율 = \frac{출력용량}{입력용량} \times 100[\%]$$

$$입력용량 = \frac{출력용량}{효율} \times 100[\%] = \frac{100[kW]}{90} \times 100$$
$$= 111.1[kW]$$

$$입력전류 = \frac{입력전력}{입력전압 + 선간전압} = \frac{111.1[kW]}{250[V] + 2[V]}$$
$$= 440.91[A] \simeq 441[A]$$ **답** ③

17 태양전지 모듈에 그림자가 생겼을 때 대비책으로 설치하는 것은?

① 바이패스 다이오드
② 역류방지 다이오드
③ 제너 다이오드
④ 발광다이오드

해설 태양전지 셀이 나뭇잎 등으로 그늘이 발생하면 그 부분의 셀은 발전되지 않고 저항이 커지게 된다. 이 셀에는 직렬로 접속된 회로의 모든 전압이 인가되어 고저항의 셀에 전류가 흘러 발열하게 된다. 이를 방지하기 위해서 고저항이 된 태양전지 셀 또는 모듈에 흐르는 전류를 바이패스 하도록 바이패스 소자를 설치한다. **답** ①

18 다음 중 태양광 인버터의 기능이 아닌 것은?

① 태양 추적 기능
② 자동운전 정지 기능
③ 단독운전 방지 기능
④ 최대전력 추종제어 기능

해설 태양광 인버터기능
• 자동운전 정지기능
• 최대전력추종제어기능
• 단독운전방지기능
• 자동전압 조정기능
• 직류 검출기능
• 직류 지락 검출기능 **답** ①

19 태양열발전시스템의 주요 구성요소가 아닌 것은?

① 인버터   ② 축열조
③ 집열기   ④ 열교환기

해설 태양열발전시스템의 주요 구성요소는 축열조, 집열기, 열교환기, 이용부, 제어장치 등이 있다.　**답** ①

20 BIPV(Building Integrated PV System)에 대한 설명이 아닌 것은?

① 경제적이며, 에너지 효율성이 우수하다.
② 건축 재료와 발전기능을 동시에 발휘하는 방식이다.
③ 태양광발전시스템 설계 시 건축가와 사전협의가 필요하다.
④ 태양광모듈을 지붕·파사드·블라인드 등 건물외피에 적용하는 방식이다.

해설 건축일체형 태양광 발전시스템(Building Integrated Photovoltaic System, BIPV)은 건물외피에 적용하고 일체화함으로써 전력 분야의 경제성 확보는 물론 건물 외적으로 보이는 미적요소 등 각종 부가가치를 높여서 보다 효율적으로 태양에너지를 이용하는 것으로 발전 효율이 낮다.　**답** ①

2과목 - 태양광발전시스템 설계

21 5000[kW]의 수상 태양광 발전소의 RPS 가중치는?

① 1.113　　　② 1.215
③ 1.323　　　④ 1.5

해설
$$RPS\ 가중치 = \frac{99.999 \times 1.6}{5000} + \frac{2,900.001 \times 1.4}{5000}$$
$$+ \frac{(5000 - 3,000) \times 1.2}{5000} = 1.323$$

설치용량	태양광에너지 가중치 산정식
100[kW] 미만	1.6
100[kW]부터 3,000[kW] 이하	$\dfrac{99.999 \times 1.6 + (용량 - 99.999) \times 1.4}{용량}$
3,000[kW] 초과부터	$\dfrac{99.999 \times 1.6}{용량} + \dfrac{2,900.001 \times 1.4}{용량}$ $+ \dfrac{(용량 - 3,000) \times 1.2}{용량}$

답 ③

22 태양광발전시스템의 기초설계단계에서 설계자의 업무가 아닌 것은?

① 자금조달　　　② 토목설계
③ 전기설계　　　④ 구조물설계

해설 태양광발전시스템 기초설계단계에서 설계자의 업무는 토목설계, 구조물설계, 전기설계로 나뉜다.　**답** ①

23 태양전지 어레이의 이격거리 산출 시 적용하는 설계요소가 아닌 것은?

① 구조물 형상
② 남북향간 길이
③ 강재의 강도 및 판의 두께
④ 태양광발전 위치에 대한 위도

해설 태양광 어레이의 이격거리는
1) 구조물과 태양전지모듈의 형상(태양광 어레이의 경사각)과 크기(모듈의 길이)의 영향을 받는다.
2) 설치 지역의 위도에 따라 태양고도가 변화되므로 이에 영향을 받는다.
3) 남북향간의 길이가 길어지면 설치길이가 늘어날 수 있으며, 짧을 경우 더 많은 모듈을 설치하기 위해 이격거리가 줄어들 수 있다.
$$D = L(\cos\beta + \sin\beta \times tan(\gamma + 23.5°))$$
L : 모듈의 길이, γ : 위도, β : 경사각　**답** ③

24 3000[kW] 이하의 태양광 발전소 전기사업 허가 시 필요한 서류가 아닌 것은?

① 송전관련 일람도
② 신용평가 의견서
③ 발전원가 명세서
④ 전기사업허가신청서

해설 3,000[kW] 미만인 경우 필요서류
전기사업허가신청서, 전기사업법 시행규칙에 따른 사업계획서, 송전관련 일람도, 발전원가 명세서, 발전설비 운영을 위한 기술인력 확보계획을 기재한 서류
답 ②

25 태양광발전시스템의 계통연계 기술기준을 크게 3가지로 구분할 때 해당되지 않는 것은?

① 도입 한계용량　　② 외부운전성능
③ 전력품질　　　　　④ 보호협조

해설 분산형전원의계통연계기술기준
- 전력품질(전압변동, 주파수, 고조파, 상불평형, 역률)
- 보호협조(계통측 및 시스템의 설비보호)
- 안전성(작업원 및 운전원의 인사사고)
- 보안(연락체제)
- 안정성(고품질고신뢰의 운전안정성, 운전제어, 협조제어, 유/무효전력제어)
- 계통운용관리(협조운전, 도입용량관리)   **답** ②

26 초기투자비가 20억원, 설비수명이 20년, 연간 유지비가 1억원인 1[MW] 태양광 설비의 연간 총 발전량이 1500[MWh]일 때 발전원가[원/kWh]는?

① 90.5 　　　　　② 120.3
③ 133.3 　　　　　④ 155.5

해설 발전원가 = 총투자비/총발전량
총투자비 = 초기투자비 + 20년간 유지관리비
　　　　 = 20 + (1 × 20년) = 40억
총발전량 = 20년 × 1500[MWh] = 30000[MWh]
발전원가 = 40억/30000[MW] = 133.3[원/kWh]
　　　　　　　　　　　　　　　　　　　　답 ③

27 다음 ( ) 안에 들어갈 알맞은 내용은?

> 태양광발전시스템은 설치 형태에 따라 (Ⓐ)식 과 (Ⓑ)식이 있다.

① Ⓐ 고정, Ⓑ 추적 　　② Ⓐ 독립, Ⓑ 추적
③ Ⓐ 연계, Ⓑ 추적 　　④ Ⓐ 역조류, Ⓑ 단독

해설 태양광발전시스템은 설치 형태에 따라 고정식과 추적 식이 있다.   **답** ①

28 태양전지 셀과 태양광 모듈에 관한 변환효율의 관계를 옳게 나타낸 것은?

> η_c : 태양전지 셀의 효율
> η_m : 태양광 모듈의 효율
> η_a : 태양광 어레이의 효율

① $\eta_a > \eta_m > \eta_c$ 　　② $\eta_m > \eta_c > \eta_a$
③ $\eta_c > \eta_a > \eta_m$ 　　④ $\eta_c > \eta_m > \eta_a$

해설 셀에서 어레이로 시스템이 점점 커질수록 직렬로 연결되는 소자가 늘고 이로 인하여 손실요인이 발생하여 효율이 감소한다.   **답** ④

29 태양광발전시스템에서 생산된 전기에너지를 저장하는 시스템의 약어는?

① ESS 　　　　　② SPD
③ PV 　　　　　　④ ZCT

해설 '에너지 저장 시스템'을 ESS(Energy Storage System)라고 한다.   **답** ①

30 일조율을 나타낸 식으로 옳은 것은?

① 일조율 $= \dfrac{\text{일조시간}}{\text{가조시간}} \times 100[\%]$

② 일조율 $= \dfrac{\text{가조시간}}{\text{일조시간}} \times 100[\%]$

③ 일조율 $= \dfrac{\text{법선면 일조강도}}{\text{수평면 일조강도}} \times 100[\%]$

④ 일조율 $= \dfrac{\text{수평면 일조강도}}{\text{법선면 일조강도}} \times 100[\%]$

해설 일조율 $= \dfrac{\text{일조시간}}{\text{가조시간}} \times 100[\%]$
일조율을 일조시간과 가조시간의 비율   **답** ①

31 전기설비의 개폐기 중 변압기 내부의 이상전류로부터 변압기를 보호하기 위해 변압기 1차 측에 설치하는 것은?

① 부하 개폐기
② 컷 아웃 스위치
③ 자동 구간 개폐기
④ 자동부하 전환 개폐기

해설 일반적으로 전력퓨즈(Power Fuse)와 컷아웃스위치(COS)를 통칭하여 고압퓨즈라 한다.
고압퓨즈는 고압회로의 과전류보호를 목적으로 설치되며, 퓨즈의 일부를 구성하는 가용체에 과전류가 흐를 때 그 자신의 발생열로 용단하여 회로를 차단하는 것이다.   **답** ②

32 어레이 설계 시 설치방식 및 경사각 결정의 기술적 측면에서의 고려사항으로 거리가 먼 것은?

① 태양광 발전과 건물과의 통합 수준
② 설치 방식별 특성을 반영
③ 시공성 및 유지관리
④ 지역의 특성

해설 태양광발전설비 설계시 고려 사항

구분	일반적 측면	기술적 측면
설치위치 결정	– 양호한 일사조건	– 태양 고도별 비음영 지역선정
설치방법 결정	– 설치의 차별화 – 건물과의 통합성 – 경제성	– 태양광 발전과 건물과의 통합 수준 – 시공성 및 유지보수의 적절성
태양전지 모듈선정	– 시장성 – 제작 가능성 – 제작기간	– 설치 형태에 적합한 모듈선정 – 효율 – 온도, 전압, 전류 특성 – 건자재로써의 적합성 여부
설치면적 및 시스템 용량 결정	– 건축물 면적 – 모듈크기	– 어레이별 모듈수 – 어레이 구성 방식 – 계절별 일조시간 및 경사각
시스템 구성	– 최적시스템구성 – 실시설계 – 사후관리 – 복합시스템구성 방안	– 성능과 효율 – 어레이 구성 및 결선방법 결정 – 계통연계 방안 및 효율적 전력 공급방안 – 발전량 시뮬레이션 – 모니터링 방안
구성 요소별 설계	– 최대발전보장 – 기능성 – 보호성	– 최대발전 추종제어 – 역전류방지 – 단독운전방지 – 최소전압강하 – 내외부 설치에 따른 보호기능
사업비의 적정성	– 경제성	– 설치비의 최소화 – 연간발전량 및 이용률

답 ④

33 음영의 영향을 가장 많이 받는 인버터 접속방법은?

① 중앙 집중 방식
② 서브 어레이 방식
③ 개별 스트링 방식
④ 마이크로 인버터 방식

해설 중앙 집중형 인버터 방식은 스트링이 길고 음영의 영향을 많이 받는다.

음영의 영향을 많이 받는 순서
1) 중앙 집중 방식
2) 서브 어레이 방식, 개별 스트링 방식
3) 마이크로 인버터 방식

답 ①

34 단독운전 방지기능이 없는 10[kW] 태양광발전시스템에 380[V], 60[Hz]의 계통전원에 연결되어 운전 될 경우, 태양광발전시스템의 출력이 10[kW], 부하가 유효전력 10[kW], 지상무효전력이 +9.5[kVar], 진상무효전력이 −10[kVar]일 때 단독운전이 일어날 경우 예상되는 주파수는 약 얼마인가?

① 58.48[Hz]   ② 59.32[Hz]
③ 60.00[Hz]   ④ 61.38[Hz]

해설 1) 지상무효전력

$$P = \frac{V^2}{X_L}, \quad X_L = 2\pi f L$$

$$9,500 = \frac{380^2}{2\pi \times 60 \times L}$$

$$L = \frac{380^2}{2\pi \times 60 \times 9,500} = 40.32[mH]$$

2) 진상무효전력

$$P = \frac{V^2}{X_C}, \quad X_C = \frac{1}{2\pi f C}$$

$$10,000 = \frac{380^2}{\frac{1}{2\pi \times 60 \times C}}$$

$$C = \frac{10,000}{2\pi \times 60 \times 380^2} = 183.7[\mu F]$$

$$f = \frac{1}{2\pi\sqrt{0.04032 \times 0.0001837}} = 58.48[Hz]$$

답 ①

35 1일 전력수용량 산정 수식으로 적합한 것은?

① 1일 전력소비량×1.1
② 1일 전력소비량×1.2
③ 1일 전력소비량×1.3
④ 1일 전력소비량×1.4

해설 1일 전력수용량 = 1일 전력소비량 × 1.2

답 ②

36 온도는 −15[℃]에서 태양전지모듈의 V_{mpp}와 V_{oc} 약 몇 [V]인가?

- P_{mpp} : 250[W]
- V_{mpp} : 30.8[V]
- V_{oc} : 38.3[V]
- 온도에 따른 전압변동률 : −0.32[%/℃]

① V_{mpp} : 14.74, V_{oc} : 23.20
② V_{mpp} : 24.74, V_{oc} : 33.20
③ V_{mpp} : 34.74, V_{oc} : 43.20
④ V_{mpp} : 44.74, V_{oc} : 53.20

해설
$$V_{oc}(-15[℃]) = V_{oc} + (-15[℃] - 25[℃])$$
$$\times \left(\frac{-0.32[℃]}{100}\right) \times V_{oc}$$
$$= 38.3[V] + (-15[℃] - 25[℃])$$
$$\times \left(\frac{-0.32[℃]}{100}\right) \times 38.3[V]$$
$$= 43.20[V]$$
$$V_{mpp}(-15[℃]) = V_{mpp} + (-15[℃] - 25[℃])$$
$$\times \left(\frac{-0.32[℃]}{100}\right) \times V_{mpp}$$
$$= 30.8[V] + (-15[℃] - 25[℃])$$
$$\times \left(\frac{-0.32[℃]}{100}\right) \times 30.8[V]$$
$$= 34.74[V]$$
답 ③

37 태양광 발전사업을 위한 부지를 선정하고자 한다. 개발행위허가 기준에 따른 개발행위의 규모가 아닌 것은?

① 농림지역 30000[m²] 미만
② 도시 주거지역 10000[m²] 미만
③ 도시 공업지역 30000[m²] 미만
④ 자연환경보전지역 7000[m²] 미만

해설

도시지역	주거지역 상업지역 자연녹지지역 생산녹지지역	1만[m²] 미만
	공업지역	3만[m²] 미만
	보전녹지지역	5천[m²] 미만
관리지역, 농림지역		3만[m²] 미만
자연환경보전지역		5천[m²] 미만

답 ④

38 전기시설물 설계시 설계도서의 실시설계 성과물이 아닌 것은?

① 내역서, 산출서, 견적서
② 설계 설명서, 설계도면, 공사시방서
③ 용량계산서, 구조계산서, 부하계산서, 간선계산서
④ 설계계획서, 개략공사비 내역서, 시스템선정 검토서

해설
1) 실시성과물
  - 실시설계도서 : 설계 설명서, 설계도면, 공사시방서
  - 공사비산정 : 내역서, 산출서, 견적서
  - 설계계산서 : 조도계산서, 부하계산서, 간선 계산서, 용량 계산서. 기타계산서
2) 기본설계성과물
  - 설계계획서, 개략공사비 내역서, 시스템선정 검토서
답 ④

39 한전계통에 이상이 발생한 후 분산형 전원이 재투입하기 위해서는 한전계통의 전압 및 주파수가 정상범위로 복귀 후 몇 분간 유지되어야 하는가?

① 1분
② 2분
③ 3분
④ 5분

해설 한전계통에 이상이 발생한 후 분산형 전원이 재투입하기 위해서는 한전계통의 전압 및 주파수가 정상범위로 복귀 후 5분간 유지되어야 한다.
답 ④

40 태양광 모듈 설계 시 가대의 수명을 30년 이상 보증하려고 할 때 선정 재질로 가장 바람직한 것은? (단, 경제성 고려는 하지 않는다.)

① 강제
② 스테인리스
③ 강제 + 도색
④ 강제 + 용융아연도금

해설 스테인리스 : 고가이며, 경량, 내식성이 우수
답 ②

3과목 - 태양광발전시스템 시공

41 태양광발전설비의 준공 후 감리원이 발주자에게 인수·인계할 목록에 반드시 포함되어야 하는 서류가 아닌 것은?

① 안전교육 실적표
② 기자재 구매서류
③ 시설물 인수·인계서
④ 품질시험 및 검사성과 총괄표

해설 준공 후 감리원이 발주자에게 인수·인계할 목록
1. 준공사진첩
2. 준공도면
3. 품질시험 및 검사성과 총괄표
4. 기자재 구매서류
5. 시설물 인수·인계서
6. 그 밖에 발주자가 필요하다고 인정하는 서류
답 ①

42 태양광발전시스템 중 태양광모듈의 절연내력 검사 시 기술기준 내용으로 옳은 것은?

① 최대 사용전압의 1배의 직류전압, 또는 1배의 교류전압을 충전부분과 대지 사이에 5분간 인가하여 견뎌야 한다.
② 최대 사용전압의 1배의 직류전압, 또는 1.5배의 교류전압을 충전부분과 대지 사이에 10분간 인가하여 견뎌야 한다.
③ 최대 사용전압의 1.5배의 직류전압, 또는 1배의 교류전압을 충전부분과 대지 사이에 10분간 인가하여 견뎌야 한다.
④ 최대 사용전압의 1.5배의 직류전압, 또는 1.5배의 교류전압을 충전부분과 대지 사이에 5분간 인가하여 견뎌야 한다.

해설 KEC 134 (연료전지 및 태양전지 모듈의 절연내력)
연료전지 및 태양전지 모듈은 최대 사용전압의 1.5배의 직류전압 또는 1배의 교류전압(500[V] 미만으로 되는 경우에는 500[V])을 충전부분과 대지 사이에 연속하여 10분간 가하여 절연내력을 시험하였을 때에 이에 견디는 것이어야 한다.
답 ③

43 특고압 계통에서 분산형 전원의 연계로 인한 개통 투입, 탈락 및 출력 변동 빈도가 1일 4회 초과, 1시간에 2회 이하이면 순시전압변동률은 몇 [%]를 초과하지 않아야 하는가?

① 3
② 4
③ 5
④ 6

해설 특고압 계통의 경우, 분산형전원의 연계로 인한 순시전압변동률은 발전원의 계통 투입·탈락 및 출력 변동 빈도에 따라 다음에서 정하는 허용 기준을 초과하지 않는지 확인한다.
• 순시 전압 변동률 허용기준

변동빈도	순시전압변동률
1시간에 2회 초과 10회 이하	3[%]
1일 4회 초과 1시간에 2회 이하	4[%]
1일에 4회 이하	5[%]

답 ②

44 접속함에 관한 설명으로 틀린 것은?

① 접속함 안에 바이패스 다이오드를 설치한다.
② 접속함은 노출이 적고, 소유자의 접근 및 육안확인이 용이한 장소에 설치하여야 한다.
③ 접속함 내부 발생열을 배출할 수 있는 환기구 및 방열판을 설치하여야 한다.
④ 접속함 전면부는 직사광선을 견딜 수 있는 폴리카보네이트(PC) 또는 동등 이상의 재질로 제작하여야 한다.

해설 접속함
• 접속함은 여러 개의 태양전지 모듈의 스트링을 하나의 접속점에서 인버터로 연결
• 보수·점검 시에 회로를 분리하거나 점검 작업을 용이하게 함.
• 태양전지 어레이에 고장이 발생해도 정지범위를 최대한 적게 하는 등의 목적으로 보수·점검이 용이한 장소에 설치
답 ①

45 전력계통에서 3권선 변압기(Y-Y-△)를 사용하는 주된 원인은?

① 승압용
② 노이즈 제거
③ 제3고조파 제거
④ 2가지 용량 사용

해설 Y-Y-△에서 △의 제3권선은 일반 전열등 소내용 전압 공급, 또는 조상설비로 사용 △결선은 제3고조파 제거

目 ③

46 감리원은 공사시작과 동시에 공사업자에게 작성, 제출하여야 할 가설시설물의 설치계획표에 포함되는 사항이 아닌 것은?

① 공사용 도로
② 공사예정 공정표
③ 공사용 임시전력
④ 가설사무소, 작업장, 창고 등의 부대시설

해설 감리원이 공사 시작과 동시에 공사업자에게 제출하는 가설시설물 설치계획표
  • 공사용 도로
  • 가설사무소, 작업장, 창고, 숙소, 식당 및 그 밖의 부대설비
  • 자재 야적장
  • 공사용 임시전력

目 ②

47 태양광 발전시스템 공사 중 태양전지 어레이의 절연저항 측정에 필요한 시험 기자재로 가장 거리가 먼 것은?

① 온도계
② 습도계
③ 계전기
④ 절연저항계

해설 계전기(relay)라 함은 회로상에 원치 않은 요소가 발생하였을 때 그 요소를 검출하여 회로를 끊어 줄 수 있도록 동작하는 계전기

目 ③

48 태양전지 어레이의 상정하중에 대한 설명으로 틀린 것은?

① 적설하중은 모듈면의 수직 적설하중을 나타낸다.
② 고정하중은 모듈과 지지물 등의 질량의 합이다.
③ 지진하중은 모듈에 가해지는 직선 지진력을 의미한다.
④ 풍압하중은 모듈과 지지물에 가해지는 풍압력의 합이다.

해설 상정하중
태양전지 어레이용 가대의 구조설계 시 상정하중으로는 영구적으로 작용하는 고정하중과 자연의 외력인 풍하중, 적설하중, 지진하중이 있다.
① 고정하중(D) : 모듈의 질량과 지지물 등의 질량의 합
② 풍하중(W) : 태양전지 모듈에 가해지는 풍압력과 지지물에 가해지는 풍압력의 합
③ 적설하중(S) : 모듈면의 수직 적설하중
④ 지진하중(E) : 지지물에 가해지는 수평 지진력

目 ③

49 접지공사 시 접지극의 매설 깊이는 지하 몇 [cm] 이상으로 매설하여야 하는가?

① 30
② 60
③ 75
④ 120

해설 KEC 142.2 (접지극의 시설 및 접지저항)
접지극은 지하 75[cm] 이상의 깊이에 매설하되 동결깊이에 감안하여 매설 할 것

目 ③

50 태양전지 모듈 및 어레이 설치 후의 설명이 아닌 것은?

① 태양전지 모듈의 극성이 올바른지 직류전압계로 확인한다.
② 태양전지 모듈의 설명서에 기재된 단락전류가 흐르는지 직류전류계로 측정한다.
③ 태양전지 모듈구조는 설치로 인해 다른 접지의 연접성이 훼손되지 않은 것을 사용한다.
④ 태양전지 모듈과 인버터 사이에 직류측 회로는 반드시 접지한다.

해설 태양광모듈 및 어레이 설치 후 확인 점검사항
태양광모듈의 배선 연결 후, 각 모듈에 대한 극성 확인과 전압 확인, 단락전류 확인, 접지에 대한 점검이 필요하다. 확인사항을 기입하고 차후 점검을 위해 보관해둔다.
1) 전압 극성의 확인
  공사가 완료된 태양전지 모듈은 설계도서에 맞게 전압이 측정되는지 양극 · 음극의 극성이 올바르게 연결되었는지 직류전압계로 확인한다.
2) 단락전류의 측정
  태양광모듈의 데이터 시트에 표시된 단락전류가 측정되는지 직류전류계로 확인한다. 다른 모듈과 비교해 측정치의 차이가 크면 배선을 다시 점검한다.
3) 비접지의 확인
  태양광발전시스템에서 사용하는 인버터는 절연변

압기를 사용하지 않기 때문에 직류측 회로를 비접지로 하고 있다. 직류 측의 비접지 확인 방법은 그림과 같이 나타낸다. 또한, 편단접지를 사용하는 통신용 전원의 경우는 통신기기 제작사와 협의하여 작업을 진행한다.

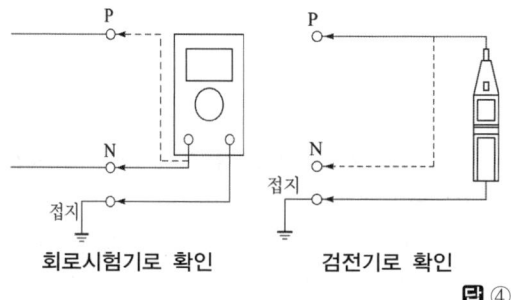

회로시험기로 확인   검전기로 확인

답 ④

51 태양광발전시스템에 적용하는 피뢰방식이 아닌 것은?

① 돌침 방식　　　② 케이지 방식
③ 구조체 방식　　④ 수평도체 방식

해설 피뢰방식종류
　　돌침 방식, 케이지 방식, 수평도체 방식, 돌침방식+용마루위 도체방식, 이온방사형 피뢰방식 등이 있음

답 ③

52 태양전지 어레이의 구조물 설치 시 지반상태에 따른 해결책이 아닌 것은?

① 연약층이 깊을 경우 독립기초로 한다.
② 지반의 허용지지력이 부족할 경우 저판 폭을 증가시키거나 지반을 치환한다.
③ 배면토의 강도정수가 부족할 경우 저판 폭을 증가시키거나 사면경사도를 완화한다.
④ 지반의 지하수위가 높을 경우 지지력저하로 침하가 발생할 수 있으므로 배수공을 설치한다.

해설 연약층이 비교적 깊을 경우에는 말뚝기초로 변경하는 것이 합리적일 것이며, 연약층이 깊지 않을 경우에는 양질의 토사로 연약층 전체를 치환하는 방법을 사용할 수 있다.

답 ①

53 계통연계형 소형 태양광 인버터의 옥외 설치 시 IP(Ingress Protecction rating) 등급은?

① IP20 이상　　　② IP25 이상
③ IP33 이상　　　④ IP44 이상

해설 태양광발전용 인버터의 분류

용 도	형식	설치장소	비 고
계통연계형	단상	실내/실외	실내형 : IP20 이상
	3상	실내/실외	실외형 : IP44 이상
독립형	단상	실내/실외	(KS C IEC 62093)
	3상	실내/실외	

답 ④

54 전력계통의 단락용량 경감 대책으로 틀린 것은?

① 사고 시 모선 분리방식을 채용한다.
② 발전기와 변압기의 임피던스를 작게 한다.
③ 계통 간을 직류설비라든지 특수한 장치로 연계 한다.
④ 계통을 분리하거나 송전선 또는 모선 간에 한류리액터를 삽입한다.

해설 전력계통의 단락용량 경감 대책
　• 모선계통의 분리운용
　• 고 임피던스 기기를 채택한다.
　• 한류리액터를 설치한다.

답 ②

55 태양광모듈 어레이 설치 후 확인 점검 시 사용하는 기기로만 짝지어진 것은?

① 교류전압계, 교류전류계
② 교류전압계, 직류전류계
③ 직류전압계, 직류전류계
④ 직류전압계, 교류전류계

해설 1) 전압 극성의 확인
　　공사가 완료된 태양전지 모듈은 설계도서에 맞게 전압이 측정되는지, 양극・음극의 극성이 올바르게 연결되었는지 직류전압계로 확인한다.
　　2) 단락전류의 측정
　　태양광모듈의 데이터 시트에 표시된 단락전류가 측정되는지 직류전류계로 확인한다. 다른 모듈과 비교해 측정치의 차이가 크면 배선을 다시 점검한다.

답 ③

56 태양광발전시스템 시공 작업 중 감전 방지대책으로 가장 거리가 먼 것은?

① 일반장갑을 착용한다.
② 우천 시 작업을 금지한다.
③ 이중절연 처리된 공구를 사용한다.
④ 작업 전 태양전지 모듈 표면에 차광막을 씌워 태양광을 차폐한다.

해설 저압선로용 절연장갑을 착용하여야 한다. 답 ①

57 전력기술관리법 시행령 및 시행규칙의 감리원 업무범위가 아닌 것은?

① 현장조사 및 분석
② 공사 단계별 기성확인
③ 입찰참가자 자격심사 기준 작성
④ 현장 시공상태의 평가 및 기술지도

해설 제22조(감리원의 업무등)
• 현장 조사·분석
• 공사 단계별 기성(旣成) 확인
• 행정지원업무
• 현장 시공상태의 평가 및 기술지도
• 공사감리업무에 관련되는 각종 일지 작성 및 부대 업무 답 ③

58 태양광발전시스템 중 태양전지 어레이용 가대의 재질 및 형태에 따른 검토사항이 아닌 것은?

① 절삭 등의 가공이 쉽고 무거워야 한다.
② 최소 20년 이상의 내구성을 가져야 한다.
③ 불필요한 가공을 피할 수 있도록 규격화 되어야 한다.
④ 염해, 공해 등을 고려하여 녹이 발생하지 않도록 한다.

해설 태양전지 어레이용 가대의 특성
1) 가대의 재질 : 가대의 재질은 환경조건은 설계 내용연수에 의해 선택·결정한다. 어레이용 가대는 설치정소에 맞게 설계·제작하는 경우가 많으며 설계·가공 인건비를 줄이기 위해 가능한 한 제조회사의 표준가대를 사용하는 것이 좋다. 일반구조용 압연 강재, 스테인리스강, 알루미늄합금 등 있다.
2) 가대의 강도 : 특수한 폭설지대를 자중과 풍압력을 더한 하중에 견디는 것이어야 한다. 옥상설치의 경우에도 자중과 풍압의 최대하중으로 설계해 두면 좋다.
3) 부재의 방지 : 녹방지 방법으로 비교적 저렴하고 장기적인 사용이 가능한 것으로는 철의 10 ~ 25배의 내식성을 가진 용융아연도금이 널리 보급되어 있다.
4) 가대의 내용연수 : 내용연수를 몇 년으로 설정할지, 유지보수는 어느 정도 실시할지 등에 따라 재질을 선택한다. 답 ①

59 태양전지의 모듈 설치 및 조립 시 주의사항으로 틀린 것은?

① 태양전지 모듈의 파손방지를 위해 충격이 가지 않도록 한다.
② 태양전지 모듈과 가대의 접합 시 부식방지용 가스켓을 적용한다.
③ 태양전지 모듈을 가대의 상단에서 하단으로 순차적으로 조립한다.
④ 태양전지모듈의 필요 정격전압이 되도록 1 스트링의 직렬 매수를 선정한다.

해설 태양전지 모듈을 가대의 하단에서 상단으로 순차적으로 조립한다. 답 ③

60 설계감리원이 설계업자로부터 착수신고서를 제출받아 적정성 여부를 검토하여 보고 하여야 하는 것은?

① 근무 상황부   ② 예정 공정표
③ 설계 감리일지   ④ 설계 감리 기록부

해설 설계감리원이 설계업자로부터 착수신고서를 제출받아 적정성 여부를 검토하여 다음 사항을 보고하여야 한다.
• 예정공정표
• 과업 수행 계획 등 그밖에 필요한 사항 답 ②

> **4과목 - 태양광발전시스템 운영**

61 자가용 태양광 발전소의 태양전지·전기설비 계통의 정기검사 시기는?

① 1년 이내   ② 2년 이내
③ 3년 이내   ④ 4년 이내

해설 정기검사시기(전기사업법시행규칙 제32조 제1항 및 제2항 관련 별표 1)

구 분	대 상	시 기
전기사업용 전기설비	• 태양전지 · 전기설비 계통	• 4년 이내
	• 연료전지 · 전기설비 계통	• 연료전지 교체 시기마다
자가용 전기설비	• 풍차 · 발전기 계통	• 4년 이내
	• 태양전지 · 전기설비 계통	• 4년 이내
	• 연료전지 · 전기설비 계통	• 연료전지 교체 시기마다

답 ④

---

62 박막 태양광 발전 모듈은 광조사 시험 후 STC 조건에서의 최대 출력 측정값이 제조자가 표시한 정격 출력 최소값의 최소 몇 [%] 이상이어야 하는가?

① 80   ② 85
③ 90   ④ 95

해설 IEC 61646에 포함되는 광조사(Light Soaking) 시험
박막 태양광 발전 모듈은 광조사 시험 후 STC 조건에서의 최대 출력 측정값이 제조자가 표시한 정격 출력 최소값의 최소 몇 90[%] 이상이어야 한다.   **답 ③**

---

63 태양광발전시스템 운전조작 방법 중 태양전지 모듈에 대한 설명으로 틀린 것은?

① 태양전지모듈 표면은 주로 일반 유리로 되어 있어, 약한 충격에도 파손될 수 있다.
② 태양전지모듈 표면에 그늘이 지거나, 나뭇잎 등이 떨어져 있는 경우 전체적인 발전효율저하 요인으로 작용할 수 있다.
③ 발전효율을 높이기 위해 부드러운 천으로 이물질을 제거 하며, 태양전지 모듈 표면에 흠이 생기지 않도록 주의해야 한다.
④ 풍압이나 진동으로 인하여 태양전지모듈과 형강의 체결 부위가 느슨해지는 경우가 있으므로 정기적으로 점검해야 한다.

해설 태양전지모듈 운전조작 방법
1) 모듈 표면은 특수 처리된 강화 유리로 되어 있어, 강한 충격이 있을 시 파손될 수 있다.
2) 모듈 표면에 그늘이 지거나, 나뭇잎 등이 떨어져 있는 경우 전체적인 발전효율 저하 요인으로 작용하며, 황사나 먼지, 공해물질은 발전량 감소의 주요인으로 작용한다.

3) 고압 분사기를 이용하여 정기적으로 물을 뿌려 주거나 , 부드러운 천으로 이물질을 제거해 주면 발전 효율을 높일 수 있다. 이 때 모듈 표면에 흠이 생기지 않도록 주의해야 한다.
4) 모듈 표면 온도가 높을수록 발전효율이 저하됨으로 태양열에 의하여 모듈 온도 상승시에 정기적으로 물을 뿌려 온도를 조절해 주시면 발전효율을 높일 수 있다.
5) 풍압이나 진동으로 인하여 모듈과 형강의 체결 부위가 느슨해지는 경우가 있으므로 정기적으로 점검해야 한다.   **답 ①**

---

64 태양광발전시스템의 운전 시 조작 방법으로 틀린 것은?

① Main VCB반 전압 확인
② 접속반, 인버터 DC전압 확인
③ 즉시 인버터 정상작동여부 확인
④ DC용 차단기 On, AC측 차단기 On

해설

운전 시 조작방법	정전 시 조작방법
1) Main VCB반 전압 확인	1) Main VCB반 전압확인 및 계전기를 확인하여 정전여부 확인, 부저 OFF
2) 접속반, 인버터 DC전압 확인	2) 태양광 인버터 상태 확인(정지)
3) DC용 차단기 On, AC측 차단기 On	3) 한전 전원 복구여부 확인
4) 5분 후 인버터 정상동작여부 확인	4) 인버터 DC전압 확인 후 운전시 조작 방법에 의해 재시동

답 ③

---

65 태양전지 어레이의 출력 확인 시험 중 개방전압 측정순서에 대한 설명으로 틀린 것은?

① 접속함의 주개폐기를 개방(OFF)한다.
② 접속함의 각 스트링의 MCCB 또는 퓨즈가 있는 경우 개방(OFF)한다.
③ 각 모듈이 그늘져 있지 않은지 확인한다.
④ 출력개폐기의 입력부에 서지 업서버를 취부하고 있는 경우에는 접지단지를 분리시킨다.

해설 어레이 출력 확인 시험 중 개방전압 측정 순서
① 접속함의 출력 측 개폐기를 개방(OFF)한다.
② 접속함 각 스트링 단로 스위치(MCCB) 또는 퓨즈를 개방(OFF)한다.

③ 각 모듈에 음영이 발생하지 않은 것을 확인한다.

④ 측정하려는 스트링의 단로 스위치만 ON하여 직류전압계를 이용하여 각 스트링의 단자 간의 전압을 측정한다. **답** ④

66 전기사업용 전기설비 검사를 받고자 하는 자는 안전공사에 검사희망일 며칠 전에 정기검사를 신청하여야 하는가?

① 3 ② 5

③ 7 ④ 10

해설 제7조(검사안내)

자가용 전기설비의 검사를 받고자 하는 자는 안전공사에 검사희망일 7일전까지 사용전 검사 또는 정기검사를 신청하여야 한다. **답** ③

67 태양광발전시스템의 점검에서 유지보수 점검 종류가 아닌 것은?

① 일시점검 ② 일상점검

③ 정기점검 ④ 임시점검

해설 유지보수 관점에서 나타내는 태양광 발전시스템의 점검 분류에는 일상점검, 정기점검 임시점검이 있다. 일시점검은 일상순시점검과 정기점검의 문제점을 상세하게 점검 **답** ①

68 태양광발전용 접속함의 환경시험 중 충격시험에서의 시험조건으로 틀린 것은?

① 정현반파

② 가속도 : 500[m/s²]

③ 공칭 펄스 : 11[ms]

④ 상하 방향각 5회

해설 접속반 충격시험 시험조건

시험항목	시험조건	판정기준
충격시험	1) 정현파 2) 가속도 500[m/s²] 3) 공칭펄스 11[ms] 4) 상하 방향 각 3회	성능 시험의 각 항에 이상이 없을 것

답 ④

69 소형 태양광 발전용 3상 독립형 인버터의 경우 부하 불평형 시험 시 정격 용량에 해당하는 부하를 연결한 후 U상, V상, W상 중 한 상의 부하를 0으로 조정한 후 몇 분 동안 운전하는가?

① 10 ② 15

③ 30 ④ 60

해설 부하불평형 시험

3상 독립형 인버터에 적용한다. 정격용량에 해당하는 부하를 연결한 후 U, V, W상 중 한 상의 부하를 0으로 조정한 후 30분 동안 운전한다. **답** ③

70 중대형 태양광발전용 계통연계형 인버터의 효율 시험에 대한 설명으로 틀린 것은?

① Euro 변환 효율로 측정한다.

② 운전시작 후 최소한 1시간 이후에 효율을 측정한다.

③ 정격용량이 10[kW] 초과 30[kW] 이하에서의 효율은 90[%] 이상이어야 한다.

④ 정격용량이 30[kW] 초과 100[kW] 이하에서의 효율은 92[%] 이상이어야 한다.

해설 중대형 태양광발전용 인버터 기술기준 효율 시험

효율 시험 교류 전원을 정격 전압 및 정격 주파수로 운전한다. 운전시작 후 최소한 2시간 이후에 측정한다.

1) 출력전력이 정격출력의 5[%], 10[%], 20[%], 30[%], 50[%], 그리고 100[%]일 때의 각각의 전력변환 효율을 측정한다.

2) 직류입력을 정격전압으로 두고 측정한다.

3) 독립형 인버터의 경우 정격효율로 측정한다.

[판정기준]

1) 계통연계형 인버터의 경우 Euro 변환 효율로 측정하여, 정격용량이 10[kW] 초과 30 [kW] 이하에서는 90[%] 이상, 30[kW] 초과 100[kW] 이하에서는 92[%] 이상, 100[kW] 초과에서는 94[%] 이상일 것.

2) 독립형 인버터의 경우 정격효율로 측정하여 정격용량이 10[kW] 초과 30[kW] 이하에서는 88[%] 이상, 30[kW] 초과 100[kW] 이하에서는 90[%] 이상, 100[kW] 초과에서는 92[%] 이상일 것 **답** ②

71 결정질 실리콘 태양광발전 모듈의 성능을 시험하는 시험장치가 아닌 것은?

① 항온항습 장치 ② 염수부분 장치

③ 우박시험 장치 ④ 저온방전시험 장치

해설 경정질 태양전지 모듈 심사세부기준(시험장치)
성능시험장치 종류 : 항온항습 장치, 염수부분 장치, 우박시험 장치(강박시험장치), 열점내구성시험 장치, 내풍압 시험장치, 비틀림시험 장치 등 🔒 ④

72 도체의 저항, 두 점 사이의 전압 및 전류세기를 측정하는 검사 장비는?

① 검전기   ② 멀티미터
③ 접지저항계   ④ 오실로스코프

해설 도체의 저항, 두 점 사이의 전압 및 전류세기를 측정하는 검사 장비는
• 전압 : 직류전압계(병렬) Tester 또는 멀티미터
• 전류 : 직류전류계(직렬) Tester 또는 멀티미터 🔒 ②

73 태양광발전시스템에서 사용되는 송·변전 시스템 점검사항 중 비상정지회로의 점검은 언제 수행되어야 하는가?

① 정기점검   ② 일시점검
③ 외관점검   ④ 일상순시점검

해설 정기점검
1) 원칙적으로 정전을 시키고 무전압 상태에서 기기의 이상 상태를 점검하고 필요에 따라서는 기기를 분해하여 점검한다.
2) 모선을 정전하지 않고 점검해야 할 경우 안전사고가 일어나지 않도록 주의한다. 🔒 ①

74 태양광발전시스템 성능평가의 분류로 틀린 것은?

① 경제성   ② 신뢰성
③ 설치형태   ④ 발전성능

해설 태양광발전시스템 성능평가의 분류로는 구성요인의 성능·신뢰성, 신뢰성, 발전부지(사이트), 발전성능, 설치코스트(경제성) 🔒 ③

75 태양전지 어레이 점검 시 가장 먼저 점검해야 하는 것은?

① 개방전류   ② 정격전류
③ 개방전압   ④ 단락전압

해설 태양전지 어레이 점검은 우선 전압·극성 확인, 단락전류 확인, 비접지 확인이 수행되어야 한다. 🔒 ③

76 태양광발전시스템에서 사용되는 배선 케이블의 손상유무를 파악하는 육안점검 사항으로 틀린 것은?

① 배선의 저항
② 배선의 늘어짐
③ 배선의 결선상태
④ 배선의 변색 및 변형

해설 배선의 저항측정은 육안점검 사항이 아닌 계측기를 이용한 측정 사항이다. 🔒 ①

77 누전에 의한 인사사고 및 화재로부터 인명과 재산을 지키기 위해 전기기기의 접지를 완벽하게 시공해야 한다. 이에 해당하는 대상이 아닌 것은?

① 금속관
② 목재구조
③ 전기기기의 가대
④ 케이블 피복금속제

해설 접지목적
• 기기 금속 외함의 접지 : 감전방지
• 케이블 금속 차폐층의 접지 : 유도방지
• 절연된 바닥의 고저항 접지 : 정전기 방전
• 피뢰침용 접지 : 건물의 직격뢰 방지
• 계통접지 : 송배전선의 뇌방지
• 피뢰기 접지 : 유도뢰 방호 🔒 ②

78 접속함에 설치된 태양전지와 접지선 간의 절연저항은 DC 500[V] 메거로 측정 시 최소 몇 [MΩ] 이상이어야 하는가?

① 0.1   ② 0.2
③ 0.5   ④ 1

해설 접속함에 설치된 태양전지와 접지선 간의 절연저항은 DC 500[V] 메거로 측정시 최소 0.2 [MΩ] 이상이어야 한다. 🔒 ②

79 태양광발전시스템의 일상점검 시 태양전지 어레이의 육안점검 항목이 아닌 것은?

① 접지저항
② 지지대의 부식 및 녹
③ 표면의 오염 및 파손
④ 외부배선(접속케이블)의 손상

해설 태양전지 어레이

	점검항목	점검요령
육안 점검	유리 등 표면의 오염 및 파손	심한 오염 및 파손이 없 을 것
	가대의 부식 및 녹	부식 및 녹이 없을 것
	외부배선(접속케이블) 의 손상	접속케이블에 손상이 없을 것

답 ①

80 태양광발전시스템에 설치된 퓨즈의 고장을 점검하기 위한 방법으로 틀린 것은?

① 육안검사
② 다기능 측정
③ 전력망 분석
④ 입출력 측정

해설 태양광발전시스템에 설치된 퓨즈의 고장을 점검하기 위한 방법으로는 육안점검, 다기능측정, 입출력 측정 등이 있다.
답 ③

5과목 - 신재생에너지 관련법규

81 전기설비기술기준에서 저압전선로 중 절연부분의 전선과 대지 사이 및 전선의 심선 상호간의 절연저항은 사용전압에 대한 누설전류가 최대 공급전류의 얼마를 넘지 않도록 하여야 하는가?

① 1/1414
② 1/1732
③ 1/2000
④ 1/300

해설 기술기준 제27조(전선로의 전선 및 절연성능)
저압전선로 중 절연 부분의 전선과 대지 사이 및 전선의 심선 상호 간의 절연저항은 사용전압에 대한 누설전류가 최대 공급전류의 1/2,000을 넘지 않도록 하여야 한다.
답 ③

82 녹색인증의 유효기간은 녹색 인증을 받는 날부터 몇 년으로 하는가? (단, 유효기간을 연장하지 않는 경우이다.)

① 1
② 3
③ 5
④ 10

해설 인증기준은 사용승인 또는 사용검사를 받은 날부터 3년 이내의 건축물과 3년이 지난 건축물을 구분하여 정할 수 있다.
답 ②

83 최대사용전압이 22.9[kV]인 중성점 접지식 전로(중성선을 가지는 것으로서 그 중성선을 다중접지 하는 것에 한한다)의 절연내력 시험전압은 최대사용전압의 몇 배의 전압인가?

① 1.25
② 1.12
③ 0.92
④ 0.80

해설 중성점 접지식 전로 최대사용전압의 0.92배의 전압(중성선을 가지는 것으로서 그 중성선을 다중 접지하는 것에 한한다.)
답 ③

84 한국전력거래소의 수행업무가 아닌 것은?

① 전력계통의 설계에 관한 업무
② 회원의 자격 심사에 관한 업무
③ 전력거래량의 계량에 관한 업무
④ 전력시장의 개설 · 운영에 관한업무

해설 한국전력거래소의 수행업무
1) 전력시장의 개설 · 운영에 관한 업무
2) 전력거래에 관한 업무
3) 회원의 자격 심사에 관한 업무
4) 전력거래대금 및 전력거래에 따른 비용의 청구 · 정산 및 지불에 관한 업무
5) 전력거래량의 계량에 관한 업무
답 ①

85 전력수급기본계획의 수립과 관련하여 기본계획에 포함되어야 할 사항으로 틀린 것은?

① 전력생산의 관리에 관한 사항
② 전력수급의 기본방향에 관한 사항
③ 전력수습의 장기전망에 관한 사항
④ 발전설비 계획 및 주요 송전 · 변전설비계획에 관한 사항

해설 전기사업법 제3장 전력수급의 안정 제25조
(전력수급의 기본계획 수립)
- 전력수급의 기본방향에 관한 사항
- 전력수습의 장기전망에 관한 사항
- 발전설비 계획 및 주요 송전·변전설비계획에 관한 사항
- 전기설비 시설계획에 관한 사항
- 전력수요의 관리에 관한 사항
- 그밖에 전력수급에 관하여 필요하다고 인정하는 사항 **답** ①

86 산업통상자원부장관은 공용화 품목의 개발, 제조 및 수요·공급 조절에 필요한 자금의 몇 [%]까지 중소기업자에게 융자할 수 있는가?

① 20   ② 40
③ 60   ④ 80

해설 제24조(신·재생에너지 설비 및 그 부품 중 공용화 품목의 지정절차 등) 산업통상자원부장관은 공용화 품목의 개발, 제조 및 수요·공급 조절에 필요한 자금의 80[%]까지 중소기업자에게 융자할 수 있다. **답** ④

87 산업통상자원부장관이 신·재생에너지 기술개발 및 이용·보급 사업비의 조정에 따라 조성된 사업비를 사용할 수 있는 사업이 아닌 것은?

① 신·재생에너지 공급의무화 지원
② 신·재생에너지 이용의무화 지원
③ 신·재생에너지 설비 설치기업의 지원
④ 신·재생에너지 설비 및 그 부품의 특성화 지원

해설 제10조(조성된 사업비의 사용)
1. 신·재생에너지의 자원조사, 기술수요조사 및 통계 작성
2. 신·재생에너지의 연구·개발 및 기술평가
3. 삭제 〈2015.1.28.〉
4. 신·재생에너지 공급의무화 지원
5. 신·재생에너지 설비의 성능평가·인증 및 사후관리
6. 신·재생에너지 기술정보의 수집·분석 및 제공
7. 신·재생에너지 분야 기술지도 및 교육·홍보
8. 신·재생에너지 분야 특성화대학 및 핵심기술연구센터 육성

9. 신·재생에너지 분야 전문인력 양성
10. 신·재생에너지 설비 설치기업의 지원
11. 신·재생에너지 시범사업 및 보급사업
12. 신·재생에너지 이용의무화 지원
13. 신·재생에너지 관련 국제협력
14. 신·재생에너지 기술의 국제표준화 지원
15. 신·재생에너지 설비 및 그 부품의 공용화 지원
16. 그 밖에 신·재생에너지의 기술개발 및 이용·보급을 위하여 필요한 사업으로서 대통령령으로 정하는 사업 **답** ④

88 신·재생에너지 공급의무자의 2017년도 의무공급량의 비율[%]은?

① 2   ② 3
③ 4   ④ 5

해설 연도별 의무공급량의 비율(제18조의4제1항 관련)

해당 연도	비율[%]	해당 연도	비율[%]
2012	2.0	2022	12.5
2013	2.5	2023	13.0
2014	3.0	2024	13.5
2015	3.0	2025	14.0
2016	3.5	2026	15.0
2017	4.0	2027	17.0
2018	5.0	2028	19.0
2019	6.0	2029	22.5
2020	7.0	2030년 이후	25.0
2021	9.0		

답 ③

89 등록사항의 변경신고를 하려는 자는 그 사유가 발생한 날부터 며칠 이내에 전기공사업 등록사항 변경신고서에 등록증 및 등록수첩과 구비서류를 첨부하여 지정공사업자단체에 제출하여야 하는가?

① 30   ② 60
③ 90   ④ 120

해설 전기공사업 시행규칙
등록사항의 변경신고를 하려는 자는 그 사유가 발생한 날부터 30일 이내에 전기공사업 등록사항 변경신고서에 등록증 및 등록수첩과 구비서류를 첨부하여 지정공사업자단체에 제출하여야 한다. **답** ①

90 전선을 접속하는 경우 전선의 세기를 최소 몇 [%] 이상 감소시키지 않아야 하는가?

① 10   ② 20
③ 25   ④ 30

해설 KEC 123 (전선의 접속법) : 전선을 접속하는 경우
• 접속부의 저항 증가 금지
• 접속부의 세기는 80[%] 이상 유지할 것   답 ②

91 발전소·변전소 또는 이에 준하는 곳에 시설하는 배전반에 고압용 기구 또는 전선을 시설하는 경우 적당하지 않은 것은?

① 점검이 용이하게 통로를 시설할 것
② 기기조작에 필요한 공간을 확보할 것
③ 회로 설비는 반드시 관에 넣어 시설할 것
④ 취급에 위험을 주지 않도록 방호장치를 할 것

해설 KEC 351.7 (배전반의 시설)
• 점검이 용이하게 통로를 시설할 것
• 기기조작에 필요한 공간을 확보할 것
• 취급자에게 위험을 주지 않도록 방호장치를 할 것   답 ③

92 태양전지 발전소에 시설하는 태양전지 모듈, 전선 및 개폐기 등의 시설기준을 설명한 것 중 틀린 것은?

① 충전부분은 노출되지 않도록 시설할 것
② 태양전지 모듈에 접속하는 부하측 전로에는 그 접속점에 근접하여 개폐기를 시설할 것
③ 전선은 공칭단면적 1.5[mm^2] 이상의 연동선 또는 이와 동등 이상의 세기 및 굵기의 것일 것
④ 태양전지 모듈을 병렬로 접속하는 전로에는 그 전로에 단락이 생긴 경우에 전로를 보호하는 과전류차단기를 시설할 것

해설 KEC 512.1.1(전기배선)
1) 태양전지 발전소에 시설하는 태양전지 모듈, 전선 및 개폐기 기타 기구는 다음의 각 호에 따라 시설하여야 한다. 충전부는 노출되지 않도록 시설할 것
• 태양전지 모듈에 접속하는 부하측의 전로에는 그 접속하는 부하측의 전로에는 그 접속점에 근접하여 개폐기 기타 이와 유사한 기구를 시설할 것

• 태양전지 모듈을 병렬로 접속하는 전로에는 그 전로에 단락이 생긴 경우에 전로를 보호하는 과전류차단기 기타의 기구를 시설할 것
2) 전선은 다음에 의하여 시설할 것
• 전선은 공칭단면적 25[mm^2] 이상의 연동선 또는 이와 동등 이상의 세기 및 굵기의 것일 것
• 옥내에 시설할 경우에는 합성수지관공사, 금속관공사, 가요전선관공사 또는 케이블 공사에 준하여 시설할 것
• 옥측 또는 옥외에 시설할 경우에는 합성수지관공사, 금속관공사, 가요전선관공사 또는 케이블공사를 할 것   답 ③

93 전기안전에 관하여 산업통상자원부장관에게 보고할 사항이 아닌 것은?

① 일반용 전기설비 사용 전 점검 결과
② 전기안전관리자의 선임 및 해임에 관한 사항
③ 부적합 전기설비에 대한 조치 내용 및 처리 결과
④ 전기안전관리대행사업자 및 개인대행자의 등록 및 신고수리 현황

해설 전기안전에 관하여 산업통상자원부장관에게 보고할 사항
① 일반용전기설비 사용 전 점검 결과
② 부적합 전기설비에 대한 조치 내용 및 처리결과
③ 전기안전관리대행사업자 및 개인대행자의 등록 및 신고수리 현황 (전기사업법 제73조 1,2항 및 4항 참조)   답 ②

94 산업통상자원부장관이 혼합의무자에게 제출을 요구하는 자료 중 신·재생에너지 연료 혼합시설에 대한 자료가 아닌 것은?

① 신·재생에너지 연료 혼합시설 현황
② 신·재생에너지 연료 혼합시설 변동사항
③ 신·재생에너지 연료 혼합시설의 구매단가
④ 신·재생에너지 연료 혼합시설의 사용실적

해설 신·재생에너지연료 혼합의무 관리기준 제5조 (관리기관간 정보공유)
관리기관은 지침 제13조에 따른 다음 각 호의 업무를 수행함에 있어 생성 및 요구되는 다음 각 호의 정보를 공유하여야 한다.
1) 신·재생에너지 연료 혼합시설 현황
2) 혼합의무자 및 신·재생에너지 연료 제조·수출입

업자 현황
3) 혼합의무자별 혼합의무이행실적
4) 기타 업무를 수행하는데 필요한 정보　**답** ③

- 부존(腑存) 잠재량
- 지역주민의 수용(受容) 정도
- 전력 수급의 안정에 미치는 영향　**답** ①

> 출제기준 변경 및 개정된 관계 법규에 따라 삭제된 문제가 있어 20문항이 안됩니다.

95 가공전선로의 지지물에 사용하는 발판 볼트는 지표상 최대 몇 [m] 미만에 시설하여서는 안 되는가?

① 1.2　　　　② 1.5
③ 1.8　　　　④ 2.0

해설 **지지물과 지선** : 가공전선로 지지물의 승탑 및 승주방지
가공전선로의 지지물에 취급자가 오르고 내리는데 사용하는 발판 볼트 등을 지표상 1.8[m] 미만에 시설하면 안 된다.　**답** ③

96 대통령으로 정하는 신·재생에너지 품질검사 기관이 아닌 것은?

① 한국석유관리원
② 한국임업진흥원
③ 한국에너지공단
④ 한국가스안전공사

해설 신에너지 및 재생에너지 개발·이용·보급 촉진법
시행규칙 제2조의 6
(신·재생에너지 연료 품질검사의 방법 등)
대통령으로 정하는 신·재생에너지 품질검사기관은
① 한국석유관리원
② 한국임업진흥원
③ 한국가스안전공사이다.　**답** ③

97 신·재생에너지 공급인증서에 표기되는 공급량 계산 시 적용되는 신·재생에너지 가중치 결정의 고려사항이 아닌 것은?

① 수입대체 효과
② 부존(腑存) 잠재량
③ 지역주민의 수용(受容) 정도
④ 전력 수급의 안정에 미치는 영향

해설 신·재생에너지 공급인증서에 표기되는 공급량 계산 시 적용되는 신·재생에너지 가중치 결정의 고려사항
- 환경, 기술개발 및 산업활성화에 미치는 영향
- 발전원가
- 온실가스배출저장에 미치는 효과

1과목 - 태양광발전시스템 이론

01 어떤 전지의 외부회로 저항은 5[Ω]이고 전류는 8[A]가 흐른다. 외부회로에 5[Ω] 대신에 15[Ω]의 저항을 접속하면 전류는 4[A]로 떨어진다. 전지의 기전력은 몇 [V]인가?

① 100[V] ② 80[V]
③ 60[V] ④ 40[V]

해설 $E = RI + rI$이므로 (E일정, r일정)
$E = 5 \times 8 + r \times 8 = 15 \times 4 + r \times 4$
∴ $4r = 20 \rightarrow r = 5[\Omega]$
∴ $E = 5 \times 8 + 8r = 5 \times 8 + 5 \times 8 = 80[V]$ **답** ②

02 뇌서지 등의 피해로부터 PV시스템을 보호하기 위한 대책으로 적합하지 않은 것은?

① 피뢰소자를 어레이 주회로 내에 분산시켜 설치함과 동시에 접속함에도 설치한다.
② 뇌우의 발생지역에서는 직류전원 측에 내뢰 트랜스를 설치하여 보다 완전한 대책을 취한다.
③ 접속함 및 분전반 안에 설치하는 피뢰소자는 방전내량이 큰 것을 선정한다.
④ 저압 배전선으로부터 침입하는 뇌서지에 대해서는 분전반에 피뢰소자를 설치한다.

해설 뇌우 다발지역에서는 교류전원측으로 내뢰 트랜스를 설치한다.   **답** ②

03 2012년부터 국내 총 발전량의 일정 비율을 신재생에너지로 의무화하는 제도는?

① REC(Renewable Energy Certificate)
② FIT(Feed In Tariff)
③ RPS(Renewable Portfolio Standard)
④ FERC(Federal Energy Regulatory)

해설 신재생에너지 의무할당제(RPS)란 발전사업자의 총 발전량, 판매사업자의 총 판매량의 일정비율을 신재생에너지원으로 공급 또는 판매하도록 의무화하는 제도를 말함 신재생에너지의 보급 확대를 위한 목적으로 시작된 제도로 국내·외에서 다방면으로 검토되고 있으며 현재 많은 나라에서 운영되고 있는 제도이다.   **답** ③

04 태양광발전용 축전지의 방전심도에 대한 설명으로 틀린 것은?

① 방전심도를 낮게(30~40[%]) 설정하면, 전지수명이 증가한다.
② 방전심도를 깊게(70~80[%]) 설정하면, 전지 수명이 단축된다.
③ 방전심도를 낮게(30~40[%]) 설정하면, 잔존용량이 감소한다.
④ 방전심도를 깊게(70~80[%]) 설정하면, 전지 이용률이 증가한다.

해설 방전심도(Depth of Discharge)는 축전지의 잔존용량을 나타낸다.

$$방전심도(DOD) = \frac{실제\ 방전량[Ah]}{축전지의\ 정격용량[Ah]} \times 100[\%]$$

방전심도를 낮게 설정하면 전지수명은 길어지지만, 전지 이용률은 낮아져서 설치 용량이 높아져 비용이 증가한다. 또는 방전심도를 깊게 하면 전지의 이용률이 증가하고 전지의 수명이 단축된다.   **답** ③

05 인버터에 대한 효율을 각각 변환 효율(η_{CON}), 추적효율(η_{TR}), 유로효율(η_{Euro})이라 할 때 정격효율(η_{INV})은 어떻게 나타낼 수 있는가?

① 변환 효율(η_{CON})×추적효율(η_{TR})
② 추적효율(η_{TR})×유로효율(η_{Euro})
③ $\dfrac{변환\ 효율(\eta_{CON})}{추적\ 효율(\eta_{TR})}$
④ $\dfrac{추적\ 효율(\eta_{TR})}{변환\ 효율(\eta_{CON})}$

해설 인버터 효율의 종류
- 추적효율(η_{TR}) :

$$\eta_{TR} = \frac{P_{DC} \text{ 순간입력전력}}{P_{PV} \text{ 최대순간 } PV \text{ 어레이전력}} \times 100[\%]$$

- 유로효율(η_{Euro}) :

$$\eta_{Euro} = 0.03 \times \eta_{5\%} + 0.06 \times \eta_{10\%} + 0.13 \times \eta_{20\%}$$
$$+ 0.1 \times \eta_{30\%} + 0.48 \times \eta_{50\%} + 0.2 \times \eta_{100\%}$$

- 정격효율(η_{INV})

$$\eta_{INV} = \eta_{CON} \times \eta_{TR} \text{(변환효율 × 추적효율)} \quad \text{답} ①$$

06 다음 그림과 같이 축전지 회로가 구성되어 있다. 단자 A, B 사이에 나타나는 출력전압과 축전지 용량은?

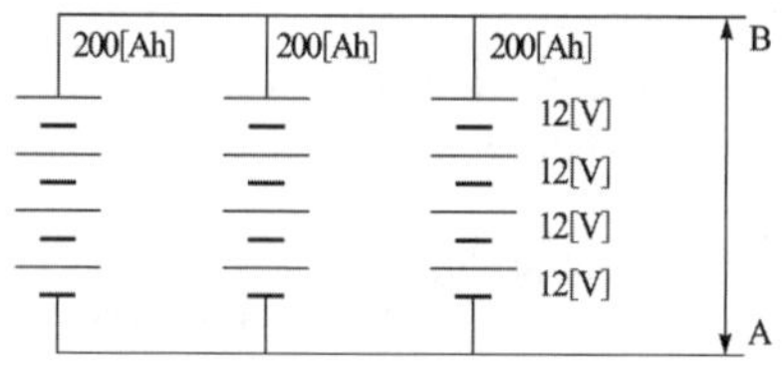

① DC 48[V], 150[Ah]
② DC 48[V], 600[Ah]
③ DC 12[V], 150[Ah]
④ DC 12[V], 600[Ah]

해설 A, B 양단의 전압은 직렬로 연결된 전원(축전지)의 합과 같고, 축전지의 총용량은 병렬로 연결된 총합으로 표현할 수 있다.
$$V = 12[V] \times 4 = 48[V]$$
$$I = 200[Ah] \times 3 = 600[Ah] \quad \text{답} ②$$

07 인버터의 회로방식에 따른 종류가 아닌 것은?

① 상용주파 변압기 절연방식
② 고주파 변압기 절연방식
③ 고조파 변압기 절연방식
④ 트랜스리스(Transless)방식

해설 (1) 상용주파 변압기 절연방식
태양전지 직류출력을 상용주파의 교류로 변환한 후 변압기로 절연한다.
(2) 고주파 변압기 절연방식
태양전지의 직류출력을 고주파 교류로 변환한 후, 소형 고주파 변압기로 절연한다. 그 다음, 일단 직류로 변환하고 다시 상용주파수 교류로 변환한다.

(3) 트랜스리스 방식
태양전지의 직류출력을 DC-DC컨버터로 승압하고 인버터로 상용주파의 교류로 변환한다. 답 ③

08 $v = 100\sqrt{2}\sin\left(120\pi t + \frac{\pi}{3}\right)[V]$인 정현파 교류전압의 실효값과 주파수는?

① 141[V], 60[Hz]
② 100[V], 60[Hz]
③ 141[V], 50[Hz]
④ 100[V], 50[Hz]

해설 실효값 $V = \frac{V_m}{\sqrt{2}} = \frac{100\sqrt{2}}{\sqrt{2}} = 100[V]$

주파수 각속도 $\omega = 2\pi f = 120\pi[\text{rad/sec}]$

$$f = \frac{\omega}{2\pi} = \frac{120\pi}{2\pi} = 60[Hz] \quad \text{답} ②$$

09 다음 중 재생에너지가 아닌 것은?

① 수소에너지
② 폐기물에너지
③ 바이오 에너지
④ 해양에너지

해설
- 재생에너지 : 태양광, 태양열, 바이오, 풍력, 수력, 해양, 폐기물, 지열에너지
- 신에너지 : 연료전지, 석탄액화가스화 및 중질유잔사유 가스화, 수소에너지 답 ①

10 다음 태양복사에 관한 설명 중 틀린 것은?

① 태양복사량의 평균값을 태양상수라고 하며 약 $1367[\text{W/m}^2]$이다.
② 직달복사는 태양으로부터 지면에 직접 도달되는 복사로 물체에 강한 그림자가 만드는 성분이다.
③ 산란복사는 태양복사가 지표면에 도달되기 전에 구름이나 대기 중의 먼지에 의해 반사되지 않고 확산된 성분이다.
④ 매우 흐린 날 특히 겨울에는 태양복사는 거의 모두 산란복사 된다.

해설 산란복사는 태양복사가 지표면에 도달되기 전에 구름이나 대기 중의 먼지에 의해 반사되고 확산된 성분이다. 답 ③

11 태양광 전지에서 생산된 전력 125[W]가 인버터에 입력되어 인버터 출력이 100[W]가 되면 인버터의 변환 효율은 몇 [%]인가?

① 45[%]　　　　② 64[%]
③ 80[%]　　　　④ 92[%]

해설 인버터 효율 $= \dfrac{\eta_{OUT}}{\eta_{IN}} \times 100 = \dfrac{100}{125} \times 100$
$= 80[\%]$　　　　**답** ③

12 도선의 길이가 3배 늘어나고 반지름이 $\dfrac{1}{3}$로 줄어들 경우 그 도선의 저항은 어떻게 변하겠는가?

① 9배 증가　　　　② $\dfrac{1}{9}$로 감소
③ 27배 증가　　　　④ $\dfrac{1}{27}$로 감소

해설 $R = \rho \dfrac{l}{S}$에서 ρ가 일정하다면
$S' = \pi \left(\dfrac{1}{3} r\right)^2$, $l' = 3l$이 되므로
변화된 도선의 저항은
$R' = \rho \dfrac{l'}{S'} = \rho \dfrac{3 \times l}{\pi \times \dfrac{r^2}{9}} = 27\rho \dfrac{l}{S}$이 된다.　**답** ③

13 다음 중 박막형 태양전지 모듈의 종류에 해당되지 않는 것은?

① 비정질 실리콘 전지
② 다결정 전지
③ Cd-Te 전지
④ 염료 전지

해설 다결정 전지는 결정질 실리콘태양전지 종류이다.　**답** ②

14 독립형 태양광발전시스템에서 축전지의 방전 시 모듈로 유입하는 전류를 억제하기 위해 설치하는 소자는?

① 역류방지 소자　　　② 바이패스 소자
③ 방전방지 소자　　　④ 출력조정 소자

해설 **역류방지 소자**
태양전지 모듈에 다른 태양전지 회로와 축전지의 전류가 유입되는 것을 방지하기 위해 설치하는 것으로 일반적으로 다이오드가 사용되고, 역류방지 소자는 접속함 내에 설치하는 것이 일반적이나 태양전지 모듈의 단자함 내부에 설치하는 경우도 있다.　**답** ①

15 인버터의 직류동작전압을 일정시간 간격으로 약간 변동시켜 그 때의 태양전지 출력 전력을 계측하여 사전에 발생한 부분과 비교를 하게 되고, 항상 전력이 크게 되는 방향으로 인버터의 직류 전압을 변화시키는 기능은?

① 직류 검출제어 기능
② 자동전압 조정기능
③ 자동운전 정지제어 기능
④ 최대전력 추종제어기능

해설 **최대전력 추종제어기능**
태양전지 출력은 일사강도와 태양전지 표면온도에 따라 변동한다. 이런 변동에 대하여 태양전지의 동작점이 항상 최대 출력점을 추종하도록 변화시켜 태양전지에서 최대 출력을 얻을 수 있는 제어　**답** ④

16 발전과정에서 화학에너지를 전기에너지로 변환 하는 신·재생에너지는?

① 풍력　　　　② 지열
③ 태양열　　　④ 연료전지

해설 연료의 산화에 의해서 생기는 화학에너지를 직접 전기에너지로 변환시키는 일종의 전지 발전장치이다.　**답** ④

17 태양광 모듈 표면의 황변현상은 태양광 모듈 내부의 충진재(EVA)가 무엇과 화학 반응하여 변색되는 것을 말하는가?

① 가시광선　　　② 자외선
③ 적외선　　　　④ 습기

해설 충진재로 쓰이는 EVA는 깨지기 쉬운 태양전지 소자를 보호 하기위해 태양전지 전후면과 표면재 사이에 삽입하는 물질이다. EVA시트는 장기간 자외선에 노출될 경우 변색되고 방습성이 떨어지는 등의 문제가 발생 할 수 있다.　**답** ②

18 다음에서 설명하는 목질계 연료는 무엇인가?

> 목재 가공과정에서 발생하는 건조된 목재 잔재를 압축하여 생산하는 작은 원통모양의 표준화된 목질계 연료

① 목탄　　　　　② 목질칩
③ 목질 펠릿　　　④ 목질 브리켓

해설
- 목질칩 : 목제품 제조원료 및 연료생산을 목적으로 목질칩 파쇄기를 이용하여 잘게 절삭한 모제조각, 수분 함량은 30[wt%]로 유지
- 목질 브리켓 : 느슨한 바이오매스 원료를 일정한 밀도로 압축하여 생산한 고품질의 연료
- 목탄 : 산소가 불충분한 밀폐된 공간에서 원료물질(목재)을 서서히 가열해서 수분과 휘발성물질을 제거, 탄소만 남기는 방법으로 제조된 고체 생성물　　**답** ③

19 인버터의 부하가 인덕턴스인 경우 스위칭소자가 ON-OFF 시 인덕턴스 양단에 나타나는 역기전력에 의한 스위칭소자의 내전압을 초과하여 소손되는 것을 방지하는 용도의 소자는?

① IGBT
② 피뢰소자
③ 환류다이오드
④ 바이패스 다이오드

해설 **환류다이오드**
인덕터에 흐르는 전류가 단방향일 때, 인덕터 또는 인덕터를 포함한 부하와 병렬로 접속되어 있는 다이오드. 출력이 직류이고 유도성 부하를 가진 반도체 전력 회로의 경우, 전원으로부터 에너지 공급이 차단되었을 때 인덕터에 저장되어 있는 에너지에 의한 인덕터 전류가 연속적으로 흐를 수 있도록 한다.　　**답** ③

20 태양전지의 특징을 설명한 것 중 틀린 것은?

① 빛이 있을 때 전기를 생산한다.
② 전기를 저장하는 기능을 가진다.
③ 전압의 세기는 여러 장의 태양전지를 직렬로 연결시켜 조정한다.
④ 전류의 세기는 병렬연결이나 태양전지의 면적으로 조정할 수 있다.

해설 태양전지는 건전지나 납축전지와는 그 구조나 특성이

전혀 다른 제품으로, 건전지나 납축전지는 생산된 전기를 저장하는 기구인데 반하여 태양전지에는 전기를 저장하는 능력이 없고 빛이 있을 때 전기를 생산하는 기능만 한다.　　**답** ②

2과목 - 태양광발전시스템 설계

21 태양광발전에서 인버터 출력측의 3상 4선식 간선의 전압강하 계산식으로 알맞는 것은?

① $\dfrac{17.8LI}{1000A}$　　　② $\dfrac{20.8LI}{1000A}$

③ $\dfrac{30.8LI}{1000A}$　　　④ $\dfrac{35.6LI}{1000A}$

해설

전기방식	전압강하		전선단면적 [mm²]
단상 3선식 직류 3선식 3상 4선식	$e_1 = IR$	$e_1 = \dfrac{17.8LI}{1000A}$	$A = \dfrac{17.8LI}{1000e_1}$
단상 2선식 및 직류 2선식	$e_2 = 2IR = 2e_1$	$e_2 = \dfrac{35.6LI}{1000A}$	$A = \dfrac{35.6LI}{1000e_2}$
3상 3선식	$e_3 = \sqrt{3}IR$ $= \sqrt{3}e_1$	$e_3 = \dfrac{30.8LI}{1000A}$	$A = \dfrac{30.8LI}{1000e_3}$

답 ①

22 태양광발전시스템의 연간 누적 발전량이 15,000[kWh], 시스템 용량은 10[kW], 연간 운전일수가 350일 일 때, 시스템 이용률은 약 몇 [%]인가?

① 14.29[%]　　　② 16.45[%]
③ 17.85[%]　　　④ 19.04[%]

해설
$$\text{시스템 이용률} = \frac{\text{연간 누적발전량}}{\text{시스템 용량} \times 24[h]} \times 100$$
$$\times \text{연간 운전일 수}$$
$$= \frac{15,000[kWh]}{10[kW] \times 24[h] \times 350} \times 100$$
$$= 17.85[\%]$$

답 ③

23 전기도면 관련 기호 중 전동기를 나타내는 기호는?

① Ⓜ ② Ⓗ

③ Ⓖ ④ Ⓣ

해설 ② 전열기, ③ 발전기, ④ 소형변압기 답 ①

24 파워컨디셔너의 종류 중 인버터의 대수 및 연결방식에 따른 구분에서 최대 효율 및 MPP 최적 제어가 가능하나 투자비가 가장 많이 드는 방식은 무엇인가?

① 마스터 슬레이브 방식
② 모듈인버터방식
③ 병렬운전 방식
④ 중앙집중식

해설 모듈 인버터 방식
개별 모듈의 MPP점이 중앙 집중형 등 인버터 방식에 비해 슬리핑 구동이 매우 낮아 높은 발전량을 만들 수 있다. 답 ②

25 피뢰소자의 선정방법 설명 중 ( )에 알맞는 내용을 나열한 것은?

> 접속함 내의 분전반 내에 설치하는 피뢰소자로 어레스터는 (㉠)을 선정하고, 어레이 주회로 내에 설치하는 피뢰소자인 서지업서버는 (㉡)을 선정한다.

① ㉠ 충전내량이 큰 것
   ㉡ 충전내량이 작을 것
② ㉠ 방전내량이 큰 것
   ㉡ 방전내량이 작은 것
③ ㉠ 충전내량이 작은 것
   ㉡ 충전내량이 큰 것
④ ㉠ 방전내량이 작은 것
   ㉡ 방전내량이 큰 것

해설 피뢰소자 선정 방법
접속함 내의 분전반 내에 설치하는 피뢰소자로 어레스터는(방전내량이 큰 것)을 선정하고, 어레이 주회로 내

에 설치하는 피뢰소자인 서지업서버는(방전내량이 적을 것)을 선정한다. 답 ②

26 다음과 같은 태양광발전시스템에서의 어레이 설계 시 직병렬 수량은?

> • 모듈 최대출력 : 250[Wp]
> • 1스트링 직렬매수 : 10직렬
> • 시스템 출력 전력 : 50,000[W]

① 10직렬−10병렬 ② 10직렬−15병렬

③ 10직렬−20병렬 ④ 10직렬−25병렬

해설
$$\frac{\text{시스템 출력전력[W]}}{\text{모듈최대출력[W]} \times \text{1스트링직렬매수}}$$
$$= \frac{50,000[W]}{250[W] \times 10직렬} = 20병렬채용$$
답 ③

27 다음 중 태양광 발전설비의 외부피뢰시스템에 해당하지 않는 것은?

① 접지시스템 ② 수뢰부시스템

③ 인하도선시스템 ④ 다중방호시스템

해설 • 수뢰시스템 : 구조물의 뇌격을 받아들임
• 인하도선시스템 : 뇌격전류를 안전하게 대지로 보냄
• 접지시스템 : 뇌격전류를 대지로 방류시킴 답 ④

28 태양광발전소의 전기사업허가신청서에 포함되는 필요서류 목록이 아닌 것은? (단, 3000[kW] 미만인 경우이다. 신청자가 법인이다.)

① 신청자의 주주명부 ② 사업계획서

③ 손익계산서 ④ 대차대조표

해설 1) 전기사업허가신청서 1부
2) 전기사업법 시행규칙 사업계획서 1부
3) 송전관계 일람도 1부
4) 발전원가 명세서 1부
5) 발전설비의 운영을 위한 기술인력의 확보계획을 기재한 서류 1부
6) 신청인이 법인인 경우에는 그 정관 및 직전 사업연도 말의 대차대조표 · 손익계산서 답 ①

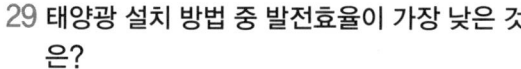

29 태양광 설치 방법 중 발전효율이 가장 낮은 것은?

① 추적식 어레이
② 고정식 어레이
③ 건물통합형(BIPV)
④ 경사가변형 어레이

해설 발전효율의 크기
추적식어레이 > 경사가변형 어레이 > 고정식어레이 > 건물통합형(BIPV)　답 ③

30 사업의 경제성이 있다고 판단되는 항목을 모두 옳게 나열 한 것은? (단, r은 할인율을 나타낸다.)

① NPV > 0, B/C ratio > 1, IRR > r
② NPV < 0, B/C ratio < 1, IRR < r
③ NPV = 0, B/C ratio < 1, IRR < r
④ NPV = 0, B/C ratio = 1, IRR = r

해설 경제성 분석
1) NPV(순현재가치)는 '0'보다 크면 경제성이 있고, '0'보다 작으면 경제성이 없다.
2) B/C(비용편익)는 1보다 크면 경제성이 있고, '1'보다 작으면 경제성이 없다.
3) IRR(내부수익률)은 r(할인율) 보다 커야 한다.　답 ①

31 태양전지 어레이의 이격거리 산출 시 적용하는 설계요소가 아닌 것은?

① 태양의 고도각
② 강제의 강도 및 판 두께
③ 건축 시공 부지 현황
④ 태양광발전소 위치에 대한 위도

해설 1) 이격거리 산출은 태양의 고도각, 위도, 모듈의 경사각에 따라 결정된다.
2) 발전소 주변의 음영과 지형에 따라 설치 위치와 이격거리가 변화된다.　답 ②

32 도면의 작성 및 관리에 필요한 정보를 모아서 기재한 것은 무엇인가?

① 범례　　② 표제란
③ 상세도　④ 도면목록표

해설 표제란 도면의 우하 구석에 설치하는 것으로, 원칙으로는 도면번호, 그림명, 척도, 제도소명, 도면작성 연월일 및 책임자의 서명을 기입한다.　답 ②

33 설계도서 해석의 우선순위로 가장 먼저 검토할 것은? (단, 계약으로 우선순위를 정하지 아니한 경우이다.)

① 공사시방서
② 산출내역서
③ 감리자 지시사항
④ 승인된 상세시공도면

해설 공사시방서는 특정 공사를 위해 작성되는 시방서　답 ①

34 태양광 어레이 구조물 중 일반 철골구조에 비교할 때 파워볼트시스템(Power Boit System)의 장점이 아닌 것은?

① 필요한 응력에 의한 자재사용으로 경제적인 설계를 할 수 있다.
② 제품의 규격이 정교하여 구조물의 마감처리를 정밀하게 할 수 있다.
③ 조립 및 해체가 간단하여 타 장소에 이설 설치가 가능하다.
④ 모듈이 적고 짧은 스팬(span) 구조물에 유리하다.

해설 파워볼트시스템은 장스팬의 구조물에 유리하다.　답 ④

35 태양전지 어레이용 가대의 구조설계 시 적용되는 상정하중의 분류 중 수평하중에 속하는 것은?

① 풍하중　　② 활하중
③ 고정하중　④ 적설하중

해설 • 수직하중 : 고정하중, 적설하중, 활하중
• 수평하중 : 풍하중, 지진하중　답 ①

36 태양광 발전소의 경우 환경 영향 평가를 받아야 하는 발전용량은 몇 [kW] 이상인가?

① 1000[kW]　　② 10,000[kW]

③ 100,000[kW]　④ 1000,000[kW]

해설 사전환경성 검토 · 협의
- 100,000[kW] 미만 : 사전 환경성 검토
- 100,000[kW] 이상 : 환경 영향 평가　답 ③

37 음영각 및 음영각의 검토사항에 대한 설명으로 틀린 것은?

① 수직 음영각은 태양의 고도각을 말한다.

② 주변 산세, 수풀, 나무, 건물 등을 고려하여 어레이를 배치한다.

③ 그늘의 길이와 방향은 위도, 계절에 따라 같으므로 그림자의 길이를 계산하여 어레이를 배치한다.

④ 연중 입사각이 가장 적은 동지의 오전 9시부터 오후 3시 사이에 어레이에 그늘이 생기지 않도록 해야 한다.

해설 음영의 길이와 방향은 위도, 계절에 따라 상이하므로 그림자의 길이를 계산하여 어레이를 배치한다. 답 ③

38 파워컨디셔너의 동작범위가 250~590[V], 태양전지 모듈이 온도에 따른 전압법위가 30~45[V]일 때 태양전지 모듈의 최대 직렬연결 가능 갯수는?

① 11개　　　② 12개

③ 13개　　　④ 14개

해설 온도가 낮아지면 전압이 상승하여 발전량이 증가한다. 전압 범위에서 45[V]에서 가장 높은 전압을 나타내므로 이 전압을 파워컨디셔너의 최대 동작 전압으로 나누면 최대 직렬 수를 구할 수 있다.

$$\text{태양전지 모듈 직렬수} = \frac{PCS\ \text{입력전압}}{\text{모듈 최대 출력 동작전압}}$$

$$= \frac{590}{45} = 13.11(\text{직렬})$$

최대 직렬 수 계산에서는 소수점 단위를 절사하여 최대 동작 전압을 넘지 않도록 한다.　답 ③

39 순 현재가치를 0으로 만들어 평가하는 경제성 분석 모형은?

① 현재가치법　　② 편익비용비율법

③ 자본회수기간법　④ 내부수익률법

해설 내부수익률법(IRR)

$$\sum \frac{B_i}{(1+r)^i} - \sum \frac{C_i}{(1+r)^i} = 0$$

NPV나 B/C 적용시 할인율이 불분명할 경우 이용　답 ④

40 태양고도가 가장 높은 시기로 옳은 것은?

① 춘분　　　② 하지

③ 추분　　　④ 동지

해설
- 태양의 남중고도가 가장 높을 때(하지) : $90° - \phi + 23.5°$
- 태양의 남중고도가 가장 낮을 때(동지) : $90° - \phi - 23.5°$　답 ②

3과목 - 태양광발전시스템 시공

41 태양광발전시스템의 배선공사에 사용되는 케이블 중 내연성이 가장 좋은 케이블은?

① ACSR(강심 알루미늄 연선)

② VV(비닐절연 비닐시스 케이블)

③ CV(가교 폴리에틸렌 절연비닐 시스케이블)

④ PNCT(에틸렌 프로필렌고무 절연 클로로플렌시스 캡타이어 케이블)

해설 케이블 비교표

케이블 종류	허용온도최고[℃]	내연성	열 변형성	내후성
CV[*1]	90	○	○	○
VV[*2]	60	○	△	○
PNCT[*3]	80	◎	△	○

[주] ◎ : 우수, ○ : 양호, △ : 가능
  *1 : 가교 폴리에틸렌 절연비닐 시스템케이블
  *2 : 비닐 절연비닐시스 케이블
  *3 : 에틸렌 프로필렌고무 절연 클로로플렌 시스캡 타이어 케이블　답 ④

42 다음 중 송전선로에 대한 설명으로 틀린 것은?

① 송전설비는 발전소 상호간, 변전소 상호간, 발전소와 변전소 간을 연결하는 전선로와 전기설비를 말한다.

② 송전선로는 발전소, 1차변전소, 배전용 변전소로 구성된다.

③ 송전방식은 교류 송전방식만이 사용된다.

④ 송전계통의 개요는 송전선로, 급전설비, 운영설비이다.

해설 송전방식은 교류송전방식과 직류 송전방식이 사용된다. 답 ③

43 시방서 종류별로 설명한 것 중 틀린 것은?

① 공사시방서 – 특정 공사를 위해 작성

② 특기시방서 – 비기술적인 사항을 규정

③ 표준시방서 – 모든 공사의 공통적인 사항을 규정

④ 기술시방서 – 공사전반에 기술적인 사항을 규정

해설 특기시방서란 요구조건과 계약조건으로 구분되어 비기술적인 일반 사항을 규정하는 시방서이다. 답 ②

44 분산형전원 발전설비와 계통연계지점에서의 전기품질에 관한 설명으로 틀린 것은?

① 고조파의 측정치가 5[%] 이내인지 확인한다.

② 분산형전원측 역률의 측정치가 80[%] 이상인지 확인한다.

③ 분산형 전원 및 그 연계 시스템은 분산형전원 연결점에서 직류가 계통으로 유입되는 것을 방지하기 위하여 연계 시스템에 상용주파 변압기를 설치하였는지 확인한다.

④ 분산형 전원은 빈번한 기동·탈락 또는 출력변동 등에 의하여 계통에 연결된 다른 전기사용자에게 시각적인 자극을 줄 만한 플리커나 설비의 오동작을 초래하는 전압변동을 발생하지 않게 되었는지 확인한다.

해설 분산형전원의 역률은 90[%] 이상으로 유지함을 원칙으로 한다. 답 ②

45 태양광발전설비 설치를 위한 현장실사 시 고려할 사항이 아닌 것은?

① 모듈유형, 시스템 개념 및 설치방법에 관한 고객의 희망사항

② 원하는 태양광 전력 및 발전량

③ 지형의 조건

④ 축전지 용량

해설 **축전지 용량**

완전 충전 상태에 있는 축전지를 어떤 일정한 전류로 방전 완료 전압까지 방전시켰을 때, 그동안 축전지로부터 얻을 수 있는 총 전기량 또는 전력량 답 ④

46 전력시설물의 감리원이 공사업자로부터 받은 시공 상세도를 승인할 때 고려 할 사항이 아닌 것은?

① 설계도면, 설계 설명서 또는 관계 규정에 일치하는지 여부

② 현장시공기술자가 명확하게 이해할 수 있는지 여부

③ 주요 공정의 시공 절차 및 방법

④ 실제시공 가능 여부

해설 **시공 상세도 승인**

감리원은 공사업자로부터 시공상세도를 사전에 제출받아 다음 각 호의 사항을 고려하여 공사업자가 제출한 날로부터 7일 이내에 검토·확인하여 승인한 후 시공할 수 있도록 하여야 한다. 다만, 7일 이내에 검토·확인이 불가능한 때에는 사유 등을 명시하여 통보하고, 통보사항이 없는 때에는 승인한 것으로 본다.

1) 설계도면, 설계설명서 또는 관계 규정에 일치하는지의 여부

2) 현장의 시공기술자가 명확하게 이해할 수 있는지의 여부

3) 실제시공 가능 여부

4) 안정성 확보 여부

5) 계산의 정확성

6) 제도의 품질 및 선명성, 도면작성 표준에 일치 여부

7) 도면으로 표시 곤란한 내용은 시공 시 유의사항으로 작성되었는지의 검토 답 ③

47 고장전류 중 일반적으로 가장 큰 전류에 해당하는 것은?

① 1선 지락전류   ② 2선 지락전류

③ 선간 단락전류   ④ 3상 단락전류

> **해설** 고장 전류 중 3상 단락 전류가 가장 크다.
> 3상 단락 전류의 크기를 고려해서 차단기 용량을 선정하면 1선 지락, 선간단락 등 모든 고장을 해소할 수 있다는 것을 의미한다. **답** ④

48 태양광발전설비 시공 중 접속함에서 인버터까지 배선의 전압 강하율은 몇 [%] 이내로 권장하고 있는가?

① 1~2[%]   ② 4~5[%]

③ 7~9[%]   ④ 10~15[%]

> **해설** 전압강하 시공규정
> 태양전지모듈에서 인버터입력단간 및 인버터출력단과 계통연계점간의 전압강하는 각 3[%]를 초과하여서는 안 된다. 단 전선길이가 60[m]를 초과할 경우에는 다음과 같다.
> • 전선길이에 따른 전압강하율
>
> | 전선길이 | 전압강하 |
> |---|---|
> | 120[m] 이하 | 5[%] |
> | 200[m] 이하 | 6[%] |
> | 200[m] 초과 | 7[%] |
>
> **답** ①

49 방화구획을 관통하는 배관, 배선의 처리방법에 대한 설명으로 틀린 것은?

① 다른 설비로 연소, 확대하는 것을 방지하는 것이다.

② 관통부분의 충전재, 내열시트재는 전열에 의해 이면측이 연소할 위험온도가 되지 않을 것

③ 관통부분의 충전재, 배관재의 변형, 소실 등에 의한 이면측에 화염, 연기가 나오지 않을 것

④ 내화구조물을 배선, 배관 등으로 관통한 경우 되메움 충전재는 관통전과 동등 하지 않아도 된다.

> **해설** 내화구조물 배선, 배관 등으로 관통한 경우의 되메움 충전재는 관통하기 전과 같거나 그 이상의 내화구조로 하지 않으면 안 된다. **답** ④

50 전력계통의 전압을 조정하는 조상설비 중 진상 또는 지상 모두 무효전력 조정이 가능한 것은?

① 단로기   ② 분로리액터

③ 동기조상기   ④ 전력용 콘덴서

> **해설** 동기조상기
> 전력 계통에 있어서 역률(力率)을 개선하기 위하여 쓰는 동기 전동기. 계자 전류를 조정하여 제로(0) 역률의 진상(進相) 또는 지상(遲相) 전류를 사용하면서 보통 부하 없이 운전한다. **답** ③

51 태양광발전시스템 설치공사 순서를 올바르게 나타낸 것은?

① 어레이 기초공사 → 어레이 가대공사 → 어레이 설치공사 → 배선공사 → 검사

② 어레이 가대공사 → 어레이 기초공사 → 어레이 설치공사 → 배선공사 → 검사

③ 배선공사 → 어레이 기초공사 → 어레이 가대공사 → 어레이 설치공사 → 검사

④ 배선공사 → 어레이 가대공사 → 어레이 기초공사 → 어레이 설치공사 → 검사

> **해설**
>
>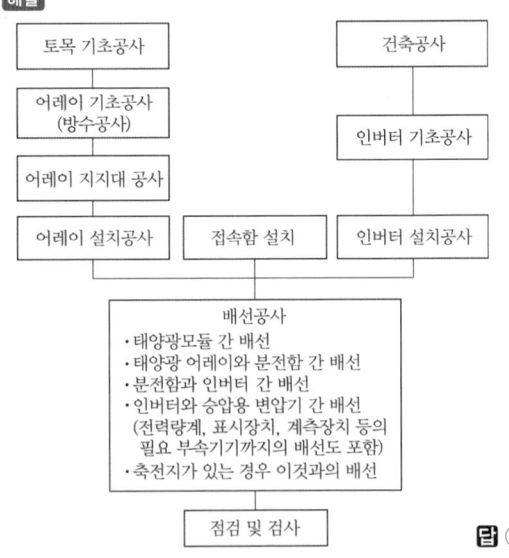
>
> **답** ①

52 케이블트레이의 시설방법으로 틀린 것은?

① 수평으로 포설하는 케이블은 케이블트레이의 가로대에 반드시 견고하게 고정 시켜야 한다.

② 저압케이블과 고압 또는 특고압 케이블은 동일 케이블트레이 내에 시설하여서는 안 된다.

③ 케이블이 케이블트레이 계통에서 금속관 등으로 옮겨가는 개소는 케이블에 압력이 가해지지 않도록 지지한다.

④ 케이블트레이가 방화구획의 벽, 마루, 천장 등을 관통 시 개구부에 연소방지시설 등 적절한 조치를 해야 한다.

해설 KEC 232.41.1 (시설조건)
수평으로 포설하는 케이블 이외의 케이블은 케이블 트레이의 가로대에 견고하게 고정시켜야 한다. **답** ①

53 지붕 건재형 태양전지 모듈의 설치장소를 고려한 설치 사항으로 틀린 것은?

① 태양전지 모듈의 하중에 견딜 수 있는 강도를 가질 것

② 인접 가옥의 화재에 대한 방화대책을 세워 시설할 것

③ 눈이 많은 지역에서는 직설 방지대책을 강구하여 시설할 것

④ 풍력계수는 처마 끝이나 지붕 중앙부나 똑같이 하여 시설할 것

해설 지붕 건재형 태양전지 모듈의 설치장소
1) 처마끝과 케라바 및 용마루의 풍력계수는 지붕의 중앙보다 크고, 태양전지 모듈의 설치장소가 처마끝, 케라바, 용마루 부분일 경우에는 그 부분의 설치강도를 소정의 풍력계수를 고려하여 설치하도록 한다.
2) 처마끝 부분은 인접한 가옥의 화재 시에 자기 집으로 번질 위험이 있으므로 방화대책을 세운다.
3) 적설량이 많은 지역에 대해서 지붕에 쌓인 눈의 제거 여부는 설치장소의 상황에 따라 판단하며, 필요에 따라 눈을 녹이거나 적설방지 대책을 강구한다.
답 ④

54 다음 중 적설하중과 관련 있는 사항이 아닌 것은?

① 중요도계수
② 노출계수
③ 온도계수
④ 내압계수

해설 적설하중
1) 평지붕의 적설하중
$$S_f = C_b \times C_e \times C_t \times I_s \times S_g [\text{kN/m}^2]$$
여기서, S_f : 평지붕의 적설하중,
C_b : 기본 지붕 적설하중계수(0.7 적용),
C_e : 노출계수, C_t : 온도계수,
I_s : 중요도 계수,
S_g : 지상 적설하중의 기본값
2) 경사지부의 적설하중
$$S_s = S_f \times C_s [\text{kN/m}^2]$$
여기서, S_s : 경사지붕의 적설하중
S_f : 평지붕하중의 적설하중
C_s : 지붕경사도계수
3) 내압계수 : 풍하중에서 사용 **답** ④

55 표준 태양전지 어레이의 개방전압을 최대사용전압으로 간주할 때 절연내력 측정방법으로 옳은 것은?

① 최대사용전압의 1배의 직류전압이나 1.5배의 교류전압을 10분간 인가하여 절연파괴 등 이상이 발생하지 않을 것

② 최대사용전압의 1배의 직류전압이나 1.5배의 교류전압을 20분간 인가하여 절연파괴 등 이상이 발생하지 않을 것

③ 최대사용전압의 1.5배의 직류전압이나 1배의 교류전압을 10분간 인가하여 절연파괴 등 이상이 발생하지 않을 것

④ 최대사용전압의 1.5배의 직류전압이나 1배의 교류전압을 20분간 인가하여 절연파괴 등 이상이 발생하지 않을 것

해설 절연내압 측정
최대사용전압(어레이 개방전압)의 1.5배의 직류전압 또는 1배의 교류전압을 10분간 인가하여 절연파괴 확인 **답** ③

56 태양전지 전지판 연결공사에 대한 설명으로 틀린 것은?

① 전선관은 전기적, 기계적으로 확실히 접속한다.

② 전선의 연결 부위는 전선관 내에서 연결하여야 한다.

③ 태양광 모듈 결선 시 정션박스 홀에 맞는 방수 커넥터를 사용한다.

④ 태양전지에서 옥내에 이르는 배선은 모듈전용선 F-CV선, TFR-CV선 등을 사용한다.

해설 전선의 접속은 반드시 점검이 용이한 장소에서 시행되어야 하며, 점검이 용이 하지 아니한 은폐장소, 전선관 내부, 플로어덕트 내부, 뚜껑이 없는 기타 덕트 내부 등에서의 전선접속은 하여서는 안된다. **답** ②

57 태양광발전 및 발전용 수전설비에서 사용 전 검사 세부항목 중 차단기 검사항목으로 틀린 것은?

① 절연저항 측정

② 개폐표시 상태 확인

③ 단독운전 방지시험

④ 조작용 전원 및 회로 점검

해설 차단기검사 사용 전 검사 세부항목
• 외관검사   • 소작용 진원 및 회로짐검
• 상 회전 및 Loop 시험
• 절연저항 측정   • 절연내력 시험
• 절연유 내압시험 • 개폐기 Interlock 시험
• 개폐 표시상태 확인
• 공기(oil)압축장치 안전밸브 및 자동기동
• 가스 절연장치 시험
• 제어회로 및 경보장치
• 부대설비 외관검사
• 충전시험 **답** ③

58 전력기술관리법에 따르면 감리업자 등은 그가 시행한 공사감리 용역이 끝났을 때 공사감리 완료보고서를 며칠 이내에 시·도지사에게 제출해야 하는가?

① 7일   ② 10일

③ 20일   ④ 30일

해설 전력관리기술법 제12조의2

전력기술관리법에 따른 감리업자 등은 그가 시행한 공사감리 용역이 끝났을 때 공사감리 완료보고서를 30일 이내에 시·도지사에게 제출해야 한다. **답** ④

출제기준 변경 및 개정된 관계 법규에 따라 삭제된 문제가 있어 20문항이 안됩니다.

4과목 - 태양광발전시스템 운영

61 사업허가 변경신청 시 처리 절차로 옳은 것은?

① 신청서 작성 및 제출 → 검토 → 접수 → 전기위원회 심의 → 변경허가증 발급

② 신청서 작성 및 제출 → 접수 → 검토 → 전기위원회 심의 → 변경허가증 발급

③ 신청서 작성 및 제출 → 접수 → 전기위원회 심의 → 검토 → 변경허가증 발급

④ 신청서 작성 및 제출 → 전기위원회 심의 → 검토 → 접수 → 변경허가증 발급

해설
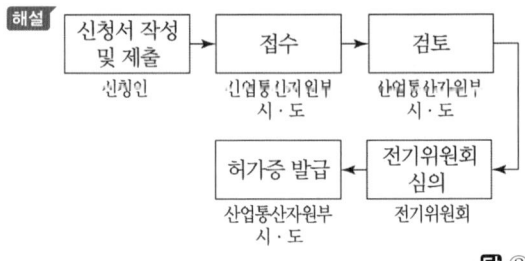
답 ②

62 태양광발전시스템에 계측기구 및 표시장치의 설치목적으로 틀린 것은?

① 시스템의 홍보

② 시스템의 운전 상태를 감시

③ 시스템 기기 또는 시스템 종합평가

④ 시스템에서 생산된 전력 판매량 파악

해설 계측·표시는 사용 목적에 따라 4가지 이유가 있다.
1) 시스템의 운전상태 감시를 위한 계측 또는 표시
2) 시스템의 발전전력량을 알기 위한 계측
3) 시스템 기기 및 시스템 종합평가를 위한 계측

4) 시스템 운전상황을 견학자에게 보여주고, 시스템의 홍보를 위한 계측 또는 표시
※ 전력 판매량은 계량기를 통해 알 수 있다. 답 ④

63 유지관리에 필요한 기술자료의 수집, 기술의 연수, 보전기술개발의 제반비용 등으로 구성되는 유지관리비의 항목은 무엇인가?

① 유지비   ② 개량비
③ 일반관리비   ④ 운용지원비

해설 유지관리비의 구성요소
1) 유지비 : 시설물을 관리하기 위해서 실시하는 일상점검, 정기점검, 청소, 보안, 식재 관리, 제설 등에 필요한 유지점검에 관련된 비용
2) 보수비 및 개량비 : 파손개소, 결함이 발생한 부분에 대한 사후보전을 위해 보수하는 비용과 개조 등을 지출하는 비용
3) 일반관리비 : 시설물을 유지하는데 지출되는 제반 관리비로서 행정비, 관련세금, 보험료, 감가상각, 업무위탁에 필요한 사무비 및 위탁업무의 검사에 필요한 경비 등
4) 운용지원비 : 유지관리에 필요한 기술자료의 수집, 기술의 연수, 보전기술개발의 제비용 등 답 ④

64 태양광발전모듈의 열점이 발생할 수 있는 원인으로 틀린 것은?

① 주위온도   ② 셀의 부정합
③ 내부접속 불량   ④ 부분적인 그늘

해설 태양광발전모듈의 열점이 발생할 수 있는 원인는 셀의 부정합, 내부접속 불량, 부분적인 그늘 또는 오손에 의해 유발될 수 있다. 답 ①

65 중대형 태양광 발전용 인버터의 시험 중 정상특성시험 항목이 아닌 것은?

① 효율시험
② 내전압시험
③ 측정오차 정확도시험
④ 온도상승시험

해설 중대형 태양광 발전용 인버터의 시험 중 정상특성시험은 독립형시험, 계통연계형시험으로 구분되며 공통으로 효율시험, 측정오차 정확도시험, 온도상승시험이 있으며 내전압시험은 절연성능시험이다. 답 ②

66 태양광발전시스템의 계측기구 및 표시장치의 구성으로 틀린 것은?

① 검출기   ② 감시장치
③ 연산장치   ④ 신호변환기

해설 태양광발전시스템의 계측기구 및 표시장치의 구성
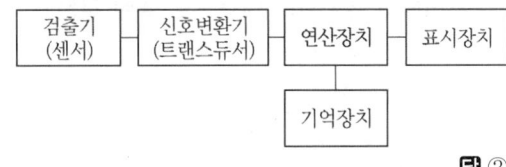
답 ②

67 태양광발전시스템 중 계통연계형 시스템의 구성이 아닌 것은?

① 축전지   ② 인버터
③ 상용계통   ④ 태양전지판

해설 계통연계형 시스템 구성
태양전지모듈 → 접속반 → 인버터 → 변압기 → 계통연계
축전지는 독립형 태양광발전설비에 주로 사용된다. 답 ①

68 전기사업법에서 태양광발전시스템은 정기적으로 검사를 받아야 하는데 그 검사 시기는?

① 2년 이내   ② 3년 이내
③ 4년 이내   ④ 5년 이내

해설 태양광발전설비 정기검사주기는 4년 이내로 검사를 받아야 한다. 답 ③

69 인버터에 누전이 발생했을 경우 인버터에 표시되는 내용으로 옳은 것은?

① inverter M/C fault
② inverter ground fault
③ line inverter async fault
④ serial communication fault

해설 인버터의 이상표시 신호 조치방법
• Line Inverter Async Fault : 계통 주파수 점검 후 운전
• Inverter Ground Fault : 인버터 고장부분 수리 또는 접지저항 확인

- Line Sequence Phase Fault :
상회전 확인 후 재운전
- Line Over-voltage Fault :
계통전압 확인 후 5분 재가동 　**답** ②

70 인버터의 유지관리 내용으로 틀린 것은?

① 감전의 위험이 있으므로 젖은 손으로 스위치를 조작하지 않는다.
② 전원이 입력된 상태이거나 운전 중에는 커버를 열지 말아야 한다.
③ 인버터 내부에는 나사나 물, 기름 등의 이물질이 들어가지 않게 하여야 한다.
④ 전선의 피복이 손상되었을 경우에는 제조사에 연락을 취하고 운전을 계속한다.

해설 전선의 피복이 손상되었을 경우에는 제조사에 연락을 취하고 운전을 중단한다. 　**답** ④

71 소형 태양광 발전용 인버터의 절연성능시험 항목으로 틀린 것은?

① 내전압시험　　　② 절연저항시험
③ 접촉 전류 시험　④ 부하 불평형시험

해설 절연성능 시험 항목 : 내전압시험, 절연저항시험, 접촉전류 시험, 임펄스 내전압 시험이 있고 부하 불평형 시험은 내전기환경 시험이다. 　**답** ④

72 태양광발전시스템의 점검계획 시 고려해야 할 사항이 아닌 것은?

① 고장이력　　　　② 설비의 중요도
③ 설비의 사용기간　④ 설비의 운영비용

해설 점검계획의 수립에 있어서 고려해야 할 사항
1) **설비의 사용기간** : 장시간 사용한 설비의 고장확률이 높으므로 점검 내용을 세분화하고, 점검 주기를 단축한다.
2) **설비의 중요도** : 수전선 사고의 경우는 전 구간 정전, 주요 부하용 설비는 해당 구간만 정전된다.
3) **환경조건** : 설비 설치환경이 옥내 · 옥외인가, 분진다소, 환기의 양부, 습기의 다소, 특수 가스의 유무, 진동의 유무 등에 의해 절연물의 열화, 금속의 부식, 과열, 더 나아가서는 수명단축 등의 가능성이 높게 된다.

4) **고장이력** : 환경조건의 불량 등에 의하여 고장을 많이 일으키는 설비가 있는데, 이와 같은 설비는 재발 방지를 위하여 점검을 강화해야 한다.
5) **부하상태** : 사용 빈도가 높은 설비, 부하의 증가, 환경조건의 악화 등으로 과부하 상태로 된 설비 등은 점검 주기를 단축해야 한다. 　**답** ④

73 개방전압 측정 시 유의사항으로 틀린 것은?

① 태양광발전모듈 표면의 이물질, 먼지 등을 청소하는 것이 필요하다.
② 각 스트링의 측정은 안정된 일사강도가 얻어질 때 하도록 한다.
③ 개방전압 측정 시 안전을 위해 우천 시 또는 흐린 날에 측정하도록 한다.
④ 측정시각은 일사강도, 온도의 변동을 극히 적게 하기 위하여, 청명할 때와 남쪽에 있을 때의 전후 1시간에 실시하는 것이 바람직하다.

해설 태양전지는 비오는 날에도 미미한 전압을 발생하고 있기 때문에 충분히 주의하여 측정을 하여야 한다. 　**답** ③

74 태양광발전시스템 각 부분의 절연상태를 측정하기 위한 시험기자재가 아닌 것은?

① 온도계
② 단락용 개폐기
③ 절연저항계(메가)
④ 직류전압계(테스트)

해설 시험기자재는 절연저항계(메가), 온도계, 습도계, 단락용 개폐기가 사용된다. 　**답** ④

75 태양광발전시스템에 설치되는 모선 및 구조물의 볼트 조임에 대한 설명 중 틀린 것은?

① 조임은 너트를 돌려서 조여 준다.
② 볼트의 크기에 맞는 토크렌치를 사용하여 규정된 힘으로 조여 준다.
③ 토크렌치에 의하여 규정된 힘이 가해졌는지를 확인할 필요가 없다.
④ 2개 이상의 볼트를 사용하는 경우 한쪽만 심하게 조이지 않도록 주의한다.

해설 **볼트 조임 방법**
1) 조임은 지정된 재료, 부품을 정확히 사용한다.
2) 조임은 너트를 돌려서 조여 준다.
3) 2개 이상의 볼트를 사용하는 경우 한쪽만 심하게 조이지 않도록 주의한다.
4) 볼트의 크기에 맞는 토크렌치를 사용하여 규정된 힘으로 조여 준다. **답** ③

76 접근 위험경고 및 감전재해를 방지하기 위하여 사용하는 활선접근경보기의 사용범위가 아닌 것은?
① 활선에 근접하여 작업하는 경우
② 정전작업 장소에서 사선구간과 활선구간이 공존되어 있는 경우
③ 작업 중 착각·오인 등에 의해 감전이 우려되는 경우
④ 보수작업 시행 시 저압 또는 고압 충전유무를 확인하는 경우

해설 **활선접근경보기**
1) 휴전작업 장소에서 사선구간과 활선구간이 공존하는 경우
2) 활선에 근접하여 작업하는 경우
3) 변전소에서 22.9[kV] D/L, 차단기 점검·보수작업의 경우
4) 기타 착각·오인·오판에 의한 감전이 우려되는 경우
5) 무정전 작업 및 활선작업 시 연속되는 경보음이 작업에 장애를 일으킬 우려가 있는 경우는 작업책임자의 판단에 따라 착용을 생략할 수 있다. **답** ④

77 중대형 태양광 발전용 인버터의 누설전류 시험 시 누설전류는 최대 몇 [mA] 이하여야 하는가?
① 5 ② 10
③ 15 ④ 20

해설 품질기준은 누설전류가 5[mA] 이하이다. **답** ①

78 태양광발전용 접속함의 시험 항목이 아닌 것은?
① 절연특성 시험 ② 온도상승 시험
③ 내부식성 시험 ④ UV전처리 시험

해설 UV전처리 시험은 태양전지모듈이 태양광 노출되는 경우에 따라서 유기되는 열화정도를 시험하기위한 장치이다. **답** ④

79 태양광발전시스템의 운전 특성을 측정할 경우 사용되는 계측기기에 대한 설명으로 틀린 것은?
① 전력계의 정확도는 ±1[%]로 한다.
② 일사계의 정확도는 ±1[%]로 한다.
③ 온도계의 정확도는 ±1[℃]로 한다.
④ 전압계 및 전류계의 정확도는 ±0.5[%]로 한다.

해설

계측설비	요구사항	확인방법
인버터	CT 정확도 3[%] 이내	• 관련 내용이 명시된 설비 스펙 제시 • 인증 인버터는 면제
온도센서	정확도 ±0.3[℃] (−20~100[℃]) 미만	• 관련 내용이 명시된 설비 스펙 제시
	정확도 ±1[℃] (100~1000[℃]) 이내	
유량계, 열량계	정확도 ±1.5[%] 이내	• 관련 내용이 명시된 설비 스펙 제시
전력량계	정확도 1[%] 이내	• 관련 내용이 명시된 설비 스펙 제시

답 ②

80 태양광발전시스템 점검의 종류가 아닌 것은?
① 임시점검 ② 수시점검
③ 일상점검 ④ 정기점검

해설 **태양광발전시스템의 점검**
1) 시스템 준공시 점검 : 태양광발전시스템의 공사가 완료되면 시스템 점검을 수행한다. 점검내용은 육안점검 외에 태양전지 어레이의 개방전압 측정, 각부의 절연저항 측정, 접지저항 측정 등이 진행된다.
2) 일상점검 : 주로 육안점검이 수행한다.
3) 정기점검 : 태양광발전소는 4년 주기로 수행한다.
4) 임시점검 : 발전소에 문제가 발생하거나 검사의 필요성이 발생할 경우 임시적으로 수행한다. **답** ②

5과목 – 신재생에너지 관련법규

81 기본계획에서 정한 목표를 달성하기 위하여 신·재생에너지의 종류별로 신·재생에너지의 기술개발 및 이용·보급과 신·재생에너지 발전에 의한 전기의 공급에 관한 실행계획을 매년 수립·시행하는 주체는 누구인가?

① 환경부장관
② 고용노동부장관
③ 국토교통부장관
④ 산업통상자원부장관

해설 산업통상자원부장관은 기본계획에서 정한 목표를 달성하기 위하여 신·재생에너지의 종류별로 신·재생에너지의 기술개발 및 이용·보급과 신·재생에너지 발전에 의한 공급에 관한 실행계획(이하 "실행계획"이라 한다.)을 매년 수립·시행하여야 한다. **답** ④

82 전기공사업법을 위반하여 경력수첩을 빌려 준 사람 또는 타인의 경력수첩을 빌려서 사용한 자의 벌칙으로 옳은 것은?

① 1년 이하의 징역 또는 1천만원 이하의 벌금
② 2년 이하이 징역 또는 1천만원 이하의 벌금
③ 3년 이하의 징역 또는 2천만원 이하의 벌금
④ 3년 이하의 징역 또는 3천만원 이하의 벌금

해설 전기공사업법 제42조(벌칙)
경력수첩을 빌려 준 사람 또는 타인의 경력수첩을 빌려서 사용한 자는 1년 이하의 징역 또는 1천만 원 이하의 벌금에 처한다. **답** ①

83 전기사업법에서 기금을 사용할 경우 대통령령으로 정하는 전력산업과 관련한 중요사업으로 틀린 것은?

① 전기의 특수적 공급을 위한 사업
② 전력산업 분야 전문인력의 양성 및 관리
③ 전력산업 분야 개발기술의 사업화 지원사업
④ 전력산업 분야의 시험·평가 및 검사시설의 구축

해설 전기사업법 시행령 제34조(기금의 사용)
"대통령령으로 정하는 전력산업과 관련한 중요사업"이란 다음 각 호의 사업을 말한다.
1) 안전관리를 위한 사업
2) 전기의 보편적 공급을 위한 사업
3) 전력산업기반조성사업 및 전력산업기반조성사업에 대한 기획·관리 및 평가
4) 전력산업 분야 전문인력의 양성 및 관리
5) 전력산업 분야의 시험·평가 및 검사시설의 구축
6) 전력산업의 해외진출 지원사업
7) 전력산업 분야 개발기술의 사업화 지원사업 **답** ①

84 전기설비기술기준에서 전기설비의 일반적인 사항에 대한 내용으로 틀린 것은?

① 전선의 접속부분에서 전기저항이 증가되도록 접속하고 절연성능이 저하되지 않도록 하여야 한다.
② 전로에 시설하는 전기기계기구는 통상 사용상태에서 그 전기기계기구에 발생하는 열에 견디는 것 이어야 한다.
③ 뇌방전으로 인한 과전압으로부터 전기설비의 손상, 감전 또는 화재의 우려가 없도록 피뢰설비를 시설한다.
④ 고전압의 침입 등에 의한 감전, 화재 그 밖에 사람에 위해를 주거나 물건에 손상을 줄 우려가 없도록 접지를 한다.

해설 전선의 전기저항을 증가시키지 않을 것 **답** ①

85 한국전기설비규정에서 사용하는 용어의 정의 중 전력계통의 일부가 전력계통의 전원과 전기적으로 분리된 상태에서 분산형전원에 의해서만 가압되는 상태를 무엇이라 하는가?

① 계통연계　　　　② 단독운전
③ 접근상태　　　　④ 단순 병렬운전

해설 KEC 112(정의)
전력계통의 일부가 전력계통의 전원과 전기적으로 분리된 상태에서 분산형전원에 의해서만 가압되는 상태를 단독 운전이라 한다. **답** ②

86 신·재생에너지 공급인증서의 발급 신청을 받은 공급인증기관은 발급 신청을 한 날부터 며칠 이내에 공급인증서를 발급하여야 하는가?

① 10일   ② 30일
③ 50일   ④ 90일

해설 신·재생에너지 공급인증서의 발급 신청
① 공급인증서를 발급받으려는 자는 법에 따른 공급인증서 발급 및 거래시장 운영에 관한 규칙에서 정하는 바에 따라 신·재생에너지를 공급한 날부터 90일 이내에 발급 신청을 하여야 한다.
② 제1항에 따라 발급 신청을 받은 공급인증기관은 발급 신청을 한 날부터 30일 이내에 공급 인증서를 발급하여야 한다. 답 ②

87 대통령령으로 정하는 규모 이하의 발전설비를 갖추고 특정한 공급구역의 수요에 맞추어 전기를 생산하여 전력시장을 통하지 아니하고 그 공급구역의 전기사용자에게 공급하는 것을 주된 목적으로 하는 사업을 무엇이라 하는가?

① 전기사업   ② 송전사업
③ 배전사업   ④ 구역전기사업

해설 전기사업법 제2조(정의)
구역전기사업이란 대통령령으로 정하는 규모 이하의 발전설비를 갖추고 특정한 공급구역의 수요에 맞추어 전기를 생산하여 전력시장을 통하지 아니하고 그 공급구역의 전기사용자에게 공급하는 것을 주된 목적으로 하는 사업을 말한다. 답 ④

88 신에너지 및 재생에너지 개발·이용·보급촉진법에서 정한 공급의무자가 아닌 것은?

① 한국가스공사
② 한국수자원공사
③ 한국지역난방공사
④ 한국중부발전주식회사

해설 신·재생에너지 공급의무자
1) 50만킬로와트 이상의 발전설비(신·재생에너지 설비는 제외한다.)를 보유하는 자(각 발전회사)
2) 「한국수자원공사법」에 따른 한국수자원공사
3) 「집단에너지사업법」에 따른 한국지역난방공사
답 ①

89 발전사업자 및 전기판매사업자는 전력시장운영규칙에서 정하는 바에 따라 전력시장에서 전력거래를 하여야 하는데, 신·재생에너지 발전사업자가 최대 몇 [kW] 이하의 발전설비용량을 이용하여 생산한 전력을 거래하는 경우는 그러지 아니한가?

① 200   ② 500
③ 1000   ④ 1500

해설 1,000[kW] 이하의 신재생에너지발전소 생산전력은 전력시장에서 판매하거나 한국전력공사와 전력구입계약(PPA)을 체결하여 판매 한다. 전력거래소가 운영하는 전력계통에 연결되지 않은 도서지역의 전력거래와 1,000[kW] 이하의 신재생에너지발전소를 이용하여 생산한 전력의 경우는 예외로 한다. 답 ③

90 한국전기설비규정에서 전로의 중성점의 접지 목적으로 틀린 것은?

① 대지전압의 저하
② 손실 전력의 감소
③ 이상 전압의 억제
④ 전로의 보호 장치의 확실한 동작의 확보

해설 KEC 322.5 (전로의 중성점의 접지)
대지전압의 저하, 이상 전압의 억제, 전로의 보호 장치의 확실한 동작의 확보를 위하여 전로의 중성점의 접지공사를 한다. 답 ②

91 신·재생에너지 공급의무자는 전기사업법에 따른 발전사업자로서 최소 얼마 이상의 발전설비를 보유한 자인가? (단, 신·재생에너지 설비는 제외한다.)

① 10만킬로와트
② 20만킬로와트
③ 50만킬로와트
④ 100만킬로와트

해설 신·재생에너지 공급의무자
50만킬로와트 이상의 발전설비(신·재생에너지 설비는 제외한다.)를 보유하는 자 답 ③

92 전기설비규정에서 고압 가공전선 상호 간의 이격거리는 몇 [cm] 이상이어야 하는가?

① 80　　　　② 100
③ 120　　　　④ 150

해설 KEC 332.11(고압 가공전선과 건조물의 조건)
고압 가공전선이 다른 고압 가공전선과 접근상태로 시설되거나 교차하여 시설되는 경우에는 다음 각 호에 의하여 시설하여야 한다.
1) 위쪽 또는 옆쪽에 시설되는 고압 가공전선로는 고압 보안공사에 의할 것
2) 고압 가공전선 상호간의 이격거리는 80[cm](어느 한쪽의 전선이 케이블인 경우에는 40[cm]) 이상, 하나의 고압 가공전선과 다른 고압 가공전선로의 지지물 사이의 이격거리는 60[cm](전선이 케이블인 경우에는 30[cm]) 이상일 것　　**답** ①

93 신에너지 및 재생에너지 기술개발 및 이용·보급에 관한 계획을 협의하려는 자는 그 시행 사업연도개시 몇 개월 전까지 산업통상자원부장관에게 계획서를 제출하여야 하는가?

① 1　　　　② 3
③ 4　　　　④ 6

해설 신에너지 및 재생에너지 기술개발 및 이용·보급에 관한 계획을 협의하려는 자는 그 시행 사업연도 개시 4개월 전까지 산업통상자원부장관에게 계획서를 제출하여야 한다.　　**법** ③

94 신에너지 및 재생에너지 개발·이용·보급촉진법의 제정 목적으로 틀린 것은?

① 에너지원의 단일화
② 온실가스 배출의 감소
③ 에너지의 안정적인 공급
④ 에너지 구조의 환경친화적 전환

해설 신에너지 및 재생에너지 개발 이용 보급 촉진법의 목적 달성을 위해 에너지원을 다양화하고, 에너지의 안정적인 공급, 에너지 구조의 환경친화적 전환 및 온실가스 배출의 감소를 추진한다.　　**답** ①

출제기준 변경 및 개정된 관계 법규에 따라 삭제된 문제가 있어 20문항이 안됩니다.

1과목 - 태양광발전시스템 이론

01 피뢰소자에 대한 설명으로 틀린 것은?

① 피뢰소자의 접지측 배선은 되도록 짧게 함
② 낙뢰를 비롯한 이상전압으로부터 전력계통을 보호함
③ 태양전지 어레이의 보호를 위해 모듈마다 설치함
④ 동일회로에서도 배선이 긴 경우에는 배선의 양단에 설치하는 것이 좋음

해설 피로소자 용도
① 뇌서지가 태양전지 어레이 또는 출력조절기 등에 침입한 경우 이를 보호하기 위해 설치한다.
② 각 스트링마다 피뢰소자를 설치한다.
③ 경우에 따라서는 태양전지 어레이 전체의 출력단에도 설치한다.
④ 피뢰소자의 접지측 배선은 되도록 짧게 함
⑤ 낙뢰를 비롯한 이상전압으로부터 전력계통을 보호함
⑥ 동일회로에서도 배선이 긴 경우에는 배선의 양단에 설치하는 것이 좋음
⑦ 피뢰소자는 뇌서지가 태양전지 어레이 또는 인버터 등에 침입한 경우에 이러한 기기 또는 장치를 뇌서지로부터 보호하기 위해 설치한다. **답** ③

02 태양전지의 개방전압에 대한 설명 중 틀린 것은?

① 태양전지로부터 얻을 수 있는 최대 전압이다.
② 태양전지 흡수층을 구성하는 물질의 밴드갭 에너지에 따라 변화한다.
③ 출력전력이 최대일 때 태양전지의 두 전극 사이에서 발생하는 전위차에 해당한다.
④ 태양전지의 두 전극 사이에 무한대의 부하를 연결한 경우, 두 전극 사이의 전위차다.

해설 개방전압 특징
1) 태양전지로부터 얻을 수 있는 최대전압이다.
2) 개방전압은 전류가 0일 때(부하가 무한대 상태) 태양전지 양단 전위차를 말한다.
3) 에너지 밴드갭이 커지면 개방전압 증가
4) p-n접합이 잘 형성되면 금지대폭이 큰 반도체일수록 개방전압이 커진다. **답** ③

03 지열발전에서 지열유체가 증기와 열수인 경우 지열유체를 증기분리기로 유도하여 증기와 열수를 분리하고 분리한 증기로 터빈을 가동시켜 발전하는 방식은?

① 증기발전
② 싱글플래시발전
③ 더블플래시발전
④ 바이너리사이클발전

해설 ① 증기발전
천연 건조를 관정에서 추출하여 발전 설비의 터빈에 직접 주입하여 발전하고 배기는 대기 중에 방출하는 가장 간단한 방식
③ 더블플래시(DF) 발전
기수분리기로 분리한 열수의 온도가 높은 경우 열수를 플래셔로 유도하고 다시 급탕하여 생긴 증기를 터빈에 주입해 출력을 증가시키는 방식
④ 바이너리 사이클 발전
이소부탄 또는 펜탄 등의 끓은 점이 물보다 낮은 유체를 이용하여 지열수와 열 교환을 시키면 해당 유체가 증기화 되며 이를 터빈에 분사하여 발전하는 방식 **답** ②

04 독립형 태양광발전시스템의 응용 예로 가장 부적합한 것은?

① 위성용 전원
② 양식장 부표
③ 태양광 자동차
④ MW급 태양광 발전소

해설 독립형 태양광발전시스템은 전력회사 배전선에서 멀리 떨어진 산악지대 및 외딴 섬 등에 사용되고, 독립적으로 전원이 사용되는 기계 및 장비에 사용된다. 사용용량은 수십 [W]에서 수십 [kW] 정도의 시스템이다. [MW]급 태양광발전소는 대부분 계통연계형 태양광 발전시스템이다. **답** ④

05 에너지가 1.08[eV]인 광자의 파장은?
(단, Planck 상수 = 4.136 × 10⁻¹⁵[eV · s],
c = 2.998 × 10⁸[m/s])

① 0.9[μm]   ② 1.15[μm]
③ 1.4[μm]   ④ 1.65[μm]

해설 $E = \dfrac{hc}{\lambda}$, h : 플랭크 상수, c : 광속, λ : 파장, E : 에너지

$\lambda = \dfrac{hc}{E}$

$\lambda = \dfrac{4.136 \times 10^{-15}[eV \cdot s] \times 2.998 \times 10^{8}[m/s]}{1.08e[V]}$

$= 1.148 \times 10^{-6} \simeq 1.15[\mu m]$ 답 ②

06 변압기를 사용하여 220[V], 60[Hz] 교류전압을 12[V]의 교류전원으로 바꾸려고 한다. 이 변압기 1차 코일의 권수가 350회 일 때, 2차코일의 권수는?

① 약 19회   ② 약 25회
③ 약 56회   ④ 약 500회

해설 변압기 권선비

$\dfrac{N_1}{N_2} = \dfrac{V_1}{V_2} = \dfrac{I_2}{I_1}$, $\dfrac{220}{12} = \dfrac{350}{N_2}$

$N_2 = \dfrac{350 \times 12}{220} = 19.09 \simeq 19$회   답 ①

07 태양전지 모듈 중 박막 계열의 모듈이 아닌 것은?

① a–Si
② CIS 모듈
③ CdTe 모듈
④ Multi–crystalline 모듈

해설 Multi–crystalline 모듈은 결정질 실리콘 계열의 모듈임   답 ④

08 태양광을 이용한 독립형 전원시스템용 축전지 선정 시 고려사항으로 틀린 것은?

① 부하에 필요한 입력전력량을 검토한다.
② 설치예정 장소의 일사량 데이터를 조사한다.

③ 축전지의 기대수명에서 방전심도[DOD]를 설정한다.
④ 설치장소의 일조량을 고려하여 부조일수를 산정하지 않는다.

해설 선정 시 고려사항
① 부하에 필요한 입력전력량을 검토한다. 인버터의 입력전력을 파악한다.
② 설치예정 장소의 일사량 데이터를 조사한다.
③ 축전지의 기대수명에서 방전심도[DOD]를 설정한다.
④ 설치장소의 일사조건이나 부하의 중요성에서 일조가 없는 시간을 설정한다.
⑤ 축전지용량(C)을 계산한다.
⑥ 일사 최저월에도 충전량이 부하의 방전량보다 크게 되도록 태양전지 용량 어레이 각도 등도 함께 결정한다.   답 ④

09 피뢰기가 구비해야 할 조건 중 틀린 것은?

① 속류의 차단능력이 충분할 것
② 충격 방전 개시 전압이 낮을 것
③ 상용주파 방전 개시 전압이 높을 것
④ 방전내량이 작으면서 제한전압이 높을 것

해설 피뢰기의 구비조건
1) 상용주파 방전 개시 전압이 높을 것
2) 충격 방전 개시 전압이 낮을 것
3) 제한 전압이 낮을 것
4) 속류 차단 능력이 클 것   답 ④

10 교류의 파형률이란

① $\dfrac{실효값}{평균값}$ ② $\dfrac{평균값}{실효값}$
③ $\dfrac{실효값}{최대값}$ ④ $\dfrac{최대값}{실효값}$

해설 사인파의 파형률 및 파고율

파고율 = $\dfrac{최댓값}{실효값} = \sqrt{2} = 1.414$

파형률 = $\dfrac{실효값}{평균값} = \dfrac{\pi}{2\sqrt{2}} = 1.111$

실효값 : $\dfrac{V_m}{\sqrt{2}} = 0.707 V_m$

평균값 : $\dfrac{2 V_m}{\pi} = 0.637 V_m$ 답 ①

11 그림과 같은 인버터 회로 방식의 명칭으로 옳은 것은?

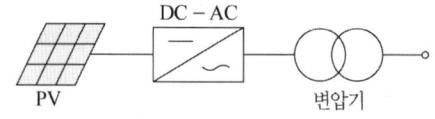

① 트랜스 방식
② 고주파 변압기 절연방식
③ on-line인버터 절연방식
④ 상용주파 변압기 절연방식

해설

절연방식	회로도 및 설명
상용주파 변압기 절연방식	DC→AC PV / 인버터 / 상용주파 변압기 태양전지 직류출력을 상용주파의 교류로 변환한 후 변압기로 절연한다.
고주파 변압기 절연방식	DC→AC AC→DC DC→AC PV / 고주파 인버터 / 고주파 변압기 / 인버터 태양전지의 직류출력을 고주파 교류로 변환한 후, 소형 고주파 변압기로 절연한다. 그 다음 일단 직류로 변환하고 다시 상용주파수 교류로 변환한다.
트랜스리스 방식	PV / 컨버터 / 인버터 태양전지의 직류출력 DC-DC 컨버터로 승압하고 인버터로 상용주파의 교류로 변환한다.

답 ④

12 다음 그림은 태양광발전시스템의 독립형 시스템을 나타내고 있다. A의 명칭은?

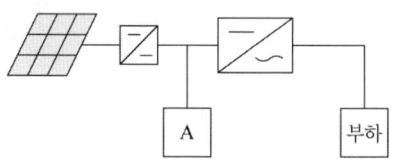

① 축전지   ② 어레이
③ 컨버터   ④ 인버터

해설 **독립형 시스템**
① 전력회사와 연계되지 않음.

② 사용 가능한 전력량은 PV시스템의 발전전력량 이하로 제한됨
③ 야간 및 우천 시 PV시스템의 발전이 불가능할 경우를 대비하여 축전지를 접속시켜 전력을 비축함.

답 ①

13 계통연계형 태양광발전시스템에서 주파수의 변동을 검출하지 않고 전압 또는 전류의 급변현상만을 이용하여 단독운전을 검출하는 방식은?

① 부하변동방식
② 주파수 시프트방식
③ 무효전력 변동방식
④ 주파수 변화율 검출방식

해설 **단독운전 방지기능**

종별	개요
주파수 시프트방식	인버터의 내부발진기에 주파수 바이어스를 주었을 때 단독운전 시에 나타나는 주파수 변동을 검출한다.
유효전력 변동방식	인버터의 출력에 주기적인 유효전력 변동을 주었을 때 단독운전 시에 나타나는 전압, 전류, 또는 주파수 변동을 검출한다. 상시 출력이 변동의 가능성이 있다.
무효전력 변동방식	인버터의 출력에 주기적인 무효전력 변동을 주었을 때, 단독운전 시 나타나는 주파수 변동 등을 검출한다.
부하 변동방식	인버터의 출력과 병렬로 임피던스를 순간적 또는 주기적으로 삽입하여 전압 또는 전류의 급변을 검출한다.

답 ①

14 다음 ( ) 안의 알맞은 내용은 무엇인가?

> 표준시험상태 : 태양광 모듈 온도 (A), 분광분포 (B), 방사조도 (C)

① A : 20[℃], B : AM 1.0, C : 1000[W/m²]
② A : 20[℃], B : AM 1.5, C : 1200[W/m²]
③ A : 25[℃], B : AM 1.5, C : 1200[W/m²]
④ A : 25[℃], B : AM 1.5, C : 1000[W/m²]

해설 태양전지 표준시험(Standard Test Condition) 조건은 솔라 시뮬레이터를 이용, 옥내 측정은 표준 측정방법으로 하고 모듈 표준온도 25[℃], 분광분포 AM 1.5, 방사조도 1,000[W/m²]

답 ④

15 다음[보기]의 태양광 발전설비용 인버터 중 변압기형 인버터의 절연저항 측정순서가 옳은 것은?

> [보기]
> ㉠ 직류 측의 모든 입력단자 및 교류 측의 모든 출력 단자를 각각 단락
> ㉡ 분전반 내의 분기 개폐기 개방
> ㉢ 직류단자와 대지 간의 절연저항 측정
> ㉣ 태양전지 회로를 접속함에서 분리

① ㉣ → ㉠ → ㉡ → ㉢
② ㉠ → ㉡ → ㉣ → ㉢
③ ㉡ → ㉣ → ㉢ → ㉠
④ ㉣ → ㉡ → ㉠ → ㉢

해설 절연저항 출력회로 순서
㉣ 태양전지 회로를 접속함에서 분리
㉡ 분전반 내의 분기 차단기를 개방
㉠ 직류 측의 모든 입력단자 및 교류 측의 전체 출력단자를 단락
㉢ 직류단자와 대지 간의 절연저항 측정 **답** ④

16 STC 조건하에서 다음 표와 같이 모듈의 특성이 주어질 때 정격출력은 약 몇 [W]인가?

[모듈특성]

단락전류	9.12[A]
개방전압	60.31[V]
최대동작전압	48.73[V]
최대동작전류	8.62[A]
효율	16.4[%]

① 68.88   ② 90.20
③ 420.05   ④ 550.03

해설 태양전지모듈 최대 전력
= 최대 동작 전압 × 최대 동작 전류
= 48.73[V] × 8.62[A] = 420.05[W] **답** ③

17 인버터의 자동운전 정지 기능에 대한 설명 중 틀린 것은?

① 흐린 날이나 비오는 날은 운전을 정지한다.
② 일사량이 기동전압 이하일 경우 자동정지 한다.
③ 태양광 모듈이 출력을 감시하여 자동으로 운전한다.
④ 태양광 모듈의 출력이 적어 인버터 출력이 거의 0으로 대기상태가 된다.

해설 자동운전 정지기능
① 일사강도가 증대하여 출력을 얻을 수 있는 조건이 되면 자동적으로 운전 시작.
② 운전이 시작되면 태양전지의 출력을 스스로 감지하고 자동적으로 운전.
③ 해가 질 때는 출력으로 얻을 수 있는 한 운전을 계속 진행, 일몰 시 해가 완전히 없어지면 정지하게 됨.
④ 흐린 날이나 비오는 날에도 운전을 계속할 수 있으나, 태양전지 출력이 적어 출력이 거의 '0'이 되면 대기 상태가 됨. **답** ①

18 전천일사강도 I_g와 직달일사강도 I_d 및 산란일사강도 I_s를 옳게 나타낸 식은?
(단, θ는 태양의 고도각이다.)

① $I_g = I_d \sin\theta + I_s$ ② $I_s = I_d \sin\theta + I_g$
③ $I_g = I_s \sin\theta + I_d$ ④ $I_d = I_s \sin\theta + I_g$

해설 $I_g = I_d \sin\theta + I_s$
① 직달일사(I_d)는 대기 중의 수증기나 작은 먼지에 흡수 산란되지 않고, 태양으로부터 직접 수평면으로 도달하는 일사를 의미한다.
② 산란일사(I_s)는 전체 일사량 중에서 직달일사량을 제외한 부분, 즉 태양면에서 직접 입사되는 일사량을 제외한 모든 방향으로부터 도달되는 일사를 의미한다.
③ 전천일사(I_g)은 직달일사와 산란일사의 합을 말한다. **답** ①

19 1[W·s]와 동일한 단위는?

① 1[J]   ② 1[kWh]
③ 1[kg·m]   ④ 860[kcal]

해설 1J(줄)은 1N(뉴턴)의 힘이 1[m]의 거리 동안 작용할 때 하는 일이며, 전기적 용어로 줄은 1[W·s](와트 초)와

같다.
전력단위는 [J/s], [W],
전력량단위는 W × 시간[s] 이므로
[J/s]×[s] = [J], [W]×[s] = [W · s] 이다.
∴ 1[J] = 1[W · s]　　　　　답 ①

---

20 수용가 전력요금 절감 및 전력회사 피크전력 대응으로 설비투자비를 절감할 수 있는 축전지 부착 계통연계형 시스템은?

① 방재 대응형
② 부하 평준화 대응형
③ 계통 안정화 대응형
④ 계통 평준화 대응형

해설 • **부하 평준화 대응형** : 태양전지 출력과 축전지 출력을 병용하여 부하의 피크 시에 인버터를 필요한 출력으로 운전하여 수전전력의 증대를 억제하고, 기본전력 요금을 절감시키는 방식
• **계통안정화 대응형** : 태양전지와 축전지를 병렬 운전하여 기후의 급변 시나 계통부하 급변 시에 축전지를 방전하여 태양전지 출력이 증대하여 계통전압이 상승하도록 할 때에는 축전지를 방전하여 역조류를 줄이고 전압의 상승을 방지한다.
• **방재대응형** : 정전시 비상부하 공급　　답 ②

2과목 - 태양광발전시스템 설계

---

21 태양전지 어레이의 점검과 시험방법에 있어 출력확인 사항으로 틀린 것은?

① 단락전류의 확인
② 정격주파수의 확인
③ 모듈의 정격전압 측정
④ 모듈의 개방전압 측정

해설 점검방법과 시험방법
• 외관검사
　① 태양전지모듈 · 태양전지 어레이의 점검
　② 배선케이블 등의 점검
　③ 접속함 · 인버터
　④ 축전지 및 기타 주변기기의 점검
• 운전상황의 확인
　① 소리, 진동, 냄새의 주의
　② 운전상황의 점검

• 태양전지 어레이의 출력 확인
　① 단락전류의 확인
　② 모듈의 정격전압 측정
　③ 모듈의 개방전압 측정　　　답 ②

---

22 태양광발전시스템 부지 선정 시 현장의 환경조건 조사사항으로 틀린 것은?

① 빛 장해
② 가로등 밝기
③ 염해, 공해의 유무
④ 동계적설, 결빙, 뇌해 상태

해설 환경조건조사
　① 빛 장해　② 염해, 공해의 유무　③ 수광장애의 유무
　④ 겨울철 적설 결빙 뇌해상태　⑤ 자연재해
　⑥ 새 등의 분비물 피해의 유무　　　답 ②

---

23 태양광발전시스템 출력이 32000[W], 모듈 최대 출력이 250[W], 모듈의 직렬 장수가 16장일 때 모듈의 병렬 수는?

① 7　　　② 8　　　③ 9　　　④ 10

해설 $$\frac{시스템출력전력[W]}{모듈최대출력[W]×1스트링 직렬매수}$$
$$= \frac{32000[W]}{250[W]×16장} = 8병렬$$　　　답 ②

---

24 분산형 전원의 저압연계가 가능한 기준 용량은 몇 [kW] 미만인가?

① 500　　　　　② 1000
③ 1500　　　　　④ 200

해설 분산형 전원의 저압연계가 가능한 기준 용량은 500 [kW] 미만　　　답 ①

---

25 다음 전기도면의 기호 중 전열기는?

㉠	㉡	㉢	㉣
Ⓖ	Ⓜ	RC	Ⓗ

① ㉠　　　② ㉡　　　③ ㉢　　　④ ㉣

해설 ① 발전기 ② 전동기 ③ 룸에어콘 ④ 전열기

답 ④

---

26 태양광발전사업을 하고자 하는 경우 일반적으로 경제성 분석평가를 실시하는데 경제성 분석 기준으로 틀린 것은?

① 순현가 ② 할인율
③ 비용 편익비 ④ 내부 수익률

해설 경제성 분석기법
(1) 순현가(net present value, NPV)
총편익 현가와 총비용의 현가 차를 이용하고, 그 값이 '0' 이상일 때 사업의 타당성을 판단하는 경제성 분석 방법
(2) 비용 · 편익비(Benefit-Cost Ratio, B/C)
연차별 총비용과 연차별 총편익의 비를 이용하고, 그 값이 '1' 이상일 때 사업의 타당성 을 판단하는 경제성 분석 방법
(3) 내부수익률(IRR)
총편익 현가와 총비용 현가의 차가 '0'이 되도록 하는 경제성 분석방법
* 할인율 : 시간에 따라 변하는 돈의 가치에 대한 정의로 미래의 가치를 현재의 가치로 같게 하는 비율

답 ②

---

27 태양광발전소 내 남북으로 설치된 어레이 최적 경사각이 30°일 때 어레이 경사각을 최저 경사각보다 10° 낮출 경우, 나타나는 효과로 틀린 것은?

① 발전량이 줄어든다.
② 대지 이용률이 감소한다.
③ 어레이 간 이격거리가 짧아진다.
④ 어레이 간 음영 길이가 줄어든다.

해설 최적 경사각보다 낮게 태양전지모듈이 설치될 경우 어레이 간 음영 길이가 줄어들어 이격거리가 짧아져서 대지 이용률이 증가한다. 하지만 최적 경사각보다 낮은 경사각은 일사량을 적게 받아들여 태양광 발전량은 줄어든다.

답 ②

---

28 1000만원을 투자하여 첫해에는 400만원, 둘째 해에는 800만원의 현금유입이 있을 때 자본비용이 10[%]라면 이 투자안의 순현가[NPV]는?

① 10.4만원 ② 24.8만원
③ 62.5만원 ④ 82.8만원

해설

$$NPV = \frac{B_1 - C_1}{(1+r)^0} + \frac{B_2 - C_2}{(1+r)^1} + \cdots + \frac{B_n - C_n}{(1+r)^n}$$

$$= \sum_{t=0}^{n} \frac{NB_t}{(1+r)^t}$$

B_n : n차 년도 이익, C_n : n차 년도 비용

$$NPV = \frac{0 - 1,000}{(1+0.1)^0} + \frac{400 - 0}{(1+0.1)^1} + \frac{800 - 0}{(1+0.1)^2}$$

$$= 247,933.88원$$

본 문제는 시공이 완료된 시점이 0차년도이고, 이익이 발생하는 첫해를 1차년도로 정의하였다.

답 ②

---

29 다음 조건에서 월간 발전량[kWh/월]은? (단, 종합설계 계수는 0.66을 적용하면 기타 조건은 무시한다.)

[조건]
– 태양전지 어레이 출력 10800[W]
– 월 적산 어레이 경사면 일사량 115.94 [kWh/m² · 월]
– 표준상태의 일사강도 : 1 [kWh/m²]

① 695.26 ② 826.42
③ 995.72 ④ 713.56

해설 태양광발전 발전량 분석
태양광 발전량 = 경사면 일사량 × 종합설계 계수(발전효율) × 태양전지 어레이 출력(발전소 용량)
= (115.94[kWh/m² · 월] ÷ 1[kWh/m²]) × 0.66 × 10,800[W] = 826.42[kWh/월]

답 ②

---

30 SPD[Surge Protective Device]를 시험에 의해 분류할 경우 클래스 Ⅰ등급 시험의 파형크기(파두장 / 파미장)와 종류로 옳은 것은? (단, 직격뢰를 가정한 경우이다.)

① 8/20[μs]의 전류파형
② 8/20[μs]의 전압파형
③ 10/350[μs]의 전류파형
④ 10/350[μs]의 전압파형

해설
• 클래스 Ⅰ 시험
직격뢰에 대응하기 위한 시험으로 서지전류 파형은 10/350[μs]의 시험 파형을 갖는다.
• 클래스 Ⅱ 시험
유도뢰 서지에 대응하기 위한 시험으로 서지전류 파형은 8/20[μs]의 시험 파형을 갖는다.

• 클래스 Ⅲ시험
컴비네이션파형(개방전압파형 1.2/50[μs], 단락전류파형 8/20[μs])에 대응하기 위한 것이다. **답** ③

해설 내부수익률(IRR)
총편익 현가와 총비용 현가의 차가 '0'이 되도록 하는 경제성 분석방법 **답** ③

31 분산전원의 저압 계통의 병입 시 순시전압변동률이 최대 몇 [%]를 초과하지 않아야 하는가?

① 3
② 4
③ 5
④ 6

해설 저압계통의 경우, 계통 병입 시 돌입전류를 필요로 하는 발전원에 대해서 계통 병입에 의한 순시전압변동률이 6[%]를 초과하지 않아야 한다.(분산형 전원 배전계통 연계기술기준 16조 순시전압변동) **답** ④

34 공사 설계도서에 필수항목으로 가장 거리가 먼 것은?

① 배치도
② 평면도
③ 입체도
④ 시방서

해설 공사 설계도서는 배치도, 평면도, 단면도, 구조도, 구조계산서 시방서 등이 있다.
• 입체도
물체의 위치・형상・크기만으로 얻어지는 개념 즉, 일정한 위치에서 길이・넓이・두께로 이루어진 삼차원의 공간에 놓여진 물체 **답** ③

32 단독운전 방지 기능 중 능동적인 방법이 아닌 것은?

① 부하변동방식
② 유료전력 변동방식
③ 주파수 시프트방식
④ 주파수 변화율 검출방식

해설 수동적 방식

종별	개요
1. 전압위상 도약 검출방식	• 단독운전 이행 시 인버터 출력이 역률 1 운전에서 부하의 역률로 변화하는 순간의 전압위상의 도약을 검출한다. • 단독운전 이행 시 위상변화가 발생하지 않을 때에는 검출되지 않는다. • 오작동이 적고 실용적이다.
2. 제3차 고조파 전압급증 검출방식	• 단독운전 이행 시 변압기의 여자전류 공급에 따른 전압 변형의 급변을 검출한다. • 부하가 되는 변압기와의 조합 때문에 오작동 확률이 비교적 높다.
3. 주파수 변화율 검출방식	• 주로 단독운전 이행 시 발전전력과 부하의 불평형에 의한 주파수의 급변을 검출한다.

답 ④

35 전기사업의 허가를 받는 경우 시・도지사에게 받을 수 있는 발전시설의 최대 용량[kW] 은?

① 1000
② 2000
③ 3000
④ 4000

해설 전기(발전)사업 허가권자
1) 3,000[kW] 초과 시설 : 산업통상부장관
2) 3,000[kW] 이하 시설 : 시・도지사 제주특별자치도는 제주국제자유도시특별법에 따라 3,000[kW] 이상의 발전설비도 제주특별자치도지사 허가사항임 **답** ③

36 계절별 태양의 남중고도가 가장 낮은 시기는?

① 춘분
② 추분
③ 동지
④ 하지

해설 태양의 남중고도는 동지가 가장 낮으며, 태양전지 모듈의 고도각을 설정하는 기준이 된다. **답** ③

33 태양광발전시스템 사업을 할 경우 경제성은 사업에 중요한 부분을 차지 한다. 경제성 용어인 IRR의 의미는 무엇인가?

① 투자수익률
② 순현재가치
③ 내부수익률
④ 예산조달비용

37 도면에 사용되는 선의 종류에서 중심선, 절단선, 기준선 등의 용도로 사용되는 선의 종류는?

① 굵은실선
② 가는실선
③ 이점쇄선
④ 일점쇄선

해설 실선 : 연속된 선
• 일점쇄선 : 선과 하나의 점(극히 짧은 선)을 교대로 줄

지은 선 제도에서는 중심선, 가상선, 절단선, 피치선 등에서는 가느다란 일점쇄선을, 특수한 가공을 나타내는 부분에는 굵은 일점쇄선을 사용한다.
• 이점쇄선 : 짧은 선과 2개의 점이 서로 섞여 규칙적으로 반복 **답** ④

38 도면의 작성 및 관리에 필요한 정보를 모아서 기재한 것을 무엇이라 하는가?

① 범례　　　　　② 시방서
③ 표제란　　　　④ 도면목록판

해설 **표제란[titlepanel]**
도면의 일부에 위치하여 도면 번호, 도명 등을 기록한다. **답** ③

39 전기사업용 전기설비의 공사계획 인가 또는 신고 시 산업통상자원부의 인가가 필요한 발전소 출력기준은?

① 10000[kW] 이상
② 30000[kW] 이상
③ 50000[kW] 이상
④ 100000[kW] 이상

해설 전기사업용 전기설비의 공사계획 인가 또는 신고 시 산업통상자원부의 인가가 필요하고 발전소 출력기준은 10,000[kW] 이상은 산업통상자원부에 신고. 출력기준 10,000[kW] 미만은 지자체에 신고해야 한다. **답** ①

40 1000[m²] 면적에 하나의 어레이를 구성하여 태양광발전시스템을 설치할 때, 모듈 효율 15[%], 일사량 500[W/m²]일 때 생산되는 전력[kW]은? (단, 기타 조건은 무시한다.)

① 75　　　　　② 750
③ 7500　　　　④ 75000

해설 변환 효율 = $\dfrac{P_{max}[\text{W}]}{A[\text{m}^2] \times 기준 일사량[\text{W/m}^2]}$

$P_{max}[\text{W}] = A[\text{m}^2] \times 기준 일사량[\text{W/m}^2] \times 변환효율$
$= 1,000[\text{m}^2] \times 500[\text{W/m}^2] \times 0.15$
$= 75,000[\text{W}] = 75[\text{kW}]$ **답** ①

3과목 - 태양광발전시스템 시공

41 가공전선로에서 발생할 수 있는 코로나 현상의 방지 대책이 아닌 것은?

① 복도체를 사용한다.
② 가선금구를 개량한다.
③ 선간거리를 크게 한다.
④ 바깥지름이 작은 전선을 사용한다.

해설 **방지대책**
1) 복도체를 사용한다.
2) 가선금구를 개량한다.
3) 선간거리를 크게 한다.
4) 굵은 전선을 사용한다.
5) 전선의 바깥지름을 크게 한다. **답** ④

42 감리원은 공사가 시작된 경우에 공사업자로부터 착공신고서를 제출받아 적정성 여부를 검토 후 며칠 이내에 발주자에게 보고하여야 하는가?

① 5일　② 7일　③ 10일　④ 14일

해설 감리원은 공사가 시작되는 공사업자로부터 착공신고서를 제출받아 적정성 여부를 검토 후 7일 이내에 발주자에게 보고하여야 한다. **답** ②

43 착공신고 보고서류에 포함할 사항이 아닌 것은?

① 시공 상세도
② 공사 시작 전 사진
③ 공사도급 계약서
④ 현장기술자 경력확인서 및 자격증 사본

해설 **착공신고 보고서류**
① 시공관리 책임자 지정통지서(현장관리조직, 안전관리자)
② 공사 예정공정표
③ 품질관리계획서
④ 공사도급 계약서 사본 및 산출내역서
⑤ 공사 시작 전 사진
⑥ 현장기술자 경력사항 확인서 및 자격증 사본
⑦ 안전관리계획서
⑧ 작업인원 및 장비투입 계획서
⑨ 그 밖에 발주자가 지정한 사항 **답** ①

44 태양광발전시스템 구조물의 설치공사 순서를 보기에서 찾아 옳게 나열한 것은?

```
[보기]
㉠ 어레이 가대공사    ㉡ 어레이 기초공사
㉢ 어레이 설치공사    ㉣ 배선공사
㉤ 점검 및 공사
```

① ㉡ → ㉠ → ㉢ → ㉣ → ㉤
② ㉠ → ㉡ → ㉢ → ㉣ → ㉤
③ ㉣ → ㉡ → ㉠ → ㉢ → ㉤
④ ㉣ → ㉠ → ㉡ → ㉢ → ㉤

해설 어레이기초공사 → 어레이 가대공사 → 어레이 설치공사 → 배선공사 → 점검 및 공사 답 ①

45 비상주 감리원의 업무 범위가 아닌 것은?

① 기성 및 준공검사
② 설계변경 및 계약금액 조정의 심사
③ 감리업무 수행계획서, 감리원 배치계획서 검토
④ 정기적으로 현장 시공 상태를 종합적으로 점검·확인·평가하고 기술지도

해설 비상주감리원이 수행하여야 할 업무
1) 설계도서 등의 검토
2) 상주감리원이 수행하지 못하는 현장 조사 분석 및 시공상의 문제점에 대한 기술 검토와 민원사항에 대한 현지조사 및 해결방안 검토
3) 중요한 설계변경에 대한 기술 검토
4) 설계변경 및 계약금액 조정의 심사
5) 기성 및 준공검사
6) 정기적(분기 또는 월별)으로 현장 시공 상태를 종합적으로 점검·확인·평가하고 기술지도
7) 공사와 관련하여 발주자(지원업무수행자 포함)가 요구한 기술적 사항 등에 대한 검토
8) 그 밖에 감리 업무 추진에 필요한 기술지원 업무 답 ③

46 감리원이 작성하는 전력시설물의 유지관리지침서 내용에 포함되지 않는 것은?

① 시설물 유지관리방법
② 시설물의 규격 및 기능 설명서
③ 시설물의 시운전 결과 보고서
④ 시설물 유지관리 기구에 대한 의견서

해설 1) 감리원은 발주자(설계자) 또는 공사업자(주요설비 납품자) 등이 제출한 시설물의 유지관리지침 자료를 검토하여 다음 항의 내용이 포함된 유지관리지침서를 작성, 공사 준공 후 14일 이내에 발주자에게 제출하여야 한다.
① 시설물의 규격 및 기능 설명서
② 시설물 유지관리 기구에 대한 의견서
③ 시설물 유지관리방법
④ 특기사항 답 ③

47 가공전선로에서 전선의 이도에 관한 설명으로 틀린 것은?

① 이도는 지지물의 높이를 결정한다.
② 이도는 온도 변화의 영향과 무관하다.
③ 이도가 크면 전선이 진동하므로 지락 사고의 우려가 있다.
④ 이도가 적으면 전선의 장력이 증가하여 단선의 우려가 된다.

해설 • 이도란
전선을 전선의 지지물에 가선 시 전선은 지지물을 잇는 수평선보다 조금 밑으로 내려가도록 한다. 이때 수평선과 전선의 가장 낮은 부분과의 차를 이도라 한다.
• 이도의 필요성
전선은 온도에 따라 길이가 변함, 즉 여름에는 전선이 늘어나 길어지고 겨울에는 전선의 길이가 감소한다. 따라서 이 길이 변화에 대한 전선의 보호를 위해 이도가 필요함 답 ②

48 태양전지 모듈 등의 시설 방법으로 틀린 것은?

① 충전부분은 노출되지 아니하도록 시설
② 전선은 공칭단면적 2.5[mm²] 이상의 연동선 또는 이와 동등 이상의 세기 및 굵기의 것
③ 태양전지 모듈에 접속하는 부하측의 전로에는 그 접속점에 근접하여 개폐기 기타 이와 유사한 기구를 시설
④ 태양전지 모듈을 병렬로 접속하는 전로에는 그 전로에 단락이 생긴 경우에 전로를 보호하는 보호계전기를 시설

해설 태양전지 모듈을 병렬로 접속하는 전로에는 그 전로에 단락이 생긴 경우에 전로를 보호하는 과전류차단기 기타의 기구를 시설할 것. 다만, 그 전로가 단락전류에 견딜수 있는 경우에는 그러하지 아니하다.
KEC 522.3 (제어 및 보호장치 등) 답 ④

49 태양전지 모듈의 취부방향은 대부분 좌우가 긴 횡방향으로 설치되나, 상하가 긴 종방향으로 설치하는 이유로 틀린 것은?

① 적설지대에 적합함
② 세정효과가 좋아짐
③ 발전부지가 적게됨
④ 먼지, 꽃가루 등이 많은 지역에 적합함

해설 모듈의 긴 쪽이 좌우가 되도록 태양전지 어레이에 설치할 경우를 세로 깔기라고 부르며, 긴 쪽이 상하가 되도록 설치하는 경우를 가로 깔기라고 한다. 모듈을 세로 깔기(종방향)로 하는 어레이에서는 부재점수가 약간 적어지기 때문에, 가로 깔기(횡방향)로 설치하는 경우가 많은 반면에 모듈의 알루미늄 테두리와 유리면과의 단차의 수가 2배가 되므로 자연 강우에 의한 세정효과는 떨어진다. 또한 적설시에도 같은 이유로 추락효과(눈이 자중으로 인해 지붕에서 떨어지는 것)도 뒤떨어진다. 따라서 먼지, 화산재, 날아드는 해염입자 등이 많은 지역, 적설지대에서는 세로 깔기를 주로 한다. 답 ③

50 책임 설계감리원이 설계감리의 기성 및 준공을 처리할 때 발주자에게 제출하는 서류 중 감리 기록서류에 해당하지 않는 것은?

① 설계 감리 일지
② 설계 감리 요청서
③ 설계 감리 지시부
④ 설계 감리 결과보고서

해설 책임 설계감리원이 설계감리의 기성 및 준공을 처리할 때에 발주자에게 제출하는 서류
1) 설계용역 기성부분 검사원 또는 설계용역 준공검사원
2) 설계용역 기성부분 내역서
3) 설계감리 결과 보고서
4) 감리기록서류
　① 설계감리일지　　② 설계감리지시부
　③ 설계감리기록부　④ 설계감리요청서
　⑤ 설계자와 협의사항 기록부
5) 그 밖에 발주자가 과업지시서 상에서 요구한 사항 답 ④

51 인버터의 시험항목 중에서 독립형 및 연계형에서 모두 시험해야하는 정상특성시험에 속하지 않는 것은?

① 효율시험
② 온도상승시험
③ 측정오차 정확도 시험
④ 부하차단 시험

해설 정상특성시험

시험 항목		독립형
정상특성시험	① 교류전압, 주파수 추종범위 시험	×
	② 교류출력전류 왜형률 시험	×
	③ 측정오차 정확도 시험	○
	④ 온도상승 시험	○
	⑤ 효율시험	○
	⑥ 대기 손실시험	×
	⑦ 정지 · 기동 전압 확인 시험	×
	⑧ 최대전력 추종시험	×
	⑨ 출력전류 직류분 검출시험	×

답 ④

52 감리원이 공사업자로부터 물가변동에 따른 계약금액 조정요청을 받은 경우에 작성하여 제출하도록 되어 있는 서류가 아닌 것은?

① 물가변동조정 요청서
② 계약금액 조정 요청서
③ 안전관리비 집행근거 서류
④ 품목 조정률 또는 지수조정률에 대한 산출근거

해설 1) 감리원은 공사업자로부터 물가변동에 따른 계약금액 소정요청을 받은 경우에는 다음 각 호의 서류를 작성 · 제출하도록 하고 공사업자는 이에 응하여야 한다.
　① 물가변동조정 요청서
　② 계약금액조정 요청서
　③ 품목조정률 또는 지수조정률 산출근거
　④ 계약금액 조정 산출근거
　⑤ 그 밖에 설계변경에 필요한 서류
2) 감리원은 제출된 서류를 검토 · 확인하여 조정요청을 받은 날부터 14일 이내에 검토의견을 첨부하여 발주자에게 보고하여야 한다. 답 ③

53 태양전지 모듈과 인버터간의 배선에 대하여 옳게 설명한 것은?

① 태양전지 어레이의 지중배선은 1.2[m] 이상의 깊이로 매설 한다.
② 태양전지 모듈 접속용 케이블은 반드시 극성 표시를 하지 않아도 된다.

③ 접속함에서 인버터까지의 배선은 전압강하
  율 5[%] 이하로 할 것을 권장하고 있다.

④ 태양전지 모듈 사이의 배선은 $2.5[\text{mm}^2]$ 이
  상의 전선을 사용하면 단락전류에 견딜 수
  있다.

해설 ① 태양전지 어레이의 지중배선은 1.0[m] 이상의 깊이
  로 매설 한다.
  ② 태양전지 모듈 접속용 케이블은 반드시 2개의 극성
  을 확인한다.
  ③ 접속함에서 인버터까지의 배선은 전압강하율 1 ~
  3[%]로 할 것을 권장하고 있다.   **답** ④

54 배전선로의 장주에 전선로를 병가 할 경우 전
선로의 순위를 나타낸 것으로 옳은 것은?

① 통신선은 중성선 또는 저압 전선로의 하단에
  배치한다.

② 전용 전선로 또는 이와 유사한 전선로는 일
  반 전선로보다 하단에 배치한다.

③ 원거리에 전송하는 전선로는 근거리에 전송
  하는 전선로 보다 하단에 배치한다.

④ 서로 다른 전압의 전선로를 동일 지지물에
  병가 할 경우에는 높은 전압의 전선로를 하
  단에 배치한다.

해설 ② 전용선 또는 이와 유사한 전선은 일반선의 상단으로
  한다.
  ③ 원거리에 전송하는 전선은 근거리에 전송하는 선의
  상단으로 한다.
  ④ 서로 다른 전압선을 병가할 때에는 높은 전압선을
  상단으로 한다.   **답** ①

55 태양전지 모듈의 연결공사에 대한 설명으로 틀
린 것은?

① 전선의 연결부위는 전선관 내에서 연결해야
  한다.

② 금속관 상호 간 및 관과 박스의 접속은 견고
  하고 전기적으로 완전하게 접속한다.

③ 태양전지 모듈 결선 시 Junction Box Hole
  에 맞는 방수 커넥터를 사용한다.

④ 금속관에는 접지공사를 한다.

해설 전선의 연결부위는 파이프 내에서 연결하지 말아야 한
다.   **답** ①

56 자가용 전기설비 사용 전 검사를 실시하기 전이나 실시한 후에 신청인 및 전기안전관리자 등 검사입회자에게 회의를 통해 설명하고 확인시켜야 할 사항이 아닌 것은?

① 안전작업 수칙
② 준공표지판 설치
③ 검사에 필요한 안전자료 검토 및 확인
④ 검사결과 부적합 사항의 조치내용 및 개수방법·기술적인 조언 및 권고

해설 검사 전·후 회의 실시
검사자는 검사를 실시하기 전이나 검사를 실시한 후에 신청인 및 전기안전관리자 등 검사입회자에게 다음 각 호의 사항을 설명하고 확인하기 위해서 회의를 실시할 수 있다.
① 검사의 목적과 내용
② 안전작업 수칙
③ 검사의 절차 및 방법
④ 검사에 필요한 기술자료 검토 및 확인
⑤ 검사결과 부적합 사항의 조치내용 및 개수방법·기술적인 조언 및 권고
⑥ 준공표지판 설치　　　　　　　 답 ③

57 태양전지 모듈은 사업계획서 상에 제시된 설치 용량의 몇 [%]를 초과하지 않아야 하는가?

① 101　　　　　　② 103
③ 105　　　　　　④ 110

해설 신재생에너지설비 원별시공2-가-2
설치용량은 사업계획서 상의 모듈 설계용량과 동일하여야 한다. 다만, 단위 모듈당 용량에 따라 설계용량과 동일하게 설치할 수 없을 경우에 한하여 태양광발전 설계용량의 110[%] 이내까지 가능하다.　　답 ④

58 분산형전원의 이상 또는 고장발생 시 이로 인한 영향이 연계된 계통으로 파급되지 않도록 태양광발전시스템에 설치해야 하는 보호계전기가 아닌 것은?

① 과전압 계전기　　② 과전류 계전기
③ 저전압 계전기　　④ 저주파 계전기

해설 계통연계 보호계전기
과전압 계전기(OVR), 저전압 계전기(UVR), 고주파수 계전기(OFR), 저주파수 계전기(UFR), 지락 과전류 계전기(OCGR)　　　　　　　 답 ②

출제기준 변경 및 개정된 관계 법규에 따라 삭제된 문제가 있어 20문항이 안됩니다.

4과목 - 태양광발전시스템 운영

61 배전반의 케이블 단말부 및 접속부, 관통부 등의 점검 내용으로 틀린 것은?

① 부하 개폐기의 절연유 누출
② 볼트의 풀림 등에 의한 진동
③ 코로나 방전에 의한 과열 냄새
④ 곤충 및 설치류 등의 침입흔적

해설 송변전설비 유지관리 배전반 주회로 인입 인출부 일상 점검

점검개소	목 적	점검내용
폐쇄모선의 접속부	이상한 소리	볼트류 등의 조임 이완에 따른 진동음 유무 확인
부싱	손상	균열, 파손 여부 확인
	이상한 소리	코로나 방전에 의한 이상음 여부 확인
케이블 단말부 및 접속부 케이블 관통부	이상한 소리	볼트류 등의 조임 이완에 따른 진동음 유무 확인
	이상한 냄새	코로나 방전 또는 과열에 의한 이상한 냄새 발생 여부 확인
	손상	케이블 막이판의 떨어짐 또는 간격의 벌어짐 유무 확인
	쥐, 곤충 등의 침입	쥐, 곤충 등의 침입여부 확인

답 ①

62 태양광 발전설비 운영방법과 관련하여 틀린 것은?

① 모듈은 고압 분사기를 이용하여 정기적으로 물을 뿌려준다.
② 모듈표면의 온도가 높을수록 발전효율이 높으므로 강한 빛을 받도록 한다.
③ 구조물 및 전선에 부분적인 발청 현상이 있을 경우 도포 처리를 해 준다.
④ 태양광 발전설비의 고장 요인이 대부분 인버터에서 발생하므로 정기적으로 정상여부 확인한다.

해설 모듈표면 온도가 높으면 출력 전압이 감소되어 발전효율이 떨어진다.　**답** ②

63 계통연계형과 독립형의 태양광 발전용 인버터가 실외형인 경우 IP(방진, 방수)는 최대 몇 등급 이상인가?

① IP20   ② IP44
③ IP56   ④ IP54

해설 태양광발전용 인버터

용도	형식	설치장소	비 고
계통연계형	단상	실내/실외	실내형 : IP20 이상
	3상	실내/실외	실외형 : IP44 이상
독 립 형	단상	실내/실외	(KS C IEC 62093)
	3상	실내/실외	

답 ②

64 태양광발전모듈에 차광이 모듈의 부하로 작용하여 태양광발전시스템의 출력을 저하시킬 경우 조치로 옳은 것은?

① 제너 다이오드를 설치한다.
② 스트링 다이오드를 설치한다.
③ 블러킹 다이오드를 설치한다.
④ 바이패스 다이오드를 설치한다.

해설 태양광 모듈의 차광에 의한 역바이어스 전압 제한을 위하여 바이패스 다이오드 사용　**답** ④

65 (　)안에 들어갈 내용으로 옳은 것은?

[보기]
태양광 발전설비로 용량(　)[kW] 미만 소유자 또는 점유자가 안전공사 및 안전관리대행사업자에게 안전관리업무를 대행하게 할 수 있다

① 500   ② 1000
③ 1500   ④ 2000

해설 1. 안전공사 및 자본금, 기술인력 등의 요건을 모두 갖춘 전기안전관리대행사업자
　① 용량 1천킬로와트 미만의 전기수용설비
　② 용량 300킬로와트 미만의 발전설비(비상용 예비발전설비는 용량 500킬로와트 미만)
　③ 용량 1천킬로와트(원격감시 및 제어기능을 갖춘 경우 용량 3천킬로와트) 미만의 태양광발전설비
2. 전기 분야의 기술자격을 취득한 사람으로서 일정 장비를 보유하고 있는 개인대행자
　① 용량 500킬로와트 미만의 전기수용설비
　② 용량 150킬로와트 미만의 발전설비(비상용 예비발전설비는 용량 300킬로와트 미만)
　③ 용량 250킬로와트(원격감시 및 제어기능을 갖춘 경우 용량 750킬로와트) 미만의 태양광발전설비
답 ②

66 자가용전기설비 중 태양광 발전설비의 전력변환장치의 정기검사 항목으로 틀린 것은?

① 윤활유   ② 외관검사
③ 절연저항   ④ 절연내력

해설 자가용전기설비 중 태양광 발전설비의 전력변환장치의 정기검사 항목은 외관검사, 절연저항, 절연내력 등이다.　**답** ①

67 전기안전관리자는 유지관리를 위해서 점검 등 결과가 부적합인 경우 조치방법으로 틀린 것은?

① 소유자는 전기안전관리자가 안전관리를 위해 부적합 전기설비에 대하여 의견을 제시하는 경우에는 이를 따르지 않아도 된다.
② 전기안전관리자는 전기설비기술기준에 적합하지 아니한 전기설비 중 경미한 전기공사에 대하여 필요한 경우에는 직접 수리 할 수 있다.
③ 전기안전관리자는 검사 및 점검 결과가 전기설비기술기준에 접합하지 않을 때에는 소유자에게 알려 부적합 전기설비의 수리·개조·보수 등 필요한 조치를 취하도록 하여야 한다.
④ 전기안전관리자는 부적합 전기설비에 대한 조치가 취해지기 전에 전기설비의 운용에 따른 안전 확보를 위해 필요하다고 판단되는 경우 전기설비의 사용을 일시 정지하거나 제한할 수 있다.

해설 전기안전규정 제8조
전기안전관리자는 검사 및 점검 결과가 전기설비기술기준에 적합하지 않을 때에는 소유자에게 알려 부적합

전기설비의 수리 · 개조 · 보수 등 필요한 조치를 취하도록 하여야 한다. **답** ①

68 태양광발전시스템 구조물의 고장으로 틀린 것은?

① 마찰음
② 핫스팟
③ 이상 진동음
④ 구조물 변경

해설 핫스팟(열점)이란 모듈을 구성하고 있는 태양전지의 어느 점에서 과도한 역전압이 인가되거나 다른 어떤 손상으로 인해 접합에서 절연파괴가 발생하여 국부적으로 심하게 과열되는 현상을 말한다. **답** ②

69 전기사업 허가신청서에서 신청 내용으로 틀린 것은?

① 설치장소
② 사업의 종류
③ 사업의 시작일자
④ 사업구역 또는 특정한 공급구역

해설 전기사업 허가신청서 내용
• 사업의 종류
• 설치장소
• 사업구역 또는 특정한 공급구역
• 전기사업용 전기설비에 관한 사항
• 사업에 필요한 준비기간 **답** ③

70 태양광소자 – 제3부 : 기준 스펙트럼 조사강도 데이터를 이용한 지상용 태양전지(PV) 소자의 측정원리(KS C IEC 60904-3)의 적용범위로 틀린 것은?

① 모듈
② 시스템
③ 태양전지의 하부조직
④ 보호 덮개가 없는 태양전지는 제외

해설 태양전지 소자 – 제3부 : 기준 스펙트럼 조사강도 데이터를 이용한 지상용 태양전지(PV) 소자의 측정원리(KS C IEC 60904-3)는 다음과 같은 지상 응용 목적의 태양전지 소자에 적용된다.
1) 보호 덮개가 있거나 없는 태양전지
2) 태양전지의 하부 조직
3) 모듈   4) 시스템 **답** ④

71 태양광발전시스템의 인버터 점검 시 조치내용으로 틀린 것은?

① 상회전 확인 후 정상 시 재운전
② 전자접촉기 교체 점검 후 재운전
③ 계통전압 확인 후 정상 시 5분후 재기동
④ 태양전지 전압 점검 후 정상 시 3분후 재기동

해설 인버터 점검 시 조치사항
① 계통 주파수 점검 후 운전
② 인버터 고장부분 수리 또는 접지저항 확인
③ 상회전 확인 후 재운전
④ 계통전압 확인 후 5분 재기동 **답** ④

72 중대형 태양광 발전용 인버터의 효율 시험 시 교류 전원을 정격전압 및 정격 주파수로 운전하고 운전 시작 후 최소한 몇 시간 후에 측정하는가?

① 2
② 4
③ 6
④ 8

해설 세부 항목에 따라 인버터의 최대전력추종효율(MPPT)은 95[%]를 넘어야 하며, 교류 전원을 정격 전압 및 주파수로 운전 후 2시간이 지나도 전력변환효율이 계통형은 90[%], 독립형은 85[%]이상을 각각 유지해야 한다. **답** ①

73 태양광발전시스템의 운전 시 확인 요소로 틀린 것은?

① 어레이 구조물의 접지의 연속성 확인
② 태양광발전모듈, 어레이의 단락전류 측정
③ 태양광발전모듈, 어레이의 전압, 극성 확인
④ 무변압기 방식 인버터를 사용할 경우 교류측 비접지의 확인

해설 태양광발전시스템에서 사용하는 인버터는 절연변압기를 사용하지 않기 때문에 직류측 회로를 비접지로 하고 있다. **답** ④

74 태양광발전시스템의 손실 인자가 아닌 것은?

① 음영
② 모듈의 음영
③ 높은 주변온도
④ 계통 단락용량

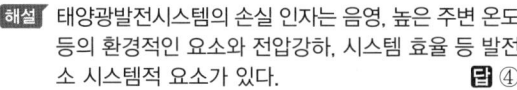

해설 태양광발전시스템의 손실 인자는 음영, 높은 주변 온도 등의 환경적인 요소와 전압강하, 시스템 효율 등 발전소 시스템적 요소가 있다. 답 ④

75 방향과 경사가 서로 다른 하부 어레이들로 구성된 태양광발전시스템의 인버터 운영방식으로 적합한 것은?

① 모듈형   ② 분산형
③ 중앙집중형   ④ 마스터–슬레이브형

해설 방향과 경사가 서로 다른 하부 어레이들로 구성된 태양광발전시스템의 인버터 운영방식으로 적합한 것은 분산형이다. 답 ②

76 고압 활선작업 시의 안전조치 사항이 아닌 것은?

① 절연용 보호구 착용
② 절연용 방호구 설치
③ 단락접지기구의 철거
④ 활선작업용 장치 사용

해설 **고압활선작업**
• 절연용 보호구 착용 및 절연용 방호구 설치
• 활선작업용 장치 사용
* 단락접지기구의 철거는 작업종료 후 조치 사항임 답 ③

77 태양광발전시스템의 성능 평가의 대분류 종류로 틀린 것은?

① 사이트   ② 신뢰성
③ 설비생산비용   ④ 설비설치비용

해설 **시스템 성능평가의 분류**
① 사이트   ② 신뢰성
③ 발전성능
④ 설비설치비용(경제성)
⑤ 구성요인의 성능·신뢰성 답 ③

78 태양광발전시스템의 신뢰성 평가 및 분석 항목에서 시스템 트러블과 관계가 없는 것은?

① 직류지락   ② ELB 트립
③ 인버터 운전 정지   ④ 컴퓨터의 조작오류

해설 • 시스템트러블 : 인버터 운전 정지, ELB 트립, 직류지락
• 계측트러블 : 컴퓨터 전원의 차단 및 조작오류 답 ④

79 태양광발전시스템의 성능분석을 위한 산식으로 틀린 것은?

① 성능계수   ② 발전전력량
③ 가대의 탄성계수   ④ 어레이의 변환효율

해설 가대의 탄성계수는 구조물에 대한 적합성을 나타내는 요소이다. 답 ③

출제기준 변경 및 개정된 관계 법규에 따라 삭제된 문제가 있어 20문항이 안됩니다.

5과목 - 신재생에너지 관련법규

81 가공전선로 지지물의 기초 안전율은 최소 얼마 이상이어야 하는가?

① 0.5   ② 1
③ 1.5   ④ 2

해설 가공전선로 지지물의 기초 안전율은 최소 2 이상이어야 한다. (KEC 331.7 (가공 전선로 지지물의 기초의 안전율)) 답 ④

82 신·재생에너지 발전차액의 지원을 위한 기준가격 산정기준으로 틀린 것은?

① 신·재생에너지 발전사업자의 변전설비 이용요금
② 신·재생에너지 발전기술의 상용화 수준 및 시장 보급 여건
③ 운전 중인 신·재생에너지 발전사업자의 경영 여건 및 운전 실적
④ 전기요금 및 전력시장에서의 신·재생에너지 발전에 의하여 공급한 전력의 거래가격의 수준

해설 신에너지 및 재생에너지 개발·이용·보급 촉진법 시행령 제22조(발전차액의 지원을 위한 기준가격의 산정기준)
1. 신·재생에너지 발전소의 표준공사비, 운전유지비, 투자보수비 및 각종 세금과 공과금
2. 신·재생에너지 발전소의 설비 이용률, 수명 기간, 사고 보수율과 발전소에서의 신·재생에너지 소비율 등의 설계치 및 실적치
3. 신·재생에너지 발전사업자의 송전·배전 선로 이용요금
4. 신·재생에너지 발전기술의 상용화 수준 및 시장 보급 여건
5. 운전 중인 신·재생에너지 발전사업자의 경영 여건 및 운전 실적
6. 전기요금 및 전력시장에서의 신·재생에너지 발전에 의하여 공급한 전력의 거래가격의 수준 **답** ①

---

83 발전소에서 계측장치를 시설하지 않아도 되는 것은?

① 변압기의 역률
② 발전기의 고정자 온도
③ 특고압용 변압기의 온도
④ 발전기의 전압, 전류 및 전력

해설 KEC 351.6 (계측장치)
① 발전소에는 다음 각 호의 사항을 계측하는 장치를 시설하여야 한다.
1. 발전기·연료전지 또는 태양전지 모듈(복수의 태양전지 모듈을 설치하는 경우에는 그 집합체)의 전압 및 전류 또는 전력
2. 발전기의 베어링(수중 메탈을 제외한다) 및 고정자(固定子)의 온도
3. 주요 변압기의 전압 및 전류 또는 전력
4. 특고압용 변압기의 온도 **답** ①

---

84 신·재생에너지 공급인증서를 발급받으려는 자는 공급인증서 발급 및 거래시장 운영에 관한 규칙에서 정하는 바에 따라 신·재생에너지를 공급한 날부터 최대 며칠 이내에 발급신청을 하여야 하는가?

① 20   ② 60
③ 90   ④ 120

해설 (신에너지 및 재생에너지 개발·이용·보급 시행령 제18조의8) 공급인증서를 발급받으려는 자는 신·재생에너지를 공급한 날부터 90일 이내에 발급 신청을 하여야 한다. **답** ③

---

85 산업통상자원부장관은 대통령으로 정하는 바에 따라 매년 최소 몇 회 이상 전기안전 관리업무에 대한 실태조사를 실시하여야 하는가?

① 1   ② 2   ③ 3   ④ 4

해설 산업통상자원부장관은 대통령으로 정하는 바에 따라 매년 최소 1회 이상 전기안전 관리업무에 대한 실태조사를 실시하여야 한다. **답** ①

---

86 지중에 매설되어 있는 금속제 수도관로가 접지공사의 접지극으로 사용되려면, 대지와의 전기저항 값을 최대 몇 [Ω] 이하로 유지하고 있어야 하는가?

① 2   ② 3   ③ 4   ④ 5

해설 KEC 142.2(접지극의 시설 및 접지저항)
지중에 매설되어 있고 대지와의 전기저항치가 3[Ω] 이하의 값을 유지하고 있는 금속제 수도관로는 이를 접지공사의 접지극으로 사용할 수 있다. **답** ②

---

87 신·재생에너지 기술개발 및 이용·보급에 관한 계획을 수립 시행하려는 자는 대통령령으로 정하는 바에 따라 미리 산업통상자원부장관과 협의하여야 한다. 다음 중 해당되는 자가 아닌 것은?

① 국가기관   ② 국외기관
③ 공공기관   ④ 지방자치단체

해설 신에너지 및 재생에너지 개발·이용·보급 촉진법 제7조(신·재생에너지 기술개발 등에 관한 계획의 사전협의) 국가기관, 지방자치단체, 공공기관, 그 밖에 대통령령으로 정하는 자가 신·재생에너지 기술개발 및 이용·보급에 관한 계획을 수립·시행하려면 대통령령으로 정하는 바에 따라 미리 산업통상자원부장관과 협의하여야 한다. **답** ②

---

88 고압용의 피뢰기·개폐기·차단기 기타 이와 유사한 기구로서 동작 시에 아크가 발생하는 것은 목재의 벽 또는 천정 기타의 가연성 물체로부터 최소 몇 [m] 이상 떼어 놓아야 하는가?

① 1   ② 1.5
③ 2   ④ 2.5

해설 KEC 341.7 (아크를 발생하는 기구의 시설)

고압용 또는 특고압용의 개폐기·차단기·피뢰기 기타 이와 유사한 기구(이하 이 조에서 "기구 등"이라 한다)로서 동작시에 아크가 생기는 것은 목재의 벽 또는 천장 기타의 가연성 물체로부터 표에서 정한 값 이상 떼어놓아야 한다.

기구 등의 구분	이격거리
고압용의 것.	1[m] 이상
특고압용의 것.	2[m] 이상(사용전압이 35[kV] 이하의 특고압용의 기구 등으로서 동작할 때에 생기는 아크의 방향과 길이를 화재가 발생할 우려가 없도록 제한하는 경우에는 1[m] 이상)

답 ①

89 저압 옥내배선 공사로 인입용 비닐절연전선을 사용할 수 없는 공사방법은?

① 금속관공사　② 애자공사
③ 금속몰드공사　④ 합성수지관공사

해설 KEC 231.3.1 (저압 옥내배선의 사용전선)

전선의 종류 : 절연전선. (단, 옥외용 비닐 절연전선(OW) 및 인입용 비닐 전선(DV)은 제외한다.) **답** ②

90 한국전기설비규정에서 사용하는 용어 중 분산형전원에 해당되지 않는 것은?

① 연료전지　② 태양전지
③ 해양전지　④ 비상용 예비전원

해설 "분산형전원"이란 중앙급전 전원과 구분되는 것으로서 전력소비지역 부근에 분산하여 배치 가능한 전원(상용전원의 정전시에만 사용하는 비상용 예비전원을 제외한다)을 말하며, 신·재생에너지 발전설비, 전기저장장치 등을 포함하여 사용 가능한 분산 자원은 연료전지, 액화천연가스 가스화, 수소에너지 등의 신에너지와 지열, 바이오, 파력, 수력, 풍력, 폐기물, 태양열, 태양광 등의 재생에너지를 포함한다. **답** ④

91 전기공사기술자의 등급 및 경력 등에 관한 증명서를 발급하는 자는?

① 시·도지사
② 산업통상자원부장관
③ 한국전력공사 이사장
④ 한국전기안전공사 이사장

해설 전기공사업법 제17조의2(전기공사기술자의 인정)

① 전기공사기술자로 인정을 받으려는 사람은 산업통상자원부장관에게 신청하여야 한다.
② 산업통상자원부장관은 신청인을 전기공사기술자로 인정하면 전기공사기술자의 등급 및 경력 등에 관한 증명서(이하 "경력수첩"이라 한다)를 해당 전기공사기술자에게 발급하여야 한다. **답** ②

92 대통령령으로 정하는 신·재생에너지 연료의 기준 및 범위에 해당하지 않는 것은?

① 이산화탄소
② 동물·식물의 유지(油脂)를 변환시키는 바이오디젤
③ 생물유기체를 변환시킨 목재칩, 펠릿 및 목탄 등의 고체연료
④ 생물유기체를 변환시킨 바이오가스, 바이오에탄올, 바이오액화유 및 합성가스

해설 신재생에너지 연료의 기준 및 범위 제18조의12

1. 수소
2. 중질잔사유를 가스화한 공정에서 얻어지는 합성가스
3. 생물유기체를 변환시킨 바이오가스, 바이오에탄올, 바이오액화유 및 합성가스
4. 동물·식물의 유지(油脂)를 변환시킨 바이오디젤
5. 생물유기체를 변환시킨 목재칩, 펠릿 및 목탄 등의 고체연료 **답** ①

93 수소와 산소의 전기화학 반응을 통하여 전기 또는 열을 생산하는 설비는?

① 수력설비
② 연료전지의 설비
③ 수소에너지 설비
④ 수열에너지 설비

해설 • 수소에너지 설비 : 물이나 그 밖에 연료를 변환시켜 수소를 생산하거나 이용하는 설비
• 수력 설비 : 물의 유동 에너지를 변환시켜 전기를 생산하는 설비
• 연료전지 설비 : 수소와 산소의 전기화학 반응을 통하여 전기 또는 열을 생산하는 설비 **답** ②

94 다음( )안에 들어갈 내용으로 옳은 것은?

> "리플프리직류"는 교류를 직류로 변환할 때 리플성분이 실효값으로 ( )[%] 이하 포함한 직류를 말한다.

① 10   ② 15
③ 20   ④ 25

해설 KEC 112 정의
"리플프리직류"는 교류를 직류로 변환할 때 리플성분이 10[%](실효값) 이하 포함한 직류를 말한다. **답** ①

95 다음( )안에 들어갈 내용으로 옳은 것은?

> "변전소"란 변전소의 밖으로부터 전압 ( )볼트 이상의 전기를 전송받아 이를 변성(전압을 올리거나 내리는 것 또는 전기의 성질을 변경시키는 것을 말한다)하며 변전소 밖의 장소로 전송할 목적으로 설치하는 변압기와 그 밖의 전기설비 전체를 말한다.

① 2만   ② 3만
③ 4만   ④ 5만

해설 전기사업법 시행규칙 제2조(정의)
"변전소"란 변전소의 밖으로부터 전압 5만 볼트 이상의 전기를 전송받아 이를 변성(선압을 올리거나 내리는 것 또는 전기의 성질을 변경시키는 것을 말한다)하여 변전소 밖의 장소로 전송할 목적으로 설치하는 변압기와 그 밖의 전기설비 전체를 말한다. **답** ④

96 다음( )안에 들어갈 내용으로 옳은 것은?

> 전기사업자는 매년 12월 말 까지 계획기간을 ( )년 이상으로 한 전기설비의 시설계획 및 전기공급 계획을 작성하여 산업통상자원부장관에게 신고하여야 한다.

① 3   ② 5
③ 7   ④ 10

해설 전기사업자는 매년 12월말까지 계획기간을 3년 이상으로 한 전기설비의 시설계획 및 전기공급 계획을 작성하여 산업통상자원부장관에게 신고하여야 한다. **답** ①

97 금속제 케이블트레이의 종류에 해당하지 않는 것은?

① 전폐형   ② 사다리형
③ 바닥밀폐형   ④ 통풍채널형

해설 1) 사다리형
길이 방향의 양측면 레일을 각각의 가로 방향 부재로 연결한 조립 금속 구조
2) 바닥밀폐형
일체식 또는 분리식 직선 방향 측면 레일에서 바닥 통풍구가 없는 조립 금속 구조
3) 펀칭형(통풍채널형)
일체식 또는 분리식 직선 방향 측면 레일에서 바닥에 통풍구가 있는 것으로써 폭이 100[mm] 초과하는 조립 금속 구조 **답** ①

98 신재생에너지의 종류가 아닌 것은?

① 수력
② 수소에너지
③ 해양에너지
④ 산소에너지

해설 • 신에너지
연료전지, 석탄액화가스화 및 중질유잔사유 가스화, 수소에너지
• 재생에너지
태양광, 태양열, 바이오, 풍력, 수력, 해양, 폐기물, 지열에너지 **답** ④

> 출제기준 변경 및 개정된 관계 법규에 따라 삭제된 문제가 있어 20문항이 안됩니다.

1과목 - 태양광발전시스템 이론

01 위도 36.5°에서 하지 시 남중고도는?

① 30°   ② 45°

③ 70°   ④ 77°

해설
- 하지 : $90° - 36.5° + 23.5° = 77°$
- 동지 : $90° - \theta - 23.5°$
- 춘분, 추분 : $90° - \theta$

답 ④

02 태양전지 모듈의 온도에 대한 일반적인 특성이 아닌 것은?

① 태양전지 모듈은 정(+)의 온도 특성이 있다.

② 태양전지 모듈 온도가 상승할 경우 개방전압과 최대출력은 저하한다.

③ 계절에 따른 온도변화로 출력이 변동한다.

④ 태양전지 모듈의 표면온도는 외기온도에 비례해서 맑은 날에는 20~40[℃] 정도 높다.

해설 태양전지 모듈은 온도가 상승하면 출력이 내려가고, 온도가 하강하면 출력이 올라가는 부(−)의 온도 특성이 있다.

답 ①

03 0.5[V]의 전압을 갖는 태양광 전지 24개를 (6개 직렬 × 4개 병렬)연결하여 부하에 접속하였다. 부하에 인가된 전압[V]은?

① 3   ② 12

③ 15   ④ 18

해설 전압 = 0.5[V] × 6 = 3[V]

답 ①

04 P형의 실리콘 반도체를 만들기 위해 실리콘에 도핑하는 원소로 적당하지 않은 것은?

① 인듐(In)   ② 갈륨(Ga)

③ 비소(As)   ④ 알루미늄(Al)

해설 1) P형 실리콘 반도체를 만들기 위해 도핑하는 3족 원소 : 붕소(B), 인듐(In), 갈륨(Ga), 알루미늄(Al) 등

2) N형 실리콘 반도체를 만들기 위해 도핑하는 5족 원소 : 안티몬(Sb), 비소(As), 인(P) 등

답 ③

05 전원 전압 100[V], 소비전력 100[W]인 백열전구에 흐르는 전류는 몇 [A]인가?

① 1[A]   ② 0.6[A]

③ 6[A]   ④ 60[A]

해설 $P = VI$ 이므로 $I = \dfrac{100[W]}{100[V]} = 1[A]$

답 ①

06 2500[W] 인버터의 입력전압 범위가 22~32[V]이고, 최대 출력에서 효율은 88[%]이다. 최대 정격에서 인버터의 최대 입력전류는?

① 약 78[A]   ② 약 88[A]

③ 약 113[A]   ④ 약 129[A]

해설 효율 = $\dfrac{\text{인버터 정격출력}}{\text{최대 입력}} = 0.88$ 이므로

최대입력 = $\dfrac{2500}{0.88} = 2840[W]$ 이다.

- 입력전류(22[V]) = $\dfrac{2840}{22} = 129[A]$
- 입력전류(32[V]) = $\dfrac{2840}{32} = 89[A]$

따라서, 최대 입력전류는 129[A]이다.

답 ④

07 태양열 발전시스템에 대한 설명 중 틀린 것은?

① 홈통형 : 공정열이나 화학반응을 위해 열을 제공한다.

② 파라볼라 접시형 : 집열기에서 태양열에너지를 직접 열로 변환시켜 열로 이용한다.

③ 진공관형 : 집열관 내의 가열된 열매체는 파이프를 통해 열교환기로 수송되어 증기를 생산한다.

④ 파워 타워형 : 집광비는 300~1500SUN 정도이며 1500[℃] 이상에서도 동작이 가능하다.

해설 진공관형 : 투과체 내부를 진공으로 만들어 그 내부에 흡수판을 위치시킨 집열기로 대류와 전도에 의한 손실을 줄인 방식으로 설치면적을 줄일 수 있으며, 중 온수 사용에 적합한 방식이다. **답** ③

08 태양전지 모듈의 바이패스 다이오드에 대한 설명 중 틀린 것은?

① 태양전지 모듈의 원활한 동작을 위하여 바이패스 다이오드는 발전하는 동안 계속 동작해야 한다.
② 일반적으로 바이패스 다이오드는 태양전지 모듈의 단자함 내부에 위치한다.
③ 바이패스 다이오드는 태양전지 모듈의 동작을 원활하게 하기 위한 부품이다.
④ 일반적으로 박막 태양전지 모듈의 경우 바이패스 다이어드를 사용한다.

해설 모듈 중 일부 태양전지 셀에 그늘이 생기면 그 부분의 발전량이 저하함과 동시에 단순한 다이오드를 역접속한 것과 같이 되어 저하에 의한 발열을 일으킨다. 이러한 경우에 대비하여 그 부분을 바이패스를 함으로서 출력저하 및 발열을 억제하기 위해 보통 단자함 속에 바이패스 다이오드를 내장한다. **답** ①

09 태양전지 모듈에 다른 태양전지 회로와 축전지의 전류가 유입되는 것을 방지하기 위해 설치하는 것은?

① 피뢰소자 ② 바이패스소자
③ 역류방지 소자 ④ 정류 다이오드

해설 역전류방지 소자(역류방지 소자)
① 태양전지 어레이나 스트링의 병렬회로를 구성할 경우, 태양전지 어레이의 스트링 사이에 출력전압의 불균형이 발생하여 출력전류의 분담이 변화
② 불균형 전압이 일정 값 이상이 되면 다른 스트링에서 전류의 공급을 받아 인버터 방향이 아닌 모듈 방향으로 전류가 흐름
③ 역전류를 방지하기 위해서 각 스트링마다 역전류 방지소자를 설치 **답** ③

10 다수의 태양광 모듈의 스트링을 접속하게 하여 보수 점검이 용이하도록 한 것은?

① 분전반 ② 개폐기
③ 접속함 ④ SPD(서지보호장치)

해설 • 접속함은 여러 개의 태양전지 모듈의 스트링을 하나의 접속점에서 인버터로 연결
• 보수 · 점검 시에 회로를 분리하거나 점검 작업을 용이하게 함
• 태양전지 어레이에 고장이 발생해도 정지범위를 최대한 적게 하는 등의 목적으로 보수 · 점검이 용이한 장소에 설치 **답** ③

11 독립형 태양광발전시스템은 매일 충 · 방전을 반복해야 한다. 이 경우 축전지의 수명(충 · 방전 cycle)에 직접적으로 영향을 미치는 것이 아닌 것은?

① 보수율 ② 방전심도
③ 방전횟수 ④ 사용온도

해설 축전지의 기대수명은 방전심도, 방전횟수, 사용온도 등에 영향을 받는다.
• 보수율(補修率, Maintenance Factor)
축전지를 설계하는 경우, 필요로 하는 용량(축전지의 크기)을 산출할 때 사용보수나 사용조건의 변화에 따라 축전지 용량의 변동을 보상하며, 소정의 부하특성을 만족시키기 위하여 사용하는 보정치(補正値)이다. **답** ①

12 태양광발전시스템이 계통과 연계 시 계통측에 정전이 발생한 경우 계통측으로 전력이 공급되는 것을 방지하는 인버터의 기능은?

① 자동운전 정지기능
② 단독운전 방지기능
③ 자동전류 조정기능
④ 최대전력 추종제어기능

해설 태양광발전시스템은 계통에 연계되어 있는 상태에서 계통측에 정전이 발생할 경우, 부하전력이 파워컨디셔너의 출력전력과 같은 경우에는 파워컨디셔너의 출력전압 · 주파수는 변하지 않고, 전압 · 주파수 계전기에서는 정전을 검출할 수 없다. 그 때문에 계속해서 태양광 발전 시스템에서 계통에 전력이 공급될 가능성이 있다. **답** ②

13 다음 중 비정질 실리콘 모듈의 충전율(Fill Factor)로 가장 적합한 것은?

① 0.35~0.55 ② 0.56~0.61
③ 0.75~0.85 ④ 0.86~0.95

해설 결정질 태양전지의 경우는 약 0.75~0.85이고, 비정질 태양전지의 경우는 약 0.5~0.7이다. **답** ②

---

14 독립형 태양광발전설비의 종류가 아닌 것은?

① 복합형   ② 계통 연계형
③ 축전지가 없는 형   ④ 축전지가 있는 형

해설 태양광발전설비는 크게 독립형과 계통연계형으로 나 뉜다. 계통연계형은 배전 및 송전계통에 연계되어 생산 된 전력을 공급한다. 독립형은 배전선로와 연계되지 않 았고 독립적으로 사용되며, 배터리와 함께 사용되는 것 이 일반적이고, 펌프와 함께 사용될 때는 배터리 없이 구성된다. 또한 배터리, 풍력, 디젤 등 다른 발전원과 함 께 하이브리드형 (복합형)으로 사용되기도 한다.
답 ②

---

15 결정질 태양전지의 에너지 손실이 가장 적은 부분은?

① 직렬저항
② 재결합 손실
③ 전면접촉으로 초래된 반사와 차광
④ 단파장 복사에서 너무 높은 광자 에너지

해설 결정질 태양전지의 에너지 손실
1) 전면 접촉으로 초래된 반사와 차광 3[%]
2) 장파장 복사에서 너무 높은 광자 에너지 23[%]
3) 단파장 복사에서 너무 높은 광자 에너지 32[%]
4) 재결합 손실 8.5[%]
5) 공간 전하 영역에서의 전지의 전위차 20[%]
6) 직렬저항 0.5[%]
7) 사용가능한 전기에너지 13[%]
답 ①

---

16 태양광발전시스템에서 안전을 확보하기 위해 과전압 계전기, 부족전압 계전기, 주파수상승 계전기, 주파수저하 계전기 등에 필요로 하는 설치기능은?

① 자동전압 조정기능
② 최대전력 추종기능
③ 계통연계 보호기능
④ 직류 지락 검출기능

해설 태양광발전시스템에서 안전을 확보하기 위해 과전압 계전기, 부족전압 계전기, 주파수상승 계전기, 주파수 저하 계전기 등에 필요로 하는 설치기능은 계통연계 보 호계전기이다.
답 ③

---

17 다음 중 연료전지의 종류가 아닌 것은?

① 인산형(PAFC)
② 용융탄산염형(MCFC)
③ 분산전해질형(PEFC)
④ 고체산화물형(SOFC)

해설 연료전지종류

종류\구분	알카리형 (AFC)	인산형 (PAFC)	용융 탄산형 (MCFC)	고체 산화물형 (SOFC)	고분자 전해질형 (PEMFC)
전해질	수산화칼륨 (KOH)	인산 (H_3PO_4)	탄산염 (Li_2CO_3+ K_2CO_3)	질코니아 (ZrO_2+ Y_2O_3)	이온교환막 (Nafion)
효율 [%]	60	36~45	45~60	50~60	40~50
용도	군사용, 위성용	전력용, 자가 발전용	중·대용량 전력용	소·중·대용량 발전	정지용, 이동용

답 ③

---

18 정전용량 5[μF]의 콘덴서에 1000[V]의 전압을 가할 때 축적되는 에너지는?

① 5×10^{-3}[C]   ② 6×10^{-3}[C]
③ 7×10^{-3}[C]   ④ 8×10^{-3}[C]

해설 $Q = CV = 5 \times 10^{-6} \times 10^3 = 5 \times 10^{-3}$[C]
답 ①

---

19 실리콘 태양전지와 비교해서 화합물 반도체 GaAs(갈륨비소) 태양전지의 특징은?

① 모든 파장 영역에서 빛의 흡수율이 떨어진 다.
② 접합 영역에서 전자와 정공의 재결합이 낮 다.
③ 빛의 흡수가 뛰어나 후면에서 재결합이 거의 발생하지 않는다.
④ 접합 영역이나 표면에서의 재결합보다 내부 에서의 재결합이 많이 발생한다.

해설 GaAs(갈륨비소) 태양전지의 특징
1) 대표적인 화합물 반도체이며 규소와 같은 형태의 격 자 구조를 가지고 있다.
2) 실리콘과 달리 직접 대열간극 반도체이므로 광흡수 율이 대단히 크다. 이는 소수 캐리어의 수명과 확산

거리가 실리콘보다 무척 짧다는 것을 의미한다. GaAs태양전지는 전지 구조가 규소 태양전지와는 다르다.

3) 접합 영역이나 표면에서의 재결합보다 내부에서의 재결합이 적게 발생한다.

4) 광흡수율이 크며 광의 흡수에 따른 열의 발생이 적어 집광형 태양전지에 많이 사용되고 있다. **답** ③

20 태양광발전시스템에 사용되는 인버터회로에 대한 설명 중 틀린 것은?

① 직류 전압을 교류 전압으로 변환하는 장치를 인버터라 한다.

② 전류형 인버터와 전압형 인버터로 구분할 수 있다.

③ 전류방식에 따라 타려식과 자려식으로 구분할 수 있다.

④ 인버터의 부하장치에는 직류직권전동기를 사용할 수 있다.

해설 직류직권형 전동기는 직류를 입력 전원으로 사용하기 때문에 교류 출력으로 하는 인버터의 부하가 될 수 없다.

※ 인버터의 특징
1) 직류를 교류로 변환하는 장치
2) 전류형 인버터와 전압형 인버터로 구분
3) 전류방식에 따라 타려식과 자려식으로 구분
답 ④

2과목 - 태양광발전시스템 설계

21 태양광발전설비 모니터링시스템의 구축 시 메인 화면에 표시할 내용으로 거리가 먼 것은?

① 대기온도
② 누적발전량
③ 축열부의 유량
④ 인버터 상태(ON/OFF)

해설 태양광발전설비 메인화면 표시 내용
① 현재 발전량, 금일 발전량, 전일 발전량, 누적 발전량, 일사량, 대기온도, CO_2 저감량
② 접속반의 장비 상태 표시

③ 인버터의 장비 상태 표시

※ 태양열발전설비의 구성요소는 집열부, 축열부, 이용부, 제어장치로 구성 **답** ③

22 경사도 계수 0.6, 노출계수 0.9, 기본 지붕 적설하중이 0.6[N/m²]이고 적설면적이 100[m²]일 때 적설 하중은 얼마인가?

① 25.4[N] ② 40.8[N]
③ 90.5[N] ④ 32.4[N]

해설 적설하중
= 경사도 계수×노출계수×지붕적설하중×적설면적
= 0.6 × 0.9× 0.6 × 100 = 32.4[N] **답** ④

23 태양광발전설비의 음영발생 원인이 아닌 것은?

① 대기 중의 습도
② 나뭇잎 또는 새의 배설물
③ 건물이나 식재 등의 장애물
④ PV어레이 상호배치에 의해 생성

해설 음영발생원인
① 인접 건물, 식재 등 장애물
② PV어레이 상호배치에 의해 생성
③ 나뭇잎 또는 새의 배설물, 흙탕물 등 **답** ①

24 태양광발전시스템 부지선정 시 일반적 고려사항으로 가장 거리가 먼 것은?

① 부지의 가격은 저렴한 곳인지 확인
② 높은 장애물(산, 건물 등)의 주변지형을 확인
③ 일사량이 좋은 지역이고 동향인지 확인
④ 토사, 암반의 지내력 등 지반지질 상태 확인

해설 태양광발전에 유리한 부지선정 조건
1) 일사량이 좋은 지역이고 남향
2) 같은 지역이라도 고지대 위치에 일사량이 좋은 장소
3) 바람이 잘 들 수 있는 부지
4) 안개는 일사량의 저하 발생
5) 발전용량에 맞는 부지를 선정
6) 부지의 가격은 저렴
7) 토목공사비가 적게 드는 곳 **답** ③

25 설계도서의 의미를 가장 적합하게 설명한 것은?

① 구조물 등을 그린 도면으로 건축물, 시설물, 기타 각종 사물의 예정된 계획을 공학적으로 나타내는 도면이다.

② 설계, 공사에 대한 시공 중의 지시 등, 도면으로 표현될 수 없는 문장이나 수치 등을 표현한 것으로 공사수행에 관련된 제반 규정 및 요구사항을 표시한 것이다.

③ 공사계약에 있어 발주자로부터 제시된 도면 및 그 시공 기준을 정한 시방서류로서 설계도면, 표준시방서, 특기시방서, 현장설명서 및 현장설명에 대한 질문 회답서 등을 총칭하는 것이다.

④ 각종기계·장치 등의 요구조건을 만족시키고, 또한 합리적, 경제적인 제품을 만들기 위해 그 계획을 종합하여 설계하고 구체적인 내용을 명시하는 일을 일컫는다.

해설 용어정리
1) 설계도
구조물 등을 그린 도면으로 건축물, 시설물, 기타 각종 사물의 예정된 계획을 공학적으로 나타낸 도면이다.
2) 시방서
설계, 공사에 대한 시공 중의 지시 등, 도면으로 표현될 수 없는 문장이나 수치 등 을 표현한 것으로 공사수행에 관련된 제반 규정 및 요구사항을 표시한 것이다.
3) 설계도서
공사계약에 있어 발주자로부터 제시된 도면 및 그 시공기준을 정한 시방서류로서 설계도면, 표준시방서, 특기시방서, 현장설명서 및 현장설명에 대한 질문 회답서 등을 총칭하는 것이다. **답** ③

26 표준 시험조건(STC) 기준으로 틀린 것은?

① 모든 시험의 기준온도 25[℃]로 한다.

② 모든 시험의 풍속조건은 10[m/s]로 한다.

③ 빛의 일조강도는 1000[W/m²]를 기준으로 한다.

④ 수광 조건은 대기 질량(AM : Air Mass)1.5의 지역으로 기준으로 한다.

해설

STC 시험조건		NOCT 시험조건	
일사량	1,000[W/m²]	일사량	800[W/m²]
셀온도	25	외기온도	20[℃]
AM	1.5	풍속	1[m/s]
		모듈 뒷면 개방	

답 ②

27 인버터(PCS)주요기능에 대한 설명으로 옳지 않은 것은?

① 계통절체 기능

② 계통연계 보호기능

③ 자동전압 조정기능

④ 최대전력 추종제어(MPPT)기능

해설 **인버터(PCS)주요기능**
자동운전 정지기능, 최대전력 추종제어기능, 단독운전 방지기능, 직류지락 검출기능, 자동전압 조정기능, 직류검출기능, 계통연계 보호기능 등 **답** ①

28 태양광어레이 전선 굵기를 산정하기 위한 기준이 아닌 것은?

① 전압강하   ② 역률

③ 전류   ④ 전력손실

해설 전선의 굵기를 선정하는데 있어서는 전력손실, 코로나, 허용전류, 전압강하 등의 전기적 특성과 기계적인 강도, 중량, 공사의 난이성 등의 기계적 특성 및 내부식성, 가격 등을 검토하여 경제적이며 신뢰도가 높은 전선을 선정해야 한다. **답** ②

29 대기질량(Air Mass, AM)에 대한 설명이 틀린 것은?

① AM 0은 대기권 밖일 때

② AM 2.0은 태양빛이 30°로 비추는 상태일 때

③ AM 1.0은 바다표면에 태양빛이 90°로 비추는 상태일 때

④ AM 1.5는 태양빛이 180°로 비추는 스펙트럼일 때

해설 $AM = \dfrac{1}{\sin\gamma}$

1) AM 1.5 : $\sin^{-1}\left(\dfrac{1}{1.5}\right) = 42°$

   AM = 1.5는 빛의 통과거리가 1.5배 되는 태양고도 42°에 상당한다.

2) AM 2.0 : $\sin^{-1}\left(\dfrac{1}{2}\right) = 30°$

3) AM 1.0 : $\sin^{-1}\left(\dfrac{1}{1}\right) = 90°$　　답 ④

---

30 분산형 전원의 전기품질 관리 항목에 해당하지 않는 것은?

① 역률　　　　　　② 고조파

③ 노이즈　　　　　④ 직류유입 제한

해설 분산형 전원의 전기품질 관리 항목

전압, 주파수, 고조파, 역률, 직류 유입 제한, 플리커 등　　답 ③

---

31 250[W]의 PV모듈을 사용하고, 모듈의 온도에 따른 전압변동 범위가 30~50[V]일 때 모듈을 직렬연결 할 때 최대 설치 가능 개수는? (단, 인버터(PCS)의 동작전압은 400~720[V], 설치간격, 기타 손실 및 조건은 무시한다.)

① 13　　　　　　　② 14

③ 15　　　　　　　④ 16

해설 태양전지 모듈 직렬수 = $\dfrac{PCS\,입력전압}{모듈최대출력동작전압}$

태양전지 모듈 직렬수 = $\dfrac{720}{50} = 14.4$

최대 14개 직렬 연결가능　　답 ②

---

32 태양광발전소 부지선정 절차로 옳은 것은?

① 지역설정 – 지자체 방문 공부 확인 – 토지이용 협의 및 소유자 파악 – 현장조사

② 지역설정 – 현장조사 – 지자체 방문 공부 확인 – 토지이용 협의 및 소유자 파악

③ 지역설정 – 주변지역 지가조사 – 지자체 방문 공부 확인 – 현장조사

④ 지역설정 – 지자체 방문 공부 확인 – 현장조사 – 주변지역 지가 조사

해설 태양광발전소 부지선정 추진 절차

지역설정 → 사전정보 조사 → 지자체 방문 공부 확인 → 토지이용 협의 및 소유자 파악 → 태양광 규모 기획 → 주변지역 지가조사 → 소유자 협의 및 매입 결정 → 매매계약 체결　　답 ②

---

33 우리나라 다음 지역의 태양전지 어레이의 연중 최적 경사각으로 적합한 것은?

경도 126° 37' 57",　　위도 35° 33' 37"

① 10 ~ 15°　　　　② 15 ~ 20°

③ 30 ~ 35°　　　　④ 45 ~ 70°

해설 제주도를 제외한 지역의 평균 경사각은 30 ~ 36°이고 제주도는 24°이다.　　답 ③

---

34 경제성 분석 중 편익분석 방법의 종류가 아닌 것은?

① 순현재가치분석법

② 비용편익비 분석

③ 편중미분분석법

④ 내부수익률법

해설 경제성분석비교

종류	장 점	난 점
순현가	• 적용이 쉽다 • 결과나 규모가 유사한 대안을 평가할 때 이용된다. • 각 방법의 경제성 분석결과가 다를 경우 이 분석 결과를 우선으로 한다.	• 투자사업이 클수록 나타난다. • 자본투자의 효율성이 드러나지 않는다.
비용·편익비	• 적용이 쉽다. • 결과나 규모가 유사한 대안을 평가할 때 이용된다.	• 사업규모의 상대적 비교가 어렵다. • 편익이 늦게 발생하는 사업의 경우 낮게 나타낸다.
내부수익률	• 투자사업의 예상수익률을 판단할 수 있다. • NPV나 B/C 적용 시 할인율이 불분명할 경우에 이용된다.	• 짧은 사업의 수익성이 과장되기 쉽다. • 편익발생이 늦은 사업의 경우 불리한 결과가 발생한다.

답 ③

35 태양광발전시스템의 22.9[kV] 특고압 가공선로 1회선에 연계 가능한 용량으로 옳은 것은?

① 30[kW] 이하　　② 100[kW] 이하
③ 10000[kW] 이하　④ 3000[kW] 이하

해설 새로 전기를 사용하거나 계약전력을 증가시킬 경우의 공급방식 및 공급전압은 전기사용 장소 내의 계약전력 합계를 기준으로 다음 표에 따라 결정한다.

계약전력	공급방식 및 공급전압
1,000[kW] 미만	교류 단상 220[V] 또는 교류 삼상 380[V] 중 한전이 적당하다고 결정한 한 가지 공급방식 및 공급전압
1,000[kW] 이상 ~ 10,000[kW] 이하	교류 삼상 22,900[V]
10,000[kW] 이상 ~ 400,000[kW] 이하	교류 삼상 154,000[V]
400,000[kW] 초과	교류 삼상 345,000[V]

※ 1,000[kW] 미만까지 저압으로 공급 시에는 1전기사용계약단위의 계약전력은 500[kW] 미만이어야 한다. **답** ③

36 한국전력공사의 22.9[kV] 배전선로와 연계하는 발전사업자용 태양광설비를 계획 시 연계하려는 선로 및 계통에서 한국전력 변전설비 및 배선 선로에 대해 검토해야할 사항이 아닌 것은?

① 변전소의 배전용 변압기의 전체용량
② 한 변전소에 연계되어 있는 전체 발전설비 용량
③ 한 변압기에 연계되는 발전설비용량
④ 연계 하고자 하는 배전선로에 연계되어 있는 전체 발전설비 용량

해설 22.9[KV] 배전선로와 연계하는 발전사업자용 태양광설비 계획시 검토 사항
1) 한 변전소에 연계되어있는 전체 발전설비 용량
2) 한 변압기에 연계되는 발전설비용량
3) 연계하고자 하는 배전선로에 연계되어있는 전체 발전설비 용량 **답** ①

37 공사시방서의 작성요령으로 적합하지 않은 것은?

① 공사의 질적 요구조건을 기술한다.
② 사용할 자재의 성능, 규격, 시험 및 검증에

관하여 기술한다.
③ 도면에 표시된 내용을 참고하여 치수를 정확히 기재한다.
④ 시공 시 유의할 사항을 착공 전, 시공 중, 시공완료 후로 구분하여 작성한다.

해설 공사시방서의 역할
1) 공사시방서는 공사의 질적 요구조건을 규정하며, 계약서류에 포함되는 설계도서의 하나로서 법적구속력을 가지며, 공사에 필요한 시공방법, 상태, 허용오차 등 기술적 사항을 규정하여 견실시공이 되도록 하여야 한다.
2) 발주청과 건설업자(또는 주택건설등록업자) 사이의 책임 범위와 한계를 명시하여야 한다.
3) 약인(約因) 등을 포함하여 작성함으로써 클레임을 방지하는 것이 필요하다.
4) 감리원 및 건설업자(또는 주택건설등록업자)에게는 시공을 위한 사전준비, 시공 중의 점검, 시공 완료 후의 점검을 위한 지침서로 사용할 수 있어야 한다. **답** ③

38 다음의 전기기호 중에서 KS에서 표기하는 진공차단기(VCB)는 어느 것인가?

해설

MCCB	차단기	개폐기	
⌒	⊟	⤢	⊗

답 ②

39 태양전지 어레이(길이 2.58[m], 경사각 30°)가 남북방향으로 설치되어 있으며, 앞면 어레이 높이는 약 1.5[m], 뒷면 어레이에 태양입사각이 20°일 때, 앞면 어레이의 그림자 길이[m]는?

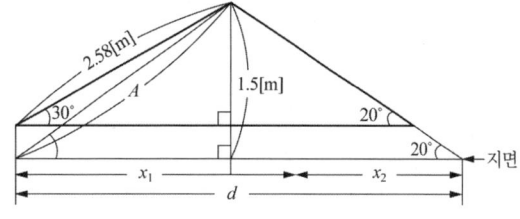

① 약 2.5[m]　　② 약 3.1[m]
③ 약 4.1[m]　　④ 약 5.5[m]

해설 $x_1 = 2.58 \times \cos 30 = 2.23 [m]$

$K = a \tan\left(\dfrac{1.5}{2.23}\right) = 33.92° \simeq 34°$

$A = \sqrt{(1.5)^2 + (2.23)^2} = 2.687 \simeq 2.69 [m]$이고

d를 구하기 위해

$d = L \cdot \dfrac{\sin(180 - \alpha - \gamma)}{\sin \gamma}$

$= 2.69 \times \dfrac{\sin(180 - 34 - 20)}{\sin 20} = 6.33 [m]$

$\therefore x_2 = d - x_1 = 6.33 - 2.23 = 4.1 [m]$ 답 ③

40 태양전지 어레이의 경사각에 대한 설명 중 틀린 것은?

① 경사각을 낮출수록 대지 이용률이 감소함
② 건축물의 경사진 지붕을 이용할 경우 지붕의 경사각으로 함
③ 적설을 고려하여 선정
④ 태양광 어레이가 지면과 이루는 각

해설 **어레이 경사각**
- 건축물의 경사진 지붕을 이용할 경우 지붕의 경사각으로 함
- 적설을 고려하여 선정
- 태양광 어레이가 지면과 이루는 각
- 발전량이 연간 최대가 되는 최적 경사각 설정
- 발전 시간 내 음영이 생기지 않도록 어레이 배치
- 경사각을 낮출수록 대지 이용률이 증가함 답 ①

3과목 - 태양광발전시스템 시공

41 송전선로의 안정도 증진법이 아닌 것은?

① 계통을 연계한다.
② 전압변동을 적게 한다.
③ 직렬 리액턴스를 크게 한다.
④ 중간 조상방식을 채택한다.

해설 **송전선로의 안정도 증진방법**
1) 직렬 리액턴스를 적게 한다.
2) 전압 변동을 적게 한다.
3) 계통을 연계한다.
4) 고장전류를 줄이고 고장구간을 고속으로 차단한다.

5) 중간 조상 방식을 채택한다.
6) 고장 시 발전기 입출력의 불평형을 적게 한다.
답 ③

42 태양광발전설비공사의 사용 전 검사를 받으려면 검사를 받고자 하는 날의 며칠 전에 어느 기관에 신청해야 하는가?

① 7일전, 한국전기안전공사
② 10일전, 한국전기안전공사
③ 7일전, 한국에너지공단(신재생에너지센터)
④ 10일전, 한국에너지공단(신재생에너지센터)

해설 태양광발전설비공사의 사용 전 검사를 받으려면 검사를 받고자 하는 7일전, 한국전기안전공사 기관에 신청해야 한다. 답 ①

43 태양광발전시스템에 일반적으로 적용하는 CV 케이블의 장점으로 틀린 것은?

① 내열성이 우수하다.
② 내수성이 우수하다.
③ 내후성이 우수하다.
④ 도체의 최고허용온도는 연속사용의 경우 90[℃], 단락 시에는 230[℃]이다.

해설 내후성이 양호하다. 답 ③

44 신에너지 및 재생에너지, 개발·이용·보급촉진법에 의한 태양광발전설비에서 안전관리 대행사업자가 업무를 대행할 수 있는 발전설비의 최대 용량은 얼마인가?

① 500[kW] 미만
② 750[kW] 미만
③ 1000[kW] 미만
④ 1500[kW] 미만

해설 **전기사업법 시행규칙 제41조 (안전관리업무의 대행 규모)**
「신에너지 및 재생에너지 개발·이용·보급 촉진법」제2조에 따른 태양에너지를 이용하는 발전설비(이하 "태양광발전설비"라 한다)로서 용량 1천 킬로와트 미만인 것 답 ③

45 태양광발전설비의 어레이에서 중계단자함까지 전선관을 사용할 경우 전선관의 굵기로 옳은 것은?

① 케이블의 굵기가 같을 경우 전선피복물을 포함한 단면적의 합계가 50[%] 이하로 한다.

② 케이블의 굵기가 같을 경우 전선피복물을 포함한 단면적의 합계가 32[%] 이하로 한다.

③ 케이블의 굵기가 다를 경우 전선피복물을 포함한 단면적의 합계가 50[%] 이하로 한다.

④ 케이블의 굵기가 다를 경우 전선피복물을 포함한 단면적의 합계가 32[%] 이하로 한다.

해설 케이블의 굵기가 다를 경우 전선피복물을 포함한 단면적의 합계가 32[%] 이하로 한다. 답 ④

46 지방자치단체를 당사자로 하는 계약에 관한 법률에 의거하여 용역 표준계약서를 작성하고자 한다. 이때 필요한 붙임서류가 아닌 것은?

① 입찰유의서 ② 특별시방서
③ 산출내역서 ④ 과업내용서

해설 특별시방서는 일반 · 표준 시방서와 달리 특별한 공법 또는 재료 등이 필요한 공사에 사용되며 독특한 공법과 새로운 재료의 시공, 현장사정에 맞추기 위한 특별한 배려 등을 포함한다. 특별시방서는 표준시방서에 우선하며, 공사 종류에 따라 내용과 형식이 달라진다. 답 ②

47 접지저항을 감소시키는 접지저항저감제가 갖추어야 할 조건이 아닌 것은?

① 사람과 가축에 안전할 것
② 전기적으로 양호한 부도체일 것
③ 접지전극을 부식시키지 않을 것
④ 계절에 따른 접지저항 변동이 적을 것

해설 접지저항저감제가 갖추어야 할 조건
① 인체, 환경공해 등 안정성이 있어야 한다.
② 전기적으로 전해질 물질이거나 도전체이어야 한다.
③ 반영구적인 지속 효과가 있어야 한다.
④ 시공, 작업성이 좋아야 한다.
⑤ 접지극의 부식, 침식성이 없어야 한다. 답 ②

48 책임 설계감리원이 설계 감리의 기성 및 준공을 처리한 때에 발주자에게 제출하여야 하는 감리 기록 서류가 아닌 것은?

① 품질관리기록부
② 설계감리지시부
③ 설계감리기록부
④ 설계자와 협의사항 기록부

해설 설계감리원은 필요한 경우 다음 각 호의 문서를 비치하고 그 세부양식은 발주자의 승인을 받아 설계감리 과정을 기록하여야 하며 설계감리 완료와 동시에 발주자에게 제출하여야 하며 필요한 경우 전자매체로 제출할 수 있다.
① 근무상황부   ② 설계감리일지
③ 설계감리지시부   ④ 설계감리기록부
⑤ 설계감리 협의사항기록부 ⑥ 설계감리 추진현황
⑦ 설계감리 검토의견 및 조치 결과서
⑧ 설계감리 주요검토결과 ⑨ 설계도서 검토의견서
⑩ 설계도서 (내역서 수량산출 및 도면 등)를 검토한 근거서류
⑪ 해당용역관련 수발신 공문서 및 서류
⑫ 그밖에 발주자가 요구하는 서류 답 ①

49 그림은 태양광발전시스템의 일반적인 시공절차이다. A, B, C의 알맞은 내용을 순서대로 올바르게 나타낸 것은?

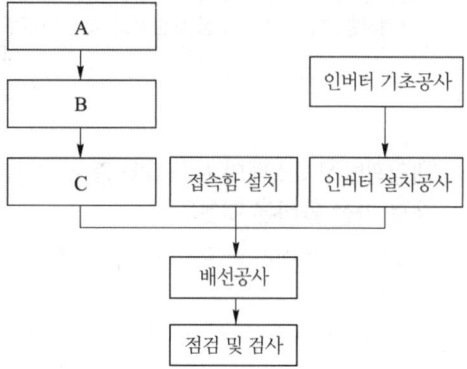

① A : 어레이 가대공사, B : 어레이 설치공사, C : 어레이 기초공사
② A : 어레이 기초공사, B : 어레이 가대공사, C : 어레이 설치공사
③ A : 어레이 기초공사, B : 어레이 배선공사, C : 어레이 가대공사
④ A : 어레이 배선공사, B : 어레이 가대공사, C : 어레이 설치공사

해설 A : 어레이 기초공사
　　 B : 어레이 가대공사
　　 C : 어레이 설치공사　　　　　　　　답 ②

---

50 태양광발전시스템의 전기공사 절차 중 옥내공사에 해당하는 것은?

① 분전반 개조
② 접속함 설치
③ 전력량계 설치
④ 태양전지 모듈간의 배선

해설 옥내공사에 해당하는 것은 인버터 설치공사, 분전반 신설 및 개조공사, 인버터에서 분전반까지의 배선공사
답 ①

---

51 저압옥내간선 굵기 선정 시 고려사항이 아닌 것은?

① 허용전류　　　　　② 전압강하
③ 전자유도　　　　　④ 기계적강도

해설 전선의 전기적 조건(허용전류 + 전압강하 + 고조파분 + 과전류차단기)과 기계적 강도(케이블 자중 + 장력 + 케이블 고정장치의 안전률)를 동시에 만족하여야 하며 또한 장래증설, 접속 부하의 종류에 따른 기술기준의 고려사항, 제작 및 시공 상의 한계를 고려하여야 한다.
답 ③

---

52 태양광발전시스템의 시공절차 중 간선공사 순서로 가장 올바른 것은?

① 모듈 → 인버터 → 어레이 → 접속반 → 계통간선
② 모듈 → 어레이 → 인버터 → 접속반 → 계통간선
③ 모듈 → 인버터 → 접속반 → 어레이 → 계통간선
④ 모듈 → 어레이 → 접속반 → 인버터 → 계통간선

해설 **태양광발전시스템 시공절차**
　　 모듈 → 어레이 → 접속반 → 인버터 → 계통간선
答 ④

---

53 태양광 모듈 2차측 회로를 비접지 방식으로 할 경우 비접지 확인 방법이 아닌 것은?

① 검전기로 확인
② 전류계로 확인
③ 회로시험기로 확인
④ 간이측정기로 확인

해설 **비접지 확인방법**
　　 • 회로시험기로 확인
　　 • 간이측정기로 확인
　　 • 검전기로 확인　　　　　　　　答 ②

---

54 가공 송전선로에 댐퍼를 설치하는 이유는?

① 코로나 방지　　　② 전자유도 감소
③ 전선 진동방지　　④ 현수애자 경사방지

해설 댐퍼란 전선의 진동을 방지하기 위해 전선에 매다는 일종의 쇠덩이 같은 것이다.
　　 * 전선진동을 방지하기 위한 방법
　　① 토셔널 댐퍼(torsional damper)의 설치.
　　② 스프링 피스톤 댐퍼와 가튼 진동 제지권을 설치.
　　③ 클램프나 전선 접촉기 등을 가벼운 것으로 바꾸고 클램프 부근에 적당히 전선을 첨가 答 ③

---

55 설계자의 요구에 의해 변경사항이 발생할 때에는 설계감리원은 기술적인 적합성을 검토, 확인 후 누구에게 승인을 받아야 하는가?

① 발주자　　　　　　② 공사업자
③ 상주감리원　　　　④ 지원업무 수행자

해설 설계자의 요구에 의해 변경사항이 발생할 때에는 설계감리원은 기술적인 적합성을 검토, 확인 후 발주자에게 승인을 받아야 한다.
　　 ※ 발주자란 전력시설물공사의 설계감리 용역을 발주하는 자를 말한다.　　　　　　答 ①

---

56 진상용 콘덴서의 설치효과가 아닌 것은?

① 전압강하의 경감
② 수용가 전기요금 증가
③ 설비용량의 여유분 증가
④ 배전선 및 변압기의 손실절감

해설 진상용 콘덴서의 효과
1) 전력손실의 경감 : 역률을 개선하면 선로를 흐르는 전류가 감소하기 때문에 선로손실이 감소됨은 물론 변압기의 손실(동손)도 감소한다.
2) 전압강하의 개선
3) 설비용량의 여유도 향상
4) 전기요금의 절감 　　　　　　　**답** ②

---

57 계통연계 운전 중인 태양광발전시스템이 단독 운전 하는 경우 전력계통으로부터 최대 몇 초 이내에 분리시켜야 하는가?

① 0.2초　　　　　② 0.3초
③ 0.4초　　　　　④ 0.5초

해설 단독운전 방지
계통측 정전 시 태양광 발전설비에서 생산된 전력이 배전선로로 역송되지 않도록 태양광 발전설비 단독운전 기능이 정상적으로 동작(0.5초 내 정지, 5분 이후 재투입)되어야 한다. 　　　　　　　　　**답** ④

---

58 태양전지 모듈의 배선 후 확인할 사항 중 태양 전지 어레이 검사항목이 아닌 것은?

① 전압 및 극성확인
② 휴즈용량 확인
③ 단락전류 확인
④ 비접지 확인

해설 태양전지 어레이 검사
1) 사양서에 기초한 전압 측정
2) 정극·부극의 극성 측정
3) 단락전류 측정
4) 비접지 확인 　　　　　　　　　　**답** ②

---

59 독립형 전원시스템용 축전지 선정 시 고려사항 으로 옳은 것은?

① 자기방전이 클 것
② 과충전이 우수한 것
③ 충방전 사이클 특성이 우수한 것
④ 온도저하 시 입력특성이 우수한 것

해설 축전지가 갖추어야 할 요구조건
• 경제성, 자기 방전율이 낮을 것, 수명이 길 것, 방전 전압·전류가 안정적일 것

• 과충전·과방전에 강할 것, 중량 대비 효율이 높을 것, 환경변화에 안정적일 것
• 에너지 저장 밀도가 높을 것, 유지보수가 용이할 것 　　　　　　　　　　　　　**답** ③

---

60 발전사업 허가를 받은 후 변경허가를 받지 않 아도 되는 경우는?

① 공급전압이 변경되는 경우
② 설비용량이 변경되는 경우
③ 전력수용가의 전력량이 변경되는 경우
④ 사업구역 또는 특정한 공급구역이 변경되는 경우

해설 *허가의 변경
발전사업 허가를 받았으나, 다음과 같이 변경되는 경우 는 산업통상자원부 장관 또는 시·도지사의 변경허가 를 받아야 한다.
① 사업구역 또는 특정한 공급구역이 변경되는 경우
② 공급전압이 변경되는 경우
③ 설비용량이 변경되는 경우
　(허가 또는 변경 허가를 받은 설비용량의 10[%] 미 만인 경우는 제외) 　　　　　　　　**답** ③

> **4과목 - 태양광발전시스템 운영**

61 태양광발전시스템의 유지보수 및 관리를 위해 취한 행동으로 틀린 것은?

① 모듈이 설치된 지붕구조가 구부러져 있어 바르게 폈다.
② 모듈이 정확히 고정되어 있나 확인하고 느슨한 부분은 충분히 조였다.
③ 흙과 먼지를 제거하기 위하여 산성세제와 물을 사용하여 충분히 청소하였다.
④ 모듈 표면의 긁힌 상처를 없애기 위해 물과 스폰지를 사용하여 가볍게 청소하였다.

해설 유지보수 및 관리
• 물로 충분히 청소(호스를 사용)
• 스폰지 등으로 가볍게 청소
• 세제 사용하지 말 것
• 마른걸레 등의 사용은 금할 것 　　　　　**답** ③

62 태양광발전시스템의 전기안전관리업무를 전문으로 하는 자의 요건 중에서 개인장비가 아닌 것은?

① 절연안전모
② 저압검전기
③ 접지저항 측정기
④ 절연저항 측정기

해설 **개인장비**
- 접지저항측정기
- 절연저항측정기(500[V], 100[MΩ])
- 클램프메타
- 고압 · 특고압 검전기
- 저압검전기   답 ①

63 태양광발전시스템에 사용되는 인버터의 출력측 절연저항 측정 순서가 옳은 것은?

> ㄱ. 직류측의 모든 입력단자 및 교류측 전체의 출력단자를 각각 단락
> ㄴ. 태양전지 회로를 접속함에서 분리
> ㄷ. 교류단자와 대지간의 절연저항을 측정
> ㄹ. 분전반 내의 분기차단기 개방

① ㄱ → ㄴ → ㄹ → ㄷ
② ㄴ → ㄹ → ㄱ → ㄷ
③ ㄷ → ㄹ → ㄱ → ㄴ
④ ㄴ → ㄱ → ㄹ → ㄷ

해설 **인버터 입력측 절연저항 측정**
  ㉮ 태양전지 회로를 접속함에서 분리
  ㉯ 분전반 내의 분기 차단기를 개방
  ㉰ 직류 측의 모든 입력단자 및 교류 측의 전체 출력단자를 각각 단락
  ㉱ 직류단자와 대지 간의 절연저항 측정   답 ②

64 중대형 태양광 발전용 인버터를 실내에 쉽게 접근이 가능하도록 설치할 경우 충전부가 갖는 보호벽 표면의 고체 침투에 대한 보호등급은 최소한 얼마 이상이어야 되는가?

① IP15
② IP20
③ IP30
④ IP44

해설 **태양광발전용 인버터**

용도	형식	설치장소	비 고
계통연계형	단상	실내/실외	실내형 : IP20 이상 실외형 : IP44 이상 (KS C IEC 62093)
	3상	실내/실외	
독립형	단상	실내/실외	
	3상	실내/실외	

답 ②

65 송 · 변전 설비의 정기점검에 대한 설명으로 틀린 것은?

① 배전반의 기능을 확인하기 위한 것이다.
② 필요에 따라서는 기기를 분해하여 점검한다.
③ 원칙적으로 정전을 시키고 무전압 상태에서 기기의 이상상태를 점검한다.
④ 운전 중 이상상태를 발견한 경우에는 배전반의 문을 열고 이상의 정도를 확인한다.

해설 **정기점검**
  ① 정기점검은 배전반의 기능을 확인하고 유지하기 위한 계획을 수립하여 점검하는 것을 말한다.
  ② 원칙적으로 정전을 시키고 무전압 상태에서 기기의 이상 상태를 점검하고 필요에 따라서는 기기를 분해하여 점검한다.
  ③ 모선을 정전하지 않고 점검해야 할 경우 안선사고가 일어나지 않도록 주의한다.   답 ④

66 태양광모듈의 고장으로 틀린 것은?

① 핫 스팟
② 백화현상
③ 프레임 변형
④ 환기 팬 소음

해설 • 핫 스팟(hot spot) : 모듈을 구성하고 있는 태양전지의 어느 한 점에서 과도한 역전압이 인가되거나 다른 어떤 손상으로 인해 접합에서 절연파괴가 발생하여 국부적으로 심하게 과열되는 현상을 말한다.
• 백화현상[白化現象] : 엽록소를 만드는데 필요한 빛이나 철, 마그네슘 등이 부족하여 식물체가 흰색으로 되거나 색이 엷어지는 현상
• 프레임 : 알루마이트 내식처리를 한 알루미늄 표면에 아크릴 도장을 한 프레임재가 일반적으로 사용된다.   답 ④

67 사업계획에 포함되어야 할 사항 중 전기설비 개요에 포함되어야 할 사항에 해당하지 않는 것은? (단, 전기설비가 태양광설비인 경우)

① 인버터의 종류　② 집광판의 면적
③ 태양전지의 종류　④ 이차전지의 종류

해설 전기(발전) 사업허가 신청
① 태양전지의 종류, 정격용량, 정격전압 및 정격출력
② 인버터(Inverter)의 종류, 입력전압, 출력전압 및 정격출력
③ 집광판(集光板)의 면적 / 설치면적　답 ④

68 태양광발전시스템 유지보수 시 일반적인 점검 종류가 아닌 것은?

① 일상점검　② 정기점검
③ 임시점검　④ 특수점검

해설 점검의 분류

번호	점검의 분류	설비의 상태	점검횟수
1	운전점검	운전 중	1회/8시간
2	일상점검	운전 중	1회/1주 ~ 1회/3개월
3	정기점검(보통)	정지(단시간)	1회/6개월 ~ 1회/2년
4	정기점검(세밀)	정지(장시간)	1회/1년 ~ 1회/5년
5	임시점검	정지	

답 ④

69 태양광 발전용 모니터링 시스템의 육안점검사항으로 틀린 것은?

① 인터넷 접속 상태
② 통신단자 이상 유무
③ 센서 접속 이상 유무
④ 오일의 온도 상승여부

해설 태양광 발전용 모니터링 시스템의 육안점검사항
• 인터넷 접속 상태
• 통신단자 이상 유무
• 센서 접속 이상 유무　답 ④

70 수변전설비의 변류기 안전진단을 위한 시험항목이 아닌 것은?

① 극성시험　② 포화시험
③ RATIO　④ 보호계전기시험

해설 보호계전기의 시험은 반드시 연동시험으로 하고 차단기와 동작시간의 관계를 고려한 보호협조의 검토와 적정한 LEVER와 탭으로 정정한다.　답 ④

71 결정질 실리콘 태양광발전 모듈의 성능평가 시험항목으로 틀린 것은?

① 열점 내구성 시험
② 온도 사이클 시험
③ 과도 응답 특성시험
④ 바이패스 다이오드 열 시험

해설 성능평가시험항목
(태양광 모듈 KS인증심사 기준 KSC8561)
절연시험, 옥외노출시험, 열점 내구성시험, UV전선처리시험, 온도 사이클 시험, 습조 동결시험, 고온고습시험, 단자강도시험, 바이패스 다이오드 열 시험, 우박시험, 염수분시험 등　답 ③

72 태양광발전시스템에서 복사 에너지의 강도를 측정하는데 일반적으로 사용 되는 기기는 무엇인가?

① 풍속계　② 일사계
③ 온도계　④ 풍향계

해설 일사계는 복사 에너지의 강도, 특히 태양의 복사 에너지의 강도를 측정하는 데 사용되는 기기를 일반적으로 일컫는 이름　답 ②

73 태양광발전시스템 정기점검 사항 중 인버터의 투입저지 시한 타이머(동작시험)관련 인버터가 정지하여 자동 기동할 때는 몇 분 정도 시간이 소요되는가?

① 1분　② 3분　③ 5분　④ 10분

해설 투입저지 시한타이머 동작시험은 한전전원이 0.5초 이내에 정지하고, 복전되면 5분후에 자동적으로 시동될 것　답 ③

74 태양광발전모듈 접속점의 상태를 파악하기 위한 측정 및 점검방법 중 옳은 것은?

① 다기능 측정　② 과전압측정
③ 접지저항측정　④ 절연저항측정

해설 모듈 적층판 파괴 점검 및 측정사항

고장유형 측정사항	토양	적층판 파괴	바이패스 다이오드	접촉점	습기	결함 모듈
육안검사	○				○	○
다기능측정		○	○	○	○	○
접지저항측정						
입출력측정					○	
절연저항측정					○	○
과/저 전압측정						
I-V 곡선		○		○	○	○
인버터 수치읽기			(○)	(○)		(○)
AC 회로시험						
전력망분석						

답 ①

75 태양광 발전시스템 품질관리에서 성능평가를 위한 측정요소 중 설치코스트 평가방법에 해당하지 않는 것은?

① 시스템 설치 단가
② 인버터 설치 단가
③ 계측표시장치 단가
④ 발전전력 판매 단가

해설 설치 가격 평가 방법
시스템 설치 단가, 인버터 설치 단가, 계측표시장치 단가, 태양전지 설치 단가, 기초공사단가, 부착시공단가, 어레이 가대 설치 단가 등   답 ④

76 결정질 실리콘 태양광발전 모듈의 외관 검사 시 최소 몇 [Lux] 이상의 광 조사상태에서 진행하여야 하는가?

① 100   ② 500
③ 1000   ④ 2000

해설 외관검사
1,000[Lux] 이상의 광 조사상태에서 모듈외관, 태양전지 셀 등에 크랙, 구부러짐, 갈라짐 등이 없는지를 확인하고, 셀간 접속 및 다른 접속부분에 결함이 없는지, 셀과 셀, 셀과 프레임상의 터치가 없는지, 접착에 결함이 없는지, 셀과 모듈 끝 부분을 연결하는 기포 또는 박리가 없는지 등을 검사   답 ③

77 태양광발전용 접속함의 시험항목으로 틀린 것은?

① 구조시험   ② 광조사시험
③ 내부식성시험   ④ 온도상승시험

해설 접속함의 시험항목
구조시험, 절연특성시험, 공간거리 및 연면거리시험, 내열성시험, 내부식성시험, 온도상승시험 등   답 ②

78 태양광발전시템은 최대 정격 출력전류의 최소 몇 [%]를 초과하는 직류 전류를 배전개통으로 유입시켜서는 안되는가?

① 0.5   ② 1   ③ 2   ④ 5

해설 태양광발전시템은 최대 정격 출력전류의 최소 0.5[%]를 초과하는 직류 전류를 배전개통으로 유입시켜서는 안됨(한국전력공사 0.5[%] 이하로 유지 요구)   답 ①

79 유지관리비의 구성요소로 틀린 것은?

① 유지비   ② 운영지원비
③ 특수관리비   ④ 보수비와 개량비

해설 유지관리비 구성요소 : 유지비, 보수비, 개량비, 운영지원비   답 ③

80 태양광발전모듈이 태양광에 노출되는 경우에 따라서 유기되는 열화 정도를 시험하기 위한 장치는?

① UV 시험 장치   ② 염수분무 장치
③ 항온항습장치   ④ 솔라 시뮬레이터

해설 시험 장치

시험 장치	시험내용
쏠라 시뮬레이터	태양전지모듈의 발전성능을 옥내에서 시험하는 인공광원 방사조도 ±2[%] 이내, 광원 균일도 ±2[%] 이내의 A등급 이상
항온항습 장치	태양전지모듈의 온도사이클시험, 습도-동결시험, 고온고습시험에 필요한 환경 챔버(chamber) 온도 ±2[℃] 이내, 습도 ±5[%] 이내
염수분무 장치	태양전지모듈의 구성재료 및 패키지의 염분에 대한 내구성을 시험하기 위한 챔버
UV 시험 장치	태양전지모듈이 태양광에 노출되는 경우에 따라서 유기되는 열화정도를 시험하기 위한 장치

시험 장치	시험내용
기계적 하중 시험 장치	태양전지모듈에 대하여 바람, 눈 및 얼음에 의한 하중에 대한 기계적 내구성을 조사하기 위한 장치
우박 시험 장치	우박의 충격에 대한 태양전지모듈의 기계적 강도를 조사하기 위한 시험장치
단자강도 시험 장치	태양전지모듈의 단자부분이 모듈의 부착, 배선 또는 사용 중에 가해지는 외력에 대하여 충분한 강도가 있는지를 조사하기 위한 장치

답 ①

5과목 - 신재생에너지 관련법규

81 고압용 또는 특고압용의 개폐기로서 중력 등에 의하여 자연히 동작할 우려가 있는 것은 어떤 방지장치를 시설하여야 하는가?

① 차단장치   ② 단락장치
③ 제어장치   ④ 자물쇠 장치

 고압용 또는 특고압용 개폐기로서 중력 등에 의하여 자연히 동작할 우려가 있는 것은 자물쇠장치 등으로 이를 방지한다.   답 ④

82 발전기를 전로로부터 자동적으로 차단하는 장치를 시설하여야 하는 경우로서 틀린 것은?

① 발전기에 과전류나 과전압이 생긴 경우
② 용량이 10000[kVA] 이상인 발전기의 내부에 고장이 생긴 경우
③ 용량이 1000[kVA] 이상인 수차 발전기의 스러스트 베어링의 온도가 현저히 상승한 경우
④ 용량 100[kVA] 이상의 발전기를 구동하는 풍차(風車)의 압유장치의 유압이 현저히 저하한 경우

 발전기에는 다음 각 호의 경우에 자동적으로 이를 전로로부터 차단하는 장치를 시설하여야 한다.
1. 발전기에 과전류나 과전압이 생긴 경우
2. 용량이 500[kVA] 이상의 발전기를 구동하는 수차의 압유 장치의 유압 또는 전동식 가이드밴 제어장치, 전동식 니이들 제어장치 또는 전동식 디플렉터 제어장치의 전원전압이 현저히 저하한 경우
3. 용량 100[kVA] 이상의 발전기를 구동하는 풍차(風

車)의 압유장치의 유압, 압축 공기장치의 공기압 또는 전동식 브레이드 제어장치의 전원전압이 현저히 저하한 경우
4. 용량이 2,000[kVA] 이상인 수차 발전기의 스러스트 베어링의 온도가 현저히 상승한 경우
5. 용량이 10,000[kVA] 이상인 발전기의 내부에 고장이 생긴 경우
6. 정격출력이 10,000[kW]를 초과하는 증기터빈은 그 스러스트 베어링이 현저하게 마모되거나 그의 온도가 현저히 상승한 경우   답 ③

83 발전차액의 지원을 위한 기준가격의 산정기준에서 발전원(發電源)별 기준가격의 산정기준이 틀린 것은?

① 신·재생에너지 발전사업자의 송전·배전 선로 이용요금
② 신·재생에너지 발전기술의 상용화 수준 및 시장 보급 여건
③ 운전 중인 신·재생에너지 발전사업자의 경영 여건 및 운전 실적
④ 전기요금 및 전력시장에서의 모든 발전설비에 의하여 공급한 전력의 평균거래가격의 수준

 신에너지 및 재생에너지 개발 · 이용 · 보급 촉진법 시행령 제22조(발전차액의 지원을 위한 기준가격의 산정기준)
④ 전기요금과 전력거래시장에서의 신 · 재생에너지 거래가격의 수준   답 ④

84 신·재생에너지 공급의무자가 공급량 불이행에 대한 과징금 부과 범위는 얼마인가?

① 신·재생에너지 공급인증서의 해당 연도 평균거래 가격의 10/100을 곱한 범위 내
② 신·재생에너지 공급인증서의 해당 연도 평균거래 가격의 50/100을 곱한 범위 내
③ 신·재생에너지 공급인증서의 해당 연도 평균거래 가격의 90/100을 곱한 범위 내
④ 신·재생에너지 공급인증서의 해당 연도 평균거래 가격의 150/100을 곱한 범위 내

 신에너지 및 재생에너지 개발 · 이용 · 보급 촉진법 제12조의6(신 · 재생에너지 공급 불이행에 대한 과징금)

산업통상자원부장관은 공급의무자가 의무공급량에 부족하게 신·재생에너지를 이용하여 에너지를 공급한 경우에는 대통령령으로 정하는 바에 따라 신·재생에너지 공급인증서의 해당 연도 평균거래 가격의 100분의 150을 곱한 금액의 범위에서 과징금을 부과할 수 있다. **답** ④

85 신·재생에너지 설비 설치의무기관으로서 정부가 대통령령으로 정하는 출연금액은 연간 얼마 이상을 말하는가?

① 5억원 ② 10억원
③ 30억원 ④ 50억원

해설 "대통령령으로 정하는 금액 이상"이란 연간 50억원이상을 말한다. **답** ④

86 피뢰기를 반드시 시설하지 않아도 되는 장소는?

① 특고압 배전선로의 가공지선
② 가공전선로와 지중전선로가 접속되는 곳
③ 고압 및 특고압 가공전선로로부터 공급을 받는 수용장소의 인입구
④ 발전소·변전소 또는 이에 준하는 장소의 가공전선 인입구 및 인출구

해설 KEC 341.13(피뢰기의 시설)
고압 및 특고압의 전로 중 다음 각 호에 열거하는 곳 또는 이에 근접한 곳에는 피뢰기를 시설하여야 한다.
① 발전소·변전소 또는 이에 준하는 장소의 가공전선 인입구 및 인출구
② 가공전선로에 접속하는 배전용 변압기의 고압측 및 특고압측
③ 고압 및 특고압 가공전선로로부터 공급을 받는 수용장소의 인입구
④ 가공전선로와 지중전선로가 접속되는 곳 **답** ①

87 주택 등 저압 수용장소에서 TN-C-S 접지방식으로 접지공사를 하는 경우에 보호도체 단면적의 굵기는?

① 단면적이 구리는 $6[\text{mm}^2]$ 이상, 알루미늄은 $8[\text{mm}^2]$ 이상
② 단면적이 구리는 $10[\text{mm}^2]$ 이상, 알루미늄은 $16[\text{mm}^2]$ 이상
③ 단면적이 구리는 $16[\text{mm}^2]$ 이상, 알루미늄은 $25[\text{mm}^2]$ 이상
④ 단면적이 구리는 $25[\text{mm}^2]$ 이상, 알루미늄은 $35[\text{mm}^2]$ 이상

해설 중성선 겸용 보호도체(PEN)는 고정 전기설비에만 사용할 수 있고, 그 도체의 단면적이 구리는 $10[\text{mm}^2]$ 이상, 알루미늄은 $16[\text{mm}^2]$ 이상이어야 하며, 그 계통의 초고전압에 대하여 절연시켜야 한다. **답** ②

88 신·재생에너지의 기술개발 및 이용·보급에 관한 중요 사항을 심의하기 위한 신·재생에너지 정책심의회의 심의 사항이 아닌 것은?

① 기본계획의 수립 및 변경에 관한 사항
② 각 부처 장관이 필요하다고 인정하는 사항
③ 신·재생에너지의 기술개발 및 이용·보급에 관한 중요사항
④ 신·재생에너지 발전에 의하여 공급되는 전기의 기준가격 및 그 변경에 관한 사항

해설 심의회는 다음 각 호의 사항을 심의한다.
① 기본계획의 수립 및 변경에 관한 사항. 다만, 기본계획의 내용 중 대통령령으로 정하는 경미한 사항을 변경하는 경우는 제외한다.
② 신·재생에너지의 기술개발 및 이용·보급에 관한 중요 사항
③ 신·재생에너지 발전에 의하여 공급되는 전기의 기준가격 및 그 변경에 관한 사항
④ 그 밖에 산업통상자원부장관이 필요하다고 인정하는 사항 **답** ②

89 저압 옥내직류 전기설비의 시설방법 중 틀린 것은?

① 옥내전로에 연계되는 축전지는 접지측 도체에 누전차단기를 시설하여야 한다.
② 직류전로에 사용하는 개폐기는 직류전로 개폐 시 발생하는 아크에 견디는 구조이어야 한다.
③ 직류전기설비의 접지시설에 양(+)도체를 접지하는 경우는 감전에 대한 보호를 하여야 한다.
④ 저압 옥내직류 설비는 직류 2선식의 임의의 한 점 또는 태양전지의 중간점 등을 접지하여야 한다.

해설 KEC 243.1.7(축전지실 등의 시설)
① 옥내전로에 연계되는 축전지는 비접지측 도체에 과전류보호장치를 시설하여야 한다.　답 ①

90 한국전력거래소의 회원이 아닌 것은?

① 전기판매사업자
② 전력시장에서 전력거래를 하는 발전사업자
③ 전력시장에서 전력거래를 하는 송전사업자
④ 전력시장에서 전력을 직접 구매하는 하는 전기사용자

해설 한국전력거래소의 회원은 다음 각 호의 자로 한다.
• 전력시장에서 전력거래를 하는 발전사업자
• 전기판매사업자
• 전력시장에서 전력을 직접 구매하는 전기사용자
• 전력시장에서 전력거래를 하는 자가용전기설비를 설치한 자
• 전력거래를 하는 구역전기사업자
• 전력시장에서 전력거래를 하지 아니하는 자 중 한국전력거래소의 정관으로 정하는 요건을 갖춘 자
• 전력시장에서 전력거래를 하는 수요관리사업자
답 ③

91 태양의 열에너지를 변환시키는 전기를 생산하거나 에너지원으로 이용하는 설비는?

① 태양열 설비　　② 태양광 설비
③ 수열에너지설비　　④ 지열에너지 설비

해설 ① 태양광 설비 : 태양의 빛에너지를 변환시켜 전기를 생산하거나 채광(採光)에 이용하는 설비
② 지열에너지 설비 : 물, 지하수 및 지하의 열 등의 온도차를 변환시켜 에너지를 생산하는 설비
③ 수열에너지 설비 : 물의 표층의 열을 변환시켜 에너지를 생산하는 설비　답 ①

92 공사업자의 등록취소에 해당하지 않는 경우는?

① 거짓으로 공사업을 등록한 경우
② 타인에게 등록증 또는 등록수첩을 빌려 준 경우
③ 전기공사기술자가 아닌 자에게 전기공사의 시공관리를 맡긴 경우
④ 공사업의 등록을 한 후 1년 이내에 영업을 시작하지 아니한 경우

해설 전기공사업법 제28조(등록취소 등)
전기공사기술자가 아닌 자에게 전기공사의 시공관리를 맡긴 경우 등록취소에 해당하지 않음 (하도급 관계 법령을 위반하여 하도급을 주거나 다시 하도급을 준 경우)
답 ③

93 특고압을 직접 저압으로 변성하는 변압기를 시설할 수 없는 것은?

① 전기로 등 전류가 큰 전기를 소비하기 위한 변압기
② 발전소・변전소・개폐소 또는 이에 준하는 곳의 소내용 변압기
③ 교류식 전기철도용 신호회로에 전기를 공급하기 위한 변압기
④ 사용전압이 150[kV] 이하의 변압기로서 그 특고압측 권선과 저압측 권선이 혼촉한 경우에 자동적으로 변압기를 전로로부터 차단하는 장치를 설치한 것

해설 KE C341.3 (특고압을 직접 저압으로 변성하는 변압기의 시설)
사용전압이 100[kV] 이하인 변압기로서 그 특고압측 권선과 저압측 권선사이에 142.5의 규정에 의하여 접지공사(접지저항 값이 10[Ω] 이하인 것에 한한다)를 한 금속제의 혼촉방지판이 있는 것.　답 ④

94 전기사업용 태양광발전소 설치공사 시 공사계획의 인가가 필요한 용량은?

① 출력 3000[kW] 이상
② 출력 5000[kW] 이상
③ 출력 7500[kW] 이상
④ 출력 10000[kW] 이상

해설 출력 1만[kW] 이상의 발전소 설치는 인가가 필요하고, 출력 1만[kW] 미만의 발전소 설치는 신고를 해야 한다.
답 ④

95 정부는 기후변화대응의 기본원칙에 따라 몇 년을 계획기간으로 하는 기후변화 대응 기본계획을 5년마다 수립・시행하여야 하는가?

① 3　　　　② 5　　③ 10　　④ 20

해설 정부는 기후변화대응의 기본원칙*에 따라 20년을 계획 기간으로 하는 기후변화대응 기본계획을 5년마다 수립·시행을 하여야 한다. **답 ④**

96 다음 중 신에너지에 해당하는 것은?

① 풍력 ② 태양에너지
③ 해양에너지 ④ 수소에너지

해설 "신에너지"란 기존의 화석연료를 변환시켜 이용하거나 수소·산소 등의 화학 반응을 통하여 전기 또는 열을 이용하는 에너지로서 다음 각 목의 어느 하나에 해당하는 것을 말한다.
① 수소에너지
② 연료전지
③ 석탄을 액화·가스화한 에너지 및 중질잔사유(重質殘渣油)를 가스화한 에너지로서 대통령령으로 정하는 기준 및 범위에 해당하는 에너지
④ 그 밖에 석유·석탄·원자력 또는 천연가스가 아닌 에너지로서 대통령령으로 정하는 에너지 **답 ④**

97 금속제 외함을 가지는 사용전압이 60[V]를 초과하는 저압의 기계 기구로서 사람이 쉽게 접촉할 우려가 있는 곳에 시설하는 전로에 지락차단장치를 생략할 수 없는 경우는?

① 기계기구를 건조한 곳에 시설하는 경우
② 「전기용품안전 관리법」의 적용을 받는 2중 절연구조의 기계기구를 시설하는 경우
③ 기계기구가 유도전동기의 2차측 전로에 접속되는 것일 경우
④ 대지전압이 150[V] 이하인 기계기구를 물기가 있는 곳에 시설 하는 경우

해설 전로에 지락이 생겼을 때에 자동적으로 전로를 차단하는 장치를 하여야 한다. 다만, 다음 각 호의 어느 하나에 해당하는 경우는 적용하지 않는다.
① 기계기구를 발전소·변전소·개폐소 또는 이에 준하는 곳에 시설하는 경우.
② 기계기구를 건조한 곳에 시설하는 경우.
③ 대지전압이 150[V] 이하인 기계기구를 물기가 있는 곳 이외의 곳에 시설하는 경우
④ 「전기용품안전 관리법」의 적용을 받는 2중 절연구조의 기계기구를 시설하는 경우
⑤ 그 전로의 전원측에 절연변압기(2차 전압이 300[V] 이하인 경우에 한한다)를 시설하고 또한 그 절연변압기의 부하측의 전로에 접지하지 아니하는 경우.

⑥ 기계기구가 고무·합성수지 기타 절연물로 피복된 경우
⑦ 기계기구가 유도전동기의 2차측 전로에 접속되는 것일 경우
⑧ 기계기구내에 「전기용품안전 관리법」의 적용을 받는 누전차단기를 설치하고 또한 기계기구의 전원연결선이 손상을 받을 우려가 없도록 시설하는 경우 **답 ④**

98 전기사업자는 산업통상자원부장관이 지정한 전기설비를 설치하고 사업을 시작한 경우 준비기간은 몇 년을 넘을 수 없는가? (단, 산업통상자원부장관이 정당한 사유가 인정하는 경우는 제외한다.)

① 3 ② 5
③ 7 ④ 10

해설 준비기간은 10년을 넘을 수 없다. 다만, 산업통상자원부장관이 정당한 사유가 있다고 인정하는 경우에는 준비기간을 연장할 수 있다. **답 ④**

99 교류전압 고압 E[V]의 범위는?

① $7000 \geq E > 1000$
② $7000 \geq E > 450$
③ $7000 > E > 300$
④ $3500 \geq E > 300$

해설 ① 저압 : 직류에서는 1500볼트 이하의 전압을 말하고, 교류에서는 1000볼트 이하의 전압을 말한다.
② 고압 : 직류에서는 1500볼트를 초과, 교류에서는 1000볼트를 초과하고 7천볼트 이하인 전압을 말한다. **답 ①**

출제기준 변경 및 개정된 관계 법규에 따라 삭제된 문제가 있어 20문항이 안됩니다.

1과목 - 태양광발전시스템 이론

01 태양광발전 시스템에서 추적제어방식에 따른 분류가 아닌 것은?

① 프로그램 추적법(Program tracking)
② 감지식 추적법(sensor tracking)
③ 양방향 추적법(double axis tracking)
④ 혼합식 추적법(mixed tracking)

해설 • 추적방향에 의한 분류 : 단방향 추적식(상하 추적식, 좌우 추적식),양방향 추적식
• 추적제어방식에 따른 분류 : 프로그램 추적법, 감지식 추적법, 혼합식 추적법 **답** ③

02 태양광발전 경사각에 대한 설명으로 가장 거리가 먼 건 것은?

① 적도지방의 경사각은 0°일 때 가장 효율적이다.
② 우리나라의 경우 중부지방은 경사각이 37°일 때 가장 효율적이다.
③ 태양광 모듈과 지표면이 이루는 각도를 말한다.
④ 최적의 경사각은 그 지역의 위도와 관계없이 항상 90°일 때이다.

해설 태양전지모듈의 경사각은 태양광과 직각일 때 발전량이 가장 높다. 그 지역의 위도가 태양과 직각인 기간이 길어지므로 경사각은 위도와 비슷하게 설정한다.
답 ④

03 태양광 발전용 PCS의 회로방식 중 소형 · 경량으로 회로가 복잡하고 고효율화를 위한 특별한 기술이 요구되는 회로방식은?

① 상용주파 절연방식
② 고주파 절연방식
③ 무변압기방식
④ 전류 절연방식

해설 고주파 절연방식
• 소형 · 경량이다
• 회로가 복잡하다.
• 직류출력을 교류출력으로 변환한 후 소형의 고주파 변압기로 절연한다. **답** ②

04 파장이 546[nm]인 광자의 에너지를 전자볼트의 단위로 환산했을 때 옳은 것은?

① 2.28[eV] ② 3.28[eV]
③ 3.62[eV] ④ 4.14[eV]

해설 광자에너지 → 전자볼트 환산 공식

$$E[\text{eV}] = \frac{1.24}{\lambda[\mu m]}$$

$$E[\text{eV}] = \frac{1.24}{0.546} = 2.27[\text{eV}]$$

단 $[nm] = 10^{-9}[m]$, $[\mu m] = 10^{-6}[m]$이다. **답** ①

05 태양전지 제조 과정 중 표면 조직화에 대한 설명 중 틀린 것은?

① 표면 조직화는 표면 반사 손실을 줄이거나 입사경로를 증가 시킬 목적이다.
② 표면 조직화는 광 흡수율을 높여 단락전류를 높이기 위함이다.
③ 태양전지의 표면을 피라미드 또는 요철구조로 형성화하는 방법이다.
④ 표면 조직화는 태양전지의 곡선인자 값을 향상시키게 된다.

해설 표면 조직화
① 빛 수집의 목적은 전면에서의 반사율을 감소시키고, 태양전지 내부에서 빛의 통과 길이를 길게 하며, 후면으로부터의 내부반사를 이용하여 흡수된 빛의 양을 증가시킨다.
② 실리콘 표면을 조직화하면 피라미드 구조가 형성되고, 피라미드는 형성각도가 빛의 진행방향에 중요한 역할을 수행하고, 피라미드 구조물의 각도가 클수록 반사 횟수가 증가하며 그만큼 광 생성된 전류가 증가한다. **답** ④

06 면적이 250[cm^2]이고 변환효율이 20[%]인 결정질 실리콘 태양전지의 표준조건에서 출력은?

① 0.4[W] ② 0.5[W]
③ 4[W] ④ 5[W]

해설 변환효율 $= \dfrac{\text{태양전지출력[W]}}{\text{태양전지면적[m}^2\text{]} \times 1[\text{kW/m}^2]} \times 100[\%]$

$= \dfrac{\text{태양전지출력[W]}}{0.02[\text{m}^2] \times 1,000[\text{W/m}^2]} \times 100[\%] = 20[\%]$

출력 $= \dfrac{\text{변환효율} \times \text{태양전지면적[m}^2\text{]} \times 1,000[\text{W/m}^2]}{100[\%]}$

$= \dfrac{0.025[\text{m}^2] \times 20[\%] \times 1,000[\text{W/m}^2]}{100[\%]} = 5[\text{W}]$

답 ④

07 축전지 충전방식 중 자기방전량만을 항상 충전하는 충전방식은?

① 보통충전 ② 급속충전
③ 부동충전 ④ 세류충전

해설 충전방식
1) **보통 충전** : 필요할 때마다 표준 시간율로 소정의 충전을 하는 방식이다.
2) **급속 충전** : 비교적 단시간에 보통 전류의 2~3배의 전류로 충전하는 방식이다.
3) **부동 충전** : 축전지의 자기 방전을 보충함과 동시에 상용부하에 대한 전력 공급은 충전기가 부담하도록 하되 충전기가 부담하기 어려운 일시적인 대전류 부하는 축전지로 하여금 부담하게 하는 방식이다.
4) **균등 충전** : 부동 충전 방식에 의하여 사용할 때 각 전해조에서 일어나는 전위차를 보정하기 위하여 1~3개월 마다 1회씩 정전압으로 10~12시간 충전하여 각 전해조의 용량을 균일화하기 위한 방식이다.

답 ④

08 결정계 실리콘 태양전지 모듈에서 표면온도와 발전출력과의 일반적인 관계는?

① 표면온도가 높아지면 발전출력이 증가한다.
② 표면온도가 높아지면 발전출력이 감소한다.
③ 표면온도가 낮아지면 발전출력이 감소한다.
④ 표면온도의 변화가 발전출력에는 영향이 없다.

해설 태양전지모듈과 표면온도와 일사량의 관계
• 표면온도가 증가하면 출력전압이 감소하고, 전체 출

력 전력이 감소한다.
• 표면온도가 감소하면 출력전압이 증가하고, 전체 출력 전력이 증가한다.
• 일사량이 증가하면 출력전류가 증가하고, 전체 출력 전력이 증가한다.
• 일사량이 감소하면 출력전류가 감소하고, 전체 출력 전력이 감소한다.

답 ②

09 다음 중 발전방식에 의한 이산화탄소 배출량으로 옳은 것은? (단, 생산규모 100[MW], 상정 수명이 20년으로 가정한다.)

① 다결정 실리콘 40 ~ 45[g−CO$_2$/kWh]
② 다결정 실리콘 60 ~ 80[g−CO$_2$/kWh]
③ 아몰퍼스 실리콘 5 ~ 10[g−CO$_2$/kWh]
④ 아몰퍼스 실리콘 100 ~ 150[g−CO$_2$/kWh]

해설 태양광 발전소(100[mW]로 상정한 경우)를 20년 수명으로 가정할 경우 이산화탄소 배출량
1) 다결정 40~45[g−CO$_2$/kWh]
2) 아몰퍼스 29~43[g−CO$_2$/kWh]
3) CIGS 26~32[g−CO$_2$/kWh]

답 ①

10 계통연계형 태양광발전시스템에서 축전지의 용량산출 일반식으로 옳은 것은? (단, C : 축전지의 표시용량, K : 방전시간, 축전지온도, 허용최저전압으로 결정되는 용량환산 시간, I : 평균방전전류, L : 보수율(수명말기의 용량 감소율))

① $C = K\dfrac{I}{L}$ ② $C = K\dfrac{L}{I}$
③ $C = \dfrac{I}{KL}$ ④ $C = \dfrac{L}{KI}$

해설 용량산출 일반식
$C = \dfrac{KI}{L}$
C : 온도 25[℃]에서 정격 방전율 환산용량(축전지의 표시 용량)
L : 보수율(수명 말기의 용량감소율 고려) 0.8

답 ①

11 다음 중 신・재생에너지의 분류에 해당되지 않는 것은?

① 태양열 ② 원자력 발전
③ 바이오 에너지 ④ 해양에너지

해설 • 신에너지
연료전지, 석탄액화가스화 및 중질유잔사유 가스화,
수소에너지
• 재생에너지
태양광, 태양열, 바이오, 풍력, 수력, 해양, 폐기물, 지
열에너지 **답** ②

12 회로에서 입력전압 24[V], 스위칭 주기 50[μ
sec], 듀티비 0.6, 부하저항이 10[Ω]일 때, 출
력전압 V_o는 몇 [V]인가? (단, 인덕터의 전류
는 일정하고, 커패시터의 C는 출력전압의 리
플 성분을 무시할 수 있을 정도로 매우 크다.)

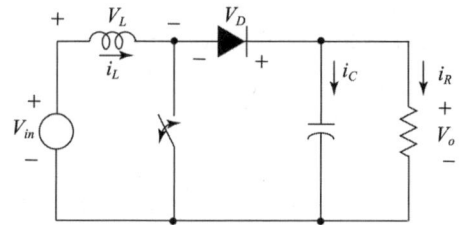

① 20 ② 40
③ 60 ④ 80

해설
$$i_L = \frac{V_{in}}{R(1-D)^2} = \frac{24}{10 \times (1-0.6)^2} = 15[A]$$
$$i_R = i_D - i_C \fallingdotseq i_D = (1-D) \cdot i_L$$
$$= (1-0.6) \times 15 = 6[A]$$
$$\therefore V_{out} = i_R \cdot R = 6 \times 10 = 60[V]$$ **답** ③

13 PN접합 다이오드에 대한 설명 중 틀린 것은?

① 외부에서 바이어스를 가하지 않으면 확산전
류와 드리프트전류의 크기는 동일하다.
② P 영역의 정공은 확산(diffusion)에 의해 N
영역으로 이동한다.
③ N 영역의 전자는 드리프트(drift)에 의해 P
영역으로 이동한다.
④ 공핍층(depletion layer)에서만 전기장이
존재 한다.

해설 P형과 N형 반도체를 접합하면 확산현상에 의해 전자는
N형에서 P형으로, 정공은 P형에서 N형으로 접합면을
통해 이동한다. **답** ③

14 태양광발전용 인버터의 회로방식으로 적당하
지 않은 것은?

① 트랜스리스 방식
② 단권변압기 절연방식
③ 고주파 변압기 절연방식
④ 상용주파 변압기 절연방식

해설 인버터 회로방식

인버터 회로방식	설명
상용주파 변압기 절연방식	태양전지 직류출력을 상용주파의 교류로 변환한 후 변압기로 절연한다.
고주파 변압기 절연방식	태양전지의 직류출력을 고주파 교류로 변환한 후, 소형 고주파 변압기로 절연한다. 그 다음, 일단 직류로 변환하고 다시 상용주파수 교류로 변환한다.
트랜스리스 방식	태양전지의 직류출력을 DC-DC 컨버터로 승압하고 인버터로 상용주파의 교류로 변환한다.

답 ②

15 독립형 태양광발전 설비용 인버터의 필요한 조
건 중 틀린 것은?

① 출력 쪽 단락 손상에 대한 보호
② 축전지 전압 변동에 대한 내성
③ 교류측으로 직류의 역류 기능
④ 급상승 전압 보호

해설 독립형 태양광 인버터는 직류를 교류로 변환하고 계통
으로부터 전력을 공급 받지 않아 역류 기능이 필요하지
않다. **답** ③

16 다음 중 수직축 풍차가 아닌 것은?

① 사보니우스 풍차
② 프로펠러형 풍차
③ 크로스플로 풍차
④ 다리우스 풍차

해설 회전축이 지면에 수직으로 설치되어 있는 풍력발전시
스템이다. 바람의 방향에 관계없이 운전이 가능하며 영
구용과 소형풍력발전용으로 이용된다. 종류에는 사보
니우스 풍차, 크로스플로 풍차, 다리우스 풍차, 패들형
풍차 등이 있다.
※ 수평측 풍력발전기에는 네델란드형 풍차, 다익형 풍
차, 2익형 풍차, 3익형 풍차가 있다. **답** ②

17 태양광 발전 시스템용 축전지(bettery)로 사용되지 않는 것은?

① 니켈-카드뮴 ② 니켈-수소
③ 리튬이온 ④ 망간

> **해설** 망간건전지는 충방전이 되지 않는 1차전지로 태양광발전시스템에 사용은 불가능하며, 통신용, 전등용으로 사용됨 **답** ④

18 인버터 데이터 중 모니터링 화면에 전송되는 것이 아닌 것은?

① 발전량
② 일사량, 온도
③ 입력전압, 전류, 전력
④ 출력전압, 전류, 전력

> **해설** 인버터는 입력단(모듈출력) 전압, 전류, 전력과 출력단(인버터출력)의 전압, 전류, 전력, 주파수, 누적발전량, 최대출력량(peak)을 측정 표시하고 서버로 측정자료를 전송한다. 수평면 일사량, 경사면 일사량, 온도와 같은 기상자료는 일사량계와 온도계로 측정하여 서버로 측정자료를 전송한다. **답** ②

19 축전지 설비의 설치기준에서 큐비클식 축전지 설비 이외의 발전설비와의 사이 이격거리[m]는?

① 0.5 ② 1.0 ③ 1.5 ④ 2.0

> **해설** 큐비클식 축전지 설비의 이격거리
>
> | 보안거리를 확보해야 할 부분 | 이격거리[m] |
> |---|---|
> | 큐비클 이외의 발전설비와의 이격거리 | 1.0 |
> | 큐비클 이외의 변전설비와의 이격거리 | 1.0 |
> | 옥외에 설치할 경우 건물과의 이격거리 | 2.0 |
>
> **답** ②

20 태양전지의 특징에 대하여 설명한 내용 중 옳은 것을 [보기]에서 찾아 모두 나열한 것은?

> [보기]
> ㄱ. 태양전지가 전달하는 전력은 입사하는 빛의 세기에 따라 달라짐
> ㄴ. 태양전지로 부터의 전류 값은 부하저항에 따라 변하지 않음
> ㄷ. 빛에 의한 전기화학적인 전위의 일시적인 변화로부터 기전력을 유도함

① ㄱ ② ㄱ, ㄴ
③ ㄱ, ㄷ ④ ㄴ, ㄷ

> **해설** 태양전지는 부하에 따라 전류값이 변한다. 그에 맞추어 전력도 부하에 따라 변한다. **답** ③

2과목 - 태양광발전시스템 설계

21 모니터링시스템 주요 구성 요소가 아닌 것은?

① 발전소내 감시용 CCTV
② LOCAL 및 Web Monitoring
③ 기상관측 장치
④ LBS

> **해설** 부하개폐기(LBS)
> • 기능 : 무부하 및 부하전류가 흐르고 있는 회로의 개폐
> • 역할 : 개폐빈도가 낮은 송배전선 및 수변전설비의 인입구 개폐 **답** ④

22 태양광 발전사업 허가기준에 대한 설명이다. 다음 중 허가기준에 맞지 않는 것은?

① 전기사업 수행에 필요한 재무능력 및 기술능력이 있을 것
② 전기사업이 계획대로 수행될 수 있을 것
③ 일정지역에 편중되어 전력계통의 운영에 지장을 초래해서는 아니 될 것
④ 태양광 발전사업 허가신청 시 환경영향평가를 반드시 2회 받아야 될 것

> **해설** 전기사업 허가 기준
> 1) 전기사업 수행에 필요한 재무능력 및 기술능력이 있을 것
> 2) 전기사업이 계획대로 수행될 것
> 3) 발전소가 특정지역에 편중되어 전력계통의 운영에 지장을 초래하여서는 아니 될 것
> 4) 발전연료가 어느 하나에 편중되어 전력수급에 지장을 초래하여서는 아니 될 것 **답** ④

23 태양광 발전설비를 뇌격으로부터 보호하기 위한 과전압 보호장치(SPD : Surge Protection Device) 설치 및 접지방식에서 그림 중에서 가장 적절한 방식은?

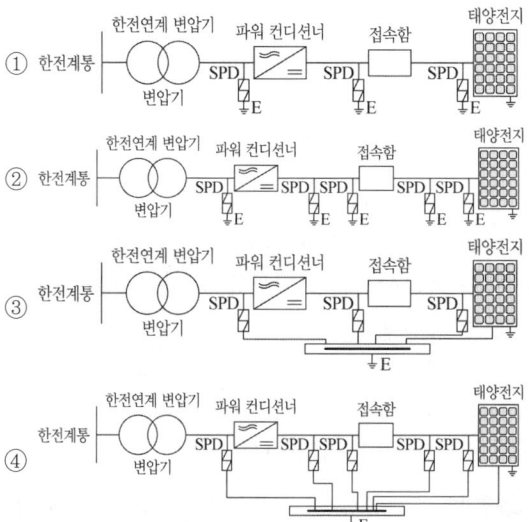

해설 등전위접지(본딩)로 구성되어 있어 기기간의 전위차가 발생하지 않아 서지로부터 기기를 보호할 수 있다.
답 ④

24 태양전지간의 배선 또는 태양전지 모듈과 접속함, 파워컨디셔너 간의 배선이 갖추어야 될 특성으로 볼 수 없는 것은?

① 최대 내열온도 범위는 −40[℃]~90[℃]
② 최소 곡률반경은 도선 지름의 3~4배
③ 절연체 재질로는 XLPE, 외피에는 난연성 PVC사용
④ 회로의 단락전류에 견딜 수 있는 굵기의 케이블을 선정

해설 케이블의 곡률반경은 케이블 외경의 6배 이상의 반경으로 배선하여야 한다.
답 ②

25 태양광발전설비 설치 시 반드시 필요한 설계도서에 해당되지 않는 것은?

① 배치도   ② 평면도
③ 시방서   ④ 계획도

해설 태양광발전설비 설치 시 반드시 필요한 설계도서는 배치도, 평면도, 시방서 등
※ 공사용 설계 도면과 시방서 및 구조 계산서, 설비 계산 관계 서류, 지질 관계 서류 기타 공사에 필요한 서류
답 ④

26 피뢰시스템의 보호각법에서 Ⅱ레벨의 회전구체 반경 r[m]의 최대값은?

① 10   ② 20
③ 30   ④ 45

해설 피뢰시스템의 보호각법

피뢰시스템의 레벨	보호법	
	회전구체반경(m)	매시치수(m)
Ⅰ	20	5×5
Ⅱ	30	10×10
Ⅲ	45	15×15
Ⅳ	60	20×20

답 ③

27 설계도서 적용 시 고려사항이 아닌 것은?

① 숫자로 나타낸 치수는 도면상 축척으로 잰 치수보다 우선한다.
② 특기시방서는 당해공사에 한하여 일반시방서에 우선하여 적용한다.
③ 공사계약문서는 상호간에 문제가 있을 때는 감리에 의하여 최종적으로 결정한다.
④ 설계도면 및 시방서의 어느 한쪽에 기재되어 있는 것은 그 양쪽에 기재되어 있는 사항과 완전히 동일하게 다룬다.

해설 설계도서 적용 시 고려사항
① 숫자로 나타낸 치수는 도면상 축척으로 잰 치수보다 우선한다.
② 특기시방서는 당해공사에 한하여 일반시방서에 우선하여 적용한다.
③ 설계도면 및 시방서의 어느 한쪽에 기재되어 있는 것은 그 양쪽에 기재되어 있는 사항과 완전히 동일하게 다룬다.
④ 특별시방서 및 도면에 기재되지 않은 사항은 일반시방서에 의한다.
⑤ 상기 각항 이외의 사항에 대해 공사 계약문서 상호간의 차이가 있을 때는 감리원의 의견을 참조하여 발주자에게 최종적으로 결정한다.
답 ③

28 태양광모듈 설치 시 태양을 향한 방향에 높이 5[m]인 장애물이 있을 경우 장애물로부터 최소 이격거리[m]는? (단, 발전가능 한계시각에서의 태양의 고도각은 15°이다.)

① 약 8.2   ② 약 10.5
③ 약 15.6   ④ 약 18.7

해설 $d = \dfrac{l}{\tan\theta} = \dfrac{5[\text{m}]}{\tan 15°} = 18.7[\text{m}]$

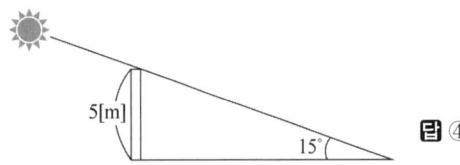

답 ④

29 다음의 조건에서 독립형 태양광발전시스템의 축전지 용량[Ah]은?

> [조건]
> – 1일 적산부하량 : 3.0[kWh]
> – 일조가 없는 날 : 10일
> – 공칭축전지 전압 : 2[V]
> – 보수율 : 0.8
> – 축전지 직렬개수 : 48장
> – 방심심도 : 65[%]

① 601   ② 751
③ 941   ④ 451

해설 독립형 전원시스템용 축전지 용량공식은 다음과 같다.

$$C = \frac{L_d \times D_f \times 1000}{L \times V_b \times DOD \times N}$$

$$= \frac{3.0 \times 10 \times 1000}{0.8 \times 2 \times 0.65 \times 48} = 600 = 601[\text{Ah}]$$

여기서,
L_d : 1일 적산 부하 전력량, D_f : 일조가 없는 날(일)
L : 보수율, V_b : 공칭 축전지 전압
N : 축전지 개수, DOD : 방전심도   **답 ①**

30 가대설계 시 적용하는 하중으로 가장 거리가 먼 것은?

① 적설하중   ② 우천하중
③ 지진하중   ④ 풍압하중

해설 1) **고정하중** : 태양전지모듈의 질량과 지지물 등의 질량의 합
2) **풍압하중** : 태양전지모듈에 가해지는 풍압력과 지지물에 가해지는 풍압력의 합
3) **적설하중** : 모듈면의 수직 적설하중
4) **지진하중** : 지지물에 가해지는 수평 지진력
※ 온도하중, 활하중도 해당되지만 용접구조의 길이가 긴 경우의 지지물에는 다른 하중보다 작으므로 제외된다.   **답 ②**

31 태양광발전시스템과 전력계통선과의 연계를 위한 송·수전설비에서 중요한 송전용 변압기의 용량산정에 고려사항이 아닌 것은?

① DC 케이블의 굵기 선정
② 변압기 효율과 부하율의 관계
③ 변압기 뱅크방식에 따른 송전방식
④ 적정 변압기의 결선방식 선정

해설 변압기는 교류측 장비로 직류 케이블과는 무관한다.   **답 ①**

32 태양전지의 기초종류와 적용 목적이 올바르게 설명된 것은?

① 말뚝 기초 : 철탑 등의 기초에 자주 사용
② 직접 기초 : 지지층이 얕을 경우 사용
③ 연속 기초 : 하천 내의 교량 등에 설치
④ 주춧돌 기초 : 지지층이 깊을 경우 사용

해설 ① 직접기초 : 지지층이 얕을 경우 자주 쓰인다.
② 말뚝기초 : 지지층이 깊을 경우 자주 쓰인다.
③ 주춧돌 기초 : 철탑 등의 기초에 자주 쓰인다.
④ 케이슨 기초 : 하천 내의 교량 등에 자주 쓰인다.   **답 ②**

33 유리계면에 태양광 에너지가 60°로 입사될 경우 태양광에너지의 반사율은 얼마인가?
(단, 굴절률은 공기 : 1, 유리 : 1.526)

① 0.063   ② 0.073
③ 0.083   ④ 0.093

해설 반사율을 구하기 위해 반사각을 스넬의 법칙에 의하여 계산

$$\text{Snell'law} = \frac{n_1}{n_2} = \frac{\sin\theta_2}{\sin\theta_1}$$

$$\sin\theta_2 = \frac{n_1}{n_2} \times \sin\theta_1 = \frac{1}{1.526} \times \sin60 = 0.5675$$

$$\theta_2 = \sin^{-1}(0.5675) = 34.57° = 34.6°$$

$$\text{반사율} = \frac{\left(\frac{\sin(\alpha-\beta)}{\sin(\alpha+\beta)}\right)^2 + \left(\frac{\tan(\alpha-\beta)}{\tan(\alpha+\beta)}\right)^2}{2}$$

$$= \frac{\left(\frac{\sin(60-34.6)}{\sin(60+34.6)}\right)^2 + \left(\frac{\tan(60-34.6)}{\tan(60+34.6)}\right)^2}{2}$$

$$= \frac{\left(\frac{0.4289}{0.9967}\right)^2 + \left(\frac{0.4748}{-12.42}\right)^2}{2} = 0.0933$$ 답 ④

34 에어매스(AM : Air Mass)의 뜻으로 옳은 것은?

① 지구대기에 입사한 태양광의 입사 각도
② 지구대기에 입사한 태양광과 대기 분포의 비
③ 지구대기에 임의의 측정 위치의 지구 대기 질량
④ 지구대기에 입사한 태양광이 통과한 대기노정의 길이

해설 에어매스(AM : Air Mass)
태양광직사광이 지상에 입사하기까지 통과하는 대기의 양을 나타내며 태양고도는 90°에서의 일사를 AM = 1이라고 하고, 그 배율로 표현한 파라미터로서 AM = 1.5는 빛의 통과거리가 1.5배가 되어 태양고도 42°에 상당 한다. 답 ④

35 다음 중 수직하중에 해당하지 않는 것은?

① 적설하중　　　② 고정하중
③ 활하중　　　　④ 풍하중

해설 풍하중
• 태양전지 어레이용 가대의 구조설계에서 상정하중이 최대가 되는 것은 일반적으로 풍하중인 경우가 많음
• 풍하중은 강풍으로 인한 손실을 줄이기 위해 설계
• 수직하중 : 고정하중, 적설하중, 활하중
• 수평하중 : 풍하중, 지진하중 답 ④

36 적설량이 많은 지역에서의 태양전지 어레이의 설계 경사각으로 가장 적절한 각은?

① 5°　　　　　② 15°
③ 45°　　　　 ④ 90°

해설 어레이 경사각
① 태양전지 어레이의 경사각은 10~90°의 범위 내에서 설치
② 10°이하에서는 강우로 인한 자정효과를 충분히 얻지 못하므로, 태양전지 모듈의 유리면 하부와 알루미늄 테두리 주변에 오염이 남아 별도의 청소가 필요
③ 눈이 쌓이는 적설지대에서는 45° 이상의 각도로 20~30[cm] 정도의 적설에도 자연적으로 흘러내리도록 설계 답 ③

37 태양광 발전 사업 추진 절차 내용과 관련기관이 틀린 것은?

① 사용 전 검사 - 한국전력공사
② 대상 설비 확인 - 공급인증기관
③ 전력수급계약 체결 - 전력거래소
④ 사업 개시 신고 - 산업통상자원부 장관

해설 전기사업용 전기설비 검사를 받고자 하는 자(신청인)는 전기안전공사에 검사 7일전에 사용전 검사 또는 정기 검사를 신청하여야 한다. 답 ①

38 어레이 설계 시 어레이 구조 결정의 기술적 측면에서 고려 사항으로 틀린 것은?

① 구조 안정성
② 환경영향평가 검토
③ 풍속, 풍압, 지진 고려
④ 건축물과의 결합(기초)방법 결정

해설 어레이 구조 결정의 기술적 측면
1) 구조 안정성
2) 상정하중 고려
3) 건축물과의 결합(기초)방법 결정 답 ②

39 태양광발전설비 부지를 선정할 때 틀린 것은?

① 일조량이 많아야 한다.
② 일조시간이 길어야 한다.
③ 적설량이 적어야 한다.
④ 음영이 많아야 한다.

해설 1) 일사량(일조량)이 많아야 한다.
2) 일조시간이 길어야 한다.
3) 환기가 잘되고, 주위 온도가 낮아야 한다.
4) 음영(그림자)이 없어야 한다.
5) 적설량이 적어야 한다. 답 ④

40 연차별 총비용 대비 연차별 총편익의 비를 토대로 사업의 타당성을 판단하는 경제성 분석 모형은?

① 순현재가치법(NPV)
② 비용편익비 분석(CBR)
③ 내부수익률(IRR)
④ 자본회수기간법(PPM)

해설 연차별 총비용 대비 연차별 총편익의 비를 토대로 사업의 타당성을 판단하는 경제성 분석 모형은 비용편익비 분석(CBR) 이다.

$$B/C ratio = \frac{\sum_{t=1}^{n} \frac{B_t}{(1+r)^t}}{\sum_{t=1}^{n} \frac{C_t}{(1+r)^t}}$$

B_t : 연차별 총편익
C_i : 연차별 총비용
r, t는 각각 할인율, 기간을 말함
$B/C\ Ratio$ 로 사업의 타당성을 결정함　**답** ②

3과목 - 태양광발전시스템 시공

41 변압기의 Y-Y 결선방식의 특징이 아닌 것은?

① 기전력 파형은 제3고조파를 포함한 왜형파가 된다.
② 중성점을 접지할 수 있으므로 단절연방식을 채택할 수 없다.
③ 상전압은 선간전압의 $1/\sqrt{3}$ 이 되어 고전압의 결선에 적합하다.
④ 변압비, 임피던스가 서로 틀려도 순환전류가 흐르지 않는다.

해설 Y-Y 결선방식
[장점]
• 중성점을 접지할 수 있으므로 단절연방식을 채택할 수 있다.
• 상전압이 선간전압의 $1/\sqrt{3}$ 이 되어 고전압의 결선에 적합하다.
• 변압비, 권선임피던스가 서로 틀려도 순환전류가 흐르지 않는다. (3상의 1차, 2차의 전류 전압 간의 위상 변위가 없다.)

[단점]
• 제3고조파 여자전류의 통로가 없으므로 유도기전력이 제3고조파를 함유하여 중성점을 접지하면 통신선에 유도장해를 준다.
• 기전력 파형은 제3고조파를 포함한 왜형파가 된다.　**답** ②

42 지붕에 설치하는 태양광발전 형태로 볼 수 있는 것은?

① 창재형　　② 차양형
③ 난간형　　④ 톱라이트형

해설 • 지붕에 설치하는 태양광발전 형태로 볼 수 있는 것은 지붕 설치형, 지붕 건재형, 톱 라이트형
• 창재형, 차양형, 난간형은 기타에 해당함　**답** ④

43 공사업자가 감리원에게 제출하는 시공계획서에 포함되지 않는 것은?

① 시공기준 내역서
② 공사 세부공정표
③ 주요 장비 동원계획
④ 주요 기자재 및 인력투입계획

해설 시공계획서 포함 내용
가. 현장 조직표
나. 공사 세부공정표
디. 주요 공정의 시공 질차 및 방법
라. 시공일정
마. 주요 장비 동원계획
바. 주요 기자재 및 인력투입 계획
사. 주요 설비
아. 품질·안전·환경관리 대책 등　**답** ①

44 감리업자는 감리용역 착수 시 착수신고서를 제출하여 발주자의 승인을 받아야 한다. 착수신고서에 포함되지 않는 서류는?

① 공사 예정 공정표
② 감리비 산출내역서
③ 감리업무 수행계획서
④ 상주, 비상주 감리원 배치계획서

해설 감리업자는 감리용역 착수 시 다음 각 호의 서류를 첨부한 착수신고서를 제출하여 발주자의 승인을 받아야 한다.

① 감리업무 수행계획서
② 감리비 산출내역서
③ 상주, 비상주 감리원 배치계획서와 감리원의 경력확인서
④ 감리원 조직 구성내용과 감리원별 투입기간 및 담당업무 답 ①

45 서지 보호를 위해 SPD 설치 시 접속도체의 길이는 몇 [m] 이하가 되도록 하여야 하는가?

① 0.3
② 0.5
③ 0.8
④ 1.0

해설 SPD설치시 접속도체의 전체길이
1. SPD접속도체의 길이가 길어지는 경우 임피이던스를 증가시켜 과전압보호의 효과를 감소시킴으로 가능한 짧게 시설하며 접속도체의 전체길이가 0.5[m] 이하가 바람직하다
2. SPD의 접지도체는 단면적이 10[mm²] 이상의 도체를 동선을 사용한다. 답 ②

46 송전선로의 선로정수가 아닌 것은?

① 저항
② 정전용량
③ 리액턴스
④ 누설컨덕턴스

해설 선로정수
① 선로정수의 개요 : 저항, 인덕턴스, 정전용량, 누설컨덕턴스
② 전력손실 : 저항손, 코로나손
③ 지중선로의 전기적 특성 : 선로정수, 충전전류 및 충전용량, 전력손실 답 ③

47 접지극으로 사용 가능한 규격으로 적합하지 않은 것은?

① 동판을 사용하는 경우는 두께 0.6[mm] 이상, 면적 800[cm²] 편면 이상의 것
② 동봉, 동피복강봉을 사용하는 경우는 지름 8[mm]이상, 길이 0.9[m] 이상의 것
③ 탄소피복강봉을 사용하는 경우는 지름 8[mm] 이상의 강심이고 길이 0.9[m] 이상의 것
④ 동복강판을 사용하는 경우는 두께 1.6[mm] 이상, 길이 0.9[m], 면적 250[cm²] 편면 이

상의 것

해설 동판을 사용하는 경우에는 두께 0.7[mm] 이상, 면적 900[cm²](편면) 이상의 것 답 ①

48 태양광전지 모듈과 접속함 간의 배선공사를 금속덕트로 시공할 경우 금속덕트에 넣는 전선의 단면적의 합계는 덕트 내부 단면적의 몇 [%] 이하로 하여야 하는가? (단, 전선의 단면적은 절연 피복을 포함한다.)

① 50
② 40
③ 30
④ 20

해설 전선은 절연전선(OW 제외)으로 금속덕트에 넣는 전선의 단면적(절연피복 포함) 덕트 내부 단면적의 20[%] (전광표시장치, 출퇴표시등, 제어 회로용 배선만을 넣는 경우는 50[%]) 이하일 것 답 ④

49 설계 감리원의 설계도면 적정성 검토 사항으로 옳지 않은 것은?

① 도면 작성의 법률적 근거를 제시하였는지 여부
② 설계 입력 자료가 도면에 맞게 표시되었는지 여부
③ 설계결과물(도면)이 입력자료와 비교해서 합리적으로 표시되었는지 여부
④ 도면이 적정하게, 해석 가능하게, 실시 가능하며 지속성 있게 표현되었는지 여부

해설 설계 감리원의 설계도면 적정성 검토 사항
1) 도면작성이 의도하는 대로 경제성, 정확성 및 적정성 등을 가졌는지의 여부
2) 설계 입력 자료가 도면에 맞게 표시되었는지의 여부
3) 설계결과물(도면)이 입력 자료와 비교해서 합리적으로 되었는지의 여부
4) 관련 도면들과 다른 관련 문서들의 관계가 명확하게 표시되었는지의 여부
5) 도면이 적정하게, 해석 가능하게, 실시 가능하며 지속성 있게 표현되었는지의 여부
6) 도면상에 사업명을 부여 했는지의 여부 답 ①

50 태양광 발전시스템 시공 시 원칙적인 안전 대책이 아닌 것은?

① 절연장갑을 사용한다.
② 절연처리된 공구를 사용한다.
③ 작업전 태양전지 모듈표면에 차광막을 씌워 태양전지의 출력을 막는다.
④ 강우 시 안전에 유의 하면서 작업을 진행한다.

해설 태양광 발전시스템 시공 시 원칙적인 안전 대책
• 작업 전 태양전지 모듈 표면에 차광막을 씌워 태양광을 차폐한다.
• 저압 절연장갑을 착용한다.
• 절연처리된 공구를 사용한다.
• 강우 시에는 감전사고 뿐만 아니라 미끄러짐으로 인한 추락사고로 이어질 우려가 있으므로 작업을 금지한다. **답** ④

51 태양광 전지의 사용 전 검사의 세부내용이 아닌 것은?

① 외관검사
② 어레이 접지상태 확인
③ 전지의 전기적 특성시험
④ 제어회로 및 경보시험

해설 제어회로 및 경보시험은 전력변환장치 검사에 해당함 **답** ④

52 접속반 설치공사 중 고려사항이 아닌 것은?

① 접속함 설치위치는 어레이 근처가 적합하다.
② 외함의 재질은 가급적 SUS304 재질로 제작 설치한다.
③ 접속함은 풍압 및 설계하중에 견디고 방수, 방부형으로 제작한다.
④ 역류 방지 다이오드의 용량은 모듈 단락전류의 4배 이상으로 한다.

해설 역류 방지 다이오드의 용량은 접속함 회로의 정격 전류보다 1.4배 이상으로 한다. **답** ④

53 태양전지 모듈의 배선이 끝나고 전기와 관련된 검사 항목이 아닌 것은?

① 극성 확인
② 전압 확인
③ 주파수 확인
④ 단락전류 확인

해설 태양전지 모듈의 배선이 끝나고 전기와 관련된 검사 항목 : 극성확인, 전압확인, 비접지 확인, 단락전류 확인, 접지의 연접성 확인 **답** ③

54 건축물에 태양광발전 설치방식 중 개구부의 블라인드 기능을 보유하고, 건축의 디자인을 손상시키지 않고 설치할 수 있는 방식은?

① 창재형
② 차양형
③ 난간형
④ 루버형

해설 루버형
① 개구부의 블라인드 기능을 보유하고 있는 타입
② 기존 루버재와 같은 의장성을 재현하여 건축의 디자인을 손상시키지 않고도 설치할 수 있다. **답** ④

55 감리원은 공사업자 등이 제출한 시설물의 유지관리지침 자료를 검토하여 공사 준공 후 며칠 이내에 발주자에게 제출하여야 하는가?

① 7일
② 14일
③ 20일
④ 30일

해설 감리원은 발주자 또는 공사업자 등이 제출한 시설물의 유지관리지침 자료를 검토하여 유지관리지침서를 작성, 공사 준공 후 14일 이내에 발주자에게 제출하여야 한다. **답** ②

56 태양광발전시스템의 시공절차 중 간선공사 순서가 올바른 것은?

① 모듈 → 어레이 → 접속반 → 인버터 → 계통간 간선
② 모듈 → 인버터 → 어레이 → 접속반 → 계통간 간선
③ 어레이 → 모듈 → 인버터 → 접속반 → 계통간 간선
④ 모듈 → 인버터 → 접속반 → 어레이 → 계통간 간선

해설 • 모듈 부착 시공
모듈 부착 → 볼트/너트 고정 → 결선
• 전기공사(간선)
모듈 → 어레이 → 접속반 → 인버터 → 계통간 간선
답 ①

57 전압변동에 의한 플리커 현상의 경감대책에 대한 설명으로 가장 옳지 않은 것은?

① 전원 계통에 리액터분을 보상하는 방법은 직렬콘덴서 방식이 있다.
② 전압 강하를 보상하는 방법은 상호 보상 리액터 방식이 있다.
③ 부하와 무효전력 변동분을 흡수하는 방식은 사이리스터 이용 콘덴서 개폐 방식이 있다.
④ 플리커 부하 전류의 변동분을 억제하는 방식은 병렬리액터 방식이 있다.

해설 플리커 부하 전류의 변동분을 억제하는 방법
• 직렬 리액터 방식
• 직렬 리액터 가포화 방식 등
답 ④

58 특기시방서에 대한 설명으로 알맞은 것은?

① 일반적인 기술 사항을 규정한 시방서
② 특정공사를 위해 일반사항을 규정한 시방서
③ 공사 전반에 걸쳐 기술적인 사항을 규정한 시방서
④ 특정자재의 종류, 유형, 치수, 설치방법, 시험 및 검사항목 등을 명시한 시방서

해설 특기시방서란 공사에 특징에 따라 특기 사항 등을 규정한 시방서이고 특정 자재의 종류, 유형, 치수, 설치방법, 시험 및 검사항목 등을 명시한 시방서
답 ④

59 화재 발생 시 다른 설비로 불길 확산 방지를 위한 방화구획 관통부의 처리방법 중, 배선을 옥외에서 옥내로 끌어들인 관통부분 처리방법에서 관통부분의 충전재 등이 가져야 할 성질은 무엇인가?

① 내열성, 냉방성
② 가요성, 내후성
③ 난연성, 내후성
④ 난연성, 내열성

해설 방화구획 관통부 처리
1) 난연성 : 관통부분의 충전재, 케이블, 배관재의 변형,

파손, 탈락, 소실로 인해 뒷면에 화염, 연기가 나지 않을 것
2) 내열성 : 관통부분의 충전재, 내열실재의 전열에 의해 뒷면이 연소할 위험이 있는 온도가 되지 않을 것
답 ④

출제기준 변경 및 개정된 관계 법규에 따라 삭제된 문제가 있어 20문항이 안됩니다.

▶ 4과목 - 태양광발전시스템 운영

61 전기설비의 운전·조작에 관한 설명으로 틀린 것은?

① 전기안전관리자는 비상재해 발생 시를 대비하여 비상연락망을 구축한다.
② 전기안전관리자는 전기설비의 운전·조작 또는 이에 대한 업무를 수행하여야 한다.
③ 전기안전관리자는 전기설비의 운전·조작 또는 이에 대한 업무를 감독하여야 한다.
④ 전기안전관리자가 부재 등의 사유로 전기설비의 운전·조작 할 수 없을 경우 안전관리 교육을 받는 자 중 1명을 지정할 수 있다.

해설 전기안전관리자의 직무에 관한 고시
제11조(전기설비의 운전·조작에 관한 안전관리)
• 전기안전관리자는 전기설비의 운전·조작 또는 이에 대한 업무를 감독하여야 한다
• 전기안전관리자가 부재 등의 사유로 전기설비의 운전·조작을 할 수 없는 경우에는 제14조에 따른 안전관리 교육을 받은 자 중 1명을 지정하여 전기안전관리자의 지시에 따라 업무를 수행하도록 하여야 한다.
• 전기안전관리자는 비상재해 발생 시를 대비하여 비상연락망을 구축하여야 한다.
답 ②

62 정기점검에 따른 배전반 점검 항목이 아닌 것은?

① 가스 압력계
② 리미트 스위치
③ 명판과 표시물
④ 제어회로 단자부

해설 정기점검에 따른 배전반 점검 항목
리미트 스위치, 명판과 표시물, 제어회로 단자부, 셔터, 인출기구(차단기, 유니트 등), 기구조작
답 ①

63 인버터 입출력회로 절연저항 측정 시 주의사항에 관한 설명 중 틀린 것은?

① 트랜스리스 인버터의 경우는 제조업자가 추천하는 방법에 따라 측정한다.

② 측정할 때는 서지 업서버 등 정격에 약한 회로에 관해서는 회로에서 분리시킨다.

③ 입출력 단자에 주회로 이외의 제어단자 등이 있는 경우는 이것을 포함해서 측정한다.

④ 정격전압이 입출력에서 다를 때는 낮은 측의 전압을 절연저항계의 선택 기준으로 한다.

해설 정격전압이 입출력에서 다를 때는 높은 측의 전압을 절연저항계의 선택 기준으로 한다. **답** ④

64 태양광발전시스템의 청소 시 유의사항으로 틀린 것은?

① 절연물은 충전부 간을 가로지르는 방향으로 청소한다.

② 문, 커버 등을 열기 전에는 주변의 먼지나 이물질을 제거한다.

③ 청소걸레는 마른걸레를 사용하되 젖은 걸레를 사용하는 경우 산성인 것을 사용한다.

④ 컴프레셔를 이용하여 공압을 사용하는 진공청소기를 이용한 흡입방식을 사용하고 토출방식은 공기의 압력에 유의 한다.

해설 태양광발전설비 청소 방법 및 유의점
1) 공기를 사용하는 경우에는 흡입방식을 추천하며 토출방식의 경우에는 공기의 습도, 압력에 주의 한다.
2) 문, 커버 등을 열기 전에 배전반 상부의 먼지나 이물질을 제거한다.
3) 절연물은 충전부 간을 가로지르는 방향으로 청소한다.
4) 청소걸레는 화학적으로 중성인 것을 사용하고 섬유올이 풀린다든지, 습기 등에 주의 한다. **답** ③

65 송전설비 보수점검 작업 시 점검 전 유의사항이 아닌 것은?

① 무전압 상태확인 및 안전조치

② 차단기 1차 측의 통전 유무를 확인

③ 점검 시 안전을 위하여 접지선을 제거

④ 작업 주변의 정리, 설비 및 기계의 안전 확인

해설 • 점검 전의 유의사항
① 준비 철저
② 회로도에 의한 검토
③ 연락
④ 무전압 상태확인 및 안전조치
• 점검 후의 유의사항
① 접지선 제거
② 최종확인 **답** ③

66 일상점검 시 축전지의 육안점검 항목으로 틀린 것은?

① 통풍 ② 변형
③ 팽창 ④ 변색

해설 축전지 일상점검 항목 중 육안 점검 사항

구분	점검항목	점검요령
축전지	변색, 변형, 팽창, 손상, 액면, 저하, 온도 상승, 이취, 발정, 단자부 느슨함 등	부하 급전한 상태에서 실시할 것

답 ①

67 [보기]의 괄호에 들어갈 내용으로 가장 옳은 것은?

[보기]
전기사업의 허가기준(제4조)중 "대통령령으로 적하는 공급능력" 이라 해당 특정한 공급구역의 전력수요의 ( )[%] 이상의 공급능력을 말한다.

① 30 ② 40
③ 50 ④ 60

해설 전기사업법 시행령 제4조(전기사업의 허가기준)
① 법 제7조제5항제4호에서 "대통령령으로 정하는 공급능력"이란 해당 특정한 공급구역의 전력수요의 60퍼센트 이상의 공급능력을 말한다. **답** ④

68 성능평가를 위한 측정요소에서 신뢰성 평가 · 분석 항목 중 시스템 트러블에 해당하지 않는 것은?

① 직류지락 ② 인버터 정지
③ 계통지락 ④ 컴퓨터 전원의 차단

해설 시스템 트러블 : 인버터의 정지, 직류지락, 계통지락 등에 의한 시스템의 운전정지 등 **답** ④

69 다음 그림에서 태양광 어레이의 각 스트링의 개방전압 측정방법으로 틀린 것은?

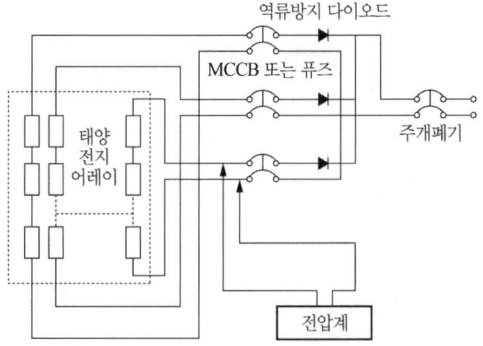

① 접속함의 출력개폐기를 Off한다.
② 각 모듈이 음영에 영향을 받지 않는지 확인한다.
③ 접속함의 각 스트링 단로 스위치를 모두 On한다.
④ 측정을 시행하는 스트링의 단로 스위치만 Off 한다.

해설 접속함의 각 스트링 단로 스위치를 모두 Off 한다. **답** ③

70 검출기로 검출된 데이터를 컴퓨터 및 먼 거리에 설치한 표시 장치에 전송하는 경우에 사용되는 기기는?

① 일사량계 ② 연산장치
③ 기억장치 ④ 신호변환기

해설 • 신호변환기 : 검출기로 검출된 데이터를 컴퓨터 및 먼 거리에 설치한 표시장치에 전송
• 연산장치 : 연산이 필요한 검출데이터를 분석하기 위해 사용
• 기억장치 : 연산장치로 사용되는 컴퓨터의 메모리 기능 활용, 컴팩트디스크, 자체기억장치, 메모리 카드 등을 이용하여 저장
• 일사량 : 지표면에서 받는 태양의 복사 에너지량을 일사량이라고 한다. **답** ④

71 동일한 일사량 조건하에서 태양광발전 모듈온도가 상승할 경우, 나타나는 현상으로 옳은 것은?

① 개방단 전압(V_{oc})와 단락전류(I_{sc}) 모두 증가하여 최대출력 증가
② 개방단 전압(V_{oc})와 단락전류(I_{sc}) 모두 감소하여 최대출력 감소
③ 개방단 전압(V_{oc})은 증가하고 단락전류(I_{sc})는 감소하여 최대출력 증가
④ 개방단 전압(V_{oc})은 감소하고 단락전류(I_{sc})는 소폭 증가하여 최대출력 감소

해설 태양전지모듈 온도, 일사량 특성
1) 모듈 표면 온도 상승할 경우 전압 감소, 전류 소폭 증가
2) 모듈 표면 온도 하강할 경우 전압 증가, 전류 소폭 감소
3) 일사량 증가할 경우 전류 증가, 전압 소폭 증가
4) 일사량 감소할 경우 전류 감소, 전압 소폭 감소 **답** ④

72 태양광발전설비 유지보수 관리에 필요한 전기안전관리자의 점검횟수 및 점검간격에 대한 기준으로 틀린 것은?

① 설비용량 300[kW] 이하, 월1회, 점검간격 20일 이상
② 설비용량 300[kW] 초과 ~ 500[kW] 이하, 월2회, 점검간격 10일 이상
③ 설비용량 500[kW] 초과 ~ 700[kW] 이하, 월3회, 점검간격 7일 이상
④ 설비용량 1500[kW] 초과 ~ 2000[kW] 이하, 월5회, 점검간격 5일 이상

해설 태양광발전 설비의 규모별 정기점검 횟수

용량별		점검 횟수	점검 간격
저압	1 ~ 300[kW] 이하	월 1회	20일 이상
	300[kW] 초과	월 2회	10일 이상
고압	1 ~ 300[kW] 이하	월 1회	20일 이상
	300[kW] 초과 ~ 500[kW] 이하	월 2회	10일 이상
	500[kW] 초과 ~ 700[kW] 이하	월 3회	7일 이상
	700[kW] 초과 ~ 1,500[kW] 이하	월 4회	5일 이상
	1,500[kW] 초과 ~ 2,000[kW] 이하	월 5회	4일 이상
	2,000[kW] 초과 ~ 2,500[kW] 미만	월 6회	3일 이상

답 ④

73 태양광발전 모듈의 온도 사이클 시험, 습도−동결 시험, 고온습도 시험을 하기 위한 환경 챔버는?

① 염수분무 장치   ② UV 시험장치

③ 항온항습 장치   ④ 우박 시험장치

해설 **항온항습 장치**
태양전지모듈의 온도사이클시험, 습도−동결시험, 고온고습시험에 필요한 환경 챔버(chamber) 온도 ±2[℃] 이내, 습도 ±5[%] 이내   답 ③

74 충전부 작업 중에 접지면을 절연시켜 인체가 통전경로가 되지 않도록 하기 위해 사용하는 고무판의 사용범위가 아닌 것은?

① 절연내력 시험 시

② 노출충전부가 있는 배전반 및 스위치 조작 시

③ 배전반 내에서의 계전기, 모선 등의 점검 보수 작업 시

④ 정지된 회전기의 정류자면, 브러시면을 점검, 조정 작업 시

해설 **절연 고무판**
충전부의 작업중에 작업자의 접지면을 절연시켜 충전부와 접촉 시 인체가 통전경로가 되지 않도록 하기 위해 사용된다.
※ 사용범위
  − 배전반 내에서의 계전기, 모선등의 점검, 부수 작업 시
  − 노출충전부가 있는 배전반 및 스위치 조작이나 작업 시
  − 절연내력 시험시 사용한다.
  − 주로 저압선로 기기류의 작업 시 사용한다.
         답 ④

75 소형 태양광 인버터의 교류 전압, 주파수 추종 범위 시험에 대한 설명으로 가장 옳은 것은?

① 출력 역률이 0.98 이상이다.

② 각 차수별 왜형률은 3[%] 이내이다.

③ 출력 전류의 종합 왜형률은 3[%] 이내이다.

④ 59.5[Hz]와 60.5[Hz]에서 교류출력 전력, 전류 왜형률, 역률 등을 측정한다.

해설 ① 출력 역률이 0.95 이상이다.

③ 출력 전류의 종합 왜형률은 5[%] 이내이다.

④ 정격주파수 60[Hz]에서 천천히 변화시켜 60.45[Hz]와 59.35[Hz]에서 교류출력 전력, 전류 왜형률, 역률 등을 측정한다.   답 ②

76 안전장비의 정기점검 관리 보관 요령으로 틀린 것은?

① 세척한 후에 그늘진 곳에 보관할 것

② 청결하고 습기가 없는 장소에 보관할 것

③ 보호구 사용 후에는 손질하여 항상 깨끗이 보관할 것

④ 한 달에 한번 이상 책임 있는 감독자가 점검을 할 것

해설 **안전장비의 정기점검 관리 보관 요령**
① 적어도 한달에 한번 이상 책임 있는 감독자가 점검을 할 것
② 청결하고 습기가 없는 장소에 보관할 것
③ 보호구 사용 후에는 손질하여 항상 깨끗이 보관할 것
④ 세척한 후에는 완전히 건조시켜 보관할 것   답 ①

77 성능평가를 위한 측정요소 중 설치코스트 평가 방법으로 가장 옳은 것은?

① 설치시설의 분류   ② 설치시설의 지역

③ 설치각도와 방위   ④ 인버터 설치 단가

해설 **설치 가격 평가 방법**
시스템 설치 단가, 인버터 설치 단가, 계측표시장치 단가, 태양전지 설치 단가, 기초공사단가, 부착시공단가, 어레이 가대 설치 단가 등   답 ④

78 송전설비 정기점검에 대한 설명 중 틀린 것은?

① 무전압 상태에서 필요에 따라서는 기기를 분해하여 점검한다.

② 원칙적으로 정전시키고 무전압 상태에서 기기의 이상상태를 점검한다.

③ 이상상태를 발견한 경우에는 배전반의 문을 열고 이상의 정도를 확인한다.

④ 배전반의 기능을 확인하고 유지하기 위한 계획을 수립하여 점검 하는 것이다.

해설 이상상태를 발견한 경우에는 배전반의 문을 열고 이상의 정도를 확인한다. 점검은 일상순시점검에 해당함

답 ③

출제기준 변경 및 개정된 관계 법규에 따라 삭제된 문제가 있어 20문항이 안됩니다.

5과목 – 신재생에너지 관련법규

81 전기설비규정에서 지중 전선로를 직접 매설식에 의하여 시설하는 경우 차량 기타 중량물의 압력을 받을 우려가 있는 장소의 매설 깊이는 몇 [m] 이상인가?

① 0.8 　　　　 ② 1.0
③ 1.4 　　　　 ④ 1.6

해설 KEC 334.1 (지중전선로의 시설)
지중 전선로를 직접 매설식에 의하여 시설하는 경우 차량 기타 중량물의 압력을 받을 우려가 있는 장소의 매설 깊이는 1.0[m] 이상, 기타 장소에는 60[cm] 이상

답 ②

82 전기설비기술기준에서 고압 및 특고압 전로의 피뢰기 시설 위치가 아닌 것은?

① 가공전선로와 지중전선로가 접속되는 곳
② 발전소·변전소 또는 이에 준하는 장소의 가공전선 인입구 및 인출구
③ 고압 또는 특고압의 지중전선로로부터 공급을 받는 수용 장소의 인입구
④ 가공전선로(25[kV] 이하의 중성점 다중접지식 특고압 가공전선로를 제외한다)에 접속하는 배전용 변압기의 고압측 및 특고압측

해설 고압 및 특고압 가공전선로로부터 공급을 받는 수용장소의 인입구

답 ③

83 안전공사 및 전기안전관리대행사업자가 안전관리업무를 대행할 수 있는 전기설비의 규모가 아닌 것은?

① 용량 300킬로와트 미만의 발전설비
② 용량 1천킬로와트 미만의 전기수용설비
③ 용량 1킬로와트 미만의 비상용 예비발전설비
④ 용량 500킬로와트 미만의 비상용 예비발전설비

해설 1. 안전공사 및 대행사업자
다음 각 목의 어느 하나에 해당하는 전기설비(둘 이상의 전기설비 용량의 합계가 2천500킬로와트 미만인 경우로 한정한다)
가. 용량 1천킬로와트 미만의 전기수용설비
나. 용량 300킬로와트 미만의 발전설비. 다만, 비상용 예비발전설비의 경우에는 용량 500킬로와트 미만으로 한다.
다. 태양에너지를 이용하는 태양광발전설비로서 용량 1천킬로와트 미만인 것
2. 개인대행자
다음 각 목의 어느 하나에 해당하는 전기설비(둘 이상의 용량의 합계가 1천50킬로와트 미만인 전기설비로 한정한다)
가. 용량 500킬로와트 미만의 전기수용설비
나. 용량 150킬로와트 미만의 발전설비. 다만, 비상용 예비발전설비의 경우에는 용량 300킬로와트 미만으로 한다.
다. 용량 250킬로와트 미만의 태양광발전설비(전기사업법 시행규칙 제41조)

답 ③

84 전기공사업법에서 공사업자가 아니어도 도급받거나 시공할 수 있는 대통령령으로 정하는 경미한 전기공사가 아닌 것은?

① 특고압 차단기 및 변압기 교체공사
② 전력량계 또는 퓨즈를 부착하거나 떼어내는 공사
③ 꽂음 접속기, 소켓, 로제트, 실링블록, 접속기, 전구류, 나이프스위치, 그 밖에 개폐기의 보수 및 교환에 관한 공사
④ 벨, 인터폰, 장식전구, 그 밖에 이와 비슷한 시설에 사용되는 소형변압기(2차측 전압 36[V] 이하의 것으로 한정한다)의 설치 및 그 2차측 공사

해설 "대통령령으로 정하는 경미한 전기공사"란 다음 각 호의 공사를 말한다.
1. 꽂음 접속기, 소켓, 로제트, 실링블록, 접속기, 전구류, 나이프스위치, 그 밖에 개폐기의 보수 및 교환에 관한 공사
2. 벨, 인터폰, 장식전구, 그 밖에 이와 비슷한 시설에 사용되는 소형변압기(2차측 전압 36볼트 이하의 것으로 한정한다)의 설치 및 그 2차측 공사
3. 전력량계 또는 퓨즈를 부착하거나 떼어내는 공사
4. 「전기용품안전 관리법」에 따른 전기용품 중 꽂음접속기를 이용하여 사용하거나 전기기계 · 기구(배선기구는 제외한다. 이하 같다) 단자에 전선(코드, 캡타이어케이블 및 케이블을 포함한다. 이하 같다)을 부착하는 공사
5. 전압이 600볼트 이하이고, 전기시설 용량이 5킬로와트 이하인 단독주택 전기시설의 개선 및 보수 공사. 다만, 전기공사기술자가 하는 경우로 한정한다. (영 제5조 경미한 전기공사)　**답** ①

---

85 온실가스 배출량 및 에너지 소비량에 관한 명세서를 작성할 때 포함되는 사항이 아닌 것은?

① 명세서에 관한 품질관리 절차
② 온실가스 감축 · 흡수 · 제거 실적
③ 업체의 규모, 생산설비, 제품원료 및 생산량
④ 생산공정과 생산설비로 구분한 온실가스 배출량 · 종류 및 규모

해설 명세서에는 다음 각 호의 사항이 포함되어야 한다.
1. 업체의 규모, 생산설비, 제품원료 및 생산량
2. 사업장별 배출 온실가스의 종류 및 배출량, 온실가스 배출시설의 종류 · 규모 · 수량 및 가동시간
3. 사업장별 사용 에너지의 종류 및 사용량, 사용연료의 성분, 에너지 사용시설의 종류 · 규모 · 수량 및 가동시간
4. 생산공정과 생산설비로 구분한 온실가스 배출량 · 종류 및 규모
5. 생산공정에서 사용된 온실가스 배출 방지시설의 종류 · 규모 · 처리효율 · 수량 및 가동시간
6. 포집(捕執) · 처리한 온실가스의 종류 및 양
7. 명세서에 관한 품질관리 절차
8. 그 밖에 관리업체의 온실가스 배출량 및 에너지 소비량의 관리를 위하여 부문별 관장기관이 환경부장관의 협의를 거쳐 필요하다고 인정한 사항　**답** ②

---

86 공급인증기관이 제정하는 공급인증서 발급 및 거래시장 운영에 관한 규칙 사항이 아닌 것은?

① 공급인증서의 거래방법에 관한 사항
② 공급인증서 가격의 결정방법에 관한 사항
③ 신 · 재생에너지 사용량의 증명에 관한 사항
④ 공급인증서 거래의 정산 및 결제에 관한 사항

해설 **공급인증기관 운영규칙**
1) 공급인증서의 발급, 등록, 거래 및 폐기 등에 관한 사항
2) 신 · 재생에너지 공급량의 증명에 관한 사항
3) 공급인증서의 거래방법에 관한 사항
4) 공급인증서 가격의 결정방법에 관한 사항
5) 공급인증서 거래의 정산 및 결제에 관한 사항
6) 그 밖에 공급인증서의 발급 및 거래시장 운영에 필요한 사항　**답** ③

---

87 연면적 1천제곱미터 이상의 신축 · 증축 또는 개축하는 건축물을 대상으로 예상 에너지사용량에 대한 2021년도 신 · 재생에너지의 공급의무 비율[%]은?

① 18　　　　　　② 21
③ 30　　　　　　④ 34

해설 신 · 재생에너지의 공급의무 비율
(제15조 제1항 제1호 관련)

해당연도	2020~2021	2022~2023	2024~2025	2026~2027	2028~2029	2030 이후
공급의무 비율[%]	30	32	34	36	38	40

답 ③

---

88 한국전기설비규정 에서 분산형전원을 계통연계하는 경우 전력계통의 단락용량이 전선의 순시허용전류를 상회할 우려가 있을 때에 시설해야 하는 장치로 가장 옳은 것은?

① 지락차단기　　　② 영상변류기
③ 전류제한리액터　④ 과전류차단기

해설 KEC 503.2.3 (단락전류 제한장치의 시설)
분산형전원을 계통연계하는 경우 전력계통의 단락용량이 다른 자의 차단기의 차단용량 또는 전선의 순시허용전류 등을 상회할 우려가 있을 때에는 그 분산형전원

설치자가 전류제한리액터 등 단락전류를 제한하는 장치를 시설하여야 하며, 이러한 장치로도 대응할 수 없는 경우에는 그 밖에 단락전류를 제한하는 대책을 강구하여야 한다. 답 ③

89 한국전기설비규정에서 발전소 등의 울타리·담 등의 시설 기준에 대한 설명 중 틀린 것은?

① 울타리·담 등의 높이는 2[m] 이상으로 할 것
② 지표면과 울타리·담 등의 하단사이의 간격은 20[cm] 이하로 할 것
③ 출입구에는 출입금지 표시 및 자물쇠 등 기타 적당한 장치를 할 것
④ 35[kV] 이하 전압에서는 울타리·담 등의 높이와 울타리·담 등으로부터 충전부분까지의 거리의 합계는 5[m] 이상일 것

해설 일반적인 울타리·담 등의 높이는 2[m] 이상으로 하고 지표면과 울타리·담 등의 하단 사이의 간격은 15[cm] 이하로 한다. 답 ②

90 한국전력거래소는 전력시장 및 전력계통의 운영에 관한 규칙을 정하여야 한다. 전력시장운영규칙에 포함되지 않는 내용은?

① 전력거래방법에 관한 사항
② 전력거래 시 REC 가격 변동 사항
③ 전력거래의 정산·결제에 관한 사항
④ 전력량계의 설치 및 계량 등에 관한 사항

해설 전력시장운영규칙에는 다음 각 호의 사항이 포함되어야 한다.
1. 전력거래방법에 관한 사항
2. 전력거래의 정산·결제에 관한 사항
3. 전력거래의 정보공개에 관한 사항
4. 전력계통의 운영 절차와 방법에 관한 사항
5. 전력량계의 설치 및 계량 등에 관한 사항
6. 전력거래에 관한 분쟁조정에 관한 사항
7. 그 밖에 전력시장의 운영에 필요하다고 인정되는 사항 답 ②

91 다음 중 신에너지에 해당되지 않는 것은?

① 수소 에너지
② 태양 에너지
③ 연료전지
④ 석탄을 액화·가스화한 에너지

해설 "신에너지"란 기존의 화석연료를 변환시켜 이용하거나 수소·산소 등의 화학 반응을 통하여 전기 또는 열을 이용하는 에너지로서 다음 각 목의 어느 하나에 해당하는 것을 말한다.
가. 수소에너지
나. 연료전지
다. 석탄을 액화·가스화한 에너지 및 중질잔사유(重質殘渣油)를 가스화한 에너지로서 대통령령으로 정하는 기준 및 범위에 해당하는 에너지
라. 그 밖에 석유·석탄·원자력 또는 천연가스가 아닌 에너지로서 대통령령으로 정하는 에너지 답 ②

92 전기판매사업자는 대통령령으로 정하는 바에 따라 전기요금과 그 밖의 공급조건에 관한 약관을 작성하여 누구의 인가를 받아야 하는가?

① 전기위원회위원장
② 전력거래소장
③ 기획재정부장관
④ 산업통상자원부장관

해설 전기판매사업자는 대통령령으로 정하는 바에 따라 전기요금과 그 밖의 공급조건에 관한 약관을 작성하여 산업통상자원부장관의 인가를 받아야 한다. 답 ④

93 한국전기설비규정에서 저압전로에 시설하는 보호 장치의 확실한 동작을 확보하기 위하여 특히 필요한 경우에 전로의 중성점에 접지공사를 할 경우 접지선의 공칭단면적은 몇 [mm²] 이상의 연동선으로 사용하여야 하는가?

① 4   ② 6
③ 10   ④ 16

해설 KEC 322.5 (전로의 중성점의 접지)
접지도체는 공칭단면적 16[mm²] 이상의 연동선 또는 이와 동등 이상의 세기 및 굵기의 쉽게 부식하지 아니하는 금속선(저압 전로의 중성점에 시설하는 것은 공칭단면적 6[mm²] 이상의 연동선 또는 이와 동등 이상의 세기 및 굵기의 쉽게 부식하지 않는 금속선)으로서 고장 시 흐르는 전류가 안전하게 통할 수 있는 것을 사용하고 또한 손상을 받을 우려가 없도록 시설할 것. 답 ②

94 신·재생에너지 발전사업자가 신·재생에너지의 기술개발 및 이용·보급에 필요한 사업을 원활히 수행하기 위하여 가입하는 「엔지니어링산업 진흥법」 제34조에 따른 공제조합이 공제사업을 할 경우 정하는 공제규정에 대한 내용으로 틀린 것은?

① 공제사업의 범위
② 공제계약의 내용
③ 공제금 및 공제료
④ 공제계약 위반 시 벌칙금

해설 공제 규정에는 공제사업의 범위, 공제계약의 내용, 공제료, 공제금, 공제금에 충당하기 위한 책임준비금 등 공제사업의 운영에 필요한 사항이 포함되어야 한다.
답 ④

95 신·재생에너지 설비 설치의무기관으로 대통령령으로 정하는 금액 이상을 출연한 정부출연기관에서 "대통령령으로 정하는 금액 이상"이란 최소 연간 얼마 이상을 말하는가?

① 40억원   ② 50억원
③ 60억원   ④ 70억원

해설 설치의무화 대상기관 범위에는 국가기관 및 지방자치단체, 정부가 연간 50억 이상 출연한 정부출연기관, 지방자치단체 및 규정에 따른 공기업, 정부출연기관 또는 정부출자기업체가 대통령령으로 정하는 비율 또는 금액 이상을 출자한 법인 납입자본금의 100분의 50 이상을 출자한 법인 납입자본금으로 50억원 이상을 출자한 법인
답 ②

96 정부는 지속가능발전과 관련된 국제적 합의를 성실히 이행하고, 국가의 지속가능발전을 촉진하기 위하여 몇 년을 계획기간으로 하는 지속가능발전 기본계획을 5년마다 수립·시행하여야 하는가?

① 10   ② 20
③ 30   ④ 50

해설 정부는 지속가능발전과 관련된 국제적 합의를 성실히 이행하고, 국가의 지속가능발전을 촉진하기 위하여 20년을 계획기간으로 하는 지속가능발전 기본계획을 5년마다 수립·시행하여야 한다.
답 ②

97 전기설비기술기준에서 저압전선로 중 절연부분의 전선과 대지 사이 및 전선의 심선 상호 간의 절연저항은 사용전압에 대한 누설전류가 최대 공급전류의 얼마를 넘지 않도록 하여야 하는가?

① 1/100   ② 1/500
③ 1/1000   ④ 1/2000

해설 기술기준 제27조(전선로의 전선 및 절연성능)
저압전선로 중 절연 부분의 전선과 대지 사이 및 전선의 심선 상호 간의 절연저항은 사용전압에 대한 누설전류가 최대 공급전류의 1/2000을 넘지 않도록 하여야한다.
답 ④

98 정부가 신·재생에너지의 기술개발 및 이용·보급의 촉진에 관한 시책을 마련하여 자발적인 신·재생에너지 기술개발 및 이용·보급을 장려하고 보호 육성하여야 하는 대상이 아닌 것은?

① 기업체
② 공공기관
③ 해외기관
④ 지방자치단체

해설 정부가 신·재생에너지의 기술개발 및 이용·보급의 촉진에 관한 시책을 마련하여 자발적인 신·재생에너지 기술개발 및 이용·보급을 장려하고 보호 육성하여야 하는 대상은 기업체, 공공기관, 지방자치단체 이다.
답 ③

99 한국전기설비규정에서 상주 감시를 하지 아니하는 변전소의 변전제어소 또는 기술원이 상주하는 장소에 경보장치를 시설하는 경우로서 틀린 것은?

① 제어 회로의 전압이 현저히 저하한 경우
② 주요 변압기의 전원측 전로가 무전압으로 된 경우
③ 특고압용 타냉식 변압기는 그 냉각장치가 고장 난 경우
④ 출력 500[kVA] 초과하는 특고압용 변압기의 온도가 현저히 상승한 경우

해설 KEC 351.9 (상주 감시를 하지 아니하는 변전소의 시설)
출력 3,000[kVA]를 넘는 특별고압용 변압기는 그 온도
가 현저히 상승한 경우 **답** ④

출제기준 변경 및 개정된 관계 법규에 따라 삭제된 문제
가 있어 20문항이 안됩니다.

2019년 기사 1회

New & Renewable energy

1과목 - 태양광발전시스템 이론

01 축전지 설계 시 유의하여야 할 사항으로 틀린 것은?

① 가급적 자기방전율이 높은 축전지 방식을 선정한다.

② 축전지 직렬 개수는 태양광발전 전지에서도 충전 가능한지 검토하여야 한다.

③ 축전지의 전압은 인버터 입력전압 범위에 포함되는지 확인하여 선정한다.

④ 방재 대응형에는 재해로 인한 정전 시에 태양광발전 전지에서 충전을 하기 위한 충전전력량과 축전지 용량을 매칭할 필요가 있다.

해설 설치기준 취급주의 사항

① 방재 대응형에는 재해로 인한 정전 시에 태양광발전 전지에서 충전을 하기 위한 충전전력량과 축전지 용량을 매칭할 필요가 있다.

② 축전지 직렬 개수는 태양전지에서도 충전가능한지, 인버터 입력전압 범위에 포함 되는지 확인하여 선정하여야 한다.

③ 상시 유지충전방법을 충분히 검토하고, 항상 축전지를 양호한 상태로 유지하도록 한다.

④ 중량물이므로 설치장소는 하중에 견딜 수 있는 장소로 선정한다.

⑤ 지진에 견딜 수 있는 구조로 한다. **답** ①

02 태양광발전 인버터에서 태양광발전 전지의 동작점을 항상 최대가 되도록 하는 기능은?

① 자동 전압 조정 기능

② 자동 운전 정지 기능

③ 단독 운전 방지 기능

④ 최대전력 추종제어 기능

해설 최대 전력추종제어 기능

태양전지의 출력은 일사강도와 태양전지 표면온도에 따라 변동하며, 이러한 변화 요소에도 태양전지의 동작점이 항상 최대 출력점을 추종하도록 변화시켜 태양전

지에서 최대출력을 얻을 수 있는 제어를 최대전력추종 (MPPT : Maximum Power Point Tracking)제어라 함 **답** ④

03 태양광발전 모듈의 I-V 특성곡선에서 일사량에 따라 가장 많이 변화하는 것은?

① 전압 ② 전류

③ 저항 ④ 커패시턴스

해설 태양전지 모듈 패널의 V-I 특성 곡선을 보면 같은 온도 조건(25°일 때)에서 일사량이 많으면 전류가 높아지고 같은 조건일 때 온도의 변화를 주게 되면, 온도가 높을수록 전압이 하강한다. **답** ②

04 태양광발전시스템에서 지락 발생 시 누전차단기로 보호할 수 없는 경우가 발생하는 이유는?

① 지락전류에 직류성분이 포함되어 있기 때문에

② 인버터의 출력이 직접 계통에 접속되기 때문에

③ 태양광발전 전지와 계통측이 절연되어 있지 않기 때문에

④ 태양광발전 전지에서 발생하는 지락전류의 크기가 매우 크기 때문에

해설 태양광발전시스템에서 지락 발생 시 누전차단기로 보호할 수 없는 경우가 발생하는 이유는 지락전류에 직류성분이 포함되어 있기 때문에 **답** ①

05 풍력발전기가 바람의 방향을 향하도록 블레이드의 방향을 조절하는 것은?

① Pitch control

② Yaw control

③ Active stall control

④ Passive stall control

해설 풍력발전기가 무인 운전이 가능하도록 설정, 운전하는 Control System 및 Yawing & Pitching Controler와 원

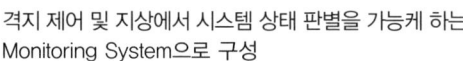

격지 제어 및 지상에서 시스템 상태 판별을 가능케 하는 Monitoring System으로 구성
- Yaw Control : 바람방향을 향하도록 블레이드의 방향 조절
- Pitch Control : 날개의 경사각(pitch) 조절로 출력을 능동적 제어
- Stall(失速) Control : 한계풍속 이상이 되었을 때 양력이 회전날개에 작용하지 못하도록 날개의 공기역학적 형상에 의한 제어 　답 ②

06 태양광발전 어레이와 인버터 사이에 위치하는 접속함에 설치되는 소자가 아닌 것은?

① 피뢰소자 　　　　② 역류방지소자

③ 바이패스소자 　　④ 직류출력개폐기

해설 바이패스 소자는 보통 태양전지 모듈 뒷면에 있는 단자함의 출력단자 정·부극 간에 설치한다. 　답 ③

07 트랜스리스 방식의 인버터를 선정할 경우 특히 주의해야 할 점은?

① 계통연계 보호장치

② 연계하는 계통의 전압과 결선방식

③ 태양광발전 모듈의 출력특성 분석

④ 계통의 전압, 주파수, 상수특성 분석

해설 트랜스리스방식은 출력 측에 트랜스가 존재하지 않아 출력 측 전압과 결선방식에 주의해야 한다. 　답 ②

08 투명유리 위에 코팅된 투명전극과 그 위에 접착되어 있는 TiO_2 나노입자와 전해액으로 구성된 태양광발전 전지는?

① 박막

② CIGS계

③ 염료감응형

④ 단결정 실리콘

해설 염료감응형 태양전지는 색소가 붙은 산화티탄 등의 나노 입자를 한쪽의 전극에 칠하고 또 다른 쪽 전극과의 사이에 전해액을 끼워 넣은 구조로 되어 있다. 태양광을 흡수한 색소에서 전자가 발생하여 산화티탄을 사이에 끼워 전류가 흐르게 한다. 색소에 의해 빛 에너지를 이용하는 점에서는 식물의 광합성과 비슷하다. 　답 ③

09 서로 다른 두 종류의 금속을 접촉하여 두 접점의 온도를 다르게 하면 온도차에 의해서 열기전력이 발생하고 미소한 전류가 흐르는 현상은?

① 홀 효과(Hall effect)

② 펠티에 효과(Peltier effect)

③ 제베크 효과(Seebeck effect)

④ 광도전 효과(photo conductivity effect)

해설 제베크 효과(Seebeck effect)
서로 다른 두 종류의 금속을 접촉하여 두 접점의 온도를 다르게 하면 온도차에 의해서 열기전력이 발생하고 미소한 전류가 흐르는 현상 　답 ③

10 어떤 회로에 $E = 200 + j50$[V]인 전압을 가했을 때 $I = 5 + j5$[A]의 전류가 흘렀다면 이 회로의 임피던스는 약 몇 [Ω]인가?

① 0 　　　　　　② ∞

③ $70 + i30$ 　　　④ $25 - j15$

해설
$$Z = \frac{V}{I} = \frac{200 + j50}{5 + j5}$$
$$= \frac{(200 + j50)(5 - j5)}{(5 + j5)(5 - j5)}$$
$$= \frac{(1000 + 250 - j750)}{(25 - j25 + j25 - j^2 25)}$$
$$= \frac{(1000 + 250 - j750)}{(25 + 25)}$$
$$= \frac{1250 - j750}{(25 + 25)} = \frac{1250 - j750}{50}$$
$$= 25 - j15 [\Omega]$$
답 ④

11 도가니 인발 공정(Czochralski 공정)을 거쳐서 생산되는 태양광발전 전지는?

① 염료

② 단결정 실리콘

③ 다결정 실리콘

④ 비정질 실리콘

해설 Czochralski 공정(도가니 인발공정)은 지상 적용을 위한 단결정 실리콘의 생산에서 자리 잡아 왔다. 　답 ②

12 이상적인 변압기에 대한 설명으로 옳은 것은?

① 단자 전류의 비 I_2 / I_1는 권수비와 같다

② 단자 전압의 비 V_2 / V_1는 코일의 권수비와 같다.

③ 1차측 복소전력은 2차측 부하의 복소전력과 같다.

④ 1차측 단자에서 본 전체 임피던스는 부하 임 피던스에 권수비의 자승의 역수를 곱한 것 과 같다.

해설 $a = \dfrac{V_1}{V_2} = \dfrac{N_1}{N_2} = \dfrac{I_2}{I_1}$ 이므로 권수와 전압은 비례하고 권수와 전류는 반비례한다.　　　　　답 ①

13 태양광발전 모듈의 특성치가 다음의 표와 같다. 이 모듈의 변환 효율은 약 몇 [%]인가?

V_{oc} : 45.10[V]	I_{so} : 8.57[A]
V_{mpp} : 35.70[V]	I_{mpp} : 8.27[A]
Dimensions : 1,956 × 992 × 40[mm]	

① 14.3　　　　　② 14.6

③ 14.9　　　　　④ 15.2

해설

$$광변환효율 = \dfrac{V_{mpp} \times I_{mpp}\,(최대발전량)}{태양전지모듈 면적 \times 1,000[W/m^2]\,(일사량)}$$

$$= \dfrac{35.7 \times 8.27}{1,000 \times (1.956 \times 0.992)} \times 100$$

$$= 15.21[\%]$$
　　　　　답 ④

14 태양광발전 전지에서 직렬저항이 발생하는 원인이 아닌 것은?

① 전면 및 후면 금속전극의 저항

② 태양광발전 전지 내의 누설전류

③ 금속전극과 에미터, 베이스 사이의 접촉저항

④ 태양광발전 전지의 에미터와 베이스를 통한 전류 흐름

해설 태양전지 직렬저항이 발생하는 원인
1) 태양전지의 에미터와 베이스를 통한 전류 흐름.

즉 에미터와 베이스의 수직 저항 성분
2) 금속전극과 에미터, 베이스 사이의 접촉저항
3) 전면 및 후면 금속전극의 저항병렬저항은 누설전류와 관계된다.　　답 ②

15 PN접합 다이오드에 역방향 바이어스 전압을 인가했을 때 접합면 주변에서 발생하는 물리적 특성에 해당하지 않는 것은?

① 전계가 강해진다.

② 전위 장벽이 높아진다.

③ 접합 커패시턴스가 커진다.

④ 공간전하 영역의 폭이 넓어진다.

해설 PN접합 다이오드에 역방향 바이어스 전압을 인가했을 때 접합면 주변에서 발생하는 물리적 특성
① 전계가 강해진다.
② 전위 장벽이 높아진다.
③ 공간전하 영역의 폭이 넓어진다.　답 ③

16 태양광발전 모듈을 구성하는 직렬 셀에 음영이 생길 경우 발생하는 출력 저하 및 발열을 억제하기 위해 설치하는 소자는?

① 정류 다이오드

② 역전류 방지 퓨즈

③ 바이패스 다이오드

④ 역전류 방지 다이오드

해설 태양광발전 모듈을 구성하는 직렬 셀에 음영이 생길 경우 발생하는 출력 저하 및 발열을 억제하기 위해 설치하는 소자는 바이패스 다이오드이다.　답 ③

17 과부하 또는 단락이 발생하면 계통으로부터 태양광발전시스템을 자동으로 차단시키는 과전류 보호 장치는?

① 스트링 퓨즈

② 누전차단기

③ 배선용차단기

④ 바이패스 다이오드

해설 배선용차단기(MCCB, Molded Case Circuit Breaker)는 전류 이상을 감지하여 선로가 열에 의해 타서 손상되기 전, 선로를 차단하여 주는 배선 보호용 기기　답 ③

18 연료전지의 특징에 대한 설명 중 틀린 것은?

① 도심지역에 설치 운영이 가능하다.

② 다양한 발전 용량에 맞게 제작이 가능하다.

③ 기계적 에너지변환 과정에서 소음이 발생한다.

④ 석탄가스, LNG, 메탄올 등 연료의 다양화가 가능하다.

해설 **연료전지특징**
① 천연가스, 메탄올, 석탄가스 등 다양한 연료사용이 가능하다.
② 발전효율이 40~60[%]이며, 열병합발전 시 80[%] 이상 가능하다.
③ 도심 부근에 설치가 가능하여 송배전 시의 설비 및 전력 손실이 적다.
④ 고도의 기술과 고가의 재료 사용으로 인해 경제성이 떨어진다.
답 ③

19 지표면에서 태양을 올려 보는 각(angle of elevation)이 30°인 경우에 AM(Air Mass) 값은?

① 0 ② 1

③ 1.5 ④ 2

해설 $AM = \dfrac{1}{\sin 30°} = \dfrac{1}{\frac{1}{2}} = 2$
답 ④

20 태양광 발전시스템 중 정상적으로 동작하고 있을 때 에너지 효율이 가장 좋은 방식은?

① 고정형 시스템

② 추적형 시스템

③ 반고정형 시스템

④ 건물일체형 시스템

해설 추적형 시스템은 태양전지모듈을 입사되는 태양광에 수직이 되도록 위치시키는 방식으로 태양광발전 효율은 가장 높으나, 설치면적 넓고, 설치비용이 가장 경제적이지 못하다.
• 효율이 좋은 순서 ② > ③ > ① > ④
답 ②

2과목 - 태양광발전시스템 설계

21 IEC 76(power Transformer)에서 변압기 Y-△ 결선방식을 각 변위 표시 기호로 나타낸 것으로 옳은 것은?

① Dd0 ② Yy0

③ Yd1 ④ Dn11

해설 **각 변위 표시방법**
변압기 결선방식에 따른 각 변위 표시는 IEC 76에서 규정하는 벡터군 기호에 의하여 아래와 같이 명시
• 고압 : 대문자 / 저압 : 소문자 / Y결선 : Y / △결선 : △
• 0 = 동상, 1 = 30° 지상, 11 = 30° 진상(330° 지상), 5 = 150° 지상
• △-△ = Dd0
• △- Y = Dy11
• Y -△ = Yd1
• Y - Y = Yy0
• 345kV 변압기 : 결선은 Y-Y-△ 각변위 YNyn0d1
• 765kV 변압기 : 결선은 Y-Y-△ 각변위 YNautod1 또는 YNad1
답 ③

22 태양광발전시스템의 도면배치 순서가 옳은 것은? (단, 배치는 태양광 발전 모듈에서 계통 방향으로 하며, 태양광 발전 모듈은 ◁로, 인버터는 ▱로, 접속함은 ⊠로, 변압기는 ◯◯로 표기하였다.)

① ◁ → ▱ → ◯◯ → ⊠

② ◁ → ◯◯ → ▱ → ⊠

③ ◁ → ◯◯ → ⊠ → ▱

④ ◁ → ⊠ → ▱ → ◯◯

해설 ◁ → ⊠ → ▱ → ◯◯
답 ④

23 계통연계형 태양광 발전시스템 설계 시 갖추어야 할 기초자료가 아닌 것은?

① 청명일수

② 최대 폭설량

③ 지질조사 기록

④ 순간풍속 및 최대풍속

해설 태양광 발전시스템 설계 시 갖추어야 할 기초 자료로 연간 일조량 분포도, 순간풍속 및 최대풍속, 최저온도 및 최고온도 설치예정 장소의 오염원 유무, 최대 폭설 시의 폭설량, 설치장소의 지질조사 **답** ①

---

24 '개발행위허가'만으로 태양광 발전소를 건설할 수 있는 '관리지역'의 면적제한 기준은 최대 몇 [m²] 미만인가?

① 5,000   ② 10,000

③ 20,000   ④ 30,000

해설 1) 도시지역
　　가. 주거지역 · 상업지역 · 자연녹지지역 · 생산녹지지역 : 1만 제곱미터 미만
　　나. 공업지역 : 3만 제곱미터 미만
　　다. 보전녹지지역 : 5천 제곱미터 미만
　2) 관리지역 : 3만 제곱미터 미만
　3) 농림지역 : 3만 제곱미터 미만
　4) 자연환경보전지역 : 5천 제곱미터 미만 **답** ④

---

25 전력품질에 들어가지 않는 항목은?

① 전압   ② 주파수

③ 발전량   ④ 정전시간

해설 분산형 전원 계통연계기술은 전압, 주파수, 고조파, 역률 등의 기존 전력품질을 유지한다. **답** ③

---

26 태양광발전 전지(솔라셀) 직렬연결 시 음영에 의한 출력은 몇 [W]인가? (단, 셀은 모두 5[W] ×10개이고, 음영에 의해 출력이 저하한 셀은 3.5[W]×4개이다)

① 28   ② 35

③ 44   ④ 50

해설 직렬로 연결된 모듈에 음영이 발생하면 연결된 모든 셀이 가장 낮은 출력으로 동일하게 출력된다.
직렬연결 출력 = 3.5[W] × 10 = 35[W] **답** ②

---

27 태양광발전시스템을 평지에 고정식으로 설치하는 경우 국내에서 적용하고 있는 최저 경사각 범위로 가장 적합한 것은?

① 15~20°   ② 20~25°

③ 28~36°   ④ 40~60°

해설 태양광의 방위각(정남향) 및 경사각(28~36°)을 고정하여 설치한다. **답** ③

---

28 사업의 경제성 평가 기준에 대한 설명으로 가장 옳은 것은?

① 내부 수익률 법에서 $IRR = r$이 될 경우 경제성이 있다고 판단한다.

② 내부 수익률 법에서 $IRR < r$이 될 경우 경제성이 있다고 판단한다.

③ 비용 편익 분석법에서 B/C Ratio < 1일 때 경제성이 있다고 판단한다.

④ 순현재 가치분석 판단법에서 NPV > 0일 때 경제성이 있다고 판단한다.

해설 경제성 분석
　1) NPV(순현재가치)는 '0'보다 크면 경제성이 있고, '0'보다 작으면 경제성이 없다.
　2) B/C(비용편익)는 1보다 크면 경제성이 있고, '1'보다 작으면 경제성이 없다.
　3) IRR(내부수익률)은 r(할인율)보다 커야 한다. **답** ④

---

29 태양광발전시스템을 이상 전압으로 부터 보호하기 위한 과전압 보호장치(SPD)선정으로 틀린 것은? (단, LPZ는 Lighting Protection Zone이다)

① 접속함에서 인버터까지의 전선로에는 LPZ II(4/10[μs], $I_{max} < 10$[kA])으로 교류용을 선정 한다.

② 유도뢰만 있는 어레이에서는 LPZ III(전압 1.2/50[μs]+전류 8/20[μs]를 조합)을 사용 가능하다.

③ 한전 계통인입부에는 외부의 직격뢰 침임을 고려하여 LPZ I (3/350[μs], $I_{imp} < 15$[kA]) 이상을 선정한다.

④ 피뢰설비로부터 직격뢰 전류가 침입 가능한 위치에서 설치된 어레이에는 LPZ I (3/350[μs], $I_{imp} < 15$[kA])을 신청한다.

해설 접속함에서 인버터까지의 전선로에는 LPZ I(8/20[μs], $I_{max} < 10$[kA])으로 교류용을 선정한다. 답 ①

---

30 800[kW]로 전기사업허가를 득하였다. 다음과 같은 주요기자재를 사용하여 최대 용량으로 태양광발전시스템을 설치하고자 할 때 모듈의 병렬 수는? (단, 모듈의 직렬 수는 19직렬로 하며, 토지면적은 충분히 여유 있는 것으로 한다. 기타 사항은 신·재생에너지 설비의 지원 등에 관한 지침을 따른다)

> - 태양광발전 모듈 : 370[Wp]
> - 태양광발전 인버터 : 800[kW]

① 112병렬 ② 113병렬
③ 119병렬 ④ 125병렬

해설 신·재생에너지 설비의 지원 등에 관한 지침(태양광발전 원별 시공기준)에 의하면 설계용량의 110[%]와 인버터 용량의 105[%] 이내에 설치가 가능하므로 인버터 용량의 105[%]인 최대 840[kW]까지 발전설비를 설치할 수 있다.

$800[kW] \times 1.05 = 840[kW]$

$$병렬 수 = \frac{인버터 용량의 105[\%]}{모듈 용량 \times 직렬 수} = \frac{840[kW]}{370[W] \times 19}$$
$$= 119.49 \approx 119(병렬)$$
답 ③

---

31 120[kWp] 태양광발전시스템을 밭에 설치하려 할 때 REC 가중치는 얼마인가?

① 1.10 ② 1.13
③ 1.17 ④ 1.20

해설 태양광발전시스템 용량이 120[kW]인 경우 REC 가중치는 다음과 같은 공식에 적용한다.

$$REC가중치 = \frac{99.999 \times 1.2 + (120 - 99.999) \times 1.0}{120}$$
$$= 1.1666 \approx 1.17$$

구분	공급인증서 가중치	대상에너지 및 기준	
		설치유형	세부기준
태양광 에너지	1.2	일반부지에 설치하는 경우	100[kw] 미만
	1.0		100[kW]부터
	0.8		3,000[kW] 초과부터
	0.5	임야에 설치하는 경우	
	1.5	건축물 등 기존 시설물을 이용하는 경우	3,000[kW] 이하
	1.0		3,000[kW] 초과부터
	1.6	유지의 수면에 부유하여 설치하는 경우	100[kw] 미만
	1.4		100[kW]부터
	1.2		3,000[kW] 초과부터
	1.0	자가용 발전설비를 통해 거래하는 경우	

설치용량	태양광에너지 가중치 산정식
100kW 미만	1.2
100kW부터 3,000kW 이하	$\dfrac{99.999 \times 1.2 + (용량 - 99.999) \times 1.0}{용량}$
3,000kW 초과부터	$\dfrac{99.999 \times 1.2}{용량} + \dfrac{2,900.001 \times 1.0}{용량}$ $+ \dfrac{(용량 - 3,000) \times 0.8}{용량}$

답 ③

---

32 태양광발전시스템의 방재 대책에 대한 사항으로 옳은 것은?

① 뇌해를 방지하기 위해 피뢰소자를 사용한다.
② 내진 대책을 위하여 방화구획 관통부를 보강한다.
③ 염해를 예방하기 위해 이종금속 사이에 절연물을 사용한다.
④ 최다 적설 시를 대비하여 태양광발전 어레이가 매몰 되지 않는 높이가 되도록 한다.

해설 방화구획 관통부의 처리를 하는 것은 화재발생시의 방화 대책물인 벽, 바닥, 기둥 등을 통과하는 전선배관의 관통부분에는 다른 설비로 불길이 번지거나 확대하는 것을 방지하기 위해서 이다. 배선을 옥외에서 옥내로 끌어들인 관통부분의 처리방법은 다음의 사항을 충족시킬 필요가 있다.
① 관통분의 충전재, 케이블, 배관재의변형, 파손, 손실로 인해 뒷면에 화염 연기가 나지 않을 것(난연성)
② 관통부분의 충전재, 내열실재의 전열에 의해 뒷면이 연소할 위험이 있는 온도가 되지 않을 것(내열성)
답 ① ② ③ ④ 모두 정답

---

33 가조시간과 일조시간에 대한 설명으로 틀린 것은?

① 맑은 날은 가조시간과 일조시간이 동일하다.
② 가조시간과 일조시간의 비를 발전률이라 한다.
③ 가조시간은 태양이 뜨고 지는 때까지의 시간이다.
④ 일조시간 실제 지표면에 태양이 비치는 시간이다.

해설 가조시간과 일조시간의 비를 일조율이라고 하며, 백분율[%]로 나타낸다. **답** ②

$$이격거리 = L \frac{\sin(180° - 경사각 - 고도각)}{\sin(고도각)}$$
$$= 2 \times \frac{\sin(180° - 30° - 31.5°)}{\sin 31.5°}$$
$$= 3.36[m]$$ **답** ③

34 설계도서 해석 시 우선 순위를 나열한 것으로 가장 옳은 것은?

ⓐ 설계도면 ⓑ 공사시방서
ⓒ 전문시방서 ⓓ 산출내역서
ⓔ 감리자의 지시사항 ⓕ 표준시방서

① ⓐ → ⓑ → ⓒ → ⓓ → ⓔ → ⓕ
② ⓑ → ⓐ → ⓒ → ⓕ → ⓓ → ⓔ
③ ⓒ → ⓐ → ⓑ → ⓓ → ⓕ → ⓔ
④ ⓔ → ⓑ → ⓐ → ⓕ → ⓒ → ⓓ

해설 설계도서 해석의 우선순위
설계도서법령해석감리자의 지시 등이 서로 일치하지 아니하는 경우에 있어 계약으로 그 적용의 우선순위를 정하지 아니한 때에는 다음의 순서를 원칙으로 한다.
1) 공사시방서
2) 설계도면
3) 전문시방서
4) 표준시방서
5) 산출내역서
6) 승인된 상세시공도면
7) 관계법령의 유권해석
8) 감리자의 지시사항 **답** ②

35 북위 35°에 위치한 태양광발전시스템의 어레이 경사각이 30°이다. 동지에 정오 기준으로 어레이 간 음영의 영향을 받지 않는 최소 이격거리[m]는? (단, 모듈의 긴 면을 가로로 하며, 모듈 설치 간격은 무시한다.)

[조건]
- 태양광발전 모듈의 크기 : 2[m] x 1[m]
- 모듈의 어레이 구성 : 가로 2단 배치

① 2.06 ② 2.15
③ 3.36 ④ 3.51

해설 동지 정오의 태양 고도각 = 90° - 위도 - 23.5°
= 90° - 35° - 23.5°
= 31.5°

36 태양광발전 어레이 가대 설계 시 고려하여야 할 수평하중은?

① 자중 ② 풍하중
③ 고정하중 ④ 적설하중

해설 태양전지 어레이용 가대의 구조설계에 있어서 상정하중이 최대가 되는 것은 일반적으로 풍하중인 경우가 많다. 바람으로 인한 태양전지 어레이 파괴의 대부분은 강풍 시에 발생한다.
(풍하중 > 적설하중 > 지진하중) **답** ②

37 계통연계형 1[MW] 태양광발전시스템의 단선결선도 상에 표시되는 설비가 아닌 것은?

① VCB ② GPT
③ MOF ④ GTO

해설
• VCB : 진공차단기
• GPT : 접지형계전기용 변압기
• MOF : 전력 수급용 계기용변성기
• GTO : Gate Turn Off thyristor의 약자루(뜻은 사이리스터) '게이트회로'의 전류를 끊어서 사용한다는 뜻이다. **답** ④

38 송 · 배전용 전기설비 이용규정에 따라 태양광발전시스템에서 계통으로 유입되는 고조파 전류는 종합 전압 왜형률이 최대 몇 [%] 미만이어야 하는가?

① 2 ② 3
③ 4 ④ 5

해설 배전계통의 고조파 전압 허용치는 IEC 기준의 계획레벨 개념을 준용하되 전력연구원의 연구결과를 반영하고 향후 고조파 상승분, 송전계통의 전달특성 등을 고려해 종합 고조파 왜형률(THD) 5[%] 이하로 결정키로 했다. **답** ④

39 경사지붕 면적이 100[m²](10[m]x10[m])인 건축물에 태양광발전시스템을 설치하려고 한다. 165[W_p]급 태양광발전 모듈이 가로의 길이가 1.6[m], 세로의 길이가 0.8[m], 모듈의 온도에 따른 전압범위가 28~42 V_{mpp} 일 때 모듈의 설치 가능 개수는? (단, 인버터의 MPP전압 범위는 150~540 V_{mpp}, 효율은 92[%], 인버터의 기동전압, 모듈설치간격 및 기타 손실 등은 무시한다.)

① 62개   ② 68개
③ 72개   ④ 76개

해설 가로 설치 수 $= \dfrac{10[m]}{1.6[m]} = 6.25 = 6$개

세로 설치 수 $= \dfrac{10[m]}{0.8[m]} = 12.5 = 12$개

설치 가능 모듈 수 $= 12 \times 6 = 72$개   **답** ③

40 태양광발전시스템의 월간 발전 가능량(E_{PM}) 산출 식으로 옳은 것은? (단, P_{AS} : 표준상태에서의 태양광발전 어레이 출력(kW), H_{AM} : 월 적산 어레이 표면(경사면) 일조량(kWh/(m²·원)), G_S : 표준상태에서의 일조강도 (kW/m²), K : 종합설계계수)

① $E_{PM} = P_{AS}(G_S/H_{AM})K(\text{kWh}/\text{월})$
② $E_{PM} = P_{AS}(H_{AM}/G_S)K(\text{kWh}/\text{월})$
③ $E_{PM} = H_{AM}(G_S/P_{AS})K(\text{kWh}/\text{월})$
④ $E_{PM} = P_{AS}\{H_{AM}/(G_S \times K)\}(\text{kWh}/\text{월})$

해설 발전량 산출 $E_{PM} = P_{AS} \times \left(\dfrac{H_{AM}}{G_S}\right) \times K(\text{kWh}/\text{월})$

P_{AS} : 표준상태에서의 태양전지 어레이 (모듈 총 수량) 출력[kW]

H_{AM} : 월 적산 어레이표면(경사면) 일사량 [kWh/(m²·월)]

G_S : 표준상태에서의 일사강도 [kW/m²(= 1 [kW/m²])]

K : 종합설계계수   **답** ②

3과목 - 태양광발전시스템 시공

41 태양광발전시스템 시공 절차 중 (   )에 들어갈 순서로 옳은 것은?

현장조사 → 설계 → (   ) → 설비시공 → (   ) → 계통연계 시작

① 공사계획 신고, 사용 전 검사
② 사용 전 검사, 공사계획 신고
③ 공사계획 신고, 개별행위 준공
④ 사용 전 검사, 신재생에너지 설치확인

해설 **태양광발전설비 시공절차**
현장여건분석 → 시스템설계 → 구성요소제작 → 기초공사 → 설치가대설치 → 모듈설치 → 간선공사 → 인버터설치 → 시운전 → 운전개시 순으로 시공된다.
답 ①

42 외부피뢰시스템에 해당되지 않는 것은?

① 수뢰부시스템   ② 인하도선시스템
③ 접지시스템   ④ 접지극시스템

해설 ① 수뢰부시스템 : 구성물의 뇌격을 받아들임
② 인하도선 시스템 : 뇌격전류를 안전하게 대지로 보냄
③ 접지시스템 : 뇌격전류를 대지로 방류시킴   **답** ④

43 케이블 단말처리 중 시공 시 테이프 폭이 3/4 로부터 2/3 정도로 중첩해 감아 놓으면 시간이 지남에 따라 융착하여 일체화하는 절연테이프 종류는?

① 보호 테이프
② 노튼 테이프
③ 비닐 절연테이프
④ 자기 융착 절연테이프

해설 **절연테이프의 종류**
1) 비닐 절연테이프 : 장시간 사용 시 점착력 감소, 태양광발전에는 적합하지 않음
2) 자기 융착 테이프 : 시간의 경과에 따라 융착하여 일체화됨, 부틸 고무제, 폴리에틸렌 + 부틸 고무 합성품

3) 부틸 고무제 : 자기 융착 테이프의 종류로 저압에서 많이 사용됨
4) 보호 테이프 : 자기 융착 테이프의 열화방지를 위해 자기 융착 테이프 위에 감는 보호테이프   **답** ④

44 전선의 표피 효과에 관한 설명으로 옳은 것은?

① 도전율이 클수록, 투자율이 작을수록 커진다.
② 도전율이 작을수록, 비투자율이 클수록 커진다.
③ 전선의 단면적이 클수록, 주파수가 낮을수록 커진다.
④ 전선의 단면적이 클수록, 주파수가 높을수록 커진다.

해설 전선의 단면적이 클수록 커지고, 주파수가 높을수록 커진다.   **답** ④

45 전력시설물의 설치 · 보수 공사 발주자는 전력시설물의 설치 · 보수 공사의 품질 확보 및 향상을 위하여 누구에게 공사감리를 발주하여야 하는가?

① 종합설계업을 등록한 자
② 전문설계업을 등록한 자
③ 공사감리업을 등록한 자
④ 전기공사업을 등록한 자

해설 전력시설물 설치 · 보수공사(공동주택의 전력시설물 포함)의 감리는 전력기술관리법 제12조제1항의 규정에 의거 전력기술관리법상 등록한 감리업체에서 수행하여야 한다.   **답** ③

46 지붕에 설치하는 태양광발전시스템 중 톱 라이트형의 특징이 아닌 것은?

① 톱 라이트의 채광 및 셀에 의한 차폐효과도 있다.
② 셀(모듈)의 배치에 따라서 개구율을 바꿀 수 있다.
③ 양면수광형의 태양광발전 전지 등 수직설치 공법이 가능하다.
④ 톱 라이트의 유리부분에 맞게 태양광발전 전지 유리를 설치한 타입이다.

해설 양면수광형의 태양광발전 전지 등 수직설치 공법이 가능하다는 난간형 공법에 해당 한다.   **답** ③

47 시공된 공사에 대한 재시공이 지시되는 경우가 아닌 것은?

① 시공된 공사가 품질 확보가 미흡할 경우
② 관계 규정에 맞지 아니하게 시공된 경우
③ 지진 · 해일 · 폭풍 등 불가항력적인 사태가 발생할 경우
④ 감리원의 확인 · 검사에 대한 승인을 받지 아니하고 후속 공정을 진행하는 경우

해설 전력기술관리법 제26조(감리원의 공사 중지 명령 등)
① 발주자는 법 제13조제4항에 따라 감리원으로 부터 재시공 또는 공사 중지 명령 등을 통보받은 경우에는 그 통보 사항을 검토한 후 시정 여부의 확인, 공사 재개 지시 등 필요한 조치를 하여야 한다.   **답** ③

48 태양광발전시스템의 전기배선에 관한 설명으로 틀린 것은?

① 인버터 출력단과 계통연계점 간의 전압강하는 5[%] 이하로 하여야 한다.
② 모듈의 출력배선은 군별 및 극성별로 확인할 수 있도록 표시하여야 한다.
③ 모듈에서 인버터에 이르는 배선에 사용되는 케이블은 모듈 전용선을 사용하여야 한다.
④ 케이블이 지면 위에 설치되거나 포설되는 경우에는 피복에 손상이 발생되지 않게 별도의 조치를 취해야 한다.

해설 태양광 원별시공기준 – 전기배선 및 접속함의 전압강하
태양전지판에서 인버터 입력단간 및 인버터 출력단과 계통연계점 간의 전압강하는 각 3[%]를 초과하여서는 안 되고, 단, 전선길이가 60[m]를 초과할 경우에는 다음에 따라 시공한다.

전선길이	전압강하
120[m] 이하	5[%]
200[m] 이하	6[%]
200[m] 초과	7[%]

답 ①

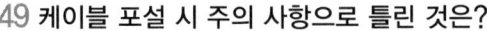

49 케이블 포설 시 주의 사항으로 틀린 것은?

① 루프회로가 생기지 않도록 한다.
② 케이블 곡률 반지름을 넘지 않도록 주의한다.
③ 케이블은 가능하면 음영지역에 포설하면 안 된다.
④ 케이블은 절연이 손상되기 쉬우므로 겨울 기온에 유의하여 취급하여야 한다.

해설 케이블은 가능한 음영지역에 설치하며, 빗물이 고이지 않도록 한다. **답** ③

50 다음 ( )의 내용으로 알맞은 것은?

> 태양광발전 모듈의 배열 및 결선방법은 출력전압과 설치장소 등이 다르기 때문에 ( )를 이용하여 시공 전과 시공완료 후에 확인하는 것이 좋다.

① 체크리스트 ② 부품사양서
③ 단선결선도 ④ 고정식계통도

해설 **시공 체크리스트**
태양전지 모듈의 배열 및 결선방법은 모듈의 출력전압과 설치장소 등에 따라 다르기에 체크리스트를 이용하여 배열·결선방법 등에 대해 시공 전과 시공완료 후에 확인하는 것이 좋다. **답** ①

51 전기설비 시공방법으로 옳은 것을 모두 고른 것은?

> [보기]
> ⓐ 부식, 전식 등의 외적영향에 견딜 수 있도록 시설되어야 한다.
> ⓑ 접지저항 값은 전기설비에 대한 보호 및 기능적 요구사항에 적합해야 한다.
> ⓒ 지락 전류를 열적, 기계적 및 전자력적 스트레스에 의한 위험이 없이 흘러야 한다.

① ⓐ ② ⓐ, ⓑ
③ ⓑ, ⓒ ④ ⓐ, ⓑ, ⓒ

해설 접지설비용 기기의 선정 및 시공은 다음과 같도록 해야 한다.
1) 접지저항값은 전기설비의 보호 및 기능 요건에 따르

고 연속적 유효성이 기대됨
2) 지락전류 및 대지누설전류를 특히 열적, 열·기계적 및 전기·기계적 스트레스의 위험이 없게 흘려보냄
3) 외적영향이 예상되는 조건에 대해 충분한 내성을 갖거나 추가조치를 이용한 기계적 보호를 마련한 것 **답** ④

52 감리용역이 완료된 때에는 최대 며칠 이내에 공사감리 완료보고서를 제출하여야 하는가?

① 7일 ② 10일
③ 15일 ④ 30일

해설 감리업자 등은 그가 시행한 공사감리 용역이 끝났을 때에는 공사감리 완료 보고서를 30일 이내에 시·도지사에게 제출하여야 한다. 이 경우 감리업자는 발주자의 확인을 받아야 한다. **답** ④

53 가공 전선로의 전선 구비조건이 아닌 것은?

① 도전율이 클 것
② 비중이 클 것
③ 부식성이 작을 것
④ 기계적 강도가 클 것

해설 **전선 재료의 구비조건**
1) 도전율, 기계적 강도가 클 것
2) 내구성이 있을 것
3) 비중(밀도)이 작고, 가요성이 풍부할 것
4) 가격이 저렴하고, 구입이 쉬울 것
5) 시공 및 보수의 취급이 용이할 것 **답** ②

54 설계감리원의 기본임무가 아닌 것은?

① 설계 및 설계감리용역 시행에 따른 업무 연락, 문제점 파악 및 민원을 해결하여야 한다.
② 과업지시서에 따라 업무를 성실히 수행하고 설계의 품질향상에 따라 노력하여야 한다.
③ 설계용역 계약 및 설계감리용역 계약 내용이 충실히 이행될 수 있도록 하여야 한다.
④ 해당 설계용역이 관련 법령 및 전기설비기술기준 등에 적합한 내용대로 설계되는지의 여부를 확인 및 설계의 경제성 검토를 실시하고, 기술지도 등을 하여야 한다.

해설 감리원의기본 임무
① 설계용역 계약 및 설계감리용역 계약 내용이 충실히 이행될 수 있도록 하여야 한다.
② 해당 설계용역이 관련 법령 및 전기설비기술기준 등에 적합한 내용대로 설계되는지 의 여부를 확인 및 설계의 경제성 검토를 실시하고, 기술지도 등을 하여야 한다.
③ 설계공정의 진척에 따라 설계자로부터 필요한 자료 등을 제출받아 설계용역이 원활히 추진될 수 있도록 설계감리 업무를 수행하여야 한다.
④ 과업지시서에 따라 업무를 성실히 수행하고 설계의 품질향상에 노력하여야 한다. **답** ①

55 태양광발전시스템 사용 전 검사 시 검사항목 중 세부검사 내용이 아닌 것은?

① 접지저항 측정
② 절연저항 측정
③ 검전기로 정격전압 측정
④ 태양광전지 전기적 특성시험

해설 태양광발전시스템 사용 전 검사 시 검사 항목
① 접지저항 측정
② 절연저항 측정
③ 태양광전지 전기적 특성시험
④ 어레이검사
⑤ 외관검사 등 **답** ③

56 변압기 효율과 관계없는 것은?

① 철손과 동손이 같아질 때 효율이 최대가 된다.
② 철손 및 동손은 부하율 따라 항상 비례한다.
③ 변압기의 규약효율은(출력(W)/(출력(W) + 손실(W)))×100[%]이다.
④ 최대부하(W), 평균부하(W)라 하면 부하율은 (평균부하/최대부하)×100[%]이다.

해설 철손은 무부하 손으로 부하전류와 관계없지만 동손은 부하 손으로 부하전류의 제곱에 비례 한다. **답** ②

57 태양광발전 어레이를 구성함에 있어서 태양광발전 모듈간의 케이블을 연결하는 배선공사 방법으로 적합한 것은?

① 접속함의 설치장소는 어레이에서 멀리 설치한다.
② 케이블의 굵기는 거리에 상관없이 사용할 수 있다.
③ 태양광발전 모듈의 접속용 케이블이 2가닥씩 나와 있으므로 반드시 극성을 확인할 필요는 없다.
④ 태양광발전 모듈간의 배선에 사용할 전선사이즈는 단락전류에 충분히 견뎌야 한다.

해설 ① 접속함의 설치장소는 어레이 근처에 설치하는 것이 바람직하다.
② 케이블의 굵기는 2.5[mm²]의 전선을 사용하면 단락전류에 충분히 견딜 수 있다.
③ 태양광발전 모듈의 접속용 케이블이 2가닥씩 나와 있으므로 반드시 극성 표시를 확인하여야 한다. **답** ④

58 전력시설물 공사감리업무 수행지침의 용어 정의에서 공사 또는 감리업무가 원활하게 이루어지도록 하기 위하여 감리원, 발주자, 공사업자가 사전에 충분한 검토와 협의를 통하여 모두가 동의하는 조치가 이루어지도록 하는 것은?

① 지시
② 합의
③ 승인
④ 조정

해설 공사감리 업무 수행지침(용어정의) **답** ④

59 태양광발전시스템 시공 방법으로 틀린 것은?

① 그림자의 영향을 받지 않도록 한다.
② 건축물의 방수에 문제가 없도록 설치한다.
③ 인버터 설치용량은 사업계획서 상의 인버터 설계용량 이하로 한다.
④ 모듈의 설치용량은 인버터 설치용량의 105[%] 이내로 한다.

해설 인버터 설치용량은 사업계획서 상의 인버터 설계용량 이상으로 한다. **답** ③

60 전선로의 수평각도가 15° 이상의 곳에 사용하며 전선의 굵기나 종류가 다른 전선을 점퍼해서 접속할 경우나 장경간 및 중요 도로, 철도 등을 횡단할 경우에도 사용하는 장주는?

① 핀장주
② 내장주
③ 보통장주
④ 인류장주

해설 내장주 및 수평각도주(30° 미만)의 점퍼선 시공은 다음과 같다.
(1) 점퍼 선은 가선 완철의 상부에서 시설한다.
(2) 저압주의 점퍼 선은 핀애자의 지지 없이 가선한다.
(3) 고압 또는 특고압선로의 점퍼 선은 핀애자를 설치하여 지지하며, 겹완철인 경우에는 부하측 완철에만 핀애자를 설치한다. 답 ②

4과목 - 태양광발전시스템 운영

61 태양광발전 모듈의 고장현상이 아닌 것은?

① 마찰음
② 백화현상
③ 프레임 변형
④ 백시트 에어 버블링

해설 태양전지모듈의 고장현상의 종류
백화현상, 프레임 변형, 백시트 에어 버블링, 황변 현상, 리본 부식, 크랙 등이 있다. 답 ①

62 태양광발전시스템의 정기점검에서 절연저항 측정의 대상이 아닌 것은?

① 축전지
② 접속함
③ 인버터
④ 태양광발전용 개폐기

해설 태양광발전시스템의 정기점검에서 절연저항 측정의 대상은 접속함, 인버터, 태양광발전용 개폐기, 태양전지어레이 등이다. 답 ①

63 전력량계의 점검 항목 중 계기용 변압 · 변류기의 점검내용으로 틀린 것은?

① 가스압 저하 여부
② 단자부 볼트류 조임 이완 여부
③ 절연물 등에 균열, 파손, 손상 여부
④ 붓싱 등에 이물질 및 먼지 등의 부착 여부

해설 전력량계의 점검 항목 중 계기용 변압 · 변류기의 점검내용
① 단자부 볼트류 조임 이완 여부
② 절연물 등에 균열, 파손, 손상 여부
③ 붓싱 등에 이물질 및 먼지 등의 부착 여부 답 ①

64 태양광발전(PV)어레이 전류 전압 특성의 현장 측정방법(KS C IEC61829 : 2015)에서 전기적인 측정 데이터 및 측정 조건에 대한 기록 사항으로 틀린 것은?

① 시험 어레이의 온도 값(15분 전의 온도 값을 의미함)
② 조사강도 센서의 출력 값(15분 전의 센서 출력 값을 의미함)
③ 시험 실시 15분 전의 조사강도, 온도 및 풍속 변동에 대한 정성적 분석(평가)
④ 시험 어레이의 전류-전압 특성(15분 전의 전류-전압 특성을 의미함)

해설 전기적인 특정 데이터 및 측정 조건에 대한 기록
1) 시험 어레이의 온도 값(15분 전의 온도 값을 의미)
2) 조사강도 센서의 출력 값(15분 전의 센서 출력 값을 의미)
3) 시험 실시 15전의 조사강도, 온도 및 풍속 변동에 대한 정성적 분석(평가)
4) (필요한 경우)조사강도 센서의 온도(15분 전의 센서 온도를 의미함)
5) 시험 어레이의 전류 – 전압 특성
6) 시험 어레이의 온도값(측정 시 온도 값을 의미함)
7) 조사 강도 센서의 출력(측정 시 센서의 출력 값을 의미함)
8) (필요할 경우) 조사강도 센서의 온도(측정 시 센서의 온도 값을 의미함)
9) 태양 및 구름의 위치를 나타내는 하늘 이미지(선택 사항) 답 ④

65 일반적으로 태양광발전용 접속함을 설치하는 현장의 고도는 몇 [m]를 넘지 않아야 하는가?

① 250   ② 500

③ 1,000   ④ 2,000

해설 고도 2,000[m] 이상에서 전기제품은 절연이 파괴되어 누설 전류가 흐를 수 있다.   답 ④

66 태양광발전시스템의 유지관리 시 비치하여야 하는 장비가 아닌 것은?

① 유온계   ② 멀티테스터

③ 전력계측기   ④ 적외선 온도 측정기

해설 계측장비
1) 온도측정 : 적외선 온도계, 열화상 카메라
2) 전압측정 : 직류전압계, 멀티 테스타기
3) 전류측정 : 직류전류계, 멀티 테스타기
4) 출력측정 : 전류전력계
5) 일조강도 측정 : 일조계   답 ①

67 태양광발전시스템의 신뢰성 평가 및 분석 항목에 대한 설명 중 틀린 것은?

① 운전 데이터의 결측 상황

② 계측 트러블–컴퓨터 전원의 차단 및 조작오류

③ 정기점검, 개수정전, 계통정전 등의 수시정지 상황

④ 시스템 트러블–인버터의 정지, 직류지락, 계통지락 등에 의한 시스템의 운전정지

해설 태양광발전시스템의 신뢰성 평가 및 분석 항목
① 운전데이터의 결측 상황
② 계측 트러블–컴퓨터 전원의 차단 및 조작오류
③ 시스템 트러블–인버터의 정지, 직류지락, 계통지락 등에 의한 시스템의 운전정지   답 ③

68 접속함의 정기점검 항목으로 틀린 것은?

① 접지선의 손상

② 운전 시 이상음

③ 외부배선의 손상

④ 외함의 부식 및 파손

해설 운전 시 이상음은 인버터 육안점검 요령에 해당함   답 ②

69 인버터의 계통 전압이 규정치 이상일 경우 인버터의 표시내용으로 옳은 것은?

① Utility line fault

② Line over voltage fault

③ Line phase sequence fault

④ Inverter over current fault

해설 Line over voltage fault는 계통주차수가 규정치 이상일 때이고 계통전압 확인 후 5분 재가동 한다.   답 ②

70 일상점검 시 인버터의 육안검사 점검항목이 아닌 것은?

① 이상음, 악취, 발연

② 가대의 부식 및 녹

③ 외함의 부식 및 파손

④ 외부배선(접속 케이블)

해설 가대의 부식 및 녹은 태양전지 어레이 육안점검에 해당   답 ②

71 태양광발전시스템 유지보수 점검(일상점검, 정기점검) 시 가장 점검 빈도가 높은 것은?

① 육안점검   ② 절연저항점검

③ 전압/전류점검   ④ 소음/진동점검

해설 육안점검은 일상점검과 정기점검에서 항상 수행되는 방법으로 가장 점검 빈도수가 높다. 반면 절연저항점검, 전압/전류점검, 소음/진동점검 등은 정기 점검 등 특정 사항에서만 수행된다.   답 ①

72 태양광발전시스템에 사용되는 인버터의 사용 전압이 300[V] 초과 600[V] 이하의 경우는 몇 [V] 절연저항계를 이용하는 것이 좋은가?

① 600   ② 700

③ 900   ④ 1,000

해설 입력단자 및 출력단자를 각각 단락하고, 그 단자와 대지 간의 절연 저항을 측정한다.

KS C 1302에서 규정하는 대로 시험품의 정격전압이 300[V] 미만에서는 500[V], 300[V] 이상 600[V] 이하에서는 1,000[V]의 절연 저항계를 사용해 측정한다. **답** ④

73 소형 태양광 발전용 인버터의 절연 성능 시험 항목이 아닌 것은?

① 내전압 시험　　② 절연저항 시험
③ 임펄스 내전압 시험　④ 출력측 단락 시험

해설 인버터의 절연 성능 시험항목
- 절연저항 시험　　• 접촉 전류 시험
- 임펄스 내전압 시험　• 내전압 시험 **답** ④

74 태양광발전시스템의 스트링 다이오드의 결함을 점검하기 위한 방법은?

① 육안검사　　② 접지저항 측정
③ 입·출력 측정　④ 과·저전압 측정

해설 태양광발전시스템의 스트링 다이오드의 결함을 점검하기 위한 방법은 입·출력 측정을 실시한다. **답** ③

75 산업안전보건기준에 관한 규칙에서 물체의 낙하·충격, 물체에의 끼임, 감전 또는 정전기의 대전(帶電)에 의한 위험이 있는 작업을 하는 경우 사용하는 보호구는?

① 안전대　　② 보안경
③ 안전화　　④ 방진마스크

해설 사업주는 다음 각 호의 어느 하나에 해당하는 작업을 하는 근로자에 대해서는 다음 각 호의 구분에 따라 그 작업조건에 맞는 보호구를 작업하는 근로자 수 이상으로 지급하고 착용하도록 하여야 한다.
1. 물체가 떨어지거나 날아올 위험 또는 근로자가 추락할 위험이 있는 작업 : 안전모
2. 높이 또는 깊이 2미터 이상의 추락할 위험이 있는 장소에서 하는 작업 : 안전대(安全帶)
3. 물체의 낙하·충격, 물체에의 끼임, 감전 또는 정전기의 대전(帶電)에 의한 위험이 있는 작업 : 안전화
4. 물체가 흩날릴 위험이 있는 작업 : 보안경
5. 용접 시 불꽃이나 물체가 흩날릴 위험이 있는 작업 : 보안면
6. 감전의 위험이 있는 작업 : 절연용 보호구
7. 고열에 의한 화상 등의 위험이 있는 작업 : 방열복

8. 선창 등에서 분진(粉塵)이 심하게 발생하는 하역작업 : 방진마스크 **답** ③

76 태양광발전 모듈 및 어레이의 점검 방법을 설명한 것으로 틀린 것은?

① 먼지가 많은 설치장소에는 태양광발전 모듈 표면의 오염검사와 청소 유무를 확인한다.
② 태양광발전 모듈은 현장 이동 중 파손될 수 있으므로 시공 시 외관검사를 하여야 한다.
③ 태양광발전 모듈 표면 유리의 금, 변형, 이물질에 대한 오염과 프레임 등의 변형 및 지지대 등의 녹 발생 유무를 확인 하여야 한다.
④ 태양광발전 모듈을 고정형이나 추적형으로 설치할 경우에는 세부적인 점검이 곤란 하므로 시험 성적서를 확인하여 점검을 대체한다.

해설 태양전지 모듈, 어레이의 점검
- 태양전지 모듈은 현장 이동 중 실수로 파손되어 있을 수도 있으므로 시공 시 반드시 외관점검을 실시해야 한다.
- 태양전지 모듈을 고정식이나 추적식으로 설치할 경우 세부적인 점검이 곤란하므로 공사 진행 중 각각 설치 직전과 시공 중에 태양전지 셀에 금이 가거나 부분적으로 파손이 있는지 또는 변색 등이 있는지를 확인한다.
- 태양전지 모듈 표면 유리의 금, 변형, 이물질에 대한 오염과 프레임 등의 변형 및 지지대 등의 녹 발생 유무를 반드시 확인해야 한다.
- 먼지가 많은 설치 장소에는 태양전지 모듈 표면의 오염검사와 청소 유무를 확인한다. **답** ④

77 절연 고무장갑을 착용하여 감전사고를 방지하여야 하는 작업의 경우가 아닌 것은?

① 건조한 장소에서의 개폐기 개방, 투입의 경우
② 충전부의 접속, 절단 및 점검, 보수 등의 작업 시
③ 활선상태의 배전용 지지물에 누설전류의 발생 우려가 있을 때
④ 정전 작업 시 역 송전이 우려되는 선로나 기기에 단락 접지를 하는 경우

해설 절연용 보호구는 감전의 위험이 있는 작업에 착용
답 ①

78 태양광발전사업 계획 시 사업계획에 포함되어
야 할 사항으로 틀린 것은?

① 사업 구분　　　② 사업계획 개요
③ 전기설비 개요　　④ 온실가스 감축계획

해설 태양광발전사업 계획 시 사업계획에 포함되어야 할 사
항
① 사업구분
② 사업계획 개요
③ 전기설비 개요
④ 전기설비 건설계획
⑤ 전기설비 운영계획
⑥ 부지의 확보 및 배치계획
⑦ 전력계통의 연계 계획 등
답 ④

79 점검계획의 수립에 있어서 점검의 내용 및 주
기는 여러 가지의 조건을 고려하여 결정할 경
우 고려사항이 아닌 것은?

① 환경조건　　　② 설비의 가격
③ 설비의 중요도　④ 설비의 사용기간

해설 점검계획 시 고려사항
① 설비의 사용 기간
② 설비의 중요도
③ 환경조건
④ 고장이력
⑤ 부하상태
답 ②

80 다음 중 태양광발전시스템 운영 시 비치 목록
으로 가장 적합하지 않은 것은?

① 발전시스템 일반점검표
② 발전시스템 운영 매뉴얼
③ 발전시스템 비상탈출구 위치도
④ 발전시스템의 한전계통연계 관련 서류

해설 태양광발전시스템 운영 시 비치 목록
① 발전시스템 일반점검표
② 발전시스템 운영 매뉴얼
③ 발전시스템의 한전계통연계 관련 서류
④ 건설관련도면
⑤ 구조물의 구조계산서
⑥ 시방서 및 계약서 사본 등
답 ③

5과목 - 신재생에너지 관련법규

81 전기저장장치를 시설하는 곳에 계측장치를 시
설하여 계측하여야 할 내용이 아닌 것은?

① 주요변압기의 전력
② 주요변압기의 주파수
③ 이차전지 집합체의 출력 단자의 전력
④ 이차전지 집합체의 출력 단자의 충·방전
상태

해설 "전기저장장치"란 전기를 저장하고 공급하는 시스템
을 말한다.
답 ②

82 전기공사업법에 의해 공사업자는 등록사항 중
대통령령으로 정하는 중요사항이 변경된 경우
그 사유가 발생한 날부터 며칠 이내에 시·도
지사에게 그 사실을 신고하여야 하는가?

① 15　　　　　② 30
③ 60　　　　　④ 90

해설 전기공사업법에 의해 공사업자는 등록사항 중 대통령
령으로 정하는 중요사항이 변경된 경우 그 사유가 발생
한 날부터 30일 이내에 시·도지사에게 그 사실을 신
고하여야 한다.
답 ②

83 신·재생에너지전문위원회 위원은 신·재생
에너지 분야에 관한 전문지식을 가진 사람으로
부터 누가 위촉하는 사람으로 하는가?

① 국무총리
② 행정안전부장관
③ 중소벤처기업부장관
④ 산업통상자원부장관

해설 신·재생에너지전문위원회 위원은 신·재생에너지
분야에 관한 전문지식을 가진 사람으로부터 산업통상
자원부장관이 위촉하는 사람으로 한다.
답 ④

84 용어에 대한 설명 중 틀린 것은?

① "계통연계"란 분산형전원을 송전사업자나 배전사업자의 전력 계통에 접속하는 것을 말한다.

② "접속설비"란 공용 전력계통으로부터 특정 분산형전원 설치자의 전기설비에 이르기까지의 전선로를 말하며, 이에 부속하는 개폐장치, 모선 등은 해당되지 않는다.

③ "단순 병렬운전"이란 자가용 발전설비를 배전계통에 연계하여 운전하되, 생산한 전력의 전부를 자체적으로 소비하기 위한 것으로서 생산한 전력이 연계계통으로 유입되지 않는 병렬 형태를 말한다.

④ "단독운전"이란 전력계통의 일부가 전력계통의 전원과 전기적으로 분리된 상태에서 분산형전원에 의해서만 가압되는 상태를 말한다.

해설 "접속설비"란 공용 전력계통으로부터 특정 분산형전원 설치자의 전기설비에 이르기까지의 전선로와 이에 부속하는 개폐장치, 모선 및 기타 관련 설비를 말한다.
답 ②

85 에너지 자립도와 관련성이 가장 적은 지표는?

① 국내 생산에너지량
② 국내 총발전설비량
③ 국내 총소비에너지량
④ 우리나라가 국외에서 개발(지분 취득을 포함)한 에너지량

해설 "에너지 자립도"란 국내 총 소비에너지량에 대하여 신·재생에너지 등 국내 생산에너지량 및 우리나라가 국외에서 개발(지분 취득을 포함한다)한 에너지량을 합한 양이 차지하는 비율을 말한다.
답 ②

86 온실가스에 해당하지 않는 것은?

① 오존(O_3)
② 메탄(CH_4)
③ 이산화탄소(CO_2)
④ 아산화질소(N_2O)

해설 지구온난화는 대기 중의 온실가스(GHGs : Greenhouse Gases)의 농도가 증가하면서 온실효과가 발생하여 지구 표면의 온도가 점차 상승하는 현상을 말한다. 온실효과를 일으키는 6대 온실기체는 이산화탄소(CO_2), 메탄(CH_4), 아산화질소(N_2O), 수소불화탄소(HFCs), 과불화탄소(PFCs), 육불화황(SF_6)이다.
답 ①

87 신에너지 및 재생에너지 개발·이용·보급 촉진법에서 산업통상자원부장관은 관계 중앙행정기관의 장과 협의를 한 후 신·재생에너지 정책심의회의 심의를 거쳐 신·재생에너지의 기술개발 및 이용·보급을 촉진하기 위한 기본계획을 몇 년마다 수립하여야 되는가?

① 1년　　　　　② 3년
③ 5년　　　　　④ 10년

해설 신에너지 및 재생에너지 개발·이용·보급 촉진법에서 산업통상자원부장관은 관계 중앙행정기관의 장과 협의를 한 후 신·재생에너지 정책심의회의 심의를 거쳐 신·재생에너지의 기술개발 및 이용·보급을 촉진하기 위한 기본계획을 5년마다 수립하여야 한다.
답 ③

88 신·재생에너지 공급인증서에 관한 내용 중 옳은 것을 모두 선택한 것은?

> ㄱ. 공급인증서는 산업통상자원부장관이 지정하는 공급 인증기관에서만 발급할 수 있다.
> ㄴ. 공급인증서를 발급받으려는 자는 대통령령이 정하는 바에 따라 신청할 수 있다.
> ㄷ. 공급인증서의 유효기간은 발급받은 날로부터 5년이다.
> ㄹ. 공급인증서는 공급인증기관이 개설한 거래시장에서 거래하여야 한다.

① ㄱ, ㄴ, ㄷ　　　　② ㄱ, ㄴ, ㄹ
③ ㄱ, ㄷ, ㄹ　　　　④ ㄴ, ㄷ, ㄹ

해설 공급인증서는 유효기간은 발급받은 날부터 3년이다.
답 ②

89 저압 옥내 직류 2선식 전기설비에서 반드시 접지를 해야 하는 경우는?

① 사용전압이 400[V] 이상인 경우

② 최대전류 30[mA] 이하의 직류화재 경보회로

③ 접지검출기를 설치하고 특정구역내의 산업용 기계기구에만 공급하는 경우

④ 고압 또는 특고압과 저압의 혼촉에 의한 위험방지 시설을 적용한 교류계통으로부터 공급을 받은 정류기에서 인출되는 직류계통

해설 KEC 243.1.8(저압 옥내직류 전기설비의 접지)

저압 옥내직류 전기설비는 전로 보호장치의 확실한 동작의 확보, 이상전압 및 대지전압의 억제를 위하여 직류 2선식의 임의의 한 점 또는 변환장치의 직류측 중간점, 태양전지의 중간점 등을 접지하여야 한다. 다만, 직류 2선식을 다음 각 호에 의하여 시설하는 경우는 그러하지 아니하다.

1. 사용전압이 60[V] 이하인 경우
2. 접지검출기를 설치하고 특정구역내의 산업용 기계기구에만 공급하는 경우
3. 규정에 적합한 교류계통으로부터 공급을 받는 정류기에서 인출되는 직류계통
4. 최대전류 30[mA] 이하의 직류화재경보회로

답 ①

90 산업통상자원부장관이 전기의 보편적 공급의 구체적 내용을 정하는 경우 고려사항으로 틀린 것은?

① 사회복지의 증진

② 전기의 보급 정도

③ 공공의 이익과 안전

④ 전기발전량의 여유 정도

해설 산업통상자원부장관은 다음 각 호의 사항을 고려하여 전기의 보편적 공급의 구체적 내용을 정한다.

① 전기기술의 발전 정도
② 전기의 보급 정도
③ 공공의 이익과 안전
④ 사회복지의 증진

답 ④

91 수소와 산소의 전기화학 반응을 통하여 전기 또는 열을 생산하는 신·재생에너지 설비는?

① 연료전지 설비

② 수소에너지 설비

③ 폐기물에너지 설비

④ 바이오에너지 설비

해설 연료전지 설비

수소와 산소의 전기화학 반응을 통하여 전기 또는 열을 생산하는 설비

답 ①

92 재생에너지에 해당하지 않는 것은?

① 태양에너지   ② 수소에너지

③ 해양에너지   ④ 지열에너지

해설 "신에너지"란 기존의 화석연료를 변환시켜 이용하거나 수소·산소 등의 화학 반응을 통하여 전기 또는 열을 이용하는 에너지로서 다음 각 목의 어느 하나에 해당하는 것을 말한다.

가. 수소에너지

나. 연료전지

다. 석탄을 액화·가스화한 에너지 및 중질잔사유(重質殘渣油)를 가스화한 에너지로서 대통령령으로 정하는 기준 및 범위에 해당하는 에너지

라. 그 밖에 석유·석탄·원자력 또는 천연가스가 아닌 에너지로서 대통령령으로 정하는 에너지   답 ②

93 전로에 지락이 생겼을 경우 자동적으로 전로를 차단하는 장치를 시설하지 않아도 되는 경우로 틀린 것은?

① 기계 기구가 유도전동기 2차측 전로에 접속되는 것일 경우

② 기계 기구를 발전소·변전소·개폐소 또는 이에 준하는 곳에 시설하는 경우

③ 대지전압 300[V] 이하인 기계 기구를 물기가 있는 곳 이외의 곳에 시설하는 경우

④ 그 전로의 전원측에 절연변압기(2차 전압이 300[V] 이하인 경우에 한 한다)를 시설하고 또한 그 절연변압기의 부하측의 전로에 접지하지 아니하는 경우

해설 대지전압이 150[V] 이하인 기계기구를 물기가 있는 곳 이외의 곳에 시설하는 경우   답 ③

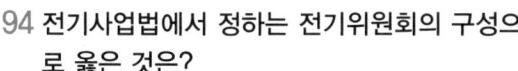

94 전기사업법에서 정하는 전기위원회의 구성으로 옳은 것은?

① 위원장 1명을 포함한 9명 이내의 위원

② 위원장 2명을 포함한 9명 이내의 위원

③ 위원장 1명을 포함한 10명 이내의 위원

④ 위원장 2명을 포함한 10명 이내의 위원

해설 개정안에 따르면 전기위원회의 구성은 위원장 1명을 포함한 9명 이내의 위원으로 구성되는데 위원중 대통령령으로 정하는 수의 위원은 상임위원으로 활동하게 되며 위원은 대통령이 임명하거나 위촉하게 된다.

답 ①

95 전기설비기술기준에 의해 연료전지설비에서 과도한 압력 방지를 위해 안전밸브 설치 대신 과압 방지장치로 대체 가능한 최고 사용압력은 몇 [MPa] 미만인가?

① 0.1   ② 0.5

③ 1.5   ④ 3

해설 KEC 341.15(압축공기계통)

연료전지설비(액화가스 설비는 제외한다)의 압력을 받는 부분에는 과도한 압력을 방지하기 위한 적당한 안전밸브를 설치하여야 한다.

이 경우 해당 안전밸브는 작동 시 안전밸브로부터 방출되는 가스에 의한 위험이 발생하지 않도록 시설하여야 한다. 다만, 최고사용압력이 0.1[MPa] 미만의 것에 있어서는 그 압력을 낮추기 위한 적당한 과압 방지장치로 대신할 수 있다.

답 ①

96 전기설비기술기준에 의해 운전 중 이상이 발생할 때 수차를 자동적으로 정지시키는 장치를 시설하여야 하는 발전기의 용량은 몇 [kVA] 이상인가?

① 50   ② 100

③ 300   ④ 500

해설 발전기의 용량이 500[kVA] 이상인 수차일 경우에는 운전 중에 이상이 발생한 경우 수차를 자동적으로 정지시키는 장치를 시설하여야 한다.

답 ④

97 전기사업법에서 구역전기사업자는 몇 [kW]까지 전기를 생산하여 전력시장을 통하지 아니하고 그 공급구역의 전기사용자에게 전기를 공급할 수 있는가?

① 20,000   ② 25,000

③ 30,000   ④ 35,000

해설 전기사업법 시행령 제1조의2(구역전기사업자의 발전설비용량) 「전기사업법」(이하 "법"이라 한다) 제2조 제11호에서 "대통령령으로 정하는 규모"란 3만5천 킬로와트를 말한다.

답 ④

98 신에너지 및 재생에너지 개발·이용·보급 촉진법에서 정한 공급의무자는 지난 연도 총 전력생산량의 합계에 일정비율을 곱한 의무공급량 이상을 신·재생에너지로 공급하여야 한다. 2019년도 의무공급량의 비율은?

① 4[%]   ② 5[%]

③ 6[%]   ④ 7[%]

해설 **연도별 의무공급량의 비율 (제18조의4제1항 관련)**

해당 연도	비율[%]	해당 연도	비율[%]
2012	2.0	2022	12.5
2013	2.5	2023	13.0
2014	3.0	2024	13.5
2015	3.0	2025	14.0
2016	3.5	2026	15.0
2017	4.0	2027	17.0
2018	5.0	2028	19.0
2019	6.0	2029	22.5
2020	7.0	2030년 이후	25.0
2021	9.0		

답 ③

출제기준 변경 및 개정된 관계 법규에 따라 삭제된 문제가 있어 20문항이 안됩니다.

1과목 - 태양광발전시스템 이론

01 기어리스(Gearless)형 풍력발전기의 장점이 아닌 것은?

① 증속기어의 제거로 기계적 소음을 저감함
② 단극형 발전기 사용으로 제작비용이 저렴함
③ 역률제어가 가능하며 출력에 무관하게 고역률 실현 가능함
④ 나셀(nacelle) 구조가 매우 간단 단순해져 유지 보수 시 간편성이 증대됨

해설 동력 전달체계에서 기어를 제거해 직접 발전기를 구동시키는 기어리스(Gearless)형이라는 특징을 가지고 있고 증속기가 없으므로 제작비 절감효과가 있으나 발전기 몸체가 크고 고가인 단점이 있다. **답** ②

02 다음은 축전지 용량의 산출식이다.( )에 알맞은 내용은?

$$C=\frac{\text{1일 소비전력량} \times \text{불일조일수}}{( ) \times \text{방전심도} \times \text{방전종지전압}}(Ah)$$

① 효율
② 역률
③ 셀수
④ 보수율

해설 축전지 용량의 산출식

$$C=\frac{L_d \times D_f}{L \times V_b \times DOD}[Ah]$$

여기서, L_d : 1일 소비전력량, D_f : 불일조일 수
L : 보수율, V_b : 방전종지 전압
DOD : 방전심도 **답** ④

03 인버터의 부분 부하 동작을 고려하여 부분 효율의 가중치를 달리하여 계산하는 효율은?

① 최대효율
② 추적효율
③ 정격효율
④ 유로효율

해설 유로효율(η_{Euro})

① 유럽의 기후에 대해 가중된 동적효율로, 인버터의 성능 비교에 사용
② 평균동작 효율에서 평가

$$\eta_{Euro}=0.03 \times \eta_{5\%}+0.06 \times \eta_{10\%}+0.13 \times \eta_{20\%}$$
$$+0.1 \times \eta_{30\%}+0.48 \times \eta_{50\%}+0.2 \times \eta_{100\%}$$

답 ④

04 태양광발전 모듈 제작순서가 다음과 같을 때 빈칸에 들어갈 공정은?

> 탭 달기(Tabbing) → 스트링(String) → 배치(Lay-Up) → ( ) → 알루미늄 프레임(Framing) → 접속단자함(Junction box) → 품질평가(Test)

① 절단(Cutting)
② 포장(Packing)
③ 건조(Drying)
④ 라미네이션(Lamination)

해설 탭 달기(Tabbing) → 스트링(String) → 배치(Lay-Up) → 라미네이션(Lamination) → 알루미늄 프레임(Framing) → 접속단자함(Junction box) → 품질평가(Test) **답** ④

05 일정 전압의 직류 전원에 저항을 접속하고 전류를 흘릴 때 이 전류 값을 20[%] 증가시키기 위해서는 저항값을 어떻게 하면 되는가?

① 저항값을 17[%]로 감소시킨다.
② 저항값을 20[%]로 감소시킨다.
③ 저항값을 80[%]로 감소시킨다.
④ 저항값을 83[%]로 감소시킨다.

해설 전류와 저항은 반비례하므로 전류를 20[%] 증가시키면 저항은 그 역수만큼 감소한다.

$$\frac{1}{1.2}=0.8333$$

$V=I \times R$ 이므로 전류값 20[%] 증가 = 1 + 0.2 = 1.2
전류가 1.2배로 되면 저항은 1/1.2배가 되어야 함.
즉, 전류는 83.333[%]가 되어야 한다. **답** ④

06 독립형 태양광발전시스템의 특징으로 옳은 것은?

① 정전 시 단독운전 방지 기능을 보유하고 있다.

② 생산된 에너지를 전력 계통측으로 송전할 수 있다.

③ 태양광 발전이 불가능한 경우를 대비하여 축전지를 사용한다.

④ 전력회사의 계통연계 규정에 맞추어 적절한 보호설비가 필요하다.

해설 **독립형 태양광발전시스템 특징**
① 전력회사와 연계되지 않음.
② 사용 가능한 전력량은 PV시스템의 발전전력량 이하로 제한됨
③ 야간 및 우천 시 PV시스템의 발전이 불가능할 경우를 대비하여 축전지를 접속시켜 전력을 비축함

달 ③

07 하이브리드 태양광발전시스템에 대한 설명으로 틀린 것은?

① 하나 혹은 하나 이상의 보조 전원을 포함한다.

② 보조 전원으로 풍력이나 수력발전이 포함된다.

③ 계통연계형이나 독립형 중에 선택해서 사용할 수 있는 시스템도 있다.

④ 화석연료를 사용한 발전기는 하이브리드시스템에 포함 되지 않는다.

해설 ① 하이브리드형 시스템은 태양광 발전 시스템에서 풍력발전, 열병학 발전 등 타 에너지원의 발전 시스템과 결합하여 축전지, 부하 또는 상용계통에 전력을 공급하는 시스템
② 하이브리드형 시스템은 시스템 구성 및 부하 종류에 따라 계통 연계형 및 독립형 시스템에 모두 적용 가능함.

달 ④

08 태양광발전 모듈이 제각기 최대 전력점에서 작동하도록 모듈과 인버터가 한 개의 장치로 구성되는 인버터의 시스템방식은?

① 모듈 인버터 방식

② 스트링 인버터 방식

③ 마스터 슬레이브 방식

④ 서브어레이 인버터 방식

해설 **모듈 인버터 방식**
① 각 태양전지 모듈별로 MPP 동작 수행으로 최적의 발전량 생산
② 태양광발전시스템 확장이 용이

달 ①

09 전선로에 침입하는 이상 전압의 높이를 완화하고 파고치를 저하시키는 장치는?

① 서지흡수기 ② 내뢰트랜스

③ 슈퍼커패시터 ④ 역류방지 다이오드

해설 **서지흡수기** : 전선로에 침입하는 이상 전압의 높이를 완화하고 파고치를 저하시키는 장치

달 ①

10 태양열 에너지의 장점이 아닌 것은?

① 무공해, 무한량의 청정에너지원이다.

② 계속적인 수요에 안정적인 공급이 가능한 에너지원이다.

③ 화석에너지에 비해 지역적 편중이 적은 분산형 에너지원이다.

④ 지구온난화 대책으로 탄산가스 배출을 저감할 수 있는 에너지원이다.

해설 **태양열 에너지의 장단점**

장 점	단 점
• 무공해, 무한량, 무가격의 청정에너지원 • 기존의 화석에너지에 비해 지역적 편중이 적은 분산형 에너지원 • 지구온난화 대책으로 탄산가스 배출을 저감할 수 있는 재생 에너지원	• 고급 에너지이나 에너지 밀도가 낮음 • 에너지 생산이 간헐적임 • 계속적인 수요에 안정적 공급이 어려움

달 ②

11 10[A]의 전류를 흘렸을 때의 전력이 50[W]인 저항에 20[A]의 전류를 흘렸다면 소비전력은 몇 [W] 인가?

① 100 ② 200

③ 500 ④ 1,000

해설
$$P = VI = I^2R = \frac{V^2}{R}$$
$50 = 10V, \ V = 5$
$V = IR, \ 5 = 10R, \ R = 0.5$
$P = I^2R = 20^2 \times 0.5 = 200[\text{W}]$　　**답** ②

12 내부저항이 1.0[Ω]인 1.5[V] 전지 두 개를 병렬로 연결한 후 외부에 2.5[Ω]의 저항을 가지는 부하를 직렬로 연결하였다. 외부 회로에 흐르는 전류의 크기[A]는?

① 0.5　　　　　② 0.6
③ 1.0　　　　　④ 1.2

해설 전지 2개가 병렬이므로
$$R_1 = \frac{1 \times 1}{1 + 1} = 0.5[\Omega]$$
전압 $V = 1.5[\text{V}]$, 내부저항 $R_1 = 0.5[\Omega]$
내부저항 R_1과 내부저항 $R_2 = 2.5[\Omega]$은 직렬
전체저항 $R = R_1 + R_2 = 0.5 + 2.5 = 3[\Omega]$
전류 $I = \frac{V}{R} = \frac{1.5}{3.0} = 0.5[\text{A}]$　　**답** ①

13 태양광발전 전지의 충진율(Fill Factor, FF)에 대한 설명으로 틀린 것은?

① 충진율이 낮을수록 태양광발전 전지의 성능 품질이 좋음을 나타낸다.
② 충진율은 개방전압(V_{oc})과 단락전류(I_{sc})의 곱에 대한 최대출력의 비로 정의된다.
③ 충진율은 최적 동작전류(I_m)와 최적 동작전압(V_m)이 단락전류(I_{sc})와 개방전압(V_{oc})에 가까운 정도를 나타낸다.
④ 충진율은 태양광발전 전지의 특성을 표시하는 파라미터로서 내부 직렬저항 및 병렬저항으로 부터의 영향을 받는다.

해설 충진율이 높을수록 태양전지의 성능품질이 좋음을 나타낸다. 결정질 태양전지 약 0.75~0.85, 비정질 태양전지는 0.5~0.7 이다.　　**답** ①

14 전류의 이동으로 발생하는 현상이 아닌 것은?

① 발열작용　　　② 화학작용
③ 탄화작용　　　④ 자기작용

해설 탄화작용이란 탄소화합물로 되어있는 생물체가 매몰되어 오랫동안 압력과 지열을 받아 탄소만이 남아 건류되어 화석으로 보존되는 과정이다.　　**답** ③

15 PN 접합구조의 반도체 소자가 빛을 흡수하였을 때, 전자와 정공쌍이 생성되는 현상은?

① 홀효과　　　　② 핀치효과
③ 광전효과　　　④ 제백효과

해설 PN 접합구조의 반도체 소자에 빛을 조사할 때, 전압차를 가지는 전자와 정공의 쌍이 생성되는 현상　　**답** ③

16 STC 조건에서 최대전압이 45[V], 전압온도계수가 −0.2[V/℃] 인 결정질 태양광발전 모듈 10장이 직렬로 연결되어 있다. 외기온도가 −10[℃]일 때 최대전압은 몇 [V]인가?

① 450　　　　　② 470
③ 520　　　　　④ 550

해설
$$V_{(at-10℃)} = V_{mpp} + (외기온도 - 25[℃])(-0.2[\text{V/℃}])$$
$$V_{(at-10℃)} = 45[\text{V}] + (-10[℃] - 25[℃])(-0.2[\text{V/℃}])$$
$$= 52[\text{V}]$$
10장 직렬연결 시 $52[\text{V}] \times 10 = 520[\text{V}]$　　**답** ③

17 태양광발전 전지의 직류 출력을 상용주파수의 교류로 변환한 후 변압기에서 절연하는 방식은?

① PAM 방식
② 트랜스리스 방식
③ 고주파 변압기 절연방식
④ 상용주파 변압기 절연방식

해설 태양전지 직류출력을 상용주파의 교류로 변환한 후 변압기로 절연한다.

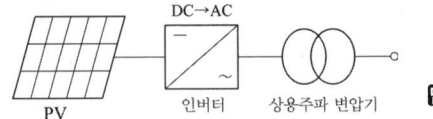

답 ④

18 태양광발전 인버터에 대한 설명으로 틀린 것은?

① PWM 원리로 정현파를 재생한다.

② 무변압기 인버터는 효율이 나쁘다.

③ MPPT를 이용한 최대전력을 생산한다.

④ 절연변압기를 사용하는 인버터는 노이즈에 강하다.

해설 **인버터 설명**

① PWM 원리로 정현파를 재생한다.

② 무변압기 인버터는 변압기효율의 손실이 없어 효율이 좋다.

③ MPPT를 이용한 최대전력을 생산한다.

④ 추적효율은 최적 동작점을 조정하는 것이다.

⑤ 타여자 인버터는 전류보조 회로가 필요치 않다.

⑥ 주파수나 전압의 크기는 병렬의 교류 전원에 의해서 정해진다.　　　　답 ②

19 태양광발전 모듈의 출력에 직접적인 영향을 주는 항목이 아닌 것은?

① Air mass(AM)

② 모듈 표면온도(℃)

③ 모듈 주위의 습도(%)

④ 태양의 일사강도(W/m^2)

해설 **NOCT 조건**

① Air mass(AM)

② 모듈 표면온도(℃)

③ 태양의 일사강도(W/m^2)　　　　답 ③

20 태양광발전 전지의 변환효율에 대한 설명으로 틀린 것은?

① 태양광발전 전지의 성능을 나타내는 파라미터이다.

② 태양광 스펙트럼이나 세기, 전지의 온도에 영향을 받는다.

③ 태양으로부터 입사된 에너지에 대한 출력전기에너지의 비로 정의된다.

④ 지상에서 사용되는 태양광발전 전지의 효율은 모듈온도 25[℃], AM 1.0 조건에서 측정된다.

해설 **태양전지 변환효율의 특징**

1) 태양전지의 성능을 나타내는 가장 중요한 인자

2) 태양으로부터 입사된 에너지에 대한 출력에너지의 비로서 정의

3) 효율은 입사되는 태양광 스펙트럼이나 세기, 그리고 전지의 온도에 영향을 받음

4) 지상에서 사용되는 태양전지의 경우 효율은 25[℃], AM1.5 조건에서 측정, (우주용인 경우 AM1.0)　　답 ④

2과목 - 태양광발전시스템 설계

21 단상 3선식의 전압강하 계산식은?
(단, 전선길이 : L, 전류 : I, 단면적 : A)

① $e = \dfrac{35.6 \times L \times I}{1000 \times A}$　　② $e = \dfrac{30.8 \times L \times I}{1000 \times A}$

③ $e = \dfrac{17.8 \times L \times I}{1000 \times A}$　　④ $e = \dfrac{25.6 \times L \times I}{1000 \times A}$

해설

회로 전기 방식	전압강하	전선 굵기
직류 2선식	$e = \dfrac{35.6 \times L \times I}{1000 \times A}$	$A = \dfrac{35.6 \times L \times I}{1000 \times e}$
단상 3선식	$e = \dfrac{17.8 \times L \times I}{1000 \times A}$	$A = \dfrac{17.8 \times L \times I}{1000 \times e}$
3상 3선식	$e = \dfrac{30.8 \times L \times I}{1000 \times A}$	$A = \dfrac{30.8 \times L \times I}{1000 \times e}$

답 ③

22 태양광발전 시스템 전기설계 계산서에 해당하지 않는 것은?

① 구조 계산서

② 전압강하계산서

③ 보호계전기 정정치 계산서

④ 모듈 및 어레이 직·병렬 계산서

해설 구조계산서는 태양광 구조물의 구조적 안정성을 검토하는 계산서이다.　　　답 ①

23 사전환경성 검토 업무 흐름도에서 a~c에 들어갈 내용으로 옳은 것은?

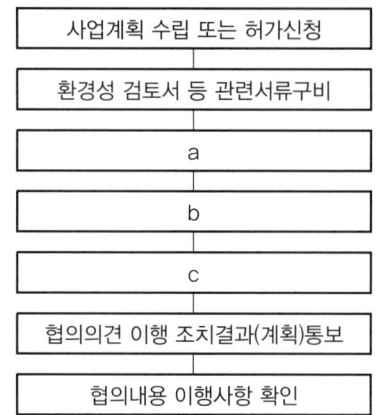

사업계획 수립 또는 허가신청
환경성 검토서 등 관련서류구비
a
b
c
협의의견 이행 조치결과(계획)통보
협의내용 이행사항 확인

① a : 협의 요청, b : 환경성검토,
　c : 협의결과 통보
② a : 환경성검토, b : 협의 요청,
　c : 협의결과 통보
③ a : 협의결과 통보, b : 협의 요청,
　c : 환경성 검토
④ a : 환경성 검토, b : 협의결과 통보,
　c : 협의요청

해설 a : 협의 요청
　　 b : 환경성 검토
　　 c : 협의결과 통보　　　　答 ①

24 다음 조건에서 태양광발전 모듈의 최대 직렬연결 수는?

- 인버터 최대 입력전압(V_{imax}) : 500[V]
- 개방전압(V_{OC}) : 42.5[V]
- 전압온도계수(Kt) : −0.35[%/℃]
- 최저온도(T_{min}) : −25[℃]
- 최고온도(T_{max}) : 60[℃]

① 8개　　　　　　② 9개
③ 10개　　　　　 ④ 11개

해설 태양전지모듈은 온도가 낮을수록 발전량이 높아지므로 최저 온도에서의 최소 직렬수를 유지해야 한다.

$$V(-25[℃]) = 42.5[V] + (-25[℃] - 25[℃])$$
$$\times \left(\frac{-0.35}{100} \right) \times 42.5[V]$$
$$= 49.94[V]$$
$$직렬 수 = \frac{500[V]}{49.94[V]} = 10.01 \simeq 10$$

※ 셀 온도 =
$$V + \left[(셀온도 - 25[℃]) \times \left(\frac{전압온도 변화율}{100} \right) \times V \right]$$
答 ③

25 토목도면의 재료별 단면을 표시할 경우 지반에 해당하는 것은?

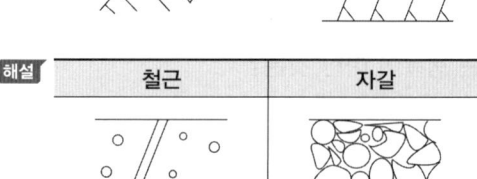

해설

철근	자갈
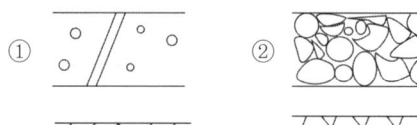	
지반	잡석

答 ③

26 태양광발전시스템에 그림자가 발생하게 되면 일사량이 감소하기 때문에 발전량이 감소한다. 일사량의 2가지 성분으로 옳은 것은?

① 직달광 성분, 산란광 성분
② 경사면 일사성분, 산란광 성분
③ 직달광 성분, 수평면 일사성분
④ 수평면 일사성분, 경사면 일사성분

해설 태양광은 직달일산(직달광)과 확산일산(산란광)으로 구성된다.　　　　　　　　　　答 ①

27 다음의 설계도면 중 태양광발전시스템과 관계 있는 것을 모두 고른 것은?

> ㉠ 피뢰설계도
> ㉡ 어레이배치도
> ㉢ 접속반 내부 결선도

① ㉠, ㉡　　　　　② ㉡, ㉢
③ ㉠, ㉢　　　　　④ ㉠, ㉡, ㉢

해설 ㉠ 피뢰설계도
　　 ㉡ 어레이 배치도
　　 ㉢ 접속반 내부 결선도　　　　답 ④

28 다음과 같은 조건에서 적합한 자가소비형 태양광발전시스템의 설치용량은 약 몇 [kWp]인가? (단, STC 조건을 기준으로 한다.)

> – 연 일사량 : 1356[kWh/m²]
> – 연 부하소비량 : 3,000[kWh]
> – 부하의 태양광발전시스템 대한 의존율 : 50[%]
> – 설계 여유 계수 : 20[%]
> – 종합설계지수 : 80[%]

① 1.11　　　　　② 1.66
③ 2.54　　　　　④ 3.00

해설 설치용량 = (연 부하소비량 × 설계 여유 계수
　　　　　　× 부하의 태양광발전시스템 의존율)
　　　　　　÷ (연 일사량 × 종합설계지수)

$$설계용량 = \frac{(3000 \times 1.2(설계여유계수20\%적용) \times 0.5)}{1,356 \times 0.8}$$

$$= 1.66[kW]　　　　답 ②$$

29 태양광발전시스템 출력이 38,500[W], 모듈 최대출력이 175[W], 모듈의 직렬개수가 20장일 때 병렬회로 수는?

① 10　　　　　② 11
③ 12　　　　　④ 12

해설 $병렬연결 = \dfrac{태양광발전시스템출력}{모듈최대출력 \times 직렬수}$

$$= \frac{38,500[W]}{175[W] \times 20} = 11　　　답 ②$$

30 설계도면 작성에 관련한 내용과 가장 관계가 적은 것은?

① 기본설계, 실시설계 순으로 작성한다.
② 전기설비별 KS인증 내역을 작성한다.
③ 공사의 범위, 규모, 배치, 보완사항을 작성한다.
④ 배선도에 조명, 콘센트, 전기방재설비 등을 표기한다.

해설 KS인증은 KS 제품 및 서비스를 안정적, 지속적으로 생산(서비스 인증은 제공)할 수 있는 체제를 갖춘 기업에 대하여 해당 품질이 KS에 적합하다는 것을 국가가 보증하는 제도임　　　답 ②

31 태양광발전 어레이의 경사각과 방위각에 대한 설명으로 옳은 것은?

① 경사각은 설치할 부지의 위도를 고려하여 설계하여야 한다.
② 경사각이 낮아질수록 어레이 사이의 이격 거리가 길어진다.
③ 방위각은 남반구일 때 정남방향으로, 북반구일 때 정북향으로 설치한다.
④ 경사각은 어레이가 정남향을 기준으로 동쪽 또는 서쪽으로 틀어진 각도를 말한다.

해설 어레이의 경사각과 방위각에 대한 설명
① 태양복사의 최대 획득량은 방위각과 경사각에 의해 결정된다.
② 수평면으로부터 경사각은 그 지역의 위도에 의해 결정된다.
③ 태양복사의 최대 획득량을 위한 가장 바람직한 방위는 정남향이다.　　　답 ①

32 일조시간과 가조시간에 대한 설명으로 틀린 것은?

① 일조시간은 실제로 태양광선이 지표면을 내리 쬔 시간이다.
② 일조시간과 가조시간과의 비를 일조율[%]이라 한다.
③ 구름이 많은 날씨일 경우 가조시간과 일조시간이 일치한다.
④ 가조시간이란 한 지방의 해 돋는 시간부터 해지는 시간까지의 시간을 말한다.

해설 **일조와 일사량**
1) '일조'란 태양광선이 구름이나 안개로 가려지지 않고 지상을 비추는 것
2) 태양광선이 비춘 시간을 일조시간이라 함
3) 일조시간은 보통 1일이나 한 달 동안에 비춘 시간을 수로 나타냄
4) 일조시간으로 일사량도 추정할 수 있으며, 낮 동안에 구름이 어느 정도 끼었는가도 나타낼 수 있음
5) 어떤 지점에 있어서 맑은 날의 일조시수는 그 지점의 위도에 따라 정해짐
6) 가조시간은 산이나 언덕 등의 장애물이 없다고 가정하여 어느 지점에 햇빛이 비출 수 있는 시간

답 ③

33 순현재가치 분석을 위한 필요인자를 모두 고른 것은?

㉠ 이자율	㉡ 할인율
㉢ 연차별 총 편익	㉣ 연차별 총 비용

① ㉠, ㉡
② ㉢, ㉣
③ ㉠, ㉡, ㉢
④ ㉡, ㉢, ㉣

해설 순현재가치 분석을 위한 필요인자는 할인율, 연차별 총 편익, 연차별 총 비용이다. **답** ④

34 태양광발전시스템 이용률이 15.5[%]일 때 일평균 발전시간[h/day]은 약 몇 시간인가?

① 3.40
② 3.52
③ 3.64
④ 3.72

해설 이용률 $= \dfrac{\text{발전시간}}{24h}$

발전시간 = 이용률×24 = 15.5[%]×24
= 3.72[h/day] **답** ④

35 3,000[kW] 초과의 발전사업을 하기 위한 전기(발전)사업 허가권자는? (단, 제주특별자치도는 예외로 한다.)

① 국무총리
② 시·도지사
③ 한국전력공사장
④ 산업통상자원부장관

해설 3,000[kW] 초과의 발전사업을 하기 위한 전기(발전)사업 허가권자는 산업통상자원부장관이고 3,000[kW]이하설비는 시·도지사이다. **답** ④

36 설계도면 작성 시 정류기의 전기도면 기호로 옳은 것은?

① RC
② T
③ ▶┤
④ G

해설 ① 룸 에어컨
② 소형변압기
④ 발전기 **답** ③

37 북위 36도 위치에 태양광 발전소를 구축하고자 한다. 어레이 설계 시 태양 고도각을 결정하는 기준이 되는 날의 남중 고도는?

① 23.5도
② 30.5도
③ 54.0도
④ 77.5도

해설 태양고도각(입사각)을 결정하는 날은 태양고도가 가장 낮아 그림자의 길이가 최대인 동짓날을 기준으로 한다.
$90° - 36° - 23.5° = 30.5°$
지구의 기울기(23.5°)를 이용한다. **답** ②

38 태양광발전시스템의 통합 모니터링 구성요소가 아닌 것은?

① 자동기상 관측 장치(AWS)
② 자동고장전류 계산 장치(ACS)
③ 전력변환장치 감시제어 장치(AIS)
④ 태양광발전 모듈 계측 메인장치(SCS)

해설 **모니터링 시스템의 구성요소**
1) 자동 기준 시각 장치(AGPS)
2) 전력변환장치 감시제어장치(AIS)
3) 자동기상관측장치(AWS)
4) 중앙제어 태양광전지모듈 계측 메인장치(APMS)

답 ②

39 태양광발전시스템 전기설계 절차로 옳은 것은?

① 설치면적 결정 → 직렬 결선수 선정 → 병렬수와 어레이 용량 선정 → 모듈선정 → 인버터 선정

② 설치면적 결정 → 모듈 선정 → 인버터 선정 → 병렬수와 어레이 용량 선정 → 직렬 결선수 선정

③ 설치면적 결정 → 인버터 선정 → 모듈 선정 → 직렬 결선수 선정 → 병렬수와 어레이 용량 선정

④ 설치면적 결정 → 인버터 선정 → 모듈 선정 → 병렬수와 어레이 용량 선정 → 직렬 결선수 선정

해설 태양광발전시스템 설계 순서
– 설계순서에서 모듈선정과 인버터선정은 순서가 바뀌어도 무방함

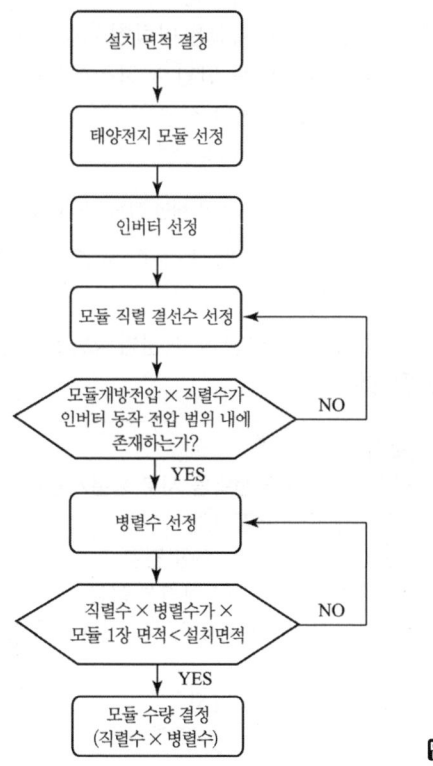

답 ③

40 어레이 이격거리 산정을 위한 고려사항과 가장 관계가 없는 것은?

① 설치 부지의 경사도를 반영하였다.
② 설치 부지의 외부음영을 고려하였다.
③ 설치 부지의 태양고도를 반영하였다.
④ 어레이에 모듈을 가로 배치하는 것으로 고려하였다.

해설 어레이 간 이격거리 산출은 태양의 고도각, 위도, 모듈의 경사각에 따라 결정되고, 발전소 주변의 음영과 지형에 따라서는 전체 태양광어레이 위치가 변화된다.
답 ②

3과목 - 태양광발전시스템 시공

41 전문감리업 면허 보유자가 수행할 수 있는 영업 범위는?

① 발전설비용량 10만[kW] 미만의 전력시설물
② 발전설비용량 15만[kW] 미만의 전력시설물
③ 발전설비용량 20만[kW] 미만의 전력시설물
④ 발전설비용량 25만[kW] 미만의 전력시설물

해설 전문 감리업 면허 보유자가 수행할 수 있는 영업 범위
• 발전·변전설비 용량 10만 킬로와트 미만의 전력시설물
• 전압 10만 볼트 미만의 송전·배전선로 20킬로미터 미만의 전력시설물
• 용량 5천 킬로와트 미만의 전기수용설비, 연면적 3만 제곱미터 미만인 건축물의 전력시설물
답 ①

42 ( ) 안에 들어갈 내용으로 옳은 것은?

전선관의 굵기는 동일 굵기의 전선을 동일 관내에 넣는 경우에는 피복을 포함한 단면적의 총합계가 관내 단면적의(㉠)[%] 이하로 할 수 있으며, 서로 다른 굵기의 전선을 동일 관내에 넣는 경우에는 피복을 포함한 단면적의 총합계가 관내 단면적의 (㉡)[%] 이하가 되도록 선정하는 것이 일반적인 원칙이다.

① ㉠ : 24, ㉡ : 48　② ㉠ : 32, ㉡ : 24
③ ㉠ : 32, ㉡ : 48　④ ㉠ : 48, ㉡ : 32

해설 선정방법
여러 개의 전선을 동일 관내에 넣어 공사하는 경우 전선의 피복절연물을 포함한 완성 단면적의 총 합계는 전선관 내부 단면적의 32[%] 이내가 되도록 하며, 다만, 공사 시 전선관의 굴곡이 적어 쉽게 전선을 인출 할 수 있는 경우에는 전선의 피복절연물을 포함한 완성 단면적의 총 합계는 전선관 내부 단면적의 48[%] 이내가 되도록 할 수 있다 **답** ④

43 그림과 같이 옥상 또는 지붕위에 설치한 케이블의 물 빠짐을 위해 케이블의 외경의 최소 몇 배 이상의 반경으로 배선해야 하는가?

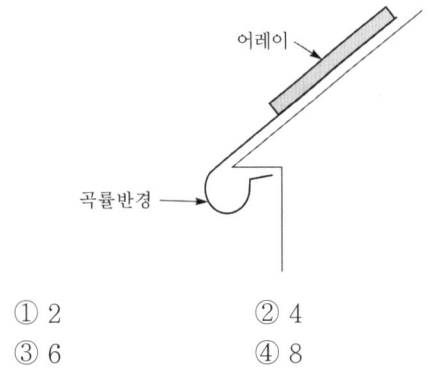

① 2   ② 4
③ 6   ④ 8

해설 물막이는 원칙적으로 케이블 외경의 6배 이상으로 구부려 배선한다. **답** ③

44 발주자가 설계변경 지시를 할 경우 첨부서류에 포함되지 않는 것은?

① 수량산출 조서
② 설계변경 개요서
③ 주요 기자재 및 인력투입 계획
④ 설계변경 도면, 설계 설명서, 계산서 등

해설 발주자가 설계변경 도서를 작성할 수 없을 경우에는 설계 변경개요서만 첨부하여 설계변경 지시를 할 수 있다.
① 설계변경 개요서
② 설계변경 도면, 설계 설명서, 계산서 등
③ 수량산출 조서
④ 그 밖에 필요한 서류 **답** ③

45 구조물 및 자재 종류별 검사에서 감리원의 검사절차로 옳은 것은?

┌─────────────────────────────────┐
│ ㉠ 시공완료   ㉡ 검사요청서 제출 │
│ ㉢ 시공관리책임자 점검 ㉣ 감리원 현장검사 │
│ ㉤ 검사결과 통보 │
└─────────────────────────────────┘

① ㉠ → ㉢ → ㉡ → ㉣ → ㉤
② ㉠ → ㉡ → ㉢ → ㉣ → ㉤
③ ㉠ → ㉡ → ㉢ → ㉣ → ㉤
④ ㉠ → ㉣ → ㉡ → ㉢ → ㉤

해설 ㉠ 시공완료 → ㉢ 시공관리책임자점검 → ㉡ 검사요청서제출 → ㉣ 감리원 현장검사 → ㉤ 검사결과통보 **답** ①

46 태양광발전시스템 시공에서 모듈 설치 및 결선의 체크리스트 항목이 아닌 것은?

① 전선의 자재는 KS 규격품을 사용하였는가?
② 모듈의 직·병렬연결 시 링 타입의 단자를 사용하여 연결하였는가?
③ 모듈 간의 직렬배선은 바람에 흔들리지 않도록 케이블타이로 단단히 고정하였는가?
④ 태양광발전 모듈의 전선은 접속함에 일반용 커넥터를 사용하여 결속하였는가?

해설 접속 배선함 연결부위는 일체형 전용 커넥터를 사용 한다. **답** ④

47 다음[보기]에서 설명한 배전방식으로 가장 적합한 것은?

┌─────────────────────────────────┐
│ [보기] │
│ • 변압기의 공급 전력을 서로 융통시킴으로서 │
│   변압기 용량 저감 가능 │
│ • 전압 변동 및 전력 손실 경감 │
│ • 부하의 증가에 대한 탄력성 향상 │
│ • 고장에 대한 보호방법이 적절하며 공급 신뢰 │
│   도가 좋음 │
│ • 캐스케이딩 현상 발생 │
└─────────────────────────────────┘

① 방사선 방식
② 저압 뱅킹 방식
③ 저압네트워크 방식
④ 스포트 네트워크 방식

해설 저압 뱅킹 방식
[장점]
1) 전력손실 감소, 전압강하 감소
2) 변압기 공급 전력을 융통시켜서 변압기 용량을 낮출 수 있다.
3) 부하 증가에 대한 탄력성이 향상 된다.
4) 플리커 현상 감소
[단점]
1) 캐스케이딩 현상　　　　　　　　　**답** ②

---

48 설계감리의 업무 범위가 아닌 것은?

① 설계의 경제성 검토
② 주요 기자재 공급원의 검토·승인
③ 공사기간 및 공사비의 적정성 검토
④ 설계내용의 사용 가능성에 대한 사전 검토

해설 설계감리의 업무 범위
1) 전력시설물공사의 관련 법령, 기술기준, 설계기준 및 시공기준에의 적합성 검토
2) 사용자재의 적정성 검토
3) 설계의 경제성 검토
4) 설계공정의 관리에 관한검토
5) 설계 내용의 시공 가능성에 대한 사전 검토
6) 공사기간 및 공사비의 적정성 검토
7) 설계도면 및 설계 설명서 작성의 적정성 검토
　　　　　　　　　　　　　　　　　답 ②

---

49 배전선로에서 지락 고장이나 단락 고장사고가 발생하였을 때 고장을 검출하여 선로를 차단한 후 일정시간 경과하면 자동적으로 재투입 동작을 반복함으로써 고장 구간을 제거할 수 있는 보호장치는?

① 리클로저　　　　② 라인퓨즈
③ 배전용 차단기　　④ 컷아웃 스위치

해설 배전선로에 사용되는 개폐기는 컷아웃 스위치, 부하개폐기, 리클로저, 섹셔널라이저 등 이다.　　**답** ①

---

50 KS C IEC 60364의 저압계통의 접지방식이 아닌 것은?

① IT방식　　　　　② TT 방식
③ TN-C 방식　　　④ TT-C 방식

해설 IEC 60364 저압계통 접지방식 종류
TN-C, TN-S, TN-CS, TT, IT　　　**답** ④

---

51 태양광발전시스템의 구조물 설치를 위한 기초의 종류 중 지지층이 얕을 경우 적용하는 방식은 무엇인가?

① 말뚝기초　　　　② 피어기초
③ 간접기초　　　　④ 직접기초

해설 기초의 종류
1) 직접기초 : 지지층이 얕을 경우 자주 쓰인다.
2) 말뚝기초 : 지지층이 깊을 경우 자주 쓰인다.
3) 주춧돌기초 : 철탑 등의 기초에 자주 쓰인다.
4) 케이슨기초 : 하천 내의 교량 등에 자주 쓰인다.
5) 연속기초 : 지지층이 매우 깊은 경우에 자주 쓰인다.
(연속기초는 지지층이 얕을 경우에 사용하는 경우도 있다.)　　　　　　　　　　　　　**답** ④

---

52 송전전력, 부하역률, 송전거리, 전력손실 및 선간전압이 같을 경우 3상3선식에서 전선 한 가닥에 흐르는 전류는 단상 2선식의 경우 약 몇 [%]가 되는가?

① 70.7　　　　　　② 57.7
③ 131　　　　　　　④ 115

해설 지금 부하전력을 P[W], 선간전압을 V[V], 부하역률을 $\cos\theta$, 단상 2선식 및 3상 3선식의 전류를 각각 I_2[A] 및 I_3[A], 단상 및 3상의 전선 1가닥 당의 저항을 각각 R_2[Ω] 및 R_3[Ω]이라고 하면 I_3와 I_2의 비는 단상 2선식의 경우는 $\sqrt{3}$ 배이다.

$$\frac{I_3}{I_2} = \frac{\dfrac{P}{(\sqrt{3}\,V\cos\theta)}}{\dfrac{P}{(V\cos\theta)}} = \frac{1}{\sqrt{3}} = 0.5773 = 57.7[\%]$$ **답** ②

---

53 태양광발전 모듈과 인버터간의 배선에 대한 설명으로 틀린 것은?

① 태양광발전 모듈 접속용 케이블은 반드시 극성표시 확인 후 설치한다.
② 접속함에서 인버터까지의 배선의 길이가 60[cm] 이내일 경우 전압강하는 5[%] 이하로 한다.
③ 태양광발전 모듈간 배선은 2.5[mm²] 이상의 전선을 사용하면 단락전류에 충분히 견딜 수 있다.

④ 태양광발전 어레이 지중배선을 직접매설방식에 의해 중량물의 압력을 받는 장소에 매설하는 경우 1.2[m] 이상의 깊이로 한다.

해설 **태양광 원별시공기준 – 전기배선 및 접속함의 전압강하**
태양전지판에서 인버터 입력단간 및 인버터 출력단과 계통연계점 간의 전압강하는 각 3[%]를 초과하여서는 안 되고, 단, 전선길이가 60[m]를 초과할 경우에는 다음에 따라 시공한다.

전선길이	전압강하
120[m] 이하	5[%]
200[m] 이하	6[%]
200[m] 초과	7[%]

답 ②

54 태양광발전 모듈 배선을 금속관공사로 시공할 경우의 설명으로 틀린 것은?

① 옥외용 비닐절연전선을 사용하여야 한다.
② 금속관 내에서 전선은 접속점을 만들어서는 안 된다.
③ 짧고 가는 금속관에 넣는 전선인 경우 단선을 사용할 수 있다.
④ 전선은 단면적 10[mm²]을 초과하는 경우 연선을 사용하여야 한다.

해설 KEC 232.12 (금속관 공사) 금속관 공사에 의한 저압 옥내배선은 다음 각 호에 따라 시설하여야 한다.
1. 전선은 절연전선(옥외용 비닐절연전선을 제외한다)일 것
2. 전선은 연선일 것. 다만, 다음의 것은 적용하지 않는다.
    가. 짧고 가는 금속관에 넣은 것
    나. 단면적 10 mm²(알루미늄선은 단면적 16 mm²) 이하의 것
3. 전선은 금속관 안에서 접속점이 없도록 할 것

답 ①

55 난연성, 절연의 신뢰성, 내습ㆍ내진성, 소형 및 경량화, 내전압 성능이 낮아 VCB와 조합 시 서지흡수기를 설치하며, 단시간 과부하에 좋은 변압기는?

① 몰드변압기
② 유입변압기
③ 아몰퍼스 변압기
④ H종 건식변압기

해설 **몰드변압기 장단점**
[장점]
• 난연성이 우수하다.
• 내습, 내진성이 양호하다.
• 소형, 경량화 가능
• 전력손실 적다
• 절연유를 사용하지 않아 유지 보수 용이
• 단시간 과부하 내량이 크다.
[단점]
• 가격이 비싸다
• 충격파 내전압이 낮다
• 수지층에 차폐물이 없어 운전 중 코일 표면과 접촉 시 위험

답 ①

56 자가용전기설비의 사용 전 검사에 대한 설명으로 틀린 것은?

① 검사 결과의 통지는 검사완료일로부터 5일 이내에 검사확인증을 신청인에게 통지 하여야 한다.
② 검사 결과 검사기준에 부적합할 경우 사용 전 검사의 재검사 기간은 검사일 다음날로부터 15일 이내로 한다.
③ 검사의 목적은 전기설비가 공사계획대로 설계 시공되었는가를 확인하여 전기설비의 안전성을 확보하는 것이다.
④ 전기안전에 지장이 없는 경우라도 발전기 인가 출력보다 낮고 저출력 운전 시에는 임시 사용이 불가능하다.

해설 **사용 전 검사 임시사용 허용기준**
1) 발전기의 출력이 인가를 받거나 신고한 출력보다 낮으나 사용상 안전에 지장이 없을 경우
2) 송ㆍ수전에 직접적인 관련이 없는 보호울타리 등이 시공되지 아니한 상태이나 사람이 접근할 수 없도록 안전조치를 취한 경우
3) 공사계획인가 또는 신고를 한 전기설비 중 교대성ㆍ예비성 설비 또는 비상용 예비발전기가 완공되지 아니한 상태이나 주된 설비가 전기의 사용상이나 안전에 지장이 없다고 인정되는 경우

답 ④

57 인버터의 설치용량은 사업계획서 상의 인버터 설계용량 이상이어야 하고, 인버터에 연결된 모듈의 설치용량은 인버터 설치용량의 최대 몇 [%] 이내이어야 하는가?

① 92   ② 96
③ 103   ④ 105

해설 인버터의 설치용량은 사업계획서 상의 인버터 설계용량 이상이어야 하고, 인버터에 연결된 모듈의 설치용량은 인버터 설치용량의 105[%] 이내이어야 한다.
답 ④

58 전력시설물의 공사감리에서 비상주 감리원의 업무에 해당되지 않는 것은?

① 설계도서의 검토
② 기성 및 준공검사
③ 안전관리계획서 작성
④ 설계변경 및 계약금액 조정의 심사

해설 비상주감리원은 다음 각 호에 따라 업무를 수행하여야 한다.
1) 설계도서 등의 검토
2) 상주감리원이 수행하지 못하는 현장 조사분석 및 시공상의 문제점에 대한 기술 검토와 민원사항에 대한 현지조사 및 해결방안 검토
3) 중요한 설계변경에 대한 기술 검토
4) 설계변경 및 계약금액 조정의 심사
5) 기성 및 준공검사
6) 정기적(분기 또는 월별)으로 현장 시공 상태를 종합적으로 점검 · 확인 · 평가하고 기술지도
답 ③

출제기준 변경 및 개정된 관계 법규에 따라 삭제된 문제가 있어 20문항이 안됩니다.

4과목 - 태양광발전시스템 운영

61 송 · 배전설비의 유지관리 시 점검 후의 유의사항으로 옳은 것은?

① 준비철저 및 연락
② 회로도에 의한 검토
③ 무전압 상태확인 및 안전조치
④ 임시 접지선 제거 및 최종 확인

해설 1) 송전설비 점검 전 유의사항
　• 준비철저, 연락, 회로도에 의한 검토, 무전압 상태

확인 및 안전조치
2) 송전설비 점검 후 유의사항
　• 접지선의 제거, 최종 확인
답 ④

62 전기사업법에 의해 전기사업용 태양광 발전소의 태양광 · 전기설비 계통의 정기검사 시기는?

① 1년 이내   ② 2년 이내
③ 3년 이내   ④ 4년 이내

해설 전기사업용 전기설비(기력, 내연력, 가스터빈, 복합화력, 수력(양수), 풍력, 태양광 및 연료전지발전소)의 정기검사

증기터빈 및 내연기관 계통	4년 이내
가스터빈 · 보일러 · 열교환기(「집단에너지사업법」을 적용 받는 보일러 및 압력용기는 제외) 및 발전기 계통	2년 이내
수차 · 발전기 계통	4년 이내
풍차 · 발전기 계통	4년 이내
태양전지 · 전기설비 계통	4년 이내
연료전지 · 전기설비 계통	4년 이내

답 ④

63 태양광발전시스템의 고장별 조치방법을 나열한 것으로 틀린 것은?

① 불량 모듈의 선별되어 교체 시에는 제조사와 관계없이 동일 면적의 제품으로 교체하여야 한다.
② 모듈의 단락전류는 음영에 의한 경우와 모듈 불량에 의한 경우의 문제로 판정되면 그 원인을 해소한다.
③ 인버터가 고장인 경우에는 유지보수 인력이 직접 수리가 곤란하므로 제조업체에 A/S를 의뢰하여 보수한다.
④ 태양광발전 모듈의 개방전압이 저하하는 원인은 셀 및 바이패스 다이오드의 손상에 기인하는 경우가 대부분이므로 손상된 모듈을 찾아서 교체하여야 한다.

해설 불량모듈은 동일 용량의 제품으로 교체되어야 한다.
답 ①

64 분산형전원 배전계통 연계 기술기준에 의해 태양광발전시스템 및 그 연계 시스템의 운영 시 태양광발전시스템 연결점에서 최대 정격 출력 전류의 몇 [%]를 초과하는 직류 전류를 배전계통으로 유입시켜서는 안 되는가?

① 0.3   ② 0.5
③ 0.7   ④ 1.0

해설 분산형 전원 및 그 연계 시스템은 분산형 전원연결점에서 최대 정격 출력전류의 0.5[%]를 초과하는 직류 전류를 배전계통으로 유입시켜서는 안 된다.   **답** ②

65 전원의 재투입 시 안전 조치로 틀린 것은?

① 모든 이상 유무 확인 후 전원 투입
② 차단장치나 단로기 등에 잠금장치 및 꼬리표 부착
③ 모든 작업자가 작업 완료된 전기기기에서 떨어져 있는지 확인
④ 단락접지기구, 통전금지표시, 개폐기 잠금장치 등 안전장치를 제거하고 안전하게 통전할 수 있는지 확인

해설 차단기 앞에 점검 중 표시판을 설치한다.   **답** ②

66 태양광발전시스템의 운영방법으로 틀린 것은?

① 태양광발전시스템의 고장요인은 대부분 인버터에서 발생하므로 정기적으로 정상가동 유무를 확인 하여야 한다.
② 접속함에는 역류방지 다이오드, 차단기, 단자대 등이 내장되어 있으니 누수나 습기 침투 여부를 정기적으로 점검이 필요하다.
③ 태양광발전 모듈 표면은 특수 강화 처리된 유리로 되어 있어 고압 세척기를 이용하거나 오염이 심할 경우 세재를 이용하여 세척을 하여도 무방하다.
④ 태양광발전 모듈은 일사량이 높을수록 발전효율이 높으므로 어레이 각도를 태양의 남중고도를 고려하여 정기적으로 조절하면 발전량을 높일 수 있다.

해설 태양전지모듈 운전조작 방법

1) 모듈 표면은 특수 처리된 강화 유리로 되어 있어, 강한 충격이 있을 시 파손될 수 있다.
2) 모듈 표면에 그늘이 지거나, 나뭇잎 등이 떨어져 있는 경우 전체적인 발전효율 저하 요인으로 작용하며, 황사나 먼지, 공해물질은 발전량 감소의 주요인으로 작용한다.
3) 고압 분사기를 이용하여 정기적으로 물을 뿌려 주거나, 부드러운 천으로 이물질을 제거해 주면 발전 효율을 높일 수 있다. 이 때 모듈 표면에 흠이 생기지 않도록 주의해야 한다.
4) 모듈 표면 온도가 높을수록 발전효율이 저하됨으로 태양열에 의하여 모듈 온도 상승 시에 정기적으로 물을 뿌려 온도를 조절해 주면 발전효율을 높일 수 있다.
5) 풍압이나 진동으로 인하여 모듈과 형강의 체결 부위가 느슨해지는 경우가 있으므로 정기적으로 점검해야 한다.   **답** ③

67 태양광발전시스템의 구조물에 발생하는 고장으로 틀린 것은?

① 백화현상   ② 녹 및 부식
③ 이상 진동음   ④ 구조물변형

해설 태양광발전시스템 구조물의 일부로 볼 수 있는 기초 콘크리트에 염분이 많은 해사(바다모래)를 사용하거나, 태양광발전시스템 구조물을 바다근처에 설치하는 경우 백화현상이 발생할 수 있다.
    답 ① ② ③ ④ 전항 정답

68 태양광발전시스템의 운전 중 점검사항에 해당하지 않는 것은?

① 인버터 표시부의 이상표시
② 축전지의 변색, 변형, 팽창
③ 인버터의 이음, 이취, 연기 발생
④ 접속함의 절연저항 및 개방전압

해설 ① 인버터 외함 : 부식 및 파손 - 부식 및 녹이 없고 충전부가 노출되어 있지 않을 것
② 태양전지 어레이 : 표면의 오염 및 파손 - 현저한 오염 및 파손이 없을 것
③ 접속함 : 외부배선(접속케이블의 손상) - 접속케이블에 손상이 없을 것
④ 축전지 : 변색, 변형, 팽창, 손상, 액면 저하, 온도 상승, 이취, 단자부 풀림 - 부하에 급전한 상태에서 실시할 것   **답** ④

69 태양광발전 어레이의 일상점검 시 외관검사 방법 중 관찰사항으로 틀린 것은?

① 접지저항 검사
② 가대의 녹 발생 유무 검사
③ 변색, 낙엽 등의 유무 검사
④ 태양광발전 어레이 표면의 오염 검사

해설 태양전지 어레이의 외관 검사는 태양전지모듈 표면의 오염, 유리에 금이 가는 등의 손상, 변색, 낙엽 등의 유무 및 가대 등의 녹 발생 유무를 확인한다. 답 ①

70 사업계획서 작성 시 태양광설비의 전기설비 개요에 포함되어야 할 사항으로 옳은 것은?

① 증발량
② 연료의 종류
③ 회전날개의 수
④ 집광판의 면적

해설 태양광발전설비의 개요
1) 태양전지의 종류, 정격용량, 정격전압 및 정격출력
2) 인버터의 종류, 입력전압, 출력전압 및 정격출력
3) 집광판의 면적
4) 발전소의 명칭 및 위치 답 ④

71 태양광발전시스템의 성능을 평가하기 위한 측정 요소로 틀린 것은?

① 사이트
② 가중치
③ 신뢰성
④ 설치 코스트

해설 태양광발전시스템 성능평가의 분류로는 구성요인의 성능·신뢰성, 신뢰성, 발전부지(사이트), 발전성능, 설치코스트(경제성) 답 ②

72 정지상태의 점검으로 내전압 시험 및 보호계전기 등의 동작시험을 수행하는 점검은?

① 운전점검
② 일상점검
③ 정기점검
④ 임시 점검

해설 점검의 내용
1) 운전점검 : 계측기의 바늘이 움직이는가, 이상한 냄새, 이상한 소리 등의 감각에 의한 외관 점검을 한다.
2) 일상점검 : 계측기의 바늘이 움직이는가, 이상한 냄새, 이상한 소리 등의 감각에 의한 외관 점검을 한다.
3) 정기점검(보통) : 정지 상태에서 행하는 점검으로 제어운전 장치의 기계 점검, 절연저항의 측정

4) 정기점검(세밀) : 장시간 정지하여 불량품 교체, 차단기 내부점검 등이 용이하도록 전체적으로 분해하여 각부의 세부 점검
5) 임시점검 : 일상점검 등에서 이상을 발견할 경우, 큰 사고가 발생할 경우 실시 답 ③

73 자가용전기설비 중 태양광발전설비의 태양광 전지 정기검사 시 검사세부 종목으로 틀린 것은?

① 누설전류
② 규격 확인
③ 외관검사
④ 전지 전기적 특성시험

해설 누설전류란 절연체에 전압을 가했을 때 흐르는 약한 전류를 말한다. 내부를 흐르는 것과 표면을 흐르는 것이 있으나, 보통 표면을 흐르는 것이 더 크며, 이것을 표면 누설전류라 한다. 답 ①

74 솔라 시뮬레이터가 STC 측정 목적으로 사용되도록 설계되어 있는 경우, 이 시뮬레이터는 시험면에서 몇 $[W/m^2]$의 유효 조사 강도를 생성할 수 있어야 하는가?

① 250
② 500
③ 1,000
④ 2,000

해설 모든 태양전지 모듈은 솔라 시뮬레이터를 사용하여 다음의 기준상태로 시험을 하고, 데이터를 얻는다. 태양전지 표준시험(Standard Test Condition) 조건은 솔라 시뮬레이터를 이용, 옥내 측정은 표준 측정방법으로 하고 모듈 표준온도 25[℃], 분광분포 AM1.5, 방사조도 1,000[W/m²]이 사용된다. 답 ③

75 중대형 태양광 발전용 인버터(KS C 8565 : 2016)의 절연저항 시험에서 입력 단자 및 출력 단자를 각각 단락하고, 그 단자와 대지 간의 절연저항을 측정하는 경우 품질기준으로 절연저항은 몇 $[MΩ]$ 이상 이어야 하는가?

① 0.1
② 0.5
③ 0.7
④ 1.0

해설 절연저항 시험에서 입력단자 및 출력 단자를 각각 단락하고, 그 단자와 대지 간의 절연저항을 측정하는 경우 품질기준으로 절연저항은 1[MΩ] 이상이고, 측정전압은 500[V]이다. 답 ④

76 태양광발전시스템에서 배전계통으로 유입되는 종합 전압고조파 왜형률은 최대 몇 [%]를 초과하지 않도록 하여야 하는가?

① 3   ② 5
③ 7   ④ 9

해설 태양광발전시스템에서 배전계통으로 유입되는 종합 고조파 왜형률(THD)은 5[%]를 초과하지 않도록 하여야 한다. **답 ②**

77 태양광발전시스템 운전 특성의 측정방법(KS C 8535 : 2005)에서 용어 정의 중 다른 전원에서의 보충 전력량을 의미하는 것은?

① 표준 전력량
② 백업 전력량
③ 역전류 전력량
④ 계통 수전 전력량

해설 태양광발전시스템 운전 특성의 측정방법
1) 어레이 일사량 : 어레이 면에 들어오는 직달 일사량 및 산량 일사량이 있는 기간의 총량
2) 백업 전력량 : 다른 전원에서의 보충 전력량
3) 계통 수전 전력량 : 상용 전력계통에서의 수전 전력량
4) 역조류 전력량 : 수용가에서 사용 전력계통으로 향하는 전력량 **답 ②**

78 태양광발전시스템의 운영에 있어 계측기기나 표시장치의 사용목적이 아닌 것은?

① 시스템의 성능 예측
② 시스템의 운전상태 감시
③ 시스템에 의한 발전 전력량 파악
④ 시스템의 성능을 평가하기 위한 데이터 수집

해설 계측 · 표시의 사용목적
1) 시스템의 운전상태 감시를 위한 계측 또는 표시
2) 시스템의 발전전력량을 알기 위한 계측
3) 시스템 기기 및 시스템 종합평가를 위한 계측
4) 시스템의 운전상황을 견학 자에게 보여주고, 시스템 홍보를 위한 계측 또는 표시 **답 ①**

79 중대형 태양광 발전용 인버터(KS C 8565 : 2024) 중 독립형의 시험항목으로 옳은 것은?

① 출력측 단락 시험
② 정지 · 기동 전압 확인 시험
③ 단독 운전 방지 기능 시험
④ 교류 출력 전류 왜형률 시험

해설 출력측 단락시험은 중대형 태양광 발전용 인버터(KS C 8565 : 2024) 시험항목에 해당함

	시험항목	독립형	계통연계형
절연성능시험	① 절연저항시험	○	○
	② 내전압시험	○	○
	③ 임펄스 내전압 시험	○	○
	④ 접촉 전류 시험		○
	⑤ 액세스 프로브 시험		○
	⑥ IP시험		○
	⑦ 보호 본딩 시험(접지연속성 시험)		○
	⑧ 공간거리와 연면거리 시험		○
보호기능시험	① 출력과 전압 및 부족전압보호기능시험	×	○
	② 주파수 상승 및 저하보호기능시험	×	○
	③ 단독 운전 방지 기능시험	×	○
	④ 복전 후 일정시간 투입 방지기능 시험	×	○
정상특성시험	① 교류전압, 주파수 추종 범위 시험	×	○
	② 교류출력전류 왜형률 시험	×	○
	③ 측정 오차 정확도 시험	○	○
	④ 온도상승시험	○	○
	⑤ 효율시험	○	○
	⑥ 대기 손실 시험	×	○
	⑦ 정지 · 기동 전압 확인 시험	×	○
	⑧ 최대 전력 추종 시험	×	○
	⑨ 출력전류 직류분 검출 시험	×	○
과도응답특성시험	① 입력전력 급변시험	○	○
	② 계통전압 급변시험	×	○
	③ 계통전압위상 급변시험	×	○
외부사고시험	① 출력 측 단락시험	○	○
	② 계통전압 순간정전 · 강하시험	×	○
	③ 부하차단시험	○	○
내전기환경시험	① 계통전압 왜형률 내량시험	×	○
	② 계통전압 불평형 시험	×	○
	③ 부하 불평형 시험	○	×
내주위환경시험	① 습도시험	○	○
	② 온습도 사이클 시험	○	○
전자기적합성(EMC)	① 전자파 장해(EMI)	○	○
	② 전자파 내성(EMS)	○	○

답 ①

80 태양광발전시스템의 안전관리 예방업무가 아닌 것은?

① 시설물 및 작업장 위험방지

② 안전작업 관련 훈련 및 교육

③ 안전관리비 실행 집행 및 관리

④ 안전장구, 보호구, 소화설비의 설치, 점검, 장비

해설 **안전관리 예방업무**
1) 시설물 및 작업장 위험 방지
2) 안전작업 관련 훈련 및 교육
3) 소화 및 피난 훈련
4) 안전장치, 보호구, 소화설비의 설치, 점검, 정비
답 ③

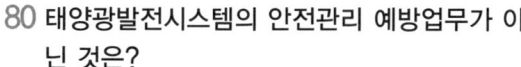

5과목 - 신재생에너지 관련법규

81 전기사업법의 정의에서 "전기사업"에 포함되지 않는 것은?

① 발전사업   ② 변전사업

③ 송전사업   ④ 전기판매사업

해설 "전기사업"이란 발전사업 · 송전사업 · 배전사업 · 전기판매사업 및 구역전기사업을 말한다. **답** ②

82 전기사업법에 의해 자가용전기설비의 설치공사계획의 신고 대상이 아닌 것은?

① 출력 1만 킬로와트 이하의 발전소 설치

② 특고압 이상 20만 볼트 미만의 차단기 설치 또는 대체

③ 특고압 이상 20만 볼트 미만의 변압기 설치 또는 대체

④ 고압 이상 20만 볼트 미만의 전선로 설치 · 연장 또는 변경

해설 **전기사업법에 의해 자가용전기설비의 설치공사계획의 신고 대상**(자가용전기설비 공사계획인가 및 신고대상 제28조3항 관련)
① 출력 1만 킬로와트 이상의 발전소 설치 (전기사업법 시행규칙 제28조 별표5와 별표7에 해당)

② 특고압 이상 20만 볼트 미만의 차단기 설치 또는 대체

③ 특고압 이상 20만 볼트 미만의 변압기 설치 또는 대체

④ 고압 이상 20만 볼트 미만의 전선로 설치 · 연장 또는 변경
답 ①

83 신에너지 및 재생에너지 개발 · 이용 · 보급 촉진법에서 신 · 재생에너지의 기술개발 및 이용 · 보급을 촉진하기 위한 기본계획의 계획기간은 몇 년 이상인가?

① 3년   ② 5년

③ 7년   ④ 10년

해설 산업통상자원부장관은 신재생에너지의 기술개발 및 이용 보급을 촉진하기 위한 기본계획을 수립하여야 하며 기본계획의 계획기간은 10년 이상으로 한다.
답 ④

84 한국전기설비규정에서 물밑전선로의 시설에 대한 설명으로 틀린 것은?

① 특고압인 경우 전선으로 케이블을 사용하였다.

② 전선에 케이블을 사용하고 또한 이를 견고한 관에 넣어 시설하였다.

③ 폴리에틸렌혼합물 · 부틸고무 혼합물의 절연재료로 규정하는 시험에 적합한 케이블을 사용하였다.

④ 전선에 지름 3.5[mm] 아연도철선이상의 기계적 강도가 있는 금속선으로 개장한 케이블을 사용하였다.

해설 **KEC 335.4(물밑전선로의 시설)**
전선에 지름 4.5[mm] 아연도철선이상의 기계적 강도가 있는 금속선으로 개장한 케이블을 사용하고 또한 이를 물밑에 매설하는 경우 **답** ④

85 과전류차단기를 시설하여야 하는 장소는?

① 저압옥내선로

② 접지공사의 접지선

③ 다선식 선로의 중성선

④ 전로의 일부에 접지공사를 한 저압 가공전선로의 접지측 전선

해설 KEC 212.6.2 (저압 옥내전로 인입구에서의 개폐기의 시설)
과전류차단기를 시설하여야 하는 장소는 저압옥내선로이다. **답** ①

86 신에너지 및 재생에너지 개발 · 이용 · 보급 촉진법의 목적이 아닌 것은?

① 핵심적인 에너지원만 집중 육성
② 신에너지 및 재생에너지의 기술개발 및 이용 · 보급 촉진
③ 신에너지 및 재생에너지 산업의 활성화를 통하여 에너지원을 다양화
④ 에너지 구조의 환경친화적 전환 및 온실가스 배출의 감소를 추진함으로써 환경의 보전

해설 제1조(목적) 이 법은 신에너지 및 재생에너지의 기술개발 및 이용 · 보급 촉진과 신에너지 및 재생에너지 산업의 활성화를 통하여 에너지원을 다양화하고, 에너지의 안정적인 공급, 에너지 구조의 환경친화적 전환 및 온실가스 배출의 감소를 추진함으로써 환경의 보전, 국가 경제의 건전하고 지속적인 발전 및 국민복지의 증진에 이바지함을 목적으로 한다. **답** ①

87 전기설비기술기준에서 발전소 등의 부지 시설조건에 대한 설명으로 틀린 것은?

① 산지전용 후 발생하는 절 · 성토면의 수직높이는 15[m] 이하로 한다.
② 부지조성을 위해 산지를 전용할 경우에는 전용하고자 하는 산지의 평균 경사도가 25도 이하여야 한다.
③ 산지전용면적 중 산지전용으로 발생되는 절 · 성토 경사면의 면적이 100분의 50을 초과해서는 안 된다.
④ 산지전용 후 발생하는 절토면 최하단부에서 발전 및 변전설비까지의 최소이격거리는 보안 울타리, 외곽도로, 수림대 등을 포함하여 3[m] 이상이 되어야 한다.

해설 전기설비기술기준 제21조의2
(발전소 등의 부지 시설조건)
산지전용 후 발생하는 절토면 최하단부에서 발전 및 변전설비까지의 최소 이격거리는 보안울타리, 외곽도로,

수림대 등을 포함하여 6[m] 이상이 되어야 한다. 다만, 옥내변전소와 옹벽, 낙석 방지망 등 안전대책을 수립한 시설의 경우에는 예외로 한다. **답** ④

88 연면적 1,500[m²]의 공공기관을 신축하기 위해 2021년 4월에 건축허가를 신청하였다. 신에너지 및 재생에너지 개발 · 이용 · 보급 촉진법에 의하여 이 건물의 예상 에너지사용량에 대한 신 · 재생에너지의 공급의무 비율은 몇 [%] 이상이어야 하는가?

① 18 ② 2
③ 24 ④ 30

해설 신 · 재생에너지의 공급의무 비율
(제15조 제1항 제1호 관련)

해당 연도	2020~2021	2022~2023	2024~2025	2026~2027	2028~2029	2030 이후
공급의무 비율[%]	30	32	34	36	38	40

답 ④

89 전기공사업법에 의해 시도지사가 공사업자의 등록을 반드시 취소해야 하는 사항으로 틀린 것은?

① 거짓이나 그 밖의 부정한 방법으로 공사업의 등록을 한 경우
② 하도급 관계법령을 위반하여 하도급을 주거나 다시 하도급을 준 경우
③ 영업정지처분기간에 영업을 하거나 최근 5년간 3회 이상 영업정지처분을 받은 경우
④ 공사업의 등록을 한 후 1년 이내에 영업을 시작하지 아니하거나 계속하여 1년 이상 공사업을 휴업한 경우

해설 전기공사업자 등록 취소 사항
1) 거짓이나 그 밖의 부정한 방법으로 다음에 해당하는 행위를 한 경우
2) 기술능력 및 자본금 등에 미달하게 된 경우
3) 공사업의 등록기준에 관한 신고를 하지 아니한 경우
4) 전기공사업 등록 사항에 결격사유 해당하게 된 경우
5) 타인에게 성명 · 상호를 사용하게 하거나 등록증 또는 등록수첩을 빌려 준 경우
6) 시정명령 또는 지시를 이행하지 아니한 경우

7) 해당 전기공사가 완료되어 같은 조에 따른 시정명령 또는 지시를 명할 수 없게 된 경우

8) 신고를 거짓으로 한 경우

9) 공사업의 등록을 한 후 1년 이내에 영업을 시작하지 아니하거나 계속하여 1년 이상 공사업을 휴업한 경우

10) 영업정지처분기간에 영업을 하거나 최근 5년간 3회 이상 영업정지처분을 받은 경우 **답** ②

90 한국전기설비규정에 의해 특고압 전선로에 접속하는 배전용 변압기를 시설하는 경우에 특고압 절연전선 또는 케이블을 사용하였다면 변압기의 1차 및 2차 전압은?

① 1차 : 35[kV] 이하, 2차 : 특고압

② 1차 : 35[kV] 이하, 2차 : 저압 또는 고압

③ 1차 : 60[kV] 이하, 2차 : 저압 또는 고압

④ 1차 : 60[kV] 이하, 2차 : 특고압 또는 고압

해설 KEC 341.2 (특고압 배전용 변압기의 시설)
특고압 전선로에 접속하는 배전용 변압기를 시설하는 경우에 특고압 절연전선 또는 케이블을 사용하였다면 변압기의 1차는 35[kV] 이하이고 2차는 저압 또는 고압이다. **답** ②

91 한국전기설비규정에서 사용전압이 저압인 전로에 정전이 어려운 경우 등 절연저항 측정이 곤란한 경우 저항성분의 누설전류가 몇 [mA] 이하이면 그 전로의 절연성능은 적합한 것으로 보는가?

① 1   ② 3

③ 5   ④ 10

해설 KEC 132 (전로의 절연저항 및 절연내력)
사용전압이 저압인 전로에서 정전이 어려운 경우 등 절연저항 측정이 곤란한 경우에는 누설전류를 1[mA] 이하로 유지하여야 한다. **답** ①

92 한국전기설비규정에서 태양전지 발전소와 연계하는 전력계통에 그 발전소 이외의 전원이 있는 경우 태양전지 모듈(복수의 태양전지 모듈을 설치하는 경우에는 그 집합체)을 계측하는 장치로 틀린 것은?

① 온도계   ② 전압계

③ 전류계   ④ 전력계

해설 KEC 351.6 (계측장치)
발전소에는 다음 각 호의 사항을 계측하는 장치를 시설하여야 한다.

1. 발전기·연료전지 또는 태양전지 모듈(복수의 태양전지 모듈을 설치하는 경우에는 그 집합체)의 전압 및 전류 또는 전력 **답** ①

93 산업통상자원부장관이 신·재생에너지 기술개발 및 이용·보급에 관한 계획의 협의를 요청한 자에게 계획서를 받았을 때 그 의견을 통보하기 위하여 검토하는 사항이 아닌 것은?

① 시의성(時宜性)

② 공동연구의 가능성

③ 기본계획과의 차별성

④ 다른 계획과의 중복성

해설 산업통상자원부장관은 계획서를 받았을 때에는 신·재생에너지의 기술개발 및 이용·보급을 촉진하기 위한 기본계획과의 조화성, 시의성(時宜性), 다른 계획과의 중복성, 공동연구의 가능성을 검토하여 협의를 요청한 자에게 그 의견을 통보한다. **답** ③

94 신에너지 및 재생에너지 개발·이용·보급 촉진법에 의해 신·재생에너지 설비를 설치한 시공자는 해당 설비에 대하여 성실하게 무상으로 하자보수를 시행하여야 한다. 이 경우 하자보수의 최대 기간의 범위는 얼마인가? (단, 하자보수에 관하여 「국가를 당사자로 하는 계약에 관한 법률」 또는 「지방자치단체를 당사자로 하는 계약에 관한 법률」에 특별한 규정이 있는 경우에는 제외한다.)

① 2년   ② 3년

③ 4년   ④ 5년

해설 신에너지 및 재생에너지 개발·이용·보급 촉진법에 의해 신·재생에너지 설비를 설치한 시공자는 해당 설비에 대하여 성실하게 무상으로 하자보수를 시행하여야 한다. 이 경우 하자보수의 최대 기간의 범위는 5년이다. **답** ④

95 전기설비기술기준에서 저압전선로 중 절연부분의 전선과 대지 사이 및 전선의 심선 상호간의 절연저항은 사용전압에 대한 누설전류가 최대 공급전류의 얼마를 넘지 않도록 하여야 하는가?

① 1/1,000　　② 1/2,000
③ 1/3,000　　④ 1/4,000

해설 기술기준 제27조(전선로의 전선 및 절연성능)
전압의 전선로 중 대지사이의 절연 저항은 사용 전압에 대한 누설 전류가 최대 공급 전류의 1/2,000을 넘지 않도록 유지하여야 한다.　　답 ②

96 전기사업법에서 동일인이 두 종류 이상의 전기사업을 할 수 있는 경우가 아닌 것은?

① 도서지역에서 전기사업을 하는 경우
② 변전사업과 전기판매사업을 겸업하는 경우
③ 배전사업과 전기판매사업을 겸업하는 경우
④ 「집단에너지사업법」에 따라 발전사업의 허가를 받는 것으로 보는 집단에너지 사업자가 전기판매사업을 겸업하는 경우로 허가받은 공급구역에 전기를 공급하려는 경우

해설 (전기사업법 시행령 제3조)
전기사업법 시행령에서 동일인이 2종류 이상의 전기사업을 할 수 있는 경우
① 도서지역에서 전기사업을 하는 경우
② 배전사업과 전기판매사업을 겸업하는 경우
③ 발전사업의 허가를 받은 것으로 보는 집단에너지사업자가 전기판매사업을 겸업하는 경우　　답 ②

97 산업통상자원부장관이 신·재생에너지 관련 통계의 조사·작성·분석 및 관리에 관한 업무의 전부 또는 일부를 하게 할 수 있도록 산업통상자원부령으로 정하는 바에 따라 지정하는 전문성이 있는 기관은?

① 통계청
② 한국전기안전공사
③ 신·재생에너지센터
④ 한국에너지기술연구원

해설 산업통상자원부장관이 신·재생에너지 관련 통계의 조사·작성·분석 및 관리에 관한 업무의 전부 또는 일부를 하게 할 수 있도록 산업통상자원부령으로 정하는 바에 따라 지정 하는 전문성이 있는 기관은 신·재생에너지센터이다.　　답 ③

98 중소기업의 녹색기술 및 녹색경영을 촉진하기 위한 연차별 추진계획을 위원회의 심의를 거쳐 수립·시행하여야 하는 사람은?

① 행정안전부장관
② 국토교통부장관
③ 중소벤처기업부장관
④ 과학기술정보통신부장관

해설 중소기업의 녹색기술 및 녹색경영을 촉진하기위한 연차별 추진계획을 위원회의 심의를 거쳐 수립·시행하여야 하는 사람은 중소벤처기업부장관이 한다.　　답 ③

출제기준 변경 및 개정된 관계 법규에 따라 삭제된 문제가 있어 20문항이 안됩니다.

1과목 - 태양광발전시스템 이론

01 전력변환장치(PCS)의 기능으로 옳은 것은?

① 단독운전기능, 수동전압 조정기능, 직류지락 검출기능

② 단락운전기능, 최대전력 추종제어기능, 직류검출기능

③ 단독운전 방지기능, 최대전력 추종제어기능, 직류운전기능

④ 자동운전 정지기능, 최대전력 추종제어기능, 단독운전 방지기능

해설 전력변환장치(PCS)의 기능으로는 자동운전 정지기능, 최대전력 추종제어기능, 단독운전 방지기능이 있다.

답 ④

02 독립형 태양광발전용 축전지의 기대 수명에 큰 영향을 주는 요소가 아닌 것은?

① 습도 　　　　② 온도

③ 방전심도 　　④ 방전 횟수

해설 전력변환장치(PCS)의 기능으로는 자동운전 정지기능, 최대전력 추종제어기능, 단독운전 방지기능이 있다.

답 ①

03 태양광발전 모듈과 인버터가 통합된 형태로서 태양광발전시스템 확장이 유리한 인버터 운전방식은?

① 모듈 인버터 방식

② 스트링 인버터 방식

③ 병렬운전 인버터 방식

④ 중앙 집중형 인버터방식

해설 모듈 인버터 방식

① 각 태양전지 모듈별로 MPP 동작 수행으로 최적의 발전량 생산

② 태양광발전시스템 확장이 용이

답 ①

04 1일 적산부하전력량은 1.3[kWh], 불일조일은 10일, 보수율은 0.8, 2[V]의 공칭전압을 갖는 납축전지 50개, 방전심도는 65[%]인 독립형 태양광발전시스템의 축전지 용량은 몇 [Ah]인가?

① 100 　　　　② 250

③ 500 　　　　④ 1,000

해설 독립형 전원시스템용 축전지 용량공식은 다음과 같다.

$$C = \frac{L_d \times D_f \times 1000}{L \times V_b \times DOD \times N}$$

$$= \frac{1.3 \times 10 \times 1000}{0.8 \times 2 \times 0.65 \times 50} = 250[Ah]$$

여기서, L_d : 1일 적산 부하 전력량

D_f : 일조가 없는 날(일)

L : 보수율, V_b : 공칭 축전지 전압

N : 축전지 개수, DOD : 방전심도

답 ②

05 동일한 태양광발전 모듈에서 개방전압이 가장 높을 것으로 예상되는 상태는?

① 외기 온도가 0[℃]이고 일사량이 1000[W/m²]일 때

② 외기 온도가 10[℃]이고 일사량이 600[W/m²]일 때

③ 외기 온도가 30[℃]이고 일사량이 800[W/m²]일 때

④ 외기 온도가 −10[℃]이고 일사량이 1000[W/m²]일 때

해설 온도가 낮을수록 전압이 높아지므로 동일한 태양광발전 모듈에서 개방전압이 가장 높을 것으로 예상되는 상태는 외기 온도가 −10[℃]이고 일사량이 1,000[W/m²]일 때이다.

답 ④

06 태양광발전 전지를 재료에 따라 구분한 것으로 틀린 것은?

① 절연체 　　　② 화합물 반도체

③ 실리콘 반도체 　④ 염료감응형 및 유기물

해설 **태양전지의 종류**

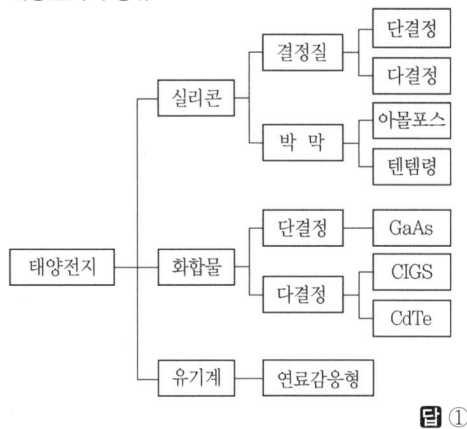

답 ①

07 태양광발전시스템이 갖추어야 할 기본적인 조건이 아닌 것은?

① 안정성이 좋을 것
② 신뢰성이 좋을 것
③ 설치비용이 높을 것
④ 변환효율이 좋을 것

해설 설치비용이 높아지면 태양광발전소의 경제성이 낮아져 사업성이 떨어진다. 답 ③

08 전원으로부터 부하로 전력이 공급될 때, 최대 전력 전달이 가능하기 위한 전원의 내부저항과 부하저항의 크기 관계는?

① 관계없음
② 내부저항 > 부하저항
③ 내부저항 < 부하저항
④ 내부저항 = 부하저항

해설 최대전력을 전달하기 위해서는 내부저항과 부하저항이 동일하여야 한다. 답 ④

09 동일 출력전류(I) 특성을 가지는 N개의 태양광발전 전지를 같은 일사 조건에서 서로 병렬로 연결했을 경우 출력전류 I_a에 대한 계산식은?

① $I_a = N \times I$
② $I_a = N^2 \times I$
③ $I_a = \dfrac{I}{N}$
④ $I_a = \dfrac{N}{I}$

해설 직렬로 연결된 태양전지는 동일한 전류가 흐르고, 병렬로 연결된 태양전지는 연결된 전지 수만큼 출력 전류가 흐른다. 답 ①

10 연료전지발전에 대한 설명으로 틀린 것은?

① 소음 및 공해 배출이 적어 친환경적이다.
② 천연가스, 메탄올, 석탄가스 등 다양한 연료를 사용할 수 있다.
③ 도심 부근에 설치 가능하며 송·배전 시의 설비 및 전력손실이 적다.
④ 수소의 연소로부터 공급되어지는 열에너지를 전기에너지로 변환한다.

해설 연료의 산화에 의해서 생기는 화학에너지를 직접 전기에너지로 변환시키는 일종의 전지 발전장치이다.(전기에서 나오는 직류를 교류로 변환시키는 장치) 답 ④

11 태양광발전시스템에서 바이패스 소자의 설치 위치는?

① 단자함
② 분전반
③ 변압기 내부
④ 인버터 내부

해설 모듈 중 일부 태양전지 셀에 그늘이 생기면 그 부분의 발전량이 저하함과 동시에 단순한 다이오드를 역접속한 것과 같이 되어 저하에 의한 발열을 일으킨다. 이러한 경우에 대비하여 그 부분을 바이패스를 함으로서 출력저하 및 발열을 억제하기 위해 보통 단자함 속에 바이패스 다이오드를 내장한다. 답 ①

12 PN 접합 다이오드에 순방향 바이어스 전압을 인가할 때의 설명으로 옳은 것은?

① 커패시턴스가 커진다.
② 내부전계가 강해진다.
③ 전위장벽이 높아진다.
④ 공간전하 영역의 폭이 넓어진다.

해설 PN 접합 다이오드에 순방향 바이어스 전압을 인가되면 P영역에 있는 정공과 N영역에 있는 전자가 접합면 쪽으로 끌려온다. 따라서 공핍영역의 폭이 줄어든다. 이렇게 되면 전위장벽이 낮아지고, 전기저항이 작아진다. 또한 커패시터는 증가한다. 답 ①

13 태양광발전 모듈의 지락에 대한 안전대책이 가장 필요한 인버터 회로방식은?

① 부하변동 방식
② 트랜스리스 방식
③ 고주파 변압기 절연 방식
④ 상용주파 변압기 절연 방식

해설 트랜스리스 방식
태양전지의 직류출력을 DC–DC 컨버터로 승압하고 인버터로 상용주파의 교류로 변환한다. 답 ②

14 전기를 생산하는 발전에는 여러 방식이 있고, 각각의 에너지 변환효율은 다르다. 다음 설명 중 가장 옳은 것은?

① 수력발전이 화력발전보다 효율이 높다.
② 풍력발전이 화력발전보다 효율이 높다.
③ 지열발전이 태양광발전보다 효율이 높다.
④ 바이오에너지발전이 원자력발전보다 효율이 높다.

해설 화력발전의 효율이 30~40[%]인데 비해 수력발전 효율은 80~90[%] 정도로 에너지 변환효율이 높다. 답 ①

15 태양광발전 전지를 사용한 발전방식의 장점이 아닌 것은?

① 친환경 발전이다.
② 유지관리가 용이하다.
③ 확산광(산란광)도 이용할 수 있다.
④ 급격한 전력 수요에 대응이 가능하다.

해설 태양광발전은 공해가 없고, 필요한 장소에 필요한 만큼만 발전할 수 있으며, 유지 · 보수가 용이한 반면에 전력생산량이 일조량에 의존하고, 설치 장소가 한정적으로, 초기 투자비와 발전단가가 높다. 답 ④

16 태양광발전시스템용 인버터의 단독운전 방지기능에서 능동적인 검출방식이 아닌 것은?

① 주파수 시프트 방식
② 유효전력 변동 방식

③ 무효전력 변동 방식
④ 전압위상 도약 검출 방식

해설 수동적인 검출방식에는 전압위상 도약 검출방식, 제3차 고조파 전압급증 검출방식, 주파수 변화율 검출방식이 있다. 답 ④

17 피뢰기가 구비해야 할 조건으로 틀린 것은?

① 제한전압이 낮을 것
② 충격방전 개시전압이 낮을 것
③ 속류의 차단능력이 충분할 것
④ 상용주파 방전 개시 전압이 낮을 것

해설 상용주파 방전 개시 전압이 높을 것 답 ④

18 건물에 설치된 태양광발전시스템의 낙뢰 및 과전압 보호로 고려해야 하는 방법이 아닌 것은?

① 교류측에 과전압 보호장치를 설치해야 한다.
② 태양광발전시스템 접속함의 직류측에 서지 보호장치를 설치해야 한다.
③ 태양광발전시스템이 외부에 노출되어 있다면 적절한 피뢰침을 설치해야 한다.
④ 낙뢰 보호시스템이 있어도 반드시 태양광발전시스템을 접지 및 등전위면에 연결해야 한다.

해설 낙뢰 보호시스템이 있어도 반드시 태양광발전시스템을 접지 및 등전위면에 분리해야 한다. 답 ④

19 STC 조건에서 측정한 어떤 태양광발전 모듈의 최대출력이 100[W]라면, 태양광발전 전지 온도가 45[℃]일 때 태양광발전 모듈의 최대출력 [W]은? (단, 태양광발전 전지의 온도 보정계수는 −0.5[%/℃]이다.)

① 90
② 95
③ 100
④ 110

해설 $P_{real} = P_{module} \times \dfrac{S}{1,000} \times \{1 - \lambda(T_{cell} - 25[℃])\}$

여기서, S : 태양전지 표면에 입사되는 일사량
λ : 태양전지모듈 전력온도계수

$P_{real} = 100[W] \times \dfrac{1,000}{1,000} \times \left\{1 - \left(\dfrac{0.5}{100}\right)(45[℃] - 25[℃])\right\}$
$= 90[W]$ **답** ①

---

20 변압기에서 1차 전압이 120[V], 2차 전압이 12[V]일 때 1차 권수가 400회라면 2차 권수는 몇 회인가?

① 10 　　　　② 40
③ 400 　　　　④ 400

해설 $\dfrac{N_1}{N_2} = \dfrac{V_1}{V_2}$ 에서

$N_2 = \dfrac{V_2}{V_1}N_1 = \dfrac{12}{120} \times 400 = 40$회 **답** ②

2과목 - 태양광발전시스템 설계

21 전기실에 설치하는 소화설비로 적합하지 않은 것은?

① 이너젠 소화설비
② 하론가스 소화설비
③ 스프링클러 소화설비
④ 이산화탄소 소화설비

해설 스프링클러 소화설비는 일정한 기준에 따라 소방대상물의 상부(천장), 벽 등에 스프링클러헤드 및 화재감지기를 설치한다. 스프링클러는 전기실에 설치할 수 없다. **답** ③

---

22 태양광 발전원가의 구성 항목 중 초기투자비로 보기 어려운 것은?

① 계통연계비용
② 인허가 용역비
③ 설계 및 감리비
④ 운전유지 및 수선비

해설 운전유지 및 수선비는 태양광 완공 후 발전소 운영에 필요한 운영비이다. **답** ④

---

23 가교 폴리에틸렌 절연 비닐 시스 케이블을 나타내는 약호는?

① DV 　　　　② GV
③ CV 　　　　④ OV

해설 DV : 인입용 비닐절연전선
GV : 접지용 비닐절연전선
OV : 과전압 계전기 **답** ③

---

24 태양광발전용 인버터의 입력한계 전압이 800 V_{dc}라면, 이때 적합한 태양광발전 모듈의 최대 직렬 수는? (단, 모듈 온도 변화는 −10[℃]~70[℃]로 하고 기타 조건은 표준상태이다.)

$V_{oc} = 45.16[V]$, $I_{sc} = 7.73[A]$
$V_{mpp} = 41.5[V]$, $I_{mpp} = 7.22[A]$
온도계수 $I = 0.052[\%/℃]$
온도계수 $V = -0.454[\%/℃]$

① 14직렬 　　　　② 15직렬
③ 16직렬 　　　　④ 17직렬

해설 태양전지는 온도가 낮을수록 전압이 증가하므로 가장 낮은 온도에서 최대 직렬이 되도록 설계하여야 한다.
$V_{oc}(-10[℃]) = 45.16[V] + \{(-10[℃] - 25[℃])$
$\times (-0.00454[\%/℃]) \times 45.16[V]\} = 52.34$
최대 직렬 = 인버터 입력 한계전압(인버터 최대 입력 전압) $\div V_{oc}(-10[℃])$
$= 800 \div 52.34 = 15.29 ≒ 15[sheet]$ **답** ②

---

25 어레이의 세로길이를 3.6[m], 어레이의 경사각을 33°, 그림자 고도각을 15°로 산정하여 북위 37° 지방에서 태양광발전시스템을 건설하고자 할 때 어레이 간 최소 이격 거리는 약 몇 [m]인가?

① 9.6 　　　　② 10.3
③ 11.3 　　　　④ 13.6

해설 이격거리 $d = L \times \dfrac{\sin(180 - \alpha - \beta)}{\sin\beta}$

여기서, α : 태양전지 모듈의 경사각

β : 태양 고도각

L : 태양전지 모듈의 길이

$d = 3.6 \times \dfrac{\sin(180 \times 33° \times 15°)}{\sin 15°}$

$= 3.6 \times \dfrac{\sin 132°}{\sin 15°} = 3.6 \times 2.8712 = 10.33$ **답** ②

---

26 토목 도면에서 밭을 나타내는 기호는?

① | | ② |||

③ ⊥⊥   ④ ○

해설 토목 도면 기호

초지	밭	논	과수원
| |	|||	⊥⊥	○

답 ②

---

27 일사량의 특징으로 틀린 것은?

① 1년 중 춘분경이 최대이다.

② 해안지역이 산악지역보다 일사량이 높다.

③ 하루 중의 일사량은 태양고도가 가장 높을 때인 남중 시에 최대이다.

④ 지면 위 일사량은 공기 중에 있는 먼지에 의해 흡수 또는 산란되기도 한다.

해설 하루 중의 일사량은 태양고도가 가장 높을 때인 남중시에 최대가 되고, 1년 중에는 하지 경에 최대가 된다. **답** ①

---

28 태양광발전시스템의 출력 18750[W], 태양광발전 모듈의 최대출력이 250[W], 모듈의 직렬 연결 개수가 5개일 때 최대 병렬연결 개수는?

① 10   ② 15

③ 20   ④ 25

해설 250[W] / 모듈 × 5모듈 × X[병렬수] = 18,750[W]

X = 18,750 / 1,250 = 15 **답** ②

---

29 태양광 입사각(태양 고도각)을 결정하기 위한 방법이 아닌 것은?

① 구조물 높이를 측정한다.

② 태양광발전 모듈의 효율을 확인한다.

③ 태양광발전 모듈의 경사각을 결정한다.

④ 음영의 영향을 받지 않는 이격 거리를 계산한다.

해설 태양광 입사각(태양 고도각)을 결정하기 위한 방법

① 구조물 높이를 측정한다.

② 태양광발전 모듈의 경사각을 결정한다.

③ 음영의 영향을 받지 않는 이격 거리를 계산한다.

답 ②

---

30 평지붕에 태양광발전시스템 설치를 위한 설계 검토 시, 평지붕의 적설하중 관계식에 사용되지 않는 인자는?

① 노출계수

② 온도계수

③ 지붕면 외압계수

④ 지상 적설하중의 기본값

해설 평지붕하중의 적설하중

$$S_f = C_b \times C_e \times C_t \times I_s \times S_g \, [\text{kN/m}^2]$$

C_b : 기본지붕 적설하중 계수(0.7 적용)

C_e : 노출계수

C_t : 온도계수

I_s : 중요도계수

S_g : 지상 적설하중의 기본값 **답** ③

---

31 모듈에서 접속함까지의 직류 배선길이가 30[m]이며, 어레이 전압이 300[V], 전류가 5[A]일 때 전압강하는 몇 [V]인가?

(단, 전선의 단면적은 4.0[mm²]이다.)

① 1.335   ② 1.425

③ 1.785   ④ 1.925

해설 전압강하 $= \dfrac{35.6 \times L \times I}{1000 \times A}$

$= \dfrac{35.6 \times 30[\text{m}] \times 5[\text{A}]}{1000 \times 4[\text{mm}^2]} = 1.335[\text{V}]$

(L : 선 길이, I : 선전류, A : 선 단면적) **답** ①

32 지상설치의 기초 형식에 대한 종류와 그림 설명으로 틀린 것은?

① 전면기초

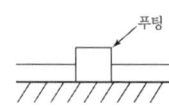

② 말뚝기초

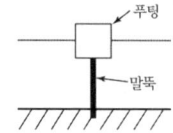

③ 독립푸팅기초

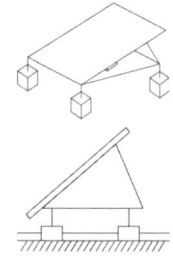

④ 복합푸팅기초

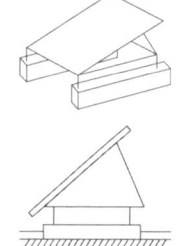

> **해설** ① 직접기초   ② 말뚝기초
> ③ 독립푸팅기초 ④ 복합푸팅기초   **답** ①

33 일반적으로 구조물이나 시설물 등을 공사, 또는 제작할 목적으로 상세하게 작성된 도면은?

① 상세도   ② 시방서
③ 내역서   ④ 간트 도표

> **해설** 1) 시방서 : 공사수행에 관련된 제반규정 및 요구사항을 총칭
> 2) 간트 도표 : 프로젝트 일정관리에 사용
> 3) 내역서 : 일정한 기간 동안 사용한 경비를 총괄적으로 합산하기 위해 작성하는 문서   **답** ①

34 부지 선정 검토 시 법적 인허가 및 신고 사항에 포함되지 않는 것은?

① 공작물 축소신고
② 문화재 지표조사
③ 무연분묘 개장 허가
④ 공급인증서 발급 허가

> **해설** 부지선정 검토 시 법적 인허가 및 신고 사항
> ① 공작물 축소신고
> ② 문화재 지표조사
> ③ 무연분묘 개장허가   **답** ④

35 3,000[kW] 이하 발전사업 허가 시 필요서류가 아닌 것은? (단, 발전설비용량이 200[kW] 이하인 발전사업은 제외한다.)

① 사업계획서
② 송전관계 일람도
③ 전기사업 허가신청서
④ 5년간 예상사업 손익산출서

> **해설** 3,000[kW] 이하인 경우 필요서류
> 1) 전기사업 허가 신청서
> 2) 전기사업법 시행규칙에 따른 사업계획서
> 3) 송전관계 일람도
> 4) 발전원가 명세서
> 5) 발전설비 운영을 위한 기술인력 확보계획을 기재한 서류   **답** ④

36 태양광발전 부지의 연간 경사면 일사량이 4,784 [MJ/m²]이고 효율이 81[%]일 때 일평균 발전시간은 약 몇 [h/day]인가?

① 1.328   ② 2.947
③ 3.638   ④ 4.784

> **해설** $1[kWh] = 1 \times 10^3 [J/s] \times 3,600[sec]$
> $= 3.60 \times 10^6 = 3.6[MJ]$
>
> $[kW/m^2]$로 단위 변환 $= \dfrac{4,784[MJ/m^2]}{3.6[M]}$
> $= 1,328[kW/m^2]$
>
> 발전량 산출 효율 적용 $= 1,328 \times 0.81$
> $= 1,075.68[kW/m^2]$
>
> 일간 발전시간으로 환산[h/day] $= 1,078.68 \div 365$
> $= 2.947$ **답** ②

37 설계감리업무 수행지침에 따른 설계도서에 포함되어야 할 서류로 적합하지 않은 것은?

① 설계도면
② 설계내역서
③ 설계설명서
④ 신·재생에너지 설비확인서

> **해설** 설계감리업무 수행지침에 따른 설계도서에 포함되어야 할 서류는 설계도면, 설계내역서, 설계설명서, 기술계산서 등이다.   **답** ④

38 일조율에 관한 설명으로 옳은 것은?

① 가조시간에 대한 일조시간의 비
② 해 뜨는 시간부터 해지는 시간까지의 일사량
③ 구름의 방해 없이 지표면에 태양이 비친 시간
④ 지표면에 직접 도달하는 직달 일조강도의 적산

해설 일조율 $= \dfrac{\text{일조시간}}{\text{가조시간}} \times 100[\%]$

일조율은 일조시간과 가조시간의 비율 **답** ①

39 태양광발전 어레이 가대를 아래와 같이 설계하고자 한다. 설계 순서를 옳게 나열한 것은?

> ⓐ 태양광발전 모듈의 배열 결정
> ⓑ 설치장소 결정
> ⓒ 상정최대하중 산출
> ⓓ 지지대 기초 설계
> ⓔ 지지대의 형태, 높이, 구조 결정

① ⓐ → ⓒ → ⓔ → ⓑ → ⓓ
② ⓑ → ⓐ → ⓔ → ⓒ → ⓓ
③ ⓐ → ⓓ → ⓒ → ⓔ → ⓑ
④ ⓑ → ⓒ → ⓐ → ⓔ → ⓓ

해설 설치장소 결정(부지선정) → 태양광발전 모듈의 배열 결정(태양전지모듈 직병렬결정) → 지지대의 형태, 높이, 구조 결정 → 상정최대하중 산출 → 지지대 기초 설계 **답** ②

40 태양광발전시스템의 감시(Monitoring)설비에 대한 설명으로 틀린 것은? (단, 분산형전원 배전계통 연계 기술기준 및 신·재생에너지 설비의 지원 등에 관한 지침 등에 따른다.)

① 기상상태를 파악하기 위해 풍향 및 풍속계, 온도계, 습도계를 설치한다.
② 일사량을 측정하기 위해 경사면 일사량계, 수평면 일사량계를 설치한다.

③ 250[kW] 이상 발전설비의 연계점에 전력품질 감시설비를 설치해야 한다.
④ 20[kW] 이상 발전설비에는 운전상황을 알 수 있는 모니터링 설비를 설치해야 한다.

해설 신재생에너지설비 지원기준 및 지침 제7조에 의거 50[kW] 이상의 설비에 대해 의무적으로 설치하도록 규정하고 있다. **답** ④

3과목 - 태양광발전시스템 시공

41 설계감리업무 수행지침에 따른 설계 감리원의 수행 업무범위에 포함되지 않는 것은?

① 설계감리 용역을 발주
② 시공성 및 유지관리의 용이성 검토
③ 주요 설계용역 업무에 대한 기술자문
④ 설계업무의 공정 및 기성관리의 검토·확인

해설 **설계 감리원의 수행 업무범위**
1) 주요 설계용역 업무에 대한 기술자문
2) 사업기획 및 타당성 조사 등 전 단계 용역 수행 내용의 검토
3) 시공성 및 유지관리의 용이성 검토
4) 설계도서의 누락, 오류, 불명확한 부분에 대한 추가 및 정정 지시 및 확인
5) 설계업무의 공정 및 기성관리의 검토·확인
6) 설계감리 결과보고서의 작성 **답** ①

42 전력계통에서 3권선 변압기(Y-Y-△)를 사용하는 주된 이유는?

① 승압용
② 노이즈 제거
③ 제3고조파 제거
④ 2가지 용량 사용

해설 △권선에는 영상분(제3고조파)이 순환전류를 흐르게 유도하여 제3고조파를 억제한다. **답** ③

43 태양광발전시스템의 접지공사 시설방법에 대한 설명으로 틀린 것은?

① 부득이한 상황을 제외하고는 접지선은 녹색으로 표시해야 한다.

② 태양광발전 어레이에서 인버터까지의 직류전로는 원칙적으로 접지공사를 실시해야 한다.

③ 접지선이 외상을 받을 우려가 있는 경우에는 합성수지관 또는 금속관에 넣어 보호하도록 한다.

④ 태양광발전 모듈의 접지는 1개 모듈을 해체하더라도 전기적 연속성이 유지되도록 하여야 한다.

해설 태양광 발전설비의 직류전로 접지 태양전지 어레이에서 인버터까지 직류전로는 원칙적으로 접지공사를 실시하지 않는다. 태양광 발전설비의 접지는 태양전지 모듈이나 패널을 하나 제거하더라도 태양광 전원회로에 접속된 접지도체의 연속성에 영향을 주지 말아야 한다. **답** ②

44 전력시설물 공사감리업무 수행지침에 따라 태양광발전시스템의 준공검사 후 현장문서 인수인계 사항이 아닌 것은?

① 준공사진첩

② 시공계획서

③ 시설물인수 인수 · 인계서

④ 품질시험 및 검사성과 총괄표

해설 현장문서 인수 · 인계 준비 서류
1) 준공사진첩, 준공도면, 품질시험 및 검사결과 총괄표, 기자재 구매서류, 시설물 인수 · 인계서
2) 감리업자는 법에 따라 해당 감리용역이 완료될 때에는 15일 이내에 공사감리 완료 보고서를 협회에 제출하여야 한다. **답** ②

45 신 · 재생에너지 설비의 지원 등에 관한 지침에 따른 태양광발전 모듈의 시공 기준으로 틀린 것은?

① 태양광발전 모듈은 인증 받는 제품을 설치하여야 한다.

② 전선, 피뢰침, 안테나 등 경미한 음영은 장애물로 보지 않는다.

③ 사업계획서 상의 모듈 설계용량과 동일하게 설치할 수 없을 경우에는 설계용량의 105[%]를 넘지 말아야 한다.

④ 모듈의 일조면을 정남향으로 설치가 불가능할 경우에 한하여 정남향을 기준으로 동쪽 또는 서쪽 방향으로 45도 이내에 설치하여야 한다.

해설 모듈의 설치용량은 사업계획서 상의 모듈 설계 용량과 동일하여야 한다. 다만, 단위 모듈 당 용량에 따라 설계용량과 동일하게 설치할 수 없을 경우에 한하여 설계용량의 110[%] 이내까지 가능함. **답** ③

46 태양광발전시스템 설치공사에 대한 일반적인 절차이다. 가, 나, 다, 라에 들어갈 내용으로 옳은 것은?

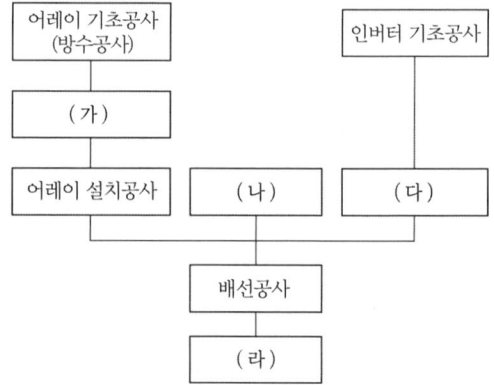

① (가) 어레이용지지대공사, (나) 인버터설치공사
(다) 접속함 설치, (라) 점검 및 공사

② (가) 어레이용지지대공사, (나) 접속함 설치
(다) 인버터설치공사, (라) 점검 및 공사

③ (가) 어레이용지지대공사, (나) 접속함 설치
(다) 점검 및 공사, (라) 인버터설치공사

④ (가) 어레이용지지대공사, (나) 점검 및 공사
(다) 인버터설치공사, (라) 접속함 설치

해설 (가) 어레이용 지지대공사
(나) 접속함 설치,
(다) 인버터설치공사
(라) 점검 및 공사 **답** ②

47 케이블 등의 방화구획을 관통할 경우 관통부분에 되메우기 충전재 등을 사용하여 관통부 처리를 하여야 한다. 방화구획 관통부 처리 목적이 아닌 것은?

① 화열의 제한   ② 연기 확산방지
③ 인명 안전대피   ④ 전선의 절연강도 향상

해설 태양광발전 시스템에 있어서 방화구획 관통부를 처리하는 이유는 화재가 발생할 경우 방화 대책물인 벽, 기둥 등을 통과하는 전선배관의 관통부분에서 다른 설비로 불길이 번지거나 확대되는 것을 방지하고자 하는 데 있다.   답 ④

48 태양광발전시스템이 설치된 고층 건물에 적용하는 방법으로 뇌격거리를 반지름으로 하는 가상 구를 대지와 수뢰부가 동시에 접하도록 회전시켜 보호범위를 정하는 피뢰방식은 무엇인가?

① 그물망법   ② 돌침 방식
③ 회전구체법   ④ 수평도체 방식

해설 회전구체법
뇌격거리와 동등한 반경의 가상 구를 건축물에 회전시킬 때 접촉하는 모든 점에 피뢰침을 설치하도록 요구하는 방법이다.   답 ③

49 태양광발전 모듈 간 직·병렬배선 방법으로 틀린 것은?

① 배선 접속부위는 빗물 등이 유입되지 않도록 자기 유착 절연테이프와 보호테이프로 감는다.
② 모듈 뒷면에는 접속용 케이블이 2개씩 나와 있으므로 반드시 극성(+, −)표시를 확인한 후 결선한다.
③ 태양광발전 모듈 간의 배선은 동작전류에 충분히 견딜 수 있도록 단면적 1.5[mm²] 이상의 케이블을 사용한다.
④ 1대의 인버터에 연결된 태양광발전 모듈의 직렬군이 2병렬 이상일 경우에는 각 직렬군의 출력전압이 동일하게 형성되도록 배열한다.

해설 태양광발전 모듈 간의 배선은 동작전류에 충분히 견딜 수 있도록 단면적 2.5[mm²] 이상의 케이블을 사용한다.   답 ③

50 굵기가 다른 케이블을 배선할 경우 전선관의 두께는 전선의 피복 절연물을 포함한 단면적이 전선관의 내 단면적의 최대 몇 [%] 이하가 되어야 하는가?

① 20   ② 32
③ 48   ④ 52

해설 전선관의 직경은 전선의 피복절연물을 포함하는 단면적의 총합이 총관의 48[%] 이하로 하고, 직경이 다른 케이블의 경우는 32[%] 이하를 원칙으로 한다.   답 ②

51 전력시설물 공사감리업무 수행지침에 의해 감리원은 공사업자로부터 시공 상세도를 사전에 제출받아 검토·확인하여 승인한 후 시공할 수 있도록 하여야 한다. 제출 받은 날로부터 최대 며칠 이내에 승인하여야 하는가?

① 3일   ② 5일
③ 7일   ④ 14일

해설 감리원은 공사사업자로부터 시공 상세도를 사전에 제출받아 공사업자가 제출한 날로부터 7일 이내에 검토 확인하여 승인한 후 시공할 수 있도록 하여야 한다. 다만 7일 이내에 검토 확인이 불가능한 때에는 사유 등을 명시하여 통보하고 통보사항이 없는 때에는 승인한 것으로 본다.   답 ③

52 한국전기설비규정에 따라 옥내에 시설하는 저압용 배·분전반 등의 시설방법으로 틀린 것은?

① 한 개의 분전반에는 한 가지 전원(1회선의 간선)만 공급하여야 한다.
② 배·분전반 안에 물이 스며들어 고이지 아니하도록 한 구조로 하여야 한다.
③ 옥내에 설치하는 배전반 및 분전반은 불연성 또는 난연성이 있도록 시설하여야 한다.
④ 노출된 충전부가 있는 배전반 및 분전반은 취급자 이외의 사람이 쉽게 출입할 수 없도록 설치하여야 한다.

해설 KEC 232.84(옥내에 시설하는 저압용 배분전반 등의 시설)

옥내에 시설하는 저압용 배·분전반 의 기구 및 전선은 쉽게 점검할 수 있도록 하고 다음 각 호에 따라 시설할 것.

1. 노출된 충전부가 있는 배전반 및 분전반은 취급자 이외의 사람이 쉽게 출입할 수 없도록 설치하여야 한다.
2. 한 개의 분전반에는 한 가지 전원(1회선의 간선)만 공급하여야 한다. 다만 안전 확보가 되도록 격벽을 설치하고 사용전압을 쉽게 식별할 수 있도록 그 회로의 과전류차단기 가까운 곳에 그 사용전압을 표시하는 경우에는 그러하지 아니하다.
3. 옥내에 설치하는 배전반 및 분전반은 불연성 또는 난연성이 있도록 시설하여야 한다. **답** ②

---

53 보호계전시스템의 구성 요소 중 검출부에 해당되지 않는 것은?

① 릴레이 ② 영상변류기
③ 계기용변류기 ④ 계기용변압기

해설 보호 계전 시스템의 구성

1) 검출부 : CT, PT, ZCT, GPT 등의 변성기류
2) 판정부 : 억제 코일, 전압 탭, 전류 탭 등의 릴레이 류로 구성
3) 동작부 : 가동 코일, 가동 철심, 유도원판 등으로 구성 **답** ①

---

54 회로를 차단할 때 발생하는 아크를 진공 중으로 급속히 확산하는 것을 이용하는 진공차단기의 특징이 아닌 것은?

① 높은 압력의 공기가 발생하므로 소음이 크다.
② 전류 재단현상이 발생하므로 개폐서지가 크다.
③ 접점의 소모가 적으므로 차단기의 수명이 길다.
④ 소형 경량으로 실내 큐비클에 설치가 가능하다.

해설 특성은 소형으로서 무게가 가볍고 불연성 무 소음으로서 수명이 길어서 차단기로서 기본적으로 필요한 고속도 고빈도 개폐기의 기능 및 차단 성능이 우수하다. **답** ①

---

55 다른 개폐기기와 비교하여 전력퓨즈의 특징으로 틀린 것은?

① 고속도 차단된다.
② 과전류에 용단이 어렵다.
③ 차단능력이 크며, 재투입은 불가능하다.
④ 동작시간-전류특성을 계전기처럼 자유롭게 조절할 수 없다.

해설 과도전류로 쉽게 용단되며 한류형은 차단 시 과전압 발생 **답** ②

---

56 전력시설물 공사감리업무 수행지침에 따라 감리원은 시공된 공사가 품질확보 미흡 또는 중대한 위해를 발생시킬 수 있다고 판단되거나 안전상 중대한 위험이 발생된 경우 공사 중지를 지시할 수 있는데, 다음 중 전면중지에 해당하는 것은?

① 동일 공정에 있어 3회 이상 시정지시가 이행되지 않을 때
② 안전 시공 상 중대한 위험이 예상되어 물적, 인적 중대한 피해가 예견될 때
③ 공사업자가 공사의 부실 발생 우려가 짙은 상황에서 적절한 조치를 취하지 않은 채 공사를 계속 진행할 때
④ 재시공 지시가 이행되지 않은 상태에서는 다음 단계의 공정이 진행됨으로써 하자발생이 될 수 있다고 판단 될 때

해설 전면 중지에 해당하는 경우

1) 공사업자가 고의로 공사의 추진을 지연시키거나, 공사의 부실 발생 우려가 짙은 상황에서 적절한 조치를 취하지 않은 채 공사를 계속 진행하는 경우
2) 부분중지가 이행되지 않음으로써 전체공정에 영향을 끼칠 것으로 판단될 때
3) 지진·해일·폭풍 등 불가항력적인 사태가 발생하여 시공을 계속할 수 없다고 판단될 때
4) 천재지변 등으로 발주자의 지시가 있을 때 **답** ③

---

57 금속제 케이블트레이의 종류 중 길이 방향의 양 옆면 레일을 각각의 가로 방향 부재로 연결한 조립 금속구조인 것은?

① 사다리형 ② 통풍 채널형
③ 바닥 밀폐형 ④ 바닥 통풍형

해설 금속제 케이블트레이의 종류(내선규정 2289-1)
① 통풍 채널형 케이블트레이 : 바닥 통풍형, 밀폐형 또는 구가지 복합채널형 구간으로 구성된 조립 금속 구조로 폭이 150[mm] 이하인 케이블 트레이를 말한다.
② 사다리형 케이블 트레이 : 길이 방향의 양 옆면 레일을 각각의 가로방향 부재로 연결한 조립 금속구조
③ 바닥 밀폐평 케이블 트레이 : 일체식 또는 분리식 직선방향 옆면 레일에서 바닥에 통풍구가 없는 조립 금속구조
④ 바닥 통풍형(통풍 트러프형) 케이블 트레이 : 일체식 또는 분리식 직선방향 옆면 레일에서 바닥에 통풍구가 있는 것으로 폭이 100[mm]를 초과하는 조립금속구조 **탭** ①

---

58 버스덕트공사의 시설방법으로 틀린 것은?

① 덕트(환기형의 것을 제외한다)의 끝부분은 막을 것
② 덕트 상호 간 및 전선 상호 간은 견고하고 또한 전기적으로 완전하게 접속할 것
③ 도체는 단면적 20[mm²] 이상의 띠 모양, 지름 5[mm] 이상의 관 모양이나 둥글고 긴 막대 모양의 동 또는 단면적 30[mm²] 이상의 띠 모양의 알루미늄을 사용한 것일 것
④ 덕트를 조영재에 붙이는 경우에는 덕트의 지지점 간의 거리를 5[m](취급자 이외의 자가 출입할 수 없도록 설비한 곳에서 수직으로 붙이는 경우에는 10[m]) 이하로 하고 또한 견고하게 붙일 것

해설 덕트를 조영재에 붙이는 경우에는 덕트의 지지점 간의 거리를 3[m](취급자 이외의 자가 출입할 수 없도록 설비한 곳에서 수직으로 붙이는 경우에는 6[m]) 이하로 하고 또한 견고하게 붙일 것
(KEC 232.61 버스덕트공사) **탭** ④

---

59 전력시설물 공사감리업무 수행 지침에 따른 감리용역 계약문서가 아닌 것은?

① 설계도서
② 과업지시서
③ 감리비 산출내역서
④ 기술용역입찰유의서

해설 전력시설물 공사감리업무 수행 지침에 따른 감리용역 계약문서는 설계감리용역 입찰 유의서, 설계감리 용역 계약 일반조건, 설계감리 용역계약 특수조건, 과업내역서 및 설계감리비 산출내역서 등이다. **탭** ①

출제기준 변경 및 개정된 관계 법규에 따라 삭제된 문제가 있어 20문항이 안됩니다.

4과목 - 태양광발전시스템 운영

61 구역전기사업의 허가를 신청하는 경우 허가 신청서와 함께 첨부되는 서류의 종류로 틀린 것은?

① 송전관계일람도
② 발전원가명세서
③ 특정한 공급구역의 경계를 명시한 3만분의1 지형도
④ 「전기사업법 시행규칙」 별표 1의 작성요령에 따라 작성한 사업계획서

해설 특정한 공급구역의 경계를 명시한 5만분의 1 지형도 **탭** ③

---

62 태양광발전시스템 작업 중 감전방지책으로 틀린 것은?

① 강우 시에는 작업을 중지한다.
② 절연 처리된 공구들을 사용한다.
③ 저압선로용 절연장갑을 착용한다.
④ 작업 전 태양광발전 모듈 표면을 외부로 노출한다.

해설 감전방지책
① 작업 전에 태양전지모듈의 표면에 차광시트를 부터 태양광을 차단
② 저압선로용 절연장갑을 낀다.
③ 절연처리가 된 공구를 사용한다.
④ 강우 시 작업을 하지 않는다. **탭** ④

63 태양광발전시스템 보호계전기의 점검내용으로 틀린 것은?

① 단자부의 볼트 이완 여부
② 붓싱 단자부의 변색 여부
③ 이물질, 먼지 등의 접착 여부
④ 접점의 접촉상태의 양호 여부

해설 붓싱 단자부의 변색 여부는 변성기의 외부일반 점검 내용임 **답 ②**

64 정기점검에서 인버터의 측정 및 시험 항목에 해당하지 않는 것은?

① 절연저항
② 통풍 확인
③ 표시부 동작 확인
④ 투입저지 시한 타이머 동작시험

해설 인버터 정기점검 항목

점검항목		점검요령
측정 및 시험	절연저항(인버터 입출력 단자–접지간)	1[MΩ] 이상 측정전압 500[V]
	표시부의 동작확인(표시부 표시, 충전전력 등)	표시상황 및 발전상황에 이상이 없을 것
	투입저지 시한 타이머 (동작시험)	인버터가 정지하여 소정 시간 후 자동 시동할 것
육안 점검	태양광발전용 개폐기의 접속단자의 풀림	볼트의 풀림이 없을 것
측정	절연저항	1[MΩ] 이상 측정전압 DC 500 [V]

답 ②

65 태양광발전시스템 정기점검에 대한 설명으로 틀린 것은?

① 점검·시험은 원칙적으로 지상에서 실시한다.
② 100[kW] 이상의 경우는 매월 1회 이상 점검하여야 한다.
③ 100[kW] 미만의 경우는 매년 2회 이상 점검하여야 한다.
④ 3[kW] 미만의 태양광발전시스템은 법적으로는 정기점검을 하지 않아도 된다.

해설 태양광 발전설비에 대한 정기점검의 횟수는 100[kW] 이상은 연6회 점검을 해야 함. **답 ②**

66 태양광발전시스템의 전선에서 발생하는 고장으로 틀린 것은?

① 변색   ② 경화
③ 소음   ④ 표면 크랙

해설 전선이 노후화되면 변색, 경화, 표면 크랙 등이 발생한다. **답 ③**

67 태양광발전시스템의 사용전압이 저압인 전로에서 정전이 어려운 경우 등 절연저항 측정이 곤란한 경우에는 누설전류를 최대 몇 [mA] 이하로 유지하여야 하는가?

① 0.5   ② 1
③ 2   ④ 4

해설 사용전압이 저압인 전로에서 정전이 어려운경우등 절연저항측정이 곤란한 경우에는 누설 전류를 1[mA] 이하로 유지하여야 한다. **답 ②**

68 태양광발전 모니터링 프로그램의 기능이 아닌 것은?

① 데이터 수집 기능
② 데이터 분석 기능
③ 데이터 예측 기능
④ 데이터 통계 기능

해설 태양광발전 모니터링 프로그램의 기능은 데이터 수집 기능, 데이터 분석 기능, 데이터 통계 기능, 데이터 저장 기능 등이 있다. **답 ③**

69 태양광발전용 인버터에서 'Solar Cell UV fault' 라고 표시되었을 경우 현상 설명으로 옳은 것은?

① 계통 전압이 규정 초과일 때 발생
② 계통 전압이 규정 이하일 때 발생
③ 태양전지 전압이 규정 초과일 때 발생
④ 태양전지 전압이 규정 이하일 때 발생

해설 인버터 이상신호

모니터링	인버터 표시	현상 설명	조치사항
태양전지 과전압	Solar Cell OV fault	태양전지 전압이 규정 이상일 때, H/W	태양전지 전압 점검 후 정상시 5분 후 재가동
태양전지 저전압	Solar Cell UV fault	태양전지 전압이 규정 이하일 때, H/W	태양전지 전압 점검 후 정상시 5분 후 재가동
태양전지의 전압 제한초과	Solar Cell OV limit fault	태양전지 전압이 규정 이상일 때, S/W	태양전지 전압 점검 후 정상시 5분 후 재가동
태양전지 저전압 제한초과	Solar Cell UV limit fault	태양전지 전압이 규정 이하일 때, S/W	태양전지 전압 점검 후 정상시 5분 후 재가동

답 ④

---

70 태양광발전시스템의 운영 시 안전 및 유의 사항으로 틀린 것은?

① 태양광발전 어레이의 표면을 청소할 필요는 없다.

② 접속함 출력측 전압은 안정된 일사 강도가 얻어질 때 실시한다.

③ 태양광발전 모듈은 비오는 날에도 미소한 전압을 발생하고 있으므로 주의해서 측정해야 한다.

④ 측정 시각은 일사강도, 온도의 변동을 극히 적게 하기 위해 맑을 때, 태양이 남쪽에 있을 때의 전후 1시간에 실시하는 것이 바람직하다.

해설 대기황사나 먼지, 공해물질은 발전량을 감소시킬 수 있으니 고압분사기를 이용해 물을 뿌려 청소해주면 효율을 높일 수 있다. 답 ①

---

71 태양광발전시스템 운전특성의 측정방법(KS C 8535 : 2005)에서 축전지의 측정항목으로 틀린 것은?

① 단자전압   ② 충전전류
③ 충전전력량   ④ 역조류전류

해설 (1) 축전지 측정 항목
  ① 단자 전압, 충전전류, 충전전력량, 방전전류, 방전전력량

---

(2) 태양광발전 시스템 운전 특성 중 장비별 측정 항목

① 기상인자 : 경사면 일사 강도, 경사면 일사량

② 태양전지 어레이 : 출력전압, 출력전류, 출력전력량

③ 축전지 : 단자전압, 충전전류, 충전전력량, 방전전류, 방전전력량

④ 부하 : 입력전압, 입력전류, 입력전력량

⑤ 백업 전원 : 출력전압, 출력전류, 백업전력량

⑥ 사용전력계통 : 전압, 수전전류, 수전전력량, 역조류전류, 역조류전력량   답 ④

---

72 태양광발전시스템의 계측에서 관리하여야 할 데이터 항목으로 틀린 것은?

① 조도

② 대기온도

③ 일일 발전량

④ 수평면 또는 경사면 일사량

해설 태양광발전시스템의 계측 관리 항목
  1) 인버터 : 입력측(DC) 전압 및 전류, 발전량, 출력측(저압 AC) 전압 및 전류, 발전량
  2) 특고압(22.9kV) : VCB 단에서 측정하는 전압, 및 전류, 발전량
  3) 태양광 어레이 접속함 : DC 전압 및 전류, 발전량
  4) 기상 : 수평면 일사량, 경사면 일사량 모듈온도, 외기온도, 풍속, 풍향
  ※ 조도 어떤 면에 투사되는 광속을 면의 면적으로 나눈 것   답 ①

---

73 결정질 실리콘 태양광발전 모듈(성능)(KS C 8561 : 2018)에서 외관 검사 시 품질기준으로 틀린 것은?

① 최대 출력이 시험 전 값의 95[%]이상 일 것

② 모듈외관에 크랙, 구부러짐, 갈라짐 등이 없는 것

③ 태양전지 간 접속 및 다른 접속부분에 결함이 없는 것

④ 태양전지와 태양전지, 태양전지와 프레임의 접촉이 없는 것

해설 결정질 실리콘 태양광발전 모듈(KS C 8561 : 2018) 품질기준
  1) 모듈 외관 : 크랙, 구부러짐, 갈라짐 등이 없을 것
  2) 태양전지 : 깨짐, 크랙이 없을 것
  3) 태양전지 간 접속 및 다른 접속부분에 결함이 없을 것

4) 태양전지와 태양전지, 태양전지와 프레임의 접촉이 없을 것
5) 접착에 결함이 없을 것
6) 태양전지와 모듈 끝부분을 연결하는 기포 또는 박리가 없는 것   답 ①

74 태양광발전시스템을 운영하기 위하여 필요한 계측 장비로 틀린 것은?

① IV checker
② 열화상카메라
③ 폐쇄력 측정기
④ 솔라 경로추적기

해설 폐쇄력 측정기는 기계식으로 인장, 압축력을 측정하는 장비로 태양광발전설비와는 관련이 없다.   답 ③

75 태양광발전(PV) 모듈(안전)(KS C 8563 : 2015)에서 플라스틱 등 특정한 용도로 적용할 때 그 사용 용도의 적합성 여부를 미리 예측할 수 있도록 플라스틱 가연성을 시험하는 장치는?

① IP시험기
② 난연성 시험기
③ 트래킹 시험기
④ 접근성시험기

해설 **태양광발전 모듈(안전)(KS C 8563 : 2015)**
1) IP 시험기 : 옥외에 사용하는 부품에 대해 방수 등급을 결정하기 위한 장치
2) 트래킹 시험기(CTI) : 액체 오염 물질이 표면이 노출될 때 600[V]에 이르는 전압의 트래킹에 대한 고체 전기 절연 재료의 상대 저항 측정을 통해 절연물의 내성을 측정하는 장치
3) 접근성 시험기 : 절연되지 않은 충전부에 사람의 위험이 있는지 시험할 수 있는 장치   답 ②

76 태양광발전시스템의 성능평가를 위한 사이트 평가 방법이 아닌 것은?

① 설치 용량
② 설치 대상 기관
③ 설치 가격 경제성
④ 설치 시설의 지역

해설 태양광발전시스템의 성능평가를 위한 **사이트 평가방법**은 설치 대상 기관, 설치 시설의 분류, 설치 시설의 지역, 설치형태, 시공업자, 기기 제조사, 설치각도와 방위, 설치용량 등이다.   답 ③

77 태양광발전용 납축전지의 잔존 용량 측정 방법 (KS C 8532 : 1995)에서 측정주기는 몇 분 이하로 하는가? (단, 보정의 목적으로 사용하는 경우는 제외)

① 10
② 20
③ 30
④ 60

해설 태양광발전용 납축전지의 잔존 용량 측정방법(KS C 8531 : 1995) 조건
1) 측정 주기는 10분 이하로 한다. 다만 보정의 목적으로 사용할 때에는 이에 따르지 않아도 된다.
2) 적용 온도 범위는 −20[℃] ~ +50[℃]로 한다.   답 ①

78 배전반 외부에서 이상한 소리, 냄새, 손상 등을 점검항목에 따라 점검하며, 이상 상태 발견 시 배전반 문을 열고 이상 정도를 확인하는 점검은?

① 특별점검
② 정기점검
③ 일상점검
④ 사용 전 점검

해설 **일상순시점검**
1) 이상한 소리, 냄새, 손상 등을 배전반 외부에서 점검 항목의 대상에 따라서 점검
2) 이상상태를 발견한 경우 배전반의 문을 열고 이상정도 확인
3) 이상상태가 직접 운전을 하시 못할 정노로 선개뇌는 경우를 제외하고는 이상 상태의 내용을 기록하여 정기 점검 시에 반영함으로서 참고자료로 활용   답 ③

79 태양광발전 어레이의 개방전압 측정의 목적이 아닌 것은?

① 직렬 접속선의 미결선 검출
② 인버터의 오동작 여부 검출
③ 동작 불량의 태양광발전 모듈 검출
④ 태양광발전 모듈의 잘못 연결된 극성검출

해설 태양전지 어레이의 각 스트링의 개방전압을 측정하여 개방전압의 불균일에 따라 동작불량의 스트링이나 태양전지 모듈의 검출 및 직렬 접속선의 결선 누락 사고 등을 검출하기 위해서 측정한다.
※ 태양광 어레이 동작상태 확인을 위하여 개방전압을 측정한다.   답 ②

80 태양광발전시스템에서 유지보수 전의 안전조치로 틀린 것은?

① 검전기로 무전압 상태를 확인한다.
② 잔류전하를 방전시키고 접지시킨다.
③ 차단기 앞에 "점검 중" 표시판을 설치한다.
④ 해당 단로기를 닫고 주회로가 무전압이 되게 한다.

해설 관련된 차단기, 단로기를 개방하고 주회로에 무전압이 되게 한다. **답** ④

5과목 - 신재생에너지 관련법규

81 한국전기설비규정에 따른 전로의 중성점을 접지하는 목적에 해당되지 않는 것은?

① 이상 전압의 억제
② 대지 전압의 저하
③ 보호 장치의 확실한 동작의 확보
④ 부하 전류의 일부를 대지로 흐르게 함으로써 전선을 절약

해설 전로의 중성점을 접지하는 목적
1) 전로의 보호 장치의 확실한 동작의 확보
2) 이상 전압의 억제
3) 대지전압의 저하를 위하여
4) 특히 필요한 경우에 전로의 중성점에 접지공사를 할 경우 **답** ④

82 한국전기설비규정에 따라 전선을 접속하는 경우 전선의 세기를 최대 몇 [%] 이상 감소시키지 않아야 하는가?

① 10   ② 20
③ 30   ④ 40

해설 전선의 접속법
전선의 세기를 20[%] 이상 감소시키지 않는다(단, 전선을 접속하는 경우와 기타 전선에 가하여지는 장력이 전선의 세기에 비하여 현저히 작을 경우에는 예외로 한다). **답** ②

83 한국 전기설비규정에 따라 다음( )의 ㉠, ㉡에 들어갈 내용으로 옳은 것은?

> 과전류차단기로 시설하는 퓨즈 중 고압전로에 사용하는 비포장 퓨즈는 정격전류의(㉠)배의 전류에 견디고 또한 2배의 전류로(㉡)분 안에 용단되어야 한다.

① 1.25배, 2분   ② 1.5배, 3분
③ 2배, 4분   ④ 2.5배, 6분

해설 KEC 341.10(고압 및 특고압 전로 중의 과전류차단기의 시설)
과전류차단기로 시설하는 퓨즈 중 고압전로에 사용하는 비포장 퓨즈는 정격전류의 1.25배의 전류에 견디고 또한 2배의 전류로 2분 안에 용단되어야 한다. **답** ①

84 전기사업법에 의거하여 전기사업자가 전기품질을 유지하기 위하여 지켜야 하는 표준전압, 표준주파수와 허용오차에 관한 설명으로 틀린 것은?

① 표준전압 110볼트의 상하로 6볼트 이내
② 표준전압 220볼트의 상하로 13볼트 이내
③ 표준전압 380볼트의 상하로 20볼트 이내
④ 표준주파수 60헤르츠 상하로 0.2헤르츠 이내

해설 • 표준전압 유지하여야 할 전압
110 볼트 : 110 볼트의 상하로 6볼트 이내
200 볼트 : 200 볼트의 상하로 12볼트 이내
220 볼트 : 220 볼트의 상하로 13볼트 이내
380 볼트 : 380 볼트의 상하로 38볼트 이내
• 표준주파수 유지 하여야 할 주파수
60 헤르츠 : 60 헤르츠 상하로 0.2 헤르츠 **답** ③

85 신에너지 및 재생에너지 개발 · 이용 · 보급 촉진법에 따라 산업통상자원부장관은 공용화 품목의 개발, 제조 및 수요 · 공급 조절에 필요한 자금의 몇 [%]까지 중소기업자에게 융자할 수 있는가?

① 20   ② 40
③ 60   ④ 80

해설 산업통상자원부장관은 공용화 품목의 개발, 제조 및 수요·공급 조절에 필요한 자금을 다음의 구분에 따른 범위에서 융자할 수 있다(「신에너지 및 재생에너지 개발·이용·보급 촉진법」제21조제3항 및 「신에너지 및 재생에너지 개발·이용·보급촉진법 시행령」제24조 제3항).
- 중소기업자 : 필요한 자금의 80[%]
- 중소기업자와 동업하는 중소기업자 외의 자 : 필요한 자금의 70[%]
- 그 밖에 산업통상자원부장관이 인정하는 자 : 필요한 자금의 50[%]　　　　**답** ④

86 한국전기설비규정에 따라 사용전압 35[kV] 이하의 특고압 가공전선이 도로를 횡단하는 경우 지표상 높이는 최소 몇 [m] 이상으로 하여야 하는가?

① 5　　　　　　　② 5.5
③ 6　　　　　　　④ 6.5

해설 KEC 333.7 (가공전선의 높이)

전압의 범위	일반 장소	도로 횡단	철도 또는 궤도횡단	횡단보도교
35[kV] 이하	5[m]	6[m]	6.5[m]	4[m](특고압절연전선 또는 케이블 사용)
35[kV] 초과 160[kV] 이하	6[m]	6[m]	6.5[m]	5[m](케이블 사용)
	산지 등에서 사람이 쉽게 들어갈 수 없는 장소 : 5[m] 이상			
160[kV] 초과	일반장소	가공선선의 높이 = 6 + 단수 × 1.2[m]		
	철도 또는 궤도횡단	가공전선의 높이 = 6.5 + 단수 × 1.2[m]		
	산지	가공전선의 높이 = 5 + 단수 × 1.2[m]		

답 ③

87 신에너지 및 재생에너지 개발·이용·보급 촉진법에 따른 신·재생에너지 정책심의회 심의 내용이 아닌 것은?

① 기본계획의 수립 및 변경에 관한 사항
② 신·재생에너지 분야 전문 인력 양성계획에 관한 사항
③ 신·재생에너지의 기술개발 및 이용·보급에 관한 중요 사항
④ 신·재생에너지 발전에 의하여 공급되는 전기의 기준가격 및 그 변경에 관한 사항

해설 심의회는 다음 각 호의 사항을 심의한다.
① 기본계획의 수립 및 변경에 관한 사항. 다만, 기본계획의 내용 중 대통령령으로 정하는 경미한 사항을 변경하는 경우는 제외한다.
② 신·재생에너지의 기술개발 및 이용·보급에 관한 중요 사항
③ 신·재생에너지 발전에 의하여 공급되는 전기의 기준가격 및 그 변경에 관한 사항
④ 그 밖에 산업통상자원부장관이 필요하다고 인정하는 사항　　**답** ②

88 다음 보기 중 전기공사업법에 의거하여 전기공사를 도급받은 수급인이 다른 공사업자에게 하도급을 줄 수 있는 경우는?

[보기]
ㄱ. 도급받은 전기공사 중 공정별로 분리하여 시공하여도 전체 전기공사의 완성에 지장을 주지 아니하는 부분을 하도급 하는 경우
ㄴ. 도급받은 전기공사 중 건물이나 현장별로 따로 구분되어 분리하여 시공하는 것이 공사 공정 추진상 더 유리한 부분을 하도급 하는 경우
ㄷ. 수급인이 시공관리 책임자를 지정하여 하수급인을 지도·조정하는 경우

① ㄱ, ㄴ　　　　　② ㄱ, ㄷ
③ ㄴ, ㄷ　　　　　④ ㄱ, ㄴ, ㄷ

해설 전기공사업법에 의거하여 전기공사를 도급받은 수급인이 다른 공사업자에게 하도급을 줄 수 있는 경우
1) 도급받은 전기공사 중 공정별로 분리하여 시공하여도 전체 전기공사의 완성에 지장을 주지 아니하는 부분을 하도급 하는 경우
2) 수급인이 시공관리 책임자를 지정하여 하수급인을 지도·조정하는 경우　　**답** ②

89 전기사업법에 따른 전기위원회 위원의 자격이 되지 않는 사람은?

① 변호사로서 10년 이상 있거나 있었던 사람
② 5급 이상의 공무원으로 있거나 있었던 사람
③ 전기관련 기업에서 15년 이상 종사한 경력이 있는 사람
④ 소비자보호 관련 단체에서 10년 이상 종사한 경력이 있는 사람

해설 3급 이상의 공무원으로 있거나 있었던 사람(전기사업
법 제54조) 답 ②

---

90 전기사업법에 따라 구역전기사업자가 특정한
공급구역의 열 수요가 감소함에 따라 발전기
가동을 단축하는 경우 생산한 전력으로는 해당
특정한 공급구역의 수요에 부족한 전력을 전력
시장에서 거래할 수 있도록 산업통상자원부령
으로 정하는 기간으로 옳은 것은? (단, 지역냉
난방사업을 하는 자로서 15만 킬로와트 이하의
발전설비용량을 갖춘 자에 한한다.)

① 매년 1월 1일부터 6월 30일까지
② 매년 7월 1일부터 8월 31일까지
③ 매년 3월 1일부터 11월 30일까지
④ 매년 4월 1일부터 12월 31일까지

해설 **구역전기사업자의 전력거래 기간 확대(안 제22조의2)**
지역냉방사업을 하는 자로서 15만킬로와트 이하의 발
전설비용량을 갖춘 자가 열 수요가 감소함에 따라 발전
기 가동을 단축하는 경우 부족한 전력을 전력시장에서
거래할 수 있는 기간을 매년 6월 1일부터 9월 30일까지
에서 3월 1일부터 11월 30일까지로 확대함. 답 ③

---

91 한국전기설비규정에 따라 분산형전원을 인버
터를 이용하여 배전사업자의 저압 전력계통에
연계하는 경우 인버터로부터 직류가 계통으로
유출되는 것을 방지하기 위하여 접속점(접속
설비와 분산형 전원 설치자측 전기설비의 접속
점을 말한다.)과 인버터 사이에 설치하는 것
은? (단, 단권변압기를 제외한다.)

① 차단기
② 전동기
③ 보호계전기
④ 상용주파수 변압기

해설 KEC 503.2.2 (저압계통 연계 시 직류유출방지 변압기
의 시설)
분산형전원을 인버터를 이용하여 배전사업자의 저압
전력계통에 연계하는 경우 인버터로부터 직류가 계통
으로 유출되는 것을 방지하기 위하여 접속점(접속설비
와 분산형전원 설치자측 전기설비의 접속점을 말한다)
과 인버터 사이에 상용주파수 변압기(단권변압기를 제
외한다)를 시설하여야 한다. 답 ④

---

92 신에너지 및 재생에너지 개발·이용·보급 촉
진법에 따라 신·재생에너지 기술 개발 및 이
용·보급을 촉진하기 위한 기본계획은 몇 년
마다 수립하여야 하는가?

① 2년 ② 3년
③ 5년 ④ 10년

해설 산업통상자원부장관은 관계 중앙행정기관의 장과 협
의를 한 후 제8조에 따른 신·재생에너지정책심의회
의 심의를 거쳐 신·재생에너지의 기술개발 및 이용·
보급을 촉진하기 위한 기본계획을 5년마다 수립하여야
한다. 답 ③

---

93 전기사업법에서 사용하는 용어 중 발전사업·
송전사업·배전사업·전기판매사업 및 구역
전기사업을 말하는 것은?

① 전기사업 ② 전력시장
③ 전기설비 ④ 보편적 공급

해설 "전기사업"이란 발전사업·송전사업·배전사업·전
기판매사업 및 구역전기사업을 말한다. 답 ①

---

94 전기사업법에서 정의하는 전기설비에 포함되
지 않는 것은?

① 송전설비
② 배전설비
③ 전기사용을 위하여 설치하는 기계·기구
④ 댐건설 및 주변지역자원 등에 관한 법률에
따라 건설되는 댐

해설 "전기설비"란 발전·송전·변전·배전 또는 전기사용
을 위하여 설치하는 기계·기구·댐·수로·저수지·
전선로·보안통신선로 및 그 밖의 설비를 말한다.
답 ④

---

95 전기설비기술기준에서 저압전선로 중 절연 부
분의 전선과 대지 사이 및 전선의 심선상호 간
의 절연저항은 사용전압에 대한 누설전류가 최
대 공급전류의 얼마를 넘지 않도록 하여야 하
는가?

① 1/1,414 ② 1/1,732
③ 1/2,000 ④ 1/3,000

해설 저압의 전선로(인하선을 포함한다)중 절연 부분의 전선과 대지 간의 절연저항(다심케이블, 인입용 비닐절연전선 또는 다심형 전선은 심선 상호간 및 심선과 대지 간의 절연저항)은 사용전압에 대한 누설 전류가 최대 공급 전류의 2,000분의 1을 넘지 아니하도록 유지하여야 한다.

※ 저압전로의 신설시 절연저항은 1[MΩ] 이상이어야 한다.   **답 ③**

96 신에너지 및 재생에너지 개발·이용·보급 촉진법에 따른 신·재생에너지 설치의무와 제도에 대한 설명으로 틀린 것은?

① 학교시설은 대상에서 포함된다.

② 2019년도 공급의무 비율은 27[%]이다.

③ 공급의무 비율 용량산정 기준은 건축비이다.

④ 대상 건축물의 신축·증축 또는 개축하는 부분의 연면적 기준은 1,000[m²] 이상이다.

해설 기존 건물용 용도별 보정 계수를 폐지, 에너지사용량 산정 기준과 방법을 변경함으로써 예상 에너지 사용량이 줄어들어 사실상 신재생에너지 공급의무 비율은 유지하되 부담은 완화되는 것이다.   **답 ③**

97 신에너지 및 재생에너지 개발·이용·보급 촉진법에 의거하여 신·재생에너지 공급인증서의 거래 제한 사유가 되지 않는 것은?

① 공인인증서가 발전소별로 5,000[kW] 이내의 수력을 이용하여 에너지를 공급하고 발급된 경우

② 공급인증서가 기존 방조제를 활용하여 건설된 조력(潮力)을 이용하여 에너지를 공급하고 발급된 경우

③ 공급인증서가 석탄을 액화·가스화한 에너지 또 중질잔사유를 가스화한 에너지를 이용하여 에너지를 공급하고 발급된 경우

④ 공급인증서가 폐기물에너지 중 화석연료에서 부수적으로 발생하는 폐가스로부터 얻어지는 에너지를 이용하여 에너지를 공급하고 발급된 경우

해설 **거래제한**
- 거래시장을 통하여 매수한 인증서는 재차 매도 불가
- 발전소별 5,000[kW]를 넘는 수력을 이용하여 에너지를 공급하고 발급된 경우
- 기존 방조제를 활용하여 건설된 조력을 이용하여 에너지를 공급하고 발급된 경우
- 석탄을 액화·가스화한 에너지 또는 중질잔사유를 가스화한 에너지를 이용하여 에너지를 공급하고 발급된 경우
- 폐기물에너지 중 화석연료에서 부수적으로 발생하는 폐가스로부터 얻어지는 에너지를 이용하여 에너지를 공급하고 발급된 경우 이행실적 인정   **답 ①**

출제기준 변경 및 개정된 관계 법규에 따라 삭제된 문제가 있어 20문항이 안됩니다.

1과목 - 태양광발전시스템 이론

01 다음 그림과 같이 축전지회로가 구성되어 있다. 단자 A, B 사이에 나타나는 출력전압과 축전지 용량은?

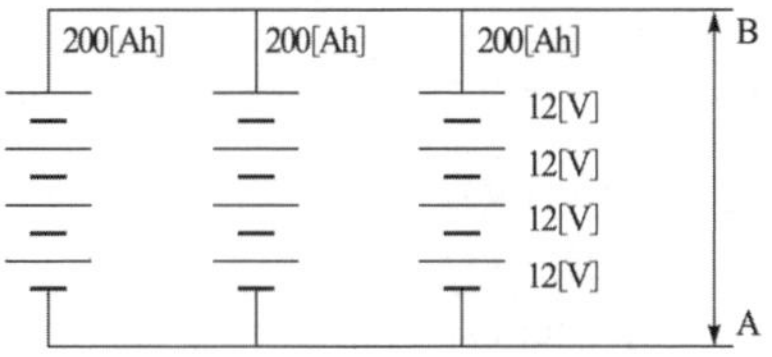

① DC 12[V], 200[Ah]
② DC 12[V], 600[Ah]
③ DC 48[V], 200[Ah]
④ DC 48[V], 600[Ah]

> **해설** A, B 양단의 전압은 직렬로 연결된 전원(축전지)의 합과 같고, 축전지의 총용량은 병렬로 연결된 총합으로 표현할 수 있다.
> $V = 12[V] \times 4 = 48[V]$
> $I = 200[Ah] \times 3 = 600[Ah]$ **답** ④

02 표준상태에서의 태양광발전 어레이 출력 20000[W], 월 적산 어레이 표면(경사면) 일사량 275[kWh/m²·월], 표준상태에서의 일사강도 1[kW/m²], 종합설계계수가 0.85일 때 월간 발전량(kWh/월)은?

① 4675
② 4.675
③ 1122009
④ 140250

> **해설**
> $E = P_{as} \times \left(\dfrac{H_{am}}{G_s} \right) \times K$
>
> P_{as} : 표준상태에서의 태양전지 어레이 출력[kW]
> H_{am} : 월적산 어레이 표면일사량[kWh/m²·월]
> G_s : 표준상태에서의 일사강도[kW/m²]
> K : 종합설계계수
> $E = 20000[W] \times \left(\dfrac{275[kWh/m^2 \cdot 월]}{1[kW/m^2]} \right) \times 0.85$
> $= 4675000[Wh/월] = 4675[kWh/월]$ **답** ①

03 단독운전 방지기능이 없는 10[kW] 태양광발전시스템이 380[V], 60[Hz]의 계통전원에 연결되어 운전될 경우, 태양광발전시스템의 출력이 10[kW], 부하가 유효전력 10[kW], 지상무효전력이 +9.5[kVar], 진상무효전력이 10[kVar]일 때 단독운전이 일어날 경우 예상되는 공진주파수는 약 몇 [Hz] 인가?

① 58.48
② 59.32
③ 60.00
④ 61.38

> **해설** 1) 지상무효전력
> $$P = \frac{V^2}{X_L}, \quad X_L = 2\pi f L$$
> $$9,500 = \frac{380^2}{2\pi \times 60 \times L}$$
> $$L = \frac{380^2}{2\pi \times 60 \times 9,500} = 40.32[mH]$$
> 2) 진상무효전력
> $$P = \frac{V^2}{X_C}, \quad X_C = \frac{1}{2\pi f C}$$
> $$10,000 = \frac{380^2}{\dfrac{1}{2\pi \times 60 \times C}}$$
> $$C = \frac{10,000}{2\pi \times 60 \times 380^2} = 183.7[\mu F]$$
> $$f = \frac{1}{2\pi \sqrt{0.04032 \times 0.0001837}} = 58.48[Hz]$$ **답** ①

04 부지선정 시 일반적으로 고려되어야 하는 사항으로 틀린 것은?

① 풍향조건
② 지리적인조건
③ 행정상의 조건
④ 건설 환경적 조건

> **해설** 부지 선정 시 일반적으로 고려사항
> ① 지정학적 조건
> ② 건설조건
> ③ 행정조건
> ④ 전력계통과의 연계조건 **답** ①

05 신 · 재생에너지 설비의 지원 등에 관한 규정에 따라 위반행위별 사업참여 제한기준 중 사업내용 위반에 해당하지 않는 것은?

① 허위 또는 부정한 방법으로 신청서를 제출한 경우
② 허위 또는 부정한 방법으로 설치확인을 받은 경우
③ 허위 또는 부정한 방법으로 보조금을 수령한 경우
④ 센터의 장의 시정요구에 정당한 사유없이 응하지 않는 경우

해설 위반 행위별 사업참여 제한 기준

구분	내용	제한기준
시공기준 위반	가. 제17조제1항의 신 · 재생에너지설비의 시공기준을 위반하여 시공한 경우 나. 제19조제2항의 의무적용대상 설비를 적용하지 않고 시공한 경우 다. 허위 또는 부정한 방법으로 제19조제3항의 시험성적서를 제출하거나 시공한 경우	2년이상
	라. 제17조제2항의 대상사업 중 생산량 등을 파악할 수 있는 설비를 구축하지 않고 시공한 경우	1년이상
설치확인 및 사후관리 위반	가. 허위 또는 부정한 방법으로 설치확인을 받은 경우 나. 설비의 가동상태 · 생산량 등에 대한 센터의 장의 자료요구에 응하지 않거나 허위의 자료를 제출한 경우 다. 자신이 설치한 설비에 대한 A/S 등 사후관리를 실시하지 않는 경우 라. 제50조의 규정을 위반하여 설비를 관리한 경우	2년이상
	마. 설치확인시 동일건 3회이상 부적합 판정을 받은 경우 바. 공사실적을 신고하지 않거나 허위로 제출한 경우	1년이상
사업내용 위반	가. 허위 또는 부정한 방법으로 신청서를 제출한 경우 나. 허위 또는 부정한 방법으로 보조금을 수령한 경우 다. 수혜자 및 참여기업이 특별한 사유없이 사업을 포기하는 경우 라. 센터의 장의 시정요구에 정당한 사유없이 응하지 않는 경우	2년이상
	마. 센터의 장의 승인없이 사업계획 또는 사업내용(설치용량 · 사업 기간 등)을 변경한 경우	1년이상

답 ②

06 전기공사업법에서 명시하고 있는 하자담보책임기간이 다른 공사는?

① 변전설비공사
② 태양광발전설비공사
③ 배전설비공사중 철탑공사
④ 지중송전을 위한 케이블공사

해설 전기공사의 종류별 하자담보책임기간 (제11조의2 관련)

전기공사의 종류	하자담보책임기간
1. 발전설비공사(태양광발전공사 포함) 　가. 철근콘크리트 또는 철골구조부 　나. 가목 외 시설공사	 7년 3년
2. 터널식 및 개착식 전력구 송전 · 배전설비공사 　가. 철근콘크리트 또는 철골구조부 　나. 가목 외 송전설비공사 　다. 가목 외 배전설비공사	 10년 5년 2년
3. 지중 송전 · 배전설비공사 　가. 송전설비공사(케이블공사 및 물밑 송전설비공사를 포함한다) 　나. 배전설비공사	 5년 3년
4. 송전설비공사	3년
5. 변전설비공사(전기설비 및 기기설치공사를 포함한다)	3년
6. 배전설비공사 　가. 배전설비 철탑공사 　나. 가목 외 배전설비공사	 3년 2년
7. 그 밖의 전기설비공사	1년

답 ④

07 역류방지 다이오드(Blocking Diode)의 역할에 대한 설명으로 옳은 것은?

① 과전류가 흐를 때 회로를 차단한다.
② 태양광발전 모듈의 최적 운전점을 추적한다.
③ 태양광발전시스템의 외함을 접지하는데 사용한다.
④ 태양광이 없을 때 축전지로부터 태양전지를 보호한다.

해설 역류방지 소자
태양전지 모듈에 다른 태양전지 회로와 축전지의 전류가 유입되는 것을 방지하기 위해 설치하는 것으로 일반적으로 다이오드가 사용되고, 역류방지 소자는 접속함내에 설치하는 것이 통례이나 태양전지모듈의 단자함 내부에 설치하는 경우도 있다.

답 ④

08 전기사업법에 따라 전력수급기본계획의 수립 시 기본계획에 포함되어야 할 사항으로 틀린 것은?

① 분산형전원의 개발에 관한 사항
② 분산형전원의 확대에 관한 사항
③ 전력수급의 기본방향에 관한 사항
④ 주요 송전 · 변전설비계획에 관한 사항

해설 25조(전력수급 기본계획의 수립)
① 전력수급의 장기전망에 관한 사항
② 발전설비계획 및 주요 송전 · 변전설비계획에 관한 사항
③ 전력수급의 기본방향에 관한 사항
④ 전력수요의 관리에 관한사항
⑤ 직전기본계획의 평가에 관한사항
⑥ 분산형전원의 확대에 관한 사항   답 ①

09 태양광발전 전지를 재료에 따라 구분한 것으로 틀린 것은?

① 유기물   ② 폴리머형
③ 리튬이온형   ④ 염료감응형

해설 리튬이온형
디지털, 캠코더 카메라에서 주로 사용하는 충전지로, 크기는 작으면서 많은 에너지를 가진 배터리입니다. 메모리 효과가 거의 없어 필요할 때마다 충전해도 오랫동안 사용할 수 있습니다.   답 ③

10 일조시간과 가조시간에 대한 설명으로 틀린 것은?

① 일조시간과 가조시간의 비를 일조율(%)이라 한다.
② 일조시간은 실제로 태양광선이 지표면을 내리 쬔 시간이다.
③ 구름이 많은 날씨일 경우 가조시간과 일조시간이 일치한다.
④ 가조시간이란 한 지방의 해 돋는 시간부터 해지는 시간까지의 시간을 말한다.

해설 일조와 일사량
1) '일조'란 태양광선이 구름이나 안개로 가려지지 않고 지상을 비추는 것
2) 태양광선이 비춘 시간을 일조시간이라 함

3) 일조시간은 보통 1일이나 한 달 동안에 비춘 시간을 수로 나타냄
4) 일조시간으로 일사량도 추정할 수 있으며, 낮 동안에 구름이 어느 정도 끼었는가도 나타낼 수 있음
5) 어떤 지점에 있어서 맑은 날의 일조시수는 그 지점의 위도에 따라 정해짐
6) 가조시간은 산이나 언덕 등의 장애물이 없다고 가정하여 어느 지점에 햇빛이 비출 수 있는 시간   답 ③

11 전기사업법에 따라 발전사업허가를 신청하는 경우로서 사업계획서만 제출하여도 되는 발전설비용량은 몇 [kW] 이하인가?

(단, 구역전기사업의 허가 외의 허가를 신청하는 경우이가)

① 200   ② 300
③ 500   ④ 1000

해설 전기사업법에 따라 발전사업허가를 신청하는 경우로서 사업계획서만 제출하여도 되는 발전설비용량은 200[kW] 이하이다.   답 ①

12 신에너지 및 재생에너지 개발 · 이용 · 보급 촉진법에 따른 신 · 재생에너지 통계전문기관은?

① 통계청
② 한국전력거래소
③ 신 · 재생에너지센터
④ 한국에너지기술연구원

해설 신에너지 및 재생에너지 개발 · 이용 · 보급 촉진법에 따른 신 · 재생에너지 통계전문기관은 신 · 재생에너지센터 이다.   답 ③

13 국토의 계획 및 이용에 관한 법률에 따라 개발행위허가의 경미한 변경으로 틀린 것은?

① 사업기간을 단축하는 경우
② 부지면적 또는 건축물 연면적을 10퍼센트 범위에서 축소하는 경우
③ 관계 법령의 개정에 따라 허가받은 사항을 불가피하게 변경하는 경우
④ 도시 · 군관리계획의 변경에 따라 허가받은 사항을 불가피하게 변경하는 경우

[해설] 부지면적 또는 건축물 연면적을 5퍼센트 범위에서 축소하는 경우 **답 ②**

14 전기공사업법에 따른 발전설비 공사의 종류가 아닌 것은?

① 화력발전소 ② 비상용발전기
③ 태양광발전소 ④ 태양열 발전소

[해설] 발전설비공사
- 발전소(원자력발전소, 화력발전소, 풍력발전소, 수력발전소, 조력발전소, 태양열발전소, 내연발전소, 열병합발전소, 태양광발전소 등의 발전소를 말한다)의 전기설비공사와 이에 따른 제어설비공사 **답 ②**

15 국토의 계획 및 이용에 관한 법률에 따른 농림지역에서의 개발행위허가의 규모로 옳은 것은?

① 5천제곱미터 미만
② 1만제곱미터 미만
③ 3만제곱미터 미만
④ 5만제곱미터 미만

[해설] 가) 도시지역
- 주거지역 · 상업지역 · 자연녹지지역 · 생산녹지지역 : 1만 제곱미터 미만
- 공업지역 : 3만 제곱미터 미만
- 보전녹지지역 : 5천 제곱미터 미만
나) 관리지역 : 3만 제곱미터 미만
다) 농림지역 : 3만 제곱미터 미만
라) 자연환경보전지역 : 5천 제곱미터 미만 **답 ③**

16 신에너지 및 재생에너지 개발 · 이용 · 보급촉진법에 따라 신에너지 및 재생에너지 기술개발 및 이용 · 보급에 관한 계획을 협의하려는 자는 그 시행 사업연도 개시 몇 개월 전까지 산업통상자원부장관에게 계획서를 제출하여야 하는가?

① 1 ② 3
③ 4 ④ 6

[해설] 신에너지 및 재생에너지 개발 · 이용 · 보급촉진법에 따라 신에너지 및 재생에너지 기술개발 및 이용 · 보급

에 관한 계획을 협의하려는 자는 그 시행 사업연도 개시 4개월 전 까지 산업통상자원부장관에게 계획서를 제출하여야 한다. **답 ③**

17 계통연계형 태양광발전용 인버터의 기능으로 틀린 것은?

① 직류지락 검출기능
② 자동전압 조정기능
③ 최대전력 추종제어기능
④ 교류를 직류로 변환하는 기능

[해설] (1) 자동운전 정지기능
(2) 최대전력 추종제어기능
(3) 단독운전 방지기능
(4) 자동전압 조정기능
(5) 직류검출기능
(6) 직류지락 검출기능 **답 ④**

18 표면온도 −15 [℃]에서 태양광 발전 모듈의 V_{mpp}와 V_{oc}는 각각 약 몇 [V]인가?

- P_{mpp} : 250[W]
- V_{mpp} : 30.8[V]
- V_{oc} : 38.3[V]
- 온도에 따른 전압변동률 : −0.32[%/℃]

① V_{mpp} : 14.74, V_{oc} : 23.20
② V_{mpp} : 24.74, V_{oc} : 33.20
③ V_{mpp} : 34.74, V_{oc} : 43.20
④ V_{mpp} : 44.74, V_{oc} : 53.20

[해설]
$$V_{oc}(-15[℃]) = V_{oc} + (-15[℃] - 25[℃])$$
$$\times \left(\frac{-0.32[℃]}{100} \right) \times V_{oc}$$
$$= 38.3[V] + (-15[℃] - 25[℃])$$
$$\times \left(\frac{-0.32[℃]}{100} \right) \times 38.3[V]$$
$$= 43.20[V]$$
$$V_{mpp}(-15[℃]) = V_{mpp} + (-15[℃] - 25[℃])$$
$$\times \left(\frac{-0.32[℃]}{100} \right) \times V_{mpp}$$
$$= 30.8[V] + (-15[℃] - 25[℃])$$
$$\times \left(\frac{-0.32[℃]}{100} \right) \times 30.8[V]$$
$$= 34.74[V]$$
답 ③

19 전기사업법에서 정의하는 "송전선로" 란 어느 부분을 연결하는 전선로(통신용으로 전용하는 것은 제외한다.)와 이에 속하는 전기설비를 말하는가?

① 발전소와 변전소 간
② 전기수용설비 상호간
③ 변전소와 전기수용설비 간
④ 발전소와 전기수용설비 간

해설 전기사업법에서 정의하는 "송전선로" 란 발전소와 변전소간 연결하는 전선로(통신용으로 전용하는 것은 제외한다.)와 이에 속하는 전기설비를 말한다. 답 ①

20 신에너지 및 재생에너지 개발 · 이용 · 보급 촉진법에 따라 산업통상자원부장관이 수립하는 신 · 재생에너지의 기술개발 및 이용 · 보급을 촉진하기 위한 기본계획의 계획기간은 몇 년 이상인가?

① 1   ② 3
③ 5   ④ 10

해설 신에너지 및 재생에너지 개발 · 이용 · 보급 촉진법에 따라 산업통상자원부장관이 수립하는 신 · 재생에너지의 기술개발 및 이용 · 보급을 촉진하기 위한 기본계획의 계획기간은 10년 이상 이어야 한다. 답 ④

 2과목 - 태양광발전시스템 설계

21 토목 도면에서 밭을 나타내는 기호는?

① | | ② | | |
③ ⊥⊥   ④ ◯

해설 토목 도면 기호

초지	밭	논	과수원
| |	| | |	⊥⊥	◯

답 ②

22 건축구조기준 설계하중(KDS 41 10 15 : 2019)에 따른 적설하중에 대한 설명으로 틀린 것은?

① 최소 지상적설하중은 $0.5[kN/m^2]$로 한다.
② 우리나라의 기본지상적설하중 중 가장 높은 지방은 $6.0[kN/m^2]$ 이다.
③ 지붕의 경사도가 $15°$ 이하 혹은 $70°$를 초과하는 경우에는 불균형적설하중을 고려하지 않아도 된다.
④ 지상적설하중 $0.5[kN/m^2]$보다 작은 지역에서는 퇴적량에 의한 추가하중을 고려하지 않아도 무방하다.

해설 우리나라의 기본지상적설하중 중 가장 높은 지방은 $10.0[kN/m^2]$ 이다.(울릉도, 독도) 답 ②

23 한국전기설비규정에 따라 22.9[kV] 가공전선과 그 지지물 · 완금류 · 지주 사이의 이격 거리는 몇 [cm] 이상으로 하여야 하는가?

① 15   ② 20
③ 25   ④ 30

해설 KEC 333.5(특고압 가공전선과 지지물 등의 이격 거리)

사용전압	이격거리[cm]
15[kV] 미만	15
15[kV] 이상 25[kV] 미만	20
25[kV] 이상 35[kV] 미만	25

답 ②

24 태양광발전 어레이 설치 지역의 설계속도압이 $1000[N/m^2]$, 태양광발전 어레이의 유효수압면적이 7[m²]일 경우 풍하중은 얼마인가? (단, 가스트 영향계수는 1.8, 풍력계수는 1.3을 적용하며, 기타 주어지지 않은 조건은 무시한다.)

① 9.75[kN]   ② 13.50[kN]
③ 16.38[kN]   ④ 17.55[kN]

해설 개방형 건축물 및 기타 구조물의 구조골조용 설계풍력 (W_f)

$$W_f = P_f \times A$$

P_f : 구조골조용 설계풍력 [N/m²]
A : 유효수압면적 [m²]

$$P_f = \acute{q} \times G_f \times C_f$$
$\acute{q}$: 설계속도압[N/m²]
G_f : 구조 골조용 가스트 계수, C_f : 풍력계수
$$W_f = 1000[N/m^2] \times 1.8 \times 1.3 \times 7[m^2]$$
$$= 16.38[kN]$$
답 ③

25 신재생발전기 계통연계기준에 따라 신재생발전기의 역률은 몇 이상으로 유지하여 운전하여야 하는가?

① 86 　　　② 90
③ 95 　　　④ 100

해설 신재생발전기 계통연계기준에 따라 신재생발전기의 역률은 90 이상으로 유지하여 운전하여야 한다.
답 ②

26 설계하중을 시간의 변동에 따라 구분한 것으로 틀린 것은?

① 활하중 　　② 영구하중
③ 임시하중 　　④ 우발하중

해설 하중은 지반에 작용하는 힘들로 사하중과 활하중으로 구분하고,
• 시간의 변동에 따라 영구하중(설계가용 기간 동안 존재),
• 임시하중(시공 또는 보수 중 설계가용 시간 보다 적은 시간동안 존재),
• 우발하중(실제조건에 예외적으로 매우 짧은 시간동안 존재)으로도 구분한다.
답 ①

27 전력기술관리법에 따라 해당되는 전력시설물의 설계도서는 설계감리를 받아야한다. 법에 따른 전력시설물 중 설계감리 대상에 해당하지 않는 것은?

① 용량 80만킬로와트 이상의 발전설비
② 전압 20만볼트 이상의 송전 · 변전설비
③ 전압 10만볼트 이상의 수전설비 · 구내배전설비 · 전력사용설비
④ 전기철도의 수전설비 · 철도신호설비 · 구내배전설비 · 전차선설비 · 전력사용설비

해설 전압 30만볼트 이상의 송전 · 변전설비
답 ②

28 분산형전원 배전계통연계 기술기준에 따라 전기방식이 교류 단상 220[V]인 분산형전원을 저압 한전계통에 연계할 수 있는 용량은?

① 100[kW] 미만 　② 150[kW] 미만
③ 250[kW] 미만 　④ 500[kW] 미만

해설 전기방식이 교류 단상 220[V]인 분산형전원을 저압 한전계통에 연계할 수 있는 용량은 100[kW] 미만으로 한다.
답 ①

29 전기설비규정에 따라 일반주택 및 아파트 각 호실의 현관등은 몇 분 이내에 소등되도록 타임스위치를 시설하여야 하는가?

① 1 　　　② 2
③ 3 　　　④ 4

해설 KEC 234.6(점멸기의 시설)
• 여관 호텔 : 객실입구에 1분이내 소등되는 타임스위치 설치
• 주택 아파트 : 현관입구에 3분 이내 소등되는 타임스위치 설치
답 ③

30 설계감리업무 수행지침에 따른 설계감리원의 기본임무에 해당하지 않는 것은?

① 설계용역 계약 및 설계감리용역 계약내용이 충실히 이행될 수 있도록 하여야 한다.
② 과업지시서에 따라 업무를 성실히 수행하고 설계의 품질향상에 노력하여야 한다.
③ 설계감리용역을 시행함에 있어 설계기간과 준공처리 등을 감안하여 충분한 기간을 부여하여 최적의 설계품질이 확보되도록 노력하여야 한다.
④ 설계공정의 진척에 따라 설계자로부터 필요한 자료 등을 제출받아 설계용역이 원활이 추진될 수 있도록 설계감리 업무를 수행하여야 한다.

해설 설계감리원의 기본 임무
① 설계용역 계약 및 설계감리용역 계약 내용이 충실히 이행될 수 있도록 하여야 한다.
② 해당 설계용역이 관련 법령 및 전기설비기술기준 등에 적합한 내용대로 설계되는지의 여부를 확인 및 설계의 경제성 검토를 실시하고, 기술지도 등을 하여야 한다.
③ 설계공정의 진척에 따라 설계자로부터 필요한 자료 등을 제출받아 설계용역이 원활히 추진될 수 있도록 설계감리 업무를 수행하여야 한다.
④ 과업지시서에 따라 업무를 성실히 수행하고 설계의 품질향상에 노력하여야 한다.   답 ③

31 모듈에서 접속함까지의 직류배선이 30[m]이며 모듈 전압이 300[V], 전류가 5[A]일 때 전압강하는 몇 [V]인가? (단, 전선의 단면적은 4.0[mm²] 이다)

① 1.335 ② 1.425
③ 1.787 ④ 1.925

해설 전압강하 $= \dfrac{35.6 \times L \times I}{1000 \times A} = \dfrac{35.6 \times 30[\text{m}] \times 5\text{A}}{1000 \times 4.0[\text{mm}^2]}$
$= 1.335[\text{V}]$
L : 선길이, I : 선전류, A : 선단면적   답 ①

32 전력시설물 공사감리업무 수행지침에 따라 감리원이 해당 공사 착공 전에 실시하는 설계도서 검토내용에 포함되지 않는 것은?

① 현장조건에 부합 및 시공의 실제가능 여부
② 설계도서의 누락, 오류 등 불명확한 부분의 존재여부
③ 시공사가 제출한 물량내역서와 발주자가 제공한 산출내역서의 수량일치 여부
④ 설계도면, 설계설명서, 기술계산서, 산출내역서 등의 내용에 대한 상호 일치여부

해설 제8조(설계도서 등의 검토)
① 감리원은 설계도서 등에 대하여 공사계약문서 상호 간의 모순되는 사항, 현장 실정과의 부합여부 등 현장 시공을 주안으로 하여 해당 공사 시작 전에 검토하여야 하며 검토내용에는 다음 각 호의 사항 등이 포함되어야 한다.
  1. 현장조건에 부합 여부
  2. 시공의 실제가능 여부
  3. 다른 사업 또는 다른 공정과의 상호부합 여부
  4. 설계도면, 설계설명서, 기술계산서, 산출내역서 등의 내용에 대한 상호일치 여부
  5. 설계도서의 누락, 오류 등 불명확한 부분의 존재 여부
  6. 발주자가 제공한 물량 내역서와 공사업자가 제출한 산출내역서의 수량일치 여부
  7. 시공 상의 예상 문제점 및 대책 등   답 ③

33 케이블 화재에 대한 설명으로 틀린 것은?

① 연소가 빠르다.
② 연소에너지가 낮고 열기가 강하다.
③ 부식성 가스 및 유독성 가스가 발생한다.
④ 연기발생으로 피난, 소화활동에 지장을 준다.

해설 케이블 화재의 문제점
  1) 연소에너지가 높고 열기가 강하다.
  2) 농연 부식성 및 유독성 가스 발생
  3) 연소가 빠르다.
  4) 화점을 알 수 없다.
  5) 소화기 정도로 소화되지 않는다.   답 ②

34 한국전기설비규정에 따라 분산형전원을 전력계통에 연계하는 경우 인버터로부터 직류가 계통으로 유출되는 것을 방지하기 위하여 접속점과 인버터 사이에 설치하는 것은? (단, 단권변압기는 제외한다.)

① 차단기 ② 전력휴즈
③ 보호계전기 ④ 상용주파수 변압기

해설 KEC 503.2.2 (저압계통 연계 시 직류유출방지 변압기의 시설)
분산형전원을 인버터를 이용하여 배전사업자의 저압 전력계통에 연계하는 경우 인버터로부터 직류가 계통으로 유출되는 것을 방지하기 위하여 접속점(접속설비와 분산형전원 설치자측 전기설비의 접속점을 말한다)과 인버터 사이에 상용주파수 변압기(단권변압기를 제외한다)를 시설하여야 한다.   답 ④

35 전력기술관리법에 따라 시 · 도지사는 감리업자가 공사감리를 성실하게 하지 아니하여 일반인에게 위해(危害)를 끼친 경우 산업통상자원

부령으로 정하는 바에 따라 그 등록을 몇 개월 이내의 기간을 정하여 그 영업의 전부 또는 일부의 정지를 명할 수 있는가?

① 1　　　　　　② 3
③ 6　　　　　　④ 9

해설 설계업 · 감리업의 위반행위별 행정처분기준

위반행위	처분내용
1. 거짓이나 그 밖의 부정한 방법으로 등록을 한 경우	등록취소
2. 등록기준에 미달한 날부터 1개월이 지난 경우	등록취소
3. 설계 또는 공사감리를 성실하게 하지 않아 일반인에게 위해를 끼치거나 전력시설물을 현저히 부실하게 시공하게 한 경우	
가. 4주 미만의 치료를 필요로 하는 인명피해 또는 1천만원 미만의 재산상 피해를 끼친 경우	영업정지 2개월
나. 사망, 4주 이상의 치료를 필요로 하는 인명피해 또는 1천만원 이상의 재산상 피해를 끼친 경우	영업정지 4개월
다. 부실설계 또는 공사감리로 인하여 해당 전력시설물 및 인근 전력시설물의 여러 기능 및 전기안전에 영향을 끼치는 등 일반인에게 위해를 끼치거나 전력시설물을 현저히 부실하게 시공하게 한 경우	영업정지 6개월
4. 법 제15조제1호부터 제4호까지 또는 제6호에 해당하게 된 경우 (법인의 경우 6개월 이내에 대표자를 변경하는 경우는 제외한다)	등록취소
5. 다른 사람에게 등록증을 빌려 준 경우	
가. 1차	영업정지 6개월
나. 2차	능록취소

답 ③

36 건축일반용어(KS F : 1526 : 2010)의 제도 및 설계에 따라 건축물 또는 물체의 세부를 상세하게 나타내어 그린 도면은?

① 상세도　　　　② 투상도
③ 배치도　　　　④ 배면도

해설 설계도면 종류
1) 투상도 : 물체의 형상을 한 시점에서 보이는 대로 평면상에 나타낸 그림
2) 평면도 : 건축물 또는 물체를 수평면으로 자른 단면 또는 위에서 아래로 내려다본 투상도
3) 입면도 : 건축물 도는 물체의 수직 투상도
4) 정면도 : 건축물 또는 정면을 그린 입면도
5) 측면도 : 건축물 또는 측면을 그린 입면도
6) 배면도 : 건축물 또는 물체의 정면의 반대쪽 면을 그린 입면도
7) 단면도 : 건축물이나 물체를 절단하여 내부 생김새를 투영하여 묘사한 그림
8) 배치도 : 한 대지 내에 여러 건축물이나 정원의 수목, 시설 등을 배치하여 그린 평면도
9) 상세도 : 건축물 또는 물체의 세부를 상세하게 나타내어 그린 도면
10) 투시도 : 건축물 또는 물체를 원근법에 따라 입체적으로 공간을 잘 표현하기 위해 그린 도면
11) 조감도 : 건축물이나 물체를 시점 위치가 높은 곳에서 내려다 본 투시도
12) 부감도 : 상부에서 아래로 내려다보고 그린 도면
13) 양시도 : 수평 부분을 밑에서 올려다보고 그린 도면

답 ①

37 태양광발전 어레이의 세로길이(L)가 3[m], 태양광발전 어레이의 경사각을 33°, 동지 시 발전한계시각에서의 태양 고도각을 20°로 산정하여 북위 37° 지방에서 태양광발전소를 건설할 때 어레이 간 최소 이격거리 d는 약 몇 [m] 인가?

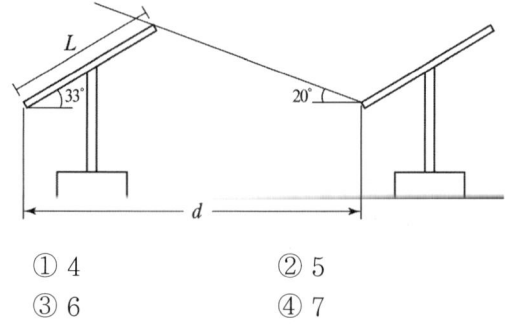

① 4　　　　　　② 5
③ 6　　　　　　④ 7

해설 $d = 3 \times \dfrac{\sin(180° - 33° - 20°)}{\sin 20°} = 3 \times \dfrac{\sin 127°}{\sin 20°}$
$= 3 \times 2.33 = $ 약7

답 ④

38 전력시설물 공사감리업무 수행지침에 따라 책임감리원은 분기보고서를 작성하여 발주자에게 제출하여야 한다. 보고서는 매분기말 다음 달 몇 칠 이내로 제출하여야 하는가?

① 5　　　　　　② 7
③ 15　　　　　　④ 30

해설 책임감리원은 다음 각 호의 사항이 포함된 분기보고서를 작성하여 발주자에게 제출하여야 한다. 보고서는 매

분기 말 다음 달 7일 이내로 제출한다.
① 공사추진 현황(공사계획의 개요와 공사추진계획 및 실적, 공정현황, 감리용역현황, 감리조직, 감리원 조치내역 등)
② 감리원 업무일지
③ 품질검사 및 관리현황
④ 검사 요청 및 결과 통보내용
⑤ 주요기자재 검사 및 수불내용(주요기자재 검사 및 입·출고가 명시된 수불현황)
⑥ 설계변경 현황
⑦ 그 밖에 책임감리원이 감리에 관하여 중요하다고 인정하는 사항 답 ②

---

39 태양광발전설비의 공사에 적용하는 시방서에 관련된 내용 중 틀린 것은?

① 공사시방서는 설계도면에서 표현이 곤란한 설계내용 및 세부공사방법 등을 기술한다.
② 표준시방서는 시설물의 안전 및 공사시행의 적정성과 품질확보 등을 위하여 시설물별로 정한 표준적인 시공기준을 말한다.
③ 시방서란 어떤 프로젝트의 품질에 관한 요구사항들을 규정하는 공사계약문서의 일부분으로서 공사의 품질과 직접적으로 관련된 문서이다.
④ 전문시방서는 공사시방서를 기본으로 모든 공종을 대상으로 하여 특정한 공사의 시공 등에 활용하기 위한 종합적인 시공기준을 말한다.

해설 전문시방서
시설물별 표준시방서를 기본으로 모든 공종을 대상으로 하여 특정한 공사의 시공 또는 공사시방서의 작성에 활용하기 위한 종합적인 시공기준 답 ④

출제기준 변경 및 개정된 관계 법규에 따라 삭제된 문제가 있어 20문항이 안됩니다.

3과목 - 태양광발전시스템 시공

41 도선의 길이가 3배로 늘어나고 반지름이 $\frac{1}{3}$로 줄어들 경우 그 도선의 저항은 어떻게 변하겠는가? (단, 고유저항에는 변화가 없다)

① 9배 증가 ② $\frac{1}{9}$로 감소
③ 27배 증가 ④ $\frac{1}{27}$로 감소

해설 $R = \rho \dfrac{l}{S}$에서 ρ가 일정하다면

$S' = \pi \left(\dfrac{1}{3} r\right)^2$, $l' = 3l$이 되므로

변화된 도선의 저항은

$R' = \rho \dfrac{l'}{S'} = \rho \dfrac{3 \times l}{\pi \times \dfrac{r^2}{9}} = 27\rho \dfrac{l}{S}$이 된다. 답 ③

---

42 태양광발전 어레이의 절연저항 측정에 대한 내용으로 옳은 것은?

① 절연저항 측정 시 온도는 고려하지 않는다.
② 일사시간 동안에는 단락용 개폐기를 이용한다.
③ 발전량이 적어 위험성이 낮은 비오는 날 측정하는 것이 좋다.
④ 사용전압 400[V] 이상일 때 절연저항 측정 기준은 0.1[MΩ] 이상이다.

해설 태양광발전 어레이 절연저항 측정
1) 절연저항 측정 시 유의 사항
 - 태양전지는 낮에 전압이 발생되므로 주의하여 절연저항 측정
 - 뇌보호를 위한 어레스터 등 피뢰소자는 태양전지 어레이 출력단에 설치되어 있으며 절연저항 측정 시 접지측과 분리
 - 절연저항 측정 시 기온, 습도 기록(절연저항은 기온과 습도에 많은 영향을 받음)
2) 측정회로
 - 시험기자재 : 절연저항계(메가), 온도계, 습도계, 단락용 개폐기 답 ②

43 앵커(KSC 11 60 00 : 2016)에 따라 앵커의 삽입작업에 대한 설명으로 틀린 것은?

① 앵커는 삽입 작업대 또는 크레인 등의 장비에 의해서 삽입하여야 한다.

② 소요길이까지 삽입 후 지지대를 설치하여 앵커를 공내에 고정시킨다.

③ 공에서 누수가 있을 경우에는 공입구를 부직표로 막아 토사유출을 방지하여야 한다.

④ 앵커 삽입 시 앵커가 천공 구멍의 중앙에 위치하도록 앵커에 중심결정구를 5[m] 간격으로 부착한다.

해설 앵커의 삽입
1) 앵커는 삽입 작업대 또는 크레인 등의 장비에 의해서 삽입하여야 한다.
2) 앵커 삽입 시 앵커가 천공 구멍의 중앙에 위치하도록 앵커에 중심결정구(센트럴라이저)를 1[m]~3[m] 간격으로 부착하여야 하며 공벽의 붕괴우려가 있으면 케이싱을 인발하지 않고 삽입한다.
3) 소요길이까지 삽입 후 지지대를 설치하여 앵커를 공내에 고정시킨다.
4) 공에서 누수가 있을 경우에는 공입구를 부직포로 막아 토사유출을 방지하여야 한다. **답** ④

44 태양광발전 어레이용 가대의 재질 및 형태에 따른 검토사항으로 틀린 것은? (단, 가대의 재질은 강재+용융아연도금으로 한다.)

① 20년 이상의 내구성을 가져야 한다.

② 절삭 등의 가공이 쉽고 무거워야 한다.

③ 불필요한 가공을 피할 수 있도록 규격화되어야 한다.

④ 염해, 공해 등을 고려하여 녹이 발생하지 않아야 한다.

해설 가대의 구성부재 시 고려사항
① 염해, 공해 등을 고려 부식(녹)이 발생하지 않을 것
② 최소 20년 이상의 내구성을 가질 것
③ 어레이의 자체 하중에 풍압하중(풍압 및 부압), 눈의 중량 등을 고려한 하중에 견딜 수 있을 것
④ 최소 20년 이상의 내구성을 가질 것
⑤ 어레이를 단단히 고정할 수 있도록 할 것
⑥ 가공이 쉽고 가벼울 것
⑦ 수급이 용이하고 경제적일 것
⑧ 부재의 접합은 볼트 접합, 용접 접합 및 이들과 동등 이상의 품질을 확보할 수 있는 방법을 사용한다.

⑨ 불필요한 가공을 피할 수 있도록 규격화 되어야 한다. **답** ②

45 건물에 설치된 태양광발전시스템의 낙뢰 및 과전압 보호로 고려되어야 하는 방법이 아닌 것은?

① 교류측에 과전압 보호장치를 설치해야 한다.

② 태양광발전시스템 접속함의 직류측에 서지보호장치를 설치해야 한다.

③ 태양광발전시스템이 외부에 노출되어 있다면 적절한 피뢰침을 설치해야 한다.

④ 낙뢰 보호시스템이 있어도 반드시 태양광발전시스템을 접지 및 등전위면에 연결해야 한다.

해설 낙뢰 보호시스템이 있어도 반드시 태양광발전시스템을 접지 및 등전위면에 분리해야 한다. **답** ④

46 가정에 공급하는 교류 전압이 220[V]일 때, 이 220[V]는 무슨 값을 의미하는가?

① 실효값
② 최대값
③ 순시값
④ 평균값

해설 우리가 흔히 말하는 220[V]라는 값은 실효값으로 우리나라에 공급되는 전압인데 이것을 순시값으로 표현함
* 실효값 : AC를 DC 화한 값(교류와 동일한 일을 하는 직류로 바꿔 나타냈을 때의 값) **답** ①

47 단상 브리지 정류회로에서 출력전압의 피크값이 20[V]라면 그 평균값은 약 몇 [V]인가?

① 3.18
② 6.37
③ 9.0
④ 12.73

해설 정현파
$$e = E_m \sin wt = \sqrt{2} E \sin wt$$

실효값 : $E = \dfrac{1}{\sqrt{2}} E_m$

평균값 : $E_{av} = \dfrac{2}{\pi} E_m = \dfrac{2}{\pi} \times 20 = 12.73[\text{V}]$ **답** ④

48 다른 개폐기기와 비교하여 전력퓨즈의 특징으로 틀린 것은?

① 고속도 차단된다.
② 릴레이가 필요하다.
③ 소형으로 차단 능력이 크며, 재투입은 불가능하다.
④ 동작시간−전류특성을 계전기처럼 자유롭게 조정할 수 없다.

해설 전력용 한류 퓨즈는 차단기에 비하여 다음과 같은 장·단점을 가진다.

장 점	단 점
· 현저한 한류특성을 가진다.	· 재투입이 불가능하다.(가장 큰 단점)
· 고속도 차단할 수 있다.	· 차단시 과전압을 발생한다.
· 소형으로서 큰 차단용량을 가진다.	· 과전류에 의해 용단되기 쉽고 결상을 일으킬 우려 가 있다.
· 한류형 퓨즈는 차단시 무소음, 무방출이다.	· 한류형 퓨즈는 용단되어도 차단되지. 않는 전류 범위가 있다.
· 소형, 경량이다.	· 동작 시간 − 전류 특성을 계전기처럼 자유롭게 조정할 수 없다.

답 ②

49 송전전력, 부하역률, 송전거리, 전력손실 및 선간전압이 같을 경우 3상 3선식에서 전선 한 가닥에 흐르는 전류는 단상 2선식의 경우의 약 몇 [%]가 되는가?

① 57.7 　　② 70.7
③ 141 　　④ 115

해설 전력 부하전력 P[W], 선간전압을 V[V], 부하역률 $\cos\phi$, 단상2선식 및 3상3선식의 전류가 각각 I_2[A] 및 I_3[A], 단상 및 3상의 전선 1가닥당의 저항을 각각 R_2[Ω] 및 R_3[Ω]이라고 하면 I_3과 I_2의 비는

$$\frac{I_3}{I_2} = \frac{\dfrac{P}{\sqrt{3}\,V\cos\phi}}{\dfrac{P}{V\cos\phi}} = \frac{1}{\sqrt{3}} = 0.577 = 57.7[\%]$$

답 ①

50 보호계전장치의 구성 요소 중 검출부에 해당되지 않는 것은?

① 릴레이 　　② 영상변류기
③ 계기용 변류기 　　④ 계기용 변압기

해설 ① 영상변류기(zero−phase−sequence current−transformer)
비교적 낮은 송전전류의 접지보호를 위하여 사용하는 **변류기**로 각 조에 대하여 공통의 자로를 자기적으로 평형하고 있어 중성점접지 등에서 접지계전기의 오동작을 막는다.
② 계기용변류기(current transformer)
교류 전류계의 측정 범위를 확대하기 위해 사용되는 측정용 또는 제어용 변압기.
보통 CT라는 약어로 부르며, 고전압의 전류를 저전압의 전류로 변성하는 경우에도 사용된다. 배율은 권수비의 역수와 같다.
③ 계기용변압기(voltage transformer)
전력용 변압기 및 배전용 변압기, 계기용 변성기 용어. 계기용 변성기이고, 그 1차 권선은 전력 회로에 병렬로 접속하고, 2차 출력전압을 측정용 또는 제어용으로 사용한다.
답 ①

51 애자의 구비조건으로 틀린 것은?

① 누설전류가 적을 것
② 기계적 강도는 클 것
③ 충분한 절연내력을 가질 것
④ 온도의 급변에 잘 견디고 습기를 잘 흡수할 것

해설 애자의 구비조건
1. 절연 내력이 클 것
2. 기계적 강도가 클 것
3. 절연 저항이 클 것(누설 전류가 적을 것)
4. 정전용량이 작을 것
5. 경제적일 것
답 ④

52 계약상의 큰 변경이나 불가항력 등에 의한 공정지연이 발생하지 않는 한 사업종료 때까지 수정되지 않는 공정표는?

① 관리기준 공정표
② 사업기본 공정표
③ 건설종합 공정표
④ 분야별종합 공정표

해설 · 사업기본 공정표란
계약상의 큰 변경이나 불가항력 등에 의한 공정지연이 발생하지 않는 한 사업종료 때까지 수정되지 않는 공정표
답 ②

53 태양광발전시스템을 계통에 연계하는 경우 자동적으로 태양광발전시스템을 전력계통으로부터 분리하기 위한 장치를 시설하지 않아도 되는 경우는?

① 태양광발전시스템의 단독운전 상태
② 연계한 전력계통의 이상 또는 고장
③ 태양광발전시스템의 이상 또는 고장
④ 태양광발전용 모니터링설비의 단독운전

해설 계통연계용 보호장치의 시설
1) 태양광발전전원을 계통에 연계하는 경우 아래에 해당하는 이상 또는 고장 발생 시 자동적으로 태양광발전전원을 전력계통으로 분리하기 위한 장치를 시설하여야 한다.
① 태양광발전시스템의 단독운전 상태
② 연계한 전력계통의 이상 또는 고장
③ 태양광발전시스템의 이상 또는 고장 **답** ④

54 토사기초 터파기에 대한 설명으로 틀린 것은?

① 토사기초 터파기 부위의 지지력 및 침하량은 설계도서에 명시된 허용지지력 및 허용 침하량 기준을 만족하여야 한다.
② 토사기초 지반에서는 터파기 후 지하수와 주변 유입수를 차단하거나 타 부위로 유도 배수하여 지반의 이완, 변형 및 연약화가 진행되지 않도록 조치하여야 한다.
③ 기초 터파기 바닥면의 동결할 경우에는 설계감리원과 협의하여 동결토는 제거하고 양질의 재료로 치환하는 등 자연지반과 동등 이상의 지내력을 갖도록 조치한다.
④ 토사기초 지반의 토질이 설계도서와 상이하거나 연약한 지반이 분포할 가능성이 있는 지역에서는 시추조사 등의 방법으로 지층분포상태와 허용지지력 및 기초형식의 적합성을 확인하여 공사감독자의 승인을 받아야 한다.

해설 토사기초 터파기
1) 토사기초 터파기 부위의 지지력 및 침하량은 설계도서에 명시된 허용지지력 및 허용 침하량 기준을 만족하여야 한다. 기초지반의 허용지지력은 KS F 2444의 시험방법에 의하여 확인하여야 한다.

2) 토사기초 지반의 토질이 설계도서와 상이하거나 연약한 지반이 분포할 가능성이 있는 지역에서는 시추조사 등의 방법으로 지층분포상태와 허용지지력 및 기초형식의 적합성을 확인하여 공사감독자의 승인을 받아야 한다.
3) 토사기초 지반에서는 터파기 후 지하수와 주변 유입수를 차단하거나 타 부위로 유도 배수하여 지반의 이완, 변형 및 연약화가 진행되지 않도록 조치하여야 한다.
4) 기초 터파기 바닥면은 동결되지 않도록 한다. 동결할 경우에는 공사감독자와 협의하여 동결토는 제거하고, 양질의 재료로 치환하는 등 자연지반과 동등 이상의 지내력을 갖도록 조치한다. **답** ③

55 전력용 케이블의 지중매설 시공 방법(KS C 3140 : 2014)에 따라 관로 인입식 전선로 시공 시 사용되는 강관의 접속방법으로 틀린 것은?

① 나사박기
② 볼 조인트
③ 접착 적합
④ 패킹 개재 꽂음(고무링 접합)

해설 관 종류에 따른 접속 방법

구분	접속 방법의 예
강관	나사 박기 패킹 개재 꽂음(고무링 접함) 볼 조인트
콘크리트	패킹 개재 꽂음(고부링 섭함)
합성수지관	슬리브 접속 후 실링재(밀봉)와 테이프 감기 2등분 커플링 볼트 조임 패킹 개재 꽂음(고무링 접함) 접착 접합
도관	패킹 개재 꽂음(고무링 접함)

답 ③

56 저압전기설비-제5-52부 : 전기기기의 선정 및 설치-배선설비(KS C IEC 60364-5-52 : 2012)에 따라 도체 및 케이블과 관련한 설치방법에 대한 설명으로 틀린 것은?

① 나도체의 애자사용 시공
② 절연전선의 케이블트레이 시공
③ 절연전선의 케이블덕팅 시스템 시공
④ 외장케이블(외장 및 무기질 절연물을 포함)의 직접고정 시공

도체 및 케이블과 관련한 설치방법

도체와 케이블		설치방법							
		비고정	직접 고정	전선관	케이블트렁 킹(몰드형, 바닥매입형 을 포함)	케이블 덕팅 시스템	케이블 래 더, 트레이, 케이블 브 래킷	애자 사용	지지선
나도체		–	–	–	–	–	–	+	–
절연전선[b]		–	–	+	+[a]	+	–	+	–
외장케이블(외 장 및 무기질 절 연물을 포함)	다심	+	+	+	+	+	+	0	+
	단심	0	+	+	+	+	+	0	+

+ : 사용할 수 있다.
– : 사용할 수 없다.
0 : 적용할 수 없거나 실용상 일반적으로 사용할 수 없다.
[a] 케이블 트렁킹이 적어도 IP4X 또는 IPXXD급의 보호를 제공하고 도구를 사용하거나 의도적인 행동을 했을 때만 덮개를 제거할 수 있는 경우 절연전선을 사용할 수 있다.
[b] 보호 도체 또는 보호 본딩도체로 사용되는 절연전선은 절연을 위해 적절한 어떤 방법 이든 사용할 수 있고 전선관, 트렁킹 또는 덕트에 배치할 필요는 없다.

답 ②

57 전력계통 검토 시 단락전류의 계산목적으로 틀린 것은?

① 보호계전기 셋팅
② 변압기 용량 결정
③ 통신유도장애 검토
④ 차단기 차단용량 결정

단락전류 계산 목적
① 차단기의 차단용량 결정
② 보호계전기의 정정
③ 기기에 가해지는 전자력의 크기

답 ②

58 변압기에서 1차 전압이 120[V], 2차 전압이 12[V]일 때 1차 권선수가 400회라면 2차 권선수는 몇 회인가?

① 10
② 40
③ 400
④ 4000

변압기 권선비
$$\frac{N_1}{N_2} = \frac{V_1}{V_2} = \frac{I_2}{I_1}, \ \frac{400}{N_2} = \frac{120}{12}$$
$$N_2 = 40$$

답 ②

59 금속제 케이블트레이의 종류 중 길이 방향의 양 옆면 레일을 각각의 가로 방향 부재로 연결한 조립 금속구조인 것은?

① 사다리형
② 통풍 채널형
③ 바닥 밀폐형
④ 바닥 통풍형

금속제 케이블트레이의 종류
① 통풍 채널형 케이블트레이 : 바닥 통풍형, 밀폐형 또는 구가지 복합채널형 구간으로 구성된 조립 금속 구조로 폭이 150[mm] 이하인 케이블 트레이를 말한다.
② 사다리형 케이블 트레이 : 길이 방향의 양 옆면 레일을 각각의 가로방향 부재로 연결한 조립 금속구조
③ 바닥 밀폐평 케이블 트레이 : 일체식 또는 분리식 직선방향 옆면 레일에서 바닥에 통풍구가 없는 조립 금속구조
④ 바닥 통풍형(통풍 트러프형) 케이블 트레이 : 일체식 또는 분리식 직선방향 옆면 레일에서 바닥에 통풍구가 있는 것으로 폭이 100[mm]를 초과하는 조립금속구조

답 ①

60 밴드캡 에너지는 반도체의 특성을 구분하는 매우 중요한 요소이다. Si, GaAs, Ge를 밴드캡 에너지의 크기순으로 옳게 나열한 것은?

① Si > GaAs > Ge
② GaAs > Ge > Si
③ GaAs > Si > Ge
④ Ge > GaAs > Si

밴드캡 에너지의 크기순으로 바르게 나열한 것은 GaAs > Si > Ge 순이다.

답 ③

4과목 - 태양광발전시스템 운영

61 결정질 실리콘 태양광발전 모듈(성능)(KS C 8561 : 2020)에 따른 시험 장치에 해당하지 않는 것은?

① 항온항습 장치
② 단자강도 시험 장치
③ 용량보존 시험장치
④ 기계적 하중 시험장치

해설 시험 장치

	시험 장치	시험내용
1	쏠라 시뮬레이터	태양전지모듈의 발전성능을 옥내에서 시험하는 인공광원 방사조도 ±2[%] 이내, 광원 균일도 ±2[%] 이내의 A등급 이상
2	항온항습 장치	태양전지모듈의 온도사이클시험, 습도-동결시험, 고온고습시험에 필요한 환경 챔버(chamber) 온도 ±2[℃] 이내, 습도 ±5[%] 이내
3	염수분무 장치	태양전지모듈의 구성재료 및 패키지의 염분에 대한 내구성을 시험하기 위한 챔버
4	UV 시험 장치	태양전지모듈이 태양광에 노출되는 경우에 따라서 유기되는 열화정도를 시험하기 위한 장치
5	기계적 하중 시험 장치	태양전지모듈에 대하여 바람, 눈 및 얼음에 의한 하중에 대한 기계적 내구성을 조사하기 위한 장치
6	우박 시험 장치	우박의 충격에 대한 태양전지모듈의 기계적 강도를 조사하기 위한 시험장치
7	단자강도 시험 장치	태양전지모듈의 단자부분이 모듈의 부착, 배선 또는 사용 중에 가해지는 외력에 대하여 충분한 강도가 있는지를 조사하기 위한 장치

답 ③

62 태양광발전시스템 운영에 있어서 월별 운영계획이 아닌 것은?

① 인버터 및 주요 동력기기의 상태 점검
② 일별 운영계획의 분석 및 중요사항 점검
③ 월간 발전량 분석을 통한 효율성 감소방안 강구
④ 모듈, 인버터, 지지대 등의 정기점검 실시 및 계획수립

해설 태양광발전시스템 운영에 있어서 월별 운영계획
① 인버터 및 주요 동력기기의 상태 점검
② 일별 운영계획의 분석 및 중요사항 점검
③ 모듈, 인버터, 지지대 등의 정기점검 실시 및 계획수립 등 **답** ③

63 자가용전기설비 중 태양광발전시스템의 정기검사 시 태양광전지의 검사세부 종목이 아닌 것은?

① 절연저항   ② 외관검사
③ 규격확인   ④ 절연내력

해설 자가용 태양광 발전설비 정기검사 항목 및 세부검사 내용

검사항목	세부검사 내용	수검자 준비자료
태양전지 일반규격	규격확인	전 회 검사 성적서
		단선결선도
태양전지 검사	외관검사	태양전지 트립 인터록 도면
	전지 전기적 특성 시험	시퀀스 도면
		보호장치 및 계전기 시험 성적서
	어레이	절연저항시험 성적서

답 ④

64 전원의 재투입 시 안전조치로 틀린 것은?

① 유자격자가 시험 및 육안 검사를 실시한다.
② 차단장치나 단로기 등에 잠금장치 및 꼬리표를 부착한다.
③ 전기기기 등에서 모든 작업자가 완전히 철수했는지를 직접 확인한다.
④ 유자격자는 필요한 경우, 회로 및 설비를 안전하게 가압할 수 있도록 기타 모든 기구, 점퍼선, 단락선, 접지선 및 기타 철거하여야 할 모든 장치들이 제대로 철거되었는지를 확인하여야 한다.

해설 잠금장치 및 꼬리표는 설치한 작업자 또는 그의 직접적인 감독하에 철거한다. **답** ②

65 태양광발전 접속함(KS C 8567 : 2019)에 따라 소형(3회로 이하) 접속함의 경우 실외에 설치 시 보호등급(IP)으로 옳은 것은?

① IP35 이상   ② IP50 이상
③ IP54 이상   ④ IP55 이상

해설 태양광발전용 접속함의 구분

병렬스트링 수에 의한분류	설치장소에 의한 분류
소형(3회로 이하)	실내형 : IP 54 이상
	실외형 : IP 54 이상
중대형(4회로 이상)	실내형 : IP 20 이상
	실외형 : IP 54 이상

답 ③

66 태양광발전시스템 운전 특성의 측정 방법(KS C 8535 : 2005)에서 축전지의 측정항목으로 틀린 것은?

① 단자전압　　　② 충전전류
③ 충전전력량　　④ 역조류전류

해설 (1) 축전지 측정 항목
　　① 단자 전압, 충전전류, 충전전력량, 방전전류, 방전전력량
　　(2) 태양광발전 시스템 운전 특성 중 장비별 측정 항목
　　① 기상인자 : 경사면 일사 강도, 경사면 일사량
　　② 태양전지 어레이 : 출력전압, 출력전류, 출력전력량
　　③ 축전지 : 단자전압, 충전전류, 충전전력량, 방전전류, 방전전력량
　　④ 부하 : 입력전압, 입력전류, 입력전력량
　　⑤ 백업 전원 : 출력전압, 출력전류, 백업전력량
　　⑥ 사용전력계통 : 전압, 수전전류, 수전전력량, 역조류전류, 역조류전력량　　**답** ④

67 전기안전관리자의 직무 고시에 따라 태양광발전소 안전관리자가 갖추어야 할 안전장비와 그 장비의 권장 교정 및 시험주기로 옳은 것은?

① 절연장화 1년
② 고압검전기 2년
③ 절연안전모 2년
④ 고압절연장갑 3년

해설 제9조(계측장비 교정등)
　　① 절연장화 1년
　　② 고압검전기 년
　　③ 절연안전모 1년
　　④ 고압절연장갑 1년　　**답** ①

68 전기설비에 있어서 감전예방의 종류 중 직접접촉에 대한 감전예방 사항이 아닌 것은?

① 장애물에 의한 보호
② 단독시행에 의한 보호
③ 충전부 절연에 의한 보호
④ 격벽 또는 외함에 의한 보호

해설 전기설비에 있어서 감전예방의 종류 중 직접접촉에 대한 감전 예방의 확인사항 5가지
　　① 충전부의 절연에 의한 보호

② 격벽 또는 외함에 의한 보호
③ 장애물에 의한 보호
④ 손의 접근 한계 외측 시설에 의한 보호
⑤ 누전차단기에 의한 추가 보호　　**답** ②

69 인버터에 'Solar Cell UV Fault'로 표시되었을 경우의 현상 설명으로 옳은 것은?

① 태양전지 전압이 규정치 이하일 때
② 태양전지 전력이 규정치 이하일 때
③ 태양전지 전류가 규정치 이하일 때
④ 태양전지 주파수가 규정치 이하일 때

해설 인버터 이상신호

모니터링	인버터 표시	현상 설명	조치사항
태양전지 과전압	Solar Cell OV fault	태양전지 전압이 규정 이상일 때, H/W	태양전지 전압 점검 후 정상시 5분 후 재가동
태양전지 저전압	Solar Cell UV fault	태양전지 전압이 규정 이하일 때, H/W	태양전지 전압 점검 후 정상시 5분 후 재가동
태양전지의 전압 제한초과	Solar Cell OV limit fault	태양전지 전압이 규정 이상일 때, S/W	태양전지 전압 점검 후 정상시 5분 후 재가동
태양전지 저전압 제한초과	Solar Cell UV limit fault	태양전지 전압이 규정 이하일 때, S/W	태양전지 전압 점검 후 정상시 5분 후 재가동

답 ①

70 전력시설물 공사감리업무 수행지침에 따른 태양광 발전시스템 시공 후 감리원의 준공도면 등의 검토·확인 사항이 아닌 것은?

① 공사업자로부터 가능한 한 준공예정일 2개월 전까지 준공 설계도서를 제출받아 검토·확인하여야 한다.
② 준공 설계도서 등을 검토·확인하고 완공된 목적물이 발주자에게 차질없이 인계될 수 있도록 지도·감독하여야 한다.
③ 준공도면은 공사시방서에 정한 방법으로 작성되어야 하며, 모든 준공도면에는 발주자의 확인·서명이 있어야 한다.
④ 공사업자가 작성·제출한 준공도면이 실제 시공된 대로 작성되었는지 여부를 검토·확인하여 발주자에게 제출하여야 한다.

해설 준공도면 등의 검토·확인
1) 감리원은 준공 설계도서 등을 검토·확인하고 완공된 목적물이 발주자에게 차질없이 인계될 수 있도록 지도·감독하여야 한다. 감리원은 공사업자로부터 가능한 한 준공예정일 2개월 전까지 준공 설계도서를 제출받아 검토·확인하여야 한다.
2) 감리원은 공사업자가 작성·제출한 준공도면이 실제 시공된 대로 작성되었는지 여부를 검토·확인하여 발주자에게 제출하여야 한다. 준공도면은 계약서에 정한 방법으로 작성되어야 하며, 모든 준공도면에는 감리원의 확인·서명이 있어야 한다. 답 ③

71 태양광발전용 변압기의 정기점검 시 점검대상에 해당하지 않는 것은?

① 온도계 ② 냉각팬
③ 유면계 ④ 조작장치

해설

점검개소	목적	점검내용	비고
외부 일반	볼트의 조임 이완	단자부의 볼트류의 조임 이완은 없는가?	
	손상	부싱 등의 균열, 파손, 변형은 없는가?	
		유연계, 온도계의 파손은 없는가?	
		건식의 경우 코일, 절연물의 손상은 없는가?	
	변색	건식의 경우 코일, 절연물의 과열에 의한 변색은 없는가?	
	누출	유입형의 경우 기름은 누출되지 않았나?	
	오손	부싱 등에 이물질, 먼지 등이 부착되어 있지 않은가?	
유면계 가스 압력계	지시 표시	유면은 적절한 위치에 있는가? (유입형의 경우)	
		질소봉입의 경우 가스압력이 떨어지지 않는가?	
온도계	지시 표시	지시표시는 정상인가?	
	동작	경보회로는 정상인가?	
냉각팬 (FAN)	오손	필터(Filter)는 막히지 않았는가?	
	동작	동작은 정상인가?	
	주유	주유는 정상인가?	
	동작	자동운전의 경우는 운전상태 확인	

답 ④

72 태양광발전용 모니터링 프로그램의 기능이 아닌 것은?

① 데이터 수집 기능
② 데이터 분석 기능
③ 데이터 예측 기능
④ 데이터 통계 기능

해설 태양광발전용 모니터링 프로그램의 기능은 데이터 수집 기능, 데이터 분석 기능, 데이터 통계 기능, 데이터 저장기능이 있다. 답 ③

73 배전반 외부에서 이상한 소리, 냄새, 손상 등을 점검항목에 따라 점검하며, 이상 상태 발견 시 배전반 문을 열고 이상 정도를 확인하는 점검은?

① 일상점검 ② 특별점검
③ 정기점검 ④ 사용전점검

해설 배전반
1) 외함

점검개소	목적	점검내용	비고
외부 일부 (문, 외함)	볼트 조임 이완	뒷커버 등의 볼트의 조임이 이완되었거나 바닥에 떨어진 것은 없는가?	
	손상	문의 개폐상태는 이상이 없는가?	
		점검창 등의 패킹 등이 열화되어 손상은 없는가?	
	이상한 소리	볼트류 등의 조임이 이완되어 진동하는 소리는 없는가?	
	오손	점검창 등이 오손되어 내부가 잘 보이지 않는가?	

답 ①

74 도체의 저항, 두 점 사이의 전압 및 전류의 세기를 측정하는 검사장비는?

① 검전기 ② 멀티미터
③ 접지저항계 ④ 오실로스코프

해설 도체의 저항, 두 점 사이의 전압 및 전류세기를 측정하는 검사 장비는
• 전압 : 직류전압계(병렬) Tester 또는 멀티미터
• 전류 : 직류전류계(직렬) Tester 또는 멀티미터
답 ②

75 태양광 발전소에 선임된 전기안전관리자의 직무범위로 틀린 것은?

① 전기설비의 운전·조작 또는 이에 대한 업무의 감독
② 전기재해의 발생을 예방하거나 그 피해를 줄이기 위하여 필요한 응급조치
③ 전기설비의 공사·유지 및 운용에 관한 업무 및 이에 종사하는 사람에 대한 안전교육
④ 전기수용설비의 증설 또는 변경공사로서 총공사비가 1억 이상인 공사의 감리 업무

해설 제44조(전기안전관리자의 자격 및 직무)
1. 전기설비의 공사·유지 및 운용에 관한 업무 및 이에 종사하는 사람에 대한 안전교육
2. 전기설비의 안전관리를 위한 확인·점검 및 이에 대한 업무의 감독
3. 전기설비의 운전·조작 또는 이에 대한 업무의 감독
4. 전기설비의 안전관리에 관한 기록의 작성·보존 및 비치
5. 공사계획의 인가신청 또는 신고에 필요한 서류의 검토
6. 다음 각 목의 어느 하나에 해당하는 공사의 감리업무
   가. 비상용 예비발전설비의 설치·변경공사로서 총공사비가 1억원 미만인 공사
   나. 전기수용설비의 증설 또는 변경공사로서 총공사비가 5천만원 미만인 공사
7. 전기설비의 일상점검·정기점검·정밀점검의 절차, 방법 및 기준에 대한 안전관리규정의 작성
8. 전기재해의 발생을 예방하거나 그 피해를 줄이기 위하여 필요한 응급조치   답 ④

76 중대형 태양광발전용 인버터(계통연계형 독립형)(KS C 8566 : 2016)에 따라 누설전류 시험 시 누설전류는 몇 [mA] 이하이어야 하는가?

① 5
② 10
③ 15
④ 20

해설 ▶누설 전류시험
교류 전원을 정격 전압 및 정격 주파수로 운영한다. 직류 전원은 인버터 출력이 정격 출력이 되도록 설정한다.
인버터의 기체와 대지와의 사이에 1[kΩ]의 저항을 접속해서 저항에 흐르는 누설전류를 측정한다.
[판정기준]
▶누설전류가 5[mA] 이하일 것   답 ①

77 신재생에너지 공급인증서를 뜻하는 용어는?

① SMP
② REC
③ RPS
④ REP

해설 신재생에너지 공급인증서(REC, Renewable Energy Certificate)란 발전사업자가 신·재생에너지 설비를 이용하여 전기를 생산·공급하였음을 증명하는 인증서 공급의무자는 의무공급량을 신·재생에너지 공급인증서를 구매하여 충당할 수 있음
공급인증서 발급대장 설비에서 공급된 MWh 기준의 신·재생에너지 전력량에 대해 가중치를 곱하여 부여   답 ②

78 태양광발전시스템의 일상점검 시 태양광발전 어레이의 육안점검 항목이 아닌 것은?

① 접지저항
② 지지대의 부식 및 녹
③ 표면의 오염 및 파손
④ 외부배선(접속케이블)의 손상

해설 태양전지 어레이

	점검항목	점검요령
육안점검	유리 등 표면의 오염 및 파손	심한 오염 및 파손이 없을 것
	가대의 부식 및 녹	부식 및 녹이 없을 것
	외부배선(접속케이블)의 손상	접속케이블에 손상이 없을 것

답 ①

79 산업안전보건기준에 관한 규칙에 따라 근로자가 충전전로를 취급하거나 그 인근에서 작업하는 경우 그 충전전로의 선간전압이 22.9 [kV]라면 충전전로에 대한 접근 한계거리는 몇 [cm]인가?

① 60
② 90
③ 110
④ 130

해설 산업안전기준에 관한 규칙 321조 (충전전로에서의 전기작업)
15초과 ~ 37이하 에서는 90[cm]   답 ②

80 고장원인을 예방하기 위해 사전에 점검계획 수립 시 고려사항을 모두 고른 것은?

가. 설비의 사용기간 나. 설비의 중요도 다. 환경조건 라. 고장이력 마. 부하상태

① 가, 라, 마
② 가, 나, 라, 마
③ 가, 다, 라, 마
④ 가, 나, 다, 라. 마

해설 고장원인을 예방하기 위해 사전에 점검계획 수립 시 고려사항
① 설비의 사용기간
② 설비의 중요도
③ 환경조건
④ 고장이력
⑤ 부하상태 **답** ④

1과목 - 태양광발전시스템 이론

01 태양광발전 모듈에서 생산된 전력 3[kW]가 인버터에 입력되어 출력이 2.7[kW]가 되면 인버터의 변환효율은 몇 [%]인가?

① 60 　　　　② 70
③ 90 　　　　④ 111

해설　$\dfrac{인버터출력}{전지생산된\ 전력} \times 100[\%] = \dfrac{2.7}{3} \times 100[\%] = 90[\%]$

답 ③

02 신에너지 및 재생에너지 개발 · 이용 · 보급촉진법령에 따라 대통령령으로 정하는 신 · 재생에너지 품질검사기관이 아닌 것은?

① 한국석유관리원
② 한국임업진흥원
③ 한국에너지공단
④ 한국가스안전공가

해설　영제18조의13
신 · 재생에너지 품질검사기관은 한국석유관리원, 한국 임업진흥원, 한국가스안전공사 이다. 답 ③

03 태양광발전의 장점으로 옳은 것은?

① 에너지 밀도가 높아 대전력을 얻기가 용이하다
② 풍부한 실리콘 재료로 인해 시스템 설치비용이 적게 든다.
③ 전력생산량에 대한 일사량 의존도가 낮아 설비 이용률이 높다.
④ 실 수용지에 직접 설치가 가능하고, 무인자동화 운전이 가능하다.

해설　1. 태양광 발전의 장점
• 어네지원이 청정하고 제한이 없음
• 필요한 장소에서 필요한 양만 발전이 가능함
• 태양광 발전은 20년 이상의 긴 수명을 가지고 있음
• 설치 기간이 짧아 수요 증가에 신속하게 대응이 가능

답 ④

04 태양광발전시스템에서 바이패스 다이오드의 설치위치는?

① 분전반
② 인버터 내부
③ 적산전력계내부
④ 태양광발전 모듈용 접속함

해설　고저항이 된 태양전지 셀 또는 모듈에 흐르는 전류에 대한 바이패스 소자를 설치 답 ④

05 신에너지 및 재생에너지 개발 · 이용 · 보급촉진법령에 따라 산업통상자원부장관이 신 · 재생에너지 관련 통계의 조사 · 작성 · 분석 및 관리에 관한 업무의 전부 또는 일부를 하게 할 수 있도록 산업통상자원부령으로 정하는 바에 따라 지정하는 전문성이 있는 기관은?

① 통계청
② 한국전기안전공사
③ 신 · 재생에너지 센타
④ 한국에너지기술연구원

해설　신에너지 및 재생에너지 개발 · 이용 · 보급촉진법령에 따라 산업통상자원부장관이 신 · 재생에너지 관련 통계의 조사 · 작성 · 분석 및 관리에 관한 업무의 전부 또는 일부를 하게 할 수 있도록 산업통상자원부령으로 정하는 바에 따라 지정하는 전문성이 있는 기관은 신 · 재생에너지 센타이다. 답 ③

06 전기공사업법령에 따라 전기공사를 공사업자에게 도급을 주는 자를 의미하는 용어의 정의로 옳은 것은? (단, 하도급을 주는 자는 제외한다.)

① 발주자 　　　　② 감리자
③ 수급자 　　　　④ 도급자

해설 "발주자(發注者)"란 전기공사를 공사업자에게 도급을 주는 자를 말한다. 다만, 수급인으로서 도급받은 전기공사를 하도급 주는 자는 제외한다. **탑** ①

07 국토의 계획 및 이용에 관한 법령에 따라 개발 행위허가를 받아야 하는 행위로 틀린 것은?

① 흙·모래·자갈·바위 등의 토석을 재취하는 행위(토지의 형질변경을 목적으로 하는 것을 제외한다.)
② 절토(땅깍기)·성토(흙쌓기)·정지·포장 등의 방법으로 토지의 형상을 변경하는 행위와 공유수면의 매립(경작을 위한 토지의 형질변경을 제외한다.)
③ 녹지지역·관리지역·농림지역 및 자연환경보전지역 안에서 관계법령에 따른 허가·인가 등을 받지 아니하고 행하는 토지의 분할(건축법 제57조에 따른 건축물이 있는 대지는 제외한다.
④ 녹지지역·관리지역 또는 자연환경보전지역 안에서 건축물의 울타리안(적법한 절차에 의하여 조성된 대지에 한한다.)에 위치한 토지에 물건을 1월 이상 쌓아놓는 행위

해설 국토의계획 및 이용에 관한법률시행령 제51조 제1항
■ 녹지지역·관리지역 또는 지연환경보전지역안에서 건축물의 울타리안(적법한 절차에 따라 조성된 대지만 해당)에 위치하지 않은 토지에 물건을 1개월 이상 쌓아놓는 행위는 물건을 쌓아놓는 행위 이다. **탑** ④

08 전기사업법령에 따른 전기사업의 허가기준으로 틀린 것은?

① 전기사업이 계획대로 수행될 수 있을 것
② 발전소가 특정지역에 집중되어 전력계통의 운영에 용이할 것
③ 전기사업을 적정하게 수행하는 데 필요한 재무능력 및 기술능력이 있을 것
④ 배전사업의 경우 둘 이상의 배전사업자의 사업구역 중 그 전부 또는 일부가 중복되지 아니할 것

해설 발전소나 발전연로가 특정지역에 편중되어 전력계통의 운영에 지장을 주지 아니할 것 **탑** ②

09 국내 태양광 발전부지 선정 시 일반적인 고려사항으로 틀린 것은?

① 일사량이 좋고 남향이어야 한다.
② 바람이 잘 들 수 있는 부지가 좋다.
③ 용량에 맞는 부지를 선정해야 한다.
④ 같은 지역이라도 저지대 부지가 좋다.

해설 동일지역이라도 고지대 위치한 일사량이 좋은 장소 **탑** ④

10 태양광발전용 인버터의 단독운전 방지 기능에서 능동적인 검출방식이 아닌 것은?

① 부하변동방식
② 주파수시프트방식
③ 무효전력변동방식
④ 전압위상도약방식

해설 1) 수동적 방식

종 별	개 요
1. 전압위상도약 검출방식	• 단독운전 이행 시 인버터 출력이 역률 1 운전에서 부하의 역률로 변화하는 순간의 전압위상의 도약을 검출한다. • 단독운전 이행 시 위상변화가 발생하지 않을 때에는 검출되지 않는다. • 오작동이 적고 실용적이다.
2. 제3차 고조파 전압급증 검출방식	• 단독운전 이행 시 변압기의 여자전류 공급에 따른 전압 변형외 급변을 검출한다. • 부하가 되는 변압기와의 조합 때문에 오작동 확률이 비교적 높다.
3. 주파수 변화율 검출방식	• 주로 단독운전 이행 시 발전전력과 부하의 불평형에 의한 주파수의 급변을 검출한다.

탑 ④

11 위도가 35°인 지역의 하지 시 태양의 남중 고도는 몇 도(°) 인가?

① 68.5° ② 78.5°
③ 88.5° ④ 58.5°

해설 남중고도 $90° - \phi + 23.5 = 90° - 35° + 23.5 = 78.5°$
· 동지 시 남중고도 : $90° - \phi - 23.5$
· 하지 시 남중고도 : $90° - \phi + 23.5$
· 춘·추분 남중고도 : $90° - \phi$ **탑** ②

12 전기사업법령에 따라 300[kW]를 초과하는 태양광발전사업 허가절차를 나타낸 것으로 옳은 것은?

> ㉠ 발전사업 신청서 접수
> ㉡ 전기사업 허가증 발급
> ㉢ 발전사업 신청서 작성 및 제출
> ㉣ 신청인에 통지
> ㉤ 전기위원회 심의
> ㉥ 전기안전공사 심의
> ㉦ 태양광발전산업협회 심의

① ㉢ → ㉠ → ㉤ → ㉡ → ㉣
② ㉠ → ㉢ → ㉥ → ㉡ → ㉣
③ ㉢ → ㉠ → ㉡ → ㉦ → ㉣
④ ㉢ → ㉠ → ㉦ → ㉡ → ㉣

해설

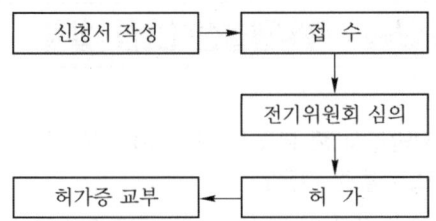

발전사업 신청서 작성 및 제출 → 발전사업 신청서 접수 → 전기위원회 심의 → 전기사업 허가증 발급→신청인에 통지
답 ①

13 전기공사업법령에 따라 변전기기 설치 등과 같은 변전설비공사의 하자 담보책임기간은?

① 1년
② 2년
③ 3년
④ 4년

해설 공사의 공종별 하자담보책임기간(제70조)
1. 지중 송배전설비공사
 (1) 송전설비공사(케이블공사 및 물밑송전설비공사를 포함한다) : 5년
 (2) 배전설비공사 : 3년
2. 송전설비공사 : 3 년
3. 변전설비공사(전기설비 및 기기설치공사를 포함한다) : 3년
답 ③

14 전기사업법령에 따라 기금을 사용할 경우 대통령령으로 정하는 전력산업과 관련한 중요 사업에 해당하지 않는 것은?

① 전기의 특수적 공급을 위한 사업
② 전력산업 분야 전문인력의 양성 및 관리
③ 전력산업 분야 개발기술의 사업화 지원사업
④ 전력산업 분야의 시험·평가 및 검사시설의 구축

해설 영 제34조(기금의 사용) "대통령령으로 정하는 전력산업과 관련한 중요 사업"이란 다음 각 호의 사업을 말한다.
1. 안전관리를 위한 사업
2. 법 제6조에 따른 전기의 보편적 공급을 위한 사업
3. 전력산업기반조성사업 및 전력산업기반조성사업에 대한 기획·관리 및 평가
4. 전력산업 분야 전문인력의 양성 및 관리
5. 전력산업 분야의 시험·평가 및 검사시설의 구축
6. 전력산업의 해외진출 지원사업
7. 전력산업 분야 개발기술의 사업화 지원사업
답 ①

15 신·재생에너지 공급의무화제도 및 연료혼합의무화제도 관리·운영지침에 따라 신·재생에너지 발전설비용량이 몇 [kW] 미만인 발전소는 공급인증서 발급수수료 및 거래수수료를 면제하는가?

① 100
② 200
③ 500
④ 1000

해설 신재생에너지 발전설비용량이 100[kW] 미만인 발전소는 공급인증서 발급수수료 및 거래수수료를 면제한다.
답 ①

16 다음설명에 대한 것으로 옳은 것은?

> 투자에 드는 지출액의 현재 가치가 미래에 그 투자에서 기대되는 현금 수입액의 현재 가치와 같아지는 할인율

① 비용편익률
② 투자회수률
③ 내부수익률
④ 순현재가치율

해설 **내부수익률(IRR)**
- 내부수익률은 편익과 비용의 현재가치를 동일하게 할 경우의 비용에 대한 이자율을 산정하는 기법을 말함
- NPV와 IRR은 서로 다른 경제성의 결론에 도달

$$\frac{B_1 - C_1}{(1+r)^1} + \frac{B_2 - C_2}{(1+r)^2} + \cdots + \frac{B_n - C_n}{(1+r)^n} = 0$$

$$= \sum_{t=1}^{n} \frac{NB_t}{(1+r)^t} = 0 \text{이 되는 이자율}$$

답 ③

17 신에너지 및 재생에너지 개발·이용·보급촉진법의 제정 목적으로 틀린 것은?

① 에너지원의 단일화
② 온실가스 배출의 감소
③ 에너지의 안정적인 공급
④ 에너지 구조의 환경 친화적 전환

해설 신에너지 및 재생에너지 개발·이용·보급촉진법의 제정 목적은 에너지의 안정적인 공급, 에너지 구조의 환경친화적 전환 및 온실가스 배출의 감소를 추진함으로써 환경의 보전, 국가경제의 건전하고 지속적인 발전 및 국민복지의 증진에 이바지함을 목적으로 한다.

답 ①

18 독립형 태양광발전설비의 전원시스템용 축전지 용량선정 시 고려사항에 해당하지 않는 것은?

① 보수율
② 설계습도
③ 부조일수
④ 방전심도(DOD)

해설 전원시스템용 축전지 용량선정 시 고려 사항은 보수율, 부조일수, 방전심도(DOD), 축전지 개수, 공칭축전지 전압 등

답 ②

19 전기사업법령에 따라 전기사업자가 사업에 필요한 전기설비를 설치하고 사업을 시작하기 위하여 정당한 사유가 없다면 산업통상자원부장관이 지정한 준비기간은 몇 년을 넘을 수가 없는가?

① 3년
② 5년
③ 7년
④ 10년

해설 규정에 의한 준비기간은 10년을 넘을 수 없다. 다만, 지식경제부장관이 정당한 사유가 있다고 인정하는 경우에는 준비기간을 연장할 수 있다.

답 ④

20 면적이 200[cm²] 이고 변환효율이 20[%]인 태양광발전 모듈에 AM1.5의 빛을 입시시킬 경우에 생산되는 전력(W)은? (단, 수직복사 E는 1000[W/m²] 이고 온도는 25[℃] 이다)

① 3
② 4
③ 5
④ 6

해설 변환효율 $= \dfrac{P_{mpp}}{A(\text{태양전지면적}) \times 1[\text{kW/m}^2]} \times 100[\%]$

$= \dfrac{P_{mpp}[\text{W}]}{0.02[\text{m}^2] \times 1,000[\text{W/m}^2]} \times 100[\%]$

$= 20[\%]$

$P_{mpp} = \dfrac{0.02[\text{m}^2] \times 20[\%] \times 1,000[\text{W/m}^2]}{100[\%]} = 4[\text{W}]$

답 ②

2과목 - 태양광발전시스템 설계

21 지반조사 중 본조사 시 검토하여야 하는 사항으로 틀린 것은?

① 지진이력
② 투수조건
③ 동결가능성
④ 지반 성층 상태

해석 (1) 대상 지반이 본 조사를 위해서는 다음이 항목을 고려하여야한다.
① 지반 성층 상태
② 지반의 강도 특성
③ 지반의 변형 특성
④ 지하수위 및 각 지층의 간극수압 분포
⑤ 투수 조건
⑥ 지반의 잠재적 불안정성
⑦ 지반의 다짐 특성
⑧ 지반개 량 가능성
⑨ 동결 민감도

답 ①

22 한국전기설비규정에 따라 가반형(可搬型)의 용접전극을 사용하는 아크용접장치의 용접변압기 1차측 전로의 대지전압은 몇 [V] 이하이어야 하는가?

① 30
② 60
③ 150
④ 300

해설 KEC 241.10 (아크 용접기)
가반형 용접 전극을 사용하는 아크 용접장치의 변압기는 1차대지 전압 300[V] 이하의 절연 변압기일 것
답 ④

---

23 전기실에 설치하는 소화설비로 적합하지 않은 것은?

① 이너젠 소화설비
② 할론가스 소화설비
③ 스프링클러 소화설비
④ 이산화탄소 소화설비

해설 전기실에 설치하는 소화설비로 적합것은 이너젠 소화설비, 할론가스 소화설비, 이산화탄소 소화설비 등이다.
답 ③

---

24 전기도면 관련기호 중 전동기를 나타내는 기호는?

① Ⓜ   ② Ⓗ
③ Ⓖ   ④ Ⓣ

해설 ② 전열기, ③ 발전기, ④ 소형변압기
답 ①

---

25 신재생발전기 계통연계기준에 따라 배전계통의 일부가 배전계통의 전원과 전기적으로 분리된 상태에서 신재생발전기에 의해서만 가압되는 상태를 말하는 것은?

① 단독운전   ② 전압요동
③ 출력 증가율   ④ 역송 병렬운전

해설 단독운전"이란 배전계통의 일부가 배전계통의 전원과 전기적으로 분리된 상태에서 신재생발전기에 의해서만 가압되는 상태를 말함
답 ①

---

26 설계도서 작성에 대한 설명으로 틀린 것은?

① 기본설계, 실시설계 순으로 작성한다.
② 실시설계는 기본설계도서에 따라 상세하게 설계하여 도면, 공사시방서 및 공사비 예산서를 작성한다.

③ 공사시방서는 시설물의 안전 및 공사시행의 적정성과 품질확보 등을 위하여 시설물별로 정한 표준적인 시공기준이다.
④ 기본설계란 기본계획으로 완성된 건축물의 개요(용도, 구조, 규모, 형상 등), 구조계획 등을 설비기능 면에서 재검토하는 것이다.

해설 공사시방서 : 공사별로 건설공사 수행을 위한 기준으로서 설계도면에 표시하기 곤란하거나 불편한 내용과 당해 공사의 수행을 위한 재료, 공법, 품질시험 및 검사 등 품질관리, 안전관리계획 등에 관한 사항을 기술하고, 당해 공사의 특수성, 지역여건, 공사방법 등을 고려하여 공사별로 정하여 시행 하는 시공기준을 말한다.
답 ③

---

27 평지붕에 태양광발전시스템 설치를 위한 설계 검토 시, 평지붕의 적설하중 산정에 사용되지 않는 인자는?

① 노출계수
② 온도계수
③ 지붕면 외압계수
④ 지상적설하중의 기본값

해설 1) 평지붕하중의 적설하중
$$S_f = C_b \times C_e \times C_t \times I_s \times S_g \, [\text{kN/m}^2]$$
여기서, C_b : 기본지붕 적설하중 계수(0.7 적용)
C_e : 노출계수, C_t : 온도계수
I_S : 중요도계수
S_g : 지상 적설하중의 기본값
답 ③

---

28 분산형전원 배전계통연계 기술기준에 따라 태양광발전시스템 및 그 연계 시스템의 운영 시 태양광발전시스템 연계점에서 최대 정격 출력 전류의 몇 [%]를 초과하는 직류 전류를 배전계통으로 유입시켜서는 안 되는가?

① 0.3   ② 0.5
③ 0.7   ④ 1.0

해설 분산형전원 및 그 연계 시스템은 분산형전원 연결점에서 최대 정격 출력전류의 0.5[%]를 초과하는 직류 전류를 계통으로 유입되지 않도록 되어 있는지 확인한다.
답 ②

29 고정전기기계기구에 부속하는 코드 및 캡타이어 케이블의 시설기준으로 틀린 것은?

① 코드 및 캡타이어 케이블은 가급적 길게 할 것

② 코드 및 캡타이어 케이블은 현저한 충격을 받지 않도록 할 것

③ 코드 및 캡타이어 케이블은 부득이 지지하여야 할 경우 단지 그 이동을 방지할 수 있을 정도로 그칠 것

④ 코드 및 캡타이어 케이블의 외상을 예방하기 위해 금속관 등의 내부에 배선할 경우 관 또는 몰드의 말단에 적당한 부싱을 사용할 것

해설 코드는 가급적 짧게 사용하되 연장하고자 할 경우에는 임의로 꼬아서 접속해서는 안되며 반드시 코드 콘넥터를 활용해야 한다.　　**답**①

30 한국전기설비규정에 따라 전선을 접속하는 경우 전선의 세기를 몇 [%] 이상 감소시키지 않아야 하는가?

① 10　　　　② 20

③ 25　　　　④ 30

해설 KEC123 (전선의 접속)
전선의 세기[인장하중(引張荷重)으로 표시한다. 이하 같다]를 20[%] 이상 감소시키지 아니힐 것. 다만, 점퍼선을 접속하는 경우와 기타 전선에 가하여지는 장력이 전선의 세기에 비하여 현저히 작을 경우에는 그러하지 아니하다.　　**답**②

31 전력시설물 공사감리업무 수행지침에 따라 감리원이 공사업자로부터 물가변동에 따라 계약금액 조정요청을 받은 경우 공사업자로 하여금 작성·제출하도록 하는 서류 목록이 아닌 것은?

① 물가 변동 조정 요청서

② 계약금액 조정 요청서

③ 계약금액 조정 산출근거

④ 안전관리비 사용 내역서

해설 감리원은 공사업자로부터 물가변동에 다른 계약금액 조정요청을 받은 경우에는 다음 각호의 서류를 작성 제

출하도록 하고 동사업자는 이에 응하여야 한다.

① 물가 변동조정 요청서

② 계약금액 조정 요청서

③ 품목 조정율 또는 지수조정율의 산출근거

④ 계약금액 조정 산출근거

⑤ 그 밖에 설계변경에 필요한 서류　　**답**④

32 전력기술관리법령에 따라 설계업 또는 감리업을 등록한 자는 등록사항이 변경된 경우, 변경 사유가 발생한 날부터 며칠 이내에 산업통상자원부령으로 정하는 바에 따라 시·도지사에게 신고하여야 하는가? (단, 산업통상자원부령으로 정하는 경미한 사항을 변경하는 경우는 제외한다.)

① 7　　　　② 10

③ 15　　　　④ 30

해설 전력기술관리법령에 따라 설계업 또는 감리업을 등록한 자는 등록사항이 변경된 경우, 변경사유가 발생한 날부터 30일 이내에 산업통상자원부령으로 정하는 바에 따라 시·도지사에게 신고하여야 하는가?　　**답**④

33 전력시설물 공사감리업무 수행지침에 따라 감리원은 공사업자로부터 시공 상세도를 사전에 제출받아 검토·확인하여 승인 한 후 시공할 수 있도록 하여야 한다. 제출 받은 날로부터 며칠 이내에 승인하여야 하는가?

① 3　　　　② 5

③ 7　　　　④ 14

해설 감리원은 공사업자가 작성 제출한 시공계획서를 공사 시작일로부터 30일 이내에 제출받아 이를 검토 확인하여 7일 이내에 승인하여 시공하도록 하여야 한다.　　**답**③

34 한국전기설비규정에 따라 저압 옥내 직류전기설비의 접지시설을 양(+)도체를 접지하는 경우 무엇에 대한 보호를 하여야 하는가?

① 지락　　　　② 감전

③ 단락　　　　④ 과부하

해설 KEC 243.1.8 (저압 옥내 직류전기설비의 접지)
직류전기설비를 시설하는 경우는 감전에 대한 보호를
하여야 한다.　　　　　　　　　　　　　답 ②

35 전력기술관리법령에 따라 설계업 또는 감리업을 휴업·재개업(再開業)또는 폐업한 경우에는 산업통상자원부령으로 정하는 바에 따라 누구에게 신고하여야 하는가?

① 시·도지사
② 전기안전공사장
③ 전기기술인 협회장
④ 산업통상자원부장관

해설 전력기술관리법령에 따라 설계업 또는 감리업을 휴업·재개업(再開業)또는 폐업한 경우에는 산업통상자원부령으로 정하는 바에 따라 시·도지사 에게 신고하여야 한다.　　　　　　　　답 ①

36 태양광발전 모듈에서 인버터까지의 전압강하 계산식은? (단, A : 전선의 단면적[mm²], I : 전류[A], L : 전선 1가닥의 길이[m] 이다.)

① $\dfrac{17.8 \times L \times I}{1000 \times A}$　② $\dfrac{30.8 \times L \times I}{1000 \times A}$

③ $\dfrac{33.6 \times L \times I}{1000 \times A}$　④ $\dfrac{35.6 \times L \times I}{1000 \times A}$

해설

회로 전기방식	전압강하	전선 굵기
직류 2선식	$e = \dfrac{35.6 \times L \times I}{1000 \times A}$	$A = \dfrac{35.6 \times L \times I}{1000 \times e}$
단상 3선식	$e = \dfrac{17.8 \times L \times I}{1000 \times A}$	$A = \dfrac{17.8 \times L \times I}{1000 \times e}$
3상 3선식	$e = \dfrac{30.8 \times L \times I}{1000 \times A}$	$A = \dfrac{30.8 \times L \times I}{1000 \times e}$

답 ④

37 전력시설물 공사감리업무 수행지침에 따라 감리원은 공사가 시작된 경우 공사업자로부터 착공신고서를 제출받아 적정성 여부를 검토하여 며칠 이내에 발주자에게 보고하여야 하는가?

① 2　　　　② 3
③ 5　　　　④ 7

해설 감리원은 공사가 시작되는 경우에는 공사업자로부터 착공신고서를 제출받아 적정성 여부를 검토하여 7일 이내에 발주자에게 보고하여야 한다.　　답 ④

38 설계감리업무 수행지침서에 따라 감리원이 발주자에게 제출하는 설계감리업무 수행계획서에 포함되지 않는 것은?

① 보안대책 및 보안각서
② 세부공정계획 및 업무흐름도
③ 설계감리 검토의견 및 조치 결과서
④ 용역명, 설계감리규모 및 설계감리기간

해설 설계감리업무 수행계획서
1) 대상 : 용역명, 설계감리규모 및 설계감리기간 등
2) 세부시행계획 : 세부공정계획 및 업무흐름도 등
3) 보안 대책 및 보안각서
4) 그 밖에 발주자가 정한 사항　　　　답 ③

39 태양광발전시스템 출력이 38500[W], 모듈 최대출력이 175[W], 모듈의 직렬개수가 20장 일 때 병렬회로 수는?

① 10　　　　② 11
③ 12　　　　④ 13

해설 병렬연결 = $\dfrac{\text{태양광발전시스템출력}}{\text{모듈 최대출력} \times \text{직렬 수}}$
= $\dfrac{38,500[W]}{175[W] \times 20} = 11$　　답 ②

40 태양광발전 어레이 가대를 아래와 같이 설계하고자 한다. 설계 순서를 옳게 나열한 것은?

ⓐ 태양광발전 모듈의 배열 결정
ⓑ 설치장소 결정
ⓒ 상정최대하중 산출
ⓓ 지지대 기초 설계
ⓔ 지지대의 형태, 높이, 구조 결정

① ⓐ → ⓒ → ⓔ → ⓑ → ⓓ
② ⓑ → ⓐ → ⓔ → ⓒ → ⓓ
③ ⓐ → ⓓ → ⓒ → ⓔ → ⓑ
④ ⓑ → ⓒ → ⓐ → ⓔ → ⓓ

해설 설치장소 결정(부지선정) → 태양광발전 모듈의 배열
결정(태양전지모듈 직병렬결정) → 지지대의 형태, 높
이, 구조 결정 → 상정최대하중 산출 → 지지대 기초 설
계 답 ②

3과목 - 태양광발전시스템 시공

41 케이블 트레이 시공방식의 장점이 아닌 것은?

① 방열특성이 좋다.
② 허용전류가 크다.
③ 재해를 거의 받지 않는다.
④ 장래부하 증설 시 대응력이 크다.

해설 케이블 트레이 시공방식의 장점
1) 방열특성이 좋다.
2) 허용전류가 크다.
3) 장래부하 증설 시 대응력이 크다. 답 ③

42 궤도전자가 강한 에너지를 받아 원자 내의 궤
도를 이탈하여 자유전자가 되는 것을 무엇이라
하는가?

① 여기   ② 전리
③ 공진   ④ 방사

해설 • 전리 : 원자핵의 구속력으로부터 완전히 벗어나 원자
는 전자를 잃어 이온화되는 상태, 궤도전자 즉 자유전
자
• 여기 : 기저상태에서 에너지가 높은 상태로 옮겨가는
것, 핵의 구속력을 벗어나지 않은 상태 답 ②

43 공정관리시스템에서 관리적 측면의 공정관리
시스템이 아닌 것은?

① 시간관리
② 지원도구
③ 자원관리
④ 생산성 관리

해설 공정관리시스템에서 관리적 측면의 공정관리시스템은
시간관리, 자원관리, 생산성관리 등이다. 답 ②

44 터파기(KSC 11 20 15 : 2016)에 따라 굴착작업
시 유의사항으로 틀린 것은?

① 굴착 주위에 과다한 압력을 피하도록 하여야
한다.
② 굴착 중 물이 고이지 않도록 배수장치를 갖
춘다.
③ 방호계획은 고정시설물뿐만 아니라 차량 및
주민 등에 대해서도 수립한다.
④ 정해진 깊이보다 깊이 굴착된 경우는 지하수
위 상승공법을 사용하여 원지반보다 연약하
지 않도록 한다.

해설 정해진 깊이보다 깊이 굴착하지 않도록 하고 만약 깊이
굴착된 경우는 다시 되메우기를 하고 다짐공법을 사용
하여 원지반보다 연약하지 않도록 한다. 답 ④

45 가요전선관 공사의 시설방법에 대한 설명으로
틀린 것은?

① 가요전선관 상호의 접속은 커플링으로 하여
야 한다.
② 가요전선관과 박스의 접속은 접속기로 접속
하여야 한다.
③ 전선은 절연전선(옥외용 비닐 절연전선을
제외한다)을 사용한다.
④ 습기가 많은 장소 또는 물기가 있는 장소에
는 2종가요 전선관을 사용한다.

해설 KEC232.13.1 (시설조건)
가요전선관은 2종 금속제 가요전선관일 것. 다만, 전개
된 장소 또는 점검할 수 있는 은폐된 장소로서 건조한
장소에서 사용하는 것 답 ④

46 태양광발전용 구조물의 기초공사에 관련된 내
용으로 틀린 것은?

① 설계하중에 대한 구조적 안정성을 확보해야
한다.
② 현장 여건을 고려하여 시공의 가능성을 판단
해야 한다.
③ 기초의 침하 정도는 구조물의 허용 침하량
이내에 있어야 한다.

④ 국보적인 지반 쇄굴의 저항을 고려하여 최대한의 깊이를 유지해야 한다.

해설 국보적인 지반 쇄굴의 저항을 고려하여 최소한의 깊이를 유지해야 한다. **답** ④

47 계통의 사고에 대해 보호대상물을 보호하고 사고의 파급을 최소화 해주는 보호협조기기는?

① 개폐기 ② 변압기
③ 보호계전기 ④ 한전계량기

해설 전기 · 전자전선 또는 기기에 이상이나 고장이 생겼을 때 그 부분을 급속히 발견 · 차단하는 계전기 기기의 손상을 경감하고, 다른 계통에 대한 피해를 방지하기 위하여 쓴다. **답** ③

48 [보기]에서 태양광발전설비 인버터 출력회로의 절연저항 측정 순서를 옳게 연결한 것은?

[보기]
가. 태양전지 회로의 접속함에서 분리한다.
나. 분전반 내의 분기차단기를 개방한다.
다. 직류측의 모든 입력단자 및 교류측의 전체 출력단자를 단락한다.
라. 교류단자와 대지 간의 절연저항을 측정한다.

① 가 → 나 → 다 → 라
② 나 → 가 → 다 → 라
③ 다 → 가 → 나 → 라
④ 가 → 다 → 나 → 라

해설 ① 입력회로
㉮ 태양전지 회로를 접속함에서 분리한다.
㉯ 분전반 내의 분기 차단기를 개방한다.
㉰ 직류측의 모든 입력 단자 및 교류측의 전체 출력 단자를 각각 단락한다.
㉱ 직류단자와 대지간의 절연저항을 측정한다.
② 출력회로
㉮ 태양전지 회로를 접속함에서 분리한다.
㉯ 분전반 내의 분기 차단기를 개방한다.
㉰ 직류측의 모든 입력 단자 및 교류측의 전체 출력 단자를 각각 단락한다.
㉱ 교류단자와 대지 간의 절연저항을 측정한다.
답 ①

49 저항 50[Ω], 인덕턴스 200[mH]의 직렬회로에 주파수 50[Hz]의 교류를 접속하였다면, 이 회로의 역률은 약 몇 [%]인가?

① 52.3 ② 62.3
③ 72.3 ④ 82.3

해설 역률계산법 : $\cos\theta = \dfrac{R}{Z}$

$$역률 = \frac{R}{\sqrt{R^2 + R_L^2}} = \frac{R}{\sqrt{R^2 + (2\pi f L)^2}}$$
$$= \frac{50}{\sqrt{50^2 + (2\pi \times 50 \times 0.2)^2}} \times 100$$
$$= 62.3[\%]$$ **답** ②

50 송전방식 중 직류 송전방식에 비해 교류 송전방식의 장점이 아닌 것은?

① 회전자계를 쉽게 얻을 수 있다.
② 계통을 일관되게 운용 할 수 있다.
③ 전압의 승 · 강압 변경이 용이하다.
④ 역률이 항상 1로 송전효율이 좋아진다.

해설 교류 송전의 장점
(1) 전압의 승압 및 강압이 용이하다
(2) 회전 자계를 쉽게 얻을 수 있다.
(3) 일관된 운용을 기할 수 있다. **답** ④

51 한국전기설비규정에 따라 태양전지 발전소에 시설하는 태양전지 모듈, 전선 및 개폐기 기타 기구의 시설방법이 아닌 것은?

① 충전부분은 노출되지 아니하도록 시설할 것
② 태양전지 모듈의 프레임은 지지물과 전기적으로 완전하게 접속하여야 한다.
③ 전선은 공칭단면적 1.0[mm²] 이상의 연동선 또는 이와 동등 이상의 세기 및 굵기의 것일 것
④ 태양전지 발전설비의 직류 선로에 지락이 발생했을 때 자동적으로 전로를 차단하는 장치를 시설해야 한다.

해설 KEC 510(전기저장장치)
전선은 공칭단면적 2.5[mm²] 이상의 연동선 또는 이와 동등 이상의 세기 및 굵기의 것일 것 **답** ③

52 배전선로에서 지락 고장이나 단락 고장사고가 발생하였을 때 고장을 검출하여 선로를 차단한 후 일정시간이 경과하면 자동적으로 재투입 동작을 반복함으로서 고장 구간을 제거할 수 있는 보호장치는?

① 리클로저　　　　　② 라인퓨즈
③ 배전용 차단기　　　④ 컷아웃 스위치

해설 리클로저는 선로의 중심, 중요부하 전후에 시공되고 고장발생시 개방되고 다시 재투입 됨. 재 투입 시 고장의 원인이 제거가 되면 그대로 정상선로 유지하나, 안되면 세팅에 따라 다시 재개방을 반복하고 완전 트립되어 선로에 정전이 발생　　**답 ①**

53 전등 설비용량 250[W], 전열 설비용량 800[W], 전동기 설비용량 200[W], 기타 설비용량 150[W]인 수용가가 있다. 이 수용가의 최대수용전력이 910[W] 이면 수용률(%)은? (단, 모든 설비의 역률은 1이다.)

① 65　　　　　　　② 70
③ 75　　　　　　　④ 80

해설 $수용률 = \dfrac{최대수용전력[W]}{부하설비용량[W]} \times 100[\%]$
$= \dfrac{910}{250+800+200+150} \times 100 = 65[\%]$　**답 ①**

54 신·재생에너지 설비의 지원 등에 관한 지침에 따른 전기배선에 대한 설명으로 틀린 것은?

① 모듈의 출력배선은 군별 및 극성별로 확인할 수 있도록 표시하여야 한다.
② 가공 전선로를 시설하는 경우에는 목주, 철주, 콘크리트주 등 지지물을 설치하여 케이블의 장력 등을 분산 시켜야 한다.
③ 모듈 간 배선은 바람에 흔들림이 없도록 코팅된 와이어 또는 동등이상(내구성) 재질의 타이(Tie)로 단단히 고정하여야 한다.
④ 수상형을 포함한 모든 유형의 모듈에서 인버터에 이르는 배선에 사용되는 케이블은 모듈 전용선 또는 단심 (1C) 난연성 케이블 (TFR-CV, F-CV, FR-CV등)을 사용하여야 한다.

해설 모듈에서 인버터에 이르는 배선에 사용되는 케이블은 모듈 전용선 또는 단심 (1C) 난연성 케이블(TFR-CV, F-CV, FR-CV등)을 사용하여야 한다.　**답 ④**

55 전기사업법령에 따라 사업용 전기설비의 사용 전 감사는 받고자 하는 날의 며칠 전까지 한국전기안전공사로 신청해야 하는가?

① 3일　　　　　　　② 5일
③ 7일　　　　　　　④ 10일

해설 전기사업법령에 따라 사업용 전기설비의 사용 전 감사는 받고자 하는 날의 7일 전까지 한국전기안전공사로 신청해야 한다.　**답 ③**

56 전선에 전류의 밀도가 도선의 중심으로 들어갈 수록 작아지는 현상은?

① 근접효과　　　　　② 표피효과
③ 접지효과　　　　　④ 페란티현상

해설 전선에 전류의 밀도가 도선의 중심으로 들어갈수록 작아지는 현상은 표피효과이다.　**답 ②**

57 이미터 접지형 증폭기에서 베이스 접지시 전류 증폭률 α 가 0.9이면, 전류이득 β 는 얼마인가?

① 0.45　　　　　　　② 0.9
③ 4.5　　　　　　　④ 9.0

해설 $\beta = \dfrac{\alpha}{1-\alpha} = \dfrac{0.9}{1-0.9} = 9.0$　**답 ④**

58 태양광발전설비에 적용되는 반(Panel)의 시공 기준에 대한 설명으로 틀린 것은?

① 베이스용 형강은 기초볼트로 바닥면에 고정하여야 한다.
② 반류에는 고정된 베이스용 형강의 위에 반을 설치하고, 볼트로 고정한다.
③ 수평이동 및 전도(넘어짐) 사고를 방지할 수 있도록 필요한 안전대책을 검토한다.
④ 장치로부터 발생되는 발열에 대하여 환기설비 또는 냉각설비를 고려하지 않는다.

해설 태양광발전설비에 적용되는 반(Panel)의 시공기준
1) 수평이동, 넘어질 경우의 사고를 방지할 수 있도록 필요한 안전대책을 검토한다.
2) 베이스용 형강은 기초볼트로부터 바닥면으로 고정한다.
3) 반류에는 고정된 베이스용 구형강의 위에 반을 설치하고, 볼트에 의해 고정한다. **답** ④

59 태양광발전시스템이 설치된 고층 건물에 적용하는 방법으로 뇌격거리를 반지름으로 하는 가상 구를 대지와 수뢰부가 동시에 접하도록 회전시켜 보호범위를 정하는 방법은 무엇인가?

① 메쉬법　　　　② 돌침 방식
③ 회전구체법　　④ 수평도치 방식

해설 태양광발전시스템이 설치된 고층 건물에 적용하는 방법으로 뇌격거리를 반지름으로 하는 가상 구를 대지와 수뢰부가 동시에 접하도록 회전시켜 보호범위를 정하는 방법은 회전구체법이다. **답** ③

60 250[mm] 현수애자 1개의 섬락전압은 100 [kV]이다. 현수애자 10개를 연결한 애자련의 건조 섬락전압이 850[kV]일 때 연능률은 얼마인가?

① 0.12　　　　② 0.85
③ 1.18　　　　④ 8.5

해설 연능률 $\eta = \dfrac{V_n}{n V_1} \times 100 = \dfrac{850}{10 \times 100} = 0.85$

V_1 : 현수애자 1개의 섬락전압
n : 1련의 사용 애자수
V_n : 애자련의 섬락전압이다. **답** ②

4과목 - 태양광발전시스템 운영

61 태양광발전시스템의 점검계획 시 고려해야 할 사항이 아닌 것은?

① 고장이력　　　　② 설비의 중요도
③ 설비의 사용기간　④ 설비의 운영비용

해설 점검계획의 수립에 있어서 고려해야 할 사항
1) 설비의 사용기간 : 장시간 사용한 설비의 고장확률이 높으므로 점검 내용을 세분화하고, 점검 주기를 단축한다.
2) 설비의 중요도 : 수전선 사고의 경우는 전 구간 정전, 주요 부하용 설비는 해당 구간만 정전된다.
3) 환경조건 : 설비 설치환경이 옥내, 옥외인가, 분진다소, 환기의 양부, 습기의 다소, 특수 가스의 유무, 진동의 유무 등에 의해 절연물의 열화, 금속의 부식, 과열, 더 나아가서는 수명단축 등의 가능성이 높다.
4) 고장이력 : 환경조건에 의한 고장 다발 서리는 재발 장지를 위해 점검을 강화한다.
5) 부하상태 : 사용 빈도가 높은 설비, 부하의 증가, 환경조건의 악화 등을 과부하 상태로 된 설비 등은 점검 주기를 단축해야 한다. **답** ④

62 전기사업법령에 따라 전기안전관리자의 선임신고를 한 자가 선임신고증명서의 발급을 요구한 경우에는 산업통상자원부령으로 정하는 바에 따라 어디에서 선임신고증명서를 발급하는가?

① 고용노동부
② 전력기술인 단체
③ 산업통상자원부
④ 한국산업인력공단

해설 전기사업법령에 따라 전기안전관리자의 선임신고를 한 자가 선임신고증명서의 발급을 요구한 경우에는 산업통상자원부령으로 정하는 바에 따라 전력기술인 단체에서 선임신고증명서를 발급한다. **답** ②

63 태양광 발전용 납축전지의 잔존 용량측정 방법 (KS C 8532 : 1995)에서 사용하는 전압계와 전류계의 계급은?

① 0.2급 이상　　② 0.3급 이상
③ 0.4급 이상　　④ 0.5급 이상

해설 태양광 발전용 납축전지의 잔존 용량측정 방법(KS C 8532 : 1995)에서 사용하는 전압계와 전류계의 계급은 0.5급 이상　**답** ④

64 태양광발전시스템의 점검 시 감전 방지 대책으로 틀린 것은?

① 저압 절연장갑 착용한다.
② 작업 전 접지선을 제거한다.
③ 절연 처리 된 공구를 사용한다.
④ 모듈 표면에 차광시트를 씌워 태양광을 차단한다.

해설 감전방지책
① 작업 전에 태양전지모듈의 표면에 차광시트를 부터 태양광을 차단
② 저압선로용 절연장갑을 낀다.
③ 절연처리가 된 공구를 사용한다.
④ 강우 시 작업을 하지 않는다.　**답** ②

65 태양광발전용 인버터의 일상점검에 대한 설명으로 틀린 것은?

① 통풍구가 막혀 있지 않은지를 점검한다.
② 외함의 부식 및 파손이 없는지를 점검한다.
③ 육안점검에 의해서 매년 1회 정도 실시한다.
④ 외부배선(접속케이블)의 손상 여부를 점검한다.

해설 육안점검이 가능하므로 매월1회 이상 일상점검이 필요하다.　**답** ③

66 일반 부지에 설치하는 태양광발전 시스템 설비용량 99[kW], 일 평균발전시간 3.6[h], 연 일수 365일, REC 판매가격 173981[원/REC]일 때 연간공급인증서 판매수익은 약 몇 만원인가?

① 1920만원　　② 2286만원
③ 2716만원　　④ 4115만원

해설 1) 연간 발전용량 = 99[kW] × 3.6[h] × 365[day]
= 130,086[kWh/year],
2) 일반부지 99[kW]는 가중치 1.2배

3) 연간공급인증서 판매수익 = 130.086 × 173981원 × 1.2 = 2716만원　**답** ③

67 결정질 실리콘 태양광발전 모듈(성능)(KS C 8561:2020)에 따른 시험 장치에 대한 설명으로 틀린 것은?

① 솔라 시뮬레이터 : 태양광발전 모듈의 발전 성능을 옥외에서 시험하기 위한 인공 광원
② 우박 시험 장치 : 우박의 충격에 대한 태양광발전 모듈의 기계적 강도를 조사하기 위한 시험 장치
③ UV시험 장치 : 태양광발전 모듈이 태양광에 노출되는 경우에 따라서 유기되는 열화 정도를 시험하기 위한 장치
④ 항온 항습 장치 : 태양광발전 모듈의 온도 사이클 시험, 습도-동결 시험, 고온·고습 시험을 하기 위한 환경 챔버

해설 솔라 시뮬레이터 : 태양광발전 모듈의 발전 성능을 옥내에서 시험하기 위한 인공 광원　**답** ①

68 전기사업법령에 따라 태양광 발전소의 태양광·전기설비 계통의 정기검사 시기는?

① 1년 이내　　② 2년 이내
③ 3년 이내　　④ 4년 이내

해설 • 수차·발전기 계통 : 4년 이내
• 풍차·발전기 계통 : 4년 이내
• 태양광·전기설비 계통 : 4년 이내
• 연료전지·전기설비 계통 : 4년 이내　**답** ④

69 태양광발전시스템의 상태를 파악하기 위하여 설치하는 계측기기로 틀린 것은?

① 전압계　　② 조도계
③ 전류계　　④ 전력량계

해설 조도계 : 어떤면의 조도를 측정하는데 사용하는 계기로 맥베스조도계, 간이조도계, 광전지 조도계 등이 있다.　**답** ②

70 태양광발전 어레이 개방전압 측정 시 주의사항으로 틀린 것은?

① 측정은 직류전류계로 측정한다.

② 태양광 발전 어레이의 표면을 청소하는 것이 필요하다.

③ 각 스트링의 측정은 안정된 일사강도가 얻어질 때 실시한다.

④ 태양광 발전 어레이는 비오는 날에도 미소한 전압을 발생하고 있으니 주의한다.

해설 측정은 직류전압계로 측정한다.　답 ①

71 태양광발전시스템의 구조물에 발생하는 고장으로 틀린 것은?

① 황색 변이

② 녹 및 부식

③ 이상 진동음

④ 구조물 변형

해설 구조물 고장은 녹 및 부식, 이상 진동음, 구조물 변형이며, 황색 변이는 모듈에 발생하는 고장　답 ①

72 배전반의 일상점검 내용이 아닌 것은?

① 접지선에 부식이 없는지 점검

② 후면 백시트가 부풀어 올라 있는지 점검

③ 외함에 부착된 명판의 탈락, 파손이 있는지 점검

④ 제어회로의 배선에 과열 등에 의한 냄새가 나는지 점검

해설 후면 백시트가 부풀어 올라 있는가는 태양전지모듈의 점검 사항이다.　답 ②

73 산업안전보건기준에 관한 규칙에 따라 누전에 의한 감전위험을 방지하기 위하여 해당 전로의 정격에 적합하고 감도가 양호하며 확실하게 작동하는 감전방지용 누전차단기를 설치하여야 하는 전기기계·기구로 틀린 것은?

① 대지전압이 150볼트를 초과하는 이동형 또는 휴대형 전기기계·기구

② 철판·철골 위 등 도전성이 높은 장소에서 사용하는 이동형 또는 휴대형 전기기계·기구

③ 임시배선의 전로가 설치되는 장소에서 사용하는 이동형 또는 휴대형 전기기계·기구

④ 물 등 도전성이 높은 액체가 있는 습윤장소에서 사용하는 750볼트 이상의 교류전압용 전기기계·기구

해설 물 등 도전성이 높은 액체가 있는 습윤장소에서 사용하는 저압(1500볼트 이하 직류전압이나 1000볼트 이하의 교류전압을 말한다)용 전기기계·기구　답 ④

74 태양광발전 모듈의 정기점검 시 육안 점검 항목으로 옳은 것은?

① 표시부의 이상 표시

② 역류방지 다이오드의 손상

③ 프레임 간의 접지 접속 상태

④ 투입저지 시한 타이머 동작시험

해설 모듈의 정기점검 시 육안 점검
- 접지선의 접속 및 접속단자 이완
- 전지판의 오염, 프레임 파손등　답 ③

75 태양광발전시스템의 신뢰성 평가·분석 항목이 아닌 것은?

① 사이트

② 계획정지

③ 계측 트러블

④ 시스템 트러블

해설
- 태양광발전소의 신뢰성 평가분석 주요내용
  시스템트러블, 계측관련트러블, 운전데이터의결측, 계획정지 등
- 사이트 평가방법
  설치대상기관, 설치시설의 분류, 설치시설의 지역, 설치상태, 설치용량 등　답 ①

76 전기안전작업요령 작성에 관한 기술지침에 따라 사업주가 따라야 하는 정전작업절차에 대한 내용으로 틀린 것은?

① 정전 작업 대상 기기의 모든 전원을 차단한다.

② 전원 차단을 위한 안전절차는 전기기기 등을 차단하기 전에 결정하여야 한다.

③ 작업이 이루어지는 전기기기 등을 정전시키는 모든 차단장치에 잠금장치 및 꼬리표를 제거 한다.

④ 작업자에게 전기위험을 줄 수 있는 커패시터 등에 축적 또는 유기된 전기에너지는 단락 및 접지시켜 방전시킨다.

해설 작업이 이루어지는 전기기기 등을 정전시키는 모든 차단장치에 잠금장치 및 꼬리표를 제거 하는 것을 금지하여야 한다. **답** ③

77 중대형 태양광 발전용 인버터(계통연계형, 독립형)(KS C 8565:2020)에 따라 3상 실외형 인버터의 IP(방진, 방수) 최소 등급은?

① IP 20   ② IP 44
③ IP 54   ④ IP 57

해설 태양광발전용 인버터

용도	형식	설치장소	비 고
계통연계형	단상	실내/실외	실내형 : IP20 이상
	3상	실내/실외	실외형 : IP44 이상
독 립 형	단상	실내/실외	(KS C IEC 62093)
	3상	실내/실외	

답 ②

78 정기점검에 의한 처리 중 절연물의 보수에 대한 내용으로 틀린 것은?

① 절연물에 균열, 파손 변형이 있는 경우에는 부품을 교체한다.

② 합성수지 적층판이 오래되어 헐거움이 발생되는 경우에는 부품을 교체한다.

③ 절연물의 절연저항이 떨어진 경우에는 종래의 데이터를 기초로 하여 계열적으로 비교 검토한다.

④ 절연 저항 값은 온도, 습도 및 표면의 오손 상태에 따라서 크게 영향을 받지 않으므로 양부의 판정이 쉽다.

해설 절연저항치는 온도, 습도 및 표면의 오손상태에 따라서 크게 영향을 받기 때문에 양부의 판정은 어렵다. **답** ④

79 접근 위험경고 및 감전재해를 방지하기 위하여 사용하는 활선접근경보기의 사용범위가 아닌 것은?

① 활선에 근접하여 작업하는 경우

② 작업 중 착각·오인 등에 의해 감전이 우려되는 경우

③ 보수작업 시행 시 저압 또는 고압 충전유무를 확인하는 경우

④ 정전작업 장소에서 사선구간과 활선구간이 공존되어 있는 경우

해설 활선접근경보기
1) 휴전작업 장소에서 사선구간과 활선구간이 공존하는 경우
2) 활선에 근접하여 작업하는 경우
3) 변전소에서 22.9[kV] D/L, 차단기 점검·보수작업의 경우
4) 기타 착각·오인·오판에 의한 감전이 우려되는 경우
5) 무정전 작업 및 활선작업 시 연속되는 경보음이 작업에 장애를 일으킬 우려가 있는 경우는 작업책임자의 판단에 따라 착용을 생략할 수 있다. **답** ③

출제기준 변경 및 개정된 관계 법규에 따라 삭제된 문제가 있어 20문항이 안됩니다.

1과목 - 태양광발전시스템 이론

01 전기공사업법령에 따른 전기공사의 종류가 아닌 것은?

① 도로, 공항 및 항만 전기설비공사
② 발전 · 송전 · 변전 및 배전설비 공사
③ 전기철도 및 철도신호 전기설비공사
④ 저수지, 수로 및 이에 수반되는 구조물의 공사

해설 1) 「전기공사업법」에서 전기공사는 다음 각 호의 공사(저수지, 수로 및 이에 수반되는 구조물의 공사는 제외한다)로 한다.
① 발전 · 송전 · 변전 및 배전 설비공사
② 산업시설물, 건축물 및 구조물의 전기설비공사
③ 도로, 공항 및 항만의 전기설비공사
④ 전기철도 및 철도신호의 전기설비공사 **답** ④

02 일부 태양전지에 그늘이 발생하면 그 부분의 태양전지로 인한 역전압 바이어스가 걸리기 때문에 열점 현상이 발생하거나 또는 열점으로 인한 손상이 발생하지 않도록 전류가 우회하여 흐를 수 있도록 하는 것은?

① 차단기
② 피로기
③ 역류방지 다이오드
④ 바이패스 다이오드

해설 바이패스 다이오드
모듈 중 일부 태양전지 셀에 그늘이 생기면 그 부분의 발전량이 저하함과 동시에 단순한 다이오드를 역접속한 것과 같이 되어 저하에 의한 발열을 일으킨다.
이러한 경우에 대비하여 그 부분을 바이패스를 함으로서 출력저하 및 발열을 억제하기 위해 보통 단자함 속에 바이패스 다이오드를 내장한다. **답** ④

03 그림은 태양광발전설비와 태양전지판의 크기를 나타낸 것이다. 햇빛이 지표면에 수직으로 입사할 때 1[m²]의 지표면에서 단위 시간당 받는 빛에너지가 1,000[W]이고 태양전지의 변환효율이 15[%]일 때, 이 태양광발전 시설이 2시간 동안 생산하는 전력량은 몇 [Wh]인가? (단, 햇빛은 2시간 내내 동일하게 지면에 수직으로 입사하며, 태양전지 표면에서 빛의 반사는 일어 나지 않는다.)

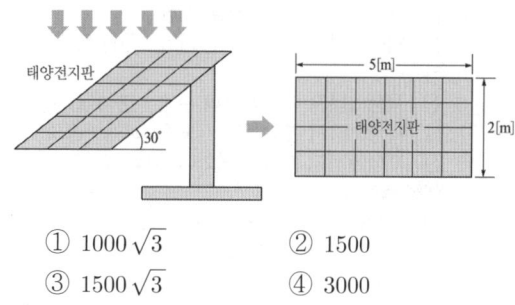

① $1000\sqrt{3}$
② 1500
③ $1500\sqrt{3}$
④ 3000

해설
$$\frac{P(\text{전선생산량})}{(\text{태양전지모듈의 면적})\cos(\text{모듈의 경사각})\times\text{시간당 빛에너지}} \times 100 = \text{전지의 변화율}$$

$$\frac{P}{\{(2[m]\times5[m])\cos30°\times1000[W/m^2]\}} \times 100 = 15[\%]$$

$$P = 750\sqrt{3}\,[W]$$

전력량[Wh] = 태양전지판의 출력[W]×2[h]
$$= 750\sqrt{3}\,[W]\times2[h]$$
$$= 1500\sqrt{3}\,[Wh]$$ **답** ③

04 전기사업법령에 따라 대통령령으로 정하는 구역전기사업자의 발전 설비 용량 최대 규모는?

① 1만킬로와트
② 1만8천킬로와트
③ 3만5천킬로와트
④ 5만킬로와트

해설 전기사업법령에 따라 대통령령으로 정하는 구역전기사업자의 발전 설비 용량 최대 규모는 3만5천키로와트이다. **답** ③

05 신에너지 및 재생에너지 개발 · 이용 · 보급 촉진법령에 따라 조성된 사업비를 사용할 수 있는 사업이 아닌 것은?

① 신 · 재생에너지 공급의무화 지원
② 신 · 재생에너지 이용의무화 지원
③ 신 · 재생에너지 설비 설치기업의 지원
④ 신 · 재생에너지 설비 및 그 부품의 특성화 지원

해설 조성된 사업비를 다음 각 호의 사업에 사용한다.
1. 신 · 재생에너지의 자원조사, 기술수요조사 및 통계 작성
2. 신 · 재생에너지의 연구 · 개발 및 기술평가
3. 신 · 재생에너지 이용 건축물의 인증 및 사후관리
4. 신 · 재생에너지 공급의무화 지원
5. 신 · 재생에너지 설비의 성능평가 · 인증 및 사후관리
6. 신 · 재생에너지 기술정보의 수집 · 분석 및 제공
7. 신 · 재생에너지 분야 기술지도 및 교육 · 홍보
8. 신 · 재생에너지 분야 특성화대학 및 핵심기술연구센터 육성
9. 신 · 재생에너지 분야 전문인력 양성
10. 신 · 재생에너지 설비 설치전문기업의 지원
11. 신 · 재생에너지 시범사업 및 보급사업
12. 신 · 재생에너지 이용의무화 지원
13. 신 · 재생에너지 관련 국제협력　　答 ④

06 신에너지 및 재생에너지 개발 · 이용 · 보급촉진법령에 따른 2020년~2021년 까지 신재생에너지의 공급의무 비율(%)은?

① 21　　　　　　② 24
③ 30　　　　　　④ 37

해설 신 · 재생에너지의 공급의무 비율
(제15조 제1항 제1호 관련)

해당 연도	2020~ 2021	2022~ 2023	2024~ 2025	2026~ 2027	2028~ 2029	2030 이후
공급의무 비율[%]	30	32	34	36	38	40

答 ③

07 에너지저장시스템(ESS)에서 발전량과 부하간의 균형을 맞추기 위한 Grid support 용도와 피크전력대응을 위한 대책은 무엇인가?

① Load leveling
② Power backup
③ Power management
④ Battery management

해설 ESS를 발전계통에 연계하면 부하 평준화(Load Leveling) 용도로도 활용할 수 있다. 이는 심야 전력 활용 증대와 주간 피크타임의 발전소 부담 감소 등 에너지 효율화를 돕는다.　　答 ①

08 전기사업법령에 명시된 전기신사업의 종류로 옳은 것은?

① 핵융합발전사업
② 전기자동차충전사업
③ 대규모전력중개사업
④ 신재생에너지발전사업

해설 전기신사업을 전기자동차충전사업 및 소규모 전력중개 사업이라고 규정하고 있음　　答 ②

09 계통연계형 태양광발전용 인버터가 계통의 제한된 전압손실 또는 전압강하 기간 동안 연결된 부하에 전력을 계속 생산할 수 있는 인버터의 기능은 무엇인가?

① MPPT 기능
② LVRT 기능
③ 단독운전 방지기능
④ 자동운전 · 정지 기능

해설 LVRT 기능
갑작스러운 사고 등으로 전력전송시스템의 전압이 순간적으로 하락 되어도 연속 운전이 가능하도록 하는 기능을 말한다.　　答 ②

10 연간 총 일사량이 5509600[MJ/m^2 · year] 이라하면 평균일간 일사량은 약 몇 [kWh/m^{2}day]인가?

① 4.19　　　　　② 15.09
③ 1509.4　　　　④ 4193

해설 $1[kWh] = 1 \times 10^3 [J/s] \times 3{,}600[sec]$
$= 3.60 \times 10^6 = 3.6[MJ]$

[kW/m²]로 단위 변환

$$= \frac{5509600[MJ/m^2 \cdot year]}{3.6[MJ]} = 1530.444[kW/m^2 \cdot year]$$

일간 발전시간으로 환산[h/day]

$$= 1530.444 \div 365 = 4193[kWh/m^2 \cdot day]$$ 답 ④

11 태양광발전시스템 설치공사 착수전에 행하는 사전조사 중 현장여건 조사에 해당하지 않는 것은?

① 설치현장 주변에 하수처리 시설의 유무 등을 조사한다.

② 설치현장 주변 장애물에 의한 음영발생 유무 등을 조사한다.

③ 설치현장에서 모듈의 설치 최적 방위각 및 경사각을 조사한다.

④ 모듈 설치 시 구조적 안정성 확보를 위한 설치현장의 지반특성을 조사 한다.

해설 태양광발전시스템 설치공사 착수전에 행하는 사전조사

① 설치현장 주변 장애물에 의한 음영발생 유무 등을 조사한다.

② 설치현장에서 모듈의 설치 최적 방위각 및 경사각을 조사한다.

③ 모듈 설치 시 구조적 안정성 확보를 위한 설치현장의 지반특성을 조사 한다. 답 ①

12 태양전지의 효율을 나타내는 식으로 옳은 것은?

① $\frac{출력 \ 전기에너지}{입사 \ 태양광에너지} \times 100$

② $\frac{입버터 \ 출력 \ 전기에너지}{입버터 \ 입력 \ 전기에너지} \times 100$

③ $\frac{출력 \ 전기에너지}{출력 \ 태양광에너지} \times 100$

④ $\frac{입사 \ 태양광에너지}{태양 \ 발생에너지} \times 100$

해설 태양전지의 효율은 보통 % 로 나타낸다. 태양에너지를 얼마 많큼 전기에너지로 변환 하느냐 하는 이 변환 효율은 (태양전지출력(W)/1 [m²]당 입사되는 에너지) × 100 이다. 답 ①

13 전기사업법령에 따라 산업통상자원부장관이 전지의 보편적 공급의 구체적 내용을 정할 때 고려하는 사항으로 틀린 것은?

① 사회복지의 증진

② 전기의 보급 정도

③ 공공의 이익과 안정

④ 의무이행 관련 정보의 수집

해설 산업통상자원부장관은 다음 각 호의 사항을 고려하여 전기의 보편적 공급의 구체적 내용을 정한다.

1. 전기기술의 발전 정도
2. 전기의 보급 정도
3. 공공의 이익과 안전
4. 사회복지의 증진 답 ④

14 국토의 계획 및 이용에 관한 법령에 따라 개발행위 허가 신청서 작성 시 신청내용에 해당하지 않는 것은?

① 토지분할 ② 기초변경

③ 물건적치 ④ 토지형질변경

해설 개발행위 허가 신청서 작성 시 신청내용에 해당사항으로 개발행위 허가사항 건축물의 건축, 공작물의 설치, 토지의 형질 변경, 토석채취, 토지분할, 물건을 쌓아놓는 행위 답 ②

15 태양광발전의 경제성을 분석하는 일반적인 방법으로 틀린 것은

① 감가상각법 ② 내부수익률법

③ 순현재가치법 ④ 비용 · 편익분석

해설 경제성 분석기법은 내부수익률법, 순현재가치법, 비용 · 편익분석 이 있다. 답 ①

16 태양광발전용 인버터의 회로방식에서 낙뢰에 대한 노이즈 방지대책 특성이 우수한 방식은?

① 무변압기 방식

② 고주파 변압기 절연방식

③ 상용주파 변압기 절연방식

④ 전자기파 변압기 절연방식

해설 태양광발전용 인버터의 회로방식에서 낙뢰에 대한 노이즈 방지대책 특성이 우수한 방식은 상용주파 변압기 절연방식 이다.
(태양전지 직류출력을 상용주파의 교류로 변환한 후 변압기로 절연한다) 답 ③

17 전기공사업법령에 따라 시 · 도지사가 공사업자의 등록을 반드시 취소해야 하는 사항으로 틀린 것은?

① 거짓이나 그 밖의 부정한 방법으로 공사업의 등록을 한 경우
② 정당한 사유 없이 도급받은 전기공사를 시공하지 아니한 경우
③ 영업정지처분기간에 영업을 하거나 최근 5년간 3회 이상 영업정지처분을 받은 경우
④ 공사업의 등록을 한 후 1년 이내에 영업을 시작하지 아니하거나 계속하여 1년 이상 공사업을 휴업한 경우

해설 1. 거짓이나 부정한 방법으로 등록한 경우
2. 등록기준이 미달되게 한 경우
3. 등록기준을 신고는 하지 않은 경우
4. 등록증, 등록수첩의 대여
5. 전기공사업 결격사유에 해당하게 된 경우
6. 시정명령대상이나 공사가 완료된 경우
7. 정당한 사유 없이 1년 이내 영업을 개시 하지 않거나 휴업한 경우
8. 영업정지기간에 영업을 하거나 최근 5년간 3회 이상 영업정지를 받은 경우 답 ②

18 신에너지 및 재생에너지 개발 · 이용 · 보급 촉진법령에 따른 신 · 재생에너지 설비에 대한 설명으로 틀린 것은?

① 수력 설비는 물의 표층의 열을 변환시켜 에너지를 생산하는 설비이다.
② 폐기물에너지 설비는 폐기물을 변환시켜 연료 및 에너지를 생산하는 설비이다.
③ 수소에너지 설비는 물이나 그밖에 연료를 변환시켜 수소를 생산하거나 이용하는 설비이다.
④ 해양에너지 설비는 해양의 조수, 파도, 해류 온도차 등을 변환시켜 전기 또는 열을 생산하는 설비이다.

해설 수력 설비는 물의 표층의 열을 변환시켜 에너지를 생산하는 설비는 수열에너지에 해당함 답 ①

19 신 · 재생에너지 설비의 지원 등에 관한 규정에 따라 융 · 복합지원사업을 제외한 신재생에너지설비의 하자이행보증기간의 연결로 옳은 것은?

① 풍력발전설비 – 4년
② 소수력발전설비 – 2년
③ 태양광발전설비 – 3년
④ 태양열이용설비 – 4년

해설 제외한 신재생에너지설비의 하자이행보증기간
① 풍력발전설비 – 3년
② 소수력발전설비 – 3년
③ 태양광발전설비 – 3년
④ 태양열이용설비 – 3년 답 ③

20 전기사업법령에 따라 3000[kW] 초과의 발전사업을 하기 위한 전기(발전) 사업 허가권자는? (단, 제주특별자치도는 예외로 한다)

① 국무총리
② 시 · 도지사
③ 한국전력공사장
④ 산업통상자원부장관

해설 전기사업법령에 따라 3000[kW] 초과의 발전사업을 하기 위한 전기(발전) 사업 허가권자는 산업통상자원부장관이다. 답 ④

2과목 - 태양광발전시스템 설계

21 태양광발전시스템 출력 18750[W], 태양광발전 모듈 최대출력 250[W], 모듈의 직렬연결 개수가 5개일 때 최대 병렬연결 개수는?

① 10 ② 15
③ 20 ④ 25

해설 병렬연결 $= \dfrac{\text{태양광발전시스템출력}}{\text{모듈 최대출력} \times \text{직렬수}}$

$= \dfrac{18750[\text{W}]}{250[\text{W}] \times 5} = 15$　**답** ②

22 전력시설물 공사감리업무 수행지침에 따라 전력시설물의 감리원이 공사업자로부터 받은 시공상세도를 승인할 때 고려할 사항이 아닌 것은?

① 주요 공정의 시공절차 및 방법

② 제도의 품질 및 선명성, 도면작성 표준에 일치여부

③ 현장의 시공기술자가 명확하게 이해할 수 있는지 여부

④ 설계도면, 설계설명서 또는 관계 규정에 일치하는지 여부

해설 시공 상세도 승인

① 설계도면 설계설명서 또는 관계규정에 일치하는지 여부

② 현장의 시공기술자가 명확하게 이해 할수 있는지 여부

③ 실제 시공가능여부

④ 안정성의 확보 여부

⑤ 계산의 정확성

⑥ 제도 품질및 선명성 도면 작성 표준에 일치여부

⑦ 도면으로 표시 곤란한 내용은 시공시 유의사항으로 작성되었는지 등의 검토　**답** ①

23 기초의 근입 깊이가 낮고 상부 구조물의 하중을 기초하부 지반에 직접 전달하는 구조물 기초의 종류가 아닌 것은?

① 줄기초　　　　② 전면기초

③ 말뚝기초　　　④ 복합기초

해설 말뚝기초는 깊은 기초에 해당　**답** ③

24 전력시설물 공사감리업무 수행지침에 따른 태양광발전시스템의 착공 신고서에 포함된 서류가 아닌 것은?

① 기성내역서　　　② 품질관리계획서

③ 안전관리계획서　④ 공사 예정공정표

해설 1) 시공관리책임자 지정통지서

2) 공사예정공정표

3) 품질관리계획서

4) 안전관리계획서

5) 공사도급계약서 사본 및 산출내역서

6) 공사시작전 사진

7) 작업인원 및 장비 투입계획서 등　**답** ①

25 한국전기설비규정에 따라 몇 [V]를 초과하는 축전지는 비접지측 도체에 쉽게 차단할 수 있는 곳에 개폐기를 시설하여야 하는가?

① 10　　　　　② 20

③ 30　　　　　④ 60

해설 KEC 243.1.7 (축전지실 등의 시설)

1. 30[V]를 초과하는 축전지는 비접지측 도체에 쉽게 차단할 수 있는 곳에 개폐기를 시설하여야 한다.

2. 옥내전로에 연계되는 축전지는 비접지측 도체에 과전류보호장치를 시설하여야 한다.

3. 축전지실 등은 폭발성의 가스가 축적되지 않도록 환기장치 등을 시설하여야 한다.　**답** ③

26 신재생발전기 계통연계기준에 따라 신재생발전기 및 그 연계시스템은 최대 정격출력 전류의 몇 [%]를 초과하는 직류전류를 배전계통으로 유입시켜서는 안 되는가?

① 0.1　　　　　② 0.5

③ 5　　　　　　④ 10

해설 분산형 전원 및 그 연계 시스템은 분산형전원 연결점에서 최대 정격 출력전류의 0.5[%]를 초과하는 직류 전류를 계통으로 유입시켜서는 안 된다.　**답** ②

27 전력기술관리법령에 따라 산업통상자원부장관이 전력기술의 연구개발을 촉진하고 그 성과를 효율적으로 이용하기 위하여 수립하는 전력기술진흥기본계획에 포함되는 사항이 아닌 것은?

① 새로운 전력기술의 채택에 관한 사항

② 전력기술 진흥의 기본 목표 및 그 추진 방향

③ 전력기술의 진흥을 위한 자금 지원에 관한 사항

④ 신·재생에너지의 기술계발 및 이용·보급에 관한 중요 사항

해설 기본계획에는 다음 각 호의 사항이 포함되어야 한다.
1. 전력기술 진흥의 기본 목표 및 그 추진 방향
2. 전력기술의 개발 촉진 및 그 활용을 위한 시책
3. 전력기술인의 양성 및 수급(需給)에 관한 사항
4. 새로운 전력기술의 채택에 관한 사항
5. 전력기술의 정보관리 및 표준화에 관한 사항
6. 전력기술을 연구하는 기관 및 단체의 지도 · 육성에 관한 사항
7. 전력기술의 국제협력에 관한 사항
8. 전력기술의 진흥을 위한 자금 지원에 관한 사항
9. 그 밖에 전력기술의 진흥에 관한 사항   **답** ④

28 전기설비 관련 시설공간(KDS 31 10 21:2019)에 따라 수변전실 설계 시 건축관점에서의 고려사항으로 틀린 것은?

① 장비 반입 및 반출 통로가 확보되어야 한다.
② 수변전실은 불연 재료를 사용하여 구획하고, 출입구는 방화문으로 한다.
③ 장비의 배치 및 유지보수가 용이하도록 충분한 넓이와 유효높이가 확보되어야 한다.
④ 수변전 관련 설비실(발전기실, 축전지실, 무정전전원장치실 등)이 있는 경우 수변전실과 가급적 떨어진 위치로 한다.

해설 건축적 고려사항
(가) 장비 반입 및 반출 통로가 확보되어야 한다.
(나) 장비의 배치에 충분하고 유지보수가 용이한 넓이를 갖고 상비에 대해 충분한 유효높이를 확보한다.
(다) 수변전관련 설비실(발전기실, 축전지실, 무정전 전원장치실)이 있는 경우 이와 가까워야 한다.
(라) 수변전실은 불연재료의 구조로 구획하고, 출입구는 방화문으로 한다.   **답** ④

29 태양광발전 어레이용 가대의 구조설계 시 적용되는 상정하중의 분류 중 수평하중에 속하는 것은?

① 풍하중   ② 활하중
③ 고정하중   ④ 적설하중

해설 · 고정하중 : 어레이, 프레임, 서포트 하중
· 적설하중 : 경사계수 및 눈의 단위 질량 고려
· 활하중 : 건축물 및 공작물을 점유 · 사용함으로써 발생하는 하중
· 풍하중 : 어레이에 가한 풍압과 지지물에 가한 풍압의 합
· 지진하중 : 지지층의 전단력 계수 고려   **답** ①

30 전력시설물 공사감리업무 수행지침에 따른 비상주감리원의 근무수칙으로 틀린 것은?

① 설계도서 등의 검토
② 중요한 설계변경에 대한 기술검토
③ 설계변경 및 계약금액 조정의 심사
④ 입찰참가자격심사(PQ) 기준 작성(필요한 경우)

해설 비상주 감리원은 다음 각호에 따라 업무를 수행하여야 한다.
① 설계도서의 검토
② 상주감리원이 수행하지 못하는 현장 조사분석 및 시공상의 문제점에 대한 기술검토와 민원사항에 대한 현지조사 및 해결방안 검토
③ 중요한 설계변경에 따른 기술검토
④ 설계의 변경및 계약금액조정의 심사
⑤ 기성 및 준공검사
⑥ 정기적 (분기 또는 월별)으로 현장 시공상태를 종합적으로 점검 확인 평가하고 기술지도
⑦ 공사와 관련하여 발주자(지원업무담당자 포함)가 요구한 기술적 사항등에 대한 검토
⑧ 그밖에 감리 업무 추진에 필요한 기술지원 업무   **답** ④

31 전력기술관리법령에 따라 설계업자는 그가 작성하거나 제공한 실시설계도서를 해당 전력시설물이 준공된 후 몇 년간 보관하여야 하는가?

① 3   ② 5
③ 10   ④ 12

해설 전력기술관리법령에 따라 설계업자는 그가 작성하거나 제공한 실시설계도서를 해당 전력시설물이 준공된 후 5년간 보관하여야 한다.   **답** ②

32 분산형전원 배전계통연계 기술기준에 따라 비정상 전압이 $V < 50$에 해당하는 분산형전원의 분리시간은 최대 몇 초인가? (단, V는 기준전압(계통의 공칭전압)에 대한 백분율(%)이며, 전압 범위 정정치 와 분리시간을 현장에서 조정하는 경우는 제외한다.)

① 0.16초   ② 0.5초
③ 1.0초   ④ 2.0초

해설 비정상 전압에 대한 분산형전원 분리시간

전압 범위[주2] (기준전압[주1]에 대한 백분율[%])	분리시간[주2] [초]
$V < 50$	0.5
$50 \leq V < 70$	2.00
$70 \leq V < 90$	2.00
$110 < V < 120$	1.00
$V \geq 120$	0.16

답 ②

---

33 설계감리업무 수행지침에 따라 설계감리원이 설계용역 수행단계에서 발주자 및 설계자의 설계 수행절차에 대한 문제점 및 기술적인 애로사항의 해결을 위해 수행하는 지원업무에 대한 설명으로 틀린 것은?

① 설계자의 조치계획에 대한 적정성 검토
② 그 밖에 발주자 및 설계자가 설계수행을 위하여 요청하는 사항
③ 설계 및 설계감리용역 시행에 따른 업무연락, 문제점 파악 및 민원해결
④ 설계상 기술적인 애로사항의 해결을 위해 직접 자문가의 역할을 수행하거나 외부 전문가의 활용을 통한 설계품질 향상을 도모

해설 설계감리원은 설계용역 수행단계에서 발주자 및 설계자의 설계 수행절차에 대한 문제점 및 기술적인 애로사항의 해결을 위한 다음 각 호의 지원업무를 수행하여야 한다.
1. 설계상 기술적인 애로사항의 해결을 위해 직접 자문가의 역할을 수행하거나 외부 전문가의 활용을 통한 설계품질 향상을 도모
2. 설계자의 조치계획에 대한 적정성 검토
3. 그 밖에 발주자 및 설계자가 설계수행을 위하여 요청하는 사항

답 ③

---

34 현장에 설치된 태양광발전시스템에서 외기온도 37[℃]일 때 다음 모듈의 셀 표면 온도는? (단, 패널 표면의 일사량은 1000[W/m²]이며 NOTC는 45[℃] 이다.)

① 66.25[℃]
② 67.25[℃]
③ 68.25[℃]
④ 69.25[℃]

해설 NOCT

$$T_c = T_a + \frac{T_{noct} - 20℃}{800[W/m^2]} \times S$$

T_c : 태양전지모듈 셀표면 온도
T_a : 외기 온도,
T_{noct} : NOCT 개방전압 온도계수
S : 패널표면 일사량

$$T_c = 37℃ + \frac{45℃ - 20℃}{800[W/m^2]} \times 1000[W/m^2] = 68.25℃$$

답 ③

---

35 한국전기설비규정에 따라 발전소 · 변전소 · 개폐소 또는 이에 준하는 곳에는 울타리 · 담 등의 시설을 하여야 한다. 사용전압이 345[kV]일 경우 울타리 담 등의 높이와 이로부터 충전부분까지 거리의 합계는 높이와 이로부터 충전부까지 거리의 합계는 최소 몇 [m]인가?

① 3
② 5
③ 7.17
④ 8.28

해설 ※ 단수 $= \dfrac{\text{전압}[kV] - 160}{10}$

  … 단수계산에서 소수점 이하는 절상
• 특고압 가공전선의 높이는 일반장소에서는 6[m](산지 등에서는 5[m])에, 160[kV]를 넘는 10[kV] 또는 그 단수마다 12[cm]를 가한 값
• 단수 $= \dfrac{345 - 160}{10} = 18.5 \rightarrow 19$단
∴ 전선의 지표상 높이 $= 6 + 19 \times 0.12 = 8.28[m]$

답 ④

---

36 얕은 기초의 현장시험에 의한 지지력 산정 시 기초의 허용지지력을 추정할 수 있으며, 다른 종류의 현장시험이 어려운 모래, 자갈, 풍화토, 풍화암 등에 적용할 수 있는 시험은?

① 콘관입시험
② 현장베인시험
③ 공내재하시험
④ 표준관입시험

해설 공내재하시험
본 시험은 일반적으로 풍화암 및 연암을 대상으로 변형계수 및 탄성계수를 측정하는데 그 목적이 있다. 정확한 시험 및 시험구간 결정을 위해서는 시추코아를 확인하는 것이 매우 중요하다.

답 ③

37 태양광발전시스템에서 인버터 출력측의 3상3
선식 간선의 전압강하 계산식으로 옳은 것은?
(단, L : 전선의 길이(m), I : 부하전류(A),
A : 전선의 단면적(mm²) 이다.)

① $\dfrac{17.8LI}{1000A}$
② $\dfrac{20.8LI}{1000A}$
③ $\dfrac{30.8LI}{1000A}$
④ $\dfrac{35.6LI}{1000A}$

해설

회로 전기방식	전압강하	전선 굵기
직류 2선식	$e = \dfrac{35.6 \times L \times I}{1000 \times A}$	$A = \dfrac{35.6 \times L \times I}{1000 \times e}$
단상 3선식	$e = \dfrac{17.8 \times L \times I}{1000 \times A}$	$A = \dfrac{17.8 \times L \times I}{1000 \times e}$
3상 3선식	$e = \dfrac{30.8 \times L \times I}{1000 \times A}$	$A = \dfrac{30.8 \times L \times I}{1000 \times e}$

답 ③

38 건축물의 설계도서 작성기준에 따른 설계도서
작성방법에서 계획 설계의 도서내용 중 전기설
비계획서의 내용에 해당하지 않는 것은?

① 해당 법규 검토
② 추정 부하 산정
③ 개략 예산 검토
④ 적용 시스템 비교 검토

해설 건축물의 설계도서 작성기준에 따른 설계도서 작성방
법에서 계획 설계의 도서내용 중 전기설비계획서의 내
용은 해당 법규 검토, 추정 부하 산정, 개략 예산 검토,
설계방향설정 및 전기설비 계획개요
답 ④

39 설계도면 작성 시 정류기의 전기도면 기호로
옳은 것은?

① $\boxed{RC}$
② $\boxed{T}$
③ $\boxed{\blacktriangleright\!|}$
④ $\boxed{G}$

해설 ① 룸에어컨 ② 소형변압기 ④ 발전기 **답** ③

> 출제기준 변경 및 개정된 관계 법규에 따라 삭제된 문제
> 가 있어 20문항이 안됩니다.

3과목 - 태양광발전시스템 시공

41 낙뢰의 위험으로부터 시설물을 보호하기 위한
피뢰방식이 아닌 것은?

① 분전방식
② 돌침방식
③ 그물망도체방식
④ 수평도체방식

해설 피뢰 방식의 종류
1) 돌침방식
2) 용마루위 도체방식
3) 케이지 방식
4) 수평 도체 방식
5) 독립 가공 지선 방식 등
답 ①

42 한국전기설비규정에 따라 태양전지 발전소에
시설하는 태양전지 모듈, 전선 및 개폐기 기타
기구를 옥내에 시설할 경우 사용할 수 없는 공
사방법은?

① 케이블공사
② 애자공사
③ 합성수지관공사
④ 금속제 가요전선관공사

해설 태양전지 발전소에 시설하는 태양전지 모듈, 전선 및
개폐기 기타 기구를 옥내에 시설할 경우 사용할 수 없는
공사는 애자공사이다.
답 ②

43 어떤 전지의 외부회로 저항은 5[Ω] 이고 전류
는 8[A]가 흐른다. 외부회로에 5[Ω] 대신에 15
[Ω]의 저항을 접속하면 흐르는 전류는 4[A]로
떨어진다. 이 전지의 기전력[V]은?

① 40
② 60
③ 80
④ 100

해설 전지의 기전력 $E = I \times (r + R)$
여기서, R : 외부저항
r : 건전지 내부저항
E : 전지의 기전력
∴ $E = 8 \times (r + 5)$, $E = 4 \times (r + 15)$에서
$r = 5[\Omega]$, $E = 80[V]$
답 ③

44 저압 뱅킹(banking)방식에 대한 설명으로 옳은 것은?

① 부하증가에 대한 융통성이 없다.
② 캐스케이팅(cascading)현상의 염려가 있다.
③ 깜박임(light flicker)현상이 심하게 나타난다.
④ 전압 간선의 전압강하는 줄어드나 전력손실을 줄일 수 없다.

해설 저압 뱅킹(banking)방식
가. 전압 동요가 적다.
나. 부하 증가에 대한 융통성이 좋다.
다. 고장 보호 방식이 적당할 때 공급 신뢰도는 향상된다.
라. 캐스케이팅(cascading)현상의 염려가 있다.
답 ②

45 태양광발전시스템이 설치될 지역 중 지진구역 Ⅰ이 아닌 곳은?

① 경기도   ② 제주도
③ 전라북도   ④ 충청남도

해설 지진구역 구분 및 지역계수

지진구역		행정구역	지진구역계수
Ⅰ	시	서울, 인천, 대전, 부산, 대구, 울산, 광주, 세종	0.22g
	도	경기 충북, 충남, 경북, 경남, 전북, 전남, 강원 남부*	
Ⅱ	도	강원 북부**, 제주	0.14g

*강원 남부 : 영월, 정선, 삼척, 강릉, 동해, 원주, 태백
**강원 북부 : 홍천, 철원, 화천, 횡성, 평창, 양구, 인제, 고성, 양양, 춘천, 속초
답 ②

46 지붕 건재형 태양광발전 모듈의 설치장소를 고려한 설치 시 유의사항으로 틀린 것은?

① 인접 가옥의 화재에 대한 방화대책을 세워 시설할 것
② 태양광발전 모듈의 하중에 견딜 수 있는 강도를 가질 것
③ 눈이 많은 지역에서는 적설 방지대책을 강구하여 시설할 것
④ 풍력개수는 처마 끝이나 지붕 중앙부나 똑같이 하여 시설할 것

해설 지붕 건재형 태양전지 모듈의 설치장소
1) 처마끝과 케라바 및 용마루의 풍력계수는 지붕의 중앙보다 크고, 태양전지 모듈의 설치장소가 처마끝, 케라바, 용마루 부분일 경우에는 그 부분의 설치강도를 소정의 풍력계수를 고려하여 설치하도록 한다.
2) 처마끝 부분은 인접한 가옥의 화재 시에 자기 집으로 번질 위험이 있으므로 방화대책을 세운다.
3) 적설량이 많은 지역에 대해서 지붕에 쌓인 눈의 제거 여부는 설치장소의 상황에 따라 판단하며, 필요에 따라 눈을 녹이거나 적설방지 대책을 강구한다.
답 ④

47 태양광발전설비의 사용 전 검사 방법으로 틀린 것은?

① 각종 보호계전기 제어기능 등을 모의(수동) 동작시켜 차단 및 경보 상태를 확인한다.
② 기준 일사량 및 온도 조건하에서 회로를 개방하고 두 단자(P, N)간 개방전압(V_{oc})을 측정한다.
③ 제작사 자체 또는 시험기관에서 제시한 설정값에서 전력조절부와 Static 스위치의 자동·수동 절체동작을 확인한다.
④ 접속함에서 태양광전지 스트링의 양극과 음극을 개방시키고, DC전로와 대지(접지)간에 500[V] 또는 1000[V] Megger로 절연저항을 측정한다.

해설 접속함에서 태양광전지 스트링의 양극과 음극을 단락시키고, DC전로와 대지(접지)간에 500[V] 또는 1000[V] Megger로 절연저항을 측정한다.
답 ④

48 수·변전설비를 옥내에 시공 시 유의사항으로 틀린 것은?

① 기기 주위에는 유지관리 공간을 확인하여야 한다.
② 기기의 중량을 산정하여 바닥강도를 확인하여야 한다.
③ 전기실에는 물 배관·증기관·환기용·덕트 등을 시설하거나 통과시켜서는 안 된다.
④ 습기 또는 결로 등에 의한 절연저하의 우려가 있는 경우에는 적절한 공법으로 하여야 한다.

해설 옥내의 시설
(1) 기기 주위에는 유지관리 공간을 고려한다.
(2) 기기의 중량을 산정하여 바닥강도를 재확인한다.
(3) 변압기의 발열등으로 실온이 상승될 염려가 있을 경우에는 환기구멍 또는 환기장치 등을 설치한다.
(4) 습기 또는 결로 등에 의한 절연저하의 염려가 있는 경우에는 적절한 대책을 강구한다.
(5) 전기실에는 수도관, 증기관, 덕트(전기실 환기용은 제외) 등을 통과시키지 않는다. **탑** ③

49 단상브리지 정류회로에서 전원전압이 220[V]인 경우 출력전압의 평균값은 약 몇 [V]인가?
① 99　② 198
③ 220　④ 311

해설 저항 부하일 경우 전파 정류된 직류단 전압의 평균값을 구하는 공식은
$\frac{2}{\pi} \times V_{max}$ (V_{max} : 교류입력 전압의 최대값)
$\frac{2\sqrt{2}}{\pi} \times V = \frac{2\sqrt{2}}{\pi} \times 220 = 198[V]$ **탑** ②

50 한국전기설비규정에 따라 저압 옥내배선의 전선은 단면적 몇 [mm²] 이상의 연동선 또는 이와 동등 이상의 강도 및 굵기의 것이어야 하는가?
① 1　② 2.5
③ 6　④ 10

해설 KEC 231.3.1 (저압 옥내배선의 사용전선)
저압 옥내배선의 전선은 단면적 2.5[mm²] 이상의 연동선 또는 이와 동등 이상의 강도 및 굵기의 것 **탑** ②

51 절대온도 0도에서 최외각전자가 가지는 에너지 높이를 말하는 것은?
① 일함수　② 전자볼트
③ 퍼텐셜우물　④ 페르미준위

해설 고체 내에서 가장 약하게 속박되어있는 전자의 에너지 준위를 페르미 준위라고 하며, 고체의 온도가 올라가거나 전자가 첨가되면 페르미 준위도 변한다. 절대 영도 (0K)에서 페르미 준위의 값을 페르미 에너지라고 하는데, 페르미 에너지는 고체의 종류에 따라 다르다. **탑** ④

52 변전소 비접지 선로의 접지보호용으로 사용되는 계전기에 영상전류를 검출하는 기기는?
① CT　② PT
③ GPT　④ ZCT

해설 변전소 비접지 선로의 접지보호용으로 사용되는 계전기에 영상전류를 검출하는 기기는 ZCT 이다. **탑** ④

53 한국전기설비규정에 따라 태양광발전 모듈 배선을 금속관 공사로 시공할 경우의 시설기준으로 틀린 것은?
① 옥외용 비닐절연전선을 사용하여야 한다.
② 전선은 금속관 안에서 접속점을 만들어서는 안 된다.
③ 짧고 가는 금속관에 넣는 전선인 경우 단선을 사용할 수 있다.
④ 콘크리트에 매입하는 것은 1.2[mm] 이상

해설 KEC 232.12 (금속관공사)
1. 전선은 절연전선 (옥외용 비닐 절연전선을 제외한다)일 것
2. 콘크리트에 매입하는 것은 1.2[mm] 이상을 사용하였다.
3. 금속관 안에는 전선에 접속점이 없도록 할 것 **탑** ①

54 경간이 150[m]인 가공 송전선로에서 전선의 중량이 0.4[kg/m], 전선의 수평장력이 100[kg]이라고 한다. 이 전선로의 이도는 약 몇 [m]인가?
① 1.125　② 11.25
③ 3.33　④ 33.33

해설 이도$(D) = \frac{WS^2}{8T}[m] = \frac{0.4 \times (150)^2}{8 \times 100} = 11.25[m]$
T : 수평장력
W : 전선 1[m]당 무게 [kg/m]
S : 경간[m] **탑** ②

55 태양광전원의 용량 50 [MVA]에 대하여, 15 [%]의 임피던스를 가지는 경우, 100[MVA]를 기준으로 한 %임피던스는 몇 [%]인가?

① 30 ② 40
③ 50 ④ 60

해설 A를 기준용량 B로 환산할 경우

$$\%Z_B = \frac{P_B}{P_A} \times \%Z_A$$

$$\%Z_{100[MVA]} = \frac{100[MVA]}{50[MVA]} \times 15[\%] = 30[\%]$$ 답 ①

56 송전선로에서 코로나 방지대책으로 틀린 것은?

① 단도체의 사용
② 복도체의 사용
③ 굵은 전선의 사용
④ 가선 금구의 개량

해설 송전선로에서 코로나 방지대책
1. 가선 금구를 개량한다.
2. 복도체 방식을 채용한다.
3. 전선의 외경을 증가시킨다. 답 ①

57 옴의 법칙에서 전류의 크기는 어느 것에 비례하는가?

① 임피던스
② 전선의 길이
③ 전선의 단면적
④ 전선의 고유저항

해설 전위차를 V, 전류의 세기를 I, 전기저항을 R라 하면, $V = IR$의 관계가 성립한다. 균일한 크기의 물질에서 R는 길이 l에 비례하고 단면적 A에 반비례하며 $R = \rho l/A$이다. 답 ③

58 신·재생에너지 설비의 지원 등에 관한 지침에 따라 태양광발전용 인버터에 대한 내용으로 옳은 것은?

① 태양광발전용 인버터는 KS 인증제품을 설치하여야 한다.
② 인버터 입력단(모듈출력)의 표시사항은 전압, 전류, 주파수가 표시되어야 한다.
③ 인버터에 연결된 모듈의 설치용량은 인버터 설치용량의 110[%] 이내이어야 한다.
④ 인버터는 실내 및 실외용을 구분하여 설치하여야 하며 실내용은 실외에 설치할 수 있다.

해설 태양광발전용 인버터는 KS 인증제품을 설치하여야 한다. 답 ①

59 네트워크에 의한 공정관리기법의 종류가 아닌 것은?

① CPM 기법 ② ADM 기법
③ PERT 기법 ④ RAMPS 기법

해설 ADM(arrow diagramming method) : 화살선형 네트워크 공정기법으로서 화살선은 작업에 대한 시간적 의미를 가지고 있다. 답 ②

60 태양광발전시스템에 사용되는 인버터의 출력측 절연저항을 측정하는 순서는?

[보기]
가. 교류단자와 대지 간의 절연저항을 측정
나. 태양전지 회로를 접속함에서 분리
다. 분전반 내의 분기차단기 개방
라. 직류 측의 모든 입력단자 및 교류 측 전체의 출력단자를 각각 단락

① 다 → 나 → 라 → 가
② 나 → 라 → 다 → 가
③ 다 → 라 → 나 → 가
④ 나 → 다 → 라 → 가

해설 인버터의 출력측 절연저항을 측정하는 순서
① 태양전지 회로를 접속함에서 분리
② 분전반 내의 분기차단기 개방
③ 직류 측의 모든 입력단자 및 교류 측 전체의 출력단자를 각각 단락
④ 교류단자와 대지 간의 절연저항을 측정 답 ④

4과목 - 태양광발전시스템 운영

61 태양광발전시스템의 안전관리 대책중 추락사고 예방을 위한 조치사항이 아닌 것은?

① 안전모 착용
② 안전벨트 착용
③ 절연장갑 착용
④ 안전난간대 설치

해설 복장 및 추락방지
① 안전모 착용 : 머리보호를 위해 착용한다.
② 안전대 착용 : 추락방지를 위해 필히 착용한다.
③ 안전화 : 미끄럼 방지의 효과가 있는 신발
④ 안전허리띠 착용 : 공구 공사 부재의 낙하 방지를 위해 착용한다. **답** ③

62 인버터의 절연저항 측정 시 주의사항으로 틀린 것은?

① SA등의 정격에 약한 회로들은 회로에서 분리하여 측정한다.
② 정격전압이 입·출력과 다를 때는 낮은 측의 전압을 선택기준으로 한다.
③ 입·출력단자에 주회로 이외의 제어단자 등이 있는 경우 이것을 포함해서 측정한다.
④ 절연변압기를 장착하지 않은 인버터는 제조사가 추천하는 방법에 따라 측정한다.

해설 인버터 절연저항 측정 주의사항
1) 정격전압이 입·출력에서 서로 다를 때는 높은 측의 전압을 절연저항계의 선택기준으로 한다.
2) 입·출력단자에 주회로 이외의 제어단자 등이 있는 경우는 이것을 포함해서 측정 한다.
3) 측정할 때는 서지 업 서버 등의 정격에 약한 회로에 관해서는 회로에서 분리시킨다.
4) 트랜스 리스 인버터의 경우에는 제조업자가 추천하는 방법에 따라 측정 한다. **답** ②

63 결정질 실리콘 태양광발전 모듈(성능)(KS C 8561:2020)에 따라 결정질 실리콘 태양광발전 모듈의 시험방법에 해당되지 않는 것은?

① 고온·고습시험
② UV 전처리시험
③ 열점 내구성시험
④ 정현파 진동시험

해설 정현파 진동시험 (SINE TEST)
– 목적 : 부품 및 기기에 대한 수송 중 및 사용 중 발생하는 정현파진동에 대한 내구성을 시험
– 진동 Source : 선박, 항공기, 지상차량, 회전날개, 우주용기기, 기계 진동 및 지진 현상 시 발생 **답** ④

64 전기작업에 관한 기술지침에 따라 자격자의 선정 및 교육에 대한 설명으로 틀린 것은?

① 교육은 작업별로 간단하게 실시되어야 하며, 안전시스템의 중요성이 강조되어야 한다.
② 자격자의 작업자는 특정 유형의 작업에 대하여 동반 작업자와 함께 훈련을 받아야 한다.
③ 개별 작업자의 자격 정도는 수행되는 작업종류 및 작업자의 지식, 훈련 및 경험에 따라 평가 되어야 한다.
④ 작업자가 추가적인 책임을 수반할 수 있는 다양한 범위의 작업을 수행할 경우에는 추가훈련을 받아야 한다.

해설 교육은 작업별로 구체적으로 실시되어야 하며, 안전시스템의 중요성이 강조되어야 한다. **답** ①

65 전기사업법령에 따라 전기안전관리자를 선임하지 않아도 되는 전기설비로 틀린 것은?

① 설비용량 20킬로와트 이하의 발전설비
② 전기공급계약에 의하여 사용을 중지한 심야전력 전기설비
③ 점유자가 전기사업자에게 전기설비의 휴지를 통보하지 않은 전기설비
④ 심야전력을 이용하는 전기설비로서 전압이 600볼트 이하인 전기수용설비

해설 휴지상태인 전기설비 **답** ③

66 태양광발전 모듈에서 바이패스 다이오드의 고장원인으로 적합하지 않은 것은?

① 빈번한 차광   ② 외부의 충격
③ 낙뢰 및 서지   ④ 낮은 외기 온도

해설 바이패스 다이오드의 고장원인
  ① 빈번한 차광
  ② 외부의 충격
  ③ 낙뢰 및 서지   **답** ④

67 산업안전보건기준에 관한 규칙에 따라 사업주는 항타기 또는 항발기의 권상용 와이어로프의 안전계수가 얼마 이상 아니면 이를 사용해서는 안 되는가?

① 2   ② 3
③ 4   ④ 5

해설 사업주는 항타기 또는 항발기의 권상용 와이어로프의 안전계수가 5이상 사용해서는 아니 된다.   **답** ④

68 자가용전기설비 검사업무 처리규정에 따라 태양광발전설비의 태양광 전지 정기검사 시 검사 세부 종목으로 틀린 것은?

① 누설전류
② 규격확인
③ 외관검사
④ 전지 전기적 특성시험

해설 태양전지 정기검사
 • 일반규격 : 규격확인
 • 태양전지검사 : 외관검사, 전지 전기적 특성 시험, 어레이 누설전류는 발전용 인버터 정상특성 시험항목에 해당함   **답** ①

69 태양광발전시스템 작업 중 감전방지책으로 틀린 것은?

① 저압 절연장갑을 착용하였다.
② 강우 시에는 작업을 중지한다.
③ 절연 처리된 공구들을 사용한다.
④ 작업 전 태양광발전 모듈 표면을 외부로 노출한다.

해설 작업 중 감전 방지 대책
  ① 작업 전 태양광모듈 표면에 차광막을 씌워 태양광을 차폐한다.
  ② 저압 절연장갑을 착용한다.
  ③ 절연 처리된 공구를 사용한다.
  ④ 강우 시에는 감전사고, 미끄러짐, 추락사고 등의 우려가 있으므로 작업을 금지한다.   **답** ④

70 모니터링시스템에 대한 설명으로 틀린 것은?

① 계측·표시장치의 목적은 운전상태 감시, 발전전력량 표시, 시스템 종합평가 계측이다.
② 계측·표시장치 시스템은 검출기(센서) → 연산장치 → 신호변환기 → 표시장치 순으로 정보가 전달된다.
③ 프로그램 기능으로는 데이터 수집기능, 데이터 저장기능, 데이터 분석기능, 데이터통계기능 등이 있다.
④ 데이터 분석기능은 각각의 계측요소마다 일일평균값과 시간에 따른 각 계측값의 변화를 알 수 있도록 표의 형식으로 데이터를 제공한다.

해설 계측표시 장치 시스템 정보 전달 순서
검출기(센서) → 신호변환기 → 연산장치 → 표시 장치 순으로 전달된다.   **답** ②

71 배전반 제어회로의 배선에 대한 일상점검 항목이 아닌 것은?

① 전선 지지물의 탈락여부 확인
② 과열에 의한 이상한 냄새여부 확인
③ 차단기 고정용 볼트 조임 이완에 따른 진동음 유무 확인
④ 가동부 등의 연결전선의 절연피복 손상여부 확인

해설 제어회로의 배선

점검개소	목적	점검내용
배선전반	손상	가동부 등에 연결되는 전선의 절연 피복 손상은 없는가
		전선 지지물이 떨어져 있는가
	이상한 냄새	과열에 의한 이상한 냄새는 없는가

답 ③

72 태양광발전시스템 직류용 커넥터-안전 요구
사항 및 시험(KS C IEC 62852 : 2014)에 따라
커넥터가 옥외 사용에 적합하게 내구성이 있어
야 하는 주의온도 영역으로 옳은 것은?

① $-60[℃] \sim +65[℃]$
② $-50[℃] \sim +75[℃]$
③ $-40[℃] \sim +85[℃]$
④ $-30[℃] \sim +95[℃]$

해설 커넥터는 $-40℃$ 에서 $+85℃$ 까지의 주위 온도 영역 내
옥외 사용에 적합하게 내구성이 있어야 한다. 답 ③

73 중대형 태양광 발전용 인버터(계통연계형, 독
립형)(KS C 8565:2020)의 절연성능 시험방법
에서 입력 단자 및 출력 단자를 각각 단락하고,
그 단자와 대지 간의 절연저항을 측정하는 경
우 품질기준으로서 절연저항은 몇 [MΩ] 이상
이어야 하는가?

① 0.1   ② 0.5
③ 0.7   ④ 1.0

해설 절연저항시험
* 입력단지 및 출력단자를 각각 단락하고, 그 단자와 대
지 간의 절연 저항을 측정한다. KS C 1302에서 규정
하는 대로 시험품의 정격 측정 전압이 500[V] 미만에
서는 유효 최대 눈금값 1000[MΩ], 500[V] 이상
1000[V] 이하 에서는 유효 최대 눈금값 2000[MΩ]
의 절연 저항계를 사용한다. 다만, 해당시험은 바리
스터, Y-CAP, 서지 보호 부품은 제거한다.
* 품질기준 절연저항은 1[MΩ] 이상일 것 답 ④

74 태양광 발전소 설비용량이 2500[kW], SMP가
200[원/kWh], 가중치 적용 전 REC가 150[원
/kWh]인 경우 판매단가[원/kWh]는?
(단, "SMP + 1REC가격 * 가중치" 계약방식이
며, 설치장소는 기존 건축물 지붕을 이용하여
설치하는 것으로 한다)

① 425   ② 475
③ 500   ④ 525

해설 태양광발전설비 공급인증서(REC) 가중치

구분	공급인증서 가중치	대상에너지 및 기준 설치유형	세부기준
태양광 에너지	1.2	일반부지에 설치하는 경우	100[kw] 미만
	1.0		100[kW]부터
	0.8		3,000[kW] 초과부터
	0.5	임야에 설치하는 경우	
	1.5	건축물 등 기존 시설물을 이용하는 경우	3,000[kW] 이하
	1.0		3,000[kW] 초과부터
	1.6	유지의 수면에 부유하여 설치하는 경우	100[kW] 미만
	1.4		100[kW]부터
	1.2		3,000[kW] 초과부터
	1.0	자가용 발전설비를 통해 거래하는 경우	

판매단가 = SMP + REC × 1.5 = 200 + 150 × 1.5
= 425[원/kWh] 답 ①

75 태양광발전용 축전지의 정기점검 항목 중 육안
점검의 항목이 아닌 것은?

① 외관점검
② 단자전압
③ 전해액 비중
④ 전해액면 저하

해설 축전지의 정기점검 항목

점검 항목		점검 요령
육안점검	외관점검 전해액 비중 전해액면 저하	부하로의 급전을 정지한 상태에서 실시할 것
측정 및 시험	단자전압 (총 전압/셀 전압)	

답 ②

76 태양광발전 모듈의 유지관리 시 유의사항을 설
명한 것으로 틀린 것은?

① 태양광발전 모듈의 동작상태에서는 커넥터
를 분리하지 말아야 한다.
② 모듈을 설치, 배선, 운전 및 정비할 때는 모
든 전기적 위험을 방지하여야 한다.
③ 모듈을 세척할 때는 전기적 절연을 위하여
항상 절연고무장갑을 착용해야 한다.
④ 태양광발전 모듈의 정상 동작을 확인하기 위
하여 인위적으로 집광하여 점검해야 한다.

해설 태양광 모듈의 유지관리사항
1) 모듈의 유리표면 청결 유지
2) 음영이 생기지 않도록 주변 정리
3) 케이블 극성 유의 및 방수 커넥터 사용여부
답 ④

77 태양광발전시스템 운영 시 비치 목록으로 틀린 것은?

① 전기안전관리용 정기점검표
② 태양광발전시스템 운영매뉴얼
③ 태양광발전시스템 피난안내도
④ 태양광발전시스템 긴급복구 안내문

해설 시스템 운영 시 비치 목록
1) 발전 시스템 운영 매뉴얼
2) 발전 시스템 긴급복구 안내문
3) 전기안전관리자용 정기 점검표
4) 발전 시스템 시방서
5) 발전 시스템 계약서 사본
6) 발전 시스템 건설 관련 도면(토목, 건축, 기계, 전기도면 등)
7) 발전 시스템 구조물의 구조 계산서
8) 발전 시스템의 한전 계통 연계 관련 서류
9) 발전 시스템에 일반 점검표
10) 발전 시스템 안전교육 표지판
11) 발전 시스템 긴급복구 안내문 등
답 ③

78 태양광발전시스템의 일상점검에서 점검대상과 점검내용의 연결로 틀린 것은?

① 접속함 – 접속케이블에 손상이 없을 것
② 축전지 – 현저한 변형 및 파손이 없을 것
③ 태양광발전 어레이 – 현저한 오염 및 파손이 없을 것
④ 인버터 외함 – 부식 및 녹이 없고 충전부가 노출되어 있을 것

해설 인버터 외함 – 부식 및 녹이 없고 충전부 노출되어 있지 않을 것
답 ④

79 태양광발전 접속함(KS C 8567 : 2019)에 따른 시험 항목이 아닌 것은?

① 인장력시험   ② 내열성시험
③ 온도상승시험   ④ 내부식성시험

해설 태양광발전 접속함 시험 항목
1. 구조시험
2. 공간거리와 연면 거리시험
3. 절연특성시험
4. 내열성시험
5. 내부식성 시험
6. 외함보호 등급(IP)
7. 온도상승시험
8. 직류전원장치의 안정성 및 전자파 적합성 시험
9. 표시의 내구성시험
답 ①

출제기준 변경 및 개정된 관계 법규에 따라 삭제된 문제가 있어 20문항이 안됩니다.

1과목 – 태양광발전시스템 이론

01 환경영향평가법령에 따라 태양광 발전소의 경우 환경영향평가를 받아야 하는 발전시설용량은 몇 [kW] 이상인가?

① 1000
② 10000
③ 100000
④ 1000000

해설 발전설비용량이 100000[kW]미만인 경우이고, 만약 발전설비의 용량이 100000[kW] 이상이라면 환경평가의 대상이 됨　**답** ③

02 다음 조건과 같은 독립형 태양광발전용 축전지의 용량은 약 몇 [Ah]인가?

- 1일 정격소비량 : 2.4 [kWh]
- 보수율 : 0.8
- 일조가 없는 날 : 10일
- 방선심도 : 65[%]
- 축전지 공칭전압 : 2 [V/cell]
- 축전지 개수 : 48개

① 390　　　② 440
③ 481　　　④ 560

해설 독립형 전원시스템용 축전지 용량공식은 다음과 같다.

$$C = \frac{L_d \times D_f \times 1000}{L \times V_b \times DOD \times N}$$

$$= \frac{2.4 \times 10 \times 1000}{0.8 \times 2 \times 0.65 \times 48} = 481[Ah]$$

여기서, L_d : 1일 적산 부하 전력량
D_f : 일조가 없는 날(일)
L : 보수율
V_b : 공칭 축전지 전압
N : 축전지 개수
DOD : 방전심도　**답** ③

03 신에너지 및 재생에너지 개발 · 이용 · 보급 촉진법령에 따라 공급인증기관이 제정하는 공급인증서 발급 및 거래시장 운영에 관한 규칙에 포함되는 사항으로 틀린 것은?

① 공급인증서의 거래방법에 관한 사항
② 공급인증서 가격의 결정방법에 관한 사항
③ 신 · 재생에너지 공급량의 증명에 관한 사항
④ 저탄소 녹색성장과 관련된 법제도에 관한 사항

해설 촉진법 시행규칙 2조의4(운영규칙의 제정 등)
1. 공급인증서의 발급, 등록, 거래 및 폐기 등에 관한 사항
2. 신 · 재생에너지 공급량의 증명에 관한 사항
3. 공급인증서의 거래방법에 관한 사항
4. 공급인증서 가격의 결정방법에 관한 사항
5. 공급인증서 거래의 정산 및 결제에 관한 사항
6. 그 밖에 공급인증서의 발급 및 거래시장 운영에 필요한 사항　**답** ④

04 신에너지 및 재생에너지 개발 · 이용 · 보급 · 촉진법령에 따른 신 · 재생에너지 정책심의회의 심의 사항이 아닌 것은?

① 신 · 재생에너지의 기술개발 및 이용 · 보급에 관한 중요 사항
② 기후변화대응 기본계획, 에너지기본계획 및 지속가능발전 기본 계획에 관한 사항
③ 신 · 재생에너지 발전에 의하여 공급되는 전기의 기준가격 및 그 변경에 관한 사항
④ 대통령령으로 정하는 경미한 사항을 변경하는 경우를 제외한 기본계획의 수립 및 변경에 관한 사항

해설 심의회는 다음 각 호의 사항을 심의한다.
1. 기본계획의 수립 및 변경에 관한 사항. 다만, 기본계획의 내용 중 대통령령으로 정하는 경미한 사항을 변경하는 경우는 제외한다.
2. 신 · 재생에너지의 기술개발 및 이용 · 보급에 관한 중요 사항
3. 신 · 재생에너지 발전에 의하여 공급되는 전기의 기준가격 및 그 변경에 관한 사항

4. 그 밖에 지식경제부장관이 필요하다고 인정하는 사항 **답** ②

---

05 전기사업법령에 따라 전기사업자 및 한국전력거래소가 전기의 품질을 유지하기 위해 매년 1회 이상 측정하여야 하는 대상의 연결로 틀린 것은?

① 전기판매사업자 – 전압
② 한국전력거래소 – 주파수
③ 배전사업자 – 전압 및 주파수
④ 송전사업자 – 전압 및 주파수

해설 ① 법 제18조제2항에 따라 전기사업자 및 한국전력거래소는 다음 각 목의 사항을 매년 1회 이상 측정하여야 하며 측정 결과를 3년간 보존하여야 한다.
1. 발전사업자 및 송전사업자의 경우에는 전압 및 주파수
2. 배전사업자 및 전기판매사업자의 경우에는 전압
3. 한국전력거래소의 경우에는 주파수
② 전기사업자 및 한국전력거래소는 제1항에 따른 전압 및 주파수의 측정기준 · 측정방법 및 보존방법 등을 정하여 산업통상자원부장관에게 제출하여야 한다. **답** ③

---

06 결정계 태양광발전 모듈의 면적 1.0[m²], 표면온도 65[℃], 변환효율 15[%] 인 경우 일사강도 0.8[kW/m²]일 때 출력은 약 몇 [kW]인가? (단, 결정계 태양광 발전 전지 온도 보정계수(a)는 −0.4[%/℃]이다.)

① 0.1
② 0.12
③ 0.15
④ 0.2

해설 변환효율 공식을 이용하여 800[kW/m²]에서의 태양전지모듈의 출력을 계산하고 그 값을 이용하여 온도 변화에 따른 출력값을 산정한다.

$$변환효율 = \frac{P[kW]}{\left(\begin{array}{c}경사면일사량\\ [kWh/m^2]\end{array}\right) \times \left(\begin{array}{c}태양전지어레이\\ 면적[m^2]\end{array}\right)} \times 100$$

$$P = 1[m^2] \times 0.8[kW/m^2] \times 0.15 = 0.12[kW]$$
$$P_{65℃} = P + (65[℃] - 25[℃]) \times 온도보정계수[\%/℃] \times P$$
$$= 0.12[kW] + (65[℃] - 25[℃]) \times \frac{-0.4}{100}[\%/℃]$$
$$\times 0.12[kW]$$
$$= 0.1[kW]$$ **답** ①

---

07 태양복사에 대한 설명으로 틀린 것은?

① 매우 흐린 날 특히 겨울에는 태양복사는 거의 모두 산란복사가 된다.
② 태양복사량의 평균값을 태양상수라고 하며 약 1367[W/m²]이다.
③ 산란복사는 태양복사가 구름이나 대기 중의 먼지에 의해 반사되지 않고 확산된 성분이다.
④ 직달복사는 태양으로부터 지표면에 직접 도달되는 복사로 물체로 강한 그림자를 만드는 성분이다.

해설 산란복사는 태양복사가 지표면에 도달되기 전에 구름이나 대기 중의 먼지에 의해 반사되고 확산된 성분이다. **답** ③

---

08 다음과 같은 조건에서 적합한 독립형 태양광발전시스템의 설치용량은 약 몇 [kWp]인가? (단, STC 조건을 기준으로 한다.)

- 연 일사량 : 1356[kWh/m²]
- 연 부하소비량 : 3000[kWh]
- 부하의 태양광발전시스템 의존율 : 50[%]
- 설계여유 계수 : 20[%]
- 종합설계지수 : 80[%]

① 1.11
② 1.66
③ 2.54
④ 3.00

해설 설치용량 = (연 부하소비량 × 설계 여유 계수 × 부하의 태양광발전시스템 의존율) ÷ (연 일사량 × 종합설계지수)

$$설치용량 = \frac{(3000 \times 1.2(설계여유계수\ 20[\%]적용) \times 0.5)}{1,356 \times 0.8}$$
$$= 1.66[kW]$$ **답** ②

---

09 전기사업법령에 따라 기초조사에 포함되어야 할 사항 중 경제 · 사회 분야의 세부항목으로 옳은 것은?

① 발전사업에 따른 지역경제 활성화 방안
② 발전설비 건설에 따른 환경오염 최소화 방안

③ 발전설비에 대한 환경 규제 및 기준에 관한
사항

④ 발전사업에 따른 인구 전출 유발 효과에 관
한 사항

해설 기초조사에 포함되어야 할 사항

분야	세부 항목
1. 환경 분야	가. 발전설비에 대한 환경 규제 및 기준에 관한 사항 나. 발전설비가 대기 · 수질 및 토지 등의 환경과 주변 지역에 미치는 영향에 관한 분석 및 대책 다. 발전설비 건설에 따른 환경오염 최소화 방안 라. 발전설비 운영에 따른 오염물질 배출량에 관한 분석 및 오염물질 배출 저감을 위한 설비 구축 방안
2. 경제 · 사회 분야	가. 발전사업에 따른 지역경제 활성화 방안 나. 발전사업에 따른 인구 유입 및 고용 유발 효과에 관한 사항

답 ①

10 태양광발전 어레이에 뇌 서지가 침입할 우려가 있는 장소의 대지와 회로간에 설치하는 것은?

① SPD
② ELB
③ ZCT
④ MCCB

해설 (1) ELB(Earth Leakage Breaker) . 누진자단기
(2) ZCT(Zero Current Transformer) : 지락 시 발생하는 영상전류를 검출하기 위한 변류기
(3) MCCB(Molded Case Circuit Breaker) : 배선용 차단기
답 ①

11 전기공사업법령에 따라 전기공사업 등록증 및 등록 수첩을 발급하는 자는?

① 시도지사
② 전기안전공사 사장
③ 지정공사업자단체장
④ 산업통상자원부장관

해설 전기공사업법령에 따라 전기공사업 등록증 및 등록수첩을 발급하는 자는 시 · 도지사이다.
답 ①

12 전기공사업법령에 따른 전기공사기술자의 시공관리 구분에서 사용전압이 22.9[kV]인 전기공사의 시공관리를 할 수 있는 기술자의 최소 등급은?

① 초급 전기공사 기술자
② 중급 전기공사 기술자
③ 고급 전기공사 기술자
④ 특급 전기공사 기술자

해설 전기공사기술자의 시공관리 구분

전기공사기술자의 구분	전기공사의 규모별 시공관리 구분
1. 특급 전기공사기술자 또는 고급 전기공사기술자	모든 전기공사
2. 중급 전기공사기술자	전기공사 중 사용전압이 100,000볼트 이하인 전기공사
3. 초급 전기공사기술자	전기공사 중 사용전압이 1,000볼트 이하인 전기공사

답 ②

13 국토의 계획 및 이용에 관한 법령에 따른 개발행위허가를 받지 아니하여도 되는 경미한 행위 중 토석채취에 대한 내용이다. 다음 ( )에 들어갈 내용으로 옳은 것은?

> 도시지역 또는 지구단위계획구역에서 채취면적이 (ⓐ)제곱미터 이하인 토지에서의 부피 (ⓑ)세제곱미터 이하의 토석채취

① ⓐ 20 ⓑ 20
② ⓐ 25 ⓑ 20
③ ⓐ 25 ⓑ 50
④ ⓐ 30 ⓑ 50

해설 도시지역 또는 지구단위계획구역에서 채취면적이 25$[m^2]$ 이하인 토지에서의 부피 50$[m^3]$ 이하의 토석채취, 도시지역 자연환경보전지역 및 지구단위계획구역 외의 지역에서 채취면적이 250$[m^2]$ 이하인 토지에서의 부피 500$[m^3]$ 이하인 토석채위의 경우이다.
답 ③

14 태양광발전시스템 설치장소 선정 시 고려사항과 관계가 없는 것은?

① 도로 접근성이 용이하여야 한다.
② 일사량 및 일조시간을 고려해야 한다.
③ 설치장소의 고도 및 기압을 고려해야 한다.
④ 전력계통 연계조건이 어떠한지 살펴야 한다.

해설 태양광발전에 유리한 부지선정 조건
· 일사량이 좋은 남향지역
· 동일 지역이라도 고지대 위치한 일사량이 좋은 장소
· 바람이 잘 통하는 부지
· 안개 발생이 적은 지역
· 발전용량에 맞는 부지 선정
· 부지의 가격이 저렴한 곳
· 토목공사비가 적게 드는 부지　　　　답 ③

15 동일 출력전류(I)를 가지는 N개의 태양전지를 같은 일사 조건에서 서로 병렬로 연결했을 경우 출력전류 I_a에 대한 계산식은?

① $I_a = N \times I$

② $I_a = N^2 \times I$

③ $I_a = \dfrac{I}{N}$

④ $I_a = \dfrac{N}{I}$

해설 직렬로 연결된 태양전지는 동일한 전류가 흐르고, 병렬로 연결된 태양전지는 연결된 전지 수만큼 출력전류가 흐른다.　　　　답 ①

16 계통연계형 태양광발전용 인버터 방식 중 중앙 집중형 인버터의 분류방식이 아닌 것은?

① 저전압 방식
② 고전압 방식
③ 모듈 인버터 방식
④ 마스터–슬레이브 방식

해설 모듈 인버터 방식
개별 모듈의 MPP점이 중앙 집중형 등 인버터 방식에 비해 슬리핑 구동이 매우 낮아 높은 발전량을 만들 수 있다.　　　　답 ③

17 전기사업법령에 따라 허가받은 사항 중 산업통상자원부령으로 정하는 중요 사항을 변경하려는 경우 산업통상자원부장관의 허가를 받아야 한다. 이 중요 사항에 포함되지 않는 것은?

① 사업자가 변경되는 경우
② 사업구역이 변경되는 경우
③ 공급전압이 변경되는 경우
④ 특정한 공급구역이 변경되는 경우

해설 허가를 받아야 하는 중요사항
① 사업구역이 변경되는 경우
② 공급전압이 변경되는 경우
③ 특정한 공급구역이 변경되는 경우　　답 ①

18 신·재생에너지 공급의무화제도 및 연료 혼합 의무화제도 관리·운영지침에 따른 용어의 정의 중 정부와 에너지공급사 간에 신·재생에너지 확대 보급을 위해 체결한 협약을 말하는 용어의 약어로 옳은 것은?

① RFS　　　　② REC
③ REP　　　　④ RPA

해설 신재생에너지 개발공급협약(RPA)이란 : 정부와 에너지 공급사 간에 신재생에너지 확대 보급을 위해 체결한 협약을 말한다.　　　　답 ④

19 신에너지 및 재생에너지 개발·이용·보급 촉진법령에 따른 신·재생에너지 공급의무자의 2021년도 의무공급량의 비율[%]은?

① 5　　　　② 6
③ 7　　　　④ 9

해설 공급의무자가 의무적으로 신·재생에너지를 이용하여 공급하여야 하는 발전량(이하 "의무공급량"이라 한다)의 합계는 총전력생산량의 25[%] 이내의 범위에서 연도별로 대통령령으로 정한다.

해당 연도	비율[%]	해당 연도	비율[%]
2012	2.0	2022	12.5
2013	2.5	2023	13.0
2014	3.0	2024	13.5
2015	3.0	2025	14.0
2016	3.5	2026	15.0
2017	4.0	2027	17.0

해당 연도	비율[%]	해당 연도	비율[%]
2018	5.0	2028	19.0
2019	6.0	2029	22.5
2020	7.0	2030년 이후	25.0
2021	9.0		

답 ④

20 경제성 분석기법에서 적용하는 '할인율(r)' 이란 무엇을 의미하는가?

① 인플레이션 비율

② 과거 이자율에 대한 현재의 이자율

③ 미래의 가치를 현재의 가치와 같게 하는 비율

④ 현재 시점의 금전에 대한 금전 시점의 가치 비율

해설 할인율이란 "미래가치를 현재가치로 바꿔 주는 것"으로 정의되며, 현재가치를 기준으로 할 경우 작은 현재가치로 일정한 미래가치를 달성할 경우 할인율은 높아지며, 큰 현재가치로 일정한 미래가치를 달성한다면 그 할인율은 낮아짐 **답** ③

2과목 - 태양광발전시스템 설계

21 얕은 기초의 침하량에 대한 설명으로 틀린 것은?

① 얕은 기초의 침하는 즉시침하, 일차압밀침하, 이차압밀침하를 합한 것을 말한다.

② 이차압밀침하는 즉시침하 완료 후의 시간-침하관계 곡선의 기울기를 적용하여 계산한다.

③ 일차압밀침하량은 지반의 압축특성, 유효응력변화, 지반의 투수성, 경계조건 등을 고려하여 계산한다.

④ 기초하중에 의해 발생된 지중응력의 증가량이 초기응력에 비해 상대적으로 작지 않은 영향 깊이 내 지반을 대상으로 침하를 계산한다.

해설 이차압밀침하는 일차압밀침하 완료 후의 시간-침하관계 곡선의 기울기를 적용하여 계산한다. **답** ②

22 전기실의 면적에 영향을 주는 요소로 틀린 것은?

① 변압기용량

② 기기의 배치 방법

③ 건축물의 구조적 여건

④ 태양광발전 모듈의 배선방법

해설 변전실 면적에 영향을 주는 요소는 다음과 같다.
① 수전전압 및 수전방식
② 변전설비 변압방식, 변압기 용량, 수량 및 형식
③ 설치 기기와 큐비클의 종류 및 시방
④ 기기의 배치방법 및 유지보수 필요면적
⑤ 건축물의 구조적 여건 **답** ④

23 전기시설물 설계 시 설계도서의 실시설계 성과물로 묶이지 않는 것은?

① 내역서, 산출서, 견적서

② 설계설명서, 설계도면, 공사시방서

③ 용량계산서, 간선계산서, 부하계산서

④ 공사비 내역서, 용량계획서, 시스템선정 검토서

해설 실시설계 성과물
(1) 설계도서 : 설계설명서, 설계도면, 공사시방서
(2) 공사비 적산서 : 내역서, 산출서, 견적서
(3) 설계 계산서 : 용량계산서, 간선계산서, 부하계산서, 소노계산서, 기타계산서
(4) 기타 사항 : 관공서 협의 기록, 관계자 협의 기록, 기타 기록(설계자문, 심의 등) **답** ④

24 전력시설물 공사감리업무 수행지침에 따라 부분중지를 지시할 수 있는 사유가 아닌 것은?

① 동일 공정에 있어 2회 이상 시정지시가 이행되지 않을 때

② 동일 공정에 있어 2회 이상 경고가 있었음에도 이행되지 않을 때

③ 안전시공상 중대한 위험이 예상되어 물적, 인적 중대한 피해가 예견될 때

④ 재시공 지시가 이행되지 않는 상태에서 다음 단계의 공정이 진행됨으로써 하자발생이 될 수 있다고 판단될 때

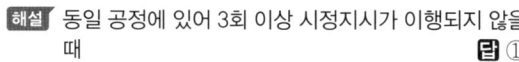
해설 동일 공정에 있어 3회 이상 시정지시가 이행되지 않을 때　답 ①

25 한국전기설비규정에 따른 저압 옥내직류 전기설비에 대한 시설기준으로 틀린 것은?

① 옥내전로에 연계되는 축전지는 접지측 도체에 과전압보호장치를 시설하여야 한다.
② 축전지실 등은 폭발성의 가스가 축적되지 않도록 환기장치 등을 시설하여야 한다.
③ 저압 직류전로에 과전류차단장치를 시설하는 경우 직류단락전류를 차단하는 능력을 가지는 것이어야 하고 "직류용" 표시를 하여야 한다.
④ 저압 직류전기설비를 접지하는 경우에는 직류누설전류에 의한 전기부식 작용으로 인한 접지극이나 다른 금속체에 손상의 위험이 없도록 시설하여야 한다.

해설 KEC 243.1.7 (축전지실 등의 시설)
옥내전로에 연계되는 축전지는 비접지측 도체에 과전류보호장치를 시설하여야 한다.　답 ①

26 태양광발전 어레이의 세로길이 L이 1.95[m], 어레이 경사각 25°, 태양의 고도각 21°로 산정하여 북위 37° 지방에서 태양광발전시스템을 설치하고자 할 때 어레이 간 최소 이격거리는 약 몇 [m]인가?

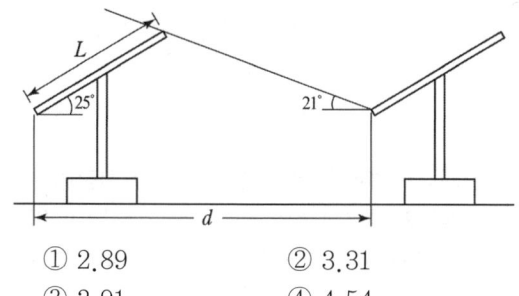

① 2.89　② 3.31
③ 3.91　④ 4.54

해설 $D(\text{이격거리}) = L \times \left(\dfrac{\sin(180° - \beta° - \alpha°)}{\sin\alpha°} \right)$

$D = 1.95[\text{m}] \times \left(\dfrac{\sin(180° - 25° - 21°)}{\sin21°} \right) = 3.91[\text{m}]$

답 ③

27 분산형전원 배전계통연계 기술기준에 따라 Hybrid 분산형전원의 변동 빈도를 정의하기 어렵다고 판단되는 경우에는 순시전압변동률을 몇 [%]로 적용하여야 하는가?

① 2　② 3
③ 4　④ 5

해설 분산형전원 배전계통연계 기술기준에 따라 Hybrid 분산형전원의 변동 빈도를 정의하기 어렵다고 판단되는 경우에는 순시전압변동률을 3[%]로 적용하여야 한다.
답 ②

28 한국전기설비규정에 따라 저압 가공전선로의 지지물은 목주인 경우, 풍압하중의 몇 배의 하중에 견디는 강도를 가지는 것이어야 하는가?

① 1.2　② 1.5
③ 1.6　④ 2

해설 저압 가공전선로의 지지물은 목주인 경우에는 풍압하중의 1.2배의 하중, 기타의 경우에는 풍압하중에 견디는 강도를 가지는 것이어야 한다.　답 ①

29 구조물 이격거리 산정 시 고려사항이 아닌 것은?

① 상부구조물의 하중
② 가대의 경사도와 높이
③ 설치될 장소의 경사도
④ 동지 시 발전 가능 한계 시간에서 태양의 고도

해설 상부구조물의 하중은 태양광 어레이의 구조계산에 사용된다.　답 ①

30 전력기술관리법령에 따른 감리원의 업무범위가 아닌 것은?

① 현장 조사 · 분석
② 공사 단계별 기성 확인
③ 입찰참가자 자격심사 기준 작성
④ 현장 시공상태의 평가 및 기술지도

해설 전력기술관리법 시행규칙 제22조 감리원의 업무
 (1) 현장 조사ㆍ분석
 (2) 공사 단계별 기성(旣成) 확인
 (3) 행정지원업무
 (4) 현장 시공상태의 평가 및 기술지도
 (5) 공사감리업무에 관련되는 각종 일지 작성 및 부대 업무   **답** ③

31 어레이 설치 지역의 설계속도압이 1100[N/m²], 유효수압면적이 8.0[m²]인 어레이의 풍하중은 약 몇 [KN] 인가?
(단, 가스트 영향계수는 1.8, 풍압계수는 1.3을 적용한다.)

① 13.500 ② 17.555
③ 20.592 ④ 25.145

해설 방형 건축물 및 기타 구조물의 구조골조용 설계풍력(W_f)
$W_f = P_f \times A$ (P_f : 구조골조용 설계풍력[N/m²],
      A : 유효수압면적[m²])
$P_f = \hat{q} \times G_f \times C_f$ ($\hat{q}$: 설계속도압[N/m²],
   G_f : 구조 골조용 가스트 계수, C_f : 풍압계수)
$W_f = 1100[N/m²] \times 1.8 \times 1.3 \times 8.0[m²]$
  $= 20.592[kN]$ **답** ③

32 전력시설물 공사감리업무 수행지침에 따른 감리용역 계약문서가 아닌 것은?

① 설계도서
② 과업지시서
③ 감리비 산출내역서
④ 기술용역입찰유의서

해설 감리용역 계약문서"란 계약서, 기술용역입찰유의서, 기술용역계약 일반조건, 감리용역계약 특수조건, 과업지시서, 감리비 산출내역서 등으로 구성되며 상호 보완의 효력을 가진 문서를 말한다.   **답** ①

33 전력시설물 공사감리업무 수행지침에 따라 공사가 시작된 경우 공사업자가 감리원에게 제출하는 착공신고서에 포함되지 않는 것은?
(단, 그 밖에 발주자의 지정한 사항이 없는 경우 이다.)

① 작업인원 및 장비투입 계획서
② 관계자 회의 및 협의사항 기록대장
③ 공사도급 계약서 사본 및 산출내역서
④ 현장기술자 경력사항 확인서 및 자격증 사본

해설 착공신고서 검토 및 보고
 (1) 감리원은 공사가 시작되는 경우에는 공사업자로부터 다음 각 호의 서류가 착공신고서를 제출받아 적정성 여부를 검토하여 7일 이내에 발주자에게 보고하여야 한다.
  ① 시공관리 책임자 지정 통지서 (현장관리조직, 안전관리자)
  ② 공사 예정공정표
  ③ 품질관리 계획서
  ④ 공사도급 계약서 사본 및 산출내역서
  ⑤ 공사 시작 전 사진
  ⑥ 현장 기술자 경력사항 확인서 및 자격증 사본
  ⑦ 한전관리 계획서
  ⑧ 작업 인원 및 장비 투입계획서
  ⑨ 그밖에 발주자가 지정한 사항   **답** ②

34 한국전기설비규정에 따른 전기울타리의 시설기준에 대한 설명으로 틀린 것은?

① 전기울타리는 사람이 쉽게 출입하지 아니하는 곳에 시설할 것
② 전선과 이를 지지하는 기둥사이의 이격 거리는 25[mm] 이상일 것
③ 전선은 인장강도 1.38[kN] 이상의 것 또는 지름 2[mm] 이상의 경동선일 것
④ 전선과 다른 시설물(가공전선은 제외) 또는 수목 사이의 이격 거리는 50[cm]이상일 것

해설 전선과 다른 시설물(가공 전선을 제외한다) 또는 수목과의 이격 거리는 0.3[m] 이상일 것.   **답** ④

35 설계감리업무 수행지침에 따라 설계감리원은 설계업자로부터 착수신고서를 제출받아 어떤 사항에 대하여 적정성 여부를 검토하여 보고하는가?

① 설계감리일지, 예정공정표
② 설계감리일지, 근무상황부
③ 예정공정표, 과업수행계획 등 그 밖에 필요한 사항

④ 설계감리기록부, 과업수행계획 등 그 밖에 필요한 사항

해설 ① 설계감리원은 설계업자로부터 착수신고서를 제출받아 다음 각 호의 사항에 대한 적정성 여부를 검토하여 보고하여야 한다.
1. 예정공정표
2. 과업수행계획 등 그 밖에 필요한 사항 **답** ③

36 단상 3선식의 전압강하(e)에 대한 계산식으로 옳은 것은?
(단, L : 전선의 길이[m], I : 전류[A]
A : 사용전선의 단면적[mm^2] 이다.)

① $e = \dfrac{35.8 \times L \times I}{1000 \times A}$

② $e = \dfrac{30.8 \times L \times I}{1000 \times A}$

③ $e = \dfrac{17.8 \times L \times I}{1000 \times A}$

④ $e = \dfrac{25.6 \times L \times I}{1000 \times A}$

해설

회로전기방식	전압강하	전선 굵기
직류 2선식	$e = \dfrac{35.6 \times L \times I}{1000 \times A}$	$A = \dfrac{35.6 \times L \times I}{1000 \times e}$
단상 3선식	$e = \dfrac{17.8 \times L \times I}{1000 \times A}$	$A = \dfrac{17.8 \times L \times I}{1000 \times e}$
3상 3선식	$e = \dfrac{30.8 \times L \times I}{1000 \times A}$	$A = \dfrac{30.8 \times L \times I}{1000 \times e}$

답 ③

37 전기설비기술기준에 따라 저압전선로 중 절연부분의 전선과 대지 사이 및 전선의 심선상호 간의 절연저항은 사용전압에 대한 누설전류가 최대 공급전류의 얼마를 넘지 않도록 하여야 하는가?

① 1/1000   ② 1/2000
③ 1/3000   ④ 1/4000

해설 저압전선로중 절연부분의 전선과 대지사이 및 전선의 심선 상호간의 절연저항은 사용전압에 대한 누설전류가 최대공급전류의1/2000을 넘지 않도록 하여야 한다.
답 ②

38 해칭선에 대한 설명으로 옳은 것은?

① 가는 실선을 45° 기울여 사용
② 가는 실선을 65° 기울여 사용
③ 굵은 실선을 55° 기울여 사용
④ 굵은 실선을 75° 기울여 사용

해설 단일품의 해칭은 단면 부분이 떨어져 있어도 기본적으로 45°의 사선으로 단면된 부분을 긋는다. **답** ①

39 분산형전원 배전계통연계 기술기준의 용어 정의 중 다음 설명에 해당하는 것은?

> 한전계통 상에서 검토대상 분산형전원 으로부터 전기적으로 가장 가까운 지점으로서 다른 분산형전원 또는 전기사용 부하가 존재하거나 연결될 수 있는 지점을 말한다.

① 접속점
② 공통 연결점
③ 분산형전원 연결점
④ 분산형전원 검토점

해설 공통 연결점(PCC, Point of Common Coupling)
한전계통 상에서 검토 대상 분산형전원으로부터 전기적으로 가장 가까운 지점으로서 다른 분산형전원 또는 전기사용 부하가 존재하거나 연결될 수 있는 지점을 말한다. 검토 대상 분산형전원으로부터 생산된 전력이 한전계통에 연결된 다른 분산형전원 또는 전기사용 부하에 영향을 미치는 위치로도 정의할 수 있다. **답** ②

40 전력기술관리법령에 따라 전문 감리업 면허 보유자가 수행할 수 있는 감리업의 영업 범위는?

① 발전설비용량 10만[kW] 미만의 전력시설물
② 발전설비용량 15만[kW] 미만의 전력시설물
③ 발전설비용량 20만[kW] 미만의 전력시설물
④ 발전설비용량 25만[kW] 미만의 전력시설물

해설 ① 발전 · 변전설비용량 10만 킬로와트 미만의 전력시설물
② 전압 10만 볼트 미만의 송전 · 배전선로 20킬로미터 미만의 전력시설물
③ 용량 5천 킬로와트 미만의 전기수용설비
④ 연면적 3만 제곱미터 미만 건축물의 전력시설물
답 ①

3과목 - 태양광발전시스템 시공

41 전력계통에 순간정전이 발생하여 태양광발전용 인버터가 정지할 때 동작되는 계전기는?

① 역상계전기 ② 과전류계전기
③ 과전압계전기 ④ 저전압계전기

해설 ① 역상계전기
역상분 전압이나 역상분 전류의 크기에 따라 응동(應動)하는 계전기. 역상분만을 통과시키는 여파기 회로를 가지며 작동 부분은 일반적인 전압·전류 계전기와 같다. 각각을 역상 과전압계전기 및 역상 과전류 계전기라 하며 전력 설비의 불평형 운전이나 결상 운전 방지를 위한 보호 계전기로 사용한다.
② 과전류계전기
계전기에 흐르는 전류가 설정값 이상일 때 작동하는 계기. 전기 설비를 과전류로부터 보호하며, 전기회로에서의 단락 사고를 막는 데 널리 쓰인다.
③ 과전압계전기
계전기에 주어지는 전압이 설정한 값과 같거나 그보다 커지면 움직이는 계기. 전기 설비를 과전압으로부터 보호한다.
④ 저전압계전기
전원 전압이 설정된 한계값 이하로 떨어지면 열리면서 전동기를 저전압으로부터 보호하는 조종 계전기
답 ④

42 한국전기설비규정에 따른 지중전선로에 사용하는 케이블의 시설 방법이 아닌 것은?

① 암거식 ② 관로식
③ 간접매설식 ④ 직접매설식

해설 지중 전선로는 전선에 케이블을 사용하고 또한 관로식·암거식(暗渠式) 또는 직접 매설식에 의하여 시설하여야 한다.
답 ③

43 전류의 이동으로 발생하는 현상이 아닌 것은?

① 발열작용 ② 화학작용
③ 탄화작용 ④ 자기작용

해설 탄화작용
유기 화합물이 복잡한 화학 변화나 세균의 작용으로 분해되어 그 구성 성분의 대부분이 탄소가 되는 작용
답 ③

44 최대수용전력 1000[kVA]이고 설비용량은 전등부하 500[kW], 동력부하 700[kVA]이다. 이때 수용률은 약 몇 [%]인가?

① 83.3 ② 86.6
③ 88.3 ④ 90.6

해설 수용률 $= \dfrac{\text{최대수용전력}}{\text{총 설비용량}} \times 100 = \dfrac{1,000}{500+700} \times 100$
$= 83.3[\%]$
답 ①

45 일정전압의 직류전원에 저항을 접속하고 전류를 흘릴 때 이 전류 값을 20[%] 증가시키기 위해서는 저항 값을 어떻게 하면 되는가?
(단, 변경 전 저항 R_1, 변경 후 저항 R_2 이다.)

① $R_2 \fallingdotseq 0.17 \times R_1$ ② $R_2 \fallingdotseq 0.23 \times R_1$
③ $R_2 \fallingdotseq 0.67 \times R_1$ ④ $R_2 \fallingdotseq 0.83 \times R_1$

해설 전류와 저항은 반비례하므로 전류를 20[%] 증가시키면 저항은 그 역수만큼 감소한다.
$\dfrac{1}{1.2} = 0.8333$
답 ④

46 자연 상태의 토량 1000[m³]를 흐트러진 상태로 하면 토량은 몇 [m³]로 되는가? (단, 흐트러진 상태의 토량 변화율은 1.2 다져진 상태의 토량 변화율은 0.9이다.)

① 833 ② 900
③ 1111 ④ 1200

해설 흐트러진 상태의 토량 $= 1000 \times \dfrac{L}{1} = 1000 \times \dfrac{1.2}{1}$
$= 1200[m^3]$
다져진 상태의 토량 $= 1000 \times \dfrac{L}{C} = 1000 \times \dfrac{0.9}{1.2}$
$= 750[m^3]$
답 ④

47 볼트 접합 및 핀 연결(KCS 14 31 25 : 2019)에서 정의하는 고장력 볼트의 호칭에 따른 조임 길이(볼트 접합되는 판들의 두께합)에 더하는 길이(너트 1개, 와셔 2개 두께와 나사피치 3개의 합)로 틀린 것은? (단, TS볼트의 경우는 제외한다.)

① M16-30mm

② M20-35mm

③ M26-50mm

④ M30-55mm

해설 고장력 볼트의 조임 길이에 더하는 길이

고장력볼트의 호칭	조임길이[1]에 더하는 길이[2](mm)
M16	30
M20	35
M22	40
M24	45
M27	50
M30	55

주 1) 조임길이는 볼트접합되는 판들의 두께 합이다.
  2) 조임길이에 더하는 길이는 너트 1개, 와셔 2개 두께와 나사피치 3개의 합이다. 다만 TS볼트의 경우에는 위의 값에서 와셔 1개의 두께를 뺀 길이를 적용한다. **답** ③

48 일반적으로 고장전류 중 가장 큰 전류는?

① 1선 지락전류   ② 2선 지락전류

③ 선간 단락전류   ④ 3선 단락전류

해설 고장점의 상간단락사고는 3상 단락사고 시(3상일 경우)로 전파되는 것이 보통이며 이 경우(3상 단락 시) 전기계통고장의 최대전류가 흐르게 된다. **답** ④

49 전력계통에 사용되는 제어반 내에 설치되는 지시계기의 오차 계급에 대한 설명으로 틀린 것은?

① 위상계의 계급은 5.0급 이하로 한다.

② 역률계의 계급은 5.0급 이하로 한다.

③ 주파수계의 계급은 5.0급 이하로 한다.

④ 무효전력계의 계급은 5.0급 이하로 한다.

해설 ① 지시계기의 계급은 1.5급으로 한다.
   (주파수계, 위상계, 역률계, 무효전력계는 제외한다.)
  ② 주파수계의 계급은 1.0급으로 한다.
  ③ 위상계, 역률계 및 무효전력계의 계급은 5.0급으로 한다. **답** ③

50 신·재생에너지 설비의 지원 등에 관한 지침에 따라 태양광발전 접속함의 설치에 대한 설명으로 틀린 것은?

① 접속함 및 접속함 일체형 인버터는 KS 인증 제품을 설치하여야 한다.

② 직사광선 노출이 적고, 소유자의 접근 및 육안확인이 용이한 장소에 설치하여야 한다.

③ 접속함 일체형 인버터 중 인버터의 용량이 100[kW]를 초과하는 경우에는 접속함은 품질기준(KS C 8565)을 만족 하여야 한다.

④ 지락, 낙뢰, 단락 등으로 인해 태양광설비가 이상(異常)현상이 발생한 경우 경보 등이 켜지거나 경보장치가 작동하여 즉시 외부에서 육안확인이 가능하여야 한다.

해설 접속함 일체형 인버터 중 인버터의 용량이 250[kW]를 초과하는 경우에는 접속함은 품질기준(KS C 8567)을 만족하고, 인버터는 품질기준(KS C 8565)에 따라 「절연성능」, 「보호기능」, 「정상특성」 등을 만족하는 시험결과가 포함된 시험성적서를 설비(설치)확인 신청시 센터에 제출할 경우에는 사용할 수 있다. **답** ③

51 태양광발전시스템 공사에 적용될 기본풍속에 대한 설명으로 틀린 것은?

① 10분간의 평균풍속이다.

② 재현기간 100년의 풍속이다.

③ 지역별 풍속에는 서로 차이가 없다.

④ 개활지의 지상 10[m]에서의 풍속이다.

해설 기본 풍속의 경우 지역에 따른 풍속이 다르므로 지역 풍속표를 참고한다. **답** ③

52 태양광발전시스템의 피뢰설비를 회전구체법으로 할 경우 회전구체 반지름(R)은 몇 [m] 인가? (단, 보호레벨 IV등급으로 한다.)

① 20   ② 30

③ 45   ④ 60

해설 태양광발전시스템의 피뢰설비를 회전구체법으로 할 경우 회전구체 반지름(R)은 60[m]이다. **답** ④

53 송·수전단의 전압이 각각 350[kV], 345[kV]이고 선로의 리액턴스가 60[Ω]일 때 송전 전력[MW]은? (단, 송·수전단 전압의 위상차는 30°이다.)

① 442.75　　　② 885.5
③ 1006.25　　　④ 1771

해설 송전전력 $P = \dfrac{V_s V_r}{X} \times \sin\delta = \dfrac{350 \times 345}{60} \times \sin 30°$
$\qquad\qquad = 1006.25[MW]$　　**답** ③

54 한국전기설비규정에 따라 라이팅덕트공사에 의한 저압 옥내배선의 시설 기준으로 틀린 것은?

① 덕트는 조영재에 견고하게 붙일 것
② 덕트의 지지점 간의 거리는 2[m] 이하로 할 것
③ 덕트는 조영재를 관통하여 시설하지 아니할 것
④ 덕트의 개구부 (開口部)는 위로 향하여 시설할 것

해설 덕트의 개구부(開口部)는 아래로 향하여 시설할 것. 다만, 사람이 쉽게 접촉할 우려가 없는 장소에서 덕트의 내부에 먼지가 들어가지 아니하도록 시설하는 경우에 한하여 옆으로 향하여 시설할 수 있다.　**답** ④

55 특수 목적 다이오드 중 다음 내용에 해당하는 것은?

> 역방향 항복 영역에서도 동작하도록 설계 되었다는 점에서 일반 정류 다이오드와는 다른 실리콘 PN 접합소자이다. 주로 부하에 일정한 전압을 공급하기 위한 정전압회로에 사용된다.

① 제너다이오드
② 발광다이오드
③ 바이패스 다이오드
④ 역류방지 다이오드

해설 발광다이오드 : 발광 다이오드는 전류가 흐르면 빛을 내는 조명의 한 종류이다.
약자로 LED(Light Emitting Diode)라고 한다.　**답** ①

56 한국전기설비규정에 따라 금속관을 콘크리트에 매입하는 것은 관의 두께가 몇 [mm] 이상이어야 하는가?

① 1　　　　　② 1.2
③ 1.5　　　　④ 2

해설 KEC 232.12.2(금속관 및 부속품의 선정)
(1) 콘크리트에 매입하는 것은 1.2[mm] 이상
(2) (1) 이외의 것은 1 [mm] 이상. 다만, 이음매가 없는 길이 4[m] 이하인 것을 건조하고 전개된 곳에 시설하는 경우에는 0.5[mm]까지로 감할 수 있다.
　답 ②

57 그림과 같이 접지저항계를 이용하여 접지저항을 측정하고자 한다. 정확한 측정값을 얻기 위하여 E전극과 P전극 사이의 거리는 E전극과 C전극 사이의 거리에 몇 [%] 위치에 설치하여야 하는가?

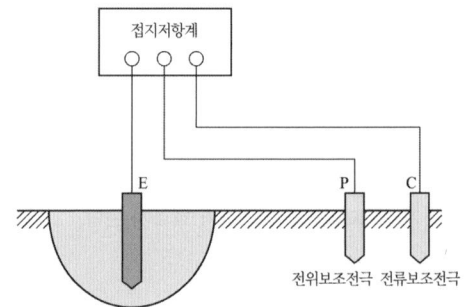

① 5.18　　　② 5.68
③ 61.8　　　④ 66.8

해설 보조접지극의 거리는 저항구역이 겹치지 않으면 측정값에 큰 오차는 발생하지 않는다. 그 이론적인 비율은 61.8[%] 내에 있으면 얻을 수 있다.　**답** ③

58 차단기의 트립방식으로 틀린 것은?

① 저항 트립방식
② CT 트립방식
③ 콘덴서 트립방식
④ 부족전압 트립방식

해설 ① 직류 전압 트립방식
　별도로 설치된 축전지 등의 제어용 직류 전원의 에너지에 의해 차단기가 트립되는 방식

② 과전류 트립방식

차단기의 주회로에 접속된 변류기의 2차 전류에 의해서 차단기가트립되는 방식

③ 콘덴서 트립방식

충전된 콘덴서의 에너지에 의하여 차단기가 트립되는 방식

④ 부족 전압 트립방식

부족 전압 트립 장치에 인가되어 있는 전압의 저하에 의하여 차단기가 트립되는 방식

⑤ CT 트립방식

CT 2차측 전류 일정 값 이상 초과 시 　　**답** ①

59 송전선로의 안정도 증진방법으로 틀린 것은?

① 전압변동을 작게 한다.

② 중간 조상방식을 채택한다.

③ 직렬 리액턴스를 크게 한다.

④ 고장 시 발전기 입·출력의 불평형을 작게 한다.

해설 송전선로의 안정도 증진방법

1) 직렬 리액턴스를 작게 한다.
2) 전압 변동을 작게 한다.
3) 계통을 연계 한다.
4) 고장전류를 줄이고 고장구간을 고속도 차단 한다.
5) 중간 조상 방식을 채택 한다.
6) 고장 시 발전기 입출력의 불평등을 작게 한다.

답 ③

60 트랜지스터의 컬렉터의 누설전류가 주의온도가 변화함에 따라 20[μA]에서 100[μA]로 증가할 때 컬렉터 전류가 0.8[mA]에서 1.2 [mA]로 증가하였다면 안정계수 S는 얼마인가?

① 0.05　　　　　　② 0.2

③ 5　　　　　　　④ 20

해설 안정화 계수는 주위온도(V_{BE}, I_{CO}, h_{FE})에 변화에도 I_c의 변화를 최소화 하는 계수이다.

$$S = \frac{\Delta I_C}{\Delta I_{CO}} = \frac{1.2[\text{mA}] - 0.8[\text{mA}]}{100[\mu\text{A}] - 20[\mu\text{A}]} = 5$$

답 ③

4과목 – 태양광발전시스템 운영

61 전기사업법령에 따라 태양광발전시스템 정기 점검에 대한 설명으로 틀린 것은?

① 저압이고 용량이 50킬로와트 초과 100킬로와트 이하의 경우는 매월 1회 이상 점검해야 한다.

② 저압이고 용량이 200킬로와트 초과 300킬로와트 이하의 경우는 매월 2회 이상 점검해야 한다.

③ 고압이고 용량이 500킬로와트 초과 600킬로와트 이하의 경우는 매월 3회 이상 점검해야 한다.

④ 고압이고 용량이 600킬로와트 초과 700킬로와트 이하의 경우는 매월 3회 이상 점검해야 한다.

해설 저압이고 용량이 200킬로와트 초과 300킬로와트 이하의 경우는 매월 1회 이상 점검해야 한다. 　**답** ②

62 전기사업법령에 따라 발전시설용량이 3천킬로와트 이하인 발전사업의 사업개시의 신고를 하려는 자는 사업개시신고서를 누구에게 제출하여야 하는가?

① 국무총리

② 시·도지사

③ 한국전력공사 사장

④ 전기기술인 협회 회장

해설 발전설비용량이 3천 킬로와트 이하인 발전사업의 허가를 받으려는 자는 특별시장·광역시장·특별자치시장·도지사 또는 특별자치도지사(이하 "시·도지사"라 한다)에게 제출하여야 한다. 　**답** ②

63 태양광발전시스템 운전 특성의 측정 방법(KS C 8535 : 2005)에 따른 용어 정의 중 다른 전원에서의 보충 전력량을 의미하는 것은?

① 백업 전력량　　　② 표준 전력량

③ 역조류 전력량　　④ 계통 수전 전력량

해설 태양광발전시스템 운전 특성의 측정 방법(KS C 8535 : 2005)에 따른 용어 정의 중 다른 전원에서의 보충 전력량을 의미하는 것은 백업 전력량 이다. **답** ①

64 인버터의 정기점검 항목 중 육안 점검항목으로 틀린 것은?

① 통풍확인
② 접지선의 손상
③ 운전 시 이상음
④ 투입저지 시한 타이머 동작시험

해설 인버터

	점검항목	점검요령
육안 점검	외함의 부식 및 파손	부식 및 파손이 없을 것
	외부배선의 손상 및 접속단자의 풀림	배선에 이상이 없을 것 볼트의 풀림이 없을 것
	접지선의 파손 및 접 속단자의 풀림	접지선에 이상이 없을 것 볼트의 풀림이 없을 것
	환기 확인(환기구, 환 기필터 등)	환기구를 막고 있지 않을 것 환기필터가 막혀 있지 않을 것
	운전 시의 이상음, 진 동 및 악취의 유무	운전 시에 이상음, 이상 진동 및 악취가 없을 것

답 ④

65 절연 고무장갑의 사용범위에 대한 설명으로 틀린 것은?

① 습기가 많은 장소에서의 개폐기 개방 투입의 경우
② 활선상태의 배전용 지지물에 누설전류의 발생 우려가 있는 경우
③ 충전부에 근접하여 머리에 전기적 충격을 받을 우려가 있는 경우
④ 정전 작업 시 역 송전이 우려되는 선로나 기기에 단락 접지를 하는 경우

해설 절연고무장갑의 사용범위
㈎ 활선상태의 배전용 지지물에 누설전류의 발생 우려가 있을 때
㈏ 충전부의 접속, 절단 및 점검, 보수 등의 작업 시
㈐ 습기가 많은 장소에서의 개폐기 개방, 투입의 경우
㈑ 정전 작업 시 역 송전이 우려가 되는 선로나 기기에 단락 접지를 하는 경우

㈒ 도체에 임시로 보호접지를 실시하거나 이동시 또는 활선공구 사용 시
㈓ 기타 감전이 우려되는 경우 **답** ③

66 태양광발전시스템 점검 계획 시 고려해야 할 사항이 아닌 것은?

① 환경 조건
② 고장 이력
③ 부하 종류
④ 설비의 중요도

해설 유지보수 계획 시 고려사항
1) 설비의 사용기간
2) 설비의 중요도
3) 환경조건
4) 고장이력
5) 부하상태 **답** ③

67 결정질 실리콘 태양광발전 모듈(성능)(KS C 8561 : 2020)에 따라 외관검사 시 몇 [lx] 이상의 광 조사상태에서 진행하는가?

① 1000
② 2000
③ 3000
④ 4000

해설 결정질 실리콘 태양광발전 모듈(성능)(KS C 8561 : 2020)에 따라 외관검사 시 1000[lx] 이상의 광 조사상태에서 진행한다. **답** ①

68 태양광 발전시스템에서 작업 중 감전방지대책으로 틀린 것은?

① 절연 고무장갑을 착용한다.
② 절연 처리된 공구를 사용하여야 한다.
③ 강우 시에는 작업을 하지 않는다.
④ 작업 중 태양광발전모듈 표면에 차광막을 벗긴다.

해설 작업 전 태양광모듈 표면에 차광막을 씌워 태양광을 차폐한다. **답** ④

69 중대형 태양광 발전용 인버터(계통연계형, 독립형)(KS C 8565 : 2024)에 따라 독립형의 시험 항목으로 옳은 것은?

① 출력측 단락시험
② 정지 · 기동 전압 확인 시험
③ 단독 운전 방지 기능 시험
④ 교류 출력 전류 왜형률 시험

[해설] 출력 측 단락시험은 중대형 태양광 발전용 인버터(KS C 8565 : 2024) 시험항목에 해당함

	시험항목	독립형	계통 연계형
절연 성능 시험	① 절연저항시험	○	○
	② 내전압시험	○	○
	③ 임펄스 내전압 시험	○	○
	④ 접촉 전류 시험	○	○
	⑤ 액세스 프로브 시험	○	○
	⑥ IP시험	○	○
	⑦ 보호 본딩 시험(접지연속성 시험)	○	○
	⑧ 공간거리와 연면거리 시험	○	○
보호 기능 시험	① 출력과 전압 및 부족전압보호기능시험	×	○
	② 주파수 상승 및 저하보호기능시험	×	○
	③ 단독 운전 방지 기능시험	×	○
	④ 복전 후 일정시간 투입 방지기능 시험	×	○
정상 특성 시험	① 교류전압, 주파수 추종 범위 시험	×	○
	② 교류출력전류 왜형률 시험	×	○
	③ 측정 오차 정확도 시험	○	○
	④ 온도상승시험	○	○
	⑤ 효율시험	○	○
	⑥ 대기 손실 시험	×	○
	⑦ 정지 · 기동 전압 확인 시험	×	○
	⑧ 최대 전력 추종 시험	×	○
	⑨ 출력전류 직류분 검출 시험	×	○
과도응답 특성 시험	① 입력전력 급변시험	○	○
	② 계통전압 급변시험	×	○
	③ 계통전압위상 급변시험	×	○
외부 사고 시험	① 출력 측 단락시험	○	○
	② 계통전압 순간정전 · 강하시험	×	○
	③ 부하차단시험	×	○
내전기 환경 시험	① 계통전압 왜형률 내량시험	×	○
	② 계통전압 불평형 시험	×	○
	③ 부하 불평형 시험	○	×
내주위환경 시험	① 습도시험	○	○
	② 온습도 사이클 시험	○	○
전자기적합 성(EMC)	① 전자파 장해(EMI)	○	○
	② 전자파 내성(EMS)	○	○

답 ①

70 산업안전보건기준에 관한 규칙에 따라 꽂음 접속기를 설치하거나 사용하는 경우 준수하여야 하는 사항으로 틀린 것은?

① 해당 꽂음 접속기에 잠금장치가 있는 경우에는 접속 후 잠그고 사용할 것
② 서로 같은 전압의 꽂음 접속기는 서로 접속되지 아니한 구조의 것을 사용할 것
③ 습윤한 장소에 사용되는 꽂음 접속기는 방수형 등 그 장소에 적합한 것을 사용할 것
④ 근로자가 해당 꽂음 접속기를 접속시킬 경우에는 땀 등으로 젖은 손으로 취급하지 않도록 할 것

[해설] 서로 다른 전압의 꽂음 접속기는 서로 접속되지 아니한 구조의 것을 사용할 것 **답 ②**

71 태양광 발전소의 높은 시스템 전압으로 인하여 태양광발전 모듈과 대지와의 전위차가 모듈의 열화를 가속시킴으로써 출력이 감소하는 현상에 대한 설명으로 틀린 것은?

① 온도와 습도가 높을수록 쉽게 발생한다.
② 직렬저항이 감소하여 누설전류가 증가한다.
③ 웨이퍼의 저항, 에미터 면저항에 영향을 받는다.
④ N타입, P타입 태양광발전 모듈에서 모두 발생할 수 있다.

[해설] 병렬저항이 감소할 경우 누설전류가 증가한다. **답 ②**

72 개방전압 측정 시 유의사항으로 틀린 것은?

① 각 스트링의 측정은 안정된 일사강도가 얻어질 때 하도록 한다.
② 태양광발전 모듈 표면의 이물질, 먼지 등을 청소하는 것이 필요하다.
③ 개방전압 측정 시 안전을 위해 우천 시 또는 흐린 날에 측정하도록 한다.
④ 태양광발전 모듈의 개방전압 측정 시 접속함에서 주차단기를 반드시 차단하고 측정한다.

해설 개방전압 측정 시 유의사항은 태양전지 어레이 표면을 청소하고, 각 스트링의 측정은 안정된 일사강도가 얻어질 때 수행하여 측정시간은 일사 강도, 온도의 변동을 극히 적게 하기 위하여 맑을 때, 남쪽에 있을 때의 전후 1시간에 실시하고, 태양전지는 비 오는 날에도 전압이 발생하므로 주의를 요해야 한다. **답** ③

73 태양광발전 어레이의 육안점검 시 점검내용으로 틀린 것은?

① 나사의 풀림 여부
② 가대의 부식 및 녹 발생
③ 유리 등 표면의 오염 및 파손
④ 절연저항 측정 및 접지, 본딩선 접속상태

해설 태양전지 어레이

	점검항목	점검요령
육안 점검	유리 등 표면의 오염 및 파손	심한 오염 및 파손이 없을 것
	가대의 부식 및 녹	부식 및 녹이 없을 것
	외부배선(접속케이블)의 손상	접속케이블에 손상이 없을 것

답 ④

74 태양광발전시스템에 계측기구 및 표시장치의 설치 목적으로 틀린 것은?

① 시스템의 홍보
② 시스템의 운전 상태를 감시
③ 시스템 기기 또는 시스템 종합평가
④ 시스템에서 생산된 전력 판매량 파악

해설 태양광발전 시스템의 계측기기나 표시장치는 시스템의 운전상태 감시, 시스템의 발전전력량 파악, 시스템의 성능을 평가하기 위한 데이터의 수집 및 시스템의 운전상황을 견학자에게 보여주고 시스템의 홍보 등의 목적으로 설치한다. **답** ④

75 인버터의 이상표시신호에 따른 조치방법에 대한 설명으로 틀린 것은?

① Line Phase Sequence Fault : 상전압 확인 후 재운전
② Line Inverter Async Fault : 계통 주파수 점검 후 운전

③ Line Over Voltage Fault : 계통전압 확인 후 정상 시 5분후 재가동
④ Inverter Ground Fault : 인버터 고장부분 수리 또는 접지저항 확인 후 운전

해설 Line Phase Sequence Fault : 상회전 확인 후 정상 시 재운전 **답** ①

76 태양광발전 접속함(KS C 8567 : 2019) 에 따라 소형 접속함의 외함 보호 등급(IP)으로 적합한 것은?

① IP 20 이상　　② IP 30 이상
③ IP 44 이상　　④ IP 54 이상

해설 태양광발전용 접속함의 구분

병렬스트링 수에 의한분류	설치장소에 의한 분류
소형(3회로 이하)	실내형 : IP 54 이상
	실외형 : IP 54 이상
중대형(4회로 이상)	실내형 : IP 20 이상
	실외형 : IP 54 이상

답 ④

77 송전설비의 유지관리를 위한 육안점검 사항 중 배전반 주회로 인입 · 인출부에 대한 점검개소와 점검내용에 관한 설명으로 틀린 것은?

① 부싱 : 레일 또는 스토퍼의 변형 여부 확인
② 부싱 : 코로나 방전에 의한 이상음 여부 확인
③ 케이블 단말부 및 접속부, 관통부 : 쥐, 곤충 등의 침입 여부 확인
④ 케이블 단말부 및 접속부, 관통부 : 케이블 막이판의 떨어짐 또는 간격의 벌어짐 유무 확인

해설 주회로 인입 인출부

점검개소	목적	점검내용
폐쇄 모선의 접속부	이상한 소리	볼트류의 조임이 이완되어 진동음은 없는가
부싱 (BUSHING)	손상	균열, 파손은 없는가
	이상한 소리	코로나(CORONA) 방전 등에 의한 진동음은 없는가

점검개소	목적	점검내용
케이블 단말부 및 접속부, 케이블 관통부	이상한 소리	볼트류의 조임이 이완되어 진동음은 없는가
	이상한 냄새	코로나 방전 또는 과열에 의한 이상한 냄새는 나지 않는가
	손상	케이블 막이판의 탈락 또는 간격의 벌어짐은 없는가
	쥐, 곤충 등의 침입	침입의 흔적은 없는가

답 ①

78 전기사업법령에 따라 전기사업자는 허가권자가 지정한 준비기간에 사업에 필요한 전기설비를 설치하고 사업을 시작하여야 한다. 그 준비기간은 몇 년의 범위에서 산업통상자원부장관이 정하여 고시하는 기간을 넘을 수 없는가?

① 3   ② 5
③ 7   ④ 10

해설 ① 전기사업자는 산업통상자원부장관이 지정한 준비기간에 사업에 필요한 전기설비를 설치하고 사업을 시작하여야 한다.
그 준비기간은 10년을 넘을 수 없다. 다만, 산업통상자원부장관이 정당한 사유가 있다고 인정하는 경우에는 준비기간을 연장할 수 있다. **답** ④

79 배선기구의 정비에 관한 기술지침에 따라 플러그에 대한 설명으로 틀린 것은?

① 플러그의 절연부에 균열, 파손, 탈색 등의 결함이 있는 부품은 교체하여야 한다.
② 도체 소선은 과열을 방지하기 위해 묶음 헤드나사를 사용하는 경우, 납땜을 사용하여야 한다.
③ 절연체의 탈색이나 접촉면의 패임에 대해 육안 점검을 하고, 다른 부분도 탈색이나 패인 곳이 있으면 점검하여야 한다.
④ 정기적으로 각 도체의 조립품을 단자까지 점검하되, 개별 도체 소선은 적절하게 수납되어야 하고, 단자 부위는 단단하게 조여야 한다.

해설 배선기구의 정비에 관한 기술지침
· 플러그 표면의 비정상적인 과열은 느슨한 단자처리, 과부하, 높은 주위온도, 기기 오작동 등에 기인할 수 있다.
(1) 절연체의 탈색이나 접촉면의 패임에 대해 육안 점검을 하고, 다른 부분도 탈색이나 패인 곳이 있으면 점검하여야 한다.
(2) 정기적으로 각 도체의 조립품을 단자까지 점검하되, 개별 도체 소선은 적절하게 수납되어야 하고, 단자 부위는 단단하게 조여야 한다.
(3) 도체 소선은 과열을 방지하기 위해 묶음 헤드나사를 사용하는 경우, 납땜을 사용하지 않아야 한다.
답 ②

80 태양광발전시스템의 안전관리 예방업무가 아닌 것은?

① 시설물 및 작업장 위험방지
② 안전작업 관련 훈련 및 교육
③ 안전관리 실행 집행 및 관리
④ 안전장구, 보호구, 소화설비의 설치, 점검, 정비

해설 태양광발전시스템 안전관리 예방업무
1. 시설물 및 작업장 위험방지(펜스 등 위험방지시설 설치. 점검. 정비)
2. 안전장치, 보호구, 소화설비설치, 점검, 정비
3. 안전작업관련 훈련 및 교육
4. 소화 및 피난 훈련 **답** ③

1과목 - 태양광발전시스템 이론

01 면적이 250[cm²]이고 변환효율이 20[%]인 결정질 실리콘 태양전지의 표준조건에서의 출력 [W]은?

① 0.4   ② 0.5

③ 4   ④ 5

해설 태양전지변환효율 $= \dfrac{\text{태양전지출력[W]}}{\text{태양전지면적[m}^2\text{]} \times 1000\text{[W/m}^2\text{]}} \times 100\text{[\%]}$

$\dfrac{\text{태양전지용량[W]}}{0.025\text{[m}^2\text{]} \times 1000\text{[W/m}^2\text{]}} \times 100\text{[\%]} = 20\text{[\%]}$

$\text{태양전지용량[W]} = \dfrac{20\text{[\%]} \times 0.025\text{[m}^2\text{]} \times 1000\text{[W/m}^2\text{]}}{100\text{[\%]}}$

$= 5\text{[W]}$ **답** ④

02 전기사업법령에 따른 전기사업의 허가 기준으로 틀린 것은?

① 전기사업이 계획대로 수행될 수 있을 것
② 전기사업을 적정하게 수행하는 데 필요한 재무능력이 있을 것
③ 발전소나 발전연료가 특정 지역에 편중되어 전력계통의 운영에 지장을 주지 아니할 것
④ 배전사업의 경우 둘 이상의 배전사업자의 사업구역 중 그 전부 또는 일부가 중복되게 할 것

해설 배전사업 및 구역전기사업에 있어서는 둘 이상의 배전사업자의 사업구역 또는 구역전기사업자의 특정한 공급구역 중 그 전부 또는 일부가 중복되지 아니할 것.   **답** ④

03 위도 36.5°에서 하지 시 남중고도는?

① 30°   ② 45°

③ 70°   ④ 77°

해설 동지 : $90° - \theta - 23.5°$
하지 : $90° - \theta + 23.5°$
춘분, 추분 : $90° - \theta$
∴ 하지 : $90° - \theta + 23.5° = 90° - 36.5° + 23.5° = 77°$ **답** ④

04 태양광발전시스템 이용률이 15.5[%] 일 때 일 평균 발전시간[h/day]은 약 몇 시간인가?

① 34.0   ② 3.52

③ 3.64   ④ 3.72

해설 시스템이용률[%] $= \dfrac{\text{발전시간(hour)}}{24\text{(hour)}} \times 100$

$15.5 \times 24 = \text{발전시간} \times 100$

$\text{발전시간} = \dfrac{15.5 \times 24}{100} = \dfrac{372}{100} = 3.72\text{[h/day]}$ **답** ④

05 축전지의 용량환산시간(K)을 구하기 위해 필요한 값이 아닌 것은?

① 방전시간   ② 축전지 온도
③ 축전지 보수율   ④ 허용 최저전압

해설 축전지의 용량환산시간(K)을 구하기 위해 필요한 값은
① 방전시간
② 축전지온도
③ 허용 최저전압   **답** ③

06 전기공사업법령에 따라 공사업자는 공사업을 폐업한 경우에는 누구에게 그 사실을 신고하여야 하는가?

① 대통령
② 시 · 도지사
③ 산업통상자원부 장관
④ 한국전기공사협회 회장

해설 공사업을 폐업한 경우에는 시 · 도지사에게 그 사실을 신고하여야 한다.   **답** ②

07 전기사업법령에 따라 사업계획에 포함되어야 할 사항 중 전기설비 개요에 포함되어야 할 사항에 해당하지 않는 것은? (단, 전기설비가 태양광설비인 경우)

① 인버터 종류 ② 집광판의 면적
③ 태양전지의 종류 ④ 이차전지의 종류

> **해설** 태양광설비인 경우
> 가) 태양전지의 종류, 정격용량, 정격전압 및 정격출력
> 나) 인버터(Inverter)의 종류, 입력전압, 출력전압 및 정격출력
> 다) 집광판(集光板)의 면적 **답** ④

08 신에너지 및 재생에너지 개발 · 이용 · 보급 촉진법령에 따라 신 · 재생에너지 설비를 설치한 시공자는 해당 설비에 대하여 성실하게 무상으로 하자보수를 실시하여야 하며 그 이행을 보증하는 증서를 신 · 재생에너지 설비의 소유자 또는 산업통상자원부령으로 정하는 자에게 제공하여야 한다. 이때 하자보수의 기간은 몇 년의 범위에서 산업통상자원부장관이 정하여 고시하는가?

① 3 ② 5
③ 7 ④ 10

> **해설** 하자보수의 기간은 5년의 범위에서 산업통상자원부장관이 정하여 고시한다. **답** ②

09 신에너지 및 재생에너지 개발 · 이용 · 보급 촉진법령에 따라 집적화단지 조성사업의 실시기관으로 선정되려는 지방자치단체의장이 산업통상자원부장관에게 제출해야 하는 집적화단지 개발계획에 포함되는 사항으로 틀린 것은?

① 집적화단지의 위치 및 면적
② 집적화단지 조성사업의 개요 및 시행방법
③ 집적화단지 조성 및 기반시설 설치에 필요한 부지 판매 계획
④ 집적화단지 조성사업에 대한 주민수용성 및 친환경 확보 계획

> **해설** 1. 집적화단지의 위치 및 면적
> 2. 집적화단지 조성사업의 개요 및 시행방법
> 3. 집적화단지 조성 및 기반시설 설치에 필요한 부지 확보 계획
> 4. 집적화단지 조성사업에 대한 주민수용성 및 친환경성 확보 계획
> 5. 그 밖에 집적화단지 조성에 필요하다고 산업통상자원부장관이 인정하여 고시하는 사항 **답** ③

10 신에너지 및 재생에너지 개발 · 이용 · 보급 촉진법령에 따라 국가 또는 지방자치단체가 신 · 재생에너지 기술개발 및 이용 · 보급에 관한 사업을 하는 자에게 국유재산 또는 공유재산을 임대하는 경우에는 「국유재산법」 또는 「공유재산 및 물품관리법」에도 불구하고 임대료를 얼마의 범위에서 경감할 수 있는가?

① $\frac{10}{100}$ ② $\frac{30}{100}$
③ $\frac{50}{100}$ ④ $\frac{70}{100}$

> **해설** 공유재산을 임대하는 경우에는 공유재산 및 물품 관리법에도 불구하고 임대료를 100분의 50의 범위에서 경감할 수 있다. **답** ③

11 전기사업법령에 따른 전기사업용 전기설비 공사계획의 인가 및 신고의 대상에서 발전소의 설치공사 시 인가가 필요한 발전소의 출력은 얼마 이상인가?

① 10000[kW] ② 30000[kW]
③ 50000[kW] ④ 100000[kW]

> **해설** 전기사업법령에 따른 전기사업용 전기설비 공사계획의 인가 및 신고의 대상에서 발전소의 설치공사 시 인가가 필요한 발전소의 출력은 10000[kW] 이상 **답** ①

12 태양전지의 P–N접합에 의한 태양광발전 원리로 옳은 것은?

① 광 흡수 → 전하분리 → 전하생성 → 전하수집
② 광 흡수 → 전하생성 → 전하분리 → 전하수집
③ 광 흡수 → 전하생성 → 전하수집 → 전하분리
④ 광 흡수 → 전하분리 → 전하수집 → 전하생성

해설 태양전지의 P–N접합에 의한 태양광발전 원리는 광 흡수 → 전하생성 → 전하분리 → 전하수집으로 이루어진다. **답** ②

13 전기사업법령에 따라 전기사업 등의 공정한 경쟁 환경조성 및 전기사용자의 권익 보호에 관한 사항의 심의와 전기사업 등과 관련된 분쟁의 재정(裁定)을 위하여 산업통상자원부에 무엇을 두는가?

① 전기위원회
② 녹색성장위원회
③ 한국전기기술기준위원회
④ 신 · 재생에너지정책심의회

해설 전기사업 등의 공정한 경쟁 환경조성 및 전기사용자의 권익 보호에 관한 사항의 심리와 전기사업 등과 관련된 분쟁의 재정(裁定)을 위하여 산업통상자원부에 전기위원회를 둔 다라고 되어 있다. **답** ①

14 국토의 계획 및 이용에 관한 법령에 따라 도시 · 군 관리계획 시 개발행위 허가기준에 대한 설명으로 옳은 것은?

① 주변의 교통소통에 지장을 초래하지 아니할 것
② 대지와 도로의 관계는 「건축법」에 적합할 것
③ 공유수면매립의 경우 매립목적이 도시 · 군 계획에 적합할 것
④ 용도지역별 개발행위의 규모 및 건축제한 기준에 적합할 것

해설 1) 용도지역별 개발행위의 규모 및 건축제한 기준에 적합할 것
2) 개발행위허가 제한 지역에 해당하지 아니할 것 **답** ④

15 태양광발전시스템을 뇌서지의 피해로부터 보호하기 위한 대책으로 적절하지 않은 것은?

① 뇌우 다발지역에서는 교류전원측에 내뢰트랜스를 설치한다.

② 접지선에서의 침입을 막기 위해 전원측의 전압을 항상 낮게 유지한다.
③ 피뢰소자를 어레이 주회로 내부에 분산시켜 설치하고 접속함에도 설치한다.
④ 저압 배전선으로 침입하는 뇌서지에 대해서는 분전반에 피뢰소자를 설치한다.

해설 태양광발전시스템 뇌서지 침입경로로서는 태양전지 어레이에서의 침입 이외에 배전선이나 접지선에서 침입 및 그 조합에 의한 침입 등이 있다.
접지선에서의 침입은 주변의 낙뢰에 의해 대지전위가 상승하고 상대적으로 전원측의 전위가 낮게 되어 접지선에서 반대로 전원측으로 흐르는 경우에 발생한다. **답** ②

16 인버터의 기능 중 계통보호를 위한 기능으로 묶인 것은?

① 단독운전 방지기능, 자동전압 조정기능
② 단독운전 방지기능, 자동운전 · 정지기능
③ 최대전력 추종제어기능, 자동운전 · 정지기능
④ 최대전력 추종제어기능, 자동전압 조정기능

해설 인버터의 기능
• 날씨에 따라 변동하는 태양전지의 출력을 가능한 한 유효하게 끌어내기 위한 자동운전 정지기능, 최대전력 추종제어기능
• 계통보호를 위한 단독운전 방지기능, 자동전압 조정기능
• 계통과 인버터에 이상이 있을 때 안전하게 분리하거나 인버터를 정지시키는 기능 **답** ①

17 태양광발전 모듈의 온도에 대한 일반적인 특성이 아닌 것은?

① 계절에 따른 온도변화로 출력이 변동한다.
② 태양광발전 모듈은 정(+)의 온도 특성이 있다.
③ 태양광발전 모듈 온도가 상승할 경우 개방전압과 최대전력은 저하한다.
④ 태양광발전 모듈의 표면온도는 외기온도에 비례해서 맑은 날에는 20~40[℃]정도 높다.

해설 태양전지 모듈은 온도가 상승하면 출력이 내려가고, 온도가 하강하면 출력이 올라가는 부(–)의 온도 특성이 있다. **답** ②

18 신·재생에너지 설비의 지원 등에 관한 규정에 따라 주택지원사업은 신·재생에너지 설비를 주택에 설치하려는 경우 설치비의 일부를 국가가 보조금으로 지원해주는 사업을 말한다. 그 범위 및 대상으로 틀린 것은?

① 기숙사   ② 아파트
③ 단독주택   ④ 공동주택

해설 주택지원사업은 신·재생에너지 설비를 주택에 설치하려는 경우 설치비의 일부를 국가가 보조금으로 지원해주는 그 범위 및 대상은 아파트, 단독주택, 공동주택이다.(기숙사는 제외)   답 ①

19 태양광발전시스템의 부지 사전조사 내용으로 틀린 것은?

① 연평균 일사량
② 사업부지의 위치
③ 연평균 CO_2 발생량
④ 주변건물 또는 수목에 의한 음영 발생 가능성 여부

해설 · 태양광발전시스템의 부지 사전조사
  ① 연평균 일사량
  ② 사업부지의 위치
  ③ 주변건물 또는 수목에 의한 음영 발생 가능성 여부
· 태양광발전부지 조사하기
  ① 공부서류 내용을 통해 사업인허가 가능여부를 확인할 수 있다.
  ② 공부서류 내용을 통해 설치 가능면적을 확인할 수 있다.
  ③ 발전시스템 부지의 타당성을 조사하기 위하여 사업 장소 현장을 조사할 수 있다.
  ④ 사업부지, 지형, 지물과 방향에 대한 태양광 사업 타당성을 조사할 수 있다.
  ⑤ 발전량 저하요인을 최소화하기 위하여 주변 환경을 조사할 수 있다.
* 연평균 CO_2 발생량은 복사에너지 감소요인에 해당사항임   답 ③

20 전기공사업법령에 따라 대통령령으로 정하는 경미한 전기공사가 아닌 것은?

① 퓨즈를 부착하거나 떼어내는 공사
② 전력량계를 부착하거나 떼어내는 공사

③ 꽂음 접속기의 보수 및 교환에 관한 공사
④ 벨에 사용되는 소형변압기(2차측 전압 60볼트 이하의 것으로 한정한다.)의 설치 공사

해설 전기공사업법령에 따라 대통령령으로 정하는 경미한 전기공사
1. 꽂음 접속기, 소켓, 로제트, 실링 블록, 접속기, 전구류, 나이프 스위치, 그 밖에 개폐기의 보수 및 교환에 관한 공사
2. 벨, 인터폰, 장식전구, 그 밖에 이와 비슷한 시설에 사용되는 소형 변압기(2차 측 전압 36 볼트 이하의 것으로 한정한다)의 설치 및 그 2차 측 공사
3. 전력량계 또는 퓨즈를 부착하거나 떼어내는 공사
4. 「전기용품 및 생활용품 안전관리법」에 따른 전기용품 중 꽂음 접속기를 이용하여 사용 하거나 전기기계·기구(배선기구는 제외한다. 이하 같다) 단자에 전선(코드, 캡타이어 케이블 및 케이블을 포함한다. 이하 같다)을 부착하는 공사
5. 전압이 600 볼트 이하이고, 전기시설 용량이 5킬로와트 이하인 단독주택 전기시설의 개선 및 보수 공사. 다만, 전기공사 기술자가 하는 경우로 한정한다.   답 ④

2과목 - 태양광발전시스템 설계

21 전기설비 관련 시설공사(KDS 31 10 21 : 2019)에 따라 수변전실의 위치 결정 시 전기적 고려사항에 해당하지 않는 것은?

① 수전 및 배전 거리를 짧게 하여 경제성을 고려한다.
② 용량의 증설에 대비한 면적을 확보할 수 있는 장소로 한다.
③ 사용부하의 중심에서 멀고, 간선의 배선이 용이한 곳으로 한다.
④ 외부로부터 전원을 공급받기 위한 전선로 등의 인입이 편리한 위치로 한다.

해설 전기적 고려사항
① 수전전원의 인입이 편리한 위치
② 사용부하의 중심에 가깝고, 간선의 배선이 용이한 곳
③ 용량의 증설에 대비한 면적을 확보할 수 있는 장소.
④ 수전 및 배전을 경제적으로 할 수 있는 곳   답 ③

22 전력시설물 공사감리업무 수행지침에 따라 감리원이 착공신고서의 적정여부를 검토하기 위해 참고하는 사항으로 틀린 것은?

① 안전관리계획 : 전기공사업법에 따른 해당 규정 반영 여부 확인

② 공사 시작 전 사진 : 전경이 잘 나타나도록 촬영되었는지 확인

③ 작업인원 및 장비투입 계획 ; 공사의 규모 및 성격, 특성에 맞는 장비형식이나 수량의 적정 여부 확인

④ 품질관리계획 : 공사 예정공정표에 따라 공사용 자재의 투입시기와 시험방법, 빈도 등이 적정하게 반영되었는지 확인

해설 안전관리계획 : 산업안전보건법령에 따른 해당 규정 반영여부　답 ①

23 분산형전원 배전계통 연계 기술기준에 따라 저압계통의 경우, 계통 병입 시 돌입전류를 필요로 하는 발전원에 대해서 계통 병입에 의한 순시전압변동률이 몇 [%]를 초과하지 않아야 하는가?

① 3　　　　　② 5
③ 6　　　　　④ 10

해설 순시 전압변동률은 6[%]를 초과하지 않아야 한다.　답 ③

24 전력기술관리법령에 따라 감리업자 등은 그가 시행한 공사감리 용역이 끝났을 때에는 공사감리 완료보고서를 며칠 이내에 시 · 도지사에게 제출하여야 하는가?

① 7일　　　　② 10일
③ 20일　　　④ 30일

해설 전력관리기술법 제12조의2
전력기술관리법에 따른 감리업자 등은 그가 시행한 공사감리 용역이 끝났을 때 공사감리 완료보고서를 30일 이내에 시 · 도지사에게 제출해야 한다.　답 ④

25 지상설치의 기초 형식에 대한 종류와 그림 설명으로 틀린 것은?

① 전면기초　　　② 말뚝기초
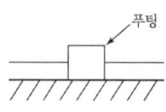

③ 독립푸팅기초　④ 복합푸팅기초
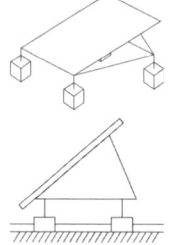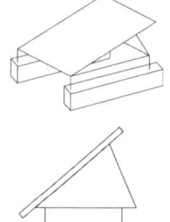

해설 직접기초에 관한 그림이다.　답 ①

26 건축구조기준 설계하중(KDS 41 10 15 : 2019)에 따른 최소 지상적설하중은 몇 [KN/m²]로 하는가?

① 0.25　　　　② 0.5
③ 1.0　　　　④ 3.0

해설 최소 지상적설하중은 0.5[KN/m²]로 한다.　답 ②

27 설계감리업무 수행지침에 따라 설계도서에 포함되어야 할 서류로 적합하지 않은 것은?

① 설계도면
② 설계내역서
③ 설계설명서
④ 신재생에너지 설비확인서

해설 설계도서 : 설계도면, 설계내역서, 공사시방서　답 ④

28 케이블트레이공사 시 케이블을 지지하기 위하여 사용하는 금속재 또는 불연성 재료로 제작된 유닛 또는 유닛의 집합체 및 그에 부속하는 부속재 등으로 구성된 견고한 구조물 중 일체

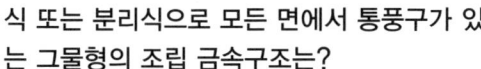

식 또는 분리식으로 모든 면에서 통풍구가 있는 그물형의 조립 금속구조는?

① 펀치형 ② 그물망형
③ 사다리형 ④ 바닥밀폐형

> **해설** 케이블트레이공사는 케이블을 지지하기 위하여 사용하는 금속재 또는 불연성 재료로 제작된 유닛 또는 유닛의 집합체 및 그에 부속하는 부속재 등으로 구성된 견고한 구조물을 말하며 사다리형, 펀칭형, 그물망형, 바닥밀폐형 기타 이와 유사한 구조물을 포함하여 적용한다. 일체식 또는 분리식으로 모든 면에서 통풍구가 있는 그물형의 조립 금속구조는 그물망형 이다. **답** ②

29 전력기술관리법령에 따라 대통령령으로 정하는 요건에 해당하는 전력시설물 중 설계감리를 받아야 하는 발전설비의 최소 용량은?

① 60만 킬로와트 ② 70만 킬로와트
③ 80만 킬로와트 ④ 90만 킬로와트

> **해설** 설계 감리를 받아야 하는 전력시설물의 설계도서는 다음 중 어느 하나에 해당하는 전력시설물의 설계 도서로 한다고 명시하고 있다.
> • 용량 80만 킬로와트 이상의 발전설비
> • 전압 30만 킬로와트 이상의 송변전설비 **답** ③

30 토목도면의 재료별 단면을 표시할 경우 지반에 해당하는 것은?

㉠	㉡
㉢	㉣

① ㉠ ② ㉡
③ ㉢ ④ ㉣

> **해설**
>
> | 철근 | 자갈 |
> |---|---|
> | | |

지반	잡석

답 ③

31 공사시방서에 대한 설명으로 틀린 것은?

① 주요 기자재에 대한 규격, 수량 및 납기일을 기재한다.
② 공사에 필요한 시공방법, 시공품질, 허용오차 등 기술적 사항을 규정한다.
③ 계약문서에 포함되는 설계도서의 하나로 계약적 구속력을 가지며, 공사의 질적 요구조건을 규정하는 문서이다.
④ 공사감독자 및 수급인에게는 시공을 위한 사전준비, 시공 중의 점검, 시공완료 후의 점검을 위한 지침서로 사용할 수도 있다.

> **해설** 공사시방서
> 공사별로 건설공사 수행을 위한 기준으로서 계약문서의 일부가 되며, 설계도면에 표시하기 곤란하거나 불편한 내용과 당해 공사의 수행을 위한 재료, 공법, 품질시험 및 검사 등 품질관리, 안전관리계획 등에 관한 사항을 기술하고, 당해 공사의 특수성, 지역여건, 공사방법 등을 고려하여 공사별, 공종별로 정하여 시행하는 시공기준 **답** ①

32 한국전기설비규정에 따라 모듈을 병렬로 접속하는 전로에는 그 전로에 단락전류가 발생할 경우에 전로를 보호하는 무엇을 설치하여야 하는가? (단, 그 전로가 단락전류에 견딜 수 없는 경우이다.)

① 개폐기
② 단로기
③ 전류검출기
④ 과전류 차단기

> **해설** KEC522.3.2 (과전류 및 지락 보호장치)
> 모듈을 병렬로 접속하는 전로에는 그 전로에 단락전류가 발생할 경우에 전로를 보호하는 과전류차단기 또는 기타 기구를 시설하여야 한다. **답** ④

33 어떤 태양광발전 모듈의 최대전력은 100[W]이고, STC 조건에서 측정한 값이다. 태양광발전 모듈의 표면온도가 45[℃]일 때 태양광발전 모듈의 최대출력[W]은? (단, 태양광발전 모듈의 온도 보정계수(α)는 −0.5[%/℃]이다.)

① 90　　　　　　② 95
③ 100　　　　　④ 110

해설 $P_{real} = P_{module} \times \dfrac{S}{1,000} \times \{1 - \lambda(T_{cell} - 25[℃])\}$

여기서, S : 태양전지 표면에 입사되는 일사량
　　　　λ : 태양전지모듈 전력온도계수

$P_{real} = 100[W] \times \dfrac{1,000}{1,000}$

$\qquad \times \left\{1 - \left(\dfrac{0.5}{100}\right)(45[℃] - 25[℃])\right\}$

$= 90[W]$　　　　　　　　　**답** ①

34 한국전기설비규정에 따라 사용전압이 400[V] 초과인 저압 가공전선으로 경동선을 사용하는 경우 안전율이 얼마 이상이 되는 이도(弛度)로 시설하여야 하는가?

① 1.3　　　　　　② 1.5
③ 2.2　　　　　　④ 2.5

해설 KEC 332.4 (고압 가공전선의 안전)
저압 가공전선으로 경동선을 사용하는 경우 안전율이 경동선 또는 내열 동합금선은 2.2 이상, 그 밖의 전선은 2.5 이상이 되는 이도(弛度)로 시설하여야 한다.
　　　　　　　　　　　　　　답 ③

35 낙석 · 토석 대책시설(KDS 11 70 20 : 2020)에 따라 낙석방지옹벽의 설계 시 고려사항으로 틀린 것은?

① 낙석의 중량
② 지지지반의 강도
③ 지지지반의 지형
④ 낙석의 최소도약높이

해설 낙서방지옹벽
(1) 낙석방지옹벽의 방호기능은 낙석이 가진 운동에너지를 옹벽본체 및 지지지반의 변형에너지로 전환하여 흡수하는 방법으로 낙석을 정지시킨다.

(2) 낙석방지옹벽의 설계 시에는 낙석의 중량, 속도, 최대도약높이, 지지지반의 강도 및 지형, 지질 등을 고려하여 옹벽의 활동, 전도에 대한 안정 및 단면의 강도에 대해서 검토하여야 한다.　　　　**답** ④

36 한국전기설비규정에 따라 고압 가공전선이 다른 고압 가공 전선과 접근되거나 교차하여 시설되는 경우 고압 가공전선 상호 간의 이격 거리는 몇 [cm] 이상이어야 하는가? (단, 어느 한쪽의 전선이 케이블이 아닌 경우이다.)

① 80　　　　　　② 100
③ 150　　　　　④ 300

해설 KEC 332.17(고압 가공전선 상호 간의 접근 또는 교차)
고압 가공전선 상호 간의 접근 또는 교차고압 가공전선이 다른 고압 가공 전선과 접근상태로 시설되거나 교차하여 시설되는 경우에는 다음에 따라 시설하여야 한다.
가. 위쪽 또는 옆쪽에 시설되는 고압 가공전선로는 고압 보안공사에 의할 것.
나. 고압 가공전선 상호 간의 이격 거리는 0.8[m] (어느 한쪽의 전선이 케이블인 경우에는 0.4[m]) 이상, 하나의 고압 가공전선과 다른 고압 가공전선로의지지　　　　　　　　　　　　　　**답** ①

37 태양광발전 모듈 설치 시 태양을 향한 방향에 높이 3[m]인 장애물이 있을 경우 장애물로부터 최소 이격 거리[m]는? (단, 발전가능 한계 시각에서의 태양광 고도각은 20° 이다.)

① 약 8.2　　　　　② 약 10.5
③ 약 15.6　　　　④ 약 18.7

해설 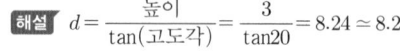$d = \dfrac{\text{높이}}{\tan(\text{고도각})} = \dfrac{3}{\tan 20} = 8.24 \simeq 8.2$

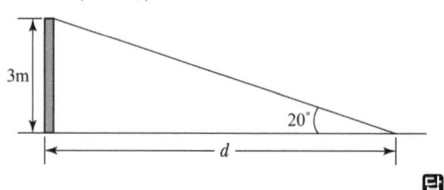
　　　　　　　　　　　　　　답 ①

38 전력시설물 공사감리업무 수행지침에 따른 용어의 정의에서 감리업체에 근무하면서 상주감리원의 업무를 기술적·행정적으로 지원하는 사람을 무엇이라고 하는가?

① 책임 감리원
② 보조 감리원
③ 비상주 감리원
④ 지원업무 담당자

해설 비상주 감리원이란 감리업체에 근무하면서 상주감리원의 업무를 기술적, 행정직으로 지원하는 사람을 말한다. 답 ③

39 신재생발전기 계통연계기준에 따라 태양광 발전기 인버터는 계통운영자의 지시에 따라 유효전력 출력 증감률 속도를 정격의 몇 [%] 이내/분까지 제한하는 것이 가능한 제어성능을 구비해야 하는가?

① 1   ② 3
③ 5   ④ 10

해설 풍력 및 태양광 발전기 인버터는 계통운영자의 지시에 따라 유효전력 출력 증감율 속도를 정격의 10[%] 이내/분까지 제한하는 것이 가능한 제어 성능을 구비해야 함 답 ④

40 전력시설물 공사감리업무 수행지침에 따라 감리원이 감리현장에서 감리업무 수행 상 필요에 의해 비치하고 기록·보관하는 서식으로 틀린 것은?

① 민원처리부
② 문서발송대장
③ 감리업무일지
④ 안전관리비 사용실적 현황

해설 기록·보관 서식
① 민원처리부   ② 문서발송대장
③ 감리업무일지   ④ 근무상황판
⑤ 착수신고서   ⑥ 지원업무 수행기록표 등
답 ④

3과목 - 태양광발전시스템 시공

41 가공전선로에서 발생할 수 있는 코로나 현상의 방지 대책이 아닌 것은?

① 복도체를 사용한다.
② 가선금구를 개량한다.
③ 선간거리를 크게 한다.
④ 바깥지름이 작은 전선을 사용한다.

해설 코로나 현상의 방지대책
① 복도체(다도체)를 사용한다.
② 가선금구를 개량한다.
③ 선간거리를 크게 한다.
④ 굵은 전선을 사용한다. 답 ④

42 저압전기설비-제5-54부 : 전기기기의 선정 및 설치-접지설비 및 보호도체(KS C IEC 60364-5-54 : 2014)에 따른 보조본딩을 위한 보호본딩도체에 대한 설명이다. 다음 ( )에 들어갈 내용으로 옳은 것은?

> 계통외도전부에 노출도전부를 접속하는 보호본딩 도체의 컨덕턴스는 상응하는 단면적을 갖는 보호도체 컨덕턴스의( )이상이어야 한다.

① 1/2   ② 1/5
③ 1/10   ④ 1/20

해설 KEC 143.3.2 (보조 보호등전위본딩 도체)
노출도전부를 계통외도전부에 접속하는 경우 도전성은 같은 단면적을 갖는 보호도체의 1/2 이상이어야 한다. 답 ①

43 골재의 조립률에 대한 설명으로 틀린 것은?

① 1개의 입도곡선에는 1개의 조립률만 존재한다.
② 1개의 조립률에는 1개의 입도곡선만 존재한다.
③ 조립률이 크면 타설이 어렵지만 시멘트를 절약할 수 있다.
④ 조립률이 작으면 타설이 쉽지만 시멘트량이 많이 필요하다.

해설 조립률(finess modulus, FM)
골재의 입도를 수량적으로 나타내는 한 방법으로서 조립률이 있다.
조립률은 75 mm, 40 mm, 20 mm, 10mm, 5mm, 2.5 mm, 1.2 mm, 0.6 mm, 0.3 mm, 0.15 mm의 10개의 체를 1개조로 체가름시험을 하였을 때, 각 체에 남아 있는 양의 전체 시료에 대한 중량백분율의 합계를 100으로 나눈 것으로 정의한다. 골재의 평균 입경이 클수록 조립률은 커진다. 1개의 입도곡선에는 하나의 조립률이 존재하지만, 하나의 조립률에는 무수한 입도곡선이 있다. **답** ②

44 20[MVA], %임피던스 8[%]인 3상 변압기가 2차측에서 3상 단락되었을 때 단락용량[MVA]은?

① 150   ② 200
③ 250   ④ 300

해설 단락용량 $P_s = \dfrac{100}{\%Z}P_n = \dfrac{100}{8} \times 20 = 250[\text{MVA}]$
답 ③

45 수변전설비공사(KCS 31 60 10 : 2019)에 따른 전력퓨즈에 대한 설명으로 틀린 것은?

① 차단용량을 표시하는 경우 교류분의 대칭 실효값을 나타내어야 한다.
② 퓨즈가 차단할 수 있는 단락전류의 최대 전류 값으로 표시하여야 한다.
③ 정격전압은 3상 회로에서 사용가능한 전압 한도를 표시하는 것으로 퓨즈의 정격전압은 계통 최대 상전압으로 선정한다.
④ 정격전류는 전력퓨즈가 온도상승 한도를 넘지 않고 연속으로 흘러 보낼 수 있는 전류 값이며 실효값으로 표시하여야 한다.

해설 정격전압은 3상 회로에서 사용가능한 전압한도를 표시하는 것으로 퓨즈의 정격전압은 계통최대 선간전압에 의해 선정하게 되어 있다. **답** ③

46 송전전력이 400[MW], 송전거리가 200[km]인 경우의 경제적인 송전전압은 약 몇 [kV]인가? (단, Still식에 의하여 산정할 것)

① 3.39   ② 6.81
③ 353   ④ 363

해설 경제적인송전전압(Still 식)
$$5.5\sqrt{0.6\iota + \frac{P}{100}} = 5.5\sqrt{0.6 \times \iota + 0.01P}$$
$$= 5.5\sqrt{0.6 \times 200 + 0.01 \times 400 \times 10^3}$$
$$= 353.03[\text{kV}]$$
ι : 송전거리[km], P : 송전전력[kW] 이다. **답** ③

47 수소원자에서 기저상태(주양자수 $n=1$)에 있는 전자를 $n=2$인 궤도로 옮기는 데 필요한 에너지(eV)는?

① 3.39   ② 6.81
③ 10.19   ④ 13.58

해설 보어의 수소원자론 식
$$W_n = -13.58\left(\frac{1}{n^2}\right)[\text{eV}]$$
전자총에너지 $\triangle W = 13.58\left(1 - \frac{1}{2^2}\right)$
$$= 10.185[\text{eV}] = 10.19[\text{eV}]$$ **답** ③

48 태양광발전시스템 구조물의 설치공사 순서를 보기에서 찾아 옳게 나열한 것은?

[보기]
ㄱ : 어레이 가대공사   ㄴ : 어레이 기초공사
ㄷ : 어레이 설치공사   ㄹ : 배선공사
ㅁ : 점검 및 검사

① ㄴ → ㄱ → ㄷ → ㄹ → ㅁ
② ㄱ → ㄴ → ㄷ → ㄹ → ㅁ
③ ㄹ → ㄴ → ㄱ → ㄷ → ㅁ
④ ㄹ → ㄱ → ㄴ → ㄷ → ㅁ

해설 어레이 기초공사 → 어레이 가대공사 → 어레이 설치공사 → 배선공사 → 점검 및 검사 **답** ①

49 전압-전류의 특성이 비직선적인 저항 소자로, 전압의 변화에 따라 전기저항 값이 크게 변화하는 소자는?

① 배리스터(Varistor)

② 서미스터(Thermistor)

③ 압전소자(Piezo element)

④ 열전소자(Thermoelement)

> **해설** • 배리스터(varistor)는 2개의 전극을 갖는 전자 부품으로, 두 단자 사이의 전압이 낮은 경우에는 전기 저항이 높지만, 어느 정도 이상으로 전압이 높아지면 급격히 저항이 낮아지는 성질을 가진다.
> • 배리스터의 전류–전압 특성은 순방향과 역방향에서 거의 대칭이며, 즉 극성이 없고 뛰어난 전압전류의 비직선성을 가지고 있다.
> 1) 서미스터 : 온도에 따라 저항 변화
> 2) 압전소자 : 압력에 따른 전압 변화
> 3) 열전소자 : 흡열과 발열을 이용한 소자   **답** ①

---

50 피뢰시스템 구성요소(LPSC)–제2부 : 도체 및 접지극에 관한 요구사항(KS C IEC 62561 –2:2014)에 따라 대지와 직접 전기적으로 접속하고 뇌전류를 대지로 방류시키는 접지시스템의 일부분 또는 그 집합을 정의하는 것은?

① 피뢰침   ② 수뢰부

③ 접지극   ④ 인하도선

> **해설** 1. 뇌전류를 대지로 방류시키기 위한 접지극시스템은 다음에 의한다.
> 가. A형 접지극(수평 또는 수직 접지극) 또는 B형 접지극(환상도체 또는 기초 접지극)중 하나 또는 조합하여 시설할 수 있다.   **답** ③

---

51 교류의 파형률을 나타내는 관계식으로 옳은 것은

① $\dfrac{실효값}{평균값}$ ② $\dfrac{평균값}{실효값}$

③ $\dfrac{실효값}{최대값}$ ④ $\dfrac{최대값}{실효값}$

> **해설** • 최대값 : 순시값 중에서 가장 큰 값 V_m
> • 실효값 : 임의 주기파의 순시값이 1주기에 걸친 평균값의 제곱근 이며 정현파의 경우 최대값이
> $$V = \frac{1}{\sqrt{2}} V_m = 0.707 V_m \text{ 배와 같음}$$
> • 평균값 : 한주기 동안의 면적을 주기적으로 나누어 구한 산술적인 평균값
> $$V_{av} = \frac{2}{\pi} V_m = 0.637 V_m$$ **답** ①

---

52 한국전기설비규정에 따라 태양광발전 모듈에 접속하는 부하측의 전로를 옥내에 시설할 경우 적용할 수 있는 합성수지관 공사에서 사용하는 관(합성수지제 휨(가요)전선관을 제외)의 최소 두께[mm]는?

① 1.0   ② 1.2

③ 1.6   ④ 2.0

> **해설** 관[합성수지제 휨(가요) 전선관을 제외한다]의 두께는 2[mm] 이상일 것.
> 다만, 전개된 장소 또는 점검할 수 있는 은폐된 장소로서 건조한 장소에 사람이 접촉할 우려가 없도록 시설한 경우(옥내배선의 사용전압이 400[V] 이하인 경우에 한한다)에는 그러하지 아니하다.   **답** ④

---

53 태양광발전 모듈 설치 및 조립 시 주의사항으로 틀린 것은?

① 태양광발전 모듈의 파손방지를 위해 충격이 가지 않도록 한다.

② 태양광발전 모듈과 가대의 접합 시 부식방지용 가스켓을 적용한다.

③ 태양광발전 모듈을 가대의 상단에서 하단으로 순차적으로 조립한다.

④ 태양광발전 모듈의 필요 정격전압이 되도록 1스트링의 직렬매수를 선정한다.

> **해설** ③ 태양전지 모듈의 설치는 가대의 하단에서 상단으로 순차적으로 조립한다.
> ④ 태양광발전 모듈의 필요 정격전압이 되도록 1스트링의 직렬매수를 선정하는 것은 시공단계가 아닌 설계과정에서 진행되는 사항임   **답** ③ ④ 이지정답

---

54 태양광발전 모듈에서 인버터에 이르는 배선에 대한 설명으로 틀린 것은?

① 태양광발전 모듈의 출력배선은 극성별로 확인할 수 있도록 표시한다.

② 태양광발전 모듈에서 인버터에 이르는 배선에 사용되는 케이블은 피뢰도체와 교차 시공한다.

③ 태양광발전 모듈 간의 배선은 $2.5[mm^2]$ 이상의 연동선 또는 이와 동등 이상의 세기 및

굵기의 것을 사용한다.

④ 태양광발전 어레이의 출력배선을 중량물의 압력을 받는 장소에 지중으로 직접 매설식에 의해 시설하는 경우 1[m] 이상의 매설깊이로 한다.

해설 태양전지모듈에서 태양광 인버터에 이르는 배선에 사용되는 케이블은 모듈 전용선 또는 단심(1C) 난연 케이블(TFR-CV, F-CV, FR-CV 등)을 사용하여야 하며, 케이블이 지면 위에 설치되거나 포설되는 경우에는 피복에 손상이 발생되지 않게 별도의 조치를 취해야 합니다. **답** ②

---

55 10[A]의 전류를 흘렸을 때의 전력이 50[W]인 저항에 20[A]의 전류를 흘렸다면 소비전력은 몇 [W]인가?

① 100　　　　　　② 200

③ 500　　　　　　④ 1000

해설 전압이 일정한 경우 전력은 전류의 제곱에 비례한다.

즉, $\dfrac{P'}{P} = \left(\dfrac{I'}{I}\right)^2$

따라서 $P' = \left(\dfrac{20}{10}\right)^2 \times 50 = 200[\mathrm{W}]$가 된다.

(다른 방법)

저항을 구하고, 저항에 의해 소비되는 전력을 구해도 된다.

저항 $R = \dfrac{50}{10^2} = 0.5[\Omega]$,

$P = I^2 R = 20^2 \times 0.5 = 200[\mathrm{W}]$ **답** ②

---

56 전기사업법령에 따라 사용 전 검사를 받으려는 자는 사용 전 검사 신청서에 필요 서류를 첨부하여 검사를 받으려는 날의 며칠 전까지 한국전기안전공사에 제출하여야 하는가?

① 7　　　　　　　② 14

③ 30　　　　　　　④ 60

해설 사용 전 검사를 받으려는 자는 사용 전 검사 신청서에 필요 서류를 첨부하여 검사를 받으려는 날의 7일 전까지 한국전기안전공사에 제출 하여야 한다. **답** ①

---

57 태양광발전 모듈 단락전류 9[A], 스트링 4병렬일 때, 직류(DC) 차단기의 정격전류 범위로 옳은 것은?

① 43.2A < 직류(DC) 차단기 정격전류 ≤86.4A

② 45A < 직류(DC) 차단기 정격전류 ≤86.4A

③ 43.2A < 직류(DC) 차단기 정격전류 ≤90A

④ 45A < 직류(DC) 차단기 정격전류 ≤90A

해설 직류 차단기의 정격전류는 접속함 출력 회로의 정격 전류보다 1.25배 초과, 2.4배 이하의 전류 정격을 갖는다.

9A × 4 × 1.25 = 45A

9A × 4 × 2.4 = 86.4A

45A < 직류(DC) 차단기 정격전류 ≤ 86.4A **답** ②

---

58 역률 개선을 통하여 얻을 수 있는 효과가 아닌 것은?

① 전압강하의 경감

② 수용가 전기요금 증가

③ 설비용량의 여유분 증가

④ 배전선 및 변압기의 손실 경감

해설 역률 개선을 통하여 얻을 수 있는 효과

① 전압강하의 경감

② 전력계통의 안정

③ 설비용량의 여유분 증가

④ 배전선 및 변압기의 손실 경감 **답** ②

---

59 전면기초가 우선적으로 고려되어야 할 경우로 틀린 것은?

① 양압력이 확대기초로 견딜 수 있는 크기 이하인 경우

② 지반조건이 좋지 않고, 부등침하가 발생하기 쉬운 지형

③ 건조물의 부하면적이 기초면의 2/3 이상인 경우로 지반조건이 불량할 때

④ 구조물에 불균등하게 작용하는 수평하중의 독립기초와 말뚝머리에 불균등한 변위가 예상 될 때

해설 전면기초가 사용되는 경우

기초면적이 시공면적의 2/3이상 되는 기초, 지반조건이 좋지 않고 부등침하가 발생하기 쉬운 지형, 구조물

의 하부가 지하수위 아래에 위치하고 있어 차수나 방수가 중요시될 경우, 도심지 건축 및 지하철 구조물에 사용 **답** ①

60 한국전기설비규정에 따라 케이블트레이공사 중 수평 트레이에 단심케이블을 포설 시 벽면과의 간격은 몇 [mm] 이상 이격하여 설치하여야 하는가?

① 5   ② 10
③ 15   ④ 20

해설 수평 트레이에 단심케이블을 포설 시 다음에 적합하여야 한다.
가. 사다리형, 바닥밀폐형, 펀칭형, 그물망형 케이블 트레이 내에 단심케이블을 포설하는 경우 이들 케이블의 지름의 합계는 트레이의 내측폭 이하로 하고 단층으로 포설하여야 한다. 단, 삼각포설 시에는 묶음단위 사이의 간격은 단심케이블지름의 2배 이상 이격하여 포설하여야 한다.
나. 벽면과의 간격은 20[mm] 이상 이격하여 설치하여야 한다. **답** ④

4과목 - 태양광발전시스템 운영

---

61 발전설비의 유지관리를 위한 일상점검 시 배전반 주회로 인입·인출부에 대한 점검항목과 점검내용으로 틀린 것은?

① 부싱 - 코로나 방전에 의한 이상음 여부
② 케이블 접속부 - 과열에 의한 이상한 냄새 발생 여부
③ 태양광발전용 개폐기 - "태양광발전용"이란 표시여부
④ 폐쇄 모선 접속부 - 볼트류 등의 조임 이완에 따른 진동음 유무

해설 주회로 인입 인출부

점검개소	목적	점검내용
폐쇄 모선의 접속부	이상한 소리	볼트류의 조임이 이완되어 진동음은 없는가

점검개소	목적	점검내용
부싱 (BUSHING)	손상	균열, 파손은 없는가
	이상한 소리	코로나(CORONA) 방전 등에 의한 진동음은 없는가
케이블 단말부 및 접속부, 케이블 관통부	이상한 소리	볼트류의 조임이 이완되어 진동음은 없는가
	이상한 냄새	코로나 방전 또는 과열에 의한 이상한 냄새는 나지 않는가
	손상	케이블 막이판의 탈락 또는 간격의 벌어짐은 없는가
	쥐, 곤충 등의 침입	침입의 흔적은 없는가

※ 태양광발전용 개폐기 - "태양광발전용"이란 표시여부는 태양광발전용 개폐기, 전력량계, 인출구, 개폐기 등에 관한 육안점검 항목임 **답** ③

62 태양광발전소의 전기안전관리를 수행하기 위하여 계측장비를 주기적으로 교정하고 안전장구의 성능을 유지하여야 한다. 전기안전관리자의 직무 고시에 따른 안전장구의 권장 시험 주기가 아닌 것은?

① 절연안전모 1년
② 저압검전기 1년
③ 고압절연장갑 1년
④ 고압·특고압 검전기 6개월

해설 고압·특고압 검전기는 1개월 **답** ④

63 태양광발전용 인버터의 육안점검 항목에 해당하지 않는 것은?

① 배선의 극성
② 지붕재의 파손
③ 단자대 나사 풀림
④ 접지단자와의 접속

해설 인버터의 육안점검 항목
외함의 부식 및 파손, 취부, 배선의 극성, 단자대 나사의 풀림, 접촉단자와의 접속
※ 지붕재의 파손은 태양광발전 모듈·어레이 측정 및 점검에서 육안점검에 해당됨 **답** ②

64 중대형 태양광 발전용 인버터(계통연계형, 독립형)(KS C 8565 : 2024)에 따른 정상특성시험 항목이 아닌 것은?

① 효율시험
② 내전압시험
③ 측정오차 정확도 시험
④ 온도상승시험

해설 정상특성시험 항목

시험항목		독립형	계통연계형
정상 특성 시험	① 교류전압, 주파수 추종범위 시험	×	○
	② 교류출력전류 왜형률 시험	×	○
	③ 측정오차 정확도 시험	○	○
	④ 온도상승시험	○	○
	⑤ 효율시험	○	○
	⑥ 대기손실시험	×	○
	⑦ 정지ㆍ기동 전압 확인 시험	×	○
	⑧ 최대전력 추종시험	×	○
	⑨ 출력전류 직류분 검출 시험	×	○

※ 내전압시험 : 절연성능 시험 **답** ②

65 전기작업계획서의 작성에 관한 기술지침에 따라 작업계획서에 작성하는 내용으로 틀린 것은?

① 작업의 목적
② 작업자의 인적사항
③ 작업자의 자격 및 적정 인원
④ 교대 근무 시 근무 인계에 관한 사항

해설 작업안전계획에는 최소한 다음 사항 등이 포함되어야 한다.
① 작업의 목적
② 작업범위 및 위험특성
③ 작업자의 자격 및 적정 인원
④ 교대 근무 시 근무 인계에 관한 사항
⑤ 접근한계
⑥ 적용 가능한 안전 작업지침
⑦ 필요한 개인보호구 등 **답** ②

66 태양광발전시스템 고장원인 중 모듈의 제조 공정상 불량에 해당하지 않는 것은?

① 백화현상
② 적화현상
③ 황색변이
④ 유리 적색 착색

해설 태양광발전시스템 고장원인 중 모듈의 제조 공정상 불량에 해당되는 사항은 백화현상, 적화현상, 황색변이 등이 있다. **답** ④

67 태양광발전시스템의 유지관리 시 보수점검 작업 후 유의사항으로 틀린 것은?

① 볼트 조임작업을 완벽하게 하였는지 확인한다.
② 쥐, 곤충 등이 침입되어 있지 않은지 확인한다.
③ 검정기로 무전압 상태를 확인하고 필요개소에 접지한다.
④ 점검을 위해 임시로 설치한 가설물 등의 철거가 지연되고 있지 않은지 확인한다.

해설 점검전의 유의사항에 해당하며 무전압 상태확인 및 안전조치사항 **답** ③

68 산업안전보건법령에 따라 금속절단기에 설치하는 방호장치로 옳은 것은?

① 백레스트
② 압력방출장치
③ 날접촉 예방장치
④ 회선체 접촉 예방장치

해설 ① 예초기 : 날접촉 예방장치
② 원심기 : 회전체 접촉 예방장치
③ 공기압축기 : 압력방출장치
④ 금속절단기 : 날접촉 예방장치 **답** ③

69 태양광발전시스템이 작동되지 않을 때 응급조치 순서로 옳은 것은?

① 접속함 내부 차단기 개방 → 인버터 개방 → 설비점검
② 접속함 내부 차단기 개방 → 인버터 투입 → 설비점검
③ 접속함 내부 차단기 투입 → 인버터 개방 → 설비점검
④ 접속함 내부 차단기 투입 → 인버터 투입 → 설비점검

해설 태양광발전시스템 응급조치 순서
접속합 내부 차단기 off → 인버터 off 점검 → 점검 후
→ 인버터 on → 접속함 내부 차단기 on 답 ①

70 수변전설비의 설치와 유지관리에 관한 기술지침에 따른 충전부 보호에서 방호범위에 대한 설명으로 틀린 것은?

① 작업자들은 공구나 열쇠 등과 같은 금속체를 휴대해서는 안 된다.

② 전기설비의 활선부분과 작업자의 신체 보호 장비는 충분한 이격 거리를 유지해야 한다.

③ 통로, 복도, 창고와 같이 물건들이 이동하는 곳에는 추가 이격 거리 확보와 방호조치를 하여야 한다.

④ 신속한 유지관리를 위해 수변전실 유자격자의 주된 근무 장소와 전기설비는 서로 같은 공간이어야 한다.

해설 부주의한 접촉을 방지하기위하여 수변전실 유자격자의 주된 근무 장소와 전기설비는 서로 독립된 공간이어야 한다. 답 ④

71 인버터의 입·출력 단자와 접지간의 절연저항 측정 시 몇 [MΩ] 이상이어야 하는가? (단, DC 500[V] 메거로 측정한 경우이다.)

① 0.1   ② 0.3
③ 0.5   ④ 1

해설 인버터의 입출력 단자와 접지간의 절연저항 측정 시 1[MΩ] 이상이어야 한다. 답 ④

72 전기안전관리법령에 따른 선임된 전기안전관리자의 직무 범위로 틀린 것은?

① 전기설비의 안전관리를 위한 확인·점검 및 이에 대한 업무의 감독

② 전기재해의 발생을 예방하거나 그 피해를 줄이기 위하여 필요한 응급조치

③ 전기수용설비의 증설 또는 변경공사로서 총공사비가 1억원 미만인 공사의 감리업무

④ 비상용 예비발전설비의 설치·변경공사로서 총공사비가 1억원 미만인 공사의 감리업무

해설 다음 각 목의 어느 하나에 해당하는 공사의 감리업무
가. 전기수용설비의 증설 또는 변경공사로서 총공사비가 5천만원 미만인 공사
나. 비상용 예비발전설비의 설치·변경공사로서 총공사비가 1억원 미만인 공사 답 ③

73 태양광발전 접속함(KS C 8567 : 2019)에 따라 직류(DC)용 퓨즈는 IEC 60269-6의 관련 요구사항을 만족하는 어떤 타입을 사용하여야 하는가?

① sPV 타입   ② aPV 타입
③ gPV 타입   ④ qPV 타입

해설 퓨즈는 IEC 60269-6(gPV 형)의 관련 요구사항을 만족하는 타입을 사용하여야 한다. 답 ③

74 한국전기설비규정에 따라 태양전지 모듈은 최대사용전압의 몇 배의 직류전압을 충전부분과 대지 사이에 연속하여 10분간 가하여 절연내력을 시험하였을 때에 이에 견디는 것이어야 하는가?

① 1   ② 1.5
③ 2   ④ 3

해설 연료전지, 태양전지
연료전지 및 태양전지 모듈은 최대사용전압의 1.5배의 직류전압 또는 1배의 교류전압 (500V 미만으로 되는 경우에는 500V)을 충전부분과 대지사이에 연속하여 10분간 가하여 절연내력을 시험하였을 때에 이에 견디는 것이어야 한다. 답 ②

75 전기설비 검사 및 점검의 방법·절차 등에 관한 고시에 따른 태양광발전설비에서 전선로(가공, 지중, GIB, 기타)의 정기검사 시 세부검사내용으로 틀린 것은?

① 환기시설상태   ② 절연내력시험
③ 절연저항시험   ④ 보호장치시험

해설 전선로(가공, 지중, GIB, 기타)의 정기검사 시 세부검사내용
• 외관검사   • 보호장치 및 계전기 시험
• 절연저항시험   • 절연내력시험
• 충전시험   답 ①

76 전기설비 검사 및 점검의 방법·절차 등에 관한 고시에 따른 태양광발전설비 중 전력변환장치에서 보호장치의 정기검사 시 세부검사내용에 해당하는 것은?

① 위험표시
② 개방전압
③ 보호장치 시험
④ 울타리, 담 등의 시설상태

해설 전력변환장치에서 보호장치 정기검사 시 세부검사내용에는 외관검사, 절연저항, 보호장치 시험이 있다.
답 ③

77 결정질 실리콘 태양광발전 모듈(성능)(KS C 8561 : 2020)에 따른 습도-동결 시험에서 품질기준 중 최대 출력에 대한 내용으로 옳은 것은?

① 시험 전 값의 95[%] 이상일 것
② 시험 전 값의 90[%] 이상일 것
③ 시험 전 값의 85[%] 이상일 것
④ 시험 전 값의 80[%] 이상일 것

해설 판정기준
최대출력 : 시험 전 값의 95[%] 이상일 것
절연저항 : 절연 시험 기준에 만족할 것
외관 : 두드러진 이상이 없고, 표시는 판독할 수 있으며 외관검사 기준에 만족할 것
답 ①

78 태양광발전시스템의 계측기구 및 표시장치의 구성으로 틀린 것은

① 검출기
② 감시장치
③ 연산장치
④ 신호변환

해설 계측기구 및 표시장치
검출기(쎈서), 신호변환기(트랜스듀서), 연산장치, 기억장치, 표시장치
답 ②

79 공장 지붕에 4200[kW] 태양광발전설비를 설치할 경우 REC 가중치는 약 얼마인가?

① 1.00
② 1.36
③ 1.41
④ 1.50

해설 건축물 등 기존 시설물을 이용하는 경우 태양광에너지 가중치 산정 방법

설치용량	태양광에너지 가중치 산정식
3,000kW 이하	1.5
3,000kW 초과부터	$\dfrac{3,000 \times 1.5 + (용량 - 3,000) \times 1.0}{용량}$

$$REC = \dfrac{3000 \times 1.5 + (4200 - 3000) \times 1.0}{4200}$$
$$= 1.357 \simeq 1.36$$
답 ②

80 태양광 시스템용 이차전지(KS C 8575 : 2021)에 따른 권장 시험방법 중 형식 시험에 해당하지 않는 것은?

① 용량시험
② 저온방전시험
③ 재단파 충격시험
④ 사이클 내구성 시험

해설 태양광 시스템용 이차전지(KS C 8575 : 2021) 형식시험
1) 용량 시험과 용량 보존 시험
2) 저온방전 시험
3) 사이클 내구성 시험
4) 사이클 내구성 시험(극한 조건)
답 ③

1과목 - 태양광발전시스템 이론

01 신에너지 및 재생에너지 개발 · 이용 · 보급 촉진법령에 따른 신 · 재생에너지 공급 인증서의 거래 제한 사유에 해당하지 않는 것은?

① 공급인증서가 발전소별로 5000[kW] 이내의 수력을 이용하여 에너지를 공급하고 발급된 경우

② 공급인증서가 기존 방조제를 활용하여 건설된 조력(潮力)을 이용하여 에너지를 공급하고 발급된 경우

③ 공급인증서가 석탄을 액화 · 가스화한 에너지 또 중질잔사유를 가스화한 에너지를 이용하여 에너지를 공급하고 발급된 경우

④ 공급인증서가 폐기물에너지 중 화석연료에서 부수적으로 발생하는 폐가스로부터 얻어지는 에너지를 이용하여 에너지를 공급하고 발급된 경우

해설 발전소별로 5000[kW]를 넘는 수력을 이용하여 에너지를 공급하고 발급된 경우 **답** ①

02 전기사업법령에 따라 사업계획서 작성 시 전기설비 개요에 포함되어야 할 태양광설비에 대한 사항으로 틀린 것은?

① 태양전지의 종류
② 접속함의 설치장소
③ 집광판(集光板)의 면적
④ 인버터(Inverter)의 종류

해설 태양광 설비
가) 태양전지의 종류, 정격용량, 정격전압 및 정격출력
나) 집광판(集光板)의 면적
다) 인버터(Inverter)의 종류, 입력전압, 출력전압 및 정격출력 **답** ②

03 신에너지 및 재생에너지 개발 · 이용 · 보급 촉진법령에 따라 태양에너지(태양의 빛에너지를 변환시켜 전기를 생산하는 방식에 한정한다)의 2015년 이후 의무공급량은 몇 [GWh]인가?

① 723
② 1353
③ 1971
④ 2325

해설 1. 연도별 의무공급량

해당 연도	의무공급량(단위 : [GWh])
2012년	276
2013년	723
2014년	1,353
2015년 이후	1,971

답 ③

04 전기사업법령에 따라 전기사업을 하려는 자가 허가 받은 사항을 변경하려고 할 때 "산업통상자원부령으로 정하는 중요 사항"에 해당되지 않는 것은?

① 사업구역 변경
② 공급전압 변경
③ 발전설비 설치장소 내에서 인버터의 설치위치 변경
④ 허가를 받은 발전설비용량의 100분의 10을 초과하는 설비용량 변경

해설 1. 사업구역 또는 특정한 공급구역
2. 공급전압
3. 발전사업 또는 구역전기사업의 경우 발전용 전기설비에 관한 다음 각 목의 어느 하나에 해당하는 사항
　가. 설치장소(동일한 읍 · 면 · 동에서 설치장소를 변경하는 경우는 제외한다)
　나. 설비용량(변경 정도가 허가 또는 변경허가를 받은 설비용량의 100분의 10 이하인 경우는 제외한다) **답** ③

05 설비용량 999.999[kW]인 태양광발전설비를 염전에 설치하였을 때 적용받을 수 있는 가중치는?

① 1
② 1.019
③ 1.049
④ 1.229

해설 일반부지 설치하는 경우 가중치

설치용량	태양광에너지 가중치 산정식
100[kW] 미만	1.2
100[kW]부터 3,000[kW] 이하	$\dfrac{99.999 \times 1.2 + (용량 - 99.999) \times 1.0}{용량}$
3,000[kW] 초과부터	$\dfrac{99.999 \times 1.2}{용량} + \dfrac{2,900.001 \times 1.0}{용량}$ $+ \dfrac{(용량 - 3,000) \times 0.8}{용량}$

$$가중치 = \frac{99.999 \times 1.2 + (999.999 - 99.999) \times 1.0}{999.999}$$
$$= 1.019$$

답 ②

06 태양을 올려다보는 각도가 30°인 경우 air mass(AM) 값은?

① 10 ② 1.15
③ $\sqrt{2}$ ④ 2.0

해설 $AM = \dfrac{1}{\sin 30°} = \dfrac{1}{\dfrac{1}{2}} = 2$

답 ④

07 전기공사업법령에 따라 전기공사업자가 전기공사를 하도급 주기위하여 미리 해당 전기공사의 발주자에게 이를 알리기 위하여 작성하는 하도급 통지서에 첨부하는 서류로 틀린 것은?

① 공사 예정 공정표
② 하도급(재하도급)계약서 사본
③ 하수급인 또는 다시 하도급 받는 공사업자의 등록수첩사본
④ 하수급인 또는 다시 하도급 받는 공사업자의 전기공사자재 보유현황

해설 규정에 의한 하도급통지서에는 다음각호의 서류를 첨부하여야 한다.
1. 하도급(재하도급)계약서 사본
2. 하도급(재하도급)내역이 명시된 공사내역서
3. 공사예정공정표
4. 하수급인 또는 다시 하도급 받은 공사업자의 전기공사기술자 보유현황
5. 하수급인 또는 다시 하도급 받은 공사업자의 등록수첩 사본

답 ④

08 국토의 계획 및 이용에 관한 법령에 따라 허가를 받지 않아도 되는 경미한 행위에 해당하지 않는 것은?

① 토지의 일부를 공공용지 또는 공용지로 하기 위한 토지의 분할
② 농림지역 안에서 농림어업용 비닐하우스 안에 육상어류양식장의 설치
③ 지구단위계획구역에서 채취면적이 25제곱미터 이하인 토지에서의 부피 50세제곱미터 이하의 토석채취
④ 지구단위계획구역에서 물건을 쌓아놓는 면적이 25제곱이터 이하인 토지에 전체무게 50톤 이하, 전체부피 50세제곱미터 이하로 물건을 쌓아놓는 행위

해설 녹지지역·관리지역 또는 농림지역 안에서의 농림어업용 비닐하우스(비닐하우스 안에 설치하는 육상어류양식장 제외)의 설치

답 ②

09 부지선정 검토 시 법적 인허가 및 신고사항에 포함되지 않는 것은?

① 공작물 축소신고
② 사도개설의 허가
③ 무연분묘 개장허가
④ 공급인증서 발급허가

해설 부지선정 검토 시 법적 인허가 및 신고사항
① 공작물 축소신고 ② 사도개설의 허가
③ 무연분묘 개장허가 ④ 문화재 지표조사

답 ④

10 다음 그림은 직류입력으로부터 교류 출력을 얻어내는 인버터의 동작원리를 설명하고 있다. 아래와 같은 출력파형을 얻기 위해 ⓒ 신호에 들어갈 스위치의 상태를 S_1-S_2-S_3-S_4 의 순서에 맞게 나열한 것은?

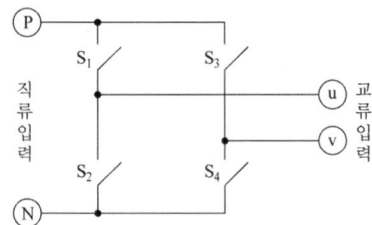

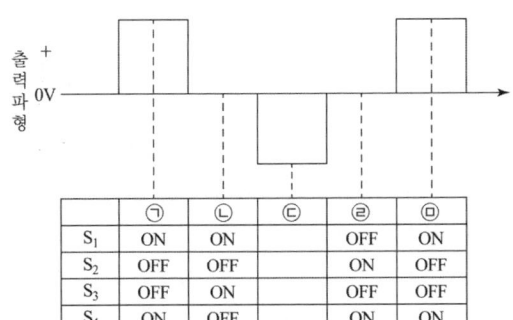

	㉠	㉡	㉢	㉣	㉤
S_1	ON	ON		OFF	ON
S_2	OFF	OFF		ON	OFF
S_3	OFF	ON		OFF	OFF
S_4	ON	OFF		ON	ON

① OFF–ON–ON–OFF

② ON–ON–OFF–OFF

③ OFF–OFF–ON–ON

④ ON–OFF–OFF–ON

해설 + 부분이 출력될 경우 S_1과 S_4가 on 되고, − 부분이 출력될 경우는 S_2과 S_3이 on 된다.   답 ①

---

11 다음 조건에서 월간 발전량은 약 몇 [kWh/월]인가? (단, 종합설계 계수는 0.66을 적용하며 기타 조건은 무시한다.

[조건]
– 태양광발전 어레이 출력 : 10800 [W]
– 월 적산어레이 경사면 일사량
 : 115.94 [kWh/m² · 월]
– 표준상태의 일사강도 : 1 [kW/m²]

① 695.26   ② 826.42
③ 995.72   ④ 713.56

해설 태양광발전 발전량 분석
태양광 발전량 = 경사면 일사량
 × 종합설계 계수(발전효율)
 ÷ 태양전지 어레이 출력(발전소 용량)
= (115.94[kWh/m²·월] ÷ 1[kWh/m²])
 × 0.66 × 10,800[W]
= 826.42[kWh/월]   답 ②

---

12 전기사업법령에 따라 대통령령으로 정하는 규모 이하의 발전설비를 갖추고 특정한 공급구역의 수요에 맞추어 전기를 생산하여 전력시장을 통하지 아니하고 그 공급 구역의 전기사용자에게 공급하는 것을 주된 목적으로 하는 사업을 말하는 것은?

① 송전사업   ② 배전사업
③ 중개거래사업   ④ 구역전기사업

해설 ① 송전사업 : 발전소에서 생산된 전기를 배전사업자에게 송전하는 데 필요한 전기설비를 설치·관리하는 것을 주된 목적으로 하는 사업을 말한다.
② 배전사업 : 발전소로부터 송전된 전기를 전기사용자에게 배전하는 데 필요한 전기설비를 설치·운용하는 것을 주된 목적으로 하는 사업을 말한다.   답 ④

---

13 태양전지의 계산식
$$T_{cell} = T_{amb} + \left(\frac{NOCT - 20°}{0.8} \right) \times S$$ 에서
NOCT는 무엇인가?
(단, T_{cell}은 태양전지 온도(℃), T_{amb}은 주의 온도 (℃), S는 방사조도(kW/m²) 이다.)

① 일조량

② 공기온도

③ 개방전압

④ 공칭작동 태양전지 온도

해설 외기온도를 이용하여 셀 온도를 계산하는 방법인 경우
$$T_c = T_a + \frac{T_{noct} - 20[℃]}{800[W/m²]} \times S$$
T_c : 태양전지모듈 셀면 온도,
T_a : 외기 온도,
T_{noct} : NOCT 개방전압 온도계수
S : 패널표면 일사량   답 ④

---

14 전기공사업법령에 따른 공사업자의 등록취소에 해당하지 않는 경우는?

① 거짓으로 공사업을 등록한 경우

② 타인에게 등록증 또는 등록수첩을 빌려준 경우

③ 전기공사기술자가 아닌 자에게 전기공사의 시공관리를 맡긴 경우

④ 공사업의 등록을 한 후 1년 이내에 영업을 시작하지 아니한 한 경우

해설 전기공사업법 제28조에서는 공사업 면허등록의 취소나 영업정지에 해당하는 사유를 명시하고 있음

1. 거짓으로 공사업을 등록한 경우
2. 등록기준에 미달된 경우
3. 등록기준 신고는 하지 않은 경우
4. 등록증, 등록수첩의 대여
5. 전기공사업 결격사유에 해당하게 된 경우
6. 시정명령대상이나 공사가 완료된 경우
7. 정당한 사유 없이 1년 이내 영업을 개시하지 않거나 휴업한 경우
8. 영업정지기간에 영업을 하거나 최근 5년간 3회 이상 영업정지를 받은 경우 **답** ③

---

15 태양광발전을 위한 부지선정 시 일반적인 고려사항이 아닌 것은?

① 계통연계 가능성
② 일조량과 일조시간
③ 자연재해의 발생 가능 여부
④ 인근 태양광 발전소와의 거리

해설 (1) 부지선정 시 일반적 고려사항
　① 지정학적 조건
　　㉮ 일조량 및 일조시간이 풍부해야 한다.
　　㉯ 음영이 없어야 하며 적설량이 적어야 한다.
　② 설치 및 운영상의 조건
　　㉮ 주변 환경
　　　㉠ 태풍 등 기상 재해 발생 여부
　　　㉡ 수목의 영향
　　　㉢ 공해, 염해, 오염의 영향
　　　㉣ 장래 주변 환경 변화 여부
　　㉯ 접근성
　　　㉠ 자재의 운송 및 작업장비의 접근성이 용이
　　　㉡ 계통연계 가능
　　　㉢ 토지대장이나 지적도를 근거하여 현장조사
　　　㉣ 주변 토지 이용 현황, 지질 등 파악
　　　㉤ 녹지, 생태, 식생, 경관 등의 파악
　　　㉥ 재해 발생 여부 등 조사 **답** ④

---

16 태양광발전 어레이에서 생산된 전력 125[W]가 인버터에 입력되어 인버터 출력이 100[W] 가 되면 인버터의 변환효율은 몇 [%]인가?

① 45　　　　　　② 64
③ 80　　　　　　④ 92

해설 인버터 변환효율$(\eta) = \dfrac{출력}{입력} \times 100[\%]$

$$= \dfrac{100}{125} \times 100[\%] = 80[\%]$$ **답** ③

---

17 독립형 태양광발전시스템의 설계 시 1일 부하량이 5000[Wh] 이고, 부조일수가 10일, 보수율이 80[%], 방전심도가 60[%] 일 때 축전지 용량은 약 몇 [Ah]인가? (단, 축전지의 공칭전압은 2[V/cell], 축전지 셀수는 24개이다.)

① 2170　　　　　② 2320
③ 2517　　　　　④ 2730

해설 독립형 전원시스템 용량 축전지 용량공식은 다음과 같다.

$$C = \dfrac{L_d \times D_f \times 1000}{L \times V_b \times DOD \times N} = \dfrac{5 \times 10 \times 1000}{0.8 \times 2 \times 0.6 \times 24}$$

$$= 2170[Ah]$$

※ 5000[Wh] = 5[kWh] 임
I_d : 1일 적산부하 전력량
D_f : 일조가 없는 날(일)
L : 보수율, V_b : 공칭축전지전압
DOD : 방전심도, N : 축전지 개수 **답** ①

---

18 할인율을 적용한 수입의 현재가치와 지출의 현재가치를 비교하여 비율로 표시한 것은?

① 내부수익률법(IRR)
② 순현재가치법(NPV)
③ 자본회수기간법(PPM)
④ 비용/편익비율법(BCR)

해설 ① 내부수익률법(IRR)
　내부수익률은 편익과 비용의 현재가치를 동일하게 할 경우의 비용에 대한 이자율을 산정하는 기법을 말함
② 순현재가치법(NPV)
　순현가 분석은 사업의 경제성을 분석하는 기법 중 하나로 일반적으로 순현가가 "0"보다 작으면 사업안을 기각하고 "0"보다 크면 타당성이 있는 사업으로 판단
③ 자본회수기간법(PPM)
　회수기간법(Payback Period Method : PPM)은 초기비용을 회수하는 데 기간이 얼마나 걸리는지를 평가하여 비용의 회수기간이 가장 빠른 대안을 선택한다. **답** ④

19 신에너지 및 재생에너지 개발·이용·보급 촉진법령에 따른 재생에너지의 종류로 틀린 것은?

① 수소에너지 ② 태양에너지
③ 해양에너지 ④ 지열에너지

 신에너지는 연료전지, 수소에너지, 석탄 액화·가스화 에너지 및 중질잔사유 가스화 에너지로 3가지이다.
답 ①

20 저전압 서지 보호장치 –제12부 : 저압배전 계통보호용 – 선정 및 지침(KS C IEC61643–12 : 2007)에 따른 SPD의 종류로 틀린 것은?

① 조합형 SPD
② 전류 제어형 SPD
③ 전압 제한형 SPD
④ 전압 스위칭형 SPD

해설 • 서지 보호장치의 종류 : 전압 스위칭형 SPD, 전압 제한형 SPD, 조합형 SPD
• 전압 제한형 SPD(Voltage–Limiting Type SPD) 서지가 인가되지 않을 때 높은 임피던스이지만 서지 전류와 전압이 증가함에 따라 연속적으로 임피던스가 감소하는 SPD
• 전압 스위칭형 SPD(Voitage Switching Type SPD) 서지가 인가되지 않을 때 높은 임피던스이고, 전압서지에 의해 동작하면 임피던스가 급격히 낮아지는 SPD
답 ②

▶ **2과목 - 태양광발전시스템 설계** ◀

21 전력시설물 공사감리업무 수행지침에 따른 비상주감리원의 업무에 해당되지 않는 것은?

① 기성 및 준공검사
② 설계도서 등의 검토
③ 안전관리계획서 작성
④ 설계변경 및 계약금액 조정의 심사

해설 비상주 감리원은 다음 각호에 따라 업무를 수행하여야한다.

① 설계도서의 검토
② 상주감리원이 수행하지 못하는 현장 조사분석 및 시공상의 문제점에 대한 기술검토와 민원사항에 대한 현지조사 및 해결방안 검토
③ 중요한 설계변경에 따른 기술검토
④ 설계의 변경 및 계약금액조정의 심사
⑤ 기성 및 준공검사
⑥ 정기적 (분기 또는 월별)으로 현장 시공 상태를 종합적으로 점검 확인 평가하고 기술지도
⑦ 공사와 관련하여 발주자(지원업무담당자 포함)가 요구한 기술적 사항 등에 대한 검토
⑧ 그밖에 감리 업무 추진에 필요한 기술지원 업무
답 ③

22 전력시설물 공사감리업무 수행지침에 따라 감리원은 공사가 시작된 경우에 공사 업자로부터 착공신고서를 제출받아 적정성 여부를 검토 후 며칠 이내에 발주자에게 보고 하여야 하는가?

① 5일 ② 7일
③ 14일 ④ 30일

해설 전력시설물 공사감리업무 수행지침에 따라 감리원은 공사가 시작된 경우에 공사 업자로부터 착공신고서를 제출받아 적정성 여부를 검토 후 7일 이내에 발주자에게 보고 하여야 한다.
답 ②

23 건축물 기초구조 설계기준(KDS 41 20 00 : 2019)에 따른 기초형식의 선정에 대한 설명으로 틀린 것은?

① 기초는 하부구조의 규모, 형상, 구조, 강성 등을 함께 고려하여야 한다.
② 기초형식 선정 시 부지 주변에 미치는 영향을 충분히 고려하여야 한다.
③ 동일 구조물의 기초에서는 가능한 한 이종형식기초의 병용을 피하여야 한다.
④ 구조성능, 시공성, 경제성 등을 검토하여 합리적으로 기초형식을 선정하여야 한다.

해설 기초형식의 선정
(1) 구조성능, 시공성, 경제성 등을 검토하여 합리적으로 기초형식을 선정하여야한다.
(2) 기초는 상부구조의 규모, 형상, 구조, 강성 등을 함께 고려해야하고, 대지의 상황 및 지반의 조건에 적합하며, 유해한 장해가 생기지 않아야한다.

(3) 기초형식 선정 시 부지 주변에 미치는 영향을 충분히 고려하여야하며, 또한 장래 인접대지에 건설되는 구조물과 그 시공에 따른 영향까지도 함께 고려하는 것이 바람직하다.

(4) 동일 구조물의 기초에서는 가능한 한 이종형식기초의 병용을 피하여야한다.　　**답** ①

---

24 전력기술관리법령에 따른 감리원에 대한 시정조치에 대한 설명이다. 다음 (　)에 들어갈 내용으로 옳은 것은?

> 발주자는 감리원이 업무를 성실하게 수행하지 아니하여 전력시설물공사가 부실하게 될 우려가 있을 때에는 (　)으로 정하는 바에 따라 그 감리원에 대하여 시정지시 등 필요한 조치를 하여야 한다.

① 대통령령
② 국무총리령
③ 시·도지사령
④ 산업통상자원부령

해설 제25조(감리원에 대한 시정조치)
발주자는 감리원이 업무를 성실하게 수행하지 아니하여 전력시설물공사가 부실하게 될 우려가 있을 때에는 산업통상자원부령 으로 정하는 바에 따라 그 감리원에 대하여 시정지시 등 필요한 조치를 하여야 하다　　**답** ④

---

25 지상형 태양광발전시스템 구조물의 종류가 아닌 것은?

① 고정식　　　　② 단축식
③ 양축식　　　　④ 부유식

해설 **태양광발전 구조물 종류**
1) 고정형 : 정남향에 위치하고 태양광의 입사각이 모듈에 90°로 입사되도록 경사각을 고정하는 방식
2) 경사가변형 : 경사각을 계절 또는 월별에 따라서 상하로 위치 변화시키는 방식
3) 단축 추적식 : 상하추적 또는 좌우추적으로 태양의 한 측만을 추적하도록 설계된 방식
4) 양축 추적식 : 태양의 직달 일사량이 최대가 되도록 상하, 좌우를 동시에 추적하도록 설계 된 방식　　**답** ④

---

26 가교폴리에틸렌 절연비닐 시스 케이블을 나타내는 약호는?

① DV　　　　② GV
③ CV　　　　④ OV

해설 ① DV : 인입용 비닐절연전선
② GV : 접지용 비닐절연전선
③ CV : 가교폴리에틸렌 절연비닐시스(외장)케이블
④ OV : 과전압 계전기　　**답** ③

---

27 한국전기설비규정에 따라 사용전압이 저압인 전로에 정전이 어려운 경우 등 절연저항 측정이 곤란한 경우 저항성분의 누설전류가 몇 [mA] 이하이면 그 전로의 절연성능은 적합한 것으로 보는가?

① 1　　　　② 3
③ 5　　　　④ 10

해설 저압 전로에서 정전이 어려운 경우 등 절연저항 측정이 곤란한 경우 저항성분의 누설전류가 1 [mA] 이하이면 그 전로의 절연성능은 적합한 것으로 본다.　　**답** ①

---

28 태양광발전시스템에 설치하는 CCTV에 대한 설명으로 틀린 것은?

① 감시구역에 설치하는 카메라와 제어실(또는 방재센터)에 설치하는 모니터 및 전원장치 등을 기본구성으로 한다.
② 카메라의 특성에 맞는 휘도를 확보하여야 하며, 화각 내 고휘도 광원, 물체, 햇빛직사 등을 피해야 하며, 파괴하기 어려운 위치에 설치한다.
③ 전체 경계구역을 효율적인 화각(촬영범위) 이내가 되도록 이중거리, 초점거리, 촬영방식, 유효 화소수, 해상도, 최저 피사체조도 등을 고려하여 선정한다.
④ 일반적으로 컬러형과 흑백형, 고정형과 회전형(수평, 수직) 옥내형과 옥외형, 노출형과 매입형 등으로 구분하고, 외부로 드러나지 않게 하는 은폐형이 있다.

해설 폐쇄회로 텔레비전(CCTV)설비
(1) CCTV설비는 감시구역(경계구역)에 설치하는 카메라와 제어실(또는 방재센터)에 설치하는 모니터 및 전원장치를 기본구성으로 텔레비전 배선 및 전원장치를 기본 구성으로 설치한다. 다만, 각종 제어기, 기록(녹화)장치 등을 포함한다.
(2) CCTV카메라 종류는 일반적으로 컬러형과 흑백형, 고정형과 회전형(수평, 수직) 옥 내형과 옥외형, 노출형과 매입형 등으로 구분하고 외부로 드러나지 않게 하는 은 폐형이 있으며 장소, 용도에 따라 선정한다.
(3) CCTV카메라는 전체경계구역을 효율적인 화각(촬영 범위)이내가 되도록 이중거리, 초점거리 등을 선정하고, 카메라의 특성에 맞는 조도를 확보하여야 하며, 화각내 고휘도 광원, 물체, 햇빛직사 등을 피해야하며 파괴하기 어려운 위치에 설치한다.
답 ②

29 한국전기설비규정에 따라 분산형 전원을 계통 연계하는 경우 전력계통의 단락용량이 다른 자의 차단기의 차단용량 또는 전선의 순시허용전류 등을 상회할 우려가 있을 때에는 그 분산형 전원 설치자가 설치하여야 하는 것은?
① 지락차단기　　② 영상변류기
③ 계기용변압기　　④ 전류제한리액터

해설 단락전류 제한장치의 시설
분산형전원을 계통 연계하는 경우 전력계통의 단락용량이 다른 자의 차단기의 차단용량 또는 전선의 순시허용전류 등을 상회할 우려가 있을 때에는 그 분산형전원 설치자가 전류제한리액터 등 단락전류를 제한하는 장치를 시설하여야 하며, 이러한 장치로도 대응할 수 없는 경우에는 그 밖에 단락전류를 제한하는 대책을 강구하여야 한다.
답 ④

30 지반조사(KDS 11 10 10 : 2018)에 따른 예비조사의 목적으로 틀린 것은?
① 구조물 입지로서의 적합성 평가
② 구조물 시공으로 발생될 변화 예측
③ 시공방법 계획수립에 필요한 정보를 제공
④ 구조물의 거동에 중요한 영향을 미치는 지반의 구성 및 특성 파악

해설 지반조사 예비조사 목적
① 구조물 입지로서의 적합성 평가
② 대안 부지가 있는 경우, 대안 부지의 적합성 비교 검토

③ 구조물 시공으로 발생될 변화 예측
④ 구조물의 거동에 중요한 영향을 미치는 지반의 구성 및 특성 파악
⑤ 상기 조사를 근거로 한 본조사 계획
⑥ 필요시 공사에 필요한 골재원(레미콘, 아스콘, 세골재, 조골재) 및 토취장 확인
답 ③

31 신재생발전기 계통연계기준에 따라 태양광발전기 계통운영자가 지시하는 기능을 수행하기 위해 구비하여야 하는 무효전력 제어방식에 해당하지 않는 것은?
① 일정 역률 제어
② 일정 입력전류 제어
③ 일정 무효전력 출력제어
④ 전압 조정을 위한 무효전력 제어

해설 1) 일정 역률 제어 접속점에서 출력 역률을 계통운영자가 정한 기준에 따라 일정하게 유지할 수 있도록 무효전력을 제어하는 방법을 말함
2) 일정 무효전력 제어
접속점에서 무효전력 출력을 계통운영자가 정한 기준에 따라 일정하게 유지할 수 있도록 무효전력을 제어하는 방법을 말함
3) 전압 조정을 위한 무효전력 제어
접속점에서 계통운영자가 전압을 규정 범위 내에서 유지할 수 있도록 무효전력을 제어하는 방법을 말함
답 ②

32 설계감리업무 수행지침에 따라 설계감리원의 수행 업무범위에 포함되지 않는 것은?
① 설계감리 용역을 발주
② 시공성 및 유지관리의 용이성 검토
③ 주요 설계용역 업무에 대한 기술자문
④ 설계업무의 공정 및 기성관리의 검토 · 확인

해설 설계감리원이 수행하여야 할 업무범위는 다음 각 호의 업무를 수행하여야 한다.
1. 주요 설계용역 업무에 대한 기술자문
2. 사업기획 및 타당성조사 등 전 단계 용역 수행 내용의 검토
3. 시공성 및 유지관리의 용이성 검토
4. 설계도서의 누락, 오류, 불명확한 부분에 대한 추가 및 정정 지시 및 확인
5. 설계업무의 공정 및 기성관리의 검토 · 확인
6. 설계감리 결과보고서의 작성
7. 그 밖에 계약문서에 명시된 사항
답 ①

33 전력기술관리법령에 따라 산업통상자원부장관 또는 시 · 도지사는 검사(질문을 포함한다.)를 하려면 검사일 며칠 전까지 검사 일시, 검사 목적, 검사 내용 등의 검사계획을 검사 대상자에게 알려야 하는가?
(단, 긴급한 경우나 사전에 알리면 증거인멸 등으로 검사 목적을 달성할 수 없다고 인정되는 경우는 제외한다.)

① 4   ② 7
③ 15   ④ 30

해설 산업통상자원부장관 또는 시 · 도지사는 검사(질문을 포함한다. 이하 이 조에서 같다)를 하려면 검사일 7일 전까지 검사 일시, 검사 목적, 검사 내용 등의 검사계획을 검사 대상자에게 알려야 한다. 다만, 긴급한 경우나 사전에 알리면 증거인멸 등으로 검사 목적을 달성할 수 없다고 인정되는 경우에는 그러하지 아니하다.
답 ②

34 시방서에 대한 설명으로 틀린 것은?

① 공사시방서는 견적내역서를 기본하여 작성한다.
② 발주처가 공사시방서를 작성하는 경우에 활용하기 위한 시공기준은 표준시방서를 따른다.
③ 공사시방서는 계약문서의 일부가 되기도 하며, 공사별, 공종별로 정하여 시행하는 시공기준이 된다.
④ 특정한 공사의 시공 또는 공사시방서의 작성에 활용하기 위한 종합적인 시공의 기준이 되는 것을 전문시방서이다.

해설 공사시방서
공사별로 건설공사 수행을 위한 기준으로서 계약문서의 일부가 되며, 설계도면에 표시하기 곤란하나 불편한 내용과 당해 공사의 수행을 위한 재료, 공법, 품질시험 및 검사 등 품질관리, 안전관리계획 등에 관한 사항을 기술하고, 당해 공사의 특수성, 지역여건, 공사방법 등을 고려하여 공사별, 공종별로 정하여 시행하는 시공기준
답 ①

35 한국전기설비규정에 따라 사용전압 35[kV]이하의 특고압 가공전선이 도로를 횡단하는 경우 지표상 높이는 몇[m]이상이어야 하는가?

① 5   ② 5.5
③ 6   ④ 6.5

해설 KEC 333.7 (특고압 가공전선의 높이)
철도 또는 궤도를 횡단하는 경우에는 6.5[m], 도로를 횡단하는 경우에는 6[m], 횡단보도교의 위에 시설하는 경우로서 전선이 특고압 절연전선 또는 케이블인 경우에는 4[m]
답 ③

36 외기온도 30[℃]에서 태양광발전 모듈의 최대 출력전압은 약 몇 [V]인가?

V_{mpp} : 41.3[V],	I_{mmp} : 7.74[A]
NOTC : 47[℃],	전압온도계수 : −0.31[%/℃]

① 36.34   ② 39.21
③ 41.94   ④ 43.25

해설 외기온도를 이용한 셀온도 계산
$$T_c(cell) = T_a(air) + \frac{\text{NOCT} - 20℃}{800[\text{W/m}^2]} \times 1000[\text{W/m}^2]$$
$$= 30[℃] + \frac{47[℃] - 20℃}{800[\text{W/m}^2]} \times 1000[\text{W/m}^2]$$
$$= 63.75[℃]$$
태양광모듈 최대출력 전압
$$V_{mpp}(63.75℃) = 41.3[\text{V}] \times [1 + (-0.0031)$$
$$\times (63.75℃ - 25℃)]$$
$$= 36.34[\text{V}]$$
답 ①

37 전기설비기술기준에 따라 사용전압이 400[kV] 이상의 특고압 가공전선과 건조물 사이의 수평거리는 그 건조물의 화재로 인한 그 전선의 손상 등에 의하여 전기사업에 관련된 전기의 원활한 공급에 지장을 줄 우려가 없도록 몇[m]이상 이격하여야 하는가? (단, 가공전선과 건조물 상부와의 수직거리가 28[m] 미만인 경우이다.)

① 0.5   ② 1
③ 3   ④ 5

해설 사용전압이 400[kV] 이상의 특고압 가공전선과 건조물사이의 수평거리는 그 건조물의 화재로 인한 그 전선의 손상등에 의하여 전기사업에 관련된 전기의 원활한 공급에 지장을 줄 우려가 없도록 3[m] 이상 이격하여야 한다. **답** ③

해설 변환효율 $= \dfrac{P_{mpp}[\mathrm{W}]}{A \times 1,000[\mathrm{W/m^2}]} \times 100 \quad (A : 면적[\mathrm{m^2}])$

$= \dfrac{10[\mathrm{kW}]}{A \times 1[\mathrm{kW/m^2}]} \times 100 = 13$

$A = 76.9[\mathrm{m^2}] = 77[\mathrm{m^2}]$ **답** ②

38 전력시설물 공사감리업무 수행지침에 따라 감리원은 해당 공사와 관련하여 공사업자의 공법 변경요구 등 중요한 기술적인 사항에 대하여 요구한 날부터 며칠 이내에 이를 검토하고 의견서를 첨부하여 발주자에게 보고 하여야 하는가?

① 4   ② 7
③ 14   ④ 30

해설 감리원은 해당 공사와 관련하여 공사업자의 공법 변경요구 등 중요한 기술적인 사항에 대하여 요구한 날부터 7일 이내에 이를 검토하고 의견서를 첨부하여 발주자에게 보고하여야 한다. **답** ②

3과목 - 태양광발전시스템 시공

41 공칭단면적이 38[mm²]인 경동연선을 경간이 300[m]이고 고저차가 없는 두 철탑 사이에 가선하는 경우 이도는 몇 [m]인가? (단, 전선의 중량이 0.348[kg/m], 전선의 수평장력이 650[kg]이다.)

① 4.02   ② 5.02
③ 6.02   ④ 7.02

해설 $D = \dfrac{WS^2}{8T} = \dfrac{0.348 \times 300^2}{8 \times 650} = 6.02[\mathrm{m}]$

D : 이도, W : 단위길이당 전선의 중량[kg/m]
S : 경간[m], T : 전선의 수평장력[kg] **답** ③

39 분산형전원 배전계통연계 기술기준에 따라 분산형전원 연계 시스템은 안전상태의 한전계통 전압 및 주파수가 정상 범위로 복원된 후 그 범위 내에서 몇 분간 유지되지 않는 한 분산형전원의 재병입이 발생하지 않도록 하는 지연기능을 갖추어야 하는가?

① 1분   ② 5분
③ 10분   ④ 20분

해설 안전상태의 한전계통 전압 및 주파수가 정상 범위로 복원된 후 그 범위 내에서 5분간 유지되지 않는 한 분산형전원의 재병입이 발생하지 않도록 하는 지연기능을 갖추어야 한다. **답** ②

42 증폭기의 입력전압이 5[mV], 출력전압이 5[V]일 때 전압이득[db]은?

① 3   ② 60
③ 100   ④ 1000

해설 이득여유$(g) = 20\log_{10}|G(jw)|$

$= 20\log_{10}\left|\dfrac{5}{5 \times 10^{-3}}\right|$

$= 20\log_{10}|10^3| = 60[\mathrm{dB}]$ **답** ②

40 변환 효율 13[%]의 100[W] 태양광발전 모듈을 이용하여 10[kW] 태양광발전 어레이를 구성하는데 필요한 설치면적[m²]으로 적당한가? (단, STC 조건이다)

① 75   ② 77
③ 79   ④ 81

43 어떤 부하에 전압을 10[%] 낮추면 전력은 몇 [%] 감소하는가?

① 10   ② 15
③ 19   ④ 27

해설 $P \propto V^2$에서 전압이 10[%] 줄면
$P \propto (0.9V)^2 = 0.81V^2$
즉, 81[%]의 전력이 되므로 19[%]가 줄어든다. **답** ③

44 어떤 변전소의 부하가 10[MVA], 역률이 0.75일 때 역률을 0.9로 개선하려면, 필요한 전력용 커패시터의 용량은 약 몇 [KVA]인가?

① 1500   ② 2000

③ 2500   ④ 3000

[해설]
$$Q_c = P(\tan\theta_1 - \tan\theta_2)$$
$$= P\left(\sqrt{\frac{1-\cos^2\theta_1}{\cos^2\theta_1}} - \sqrt{\frac{1-\cos^2\theta_2}{\cos^2\theta_2}}\right)$$
$$= P\left(\sqrt{\frac{1}{\cos^2\theta_2}-1} - \sqrt{\frac{1}{\cos^2\theta_2}-1}\right)$$
$$= 10000 \times 0.75\left(\sqrt{\frac{1}{0.75^2}-1} - \sqrt{\frac{1}{0.9^2}-1}\right)$$
$$= 2982 \text{ [kVA]}$$

※ 문제에서 p가 피상전력으로 주어졌기 때문에. 보통 문제에서 p는 유효전력 KW로 주어지는데 p를 10[MVA] 피상전력으로 주었기 때문에 유효전력으로 바꿔주기 위해서 10[MVA]에 역률 0.75을 곱함 **답 ④**

45 지상 무효분 공급으로 페란티 현상 방지를 위해 설치하는 리액터는?

① 직렬리액터

② 소호리액터

③ 병렬리액터

④ 한류 리액터

[해설] 리액터의 설치 목적
① 분로(병렬)리액터 : 페란티 현상 방지 – 역률 개선도 가능
② 직렬 리액터 : 제5고조파 제거
③ 소호 리액터 : 지락 전류 제한
④ 한류 리액터 : 단락 전류 제한 **답 ③**

46 접지저항을 감소시키는 접지저항저감제가 갖추어야 할 조건이 아닌 것은?

① 사람과 가축에 안전할 것

② 전기적으로 양호한 부도체 일 것

③ 접지전극을 부식시키지 않을 것

④ 계절에 따라 접지저항 값의 변동이 적을 것

[해설] 접지저항 저감제 특성
1) 공해성이 없고 안전할 것

2) 저감 효과가 크고, 전기적으로 양도체일 것
3) 저감 효과에 영속성, 지속성이 있을 것
4) 작업성이 좋을 것
5) 접지선과 전극의 부식을 억제할 것
6) 경제적일 것 **답 ②**

47 한국전기설비규정에 따라 태양광발전설비에서 사용하는 전선의 시설방법이 아닌 것은?

① 접속점에 장력이 가해지도록 할 것

② 충전부분이 노출되지 아니하도록 시설할 것

③ 모듈의 출력배선은 극성별로 확인할 수 있도록 표시할 것

④ 모듈 및 기타 기구에 전선을 접속하는 경우는 나사로 조이고, 기타 이와 동등 이상의 효력이 있는 방법으로 기계적, 전기적으로 안전하게 접속할 것

[해설] 전기배선
1. 전선은 다음에 의하여 시설하여야 한다.
   가. 모듈 및 기타 기구에 전선을 접속하는 경우는 나사로 조이고, 기타 이와 동등 이상의 효력이 있는 방법으로 기계적 · 전기적으로 안전하게 접속하고, 접속점에 장력이 가해지지 않도록 할 것
   나. 배선시스템은 바람, 결빙, 온도, 태양방사와 같이 예상되는 외부 영향을 견디도록 시설할 것
   다. 모듈의 출력배선은 극성별로 확인할 수 있도록 표시할 것
   라. 직렬 연결된 태양전지모듈의 배선은 과도과전압의 유도에 의한 영향을 줄이기 위하여 스트링 양극간의 배선간격이 최소가 되도록 배치할 것 **답 ①**

48 테브난의 정리와 등가변환 관계에 있는 것은?

① 밀만의 정리

② 중첩의 정리

③ 노튼의 정리

④ 보상의 정리

[해설] 노튼의 정리와 테브난의 정리에서 저항을 구하는 방법이 같다.
• 테브난의 정리 : 전압원1개 +직렬저항1개로 이루어져 있다면 노튼의 정리는 전류원1개 +병렬저항 1개로 이루어져 있다. **답 ③**

49 한국전기설비규정에 따라 금속덕트에 전선을 시설 시, 전광표시장치 기타 이와 유사한 장치 또는 제어회로 등의 배선만을 넣는 경우 전선 단면적(절연피복의 단면적을 포함한다.)의 합계는 덕트의 내부 단면적의 몇 [%] 이하이어야 하는가?

① 20 ② 30
③ 40 ④ 50

해설 1. 전선은 절연전선(옥외용 비닐절연전선을 제외한다)일 것.
2. 금속덕트에 넣은 전선의 단면적(절연피복의 단면적을 포함한다)의 합계는 덕트의 내부 단면적의 20[%] (전광표시장치 기타 이와 유사한 장치 또는 제어회로 등의 배선만을 넣는 경우에는 50[%]) 이하일 것.
답 ④

50 한국전기설비규정에 따라 합성수지관 상호 간 및 박스와는 관을 삽입하는 깊이를 관의 바깥지름의 몇 배 이상으로 하여야 하는가?
(단, 접착제를 사용하지 않은 경우 이다.)

① 0.8 ② 1.2
③ 1.5 ④ 2.0

해설 1. 관 상호 간 및 박스와는 관을 삽입하는 깊이를 관의 바깥지름의 1.2배(접착제를 사용하는 경우에는 0.8배) 이상으로 하고 또한 꽂음 접속에 의하여 견고하게 접속할 것.
답 ②

51 태양광발전설비의 시공 전 진행하는 시방서의 검토 내용이 아닌 것은?

① 재해 예방을 위한 검사
② 제반 법규 및 규정의 접합성
③ 설계도면, 구조계산서, 공사내역서 일치 여부
④ 주요 자재 설비와 제품 등의 제품사양서 일치 여부

해설 시방서의 검토
(1) 시방서가 사업주체의 지침(Concept) 및 요구사항, 설계기준 등과 일치하고 있는지 여부
(2) 모든 정보 및 자료의 정확성, 완성도 및 일관성 여부
(3) 관계법령 및 규정, 기준 등이 적절하게 언급되었는지 여부
(4) 시방서 내용이 제반법규 및 규정과 기준 등에 적합하게 적용되었는지 여부

(5) 관련된 다른 시방서 내용과 일관성 및 일치성 여부
(6) 시방서 내용 상호 조항간에 일관성 및 일치성 적합 여부
(7) 시방서 내용이 시공성, 운전성, 유지관리 편의성, 설치의 완성도 등
(8) 설계도면, 계산서, 공사내역서 등과 일치성 여부
(9) 주요자재 및 특수한 장비와 제작품 등의 경우 제작업체의 도면, 제품사양 및 견본품과의 일치여부
(10) 시방서 작성의 상세 정도와 누락 또는 작성이 미흡한 부분이 있는지 여부
(11) 일반시방서, 기술시방서, 특기시방서 등으로 구분하여 명확하게 작성되었는지 여부
답 ①

52 금속으로부터 전자를 전공으로 이탈시키는데 필요한 최저에너지는?

① 일함수 ② 기저준위
③ 페르미준위 ④ 에너지준위

해설 일함수 : 금속이나 반도체 내에 있는 전자를 표면에서 외부로 방출시키기 위해 필요한 열 또는 빛 등의 에너지. 일반적으로 전자볼트(eV) 단위로 나타낸다.
답 ①

53 가공 송전선에 댐퍼를 설치하는 이유는?

① 코로나 방지 ② 전자유도 감소
③ 전선 진동방지 ④ 현수애자 경사방지

해설 가공송전선은 풍속 기후에 의해 전선의 진동현상이 발생한다. 이것으로부터 전선을 보호하기 위해 댐퍼를 사용한다.
답 ③

54 그림과 같이 SPD의 접속도체의 총 길이는 $(a+b)$는 몇 [m] 이하로 하여야 하는가?

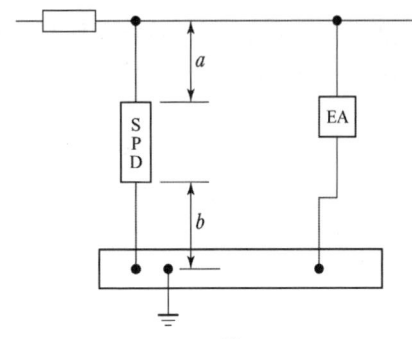

① 0.5 ② 1
③ 1.5 ④ 2

해설 SPD 접속도체의 최소 길이
SPD 접속도체의 길이가 길어지면 SPD의 보호효과가 감소하므로 SPD에 접속하는 도체의 길이가 짧을수록 좋으며 SPD 설치 시 접속도체의 총 길이 $(a+b)$가 0.5[m] 이하를 권장하며, $(a+b)$가 0.5[m] 를 초과하면 a를 V결선하며 b의 길이를 0.5[m] 이하로 최소화 함
1) $a+b \leq 0.5$[m]인 경우
2) $a+b > 0.5$[m]인 경우 **답** ①

55 보호계전장치의 구비조건에 해당하지 않는 것은?

① 신뢰성   ② 협조성
③ 불연성   ④ 후비성

해설 보호계전기의 임무를 다하기 위하여 적용하는 보호계전방식의 구비조건은 다음을 만족하여야 한다.
가) 사고 범위의 국한과 공급의 확보
사고가 발생하면 설비의 손상도 적게하고 계통의 안정도를 저해하지 않도록 그 영향을 최소한으로 막기 위해 사고구간을 신속하게 선택 차단하고 다른 건전한 부분의 운전유지를 확고할 수 있어야 한다.
나) 보호의 중첩과 협조
인접 구간의 보호방식과 협조되며 무보호 구간이 없도록 하고 보호구간의 사고에 대해서는 오동작하지 않도록 충분히 신뢰성을 가져야 한다.
다) 후비보호 기능의 구비
주보호 기능과 후비보호 기능을 구비하고 사고구간의 계전기, 차단기 등이 불량하여 만일 부동작 할 때에는 타 부하장치의 계전기로 사고를 제거할 수 있어야 한다.
라) 재폐로에 의한 계통 및 공급의 안정화
주요 송전선은 전력계통의 안정도 향상을 도모하기 위하여 고속도 재폐로를 행하고 일반 부하선은 정전시간의 감소와 자동 복구를 위해 저속도 재폐로를 필요에 따라 실시할 수 있어야 한다. **답** ③

56 태양광발전 어레이의 구조물 설치 시 지반상태에 따른 해결책이 아닌 것은?

① 연약층이 깊은 경우 독립기초로 한다.
② 지반의 허용지지력이 부족할 경우 저판 폭을 증가시키거나 지반을 치환한다.
③ 배면토의 강도정수가 부족할 경우 저판 폭을 증가시키거나 사면경사도를 완화한다.
④ 지반의 지하수위가 높을 경우 지지력 저하로 침하가 발생할 수 있으므로 배수공을 설치한다.

해설 연약층이 비교적 깊을 경우에는 말뚝기초로 변경하는 것이 합리적일 것이며, 연약층이 깊지 않을 경우에는 양질의 토사로 연약층 전체를 치환하는 방법을 사용할 수 있다. **답** ①

57 태양광발전설비의 사용전검사 신청서 제출 시 첨부하는 서류가 아닌 것은?

① 설계도서
② 접지설계계산서
③ 감리원 배치확인서
④ 전기안전관리자 선임신고증명서

해설 사용전검사 신청서 제출 시 첨부하는 서류
① 고압 : 전기안전관리자 선임 신고 증명서
② 저압 : 전기안전관리자 선임 신고 증명서
③ 감리원 배치 확인서
④ 구내 배전설비를 포함한 설계도서
⑤ 배전계통도
⑥ 구내배선 단선결선도 **답** ②

58 터파기(KSC 11 20 15 : 2018)에 따른 현장 품질관리에 대한 설명으로 틀린 것은?

① 파낸 바닥면과 기초에 접하거나 아래에 있는 흙을 동해를 입지 않도록 보호해야 한다.
② 지반변위나 이완된 흙이 터파기 바닥면으로 떨어지는 것을 방지하고 시공 중 지반 안정을 유지해야 한다.
③ 터파기공사 중 토질에 변화가 생길 때에는 즉시 공사감독자에게 보고하여 승인을 받은 후 시공하여야 한다.
④ 예상하지 못한 지중조건이 발견되면 공사감독자에게 통지하고 작업 중지 지시가 있을 때까지는 해당구역의 작업을 계속 진행해야 한다.

해설 예상하지 못한 지중조건이 발견되면 감독원에게 통지하고 작업 재개 지시가 있을 때까지는 해당구역의 작업을 중지해야 한다. **답** ④

59 신전원설비공사(KSC 31 60 30 : 2019)에 따른 태양광발전 어레이 및 접속함의 시설방법으로 틀린 것은?

① 태양광발전 모듈은 교체가 용이한 구조이어야 한다.

② 태양광발전 어레이 및 접속함은 장기간 사용에 충분한 난연성이 있어야 한다.

③ 태양광발전 모듈은 스테인리스 부속자재(볼트·너트·와셔 등) 로 견고하게 조립하고 시공하여야 한다.

④ 태양광 발전 어레이 및 접속함은 자중·적설·풍압·지진·진동·충격 등에 대하여 안전한 구조 이어야 한다.

해설 태양전지어레이 및 접속함
(1) 태양전지어레이 및 접속함은 자중·적설·풍압·지진·진동·충격 등에 대하여 안전한 구조이어야 한다.
(2) 태양전지어레이 및 접속함은 장기간 사용에 충분한 내후성이 있어야 한다.
(3) 태양전지모듈은 교체가 용이 한 구조이어야 한다.
(4) 모듈은 스테인리스 부속자재(볼트·너트·와셔 등)로 견고하게 조립하고 시공하여야 한다.
(5) 접속함은 태양전지어레이 가대에 취부하거나 콘크리트 기초 위에 자립식으로 설치하여야 한다.
(6) 태양전지어레이 및 접속함 시공의 상세사항은 공사시방서에 따른다. **답** ②

60 수변전설비공사(KCS 31 60 10 : 2019)에 따른 수변전기기 시공에 대한 설명으로 틀린 것은?

① 전기실 바닥 트렌치·트레이 및 풀박스는 전압 및 회선별로 정리하여 배선하고, 회선별 표찰을 부착하여야 한다.

② 모선 및 기기 접속도체의 접속은 전기적·기계적으로 완전하게 시공하여야 하며, 접속점은 최대한으로 하여야 한다.

③ 전기실에 설치하는 수변전설비는 특성·품질·시공방법 등을 검토하여야 하며, 감리자의 승인을 얻은 후 설치 및 시공하여야 한다.

④ 변압기 등과 같이 진동이 있는 기기와 모선을 접촉할 경우는 기기의 진동이 모선에 전달되지 않도록 가요성 도체 등을 설치하여야 한다.

해설 수변전기기 시공
(1) 전기실에 설치하는 수변전설비는 특성·품질·시공방법 등을 검토하여야 하며, 감리자의 승인을 얻은 후 설치 및 시공하여야 한다.
(2) 전기실 각종 접지 및 접지저항 값 등은 설계도서에 따른다.
(3) 기기는 소정의 시험성적표를 제출하여야 한다.
(4) 전기실 바닥 트렌치·트레이 및 풀박스는 전압 및 회선별로 정리하여 배선하고, 회선 별 표찰을 부착하여야 한다.
(5) 변압기 등과 같이 진동이 있는 기기와 모선을 접촉할 경우는 기기의 진동이 모선에 전달되지 않도록 가요성 도체 등을 설치하여야 한다.
(6) 모선 및 기기 접속도체의 접속은 전기적·기계적으로 완전하게 시공하여야 하며, 접속점은 최소한으로 하여야 한다.
(7) 시공의 상세사항은 공사시방서에 따른다. **답** ②

4과목 - 태양광발전시스템 운영

61 태양광 발전시스템의 계측에 사용되는 기기 중 검출된 데이터를 컴퓨터 및 먼 거리에 설치된 표시장치에 전송하는 경우에 사용되는 장치는?

① 검출기 　　　② 연산장치

③ 기억장치 　　　④ 신호변환기

해설 신호변환기는 검출기로 데이터를 컴퓨터 및 먼 거리에 설치한 표시장치에 전송하는 경우에 사용한다. 신호변환기는 각종 검출데이터(전압, 전류, 전력 등)에 적합한 것을 선택하면 된다. **답** ④

62 소형 태양광 발전용 인버터(계통연계형, 독립형)(KE C 8564 : 2020)에 따라 3상 독립형 인버터의 경우 부하 불평형 시험 시 정격용량에 해당하는 부하를 연결한 후 U상, V상, W상 중 한 상의 부하를 0으로 조정한 후 몇 분 동안 운전하는가?

① 10 　　　② 15

③ 20 　　　④ 30

해설 부하 불평형 시험

3상 독립형 인버터에 적용한다. 정격용량에 해당하는 부하를 연결한 후 U, V, W상 중 한 상의 부하를 0으로 조정한 후 30분 동안 운전한다. **답** ④

63 지붕공사 안전보건작업 기술지침에 따라 지붕경사가 20° 이상인 경우 지붕작업발판의 설치 기준으로 옳은 것은?

① 작업발판 길이는 1[m] 이상이어야 한다.

② 작업발판 폭은 100[mm] 이상이어야 한다.

③ 미끄러지는 것과 옆으로 움직이는 것을 방지하는 구조이어야 한다.

④ 작업자 및 자재 등을 제외한 하중에 충분히 견딜 수 있는 구조이어야 한다.

해설 지붕공사 안전보건작업 기술지침에 따라 지붕경사가 20° 이상인 경우 지붕작업발판의 설치 기준은 다음과 같이 설치하여야 한다.

① 작업발판 길이는 3[m] 이상이어야 한다.

② 작업발판 폭은 300[mm] 이상이어야 한다.

③ 미끄러지는 것과 옆으로 움직이는 것을 방지하는 구조이어야 한다.

④ 작업자 및 자재 등을 포함한 하중에 충분히 견딜 수 있는 구조이어야 한다.

⑤ 디딤발판 간격은 500[mm] 이내이어야 한다.

⑥ 목재 두께는 35[mm] 이상 이어야 하며 동등 이상의 강도를 가진 미끄러짐이 없는 재질이어야 한다. **답** ③

64 태양광발전용 변압기의 정기점검 내용으로 틀린 것은?

① 유면계, 온도계의 파손 여부

② 부싱 등의 균열, 파손, 변형 여부

③ 퓨즈통, 애자 등에 균열 변형 여부

④ 건식형인 경우 코일, 절연물의 과열에 의한 손상 여부

해설 태양광발전용 변압기의 정기점검 내용

점검개소	목적	점검내용
외부일반	볼트의 조임 이완	단자부의 볼트류의 조임 이완은 없는가
	손상	부싱 등의 균열, 파손, 변형은 없는가
		유면계, 온도계의 파손은 없는가
		건식의 경우 코일, 절연물의 손상은 없는가

점검개소	목적	점검내용
외부일반	변색	건식의 경우 코일, 절연물의 과열에 의한 변색은 없는가
	누출	유입형의 경우 기름은 누출되지 않았나
	오손	부싱 등에 이물질, 먼지 등이 부착되어 있지 않은가
유면계 가스압력계	지시 표시	유면은 적절한 위치에 있는가 (유입형의 경우)
		질소봉입의 경우 가스압력이 떨어지지 않았는가
온도계	지시 표시	지시표시는 정상인가
	동작	경보회로는 정상인가
냉각팬 (FAN)	오손	필터(FILTER)는 막히지 않았는가
	동작	동작은 정상인가
	주유	주유는 정상인가
	동작	자동운전의 경우는 운전상태 확인

답 ③

65 태양광발전시스템 점검 시 비치해야 하는 전기안전관리 장비가 아닌 것은?

① 측량계

② 멀티미터

③ 클램프 미터

④ 적외선 온도측정기

해설 태양광 발전실비 점검 시 비치해야 하는 전기안전관리 장비는

1) 온도계 : 주변온도 측정에 사용

2) 클램프 미터 : 태양전지모듈의 출력 전류, 전력 측정

3) 적외선 온도측정기 : 열화

4) 테스터기(멀티 미터) **답** ①

66 태양광발전시스템 점검 계획 시 고려하는 사항으로 옳은 것은?

① 신설설비는 고장발생 확률이 높기 때문에 점검 주기를 단축하였다.

② 중요한 설비와 비교적 중요하지 않은 설비를 구별하여 반영하였다.

③ 고장이력을 검토하여 고장이 빈번한 기기는 점검 계획에서 제외하였다.

④ 기기부하 상태를 확인하여 저부하 상태의 설비는 점검 주기를 단축하였다.

해설 태양광발전시스템 점검 계획 시 고려하는 사항
(1) 신설설비는 고장발생 확률이 낮기 때문에 점검 주기를 단축하여야 한다.
(2) 중요한 설비와 비교적 중요하지 않은 설비를 구별하여 반영하여야 한다.
(3) 고장이력을 검토하여 고장이 없는 기기는 점검 계획에서 제외하였다.
(4) 기기부하 상태를 확인하여 고부하 상태의 설비는 점검 주기를 단축하여야 한다. **답** ②

67 산업안전보건기준에 관한 규칙에 따라 사업주가 근로자에게 미칠 위험성을 미리 제거하기 위하여 안전진단 등 안전성 평가를 진행하여야 하는 경우에 해당하지 않는 것은?

① 화재 등으로 구축물 또는 이와 유사한 시설물의 내력(耐力)이 개선되었을 경우
② 구축물 또는 이와 유사한 시설물에 지진, 동해(凍害), 부동침하(附同沈下) 등으로 균열·비틀림 등이 발생하였을 경우
③ 구축물 또는 이와 유사한 시설물의 인근에서 굴착·항타작업 등으로 침하·균열 등이 발생하여 붕괴의 위험이 예상될 경우
④ 구조물, 건축물, 그 밖의 시설물이 그 자체의 무게·적설·풍압 또는 그 밖에 부가되는 하중 등으로 붕괴 위험이 있을 경우

해설 화재 등으로 구축물 또는 이와 유사한 시설물의 내력(耐力)이 심하게 저하되었을 경우 **답** ①

68 태양광발전시스템의 점검 중 일상점검에 관한 내용으로 틀린 것은?

① 이상 상태를 발견한 경우에는 배전반 등의 문을 열고 이상 정도를 확인한다.
② 원칙적으로 정전을 시켜놓고 무전압 상태에서 기기의 이상 상태를 점검하고 필요에 따라서는 기기를 분리하여 점검한다.
③ 주로 점검자의 감각(오감)을 통해서 실시하는 것으로 이상한 소리, 냄새, 손상 등을 점검 항목에 따라서 행하여야 한다.
④ 이상 상태가 직접 운전을 하지 못할 정도로 전개된 경우를 제외하고는 이상 상태의 내용을 정기점검 시에 참고자료로 활용한다.

해설 태양광발전시스템의 점검중 정기점검
1) 원칙적으로 정전을 시키고 무전압 상태에서 기기의 이상 상태를 점검하고 필요에 따라서는 기기를 분해하여 점검한다.
2) 모선을 정전하지 않고 점검해야 할 경우 안전사고가 일어나지 않도록 주의한다. **답** ②

69 인버터의 이상신호 조치 방법 중 태양전지의 전압이 과전압인 경우 조치사항은?

① 연결단자 점검
② 인버터 및 팬 점검 후 운전
③ 태양전지 전압 점검 후 정상 시 5분 후 재가동
④ 시스템 정지 후 고장 부분 수리 또는 계통 점검 후 운전

해설 원인은 전압이 규정이상일 때 이고 조치는 태양전지 전압 점검 후 정상 시 5분 후 재가동 한다. **답** ③

70 태양광발전(PV) 모듈(안전)(KS C 8563 : 2015)에서 플라스틱 등 특정한 용도로 적용할 때 그 사용 용도의 적합성 여부를 미리 예측할 수 있도록 플라스틱 가연성을 시험하는 장치는?

① IP 시험기
② 난연성 시험기
③ 트래킹 시험기
④ Hot wire coil ignition 시험기

해설 난연성 시험기 : 플라스틱 등 특정한 용도로 적용할 때 그 사용 용도의 적합성 여부를 미리 예측할 수 있도록 플라스틱 가연성을 시험하는 장치 **답** ②

71 절연보호구의 선정 및 사용에 관한 기술지침에 따라 사용전압이 300[V]를 초과하고 교류 600[V] 또는 직류 750[V]이하의 작업에 사용하는 절연 고무장갑의 종별로 옳은 것은?

① A종
② B종
③ C종
④ D종

해설 전기용 고무장갑의 종류

종류	용 도
A종	주로 300[V]를 초과하고, 교류 600[V], 직류 750[V] 이하의 작업에 사용하는 것
B종	주로 교류 600[V], 직류 750[V]를 초과하고, 3500[V]이하의 작업에 사용하는 것
C종	주로 3500[V]를 초과하고, 교류 7000[V] 이하의 작업에 사용하는 것

답 ①

72 전기안전관리자의 직무에 관한 고시에 따라 전기설비의 주요 구성품이 동작시험 및 계기측정 등을 통해 전기설비기술기준에 적합한지 여부를 매년 정기적으로 정밀하게 점검하는 것은?

① 일상점검　　② 사용전 점검
③ 공사 중 점검　④ 정밀(연차)점검

해설 "정밀(연차)점검"이란 전기설비의 주요 구성품이 동작시험 및 계기측정 등을 통해 전기설비기술기준에 적합한지 여부를 매년 정기적으로 정밀하게 점검하는 것을 말한다.
답 ④

73 태양광발전시스템에서 유지보수 전의 안전조치로 틀린 것은?

① 검전기로 무전압 상태를 확인한다.
② 잔류전하를 방전시키고 접지시킨다.
③ 차단기 앞에 "점검중" 표시판을 설치한다.
④ 해당 단로기를 닫고 주회로가 무전압이 되게 한다.

해설 관련된 차단기, 단로기를 열어 주 회로에 무전압이 되게 한다.
답 ④

74 태양광발전 접속함(KE C 8567 : 2019)에 따라 서지 보호장치(SPD)에 대한 설명으로 틀린 것은?

① 공칭 방전 전류(I_n, 8/20)는 모든 경우에 대해 10[kA] 이상이어야 한다.
② 서지 보호장치 최대 연속 사용 전압은 접속함 회로 정격전압의 1.2배 이상이어야 한다.

③ 소형 접속함(스트링 2회로 이상)의 경우, 입력 회로에 근접하여 서지 보호장치를 설치하여야 한다.
④ 중대형 접속함(스트링 4회로 이상)의 경우, 출력 회로에 근접하여 서지 보호장치를 설치하여야 한다.

해설 a) SPD의 설치
• SPD의 경우 Class2를 사용해야 한다.
• 중대형 접속함(스트링 4회로 이상)의 경우 출력 회로에 근접하여 SPD 장치를 설치하여야 한다.
• SPD 최대 연속 운전 전압은 600 VDC, 1500 VDC, 공칭 방전 전류(8/20)는 10[kA] 이상이어야 한다.
b) 접속함 출력 회로의 정격 전압보다 1.2배 이상의 전압 정격을 갖는다.
c) 차단기의 정격 전류는 접속함 출력 회로의 정격 전류보다 1.25배 초과, 2.4배 이하의 전류 정격을 갖는다.
d) 개폐기의 정격 전류는 접속함 출력 회로의 정격 전류보다 1.25배 초과의 전류 정격을 갖는다.
답 ③

75 전기안전관리법령에 따라 전기안전관리자를 선임하지 않아도 되는 발전설비의 용량으로 옳은 것은?

① 20[kW] 이하
② 30[kW] 이하
③ 50[kW] 이하
④ 100[kW] 이하

해설 전기안전관리법령에 따라 전기안전관리자를 선임하지 않아도 되는 발전설비의 용량은 20[kW] 이하이다.
답 ①

76 태양광발전시스템에서 발생하는 고장 종류와 원인의 연결로 틀린 것은?

① 환기팬 소음 - 환기팬 노화
② 케이블 변색 - 불량품, 적외선 과다노출
③ 모듈 백화, 적화현상 – 제조 공정상 불량
④ 모듈 단자함 불량 – 방수 불량, 전선 납땜 불량

해설 자외선이 내부에 비쳐서 전선피복도 변색이 되고, 내부 부속들이 자외선에 열화가 됨
답 ②

77 표의 내용을 기준하여, 한국전력공사의 SMP 구입전력금액의 공급가액은 약 얼마인가? (단, 소내소비전력 차감 및 무부하 손실량은 없으며, 발전소의 REC 가중치는 1.08 이다.)

전월지침(kWh)	8044.73
당월지침(kWh)	8182.83
계기배수	360
기준단가(원/kWh)	87.62
손실단가(원/kWh)	127.47

① 716979원 ② 774337원
③ 4356115원 ④ 4704605원

해설 발전량 = (당월지침 − 전월지침) × 계기배수
= (8182.83−8044.73)×360
= 49,716[kWh]
구입 전력금액의 공급가액 = 기준단가 × 발전량
= 87.62×49,716
= 4,356,115[원] 답 ③

78 굴착공사 계측관리 기술지침에 따른 일반적인 계측기 선정 원리로 틀린 것은?

① 구조가 간단하고 설치가 용이할 것
② 계기의 오차가 적고 이상 유무의 발견이 쉬울 것
③ 온도와 습도의 영향을 적게 받거나 보정이 간단할 것
④ 예상 변위나 응력의 크기보다 계측기의 측정 범위가 좁을 것

해설 굴착공사 계측관리 기술지침에 따른 일반적인 계측기 선정 원리
(1) 계측기의 정밀도, 계측범위 및 신뢰도가 계측 목적에 적합할 것
(2) 구조가 간단하고 설치가 용이할 것
(3) 온도와 습도의 영향을 적게 받거나 보정이 간단할 것
(4) 예상 변위나 응력의 크기보다 계측기의 측정 범위가 넓을 것
(5) 계기의 오차가 적고 이상 유무의 발견이 쉬울 것
답 ④

79 전기설비 검사 및 점검의 방법·절차 등에 관한 고시에 따라 태양광발전설비에서 전력변환장치의 정기검사 시 세부검사내용으로 틀린 것은?

① 개방전압 ② 외관검사
③ 절연저항 ④ 접지저항

해설 전력변환장치의 정기검사 시 세부검사
• 외관검사
• 접지시공 상태
• 절연저항
• 절연내력
• 제어회로 및 경보장치
• 전력조절부/Static 스위치, 자동·수동절체시험
• 역방향운전 제어시험
• 단독운전 방지시험 답 ①

80 태양광발전 시스템 직류용 커넥터 – 안전 요구사항 및 시험(KS C 62852 : 2014)에 따라 잠금장치 또는 스냅인 장치가 있는 커넥터는 최소 몇 [N]의 부하를 견뎌야 하는가?

① 10 ② 30
③ 50 ④ 80

해설 • 잠금 장치가 있는 커넥터
잠금장치 또는 스냅인 장치가 있는 커넥터는 최소 80[N]의 부하를 견뎌야 한다.
• 잠금 장치가 없는 커넥터
잠금장치 또는 스냅인(snap−in)장치가 없는 커넥터는 최소 50[N]의 제거하는 힘을 견뎌야 한다.
답 ④

1과목 - 태양광발전 기획

01 환경영향평가법령에 따른 전략환경영향평가의 정책계획에 대한 세부평가항목으로 틀린 것은?

① 입지의 타당성
② 계획의 연계성 · 일관성
③ 계획의 적정성 · 지속성
④ 환경보전계획과의 부합성

해설 • 정책계획
　　1) 환경보전계획과의 부합성
　　2) 계획의 연계성 · 일관성
　　3) 계획의 적정성 · 지속성
　• 개발기본계획
　　1) 계획의 적정
　　2) 입지의 타당성　　　　　　　　　답 ①

02 전기사업법령에 따라 사업허가 변경신청 시 처리절차로 옳은 것은? (단, 산업통상자원부에 접수하는 경우이다.)

① 신청서 작성 및 제출 → 접수 → 검토 → 전기위원회 심의 → 허가증 발급
② 신청서 작성 및 제출 → 검토 → 접수 → 전기위원회 심의 → 허가증 발급
③ 신청서 작성 및 제출 → 접수 → 전기위원회 심의 → 검토 → 허가증 발급
④ 신청서 작성 및 제출 → 전기위원회 심의 → 검토 → 접수 → 허가증 발급

해설
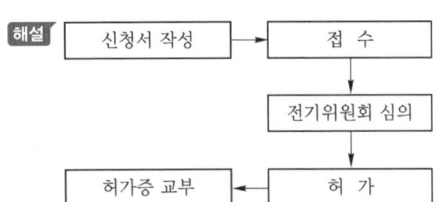

발전사업 신청서 작성 및 제출 ⇢ 발전사업 신청서 접수 ⇢ 전기위원회 심의 ⇢ 전기사업 허가증 발급 ⇢ 신청인에 통지　　　　　　　　　답 ①

03 지방자치단체를 당사자로 하는 계약에 관한 법률에 의거하여 용역 표준계약서를 작성하고자 한다. 이때 필요한 붙임서류가 아닌 것은?

① 특별시방서
② 산출내역서
③ 과업내용서
④ 용역 입찰유의서

해설 • 계약문서의 종류
　　계약서, 용역입찰유의서, 용역계약일반조건, 용역계약특수조건, 과업내용서, 산출내역서　　답 ①

04 신에너지 및 재생에너지 개발 · 이용 · 보급 촉진법령에 따라 신 · 재생에너지 기술 사업화 지원신청서의 처리기간으로 옳은 것은?

① 15일　　　　　② 30일
③ 60일　　　　　④ 90일

해설 • 신에너지 및 재생에너지 개발 · 이용 · 보급 촉진법령 시행규칙(별지 제8호 서식)
　　신에너지 및 재생에너지 개발 · 이용 · 보급 촉진법령에 따라 신 · 재생에너지 기술 사업화 지원신청서의 처리기간은 90일 임　　　　　　답 ④

05 태양광발전시스템의 직류측 보호를 위해 태양광발전용 접속함에 설치하는 장치가 아닌 것은?

① 직류용 퓨즈
② 서지보호장치(SPD)
③ 직류방지 다이오드
④ 바이패스 다이오드

해설 • 바이패스 다이오드
　　태양광 모듈의 차광에 의한 역바이어스 전압 제한을 위하여 바이패스 다이오드 사용　　답 ④

06 대기질량지수(Air Mass Index, AM)에 대한 설명으로 틀린 것은?

① 표준 시험 조건에서는 1.5의 AM을 사용한다.

② 태양이 바로 위에 떠 있을 시 구름 없는 하늘과 공기압이 P0 표준 운전 조건에서 1.0 이다.

③ 태양이 바로 머리 위에 있을 때에는 햇빛이 해면에 이를 때까지 지나오는 거리의 합으로 나타낸다.

④ 직달 태양광이 지구 대기를 통과하는 경로의 길이를 표준 상태의 대기압에 연직으로 입사되는 경로의 길이에 대한 비로 나타낸 것이다.

> **해설** 직달 광선이 지구의 대기를 통과하는 경로의 길이로서, 해가 바로 머리 위에 있는 경우에 햇빛이 해면(sea level)에 이를 때까지 지나오는 거리의 곱으로 나타낸다. **답** ③

07 계통연계형 태양광발전시스템에 축전지를 부가함으로써 발생할 수 있는 장점이 아닌 것은?

① 계통전압의 안정화에 기여한다.

② 태양광발전시스템의 수명을 연장한다.

③ 정전 발생 시 전력공급의 역할을 한다.

④ 기후 급변 시나 계통부하 급변 시에 부하 평준화 역할을 한다.

> **해설** 계통연계형 태양광발전시스템에 축전지 사용
> 1) 재해나 정전 시 비상용 부하에 전력을 공급하는 방재 대응
> 2) 일사량 급격한 변화에 대해 계통으로부터 부하급변의 영향을 적게 하기 위한 일사급변에 대한 안정화
> 3) 주간에 저장된 전력을 일몰 후 공급하여 적용 범위 확대 **답** ②

08 태양광발전부지의 연간 경사면 일사량이 4784 [MJ/m²] 이고 효율이 81[%]일 때, 일평균 발전시간은 약 몇 [h/day]인가?

① 1.328   ② 2.947

③ 3.638   ④ 4.784

> **해설** $1[kWh] = 1 \times 10^3[J/s] \times 3,600[sec]$
> $$= 3.60 \times 10^6 = 3.6[MJ]$$
> $[kW/m^2]$로 단위 변환 $= \dfrac{4,784[MJ/m^2]}{3.6[M]}$
> $$= 1,328[kW/m^2]$$
> 발전량 산출 효율 적용 $= 1,328 \times 0.81$
> $$= 1,075.68[kW/m^2]$$
> 일간 발전시간으로 환산[h/day]
> $$= 1,075.68 \div 365 = 2.947$$ **답** ②

09 신에너지 및 재생에너지 개발·이용·보급 촉진법령에 따라 집적화단지 조성사업의 실시기관으로 선정되려는 지방자치단체의 장이 집적화단지 개발계획을 수립하여 산업통상자원부장관에게 제출할 때 포함되는 사항이 아닌 것은?

① 집적화단지 위치 및 면적

② 집적화단지 조성사업의 개요 및 시행방법

③ 집적화단지 조성 및 기반시설 설치에 필요한 부지 확보 계획

④ 그 밖에 집적화단지 조성에 필요하다고 신·재생에너지센터장이 인정하여 고시하는 사항

> **해설** ① 제27조제1항 단서에 따라 집적화단지 조성사업의 실시기관으로 선정되려는 지방자치단체의 장은 다음 각 호의 사항이 포함된 집적화단지 개발계획을 수립하여 산업통상자원부장관에게 제출해야 한다.
> 1. 집적화단지의 위치 및 면적
> 2. 집적화단지 조성사업의 개요 및 시행방법
> 3. 집적화단지 조성 및 기반시설 설치에 필요한 부지 확보 계획
> 4. 집적화단지 조성사업에 대한 주민수용성 및 친환경성 확보 계획
> 5. 그 밖에 집적화단지 조성에 필요하다고 산업통상자원부장관이 인정하여 고시하는 사항 **답** ④

10 120[kWp] 태양광 발전시스템을 밭에 설치하려 할 때, REC 가중치는 약 얼마인가?

① 1.10   ② 1.13

③ 1.17   ④ 1.20

해설 ① 일반부지에 설치하는 경우

설치용량	태양광에너지 가중치 산정식
100[kW]미만	1.2
100[kW] 부터 3000[kW] 이하	$\dfrac{99.999 \times 1.2 + (용량 - 99.999) \times 1.0}{용량}$
3000[kW] 초과 부터	$\dfrac{99.999 \times 1.2}{용량} + \dfrac{2,900.001 \times 1.0}{용량}$ $+ \dfrac{(용량 - 3,000) \times 0.8}{용량}$

$$REC\ 가중치 = \frac{99.999 \times 1.2 + (용량 - 99.999) \times 1.0}{용량}$$

$$= \frac{99.999 \times 1.2 + (120 - 99.999) \times 1.0}{120}$$

$$= 1.166 = 약1.17 \qquad \text{답} ③$$

11 전기공사업법령에 따라 공사업자는 등록사항 중 대통령령으로 정하는 중요 사업이 변경된 경우 그 사유가 발생한 날로부터 며칠 이내에 시 · 도지사에게 그 사실을 신고하여야 하는가?

① 15일   ② 30일
③ 60일   ④ 90일

해설 전기공사업법령에 따라 공사업자는 등록사항 중 대통령령으로 정하는 중요 사업이 변경된 경우 그 사유가 발생한 날로부터 30일 이내에 시 · 도지사에게 그 사실을 신고하여야 하다   답 ②

12 전기사업법령에 따라 산업통상자원부장관은 "산지관리법"에 따른 산지에 태양광발전설비를 설치하여 전력거래를 하려는 발전사업자가 계절적 요인으로 복구준공이 불가피하게 지연되거나 부분 복구준공이 가능한 경우 등 대통령령으로 정하는 사유가 있는 때에는 몇 개월의 범위에서 사업정지 명령을 유예할 수 있는가?

① 1개월   ② 3개월
③ 6개월   ④ 12개월

해설 • 산지에 설치되는 재생에너지 설비의 전력거래 산업통상자원부장관은 계절적 요인으로 복구준공이 불가피하게 지연되거나 부분 복구준공이 가능한 경우 등 대통령령으로 정하는 사유가 있는 때에는 6개월의 범위에서 사업정지 명령을 유예할 수 있다.   답 ③

13 태양광발전 모듈에 대한 설명으로 틀린 것은?

① 일사량이 감소하면 단락전류가 감소한다.
② 일사량이 증가하면 개방전압이 증가한다.
③ 모듈 표면 온도가 증가하면 개방전압이 증가한다.
④ 모듈 표면 온도가 증가하면 단락전류가 증가한다.

해설 태양전지 모듈의 표면온도 및 일사량 관계
 1) 온도
   ① 태양전지모듈의 표면온도가 높아지면 출력전압 감소, 출력전류 극소량 증가
   ② 전체 출력이 감소한다.
 2) 일사량
   ① 태양전지 모듈의 일사량이 감소하면 출력전류, 출력전압 감소
   ② 전체 출력이 감소한다.   답 ③

14 신에너지 및 재생에너지 개발 · 이용 · 보급 촉진법에 따라 하자보수의 대상이 되는 신 · 재생에너지 설비 및 하자보수 기간 등은 무엇으로 정하는가?

① 기획재정부령
② 행정안전부령
③ 국토교통부령
④ 산업통상자원부령

해설 하자보수의 대상이 되는 신 · 재생에너지 설비 및 하자보수 기간 등은 산업통상자원부령으로 정한다. 답 ④

15 전기공사업법령에 따라 공사업자가 최근 5년간 몇 회 이상 영업정지처분을 받을 경우 등록취소가 되는가?

① 3회   ② 4회
③ 5회   ④ 6회

해설 영업정지처분 기간 중에 영업을 하거나 최근 5년간 3회 이상 영업정지처분을 받은 때   답 ①

16 태양광발전 모듈 1장의 출력이 158[W], 크기가 1.29[m]×0.99[m]이고, 지붕의 설치가능 면적이 20[m²]인 경우, 설치되는 태양광발전 모듈의 총 출력은 약 몇 [W]인가?

① 1833   ② 2370
③ 2528   ④ 3160

해설 태양광발전 모듈 1장의 설치 면적
$= 1.29[m] \times 0.99[m] = 1.2771[m^2]$
지붕에 설치 가능한 모듈 수
$= 20[m^2] \div 1.2771[m^2] = 15.66 \approx 15[ea]$
설치되는 태양강발전 모듈의 총 출력
$= 15 \times 158[W] = 2370[W]$ 답 ②

17 태양광발전용 인버터의 전력변환 효율이 다음과 같을 때 유로(변환) 효율은 몇 [%]인가?

정격전력[%]	전력변환효율[%]
5	76
10	79
20	83
30	87
50	93
100	95

① 90.10   ② 90.15
③ 90.20   ④ 90.25

해설 $\eta_{Euro} = 0.03 \times \eta_{5\%} + 0.06 \times \eta_{10\%} + 0.13 \times \eta_{20\%} + 0.1$
$\times \eta_{30\%} + 0.48 \times \eta_{50\%} + 0.2 \times \eta_{100\%}$
$= 0.03 \times 76 + 0.06 \times 79 + 0.13 \times 83 + 0.1 \times 87$
$+ 0.48 \times 93 + 0.2 \times 95$
$= 90.15$ 답 ②

18 태양광발전용 인버터의 회로 구성에서 AC-DC 컨버터를 사용하는 방식은?

① 트랜스리스 방식
② 단권변압기 절연 방식
③ 고주파 변압기 절연 방식
④ 상용 주파 변압기 절연 방식

해설 고주파 변압기 절연 방식
• 소형이고 경량임
• 회로가 복잡함

• 태양전지의 직류출력을 고주파의 교류로 변환 후 소형의 고주파 변압기로 절연
• 절연 후 직류로 변환하고 상용주파의 교류로 변환   답 ③

19 국토의 계획 및 이용에 관한 법령에 따라 개발행위(변경)허가신청서의 처리기간으로 옳은 것은?

① 3일   ② 7일
③ 15일   ④ 30일

해설 국토의 계획 및 이용에 관한 법률 시행령 제55조(개발행위허가의 절차)
법 제57조 제2항에서 대통령령으로 정하는 기간이란 15일(도시계획위원회의 심의를 거쳐야 하거나 관계행정기관의 장과 협의를 하여야 하는 경우에는 심의 또는 협의기간을 제외한다.)을 말한다.   답 ③

20 전기사업법령에 따른 일반용전기설비에 해당하는 것은?

① 저압에 해당하는 용량 10킬로와트 이하인 발전설비
② 저압에 해당하는 용량 20킬로와트 이하인 발전설비
③ 고압에 해당하는 용량 10킬로와트 이하인 발전설비
④ 고압에 해당하는 용량 20킬로와트 이하인 발전설비

해설 1. 저압에 해당하는 용량 75킬로와트(제조업 또는 심야전력을 이용하는 전기설비는 용량 100킬로와트) 미만의 전력을 타인으로부터 수전하여 그 수전장소(담·울타리 또는 그 밖의 시설물로 타인의 출입을 제한하는 구역을 포함한다. 이하 같다)에서 그 전기를 사용하기 위한 전기설비
2. 저압에 해당하는 용량 10킬로와트 이하인 발전설비   답 ①

2과목 - 태양광발전 설계

21 전기설비기술기준에 따른 절연유에 대한 설명 중 다음( )에 들어갈 내용으로 옳은 것은?

> 사용전압이 ( )[kV] 이상의 중성점 직접접지식 전로에 접속하는 변압기를 설치하는 곳에는 절연유의 구외 유출 및 지하침투를 방지하기 위한 설비를 갖추어야 한다.

① 22.9   ② 66
③ 72   ④ 100

해설 제20조 (절연유)
① 사용전압이 100[kV] 이상의 중성점 직접접지식 전로에 접속하는 변압기를 설치하는 곳에는 절연유의 구외 유출 및 지하 침투를 방지하기 위한 설비를 갖추어야 한다.
② 폴리염화비페닐을 함유한 절연유를 사용한 전기기계기구는 전로에 시설하여서는 아니 된다.   **답 ④**

22 콘크리트 옹벽(KDS 11 80 05 : 2020)에서 콘크리트 옹벽의 안정해석 시 고려하는 하중의 종류로 해당되지 않는 것은?

① 콘크리트 옹벽에 간접 작용하는 외력
② 배수가 되지 않는 조건에서는 수압과 부력
③ 콘크리트 옹벽과 뒤채움재의 자중 등 고정하중
④ 콘크리트 옹벽에 작용하는 토압과 상재 하중에 의한 토압증가량

해설 콘크리트 옹벽의 안정해석 시 고려하는 하중의 종류는 다음과 같다.
⑴ 콘크리트 옹벽과 뒤채움재의 자중 등 고정하중
⑵ 콘크리트 옹벽에 작용하는 토압과 상재 하중에 의한 토압증가량
⑶ 배수가 되지 않는 조건에서는 수압과 부력
⑷ 콘크리트 옹벽에 직접 작용하는 외력
⑸ 지진에 의한 하중 등   **답 ①**

23 전력시설물 공사감리업무 수행지침에서 공사 또는 감리업무가 원활하게 이루어지도록 하기 위하여 감리원, 발주자, 공사업자가 사전에 충분한 검토와 협의를 통하여 모두가 동의하는 조치가 이루어지도록 하는 것은?

① 지시   ② 조정
③ 합의   ④ 승인

해설 "조정"이란 공사 또는 감리업무가 원활하게 이루어지도록 하기 위하여 감리원, 발주자, 공사업자가 사전에 충분한 검토와 협의를 통하여 관련자 모두가 동의하는 조치가 이루어지도록 하는 것을 말하며, 조정결과가 기존의 계약내용과의 차이가 있을 때에는 계약변경 사항의 근거가 된다.   **답 ②**

24 최대 출력전압이 50[V], 전압온도계수가 −0.2 [V/℃]인 태양광발전 모듈이 있다. 이 모듈의 표면온도가 60[℃]일 때 직렬로 10장을 연결하였다면, 이때의 최대 출력전압[V]은? (단, STC 조건이다.)

① 380[V]   ② 400[V]
③ 430[V]   ④ 450[V]

해설 60℃에서의 최대출력 전압 :
$$V_{mpp}(60℃) = 50[V] + (60[℃] - 25[℃])$$
$$\times (-0.2[V/℃])$$
$$= 43[V]$$
직렬로 10장 연결 시 최대출력 전압
$$= 43[V] \times 10 = 430[V]$$ **답 ③**

25 신재생발전기 송전계통 연계 기술기준에 따라 무효전력에 대한 정상상태 허용오차는 몇 [%] 이하이어야 하는가?

① 1[%]   ② 3[%]
③ 5[%]   ④ 10[%]

해설 신재생발전기 송전계통 연계 기술기준에 따라 무효전력에 대한 정상상태 허용 오차는 5[%] 이하이어야 한다.   **답 ③**

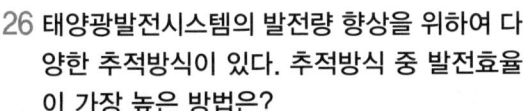

26 태양광발전시스템의 발전량 향상을 위하여 다양한 추적방식이 있다. 추적방식 중 발전효율이 가장 높은 방법은?

① 단축 추적식 ② 양축 추적식
③ 고정 경사가변식 ④ 고정 경사고정형

해설 1) 태양광발전량이 가장 많은 순서
양축 추적식 > 단축 추적식 > 고정 경사가변식 > 고정 경사고정형
2) 설치면적이 가장 넓은 순서
고정 경사고정형 > 고정 경사가변식 > 단축 추적식 > 양축 추적식 **답** ②

27 단선결선도 작성 시 일반적으로 사용하는 진공차단기(VCB)의 그림기호로 옳은 것은?

① ──o⌒o── ② ─□—□─
③ ⤬───── ④ ──⊗──

해설

MCCB	차단기	개폐기	
──o⌒o──	─□—□─	⤬─────	──⊗──

답 ②

28 전력기술관리법령에서 정의하는 용어 중 "발전설비"에 해당하지 않는 것은?

① 제어장치
② 발전된 전력을 공급하기 위한 전선로
③ 전선·기계기구 중 주(主)차단기의 2차측 단자까지의 설비
④ 수력·기력(汽力)·원자력·내연력(內燃力) 등 발전을 위한 기계적 설비

해설 "발전설비"란 다음 각 목의 설비를 말한다. 다만, 수력·기력(汽力)·원자력·내연력(內燃力) 등 발전을 위한 기계적 설비는 제외한다.
가. 터빈(높은 압력의 액체·기체를 날개바퀴의 날개에 부딪히게 함으로써 회전하는 힘을 얻는 기계를 말한다)·수차 등으로부터 힘을 받아 전력을 생산하기 위한 발전기
나. 발전된 전력을 공급하기 위한 전선로
다. 제어장치
라. 전기기계·기구 중 주(主)차단기의 2차측 단자까지의 설비 **답** ④

29 전력시설물 공사감리업무 수행지침에 따라 감리업자는 감리용역 착수 시 착수 신고서를 제출하여 발주자의 승인을 받아야 한다. 이때 착수신고서에 포함되지 않는 서류는?

① 공사예정 공정표
② 감리비 산출내역서
③ 감리업무 수행계획서
④ 상주, 비상주 감리원 배치계획서

해설 감리업자는 감리용역 착수 시 다음 각 호의 서류를 첨부한 착수신고서를 제출하여 발주자의 승인을 받아야 한다.
1. 감리업무 수행계획서
2. 감리비 산출내역서
3. 상주, 비상주 감리원 배치계획서와 감리원의 경력확인서
4. 감리원 조직 구성내용과 감리원별 투입기간 및 담당업무 **답** ①

30 얕은기초 설계기준(일반설계법)(KDS 11 50 05 : 2021)에 따라 얕은 기초의 설계 시 검토하여 결정하는 사항으로 틀린 것은?

① 기초지반이 전단파괴에 대하여 안전하도록 한다.
② 과도한 침하나 부등침하가 발생하지 않도록 한다.
③ 인접한 구조물에 침하, 균열, 손상 등이 발생하지 않아야 한다.
④ 기초가 경사진 지반에 설치될 경우 기초하중에 의한 비탈면 활동 및 지지력의 증가가 발생하지 않도록 하여야 한다.

해설 (1) 기초지반이 전단파괴에 대하여 안전하도록 한다.
→ 허용지지력
(2) 과도한 침하나 부등침하가 발생하지 않도록 한다.
→ 허용침하
(3) 기초가 경사진 지반에 설치될 경우, 기초하중에 의한 비탈면 활동 및 지지력의 감소가 발생하지 않도록 한다. → 지반의 경사를 고려한 지지력 검토, 기초하중을 고려한 비탈면활동 검토 **답** ④

31 한국전기설비규정에 따른 특고압 가공전선이 가공약전류전선 등 고압의 가공전선이나 고압의 전차선과 제1차 접근상태로 시설되는 경우 특고압 가공전선로는 몇 종 특고압 보안공사를 하여야 하는가?

① 제1종 특고압 보안공사
② 제2종 특고압 보안공사
③ 제3종 특고압 보안공사
④ 특별 제3종 특고압 보안공사

> **해설** 한국전기설비규정에 따른 특고압 가공전선이 가공약전류전선 등 고압의 가공전선이나 고압의 전차선과 제1차 접근상태로 시설되는 경우 특고압 가공전선로는 제3종 특고압 보안공사를 하여야 한다. **답** ③

32 한국전기설비규정에 따라 분산형전원설비 사업자의 한 사업장의 설비 용량 합계가 몇 [kVA] 이상일 경우, 송·배전계통과 연계지점의 연결 상태를 감시 또는 유효전력, 무효전력 및 전압을 측정할 수 있는 장치를 시설하여야 하는가?

① 50   ② 100
③ 250   ④ 500

> **해설** • 분산형전원설비의 전기 공급방식, 측정 장치 등은 다음에 따른다.
> 가. 분산형전원설비의 전기 공급방식은 전력계통과 연계되는 전기 공급방식과 동일할 것
> 나. 분산형전원설비 사업자의 한 사업장의 설비 용량 합계가 250[kVA] 이상일 경우에는 송·배전계통과 연계지점의 연결 상태를 감시 또는 유효전력, 무효전력 및 전압을 측정할 수 있는 장치를 시설할 것 **답** ③

33 한국전기설비규정에 따라 태양광 발전용 인버터로부터 변압기의 저압측까지 3상3선식, 최대 사용전압이 370[V]로 배선되어 있는 경우, 변압기의 전로의 절연내력 시험전압은 몇 [V]인가? (단, 중성점이 비접지인 경우이다.)

① 370   ② 444
③ 500   ④ 555

> **해설** • 최대 사용전압 7[kV] 이하인 전로 × 1.5
> $= 370[\mathrm{V}] \times 1.5 = 555[\mathrm{V}]$ **답** ④

34 설계감리업무 수행지침에서 정의하는 용어 중 설계감리원 및 설계자가 승인 요청한 사항 등에 대하여 발주자가 설계감리원 및 설계자에게 또는 설계감리원이 설계자에게 서면으로 동의하는 것은?

① 승인   ② 확인
③ 지시   ④ 요구

> **해설** 승인 : 설계 감리원 및 설계자가 승인 요청한 사항 등에 대하여 발주자가 설계감리원 및 설계자에게 또는 설계감리원이 설계자에게 서면으로 동의하는 것이다. **답** ①

35 전력기술관리법령에 따라 전력시설물의 설치·보수 공사 발주자는 전력시설물의 설치·보수 공사의 품질 확보 및 향상을 위하여 누구에게 공사감리를 발주하여야 하는가?

① 공사감리업을 등록한 자
② 종합설계업을 등록한 자
③ 전문설계업을 등록한 자
④ 전기공사업을 등록한 자

> **해설** • 전기감리대상
> 전력시설물의 설치, 보수, 공사 발주자는 공사 품질의 확보 및 향상을 위해 공사 감리업의 등록을 필한 자에게 공사 감리를 발주하여야 한다. **답** ①

36 분산형전원 배전계통 연계 기술기준에 따라 전기방식이 교류 단상 220[V]인 분산형전원을 저압 한전계통에 연계할 수 있는 용량은 몇 [kW] 미만으로 하는가?

① 50   ② 100
③ 250   ④ 500

> **해설** • 분산형전원 배전계통 연계기술 기준제4조
> [연계 요건 및 연계의 구분]
> 전기방식이 교류 단상 220[V]인 분산형전원을 저압 한전계통에 연계할 수 있는 용량은 100[kW] 미만으로 한다. **답** ②

37 전력시설물 공사감리업무 수행지침에 따라 책임감리원은 분기보고서를 작성하여 발주자에게 제출하여야 한다. 이때 보고서는 매 분기말 다음 달 며칠 이내로 제출하여야 하는가?

① 5일 ② 7일
③ 14일 ④ 30일

해설 책임감리원은 다음 각 호의 사항이 포함된 분기보고서를 작성하여 발주자에게 제출하여야 한다. 보고서는 매 분기말 다음 달 7일 이내로 제출한다.
1. 공사추진 현황(공사계획의 개요와 공사추진계획 및 실적, 공정현황, 감리용역현황, 감리조직, 감리원 조치내역 등)
2. 감리원 업무일지
3. 품질검사 및 관리현황
4. 검사요청 및 결과통보내용
5. 주요기자재 검사 및 수불내용(주요기자재 검사 및 입·출고가 명시된 수불현황)
6. 설계변경 현황
7. 그 밖에 책임감리원이 감리에 관하여 중요하다고 인정하는 사항 **답** ②

38 건축전기설비 일반사항(KDS 31 10 20 : 2019)에 따른 실시설계 성과물에 해당하지 않는 것은?

① 설계계산서 ② 공사비 적산서
③ 실시설계 도서 ④ 기본설계 계획서

해설 실시설계 성과물
- 설계계산서 : 조도 계산서, 부하계산서, 간선계산서, 용량계산서(변압기, 발전기 등)
- 공사비 적산서 : 내역서, 산출서, 견적서
- 실시설계도서 : 설계설명서, 설계도면, 공사시방서 **답** ④

39 저압 전기설비-제5-55부 : 전기기기의 선정 및 설치-기타기기(KS C IEC 60364-5-55 : 2016)에 따라 직류 전원 제어회로의 공칭전압은 몇[V]를 초과하지 않는 것이 바람직한가?

① 24[V] ② 48[V]
③ 220[V] ④ 380[V]

해설 교류전원 공칭주파수가 50[Hz]인 회로의 경우 230[V], 60[Hz]인 회로의 경우 277[V]이고, 직류 전원계통으로 제어회로의 공칭전압은 220[V]를 초과하지 않는 것이 바람직하다. **답** ③

40 다음과 같은 조건일 때 어레이와 어레이간의 최소 이격거리는 약 몇 [m]인가? (단, 경사고 정식으로 정남향이다.)

- 어레이 길이(L) : 3[m]
- 어레이 경사각(θ) : 30°
- 설치지역의 위도 : 35.5°

① 4.6 ② 4.7
③ 5.1 ④ 5.5

해설 태양전지모듈 이격거리 계산
$$D = L \times (\cos\theta + \sin\theta \times \tan(\text{lat}(위도) + 23.5°))$$
$$= 3 \times (\cos30 + \sin30 \times \tan(35.5° + 23.5°))$$
$$= 50.9[m] = 5.1[m]$$ **답** ③

3과목 - 태양광발전 시공

41 태양광발전 구조물 기초터파기용 굴삭기계의 경비 중 손료에 해당하지 않는 항목은?

① 정비비 ② 수송비
③ 관리비 ④ 감각상각비

해설 • 기계 기구 손료
기계 기구 손료는 상각비, 정비비, 관리비 등을 포함한 고정비로써 손료산출 기준에 의한 비용을 말한다. **답** ②

42 총 설비용량 80[kW], 수용률 75[%], 부하율 80[%]인 수용가의 평균전력은 몇 [kW]인가?

① 30 ② 36
③ 42 ④ 48

해설 수용률 = $\dfrac{최대 수용 전력[kW]}{부하 설비 합계[kW]} \times 100[\%]$

부하율 = $\dfrac{평균 수용 전력[kW]}{최대 수용 전력[kW]} \times 100[\%]$

$75[\%] = \dfrac{최대 수용 전력[kW]}{80[kW]} \times 100[\%]$

최대 수용전력 = 60[kW]

$80[\%] = \dfrac{평균 수용 전력[kW]}{60[kW]} \times 100[\%]$

평균 수용전력 = 48[kW] **답** ④

43 연동연선의 단면적이 253[mm²]이고, 소선의 지름이 2.3[mm]이며, 4층 구조라 할 때 소선의 가닥수는?

① 19   ② 37
③ 61   ④ 91

해설 소선가닥수 $N = 3n(n+1)+1$
$= 3 \times 4 \times (4+1)+1 = 61$[가닥]
  * 전선외경 공식 $D = (1+2n)d$
  * 1층(7가닥), 2층(19가닥), 3층(37가닥), 4층(61가닥), 5층(91가닥)   답 ③

44 수변전설비공사(KCS 31 60 10 : 2019)에 따라 옥내 시공 시 시공조건에 대한 확인으로 틀린 것은?

① 기기 주위에는 유지관리 공간을 확인하여야 한다.
② 기기의 중량을 산정하여 바닥강도를 확인하여야 한다.
③ 전기실에는 물 배관·증기관·덕트(환기용 제외)등을 시설하거나 통과시켜서는 안 된다.
④ 습기 또는 결로 등에 의한 절연상승의 우려가 있는 경우에는 적절한 공법으로 하여야 힌다.

해설 습기 또는 결로 등에 의한 절연저하의 염려가 있는 경우에는 적절한 대책을 강구한다.   답 ④

45 볼트 접합 및 핀 연결(KCS 14 31 25 : 2019)에 따른 볼트조임에 관한 일반사항으로 틀린 것은?

① 와셔는 볼트머리와 너트에 평행하게 놓아야 한다.
② 볼트의 끼움에서 본조임까지의 작업은 같은 날 이루어지는 것을 원칙으로 한다.
③ 모든 볼트 머리와 너트 밑에 각각 와셔 1개씩 끼우고, 볼트를 회전시켜서 조인다.
④ 볼트의 조임 작업 시 본조임은 원칙적으로 강우 및 결로 등 습한 상태에서 조임해서는 안 된다.

해설 모든 볼트 머리와 너트 밑에 각각 와셔 1개씩 끼우고, 너트를 회전시켜서 조인다. 다만 토크 전단형(T/S)고장력 볼트는 너트 측에만 1개의 와셔를 사용한다.   답 ③

46 가공 배전선로에 사용되는 전선의 구비 조건이 아닌 것은?

① 가공이 쉬울 것
② 비중이 높을 것
③ 도전율이 클 것
④ 기계적 강도가 클 것

해설 전선 재료의 구비조건
1) 도전율, 기계적 강도가 클 것
2) 내구성이 있을 것
3) 비중(밀도)이 작고, 가요성이 풍부할 것
4) 가격이 저렴하고, 구입이 쉬울 것
5) 시공 및 보수의 취급이 용이할 것   답 ②

47 한국전기설비규정에 따라 접지극은 동결깊이를 감안하여 시설하되 고압 이상의 전기설비와 변압기 중성점 접지에 의하여 시설하는 접지극의 매설깊이는 지표면으로부터 지하 몇 [m] 이상으로 하는가?

① 0.75[m]   ② 1[m]
③ 1.2[m]   ④ 2[m]

해설 접지극은 지표면에서 0.75[m] 이상의 깊이에 타 접지극과 1[m] 이상 이격하여 시설하여야 하며, 접지극 시설, 접지저항값 유지 등 조가선 및 공가설비의 접지에 관한 사항은 KEC140 에 따를 것   답 ①

48 지진구역 I에서 태양광발전설비 기초 구조물 시공에 적용되는 평균재현주기 500년의 지진지반운동에 해당하는 지진구역계수로 옳은 것은?

① 0.07   ② 0.09
③ 0.11   ④ 0.13

해설 지진구역
① 지진재해도 해석결과에 근거하여 남한 전지역을 2개의 지진구역으로 설정하며, 각 지진구역별 구역계수(Z)는 표에 표시된 값과 같다.

② 구역계수는 각 지진구역에서의 평균재현주기 500년에 해당하는 지진지반운동의 최대지반가속도 값을 중력가속도(g)로 나눈 값으로 무차원량으로 표시된다.

③ 다만, 표의 지진구역에서 구분된 행정구역의 경계를 통과하는 시설물에는 상위 지진구역계수를 적용해야 한다.

[표] 지진구역구분

지진구역		행정구역	구역계수, Z
I	시	서울특별시, 인천광역시, 대전광역시, 부산광역시, 대구광역시, 울산광역시, 광주광역시	0.11
	도	경기도, 강원도 남부, 충청남북도, 경상남북도, 전라남북도, 북동부	
II	도	강원북부, 전라남도 남서부, 제주도	0.77

답 ③

---

49 브릿지(bridge)정류회로에서 필요한 정류용 다이오드의 수는?

① 1개   ② 2개
③ 3개   ④ 4개

해설 다이오드 4개를 브릿지(bridge)형에 접속한 브릿지형 정류 회로로, 정류 회로에 가장 많이 사용되고 있다.

답 ④

---

50 한국전기설비규정에 따라 수평 트레이에 다심케이블을 포설 시 벽면과의 간격은 몇 [mm] 이상 이격하여 설치하여야 하는가?

① 5   ② 10
③ 20   ④ 50

해설 수평 트레이에 다심케이블을 포설 시 다음에 적합하여야 한다.
가. 사다리형, 바닥밀폐형, 펀칭형, 그물망형 케이블트레이 내에 다심케이블을 포설하는 경우 이들 케이블의 지름의 합계는 트레이의 내측폭 이하로 하고 단층으로 시설할 것.
나. 벽면과의 간격은 20[mm] 이상 이격

답 ③

---

51 PN 접합 다이오드에 순방향 바이어스 전압을 인가할 때의 설명으로 옳은 것은?

① 커패시턴스가 커진다.
② 내부전계가 강해진다.
③ 전위장벽이 높아진다.
④ 공간전하 영역의 폭이 넓어진다.

해설 PN 접합 다이오드에 순방향 바이어스 전압을 인가되면 P영역에 있는 정공과 N영역에 있는 전자가 접합면 쪽으로 끌려온다. 따라서 공핍영역의 폭이 줄어든다. 이렇게 되면 전위장벽이 낮아지고, 전기저항이 작아진다. 또한 커패시터는 증가한다. **답** ①

---

52 진공차단기의 특징이 아닌 것은?

① 높은 압력의 공기가 발생하므로 소음이 크다.
② 전류 재단현상이 발생하므로 개폐서지가 크다.
③ 접점의 소모가 적으므로 차단기의 수명이 길다.
④ 소형 경량으로 실내 큐비클에 설치가 가능하다.

해설 특성은 소형으로서 무게가 가볍고 불연성 무 소음으로서 수명이 길어서 차단기로서 기본적으로 필요한 고속도 고빈도 개폐기의 기능 및 차단 성능이 우수하다.
답 ①

---

53 전압계가 일반적으로 가지고 있어야 하는 특성은?

① 낮은 감도   ② 높은 내부저항
③ 높은 인덕턴스   ④ 높은 커패시턴스

해설 전압계의 내부 저항이 높을수록 오차를 줄일 수 있다.
답 ②

---

54 한국전기설비규정에 따라 피뢰시스템은 전기전자설비가 설치된 건축물·구조물로서 낙뢰로부터 보호가 필요한 것 또는 지상으로부터 높이가 몇 [m] 이상인 것에 적용하여야 하는가?

① 10[m]   ② 15[m]
③ 20[m]   ④ 25[m]

해설 높이가 20[m] 이상의 건축물에 외부피뢰설비와 내부 피뢰설비를 설치하도록 규정하고 있다. **답 ③**

---

55 내부저항이 1.0[Ω]인 1.5[V] 전지 두 개를 병렬로 연결한 후 외부에 2.5[Ω]의 저항을 가지는 부하를 직렬로 연결하였다. 외부 회로에 흐르는 전류의 크기[A]는?

① 0.5 　　　② 0.6

③ 1.0 　　　④ 1.2

해설 전지 2개가 병렬이므로

$$R_1 = \frac{1 \times 1}{1+1} = 0.5[\Omega]$$

전압 $V = 1.5[V]$, 내부저항 $R_1 = 0.5[\Omega]$

내부저항 R_1과 내부저항 $R_2 = 2.5[\Omega]$은 직렬

전체저항 $R = R_1 + R_2 = 0.5 + 2.5 = 3[\Omega]$

전류 $I = \dfrac{V}{R} = \dfrac{1.5}{3.0} = 0.5[A]$ **답 ①**

---

56 신전원설비공사(KCS 31 60 30 : 2019)에 따라 설치하는 태양광발전용 파워컨디셔너에 대한 설명으로 틀린 것은?

① 상세사항은 설계도 및 공사시방서에 따른다.

② 태양전시출력의 감시 능에 의해 자동운전이 가능하여야 한다.

③ 운전·계측·이상상태 및 시스템 설정 등을 표시 할 수 있는 표시장치가 있어야 한다.

④ 인버터의 입력전압 범위를 넓게 하여 정상 운전 중 구름 및 기타 장애물에 의해 순간적인 그늘이 발생 시 인버터가 정지되어야 한다.

해설 파워컨디셔너
(1) 파워컨디셔너는 필터 및 인버터 등의 요소에 의해 구성된 것으로 하여야 한다.
(2) 인버터의 입력전압 범위를 넓게 하여 정상 운전 중 구름 및 기타 장애물에 의해 순간적인 그늘이 발생 시에도 인버터가 정지되지 않도록 하여야 한다.
(3) 태양전지출력의 감시 등에 의해 자동운전이 가능하여야 한다.
(4) 운전·계측·이상상태 및 시스템 설정 등을 표시할 수 있는 표시장치가 있어야 한다.
(5) 파워컨디셔너의 상세사항은 설계도 및 공사시방서에 따른다. **답 ④**

---

57 전기사업법령에 따른 사용전 검사 신청서의 처리절차로 옳은 것은?

① 신청서 작성 → 접수 → 검사 → 검토 → 결정 → 검사결과 통보

② 신청서 작성 → 접수 → 검토 → 검사 → 결정 → 검사결과 통보

③ 신청서 작성 → 검사 → 접수 → 검토 → 결정 → 검사결과 통보

④ 신청서 작성 → 검사 → 검토 → 접수 → 결정 → 검사결과 통보

해설 전기사업법령에 따른 사용전 검사 신청서의 처리절차는 다음과 같다.
신청서 작성 → 접수 → 검토 → 검사 → 결정 → 검사결과 통보 **답 ②**

---

58 한국전기설비규정에 따라 태양광발전 모듈에 접속하는 부하측의 전로를 옥내에 시설할 경우 적용할 수 있는 금속관 공사에서 금속관을 콘크리트에 매설할 때 사용하는 관의 최소 두께 [mm]는?

① 1.0[mm] 　　② 1.2[mm]

③ 1.5[mm] 　　④ 2.0[mm]

해설 관의 두께는 다음에 의일 것.
(1) 콘크리트에 매입하는 것은 1.2[mm] 이상
(2) (1) 이외의 것은 1[mm] 이상. 다만, 이음매가 없는 길이 4[m] 이하인 것을 건조하고 전개된 곳에 시설하는 경우에는 0.5[mm] 까지로 감할 수 있다. **답 ②**

---

59 직류 송전방식과 비교했을 때 교류 송전방식의 장점이 아닌 것은?

① 안정도가 좋다.

② 회전자계를 쉽게 얻을 수 있다.

③ 전압의 승압, 강압이 용이 하다.

④ 교류방식으로 일관된 운용을 기할 수 있다.

해설 1. 직류 송전 방식의 장점
(1) 절연 계급을 낮출 수 있다.
(2) 송전 효율이 좋다.
(3) 안정도가 좋다.
(4) 유도 장해가 적다.

(5) 전압, 주파수가 다른 두 교류 계통을 연계할 수 있다.
2. 교류 송전의 장점
 (1) 전압의 승압 및 강압이 용이하다
 (2) 회전 자계를 쉽게 얻을 수 있다.
 (3) 일관된 운용을 기할 수 있다. **답 ①**

60 계기용 변성기(표준용 및 일반계기용)(KS C 1706 : 2019)에 따라 배전반용으로 사용되는 계기용 변성기의 계급으로 옳은 것은?

① 0.1급 ② 0.2급
③ 0.5급 ④ 3.0급

해설 • 계기용 변성기의 계급

계급	호칭	용도
0.5급	일반 계기용	정밀 계측용
1.0급		보통 계측용, 배전반용
3.0급		배전반용
0.1급	표준용	계기용변성기 시험용의 표준기
0.2급		특별 정밀 계기용

답 ④

▶ 4과목 - 태양광발전 운영

61 태양광발전시스템의 청소 시 유의사항으로 틀린 것은?

① 절연물은 충전부 간을 가로지르는 방향으로 청소한다.
② 문, 커버 등을 열기 전에는 주변의 먼지나 이물질을 제거한다.
③ 청소걸레는 마른걸레를 사용하되 젖은 걸레를 사용하는 경우 산성인 것을 사용한다.
④ 컴프레서를 이용하여 공압을 사용하는 진공청소기를 이용한 흡입방식을 사용하고 토출방식은 공기의 압력에 유의한다.

해설 태양광발전설비 청소 방법 및 유의점
1) 공기를 사용하는 경우에는 흡입방식을 추천하며 토출방식의 경우에는 공기의 습도, 압력에 주의 한다.
2) 문, 커버 등을 열기 전에 배전반 상부의 먼지나 이물질을 제거한다.

3) 절연물은 충전부 간을 가로지르는 방향으로 청소한다.
4) 청소걸레는 화학적으로 중성인 것을 사용하고 섬유올이 풀린다든지, 습기 등에 주의 한다. **답 ③**

62 점검계획 시 고려사항 중 다음의 내용에 해당하는 사항으로 옳은 것은?

> 일반적으로 신설 설비보다 오래된 설비가 고장 발생의 확률이 높기 때문에 점검 내용을 세분화하고 주기를 단축해야 한다.

① 고장이력 ② 부하상태
③ 설비의 중요도 ④ 설비의 사용기간

해설 유지보수 계획 시 고려사항
1) 설비의 사용기간
 오래된 설비가 고장 발생의 확률이 높기 때문에 점검 내용을 세분화하고 주기를 단축해야 합니다.
2) 설비의 중요도
 설비에는 중요설비와 비교적 중요하지 않은 설비가 있습니다. 그 중요도에 따라서 내용 및 주기를 검토해야 한다.
3) 환경조건
 설비가 설치되어 있는 곳의 환경이 좋은가, 나쁜가는 보수점검상 큰 차이가 있다.
 옥내인가, 옥외인가, 분진의 다소, 환기의 양부, 습기의 다소, 특수가스의 유무, 진동의 유무 등에 의하여 절연물의 열화, 금속의 부식, 과열, 더 나아가서는 수명단축 등의 가능성이 아주 높다.
4) 고장이력
 환경조건의 불량 등에 의하여 고장을 많이 일으키는 설비가 있는데, 이와 같은 설비는 재발방지를 위하여 점검을 강화해야 한다.
5) 부하상태
 사용 빈도가 높은 설비, 부하의 증가, 환경조건의 악화 등으로 과부하 상태로 된 설비 등은 점검의 주기를 단축해야 하며, 과부하가 발생하지 않도록 해야 한다. **답 ④**

63 태양광발전시스템의 절연저항 측정 시 필요한 시험 기자재가 아닌 것은?

① 온도계 ② 습도계
③ 절연저항계 ④ 접지저항계

해설 습도계, 온도계, 절연저항계(메가), 단락용 개폐기가 있다. **답 ④**

64 제어회로 배선의 육안점검 내용으로 틀린 것은?

① SA의 손상여부 확인
② 전선 지지물의 탈락여부 확인
③ 과열에 의한 이상한 냄새 여부 확인
④ 가동부 등의 연결전선의 절연피복 손상여부 확인

[해설] 제어회로의 배선

점검개소	목적	점검내용
배선전반	손상	가동부 등에 연결되는 전선의 절연 피복 손상은 없는가
		전선 지지물이 떨어져 있는가
	이상한 냄새	과열에 의한 이상한 냄새는 없는가

답 ①

65 소형 태양광 발전용 인버터(계통연계형, 독립형)(KS C 8564 : 2021)에 따른 교류 전압, 주파수 추종 범위 시험에 대한 설명으로 옳은 것은?

① 출력 역률이 0.98 이상일 것
② 출력 전류의 종합 왜형률은 3[%] 이내일 것
③ 출력 전류의 각 차수별 형률은 3[%] 이내일 것
④ 정격 주파수 60[Hz]에서 천천히 변화시켜, 59[Hz]와 60[Hz]에서 교류 출력 전력, 전류 왜형률, 역률 등을 측정한다.

[해설] 품질기준
• 기준 범위 내의 전압 변화에 추종하여 안정하게 운전할 것
• 출력전류의 종합 왜형률은 5[%] 이내, 각 차수별 왜형률이 3[%] 이내일 것
• 출력 역률이 0.95 이상일 것
답 ③

66 건축물 내진설계기준(KDS 41 17 00 : 2019)에 따른 구조물의 내진안정성을 제고하기 위한 고려사항으로 틀린 것은?

① 가급적 수평재는 연속되어야 한다.
② 지진하중에 대하여 건물의 비틀림이 최소화되도록 배치한다.

③ 긴 장방형의 평면인 경우, 평면의 양쪽 끝에 지진력저항 시스템을 배치한다.
④ 각 방향의 지진하중에 대하여 충분한 여유도를 가질 수 있도록 횡력저항시스템을 배치한다.

[해설] 구조물의 내진안정성을 제고하기 위한 고려사항은 다음과 같다.
(1) 각 방향의 지진하중에 대하여 충분한 여유도를 가질 수 있도록 횡력저항시스템을 배치한다.
(2) 지진하중에 대하여 건물의 비틀림이 최소화되도록 배치한다. 긴 장방형의 평면인 경우, 평면의 양쪽 끝에 지진력저항시스템을 배치한다.
(3) 약층 또는 연층이 발생하지 않도록 수직적으로 구조재의 크기와 층고는 강성 및 강도에 급격한 변화가 없도록 계획한다.
(4) 한 층의 유효질량이 인접층의 유효질량보다 과도하게 크지 않도록 계획한다.
(5) 가급적 수직재는 연속되어야 한다.
(6) 슬래브에 과도하게 큰 개구부는 피한다.
(7) 증축계획이 있는 경우, 내진구조계획에 증축의 영향을 반영한다.
답 ①

67 이동식 사다리의 제작과 사용에 관한 기술지침에 따라 사용 시 안전기준에 적합하지 않은 것은?

① 사다리를 출입문 앞에 설치해서는 안 된다.
② 사다리는 작업장에서 위와 아래쪽으로 이동 시에만 사용한다.
③ 사다리 사용 시 반드시 절연장갑과 절연장화를 착용하여야 한다.
④ 사다리 사용 시 작업장 주변에 쓰러질 수 있는 물질을 제거하고 작업환경을 개선하여 사용해야 한다.

[해설] • 사다리 사용 시 다음의 안전기준이 지켜져야 한다.
(1) 사다리는 작업장에서 위와 아래쪽으로 이동 시에만 사용한다.
(2) 부득이하게 사다리 위에서 작업할 때는 사다리가 넘어지거나 미끄러지지 않도록 사다리를 고정하거나, 2인 1조로 팀을 구성하여 반드시 1명은 잡고 있어야 한다.
(3) 사다리는 작업 전에 이상 유무를 확인한 후 사용하여야 한다.
(4) 사다리 사용 시 작업장 주변에 쓰러질 수 있는 물질을 제거하고 작업환경을 개선하여 사용해야 한다.

(5) 작업장의 높이에 적합한 사다리를 사용하고, 작업 높이가 사다리보다 높을 때 벽돌이나 박스 등을 이용하여 높이를 높여서는 안 된다.

(6) 사다리를 출입문 앞에 설치해서는 안 된다.

(7) 짧은 사다리 길이를 늘이기 위해 겹쳐 이어서 사용해서는 안 된다.

(8) 사다리는 원래 의도된 목적 이외의 용도로 사용해서는 안 된다.

(9) 사용 시 반드시 안전모와 안전대를 착용하여야 한다. **탑** ③

---

68 신 · 재생에너지 설비 지원 등에 관한 지침에 따라 태양광발전설비에 대해 단위시설별로 에너지생산량 및 가동상태를 확인할 수 있는 모니터링 설비를 설치하여야 하는 용량은 몇 [kW]인가? (단, 각 사업 공고에서 모니터링 설비 설치 대상을 따로 정하고 있지 않는 경우이다.)

① 50 　　　　　② 100
③ 125 　　　　　④ 175

해설 단위시설별로 에너지생산량 및 가동상태를 확인할 수 있는 모니터링 설비를 다음과 같이 설치하여야 한다. 다만, 용량은 단위사업별 설비용량을 기준으로 한다.
(1) 50[kW] 이상의 발전설비(수소 · 연료전지 : 1[kW] 초과설비)
(2) 200[m²] 이상의 태양열설비
(3) 175[kW] 이상의 지열 및 수열에너지설비 **탑** ①

---

69 전기안전관리법령에 따라 전기안전관리자를 미선임 가능한 사업용 태양광발전소의 최대 설비용량은?

① 5킬로와트 　　　② 10킬로와트
③ 20킬로와트 　　　④ 50킬로와트

해설 20[kW] 초과 전기설비 시 전기사업법에 따라 전기설비의 공사와 유지 및 운용에 관한 안전 확보 차원에서 일정한 자격을 갖춘 전기안전관리자를 선임하도록 의무화 되어 있다. **탑** ③

---

70 인버터에 누전이 발생했을 경우 인버터에 표시되는 내용으로 옳은 것은?

① Inverter M/C Fault
② Inverter Ground Fault
③ Line Inverter Async Fault
④ Serial Communication Fault

해설 인버터의 이상표시 신호 조치방법
- Line Inverter Async Fault : 계통 주파수 점검 후 운전
- Inverter Ground Fault : 인버터 고장부분 수리 또는 접지저항 확인
- Line Sequence Phase Fault : 상회전 확인 후 재운전
- Line Over-voltage Fault : 계통전압 확인 후 5분 재가동 **탑** ②

---

71 공정안전에 관한 근로자 교육훈련 지침에 따른 교육훈련계획에 포함되는 사항으로 틀린 것은?

① 교육훈련 비용
② 교육훈련방법 및 강사
③ 교육훈련시기, 횟수 및 시간
④ 교육훈련 목적, 범위, 대상, 방법 및 인원

해설 교육훈련계획에는 다음사항을 포함하여야 한다.
(1) 교육훈련 목적, 범위, 대상, 방법 및 인원
(2) 교육훈련의 종류, 과정, 교육훈련과목 및 교육훈련 내용
(3) 교육훈련시기, 횟수 및 시간
(4) 교육훈련방법 및 강사
(5) 교육훈련성과 측정 및 평가방법 **탑** ①

---

72 안전장비 보관요령으로 적합하지 않은 것은?

① 세척한 후 건조시키지 말고 보관할 것
② 청결하고 습기가 없는 장소에 보관할 것
③ 보호구는 사용 후 손질하여 깨끗이 보관할 것
④ 한 달에 한번 이상 책임 있는 감독자가 점검할 것

해설 보호구는 언제든지 사용할 수 있는 상태로 손질하여 놓아야 한다. 그러기 위해서는 다음과 같은 점에 주의해서 정기적으로 점검 · 관리 보관한다.
가. 적어도 한 달에 한번 이상 책임 있는 감독자가 점검을 할 것

나. 청결하고 습기가 없는 장소에 보관할 것
다. 보호구 사용 후에는 손질하여 항상 깨끗이 보관할 것
라. 세척한 후에는 완전히 건조시켜 보관할 것 답 ①

73 태양광발전시스템 직류용 커넥터-안전 요구 사항 및 시험(KS C IEC 62852 : 2014)에 따라 커넥터는 부하 없이 몇 회 동작 사이클 기계적 동작을 만족하여야 하는가?

① 25   ② 50
③ 75   ④ 100

해설 • 기계적 전기적 내구성
커넥터는 부하 없이 50회 동작 사이클 기계적 동작을 만족하여야 한다. 답 ②

74 태양광발전소 설비용량이 3500[kW], SMP가 200[원/kWh], 가중치 적용 전 REC가 150[원/kWh] 인 경우 판매단가(원/ kWh)는?
(단, "SMP +1REC가격 × 가중치" 계약방식이며 일반부지에 설치하는 것으로 한다.)

① 275   ② 320
③ 347   ④ 380

해설 • 태양광발전설비 공급인증서(REC)가중치

구분	공급인증서 가중치	대상에너지 및 기준	
		설치유형	세부기준
태양광 에너지	1.2	일반부지에 설치하는 경우	100[kW]미만
	1.0		100[kW]부터
	0.8		3,000[kW]초과부터
	0.5	임야에 설치하는 경우	-
	1.5	건축물 등 기존 시설물을 이용하는 경우	3,000[kW]이하
	1.0		3,000[kW]초과부터
	1.6	유지 등의 수면에 부유하여 설치하는 경우	100[kW]미만
	1.4		100[kW]부터
	1.2		3,000[kW]초과부터
	1.0	자가용 발전설비를 통해 전력을 거래하는 경우	

• 일반부지에 설치하는 경우
태양광에너지 가중치는 전체용량에 대하여 부여하되 소숫점 넷째자리에서 절사하며, 설치유형별 용량기준 순으로 구분하여 구간별 해당 가중치를 아래와 같이 적용한다.

설치용량	태양광에너지 가중치 산정식
100[kW] 미만	1.2
100[kW]부터 3000[kW] 이하	$\dfrac{99.999 \times 1.2 + (용량 - 99.999) \times 1.0}{용량}$
3000[kW] 초과부터	$\dfrac{99.999 \times 1.2}{용량} + \dfrac{2,900.001 \times 1.0}{용량}$ $+ \dfrac{(용량 - 3,000) \times 0.8}{용량}$

$$가중치 = \dfrac{(99.999 \times 1.2) + (2900.001 \times 1.0) + (3500 - 3,000) \times 0.8}{3500} = 0.977$$

$$판매단가 = SMP + REC \times 0.977$$
$$= 200 + 150 \times 0.977$$
$$= 346.55 \simeq 347[원/kWh] \quad 답 ③$$

75 전기안전관리자의 직무에 관한 고시에 따라 저압 전기설비 점검에서 연차별로 반드시 실시하여야 하는 측정으로 옳은 것은?

① 누설전류 측정
② 절연저항 측정
③ 접지저항 측정
④ 적외선 열화상 측정

해설 ① 누설전류 측정 : 분기(필요시), 반기(필요시)
② 절연저항 측정 : 반기(필요시), 연차(필수)
③ 접지저항 측정 : 반기(필수) 답 ②

76 태양광 시스템용 이차전지(KS C 8575 : 2021)에 따른 전지의 일반적인 일일 사이클로 옳은 것은?

① 낮 시간의 충전, 밤 시간의 충전
② 낮 시간의 충전, 밤 시간의 방전
③ 낮 시간의 방전, 밤 시간의 충전
④ 낮 시간의 방전, 밤 시간의 방전

해설 전지는 일반적으로 다음과 같은 일일 사이클을 가진다.
1) 낮 시간의 충전
2) 밤 시간의 방전 답 ②

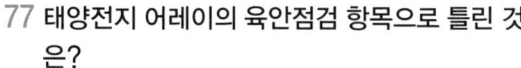

77 태양전지 어레이의 육안점검 항목으로 틀린 것은?

① 가대의 부식 및 녹
② 표면의 오염 및 파손
③ 가대의 접지연결 상태
④ 이상음. 이취 및 진동 유무

해설 이상음. 이취(악취) 및 진동 유무는 인버터 육안점검항목임 **답** ④

78 전기설비 검사 및 점검의 방법·절차 등에 관한 고시에 따라 사업용 태양광발전설비의 전력변환장치 정기점검 시 수검자 준비 자료에 해당하지 않는 것은?

① 단선결선도
② 시퀀스 도면
③ 측정 및 점검기록표
④ 공사계획인가(신고서)

해설 공사계획인가(신고서)는 전선로(모선)검사 준비서류에 해당사항임 **답** ④

79 굴착기 안전보건작업 지침에 따른 작업 중 준수사항에 대한 설명으로 틀린 것은?

① 운전자는 경사진 길에서의 굴착기 이동은 지속적으로 운행하여야 한다.
② 운전자는 제조사가 제공하는 장비 매뉴얼을 숙지하고 이를 준수하여야 한다.
③ 운전자가 작업 중 시야 확보에 문제가 발생하는 경우에는 유도자의 신호에 따라 작업을 진행하여야 한다.
④ 운전자는 경사진 장소에서 작업하는 동안에는 굴착기의 미끄럼 방지를 위하여 블레이드를 비탈길 상부 방향에 위치시켜야 한다.

해설 운전자는 경사진 장소에서 작업하는 동안에는 굴착기의 미끄럼 방지를 위하여 블레이드를 비탈길 하부 방향에 위치시켜야 한다. **답** ④

80 태양광발전설비의 점검기록표에 작성하여야 하는 내용으로 틀린 것은?

① 모듈의 용량
② Array의 절연저항
③ 전력변환장치의 구입일자
④ 전력변환기장치의 AC 정격전압

해설

태양광 발전설비 점검 기록표

답 ③

2022년 기사 2회

New & Renewable energy

1과목 - 태양광발전 기획

01 전기공사업법령에 따른 전기공사업 등록기준 항목 중 자본금은 얼마 이상이어야 하는가?

① 1억원 ② 1억5천만원
③ 2억원 ④ 2억5천만원

해설 전기공사업법령에 따른 전기공사업 등록기준 항목 중 자본금은 1억5천만원 이상이어야 한다.(전기공사업법 시행령 별표3 공사업의등록기준) **답** ②

02 전기사업법령에 따른 전기사업의 허가기준에 대한 내용이다. 다음 ( )에 들어갈 내용으로 옳은 것은?

> 법 제7조 제5항 4호에서 "대통령령으로 정하는 공급능력" 이란 해당 특정한 공급 구역의 전력 수요의 ( )퍼센트 이상의 공급 능력을 말한다.

① 30 ② 40
③ 50 ④ 60

해설 제4조(전기사업의 허가기준)
① 법 제7조제5항 제4호에서 "대통령령으로 정하는 공급능력"이란 해당 특정한 공급구역의 전력수요의 60퍼센트 이상의 공급능력을 말한다. **답** ④

03 태양광발전시스템의 교류측 기기인 적산전력량계에 대한 설명으로 틀린 것은?

① 역송전한 전력량을 계측하여 전력요금을 산출한다.
② 역송전 계량용 적산전력량계는 전력회사측을 전원측으로 접속한다.
③ 적산전력량계는 계량법에 의한 검정을 받은 적산전력량계를 사용한다.
④ 역송전한 전력량만을 분리계측하기 위하여 역전력방지 장치가 부착된 것을 사용한다.

해설 역송전 계량용의 적산전력량계는 전력회사가 설치하는 수용전력량계의 적산전력량계에 인접하여 설치한다. **답** ②

04 신에너지 및 재생에너지 개발·이용·보급 촉진법령에 따라 신·재생에너지 설비 설치의무기관으로서 정부출연기관이 되려면, 정부가 연간 최소 얼마 이상을 출연해야 하는가?

① 5억원 ② 10억원
③ 30억원 ④ 50억원

해설 제16조(신·재생에너지 설비 설치의무기관) ① 법 제12조제2항제3호에서 "대통령령으로 정하는 금액 이상"이란 연간 50억원이상을 말한다. **답** ④

05 3[kW] 인버터의 입력범위가 25~35[V]이고, 최대 출력에서 효율이 89[%]이다. 최대 정격에서 인버터의 최대 입력전류는 약 몇 [A]인가?

① 96 ② 113
③ 124 ④ 135

해설 본 조건의 3[kW] 인버터의 최대 입력 전류는 입력전압이 가장 낮을 때이다.
$I_{max} = \dfrac{3[kW]}{25[V]} = 120[A]$ 이고,
최대 입력 전류는 $\dfrac{120[A]}{0.89} = 135[A]$ 이다. **답** ④

06 다음 식은 경제성 분석방법 중 어떤 방법인가? (단, n : 사업기간, B_t : 편익, C_t : 비용, λ : 할인율이다.)

$$\sum_{t=0}^{n} \frac{B_t}{(1+\lambda)^t} = \sum_{t=0}^{n} \frac{C_t}{(1+\lambda)^t}$$

① 내부수익률 방법
② 순현재가치 방법
③ 수명주기비용 분석방법
④ 비용편익비율 방법

내부수익률은 편익과 비용의 현재가치를 동일하게 할 경우의 비용에 대한 이자율을 산정하는 기법을 말함

답 ①

07 국토의 계획 및 이용에 관한 법령에 따른 개발행위허가 신청 시 첨부되는 서류로 틀린 것은?

① 토지분할인 경우 예산내역서
② 공작물 설치인 경우 설계도서
③ 토지 형질변경의 경우 배치도
④ 토석채취인 경우 공사 또는 사업관련 도서

국토의 계획 및 이용에 관한 법률시행규칙
제9조(개발행위허가신청서)
1. 배치도 등 공사 또는 사업관련 도서
   (토지의 형질변경 및 토석채취인 경우에 한한다)
2. 설계도서(공작물의 설치인 경우에 한한다)
3. 당해 건축물의 용도 및 규모를 기재한 서류
   (건축물의 건축을 목적으로 하는 토지의 형질변경인 경우에 한한다)
4. 개발행위의 시행으로 폐지되거나 대체 또는 새로이 설치할 공공시설의 종류 · 세목 · 소유자 등 의 조서 및 도면과 예산내역서(토지의 형질변경 및 토석채취인 경우에 한한다)
5. 법 제57조제1항의 규정에 의한 위해방지 · 환경오염방지 · 경관 · 조경 등을 위한 설계도서 및 그 예산내역서(토지분할인 경우를 제외한다).
   다만, 「건설산업기본법 시행령」 제8조제1항의 규정에 의한 경미한 건설공사를 시행하거나 옹벽 등 구조물의 설치 등을 수반하지 아니하는 단순한 토지 형질변경의 경우에는 개략설계서로 설계도서에, 견적서 등 개략적인 내역서 로 예산내역서에 갈음할 수 있다.

답 ①

08 전기사업법령에 따라 전기설비의 설치 및 사업의 개시 의무에 대한 사항으로 틀린 것은?

① 발전사업자는 최초로 전력거래를 한 날부터 60일 이내에 신고하여야 한다.
② 전기사업자는 허가권자가 지정한 준비기간에 사업에 필요한 전기설비를 설치하고 사업을 시작하여야 한다.
③ 정당한 사유가 없는 한 준비기간은 10년의 범위에서 산업통상자원부장관이 정하여 고시하는 기간을 넘을 수 없다.
④ 허가권자는 전기사업을 허가할 때 필요하다고 인정하면 전기사업별 또는 전기설비별로 구분하여 준비기간을 지정할 수 있다.

전기사업법 제9조
전기사업자는 사업을 시작한 경우에는 지체 없이 그 사실을 허가권자에게 신고하여야 한다. 다만, 발전사업자의 경우에는 최초로 전력거래를 한 날부터 30일 이내에 신고하여야 한다.

답 ①

09 전기실의 설치 부지선정 시 고려사항으로 틀린 것은?

① 먼지가 없고 다습할 것
② 침수의 우려가 없을 것
③ 기기의 반 · 출입이 편리할 것
④ 진동이 없고, 지반이 견고할 것

습기 먼지가 적을 것

답 ①

10 피뢰시스템−제1부 : 일반원칙(KS C IEC 62305 −1 : 2012)에 따른 외부피뢰시스템에 해당하지 않는 것은?

① 수뢰부시스템
② 서지보호장치
③ 접지극시스템
④ 인하도선시스템

① 수뢰부시스템 : 구성물의 뇌격을 받아들임
② 인하도선 시스템 : 뇌격전류를 안전하게 대지로 보냄
③ 접지극 시스템 : 뇌격전류를 대지로 방류시킴
※ SPD(서지보호장치) : 낙뢰에 의해 배전계통으로 전파되는 과도과전압 및 설비 내의 기기에서 발생하는 개폐과전압에 대해 전기설비를 보호하는 서지보호장치를 말한다.

답 ②

11 서울의 위도가 37.34°일 때, 하지 시 태양의 남중고도로 옳은 것은?

① 29.16°   ② 52.66°
③ 76.16°   ④ 80.21°

남중고도 $90° - \phi + 23.5 = 90° - 37.34° + 23.5 = 76.16°$
· 동지 시 남중고도 : $90° - \phi - 23.5$
· 하지 시 남중고도 : $90° - \phi + 23.5$
· 춘 · 추분 남중고도 : $90° - \phi$

답 ③

12 독립형 ESS용 축전지의 설계 시 1일 적산부하 전력량 2.4[kWh], 부조일수 10일, 보수율 0.8, 방전심도 65[%], 축전지 셀 수가 48개일 때 축전지 용량은 약 몇[Ah]인가? (단, 축전지 공칭전압은 2[V/cell] 이다.)

① 281   ② 381
③ 481   ④ 581

해설 독립형 전원시스템 용량 축전지용량 공식은 다음과 같다.

$$C = \frac{L_d \times D_f \times 1000}{L \times V_b \times DOD \times N} = \frac{2.4 \times 10 \times 1000}{0.8 \times 2 \times 0.65 \times 48}$$
$$= 480.76[Ah]$$

L_d : 1일 적산부하 전력량
D_f : 일조가 없는 날(일)
L : 보수율, V_b : 공칭축전지전압
DOD : 방전심도, N : 축전지 개수   **답** ③

13 신에너지 및 재생에너지 개발·이용·보급 촉진법령에 따라 공용화 품목의 지정을 요청하려는 자가 국가기술표준원장에게 제출하여야 하는 지정요청서에 첨부하는 서류로 틀린 것은?

① 대상 품목의 명칭·규격 및 설명서
② 공용화 품목으로 지정받으려는 사유
③ 공용화 품목으로 지정될 경우의 기대효과
④ 공용화 품목으로 지정된 후 진행할 사업계획서

해설 제12조(신·재생에너지 설비 및 그 부품에 대한 공용화 품목의 지정절차 등)
① 영 제24조제1항에 따라 공용화 품목의 지정을 요청하려는 자는 지정요청서에 다음 각 호의 서류를 첨부하여 기술표준원장에게 제출하여야 한다.
1. 대상 품목의 명칭·규격 및 설명서
2. 공용화 품목으로 지정받으려는 사유
3. 공용화 품목으로 지정될 경우의 기대효과   **답** ④

14 신·재생에너지 설비의 지원 등에 관한 지침에 따라 주택지원사업의 경우 시공자는 설치확인 완료 후 공사실적을 한국신·재생에너지협회에 신고할 수 있는 기간은 최대 몇 개월 이내인가?

① 1개월   ② 2개월
③ 3개월   ④ 4개월

해설 신·재생에너지 설비의 지원 등에 관한 지침에 따라 주택지원사업의 경우 시공자는 설치확인 완료 후 공사실적을 한국신·에너지협회에 신고할 수 있는 기간은 최대 3개월 이내에 신고할 수 있고 시공자는 설치확인 완료 후 30일 이내에 서식에 따라 공사실적을 한국신·재생에너지협회에 신고하여야 한다.(제3조 공사실적 신고절차)   **답** ③

15 전기사업법령에 따라 태양광발전소 사업허가를 위한 계획서 작성 시 포함되어야 할 사항으로 틀린 것은?

① 사업계획 개요
② 전기설비 운영계획
③ 온실가스 감축계획
④ 전기설비 건설계획

해설 1. 사업계획에 포함되어야 할 사항
가. 사업 구분
나. 사업계획 개요(사업자명, 전기설비의 명칭 및 위치, 발전형식 및 연료, 설비용량, 소요부지면적, 준비기간, 사업개시 예정일 및 운영기간을 포함한다)
다. 전기설비 개요
라. 전기설비 건설 계획(구체적인 주요공정 추진 일정 및 건설인력 관련 계획을 포함한다)
마. 전기설비 운영 계획(기술인력의 확보 계획을 포함한다)
바. 부지의 확보 및 배치 계획[석탄을 이용한 화력발전의 경우 회(灰)처리장에 관한 사항을 포함한다]
사. 전력계통의 연계 계획(발전사업 및 구역전기사업의 경우만 해당한다)
아. 연료 및 용수 확보 계획(발전사업 및 구역전기사업의 경우만 해당한다)
자. 온실가스 감축계획(**화력발전의 경우만 해당한다**)
차. 소요금액 및 재원조달계획(「전기사업회계규칙」의 계정과목 분류에 따른 공사비 개괄 계산서를 포함한다)
카. 사업개시 예정일부터 5년간 연도별용도별 공급계획(전기판매사업 및 구역전기사업의 경우에만 해당한다)   **답** ③

16 전기사업법령에 따라 전기사업자가 공급하는 전기의 표준전압 및 표준주파수의 허용오차 범위기준에 관한 설명으로 틀린 것은?

① 110볼트의 상하로 6볼트 이내
② 220볼트의 상하로 15볼트 이내
③ 380볼트의 상하로 38볼트 이내
④ 60헤르츠의 상하로 0.2헤르츠 이내

해설 표준전압 · 표준주파수 및 허용오차
1. 표준전압 및 허용오차

표준전압	허용오차
110볼트	110볼트의 상하로 6볼트 이내
220볼트	220볼트의 상하로 13볼트 이내
380볼트	380볼트의 상하로 38볼트 이내

2. 표준주파수 및 허용오차

표준주파수	허용오차
60헤르츠	60헤르츠 상하로 0.2헤르츠 이내

답 ②

17 다음의 전력−전압 특성을 가지는 태양광발전 모듈에서 최대전력(Maximum Power, Pmax)을 얻기 위한 조건은?

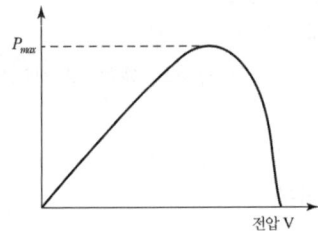

① $\frac{dP}{dV} > 0$ ② $\frac{dP}{dV} = 0$

③ $\frac{dP}{dV} = 1$ ④ $\frac{dP}{dV} < 0$

해설 전력과 전압이 증가가 정지된 상태 일 때 최대 전력을 얻을 수 있다. **답 ②**

18 전기공사업법에서 산업통상자원부장관 또는 시 · 도지사의 권한 중 대통령령으로 정하는 바에 따라 공사업자단체에 위탁할 수 있는 업무에 대한 설명으로 틀린 것은?

① 공사업의 양도에 따른 신고의 수리
② 공사업의 등록에 따른 등록신청의 접수
③ 전기공사에 필요한 자재 등 전기공사 관련 정보의 종합관리 및 제공
④ 등록사항 중 산업통상자원부령으로 정하는 중요 사항의 변경에 따른 등록사항 변경신고의 수리

해설 제32조(권한의 위임 · 위탁)
① 이 법에 따른 시 · 도지사의 권한은 그 일부를 대통령령으로 정하는 바에 따라 시장 · 군수 또는 구청장(자치구의 구청장을 말한다)에게 위임할 수 있다.
② 이 법에 따른 산업통상자원부장관 또는 시 · 도지사의 권한 중 다음 각 호의 업무는 대통령령으로 정하는 바에 따라 제25조에 따른 공사업자단체에 위탁할 수 있다.
(1) 공사업 등록신청 접수
(2) 공사업의 등록기준에 관한 신고의 수리(受理)
(3) 공사업 양도에 따른 신고의 수리
(4) 공사업에 따른 등록사항 변경신고의 수리
(5) 공사업 관련 정보의 종합관리에 따른 정보의 종합관리 및 제공
(6) 공사업 관련 정보의 종합관리에 따른 자료의 제출 요청
(7) 공사업 관련 정보의 종합관리에 따른 공사업자의 시공능력의 평가 및 공시
(8) 공사업 관련 정보의 종합관리에 따른 신고의 접수
(9) 공사업 관련 정보의 종합관리에 따른 전기공사 종합정보시스템의 구축 · 운영 **답 ④**

19 아몰퍼스 Si 태양전지의 특징이 아닌 것은?

① 구부러지기 쉽다.
② 경량의 기판 위에 형성 가능하다.
③ 제조에 필요한 온도는 약 1400[℃] 로 높다.
④ 초기에 결정이 열화하여 효율이 감소된다.

해설 제조에 필요한 온도는 1200[℃]로 낮다. **답 ③**

20 신에너지 및 재생에너지 개발 · 이용 · 보급촉진법령에 따라 조성된 사업비의 사용용도로 틀린 것은?

① 신 · 재생에너지 특성 산업단지 육성
② 신 · 재생에너지 시범사업 및 보급사업
③ 신 · 재생에너지 설비의 성능평가 · 인증
④ 신 · 재생에너지 연구 · 개발 및 기술평가

해설 1. 신·재생에너지의 자원조사, 기술수요조사 및 통계 작성
2. 신·재생에너지의 연구·개발 및 기술평가
3. 삭제
4. 신·재생에너지 공급의무화 지원
5. 신·재생에너지 설비의 성능평가·인증 및 사후관리
6. 신·재생에너지 기술정보의 수집·분석 및 제공
7. 신·재생에너지 분야 기술지도 및 교육·홍보
8. 신·재생에너지 분야 특성화대학 및 핵심기술연구센터 육성
9. 신·재생에너지 분야 전문 인력 양성
10. 신·재생에너지 설비 설치전문기업의 지원
11. 신·재생에너지 시범사업 및 보급사업
12. 신·재생에너지 이용의무화 지원
13. 신·재생에너지 관련 국제협력
14. 신·재생에너지 기술의 국제표준화 지원
15. 신·재생에너지 설비 및 그 부품의 공용화 지원
16. 그 밖에 신·재생에너지의 기술개발 및 이용·보급을 위하여 필요한 사업으로서 대통령령으로 정하는 사업　　　**답** ①

2과목 - 태양광발전 설계

21 지반계측(KDS 11 10 15 : 2021)에 따라 계측의 목적을 효과적으로 확보하기 위해 수립하는 계측 계획서 작성 시 고려사항으로 틀린 것은?

① 계측결과의 수집방법
② 계측결과의 해석방법
③ 계측기기의 폐기방법
④ 계측결과를 유지관리에 활용하는 방법

해설 계측계획서는 계측의 목적을 효과적으로 확보할 수 있도록 다음 사항을 충분히 고려하여 수립하여야 한다.
① 계측 대상 시설물(공사)의 개요 및 규모
② 계측 대상 시설물의 구조적 형태(여건, 환경 등의 자료조사 포함)
③ 계측목적, 계측항목, 계측범위, 계측위치, 계측방법 및 시스템의 구성
④ 계측기기의 종류, 사양 및 수량
⑤ 계측기의 설치, 유지관리 방법
⑥ 계측결과의 수집방법
⑦ 계측결과의 해석방법
⑧ 계측자료의 보관, 활용 방법 및 체계
⑨ 계측결과를 유지 관리에 활용하는 방법
⑩ 계측관리방법(위탁 또는 직영), 직영 관리 시 계측요원의 교육방법　　**답** ③

22 전력기술관리법령에 따라(설계업, 감리업) 등록신청서에 작성하는 등록사항으로 틀린 것은?

① 자본금
② 기술인력
③ 기간 및 금액
④ 보유장비(감리업만 해당함)

해설 전력기술관리법 시행규칙 별표 제29호 서식
전력기술관리법령에 따라(설계업, 감리업) 등록신청서에 작성하는 등록사항으로는 자본금, 기술인력, 보유장비(감리업만 해당함)가 등록사항이다.　　**답** ③

23 전력시설물 공사감리업무 수행지침에 따라 감리원은 공사업자로부터 시공 상세도를 사전에 제출받아 공사업자가 제출한 날부터 7일 이내에 검토·확인하여 승인 한 후 시공할 수 있도록 하여야 한다. 다음 중 고려하지 않아도 되는 것은? (단, 7일 이내에 검토·확인이 불가능한 때에는 사유 등을 명시하여 통보하고, 통보사항이 없는 때에는 승인한 것으로 본다.)

① 계산의 정확성
② 실제시공 가능 여부
③ 폐품 또는 발생물의 유무 및 처리의 적성여부
④ 설계도면, 설계 설명서 또는 규정에 일치하는 여부

해설 제31조(시공상세도 승인)
1. 설계도면, 설계 설명서 또는 관계 규정에 일치하는지 여부
2. 현장의 시공기술자가 명확하게 이해할 수 있는지 여부
3. 실제시공 가능 여부
4. 안정성의 확보 여부
5. 계산의 정확성
6. 제도의 품질 및 선명성, 도면작성 표준에 일치 여부
7. 도면으로 표시 곤란한 내용은 시공시 유의사항으로 작성되었는지 등의 검토　　**답** ③

24 정격용량이 250[W]인 태양광발전 모듈(8.1A, 30.9V)로 구성된 어레이(10직렬 × 30병렬)에서 태양광발전용 인버터까지의 거리가 120[m], 전선의 단면적이 75[mm²]일 때 전압강하는 몇 [V]인가?

① 4.61 ② 6.92
③ 11.98 ④ 13.84

해설 전압강하$(e) = \dfrac{35.6 \times L \times I}{1000 \times 단면적(A)}$

$= \dfrac{35.6 \times 120 \times (8.1 \times 30)}{1000 \times 75}$

$= 13.84[V]$ 답 ④

25 설계감리업무 수행지침에 따라 설계감리원이 설계도면의 적정성을 검토함에 있어 확인하여야 하는 사항으로 틀린 것은?

① 도면 작성의 법률적 근거가 제시되었는지 여부
② 설계결과물(도면)이 입력 자료와 비교해서 합리적으로 되었는지 여부
③ 도면작성이 의도하는 대로 경제성, 정확성 및 적정성 등을 가졌는지 여부
④ 도면이 적정하게, 해석 가능하게, 실시 가능하며 지속성 있게 표현되었는지 여부

해설 설계감리업무 수행지침 제10조(설계용역 성과검토)
설계감리원은 설계도면의 적정성을 검토함에 있어 다음 각 호의 사항을 확인하여야 한다.
1. 도면작성이 의도하는 대로 경제성, 정확성 및 적정성 등을 가졌는지 여부
2. 설계 입력 자료가 도면에 맞게 표시되었는지 여부
3. 설계결과물(도면)이 입력 자료와 비교해서 합리적으로 되었는지 여부
4. 관련 도면들과 다른 관련 문서들의 관계가 명확하게 표시되었는지 여부
5. 도면이 적정하게, 해석 가능하게, 실시 가능하며 지속성 있게 표현되었는지 여부
6. 도면상에 사업명을 부여했는지 여부 답 ①

26 전기설비기술기준에 따른 극저주파 전자계(Extremely Low Frequency Electric and Magnetic Fields : ELF EMF)라 함은 0[Hz]를 제외한 몇 [Hz] 이하의 전계와 자계를 말하는가?

① 150 ② 200
③ 250 ④ 300

해설 전기설비기술기준에 따르면 「극저주파 전자계(Extremely Low Frequency Electric and Magnetic Fields : ELF EMF)」라 함은 0[Hz]를 제외한 300[Hz] 이하의 전계와 자계를 지칭하고 중요하게 취급하고 있습니다. 답 ④

27 한국전기설비규정에 따라 고압 가공전선이 건조물과 접근하는 경우에 고압 가공전선이 건조물의 아래쪽에 시설될 때에는 고압가공전선과 건조물 사이의 이격거리는 몇 [m] 이상이어야 하는가? (단, 전선이 케이블이 아닌 경우이다.)

① 0.3 ② 0.4
③ 0.6 ④ 0.8

해설 표 KEC 332.11-2
저고압 가공전선과 건조물 사이의 이격 거리

가공전선의 종류	이 격 거 리
저압 가공전선	0.6 m (전선이 고압 절연전선, 특고압 절연전선 또는 케이블인 경우에는 0.3 m)
고압 가공전선	0.8 m (전선이 케이블인 경우 에는 0.4 m)

답 ④

28 건축일반용어(KS F 1526 : 2010)에 따른 제도 및 설계용어 중 물체의 형상을 한 시점에서 보이는 대로 평면상에 나타낸 그림은?

① 단면도 ② 상세도
③ 투시도 ④ 투상도

해설 건축일반용어(KS F 1526 : 2010
• 단면도 : 간축물이나 물체를 절단하여 내부 생김새를 투영하여 묘사한 그림
• 상세도 : 건축물 또는 물체의 세부를 상세하게 나타내어 그린 도면
• 투시도 : 건축물 또는 물체를 원근법에 따라 입체적으로 공간을 잘 표현하기 위해 그린 도면 답 ④

29 기초 내진 설계기준(KDS 11 50 25 : 2021)에 따라 기초구조물의 내진 설계 시 얕은 기초의 등가정적해석이 만족하여야 하는 기본사항으로 틀린 것은?

① 액상화 영향을 고려하여 기초 및 지반의 안정성을 평가한다.

② 기초에 작용하는 등가정적하중은 기초지반과 상부구조물의 응답특성을 고려하여 결정한다.

③ 얕은 기초는 지지력, 전도, 활동에 대하여 안전하여야 하고, 변형 및 침하량이 허용치 이하 이어야 한다.

④ 말뚝 기초 주변지반에 대하여 액상화 가능성, 말뚝머리의 횡방향 변위 및 침하, 말뚝 본체의 파괴가능성 등을 검토한다.

해설 말뚝기초 주변지반에 대하여 액상화 가능성, 말뚝머리의 횡방향 변위 및 침하, 말뚝 본체의 파괴가능성 등을 검토한다. 이것은 말뚝 기초의 요구 사항에 해당함

답 ④

30 다음은 한국전기설비규정의 안전을 위한 보호에서 전압 규정을 나타낸 것이다. ( )에 들어갈 내용으로 옳은 것은? (단, 안전을 위한 보호에서 별도의 언급이 없는 경우이다.)

> 가. 교류전압은 (㉠)(으)로 한다.
> 나. 직류전압은 (㉡)(으)로 한다.

① ㉠ 최대값   ㉡ 실효값

② ㉠ 실효값   ㉡ 리플프리

③ ㉠ 리플프리   ㉡ 실효값

④ ㉠ 실효값   ㉡ 최대값

해설 KEC 211.1.2 (일반 요구사항)
1. 안전을 위한 보호에서 별도의 언급이 없는 한 다음의 전압 규정에 따른다.
  가. 교류전압은 실효값으로 한다.
  나. 직류전압은 리플프리로 한다.   **답** ②

31 한국전기설비규정에 따라 전기저장장치를 전용건물에 시설하는 경우에 대한 설명이다. 다음 ( )에 들어갈 내용으로 옳은 것은?

> 이차전지는 벽면으로부터 ( )m 이상 이격하여 설치하여야 한다. 단, 옥외의 전용 컨테이너에서 적정 거리를 이격한 경우에는 규정에 의하지 아니할 수 있다.

① 1   ② 1.5

③ 2   ④ 2.5

해설 KEC 512.1.5 (전용건물에 시설하는 경우)
이차전지는 벽면으로부터 1[m] 이상 이격하여 설치하여야 한다. 단, 옥외의 전용 컨테이너에서 적정 거리를 이격한 경우에는 규정에 의하지 아니할 수 있다.
답 ①

32 분산형전원 배전계통 연계 기술기준에 따라 분산형전원을 특고압 한전계통에 연계하는 경우 연계계통의 전기방식으로 옳은 것은?

① 교류 단상 22.9[kV]

② 교류 삼상 22.9[kV]

③ 교류 단상 154[kV]

④ 교류 삼상 154[kV]

해설 분산형전원의 연계구분에 따른 연계계통의 전기방식은 다음과 같이 연계한다.

구 분	연계계통의 전기방식
저압 한전계통 연계	교류 단상 220[V] 또는 교류 삼상 380[V] 중 기술적으로 타당하다고 한전이 정한 한가지 전기방식
특고압 한전계통 연계	교류 삼상 22,900[V]

답 ②

33 전력시설물 공사감리업무 수행지침에 따라 발주자는 설계변경 방침결정 요구를 받은 경우 설계변경에 대한 기술검토를 위하여 소속직원으로 기술검토팀(T/F팀)을 구성(필요시 민간전문가 구성) · 운영할 수 있으며, 이 경우 단순사항은 며칠 이내에 방침을 확정하여 책임감리원에게 통보하여야 하는가?

① 3   ② 5

③ 7   ④ 14

해설 전력시설물 공사감리업무 수행지침 제52조(설계변경 및 계약금액 조정)
발주자는 제7항 및 제8항에 따라 설계변경 방침결정 요구를 받은 경우에는 설계변경에 대한 기술검토를 위하여 소속직원으로 기술검토팀(T/F팀)을 구성(필요시 민간전문가 구성)·운영 할 수 있으며, 이 경우 단순사항은 7일 이내, 그 이외의 사항은 14일 이내에 방침을 확정하여 책임감리원에게 통보하여야 한다.
다만, 해당 기일내에 처리가 곤란하여 방침결정이 지연될 경우에는 그 사유를 명시하여 통보하여야 한다.
답 ③

---

34 전력시설물 공사감리업무 수행지침에 따라 감리원은 공사업자가 도급받은 공사를 「전기공사업법」에 따라 하도급 하고자 발주자에게 통지하거나, 동의 또는 승낙을 요청하는 사항에 대해서는 「전기공사업법 시행규칙」 별지 제20호서식의 전기공사 하도급 계약통지서에 관한 적정성 여부를 검토하여 요청받은 날부터 며칠 이내에 발주자에게 의견을 제출하여야 하는가?

① 3　　　　　　② 5
③ 7　　　　　　④ 14

해설 전력시설물 공사감리업무 수행지침 제13조 (하도급 관련사항)
① 감리원은 공사업자가 도급받은 공사를 「전기공사업법」에 따라 하도급 하고자 발주자에게 통지하거나, 동의 또는 승낙을 요청하는 사항에 대해서는 「전기공사업법 시행규칙」 별지 제20호서식의 전기공사 하도급 계약통지서에 관한 적정성 여부를 검토하여 요청받은 날부터 7일 이내에 발주자에게 의견을 제출하여야 한다.
답 ③

---

35 태양광발전소의 단선결선도에 작성하는 다음 그림기호의 명칭으로 옳은 것은?

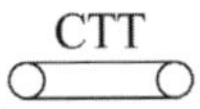

① 시험용 전압 단자
② 시험용 전류 단자
③ 전자 접촉기 접점
④ 계기용 절환 개폐기

CTT

해설 • 시험용 전류단자 : CTT
• 시험용 전압단자 : PTT
답 ②

---

36 태양광발전시스템을 건축물에 설치하는 경우 설치부위에 따른 구분 중 지붕에 설치하는 형식으로 틀린 것은?

① 창재형　　　　② 지붕설치형
③ 지붕건재형　　④ 톱라이트형

해설 • 지붕에 설치하는 태양광발전 형태로 볼 수 있는 것은 지붕 설치형, 지붕 건재형, 톱 라이트형
• 창재형, 차양형, 난간형은 기타에 해당함
답 ①

---

37 신재생발전기 송전계통 연계 기술기준에 따라 신재생발전기는 최소 출력 이상으로 발전기를 운전하는 경우 몇 분 평균값으로 측정된 유효전력 발전량이 규정된 값을 초과하지 않도록 출력 상한을 조정 가능해야 하는가?

① 3　　　　　　② 5
③ 7　　　　　　④ 10

해설 출력의 상한조정 신재생발전기는 최소출력 이상으로 발전기를 운전하는 경우 10분 평균값으로 측정된 유효전력 발전량이 규정된 값을 초과하지 않도록 출력상한을 조정 가능해야함
답 ④

---

38 전력기술관리법령에 따라 시·도지사가 산업통상자원부령으로 정하는 바에 따라 그 등록을 취소만 명할 수 있는 설계업자 및 감리업자의 위반사항으로 옳은 것은?

① 다른 사람에게 등록증을 빌려준 경우
② 거짓이나 그 밖의 부정한 방법으로 등록을 한 경우
③ 이 법을 위반하여 형의 집행유예를 신고 받고 그 유예 기간 중에 있는 사람
④ 설계 또는 공사감리를 성실하게 하지 아니하여 일반인에게 위해(危害)를 끼치거나 전력시설물을 현저히 부실하게 시공하게 한 경우

해설 제16조(등록의 취소·영업정지) 벌칙
시·도지사는 설계업자 및 감리업자가 다음 각 호의 어느 하나에 해당하면 산업통상자원부령 으로 정하는 바에따라 그 등록을 취소하거나 6개월 이내의 기간을 정하여 그 영업의 전부 또 는 일부의 정지를 명할 수 있다.

다만, 제1호나 제2호에 해당하는 경우에는 그 등록을 취소하여야 한다.
1. 거짓이나 그 밖의 부정한 방법으로 등록을 한 경우
2. 전력시설물의 공사감리업에 따른 등록기준에 미달한 날부터 1개월이 지난 경우
3. 설계 또는 공사감리를 성실하게 하지 아니하여 일반인에게 위해(危害)를 끼치거나 전력시설물을 현저히 부실하게 시공하게 한 경우
4. 등록의 결격사유 중 어느 하나에 해당하게 된 경우 또는 임원 중 등록의 결격사유에 해당하게 된 경우 (법인의 경우 6개월 이내에 대표자를 변경하는 경우는 제외한다)
5. 다른 사람에게 등록증을 빌려 준 경우 **답** ②

---

39 태양 고도각 20°, 태양광발전 어레이 경사각 30°, 어레이 길이가 2[m]일 때 어레이 간 이격거리는 약 몇 [m]인가?

① 3.06 ② 4.48
③ 4.77 ④ 5.21

해설 이격거리 계산

$$D = L \times \frac{\sin(180° - \alpha - \beta)}{\sin\beta}$$
$$= 2 \times \frac{\sin(180° - 30° - 20°)}{\sin 20°} = 4.479[m]$$

여기서, L : 태양전지 모듈길이
α : 태양전지 모듈경사각
β : 태양 고도각
D : 이격거리 **답** ②

---

40 폐쇄배전반 내 시설하는 고압케이블과 저압케이블 사이의 이격거리는 몇 [cm] 이상이어야 하는가? (단, 상호간에 견고한 내화성 격벽을 시설하거나, 상호 간에 난연성 케이블을 사용하여 접촉하지 아니하도록 시설할 경우는 그러하지 아니하다.)

① 1 ② 5
③ 10 ④ 15

해설 폐쇄배전반 내 시설하는 고압케이블과 저압케이블 사이의 이격거리는 15[cm] 이상이어야 한다. **답** ④

3과목 - 태양광발전 시공

41 태양광발전시스템에서 지락 발생 시 누전차단기로 보호할 수 없는 경우가 발생하는 이유는?

① 지락전류에 직류성분이 포함되어 있기 때문에
② 인버터의 출력이 직접 계통에 접속되기 때문에
③ 태양광발전 어레이와 계통측이 절연되어 있지 않기 때문에
④ 태양광발전 어레이에서 발생하는 지락전류의 크기가 매우 크기 때문에

해설 태양광발전시스템에서 지락 발생 시 누전차단기로 보호할 수 없는 경우가 발생하는 이유는 지락전류에 직류성분이 포함되어 있기 때문에 **답** ①

---

42 1 [W · s]와 동일한 단위는?

① 1[J] ② 1[kWh]
③ 1[kg · m] ④ 860[kcal]

해설 1 [J] = 1 [W · s] = 0.24 [cal] **답** ①

---

43 다음 [보기]의 내용으로 알맞은 배선방식은?

[보기]
• 변압기의 공급 전력을 서로 융통시킴으로서 변압기 용량 저감 가능
• 전압 변동 및 전력 손실 경감
• 부하의 증가에 대한 탄력적 대응
• 고장에 대한 보호방법이 적절하고 공급 신뢰도 향상
• 캐스케이팅 현상 발생

① 방사선 방식
② 저압 뱅킹 방식
③ 저압 네트워크 방식
④ 스포트 네트워크 방식

해설 저압뱅킹방식 특징
  1) 장점
    (1) 변압기용량 저감(변압기 공급전력 서로 융통)
    (2) 전압변동, 전력손실 경감
    (3) 부하의 증가에 대응할 수 있는 탄력성 향상
    (4) 고장보호방식이 적당할 때 공급신뢰도 향상(정전 감소)
    (5) 전압변동에 의한 Flicker 경감
  2) 단점
    (1) 계통보호가 복잡
    (2) 케스케이딩(Cascading)현상 발생 가능 **답** ②

---

44 3상 1회선 송전선로의 길이가 100[km], 작용 커패시턴스 0.0088[μF/km], 주파수 60[Hz], 선간전압 154[kV] 일 때 충전전류는 약 몇 [A]인가?

① 29.5   ② 51.09
③ 88.5   ④ 153.27

해설 이 문제의 경우 선간전압을 제시
따라서 충전전류 $I = 2\pi f L E$ 이고 여기서 E 는 대지전압입니다.

$$I = 2\pi f c l E = 2\pi f c l \left(\frac{V}{\sqrt{3}} \right)$$

$$= 2 \times 3.14 \times 60 \times 0.0088 \times 10^{-6} \times 100 \times \left(\frac{154000}{\sqrt{3}} \right)$$

$$= 29.48177 [A]$$

※ 대지전압$(E) = \dfrac{\text{선간전압}}{\sqrt{3}}$ **답** ①

---

45 정전용량 5[μF]인 커패시터에 1000[V]의 전압을 가할 때 축적되는 전하[C]는?

① 2×10^{-3} ② 5×10^{-3}
③ 2×10^{-2} ④ 5×10^{-2}

해설 전하량 $Q = CV$ 에서
$Q = CV = 5 \times 10^{-6} \times 10^3 = 5 \times 10^{-3}$[C] **답** ②

---

46 한국전기설비규정에 따른 전선관시스템의 공사방법으로 틀린 것은?

① 케이블공사   ② 금속관공사
③ 합성수지관공사   ④ 가요전선관공사

해설 KEC 표 232. 2-3 공사방법의 분류

종 류	공사방법
전선관시스템	합성수지관공사, 금속관공사, 가요전선관공사
케이블트렁킹시스템	합성수지몰드공사, 금속몰드공사, 금속트렁킹공사 [a]
케이블덕팅시스템	플로어덕트공사, 셀룰러덕트공사, 금속덕트공사 [b]
애자공사	애자공사
케이블트레이시스템 (래더, 브래킷 포함)	케이블트레이공사
케이블공사	고정하지 않는 방법, 직접 고정하는 방법, 지지선 방법

[a] 금속본체와 커버가 별도로 구성되어 커버를 개폐할 수 있는 금속덕트공사를 말한다.
[b] 본체와 커버 구분 없이 하나로 구성된 금속덕트공사를 말한다.

답 ①

---

47 수·변전설비 중 저압 배전반의 뒷면 또는 점검면에서 사람이 통행할 수 있는 최소 거리는 몇 [m] 이상이어야 하는가?

① 0.6   ② 0.8
③ 1.2   ④ 1.4

해설

위치별 기기별	앞면 또는 조작·계측면	뒷면 또는 점검면	열상호간 (점검의 면)	기타의면
특고압 배전반	1.7[m]	0.8[m]	1.4[m]	
고압 배전반	1.5[m]	0.6[m]	1.2[m]	
저압 배전반	1.5[m]	0.6[m]	1.2[m]	
변압기 등	0.6[m]	0.6[m]	1.2[m]	0.3[m]

답 ①

---

48 다음 논리회로와 등가인 논리 게이트는?

① OR
② AND
③ NOT
④ NAND

해설 NOT게이트

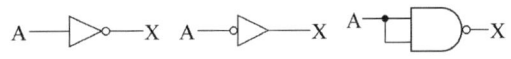

답 ③

49 전기설비기술기준에 따른 저압전로의 절연성능에서 전로의 사용전압에 대한 절연저항의 기준으로 틀린 것은? (단, 절연저항은 전로와 대지 사이의 값이다.)

① SELV – 0.5[MΩ] 이상

② FELV – 1.0[MΩ] 이상

③ 500[V] 초과 – 1.0[MΩ] 이상

④ PELV – 2.0[MΩ] 이상

해설 사용전압의 저압인 전로의 절연성능

전로의 사용전압[V]	DC시험전압[V]	절연 저항값[MΩ]
SELV 및 PELV	250	0.5
FELV, 500V 이하	500	1.0
500V 초과	1000	1.0

[주] 특별저압(extra low voltage : 2차 전압이 AC 50[V], DC 120[V] 이하)으로 SELV(비접지회로 구성) 및 PELV(접지회로 구성)은 1차와 2차 전기적으로 절연된 회로, FELV는 1차와 2차 전기적으로 절연되지 않은 회로   답 ④

50 신·재생에너지 설비 지원 등에 관한 지침에 따른 태양광발전 모듈의 시공기준에 대한 설명으로 틀린 것은?

① 모듈 전면의 음영이 최대화되어야 한다.

② 경사각은 현장 여건에 따라 조정하여 설치할 수 있다.

③ 방위각은 그림자의 영향을 받지 않는 곳에 정남향 설치를 원칙으로 한다.

④ 단위 모듈당 용량에 따라 설계용량과 동일하게 설치할 수 없을 경우에 한하여 설계용량이 110[%] 이내까지 가능하다.

해설 모듈 설치 열이 2열 이상일 경우 앞 열은 뒷 열에 음영이 지지 않도록 설치하여야 한다.   답 ①

51 콘크리트용 앵커 중 선설치 앵커(cast-in-place anchor)에 해당하지 않는 것은?

① 헤드 볼트 앵커

② 언더컷 볼트 앵커

③ 스터드 볼트 앵커

④ 갈고리 볼트 앵커

해설 콘크리트용 앵커설계기준(KDS 14 20 54 : 2021) 이 기준은 선설치 앵커(헤드볼트, 헤드스터드, 갈고리 볼트)와 후설치앵커(비틀림 제어 확장앵커, 변위제어 확장앵커, 언더컷앵커, 부착식 앵커)에 모두 적용된다.   답 ②

52 전력계통의 전압을 조정하는 조상설비 중 진상 또는 지상의 무효전력 조정이 가능한 것은?

① 단로기   ② 분로리액터

③ 동기조상기   ④ 전력용커패시터

해설 • 동기조상기
전력 계통에 있어서 역률(力率)을 개선하기 위하여 쓰는 동기 전동기.
계자 전류를 조정하여 제로(0) 역률의 진상(進相) 또는 지상(遲相) 전류를 사용하면서 보통 부하 없이 운전 한다.
• 전력용커패시터
전력망에서 사용하기 위한 목적의 커패시터. 배전 시스템의 부하 역률을 개선하여 송전 손실의 저감이나 시스템 전압의 저하를 억제하는 데 사용한다.
• 분로리액터
전력용 케이블과 병렬로 접속되는 리액터(reactor). 케이블의 충전 전류를 보상하기 위한 것이다.   답 ③

53 저전압계전기의 정격전압 정정 시 정격전압의 몇 [%] 범위에서 정정하는 것이 적당한가?

① 10∼30[%]   ② 35∼55[%]

③ 60∼80[%]   ④ 90∼105[%]

해설 저전압계전기의 정격전압 정정 시 정격전압의 60∼80 [%] 범위에서 정정하는 것이 적당하다.   답 ③

54 한국전기설비규정에 따라 덕트를 조영재에 붙이는 경우에는 덕트의 지지점 간의 거리를 몇 [m] 이하로 하여야 하는가? (단, 취급자 이외의 자가 출입할 수 있도록 설비한 곳 이다.)

① 1.5   ② 2

③ 3   ④ 6

해설 KEC 232.31.3 (금속덕트의 시설)
1. 덕트 상호 간은 견고하고 또한 전기적으로 완전하게 접속할 것.
2. 덕트를 조영재에 붙이는 경우에는 덕트의 지지점 간의 거리를 3[m](취급자 이외의 자가 출입할 수 없도록 설비한 곳에서 수직으로 붙이는 경우에는 6[m]) 이하로 하고 또한 견고하게 붙일 것.   답 ③

55 공사 중 발생가능한 안전사고의 간접 원인이 아닌 것은?

① 기술적 원인 ② 관리적 원인
③ 인적 원인 ④ 교육적 원인

해설 사고발생 원인 분류
• 간접원인 : 기술적 원인, 교육적 원인, 관리적 원인
• 직접원인 : 불안전한 상태(10%), 불안전한 행동(88%), 천후요인(2%) 답 ③

56 순방향으로 바이어스된 베이스-이미터 트랜지스터 회로의 컬렉터 전류 i_C가 4.65[mA], 베이스 전류 i_B가 0.0465[mA]인 경우 DC 전류 이득 β_{DC}는?

① 0.01 ② 0.22
③ 4.7 ④ 100

해설 $\beta_{DC} = \dfrac{i_C}{i_B} = \dfrac{4.65}{0.0465} = 100$ 답 ④

57 피뢰시스템의 등급이 IV인 경우 인하도선 사이의 최적 간격은 몇 [m]인가?

① 5 ② 10
③ 15 ④ 20

해설 KEC 152.2 인하도선시스템
병렬 인하도선의 최대 간격은 피뢰시스템 등급에 따라 Ⅰ·Ⅱ 등급은 10[m], Ⅲ 등급은 15[m], Ⅳ 등급은 20[m]로 한다. 답 ④

58 한국전기설비규정에 따라 배선설비의 접속방법 선정 시 고려하는 사항으로 틀린 것은?

① 도체의 단면적
② 도체와 절연재료
③ 도체의 설치위치
④ 도체를 구성하는 소선의 가닥수와 형상

해설 KEC 232.3.3 전기적 접속
1. 도체상호간, 도체와 다른 기기와의 접속은 내구성이 있는 전기적 연속성이 있어야 하며, 기계적 강도를 고려하고 보호를 갖추어야 한다.

2. 접속 방법은 다음 사항을 고려하여 선정한다.
가. 도체와 절연재료
나. 도체를 구성하는 소선의 가닥수와 형상
다. 도체의 단면적
라. 함께 접속되는 도체의 수 답 ③

59 얕은기초(KS C 11 50 05 : 2021)에서 기초터파기 및 바닥면 마무리에 대한 내용이다. 다음 ( )안에 알 맞는 것은?

> 암반지지 기초의 경우 바닥면의 경사가 ( ) 이상의 경우 계단식 또는 톱니식으로 마무리 하여야 한다.

① 1 : 1 ② 1 : 2
③ 1 : 3 ④ 1 : 4

해설 기초터파기 및 바닥면 마무리
(1) 기초터파기 경사는 토질조건과 지하수의 상태 등에 따라 안전한 굴착면 경사를 유지하여야 하고 필요시 가설 흙막이 벽을 설치하여야 한다.
(2) 기초바닥면은 평탄하게 마무리하여야 한다.
(3) 기초바닥재로 직경 75[mm] 이상의 조약돌을 깔 경우에는 막자갈 또는 쇄석 등의 채움 재료로 공극을 메우고 소형 롤러 또는 램머 등으로 다짐을 하여야 한다.
(4) 기초바닥재로 자갈 또는 모래를 깔 경우 재료를 깐 후 소형 롤러, 램머 등으로 다짐을 하여 설계두께로 마무리하여야 한다.
(5) 암반지지 기초의 경우 바닥면의 경사가 1 : 4 이상인 경우 계단식 또는 톱니식으로 마무리하여야 한다.
(6) 바닥면에 용수, 우수 등의 유입이 우려될 경우에는 적절한 배수처리를 하여야 한다.
(7) 바닥면이 암반일 경우에는 돌부스러기 등 이물질을 완전히 제거하여야 하고 토사일 경우에는 적절한 다짐장비로 충분한 다짐을 하여야 한다.
(8) 교량기초가 비탈면에 설치되는 지점은 기초터파기 부분의 되메우기 시 비탈면이 원래 상태로 복구되도록 되메우기를 하여야 한다. 답 ④

60 1일 사용전력량이 240[kWh], 최대 수용전력이 20[kW]인 수전설비의 부하율은 몇 [%]인가?

① 20[%] ② 50[%]
③ 80[%] ④ 120[%]

해설 부하율 : $\dfrac{평균전력}{최대전력} \times 100\%$

부하율 $= \dfrac{240/24시간}{20} \times 100 = 50[\%]$

※ 부등률 : $\dfrac{개별\ 최대수용전력의\ 합}{합성최대수용전력}$

수용률 : $\dfrac{최대수용전력}{총\ 부하설비용량} \times 100\%$

답 ②

4과목 - 태양광발전 운영

61 산업안전보건법령에 따라 작업내용 변경 시 일용근로자를 제외한 근로자를 대상으로 하는 안전보건교육의 교육시간은 몇 시간 이상인가?

① 1 　　　　　② 2
③ 4 　　　　　④ 8

해설 작업내용 변경 시 교육에서 일용근로자는 1시간이상, 일용근로자를 제외한 근로자는 2시간이상 교육시간임
답 ②

62 태양광발전 접속함(KS C 8567 : 2019)에 따른 절연특성 시험 중 내전압 시험방법 시 서로 연결된 주회로의 모든 극과 접지된 외함(절연성의 경우 외함의 금속박)사이에 시험 전압 값을 인가한 후 몇 초 동안 유지하여야 하는가?

① 1 　　　　　② 3
③ 5 　　　　　④ 10

해설 내전압 시험방법 시 서로 연결된 주회로의 모든 극과 접지된 외함(절연성의 경우 외함의 금속박)사이에 시험 전압 값을 인가한 후 5초 동안 유지하여야 한다.
답 ③

63 인버터의 육안점검항목이 아닌 것은?

① 이상음, 이취, 발연
② 가대의 부식과 녹슴
③ 외함의 부식 및 파손
④ 외부 배선(접속 케이블)손상

해설 인버터의 육안점검
　① 이상음, 이취, 발연
　② 표시부의 이상 표시 확인
　③ 외함의 부식 및 파손
　④ 외부 배선(접속 케이블)손상
　⑤ 통풍확인(통풍구, 환기필터 등)
답 ②

64 절연용 방호구의 선정 및 관리 등에 관한 기술지침에 따라 덮개의 구조에 대한 설명으로 틀린 것은?

① 덮개의 두께는 일정하고 균일한 품질이어야 한다.
② 덮개를 설치하였을 때, 충전부는 노출되는 구조이어야 한다.
③ 2개 이상의 덮개를 연결하여 사용할 때, 연결과 분리가 간편하고 설치 및 해체가 용이해야 한다.
④ 덮개를 선로 등에 설치하였을 때, 회전되거나 탈락되지 않아야 하고 연결부가 분리되지 않은 구조이어야 한다.

해설 덮개를 설치하였을 때, 충전부는 노출되지 않는 구조이어야 한다. (절연보호구의 선정 및 관리 등에 관한 기술지침)
답 ②

65 태양광발전시스템의 계측 및 표시에 필요한 기기로 틀린 것은?

① 교류회로 전압 측정을 위한 분류기
② 계측 데이터를 복사, 보존하기 위한 기억장치
③ 검출된 전압, 전류, 전력 등의 데이터 전송을 위한 신호변환기
④ 일시 계측 데이터를 적산하여 평균값 및 적산 값을 얻기 위한 연산장치

해설 직류회로의 전압은 직접 또는 분압기로 분압 하여 검출한다.
답 ①

66 정전작업 중 조치사항에 대한 설명으로 틀린 것은?

① 개폐기의 관리
② 작업지휘자에 의한 작업지휘
③ 근접 활선에 대한 방호 상태 관리
④ 검전기로 개로된 전로의 충전여부 확인

해설 정전작업 중 조치사항
• 개폐기 관리
• 작업지휘자에 의한 작업지휘
• 근접 활선에 대한 방호상태 관리
• 단락접지의 수시확인　　　　　　　답 ④

67 건물일체형 태양광 모듈(BIPV)-성능평가 요구사항(KS C 8577 : 2016)에 따른 역전류 과부하 시험에서 모듈의 과전류 보호 정격의 몇 [%]를 가하여 역전류가 모듈을 지나 흐르도록 하는가?

① 90
② 110
③ 125
④ 135

해설 시험중인 모듈 상판을 아래로 하여 백색 박엽지 한 겹으로 덮은 두께 9[mm]의 부드러운 송판에 놓고, 모든 차단 다이오드를 단락시키고 직류 전원 공급 장치의 양극 출력을 모듈 양극 단자에 연결하여 모듈의 과전류 보호 정격의 135[%]를 가하여 역전류가 모듈을 지나 흐르도록 한다.　　　　　　　답 ④

68 태양광발전시스템에서 사용되는 배선 케이블의 손상유무를 파악하는 육안점검 사항으로 틀린 것은?

① 배선의 저항
② 배선의 늘어짐
③ 배선의 결선상태
④ 배선의 변색 및 변형

해설 배선의 육안점검 사항은 배선의 늘어짐, 배선의 결선상태, 배선의 변색 및 변형이고, 배선의 저항은 측정 사항이다.　　　　　　　답 ①

69 중대형 태양광 발전용 인버터(계통연계형, 독립형)(KS C 8565 : 2021)에 따른 구조 시험의 품질기준은 KS C 8536 규정을 만족하고 출력 전력, 전압, 전류는 실제값과 오차가 몇 [%] 이내이어야 하는가?

① 1
② 2
③ 3
④ 4

해설 KS C 8536 규정을 만족하고 출력 전력, 전압, 전류는 실제값과 오차가 3[%] 이내이어야 한다.　　답 ③

70 태양광발전시스템을 운영하기 위하여 필요한 계측장비로 틀린 것은?

① IV checker
② 열화상 카메라
③ 폐쇄력 측정기
④ 솔라 경로 추적기

해설 폐쇄력 측정기용도
방화문 또는 제연구역 출입문의 폐쇄력 또는 개방을 측정하는기구　　　　　　　답 ③

71 태양광 시스템용 배터리 충전 컨트롤러 - 성능 및 기능(KS C IEC 62509 : 2010)에 따라 배터리 수명 보호 요구조건의 권장 충전 단계에서 배터리 충전 컨트롤러는 주기적으로 배터리에 균등 충전을 제공해야 하며, 균등 충전의 주기는 며칠 이상이어야 하는가?

① 3일
② 5일
③ 7일
④ 14일

해설 최소한의 태양광 배터리 충전 컨트롤러는 벌크와 부동 충전단계이어야 하며, 배터리 충전 컨트롤러는 주기적으로 배터리에 균등 충전을 제공해야하고 균등 충전의 주기는 7일 이상이어야 한다.　　　　　　　답 ③

72 태양광발전소 설비용량이 200[kW], SMP가 90[원/kwh], 가중치 적용 전 REC가 120[원/kwh], 1개월간 생산한 전력량이 10[MWh]일 때 발전수익은 얼마인가?

(단, "SMP + 1REC가격 × 가중치" 계약방식이며, 일반부지에 설치하는 것으로 한다.)

① 1740000원
② 2100000원
③ 2220000원
④ 2415000원

해설 공급인증서(REC) 가중치 산정 방법
일반 부지에 설치하는 경우 태양광에너지 가중치 산정 방법

설치용량	태양광에너지 가중치 산정식
100[kW] 미만	1.2
100[kW]부터 3,000[kW] 이하	$\dfrac{99.999 \times 1.2 + (용량 - 99.999) \times 1.0}{용량}$
3,000[kW] 초과부터	$\dfrac{99.999 \times 1.2}{용량} + \dfrac{2,900.001 \times 1.0}{용량}$ $+ \dfrac{(용량 - 3,000) \times 0.8}{용량}$

$$가중치 = \frac{[(99.999 \times 1.2) + ((200 - 99.999) \times 1.0)]}{200}$$
$$= 1.1$$
$$발전수익 = (SMP + 1\,REC\,가격 \times 가중치) \times 전력량$$
$$= (90 + 120 \times 1.1) \times 10,000[kWh]$$
$$= 2,220,000$$

답 ③

---

73 전기설비 검사 및 점검의 방법·절차 등에 관한 고시에 따른 사업용 태양광발전설비의 정기점검 시 종합검사의 검사항목에 해당하지 않는 것은?

① 종합변동시험 ② 조상설비시험
③ 부하운전시험 ④ 부지 및 구조물

해설 종합검사

검사항목	세부검사내용	수검자 준비자료
1. 종합연동시험	• 종합연동시험	
2. 부하운전시험	• 검사 시 일사량을 기준으로 가능출력을 확인하고 발전량 이상 유무 확인(30분) • 부하운전 시험 의견	• 부지 및 구조물 점검 기록표
3. 부지 및 구조물	• 배수로 정비 상태 외관검사 • 부지 유지관리상태 외관검사 • 기초 구조물 관리 상태 • 구조물 관리 상태	

답 ②

---

74 산업안전보건기준에 관한 규칙에 따라 물체의 낙하·충격, 물체에의 끼임, 감전 또는 정전기의 대전(帶電)에 의한 위험이 있는 작업 시 착용하는 보호구는?

① 보안면 ② 방열복
③ 안전화 ④ 방진 마스크

해설 산업안전 보건기준에 관한규칙(제32조 보호구의 지급 등)

1. 물체가 떨어지거나 날아올 위험 또는 근로자가 추락할 위험이 있는 작업 : 안전모
2. 높이 또는 깊이 2미터 이상의 추락할 위험이 있는 장소에서 하는 작업 : 안전대(安全帶)
3. 물체의 낙하·충격, 물체에의 끼임, 감전 또는 정전기의 대전(帶電)에 의한 위험이 있는 작업 : 안전화
4. 물체가 흩날릴 위험이 있는 작업 : 보안경
5. 용접 시 불꽃이나 물체가 흩날릴 위험이 있는 작업 : 보안면
6. 감전의 위험이 있는 작업 : 절연용 보호구
7. 고열에 의한 화상 등의 위험이 있는 작업 : 방열복
8. 선창 등에서 분진(粉塵)이 심하게 발생하는 하역작업 : 방진마스크

답 ③

---

75 전기설비 검사 및 점검의 방법·절차 등에 관한 고시에 따라 사업용 태양광발전설비의 정기점검 시 태양광 전지의 수검자 준비자료 중 측정 및 점검기록표에 해당하지 않는 것은?

① 절연내력시험 성적서
② 접지저항시험 성적서
③ 절연저항시험 성적서
④ 보호장치 및 계전기시험 성적서

해설 전기설비 검사 및 점검의 방법절차 등에 관한고시[별표9]
• 측정 및 점검기록표
  – 보호장치 및 계전기시험 성적서
  – 절연저항시험 성적서
  – 접지저항시험 성적서
※ 절연내력시험 성적서는 전력변환장치에 해당함

답 ①

---

76 전기안전관리법령에 따라 개인대행자가 전기안전관리업무를 대행할 수 있는 태양광발전설비의 규모로 옳은 것은? (단, 원격감시 및 제어기능을 갖춘 경우이다.)

① 용량 250킬로와트 미만
② 용량 500킬로와트 미만
③ 용량 750킬로와트 미만
④ 용량 1000킬로와트 미만

해설 개인대행자 : 다음 각 항목의 어느 하나에 해당하는 전기설비(둘 이상의 용량의 합계가 1천550킬로와트 미만인 전기설비로 정한다.

- 용량 500킬로와트 미만의 전기수용설비
- 용량 150킬로와트 미만의 발전설비.
  다만, 비상용 예비발전설비의 경우에는 용량300킬로와트 미만으로 한다.
- 용량 250킬로와트(원격감시 및 제어기능을 갖춘 경우 용량 750킬로와트) 미만의 태양광발전설비

🔲 ③

77 인버터의 계통 전압이 규정치 이상일 경우 인버터의 표시내용으로 옳은 것은?

① Utility Line Fault
② Line Over Voltage Fault
③ Line Phase Sequence Fault
④ Inverter Over Current Fault

해설 Line Over Voltage Fault는 계통주차수가 규정치 이상일 때이고 계통전압 확인 후 5분 재가동 한다. 🔲 ②

78 태양광발전시스템 운영 시 비치서류가 아닌 것은?

① 건설 관련 도면
② 송전 관계 일람도
③ 시방서 및 계약서
④ 구조물의 구조계산서

해설 송전 관계 일람도는 사업허가 신청에 필요한 서류 🔲 ②

79 태양광발전시스템의 운영방법에 대한 설명으로 틀린 것은?

① 모듈 표면의 온도가 높을수록 발전효율이 높으므로 강한 빛을 받도록 한다.
② 모듈은 고압 분사기로 이용하여 정기적으로 물을 뿌려 이물질을 제거하여 발전효율을 높인다.
③ 태양광발전설비의 고장요인이 대부분 인버터에서 발생하므로 정기적으로 정상 기동여부 확인한다.
④ 구조물이나 구조물 접합자재에 부분적인 발청 현상이 있을 경우 녹 방지 페인트, 은분 등으로 도포 처리를 해 준다.

해설 모듈 표면의 온도가 높을수록 출력전압이 감소하여 발전효율이 저하된다.
반대로 온도가 낮아지면 출력전압이 상승하여 발전량이 증가한다. 🔲 ①

80 산업안전보건법령에 따른 다음 안전보건표지의 내용으로 옳은 것은?

① 고압전기 경고
② 레이저광선 경고
③ 방사선물질 경고
④ 폭발성물질경고

해설 안전보건표지의 종류와 형태 별표6 참조

레이저광선 경고	방사선물질 경고	폭발성물질 경고

🔲 ①

1과목 - 태양광발전 기획

01 태양광 인버터의 단독운전 방지기능에서 능동적인 검출방식이 아닌 것은?

① 전압위상 도약 검출 방식
② 주파수 시프트 방식
③ 부하 변동 방식
④ 무효전력 변동 방식

해설
- 수동적 방식 : 전압위상 도약검출방식, 제3차 고조파 전압급증 검출방식, 주파수 변화율 검출방식
- 능동적 방식 : 주파수 시프트방식, 유효전력 변동방식, 무효전력 변동방식, 부하변동방식　**답 ①**

02 전기사업법 정의에서 전기사업의 구분으로 틀린 것은?

① 송전사업
② 발전사업
③ 전기판매사업 및 구역전기사업
④ 변전사업

해설
- 전기사업이란 발전사업 · 송전사업 · 배전사업 · 전기판매사업 및 구역전기사업을 말한다.
- 발전사업이란 전기를 생산하여 이를 전력시장을 통하여 전기판매사업자에게 공급하는 것을 주된 목적으로 하는 사업을 말한다.
- 송전사업이란 발전소에서 생산된 전기를 배전사업자에게 송전하는 데 필요한 전기설비를 설치 · 관리하는 것을 주된 목적으로 하는 사업을 말한다.
- 배전사업이란 발전소로부터 송전된 전기를 전기사용자에게 배전하는 데 필요한 전기설비를 설치 · 운용하는 것을 주된 목적으로 하는 사업을 말한다.
답 ④

03 신에너지 및 재생에너지 개발 · 이용 · 보급촉진법에서 정한 공급의무자는 지난 연도 총 전력 생산량의 합계에 일정비율을 곱한 의무공급량 이상을 신 · 재생에너지로 공급하여야 한다. 다음 중 2022년도 의무공급량 비율은?

① 7.0[%]
② 9.0[%]
③ 12.5[%]
④ 14.5[%]

해설 공급의무자가 의무적으로 신 · 재생에너지를 이용하여 공급하여야 하는 발전량(이하 "의무공급량"이라 한다)의 합계는 총 전력 생산량의 25[%] 이내의 범위에서 연도별로 대통령령으로 정한다.

연도별 의무공급량의 비율(영 제18조의4 제1항 관련)

해당 연도	비율[%]	해당 연도	비율[%]
2012	2.0	2022	12.5
2013	2.5	2023	13.0
2014	3.0	2024	13.5
2015	3.0	2025	14.0
2016	3.5	2026	15.0
2017	4.0	2027	17.0
2018	5.0	2028	19.0
2019	6.0	2029	22.5
2020	7.0	2030년 이후	25.0
2021	9.0		

답 ③

04 STC 조건에서 최대전압이 45[V], 전압온도계수가 −0.2[V/℃]인 결정질 태양전지 모듈 10상이 식렬로 연결되어 있다. 외기 온도가 −25[℃]일 때 최대전압은 몇 [V]인가?

① 350
② 450
③ 550
④ 650

해설
$$V_{(-25℃)} = V_{mpp} + (-25[℃](외기온도) - 25[℃])$$
$$(-0.2[V/℃])$$
$$V_{(-25℃)} = 45[V] + (-25[℃] - 25[℃])(-0.2[V/℃])$$
$$= 55[V]$$
10장 직렬연결 시 $55[V] \times 10 = 550[V]$　**답 ③**

05 태양광발전시스템의 전체성능에 영향을 미치는 인버터 효율에 관한 설명으로 가장 옳은 것은?

① 태양광 인버터의 효율은 중요하지 않다.
② 변환효율만이 시스템 성능에 영향을 미친다.
③ 추적효율만이 시스템 성능에 영향을 미친다.
④ 변환효율과 추적효율을 같이 고려해야 한다.

해설 인버터의 정격효율(η_{INV})은 변환효율과 추적효율의 곱으로 나타낸다.

$$\eta_{INV} = \eta_{CON} \times \eta_{TR}$$

답 ④

06 총편익 현가와 총비용 현가의 차가 '0'이 되도록 하는 경제성 분석방법은?

① 비용편익비(B/C)
② 순현재가치법(NPV)
③ 할인율
④ 내부수익률법(IRR)

해설 경제성 분석기법
(1) 순현가(Net Present Value, NPV)
총편익 현가와 총비용의 현가 차를 이용하고, 그 값이 '0' 이상일 때 사업의 타당성을 판단하는 경제성 분석 방법
(2) 비용 · 편익비(Benefit-Cost Ratio, B/C)
연차별 총비용과 연차별 총편익의 비를 이용하고, 그 값이 '1' 이상일 때 사업의 타당성을 판단하는 경제성 분석 방법
(3) 내부수익률(IRR)
총편익 현가와 총비용 현가의 차가 '0'이 되도록 하는 경제성 분석방법
＊ 할인율 : 시간에 따라 변하는 돈의 가치에 대한 정의로 미래의 가치를 현재의 가치로 같게 하는 비율

답 ④

07 단상 2선식 저압 배전선의 길이가 100[m], 부하전류 10[A]인 경우 선간 전압강하를 1[V]로 유지하기 위해 필요한 단면적은?

① 16[mm²]
② 35[mm²]
③ 50[mm²]
④ 70[mm²]

해설 전선의 단면적

$$A = \frac{35.6 \times L \times I}{1000 \times e} = \frac{35.6 \times 100 \times 10}{1000 \times 1} = 35.6[mm^2]$$

KSC IEC 전선규격
1.5, 2.5, 4, 6, 10, 16, 25, 35, 50, 70, 95, 120, 150, 185, 240, 300, 400, 500, 630[mm²]

답 ③

08 pn접합 다이오드의 p형 반도체에 (−) 바이어스를 가하고 n형 반도체에 (+) 바이어스를 가할 때 나타나는 현상은?

① 결핍층의 폭이 작아진다.
② 결핍층 내부의 전기장이 감소한다.
③ 전류는 다수캐리어에 의해 발생한다.
④ 다이오드는 부도체와 같은 특성을 보인다.

해설 1) p형 (−), n형 (+)는 역방향 바이어스로 다수 캐리어가 움직일 수가 없다.(부도체)
2) p형 (+), n형 (−)는 정방향 바이어스로 다수 캐리어가 움직일 수가 있다.(도체)

답 ④

09 저압의 전선로중 절연 부분의 전선과 대지간의 절연저항은 사용전압에 대한 누설전류가 최대 공급전류의 얼마를 넘지 않도록 하여야 하는가?

① 1/1414
② 1/1732
③ 1/2000
④ 1/300

해설 저압전선로 중 절연 부분의 전선과 대지 사이 및 전선의 심선 상호 간의 절연저항은 사용전압에 대한 누설전류가 최대 공급전류의 1/2,000을 넘지 않도록 하여야 한다.

답 ③

10 대기 중의 어느 한 점 또는 지표의 어느 한 점에서 받는 태양복사를 의미하는 것은?

① 산란
② 태양상수
③ 일사
④ 남중고도

해설 태양복사는 대기를 통과하는 동안에 공기분자 · 먼지 · 수증기 등에 의하여 감쇠되는데, 일사란 대기 중의 어느 한 점 또는 지표의 어느 한 점에서 받는 태양복사를 의미한다.

답 ③

11 태양광을 이용한 독립형 전원시스템용 축전지 선정 시 고려사항으로 틀린 것은?

① 부하에 필요한 입력전력량을 검토한다.
② 설치예정 장소의 일사량 데이터를 조사한다.
③ 축전지의 기대수명에서 방전심도[DOD]를 설정한다.
④ 설치장소의 일조량을 고려하여 부조일수를 산정하지 않는다.

해설 선정 시 고려사항
① 부하에 필요한 입력전력량을 검토한다. 인버터의 입력전력을 파악한다.
② 설치예정 장소의 일사량 데이터를 조사한다.
③ 축전지의 기대수명에서 방전심도[DOD]를 설정한다.
④ 설치장소의 일사조건이나 부하의 중요성에서 일조가 없는 시간을 설정한다.
⑤ 축전지용량(C)을 계산한다.
⑥ 일사 최저월에도 충전량이 부하의 방전량보다 크게 되도록 태양전지 용량 어레이 각도 등도 함께 결정한다. **답** ④

12 위도가 36.5°일 때 하지 시 남중고도는?

① 30° ② 45° ③ 70° ④ 77°

해설 • 하지 : $90° - 36.5° + 23.5° = 77°$
• 동지 : $90° - \theta - 23.5°$
• 춘분, 추분 : $90° - \theta$ **답** ④

13 저압 옥내직류 전기설비의 시설방법 중 틀린 것은?

① 옥내전로에 연계되는 축전지는 접지측 도체에 누전차단기를 시설하여야 한다.
② 직류전로에 사용하는 개폐기는 직류전로 개폐 시 발생하는 아크에 견디는 구조이어야 한다.
③ 직류전기설비의 접지시설에 양(+)도체를 접지하는 경우는 감전에 대한 보호를 하여야 한다.
④ 저압 옥내직류 설비는 직류 2선식의 임의의 한 점 또는 태양전지의 중간점 등을 접지하여야 한다.

해설 KEC 243.1.7 (축전지실 등의 시설)
① 옥내전로에 연계되는 축전지는 비접지측 도체에 과전류 보호장치를 시설하여야 한다. **답** ①

14 태양광발전 모듈에서 생산된 전력 3[kW]가 인버터에 입력되어 출력이 2.7[kW]가 되면 인버터의 변환효율은 몇 [%]인가?

① 60 ② 70 ③ 90 ④ 111

해설 $\dfrac{\text{인버터출력}}{\text{전지생산된 전력}} \times 100[\%] = \dfrac{2.7}{3} \times 100[\%] = 90[\%]$ **답** ③

15 신에너지 및 재생에너지 개발 · 이용 · 보급촉진법령에 따라 대통령령으로 정하는 신 · 재생에너지 품질검사기관이 아닌 것은?

① 한국석유관리원 ② 한국임업진흥원
③ 한국에너지공단 ④ 한국가스안전공사

해설 영 제18조의13
신 · 재생에너지 품질검사기관은 한국석유관리원, 한국임업진흥원, 한국가스안전공사 이다. **답** ③

16 초지전용 허가기준으로 틀린 것은?

① 전용목적의 실현 가능성
② 잔여초지의 이용가능성
③ 대체시설의 설치계획
④ 전용목적사업을 위한 최대한의 필요한 토지면적

해설 초지전용 허가기준
1) 전용목적의 실현 가능성
2) 전용목적사업을 위한 최소한의 필요한 토지면적
3) 인근 초지 및 농지에 피해가 없도록 하기 위한 피해방지시설의 설치계획
4) 대체시설의 설치계획(인근 초지 및 농지용 도로 등의 폐지가 수반되는 경우에 한함)
5) 잔여초지의 이용가능성(초지의 일부만을 전용하는 경우에 한함) **답** ④

17 국토의 계획 및 이용에 관한 법령에 따른 개발행위허가를 받지 아니하여도 되는 경미한 행위 중 토석채취에 대한 내용이다. 다음 ( )에 들어갈 내용으로 옳은 것은?

> 도시지역 또는 지구단위계획구역에서 채취면적이 (ⓐ)제곱미터 이하인 토지에서의 부피 (ⓑ)세제곱미터 이하의 토석채취

① ⓐ 20 ⓑ 20 ② ⓐ 25 ⓑ 20
③ ⓐ 25 ⓑ 50 ④ ⓐ 30 ⓑ 50

해설 도시지역 또는 지구단위계획구역에서 채취면적이 25 [m²] 이하인 토지에서의 부피 50[m³] 이하의 토석채취, 도시지역 자연환경보전지역 및 지구단위계획구역 외의 지역에서 채취면적이 250[m²] 이하인 토지에서의 부피 500[m³] 이하인 토석채위의 경우이다. **답** ③

18 신·재생에너지 설비의 설치계획서를 받은 산업통상자원부장관은 설치계획서를 받은 날부터 타당성을 검토한 후 그 결과를 해당 설치 의무기관의 장 또는 대표자에게 통보하여야 할 일 수로 옳은 것은?

① 10일　　　　② 20일
③ 30일　　　　④ 50일

해설 산업통상자원부장관은 설치계획서를 받은 날부터 30일 이내에 타당성을 검토한 후 그 결과를 해당 설치 의무기관의 장 또는 대표자에게 통보하여야 한다.
답 ③

19 생산인증서의 발급 및 거래 단위로서 생산인증서 발급 대상설비에서 생산된 [MWh] 기준의 신·재생에너지 전력량에 대해 부여하는 단위는?

① REC　　　　② RPA
③ FIT　　　　④ REP

해설 · REC(Renewable Energy Certificate) : 신재생에너지 공급인증서
· SMP(System Marginal Price) : 신재생에너지 공급인증서
· 재생에너지 개발공급협약(RPA)이란 : 정부와 에너지 공급사 간에 신재생에너지 확대 보급을 위해 체결한 협약을 말한다.
· FIT(Feed in Tariff) – 발전 차액 지원 제도
· RPS(Renewable Portfolio Standard) – 신재생에너지 공급의무화 제도 **답** ④

20 다음 (　)에 들어갈 경사도는?

> 산사태 및 토사유출 방지를 위하여 경사도 (　) 이상이면서 식생보전등급 Ⅳ등급 이상인 지역이어야 한다.(경사도 산정방법은 산지관리법을 준용한다.)

① 5°　　　　② 10°
③ 15°　　　　④ 20°

해설 산사태 및 토사유출 방지를 위하여 경사도 15° 이상이면서 식생보전 등급이 Ⅳ등급 이상인 지역이어야 한다.
답 ③

2과목 – 태양광발전 설계

21 토목측량에 해당하지 않는 것은?

① 구조측량　　　　② 경계측량
③ 분할측량　　　　④ 현황측량

해설 **토목측량**
1) 경계측량 : 토지경계 분쟁 시 내 땅이 어디까지인지 파악할 때 하는 측량
2) 분할측량 : 한 부지에 여러 태양광발전소를 설치하기 위해 한 필지의 땅을 두 필지 이상으로 분할하고자 하는 측량
3) 현황측량 : 토지에 있는 구조물이나 건물 등의 위치를 측량하여 지적도나 임야도면에 표시하는 측량
답 ①

22 설계감리업무 수행지침에 따라 설계감리원은 설계업자로부터 착수신고서를 제출받아 어떤 사항에 대하여 적정성 여부를 검토하여 보고하는가?

① 설계감리일지, 예정공정표
② 설계감리일지, 근무상황부
③ 예정공정표, 과업수행계획 등 그 밖에 필요한 사항
④ 설계감리기록부, 과업수행계획 등 그 밖에 필요한 사항

해설 설계감리원은 설계업자로부터 착수신고서를 제출받아 다음 각 호의 사항에 대한 적정성 여부를 검토하여 보고 하여야 한다.
1) 예정공정표
2) 과업수행계획 등 그 밖에 필요한 사항 **답** ③

23 태양광발전시스템의 DC케이블의 굵기 산정을 위한 DC전원 케이블에 흐르는 허용전류는 태양전지 어레이 단락전류의 몇 배를 곱하여 산출하는가?

① 1.15배
② 1.25배
③ 1.35배
④ 1.50배

해설 DC케이블은 KS C IEC 60364-7-712에 따라 STC에서 태양광 어레이 단락전류의 1.25배이다.
※ 케이블의 굵기(허용전류) > 어레이 단락전류×1.25
답 ②

24 가교폴리에틸렌 절연비닐시스 케이블을 나타내는 약호는?

① DV
② GV
③ CV
④ OV

해설 ① DV : 인입용 비닐절연전선
② GV : 접지용 비닐절연전선
③ CV : 가교폴리에틸렌 절연비닐시스(외장)케이블
④ OV : 과전압 계전기 **답** ③

25 고압 옥내배선의 공사방법으로 틀린 것은

① 케이블공사
② 케이블 트레이공사
③ 합성수지관공사
④ 애자공사(건조한 장소로서 전개된 장소에 한한다.)

해설 KEC 342.1 (고압 옥내배선 등의 시설)
가. 고압 옥내배선은 다음에 따라 시설하여야 한다.
① 애자공사(건조한 장소로서 전개된 장소에 한한다.)
② 케이블공사
③ 케이블 트레이공사
나. 전선은 공칭단면적 6[mm²] 이상의 연동선 **답** ③

26 어레이 설계 시 어레이 구조 결정의 기술적 측면에서의 고려 사항으로 맞지 않는 것은?

① 구조 안정성
② 조화로움 및 경제성
③ 풍속, 풍압, 지진 고려
④ 건축물과의 결합(기초)방법 결정

해설 어레이 구조 결정의 기술적 측면
1) 구조 안정성
2) 상정하중 고려(풍속, 풍압, 지진 고려)
3) 건축물과의 결합(기초)방법 결정 **답** ②

27 전기설계 일반사항에서 실시설계 성과물 중 공사비 견적서와 가장 거리가 먼 것은?

① 계산서
② 내역서
③ 산출서
④ 견적서

해설 1) 내역서는 일정기간 동안 사용한 경비지출의 내용을 기재한 문서
2) 산출서는 제조 원가 등을 산출한 내용을 기재한 문서
3) 견적서는 어떤 일을 하는데 드는 경비를 미리 조목조목 셈하여 구체적으로 밝힌 서류 **답** ①

28 사용전압이 저압인 전로에서 정전이 어려운 경우 등 절연저항 측정이 곤란한 경우에는 저항 성분의 누설전류를 몇 [mA] 이하로 유지하여야 하는가?

① 0.1[mA]
② 0.5[mA]
③ 1.0[mA]
④ 1.5[mA]

해설 KEC 132 (전로의 절연저항 및 절연내력)
저압 전로에서 정전이 어려운 경우 등 절연저항 측정이 곤란한 경우 저항성분의 누설전류가 1[mA] 이하이면 그 전로의 절연성능은 적합한 것으로 본다. **답** ③

29 태양광 발전설비의 고정식 가대와 단축, 양축 추적식 가대에 대한 설명으로 틀린 것은?

① 고정식 보다 양축 추적식이 견고하다.
② 추적식은 디자인 적용시 한계가 있다.
③ 발전효율은 양축 추적식이 가장 높다.
④ 시설단가는 고정식에 비해 양축 추적식이 비싸다.

해설 고정식의 장점은 시설 단가가 낮고, 구조물이 견고하다. 하지만 발전량이 추적식보다 적은 단점이 있다. 추적식의 경우 구동 부분이 있어 구조물은 고정식보다 견고할 수 없다. **답** ①

30 어레이 이격거리 산정을 위한 고려사항과 가장 관계가 없는 것은?

① 설치 부지의 경사도를 반영하였다.
② 설치 부지의 외부음영을 고려하였다.
③ 설치 부지의 태양고도를 반영하였다.
④ 어레이에 모듈을 가로 배치하는 것으로 고려하였다.

해설 어레이 간 이격거리 산출은 태양의 고도각, 위도, 모듈의 경사각에 따라 결정되고, 발전소 주변의 음영과 지형에 따라서는 전체 태양광어레이 위치가 변화된다. **답** ②

31 어레이 설치 지역의 설계속도압이 1000[N/m²] 유효수압면적이 7[m²]인 어레이의 풍하중은 얼마인가? (단, 가스트 영향계수는 1.8, 풍압계수는 1.3을 적용한다.)

① 97.5[kN]
② 13.50[kN]
③ 16.38[kN]
④ 17.55[kN]

해설 어레이 풍하중 = 설계속도압 × 유효수압면적
  × 가스트영향계수 × 풍압계수
= $1000[N/m^2] \times 7[m^2] \times 1.8 \times 1.3$
= $16.38[kN]$ **답** ③

32 파워컨디셔너의 종류 중 인버터의 대수 및 연결방식에 따른 구분에서 최대 효율 및 MPP 최적 제어가 가능하나 투자비가 가장 많이 드는 방식은?

① 마스터슬레이브 방식
② 모듈인버터 방식
③ 병렬운전 방식
④ 중앙집중식

해설 모듈인버터 방식
  개별 모듈의 MPP점이 중앙 집중형 등 인버터 방식에 비해 슬리핑 구동이 매우 낮아 높은 발전량을 만들 수 있다. **답** ②

33 도면에 사용되는 선의 종류에서 중심선, 절단선, 기준선 등의 용도로 사용되는 선의 종류는?

① 굵은 실선
② 가는 실선
③ 이점쇄선
④ 일점쇄선

해설 • 실선 : 연속된 선
• 일점쇄선 : 선과 하나의 점(극히 짧은 선)을 교대로 줄지은 선 제도에서는 중심선, 가상선, 절단선, 피치선 등에서는 가느다란 일점쇄선을, 특수한 가공을 나타내는 부분에는 굵은 일점쇄선을 사용한다.
• 이점쇄선 : 짧은 선과 2개의 점이 서로 섞여 규칙적으로 반복 **답** ④

34 태양광발전소 설비용량이 2500[kW], SMP가 200[원/kWh], 가중치 적용전 REC가 150[원/kWh]인 경우 판매단가[원/kWh]는? (단, 설치장소는 기준 건축물 지붕을 이용하여 설치하는 것으로 한다.)

① 450
② 425
③ 475
④ 500

해설 건축물 등 기존 시설물을 이용하는 경우 태양광에너지 가중치 산정 방법

설치용량	태양광에너지 가중치 산정식
3,000[kW] 이하	1.5
3,000[kW] 초과부터	$\dfrac{3,000 \times 1.5 + (용량 - 3,000) \times 1.0}{용량}$

태양광발전소 설비 용량은 3,000[kW]로 REC 가중치는 1.5배이다. 이를 적용하면 다음과 같다.
판매단가 [원/kWh] = SMP [원/kWh]
  + (REC [원/kWh] × 합성가중치)
판매단가[원/kWh] = 200 + (150 × 1.5)
= 425[원/kWh] **답** ②

35 태양광발전설비의 음영발생 원인이 아닌 것은?

① 대기 중의 습도
② 나뭇잎 또는 새의 배설물
③ 건물이나 식재 등의 장애물
④ PV어레이 상호배치에 의해 생성

해설 음영발생원인
① 인접 건물, 식재 등 장애물
② PV어레이 상호배치에 의해 생성
③ 나뭇잎 또는 새의 배설물, 흙탕물 등 **답** ①

36 피뢰시스템의 보호각법에서 Ⅱ레벨의 회전구체 반경 r[m]의 최대값은?
① 10
② 20
③ 30
④ 45

해설 피뢰시스템의 보호각법

피뢰시스템의 레벨	보호법	
	회전구체반경(m)	매시치수(m)
Ⅰ	20	5×5
Ⅱ	30	10×10
Ⅲ	45	15×15
Ⅳ	60	20×20

답 ③

37 안전공사는 사용 전 검사완료일로부터 며칠 이내에 검사확인증을 신청인에게 통지해야 하는가?
① 3일
② 5일
③ 7일
④ 10일

해설 제9조(검사 결과의 통지 등)
안전공사는 검사완료일로부터 5일 이내에 검사확인증을 신청인에게 통지하여야 하며 무정전검사 결과 합격(요주의)의 경우에는 그 내용 및 조치사항을 함께 통지한다. **답** ②

38 북위 35°에 위치한 태양광발전시스템의 어레이 경사각이 30°이다. 동지에 정오 기준으로 어레이 간 음영의 영향을 받지 않는 최소 이격거리[m]는? (단, 모듈의 긴 면을 가로로 하며, 모듈 설치 간격은 무시한다.)

[조건]
– 태양광발전 모듈의 크기 : 2[m] x 1[m]
– 모듈의 어레이 구성 : 가로 2단 배치

① 2.06
② 2.15
③ 3.36
④ 3.51

해설 동지 정오의 태양 고도각 $= 90° - 위도 - 23.5°$
$$= 90° - 35° - 23.5°$$
$$= 31.5°$$
$$이격거리 = L \frac{\sin(180° - 경사각 - 고도각)}{\sin(고도각)}$$
$$= 2 \times \frac{\sin(180° - 30° - 31.5°)}{\sin 31.5°} = 3.36[m]$$

답 ③

39 분산형전원 및 그 연계 시스템은 분산형 전원 연결점에서 최대 정격 출력전류의 몇 [%]를 초과하는 직류 전류를 계통으로 유입시켜서는 안 되는가?
① 0.5
② 1.0
③ 1.5
④ 5.0

해설 직류 유입 제한
분산형 전원 및 그 연계 시스템은 분산형 전원 연결점에서 최대 정격 출력전류의 0.5[%]를 초과하는 직류 전류를 계통으로 유입시켜서는 안 된다. **답** ①

40 지반조사(KDS 11 10 10 : 2018)에 따른 예비조사의 목적으로 틀린 것은?
① 구조물 입지로서의 적합성 평가
② 구조물 시공으로 발생될 변화 예측
③ 시공방법 계획수립에 필요한 정보를 제공
④ 구조물의 거동에 중요한 영향을 미치는 지반의 구성 및 특성 파악

해설 지반조사 예비조사 목적
① 구조물 입지로서의 적합성 평가
② 대안 부지가 있는 경우, 대안 부지의 적합성 비교 검토
③ 구조물 시공으로 발생될 변화 예측
④ 구조물의 거동에 중요한 영향을 미치는 지반의 구성 및 특성 파악
⑤ 상기 조사를 근거로 한 본조사 계획 **답** ③

3과목 – 태양광발전 시공

41 지상형 태양광발전설비에 사용되는 기초 공법 중 지반이 연약하여 흙과 흙 사이에 시멘트풀을 넣어서 지반을 튼튼하게 하는 공법은?

① 스파이럴 공법　　② 스크류 공법
③ 레이밍 파일 공법　④ 보링그라우팅 공법

> **해설** 지상형(일반지상, 산지, 농지) 태양광발전설비 기초 공법
> (1) 스파이럴(Spiral) 공법 : 큰 크리트 기초와 다르게 토지에 직접 스파이럴 파일(나선형 구조물)을 삽입하는 공법
> (2) 스크류(Screw) 공법 : 토지에 직접 스크류 파일을 삽입하는 공법
> (3) 레이밍 파일(Ramming pile) 공법 : 토지에 직접 U형, C형, H형 단면 등의 파일 기초를 삽입하는 공법
> (4) 보링그라우팅 공법 : 지반이 연약하여 흙과 흙 사이에 시멘트풀을 넣어서 지반을 튼튼하게 하는 공법
> 　　　　　　　　　　　　　　　　　**답** ④

42 토목 설계도면의 표시사항이 아닌 것은?

① 단선결선　　　　② 방위표
③ 주기사항　　　　④ 차수선

> **해설** 설계도면 표시사항
> 1) 방위표 : 도면의 동서남북을 알 수 있도록 도면에 표시된 사항
> 2) 주기사항 : 도면의 각 기호 등을 표시한 사항
> 3) 차수선 : 도면에서 길이와 치수를 나타내는 선
> 4) 경사에 대한 사항 : 종단면과 횡단면의 경사도를 확인할 수 있는 사항
> 　　　　　　　　　　　　　　　　　**답** ①

43 정전 용량 C 만의 회로에 100[V], 60[Hz]의 교류를 가하니 60[mA]의 전류가 흐른다. $C[\mu F]$ 값은?

① 5.26　　　　　　② 4.32
③ 3.59　　　　　　④ 1.59

> **해설**
> $$X_C = \frac{V}{I} = \frac{100}{60 \times 10^{-3}} = \frac{10}{6} \times 10^3 = 1.66 \times 10^3 [\Omega]$$
> $$\therefore C = \frac{1}{2\pi f X_C} = \frac{1}{2 \times 3.14 \times 60 \times 1.66 \times 10^3}$$
> $$= 1.59 \times 10^{-6}[F] = 1.59[\mu F]$$
> 　　　　　　　　　　　　　　　　　**답** ④

44 낙뢰의 위험으로부터 시설물을 보호하기 위한 피뢰방식이 아닌 것은?

① 분전방식　　　　② 돌침방식
③ 그물망도체방식　④ 수평도체방식

> **해설** 피뢰 방식의 종류
> 1) 돌침방식
> 2) 용마루위 도체방식
> 3) 케이지 방식
> 4) 수평 도체 방식
> 5) 독립 가공 지선 방식 등　　　**답** ①

45 태양전지 모듈과 인버터 간의 배선에 대하여 옳게 설명한 것은?

① 태양전지 어레이의 지중배선은 1.2[m] 이상의 깊이로 매설한다.
② 태양전지 모듈 접속용 케이블은 반드시 극성 표시를 하지 않아도 된다.
③ 접속함에서 인버터까지의 배선은 전압강하율 5[%] 이하로 할 것을 권장하고 있다.
④ 태양전지 모듈 사이의 배선은 2.5[mm²] 이상의 전선을 사용하면 단락전류에 견딜 수 있다.

> **해설** 태양전지 모듈과 인버터 간의 배선
> ① 태양전지 어레이의 지중배선은 1.0[m] 이상의 깊이로 매설한다.
> ② 태양전지 모듈 접속용 케이블은 반드시 2개의 극성을 확인한다.
> ③ 접속함에서 인버터까지의 배선은 전압강하율 3[%]로 할 것을 권장하고 있다.　　**답** ④

46 전로의 사용전압이 FELV 500[V] 이하이고 DC 전압이 500[V]일 때 절연저항값은 몇 [MΩ]인가?

① 0.1　　　　　　② 0.2
③ 0.5　　　　　　④ 1.0

> **해설** 저압전로의 절연성능

전로의 사용전압[V]	DC시험전압[V]	절연 저항값[MΩ]
SELV 및 PELV	250	0.5
FELV, 500V 이하	500	1.0
500V 초과	1000	1.0

> 　　　　　　　　　　　　　　　　　**답** ④

47 지상형 태양광발전설비 기초 공법을 선정 할 때 고려해야할 사항 2가지는?

① 배면환기, 토질상태
② 지반여건, 부력체
③ 배면환기, 지반여건
④ 토질상태, 지반여건

해설 토질상태와 지반여건 등을 고려하여 현장에 적합한 기초 공법을 선정하여야 한다.　　答 ④

48 태양광설비에 시설하여야 하는 계측기의 계측 대상에 해당하는 것은?

① 전압과 전류
② 전류와 역률
③ 역률과 주파수
④ 전력과 역률

해설 KEC 522.3.6 (태양광설비의 계측장치)
태양광설비에는 전압, 전류 및 전력을 계측하는 장치를 시설하여야 한다.　　答 ①

49 전기설비 검사 및 점검의 방법·절차 등에 관한 고시에 따라 태양광발전설비에서 전력변환장치의 정기검사 시 세부검사(본체)내용으로 틀린 것은?

① 단독운전 방지시험
② 규격 확인
③ 절연저항
④ 절연내력

해설 전력변환장치의 정기검사 시 세부검사
• 외관검사　　• 접지시공 상태
• 절연저항　　• 절연내력
• 제어회로 및 경보장치
• 전력조절부/Static 스위치, 자동·수동절체시험
• 역방향운전 제어시험
• 단독운전 방지시험　　答 ②

50 전기저장장치의 이차전지에 자동으로 전로로부터 차단하는 장치를 시설하여야 하는 경우로 틀린 것은?

① 과저항이 발생한 경우
② 과전압이 발생한 경우

③ 제어장치에 이상이 발생한 경우
④ 이차전지 모듈의 내부 온도가 급격히 상승할 경우

해설 전기저장장치의 이차전지는 다음에 따라 자동으로 전로로부터 차단하는 장치를 시설하여야 한다.
가. 과전압 또는 과전류가 발생한 경우
나. 제어장치에 이상이 발생한 경우
다. 이차전지 모듈의 내부 온도가 급격히 상승할 경우　　答 ①

51 책임 설계감리원이 설계감리의 기성 및 준공을 처리할 때 발주자에게 제출하는 서류 중 감리기록서류에 해당하지 않는 것은?

① 설계 감리 일지
② 설계 감리 요청서
③ 설계 감리 지시부
④ 설계 감리 결과보고서

해설 책임 설계감리원이 설계감리의 기성 및 준공을 처리할 때에 발주자에게 제출하는 서류
1) 설계용역 기성부분 검사원 또는 설계용역 준공검사원
2) 설계용역 기성부분 내역서
3) 설계감리 결과 보고서
4) 감리기록서류
　① 설계감리일지
　② 설계감리지시부
　③ 설계감리기록부
　④ 설계감리요청서
　⑤ 설계자와 협의사항 기록부
5) 그 밖에 발주자가 과업지시서 상에서 요구한 사항　　答 ④

52 케이블트레이 공사에 사용할 수 없는 케이블은?

① 연피 케이블
② 난연성 케이블
③ 켑타이어 케이블
④ 알루미늄피 케이블

해설 KEC 232.41.1 (시설조건)
가. 연피케이블, 알루미늄피 케이블 등 난연성케이블
나. 기타 케이블(적당한 간격으로 연소(延燒)방지 조치를 하여야 한다)
다. 금속관 혹은 합성수지관 등에 넣는 절연전선　　答 ③

53 연료전지 및 태양전지 모듈의 절연내력시험을 하는 경우 충전분과 대지 사이에 인가하는 시험전압은 얼마인가?(단, 연속하여 10분간 가하여 견디는 것이어야 한다.)

① 최대사용전압이 1.25배의 직류전압 또는 1배의 교류전압(500[V] 미만으로 되는 경우에는 500[V])

② 최대사용전압이 1.25배의 직류전압 또는 1.25배의 교류전압(500[V] 미만으로 되는 경우에는 500[V])

③ 최대사용전압이 1.5배의 직류전압 또는 1배의 교류전압(500[V] 미만으로 되는 경우에는 500[V])

④ 최대사용전압이 1.5배의 직류전압 또는 1.25배의 교류전압(500[V] 미만으로 되는 경우에는 500[V])

해설 KEC 134 (연료전지 및 태양전지 모듈의 절연내력)
연료전지 및 태양전지 모듈은 최대사용전압의 1.5배의 직류전압 또는 1배의 교류전압(500 V 미만으로 되는 경우에는 500 V)을 충전부분과 대지사이에 연속하여 10분간 가하여 절연내력을 시험하였을 때에 이에 견디는 것이어야 한다. **답 ③**

54 원형 철근 콘크리트주의 갑종 풍압 하중[Pa]은 수직 투영면적 1[m²] 당 얼마인가?

① 588   ② 745
③ 882   ④ 1117

해설 KEC 331.6 (풍압하중의 종별과 적용)

철근 콘크리트주	원형의 것	588[Pa]
	기타의 것	882[Pa]

답 ①

55 송·변전 설비의 정기점검에 대한 설명으로 틀린 것은?

① 배전반의 기능을 확인하기 위한 것이다.
② 필요에 따라서는 기기를 분해하여 점검한다.
③ 원칙적으로 정전을 시키고 무전압 상태에서 기기의 이상상태를 점검한다.

④ 운전 중 이상상태를 발견한 경우에는 배전반의 문을 열고 이상의 정도를 확인한다.

해설 정기점검
① 정기점검은 배전반의 기능을 확인하고 유지하기 위한 계획을 수립하여 점검하는 것을 말한다.
② 원칙적으로 정전을 시키고 무전압 상태에서 기기의 이상 상태를 점검하고 필요에 따라서는 기기를 분해하여 점검한다.
③ 모선을 정전하지 않고 점검해야 할 경우 안전사고가 일어나지 않도록 주의한다. **답 ④**

56 서지 보호를 위해 SPD 설치 시 접속도체의 길이는 몇 [m] 이하가 되도록 하여야 하는가?

① 0.3   ② 0.5
③ 0.8   ④ 1.0

해설 SPD 설치 시 접속도체의 전체길이
1. SPD접속도체의 길이가 길어지는 경우 임피이던스를 증가시켜 과전압보호의 효과를 감소시킴으로 가능한 한 짧게 시설하며 접속도체의 전체길이가 0.5[m] 이하가 바람직하다
2. SPD의 접지도체는 단면적이 10[mm²] 이상의 도체를 동선을 사용한다. **답 ②**

57 설계감리원의 기본임무가 아닌 것은?

① 설계 및 설계감리용역 시행에 따른 업무 연락, 문제점 파악 및 민원을 해결하여야 한다.
② 과업지시서에 따라 업무를 성실히 수행하고 설계의 품질향상에 따라 노력하여야 한다.
③ 설계용역 계약 및 설계감리용역 계약 내용이 충실히 이행될 수 있도록 하여야 한다.
④ 해당 설계용역이 관련 법령 및 전기설비기술기준 등에 적합한 내용대로 설계되는지의 여부를 확인 및 설계의 경제성 검토를 실시하고, 기술지도 등을 하여야 한다.

해설 감리원의기본 임무
① 설계용역 계약 및 설계감리용역 계약 내용이 충실히 이행될 수 있도록 하여야 한다.
② 해당 설계용역이 관련 법령 및 전기설비기술기준 등에 적합한 내용대로 설계되는지의 여부를 확인 및 설계의 경제성 검토를 실시하고, 기술지도 등을 하여야 한다.

③ 설계공정의 진척에 따라 설계자로부터 필요한 자료 등을 제출받아 설계용역이 원활히 추진될 수 있도록 설계감리 업무를 수행하여야 한다.
④ 과업지시서에 따라 업무를 성실히 수행하고 설계의 품질향상에 노력하여야 한다. **답** ①

---

58 최대수용전력 1000[kVA]이고 설비용량은 전등부하 500[kW], 동력부하 700[kVA] 이다. 이때 수용률은 약 몇[%]인가?

① 83.3 ② 86.6
③ 88.3 ④ 90.6

해설 $수용률 = \dfrac{최대수용전력}{총\ 설비용량} \times 100$

$= \dfrac{1,000}{500+700} \times 100 = 83.3[\%]$ **답** ①

---

59 태양광발전시스템이 설치된 고층 건물에 적용하는 방법으로 뇌격거리를 반지름으로 하는 가상 구를 대지와 수뢰부가 동시에 접하도록 회전시켜 보호범위를 정하는 피뢰방식은 무엇인가?

① 그물망법 ② 돌침 방식
③ 회전구체법 ④ 수평도체 방식

해설 회전구체법
뇌격거리와 동등한 반경의 가상 구를 건축물에 회전시킬 때 접촉하는 모든 점에 피뢰침을 설치하도록 요구하는 방법이다. **답** ③

---

60 수·변전설비를 옥내에 시공 시 유의사항으로 틀린 것은?

① 기기 주위에는 유지관리 공간을 확인하여야 한다.
② 기기의 중량을 산정하여 바닥강도를 확인하여야 한다.
③ 전기실에는 물 배관·증기관·환기용·덕트 등을 시설하거나 통과시켜서는 안 된다.
④ 습기 또는 결로 등에 의한 절연저하의 우려가 있는 경우에는 적절한 공법으로 하여야 한다.

해설 수·변전설비를 옥내에 시공 시 유의사항
(1) 기기 주위에는 유지관리 공간을 고려한다.
(2) 기기의 중량을 산정하여 바닥강도를 재확인한다.
(3) 변압기의 발열등으로 실온이 상승될 염려가 있을 경우에는 환기구멍 또는 환기장치 등을 설치한다.
(4) 습기 또는 결로 등에 의한 절연저하의 염려가 있는 경우에는 적절한 대책을 강구한다.
(5) 전기실에는 수도관, 증기관, 덕트(전기실 환기용은 제외) 등을 통과시키지 않는다. **답** ③

4과목 - 태양광발전 운영

61 개방전압 측정 시 유의사항으로 틀린 것은?

① 각 스트링의 측정은 안정된 일사강도가 얻어질 때 하도록 한다.
② 태양광발전 모듈 표면의 이물질, 먼지 등을 청소하는 것이 필요하다.
③ 개방전압 측정 시 안전을 위해 우천 시 또는 흐린 날에 측정하도록 한다.
④ 태양광발전 모듈의 개방전압 측정 시 접속함에서 주차단기를 반드시 차단하고 측정한다.

해설 개방전압 측정 시 유의사항은 태양전지 어레이 표면을 청소하고, 각 스트링의 측정은 안정된 일사강도가 얻어질 때 수행하여 측정시간은 일사 강도, 온도의 변동을 극히 적게 하기 위하여 맑을 때, 남쪽에 있을 때의 전후 1시간에 실시하고, 태양전지는 비 오는 날에도 전압이 발생하므로 주의를 요해야 한다. **답** ③

---

62 태양광발전 접속함(KS C 8567 : 2019)에 따라 소형(3회로 이하) 접속함의 경우 실외에 설치 시 보호등급(IP)으로 옳은 것은?

① IP35 이상
② IP50 이상
③ IP54 이상
④ IP55 이상

해설 태양광발전용 접속함의 구분

병렬스트링 수에 의한분류	설치장소에 의한 분류
소형(3회로 이하)	실내형 : IP 54 이상
	실외형 : IP 54 이상
중대형(4회로 이상)	실내형 : IP 20 이상
	실외형 : IP 54 이상

답 ③

---

63 전기설비의 주요 구성품이 동작시험 및 계기 측정 등을 통해 전기설비기술기준에 적합 여부를 매년 정기적으로 정밀하게 점검하는 것은?

① 일상점검 ② 정기점검
③ 정밀점검 ④ 보수점검

해설 ▸ 정밀(연차)점검이란 전기설비의 주요 구성품이 동작시험 및 계기측정 등을 통해 전기설비기술기준에 적합한지 여부를 매년 정기적으로 정밀하게 점검하는 것을 말한다.
답 ③

---

64 인버터의 이상표시신호 조치방법이 틀린 것은?

① Line Inverter Async Fault - 계통 주파수 점검 후 운전
② Inverter Ground Fault - 인버터 고장부분 수리 또는 접지저항 확인
③ Line Phase Sequence Fault - 상전압 확인 후 재운전
④ Line Over-voltage Fault - 계통전압 확인 후 5분 재가동

해설 Line Phase Sequence Fault - 상회전 확인 후 재운전
답 ③

---

65 태양광발전 시스템에 사용되는 인버터의 입력 측 절연저항을 측정하는 순서가 옳은 것은?

> A. 직류측의 모든 입력단자 및 교류 측 전체의 출력단자를 각각 단락
> B. 태양전지 회로를 접속함에서 분리
> C. 직류단자와 대지 간의 절연저항을 측정
> D. 분전반 내의 분기 차단기 개방

① A → B → D → C
② B → A → D → C
③ C → D → A → C
④ B → D → A → C

해설 ▸ 입력 측 절연저항 측정
1) 태양전지 회로를 접속함에서 분리
2) 분전반 내의 분기 차단기 개방
3) 직류측의 모든 입력단자 및 교류 측 전체의 출력단자를 각각 단락
4) 직류단자와 대지 간의 절연저항을 측정
▸ 출력 측 절연저항 측정
1) 태양전지 회로를 접속함에서 분리
2) 분전반 내의 분기 차단기 개방
3) 직류측의 모든 입력단자 및 교류측 전체의 출력단자를 각각 단락
4) 교류단자와 대지 간의 절연저항을 측정 **답** ④

---

66 3,500[kW] 태양광발전설비를 일반부지에 설치할 경우 태양광발전설비 공급인증서(REC) 가중치는?

① 0.913 ② 0.942
③ 0.977 ④ 1.021

해설 REC 가중치 $= \dfrac{99.999 \times 1.2}{3,500} + \dfrac{2,900.001 \times 1.0}{3,500}$

$\qquad\qquad\qquad + \dfrac{(3,500 - 3,000) \times 0.8}{3,500}$

$\qquad\qquad = 0.9771428 \simeq 0.977$

일반부지에 설치하는 경우 태양광에너지 가중치 산정 방법

설치용량	태양광에너지 가중치 산정식
100kW 미만	1.2
100kW부터 3,000kW 이하	$\dfrac{99.999 \times 1.2 + (용량 - 99.999) \times 1.0}{용량}$
3,000kW 초과부터	$\dfrac{99.999 \times 1.2}{용량} + \dfrac{2,900.001 \times 1.0}{용량}$ $+ \dfrac{(용량 - 3,000) \times 0.8}{용량}$

답 ③

---

67 태양광전원이 배전선로에 연계되어 운용되는 경우, 수용가의 전압을 일정하게 유지시키는 데 가장 중요한 역할을 하는 것은?

① 변전소계전기 ② 리클로저
③ 주상변압기 ④ 선로전압조정기

해설 태양광전원이 연계된 배전계통에서 발생되는 과전압 문제를 해소하기 위하여 계통에서 발생하는 전압변동에 대응하여 전압을 일정하게 유지시킬 수 있는 선로전압 조정장치가 사용된다. **답** ④

---

68 계통 연계형 인버터의 계통 전압 불평형 시험의 품질기준으로 틀린 것은?

① 역률이 0.95 이상일 것
② 정격 출력에서 정상적으로 동작할 것
③ 절연저항은 1[MΩ] 이상이며, 상용 주파수 내전압에 1분간 견딜 것
④ 출력 전류의 총합 외형률이 5[%] 이하, 각 차수별 왜형률이 3[%] 이하 일 것

해설 – 계통전압 불평형시험 판정기준
  • 정격출력에서 안전하게 운전할 것
  • 역률이 0.95 이상일 것
  • 출력 전류의 총합 왜형률이 5[%] 이하, 각 차수별 왜형률이 3[%] 이하일 것
– 내주위 환경시험 판정기준
  • 절연저항은 1[MΩ] 이상일 것
  • 상용 주파수 내전압에 1분간 견딜 것 **답** ③

---

69 절연용 보호구에서 물체의 낙하 또는 비래, 추락에 의한 위험을 방지 또는 경감하고 머리부위의 감전위험을 방지하기 위한 것은?

① ABE   ② AE
③ AB   ④ B

해설 추락 및 감전 위험방지용 안전모의 종류

종류(기호)	사용 구분
AB	물체의 낙하 또는 비래 및 추락에 의한 위험을 방지 또는 경감시키기 위한 것
AE	물체의 낙하 또는 비래에 의한 위험을 방지 또는 경감하고, 머리부위 감전에 의한 위험을 방지하기 위한 것
ABE	물체의 낙하 또는 비래 및 추락에 의한 위험을 방지 또는 경감하고, 머리부위 감전에 의한 위험을 방지하기 위한 것

답 ①

---

70 전기설비 안전관리자 선임 기준 중 안전관리 대상이 "모든 전기설비의 공사·유지 및 운용"인 경우 안전관리 자격기준에 해당하는 것은?

① 기술사, 기사, 기능장 경력 2년 이상
② 산업기사 경력 4년 이상
③ 기사, 기능장 경력 1년
④ 산업기사 이상 자격소지자

해설 전기설비 안전관리자 선임 기준

안전관리 대상	안전관리 자격기준
모든 전기설비의 공사·유지 및 운용	기술사, 기사, 기능장 경력 2년 이상
전압 10만[V] 미만 전기설비의 공사·유지 및 운용	산업기사 경력 4년 이상
전압 10만[V] 미만으로서 전기설비용량 2,000[kW] 미만 전기설비 공사·유지 및 운용	기사, 기능장 경력 1년
전압 10만[V] 미만으로서 전기설비용량 1,500[kW] 미만 전기설비의 공사·유지 및 운용	산업기사 이상 자격소지자

답 ①

---

71 태양전지 어레이의 일상점검 항목 중 육안점검 사항이 아닌 것은?

① 표시부의 이상표시
② 표면의 오염 및 파손
③ 지지대의 부식 및 녹
④ 외부배선(접속케이블)의 손상

해설 태양전지 어레이의 일상점검

점검항목		점검요령
육안점검	유리 등 표면의 오염 및 파손	심한 오염 및 파손이 없을 것
	가대의 부식 및 녹	부식 및 녹이 없을 것
	외부배선(접속케이블)의 손상	접속케이블에 손상이 없을 것

답 ①

---

72 태양광발전용 독립형/연계형 인버터의 성능시험을 위해 사용되는 CT 등 출력계측기의 정확도 범위는?

① 1[%] 이내   ② 3[%] 이내
③ 5[%] 이내   ④ 10[%] 이내

해설 인버터 성능 시험 KS C 8536에 따라, 출력계측을 위한 장치(CT 등)의 정확도는 3[%] 이내이며, 전력량계의 정확도는 ±1.0[%]이내이다. **답** ②

---

73 한국전기설비규정에서 전로의 중성점의 접지 목적으로 틀린 것은?

① 대지전압의 저하
② 손실 전력의 감소
③ 이상 전압의 억제
④ 전로의 보호 장치의 확실한 동작의 확보

해설 KEC 322.5 (전로의 중성점의 접지)
대지전압의 저하, 이상 전압의 억제, 전로의 보호 장치의 확실한 동작의 확보를 위하여 전로의 중성점의 접지 공사를 한다. **답** ②

---

74 태양광 발전시스템 품질관리에서 성능평가를 위한 측정요소 중 설치코스트 평가방법에 해당하지 않는 것은?

① 시스템 설치 단가
② 인버터 설치 단가
③ 계측표시장치 단가
④ 발전전력 판매 단가

해설 설치 가격 평가 방법
시스템 설치 단가, 인버터 설치 단가, 계측표시장치 단가, 태양전지 설치 단가, 기초공사단가, 부착시공단가, 어레이 가대 설치 단가 등 **답** ④

---

75 태양광발전(PV)어레이 전류 전압 특성의 현장 측정방법(KS C IEC61829 : 2015)에서 전기적인 측정 데이터 및 측정 조건에 대한 기록 사항으로 틀린 것은?

① 시험 어레이의 온도 값(15분 전의 온도 값을 의미함)
② 조사강도 센서의 출력 값(15분 전의 센서 출력 값을 의미함)
③ 시험 실시 15분 전의 조사강도, 온도 및 풍속 변동에 대한 정성적 분석(평가)
④ 시험 어레이의 전류−전압 특성(15분 전의 전류−전압 특성을 의미함)

해설 전기적인 특정 데이터 및 측정 조건에 대한 기록
1) 시험 어레이의 온도 값(15분 전의 온도 값을 의미)
2) 조사강도 센서의 출력 값(15분 전의 센서 출력 값을 의미)
3) 시험 실시 15전의 조사강도, 온도 및 풍속 변동에 대한 정성적 분석(평가)
4) (필요한 경우)조사강도 센서의 온도(15분 전의 센서 온도를 의미함)
5) 시험 어레이의 전류 − 전압 특성
6) 시험 어레이의 온도값(측정 시 온도 값을 의미함)
7) 조사 강도 센서의 출력(측정 시 센서의 출력 값을 의미함)
8) (필요할 경우) 조사강도 센서의 온도(측정 시 센서의 온도 값을 의미함)
9) 태양 및 구름의 위치를 나타내는 하늘 이미지(선택 사항) **답** ④

---

76 산업안전보건기준에 관한 규칙에 따라 사업주가 근로자에게 미칠 위험성을 미리 제거하기 위하여 안전진단 등 안전성 평가를 진행하여야 하는 경우에 해당하지 않는 것은?

① 화재 등으로 구축물 또는 이와 유사한 시설물의 내력(耐力)이 개선되었을 경우
② 구축물 또는 이와 유사한 시설물에 지진, 동해(凍害), 부동침하(附同沈下) 등으로 균열·비틀림 등이 발생하였을 경우
③ 구축물 또는 이와 유사한 시설물의 인근에서 굴착·항타작업 등으로 침하·균열 등이 발생하여 붕괴의 위험이 예상될 경우
④ 구조물, 건축물, 그 밖의 시설물이 그 자체의 무게·적설·풍압 또는 그 밖에 부가되는 하중 등으로 붕괴 위험이 있을 경우

해설 산업안전보건기준에 관한규칙(제52조)
• 화재 등으로 구축물 또는 이와 유사한 시설물의 내력(耐力)이 심하게 저하되었을 경우
• 오랜 기간 사용하지 아니하던 구축물 또는 이와 유사한 시설물을 재사용하게 되어 안전성을 검토하여야 하는 경우 **답** ①

77 전기설비 검사 및 점검의 방법·절차 등에 관한 고시에 따라 사업용 태양광발전설비의 전력변환장치 정기점검 시 수검자 준비 자료에 해당하지 않는 것은?

① 단선결선도
② 시퀀스 도면
③ 측정 및 점검기록표
④ 공사계획인가(신고서)

해설 공사계획인가(신고서)는 전선로(모선)검사 준비서류에 해당사항임　**답 ④**

78 태양광발전 접속함(KS C 8567 : 2019)에 따라 직류(DC)용 퓨즈는 IEC 60269-6의 관련 요구사항을 만족하는 어떤 타입을 사용하여야 하는가?

① sPV 타입　② aPV 타입
③ gPV 타입　④ qPV 타입

해설 모듈 및 어레이의 과전류 보호를 위해 접속함의 개별 스트링 회로의 양극 및 음극에 각각 직류(DC)용 퓨즈를 설치하여야 하며, 사용되는 퓨즈는 다음의 요건을 준수하여야 한다.
1) 퓨즈는 IEC 60269-6(gPV 형)의 규격품을 사용하여야 한다.
2) 퓨즈는 회로 정격 전류에 대하여 135[%] 외 과부하 내량을 가져야 한다.
3) 퓨즈의 과전류 보호 정격은 회로 정격전류의 1.5배 이상, 2.4배 이하이어야 한다.
4) 퓨즈가 소손되는 경우, 경고음 또는 램프 등을 통해 확인할 수 있어야 한다.　**답 ③**

79 태양광발전시스템 직류용 커넥터-안전 요구사항 및 시험(KS C IEC 62852 : 2014)에 따라 커넥터는 부하 없이 몇 회 동작 사이클 기계적 동작을 만족하여야 하는가?

① 25　② 50
③ 75　④ 100

해설 커넥터는 부하 없이 50회 동작 사이클 기계적 동작을 만족하여야 한다.　**답 ②**

80 태양광 발전설비 유지보수의 구분에 해당하지 않는 것은?

① 일상점검　② 임시점검
③ 정기점검　④ 사용전검사

해설 태양광 발전설비의 유지보수를 위한 점검의 분류에는 일상점검, 임시점검, 정기점검이 있으며, 한국전기안전공사를 통한 법적점검에는 사용전 검사와 정기검사가 있다.　**답 ④**

1과목 - 태양광발전 기획

01 태양전지 어레이 설치에서 발생할 수 있는 음영에 영향을 받지 않고 모듈 간의 이격거리를 산정하기 위한 요소와 관계없는 것은?

① 어레이 길이
② 설치 지역 위도
③ 어레이 경사각
④ 설치 지역 경도

> **해설** $d = L[\cos(tilt) + \sin(tilt) \times \tan(lat + 23.5)]$
> 여기서, d : 어레이 최소 이격거리
> L : 어레이 길이
> $tilt$: 어레이 경사각
> lat : 설치지역의 위도 **답 ④**

02 음영의 영향을 가장 많이 받는 인버터 접속방법은?

① 서브 어레이 방식
② 중앙 집중 방식
③ 개별 스트링 방식
④ 마이크로 인버터 방식

> **해설** 1) 중앙 집중형 인버터 방식은 스트링이 길고 음영의 영향을 많이 받는다.
> 2) 음영의 영향을 많이 받는 순서
>   ① 중앙 집중 방식
>   ② 서브 어레이 방식, 개별 스트링 방식
>   ③ 마이크로 인버터 방식 **답 ②**

03 전압−전류의 특성이 비직선적인 저항 소자로, 전압의 변화에 따라 전기저항 값이 크게 변화하는 소자는?

① 압전소자(Piezo element)
② 서미스터(Thermistor)
③ 배리스터(Varistor)
④ 열전소자(Thermoelement)

> **해설**
> • 배리스터(varistor)는 2개의 전극을 갖는 전자 부품으로, 두 단자 사이의 전압이 낮은 경우에는 전기 저항이 높지만, 어느 정도 이상으로 전압이 높아지면 급격히 저항이 낮아지는 성질을 가진다.
> • 배리스터의 전류−전압 특성은 순방향과 역방향에서 거의 대칭이며, 즉 극성이 없고 뛰어난 전압전류의 비직선성을 가지고 있다.
> 1) 서미스터 : 온도에 따라 저항 변화
> 2) 압전소자 : 압력에 따른 전압 변화
> 3) 열전소자 : 흡열과 발열을 이용한 소자 **답 ③**

04 어떤 태양전지 모듈의 특성 값이 다음 표와 같다. 일사강도 1000[W/m²], 분광분포가 AM 1.5 모듈 표면온도가 50[℃]일 때, 이 모듈의 출력[W]은 약 얼마인가?

V_{oc} : 44.90[V], I_{sc} : 8.55[A], V_{mpp} : 36.40[V],
I_{mpp} : 8.11[A], V_{oc} 온도계수 : −0.4[%/℃]

① 266[W] ② 270[W]
③ 285[W] ④ 335[W]

> **해설** 태양전지모듈은 모듈의 표면온도에 따라 발전량이 변화한다. 모듈 표면온도에 따른 최대 출력을 얻기 위한 공식을 적용하면 다음과 같다.
> V_{mpp}(해당모듈표면온도)
> $\quad = V_{mpp} + ($해당모듈표면온도$ - 25[℃])$
> $\qquad \times \dfrac{\text{온도계수}}{100} \times V_{mpp}$
> P_{mpp}(해당모듈표면온도)
> $\quad = V_{mpp}$(해당모듈표면온도)$ \times I_{mpp}$
> $V_{mpp(50[℃])} = 36.4[V] + (50[℃] - 25[℃])$
> $\qquad \times \dfrac{-0.4[\%/℃]}{100} \times 36.40[V]$
> $\quad = 32.76[V]$
> $P_{mpp(50[℃])} = 32.76[V] \times 8.11[A] = 265.68 \simeq 266[W]$
> **답 ①**

05 계통연계용 태양전지시스템의 방재 대응형 축전지를 다음 조건에 의해 설치하려 한다. 설치 용량으로 가장 적합한 것은?

> - 평균부하 용량 : 5[kWh]
> - PCS 직류입력전압 : 200[V]
> - PCS 축전지 간 전압강하 : 2[V]
> - PCS 효율 : 95[%]
> - 보수율 : 0.8
> - 용량환산시간 : 24.5

① 600[Ah] ② 700[Ah]
③ 800[Ah] ④ 900[Ah]

해설 I(직류입력전류)$= P \times \dfrac{1,000}{E_f \times (V_i + V_d)}$

$= 5 \times \dfrac{1,000}{0.95 \times (200+2)} = 26.06$[A]

C(축전지 용량)$= \dfrac{KI}{L} = \dfrac{24.5 \times 26.06}{0.8}$

$= 798.09 \fallingdotseq 800$[Ah] **답** ③

06 집광형 태양광발전시스템에 관한 설명으로 틀린 것은?

① 주로 확산광(diffused light)을 집광한다.
② 렌즈 혹은 거울(mirror)을 사용하여 집광한다.
③ 높은 전류값으로 인해 전극에서의 손실을 줄이는 것이 중요하다.
④ 집광된 빛이 입사될 경우 셀의 온도가 일정하면 변환효율은 낮아지지 않고 유지가 된다.

해설 집광형은 광학계를 사용하므로 직달광 이외에는 이용할 수 없기 때문에 산란광이 적은 사막지대와 같은 장소가 아니면 효과를 발휘하기 어렵다. **답** ①

07 계통연계형 태양광발전시스템에 축전지를 부가함으로써 발생할 수 있는 장점이 아닌 것은?

① 계통전압의 안정화에 기여한다.
② 태양광발전시스템의 수명을 연장한다.
③ 정전 발생 시 전력공급의 역할을 한다.
④ 기후 급변 시나 계통부하 급변 시에 부하 평준화 역할을 한다.

해설 계통연계형 태양광발전시스템에 축전지 사용
1) 재해나 정전 시 비상용 부하에 전력을 공급하는 방재 대응
2) 일사량 급격한 변화에 대해 계통으로부터 부하급변의 영향을 적게 하기 위한 일사급변에 대한 안정화
3) 주간에 저장된 전력을 일몰 후 공급하여 적용 범위 확대 **답** ②

08 태양전지 모듈과 인버터가 통합된 형태로서 태양광발전시스템 확장이 유리한 인버터 운전 방식은?

① 중앙 집중형 인버터 방식
② 스트링 인버터 방식
③ 병렬운전 인버터 방식
④ 모듈 인버터 방식

해설 모듈 인버터 방식
1) 각 태양전지 모듈별로 MPP 동작 수행으로 최적의 발전량 생산
2) 태양광발전시스템 확장이 용이 **답** ④

09 순 현재가치를 0으로 만들어 평가하는 경제성 분석 모형은?

① 내부수익률법
② 현재가치법
③ 편익비용비율법
④ 자본회수기간법

해설 내부수익률(IRR)
- 내부수익률은 편익과 비용의 현재가치를 동일하게 할 경우의 비용에 대한 이자율을 산정하는 기법을 말함
- NPV와 IRR은 서로 다른 경제성의 결론에 도달

$\dfrac{B_1 - C_1}{(1+r)^1} + \dfrac{B_2 - C_2}{(1+r)^2} + \cdots + \dfrac{B_n - C_n}{(1+r)^n} = 0$

$= \displaystyle\sum_{t=1}^{n} \dfrac{NB_t}{(1+r)^t} = 0$ 이 되는 이자율 **답** ①

10 일반부지에 설치하는 경우 태양광에너지가중치 산정식이 틀린 것은?

설치용량	태양광에너지 가중치 산정식
① 100[kW] 미만	1.2
② 100[kW]부터 3,000[kW] 이하	$\dfrac{99.999 \times 1.2 + (용량-99.999) \times 1.0}{용량}$
③ 3,000[kW] 초과부터	$\dfrac{99.999 \times 1.2}{용량} + \dfrac{2,900.001 \times 1.0}{용량} + \dfrac{(용량-3,000) \times 0.8}{용량}$
④ 3,000[kW] 이하	1.5

> **해설** 건축물 등 기존 시설물을 이용하는 경우
>
> | 설치용량 | 태양광에너지 합성가중치 산정식 |
> |---|---|
> | 3,000[kW] 이하 | 1.5 |
> | 3,000[kW] 초과부터 | $\dfrac{3,000 \times 1.5 + (용량-3,000) \times 1.0}{용량}$ |
>
> **답** ④

11 다음의 전력–전압 특성을 가지는 태양광발전 모듈에서 최대전력(Maximum Power, P_{max})을 얻기 위한 조건은?

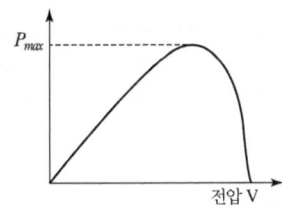

① $\dfrac{dP}{dV} > 0$ ② $\dfrac{dP}{dV} = 0$

③ $\dfrac{dP}{dV} = 1$ ④ $\dfrac{dP}{dV} < 0$

> **해설** 전력과 전압이 증가가 정지된 상태일 때 최대 전력을 얻을 수 있다. **답** ②

12 신재생에너지 설비인증 받은 자가 보험 또는 공제에 가입하지 않은 기간이 30일 이하인 경우 1회 위반 시 얼마 이하의 과태료를 부과하는가?

① 2백만원 이하   ② 5백만원 이하
③ 3천만원 이하   ④ 5천만원 이하

> **해설** 제31조(과태료의 부과기준)
> 신재생에너지 설비인증 받은 자가 보험 또는 공제에 가입하지 않은 기간이 30일 이하인 경우는 1회 위반 시 2백만원 이하의 과태료를 부과한다. **답** ①

13 BIPV(Building Integrated PV System)에 대한 장점이 아닌 것은?

① 출력이 불안정하다.
② 전기를 자체 생산하여 건물에 전력 소비 지원이 가능하다.
③ 건물외벽에 일체형으로 시공되므로 별도의 설치부지가 필요 없어 면적이 좁고 고층건물이 많은 우리나라에 적합하다.
④ BIPV로 사용되는 건축자재는 다양한 색상을 구현할 수 있기 때문에 건물의 심미성을 향상시킨다.

> **해설** 단점
> ① 조성가격이 비싸다.
> ② 출력이 불안정하다.
> ③ 외벽에 부착되어 있어서 설치각도가 제한적이다.
> **답** ①

14 '개발행위허가'만으로 태양광 발전소를 건설할 수 있는 '자연환경보전지역'의 면적제한 기준은 최대 몇 [m²] 미만인가?

① 5천 제곱미터   ② 1만 제곱미터
③ 2만 제곱미터   ④ 3만 제곱미터

> **해설** 1) 도시지역
> 가. 주거지역·상업지역·자연녹지지역·생산녹지지역 : 1만 제곱미터 미만
> 나. 공업지역 : 3만 제곱미터 미만
> 다. 보전녹지지역 : 5천 제곱미터 미만
> 2) 관리지역 : 3만 제곱미터 미만
> 3) 농림지역 : 3만 제곱미터 미만
> 4) 자연환경보전지역 : 5천 제곱미터 미만 **답** ①

15 정부와 에너지공급사간에 신재생에너지 확대 보급을 위해 체결한 협약은?

① REP
② REC
③ RPA
④ RPS

해설 "신·재생에너지 개발공급협약(RPA)"이란 정부와 에너지공급사간에 신·재생에너지 확대 보급을 위해 체결한 협약을 말한다. **답** ③

16 전기사업법령에 따라 사업계획에 포함되어야 할 사항 중 전기설비 개요에 포함되어야 할 사항에 해당하지 않는 것은? (단, 전기설비가 태양광설비인 경우)

① 인버터 종류
② 집광판의 면적
③ 태양전지의 종류
④ 이차전지의 종류

해설 태양광설비인 경우
가) 태양전지의 종류, 정격용량, 정격전압 및 정격출력
나) 인버터(Inverter)의 종류, 입력전압, 출력전압 및 정격출력
다) 집광판(集光板)의 면적 **답** ④

17 태양광발전용 인버터의 전력변환 효율이 다음과 같을 때 유로(변환) 효율은 몇 [%]인가?

정격전력[%]	전력변환효율[%]
5	76
10	79
20	83
30	87
50	93
100	95

① 90.10
② 90.15
③ 90.20
④ 90.25

해설 $\eta_{Euro} = 0.03 \times \eta_{5\%} + 0.06 \times \eta_{10\%} + 0.13 \times \eta_{20\%} + 0.1 \times \eta_{30\%} + 0.48 \times \eta_{50\%} + 0.2 \times \eta_{100\%}$
$= 0.03 \times 76 + 0.06 \times 79 + 0.13 \times 83 + 0.1 \times 87 + 0.48 \times 93 + 0.2 \times 95$
$= 90.15$ **답** ②

18 위도가 35°인 지역의 하지 시 태양의 남중고도는 몇 도(°)인가?

① 68.5°
② 78.5°
③ 88.5°
④ 58.5°

해설 남중고도
$90° - \phi + 23.5 = 90° - 35° + 23.5 = 78.5°$
· 동지 시 남중고도 : $90° - \phi - 23.5$
· 하지 시 남중고도 : $90° - \phi + 23.5$
· 춘·추분 남중고도 : $90° - \phi$ **답** ②

19 산지전용 시 공통으로 적용되는 허가기준이 아닌 것은?

① 집단적인 조림 성공지 등 우량한 산림이 많이 포함되지 않을 것
② 토사의 유출·붕괴 등 재해발생이 우려되지 않을 것
③ 산림의 수원 함양 및 수질보전기능을 크게 해치지 않을 것
④ 인근 산림의 경영·관리에 큰 지장을 주지 않을 것

해설 산지전용 시 공통으로 적용되는 허가기준
1) 인근 산림의 경영·관리에 큰 지장을 주지 않을 것
2) 희귀 야생 동·식물의 보전 등 산림의 자연 생태적 기능유지에 현저한 장애가 발생되지 않을 것
3) 토사의 유출·붕괴 등 재해발생이 우려되지 않을 것
4) 산림의 수원 함양 및 수질보전기능을 크게 해치지 않을 것
5) 사업계획 및 산지전용면적이 적정하고 산지전용방법이 자연경관 및 산림훼손을 최소화하며 산지전용 후의 복구에 지장을 줄 우려가 없을 것 **답** ①

20 석탄을 액화·가스화한 에너지 및 중질잔사유(重質殘渣油)를 가스화한 에너지로서 대통령령으로 정하는 에너지는?

① 바이오가스
② 매립지가스
③ 바이오디젤
④ 합성가스

해설 제2조(정의)
합성가스는 석탄을 액화·가스화한 에너지 및 중질잔사유(重質殘渣油)를 가스화한 에너지로서 대통령령으로 정하는 에너지이다. **답** ④

2과목 - 태양광발전 설계

21 토지에 있는 구조물이나 건물 등의 위치를 측량하여 지적도나 임야도면에 표시하는 측량은?

① 현황측량 ② 분할측량
③ 계량측량 ④ 구조측량

해설 토목측량
1) 경계측량 : 토지경계 분쟁시 내 땅이 어디까지인지 파악할 때 하는 측량
2) 분할측량 : 한 부지에 여러 태양광발전소를 설치하기 위해 한 필지의 땅을 두 필지 이상으로 분할하고자 하는 측량
3) 현황측량 : 토지에 있는 구조물이나 건물 등의 위치를 측량하여 지적도나 임야도면에 표시하는 측량
답 ①

22 피뢰시스템의 보호각법에서 Ⅲ레벨의 회전구체 반경 r[m]의 최대값은?

① 10 ② 20
③ 30 ④ 45

해설 피뢰시스템의 보호각법

피뢰시스템의 레벨	보호법	
	회전구체반경(m)	매시치수(m)
Ⅰ	20	5×5
Ⅱ	30	10×10
Ⅲ	45	15×15
Ⅳ	60	20×20

답 ④

23 태양전지 어레이의 세로길이(L) 0.6[m], 어레이의 경사각(a)을 33°, 태양의 고도각(b)을 15°로 산정하여 북위 37° 지방에서 태양광 발전소를 건설하고자 할 때, 어레이간의 최소 이격거리는 약 몇 [m]로 하면 되는가?

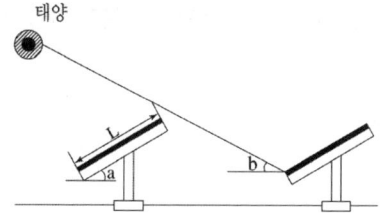

① 1.595 ② 1.723
③ 1.889 ④ 2.273

해설 $d = 0.6 \times \dfrac{\sin(180° - 33° - 15°)}{\sin 15°} = 0.6 \times \dfrac{\sin 132°}{\sin 15°}$

$= 0.6 \times 2.8712 = 1.723$[m] **답** ②

24 태양광발전시스템 구조물의 지진하중 산출식 $K = C_L \times G$에서 G는 무엇을 의미하는가? (단, C_L은 지진층 전단력계수이다.)

① 풍압하중 ② 고정하중
③ 유동하중 ④ 적설하중

해설 K : 지진하중, C_L : 지진층 전단력계수
G : 고정하중 **답** ②

25 다음과 같은 태양광발전시스템의 어레이 설계 시 직병렬 수량은?

- 모듈 최대 출력 : 250[Wp]
- 1스트링 직렬매수: 10직렬
- 시스템 출력 전력 : 50,000[W]

① 10직렬 – 10병렬
② 10직렬 – 15병렬
③ 10직렬 – 20병렬
④ 10직렬 - 25병렬

해설 시스템 출력 전력 = 병렬수 × 모듈최대전력 × 직렬수

병렬수 = $\dfrac{\text{시스템 출력 전력}}{\text{모듈최대전력} \times \text{직렬수}} = \dfrac{50,000[W]}{250[W_p] \times 10}$

$= 20$ **답** ③

26 건축자재와 태양전지를 결합시켜 지붕, 파사드, 블라인드 등과 같이 건물외피에 적용하는 건축물 일체형 태양광발전시스템의 종류로 옳은 것은?

① HIT ② CPV
③ BIPV ④ CIGS

해설 건물일체형 태양광시스템(BIPV:Building Integrated PV)이란 태양광 모듈을 건축물에 설치하여 건축 부자

재의 역할 및 기능과 전력생산을 동시에 할 수 있는 시스템으로 창호, 스팬드럴, 커튼월, 이중파사드, 외벽, 차양시설, 아트리움, 슁글, 지붕재, 캐노피, 테라스, 파고라 등을 범위로 한다. **답** ③

27 감리원은 환경영향평가법에 따른 환경영향 조사결과를 조사기간이 만료된 날부터 며칠 이내에 지방환경청장 및 승인기관의 장에게 통보할 수 있도록 하여야 하는가?

① 7일 　　② 14일
③ 30일 　　④ 60일

해설 감리원은 환경영향평가법에 따른 환경영향 조사결과를 조사기간이 만료된 날부터 30일 이내에 지방환경청장 및 승인기관의 장에게 통보할 수 있도록 하여야 한다. **답** ③

28 비상주 감리원의 업무가 아닌 것은?

① 근무상황판에 현장근무위치와 업무내용 기록
② 설계도서 등의 검토
③ 기성 및 준공검사
④ 공사와 관련하여 발주자(지원업무수행자 포함)가 요구한 기술적 사항 등에 대한 검토

해설 태양광발전 비상주감리원은 다음 각 호에 따라 업무를 수행하여야 한다.
1) 설계도서의 검토
2) 태양광발전 상주감리원이 수행하지 못하는 현장 조사 분석 및 시공상의 문제점에 대한 기술 검토와 민원사항에 대한 현지조사 및 해결방안 검토
3) 중요한 설계변경에 대한 기술 검토
4) 설계변경 및 계약금액 조정의 심사
5) 기성 및 준공검사
6) 정기적(분기 또는 월별)으로 현장 시공상태를 종합적으로 점검, 확인, 평가하고 기술지도
7) 공사와 관련하여 발주자(지원업무수행자 포함)가 요구한 기술적 사항 등에 대한 검토
8) 그 밖에 감리 업무 추진에 필요한 기술지원 업무 **답** ①

29 태양광발전 설비용량과 부하에서 소비하는 전력량의 관계를 올바르게 나타낸 것은?

P_{AS} : 표준상태에서의 태양광 어레이의 출력[kW]
H_A : 태양광 어레이면 일사량[kWh/m² · 기간]
G_S : 표준상태에서의 일사강도[kW/m²]
E_L : 부하소비전력량[kWh/기간]
D : 부하의 태양광발전시스템에 대한 의존율
R : 설계여유계수
K : 종합설계지수

① $P_{AS} = \dfrac{E_L \times G_S \times R}{(H_A/D) \times K}$

② $P_{AS} = \dfrac{E_L \times D \times R}{(H_A/G_S) \times K}$

③ $P_{AS} = \dfrac{E_L \times G_S \times R \times K}{(H_A/D)}$

④ $P_{AS} = \dfrac{D \times R \times K}{(H_A/E_L \times G_S)}$

해설 태양전지모듈의 효율
$P_{AS} = \dfrac{E_L \times D \times R}{(H_A/G_S) \times K}$ **답** ②

30 태양광발전설비에 사용될 전선의 굵기 선정 시 고려사항이 아닌 것은?

① 전압강하
② 허용전류
③ 기계적강도
④ 내화성

해설 전선의 굵기 선정 시 고려사항 :
허용전류, 전압강하, 기계적 강도 **답** ④

31 과전류트립 동작시간 및 특성(산업용 배선용 차단기)에서 정격전류의 구분이 63[A] 이하이고 시간이 60분일 때 동작 전류는 몇 배인가?

① 1.0배 　　② 1.2배
③ 1.3배 　　④ 2.0배

해설 KEC 212.3.4 보호장치의 특성
과전류트립 동작시간 및 특성(산업용 배선용 차단기)

정격전류의 구분	시간	정격전류의 배수 (모든 극에 통전)	
		부동작 전류	동작 전류
63[A] 이하	60분	1.05배	1.3배
63[A] 초과	120분	1.05배	1.3배

답 ③

32 태양전지 어레이의 설치각도와 전후면 이격거리를 결정하는 요소가 아닌 것은?

① 장애물의 높이 ② 어레이의 크기
③ 설치지역의 위도 ④ 인버터의 효율

해설 태양광 어레이 이격거리 결정 요소
태양광 어레이 경사각, 전면의 태양광 어레이 높이, 태양 고도각, 설치지역의 위도   **답** ④

33 태양전지 어레이의 경사각에 대한 설명 중 틀린 것은?

① 경사각을 낮출수록 대지 이용률이 감소함
② 건축물의 경사진 지붕을 이용할 경우 지붕의 경사각으로 함
③ 적설을 고려하여 선정
④ 태양광 어레이가 지면과 이루는 각

해설 어레이 경사각
• 건축물의 경사진 지붕을 이용할 경우 지붕의 경사각으로 함
• 적설을 고려하여 선정
• 태양광 어레이가 지면과 이루는 각
• 발전량이 연간 최대가 되는 최적 경사각 설정
• 발전 시간 내 음영이 생기지 않도록 어레이 배치
• 경사각을 낮출수록 대지 이용률이 증가함   **답** ①

34 자연상태의 토량 1000[m³]를 흐트러진 상태로 하면 토량은 몇 [m³]로 되는가? (단, 흐트러진 상태의 토량 변화율은 1.3이고 다져진 상태의 토량 변화율은 0.9이다.)

① 900 ② 1000
③ 1300 ④ 1500

해설 토량 = 자연상태의 토량 × 흐트러진 상태의 토량 변화율
= 1000[m³] × 1.3 = 1300[m³]   **답** ③

35 태양광 설치 방법 중 발전효율이 가장 낮은 것은?

① 추적식 어레이
② 고정식 어레이
③ 건물통합형(BIPV)
④ 경사가변형 어레이

해설 발전효율의 크기
추적식어레이 > 경사가변형 어레이 > 고정식어레이 > 건물통합형(BIPV)   **답** ③

36 태양전지 어레이용 가대의 구조설계 시 적용되는 상정하중의 분류 중 수평하중에 속하는 것은?

① 풍하중 ② 활하중
③ 고정하중 ④ 적설하중

해설 • 수직하중 : 고정하중, 적설하중, 활하중
• 수평하중 : 풍하중, 지진하중   **답** ①

37 주로 청사나 학교 관사 옥상의 태양전지 모듈 설치공법으로서 각 모듈 제조회사의 표준사양으로 되어 있는 형태는?

① 지붕재형 ② 평지붕형
③ 지붕재 일체형 ④ 경사 지붕형

해설 설치방식
1) 지붕재형 : 주변 지붕재와의 배합이 가능하며, 주로 신축 주택용 건물에 설치된다.
2) 지붕재 일체형 : 방수성, 내구성 등 지붕의 여러 기능을 겸비하며, 주변 지붕재와 동일한 형상을 하고 있기 때문에 지붕과 일체감이 있고, 건축의 미적 디자인을 손상시키지 않는다.
3) 경사 지붕형 : 주로 주택용 설치공법으로서 각 모듈 제조회사의 표준사양으로 되어 있다.   **답** ②

38 다음 중 보호도체의 종류가 아닌 것은?

① PEN ② PEL
③ PES ④ PEM

해설 • PEN 도체(protective earthing conductor and neutral conductor)란 교류회로에서 중성선 겸용 보호도체를 말한다.
• PEM 도체(protective earthing conductor and a mid−point conductor)란 직류회로에서 중간도체 겸용 보호도체를 말한다.
• PEL 도체(protective earthing conductor and a line conductor)란 직류회로에서 선도체 겸용 보호도체를 말한다. **답** ③

39 신재생발전기 계통연계기준에 따라 태양광발전기 계통운영자가 지시하는 기능을 수행하기 위해 구비하여야 하는 무효전력 제어방식에 해당하지 않는 것은?

① 일정 역률 제어
② 일정 입력전류 제어
③ 일정 무효전력 출력제어
④ 전압 조정을 위한 무효전력 제어

해설 1) 일정 역률 제어
접속점에서 출력 역률을 계통운영자가 정한 기준에 따라 일정하게 유지할 수 있도록 무효전력을 제어하는 방법을 말함
2) 일정 무효전력 제어
접속점에서 무효전력 출력을 계통운영자가 정한 기준에 따라 일정하게 유지할 수 있도록 무효전력을 제어하는 방법을 말함
3) 전압 조정을 위한 무효전력 제어
접속점에서 계통운영자가 전압을 규정 범위 내에서 유지할 수 있도록 무효전력을 제어하는 방법을 말함 **답** ②

40 건축물의 설계도서 작성기준에 따른 설계도서 작성방법에서 계획 설계의 도서내용 중 전기설비계획서의 내용에 해당하지 않는 것은?

① 적용 시스템 비교 검토
② 추정 부하 산정
③ 개략 예산 검토
④ 해당 법규 검토

해설 건축물의 설계도서 작성기준에 따른 설계도서 작성방법에서 계획 설계의 도서내용 중 전기설비계획서의 내용은 해당 법규 검토, 추정 부하 산정, 개략 예산 검토, 설계방향설정 및 전기설비 계획개요 **답** ①

3과목 - 태양광발전 시공

41 공정관리 기법의 종류가 아닌 것은?

① 막대그림표
② 좌표식 공정표
③ 네트워크 공정표
④ 주요경로 관리 기법

해설 공정관리 기법의 종류
1) 막대그림표
공정을 종축에, 공기를 횡축에 취하여 각각의 공사 기간을 선으로 표시한 것으로서 일차대전 중 Gantt가 고안하여 Gantt (Bar) chart 라고도 한다.
2) 좌표식 공정표
직각 좌표축의 횡축에 공사 기간을, 종축에 공사량·위치 등을 취하여 좌표로 표시하는 방법으로서 노선공사, 단일 공정의 공사에 효율적으로 사용할 수 있다.
3) 네트워크 공정표
공사의 상호관계를 명백하게 표시하기 위해 네트워크를 작성하고 관련 계산을 시도하여 여러 가지 검토가 가능한 관리기법이다. **답** ④

42 금속부재 절단작업 시 개인보호구가 아닌 것은?

① 전기용 안전화   ② 방진마스크
③ 헬멧   ④ 보호안경

해설 안전확보 2차 재해를 방지를 위한 개인용 안전장구
① 전기용 안전화 ② 안전대 ③ 전기용 안전모
④ 안전허리띠 **답** ①

43 지반이 연약하여 흙과 흙 사이에 시멘트플을 넣어서 지반을 튼튼하게 하는 공법은?

① 스파이럴 공법
② 스크류 공법
③ 레이밍 파일 공법
④ 보링그라우팅 공법

해설 지상형(일반지상, 산지, 농지) 태양광발전설비 기초 공법
(1) 스파이럴(Spiral) 공법 : 큰 크리트 기초와 다르게 토지에 직접 스파이럴 파일(나선형 구조물)을 삽입하

는 공법

(2) 스크류(Screw) 공법 : 토지에 직접 스크류 파일을 삽입하는 공법

(3) 레이밍 파일(Ramming pile) 공법 : 토지에 직접 U형, C형, H형 단면 등의 파일 기초를 삽입하는 공법

(4) 보링그라우팅 공법 : 지반이 연약하여 흙과 흙 사이에 시멘트풀을 넣어서 지반을 튼튼하게 하는 공법

답 ④

44 연동연선의 단면적이 253[mm²]이고, 소선의 지름이 2.3[mm]이며, 4층 구조라 할 때 소선의 가닥수는?

① 19 ② 37

③ 61 ④ 91

해설 소선가닥수

$N = 3n(n+1)+1 = 3 \times 4 \times (4+1)+1 = 61$[가닥]

* 전선외경 공식 $D = (1+2n)d$

* 1층(7가닥), 2층(19가닥), 3층(37가닥), 4층(61가닥), 5층(91가닥)

답 ③

45 전등 설비 250[W], 전열 설비 800[W], 전동기 설비 200[W], 기타 150[W]인 수용가가 있다. 이 수용가의 최대수용전력이 910[W]이면 수용률은?

① 65[%] ② 70[%]

③ 75[%] ④ 80[%]

해설 수용률 $= \dfrac{\text{최대수용전력[W]}}{\text{부하설비용량[W]}} \times 100[\%]$

$= \dfrac{910}{250+800+200+150} \times 100[\%]$

$= 65[\%]$

답 ①

46 전력계통에 태양광발전시스템을 연계 시 전력품질의 고려사항이 아닌 것은?

① 역률 ② 플리커

③ 유도장해 ④ 고조파전류

해설 전력계통 연계 시 유효전력, 무효전력, 전압, 전압변동(플리커 발생요인), 역률 등을 감시할 수 있는 장비가 설치되어야 한다.

답 ③

47 1[m]의 하중 0.37[kg]의 전선을 지지점이 수평인 경간 80[m]에 가설하여 딥을 0.8[m]로 하려면, 장력은 몇 [kg]인가?

① 350 ② 360

③ 370 ④ 380

해설 $D = \dfrac{WS^2}{8T}$ 에서

$T = \dfrac{WS^2}{8D} = \dfrac{0.37 \times 80^2}{8 \times 0.8} = \dfrac{0.37 \times 6400}{6.4} = 370$[kg]

답 ③

48 태양전지검사의 전기적 특성시험의 해당사항이 아닌 것은?

① 개방전압 ② 최대출력

③ 충진률 ④ 전력온도변환계수

해설 전지 전기적 특성시험

1) 최대출력($P_{\max}$) : 태양광발전소에 설치된 태양광전지의 셀 당 최대 출력

2) 개방전압(V_{oc}) : 기준 일사량 및 온도 조건 하에서 회로 개방하고 두 단자(+, −)를 측정한 전압

3) 단락전류(I_{sc}) : 기준 일사량 및 온도 조건 하에서 회로 단락상태에서 측정한 전류

4) 최대출력전압 및 전류 : 태양광발전소 검사 시 순간 최대 출력이 발생할 때 전력변환장치의 교류 전압 및 전류

5) 충진률 : 개방전압과 단락전류의 곱에 대한 최대출력의 비

6) 출력변환효율 : 전력변환장치 효율 시험성적서를 확인

답 ④

49 다음 중 적설하중과 관련 있는 사항이 아닌 것은?

① 내압계수 ② 노출계수

③ 온도계수 ④ 중요도계수

해설 적설하중

1) 평지붕의 적설하중

$S_f = C_b \times C_e \times C_t \times I_s \times S_g$[kN/m²]

여기서, S_f : 평지붕의 적설하중,

C_b : 기본 지붕 적설하중계수(0.7 적용),

C_e : 노출계수, C_t : 온도계수,

I_s : 중요도 계수,

S_g : 지상 적설하중의 기본값

2) 경사지부의 적설하중

$$S_s = S_f \times C_s [\text{kN/m}^2]$$

여기서, S_s : 경사지붕의 적설하중
S_f : 평지붕하중의 적설하중
C_s : 지붕경사도계수

3) 내압계수 : 풍하중에서 사용   **답** ①

50 태양광 발전설비 점검 시 비치해야 하는 전기 안전관리 장비가 아닌 것은?

① 온도계
② 습도계
③ 적외선 온도측정기
④ 클램프 미터

해설 태양광 발전설비 점검 시 비치해야 하는 전기안전관리 장비는
1) 온도계 : 주변온도 측정에 사용
2) 클램프 미터 : 태양전지모듈의 출력 전류, 전력 측정
3) 적외선 온도측정기 : 열화   **답** ②

51 태양광발전설비의 준공 후 감리원이 발주자에게 인수·인계할 목록에 반드시 포함되어야 하는 서류가 아닌 것은?

① 안전교육 실적표
② 기자재 구매서류
③ 시설물 인수·인계서
④ 품질시험 및 검사성과 총괄표

해설 준공 후 감리원이 발주자에게 인수·인계할 목록
1) 준공사진첩
2) 준공도면
3) 품질시험 및 검사성과 총괄표
4) 기자재 구매서류
5) 시설물 인수·인계서
6) 그 밖에 발주자가 필요하다고 인정하는 서류   **답** ①

52 비상주 감리원의 업무 범위가 아닌 것은?

① 기성 및 준공검사
② 설계변경 및 계약금액 조정의 심사
③ 감리업무 수행계획서, 감리원 배치계획서 검토

④ 정기적으로 현장 시공 상태를 종합적으로 점검·확인·평가하고 기술지도

해설 비상주감리원이 수행하여야 할 업무
1) 설계도서 등의 검토
2) 상주감리원이 수행하지 못하는 현장 조사 분석 및 시공상의 문제점에 대한 기술 검토와 민원사항에 대한 현지조사 및 해결방안 검토
3) 중요한 설계변경에 대한 기술 검토
4) 설계변경 및 계약금액 조정의 심사
5) 기성 및 준공검사
6) 정기적(분기 또는 월별)으로 현장 시공 상태를 종합적으로 점검·확인·평가하고 기술지도
7) 공사와 관련하여 발주자(지원업무수행자 포함)가 요구한 기술적 사항 등에 대한 검토
8) 그 밖에 감리 업무 추진에 필요한 기술지원 업무   **답** ③

53 송전선로의 안정도 증진법이 아닌 것은?

① 계통을 연계한다.
② 전압변동을 적게 한다.
③ 직렬 리액턴스를 크게 한다.
④ 중간 조상방식을 채택한다.

해설 송전선로의 안정도 증진방법
1) 직렬 리액턴스를 적게 한다.
2) 전압 변동을 적게 한다.
3) 계통을 연계한다.
4) 고장전류를 줄이고 고장구간을 고속으로 차단한다.
5) 중간 조상방식을 채택한다.
6) 고장 시 발전기 입출력의 불평형을 적게 한다.   **답** ③

54 접지망의 접지저항 측정 시 보조극의 저항 구역이 중첩되지 않도록 접지극 규모의 몇 배를 이격하여야 하는가?

① 2
② 3.5
③ 5
④ 6.5

해설 접지망의 접지저항 측정
보조극의 저항 구역이 중첩되지 않도록 접지극 규모의 6.5배를 이격하거나, 접지극과 전류보조극간 80[m] 이상 이격하여 측정   **답** ④

55 태양광 전지의 사용 전 검사의 세부내용이 아닌 것은?

① 외관검사

② 어레이 접지상태 확인

③ 전지의 전기적 특성시험

④ 제어회로 및 경보시험

해설 제어회로 및 경보시험은 전력변환장치 검사에 해당함
답 ④

56 전력시설물 공사감리업무 수행지침의 용어 정의에서 공사 또는 감리업무가 원활하게 이루어지도록 하기 위하여 감리원, 발주자, 공사업자가 사전에 충분한 검토와 협의를 통하여 모두가 동의하는 조치가 이루어지도록 하는 것은?

① 지시　　　② 합의

③ 승인　　　④ 조정

해설 공사감리 업무 수행지침(용어정의)
승인이란 발주자 또는 감리원이 공사 또는 감리업무와 관련하여, 이 지침에 나타난 승인사항에 대하여 감리원 또는 공사업자의 요구에 따라 그 내용을 서면으로 동의하는 것을 말하며, 발주자 또는 감리원의 승인없이는 다음 단계의 업무를 수행할 수 없다.
답 ④

57 설계감리의 업무 범위가 아닌 것은?

① 설계의 경제성 검토

② 주요 기자재 공급원의 검토 · 승인

③ 공사기간 및 공사비의 적정성 검토

④ 설계내용의 시공 가능성에 대한 사전 검토

해설 **설계감리의 업무 범위**
1) 전력시설물공사의 관련 법령, 기술기준, 설계기준 및 시공기준에의 적합성 검토
2) 사용자재의 적정성 검토
3) 설계의 경제성 검토
4) 설계공정의 관리에 관한검토
5) 설계 내용의 시공 가능성에 대한 사전 검토
6) 공사기간 및 공사비의 적정성 검토
7) 설계도면 및 설계 설명서 작성의 적정성 검토
답 ②

58 벽 건재형의 특징이 아닌 것은?

① 셀의 배치에 따라 개구율을 바꿀 수 있다.

② 태양전지가 벽재로서 기능하는 타입

③ 유리창의 기능(채광성, 투시성)을 보유하고 있는 타입

④ 주로 커텐월 등으로 설치되어 있다.

해설 **벽 건재형의 특징**
1) 태양전지가 벽재로서 기능하는 타입
2) 셀의 배치에 따라서 개구율을 바꿀 수 있다.
3) 알루미늄 새시 등 지지공법이 여러 가지이므로 선택할 수 있다.
4) 주로 커텐월 등으로 설치되어 있다.
　• 유리창의 기능(채광성, 투시성)을 보유하고 있는 타입 - 창재형의 특징
답 ③

59 네트워크에 의한 공정관리기법의 종류가 아닌 것은?

① CPM 기법　　② ADM 기법

③ PERT 기법　　④ RAMPS 기법

해설 ADM(arrow diagramming method) : 화살선형 네트워크 공정기법으로서 화살선은 작업에 대한 시간적 의미를 가지고 있다.
답 ②

60 터파기(KSC 11 20 15 : 2018)에 따른 현장 품질관리에 대한 설명으로 틀린 것은?

① 파낸 바닥면과 기초에 접하거나 아래에 있는 흙을 동해를 입지 않도록 보호해야 한다.

② 지반변위나 이완된 흙이 터파기 바닥면으로 떨어지는 것을 방지하고 시공 중 지반 안정을 유지해야 한다.

③ 터파기공사 중 토질에 변화가 생길 때에는 즉시 공사감독자에게 보고하여 승인을 받은 후 시공하여야 한다.

④ 예상하지 못한 지중조건이 발견되면 공사감독자에게 통지하고 작업 중지 지시가 있을 때까지는 해당구역의 작업을 계속 진행해야 한다.

해설 예상하지 못한 지중조건이 발견되면 감독원에게 통지하고 작업 재개 지시가 있을 때까지는 해당구역의 작업을 중지해야 한다.
답 ④

4과목 - 태양광발전 운영

61 발전소에서 생산된 전력의 시간대별 가격을 나타내는 것은?

① SMP   ② REC
③ RPS   ④ FIT

해설 1) FIT(Feed-in Tariff)
발전차액지원제도로 정부가 일정기간 정해진 가격을 보장하는 제도
2) RPS(Renewable PortFolio Standard)
신재생에너지 의무할당제로 정부가 의무부과를 통해 시장을 창출해 주되, 가격은 시장원리에 따라 결정하게 하는 방식
3) REC(Renewable Energy Certificates)
신재생 전력에 대한 교환, 지불, 저장, 가치척도 수단으로 RPS 대상 신재생 에너지설비에서 생산된 전력임을 증명하는 증서   **답** ①

62 계기용 변성기(표준용 및 일반계기용)(KS C 1706 : 2019)에 따라 배전반용으로 사용되는 계기용변성기의 계급으로 옳은 것은?

① 0.1급   ② 0.2급
③ 0.5급   ④ 3.0급

해설 •계기용변성기의 계급

계급	호칭	용도
0.5급	일반 계기용	정밀 계측용
1.0급		보통 계측용, 배전반용
3.0급		배전반용
0.1급	표준용	계기용변성기 시험용의 표준기
0.2급		특별 정밀 계기용

답 ④

63 신재생에너지 모니터링 설치기준 중 인버터 CT 정확도는 몇 [%] 이내인가?

① 0.5   ② 1
③ 2   ④ 3

해설 모니터링설비의 계측설비 요구사항

계측설비	요구사항	확인방법
인버터	CT 정확도 3[%] 이내	• 관련 내용이 명시된 설비 스펙 제시 • 인증 인버터는 면제
온도센서	정확도 ±0.3[℃] (−20~100[℃]) 미만	• 관련 내용이 명시된 설비 스펙 제시
	정확도 ±1[℃] (100~1000[℃]) 이내	
유량계, 열량계	정확도 ±1.5[%] 이내	• 관련 내용이 명시된 설비 스펙 제시
전력량계	정확도 1[%] 이내	• 관련 내용이 명시된 설비 스펙 제시

답 ④

64 태양광발전시스템의 신뢰성 평가 및 분석 항목에 대한 설명 중 틀린 것은?

① 운전 데이터의 결측 상황
② 계측 트러블 – 컴퓨터 전원의 차단 및 조작오류
③ 정기점검, 개수정전, 계통정전 등의 수시정지 상황
④ 시스템 트러블 – 인버터의 정지, 직류지락, 계통지락 등에 의한 시스템의 운전정지

해설 태양광발전시스템 신뢰성 평가 및 분석 항목
1) 시스템 트러블 사례
2) 운전 데이터의 결측 상황
3) 계측 트러블 사례   **답** ③

65 분산형 전원 배전계통 연계 기술기준에 따라 계통연계형 인버터의 주파수 범위가 $f < 57.5$ [Hz]일 때 분리시간 은 몇 초인가?

① 0.15   ② 0.16
③ 299   ④ 300

해설 비정상 주파수에 대한 운전지속시간

분산형전원 용량	주파수 범위[주] [Hz]	운전지속시간[주] [초]	분리시간[주] [초]
용량무관	$f > 61.5$	–	0.16
	$f < 57.5$	299	300
	$f < 57.0$	–	0.16

답 ④

66 5000[kW]의 수상 태양광 발전소의 RPS 가중치는?

① 1.113　　② 1.215
③ 1.323　　④ 1.5

해설 RPS 가중치

$$= \frac{99.999 \times 1.6}{5000} + \frac{2,900.001 \times 1.4}{5000}$$
$$+ \frac{(5000-3,000) \times 1.2}{5000} = 1.323$$

설치용량	태양광에너지 가중치 산정식
100[kW] 미만	1.6
100[kW]부터 3,000[kW] 이하	$\dfrac{99.999 \times 1.6 + (용량 - 99.999) \times 1.4}{용량}$
3,000[kW] 초과부터	$\dfrac{99.999 \times 1.6}{용량} + \dfrac{2,900.001 \times 1.4}{용량}$ $+ \dfrac{(용량 - 3,000) \times 1.2}{용량}$

답 ③

67 화학물질 취급장소에서 유해·위험 경고 이외의 위험경고, 주의표시 또는 기계방호물의 경고 색상은?

① 녹색　　② 노란색
③ 파랑색　　④ 빨강색

해설 색도기준(색깔) 및 용도

색상	용도	사용예시
빨간색	금지	정지신호, 소화설비 및 장소 유해행위의 금지
	경고	화학무질 취급 장소에서의 유해·위험경고
노란색	경고	화학물질 취급 장소에서의 유행·위험경고 이외의 위험경고, 주의표시 또는 기계방호 물
파란색	지시	특정 행위의 지시 및 시설의 고지
녹색	안내	비상구 및 피난소, 사람 또는 차량의 통행표시
흰색	–	파란색 또는 녹색에 대한 보조 색
검은색	–	문자 및 빨간색 또는 노란색에 대한 보조 색

답 ②

68 태양광발전시스템의 구조물에 발생하는 고장으로 틀린 것은?

① 이상진동음　　② 구조물변형
③ 황색변이　　④ 녹 및 부식

해설 황색변이는 태양전지 모듈에서 발생하는 고장현상이다.

답 ③

69 중대형 태양광 발전용 인버터(계통연계형, 독립형)에 따라 3상 실외형 인버터의 IP(방진, 방수) 최소 몇 등급 이상인가?

① IP 20　　② IP 44
③ IP 54　　④ IP 57

해설 태양광발전용 인버터

용도	형식	설치장소	비 고
계통연계형	단상	실내/실외	실내형 : IP20 이상 실외형 : IP44 이상
	3상	실내/실외	
독 립 형	단상	실내/실외	
	3상	실내/실외	

답 ②

70 다음 그림은 운전 상태에 따른 시스템 발생신호를 나타낸 것이다. 운전 상태는?

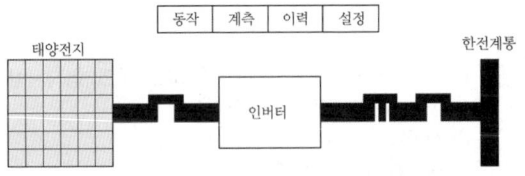

① 정상운전
② 태양전지 전압 이상 시 운전
③ 접속함 이상 시 운전
④ 인버터 이상 시 운전

해설 1) 태양전지 전압 이상 시 운전상태

2) 인버터 이상시 운전상태

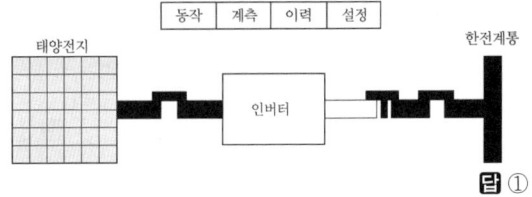

답 ①

71 태양광발전시스템에서 태양전지 스트링과 모듈의 동작불량, 직렬 접속선의 결선 누락 등을 확인하기 위한 점검 방법은?

① 일상점검
② 개방전압 측정
③ 운전상황 점검
④ 단락전류 확인

해설 개방전압 측정은 태양전지 어레이의 각 스트링의 개방전압을 측정하여 개방전압의 불균일에 따라 작동 불량의 스트링이나 태양전지 모듈의 검출 및 직렬 접속선의 결선 누락사고 등을 검출하기 위해 측정해야 한다.

답 ②

72 태양광 시스템용 이차전지(KS C 8575 : 2021)에 따른 권장 시험방법 중 형식시험에 해당하지 않는 것은?

① 용량시험
② 저온방전시험
③ 재단파 충격시험
④ 사이클 내구성 시험

해설 태양광 시스템용 이차전지(KS C 8575 : 2021) 형식시험
1) 용량 시험과 용량 보존 시험
2) 저온방전 시험
3) 사이클 내구성 시험
4) 사이클 내구성 시험(극한 조건)

답 ③

73 태양광발전 시스템 직류용 커넥터 안전 요구사항 및 시험(KS C 62852 : 2014)에 따라 잠금 장치 또는 스냅인 장치가 있는 커넥터는 최소 몇 [N]의 부하를 견뎌야 하는가?

① 10
② 30
③ 50
④ 80

해설
• 잠금 장치가 있는 커넥터
잠금장치 또는 스냅인 장치가 있는 커넥터는 최소 80[N]의 부하를 견뎌야 한다.
• 잠금 장치가 없는 커넥터
잠금장치 또는 스냅인(snap-in)장치가 없는 커넥터는 최소 50[N]의 제거하는 힘을 견뎌야 한다.

답 ④

74 주접지 단자에 접속하기 위한 등전위본딩 도체는 설비 내에 있는 가장 큰 보호접지 도체 단면적의 1/2 이상의 단면적을 가져야 한다. 구리 도체는 단면적 몇 [mm²] 이상이어야 하는가?

① 6
② 16
③ 50
④ 55

해설 KEC 143.3.1 (보호등전위본딩 도체)
1. 주접지단자에 접속하기 위한 등전위본딩 도체는 설비 내에 있는 가장 큰 보호접지 도체 단면적의 1/2 이상의 단면적을 가져야 하고 다음의 단면적 이상이어야 한다.
가. 구리도체 6[mm²]
나. 알루미늄 도체 16[mm²]
다. 강철 도체 50[mm²]

답 ①

75 송전설비 보수점검 작업 시 점검 전 유의사항이 아닌 것은?

① 무전압 상태확인 및 안전조치
② 차단기 1차 측의 통전 유무를 확인
③ 점검 시 안전을 위하여 접지선을 제거
④ 작업 주변의 정리, 설비 및 기계의 안전 확인

해설
• 점검 전의 유의사항
① 준비 철저
② 회로두에 이한 건토
③ 연락
④ 무전압 상태확인 및 안전조치
• 점검 후의 유의사항
① 접지선 제거
② 최종확인

답 ③

76 태양광발전 모듈의 온도 사이클 시험, 습도-동결 시험, 고온습도 시험을 하기 위한 환경 챔버(chamber)는?

① 항온항습 장치
② UV 시험장치
③ 염수분무 장치
④ 우박 시험장치

해설 항온항습 장치
태양전지모듈의 온도사이클시험, 습도-동결시험, 고온고습시험에 필요한 환경 챔버(chamber) 온도 ±2[℃] 이내, 습도 ±5[%] 이내

답 ①

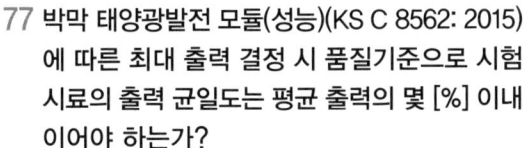

77 박막 태양광발전 모듈(성능)(KS C 8562: 2015)에 따른 최대 출력 결정 시 품질기준으로 시험 시료의 출력 균일도는 평균 출력의 몇 [%] 이내이어야 하는가?

① ±1   ② ±3
③ ±5   ④ ±10

> **해설** 시험시료의 출력 균일도는 평균출력의 ±3[%] 이내일 것   **답** ②

78 다음 중 비정상 전압에 대한 분산형 전원 분리 시간으로 틀린 것은?

	전압 범위 (기준전압에 대한 백분율[%])	분리시간 [초]
①	$V < 50$	0.5
②	$50 \leq V < 70$	1.00
③	$110 < V < 120$	1.00
④	$V \geq 120$	0.16

> **해설** $50 \leq V < 70$: 2.00(초)   **답** ②

79 전로의 사용전압이 FELV, 500[V] 이하이고 DC 전압이 500[V]일 때 절연저항값의 기준값은 몇 [MΩ]인가?

① 0.1   ② 0.2
③ 1.0   ④ 2.0

> **해설** 저압전로의 절연성능
>
> | 전로의 사용전압[V] | DC전압[V] | 절연저항[MΩ] |
> |---|---|---|
> | SELV 및 PELV | 250 | 0.5 |
> | FELV, 500[V] 이하 | 500 | 1.0 |
> | 500[V] 초과 | 1,000 | 1.0 |
>
> **답** ③

80 태양광발전시스템에 계측기구 및 표시장치의 설치 목적으로 틀린 것은?

① 시스템의 홍보
② 시스템의 운전 상태를 감시
③ 시스템 기기 또는 시스템 종합평가
④ 시스템에서 생산된 전력 판매량 파악

> **해설** 태양광발전 시스템의 계측기기나 표시장치는 시스템의 운전상태 감시, 시스템의 발전전력량 파악, 시스템의 성능을 평가하기 위한 데이터의 수집 및 시스템의 운전상황을 견학자에게 보여주고 시스템의 홍보 등의 목적으로 설치한다.   **답** ④

1과목 - 태양광발전 기획

01 다음과 같은 조건일 때 어레이와 어레이 간의 최소 이격거리는 약 몇[m]인가? (단, 경사고정식으로 정남향이다.)

> L : 모듈 어레이 길이 3[m]
> θ : 모듈 어레이 경사각 30°
> lat : 설치지역의 위도 35.5°

① 3[m]　　　　② 4[m]
③ 5[m]　　　　④ 6[m]

해설 태양전지모듈 이격거리 계산
$$D = L \times (\cos\theta + \sin\theta \times \tan(\text{lat(위도)} + 23.5°))$$
$$= 3 \times (\cos30 + \sin30 \times \tan(35.5° + 23.5°))$$
$$= 5.09[m] \simeq 5[m]$$
답 ③

02 태양광발전설비의 음영발생 원인이 아닌 것은?

① 대기 중의 습도
② 나뭇잎 또는 새의 배설물
③ 건물이나 식재 등의 장애물
④ PV어레이 상호배치에 의해 생성

해설 음영발생원인
① 인접 건물, 식재 등 장애물
② PV어레이 상호배치에 의해 생성
③ 나뭇잎 또는 새의 배설물, 흙탕물 등
답 ①

03 국토의 계획 및 이용에 관한 법령에 따른 개발행위허가를 받지 아니하여도 되는 경미한 행위 중 토석채취에 대한 내용이다. 다음 (　)에 들어갈 내용으로 옳은 것은?

> 도시지역 또는 지구단위계획구역에서 채취면적이 (　ⓐ　)제곱미터 이하인 토지에서의 부피 (　ⓑ　)세제곱미터 이하의 토석채취

① ⓐ 20　ⓑ 20　　② ⓐ 25　ⓑ 20
③ ⓐ 25　ⓑ 50　　④ ⓐ 30　ⓑ 50

해설 토석채취
가. 도시지역 또는 지구단위계획구역에서 채취면적이 25제곱미터 이하인 토지에서의 부피 50세제곱미터 이하의 토석채취
나. 도시지역·자연환경보전지역 및 지구단위계획 외의 지역에서 채취면적이 250제곱미터 이하인 토지에서의 부피 500세제곱미터 이하의 토석채취
답 ③

04 그림과 같은 인버터 방식은?

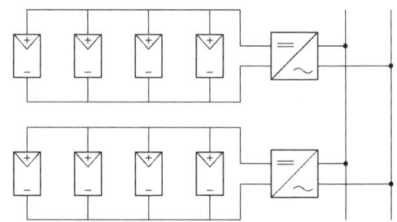

① 마스터-슬레이브 인버터 방식
② 모듈 인버터 방식
③ 병렬 인버터 방식
④ 서브어레이 인버터 방식

해설 병렬 인버터 방식은 인버터의 DC 입력 부분과 AC 출력 부분을 모두 병렬로 접속하는 방식이다.
답 ③

05 다음 중 축전지의 방전종지전압과 관계가 없는 것은?

① 부하의 최종허용전압
② 축전지와 부하간 접속선의 전압강하
③ 직렬로 접속한 단위전지 셀 수량
④ 병렬로 연결된 셀의 직렬 수

해설 방전종지전압 = 허용 최저 전압
축전지의 보호를 위해 방전을 중단해야 하는 전압 1셀당 1.8[V] 정도
$$V_P = \frac{V_a + V_c}{N} [V]$$

V_P : 단위 전지의 방전종지전압(최저전압)[V]
V_a : 부하의 최종허용전압[V]
V_c : 축전지와 부하간 접속선의 전압강하[V]
N : 직렬로 접속한 단위전지 셀 수량　**답** ④

③ 계통연계 보호장치

④ 출력 측의 전압과 결선방식

해설 트랜스리스방식은 출력 측에 트랜스가 존재하지 않아 출력 측 전압과 결선방식에 주의해야 한다.　**답** ④

---

06 일정 전압의 직류 전원에 저항을 접속하고 전류를 흘릴 때 이 전류 값을 20[%] 증가시키기 위해서는 저항값을 어떻게 하면 되는가?

① 저항값을 17[%]로 감소시킨다.

② 저항값을 20[%]로 감소시킨다.

③ 저항값을 80[%]로 감소시킨다.

④ 저항값을 83[%]로 감소시킨다.

해설 전류와 저항은 반비례하므로 전류를 20[%] 증가시키면 저항은 그 역수만큼 감소한다.

$$\frac{1}{1.2} = 0.8333$$

$V = I \times R$ 이므로 전류값 20[%] 증가 = $1 + 0.2 = 1.2$
전류가 1.2배로 되면 저항은 1/1.2배가되어야 함.
즉, 전류는 83.333[%]가 되어야 한다.　**답** ④

---

07 지형변화지수를 나타내는 식으로 올바른 것은?

① 지형변화지수 = 토공량[절토량(m^3)
　+성토량(m^3)] / 사업면적(m^2)

② 지형변화지수 = 복토량[토공량(m^3)
　+성토량(m^3)] / 사업면적(m^2)

③ 지형변화지수 = 객토량[축척량(m^2)
　+토공량(m^2)] / 사업면적(m^2)

④ 지형변화지수 = 절토량[절토량(m^2)
　+축척량(m^2)] / 사업면적(m^2)

해설 과도한 지형 훼손을 방지하기 위하여 지형변화지수 1.5 이상 발생이 예상되는 지역
지형변화지수 = 토공량[절토량(m^3)+성토량(m^3)]
　　　　　　　　　/ 사업면적(m^2)　**답** ①

---

08 트랜스리스 방식의 인버터를 선정할 경우 특히 주의해야 할 점은?

① 계통의 전압, 주파수, 상수특성 분석

② 태양광 모듈의 출력특성 분석

---

09 태양광발전설계에 AM = 1.5가 적용되는 경우 태양과 지표와의 각도는 약 몇 도(°)인가?

① 90°　　　　　　② 60°

③ 42°　　　　　　④ 30°

해설 $AM = \dfrac{1}{\sin\theta}$, $1.5 = \dfrac{1}{\sin\theta}$,

$\sin\theta = \dfrac{1}{1.5} = 0.667$

∴ $\theta = \sin^{-1}(0.667) = 41.8 = 42°$　**답** ③

---

10 지정된 공급인증기관의 수행 업무가 아닌 것은?

① 회원의 자격 심사에 관한 업무

② 국가가 소유하는 공급인증서의 거래 및 관리에 관한 사무의 대행

③ 거래시장의 개설

④ 공급인증서의 발급, 등록, 관리 및 폐기

해설 공급인증기관의 업무
1. 공급인증서의 발급, 등록, 관리 및 폐기
2. 국가가 소유하는 공급인증서의 거래 및 관리에 관한 사무의 대행
3. 거래시장의 개설
4. 공급의무자가 제12조의5에 따른 의무를 이행하는 데 지급한 비용의 정산에 관한 업무
5. 공급인증서 관련 정보의 제공　**답** ①

---

11 인버터의 전기적 보호등급 Ⅲ의 안전 최저전압은 얼마인가?

① 최대 AC : 120[V], 최대 DC : 50[V]

② 최대 AC : 120[V], 최대 DC : 120[V]

③ 최대 AC : 50[V], 최대 DC : 50[V]

④ 최대 AC : 50[V], 최대 DC : 120[V]

해설 전기적 보호등급

등급 Ⅰ	장치 접지됨	
등급 Ⅱ	보호절연(이중/강화 절연)	
등급 Ⅲ	안전 조치전압(최대 AC 50[V], 최대 DC 120[V])	

답 ④

12 태양전지의 출력은 일사강도와 표면온도에 따라 변동한다. 이런 변동에 대하여 태양전지의 동작점이 항상 최대 출력점을 추종하도록 변화시켜 태양전지에서 최대출력을 얻을 수 있는 제어는?

① 최대전력추종제어   ② 자동전압제어
③ 자동운전정지제어   ④ 단독운전제어

해설 최대전력 추종제어는 태양전지의 동작점이 항상 최대 출력점을 추종하도록 변화시키는 인버터의 기능이다.
답 ①

13 다음 설명은 인버터의 효율 중 어떤 효율에 관한 것인가?

> 태양광 모듈의 출력이 최대가 되는 최대 전력점 (MPP : Maximum Power Point)을 찾는 기술에 대한 성능 지표이다.

① 정격효율   ② 추적효율
③ 유로효율   ④ 변환효율

해설 인버터의 최적동작점을 자동으로 설정하고 추적

$$\eta_{TR} = \frac{P_{DC}\ 순간입력전력}{P_{PV}\ 최대순간\ PV\ 어레이\ 전력}$$
답 ②

14 다음 중 태양광 인버터의 기능이 아닌 것은?

① 태양 추적 기능
② 자동운전 정지 기능
③ 단독운전 방지 기능
④ 최대전력 추종제어 기능

해설 태양광 인버터기능
• 자동운전 정지 기능   • 최대전력추종제어기능
• 단독운전방지기능   • 자동전압 조정기능
• 직류 검출기능   • 직류 지락 검출기능 답 ①

15 부지선정 검토 시 법적 인허가 및 신고사항에 포함되지 않는 것은?

① 공작물 축소신고
② 사도개설의 허가
③ 무연분묘 개장허가
④ 공급인증서 발급허가

해설 부지선정 검토 시 법적 인허가 및 신고사항
① 공작물 축소신고   ② 사도개설의 허가
③ 무연분묘 개장허가   ④ 문화재 지표조사 답 ④

16 서울지역의 연평균 일사량이 2,811[kcal/m²/day]일 경우 이를 [kWh/m²/day]로 변환하면 얼마인가?

① 1.28   ② 2.48
③ 3.27   ④ 5.31

해설 1[kWh] = 860[kcal]로 2,811[kcal/m²/day]를 변환한 값은 $\frac{2,811}{860} = 3.27[\text{kWh/m}^2/\text{day}]$ 이다. 답 ③

17 위도 36.5°에서 하지 시 남중고도는?

① 77°   ② 70°
③ 45°   ④ 30°

해설 • 하지 : $90° - 36.5° + 23.5° = 77°$
• 동지 : $90° - \theta - 23.5°$
• 춘분, 추분 : $90° - \theta$ 답 ①

18 부지선정 시 일반적으로 고려되어야 하는 사항으로 틀린 것은?

① 지리적인조건
② 풍향조건
③ 행정상의 조건
④ 건설 환경적 조건

해설 부지 선정 시 일반적으로 고려사항
① 지정학적 조건
② 건설조건
③ 행정조건
* 풍향조건 : 풍력발전시 고려사항   **답** ②

2과목 - 태양광발전 설계

---

19 전기안전관리자의 해임신고를 한 소유자 또는 점유자는 해임한 날부터 며칠 이내에 다른 전기안전 관리자를 선임해야 하는가?

① 10일   ② 25일
③ 30일   ④ 40일

해설 전기안전관리자의 해임신고를 한 소유자 또는 점유자는 해임한 날부터 30일 이내에 다른 전기안전관리자를 선임해야 한다. (「전기안전관리법」 제23조제3항).
답 ③

---

20 전기사업법령에 따라 전기사업자가 공급하는 전기의 표준전압 및 표준주파수의 허용오차 범위기준에 관한 설명으로 틀린 것은?

① 110볼트의 상하로 6볼트 이내
② 220볼트의 상하로 15볼트 이내
③ 380볼트의 상하로 38볼트 이내
④ 60헤르츠의 상하로 0.2헤르츠 이내

해설 표준전압 · 표준주파수 및 허용오차
1. 표준전압 및 허용오차

표준전압	허용오차
110볼트	110볼트의 상하로 6볼트 이내
220볼트	220볼트의 상하로 13볼트 이내
380볼트	380볼트의 상하로 38볼트 이내

2. 표준주파수 및 허용오차

표준주파수	허용오차
60헤르츠	60헤르츠 상하로 0.2헤르츠 이내

답 ②

---

21 전력시설물 공사감리업무 수행지침에 따라 감리원은 해당 공사와 관련하여 공사업자의 공법 변경요구 등 중요한 기술적인 사항에 대하여 요구한 날부터 며칠 이내에 이를 검토하고 의견서를 첨부하여 발주자에게 보고 하여야 하는가?

① 4   ② 7
③ 14   ④ 30

해설 감리원은 해당 공사와 관련하여 공사업자의 공법 변경요구 등 중요한 기술적인 사항에 대하여 요구한 날부터 7일 이내에 이를 검토하고 의견서를 첨부하여 발주자에게 보고하여야 한다.
답 ②

---

22 분산형전원 배전계통 연계 기술기준에 따라 저압계통의 경우, 계통 병입 시 돌입전류를 필요로 하는 발전원에 대해서 계통 병입에 의한 순시전압변동률이 몇 [%]를 초과하지 않아야 하는가?

① 3   ② 5
③ 6   ④ 10

해설 순시 전압변동률은 6[%]를 초과하지 않아야 한다.
답 ③

---

23 한국전기설비규정에서 사용전압이 저압인 전로에 정전이 어려운 경우 등 절연저항 측정이 곤란한 경우 저항성분의 누설전류가 몇 [mA] 이하이면 그 전로의 절연성능이 적합한 것으로 보는가?

① 1   ② 3
③ 5   ④ 10

해설 KEC 132 (전로의 절연저항 및 절연내력)
사용전압이 저압인 전로에서 정전이 어려운 경우 등 절연저항 측정이 곤란한 경우에는 누설전류를 1[mA] 이하로 유지하여야 한다.
답 ①

24 전기실의 면적에 영향을 주는 요소로 틀린 것은?

① 변압기용량
② 기기의 배치 방법
③ 건축물의 구조적 여건
④ 태양광발전 모듈의 배선방법

> **해설** 변전실 면적에 영향을 주는 요소는 다음과 같다.
> ① 수전전압 및 수전방식
> ② 변전설비 변압방식, 변압기 용량, 수량 및 형식
> ③ 설치 기기와 큐비클의 종류 및 시방
> ④ 기기의 배치방법 및 유지보수 필요면적
> ⑤ 건축물의 구조적 여건 **답** ④

25 태양광발전설비에 사용되는 주요자재, 운반비, 품질시험비 등에 대한 재료비, 노무비, 경비로 구분하여 수량, 단가, 합계 금액을 산정하는 서식은?

① 수량 산출서 ② 시방서
③ 내역서 ④ 토목도면

> **해설** 1) 태양광 수량 산출서
> 설계원가 계산의 기초가 되는 수량산출서는 설계과정에서 오류가 많이 발생하고 있는 설계도서 중 하나이다. 수량산출서의 검토는 주요공정에 대한 자재의 수량을 검산하고 전체 도급공사비의 적정 계상 여부를 확인하는 중요한 과정이다. 또한, 공사시공 과정에서 설계변경이 발생될 때에는 잘못된 수량 산출서를 수정하고 설계 변경해야 한다.
> 2) 태양광 토목도면
> 태양광 토목도면은 태양광 발전부지에 태양광발전설비가 가능하게 설치되도록 지형을 변경하는 토목공사가 수행될 수 있도록 한 도면이다. 평지 경사지 등 설치장소에 따라 필요 토목도면은 변경될 수 있다. **답** ③

26 다음은 태양광발전 구조물 중 지붕건재형에 관한 설명이다. 틀린 것은?

① 지붕건재형은 방화·방수 성능을 가진 지붕표면에 지지기구로 태양전지 모듈을 설치하는 것을 말한다.
② 지붕건재형은 크게 지붕재 일체형과 지붕재형으로 나눌 수 있다.

③ 지붕재 일체형은 일반 지붕재(금속판 등)에 태양전지 모듈을 넣은 지붕재를 말한다.
④ 지붕재형 태양전지 모듈은 태양전지 모듈 자체가 지붕의 기능을 하는 지붕재를 말한다.

> **해설** 지붕설치형이란 방화·방수 성능을 가진 지붕표면에 지지기구(지지금구 및 가대)로 태양전지 모듈을 설치하는 것을 말한다. **답** ①

27 중성점 직접 접지식으로서 최대 사용 전압이 161,000[V]인 변압기 권선의 절연내력시험 전압은 몇 [V]인가?

① 103,040 ② 115,920
③ 148,120 ④ 177,100

> **해설** 판단기준 제16조(변압기 전로의 절연내력)
> 최대사용전압 × 0.72 = 115,920[V]

접지 방식	최대사용전압	시험전압 (최대사용전압배수)	최대시험전압
비접지	7[kV] 이하	1.5배	500[V]
	7[kV] 초과	1.25배	10,500[V] (60[kV] 이하)
중성점접지	60[kV] 초과	1.1배	75[kV]
중성점 직접접지	60[kV] 초과 170[kV] 이하	0.72배	
	170[kV] 초과	0.64배	
중성점 다중접지	25[kV] 이하	0.92배	500[V] (7[kV] 이하)

답 ②

28 차단기를 저압전로에 사용하는 경우에 일반인이 접촉할 우려가 있는 장소(세대 내 분전반 및 이와 유사한 장소)에는 어떤 차단기를 시설하여야 하는가?

① 주택용 누전차단기
② 산업용 누전차단기
③ 주택용 배선차단기
④ 산업용 배선차단기

> **해설** KEC 211.2.4 (누전차단기의 시설)
> IEC 표준을 도입한 누전차단기를 저압전로에 사용하는 경우 일반인이 접촉할 우려가 있는 장소(세대 내 분전반 및 이와 유사한 장소)에는 주택용 누전차단기를 시

설하여야 하고, 주택용 누전차단기를 정방향(세로)으로 부착할 경우에는 차단기의 위쪽이 켜짐(on)으로, 차단기의 아래쪽은 꺼짐(off)으로 시설하여야 한다.
답 ①

29 전력시설물 공사감리업무 수행지침에 따라 감리원이 공사업자로부터 물가변동에 따라 계약금액 조정요청을 받은 경우 공사업자로 하여금 작성·제출하도록 하는 서류 목록이 아닌 것은?

① 물가 변동 조정 요청서
② 계약금액 조정 요청서
③ 계약금액 조정 산출근거
④ 안전관리비 사용 내역서

해설 감리원은 공사업자로부터 물가변동에 다른 계약금액 조정요청을 받은 경우에는 다음 각 호의 서류를 작성 제출하도록 하고 공사업자는 이에 응하여야 한다.
① 물가 변동조정 요청서
② 계약금액 조정 요청서
③ 품목 조정율 또는 지수조정율의 산출근거
④ 계약금액 조정 산출근거
⑤ 그 밖에 설계변경에 필요한 서류
답 ④

30 단상 2선식 저압 배전선의 길이가 100[m], 부하전류 10[A]인 경우 선간 전압강하를 1[V]로 유지하기 위해 필요한 단면적은?

① 16[mm²]   ② 35[mm²]
③ 50[mm²]   ④ 70[mm²]

해설 전선의 단면적
$$A = \frac{35.6 \times L \times I}{1000 \times e} = \frac{35.6 \times 100 \times 10}{1000 \times 1} = 35.6[mm^2]$$
KSC IEC 전선규격
1.5, 2.5, 4, 6, 10, 16, 25, 35, 50, 70, 95, 120, 150, 185, 240, 300, 400, 500, 630[mm²]
답 ③

31 직격뢰를 가정하고 (10/350[μs])의 전류파형으로 시험하는 SPD분류는?

① I등급 시험   ② II등급 시험
③ III등급 시험   ④ IV등급 시험

해설 • I 등급 시험 : (10/350[μs])의 전류파형으로 시험하고 직격뢰를 가정

• II등급 시험 : (8/20[μs])의 전류파형으로 시험하고 유도뢰를 가정
• III등급 시험 : 콤비네이션 파형 발생기에서 전압 파형(1.2/50[μs])과 전류 파형(8/20[μs])으로 시험하고 반복 서지에 대응
답 ①

32 콘크리트 옹벽(KDS 11 80 05 : 2020)에서 콘크리트 옹벽의 안정해석 시 고려하는 하중의 종류로 해당되지 않는 것은?

① 콘크리트 옹벽에 간접 작용하는 외력
② 배수가 되지 않는 조건에서는 수압과 부력
③ 콘크리트 옹벽과 뒤채움재의 자중 등 고정하중
④ 콘크리트 옹벽에 작용하는 토압과 상재 하중에 의한 토압증가량

해설 콘크리트 옹벽의 안정해석 시 고려하는 하중의 종류는 다음과 같다.
1) 콘크리트 옹벽과 뒤채움재의 자중 등 고정하중
2) 콘크리트 옹벽에 작용하는 토압과 상재 하중에 의한 토압증가량
3) 배수가 되지 않는 조건에서는 수압과 부력
4) 콘크리트 옹벽에 직접 작용하는 외력
5) 지진에 의한 하중 등
답 ①

33 한국전기설비규정에 따른 특고압 가공전선이 가공약전류전선 등 고압의 가공전선이나 고압의 전차선과 제1차 접근상태로 시설되는 경우 특고압 가공전선로는 몇 종 특고압 보안공사를 하여야 하는가?

① 제1종 특고압 보안공사
② 제2종 특고압 보안공사
③ 제3종 특고압 보안공사
④ 특별 제3종 특고압 보안공사

해설 KEC 333.26
한국전기설비규정에 따른 특고압 가공전선이 가공약전류전선 등 고압의 가공전선이나 고압의 전차선과 제1차 접근상태로 시설되는 경우 특고압 가공전선로는 제3종 특고압 보안공사를 하여야 한다.
답 ③

34 전력 계통이 없는 섬, 기타 도서지역에 많이 사용하는 태양광발전소 종류의 형식은?

① 계통연계형

② 연산형

③ 독립형

④ 추적형

해설 1) 계통연계형 : 전력회사의 배전선과 연계하는 시스템

2) 추적형 : 태양광발전효율을 높이기 위해 태양을 추적하여 발전하는 방식

3) 연산형 : 프로그램을 이용한 날짜 계산에 의한 추적 방식의 일종　**답** ③

35 전기설계 일반사항에서 실시설계 성과물 중 공사비 견적서와 가장 거리가 먼 것은?

① 계산서

② 내역서

③ 산출서

④ 견적서

해설 1) 내역서는 일정기간 동안 사용한 경비지출의 내용을 기재한 문서

2) 산출서는 제조 원가 등을 산출한 내용을 기재한 문서

3) 견적서는 어떤 일을 하는데 드는 경비를 미리 조목조목 셈하여 구체적으로 밝힌 서류　**답** ①

36 태양전지 어레이의 이격거리 산출 시 적용하는 설계요소가 아닌 것은?

① 구조물 형상

② 남북향간 길이

③ 강재의 강도 및 판의 두께

④ 태양광발전 위치에 대한 위도

해설 태양광 어레이의 이격거리는

1) 구조물과 태양전지모듈의 형상(태양광 어레이의 경사각)과 크기(모듈의 길이)의 영향을 받는다.

2) 설치 지역의 위도에 따라 태양고도가 변화되므로 이에 영향을 받는다.

3) 남북향간의 길이가 길어지면 설치길이가 늘어날 수 있으며, 짧을 경우 더 많은 모듈을 설치하기 위해 이격거리가 줄어들 수 있다.

$$D = L(\cos\beta + \sin\beta \times \tan(\gamma + 23.5°))$$

L : 모듈의 길이,　γ : 위도,　β : 경사각　**답** ③

37 태양고도가 가장 낮은 시기로 옳은 것은?

① 춘분　　　　② 하지

③ 추분　　　　④ 동지

해설 • 태양의 남중고도가 가장 높을 때(하지) :

$90° - \phi + 23.5°$

• 태양의 남중고도가 가장 낮을 때(동지) :

$90° - \phi - 23.5°$　**답** ④

38 발전소에 시설하지 않아도 되는 계측장치는?

① 발전기의 고정자 온도

② 주요 변압기의 역률

③ 주요 변압기의 전압 및 전류 또는 전력

④ 특고압용 변압기의 온도

해설 KEC 351.6(계측장치)

발전소에 시설하여야 하는 계측장치

① 발전기 · 연료전지 또는 태양 전지모듈의 전압 및 전류 또는 전력

② 발전기의 베어링 및 고정자 온도

③ 주요 변압기의 전압 및 전류 또는 전력

④ 특고압용 변압기의 온도

⑤ 정격출력이 10,000[kW]를 초과하는 증기터빈에 접속하는 발전기의 진동의 진폭(정격출력이 400,000[kW] 이상의 증기터빈에 접속하는 발전기는 이를 자동적으로 기록하는 것에 한한다)　**답** ②

39 고압옥내배선의 공사방법으로 틀린 것은?

① 케이블공사

② 합성수지관 공사

③ 케이블 트레이 공사

④ 애자공사(건조한 장소로서 전개된 장소에 한한다.)

해설 KEC342.1 (고압옥내배선 등의 시설)

고압 옥내배선은 다음에 따라 시설하여야 한다.

1) 고압 옥내배선은 다음 중 하나에 의하여 시설할 것.

① 애자사용배선(건조한 장소로서 전개된 장소에 한한다.)

② 케이블배선

③ 케이블트레이배선

2) 전선은 공칭단면적 6[mm²] 이상의 연동선

3) 전선의 지지점 간의 거리는 6[m] 이하일 것　**답** ②

40 낙석 · 토석 대책시설(KDS 11 70 20 : 2020)에 따라 낙석방지옹벽의 설계 시 고려사항으로 틀린 것은?

① 낙석의 중량
② 지지지반의 강도
③ 지지지반의 지형
④ 낙석의 최소도약높이

해설 낙서방지옹벽
(1) 낙석방지옹벽의 방호기능은 낙석이 가진 운동에너지를 옹벽본체 및 지지지반의 변형에너지로 전환하여 흡수하는 방법으로 낙석을 정지시킨다.
(2) 낙석방지옹벽의 설계 시에는 낙석의 중량, 속도, 최대도약높이, 지지지반의 강도 및 지형, 지질 등을 고려하여 옹벽의 활동, 전도에 대한 안정 및 단면의 강도에 대해서 검토하여야 한다. **답** ④

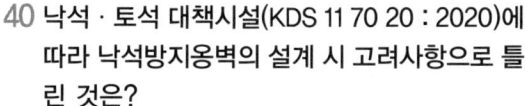

3과목 - 태양광발전 시공

41 감리용역 계약문서가 아닌 것은?

① 기술용역입찰유의서
② 과업지시서
③ 감리비 산출내역서
④ 설계도서

해설 설계감리용역 입찰 유의서, 설계감리 용역 계약 일반조건, 설계감리용역계약 특수조건, 과업내용서 및 설계감리비 산출내역서 **답** ④

42 저압 전기설비용 접지도체는 다심 코드 또는 다심 캡타이어케이블의 1개 도체의 단면적이 0.75[mm²] 이상인 것을 사용한다. 다만, 기타 유연성이 있는 연동연선은 1개 도체의 단면적이 몇 [mm²] 이상인 것을 사용하여야 하는가?

① 0.25
② 0.75
③ 1
④ 1.5

해설 KEC 142.3.1 (접지도체)
저압 전기설비용 접지도체는 다심 코드 또는 다심 캡타이어케이블의 1개 도체의 단면적이 0.75[mm²] 이상인

것을 사용한다. 다만, 기타 유연성이 있는 연동연선은 1개 도체의 단면적이 1.5[mm²] 이상인 것을 사용한다. **답** ④

43 전선로의 지지물 양쪽의 경간의 차가 큰 곳에 사용하는 철탑은?

① 직선형
② 각도형
③ 내장형
④ 보강형

해설 철탑의 종류
1) 직선형 : 전선로의 직선부분(3° 이하인 수평각도를 이루는 곳을 포함)에 사용하는 것. 다만, 내장형 및 보강형에 속하는 것을 제외한다.
2) 각도형 : 전선로 중 3°를 초과하는 수평각도를 이루는 곳에 사용하는 것
3) 인류형 : 전가섭선을 인류하는 곳에 사용하는 것
4) 내장형 : 전선로의 지지물 양쪽의 경간의 차가 큰 곳에 사용하는 것
5) 보강형 : 전선로의 직선부분에 그 보강을 위하여 사용하는 것 **답** ③

44 최대수용전력 1,000[kVA]이고 설비용량은 전등부하 500[kW], 동력부하 700[kVA]이다. 이때 수용률은?

① 83.3[%]
② 86.6[%]
③ 88.3[%]
④ 90.6[%]

해설 $수용률 = \frac{최대수용전력}{총 설비용량} \times 100 = \frac{1,000}{500+700} \times 100$
$= 83.3[\%]$ **답** ①

45 직류전원을 이용한 분산형전원의 인버터로부터 직류가 교류계통으로 유입되는 것을 방지하기 위하여 설치하는 것은?

① 직류 차단장치
② 리액터
③ 상용주파 변압기
④ 고조파 필터

해설 분산형전원설비를 인버터를 이용하여 전기판매사업자의 저압 전력계통에 연계하는 경우 인버터로부터 직류가 계통으로 유출되는 것을 방지하기 위하여 접속점과 인버터 사이에 사용주파수 변압기(단권변압기 제외)를 시설하여야 한다. **답** ③

46 구조물 시공의 주요 적용기준에 해당하지 않는 것은?

① 토목구조 설계기준
② 콘크리트구조 설계기준
③ 강구조 설계기준, 하중저항계수 설계법
④ 건축법 및 동 시행령, 건축물의 구조기준 등에 관한 규칙

해설 구조물 시공의 주요 적용기준
1) 건축법 및 동 시행령, 건축물의 구조기준 등에 관한 규칙
2) 건축구조 설계기준
3) 강구조 설계기준, 하중저항계수 설계법
4) 콘크리트구조 설계기준 **답** ①

47 태양광발전시스템 구조물의 종류가 아닌 것은?

① 고정식 ② 단축식
③ 양축식 ④ 일자식

해설 태양광발전 구조물 종류
1) 고정형 : 정남향에 위치하고 태양광의 입사각이 모듈에 90°로 입사되도록 경사각을 고정하는 방식
2) 경사가변형 : 경사각을 계절 또는 월별에 따라서 상하로 위치 변화시키는 방식
3) 단축 추적식 : 상하추적 또는 좌우추적으로 태양의 한 측만을 추적하도록 설계된 방식
4) 양축 추적식 : 태양의 직달 일사량이 최대가 되도록 상하, 좌우를 동시에 추적 하도록 설계된 방식 **답** ④

48 독립형 전원시스템용 축전지 선정 시 고려사항으로 옳은 것은?

① 자기방전이 클 것
② 과충전이 우수한 것
③ 충방전 사이클 특성이 우수한 것
④ 온도저하 시 입력특성이 우수한 것

해설 축전지가 갖추어야 할 요구조건
• 경제성, 자기방전율이 낮을 것, 수명이 길 것, 방전 전압·전류가 안정적일 것
• 과충전·과방전에 강할 것, 중량 대비 효율이 높을 것, 환경변화에 안정적일 것
• 에너지 저장 밀도가 높을 것, 유지보수가 용이할 것 **답** ③

49 감리용역이 완료된 때에는 며칠 이내에 공사감리 완료보고서를 제출하여야 하는가?

① 7일 ② 10일
③ 15일 ④ 30일

해설 감리업자는 해당 감리용역이 완료된 때에는 30일 이내에 공사감리 완료보고서를 협회에 제출하여야 한다. **답** ④

50 태양광발전 구조물 기초터파기용 굴삭기계의 경비 중 손료에 해당하지 않는 항목은?

① 정비비 ② 수송비
③ 관리비 ④ 감각상각비

해설 • 기계 기구 손료
기계 기구 손료는 상각비, 정비비, 관리비 등을 포함한 고정비로써 손료산출 기준에 의한 비용을 말한다. **답** ②

51 태양전지 어레이 점검 시 가장 먼저 점검해야 하는 것은?

① 개방전압 ② 정격전류
③ 단락전류 ④ 단락전압

해설 1) 태양전지 어레이 출력 확인은 우선 개방전압을 측정한다.
태양전지 어레이의 각 스트링의 개방전압을 측정하여 개방전압의 불균일에 따라 동작불량의 스트링이나 태양전지 모듈의 검출 및 직렬접속선의 결선 누락사공 등을 검출하기 위해 측정
2) 두 번째 단락전류 확인
동일 회로조건의 스트링이 있는 경우 스트링 상호의 비교에 의해 어느 정도 판단이 가능 **답** ①

52 어떤 부하에 전압을 10[%] 낮추면 전력은 몇 [%] 감소하는가?

① 10 ② 15
③ 19 ④ 27

해설 $P \propto V^2$에서 전압이 10[%] 줄면
$P \propto (0.9V)^2 = 0.81V^2$
즉, 81[%]의 전력이 되므로 19[%]가 줄어든다. **답** ③

53 태양전지의 모듈 설치 및 조립 시 주의사항으로 틀린 것은?

① 태양전지 모듈의 파손방지를 위해 충격이 가지 않도록 한다.

② 태양전지 모듈과 가대의 접합 시 부식방지용 가스켓을 적용한다.

③ 태양전지 모듈을 가대의 상단에서 하단으로 순차적으로 조립한다.

④ 태양전지모듈의 필요 정격전압이 되도록 1 스트링의 직렬 매수를 선정한다.

해설 태양전지 모듈을 가대의 하단에서 상단으로 순차적으로 조립한다.　　**답** ③

54 태양광발전시스템의 배선공사에 사용되는 케이블 중 내연성이 가장 좋은 케이블은?

① PNCT(에틸렌 프로필렌고무 절연 클로로플렌시스 캡타이어 케이블)

② VV(비닐절연 비닐시스 케이블)

③ CV(가교 폴리에틸렌 절연비닐 시스케이블)

④ ACSR(강심 알루미늄 연선)

해설 케이블 비교표

케이블 종류	허용온도최고[℃]	내연성	열 변형성	내후성
CV*1	90	○	○	○
VV*2	60	○	△	○
PNCT*3	80	◎	△	○

[주] ◎ : 우수, ○ : 양호, △ : 가능
 *1 : 가교 폴리에틸렌 절연비닐 시스템케이블
 *2 : 비닐 절연비닐시스 케이블
 *3 : 에틸렌 프로필렌고무 절연 클로로플렌 시스캡 타이어 케이블　　**답** ①

55 신에너지 및 재생에너지, 개발·이용·보급촉진법에 의한 태양광발전설비에서 안전관리대행사업자가 업무를 대행할 수 있는 발전설비의 최대 용량은 얼마인가?

① 500[kW] 미만　② 750[kW] 미만

③ 1000[kW] 미만　④ 1500[kW] 미만

해설 전기안전관리법 시행규칙(제26조)

1. 안전공사 및 대행사업자 : 다음 각 목의 어느 하나에 해당하는 전기설비(둘 이상의 전기설비용량의 합계가 4천 500킬로와트 미만의 경우로 한정한다.)
 가. 용량 1천킬로와트 미만의 전기수용설비
 나. 용량 300킬로와트 미만의 발전설비(법 제22조제3항에 따른 전기사업용 신재생에너지 발전설비 중 태양광발전설비 이외의 발전설비는 원격감시·제어기능을 갖춘 경우로 한정한다). 다만, 비상용 예비발전설비의 경우에는 용량 500킬로와트 미만으로 한다.
 다. 용량 1천킬로와트(원격감시·제어기능을 갖춘 경우 용량 3천킬로와트) 미만의 태양광발전설비　　**답** ③

56 보호계전시스템의 구성 요소 중 검출부에 해당되지 않는 것은?

① 릴레이

② 영상변류기

③ 계기용변류기

④ 계기용변압기

해설 보호 계전 시스템의 구성

1) 검출부 : CT, PT, ZCT, GPT 등의 변성기류
2) 판정부 : 억제 코일, 전압 탭, 전류 탭 등의 릴레이 류로 구성
3) 동작부 : 가동 코일, 가동 철심, 유도원판 등으로 구성　　**답** ①

57 태양광발전시스템 사용 전 검사 시 검사항목 중 세부검사 내용이 아닌 것은?

① 접지저항 측정

② 절연저항 측정

③ 검전기로 정격전압 측정

④ 태양광전지 전기적 특성시험

해설 태양광발전시스템 사용 전 검사 시 검사 항목

① 접지저항 측정
② 절연저항 측정
③ 태양광전지 전기적 특성시험
④ 어레이검사
⑤ 외관검사 등　　**답** ③

58 변압기의 Y-Y 결선방식의 특징이 아닌 것은?

① 기전력 파형은 제3고조파를 포함한 왜형파가 된다.

② 중성점을 접지할 수 있으므로 단절연방식을 채택할 수 없다.

③ 상전압은 선간전압의 $1/\sqrt{3}$ 이 되어 고전압의 결선에 적합하다.

④ 변압비, 임피던스가 서로 틀려도 순환전류가 흐르지 않는다.

해설 Y-Y 결선방식

[장점]
• 중성점을 접지할 수 있으므로 단절연방식을 채택할 수 있다.
• 상전압이 선간전압의 $1/\sqrt{3}$ 이 되어 고전압의 결선에 적합하다.
• 변압비, 권선임피던스가 서로 틀려도 순환전류가 흐르지 않는다. (3상의 1차, 2차의 전류 전압간의 위상변위가 없다.)

[단점]
• 제3고조파 여자전류의 통로가 없으므로 유도기전력이 제3고조파를 함유하여 중성점을 접지하면 통신선에 유도장 해를 준다.
• 기전력 파형은 제3고조파를 포함한 왜형파가 된다.
답 ②

59 태양광발전시스템 구조물의 설치공사 순서를 보기에서 찾아 옳게 나열한 것은?

> [보기]
> ㉠ 어레이 가대공사
> ㉡ 어레이 기초공사
> ㉢ 어레이 설치공사
> ㉣ 배선공사
> ㉤ 점검 및 공사

① ㉡ → ㉠ → ㉢ → ㉣ → ㉤

② ㉠ → ㉡ → ㉢ → ㉣ → ㉤

③ ㉣ → ㉡ → ㉠ → ㉢ → ㉤

④ ㉣ → ㉠ → ㉡ → ㉢ → ㉤

해설 어레이기초공사 → 어레이 가대공사 → 어레이 설치공사 → 배선공사 → 점검 및 공사
답 ①

60 그림과 같이 SPD의 접속도체의 총 길이는 $(a+b)$는 몇 [m] 이하로 하여야 하는가?

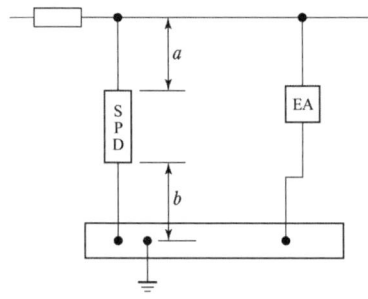

① 0.5

② 1

③ 1.5

④ 2

해설 SPD 접속도체의 최소 길이
SPD 접속도체의 길이가 길어지면 SPD의 보호효과가 감소하므로 SPD에 접속하는 도체의 길이가 짧을수록 좋으며 SPD 설치 시 접속도체의 총 길이 $(a+b)$가 0.5[m] 이하를 권장하며, $(a+b)$가 0.5[m]를 초과하면 a를 V결선하며 b의 길이를 0.5[m] 이하로 최소화 함
1) $a+b \le 0.5$[m]인 경우
2) $a+b > 0.5$[m]인 경우
답 ①

4과목 - 태양광발전 운영

61 태양광발전(PV) 모듈(안전)(KS C 8563 : 2015)에서 플라스틱 등 특정한 용도로 적용할 때 그 사용 용도의 적합성 여부를 미리 예측할 수 있도록 플라스틱 가연성을 시험하는 장치는?

① IP 시험기

② 난연성 시험기

③ 트래킹 시험기

④ Hot wire coil ignition 시험기

해설 난연성 시험기 : 플라스틱 등 특정한 용도로 적용할 때 그 사용 용도의 적합성 여부를 미리 예측할 수 있도록 플라스틱 가연성을 시험하는 장치
답 ②

62 표의 내용을 기준하여, 한국전력공사의 SMP 구입전력금액의 공급가액은 약 얼마인가? (단, 소내소비전력 차감 및 무부하 손실량은 없으며, 발전소의 REC 가중치는 1.08 이다.)

전월지침(kWh)	8044.73
당월지침(kWh)	8182.83
계기배수	360
기준단가(원/kWh)	87.62
손실단가(원/kWh)	127.47

① 716979원 ② 774337원
③ 4356115원 ④ 4704605원

해설 발전량 = (당월지침 − 전월지침) × 계기배수
$$= (8182.83 - 8044.73) \times 360$$
$$= 49,716[\text{kWh}]$$
구입 전력금액의 공급가액 = 기준단가 × 발전량
$$= 87.62 \times 49,716$$
$$= 4,356,115[\text{원}]$$ **답** ③

63 가공전선로의 지지물의 강도계산에 적용하는 풍압하중은 빙설이 많은 지방이외의 지방에서 저온 계절에는 어떤 풍압하중을 적용하는가? (단, 인가가 연접되어 있지 않다고 한다.)

① 갑종풍압하중
② 을종풍압하중
③ 병종풍압하중
④ 을종과 병종풍압하중을 혼용

해설 KEC 331.6 (풍압하중의 종별과 적용)

지역		고온계절	저온계절
빙설이 많은 지방 이외의 지방		갑종	병종
빙설이 많은 지방	일반지역	갑종	을종
	해안지방, 기타 저온계절에 최대풍압이 생기는 지역	갑종	갑종과 을종 중 큰 값 선정
인가가 많이 연접되어 있는 장소		병종	병종

답 ③

64 태양광발전시스템 점검 계획 시 고려해야 할 사항이 아닌 것은?

① 환경 조건 ② 고장 이력
③ 부하 종류 ④ 설비의 중요도

해설 유지보수 계획 시 고려사항
1) 설비의 사용기간
2) 설비의 중요도
3) 환경조건
4) 고장이력
5) 부하상태 **답** ③

65 태양광 발전소 설비용량이 2500[kW], SMP가 200[원/kWh], 가중치 적용 전 REC가 150[원/kWh]인 경우 판매단가[원/kWh]는? (단, "SMP + 1REC가격 * 가중치" 계약방식이며, 설치장소는 기존 건축물 지붕을 이용하여 설치하는 것으로 한다)

① 525 ② 500
③ 475 ④ 425

해설 태양광발전설비 공급인증서(REC) 가중치

구분	공급인증서 가중치	대상에너지 및 기준	
		설치유형	세부기준
태양광 에너지	1.2	일반부지에 설치하는 경우	100[kw] 미만
	1.0		100[kW]부터
	0.8		3,000[kW] 초과부터
	0.5	임야에 설치하는 경우	
	1.5	건축물 등 기존 시설물을 이용하는 경우	3,000[kW] 이하
	1.0		3,000[kW] 초과부터
	1.6	유지의 수면에 부유하여 설치하는 경우	100[kW] 미만
	1.4		100[kW]부터
	1.2		3,000[kW] 초과부터
	1.0	자가용 발전설비를 통해 거래하는 경우	

판매단가 = SMP + REC × 1.5 = 200 + 150 × 1.5
$$= 425[\text{원/kWh}]$$ **답** ④

66 소형 태양광 발전용 인버터(계통연계형, 독립형)(KE C 8564 : 2020)에 따라 3상 독립형 인버터의 경우 부하 불평형 시험 시 정격용량에 해당하는 부하를 연결한 후 U상, V상, W상 중 한 상의 부하를 0으로 조정한 후 몇 분 동안 운전하는가?

① 10 ② 15
③ 20 ④ 30

해설 부하 불평형 시험

3상 독립형 인버터에 적용한다. 정격용량에 해당하는 부하를 연결한 후 U, V, W상 중 한 상의 부하를 0으로 조정한 후 30분 동안 운전한다. 🖐 ④

---

67 모니터링시스템에 대한 설명으로 틀린 것은?

① 계측·표시장치의 목적은 운전상태 감시, 발전전력량 표시, 시스템 종합평가 계측이다.

② 계측·표시장치 시스템은 검출기(센서) → 연산장치 → 신호변환기 → 표시장치 순으로 정보가 전달된다.

③ 프로그램 기능으로는 데이터 수집기능, 데이터 저장기능, 데이터 분석기능, 데이터통계기능 등이 있다.

④ 데이터 분석기능은 각각의 계측요소마다 일일평균값과 시간에 따른 각 계측값의 변화를 알수있도록 표의 형식으로 데이터를 제공한다.

해설 계측표시 장치 시스템 정보 전달 순서
검출기(센서) → 신호변환기 → 연산장치 → 표시 장치 순으로 전달된다. 🖐 ②

---

68 내전압용 절연장갑에서 3등급의 색상은?

① 빨간색   ② 흰색
③ 녹색   ④ 등색

해설 **내전압용 절연장갑의 등급별 색상**

등급	00	0	1	2	3	4
등급별 색상	갈색	빨간색	흰색	노란색	녹색	등색

🖐 ③

---

69 태양광발전시스템의 안전관리 예방업무가 아닌 것은?

① 시설물 및 작업장 위험방지

② 안전작업 관련 훈련 및 교육

③ 안전관리 실행 집행 및 관리

④ 안전장구, 보호구, 소화설비의 설치, 점검, 정비

해설 태양광발전시스템 안전관리 예방업무
1) 시설물 및 작업장 위험방지(펜스 등 위험방지시설 설치. 점검. 정비)
2) 안전장치, 보호구, 소화설비설치, 점검, 정비
3) 안전작업관련 훈련 및 교육
4) 소화 및 피난 훈련 🖐 ③

---

70 발전설비의 유지관리를 위한 일상점검 시 배전반 주회로 인입·인출부에 대한 점검항목과 점검내용으로 틀린 것은?

① 부싱 - 코로나 방전에 의한 이상음 여부

② 케이블 접속부 - 과열에 의한 이상한 냄새 발생 여부

③ 태양광발전용 개폐기 - "태양광발전용"이란 표시여부

④ 폐쇄 모선 접속부 - 볼트류 등의 조임 이완에 따른 진동음 유무

해설 태양광발전용 개폐기 - "태양광발전용"이란 표시여부는 태양광발전용 개폐기, 전력량계, 인출구, 개폐기 등에 관한 육안점검 항목임 🖐 ③

---

71 자가용전기설비 검사업무 처리규정에 따라 태양광발전설비의 태양광 전지 정기검사 시 검사세부 종목으로 틀린 것은?

① 누설전류

② 규격 확인

③ 외관검사

④ 전지 전기적 특성시험

해설 태양전지 정기검사
• 일반규격 : 규격확인
• 태양전지검사 : 외관검사, 전지 전기적 특성 시험, 어레이 누설전류는 발전용 인버터 정상특성 시험항목에 해당함 🖐 ①

---

72 신재생에너지 공급인증서를 뜻하는 용어는?

① SMP   ② REC
③ RPS   ④ REP

해설 신재생에너지 공급인증서(REC, Renewable Energy Certificate)란 발전사업자가 신·재생에너지 설비를

이용하여 전기를 생산·공급하였음을 증명하는 인증서 공급의무자는 의무공급량을 신.재생에너지 공급인증서를 구매하여 충당할 수 있음
공급인증서 발급대장 설비에서 공급된 MWh 기준의 신·재생에너지 전력량에 대해 가중치를 곱하여 부여
답 ②

73 전기저장장치를 시설하는 곳에 시설해야 하는 계측하는 장치에 해당되지 않는 것은?

① 축전지 출력 단자의 전압, 전류, 전력
② 축전지 충·방전 상태
③ 축전지 모듈의 내부온도
④ 주요변압기의 전압, 전류 및 전력

해설 NCS 512.2.3 계측장치
전기저장장치를 시설하는 곳에는 다음의 사항을 계측하는 장치를 시설하여야 한다.
가. 축전지 출력 단자의 전압, 전류, 전력 및 충·방전 상태
나. 주요변압기의 전압, 전류 및 전력
답 ③

74 태양광발전시스템 보호계전기의 점검내용으로 틀린 것은?

① 단자부의 볼트 이완 여부
② 붓싱 단자부의 변색 여부
③ 이물질, 먼지 등의 접착 여부
④ 접점의 접촉상태의 양호 여부

해설 붓싱 단자부의 변색 여부는 변성기의 외부일반 점검 내용임
답 ②

75 송·배전설비의 유지관리 시 점검 후의 유의사항으로 옳은 것은?

① 준비철저 및 연락
② 회로도에 의한 검토
③ 무전압 상태확인 및 안전조치
④ 임시 접지선 제거 및 최종 확인

해설 1) 송전설비 점검 전 유의사항
• 준비철저, 연락, 회로도에 의한 검토, 무전압 상태 확인 및 안전조치
2) 송전설비 점검 후 유의사항
• 접지선의 제거, 최종 확인
답 ④

76 인버터에 누전이 발생했을 경우 인버터에 표시되는 내용으로 옳은 것은?

① Inverter M/C Fault
② Inverter Ground Fault
③ Line Inverter Async Fault
④ Serial Communication Fault

해설 인버터의 이상표시 신호 조치방법
• Line Inverter Async Fault : 계통 주파수 점검 후 운전
• Inverter Ground Fault : 인버터 고장부분 수리 또는 접지저항 확인
• Line Sequence Phase Fault : 상회전 확인 후 재운전
• Line Over-voltage Fault : 계통전압 확인 후 5분 재가동
답 ②

77 개방전압 측정 시 유의사항으로 틀린 것은?

① 각 스트링의 측정은 안정된 일사강도가 얻어질 때 하도록 한다.
② 태양광발전 모듈 표면의 이물질, 먼지 등을 청소하는 것이 필요하다.
③ 개방전압 측정 시 안전을 위해 우천 시 또는 흐린 날에 측정하도록 한다.
④ 태양광발전 모듈의 개방전압 측정 시 접속함에서 주차단기를 반드시 차단하고 측정한다.

해설 개방전압 측정 시 유의사항은 태양전지 어레이 표면을 청소하고, 각 스트링의 측정은 안정된 일사강도가 얻어질 때 수행하여 측정시간은 일사 강도, 온도의 변동을 극히 적게 하기 위하여 맑을 때, 남쪽에 있을 때의 전후 1시간에 실시하고, 태양전지는 비 오는 날에도 전압이 발생하므로 주의를 요해야 한다.
답 ③

78 전로의 사용전압이 500[V] 초과이고 DC전압이 1000[V]일 때 절연저항값 기준값은 몇 [MΩ]인가?

① 0.1   ② 0.2
③ 1.0   ④ 2.0

해설 저압전로의 절연성능

전로의 사용전압[V]	DC전압 [V]	절연저항 [MΩ]
SELV 및 PELV	250	0.5
FELV 500V 이하	500	1.0
500V 초과	1,000	1.0

답 ③

79 태양광 시스템용 이차전지(KS C 8575 : 2021)에 따른 전지의 일반적인 일일 사이클로 옳은 것은?

① 낮 시간의 충전, 밤 시간의 충전
② 낮 시간의 충전, 밤 시간의 방전
③ 낮 시간의 방전, 밤 시간의 충전
④ 낮 시간의 방전, 밤 시간의 방전

해설 전지는 일반적으로 다음과 같은 일일 사이클을 가진다.
1) 낮 시간의 충전
2) 밤 시간의 방전　　　　　　　**답** ②

80 신 · 재생에너지 설비 지원 등에 관한 지침에 따라 태양광발전설비에 대해 단위시설별로 에너지생산량 및 가동상태를 확인할 수 있는 모니터링 설비를 설치하여야 하는 용량은 몇 [kW]인가? (단, 각 사업 공고에서 모니터링 설비 설치 대상을 따로 정하고 있지 않는 경우이다.)

① 50　　　　　　　② 100
③ 125　　　　　　 ④ 175

해설 단위시설별로 에너지생산량 및 가동상태를 확인할 수 있는 모니터링 설비를 다음과 같이 설치하여야 한다. 다만, 용량은 단위사업별 설비용량을 기준으로 한다.
(1) 50[kW] 이상의 발전설비(수소 · 연료전지 : 1[kW] 초과설비)
(2) 200[m²] 이상의 태양열설비
(3) 175[kW] 이상의 지열 및 수열에너지설비　**답** ①

1과목 - 태양광발전 기획

01 어떤 지역의 일출에서 일몰까지의 시간이 10시간, 일조시간이 3시간일 때 일조율[%]은?

① 10 ② 20
③ 30 ④ 40

해설 일조율 $= \dfrac{\text{일조시간}}{\text{가조시간}} \times 100 = \dfrac{3}{10} \times 100 = 30[\%]$ 답 ③

02 일시적이고 간헐적인 음영에 해당하지 않는 것은?

① 낙엽 ② 굴뚝
③ 굴뚝의 매연 ④ 새의 배설물

해설 1) 일시적이고 간헐적인 음영
눈, 가을 낙엽, 새의 배설물, 황사, 공장 굴뚝의 매연 등
2) 설치장소에 따라 발생하는 반복적인 음영
앞단에 설치된 PV 어레이, 굴뚝, 안테나, 피뢰침, 지붕건물, 주변 산 빌딩 등 답 ②

03 태양전지 모듈을 구성하는 직렬 셀에 음영이 생길 경우 발생하는 출력 저하 및 발열을 억제하기 위해 설치하는 소자는?

① 바이패스 다이오드
② 역전류 방지 다이오드
③ 역전류 방지 퓨즈
④ 정류 다이오드

해설 바이패스 다이오드는 태양전지 셀의 음영에 의한 출력 저하를 줄이고, 열점현상을 방지하기 위해 이용된다. 답 ①

04 신재생에너지의 종류가 아닌 것은?

① 수력 ② 수소에너지
③ 산소에너지 ④ 해양에너지

해설 • 신에너지
연료전지, 석탄액화가스화 및 중질유잔사유 가스화, 수소에너지
• 재생에너지
태양광, 태양열, 바이오, 풍력, 수력, 해양, 폐기물, 지열에너지 답 ③

05 위도 32°인 지역에서 동지일 때 남중고도는?

① 22.5° ② 23°
③ 30° ④ 34.5°

해설 • 하지 : $90° - \theta + 23.5°$
• 동지 : $90° - \theta - 23.5° = 90° - 32° - 23.5° = 34.5°$
• 춘분, 추분 : $90° - \theta$ 답 ④

06 발전차액의 지원을 위한 기준가격의 산정기준에서 발전원(發電源)별 기준가격의 산정기준이 틀린 것은?

① 신·재생에너지 발전사업자의 송전·배전 선로 이용요금
② 신·재생에너지 발전기술의 상용화 수준 및 시장 보급 여건
③ 운전 중인 신·재생에너지 발전사업자의 경영 여건 및 운전 실적
④ 전기요금 및 전력시장에서의 모든 발전설비에 의하여 공급한 전력의 평균거래가격의 수준

해설 신에너지 및 재생에너지 개발·이용·보급 촉진법 시행령 제22조(발전차액의 지원을 위한 기준가격의 산정기준)
1. 신·재생에너지 발전소의 표준공사비, 운전유지비, 투자보수비 및 각종 세금과 공과금
2. 신·재생에너지 발전소의 설비 이용률, 수명 기간, 사고 보수율과 발전소에서의 신·재생에너지 소비율 등의 설계치 및 실적치
3. 신·재생에너지 발전사업자의 송전·배전 선로 이용요금
4. 신·재생에너지 발전기술의 상용화 수준 및 시장 보급 여건
5. 운전 중인 신·재생에너지 발전사업자의 경영 여건

및 운전 실적

6. 전기요금 및 전력시장에서의 신·재생에너지 발전에 의하여 공급한 전력의 거래가격의 수준 **답** ④

07 가공전선로의 지지물에 원형 철근 콘크리트주인 경우 갑종 풍압하중은 몇 [Pa]를 기초로 하여 계산하는가?

① 588 ② 627
③ 1255 ④ 1412

해설 KEC 331.6 (풍압하중의 종별과 적용)

풍압을 받는 구분			풍압[Pa]
목주			588
지지물	철근 콘크리트주	원형의 것	588
		기타의 것	882
	철탑	단주 (완철류는 제외) 원형의 것	588
		단주 (완철류는 제외) 기타의 것	1,117
		강관으로 구성되는 것 (단주는 제외함)	1,255
		기타의 것	2,157

답 ①

08 태양광발전을 위한 부지선정 시 일반적인 고려사항 중에서 설치 및 운영상의 조건중 해당사항이 아닌 것은?

① 일조량 및 일조시간이 풍부해야 한다.
② 태풍 등 기상 재해 발생 여부
③ 계통연계 가능
④ 장래 주변 환경 변화 여부

해설 (1) 부지선정 시 일반적 고려사항
① 지정학적 조건
  ㉮ 일조량 및 일조시간이 풍부해야 한다.
  ㉯ 음영이 없어야 하며 적설량이 적어야 한다.
② 설치 및 운영상의 조건
  ㉮ 주변 환경
    ㉠ 태풍 등 기상 재해 발생 여부
    ㉡ 수목의 영향
    ㉢ 공해, 염해, 오염의 영향
    ㉣ 장래 주변 환경 변화 여부
  ㉯ 접근성
    ㉠ 자재의 운송 및 작업장비의 접근성이 용이
    ㉡ 계통연계 가능
    ㉢ 토지대장이나 지적도를 근거하여 현장조사 **답** ①

09 송전선로에서 코로나 방지대책으로 틀린 것은?

① 단도체의 사용
② 복도체 방식을 사용
③ 굵은 전선을 사용
④ 가선 금구를 개량

해설 송전선로에서 코로나 방지대책
1. 가선 금구를 개량한다.
2. 복도체 방식을 채용한다.
3. 전선의 외경을 증가시킨다. **답** ①

10 태양전지 모듈의 시설에 대한 설명으로 옳은 것은?

① 출력배선은 극성별로 확인 가능토록 표시 할 것
② 충전부분은 노출하여 시설할 것
③ 전선은 공칭단면적 $1.5[mm^2]$ 이상의 연동선을 사용할 것
④ 전선을 옥내에 시설할 경우에는 애자공사에 준하여 시설할 것

해설 KEC 520(태양광발전설비)
1. 태양전지 모듈, 전선, 개폐기 및 기타 기구는 충전부분이 노출되지 않도록 시설하여야 한다.
2. 모듈의 출력배선은 극성별로 확인할 수 있도록 표시할 것
3. 전선은 공칭단면적 $2.5[mm^2]$ 이상의 연동선 또는 이와 동등 이상의 세기 및 굵기의 것일 것
4. 배선설비 공사는 옥내에 시설할 경우에는 합성수지관공사, 금속관공사, 금속제가요전선관공사, 케이블공사의 규정에 준하여 시설할 것 **답** ①

11 태양광발전용 접속함의 시험항목이 아닌 것은?

① 구조시험
② 광조사시험
③ 내부식성시험
④ 온도상승시험

해설 접속함의 시험항목
구조시험, 절연특성시험, 공간거리 및 연면거리시험, 내열성시험, 내부식성시험, 온도상승시험 등 **답** ②

12 전기공사업법령에 따른 전기공사의 종류가 아닌 것은?

① 도로, 공항 및 항만 전기설비공사
② 발전 · 송전 · 변전 및 배전설비 공사
③ 전기철도 및 철도신호 전기설비공사
④ 저수지, 수로 및 이에 수반되는 구조물의 공사

해설 1) 「전기공사업법」에서 전기공사는 다음 각 호의 공사 (저수지, 수로 및 이에 수반되는 구조물의 공사는 제외한다)로 한다.
① 발전 · 송전 · 변전 및 배전 설비공사
② 산업시설물, 건축물 및 구조물의 전기설비공사
③ 도로, 공항 및 항만의 전기설비공사
④ 전기철도 및 철도신호의 전기설비공사 **답 ④**

13 송전방식 중 직류 송전방식에 비해 교류 송전방식의 장점이 아닌 것은?

① 회전자계를 쉽게 얻을 수 있다.
② 계통을 일관되게 운용 할 수 있다.
③ 전압의 승압 및 강압 변경이 용이하다.
④ 역률이 항상 1로 송전효율이 좋아진다.

해설 교류 송전의 장점
(1) 전압의 승압 및 강압이 용이하다
(2) 회전 자계를 쉽게 얻을 수 있다.
(3) 일관된 운용을 기할 수 있다. **답 ④**

14 신재생발전기 계통연계기준에 따라 배전계통의 일부가 배전계통의 전원과 전기적으로 분리된 상태에서 신재생발전기에 의해서만 가압되는 상태를 말하는 것은?

① 출력 증가율
② 전압요동
③ 단독운전
④ 역송 병렬운전

해설 단독운전이란 배전계통의 일부가 배전계통의 전원과 전기적으로 분리된 상태에서 신재생발전기에 의해서만 가압되는 상태를 말함 **답 ③**

15 다음 설명에 대한 것으로 옳은 것은?

> 투자에 드는 지출액의 현재 가치가 미래에 그 투자에서 기대되는 현금 수입액의 현재 가치와 같아지는 할인율

① 비용편익률
② 내부수익률
③ 투자회수율
④ 순현재가치율

해설 내부수익률(IRR)
– 내부수익률은 편익과 비용의 현재가치를 동일하게 할 경우의 비용에 대한 이자율을 산정하는 기법을 말함
– NPV와 IRR은 서로 다른 경제성의 결론에 도달

$$\frac{B_1 - C_1}{(1+r)^1} + \frac{B_2 - C_2}{(1+r)^2} + \cdots + \frac{B_n - C_n}{(1+r)^n} = 0$$

$$= \sum_{t=1}^{n} \frac{NB_t}{(1+r)^t} = 0$$이 되는 이자율 **답 ②**

16 국토의 계획 및 이용에 관한 법령에 따라 개발행위 허가신청서 작성 시 신청내용에 해당하지 않는 것은?

① 토석채취
② 토지형질변경
③ 토지분할
④ 기초변경

해설 개발행위 허가신청서 작성 시 신청내용(개발행위허가신청서 9조)
① 공작물설치
② 토지형질변경
③ 토석채취
④ 물건적치
⑤ 토지분할 **답 ④**

17 계통연계형 태양광발전용 인버터가 계통의 제한된 전압손실 또는 전압강하 기간동안 연결된 부하에 전력을 계속 생산할 수 있는 인버터의 기능은?

① MPPT 기능
② LVRT 기능
③ 단독운전 방지기능
④ 자동운전 · 정지 기능

해설 LVRT(Low Voltage Ride Through : 지속 성능 유지기능) 기능
갑작스러운 사고 등으로 전력전송시스템의 전압이 순간적으로 하락되어도 연속 운전이 가능하도록 하는 기능을 말한다. **답 ②**

18 태양광발전시스템용 인버터의 단독운전 방지 기능에서 능동적인 검출방식이 아닌 것은?

① 주파수 시프트 방식
② 유효전력 변동 방식
③ 무효전력 변동 방식
④ 전압위상 도약 검출 방식

해설 수동적인 검출방식에는 전압위상 도약 검출방식, 제3차 고조파 전압급증 검출방식, 주파수 변화율 검출방식이 있다. **답** ④

19 전력변환장치(PCS)의 기능으로 옳은 것은?

① 단독운전기능, 수동전압 조정기능, 직류지락 검출기능
② 단락운전기능, 최대전력 추종제어기능, 직류검출기능
③ 자동운전 정지기능, 최대전력 추종제어기능, 단독운전 방지기능
④ 단독운전 방지기능, 최대전력 추종제어기능, 직류운전기능

해설 전력변환장치(PCS)의 기능으로는 자동운전 정지기능, 최대전력 추종제어기능, 단독운전 방지기능이 있다. **답** ③

20 변환 효율 13[%]의 100[W] 태양광발전 모듈을 이용하여 10[kW] 태양광발전 어레이를 구성하는데 필요한 설치면적[m²]으로 적당한가? (단, STC 조건이다).

① 75　　② 77
③ 79　　④ 81

해설
$$변환효율 = \frac{P_{mpp}[\text{W}]}{A \times 1,000[\text{W/m}^2]} \times 100 \quad (A : 면적[\text{m}^2])$$
$$= \frac{10[\text{kW}]}{A \times 1[\text{kW/m}^2]} \times 100 = 13$$
$$A = 76.9[\text{m}^2] = 77[\text{m}^2]$$
답 ②

2과목 - 태양광발전 설계

21 기초에 대한 설명으로 옳지 않은 것은?

① 기초의 최소폭(B)과 근입깊이(D_f)의 관계에 따라 깊은 기초와 얕은 기초로 구분한다.
② 적절한 토층 아래 압축성이 큰 층이 없을 때 깊은 기초를 설치한다.
③ 얕은 기초는 Footing 기초와 전면 기초로 구분한다.
④ 깊은 기초는 말뚝 기초, Pier 기초, Caisson 기초로 구분된다.

해설 적절한 토층 아래 압축성이 큰 층이 없을 때 얕은 기초를 설치한다. **답** ②

22 고정형 어레이의 특징이 아닌 것은?

① 발전효율이 상대적으로 높음
② 구조물의 구동이 없어 하단부 공간 활용이 가능
③ 구조가 상대적으로 안전하여 전복이나 오작동에 의한 사고 가능성이 낮음
④ 태양전지의 방위각(징남향) 및 경사각을 고정하여 설치

해설 경사가 변형과 추적식에 비교하여 발전효율이 상대적으로 낮음 **답** ①

23 태양전지 셀과 태양광 모듈에 관한 변환효율의 관계를 옳게 나타낸 것은?

- η_c : 태양전지 셀의 효율
- η_m : 태양광 모듈의 효율
- η_a : 태양광 어레이의 효율

① $\eta_a > \eta_m > \eta_c$　　② $\eta_m > \eta_c > \eta_a$
③ $\eta_c > \eta_a > \eta_m$　　④ $\eta_c > \eta_m > \eta_a$

해설 셀에서 어레이로 시스템이 점점 커질수록 손실요인이 발생하여 효율이 감소한다. **답** ④

24 주택용 태양광발전시스템의 설계 표준절차의 순서가 옳은 것은?

① 어레이의 설치·설계 → 태양전지의 모듈선정 → 태양전지 어레이 발전량 산출 → 기기선정

② 태양전지의 모듈선정 → 어레이의 설치·설계 → 태양전지 어레이 발전량 산출 → 기기선정

③ 태양전지 어레이 발전량 산출 → 어레이의 설치·설계 → 태양전지의 모듈선정 → 기기선정

④ 어레이의 설치·설계 → 태양전지의 모듈선정 → 기기선정 → 태양전지 어레이 발전량 산출

해설 주택용 태양광발전시스템의 표준절차는 우선 현장조사를 수행한 후 적합한 태양전지 모듈을 선정한다. 선택된 태양전지의 규격과 전기적 특성을 기준으로 어레이 설계를 설치하여 태양전지 어레이 발전량을 산출하고 그 자료를 바탕으로 어레이 발전량에 적합한 인버터와 기타 기기를 선정한다. **답** ②

25 분산형 전원 계통연계기술기준에서 전력품질에 들어가지 않는 항목은?

① 전압관리
② 주파수관리
③ 발전량관리
④ 역률관리

해설 분산형 전원 계통연계기술은 전압, 주파수, 고조파, 플리커, 역률 등의 기존 전력품질을 유지한다. **답** ③

26 축전지가 갖추어야 할 요구조건이 아닌 것은?

① 에너지 저장 밀도가 낮을 것
② 중량 대비 효율이 높을 것
③ 환경변화에 안정적일 것
④ 과충전, 과방전에 강할 것

해설 축전지는 신재생에너지의 간헐적 특성을 보완하기 위해 사용되는 것으로 에너지 저장 밀도가 높아야 한다. **답** ①

27 용량 25000[KVA], 임피던스 10[%]인 3상 변압기가 2차 측에서 3상 단락되었을 때 단락용량은 몇[MVA]인가?

① 225
② 250
③ 275
④ 433

해설 단락용량

$$P_s = \frac{100}{\%Z}P_n = \frac{100}{10} \times 25000 \times 10^{-3} = 250[\text{MVA}]$$

답 ②

28 다음과 같은 조건일 경우 태양전지 어레이에서 접속반까지 사용될 전선의 단면적[mm²]은?

(단, 태양전지 어레이에서 접속반까지의 거리는 70[m]이고 전압강하는 3[%] 이내로 한다.)

태양전지모듈 사양

구분	사양
출력전력(P_{mpp})	250[W]
최대 동작 전압(V_{mpp})	30.8[V]
최대 동작 전류(I_{mpp})	8.11[A]
직렬 수	22

① 1.5
② 2.5
③ 3.5
④ 5.0

해설 태양전지모듈 스트링 전압 $= 30.8 \times 22 = 677.6[\text{V}]$
전압강하 $= 677.6 \times 0.03 = 20.33[\text{V}]$

전선의 단면적$(A) = \dfrac{35.6 \times 70 \times 8.11}{1000 \times 20.33} = 1[\text{mm}^2]$

사용될 전선의 단면적은 1.5[mm²] 이다. **답** ①

29 전기설계 일반사항에서 실시설계 성과물 중 공사비 견적서와 가장 거리가 먼 것은?

① 견적서
② 내역서
③ 산출서
④ 계산서

해설 1) 내역서는 일정기간 동안 사용한 경비지출의 내용을 기재한 문서
2) 산출서는 제조 원가 등을 산출한 내용을 기재한 문서
3) 견적서는 어떤 일을 하는데 드는 경비를 미리 조목조목 셈하여 구체적으로 밝힌 서류 **답** ④

30 태양광발전시스템에 적용하는 피뢰방식이 아닌 것은?

① 메쉬법   ② 바리스터법
③ 회전구체법   ④ 보호각법

해설 바리스터법은 반도체 정류기·트랜지스터 등의 서지 전압(surge voltage)으로부터의 보호에 사용한다.
답 ②

31 전력계통의 한 점을 직접 접지하고 설비의 노출 도전성 부분을 전력계통의 접지극과 전기적으로 독립한 접지극으로 접속하는 방식은?

① TT방식   ② IT방식
③ TN방식   ④ TN-S 방식

해설 저압계통 접지방식
1) TN-S : 시스템 전체에 걸쳐 중성선과 보호도체가 분리되어 있고, 전원측의 접지극을 공유한다.
2) TN-C : 간선의 중성선과 보호 도체를 겸용하는 PEN 도체를 사용하는 방식이다.
※ PEN : 보호선과 중성선의 기능을 겸한 전선을 말한다.
3) TN-C-S : 전원부는 TN-C로 되어있고 간선계통의 일부에서는 중성선과 보호도체를 분리하여 TN-S 계통으로 하는 방법이다.
4) IT : 충전부 전체를 대지로부터 절연시키거나, 한점에 임피던스를 삽입하여 대지에 접속 시키고, 전기기기의 노출 도전성부분 단독 또는 일괄적으로 접지하거나 또는 계통접지로 접속하는 접지계통을 말한다.
5) TN 계통 : 전원측의 한 점을 직접접지하고 설비의 노출도전부를 보호도체로 접속시키는 방식
답 ①

32 3000[kW] 이하의 태양광 발전소 전기사업 허가 시 필요한 서류가 아닌 것은?

① 송전관련 일람도
② 신용평가 의견서
③ 발전원가 명세서
④ 전기사업허가신청서

해설 3,000[kW] 이하의 경우 필요서류
전기사업허가신청서, 전기사업법 시행규칙에 따른 해당 필요한 서류는 사업계획서, 사업허가신청서, 송전관계일람도, 발전원가명세서 등 추가적인 서류는 해당 지역의 지자체에서 정확하게 확인하실 수 있습니다.
답 ②

33 1일 전력수용량 산정 수식으로 적합한 것은?

① 1일 전력소비량×1.1
② 1일 전력소비량×1.4
③ 1일 전력소비량×1.3
④ 1일 전력소비량×1.2

해설 1일 전력수용량 = 1일 전력소비량 × 1.2
답 ④

34 발전기, 전동기, 조상기, 기타 회전기(회전변류기 제외)의 절연내력 시험방법은 어느 곳에 가하는가?

① 외함과 대지사이
② 외함과 권선사이
③ 권선과 대지사이
④ 회전자와 고정자 사이

해설 KEC 133(회전기 및 정류기의 절연내력)

종류			시험전압	시험방법
회전기	발전기·전동기·조상기·기타회전기	7[kV] 이하	1.5배 (최저 500V)	권선과 대지 사이에 연속하여 10분간
		7[kV] 초과	1.25배 (최저 10500V)	
	회전변류기		직류측의 최대 사용전압의 1배의 교류전압 (최저 500V)	

답 ③

35 사용전압이 15[kV] 이하의 특고압 가공전선로의 중성선의 접지도체를 중성선으로부터 분리하였을 경우 1[km] 마다의 중성선과 대지 사이의 합성 전기저항값은 몇 [Ω] 이하로 하여야 하는가?

① 15   ② 30
③ 100   ④ 300

해설 KEC 333.32(25[kV] 이하의 특고압 가공전선로의 시설)
각 접지도체를 중성선으로부터 분리하였을 경우의 각 접지점의 대지 전기저항 값과 1[km] 마다 중성선과 대지 사이의 합성 전기저항값은 표에서 정한 값 이하일 것.

사용전압	각 접지점의 대지 전기저항값	1[km]마다의 합성전기 저항값
15[kV] 이하	300[Ω]	30[Ω]
15[kV] 초과 25[kV] 이하	300[Ω]	15[Ω]

답 ②

36 사업의 경제성이 있다고 판단되는 항목을 모두 옳게 나열한 것은? (단, r은 할인율을 나타낸다.)

① NPV > 0, B/C ratio > 1, IRR > r
② NPV < 0, B/C ratio < 1, IRR < r
③ NPV = 0, B/C ratio < 1, IRR < r
④ NPV = 0, B/C ratio = 1, IRR = r

해설 경제성 분석
1) NPV(순현재가치)는 '0'보다 크면 경제성이 있고, '0'보다 작으면 경제성이 없다.
2) B/C(비용편익)는 1보다 크면 경제성이 있고, '1'보다 작으면 경제성이 없다.
3) IRR(내부수익률)은 r(할인율)보다 커야 한다.

답 ①

37 단상브리지 정류회로에서 전원전압이 220[V]인 경우 출력전압의 평균값은 약 몇 [V]인가?

① 85 　　　　② 120
③ 198 　　　　④ 220

해설 단상브리지 (전파) 정류파형의 평균값

$V_d = \frac{2}{\pi} \times (실효값 \times \sqrt{2}) = \frac{2\sqrt{2}}{\pi} \times 220 = 약 198$

답 ③

38 태양광발전시스템에 그림자가 발생하게 되면 일사량이 감소하기 때문에 발전량이 감소한다. 일사량의 2가지 성분으로 옳은 것은?

① 수평면 일사성분, 경사면 일사성분
② 경사면 일사성분, 산란광 성분
③ 직달광 성분, 수평면 일사성분
④ 직달광 성분, 산란광 성분

해설 광은 직달일산(직달광)과 확산일산(산란광)으로 구성된다.

답 ④

39 다음의 조건에서 독립형 태양광발전시스템의 축전지 용량[Ah]은?

```
[조건]
– 1일 적산부하량 : 3.0[kWh]
– 일조가 없는 날 : 10일
– 공칭축전지 전압 : 2[V]
– 보수율 : 0.8
– 축전지 직렬개수 : 48장
– 방심심도 : 65[%]
```

① 601 　　　　② 751
③ 941 　　　　④ 451

해설 독립형 전원시스템용 축전지 용량공식은 다음과 같다.

$C = \dfrac{L_d \times D_f \times 1000}{L \times V_b \times DOD \times N} = \dfrac{3.0 \times 10 \times 1000}{0.8 \times 2 \times 0.65 \times 48}$

$= 약 601[Ah]$

L_d : 1일 적산 부하 전력량
D_f : 일조가 없는 날(일)
L : 보수율
V_b : 공칭 축전지 전압
N : 축전지 개수
DOD : 방전심도

답 ①

40 건축도면에 관련된 기호이다. 망사문을 나타내는 기호는?

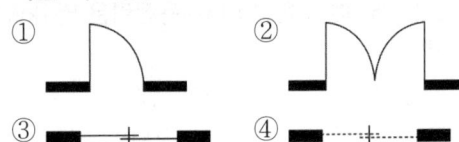

해설

외여닫이문	쌍여닫이문	두짝미서기문	망사문

답 ④

3과목 - 태양광발전 시공

41 다음 중 구조골조용 풍하중과 관련 있는 사항이 아닌 것은?

① 설계풍력 ② 외압계수
③ 노출계수 ④ 유효수압면적

해설 **구조골조용 풍하중(W_f)**
$$W_f = P_f \times A$$
P_f : 구조골 조용 설계풍력, A : 유효수압면적
1) 밀폐형 건축물의 구조골조용 설계풍력(P_f)
$$P_f = G_f \times (q_z \times C_{pe1} - q_h \times C_{pe2})$$
G_f : 구조골조용 가스트 영향계수,
C_{pe} : 외압계수, q : 설계속도압
2) 개방형 건축물 및 기타 구조물의 구조골조용 설계풍력(P_f)
$$P_f = q_z \times G_f \times G_f$$
답 ③

42 지상형 태양광발전설비의 배수로 공사에서 고려해야할 사항이 아닌 것은?

① 유량 ② 낙차
③ 도달시간 ④ 유속

해설 **배수로 공사**
배수권로를 보함한 배수시설은 유량, 유속, 도달 시간 등을 고려하여 규모를 산정하고 배수에 문제가 없도록 계획하고 설치하여야 한다. 답 ②

43 부하설비용량 600[KW], 부등률 1.2, 수용률 60[%]일 때의 합성최대수용전력은 몇 [kW]인가?

① 250 ② 275
③ 290 ④ 300

해설 최대수용전력＝설비용량×수용률
＝600×0.6＝360
$$부등률 = \frac{개별\ 최대\ 수용전력의\ 합}{합성\ 최대수용전력}\ 에서$$
$$합성\ 최대수용전력 = \frac{개별\ 최대수용전력의\ 합}{부등률}$$
$$= \frac{360}{1.2} = 300[kW]$$ 답 ④

44 전주 사이의 경간이 80[m]인 가공전선로에서 전선 1[m]당의 하중이 0.37[kg], 전선의 이도가 0.8[m]일 때 수평장력은 몇 [kg]인가?

① 370 ② 360
③ 350 ④ 330

해설 이도 $D = \dfrac{WS^2}{8T}$ 이므로
$$수평장력\ T = \frac{WS^2}{8D} = \frac{0.37 \times 80^2}{8 \times 0.8} = 370[kg]$$ 답 ①

45 19/1.8[mm] 경동 연선의 바깥지름은 몇 [mm]인가?

① 9 ② 10.8
③ 13 ④ 34

해설 소 선수 $N = 3n(n+1)+1$
소선 가닥수 19이므로 $n = 2$(바깥지름 2층권)
$D = (2n+1)d$,
$D = (2\times 2+1)\times 1.8 = 9[mm]$ 답 ①

46 전력용 퓨즈를 차단기와 비교할 때 옳지 않은 것은?

① 소형, 경량이다.
② 보수가 간단하다.
③ 큰 차단용량을 갖는다.
④ 고속도 차단을 할 수 없다.

해설 **전력용 퓨즈의 장점**
① 소형, 경량이다.
② 보수가 간단하다.
③ 소형으로 큰 차단용량을 갖는다.
④ 고속도 차단을 할 수 있다. 답 ④

47 분산형 전원을 배전계통 연계 시 승압용 변압기의 1차 결선방식으로 옳은 것은? (단, 인버터는 3상이며, 절연변압기를 사용하는 조건임)

① Δ 결선
② Y 결선
③ V 결선
④ 스코트(SCOT) 결선

해설 태양광 승압용 변압기 1차측은 Y결선을 사용한다.

답 ②

48 특고압 배전선로에 태양광발전시스템 연계 시 설비보호를 위해 설치하는 보호계전기가 아닌 것은?

① 과전압계전기 　　② 부족전압계전기
③ 비율차동계전기 　④ 부족주파수계전기

해설 비율차동계전기는 변압기의 내부 고장에 대한 보호용으로 사용된다.

답 ③

49 지반조사 및 측량설계도서검토에서 지반조사 단계와 관계없는 것은?

① 예비조사 　　　② 본조사
③ 보완조사 　　　④ 소음진동조사

해설 예비조사(계획단계) > 본조사(설계단계) > 보완조사(시공단계) > 특정조사(유지관리단계)
* 소음진동조사는 시방 및 도면의 요구조건 확인에서 안전환경 관리에 대한 요구 조건의 조사사항이다.

답 ④

50 개개의 기둥을 독립적으로 지지하는 형식으로 기초판과 기둥으로 형성되어 있으며, 기둥과 보로 구성되어 있는 건축물에 적용되는 태양광 발전 기초 공법은?

① 파일기초
② 연속기초(줄기초)
③ 독립기초
④ 온통기초(매트기초)

해설 1) 독립기초 : 개개의 기둥을 독립적으로 지지하는 형식으로 기초판과 기둥으로 형성되어 있으며, 기둥과 보로 구성되어 있는 건축물에 적용되는 기초이다.
2) 연속기초(줄기초) : 내력벽 또는 조적벽을 지지하는 기초로 벽체 양옆에 캔틸레버 작용으로 하중을 분산시킨다.
3) 온통기초(매트기초) : 지층에 설치되는 모든 구조를 지지하는 두꺼운 슬래브 구조로 지반에 지내력이 약해 독립기초나 말뚝기초로 적당하지 않을 때 사용된다.
4) 파일기초 : 지반의 지내력으로 기초 설치가 어려울 경우에는 파일을 지반의 암반층까지 내려 지지하는 공법

답 ③

51 송전선로에 대한 설명으로 틀린 것은?

① 송전 방식은 교류 송전방식만이 사용된다.
② 송전 계통의 개요는 송전선로, 급전설비, 운영설비이다.
③ 송전선로는 발전소, 1차 변전소, 배전용 변전소로 구성된다.
④ 송전설비는 발전소 상호간, 변전소 상호간, 발전소와 변전소 간을 연결하는 전선로와 전기설비를 말한다.

해설 송전 방식은 직류와 교류 방식이 있다.

답 ①

52 피뢰기의 구비 조건이 아닌 것은?

① 방전 내량이 클 것
② 속류 차단 능력이 클 것
③ 상용주파 방전개시 전압이 높을 것
④ 충격 방전개시 전압이 높을 것

해설 피뢰기의 구비조건
• 방전 내량이 클 것
• 속류 차단 능력이 클 것
• 충격 방전개시 전압이 낮을 것
• 상용주파 방전개시 전압이 높을 것

답 ④

53 가공전선로에 사용되는 전선의 구비조건으로 틀린 것은?

① 도전율이 높아야 한다.
② 기계적 강도가 커야 한다.
③ 내구성이 있을 것
④ 허용 전류가 적어야 한다.

해설 전선의 구비 조건
① 도전율이 클 것
② 기계적 강도가 클 것
③ 유연성이 클 것
④ 내구성이 있을 것
⑤ 비중이 작을 것
⑥ 값이 쌀 것
⑦ 허용전류가 클 것

답 ④

54 역률 개선을 통하여 얻을 수 있는 효과가 아닌 것은?

① 수용가의 전기요금(기본요금) 증가
② 배전선 및 변압기의 손실 경감
③ 설비용량의 여유분 증가
④ 전압강하의 경감

해설 수용가의 전기요금(기본요금) 경감 **답** ①

55 전력계통의 전압을 조정하는 조상설비 중 진상 또는 지상 모두 무효전력 조정이 가능한 것은?

① 단로기
② 분로리액터
③ 동기조상기
④ 전력용 콘덴서

해설 동기조상기
전력 계통에 있어서 역률(力率)을 개선하기 위하여 쓰는 동기 전동기.
계자 전류를 조정하여 제로(0) 역률의 진상(進相) 또는 지상(遲相) 전류를 사용하면서 보통 부하 없이 운전한다. **답** ③

56 골재의 조립률에 대한 설명으로 틀린 것은?

① 1개의 입도곡선에는 1개의 조립률만 존재한다.
② 1개의 조립률에는 1개의 입도곡선만 존재한다.
③ 조립률이 크면 타설이 어렵지만 시멘트를 절약 할 수 있다.
④ 조립률이 작으면 타설이 쉽지만 시멘트량이 많이 필요하다.

해설 조립률(finess modulus. FM)
골재의 입도를 수량적으로 나타내는 한 방법으로서 조립률이 있다.
조립률은 75 mm, 40 mm, 20 mm, 10mm, 5mm, 2.5 mm, 1.2 mm, 0.6 mm, 0.3 mm, 0.15 mm의 10개의 체를 1조로 체가름시험을 하였을 때, 각 체에 남아 있는 양의 전체 시료에 대한 중량백분율의 합계를 100으로 나눈 것으로 정의한다.
골재의 평균 입경이 클수록 조립률은 커진다. 1개의 입도곡선에는 하나의 조립률이 존재하지만, 하나의 조립률에는 무수한 입도곡선이 있다. **답** ②

57 한국전기설비규정에 따라 라이팅덕트공사에 의한 저압 옥내배선의 시설 기준으로 틀린 것은?

① 덕트는 조영재에 견고하게 붙일 것
② 덕트의 지지점 간의 거리는 2[m] 이하로 할 것
③ 덕트는 조영재를 관통하여 시설하지 아니할 것
④ 덕트의 개구부 (開口部)는 위로 향하여 시설할 것

해설 덕트의 개구부(開口部)는 아래로 향하여 시설할 것. 다만, 사람이 쉽게 접촉할 우려가 없는 장소에서 덕트의 내부에 먼지가 들어가지 아니하도록 시설하는 경우에 한하여 옆으로 향하여 시설할 수 있다. **답** ④

58 터파기(KSC 11 20 15 : 2016)에 따라 굴착작업 시 유의사항으로 틀린 것은?

① 굴착 주위에 과다한 압력을 피하도록 하여야 한다.
② 굴착 중 물이 고이지 않도록 배수장치를 갖춘다.
③ 방호계획은 고정시설물뿐만 아니라 차량 및 수민 등에 대해서도 수립한다.
④ 정해진 깊이보다 깊이 굴착된 경우는 지하수위 상승공법을 사용하여 원지반보다 연약하지 않도록 한다.

해설 정해진 깊이보다 깊이 굴착하지 않도록 하고 만약 깊이 굴착된 경우는 다시 되메우기를 하고 다짐공법을 사용하여 원지반보다 연약하지 않도록 한다. **답** ④

59 건축물에 태양광발전 설치방식 중 개구부의 블라인드 기능을 보유하고, 건축의 디자인을 손상시키지 않고 설치할 수 있는 방식은?

① 루버형
② 차양형
③ 난간형
④ 창재형

해설 루버형
① 개구부의 블라인드 기능을 보유하고 있는 타입
② 기존 루버재와 같은 의장성을 재현하여 건축의 디자인을 손상시키지 않고도 설치할 수 있다. **답** ①

60 건물에 설치된 태양광발전시스템의 낙뢰 및 과전압 보호로 고려되어야 하는 방법이 아닌 것은?

① 교류측에 과전압 보호장치를 설치해야 한다.
② 낙뢰 보호시스템이 있어도 반드시 태양광발전시스템을 접지 및 등전위면에 연결해야 한다.
③ 태양광발전시스템이 외부에 노출되어 있다면 적절한 피뢰침을 설치해야 한다.
④ 태양광발전시스템 접속함의 직류측에 서지 보호장치를 설치해야 한다.

해설 낙뢰 보호시스템이 있어도 반드시 태양광발전시스템을 접지 및 등전위면에 분리해야 한다. 답 ②

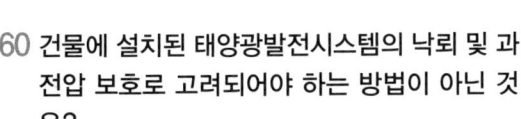

4과목 - 태양광발전 운영

61 산업안전보건법령에 따른 정지신호, 소화설비 및 그 장소, 유해행위 금지표시 색채는?

① 빨간색　　② 노란색
③ 녹색　　④ 파란색

해설 안전보건표지의 색도기준 및 용도(시행규칙별표8)

색상	용도	사용예시
빨간색	금지	정지신호, 소화설비 및 장소 유해행위의 금지
	경고	화학물질 취급 장소에서의 유해·위험경고
노란색	경고	화학물질 취급 장소에서의 유행·위험경고 이외의 위험경고, 주의표시 또는 기계방호물
파란색	지시	특정 행위의 지시 및 시설의 고지
녹색	안내	비상구 및 피난소, 사람 또는 차량의 통행표시
흰색	–	파란색 또는 녹색에 대한 보조 색
검은색	–	문자 및 빨간색 또는 노란색에 대한 보조 색

답 ①

62 분산형전원 배전계통 연계 기술기준에 따라 계통연계형 인버터의 주파수 범위가 $f < 57.5$[Hz]일 때 분리시간은 몇 초인가?

① 0.15　　② 0.16
③ 299　　④ 300

해설 비정상주파수에 대한 분산형 전원의 운전 지속시간과 분리시간

주파수범위[Hz]	분리시간[초]
$f > 61.5$	0.16
$f < 57.5$	300
$f < 57.0$	0.16

답 ④

63 태양광발전용 인버터의 육안점검 항목에 해당하지 않는 것은?

① 배선의 극성
② 지붕재의 파손
③ 단자대 나사 풀림
④ 접지단자와의 접속

해설 인버터의 육안점검 항목
외함의 부식 및 파손, 취부, 배선의 극성, 단자대 나사의 풀림, 접지단자와의 접속
※ 지붕재의 파손은 태양광발전 모듈·어레이 측정 및 점검에서 육안점검에 해당됨 답 ②

64 인버터의 이상표시신호에 따른 조치방법에 대한 설명으로 틀린 것은?

① Line Phase Sequence Fault : 상전압 확인 후 재운전
② Line Inverter Async Fault : 계통 주파수 점검 후 운전
③ Line Over Voltage Fault : 계통전압 확인 후 정상 시 5분후 재가동
④ Inverter Ground Fault : 인버터 고장부분 수리 또는 접지저항 확인 후 운전

해설 Line Phase Sequence Fault : 상회전 확인 후 정상 시 재운전 답 ①

65 태양광발전시스템의 계측기구 및 표시장치의 구성으로 틀린 것은?

① 검출기 ② 연산장치
③ 감시장치 ④ 신호변환

해설 계측기구 및 표시장치
검출기(쎈서), 신호변환기(트랜스듀서), 연산장치, 기억장치, 표시장치 **답** ③

66 결정질 실리콘 태양광발전 모듈(성능)(KS C 8561 : 2020)에 따라 외관검사 시 몇 [lx] 이상의 광 조사상태에서 진행하는가?

① 1000 ② 2000
③ 3000 ④ 4000

해설 결정질 실리콘 태양광발전 모듈(성능)(KS C 8561 : 2020)에 따라 외관검사 시 1000[lx] 이상의 광 조사상태에서 진행한다. **답** ①

67 전기사업법령에 따라 태양광발전시스템 정기점검에 대한 설명으로 틀린 것은?

① 저압이고 용량이 50킬로와트 초과 100킬로와트 이하의 경우는 매월 1회 이상 전검해야 한다.
② 저압이고 용량이 200킬로와트 초과 300킬로와트 이하의 경우는 매월 2회 이상 점검해야 한다.
③ 고압이고 용량이 500킬로와트 초과 600킬로와트 이하의 경우는 매월 3회 이상 점검해야 한다.
④ 고압이고 용량이 600킬로와트 초과 700킬로와트 이하의 경우는 매월 3회 이상 점검해야 한다.

해설 저압이고 용량이 200킬로와트 초과 300킬로와트 이하의 경우는 매월 1회 이상 점검해야 한다. **답** ②

68 중대형 태양광 발전용 인버터(계통연계형 독립형)(KS C 8565 : 2021)에 따른 누설 전류 시험의 품질기준은 누설전류가 몇 [mA] 이하이어야 하는가?

① 2 ② 3
③ 5 ④ 10

해설 누설전류시험의 품질기준은 누설 전류가 5[mA] 이하이어야 한다. **답** ③

69 태양광발전시스템 운영 시 비치서류가 아닌 것은?

① 건설 관련 도면
② 시방서 및 계약서
③ 송전 관계 일람도
④ 구조물의 구조계산서

해설 송전 관계 일람도는 사업허가 신청에 필요한 서류 **답** ③

70 다음은 인버터의 절연저항 측정회로이다. (A) 들어갈 측정창치는?

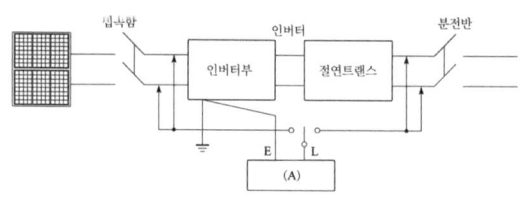

① 계전기 ② 단로스위치
③ 개폐기 ④ 메가

해설 절연저항 측정 장치는 메가(절연저항계)이다. **답** ④

71 태양광발전시스템의 성능분석을 위한 산식으로 틀린 것은?

① 성능계수
② 가대의 탄성계수
③ 발전전력량
④ 어레이의 변환효율

해설 가대의 탄성계수는 구조물에 대한 적합성을 나타내는 요소이다. 답 ②

72 중대형 태양광발전용 인버터(계통연계형, 독립형)(KS C 8565 : 2021)에 따른 구조시험의 품질기준 KS C 8565 규정을 만족하고 출력 전력, 전압, 전류는 실제값과 오차가 몇 [%] 이내이어야 하는가?

① 3
② 5
③ 7
④ 10

해설 구조시험의 품질기준 KS C 8565 규정을 만족하고 출력 전력, 전압, 전류는 실제값과 오차가 3[%] 이내이어야 한다. 답 ①

73 절연보호구의 선정 및 사용에 관한 기술지침에 따라 사용전압이 주로 교류 600[V] 또는 직류 750[V]를 초과하고 3,500[V] 이하의 작업에 사용하는 절연 고무장갑의 종별로 옳은 것은?

① A종
② C종
③ H종
④ B종

해설 내전압용 안전장갑 : 전기에 의한 감전을 방지
• A종 : 주로 300[V]를 초과하고 교류 600[V] 또는 직류 750[V]이하의 작업에 사용
• B종 : 주로 교류 600[V] 또는 직류 750[V]를 초과하고 3,500[V] 이하의 작업에 사용
• C종 : 주로 3,500[V]를 초과하고 7,000[V] 이하의 작업에 사용 답 ④

74 계약시장의 거래 절차가 올바른 것은?

① REC 발급 → 매물 등록 → 매매계약 체결 → 거래대금 정산 → REC 판매완료
② REC 발급 → 매물 등록 → 거래대금 정산 → 매매계약 체결 → REC 판매완료
③ 자체계약/경쟁 입찰 선정 → 계약신고 → 거래대금 정산 → REC 발급 → REC 판매완료
④ 자체계약/경쟁 입찰 선정 → 계약신고 → REC 발급 → 거래대금 정산 → REC 판매완료

해설 거래흐름도
• 현물시장의 거래 흐름도는 REC 발급 → 매물 등록 → 매매계약 체결 → 거래대금 정산 → REC 판매 완료로 진행되고,
• 계약시장의 거래 흐름도는 자체 계약/경쟁입찰 선정 → 계약신고 → REC 발급 → 거래대금 정산 → REC 판매 완료로 진행됩니다. 답 ④

75 태양광전지검사에서 세부검사내용 중에 검사 항목이 다른 것은?

① 외관검사
② 규격 확인
③ 전지 전기적 특성시험
④ 어레이

해설 태양전지 검사

검사항목	세부검사내용	수검자 준비자료
태양광전지 일반규격	· 규격 확인	· 공사계획인가(신고)서 · 태양광전지 규격서
태양광전지 검사	· 외관검사 · 전지 전기적 특성시험 · 어레이	· 단선결선도 · 태양전지 트립인터록 도면 · 시퀀스 도면 · 보호장치 및 계전기시험 성적서 · 절연저항시험 성적서

답 ②

76 전기설비의 외관점검, 작동점검, 기능점검 등을 실시하여 이상 유무를 확인하기 위하여 이루어지는 상시 점검은?

① 일상점검
② 정기점검
③ 정밀점검
④ 보수점검

해설 일상점검이란 전기설비의 외관점검, 작동점검, 기능점검 등을 실시하여 이상 유무를 확인하기 위하여 상시 점검을 하는 것을 말한다. 답 ①

77 토목시설물 중 절토부 점검 내용으로 틀린 것은?

① 침하 발생 여부
② 급격한 지하수 용출 여부
③ 누수, 층 분리 및 박락, 백태 발생여부
④ 인장균열 발생여부

해설 토목시설물 중 절토부 점검 내용
① 침하 발생 여부   ② 급격한 지하수 용출 여부
③ 인장균열 발생여부 ④ 지속적인 낙석 발생여부

답 ③

---

78 전기안전관리법령에 따라 개인대행자가 전기 안전관리업무를 대행할 수 있는 태양광발전설비의 규모로 옳은 것은? (단, 원격감시 및 제어 기능을 갖춘 경우이다.)

① 용량 250킬로와트 미만
② 용량 500킬로와트 미만
③ 용량 750킬로와트 미만
④ 용량 1000킬로와트 미만

해설 • 개인대행자(태양광발전설비)
　용량 250킬로와트(원격감시 및 제어기능을 갖춘 경우 용량 750킬로와트) 미만의 태양광발전설비
• 안전공사 및 대행사업자(태양광발전설비)
　용량 1천킬로와트(원격감시 및 제어기능을 갖춘 경우 용량 3천킬로와트)미만

답 ③

---

79 120[kWp] 태양광발전시스템을 밭에 설치하려 할 때 REC 가중치는?

① 1.10　　　　② 1.13
③ 1.17　　　　④ 1.20

해설 태양광발전시스템 용량이 120[kW]인 경우 REC 가중치는 다음과 같은 공식에 적용한다.

$$REC 가중치 = \frac{99.999 \times 1.2 + (120 - 99.999) \times 1.0}{120}$$

$$= 1.1666 \approx 1.17$$

구분	공급인증서 가중치	대상에너지 및 기준	
		설치유형	세부기준
태양광 에너지	1.2	일반부지에 설치하는 경우	100[kw] 미만
	1.0		100[kW]부터
	0.8		3,000[kW] 초과부터
	0.5	임야에 설치하는 경우	
	1.5	건축물 등 기존 시설물을 이용하는 경우	3,000[kW] 이하
	1.0		3,000[kW] 초과부터
	1.6	유지의 수면에 부유하여 설치하는 경우	100[kw] 미만
	1.4		100[kW]부터
	1.2		3,000[kW] 초과부터
	1.0	자가용 발전설비를 통해 거래하는 경우	

설치용량	태양광에너지 가중치 산정식
100kW 미만	1.2
100kW부터 3,000kW 이하	$\dfrac{99.999 \times 1.2 + (용량 - 99.999) \times 1.0}{용량}$
3,000kW 초과부터	$\dfrac{99.999 \times 1.2}{용량} + \dfrac{2,900.001 \times 1.0}{용량}$ $+ \dfrac{(용량 - 3,000) \times 0.8}{용량}$

답 ③

---

80 태양광 시스템용 이차전지(KS C 8575 : 2021)에 따른 전지의 일반적인 일일 사이클로 옳은 것은?

① 낮 시간의 충전, 밤 시간의 충전
② 낮 시간의 충전, 밤 시간의 방전
③ 낮 시간의 방전, 밤 시간의 충전
④ 낮 시간의 방전, 밤 시간의 방전

해설 전지는 일반적으로 다음과 같은 일일 사이클을 가진다.
1) 낮 시간의 충전
2) 밤 시간의 방

답 ②

1과목 - 태양광발전 기획

01 다음 설명은 인버터의 효율 중 어떤 효율에 관한 것인가?

> 태양광 모듈의 출력이 최대가 되는 최대전력점(MPP : Maximum Power Point)을 찾는 기술에 대한 성능 지표이다.

① 정격효율 ② 추적효율
③ 유로효율 ④ 변환효율

해설 인버터효율
- 정격효율 : 변환효율과 추적효율의 곱으로 표현
  $$\eta_{INV} = \eta_{CON} \times \eta_{TR}$$
- 유로효율 : 유럽의 기후에 대해 가중된 동적 효율
- 변환효율 : 직류를 교류로 변환할 때 발생하는 손실

답 ②

02 모듈에 음영이 발생할 경우 출력저하 및 발열을 억제하기 위해 설치하는 것은?

① 저항
② 노이즈 필터
③ 서지 보호장치
④ 바이패스 소자

해설 바이패스 소자
- 그늘발생 시 전기를 생산 못하는 셀에 저항이 증가되고 전압에 의해서 발열되어 핫스팟 현상이 발생한다. 이를 방지하기 위한 목적으로 고 저항이 된 셀들과 병렬로 접속하여 음영된 셀에 흐르는 전류를 바이패스하도록 하는 것이 바이패스 소자(다이오드를 사용)이다.
- 바이패스 다이오드는 모듈 후면에 있는 출력단자함에 설치되며, 셀 18~20개마다 1개의 바이패스 다이오드를 설치한다.
- 공칭 최대 출력전압의 1.5배 이상

답 ④

03 전기사업법령에 따라 사업계획서 작성 시 전기설비 개요에 포함되어야 할 태양광설비에 대한 사항으로 틀린 것은?

① 인버터의 종류
② 태양전지의 종류
③ 접속함의 설치장소
④ 집광판의 면적

해설 전기사업법 시행규칙 사업계획서 작성요령
1) 태양전지의 종류, 정격용량, 정격전압 및 정격출력
2) 인버터의 종류, 입력전압, 출력전압 및 정격출력
3) 집광판의 면적

답 ③

04 신에너지 및 재생에너지 개발·이용·보급 촉진법령에 따라 2023년 신재생에너지 의무 공급량의 비율은?

① 13.0 ② 13.5
③ 14.0 ④ 15.0

해설 연도별 의무 공급량 비율 (제18조의 4 제1항 관련)

해당 연도	비 율[%]
2023	13.0
2024	13.5
2025	14.0
2026	15.0
2027	17.0
2028	19.0
2029	22.5
2030년 이후	25.0

답 ①

05 위도 36.5°인 지역에서 하지일 때 남중고도는?

① 22.5° ② 23°
③ 30° ④ 77°

해설
- 하지 : $90° - \theta + 23.5° = 90° - 36.5° + 23.5° = 77°$
- 동지 : $90° - \theta - 23.5°$
- 춘분, 추분 : $90° - \theta$

답 ④

06 다음 중 축전지의 공칭 용량을 나타낸 식은?
(단, 방전전압 : V_n, 방전전류 : I_n, 방전시간 :
t_n, 방전주기 : T_n, 방전용량 : C_n)

① $C_n = V_n \times t_n$

② $C_n = I_n \times t_n$

③ $C_n = I_n \times T_n$

④ $C_n = V_n \times T_n$

해설 축전지의 공칭 용량은 지속적인 방전 전류 I_n과 방전
시간 t_n의 곱으로 표현된다. **답** ②

07 계통연계용 태양전지시스템의 방재 대응형 축
전지를 다음 조건에 의해 설치하려 한다. 설치
용량으로 가장 적합한 것은?

> – 평균부하 용량 : 5[kWh]
> – PCS 직류입력전압 : 200[V]
> – PCS 축전지 간 전압강하 : 2[V]
> – PCS 효율 : 95[%]
> – 보수율 : 0.8
> – 용량환산시간 : 24.5

① 600[Ah] ② 700[Ah]

③ 800[Ah] ④ 900[Ah]

해설 $I(\text{직류입력전류}) = P \times \dfrac{1,000}{E_f \times (V_i + V_d)}$

$= 5 \times \dfrac{1,000}{0.95 \times (200 + 2)} = 26.06[\text{A}]$

$C(\text{축전지용량}) = \dfrac{KI}{L} = \dfrac{24.5 \times 26.06}{0.8}$

$= 798.09 = 800[\text{Ah}]$ **답** ③

08 태양광발전을 위한 부지선정 시 일반적인 고려
사항 중 설치 및 운영상의 조건에서 주변 환경
이 아닌 것은?

① 장래 주변 환경 변화 여부

② 일조량과 일조시간 풍부

③ 태풍 등 기상 재해 발생 여부

④ 수목의 영향

해설 (1) 부지선정 시 일반적 고려사항

① 지정학적 조건
  ㉮ 일조량 및 일조시간이 풍부해야 한다.
  ㉯ 음영이 없어야 하며 적설량이 적어야 한다.
② 설치 및 운영상의 조건
  ㉮ 주변 환경
    ㉠ 태풍 등 기상 재해 발생 여부
    ㉡ 수목의 영향
    ㉢ 공해, 염해, 오염의 영향
    ㉣ 장래 주변 환경 변화 여부
  ㉯ 접근성
    ㉠ 자재의 운송 및 작업장비의 접근성이 용이
    ㉡ 계통연계 가능
    ㉢ 토지대장이나 지적도를 근거하여 현장조사
    답 ②

09 연료전지의 특징에 대한 설명으로 적합하지 않
은 것은?

① 간헐성의 특징에 따른 축전지설비가 필요하
다.

② 등유, LNG, 메탄올 등 연료의 다양화가 가
능하다.

③ 발전소의 건설비용이 크며 수명과 신뢰성향
상을 위한 기술연구가 필요하다.

④ 다양한 발전 용량의 제작이 가능하다.

해설 신재생에너지 중 간헐성 특징을 가진 발전방식은 태양
광, 풍력 등 자연에너지를 이용한 방식이다. 연료전지
는 연료의 산화에 의해 생기는 화학에너지를 직접 전기
에너지로 변환시키는 전지 일종의 발전장치로 간헐성
특징은 없다. **답** ①

10 인버터 각 시스템 방식 중 PV분전함이 없어도
되고, PV어레이 근처에 설치되는 인버터 연결
방식은?

① 병렬 운전 방식

② 모듈 인버터 방식

③ 스트링 인버터 방식

④ 중앙 집중형 인버터 방식

해설 스트링 인버터를 사용하면 설치가 더 간편해지고 설치
비를 상당히 줄일 수 있다.
인버터는 PV어레이 바로 근처에 설치되고 스트링 방식
으로 연결된다.
• PV분전함의 생략
• 일련의 상호연결에 소모되는 모듈 케이블링의 감소
  와 DC전원 케이블의 생략 **답** ③

11 실리콘형 태양전지의 재료 중 P형 반도체의 특성이 맞는 것은?

① 정공이 다수 캐리어이다.
② 전자가 다수 캐리어이다.
③ 전자 · 정공 모두 다수 캐리어이다.
④ 전자 · 정공 모두 소수 캐리어이다.

해설 1) P형 반도체의 다수 캐리어는 전공, 소수 캐리어는 전자
2) N형 반도체의 다수 캐리어는 전자, 소수 캐리어는 전공

답 ①

12 태양광발전의 장점으로 가장 옳은 것은?

① 전력생산량이 지역별 일사량에 의존한다.
② 에너지밀도가 낮아 큰 설치면적이 필요하다.
③ 설치장소가 한정적이며, 시스템 비용이 고가이다.
④ 에너지의 원료인 태양의 빛은 무료이며, 무한하다.

해설 **태양광발전의 특징**

구분	태양광발전
장점	무공해, 무한량, 무가격의 청정에너지원유지 · 보수용이
단점	• 전력생산량이 일사량에 의존 • 설치 장소가 한정적 • 초기 투자비와 발전단가가 높다. • 에너지밀도가 낮아 큰 설치면적이 필요

답 ④

13 연간 전압 감소율이 0.5[%]인 태양전지 모듈과 인버터의 특성이 아래와 같이 주어질 때 모듈온도 65[℃]에서 20년 동안 V_{mp}를 300[V] 이상 유지하기 위해 직렬연결 모듈이 최소 몇 장이 필요한가? (단, 태양전지 모듈 $V_{mp} = $ 29.5[V], V_{mp} 온도계수 = −0.5[%/℃], 인버터 최소전압 = 300[V]이다.)

① 10 ② 15
③ 18 ④ 20

해설 1) 65[℃]에서의 출력전압

$$29.5[\text{V}] + (65[℃] - 25[℃]) \times \frac{-0.5}{100} \times 29.5[\text{V}]$$
$$= 23.6[\text{V}]$$

2) 20년간 직렬모듈 전압 $= 23.6 \times (1 - 0.005)^{20}$
$$= 21.34[\text{V}]$$

3) 직렬 연결 수 $= \dfrac{300[\text{V}]}{21.34[\text{V}]} = 14.05 \simeq 15$장

(최소 직렬 수를 계산할 때는 소수점을 절상한다.)

답 ②

14 자가용 발전설비 고장의 영향이 연계계통에 파급되지 않도록 발전 설비를 즉시 전력계통과 분리시키는 인버터의 기능은?

① 자동전압 조정기능
② 단독운전 방지기능
③ 계통연계 보호기능
④ 자동운전 정지기능

해설 계통에 연계하여 운전하는 태양광발전시스템에서 계통 측과 인버터 측에 이상이 발생했을 때, 이를 감지하고 신속하게 인버터를 정지시켜 계통 측의 안전을 확보하지 않으면 안 된다. 그 때문에 전기설비 기술기준에서 계통연계 보호 장치의 설치가 의무화 되어 있다.

답 ③

15 대안의 성과를 화폐가치로 환산해서 측정할 수 있는 것에만 적용되는 경제성 분석기법은?

① 원가분석방법
② 비용 · 편익분석방법
③ 내부수익률법
④ 순현재가치분석방법

해설 비용 · 편익분석방법은 어떤 프로젝트와 관련된 편익과 비용들을 모두 금전적 가치로 환산한 다음 이 결과를 토대로 프로젝트의 소망성을 평가하는 방법이다.

답 ②

16 다음 중 수직축 풍차가 아닌 것은?

① 사보니우스 풍차
② 프로펠러형 풍차
③ 크로스플로 풍차
④ 다리우스 풍차

해설 • 회전축이 지면에 수직으로 설치되어 있는 풍력발전 시스템이다.
• 바람의 방향에 관계없이 운전이 가능하며 영구용과 소형풍력발전용으로 이용된다.
• 종류에는 사보니우스 풍차, 크로스플로 풍차, 다리우스 풍차, 패들형 풍차 등이 있다.
※ 수평축 풍력발전기에는 네델란드형 풍차, 다익형 풍차, 2익형 풍차, 3익형 풍차가 있다. **답** ②

17 도선의 길이가 3배 늘어나고 반지름이 1/3로 줄어들 경우 그 도선의 저항은 어떻게 변하겠는가?

① 9배 증가
② $\dfrac{1}{9}$로 감소

③ 27배 증가
④ $\dfrac{1}{27}$로 감소

해설 $R = \rho \dfrac{l}{S}$에서 ρ가 일정하다면

$S' = \pi \left(\dfrac{1}{3}r\right)^2$, $l' = 3l$이 되므로

변화된 도선의 저항은

$R' = \rho \dfrac{l'}{S'} = \rho \dfrac{3 \times l}{\pi \times \dfrac{r^2}{9}} = 27\rho \dfrac{l}{S}$이 된다. **답** ③

18 1[W·s]가 동일한 단위는?

① 1[J]
② 1[kWh]

③ 1[kg·m]
④ 860[kcal]

해설 1 J(줄)은 1 N(뉴턴)의 힘이 1[m]의 거리 동안 작용할 때 하는 일이며, 전기적 용어로 줄은 1[W·s](와트 초)와 같다.
전력단위는 [J/s], [W],
전력량단위는 W × 시간[s] 이므로
[J/s]×[s] = [J], [W]×[s] = [W·s] 이다.
∴ 1[J] = 1[W·s] **답** ①

19 태양광발전시스템에 사용되는 인버터회로에 대한 설명 중 틀린 것은?

① 직류 전압을 교류 전압으로 변환하는 장치를 인버터라 한다.
② 전류형 인버터와 전압형 인버터로 구분할 수 있다.

③ 전류방식에 따라 타려식과 자려식으로 구분할 수 있다.
④ 인버터의 부하장치에는 직류직권전동기를 사용할 수 있다.

해설 직류직권형 전동기는 직류를 입력 전원으로 사용하기 때문에 교류 출력으로 하는 인버터의 부하가 될 수 없다.
※ **인버터의 특징**
1) 직류를 교류로 변환하는 장치
2) 전류형 인버터와 전압형 인버터로 구분
3) 전류방식에 따라 타려식과 자려식으로 구분 **답** ④

20 국토의 계획 및 이용에 관한 법률에 따른 농림지역에서의 개발행위허가의 규모로 옳은 것은?

① 3만 제곱미터 미만
② 1만 제곱미터 미만
③ 5천 제곱미터 미만
④ 5만 제곱미터 미만

해설 가) 도시지역
 – 주거지역·상업지역·자연녹지지역·생산녹지지역 : 1만 제곱미터 미만
 – 공업지역 : 3만 제곱미터 미만
 – 보전녹지지역 : 5천 제곱미터 미만
나) 관리지역 : 3만 제곱미터 미만
다) 농림지역 : 3만 제곱미터 미만
라) 자연환경보전지역 : 5천 제곱미터 미만 **답** ①

2과목 - 태양광발전 설계

21 태양광발전시스템의 어레이 설계 시 고려사항으로 적당하지 않은 것은?

① 방위각
② 부하의 종류

③ 음영
④ 경사각

해설 태양광발전시스템 어레이 설계 시 고려사항
방위각, 음영, 경사각 **답** ②

22 지상에서의 길이 5[m]를 축척 1/200로 도면에 나타낼 때 그 길이는?

① 2.5[mm] ② 10[mm]
③ 20[mm] ④ 25[mm]

해설 도면의 길이 = 실제길이 × 축척

$$\frac{길이}{축척} = \frac{5[m]}{200} = 25[mm]$$

※ 1[m] = 1000[mm] 답 ④

23 태양광발전사업을 하고자 하는 경우 일반적으로 경제성 분석평가를 실시하는데 경제성 분석 기준으로 옳지 않은 것은?

① 순현가 ② 비용 편익비
③ 할인율 ④ 내부 수익률

해설 돈의 가치는 시간의 흐름에 따라 인플레이션 등에 의해 변화되는데, 할인율이란 미래의 가치를 현재의 가치와 같게 하는 비율이다. 답 ③

24 태양전지 어레이 설계 시의 고려사항 중 발전 설비용량 결정의 기술적 측면으로 옳지 않은 것은?

① 전기안전관리자 상주여부
② 어레이의 직렬 모듈수 및 구성방식
③ 어레이별 이격거리
④ 사업부지의 면적

해설 전기안전관리자는 태양광발전설비의 운영, 점검, 정비를 담당한다. 답 ①

25 태양광발전시스템의 기초설계단계에서 설계자의 업무가 아닌 것은?

① 토목설계
② 구조물설계
③ 전기설계
④ 자금조달

해설 태양광발전시스템 설계는 토목설계, 구조물설계, 전기설계로 나뉜다. 답 ④

26 축전지의 방전심도에 관한 설명으로 틀린 것은?

① 축전지의 잔존용량으로도 표현한다.
② 방전심도는 실제 방전량과 축전지의 정격용량의 비로 나타낸다.
③ 방전심도를 낮게 설정하면 전지수명이 짧아진다.
④ 방전심도를 높게 설정하면 전지 이용률은 높아진다.

해설 방전심도는 축전지의 잔존용량을 나타낸다.

$$방전심도(DOD) = \frac{실제\ 방전량[Ah]}{축전지의\ 정격용량[Ah]} \times 100[\%]$$

방전심도를 낮게 설정하면 전지수명은 길어지지만, 전지 이용률은 낮아져서 설치 용량이 높아져 비용이 증가한다. 또한 방전심도를 깊게 하면 전지의 이용률이 증가하고 전지의 수명이 단축된다. 답 ③

27 태양광 기자재 비용, 인건비, 기타 비용, 운송비, 품질검사비용 등에 대한 총금액 및 원가/수량을 기록한 문서는?

① 수량산출서 ② 내역서
③ 공사시방서 ④ 표준시방서

해설 • 수량산출서
태양광 시공 과정에서 전체적인 공사비용의 계산이나 태양광 기자재의 수량 등을 점검하고, 설계단가 산출에 토대가 되는 문서이기 때문에 꼭 상세히 확인이 필요 답 ②

28 태양광 부지에 있는 구조물이나 건축물 등의 위치를 실제로 측정하여 임야도면/지적도면에 기록하는 방법은?

① 구조측량 ② 경계측량법
③ 현황 측량법 ④ 분할측량법

해설 • 경계 측량법
본인 소유의 토지의 범위를 확인하기 위해 사용하는 방법으로 토지 분쟁 시 주로 사용됩니다.
• 분할 측량법
1개의 태양광 부지에 다수의 태양광 발전시설을 설치하기 위해, 해당 부지를 2개로 분할하는 방법 답 ③

29 변환효율 13[%]의 100[W]급의 태양전지 모듈을 이용하여 10[kW]급 태양전지 어레이를 구성하는데 필요한 설치면적[m²]으로 적당한 것은? (단, STC 조건이다.)

① 50   ② 80
③ 100   ④ 150

해설

$$변환효율 = \frac{P_{mpp}[W]}{A \times 1,000[W/m^2]} \times 100 \quad (A : 면적[m^2])$$

$$= \frac{10[kW]}{A \times 1[kW/m^2]} \times 100 = 13$$

$$A = 76.9[m^2] \simeq 80[m^2] \qquad \boxed{답} ②$$

30 그림 (A), (B)에서 각 모듈별 음영 발생 시 발전량을 바르게 나타낸 것은? (단, 음영 부분의 발전량은 80[Wp]이다.)

(A)

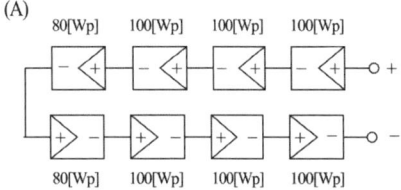

(B)

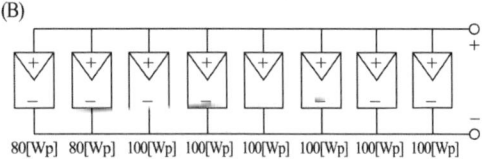

① (A) 640[Wp], (B) 760[Wp]
② (A) 660[Wp], (B) 740[Wp]
③ (A) 640[Wp], (B) 740[Wp]
④ (A) 660[Wp], (B) 760[Wp]

해설 (A) 발전량 = 80[Wp]×8 = 640[Wp]
(B) 발전량 = (80[Wp]×2)+(100[Wp]×6) = 760[Wp]
$\boxed{답}$ ①

31 태양광발전시스템 설계 시 갖추어야 할 기초 자료가 아닌 것은?

① 청명일수
② 최대 폭설 량
③ 지질조사 기록
④ 순간풍속 및 최대풍속

해설 • 지역의 청명일수보다는 실제 그 지역의 일사량 자료가 발전량 예측에 필요하다.
• 태양광발전시스템 설계 시 갖추어야 할 기초 자료 최대 폭설, 지질조사 기록, 순간풍속 및 최대풍속 등 이다.
$\boxed{답}$ ①

32 태양광 인버터의 전력변환 효율이 다음과 같을 때 유로변환 효율은 몇 [%]인가?

정격전력[%]	전력변환효율[%]
5	76
10	79
20	83
30	87
50	93
100	95

① 90.10   ② 90.15
③ 90.20   ④ 90.25

해설

$$\eta_{Euro} = 0.03 \times \eta_{5\%} + 0.06 \times \eta_{10\%} + 0.13 \times \eta_{20\%} + 0.1$$
$$\times \eta_{30\%} + 0.48 \times \eta_{50\%} + 0.2 \times \eta_{100\%}$$
$$= 0.03 \times 76 + 0.06 \times 79 + 0.13 \times 83 + 0.1 \times 87$$
$$+ 0.48 \times 93 + 0.2 \times 95$$
$$= 90.15 \qquad \boxed{답} ②$$

33 설계도서 해석 시 우선 순위를 차례대로 나열한 것은?

ⓐ 설계도면	ⓑ 공사시방서
ⓒ 전문시방서	ⓓ 산출내역서
ⓔ 감리자의 지시사항	ⓕ 표준시방서

① ⓐ → ⓑ → ⓒ → ⓓ → ⓔ → ⓕ
② ⓑ → ⓐ → ⓒ → ⓕ → ⓓ → ⓔ
③ ⓒ → ⓐ → ⓑ → ⓓ → ⓕ → ⓔ
④ ⓔ → ⓑ → ⓐ → ⓕ → ⓒ → ⓓ

해설 **설계도서 해석의 우선순위**
설계도서법령해석감리자의 지시 등이 서로 일치하지 아니하는 경우에 있어 계약으로 그 적용의 우선순위를 정하지 아니한 때에는 다음의 순서를 원칙으로 한다.
1) 공사시방서   2) 설계도면
3) 전문시방서   4) 표준시방서
5) 산출내역서   6) 승인된 상세시공도면
7) 관계법령의 유권해석   8) 감리자의 지시사항
$\boxed{답}$ ②

34 강우 시 태양전지 모듈 표면에 흙탕물이 튀는 것을 방지하기 위해 지면으로부터 몇 [m] 이상 높이에 설치할 수 있도록 설계하여야 하는가?

① 0.3 ② 0.4
③ 0.6 ④ 0.8

해설 태양전지 모듈 및 어레이 설계 시 고려되는 설치 높이는 강우 시 모듈 표면으로 흙탕물이 튀는 것을 방지하기 위해 지면으로부터 0.6[m] 이상의 높이에 설치한다.
답 ③

35 태양전지의 변환효율로 옳은 것은?

① $\dfrac{출력\ 전기에너지}{입사\ 태양광에너지} \times 100$

② $\dfrac{인버터\ 출력\ 전기에너지}{인버터\ 입력\ 전기에너지} \times 100$

③ $\dfrac{출력\ 전기에너지}{출력\ 태양광에너지} \times 100$

④ $\dfrac{입사\ 태양광에너지}{태양\ 발생에너지} \times 100$

해설 태양전지 변환효율

$= \dfrac{출력}{입력} \times 100[\%]$

$= \dfrac{태양전지모듈\ 최대출력}{단위면적당\ 태양광\ 입사량} \times 100[\%]$
답 ①

36 태양광발전시스템 어레이 지지대의 조건으로 가장 거리가 먼 것은?

① 유지관리가 용이할 것
② 미관 및 조형성을 가질 것
③ 태풍, 지진 등 외력에 충분히 견딜 것
④ 대기환경에 충분히 비 내수성을 가질 것

해설 내수성은 물의 침투에 저항하는 성질로 어레이 지지대와는 관련이 없는 사항이다.
답 ④

37 태양광발전시스템에서 생산된 전기에너지를 저장하는 시스템의 약어는?

① ESS ② SPD
③ PV ④ ZCT

해설 '에너지 저장 시스템'을 ESS(Energy Storage System)라고 한다.
답 ①

38 태양광발전시스템에 그림자가 발생하게 되면 일사량이 감소하기 때문에 발전량이 감소한다. 일사량의 2가지 성분으로 옳은 것은?

① 수평면 일사성분, 경사면 일사성분
② 경사면 일사성분, 산란광 성분
③ 직달광 성분, 수평면 일사성분
④ 직달광 성분, 산란광 성분

해설 태양광은 직달일산(직달광)과 확산일산(산란광)으로 구성된다.
답 ④

39 태양광발전시스템과 전력계통선과의 연계를 위한 송·수전설비에서 중요한 송전용 변압기의 용량산정에 고려사항이 아닌 것은?

① DC 케이블의 굵기 선정
② 변압기 효율과 부하율의 관계
③ 변압기 뱅크방식에 따른 송전방식
④ 적정 변압기의 결선방식 선정

해설 변압기는 교류측 장비로 직류 케이블과는 무관하다.
답 ①

40 토목 도면에서 밭을 나타내는 기호는?

① ‖ ‖ ② ‖‖‖
③ ⊥⊥ ④ ○

해설 토목 도면 기호

초지	밭	논	과수원
‖ ‖	‖‖‖	⊥⊥	○

답 ②

3과목 – 태양광발전 시공

41 가공 전선로에서 전선의 단위 길이 당 중량과 경간이 일정할 때 이도는 어떻게 되는가?

① 전선의 장력에 비례한다.
② 전선의 장력의 제곱에 비례한다.
③ 전선의 장력에 반비례한다.
④ 전선의 장력의 제곱에 반비례한다.

해설 이도 $D = \dfrac{WS^2}{8T}$ 이므로 중량(W)과 경간(S)이 일정하면 이도는 장력(T)에 반비례한다. 즉, $D \propto \dfrac{1}{T}$ 이다.

답 ③

42 어느 일정한 방향으로 일정한 크기 이상의 단락전류가 흘렀을 때 동작하는 보호계전기는?

① ZR
② UFR
③ OVR
④ DOCR

해설 ① ZR(거리계전기)
계전기가 설치된 위치로부터 고장점까지의 전기적 거리에 비례하여 한시 동작하는 것으로 복잡한 계통의 단락보호에 과전류 계전기의 대용으로 쓰인다.
② UFR(저주파 계전기)
주파수기 일정값 보디 낮을 경우 동작한나.
③ OVR(과전압계전기)
일정값 이상의 전압이 걸렸을 때 동작한다.
답 ④

43 한국전기설비규정에 따라 금속덕트에 전선을 시설 시, 전광표시장치 기타 이와 유사한 장치 또는 제어회로 등의 배선만을 넣는 경우 전선 단면적(절연피복의 단면적을 포함한다.)의 합계는 덕트의 내부 단면적의 몇 [%] 이하이어야 하는가?

① 20
② 50
③ 60
④ 70

해설 232.31 금속덕트공사
1. 전선은 절연전선(옥외용 비닐절연전선을 제외한다)일 것.
2. 금속덕트에 넣은 전선의 단면적(절연피복의 단면적을 포함한다)의 합계는 덕트의 내부 단면적의 20[%]

(전광표시장치 기타 이와 유사한 장치 또는 제어회로 등의 배선만을 넣는 경우에는 50[%]) 이하일 것.
답 ②

44 접지저항을 감소시키는 접지저항 저감제가 갖추어야 할 조건이 아닌 것은?

① 전기적으로 양호한 부도체일 것
② 사람과 가축에 안전할 것
③ 접지전극을 부식시키지 않을 것
④ 계절에 따라 접지저항 값의 변동이 적을 것

해설 **접지저항 저감제 특성**
1) 공해성이 없고 안전할 것
2) 저감 효과가 크고, 전기적으로 양도체일 것
3) 저감 효과에 영속성, 지속성이 있을 것
4) 작업성이 좋을 것
5) 접지선과 전극의 부식을 억제할 것
6) 경제적일 것
* 전기적으로 양호한 도체이어야 한다.
답 ①

45 한국전기설비규정에 따라 태양광발전설비에서 사용하는 전선의 시설방법이 아닌 것은?

① 접속점에 장력이 가해지도록 할 것
② 충전부분이 노출되지 아니하도록 시설할 것
③ 모듈의 출력배선은 극성별로 확인할 수 있도록 표시할 것
④ 모듈 및 기타 기구에 전선을 접속하는 경우는 나사로 조이고, 기타 이와 동등 이상의 효력이 있는 방법으로 기계적, 전기적으로 안전하게 접속할 것

해설 1.전선은 다음에 의하여 시설하여야 한다.
가. 모듈 및 기타 기구에 전선을 접속하는 경우는 나사로 조이고, 기타 이와 동등 이상의 효력이 있는 방법으로 기계적 · 전기적으로 안전하게 접속하고, 접속점에 장력이 가해지지 않도록 할 것
나. 배선시스템은 바람, 결빙, 온도, 태양방사와 같이 예상되는 외부 영향을 견디도록 시설할 것
다. 모듈의 출력배선은 극성별로 확인할 수 있도록 표시할 것
라. 직렬 연결된 태양전지모듈의 배선은 과도과전압의 유도에 의한 영향을 줄이기 위하여 스트링 양극간의 배선간격이 최소가 되도록 배치할 것
답 ①

46 가공지선을 설치하는 주된 목적은?

① 전선의 진동방지

② 뇌해방지

③ 철탑의 강도 보강

④ 코로나 발생방지

해설 가공지선의 설치 목적
① 직격뢰에 대한 차폐 효과
② 유도뢰에 대한 정전 차폐 효과
③ 통신선에 대한 전자 유도 장해 경감 효과　답 ②

47 태양광발전시스템 구조물의 설치공사 순서를 보기에서 찾아 옳게 나열한 것은?

[보기]
ㄱ : 어레이 가대공사　　ㄴ : 어레이 기초공사
ㄷ : 어레이 설치공사　　ㄹ : 배선공사
ㅁ : 점검 및 검사

① ㄹ → ㄴ → ㄱ → ㄷ → ㅁ

② ㄱ → ㄴ → ㄷ → ㄹ → ㅁ

③ ㄴ → ㄱ → ㄷ → ㄹ → ㅁ

④ ㄹ → ㄱ → ㄴ → ㄷ → ㅁ

해설 어레이 기초공사 → 어레이 가대공사 → 어레이 설치공사 → 배선공사 → 점검 및 검사　답 ③

48 지층에 설치되는 모든 구조를 지지하는 두꺼운 슬래브 구조로 지반에 지내력이 약해 독립기초나 말뚝기초로 적당하지 않을 때 사용되는 공법은?

① 독립기초　　　　② 연속기초

③ 파일기초　　　　④ 온통기초

해설 1) 독립기초 : 개개의 기둥을 독립적으로 지지하는 형식으로 기초판과 기둥으로 형성되어 있으며, 기둥과 보로 구성되어 있는 건축물에 적용되는 기초이다.
2) 연속기초(줄기초) : 내력벽 또는 조적벽을 지지하는 기초로 벽체 양옆에 캔틸레버 작용으로 하중을 분산시킨다.
3) 온통기초(매트기초) : 지층에 설치되는 모든 구조를 지지하는 두꺼운 슬래브 구조로 지반에 지내력이 약해 독립기초나 말뚝기초로 적당하지 않을 때 사용된다.

4) 파일기초 : 지반의 지내력으로 기초 설치가 어려울 경우에는 파일을 지반의　답 ④

49 태양광발전 모듈 단락전류 9[A], 스트링 4병렬일 때, 직류(DC) 차단기의 정격전류 범위로 옳은 것은?

① 43.2A < 직류(DC) 차단기 정격전류 ≤ 86.4A

② 45A < 직류(DC) 차단기 정격전류 ≤ 86.4A

③ 43.2A < 직류(DC) 차단기 정격전류 ≤ 90A

④ 45A < 직류(DC) 차단기 정격전류 ≤ 90A

해설 직류 차단기의 정격전류는 접속함 출력 회로의 정격 전류보다 1.25배 초과, 2.4배 이하의 전류 정격을 갖는다.
9A × 4 × 1.25 = 45A
9A × 4 × 2.4 = 86.4A
45A < 직류(DC) 차단기 정격전류 ≤ 86.4A　답 ②

50 전기사업법령에 따라 사용 전 검사를 받으려는 자는 사용 전 검사 신청서에 필요 서류를 첨부하여 검사를 받으려는 날의 며칠 전까지 한국전기안전공사에 제출하여야 하는가?

① 7　　　　　　② 14

③ 30　　　　　④ 60

해설 사용 전 검사를 받으려는 자는 사용 전 검사 신청서에 필요 서류를 첨부하여 검사를 받으려는 날의 7일 전까지 한국전기안전공사에 제출하여야 한다.　답 ①

51 피뢰기에 대한 설명 중 옳지 않은 것은?

① 제한 전압이란 피뢰기가 동작 중일 때의 단자 전압의 파고값을 말한다.

② 직렬 갭은 속류를 차단하는 역할을 한다.

③ 정격 전압이란 속류를 차단하는 최고 교류 전압의 최대값을 말한다.

④ 송전계통의 절연 협조 중 가장 높게 잡는다.

해설 피뢰기의 제한 전압은 절연협조의 기본으로 송전계통에서 가장 낮게 잡는다.　답 ④

52 최대 수용전력의 합계와 합성 최대 수용전력의 비를 나타내는 계수는?

① 부하률   ② 수용률
③ 부등률   ④ 보상률

> **해설** 부등률 = $\dfrac{수용설비개개의최대수용전력의합계}{합성 최대 수용전력} \geq 1$
>
> **답** ③

53 저압 뱅킹(banking)방식에 대한 설명으로 옳은 것은?

① 부하증가에 대한 융통성이 없다.
② 캐스케이팅(cascading)현상의 염려가 있다.
③ 깜박임(light flicker)현상이 심하게 나타난다.
④ 전압 간선의 전압강하는 줄어드나 전력손실을 줄일 수 없다.

> **해설** 저압 뱅킹(banking)방식
> 가. 전압 동요가 적다.
> 나. 부하 증가에 대한 융통성이 좋다.
> 다. 고장 보호 방식이 적당할 때 공급 신뢰도는 향상된다.
> 라. 캐스케이팅(cascading)현상의 염려가 있다. **답** ②

54 케이블 트레이 시공방식의 장점이 아닌 것은?

① 방열특성이 좋다.
② 허용전류가 크다.
③ 재해를 거의 받지 않는다.
④ 장래부하 증설 시 대응력이 크다.

> **해설** 케이블 트레이 시공방식의 장점
> 1) 방열특성이 좋다.
> 2) 허용전류가 크다.
> 3) 장래부하 증설 시 대응력이 크다. **답** ③

55 태양광설비에 시설하여야 하는 계측장치가 아닌 것은?

① 역률   ② 전력
③ 전류   ④ 전압

> **해설** KEC522.3.6 (태양광설비의 계측장치)
> 태양광설비에는 전압, 전류 및 전력을 계측하는 장치를 시설하여야 한다. **답** ①

56 한국전기설비규정에 따라 태양전지 발전소에 시설하는 태양전지 모듈, 전선 및 개폐기 기타 기구의 시설방법이 아닌 것은?

① 충전부분은 노출되지 아니하도록 시설할 것
② 태양전지 모듈의 프레임은 지지물과 전기적으로 완전하게 접속하여야 한다.
③ 전선은 공칭단면적 1.0[mm^2] 이상의 연동선 또는 이와 동등 이상의 세기 및 굵기의 것일 것
④ 태양전지 발전설비의 직류 선로에 지락이 발생했을 때 자동적으로 전로를 차단하는 장치를 시설해야 한다.

> **해설** KEC 510 (전기저장장치)
> 전선은 공칭단면적 2.5[mm^2] 이상의 연동선 또는 이와 동등 이상의 세기 및 굵기의 것일 것 **답** ③

57 단상 브리지 정류회로에서 출력전압의 피크값이 20[V]라면 그 평균값은 약 몇 [V]인가?

① 3.18   ② 6.37
③ 9.0   ④ 12.73

> **해설** 정현파 : $e = E_m \sin wt = \sqrt{2}\,E \sin wt$
>
> 실효값 : $E = \dfrac{1}{\sqrt{2}} E_m$
>
> 평균값 : $E_{av} = \dfrac{2}{\pi} E_m = \dfrac{2}{\pi} \times 20 = 12.73[\text{V}]$ **답** ④

58 태양광 기초를 설치하기 위하여 그림과 같이 굴착을 해야 할 경우 이때 터파기량[m^3]은?

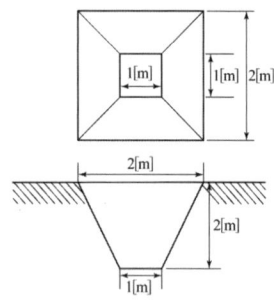

① 4.67   ② 5.70
③ 6.55   ④ 7.89

해설 $V_0 = \dfrac{H}{3}\left(A_1 + \sqrt{A_1 A_2} + A_2\right)$

터파기량 $= \dfrac{2}{3}\left(1 + \sqrt{1 \times 4} + 4\right) = 4.67[\text{m}^3]$ **답** ①

59 구조물 및 자재 종류별 검사에서 감리원의 검사절차로 옳은 것은?

> ㉠ 시공완료
> ㉡ 검사요청서 제출
> ㉢ 시공관리책임자 점검
> ㉣ 감리원 현장검사
> ㉤ 검사결과 통보

① ㉠ → ㉢ → ㉡ → ㉣ → ㉤
② ㉠ → ㉢ → ㉣ → ㉡ → ㉤
③ ㉠ → ㉡ → ㉢ → ㉣ → ㉤
④ ㉠ → ㉣ → ㉡ → ㉢ → ㉤

해설 ㉠ 시공완료 → ㉢ 시공관리책임자점검 → ㉡ 검사요청서제출 → ㉣ 감리원 현장검사 → ㉤ 검사결과통보 **답** ①

60 한국전기설비규정에 따라 옥내에 시설하는 저압용 배·분전반 등의 시설방법으로 틀린 것은?

① 한 개의 분전반에는 한 가지 전원(1회선의 간선)만 공급하여야 한다.
② 배·분전반 안에 물이 스며들어 고이지 아니하도록 한 구조로 하여야 한다.
③ 옥내에 설치하는 배전반 및 분전반은 불연성 또는 난연성이 있도록 시설하여야 한다.
④ 노출된 충전부가 있는 배전반 및 분전반은 취급자 이외의 사람이 쉽게 출입할 수 없도록 설치하여야 한다.

해설 KEC 232.84(옥내에 시설하는 저압용 배분전반 등의 시설)
옥내에 시설하는 저압용 배·분전반 의 기구 및 전선은 쉽게 점검할 수 있도록 하고 다음 각 호에 따라 시설할 것.
1. 노출된 충전부가 있는 배전반 및 분전반은 취급자 이외의 사람이 쉽게 출입할 수 없도록 설치하여야 한다.
2. 한 개의 분전반에는 한 가지 전원(1회선의 간선)만 공급하여야 한다. 다만 안전 확보가 되도록 격벽을 설치하고 사용전압을 쉽게 식별할 수 있도록 그 회로의 과전류차단기 가까운 곳에 그 사용전압을 표시하는 경우에는 그러하지 아니하다.
3. 옥내에 설치하는 배전반 및 분전반은 불연성 또는 난연성이 있도록 시설하여야 한다. **답** ②

4과목 - 태양광발전 운영

61 산업안전보건법령에 따른 화학물질 취급 장소에서의 유행·위험경고 이외의 위험경고, 주의표시 또는 기계 방호물 색채는?

① 빨간색　　② 파란색
③ 녹색　　　④ 노란색

해설 안전보건표지의 색도기준 및 용도(시행규칙별표8)

색상	용도	사용예시
빨간색	금지	정지신호, 소화설비 및 장소 유해행위의 금지
	경고	화학무질 취급 장소에서의 유해·위험경고
노란색	경고	화학물질 취급 장소에서의 유행·위험경고 이외의 위험경고, 주의표시 또는 기계 방호물
파란색	지시	특정 행위의 지시 및 시설의 고지
녹색	안내	비상구 및 피난소, 사람 또는 차량의 통행표시
흰색	–	파란색 또는 녹색에 대한 보조 색
검은색	–	문자 및 빨간색 또는 노란색에 대한 보조 색

답 ④

62 태양광발전시스템 점검 시 비치해야 하는 전기안전관리 장비가 아닌 것은?

① 측량계
② 멀티미터
③ 클램프 미터
④ 적외선 온도측정기

해설 태양광 발전설비 점검 시 비치해야 하는 전기안전관리 장비는

1) 온도계 : 주변온도 측정에 사용
2) 클램프 미터 : 태양전지모듈의 출력 전류, 전력 측정
3) 적외선 온도측정기 : 열화
4) 테스터기(멀티 미터)　　　　　**답** ①

63 태양광발전시스템의 점검 중 일상점검에 관한 내용으로 틀린 것은?

① 이상 상태를 발견한 경우에는 배전반 등의 문을 열고 이상 정도를 확인한다.
② 원칙적으로 정전을 시켜놓고 무전압 상태에서 기기의 이상 상태를 점검하고 필요에 따라서는 기기를 분리하여 점검한다.
③ 주로 점검자의 감각(오감)을 통해서 실시하는 것으로 이상한 소리, 냄새, 손상 등을 점검 항목에 따라서 행하여야 한다.
④ 이상 상태가 직접 운전을 하지 못할 정도로 전개된 경우를 제외하고는 이상 상태의 내용을 정기점검 시에 참고자료로 활용한다.

해설 태양광발전시스템의 점검 중 **정기점검**
1) 원칙적으로 정전을 시키고 무전압 상태에서 기기의 이상 상태를 점검하고 필요에 따라서는 기기를 분해하여 점검한다.
2) 모선을 정전하지 않고 점검해야 할 경우 안전사고가 일어나지 않도록 주의한다.　**답** ②

64 태양광발전(PV) 모듈(안전)(KS C 8563 : 2015)에서 플라스틱 등 특정한 용도로 적용할 때 그 사용 용도의 적합성 여부를 미리 예측할 수 있도록 플라스틱 가연성을 시험하는 장치는?

① IP 시험기
② 트래킹 시험기
③ 난연성 시험기
④ Hot wire coil ignition 시험기

해설 난연성 시험기 : 플라스틱 등 특정한 용도로 적용할 때 그 사용 용도의 적합성 여부를 미리 예측할 수 있도록 플라스틱 가연성을 시험하는 장치　**답** ③

65 공장 지붕에 4200[kW] 태양광발전설비를 설치할 경우 REC 가중치는 약 얼마인가?

① 1.00　　　　② 1.36
③ 1.41　　　　④ 1.50

해설 건축물 등 기존 시설물을 이용하는 경우 태양광에너지 가중치 산정 방법

설치용량	태양광에너지 가중치 산정식
3,000kW 이하	1.5
3,000kW 초과부터	$\dfrac{3{,}000 \times 1.5 + (용량 - 3{,}000) \times 1.0}{용량}$

$$REC = \frac{3000 \times 1.5 + (4200 - 3000) \times 1.0}{4200}$$
$$= 1.357 \simeq 1.36$$　**답** ②

66 전기작업계획서의 작성에 관한 기술지침에 따라 작업계획서에 작성하는 내용으로 틀린 것은?

① 작업의 목적
② 작업자의 인적사항
③ 작업자의 자격 및 적정 인원
④ 교대 근무 시 근무 인계에 관한 사항

해설 작업안전계획에는 최소한 다음 사항 등을 포함되어야 합니다.
① 작업의 목적
② 작업범위 및 위험특성
③ 작업자의 자격 및 적정 인원
④ 교대 근무 시 근무 인계에 관한 사항
⑤ 접근한계
⑥ 적용 가능한 안전 작업지침
⑦ 필요한 개인보호구 등　**답** ②

67 인버터의 정기점검 항목 중 육안 점검항목으로 틀린 것은?

① 통풍확인
② 접지선의 손상
③ 운전 시 이상음
④ 투입저지 시한 타이머 동작시험

해설 인버터

점검항목		점검요령
육안 점검	외함의 부식 및 파손	부식 및 파손이 없을 것
	외부배선의 손상 및 접속단자의 풀림	배선에 이상이 없을 것 볼트의 풀림이 없을 것
	접지선의 파손 및 접속 단자의 풀림	접지선에 이상이 없을 것 볼트의 풀림이 없을 것
	환기 확인(환기구, 환기 필터 등)	환기구를 막고 있지 않을 것 환기필터가 막혀 있지 않을 것
	운전 시의 이상음, 진동 및 악취의 유무	운전 시에 이상음, 이상 진동 및 악취가 없을 것

정답 ④

68 결정질 실리콘 태양광발전 모듈(성능)(KS C 8561 : 2020)에 따라 결정질 실리콘 태양광발전 모듈의 시험방법에 해당되지 않는 것은?

① 고온·고습시험　　② UV 전처리시험
③ 열점 내구성시험　④ 정현파 진동시험

해설 정현파 진동시험 (SINE TEST)
- 목적 : 부품 및 기기에 대한 수송 중 및 사용 중 발생하는 정현파진동에 대한 내구성을 시험
- 진동 Source : 선박, 항공기, 지상차량, 회전날개, 우주용기기, 기계 진동 및 지진 현상 시 발생　정답 ④

69 다음은 신재생에너지 측정위치 및 모니터링 항목이다. 각 내용에 들어갈 적합한 사항은?

구분	모니터링 항목	데이터 (누계치)	측정항목
태양광, 풍력, 수력, 폐기물 바이오	일일발전량 [kWh]	(가) 개(시간당)	(나)
	생산시간(분)	1개(1일)	

① (가) : 12, (나) MOF
② (가) : 24, (나) MOF
③ (가) : 24, (나) 인버터출력
④ (가) : 12, (나) 인버터출력

해설 측정위치 및 모니터링 항목

구분	모니터링 항목	데이터 (누계치)	정항목
태양광, 풍력, 수력, 폐기물 바이오	일일발전량 [kWh]	24개 (시간당)	인버터 출력
	생산시간(분)	1개(1일)	

정답 ③

70 다음과 같은 사항을 측정하기 위한 방법은?

> 1. 태양전지 스트링과 모듈 동작불량 측정
> 2. 태양전지 모듈의 검출 및 직렬 접속선의 결선 누락 등을 측정

① 개방전압 측정
② 소리음, 진동, 냄새 확인
③ 운전상황 점검
④ 단락전류 확인

해설
- 운전상황 점검 : 모니터를 통한 발전전력, 발전전력량 표시
- 소리음, 진동, 냄새 확인 : 평상시 다르면 정밀점검 실시
- 단락전류 확인 : 태양전지 모듈의 이상 유무 확인
정답 ①

71 전기사업용 태양광 발전소의 태양전지·전기설비 계통의 정기검사 시기는?

① 1년 이내　　② 2년 이내
③ 3년 이내　　④ 4년 이내

해설 전기사업용 전기설비(기력, 내연력, 가스터빈, 복합화력, 수력(양수), 풍력, 태양광 및 연료전지발전소)의 정기검사

증기터빈 및 내연기관 계통	4년 이내
가스터빈·보일러·열교환기(「집단에너지사업법」을 적용 받는 보일러 및 압력용기는 제외) 및 발전기 계통	2년 이내
수차·발전기 계통	4년 이내
풍차·발전기 계통	4년 이내
태양전지·전기설비 계통	4년 이내
연료전지·전기설비 계통	4년 이내

정답 ④

72 태양광 발전시스템의 안전관리 대책으로 추락사고 예방을 위한 조치사항이 아닌 것은?

① 안전모 착용　　② 절연장갑 착용
③ 안전벨트 착용　④ 안전 난간대 설치

해설 • 안전대책 복장 및 추락방지
　① 헬멧(안전모)의 착용
　② 안전벨트 착용

③ 안전화 착용
④ 허리띠 착용

• 감전방지책
① 작업전에 태양전지모듈의 표면에 차광시트로부터 태양광을 차단
② 저압선로용 절연장갑을 낀다.
③ 절연처리가 된 공구를 사용한다.
④ 강우시 작업을 하지 않는다. **답** ②

73 태양전지 모듈의 출력이 부하보다 많아서 역조류가 발생하고, 용량성 부하로 구성되면 어떤 현상이 발생하는가?
① 전압에 무관함
② 전압강하만 발생함
③ 전압상승만 발생함
④ 전압강하와 전압상승이 발생함

해설 태양전지 모듈의 출력이 부하보다 많아 용량성 부하로 연결 시 전압상승만 발생한다. **답** ③

74 태양전지 모듈의 핫 스팟(Hot Spot)현상에 대한 유해한 결과를 제한하기 위한 시험은?
① 고온고습 시험
② UV 전처리 시험
③ 온도사이클 시험
④ 바이패스 다이오드 열시험

해설 • 바이패스 다이오드 열시험
태양전지모듈의 핫 스팟 현상에 대한 유해한 결과를 제한하기 위해 사용되는 다이오드가 열에 대한 내성설계가 얼마나 잘 되어 있는지 그리고 유사한 환경에서 장시간 사용할 경우 신뢰성이 확보되었는지 평가하는 목적으로 하며, STC조건에서 단락전류의 1.25배와 같은 전류를 적용한다. **답** ④

75 태양광발전모듈의 열점이 발생할 수 있는 원인으로 틀린 것은?
① 주위온도
② 셀의 부정합
③ 내부접속 불량
④ 부분적인 그늘

해설 태양광발전모듈의 열점이 발생할 수 있는 원인는 셀의 부정합, 내부접속 불량, 부분적인 그늘 또는 오손에 의해 유발될 수 있다. **답** ①

76 결정질 실리콘 태양광발전 모듈(성능)의 시험 항목(KS C 8561 : 2020) 중에서 옥외 노출 시험의 총 방사조도는 몇 [kWh/m²]로 하는가?
① 60
② 100
③ 160
④ 200

해설 태양전지모듈이 적산 일사량계로 측정한 적산 일사량 60[kWh/m²]에 도달할 때까지 시험 **답** ①

77 인버터에 고장이 발생하였을 때 계통의 이상 유무를 확인 후 정상 시 5분 후 재가동하는 경우가 아닌 것은?
① 한전 계통역상
② 한전 과전압
③ 한전 부족전압
④ 한전 저주파수

해설 인버터 계통전압 확인 후 정상 시 5분 후 재기동하는 경우
1) 한전계통 인력전원 2) 한전 과선압
3) 한전 부족전압 4) 한전 저주파수
5) 한전 고주파수 **답** ①

78 사업계획서 작성 시 사업계획의 개요에 포함되어야 될 사항으로 틀린 것은?
① 소요부지면적
② 전기설비의 명칭
③ 사업개시 예정일
④ 전기설비의 작업자 수

해설 사업계획서 작성 시 사업계획의 개요에 포함되어야 될 사항
• 사업자명
• 전기설비의 명칭 및 위치
• 발전형식 및 연료
• 설비용량
• 소요부지면적
• 준비기간
• 사업개시 예정일 및 운영기간을 포함 **답** ④

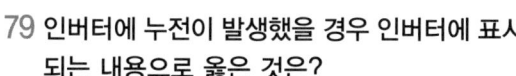
79 인버터에 누전이 발생했을 경우 인버터에 표시되는 내용으로 옳은 것은?

① Inverter M/C Fault
② Inverter Ground Fault
③ Line Inverter Async Fault
④ Serial Communication Fault

> **해설** 인버터의 이상표시 신호 조치방법
> • Line Inverter Async Fault : 계통 주파수 점검 후 운전
> • Inverter Ground Fault : 인버터 고장부분 수리 또는 접지저항 확인
> • Line Sequence Phase Fault : 상회전 확인 후 재운전
> • Line Over–Voltage Fault : 계통전압 확인 후 5분 재가동　　**답** ②

80 절연보호구의 선정 및 사용에 관한 기술지침에 따라 사용전압이 주로 300[V]를 초과하고 교류 600[V] 또는 직류 750[V] 이하의 작업에 사용하는 절연고무장갑의 종별로 옳은 것은?

① A종
② C종
③ H종
④ B종

> **해설** • A종 : 주로 300[V]를 초과하고 교류 600[V] 또는 직류 750[V] 이하의 작업에 사용
> • B종 : 주로 교류 600[V] 또는 직류 750[V]를 초과하고 3,500[V] 이하의 작업에 사용
> • C종 : 주로 3,500[V]를 초과하고 7,000[V] 이하의 작업에 사용
> ※ 내전압용 안전장갑 : 전기에 의한 감전을 방지하기위한 안전장갑　　**답** ①

1과목 - 태양광발전 기획

01 어레이 이격거리 산정을 위한 고려사항과 가장 관계가 없는 것은?

① 설치 부지의 경사도를 반영하였다.

② 설치 부지의 외부음영을 고려하였다.

③ 설치 부지의 태양고도를 반영 하였다.

④ 어레이에 모듈을 가로 배치하는 것으로 고려하였다.

해설 어레이 간 이격거리 산출은 태양의 고도각, 위도, 모듈의 경사각에 따라 결정되고, 발전소 주변의 음영과 지형에 따라서는 전체 태양광어레이 위치가 변화된다.
답 ②

02 단락 전류에 영향을 주는 요소가 아닌 것은?

① 태양전지 면적

② 태양전지의 수집확률

③ 태양전지 광학적 특성

④ 개방저압

해설 단락 전류에 영향을 주는 요소
1) 태양전지 면적(입사광원의 출력)
2) 입사광자 수
3) 입사광 스펙트럼
4) 태양전지의 광학적 특성(빛의 흡수 및 반사)
5) 태양전지의 수집확률
답 ④

03 다음 회로도가 나타내는 태양광 인버터 회로방식은?

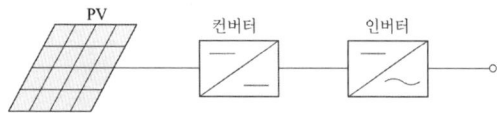

① 상용주파수 변압기 절연방식

② 고주파 변압기 절연방식

③ 트랜스리스 방식

④ 서브어레이 방식

해설 트랜스리스 방식
태양전지의 직류출력을 DC-DC 컨버터로 승압하고 인버터로 상용주파의 교류로 변환한다.
답 ③

04 태양광 발전시스템용 파워컨디셔너가 일사량과 온도변화에 따른 최대 전력점을 추적하는 효율은?

① 추적효율(η_{TR})

② 변환효율(η_{CON})

③ 정격효율(η_{INV})

④ 유로효율(η_{Euro})

해설 추적효율 $= \dfrac{\text{운전최대출력[kW]}}{\text{일조량과 온도에 따른 최대출력[kW]}} \times 100[\%]$
답 ①

05 다음 그림에서 A, B, C, D에 들어갈 내용은?

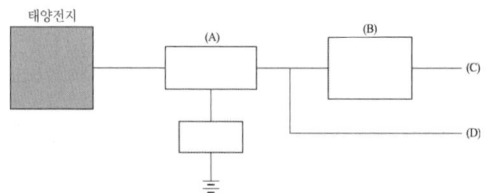

① A : 인버터, B : 충 · 방전 제어장치,
  C : 직류출력, D : 교류출력

② A : 충 · 방전 제어장치, B : 인버터,
  C : 교류출력, D : 직류출력

③ A : 충 · 방전 제어장치, B : 인버터,
  C : 직류출력, D : 교류출력

④ A : 인버터, B : 충 · 방전 제어장치,
  C : 교류출력, D : 직류출력

해설 A : 충 · 방전 제어장치, B : 인버터, C : 교류출력, D : 직류출력
답 ②

06 태양광 발전시스템 BOS(Balance of System)에 해당하지 않는 기자재는?

① 접속함

② 인버터

③ 모듈

④ 수배전반

해설 BOS란 태양광발전에서 사용되는 주변장치에 해당하는 제품으로 태양전지모듈을 제외한 모든 기자재를 말한다. **답** ③

07 건물일체형 태양광발전시스템(BIPV : Building Integrated PV SYSTEM)의 특징으로 옳은 것은?

① 건물과 별도로 설치
② 건축 외장 재료로 사용
③ 기술의 일반화로 소형업체도 설치가능
④ 기성품사용

해설 건물부착형(PAPV) 특징
① 건물과 별도로 설치
② 기술의 일반화로 소형업체도 설치가능
③ 기성품사용 **답** ②

08 태양에 의한 발생하는 에너지를 나타내는 용어는 일사량이라 한다. 단위가 아닌 것은?

① kWh/kWp
② kW/m²
③ MJ
④ kcal/m²

해설 태양에 의한 발생하는 에너지를 나타내는 용어는 일사량이라 하고 단위는 다음과 같다.
[kW/m²], [cal/m²], [kcal/m²], [MJ]
* kWh/kWp : 발전소 발전시간 단위 **답** ①

09 태양광발전 경제성 분석방법이 아닌 것은?

① 순현가 분석
② 원가 분석
③ 내부수익률 분석
④ 비용편익비 분석

해설 가장 보편적인 경제성 분석방법은 순현가, 내부수익률, 비용편익비 분석이며 원가분석은 태양광발전소 건설하는데 필요한 총 비용에 대한 분석을 나타낸다. **답** ②

10 태양광 발전사업 허가기준에 대한 설명이다. 다음 중 허가기준에 맞지 않는 것은?

① 전기사업 수행에 필요한 재무능력 및 기술능력이 있을 것
② 전기사업이 계획대로 수행될 수 있을 것
③ 일정지역에 편중되어 전력계통의 운영에 지장을 초래해서는 아닐 될 것

④ 태양광 발전사업 허가신청 시 환경영향평가를 반드시 2회 받아야 될 것

해설 전기사업 허가 기준
1) 전기사업 수행에 필요한 재무능력 및 기술능력이 있을 것
2) 전기사업이 계획대로 수행될 것
3) 발전소가 특정 지역에 편중되어 전력계통의 운영에 지장을 초래하여서는 아니 될 것
4) 발전연료가 어느 하나에 편중되어 전력수급에 지장을 초래하여서는 아니 될 것
* 태양광 발전사업 허가신청 시 환경영향평가는 1회만 받으면 된다. **답** ④

11 연차별 총비용 대비 연차별 총편익의 비를 토대로 사업의 타당성을 판단하는 경제성 분석 모형은?

① 자본회수기간법(PPM)
② 비용편익비 분석(CBR)
③ 내부수익률(IRR)
④ 순현재가치법(NPV)

해설 연차별 총비용 대비 연차별 총편익의 비를 토대로 사업의 타당성을 판단하는 경제성 분석 모형은 비용편익비 분석(CBR) 이다.

$$B/C\,ratio = \frac{\sum\limits_{t=1}^{n} \dfrac{B_t}{(1+r)^t}}{\sum\limits_{t=1}^{n} \dfrac{C_t}{(1+r)^t}}$$

B_i : 연차별 총편익
C_i : 연차별 총비용
r, t는 각각 할인율, 기간을 말함
$B/C\,Ratio$로 사업의 타당성을 결정함 **답** ②

12 일조시간과 가조시간에 대한 설명으로 틀린 것은?

① 일조시간과 가조시간의 비를 일조율(%)이라 한다.
② 일조시간은 실제로 태양광선이 지표면을 내리 쬔 시간이다.
③ 구름이 많은 날씨일 경우 가조시간과 일조시간이 일치한다.
④ 가조시간이란 한 지방의 해 돋는 시간부터 해지는 시간까지의 시간을 말한다.

해설 **일조와 일사량**
1) '일조'란 태양광선이 구름이나 안개로 가려지지 않고 지상을 비추는 것
2) 태양광선이 비춘 시간을 일조시간이라 함
3) 일조시간은 보통 1일이나 한 달 동안에 비춘 시간을 수로 나타냄
4) 일조시간으로 일사량도 추정할 수 있으며, 낮 동안에 구름이 어느 정도 끼었는가도 나타낼 수 있음
5) 어떤 지점에 있어서 맑은 날의 일조시수는 그 지점의 위도에 따라 정해짐
6) 가조시간은 산이나 언덕 등의 장애물이 없다고 가정하여 어느 지점에 햇빛이 비출 수 있는 시간

답 ③

13 신·재생에너지 공급의무자의 2024년도 의무공급량의 비율[%]은?

① 13.5 ② 14.5
③ 12.5 ④ 9.0

해설 **연도별 의무공급량의 비율(제18조의4제1항 관련)**

해당 연도	비율[%]	해당 연도	비율[%]
2012	2.0	2020	7.0
2013	2.5	2021	9.0
2014	3.0	2022	12.5
2015	3.0	2023	13.0
2016	3.5	2024	13.5
2017	4.0	2025	14.0
2018	5.0	2026	15.0
2019	6.0		

답 ①

14 '개발행위허가'만으로 태양광 발전소를 건설할 수 있는 '농림지역'의 면적제한 기준은 최대 몇 [m^2] 미만인가?

① 5천 제곱미터 ② 1만 제곱미터
③ 2만 제곱미터 ④ 3만 제곱미터

해설 1) 도시지역
　　가. 주거지역·상업지역·자연녹지지역·생산녹지지역 : 1만 제곱미터 미만
　　나. 공업지역 : 3만 제곱미터 미만
　　다. 보전녹지지역 : 5천 제곱미터 미만
2) 관리지역 : 3만 제곱미터 미만
3) 농림지역 : 3만 제곱미터 미만
4) 자연환경보전지역 : 5천 제곱미터 미만

답 ④

15 계통연계형 태양광발전시스템에서 주파수의 변동을 검출하지 않고 전압 또는 전류의 급변 현상만을 이용하여 단독운전을 검출하는 방식은?

① 주파수 변화율 검출방식
② 주파수 시프트방식
③ 무효전력 변동방식
④ 부하변동방식

해설 **단독운전 방지기능**

종별	개요
주파수 시프트방식	인버터의 내부발진기에 주파수 바이어스를 주었을 때 단독운전 시에 나타나는 주파수 변동을 검출한다.
유효전력 변동방식	인버터의 출력에 주기적인 유효전력 변동을 주었을 때 단독운전 시에 나타나는 전압, 전류, 또는 주파수 변동을 검출한다. 상시 출력이 변동의 가능성이 있다.
무효전력 변동방식	인버터의 출력에 주기적인 무효전력 변동을 주었을 때, 단독운전 시 나타나는 주파수 변동 등을 검출한다.
부하 변동방식	인버터의 출력과 병렬로 임피던스를 순간적 또는 주기적으로 삽입하여 전압 또는 전류의 급변을 검출한다.

답 ④

16 태양광발전소 설비용량이 2500[kW], SMP가 200[원/kWh], 가중치 적용전 REC가 150[원/kWh]인 경우 판매단가[원/kWh]는?
(단, 설치장소는 기준 건축물 지붕을 이용하여 설치하는 것으로 한다.)

① 450 ② 425
③ 475 ④ 500

해설 건축물 등 기존 시설물을 이용하는 경우 태양광에너지 가중치 산정 방법

설치용량	태양광에너지 가중치 산정식
3,000[kW] 이하	1.5
3,000[kW] 초과부터	$\dfrac{3,000 \times 1.5 + (용량 - 3,000) \times 1.0}{용량}$

태양광발전소 설비 용량은 3,000[kW]로 REC 가중치는 1.5배이다. 이를 적용하면 다음과 같다.
판매단가[원/kWh] = 200 + (150 × 1.5)
　　　　　　　　 = 425[원/kWh]

답 ②

17 신·재생에너지전문위원회 위원은 신·재생에너지 분야에 관한 전문지식을 가진 사람으로부터 누가 위촉하는 사람으로 하는가?

① 국무총리
② 행정안전부장관
③ 산업통상자원부장관
④ 중소벤처기업부장관

해설 신·재생에너지전문위원회 위원은 신·재생에너지 분야에 관한 전문지식을 가진 사람으로부터 산업통상자원부장관이 위촉하는 사람으로 한다. 답 ③

18 북위 36도 위치에 태양광 발전소를 구축하고자 한다. 어레이 설계 시 태양 고도각을 결정하는 기준이 되는 날의 남중 고도는?

① 23.5도
② 30.5도
③ 54.0도
④ 77.5도

해설 태양고도각(입사각)을 결정하는 날은 태양고도가 가장 낮아 그림자의 길이가 최대인 동짓날을 기준으로 한다.
$90° - 36° - 23.5° = 30.5°$
지구의 기울기(23.5°)를 이용한다.
‣ 동지 시 남중고도 : $90° - \phi - 23.5$
‣ 하지 시 남중고도 : $90° - \phi + 23.5$
‣ 춘·추분 남중고도 : $90° - \phi$ 답 ②

19 산지전용 시 공통으로 적용되는 허가기준이 아닌 것은?

① 집단적인 조림 성공지 등 우량한 산림이 많이 포함되지 않을 것
② 토사의 유출·붕괴 등 재해발생이 우려되지 않을 것
③ 산림의 수원 함양 및 수질보전기능을 크게 해치지 않을 것
④ 인근 산림의 경영·관리에 큰 지장을 주지 않을 것

해설 산지전용 시 공통으로 적용되는 허가기준
1) 인근 산림의 경영·관리에 큰 지장을 주지 않을 것
2) 희귀 야생 동·식물의 보전 등 산림의 자연 생태적 기능유지에 현저한 장애가 발생되지 않을 것
3) 토사의 유출·붕괴 등 재해발생이 우려되지 않을 것

4) 산림의 수원 함양 및 수질보전기능을 크게 해치지 않을 것
5) 사업계획 및 산지전용면적이 적정하고 산지전용방법이 자연경관 및 산림훼손을 최소화하며 산지전용 후의 복구에 지장을 줄 우려가 없을 것 답 ①

20 2500[W] 인버터의 입력전압 범위가 22~32[V]이고, 최대 출력에서 효율은 88[%]이다. 최대 정격에서 인버터의 최대 입력전류는?

① 약 78[A]
② 약 88[A]
③ 약 113[A]
④ 약 129[A]

해설 효율 $= \dfrac{\text{인버터 정격출력}}{\text{최대 입력}} = 0.88$ 이므로

최대 입력 $= \dfrac{2500}{0.88} = 2840[W]$ 이다.

• 입력전류(22[V]) $= \dfrac{2840}{22} = 129[A]$

• 입력전류(32[A]) $= \dfrac{2840}{32} = 89[A]$

따라서 최대 입력전류는 129[A] 이다. 답 ④

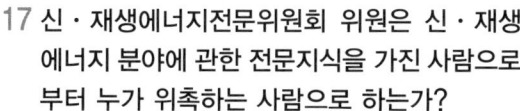

2과목 - 태양광발전 설계

21 태양광발전시스템의 설계에 있어서 태양전지 어레이의 레이아웃 배치검토에 필요한 자료가 아닌 것은?

① 설치 예정지의 면적, 토지의 굴곡상태의 데이터
② 설치 예정지의 위도경도에 따른 동짓날의 해 그림자 거리
③ 사용 예정인 태양전지 모듈 및 인버터의 카탈로그
④ 태양전지 어레이의 가대에 대한 구조계산서

해설 태양전지 어레이의 레이아웃 배치검토
1) 설치 예정지의 면적, 경사면의 각도
2) 위도경도에 따른 동짓날의 태양의 고도
3) 주변음영 발생요인 확인
4) 사용 예정인 태양전지 모듈 및 인버터의 카탈로그
④ 는 태양전지 가대의 상정하중을 고려한 구조물의 안정도를 평가하기 위해 필요하다. 답 ④

22 건물이나 구조물에 일시적으로 작용하며, 사람이나 기구, 차량, 장비 등 일시적으로 변동되는 무게나 힘에 의해 발생하는 하중은?

① 풍하중
② 고정하중
③ 활하중
④ 적설하중

해설
· 고정하중 : 어레이, 프레임, 서포트 하중
· 적설하중 : 경사계수 및 눈의 단위 질량 고려
· 활하중 : 건축물 및 공작물을 점유 · 사용함으로써 발생하는 하중
· 풍하중 : 어레이에 가한 풍압과 지지물에 가한 풍압의 합
· 지진하중 : 지지층의 전단력 계수 고려　답 ③

23 태양광발전 모니터링 시스템의 주요 기능이 아닌 것은?

① 무인으로 태양광 발전소 운전 현황을 실시간으로 확인할 수 있다.
② 모듈 직렬회로에서 음영에 의한 손실량 기록을 확인할 수 있다.
③ 기상관측 장치의 데이터를 수집하여 발전소의 기상 현황을 확인할 수 있다.
④ 실시간 발전 현황을 모니터링 화면이나 모바일 기기에서도 실시간 확인할 수 있다.

해설 1) 주요기능 및 특징
① 기록 및 통계 : 추이 그래프 및 이력 데이터 등
② 실시간 모니터링 : 환경(일사량, 온도)정보, 발전현황 등
③ 경보 발생
④ 보고서 생성 등
※ 모니터링으로는 음영원인을 분석할 수 없다.　답 ②

24 독립형 전원시스템의 축전지 선정 시 고려사항이 아닌 것은?

① 보수율
② 방전단위밀도
③ 방전심도
④ 방전종지전압

해설 독립형 전원시스템의 축전지 선정 고려사항
보수율, 방전심도, 방전종지전압, 부조일수, 1일 전산부하 전력량　답 ②

25 3,000[kW]를 초과하는 태양광발전사업 허가 절차를 올바르게 나타낸 것은?

> ⊙ 발전사업 신청서 접수
> ⓛ 전기사업 허가증 발급
> ⓒ 발전사업 신청서 작성
> ⓔ 신청인에 통지
> ⓜ 전기위원회 심의
> ⓗ 전기안전공사 심의
> ⓢ 태양광발전산업협회 심의

① ⓒ → ⊙ → ⓜ → ⓛ → ⓔ
② ⊙ → ⓒ → ⓗ → ⓛ → ⓔ
③ ⓒ → ⊙ → ⓛ → ⓢ → ⓔ
④ ⓒ → ⊙ → ⓢ → ⓛ → ⓔ

해설 허가절차

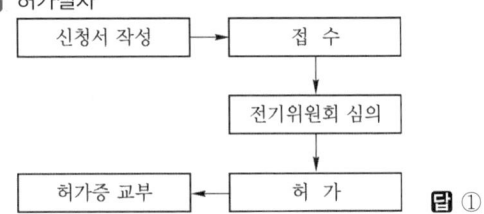

답 ①

26 추적식 어레이에서 태양광발전 추적방식에 따른 분류가 다른 것은?

① 감지식 추적법
② 양방향 추적법
③ 프로그램 추적법
④ 혼합식 추적법

해설 태양광발전 추적방식
· 추적방향에 따른 분류 : 단방향 추적, 양방향 추적
· 추적방식에 따른 분류 : 감지식 추적법, 프로그램식 추적법, 혼합식 추적법　답 ②

27 주상변압기 전로의 절연내력을 시험할 때 최대사용전압이 23000[V]인 권선으로서 중성점 접지식 전로(중성선을 가지는 것으로서 그 중성선에 다중접지를 한 것)에 접속하는 것의 시험전압[V]은?

① 28750
② 25300
③ 21160
④ 16560

해설 KEC 변압기 전로의 절연내력

권선의 종류 (최대사용전압)	접지방식	시험전압(최대 사용전압의 배수)	최저사용전압
1. 7[kV]이하		1.5배	500[V]
	다중접지	0.92배	500[V]
2. 7[kV]초과 25[kV]이하	다중접지	0.92배	
3. 7[kV]초과 60[kV]이하 (2란의 것제외)		1.25배	10.5[kV]
4. 60[kV]초과	비접지	1.25배	
5. 60[kV]초과 (2란의 것 제외)	접지식	1.1배	
6. 60[kV]초과	직접접지	0.72배	
7. 170[kV]초과	직접접지	0.64배	

* 시험전압 = 23,000×0.92 = 21,160[V] **답** ③

28 태양광 어레이 설계 시 태양 고도각을 결정하는 기준이 되는 때는?

① 하지　② 입춘
③ 춘추분　④ 동지

해설 태양 고도각은 낮을수록 그림자가 길어져 인접한 모듈에 음영을 발생시킬 수 있으므로 태양고도가 가장 낮은 동지를 기준으로 태양 고도각을 결정한다.　**답** ④

29 태양광발전시스템에서 어레이 경사면 일조량과 가장 근사한 것은?

① 전수평면일조량과 경사면 직달광선 일조량의 합
② 전수평면일조량과 경사면 산란광선 일조량의 합
③ 경사면 직달광선 일조량과 경사면 산란광선 일조량의 합
④ 전수평면일조량, 경사면 직달광선 일조량, 경사면 산란광선 일조량의 합

해설 태양전지모듈에 입사되는 일사량은 태양전지모듈의 경사면에 직달일사와 확산일사(산란)의 합으로 나타낸다.　**답** ③

30 전로의 사용전압이 FELV, 500[V] 이하인 저압 전로는 시험전압 DC 500[V]로 측정하였을 때 절연저항 값은 몇 [MΩ] 이상이 되어야 하는가?

① 0.5　② 1.0
③ 1.5　④ 2.0

해설 사용전압의 저압인 전로의 절연성능

전로의 사용전압[V]	DC 시험전압[V]	절연저항값[MΩ]
SELV 및 PELV	250	0.5
FELV, 500V 이하	500	1.0
500V 초과	1000	1.0

답 ②

31 과전류차단기를 설치하지 않아야 할 곳은?

① 수용가의 인입선 부분
② 고압 배전선로의 인출장소
③ 직접 접지계통에 설치한 변압기의 접지선
④ 역률조정용 고압 병렬콘덴서 뱅크의 분기선

해설 KEC 341.11 과전류차단기의 시설 제한
접지공사의 접지도체, 다선식 전로의 중성선 및 전로의 일부에 접지공사를 한 저압 가공전선로의 접지측 전선에는 과전류차단기를 시설하여서는 안 된다. 다만, 다음의 경우에는 예외로 한다.
가. 다선식 전로의 중성선에 시설한 과전류차단기가 동작한 경우에 각 극이 동시에 차단될 때
나. 저항기 · 리액터 등을 사용하여 접지공사를 한 때에 과전류차단기의 동작에 의하여 그 접지도체가 비접지 상태로 되지 아니할 때는 적용하지 않는다.　**답** ③

32 태양광발전시스템 부지 선정 시 현장의 환경조건 조사사항으로 틀린 것은?

① 빛 장해
② 가로등 밝기
③ 염해, 공해의 유무
④ 겨울철 적설 결빙 뇌해 상태

해설 환경조건조사
① 빛 장해
② 염해, 공해의 유무
③ 수광장애의 유무
④ 겨울철 적설 결빙 뇌해 상태
⑤ 자연재해
⑥ 새 등의 분비물 피해의 유무　**답** ②

33 태양전지판 설치방향과 발전시간을 결정하는 요소는?

① 태양고도   ② 남중고도
③ 일사·일조   ④ 태양의 방위각

해설 1) 태양고도 : 태양전지판 설치각도(가변) 전·후 이격거리 결정
2) 태양의 방위각 : 태양전지판 설치방향과 발전시간 결정 **답** ④

34 태양광발전설비 모니터링시스템의 구축 시 메인 화면에 표시할 내용으로 거리가 먼 것은?

① 축열부의 유량
② 누적발전량
③ 대기온도
④ 인버터 상태(ON/OFF)

해설 태양광발전설비 메인화면 표시 내용
① 현재 발전량, 금일 발전량, 전일 발전량, 누적 발전량, 일사량, 대기온도, CO_2 저감량
② 접속반의 장비 상태 표시
③ 인버터의 장비 상태 표시
※ 태양열발전설비의 구성요소는 집열부, 축열부, 이용부, 제어장치로 구성 **답** ①

35 "전기사업용 전기설비 및 일반전기설비 외의 전기설비를 말한다."로 정의된 용어는?

① 전기수용설비   ② 상용 발전설비
③ 자가용 전기설비   ④ 수전설비

해설 용어정리
1) 상용 발전설비 : 자가용 전기설비에 설치하여 전력계통에 연계 운전하거나 자체적으로 사용하는 자가용 발전설비로서 비상용 예비발전설비를 제외한 발전설비를 말한다.
2) 자가용 전기설비 : 전기사업용 전기설비 및 일반전기설비 외의 전기설비를 말한다.
3) 전기수용설비 : 수전설비와 구내 배전설비를 말한다.
4) 수전설비 : 타인의 전기설비 또는 구내 발전설비로부터 전기를 공급받아 구내 발전설비로 전기를 공급하기 위한 전기설비로써 수전 지점으로부터 배전반(구내 배전설비로 전기를 배전하는 전기설비를 말한다.)까지의 설비를 말한다.
5) 구내 배전설비 : 수전설비의 배전반에서부터 전기사용기기에 이르는 전선로·개폐기·차단기·분전함·콘센트·제어반·스위치, 그 밖의 부속설비를 말한다. **답** ③

36 다음은 건축도면 관련기호이다. 철근콘크리트 벽을 나타내는 기호는?

①
②
③
④

해설

목조벽	철근콘크리트벽
벽돌벽	블록벽

답 ②

37 구조물 이격거리 산정 시 고려사항이 아닌 것은?

① 가대의 경사도와 높이
② 상부구조물의 하중
③ 설치될 장소의 경사도
④ 동지 시 발전 가능 한계 시간에서 태양의 고도

해설 상부구조물의 하중은 태양광 어레이의 구조계산에 사용된다. **답** ②

38 어레이 설치 지역의 설계속도압이 1100[N/m²], 유효수압면적이 8.0[m²]인 어레이의 풍하중은 약 몇 [KN]인가? (단, 가스트 영향계수는 1.8, 풍압계수는 1.3을 적용한다.)

① 13.500   ② 20.592
③ 227.555   ④ 25.145

해설 방형 건축물 및 기타 구조물의 구조골조용 설계풍력 (W_f)

$$W_f = P_f \times A$$

(P_f : 구조골조용 설계풍력[N/m²],
A : 유효수압면적[m²])

$$P_f = \acute{q} \times G_f \times C_f$$

($\acute{q}$: 설계속도압[N/m²], G_f : 구조 골조용 가스트 계수,
C_f : 풍압계수)

$$W_f = 1100[\text{N/m}^2] \times 1.8 \times 1.3 \times 8.0[\text{m}^2]$$
$$= 20,592[\text{N}] = 20.592[\text{kN}]$$ **답** ②

39 다음 중 ( ) 안에 알맞은 내용은?

> 감리원은 공사가 시작된 경우에는 공사업자로부터 착공신고서를 제출받아 적정성 여부를 검토하여 ( ) 이내에 발주자에게 보고하여야 한다.

① 7일   ② 14일
③ 21일   ④ 30일

해설 감리원은 공사가 시작된 경우에는 공사업자로부터 서류가 포함된 착공신고서를 제출받아 적정성 여부를 검토하여 7일 이내에 발주자에게 보고하여야 한다.
답 ①

40 얕은 기초의 현장시험에 의한 지지력 산정 시 기초의 허용지지력을 추정할 수 있으며, 다른 종류의 현장시험이 어려운 모래, 자갈, 풍화토, 풍화암 등에 적용할 수 있는 시험은?

① 콘 관입시험   ② 현장 베인시험
③ 표준 관입시험   ④ 공내 재하시험

해설 공내 재하시험
본 시험은 일반적으로 풍화암 및 연암을 대상으로 변형계수 및 탄성계수를 측정하는데 그 목적이 있다. 정확한 시험 및 시험구간 결정을 위해서는 시추 코어를 확인하는 것이 매우 중요하다.
답 ④

3과목 - 태양광발전 시공

41 다음 중 상정하중에 대해서 잘못 설명한 것은?

① 고정하중 : 모듈의 질량과 지지물 등의 질량의 곱을 말한다.
② 지진하중 : 지지물에 가해지는 수평 지진력을 말한다.
③ 적설하중 : 모듈면에 수직 적설하중
④ 풍하중 : 모듈에 가해지는 풍압력과 지지물에 가해지는 풍압력의 합을 말한다.

해설 모듈의 질량과 지지물 등의 질량의 합을 말한다.
답 ①

42 태양전지 모듈의 설치방법 검토 항목으로 적당하지 않은 것은?

① 시공·유지보수 등을 고려하여 작업하기 쉽게 한다.
② 모듈 고정용 볼트, 너트 등은 상부에서 조일 수 있어야 한다.
③ 미관 및 안전상 가대와 지지기구 등의 노출부를 가능한 크게 한다.
④ 태양전지 모듈 온도상승 억제를 위해 지붕과 태양전지 사이에 간격을 둔다.

해설 태양전지모듈의 설치방법 검토
1) 시공·유지보수 등을 고려하여 작업하기 쉽게 한다.
2) 모듈 고정용 볼트, 너트 등은 상부에서 조일 수 있어야 한다.
3) 미관 및 안전상 가대와 지지기구 등의 노출 부를 가능한 적게 한다.
4) 태양전지 모듈 온도상승 억제를 위해 지붕과 태양전지 사이에 간격을 둔다.
5) 적설량이 많은 지역에서는 어레이와 건물의 적설하중을 고려하여 적정한 설치방법을 선택함과 동시에 유효한 대책을 강구한다.
답 ③

43 건물 설치형과 BAPV형 태양광 발전설비 설치 시 건축구조기준에 따른 안전성과 적정성이 확보되었음을 관계전문기술자로부터 확인 받아야하는 태양광설비 용량은 몇 [kW]를 초과하는가?

① 3   ② 3.3
③ 5   ④ 10

해설 3.3[kW]를 초과하는 태양광설비의 경우 건축구조기준에 따른 안전성과 적정성이 확보되었음을 관계전문기술자로부터 확인 받아야 하며 확인받은 바에 따라 시공하여야 한다.
답 ②

44 지상적설하중의 적용조건에서 최소 지상적설하중은 몇 [kN/m²] 인가?

① 0.1   ② 0.3
③ 0.5   ④ 0.8

해설 최소 지상적설 하중은 0.5[kN/m²]로 한다.
답 ③

45 감리원은 공사시작과 동시에 공사업자에게 작성, 제출하여야 할 가설시설물의 설치계획표에 포함되는 사항이 아닌 것은?

① 공사용 도로
② 공사예정 공정표
③ 공사용 임시전력
④ 가설사무소, 작업장, 창고 등의 부대시설

해설 감리원이 공사 시작과 동시에 공사업자에게 제출하는 가설시설물 설치계획표
- 공사용 도로
- 가설사무소, 작업장, 창고, 숙소, 식당 및 그 밖의 부대설비
- 자재 야적장
- 공사용 임시전력 **답** ②

46 태양광발전시스템에 적용하는 피뢰방식이 아닌 것은?

① 돌침 방식
② 케이지 방식
③ 구조체 방식
④ 수평도체 방식

해설 피뢰방식종류
돌침 방식, 케이지 방식, 수평도체 방식, 돌침방식 + 용마루위 도체방식, 이온방사형 피뢰방식 등이 있음 **답** ③

47 말뚝기초공법의 분류에서 치환말뚝 공법이 아닌 것은?

① Jet 공법
② MIP 공법
③ CIP 공법
④ PIP 공법

해설
- CIP는 굴착 기계로 구멍을 뚫고 그 속에 모르타르 주입관, 조립한 철근 및 자갈을 넣고 주입관을 통해 프리팩트 모르타르를 주입하여 철근 콘크리트 말뚝을 만든다
- MIP는 선단에 프로펠러형의 날이 붙은 파이프를 통해 프리팩트 모르타르를 분출시키면서 회전시켜 흙 속에 밀어 넣고, 지산의 흙과 섞어 소일 콘크리트를 정해진 깊이까지 만들고 나서 파이프를 뺀다.
- PIP는 스크루 오거를 정해진 깊이까지 돌려 박고 흙과 함께 천천히 당겨 올리면서 오거의 중심 파이프로부터 프리팩트 모르타르를 압입하여 모르타르 말뚝을 만든다.
- Jet Grout 공법은 연약지반을 개량하는 공법으로 고압400[kg/cm²]의 Jet류를 이용하여 연약지반을 개량하는 고압분사 주입공법이다. **답** ①

48 가공전선로에서 전선의 이도에 관한 설명으로 틀린 것은?

① 이도는 지지물의 높이를 결정한다.
② 이도는 온도 변화의 영향과 무관하다.
③ 이도가 크면 전선이 진동하므로 지락 사고의 우려가 있다.
④ 이도가 적으면 전선의 장력이 증가하여 단선의 우려가 된다.

해설
- **이도란**
전선을 전선의 지지물에 가선 시 전선은 지지물을 잇는 수평선보다 조금 밑으로 내려가도록 한다. 이때 수평선과 전선의 가장 낮은 부분과의 차를 이도라 한다.
- **이도의 필요성**
전선은 온도에 따라 길이가 변함, 즉 여름에는 전선이 늘어나 길어지고 겨울에는 전선의 길이가 감소한다. 따라서 이 길이 변화에 대한 전선의 보호를 위해 이도가 필요함 **답** ②

49 한국전기설비규정에 따라 금속관을 콘크리트에 매입할 때 관의 두께가 몇 [mm] 이상이어야 하는가?

① 1.2
② 1.3
③ 1.5
④ 2

해설 KEC 232.12.2(금속관 및 부속품의 선정)
(1) 콘크리트에 매입하는 것은 1.2[mm] 이상
(2) (1) 이외의 것은 1[mm] 이상. 다만, 이음매가 없는 길이 4[m] 이하인 것을 건조하고 전개된 곳에 시설하는 경우에는 0.5[mm]까지로 감할 수 있다. **답** ①

50 1일의 사용 전력량 60[kWh], 최대 전력 8[kW]인 공장의 부하율[%]은?

① 16.6
② 22.8
③ 30.3
④ 31.3

해설 부하전력 $= \dfrac{\text{평균전력}}{\text{최대수용전력}} \times 100$

$= \dfrac{60}{8 \times 24} \times 100 = 31.3[\%]$ **답** ④

51 낙뢰의 위험으로부터 시설물을 보호하기 위한 피뢰방식이 아닌 것은?

① 메시 도체방식
② 돌침방식
③ 케이지 방식
④ 수평도체방식

해설 피뢰 방식의 종류
1) 돌침방식
2) 용마루위 도체방식
3) 케이지 방식
4) 수평 도체 방식
5) 독립 가공 지선 방식 등
답 ①

52 무효전력을 조정하여 전압조정 및 전력손실의 경감을 도모하기 위한 변전설비는?

① 부하 시 Tap 절환장치
② 보호계전장치
③ 조상설비
④ 계기용변성기

해설 가) 보호계전장치는 계기용변성기에서 입력을 받아 정상인가 고장상태인가를 판정, 고장부분 검출을 행하여 차단기에 개폐지령을 주는 장치이다.
나) 부하 시 Tap 절환장치는 송전을 멈추는 일 없이 계통의 전압을 조정하는 설비로 변압기와 일체가 된 부하 시 Tap 절환변압기로 사용된다.
다) 계기용변성기는 고전압, 대 전류의 전기를 측정 또는 보호할 수 없기 때문에 이것을 적당한 전압, 전류로 변성하기 위한 것이다.
답 ③

53 저항 10[Ω], 인덕턴스 50[H]의 R−L 직렬회로에 100[V]의 전압을 인가하였을 때 시정수는?

① 0.1
② 0.4
③ 3
④ 5

해설 시정수$(\tau) = \dfrac{L}{R} = \dfrac{50}{10} = 5$
답 ④

54 배전선로에서 사고범위의 확대를 방지하기 위한 대책으로 옳지 않은 것은?

① 진상콘덴서를 설치하여 전압보상
② 선택접지계전방식 채택
③ 특 고압의 경우 자동구분개폐기 설치
④ 자동고장 검출장치 설치

해설 배전선로에서 진상(콘덴서) 성분은 이상전압발생 가능성을 증가시켜 사고범위가 확대될 수 있으므로 선로용 콘덴서 설치는 대책으로 적당하지 않다.
답 ①

55 태양전지 모듈의 검사 시 성능평가 요소가 아닌 것은?

① 충진율
② 개방전압
③ 전력변환효율
④ 방전종지전압

해설 태양전지 성능평가
태양전지는 태양빛을 받아 전력을 생산하는 반도체 소자로서 단락전류(I_{sc}), 개방전압(V_{oc}), 최대 출력(P_m), 충진률(F.F.), 변환 효율(η) 등의 지표는 태양전지의 성능평가 주요 요소이다.
답 ④

56 과전류 계전기(OCR)의 탭 값을 옳게 설명한 것은?

① 계전기의 최소 동작전류
② 계전기의 최대 부하전류
③ 계전기의 동작 시한
④ 변류비의 권수비

해설
• 과전류 계전기는 전류가 어느 정규값 이상으로 흘렀을 경우에 계전기가 동작하여 전기회로를 차단하여 기기를 보호하는 장치이다.
• 과전류 계전기의 탭은 최소 동작전류를 정정한다.
답 ①

57 애자의 구비조건으로 틀린 것은?

① 정전용량이 작을 것
② 기계적 강도는 클 것
③ 경제적일 것
④ 절연 내력이 작을 것

해설 1. 절연 내력이 클 것
2. 기계적 강도가 클 것
3. 절연 저항이 클 것 (누설 전류가 적을 것)
4. 정전용량이 작을 것
5. 경제적일 것
답 ④

58 태양전지 모듈인증 시험절차가 아닌 것은?

① 육안검사

② $I-V$ 특성시험

③ 습도 – 결빙시험

④ 온도계수 측정

해설 $I-V$ 특성시험은 전류–전압 특성시험이다. **답** ②

59 전선의 자중과 빙설 하중을 W_1, 풍압 하중을 W_2라 할 때 합성 하중은?

① $\sqrt{W_1^2 + W_2^2}$ ② $W_1 + W_2$

③ $W_1 - W_2$ ④ $W_2 + W_1$

해설 합성하중은

$$W = \sqrt{(빙설하중+자중)^2 + (풍압하중)^2}$$
$$= \sqrt{W_1^2 + W_2^2}$$ **답** ①

60 태양광발전시스템에 사용되는 인버터의 출력 측 절연저항을 측정하는 순서는?

[보기]
가. 교류단자와 대지 간의 절연저항을 측정
나. 태양전지 회로를 접속함에서 분리
다. 분전반 내의 분기차단기 개방
라. 직류 측의 모든 입력단자 및 교류 측 전체의 출력단자를 각각 단락

① 다 → 나 → 라 → 가

② 나 → 라 → 다 → 가

③ 다 → 라 → 나 → 가

④ 나 → 다 → 라 → 가

해설 인버터의 출력측 절연저항을 측정하는 순서
나. 태양전지 회로를 접속함에서 분리
다. 분전반 내의 분기차단기 개방
라. 직류 측의 모든 입력단자 및 교류 측 전체의 출력단자를 각각 단락
가. 교류단자와 대지 간의 절연저항을 측정 **답** ④

4과목 - 태양광발전 운영

61 태양전지모듈의 고장유형과 검사방법이 잘못 연결된 것은?

① 결함 모듈 - 접지저항 측정

② 접촉점 - 입출력 측정

③ 바이패스 다이오드 - 다기능 측정(멀티테스터)

④ 적층판 파괴 - 육안검사

해설 결함 모듈 : 육안검사, 다기능측정(멀티테스터), 절연저항측정, I–V 곡선. **답** ①

62 2024년부터 2025년까지 신재생에너지 의무 공급 의무 비율[%]은?

① 30 ② 32

③ 34 ④ 36

해설 연도별 신재생에너지 공급량 의무비율[%]

해당연도	2020~2021	2022~2023	2024~2025	2026~2027	2028~2029	2030 이후
공급의무 비율(%)	30	32	34	36	38	40

답 ③

63 태양광발전소의 전기안전관리를 수행하기 위하여 계측장비를 주기적으로 교정하고 안전장구의 성능을 유지하여야 한다. 전기안전관리자의 직무 고시에 따른 안전장구의 권장 시험 주기가 아닌 것은?

① 절연안전모 1년

② 저압검전기 1년

③ 고압절연장갑 1년

④ 고압 · 특고압 검전기 6개월

해설 고압 · 특고압 검전기는 1개월 **답** ④

64 인버터 과온(inverter over temperature) 고장 표시가 있을 때, 가장 먼저 조치하는 방법으로 적절한 것은?

① 인버터 누설전류를 확인한다.
② 인버터의 냉각계통의 이상 유무를 확인한다.
③ 송변전설비와 연결되는 배전선의 절연저항을 확인한다.
④ 고조파의 국부과열여부를 확인하기 위해 고조파 함유율을 조사한다.

해설 인버터 과온 시 점검 사항은 인버터 및 팬 점검 후 운전 답 ②

65 태양광 발전시스템용 축전지의 정기점검 항목 중 육안점검의 점검항목이 아닌 것은?

① 외관점검   ② 단자전압
③ 전해액 비중   ④ 전해액면 저하

해설 축전지의 단자전압은 측정사항이 아니다. 답 ②

66 중대형 태양광발전용 인버터(계통연계형 독립형)(KS C 8566 : 2016)에 따라 누설전류 시험 시 누설전류는 몇 [mA] 이하이어야 하는가?

① 5   ② 10
③ 15   ④ 20

해설 • 누설 전류시험
교류 전원을 정격 전압 및 정격 주파수로 운영한다. 직류 전원은 인버터 출력이 정격 출력이 되도록 설정한다.
인버터의 기체와 대지와의 사이에 1[kΩ]의 저항을 접속해서 저항에 흐르는 누설전류를 측정한다.
[판정기준]
• 누설전류가 5[mA] 이하일 것 답 ①

67 결정질 실리콘 태양광발전 모듈(성능)(KS C 8561 : 2020)에 따라 결정질 실리콘 태양광발전 모듈의 시험방법에 해당되지 않는 것은?

① 고온 · 고습시험
② UV 전처리시험
③ 정현파 진동시험
④ 열점 내구성시험

해설 정현파 진동시험 (SINE TEST)
– 목적 : 부품 및 기기에 대한 수송 중 및 사용 중 발생하는 정현파진동에 대한 내구성을 시험
– 진동 Source : 선박, 항공기, 지상차량, 회전날개, 우주용기기, 기계 진동 및 지진 현상 시 발생 답 ③

68 전기사업법령에 따라 전기사업자는 허가권자가 지정한 준비기간에 사업에 필요한 전기설비를 설치하고 사업을 시작하여야 한다. 그 준비기간은 몇 년의 범위에서 산업통상자원부장관이 정하여 고시하는 기간을 넘을 수 없는가?

① 10   ② 7
③ 5   ④ 3

해설 전기사업자는 산업통상자원부장관이 지정한 준비기간에 사업에 필요한 전기설비를 설치하고 사업을 시작하여야 한다.
그 준비기간은 10년을 넘을 수 없다. 다만, 산업통상자원부장관이 정당한 사유가 있다고 인정하는 경우에는 준비기간을 연장할 수 있다. 답 ①

69 3,500[kW] 태양광발전설비를 일반부지에 설치할 경우 태양광발전설비 공급인증서(REC) 가중치는?

① 0.913   ② 0.942
③ 0.977   ④ 1.021

해설 REC 가중치 $= \dfrac{99.999 \times 1.2}{3,500} + \dfrac{2,900.001 \times 1.0}{3,500}$
$\qquad\qquad\qquad + \dfrac{(3,500 - 3,000) \times 0.8}{3,500}$

$\quad = 0.9771428 \simeq 0.977$

일반부지에 설치하는 경우 태양광에너지 가중치 산정 방법

설치용량	태양광에너지 가중치 산정식
100 kW 미만	1.2
100 kW부터 3,000 kW 이하	$\dfrac{99.999 \times 1.2 + (\text{용량} - 99.999) \times 1.0}{\text{용량}}$
3,000 kW 초과부터	$\dfrac{99.999 \times 1.2}{\text{용량}} + \dfrac{2,900.001 \times 1.0}{\text{용량}}$ $+ \dfrac{(\text{용량} - 3,000) \times 0.8}{\text{용량}}$

답 ③

70 태양광발전 접속함(KS C 8567 : 2019)에 따라 소형(3회로 이하) 접속함의 경우 실외에 설치 시 보호등급(IP)으로 옳은 것은?

① IP35 이상   ② IP50 이상
③ IP54 이상   ④ IP55 이상

해설 태양광발전용 접속함의 구분

병렬스트링 수에 의한분류	설치장소에 의한 분류
소형(3회로 이하)	실내형 : IP 54 이상
	실외형 : IP 54 이상
중대형(4회로 이상)	실내형 : IP 20 이상
	실외형 : IP 54 이상

답 ③

71 태양광발전 설비의 규모별 정기점검 및 횟수에 관한사항이다. 다음 ( )에 옳은 것은?

용량별		점검횟수	점검간격
저압	1~300[kW] 이하	월 1회	20일 이상
	300[kW] 초과	월 2회	( )일 이상

① 3   ② 5
③ 7   ④ 10

해설 태양광발전 설비의 규모별 정기점검 횟수

용량별		점검 횟수	점검 간격
저압	1 ~ 300[kW] 이하	월 1회	20일 이상
	300[kW] 초과	월 2회	10일 이상
고압	1 ~ 300[kW] 이하	월 1회	20일 이상
	300[kW] 초과 ~ 500[kW] 이하	월 2회	10일 이상
	500[kW] 초과 ~ 700[kW] 이하	월 3회	7일 이상
	700[kW] 초과 ~ 1,500[kW] 이하	월 4회	5일 이상
	1,500[kW] 초과 ~ 2,000[kW] 이하	월 5회	4일 이상
	2,000[kW] 초과 ~ 2,500[kW] 미만	월 6회	3일 이상

답 ④

72 태양광 발전용 납축전지의 잔존 용량측정 방법 (KS C 8532 : 1995)에서 사용하는 전압계와 전류계의 계급은?

① 0.2급 이상   ② 0.3급 이상
③ 0.4급 이상   ④ 0.5급 이상

해설 태양광 발전용 납축전지의 잔존 용량측정 방법(KS C 8532 : 1995)에서 사용하는 전압계와 전류계의 계급은 0.5급 이상

답 ④

73 내전압용 절연장갑의 등급별 색상에서 3등급의 색상은?

① 녹색   ② 흰색
③ 빨간색   ④ 흰색

해설
- 00등급 : 갈색
- 0등급 : 빨강색
- 1등급 : 흰색
- 2등급 : 노랑색
- 3등급 : 녹색
- 4등급 : 등색

답 ①

74 주택의 태양전지모듈에 접속하는 부하 측 옥내 배선을 시설하는 경우에 주택의 옥내전로의 대지전압은 몇 [V]까지 적용할 수 있는가?

① 150   ② 300
③ 600   ④ 750

해설 KEC 511.1.3 (옥내전로의 대지전압 제한)
1. 주택의 전기저장장치의 축전지에 접속하는 부하 측 옥내배선을 시설하는 경우에 주택의 옥내전로의 대지전압은 직류 600[V]까지 적용할 수 있다.

답 ③

75 일반 부지에 설치하는 태양광발전 시스템 설비 용량 99[kW], 일 평균발전시간 3.6[h], 연 일수 365일, REC 판매가격 173981[원/REC]일 때 연간공급인증서 판매수익은 약 몇 만원인가?

① 2716만원   ② 2886만원
③ 3714만원   ④ 4115만원

해설 1) 연간 발전용량 = 99[kW]×3.6[h]×365[day]
     = 130,086[kWh/year]
2) 일반부지 99[kW]는 가중치 1.2배
3) 연간공급인증서 판매수익
     = 130,086×173981원×1.2 = 2716만원

답 ①

76 태양광발전시스템의 계측에서 관리하여야 할 데이터 항목으로 틀린 것은?

① 조도

② 대기온도

③ 일일 발전량

④ 수평면 또는 경사면 일사량

해설 태양광발전시스템의 계측 관리 항목

1) 인버터 : 입력측(DC) 전압 및 전류, 발전량, 출력측(저압 AC) 전압 및 전류, 발전량

2) 특고압(22.9kV) : VCB 단에서 측정하는 전압, 및 전류, 발전량

3) 태양광 어레이 접속함 : DC 전압 및 전류, 발전량

4) 기상 : 수평면 일사량, 경사면 일사량 모듈온도, 외기온도, 풍속, 풍향

※ 조도 어떤 면에 투사되는 광속을 면의 면적으로 나눈 것

답 ①

77 태양광발전시스템 운전 특성의 측정방법(KS C 8535 : 2005)에서 용어 정의 중 다른 전원에서의 보충 전력량을 의미하는 것은?

① 표준 전력량

② 백업 전력량

③ 역전류 전력량

④ 계통 수전 전력량

해설 태양광발전시스템 운전 특성의 측정방법

1) 어레이 일사량 : 어레이 면에 들어오는 직달 일사량 및 산량 일사량이 있는 기간의 총량

2) 백업 전력량 : 다른 전원에서의 보충 전력량

3) 계통 수전 전력량 : 상용 전력계통에서의 수전 전력량

4) 역조류 전력량 : 수용가에서 사용 전력계통으로 향하는 전력량

답 ②

78 소형 태양광 발전용 인버터의 절연 성능 시험 항목이 아닌 것은?

① 내전압 시험

② 절연저항 시험

③ 임펄스 내전압 시험

④ 출력측 단락 시험

해설 인버터의 절연 성능 시험항목

• 절연저항 시험

• 접촉 전류 시험

• 임펄스 내전압 시험

• 내전압 시험

답 ④

79 태양광발전설비 품질관리에서 구성요소 성능평가중 모듈 성능평가 항목이 아닌 것은?

① 평균출력

② 최대전류

③ 변환 효율

④ 모듈 효율

해설
1) 모듈 성능평가 : 평균전력, 최대전류, 최대전압, 모듈 효율

2) PCS 성능평가 항목 : 변환효율, 종합 왜형률, 역률, 최대출력 추종

답 ③

80 다음 중에서 성능분석용어와 산출방법이 틀린 것은?

① 시스템 가동률 – $\dfrac{\text{시스템 동작시간[h]}}{24[h] \times \text{운전일수}}$

② 시스템 이용률 –

$$\dfrac{\text{시스템 발전전력량[kWh]}}{24[h] \times \text{운전일수} \times \text{태양전지 어레이 설계용량(표준상태)}}$$

③ 시스템 발전효율 –

$$\dfrac{\text{태양전지어레이 출력전력[kW]}}{\text{표준일사강도[kW/m}^2] \times \text{태양전지 어레이 면적[m}^2]}$$

④ 시스템 일조가동률 – $\dfrac{\text{시스템 동작시간[h]}}{\text{가조시간}}$

해설 • 시스템 발전효율 –

$$\dfrac{\text{시스템 발전 전력[kW]}}{\text{경사면 일사량[kW/m}^2] \times \text{태양전지 어레이 면적[m}^2]}$$

• 태양전지 어레이 변환효율 –

$$\dfrac{\text{태양전지 어레이 출력전력[kW]}}{\text{표준 일사강도[kW/m}^2] \times \text{태양전지 어레이 면적[m}^2]}$$

답 ③

1과목 - 태양광발전 기획

01 태양전지모듈을 선정 시 고려하는 요소가 아닌 것은?

① 효율
② 인증
③ 전압변동률
④ Power Tolerance

> **해설** 태양전지모듈 선정 시 고려 요소
> : 효율, Power Tolerance, 신뢰성, 경제성, 인증 등
> **답** ③

02 단락 전류에 영향을 주는 요소가 아닌 것은?

① 태양전지 면적
② 입사광자 수
③ 태양전지 광학적 특성
④ 개방전압

> **해설** 단락 전류에 영향을 주는 요소
> 1) 태양전지 면적(입사광원의 출력)
> 2) 입사광자 수
> 3) 입사광 스펙트럼
> 4) 태양전지의 광학적 특성(빛의 흡수 및 반사)
> 5) 태양전지의 수집확률
> **답** ④

03 태양전지 모듈에 입사된 빛 에너지가 변환되어 발생하는 전기적 출력을 특성 곡선으로 나타낸 것은?

① 전압 – 전류 특성
② 전압 – 저항 특성
③ 전류 – 온도 특성
④ 전압 – 온도 특성

> **해설** 태양광모듈의 전기적 특성은 전압과 전류($V-I$)의 특성으로 나타낼 수 있다.
> **답** ①

04 다음 회로는 트랜스리스(무변압기) 방식이다. 특징이 아닌 것은?

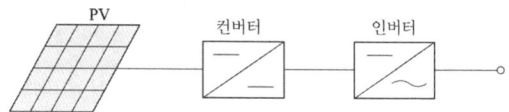

① 태양전지의 직류출력을 DC–DC 컨버터로 승압하고 인버터로 상용주파수의 교류로 변환한다.
② 중대용량에서 많이 채용된다.
③ 1차 측으로 직류성분 유입의 가능성이 있다.
④ 트랜스리스로 소형 경량 및 효율이 높다

> **해설** "중대용량에서 많이 채용된다."는 상용주파 변압기 절연방식에 해당한다.
> **답** ②

05 인버터 선정 시 고려할 사항 중 잘못된 것은?

① 인버터 제어방식은 전압형 전류 제어방식
② 출력 기본파 역율은 95[%] 이상
③ 전압 변형율은 종합 3[%] 이하. 각 차수마다 5[%] 이하
④ 평균효율이 높을 것

> **해설** 전압 변형율은 종합 5[%] 이하. 각 차수마다 3[%] 이하
> **답** ③

06 태양전지의 전기적 특성에 대한 설명으로 틀린 것은?

① 출력전압은 절대적으로 입사광 세기에 비례한다.
② 최대 밝기의 1/5 정도 되는 흐린 날에도 전압이 나온다.
③ 태양전지의 전압출력은 온도에 따라 영향을 받는다.
④ 태양전지의 전류출력은 입사되는 빛의 세기에 비례한다.

해설 ① 태양전지의 온도특성은 전압에 반비례하고, 전류에 비례하나 그 수준은 아주 낮다.
② 태양전지의 일사량 특성은 전류에 비례하고, 전압에 비례하나 그 수준은 아주 낮다. 답 ①

07 태양광발전시스템에 풍력발전, 열병합발전 등 타 에너지원의 발전시스템과 결합하여 축전지 · 부하 및 상용계통에 전력을 공급하는 시스템은?

① 독립형 시스템
② 하이브리드 시스템
③ 계통연계형 시스템
④ 집광형 시스템

해설 하이브리드 시스템
태양광, 풍력, 지열, 소수력, 디젤발전 등 둘 이상이 조합된 발전시스템을 말한다. 답 ②

08 실리콘형 태양전지의 P형 반도체의 특성으로 올바른 것은?

① 전자 · 정공 모두 소수 캐리어(Carrier)
② 전자가 다수 캐리어(Carrier)
③ 전자 · 정공 모두 다수 캐리어(Carrier)
④ 정공이 다수 캐리어(Carrier)

해설 · 캐리어(Carrier) : 전하의 운반체, 즉 정공과 전도 전자
· 정공(Positive hole) : 처음 중성인 상태로부터 전자를 잃어서 만들어진 구멍, 양의 전하 답 ④

09 태양전지에서 직렬저항이 발생하는 원인이 아닌 것은?

① 태양전지 내의 누설전류
② 전면 및 후면 금속전극의 저항
③ 금속 전극과 이미터, 베이스 사이의 접촉저항
④ 태양전지의 이미터와 베이스를 통한 전류 흐름

해설 태양전지 직렬저항이 발생하는 원인
1) 태양전지의 이미터와 베이스를 통한 전류 흐름. 즉 이미터와 베이스의 수직 저항 성분
2) 금속전극과 이미터, 베이스 사이의 접촉저항
3) 전면 및 후면 금속전극의 저항병렬저항은 누설전류와 관계된다. 답 ①

10 STC 조건에서 최대전압이 45[V], 전압온도계수가 −0.2[V/℃]인 결정질 태양전지 모듈 10장이 직렬로 연결되어 있다. 외기 온도가 −25[℃]일 때 최대전압은 몇 [V]인가?

① 350
② 450
③ 550
④ 650

해설
$$V_{(-25℃)} = V_{mpp} + (-25[℃](외기온도) - 25[℃])$$
$$(-0.2[V/℃])$$
$$V_{(-25℃)} = 45[V] + (-25[℃] - 25[℃])(-0.2[V/℃])$$
$$= 55[V]$$
10장 직렬연결 시 $55[V] \times 10 = 550[V]$ 답 ③

11 다음 태양전지 모듈의 종류 중 충진률이 가장 놓은 제품은?

① CdTe
② 다결정 실리콘
③ GIGS
④ 단결정 실리콘

해설 단결정 실리콘 > 다결정 실리콘 > GIS > CdTe 답 ④

12 대통령령으로 정하는 규모 이하의 발전설비를 갖추고 특정한 공급구역의 수요에 맞추어 전기를 생산하여 전력시장을 통하지 아니하고 그 공급구역의 전기사용자에게 공급하는 것을 주된 목적으로 하는 사업자는?

① 전기판매사업자
② 전력거래소
③ 발전사업자
④ 구역전기사업자

해설 제2조(정의)
"구역전기사업"이란 대통령령으로 정하는 규모 이하의 발전설비를 갖추고 특정한 공급구역의 수요에 맞추어 전기를 생산하여 전력시장을 통하지 아니하고 그 공급구역의 전기사용자에게 공급하는 것을 주된 목적으로 하는 사업을 말한다. 답 ④

13 대안의 성과를 화폐가치로 환산해서 측정할 수 있는 것에만 적용되는 경제성 분석기법은?

① 원가분석방법
② 내부수익률법
③ 비용·편익분석방법
④ 순현재가치분석방법

해설 이 분석기법은 대안의 성과를 화폐가치로 환산해서 측정할 수 있는 것에만 적용되며, 화폐가치로 환산할 수 없고 다만 계량적[수량적]으로 측정할 수 있는 것에는 비용효과분석(費用效果分析)의 기법이 적용된다.
답 ③

14 변전설비공사 하자담보책임기간으로 옳은 것은? (단, 전기설비 및 기기 설치 공사를 포함)

① 2년   ② 3년
③ 5년   ④ 7년

해설 전기공사의 종류별 하자담보 책임기간

전기공사의 종류	하자담보 책임기간
1. 변전설비공사 (전기설비 및 기기설치공사를 포함한다)	3년
2. 배전설비공사	
가. 배전설비 철탑공사	3년
나. 가목 외 배전설비공사	2년
3. 그 밖의 전기설비공사	1년

답 ②

15 스마트 그리드(smart grid)에 대한 설명으로 틀린 것은?

① 디지털 기술기반이다.
② 네트워크 구조이다.
③ 단방향 통신방식이다.
④ 분산전원 전원공급방식이다.

해설 스마트 그리드는 전력공급자와 소비자가 양방향 통신을 이용하여 실시간으로 정보를 교환한다. **답** ③

16 계통연계형 태양광발전시스템에 축전지를 부가함으로써 발생할 수 있는 장점이 아닌 것은?

① 계통전압의 안정화에 기여한다.
② 태양광발전시스템의 수명을 연장한다.
③ 재해 발생 시 전력공급의 역할을 한다.
④ 태양광발전시스템의 적용 범위를 확대한다.

해설 계통연계형 태양광발전시스템에 축전지 사용
1) 재해나 정전시 비상용 부하에 전력을 공급하는 방재 대응
2) 일사량 급격한 변화에 대해 계통으로부터 부하급변의 영향을 적게 하기 위한 일사급변에 대한 안정화
3) 주간에 저장된 전력을 일몰 후 공급하여 적용 범위 확대
답 ②

17 전체 전력을 자체에서 소비하고, 한전계통으로 송전하지 않는 분산형 전원의 유형은?

① 역송병렬 연계
② 단순병렬 연계
③ 분산형전원 연계
④ 저압 한전계통연계

해설 단순병렬 계통연계형
자가용 발전설비 또는 저압 소용량 일반발전설비를 한전계통에 병렬로 연계하여 운전하되 생산전력의 전부를 구내계통 내에서 자체적으로 소비하고, 생산전력이 한전계통으로 송전되지 않는 발전방식 **답** ②

18 신·재생에너지 공급인증서의 유효기간은?

① 발급일로부터 1년
② 발급일로부터 2년
③ 발급일로부터 3년
④ 발급일로부터 4년

해설 공급인증서 유효기준
1) 발급받은 날부터 3년
2) 공급의무자가 구매하여 의무공급량에 충당하거나 발급받아 산업통상자원부장관에게 제출한 공급인증서는 그 효력을 상실한다. **답** ③

19 태양광발전시스템이 갖추어야 할 기본적인 조건이 아닌 것은?

① 설치비용이 높을 것
② 신뢰성이 좋을 것
③ 안정성이 좋을 것
④ 변환효율이 좋을 것

해설 설치비용이 높아지면 태양광발전소의 경제성이 낮아져 사업성이 떨어진다. **답** ①

20 인버터 전압범위는 $V_{DC} \leq 120[V]$ 저전압 방식의 어레이 시스템을 나타내는 것으로 3~5개의 모듈을 직렬로 하고 그 직렬을 병렬로 연결하는 인버터는?

① 어레이 인버터와 스트링인버터
② 중앙 집중식 인버터
③ 마스터–슬레이브 제어형 인버터
④ 모듈인버터(AC 모듈)

해설 인버터 전압범위는 $V_{DC} \leq 120\,V$ 저전압 방식의 어레이 시스템을 나타내는 것으로 3~5개의 모듈을 직렬로 하고 그 직렬을 병렬로 연결하는 것으로 중앙 집중식 인버터로 방법은 음영의 영향을 적게 받는 장점이 있으며, 단점으로는 전류 값이 매우 크기 때문에 상대적으로 저항손을 줄이기 위해 케이블의 단면적을 크게 해야 한다. **답** ②

2과목 - 태양광발전 설계

21 지반조사 중 본 조사 시 검토하여야 할 항목 중 고려사항이 아닌 것은?

① 지진이력
② 투수조건
③ 지반의 강도 특성
④ 지반 성층 상태

해설 (1) 대상 지반의 본 조사를 위해서는 다음의 항목을 고려하여야 한다.
　① 지반 성층 상태
　② 지반의 강도 특성

③ 지반의 변형 특성
④ 지하수위 및 각 지층의 간극수압 분포
⑤ 투수 조건
⑥ 지반의 잠재적 불안정성
⑦ 지반의 다짐 특성
⑧ 지반개량 가능성
⑨ 동결 민감도 **답** ①

22 태양광 지반조사 방법에서 태양광 발전시설을 설치하기 위해 해당 토지 상태를 조사하는 태양광 지반조사 방법이 아닌 것은?

① 일축 압축강도시험
② 현황 측량법
③ 압밀 시험
④ 보링조사

해설 ① 일축 압축강도시험 : 토질역학에서 검토의 비배수 전단강도를 측정하는 시험방법의 일종
② 압밀 시험 : 포화된 점토층이 하중을 받음으로써 오랜 시간 걸쳐 간극수가 빠져 나감에 따라 침하가 발생하는 현상
③ 직접 전단 시험 : 토질역학에서 흙, 시료의 전단강도를 측정하는 실험
④ 보링조사 : 흙의 밀도, 강도 및 압축성 등을 시험하기 위해 지표면에 구멍을 내 모래, 자갈, 석고 등 토질 성분을 분석하는 검사
＊ 현황 측량법 : 태양광 부지에 있는 구조물이나 건축물 등의 위치를 설계로 측정하여 임야도면 / 지적도면에 기록하는 방법 **답** ②

23 태양전지 어레이용 가대의 구조설계 시 고려할 상정하중의 순서가 맞는 것은?

① 적설하중 > 활하중 > 풍하중
② 풍하중 > 적설하중 > 활하중
③ 풍하중 > 적설하중 > 지진하중
④ 적설하중 > 지진하중 > 풍하중

해설 태양전지 어레이용 가대의 구조설계에 있어서 상정하중이 최대가 되는 것은 일반적으로 풍하중인 경우가 많다. 바람으로 인한 태양전지 어레이 파괴의 대부분은 강풍 시에 발생한다.
※ 상정하중의 크기 : 폭풍 시 > 적설 시 > 지진 시 **답** ③

24 태양광발전시스템에서 계통으로 유입되는 고조파 전류(Total harmonix distortion)는 종합 전류 왜형률이 몇 [%]를 초과하면 안 되는가?

① 2[%]　　　　② 3[%]
③ 4[%]　　　　④ 5[%]

해설 분산형 전원 발전설비로부터 계통에 유입되는 고조파 전류는 10분 평균한 40차까지의 종합 전류 왜형률이 5[%]를 초과하지 않도록 각 차수별로 제어하여야 한다.

답 ④

25 다음과 같은 태양광발전시스템의 어레이 설계 시 직병렬 수량은?

- 모듈 최대 출력 : 250[Wp]
- 1스트링 직렬매수: 10직렬
- 시스템 출력 전력 : 50,000[W]

① 10직렬 − 10병렬　② 10직렬 − 15병렬
③ 10직렬 − 20병렬　④ 10직렬 − 25병렬

해설 시스템 출력 전력 = 병렬수×모듈최대전력×직렬수

$$병렬 수 = \frac{시스템\ 출력\ 전력}{모듈최대전력 \times 직렬수}$$
$$= \frac{50,000[W]}{250 \times 10} = 20$$

답 ③

26 다음의 구조물 기초에서 $D_f/B > 1$인 경우에 해당하는 기초는?

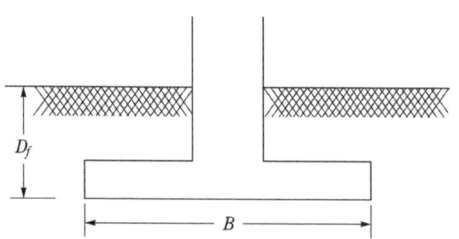

① 말뚝 기초　　② 피어 기초
③ 깊은 기초　　④ 얕은 기초

해설 깊은 기초
① $D_f/B > 1$인 경우
② 말뚝기초, 케이슨기초, 지중연속벽기초, 복합기초 등이 있다.

답 ③

27 고정형 어레이의 특징이 아닌 것은?

① 태양전지의 방위각(정남향) 및 경사각을 고정하여 설치
② 구조물의 구동이 없어 하단부 공간 활용이 가능
③ 구조가 상대적으로 안전하여 전복이나 오작동에 의한 사고 가능성이 낮음
④ 발전효율이 상대적으로 높음

해설 설치 시 태양을 가장 많이 받을 수 있도록 방향은 정남향으로, 태양광이 모듈에 90도로 입사될 수 있도록 경사각도도 고정해서 설치됩니다.
고정된 형태이기 때문에 다른 방식의 어레이보다 많은 모듈을 설치할 수 있고 초기 설치비가 적게 들며 보수가 필요한 경우가 거의 없다는 장점이 있습니다.
이런 장점 때문에 일반적으로 가장 많이 사용되고 있습니다.
반면에 경사가변형 이나 추적형에 비해 발전 효율이 낮다는 단점이 있습니다.

답 ④

28 유지 등의 수면에 부유하여 태양광발전설비를 설치하는 경우의 설치용량이 100[kW] 부터 3,000[kW] 이하일 때 태양광 가중치 산정식이 옳은 것은?

① 1.6
② $\dfrac{99.999 \times 1.6 + (용량 - 99.999) \times 1.4}{용량}$
③ $\dfrac{3,000 \times 1.5 + (용량 - 3,000) \times 1.0}{용량}$
④ $\dfrac{99.999 \times 1.6}{용량} + \dfrac{2,900.001 \times 1.4}{용량}$
　　$+ \dfrac{(용량 - 3,000) \times 1.2}{용량}$

해설 유지 등의 수면에 부유하여 태양광발전설비를 설치하는 경우의 태양광 가중치 산정식

설치용량	태양광에너지 가중치 산정식
① 100[kW] 미만	1.6
② 100[kW] 부터 3,000[kW] 이하	$\dfrac{99.999 \times 1.6 + (용량 - 99.999) \times 1.4}{용량}$
③ 3,000[kW] 초과부터	$\dfrac{99.999 \times 1.6}{용량} + \dfrac{2,900.001 \times 1.4}{용량}$ $+ \dfrac{(용량 - 3,000) \times 1.2}{용량}$

답 ②

29 태양광발전시스템에 그림자가 발생하게 되면 일사량이 감소하기 때문에 발전량이 감소한다. 일사량의 2가지 성분으로 옳은 것은?

① 직달광 성분과 산란광 성분
② 경사면 일사성분과 산란성 성분
③ 직달광 성분과 수평면 일사성분
④ 수평면 일사성분과 경사면 일사성분

해설 태양광은 직달일산과 확산일산(산란광)으로 구성된다.
답 ①

30 감리원은 공사업자가 작성·제출한 시공계획서를 제출받아 이를 검토·확인하여 승인하고 시공하도록 하며, 시공계획서의 보완이 필요한 경우에는 그 내용과 사유를 문서로써 공사업자에게 통보하여야 한다. 시공계획서에 포함되어야 하는 내용이 아닌 것은?

① 시공일정
② 감리원 배치
③ 현장 조직표
④ 주요 장비 동원계획

해설 **시공계획서 포함 내용**
1) 현장 조직표
2) 공사 세부공정표
3) 주요 공정의 시공 절차 및 방법
4) 시공일정
5) 주요 장비 동원계획
6) 주요 기자재 및 인력투입 계획
7) 주요 설비
8) 품질·안전·환경관리 대책 등
답 ②

31 태양광발전시스템 어레이의 그림자 영향에 대한 대책이 아닌 것은?

① 모듈을 가로 깔기로 배치한다.
② 인버터에 MPPT 제어기능을 추가한다.
③ 모듈 후면 단자함 내 바이패스 다이오드를 설치한다.
④ 스트링(모듈 직렬연결)간 블록킹 다이오드를 설치한다.

해설 1) 세로 깔기는 모듈의 긴 쪽이 좌우가 되도록 설치
2) 가로 깔기는 모듈의 긴 쪽이 상하가 되도록 설치
답 ①

32 직류발전원을 이용한 분산형전원 설치자는 인버터로부터 직류가 계통으로 유입되는 것을 방지하기 위해 설치하는 것은?

① 상용주파 변압기
② 과전압계전기
③ 플리커
④ 무효전력보상설비

해설 직류발전원을 이용한 분산형 전원 설치자는 인버터로부터 직류가 계통으로 유입되는 것을 방지하기 위하여 연계 시스템에 상용주파 변압기를 설치하여야 한다.
답 ①

33 태양광발전시스템의 모니터링 시스템의 계측설비별 요구사항이다. (가) 항에 들어갈 요구사항은 몇 이내인가?

계측설비		요구사항
인버터		CT 정확도 3[%] 이내
온도 센서	−20[℃]~100[℃]	정확도 ±0.3[℃] 미만
	100[℃]~1,000[℃]	정확도 (가) 이내
전력량계		정확도 1[%] 이내

① 1[%]
② 2[%]
③ ±1.5[℃]
④ ±1[℃]

해설
계측설비	요구사항	확인방법
온도 센서	정확도 ±0.3[℃] (−20~100[℃]) 미만	• 관련 내용이 명시된 설비 스펙 제시
	정확도 ±1[℃] (100~1000[℃]) 이내	
유량계, 열량계	정확도 ±1.5[%] 이내	• 관련 내용이 명시된 설비 스펙 제시

답 ④

34 태양광 발전사업을 위한 부지를 선정하고자 한다. 개발행위허가 기준에 따른 개발행위의 규모가 아닌 것은?

① 농림지역 30000[m²] 미만
② 도시 주거지역 10000[m²] 미만
③ 도시 공업지역 30000[m²] 미만
④ 자연환경보전지역 7000[m²] 미만

해설

도시 지역	주거지역상업지역자연녹지지역생산녹지지역	1만[m²] 미만
	공업지역	3만[m²] 미만
	보전녹지지역	5천[m²] 미만
관리지역, 농림지역		3만[m²] 미만
자연환경보전지역		5천[m²] 미만

답 ④

35 태양광 설치 방법 중 발전효율이 가장 낮은 것은?

① 추적식 어레이
② 고정식 어레이
③ 건물통합형(BIPV)
④ 경사가변형 어레이

해설 발전효율의 크기
추적식어레이 > 경사가변형 어레이 > 고정식어레이 > 건물통합형(BIPV)   답 ③

36 정격전류가 63[A]초과인 경우 배선용 차단기(주택용)는 정격전류의 몇 배의 전류에 견뎌야 하는가?

① 1.05　　② 1.13
③ 1.25　　④ 1.6

해설 KEC 212.3.4 (보호장치의 특성)
과전류트립 동작시간 및 특성(주택용 배선용 차단기)

정격전류의 구분	시 간	정격전류의 배수(모든 극에 통전)	
		부동작 전류	동작 전류
63[A] 이하	60분	1.13배	1.45배
63[A] 초과	120분	1.13배	1.45배

답 ②

37 다음 중 저압 수상 전선로에 사용되는 전선은?

① 450/750[V] 일반용 단심비닐절연전선
② 클로로프렌 캡타이어 케이블
③ 옥외용 비닐절연전선
④ 600[V] 고무절연전선

해설 수상전선로를 시설하는 경우에는 그 사용전압은 저압 또는 고압인 것에 한하며 다음에 따르고 또한 위험의 우려가 없도록 시설하여야 한다.
가. 전선은 전선로의 사용전압이 저압인 경우에는 클로로프렌 캡타이어 케이블이어야 하며, 고압인 경우에는 캡타이어 케이블일 것.   답 ②

38 말뚝기초(깊은 기초)에서 현장 말뚝의 종류 에는 관입식과 굴착식이 있다. 관입식이 아닌 것은?

① 페데스탈(Pedestal) 말뚝
② 바이브로 페데스탈(vibro pedestal)
③ 베노트(Benoto) 말뚝
④ 프랭키(Franki) 말뚝

해설 굴착식 : 베노토(Benoto) 말뚝, 오거(auger) 말뚝, 이코스(ICOS) 말뚝, 리버스 서큘레이션(reverse circulation) 말뚝, 어스드릴(earth drill) 말뚝   답 ③

39 음영의 영향을 가장 많이 받는 인버터 접속방법은?

① 중앙 집중 방식
② 서브 어레이 방식
③ 개별 스트링 방식
④ 마이크로 인버터 방식

해설 중앙 집중형 인버터 방식은 스트링이 길고 음영의 영향을 많이 받는다.
음영의 영향을 많이 받는 순서
1) 중앙 집중 방식
2) 서브 어레이 방식, 개별 스트링 방식
3) 마이크로 인버터 방식   답 ①

40 순 현재가치를 0으로 만들어 평가하는 경제성 분석 모형은?

① 현재가치법　　② 편익비용비율법
③ 자본회수기간법　　④ 내부수익률법

해설 내부수익률법(IRR)
$$\sum \frac{B_i}{(1+r)^i} - \sum \frac{C_i}{(1+r)^i} = 0$$
NPV 나 B/C 적용 시 할인율이 불분명할 경우 이용   답 ④

3과목 - 태양광발전 시공

41 접지저항 저감 방법 중 화학 저감재 구비조건이 틀린 것은?

① 접지극을 부식시키지 말 것
② 공해가 없을 것
③ 저감 효과가 작을 것
④ 저감 효과의 연속성 및 지속성 있을 것

해설 저감 효과가 클 것　　　　　　　　**답** ③

42 지붕 설치형 태양광발전 방식의 설치에 대한 설명으로 잘못된 것은?

① 태양전지 모듈의 접속은 전선 또는 커넥터 부착 전선 등을 사용한다.
② 건축물을 건축하거나 대수선하는 경우에는 지자체 장이 정하는 바에 따라 구조의 안전을 확인한다.
③ 태양전지는 지붕 중앙부에 놓는 것이 바람직하다.
④ 건축물은 고정하중, 적재하중, 적설하중, 지진 등에 대하여 안전한 구조를 가져야 한다.

해설 지붕설치형
1) 설치장소 : 태양광모듈을 설치하기 전에 시스템의 하중을 견딜 수 있는지 점검, 태양광모듈을 처마 끝이나 용마루에 설치할 경우 풍압력 고려
2) 하중 : 고정하중, 적재하중, 적설하중, 풍압, 지진 등에 대하여 안전한 구조 건축물을 건축하거나 대수선하는 경우에는 대통령령으로 정하는 바에 따라 구조 안전 확인 구조내력의 기준과 구조계산 방법 등에 관하여 필요한 사항은 국토교통부령으로 정함
3) 설치장소 : 지붕 중앙부가 처마 끝과 용마루의 풍력계수보다 낮으므로 태양광모듈은 중앙부에 설치하는 것이 바람직하다.　　　　**답** ②

43 저압배전 선로의 역 조류로 계통이 개방되어 단독운전 상태가 된 경우의 검출방식이 아닌 것은?

① 과전압 계전기　　② 과전류 계전기
③ 부족전압 계전기　④ 주파수 저하 계전기

해설 계통연계 보호장치는 일반적으로 인버터에 내장되어 있는데, 역송전이 있는 저압연계 시스템에서는 과전압계전기(OVR), 저전압계전기(UVR), 과주파수계전기(OFR), 저주파수계전기(UFR)의 설치가 필요하다.
　　　　　　　　　　　　　　　　　　답 ②

44 독립형 전원시스템용 축전지 선정 시 고려사항으로 옳은 것은?

① 자기방전이 클 것
② 과충전이 우수한 것
③ 온도저하 시 입력특성이 우수한 것
④ 충방전 사이클 특성이 우수한 것

해설 축전지가 갖추어야 할 요구조건
• 경제성, 자기방전율이 낮을 것, 수명이 길 것, 방전 전압·전류가 안정적일 것
• 과충전·과방전에 강할 것, 중량 대비 효율이 높을 것, 환경변화에 안정적일 것
• 에너지 저장 밀도가 높을 것, 유지보수가 용이할 것
　　　　　　　　　　　　　　　　　　답 ④

45 설계 감리원의 수행 업무범위에 포함되지 않는 것은?

① 설계감리 용역을 발주
② 시공성 및 유지관리의 용이성 검토
③ 주요 설계용역 업무에 대한 기술자문
④ 설계업무의 공정 및 기성관리의 검토 확인

해설 설계 감리원의 수행 업무범위
1) 주요 설계용역 업무에 대한 기술자문
2) 사업기획 및 타당성 조사 등 전 단계 용역 수행 내용의 검토
3) 시공성 및 유지관리의 용이성 검토
4) 설계도서의 누락, 오류, 불명확한 부분에 대한 추가 및 정정 지시 및 확인
5) 설계업무의 공정 및 기성관리의 검토·확인
6) 설계감리 결과보고서의 작성　　　　**답** ①

46 축방향력 35[t], 기초하중이 5[t] 허용 지내력 $f_e = 5[t/m^2]$일 때 가장 경제적인 독립기초의 정 방향 길이는 약 몇 [m]인가?

① 1.14　　　　　　② 1.26
③ 2.82　　　　　　④ 3.15

해설 $L = \sqrt{\dfrac{축방향력 + 기초하중}{허용 지내력}} = \sqrt{\dfrac{35+5}{5}} = 2.82[m]$

답 ③

47 수상형 태양광 지지대에 사용되는 재질이 아닌 것은?

① STS
② 전기산화피막 처리된 알루미늄
③ UV방지 처리된 FRP
④ 충진재

해설 지지대는 STS, 전기 산화피막 처리된 알루미늄 합금 또는 UV 방지 처리된 FRP 등 내식성이 높은 재질(해수의 경우 STS 제외)로 제작 · 설치하여야 하며 각종 하중 및 기타 진동과 충격에 대하여 안전한 구조이어야 한다.

답 ④

48 제자리위치 고정형 앵커의 종류에서 내용이 잘못 된 것은?

① 헤드 볼트 : 다수의 철근이 배근되어 후 설치가 용이하지 않은 부재에 주로 사용된다.
② 헤드스터드 : 강판을 콘크리트 면과 일치되도록 설치하기 위함이며 볼트 단부가 원판 형태이다
③ 갈고리볼트(L형) : 볼트의 단부에 45° 기계적인 맞물림 효과에 의해 성능 발휘
④ 갈고리볼트(J형) : 볼트의 단부에 180° 기계적인 맞물림 효과에 의해 성능을 발휘한다.

해설 갈고리볼트(L형) : 볼트의 단부에 90° 기계적인 맞물림 효과에 의해 성능 발휘

답 ③

49 피뢰설비 수뢰부시스템의 구성요소가 아닌 것은?

① 서지보호기   ② 수평도체
③ 메시형   ④ 돌침

해설 수뢰부시스템의 구성요소는 돌침, 수평도체, 메시형 도체가 있다.

답 ①

50 3상4선식 배전선로에서 배전전압을 2배로 승압하여 동일한 부하에 전력을 공급할 때, 전력손실은 승압보다 어떻게 되는가?

① $\dfrac{1}{4}$로 줄어든다.   ② $\dfrac{1}{2}$로 줄어든다.
③ 2배로 된다.   ④ 불변이다.

해설 전력손실 $P_l = \dfrac{P^2 R}{V^2 \cos^2\theta} \propto \dfrac{1}{V^2}$ 이므로

∴ $P_l = \left(\dfrac{1}{2}\right)^2 = \dfrac{1}{4}$ 배

답 ①

51 건설 생산 체계 중 건설 생산 추진 순서이다. 생산 추진에 대한 순서로 옳은 것은?

> 프로젝트의 착상 및 타당성 분석 → (ⓐ) → 구매, 조달 → (ⓑ) → 시운전 및 완공 → 인도

① ⓐ 설계   ⓑ 시공
② ⓐ 현장조사   ⓑ 시공
③ ⓐ 입찰   ⓑ 설계
④ ⓐ 현장조사   ⓑ 설계

해설 프로젝트의 착상 및 타당성 분석 → 설계 → 구매, 조달 → 시공 → 시운전 및 완공 → 인도

답 ①

52 부하전류의 차단능력이 없는 것은?

① NFB   ② DS
③ OCB   ④ VCB

해설 단로기는 소호 및 아크 소멸능력이 없으므로 고장전류 뿐만 아니라 부하전류도 차단할 수 없다.

답 ②

53 태양전지 모듈인증 시험절차가 아닌 것은?

① 육안검사
② 온도계수 측정
③ 습도 – 결빙시험
④ I–V 특성시험

해설 • I–V 특성시험은 전류–전압 특성시험이다.

답 ④

54 변압기 본체 외관검사 항목이 아닌 것은?

① 부싱 등 외함의 손상 또는 균열, 외부도색의 상태 확인
② 유량계, 온도계, 압력계 등의 정상여부 및 누유 여부 확인
③ 변압기 내부고장 보호방식의 적정 여부 확인
④ 절연저항 등 설치상태의 적정 여부 확인

해설 변압기 본체 외관검사
1) 부싱 등 외함의 손상 또는 균열, 외부도색의 상태 확인
2) 유량계, 온도계, 압력계 등의 정상여부 및 누유 여부 확인
3) 변압기 내부고장 보호방식의 적정 여부 확인
4) 설치가대, 볼트 조임 등 설치상태의 적정 여부 확인
5) 공사계획신고서와 일치 여부 확인　답 ④

55 태양광발전시스템에 일반적으로 적용하는 CV 케이블의 장점으로 틀린 것은?

① 내열성이 우수하다.
② 내수성이 우수하다.
③ 내후성이 우수하다.
④ 도체의 최고허용온도는 연속사용의 경우 90[℃], 단락 시에는 230[℃]이다.

해설 CV 케이블의 가교 폴리에틸렌 절연체는 내후성이 떨어지므로 비닐시스를 벗겨내고 절연체 그대로 사용하면 몇 년 안에 절연체에 균열이 생기는 절연불량을 일으킨다.　답 ③

56 태양광발전설비 설치를 위한 현장실사 시 고려할 사항이 아닌 것은?

① 모듈유형, 시스템 개념 및 설치방법에 관한 고객의 희망사항
② 원하는 태양광 전력 및 발전량
③ 지형의 조건
④ 축전지 용량

해설 축전지 용량
완전 충전 상태에 있는 축전지를 어떤 일정한 전류로 방전 완료 전압까지 방전시켰을 때, 그동안 축전지로부터 얻을 수 있는 총 전기량 또는 전력량　답 ④

57 전력시설물 공사감리업무 수행지침에 따라 감리원은 공사가 시작된 경우에 공사업자로부터 착공신고서를 제출받아 적정성 여부를 검토 후 며칠 이내에 발주자에게 보고하여야 하는가?

① 5　　　　　② 7
③ 10　　　　　④ 14

해설 전력시설물 공사감리업무 수행지침에 따라 감리원은 공사가 시작된 경우에 공사업자로부터 착공신고서를 제출받아 적정성 여부를 검토 후 7일 이내에 발주자에게 보고하여야 한다.　답 ②

58 금속제 케이블트레이의 종류중 길이 방향의 양 옆면 레일을 각각의 가로방향 부재로 연결한 조립 금속구조인 것은?

① 통풍 채널형　　② 사다리 형
③ 바닥 밀폐형　　④ 바닥 통풍형

해설 사다리형 케이블 트레이
: 길이 방향의 양 옆면 레일을 각각의 가로방향 부재로 연결한 조립 금속구조　답 ②

59 KS C IEC 60364의 저압계통의 접지방식이 아닌 것은?

① IT방식　　　　② TT 방식
③ TT-C 방식　　④ TN-C 방식

해설 IEC 60364 저압계통 접지방식 종류
TN-C, TN-S, TN-CS, TT, IT　답 ③

60 특고압 계통에서 분산형 전원의 연계로 인한 개통 투입, 탈락 및 출력 변동 빈도가 1시간에 2회 초과 10회 이하이면 순시전압변동률은 몇 [%]를 초과하지 않아야 하는가?

① 2　　　　　② 3
③ 4　　　　　④ 5

해설 특고압 계통의 경우, 분산형전원의 연계로 인한 순시전압변동률은 발전원의 계통 투입·탈락 및 출력 변동 빈도에 따라 다음 에서 정하는 허용 기준을 초과하지 않는지 확인한다.

• 순시 전압 변동률 허용기준

변동빈도	순시전압변동률
1시간에 2회 초과 10회 이하	3[%]
1일 4회 초과 1시간에 2회 이하	4[%]
1일에 4회 이하	5[%]

답 ②

4과목 - 태양광발전 운영

61 공급인증서 발급 절차가 올바른 것은?

① 발전량 확인 → 공급인증서 발급 신청
→ 공급인증서 거래 → 공급인증서 발급

② 발전량 확인 → 공급인증서 발급 신청
→ 공급인증서 발급 → 공급인증서 거래

③ 발전량 확인 → 공급인증서 발급 신청
→ 공급인증서 계약 → 공급인증서 거래

④ 발전량 확인 → 공급인증서 발급 신청
→ 공급인증서 거래 → 공급인증서 계약

해설 공급인증서 발급 절차
발전량게시 → 공급인증서 발급 신청(발전량확인)
→ 공급인증서 발급 수수료 납부 → 공급인증서 발급
→ 공급인증서 거래
답 ②

62 연면적 1,500[m²]의 공공도서관을 신축하기 위해 2024년 7월에 건축허가를 신청하였다. 이 건물의 예상 에너지사용량에 대한 신·재생에너지의 공급 의무 비율은 몇 [%] 이상이어야 하는가?

① 10 ② 11
③ 30 ④ 34

해설 신재생에너지의 공급의무 비율

해당 연도	2020~2021	2022~2023	2024~2025	2026~2027	2028~2029	2030 이후
공급의무 비율[%]	30	32	34	36	38	40

답 ④

63 발전사업자가 신재생에너지 발전설비 소규모 사업자 등으로부터 구매하는 공급인증서는?

① FIT ② RPS
③ REC ④ EPS

해설 • FIT(Feed in Tariff) – 발전 차액 지원 제도
• RPS(Renewable Portfolio Standard)
– 신재생에너지 공급의무화 제도
• REC(Renewable Energy Certificate)
– 신재생에너지 공급인증서
답 ③

64 인버터의 고장유형 중 고조파 분석을 위한 점검방법은?

① 접지저항 측정
② 전력망분석
③ $I-V$ 곡선
④ 과/저전압측정

해설 PV 설비점검 체크리스트

고장유형	육안 검사	다기능 측정 (멀티 테스터)	접지 저항 측정	입출력 측정	절연 저항 측정	과/저 전압 측정	I-V 곡선	인버터 수치 읽기	AC 회로 시험	전력망 분석
효율			○					○	○	○
제어특성			○		○			○	○	
고조파									∪	∪
선로전압결함								○	○	○

답 ②

65 태양광발전시스템의 운영에 있어 계측기기나 표시장치의 사용목적이 아닌 것은?

① 시스템의 성능 예측
② 시스템의 운전상태 감시
③ 시스템의 발전전력량 파악
④ 시스템의 성능을 평가하기 위한 데이터 수집

해설 계측·표시의 사용목적
1) 시스템의 운전상태 감시를 위한 계측 또는 표시
2) 시스템의 발전전력량을 알기 위한 계측
3) 시스템 기기 및 시스템 종합평가를 위한 계측
4) 시스템의 운전상황을 견학자에게 보여주고, 시스템 홍보를 위한 계측 또는 표시
답 ①

66 송변전설비의 유지관리 시 점검 후의 유의사항으로 옳은 것은?

① 준비철저 및 연락
② 회로도에 의한 검토
③ 무전압 상태확인 및 안전조치
④ 접지선 제거 및 최종확인

> **해설** 1) 송전설비 점검 전 유의사항
>   준비철저, 연락, 회로도에 의한 검토, 무전압 상태확인 및 안전조치
> 2) 송전설비 점검 후 유의사항
>   접지선의 제거, 최종확인 **답** ④

67 인버터 과온(inverter over temperature) 고장 표시가 있을 때, 가장 먼저 조치하는 방법으로 적절한 것은?

① 인버터 누설전류를 확인한다.
② 인버터의 냉각계통의 이상 유무를 확인한다.
③ 송변전설비와 연결되는 배전선의 절연저항을 확인한다.
④ 고조파의 국부과열여부를 확인하기 위해 고조파 함유율을 조사한다.

> **해설** 인버터 과온시 점검 사항은 인버터 및 팬 점검 후 운전
> **답** ②

68 태양광발전시스템의 신뢰성 평가 및 분석 항목에 대한 설명 중 틀린 것은?

① 운전 데이터의 결측 상황
② 계측 트러블 – 컴퓨터 전원의 차단 및 조작오류
③ 정기점검, 개수정전, 계통정전 등의 수시정지 상황
④ 시스템 트러블 – 인버터의 정지, 직류지락, 계통지락 등에 의한 시스템의 운전정지

> **해설** 태양광발전시스템 신뢰성 평가 및 분석 항목
> 1) 시스템 트러블 사례
> 2) 운전 데이터의 결측 상황
> 3) 계측 트러블 사례 **답** ③

69 태양광발전용 접속함의 환경시험 중 충격시험에서의 시험조건으로 틀린 것은?

① 정현반파
② 가속도 : $500[m/s^2]$
③ 공칭 펄스 : 11[ms]
④ 상하 방향각 5회

> **해설** 접속반 충격시험 시험조건
>
> | 시험항목 | 시험조건 | 판정기준 |
> |---|---|---|
> | 충격시험 | 1) 정현파
2) 가속도 500[m/s²]
3) 공칭펄스 11[ms]
4) 상하 방향 각 3회 | 성능 시험의 각 항에 이상이 없을 것 |
>
> **답** ④

70 발전사업 허가 제출서류 중 발전용량 3,000 [kW] 이하 시 제출하지 않아도 되는 서류는?

① 전기사업 허가신청서
② 발전원가 명세서
③ 신용평가 의견서
④ 송전관계 일람도

> **해설** 3,000[kW] 이하인 경우 필요서류
> 전기사업허가신청서, 전기사업법 시행규칙에 따른 사업계획서, 송전관계 일람도, 발전원가 명세서, 발전설비 운영을 위한 기술인력 확보계획을 기재한 서류
> **답** ③

71 안전공사 및 대행사업자가 대행업무를 수행할 수 있는 경우가 아닌 것은?

① 용량 1,000[kW] 미만의 전기수용설비
② 비상용 예비발전설비의 용량이 1,000[kW] 미만일 경우
③ 용량 300[kW] 미만의 발전설비
④ 태양에너지를 이용하는 발전설비로서 용량 1,000[kW] 미만일 경우

> **해설** 1. 안전공사 및 대행사업자
> 가. 용량 1,000[kW] 미만의 전기수용설비
> 나. 용량 300[kW] 미만의 발전설비. 다만, 비상용 예비발전설비의 경우에는 용량 500[kW] 미만으로 한다.

다. 태양에너지를 이용하는 발전설비로서 용량 1,000[kW] 미만인 것
2. 개인대행자
  가. 용량 500[kW] 미만의 전기수용설비
  나. 용량 150[kW] 미만의 발전설비. 다만, 비상용 예비발전설비의 경우에는 용량 300[kW] 미만으로 한다.
  다. 용량 250[kW] 미만의 태양광발전설비 **답** ②

72 태양광발전시스템의 점검에서 유지보수 점검 종류가 아닌 것은?

① 일시점검 ② 일상점검
③ 정기점검 ④ 임시점검

해설 유지보수 관점에서 나타내는 태양광 발전시스템의 점검 분류에는 일상점검, 정기점검 임시점검이 있다.
일시점검은 일상순시점검과 정기점검의 문제점을 상세하게 점검 **답** ①

73 2종 정전기 안전화의 대전방지성능(저항)은?

① 0.1[MΩ] < R < 10[MΩ]
② 0.1[MΩ] < R < 30[MΩ]
③ 0.1[MΩ] < R < 50[MΩ]
④ 0.1[MΩ] < R < 100[MΩ]

해설 정전기안전화의 성능기준(제6조 관련)

구분	사용 작업장	대전방지성능 (저항)
1종	착화에너지가 0.1[mJ] 이상의 가연성물질 또는 가스(메탄, 프로판 등)를 취급하는 작업장	0.1[MΩ]<R<100[MΩ]
2종	착화에너지가 0.1[mJ] 미만의 가연성물질 또는 가스(수소, 아세틸렌 등)를 취급하는 작업장	0.1[MΩ]<R<10[MΩ]

답 ①

74 감전에 의한 위험을 방지하기 위한 안전모인 AE, ABE는 몇 [V] 이하의 전압에 견딜 수 있는가?

① 700 ② 1,000
③ 5,000 ④ 7,000

해설 안전모의 종류는 다음과 같습니다.
• AB : 물체의 낙하 또는 비래 및 추락에 의한 위험을 방지 또는 경감시키기 위한 것
• AE : 물체의 낙하 또는 비래에 의한 위험을 방지 또는 경감하고, 머리부위 감전에 의한 위험을 방지하기 위한 것(내전압성)
• ABE : 물체의 낙하 또는 비래 및 추락에 의한 위험을 방지 또는 경감하고, 머리부위 감전에 의한 위험을 방지하기 위한 것(내전압성)
* 내전압성이란 7,000[V] 이하의 전압에 견디는 것을 말한다. **답** ④

75 결정질 실리콘 태양광발전 모듈의 외관검사에 대한 설명으로 틀린 것은?

① 500[lx] 이상의 광 조사 상태에서 검사를 진행한다.
② 모듈외관은 크랙, 구부러짐, 갈라짐 등이 없어야 한다.
③ 태양전지는 깨짐, 크랙이 없어야 한다.
④ 태양전지와 태양전지, 태양전지와 프레임의 접촉이 없어야 한다.

해설 외관검사
1000[Lux] 이상의 광 조사상태에서 모듈외관, 태양전지 셀 등에 크랙, 구부러짐, 갈라짐 등이 없는지를 확인하고, 셀간 접속 및 다른 접속부분에 결함이 없는지, 셀과 셀, 셀과 프레임상의 터치가 없는지, 접착에 결함이 없는지, 셀과 모듈 끝부분을 연결하는 기포 또는 박리가 없는지 등을 검사 **답** ①

76 인버터에 누전이 발생했을 경우 인버터에 표시되는 내용으로 옳은 것은?

① inverter M/C fault
② inverter ground fault
③ line inverter async fault
④ serial communication fault

해설 인버터의 이상표시 신호 조치방법
• Line Inverter Async Fault : 계통 주파수 점검 후 운전
• Inverter Ground Fault : 인버터 고장부분 수리 또는 접지저항 확인
• Line Sequence Phase Fault : 상회전 확인 후 재운전
• Line Over-voltage Fault : 계통전압 확인 후 5분 재가동 **답** ②

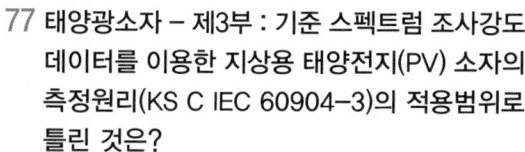

77 태양광소자 – 제3부 : 기준 스펙트럼 조사강도 데이터를 이용한 지상용 태양전지(PV) 소자의 측정원리(KS C IEC 60904-3)의 적용범위로 틀린 것은?

① 모듈
② 시스템
③ 태양전지의 하부조직
④ 보호 덮개가 없는 태양전지는 제외

해설 태양전지 소자 – 제3부 : 기준 스펙트럼 조사강도 데이터를 이용한 지상용
태양전지(PV) 소자의 측정원리(KS C IEC 60904-3)는 다음과 같은 지상 응용 목적의 태양전지 소자에 적용된다.
1) 보호 덮개가 있거나 없는 태양전지
2) 태양전지의 하부 조직
3) 모듈
4) 시스템 **답** ④

78 태양광 발전시스템 정전 시 조작방법이 틀린 것은?

① VCB반 및 계전기를 확인하여 정전여부 확인
② 태양광 인버터 상태확인
③ 한전 전원복구 확인
④ 접속반, 인버터 DC 전압 확인

해설 접속반, 인버터 DC 전압 확인은 발전시스템 운전 시 조작방법에 해당 **답** ④

79 태양광발전설비 구성요소 성능평가에서 모듈 성능평가 항목이 아닌 것은?

① 최대전류   ② 평균출력
③ 종합 왜형률   ④ 모듈 효율

해설 PCS성능평가
① 변환 효율
② 종합 왜형률
③ 역률
④ 최대출력 추종 **답** ③

80 중대형 태양광 발전용 인버터의 시험 중 정상 특성시험 항목이 아닌 것은?

① 효율시험
② 내전압시험
③ 측정오차 정확도 시험
④ 온도상승시험

해설 중대형 태양광 발전용 인버터의 시험 중 정상특성시험은 독립형시험, 계통연계형시험으로 구분되며 공통으로 효율시험, 측정오차 정확도 시험, 온도상승시험이 있으며 내전압시험은 절연성능시험이다. **답** ②

1과목 - 태양광발전 기획

01 음영의 영향을 가장 많이 받는 인버터 접속방법은?

① 중앙 집중 방식

② 서브 어레이 방식

③ 개별 스트링 방식

④ 마이크로 인버터 방식

해설 1) 중앙 집중형 인버터 방식은 스트링이 길고 음영의 영향을 많이 받는다.

2) 음영의 영향을 많이 받는 순서

① 중앙 집중 방식

② 서브 어레이 방식, 개별 스트링 방식

③ 마이크로 인버터 방식 **답** ①

02 다음과 같은 조건일 때 어레이와 어레이 간의 최소 이격거리[m]은 약 얼마인가? (단, 경사고정식으로 정남향임)

- L : 모듈 어레이 길이 4[m]
- θ : 모듈 어레이 경사각 30°
- lat : 설치지역의 위도 35.5°

① 5[m] ② 7[m]

③ 9[m] ④ 10[m]

해설 태양전지모듈 이격거리 계산

$$D = L \times (\cos\theta + \sin\theta \times \tan(\text{lat}(\text{위도}) + 23.5°)$$
$$= 4 \times (\cos 30 + \sin 30 \times \tan(35.5° + 23.5°))$$
$$= 6.784 \fallingdotseq 7[m]$$ **답** ②

03 태양전지 어레이 추적방식에 따른 분류에서 센서를 이용하여 적확한 태양궤도를 추적하는 추적법은?

① 프로그램 추적법 ② 감지식 추적법

③ 혼합식 추적법 ④ 양축 추적식법

해설 추적식

(1) 추적 방향에 따른 분류

① 단축 추적식(single axis tracking) : 방위각 변화, 경사각 변화

② 양축 추적식(double axis tracking) : 방위각과 경사각 모두 변화

(2) 추적방식에 따른 분류

① 감지식 추적법(sensor tracking) : 센서를 이용, 정확한 태양 궤도 추적

② 프로그램 추적법(program tracking) : 프로그램에 따른 태양의 위치 추적

③ 혼합식 추적법(mixed tracking) : 감지식+프로그램 추적법, 이상적인 추적방식 **답** ②

04 태양전지의 직류출력을 DC-DC 컨버터로 승압하고 인버터로 상용주파의 교류로 변환하는 방식은?

① PAM 방식

② 고주파 변압기의 절연방식

③ 트랜스리스 방식

④ 상용주파 변압기 절연방식

해설 • **고주파 변압기 절연방식** : 태양전지의 직류출력을 고주파 교류로 변환한 후, 소형 고주파 변압기로 절연한다. 그다음 일단 직류로 변환하고 다시 상용주파수 교류로 변환한다.

• **상용주파 변압기 절연방식** : 태양전지의 직류출력을 상용주파의 교류로 변환한 후 변압기로 절연한다. **답** ③

05 능동적 방식에서 인버터의 출력과 병렬로 임피던스를 순시 적 또한 주기적으로 삽입하고, 전압 또는 전류의 급변을 검출하는 방식은?

① 주파수 시프트방식

② 유효전력 변동방식

③ 무효전력 변동방식

④ 부하 변동 방식

해설 능동적 방식(검출시한 0.5~1초)

• 주파수 시프트방식 : 인버터의 내부발진기에 주파수 바이패스를 부여하고, 단독 운전 시에 나타나는 주파

수 변동을 검출한다.

- 유효전력 변동방식 : 인버터의 출력에 주기적인 유효 전력 변동을 부여하고, 단독 운전 시에 나타나는 전 압, 주파수 변동을 검출한다.
- 무효전력 변동방식 : 인버터의 출력에 주기적인 무효 전력 변동을 부여하고, 단독 운전 시에 나타나는 주파 수 변동 등을 검출한다. **답** ④

06 피뢰기가 구비해야 할 조건으로 잘못 설명된 것은?

① 속류의 차단능력이 충분할 것
② 상용주파 방전 개시 전압이 높을 것
③ 충격 방전 개시 전압이 낮을 것
④ 방전내량이 작으면서 제한전압이 높을 것

해설 피뢰기의 구비조건
1) 상용주파 방전 개시 전압이 높을 것
2) 충격 방전 개시 전압이 낮을 것
3) 제한 전압이 낮을 것
4) 속류 차단 능력이 클 것 **답** ④

07 투명유리 위에 코팅된 투명전극과 그 위에 접 착되어 있는 나노입자로 구성된 태양전지는?

① 단결정 실리콘 태양전지
② 박막 태양전지
③ 염료감응형 태양전지
④ CIGS계 태양전지

해설 염료감응형 태양전지는 색소가 붙은 산화티탄 등의 나 노 입자를 한쪽의 전극에 칠하고 또 다른 쪽 전극과의 사이에 전해액을 끼워 넣은 구조로 되어 있다.
태양광을 흡수한 색소에서 전자가 발생하여 산화티탄 을 사이에 끼워 전류가 흐르게 한다. 색소에 의해 빛 에 너지를 이용하는 점에서는 식물의 광합성과 비슷하다. **답** ③

08 태양광발전시스템의 손실 인자가 아닌 것은?

① 효율
② 셀 온도
③ 음영
④ 모듈의 오염

해설 태양광발전에 영향을 주는 손실 인자는 모듈의 오염, 음영, 셀 온도(모듈의 온도)가 있다. **답** ①

09 태양광 발전용 축전지의 방전심도에 대한 설명 으로 틀린 것은?

① 방전심도를 낮게 설정하면, 전지수명이 증 가한다.
② 방전심도를 낮게 설정하면, 잔존용량이 감 소한다.
③ 방전심도를 깊게 설정하면, 전지 이용률이 증가한다.
④ 방전심도를 깊게 설정하면, 전지 수명이 단 축된다.

해설 방전심도를 낮게 설정하면 전지수명은 길어지지만, 전 지 이용률은 낮아져서 설치 용량이 높아져 비용이 증가 한다. 또는 방전심도를 깊게 하면 전지의 이용률이 증 가하고 전지의 수명이 단축된다. **답** ②

10 태양광발전사업을 기획함에 있어 설치조건의 조사에서 타당하지 못한 것은?

① 기존건물의 옥상이나 개인주택의 평지붕위 에 설치하는 기초 및 어레이는 자중에 가해 지는 풍압, 적설의 최대하중에도 건물의 강 도가 충분한가를 검토하여야 한다.
② 설치장소에 이르는 도로 폭이나 포장의 내 하중, 가공배전선이나 전화선의 유무, 높이 등을 조사하여 재료반입에 대비해야 한다.
③ 그늘의 영향이 최소화 되도록 기획되어야 한 다.
④ 어레이의 방위각과 경사각은 동향으로 설치 할 수 있는 장소를 선택한다.

해설 어레이의 방위각과 경사각은 남향으로 설치할 수 있는 장소를 선택한다. **답** ④

11 화합물 반도체 태양전지에서 Ⅱ-Ⅳ 족에 해당 하는 태양 전지는?

① InGaAs
② InP
③ GaAs
④ CdTe

해설 화합물 반도체 태양전지
1) Ⅱ-Ⅳ족 : CdTe, CIS 등
2) Ⅲ-Ⅴ족 : GaAs, InP, InGaAs 등
3) 기타 : Quantum Dot Cell, Dye Cell 등 **답** ④

12 태양전지 모듈의 온도계수에 대한 사항이다. 표현이 잘못된 것은?

① 시험조건의 표준온도는 $100[℃]$이다.
② 출력과 전압의 온도계수는 부(−)특성을 갖는다.
③ 전류의 온도계수는 정(+)특성을 갖는다.
④ 온도계수는 $[\%/℃]$ 또는 $[W/℃]$, $[V/℃]$로 주어진다.

해설 시험조건의 표준온도는 $25[℃]$이다.　　　**답** ①

13 신·재생에너지 연료의 기준 및 범위에 해당되지 않는 것은?

① 중질잔사유를 가스화한 공정에서 얻어지는 합성가스
② 생물유기체를 변환시킨 바이오가스, 바이오에탄올, 바이오액화유 및 합성가스
③ 동물·식물의 유지(油脂)를 변환시킨 바이오 디젤
④ 생물유기체를 변환시킨 펠릿 및 목탄 등의 기체연료

해설 생물유기체를 변환시킨 펠릿 및 목탄 등이 고체연료　　**답** ④

14 신·재생에너지 정책심의회의 심의사항이 아닌 것은?

① 신·재생에너지 기본계획의 수립 및 변경에 관한 사항
② 신·재생에너지의 기술개발 및 이용·보급에 관한 사항
③ 산업통상자원부장관이 필요하다고 인정하는 사항
④ 송배전 등 전기의 기준가격 및 변경에 관한 사항

해설 신·재생에너지 정책심의회의 심의사항
　1) 신·재생에너지 기본계획의 수립 및 변경에 관한 사항

2) 신·재생에너지의 기술개발 및 이용·보급에 관한 중요 사항
3) 신·재생에너지 발전에 의하여 공급되는 전기의 기준 가격 및 그 변경에 관한 사항
4) 그 밖에 산업통상자원부장관이 필요하다고 인정하는 사항　　**답** ④

15 신·재생에너지발전사업자가 도서지역에서 생산한 전력을 전력시장에서 거래하지 않아도 되는 발전설비 용량은?

① $1000[kW]$ 이하
② $2000[kW]$ 이하
③ $3000[kW]$ 이하
④ $4000[kW]$ 이하

해설 한국전력거래소가 운영하는 전력계통에 연결되어 있지 아니한 도서지역에서 전력을 거래할 수 있는 발전설비 용량은 1,000$[kW]$이다.　　**답** ①

16 수평면 전일사량 / 대기권 밖 일사량으로 대기권 밖 일사량 수치에 비해 각 지역별 도달하는 일사량 수치가 얼마나 되는지 비율로 나타낸 것으로 대기에 의해 지표에 도달하는 일사량이 얼마나 감소되었는지를 나타내는 것은?

① 직달 일사량　　　② 일사량
③ 일사율　　　　　④ 일조량

해설 1) 일사량 : 태양으로부터 오는 태양 복사 에너지가 지표면에 닿는 양을 말함. 일사량은 태양광선에 직각으로 놓은 1제곱센티미터$[cm^2]$ 넓이에 1분 동안 복사되는 에너지의 양을 측정함으로써 알 수 있다.
2) 직달 일사량(Direct solar radiation) : 대기중의 수증기나 작은 먼지에 흡수 산란되지 않고, 태양으로부터 직접 수평면으로 도달하는 일사량이다.
3) 일사율 : 수평면 전일사량 / 대기권 밖 일사량으로 대기권 밖 일사량 수치에 비해 각 지역별 도달하는 일사량 수치가 얼마나 되는지 비율로 나타낸 것으로 대기에 의해 지표에 도달하는 일사량이 얼마나 감소되었는지를 나타낸다.
4) 일조량(Irradiation) : 규정된 일정 기간에 걸쳐 일조 강도(또는 조사 강도)를 적산한 것, 즉 일정 기간에 걸쳐 지표면에 도달하는 태양의 복사에너지의 양을 의미한다.　　**답** ③

17 태양광발전소 부지 선정 시 고려 사항이 아닌 것은?

① 주위 음영 및 어레이 설치 방향 고려
② 발전부지의 경사면은 고려하지 않음
③ 태풍 피해를 최소화할 수 있는 부지 우선 고려
④ 구조물 설치 시 유지보수 편리성 고려

해설 발전부지의 경사면이 급하면 토목비용이 많이 발생한다. 답 ②

18 자연생태환경에서 입지의 신중한 검토가 필요한 지역에 대한 설명 중 ( )에 적합한 것은?

> '신중한 검토 필요 지역'은 생태 자연도 2등급 지역, 생태축 단절 우려 지역, 식생 보전 3~4등급의 산림을 침투하는 지역, 법정보호지역의 경계로부터 반경 ( )[km] 이내 지역 중 환경적으로 민감한 곳 등이다.

① 1   ② 2
③ 3   ④ 5

해설 지침을 보면 사업자가 태양광발전 개발 입지를 선정할 때 '회피 지역'과 '신중한 검토 필요 지역'을 안내한다. '회피 지역'은 백두대간, 법정보호지역, 보호 생물종 서식지, 생태 자연도 1등급 지역 등 생태적으로 민감하거나 경사도가 15도 이상인 곳이다. '신중한 검토 필요 지역'은 생태 자연도 2등급 지역, 생태축 단절 우려 지역, 식생 보전 3~4등급의 산림을 침투하는 지역, 법정보호지역의 경계로부터 반경 1[km] 이내 지역 중 환경적으로 민감한 곳 등이다. 답 ①

19 순 현재가치를 0으로 만들어 평가하는 경제성 분석 모형은?

① 현재가치법   ② 편익비용비율법
③ 자본회수기간법   ④ 내부수익률법

해설 내부수익률법(IRR)

$$\sum \frac{B_i}{(1+r)^i} - \sum \frac{C_i}{(1+r)^i} = 0$$

NPV 나 B/C 적용시 할인율이 불분명할 경우 이용 답 ④

20 BIPV(Building Integrated Photovoltaic) 투명창으로 적용 가능한 비정질 실리콘 기반 투명 태양전지의 특징이 아닌 것은?

① 투명기판, 투명 전면전극, 비정질 실리콘 흡수층, 후면전극으로 구성된다.
② 개방형 태양전지는 투명전극 재료로 ITO, ZnO, SnO_2 등이 사용된다.
③ 투과형 태양전지는 후면에 투명유리를 적용하여 빛을 투과시킨다.
④ a–Si : H 흡수층은 1.7~1.8 eV의 높은 밴드갭을 가지므로 얇은 두께에서도 빛 흡수가 가능하다.

해설 TCO(전도성산화물) 전면 접촉은 SnO_2, ITO, ZnO가 사용되고 하부 TCO층은 후면 접촉과 함께 반사판 기능을 수행한다. 답 ③

> **2과목 - 태양광발전 설계**

21 태양광 지반조사도서 지표를 드릴로 구멍을 뚫고 각 지층을 구성하는 토질 성분(모래, 자갈, 점토, 석고 등)을 조사하는 검사는?

① 보링(Boring) 조사
② 직접 전단 시험
③ 일축압축 시험
④ 압밀 시험

해설 태양광 지반조사도서
  1) 보링(Boring) 조사
     지표를 드릴로 구멍을 뚫고 각 지층을 구성하는 토질 성분(모래, 자갈, 점토, 석고 등)을 조사하는 검사
  2) 직접 전단 시험
  3) 일축압축 시험
  4) 압밀 시험
  5) 팽창시험 등 답 ①

22 태양광 설치 방법 중 발전효율이 가장 낮은 것은?

① 추적식 어레이
② 고정식 어레이
③ 건물통합형(BIPV)
④ 경사가변형 어레이

해설 발전효율의 크기
추적식어레이 > 경사가변형 어레이 > 고정식어레이 > 건물통합형(BIPV)　　**답 ③**

23 사용전압이 고압인 전로에만 사용되는 케이블은?

① 알루미늄피 케이블
② 비닐외장 케이블
③ 클로로프렌 외장 케이블
④ 콤바인 덕트 케이블

해설 고압 및 특고압케이블(KEC 122.5)
① 비닐외장케이블(저압케이블 사용)
② 클로로프렌 외장 케이블(저압케이블 사용)
③ 폴리에틸렌외장케이블(저압케이블 사용)
④ 콤바인 덕트 케이블　　**답 ④**

24 전선의 색상 중 틀린 것은?

① L1 : 갈색
② L2 : 검은색
③ L3 : 흰색
④ N : 파란색

해설 KEC 121.2 (전선의 식별)

상(문자)	L1	L2	L3	N	보호도체
색상	갈색	검은색	회색	파란색	녹색-노란색

답 ③

25 태양광발전시스템 어레이 기초시설 중 내력벽 또는 조적벽을 지지하는 기초로 벽체 양옆에 캔틸레버 작용으로 하중을 분산시키는 기초는?

① 독립기초
② 연속기초
③ 온통기초
④ 파일기초

해설 연속기초는 기초를 선형으로 이어서 집중하중을 분산시키는 효과를 준다.　　**답 ②**

26 수용가설비의 전압강하에서 고압이상으로 수전하는 경우 조명은 몇 [%] 이하이어야 하는가?

① 3
② 6
③ 8
④ 10

해설 KEC　232.3.9 (수용가 설비에서의 전압강하)

설비의 유형	조명(%)	기타(%)
A –저압으로 수전하는 경우	3	5
B –고압 이상으로 수전하는 경우	6	8

답 ②

27 표준 시험조건(STC) 기준으로 틀린 것은?

① 수광 조건은 대기 질량정수(AM : Air Mass) 1.5의 지역을 기준으로 한다.
② 빛의 일조 강도는 1000[W/m^2]를 기준으로 한다.
③ 모든 시험의 풍속조건은 10[m/s]로 한다.
④ 모든 시험의 기준온도는 25[℃]로 한다.

해설

STC 시험조건		NOCT 시험조건	
일사량	1,000[W/m^2]	일사량	800[W/m^2]
셀온도	25	외기온도	20[℃]
AM	1.5	풍속	1[m/s]
		모듈 뒷면 개방	

답 ③

28 전기설비의 개폐기 중 변압기 내부의 이상전류로부터 변압기를 보호하기 위해 변압기 1차 측에 설치하는 것은?

① 부하 개폐기
② 컷 아웃 스위치
③ 자동 구간 개폐기
④ 자동부하 전환 개폐기

해설 일반적으로 전력퓨즈(Power Fuse)와 컷아웃스위치(COS)를 통칭하여 고압퓨즈라 한다. 고압퓨즈는 고압 회로의 과전류보호를 목적으로 설치되며, 퓨즈의 일부를 구성하는 가용체에 과전류가 흐를 때 그 자신의 발생열로 용단하여 회로를 차단하는 것이다.　　**답 ②**

29 구조물 이격거리 산정 시 고려사항이 아닌 것은?

① 상부구조물의 하중
② 가대의 경사도와 높이
③ 설치될 장소의 경사도
④ 동지 시 발전 가능 한계 시간에서 태양의 고도

해설 상부구조물의 하중은 기초와 가대 설계에 대한 고려사항이다. 답 ①

30 220[V]용 전동기의 절연내력 시험 시 시험전압은 몇 [V]로 하여야 하는가?

① 300   ② 330
③ 450   ④ 500

해설 3) 회전기의 절연내력

종 류		시험전압(최대 사용전압의 배수)	최저 시험전압	시험방법
회전기	발전기·전동기·조상기·기타 회전기(회전변류기를 제외한다.) 최대 사용전압 7[kV] 이하	1.5배	500[V]	권선과 대지 사이에 연속하여 10분간 가한다.
	최대 사용전압 7[kV] 초과	1.25배	10.5[kV]	
	회전 변류기	직류측의 최대 사용전압의 1배의 교류전압	500[V]	

시험전압 $= 220 \times 1.5 = 330[V]$
500[V] 미만으로 되는 경우에는 500[V]이다. 답 ④

31 태양광발전시스템의 인버터와 저압 계통연계 방법으로 옳은 것은?

① 인버터의 직류 측 회로에 접지를 견고히 시설하여 연계한다.
② 인버터와 접속점 사이에 상용주파수 변압기를 시설하여 연계한다.
③ 인버터와 접속점 사이에 단권변압기를 시설하여 연계한다.
④ 인버터의 직류입력 측에 직류 검출기를 직접 시설하고 교류출력을 정지하는 기능을 갖추어 연계한다.

해설 한전측 변압기 주파수에 맞는 상용주파수 변압기를 시설하여 연계한다. 답 ②

32 가공전선로의 지지물의 강도계산에 적용하는 풍압하중은 빙설이 많은 지방이외의 지방에서 저온계절에는 어떤 풍압하중을 적용하는가? (단, 인가가 이웃연결이 되어 있지 않다고 한다.)

① 병종 풍압하중
② 갑종 풍압하중
③ 을종 풍압하중
④ 을종과 병종 풍압하중을 혼용

해설 KEC 331.6 (풍압하중의 종별과 적용)

지역		고온계절	저온계절
빙설이 많은 지방 이외의 지방		갑종	병종
빙설이 많은 지방	일반지역	갑종	을종
	해안지방, 기타 저온계절에 최대풍압이 생기는 지역	갑종	갑종과 을종 중 큰 값 선정
인가가 많이 이웃연결 되어 있는 장소		병종	병종

답 ①

33 태양광 인버터의 전력변환 효율이 다음과 같을 때 유로변환 효율은 몇 [%]인가?

정격전력[%]	전력변환효율[%]
5	76
10	79
20	83
30	87
50	93
100	95

① 90.10   ② 90.15
③ 90.20   ④ 90.25

해설 $\eta_{Euro} = 0.03 \times \eta_{5\%} + 0.06 \times \eta_{10\%} + 0.13 \times \eta_{20\%} + 0.1 \times \eta_{30\%} + 0.48 \times \eta_{50\%} + 0.2 \times \eta_{100\%}$
$= 0.03 \times 76 + 0.06 \times 79 + 0.13 \times 83 + 0.1 \times 87 + 0.48 \times 93 + 0.2 \times 95$
$= 90.15$ 답 ②

34 태양광 어레이 설계 시 태양 고도각을 결정하는 기준이 되는 때는?

① 하지   ② 입춘
③ 춘추분   ④ 동지

해설 태양 고도각은 낮을수록 그림자가 길어져 인접한 모듈에 음영을 발생시킬 수 있으므로 태양고도가 가장 낮은 동지를 기준으로 태양 고도각을 결정한다. **답** ④

35 태양광 발전시스템의 전기설계 계산서에 해당하지 않는 것은?

① 구조 계산서
② 전압강하 계산서
③ 보호계전기 정정치 계산서
④ 모듈 및 어레이 직병렬 계산서

해설 구조계산서는 태양광구조물의 구조적 안정성을 검토하는 계산서이다. **답** ①

36 감리원에 대한 설명으로 잘못된 것은?

① 감리업자와 감리원은 공사 끝난 후에도 발주자의 출석요구가 있을 경우 이에 응하여야 한다.
② 감리원은 공사업자의 의무와 책임을 면제시킬 수 있다.
③ 감리원은 계약조건과 다른 지시나 조치 또는 결정을 하여서는 안 된다.
④ 감리원은 시공에 관련한 중요한 변경 및 예산관련 사항은 발주자에게 보고 후 지시를 받아 업무를 수행한다.

해설 감리원의 근무 수칙
감리원은 공사업자의 의무와 책임을 면제시킬 수 없으며, 임의로 설계를 변경하거나, 기일연장 등 공사계약조건과 다른 지시나 조치 또는 결정을 하여서는 안 된다. **답** ②

37 태양전지 어레이의 이격거리 산출 시 적용하는 설계요소가 아닌 것은?

① 구조물 형상
② 남북향간 길이
③ 강재의 강도 및 판의 두께
④ 태양광발전 위치에 대한 위도

해설 태양광 어레이의 이격은
1) 구조물과 태양전지모듈의 형상(태양광 어레이의 경사각)과 크기(모듈의 길이)의 영향을 받는다.
2) 설치 지역의 위도에 따라 태양고도가 변화되므로 이에 영향을 받는다.
3) 남북향간의 길이가 길어지면 설치길이가 늘어날 수 있으며, 짧을 경우 더 많은 모듈을 설치하기 위해 간격이 줄어들 수 있다.

$$D = L(\cos\beta + \sin\beta \times \tan(\gamma + 23.5°))$$

L : 모듈의 길이, γ : 위도, β : 경사각 **답** ③

38 어레이 설계 시 어레이 구조 결정의 기술적 측면에서의 고려 사항으로 맞지 않는 것은?

① 구조 안정성
② 조화로움 및 경제성
③ 풍속, 풍압, 지진 고려
④ 건축물과의 결합(기초)방법 결정

해설 어레이 구조 결정의 기술적 측면
1) 구조 안정성
2) 상정하중 고려
3) 건축물과의 결합(기초)방법 결정 **답** ②

39 모듈의 직렬수 계산 방법이 아닌 것은?

① PCS의 용량 및 모듈의 직렬 수와 모듈 1매분의 최대출력으로 산출한다.
② 모듈의 개방전압 온도계수를 고려한다.
③ 모듈 표면온도가 최저인 상태에서의 모듈 개방전압(V_{oc})×직렬 수가 파워 컨디셔너(PCS)의 입력전압 변동범위 최고값 미만이 되도록 선정한다.
④ 모듈의 직렬수 < $\dfrac{\text{PCS 입력 전압변동범위 최고값}}{\text{모듈 표면온도가 최저인 상태의 개방전압}}$[개]

해설 모듈의 병렬 수 계산
① PCS의 용량 및 모듈의 직렬 수와 모듈 1매분의 최대출력으로 산출한다.

모듈의 병렬수 = $\dfrac{\text{PCS 용량}}{\text{모듈의 직렬수}\times\text{모듈 1매분 최대출력}}$[개]

② 신·재생에너지 센터 원별시공기준의 적용검토
③ 모듈의 직병렬 수 검토
(직렬수×병렬수×모듈 1장당 면적)
< 설치면적이 되도록 선정 **답** ①

40 태양광발전시스템의 통합 모니터링 구성요소가 아닌 것은?

① 자동기상 관측 장치(AWS)
② 전력변환장치 감시제어 장치(AIS)
③ 자동고장전류 계산 장치(ACS)
④ 태양광발전 모듈 계측 메인장치(SCS)

> **해설** 모니터링 시스템의 구성요소
> 1) 자동 기준 시각 장치(AGPS)
> 2) 전력변환장치 감시제어장치(AIS)
> 3) 자동기상관측장치(AWS)
> 4) 중앙제어 태양광발전지모듈 계측 메인장치(APMS)
> **답** ③

3과목 - 태양광발전 시공

41 지상형 태양광발전설비 기초 공법에서 콘크리트 기초와 다르게 토지에 직접 나선형 구조물로 삽입하는 공법은?

① 스크류 공법
② 보링그라우팅 공법
③ 스파이럴 공법
④ 레이밍 파일 공법

> **해설** 스파이럴(Spiral) 공법
> 큰 크리트 기초와 다르게 토지에 직접 스파이럴 파일 (나선형 구조물)을 삽입하는 공법
> **답** ③

42 BAPV형 태양광발전설비의 배면환기를 위해 모듈의 프레임 밑면부터 가장 가까운 지붕면 및 외벽의 이격거리는 몇 [cm] 이상이어야 하는가?

① 50   ② 30
③ 20   ④ 10

> **해설** • BAPV형 준수사항
> 배면환기를 위해 모듈의 프레임 밑면(프레임 없는 방식은 모듈의 가장 밑면)부터 가장 가까운 지붕면 및 외벽의 이격거리는 10[cm] 이상이어야 하며 배선처리는 바닥에 닿지 않도록 단단하게 고정해야 한다. **답** ④

43 지붕에 설치하는 태양광발전 시스템 중 톱 라이트형의 특징이 아닌 것은?

① 중·고층 건물의 벽면을 유효하게 이용한다.
② 톱 라이트로서의 채광 및 셀에 의한 차폐 효과도 있다.
③ 셀의 배치에 따라서 개구율을 바꿀 수 있다.
④ 톱 라이트의 유리 부분에 맞게 태양전지 유리를 설치한 타입

> **해설** • 톱 라이트형의 특징
> 1) 톱 라이트의 유리 부분에 맞게 태양전지 유리를 설치한 타입
> 2) 톱 라이트로서의 채광 및 셀에 의한 차폐 효과도 있다.
> 3) 셀의 배치에 따라서 개구율을 바꿀 수 있다.
> • 중·고층 건물의 벽면을 유효하게 이용한다.
> - 벽 설치 형 특징 **답** ①

44 다음 부하의 특성에서 식이 잘못된 것은?

① 합성최대전력$=\dfrac{\text{부하설비합계[kW]}\times\text{수용률}}{\text{부등률}}$

② 부하율$=\dfrac{\text{평균부하[kW]}}{\text{최대부하[kW]}}\times100[\%]$

③ 부등률$=\dfrac{\text{각 부하의 최대수요전력의 합[kW]}}{\text{합성최대전력[kW]}}$

④ 수용률$=\dfrac{\text{최대수요합계[kW]}}{\text{부하설비전력[kW]}}$

> **해설** 수용률$=\dfrac{\text{최대수요전력[kW]}}{\text{부하설비합계[kW]}}$ **답** ④

45 분산형 전원을 배전계통 연계 시 승압용 변압기의 1차 결선방식은 어떻게 하면 되는가? (단, 인버터는 3상이며, 절연변압기를 사용하는 경우임)

① △ 결선   ② Y 결선
③ V 결선   ④ 스코트

> **해설** 분산형 전원 배전계통은 Y결선 방식을 사용한다.
> **답** ②

46 케이블트레이공사에 사용되는 케이블 트레이가 수용된 모든 전선을 지지할 수 있는 적합한 강도의 것일 경우 케이블 트레이의 안전율은 얼마 이상으로 하여야 하는가?

① 1.1
② 1.2
③ 1.3
④ 1.5

해설 KEC 232.41(케이블트레이공사)
① 수용된 모든 전선을 지지할 수 있는 적합한 강도의 것이어야 한다. 이 경우 케이블 트레이의 안전율은 1.5 이상으로 하여야 한다.
② 지지대는 트레이 자체 하중과 포설된 케이블 하중을 견딜 수 있는 강도를 가져야 한다.
③ 전선의 피복 등을 손상시킬 돌기 등이 없이 매끈하여야 한다.
④ 금속재의 것은 방식처리를 한 것이거나 내식성 재료의 것이어야 한다.
⑤ 측면 레일 또는 이와 유사한 구조재를 부착하여야 한다.
⑥ 배선의 방향 및 높이를 변경하는데 필요한 부속재 또는 기구를 갖춘 것이어야 한다.
⑦ 비금속제 케이블 트레이는 난연성 재료의 것이어야 한다. **답** ④

47 태양광발전시스템 시공절차에 대한 순서로 올바른 것은?

① 현장여건분석 → 시스템설계 → 구성요소제작 → 기초공사 → 구조물설치 → 간선공사 → 모듈설치 → 인버터설치 → 시운전 → 운전개시
② 현장여건분석 → 시스템설계 → 기초공사 → 구성요소제작 → 구조물설치 → 간선공사 → 모듈설치 → 인버터설치 → 시운전 → 운전개시
③ 현장여건분석 → 시스템설계 → 구성요소제작 → 기초공사 → 구조물설치 → 모듈설치 → 간선공사 → 인버터설치 → 시운전 → 운전개시
④ 현장여건분석 → 시스템설계 → 구성요소제작 → 기초공사 → 구조물설치 → 모듈설치 → 인버터 설치 → 간선공사 → 시운전 → 운전개시

해설 태양광발전시스템의 시공절차
현장여건분석 → 시스템설계 → 구성요소제작 → 기초공사 → 구조물설치 → 모듈설치 → 간선공사 → 인버터설치 → 시운전 → 운전개시 **답** ③

48 3상용 차단기의 정격차단용량은?

① $\sqrt{3}$ (정격전압) × (정격차단전류)
② $\frac{1}{\sqrt{3}}$ (정격전압) × (정격전류)
③ $\sqrt{3}$ (정격전압) × (정격전류)
④ $\frac{1}{\sqrt{3}}$ (정격전압) × (정격차단전류)

해설 $Ps = \sqrt{3}\,VIs$
$= \sqrt{3} \times 정격전압 \times 정격차단전류$ **답** ①

49 다음 중 이도를 크게 할 경우의 단점이 아닌 것은?

① 지지물이 높아진다.
② 전선 접촉 사고가 많아진다.
③ 진동을 방지한다.
④ 단선의 우려가 있다.

해설 가공전선로에서의 이도
1) 이도의 대소는 지지물의 높이를 좌우한다.
2) 이도가 너무 크면 전선은 그 만큼 좌우로 크게 진동해서 다른 상의 전선에 접촉하거나 수목에 접촉해서 위험을 준다.
3) 이도가 너무 작으면 그와 반비례해서 전선의 장력이 증가하여 심할 경우에는 전선이 단선되기도 한다. **답** ③

50 감리용역이 완료된 때에는 며칠 이내에 공사감리 완료보고서를 제출하여야 하는가?

① 30일
② 15일
③ 10일
④ 7일

해설 감리업자는 해당 감리용역이 완료된 때에는 30일 이내에 공사감리 완료보고서를 협회에 제출하여야 한다. **답** ①

51 태양전지 모듈에서 접속함까지 직류배선이 100[m]이며, 모듈 어레이 전압이 610[V], 전류가 9[A]일 때, 전압강하는 몇 [V]인가? (단, 전선의 단면적 4.0[mm^2]이다.)

① 7.01 ② 8.01
③ 10.01 ④ 11.01

> **해설** 전압강하 $= \dfrac{35.6 \times L \times I}{1000 \times A}$
>
> (L : 선 길이, I : 선 전류, A : 선단면적)
>
> $= \dfrac{35.6 \times 100[m] \times 9[A]}{1000 \times 4[mm^2]} = 8.01[V]$ **답** ②

52 방화구획 관통부의 처리 시 배선을 옥외에서 옥내로 끌어들이는 관통부분에 충족하여야 하는 사항 2가지는?

① 내열성과 가요성
② 난연성과 내후성
③ 난연성과 내열성
④ 내열성과 내후성

> **해설** 방화구획 관통부 처리
> 1) 난연성 : 관통부분의 충전재, 케이블, 배관재의 변형, 탈락, 소실로 인해 뒷면에 화염, 연기가 나지 않을 것
> 2) 내열성 : 관통부분의 충전재, 내열실재의 전열에 의해 뒷면이 연소할 위험이 있는 온도가 되지 않을 것 **답** ③

53 태양전지 어레이에서 인버터 입력단간 및 인버터 출력단간과 계통연계점간의 전압강하는 몇 [%]를 초과하지 않아야 하는가? (단, 전선의 길이는 150[m]이다.)

① 5[%] ② 6[%]
③ 7[%] ④ 8[%]

> **해설** 전압강하
> 1) 태양전지판에서 인버터 입력단간 및 인버터 출력단과 계통연계점간의 전압강하는 각 3[%]를 초과하여서는 안 된다.
> 2) 전선길이가 60[m]를 초과할 경우에는 아래 표에 따라 시공할 수 있다. 전압강하 계산서(또는 측정치)를 설치확인 신청 시에 제출한다.

전선길이	전압강하
120[m] 이하	5[%]
200[m] 이하	6[%]
200[m] 초과	7[%]

답 ②

54 태양광 모듈을 지붕에 시공하고 옥내 배선 공사를 케이블 트레이 공사로 시공할 경우 케이블 트레이에 적용할 수 없는 전선은?

① 연피케이블
② PVC 케이블
③ 난연성 케이블
④ 알루미늄피 케이블

> **해설** 케이블 트레이 공사
> 전선은 연피 케이블, 알루미늄 케이블 등 난연성 케이블, 기타 케이블 또는 금속관 혹은 합성수지관 등에 넣은 절연전선을 사용하여야 한다. **답** ②

55 태양광발전설비의 준공 후 감리원이 발주자에게 인수 · 인계할 목록에 반드시 포함되어야 하는 서류가 아닌 것은?

① 안전교육 실적표
② 기자재 구매서류
③ 시설물 인수 · 인계서
④ 품질시험 및 검사성과 총괄표

> **해설** 준공 후 감리원이 발주자에게 인수 · 인계할 목록
> 1. 준공사진첩
> 2. 준공도면
> 3. 품질시험 및 검사성과 총괄표
> 4. 기자재 구매서류
> 5. 시설물 인수 · 인계서
> 6. 그 밖에 발주자가 필요하다고 인정하는 서류 **답** ①

56 궤도전자가 강한 에너지를 받아 원자 내의 궤도를 이탈하여 자유전자가 되는 것은?

① 여기 ② 전리
③ 공진 ④ 방사

해설 • 전리 : 원자핵의 구속력으로부터 완전히 벗어나 원자
는 전자를 잃어 이온화되는 상태, 궤도전자 즉 자유전
자
• 여기 : 기저상태에서 에너지가 높은 상태로 옮겨가는
것, 핵의 구속력을 벗어나지 않은 상태　**답** ②

57 중대형 태양광 발전용 인버터(계통연계형, 독
립형)(KS C 8565 : 2020)에 따라 계통연계형
시험 항목이 아닌 것은?

① 부하 불평형 시험
② 온도상승시험
③ 효율시험
④ 측정오차 정확도 시험

해설 태양광발전용 인버터 시험항목

	시험항목	독립형	계통연계형
정상 특성 시험	① 교류전압, 주파수 추종범위 시험	×	○
	② 교류출력전류 왜형률 시험	×	○
	③ 측정오차 정확도 시험	○	○
	④ 온도상승시험	○	○
	⑤ 효율시험	○	○
	⑥ 대기손실시험	×	○
	⑦ 정지 · 기동 전압 확인 시험	×	○
	⑧ 최대전력 추종시험	×	○
	⑨ 출력전류 직류분 검출 시험	×	○

* 부하 불평형 시험은 내전기 환경시험에서 독립형에
해당　**답** ①

58 네트워크에 의한 공정관리기법의 종류가 아닌
것은?

① CPM 기법
② RAMPS 기법
③ PERT 기법
④ ADM 기법

해설 ADM(arrow diagramming method) : 화살선형 네트워
크 공정기법으로서 화살선은 작업에 대한 시간적 의미
를 가지고 있다.　**답** ④

59 그림과 같이 접지저항계를 이용하여 접지저항
을 측정하고자 한다. 정확한 측정값을 얻기 위
하여 E전극과 P전극 사이의 거리는 E전극과 C
전극 사이의 거리에 몇 [%] 위치에 설치하여야
하는가?

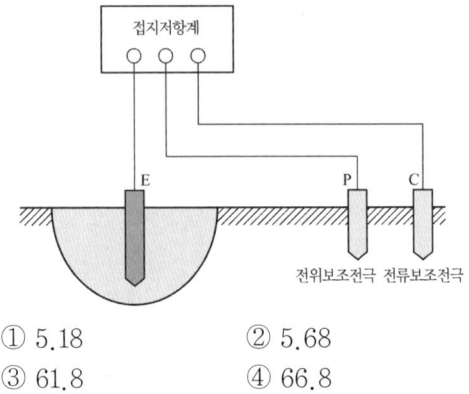

① 5.18　　　② 5.68
③ 61.8　　　④ 66.8

해설 보조접지극의 거리는 저항구역이 겹치지 않으면 측정
값에 큰 오차는 발생하지 않는다.
그 이론적인 비율은 61.8[%] 내에 있으면 얻을 수 있다.
답 ③

60 태양광발전 어레이의 세로길이(L)가 3[m], 태
양광발전 어레이의 경사각을 33°, 동지 시 발전
한계시각에서의 배양 고도각을 20°로 산정하
여 북위 37° 지방에서 태양광발전소를 건설할
때 어레이 간 최소 이격거리 d는 약 몇 [m] 인
가?

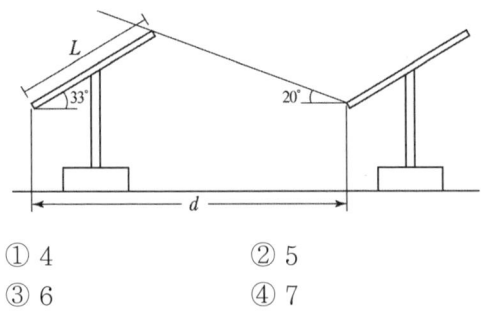

① 4　　　② 5
③ 6　　　④ 7

해설 $d = 3 \times \dfrac{\sin(180° - 33° - 20°)}{\sin 20°}$

$= 3 \times \dfrac{\sin 127°}{\sin 20°}$

$= 3 \times 2.33 = 약 7$　**답** ④

4과목 - 태양광발전 운영

61 전기사업법령에 따른 전기사업의 허가 기준으로 틀린 것은?

① 전기사업이 계획대로 수행될 수 있을 것
② 전기사업을 적정하게 수행하는 데 필요한 재무능력이 있을 것
③ 발전소나 발전연료가 특정 지역에 편중되어 전력계통의 운영에 지장을 주지 아니할 것
④ 배전사업의 경우 둘 이상의 배전사업자의 사업구역 중 그 전부 또는 일부가 중복되게 할 것

해설 배전사업 및 구역전기사업에 있어서는 둘 이상의 배전사업자의 사업구역 또는 구역전기사업자의 특정한 공급구역 중 그 전부 또는 일부가 중복되지 아니할 것.
답 ④

62 PV 설비점검 체크리스트에서 고장유형과 검사방법이 잘못 연결된 것은?

① 토양 – 육안검사
② 바이패스다이오드 – 다기능 측정
③ 습기 – 인버터 수치 읽기
④ 결합모듈 – 절연저항 측정

해설 PV 설비점검 체크리스트

고장유형	육안검사	다기능 측정(멀티테스터)	접지저항 측정	입출력 측정	절연저항 측정	과/저전압 측정	I-V 곡선	인버터 수치 읽기	AC 회로시험	전력망 분석
토양	○									
적층판 파괴	○	○						○		
바이패스 다이오드		○						(○)		
접촉점		○		○			○	(○)		
습기	○	○		○						
결함모듈	○	○			○			(○)		

답 ③

63 다음 산출방법에서 산출방법이 옳은 성능분석 용어는?

$$\frac{\text{시스템 동작시간[h]}}{24[h] \times \text{운전일수}}$$

① 태양에너지 의존율
② 시스템 가동률
③ 시스템 발전효율
④ 시스템 일조가동률

해설 ① 태양에너지 의존율 =
$$\frac{\text{시스템의 평균발전전력[kW] 또는 전력량[kWh]}}{\text{부하소비전력[kW] 또는 전력량[kWh]}}$$
③ 시스템 발전효율 =
$$\frac{\text{시스템발전전력[kW]}}{\text{경사면 일사량[kW/m}^2\text{]} \times \text{태양전지 어레이 면적[m}^2\text{]}}$$
④ 시스템 일조가동률 = $\dfrac{\text{시스템 동작시간[h]}}{\text{가조시간}}$
답 ②

64 태양전지에서 사막과 같이 주위 온도가 매우 높은 지역에서 나타나는 현상으로 옳은 것은?

① FF(Fill Factor)는 감소한다.
② I_{sc}(Short Circuit Current)는 불변한다.
③ 전기적 출력(P_{max})은 거의 불변한다.
④ V_{oc}(Open Circuit Voltage)가 증가한다.

해설 1) 태양전지모듈의 출력전압은 온도에 반비례하고, 일사량에 비례한다.
2) 태양전지모듈의 출력전류는 일사량에 비례하고, 온도가 상승하면 아주 낮은 양이 증가한다.
3) 높은 온도에 의한 전압감소로 전체 출력이 감소한다.
4) FF는 태양전지모듈 성능평가사항이다.
5) 사막에서는 출력전력이 감소하여 FF 또한 감소한다.
답 ①

65 독립형 태양광 발전설비 유지보수 중 일상점검 항목이 아닌 것은?

① 접속함의 개방전압
② 인버터의 이상 과열
③ 축전기의 액면 저하
④ 지지대의 부식

해설 매일 일상순시점검은 문을 열어 점검하든지 커버를 해체한 후, 점검한다든지 하는 것이 아니고 이상한 소리, 냄새, 손상 등을 접속반 외부에서 점검하는 것을 말한다. **답** ①

66 한전계통에 순간정전이 발생하여 태양광발전 시스템 인버터가 정지할 때 동작되는 계전기는?

① 주파수계전기
② 과전압계전기
③ 저전압계전기
④ 역상계전기

해설 한전계통에 순간정전이 발생하면 이를 측정하기 위해 저전압계전기를 이용하여 인버터가 정지하도록 한다. **답** ③

67 독립형 태양광발전 시스템의 구성장치가 아닌 것은?

① 충·방전제어기
② 단독운전방지시스템
③ 축전지 또는 축전지뱅크
④ 인버터

해설 독립형 태양광발전시스템의 주요 구성장치
태양광모듈, 축전지, 충방전 제어기, 인버터 **답** ②

68 유지보수 전 취하는 안전조치로 틀린 것은?

① 해당 단로기를 닫고 주회로에 무전압이 되게 한다.
② 차단기 앞에 "점검중" 표지판을 설치한다.
③ 잔류전압을 방전시키기 위해 접지를 시킨다.
④ 검전기로 무전압 상태를 확인한다.

해설 관련된 차단기, 단로기를 개방하고 주회로에 무전압이 되게 한다. **답** ①

69 2종이며 착화에너지가 0.1[mJ] 이만의 가연성 물질 또는 가스(수소, 아세틸렌 등)를 취급하는 작업장일 경우 안전화의 대지방지성능(저항)은?

① 0.1[MΩ] < R < 100[MΩ]
② 0.1[MΩ] < R < 60[MΩ]
③ 0.1[MΩ] < R < 10[MΩ]
④ 0.1[MΩ] < R < 5[MΩ]

해설 정전기 안전화의 성능 기준

구분	사용작업장	대전방지성능(저항)
1종	착화에너지가 0.1[mJ] 이상의 가연성물질 또는 가스(메탄, 프로판 등)를 취급하는 작업장	0.1[MΩ]<R<100[MΩ]
2종	착화에너지가 0.1[mJ] 이만의 가연성물질 또는 가스(수소, 아세틸렌 등)를 취급하는 작업장	0.1[MΩ]<R<10[MΩ]

답 ③

70 태양광 발전시스템 운영에 관한 설명으로 틀린 것은?

① 태양광 발전 설비의 고장 요인은 대부분 인버터에서 발생하므로 정기점검이 필요하다.
② 발전량은 봄·가을이 많으며 여름·겨울에는 기후여건에 따라 감소한다.
③ 모듈 표면의 온도가 높을수록 발전 효율이 저하되므로 온도를 조절해 줄 필요가 있다.
④ 시설용량은 부하의 용도 및 적정 사용량을 합산한 연평균 사용량에 따라 결정된다.

해설 시설용량은 태양광발전소에 설치된 태양전지모듈의 총 합으로 나타낸다. **답** ④

71 자가용전기설비 중 태양광발전시스템 정기검사 시 태양광 전지의 검사세부 종목이 아닌 것은?

① 외관검사
② 절연내력
③ 어레이
④ 전지 전기적 특성시험

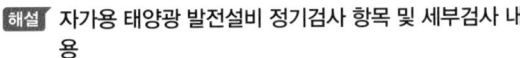

해설 자가용 태양광 발전설비 정기검사 항목 및 세부검사 내용
  • 태양전지 일반규격 : 규격확인
  • 태양전지 검사 : 외관검사, 전지 전기적 특성시험, 어레이   **답** ②

해설

운전 시 조작방법	정전 시 조작방법
1) Main VCB반 전압 확인	1) Main VCB반 전압확인 및 계전기를 확인하여 정전 여부 확인, 부저 OFF
2) 접속반, 인버터 DC전압 확인	2) 태양광 인버터 상태 확인 (정지)
3) DC용 차단기 On, AC측 차단기 On	3) 한전 전원 복구여부 확인
4) 5분 후 인버터 정상동작 여부 확인	4) 인버터 DC전압 확인 후 운전시 조작 방법에 의해 재시동

답 ③

72 일상 정기점검에 의한 처리 중 절연물의 보수에 대한 내용으로 틀린 것은?

① 절연물에 균열, 파손, 변형이 있는 경우에는 부품을 교체한다.

② 합성수지 적층판이 오래되어 헐거움이 발생되는 경우에는 부품을 교체한다.

③ 절연물의 절연저항이 떨어진 경우에는 종래의 데이터를 기초로 하여 계열적으로 비교검토 한다.

④ 절연저항 값은 온도, 습도 및 표면의 오손상태에 따라서 크게 영향을 받지 않으므로 양부의 판정이 쉽다.

해설 절연저항치는 온도, 습도 및 표면의 오손상태에 따라서 크게 영향을 받기 때문에 양부의 판정은 어렵지만 참고 자료를 확인 후 조치를 수행한다.   **답** ④

75 소형 태양광 발전용 3상 독립형 인버터의 경우 부하 불평형 시험 시 정격 용량에 해당하는 부하를 연결한 후 U상, V상, W상 중 한 상의 부하를 0으로 조정한 후 몇 분 동안 운전하는가?

① 10   ② 15

③ 30   ④ 60

해설 부하불평형 시험
  3상 독립형 인버터에 적용한다. 정격용량에 해당하는 부하를 연결한 후 U, V, W상 중 한 상의 부하를 0으로 조정한 후 30분 동안 운전한다.   **답** ③

73 케이블 포설 시 주의사항에서 잘못 설명한 것은?

① 케이블은 가능하면 양지에 포설한다.

② 루프 회로가 생기지 않도록 한다.

③ 모듈 케이블의 전체 길이를 짧게 한다.

④ 지붕 덮개에는 케이블을 포설하지 않는다.

해설 케이블은 가능하면 음지지역에 포설한다.   **답** ①

76 태양광 발전설비 운영방법과 관련하여 틀린 것은?

① 모듈은 고압 분사기를 이용하여 정기적으로 물을 뿌려준다.

② 모듈표면의 온도가 높을수록 발전효율이 높으므로 강한 빛을 받도록 한다.

③ 구조물 및 전선에 부분적인 발청 현상이 있을 경우 도포 처리를 해 준다.

④ 태양광 발전설비의 고장 요인이 대부분 인버터에서 발생하므로 정기적으로 정상여부 확인한다.

해설 모듈표면 온도가 높으면 출력 전압이 감소되어 발전효율이 떨어진다.   **답** ②

74 태양광발전시스템의 운전 시 조작 방법으로 틀린 것은?

① Main VCB반 전압 확인

② 접속반, 인버터 DC전압 확인

③ 즉시 인버터 정상작동여부 확인

④ DC용 차단기 On, AC측 차단기 On

77 IP54-외함의 밀폐 보호등급 구분에서 번호 제1의 숫자 5의 의미는?

① 손의 접근으로부터 보호
② 분진으로부터 보호
③ 전 방향으로 비산되는 물로부터의 보호
④ 완전한 방진구조

해설 IP는[외함보호등급]

번호	제 1 숫자	제 2 숫자
	방진 보호 정도	방수 보호 정도
0	없음	없음
1	손의 접근으로부터 보호	수직으로 떨어지는 물방울로부터의 보호
2	손가락의 접근으로부터 보호	수직에서 15° 범위에서 떨어지는 물방울로부터의 보호
3	공구의 선단 등으로부터 보호	수직에서 60° 범위에서 떨어지는 물방울로부터의 보호
4	WIRE등으로부터 보호	전 방향으로 비산되는 물로부터의 보호
5	분진으로부터의 보호	전 방향으로부터 쏟아지는 물로부터의 보호
6	완전한 방진구조	파도 등의 강력하게 쏟아지는 물로부터의 보호
7	–	일정한 조건으로 물에 잠겨서 사용가능
8		물속에서 사용가능

* 숫자가 높을수록 보호능력이 우수하다. 답 ②

78 태양광 발전시스템 품질관리에서 성능평가를 위한 측정요소 중 설치코스트 평가방법에 해당하지 않는 것은?

① 시스템 설치 단가
② 인버터 설치 단가
③ 계측표시장치 단가
④ 발전전력 판매 단가

해설 설치 가격 평가 방법
시스템 설치 단가, 인버터 설치 단가, 계측표시장치 단가, 태양전지 설치 단가, 기초공사단가, 부착시공단가, 어레이 가대 설치 단가 등 답 ④

79 절연물의 종류에서 최고허용온도[℃]가 가장 높은 것은?

① E종   ② F종
③ B종   ④ Y종

해설 절연물의 종류와 최고허용온도
• Y종 절연 : 90℃,   • A종 절연 : 105℃
• E종 절연 : 120℃,   • B종 절연 : 130℃
• F종 절연 : 155℃,   • H종 절연 : 180℃
• C종 절연 : 180℃초과 답 ②

80 유지관리비의 구성요소에서 시설물을 유지하는데 소요되는 관리비로서 행정비, 관련세금, 보험료, 감가상각, 업무위탁 및 검사에 필요한 경비 등이 포함된 것은?

① 일반관리비
② 유지비
③ 보수비와 개량비
④ 운용지원비

해설 (1) 유지관리비의 구성요소
유지관리비의 구성요소는 유지비, 보수비, 개량비, 일반관리비, 운용지원비, 폐기처분비로 대별할 수 있다.
① 유지비 : 시설물을 관리하기 위해서 실시하는 일상점검, 정기점검, 청소, 보안 등에 필요한 비용이 포함된다.
② 보수비와 개량비 : 파손개소, 결함이 발생한 부분에 대한 사후보전을 위해 보수하는 비용과 개조 등을 위해 지출하는 비용이다.
③ 일반관리비 : 시설물을 유지하는데 소요되는 관리비로서 행정비, 관련세금, 보험료, 감가상각, 업무위탁 및 검사에 필요한 경비 등이 포함된다.
④ 운용지원비 : 유지관리에 필요한 기술자료의 수집, 기술의 연수, 보전기술개발의 제반 비용 등이다.
⑤ 폐기처분비 : 고장 또는 내구연한이 지난 자재 등을 폐기하는데 필요한 비용이다. 답 ①

1과목 - 태양광발전 기획

01 사업계획서 작성에서 발전설비 개요에 포함되어야 할 사항으로 틀린 것은?

① 집광판의 재질
② 인버터의 종류
③ 인버터의 정격출력
④ 태양전지의 정격용량

해설 1) 태양광 발전설비 및 송전・변전설비의 개요
  ㉮ 발전설비
   • 태양전지의 종류, 정격용량, 정격전압 및 정격출력
   • 인버터의 종류, 입력전압, 출력전압 및 정격출력
   • 집광판의 면적
   • 발전소의 명칭 및 위치
  ㉯ 송전・변전설비
   • 변전소의 명칭 및 위치, 변압기의 종류, 용량, 전압, 대수
   • 송전선로의 명칭, 구간 및 송전 용량
   • 개폐소의 위치(동, 리까지 적을 것)
   • 송전선의 종류, 길이, 회선 수 및 굵기의 1회선당 조수 **답** ①

02 STC 조건에서 최대전압이 45[V], 전압온도계수가 −0.2[V/℃]인 결정질 태양광발전 모듈 10장이 직렬로 연결되어 있다. 외기온도가 −10[℃]일 때 최대전압은 몇 [V]인가?

① 450
② 470
③ 520
④ 550

해설 $V_{(at-10℃)} = V_{mpp} + (외기온도 - 25[℃])(-0.2[V/℃])$
$V_{(at-10℃)} = 45[V] + (-10[℃] - 25[℃])(-0.2[V/℃])$
$\quad\quad = 52[V]$
10장 직렬연결 시 $52[V] \times 10 = 520[V]$ **답** ③

03 도가니 인발 공정(Czochralski 공정)을 거쳐서 생산되는 태양광발전 전지는?

① 염료
② 단결정 실리콘
③ 다결정 실리콘
④ 비정질 실리콘

해설 Czochralski 공정(도가니 인발공정)은 지상 적용을 위한 단결정 실리콘의 생산에서 자리 잡아 왔다. **답** ②

04 다음 주어진 조건을 참고하여 태양광 어레이 이격거리 D[m] 값은?

> 태양전지 모듈 길이 : $L = 2.3$[m]
> B : 태양전지 모듈경사각(α) : 30°,
> 태양 고도각(β) : 25°

① 2.317
② 3.922
③ 4.458
④ 5.328

해설 $D = L \dfrac{\sin(180° - \alpha - \beta)}{\sin\beta}$
$D = 2.3 \times \dfrac{\sin(180° - 30° - 25°)}{\sin 25°} = 4.458[m]$ **답** ③

05 단락 전류에 영향을 주는 요소가 아닌 것은?

① 태양전지 면적
② 태양전지의 수집확률
③ 입사광 스펙트럼
④ 개방접압

해설 단락 전류에 영향을 주는 요소
  1) 태양전지 면적(입사광원의 출력)
  2) 입사광자 수
  3) 입사광 스펙트럼
  4) 태양전지의 광학적 특성(빛의 흡수 및 반사)
  5) 태양전지의 수집확률 **답** ④

06 AM(air mass) 값이 1.5일 때 지표면에서 태양을 올려보는 각도는?

① 28.31
② 35.61
③ 41.81
④ 60.38

해설 $AM = \dfrac{1}{\sin\theta}$
$\theta = \sin^{-1}\left(\dfrac{1}{AM}\right) = \sin^{-1}\left(\dfrac{1}{1.5}\right) = 41.81$ **답** ③

07 일정값 이상의 전압이 걸렸을 때 동작하는 계전기는?

① 과전압계전기
② 부족전압계전기
③ 비율차동계전기
④ 접지계전기

해설 ② 부족전압계전기 : 전원 전압이 설정된 한계값 이하로 떨어질 때 열리면서 전동기를 저전압으로부터 보호하는 조종 계전기.
③ 비율차동계전기 : 차동형 계전기에서 고장 때문에 생긴 두 전류의 차가 두 전류 합의 어떤 비율 이상이 되었을 때 동작하는 계전기.
④ 접지계전기 : 전력 계통의 지락 고장을 검출하여 응답할 수 있도록 설계되고, 이와 같은 목적으로 사용되는 계전기. 낮은 압력에서 작동한다. **답** ①

08 다음 그림과 같이 태양전지의 전압 전류 특성을 나타낸다면 이 태양전지의 충진율(Fill Factor)은?

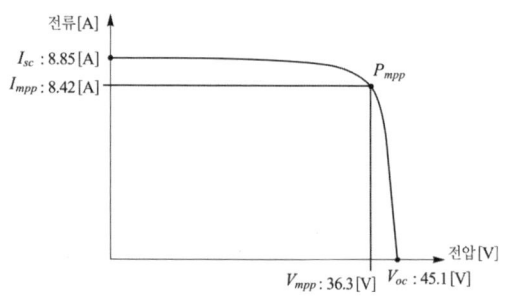

① 0.5945
② 0.6082
③ 0.7658
④ 0.8221

해설 $FF = \dfrac{V_{mpp} \times I_{mpp}}{V_{oc} \times I_{sc}} = \dfrac{P_{mpp}}{V_{oc} \times I_{sc}}$

$FF = \dfrac{V_{mpp} \times I_{mpp}}{V_{oc} \times I_{sc}} = \dfrac{36.3 \times 8.42}{45.1 \times 8.85} = 0.7658$ **답** ③

09 신에너지 및 재생에너지 개발·이용·보급촉진법에서 정한 공급의무자는 지난 연도 총 전력생산량의 합계에 일정비율을 곱한 의무공급량 이상을 신·재생에너지로 공급하여야 한다. 다음 중 2025년도 의무공급량 비율은?

① 7.0[%]
② 9.0[%]
③ 12.5[%]
④ 14.0[%]

해설 공급의무자가 의무적으로 신·재생에너지를 이용하여 공급하여야 하는 발전량(이하 "의무공급량"이라 한다)의 합계는 총 전력 생산량의 25[%] 이내의 범위에서 연도별로 대통령령으로 정한다.

연도별 의무공급량의 비율(영 제18조의4 제1항 관련)

해당 년도	2022	2023	2024	2025	2026	2027	2028	2029	2030년 이후
비율 [%]	12.5	13.0	13.5	14.0	15.0	17.0	19.0	22.5	25.0

답 ④

10 "대통령령으로 정하는 경미한 전기공사"란 다음 각 호의 공사를 말한다. 틀린 것은?

① 꽂음접속기, 소켓, 로제트, 실링블록, 접속기, 전구류, 나이프스위치, 그 밖에 개폐기의 보수 및 교환에 관한 공사
② 벨, 인터폰, 장식전구, 그 밖에 이와 비슷한 시설에 사용되는 소형변압기(2차측 전압 36볼트 이하의 것으로 한정한다)의 설치 및 그 2차측 공사
③ 전력량계 또는 퓨즈를 부착하거나 떼어내는 공사
④ 전기용품 및 생활용품 안전관리법에 따른 전기용품 중 꽂음접속기를 이용하여 사용하거나 전기기계·기구 단자에 사용하는 배선기구 공사

해설 「전기용품 및 생활용품 안전관리법」에 따른 전기용품 중 꽂음접속기를 이용하여 사용하거나 전기기계·기구(배선기구는 제외한다. 이하 같다) 단자에 전선[코드, 캡타이어케이블(경질고 무케이블) 및 케이블을 포함한다. 이하 같다]을 부착하는 공사 **답** ④

11 태양전지의 손실을 줄이기 위한 대책에서 전기적 손실을 줄이기 위한 대책이 아닌 것은?

① PN접합의 개선
② 표면 방사방지 코팅
③ 결정 품질의 개선에 의한 캐리어의 재결합 손실의 저감
④ 전극의 높은 도전율 재료를 사용하여 저항손실 저감

해설 (1) 광학적 손실을 줄이기 위한 대책
   ① 표면 반사방지 코팅
   ② 전극면적의 최소화
   ③ 표면에 요철을 형성하는 표면조직화
(2) 전기적 손실을 줄이기 위한 대책
   ① PN접합의 개선
   ② 표면과 계면의 패시베이션(Passivation) 형성
   ③ 결정 품질의 개선에 의한 캐리어의 재결합 손실의 저감
   ④ 전극의 높은 도전율 재료를 사용하여 저항손실 저감
   답 ②

12 신에너지 및 재생에너지 개발·이용·보급 촉진법령에 따라 집적화단지 조성사업의 실시기관으로 선정되려는 지방자치단체의장이 산업통상자원부장관에게 제출해야 하는 집적화단지 개발계획에 포함되는 사항으로 틀린 것은?

① 집적화단지의 위치 및 면적
② 집적화단지 조성사업의 개요 및 시행방법
③ 집적화단지 조성 및 기반시설 설치에 필요한 부지 판매 계획
④ 집적화단지 조성사업에 대한 주민수용성 및 친환경 확보 계획

해설 1. 집적화단지의 위치 및 면적
2. 집적화단지 조성사업의 개요 및 시행방법
3. 집적화단지 조성 및 기반시설 설치에 필요한 부지 확보 계획
4. 집적화단지 조성사업에 대한 주민수용성 및 친환경성 확보 계획
5. 그 밖에 집적화단지 조성에 필요하다고 산업통상자원부장관이 인정하여 고시하는 사항
   답 ③

13 염료감응형 태양전지의 장점이 아닌 것은?

① 자유로운 형태를 구현할 수 있으며, 가공이 용이하다.
② 흐린 날에도 발전 가능
③ 다양한 색상, 무늬의 제조 가능
④ 다중 적층형으로 생산 시 2~3배 이상 발전 가능

해설 자유로운 형태를 구현할 수 있으며, 가공이 용이하다.
(나노형 장점)
   답 ①

14 인버터의 출력과 병렬로 임피던스를 순간적 또한 주기적으로 삽입하고, 전압 또는 전류의 급변을 검출하는 방식은?

① 부하변동방식
② 무효전력 변동방식
③ 유효전력 변동방식
④ 주파수 시프트방식

해설 능동적 방식

종 별	개 요
주파수 시프트방식	인버터의 내부발진기에 주파수 바이어스를 주었을 때 단독운전 시에 나타나는 주파수 변동을 검출한다.
유효전력 변동방식	인버터의 출력에 주기적인 유효전력 변동을 주었을 때 단독운전 시에 나타나는 전압, 전류, 또는 주파수 변동을 검출한다. 상시 출력이 변동의 가능성이 있다.
무효전력 변동방식	인버터의 출력에 주기적인 무효전력 변동을 주었을 때, 단독운전 시 나타나는 주파수 변동 등을 검출한다.
부하변동 방식	인버터의 출력과 병렬로 임피던스를 순간적 또는 주기적으로 삽입하여 전압 또는 전류의 급변을 검출한다.

   답 ①

15 IP 외함보호등급(예 IP OO, IP 43, IP 54) 등이 있다. 여기에서 첫 번째 자리 수는 외부 이물질의 접촉과 침입에 대한 보호 등급(방진보호)이다. 첫 번째 자리 수에 해당사항이 아닌 것은?

① 12 mm 이상의 물체로부터 보호
② 1.0 mm 이상의 물체로부터 보호
③ 먼지 등의 침적(쌓이는)위험에 대한 보호등급
④ 상하좌우 전 부분 쏟아지는 상태의 보호

해설 • 첫번째 자리수는 외부 이물질의 접촉과 침입에 대한 보호 등급입니다.
0 … 전혀 보호되지 않음. OPEN 상태
1 … 50 mm 이상의 물체로부터 보호(Handproof)
2 … 12 mm 이상의 물체로부터 보호(Fingerproof)
3 … 2.5 mm 이상의 물체로부터 보호
      (Exclusion of tools, objects)
4 … 1.0 mm 이상의 물체로부터 보호
      (Exclusion of tools, wires)

5 ⋯ 먼지등의 침적(쌓이는) 위험에 대한 보호 등급
(Full Protection)

6 ⋯ 먼지 등의 침입이 없는 완전 밀폐형 보호등급
(Full Protection)

• 두 번째 자리 수는 물(빗물, 눈, 폭풍우 등)의 침입으로부터의 보호 등급(방수보호)

0 ⋯ 전혀 보호 되지 않음. OPEN 상태

1 ⋯ 수직 낙하 상태의 보호(Drip Proof)

2 ⋯ 15도 경사각으로 쏟아지는 상태의 보호

3 ⋯ 60도 경사각으로 쏟아지는 상태의 보호

4 ⋯ 상하좌우 전 부분 쏟아지는 상태의 보호
(Splash proof)

5 ⋯ 상하좌우 전 부분 쏟아지는 상태의 보호(Hose proof) : 물 호스로 뿌려대는 상태

6 ⋯ 폭풍우, 해일 상태로부터의 보호
(Deck water proof)

7 ⋯ 일정 압력과 일정 시간 동안 물에 잠긴 상태로부터의 보호(Immersible)

8 ⋯ 완전 물속에 잠겨버린 상태 시에도 보호
(Submersible)   답 ④

16 축전지실 등의 시설조건으로 틀린 것은?

① 축전지 실은 발전기실과 동일한 장소에 시설하여야 한다.

② 축전지실 등은 폭발성의 가스가 축적되지 않도록 환기장치 등을 시설하여야 한다.

③ 옥내전로에 연계되는 축전지는 비접지측 도체에 과전류 보호장치를 시설하여야 한다.

④ 30[V]를 초과하는 축전지는 비접지측 도체에 쉽게 차단할 수 있는 곳에 개폐기를 시설하여야 한다.

해설 KEC 243.1.7(축전지실 등의 시설)

1) 30[V]를 초과하는 축전지는 비접지측 도체에 쉽게 차단할 수 있는 곳에 개폐기를 시설하여야 한다.

2) 옥내전로에 연계되는 축전지는 비접지측 도체에 과전류보호장치를 시설하여야 한다.

3) 축전지실 등은 폭발성의 가스가 축적되지 않도록 환기장치 등을 시설하여야 한다.   답 ①

17 전력 변환 기기가 아닌 것은?

① 변압기   ② 정류기

③ 유도전동기   ④ 인버터

해설 • 변압기 : 고전압을 저전압으로 또는 저전압을 고전압으로 변성

• 정류기 : 교류를 직류로 변환

• 유도전동기 : 전기적 에너지를 운동에너지로 변환

• 인버터 : 직류를 교류로 변환   답 ③

18 단상변압기 3대를 이용하여 3상 △−Y 결선을 했을 때 1차와 2차 전압의 각 변위(위상차)는?

① 0°   ② 60°

③ 150°   ④ 180°

해설 • 각변위라 함은 1차 유기전압을 기준으로 하고 이에 대한 2차 유기전압을 뒤진각을 말한다.

• △−Y결선을 했을 때 1차와 2차 선간전압 사이에는 −30° 또는 150°의 각 변위가 있다.   답 ③

19 다음 설명은 인버터의 효율 중 어떤 효율에 관한 것인가?

> 태양광 모듈의 출력이 최대가 되는 최대 전력점
> (MPP : Maximum Power Point)을 찾는 기술에 대한 성능 지표이다.

① 정격효율   ② 추적효율

③ 유로효율   ④ 변환효율

해설 인버터의 최적동작점을 자동으로 설정하고 추적

$$\eta_{TR} = \frac{P_{DC} \text{ 순간 입력 전력}}{P_{PV} \text{ 최대순간 } PV \text{ 어레이 전력}}$$ 답 ②

20 다음 설명은 무엇에 대한 정의인가?

> 태양복사에너지가 지구의 대기를 지나는 동안 일부분이 흡수, 반사되어 약해지는 정도를 나타낸다.

① 대기질량   ② 반사율

③ 대기 투과율   ④ 온존량

해설 • 반사율(albedo) : 물체가 빛을 받았을 때 반사하는 정도를 나타내는 단위

• 대기질량 : 직달 태양광선이 지구 대기를 지나오는 경로의 길이로서 임의의 해수면상 관측점을 햇빛이 지나가는 경로의 길이를 관측점 바로 위에 태양이 있을 때 햇빛이 지나오는 거리의 배수로 나타낸 것이다.   답 ③

2과목 - 태양광발전 설계

21 지상적설하중의 적용 조건에서 최소 지상적설하중은 몇 [kN/m²]로 하는가?

① 0.5   ② 0.8
③ 2.0   ④ 3.0

[해설] 최소 지상적설하중은 0.5[kN/m²]로 한다.   답 ①

22 그림과 같이 태양광 어레이의 배선연결을 설계하였다면 문제점으로 가장 옳은 것은?

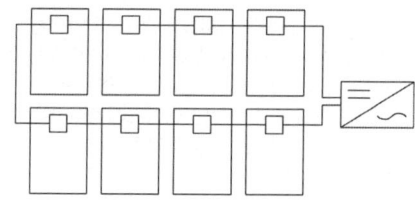

① 낙뢰에 취약하다.
② 누설전류가 커진다.
③ 고조파가 발생한다.
④ 전선의 길이가 길어져 전압강하가 커진다.

[해설] 전계가 넓게 분포되어 낙뢰에 취약하다.   답 ①

23 다음 중 설계감리의 업무 범위가 아닌 것은?

① 사용자재의 적정성 검토
② 설계의 경제성 검토
③ 주요인력 및 장비투입 현황 검토
④ 공사기간 및 공사비의 적정성 검토

[해설] 설계감리의 업무 범위
  1) 전력시설물공사의 관련 법령, 기술기준, 설계기준 및 시공기준에의 적합성 검토
  2) 사용자재의 적정성 검토
  3) 설계의 경제성 검토
  4) 설계공정의 관리에 관한 검토
  5) 설계 내용의 시공 가능성에 대한 사전 검토
  6) 공사기간 및 공사비의 적정성 검토   답 ③

24 다음 중 3,000[kW]초과 전기사업에 대한 허가권자는 누구인가?

① 산업통상자원부 장관
② 대통령
③ 시 · 도지사
④ 군수

[해설] 허가권자
  • 3,000[kW] 초과설비 : 산업통상자원부 장관 (전기위원회 총괄정책팀)
  • 3,000[kW] 이하설비 : 시 · 도지사
  ※ 단, 제주특별자치도는 제주국제자유도시특별법에 따라 3,000[kW] 초과의 발전설비도 제주특별자치도지사의 허가사항임(신에너지 및 재생에너지 중 풍력발전사업이 해당된다.)   답 ①

25 책임 감리원은 최종보고서를 감리기간 종료 후 며칠 이내에 발주자에게 제출하여야 하는가?

① 5일   ② 7일
③ 10일   ④ 14일

[해설] 책임 감리원은 최종보고서를 감리기간 종료 후 14일 이내에 발주자에게 제출하여야 한다.   답 ④

26 태양광발전시스템의 계통연계 기술기준을 크게 3가지로 구분할 때 해당되지 않는 것은?

① 도입 한계용량   ② 외부운전성능
③ 전력품질   ④ 보호협조

[해설] 분산형전원의 계통연계기술기준
  • 전력품질(전압변동, 주파수, 고조파, 상불평형, 역률)
  • 보호협조(계통측 및 시스템의 설비보호)
  • 안전성(작업원 및 운전원의 인사사고)
  • 보안(연락체제)
  • 안정성(고품질고신뢰의 운전안정성, 운전제어, 협조제어, 유/무효전력제어)
  • 계통운용관리(협조운전, 도입용량관리)   답 ②

27 다음 심벌의 명칭은?

① ACB
② MCCB
③ VCB
④ OCB

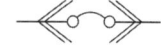

해설 • ACB : 기중차단기는 저압배전선로에 설치하여 과전류, 단락 및 지락사고 등 이상전류 발생시 기중 소호방식으로 회로를 차단하여 인명 및 부하기기를 보호하는 차단기
• VCB : VCB는 중전압(주로 3.3kV 이상) 시스템에서 사용되며, 진공을 아크 소멸 매체로 사용합니다. 긴 수명과 높은 신뢰성을 제공
• MCCB : MCCB는 MCB보다 높은 정격 전류를 처리할 수 있으며, 산업 및 상업용 전기설비에 주로 사용됩니다. 과부하, 단락 및 접지 결함에 대해 보호
• OCB : 절연유를 사용해 아크를 소멸시키고, 전류를 차단합니다. 주로 중압 및 고압 전력 시스템에서 사용 **답** ①

28 태양광 발전사업을 위한 부지를 선정하고자 한다. 개발행위허가 기준에 따른 개발행위의 규모가 아닌 것은?

① 농림지역 30000[m²] 미만
② 도시 주거지역 10000[m²] 미만
③ 도시 공업지역 30000[m²] 미만
④ 자연환경보전지역 7000[m²] 미만

해설

도시지역	주거지역상업지역자연녹지지역생산녹지지역	1만[m²] 미만
	공업지역	3만[m²] 미만
	보전녹지지역	5천[m²] 미만
관리지역, 농림지역		3만[m²] 미만
자연환경보전지역		5천[m²] 미만

답 ④

29 저압 가공 인입선의 전선으로 사용해서는 아니 되는 것은?

① 옥외용 비닐절연전선
② 절연전선
③ 나전선
④ 케이블

해설 221.1.1 저압 인입선의 시설
저압 가공인입선은 다음에 따라 시설하여야 한다.
가. 전선은 절연전선 또는 케이블일 것.
나. 전선이 절연전선인 경우
전선이 케이블인 경우 이외에는 인장강도 2.30[kN] 이상의 것 또는 지름 2.6[mm] 이상의 인입용 비닐절연전선일 것. 다만, 지지물 간 거리가 15[m] 이하

인 경우는 인장강도 1.25[kN] 이상의 것 또는 지름 2[mm] 이상의 인입용 비닐절연전선일 것.
다. 전선이 옥외용 비닐절연전선인 경우에는 사람이 접촉할 우려가 없도록 시설하고, 옥외용 비닐절연전선 이외의 절연전선인 경우에는 사람이 쉽게 접촉할 우려가 없도록 시설할 것. **답** ③

30 가공전선로의 지지물로서 길이 9[m], 설계하중이 6.8[kN] 이하인 철근 콘크리트주를 시설할 때 땅에 묻히는 깊이는 몇[m] 이상으로 하여야 하는가?

① 1.2　　② 1.5
③ 2　　④ 2.5

해설 331.7 가공전선로 지지물의 기초의 안전율
가공전선로의 지지물에 하중이 가하여지는 경우에 그 하중을 받는 지지물의 기초의 안전율은 2(이상 시 상정하중이 가하여지는 철탑의 기초에 대하여는 1.33) 이상이어야 한다. 다만, 다음에 따라 시설하는 경우에는 적용하지 않는다.
가. 강관을 주체로 하는 철주(이하"강관주"라 한다.) 또는 철근 콘크리트주로서 그 전체 길이가 16 m 이하, 설계하중이 6.8 kN 이하인 것 또는 목주를 다음에 의하여 시설하는 경우
(1) 전체의 길이가 15 m 이하인 경우는 땅에 묻히는 깊이를 전체길이의 6분의 1 이상으로 할 것.
(2) 전체의 길이가 15 m를 초과하는 경우는 땅에 묻히는 깊이를 2.5 m 이상으로 할 것.
(3) 논이나 그 밖의 지반이 연약한 곳에서는 견고한 전주 버팀대를 시설할 것.

$$\therefore 9[m] \times \frac{1}{6} = 1.5[m]$$ **답** ②

31 태양광발전시스템 어레이 지지대의 조건으로 가장 거리가 먼 것은?

① 유지관리가 용이할 것
② 미관 및 조형성을 가질 것
③ 태풍, 지진 등 외력에 충분히 견딜 것
④ 대기환경에 충분히 비 내수성을 가질 것

해설 내수성은 물의 침투에 저항하는 성질로 어레이 지지대와는 관련이 없는 사항이다. **답** ④

32 음영의 영향을 가장 많이 받는 인버터 접속방법은?

① 중앙 집중 방식

② 서브 어레이 방식

③ 개별 스트링 방식

④ 마이크로 인버터 방식

해설 중앙 집중형 인버터 방식은 스트링이 길고 음영의 영향을 많이 받는다.　　　　　　답 ①

33 분산형 전원을 특고압 한전계통 연계, 저압 한전계통과 연계하기 위한 전기방식이 아닌 것은?

① 교류 3상 22.9[kV]

② 교류 단상 220[V]

③ 교류 3상 154[kV]

④ 교류 3상 380[V]

해설 연계계통의 전기방식

구 분	연계계통의 전기방식
저압 한전계통 연계	교류 단상 220[V] 또는 교류 삼상 380[V] 중 기술적으로 타당하다고 한전이 정한 한가지 전기방식
특고압 한전계통 연계	교류 삼상 22,900[V]

답 ③

34 다음은 계통연계형 PV 시스템의 에너지 흐름에 따른 에너지 손실을 나타낸 것이다. 높은 손실률에서부터 낮은 순으로 올바르게 나타낸 것은?

A. 모듈의 온도	B. 모듈의 오손
C. 음영(그림자)	D. AC손실, 계량기
E. 인버터 손실	

① B → C → D → E → A

② E → D → A → C → B

③ E → A → D → B → C

④ D → C → E → A → B

해설 E. 인버터 손실 7.5[%] → A. 모듈의 온도 3.5[%] → D. AC 손실,계량기 3.0[%] → B. 모듈의 오손 2.5[%] → C. 음영(그림자) 2.0[%]　　답 ③

35 뇌전류를 수뢰부시스템에서 접지극으로 흘리기 위한 외부피뢰시스템의 일부를 말한 것은?

① 수뢰시스템　　　　② 접지시스템

③ 피뢰등전위본딩　　④ 인하도선시스템

해설 1) 수뢰시스템 : 낙뢰를 받아들일 목적으로 설치하는 피뢰침

2) 피뢰등전위본딩(Litghning Equipotential Bonding) : 뇌전류에 의한 전위차를 줄이기 위해 직접적인 도전접속 또는 서지보호장치를 통하여 '분리된 금속부를 피뢰시스템에 본딩' 하는 것을 말한다.

3) 접지시스템 : 뇌격전류를 대지로 방출시키기 위한 시스템　　답 ④

36 접지계통 구성에서 전원의 한 점을 직접 접지하고 설비의 노출 도전부는 전원의 접지전극과 전기적으로 독립적인 접지극에 접속시키고 배전계통에서 PE 도체를 추가로 접지할 수 있는 계통접지 방식은?

① TN−S　　　　　② TT

③ TN−C　　　　　④ TN−C−S

해설 저압계통 접지방식

① TN−S 계통은 전원측 선도체 또는 중간도체의 한 점을 직접 접지하고, 설비의 노출도전부는 보호도체를 통해 그 점에 접속한다.

③ TN−C 계통은 그 계통 전체에 대해 중성선과 보호도체의 기능을 동일도체로 겸용한 PEN 도체를 사용한다.

④ TN−C−S계통은 계통의 일부분에서 PEN 도체를 사용하거나, 중성선과 별도의 PE 도체를 사용하는 방식이 있다.　　답 ②

37 태양광발전시스템 어레이 기초시설 중 내력벽 또는 조적벽을 지지하는 기초로 벽체 양옆에 캔틸레버 작용으로 하중을 분산시키는 기초는?

① 연속기초　　　　② 독립기초

③ 온통기초　　　　④ 파일기초

해설 연속기초는 지지층이 매우 깊은 경우에 자주 쓰인다.
답 ①

38 태양전지 모듈의 선정 시 고려 사항이 아닌 것은?

① 부지면적　　　② 최대출력
③ 효율, 크기　　④ 태양전지의 종류

해설 모듈의 수량 및 사양선택
1) 발전시스템 용량 결정
부지면적, 모듈 1매의 크기, 모듈 1매의 최대출력 등에 의해 결정.
2) 태양전지 모듈의 선정
태양전지의 종류, 효율, 크기, 최대출력, 가격 등을 고려하여 결정.
3) 파워컨디셔너(PCS, 태양광 인버터) 선정
절연방식, 입력전류 범위, 정격출력, 운전 대수, 효율 등 고려하여 결정.
답 ①

39 단상 2선식 저압 배전선의 길이가 100[m], 부하전류 9[A]인 경우 선간 전압강하를 1[V]로 유지하기 위해 필요한 단면적[mm²]은?

① 25　　　　② 35
③ 70　　　　④ 95

해설 KSC IEC 전선규격
1.5, 2.5, 4, 6, 10, 16, 25, 35, 50, 70, 95, 120, 150, 185, 240, 300, 400, 500, 630[mm²]
전선의 단면적
$$A = \frac{35.36 \times L \times I}{1000 \times e} = \frac{35.6 \times 100 \times 9}{1000 \times 1} = 32.04[\text{mm}^2]$$
답 ②

40 설계도서 해석의 우선순위로 가장 먼저 검토할 것은? (단, 계약으로 우선순위를 정하지 아니한 경우이다.)

① 공사시방서
② 산출내역서
③ 감리자 지시사항
④ 승인된 상세시공도면

해설 공사시방서는 특정 공사를 위해 작성되는 시방서
답 ①

3과목 - 태양광발전 시공

41 콘크리트 타설 후 사용되는 앵커의 종류가 아닌 것은?

① 슬리브확장 타입
② 쐐기확장 타입
③ 변위제어확장 타입
④ 헤드스터드 타입

해설 제자리위치 고정형 앵커(Cast-in-place anchor)
콘크리트 타설 전에 미리 심어놓는 앵커종류에는 헤드볼트 타입, 헤드스터드 타입, 갈고리볼트 L형 및 J형 타입이 사용되고 있다.
답 ④

42 다음 (　)에 들어갈 기기는?

> 태양광발전시스템 설비의 수전점의 차단기를 개방할 때 부하의 불평형에 의해서 발생하는 과전압에 대하여 (　)를 정지하는 대책을 세워야 한다.

① 변압기　　　　② 역변환장치
③ 지락과전압계전기　④ 접속함

해설 부하의 불평형에 의해서 발생하는 과전압에 대하여 인버터(역변환장치)를 정지하는 대책을 세워야 한다.
답 ②

43 태양광 원별시공기준 중 인버터에 관한 설명으로 잘못된 것은?

① 인버터는 실내 및 실외용을 구분하여 설치한다.
② 모듈의 설치용량은 인버터의 설치용량의 103[%] 이내이어야 한다.
③ 각 직렬군의 태양전지 개방전압은 입력전압 범위 안에 있어야 한다.
④ 인버터의 출력단 표시사항은 전압, 전류, 전력, 역률, 주파수, 누적발전량, 최대발전량 등이 표시된다.

해설 모듈의 설치용량은 인버터의 설치용량의 105[%] 이내이어야 한다.
답 ②

44 지상형 태양광발전설비 기초공법에서 콘크리트 기초와 다르게 토지에 직접 나선형 구조물로 삽입하는 공법은?

① 스크류 공법
② 스파이럴 공법
③ 보링그라우팅 공법
④ 레이밍 파일 공법

해설 스파이럴(Spiral) 공법 : 큰 크리트 기초와 다르게 토지에 직접 스파이럴 파일(나선형 구조물)을 삽입하는 공법
답 ②

45 케이블 등의 방화구획을 관통할 경우 관통부분에 되메우기 충전재 등을 사용하여 관통부 처리를 하여야 한다. 방화구획 관통부 처리 목적이 아닌 것은?

① 화열의 제한
② 연기 확산방지
③ 인명 안전대피
④ 전선의 절연강도 향상

해설 태양광발전 시스템에 있어서 방화구획 관통부를 처리하는 이유는 화재가 발생할 경우 방화 대책물인 벽, 기둥 등을 통과하는 전선배관의 관통부분에서 다른 설비로 불길이 번지거나 확대되는 것을 방지하고자 하는 데 있다.
답 ④

46 태양광발전설비 시공에서 옥상 및 지붕에 설치하려고 한다. 설치장소 결정 시 해당사항이 아닌 것은?

① 태양광모듈을 처마 끝이나 용마루에 설치할 경우는 풍력(부력 및 풍압)을 고려해야 한다.
② 지지철물의 재료는 장시간 옥외사용에 견디는 재료를 선정하고 완충재사용으로 지붕의 파손 등을 고려해야 한다.
③ 지붕표면에서 태양전지 모듈의 이음 등을 통해서, 태양전지 모듈 이면에 누출되는 우수 등을 지장 없이 배출할 수 있는 방수 수단을 갖춘다.
④ 태양광모듈을 설치하기 전에 시스템의 하중을 견딜 수 있는지를 점검한다.

해설 지붕표면에서 태양전지 모듈의 이음 등을 통해서, 태양전지 모듈 이면에 누출되는 우수 등을 지장 없이 배출할 수 있는 방수 수단을 갖춘다는 것은 설치방법에 해당사항임
답 ③

47 접지의 종류에서 접지 목적이 잘못된 것은?

① 기기접지 – 정전기의 축적에 의한 폭발재해 방지
② 지락검출용 접지 – 누전차단기의 동작을 확실하게 함
③ 등전위 접지 – 병원에 있어서의 의료기기 사용 시의 안전
④ 계통접지 – 고압전로와 저압전로 혼촉시 감전이나 화재방지

해설 • 정전기 방지용 접지 – 정전기의 축적에 의한 폭발재해방지
• 기기접지 – 누전되고 있는 기기에 접촉되었을 때의 감전방지
답 ①

48 혼촉 사고시에 2초 안에 자동 차단되는 22.9[kV] 전로에 결합된 220[V]측의 접지 저항값의 최대는 몇 [Ω]인가? (단, 특고압측 1선 지락전류는 25[A]라고 한다.)

① 6
② 12
③ 16
④ 20

해설 $\dfrac{300}{1선지락전류} = \dfrac{300}{25} = 12[\Omega]$
• 1초 초과 2초 이내에 고압 · 특고압 전로를 자동으로 차단하는 장치를 설치할 때는 300을 나눈 값 이하
답 ②

49 태양광발전 구조물 종류에서 정남향에 위치하고 태양광의 입사각이 모듈에 90°로 입사되도록 경사각을 고정하는 방식은?

① 양축 추적식
② 단축 추적식
③ 경사가변형
④ 고정형

해설 **태양광발전 구조물 종류**
1) 경사가변형 : 경사각을 계절 또는 월별에 따라서 상하로 위치 변화시키는 방식
2) 단축 추적식 : 상하추적 또는 좌우추적으로 태양의

한 측만을 추적하도록 설계된 방식
3) 양축 추적식 : 태양의 직달 일사량이 최대가 되도록 상하, 좌우를 동시에 추적 하도록 설계된 방식

답 ④

50 태양전지 모듈에서 인버터 입력단간 거리가 200[m] 이하일 때 전선의 길이에 따른 전압강하 최대 허용치[%]는?

① 3[%]　　　　　② 5[%]
③ 6[%]　　　　　④ 7[%]

해설 전압강하
1) 태양전지판에서 인버터 입력단간 및 인버터 출력단과 계통연계점간의 전압강하는 각 3[%]를 초과하여서는 안 된다.
2) 전선길이가 60[m]를 초과할 경우에는 아래 표에 따라 시공할 수 있다. 전압강하 계산서(또는 측정치)를 설치확인 신청시에 제출한다.

전선길이	전압강하
120[m] 이하	5[%]
200[m] 이하	6[%]
200[m] 초과	7[%]

답 ③

51 수상 태양광발전설비에 해당사항이 아닌 것은?

① 계류장치　　　　② 앵커시설
③ 배수설비　　　　④ 지지대

해설 수상 태양광 발전설비(지지대, 부력체, 계류장치, 앵커시설, 송변전설비 등)를 설치할 때는 건축구조기준, 항만 및 어항 설계기준, 선박안전법 등 해당 법령에 따라 풍하중, 적설하중, 자중, 군중하중, 파랑, 조류 등을 포함한 외력 등을 고려하여 안전성이 확보되도록 하여야 한다.

답 ③

52 다음 중 구조골조용 풍하중과 관련 있는 사항이 아닌 것은?

① 노출계수　　　　② 외압계수
③ 설계풍력　　　　④ 유효수압면적

해설 구조골조용 풍하중(W_f)
$$W_f = P_f \times A$$
P_f : 구조골 조용 설계풍력, A : 유효수압면적
1) 밀폐형 건축물의 구조골조용 설계풍력(P_f)
$$P_f = G_f \times (q_z \times C_{pe1} - q_h \times C_{pe2})$$

G_f : 구조골조용 가스트 영향계수
C_{pe} : 외압계수,　q : 설계속도압
2) 개방형 건축물 및 기타 구조물의 구조골조용 설계풍력(P_f)
$$P_f = q_z \times (G_f \times C_{pe} - G_f \times C_\pi), \quad C_\pi : 내압계수$$
* 노출계수는 적설 하중에 해당함

답 ①

53 태양전지 모듈의 검사 시 성능평가 요소가 아닌 것은?

① 단락전류　　　　② 최대출력
③ 충진율　　　　　④ 방전전류

해설 태양전지 성능평가
태양전지는 태양빛을 받아 전력을 생산하는 반도체 소자로서 단락전류(I_{sc}), 개방전압(V_{oc}), 최대 출력(P_m), 충진율(FF), 변환 효율(η) 등의 지표는 태양전지의 성능평가 주요 요소이다.

답 ④

54 태양전지 모듈간 직·병렬 배선에서 설명이 틀린 것은?

① 모듈 뒷면의 접속용 케이블이 2개씩 나와 있으므로 극성표시를 무시해도 무방하다.
② 태양전지 모듈간의 배선은 단락전류에 충분히 견딜 수 있도록 2.5[mm²] 이상의 전선을 사용해야 한다.
③ 배선 접속부위는 전기 절연상태를 양호하게 용융 접착테이프와 보호테이프로 밀봉한다.
④ 태양전지 모듈의 각 직렬군은 동일한 단락전류를 가진 모듈로 구성해야 한다.

해설 모듈 뒷면의 접속용 케이블이 2개씩 나와 있으므로 반드시 극성표시를 확인한 후 결선한다.

답 ①

55 분산형 전원을 배전계통에 연계 시 승압용 변압기의 1차 결선방식으로 옳은 것은? (단, 인버터는 3상이며, 절연변압기를 사용하는 조건임)

① Y결선　　　　　② △결선
③ V결선　　　　　④ 스코트(Scott)결선

해설 분산형 전원 배전계통은 Y결선 방식을 사용한다.

답 ①

56 시방서 종류별로 설명한 것 중 틀린 것은?

① 공사시방서 – 특정 공사를 위해 작성

② 특기시방서 – 비기술적인 특수사항을 규정

③ 표준시방서 – 모든 공사의 공통적인 사항을 규정

④ 기술시방서 – 공사전반에 기술적인 사항을 규정

해설 특기시방서란 요구조건과 계약조건으로 구분되어 비기술적인 일반 사항을 규정하는 시방서이다. 답 ②

57 가공전선로에서 전선의 이도에 관한 설명으로 틀린 것은?

① 이도는 지지물의 높이를 결정한다.

② 이도는 온도 변화의 영향과 무관하다.

③ 이도가 크면 전선이 진동하므로 지락 사고의 우려가 있다.

④ 이도가 적으면 전선의 장력이 증가하여 단선의 우려가 된다.

해설 • 이도란

전선을 전선의 지지물에 가선 시 전선은 지지물을 잇는 수평선보다 조금 밑으로 내려가도록 한다. 이때 수평선과 전선의 가장 낮은 부분과의 차를 이도라 한다.

• 이도의 필요성

전선은 온도에 따라 길이가 변함, 즉 여름에는 전선이 늘어나 길어지고 겨울에는 전선의 길이가 감소한다. 따라서 이 길이 변화에 대한 전선의 보호를 위해 이도가 필요함 답 ②

58 케이블 포설 시 주의 사항으로 틀린 것은?

① 루프회로가 생기지 않도록 한다.

② 케이블 곡률 반지름을 넘지 않도록 주의한다.

③ 케이블은 가능하면 음영지역에 포설하면 안된다.

④ 케이블은 절연이 손상되기 쉬우므로 겨울 기온에 유의하여 취급하여야 한다.

해설 케이블은 가능한 음영지역에 설치하며, 빗물이 고이지 않도록 한다. 답 ③

59 연동연선의 단면적이 253[mm²]이고, 소선의 지름이 2.3[mm]이며, 4층 구조라 할 때 소선의 가닥수는?

① 19   ② 37

③ 61   ④ 91

해설 소선가닥수

$N = 3n(n+1)+1 = 3 \times 4 \times (4+1)+1 = 61$[가닥]

* 전선외경 공식 $D = (1+2n)d$

* 1층(7가닥), 2층(19가닥), 3층(37가닥), 4층(61가닥), 5층(91가닥) 답 ③

60 순방향으로 바이어스된 베이스–이미터 트랜지스터 회로의 컬렉터 전류 i_C가 4.65[mA], 베이스 전류 i_B가 0.0465[mA]인 경우 DC 전류 이득 β_{DC}는?

① 0.01   ② 0.22

③ 4.7   ④ 100

해설 $\beta_{DC} = \dfrac{i_C}{i_B} = \dfrac{4.65}{0.0465} = 100$ 답 ④

4과목 - 태양광발전 운영

61 전기안전관리 기본계획 수립에서 산업통상자원부장관은 전기재해 예방 등 체계적인 전기안전관리를 위하여 몇 년마다 전기안전관리에 관한 기본계획을 수립·시행하여야 하는가?

① 2년   ② 3년

③ 5년   ④ 7년

해설 전기안전관리 기본계획 수립에서 산업통상자원부장관은 전기재해 예방 등 체계적인 전기안전관리를 위하여 5년마다 전기안전관리에 관한 기본계획을 수립·시행하여야 한다. 답 ③

62 계약시장의 거래 절차가 올바른 것은?

① REC 발급 → 매물 등록 → 매매계약 체결 → 거래대금 정산 → REC 판매완료

② REC 발급 → 매물 등록 → 거래대금 정산 → 매매계약 체결 → REC 판매완료

③ 자체계약/경쟁 입찰 선정 → 계약신고 → 거래대금 정산 → REC 발급 → REC 판매완료

④ 자체계약/경쟁 입찰 선정 → 계약신고 → REC 발급 → 거래대금 정산 → REC 판매완료

해설 거래 흐름도
1) 현물시장
REC 발급 → 매물 등록 → 매매계약 체결 → 거래대금 정산 → REC 판매완료
2) 계약시장
자체계약 / 경쟁 입찰 선정 → 계약신고 → REC 발급 → 거래대금 정산 → REC 판매완료   **답** ④

63 ( )안에 들어갈 내용으로 옳은 것은?

> **[보기]**
> 태양광 발전설비로 용량( )[kW] 미만 소유자 또는 점유자가 안전공사 및 안전관리대행사업자에게 안전관리업무를 대행하게 할 수 있다.

① 500 ② 1000
③ 1500 ④ 2000

해설 1. 안전공사 및 대행사업자
(전기사업법 시행규칙 제41조)
① 용량 1,000[kW] 미만의 전기수용설비
② 용량 300[kW] 미만의 발전설비. 다만, 비상용 예비발전설비의 경우에는 용량 500[kW] 미만으로 한다.
③ 태양에너지를 이용하는 발전설비로서 용량 1,000 [kW] 미만인 것
2. 개인대행자
① 용량 500[kW] 미만의 전기수용설비
② 용량 150[kW] 미만의 발전설비. 다만, 비상용 예비발전설비의 경우에는 용량 300[kW] 미만으로 한다.
③ 용량 250[kW] 미만의 태양광발전설비   **답** ②

64 한전계통에 순간정전이 발생하여 태양광발전 시스템 인버터가 정지할 때 동작되는 계전기는?

① 주파수계전기
② 과전압계전기
③ 저전압계전기
④ 역상계전기

해설 한전계통에 순간정전이 발생하면 이를 측정하기 위해 저전압계전기를 이용하여 인버터가 정지하도록 한다.   **답** ③

65 독립형 태양광 발전설비 유지보수 중 일상점검 항목이 아닌 것은?

① 접속함의 개방전압
② 인버터의 이상 과열
③ 축전기의 액면 저하
④ 지지대의 부식

해설 매일 일상순시점검은 문을 열어 점검하든지 커버를 해체한 후, 점검한다든지 하는 것이 아니고 이상한 소리, 냄새, 손상 등을 접속반 외부에서 점검하는 것을 말한다.   **답** ①

66 유지보수 점검방법에서 각종계기의 동작 상태 및 감각에 의해 외관을 점검하는 것으로 필요 시 청소, 교체 등을 실시하는 점검은?

① 운전점검 ② 일상점검
③ 정기점검 ④ 임시점검

해설 태양광 발전 설비의 유지 보수 방법에는 운전점검, 일상점검, 정기점검, 임시점검 방법이 있다.   **답** ①

67 발전소에서 생산된 전력의 시간대별 가격을 나타내는 것은?

① SMP ② REC
③ RPS ④ FIT

해설 SMP(System Marginal Price, 계통한계 가격)은 발전소에서 생산된 전력의 시간대별 가격   **답** ①

68 태양광발전시스템의 운전 시 조작 방법으로 틀린 것은?

① Main VCB반 전압 확인
② 접속반, 인버터 DC전압 확인
③ DC용 차단기 On, AC측 차단기 On
④ 즉시 인버터 정상작동여부 확인

해설

운전 시 조작방법	정전 시 조작방법
1) Main VCB반 전압 확인	1) Main VCB반 전압확인 및 계전기를 확인하여 정전여부 확인, 부저 OFF
2) 접속반, 인버터 DC전압 확인	2) 태양광 인버터 상태 확인(정지)
3) DC용 차단기 On, AC측 차단기 On	3) 한전 전원 복구여부 확인
4) 5분 후 인버터 정상동작여부 확인	4) 인버터 DC전압 확인 후 운전 시 조작 방법에 의해 재시동

답 ④

69 태양광발전시스템에 계측기구 및 표시장치의 설치목적으로 틀린 것은?

① 시스템의 홍보
② 시스템의 운전 상태를 감시
③ 시스템 기기 또는 시스템 종합평가
④ 시스템에서 생산된 전력 판매량 파악

해설 계측 · 표시는 사용 목적에 따라 4가지 이유가 있다.
1) 시스템의 운전상태 감시를 위한 계측 또는 표시
2) 시스템의 발전전력량을 알기 위한 계측
3) 시스템 기기 및 시스템 종합평가를 위한 계측
4) 시스템 운전상황을 견학자에게 보여주고, 시스템의 홍보를 위한 계측 또는 표시
※ 전력 판매량은 계량기를 통해 알 수 있다. 답 ④

70 물체의 낙하 또는 비래에 의한 위험을 방지 또는 경감하고, 머리부위 감전에 의한 위험을 방지하기 위한 종류(기호)는?

① AB
② AE
③ ABE
④ AC

해설 추락 및 감전 위험방지용 안전모의 종류

종류(기호)	사용 구분
AB	물체의 낙하 또는 비래 및 추락에 의한 위험을 방지 또는 경감시키기 위한 것
AE	물체의 낙하 또는 비래에 의한 위험을 방지 또는 경감하고, 머리부위 감전에 의한 위험을 방지하기 위한 것
ABE	물체의 낙하 또는 비래 및 추락에 의한 위험을 방지 또는 경감하고, 머리부위 감전에 의한 위험을 방지하기 위한 것

답 ②

71 내충격성 및 내압박성 시험방법에서 500[mm]의 낙하높이, (10.0±0.1)[kN]의 압축하중 시험에 해당하는 작업용은?

① 강작업용
② 보통 작업용
③ 중작업용
④ 경작 업용

해설 안전화의 등급

작업구분	내충격성 및 내압박성 시험방법	사용 장소
중작업용	1,000[mm]의 낙하높이, (15.0±0.1)[kN]의 압축하중 시험	광업, 건설업 및 철광업에서 원료취급, 가공, 강재 취급 및 강재 운반, 건설업 등에서 중량물 운반작업, 가공대상물의 중량이 큰 물체를 취급하는 작업장으로서 날카로운 물체에 의해 찔릴 우려가 있는 장소
보통 작업용	500[mm]의 낙하높이, (10.0±0.1)[kN]의 압축하중 시험	기계공업, 금속가공업, 운반, 건축업 등 공구 가공품을 손으로 취급하는 작업 및 차량사업장의 기계 등을 운전 조작하는 일반작업장으로서 날카로운 물체에 의해 찔릴 우려가 있는 장소
경작업용	250[mm]의 낙하높이, (4.4±0.1)[kN]의 압축하중 시험	금속선별, 전기제품 조립, 화학제품 선별, 반응장치 운전, 식품 가공업 등 비교적 경량의 물체를 취급하는 작업장으로서 날카로운 물체에 의해 찔릴 우려가 있는 장소

답 ②

72 안전모 성능시험에서 내전압성이란 몇 [V] 이하의 전압에 견디는 것을 말하는가?

① 3000
② 4000
③ 6000
④ 7000

[해설] 내전압성이란 7,000볼트 이하의 전압에 견디는 것을 말한다. (고용노동부 고시에 명시) 🖻 ④

73 중대형 태양광 발전용 인버터의 시험 중 정상 특성시험 항목이 아닌 것은?

① 효율 시험
② 내전압 시험
③ 측정오차 정확도 시험
④ 온도 상승 시험

[해설] 중대형 태양광 발전용 인버터의 시험 중 정상특성시험은 독립형시험, 계통연계형시험으로 구분되며 공통으로 효율시험, 온도 상승 시험, 측정오차 정확도 시험 , 측정오차 정확도 시험이 있으며 내전압시험은 절연성능시험 이다. 🖻 ②

74 일반부지에 태양광발전설비를 설치하는 경우 공급인증서 가중치는? (단, 3000[kW] 초과부터 이다.)

① 0.5　　② 1.5
③ 0.8　　④ 1.6

[해설] 일반부지에 설치하는 경우 가중치
· 100[kW] 미만 : 1.2
· 100[kW] 부터 : 1.0
· 3,000[kW] 초과부터 : 0.8 🖻 ③

75 고정가격계약 경쟁 입찰을 통한 장기계약 또는 공급의무자와의 자체계약에 따라 운영되는 거래시장은?

① 현물시장　　② 한국전력
③ 계약시장　　④ 현금시장

[해설] **공급인증서 거래시장의 종류**
1) 현물시장
· 경매방식으로 운영되는 시장
· 태양광/비태양광 구분 없이 매주 2회 개설
2) 계약시장
고정가격계약 경쟁 입찰을 통한 장기계약 또는 공급의무자와의 자체계약에 따라 운영되는 시장 🖻 ③

76 전기저장장치를 시설하는 곳에 시설해야하는 계측장치가 아닌 것은?

① 이차전지 출력 단자의 전압, 전류, 전력
② 주요변압기의 전압, 전류 및 전력
③ 축전지 모듈의 내부 전해질 온도
④ 이차전지 충 · 방전 상태

[해설] KEC 511.2.10 (계측장치)
전기저장장치를 시설하는 곳에는 다음의 사항을 계측하는 장치를 시설하여야 한다.
가. 이차전지 출력 단자의 전압, 전류, 전력 및 충방전 상태
나. 주요변압기의 전압, 전류 및 전력 🖻 ③

77 태양광발전시스템 운영 시 비치서류가 아닌 것은?

① 건설 관련 도면
② 송전 관계 일람도
③ 구조물의 구조계산서
④ 시방서 및 계약서 사본

[해설] 송전 관계 일람도는 사업허가 신청에 필요한 서류 🖻 ②

78 다음 산출방법에서 산출방법이 옳은 성능분석 용어는?

$$\frac{\text{시스템의 평균발전전력[kW] 또는 전력량[kWh]}}{\text{부하소비전력[kW] 또는 전력량[kWh]}}$$

① 태양에너지 의존율
② 시스템 가동률
③ 시스템 발전효율
④ 시스템 일조가동률

[해설] ① 태양에너지 의존율
$$= \frac{\text{시스템의 평균발전전력[kW] 또는 전력량[kWh]}}{\text{부하소비전력[kW] 또는 전력량[kWh]}}$$
③ 시스템 발전효율
$$= \frac{\text{시스템발전전력[kW]}}{\text{경사면 일사량[kW/m}^2\text{] × 태양전지 어레이 면적[m}^2\text{]}}$$
④ 시스템 일조가동률 $= \dfrac{\text{시스템 동작시간[h]}}{\text{가조시간}}$ 🖻 ①

79 인버터 이상신호 조치 방법에서 현장설명이 계통 전압이 규정치 이상일 때 발생 하는 경우 인버터의 표시내용으로 옳은 것은?

① Utility Line Fault
② Line Over Voltage Fault
③ Line Phase Sequence Fault
④ Inverter Over Current Fault

해설 Line Over Voltage Fault는 계통주차수가 규정치 이상일 때이고 계통전압 확인 후 5분 재가동 한다. 답 ②

80 자가용전기설비 태양광 발전소에서 태양전지 · 전기설비계통의 정기검사 시기는?

① 1년 이내　　② 2년 이내
③ 3년 이내　　④ 4년 이내

해설 정기검사시기(전기사업법시행규칙 제32조 제1항 및 제2항 관련 별표 1)

구 분	대 상	시 기
전기사업용 전기설비	• 태양전지·전기설비 계통 • 연료전지·전기설비 계통	• 4년 이내 • 연료전지 교체 시기마다
자가용 전기설비	• 풍차·발전기 계통 • 태양전지·전기설비 계통 • 연료전지·전기설비 계통	• 4년 이내 • 4년 이내 • 연료전지 교체 시기마다

답 ④

1과목 - 태양광발전 기획

01 모듈 후면에 있는 출력단자함에 설치되며, 셀 18~20개마다 1개씩 설치하는 것은?

① 바이패스 소자　　② 노이즈 필터
③ 서지 보호장치　　④ 저항

해설 • 바이패스 다이오드는 모듈 후면에 있는 출력단자함에 설치되며, 셀 18~20개마다 1개의 바이 패스 다이오드를 설치한다.
• 공칭 최대 출력전압의 1.5배 이상　　**답** ①

02 국토의 계획 및 이용에 관한 법률에서 개발행위 허가 사항에 해당하는 것이 아닌 것은?

① 공작물의 설치
② 토지의 형질 변경
③ 토지 분할
④ 건축물의 분할

해설 국토의 계획 및 이용에 관한 법률
제56조(개발행위 허가)
1. 건축물의 건축 또는 공작물의 설치
2. 토지의 형질 변경(경작을 위한 경우로서 대통령령으로 정하는 토지의 형질 변경은 제외한다)
3. 토석의 채취
4. 토지 분할(건축물이 있는 대지의 분할은 제외한다)
5. 녹지지역 · 관리지역 또는 자연환경보전지역에 물건을 1개월 이상 쌓아놓는 행위　　**답** ④

03 태양전지 어레이의 산출시 적용하는 설계요소가 아닌 것은?

① 구조물 형상
② 남북향 길이
③ 강재의 강도 및 판 두께
④ 태양광발전 위치에 대한 위도

해설 $D = L(\cos\beta + \sin\beta \times \tan(\gamma + 23.5°))$
L : 모듈의 길이, γ : 위도, β : 경사각　　**답** ③

04 인버터 선정 시 고려사항 중 전력품질 · 공급 안전성 성격이 다른 것은?

① 잡음 발생이 적을 것
② 전력변환효율이 높을 것
③ 고조파의 발생이 적을 것
④ 기동 · 정지가 안정적일 것

해설 • 태양광의 유효 이용에 관한 확인 사항
1) 전력변환효율이 높을 것
2) 최대전력 추종제어(MPPT)에 의한 최대전력의 추출이 가능할 것
3) 야간 등의 대기손실이 적을 것
4) 저부하 시의 손실이 적을 것
• 전력품질 · 공급 안전성
1) 잡음 발생이 적을 것
2) 고조파의 발생이 적을 것
3) 기동 · 정지가 안정적일 것　　**답** ②

05 태양전지의 전기적 특성에 대한 설명으로 틀린 것은?

① 출력전압은 절대적으로 입사광 세기에 비례한다.
② 최대 밝기의 1/5 정도 되는 흐린 날에도 전압이 나온다.
③ 태양전지의 전압출력은 온도에 따라 영향을 받는다.
④ 태양전지의 전류출력은 입사되는 빛의 세기에 비례한다.

해설 ① 태양전지의 온도특성은 전압에 반비례하고, 전류에 비례하나 그 수준은 아주 낮다.
② 태양전지의 일사량 특성은 전류에 비례하고, 전압에 비례하나 그 수준은 아주 낮다.　　**답** ①

06 태양광 발전시간이 3.8[kWh/kWp/day]일 때 발전소 이용률[%]은?

① 14.28　　　　② 15.83
③ 16.22　　　　④ 16.5

해설 이용률 $= \dfrac{3.8}{24} \times 100 = 15.83[\%]$　　**답** ②

---

07 편익과 비용의 현재가치를 동일하게 할 경우의 비용에 대한 이자율을 산정하는 분석기법은?

① 원가분석방법
② 내부수익률법
③ 순현재가치분석방법
④ 비용 · 편익분석방법

해설 내부수익률은 편익과 비용의 현재가치를 동일하게 할 경우의 비용에 대한 이자율을 산정하는 기법　**답** ②

---

08 그림과 같은 인버터 회로방식의 명칭으로 옳은 것은?

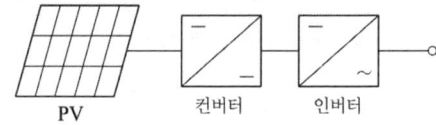

① 트랜스리스방식
② 고주파변압기 절연방식
③ 상용주파변압기 절연방식
④ 서브어레이 방식

해설 트랜스리스방식 : 태양전지의 직류출력 DC–DC 컨버터로 승압하고 인버터로 상용주파의 교류로 변환한다.　**답** ①

---

09 육상태양광발전사업 환경성 평가 협의 지침에서 입지를 회피해야 할 지역 중 경관보존이 필요한 지역은?

① 산사태위험 2등급
② 문화재보호구역
③ 상태 · 자연도 2등급(식생보전 Ⅰ–Ⅱ등급)
④ 지형변화지수 2 이상 발생이 예상되는 지역

해설 생태 · 경관보전지역, 문화재보호구역 등 경관보전이 필요한 지역　**답** ②

---

10 태양광발전설비 공작물을 설치하기 위하여 개발행위허가 주체가 아닌 것은?

① 산업자원부장관
② 시장
③ 특별자치도지사
④ 군수

해설 국토의 계획 및 이용에 관한 법률 제56조(개발행위의 허가)

① 다음 각 호의 어느 하나에 해당하는 행위로서 대통령령으로 정하는 행위(이하 "개발행위"라 한다)를 하려는 자는 특별시장 · 광역시장 · 특별자치시장 · 특별자치도지사 · 시장 또는 군수의 허가(이하 "개발행위허가"라 한다)를 받아야 한다.

다만, 도시 · 군계획사업(다른 법률에 따라 도시 · 군계획사업을 의제한 사업을 포함한다)에 의한 행위는 그러하지 아니하다.　**답** ①

---

11 전기사업법령에 따라 전기사업자가 공급하는 전기의 표준전압 및 표준주파수의 허용오차 범위기준에 관한 설명으로 틀린 것은?

① 110볼트의 상하로 6볼트 이내
② 220볼트의 상하로 15볼트 이내
③ 380볼트의 상하로 38볼트 이내
④ 60헤르츠의 상하로 0.2헤르츠 이내

해설 220볼트의 상하로 13볼트 이내　　**답** ②

---

12 일반부지에 설치하는 경우 태양광에너지가중치 산정식이 틀린 것은?

설치용량	태양광에너지 가중치 산정식
① 100[kW] 미만	1.2
② 100[kW]부터 3,000[kW] 이하	$\dfrac{99.999 \times 1.2 + (용량 - 99.999) \times 1.0}{용량}$
③ 3,000[kW] 초과부터	$\dfrac{99.999 \times 1.2}{용량} + \dfrac{2,900.001 \times 1.0}{용량} + \dfrac{(용량 - 3,000) \times 0.8}{용량}$
④ 3,000[kW] 이하	1.5

해설 건축물 등 기존 시설물을 이용하는 경우

설치용량	태양광에너지 합성가중치 산정식
3,000[kW] 이하	1.5
3,000[kW] 초과부터	$\dfrac{3,000 \times 1.5 + (용량 - 3,000) \times 1.0}{용량}$

답 ④

13 환경영향평가법령에 따른 전략환경 영향평가의 정책계획에 대한 세부평가항목으로 틀린 것은?

① 계획의 적정성·지속성
② 계획의 연계성·일관성
③ 입지의 타당성
④ 환경보전계획과의 부합성

해설 • 정책계획
  1) 환경보전계획과의 부합성
  2) 계획의 연계성·일관성
  3) 계획의 적정성·지속성
• 개발기본계획
  1) 계획의 적정
  2) 입지의 타당성   **답** ③

14 신에너지 및 재생에너지 개발·이용·보급 촉진법령에 따라 공급인증기관이 제정하는 공급인증서 발급 및 거래시장 운영에 관한 규칙에 포함되는 사항으로 틀린 것은?

① 공급인증서의 거래방법에 관한 사항
② 공급인증서 가격의 결정방법에 관한 사항
③ 신·재생에너지 공급량의 증명에 관한 사항
④ 저탄소 녹색성장과 관련된 법제도에 관한 사항

해설 촉진법 시행규칙 2조의4(운영규칙의 제정 등)
  1. 공급인증서의 발급, 등록, 거래 및 폐기 등에 관한 사항
  2. 신·재생에너지 공급량의 증명에 관한 사항
  3. 공급인증서의 거래방법에 관한 사항
  4. 공급인증서 가격의 결정방법에 관한 사항
  5. 공급인증서 거래의 정산 및 결제에 관한 사항
  6. 그 밖에 공급인증서의 발급 및 거래시장 운영에 필요한 사항   **답** ④

15 태양전지의 효율을 나타내는 식으로 옳은 것은?

① $\dfrac{출력\ 전기에너지}{입사\ 태양광에너지} \times 100$

② $\dfrac{인버터\ 출력\ 전기에너지}{인버터\ 입력\ 전기에너지} \times 100$

③ $\dfrac{출력\ 전기에너지}{출력\ 태양광에너지} \times 100$

④ $\dfrac{입사\ 태양광에너지}{태양\ 발생\ 에너지} \times 100$

해설 태양전지의 효율은 보통 %로 나타낸다. 태양에너지를 얼마만큼 전기에너지로 변환하느냐 하는 이 변환효율은 (태양전지출력(W)/1 [m²]당 입사되는 에너지) × 100)이다.   **답** ①

16 다음 중 계통연계형 태양광발전시스템의 발전량 산출 절차가 올바른 것은?

> A. 필요한 태양전지 용량 결정
> B. 전력 수요량 결정
> C. 시스템 설계
> D. 태양전지 설치 면적 결정
> E. 태양전지의 설치가능성 판단

① E → B → D → A → C
② E → D → A → B → C
③ B → A → D → E → C
④ B → E → A → E → C

해설 계통연계형 태양광발전시스템의 발전량 산출 절차
  : B → A → D → E → C   **답** ③

17 전기사업의 허가를 신청하는 자가 사업계획서를 작성할 때 태양광설비의 개요로 기재하여야 할 내용이 아닌 것은?

① 교류주파수   ② 정격용량
③ 입력전압   ④ 정격출력

해설 전기사업법 시행규칙 사업계획서 작성요령
  1) 태양전지의 종류, 정격용량, 정격전압 및 정격출력
  2) 인버터의 종류, 입력전압, 출력전압 및 정격출력
  3) 집광판의 면적   **답** ①

18 일사량에 대한 설명으로 올바르지 못한 것은?

① 직달 일사는 태양으로부터 지상의 관측지점으로 직접 도달하는 일사

② 확산 일사는 대기 중의 먼지 및 구름에서 산란 및 반사과장을 거친 후 도달하는 일사

③ 각 지역별 위도 차이에 의한 일사량만 고려하여 어레이 경사각을 결정한다.

④ 일사량의 단위는 [kWh/m² · 기간]이다.

해설 태양광 어레이의 경사각에 따라 월별 일사량이 변화하기 때문에 최적 어레이 경사각을 결정하기 위해서는 경사각에 따른 일사량을 평가하여 일사량이 가장 적은 달을 기준으로 어레이 경사각을 결정하게 된다. **답** ③

19 신에너지 및 재생에너지 개발 · 이용 · 보급촉진법령에 따른 2024년~2025년 까지 신재생에너지의 공급의무 비율(%)은?

① 21   ② 24

③ 34   ④ 38

해설 신 · 재생에너지의 공급의무 비율
(제15조 제1항 제1호 관련)

해당 연도	2020~ 2021	2022~ 2023	2024~ 2025	2026~ 2027	2028~ 2029	2030 이후
공급의무 비율[%]	30	32	34	36	38	40

답 ③

20 태양광발전부지 조사에서 현장조사 환경조건 조사에 해당 사항이 아닌 것은?

① 지자체의 조례 조사

② 수광 장애의 유무

③ 염해 · 공해의 유무

④ 새 등 분비물 피해의 유무

해설 현장조사
1) 조건 등의 조사
   · 지자체의 조례 조사(지역에 따라서 시의 조례 등에 따라 건축제한을 받는 곳)
   · 인가 및 지역주민과의 일조권 등의 문제가 발생하지 않도록 설치자와 사전협의
2) 환경조건의 조사
   · 수광 장애의 유무
   · 염해 · 공해의 유무
   · 겨울철 적설 · 결빙 · 뇌해 상태
   · 자연재해
   · 새 등 분비물 피해의 유무 **답** ①

2과목 - 태양광발전 설계

21 계통연계형 태양광 발전시스템 설계 시 갖추어야 할 기초자료가 아닌 것은?

① 청명일수

② 최대 폭설량

③ 지질조사 기록

④ 순간풍속 및 최대풍속

해설 태양광 발전시스템 설계 시 갖추어야 할 기초 자료로 연간 일조량 분포도, 순간풍속 및 최대풍속, 최저온도 및 최고온도 설치예정 장소의 오염원 유무, 최대 폭설 시의 폭설량, 설치장소의 지질조사 **답** ①

22 모듈의 수량 및 사양의 선택에서 발전시스템 용량 결정사항이 아닌 것은?

① 부지면적

② 태양전지의 종류

③ 모듈 1매의 크기

④ 모듈 1매의 최대출력

해설 · 태양전지 모듈의 선정
태양전지의 종류, 효율, 크기, 최대출력, 가격 등을 고려하여 결정
· 발전시스템 용량결정
부지면적, 모듈 1매의 크기, 모듈 1매의 최대출력 등에 고려하여 결정 **답** ②

23 태양광발전시스템의 DC케이블의 굵기 산정을 위한 DC전원 케이블에 흐르는 허용전류는 태양전지 어레이 단락전류의 몇 배를 곱하여 산출하는가?

① 1.15배   ② 1.25배

③ 1.35배   ④ 1.50배

해설 DC케이블은 KS C IEC 60364-7-712에 따라 STC에서 태양광 어레이 단락전류의 1.25배이다. **답** ②

24 다음은 한국전기설비규정의 용어에 관한 기술이다. 틀린 것은?

① 접근상태란 제1차 접근상태만을 말한다.
② 배관이란 발전용기기 중 증기, 물, 가스 및 공기를 이동시키는 장치를 말한다.
③ 관등회로란 방전등용 안정기 또는 방전등용 변압기로부터 방전관까지의 전로를 말한다.
④ 옥내배선이란 건축물 내부의 전기사용장소에 고정시켜 시설하는 전선을 말한다.

해설 접근상태란 제1차 접근상태 및 제2차 접근상태를 말한다. **답** ①

25 태양광발전시스템 구조물의 지진하중 산출식 $K = C_L \times G$에서 G는 무엇을 의미하는가? (단, C_L은 지진층 전단력계수이다.)

① 풍압하중 ② 고정하중
③ 유동하중 ④ 적설하중

해설 K : 지진하중, C_L : 지진층 전단력계수
G : 고정하중 **답** ②

26 250[W] 태양전지(80[A], 40[V])가 14직렬, 10병렬로 설치된 PV어레이 단자함에서 인버터까지 거리가 100[m], 전선의 단면적이 16[mm²]일 때 전압강하율[%]은? (단, 어레이에서 어레이 단자함까지의 모듈 한 장당 전압강하는 0.5[V]이다.)

① 2.15 ② 2.81
③ 3.22 ④ 3.93

해설 전압강하 $= \dfrac{35.6 \times L \times I}{1,000 \times A}$

(L : 선 길이, I : 선 전류, A : 선 단면적)

$= \dfrac{35.6 \times 100[\text{m}] \times 80[\text{A}]}{1,000 \times 16[\text{mm}^2]} = 17.8[\text{V}]$

전압강하율

$= \dfrac{\text{송전단 전압} - \text{수전단 전압}}{\text{수전단 전압}}$

$= \dfrac{((40-0.5) \times 14) - ((40-0.5) \times 14 - 17.8)}{(40-0.5) \times 14 - 17.8} \times 100$

$= 3.3$ **답** ③

27 태양광 발전원가의 구성 항목 중 초기투자비에 해당하지 않는 것은?

① 계통연계비용
② 인허가 용역비
③ 설계 및 감리비
④ 운전유지 및 수선비

해설 운전유지 및 수선비는 태양광 완공 후 발전소 운영에 필요한 운영비이다. **답** ④

28 음영의 방지 대책이 아닌 것은?

① 추적식 태양광발전설비를 이용한다.
② 음영이 생기지 않도록 어레이를 배치한다.
③ 인버터(PCS)의 MPP추종제어 기능으로 출력손실을 최소화 한다.
④ 부분 음영이 발생될 것을 대비해 일정한 셀 수마다 바이패스 소자를 설치한다.

해설 음영의 방지 대책
1) 태양전지모듈의 접속함 내에 바이패스 다이오드를 적용
2) 서브어레이, 스트링 인버터 사용
3) 인버터 MPPT 기능사
* 추적식은 발전효율을 높이는 목적에 사용하므로 음영방지대책과 무관 **답** ①

29 태양광발전소의 경우 발전시설용량이 몇 [kW] 이상일 때 환경영향 평가 대상인가?

① 5000 ② 10000
③ 50000 ④ 100000

해설 환경영향평가대상사업의 범위
발전시설용량이 1만 킬로와트 이상인 발전소. 다만, 댐 및 저수지 건설을 수반하는 발전소의 경우에는 발전시설용량이 3천 킬로와트 이상인 것, 태양력·풍력 또는 연료전지발전소의 경우에는 발전시설용량이 10만 킬로와트 이상인 것 **답** ④

30 위도가 30°일 때 하지 시의 남중고도는?

① 83.5° 　　② 70.5°
③ 60.5° 　　④ 36.5°

해설 동지 : $90° - \theta - 23.5°$
　　하지 : $90° - \theta + 23.5°$
　　춘분, 추분 : $90° - \theta$
　　∴ 하지 : $90° - \theta + 23.5° = 90° - 30° + 23.5° = 83.5°$

답 ①

31 다음 중 시설물 인수·인계는 준공검사 시 지적 사항에 대한 시정완료일부터 며칠 이내에 실시 하여야 하는가?

① 15일 　　② 30일
③ 40일 　　④ 45일

해설 감리원은 공사업자에게 해당 공사의 예비준공검사 완료 후 30일 이내의 시설물의 인수·인계를 위한 계획을 수립하도록 하고 이를 검토하여야 한다.　　답 ②

32 태양광 발전소 설계 시 적용하는 케이블 중 가 교폴리에틸렌 절연비닐시스 케이블의 약어는?

① OW 　　② CV
③ DV 　　④ OC

해설 • OW : 옥외용 비닐 절연전선
　　• DV : 인입용 비닐 절연전선
　　• OC : 옥외용 가교 폴리엘틸렌 절연전선　　답 ②

33 다음 중 ( )안에 알맞은 내용으로 옳게 짝지어 진 것은?

> (㉠)은(는) 공사 시작과 동시에 (㉡)에게 가설 시설물의 면적, 위치 등을 표시한 가설시설물 설치계획표를 작정하여 제출하도록 하여야 한 다.

① ㉠ 발주자　㉡ 공사업자
② ㉠ 발주자　㉡ 감리원
③ ㉠ 감리원　㉡ 공사업자
④ ㉠ 감리업자　㉡ 공사업자

해설 감리원은 공사 시작과 동시에 공사업자에게 다음에 따른 가설시설물의 면적, 위치 등을 표시한 가설시설물 설치계획표를 작성하여 제출하도록 하여야 한다.
1) 공사용도로(발 · 변전설비, 송 · 배전설비에 해당)
2) 가설사무소, 작업장, 창고, 숙소, 식당 및 그 밖의 부 대설비
3) 자재 야적장
4) 공사용 임시전력　　답 ③

34 일조율을 나타낸 식으로 옳은 것은?

① 일조율 $= \dfrac{\text{법선면 일조강도}}{\text{수평면 일조강도}} \times 100[\%]$

② 일조율 $= \dfrac{\text{가조시간}}{\text{일조시간}} \times 100[\%]$

③ 일조율 $= \dfrac{\text{일조시간}}{\text{가조시간}} \times 100[\%]$

④ 일조율 $= \dfrac{\text{수평면 일조강도}}{\text{법선면 일조강도}} \times 100[\%]$

해설 일조율 $= \dfrac{\text{일조시간}}{\text{가조시간}} \times 100[\%]$
　　일조율은 일조시간과 가조시간의 비율　　답 ③

35 파워컨디셔너의 중요 고려사항이 아닌 것은?

① 수명이 길고 신뢰성이 높을 것
② 고조파, 잡음 발생이 적을 것
③ 제품의 수급 및 A/S 체계 확인
④ 전력변환효율이 낮을 것

해설 파워컨디셔너의 중요 고려사항
① 국내 · 외 인증 제품 선정
② 전력변환효율이 높을 것
③ 저부하 시, 대기 시 손실이 적을 것
④ 고조파, 잡음 발생이 적을 것
⑤ 수명이 길고 신뢰성이 높을 것
⑥ 제품의 수급 및 A/S 체계 확인　　답 ④

36 ESS(Energy Storage System)의 구비조건이 아닌 것은?

① 경제성이 있을 것
② 저장밀도가 높을 것
③ 저장 에너지량이 많을 것
④ 입 · 출력 변환 효율이 낮을 것

해설 ESS(Energy Storage System : 에너지 저장 장치)의 구비조건
- 입·출력 변환 효율이 높을 것
- 저장효율이 클 것
- 저장 기간이 길 것
- 안정성과 신뢰성이 높을 것
- 입·출력 변환 속응성 클 것 **답** ④

37 전기시설물 설계 시 설계도서의 실시설계 성과물이 아닌 것은?

① 내역서, 산출서, 견적서
② 설계 설명서, 설계도면, 공사시방서
③ 용량계산서, 구조계산서, 부하계산서, 간선계산서
④ 설계계획서, 개략공사비 내역서, 시스템선정 검토서

해설 1) 실시설계 성과물
- 실시설계도서 : 설계 설명서, 설계도면, 공사시방서
- 공사비산정 : 내역서, 산출서, 견적서
- 설계계산서 : 조도계산서, 부하계산서, 간선 계산서, 용량 계산서. 기타계산서
2) 기본설계성과물
- 설계계획서, 개략공사비 내역서, 시스템선정 검토서 **답** ④

38 다음과 같은 태양광발전시스템에서의 어레이 설계 시 직병렬 수량은?

- 모듈 최대출력 : 250[Wp]
- 1스트링 직렬매수 : 10직렬
- 시스템 출력 전력 : 50,000[W]

① 10직렬−10병렬
② 10직렬−15병렬
③ 10직렬−20병렬
④ 10직렬−25병렬

해설 $\dfrac{\text{시스템 출력전력[W]}}{\text{모듈최대출력[W] × 1스트링직렬매수}}$

$= \dfrac{50,000[W]}{250[W] \times 10직렬}$

$= 20병렬채용$ **답** ③

39 설계도서 해석의 우선순위로 가장 먼저 검토하여야 할 사항은? (단, 계약으로 우선순위를 정하지 아니한 경우이다.)

① 공사시방서
② 산출내역서
③ 감리자 지시사항
④ 승인된 상세시공도면

해설 계약으로 우선순위를 정하지 아니한 경우
1. 공사시방서   2. 설계도면
3. 전문시방서   4. 표준시방서
5. 산출내역서   6. 승인된 상세시공도면
7. 관계법령의 유권해석
8. 감리자의 지시사항
* 공사시방서는 특정 공사를 위해 작성되는 시방서 **답** ①

40 태양광발전 어레이 가대 설계 시 고려하여야 할 수평하중은?

① 자중   ② 풍하중
③ 고정하중   ④ 적설하중

해설
- 태양전지 어레이용 가대의 구조설계에 있어서 상정하중이 최대가 되는 것은 일반적으로 풍하중인 경우가 많다. 바람으로 인한 태양전지 어레이 파괴의 대부분은 강풍 시에 발생한다.
  (풍하중 > 적설하중 > 지진하중)
- 수평하중 : 풍하중, 지진하중
- 수직하중 : 고정하중, 활하중, 지붕활하중, 적설하중
* 고정하중(=자중) **답** ②

3과목 - 태양광발전 시공

41 기초의 종류에서 잘 못 짝지어 진 것은?

① 연속기초 − 지지층이 매우 깊은 기초
② 복합 푸팅 기초 − 2개 이상 지지물의 응력을 단일로 지지하는 기초
③ 푸팅기초 − 도로표시 등의 기초에 쓰이는 블록기초를 말한다.
④ 케이슨 기초 − 철탑 등의 기초

해설 케이슨 기초 – 하천 내의 교량기초　**답** ④

---

42 다음 중 밀폐형 건축물의 구조골조용 설계풍력과 관련 사항이 없는 것은?

① 설계속도압
② 외압계수
③ 유효수압면적
④ 구조골조용 가스트 영향계수

해설 구조골조용 풍하중(W_f)

$$W_f = P_f \times A$$

P_f : 구조골 조용 설계풍력, A : 유효수압면적

1) 밀폐형 건축물의 구조골조용 설계풍력(P_f)

$$P_f = G_f \times (q_z \times C_{pe1} - q_h \times C_{pe2})$$

G_f : 구조골조용 가스트 영향계수, C_{pe} : 외압계수,
q : 설계속도압

2) 개방형 건축물 및 기타 구조물의 구조골조용 설계풍력(P_f)

$$P_f = q_z \times (G_f \times C_{pe} - G_f \times C_\pi)$$

C_π : 내압계수　**답** ③

---

43 지상형 태양광발전설비 기초 공법을 선정할 때 고려해야 할 사항 2가지는?

① 지반여건, 토질상태
② 지반여건, 부력체
③ 배면환기, 지반여건
④ 배면환기, 토질상태

해설 토질상태와 지반여건 등을 고려하여 현상에 적합한 기초 공법을 선정하여야 한다.　**답** ①

---

44 송전선로에서 코로나 방지대책으로 틀린 것은?

① 단도체의 사용
② 복도체의 사용
③ 굵은 전선의 사용
④ 가선 금구의 개량

해설 송전선로에서 코로나 방지대책
　1. 가선 금구를 개량한다.
　2. 복도체 방식을 채용한다.
　3. 전선의 외경을 증가시킨다.　**답** ①

---

45 분산형 전원을 배전계통 연계 시 승압용 변압기의 1차 결선방식은? (단, 인버터는 3상이며, 절연변압기를 사용하는 경우임)

① △ 결선
② Y 결선
③ V 결선
④ 스코트 결선

해설 분산형 전원 배전계통은 Y결선 방식을 사용한다.
　답 ②

---

46 최대수용전력 1,000[kVA]이고 설비용량은 전등부하 500[kW], 동력부하 700[kVA]이다. 이때 수용률은?

① 82.3[%]
② 83.3[%]
③ 88.3[%]
④ 90.6[%]

해설 수용률 $= \dfrac{\text{최대수용전력}}{\text{총 설비용량}} \times 100$

$= \dfrac{1,000}{500 + 700} \times 100 = 83.3[\%]$　**답** ②

---

47 저압배전 선로의 역조류로 계통이 개방되어 단독운전 상태가 된 경우의 검출방식이 아닌 것은?

① 과전류 계전기
② 과전압 계전기
③ 부족전압 계전기
④ 주파수 저하 계전기

해설 계통연계 보호장치는 일반적으로 인버터에 내장되어 있는데, 역송전이 있는 저압연계 시스템에서는 과전압 계전기(OVR), 저전압계전기(UVR), 과주파수계전기(OFR), 저주파수계전기(UFR)의 설치가 필요하다.
　＊과전류 계전기 : 전기기계나 전선로의 전류가 정상적인 수치를 초월하는 것을 검출하는 계전기　**답** ①

---

48 구조물 시공의 주요 적용기준에 해당하지 않는 것은?

① 건축법 및 동 시행령, 건축물의 구조기준 등에 관한 규칙
② 콘크리트구조 설계기준
③ 강구조 설계기준, 하중저항계수 설계법
④ 토목구조 설계기준

해설 **구조물 시공의 주요 적용기준**
　　1) 건축법 및 동 시행령, 건축물의 구조기준 등에 관한 규칙
　　2) 건축구조 설계기준
　　3) 강구조 설계기준, 하중저항계수 설계법
　　4) 콘크리트구조 설계기준　　**답** ④

49 독립형 전원시스템용 축전지 선정 시 고려사항으로 옳은 것은?

　① 자기방전이 클 것
　② 과충전이 우수한 것
　③ 충방전 사이클 특성이 우수한 것
　④ 온도저하 시 입력특성이 우수한 것

해설 **축전지가 갖추어야 할 요구조건**
　• 경제성, 자기방전율이 낮을 것, 수명이 길 것, 방전 전압·전류가 안정적일 것
　• 과충전·과방전에 강할 것, 중량 대비 효율이 높을 것, 환경변화에 안정적일 것
　• 에너지 저장 밀도가 높을 것, 유지보수가 용이할 것　　**답** ③

50 차단기 외관검사 항목이 아닌 것은?

　① 지물과의 이격거리가 적합한지 확인
　② 대지와의 이격거리가 적합한지 확인
　③ 전선의 접속 상태가 적합한지 확인
　④ 부싱의 균열 여부 및 부싱과 본체와의 접속부의 적정 여부 확인

해설 **차단기 외관검사**
　　1) 설치상태가 적합한지 확인
　　2) 지물과의 이격거리가 적합한지 확인
　　3) 전선의 접속 상태가 적합한지 확인
　　4) 타 물체와의 이격거리 및 조작의 용이성 확인
　　5) 부싱의 균열 여부 및 부싱과 본체와의 접속부의 적정 여부 확인　　**답** ②

51 인버터의 전압 왜란을 측정하기 위한 방법이 아닌 것은?

　① I–V 곡선　　　② 전력망 분석
　③ AC 회로 시험　④ 인버터 수치 읽기

해설 인버터 전압 왜란(distortion) 측정방법 : 인버터 수치읽기, AC회로 시험, 전력망 분석 등이 있다.　　**답** ①

52 전선의 길이가 200[m] 초과일 경우 태양전지판에서 인버터 입력단간 및 인버터 출력단과 계통연계점 간의 전압강하는 몇 [%]를 적용하는가?

　① 3[%]　　　② 5[%]
　③ 6[%]　　　④ 7[%]

해설 **태양광 원별시공기준 – 전기배선 및 접속함의 전압강하**
태양전지판에서 인버터 입력단간 및 인버터 출력단과 계통연계점 간의 전압강하는 각 3[%]를 초과하여서는 안 되고, 단, 전선길이가 60[m]를 초과할 경우에는 다음에 따라 시공한다.

전선 길이	전압강하
120[m] 이하	5[%]
200[m] 이하	6[%]
200[m] 초과	7[%]

답 ④

53 태양광발전시스템 시공 절차 중 ( )에 들어갈 순서로 옳은 것은?

　현장조사 → 설계 → ( ) → 설비시공 → ( ) → 계통연계 시작

　① 공사계획 신고, 사용 전 검사
　② 사용 전 검사, 공사계획 신고
　③ 공사계획 신고, 개별행위 준공
　④ 사용 전 검사, 신재생에너지 설치확인

해설 **태양광발전설비 시공절차**
　현장여건분석 → 시스템설계 → 구성요소제작 → 기초공사 → 설치가대설치 → 모듈설치 → 간선공사 → 인버터설치 → 시운전 → 운전개시 순으로 시공된다.
　　답 ①

54 감리용역이 완료된 때에는 최대 며칠 이내에 공사감리 완료보고서를 제출하여야 하는가?

　① 7일　　　② 10일
　③ 15일　　　④ 30일

해설 감리업자 등은 그가 시행한 공사감리 용역이 끝났을 때에는 공사감리 완료 보고서를 30일 이내에 시 · 도지사에게 제출하여야 한다. 이 경우 감리업자는 발주자의 확인을 받아야 한다. **답** ④

해설 정현파 $e = E_m \sin wt = \sqrt{2} E \sin wt$

실효값 : $E = \dfrac{1}{\sqrt{2}} E_m$

평균값 : $E_{av} = \dfrac{2}{\pi} E_m = \dfrac{2}{\pi} \times 20 = 12.73[\text{V}]$ **답** ④

---

55 KS C IEC 60364의 저압계통의 접지방식이 아닌 것은?

① IT방식

② TT 방식

③ TT-C 방식

④ TN-C 방식

해설 IEC 60364 저압계통 접지방식 종류
TN-C, TN-S, TN-CS, TT, IT **답** ③

---

56 버스덕트공사 시설방법으로 잘못된 것은?

① 덕트 상호 간 및 전선 상호 간은 견고하고 또한 전기적으로 완전하게 접속할 것.

② 덕트(환기형의 것을 제외한다)의 끝부분은 막을 것.

③ 덕트를 조영재에 붙이는 경우에는 덕트의 지지점 간의 거리를 6 m(취급자 이외의 자가 출입할 수 없도록 설비한 곳에서 수직으로 붙이는 경우에는 3 m) 이하로 하고 또한 견고하게 붙일 것.

④ 습기가 많은 장소 또는 물기가 있는 장소에 시설하는 경우에는 옥외용 버스덕트를 사용하고 버스덕트 내부에 물이 침입하여 고이지 아니하도록 할 것

해설 덕트를 조영재에 붙이는 경우에는 덕트의 지지점 간의 거리를 3 m(취급자 이외의 자가 출입할 수 없도록 설비한 곳에서 수직으로 붙이는 경우에는 6 m) 이하로 하고 또한 견고하게 붙일 것. **답** ③

---

57 단상 브리지 정류회로에서 출력전압의 피크값이 20[V]라면 그 평균값은 약 몇 [V]인가?

① 3.18 ② 6.37

③ 9.0 ④ 12.73

---

58 송전방식 중 직류 송전방식에 비해 교류 송전방식의 장점이 아닌 것은?

① 회전자계를 쉽게 얻을 수 있다.

② 역률이 항상 1로 송전효율이 좋아진다.

③ 전압의 승 · 강압 변경이 용이하다.

④ 계통을 일관되게 운용 할 수 있다.

해설 교류 송전의 장점
1) 전압의 승압 및 강압이 용이하다
2) 회전 자계를 쉽게 얻을 수 있다.
3) 일관된 운용을 기할 수 있다. **답** ②

---

59 한국전기설비규정에 따라 태양전지 발전소에 시설하는 태양전지 모듈, 전선 및 개폐기 기타 기구를 옥내에 시설할 경우 사용할 수 없는 공사방법은?

① 케이블공사

② 애자공사

③ 합성수지관공사

④ 금속제 가요전선관공사

해설 태양전지 발전소에 시설하는 태양전지 모듈, 전선 및 개폐기 기타 기구를 옥내에 시설할 경우 사용할 수 없는 공사는 애자공사이다. **답** ②

---

60 배전선로에서 사고범위의 확대를 방지하기 위한 대책으로 옳지 않은 것은?

① 진상콘덴서를 설치하여 전압보상

② 선택접지계전방식 채택

③ 특 고압의 경우 자동구분개폐기 설치

④ 자동고장 검출장치 설치

해설 배전선로에서 진상(콘덴서) 성분은 이상전압발생 가능성을 증가시켜 사고범위가 확대될 수 있으므로 선로용 콘덴서 설치는 대책으로 적당하지 않다. **답** ①

4과목 – 태양광발전 운영

61 정부와 에너지 공급사 간에 신재생에너지 확대 보급을 위해 체결한 것은?

① 발전차액 지원제도
② 신재생에너지 공급의무화 제도
③ 신재생에너지 공급인정서
④ 신재생에너지 개발공급협약

해설 신재생에너지 개발공급협약(RPA)이란 : 정부와 에너지 공급사 간에 신재생에너지 확대 보급을 위해 체결한 협약을 말한다. 답 ④

62 태양광발전설비 부동작 시 응급처치 사항이 아닌 것은?

① 접속함 – 내부 차단기 개방
② 인버터 – 개방 후 점검
③ 태양광발전용 개폐기 – 나사에 풀림이 없는지 점검
④ 점검 후 인버터 – 접속함 차단기 투입

해설 태양광발전용 개폐기 –나사에 풀림이 없는지 점검 은 정기점검 중 육안점검에 해당함 답 ③

63 전기사업용 태양광 발전소의 연료전지 · 전기설비 계통의 정기검사 시기는?

① 1년 이내   ② 2년 이내
③ 3년 이내   ④ 4년 이내

해설 연료전지 · 전기설비 계통, 태양전지 · 전기설비 계통은 4년 이내 정기검사 답 ④

64 정전작업 중 조치사항에 대한 설명 중 틀린 것은?

① 검전기로 개로 된 전로의 충전 여부 확인
② 작업지휘자에 의한 작업지휘
③ 근접 활선에 대한 방호상태 관리
④ 개폐기 관리

해설 정전작업 중 조치사항
• 개폐기 관리
• 작업지휘자에 의한 작업지휘
• 근접 활선에 대한 방호상태 관리
• 단락접지의 수시 확인 답 ①

65 솔라 시뮬레이터는 시험 면에서 몇 [W/m²]의 유효조사 강도를 생성할 수 있어야 하는가? (단, STC 측정목적으로 사용되도록 설계된 시뮬레이터이다.)

① 500   ② 1000
③ 1500   ④ 2000

해설 태양전지 표준시험(Standard Test Condition) 조건은 솔라 시뮬레이터를 이용, 옥내 측정은 표준 측정방법으로 하고 모듈 표준온도 25[℃], 분광분포 AM 1.5, 방사조도 1,000[W/m²] 답 ②

66 전기저장장치의 시설에서 단자와 접속에서 틀린 사항은?

① 단자의 접속은 기계적, 전기적 안전성을 확보하도록 하여야 한다.
② 단자를 체결 또는 잠글 때 너트나 나사는 풀림방지 기능이 없는 것을 사용하여야 한다.
③ 외부터미널과 접속하기 위해 필요한 접점의 압력이 사용기간 동안 유지되어야 한다.
④ 단자는 도체에 손상을 주지 않고 금속표면과 안전하게 체결되어야 한다.

해설 단자를 체결 또는 잠글 때 너트나 나사는 풀림방지 기능이 있는 것을 사용하여야 한다. 답 ②

67 전기사업 시행규칙에 따라 정해진 안전관리 규정에 의해 실시되어야 할 전기 안전점검의 종류가 아닌 것은?

① 일상점검   ② 정밀점검
③ 임시 점검   ④ 정기점검

해설 전기사업 시행규칙에 따라 정해진 안전관리 규정에 의해 실시되어야 할 전기 안전점검의 종류는 일상점검, 정밀점검, 정기점검 답 ③

68 인버터의 이상표시신호 조치방법이 틀린 것은?

① Inverter voltage fault – 인버터 및 계통 전압 점검 후 운전
② Inverter ground Fault - 인버터 및 부하의 고장부분을 수리 또는 접지저항 확인 후 운전
③ Line over frequency fault – 시스템 정지 후 고장 부분 수리 또는 계통 점검 후 운전
④ Solar Cell OV fault – 태양전지 전압 점검 후 정상 시 5분후 재가동

해설 Line over frequency fault –계통 주파수 확인 후 정상 시 5분 후 재가동 **답** ③

69 PV 설비점검 체크리스트에서 고장유형과 검사방법이 잘못 연결된 것은?

① 토양 – 육안검사
② 바이패스다이오드 – 다기능 측정
③ 습기 – 인버터 수치 읽기
④ 결합모듈 – 절연저항 측정

해설 PV 설비점검 체크리스트

고장유형	육안검사	다기능 측정 (멀티테스터)	접지저항 측정	입출력 측정	절연저항 측정	과/저 전압 측정	I-V 곡선	인버터 수치 읽기	AC 회로 시험	전력망 분석
토양	○									
적층판 파괴	○	○				○				
바이패스 다이오드		○						(○)		
접촉점		○		○				○	(○)	
습기	○	○						○		
결함모듈	○	○			○			○	(○)	

답 ③

70 태양전지모듈에 대하여 바람, 눈 및 얼음에 의한 하중에 대한 기계적 내구성을 조사하기 위한 장치는?

① 기계적 하중시험 장치
② 쏠라시뮬레이터
③ 항온항습장치
④ UV 시험장치

해설 시험 장치

	시험 장치	시험내용
1	쏠라시뮬레이터	태양전지모듈의 발전성능을 옥내에서 시험하는 인공광원 방사조도 ±2[%] 이내, 광원 균일도 ±2[%] 이내의 A등급 이상
2	항온항습장치	태양전지모듈의 온도사이클시험, 습도–동결시험, 고온고습시험에 필요한 환경 챔버(chamber) 온도 ±2[℃] 이내, 습도 ±5[%] 이내
3	UV 시험장치	태양전지모듈이 태양광에 노출되는 경우에 따라서 유기되는 열화정도를 시험하기 위한 장치
4	기계적 하중시험 장치	태양전지모듈에 대하여 바람, 눈 및 얼음에 의한 하중에 대한 기계적 내구성을 조사하기 위한 장치

답 ①

71 태양광발전(PV) 모듈(안전)(KS C 8563 : 2015)에서 플라스틱 등 특정한 용도로 적용할 때 그 사용 용도의 적합성 여부를 미리 예측할 수 있도록 플라스틱 가연성을 시험하는 장치는?

① IP 시험기
② 트래킹 시험기
③ 난연성 시험기
④ Hot wire coil ignition 시험기

해설 난연성 시험기 : 플라스틱 등 특정한 용도로 적용할 때 그 사용 용도의 적합성 여부를 미리 예측할 수 있도록 플라스틱 가연성을 시험하는 장치 **답** ③

72 안전모 성능시험에서 내전압성이란 몇 [V] 이하의 전압에 견디는 것을 말하는가?

① 3000
② 4000
③ 6000
④ 7000

해설 내전압성이란 7000[V] 이하의 전압에 견디는 것을 말한다. **답** ④

73 태양전지 가대의 구조 설계 시 상정하중이 아닌 것은?

① 온도 하중
② 풍하중
③ 적설하중
④ 지진하중

해설 상정하중

1) 풍하중, 적설하중, 지진하중 등 천재지변에 의해 영향을 받을 수 있는 하중을 검토하여 구조설계를 수행한다. **답** ①

74 송전설비 보수점검 작업 시 점검 전 유의사항이 아닌 것은?

① 무전압 상태확인 및 안전조치
② 차단기 1차 측의 통전 유무를 확인
③ 점검 시 안전을 위하여 접지선을 제거
④ 작업 주변의 정리, 설비 및 기계의 안전 확인

해설 • 점검 전의 유의사항
  ① 준비 철저
  ② 회로도에 의한 검토
  ③ 연락
  ④ 무전압 상태확인 및 안전조치
• 점검 후의 유의사항
  ① 접지선 제거
  ② 최종확인 **답** ③

75 절연물의 종류에서 최고허용온도[℃]가 가장 높은 것은?

① E종
② F종
③ B종
④ Y종

해설 절연물의 종류와 최고허용온도
• Y종 절연 : 90 ℃   • A종 절연 : 105 ℃
• E종 절연 : 120 ℃   • B종 절연 : 130 ℃
• F종 절연 : 155 ℃   • H종 절연 : 180 ℃
• C종 절연 : 180 ℃ 초과 **답** ②

76 태양광발전 모니터링 프로그램의 기능이 아닌 것은?

① 데이터 수집 기능
② 데이터 예측 기능
③ 데이터 분석 기능
④ 데이터 통계 기능

해설 태양광발전 모니터링 프로그램의 기능은 데이터 수집 기능, 데이터 분석 기능, 데이터 통계 기능, 데이터 저장 기능 등이 있다. **답** ②

77 다음 그림은 운전 상태에 따른 시스템의 발생 신호를 나타낸 것이다. 현재 상태에 대한 이상 신호는?

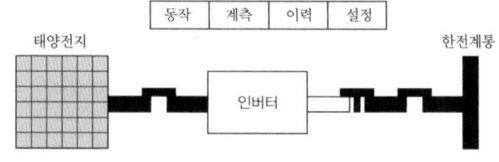

① 접속함 이상 시 운전
② 정상운전
③ 인버터 이상 시 운전
④ 인버터 전압 이상 시 운전

해설 조치사항 ; 태양전지 전압을 점검해서 정상복구 5분후 재가동 한다. **답** ④

78 태양광발전시스템의 신뢰성 평가 및 분석 항목에 대한 설명 중 틀린 것은?

① 정기점검, 개수정전, 계통정전 등의 수시정지 상황
② 계측 트러블-컴퓨터 전원의 차단 및 조작오류
③ 운전 데이터의 결측 상황
④ 시스템 트러블-인버터의 정지, 직류지락, 계통지락 등에 의한 시스템의 운전정지

해설 태양광발전시스템의 신뢰성 평가 및 분석 항목
  ① 운전데이터의 결측 상황
  ② 계측 트러블-컴퓨터 전원의 차단 및 조작오류
  ③ 시스템 트러블-인버터의 정지, 직류지락, 계통지락 등에 의한 시스템의 운전정지 **답** ①

79 현물시장의 거래 흐름도가 옳은 것은?

① REC 발급 → 매물 등록 → 매매계약 체결 → 거래대금 정산 → REC 판매완료
② REC 발급 → 매물 등록 → 거래대금 정산 → 매매계약 체결 → REC 판매완료
③ 자체계약/경쟁 입찰 선정 → 계약신고 → 거래대금 정산 → REC 발급 → REC 판매완료
④ 자체계약/경쟁 입찰 선정 → 계약신고 → REC 발급 → 거래대금 정산 → REC 판매완료

해설 **거래 흐름도**
1) 현물시장
   REC 발급 → 매물 등록 → 매매계약 체결 → 거래대금 정산 → REC 판매완료
2) 계약시장
   자체계약 / 경쟁 입찰 선정 → 계약신고 → REC 발급 → 거래대금 정산 → REC 판매완료　답 ①

80 다음 중에서 성능분석용어와 산출방법이 틀린 것은?

① 시스템 가동률 − $\dfrac{\text{시스템 동작시간[h]}}{24[h] \times \text{운전일수}}$

② 시스템 이용률 −

$\dfrac{\text{시스템발전전력량[kWh]}}{24[h] \times \text{운전일수} \times \text{태양전지 어레이 설계용량(표준상태)}}$

③ 시스템 발전효율 −

$\dfrac{\text{태양전지 어레이 출력전력[kW]}}{\text{표준 일사강도[kW/m}^2] \times \text{태양전지 어레이 면적[m}^2]}$

④ 시스템 일조가동률 − $\dfrac{\text{시스템 동작시간[h]}}{\text{가조시간}}$

해설 • 시스템 발전효율 −

$\dfrac{\text{시스템 발전전력[kW]}}{\text{경사면 일사량[kW/m}^2] \times \text{태양전지 어레이 면적[m}^2]}$

• 태양전지 어레이 변환효율 −

$\dfrac{\text{태양전지 어레이 출력전력[kW]}}{\text{표준 일사강도[kW/m}^2] \times \text{태양전지 어레이 면적[m}^2]}$　답 ③

1과목 - 태양광발전 기획

01 NOCT 적용 셀 온도 식은 다음과 같다. 식에서 T_a 의 의미는?

$$T_c = T_a + \frac{T_{noct} - 20[℃]}{800[W/m^2]} \times S$$

① 개방전압 온도계수
② 외기온도
③ 패널표면 일사량
④ 태양전지모듈 셀표면 온도

해설 $T_c = T_a + \dfrac{T_{noct} - 20[℃]}{800[W/m^2]} \times S$

T_c : 태양전지모듈 셀표면 온도
T_a : 외기 온도
T_{noct} : NOCT 개방전압 온도계수
S : 패널표면 일사량　　**답** ②

02 Δ결선 변압기의 한 대가 고장으로 제거되어 V 결선으로 전력을 공급할 때, 고장 전 전력에 대하여 몇 [%]의 전력을 공급할 수 있는가?

① 81.6　　　② 75.0
③ 66.7　　　④ 57.7

해설 1대의 단상 변압기 용량을 P_1이라 하면 그 출력 비는

$$\frac{V결선의 출력}{\Delta결선의 출력} = \frac{\sqrt{3} P_1}{3P_1} = \frac{\sqrt{3}}{3} = 0.577 = 57.7[\%]$$

답 ④

03 다음 기호 중 전기적 보호등급 Ⅲ(안전초지전압) 에 해당하는 기호는?

① 　　②

③ 　　④

해설 전기적 보호등급

등급 I : 장치 접지됨	등급 II : 보호절연 (이중/강화 절연)	등급 III : 안전초지전압 (최대 AC : 50[V], 최대 DC : 120[V])
⏚	▢	◇

답 ①

04 건설공사 타당성 조사 지침의 정의 중 종합분석에서 최종적으로 분석 해당 사항이 아닌 것은?

① 재무　　　　② 경제성
③ 수요예측　　④ 정책적

해설 건설공사 타당성조사 지침
"종합분석"이란 사업의 타당성 검토를 위하여 경제성·재무·정책적 분석을 실시하고, 이를 종합하여 건설공사의 타당성을 최종적으로 분석하는 것을 말한다.
답 ③

05 전기사업법에서 시간대별로 전력거래량을 측정 할 수 있는 전력량계를 설치·관리하여야 하는 대상이 아닌 자는?

① 송전사업자
② 배전사업자
③ 자가용전기설비를 설치한 자
④ 발전사업자

해설 전기사업법 제19조(전력량계의 설치·관리)
다음 각호의 자는 시간대별로 전력거래량을 측정할 수 있는 전력량계를 설치·관리하여야 한다.
1. 발전사업자(대통령령이 정하는 발전사업자를 제외한다)
2. 자가용전기설비를 설치한 자(제31조제2항의 규정에 의하여 전력을 직접 구매하는 경우에 한한다)
3. 배전사업자
4. 제 32조의 규정에 의하여 전력을 직접 구매하는 전기사용자　　**답** ①

06 신·재생에너지 공급인증서에 표기되는 공급량 계산 시 적용되는 신·재생에너지 가중치 결정의 고려사항이 아닌 것은?

① 전력 수급의 안정에 미치는 영향
② 부존(腑存) 잠재량
③ 지역주민의 수용(受容) 정도
④ 수입대체 효과

해설 신·재생에너지 공급인증서에 표기되는 공급량 계산 시 적용되는 신·재생에너지 가중치 결정의 고려사항
• 환경, 기술개발 및 산업활성화에 미치는 영향
• 발전원가
• 온실가스배출저장에 미치는 효과
• 부존(腑存) 잠재량
• 지역주민의 수용(受容) 정도
• 전력 수급의 안정에 미치는 영향　**답** ④

07 스트링이 길고 음영의 영향을 가장 많이 받는 인버터 방식은?

① 개별 스트링 방식
② 서브 어레이 방식
③ 중앙 집중 방식
④ 마이크로 인버터 방식

해설 1) 중앙 집중형 인버터 방식은 스트링이 길고 음영의 영향을 많이 받는다.
2) 음영의 영향을 많이 받는 순서
① 중앙 집중 방식
② 서브 어레이 방식, 개별 스트링 방식
③ 마이크로 인버터 방식　**답** ③

08 STC 조건에서 태양전지 어레이의 출력이 1.5 [kW], 종합설계계수가 0.8일 때 월간 발전량 [kW]은? (단, 월30일 로 한다.)

① 11　　　　② 28
③ 36　　　　④ 46

해설 월간 발전량 = 태양전지 어레이 출력 × 30일 × 종합설계계수
= 1.5×30×0.8
= 36[kW]　**답** ③

09 태양광 모듈의 병렬저항(누설저항)에 대한 설명이 잘못된 것은?

① 실제 사용되는 태양전지의 누설저항은 매우 크다.
② 일사강도가 낮은 동작에서 누설저항에 의한 영향은 매우 커진다.
③ 누설저항이 감소하면 단락전류는 변하지 않는다.
④ 태양전지의 충진율과 개방전압이 증가한다.

해설 누설저항이 감소하면 단락전류는 변하지 않으나 태양전지의 충진율과 개방전압이 감소한다.　**답** ④

10 태양광발전시스템에서 추적제어방식에 따른 분류가 아닌 것은?

① 프로그램 추적법(program tracking)
② 감지식 추적법(sensor tracking)
③ 양방향 추적법(double axis tracking)
④ 혼합식 추적법(mixed tracking)

해설 • 추적방향에 의한 분류 : 단방향 추적식(상하 추적식, 좌우 추적식), 양방향 추적식
• 추적제어방식에 따른 분류 : 프로그램 추적법, 감지식 추적법, 혼합식 추적법　**답** ③

11 다음 조건과 같은 태양광발전 독립형 전원시스템의 축전지 용량[Ah]은?

• 1일 정격소비량 : 2.4[kWh]
• 보수율 : 0.8
• 일조가 없는 날 : 10일
• 방전심도 : 65[%]
• 공칭축전지 전압 : 2[V]
• 축전지 개수 : 48개

① 560　　　　② 481
③ 440　　　　④ 390

해설 독립형 전원시스템용 축전지 용량공식은 다음과 같다.
$$C=\frac{L_d \times D_f \times 1000}{L \times V_b \times DOD \times N}=\frac{2.4 \times 10 \times 1000}{0.8 \times 2 \times 0.65 \times 48}$$
$$=481[Ah]$$

여기서, L_d : 1일 적산 부하 전력량
D_f : 일조가 없는 날(일)
L : 보수율, V_b : 공칭 축전지 전압
N : 축전지 개수, DOD : 방전심도   **답** ②

12 과부하 또는 단락이 발생하면 계통으로부터 PV 시스템을 자동으로 차단시키는 과전류보호 장치는?

① 스트링 퓨즈
② 배선용 차단기
③ 누전 차단기
④ 바이패스 다이오드

해설 배선용 차단기(MCCB)
1) 과전류 및 사고전류를 차단
2) 설치장소 : 저압반, 배전반, 분전반, 접속함   **답** ②

13 신재생에너지에 대한 설명으로 틀린 것은?

① 바이오에너지는 생물자원을 변환시켜 이용하는 것이다.
② 파력발전은 표층과 심층의 해수 온도차를 이용한 것이다.
③ 조력발전은 밀물과 썰물로 발생하는 조류를 이용한 것이다.
④ 폐기물에너지는 가연성폐기물에서 발생되는 발열량을 이용한 것이다.

해설 파력발전은 파랑의 운동 및 위치에너지를 이용하여 터빈을 구동하거나 기계장치의 운동으로 변환하여 전기를 생산하는 기술로서 파고가 높고 파주기가 긴 해역이 적지이다.   **답** ②

14 다음 중 박막형 태양전지 모듈의 종류에 해당되지 않는 것은?

① 다결정 전지
② 비정질 실리콘 전지
③ Cd–Te 전지
④ 염료 전지

해설 다결정 전지는 결정질 실리콘태양전지 종류이다.   **답** ①

15 산지전용 시 공통으로 적용되는 허가기준이 아닌 것은?

① 인근 산림의 경영·관리에 큰 지장을 주지 않을 것
② 토사의 유출·붕괴 등 재해발생이 우려되지 않을 것
③ 산림의 수원 함양 및 수질보전기능을 크게 해치지 않을 것
④ 집단적인 조림 성공지 등 우량한 산림이 많이 포함되지 않을 것

해설 산지전용 시 공통으로 적용되는 허가기준
1) 인근 산림의 경영·관리에 큰 지장을 주지 않을 것
2) 희귀 야생 동·식물의 보전 등 산림의 자연 생태적 기능유지에 현저한 장애가 발생되지 않을 것
3) 토사의 유출·붕괴 등 재해발생이 우려되지 않을 것
4) 산림의 수원 함양 및 수질보전기능을 크게 해치지 않을 것
5) 사업계획 및 산지전용면적이 적정하고 산지전용방법이 자연경관 및 산림훼손을 최소화하며 산지전용 후의 복구에 지장을 줄 우려가 없을 것   **답** ④

16 태양광 발전시스템 BOS(Balance of System)에 해당하지 않는 기자재는?

① 모듈   ② 인버터
③ 접속함   ④ 수배전반

해설 BOS(Balance of System : 시스템균형)란 태양광발전에서 사용되는 주변장치에 해당하는 제품으로 태양전지모듈을 제외한 모든 기자재를 말한다.   **답** ①

17 수용가 전력요금 절감 및 전력회사 피크전력 대응으로 설비투자비를 절감할 수 있는 축전지 부착 계통연계형 시스템은?

① 방재 대응형
② 부하 평준화 대응형
③ 계통 안정화 대응형
④ 계통 평준화 대응형

해설 • 계통안정화 대응형 : 태양전지와 축전지를 병렬 운전하여 기후의 급변 시나 계통부하 급변 시에 축전지를 방전하여 태양전지 출력이 증대하여 계통전압이 상승하도록 할 때에는 축전지를 방전하여 역조류를 줄

이고 전압의 상승을 방지한다.

- **방재대응형** : 정전시 비상부하 공급
- **부하 평준화 대응형** : 태양전지 출력과 축전지 출력을 병용하여 부하의 피크 시에 인버터를 필요한 출력으로 운전하여 수전전력의 증대를 억제하고, 기본전력요금을 절감시키는 방식 답 ②

18 인버터 데이터 중 모니터링 화면에 전송되는 것이 아닌 것은?

① 일사량, 온도
② 발전량
③ 입력전압, 전류, 전력
④ 출력전압, 전류, 전력

해설 인버터는 입력단(모듈출력) 전압, 전류, 전력과 출력단(인버터출력)의 전압, 전류, 전력, 주파수, 누적발전량, 최대출력량(peak)을 측정 표시하고 서버로 측정자료를 전송한다. 수평면 일사량, 경사면 일사량, 온도와 같은 기상자료는 일사량계와 온도계로 측정하여 서버로 측정 자료를 전송한다. 답 ①

19 태양광 발전소 부지 선정 요구 기준에서 요구 조건별 기준이 충족되도록 하여야 한다. 충족 요건이 잘못된 것은?

① 행정 조건 : 부지매입 및 부대 공사비
② 지정학적 조건 : 일사량 및 일조량 등
③ 전력계통 연계조건 : 전력계통 접근성
④ 건설 환경적 조건 : 부지접근성 및 주변 환경

해설
- 경제 조건 : 부지매입 및 부대 공사비
- 행정 조건 : 인허가 관련 각종 규제 답 ①

20 신·재생에너지 공급의무화제도 및 연료 혼합 의무화제도 관리·운영지침에 따른 용어의 정의 중 정부와 에너지공급사 간에 신·재생에너지 확대 보급을 위해 체결한 협약을 말하는 용어의 약어로 옳은 것은?

① RFS   ② REC
③ REP   ④ RPA

해설 신재생에너지 개발공급협약(RPA)이란 : 정부와 에너지 공급사 간에 신재생에너지 확대 보급을 위해 체결한 협약을 말한다. 답 ④

2과목 - 태양광발전 설계

21 기초의 분류에서 얕은 기초에 대한 설명으로 옳지 않은 것은?

① 말뚝기초, 케이슨기초, 지중연속벽기초, 복합기초 등이 있다.
② D_f(근입깊이)$/B$(기초의 폭) $\leq$ 1인 경우
③ 푸팅기초는 상부하중을 넓게 분포시키기 위해 밑면을 확대시킨 확대기초로 사용
④ 독립푸팅은 한 개의 기둥으로 지지하는 경우

해설 깊은 기초 : 말뚝기초, 케이슨기초, 지중연속벽기초, 복합기초 등이 있다. 답 ①

22 고정형 어레이의 특징이 아닌 것은?

① 태양전지의 방위각(정남향) 및 경사각을 고정하여 설치
② 발전효율이 상대적으로 높음
③ 구조가 상대적으로 안전하여 전복이나 오작동에 의한 사고 가능성이 낮음
④ 구조물의 구동이 없어 하단부 공간 활용이 가능

해설 경사가 변형과 추적식에 비교하여 발전효율이 상대적으로 낮음 답 ②

23 태양전지 설치 방법중 발전효율이 가장 높은 것은?

① 경사가변형 어레이
② 건물통합형(BIPV)
③ 추적식 어레이
④ 고정형 어레이

해설 추적식 어레이 > 경사가변형 어레이 > 고정형 어레이 > 건물통합형(BIPV) 답 ③

24 셀의 직렬연결 시 음영에 의한 출력은 몇 [W]
인가? (단, 셀은 모두 5[W]×10개이고, 음영에
의해 출력이 저하한 셀은 3.5[W]×4개이다.)

① 50 ② 44
③ 35 ④ 28

> **해설** 음영에 영향을 받은 셀은 출력전류가 급격하게 떨어져
> 동일한 직렬로 연결된 셀들도 같은 전류가 흐르기 때문
> 에 전력이 감소한다.
> 3.5[W] × 10 = 35[W] **답** ③

25 구조물 이격거리 산정 시 고려사항이 아닌 것
은?

① 상부구조물의 하중
② 가대의 경사도와 높이
③ 설치될 장소의 경사도
④ 동지 시 발전 가능 한계 시간에서 태양의 고도

> **해설** 상부구조물의 하중은 기초와 가대 설계에 대한 고려사
> 항이다. **답** ①

26 태양광 발전원가의 구성 항목 중 초기투자비에
해당하지 않는 것은?

① 계통연계비용
② 인허가 용역비
③ 설계 및 감리비
④ 운전유지 및 수선비

> **해설** 운전유지 및 수선비는 태양광 완공 후 발전소 운영에
> 필요한 운영비이다. **답** ④

27 강우 시 태양전지 모듈 표면에 흙탕물이 튀는
것을 방지하기 위해 지면으로부터 몇 [m] 이상
높이에 설치할 수 있도록 설계하여야 하는가?

① 0.3 ② 0.4
③ 0.6 ④ 0.8

> **해설** 태양전지 모듈 및 어레이 설계 시 고려되는 설치 높이는
> 강우 시 모듈 표면으로 흙탕물이 튀는 것을 방지하기
> 위해 지면으로부터 0.6[m] 이상의 높이에 설치한다.
> **답** ③

28 태양전지 어레이의 세로길이(L) 0.6[m], 어레
이의 경사각(a)을 33°, 태양의 고도각(b)을 15°
로 산정하여 북위 37° 지방에서 태양광 발전소
를 건설하고자 할 때, 어레이간의 최소 이격거
리는 약 몇 [m]로 하면 되는가?

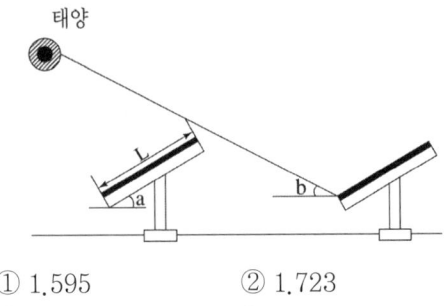

① 1.595 ② 1.723
③ 1.889 ④ 2.273

> **해설** $d = 0.6 \times \dfrac{\sin(180° - 33° - 15°)}{\sin 15°} = 0.6 \times \dfrac{\sin 132°}{\sin 15°}$
> $= 0.6 \times 2.8712 = 1.723[\text{m}]$ **답** ②

29 안전공사는 사용 전 검사완료일로부터 며칠 이
내에 검사확인증을 신청인에게 통지해야 하는
가?

① 10일 ② 7일
③ 6일 ④ 5일

> **해설** 안전공사는 검사완료일로부터 5일 이내에 검사확인증
> 을 신청인에게 통지하여야 하며 무정전검사 결과 합격
> (요주의)의 경우에는 그 내용 및 조치사항을 함께 통지
> 한다. **답** ④

30 감리원의 공사 수행 시 품질관리에 임하기 위
해 수시로 확인해야 할 내용이 아닌 것은?

① 공사계약문서
② 예정공정표
③ 발주자 지시사항
④ 설계도서 검토의견서

> **해설** 감리원은 해당 공사가 공사계약문서, 예정공정표, 발주
> 자의 지시사항, 그 밖에 관련 법령의 내용대로 시공되
> 는가를 공사 시행 시 수시로 확인하여 품질관리에 임하
> 여야 하고, 공사업자에게 품질·시공·안전·공정관
> 리 등에 대한 기술지도와 지원을 하여야 한다. **답** ④

31 다음 중 설계감리의 업무 범위가 아닌 것은?

① 주요인력 및 장비투입 현황 검토

② 설계도면의 적정성 검토

③ 사용자재의 적정성 검토

④ 공사기간 및 공사비의 적정성 검토

해설 설계감리의 업무 범위
1) 전력시설물공사의 관련 법령, 기술기준, 설계기준 및 시공기준에의 적합성 검토
2) 사용자재의 적정성 검토
3) 설계의 경제성 검토
4) 설계공정의 관리에 관한 검토
5) 설계 내용의 시공 가능성에 대한 사전 검토
6) 공사기간 및 공사비의 적정성 검토
7) 설계도면 및 설계설명서 작성의 적정성 검토

답 ①

32 과전류트립 동작시간 및 특성에서 산업용 배선차단기의 부동작 전류와 동작전류가 옳은 것은?

① 1.05배, 1.3배　　② 1.13배, 1.45배

③ 1.5배, 2.1배　　④ 1.25배, 1.6배

해설 KEC 212.3.2(과전류트립 동작시간 및 특성(산업용 배선차단기))

정격전류의 구분	시간	정격전류의 배수 (모든 극에 통전)	
		부동작전류	동작전류
63[A] 이하	60분	1.05배	1.3배
63[A] 초과	120분	1.05배	1.3배

답 ①

33 3상 3선식 전선의 단면적을 구하는 계산식은?

① $A = \dfrac{35.6 \times L \times I}{1000 \times e}$

② $A = \dfrac{30.8 \times L \times I}{1000 \times e}$

③ $A = \dfrac{25.4 \times L \times I}{1000 \times e}$

④ $A = \dfrac{17.8 \times L \times I}{1000 \times e}$

해설 • 직류 2선식, 교류 2선식 $A = \dfrac{35.6 \times L \times I}{1000 \times e}$

(e : 전압강하, A : 전선의 단면적)

• 단상 3선식, 3상 4선식 $A = \dfrac{17.8 \times L \times I}{1000 \times e}$

• 3상 3선식 $A = \dfrac{30.8 \times L \times I}{1000 \times e}$

답 ②

34 사용전압 35[kV] 이하의 특고압 가공전선이 도로를 횡단하는 경우 지표상 높이는 최소 몇 [m] 이상이어야 하는가?

① 5　　　　　② 5.5

③ 6　　　　　④ 6.5

해설 KEC 333.7 (특고압 가공선로 높이)

전압의 범위	일반 장소	도로 횡단	철도 또는 궤도횡단	횡단보도교
35[kV] 이하	5[m]	6[m]	6.5[m]	4[m](특고압절연전선 또는 케이블 사용)
35[kV] 초과 160[kV] 이하	6[m]	6[m]	6.5[m]	5[m](케이블 사용)
	산지 등에서 사람이 쉽게 들어갈 수 없는 장소 : 5[m] 이상			
160[kV] 초과	일반장소	가공전선의 높이 = 6 + 단수 × 1.2[m]		
	철도 또는 궤도횡단	가공전선의높이 = 6.5 + 단수 × 1.2[m]		
	산지	가공전선의 높이 = 5 + 단수 × 1.2[m]		

답 ③

35 저압 수상전로에 사용되는 전선은?

① 옥외 비닐케이블

② 600V 비닐절연전선

③ 600V 고무절연전선

④ 클로로프렌 캡타이어 케이블

해설 KEC 335.3(수상전선로의 시설)
전선은 전선로의 사용전압이 저압인 경우에는 클로로프렌 캡타이어 케이블이어야 하며, 고압인 경우에는 캡타이어 케이블일 것.

답 ④

36 수용가설비의 전압강하에서 고압이상으로 수전하는 경우 조명은 몇 [%] 이하이어야 하는가?

① 3　　　　　② 4

③ 5　　　　　④ 6

해설 KEC 232.3.9 (수용가 설비에서의 전압강하)

설비의 유형	조명(%)	기타(%)
A –저압으로 수전하는 경우	3	5
B –고압 이상으로 수전하는 경우	6	8

답 ④

37 변압기의 1차측을 Y결선, 2차측을 △ 결선으로 한 경우 1차와 2차간의 전압 위상 변위는?

① 0° ② 30°

③ 45° ④ 60°

해설 1차 선간 전압은 2차 선간 전압보다 30° 위상이 빠르다.

답 ②

38 송전선로의 안정도 증진법이 아닌 것은?

① 계통을 연계한다.

② 전압변동을 적게 한다.

③ 직렬 리액턴스를 크게 한다.

④ 중간 조상방식을 채택한다.

해설 송전선로의 안정도 증진방법

1) 직렬 리액턴스를 적게 한다.

2) 전압 변동을 적게 한다.

3) 계통을 연계한다.

4) 고장전류를 줄이고 고장구간을 고속으로 차단한다.

5) 중간 조상 방식을 채택한다.

6) 고장 시 발전기 입출력의 불평형을 적게 한다.

답 ③

39 건축자재와 태양전지를 결합시켜 지붕, 파사드, 블라인드 등과 같이 건물외피에 적용하는 건축물 일체형 태양광발전시스템의 종류로 옳은 것은?

① HIT ② CPV

③ CIGS ④ BIPV

해설 건물일체형 태양광시스템(BIPV : Building Integrated PV)이란 태양광 모듈을 건축물에 설치하여 건축 부자재의 역할 및 기능과 전력생산을 동시에 할 수 있는 시스템으로 창호, 스팬드럴, 커튼월, 이중파사드, 외벽, 차양시설, 아트리움, 싱글, 지붕재, 캐노피, 테라스, 파고라 등을 범위로 한다.

답 ④

40 낙석 · 토석 대책시설(KDS 11 70 20 : 2020)에 따라 낙석방지옹벽의 설계 시 고려사항으로 틀린 것은?

① 낙석의 중량

② 지지지반의 강도

③ 지지지반의 지형

④ 낙석의 최소도약높이

해설 낙서방지옹벽

(1) 낙석방지옹벽의 방호기능은 낙석이 가진 운동에너지를 옹벽본체 및 지지지반의 변형에너지로 전환하여 흡수하는 방법으로 낙석을 정지시킨다.

(2) 낙석방지옹벽의 설계 시에는 낙석의 중량, 속도, 최대도약높이, 지지지반의 강도 및 지형, 지질 등을 고려하여 옹벽의 활동, 전도에 대한 안정 및 단면의 강도에 대해서 검토하여야 한다.

답 ④

3과목 - 태양광발전 시공

41 태양광발전설비 시공에 관한 사항이다. 사항이 잘못된 것은?

① 단위 모듈당 용량에 따라 설계용량과 동일하게 설치할 수 없는 경우에는 설계용량의 105[%] 범위 내에서 설치할 수 있다.

② 정남향으로 설치가 불가능할 경우에 한하여 정남향을 기준으로 동쪽 또는 서쪽 방향으로 45도 이내로 설치하여야 한다.

③ 모듈 설치 열이 2열 이상일 경우 앞 열은 뒷 열에 음영이 지지 않도록 설치하여야 한다.

④ 음영이 전혀없는 모듈의 일조시간이 1일 5시간[춘계(3~5월) · 추계(9~11월)기준] 이상이어야 한다.

해설 단위 모듈당 용량에 따라 설계용량과 동일하게 설치할 수 없는 경우에는 설계용량의 110[%] 범위 내에서 설치할 수 있다.

답 ①

42 분산형전원 발전설비와 계통연계지점에서의 전기품질에 관한 설명으로 틀린 것은?

① 고조파의 측정치가 5[%] 이내인지 확인한다.

② 분산형전원측 역률의 측정치가 80[%] 이상인지 확인한다.

③ 분산형 전원 및 그 연계 시스템은 분산형전원 연결점에서 직류가 계통으로 유입되는 것을 방지하기 위하여 연계 시스템에 상용주파 변압기를 설치하였는지 확인한다.

④ 분산형 전원은 빈번한 기동·탈락 또는 출력변동 등에 의하여 계통에 연결된 다른 전기사용자에게 시각적인 자극을 줄 만한 플리커나 설비의 오동작을 초래하는 전압변동을 발생하지 않게 되었는지 확인한다.

해설 분산형전원의 역률은 90[%] 이상으로 유지함을 원칙으로 한다. 답 ②

43 다음 중 평지붕의 적설하중과 관련이 없는 사항은?

① 중요도계수　　② 노출계수

③ 온도계수　　　④ 내압계수

해설 적설하중

1) 평지붕의 적설하중

$S_f = C_b \times C_e \times C_t \times I_s \times S_g \, [\text{kN/m}^2]$

여기서, S_f : 평지붕의 적설하중

C_b : 기본 지붕 적설하중계수(0.7 적용)

C_e : 노출계수, C_t : 온도계수

I_s : 중요도 계수

S_g : 지상 적설하중의 기본값

2) 내압계수 : 풍하중에서 사용 답 ④

44 인입되는 전압이 정정값 이하로 되었을 때 동작하는 것으로서 단락 고장검출 등에 사용되는 계전기는?

① 부족 전압 계전기

② 접지 계전기

③ 역전력 계전기

④ 과전압 계전기

해설 • 과전압 계전기 : 전압이 정정값 초과 시 동작

• 부족 전압 계전기 : 전압이 정정값 이하 시 동작 답 ①

45 태양전지 전지판 연결공사에 대한 설명으로 틀린 것은?

① 전선관은 전기적, 기계적으로 확실히 접속한다.

② 전선의 연결 부위는 전선관 내에서 연결하여야 한다.

③ 태양광 모듈 결선 시 정션박스 홀에 맞는 방수 커넥터를 사용한다.

④ 태양전지에서 옥내에 이르는 배선은 모듈전용선 F-CV선, TFR-CV선 등을 사용한다.

해설 전선의 접속은 반드시 점검이 용이한 장소에서 시행되어야 하며, 점검이 용이하지 아니한 은폐장소, 전선관 내부, 플로어덕트 내부, 뚜껑이 없는 기타 덕트 내부 등에서의 전선접속은 하여서는 안 된다. 답 ②

46 최대수용전력 1000[kVA]이고 설비용량은 전등부하 500[kW], 동력부하 700[kVA] 이다. 이때 수용률은 약 몇 [%]인가?

① 83.3　　　　② 86.6

③ 88.3　　　　④ 90.6

해설 수용률 $= \dfrac{\text{최대수용전력}}{\text{총 설비용량}} \times 100$

$= \dfrac{1,000}{500+700} \times 100 = 83.3[\%]$ 답 ①

47 토목 설계도면의 표시사항이 아닌 것은?

① 방위표　　　　② 단선결선

③ 주기사항　　　④ 차수선

해설 설계도면 표시사항

1) 방위표 : 도면의 동서남북을 알 수 있도록 도면에 표시된 사항

2) 주기사항 : 도면의 각 기호 등을 표시한 사항

3) 차수선 : 도면에서 길이와 치수를 나타내는 선

4) 경사에 대한 사항 : 종단면과 횡단면의 경사도를 확인할 수 있는 사항 답 ②

48 한국전기설비규정에 따라 배선설비의 접속방법 선정 시 고려하여 선정할 사항이 아닌 것은?

① 도체의 단면적
② 도체와 절연재료
③ 도체의 설치위치
④ 도체를 구성하는 소선의 가닥수와 형상

> **해설** KEC 232.3.3 전기적 접속
> 1. 도체상호간, 도체와 다른 기기와의 접속은 내구성이 있는 전기적 연속성이 있어야 하며, 적절한 기계적 강도와 보호를 갖추어야 한다.
> 2. 접속 방법은 다음 사항을 고려하여 선정한다.
>   가. 도체와 절연재료
>   나. 도체를 구성하는 소선의 가닥수와 형상
>   다. 도체의 단면적
>   라. 함께 접속되는 도체의 수　　**답** ③

49 공사 중 발생가능한 안전사고의 간접 원인이 아닌 것은?

① 기술적 원인　　② 관리적 원인
③ 교육적 원인　　④ 인적 원인

> **해설** 사고발생 원인 분류
> • 간접원인 : 기술적 원인, 교육적 원인, 관리적 원인
> • 직접원인 : 불안전한 상태(10%), 불안전한 행동(88%), 천후요인(2%)　　**답** ④

50 전기설비기술기준에 따른 저압전로의 절연성능에서 전로의 사용전압에 대한 절연저항의 기준으로 틀린 것은? (단, 절연저항은 전로와 대지 사이의 값이다.)

① SELV − 0.5[MΩ] 이상
② FELV − 1.0[MΩ] 이상
③ 500[V] 초과 − 1.0[MΩ] 이상
④ PELV − 2.0[MΩ] 이상

> **해설** 사용전압의 저압인 전로의 절연성능
>
> | 전로의 사용전압[V] | DC시험전압[V] | 절연 저항값[MΩ] |
> |---|---|---|
> | SELV 및 PELV | 250 | 0.5 |
> | FELV, 500V 이하 | 500 | 1.0 |
> | 500V 초과 | 1000 | 1.0 |
>
> [주] 특별저압(extra low voltage : 2차 전압이 AC 50[V], DC 120[V] 이하)으로 SELV(비접지회로 구성) 및 PELV(접지회로 구성)은 1차와 2차 전기적으로

절연된 회로, FELV는 1차와 2차 전기적으로 절연되지 않은 회로　　**답** ④

51 다음 [보기]의 내용으로 알맞은 배선방식은?

> [보기]
> • 변압기의 공급 전력을 서로 융통시킴으로서 변압기 용량 저감 가능
> • 전압 변동 및 전력 손실 경감
> • 부하의 증가에 대한 탄력적 대응
> • 고장에 대한 보호방법이 적절하고 공급 신뢰도 향상
> • 캐스케이팅 현상 발생

① 방사선 방식
② 저압 뱅킹 방식
③ 저압 네트워크 방식
④ 스포트 네트워크 방식

> **해설** • 저압뱅킹방식 특징
> 1) 장점
>   (1) 변압기용량 저감(변압기 공급전력 서로 융통)
>   (2) 전압변동, 전력손실 경감
>   (3) 부하의 증가에 대응할 수 있는 탄력성 향상
>   (4) 고장보호방식이 적당할 때 공급신뢰도 향상 (정전 감소)
>   (5) 전압변동에 의한 Flicker 경감
> 2) 단점
>   (1) 계통보호가 복잡
>   (2) 케스케이딩(Cascading)현상 발생 가능　**답** ②

52 계기용변성기(표준용 및 일반계기용)(KS C 1706)에 따라 일반계기용 배전반용으로 사용되는 계기용변성기의 계급으로 옳은 것은?

① 0.1급　　② 0.2급
③ 0.5급　　④ 3.0급

> **해설** • 계기용 변성기의 계급
>
> | 계급 | 호칭 | 용도 |
> |---|---|---|
> | 0.5급 | 일반 계기용 | 정밀 계측용 |
> | 1.0급 | | 보통 계측용, 배전반용 |
> | 3.0급 | | 배전반용 |
> | 0.1급 | 표준용 | 계기용변성기 시험용의 표준기 |
> | 0.2급 | | 특별 정밀 계기용 |
>
> 　　**답** ④

53 내부저항이 1.0[Ω]인 1.5[V] 전지 두 개를 병렬로 연결한 후 외부에 2.5[Ω]의 저항을 가지는 부하를 직렬로 연결하였다. 외부 회로에 흐르는 전류의 크기[A]는?

① 0.5 ② 0.6
③ 1.0 ④ 1.2

해설 전지 2개가 병렬이므로

$$R_1 = \frac{1 \times 1}{1+1} = 0.5[\Omega]$$

전압 $V = 1.5[V]$, 내부저항 $R_1 = 0.5[\Omega]$
내부저항 R_1과 내부저항 $R_2 = 2.5[\Omega]$은 직렬
전체저항 $R = R_1 + R_2 = 0.5 + 2.5 = 3[\Omega]$

전류 $I = \frac{V}{R} = \frac{1.5}{3.0} = 0.5[A]$ 답 ①

54 가공 배전선로에 사용되는 전선의 구비 조건이 아닌 것은?

① 가공이 쉬울 것
② 비중이 높을 것
③ 도전율이 클 것
④ 기계적 강도가 클 것

해설 **전선 재료의 구비조건**
1) 도전율, 기계적 강도가 클 것
2) 내구성이 있을 것
3) 비중(밀도)이 작고, 가요성이 풍부할 것
4) 가격이 저렴하고, 구입이 쉬울 것
5) 시공 및 보수의 취급이 용이할 것 답 ②

55 변압기의 임피던스 전압이란?

① 정격 전류가 흐를 때의 변압기 내의 전압 강하
② 여자 전류가 흐를 때의 2차측 단자 전압
③ 정격 전류가 흐를 때의 2차측 단자 전압
④ 2차 단락 전류가 흐를 때의 변압기 내의 전압 강하

해설 정격 전류가 흐를 때의 변압기 내의 전압 강하 즉, 변압기의 임피던스 전압이란, 변압기의 임피던스와 정격 전류와 곱을 말한다. 답 ①

56 그림은 접지 계통방식에 사용하는 기호이다. 기호의 명칭은?

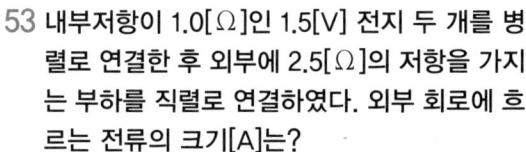

① 보호도체(TT)
② 중성선과 보호도체의 겸용(PEN)
③ 중성선 (N), 중간도체(M)
④ 보호도체 (PE)

해설 기호설명

기호	설명
	중성선(N), 중간도체(M)
	보호도체(PE)
	중성선과 보호도체겸용(PEN)

답 ③

57 분산형 전원을 계통에 연계할 경우 전기품질의 검토 항목이 아닌 것은?

① 직류유입 제한
② 상시 전압 변동
③ 역률
④ 고조파

해설 검토 항목 : 직류유입 제한, 역률, 플리커, 고조파 답 ②

58 계약상의 큰 변경이나 불가항력 등에 의한 공정지연이 발생하지 않는 한 사업종료 때까지 수정되지 않는 공정표는?

① 관리기준 공정표
② 사업기본 공정표
③ 건설종합 공정표
④ 분야별종합 공정표

해설 • 사업기본 공정표란
계약상의 큰 변경이나 불가항력 등에 의한 공정지연이 발생하지 않는 한 사업종료 때까지 수정되지 않는 공정표 답 ②

59 한국전기설비규정에 따라 태양전지 발전소에 시설하는 태양전지 모듈, 전선 및 개폐기 기타 기구를 옥내에 시설할 경우 사용할 수 없는 공사방법은?

① 케이블공사
② 금속제 가요전선관공사
③ 합성수지관공사
④ 애자공사

해설 태양전지 발전소에 시설하는 태양전지 모듈, 전선 및 개폐기 기타 기구를 옥내에 시설할 경우 사용할 수 없는 공사는 애자공사이다. **답** ④

60 케이블 트레이 시공방식의 장점이 아닌 것은?

① 방열특성이 좋다.
② 허용전류가 크다.
③ 재해를 거의 받지 않는다.
④ 장래부하 증설 시 대응력이 크다.

해설 케이블 트레이 시공방식의 장점
  1) 방열특성이 좋다.
  2) 허용전류가 크다.
  3) 장래부하 증설 시 대응력이 크다. **답** ③

4과목 - 태양광발전 운영

61 공급인증서 발급 절차가 올바른 것은?

① 발전량 확인 → 공급인증서 발급 신청 → 공급인증서 거래 → 공급인증서 발급
② 발전량 확인 → 공급인증서 발급 신청 → 공급인증서 발급 → 공급인증서 거래
③ 발전량 확인 → 공급인증서 발급 신청 → 공급인증서 계약 → 공급인증서 거래
④ 발전량 확인 → 공급인증서 발급 신청 → 공급인증서 거래 → 공급인증서 계약

해설 공급인증서 발급 절차
  발전량 확인 → 공급인증서 발급 신청 → 공급인증서 발급 → 공급인증서 거래 **답** ②

62 태양광전원이 연계된 배전계통에서 사고가 발생하는 경우, 배전계통을 보호하는 보호협조 기기에 해당하는 것이 아닌 것은?

① 배전용변전소 차단기
② 리클로저(Recloser)
③ 인터럽터 스위치
④ 고조파계전기

해설 인터럽터 스위치 : 수동조작만 가능, 과부하 시 자동 개폐불가, 돌입전류 억제불가 **답** ③

63 인버터의 효율을 측정하기 위한 방법으로 적합하지 않은 것은?

① 인버터 수치일기
② AC 회로시험
③ 전력망 분석
④ 다기능 측정

해설 인버터 효율점검 및 측정사항 : 입출력 측정, AC 회로시험, 전력망 분석, 인버터 수치일기 **답** ④

64 태양광발전(PV) 모듈 안전 조건 시험요건에 해당하지 않는 것은?

① 역 전압 과부하 시험
② 화재 위험 시험
③ 전기 충격 위험 시험
④ 기계적 응력 시험

해설 태양광발전(PV) 모듈 안전 조건 시험요건
  1) 전기 충격 위험 시험
  2) 화재 위험 시험
  3) 기계적 응력 시험 **답** ①

65 신뢰성 평가 분석 항목 중 시스템 트러블로 옳은 것은?

① 프리즈
② 인버터 정지
③ 컴퓨터의 조작오류
④ 컴퓨터 전원의 차단

해설 신뢰성 평가 분석 항목

구 분		항목
트러블	시스템	인버터 정지
		직류지락, ELB트립, 계통지락
	계측 관계	컴퓨터 전원의 차단, 프리즈
		컴퓨터 조작 오류
계획 정지	정전	정기점검, 개수정전
		계통정전

답 ②

66 태양광발전시스템 운영 시 비치서류가 아닌 것은?

① 건설 관련 도면
② 구조물의 구조계산서
③ 송전 관계 일람도
④ 시방서 및 계약서 사본

해설 송전 관계 일람도 는 사업허가 신청에 필요한 서류

답 ③

67 태양광발전시스템의 안전관리 예방업무가 아닌 것은?

① 시설물 및 작업장 위험 방지
② 안전작업 관련 훈련 및 교육
③ 안전장구, 보호구, 소화설비의 설치, 점검, 정비
④ 안전관리비 실행 집행 및 관리

해설 안전관리 예방업무
1) 시설물 및 작업장 위험 방지
2) 안전작업 관련 훈련 및 교육
3) 소화 및 피난 훈련
4) 안전장치, 보호구, 소화설비의 설치, 점검, 정비

답 ④

68 3,500[kW] 태양광발전설비를 일반부지에 설치할 경우 태양광발전설비 공급인증서(REC) 가중치는?

① 0.913
② 0.942
③ 0.977
④ 1.021

해설 REC 가중치 $= \dfrac{99.999 \times 1.2}{3,500} + \dfrac{2,900.001 \times 1.0}{3,500}$
$$+ \dfrac{(3,500 - 3,000) \times 0.8}{3,500}$$
$$= 0.9771428 \approx 0.977$$

일반부지에 설치하는 경우 태양광에너지 가중치 산정 방법

설치용량	태양광에너지 가중치 산정식
100kW 미만	1.2
100kW부터 3,000kW 이하	$\dfrac{99.999 \times 1.2 + (용량 - 99.999) \times 1.0}{용량}$
3,000kW 초과부터	$\dfrac{99.999 \times 1.2}{용량} + \dfrac{2,900.001 \times 1.0}{용량}$ $+ \dfrac{(용량 - 3,000) \times 0.8}{용량}$

답 ③

69 태양전지 모듈의 핫 스팟(Hot Spot)현상에 대한 유해한 결과를 제한하기 위한 시험은?

① 고온고습 시험
② 바이패스 다이오드 열 시험
③ 온도사이클 시험
④ UV 전처리 시험

해설 바이패스 다이오드 열 시험
태양전지모듈의 핫 스팟 현상에 대한 유해한 결과를 제한하기 위해 사용되는 다이오드가 열에 대한 내성설계가 얼마나 잘 되어 있는지 그리고 유사한 환경에서 장시간 사용할 경우 신뢰성이 확보되었는지 평가하는 목적으로 하며, STC조건에서 단락전류의 1.25배와 같은 전류를 적용한다.

답 ②

70 인버터에 'Solar Cell UV Fault'로 표시되었을 경우의 현상 설명으로 옳은 것은?

① 태양전지 전압이 규정치 이상일 때
② 태양전지 전압이 규정치 이하일 때
③ 태양전지 전류가 규정치 이상일 때
④ 태양전지 전류가 규정치 이하일 때

해설 인버터 이상신호

모니터링	인버터 표시	현상 설명	조치사항
태양전지 저전압	Solar Cell UV fault	태양전지 전압이 규정 이하일 때, H/W	태양전지 전압 점검 후 정상 시 5분 후 재 가동

답 ②

71 정전작업 중 조치사항에 대한 설명 중 틀린 것은?

① 개폐기 관리
② 작업지휘자에 의한 작업지휘
③ 근접 활선에 대한 방호상태 관리
④ 검전기로 개로 된 전로의 충전 여부 확인

해설 정전작업 중 조치사항
• 개폐기 관리
• 작업지휘자에 의한 작업지휘
• 근접 활선에 대한 방호상태 관리
• 단락접지의 수시 확인 답 ④

72 안전교육 지도원칙 중 오관(감각기관)의 활용 중 틀린 것은?

① 시각효과 40[%]   ② 청각효과 20[%]
③ 촉각효과 15[%]   ④ 미각효과 3[%]

해설 오관(감각기관)의 활용

오관의 효과치	이해도
① 시각효과 60[%]	① 귀 : 20[%]
② 청각효과 20[%]	② 눈 : 40[%]
③ 촉각효과 15[%]	③ 귀 + 눈 : 60[%]
④ 미각효과 3[%]	④ 입 : 80[%]
⑤ 후각효과 2[%]	⑤ 머리 + 손, 발 : 90[%]

답 ①

73 전기용 고무장갑의 사용 범위에 대한 설명으로 틀린 것은?

① 건조한 장소에서 고압전로에 접근이 어려운 경우
② 고압 이하 충전부의 접속·절단 등을 작업할 경우
③ 정전작업 시 역송전으로 선로, 기기가 단락, 접지되는 경우
④ 활선상태의 배전용 지지물에 누설전류가 흐를 우려가 있는 경우

해설 전기용 고무장갑의 사용 범위
1) 활선상태의 배전용 지지물에 누설전류가 흐를 우려가 있는 장소

2) 고압 이하의 충전부의 접속, 절단, 점검 등의 작업
3) 고압 활선 또는 근접작업으로 감전이 우려되는 장소
4) 습기가 많은 장소의 기중개폐기 개방, 투입의 경우
5) 정전작업 시 역송전이 선로, 기기의 단락, 접지의 경우
6) 습기가 많은 장소에서 고압 전로에 감전이 우려되는 경우 답 ①

74 태양광발전용 접속함의 환경시험 중 충격시험에서의 시험조건으로 틀린 것은?

① 정현파
② 가속도 : $500[\text{m/s}^2]$
③ 공칭 펄스 : 11[ms]
④ 상하 방향각 5회

해설 접속반 충격시험 시험조건

시험항목	시험조건	판정기준
충격 시험	1) 정현파 2) 가속도 500[m/s²] 3) 공칭펄스 11[ms] 4) 상하 방향 각 3회	성능 시험의 각 항에 이상이 없을 것

답 ④

75 사업허가 변경신청 시 처리 절차로 옳은 것은?

① 신청서 작성 및 제출 → 검토 → 접수 → 전기위원회 심의 → 변경허가증 발급
② 신청서 작성 및 제출 → 접수 → 검토 → 전기위원회 심의 → 변경허가증 발급
③ 신청서 작성 및 제출 → 접수 → 전기위원회 심의 → 검토 → 변경허가증 발급
④ 신청서 작성 및 제출 → 전기위원회 심의 → 검토 → 접수 → 변경허가증 발급

해설
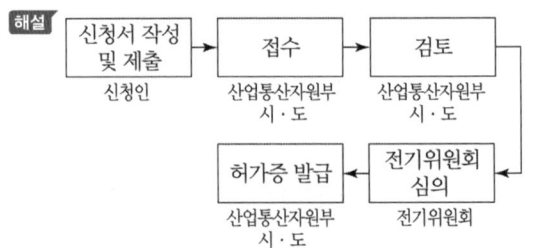

답 ②

76 개방전압 측정 시 유의사항으로 틀린 것은?

① 태양광발전모듈 표면의 이물질, 먼지 등을 청소하는 것이 필요하다.

② 각 스트링의 측정은 안정된 일사강도가 얻어질 때 하도록 한다.

③ 개방전압 측정 시 안전을 위해 우천 시 또는 흐린 날에 측정하도록 한다.

④ 측정시각은 일사강도, 온도의 변동을 극히 적게 하기 위하여, 청명할 때와 남쪽에 있을 때의 전후 1시간에 실시하는 것이 바람직하다.

해설 태양전지는 비오는 날에도 미미한 전압을 발생하고 있기 때문에 충분히 주의하여 측정을 하여야 한다. **답** ③

77 태양광발전시스템의 운전 특성을 측정할 경우 사용되는 계측기기에 대한 설명으로 틀린 것은?

① 전력량계의 정확도는 1[%] 이내로 한다.

② 인버터 CT정확도는 ±1[%]로 한다.

③ 온도센서 정확도는 ±0.3[℃](−20~100[℃]) 미만으로 한다.

④ 열량계의 정확도는 ±1.5[%] 이내로 한다.

해설

계측설비	요구사항	확인방법
인버터	CT 정확도 3[%] 이내	• 관련 내용이 명시된 설비 스펙 제시 • 인증 인버터는 면제
온도센서	정확도 ±0.3[℃] (−20~100[℃]) 미만	• 관련 내용이 명시된 설비 스펙 제시
	정확도 ±1[℃] (100~1000[℃]) 이내	
유량계, 열량계	정확도 ±1.5[%] 이내	• 관련 내용이 명시된 설비 스펙 제시
전력량계	정확도 1[%] 이내	• 관련 내용이 명시된 설비 스펙 제시

답 ②

78 안전모 성능시험에서 내전압성이란 몇 [V] 이하의 전압에 견디는 것을 말하는가?

① 7000 ② 6000

③ 4000 ④ 3000

해설 안전모 성능시험에서 내전압성이란 7,000[V] 이하의 전압에 견디는 것을 말한다. **답** ①

79 고압 활선작업 시의 안전조치 사항이 아닌 것은?

① 단락접지기구의 철거

② 절연용 보호구 착용

③ 절연용 방호구 설치

④ 활선작업용 장치 사용

해설 **고압활선작업**
• 절연용 보호구 착용 및 절연용 방호구 설치
• 활선작업용 장치 사용
* 단락접지기구의 철거는 작업종료 후 조치 사항임 **답** ①

80 태양광발전시스템의 전기안전관리업무를 전문으로 하는 자의 요건 중에서 개인장비가 아닌 것은

① 절연저항 측정기

② 저압검전기

③ 접지저항 측정기

④ 절연안전모

해설 **개인장비**
• 접지저항 측정기
• 절연저항 측정기(500[V], 100[MΩ])
• 클램프메타
• 고압·특고압 검전기
• 저압검전기 **답** ④

참고자료

"저탄소 녹색성장을 위한 태양광발전", 기다리, 2009년 이현화

"태양광발전시스템 설계 및 시공", 인포더북스, 2009년 이현화, 유권종

"스마트그리드 시대를 대비한 태양광발전시스템의 계획과 설계", 기다리, 2008년,
　　　이순형

"태양전지공학", 2007년 도서출판 그린, 이준신, 김경해

"태양광발전시스템 시공과정", 한국신재생에너지협회

"신재생에너지 발전시스템 공학", 동일출판사, 2019년, 정춘병

"LH 태양광설비가이드북", 한국토지주택공사, 2017년

"알기쉬운 태양광발전시스템", 인포더북스, 2010년, 코니시마사키. 스즈키 타쯔히로,
　　　카바야 마사오

"최신송배전공학", 2014년 동일출판사, 송길영

"전기기능장 필기", 동일출판사

"전기기사・산업기사 실기", 동일출판사

"전기공사기사・산업기사 실기", 동일출판사

"산업안전기사・산업기사 실기", 동일출판사

"선기설비기술기준 및 판단기준", 동일출판사

"검사업무처리 방법", 한국전기안전공사

"태양광 발전설비의 점검지침", 한국전기안전공사

"태양광 발전설비 전기안전기술지침" 한국전기안전공사

"분산형 전원 배전계통 연계 기술기준", 한국전력공사, 배전처

"신・재생에너지 설비의 지원 등에 관한 규정", 산업통산자원부

"육상태양광발전사업 환경성 평가 협의 지침"

"전기사업법령"

"전기공사업법령"

"신에너지 및 재생에너지 개발・이용・보급 촉진법령"

"신에너지 및 재생에너지 설비의 지원 등에 관한 규정 및 지침"

"신에너지 및 재생에너지 공급의무화제도 관리 및 운영 지침"

"국토의 계획 및 이용에 관한 법령"

"Solar Photovoltaic training for Residential, commercial, and Utility Systems", Steven Magee

"Photovoltaic Solar Energy Generation" Springer, A Goetzberger, V. U. Hoffmann

"Solar Electricity Handbook 2013 edition" Michael Boxwell

"Wind and Solar Power System Design, Analysis and Operation", Taylor & Francis, Mukund R. Patel

신재생에너지 발전설비(태양광) 기사 필기

발   행 / 2025년 11월 20일

저   자 / 태양광발전연구회
펴 낸 이 / 정 창 희
펴 낸 곳 / 동일출판사
주   소 / 서울시 강서구 곰달래로31길7 (2층)
전   화 / 02) 2608-8250
팩   스 / 02) 2608-8265
등록번호 / 제109-90-92166호

저자와의
협의에
따라
인지생략

ISBN 978-89-381-1743-4 13560
값 / 33,000원